U0186147

现代兽医基础研究经典著作
世界兽医经典著作译丛

禽类生理学

第6版

Sturkie's Avian Physiology (Sixth Edition)

[美]科林·G.斯堪尼斯(Colin G. Scanes) 主编

张才乔 杨焕民 主译

中国农业出版社
北 京

ELSEVIER

Academic Press is an imprint of Elsevier
32 Jamestown Road, London NW1 7BY, UK
225 Wyman Street, Waltham, MA 02451, USA
525 B Street, Suite 1800, San Diego, CA 92101-4495, USA

Sixth edition

British Library Cataloguing-in-Publication Data
A catalogue record for this book is available from the British Library

Library of Congress Cataloging-in-Publication Data
A catalog record for this book is available from the Library of Congress

ISBN 978-0-12-407160-5

This Edition of Sturkie's Avian Physiology by Colin Scanes is published by arrangement with Elsevier Inc. Suite 800, 230 Park Avenue, New York, NY 10169, USA

禽类生理学：第 6 版（张才乔　杨焕民　主译）
ISBN 978-7-109-28702-0

译者名单

主　　译： 张才乔　杨焕民

副 主 译： 江青艳　赵茹茜　柳巨雄　李　术　周　杰　栾新红
陈耀星　李　辉　王纯洁　肖向红

秘　　书： 郭　丽　米玉玲　马文强

译　　者：

安徽科技学院	姜锦鹏
安徽农业大学	周　杰　王菊花
北京农学院	滑　静
北京师范大学	孙颖郁
东北林业大学	肖向红　柴龙会
东北农业大学	李　辉　原　辉　李　术　丛义梅
佛山科学技术学院	王丙云　陈胜锋　白银山　刘璨颖　陈志胜
河北工程大学	刘　娜　范春艳
河南牧业经济学院	宋予震
黑龙江八一农垦大学	杨焕民　李士泽　郭景茹　计　红
华南农业大学	江青艳　束　刚　王松波　王丽娜　朱晓彤　高　萍
华南师范大学	李东风
华中师范大学	陈其才
吉林大学	柳巨雄　付守鹏　陈　巍
吉林农业大学	郑　鑫　兰海楠
锦州医科大学	唐　峰
江西农业大学	曾庆节
内蒙古农业大学	王纯洁
南京农业大学	赵茹茜　倪迎冬　杨晓静　马文强　贾逸敏　孙钦伟　贺　斌　石放雄
南京医科大学	叶　岚
山西农业大学	王文魁
沈阳农业大学	栾新红　胡建民
四川农业大学	康　波　姜冬梅
温州大学	李　铭
新疆农业大学	王金泉　姚　刚　赵红琼　史慧君

扬州大学	邢　华　潘士锋
云南农业大学	程美玲
浙江大学	张才乔　米玉玲　李　剑　范衡宇　张　坤　刘　璟
浙江农林大学	颜菲菲　杨梦华　刘长国
中国农业大学	陈耀星　曹　静　周　波　韩海棠
江苏省农业科学院畜牧研究所	施振旦
仲恺农业工程学院	田允波　王　玮

原书作者

Rebecca Alan，College of the Environment and Life Sciences，University of Rhode Island，Kingston，RI，USA

Adam Balic，The Roslin Institute & R (D) SVS，University of Edinburgh，Easter Bush，Midlothian，EH25 9RG，UK

C. M. Bishop，School of Biological Sciences，Bangor University，Bangor，Gwynedd，UK

Julio Blas，Estación Biológica de Doñana，Consejo Superior de Investigaciones Científicas (CSIC)，Seville，Spain

Meredith Bohannon，Department of Animal and Avian Sciences，University of Maryland，College Park，MD，USA

Walter Bottje，Department of Poultry Science，Division of Agriculture，University of Arkansas，Fayetteville，AR，USA

Eldon J. Braun，Department of Physiology，College of Medicine，University of Arizona，Tucson，AZ，USA

Kathleen R. Brazeal，Department of Neurobiology，Physiology and Behavior，University of California，Davis，CA，USA

Shane C. Burgess，Vice Provost and Dean，Agriculture & Life Sciences；Director Arizona Experiment Station；The University of Arizona，Tucson，AZ，USA

Warren W. Burggren，Developmental and Integrative Biology，Department of Biological Science，University of North Texas，Denton，TX，USA

P. J. Butler，School of Biosciences，University of Birmingham，Edgbaston，Birmingham，UK

Johan Buyse，Laboratory of Livestock Physiology，Department of Biosystems，Faculty of Bioscience Engineering，KU Leuven，Leuven，Belgium

Leah Carpenter，Department of Animal and Avian Sciences，University of Maryland，College Park，MD，USA

Tiffany Carro，Department of Animal and Avian Sciences，University of Maryland，College Park，MD，USA

Rocco V. Carsia，Department of Cell Biology，Rowan University School of Osteopathic Medicine，Stratford，NJ，USA

Vincent M. Cassone, Department of Biology, University of Kentucky, Lexington, KY, USA

Yupaporn Chaiseha, School of Biology, Institute of Science, Suranaree University of Technology, Thailand

Helen E. Chmura, Department of Neurobiology, Physiology and Behavior, University of California, Davis, CA, USA

Larry Clark, United States Department of Agriculture, Animal and Plant Health Inspection Service, Wildlife Services, National Wildlife Research Center, Fort Collins, CO, USA

Mark A. Cline, Department of Animal and Poultry Sciences, Virginia Tech, Blacksburg, VA, USA

Jamie M. Cornelius, Department of Neurobiology, Physiology and Behavior, University of California, Davis, CA, USA

Dane A. Crossley II, Developmental Integrative Biology Research Cluster, Department of Biological Sciences, University of North Texas, Denton, TX, USA

Christopher G. Dacke, Pharmacology Division, School of Pharmacy and Biomedical Science, University of Portsmouth, Portsmouth, UK

Veerle M. Darras, Department of Biological Sciences, Virginia Tech, Blacksburg, VA, USA; Department of Biology, Katholieke Universiteit Leuven, Leuven, Belgium

Alistair Dawson, NERC Centre for Ecology & Hydrology, Midlothian, Edinburgh, UK

Karen M. Dean, University of Lethbridge, Lethbridge, Canada

Eddy Decuypere, Laboratory of Livestock Physiology, Department of Biosystems, Faculty of Bioscience Engineering, KU Leuven, Leuven, Belgium

D. Michael Denbow, Department of Animal and Poultry Sciences, Virginia Tech, Blacksburg, VA, USA

Pierre Deviche, School of Life Sciences, Arizona State University, Tempe, AZ, USA

Jerry B. Dodgson, Department of Microbiology and Molecular Genetics, Michigan State University, East Lansing, MI, USA

Joëlle Dupont, Unité de Physiologie de la Reproduction et des Comportements, Institut National de la Recherche Agronomique, 37380 Nouzilly, France

Edward M. Dzialowski, Developmental Integrative Biology Research Cluster, Department of Biological Sciences, University of North Texas, Denton, TX, USA

Mohamed E. El Halawani, Department of Animal Science, University of Minnesota, St. Paul, MN, USA

Carol V. Gay, Department of Biochemistry and Molecular Biology, Penn State University, University Park, PA, USA

Julie Hagelin, Institute of Arctic Biology, University of Alaska Fairbanks, Fairbanks,

AK, USA; Alaska Department of Fish and Game, Fairbanks, AK, USA

Thomas P. Hahn, Department of Neurobiology, Physiology and Behavior, University of California, Davis, CA, USA

Alan L. Johnson, Center for Reproductive Biology and Health, The Pennsylvania State University, University Park, PA, USA

Pete Kaiser, The Roslin Institute & R (D) SVS, University of Edinburgh, Easter Bush, Midlothian, EH25 9RG, UK

John Kirby, College of the Environment and Life Sciences, University of Rhode Island, Kingston, RI, USA

Christine Köppl, Cluster of Excellence "Hearing4all", Carl von Ossietzky University, Oldenburg, Germany; Research Center Neurosensory Science, Carl von Ossietzky University, Oldenburg, Germany; Department of Neuroscience, School of Medicine and Health Science, Carl von Ossietzky University, Oldenburg, Germany

Wayne J. Kuenzel, Poultry Science Center, University of Arkansas, Fayetteville, AR, USA

Vinod Kumar, Department of Zoology, University of Delhi, Delhi, India

Dusan Kunec, Institut für Virologie, Zentrum für Infektionsmedizin, Freie Universität Berlin, Robert-vonOstertag-Str. 7, Berlin, Germany

Scott A. MacDougall-Shackleton, Departments of Psychology and Biology, University of Western Ontario, Canada

Douglas C. McFarland, The Ohio State University/OARDC, Wooster, OH, USA, South Dakota State University, Brookings, SD, USA

F. M. Anne McNabb, Department of Biological Sciences, Virginia Tech, Blacksburg, VA, USA; Department of Biology, Katholieke Universiteit Leuven, Leuven, Belgium

Henrik Mouritsen, Institut für Biologie und Umweltwissenschaften, Universität Oldenburg, Oldenburg, Germany; Research Centre for Neurosensory Sciences, University of Oldenburg, Oldenburg, Germany

Casey A. Mueller, Developmental and Integrative Biology, Department of Biological Science, University of North Texas, Denton, TX, USA

Mary Ann Ottinger, Department of Biology and Biochemistry, University of Houston, Houston, TX, USA, Department of Animal and Avian Sciences, University of Maryland, College Park, MD, USA

M. Pines, Institute of Animal Sciences, Volcani Center, Bet Dagan, Israel

Tom E. Porter, Department of Animal and Avian Sciences, University of Maryland, College Park, MD, USA

Frank L. Powell, Division of Physiology, Department of Medicine, University of California, San Diego, CA, USA

R. Reshef, Department of Biology and Department of Evolutionary and Environmental Biology, University of Haifa, Haifa, Israel

Nicole Rideau, Unité de Recherches Avicoles, Institut National de la Recherche Agronomique, 37380 Nouzilly, France

Johanna R. Rochester, The Endocrine Disruption Exchange, Paonia, CO, USA

Colin G. Scanes, Department of Biological Sciences, University of Wisconsin, Milwaukee, WI, USA

Elizabeth M. Schultz, Department of Neurobiology, Physiology and Behavior, University of California, Davis, CA, USA

Jean Simon, Unité de Recherches Avicoles, Institut National de la Recherche Agronomique, 37380 Nouzilly, France

Toshie Sugiyama, Department of Agrobiology, Niigata University, Niigata, Japan

Hiroshi Tazawa, Developmental and Integrative Biology, Department of Biological Science, University of North Texas, Denton, TX, USA

Sandra G. Velleman, The Ohio State University/OARDC, Wooster, OH, USA, South Dakota State University, Brookings, SD, USA

Jorge Vizcarra, Department of Food and Animal Sciences, Alabama A&M University, Huntsville, AL, USA

Heather E. Watts, Department of Biology, Loyola Marymount University, Los Angeles, CA, USA

Scott Werner, United States Department of Agriculture, Animal and Plant Health Inspection Service, Wildlife Services, National Wildlife Research Center, Fort Collins, CO, USA

J. Martin Wild, Department of Anatomy with Radiology, Faculty of Medical and Health Sciences, University of Auckland, Auckland, New Zealand

Shlomo Yahav, Department of Poultry and Aquaculture Sciences, Institute of Animal Sciences, ARO, The Volcani Center, Bet-Dagan, Israel

Takashi Yoshimura, Laboratory of Animal Physiology, Graduate School of Bioagricultural Sciences, Nagoya University, Furo-cho, Chikusa-ku, Nagoya, Japan, Avian Bioscience Research Center, Graduate School of Bioagricultural Sciences, Nagoya University, Furo-cho, Chikusa-ku, Nagoya, Japan

译 者 序

养禽业是畜牧业的支柱产业。我国的家禽养殖量和禽蛋、禽肉消费量均居世界首位。禽类生理学是家禽育种、繁殖、生长、疾病防控等畜牧兽医科学研究和生产实践的基础，也是野生鸟类和观赏鸟类养殖的必备知识，但目前国内尚无一本关于禽类生理学的系统性的教科书，因此，引进一本高水平的禽类生理学教科书成为当务之急。目前国际上内容最丰富全面的禽类生理学专著当属《Sturkie's Avian Physiology》。第 1 版由 Paul Sturkie 担任主编，1954 年出版，中文版由谢善勤与王长清教授担任主译，于 1964 年由上海科学技术出版社出版；1976 年出版的第 3 版由北京农业大学杨传任教授带领的“禽类生理学翻译组”翻译，于 1982 年由科学出版社出版。此次引进翻译的是 2015 年出版的第 6 版，由美国威斯康星大学生物科学系的 Colin G. Scanes 担任主编，内容仍集中在家禽和野生鸟类。较之此前版本，新版增加了基因组学、转录组学和蛋白组学等内容，同时增添了摄食、内分泌干扰物、迁徙和磁感应等领域所取得的最新研究成果。这部巨著反映了该领域的最新研究进展，是当今世界上禽类生理学领域内容最为广泛和深入的教科书。

翻译《禽类生理学（第 6 版）》这样的巨著，对全体翻译人员和出版工作者都是巨大的挑战。从该书立项到出版凝结了非常多参与者的心血。该书翻译工作于 2017 年 9 月在浙江大学动物科学学院启动，成立了由国内 32 所院校的 80 余位教师组成的翻译团队，由浙江大学动物科学学院张才乔教授和黑龙江八一农垦大学杨焕民教授共同担任主译，由此拉开了这项巨大的翻译工程的序幕。此后，于 2018 年 8 月和 2019 年 7 月，分别在呼和浩特市和哈尔滨市召开了审稿会，为译著的出版奠定了坚实的基础。三次会议得到了王纯洁、曹贵方、额尔敦木图、肖向红、郑冬和李术六位教授和米玉玲、李剑、曾卫东等教师的大力支持。郭丽、米玉玲和马文强三位教师担任翻译秘书，承担了很多事务性工作。

自 2017 年翻译启动会开始，历经四年，经过全国相关领域众多教师的共同努力，《禽类生理学（第 6 版）》的中文译本即将由中国农业出版社出版。所有参与本书翻译的专家在繁重的日常教学和科研工作之余，以高度的责任感完成了这项极为繁重的翻译任务。在此我们感谢所有参与翻译、审校、编校的人员，特别是中国农业出版社的编辑们做了大量严谨细致的组织和校对工作。

《禽类生理学（第 6 版）》中文版的出版将会极大地推动我国在禽类生理学与生物学、营养学和病理学等相关领域的教学和研究工作，可作为兽医学、畜牧学、家禽学、动物学和生理学等多个专业研究生和本科生的教学参考书，也可供各类家禽生产、兽医检验检疫、鸟类饲养与管理等生产和研究单位参考。由于翻译的工作量巨大、内容广泛而深奥，译校者的水平有限，书中难免会有错误和不足之处，恳请广大读者不吝批评指正。

张才乔　杨焕民

2021 年 8 月 8 日

前　言

新版本保留了保罗·斯托凯的观点，即禽类生理学的两个焦点——家禽（主要是鸡）和野生鸟类。在上一版的基础上，很多章节的作者大幅度地修改了相关的内容。此外，本书还增添了新的篇章和作者。前面几个章节介绍了一些最新的研究方法（如基因组学、转录组学和蛋白质组学）。此外，新的章节阐述了最新的研究成果，包括禽类摄食调节、内分泌干扰物、迁徙的代谢挑战和磁感应，以及其他感觉。同时，本书还保持其早期版本的基本内容，包括血液、糖类、脂类及蛋白质代谢。

感谢爱思唯尔公司的帕特·冈萨雷斯的专业精神与大力支持。

科林·G. 斯堪尼斯

美国威斯康星州密尔沃基市威斯康星大学生物科学系

献　礼

献给所有激励我的人——我的妻子、我的父母、我的孩子、我的导师、我的同事和我的学生，以及我有幸相识的保罗·斯托凯。

编译说明

一、 凡是右上角带有★标志的图序， 表示文后有对应的彩色图片， 彩色图片的图序保持不变。

二、 每一章引用的参考文献以二维码的形式呈现， 并置于相应章节后， 读者可扫码查阅。

三、 计量单位与原版图书保持一致， 均使用单位国际符号表示， 对于书中出现的非法定计量单位， 均在第一次出现时添加页下注进行说明。

四、 对于原版图书中可能出现的错误， 译者或编辑在相应位置添加了译者注或编者注，以供读者参考。

目　录

第一篇　背景主题

第二篇 感官生物学和神经系统主题

第三篇 器官与系统主题

第四篇 代谢主题

第五篇 内分泌主题

第六篇 生殖主题

第七篇　交叉主题

第一篇　背景主题

第 1 章　基因组学

Jerry B. Dodgson

1.1 引言

Sturkie 的第 5 版《禽类生理学》既不包含禽类基因组内容，也不涉及本书后续三章的内容。第 6 版之所以添加这些内容，是为了强调生理学的各个方面已经与我们所掌握的基因和基因组学知识密不可分。这种认知转变的早期历史已被提及和讨论（Siegel et al.，2006），其中最重要的事件是鸡基因组测序（International Chicken Genome Sequencing Consortium，2004）。虽然我们将很快得到数千种鸟类的基因组序列（Genome 10K Community of Scientists，2009），但最基本的挑战依然存在：学习如何从每种鸟类长达 10 亿个左右的核苷酸序列中读取与鸟类生理适应和进化相关的信息。

1.2 基因组大小

鸟类单倍体基因组的大小在羊膜动物中是最小的（www.genomesize.com），平均只有 1.35 Gb（Gb：10 亿个碱基对）。鸟类基因组的跨度很小，最小为黑颏北蜂鸟（0.9 Gb），最大为鸵鸟（2.1 Gb）。鸟类基因组的紧凑性暗示来自转座子及其下行序列的重复元件在基因组中出现的频率较低（International Chicken Genome Sequencing Consortium，2004）。鸟类基因组的大小与其生理指标相关，例如与红细胞大小成正比，与代谢速率则成反比（Gregory，2002）。据推测，小基因组是在飞行相关的进化过程中被选择出来的（Hughes and Hughes，1995）。但是，Organ 等（2007）认为基因组变小在鸟类开始飞行之前就已经存在。另外，也有文献支持解释鸟类小基因组的非适应性和中性进化理论（Lynch and Conery，2003；Nam and Ellegren，2012）。

1.3 染色体

1.3.1 核型

鸟类染色体核型在进化过程中异常稳定（Burt et al.，1999；Ellegren，2010）。推测鸟类的祖先有 $2n=80$ 条染色体，鸡染色体核型（$2n=78$）唯一的改变就是源于祖先的 4 号和 10 号染色体的融合（Shibusawa et al.，2004；Griffin et al.，2007）。当然还有其他变化情形，因为鸟类的染色体数目介于 40～126 条之间（Griffin et al.，2007）。鸟类核型拥有一个独特特征：大多数鸟类具有很多"微小染色体"，这与一些爬行动物类似（Janes et al.，2010）。微小染色体的定义在某种程度上讲有些武断（Masabanda et al.，2004），但通常微小染色体是指那些体积太小以至于不能通过标准的核型分析方法来予以区分的染色体。

那些具有更少染色体数目的鸟类（猎鹰，Nishida et al.，2008；鹰和雕，de Oliveira et al.，2005；石鸻，Nie et al.，2009），部分微小染色体已经融合到祖先的大染色体中，或者它们彼此间发生融合。研究者很难确定微小染色体间的直系同源关系，因为从一个物种微小染色体获得的序列常常不能与其他物种的微小染色体杂交（e. g.，Nie et al.，2009），这个现象暗示微小染色体中含有大量快速进化的重复 DNA。鸟类进化过程中染色体易位现象非常少见（Griffin et al.，2007），而染色体倒位却较为常见（Warren et al.，2010；Zhang et al.，2011；Skinner and Griffin，2012）。有趣的是，在火鸡中似乎是近端着丝粒染色体占优势（着丝粒处于或靠近染色体端粒）（Zhang et al.，2011），而在猎鹰和鹰是中部着丝粒染色体占优势（着丝粒处于或靠近染色体中间）（Nishida et al.，2008）。

1.3.2 性染色体

所有鸟类与部分爬行动物共有的另一个特点是 ZW 性染色体模式，其中雄性是同型配子类别（ZZ），而雌性是异型配子类别（ZW）。尽管相同的基因或常染色体被重复使用，性别决定在脊椎动物中已经独立进化了多次（Marshall Graves and Peichel，2010；Ellegren，2010）。平胸鸟的 W 染色体与 Z 染色体差异程度最小（可能是从祖先的常染色体进化而来的），相比平胸鸟，其他鸟类的 W 染色体更小，基因更贫乏，且含有大量重复序列（Marshall Graves and Shetty，2001）。*DMRT*1 是 Z 染色体特异基因，在雄性化过程中发挥主要作用（Smith et al.，2009）。尽管已知存在细胞自主性和激素两种性别决定通路，但这两种通路间的相互作用关系还尚未完全阐明（Zhao et al.，2010）。在后面的章节中将进一步讨论性别分化的相关问题。

1.3.3 端粒和着丝粒

鸟类及其他所有脊椎动物都有典型的 TTAGGG 端粒重复序列。然而，鸡、火鸡和其他鸟类有数量可变的异常大的端粒重复区域，可长达 3～4 Mb（Mb：百万个碱基对）（Delany et al.，2000；O'Hare and Delany，2009）。这些巨型端粒的功能仍然未知，但它们偏好存在（不是完全一定）于一些特定染色体上（Delany et al.，2007；O'Hare and Delany，2009）。鸡的着丝粒也值得特别提及。虽然大多数物种的着丝粒含有典型的长染色体特异性简单重复序列（>100 kb），但是 GGA5、GGA27 和 GGAZ 的着丝粒却非常短（约 30 kb），而且缺少常见的重复结构（Shang et al.，2010）。利用同源重组技术，克隆并研究这些着丝粒（Shang et al.，2013），有望使鸡成为研究脊椎动物着丝粒的主要模型系统。最后需要指出的一点是，斑胸草雀，或许还有其他一些鸟类，拥有一条种系特异的染色体，但其具体功能仍不清楚（Itoh et al.，2009）。

1.4 基因组测序

1.4.1 测序方法

目前，所有完成测序的鸟类基因组都采用了全基因组鸟枪法，根据数百万条随机短序列（reads）间的重叠关系，沿基因组构建出连续的长序列（contigs）。由于重复序列相对较少，鸟类基因组适合用鸟枪法来测序。通过构建不同片段大小的文库和双端测序，然后将 contigs 组装成 scaffolds（包含大小经过校准的缺口）。即使基因组被深度测序，也会产生成百上千条 scaffolds。理想情况下，用物理图谱（基于细菌人工染色体载体上的基因组序列构建）和（或）连锁图谱，可以排列和定位这些 scaffolds（表 1.1）。

表 1.1　鸟类参考基因组测序组装

物种/全基因组测序项目[1]	组装版本和发表时间[1]	测序方法[2]	测序深度	基因组大小 (Gb)[3]	染色体组装[3]	Scaffold N50 (Mb)[4]	Contig N50 (kb)[4]	覆盖度[5]	参考文献
鸡 AADN03	Gallus _ gallus-4. 0 2011 年 11 月	Sanger	6. 6×	1. 047	Yes	12. 9	280	96%	International Chicken Genome Sequencing Consortium，2004[6]
火鸡 ADDD01	Turkey _ 2. 01 2011 年 2 月	Roche Illumina	30×	1. 062	Yes	0. 86	12. 5	89%	Dalloul et al.，2010
斑胸草雀 ABQF01	Taeniopygia _ guttata-3. 2. 4 2013 年 2 月	Sanger	6×	1. 232	Yes	8. 24	38. 6	96%	Warren et al.，2010
虎皮鹦鹉 AGAI01	Melopsittacus _ undulatus _ 6. 3 2012 年 2 月	Roche Illumina	23×	1. 117	No	10. 6	55. 6	NR	7
虎皮鹦鹉	Koren et al. 2012 年 7 月	Roche Illumina Pacific Biosciences	63×	1. 07	No	NR	100	NR	8
白领姬鹟 AGTO01	FicAlb _ 1. 4 2012 年 11 月	Illumina	85×	1. 116	Yes	7. 3	450	NR	Ellegren et al.，2012
中嘴地雀 AKZB01	GeoFor _ 1. 0 2012 年 6 月	Illumina	115×	1. 065	No	5. 3	30. 5	NR	9
大嘴地雀	Rands et al. 2013 年 2 月	Roche	6. 5×	0. 96	No	0. 38	30. 5	89%	Rands et al.，2013

（续）

物种/全基因组测序项目[1]	组装版本和发表时间[1]	测序方法[2]	测序深度	基因组大小 (Gb)[3]	染色体组装[3]	Scaffold N50 (Mb)[4]	Contig N50 (kb)[4]	覆盖度[5]	参考文献
原鸽 AKCR01	Cliv _ 1.0 2013 年 2 月	Illumina	63×	1.108	No	3.15	26.6	88%	Shapiro et al.，2013
波多黎各鹦鹉 AOCU01	AV1 2013 年 1 月	Illumina	27×	1.175	No	0.019	6.9	76%	10
游隼 AKMT01	F _ peregrinus _ v1.0 2013 年 2 月	Illumina	107×	1.172	No	3.9	28.6	99%	Zhan et al.，2013
猎隼 AKMU01	F _ cherrug _ v1.0 2013 年 2 月	Illumina	114×	1.175	No	4.2	31.3	97%	Zhan et al.，2013
藏地山雀 ANZD01	PseHum1.0 2013 年 1 月	Illumina	96×	1.030	No	16.3	165	NR	11
绿头鸭 ADON01	BGI _ duck _ 1.0 2013 年 4 月	Illumina	60×	1.107	Yes	1.23	26.1	95%	12
白喉带鹀	ASM38545v1 2013 年 4 月	Illumina	95×	1.053	No	4.9	113	NR	13

1 NCBI 数据库收录的鸟类全基因组测序编号，组装版本和公布日期（http：//www. ncbi. nlm. nih. gov/assembly，截至 2013 年 5 月 14 日）。表中列出了最新的版本和日期，其中一些数据信息比表格中的参考文献的信息要新。表中参考文献中列出了未收录进 NCBI 中的组装序列。

2 测序方法（见 Metzker，2010），尽管后来在某些情况下通过替代方法补充。

3 测序总碱基数一般包括 scaffolds 间的 gap 区域。"染色体组装"列说明 scaffolds 是否排序及比对到染色体上（译者注：原文这一列没有上标 3）。这种排序和比对一般是通过连锁图谱（所有列举的）、细菌人工染色体重叠物理图谱（鸡、火鸡、斑胸草雀）、比较基因组图谱（火鸡、白领姬鹟和鸭）和（或）辐射杂交图谱（鸡）来进行的。

4 N50 是基因组组装长度达到一半时 scaffold 或者 contig 的大小。

5 基因组覆盖度是根据常染色体基因组大小进行计算得到的。NR：没有报道结果。隼的基因组覆盖度可能过高估计（参见正文中）。

6 International Chicken Genome Sequencing Consortium，2004。测序个体为家鸡祖先红色原鸡。

7 Ganapathy G.，Howard J.，Jarvis E. D.，et al.，2012. Draft genome of Melopsittacus undulates budgerigar version 6.3. 直接提交到 NCBI 中。

8 Koren S.，Schatz M. C.，Walenz B. P.，et al.，2012. Hybrid error correction and de novo assembly of singlemolecule sequencing reads. Nat. Biotechnol. 30，693-700.

9 Zhang G.，Parker P.，Li B.，et al.，2012. The genome of Darwin's Finch（*Geospiza fortis*）. Gigascience. Available from：http：//dx. doi. org/10. 5524/100040.

10 Oleksyk T. K.，Pombert J. F.，Siu D.，et al.，2012. A locally funded Puerto Rican parrot（*Amazona vittata*）genome sequencing project increases avian data and advances young researcher education. Gigascience 1，14.

11 Cai Q.，Lang Y.，Li Y.，et al.，2013. The genome sequence and adaptation to high land of Hume's groundpecker Pseudopodoces humilis. Direct submission to NCBI Genbank.

12 Huang Y.，Li Y.，Burt D. W.，et al.，2013. The duck genome and transcriptome provide insight into an avian influenza virus reservoir species. Nat. Genet. 45，776-783.

13 White-throated sparrow consortium，2013. Zonotrichia albicollis genome sequencing. Direct submission to NCBI Genbank.

鸡（International Chicken Genome Sequencing Consortium，2004）和斑胸草雀（Warren et al.，2010）的基因组是用 Sanger 测序法测序的，每条测序的短序列对应于单个重组克隆文库。Sanger 测序方法目前仍是基因组测序的黄金标准方法。随着以并行测序方式对获得的 DNA 片段（不需克隆）直接测序的二代测序（next-generation sequencing，NGS）技术的出现，测序成本变得更低。通常情况下，NGS 的测序序列比 Sanger 的测序序列短，同时更容易产生错误，但是 NGS 更高的测序覆盖度弥补了这些缺点，至少这样拼接出的共同序列更加准确。各种 NGS 方法已被开发出来（Metzker，2010），第一个利用 NGS 方法测序的鸟类基因组是火鸡基因组（表 1.1），我们可以预见大规模鸟类基因组测序的新时代很快就将到来（Genome 10K Community of Scientists，2009）。

1.4.2 覆盖度

目前，大多数鸟类基因组测序的组装结果能覆盖其常染色质基因组 90%～95%的区域（基因组大小通常为 1.1～1.2 Gb；表 1.1）。覆盖度通常是通过计算不同 mRNA 转录本在基因组组装结果中的比例来评估的。高度重复异染色质序列，尤其是串联重复序列，几乎不可能被组装，从而导致所有脊椎动物参考基因组都缺少这些序列，但是这些重复序列往往包含有少量基因。例如着丝粒（参见 Shang et al.，2010）、端粒和 rDNA（GGA16 染色体上负责编码核糖体 RNA 的串联重复序列），这些序列通常被整体丢弃，或者作为基因组缺口列出。含有少量重复序列或基因匮乏的 W 染色体通常能成功组装。有些鸟类有高密度的连锁图谱和（或）以 BAC 为基础构建的物理图谱，所以这些鸟类的组装序列（scaffolds）可以依照染色体进行排序和定位。有时还可根据相近物种基因组的共有区域顺序一致的假设（比较图谱方法）进行染色体组装。然而，目前大多数采用 NGS 方法测序的鸟类基因组还没有组装到染色体水平（表 1.1）。那些不能确定位置的 scaffolds 被随意地归类为 chrUn（未知染色体），或者被命名为类似 chr1_random 这样的情况（已知是属于 1 号染色体，但其具体位置未知），或者简单地被列入未知位置的 scaffolds 列表。即便是鸡的基因组，对那些特殊的微小染色体（例如：GGA29-31、GGA33-38，大部分 GGA16 和 GGA32），到目前为止也没有把所有测序得到的 scaffolds 都准确地比对到具体位置，因此任何这样的序列都被归类为 chrUn。造成这种局面的部分原因是缺乏序列比对标记。然而，更主要的原因是，测序得到的序列里来自微小染色体的 DNA 的比例很少。产生这种结果的原因仍不清楚，但这种情况的发生很可能与微小染色体富含重复序列和高 GC 含量有关。最初认为该特点导致获得微小染色体 DNA 重组克隆很困难（微小染色体 DNA 片段在克隆文库中数量确实稀少），但是对于不用克隆文库方法的 NGS 而言，测序得到的微小染色体 DNA 序列也不多。鸡最小染色体 GGA25（大约 2.2 Mb）呈现出的序列看起来是合理的，但是该微小染色体和其他两个微小染色体（GGA28，Gordon et al.，2007；GGA16，Shiina et al.，2007）的序列组装都是有问题的，导致这种结果的部分原因是由于这些染色体富含重复序列。尽管微小染色体富含重复序列，多数情况下微小染色体也是富含基因的（International Chicken Genome Sequencing Consortium，2004）。需要说明的是，微小染色体 GGA29-38 是否是这种情况还不能确定。目前组装结果中 5%～10%缺失区域中的大部分序列均位于微小染色体和 W 染色体（表 1.1）。猎鹰基因组覆盖率达到97%～99%（Zhan et al.，2013），如此高覆盖率可能不是由于基因组微小染色体含量少，而是由于研究者根据克隆序列被发现的频率计算覆盖率，致使他们的测试数据忽略了微小染色体的问题。

1.5 基因组注释

参考基因组的价值取决于其注解结果的好坏（Yandell and Ence，2012）。注释即是将

DNA 序列与基因、mRNA 和蛋白质等所有获得的信息联系起来。基因组测序工作完成后，有两种基因组注释策略：①基于已有证据的方法，该方法使用 RNA 或蛋白质组数据（见第 2 章、第 3 章），以及利用其他物种同源基因进行注释；②从头注释的方法，该方法使用计算机搜索开放阅读框、可能的起始和终止密码子、剪切邻接位点，以及其他基于序列特征来预测那些缺少实验依据的基因。转座子元件是依据其在基因组中的重复情况、同其他物种转座子的同源关系，以及自身末端的结构特征来进行注释的（Jurka et al.，2005）。调控序列的注释（例如转录因子结合位点）更容易出现问题，其注释结果既依赖于与其他物种基因组的比对结果，又需要全基因组 DNA 甲基化和染色质免疫沉淀（chromatin immunoprecipitation，ChIP）分析得到的证据支持。人类 ENCODE 项目是一个成功范例（The ENCODE Project Consortium，2012），但是对鸟类来说，获得同等水平的注释数据还需要一段时间。鸟类基因组序列的许多注释工作依赖于其他物种的基因组注释信息，因此相关工作还没有组织开展。对于那些具有物种专属功能的基因和序列元件（仅在给定的物种或仅在鸟类中存在），基因组注释结果往往是不准确的。因此，人们应该谨慎地接受目前仅仅依赖计算机分析鸟类基因组序列得到的结论。

1.6 基因组浏览器

大多数用户依靠一个或多个基因组浏览器使用基因组序列数据。目前，主要有三个基因组浏览器：美国加州大学圣克鲁兹分校（University of California at Santa Cruz，UCSC）基因组生物信息学中心的网站（www.genome.ucsc.edu），ENSEMBL 的网站（www.ensembl.org），以及美国国家生物技术信息中心（National Center for Biotechnology Information，NCBI）的基因组图谱网站（www.ncbi.nlm.nih.gov/genome）；除此之外，还有专注于鸟类研究的网站，如“鸟类基因组”（aviangenomes.org）和“鸟类数据库”（birdbase.arizona.edu/birdbase）。所有的基因组浏览器都采用相同的参考序列信息，比如一套染色体的信息、scaffolds 信息，或两者兼有。序列特定属性（基因、ChIP 结合位点、RNA 序列和同源序列信息等）以单条轨道的形式显示在基因组上（图 1.1）。基因组浏览器呈现的数据的质量取决于基因组序列组装和注释信息的质量。不是所有鸟类的基因组信息在每个浏览器网站上都可以找到，也不是每个基因组版本（依据新数据更新版本）对所有轨道都更新其注释信息。浏览器网站上各种选项中的内容时常在更新变化。

1.7 基因

所有鸟类的基因组在脊椎动物祖先基因组产生之前就通过两次全基因组复制事件进行了进化（Van de Peer et al.，2009）。一个常被引用的例子是在大多数脊椎动物中发现的 4 个 *HOX* 同源框发育转录因子基因簇（例如鸡 GGA2 上的 *HOXA* 基因簇；GGA27 上的 *HOXB* 基因簇，图 1.1；GGA7 上的 *HOXD* 基因簇；chrUn 上的 *HOXC* 基因簇，其可能位于微小染色体上）的进化情况。大多数情况下，潜在的 4 个祖先基因或者基因簇中的一个或多个在随后的进化过程中丢

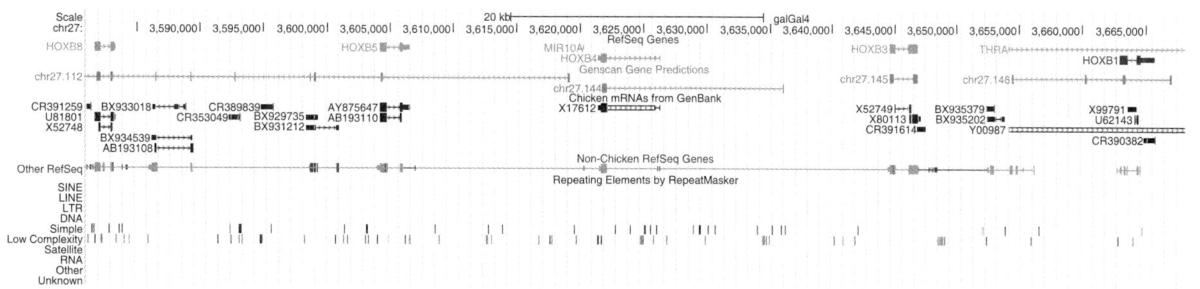

图 1.1★ UCSC Genome Browser 展示的鸡 27 号染色体上 *HOXB* 基因簇视图

视图顶部显示的是序列坐标 chr27：3 581 000～3 668 000，该序列是国际鸡基因组测序委员会于 2011 年 11 月发布的 Gallus_gallus-4.0 组装版本。由上至下显示 5 个轨道：①RefSeq 基因（蓝色）：五个 *HOXB* 基因，一个 microRNA *MIR10A* 基因，和部分重叠的 *THRA* 基因；②Genscan 基于从头预测的方法建立的基因模型（浅棕色，注意很多不准确的外显子）；③比对到鸡 mRNAs 的序列（黑色）；④其他物种与 RefSeq 基因同源的基因（蓝色）；⑤左侧为指定类型的重复序列（灰黑色框）名称，有趣的是，在大多数基因组中普遍存在的长散布核转座元件（LINE）在这里不存在。前三个轨道中，实心框表示外显子，其中编码区的框较非翻译区宽；细线表示内含子，线上的箭头表示转录方向。鸡 mRNAs 应该是与全长 cDNA 克隆互补的序列，但是通常并非如此（如图所示），那些没有内含子的 mRNAs 可能是人为造成的（基因组 DNA 片段污染 mRNA 所导致）。该视图是使用以下轨道设置生成的：碱基位置和 RepeatMasker 设置为完全（full）；RefSeq 基因、Genscan 基因和鸡 mRNAs 设置为紧凑（pack）；其他物种 RefSeq 基因设置为高密度（dense）；所有其他轨道设置为隐藏（hide）。虽然只有 5 个 *HOXB* 基因显示为经 RefSeq 注释，但利用鸡 mRNAs（BX931212、BX934539、BX935202）和与其他物种 RefSeq 基因的同源性（此处仅以密集模式显示，以方便缩放）比较并延伸起始坐标至 chr27：3 530 000，也发现了与 *HOXB*2、*HOXB*6、*HOXB*7、*HOXB*9 和 *HOXB*13 同源的基因。于 2013 年 5 月 28 日登录 UCSC Genome Browser Gateway，网址为 http：//genome. ucsc. edu（Kent et al.，2002）。

失了。或是，对于 *HOX* 基因簇，就其执行的生物学功能来讲，其已经进化成异于祖先该基因簇功能的新基因簇，如此可以解释该基因簇在选择压力作用下为什么仍得以保留。另一个基因进化的主要力量是基因家族的扩张和收缩（常常存在于基因组的局部区域）。例如，嗅觉受体基因 γ-c 分支（分化最快的基因家族之一）在鸡和斑胸草雀基因组中高度扩张，而在猎鹰基因组仅有一个或者两个基因拷贝（Zhan et al.，2013）。

按照相关研究所使用的方法和已有证据，人们估计鸟类基因组有 15 000～20 000 个编码蛋白质的基因，但需要注意的是，由于可变剪接、多个转录起始位点和多聚腺嘌呤位点等原因，单个基因可以产生多个转录本和蛋白质。随着对不断积累起来的转录组和蛋白质组数据的分析，这个数字最终也许会稍微小一些（见第 2 章和第 3 章）。有些证据表明，鸟类基因组进化过程中丢失基因的速度要高于产生基因的速度（International Chicken Genome Sequencing Consortium，2004），但是鉴于鸟类基因组尚未注释完全，这种说法还需谨慎看待。最可信的已被识别的基因是 NCBI 中 RefSeq 数据库里那些已经被注释的基因（http：//www. ncbi. nlm. nih. gov/projects/RefSeq/），但是 RefSeq 展示的基因集是保守的（低假阳性率和更高的假阴性率）。例如，鸡可能至少有 10 种 *HOXB* 基因，而在 RefSeq 数据库里仅公布了 5 个（图 1.1）。然而，即使某个感兴趣的基因不存在 RefSeq 基因集合中，通过使用 mRNA 信息和其他物种基因和（或）蛋白质序列同源性进行比对分析，也可以将这个基因直接鉴定出来。除鸡以外，其他鸟类的基因组注释很不完善，在其他鸟类采用这种方法鉴定基因尤为重要。

1.8 转座子

尽管采用不同的方法估计出来的数据差异很大，但是如前所述，总体看来鸟类基因组含有较低水平的转座元件衍生出来的重复序列（低于组装序列的10%）（来自鸡、斑胸草雀和火鸡的数据分析结果，Zhan et al.，2013；Warren et al.，2010；Dalloul et al.，2010）。鸡的重复1型长散在核转座元件是鸟类中主要的转座子，但它在雀形目基因组中只占很小一部分（Warren et al.，2010；Ellegren et al.，2012），斑胸草雀基因组中则是长末端重复转座子相对较多。短散在重复原件转座子在鸟类基因组中极为罕见（不到全基因组序列的0.1%），暗示在鸟类基因组中短散在重复原件转座子的转座能力很久以前就消失了（International Chicken Genome Sequencing Consortium，2004）。DNA转座子序列占火鸡和鸡基因组近1%，但在其他鸟类基因组里相当稀少。对于大多数转座子家族而言，似乎只有少量的拷贝仍然有转座活性（Wicker et al.，2005）。对这一说法同时需要声明的是：仍有5%～10%的基因组无法组装，尤其是在高重复序列区域。总体而言，在鸟类进化过程中转座子拷贝的删除速度似乎比新转座子产生的速度高3～5倍（Nam and Ellegren，2012）。

1.9 基因组多态性

1.9.1 SNP检测

早在基因组测序之前，至少是鸡和火鸡的基因组图谱，特别是连锁图谱就已经存在（Siegel et al.，2006），这些图谱在确定scaffolds染色体位置方面起到了重要的补充作用。然而，NGS允许人们首先对基因组进行测序，然后使用该序列绘制高分辨率图谱，以改善组装和定位性状编码基因座。测序提供了连锁分析的关键要素：DNA多态性。这些多态多为单核苷酸多态（SNP）和拷贝数变异。多态性是参考基因组精确组装的障碍，所以最理想的情况是对基因纯合单一个体进行测序（最好是近交和遗传单一个体）。这在鸡中是可行的，除原鸡以外，鸡基因组测序用了其他3个平行个体，产生了近300万个SNP，这为高密度基因型鉴定分析奠定了初步基础（International Chicken Polymorphism Map Consor-tium，2004）。对于其他大多数鸟类，测序个体最多只有轻度的近交程度，因此在成对染色体之间产生了大量的SNP变异（通常对ZZ雄性个体进行测序）。更多的SNP可以通过其他样本的高通量（NGS）测序（重测序）或高通量RNA测序（RNA-seq）获得。

1.9.2 SNP多态性

鸟类基因组呈现高度多态性，其平均杂合率（π）为每一千碱基2～10个SNPs（International Chicken Polymorphism Map Consortium，2004；Balakrishnan and Edwards，2009；Ellegren et al.，2012；Shapiro et al.，2013）。这个值大大超过人类（除猎鹰以外，Zhan et al.，2013），这可能反映出各种鸟类在进化过程中有效群体规模很大。NCBI dbSNP数据库（www.ncbi.nlm.nih.gov/snp）目前列出了超过940万个鸡参考SNP。尽管商业育种减少了鸡基因组SNP的数量（Muir et al.，2008），但是肉鸡和蛋鸡（在较小程度上）仍然保持着相对较高的遗传多样性。这就解释了为什么即使经过50年高强度的选择，在提高经济性状方面，商业育种还是可以不断取得进展；这也证明了鸡有避免近交衰退的能力。应当注意的是，大群体深度测序在任何鸟类都还没有进行，因此上述讨论只是考虑相对常见的 SNPs（这些 SNP 是古老的，有充分的时间在群体中扩散）。确实，由于世界范围内商品鸡的数量巨大，可以推测几乎每一个碱基对位置都存在极为稀有的 SNPs，但这些 SNPs 长期存在的可能性极低。

1.9.3　重组

鸡高密度 SNP 基因型分型芯片已经问世（Kranis et al.，2013），其可以用于连锁定位和关联分析。连锁分析主要通过计算家系基因型在减数分裂过程中的重组率进行基因定位，而关联分析则依赖于群体中广泛存在的连锁不平衡（linkage disequilibrium，LD）（共分离或连锁等位基因的非随机关联性）。基因组局部区域重组率越高，连锁不平衡（LD）水平就越低，所以高重组率能够增加图谱分辨率。高密度图谱的制作需要高密度的分子标记芯片。每百万碱基对序列中鸡基因组比哺乳动物基因组的平均重组率要高（International Chicken Genome Sequencing Consortium，2004），不同染色体比较来看这样的重组率变化差异很大。因为在每次减数分裂时微小染色体至少需要发生一次交叉互换，那么它的重组概率大于 50%（50cM）。所以，一个 4Mb 的微小染色体（如 GGA22）每百万碱基对出现基因重组的概率超过 12.5%（12.5cM/Mb），是典型哺乳动物基因重组率的 10 倍以上。这使得微小染色体的定位有更高的分辨率（因为它们通常富含基因，这有利于定位），但这需要更大的样本用于基因型分型。斑胸草雀（也许大多数的鸟类，如果不是所有鸟类的话）也发生了同样的趋势，然而有趣的是，斑胸草雀个体染色体内发生的重组更加多变（Backström et al.，2010）。鸡端粒 10 Mb 区域内重组交换事件的密度有明显增高的趋势，斑胸草雀的这种情况比鸡更加明显（这种差别只能在超过 20 Mb 的大染色体上观察到）。斑胸草雀大染色体中心附近的 LD 值应该更大，这使得在这些染色体上鉴定影响性状的特定基因或者等位基因变得更加困难［有关鸟类基因组重组效应更多的论述，参见 Ellegren（2005）和 Backström 等（2010）］。

1.10　从序列到表型

1.10.1　鸟类特有基因

除了为找到 SNPs、基因、转录本和非编码 RNA 等信息之外，序列分析更主要的目标是增加对鸟类表型的认识。对于农业动物来说，经济性状往往受到最大的关注。在过去 6 000 年的驯养过程中或开始商业育种以来，许多经济性状相关等位基因都已受到选择。而对于野生鸟类，对生态和进化问题的研究占据主导地位，其中一些有趣的性状产生时间甚至可以追溯到数百万年前的物种形成时期（Ellegren et al.，2012）。

总体来说，人们对哪些基因或等位基因使鸟类产生了特有的生理特征知之甚少。如上所述，注释和鉴定鸟类独有的种系特异性基因（等位基因）的功能非常困难。现在已经清楚，鸟类已经极大地扩张了角蛋白基因的种类（构成羽毛、鳞片和爪的角质蛋白），当然，鸟类保留了与大部分爬行动物一样的产蛋基因（International Chicken Genome Sequencing Consortium，2004；Warren et al.，2010），但是很显然还有很多鸟类特有基因需要进一步了解。除了发现某些种类基因保留或消失的现象之外，研究者还从基因进化速率研究方面得出了相关结论。通常用编码氨基酸的核苷酸替代率和同义变化率之间的比值来评估基因进化速率（KA/KS 比率）。高比值表明等位基因受到正向（分化多样性）选择，这样会增加物种适应性，而低比值意味着负向（清除）选择，如此则消除了进化上保守基因等位基因的多样性。例如 Warren 等（2010）发现，斑胸草雀负责听觉的前脑中差异表达的基因受到正向选择，暗示这些基因可能在鸣唱行为进化过程中发挥作用。类似的正向选择（以及基因复制）研究还鉴定出了影响达尔文雀（Rands et al.，2013）和猎鹰鸟喙形状的候选基因（Zhan et al.，2013）。

1.10.2 突变和 QTL 定位

基于鸡参考基因组序列，结合利用高密度 SNP 图谱和基因型分型芯片，有利促进了几个孟德尔（单基因）性状因果等位基因的鉴定工作（Davey et al.，2006；Gunnarsson et al.，2007；Eriksson et al.，2008；Wright et al.，2009；Dorshorst et al.，2010；Hellström et al.，2010；Dorshorst et al.，2011；Robb et al.，2011；Imsland et al.，2012；Ng et al.，2012；Wang et al.，2012；Wells et al.，2012）。鸡的很多品系中存在着特殊的突变，而这些品系有特殊的生理或免疫特征（Delany，2004；Robb et al.，2011），这些突变是否是影响这些特征的因果突变有待于通过上述方法分析鉴定。鸡已经被广泛用于众多数量性状基因座（QTL）的定位研究中。鸡 QTL 数据库（www.animalgenome.org/cgi-bin/QTLdb/GG/index）中已有超过 3 800 条 QTL 记录。最近，研究者在火鸡和斑胸草雀上也已经开展了类似的 QTL 分析工作（Aslam et al.，2011；Schielzeth et al.，2012a、b）。

1.10.3 重测序

随着 NGS 高通量测序成本的降低，对鸟类少量样本的基因组研究可以采用重测序的方法，以替代先前的 SNP 基因型分型芯片技术。在这种情况下，我们可以选择：①测序整个基因组（通常将父母和/或同胞作为对照组），或者②如果感兴趣的等位基因可能位于编码区，则去测序"外显子组"（设计并合成芯片，通过探针杂交方法富集外显子 DNA）（Ng et al.，2009）。随之而来的挑战是在无关序列多态性和测序错误的背景中鉴别潜在的候选因果突变。各种数据过滤方法可以被用于降低由于测序错误而产生的背景干扰。常见多态性可以剔除，不予考虑，因为它们不太可能产生典型的有害突变性状。根据进化保守性和蛋白质产物预测效应（编码区突变），可以在剩余结果中搜索到可能导致显著表型变化的候选等位基因。例如，利用鸽基因组重测序数据（Shapiro et al.，2013），找到了一个影响头冠性状的 *EphB2* 等位基因。在更广泛的层面上，重测序技术可用于鉴定基因组片段，如与选择特征有关的基因组片段，这些片段在受选择的群体中表现为罕见的多态性缺失。因为选择信号相关片段来自一个连锁不平衡区域中的多个 SNPs，所以相对于背景值其更容易被鉴别出来。Rubin 等（2010）利用重测序方法对家养肉鸡、蛋鸡和红色原鸡的 9 个 DNA 混池样品进行重测序，找到了 70 多个可能与人工驯化和（或）后期商业育种有关的基因组区域。最近，Ellegren 等（2012）对领鹟和花斑鹟基因组进行了重测序，发现了大约 50 个大片段的基因组分化岛（约

400kb)，这些分化岛具有种间高度分化（和种内低度分化）的特征，其中有些区域可能参与这两个物种在过去 200 万年的分化过程。对于解读鸟类基因组中蕴藏的众多生理、行为和进化相关的精彩故事来讲，我们才刚刚拉开序幕。转录组和蛋白质组分析作为另外的强有力工具，可以将基因表达和表型性状联系起来，相关内容将分别在第 2 章和第 3 章讨论。

1.11 结论和小结

鸡的基因组测序事件是鸟类生物学研究的分水岭，斑胸草雀和火鸡的基因组测序工作也已经在 2010 年完成，现在我们正处于大规模鸟类基因组测序及研究的前沿时代。除了能提供基因、转座子和其他元件序列内容信息外，基因组序列还是转录组学、蛋白质组学、连锁图谱构建和其他工具方法开发的核心基础。特别重要的是，鸟类基因组参考序列数据为其他平台和分析方法的建立奠定了基础，比如基因组重测序和 SNP 芯片的设计（上面已经提及）、染色质免疫共沉淀测序和甲基化测序、RNA 测序和表达谱芯片以及蛋白组学。总之，这些研究领域为鸟类生理学各个方面的研究提供了关键的遗传参考信息。

所有鸟类基因组现在都还是序列不完整的草图，尤其是缺乏微小染色体序列信息。现在面临的主要挑战仍然是填补基因组组装中的缺口和正确定位这些缺口信息在染色体上的位置。更大的挑战是准确地注释影响基因表达及其调控的所有序列元件。到目前为止，鸟类基因组的大部分注释结果来自于其他物种的信息，这样必然会丢失决定鸟类种系特征序列信息的注释。即将到来的鸟类基因组学时代将以阐明各种序列元件的功能作为重点。基因组学和生理学必将结合，最终解释表型和基因型之间的关系。

尽管参考基因组测序是关键的第一步，二代测序方法可以对任意物种的多个个体进行基因组测序，这为解决生态和进化问题（如多样性和物种形成）以及家养动物经济性状（如肌肉生长、抗病力和繁殖力）的遗传基础提供了途径。我们不久将获得数千种不同鸟类的基因组序列，其中一些鸟类将至少有成百上千个个体的基因组序列。同样，我们也将会获得这些鸟类表观组学、转录组学和蛋白组学的数据。我们该如何整合这些数据，更透彻地理解大约 1 万种现存鸟类近 2 亿年的鸟类隔离进化过程？这是下一代鸟类生理学家将要面对的挑战。

参考文献

（原辉、李辉译，李辉校）

第 2 章　生理系统的转录组学

Tom E. Porter

缩略语

ACTH，Adrenocorticotropic hormone gene　促肾上腺皮质激素基因

*ADRB*2，Beta 2 adrenergic receptor gene　β2 肾上腺素能受体基因

ALD，Anterior latissimus dorsi　前背阔肌

cDNA，Complementary DNA　互补 DNA

*DIO*2，Thyroid hormone deiodinase 2 gene　甲状腺激素脱碘酶 2 基因

DNA，Deoxyribonucleic acid　脱氧核糖核酸

CGA，Alpha subunit of thyroid-stimulating hormone gene　促甲状腺激素 α 亚基基因

ESTs，Expressed Sequence Tags　表达序列标签

*GLUT*1，Glucose transporter 1 gene　葡萄糖转运蛋白 1 基因

*GRM*8，Type 8 glutamate receptor gene　谷氨酸受体 8 基因

LPS，Lipopolysacharide　脂多糖

MAPK，Mitogen-activated protein kinase　丝裂原活化蛋白激酶

miRNA，Micro-RNA　小 RNA

mRNA，Messenger RNA　信使 RNA

NFκB，Nuclear factor kappa B gene　核因子 κB 基因

*NPYR*5，Neuropeptide Y receptor type 5 gene　神经肽 Y5 受体基因

PLD，Posterior latissimus dorsi　后背阔肌

POMC，Pro-opiomelanocortin gene　前阿黑皮素原基因

PPARγ，Peroxisome proliferator-activated receptor gamma gene　过氧化物酶体增殖物激活受体 γ 基因

RNA，Ribonucleic acid　核糖核酸

RNAseq，Massively parallel sequencing of RNA　大规模并行 RNA 测序

TTR，Transthyretin gene　转甲状腺素蛋白基因

2.1 引言

大脑如何整合环境信号来调控行为、发声和繁殖？ 内分泌组织如何根据内部和外部信号协调生理反应？ 是什么控制免疫细胞对病原体做出反应？ 肌肉组织分化和发育的潜在机制是什么？ 肝脏、胃肠道和脂肪组织怎样调控营养成分吸收及代谢？ 心血管系统如何应对机体和环境需求？ 这些问题已经困扰生理学家数十年。 多种多样研究方法的应用已经使我们了解了这些领域的相关知识。 随着多种鸟类的基因组被测序（见第 1 章）以及全基因组层面 mRNA 分析工具的开发，生理学家已经开始在全基因组层面解决这些悬而未决的问题。 转录组学也被称为转录水平表达谱和功能基因组学，包括大范围而且在全基因组层面上（大多数情况下）利用 DNA 芯片和最近流行的高通量 RNA 测序技术（RNAseq）分析样本的 mRNA 表达水平。 本章重点介绍鸟类生理学家利用转录组学解决引言部分提出的相关科学问题方面所做的工作及其结果。

2.2 早期工作

鸟类表达谱的第一项重要工作是在鸡上开展的。 在 2004 年鸡基因组序列发布之前，1999—2002 年间，提交至 GenBank 数据库的鸡表达序列标签（ESTs）的数量大幅增加。 在这 4 年里，鸡 ESTs 数量从开始的几百条到超过 40 万条。 目前，在 GenBank 数据库中保存有 688 203 条 ESTs。 十多种基因芯片平台的开发正是基于这些 ESTs 的组装结果。 这些基因芯片生产的细节已经有详细报道（Cogburn et al.，2007；Gheyas and Burt，2013）。 2001 年，三篇重要文章的发表标志着鸟类转录组学研究的开始（Liu et al.，2001；Morgan et al.，2001；Neiman et al.，2001）。 鸟类的第一张代表淋巴组织包含大约 2 000 个基因 cDNA 的 cDNA 芯片是以尼龙膜为支撑材料制备的。 随后的几年中，人们相继开发了几种组织特异性 cDNA 芯片（Bailey et al.，2003；Carre et al.，2006；Cogburn et al.，2003，2004；Ellestad et al.，2006）。 同时，有两个研究小组开发了涵盖鸡半数以上表达基因的 cDNA 芯片（Burnside et al.，2005；Cogburn et al.，2004）。 随后，这些 cDNA 芯片被新开发出的寡核苷酸芯片所取代，而这些寡核苷酸芯片上涵盖了绝大多数在鸡上表达的基因（Affymetrix，ARK-Genomics/Operon，Agilent）。 在建立鸡功能基因组基础和鸡全基因组序列刚刚释放不久的 5 年里，人们开发出了很多可在鸡全基因组水平上分析 mRNA 表达水平的工具。 随后开展的斑胸草雀（Li et al.，2007）和山齿鹑（Rawat et al.，2010）基因组研究项目借鉴了鸡基因组研究过程中建立的这些技术。 这些用于研究基因组学的工具已被迅速应用于对生理系统的研究，相关内容将在本章讨论。

早期鸟类转录组学研究结果经常给出一长串基因列表，说明一组样品相对于另一组样品基因表达上调还是下调。 虽然这些列表罗列出了可能参与生理反应的候选基因，但这样的结果没法使我们全面理解在调控这些生理反应时基因间是如何相互作用的。 基于样品处理后基因相应的表达模式或者基于时间序列实验中基因表达模式的变化情况，许多研究使用层次聚类、热图或者自组织映射（SOMS）方法对基因进行聚类。热图和 SOMS 聚类的例子见图 2.1 和图 2.2。采用这些研究方法其基本原理是：具有相似表达模式的基因可能共享某种基因表达调控机制，甚至受共同的转录因子调控。最近有文献报道，转录组学研究已经将差异表达基因放在已知或者预测的基因网络和调控通路中进行分析（见图 2.3 示例）。Ingenuity Pathway Analysis 是用于通路分析的常用软件之一。采用多种方法分析转录组数据，可以更全面清楚地了解参与生理过程的细胞通路、基因网络和基因表达转录调控。

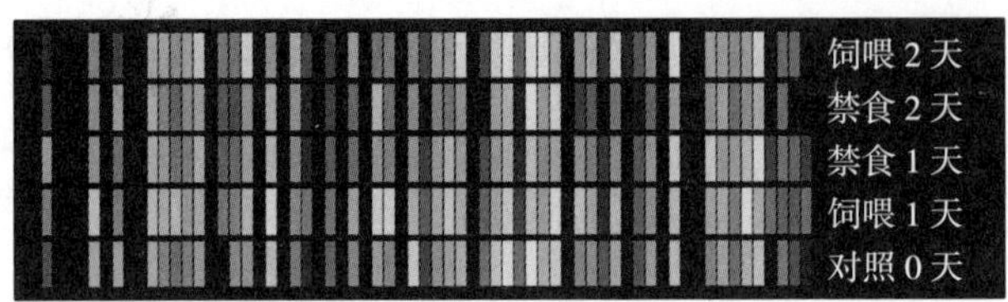

图 2.1★ 禁食或饲喂对新生雏鸡下丘脑 mRNA 表达水平的影响

利用 cDNA 芯片分析下丘脑 mRNA 样品，并对结果进行聚类分析。如图所示，禁食状态下有些基因的 mRNA 表达水平上调（红色）。表达上调的基因中包含 *DIO2* 和 *NPYR5*。这些数据已经发表（Higgins et al.，2010），但不是以这个形式。

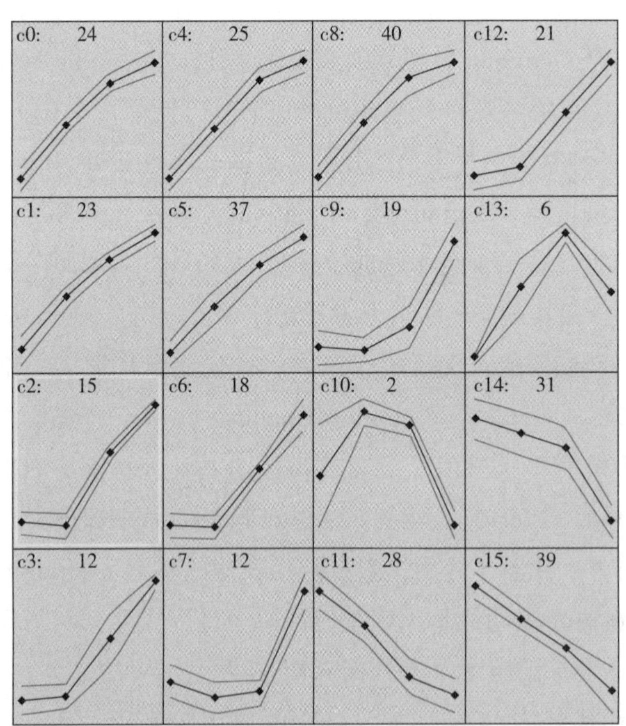

图 2.2★ 胚胎发育过程中垂体前叶 mRNA 水平自组织映射（SOMS）聚类

利用 cDNA 芯片分析来自胚胎发育第 12、14、16 和 18 天的垂体 mRNA 样品，并根据各发育时期的 mRNA 表达谱进行 SOMS 聚类分析。如图所示，簇 2（C2，黄色框）包括 15 个基因，这些基因的表达在胚胎发育第 16 天上调。上调基因簇中包括生长激素基因。这些结果之前以不同形式发表过（Ellestad et al.，2006）。

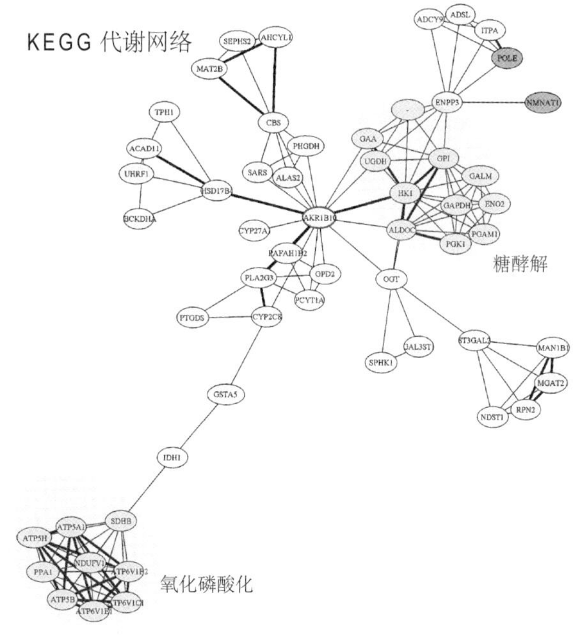

图 2.3　高、低体脂系鸡下丘脑组织差异表达基因网络

利用 cDNA 芯片分析两个遗传品系鸡下丘脑 RNA 样品，并利用 Ingenuity Pathway Analysis（IPA）软件对结果进行进一步分析。在高、低脂系下丘脑组织差异表达基因中包括参与糖酵解和氧化磷酸化的相关基因。详细研究结果参见 Byerly et al.（2010）。

2.3 神经系统

鸣禽的鸣唱是其求偶仪式的一部分，同时也是研究人类发声和中枢神经系统性双态的重要神经科学模型。然而，参与造成鸣禽两性之间发声差异的基因还不清楚。利用基因芯片技术，人们发现在遭受领地入侵时，自由生活的北美歌雀下丘脑基因表达在春季和秋季之间存在差异（Mukai et al.，2009）。在那些季节间差异表达的基因中，有参与调控甲状腺激素调节和作用的基因，包括促甲状腺激素 α 亚基基因（*CGA*）和转甲状腺素蛋白基因（*TTR*）。这些证据支持在季节性繁殖时，甲状腺激素在调控下丘脑应对外来入侵过程中扮演某种角色。斑胸草雀和金丝雀的高级发声中枢（HVC）组织中的基因表达也有类似特点（Li et al.，2007）。相对于全脑 RNA 样本，斑胸草雀和金丝雀 HVC 样本中有 190 个高表达的基因，暗示这些基因可能参与发声调控。利用基因芯片技术，孟加拉雀鸣唱控制核团 HVC 特异表达的基因也被鉴定出来（Kato and Okanoya，2010）。

在一项更详细的研究中，采用基因芯片技术，在斑胸草雀基底神经节的 X 区发现了数千个差异表达基因（Hilliard et al.，2012）。采用基因芯片分析方法也鉴定出了雄性斑胸草雀鸣声控制核中的表达基因，这些基因位于 Z 染色体上且参与细胞存活（Tomaszycki et al.，2009），表明这些基因在参与鸣唱雄性化的性双态神经核形成过程中发挥重要作用。对斑胸草雀和白喉鹀端脑开展了类似的基因表达芯片分析工作，结果表明雄鸟大多数的差异表达基因位于 Z 染色体上（Naurin et al.，2011）。然而，在这两种雀形目鸟中均差异表达的基因仅占上述所有差异表达基因的一半。分析斑胸草雀听叶的转录表达谱，发现当新鸣曲引入时，一些基因的表达发生了变化，而当鸟习惯于这些新鸣曲后，这些基因又恢复到原来的表达水平（Dong et al., 2009; London et al., 2009)。有趣的是，利用 RNA 测序技术，在鸟类端脑听觉应答区域找到一些 micro-RNAs(miRNA)，这些 miRNA 靶基因的表达变化受鸣曲影响(Gunaratne et al., 2011)，表明 miRNA 表达也可能影响鸟类鸣唱。

中枢神经系统在调控代谢、生长和身体组成方面扮演重要角色。然而，中枢神经系统中表达的基因如何在这些生理过程中发挥作用还不清楚。转录组学分析已经被用于鉴定参与这些过程的基因和基因网络。分析迁徙和非迁徙季节的白冠雀端脑转录组，发现参与葡萄糖转运的基因差异表达，例如葡萄糖转运蛋白 1(Jones et al., 2008)。这些发现表明在迁徙季节，神经系统需要更多的葡萄糖。在一项通过禁食扰乱新生雏鸡新陈代谢的实验中，采用基因芯片技术分析发现，禁食改变了下丘脑中一些参与调控代谢的基因的表达水平，例如甲状腺激素脱碘酶 2 基因(*DIO2*)和前阿黑皮素原基因(*POMC*，图 2.1)。这些研究结果提示下丘脑可以通过调控新陈代谢速率以补偿摄食不足(Higgins et al., 2010)。之前没有发现的一些与下丘脑调节进食和代谢有关的基因，现在也被鉴定出来了，如 β2 肾上腺素能受体基因(*ADRB2*)和谷氨酸受体 8 基因(*GRM8*)。在培养的下丘脑神经细胞中证实了 *ADRB2*、*GRM8* 及 *POMC* 在功能上存在联系，同时它们之间的功能关联程度与神经细胞的来源有关(来自于饲喂雏鸡或是禁食雏鸡)。

另外，有两份关于高、低体脂鸡(Byerly et al., 2010)和高、低体重鸡(Ka et al., 2011)下丘脑基因表达谱的研究。在高、低体脂鸡的下丘脑中，检测到参与葡萄糖传感、运输和代谢有关的基因在两品系间差异表达，表明下丘脑可能通过感应葡萄糖和代谢葡萄糖来调控鸡体脂(图 2.3)。与此相反，尽管高体重鸡贪食，对体重的正向选择并没有影响下丘脑中那些已知的参与调控摄食和代谢的基因的表达。这些研究结果证实，利用转录组研究技术可以确定中枢神经系统新鉴定的基因通路是如何参与生理过程的。

2.4 内分泌系统

转录组学技术已经被用于研究鸟类内分泌组织受激素处理前后基因表达的变化。早期利用基因芯片分析技术开展鸟类内分泌系统研究的一个例子是：建立了雏鸡松果体昼夜节律转录组表达谱(Bailey et al., 2003)。松果体数百个基因的表达随着昼夜节律变化而变化，包括参与褪黑素合成的基因。重要的是，这项转录组研究发现了许多与免疫、应激和激素结合相关的基因，启示这些基因在松果体扮演其他角色，或者松果体在其他生理系统活动中行使生物学功能。随后，对雏鸡视网膜进行了类似研究(Bailey et al., 2004)。比较分析发现，随着昼夜节律变化，尽管视网膜和松果体两种组织中表达变化的基因有重叠，但是也有明显的差异，这表明两种组织对昼夜节律的响应存在差异。有人利用基因芯片技术研究了甲状腺激素和生长激素对鸡肝脏基因表达的影响(Wang et al., 2007 b)，发现了数十个受甲状腺激素和生长激素调节的基因。有趣的是，这项研究同时发现这两个系统相互作用，如甲状腺激素水平影响生长激素受体和胰岛素样生长因子结合蛋白 1 基因的 mRNA 表达水平。

基因芯片技术也被用于研究鸟类肾上腺对促肾上腺皮质激素(ACTH)刺激的反应。注射 ACTH 可以提高肾上腺中几个类固醇合成基因的 mRNA 表达水平，也促进一些行使其他功能基因的表达，如参与转录、细胞分裂和电子传递的基因（Bureau et al.，2009）。通过给鸡注射胰岛素抗血清，来评估胰岛素的免疫中和作用（Simon et al.，2012）。肝脏和肌肉芯片样品的 mRNA 表达谱分析结果表明，超过 1 000 个基因的表达水平受到胰岛素免疫中和引起的胰岛素水平降低或者葡萄糖水平升高的影响。胰岛素水平或者葡萄糖水平与胰岛素免疫有关，这些研究结果证实胰岛素对这两个靶组织有广泛的作用。基因芯片还被用于研究鸡胚胎发育过程中脑垂体基因的表达变化情况（Ellestad et al.，2006）。利用基因表达谱鉴定出了大量基因，这些基因参与垂体中分泌促甲状腺激素、生长激素和催产素的细胞的分化（图 2.2）。cDNA 芯片还被用于研究糖皮质激素对脑垂体基因表达的影响。研究显示，鸡胚胎垂体细胞在经皮质酮处理后，数百个基因的 mRNA 表达水平受到了影响。该研究还对受影响的基因进行了基因互作网络分析（Jenkins et al.，2013）。网络分析结果可被用于鉴定鸡糖皮质激素受体可能的靶基因，证明转录谱通路分析和基因网络分析具有强大的功能。

2.5 生殖系统

生殖系统的发育和功能包括性腺分化和激素对生殖组织（睾丸、卵巢和输卵管）的作用。然而，这些生理过程的完整遗传机制还不清楚。利用转录组学技术去解释鸟类生殖系统发育和功能调控机制的研究已有许多报道。通过 cDNA 基因芯片技术比较分析了青年母鸡和产蛋母鸡蛋壳腺组织基因的表达情况，鉴定出了数百个在成熟壳腺中差异表达的基因（Dunn et al.，2009）。利用 cDNA 芯片研究鸡子宫的转录谱，发现了在膨大部和峡部特异表达的基因（Jonchère et al.，2010）。这些特异表达基因中有编码抗菌蛋白和铁离子转运蛋白的基因，它们在蛋清抗菌性和蛋壳形成方面发挥作用。有研究表明，一种人工合成的雌激素影响输卵管中与上皮细胞分化和组织重塑相关基因的表达（Song et al.，2011），这个结果与雌激素对输卵管大小及其腺体发育的巨大作用相吻合。

利用基因芯片技术鉴定出了发育卵母细胞胚盘中特异表达的基因（Elis et al.，2008），这些基因有可能在卵母细胞成熟或早期胚胎发育中发挥作用。该项研究发现的另外一些在颗粒细胞中表达的基因更可能参与卵泡成熟。利用基因芯片技术检测鸡性腺组织发育过程中 miRNA 的表达情况，鉴定出了睾丸和卵巢组织中特异表达的 miRNA（Bannister et al.，2009），提示这些 miRNA 可能影响性腺分化。鸽子的嗉囊是一个常常被忽视的繁殖器官。哺乳期鸽的嗉囊会产生用于供给后代营养的“乳汁”。利用芯片技术分析非泌乳期和泌乳期鸽子嗉囊差异表达基因，找到了泌乳期嗉囊特异表达的基因（Gillespie et al.，2011）。这些基因参与细胞外基质受体、黏着紧密连接和 Wnt 信号通路。这一发现支持鸽嗉囊乳汁形成过程中发生的细胞增生并释放到嗉囊腔的现象。

2.6 免疫系统

同一物种不同个体对病原体刺激产生的免疫应答是有差异的。然而，在病原体刺激时，免疫系统细胞响应病原刺激的基因表达情况以及个体间免疫应答差异的机理并不完全清楚。

有人利用基因芯片技术研究比较了抗病系和易感系鸡在空肠弯曲杆菌感染前后淋巴器官脾组织的基因表达情况（Li et al.，2012b）。正如所料，空肠弯曲杆菌感染后，抗病系鸡参与淋巴细胞活化和体液应答的基因（包括免疫球蛋白重链和轻链基因）的表达量升高。出乎意料的是，易感系鸡参与红细胞生成和凋亡的相关基因的表达水平在空肠弯曲杆菌感染前后也有差异。针对空肠弯曲杆菌的感染，两系脾组织呈现出的这些遗传上的差异极有可能与鸟类个体易感或抗病特性形成有关。

在一项类似的研究中，有人建立了大肠杆菌感染后脾组织的基因表达谱（Sandford et al.，2011）。大肠杆菌影响包括细胞信号因子和 Toll 样受体基因在内的免疫通路中相关基因的表达，基因表达变化程度与感染程度密切相关。出人意料的是，攻毒前的免疫接种没有显著影响脾转录组表达谱。同样，有人基于巨噬细胞对沙门氏菌源性内毒素的反应建立了基因表达谱，对其分析结果表明，沙门氏菌源性内毒素影响众多细胞因子基因和 Toll 样受体基因的表达（Ciraci et al.，2010）。一项早期的研究发现，脂多糖或者大肠杆菌刺激巨噬细胞会影响 Toll 样受体通路下游靶基因的表达（Bliss et al.，2005）。还有人建立了沙门氏菌攻毒的新生雏鸡盲肠组织基因表达谱，调控通路分析发现，NF-κB 因子复合体和细胞凋亡相关基因的表达受沙门氏菌处理的影响（Higgins et al.，2011）。在以上这些研究中，还发现了一些新的参与免疫应答的基因，它们也许在机体对病原体的免疫应答中发挥作用。分析鸡胚脾脏和法氏囊的 miRNA 表达谱，发现了大量差异表达的 miRNA，说明这些 miRNA 可能在免疫系统各种组织发挥功能时扮演不同角色（Hicks et al.，2009）。

2.7 肌肉、肝脏、脂肪和胃肠道组织

动物生长或能量存储过程中，多种组织参与营养物质的吸收、新陈代谢和营养分配，这些组织包括小肠、肝脏、骨骼肌和脂肪组织。然而，在这些组织中表达的基因如何调控机体生长和营养分配还不清楚。利用芯片技术比较分析快速生长肉鸡和慢速生长蛋鸡的骨骼肌基因表达谱，发现编码肌纤维蛋白的基因和调节卫星细胞增殖和分化的基因的表达有差异（Zheng et al.，2009）。与肉鸡相比，蛋鸡胸肌组织中与慢肌纤维生长相关基因的表达水平较高；与蛋鸡相比，肉鸡肌肉组织中与卫星细胞生长相关基因的表达水平较高。

对不同类型肌肉基因的表达情况进行了类似的研究。利用芯片技术鉴定火鸡前背阔肌（ALD）和后背阔肌（PLD）间差异表达基因（Nierobisz et al.，2011）。结果表明，编码细胞外基质蛋白的基因在慢收缩红色前背阔肌中比在快收缩白色后背阔肌表达水平高。与之相反，参与糖酵解的基因在后背阔肌中的表达水平高于前背阔肌。比较分析未经选择的随机交配火鸡品系和快速生长火鸡品系的基因表达谱，结果发现胸肌组织中与细胞外基质、细胞凋亡、钙离子信号转导和肌肉功能相关基因的表达水平发生了变化。

转录组技术已经被用于鉴定鸡胸肌肉质相关基因。参与脂类和糖类代谢的基因与肉质性状形成有关（Sibut et al.，2011）。在鉴定影响鸡肌内脂肪沉积的基因方面也开展了类似的研究工作。利用芯片技术，分析比较快速生长的肉鸡和慢速生长的中国地方鸡品种胸肌组织基因表达谱，发现脂类代谢和肌肉发育相关的基因表达有差异（Cui et al.，2012）。鸡的 DNA

芯片还被用来研究未成年王企鹅和适应海洋生活的成年王企鹅胸肌组织基因表达的差异（Teulier et al.，2012）。结果发现，相对于未成年王企鹅，适应海洋生活的成年王企鹅胸肌脂类代谢相关基因的表达上调，而糖类代谢相关基因的表达下调。高温环境会影响鸡生长，但其机制还没有被阐明。利用芯片检测慢性热应激鸡胸肌组织的基因表达情况，发现蛋白质周转、肿瘤坏死因子信号和丝裂原活化蛋白激酶信号途径相关基因的表达发生了变化（Li et al.，2011）。对肉鸡饲料转化效率差异机制的研究也有类似的报道。分析肉鸡胸肌组织基因表达谱，发现参与合成代谢过程和能量感知的基因表达量上调，而参与肌纤维发育和功能的基因表达量下调。这些基因的表达和饲料转化效率有关（Bottje et al.，2012；Kong et al.，2011）。

商品鸡体脂过度沉积会降低饲料转化成肌肉的效率。然而，鸡体脂沉积的遗传机制还不清楚。通过分析高、低脂系鸡的脂肪组织表达谱，发现参与脂类代谢和内分泌功能的基因表达有差异（Wang et al.，2007a）。这些基因包括脂蛋白脂肪酶基因（*LPL*）、脂肪酸结合蛋白基因、甲状腺激素响应蛋白基因（*Spot*14）和瘦素受体基因。在一个更全面的针对高、低腹脂品系鸡开展的研究中，基因表达谱分析技术被用于鉴定参与肥胖形成的基因和基因网络（Resnyk et al.，2013）。研究结果发现，参与脂肪生成和脂类合成的基因在高脂系中的表达上调。同时发现，这两个遗传品系间内分泌信号途径中的许多基因差异表达，相关基因包括 *TTR*、*DIO*1、*DIO*3、*Spot*14 和 *Chemerin*。上述这些发现说明，禽类个体间脂肪沉积的差异很可能与内分泌系统对脂肪细胞分化、生长和脂类代谢的调控有关。

鸟类脂肪合成主要发生在肝脏组织，并且这个过程受到动物对能量需求的调控。对刚出壳的雏鸡进行饲喂和禁食处理，基因表达谱分析结果显示禁食干扰代谢，并延迟肝脏脂类合成基因表达上调（Richards et al.，2010）。过氧化物酶体增殖物激活受体 γ 基因（*PPARγ*）是转录因子基因，其编码的转录调节蛋白可以调控脂类生成相关基因的表达。该研究结果表明，禁食延迟了 *PPARγ* 基因表达，验证了其协同调控脂肪生成的功能。在成年鸡肝脏组织中，也开展了类似的研究（Désert et al.，2008）。基因表达谱分析结果表明，在禁食条件下，成年鸡肝脏组织参与酮体生成、糖异生和脂肪酸 β 氧化的基因的表达水平上调，而参与脂肪酸合成的基因的表达水平下调。这些结果表明，肝脏中调控机体营养分配的基因协同作用来应对禁食引起的代谢异常。

转录组技术也被用于研究小肠的发育。利用芯片技术构建了火鸡胚胎期十二指肠基因表达谱（de Oliveira et al.，2009）。分析结果表明，接近出壳时，十二指肠肽酶和脂肪酶基因（*LPL*）的表达量降低，而编码肽和葡萄糖转运蛋白的基因（例如 *PEPT*1 和 *SLC5AP*）表达量升高。有人构建了出壳后连续 3 周鸡的空肠转录组表达谱（Schokker et al.，2009），对其分析结果表明，参与形态和发育功能的基因在鸡出壳后立刻开始高表达，随着鸡的生长发育，这些基因的表达水平下降。

2.8 心血管系统

鸡胚是一种广泛用于心脏发育研究的模型，人们因此已经积累了很多关于鸡心脏发育方面的知识。然而，人们对于有关心脏发育基因间复杂的调控关系还不清楚。利用鸡早期胚胎心脏组织的基因表达谱去鉴定心脏发育相关的基因（Buermans et al.，2010），发现Wnt信号通路中的基因与心脏发育相关。在另一项关于心脏发育的基因芯片分析中，研究者鉴定了左、右心室组织间差异表达的基因（Krejčí et al.，2012）。不出所料，这些差异表达基因包括影响心肌细胞分化、心脏发育和形态发生的相关基因。同时，该研究还发现了许多与上述这些过程不相关的差异表达基因，这些研究结果为将来解析心脏发育的遗传基础提供了一份新的候选基因列表。心血管系统可以适应高海拔和低氧环境下的生活，然而还不清楚哪些基因参与鸟类心脏适应这一生理过程。研究者利用芯片技术研究了藏鸡和不适应高海拔地区鸡的心脏组织基因表达情况（Li and Zhao，2009），提供了一个可能参与心脏适应生理过程的候选基因列表。尽管胸肌不属于心血管系统，但在对饲养在安第斯山脉海拔2 000m和4 000m红领带鹀胸肌样品基因表达谱进行比较后发现了许多差异表达基因（Cheviron et al.，2008），其中包括参与氧化磷酸化和氧化应激反应的基因。有趣的是，当将“高海拔鸟”和“低海拔鸟”放在零海拔地区饲养后，之前的那些基因差异表达情况不复存在，说明这些基因确实参与鸟类适应高海拔环境这一生理过程。

2.9 展望

在开展非模式生物的转录组学研究中，比较生理学家面临的障碍是缺乏基因组信息资源，这包括已经组装和注释好的基因组序列和基因组研究工具，例如DNA芯片。然而，随着基因组测序的鸟类种类不断增加，使得对非模式生物和野生物种感兴趣的研究者们得以开展鸟的功能基因组学研究。此外，RNA测序技术的出现使得那些没有DNA芯片的物种的基因表达谱研究成为可能。随着RNA测序成本下降，对生理系统开展的大部分基因表达谱研究来说，RNA测序技术优于基因芯片技术。许多研究者已利用RNA测序技术研究鸡的mRNA和miRNA表达谱（Goher et al.，2013；Hicks et al.，2010；Kang et al.，2013；Nie et al.，2012；Wang et al.，2011）。重要的是，RNAseq技术已被用于非模式动物相关研究，比如黑眼灯芯草雀（Peterson et al.，2012）和北美歌雀（Srivastava et al.，2012）的转录组测序和注释；影响鸭子羽毛颜色基因的鉴定（Li et al.，2012a）；欧洲乌鸦基因剂量补偿研究（Wolf and Bryk，2011）；黑色食腐肉乌鸦和灰色乌鸦之间的基因表达比较研究（Wolf et al.，2010）；抱窝和产蛋鹅卵巢组织差异表达基因的鉴定（Xu et al.，2013）。这些都是RNA测序技术第一次用于对非模式鸟类物种的转录组学研究，这些报道说明RNA测序技术可以用于任何鸟类物种生理系统转录谱的研究。

参考文献

（原辉、李辉译，李辉校）

第 3 章　蛋白质组学

Dusan Kunec and Shane C. Burgess

3.1 引言

基因组学提供一套基因组编码功能元件并分析这些元件的功能，转录组学通过检测 RNA 表达水平研究基因表达，而蛋白质组学则是分析蛋白质表达、修饰、结构、定位、互作和功能。获得机体完整基因组序列是理解机体如何建立和维系，理解机体复杂生物学特性的关键步骤。遗传信息以基因形式保存在基因组中，随后基因转录成 RNA，最后 RNA 翻译成蛋白质。基因组编码产生的所有 RNA 转录本集合被称为转录组，编码产生的所有蛋白质集合被称为蛋白质组（Velculescu et al.，1997；Wilkins et al.，1996）。尽管基因提供指令，但蛋白质是几乎所有生物学过程的功能单元，也是所有生命体的主要结构元件。要想在系统水平理解细胞的生理过程，就必须理解基因表达和蛋白质功能网络多个层次的相互作用。

个体的基因组序列（除了与适应性免疫相关的区域之外）是静态的，表观基因组（DNA 甲基化）次之，而转录组和蛋白质组是极端动态的。转录组和蛋白质组在细胞间存在差异，并且根据细胞所处的环境不同而发生相应的变化。由于移码和可变剪接的存在，使得转录组比基因组更加复杂。因为大多数蛋白质存在共翻译修饰和翻译后修饰现象，所以使得蛋白质组更加复杂（Walsh，2006）。文献报道脊椎动物有 200 多种蛋白质修饰，而大部分蛋白质存在 1 种以上的蛋白质修饰（Walsh，2006）。相对于转录组，蛋白质组检测更具有挑战性，因为组织中蛋白质的变化范围大于转录本，在体液中可以跨越 11 个数量级（Anderson and Anderson，2002）。而且最重要的是，从技术层面看，没有类似 PCR 的技术可用来研究蛋白质，研究者不得不使用非常昂贵的机器直接检测蛋白质。

尽管经常利用定量 PCR、芯片或者测序技术检测得来的 mRNA 表达量代替蛋白质表达量，并间接表示蛋白质活性，但是 mRNA 表达量与蛋白质表达量并不相关或者几乎没有关系（Gygi et al.，1999a；Cullen et al.，2004；Nagaraj et al.，2011；Marguerat et al.，2012）。这意味着，生物样品中蛋白质有无和多少不能仅通过其 mRNA 水平进行估计。此外，蛋白质的翻译后修饰也会显著影响蛋白质活性。虽然灵敏性有待商榷，但是蛋白质组学方法可以更加特异地检测蛋白质的数量和翻译后修饰。因此，蛋白质组学提供了用于研究细胞活动的主要功能单元——蛋白质的直接方法。

虽然基因组信息对于蛋白质组学研究不是绝对必要的，但是一个已经测序并进行了结构注释的基因组会大大有利于蛋白质组学的研究。基因组组装和注释越准确，蛋白质组学方法的应用结果也就越准确；推广到个体水平，依据个体自己的基因组序列和转录组信息，可以进行最精准的蛋白质组实验。反之，蛋白质组学的研究结果也可改进基因组的结构注释结果（Nanduri et al.，2010；Jaffe et al.，2004）。

红色原鸡是家鸡的主要野生祖先，是第一个被测序的非哺乳脊椎动物鸟类（International Chicken Genome Sequencing C，2004）。鸡是主要的非哺乳脊椎动物模型，可用来研究动物的发育、传染病、免疫、肿瘤发生和行为。对生产肉和蛋来说，鸡也是最重要的农业动物之一。在其他鸟类基因组测序之前，鸡基因组一直被作为鸟类的模式基因组，大多数应用蛋白质组学技术开展的鸟类生物学各个方面的研究都在利用鸡的基因组信息。

近期，人们获得其他几种鸟类基因组的完成图或者草图，包括家鸡的几个品系（*Gallus gallus domesticus*）、斑胸草雀（*Taeniopygia guttata*）、家养火鸡（*Meleagris gallopavo*）、白领姬鹟（*Ficedula albicollis*）、斑姬鹟（*Ficedula hypoleuca*）、大地雀（*Geospiza magnirostris*）、金刚鹦鹉（*Ara macao*）、绿头鸭（*Anas platyrhynchos*）、地山雀（*Pseudopodoces humilis*）、波多黎各鹦鹉（*Amazona vittata*）和虎皮鹦鹉（*Melopsittacus undulatus*）（Ellegren et al.，2012；Warren et al.，2010；Oleksyk et al.，2012；Dalloul et al.，2010；Rands et al.，2013；Rubin et al.，2010；Huang et al.，2013；Cai et al.，2013；http：//aviangenomes.org/，2013）。考虑到经济价值，火鸡、鸭和家鸡首先被测序（Dalloul et al.，2010；Rubin et al.，2010；Rao et al.，2012）。有些鸟类（如斑胸草雀、金刚鹦鹉和波多黎各鹦鹉）是很好的生物医学模型，所以也被测序。在神经科学领域，这些鸟类被用于研究动物行为、认知和语言能力（Warren et al.，2010；Oleksyk et al.，2012；Seabury et al.，2013）。达尔文雀是研究进化和发育各个方面的模式生物（Rands et al.，2013）。鹟类是研究物种进化的重要模型（Ellegren et al.，2012），而地山雀基因组序列公布为研究极端条件下物种适应机制提供了新的机会（Cai et al.，2013）。总的来说，随鸡基因组之后，其他鸟类基因组的测序和使用，开辟了基于转录组和蛋白质组在全基因组水平上开展鸟类生物学各个方面的研究之路。可以预见，鸟类基因组、转录组和蛋白质组大规模分析将会加深我们对决定表型的复杂分子进程的理解。

3.2 蛋白质的鉴定和分析

传统的蛋白质生物化学着重研究个别蛋白质的性质，而蛋白质组学则涵盖几乎任何用于大规模蛋白质研究的技术，其中最常用的技术是双杂交系统（Fields and Song，1989）、蛋白质（肽）芯片（Haab，2003；Panse et al.，2004）和基于质谱（MS）的方法（Fenn et al.，1989）。在研究蛋白质间相互作用上，双杂交系统和蛋白质（肽）芯片有局限性，而质谱具有超强分析能力，使其成为一个广泛应用的理想工具。除了多功能特点外，质谱技术还可以解决由于蛋白质组的复杂性和动态性产生的相关困难（Han et al.，2008）。质谱技术简化并加速了蛋白质的分析和鉴定过程，所以毫不奇怪，目前在大规模蛋白质组研究中，质谱技术起着越来越不可或缺的作用。基于质谱的蛋白质组学方法是指使用质谱技术识别、表征和（或）定量生物样品中蛋白质的方法（图 3.1）。

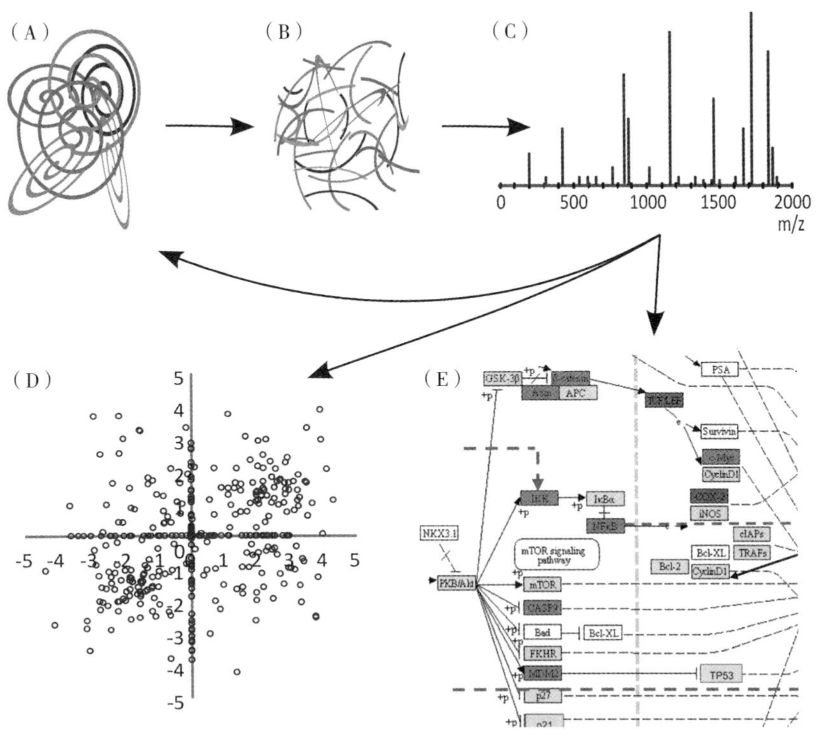

图 3.1　基于质谱技术的蛋白质组学工作流程图

蛋白质组学目标是理解蛋白质组物理特性（蛋白质鉴定、修饰、结构和细胞定位）和功能特性（蛋白质相互作用和蛋白质复合体成员组成）。蛋白质组学是指能够大规模研究蛋白质的各种技术的集合。由于单次质谱反应能够快速分析、正确鉴定和准确定量数千个蛋白质，所以质谱技术在目前蛋白质组学的研究中扮演不可或缺的角色。由于蛋白质（A）太大，质谱技术不能对其准确鉴定。因此，这些蛋白质首先被消化成肽段（B），然后通过质谱仪分析这些肽段的相对分子质量（一级质谱）。然后，将一级质谱得到的肽段进行串联质谱（C）分析（二级质谱），并根据一种或者几种不同的质谱搜索算法，在 DNA 或者蛋白质序列数据库对质谱数据进行检索，以确定其氨基酸序列。用于鉴定分析样品中蛋白质的肽段的氨基酸序列通常是其对应蛋白质所特有的。除了蛋白质鉴定外，质谱技术能准确地对蛋白质进行相对或者绝对定量分析。因此，质谱技术通常被用于比较不同实验条件下定性和（或）定量差异表达的蛋白质。将获得的蛋白质组学信息与现有知识和（或）其他组学数据（mRNA 和 siRNA 表达谱）进行整合，以便在系统水平上更好地理解细胞或者组织的生物学现象。例如将蛋白质表达水平与 mRNA 表达水平进行比较（D），对差异表达蛋白质富集的生物学通路或互作网络进行分析（E），从而解释引起表型或者生物现象的潜在原因和机制。

基于小分子化合物的质量和电荷比（m/z），质谱仪可以准确、灵敏、快速地检测、定性和定量小分子化合物。许多优秀的综述已经介绍了利用质谱技术检测蛋白质的相关仪器设备和原理（Yates et al.，2009；Yates，1998；Steen and Mann，2004），本文不再赘述。我们将重点介绍关键方法。

一个典型的生物样品中含有极为复杂的蛋白质组组分。因为质谱仪一次只能分析有限数量的肽类，所以在进行质谱实验前，必须降低样品的复杂性。在蛋白质水平上常利用凝胶电泳技术，而在肽类水平上则利用各种色谱技术来降低样品的复杂性。也可以依据样品是否需要经过凝胶电泳处理将基于质谱的蛋白质组学技术分为两类：基于电泳的方法和不需要电泳的方法。

3.2.1　基于 2-D 凝胶电泳的蛋白质组学

二维（2-D）聚丙烯酰胺凝胶电泳（polyacrylamide gel electrophoresis，PAGE）是第一个

真正用于解析复杂蛋白质组的技术，这项技术在推进蛋白质组学发展方面起了重要作用（O'Farrell，1975；Rabilloud et al.，2010）。2-D PAGE是基于凝胶电泳使用最广泛的蛋白质组学技术。这种技术从两个维度分离蛋白质混合物。第一向，根据蛋白质等电点（pI）进行分离；第二向，根据蛋白质在聚丙烯酰胺凝胶中的电泳迁移率进行分离（即蛋白质分子质量和电荷）。然后，将分离的蛋白质进行染色，染色后的蛋白质在凝胶上显示为斑点。通过测量斑点体积，来确定斑点中的蛋白质数量。这种蛋白质定量方法实际是一个筛选过程，其目的是选择凝胶上一定数量的、有对应关系的蛋白质斑点，这些斑点中含有不同数量的蛋白质。之后，通过质谱技术鉴定所选斑点中的蛋白质。

这种技术在比较两个具有相似蛋白质表达谱的样本方面非常有用，通过比较可以找到两个样本间差异表达或者翻译后修饰的蛋白质（Rabilloud et al.，2010）。该方法主要优势在于可对蛋白质进行定量分析，主要缺点是有限的蛋白质分辨能力，较差的重复性、低灵敏度、有限的动态范围和低通量。为了克服传统2-D PAGE的缺点，人们随后对其进行了改良，发展出了新的2-D电泳技术，如2-D荧光凝胶电泳（2-D DIGE）技术（Unlu et al.，1997）。尽管做了上述努力，但目前无凝胶色谱方法在诸多方面优于基于凝胶的方法，还是完全占据了蛋白质组学研究领域。

3.2.2 基于无凝胶电泳的蛋白质组学技术

人们在各种无凝胶分离实验技术研究的基础上，开发出了多维高效液相色谱法（high-performance liquid chromatography，HPLC）技术，这是一种可以替代基于凝胶的蛋白质分离技术。之后，多维HPLC迅速成为大规模蛋白质组学研究的首选技术。不同于基于凝胶的方法，HPLC首先将要分析的整个蛋白质组消化，产生肽段，然后利用多维HPLC分离，并利用质谱进行进一步分析。蛋白质混合物消化后产生高度复杂的肽段混合物，在此过程中肽段与其原始蛋白质的联系会消失。之后，用MS检测和识别肽段，再用这些肽段推断样品里所含有的原始蛋白质。因这一过程及其原理和DNA鸟枪法相似，被取名为蛋白质鸟枪法。

多维HPLC结合多种分离步骤，改善了对复杂肽段混合物的分辨能力。其中最普遍的多维分离方法是利用强阳离子交换（strong cation exchange，SCX）和反相色谱（reversed-phase，RP）在两个维度分离肽段：首先是基于电荷分离肽段，然后根据疏水性再次分离（Washburn et al.，2001）。该分离方法称为多维蛋白质鉴定技术（multidimensional protein identification technology，MudPIT），是鸟枪蛋白质组策略的基础（Washburn et al.，2001）。

在无凝胶方法中另一种重要且常用的色谱技术是亲和纯化技术。利用选择性富集亲和材料富集含有特定翻译后修饰的多肽，如磷酸化修饰（Ficarro et al.，2002；Cao and Stults，1999），或者糖基化修饰（Geng et al.，2000；Durham and Regnier，2006），或者富集含特异性氨基酸残基的多肽，如半胱氨酸（Wang and Regnier，2001）或组氨酸（Wang et al.，2002）。亲和富集得到的肽段混合物通常直接或者间接转到RP HPLC色谱柱，然后利用质谱技术进一步分析。

无凝胶方法克服了凝胶方法的固有缺陷（如蛋白质的极端大小、极端等电点或者极端疏水性，这些不适合凝胶分析的蛋白质可以用无凝胶方法进行检测）。更重要的是，无凝胶方法可在短时间内高通量地定性和定量分析大量的蛋白质。鸟枪法蛋白质组学的主要缺点是，常常检测不到来自丰度极低的蛋白质的肽类（Yates et al.，2009）。该方法的另一个缺点是，消化处理后，原始蛋白质与其肽段有可能失去联系，这导致对原始蛋白质的鉴定错误。

3.3 定量蛋白质组学

除了可以鉴定蛋白质种类外，质谱还可以量化复杂生物样品中的蛋白质数量。细胞蛋白质组是高度动态的。为应对各种刺激，细胞中表达的蛋白质的位置、彼此之间的相互作用和修饰作用经常处于变化之中。定量蛋白质组学的目标是在特定的时间，获得蛋白质的瞬时表达情况。准确量化蛋白质对于理解生理或病理现象，同时对于鉴定和搭建功能网络都很重要。

2-D 聚丙烯酰胺电泳是传统的蛋白质定量方法，除此之外，现在有几种结合质谱技术的无凝胶电泳方法也可以准确检测蛋白质表达量。蛋白质组定量方法主要分为两大类：使用稳定同位素的方法和不使用稳定同位素的方法。最常见的稳定同位素标记技术，或使用同位素标签对肽进行标记以进行相对和绝对定量（isobaric tags for relative and absolute quantitation，iTRAQ）（Ross et al.，2004），或通过稳定同位素标签与细胞培养物中的氨基酸结合以合成代谢的方式标记蛋白质（stable isotope labels with amino acids in cell culture，SILAC）（Ong et al.，2002），或使用同位素亲和标签法（isotope-coded affinity tags，ICATs）（Gygi et al.，1999b）。

蛋白质的无标定量法主要基于以下的观测：液相色谱反应中任何给定肽的色谱峰面积（Bondarenko et al.，2002；Chelius and Bondarenko，2002）和任何给定肽串联质谱的谱图数（Liu et al.，2004）均与分析样品中肽的浓度成正比。因此，通过测定和比较前体离子强度，或通过计数和比较串联质谱峰数目，蛋白质的无标相对定量法可以对来自不同实验的特定蛋白质进行相对定量分析。

3.4 结构蛋白质组学

蛋白质的功能是由其结构决定的。结构蛋白质组学的主要目标是阐明蛋白质的三维（3-D）结构，以确定蛋白质结构和功能之间的关系。传统上，基于 X 射线晶体学（Wuthrich，1990）或核磁共振波谱学原理来确定蛋白质的静态 3-D 结构（Sherwood et al.，2011）。然而，使用这些实验方法确定蛋白质的结构是一个艰难而费力的工作（Sherwood et al.，2011；Hyung and Ruotolo，2012）。除此之外，蛋白质结构还可以通过同源建模，或从头计算方法来进行预测（Flock et al.，2012）。然而，尽管经过数十年的潜心研究，这些方法不总是能产生可靠的蛋白质结构预测模型（Flock et al.，2012）。

近年来，氢氘交换（Wales and Engen，2006）、共价标记（Chance，2001）和化学交联（Young et al.，2000；Petrotchenko and Borchers，2010）等方法配合质谱技术，成为探测蛋白质 3-D 结构的可行策略。蛋白质足迹法是通过重氘原子交换酰胺质子（Wales and Engen，

2006），或者通过不同共价修饰对暴露于溶剂的蛋白质表面进行修饰（Stocks and Konermann，2009）。标记可以改变蛋白质分子质量，使质谱能够识别蛋白质修饰的位置。蛋白质足迹方法可用于研究溶液中蛋白质的构象。化学交联会共价耦合天然条件下在空间上距离相近的部分蛋白质。随后，利用质谱分析鉴定交联位点和分布，如此可为分析蛋白质或者蛋白质复合物的拓扑结构提供重要线索（Young et al.，2000；Petrotchenko and Borchers，2010）。

3.5 蛋白质组学在鸟类研究中的应用

作为家鸡的祖先，红色原鸡是基因组被测序的第一个鸟类物种（2004年）（International Chicken Genome Sequencing C，2004）。因为蛋白质组学研究工作的开展很大程度上取决于基因组序列的完整性和良好注释结果，所以大部分鸟类蛋白质组学研究工作是基于红色原鸡基因组开展的。此后，斑胸草雀基因组（2010）（Warren et al.，2010）、火鸡（2010）（Dalloul et al.，2010）和两种鹟（2012）（Ellegren et al.，2012）基因组被测序和组装，越来越多的鸟类基因组测序项目正在进行中（Oleksyk et al.，2012；Rands et al.，2013；Rubin et al.，2010；Huang et al.，2013；Cai et al.，2013；Seabury et al.，2013）。鸟类基因组不断地被测序使得人们可以用全蛋白质组学方法研究更多的鸟类独特生物学特征。更重要的是，可以直接基于该鸟类自己的基因组信息开展其蛋白质组学研究工作，而不用再参照物种间同源蛋白质开展相关研究工作。

鸟类生物学各个方面的蛋白质组学研究工作已经开始，相关领域包括：产蛋、胚胎形成、发育、代谢、行为、认知、免疫、癌症、疾病和感染。

3.5.1 器官和组织蛋白质组学

很多研究关注鸟类各种组织、解剖结构或者整个器官蛋白质组的初步描述和功能特点。蛋是鸟类的生殖细胞，具有高度精细的生物结构，这些结构可以保护和滋养发育中的胚胎。蛋的主要组成部分包括结晶壳（Mann et al.，2006，2007）、蛋白（蛋清）（Mann and Mann，2011；D'Ambrosio et al.，2008；Mann，2007）、卵黄（Farinazzo et al.，2009；Mann and Mann，2008）和卵黄膜（Mann，2008），针对蛋的上述主要组成部分的蛋白质组学研究工作已经广泛开展。

法氏囊是鸟类独有的器官，也是研究B细胞发育常用的实验材料。McCarthy等（2006）分析了鸡法氏囊支持间质细胞和B细胞的蛋白质组（McCarthy et al.，2006）。经过一系列的可以增加蛋白质覆盖程度以及有助于确定已知和未知蛋白质在细胞中位置的洗涤抽提过程，提取出了法氏囊中上述两种主要功能类型细胞的蛋白质。这项研究在法氏囊中检测到了5 198种蛋白质，其中1 753种蛋白质是B细胞特有，1 972种是间质细胞特有，1 473种蛋白质是两种细胞共有。对这些鉴定出的蛋白进行功能分析，发现程序性细胞凋亡、细胞增殖和细胞分化信号通路被富集。van den Berg等（2007）做过类似研究，他们以冷冻脾脏为材料，开展了脾脏蛋白质组研究（van den Berg et al.，2007）。

为了更好地理解法氏囊中B细胞的发育情况，Korte等用2-D PAGE方法定量分析了胚胎期和出壳后法氏囊的蛋白质组。研究结果显示，视黄酸代谢酶类在鸟类 B 细胞的早期发育中起关键作用（Korte et al.，2013）。在哺乳动物上也开展了类似的研究，发现维生素 A 在次级淋巴器官发育过程中起重要作用（van de Pavert et al.，2009）。

蛋白质组分析结果显示，哈德氏腺表达造血前列腺素 D 合成酶。该酶是合成前列腺素 D_2 的关键酶，而前列腺素 D_2 是炎症反应的强效激活剂（Serhan et al.，2008）。这些结果从一个侧面说明哈德氏腺参与黏膜免疫反应（Scott et al.，2005）。

鸡胚胎是进行比较生物医学研究工作最有用的模型之一。鸡胚胎可用于发育、生理和病理学研究。有几项研究以鸡胚胎为实验材料，利用蛋白质组技术研究了胚胎期视网膜（Lam et al.，2006；Mizukami et al.，2008；Finnegan et al.，2008，2010）、面部（Mangum et al.，2005）、脑脊髓液（Parada et al.，2005，2006）、肝脏（Jianzhen et al.，2007）、心血管系统（Bon et al.，2010）和脉管系统（Soulet et al.，2013）的发育情况。

Lam 等（2006）、Mizukami 等（2008）和 Finnegan 等（2008）利用 2-D PAGE 技术，筛选出了小鸡视网膜组织高丰度表达的蛋白质，并鉴定出了不同发育阶段视网膜差异表达蛋白（Lam et al.，2006；Mizukami et al.，2008；Finnegan et al.，2008）。这些研究发现了参与早期眼睛和神经发育的已知或者未知的蛋白质。以视网膜发育不良和退化的雏鸡（rdd）作为模型，鉴定出了视网膜退行性变化过程中差异表达的蛋白质（Finnegan et al.，2010）。

第一咽喉弓是胚胎关键结构，其参与脸部形成，该结构是研究人颅面发育缺陷的模型。Mangum 等（2005）开展了第一咽喉弓的蛋白质组研究（Mangum et al.，2005）。研究结果显示，与血管形成有关的分子伴侣、骨架蛋白和血浆蛋白的表达水平在颅面发育不同阶段变化最为显著。

蛋白质组学技术已经被用于鸡胚胎脑脊髓液（cerebrospinal fluid，CSF）蛋白质组的研究（Parada et al.，2006）。除其他发现以外，这项研究在鸡胚脑脊液中鉴定出的蛋白质中，有 14 种蛋白质在人脑脊液蛋白质组的研究中存在，且其中的 12 种蛋白质在神经退化性疾病和（或）神经紊乱疾病中表达发生变化。

Bon 等（2010）分析了 3 个不同发育时期 3 种心脏组织的蛋白质组（Bon et al.，2010）。通过对蛋白质组的比较分析，使得研究蛋白质组表达变化以及鉴定影响心脏特殊结构形成或者特殊发育阶段的蛋白质成为可能。Grey 等（2010）利用另外一种方法，即基质辅助激光解析/电离组织成像质谱法，研究了鸡心脏结构各组成部分（如血管、瓣膜、心内膜、心肌和隔膜）组织中蛋白质的空间分布情况。

Sloley 等（2007）最早用 1-D PAGE 联合质谱技术研究了斑胸草雀视网膜和视觉盖（一种中脑主要结构）组织的蛋白质组（Sloley et al.，2007a、b）。因为这些研究是在斑胸草雀基因组测序完成之前进行的，所以得到的斑胸草雀蛋白质序列必须在去冗余的 NCBI、Ensemble 和 Swissprot 蛋白数据库中进行物种间同源比对才能确定。

3.5.2 细胞代谢蛋白质组学

生物矿化是一个复杂的、不易理解的过程。有矿化活性的细胞（例如成骨细胞或者成牙质细胞）释放基质小泡到细胞外基质，该过程是生物矿化过程的起始步骤（Golub，2009）。

基质小泡对于羟基磷灰石的形成是必不可少的，而羟基磷灰石是骨骼主要的无机组分。但是，骨骼形成过程中羟基磷灰石的准确作用还不清楚。为了更好地理解鸡胚胎的骨骼形成，Balcerzak 等（2008）利用蛋白质组学技术鉴定了基质小泡中蛋白质的组成（Balcerzak et al.，2008）。基质小泡组分的功能分析结果提示这些蛋白质在矿化过程中可能具有的作用。

2-D PAGE 结合质谱技术被用于比较产蛋期不同年龄母鸡输卵管的蛋白质表达谱（Kim et al.，2007）。研究发现，前梯度蛋白质 2 同系物（ARG2）是表达差异最大的蛋白质之一。mRNA 表达分析发现 AGR2 仅在输卵管的膨大部和峡部表达，并且 55 周龄母鸡成熟输卵管中 AGR2 表达量是性成熟前母鸡的输卵管的 900 倍。因为 AGR2 是雌激素依赖性分泌蛋白质，且产蛋受雌激素影响显著，所以 AGR2 可能在鸡产蛋期输卵管上皮细胞发育过程中起重要作用。

鸟类在胚胎期摄食富含脂肪的食物，而出壳后摄食富含糖类和蛋白质的日粮。为了更好理解鸟类如何适应这种转变，Gilbert 等（2010）分析比较了两个不同品系肉鸡孵化出壳时和出壳后早期小肠组织的蛋白质表达谱，发现参与消化和吸收相关的蛋白质在这两个不同遗传背景的肉鸡品系之间差异表达。

最近，2-D PAGE 和 MudPIT 技术已被用于解析鸡精子活力丧失的遗传和分子机制（Froman et al.，2011）。通过分析低精子活力和高精子活力品系鸡精子的蛋白质组，建立了可用于精子活力研究的蛋白质组模型。该模型很好地解释了两个品系鸡的精子活力差异的原因，并证明了最初的假设，即 ATP 代谢和糖酵解缺陷使得线粒体的功能早衰，从而导致精子活力丧失。

斑胸草雀是用于研究学习、记忆、发声和社会行为分子机制的主要动物模型。一种自然的知觉经历，如另一只鸟的鸣唱会触发斑胸草雀脑部听觉区域特异基因表达的快速变化（Mello et al.，1992）。相同鸣曲的重复刺激会导致斑胸草雀对特定刺激原始应答的习惯化。（Petrinovich and Patterson，1979）。为了更好地理解这种习惯化形成的过程，Dong 等（2009）利用 DNA 芯片和 2-D PAGE 质谱方法，分析了习惯化形成过程中不同阶段基因表达的变化。该项研究结果表明，一首鸣曲会引起基因表达发生巨大的变化，且鸣曲反应习惯化不是简单的原始反应的丢失，而是以一种全新的差异基因表达谱为基础的神经元应答的变化。蛋白质组表达结果分析显示，习惯化过程伴随着细胞和线粒体中参与生物合成和能量代谢的蛋白质表达的下降。

神经肽是在神经组织中发现的信号肽，可以调节很多生理过程和动物行为，包括代谢、繁殖、学习和记忆。Xie 等（2010）联合生物信息学、质谱技术和生物化学方法，预测、鉴定和定位了斑胸草雀神经肽组。斑胸草雀基因组的计算分析预测到了 70 种假定的激素前体，且通过两种不同的质谱方法，在斑胸草雀脑组织中鉴定出 24 种假定的信息素衍生出的 90 种多肽。质谱技术被进一步用于斑胸草雀脑组织中主要控制鸣叫核区的肽亚基的定位。此外，利用原位杂交技术，在斑胸草雀的特定脑组织切片中定位了信息素基因的表达。

鸟类羽毛颜色多种多样，而这种多样性可以与植物颜色相媲美，甚至超越植物颜色的多样性（Stoddard and Prum，2011）。尽管如此，我们所能看到的只有约 30%的鸟的羽毛颜色（Stoddard and Prum，2011）。我们对决定和推动羽毛多样性发展的分子机制知之甚少。雄性花斑鹟的繁殖羽颜色可以从棕色变化至暗黑色。Leskinen 等（2012）进行了花斑鹟羽毛发育过程中蛋白质组的特点和定量研究，以便进一步解释决定色素变化的生理过程。从正在发育中的羽毛中鉴定出了 294 种蛋白质，其中 65 种蛋白质与羽毛表皮发育和（或）色素沉积相关，23 种蛋白质与色素细胞器即黑色素体相关。比较棕色和黑色羽毛蛋白质组，发现几种蛋白质和功能网络在两种表型中的表达存在差异，这些信息为进一步研究棕色和黑色羽毛的分子机理提供了依据。差异最显著的蛋白质被发现参与免疫信号、氧化应激、能量平衡和蛋白质合成过程，这些差异表达蛋白质可能影响羽毛生长和色素沉积。

3.5.3　生产性状蛋白质组学

家畜、家禽和家养鱼类提供的产品在人类食物中占很大比重。了解食用型禽类营养代谢、肌肉增长和脂肪沉积相关机理可以获得相应的实用知识，这些知识的利用可以提高动物饲料转化效率、改善产品质量、保证动物健康和动物福利。

饲料费用是家禽生产的主要成本。家禽均衡全价日粮可以保证用最少的饲料费用产生最快的生长速度和获得最高的产量。由于家禽饲料中玉米和大豆分别是能量和蛋白质的主要来源，所以一些氨基酸的来源和摄取受到限制。Corzo 等（2005）用质谱技术研究了鸡的氨基酸需要量。分析饲喂全价饲料和缺乏赖氨酸饲料的鸡的血浆蛋白质组，鉴定赖氨酸缺乏日粮的潜在生物标记物。研究发现赖氨酸缺乏可能不是简单地影响整体蛋白质合成，而是降低特定蛋白质合成代谢。Corzo 等（2006）和 Zhai 等（2012）评估了日粮蛋氨酸含量对肉鸡胸肌生长的影响（Corzo et al.，2006；Zhai et al.，2012）。这项研究表明，在饲喂低、高蛋氨酸含量日粮的两组鸡胸肌差异表达蛋白质中，富集了肌肉发育相关的 4 个经典通路（柠檬酸循环、钙信号传导通路、细胞骨架信号通路和网格蛋白介导的细胞内吞作用信号通路）（Zhai et al.，2012）。此外，这项研究表明，相对于肌原纤维的增生，富含蛋氨酸的饲料更多地通过肌浆细胞的增生来促进肌肉生长。

血浆是一个极其复杂的组织，其中包含数千种不同的蛋白质。血浆是进行疾病诊断和了解营养状况最常用的组织。几位研究者分析了血浆的蛋白质组分，试图去更好地了解鸡生长发育过程中血浆蛋白质的动态变化情况（Huang et al.，2006），或试图去发现血浆中能反映营养状况的生物标记物（Corzo et al.，2004、2006）。

来自于禽类的肉产品，尤其是鸡肉，是人类膳食营养和能量的重要来源。蛋白质组学在研究禽类产肉性能相关的各个方面具有明显的潜力，这些方面包括营养成分、肌肉形成、品种分化、肉质和肉产品污染分析（Paredi et al.，2013）。

人工选育的肉用型鸡生长速度快，尤其表现在胸肌（大胸肌和小胸肌）发达。鸡胸肌蛋白质组表达谱已经被广泛研究（Corzo et al.，2006；Zhai et al.，2012；Doherty et al.，2004；Teltathum and Mekchay，2009），最近的一项研究鉴定出了 5 000 多种禽类胸肌表达的特异性蛋白质（Zhai et al.，2012）。

破壳肌的主要功能是出壳时啄破蛋壳。有学者开展了破壳肌蛋白质组研究（Sokale et al.，2011）。对鉴定出的 676 种蛋白质用 Gene Ontology 按照分子功能、生物过程和细胞组成进行了分类分析。这项研究结果呈现出了哪些蛋白质的功能和细胞活性在胚胎发育过程中对于破壳肌快速发育是重要的。

蛋白质组学也被用于鉴定与鸡高产蛋性状相关的下丘脑生物标记物（Kuo et al.，2005）。这项研究比较分析了产肉和产蛋选择品系下丘脑蛋白质组，发现了 6 种差异表达蛋白质，其中一些蛋白质参与基因表达调控、信号转导和脂类代谢。异质性胞核核糖核蛋白 H3 可以作为高产蛋性状的新型生物标记。

以肝脏脂肪代谢和脂肪沉积有显著差异的两个鸡品系为材料，开展了鸡胚肝脏蛋白质组研究，鉴定出了两系差异表达蛋白质（Huang et al.，2010）。对鉴定出的这些肝脏差异表达蛋白质进行比较分析，发现涉及糖异生、胆固醇代谢和脂肪酸氧化的蛋白质在低脂鸡肝脏中表达时间更早，表达量更多。在一项类似研究中，为了更好地从蛋白质水平研究鸭肝脏的生理活动，分析了不同发育阶段的家养北京鸭（*Anas platyrhynchos domestica*）肝脏蛋白质表达谱（Zheng et al.，2012）。肝脏蛋白质组比较分析结果显示，新生鸭肝脏中参与转运的蛋白质表达水平较高，而成年鸭肝脏中参与糖代谢、蛋白质代谢、免疫防御和氧化反应的蛋白质表达水平较高。

3.5.4 普通疾病和传染病蛋白质组学

近期大量动物和病原体的基因组的公布，不仅使与疾病病因和病理相关基因（如基因变异或者毒力因子）的鉴定成为可能，而且为利用蛋白质组学在全蛋白质水平上探索发病机理、病原体与宿主相互作用机制打开了一扇大门。蛋白质组学已经很大程度上提高了人们对疾病的认识，在发现疾病诊断标记物和药物开发方面有巨大潜力。虽然具有巨大的研究价值，但是目前疾病蛋白质组学仍是鸟类科学研究中发展较为缓慢的领域之一。尽管如此，蛋白质组学已经被用于研究几种禽类疾病（传染病）的发病机制、病原学和病理学的研究。此外，以鸡为模型，蛋白质组学已经被用于研究人类各种各样的疾病（Andrews Kingon et al.，2013）。

3.5.4.1 疾病蛋白质组

鸡是研究自发性人卵巢上皮癌（epithelial ovarian cancer，EOC）的病因和发病过程的一种理想的、独一无二的动物模型，这主要是因为家鸡具有较高的自发性卵巢癌发病率。EOC 目前仍然是最致命的妇科恶性肿瘤疾病，部分原因是其早期诊断和治疗策略不成功（Kurman and Shih，2010）。为研究 EOC 的发生和发展过程，Hawkridge 等（2010）以鸡为模型，利用质谱技术分析了不同时间点采集的样品的蛋白质表达情况，大范围寻找其生物标记物。对个体内和个体间蛋白质表达情况进行研究，鉴定出卵巨球蛋白质（卵固蛋白）可以作为 EOC 潜在的生物标记物，因为该蛋白质在健康鸡血浆中检测不出来，而其表达量在一个 EOC 晚期个体的血浆中显著增高。

肺动脉高压综合征或称腹水综合征，是肉用鸡的一种代谢病，其症状是腹部积水。腹水综合征是养鸡业的主要问题之一，其是由于组织快速生长引发氧气需求量激增，最终导致心肺功能不全所致（Currie，1999）。通过分析抗腹水综合征肉鸡和腹水综合征易感肉鸡品系心肌线粒体基质蛋白质组，发现易感肉鸡线粒体可能不适应低氧环境（Cisar et al.，2005）。利用蛋白质组学分析健康个体和腹水个体的肝脏蛋白质组，结果表明肝脏能量产生不足是肺动脉高压综合征形成的主要原因（Wang et al.，2012）。

3.5.4.2　传染病蛋白质组

高致病性禽流感 H5N1 亚型的一些毒株可以引起家禽和候鸟严重的急性脑部病变和神经退行性病变。为了揭示神经病变发病机制，Zou 等（2010）以鸡为研究材料，采用比较蛋白质组学方法鉴定出了健康个体和 H5N1 感染个体的脑组织差异表达蛋白质。这些差异蛋白质中包括 Septin5 和脑衰反应调节蛋白质 2（CRMP2）。Septin5 在帕金森病病人中表达异常，CRMP2 在阿尔茨海默病、唐氏综合征和人类嗜 T 淋巴细胞病毒 I 型相关脊髓病病人中表达异常（Vincent et al.，2005；Lubec et al.，1999；Son et al.，2005）。这些结果提示这些蛋白质在因禽流感 H5N1 感染而导致的神经退行性疾病发病过程中扮演重要角色。

禽疱疹病毒 2 型（GaHV-2）是一种禽类致瘤性疱疹病毒，它可以引发鸡易感的急性淋巴组织增生性肿瘤病——马立克病（Marek's Disease，MD）。GaHV-2 几乎可以感染和转化所有品系的鸡细胞，但有些品系的鸡具有遗传性抗恶性淋巴瘤形成的能力（Burgess and Davison，2002）。为了更好地解释马立克病不同易感性的分子机制，研究者利用 2-D PAGE 质谱技术分析比较了 MD 易感鸡和 MD 抗性鸡的脾脏蛋白质组（Thanthrige-Don et al.，2010）。在这项研究中检测出的差异表达蛋白质包括抗氧化剂、分子伴侣，以及参与 T 淋巴细胞活化和迁移、细胞骨架形成、蛋白质降解和抗原递呈功能的分子，其中的一些蛋白质是抗马立克病的潜在因子。

在一项类似的研究中，对 GaHV-2 感染后鸡脾脏蛋白质组的变化情况进行了分析，发现感染初期蛋白质表达变化幅度最大。对比分析结果表明，GaHV-2 感染后不同时间点的差异表达蛋白质参与多种细胞过程，这些过程对于宿主应对 GaHV-2 感染和发病至关重要（Thanthrige-Don et al.，2009）。

为了更好地了解 GaHV-2 感染如何改变宿主蛋白质表达，人们开展了下述一些蛋白质组表达谱研究工作：研究分析了 GaHV-2 感染的鸡胚细胞（chicken embryo cells，CECs）的蛋白质组的表达变化情况（Liu et al.，2006；Chien et al.，2011；Ramaroson et al.，2008；Chien et al.，2012）；比较分析了对照组和 GaHV-2 感染组鸡胚细胞磷酸化蛋白质组的表达变化（Chien et al.，2011；Ramaroson et al.，2008）；定量分析了 GaHV-2 感染引起的蛋白质表达变化情况（Chien et al.，2012）。

总的来说，这些研究表明 GaHV-2 感染会显著改变被感染细胞的蛋白质表达谱。对蛋白质定量和磷酸化结果综合分析，发现 GaHV-2 感染会导致几个细胞途径中蛋白质的表达和蛋白质磷酸化情况发生改变，其中影响最大的途径是 RNA 转运、信号转导、翻译起始和蛋白质降解。这些研究中最有趣的发现是 GaHV-2 感染引起翻译起始因子 4E 结合蛋白 1（4EBP1）特异性磷酸化，而该蛋白质的磷酸化对于病毒感染后翻译起始复合物的组装有重要作用。

在一项补充性研究中，Buza 和 Burgess（2007）利用 MudPIT 技术构建了 GaHV-2 转染的淋巴母细胞系 UA01 的蛋白质组表达谱。转染后的 UA01 蛋白质组功能模块分析结果显示，细胞具有典型的癌细胞表型。UA01 细胞被激活，具有分化和增殖能力，但又呈现抗凋亡、应答、休眠和抗衰老特征。然后，细胞因子、细胞因子受体和相关蛋白质的鉴定结果显示，UA01 蛋白质组呈现出的分子表型为调节性 T 细胞（T-reg）型，而并不是辅助性 T 细胞（Th）2 型。

马立克病（一种鸡 CD_4^+ T 细胞淋巴瘤）以及许多人类淋巴瘤都高表达霍奇金病抗原 CD30（CD30hi）。与人类同源疾病类似，马立克病淋巴瘤是由少数已经转化（CD30hi）和多数未转化（CD30lo）的细胞组成（Burgess and Davison，2002；Shack et al.，2008）。尽管已经知道 *meq* 基因是 GaHV-2 病的主要原癌基因，其作为转录因子经由 Jun 通路改变细胞特征（Levy et al.，2005），但是如何从 CD30lo 转化和过渡到 CD30hi 肿瘤表型的确切机制仍然是未知的。正如本章所述，大部分禽类蛋白质组研究工作是基于差异表达蛋白质进行的描述性研究。尽管 Kumar 等（2012）比较了 microRNA、mRNA 和蛋白质水平的差异，并利用这些数据推测建立了功能模型，但正如很多人在许多不同研究系统中描述的那样，mRNA 和蛋白质表达水平之间的整体相关性很差（Gygi et al.，1999；Cullen et al.，2004）。为了找到调控肿瘤转化的关键蛋白质，mRNA 和蛋白质差异表达且表达趋势一致（即协同表达）的基因（候选基因）被选择用于进一步的分析（这些候选基因的 mRNA 表达和蛋白质表达的确成正相关）。那些 mRNA 和蛋白质表达相关性最好的基因产物被报道参与人类 CD30 过表达导致的淋巴瘤的形成。按照蛋白质表达水平的高低排序将候选基因分为多个基因集，对这些基因集进行 GO（生物学过程）分析，结果显示，细胞周期以及增殖与程序性死亡比率这两个生物学过程在基因集 1 中的富集程度最高。作者进一步鉴定了 88 个协同表达的基因启动子区潜在的 MDV Meq（病毒原癌基因）蛋白质可能的结合位点，发现基因集 1 中基因的启动子区 Meq 结合位点最多。基因集 1 中有 5 个之前曾被报道参与其他物种淋巴瘤生成的基因，表明它们的转录直接受 Meq 调控。基因集 1 中的另一个基因 *CST*3 的 mRNA 表达可能受 1 个 micro-RNA 调控。

鸡疟原虫是一种能够感染鸡的原生动物，属疟疾寄生虫，是人类恶性疟原虫有性生殖阶段合子和动合子最相近模型。鸡疟原虫生命周期的早期阶段发生在其终宿主——蚊子上，但这一过程的细节迄今基本上是未知的。为了更好地理解人恶性疟原虫与宿主相互作用的基本分子机制，Patra 等（2008）利用高通量蛋白质组学方法研究了鸡疟原虫合子和动合子的蛋白质组，共鉴定出 966 种恶性疟原虫同源蛋白质（Patra et al.，2008）。鉴定出的这些同源蛋白质中，40%为未经过注释的假定蛋白质，其中大多数是跨膜蛋白质或分泌蛋白质，提示这些蛋白质可能在寄生虫与宿主相互作用过程中起重要作用。

禽球虫病是一种由原生动物寄生虫艾美耳球虫引发的肠道疾病，给养禽业造成了巨大损失。最近，有研究者用 3 种常见艾美耳球虫中的一种感染的两个不同品系的鸡作为研究材料，利用 2-D PAGE 和质谱技术构建、比较分析了它们的血浆蛋白质谱（Gilbert et al.，2011），结果显示，在艾美耳球虫感染后，有 46 种蛋白质的表达发生了显著变化。这些差异表达蛋白质参与先天免疫、血液凝固、铁和线粒体代谢通路和过程，这些过程与微生物入侵宿主组织时宿主的急性期反应非常吻合。其中一些鉴定出的蛋白质可以作为艾美耳球虫感染早期诊断的候选生物标志物。

肠道沙门氏菌属革兰氏阴性杆菌，是重要的病原体，可以广泛感染脊椎动物，包括鸡和人类。依据抗原表位，肠道沙门氏菌通常可以分成 2 500 多种血清型（Franklin et al.，2011）。沙门氏菌不同血清型有不同的宿主范围和致病潜力，这些差异的分子机制尚不十分清楚。有几项蛋白质组学研究工作比较了不同禽沙门氏菌血清型间的蛋白质组，发现了导致表型差异的可能的分子机制（Encheva et al.，2005；Osman et al.，2009；Sun and Hahn，2012）。

3.6 结论

生物学研究的主要目标之一是解析生命体如何在分子层面行使功能。因为蛋白质是“生命的创造者”，所以理解蛋白质功能是理解生物学的核心。过去 10 年里，蛋白质组学已经发展成一个多功能、综合性研究平台，依据这个平台可以大范围开展蛋白质研究。随着蛋白质组学的发展，多种多样的研究工具应运而生，这些工具可用于确定生物系统中表达蛋白质的特性、结构、数量和质量。因此，虽然鸟类研究中的科学问题基本保持不变，但蛋白质组学有可能改变生物学研究的形式。

参考文献

（原辉、李辉译，李辉校）

第4章　线粒体生理

Walter Bottje

4.1 线粒体：序言

4.1.1　简介

细胞 90%的能量源于线粒体氧化磷酸化生成的三磷酸腺苷（ATP），因此线粒体又被叫做细胞的“能量工厂”。Kennedy 和 Lehninger（1949）首次报道了线粒体中的呼吸链或电子传递链（ETC）的氧化磷酸化过程。然而产能仅仅是线粒体众多生理功能中的一项。线粒体是细胞核外唯一具有 DNA（线粒体 DNA 或 mtDNA）的细胞器。线粒体的内共生起源论因其这一特点而被大家所接受，即线粒体来源于 α-变形菌，后共生于真核细胞中，而且现存的真核细胞的这种共进化证据也越来越多（Gray et al.，1999）。

根据 Lehninger（1965）的研究表明，1857 年瑞士细胞生物学家 Rudolf Albert van Kolliker 首次描述了线粒体，因其具有一个明显的被膜包裹的颗粒样结构将其命名为“肌粒”。后来，Benda（1898）将这一结构重新命名为“线粒体”（mitochondrion），这个词源于希腊语中的绳子（mitos）和谷粒（chondrion）。自 20 世纪 30 年代以来，这一称谓一直是该细胞器被广为接受的标准名称（Lehninger，1965）。线粒体中 98%的蛋白质是细胞核基因编码的，这些源于细胞核编码的蛋白质与线粒体自身基因编码的蛋白质密切协调着线粒体蛋白质的组装与输入，最终合成具有完整功能的线粒体。线粒体在细胞程序性死亡（凋亡）中具有重要作用，而且线粒体生成的活性氧自由基（ROS）使线粒体成为内源性氧化应激产生的主要场所。线粒体是细胞内一种动态的细胞器，其会针对不同生理信号，例如营养状况、氧气水平和代谢需求的变化，来改变自身形态和组成（Aw and Jones，1989）。当机体需要更多能量时，线粒体会出现类似生物合成的分裂增殖过程。

4.1.2　形态描述

在电子显微镜下，由于线粒体内膜折叠为“嵴”，而“嵴”是电子传递链（ETC）所在位置，线粒体呈现出可见的有条纹豆形。在电子断层扫描电镜下，线粒体呈现为长管状结构，横贯于胞浆中（Mannella，2000）。有部分线粒体的膜紧邻内质网和肌浆网，这种结构有助于 ATP 和 ADP（二磷酸腺苷）等分子在胞浆和线粒体之间的进出（Scheffler，1999；Sharma et al.，2000）。线粒体内膜包裹着线粒体基质，外膜环绕膜间隙（图 4.1 和图 4.2）。位于膜间隙的细胞色素 C 对于细胞呼吸以及促进正常的细胞更新与凋亡都很重要。大多数线粒体蛋白质存在于线粒体基质中，其中普遍存在于电子传递链中的铁硫蛋白和三羧酸循环、脂肪酸 β 氧化、血红素蛋白合成等有关。基质中也有线粒体 DNA。线粒体外膜具有简单的磷脂双分子层结构，而线粒体内膜则因折叠形成很多“嵴”，这种结构增加了线粒体的膜表面积。通常由于线粒体电子传递链上存在很多的多蛋白复合体，造成线粒体内膜含 70%的蛋白质，却仅有 30%的脂质，这与细胞膜上具有的相同比例的蛋白质和脂质分布不一样。线粒体内膜含有主要存在于线粒体中的独特脂类——双磷脂酰甘油（也称为心磷脂）（Hatefi，1985）。

4.1.3　线粒体 DNA 与核 DNA 相互作用下的装配及其功能形成

线粒体 DNA 是一种由 16 000 多个碱基对构成的环形 DNA，每个 DNA 大约有 37 个基因，这些基因编码两个核糖体 RNAs、22 个转运 RNAs 和 13 种蛋白质，这 13 种蛋白质与其他 70 多种细胞核编码的蛋白质相结合形成呼吸链（Anderson et al.，1981）。细胞内的转录、翻译以及 mtDNA 复制，包括核糖体蛋白质的合成，都是在细胞核的调控下进行的。因此，线粒体的功能取决于核 DNA 编码的蛋白质和 mtDNA 编码的蛋白质、蛋白质组装因子，以及参与蛋白质折叠、蛋白质支架和结构支撑的分子伴侣蛋白之间的密切协调（Nijtmans et al.，2002；Rabilloud et al.，2002；Ryan and Hoogenraad，2007）。

细胞核编码的线粒体蛋白质在通过线粒体内外膜的转位酶通道前必须先经过折叠（Ryan and Hoogenraad，2007）。穿过这些通道后，线粒体内核编码的蛋白质在分子伴侣蛋白，如热激蛋白（Hsp）70、Hsp60/10（也被称为伴侣蛋白 60/10）、Hsp78 和其他许多蛋白酶的作用下进一步折叠。在应激条件下（比如热、氧化、脱毒等）分子伴侣蛋白的表达会增加，这些蛋白质对于修复结构损坏的蛋白质至关重要。

mtDNA 的 D 环中有线粒体转录和复制的调节因子。mtDNA 在 D 环上的差异可用来识别具有不同线粒体转录和复制调节因子的动物。有些蛋白质是组成线粒体输入装置的部分结构，而另一些则是线粒体的基因组所表达以及线粒体代谢所必需的蛋白质。还有一部分蛋白质在线粒体的凋亡（Liu and Kitsis，1996）、氧化还原信号转导以及稳态中起作用（Bogoyevitch et al.，2000；Levonen et al.，2001；Droge，2002）。Rabilloud 等（2002）研究表明“线粒体的一般功能，特别是线粒体蛋白质的合成，取决于线粒体基因组和核基因组的协调表达”。线粒体和细胞核之间的复杂沟通网络也影响线粒体的生物发生及其功能执行（Poyton and McEwen，1996）。

4.1.4　线粒体的融合与分裂

线粒体的结构不是离散和静态的。实际上，它们作为胞内复杂网络的一部分，自身不断地在进行融合与分裂，这样线粒体间可以相互交流并形成“细胞中局部存在并且广泛分布的线粒体合胞体”（Hoppins et al.，2007）。线粒体的融合和分裂过程由高度保守的调节膜相关活

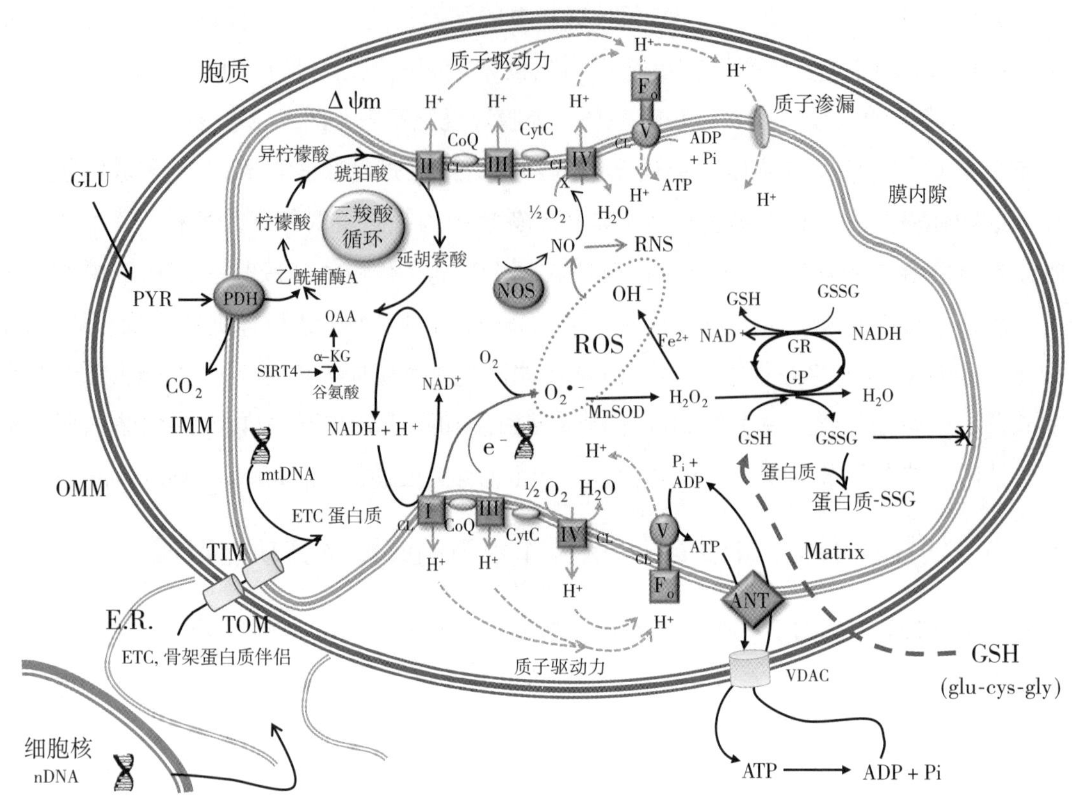

图 4.1 线粒体全貌

本图为线粒体的典型图，展示了文中讨论的线粒体的一部分作用。线粒体有外膜（OMM）和内膜（IMM），电子传递链（ETC）（Ⅰ、Ⅱ、Ⅲ、Ⅳ和Ⅴ）位于内膜上。图顶部的 ETC 表明电子从琥珀酸（三羧酸循环中的一个中间产物）传递到复合体Ⅱ-Ⅳ。图底部的 ETC 则表明，那些与 NADH 有关的能量底物携带的电子在复合体Ⅰ中进入 ETC。电子通过辅酶 Q（CoQ）在复合体Ⅱ和复合体Ⅲ之间传递。细胞色素 C（Cyt C）将电子从复合体Ⅲ传递到复合体Ⅳ。电子沿着呼吸链传递时伴随着质子泵入膜内隙，当质子通过 ATP 合酶（复合体Ⅴ）回流到线粒体基质时建立的质子驱动力推动三磷酸腺苷（ATP）的合成。ATP 通过内膜上的腺苷酸转位酶（ANT）和外膜上的电压依赖阴离子通道（VDAC）被转运到线粒体外供细胞使用。线粒体一氧化氮合酶（NOS）产生一氧化氮（NO），与氧争夺细胞色素 C 氧化酶的活性部位。在质子泄漏的情况下，质子通过线粒体膜时不经过 ATP 合酶。质子泄漏浪费了质子驱动力，不生成 ATP，但是能减弱活性氧自由基（ROS）的生成。从 ETC 泄漏的电子（e^-）能够和氧气反应生成超氧化离子（O_2^-），一般是由锰超氧化物歧化酶（MnSOD）转化为过氧化氢（H_2O_2）。在游离金属离子存在的情况下，过氧化氢可被转化为有高度活性的羟基自由基（OH^-）。总体来说，过氧化物、过氧化氢和羟基自由基（OH^-）都属于 ROS，它们能够引起细胞结构（如蛋白质、脂质和 DNA）的氧化损伤。ROS 还能与 NO 反应生成活性氮自由基（RNS），这也能对细胞中的这些结构造成损伤。谷胱甘肽（GSH）是一个重要的内源性抗氧化物，可以从细胞基质中进入线粒体。谷胱甘肽中的活性巯基常用于将脂过氧化物和过氧化氢还原为水或者脂醇，同时伴随着氧化型谷胱甘肽（GSSG）的生成；GSSG 能通过谷胱甘肽还原酶（GR）再次转变为 GSH，由 NADH 提供还原力。和细胞不同，线粒体不能够输出 GSSG，因为 ETC 中的蛋白质具有活性巯基，线粒体中的 GSSG 升高导致了蛋白质二硫键（蛋白质-SSG）的形成，这对于 ETC 的活性非常不利。ETC 由细胞核蛋白质和线粒体编码（mtDNA）蛋白质构成。在外膜转位酶（TOM）和内膜转位酶（TIM）的帮助下，核编码的蛋白质转运到线粒体中。本图修改自 Wallace（1999）。

性的动力蛋白——大 GTP 酶所调控（Praefcke and McMahon，2004）。线粒体融合可确保线粒体 DNA 在胞内的分布，以保证细胞内功能性线粒体的数量。与此相对，线粒体的分裂则要确保在细胞分裂和线粒体发生过程中功能性线粒体的均匀分布。线粒体的融合和分裂过程对于促进或延缓细胞凋亡都起作用（Hoppins，2007）。

4.1.5 呼吸链和 ATP 合成

电子传递链（electron transfer chain，ETC）最初是由 Kennedy 和 Lehninger（1949）发现的。它由 5 种多蛋白酶复合体构成：复合体Ⅰ［还原型烟酰胺腺嘌呤二核苷酸（NADH）：辅酶 Q 氧化还原酶］，复合体Ⅱ（琥珀酸：辅酶 Q 还原酶），复合体Ⅲ（辅酶 Q：细胞色素 C 氧化还原酶)，复合体Ⅳ(细胞色素 C 氧化酶)，以及 F_1F_0ATP 合酶或 ATP 酶(复合体Ⅴ)，还有两个可移动的电子携载者：辅酶 Q(CoQ)和细胞色素 C(CytC)(图 4.1 和图 4.2)。NADH 相关底物(苹果酸和丙酮酸)的电子在复合体Ⅰ进入呼吸链，或在复合体Ⅱ进入呼吸链，即 $FADH_2$- 相关的底物琥珀酸(图 4.2)。辅酶 Q 把复合体Ⅰ和复合体Ⅱ的电子传递给复合体Ⅲ，而细胞色素 C 把电子从复合体Ⅲ传递给复合体Ⅳ。电子传递给 O_2(电子的最终受体)后，O_2 最终还原成水。

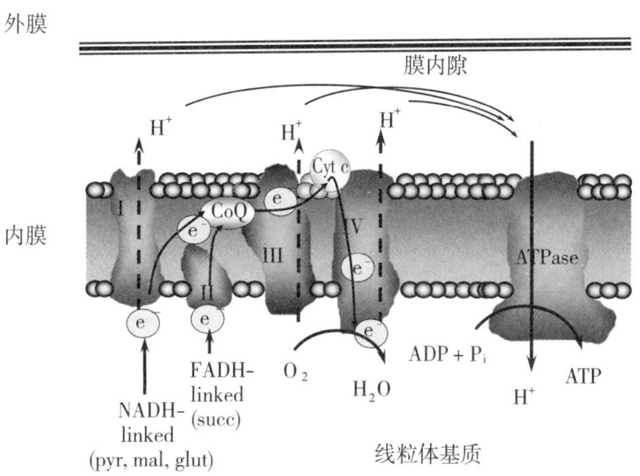

图 4.2　线粒体电子传递链（ETC）

呼吸链是由 5 个多蛋白复合体构成（复合体Ⅰ、Ⅱ、Ⅲ、Ⅳ和Ⅴ）。与 NADH 有关的能量底物（如丙酮酸、苹果酸和谷氨酸）产生的电子（e^-）通过复合体Ⅰ进入 ETC，与 FADH 有关的底物（如琥珀酸）产生的电子通过复合体Ⅱ进入。电子沿着 ETC 传递（实线箭头）到终末电子受体，氧气被还原为水。辅酶 Q（CoQ）负责将电子从复合体Ⅰ和复合体Ⅱ传递到复合体Ⅲ。随着电子沿着 ETC 移动，质子（H^+，虚线箭头）从线粒体基质移动到膜内隙，建立质子驱动力。质子通过三磷酸腺苷（ATP）合酶（复合体Ⅴ）时提供 ATP 合成的能量。基于 Lehninger 等（1993）。

电子的移动与质子的泵出同时发生，产生质子驱动力，其中包括膜电势($\Delta\Psi_m$)和 pH(质子)的梯度，当质子通过 ATP 合酶(复合体Ⅴ)回流进入线粒体基质时就为 ATP 合成提供了能量。由于阴离子载体蛋白(比如腺苷酸转运体、谷氨酸转运体)、解偶联蛋白(UCPs)和膜的固有特征，质子不仅能通过 ATP 合酶的位点，也能通过其他的位点产生质子驱动力(Brown and Brand，1991；Brand et al.，1994；Rolfe and Brand，1997；Brookes et al.，1997)。质子泄漏造成 O_2 消耗，降低了膜电势，却没有生成 ATP。解偶联代表着某种程度上的线粒体功能失效，ROS 的生成会很低。虽然线粒体在哺乳动物褐色脂肪组织的产热中具有重要作用，但禽类中没有发现褐色脂肪组织，从而推测可能是因哺乳动物和鸟类的共同祖先在进化早期，某一支独立进化的禽类中的褐色脂肪组织消失了。

4.1.5.1　辅酶 Q

从复合体Ⅰ到复合体Ⅲ以及从复合体Ⅱ到复合体Ⅲ的电子传递是由辅酶 Q(如 CoQ_9 和 CoQ_{10})完成的。线粒体 ROS 生成的主要来源是 CoQ 的自氧化(Chance et al.，1979；Turrens et al.，1985；Turrens and Boveris，1980)。那些有更多 CoQ_9 的动物其线粒体产生的 ROS 量要多，而那些具有相对更多 CoQ_{10} 的动物其线粒体产生的 ROS 量要少(Lass and Sohal，1999)，并且 CoQ 含量与复合体Ⅰ和复合体Ⅱ的活性存在着高度的关联性(Ernster and Forsmark-Andree，1993；Forsmark-Andree et al.，1997)。

4.1.5.2　双磷脂酰甘油/心磷脂

心磷脂(四乙酰磷脂酰甘油)是一种独特的磷酸甘油酯，它具有 4 个长脂肪酸链(典型的磷脂具有两个侧链)，心磷脂对于膜的偶联磷酸化(氧化)尤为重要(Hoch，1992)。心磷脂的全部活性需要 5 种复合体(Ⅰ～Ⅴ)与它之间相互作用。酵母中缺乏心磷脂会出现线粒体的功能受损(Koshkin and Greenberg，2000)。在分离出来的肝脏线粒体中添加外源心磷脂可以降低呼吸链偶联，但提高了 ATP 合酶活性(Bobyleva et al.，1997)。

4.1.6 线粒体功能的评估

4.1.6.1 极谱法

评定线粒体功能的一个标准方法是在 Warburg 装置中用 O_2 电极来测定刚分离出来的线粒体在不同呼吸状态下消耗的 O_2（Estabrook，1967）。在 NADH 和 FADH 有关的能量底物存在的情况下，线粒体展示出一个较低的起始 O_2 消耗率（呼吸阶段 2）。增加 ADP 将提高电子传递链活性并引发 O_2 的快速消耗，之后，由于氧化磷酸化和 ATP 的合成（来自 ADP 和无机磷），ADP 水平下降（比如 ADP 受限），O_2 消耗率（呼吸的第 4 阶段）也随之放缓。从这些数据计算出的功能性指标包含呼吸控制率（RCR）和 ADP：O 比值（Estabrook，1967）。RCR 代表偶联度或呼吸链活性的效率，它可以通过呼吸阶段 3（主动呼吸）除以阶段 4（休息/静息）的呼吸率计算出来。ADP：O 比值是线粒体在呼吸阶段 3 每消耗 1 ng 单体氧时生成 ATP（ADP 磷酸化）的比值，是氧化磷酸化的一个指标（是代表线粒体呼吸功能较好的指标）。电子沿呼吸链的移动与质子泵相偶联。当质子通过 F_1F_0 ATP 酶时，形成质子驱动力合成 ATP。氧化磷酸化的指标 ADP：O 比值是由呼吸阶段 3 中每消耗 1nmol 单体氧时产生的 ADP 来确定的。理论上 ADP：O 比值是 2（琥珀酸）和 3（苹果酸），它们携带的电子分别通过复合体Ⅰ和复合体Ⅱ进入电子传递链。

由于电子和质子泄漏，因此 ATP 合成并不总是有 100%的效率。由于穿过线粒体内膜的质子在 F_1F_0 ATP 酶以外的其他地方发生了泄漏（Brand et al.，1994），以及呼吸链和 O_2 反应生成 ROS 过程中发生了电子泄漏，如超氧化物和 H_2O_2（Chance et al.，1979；Boveris and Chance，1973）的生成，都会降低 ADP：O 比值（与 ATP 合成解偶联而增加了 O_2 的消耗）。

4.1.6.2 全细胞中的氧流(流分)测定

Wu 等（2007）试验了一个比较新的在完整细胞中用氧消耗率（OCR）的流分析来评估线粒体功能的方法。这一方法的好处是可以在一个完整细胞中来评估线粒体功能，排除了极谱法中激发可能会导致的任意假象（如剪应力）（Estabrook，1967）。通过计算细胞的酸化率，也可以同时评定糖酵解活性。

4.1.7 线粒体在细胞凋亡中的作用

线粒体是启动细胞程序性死亡或细胞凋亡的关键因素（Wallace，1999）。位于线粒体内外膜之间的细胞色素 C、凋亡诱导因子以及 Caspase（含半胱氨酸的天冬氨酸蛋白水解酶）对于细胞凋亡起着重要作用。凋亡始于线粒体在内膜上形成了线粒体渗透转移孔（mtPTP）。mtPTP 由电压依赖的阴离子通道（VDAC）、腺苷酸转运蛋白（ANT）、BCL-2 结合的 X 蛋白以及亲环素蛋白 D 作用下共同形成的。当 mtPTP 形成后，线粒体膜电势耗尽，很快线粒体膨胀并释放 Caspase 和凋亡诱导因子。Caspase 释放到胞浆中降解细胞骨架结构。能引起 mtPTP 生成的事件包括线粒体产能的降低、钙离子的过量涌入以及 ROS 的生成增加。

4.2 线粒体功能的失效

4.2.1 电子转运障碍和氧化应激

4.2.1.1 活性氧类别

线粒体是内源性氧化应激的主要场所。线粒体中 2%～4%的 O_2 通过将单价 O_2 还原为超氧化物（$O_2^{\cdot -}$），随后电子（e^-）从呼吸链泄漏生成 ROS（Chance et al.，1979；Turrens and Boveris，1980；Boveris and Chance，1973）。超氧化物歧化酶（SOD）将 $O_2^{\cdot -}$ 转化为 H_2O_2，然后谷胱甘肽过氧化物酶（GPX）又将其还原为 H_2O。那些相对无反应活性的 H_2O_2，当有 Fe^{2+} 和 Cu^{2+} 存在的时候，可转化成为高度活跃的氢氧自由基（·OH）。·OH 是脂溶性的，它能跨膜通过细胞而氧化蛋白质、DNA、脂质和糖类（Yu，1994）（图 4.1 和 4.3）。

4.2.1.2 电子运输中的位点特殊性缺陷鉴定

图 4.3 显示通过各种化学性抑制剂处理后的一些明显的电子泄漏位点。Boveris 最早和他的合作者用这些化学性抑制剂来鉴定 e^- 运输缺陷（Chance et al.，1979；Turrens and Boveris，1980；Boveris and Chance，1973）。随后很多实验报道证实复合体Ⅰ和复合体Ⅲ是线粒体 e^- 泄漏的主要位点，这些位点与人类的很多代谢疾病，包括阿尔茨海默症、癌症、糖尿病和老龄化（Yu，1994）等的发生有关。

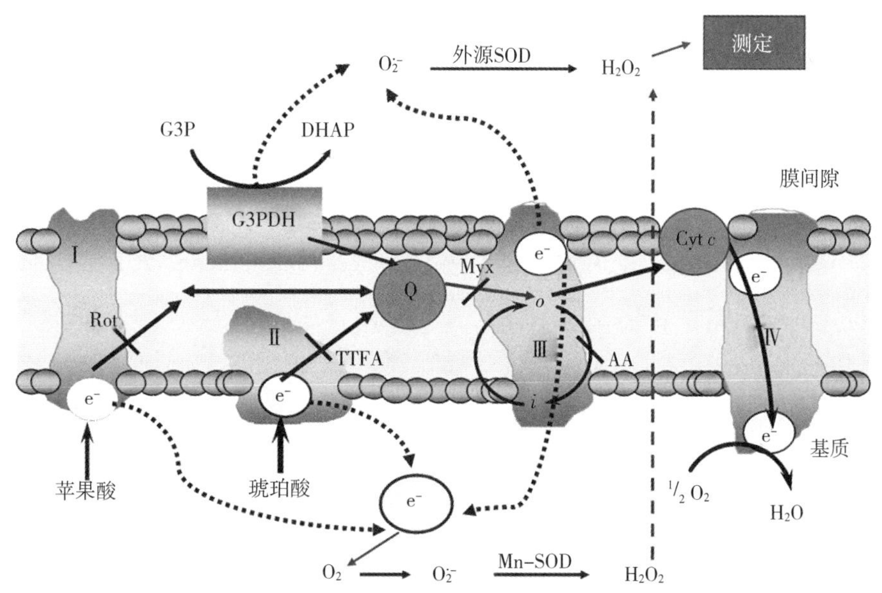

图 4.3　使用化学性抑制剂鉴定电子转移链中位点特异性的缺陷

图中实线指示在电子携带者和辅酶 Q 作用下电子（e^-）沿呼吸链从复合体Ⅰ或复合体Ⅱ到复合体Ⅲ的运动，以及在细胞色素 C（Cyt C）作用下到复合体Ⅳ的运动。电子运输的终末一步是通过细胞色素 C 氧化酶将氧气（O_2）彻底还原为水。阻止电子（e^-）运输并鉴定造成位点特异性缺陷的化学性抑制剂有针对复合体Ⅰ的鱼藤酮（Rot），针对复合体Ⅱ的噻唑甲酰三氟（TTFA），针对复合体Ⅲ的黏噻唑（Myx）[外膜（*o*）上] 和复合体Ⅲ中的抗霉素 A（AA）[内膜（*i*）上]。如果在有化学抑制条件下，上述这些部位存在位点特异性缺陷，电子（e^-）泄漏（虚线箭头表示）将导致氧气通过单价还原为过氧化物（$O_2^{\cdot -}$），再经超氧化物歧化酶（SOD）催化还原为过氧化氢（H_2O_2）。在制备只有线粒体的培养液中添加外源 SOD，能测出过氧化氢的生成（以活性氧自由基生成的指标——ROS 为指标），这与线粒体中表达 MnSOD 而产生的内源性的 ROS 不是一回事（Miwa et al.，2003）。当三磷酸甘油醛（GSP）被 G3P 脱氢酶转化为磷酸二羟丙酮（DHAP）时，线粒体外的电子泄漏也能够发生。Ojano-Dirain 等（2007a）授权引用。

4.2.1.3 禽类线粒体中 ROS 的生成

化学抑制剂（图 4.3）被用来评估禽类线粒体 ROS 的生成。在患有暴发性肺动脉高压综合征（fulminant pulmonary hypertension syndrome）的肉鸡，其肝脏、肺脏、骨骼肌和心肌中的复合体Ⅰ和复合体Ⅲ上存在电子（e^-）泄漏位点的特异性缺陷（Cawthon et al.，2001；Iqbal et al.，2001；Tang et al.，2002）。在一些低饲料转化率的肉鸡中，也发现其骨骼肌、肝脏和十二指肠线粒体复合体Ⅰ和复合体Ⅲ（Bottje et al.，2002；Lqbal et al.，2004；Ojano-Dirain，2004，2007a），以及十二指肠组织复合体Ⅱ（Ojano-Dirain，2004）中电子转运位点特异性缺陷引起的 ROS 生成量增多。在具有低饲料转化率表型的动物中，可能是越具有高的氧应激和越低的呼吸链复合体活性（Ojano-Dirain et al.，2004；Bottje and Carstens，2009）的动物产生的 ROS 就越多。在具有低饲料转化率的肉鸡中这一现象是由动物个体的不同基因来完成相关生理活动的（Bottje and Kong，2013）。在热应激中线粒体的 ROS 生成也表明其具有重要作用（Abe et al.，2006；Mujahid et al.，2006，2007a、b）。

4.2.1.4 正常细胞中线粒体 ROS 的功能

线粒体中大量的 ROS 对机体是有害的，但线粒体中较低水平的 ROS 在胞内信号通路转导中却扮演着第二信使的角色，对于细胞行使正常功能至关重要（Giulivi and Oursler，2003；Crawford et al.，1997；Carper et al.，1999；Greiber et al.，2002；Li et al.，2002；Kemp et al.，2003）。Baughman 和 Mootha（2006）提出假说："在遍及线粒体基因组的遗传变异中，ROS 在维持稳定的呼吸表型中扮演着稳态的作用。"

4.2.1.5 线粒体 ROS 和寿命

与体型大小相当的哺乳动物相比，鸟类的线粒体 ROS 生成量较低，线粒体 ROS 生成的量和动物的寿命成负相关关系（Herrero and Barja，1997、1998）。图 4.4 显示了在添加或者不添加电子传递链抑制剂时，具有相似体型/体重的哺乳动物和鸟类（Herrero and Barja，1997、1998）心脏线粒体生成 ROS 的数据（图 4.3）。鸟类自身所具有的很多诸如高体温、高代谢率和高血糖浓度等特征可能会增加线粒体内自由基的生成（Holmens and Austad，1995；Holmes et al.，2001），而物种间的这种差异更显著。但事实上鸟类线粒体的 ROS 生成是较低的，有假说认为这是由于禽类线粒体 DNA 多样性比哺乳动物低的缘故（Hickey，2008）。

4.2.1.6 一氧化氮(NO)和活性氮

线粒体中一氧化氮合酶（NOS）在近电子传递链位点可产生一氧化氮（NO）（Giulivi et al.，1998；Giulivi and Oursler，2003），NO 会竞争性地抑制细胞色素氧化酶，从而调节线粒体的 O_2 消耗。ROS 存在的情况下，NO 释放能够产生大量的活性氮自由基（如过氧亚硝基），通过亚硝基化破坏蛋白质。有报道称过氧亚硝基在线粒体中降低了复合体Ⅰ和复合体Ⅱ的活性（Riobo et al.，2001）。

4.2.1.7 线粒体 ROS：DNA 损伤和呼吸链复合体活性

线粒体功能的完整需要 mtDNA 和 nDNA 编码的蛋白质之间的平衡（Nijtman et al.，2002）。由于 mtDNA 离呼吸链近并且缺乏组蛋白保护，mtDNA 比 nDNA 更加有可能是线粒体 ROS 介导的氧化目标，mtDNA 的氧化会导致线粒体功能失调（Kristal et al.，1994；Wei，1998）。通过抑制呼吸链蛋白合成，氧化剂抑制了线粒体的转录，线粒体的功能失调加重了

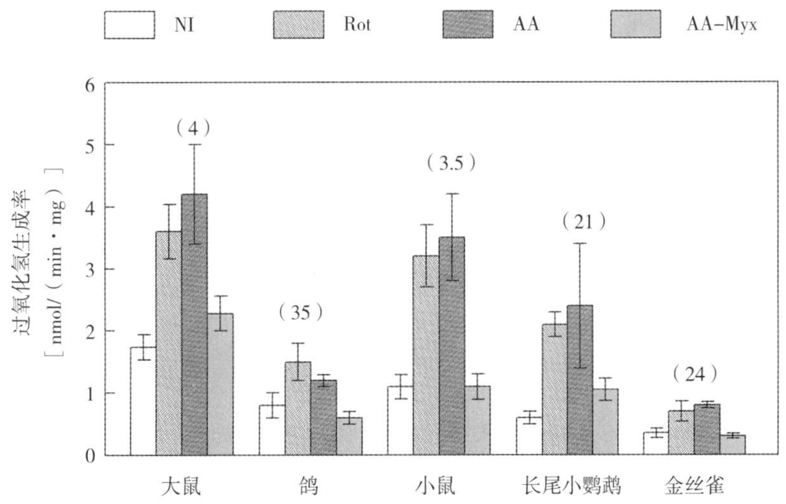

图 4.4　体重相当的哺乳动物和鸟类（大鼠相对于鸽，小鼠相对于长尾小鹦鹉和金丝雀）的心脏线粒体过氧化氢生成率［指单位质量蛋白质在单位时间内生成的过氧化氢的量，nmol/(min·mg)］

图中显示了未经抑制剂处理的线粒体过氧化氢生成率（NI，基础率），以及用复合体Ⅰ的抑制剂［鱼藤酮（Rot）］处理和复合体Ⅲ的两种抑制剂［抗霉素 A（AA）和黏噻唑（Myx），单独使用或联合使用］处理的线粒体过氧化氢生成率。每种动物的最大生命周期在括号中显示。数据源自于 Herrero 和 Barja（1997、1998）。

(Kristal, et al., 1997)。线粒体编码的有限的亚基以及受损蛋白质会导致呼吸复合体活性和细胞呼吸的消失（Wallace, 1999）。复合体Ⅰ、复合体Ⅱ和复合体Ⅳ蛋白质中特异性的巯基很容易被氧化，当其接触到氧化剂时这种氧化的结果会导致复合体活性降低（Lin et al., 2002b）。在低饲料转化率的动物中，已经证实了复合体活性与氧化应激的负相关关系（Ojano-Dirain et al., 2005; Bottje and Carstens, 2009）。

4.2.2　抗氧化物

提到氧化就不可避免地会涉及抗氧化保护。真核生物的氧应激在正常代谢过程中都有，且主要是在线粒体内进行。当 ROS 的生成破坏了抗氧化保护时就会发生氧化应激（Yu, 1994）。损伤结构的修复（如脂质和蛋白质）是极其耗能的，修复需要用大量的 ATP，损伤结构或成为细胞内用来再循环的原料。线粒体 ROS 通常是借助抗氧化物酶 SOD 和谷胱甘肽过氧化物酶以及非酶的抗氧化物 GSH 和 α-生育酚来完成代谢的（Yu, 1994）。

细胞和线粒体内主要的内源性抗氧化物是谷胱甘肽（Meister, 1984; Griffith and Meister, 1985; Martensson et al., 1993）。谷胱甘肽以还原（GSH）形式或氧化（GSSG，谷胱甘肽二硫化物）形式存在，GSSG : GSH 的比值是氧化应激的指标。谷胱甘肽氧化还原系统包括 GSH 和 GSH 再循环的酶类、GSH 过氧化物酶（GPx）和 GSH 还原酶（GR）（Meister, 1984）。利用来自于 GSH 的还原当量，GPx 代谢过氧化物（如 H_2O_2），并催化如下反应（图 4.1）

$$2GSH + H_2O_2 \longrightarrow GSSG + 2H_2O \tag{4.1}$$

GR 调节维持着低水平的 GSSG，烟酰胺腺嘌呤二核苷酸磷酸（$NADPH_2$）将 GSSG 还原为 GSH，反应式如下：

$$GSSG + NADPH_2 \longrightarrow 2GSH + NADP^+ \tag{4.2}$$

谷胱甘肽氧化还原系统是线粒体对抗自由基损伤至关重要的防御系统，因为线粒体缺乏过氧化氢酶（Martensson et al., 1990）、γ 谷酰基合成酶（GSH 合成中的限速酶）（Meister,

1984)，以及GSSG的输出能力(Olafsdottir and Reed，1988)。Martensson等(1990)的实验指出线粒体GSH运输系统可能是以消耗胞浆中的GS来有效保护线粒体中的GSH的。

在氧化应激的情况下，GSSG在线粒体中会积累并达到毒性水平(Olafsdottir and Reed，1988；Cawthon et al.，1999)。和细胞运出GSSG的机制不一样，线粒体不能从线粒体中运出GSSG，这样的结果就会导致电子传递链上重要蛋白质的硫醇化以及呼吸链复合体活性的丧失。Augustin等(1997)报道，只要ROS生成量降至最低，而线粒体在满能量的状态，ROS对线粒体基本就不造成伤害。其他研究表明GSH水平对于维持和保护呼吸链复合体活性避免氧化至关重要，GSH的活性和呼吸链活性之间的关系还有其他科研工作的证据(Bolanos et al.，1996；Cardoso et al.，1999；Ojano-Dirain et al.，2005)。

4.2.3 线粒体解偶联和氧化应激的衰减

当质子流通过ATP合酶(复合体V)回流进入基质，质子移动提供了ATP合成的动力。然而，但是当质子没有通过ATP合酶回流进入线粒体基质就会浪费了质子动力，会降低线粒体膜电势，缩短了ATP合成循环(Brand et al.，1994)。质子泄漏导致的氧气消耗量占动物体内基础代谢率所耗氧的25%(Rolfe and Brand，1997)。膜的内在特征和膜内蛋白质(如UCPs、ANT)的存在促进了本底质子泄漏(Dilger et al.，1979；Brown and Brand，1991；Rolfe and Brand，1997；Brookes et al.，1997，1998；Bran et al.，2005)。游离脂肪酸会使UCPs和ANT以及磷酸根和谷胱甘肽载体蛋白的质子转运活性增强(Andreyev et al.，1988、1989；Echtay et al.，2001；Samartsev et al.，1997；Jaburek et al.，1999)。甲亢可能会刺激更多的质子泄漏，而甲减可能会使质子泄漏减少(Hafner et al.，1990)。

质子泄漏代表一种能量失效，但是它在线粒体ROS生成减弱和内源性的氧化应激变强中具有重要作用。由于UCPs和ANT表达及活性的增加，超氧化物对线粒体ROS产生自身限制性反馈(Echatay et al.，2002；Murphy et al.，2003；Brand et al.，2004)。图4.5为Brand等(2004)图1和图2的组合，阐述了这种机制。

在几种鸟中已经清楚地证实了解偶联使线粒体ROS的生成减少。Raimbault(2001)和Toyomizu等(2002)报道了禽类中的解偶联蛋白(avUCP)的初步测序结果。线粒体解偶联是动物体内减轻寒冷以及热应激时的重要生理反应。Toyomizu等(2002)报道指出，在寒冷应激下鸡骨骼肌中的整个UCP和ANT mRNA上调了。在鸡(Toyomizu et al.，2002)、帝企鹅(Talbot et al.，2003，2004)以及冷驯化(在4℃条件下饲养)鸭子(Rey et al.，2010)的骨骼肌中已经发现：低温诱导的线粒体ROS的生成减少，UCP和ANT的表达会增加。在热应激的鸡骨骼肌中也发现了线粒体ROS生成和氧化应激(Mujahid et al.，2007a、b)的增加。橄榄油可降低线粒体热应激情况下的ROS生成(Mujahid et al.，2009)。热应激下的ROS生成增强是avUCP表达下降和线粒体内膜电势增强共同引起的(Mujahid et al.，2006；Kikusato and Toyomizu，2013)。

质子泄漏程度和线粒体膜电位高低的差异与肉鸡饲料转化率表型有关(Ojano-Dirain et al.，2007a；Bottje et al.，2009)。由于电子传递中的特定位点缺陷导致具有较低饲料转化率肉鸡的肌肉、肝脏和十二指肠线粒体中ROS的生成要高于有更高饲料转化率的肉鸡(Ojano-

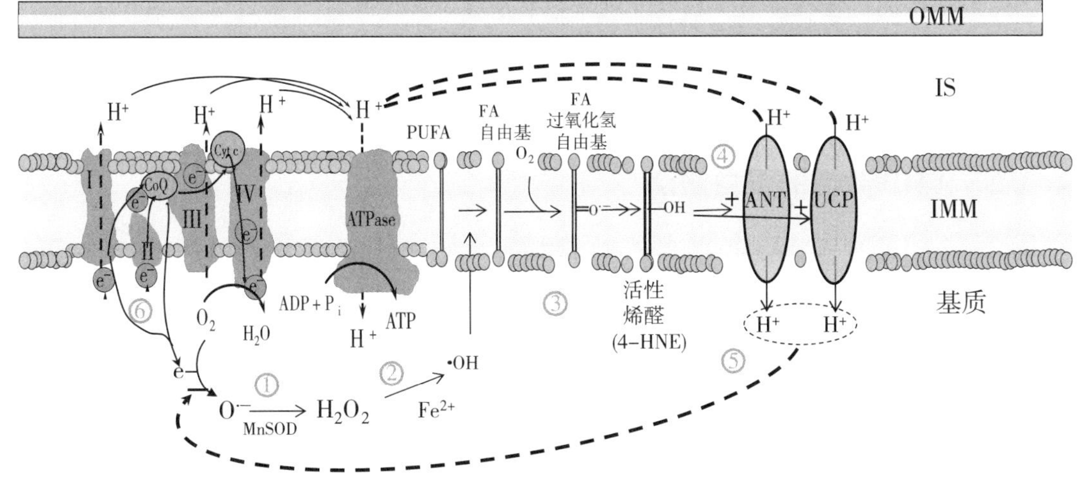

ROS介导的解偶联：
① e⁻泄漏增加了过氧化物（$O^{•-}$），由MnSOD还原为过氧化氢
② 在Fe^{2+}存在的条件下，过氧化氢转化为羟基自由基（·OH）
③ OH激发了脂质过氧化反应，进而形成一个稳定的活性烯醛（4-羟基-2-壬烯醛，4-HNE）
④ 4-HNE刺激ANT和UCP的活性和表达
⑤ 增加质子泄漏导致质子驱动力的消失
⑥ e⁻泄漏减少和ROS生成

图 4.5　腺苷酸转移体（ANT）和解偶联蛋白（UCP）解偶联活性的增加导致线粒体活性氧自由基生成减少

图中标注有线粒体外膜和内膜（OMM 和 IMM）以及膜内隙（IS），质子驱动力在随质子从线粒体基质中泵入膜间隙时生成。当质子通过三磷酸腺苷合酶以外的位点穿过 IMM 时就会发生质子泄漏。来自复合体 I 蛋白质中的黄素蛋白、铁-硫离子中心，以及辅酶 Q 的电子泄漏会进入线粒体基质，并促使氧气通过单价还原为过氧化物（$O^{•-}$）。由于基质蛋白（如顺乌头酸）氧化损伤产生的游离二价铁离子（Fe^{2+}）导致羟基自由基（·OH）的生成，当氧气存在时，从多不饱和脂肪酸吸引一个电子，形成碳中心脂肪酸自由基（FA 自由基）和脂肪酸过氧化氢自由基。这导致一个稳定的活性羟醛（4-羟基-2-壬烯醛，4-HNE）的生成，通过 ANT 和 UCP 刺激解偶联活性（质子泄漏）。质子泄漏的增加导致质子驱动力以及线粒体膜电势的消失，引发质子泄漏和线粒体 ROS 生成减少。基于 Echtay 等（2002）、Murphy 等（2003）和 Brand 等（2004）的文章整合。

Dirain et al.，2004；Bottje et al.，2004；Iqbal et al.，2005）。具有更高饲料转化率表型的肉鸡与低饲料转化率的肉鸡进行不同的化学处理实验后，呈现出具有较低或相等的质子泄漏（Bottje et al.，2009）。在具有较低饲料转化率的肉鸡体内，avUCP 表达增加，膜电势较低，这与图 4.5 所展示的最小化或减弱线粒体 ROS 生成的模型一致。

4.3 线粒体能量的生成和能量需求

4.3.1　线粒体合成

有丝分裂中线粒体要分开，确保子细胞是具有完整功能的线粒体，能量需求增加时会刺激线粒体的合成。Paul 和 Sperling（1952）很早就报道了线粒体具有生物合成现象，他们发现鸽胸肌中的线粒体比不迁徙的肉鸡中的线粒体数量多也更活跃。第一个被发现能增加线粒体生物合成的因子是 PGC-1α（Puigserver et al.，1998；Wu et al.，1999）。冷应激增强了 PGC-1α 的 mRNA 表达，PGC-1α 又会促进几种线粒体蛋白质的表达，包括 ATP 合酶、细胞色素 C 氧化酶Ⅱ和Ⅳ的表达。PGC-1α 和 PGC-1β 刺激胞核呼吸因子（NRF-1 和 NRF-2）和线粒体转录因子 A（Nisoli et al.，2003，2004），并可通过不同机制上调线粒体转录因子 A（mtTFA）的表达（Meirhaeghe et al.，2003；Lin et al.，2002a）。NRF-1 和 NRF-2 刺激线粒体蛋白质的合成，比如电子传递链蛋白，而 mtTFA 刺激线粒体 DNA 转录，这有助于在线粒体合成过程中线粒体蛋白质的合成。因 PGC-1α 在线粒体合成中所起的作用而被认为是线粒体蛋白质合成的主要调节因子（Nisoli et al.，2003，2004）。

4.3.2 AMP 激活的蛋白激酶

AMP 激活的蛋白激酶（AMPK）对于感受细胞的能量（AMP/ATP）和刺激线粒体生物合成至关重要（Zhou et al.，2001；Hardie et al.，2003；Hardie，2007；Carling，2005），AMPK 在调节动物的摄食和整体能量平衡方面都很重要（Minokoshi et al.，2004）。如果 AMPK 被丝氨酸-苏氨酸激酶 1（LKB1）磷酸化（Hardie，2005），激活的 AMPK 会磷酸化几种与糖、脂和蛋白质代谢关联的蛋白质（Kemp et al.，2003；Hardie，2004、2007）。通常，AMPK 抑制消耗 ATP（合成代谢）的途径（如脂肪酸合成），促进生成 ATP（分解代谢）的途径（如脂肪酸氧化、糖酵解）。AMPK 对于促进骨骼肌细胞与星形胶质细胞中葡萄糖的吸收和糖酵解是必不可少的（Zhou et al.，2001；Almeida et al.，2004）。AMPK 还能够上调 PGC-1α 的表达（Ojuka，2004），因而 AMPK 在线粒体生物合成中可能具有重要作用。PGC-1α 在影响甲状腺激素受体活性的同时还能够上调 ANT 和 UCP3 的表达，进而解偶联线粒体的氧化磷酸化（Masatoshi et al.，2005）。Choi 等（2001）的实验证明 AMPK 以及 AMPK 级联体系对于 ROS 很敏感，尤其是对于 H_2O_2 很敏感。Colombo 和 Moncada（2009）的实验证据表明，线粒体 ROS 介导的 AMPK 的上调与多种细胞抗氧化剂的增加有关。总之，AMPK 不仅在感知细胞能量状态方面非常重要，还有可能是细胞生长和发育中的一个关键成分，而且它对线粒体生成的 ROS 很敏感（Bottje and Kong，2013）。

4.3.3 去乙酰化酶

去乙酰化酶是一个保守的 NAD 依赖型去乙酰化酶家族，它调节许多细胞活动，包括压力反应和能量代谢（Haigis and Sinclair，2010）。SIRT4 主要分布在线粒体中（Haigis et al.，2006），通过 ADP-核糖基化使谷氨酸脱氢酶失活。将谷氨酸转变为 α-酮戊二酸的谷氨酸脱氢酶的失活，表明 SIRT4 可以调节能量底物进入三羧酸循环。SIRT4 的削减会增加肝脏细胞和肌肉细胞中的脂肪酸代谢酶和线粒体基因的表达，这些基因的变化与 SIRT1 依赖型脂肪酸氧化（Nasrin et al.，2010）有关。Chau 等（2010）的报道称，纤维细胞生长因子 21（FGF21）在脂肪细胞中通过增加细胞内的 NAD^+ 水平、PGC-1α 和组蛋白 3 的去乙酰化和活化使 AMPK 磷酸化并活化，从而来调节能量稳态。活化的 AMPK 通过增强线粒体的生物合成和氧化代谢维持着能量平衡（Hardie，2007）。AMPK 通过提高 NAD^+ 水平上调 SIRT1（依赖于 NAD^+ 的Ⅲ型去乙酰化酶），来调节下游几个 SIRT1 靶标（Canto et al.，2009）。AMPK 和 SIRT1 与 PGC-1α 协作调节能量稳态来应对营养和环境因素的变化（Reznick and Shulman，2006；Hardie，2007）。

参考文献

（周波译，韩海棠、李辉校）

第二篇　感官生物学和神经系统主题

第 5 章　躯体感觉系统：比较研究视角

J. Martin Wild

缩略语

A，Arcopallium　弓状皮质
Bas，Nucleus basorostralis　基底吻侧核
CN Ⅸ，Glossopharyngeal nerve　舌咽神经
CN Ⅻ，Hypoglossal nerve　舌下神经
CTB，Cholera toxin B-chain　霍乱毒素 B 链
DCN，Dorsal column nuclei：nucleus gracilis，nucleus cuneatus et nucleus cuneatus externus　背柱核：薄束核，楔束核和楔外核
DIVA，Nucleus dorsalis intermedius ventralis anterior　背中腹前核
DLP，Nucleus dorsolateralis posterior thalami　丘脑背外侧后核
DLPc，Nucleus dorsolateralis posterior thalami，pars caudalis　丘脑背外侧后核尾部
DLPr，Nucleus dorsolateralis posterior thalami，pars rostralis　丘脑背外侧后核头部
DRG，Dorsal root ganglion　背根神经节
EM，Electron microscopy　电子显微镜
FLM，Fasciculus longitudinalis medialis　内侧纵束
HA，Hyperpallium apicale　上皮质头部
HRP，Horseradish peroxidase　辣根过氧化物酶
HVC，High vocal center　高级发声中枢
ICc，Central nucleus of the inferior colliculus　下丘中央核
ICo，Nucleus intercollicularis　丘间核
IHA，Interstitial hyperstristum accessorium　间质副高纹状体
LLDa，Anterior division of the dorsal lateral lemniscal nucleus　外侧丘系背外侧核前部
LLDp，Posterior division of the dorsal lateral lemniscal nucleus　外侧丘系背外侧核后部
LLI，Intermediate nucleus of the lateral lemniscus　外侧丘系中间核

LLIc，Caudal part of the intermediate nucleus of the lateral lemniscus 外侧丘系中间核尾部

LLIr，Rostral part of the intermediate nucleus of the lateral lemniscus 外侧丘系中间核头部

LLV，Ventral nucleus of the lateral lemniscus 外侧丘系腹核

LPS，Lamina pallio-subpallialis 皮质-皮质下层

M，Mesopallium 旧（大脑）皮层

MLd，Nucleus mesencephalicus lateralis，pars dorsalis 中脑背外侧核

N，Nidopallium 巢皮质

NCL，Nidopallium caudolaterale 巢皮质尾侧部

NI/Nc，Neostriatum intermedium/neostriatum caudale 新纹状体中间部/新纹状体尾部

NIf，Nucleus interface 界面核

nTTD，Nucleus tractus descendens nervi trigemini 三叉神经降束核

nVI，Nucleus nervi abducenti 外展神经核

NVI，Nervus abducens 外展神经

nVII，Nucleus nervi facialis 面神经核

nXIIts，Nucleus nervi hypoglossi，pars tracheosyringealis 舌下神经核气管鸣管部

OI，Nucleus olivaris inferior 下橄榄核

Ov，Nucleus ovoidalis 丘脑卵圆核

PE，Nucleus pontis externus 脑桥外核

PrV，Nucleus sensorius principalis nervi trigemini 三叉神经感觉主核

RPcvm，Ventromedial part of the parvocellular reticular formation 腹内网状结构的腹内侧部分

Rt，Nucleus rotundus 圆核

sP，Nucleus subprincipalis 三叉神经感觉下核

SCi，Intermediate part of the core nucleus of the pre-isthmic region（Puelles et al.，1994）峡部前区核心核的中间部

SI，Primary somatosensory cortex 初级体感皮质

SII，Secondary somatosensory cortex 次级体感皮质

SS，Synsacral segment 综荐骨段

SSp，Nucleus supraspinalis 脊上核

St，Striatum 纹状体

SpM，Medial spiriform nucleus 内侧螺旋状核

Uva，Nucleus uvaeformis 葡萄形核

VB，Ventrobasal complex 腹侧基底复合体

5.1 引言

尽管该版与前一版间隔时间较长，但收集到有关禽类躯体感觉系统相关的新进展很少。该领域进展缓慢，主要是与该研究领域的两位主要人物 Reinhold Necker 和 Jaap Dubbeldam 退休有关。因此，希望读者能够理解，近期这一领域出版物相对较少，作者陈述中难免有失偏颇。显然，禽类躯体感觉研究领域亟待后起之秀的加入。

Necker（2000a）在禽类躯体感觉系统一章中对这个系统从禽类皮肤中发现的机械感受器和其他感觉受体的类型、分布和生理学，到贯穿神经轴上行体感通路的突触和功能连接进行了简要概述（图 5.1）。他将鸟类躯体感觉系统分为两部分：脊髓和三叉神经，前者支配体表和四肢，后者主要支配喙部。然而，在传入神经系统中"脊髓"一词通常指脊髓本身，不包括外周神经，"三叉神经"好像也不包括来自头部其他部位（如舌）的传入投射，在禽类三叉神经并不支配舌。因此，本章将躯体感觉起源分为躯体（包括两翼、腿和爪）、喙和舌三部分。不过，为了更好地理解后续内容，读者需要首先参考本书第 5 版 Necker 关于躯体感觉系统（Necker，2000a）和脊髓（Necker，2000b）的相关章节。

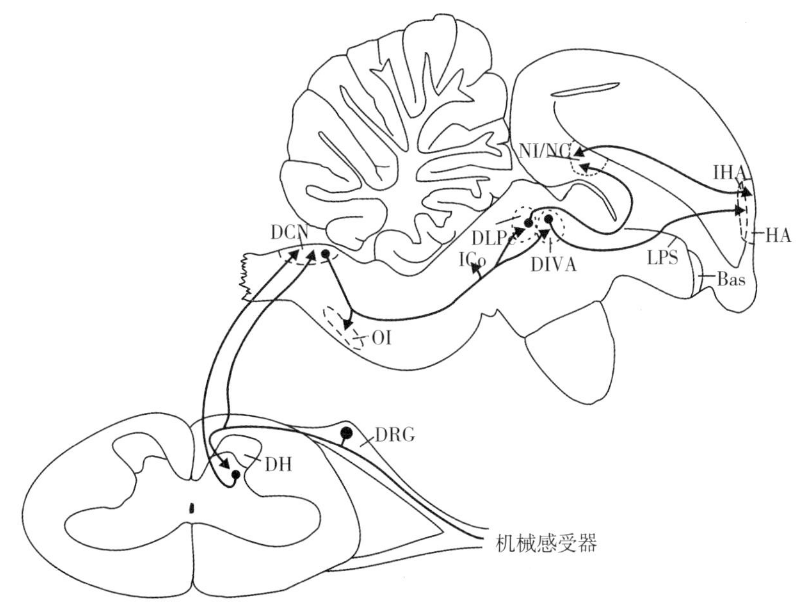

图 5.1　鸽大脑示意图

展示了主要的躯体感觉通路，实心圆表示细胞体，箭头表示神经纤维终止点。

注意：此平面图在其他物种有很大偏差（参见正文和图 5.2）。本图改编自 Necker（2000a）。

5.2 不同种禽类躯体感觉初级传入投射

5.2.1　脊髓

我们对禽类脊髓初级传入投射的认识是基于多种技术，如脊髓背根切断后对退化纤维的跟踪（van den Akker，1970；Leonard and Cohen，1975a），在鸽和鸡中将示踪剂注射到脊髓背根神经节或者背根断端（Necker，2001），将示踪剂注入羽毛的毛囊（Wild，1985），注射或施加于翅膀和腿神经（Wild，1985；Necker and Schermuly，1985；Schulte and Necker，1994）、皮神经和皮肤（Woodbury and Scott，1991）、振动敏感的骨间神经（Ohmori and Necker，1995）、踝关节受体（Gentle et al.，1995）和肌肉（Wild，1985）。Necker（1985a、b，1990）和 Woodbury（1992）分别对鸽和鸡的脊髓背角反应进行了生理学分析。

虽然不同的技术为脊髓和脑干提供了不同的投射模式，但很明显同哺乳动物一样，初级传入纤维进入及终止于脊髓的差别与其直径有关。例如，Necker（2001）发现颈神经 C5 粗的神经纤维在椎板Ⅳ和Ⅴ之间从内侧进入背角。这些纤维继续延伸抵达腹角，大多数终止于此，有些纤维继续向外侧移行终止于边缘核；细的神经纤维从外侧进入背角，并就近终止于背角的不同部位，而其他一些细纤维则向前延伸至颈神经 C1，或向后至少延伸至颈神经 C8。处于粗细之间的神经纤维，从背侧和内侧区进入背角，终止于从 C1 到 C8 的椎板Ⅳ与Ⅴ内侧。有的纤维在背侧联合处交叉到对侧，并终止于对侧的相似区域。

两翼的主翼羽毛囊及其覆羽毛囊初级传入纤维投射到椎板Ⅰ及Ⅱ内侧，而覆主翼羽毛囊及其覆羽毛囊则投射到背角的外侧缘，这些现象表明初级传入投射系统的形成具有躯体感觉的组织结构特点（Wild，1985；Necker，1990）。鸡踝关节传入的末端区分布在椎板Ⅰ～Ⅲ和Ⅵ，少数末端区位于更深层（Gentle et al.，1995），这类似于鸡腿皮肤神经的传入投射（Woodbury and Scott，1991）。但不要忘了，就鸟类和哺乳动物而言，不同示踪剂在不同椎板之间标记的倾向性不同，如小麦胚芽凝集素易于标记椎板Ⅰ和Ⅱ，而霍乱毒素 B 链主要标记在椎板Ⅲ和Ⅳ（Robertson and Grant，1985）。

背角初级传入末端可以延伸到多个节段，在背根纤维入口处未必最多。例如，Gentle 等（1995）发现，尽管踝关节传入纤维主要在骶段（synsacral）SS5～7 进入脊髓，但其末端分散，小部分终止于 SS7 和 SS8，大部分终止于 SS3 和 SS4。Woodbury 和 Scott（1991）也发现，所有神经的传入末端都是分散的。尽管神经纤维末端密度随着距进入区距离的增加而降低，但翼神经纤维的末端远远超出传入根的全长范围（Leonard and Cohen，1975a；Wild，1985）。这些末端很可能是上行或下行到更远距离神经纤维的侧支。至少，在翼神经传入的情况下，从背柱上升到髓质的神经纤维为 12 个左右颈段中的大多数背角提供了侧支（Wild，鸽中未发表的数据）。在金翅雀（greenfinch）的翼中，颈髓内的神经传入末端集中在椎板Ⅴ内侧（Wild，1997），虎皮鹦鹉（budgerigar）的初级传入纤维也是如此（Wild et al.，1997）。鸽的颈上脊髓 Bischoff 核内和类似位置的神经元可以通过向丘脑背中腹前核（DIVA）或者后丘脑背外侧核（DLP）（Wild，1989）注射示踪剂逆行标记，这提示这些区域可能存在来自颈上脊髓段的椎板Ⅴ层内侧的脊髓丘脑投射。这些发现有必要与 Schneider 和 Necker（1989）的发现进行对比，他们发现 DIVA 注射在臂段脊髓中间区域只能逆行标记到少量细胞，而多数细胞在腰段脊髓，这表明脊髓丘脑投射介导下肢体感传入，而不介导翼的传入。

5.2.2 脑干

1970 年 van den Akker 在背根切断术后利用溃变技术，首次在鸽体内使从躯体到脑干的初级传入投射可视化。在这之后，Wild 在 1985 年使用了跨神经节辣根过氧化物酶（HRP）技术，该技术也能使鸽体内从躯体到脑干的初级传入投射可视化，颈部初级传入可视化在 2001 年由 Necker 完成。鸽、鸡、金翅雀及仓鸮（barn owl）的肢体初级传入可视化也相继完成（Schulte and Necker，1994；Necker and Shermuly，1985；Gentle et al.，1995；Wild，1997；Wild et al.，2001）。

在鸽背柱核（DCN，即薄束核、楔束核和楔外核[1]）的尾端，薄束核内的腿传入末梢位于楔束核翼传入末梢的内侧。尽管翼的传入比腿部的传入在髓质周围延伸更远，而在整个 DCN 中越是靠近喙侧，腿和翼传入重叠越显著。通过想象它们分布在髓质的背侧和背外侧边缘，可以获得翼代表区的示意图。只在仓鸮中可以看到来自于腿和翼的初级传入纤维末梢终止于明显分开的薄束核和楔束核（Wild et al.，2001）。Necker 于 2001 年发现，鸽颈部的初级传入投射到 DCN 复合体的喙侧和腹外侧，终止于楔外核（CuE）、一个他与 Cajal 中核相比较的核以及另一个他认为与 χ 核相似的核，其中 χ 核外侧至三叉神经下行核（nTTD）、腹侧至前庭神经下核、喙侧至闩部。

和哺乳动物一样，鸟类 DCN 的初级传入投射还有来自于背柱突触后系统（图 5.1）；就鸽而言，其背柱突触后系统起源于臂部脊髓椎板Ⅳ，而机械敏感神经元就位于此处（Necker，1985a、b，1991）。

在鸽、雀类和仓鸮，初级传入投射在身体同侧延伸至整个延髓并进入脑桥，并在脑桥这个位置稀疏地终止于 PrV 附近（Wild，1985、1997）。在澳大利亚虎皮鹦鹉（*Melopsittacus wagonus*）（Wild et al.，1997）和其他可能的鹦形目（Wild，1981）中，来自翼和腿的初级传入也达到脑桥水平，它们在此密集地终止于一个先前未知的核团中。这个核团位于 PrV 正下方，因此称为三叉神经感觉下核（sP）。在虎皮鹦鹉的这些发现暗示在脑桥水平有一个完整的躯体投射区，其中喙和舌可能还有头部的其他部分大量投射到 PrV 及其腹侧，剩余较少部分投射到 sP（图 5.2）。

5.3 背柱核的上行投射

像哺乳动物（Berkleye et al.，1986）一样，鸟类的 DCN 在投射到达丘脑的最终靶区途中，通过内侧丘系主要投射到对侧更多的喙侧核中（Wild，1989，1997）。下橄榄核（OI）是 DCN 投射途中遇到的第一个喙侧核，在此经过小脑脚投射到小脑。因为，至少在鸽中 DCN 并不能直接投射到小脑，而是经过 OI 投射到小脑，这种传导通路可能是躯体感觉传入参与感觉运动控制的一种方式。

DCN 的另一个重要靶区是中脑，在此 DCN 的投射不只终止于中脑背外侧听核周围的丘间区，也终止于此核内（Karten，1967；Leibler，1975；Wild，1989，1995，1997）。在鸽，MLD 背边界和顶盖室之间的电生理记录元件对躯体感觉和视觉刺激都有反应（Ballam，1982）。该区域的腹侧至 MLD 尾内侧区形成一个明显的核团，称为峡部前区核心核的中间部

1 鸟类楔外核不同于哺乳动物的同名核，因为此核的传入神经并不局限于上肢本体感受器，并且至少在鸽中楔外核不会投射到小脑（Wild，1985；Reinke and Necker，1996）。

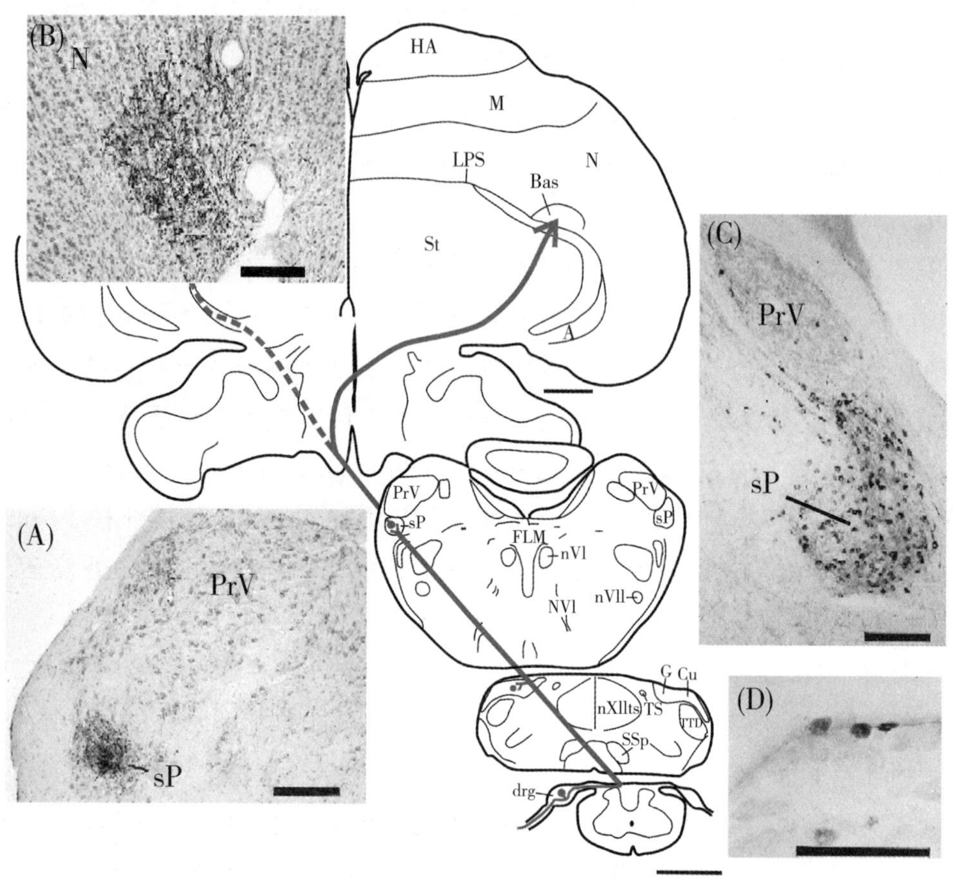

图 5.2 虎皮鹦鹉感觉通路

初级（感觉）传入纤维投射并终止于同侧三叉神经感觉下核（sP），后者胞体将轴突主要投射到对侧 Bas 的主体区（实线）。示意图的比例尺：1 mm。（A）向同侧桡神经注射辣根过氧化物酶偶联的霍乱毒素 B 链（CTB）后，sP 末端区。坐骨神经末梢区（未显示）位于翼末梢区腹外侧。（B）向对侧 sP 注射生物素化葡聚糖胺（BDA）后，Bas 主体区的末梢区（注意它的精确边界）。（C）向对侧 Bas 主体区注射霍乱毒素 B 链（CTB）后，在 sP 中逆行标记的细胞。（D）向同侧 sP 注射 BDA 后，脊髓臂部膨大处脊髓背根神经节中逆行标记的细胞。显微照片比例尺：200 mm。本图改编自 Wild 等（1997）。

（SCi；Puelles et al.，1994）。SCi 的神经元对施加于羽毛及体表的触觉刺激特别敏感，会产生大振幅动作电位（Wild，1995）。尽管 SCi 的上行投射有待进一步确定，但已有报道表明其投射纤维终止于丘脑听觉卵形核（Ov）腹侧缘的周围，而卵形核也是 MLd 投射的主要靶区，这映射出 SCi 的位置和 MLd 密切相关（Wild and Williams，2000）。鸽和雀类的 DCN 也能直接投射到 MLd 中，在这里呈现出弥散性终止，并与脑干听核更密集的终止区形成重叠（Wild，1989，1995，1997）。有关位于 MLd 的躯体感觉投射功能的推测请查阅 Wild 在 1995 年发表的文章。在仓鸮中有相似的投射现象，只是 DCN 投射到 MLd 头背部（在仓鸮，称下丘中央核）更为有限（Wild et al.，2008）。这些发现仅代表鸟类大脑躯体感觉和听觉投射相邻或重叠的几个实例之一。

在尾丘脑水平，DCN 的靶标为内侧螺旋状核（SpM），在此投射到小脑（Wild，1992）和另一个核团，该核团在鸽称为后丘脑背外侧核（DLP），在雀类为葡萄形核（Uva）（Wild，1987、1994；Funke，1989a）。DLP 和 Uva 往往是多模态的（Korzeniewski，1987；Korzeniewski and Güntürkün，1990；Wild，1994），这方面可能与哺乳动物的丘脑后核群相似（Gamlin and Cohen，1986）。据 Korzeniewski（1987）报道，鸽的整个机体包括喙和头部在 DLP 都有代表区。尽管，Korzeniewski 和 Güntürkün（1990）在后丘脑背外侧核注射示踪剂后，在 nTTD（喙传入投射于此）中发现了逆行标记的细胞（Wild，1989），然而喙反应的躯体感觉传入的起源还有待进一步阐明。在绿头鸭（mallard）中，没有观察到从 nTTD 到间脑的投射（Arends，1981；Arends and Dubbeldam，1984）。

在 DLP 的喙侧，DCN 的靶标为 DIVA，后者紧贴听觉核 Ov 和视圆核的背侧和外侧（Wild，1989，1997）。与 DLP 不同，DIVA 是特殊的躯体感觉区；尽管它包含大多数身体部位（包括脚趾，但不包括喙）的代表区，但这些代表区分布方式具有微弱的躯体定位排列（Schneider and Necker，1996）。DIVA 可能与哺乳动物的腹侧基底复合体（VB）的一部分同源。

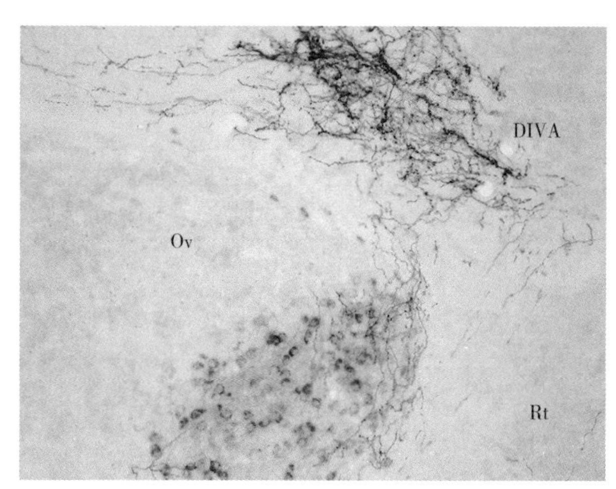

图 5.3★　向背柱核内注射 BDA 后，卵形核（Ov）外侧部和丘脑背侧躯体感觉核正上方中被标记的纤维及其末梢（黑色）（截面中线位于左侧）。在 L 区（即位于端脑的初级丘脑信息接收听觉区）外侧注射霍乱毒素 B 链，逆行标记 Ov 外侧部的神经元（棕色）

在斑胸草雀（zebra finch）中，有一个从 DCN 到 Ov 腹外侧部的小但明显的投射，投射过程中神经纤维经过 DIVA 正上方（图 5.3）。这是另一个在鸟类大脑中躯体感觉和听觉邻近或重叠的例子。

与哺乳动物的情况不同（Berkley et al.，1986），至少在雀类中有一些证据表明单个 DCN 神经元通过分支投射到多个喙侧核（例如丘间核和 DIVA）（Wild，1997）。

为了完成这一章节，我再次注意到虎皮鹦鹉的奇怪案例，即其 DCN 在脑桥投射到同侧 sP（Wild et al.，1997），来自翼和腿的初级传入也是这样。DCN 是否也投射到这个物种的丘脑还不得而知。DCN 投射的另一个差异发生在仓鸮身上，其有一个投射从薄束核和楔束核抵达脑桥外侧边缘名为脑桥外核（PE）的大核（Wild et al.，2001）。这种在仓鸮中不直接从身体表面接收初级传入投射的核，迄今为止还没有在任何其他物种中发现。然而，PE 可能是虎皮鹦鹉中 sP 的功能类似物，因为其和 sP 一样提供了一个主要的躯体感觉和局部定位投射并传到皮层基底吻侧核（Bas）。

图 5.4 描绘了 4 个物种的上行躯体感觉通路。

5.4　接收体感传入的丘脑核至端脑的投射

DLP/UVA 和 DIVA 的上升投射是完全分开的。在鸽中，DLP 投射到巢皮质的中间和尾端部（NI/NC，Gamlin and Cohen，1986；Funke，1989a；Wild，1987）。DLP 喙部（DLPr）大部分的末梢区紧邻视觉内皮质内侧，而 DLP 尾部（DLPc）大部分的末梢区则在更尾端，更接近丘脑信息接收听觉 L 区，且主要是躯体感觉传入（Wild，1987；Funke，1989b）。在雀类

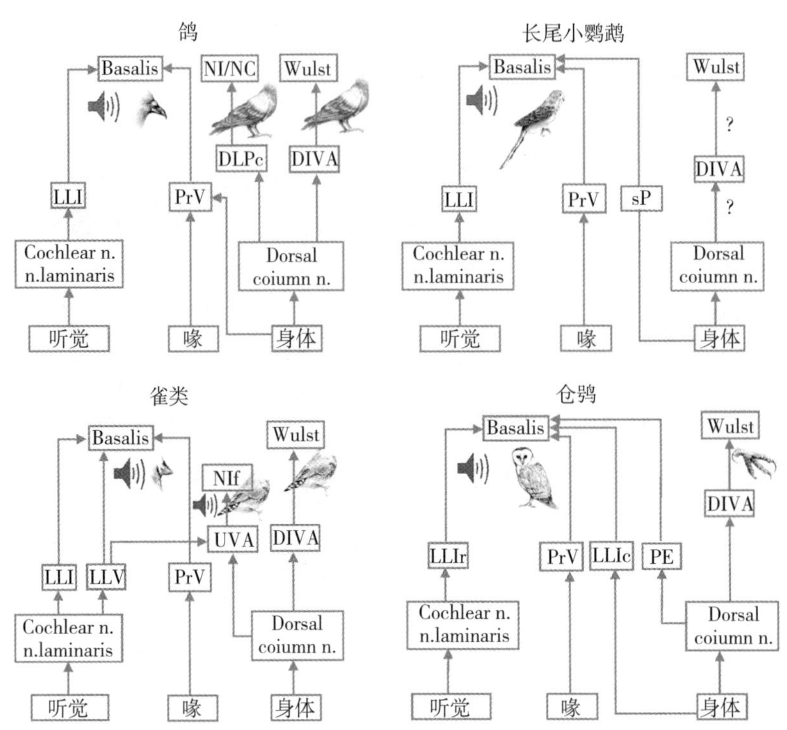

图 5.4 不同鸟类通过丘脑和非丘脑途径对端脑的躯体感觉和听觉上行投射的比较示意

注意，鸽和雀类喙隆突（Wulst）的躯体"无喙"代表区，以及鹦鹉（虎皮鹦鹉）和仓鸮的 Bas 中完整的躯体＋喙＋听觉代表区（扬声器象征听觉代表区）。还要注意，抵达雀类界面核（NIf）的听觉投射要经过外侧丘系腹核到葡萄形核的中转（Coleman et al，2007），也许经历丘脑卵圆核向界面核投射的中转（未显示；Wild，未发表的观察结果）。引自 Wild 等（2008）。

（属于鸣禽）中，巢皮质的等效区是界面核，Uva 投射于此，通常认为此结构属于鸣唱系统（Nottebohm et al.，1982）。然而，经过足够精细的电生理学和解剖学分析后，巢皮质的这个区域有可能细分为视觉、体感和听觉部分（Wild，未发表的观察结果）；也许只有后者为鸣禽鸣唱控制系统的 HVC 提供了重要的输入（Nottebohm et al.，1982；Wild，1994；Vates，1996）。

在鸽和雀类中，DIVA 的上行投射专门针对喙及躯体感觉隆突（Wulst）的间质副高纹状体（IHA）（Wild，1987、1997；Funke，1989a）。在雀类中，输入到 IHA 的传入纤维明显且有规律地呈斑片状，但是其定位分布还没有检测。在鸽，这个区域有微弱的定位（Funke，1989b）。

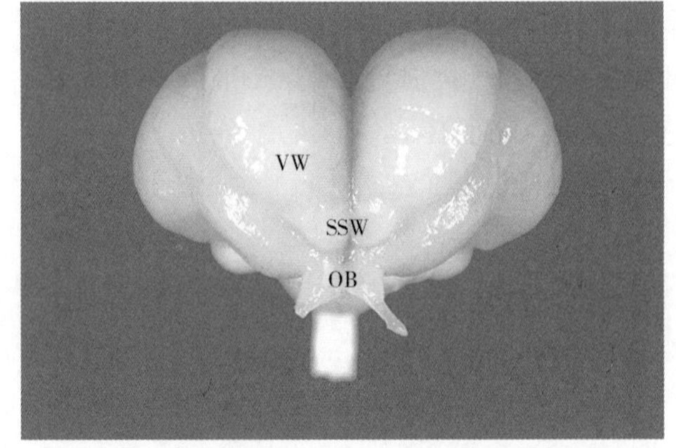

图 5.5 仓鸮大脑正面照

VW，视隆突（Wulst）；SSW，躯体感觉隆突（Wulst）（爪区）；OB，嗅球。引自 Wild 等（2008）。

有人认为，鸟类喙隆突（Wulst）的躯体感觉区可能等同于哺乳动物的 SⅠ，而 NI/NC 更多的尾部躯体感觉区等同于 SⅡ（Wild，1987）。这两个区域相互连接（Wild and Williams，1999）。然而，与哺乳动物对SⅠ的躯体感觉输入不同，鸟类从体表到端脑具有经典的三神经元躯体感觉投射次序：初级传入投射到 DCN、对侧 DCN 投射到背侧丘脑及 DIVA 投射到喙隆突（Wulst）。通过以上三步介导上行过程中越来越精细的定位分布。在脊髓背角中，定位分布在解剖学和电生理学上都是清晰的（见上文；Necker，1990；Woodbury，1992）；在 DCN 的尾部是相当清晰的，但在 DCN 的头部却不那么清楚（Wild，1985）。在 DIVA 中，定位分布不明显，喙隆突（Wulst）中也是这样（Funke，1989b）。此外，喙似乎在 DIVA 中没有代表区，但脚趾和脚关节在 DIVA 有它们的代表区（Schneider and Necker，1996）。

在仓鸮中从喙到喙隆突（Wulst），脑的额极有一个明显独特的突起，突起里包含对侧爪的躯体定位代表区（Manger et al.，2002；Wild et al.，2008）（图 5.5）。奇怪的是，在这个凸起处或附近没有发现下肢较近部位或任何其他身体部位的代表区，但脚和身体其他部位在 Bas 也有代表区（Reiner et al.，1996）。显然，来自爪的感觉输入对于捕食性仓鸮来说是非常重要的。确定爪在其他捕食性鸟类（捕捉猎物的方式与谷仓猫头鹰相似，如鹰）的代表区将是非常有趣的。

5.5 喙和舌到三叉神经柱的躯体感觉初级传入投射

5.5.1 三叉神经感觉主核

不同鸟类的喙，无论形状还是大小，都有很大的差异 [（例如，比较鹈鹕（pelican）、琵鹭（spoonbill）、大嘴鸟（tucan）、几维鸟（kiwi）、火烈鸟（flamingo）、鸭（duck）、凤头鹦鹉（cockatoo）、鹪鹩（wren）的喙]。一方面，这种差异通常与不同摄食习惯及食物偏爱有关；另一方面，也与三叉神经感觉主核（PrV；三叉神经喙传入投射区域）的大小和形态复杂性有关（Stingelin，1961）。作为微观进化过程起作用的一个实例，加拉帕戈斯地雀喙的大小和形状甚至能根据首选食物类型的年供应情况而变化（Weiner，1995）。

在许多物种中，喙对于各种取食策略或探测底物有专门的作用。例如，鸭子有一个精细的装有机械感受器的喙尖器官（Berkhoudt，1980），它可以通过浅尝和筛选（dabbling and sifting）来辨别食物。许多滨鸟（shorebird），例如矶鹞（sandpiper）（鹬科）都有密集地充满喙蜂窝状空腔中的 Herbst 小体，后者可以探测到离喙很远的食物（Gerritsen and Meiboom，1986）。在几维鸟中也是这样，夜间觅食时用于探测底物（Cunningham et al.，2007；Martin et al.，2007）。然而，在许多其他物种如鹦鹉和雀类中，机械感受器不在骨骼中，而是位于更浅、更靠近喙表面的位置，用于探测、操纵和引导食物进入口腔（Demery et al.，2011；Krulis，1978）。在进食过程中，舌的运动有助于这些过程，但不同物种的情况不同。在鹦鹉和雀类中，舌上也有机械感受器（Herbst 和 Grandry 小体），它们与喙配合提高对种子的开壳效率（Krulis，1978；Wild，1990；Demery et al.，2011）。相比之下，在鸽中喙的功能就像人类食指和拇指一样的简单的抓握器（图 5.6）。一旦抓住食物，舌就有助于食物如豌豆或谷粒从喙尖到口腔后部的运输，然后这些食物被整个吞下（Zweers，1982）。

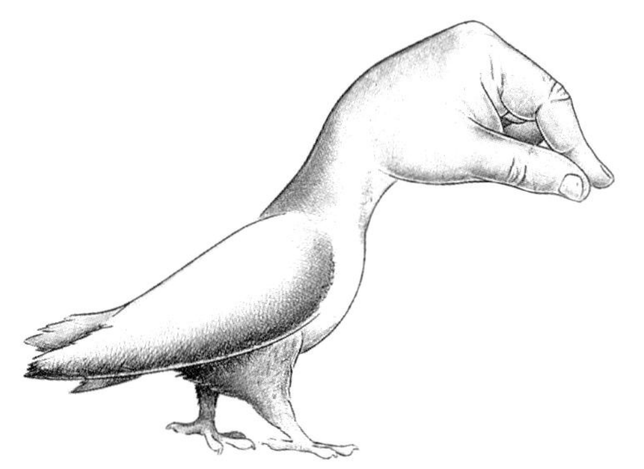

图 5.6　鸽躯体和人手示意图，说明鸟喙的功能属性就像拇指-食指抓握器和口腔的组合

PrV 通过眼（上喙）、上颌（腭、下睑）和下颌（下喙）的分支接收来自喙的定位投射（Dubbeldam，1980；Dubbeldam and Karten，1978；Wild and Zeigler，1996）。根据物种的不同，PrV 也可能接收来自舌的投射，但在鸟类中不通过三叉神经。在鸽中，PrV 似乎没有舌的代表区（Wild，未发表的观察结果），而在雀类、鹦鹉和鸭中，PrV 有大量舌的代表区。

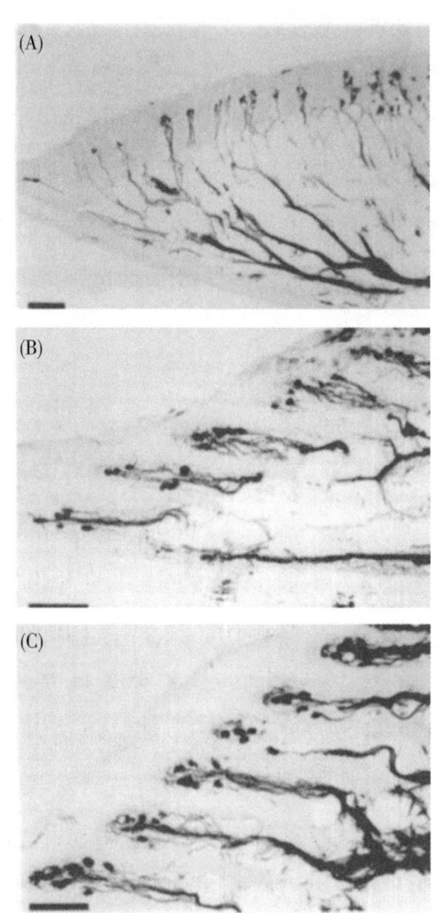

图 5.7 辣根过氧化物酶偶联的霍乱毒素 B 链标记的舌下神经分支的显微照片

该分支支配斑胸草雀（zebra finch）(A)、绿金翅雀（green finch）(B) 和金翅雀（gold finch）(C) 舌左前方乳头。在这个放大倍数下（标尺 = 200 μm）能看到末梢"斑点"，此为位于瓶状乳头侧面和顶部的末梢细胞受体。注意斑胸草雀的舌乳头与舌表面垂直，而其他两个物种的乳头位于水平面上，因此与舌表面有约 45°的夹角。引自 Wild（1990）。

在鸭中，舌传入神经由舌咽神经携带，终止于 PrV 的背内侧部（Dubbeldam et al.，1979；Dubbeldam，1980）。在雀类和鹦鹉中，舌传入神经由舌下神经携带，终止于 PrV 的背外侧部分（Wild，1981，1990）（图 5.7）。这些传入不太可能是三叉神经传入，它们伴行于舌咽神经（CNs）Ⅸ或Ⅻ，因为它们的细胞体不在三叉神经节中而是在一个混合的"颈静脉"神经节中（Dubbeldam et al.，1979；Wild，1981）。通过向舌下神经注射霍乱毒素 B 链（CTB）或用三色染色法染色舌片，可以观察舌内感官受体有序排列的神经支配（Herbst and Grandry 小体：Berkhoudt，1980；Gott-schaldt，1985）（图 5.7）。Toyoshima 和 Shimamura 在 1991 年利用电子显微镜也观察到了这些受体，尽管他们不知道这些受体的神经支配来源。

5.5.2 三叉神经降束核（nTTD）

由于 PrV 是投射到端脑的主要来源，因此掩盖了人们对三叉神经柱下行部分的兴趣。事实上，关于鸟类三叉神经脊束核混合传入和传出投射的系统解剖学分析仍然只有一个，这个分析是在绿头野鸭（mallard duck）中进行的（Arends and Dubbeldam，1984；Arends et al.，1984），然而很少有电生理分析（Silver and Witkovsky，1973）。就像以前在鸭身上做的那样，Dubbeldam 和 Karten 利用三叉神经节的损伤来诱发束和核的轴突退化，进而研究鸽的下行三叉神经投射（Dubbeldam and Karten，1978）。最近对鸽的这些投射进行了一项研究，该研究将 HRP 偶合的 CTB 注射到三个神经分支或它们的神经支配区（Wild and Zeigler，1996），另外在鸡中通过注射 CTB 进行了同样的研究（Wild and Krützfeldt，2012）。很多研究表明，在遍及脊核的三个分支中，下行投射的方式非常一致，下颌、上颌和眼传入纤维在整个中间部和尾部有一个大致倒置的代表区，但在上颈椎水平有一个明显的中外侧代表区。角膜传入纤维特异的终止于尾部眼代表区的腹侧部及侧面相邻的楔外核内（Wild，1999）。Dubbeldam 和 Karten 于 1978 年还描述了鸽的一个下行侧束，其也存在于某些具有红外探测能力的蛇中，因此鸟类可能携带对热敏感的传入纤维（Wild and Zeigler，1996）。

与哺乳动物一样，鸟类的机械敏感传入纤维除通过三叉神经终止于 nTTD 外，也通过其他神经到达 nTTD。在野鸭舌中，传入纤维行走于舌咽神经，终止于 nTTD 背内侧（Dubbeldam et al.，1979）。在雀舌中，传入纤维行走于舌下神经的舌支，终止于 nTTD 的中间部和尾部，但大部分终止于颈上脊髓水平的内侧。有趣的是，这表明尽管在进食时舌与上下喙都接触，但在脑干，舌传入纤维与下颌传入纤维（支配下喙）一致，而与眼传入纤维（支配上喙）不一致。

5.6 基底吻侧核

人们对禽类躯体感觉系统三叉神经的解剖结构比对脊髓的解剖结构认识得更早一些。早在 1903 年 Wallenberg 就描述了禽类存在从 PrV 出发，经 QF 束（quinto-frontal tract）抵达禽类前脑喙基底部核团的直接投射。尽管在过去 40 年中，在几种鸟类中对 Bas 的解剖和生理给予了足够的关注，但从解剖学和某种程度上的功能角度来看，Bas 仍是个谜。至少与哺乳动物躯体感觉系统的结构相比，PrV 投射中缺乏丘脑中继的现象仍然令人费解（Cohen and Karten，1974）。尽管几十年来人们知道，在鸽和鸭的进食感官控制中 Bas 起到重要作用，但目前人们知道它不仅仅是一个专门用于喙躯体感觉代表区的前脑核（Witkovsky et al.，1973）。

Dubbeldam 和同事们利用野鸭研究了与鸭摄食器官相关的 Bas，以及参与不同摄食感官阶段的摄食器官中多种机械感受器的功能形态学（Berkhoudt，1980）。PrV 亚核的投射可追踪到 Bas（Dubbeldam et al.，1981），根据舌咽神经和三叉神经分别支配舌和喙的代表区，对该核进行了电生理成像，以显示其独特的功能定位（Berkhoudt et al.，1981）。在鸽（Wild et al.，1985）和斑胸草雀（Wild and Farabaugh，1996）中也发现了 PrV 到 Bas 的投射。但在这些物种中，Bas 比鸭小得多，因此不容易绘制详细的电生理图。但是，虎皮鹦鹉的情况与鸭相同，Bas 位于皮质-下皮质边界上方而不是侧面，因此喙和舌代表区的完整图已经绘制完成（Wild et al.，1997）（图 5.8）。像鸭一样，在 Bas 有大片舌的代表区，但这是舌下区域，而不是舌咽区。后面是一个更大的喙代表区，紧接着是较小的头部代表区。在头部代表区外侧面，是一个锯齿状代表区包括耳蜗，可能还包括半规管；这些代表区似乎反映了外耳道内侧前庭器和耳蜗头骨侧面的位置。头部代表区逐渐向尾端则转化为翅膀、身体、腿和脚的代表区。来自躯体的信息主要由对侧的 sP 核中继传递，此核位于 PrV 腹侧，而后者负责喙和舌的信息传入。因此，虎皮鹦鹉就像在脑桥水平一样，在 Bas 中有完整的躯体代表区（见上文）。

到目前为止，所有被测物种 Bas 听觉代表区都反映出其传入信息来自外侧丘系中间核（LLI，靠近 PrV），这一投射系统最早在鸽中确定（Arends and Zeigler，1986），后来在斑胸草雀中确定（Wild and Farabaugh，1996）。然而，在鸽和斑胸草雀的 Bas 中没有发现完整的躯体代表区，尽管雀类如鹦鹉在 Bas 前部有一大的舌的（舌下）代表区。

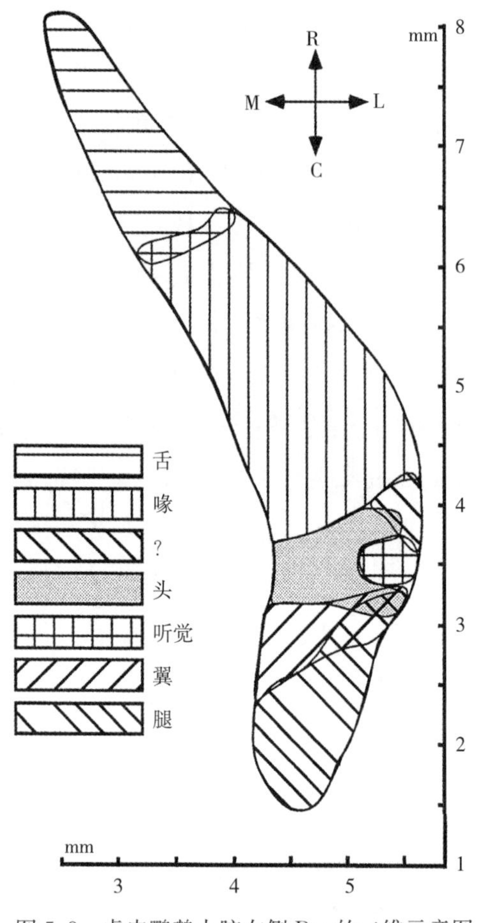

图 5.8 虎皮鹦鹉大脑右侧 Bas 的二维示意图

这张示意图主要基于 Bas 中诱发多单元活动的系统记录。听觉区的喙部可能接收来自前庭核的传入信息。引自 Wild 等（1997 年）。

迄今为止，仓鸮的 Bas 是最大的，其中似乎也有一个完整的躯体代表区，这个代表区包括一个听觉组分定位分布（Wild et al.，2001）。在 Bas 中注入示踪剂能逆行标记 PE 核内的神经元，这些神经元在脑桥外侧形成隆起，位于外侧丘系背核同样大小的前、后段（LLDa and LLDp）的腹外侧。继而，将示踪剂注射于 PE 能逆行标记 DCN 中的神经元，因此完成了一个从躯体外周躯体感觉投射的三级神经元次序，但这一序列与通过丘脑投射的经典序列截然不同。与 PE 内侧相邻的是个较小的 LLI，它可能将大部分听觉传入到 Bas，尽管 Bas 似乎也从 LLDa 接收小部分听觉投射。

5.7 脊髓与三叉神经系统的汇合

Necker（2000 b）在描述脊髓的内容中，简要提到鸽和鸡在脊髓背角层结构的差异——这个差异值得进一步研究（Wild et al.，2010）。鸽脊髓背角层的排列与哺乳动物相同，椎板Ⅱ位于椎板Ⅲ背侧；而在鸡中，相对于前者而言，后者位于内侧，而不是腹侧（Brinkman and Martin，1974；Leonard and Cohen，1975b）。事实上，正如 Woodbury（1998）所说，大多数鸟类与鸡相似，而不像鸽，在两裂中平行排列着椎板Ⅱ和椎板Ⅲ。然而，鸡及其同类的这些脊髓层的功能结构与鸽及其同类的功能结构没有区别，因为小直径和无髓初级传入纤维终止于椎板Ⅰ和椎板Ⅱ，而较大直径的有髓初级传入纤维终止于椎板Ⅲ（Woodbury and Scott，1991；Wild，1985）。

多年前，Woodbury 问了一个与三叉神经背角结构相关的有趣问题：既然通常认为这（三叉神经背角）是脊髓背角的直接延续，且有类似的结构，那么这个结构是否反映了在物种的脊髓水平上存在该结构，在这些物种中Ⅱ和Ⅲ是并列的，而不是哺乳动物典型的层状排列？换言之，鸡的三叉神经背角是否也是裂开了，在浅层和深层都是一层挨一层地平行排列？这个问题最近得到了回答，并与鸽的结果进行了比较（Wild and Zeigler，1996；Wild et al.，2010）。结果发现，鸡三叉神经背角与鸽一样，呈层状组织，并一直保持到 C3 水平。然而，在此之后，椎板Ⅲ经过几个阶段逐渐转向内侧，直到 C5 尾部椎板Ⅱ和椎板Ⅲ才并排在一起。研究还发现，虽然鸡三叉神经三个分支在整个脊髓背角的终止末端与鸽相似，即眼的传入纤维在外侧，下颌的传入纤维在内侧，上颌的传入纤维在中间，但它们在尾侧的延伸没有超过 C3。相比而言，鸽延伸到 C6 或 C7。因此，鸡三叉神经初级传入纤维并非终止于颈部脊髓水平，且在脊髓背角呈一层一层平行排列状。这些发现提示，脊髓和三叉神经背角并不连续，其原因仍不清楚。然而，清楚的是，Woodbury（1998）提出的椎板Ⅱ平行排列和依据椎板Ⅱ定义新的鸟类分支的假设未能得到支持，因为进行系统发育分析时，发现鸟类进化中曾多次出现向哺乳类动物脊髓背角层状结构的逆转（Wild et al.，2010）。

5.8 鸟类的躯体感觉系统

在哺乳动物，皮层的躯体感觉传入纤维启动躯体运动反应，这种反应经过皮质延髓锥体束和皮质脊髓锥体束到达脑干和脊髓靶区。Zecha 于 1962 年提出这样的传导束在鸟类起源于隆突（Wulst）的喙部；Wild 和 Williams 于 2000 年采用现代示踪技术，在鸽和斑胸草雀上得到印证。类锥体束起源于喙隆突（Wulst）的上皮质头部（HA），这意味着抵达 IHA 的躯体感觉传入纤维与来自 HA 的躯体感觉传出纤维之间有直接联系。这一类锥体束及其纤维末梢非常丰富。与哺乳动物一样，红核是类锥体束的主要靶区，通过红核投射到脊髓各水平（Wild et al.，1979）。继续向后，类锥体束大量终止于脑干网状结构和次级感觉核（如楔外核）的广泛区域，但向后不越过颈椎上段水平。

脑干中一个有趣但鲜为人知的躯体感觉运动联系反映了下眼睑的控制，即睡眠时下眼睑放松以遮盖眼睛，这与哺乳动物上眼睑下垂形成鲜明对比。在清醒状态下，下眼睑似乎受紧张性控制保持眼睛张开，直到角膜受到刺激引发防御反应。这些动作是通过角膜信息传到 nTTD 的眼部，以及 nTTD 投射到三叉神经运动复合体背侧运动核实现的，后者支配下眼睑的两块肌肉（Wild，1999）。

来自 HA 的运动传出纤维通过锥体束，相比而言，Bas 的运动传出纤维是从大脑尾端的弓状皮质离开端脑。它们经前额巢皮质正上方和巢皮质尾外侧部（NCL）间接抵达弓状皮质（Wild et al.，1985；Dubbeldam and Visser，1987）。雀类 Bas 中负责喙和听觉的投射被证明也是通过这条路径（Wild and Farabaugh，1996）。Zeier 和 Karten 于 1971 年最先描述了鸽弓状皮质不同重要部位的下行投射，并发现脑干中包含这些投射的次级感觉核。这一点在斑胸草雀中已利用现代示踪技术证实。斑胸草雀的外侧弓状皮质中 Bas 接受器靶向脊髓三叉神经核（Wild and Farabaugh，1996）和网状结构腹内侧部（RPcvm），后者是抵达下颌和其他上声道运动核的运动前投射的主要连接点（Wild and Krützfeldt，2012）。

5.9 抵达小脑的躯体感觉投射系统

鸽小脑有两个躯体感觉区，一个在喙部（小叶Ⅰ～Ⅵ），另一个在尾端（小叶Ⅸ）

(Necker，2000a；也可见于 Whitlock，1952)。这些区域的躯体感觉投射来自脊髓(Necker，1992，2000 a；Okada et al.，1987)。脊髓传向小脑前区的信息主要来自克拉克氏柱(Clarke's column)的神经元，因此具有本体感受性。脊髓传向小脑后部的信息主要来自具有机械感受作用的颈Ⅳ层神经元，其具有机械敏感性(Necker，1992)。机械敏感性脊髓小脑纤维的另一来源可能是 paragriseal 细胞，这些细胞位于腰骶部脊髓，与 Lachi(边缘核)对侧副叶神经元轴突相联系(Necker，1997)。这些副叶构成与平衡感有关的腰骶特化感觉元件(Necker，1999；Necker et al.，2000；Rosenberg and Necker，2000)。

5.10 磁感受与三叉神经系统

磁感受与三叉神经系统间的联系极富争议，本书第 8 章对此进行了充分讨论。我曾参与这一研究领域，研究内容很吸引人，但在研究过程中也出现了一些前后矛盾的结果。起初，我在实验室条件下通过切断三叉神经眼支(此神经支配上喙，人们猜测上喙存在着磁感受器)或嗅觉神经(作为对照)对信鸽磁场强度识别进行了细致的研究，首先对不同的鸟进行研究，然后选用同一种鸟进行后续研究(Mora et al.，2004)。结果表明，切断眼神经但不切断嗅觉神经时，鉴别磁异常的有无变成了偶然事件。大约同一时间，我们研究小组展示了霍乱毒素 B 链标记的眼传入神经和上喙基部含铁结构之间的近似关系，我们认为这一含铁结构可能是传递磁信号的机械感受器(Williams and Wilde，2001)。这些研究似乎为 Beason 和 Semm (1987)及 Semm 和 Beason(1990)的工作提供了支持，他们报道了跨赤道迁徙的食米鸟(bobolink)的三叉神经细胞对磁刺激产生电生理反应。

后来，我们和 Anna Gagliardo 及其意大利比萨的同事们一起，对两组信鸽进行了同样的手术(眼神经或嗅觉神经切断术)，然后将它们从离自己家阁楼约 50km 的陌生地方放飞，得出与实验室条件下完全相反的结果(Gagliardo et al.，2006)。也就是说，切断三叉神经对定向或归巢没有任何影响，而切断嗅觉神经对两者都有重要影响，切断嗅觉神经的大多数鸟类再也没有回来。在随后的实验中对这一课题的研究方式进行了改变，均得到相同的结果(Gagliardo et al.，2008、2009)。嗅觉在鸽归巢中的作用虽然很吸引人(Gagliardo，2013)，但却与此无关。相关的是，尽管有这些行为学的、真实归巢实验的结果如此，但其他解剖学家已经提出证据支持喙(三叉神经)介导磁感受(Fleissner et al.，2003)，或者完全反对这个观点(Treiber et al.，2012)。

再后来，与 Mouritsen 合作，我们发现正如在 PrV 和三叉神经脊束核部分中刺激依赖性 zenk 蛋白激活所示(Heyers et al.，2010)，在欧洲迁徙鸟类——欧洲知更鸟(European robin)中三叉神经眼支与磁罗盘信息的检测无关(Zapka et al.，2009)，但是与磁场变化的检测有关。

这些现象背后的生物学意义尚不清楚，特别是在鸽(Treiber et al.，2012)或任何利用地球磁场指导迁徙的物种的喙中都没有明确证据表明存在磁受体。此外，尽管在脑干其他区域的记录已重复成功，但三叉神经脑干复合体对磁刺激反应的电生理记录至今没有重复成功。在磁感受研究过程中，还应意识到排除记录设备中电元件和金属元件的伪反应存在着技术困难。可能在外周其他部位如听壶(lagenar)或前庭器存在着磁感受器(Wu and Dickman，2012)，但应该注意的是摘除听壶对鸽的归巢没有影响(Walraff，1972)。这些和其他问题，以及支持光依赖性磁感受的证据，Mouritsen 都进行了讨论（2013）。

5.11 总结和结论

希望本章能够使人们认识到鸟类躯体感觉系统的组织结构具有相当大的多样性，并使人们对其有所了解。即使在迄今为止所研究的少数物种中大脑躯体感觉投射的次序，似乎和普遍接受的哺乳动物典型的投射次序存在重大偏差。当然，与鸟类一样，哺乳动物皮肤和头部的物种特异性代表区也存在巨大差异，这些差异反映了身体不同部分在动物日常行为中的功能重要性。然而，哺乳动物中这些皮层差异代表区往往是躯体感觉投射三-神经元序列的终端站，也就是说躯体感觉投射利用三-神经元序列通过 DCN 和丘脑从外周投射到皮层。相反，在某些鸟类中，即使是 DCN 也不是从外周上行投射过程中必需的中继核。此外，至少在鹦鹉中，身体和头部在脑桥水平似乎有一个完整的代表区，这是哺乳动物或许多其他鸟类中都没有见到的现象。

鸟类躯体感觉投射的另一个惊人的、同样令人费解的特征是，喙和躯体在 Bas 或喙隆突（Wulst）中的代表区分别完全或部分分离。绝大多数的喙传入纤维通过 PrV 中继到 Bas。在仓鸮和虎皮鹦鹉中，Bas 中喙的代表区只是整个身体完整代表区的一部分，尽管是主要部分。在鸭、鸽和雀类中，除了耳蜗外，身体其他部位在 Bas 的代表区似乎不存在（或尚未被发现）。

在鸽中，躯体感觉隆突（Wulst）喙部包括一个除喙外的弱的身体定位代表区，在巢皮质更尾端有一个次级非定位代表区（Wild，1987；Funke，1989a）。在鸭和鹦鹉的喙隆突（Wulst）中是否有躯体感觉代表区有待确定。在仓鸮中，只有爪在喙隆突（Wulst）中有专门的代表区。Pettigrew 和 Frost 在滨鹬（dunlin）端脑喙部发现一个触觉窝，是特异性探测喙尖代表区（Pettigrew and Frost，1985），但有趣的是当时记录电极是在 Bas 还是在端脑另一部分的身体代表区还不清楚。

归根结底，我们应该提醒自己——显然至少对大多数鸟类来说，身体躯体感觉系统的主要功能之一可能是使飞行成为可能。曾经被认为是一个微不足道的系统（Ariëns Kappers et al.，1936），现在借助现代神经解剖学和电生理学的工具，可以了解其组织的复杂性。借助固定在飞鸟身上的摄像机，我们惊叹于这个系统必须提供的羽毛毛囊的反馈，以引导鸟类穿越空中世界（Bilo and Bilo，1983；Necker，1985c）。

参考文献

（王文魁译，柳巨雄校）

第6章　听　　觉

Christine Köppl

缩略语

Aivm, Ventromedial portion of the intermediate arcopallium　弓状皮质中间体腹内侧部
CM, Caudal mesopallium　旧皮质尾部
ICc, Central nucleus of the inferior colliculus　下丘中央核
ICx, External nucleus of the inferior colliculus　下丘外侧核
ILD, Interaural level difference　双耳音强差
ITD, Interaural time difference　双耳时间差
LLDp, Posterior part of the ventral nucleus of the lateral lemniscus　外侧层状核腹侧核后部
MLd, Nucleus mesencephalicus lateralis pars dorsalis　中脑背外侧核
NA, Nucleus angularis　角状核
NCM, Caudal medial nidopallium　巢皮质尾内部
Nd, Dorsal nidopallium　巢皮质背部
NL, Nucleus laminaris　层状核
NM, Nucleus magnocellularis　巨细胞核

6.1　鸟类的听力

很多鸟类善鸣，它们通过简单的鸣叫和复杂的鸣曲进行信息交流，鸣曲通常悦耳动听。与简单的鸣叫不同，鸟类的鸣唱与人类语言一样，属于习得行为，并用于个体识别。听力对很多鸟类而言具有特殊意义，甚至远比交流重要。鹰捕获隐藏的猎物或夜间捕食时，均依赖其敏锐的听觉。在黑暗的洞穴中，有些鸟类利用回声定位来找到它们的飞行之路。然而，对鸟类的听力却充满了某些神话色彩。或许最奇特的是，认定它们可以听到一些人不能听到的高频超声。想用于恐吓鸟类的装置发出的超声，虽能惊吓到很多哺乳动物，但鸟类却听不

到。尽管某些鸟类的鸣曲中可能含有一些超声成分（Pytte et al.，2004），但它们自己却听不到。鸟类听力限于 10 kHz 以下频率的声音（图 6.1），比人类听到的频率稍低。一般来说，体型小的鸟听高频声优于体型大的鸟，反之亦然（Dooling et al.，2000；Gleich and Langemann，2011）。某些鸟类，如最为典型的鹰类，其听力极其敏锐，它们听那些较弱声音的能力远强于我们人类（图 6.1）。

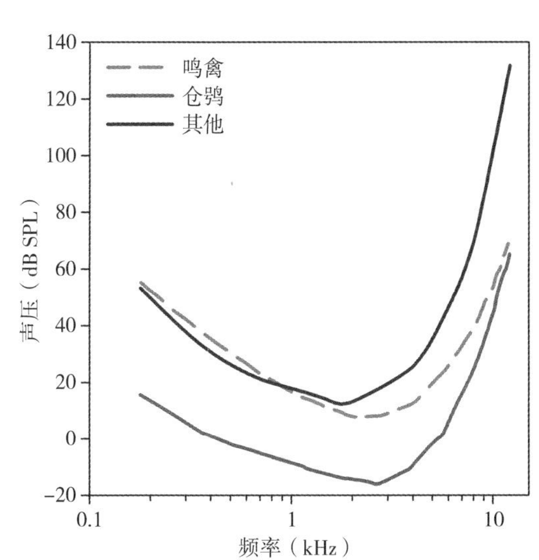

图 6.1★　三组不同鸟类的行为听力敏度

注意仓鸮可以听到 0 dB 以下的声音，低于人能听到的最低声。修改自 Dooling 等人（2000），经 Springer Science + Business Media B. V. 授权。绿色：鸣禽；红色：仓鸮；蓝色：其他。

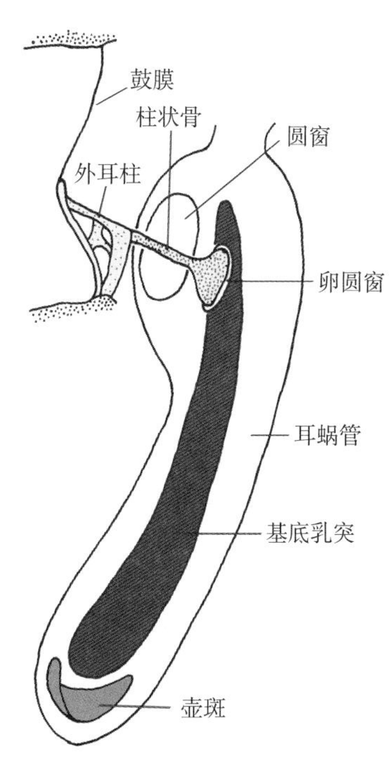

图 6.2★　典型鸟类的耳蜗管示意图

耳蜗管通过柱状骨和外耳柱（黄色）与鼓膜相连（内耳的背侧和前庭部分未显示，两种感觉毛细胞位于耳蜗管中：听觉基底乳突（蓝色）和壶斑（绿色）。

在很多标准的行为听觉测试中，鸟类在声音频率或强度辨别方面，与典型的哺乳动物（包括人类）相比无明显差异（Dooling et al.，2000）。对有关声时相分辨率的某些测定，尤其对需要感受声音中那些快速变化的精细结构方面的任务，鸟类表现优于哺乳动物（Dooling et al.，2000）。

由于鸟类的头一般较小，加之上方的听力范围受限，只能提供较小的耳间信号，使得鸟类对声音的定位成为一个问题（Klump，2000；Köppl，2009）。通常鸟类与那些具有相似头部大小的哺乳动物一样，能定位声音的水平或经向方位角，但不能做俯仰或垂直方位角的声定位。几种鹰类表现出例外，它们具有超常的声定位能力及与此相关的某些明显的特化（Klump，2000）。在更多的自然听觉任务中，鸟类已显示出能把复杂的声音归类成为可感受的范畴和模式。例如，非常像人类所做的划分语言的音节（Dooling et al.，2000）。鸟类可以形成"听觉客体"，即在复杂声境中，鸟类可以把并存的声音组合成可感知的"听觉客体"，诸如将不同个体鸟的鸣唱或声调模式形成快变的韵律或节奏（Dooling et al.，2000）。

显然，鸟类的听觉世界丰富多彩，且听觉在鸟类生活中扮演着重要角色。本章主要概述鸟类听觉方面的内容，如鸟耳如何工作以及声音在脑内如何被加工。尽管不是本章的焦点，在下列讨论中也会有相当部分的内容涉及鳄鱼，并将其与鸟类（不少绝迹的形式）一同归类为祖龙类（Carroll，1988）。鳄鱼与鸟类同样善鸣，它们的听觉系统也与鸟类非常相似（Vergne et al.，2009；Young et al.，2014）。

6.2 外耳和中耳

6.2.1 未特化的外耳结构(仓鸮类除外)

鸟类和所有非哺乳类动物一样没有外耳或耳郭。这解释了因头小所造成的对声频处理范围小于 10 kHz 的原因。哺乳动物的耳郭是声音反射和过滤的装置，能提供有关声源相对于头部方位的线索（Pickles，2008）。一般而言，为了更高效地传递声音信息，声音的波长要小于头部的直径，这种情形在鸟类有限的听力范围内不会遇到。然而，在某些特殊种类的鸮，借助由颈毛、皮瓣和/或甚至非对称的骨性耳道所构成的不对称的外耳，使之具备了一些与有外耳的动物相似的功能（Norberg，2002）。实际上，其中鸮的一只外耳稍朝上，而另一只则是朝下，左右外耳不在一个平面上，造成大约 4 kHz 左右的反射频率差（Keller et al.，1998）。如果对双耳声输入进行比较，可表达声音俯仰方位角的敏感性（见 6.4.2）。显然，这种不对称的外耳单独出现于不同的鹰属动物中，适于利用听觉信号进行捕猎（Norberg，2002）。

6.2.2 单块听小骨的中耳

中耳的形成可追溯到三叠纪陆生脊椎动物出现的时候（Clack and Allin，2004）。在所有的非哺乳动物家系中，中耳由简单的活塞样装置所构成。该结构与哺乳动物中耳内的镫骨同源（Manley and Sienknecht，2013）。鸟类的中耳由狭长的柱状骨构成，其内侧端通过足板与骨性内耳囊毗连，而外周端则渐变为外耳柱（柱状软骨），其中一个凸起与鼓膜紧密相连接（图 6.2）。外耳柱的最重要部分是下突，连接鼓膜边缘直至中心某个位置。大约在其长度的一半处，外耳柱几乎与柱状骨成直角连接，弹性软骨连接允许柱状骨以类似活塞样方式移动。鼓膜震动造成外耳柱下突向支点（鼓膜边缘）倾斜，从而向柱状骨施加力（图 6.3）。导致在柱状骨足板上产生的力远超过到达鼓膜处的声震动力的原因是：柱状骨插入的长度约为外耳柱长度的一半；鼓膜面积远大于足板面积（Saunders et al.，2000）。通过这些方式，中耳作为阻抗匹配装置，使得低阻抗介质空气中的声音非常有效地被转换成为内耳中高阻抗的流体压力（图 6.3）。没有中耳，内耳的灵敏度将降低约 40 dB（Gummer et al.，1989）。

鼓室旁器官仍然是个谜。它是一种位于鼓室壁上的受体斑块，在鳄鱼和鸟类均存在（von Bartheld and Gianessi，2011）。它由众多的毛细胞组成，受面神经支配。但是，对它的功能却并不知晓，据推测为气压装置。

6.2.3 中耳的偶联

鸟类的中耳并不像哺乳动物那样闭合成泡状，而是通过集合起来称之为耳间管的颅骨间

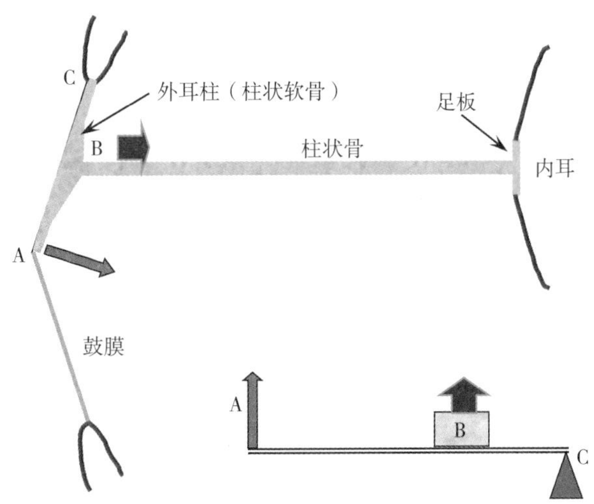

图 6.3　鸟类中耳结构与功能示意图

外耳柱（柱状软骨）灵活地与柱状骨连接，这种结构使鼓膜的震动直接通过柱状骨传至足板。右下角的插图显示了这些结构构成的一种二级杠杆模型，箭头的长度与位移成正比，箭头的宽度与运动后的力成正比。因此，在 B 点位移很小但是力很大，C 点作为一个支点，是杠杆旋转轴的起始点。

隙实现声学联系。部分耳间管是由通向颊腔的宽大咽鼓管组成（Christensen-Dalsgaard，2011）。然而，通过那些视觉上难于分辨的高度骨小梁化的鸟颅骨，非常有可能存在多条路径。这种耳间联系的功能暗示在声音到达双耳鼓膜时，耳的功能类似于压力差接收器。根据头部的尺寸、声音波长以及耳间传输时的衰减，到达双侧鼓膜的声音之间的相互作用可使定向信号增强。虽然原则上可行，但这些效应在不同种类鸟中的确切程度仍然存在争议，而且由不同实验室所做的测定也有差异（reviews in Christensen-Dalsgaard，2011；Klump，2000）。小型鸟类可能会经历更多的声学串音，而大型鸟类在这方面则经历得较少，即或出现也被限定在较低频率。事实上，仓鸮用于捕猎定位时的耳间管递音在高频范围不起作用（Calford and Piddington，1988；Moiseff and Konishi，1981b）。

6.3　基底乳突（耳蜗）

6.3.1　一般形态及生理功能

内耳或迷路中有前庭器官和听觉器官（基底乳突，相当于耳蜗）。听觉部分包括耳蜗或耳蜗管，与哺乳动物的耳蜗同源，功能也相似（Manley and Clack，2004）。然而，鸟类的内耳结构不盘绕，所以用“耳蜗（或蜗）”这个词不完全合适。蜗管内有听觉基底乳突，前庭内有瓶状囊斑，形成迷路的顶端（图 6.2）。这是与哺乳动物的另一个明显差别，而哺乳动物则失去了瓶状囊斑。鸟类的瓶状囊斑不对声音产生反应（Manley et al.，1991），也不发出传入纤维至耳蜗核（Kaiser and Manley，1996），尽管这与早期的研究证据相悖。

鸟类的基底乳突只有几毫米长，是典型的稍有卷曲。它从顶端到底端逐渐变窄（图 6.2 和 6.4A）（Gleich and Manley，2000），由数以千计的感觉毛细胞组成，加上每个毛细胞周围有支持细胞围绕成大致的六边形（图 6.4C、D）。上皮细胞位于基底膜上，大部分悬浮于鼓膜内淋巴中。该结构被锚定在盘状软骨边缘，属于内侧边缘（或神经缘）。不同比例的毛细胞位于固体组织的顶部而不是基底膜上（图6.5）。毛细胞有高、矮两种类型（见6.3.2），且所有的毛细胞都被无细胞的蛋白质结构——盖膜所覆盖（Goodyear and Richardson，2002）。声音可调节基底乳突的运动状态，通过基底膜上的毛细胞与盖膜之间的剪切运动，最终使毛细胞的机械敏感束产生偏移。然而，鸟类基底乳突细胞机械兴奋的精确方式尚不清楚。基底乳突呈声调拓扑结构，使得位于顶端的毛细胞对低频声刺激最为敏感，典型的可低至100 Hz，而处于底部的毛细胞对高频声刺激最敏感，典型的可达5～8 kHz（Gleich et al.，2004）。在基底膜水平已观察到声音所致的行波（Gummer et al.，1987）。然而，与哺乳动物耳蜗不同的是，其对频率的分辨并不能与已知的神经水平的选择性一致。此外，对声音产生最敏感反应的毛细胞显示出位于边缘或之上（Gleich，1989；Smolders et al.，1995），这也提示基底膜的运动并不是它们的直接输入。鸟类基底乳突内的毛细胞毛束取向呈现出一种非常独特而又复杂的方式（Gleich and Manley，2000）（图6.4B），这促使我们产生了兴奋波斜跨盖膜的推测（Tilney et al.，1987），但至今未被实验所测得。

毛细胞的换能可以依据在其他毛细胞系统中所建立的“门控-弹簧”原理来假定（Fettiplace and Ricci，2006）。机械敏感性的毛束偏转直接调制换能通道的开放概率，而这些通道又与毛束的顶连接（末梢连接）相关联。换能通道的开放导致阳离子 K^+ 和 Ca^{2+} 产生内流去极化。由于毛细胞的顶面面对内淋巴环境中异常的电位和离子构成，导致 K^+ 进入胞内。如同所有脊椎动物的内耳一样，维持内淋巴液的高 K^+ 和低 Na^+ 状态接近于细胞内环境，并伴有轻微适度的正电位——耳蜗内电位（Runhaar et al.，1991；Schmidt，1963；Wangemann，2002）。在鸟类的耳蜗管中，这种代谢性的苛刻任务需要由血管盖来承担，血管盖分隔前庭阶和中阶，并直接悬垂于基底乳突之上（图6.5）。鸟类耳蜗内的内淋巴电位被维持在大约＋15 mV（Necker，1970），远低于哺乳动物的耳蜗，但高于内耳的前庭部分（Wangemann，1995）。

毛束的形态沿着基底乳突呈特征性的改变，且由此顺着声调拓扑梯度而变。顶端毛细胞有相对长的毛束，由相对较少的静纤毛所构成。而基底端的毛细胞则具有较短的毛束，带有很多静纤毛（Gleich and Manley，2000）（图6.4C、D）。这种形态是毛束刚性或刚度的一个主要决定因素，正如在所有脊椎动物中一样，人们相信这种刚性有助于调谐毛细胞的机械频率反应。此外，鸟类毛细胞对不同频率的偏好反应受电调谐。这可通过改变细胞膜上两种主要离子通道的数量或动力学来实现，即电压门控的 Ca^{2+} 通道和 Ca^{2+} 激活的 K^+ 通道（Art and Fettiplace，2006；Tan et al.，2013）。然而，电调谐在最高频率下可能不太有效甚至不存在（Wu et al.，1995）。

毛细胞功能最吸引人的一个方面是其逆向换能的能力，即产生机械力的能力，从而将低声强的刺激主动放大。在离体毛细胞中确实观察到毛束的主动运动。目前认为，这种能力是毛细胞换能机制固有的，尽管其分子组成仍不明晰（Martin，2008）。在哺乳动物耳蜗外毛细胞中，形成了另外的进化机制，通过细胞膜中电压敏感的动力蛋白引起胞体运动（Russell，2014）。这似乎主导了哺乳动物对数千赫兹及其以上高频范围的放大。暗示鸟类基底乳突的毛细胞代表了一种中介环节，其逆向换能和胞体运动可适度地增加机械力（Beurg et al.，2013）。然而，这仍有争议，对鸟类内耳中主动放大的确切机制还亟待了

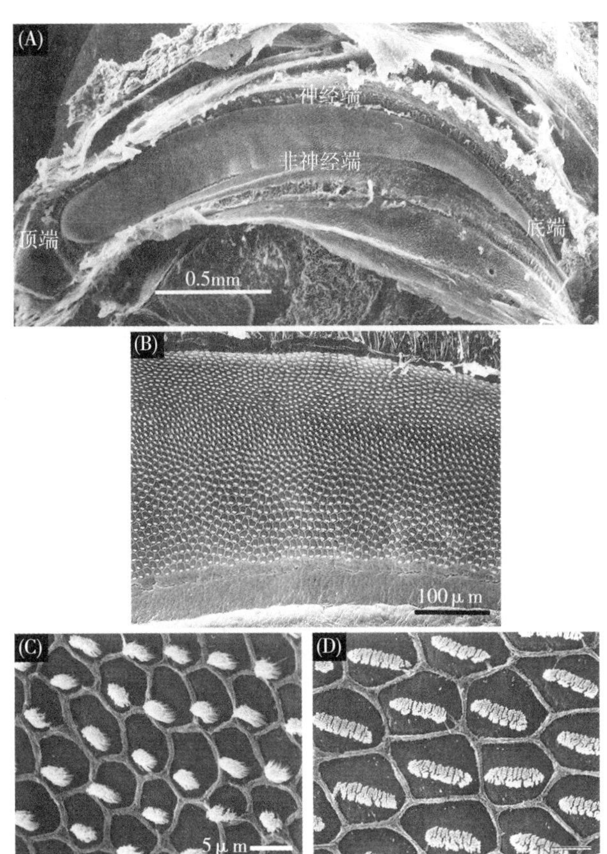

图 6.4　基底乳突的表面形态

(A) 切除血管被盖和盖膜后，鸡的乳突组织的低倍扫描电子显微镜照片。(B) 俯瞰基底乳突的一部分。单个的毛束可以被识别为白色的结构，它的方向在整个上皮细胞中发生变化。(C) (D) 高倍镜观察一部分毛细胞。注意，每个毛细胞周围的支撑细胞的六角形边缘，以及由紧密排列的静纤毛组成的机械敏感束。注意，来自顶端区域 (C) 的毛细胞比基底区域 (D) 的毛细胞有更小但更长的束。转载自 Cotanche 等 (1994)，获得 Springer Science+Business Media 的许可。

解。不过，放大作用的存在是无可争议的。它的间接表现之一是耳声发射，这是由内耳发出的微弱声音，被认为是主动调制过程的一种体现。耳声发射只能在屏蔽、非常安静的实验室条件下才能测得。它们可以自发产生，也可以通过刺激诱发。在大多数脊椎动物（包括鸟类）中可观察到耳声发射（Manley and van Dijk，2008；Taschenberger and Manley，1997）。

毛细胞是次级感觉细胞，因此它们不形成轴突。它们通过与两种基本类型的传入和传出神经元接触，从而与中枢神经系统相联系（图 6.5）。传入神经元的胞体位于靠近基底乳突的致密神经节内。它们的外周纤维从内侧缘或神经缘进入基底乳突，并且每根纤维典型地仅与一个毛细胞相接触。传入突触是特化的带状突触，仅出现在脊椎动物毛细胞、光感受细胞以及视网膜双极细胞中，据认为它们能保持高效、持续的递质释放率（Matthews and Fuchs，2010）。这些传入神经的中枢轴突集合起来形成听觉神经，并终止于构成耳蜗核的脑干神经元。鸟类基底乳突一个真实而罕见的特征是 20%～25%的毛细胞不与传入神经相联系（见 6.3.2）。与此相反，所有的毛细胞均接受来自腹侧脑干神经元发出的传出输入（Köppl，2011b）。诱发的传出活动对毛细胞的主要作用是抑制性的。然而，在行为学层面传出是主动的，但对它们在听觉中的更为广泛作用则知之甚少。

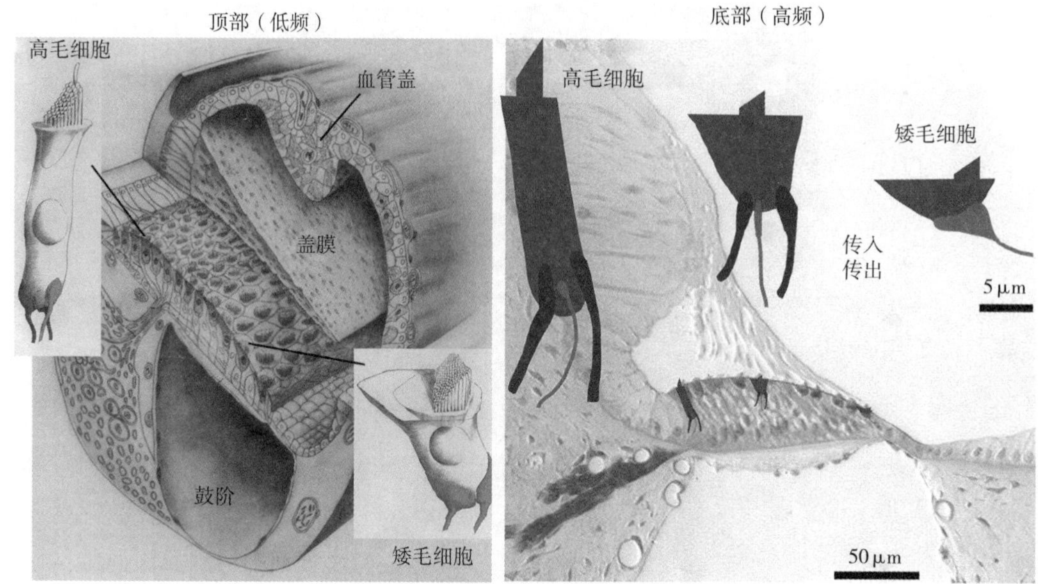

图 6.5★　基底乳突形态和神经支配

左图显示典型顶端低频部分的三维（3D）横截面。乳突很宽，有许多毛细胞，其中大部分是高毛细胞。插图是两个代表性毛细胞的3D图，具有传入（蓝色）和传出（红色）神经末梢附着。右图显示底端高频部分的显微照片横截面，一些毛细胞被突出显示且被放大。示意图还显示了典型的神经支配模式，传入终端和传出终端分别用蓝色和红色表示。左图复制于 Takasaka 和 Smith（1971），经学术出版社许可。插图从 Manley 和 Ladher 转载（2008），经艺术家 Johanna Kraus 的许可。右图复制于 Köppl（2011A），获得 Elsevier B. V. 的许可。

6.3.2　毛细胞类型：鸟类和哺乳动物趋同进化的一个实例

当鸟类和哺乳类动物的祖先分离时，它们的共同遗产包括一个专用的听觉毛细胞区域——基底乳突。祖先的基底乳突可能是比较小的，具有同一的毛细胞类型，且只对低频率敏感（Manley and Köppl，1998）。尽管基底乳突本身在不同动物间具有同源性，但在不同动物类型中的特化却并不相同，尤其听毛细胞的类型代表了明显的趋同进化发育。

乍一看，鸟类基底乳突的横截面并没有显示出任何显著而又独特的哺乳动物特征，如柯蒂氏器隧道或内毛细胞严格地排成一排，以及外毛细胞排列成三排。然而，仔细观察毛细胞的精细结构，尤其是它们的神经支配，出现了非常显著的类似。像哺乳动物一样，鸟类有两种类型的毛细胞，在此称为高毛细胞和矮毛细胞。与哺乳动物不同的是，这两种类型的毛细胞并没有明显分离。除极端例子有明显不同且易界定外，这两种类型的毛细胞相互混杂（Gleich and Manley，2000）。高毛细胞被发现在上皮的内（神经）侧边，并逐渐向外（非神经）侧边缘过渡成矮毛细胞（图 6.5）。另外，高毛细胞和矮毛细胞的相对数量在内毛细胞和外毛细胞排列方式上不固定，但却沿着声调拓扑梯度而变。在基底部的高频区矮毛细胞占优，反之亦然。最引人注目的是，矮毛细胞接受大量的传出终末，但没有传入神经支配（Fischer，1994a）（图 6.5）。这可能是感觉细胞丧失其主要功能的特例，甚至它比哺乳动物外毛细胞的神经支配更加特殊，哺乳动物外毛细胞也接受大量传出终末，但保持稀疏的传入神经支配（Raphael and Altschuler，2003）。显然，鸟类的矮毛细胞不是听觉的主要感觉细胞。类似于哺乳动物耳蜗，其中的内毛细胞承担经典的感觉角色，而外毛细胞则特化成专司机械放大（Dallos，1996）。然而，关于矮毛细胞假定的放大作用还有待观察，因为目前很少有直接证据。虽然矮毛细胞在离体状态下其毛束确实表现出动性，但高毛细胞亦如此（Beurg et al.，2013），因此，尚不清楚矮毛细胞的特定作用是什么。

6.3.3　毛细胞再生：鸟类不会失去听力

由于人类听力丧失通常涉及噪声或耳毒性药物引发的毛细胞损伤或坏死，为了找到一种好的方法来研究这类现象潜在的原因，在鸟类上做了类似的实验。这导致了一个惊人的发现，成年鸟类能再生功能性毛细胞（Rubel et al.，2013）。这与人类的不同是显而易见，即鸟类并不一定会遭受永久性的听力丧失。出乎预料的是，听力阈值在损伤后的几周内恢复正常或接近正常。该发现激发了人们对潜在的细胞和遗传过程的探索。目前已知毛细胞受损或死亡后，可由存活的支持细胞再生出新的毛细胞，要么是重新激活细胞分裂，要么是直接分化成毛细胞（Stone and Cotanche，2007）。再生过程博大而又精细。特别是毛细胞的某些局部特征，诸如毛细胞形状，毛束形状和取向，均可与相邻的存活区域完好地匹配，很难区分受损后恢复的耳蜗与未受损的耳蜗。此外，神经纤维也与新的毛细胞重建联系，且盖膜也至少部分被替换（Cotanche，1999）。总的来说，功能性恢复令人印象深刻（Ryals et al.，2013；Smolders，1999）。然而，如果损伤波及包括支持细胞在内的基底乳突大部分区域，则再生达到极限（Cotanche，1999；Smolders，1999）。

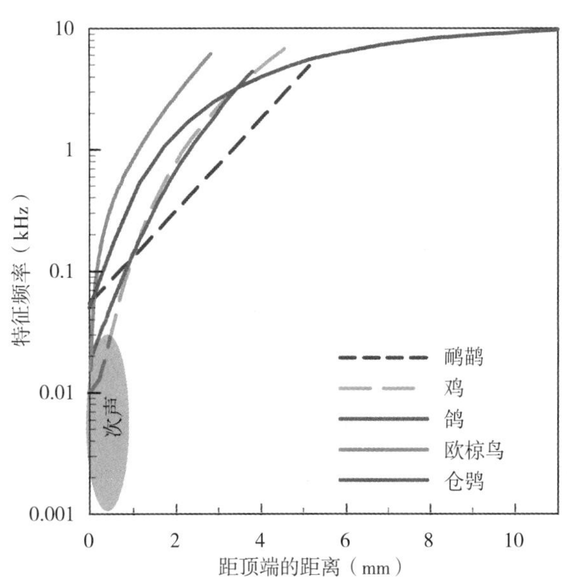

图 6.6★　鸟基底乳头对应的声音频率

不同颜色的曲线显示不同鸟类的反应功能，图例中分别为鸸鹋、鸡、鸽、欧椋鸟、仓鸮。从标记神经纤维的生理特征上可以看出它们在乳头的神经支配部位。注意，仓鸮基底乳头的异常长度和频率图浅斜率区，表示一个听觉凹（即表示一个狭窄的高频带）。鸽次声敏感区位于基底乳头顶端 1mm 处上方，但它可能对音调并不严格，绿色区域所显示。数据来自于 Chen 等（1994），Gleich 等（2004），Köppl 等（1993），Köppl and Manley（1997），Smolders 等（1995）。

即使没有严重的损伤经历，鸟类基底乳突依然显示一种低水平的持续毛细胞再生（Ryals and Westbrook，1990）。因此，鸟类可能不存在与年龄相关的听力丧失。事实上，笼养欧椋鸟的年龄通常超过 10 年，比野生的寿命长 5 倍，而且达到这个年龄时它们仍然具有接近正常的听阈（Langemann et al.，1999）。具有讽刺意味的是，人类在对某些特定大嗓门鸣禽的繁育中不自觉地涉及了这些机制。比利时 Waterslager 金丝雀有先天性的高频听力缺失，可唱出比正常金丝雀更响亮但更低调的鸣曲（Okanoya and Dooling，1985）。在这些鸟类的基底乳突中，毛细胞以一种异常速率非正常地连续死亡，使得新毛细胞的再生不能完全抵消这一过程（Gleich et al.，1997；Wilkins et al.，2001）。不幸的是，在哺乳动物耳蜗中启动这类毛细胞再生的愿望迄今未能实现（Brigande and Heller，2009）。

6.3.4　耳蜗的特化：听觉中央凹，次声听觉

如上所述，基底乳突按声调拓扑进行组构。顶端区域对低频最敏感，且特征频率逐渐地

向基底端增加。在典型的鸟类基底乳突中，这种声调拓扑图能用近似对数函数完好地加以描述，即每个倍频程（为一个音阶）对应于乳突上一个大致相当的长度（图6.6）（Gleich et al.，2004）。然而，这条规则也有一些有趣的例外。在类似于视觉中央凹的区域，即在强化的频率表征区中，某些频率以非比例方式沿基底乳突占据更大空间，被称为听觉中央凹。在鸟类中，最著名的例子就是仓鸮，类似的还有几维鸟。在仓鸮中，所感受的最高音阶频率（5～10 kHz）完全占据了基底乳突底端的一半（Köppl et al.，1993），与低频5或6音阶所占的空间相当（图6.6，红色曲线）。行为学上所展现出的这些频率对于猎物定位最为重要（Payne，1971）。仓鸮耳蜗的解剖学梯度，至少部分决定了毛细胞的频率响应，耳蜗基底端一半几乎没有变化，这与前面述及的处理较高频率的区域有较大的扩展观点相一致（Fischer et al.，1988）。由于视觉中央凹与增进视觉敏锐度有关，因此，较大的耳蜗通常被认为与提升频率分辨率相关。有趣的是，仓鸮的情况并非如此（Köppl et al.，1998），提示听觉中央凹的作用，可能在于增加与行为重要性频率对应区域的传入纤维数量，来为大规模的平行处理奠定基础（Fischer，1994b；Köppl，1997b）。虽然缺乏来自几维鸟耳的生理学数据，但对毛细胞形态学的研究同样提示，几维鸟听觉频率上限范围（估计在4～6 kHz）在听觉中央凹的频率表征出现扩展（Corfield et al.，2011）。

在鸽子中发现了一种同样引人注目的对极低频率敏感的听觉特化。人们曾经从行为实验中得知鸽子对次声很敏感，被界定为能听到低于人类可听频率的下限（即<15 Hz）（Kreithen and Quine，1979）。Schermuly and Klinke（1990b）追踪了具有这种敏感性的毛细胞的来源，被定位在鸽子基底乳突最顶端的非神经区。与这些毛细胞相联系的传入纤维不能对通常的声音频率做出反应，但对次声反应的声强与先前显示的行为阈值相当（Schermuly and Klinke，1990a）。与前面讨论的高频中央凹完全相反，次声接收区域似乎共存于基底乳突最顶端1mm处，按经典的对数频率表征（图6.6，绿线）（Smolders et al.，1995）。次声听觉的行为学意义仍不清楚，有种说法是鸽子将其作为导航线索（Hagstrum，2000；Kreithen and Quine，1979），但缺乏确凿的证据。次声敏感性可能不是鸽子所独有。有人论述了在鸡耳蜗顶端异常的毛细胞区所获得的形态学证据（Lavigne-Rebillard et al.，1985），并且鸡耳蜗核的某些神经元的最佳反应频率至少可低至10 Hz（Warchol and Dallos，1989）。

6.3.5 听神经:耳向大脑的传送

大脑所接收到的外部声音世界的全部信息均被编码在听神经纤维的活动中。Sachs等（1974）最先记录了鸽听神经的单位活动。不同鸟类听觉传入纤维对简单、易控刺激的反应研究已有很多。在此，我简要地概述频率、声强和时相精细结构的编码。

所有鸟类听神经纤维都有自发活动。在成年鸟类，依据种类不同，自发放率平均在每秒45～90个峰电位之间（Köppl，1997a）。与哺乳动物不同，鸟类在自发放率与对声音刺激敏感性之间并无一致性和很强的相关性，也没有自发活动非常低（<每秒1个峰电位）的纤维群。自发活动是不规则的，峰电位间隔呈典型的泊松样分布，随不应期而改变（Gleich and Manley，2000；Neubauer et al.，2009）。有趣的是，大量纤维显示出偏好间隔周期，声刺激处于或接近它们的特征频率时，自发活动具有周期性。尽管对于那些非常敏感的纤维的有些

活动可能是由于实验期间不适当的声音屏蔽所造成的，但大量证据表明，这是一个真实现象，反映了鸟类耳蜗毛细胞膜电位的自发振荡可能存在于电调谐和/或主动机械放大过程中（Gleich and Manley，2000；Taschenberger and Manley，1997）。

当然，声音频率是根据位置原则集体编码。在向大脑投射的过程中，沿基底乳突的声调拓扑梯度被保留下来。对于声刺激，每根听神经纤维只对某一特定的声频率反应最敏感，此频率为其特征频率。在分别向低频和高频方向递增时，纤维的敏感性会迅速下降，它的反应区域形成了一个狭窄的 V 形频率调谐曲线（图 6.7A）。在鸟类中，这些曲线受到非常锐化的调谐，与哺乳动物对相同频率的反应相比，具有更高的平均品质因素，且几乎呈典型对称状（Gleich and Manley，2000）。然而，鸟类的单耳在任何狭窄的特征频率范围内，纤维的最佳阈值变化要比哺乳动物更宽泛，可多达 50 dB（图 6.7B）。

声强以听神经纤维的发放率来编码。对单纤维编码的动态范围进行了深入研究，尤其对 50～100ms 的短声刺激的响应，显示出以下特征变化，主要为：①饱和纤维，其放电率在阈值以上时迅速上升，然后在某个拐点声强突然变得平稳；②慢饱和纤维，其放电率不是突然达到

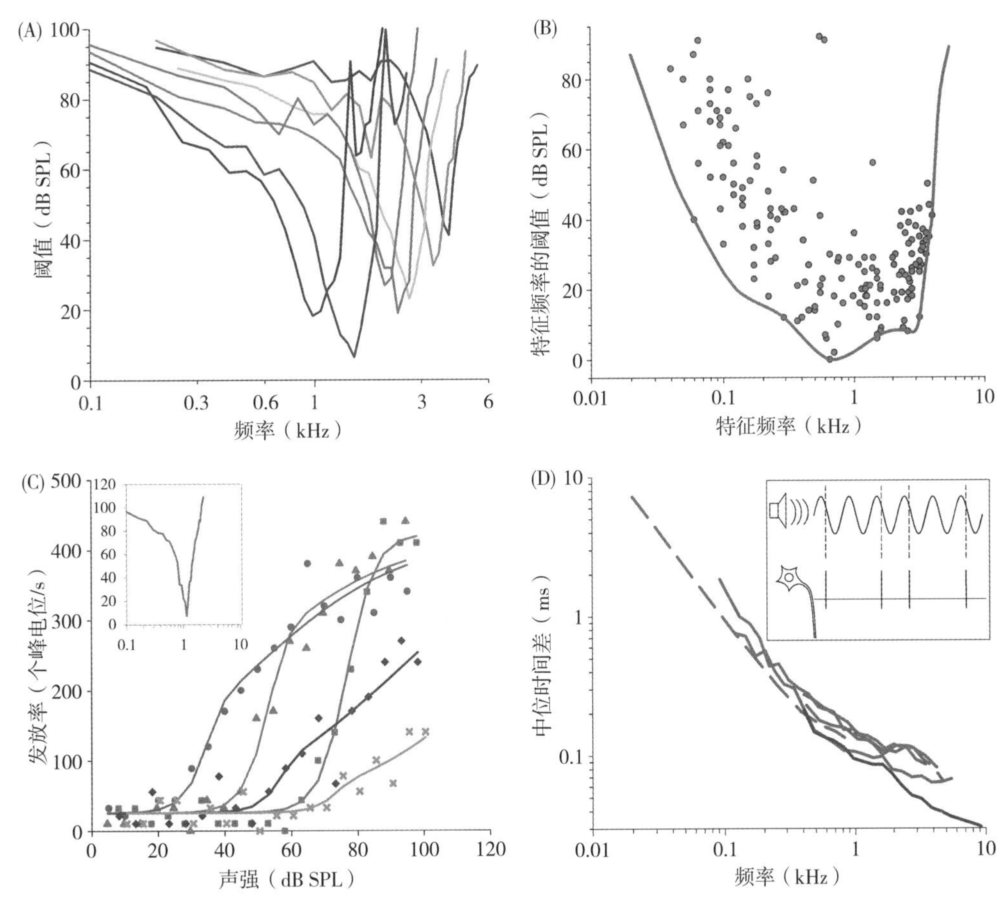

图 6.7★ 单个听神经纤维活动的显著性特征

（A）鸸鹋频率调谐曲线（Manley et al.，1997）。（B）鸸鹋纤维群最敏感阈值（特征频率功能）的分布（Manley et al.，1997）。注意任何一个典型的非受损频率都有大范围阈值。实线是来自最敏感纤维的数据，给出鸸鹋近似声像图。（C）鸸鹋一个特殊的听神经纤维的发放率与声级函数。插图内显示纤维反应区域内对几种不同频率的反应。注意最敏感特性频率具有明显的缓慢饱和行为（红色所示）（Yates et al.，2000）。（D）插图表明声音刺激与锁相动作电位之间的时间关系。在真实听神经纤维中，个体发放时间依平均锁相不同。这个时间抖动的中值展示在主图中，作为仓鸮的一个频率函数（红色，Köppl，1997c）；鸸鹋（断续蓝色，Manley et al，1997）；全蓝色表示鸡（Salvi et al，1992）、鸽（Hill et al.，1989）、欧椋鸟（Gleich and Narins，1988）、红翅黑鹂（Sachs et al.，1980）。

饱和，而是在拐点之上缓慢继续上升（图 6.7C）；③持续发放纤维，在广泛的声强范围外，其放电率近乎均衡性地慢速上升，具有较小的斜率（Gleich and Manley，2000；Köppl，2011a）。这些特征与原先所描述的哺乳动物的三种类型的听神经纤维有惊人的相似。然而，鸟类的其他纤维特性与哺乳动物相比没有相关性。据信无论鸟类还是哺乳类，听神经纤维对声强的放电行为都是由潜在的主动放大过程所定型，发挥着一种压缩的非线性效应。然而，在鸟类中，非线性被认为是局部发展和变化的过程，也许在单个毛细胞的水平上。而在哺乳动物，更强的耦合导致更大群的毛细胞共享非线性反应（Köppl，2011a）。宽泛的阈值范围与不同的动态范围合起来确保了鸟的听神经确实能编码非常宽范围的声强。

最后，时相信息通过听神经纤维的锁相来编码。也就是说，峰电位的发放与声波或近似声波刺激的某个相位相对应。值得指出的是，峰电位并不需要对每个刺激周期都发放（图 6.7D 中的小插图）。事实上，300～400 Hz 以上频率已超过持续放电率的上限，许多周期可以跳过，但是锁相仍然维持在千赫兹范围内。锁相关键依赖于在一个刺激周期的时间窗内控制峰电位时间选择的能力。因此，对时间精度的要求随着频率的增加而升高，而且锁相总是不能超过物种特异性频率的极限。鸟类听神经纤维典型的锁相可高达 3～4 kHz，可与其他脊椎动物包括哺乳动物相媲美（图 6.7D）。一个著名的例外是仓鸮，因为其锁相频率一直维持在 10 kHz 附近，对应一个峰电位发放的精度或时相波动，仅为 20～30 μs（图 6.7D，红色曲线）（Köppl，1997 c）。尽管对使之能达到这种超常精度的细胞机制仍然未知，但它显然是对仓鸮出色的声音定位能力的一种适应和前提（见 6.4.2）。

6.4 听觉大脑

6.4.1 听觉通路的基本组成

鸟听觉大脑的主要通路与所有陆生脊椎动物相仿（图 6.8）（Carr and Code，2000；Grothe et al.，2004）。主要的传入通路从耳蜗核发出，直接或间接地通过脑干区域的上橄榄核和外侧丘系投射至中脑的下丘（也称为半环隆枕或中脑背外侧核）。从此处发出投射分别到达视顶盖（或上丘）的多模态层和听觉丘脑，再从听觉丘脑投射到听觉前脑。然而，除了这一非常普遍的模式外，特殊的神经核或亚核在主要脊椎动物种群之间可能有很大的不同，而且，上面所概述的许多听区的进化起源和同源性是颇具争议的。一般而言，中枢听觉通路的差异反映了基底乳突特化的主要类型，因此，现在也被认为是独立进化的结果（Grothe et al.，2004）。鸟类遵循一种与鳄鱼相似的古龙亚纲模式，也跟其他远亲的“爬行动物”非常相似。

鸟类耳蜗核有两个主要的亚区，为巨细胞核（NM）及角状核（NA），两者都接受各自一侧的听神经纤维的输入。在 NM 和 NA 可能形成好几种听觉加工流的起点，从不同方面加以特化。NM 在两者中相对更简单，它包含了一个主要的神经元类型，这种神经元类型显然专门用于保存甚至增强来自听神经锁相传输的时间信息（Carr and Boudreau，1993；Sullivan and Konishi，1984）。因此，NM 是“时间通路”的起点。时间通路最广为人知的功能是提取用于声音定位的双耳时间差（见 6.4.2）。而 NA 则似乎是其他一切的起源，尽管通常被提及为

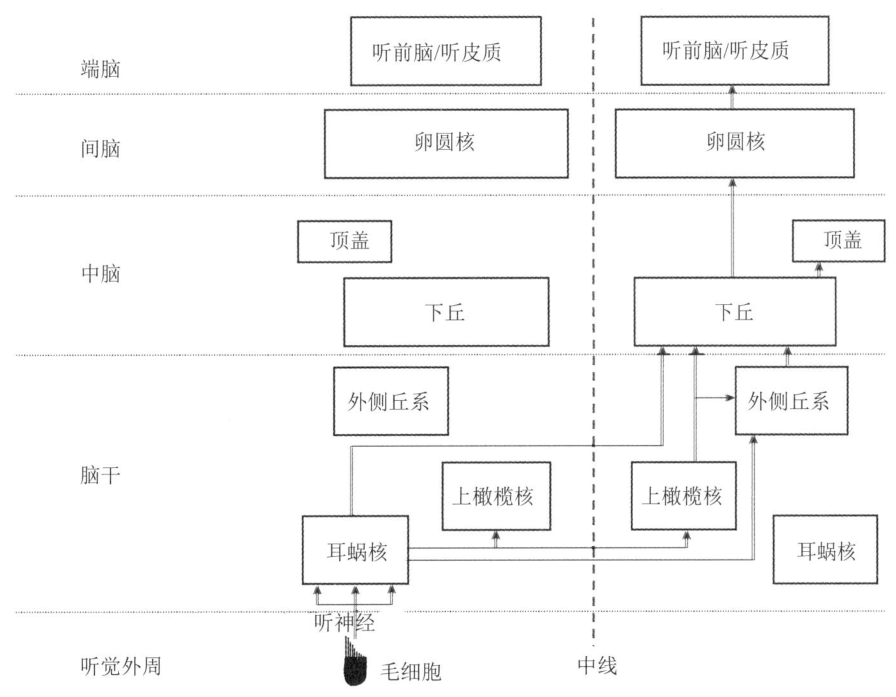

图 6.8　鸟类上行听觉通路的主连线图

每个方框代表一个主要中枢，每个中枢包含多个分区。

由 Grothe 等（2004）修改，获得 Springer Science+Business Media B. V. 的许可。

简单的“强度通路”（它不对在该水平所见到的复杂性做出判断）。NA 包含多种细胞类型，它们都有不同的解剖学及生理学特性（Grothe et al.，2004；MacLeod and Carr，2007）。虽然特异性的细胞连接模式还有待研究，但 NA 神经元集合起来在上橄榄核和层状核（NL）有多个投射目标，也包括直接投射到下丘。因此，对完成几种不同功能加工流的潜力是存在的。在仓鸮，一种专门参与获得用于声定位的双耳音强差已被证实（见 6.4.2）。

尽管耳蜗神经核是完全单耳性的，但所有更高位层级的听中枢均或多或少显示出双耳交互作用。然而，声调拓扑结构在脑干核团中仍被保留。所有的传入听觉信息再次汇聚到与哺乳动物下丘同源的中脑背外侧核（MLd）（Carr and Code，2000）。不同作者对 MLd 亚区的界定不同，一般来说，MLd 被认为是“一核一带”型的组构，常用的术语是下丘中央核（ICc）与外侧核（ICx）。脑干投射终止于 ICc 区，继而投射到 ICx。鸟类听觉中脑的生理学在声定位方面做了诸多研究（见 6.4.2）。在仓鸮中，连续加工过程直至在 ICx 形成听空间神经图（Konishi，2003）。目前仍不清楚的是这在多大程度上可适用于其他鸟类。在鸣禽斑胸草雀中，MLd 核神经元的反应集群成为一种功能群，推测是表征那些基本的声音感知线索，如音调、音质（色）和节奏（韵律）（Woolley et al.，2009）。作为脊椎动物的一种通用原则，虽然声调拓扑表征在听觉中脑的某些部分得以保持，但纯音往往不是最有效的刺激。对于所派生出的其他声音特征的选择性，如定位或时相调制，开始占据优势。

从 ICc 到 ICx 为平行连接（再到上丘），ICc 也通过行至丘脑卵圆核的投射启动前脑上行听觉通路（图 6.8）（Carr and Code，2000）。卵圆核的形态和联系非常富有特征性，但其生理功能尚不清楚，且很少从生理学探究（Carr and Code，2000；Ondracek and Hahnloser，2014；Proctor and Konishi，1997）。鸟类卵圆核投射到前脑初级听皮层。有必要指出，早期对鸣禽前脑结构的解释是错误的，且衍生自前脑的经典命名法是严重的误导。近年来越来越多的证据促使我们对所使用的鸟类前脑结构的命名做出重大修正（Jarvis et al.，2005）。根据修改后的命名，鸟类听觉前脑由巢皮质尾部的 L 区（Field L）、旧皮质尾部（CM）、巢皮质背部（Nd）以及弓状皮质中间部的腹内侧区（Aivm）所组成（Wang et al.，2010）。L 区又进一步分为不同亚区，L2 区为初级丘脑接受层。鸟类所有 4 个听觉前脑区共同形成一个环路，其柱状和层状组构与哺乳动物的听皮层是否高度相似尚待确认（图 6.9）（Wang et al.，2010）。鸟类听觉前脑的生理特性已在鸣禽中做了广泛研究（参见 6.4.4）。在此，反应的分级是明显的，丘脑接受神经元有清晰的声调拓扑组构和受波普限定的反应，并且在高位神经元中展现出对种属独特的发声有明显的特异性。同样，在 L 区神经元的响应中，也发现了听觉流感受类型的关联，如舞动快节奏（Bee and Klump，2005；Itatani and Klump，2011）。在仓鸮中，前脑上行听觉通路似乎在弓状皮质独立形成了听觉空间的二级表征。然而，前脑的表征在好多方面是明显不同的，这可能与中脑听觉空间拓扑图发挥不同作用有关（Cohen and Knudsen，1999；Vonderschen and Wagner，2009）。

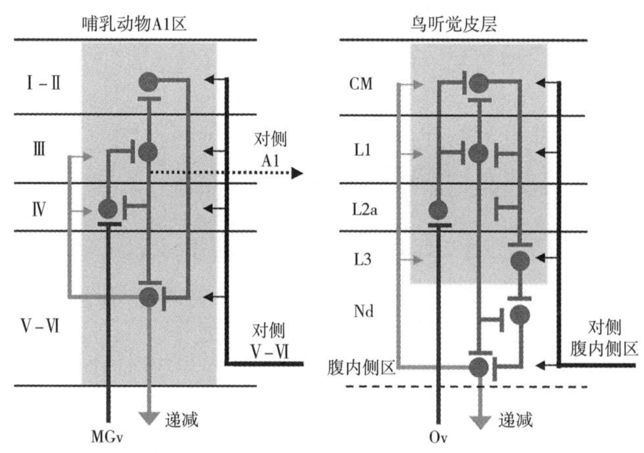

图 6.9★ 哺乳动物听皮层的不同层级与鸟类大脑听皮层主要核团的类比

分别用蓝色、红色和蓝绿色来表示来自丘脑的输入，内部的连接及下行的投射。橙色的线条和箭头表示来自深层的回返性投射到表层。黑色表示来自对侧大脑的投射。转载自 Wang 等（2010）。

6.4.2 仓鸮听觉空间图的形成

始于 Roger Payne（1971）的经典研究首次发现仓鸮运用声音线索在黑暗环境中精确定位和捕杀猎物，许多关于对环境中的声音如何进行定位，并在脑内重构的一般原则的认识都源自对这种鸟的研究。与视觉不同，听觉不能依靠外界空间图像直接投射到初级感受器（视网膜）表面继而转达至大脑。声音的定位需要中枢利用间接信号进行听觉运算。对鸟类而言，这些信号在性质上大都属于双耳性的，即比较来自双耳输入在时间和声强方面的微小差别，如由经不同长度的路径到达双耳的声音的时间差，以及由头和身体对声传导的遮挡效应所造成的声强差（Klump，2000）。对于大多数鸟类，双耳时间差（ITD）和双耳声强差（ILD）是水平方位角声源定位的信号。然而，仓鸮不对称的面部颈毛（见 6.2.1）能产生 ILD，可将其视作声源为垂直或俯仰方位角的函数。这改变了 ILD 的含义，但并不是非靠神经加工不可。从仓鸮上所了解到的许多知识被认为是鸟类声定位神经计算的普遍原理，但

不包括所有脊椎动物（Grothe et al.，2010；Konishi，2003；Takahashi，2010）。在为每种听觉任务而特化的仓鸮脑干核团中，利用平行加工流来实现时间和声强的双耳比较。在中脑水平，这类信息通过联合用于形成一幅听觉空间图，这是一张水平方位角和垂直方位角的二维听觉空间表征图。

与直觉相反，ITD 的计算并不基于双耳声音起始的比较，而在很大程度上取决于来自听神经中神经性锁相的持续时相信息（见 6.3.5），这被巧妙的行为实验所证明。通过给仓鸮戴上耳机，给予双耳听觉刺激，人为区分起始和正在进行的 ITD（Moiseff and Konishi，1981a）。听神经纤维的锁相先被单侧耳蜗核的巨细胞核（NM）所保存，继而投射至双侧的层状核（NL）。NL 神经元执行着神经系统最具挑战性和最艰巨的任务：它们接收每一侧的锁相输入，如果它们的输入在一个非常狭窄的亚毫秒级的时间窗发生巧合，就会选择性地发放（Funabiki et al.，2011；Kuba，2007）。当然，在声音源于动物的前面或后面时，这种巧合才会自然地发生。为了对更多的侧向声音位置编码，传入性的 NM 神经元轴突可连续与多个 NL 神经元相接触，从而形成功能性的延迟线来匹配和补偿自然声音的耳间延迟范围（图 6.10）。这组巧合探测器（同步事件检测器）阵列的原理是通过延迟线接收来自双耳的时间信息来创建一个听觉方位图，这些图最初是由 Jeffress（1948）制定的。总的说来，在鸟类 NM-NL 环路得以完美体现（Burger and Rubel，2008；Kubke and Carr，2006），仓鸮展示出获得最高时间分辨率的卓越形式（Carr and Boudreau，1993；Funabiki et al.，2011）。听觉方位的初始拓扑图在 NL 中多次创建，分别在具有声调拓扑组构核团的每个频率带内。中脑 ICc 在后续加工中的一项重要任务是跨频率汇聚这类信息，消除由于相位编码的循环特性所产生的固有模糊性（Konishi，2003）。

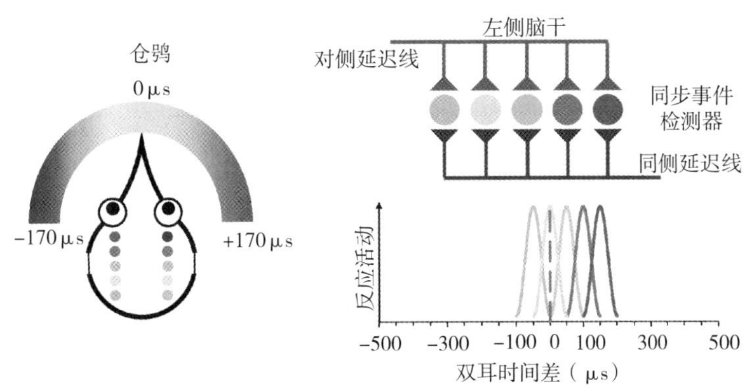

图 6.10★　根据 Jeffress（1948）模型所显示的仓鸮双耳时间差的编码

脑干的每一半都有一个能显示双耳时间差的代表区，对应于对侧听半野的声源。这张示意图显示的是左侧脑干延迟线的基本回路和同步事件检测器。回路图下方显示的是仓鸮同步事件检测器神经元的层状核的特有反应与双耳时间差的函数关系。通过实验测量仓鸮双耳时间差的范围，形成了一幅关于听觉方位的图谱。转载自 Köppl（2009）并获得 Cell Press 许可。

双耳声强的初次比较发生在外侧丘系腹核的后部（LLDp，以前也叫 VLVp）。在这里，来自对侧耳的兴奋性输入（经耳蜗核的 NA 而来）与来自同侧耳的抑制性输入（经耳蜗核的 NA 和对侧 LLDp 而来）相互竞争。依据兴奋和抑制的强弱对比，在两侧不同相对声强或耳间声强差（ILD）情况下，单个 LLDp 神经元的反应会降低。抑制的强度沿着核团背腹轴逐渐减弱，从而建立了一种基本的耳间声强差（ILD）拓扑表征图（Konishi，2003）。在 ICc 水平，来自 LLDp 神经元输入的 S 形反应曲线锐化成为钟形曲线，只显示对 ILD 限定范围的反应。然而，目前还不知晓这是如何实现的（Konishi，2003）。

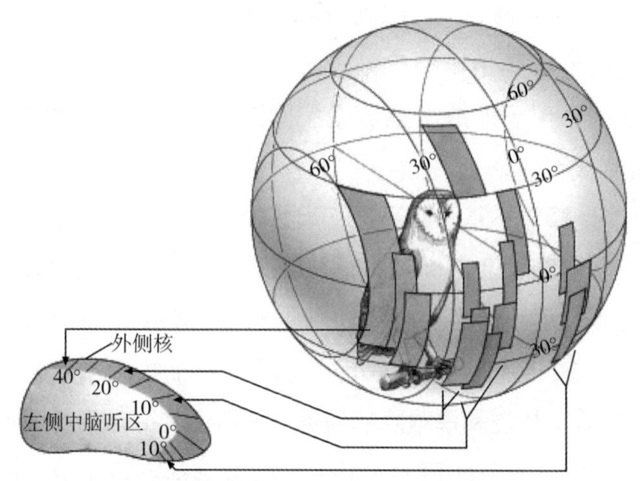

图 6.11★ 仓鸮中脑听觉空间图

在下丘的外侧核（紫色），听觉空间的接受域沿核团位置发生系统改变。在仓鸮周围的一个球面上，可以用紫色的长方形来表示这些接收域。该听觉空间地图是基于对特定的双耳时间差和声强差做出的听反应选择而合成的。转载自 Konishi（1993），获得 Jana Brennings 许可。

最终，在 ICx 内合成了一幅空间特异性神经元的二维图，包含水平和俯仰方位角边界的感受野（图 6.11）（Knudsen and Konishi，1978），二维图的水平或经向方位轴建立在对耳间时间差（ITD）的选择性基础之上，而垂直或俯仰方位轴则建立在对耳间声强差（ILD）的选择性基础之上（Konishi，2003；Takahashi et al.，2003）。在单个空间特异性神经元的水平，两种输入通过一种相乘过程联合，从而进一步锐化它们所产生的感受野（Peña and Konishi，2001）。这种听觉空间图经 ICx 接替或中转至视顶盖（或上丘）的双模态神经元，形成一种有助于典型定向行为的视听联合性空间表征（Knudsen，2002）。

6.4.3 发育可塑性:听觉空间由视觉校准

正如上面所述，仓鸮中脑听觉空间表征是一幅基于声位置的间接信号（双耳时间差和双耳声强差）的计算图。这些信号随头部大小和形状的细节差异而有所不同，且因此在某种程度上带有个体性（Keller et al.，1998）。那么，鸟类是如何通过耳间时间差和耳间声强差值与空间中的精确位置相关联的呢？通过堵塞幼年仓鸮的一只耳来操控其听觉信号的实验显示，在这些条件下仓鸮重新学会精确定位声音需要好几周的时间。如果给仓鸮带上棱镜眼镜使其视觉世界发生改变，它们的声音定位行为依然能够进行，但需要慢慢适应和匹配改变过的视觉环境（Knudsen，2002）。因此，仓鸮能利用视觉学会将某些 ITD 和 ILD 与声音在空间中的正确位置相关联。视觉系统具有视网膜图像的直接投影图，提供了客观的外部世界空间表征，借此来对听觉系统的计算图加以校准。这个可塑性的部位已被确认在 ICx，即首次生成听觉空间图的部位（图 6.12）。另外，来自 ICc 的解剖学联系能接受诱导，这些联系的 ITD 选择性能与视顶盖相应的视觉感受野相匹配，那些新的连接可主导先前已形成的而现在又不匹配的 ICx 神经元对输入的反应（Knudsen，2002）。所需的误差信号似乎是由从视顶盖到 ICx 的交互投射所提供的，传统上认定这是一个专门的听觉区域。像许多经验依赖的可塑性形式一样，这种对听觉信号含义的学习限定于幼年的仓鸮，在成年早期逐渐消失（Knudsen，2002）。仓鸮听觉定位学习所展现出的很多原理同样适用于哺乳动物的听觉系统（King et al.，2000）。

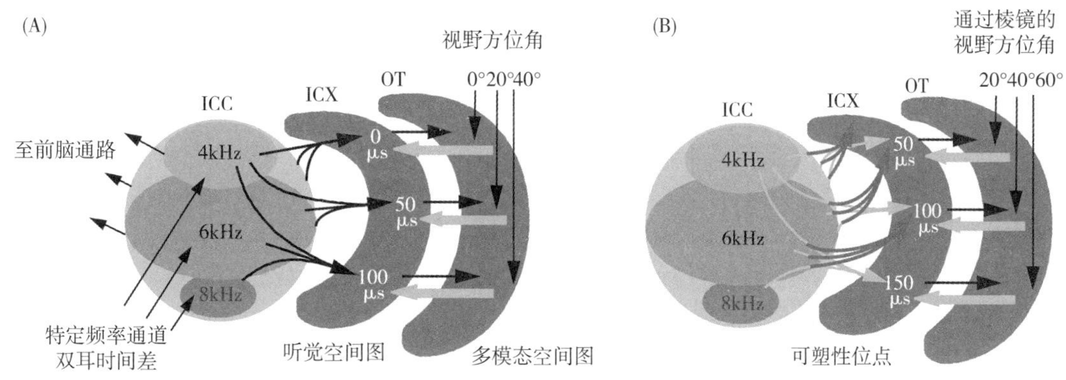

图 6.12★ 早期视觉实验修正后，仓鸮听觉空间适应可塑性总结图

（A）通常来自中央核（ICc）不同音频区与外核（ICx）选择性共同分享双耳时间差信号。这些汇集投射与视顶盖的视觉接收区具有对应关系，一起共同建立空间图中的方位轴。（B）如果给仓鸮带上护目镜来人为改变视觉接收区，通过形成 ICc 和 ICx 新的对应关系，听觉空间图也会相应改变（红色箭头）。绿色箭头表示从 OT 到 ICx 的反馈。重绘自 Knudsen（2002），获得 Macmillan Publishers 许可。

6.4.4 鸟鸣的特殊处理

关于鸟类高位听觉加工的研究大都集中在鸣禽上，其原因有两个：首先，与行为密切相关的声信号可以清楚地被界定，并可指导刺激测试的设计。其次，鸟鸣是一种习得性的发声行为——仅与人类语言及其他少数鸟类和哺乳动物发声共享的一种罕见特质（Bolhuis et al.，2010；Jarvis，2004）。同时，这使得鸣禽的听觉系统成为解开如何处理声音及发声学习之谜的一个最佳模型。毫不奇怪，鸣禽具有发育良好的听觉前脑区（图 6.13A），除此之外，在具有发声学习及鸣唱可塑性的鸣禽中，还存在着一整套与感觉运动相关的“鸣唱核团”，而在不发声的鸟类中则没有相似的核团（图 6.13B）（Farries，2004）。其关键的重要结构是高级发声中枢（high vocal center，HVC），它似乎是听觉输入和鸣唱运动输出之间的关键节点。同时，也是成年动物神经发生的核团，该核团首先产生功能性神经元，但这种情况是有季节性的（Nottebohm，2004）。在 HVC 中存在极具选择性的听觉神经元，不是只对种属特异性发声有选择性，似乎也对个体鸟自己的首次鸣唱（鸣曲）同样有选择性（Konishi，2004）。HVC 是两条主要运动通路的共同起点（图 6.13B）：①一条是简单的直接通路，由脑后侧（HVC 区）直接投射到弓状皮质栎核（RA），并从那里再投射到控制鸣肌和呼吸的各脑干运动核团（Farries，2004）。②另一条是所谓的前端脑通路，经过一整套被认为与哺乳动物基底神经节同源的中介核团，才最终投射到 RA（Perkel，2004）。已证实前端脑通路对幼鸟的鸣曲学习至关重要（Brainard，2004）。另外，有证据表明，即使在成年不能正常学习新鸣曲的鸣禽中，该通路也参与鸣曲可塑性调控（Konishi，2004）。因此，据信前端脑通路对成年鸟产生鸣曲虽然不一定是必需的，但它是鸟实际鸣唱和在必要时行使矫正的一个持续性监控器。

单纯的听觉上行前脑通路（图 6.13A）最终汇入特定的感觉运动鸣唱核团系统，包括初级 L 区、次级旧皮质尾部（CM），其他鸟类也拥有这两个核团，且巢皮质尾内侧部（NCM）是鸣禽特有的一个区域。这些听觉区域的反应从未展示出对鸣禽自鸣曲的特殊选择性（Theunissen and Shaevitz，2006）。但对同种其他个体的鸣曲的选择性却升高。通常，初级听区中的L区神经元很难被简单的纯音和噪声所驱动，但能对有同种声特征的鸣曲和其他自然声的波谱时相特征选择性地做出反应（Theunissen and Shaevitz，2006）。许多单个的神经元要么在波谱调制选择性特化，要么在时相调制选择性方面特化，并相应地聚集于特定的亚区（Nagel et al.，2011）。次级听觉前脑区的NCM和CM可能以增加对熟悉的鸣曲的选择性来抗拒陌生的鸣曲，由此暗示其可能与听觉记忆有关（Ondracek and Hahnloser，2013；Theunissen and Shaevitz，2006）。

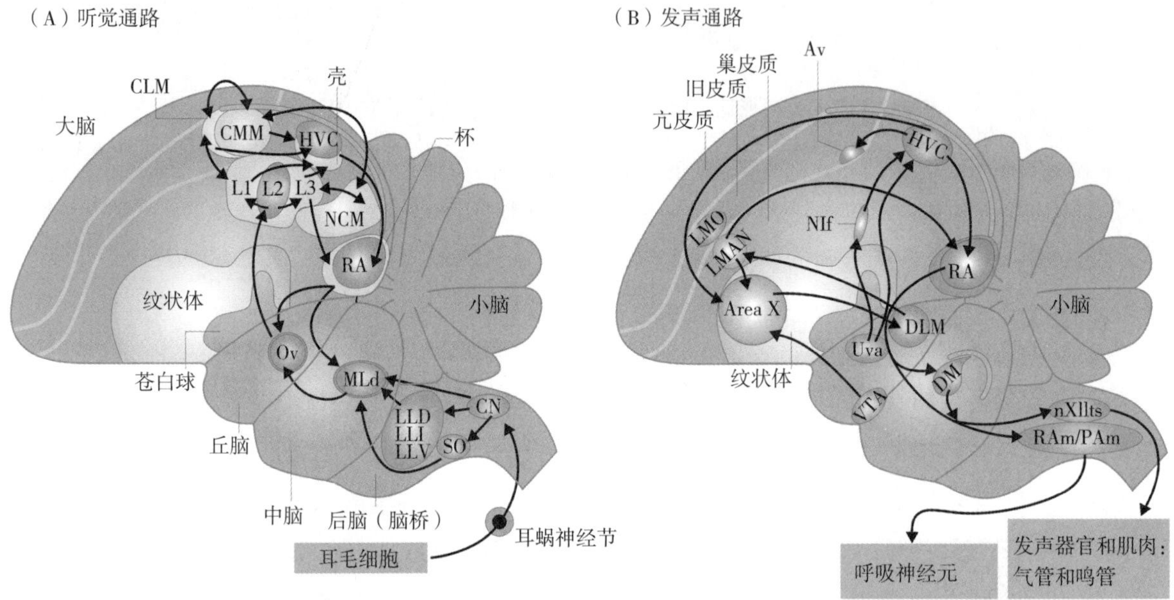

图 6.13★ 鸣禽脑各核团和脑区矢状切复合示意图

（A）听觉上行通路，当听到鸟鸣时，该脑区活性增强（黄色区域）。（B）发声运动通路，图中所示为各核团的连接。前端脑通路和发声运动通路共同组成鸣唱系统。当鸟类自鸣的时候，鸣唱系统中的橙色核团神经元活动性增强。Area X，纹状体的X区；Av核，雪崩核；CLM，旧皮质尾外侧核；CN，耳蜗神经核；DLM，前丘脑背外侧核内侧部；DM，中脑丘间核背内侧部；HVC，高级发声中枢；L1、L2和L3，L区中的亚区；LLD，外侧丘系背侧核；LLI，外侧丘系内侧核；LLV，外侧丘系腹侧核；LMAN，新纹状体前部巨细胞核；LMO，旧皮质外侧卵圆核；MLd，中脑背外侧核；NIf，新纹状体界面核；Ov，卵圆核；PAm，延髓旁疑核；RA，弓状皮质栎核；RAm，后疑核；SO，上橄榄核；Uva，葡萄形核；VTA，腹侧被盖区。获得John Wiley、Sons和Macmillan Publishers许可，重绘自Moorman等（2011）［更新自Bolhuis等（2010）］。

译者注：根据Javis（2005）的命名，鸟类中原来称为纹状体的部分改称大脑皮层（与哺乳动物对应）。大脑皮层分成4个部分：hyperpallium（亢皮质，原称上纹状体），mesopallium（旧皮质，原称旧纹状体），nidopallium（巢皮质，原称新纹状体），arcopallium（弓状皮质，原称古纹状体）。

6.4.5 鸟类回声定位

鸟类世界迷人的奇迹是某些种类的鸟能使用回声定位，其中包括新热带地区的油鸱（*Steatornis caripensis*）和旧热带地区的两种金丝燕（*Aerodramus* 和 *Collocalia*）。这两类鸟都具有独立进化出的回声定位系统，来作为它们所栖息和筑巢的黑暗洞穴中的导航工具（Brinkloc et al.，2013）。这种生活方式在表面上与蝙蝠有很多相似性。然而，鸟类回声定位叫声并不是超声波，但声信号却能完好地落在鸟类典型的听力范围内。由于这种叫声处于较低频率范围，所以鸟类的回声定位不能达到蝙蝠超声导航的高空间分辨率，然而，很少去进行严格的测试（Griffin and Thompson，1982；Konishi and Knudsen，1979）。此外，据报道这些鸟只有在不能用视觉导航的条件下才使用回声定位（Griffin，1953；Novick，1959），虽然在这方面对觅食鸟做了一些有趣的观察，但提示这种结论仍有待重新审视（Brinkløv et al.，

2013)。

油鸱和穴居金丝燕都可以利用鸣肌产生短的“咔嚓”声(Suthers and Hector, 1982, 1985),并发出典型的对声或短串声(Konishi and Knudsen, 1979; Thomassen and Povel, 2006)。“咔嚓”声的主频在几千赫兹范围内,并且与鸟类敏感的听力范围相吻合。然而,由于它们偏僻的地理学分布,只对很少种类及个体进行过测试。从一些有效的研究来看,似乎回声定位鸟类的听觉能力并不是那样的突出(Coles et al., 1987; Konishi and Knudsen, 1979)。有关听觉中脑相对大小的解剖学数据表明,这类鸟的听觉核团稍有增大,这可能象征着为了回声定位加工而有适度的特化(Cobb, 1968; Iwaniuk et al., 2006)。

6.5 小结

听觉对很多鸟类有特殊的意义,关乎其社交通信、捕猎、黑暗中的定向。鸟类听力局限在 10 kHz 以下,略低于人类,但远低于典型的哺乳动物。然而,在此范围内,鸟类听觉具有正常的敏感性和辨别性。一些重要的听觉生理学见解就来自于对鸟类的听觉研究,如受损后感觉毛细胞的再生机制、潜在于声定位中的神经计算或神经加工和发声学习。鸟类中有一些神奇的听觉特化,如鸽子的次声听力、仓鸮的不对称耳、油鸱和金丝燕的回声定位。

参考文献

(李东风译,陈其才校)

第 7 章 化学感觉

Larry Clark, Julie Hagelin and Scott Werner

7.1 化学感觉

化学感觉一般分为三类：化学性痛觉（不适与疼痛）、嗅觉和味觉。传统上认为化学刺激引起的反应主要是味觉和嗅觉，但事实更为复杂。例如，化学性痛觉的感觉传入神经紧邻于鼻腔内的嗅觉感受器和口腔内的味觉感受器。由于这几种感觉系统都能感知外部化学刺激，究竟哪一种感觉形式更重要，目前还没有定论。一般来说，主要感觉形式可能取决于化学刺激的类型、强度和表现，但如果这几种感觉系统共同参与了对外部化学刺激的感知，最终形成的综合感知通常被称为风味。

7.2 化学性痛觉

化学性痛觉是由化学物质引起的疼痛感觉。接受伤害性刺激的感受器是伤害感受器（Woolf and Ma，2007），它连接了机体的内部环境和外部环境。这些初级感觉神经元的胞体位于脊髓背根神经节，其外周突支配组织，中枢突进入脊髓向中枢神经系统传递信号。伤害感受器的功能主要表现为：①检测潜在的外来伤害性刺激，有助于警示动物有受伤的风险；②检测内源性炎症刺激，有助于启动和促进愈合及修复功能；③检测神经损伤和异位放电，这能导致病理性慢性疼痛。伤害感受器感受外来刺激的阈值较高，可能是因为它不应该对每一次外来攻击都作出防御反应；其感受内源性刺激的阈值较低，这是一种适应性反应，有助于损伤发生时促进愈合（Patapoutian et al.，2009）。

三叉神经（trigeminal nerve，TN）是化学性痛觉系统的一个主要组成部分，是头部重要的躯体感觉神经，主要功能是传递机械刺激和热刺激信号，但由于还含有化学感觉纤维，因此也能传递化学刺激信号（Silver and Maruniak，1981）。机体其他部位的躯体感觉传入神经与三叉神经一样，虽然主要功能是传递机械刺激和热刺激信号，但也含有化学感觉传入纤维（Gentle，2011；Necker，2000；Wild，1985）。

7.2.1　三叉神经和躯体感觉神经

禽类三叉神经周围突的形态构成与哺乳动物区别不大（Dubbeldam and Karten，1978；Dubbeldam and Veenman，1978；Gottschaldt，1985）。禽类三叉神经是第 5 对脑神经，起源于接近视叶尾端表面的延髓前外侧（Getty，1975；Schrader，1970），沿滑车神经（Ⅳ）走行，进入位于颅底的三叉神经节（trigeminal ganglion，TG）。三叉神经节由较小的内侧眼区和较大的外侧上下颌区组成，三叉神经由此处分为 3 支：眼神经、上颌神经和下颌神经。在家鸡（*Gallus gallus domesticus*），眼神经支配额区、眼球、上眼睑、结膜、眶内泪腺、鼻腔喙背部和上腭顶端。其中作为滑车神经交通支的那部分眼神经分支起着控制眼部运动的作用，以完成对眼部刺激的反射反应。此外，还有大量的内侧眼神经分支伴随着嗅神经通过内侧眶孔进入鼻窝。上颌神经提供来自牙冠、颞区、外耳鼻侧部分、上下眼睑、鼻孔与眼之间区域、结膜黏膜、上腭黏膜部和鼻内壁底部的感觉输入。下颌神经提供来自下腭皮肤和角质鞘、下腭内皮肤、肉髯、喙底口腔黏膜和上腭近角处的感觉输入（Getty，1975；Schrader，1970）。

7.2.2　伤害感受器的性能特点

化学刺激引起疼痛和不适感觉首先需要激活伤害感受器。禽类三叉神经和躯体感觉神经内的化学感觉纤维与哺乳动物的传入神经类似。大多数是起多觉型伤害感受器作用的、传导速度为 0.3～1 m/s 的无髓 C 类神经纤维，也有一些发挥高阈值机械感受器作用的、传导速度为5～40 m/s 的有髓 A-δ 神经纤维。家鸡、绿头鸭（*Ana platyrhyncos*）和鸽（*Columba livia*）伤害感受器的放电模式和传导速度也与哺乳动物相似（Gentle，1989；Necker，1974）。

虽然禽类的神经在结构上与哺乳动物略有不同，但神经连接的基本功能在进化上得以保留（Butler and Cotterill，2006；Dugas-Ford et al.，2012；Güntürkün，2012）。化学刺激引起疼痛的内在生理生化过程就能体现这一点。大体而言，禽类拥有与哺乳动物相同类型的神经肽，但其结构并非完全同源。P 物质、五羟色胺（5-HT）、组胺、缓激肽和乙酰胆碱等禽类内源性致痛物质能引发家鸡、鸽、大鼠、犬和豚鼠与炎症和疼痛相关的行为（Szolcsanyi et al.，1986；Gentle and Hill，1987；Gentle and Hunter，1993；Koda et al.，1996；Hu et al.，2002；Ohta et al.，2006）。调控哺乳动物疼痛反应的前列腺素在禽类中也发挥相同功能，并且其效应可以被阿司匹林类镇痛药等前列腺素合成酶抑制剂消除（Clark，1995）。

禽类与哺乳动物尽管有这些生理上的相似性，但在如何对外来化学刺激作出反应方面却显著不同。在哺乳动物，辣椒素等化学物质是强效的三叉神经刺激物，会导致传入神经末梢和背根神经节内的 P 物质耗竭，产生最初的致敏作用，继而对随后的化学刺激脱敏（Szolcsanyi，1982）。相反，禽类对辣椒素并不敏感（Mason and Maruniak，1983；Szolcsanyi et al.，1986）。在外周施加辣椒素刺激不会引起鸽和家鸡感觉传入神经末梢释放 P 物质（Pierau et al.，1986；Szolcsanyi et al.，1986；Sann et al.，1987）。这种对外来化学刺激的物种特异性反应进一步印证了内源神经肽及受体的种属差异，其重要性与不同种属的进化生态学密切相关（Mason et al.，1991；Clark，1998；Tewksbury and Nabhan，2001）。

7.2.3　受体机制

非选择性瞬时受体电位（transient receptor potential，TRP）阳离子通道参与了感觉神经元的激活、神经递质释放、炎症介质释放以及痛觉传递中的其他方面（Cortright et al.，2007）（图 7.1）。目前对 TRP 通道的大部分认识是基于在哺乳动物上进行的研究而得来的（Holzer，2011），但针对其他种属 TRP 的比较进化学相似性和差异性方面的研究越来越多（Saito and Shingai，2006；Saito et al.，2011）。TRPV1（最初被称为 VR1）受体蛋白首先是在哺乳动物中获得的，能对外源性的香草酸、辣椒素以及大麻素、12-HPETE 等与辣椒素结构类似的内源激动剂作出反应（Zygmunt et al.，1999；Hwang et al.，2000），还可以被高温（>43℃）和酸（pH≤6）激活。在人类，由多觉型伤害感受器激活 TRPV1 时产生的感觉是刺痛和灼热，类似于辣椒中的辣椒素引起的感觉。禽类的 TRP 受体（cTRPV1，禽背根神经节）与哺乳动物的相似，能对高温（≥45℃）和细胞外酸性溶液（pH≤4）作出反应，但其与大鼠的 TRPV1 仅表现出 68%的同一性（identity）和 79%的相似性（similarity）。这种受体

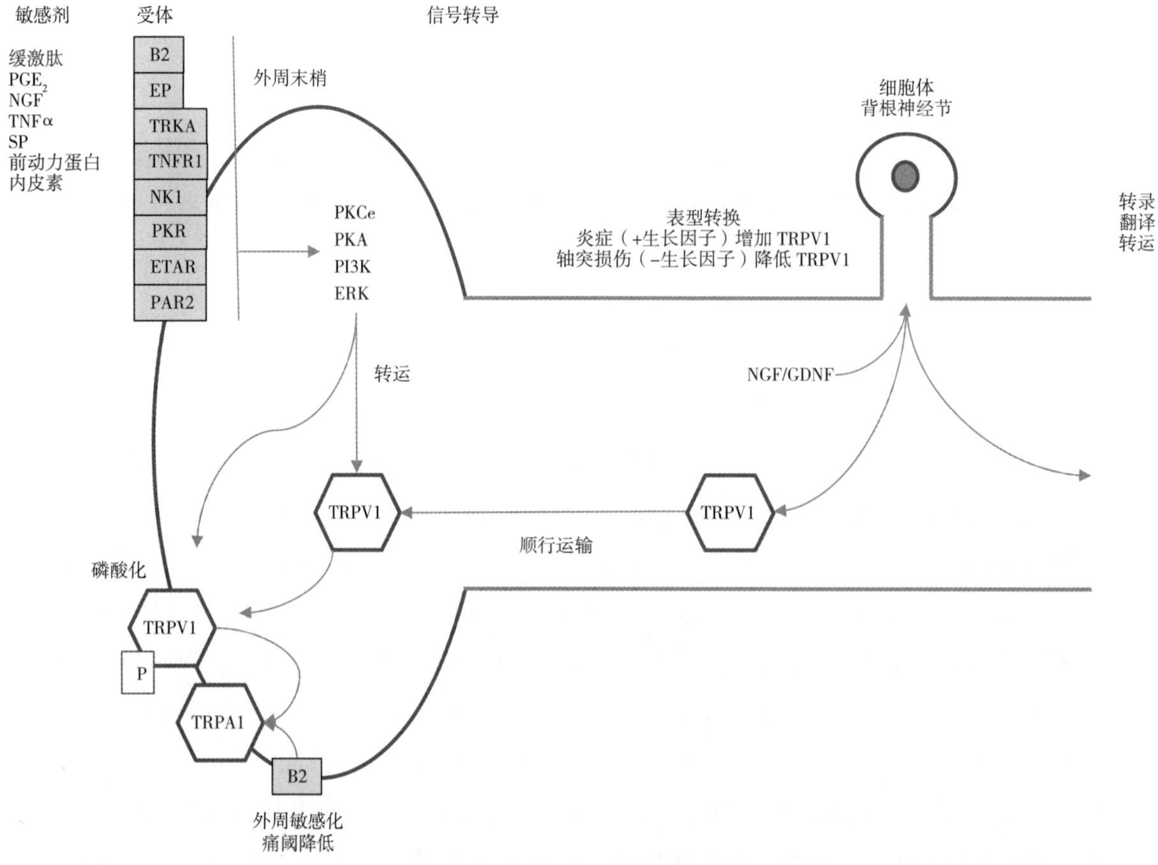

图 7.1　炎症引起瞬时受体电位(TRP)通道的变化

内源性敏感剂作用于伤害感受器所表达的受体，激活细胞内信号转导通路。通路磷酸化 TRP 通道，改变向膜的转运、阈值和动力学。生长因子，如神经生长因子（NGF），被逆向转运到伤害感受器的胞体。通过细胞内信号通路，TRP 通道表达增加，并被转运至末梢。TRP 通道及其他蛋白质转录和翻译的变化能够改变神经元的化学表型，由初始状态转变为炎症期间的状态。改编自 Patapoutian 等（2009）。

B2，缓激肽受体；ERK，细胞外信号调节激酶；ETAR，内皮素受体 A；GDNF，胶质细胞源性神经营养因子；NK1，神经激肽受体 1；PAR2，蛋白酶激活受体 2；PGE_2，前列腺素 E_2；PI3K，磷脂酰肌醇 3-激酶；PK，蛋白激酶；PKA，蛋白激酶 A；PKCe，蛋白激酶 Ce；PKR，前动力蛋白受体；TNFα，肿瘤坏死因子 α；TNFR1，TNF 受体 1；TRKA，酪氨酸激酶受体 A；SP：P 物质。

组成上的差异表现为对辣椒素的弱应答，也就解释了禽类和哺乳动物对辣椒素敏感性的行为差异（Jordt and Julius，2002），即哺乳动物对辣椒素敏感而禽类不敏感（Mason et al.，1991；Norman et al.，1992）。

目前已经鉴定出 28 种 TRP 通道，分为 6 个功能亚家族。在对外源化合物作出反应时，同一亚家族的 TRP 编码相似的感觉（如辣椒素的“热”，肉桂油的“灼烧”，薄荷醇的“凉”，芥子油的刺激）（Holzer，2011）。虽然目前还不清楚禽类其他 TRP 通道的特异同源性，但基于禽类对多种哺乳动物刺激物的行为学反应，推测禽类 TRP 通道受体分子与那些能对肉桂油、蒜辣素（大蒜/洋葱）、薄荷醇作出反应的哺乳动物 TRP 在结构上相似和/或在伤害感觉器上的表达相似，而与能对芥子油、邻氨基苯甲酸（葡萄）化合物作出反应的哺乳动物 TRP 不同（Clark，1998；Stucky et al.，2009）。

对家鸡和大鼠三叉神经背根神经节离体标本细胞内钙［Ca^{2+}］$_I$的数字荧光成像显示，那些对常见的禽类刺激物、邻氨基苯甲酸甲酯和辣椒素敏感的神经元群，或独立存在，或彼此重叠（Kirifides et al.，2004）。家鸡中，48%的神经元能对邻氨基苯甲酸甲酯作出反应，但仅有 16%的神经元能对辣椒素作出反应，且邻氨基苯甲酸甲酯与等物质的量浓度的辣椒素（43%）相比引起的［Ca^{2+}］$_I$变化更大（78%）。对于二者来说，［Ca^{2+}］$_I$的增加都依赖于细胞外钙离子。此外，对于氨基苯甲酸甲酯（而不是辣椒素）的反应还依赖于细胞外钠离子。这提示两种化合物引发了不同的信号传递机制。这些研究为禽类对两种化合物作出反应的行为学差异提供了进一步的理论依据。椋鸟（*Sturnus vulgaris*）对氨基苯甲酸甲酯表现为本能的回避，这种回避反应的发生取决于三叉神经眼神经支的完好性（Mason and Clark，1995）。尽管可以通过条件回避训练使椋鸟回避辣椒素，但其对辣椒素并不会表现为本能的回避，表明虽然禽类能够有限地感受辣椒素，但并非编码为疼痛。这揭示了中枢在外周信号感知和解读过程中的重要性。

7.2.4　刺激物的化学结构与活性的关系

尽管禽类对辣椒素极不敏感，但能对其他香草酸化合物产生反应（图 7.2）。能使禽类驱避的芳香族化合物的特征是含有一个核心芳香杂环，且具有高碱度、高亲脂性和高电负性（图 7.3）。那些影响了电子供给基团的取代基能增强这类化合物的核心芳香杂环（氨基>甲氧基>甲基>羟基）。孤对电子的共振增强了驱避性（取代基位置：邻位>对位>间位），而吸电子基团中的酸性取代基则降低了这种驱避性。在具有多个被取代的电子供给基团的间异构体和芳香结构中，可能出现孤对电子的空间效应和极端局部化，这往往会干扰驱避性（Mason et al.，1989；Clark，1991a；Clark and Shah，1991、1994；Clark et al.，1991；Shah et al.，1991）。

芳香族化合物的结构-活性定量关系、驱避性与早期的定性研究一致。肉桂酸类化合物 14 种衍生物的驱避性具有生成热［heat of formation，DH（f）］、极化率（polarizability，XY 和 YY）和超不定域性（super-delocalizability，Sr）这些电子特征（Watkins et al.，1999）。物理化学、拓扑和静电参数与四参数流体进液曲线响应形状之间关系的典型相关分析表明，响应曲线中 94%的方差可由 5 个参数来解释：极化率、ES2、ANC、KAPPA2 和 CHI2。极化率是分子的电子云在外电场作用下被扭曲的相对敏感性。这种扭曲产生了感应电偶极矩。瞬时偶极

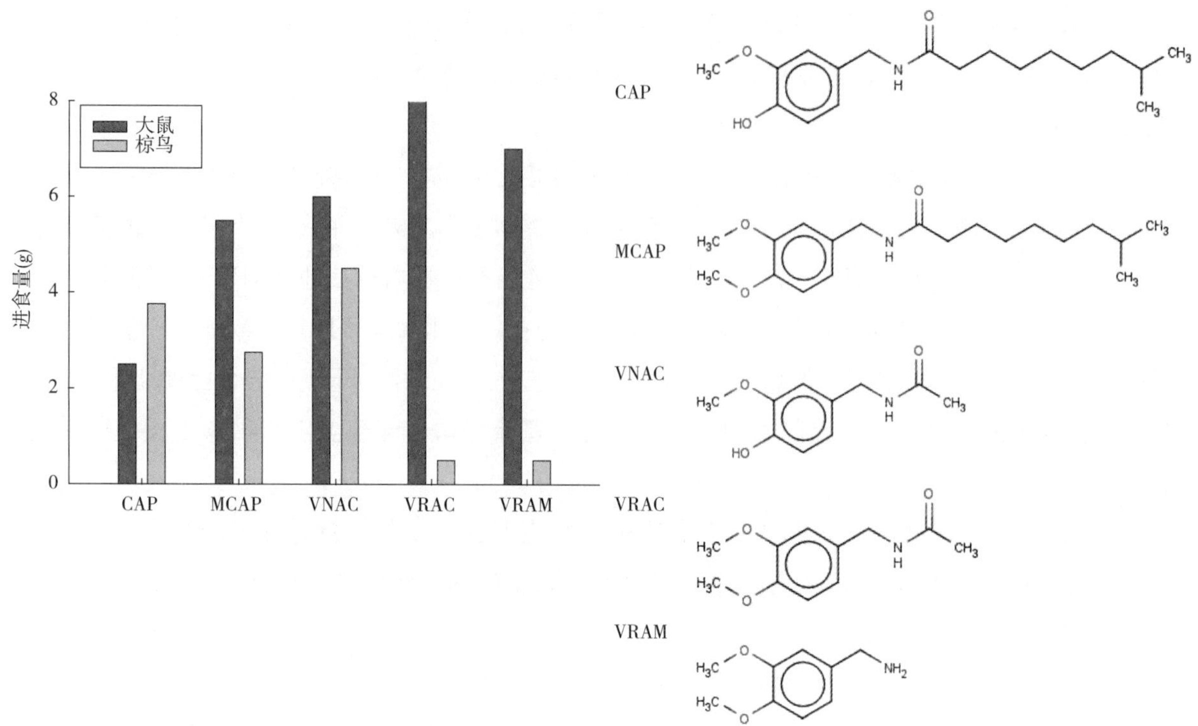

图 7.2 大鼠和椋鸟对经辣椒素(CAP)、甲基辣椒素(MCAP)、香草酰胺(VNAC)、藜芦基乙酰胺(VRAC)和藜芦胺(VRAM)处理饲料的进食量比较

进食量随分子结构变化大致呈逆向关系，表明两物种的功能受体不同。鸟类驱避剂相对于哺乳类厌恶化合物更偏碱性和刚性(平面)。施加浓度：1 000 mg/kg。消耗 4 g 未处理饲料作为两物种的对照基线摄入量。数据改编自 Mason 等(1991)。

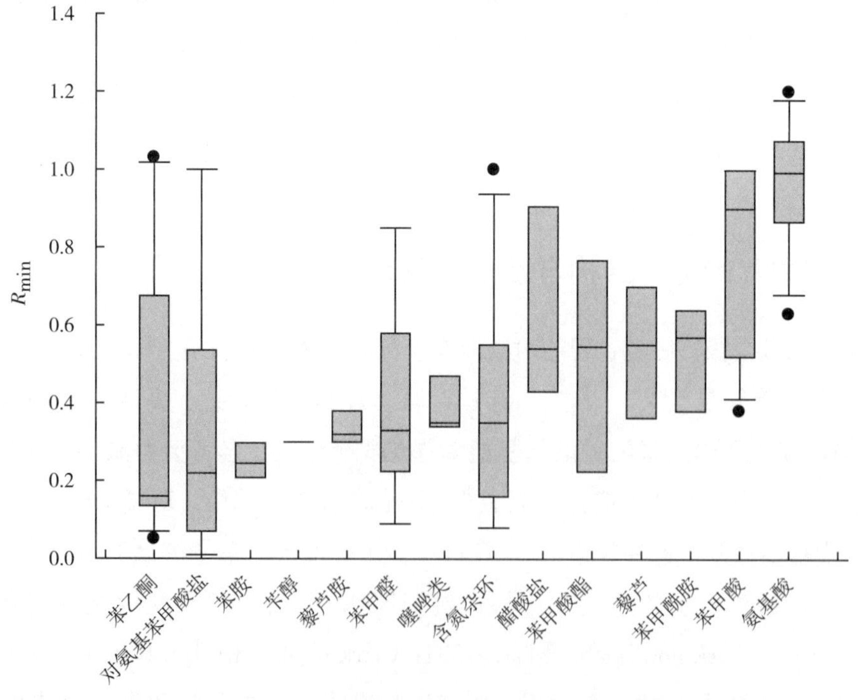

图 7.3 液体摄入量的相对减少与化合物种类的关系

每类化合物具有一个苯母结构(benzene parent structure)，由主吸电子基团确定命名分类。液体摄入量是指在一瓶 6h 饮水实验中的渐近最小摄入量(R_{min})。强厌恶溶液(其中 R_{min} 与零无显著差异)$R_{min} \leqslant 0.2$；中等厌恶溶液 $0.2 < R_{min} \leqslant 0.4$；弱厌恶溶液 $0.4 < R_{min} \leqslant 0.6$，非厌恶溶液 $R_{min} > 0.6$(与水无显著差异)。中位数 R_{min}，实线；R_{min} 25～75th 百分位数，阴影框；R_{min} 5～95th 百分位数，封顶线；R_{min} 范围，开放符。修订自 Clark(1997)。

(temporary dipole)诱导其他分子产生偶极，通过瞬时偶极和感应偶极间的定向作用产生分子间的范德华力。ES2 是一种描述分子间电子相互作用的电学参数。ANC 是一种描述影响分子间相互作用的静电势的偏负电荷参数。CHI2 和 KAPP2 是关于价连接性和形态的参数，描述分子的刚性和分子对受体系统的可接近性（accessibility）。

目前针对 TRPA1 通道调控和半胱氨酸反应性化学物质活化的研究现状反映了分子电子特性的重要性。与分子形状相比，TRP 通道的激活更依赖于化学反应（Hinman et al.，2006；Macpherson et al.，2007）。但由于存在着分子柔性和形状的影响，因此分子接近 TRP 通道的重要性仍有待更充分的探讨。

7.2.5　呼吸道刺激的应答

鼻咽部二氧化碳浓度变化引起的禽类反射性呼吸变化表现出物种特异性（Hiestand and Randall，1941）。能够刺激哺乳动物发生呼吸变化的二氧化碳浓度并不影响鹅和鸡的血压、心率、潮气量、呼吸频率、上呼吸道阻力或下呼吸道阻力。鹅和鸡对二氧化硫的反应也与哺乳动物不同，但受到氨和苯基双胍刺激时则与哺乳动物的反应类似（Callanan et al.，1974；McKeegan et al.，2005）。

7.2.6　鼻腔和呼吸道刺激与嗅觉和化学性痛觉的相互作用

三叉神经在感知气味方面起着很重要的作用（Tucker，1971；Silver and Maruniak，1981；Keverne et al.，1986）。电生理学证据显示，尽管通常不如嗅神经敏感，但三叉神经能对气味发生反应（Tucker，1963）。行为学实验也得出相似结论。对鸽进行训练以建立气味反应，之后切断嗅神经，鸽对气味的反应就会消失，但当提高气味浓度时反应又可恢复（Michelsen，1959；Henton，1969；Henton et al.，1966）。嗅神经被切断后，鸽对气味的敏感度降低了 2～4 个对数单位（蒸汽饱和度）（Walker et al.，1979）。

尽管嗅觉可以调节对化学刺激物的反应，但相对来说这一点并不重要（Clark，1995）。欧洲椋鸟对氨基苯甲酸盐化合物的回避反应部分是由于嗅觉的影响。当切断嗅神经时，这种回避反应仅轻度降低。而当切断三叉神经眼神经支时，椋鸟对氨基苯甲酸酯的回避特性则变得不敏感（Mason et al.，1989）。

7.2.7　刺激物引起的行为学反应

许多芳香化合物分子会引起禽类回避（Kare，1961；Mason et al.，1989；Crocker and Perry，1990；Clark and Shah，1991，1993；Crocker et al.，1993）。有证据表明，各种化合物都具有使之在纯感官基础上令人厌恶的内在特性。首先，这种回避反应无需学习，即初次接触即引起回避（Clark and Shah，1991）。其次，接受这种感官刺激后并不能通过消化道反馈改变机体的消耗量，因此液体的摄入量仍然能保持恒定（Clark and Mason，1993）。第三，与哺乳动物不同，禽类似乎不能将刺激的厌恶特质与其他化学感觉线索结合起来，这表明并没有发生条件性回避学习（Clark，1996；Clark and Avery，2013）。第四，禽类对这种刺激不会产生适应，即使不进行强化训练，这种回避反应仍然会保持（Clark and Shah，1994）。

7.2.8　应用

目前，人们对禽类化学性痛觉功能和特性的兴趣主要集中于四个方面：①受体介导的对有害刺激的感知与其对禽类觅食生态学影响之间的种系进化关系（Clark，1998；Tewksbury and Nabhan，2001）；②利用厌恶性化合物调节禽类的摄食行为，以开发驱避剂，防止或减轻禽类造成的作物损害（Mason and Clark，1997；Clark and Avery，2013）；③更深入地认识由“去喙”引发的病理性疼痛，通过改进管理方法或开发适当的止痛药，提高家鸡生产中的动物福利；④开发更好的止痛剂，应用于兽医临床中的疼痛治疗。

7.3 嗅觉

7.3.1 嗅觉系统形态学

空气经过许多黏液覆盖的鼻甲后进入鼻腔。鼻甲影响气流动力，引导气味进入鼻腔中含有化学敏感嗅上皮的最尾端小室（Roper，1999；Bang，1960，1961，1963，1964，1965，1966；Bang and Cobb，1968）。嗅上皮表面由感受细胞组成，这些细胞存在于嗅神经树突末梢用于探测气味化合物。每个感受细胞被支持细胞群包围，末端膨大，竖立 6～15 根纤毛，伸入鼻腔。纤毛长度因物种而异。例如，黑秃鹫（black vulture）纤毛长 40～50 μm，而家禽纤毛长 7～10 μm（Shibuya and Tucker，1967）。为能接触到感受细胞的纤毛，气味分子必须扩散通过一层黏膜。纤毛本身并没有运输功能，而覆盖于纤毛上的分泌物能够使气味分子快速流动。嗅腺分泌物需被移除和替换以维持扩散，并避免受体对气味分子的适应。附近呼吸道纤毛输送有助于分泌物的移除。

尾侧鼻甲卷曲程度与嗅上皮表面积和嗅球（脑处理气味传入的区域）的相对大小相关（Bang and Cobb，1968；Bang，1971；Bang and Wenzel，1985；Roper，1999；Hagelin，2007a）。嗅球相对较大的禽类目对特定气味化合物的探测阈值更低，表明它们对某些气味化合物的敏感性高于拥有较小嗅球的禽类（Clark et al.，1993）（表 7.1，图 7.4）。依赖于环境气味信号的物种通常具有复杂的嗅觉系统（Stager，1964；Hutchison and Wenzel，1980；Hagelin，2004），并且在一些物种中，嗅觉系统的复杂性与嗅觉受体基因数量成正相关（Steiger et al.，2008）。化石证据也表明，在鸟类进化早期，嗅球相对较大，揭示了以往不曾认识的嗅觉的重要性（Zelenitsky et al.，2011）。

表 7.1 几种禽类目同侧嗅球直径与大脑半球直径的平均比值及其标准误(SE)

目	*N*	比值	标准误	目	*N*	比值	标准误
雁形目	4	19.4	1.5	鹦形目	2	8.0	1.4
雨燕目	8	12.3	1.9	隼形目	5	17.4	2.6
无翼鸟目	1	34.0	0.0	鸻形目	9	16.4	0.9
夜鹰目	3	23.3	0.7	鸡形目	3	14.2	1.4
鸽形目	2	20.0	1.4	鸮形目	5	11.4	1.3
鹃形目	4	19.5	0.6	雀形目	25	13.3	0.7
鹤形目	14	22.2	0.9	鹈形目	4	12.1	1.6
潜鸟目	1	20.0	0.0	佛法僧目	5	14.5	1.6
鸊鷉目	2	24.5	1.8	企鹅目	1	17.0	0.0
鹱形目	10	29.1	1.4				

注：样本大小以种类数(*N*)表示。数据改编自 Bang 和 Cobb(1968)。

尽管较大的嗅球或更卷曲的感受上皮可能意味着更大的功能容量（如更多的细胞和神经环

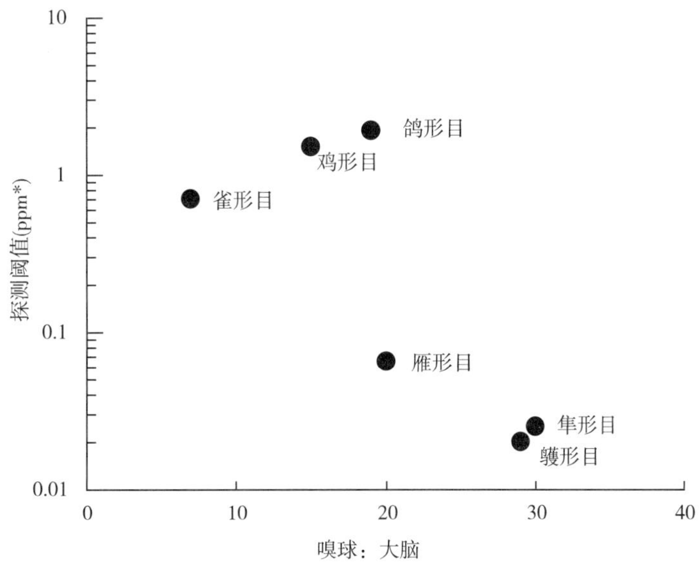

图 7.4　不同禽类目的嗅球探测阈值与嗅球相对大小的关系
改编自 Clark 和 Shah(1993)。

路)(Meisami，1991)，但重要的是，不可忽视具有相对“不精细”的嗅觉系统的禽类(Hagelin，2007b)。野外和实验室测试都表明，一些嗅球相对较小的类群可以区分和/或适应性地利用某些气味，比如与繁殖和筑巢相关的气味(如凤头海雀，*Aethia cristatella*：Hagelin et al.，2003；欧洲椋鸟：Clark and Mason，1985，Gwinner and Berger，2008；科西嘉蓝山雀，*Parus caeruleus ogliastrae*：Petit et al.，2002)。

7.3.2　嗅觉受体的神经支配

鼻腔内嗅觉感受细胞通过嗅神经将信息传递到位于大脑半球前部的嗅球。嗅球由同心细胞层组成。传入的嗅神经纤维构成外层。分支神经末梢进入相邻的小球层，在该球形结构(即嗅小球)内与僧帽细胞和丛状细胞的树突相联系。这些细胞的胞体位于更深处的僧帽细胞层，其轴突离开嗅球投射至前脑众多区域。

和其他脊椎动物一样，禽类的嗅球两侧对称，各自与同侧大脑半球相联系。禽类嗅球中不同细胞类型的分层在本质上与爬行动物相似，缺乏像哺乳动物所具有的界限清晰的细胞层(Allison，1953；Andres，1970)。但在僧帽区和球区之间的细胞层内存在众多中间神经元连接。两侧嗅球之间无直接连接(Rieke and Wenzel，1978)。

尽管鸟类确实具有嗅球，但似乎缺乏副嗅觉系统(Rieke and Wenzel，1974，1978)。嗅觉和副嗅觉结构常见于其他脊椎动物。副嗅觉系统通常与调节社会行为(如生殖、攻击)的同种气味刺激有关。然而，有充分证据表明哺乳动物主嗅觉和副嗅觉系统能探测和处理重叠的气味刺激集合(Keller et al.，2009)。副嗅觉结构包括犁鼻器和副嗅球。禽类副嗅球可能出现于胚胎发育早期，但之后消失(Matthes，1934)。然而，这一观点很少受到科学界的关注。

---

* ppm 为非法定计量单位，1ppm=1mg/kg 或 1μL/L，本书余同。

7.3.3 嗅觉神经反应

气味刺激的电生理反应被视为具有嗅觉能力的确凿证据。这些电生理反应可以从单个“单位”（神经元）或多神经纤维记录下来。黑秃鹫的记录表明嗅电图主要发生在吸气阶段，其伴随峰电位活动（Shibuya and Tucker，1967）。在哺乳动物、两栖动物、爬行动物和鸟类中的电生理记录都显示相似的反应，而与物种嗅觉器官的大小无关（Tucker，1965；Shibuya and Tonosaki，1972）。

单个单位电生理记录显示，在气味暴露前，家鸡嗅球内神经元自发放电频率变化范围宽（平均每秒4.9个峰，范围为每秒0.1～32.4个峰）(McKeegan，2002)。气味刺激可通过兴奋或抑制调整自发放电。鸟类的放电率介于哺乳动物和爬行动物之间（McKeegan，2002、2009）。家鸡单个单位对两种或多种气味应答，对圈养有关的生物相关气味（如硫化氢）显示出惊人的敏感性。对于硫化氢浓度极低的逐步变化（<0.5ppm）的应答显示出一种精细的调节水平，这种调节水平未曾在其他脊椎动物中报道过（McKeegan et al.，2002）。与哺乳动物相似，刺激的持续呈现会导致单个单位（（McKeegan and Lippens，2003）和神经-单位（nerve-unit）记录的生理性适应，可在几分钟的静息后恢复。

嗅神经为无髓纤维，传导速度慢，大约为1.5 mJ/s（Macadar et al.，1980）。有趣的是，嗅神经横断后（实验性抑制嗅觉）30d内可修复，并恢复全部生理能力（Tucker et al.，1974）。尽管愈合的神经有瘢痕且体积较小，但切断超过6个月的神经的电生理记录和对气味的自主反射与对照相比并无差异（Tucker，1971；Tucker et al.，1974）。

定量嗅觉神经反应的另一方法是钙成像（Restrepo et al.，1995）。该方法利用荧光量化单个嗅觉感受神经元（olfactory receptor neuron，ORN）与神经活动（如信号转导）相关的钙离子流动变化。Jung等（2005）检测了来自家鸡胚胎嗅上皮中急性分离出的ORNs的反应。将鸟类ORNs置于含液态气味分子的林格氏液中，其对应于钙离子浓度增加或减少的荧光模式与其他脊椎动物（哺乳动物和鱼类）对相同气味的反应非常相似（Jung et al.，2005）。

7.3.4 实验探测阈值、辨别力和季节性变化

已有研究观测到对新异气味刺激的生理反应（如呼吸或心率变化）(Wenzel and Sieck，1972)。但该范式下刺激的适应性存在问题。使用正或负强化的操作性和经典性条件反射范式（Michelsen，1959；Henton et al.，1966；Henton，1969）通常很难确定嗅觉阈值或分辨力（Calvin et al.，1957）。然而，两种过程学习范式，比如心脏训练，被证明是一项检测、鉴别和测试阈值的成功技术（Rescorla and olomon，1967；Walker et al.，1986；Clark and Mason，1989；Clark and Smeraski，1990；Clark，1991a；Clark et al.，1993）。在心脏训练中，一种气味（条件刺激）与厌恶体验，如电击（非条件刺激），配对进行。训练过程中，比较动物在刺激呈现前后的心率，直到确切到达一定的心动加速水平，则表明已学会将气味与预期的电击相联系。之后，即可进行探测或气味识别的测试。用这种模式测试的大多数鸟类显示出与哺乳动物相似的嗅觉能力（Davis，1973）。即使是嗅觉系统最不发达的雀形目，也表现出对气味的行为学反应（Clark and Mason，1987；Clark and Smeraski，1990；Clark，1991a；Clark et

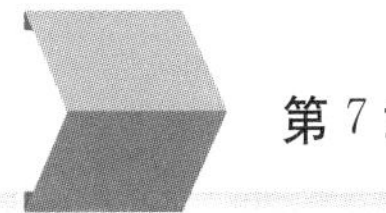

al.，1993)(表7.2)。

表7.2 不同鸟类选择行为的嗅觉阈值

种类	比值[1]	刺激	阈值(ppm)		数据来源
			最小	最大	
原鸽 (*Columba livia*)	18.0	乙酸戊酯	0.31	29.8	Henton, 1969; Henton et al., 1966; Walker et al.,1979;Walker et al.,1986
		苯甲醛	0.47	0.75	Walker et al.,1986
		丁硫醇	13 820	—	Snyder and Peterson,1979
		丁醇	0.17	—	Walker et al.,1986
		醋酸正丁酯	0.11	2.59	Henton,1969;Walker et al.,1986
		丁酸	2.59	—	Henton,1969
		乙硫醇	10 080	—	Snyder and Peterson,1979
		庚烷	0.29	0.38	Stattelman et al.,1975
		己烷	1.53	2.98	Stattelman et al.,1975
		戊烷	16.45	20.76	Stattelman et al.,1975
鸡 (*Gallus gallus*)	15.0	庚烷	0.31	0.57	Stattelman et al.,1975
		己烷	0.64	1.00	Stattelman et al.,1975
		戊烷	1.58	2.22	Stattelman et al.,1975
山齿鹑 (*Colinus virginianus*)	—	庚烷	2.14	3.49	Stattelman et al.,1975
		己烷	3.15	4.02	Stattelman et al.,1975
		戊烷	7.18	10.92	Stattelman et al.,1975
黑嘴喜鹊 (*Pica pica*)	—	丁硫醇	13 416	—	Snyder and Peterson,1979
		乙硫醇	8 400	—	Snyder and Peterson,1979
欧洲椋鸟 (*Sturnus vulgaris*)	9.7	环己烷	2.5	—	Clark and Smeraski,1990
雪松太平鸟 (*Bombycilla cedrorum*)	—	环己烷	6.80	86.46	Clark,1991a
双色树燕 (*Tachycineta bicolor*)	15.0	环己烷	73.42	—	Clark,1991a
褐头牛鹂 (*Molothrus ater*)	7.0	丁酸乙酯	0.76	—	Clark and Mason,1989
灰嘲鸫 (*Dumetella carolinensis*)	—	环己烷	35.14	—	Clark et al.,1993
灰胸长尾霸鹟 (*Sayornis phoebe*)	—	环己烷	35.61	—	Clark et al.,1993
红额金翅雀 (*Carduelis carduelis*)	—	环己烷	13.05	—	Clark et al.,1993
大山雀 (*Parus major*)	—	环己烷	34.10	—	Clark et al.,1993
黑顶山雀 (*Parus atricapillus*)	3.0	环己烷	59.95	—	Henton,1969

1 嗅球最长轴与同侧大脑半球最长轴的比例。

欧洲椋鸟为嗅觉结构、功能和季节性变化的研究提供了有趣的案例。雄性椋鸟将富含芳香挥发物的绿色植物加入巢中，其中一些作为抗寄生虫或病菌的熏剂(Clark and Mason，1985，1987，1988；Clark，1991b；Gwinner，1997；Gwinner et al.，2000；Gwinner and

Berger，2005）。椋鸟仅在春季，而非夏季和秋季，对植物气味最敏感并能辨别。春季正是其筑巢时期，暗示了激素对气味的识别有影响（Clark and Smeraski，1990）。

睾酮（T）可增大鸟脑内鸣唱学习核团并改变动物行为。以该激素处理的鸟，其嗅球呈现全年增大，显示出激素对嗅球结构的直接效应。但埋植了睾酮的雄鸟对植物气味的感知仅在春季最强，提示感觉并不依赖于睾酮处理和嗅球体积。可能的机制是嗅上皮的感受细胞密度在春季增高，但未经验证（DeGroof et al.，2010）。

7.3.5 发育

挥发性化合物可通过扩散穿过禽类蛋壳（Rahn et al.，1979），为蛋内气味暴露提供了可能（Tolhurst and Vince，1976；Sneddon et al.，1998）。众多脊椎动物，包括鸟类，在胚胎期探测和学习化学信息（如人类：Schaal et al.，2000；Mennella et al.，2001；哺乳类：Hepper，1988；Bilko et al.，1994；两栖类：Mathis et al.，2008；鸟类：Porter and Picard，1998；Bertin et al.，2012）。早期暴露可引起神经结构变化，从而改变化学感觉，以适应性塑造随后生活中的反应（如对于食物、配偶等）（Todrank et al.，2011）。

对于禽类发育模型家鸡的研究表明，气味探测发生于幼体刺破卵囊开始呼吸空气前后（Tolhurst and Vince，1976；Bertin et al.，2012；Hagelin et al.，2013）。ORNs在呼吸空气之前6d具有功能（胚胎发育13d）（Lalloué et al.，2003），此时鼻道充满羊水。胚胎在这个阶段经常吞咽，促进液体流动，类似于哺乳类在子宫内的情况（Sneddon et al.，1998）。吸气开始于孵化前大约2d，即胚胎发育19d（Tolhurst and Vince，1976）。

胚胎反应强度与刺激浓度和暴露时间有关（Bertin et al.，2010）。发育阶段后期对气味的反应相对较强（Gomez and Celli，2008；Bertin et al.，2012）。可察觉的刺激包括人工气味（Sneddon et al.，1998）和自然产生的气味，如巢材（Gwinner and Berger，2008）、食物相关气味（Burne and Rogers，1999；Cunningham and Nevitt，2011），以及在至少一种海雀的羽毛气味中发现的化合物（Hagelin et al.，2013）。

7.3.6 野外研究和行为生态学

和其他脊椎动物一样，鸟类也能对气味做出适应性的探测和反应（Roper，1999；Hagelin，2007a；Balthazart and Taziaux，2009；Caro and Balthazart，2010）。Hagelin（2007a）对环境来源的（如食物、捕食者）和鸟类自身产生的气味（如体味、粪便气味、尾脂腺分泌物）做了区分，其中鸟类自身产生的气味与社会行为和生殖行为有关。本节关注对环境气味及鸟自身气味的适应性嗅觉应答的实例。

许多物种如鹱、秃鹫、鸦、蜂鸟、蜜鸟、鹦鹉和鹬鸵，都有使用嗅觉线索定位食物的记录（Roper，1999）。例如，土耳其秃鹫（*Cathartes aura*）受乙硫醇（即腐尸相关挥发物）的吸引（Stager，1964、1967）来定位食物，无需视觉线索（Houston，1986）。鹱形目也可远距离觅食。黑脚信天翁（*Diomedea nigripes*）对31km外的培根油有反应（Miller，1942），而白腰叉尾海燕（*Oceanodroma leucorhoa*）可定位1～12km外的气味目标（Clark and Shah，1992）。一些鹱类对一种与猎物相关的化合物——甲硫醚（DMS）有反应（Nevitt et al.，

1995）。DMS闻起来像腐烂的海藻，由海藻（浮游植物）代谢产物分解产生。海燕虽然不以浮游植物为食，但DMS集中在其猎物（磷虾等浮游动物）活跃采食浮游植物的地方。浮游动物的采食使浮游植物细胞裂解，从而产生吸引鸟类觅食的DMS气味（Nevitt，2011）。

被捕食动物的尿和/或粪便的气味对一些鸟类（蓝山雀，*Cyanistes caeruleus*：Amo et al.，2008；家朱雀，*Carpodacus mexicanus*：Roth et al.，2008；红原鸡，*Gallus gallus*：Zidar and Løvlie，2012）但并非所有鸟类（东蓝鸲，*Sialia sialis*：Godard et al.，2007；莺鹪鹩，*Troglodytes aedon*：Johnson et al.，2011）有厌恶性效应。被捕食动物的气味还可阻止鸭和鸣禽的繁殖（Eicholz et al.，2012；Forsman et al.，2013）。这些反应似乎是天生的而非后天习得（Amo et al.，2011b），但鸟在睡觉时无反应（Amo et al.，2011a）。

气味还与鸟类的定向和导航密切相关（Wallraff，2005；Gagliardo，2013）。例如，信鸽比不归巢的种系有更大的嗅球（Rehkämper et al.，1988、2008）。研究人员通过实验性阻断嗅觉系统可改变鸽的归巢行为，其操作包括横断嗅神经（Papi et al.，1971；Gagliardo et al.，2006，2009），麻醉嗅黏膜（Wallraff，1988），损毁脑中央梨状皮层（Papi and Casini，1990），以及堵塞鼻孔。上述最后一项操作实验表明鸽更依赖于右鼻孔接受嗅觉信息（Gagliardo et al.，2007，2011）。*ZENK*，嗅觉神经元表达的一种即刻早基因（immediate early gene），也暗示了嗅觉在归巢过程中的作用（Patzke et al.，2010）。

雀形目的研究进一步支持嗅觉在迁徙过程中的作用。例如，用硫酸锌漂洗嗅觉组织，使成年灰嘲鸫（*Dumetella carolinensis*）短暂丧失嗅觉，其定向功能不同于对照成鸟，但与首次迁徙而无法导航的幼鸟相似（Holland et al.，2009）。关于细胞机制，黑头鹀（*Emberiza melanocephala*）在迁移过程中嗅觉组织活动增强（以c-fos免疫组化活性衡量）。相比视觉系统，这些鸟类在迁徙时表现出季节性的嗅觉强化（Rastogi et al.，2011）。

众多鸟类都能产生多种气味化合物（表7.3）（Campagna et al.，2011）。例如，一个海鸟群落，有密集的数量、洞穴和粪便，造就了强大的化学感觉经验。Grubb（1974）在白腰叉尾海燕中的开拓性工作显示，手术操作引起回巢率变化，提示基于嗅觉的归巢行为：对照组91%，假手术组74%，而嗅神经切断组0%。几种海燕已被证明能够通过气味来区分自己和同种的巢穴（Mínguez，1997；De León et al.，2003；Bonadonna et al.，2003a、b）。雀形目中也有家巢气味吸引力的报道（Caspers and Krause，2010；Krause and Caspers，2012）。

表7.3　鸟类学家认为有较大气味的鸟类目

鸟目	通用名	种数[1]
鹱形目	海燕、鹱、鹈燕	16
鹳形目	鹭、鹳、美洲鹫	12
雁形目	鸭、雁、天鹅、叫鸭	49
鸻形目	鹬、鸥、海雀	23
鹦形目	鹦鹉	14
鹃形目	杜鹃	16
佛法僧目	翠鸟、佛法僧、戴胜、林戴胜	14
鴷形目	啄木鸟、拟鴷、巨嘴鸟	33
雀形目	拟八哥、椋鸟、鸦、雀类、旋蜜雀	46

1　数据编译自Weldon和Rappole（1997）。

禽类产生的化学物质与多种社会环境有关（Hagelin，2007a；Hagelin and Jones，2007；Balthazart and Taziaux，2009；Caro and Balthazart，2010）。例如，尾脂腺分泌物在一定程度上受激素控制，表现出个体、性别和年龄的特定差异（如鹱形目：Mardon et al.，2010，2011；雁形目：Kolattukudy et al.，1987；鸡形目：Karlsson et al.，2010；雀形目：Whittaker et al.，2010，Whelan et al.，2010，Shaw et al.，2011，Amo et al.，2012a）。Balthazart and Schoffeniels（1979）的开创性工作显示，切断嗅神经可引起雄性绿头鸭对雌性的炫耀和性行为减少，提示完好的嗅觉系统对于求偶和交配至关重要。凤头海雀（crested auklet）可产生一种季节性增强的气味，这种气味与专注于身体气味区域（颈背）的刻板行为有关。小海雀（auklet）可被天然羽毛气味（一种化学混合物）和香味诱饵所吸引，这表明气味具有社会功能（Hagelin et al.，2003；Jones et al.，2004；Hagelin，2007a）。在实验测试中，凤头海雀的气味化合物还能对体外寄生虫产生负面影响（Douglas，2008，2013）。

鹱形目海鸟显示出惊人的体味辨别水平，它们受配偶气味的吸引而避开自身气味（南极海燕，*Pachyptila desolata*：Bonadonna and Nevitt，2004；蓝色海燕，*Halobaena caerulea*：Mardon and Bonadonna，2009）。而且，近来发现，对于无关个体气味的偏好胜过近亲（欧洲暴风海燕，*Hydrobates pelagicus*：Bonadonna and Sanz-Aguilar，2012）。该结果提示体味可能提供一种避免近亲繁殖的机制，称为自身表型匹配（self-referent phenotype matching）（Mateo and Johnston，2000）。这可能在海燕中尤为重要，它们是长寿的留居物种，有终身伴侣。另外，海燕也很可能在其繁殖地遇到从未见过的亲属（Bonadonna and Nevitt，2004；Bonadonna and Sanz-Aguilar，2012）。最近关于雀形目的证据表明，同类的气味可能提供相关的社会信息。鸟对气味的反应与社会等级（家朱雀：Amo et al.，2012b）、性别（欧洲椋鸟：Amo et al.，2012a）以及身体大小（暗眼灯草鹀，*Junco hyemalis*：Whittaker et al.，2011）相关。

7.3.7 小结

实验测试的每只鸟都展示出嗅觉功能（Bang and Wenzel，1985）。鸟类嗅觉发育的程度也与哺乳类不相上下。但鸟类学家在很大程度上忽视了嗅觉在鸟类生物学中的作用。众多鸟类适应性地利用环境气味；它们也产生和应答于同类气味。虽然雀形目的嗅觉器官相对不发达，但仍然表现出一定程度的嗅觉灵敏度。其他种类，如鹱形目，拥有极其敏锐的嗅觉系统，对于同类气味的分辨达到惊人的精细水平。鉴于鸟类嗅觉涉及的背景广泛，未来跨学科研究通过比较鸟类嗅觉机制将更好地了解脊椎动物系统，如哺乳动物和鱼类，前景令人兴奋。

7.4 味觉

7.4.1 味觉受体

相对于其他脊椎动物，鸟类的味觉感受器和味觉受体基因较少（Berkhoudt，1985；Shi and Zhang，2005）（表7.4）。尽管如此，鸟类具备发育完善的味觉系统，对于行为、生态和进化具有功能性意义。味觉感受器分布于整个口腔的味蕾中。鸟类味觉受体富集于上腭软上皮唾液腺周围、后舌和口咽部（Bath，1906；Lindenmaier and Kare，1959；Saito，1966；Ganchrow and Ganchrow，1985）。鸟类舌咽神经（脑神经Ⅸ）携带味觉输入信号（Duncan，1960）。舌咽神经支配后颊咽区（Kare and Mason，1986）。与哺乳动物不同，鸟类面神经（Ⅶ）不支配舌（Wenzel，1973）。而鸟类舌咽神经传入纤维进入延髓，加入来自面部的纤维（包括鼓索神经）和迷走神经（Ⅹ），形成发达的孤束（*fasciculus solitarius*）（Lindenmaier and Kare，1959）。鼓索神经所支配的味蕾紧邻位于下颌颊上皮的前下颌唾液腺（Kare and Mason，1986）。

表 7.4 各类脊椎动物的味蕾丰度[1]

种类	味蕾（个）	数据来源
雏鸡（几日龄内）	5～12	Lindenmaier and Kare，1959
家鸡（3 月龄）	24	Lindenmaier and Kare，1959
蓝山雀	24	Gentle，1975
红腹灰雀	41～42	Duncan，1960
家鸽	59	Moore and Elliot，1946
日本鹌鹑	62	Warner et al.，1967
欧洲椋鸟	200	Bath，1906
鹦鹉	300～400	Bath，1906
家猫（幼年）	473	Elliot，1937
蜥蜴	550	Schwenk，1985
蝙蝠	800	Moncrieff，1946
家猫（成年）	2 755	Robinson and Winkles，1990
人	6 974	Miller and Reedy，1990
兔	17 000	Moncrieff，1946
猪	19 904	Chamorro et al.，1993
牛	35 000	Moncrieff，1946
鲶鱼	100 000	Hyman，1942

1 修订自 Kare 和 Mason（1986）与 Mason 和 Clark（2000）。

7.4.2 甜味应答

鸟类具有发达的味觉，通常与它们的摄食习性相一致。食果类和杂食性鸟类相比其他觅食类群，更趋向于发觉和偏好甜食。例如，欧洲椋鸟偏好 0.5%～5% D-果糖溶液（m/V）而非蒸馏水（Espaillat and Mason，1990）。鸡尾鹦鹉（*Nymphicus hollandicus*）对糖的探测阈值是 0.36mol/L 蔗糖、0.40mol/L 果糖和 0.16mol/L 葡萄糖（Matson et al.，2000，2001）。阔嘴蜂鸟（*Cynanthus latirostris*）的糖检测阈值分别为 1.31～1.54 mmol/L 蔗糖、0.87～1.31 mmol/L 果糖、1.54～1.75 mmol/L 葡萄糖及 1.75～3.5 mmol/L 的 1：

1 葡萄糖和果糖混合液（Medina-Tapia et al.，2012）。有趣的是，无论食性如何，在迄今所有已测序的鸟类基因组中缺少甜味受体基因 *Tas1r2*（Zhao and Zhang，2012），提示可能存在另外的鸟类甜味受体。

食蜜的雀形目对糖的偏好顺序为：蔗糖＝葡萄糖＋果糖＝果糖＞葡萄糖＞木糖（Lotz and Nicolson，1996）。小双领太阳鸟（*Nectarinia chalybea*）和海角食蜜鸟（*Promerops cafer*）对食物中蔗糖、葡萄糖和果糖的吸收效率接近100％，而木糖被排泄出来（Lotz and Nicolson，1996；Jackson et al.，1998a、b）。尽管花蜜的成分和浓度通常被认为相互独立，但这些特征可能对于食蜜鸟的糖偏好有协同效应（Schondube and Martinez del Rio，2003）。

食蜜类和食果类鸟对糖的偏好呈现浓度依赖性。当提供0.25 mol/L 葡萄糖、果糖和蔗糖溶液三种选择时，非洲食蜜鸟表现出蔗糖偏好，但当三种溶液浓度升高至0.73 mol/L 时，则偏好性消失；这些种类的摄食选择提示它们可能达到了能量摄入充足的界限，或受到摄食后制约因素的影响（Downs and Perrin，1996；Downs，1997）。家朱雀对于同等热量、2％的己糖溶液（果糖和葡萄糖溶液1∶1混合）和蔗糖溶液未表现出偏好性，但相对于4％、6％、10％的蔗糖溶液，其对己糖表现出强烈偏好；能量而非蔗糖酶的缺乏可能决定了雀类的糖偏好性（Avery et al.，1999）。

对于无亲缘关系的食蜜鸟（包括一种泛食性食蜜鸟、非雀形目食蜜鸟）的研究证实了一个明显的转变，即低浓度时偏好己糖，而高浓度时偏好蔗糖（Lotz and Schondube，2006；Fleming et al.，2008；Brown et al.，2010a、c）。对高浓度蔗糖的偏好可能由溶液渗透压差异引起的味觉感受所致，也可能是对自然花蜜成分的一定程度的经验印记。斑背黑头织雀（*Ploceus cucullatus*，泛食性雀形目食蜜鸟）偏好5％和10％蔗糖当量（sucrose equivalents，SE）的己糖溶液，而对于15％、20％和25％ SE的溶液无偏好性（Odendaal et al.，2010）。相反，当给予等热量己糖和蔗糖溶液的选择时，三色黑眼鹎（*Pycnonotus tricolor*），一种伺机食蜜类（opportunistic nectarivore）鸟，则不论浓度大小（5％～25％），显著偏好己糖溶液（Brown et al.，2010b）。有趣的是，辉绿花蜜鸟（*Nectarinia famosa*）对于等物质的量、等重或等热量配对蔗糖和己糖溶液，分别表现出蔗糖偏好、无偏好或己糖偏好（Brown et al.，2008）。

当浓度范围为276～522 mmol/L 时，曲嘴森莺（*Coereba flaveola*）强烈偏好最浓的蔗糖溶液。对于522～1 120 mmol/L 的蔗糖浓度，曲嘴森莺则调节摄食体积以维持恒定的能量摄取。但蔗糖浓度为276 mmol/L 时，曲嘴森莺并不通过增加食物消耗来维持能量摄入率（Mata and Bosque，2004）。虽然一般来说，食蜜鸟偏好浓糖液而非稀糖液，但相对于高浓度，其所辨别的浓度差异在低浓度时更小；该模式可能是摄食反应的功能性结果，随着糖浓度增加而降低糖摄取（Martinez del Rio et al.，2001；Leseigneur and Nicolson，2009）。关于食蜜鸟摄食的性别特异性，当以富含蔗糖的花蜜饲喂时，雄性消化时间长于雌性，与富含己糖的花蜜相反；因此，它们可以允许相对较低的消化量（Markman et al.，2006）。以人工水果饲喂南非绣眼鸟（*Zosterops virens*），不论浓度大小，其对于葡萄糖为主的食物的消化转换率大于蔗糖；随着葡萄糖浓度的降低，摄食量增加，而对于不同蔗糖浓度，摄食量无明显区别（Wellmann and Downs，2009）。花蜜采食率确实由黏度决定，而摄食总量主要由糖浓度调节

（Köhler et al.，2010）。

食蜜和食果鸟类对于糖的偏好和选择可能对开花和结果植物有协同进化效应。有关 58 种野生果实的研究显示，所有种类都含葡萄糖，除一种外都含果糖，仅 11 种含蔗糖；已知鸟类以其中不含蔗糖的 29 种和含蔗糖的 4 种为食（Ko，1996）。比较分析 525 个热带和亚热带植物的花蜜和果汁中葡萄糖、果糖和蔗糖成分发现，雀形目采食的花蜜和果实分别有低蔗糖和高己糖含量；蜂鸟采食的花蜜蔗糖含量很高；小蝙蝠亚目采食的花蜜己糖丰富，果实蔗糖含量类似于雀形目水果；大蝙蝠亚目采食的花蜜和果实蔗糖丰富（Baker et al.，1998）。蔗糖丰富的蜂鸟授粉植物和主要富含己糖的花蜜鸟授粉植物的显著区别似乎与鸟类生理无关，而是反映了花蜜分泌或植物生理学和伺机食蜜鸟的模式（Nicolson and Fleming，2003；Fleming et al.，2004）。

蜂鸟-雀形目对分法一直被过度强调，直到发现了具有以蔗糖为主的花蜜的南非植物，该类植物由消化和偏好蔗糖的雀形目授粉（Lotz and Schondube，2006）。适合食性特化的雀形目蜜鸟的花蜜，在容量（10～30 mL）、浓度（15%～25%，*m*/*m*）和蔗糖含量（总糖量的 40%～60%）方面，都类似于蜂鸟采食的花蜜。相反，适合食性泛化的传粉鸟的花蜜的特点是容量大（40～100 mL）、浓度极稀（8%～12%）、蔗糖极少（0～5%）（Johnson and Nicolson，2008）。

棕煌蜂鸟（*Selasphorus rufus*）偏好 50%蔗糖溶液，能辨别溶液间仅 1%的差异（Blem et al.，2000）。蜂鸟的蔗糖酶活性比雀形目的高 10 倍（Schondube and Martinez del Rio，2004）。性别和温度都不会影响绿背火冠蜂鸟（*Sephanoides sephaniodes*）的糖偏好（Chalcoff et al.，2008）。蜂鸟糖偏好模式可受不同机制影响，包括摄食前和摄食后。低浓度时，味觉阈值可能在糖选择中起重要作用。但中浓度和高浓度时，糖选择可由糖同化速率和食物加工速度来解释（Medina-Tapia et al.，2012）。

椋鸟科-鹟科种系尽管可食入含有多种糖类的水果，但其不表达小肠蔗糖酶（Gatica et al.，2006）。该种系成员不能耐受含 11%～15%以上蔗糖的溶液或果实（Brown et al.，2012）。考虑到鹟总科超家族（Muscicapoidea supafamily）蔗糖消化的系统发生限制假说，蔗糖酶活性缺乏只是河乌科-椋鸟科-鸫亚科种系的一个共同的、衍生的特点（Gatica et al.，2006）。

对捕获的白腹花蜜鸟（*Cinnyris talatala*）的研究证实，当用不同蔗糖浓度的实验饲料喂养时，蔗糖浓度降低 10 min 内，摄食频率和摄食量显著增加（Köhler et al.，2008）。与此类似，在低浓度时，相比等热量葡萄糖饲料，尼斯那蕉鹃（*Tauraco corythaix*）偏好人工蔗糖饲料，而紫冠蕉鹃（*Gallirex porphyreolophus*）对两者未表现出偏好性。在低浓度时，相比等物质的量葡萄糖饲料，两类蕉鹃都偏好蔗糖饲料。高浓度时，两类都未显出对等热量或等物质的量饲料的偏好；因此，能量需求对食物偏好的影响超过糖的类型，鸟类会选择高能量的果实而与糖类型无关（Wilson and Downs，2011）。

7.4.3　盐应答

对 58 种鸟类氯化钠拒绝阈值的比较表明，拒绝阈值从鹦鹉中的 0.35% NaCl 至松金翅雀

(*Carduelis pinus*)的37.5% NaCl不等(Rensch and Neunzig, 1925)。相对于蒸馏水,红翅黑鹂(*Agelaius phoeniceus*)和欧洲椋鸟偏好0.1%~1% NaCl溶液(*m/V*)(Espaillat and Mason, 1990)。鸡尾鹦鹉的盐探测阈值是0.16 mol/L NaCl(Matson et al., 2000)和0.16 mol/L氯化钾(Matson et al., 2001)。至于盐的感知机制,钠在口腔中可经上皮Na^+通道(ENaC)跨过味觉感受细胞胞膜而触发动作电位(Roura et al., 2012)。鸽(*Columba livia domestica*)学会区分安全的0.06 mol/L NaCl溶液和有毒的等物质的量LiCl溶液。其避开LiCl溶液发生于5 min短暂的呈现期内,故不可能是利用摄食后不适的微弱内感受器刺激作为条件线索;因此,鸽辨别两类氯离子溶液的表现归功于味觉(Nakajima and Onimaru, 2006)。

7.4.4 酸味应答

酸味与食物的酸性有关,往往由细菌发酵引起,通常引起排斥反应。至于酸感知的机制,酸味觉感受器被认为是对氢离子有选择性的跨膜通道(Roura et al., 2012)。红翅黑鹂和雌性八哥偏好蒸馏水,而非0.01~0.1 mol/L柠檬酸溶液(Espaillat and Mason, 1990)。出于研究酸探测阈值的目的,Matson等(2000)定义酸味为一个pH,通过改变0.05 mol/L柠檬酸盐缓冲液的pH而获得酸味,鸡尾鹦鹉的酸味探测阈值是pH 5.5柠檬酸。

7.4.5 苦味应答

苦味感知可能演化为一种保护机制,防止食物中有害化合物的摄入(Davis et al., 2010)。红翅黑鹂和欧洲椋鸟偏好蒸馏水而非0.5%~5%(*m/V*)鞣酸溶液(Espaillat and Mason, 1990)。鸡尾鹦鹉的苦味检测阈值是100 μmol/L奎宁、1 000 μmol/L芦竹碱、500 μmol/L水解单宁和10 000 μmol/L缩合单宁(Matson et al., 2004)。与猪相比,鸡对硫代葡萄糖苷(即苦味植物代谢物)的敏感性较低;但相比于反刍动物,鸡对硫代葡萄糖苷表现出更强的厌恶(Roura et al., 2012)。

苦味检测阈值显示,相比植食性哺乳类,鸟类对奎宁的拒绝发生在更低浓度(Matson et al., 2004)。白来航鸡和罗得岛红鸡能够检测2.0 mmol/L盐酸奎宁;肉鸡可探测0.5 mmol/L盐酸奎宁(Kudo et al., 2010)。家鸡(14日龄)可以区分未经处理和0.2%盐酸奎宁处理过的饲料(Ueda and Kainou, 2005)。

Johnson等人(2006)探讨了酚类化合物的功能意义,该化合物使南非多汁灌木*Aloe vryheidensis*的花蜜呈深褐色。黑眼鹎更可能刺探含深色花蜜而非清亮花蜜的模型花,提示深色花蜜的潜在信号功能。但酚类物质的主要作用可能是排斥那些"不需要的"食蜜者,使其感觉苦涩难吃。取食花蜜的蜜蜂和蜜鸟在形态上与*A. vryheidensis*花的授粉不匹配,而强烈排斥其花蜜。因此,花蜜中深色的酚类成分似乎起到过滤器的作用,在视觉上吸引一些动物,而在味觉上阻止另一些动物(Johnson et al., 2006)。

味觉2型受体(Tsa2r)基因家族编码直接负责苦味化合物检测的化学感受器。白喉带鹀(*Zonotrichia albicollis*)中Tsa2r基因簇编码多达18个功能性苦味受体(Davis et al., 2010)。尽管鸟类中只观测到几十到几百个味蕾,远不如其他脊椎动物有成百上千的味蕾(表7.4),但这种相对的缺乏并不妨碍鸟类像其他具有更多味蕾的动物一样有效地探测苦味化合物。未来生物化学和遗传学研究需要确定禽类 Tsa2r 基因簇的天然配体，以及这些基因与苦味感知变化相关的种内和种间差异（Davis et al.，2010）。

7.4.6　鲜味应答

相比蒸馏水，雄性八哥偏好 0.7%～1%丙氨酸溶液（Espaillat and Mason，1990）。已鉴定出鸡的 T1R1 鲜味受体基因和 T1R3 甜/鲜味受体基因（Shi and Zhang，2005）。此外，已有研究报道 T1R1 表达于下丘脑、肝脏及腹部脂肪（Byerly et al.，2010）。因此，禽类味觉受体和鲜味受体基因可能参与摄食后和代谢事件的协调（Roura et al.，2012）。禽类对于鲜味剂的饲喂反应有待于进一步比较研究。

7.4.7　钙应答

钙剥夺的鸡偏好含钙丰富的食物（Wood-Gush and Kare，1966；Hughes and Wood-Gush，1971）。同样，额外钙的摄入量与鸡饲料中钙含量成负相关（Taher et al.，1984）。钙是作为一种促味剂（即感官线索）还是富钙补充剂，摄入前或后的属性影响了禽类对钙的行为学反应有待进一步研究区分。虽然动物确实可以探测微摩尔或低毫摩尔浓度的钙，但尚不清楚其探测机制（Tordoff，2001）。钙是一种独特味觉的观念，对于心理物理学家来说是难以接受的，他们认定只有很少几种基本味觉（甜、酸、咸、苦和鲜味）。对他们来说，钙味觉是几种基本味觉，如苦味、酸味和咸味的综合（Tordoff，2001）。

钙味觉随盐的形式和浓度不同而异，但几乎总含有酸和苦的成分（Tordoff，2001）。细胞外钙敏感受体（calcium-sensing receptor，CaR）是几种主要营养素，尤其是 Ca^{2+} 和 L-氨基酸的多模态传感器（multimodal sensor），在人体整个胃肠道中大量表达（Conigrave and Brown，2006）。虽然小鼠 T1R3 受体基因（Tordoff et al.，2008）和 CaR 已被确定为钙传感器，还不能确定是否介导禽类的钙食欲或味觉（Roura et al.，2012）。

7.4.8　味觉行为及应用

仅基于讨厌的味道而缺乏进食后厌恶效应的排斥剂（deterrent）不可能有效（Provenza，1995）。因此，味道是化学痛觉、嗅觉和味觉刺激的综合感觉。红翅黑鹂在给予氯化钠的同时，配合腹腔注射胃肠毒素（氯化锂）或进食后自由选择泻药（蒽醌）或胆碱酯酶抑制剂（灭虫威），则随后出现对味道（NaCl）（图 7.5）和饲料颜色的回避。相反，如给予氯化钠的同时，配合腹腔注射阿片受体拮抗剂（即化学痛；盐酸纳洛酮）或进食前自由选择三叉神经刺激物（邻氨基苯甲酸甲酯），则随后只出现对饲料颜色的回避（而非味道；图 7.5）。因此，红翅黑鹂可靠地将味觉（和视觉）经验与进食后果结合来获取营养和避开毒素（Werner and Provenza，2011）。

农业生产、昆虫和植物的化学防御、捕食-被捕食与传粉系统的协同进化、化学生态学、保护生物学、比较生理学和分类学等诸多领域都涉及禽类味觉行为的研究。例如，虽然禽类对于次生代谢产物的饲喂反应具有种属特异性（Saxton et al.，2011；Rios et al.，2012），但糖浓度的增加（并非降低酸浓度）对于成熟葡萄发生鸟害是一个功能性提示（Saxton et

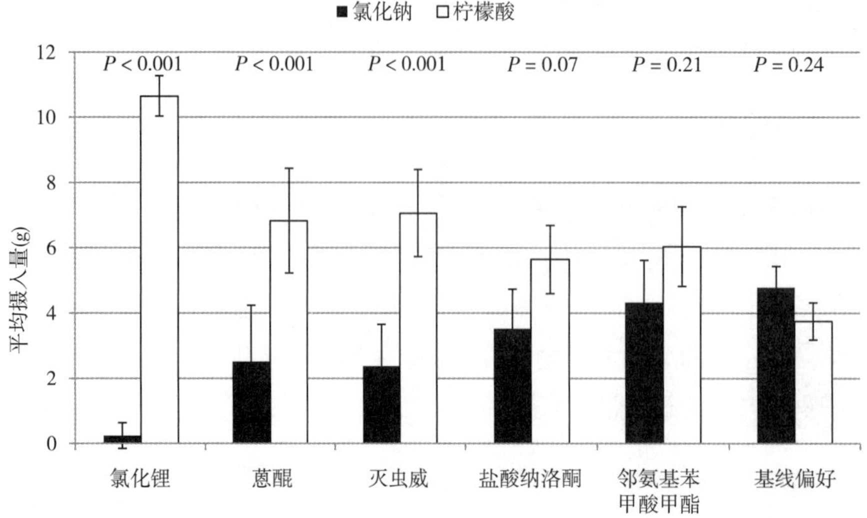

图 7.5 红翅黑鹂（*Agelaius phoeniceus*）对氯化钠和给予氯化钠并配合腹腔注射胃肠毒素（氯化锂），或进食后自由选择泻药（蒽醌）或胆碱酯酶抑制剂（灭虫威）；或腹腔注射阿片受体拮抗剂（盐酸纳洛酮），或进食前自由选择三叉神经刺激物（邻氨基苯甲酸甲酯）之后的柠檬酸平均摄入量（±2 SEM）

经允许，引自 Werner 和 Provenzaprovenza（2011），基线偏好数据来自 Werner 等（2008）。

al.，2009）。虽然蔗糖含量增加可能阻止蔗糖酶缺乏的禽类对商业水果的破坏（Brugger and Nelms，1991），但蔗糖增加也可能导致其他种类对作物的损害加重，它们必须摄入更多不易消化的水果来满足能量需求（Lane，1997）。尽管存在该代偿性饲喂假说，McWhorter 和 Martinez del Rio（2000）在食蜜蜂鸟中发现糖的摄入具有生理性限制，小肠水解蔗糖的速率可限制糖同化（sugar assimilation）而降低蔗糖偏好。事实上，食蜜鸟的摄食反应是行为学反应与影响该行为的生理过程的综合表现（Martinez del Rio et al.，2001）。

几种促味剂已应用于农业生产相关的鸟类条件驱避。通过在杀虫剂颗粒中增加某种鸟厌恶的促味剂可降低其意外中毒的风险（例如 d-长叶薄荷酮、盐酸奎宁）（Mastrota and Mench，1995；Clapperton et al.，2012）。大蒜油被认为是欧洲椋鸟的有效化学驱避剂（Hile et al.，2004）；硫酸奎宁（苦味剂）用于条件味觉厌恶而降低蛋鸡的破坏性啄羽行为（Harlander-Matauschek et al.，2009、2010）。

对特定促味剂的相对偏好已被用于提高家禽饲养效果。鸡对含油饲料（长链和中链甘油三酯）的偏好由味觉（Furuse et al.，1996；Mabayo et al.，1996）而非饱腹感（Vermaut et al.，1997）介导。相反，家鸡避开富含皂素的饲料并非由味觉介导（Ueda and Shigemizu，2001）；而茶皂素与嗉囊膨胀引起的摄食量下降相关（Ueda et al.，2002）。

家鸡可以利用不好的味道（例如奎宁）来调整其视觉觅食决策（Rowe and Skelhorn，2005；Skelhorn et al.，2008）。并且，欧洲椋鸟和家鸡可学会利用苦味线索控制摄入有毒食物（Skelhorn and Rowe，2010；Barnett et al.，2011）。同样，红翅黑鹂利用情感过程（味道-反馈关系）改变对新奇和熟悉味道的偏好（Werner et al.，2008）。

7.4.9 小结

“鸟类味觉能力有限”的传统观念（Kassarov，2001）是受到味觉研究历史范式的影响

（即基本结构和功能）。目前，鸟类味觉感知是基于不断变化的环境中个体发育和系统发生的关系背景下进行的研究。鸟类利用味觉线索选择营养物和避开毒素，从而影响其采食物的分布、多样性和协同进化。因此，味觉线索和进食后果对家养和野生鸟类都具有行为、生态和进化意义。未来禽类味觉的研究将增进我们对于比较生物化学、分子生物学技术及伦理学的理解——从强调解剖结构到关注行为与表现的生理基础。

参考文献

（孙颖郁译，李东风校）

第 8 章　磁感受及其在长途迁徙中的作用

Henrik Mouritsen

8.1 简介

地球磁场能帮助鸟类获得方向信息和位置信息。研究证明鸟类能感知地球磁场的罗盘方向，并将其作为罗盘感的一部分。地磁信息还可作为地图感的一部分，越来越多的证据表明鸟类能够根据地磁信息确定其在地球上的大致位置。地磁线索除了直接用于定向和导航外，可能还能通过触发行为变化而影响体重增长、迁徙等其他生理过程。虽然人们已经比较了解地磁线索引发的行为学反应，但针对鸟类感知地球磁场生理学机制的研究才刚刚起步，包括鸟类在内的动物磁感受仍然是生物学中最重要的尚未解决的问题之一。仅使用生物可利用材料来感知和地球磁场一样的弱磁场，这种研究非常具有挑战性。目前认为在陆生动物中存在基于铁矿的磁感受和基于自由基对的磁感受这两种基本机制。根据现有的科学研究结果可以推测鸟类中也存在这两种磁感受机制，但可能在不同的方面发挥作用。尽管人们在鸟类中已经发现了这两种磁感受机制的初级感觉分子和一些涉及磁信息处理的脑区，但还远未了解任何鸟类中存在的任意一种磁感受的详细功能，且目前没有一种初级感觉结构被确定是鸟类磁感受的来源。这是一个激动人心但极具挑战性的领域，有望在未来一二十年获得一些重大突破。

8.2 磁场

带电电荷（诸如电子）的移动可产生磁场。在微观角度上，电子（和核）自旋可以产生磁场；在宏观角度上，当导线上有电流通过时周围会产生磁场，如磁场 B。给定位置的磁场可以描述为一个三维（3D）矢量，其强度即磁场强度 B 可以用磁通密度表示，单位是“特斯拉（Tesla）”（T）。一些具有“铁磁性”的材料可以被磁场永久磁化，这种磁化作用在去除磁场之后仍然存在，例如磁铁矿（Fe_3O_4，即氧化铁）（Mouritsen，2013）。

8.3 地球磁场

地球可以产生自身磁场（地磁场），这主要是由地球液态外核中的电流引起的（“发电机

效应”)。在地球表面测得的磁场类似于将一个大型偶极磁体放置在地球的中心而产生的磁场(图 8.1)。地球磁场目前在地球地理北极附近存在着一个磁场南极(生物学中称为“磁北极”)。本章中将遵循鸟类定向研究文献中的使用惯例，使用术语“磁北极”(Magnetic North 或 Magnetic North Pole)来指代最靠近地理北极的磁极，而不是物理性磁场北极。同样，地球地理南极附近的磁场北极被称为“磁南极”(Magnetic South 或 Magnetic South Pole)(Mouritsen，2013)。

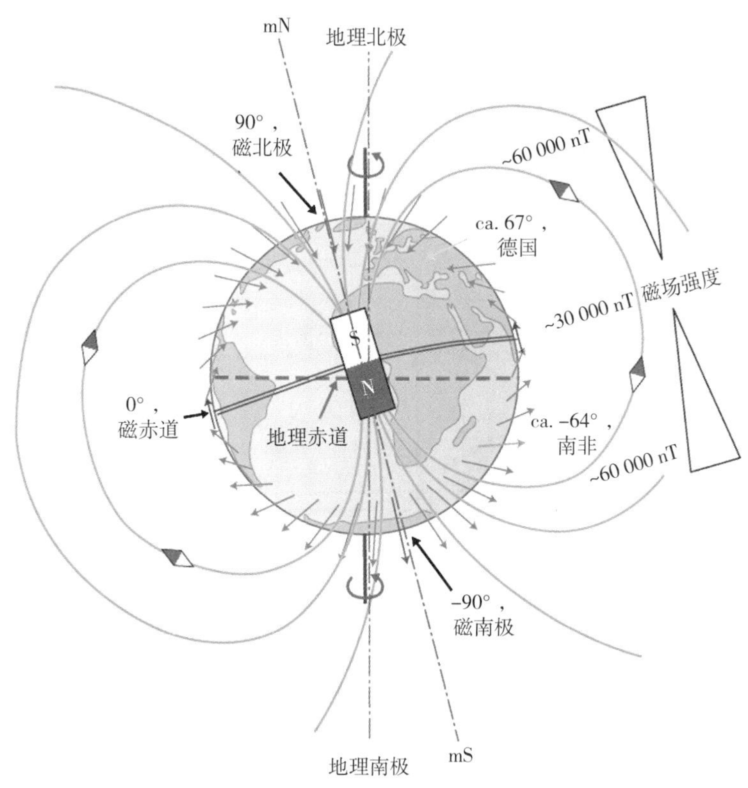

图 8.1★　地球磁场(地磁场)

注意南北磁极与地理南北极、磁赤道与地理赤道并不重合。磁力线按照磁纬度（蓝绿色线和矢量）以不同的角度与地球表面相交，交角称为磁倾角。磁北极（红色矢量）的磁倾角为+90°，德国纬度（黄色矢量）的磁倾角大约为+67°，磁赤道（深蓝色矢量）的磁倾角为0°，南非纬度（橙色矢量）的磁倾角大约为−64°，磁南极（洋红色矢量）的磁倾角为−90°。经 Wiltschko 许可后改编自 Wiltschko（1996）和 Mouritsen（2013）。

磁力线离开磁南极，又进入磁北极。磁力线的极性总是指向磁北极，因此可以提供高度可靠的方向参考，在地球上除磁极以外的任何地方都可以把它作为磁罗盘的基础。在磁南极，磁力线直接指向天空；在磁北极，磁力线直接指向地球；在磁赤道，磁力线与地球表面平行。磁力线与地球表面之间的夹角称为磁倾角。因此，磁倾角从磁南极的−90 °逐渐变化到磁赤道的 0 °，再到磁北极的+90 °(图 8.1)。地球的磁场强度范围从磁赤道附近的大约 30 000nT(纳特)($1\ nT=10^{-9}\ T$；$1\ T=1\ Vs/m^2$)到磁极的大约 60 000 nT。地球磁场强度通常是用校准过的三轴磁通门磁强计来测量。理论上可以用磁倾角和磁场强度来确定某个位置。在地球大部分地区，磁倾角和磁场强度主要是由北向南有变化，但由东向西变化不大，因此根据地磁场信息，纬度比经度更容易确定(Mouritsen，2013)。

目前磁北极位于加拿大北部，磁南极位于澳大利亚南部。由此看来，地极和磁极并不重合(图 8.1)。地理北极和磁北极之间的偏差称为磁偏角，即磁偏角指磁北极(即罗盘针的北端指向的方向）和地理北极之间的角度。当磁北极位于地理北极以东时，磁偏角为正值；当磁北极位于地理北极以西时，磁偏角为负值。磁偏角的数值一般很小，但磁极附近的磁偏角可能会对利用磁罗盘导航的鸟类造成严重的影响，除非它们还有其他补救方法。另一方面，如果与其他地图信息相结合的话，理论上来说磁偏角是确定东西向位置的一个有用参数（Mouritsen，2013）。

8.4 为实验目的改变磁场

线圈周围的磁场方向可以由“右手法则”确定：如果用右手抓住导线，使拇指指向电流的方向，那么手指指向的方向就是线圈周围的磁场方向。与线圈的距离越远，其磁场就越小。导线的不同部位产生的许多平行磁力线重合在线圈中心，使线圈内部的磁场比线圈外部的磁场强得多。这就是通常使用线圈结构来产生和改变磁场的原理（Mouritsen，2013）。

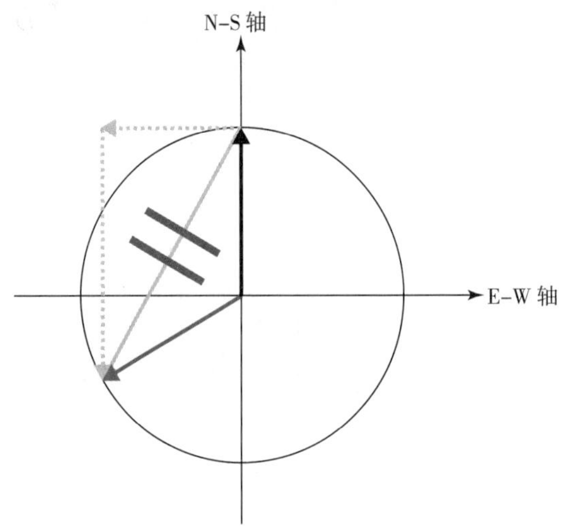

图 8.2★ 磁场是矢量场，可以利用成对的线圈改变方向

地磁场指向北（0°）并具有垂直和水平分量。假设我们要创建一个与地磁场具有相同强度和倾角的磁场，但在水平方向逆时针旋转 120°，此时磁场的垂直分量应该保持不变，我们只需要考虑水平面上的两个维度。比如在某处的地磁场有一个 18 000 nT 的水平磁场分量指向磁北（黑色矢量），如果我们想将磁场方向指向 240°（逆时针旋转 120°，红色矢量），那么我们需要创建一个磁场矢量（蓝色矢量）将黑色矢量的尖端与红色矢量的尖端相连。如果使线圈框架朝向由所需角度转动一半（这里是 120°/−60°）后所产生的轴线上，且磁场强度保持不变，就可以由一对亥姆霍兹线圈产生所需要的磁场（紫色线所示）。可以用简单的三角法来计算蓝色矢量所需的场强，$B_{蓝}=\{[(\cos(\alpha_{黑})\times B_{黑}]-[\cos(\alpha_{红})\times B_{红}]\}^2+\{[\sin(\alpha_{黑})\times B_{黑}]-[\sin(\alpha_{红}^-)\times B_{红}]^2\}^{1/2}$，其中 $\alpha_{黑}=360°$，$\alpha_{红}=240°$，$B_{黑}=B_{红}=18\ 000\ nT$，则 $B_{蓝}=[\cos(360°)\times 18\ 000 nT-\cos(240°)\times 18\ 000\ nT)^2]+[\sin(360°)\times 18\ 000\ nT-\sin(240°)\times 18\ 000\ nT)^2]^{1/2}=[(27\ 000\ nT)^2+(-15\ 588\ nT)^2]^{1/2}=31\ 177\ nT$。如果所需要的最终矢量强度不同于原始矢量强度，或者还需要改变垂直分量，那么虽然理论上也可以利用一对线圈实现（需要三维计算），但在实际操作中，很难精确定位这对线圈。因此，如果需要对静磁场进行精准的控制，通常会采用垂直定向线圈的三维系统。因为磁场是矢量场，需要所有矢量场相加才能得到总的合成场，而不是通过产生连接黑色矢量尖端到红色矢量尖端的直接矢量（蓝色矢量）得到。我们可以沿着两个线圈轴产生两个矢量（蓝色虚线矢量），共同将黑色矢量尖端与红色矢量的尖端相连。使用这样的系统就很容易计算出每个所需的矢量，即所需的 N-S 分量是 $\cos(\alpha_{黑})\times B_{黑}-\cos(\alpha_{红})\times B_{红}$，所需的 E-W 分量是 $\sin(\alpha_{黑})\times B_{黑}-\sin(\alpha_{红})\times B_{红}$。如果使用三维磁强计，$X$ 轴朝北，Y 轴朝东，并且只需要计算当需要的磁场存在时应显示的值，则 X 应该读取 $\cos(\alpha_{红})\times B_{红}$，$Y$ 应该读取 $\sin(\alpha_{红})\times B_{红}$。因此，在上述磁场逆时针旋转 120°的情况下，$X$ 读数应为 $\cos(240°)\times 18\ 000\ nT=-9\ 000\ nT$，$Y$ 读数为 $\sin(240°)\times 18\ 000\ nT=-15\ 588\ nT$。上述所有公式中都采用地理角度（北=0°=360°，东=90°，南=180°，西=270°），但如果使用数学角度（东=0°，北=90°，西=180°，南=270°）则必须进行修改。如果上述地磁场水平旋转到 165°，那么同样的磁强计读数应该为 $X=-17\ 387\ nT$；$Y=+4\ 659\ nT$。

进行科学实验时，用于产生地磁强度磁场的典型线圈结构是所谓的“亥姆霍兹线圈（Helmholtz coils）”，即相距一个半径的一对平行线圈（Kirschvink，1991）。在一对亥姆霍兹线圈中，磁场均匀分布在线圈半径大约 60%的中心空间内（Kirschvink，1991），线圈中心

产生的磁场为 $B=(0.9\times10^{-6}\ Tm/A\times n\times I)/R$。其中 T 是单位特斯拉；$n$ 是每个线圈的匝数；I 是流过线圈的电流，单位为安培（A）；R 是线圈半径，单位为米（m）(Kirschvink, 1991)。一对亥姆霍兹线圈只能沿着一个轴改变磁场。为了创建任何所需的三维磁场，理想情况下需要 3 对相互垂直的亥姆霍兹线圈。如果是在现有磁场（例如地球磁场）的基础上添加人工创建的磁场，则通过两个磁场的简单矢量相加来计算生成的磁场（图 8.2）(Kirschvink, 1991)。因此，也可以用一对亥姆霍兹线圈来创建任意三维磁场，但在这种情况下，这对线圈在三维空间中的定向必须非常精确（图 8.2）(Mouritsen, 2013)。

尽管亥姆霍兹线圈易于计算和构建，但如果使用更精细的线圈设计，例如梅里特-4 线圈系统，中心均匀空间可以增加到线圈半径的 110%（图 20.2）(Kirschvink, 1991; Zapka et al., 2009, Mouritsen, 2013)。为了更好地控制人造线圈，除了要考虑线圈的设计以外，人们希望线圈是“双重缠绕的”(Kirschvink, 1991; Kirschvink et al., 2010)，即构建的每个线圈都包含两根分开但同样缠绕的导线，每根导线都有独立的连接器。这样就能使电流沿同一个方向通过两个“半线圈”，导致线圈中心的磁场发生变化；或者可以使电流沿一个方向通过一半线圈，再沿相反的方向通过另一半线圈。在这种情况下，通过一半线圈的电流产生的磁场恰好抵消了另一半线圈产生的磁场，而背景磁场不会改变。当使用双重缠绕线圈时，无论磁场是否发生变化，通过线圈的电流量都是完全相同的。双重缠绕线圈还可用于真正的双盲实验(Kirschvink, 1991; Zapka et al., 2009; Harris et al., 2009; Hein et al., 2010, 2011; Engels et al., 2012)。Kirschvink (1991) 的研究成果对如何构建用于改变地球磁场强度的各种线圈设计提供了良好理论背景和实践指导。

8.5 鸟类利用地球磁场信息定向和导航

对于所有候鸟来说，定向和导航能力对其生存都是至关重要的。所有首次迁徙的候鸟都面临着需要寻找陌生越冬地区的挑战，而这一地区通常在几千千米之外（Berthold, 1991; Mouritsen and Mouritsen, 2000; Mouritsen, 2003）。许多大型的鸟类都是日间群体迁徙，这意味着它们的幼鸟可以简单地跟随着经验丰富而又熟悉路线的成鸟迁徙。但大多数小型鸣禽是夜间单独迁徙，并不跟随着父母。因此，它们所有的导航能力都必须要依靠遗传而来的感受能力和迁徙策略（Mouritsen, 2003）。第一次迁徙的时候因为没有以往的迁徙经验，能用于参考的定向线索仅限于几类全球性或至少区域性的线索（Mouritsen, 2003），如包括太阳、星星或可能天空的偏光模式等天体线索，以及地磁线索。除了这些线索之外，一些研究者还提出了气味（Wallraff and Andreae, 2000; Wallraff, 2005; Gagliardo et al., 2006, 2008, 2009）等化学线索、次声波（频率低于 20Hz 的声音）(Hagstrum, 2013; Wallraff, 1972) 或科里奥利（Coriolis）力（由于地球自转使流动的液体和气体会在北半球轻微向右偏斜，而在南半球轻微向左偏斜的现象）(Coriolis, 1835) 也可以用于定向和导航。

但是鸟类体内似乎没有生理结构能够使它们以合理的信噪比检测到科里奥利效应(Rosenblum et al., 1985; Adair, 1991; Kirschvink et al., 2010)。很难想象一只没有迁徙经验的鸟如何能预知其迁徙路径上的次声波或气味景观应该是什么样的，同样也很难想象次声

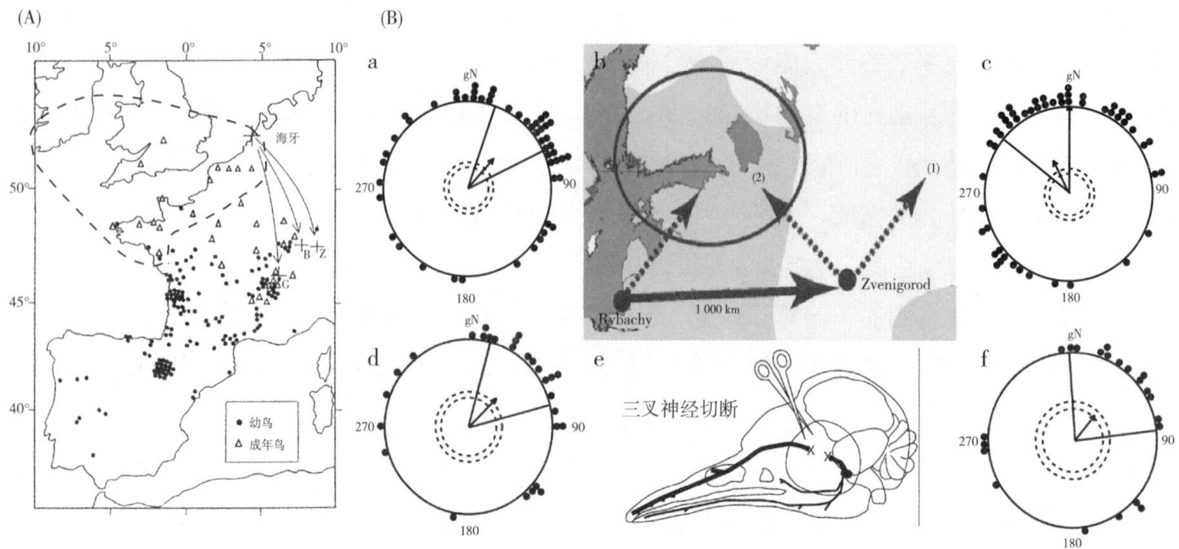

图 8.3 转移实验为了解候鸟的时空定向策略提供了关键证据

(A)Perdeck 的经典实验中，将来自荷兰 S/SSE(→)的 10 000 多只椋鸟在秋季迁徙期间转移到瑞士。结果表明第一次秋季迁徙的椋鸟幼鸟无法纠正迁徙路线。相对于用于对照的、未转移的椋鸟的越冬区域(虚线区域)，幼鸟(•)的迁徙路线发生平行偏移，而成年椋鸟(Δ)直接回到用于对照的、未转移的正常椋鸟的特定越冬区域[Mouritsen(2003)引自 Schmidt-Koenig(1965)和 Perdeck(1958)]。(B)转移实验中，利用 Emlen 漏斗装置对欧亚芦苇莺(*Acrocephalus scirpaceus*)在转移前后进行了测试(Emlen and Emlen, 1966; Mouritsen et al., 2009)。结果表明首次春季迁徙的幼鸟已经能够纠正 1 000km 的东向偏移，到达一个它们之前从未到过的地方(b)。(a)鸟类在原捕获地点(Rybachy)的迁徙定向。(c)向东偏移 1 000km 至兹韦尼哥罗德(Zvenigorod，属俄罗斯)后，同种鸟类的迁徙定向。圆圈外围的每个点表示一只鸟的平均方位。箭头显示每组的平均方向和矢量长度。虚线圆圈表示根据瑞利检验显著性所需的组平均矢量的长度(内虚线圆圈为 5%，外虚线圆圈为 1%)。组平均矢量两侧的线表示平均方向的 95%置信区间。gN=地理北部。(b)为转移区域。浅灰色阴影区域代表欧亚芦苇莺的繁殖范围，虚线箭头表示在由繁殖范围东向偏移后(1)不纠正偏移或(2)纠正偏移情况下的预期结果。注意正常的鸟类会纠正偏移，而切断三叉神经眼支(d～f)的鸟则不能再纠正偏移。引自 Chernetsov 等(2008)及 Kishkinev 等(2013)。

波和/或气味景观能简单到足以被缺乏经验的鸟类用作迁徙几千千米的主要地图线索（Wallraff and Andreae，2000）。此外，由于鸟类头部的宽度比次声波的波长小得多，所以头部宽度为 2cm 的小鸟很难确定次声波是从哪个方向发出的（Mouritsen，2013）。因此，没有迁徙经验的幼鸟在第一次秋季迁徙时的主要定向机制极可能是基于天体信息和磁性线索。众所周知，首次秋季迁徙的候鸟偏离其正常迁徙路线后没有能力纠正这种偏离（Drost，1938；Perdeck，1958；Mouritsen and Larsen，1998；Mouritsen，2003；Thorup et al.，2007），而是选择一条与正常路线平行的迁徙路线，可见它们似乎没有地图感（图 8.3）。首次单独迁徙的候鸟的迁徙过程采用的是“时钟-罗盘”“日历-罗盘”或“矢量导航”策略（Mayr，1952；Perdeck，1958；Schmidt-Koenig，1965；Rabøl，1978；Berthold，1991；Mouritsen，1998b；Mouritsen and Mouritsen，2000；Mouritsen，2003），使鸟类能在一个特定的方向上飞行一定的时间，而不受其当前所在位置影响。由于该系统几乎不包含（见下述磁路标）与位置相关的反馈，因此用数学语言将这种首次单独迁徙候鸟定向策略描述为“定向随机游走”，即每天晚上从指向平均迁徙方向的正态分布点中随机选择一个飞行方向，而不受之前情况的影响（Mouritsen，1998b；Mouritsen and Mouritsen，2000；Mouritsen et al.，2013）。这种迁徙策略预示着首次迁徙的统计学分布应该是抛物线形的，且研究表明这一预测非常符合西欧首次自由飞行候鸟的实际分布（Mouritsen，1998b；Mouritsen and Mouritsen，2000）。

成年候鸟及其幼鸟在第一次春季迁徙中面临的定向问题完全不同于第一次秋季迁徙（Kramer，1957；Rabøl，1978；Berthold，1991；Mouritsen，2003）。第一次春季迁徙是迁回到它们曾经待过的地区，因此它们的导向系统中可能含有通过之前的迁徙经验获得的当地（地图）信息。与只使用单一线索或感觉的鸟类相比，那些能利用所有可获得的感觉信息（如磁感受、嗅觉、视觉和听觉）来提高导航能力的鸟类，应该更具有进化优势。因此，经验丰富的候鸟的定向策略可能涉及多种感官，并包括已获知的地图信息（Mouritsen，2003，2013）。事实上，与初次迁徙的候鸟相比，有经验的候鸟的确能够纠正方向偏差（Perdeck，1958；Mewaldt，1964；Thorup et al.，2007；Chernetsov et al.，2008；Kishkinev et al.，2010，2013），并因此在它们的定向系统中增加了一个由此而来的地图信息（图 8.3）。有趣的是，该地图也适用于以前从未去过的地方：当鸟类被实验性地转移到之前从未去过的一个遥远的地方时，它们可以适当地校正方向（Perdeck，1958；Mewaldt，1964；Thorup et al.，2007；Chernetsov et al.，2008；Kishkinev et al.，2010，2013）。如果它们是完全基于之前经验中的当地地标来获得新的地图信息，那么这一信息不可能在陌生的地方起作用。虽然这种感知地图能力的功能基础还不清楚，但几乎可以肯定它是以多个线索为基础的，并且一定能探测到更大范围的变化，通过对探测结果的推断可以使鸟类从陌生的地点顺利返回。

8.6 鸟类的磁罗盘

20 世纪 60 年代中期 Friedrich W. Merkel 和 Wolfgang Wiltschko 发现鸟类有磁罗盘感（Merkel and Wiltschko，1965；Wiltschko，1968）。当鸟类在夜晚被放置在圆形笼子里时，会表现出迁徙躁动（Kramer，1949），即鸟类主要向着迁徙的方向跳跃扑动。在没有天体线索的情况下，当磁场水平旋转时，鸟类会随着磁场变化改变它们的朝向（图 8.4）。这是候鸟拥有并能够使用磁罗盘的行为学证据（Wiltschko and Wiltschko，1995）。经过适当的测试，几乎在每一种群的候鸟中都发现了磁罗盘（Wiltschko and Wiltschko，1995），因此可以大胆假设所有候鸟和潜在鸟类都拥有磁罗盘。

需要注意的是，至少有磁极和磁倾角这两种不同的磁场特性可以成为磁罗盘感的输入信息。磁极罗盘（例如人类船用罗盘）只使用磁力线的水平分量，在地球上除了磁极以外的任何地方它都指向磁北。但磁倾角罗盘检测的并不是磁力线的极性，而是地磁力线与地球表面或重力之间的角度。地球表面与地磁力线之间的最小角度表示“朝向磁赤道”，而最大角度表示“朝向磁极”。因为北半球和南半球的倾角是相反的，所以在两个半球都是这样。到目前为止，发现所有经过适当测试的鸟类都有一个磁倾角罗盘（Wiltschko and Wiltschko，1972，1995）（图 8.4）。因此，夜航候鸟的磁罗盘并不像人类船用罗盘那样能区分南北，而是区分了“朝向磁赤道”和“朝向磁极”（北半球的磁北极和南半球的磁南极）。此外，鸟类磁罗盘感测功能的强度范围似乎很窄，但在经过几个小时对磁场强度变化的适应后，这个强度范围似乎可以扩大（Wiltschko，1978）。

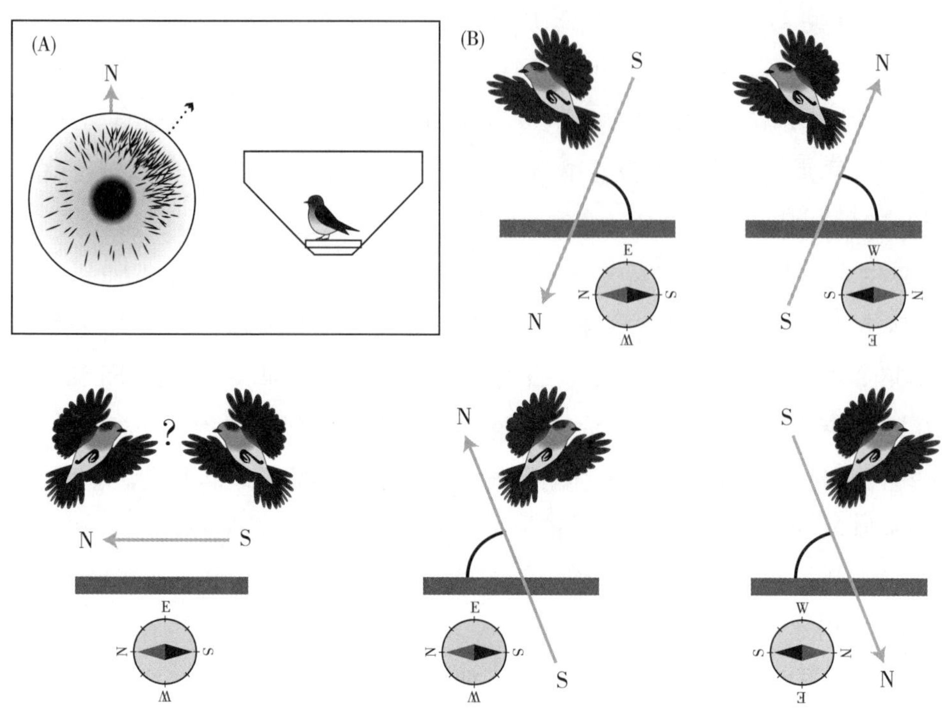

图 8.4★ Emlen 漏斗和倾角罗盘

(A)所谓的 Emlen 漏斗是最常用的定向笼(Emlen and Emlen,1966),将鸟类的平均跳跃方向记录在漏斗内斜壁上的划痕敏感纸上(Mouritsen et al.,2009)。(B)Wiltschko 和 Wiltschko(1972)的早期实验表明鸟类有一个磁倾角罗盘,这意味着鸟类能通过测量磁力线与地球表面或重力之间的角度,从而区分磁极和磁赤道方向,而不是像磁极罗盘那样区分南北极(如果鸟类使用磁极罗盘,那么它们应该飞向物理罗盘指针红色端所示的方向)。在像磁赤道那样的水平磁场中鸟类会迷失方向。图中鸟类的飞行方向表示迄今测试的所有鸟类物种在给定磁场中选择的春季平均方向(Wiltschko and Wiltschko,1995)。绿色箭头表示磁力线的方向。长方形表示地球表面,N=地理北方,S=地理南方。引自 Mouritsen(2013)。

8.7 鸟类有地磁图吗?

许多研究显示磁性线索在鸟类的位置感中起着重要的作用,因此认为鸟类具有“地磁图”。但对于是否真的存在地磁图还有很大的争议。研究人员观点各异甚至截然相反:有人认为鸟类确实拥有一个能精确到几千米的地磁图(Walcott,1991;Wiltschko and Wiltschko,1995;Wiltschko et al.,2010a),也有人认为地磁图根本就不存在(Wallraff,2001;Gagliardo et al.,2009)。但有一点是肯定的:鸟类的自然地图感涉及多种因素,它能依赖于嗅觉(Papi,1991;Wallraff,2001、2005;Gagliardo et al.,2006,2008,2009)、视觉(Guilford et al.,2004),也可能来自磁感应(Dennis et al.,2007;Holland,2010;Kishkinev et al.,2013),甚至可能来自听觉(Hagstrum,2013;Wallraff,1972)的感觉输入。

用不透明镜片遮住鸽的眼睛,阻止它们观察到任何当地的视觉标志,它们仍然可以返回到鸽舍周围 5km 范围内(Schmidt-Koenig and Walcott,1978)。由此可见,在不依赖于地标的情况下,导航的精确度似乎能达到几千米。究竟是哪些线索能使鸽在不使用视觉标志的情况下回到鸽舍周围 5km 范围内?有学者(Able,1996;Mouritsen,2013。两位都是定向研究人员,从未进行过鸽放飞,因此任何一种观点对其来说都不涉及利益)认为那些表明化学线索(气味)在鸽地图感中起着重要作用的证据(Papi,1991;Wallraff and Andreae,2000;Wallraff,2001,2005;Gagliardo et al.,2006,2008,2009)与那些表明磁性线索在鸽地图感中起着重要作用的证据（Walcott，1991；Wiltschko and Wiltschko，1995；Dennis et al.，2007；Wiltschko et al.，2010）相比更有说服力。实际上这两个观点可能都对。与只利用单一线索去完成这项对其生存至关重要的任务的鸟类相比，那些能将所有感官输入信息都利用起来的鸟类更具有进化优势，因此地图感应涉及多种因素。不管怎样，人们还是很难理解依赖于磁场的地图感是如何在 10km 范围内工作的。为什么会这样?

利用地磁图的鸟类面临的问题是在地球的南北轴上磁场强度的平均变化只有大约 3 nT/km。从一个磁极到相距约 10 000km 的磁赤道，地磁场变化了约 30 000 nT。同样，磁倾角沿南北轴的变化仅约为 0.009 °/km（超过 10 000 km 时变化 90 °）。在东西轴上，磁场强度和磁倾角通常变化也很小。因此，要获得一张相当精确的地图，任何基于磁场的来源信息都需要非常精确的磁感应系统和非常准确的重力感。但即使鸟类有这样一个系统，地磁场每天在随机方向上部分随机地发生着 30～100nT 的自然变化，这意味着也很难想象以磁场为基础的地图感如何可以精确到小于10～30km（由太阳产生的磁暴期间，地磁场变化可以达到 1 000nT）（Courtillot and LeMouël，1988）。因此，磁性参数可能仅有助于确定位置，该位置磁场参数的预期差异始终大于每日磁场变化（Mouritsen，2013）。

对于稍短距离的迁徙，气味和熟悉的地标等其他线索可能是更重要的地图参数。而在较大的空间范围上，不难想象，地磁图可能更有用。数据表明一些鸣禽可以利用磁性线索作为大致的地理“路标”，比如鸟类在穿越撒哈拉沙漠之前能据此线索适时增加脂肪储备（Fransson et al.，2001）或改变迁徙方向（Henshaw et al.，2010）。这种情况下，特定的磁性参数会触发行为变化，被称为磁路标（Mouritsen，2013）。

8.8 与其他线索的相互作用

在大多数与定向有关的情况下，磁性线索与其他来源的相似或相反信息相互作用。例如，夜间迁徙的鸣禽不仅有磁罗盘，还有太阳罗盘和星罗盘（Emlen，1975；Schmidt-König et al.，1991；Mouritsen and Larsen，2001；Cochran et al.，2004；Zapka et al.，2009）。它们只需要这些罗盘中的任意一个提供信息，就可以确定适当的方向（Mouritsen，1998a；Muheim et al.，2006b；Chernetsov et al.，2011；Liu and Chernetsov，2012）。如果 3 个罗盘提供了相互矛盾的信息，那么鸟类更偏向于使用哪个罗盘就不一致了。这可能取决于生态环境、实验装置的细节，以及鸟类饲养和测试的条件，而且很可能还要在大自然中进行各种校准（图 8.5）（Cochran et al.，2004；Muheim et al.，2006a；Liu and Chernetsov，2012）。迄今为止，对真正的自由飞行鸟类进行的唯一一个实验表明，春季迁徙期间两种北美鸣禽在半空中使用磁罗盘作为其主要罗盘，而在日落时能根据天体线索校准这个罗盘（Cochran et al.，2004），但这种机制并不普遍（Chernetsov et al.，2011）。还有证据表明偏振光线索可能对这种校准也十分重要（Muheim et al，2006a），但目前为止还不清楚鸟类的眼睛如何检测偏振光。

在鸽归巢活动或其他任何与地图相关的任务中，不同线索之间的相互作用似乎更加复杂。已经证明当信鸽在由以前从未去过的位置被放飞时，能利用嗅觉线索（PAPI，1991；Wallraff and Andreae，2000；Wallraff，2001，2005；Gagliardo et al.，2006，2008，2009）、各种视觉地标

（Guilford et al.，2004）、出游信息（Wiltschko and Wiltschko，1995；Wallraff，2005），可能还有磁线索（Walcott，1991；Wiltschko and Wiltschko，1995；Dennis et al.，2007；Wiltschko et al.，2010a）来估算出它们相对于家的所在位置。目前关于这些地图线索的相对重要性还有很大争议，文献中出现了许多明显矛盾的结果。其中的一个原因很可能是因为某种类型的线索可能在某个地方特别可靠，而另一种线索可能在另一个地点更可靠。因此，在不同地点的动物应当依赖不同的线索。迄今为止，最令人信服的实验是在切断了有迁徙经验和没有迁徙经验鸽的嗅神经或三叉神经眼支后，发现在意大利比萨周围测试的信鸽要完成归巢需要完整的嗅觉神经，但不需要完整的“磁性”神经（见8.9）（Gagliardo et al.，2006，2008，2009）。在像信天翁和剪水鹱这样的鹱形目海鸟中，嗅觉线索对导航的作用似乎比磁性线索更重要（Mouritsen et al.，2003；Nevitt and Bonadonna，2005；Bonadonna et al.，2005；Gagliardo et al.，2013）。

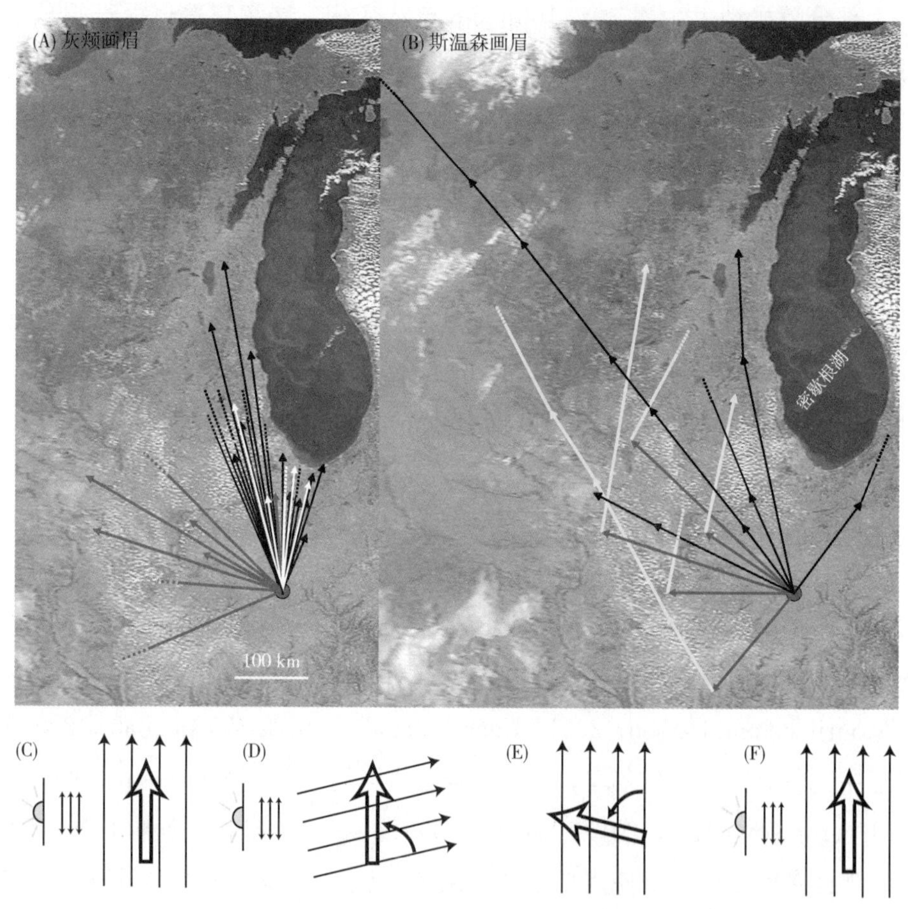

图 8.5★　一些鸟类在日落时根据天体线索校准磁罗盘

图中显示了从伊利诺伊州香槟市放飞的自由飞翔的灰颊画眉（A）和斯温森画眉（B）的踪迹。忽略风力影响，箭头指示迁徙飞行的方向和地面轨迹。黑色箭头表示非人为操作个体的迁徙飞行。红色箭头表示被测试鸟在起飞前经历了磁场80°东转后的迁徙飞行，黄色箭头表示被测试鸟在随后的夜间迁徙飞行。白色箭头表示被测试鸟在磁场处理1～6d之后的迁徙飞行。连接的箭头表示同一个体的夜间连续飞行。（A）和（B）中的数据描述方式不同，是因为对于灰颊画眉，实验鸟和对照鸟是不同的个体；而对于斯温森画眉，同一实验个体被记录了至少两次连续的夜间迁徙（由于在自然航向上有很大的扩展）。虚线表示鸟在虚线开始的地点失去踪迹。注意，日落时经历了磁场80°东转。在太阳光线消失后放飞的鸟类，如果是在当晚开始迁徙则方向是向西，如果是在随后的夜晚迁徙则方向将是适当偏北的春季迁徙方向。这意味着鸟在起飞之前已经根据太阳罗盘校准了磁罗盘，并且这种校准每天都在进行。原因如（C～F）所示。（C）对照组，所有线索都给出相同信息。（D）如果实验鸟能获得日落相关线索以校准其磁罗盘，在磁场旋转后的当晚它们被放飞时，会将磁力线逆时针80°的方向当成它们去往的“北方”。（E）如果实验鸟不能获得来自太阳的光线，而仅能感受自然磁力线，则由于放飞时不可能进行新的校准，它们根据之前日落线索校准的磁罗盘将错误地指引它们向自然磁力线逆时针80°的方向飞行，而自然磁力线在第一晚的其余时间是朝向西方的。（F）在释放后的第二天晚上，太阳罗盘和磁性线索一致，鸟类将重新定向到预定的迁徙方向。（C～F）中4个细平行箭头表示鸟类所经历的磁力线的水平方向。粗箭头表示鸟的预期方向。落日符号和带有双箭头的3条线表示太阳和偏振光是否可用于校准。引自Cochran等（2004）。

8.9 鸟类如何感知地球磁场?

利用生物材料探测弱地磁场是一项具有挑战性的工作。由于小型鸟类的解剖学结构限制，精密的感觉机制模型常常难以解释如何在存在热波动（kT）和其他噪声源的情况下，依靠 50 000 nT 的磁场产生可靠信号。实际上，任何原则上可以检测到 50 000 nT 磁场的生物学机制都值得我们注意（Ritz et al.，2010；Mouritsen，2013）。目前认为只有 3 种基本机制在物理上是可行的：①依赖高灵敏度电敏感受体的感受；②基于铁矿的磁感受；③基于自由基对的磁感受。

8.10 归纳和假说

电磁感应是指通过处于变化磁场中的导体或在固定磁场中运动的导体产生电压。因此，如果一根电线在磁场的一端移动到另一端，电线中就会产生电流。如果这根导线是环形或螺旋形的，就可以获得定向灵敏度。在生物组织中，需要有大小和直径足够的、导电的、充满液体的环状结构来产生能够被电敏感的受体细胞接收并测量的电信号。洛仑兹壶腹（Lorenzini ampullae）就是咸水鱼接收电磁感应的电敏感细胞的具体实现（von der Emde，2013）。因为盐水是导电的，使水生动物可能利用电磁感应来识别地磁场（Kalmijn，1981；Molteno and Kennedy，2009）。但目前还没有强有力的证据表明鱼类的确是利用电磁感应来获得地磁场的相关信息（Kirschvink et al.，2010；Mouritsen，2013）。很难想象陆生动物如何利用电磁感应来识别地磁场，因为空气的导电率极低，这就需要动物体内存在相应的结构。事实上，从生物物理学角度来看，电磁感应不可能成为陆生动物磁探测的潜在来源。这是因为所需的充满导电液体的生理结构必须足够大而且易于检测，但在陆生动物体内还没有发现这样的结构（Kirschvink et al.，2010；Mouritsen，2013）。因此，对于鸟类等陆生动物来说，磁感受应该是通过其他机制实现的。

8.11 基于铁矿的磁感受假说

为了利用地磁场的方向进行定向，人类使用了以能在水平面上运动的磁化铁或磁性铁化合物指针为基础的技术罗盘。因此，当考虑鸟类是如何探测地磁场时，几乎所有人都会首先想到“也许它们脑袋里有个小小的指南针”，所以科学家首先针对这种可能性进行研究。在趋磁细菌内部已经发现了指南针样结构（图 8.6A）（Blakemore，1975；Frankel and Blakemore，1989）。单畴磁铁矿晶体链（Blakemore，1975；Frankel and Blakemore，1989；Kirschvink et al.，2010）或其他非常相似的铁氧化物（Falkenberg et al.，2010）最容易实现鸟类体内的小指南针样结构，但也可能是铁矿晶体的其他形式被用作磁场探测器（Solov'yov and Greiner，2009；Kirschvink et al.，2010）。铁矿晶体可能是通过打开或关闭压力敏感型离子通道来传递磁信号（Johnsen and Lohmann，2005）。

许多研究揭示了几乎所有动物体内都存在磁铁矿或其他类型的铁矿晶体（例如秀丽隐杆线虫、软体动物、昆虫、甲壳动物和各种脊椎动物）（Mouritsen，2013）。但仅仅是铁矿晶体甚至磁铁矿的存在并不能成为其与磁感受有关的重要证据（Mouritsen，2013）。铁是大多数生物体正常生存所必需的重要元素，铁稳态非常重要，铁沉积可能只是生物体去除多余铁的一种方式。因此，只有铁矿物结构在同一特定位置被发现并且被证明与神经系统相联系，它才可能成为重要的磁感受候选结构（Mouritsen，2013）。在所谓“趋磁细菌”（Blakemore，1975；Frankel and Blakemore，1989；Bazylinski and Frankel，2004）体内存在的磁铁矿晶体链产生了一种磁定向游泳行为，明确地证明活细胞在原理上可以合成与地磁场方向一致的磁铁矿。但这些细菌中的磁铁矿晶体并不是主动感觉系统的一部分，它们只会引起被动的对齐（Wiltschko and Wiltschko，1995；Mouritsen，2013）。

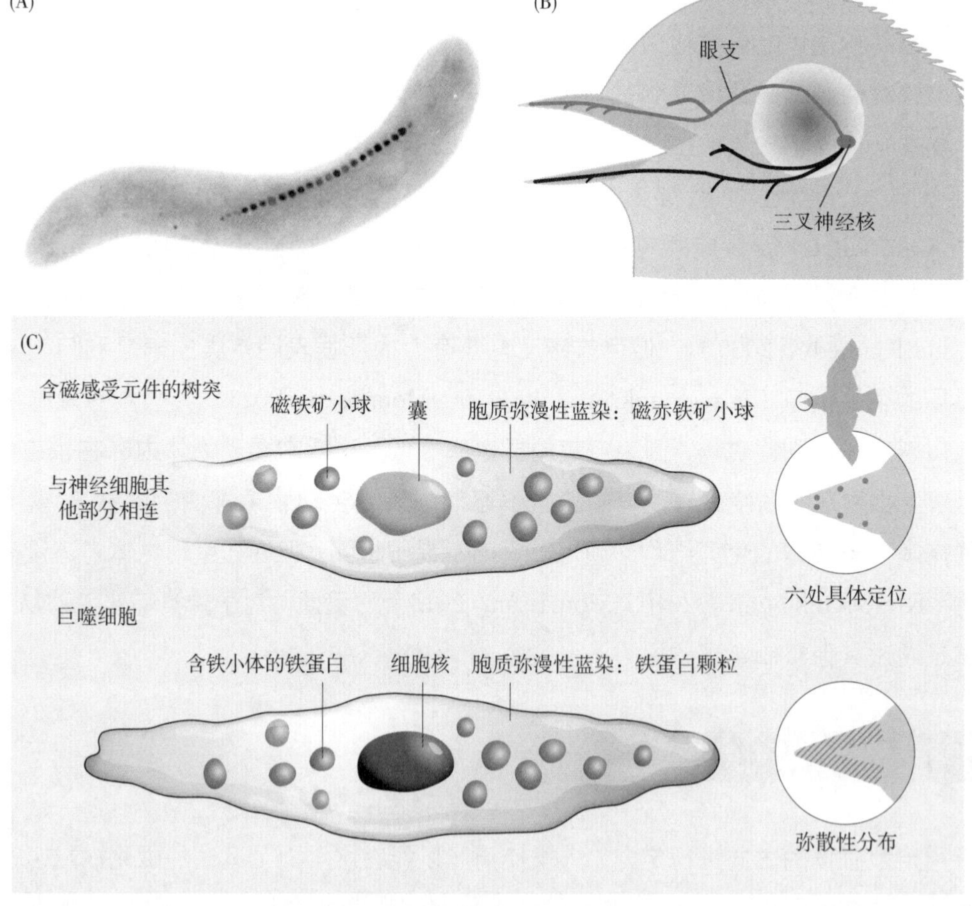

图 8.6★ 鸟类体内的铁矿物结构

（A）趋磁细菌磁螺菌的透射电镜照片显示了细胞内的磁小体链。比例尺：1 μm（照片版权由 Richard B. Frankel 所有）。磁小体是鸟类神经系统中磁场感受器的最佳解决方案，但到目前为止，还没有证明任何鸟类体内存在磁小体。（B）鸟头部三叉神经 3 个分支的解剖位置示意图。（C）鸟类上喙含铁矿物结构的示意图，与 Fleissneret 等（2003）和 Treiberet 等（2012）的解释相反。（C）部分经许可复制于 Mouritsen（2012），（B）复制于 Mouritsen（2013）。

在鱼类嗅觉上皮中发现的某些结构（Walker et al.，1997；Eder et al.，2012）是目前最有可能的基于铁矿的主动磁受体候选结构，但尚未被证实。也有报道认为在鸟类的上喙存在着具有磁受体作用的复杂铁矿结构（Fleissner et al.，2003；Falkenber et al.，2010）。但最新的研究结果表明这些结构是参与维持铁稳态的巨噬细胞（Treiber et al.，2012）。因此，目前还没有确凿的证据表明鸟类体内存在基于铁矿的磁感受候选结构(图 8.6C)(Mouritsen, 2012)。

研究发现很难对鸟类进行磁刺激训练，也很难获得独立重复试验结果。据报道，信鸽(*Colomba livia*)能够对强磁场形成条件反射(Mora et al., 2004; Mora and Bingman, 2013)，且对强磁场(强度为地磁场的 2 倍)的条件反射需要完整的三叉神经(Mora et al., 2004)。因此，原理上鸽似乎能够通过三叉神经的眼支检测到强磁场的变化。但动物要将地磁信息用于地图，就必须对地磁场的变化非常敏感，而这种地磁场的变化比条件反射实验中用到的要小 3～5 个数量级。利用非常相似的实验模式对欧洲知更鸟(*Erithacus rubecula*)分别进行两种弱刺激实验，结果显示欧洲知更鸟对听觉刺激建立了良好的条件反射，但对磁刺激没有产生条件反射(Kishkinev et al., 2012)。

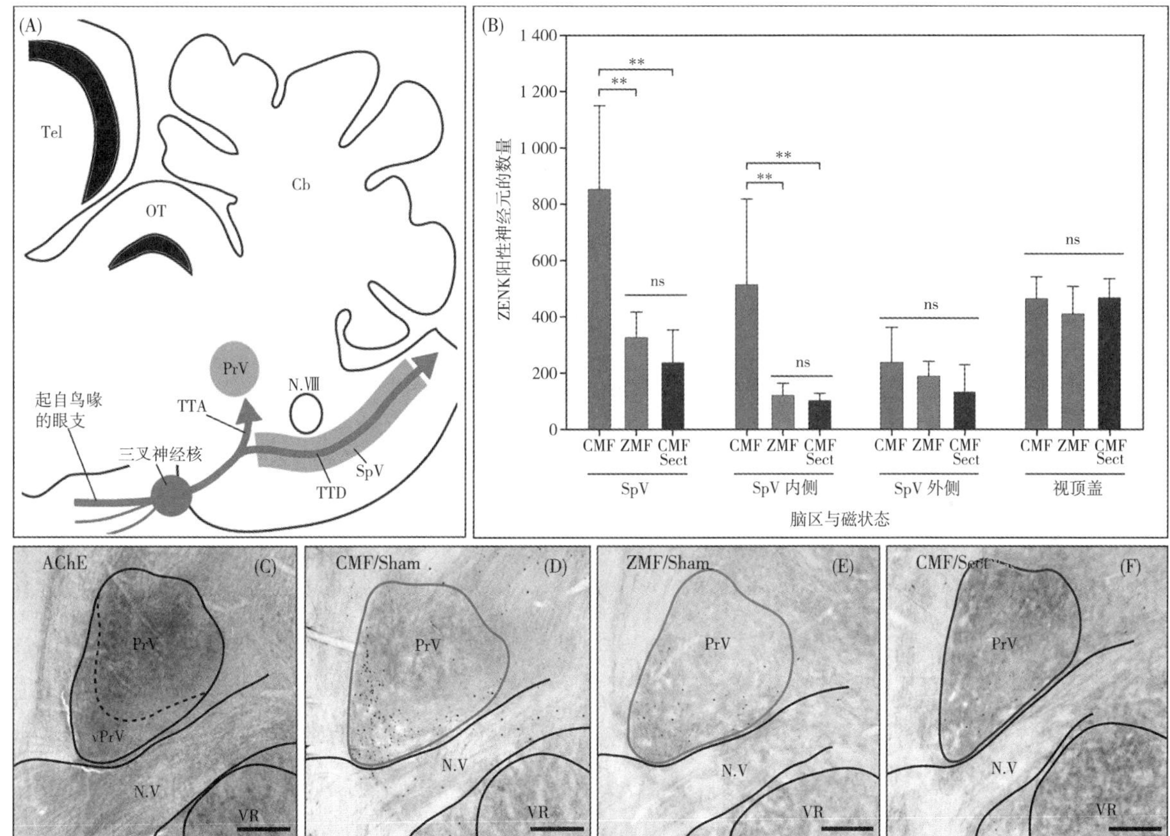

图 8.7★　在鸟类后脑的 PrV 和 SpV 这两个区域有磁激活的神经元，接受来自三叉神经眼支(V1)的感觉传入

(A)鸟类后脑三叉神经终止位置的解剖学示意图。(B～F)在具有完整 V1［神经假切；(D)］的鸟类，变化的磁刺激(CMF)能导致后脑主要接受三叉神经传入的两个区域，即 PrV［如(C～F)所示］和 SpV 区域的神经元活性依赖基因 ZENK(D～F 中的黑点是激活的神经元核)表达增加。当不存在磁刺激时［ZMF=零磁场；(E)］，该激活作用消失。当 CMF 存在但切断鸟双侧 V1［CMF Sect；(F)］时，该激活作用也消失。在对照区如视顶盖(B)没有发现磁依赖性激活。(C)乙酰胆碱酯酶(AChE)是识别 PrV 边界的良好解剖学标志。引自 Heyers 等(2010)。

三叉神经的眼支(图 8.6B)终止于三叉脑干复合体的主核(PrV)和脊髓核(SpV)(Williams and Wild, 2001; Heyers et al., 2010)(图 8.7)。最近的证据表明欧洲知更鸟这种夜间迁徙的鸣禽，其 PrV 和 SpV 的神经元亚群能够被变化的磁刺激激活，但不能被零磁场激活(Heyers et al., 2010)。当切断三叉神经眼支时，变化的磁场导致的激活作用消失(图 8.7B～F)。这表明三叉神经眼支可能负责鸟类的磁信息传递(Heyers et al., 2010)。但目前尚不清楚三叉神经传递磁信息的感觉来源(很可能是以铁矿为基础)和生物学意义

(Mouritsen, 2012)(图 8.6C)。对几种夜间迁徙的鸣禽来说，来自三叉神经眼支的信息对于磁罗盘定向既不必要，也不充分 (Zapka et al., 2009)(图 8.8)。在意大利比萨附近进行的归巢实验表明鸽归巢需要完整的嗅觉神经，但不需要完整的三叉神经 (Gagliardo et al., 2006, 2008, 2009)。

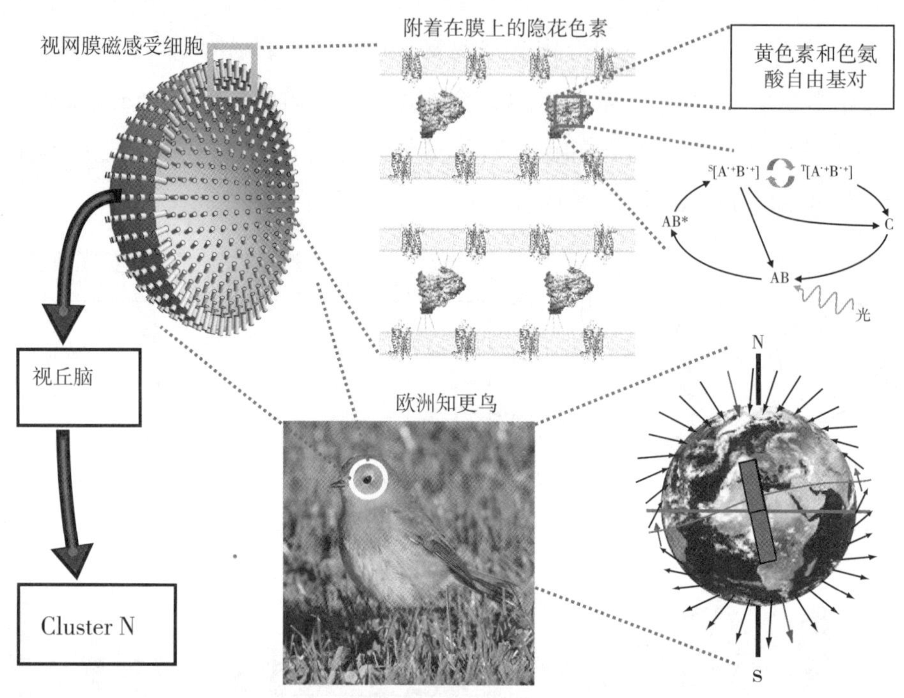

图 8.8★ 鸟类光依赖磁罗盘感受应假说概述

这里提到的大多数实验都是在欧洲知更鸟上进行的（图片版权由 Henrik Mouritsen 所有）。地球磁场提供的参考方向是由鸟眼中的结构或成分探测到的，其中隐花色素蛋白是最有可能的光依赖磁感受分子。光的吸收使视网膜隐花色素内产生了持久的黄色素和色氨酸自由基对，反应产量取决于分子相对于地磁场矢量的方向。如果隐花色素与光感受器的外节膜盘相关联，则可形成有序结构，并且可以通过对视网膜不同部位的反应产量进行比较以提供罗盘方位的视觉印象（图 8.9）。光依赖磁罗盘信息通过视神经从视网膜传递到视丘脑，并通过丘脑视觉通路传递到前脑的 Cluster N（图 8.11）。Cluster N 被破坏的欧洲知更鸟不能使用磁罗盘（图 8.12）。结合光感受膜盘的隐花色素图例修改自 Solov'yov 等（2010）。反应方案修改自 Rodgers 和 Hore（2009）。图和图例部分引自 Mouritsen 和 Hore（2012）。

三叉神经相关磁感受最有可能的功能是检测磁场强度和/或磁倾角的大范围变化，用以确定大致的位置。最近的一组实验表明欧亚芦苇莺 (*Acrocephalus scirpaceus*) 能纠正 1 000km 的东向偏移 (Chernetsov et al., 2008)，但当三叉神经眼支被切断时，这种能力消失 (Kishkinev et al., 2013)(图 8.3)。此外，针对暴露于强磁脉冲的夜间迁徙鸣禽进行的实验 (使用该强磁脉冲能在几天到几周内干扰任何基于磁铁矿的磁感受，但不影响光依赖的磁感受机制) 也表明地磁图或磁路标感觉是基于铁矿的 (Wiltschko et al., 2009; Holland, 2010; Holland and Helm, 2013)。

近期还有人提出鸟类听壶 (鸟类前庭系统的一部分，相当于哺乳动物的耳蜗管) 在磁探测中发挥作用 (Wu and Dickman, 2011, 2012)。目前还不清楚听壶是否能为磁感受提供基本的磁信息或重力信息。Wu 和 Dickman (2012) 的电生理数据似乎很可信，如果能通过重复试验证实，则可以确定听壶在磁感受中具有非常重要的作用，而前庭脑干核团将是非常重要的磁信息处理站。

8.12 光依赖假说

蝾螈（Phillips and Borland，1992）和鸟类（Wiltschko et al.，1993；Muheim et al.，2002；Wiltschko et al.，2010b）的磁罗盘行为取决于测试期间所用的光波长。早在 20 世纪 70 年代末，Klaus Schulten 基于相应的理论提出了光敏分子的化学反应可以构成磁罗盘感的基础（Schulten et al.，1978）。

图 8.8 说明了光依赖磁感受机制的原理。光敏分子（D）吸收光并利用光能将电子转移给其受体（A），从而产生自由基对。如果这个自由基对足够持久（$>1\mu s$），它可以依据电子的自旋以单重态（自旋反平行）或三重态（自旋平行）存在。单重态和三重态的化学性质不同，通常会产生不同的化学终产物。地磁强度磁场理论上可以影响这个平衡，从而调节一条目前未知的生化途径（Schulten et al.，1978；Ritz et al.，2000、2010；Rodgers and Hore，2009；Hore，2012）。

鸟类如何利用光诱导自由基对机制检测到磁场？鸟类可能是通过虚拟视觉图像“看到”磁力线的方向（Rit et al.，2000，2010；Solov'yov et al.，2010）。如果简单地假设感觉分子的定向是垂直于眼球的（图 8.9），那么视网膜的半球形状将意味着感觉分子能定向于所有轴向方向（Ritz et al.，2000；Mouritsen，2013）。如果一只鸟朝着磁力线方向看，那么在视线中视网膜分子将与磁场平行，从而产生一个亮像素。而在眼睛的边缘，分子垂直于磁场将产生黑暗像素。二者之间的分子与磁场有不同的相对角度，就产生了不同程度的灰度像素。总之，这可能会导致产生图 8.9 右侧所示的虚拟图像（Ritz et al.，2000；Mouritsen，2013）。该模式只是为了说明这一观点。人类目前掌握的信息太少，不足以了解鸟类实际看到的磁调制光模式的样子（Mouritsen，2013）。在所谓的头部扫描行为（Mouritsen et al.，2004b；Ritz et al.，2010）中，当图像在视网膜上移动时可能更容易被看到。

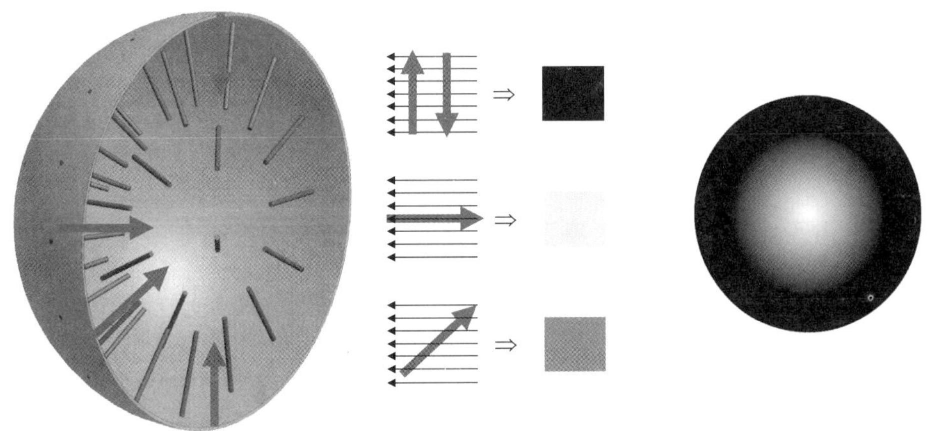

图 8.9★ 光依赖自由基对磁感受机制如何实现视觉图像的感知

主要说明鸟类在原理上如何将磁刺激转换成假定的视觉图像。左：眼球半球的三维图。红色箭头模拟所有隐花色素方向都指向眼球中心。可以想象，如果一只鸟朝着磁力线的方向看，会看到一个类似于右图所示的图案，因为一个或多个隐花色素的光敏性取决于它们相对于磁力线轴向方向。受 Ritz 等（2000）启发重绘自 Mouritsen（2013）。

如果是自由基对机制引起了磁感受，则意味着这基于量子力学效应（Rodgers and Hore，2009；Ball，2011；Mouritsen and Hore，2012；Hore，2012；Hogben et al.，2012；Solov'yov et al.，2014；Engels et al.，2014）。事实上，它可能是生物学中唯一本质上有量子性质的感觉机制。自由基对机制的反对者指出，地磁场与自由基之间的相互作用能通常比背景热能 k_BT 低几个数量级（Kirschvink et al.，2010）。乍一看这似乎是个问题，但由于存在自旋不平衡，使它并不会成为一个根本问题。极微弱的磁相互作用就可以从根本上影响自由基对反应，原因有三方面（Hore，2011）：①自由基对化学是由自由基中的电子自旋控制的；②电子自旋不处于热平衡状态；③电子自旋表现为量子力学性质。弱磁场完全以量子的方式影响电子自旋的相干行为，而 k_BT 对这种方式不起作用。我们应该去比较磁相互作用产生影响所需时间与系统达到热平衡所需时间，而没有必要将相互作用能与 k_BT 进行比较（Hore，2011）。如果磁相互作用产生影响所需时间比系统达到热平衡所需时间短，那么磁场就会产生作用（Hore，2011）。举一个很贴切的例子（Hore，2011），想象一只苍蝇和一个矩形花岗岩块。如果花岗岩以其一侧平面放置（常规物理学，平衡），那么苍蝇就没有能力翻转花岗岩块，但是如果花岗岩块以一个角作为支点保持平衡（量子力学，非平衡），那么根据苍蝇的落点，它可能会将花岗岩块翻转到一边或另一边（图 8.10）。

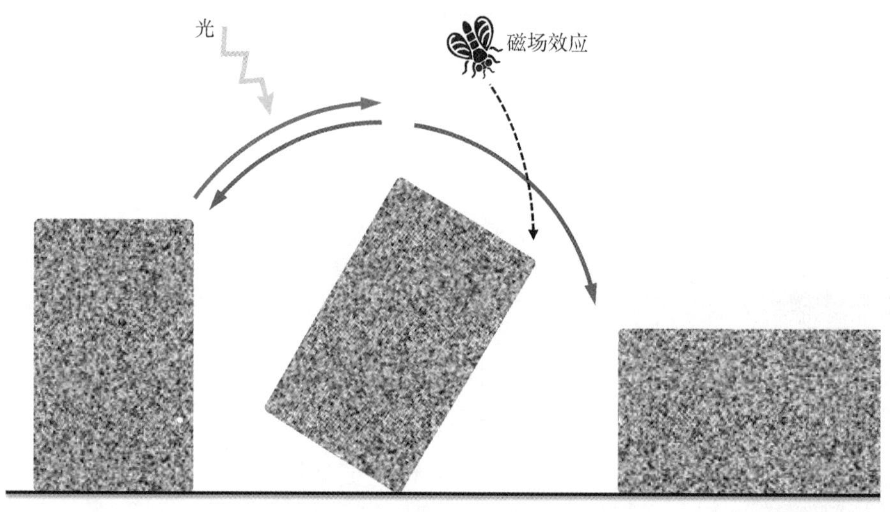

图 8.10 光依赖磁感受的花岗岩块比喻

花岗岩块比喻可以帮助理解基于自由基对的机制在理论上如何用于感应地磁强度磁场，尽管磁场施加于自由基的能量远低于热能（k_BT）。想象当一个花岗岩块以其一侧平面放置时，如果一只苍蝇落在花岗岩块上，它不可能使花岗岩块翻转。事实上，需要消耗大量能量才能将花岗岩块翻转成以一个角为支点放置。但是一旦花岗岩块单角矗立，则只需极少的能量就会影响花岗岩块下落的方式。现在，即使是一只苍蝇落在花岗岩块上，也可能使它翻转到一边或另一边。在光依赖的、基于自由基对的磁感受假说中，光比磁场具有更多的能量。光的吸收使光感受器分子（可能是隐花色素）进入激发态（类似花岗岩块的单角矗立），此时光感受器分子对即使非常小的磁场效应也高度敏感（类似苍蝇落在花岗岩块上）。引自 Hore(2011)。

究竟是哪个分子负责光依赖的磁感受呢？视蛋白不能作为基于自由基对的磁受体发挥作用，因为视蛋白是利用光能改变化学键，而不是转移电子。目前在脊椎动物中发现的唯一能利用光能形成持久自由基对的光感受器分子是隐花色素（Ahmad and Cashmore，1993；Cashmore et al.，1999；Ritz et al.，2000，2010；Giovani et al.，2003；Liedvogel et al.，2007a；Biskup et al.，2009；Rodgers and Hore，2009；Liedvogel and Mouritsen，2010）。已知一些隐花色素参与生物钟的调节（Cashmore et al.，1999；Sancar，2003）。但在鸟类中除了与生物钟有关的那些以外，还发现了更多隐花色素，不难想象它们可以在其他生化过程中发挥作用（Liedvogel and Mouritsen，2010）。隐花色素与被称为光裂解酶的 DNA 修复酶有关（Cashmore et al.，1999；Sancar，2003），其分子含有一个光裂解酶同源区和一个 C 末端，C 末端在不同的隐花色素之间差异很大（Cashmore et al.，1999；Sancar，2003；Müller and

Carell，2009；Liedvogel and Mouritsen，2010）。目前认为 C 末端参与了隐花色素与其未知配体的结合（Sancar，2003；Liedvogel and Mouritsen，2010；Mouritsen and Hore，2012）。隐花色素与辅因子黄素非共价结合。光诱导电子转移被认为是发生在黄素与隐花色素蛋白内的 3 个色氨酸残基之间（Gindt et al.，1999；Biskup et al.，2009；Rodgers and Hore，2009；Solov'yov et al.，2012）。隐花色素主要存在于鸟眼的感光细胞和神经节细胞中（Mouritsen et al.，2004a；Möller et al.，2004；Niessner et al.，2011），且隐花色素是目前鸟类中唯一被深入研究的基于自由基对的磁感受候选分子（Mouritsen and Ritz，2005；Rodgers and Hore，2009；Ritz et al.，2010；Mouritsen and Hore，2012）。

Klaus Schulten（1978）的研究表明，夜间迁徙鸣禽的罗盘定向行为受到定向测试实验室内所用光的颜色（即波长）的影响（Wiltschko et al.，1993、2010b）。如果眼睛和/或松果体器官并没有以某种方式参与磁罗盘，就很难解释这种波长依赖性。在鸟类中，磁罗盘定向不需要松果体器官（Schneider et al.，1994），但蝾螈松果体器官中的光感受器分子似乎是磁罗盘定向所必需的（Phillips et al.，2001）。

据报道，低兆赫范围内特定共振频率的振荡磁场干扰了夜间迁徙鸣禽的磁罗盘定向能力（Ritz et al.，2004、2009）。近期的一项双盲实验表明低兆赫电磁场的破坏效应真实存在，但并不局限于特定的共振频率（Engels et al.，2014）。此外，Engels 等（2014）认为，在鸟类和人类居住的大多数城市环境中无所不在的人为电磁噪声干扰了欧洲知更鸟迁徙时的磁罗盘定向。

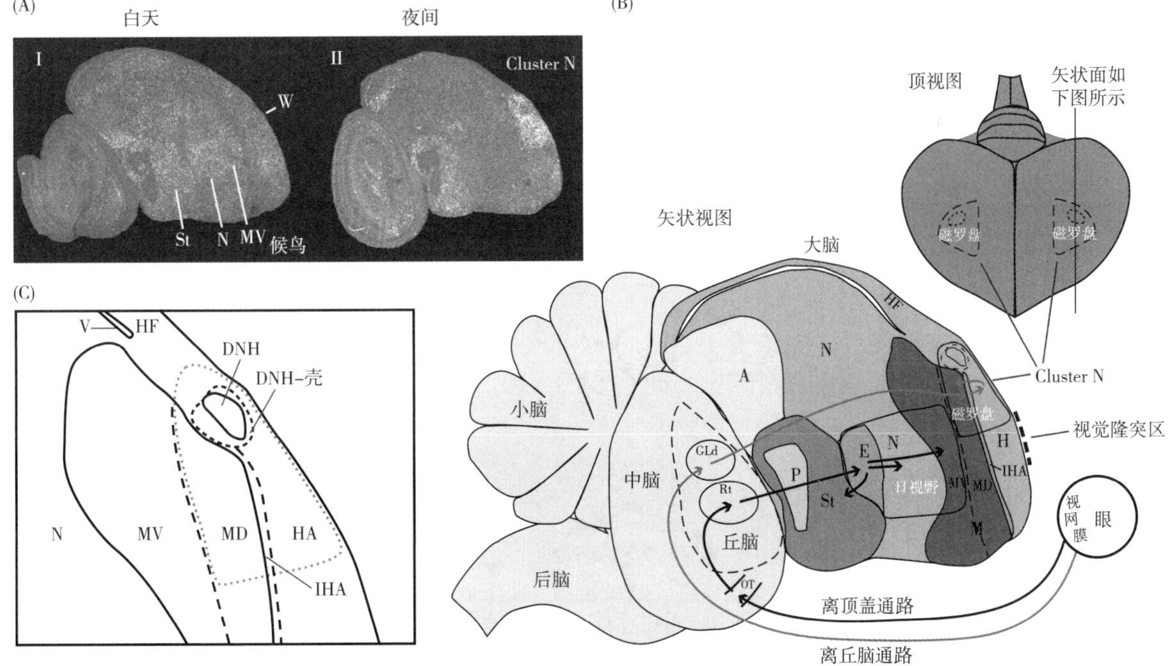

图 8.11★　Cluster N

（A）Cluster N 是候鸟在夜间进行磁感受和/或罗盘定向时最活跃的脑区，并且磁罗盘定向需要 Cluster N 参与（图 8.12）。（B）Cluster N 是视觉隆突的一部分，通过丘脑视觉通路接收来自眼睛的信息传入（Heyers et al.，2007）。灰色的大脑顶视图显示了 Cluster N、DNH 和 DNH-壳由内至外和由前至后的范围。（C）Cluster N 是一个功能单位，由部分上皮质、部分背侧旧皮质（Jarvis et al.，2013），以及一个嵌入上皮质内的、名为 DNH 的核组成，DNH 周围有一层细胞形成的壳。解剖学：A＝弓状皮质，P＝苍白球，E＝内皮质，St＝纹状体，N＝巢皮质，M＝旧皮质，MD＝旧皮质背部，MV＝旧皮质腹部，H＝上皮质，V＝脑室，OT＝视顶盖，HF＝海马结构，IHA＝HI＝上皮质球部间隙区，DNH＝上皮质背核，DNH shell＝DNH 周围壳，W＝视觉隆突，LGd＝外侧膝状体核背部，Rt＝圆核。比例尺＝0.5 mm。引自 Mouritsen 等（2013）对 Mouritsen 等（2005）的引用。

破坏性磁场的强度比目前世界卫生组织提出的人体接触限值低 1 000 倍（Engels et al.，2014）。尽管从理论角度上仍然难以解释这些效应，但它们很可能为判断基本量子力学机制是否参与鸟类磁罗盘感提供了依据（Ritz et al.，2009；Mouritsen & Hore，2012；Engels et al.，2014）。

分子水平上已经证实了在包括候鸟在内的许多脊椎动物的视网膜中存在磁敏感隐花色素分子（Mouritsen et al.，2004a；Möller et al.，2004；Liedvogel and Mouritsen，2010；Niessner et al.，2011）。此外，候鸟庭园林莺（*Sylvia borin*）的隐花色素在光激发下能形成持久的自由基对（Liedvogel et al.，2007a）。用地磁强度磁场对人工合成分子自由基对反应的影响实验模拟了隐花色素的反应原理，支持了上述机制的理论可行性（Maeda et al.，2008；Mouritsen and Hore，2012）。

在神经解剖学上，一个名为 Cluster N 的区域（图 8.11）是迄今为止发现的、夜间迁徙鸟类进行磁罗盘定向时最活跃的前脑区域。当鸟类的眼睛被遮挡时，Cluster N 不会被激活（Mouritsen et al.，2005；Feenders et al.，2008；Zapka et al.，2010）。Cluster N 由上皮质和背侧旧皮质部分组成（Jarvis et al.，2013）。欧洲知更鸟的 Cluster N 位于视觉隆突最外侧，通过丘脑视觉通路接收来自眼睛的神经传入信息（Heyers et al.，2007）。在另一种夜间迁徙鸣禽黑头鹀（*Emberiza melanocephala*）中也发现了 Cluster N 的存在，并且实验证明在夜间能被激活（Rastogi et al.，2011）。Cluster N 是否是光依赖磁罗盘信息的处理中心呢?

对欧洲知更鸟进行的双盲实验表明，双侧 Cluster N 损毁的鸟无法使用磁罗盘定向（Zapka et al.，2009）（图 8.12）。相反，Cluster N 假损毁或切断双侧三叉神经眼支并不影响鸟使用磁罗盘定向的能力（Zapka et al.，2009）（图 8.12）。Cluster N 损毁只影响磁罗盘，因为 Cluster N 损毁的知更鸟能很好地利用它们的太阳和星罗盘定向（Zapka et al.，2009）（图 8.12）。这些数据表明：①该物种的磁罗盘定向需要 Cluster N；②Cluster N 可能特异性地参与处理磁罗

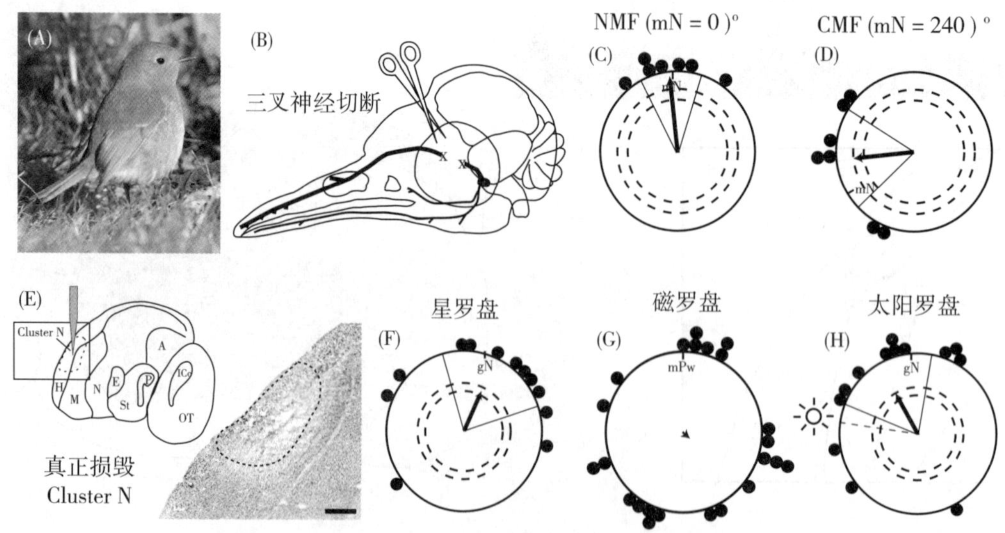

图 8.12 Cluster N 脑区是磁罗盘定向行为所必需的，但不是太阳罗盘和星罗盘定向所必需的，欧洲知更鸟的三叉神经对磁罗盘定向既不必要，也不充分

（A）欧洲知更鸟（照片版权由 Henrik Mouritsen 所有）。（B～D）切断双侧三叉神经眼支（B）不影响鸟的磁罗盘定向能力（C，D；mN=磁北）。（E～H）化学损毁双侧 Cluster N（E）破坏了鸟的磁罗盘能力（G），而在天文馆内的星罗盘定向（F）和太阳落山时的户外太阳罗盘定向（H）不受 Cluster N 损毁的影响。有关圆形图的说明参见图 8.3。（E）沿 Cluster N 中心向下切开脑组织并用神经元标记物染色的示意图和图例。比例尺=500 μm。喙向左，尾向右。请注意，（E）中实验鸟的 Cluster N 所在部位组织被破坏。解剖学：A=弓状皮质，E=内皮质，H=上皮质，ICo=丘间复合体，M=旧皮质，MD=旧皮质背部，MV=旧皮质腹部，N=巢皮质，OT=视顶盖，P=苍白球。引自 Mouritsen（2013）对 Zapka 等（2009）的引用。

盘信息；③某种视觉介导机制完成了这种迁徙鸣禽的磁罗盘定向；④在知更鸟，来自听壶的传入信息不足以用来完成磁罗盘定向；⑤通过三叉神经传递给大脑的磁性信息输入对于在定向笼中测试的欧洲知更鸟的磁罗盘定向来说既不必要，也不充分（Zapka et al.，2009；Mouritsen，2013）。Cluster N 在磁罗盘信息处理过程中的确切作用尚未确定，但现有的结果提出了一种明显的可能性，即视觉系统的这一小部分使鸟类能够“看到”磁罗盘信息（Mouritsen，2013）。

这些结果并不能排除存在基于铁矿的和/或三叉神经介导的和/或听壶介导的磁感受的可能性。在鸟类中极可能存在基于铁矿的磁感受，并且已有报道在三叉神经-感受区域和听壶-感受区域中存在磁场依赖性的神经元活化（参见前面的章节）。三叉神经和听壶介导的磁感受似乎不是夜间迁徙鸣禽磁罗盘的主要机制（Zapka et al.，2009），但可能是磁定位信息的主要来源（Mora et al.，2004；Kishkinev et al.，2013）。事实上，在一些动物物种中，很可能同时存在光介导的基于自由基对的磁感受和基于铁矿的磁感受机制，而且它们可能为动物提供不同类型的磁信息（Wiltschko and Wiltschko，2007；Mouritsen and Hore，2012）。

这是生物学中经常出现的现象，即当针对某一事件存在两种假设时，通常结果是这两种假设在一定程度上都是正确的。而且，生物学中也经常出现一些看似不必要的冗余，可能是因为能以多种方式执行同一功能的生物体对变化具有更强的应对能力，因此更具有进化优势（Mouritsen，2013）。

8.13 我们迫切地需要独立重复试验

一些学者声称磁感受研究结果无法被独立重复，这使该项研究受到了很大影响，尤其是电生理学方面的研究结果更是如此（Semm and Demaine，1986；Beason and Semm，1987）。其他方面的研究也有许多相互矛盾或实验结果无法重复的情况，比如关于人类有磁感受的说法（Westby and Partridge，1986；Baker，1989），以及鸟类的磁罗盘只位于其右眼的说法（Wiltschko et al.，2002，2003；Liedvogel et al.，2007b；Stapput et al.，2010；Hein et al.，2010，2011；Engels et al.，2012）。尽管存在实验结果无法重复的问题，也并不一定意味着这些观点是错误的。不过，在它们能够被再次独立地重复出来之前，的确应该谨慎对待这些磁感受研究结果，以及存在同样问题的其他任何研究领域。

不幸的是磁感受相关研究缺乏可重复性的同时，还缺乏双盲试验程序。考虑到历史因素和人类对磁刺激没有直观感觉的现实（因此不太可能检测到明显的磁刺激），应该将双盲试验作为标准程序。并且应该将首次独立双盲复制磁感受关键发现的研究与原始发现研究放在同等重要的地位（Mouritsen，2013）。

8.14 展望

尽管人们对磁感受还没有完全了解，但许多来自不同领域的研究都支持基于铁矿的和光依赖的磁感受假说。可是，仍有许多基本问题需要解决。

举例来说，目前对任何被证明与主动感觉系统有关的特定铁矿物结构都缺乏功能上的理解（Mouritsen，2012；Mouritsen and Hore，2012）。同样，我们还需要从生物物理学角度来理解大自然怎样设计了自由基对受体，以便它们能够在生理温度下对地磁强度磁场敏感——这是一项在人工自由基对反应研究中已经接近但尚未完成的壮举（Maeda et al.，2008；Rodgers and Hore，2009）。此外，蛋白质水平上的研究表明，鸟类隐花色素具有最佳的磁感受特性，比如能形成持久的自由基对（Liedvogel et al.，2007a），但我们仍需要在蛋白质水平和体内证明地磁强度磁场对鸟类隐花色素的影响。

在神经解剖学方面，我们只是刚刚开始探索处理磁信息的大脑回路，还远未了解鸟类如何把获得的磁信息转换为基于多感官系统信息整合的定向选择。此外，迄今为止，任何单个神经元对磁刺激发生反应的实验结果都不能被独立重复。尽管在行为学方面已经报道了很多关于磁感受的研究，但很难进行实验参数的明确区分，而且许多行为似乎是多模式的，或者至少受到视觉和嗅觉等其他模式的调节（Mouritsen，2013）。

总之，磁感受是鸟类和其他许多动物生命的重要组成部分，对于任何参与实现磁感受的分子、细胞和神经过程，仍然有许多机会进行新的、开创性的研究。

参考文献

（王玮、陈巍译，柳巨雄校）

第 9 章　皮质下区和自主神经系统

Wayne J. Kuenzel

缩略语

AcC，A central core　中央核
ACTH，Adrenocorticotropic hormone　促肾上腺皮质激素
AgRP，Agouti-related peptide　刺鼠相关肽
ANS，Autonomic nervous system　自主神经系统
BG，Basal ganglia　基底神经节
BST，Bed nucleus of the stria terminalis　终纹床核
BSTL，Lateral bed nucleus of the stria terminalis　外侧终纹床核
BSTM，Medial bed nucleus of the stria terminalis　内侧终纹床核
CEM，Central extended amygdala　中央扩展杏仁核
CeM，Central nucleus of amygdala　杏仁中央核
CoS，Commissural septal nucleus　连合隔核
CRH，Corticotropin-releasing hormone　促肾上腺皮质激素释放激素
CVO，Circumventricular organ　室周器官
DL，Dorsolateral nucleus　背外侧核
DM，Dorsomedial nucleus　背内侧核
DSBG，Dorsal somatomotor basal ganglia　背侧躯体运动基底神经节
ENK，Enkephalin　脑啡肽
GP，Globus pallidus　苍白球
ICo，Intercollicular complex　丘间复合体
In，Infundibular nucleus　漏斗核
INP，Intrapeduncular nucleus　脚内核
LFB，Lateral forebrain bundle　外侧前脑束

LHy，Lateral hypothalamic area 下丘脑外侧核
LPS，Pallial-subpallial lamina 皮质-下皮质层
LSO，Lateral septal organ 外侧隔器官
LSt，Lateral striatum 外侧纹状体
MC4R，Melanocortin 4 receptor 黑皮质素 4 受体
ME，Median eminence 正中隆起
MeA，Medial amygdala 杏仁内侧核
MEA，Medial extended amygdala 内侧扩展杏仁核
MSt，Medial striatum 内侧纹状体
NBM，Nucleus basalis magnocellularis 大细胞基底核
NDB，Diagonal band nucleus 对角带核
NDBh，Nucleus of diagonal band，horizontal limb 水平支斜束核
NHpC，Nucleus of hippocampal commissure 海马连合核
NOS，Nitric oxide synthase 一氧化氮合酶
OVLT，Organum vasculosum of the lamina terminalis 终板血管器
PAG，Periaqueductal gray 中脑导水管周围灰质
PIT，Anterior pituitary 垂体前叶
PNS，Parasympathetic nervous system 副交感神经系统
POM，Medial preoptic nucleus；Preopticus medialis 内侧视前核
POMC，Pro-opiomelanocortin 阿黑皮素原
PPN，Pedunculopontine nucleus 脚桥核
PVN，Paraventricular nucleus 室旁核
RAm，Nucleus retroambigualis 后疑核
SCC，Caudocentral septum 尾中隔
SFO，Subfornical organ 穹窿下器官
SHpS，Septohippocampal septum 海马隔
SL，Lateral septum 侧间隔
SM，Medial septum 内侧隔核
SNc，Substantia nigra，pars compacta 黑质致密部
SNS，Sympathetic nervous system 交感神经系统
SpA，Subpallial amygdaloid area 皮质下杏仁核区
SSO，Subseptal organ 隔下器官
STN，Subthalamic nucleus 丘脑下核
TRH，Thyrotropin-releasing hormone 促甲状腺激素释放激素
TSH，Thyroid-stimulating hormone 促甲状腺激素
TSM，Tractus septopallio-mesencephalicus 中脑中隔束
TuO，Olfactory tubercle 嗅结节

VIA，Ventro-intermediate thalamic area　丘脑腹中间区

VP，Ventralpallidum　腹侧苍白球

VTA，Ventral tegmental area　腹侧被盖区

VVBG，Ventral viscerolimbic basal ganglia　腹侧内脏边缘系统基底神经节

α-MSH，α-Melanocyte-stimulating hormone　α-黑素细胞刺激素

9.1 引言

自本书前一版出版以来，随着鸡基因组（Hillier et al.，2004）以及斑胸草雀（zebra finch）（Warren et al.，2010）、火鸡（turkey）（Aslam et al.，2012）、日本鹌鹑（Japanese quail）（Kawahara-Miki et al.，2013）和猩红色金刚鹦鹉（scarlet macaw）（Seabury et al.，2013）等其他鸟类基因组的工作陆续开展，禽类生理学又有了长足的进步。除了分子生物学领域之外，在鸟类神经生物学，特别是神经解剖学方面也取得了重大发现和进展。在 20 世纪 90 年代后期，Tony Reiner 博士组建了一个鸟类神经解剖学家为主的专家组，主要解决当时对于鸟类大脑特别是前脑命名混乱的问题。一直以来，许多不恰当的结构术语是基于过时的和对哺乳动物大脑结构同源性的错误假设。Erich Jarvis 博士于 2000 年秋季发起联邦基金资助的鸟类大脑命名法论坛，在讨论过程中，鸟类学家及比较神经解剖学家对鸟类前脑重新命名，新的术语更符合哺乳动物大脑的发育规律。这些神经解剖学家根据对当前数据的评价，通过电子邮件进行了长达两年的深入讨论，确定了需要修改的所有具体术语。此外，还制定了投票程序并确定了每个结构讨论的地点。

2002 年 7 月，美国国立卫生研究院和国家科学基金会在北卡罗来纳州达勒姆的杜克大学举行了为期 3 天的会议。29 位比较神经解剖学家参加了这次会议。他们讨论了前脑的个别结构，并采用了新的名称。重要的是，修订后的命名法首次包含了适当的术语，这些术语有利于消除人们认为鸟类端脑主要由基底神经节组成的看法。目前，位于端脑外部区域或皮质区的一些结构名称中都包含“pallium”后缀。这一变化直接表明在鸟类基底神经节周围的端脑皮层区域存在广泛的皮质。“pallium”这个术语的使用是因为在鸟类和其他非哺乳脊椎动物中，类似于哺乳动物新皮层的层状结构不明显。因为根据定义皮层包括 6 层细胞，因此“cortex”这个词并不合适。修订后的所有皮质、纹状体和苍白球结构新命名的基本原则和解剖图可以在 Reiner 等（2004）和 Jarvis 等（2005）的文章中查到。

自那次命名会议以来，获得了一些新的数据和进展，尤其是位于前脑深处的另一个叫做“subpallium”的关键神经解剖区域。Kuenzel 等对这个区域的结构和功能分区进行了详细的总结（Kuenzel et al.，2011）。皮质下区包括基底神经节和对特定物种生存至关重要的其他解剖学结构。具体来说，它包括帮助调节运动、摄食、生殖以及防御行为的结构。事实上，皮质下区的以上功能与自主神经系统（ANS）相关的神经功能非常相似。特别是一些位于皮质下区的结构直接投射到中枢结构，在这里作为 ANS 的运动前核。因此，这篇综述的总体目的是总结皮质下区的结构和功能，并指出基底前脑区域与 ANS 的联系。本章的最后一部分包含了具体的例子和假说，这些例子和假说能解释皮质下区神经系统、ANS 和神经内分泌系统是

如何相互联系和整合而得以调节生殖系统、摄食/喂养行为和选择性的年节律行为。通过聚焦中枢神经结构，希望把读者引导到具有调节功能或兴趣行为的脑区，并且让读者知晓我们的知识还存在哪些不足以及需要努力的领域。

9.2 皮质下区的组成

皮质下区包括5个主要的结构：①背侧躯体运动基底神经节；②腹侧内脏边缘系统基底神经节；③扩展杏仁核；④基底端脑胆碱能和非胆碱能皮质投射系统；⑤隔膜和中隔的神经内分泌系统（图9.1）。这五部分占据端脑内侧基底部，背侧和腹外侧被皮质包围。

基于基因表达和原基分布图数据对增殖区的理解，在雏鸡脑皮质下区的胚胎发育方面的认识已经取得重大进展。关于组织发生区的细节可以在以下参考文献中获得：Puelles等（2000、2007），Cobos等（2001a、b），Marín和Rubenstein（2001），Redies等（2001），Flames等（2007），Abellán和Medina（2008、2009），García-López等（2008），Abellán等（2010）和Kuenzel等（2011）。下面的内容对幼雏和成年鸟类中的皮质下区的5个主要结构进行了讨论。

9.2.1 背侧躯体运动基底神经节

9.2.1.1 结构

基底神经节（BG）由背侧躯体运动和腹侧内脏边缘系统组成。20世纪60年代在禽类皮质下区中发现大量多巴胺和乙酰胆碱酯酶（Spooner and Winters，1966；Juorio and Vogt，1967；Karten，1969；Nauta and Karten，1970），这个发现开启了重新认识禽类BG的实际位置和范围的新时代，认为BG只位于前脑的腹内侧区（图9.2），而以前认为其遍及整个前脑。BG和皮质之间的边界结构是皮质-下皮质层（LPS；图9.2C）。重要的是，这些研究利用免疫组织化学方法以及酪氨酸羟化酶（多巴胺指示剂）和胆碱乙酰转移酶（合成乙酰胆碱）的抗体清楚地展示了禽类BG与哺乳动物BG位置和相对大小的相似性，并利用此方法比较了BG与端脑其他区域的异同。

背侧躯体运动基底神经节的关键结构包括内侧纹状体（MSt）的背侧和腹侧区、外侧纹状体（LSt）、脚内核和苍白球（图9.2）。一般认为MSt和LSt与哺乳动物尾壳核同源（Reiner et al.，2004）。有关鸟类、哺乳动物、爬行动物和其他脊椎动物之间的比较细节参见Reiner等（1998）。

9.2.1.2 功能

总的来说，哺乳动物和鸟类的背侧躯体运动基底神经节在结构和功能方面有显著的相似性。具体来说，躯体基底神经节的功能性组织模型最早出现在哺乳动物中，这个模型包括两个平行的输出环路，它们在运动控制及其两者相互作用中具有不同的功能（Albin et al.，1989；DeLong，1990；Gerfen，1992）。已证实，鸟类具有相似的直接或间接通路（Reiner et al.，1998）。图9.3展示了鸟类背侧躯体运动基底神经节所涉及的直接和间接运动通路修正后的表示方法。直接通路（图9.3A）促进鸟类（头、翅膀、腿）的运动。通过皮

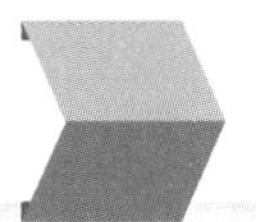

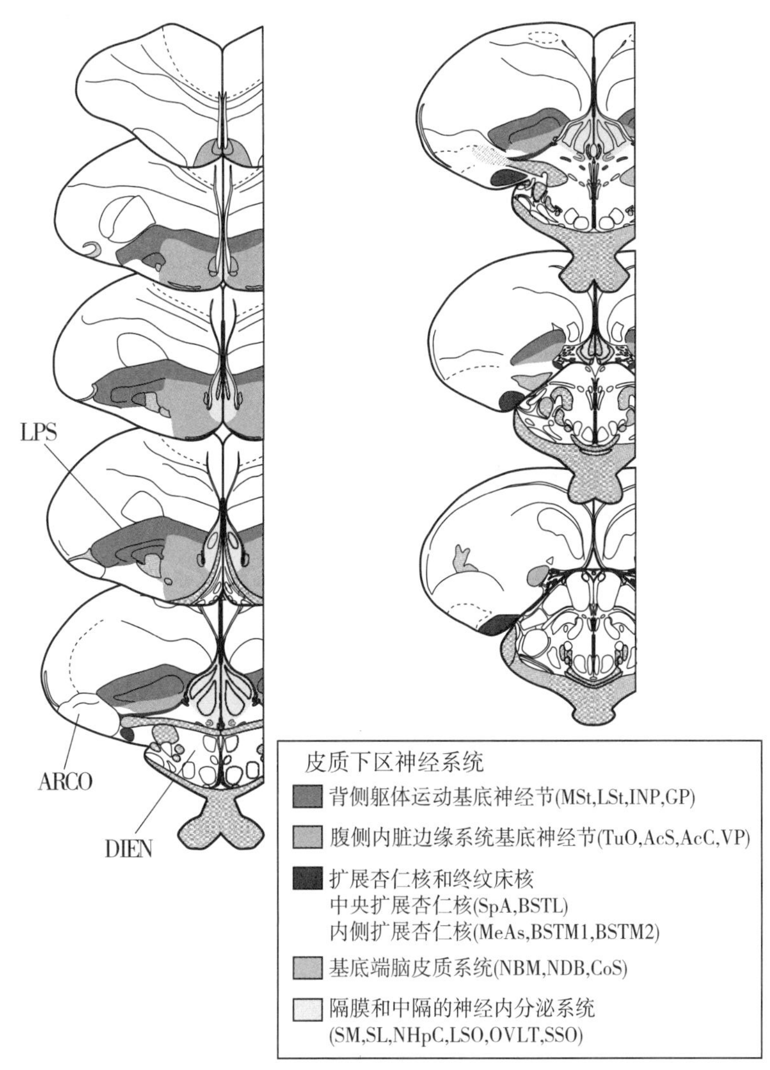

图 9.1★　禽类皮质下区的五个神经系统

（1）背侧躯体运动基底神经节（以红色显示）包括外侧纹状体（LSt）、内侧纹状体（MSt）、苍白球（GP）和脚内核（INP）。LPS 标记禽皮质下区的背侧边界。（2）腹侧内脏边缘系统基底神经节（以棕黄色显示）包括嗅结节（TuO）、伏隔核（壳区和核区，AcS，AcC）、腹侧苍白球（VP）。（3）扩展杏仁核和终纹床核（以蓝色显示）包括中央扩展杏仁核和内侧扩展杏仁核。前者由外侧终纹床核（BSTL）和中央扩展杏仁核［CEA，以前为皮质下杏仁核的背侧部分（SpA）（见图 9.7）］组成；禽类杏仁核的中央核的位置目前正在研究中。后者包括内侧终纹床核 1 和 2（BSTM1，BSTM2）、内侧扩展杏仁核（MEA，前身是 SpA 的腹侧部分（见图 9.7））和内侧杏仁核［MeA，以前是杏仁核的带核（TnA）］。（4）基底端脑皮质投射系统（以绿色显示）包括大细胞基底核（NBM）、对角带核（NDB）和连合隔核（CoS）。（5）隔膜和中隔的神经内分泌系统（以黄色显示）包括内侧隔核（SM）、侧间隔（SL）、海马连合核（NHpC，以前称为皮质连合床核）和 3 个脑室周围器官：外侧隔器官（LSO）、终板血管器（OVLT）和隔下器官（SSO）。其他缩写：LPS，皮质-下皮质层；ARCO，弓状皮质；DIEN，间脑（下丘脑、丘脑和上丘脑）。引自 Kuenzel 等（2011）。

质纹状体投射（来自皮质）将信号输入到纹状体（与哺乳动物尾壳核类似），表现为对外侧和内侧纹状体的谷氨酸能兴奋性输入（Veenman and Reiner，1996；Csillag et al.，1997；Reiner et al.，2001；Ding et al.，2003；Ding and Perkel，2004；Farries et al.，2005）。调节纹状体的多巴胺能输入信号也来自黑质致密部（SNc）［A9，儿茶酚胺能（CA）细胞组］、腹侧被盖区（VTA；A10，CA 组）和红核后区（A8，CA 组）（Brauth et al.，1978；Kitt and Brauth，1986b；Bailhache and Balthazart，1993；Moons et al.，1994；Reiner et al.，1994；Wynne and Güntürkün，1995）（图 9.4）。外侧和内侧纹状体都接受来自皮质的兴奋性输入。而纹状体将含有 P 物质和 GABA 的抑制性神经元投射到苍白球

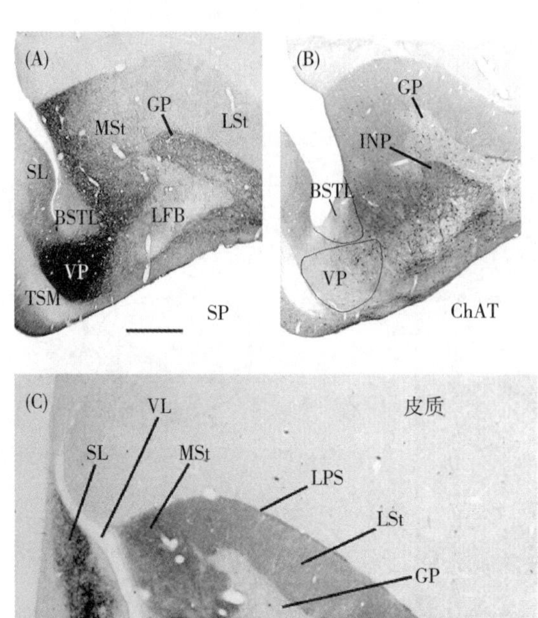

图 9.2 背侧躯体运动基底节的组成元件

鸽脑的横断面图片，显示了对（A）P物质（SP）和（B）胆碱乙酰转移酶（ChAT）抗体的免疫反应性。鸡脑的横断面，显示了对（C）酪氨酸羟化酶（TH）的免疫反应性。TH是多巴胺能输入的指示剂，能识别背侧躯体运动基底节的纹状体结构，特别是外侧纹状体（LSt）和内侧纹状体（MSt）。也要注意SP纤维在腹侧苍白球（VP）的免疫反应性增强，同时VP的部分区域显示ChAT神经元和TH纤维数量增加。在（B）中，胆碱能神经元的区域跨越VP和外侧前脑束（LFB），这个区域就是基底大细胞胆碱能细胞组（NBM）。外侧终纹床核（BSTL）存在少量的ChAT神经元和SP免疫反应性。其他缩写：GP，苍白球；INP，脚内核；LPS，皮质-下皮质层；SL，侧间隔；TSM，中脑中隔束；VL，侧脑室。标尺=1 mm。引自Kuenzel等（2011）。

的内侧区域（图9.3A），这个区域在图中显示为GPi（Anderson and Reiner，1990、1991；Reiner，1986；Reiner and Anderson，1990；Veenman and Reiner，1994）。苍白球的内侧区将抑制性GABA能神经元投射到丘脑的一个小区域，这个区域是丘脑腹中间区（VIA；Karten and Dubbeldam，1973；Kitt and Brauth，1982；Medina et al.，1997）。VIA中含有兴奋性的谷氨酸能神经元，这些神经元能够投射到皮质背侧区域的隆突（Wulst），而这个隆突相当于哺乳动物的初级躯体感觉/躯体运动皮层（Wild，1987；Korzeniewska and Güntürkün，1990；Medina and Reiner，2000）。

除了上述促进肢体运动的直接通路外，还存在抑制鸟类运动的拮抗通路（图9.3B）。这个通路和直接通路截然不同，被称为间接通路。它来自于纹状体，由GABA和脑啡肽（ENK）共定位的神经元组成，其功能是抑制多余的身体运动。尽管如此，它与先前所显示的直接运动通路具有相同的兴奋性输入（图9.3B）。那些纹状体投射神经元是抑制性的，能支配苍白球的外侧部（GPe，图9.3B）（Brauth，1984；Reiner et al.，1984a、b；Reiner，1987；Anderson and Reiner，1990；Veenman and Reiner，1994；Veenman et al.，1994）。抑制性GABA能神经元投射到禽类丘脑下核（STN），STN中含有兴奋性谷氨酸能神经元，而谷氨酸能神经元能反过来投射至苍白球内部（Jiao et al.，2000）。内侧苍白球主要由 GABA 能抑制性神经元组成，这些神经元投射到 VIA。VIA 中有兴奋性谷氨酸能神经元，这些神经元投射到皮质（图 9.3B）。总之，纹状体中含有 ENK、GABA 的神经元激活，能使苍白球中的神经元受到抑制。STN 中谷氨酸能神经元能去除这种抑制效应。STN 的兴奋性输出增强引起苍白球神经元释放 GABA 增加，这些神经元投射到丘脑 VIA，从而减少谷氨酸释放到特定的皮质投射区。这条途径的总体效果是促进抑制多余的运动，这种运动可能与直接通路促进的运动相拮抗（图 9.3A）。在大鼠体内获得了支持间接通路功能的行为数据（Kafetzopoulos and Papadopoulos，1983；Piallat et al.，1996），后来在鸽的研究中发现通过外科手术直接损伤 STN 可以导致痉挛和旋转运动。

从七鳃鳗（无颌类脊椎动物）获取的数据显示该物种同样有基底神经节的所有重要组成部分（包括纹状体、苍白球和丘脑下核）。因此，说明这个古老的脊椎动物系统发育群具有类似功能的直接和间接通路，这两条通路能形成一个调节运动功能的核心网络（Stephenson-Jones et al.，2011）。普遍认为脊椎动物的基底神经节环路的进化是为了帮助运动行为的选择，而且已有数据支持这一假说（Redgrave et al.，1999）。进一步研究显示双重输出通路在整个脊椎动物进化过程中高度保守（Stephenson-Jones et al.，2012）。另外，发现七腮鳗的一个神经结构与哺乳动物脚桥核（PPN）具有同源性，这个结构位于中脑附近的黑质和腹侧被盖区（Stephenson-Jones et al.，2012）。在哺乳动物中，PPN 参与步态以及其他刻板动作的触发和调节（Pahapill and Lozano，2000）。在鸟类中，由于中脑腹侧深核存在胆碱能神经元并且与基底神经节的组成部分有联系，故在禽脑图谱（Karten and Hodos1967；Kuenzel and Masson，1988）中被改名为脚桥核（PPT or PPN；Reiner et al.，2004）。在脊椎动物中，由于 PPN 和基底神经节结构相连，故 PPN 被认为是基底神经节的延伸部分（Mena-Segovia et al.，2004）。

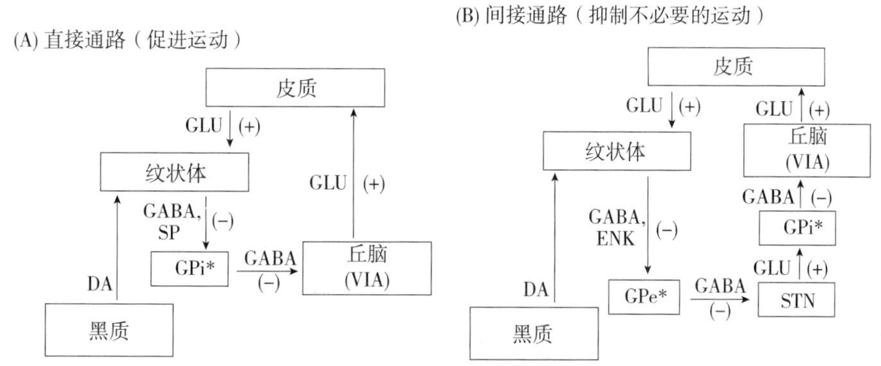

图 9.3　鸟类背侧躯体运动基底神经节所涉及的直接和间接通路

（A）显示促进鸟类骨骼肌运动的一个直接通路，其为来源于皮质的兴奋性输入（+）和来源于黑质的调节输入。（B）与直接通路并行的间接通路，其功能是抑制不必要的运动，因此有利于直接通路对运动的触发。缩写：DA，多巴胺；ENK，脑啡肽；GABA，γ-氨基丁酸；GLU，谷氨酸；GPe*，苍白球外侧（GP 的外侧部分）；GPi*，苍白球内侧（GP 的内侧部分）；STN，丘脑下核；SP，P 物质；VIA，丘脑腹中间区。

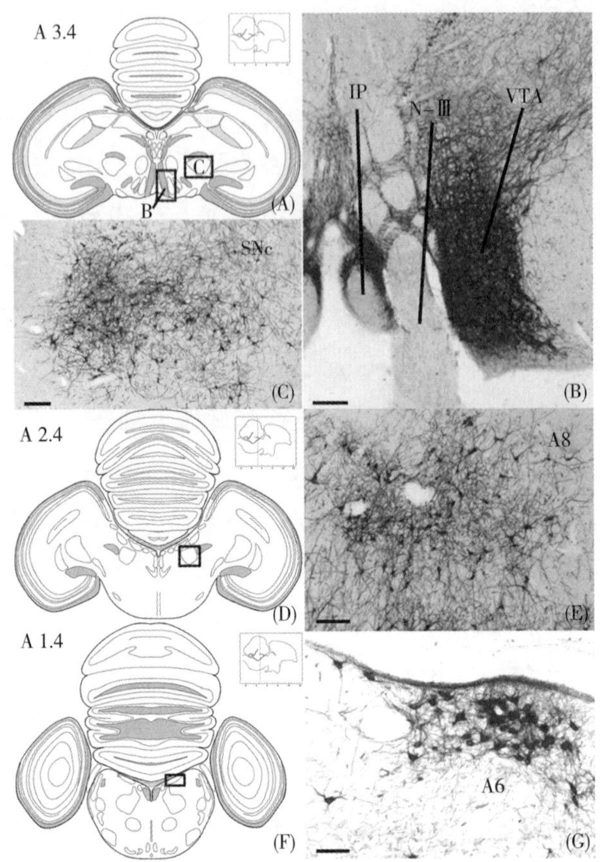

图 9.4 鸡脑基底神经节调节性传入的来源

(A) 鸡脑图谱 A3.4（Kuenzel and Masson，1988）。图中方框显示（B）和（C）的位置。(B) 腹侧被盖区（VTA）或 A10 多巴胺能细胞群。(C) 黑质致密部（SNc）或 A9 多巴胺能细胞组。(D) 鸡脑图谱 A2.4；方框显示为数字图像（E），A8 多巴胺能细胞的位置。(F) 鸡脑图谱 A1.4；方框显示图像（G）的位置。(G) 蓝斑或 A6 去甲肾上腺素能细胞群。(B)(C)(E) 标尺=200 μm，(G) 标尺=100 μm。其他缩写：N-Ⅲ，动眼神经；IP，脚间核。引自 Kuenzel 等（2011）。

9.2.2 腹侧内脏边缘系统基底神经节

9.2.2.1 结构

腹侧内脏边缘系统基底神经节（VVBG）在结构上与背侧躯体运动基底神经节（DSBG）相似，因为这两个结构都有背侧纹状体和腹侧苍白球亚区。VVBG 包括内侧纹状体腹侧部、伏隔核（核和壳）、嗅结节和腹侧苍白球（图 9.5 和图 9.6）。纹状体的亚区由内侧纹状体的腹侧部、伏隔核的壳和嗅结节的核及浅部组成。纹状体组成部分特别是伏隔核，接收兴奋性皮质的神经输入，这种兴奋性神经输入很可能是谷氨酸能神经输入（Veenman and Reiner，1996；Csillag et al.，1997；Reiner et al.，2001；Ding et al.，2003；Ding and Perkel，2004；Farries et al.，2005）。嗅结节的皮质输入来自嗅球（图 9.5）、梨状皮质（Bingman et al.，1994）和背内侧海马（Atoji and Wild，2004）。纹状体多巴胺能调节性输入主要来源于腹侧被盖区 A10 细胞群（图 9.4B）和黑质（图 9.4C）（Kitt and Brauth，1986b；Moons et al.，1994；Panzica et al.，1994，1996）。已知纹状体结构中存在含有 NADPH-黄递酶和一氧化氮合酶的中间神经元（NOS）（Vincent et al.，1983；Brüning，1993；Brüning et al.，1994；Panzica et al.，1994），以及降钙素基因相关的肽纤维（Lanuza et al.，2000；Roberts et al.，2002）和含有甲状腺激素释放激素的纤维（Jozsa et al.，1988）。如前所述，腹侧内脏边缘系统 BG 的纹状体亚区输入和输出在结构上与 DSBG 相似，因为它能接收来自皮质的兴奋性谷氨酸能输入以及大量的来自腹侧被盖区（VTA）或 A10 细胞群的调节性多巴胺能输入和一些来自 SNc 的输入。此外，内侧纹状体、伏隔核和纹状体亚区的嗅结节与 DSBG 相似，它们都具有能与 P 物质或 ENK 共同定位的 GABA 能投射神经元。内脏边缘系统苍白球包括腹侧苍白球和深部嗅结节（图 9.5）。

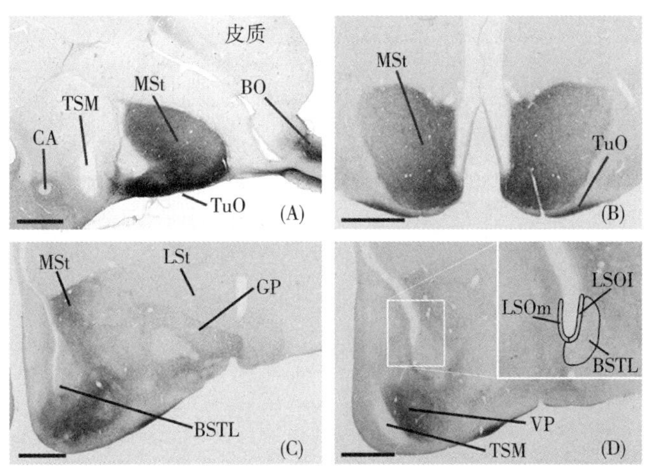

图 9.5 免疫标记 P 物质显示鸡脑切片的内脏基底神经节

（A）近中线矢状面显示内侧纹状体（MSt）腹侧部和嗅结节（TuO）。注：嗅球（BO）投射到 TuO。（B）（C）（D）基底神经节横截面显示 MSt、TuO 和 VP。（D）局部放大显示了外侧隔器官（LSO）的位置，它与内皮层的第五神经系统、隔膜和中隔的神经内分泌系统有关。其他缩写：BSTL，外侧终纹床核；CA，前联合；GP，苍白球；LSt，外侧纹状体；TSM，中脑中隔束 LSOl，外侧隔器官外侧；LSOm，外侧隔器官内侧；VP，腹侧苍白球。标尺＝1.0mm。引自 Kuenzel 等（2011）。

VVBG 的主要结构是伏隔核（Ac）。哺乳动物伏隔核是由一个中央核（AcC）和围绕它内侧、腹侧和外侧的壳组成（AcS）（Herkenham et al.，1984；Záborszk et al.，1985）。哺乳动物伏隔核的第三亚区也已被鉴定（Zahm，2000；Zahm and Brog，1992；Zahm and Heimer，1993）。同样，在鸟类中，已经利用 P 物质、神经肽 Y（NPY）、多巴胺、cAMP 调节的磷蛋白（DARPP-32）和钙结合蛋白的抗体鉴定了伏隔核的 3 个亚区（图 9.6）（Roberts et al.，2002；Bálint and Csillag，2007；Abellán and Medina，2009；Bálint et al.，2011；Husband and Shimizu，2011）。然而，关于伏隔核、腹内侧纹状体各组成部分的界限及其解剖结构仍存在争议。

尽管如此，伏隔核（图 9.6）这个复杂结构依然重要，因为其与边缘和内脏结构（包括海马结构、杏仁核、腹侧苍白球、下丘脑外侧和腹侧被盖区）具有多种相互联系（见 Husband and Shimizu 综述，2011）。伏隔核还接收来自自主神经系统中枢核团的输入，这些核团包括下丘脑外侧核（Berk and Hawkin，1985）、终纹外侧床核（Atoji et al.，2006）、臂旁核（Wild et al.，1990）、孤束核（Arends et al.，1988；Bálint and Csillag，2007）和迷走神经背侧运动核（Arends et al.，1988）。如前所述，纹状体的亚区有来自腹侧被盖区和黑质的多巴胺能输入。此外，伏隔核特别是 AcS 中接收来自 A6 区密集的去甲肾上腺素能输入（蓝斑；图 9.4（F，G））（Kitt and Brauth，1986a；von Bartheld and Bothwell，1992；Bailhache and Balthazart，1993；Reiner et al.，1994；Moons et al.，1995；Mello et al.，1998）。纹状体伏隔核和纹状体嗅结节的某些神经元输出到腹侧苍白球（VP）。而鸟类 VP 依次投射到包括丘脑下核、室旁核、下丘脑外侧区、丘脑网状核、背内侧丘脑和缰核等多个间脑部位（Kitt and

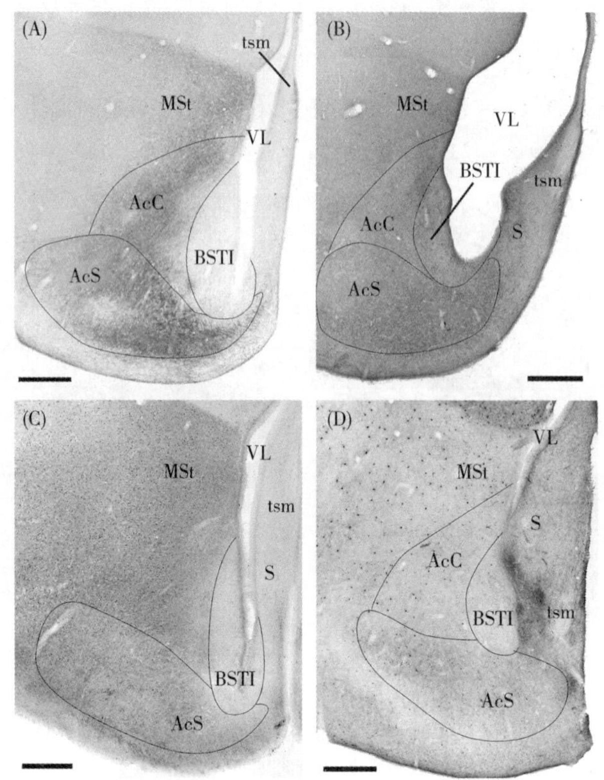

图 9.6 免疫标记神经肽/蛋白质显示鸡脑横断面的伏隔核（Ac）、核区（AcC）和壳区（AcS）
（A）P 物质。（B）神经肽 Y（NPY）。（C）多巴胺和 cAMP 调节的磷蛋白（DARPP-32）。（D）钙结合蛋白。NPY 免疫反应有利于对壳层的划分。其他缩写：BSTI，终纹床核外侧；MSt，内侧纹状体；S，隔膜；tsm，中脑中隔束；VL，侧脑室。标尺＝500 μm。引自 Kuenzel 等（2011）。

Brauth，1981；Berk and Hawkin，1985；Veenman et al.，1995；Medina and Reiner，1997）。

9.2.2.2 功能

与 VVBG 最广泛相关的功能是奖赏（寻求奖赏效应）。动物实验中奖励的一个有用定义是证明无条件刺激可以引发食欲行为和诱发接近行为效应（Ikemoto and Panksepp，1999）。这在很大程度上是基于哺乳动物的大量数据，这些数据表明大鼠将在 nAc 区域自行给予多巴胺、安非他明或电刺激（这些刺激最初都是非条件刺激）（Broekkamp et al.，1975；Cador et al.，1991）。雏鸡 nAc，尤其是壳区，对应激也有反应（Kalivas and Duffy，1995；King et al.，1997），而一般的伏隔核区与被动回避学习有关（Stewart et al.，1996）。

得益于哺乳动物和鸟类大量关于 VVBG 的解剖学研究，才能对其每个组成部分的结构细节进行描述。然而，目前还没有建立类似于背侧躯体运动 BG 的神经环路模型，这个神经环路模型可以通过直接-间接通路描述随意肌功能。也许是皮质和基底神经节结构之间的一些回路，比如鸣禽前端脑通路（reviewed in Doupe et al.，2005），涉及鸣禽发声学习回路的直接或间接通路，或与 nAc 相关的边缘回路，都可能有望成为 VVBG 的一个有前景的模型，该模型可用于调节奖赏驱动行为。

9.2.3 扩展的杏仁复合体：中央扩展杏仁核和内侧扩展杏仁核

Heimer 和同事认为哺乳动物的杏仁复合体主要由两部分组成，每部分都具有从它们扩展出来而形成神经元通道的神经元结构。两条通道被命名为扩展的杏仁复合体，其中一条起源于杏仁中央核，而另一条则与内侧杏仁核相连。两者均通过苍白球腹侧的区域（解剖学上称为豆状核下部），并且终止于终纹床核的不同位置（Alheid and Heimer，1988；Alheid et al.，1995）。每条走廊都具有杏仁核类似的神经化学特征。在功能上，中央和内侧杏仁核以及其终纹床核复合体的各自亚核是哺乳动物杏仁核的主要输出核（Swanson and Petrovich，1998；Swanson，2000；Paré et al.，2004）。

发育生物学、神经组织化学、连接组学和行为学数据强有力的表明，鸟类中存在形成皮质下杏仁复合体的类似结构（Jurkevich et al.，1997，1999；Aste et al.，1998；Cheng et al.，1999；Panzica et al.，1999；Absil et al.，2002a、b；Roberts et al.，2002；Reiner et al.，2004；Yamamoto et al.，2005；Abellán and Medina，2009；Xie et al.，2010，2011）。为了阐明皮质下杏仁复合体的结构和功能，下面的内容将从哺乳动物和鸟类两个层面探讨它的两个基本组成部分。

9.2.3.1　中央扩展杏仁核

9.2.3.1.1　结构

杏仁中央核-中央扩展杏仁核通道和外侧终纹床核（BSTL）内的细胞组成哺乳动物的中央扩展杏仁复合体。与杏仁中央核（CeM）相关的是位于外侧杏仁核和杏仁中央核之间的夹层细胞群（Paré et al.，2004）。来自中央扩展杏仁复合体的投射神经元主要是 GABA 能神经元，与之前讨论的背侧躯体运动和腹侧内脏边缘系统基底神经节相似。不同的是，后两者的 GABA 能神经元通常富含促肾上腺皮质激素释放激素（CRH）、神经降压素（NT）、生长抑素（SOM）或脑啡肽（ENK）等神经肽的一种（Moga and Gray，1985；Swanson and Petrovich，1998；Paré and Smith，1994；Alheid et al.，1995；Poulin and Timofeeva，2008；Panguluri et al.，2009）。中央扩展杏仁复合体主要投射到下丘脑外侧区、中央灰质、臂旁核和孤束核，这些结构位于间脑和脑干是 ANS 的一部分。中央扩展杏仁复合体的结构以及其与 ANS 的联系决定了它的功能，它在机体内调节与摄食以及恐惧/焦虑/压力相关的生理过程和行为（Alheid and Heimer，1988；Alheid et al.，1995；Swanson，2000；de Olmos et al.，2004）。

在鸟类中，中央扩展杏仁复合体的主要部分位于苍白球正下方，这个位置以前称为皮质下杏仁核区（SpA；Reiner et al.，2004）。有人提出将 SpA 及其外侧纹状体（LSt）的外侧延续部分改名为中央扩展杏仁核（CEA，图 9.7）。也有人认为，鸟类的尾侧纹状体和 SpA 横向延续部分可能与哺乳动物的杏仁中央核是同源结构（Abellán and Medina，2009）。另一种哺乳动物杏仁中央核的鸟类同源结构是皮质杏仁后核的致密区（Atoji and Wild，2006）。一个名叫纹状体小室（由一薄层皮质下神经元组成）的结构位于弓状皮质和外侧纹状体之间（Puelles et al.，2007），与哺乳动物的杏仁中央核毗邻（Paré et al.，2004），这个结构的神经元与哺乳动物的杏仁核中的夹层细胞群相似（Abellán and Medina，2009）。复合物最后的结构是外侧终纹床核（BSTL，图 9.7），由于有促肾上腺皮质激素释放激素（CRH）（Panzica et al.，1986；Ball et al.，1989；Richard et al.，2004）、神经紧张素（Reiner and Carraway，1987；Atoji et al.，1996；Reiner et al.，2004）和脑啡肽（Molnar et al.，1994）能神经元的存在，因此认为其与哺乳动物的终纹床核相似。大量研究已表明禽类 BSTL 与自主神经系统结构中的下丘脑结构、臂旁核、孤束核和迷走神经背核运动核有直接联系（Berk，1987；Arends et al.，1988；Wild et al.，1990；Atoji et al.，2006；Bálint et al.，2011）。

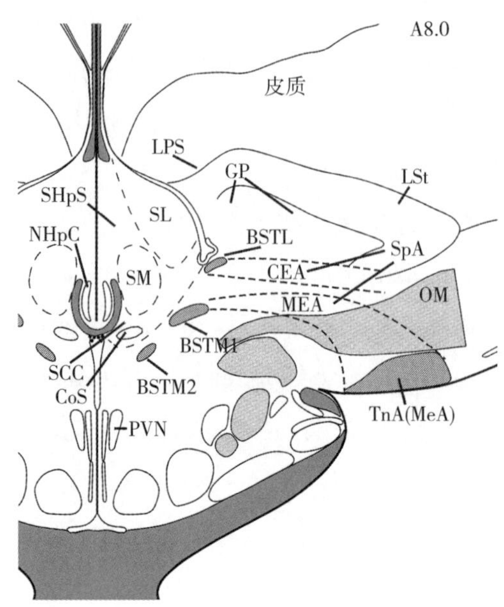

图 9.7 皮质下杏仁复合体、隔膜及中隔的神经内分泌系统的组成

中央扩展杏仁复合体包括外侧终纹床核（BSTL）、中央扩展杏仁核（CEA）和杏仁中央核。成年鸟类的 CEA 的界限和杏仁中央核的位置需要进一步研究。内侧扩展杏仁复合体包括终纹床核、内侧扩展杏仁核（MEA）和内侧杏仁核［MeA，以前称为带状杏仁核（TnA）］，其中终纹床核在雏鸡中有两个亚核（BSTM1 和 BSTM2）。与 CEA 相似，MEA 通道需要细分，以前它们被称为皮质下杏仁核（SpA）。第五皮质下系统、隔膜和隔膜神经内分泌系统被证实在鸟类中是由外侧隔膜（SL）、内侧隔核（SM）、海马隔（SHpS）和尾中隔（SCC）4 部分组成（Goodson et al.，2004）。在两周龄的鸡脑中这 4 个隔膜部分喙尾长度至少 3 mm；然而，出于本综述的目的，在这幅图中它们被压缩成一个平面，因此它们在隔膜内的相对位置相邻。其他缩写：CoS，连合隔核；GP，苍白球；LPS，皮质-皮质下层；LSt，外侧纹状体；OM，枕叶中脑束；PVN，室旁核；NHpC，海马连合核。

9.2.3.1.2 功能

在哺乳动物中，由于中央扩展杏仁复合体与位于下丘脑和尾侧脑干中的自主神经系统的中心部分连接，故被认为与食物摄入及恐惧/焦虑/压力行为有关（van der Kooy et al.，1984；Luiten et al.，1987；Paré et al.，2004）。尤其是，终纹床核中的 CRH 神经元能影响食欲的调节（Heimer and Alheid，1991；Clark and Kaiyala，2003；Gallagher et al.，2008；Krogh et al.，2008）。终纹与下丘脑外侧区、臂旁核、孤束核和迷走神经背核相连接；所有先前列出的结构都与 ANS 有联系。在鸟类中，与 ANS 类似的中心连接已经被证实，这表明在哺乳动物和鸟类中，摄食行为受类似神经系统的调节（Kuenzel and Blähser，1993；Kuenzel，1994、2000）。CRH 已被证实对哺乳动物的压力和焦虑的表达也很重要，而 CRH 侧脑室给药可诱发雏鸡哀叫（Zhang et al.，2004）。

9.2.3.2 内侧扩展杏仁核

9.2.3.2.1 结构

哺乳动物的内侧扩展杏仁复合体由内侧杏仁核、来自内侧杏仁核的神经元通道以及终纹床核的内侧核复合体组成。内侧杏仁核的主要输入来自嗅球以及副嗅觉系统和它的犁鼻器。它含有丰富的性腺类固醇受体，能投射到与生殖行为、攻击和防御相关的多个下丘脑区域（Alheid et al.，1994；Swanson，2000）。内侧扩展杏仁核中的神经元与组成皮质下结构的其他投射神经元相似，主要是氨基丁酸能神经元（Alheid et al.，1994、1995；Swanson，2000）。另外，有关研究已经证实在内侧扩展杏仁核中也有谷氨酸能神经元（Choi et al.，2005）。

鸟类具有相似的结构。带状核一度被认为与哺乳动物的内侧杏仁核相似（Cheng et al., 1999），并且于 2004 年正式改名为带状杏仁核（Reiner et al., 2004）。其他数据也支持鸟类有内侧杏仁核和扩展杏仁核（Yamamoto et al., 2005）。此外，鸟类也具有内侧终纹床核（BSTM，图 9.7）（Jurkevich et al., 1997，1999；Aste et al., 1998）。除精氨酸催产素之外，鸡的内侧终纹床核神经元还含有甘丙肽（Klein et al., 2006）。胚胎学研究表明鸟类有一个皮质下内侧杏仁核，这个结构拥有一个直达 BSTM 的神经元通道。因此，这提示鸟类也有一个内侧扩展杏仁复合体（Abellaìn and Medina，2009）。鸟类内侧扩展杏仁核复合体中除了含有氨基丁酸能和谷氨酸能神经元外，与在哺乳动物内侧杏仁核中发现氨基丁酸能和氮能神经元相似（Tanaka et al., 1997；Swanson，2000），复合体中还发现存在氮能神经元（Panzica et al., 1994；Balthazart et al., 2003）。鸟类皮质下杏仁核除了接收来自嗅球的传入信息外，也接收梨状皮质的信息（Bingman et al., 1994；Veenman et al., 1995）。内侧扩展杏仁复合体的 BSTM 结构中的催产素神经元投射到内侧视前核（Absil et al., 2002a）。鸟类内侧杏仁核与海马结构相互连接（Atoji et al., 2002；Atoji and Wild，2004）。重要的是，内侧扩展杏仁复合体含有高浓度的雄激素和雌激素受体以及芳香化酶，这种酶能将睾酮转化为雌二醇（Balthazart et al., 1998b；Foidart et al., 1999）。雄性禽类该区域的性类固醇受体的丰度较高（Watson and Adkins-Regan，1989）。

9.2.3.2.2　功能

如前所述，在哺乳动物中内侧扩展杏仁复合体在交配、性行为、防御行为和攻击行为中起着关键作用。来自主要嗅觉系统和辅助嗅觉系统的嗅觉输入是复合体接收的重要信号（Swanson，2000；Choi et al., 2005）。方法学和行为学数据表明鸟类的 BSTM 和内侧杏仁核功能相似（Panzica et al., 1998；Thompson et al., 1998；Absil et al., 2002a；Xie et al., 2010，2011）。由于在大多数禽类物种中缺乏一个明确的辅助嗅觉系统和小嗅球，因此人们一直认为信息素和气味在这些脊椎类动物中不起关键作用。尽管如此，有研究表明信息素在鸟类的社会行为和生殖行为中起到一定作用（Balthazart and Schoffeniels，1979；Caro and Balthazart，2010），并且禽类嗅球对气味的电生理反应与哺乳动物类似（McKeegan，2002）。值得一提的是，内侧扩展杏仁复合体的结构已被证明与鸟类性别有关。具体来说，BSTM 在雄性中区域更大并表现出类固醇易感性，其在哺乳动物（Del Abril et al., 1987；Guillamón and Segovia，1997）和鸟类（Kiss et al., 1987；Voorhuis et al., 1988；Panzica et al., 1998；Viglietti-Panzica et al., 1992；Aste et al., 1998；Jurkevich et al., 1999）的交配行为中发挥作用。BSTM2（腹内侧 BSTM）是鸡的 BSTM 的亚核，其主要功能是调节雄性动物性欲（Xie et al., 2010、2011）。

9.2.4　基底端脑胆碱能和非胆碱能皮质投射系统

9.2.4.1　结构

基底皮质投射系统是位于前脑底部的一组神经元，这些神经元投射到哺乳动物或鸟类和其他脊椎动物的皮层。在哺乳动物中基底皮质投射系统主要由胆碱能神经元组成，这些胆碱能神经元与位于基底神经节的苍白球和腹侧苍白球、内侧隔-对角带核以及大细胞性视交叉前核的其他类型的神经元重叠（Gritti et al.，1993，2003）。在鸟类中，大细胞基底核（NBM）、水平支斜束核（NDBh）和连合隔核（CoS，图 9.1）共同组成端脑皮质投射系统。禽类的这 3 个核团中都有胆碱能神经元（Reiner et al.，2004）。NBM 中的胆碱能神经元位于腹侧球状苍白球（ventral globus pallidus）、腹侧苍白球（VP，图 9.2）、脚间核以及外侧和内侧前脑束（Medina and Reiner，1994；Reiner et al.，2004）。有趣的是，NBM 被认为与哺乳动物的 Meynert 基底核具有同样的作用，后者中也含有胆碱能神经元并投射到新皮质、海马和杏仁核（Záborszky et al.，1999）。在鸟类中，NBM 接收来自腹侧内脏边缘系统基底神经节（包括伏隔核）和皮质下杏仁复合体（包括弓状皮质）（Veenman et al.，1995；Medina and Reiner，1997）的信号输入。第二个禽类胆碱能核——NDBh，与位于哺乳动物基底前脑区斜角带核内的胆碱能神经元相似（Woolf，1991）。禽类 NDB 大量投射到海马和海马旁区（Benowitz and Karten，1976；Casini et al.，1986；Atoji et al.，2002；Montagnese et al.，2004）。第三个核——CoS（图 9.7），开始于前连合的背侧，正好位于中线核和海马连合核（NHpC，图 9.7）的外侧。CoS 主要投射于海马和海马旁区，和 NDB 的投射区域相似（Benowitz and Karten，1976；Casini et al.，1986；Atoji et al.，2002；Montagnese et al.，2004）。

9.2.4.2 功能

在哺乳动物中，基底前脑特别是 Meynert 基底核，与学习和记忆密切相关。具体而言，皮质投射胆碱能神经元在调节皮层活动以及注意力和唤醒过程中起着重要的作用（Záborszky et al.，1999），而注意力和唤醒过程会影响学习和记忆（Metherate et al.，1988，1992；Cape and Jones，2000；Cape et al.，2000）。在人类中，记忆丧失与胆碱能神经元的损失密切相关（Auld et al.，2002）。目前，基底前脑胆碱能神经元在鸟类认知过程中的作用还不明确。但是，通过药理学方法阻断毒蕈碱胆碱能受体后，能够导致不同鸟类产生学习和记忆障碍（Patterson et al.，1990；Mineau et al.，1994；Savage et al.，1994；Kohler et al.，1996；Zhao et al.，1997）。另外，β-淀粉样蛋白质在哺乳动物中能损害基底前脑胆碱能系统，也能损害雏鸡的记忆力（Gibbs et al.，2010）。

9.2.5 隔和隔的神经内分泌系统

9.2.5.1 分区和结构

鸟类的隔位于间脑的背侧和前侧，包括所有存在于侧脑室内侧角的神经结构（图 9.1 和图 9.7）。隔最先出现在前脑的喙冠状面，在这个位置侧脑室的腹侧角开始和中脑中隔束（图 9.6）分开并开始从海马区下降到隔（S，图 9.6B、C、D）。当隔区出现在下丘脑背侧的时候，隔的腹侧边界标志是前连合。随着前连合的后移，隔会逐渐缩小。在隔消失前，穿过隔的皮质缰和皮质隔道会变得更加清晰可见。哺乳动物的隔已经被划分为多种结构区域，其中主要包括四大类（Jakab and Leranth，1995；Risold and Swanson，1997a、b）。在一项比较研究中，作者使用了多种鸣禽物种以及 10 种神经肽和酶的抗体来形成一个命名法和框架，明确禽类隔区和四足动物的同源关系（Goodson et al.，2004）。结果显示，与哺乳动物相似，鸟类的隔也可分为 4 个主要部分：侧间隔（SL）、内侧隔核（SM）、海马隔（SHpS）和尾中隔（SCC，图 9.7）。再加上发育生物学（Puelles et al.，2007；Abellán and Medina，2009；

Abellán et al.，2010）和连接组学（Atoji and Wild，2004；Montagnese et al.，2004，2008）的研究，同源的分区和结构也已分清，详情如下。

9.2.5.1.1 侧间隔

发育中的禽类侧间隔（图 9.7）由 3 个核团组成，其中侧间隔背侧（SLd）和侧间隔中间（SLi）是由纹状体衍生而来（因这两个位置表达 Pax6 和 LIM-only 基因 *Lmo*4），而腹侧核（SLv）是由苍白球衍生而来（因其表达 *Nkx*2.1 基因）（García López et al.，2008；Abellán and Medina，2009；Medina and Abellán，2009）。连接组学研究显示侧间隔有 4 个重要信息传入来源，包括海马结构、弓状皮质/杏仁核、间脑和脑干。鸟类和哺乳动物（Risold and Swanson，1997b）的海马结构优先投射到不同的侧间隔区域（Atoji and Wild，2004；Montagnese et al.，2004，2008）。此外，在哺乳动物中，从海马的锥体神经元中已经记录到大量投射到 SL 的谷氨酸能神经元（Jakab and Leranth，1995；Risold and Swanson，1997b）。研究表明，杏仁核的中间弓状皮质尾部和带状核已经被证实能投射到鸟类的 SL（Atoji and Wild，2004；Montagnese et al.，2004，2008）。哺乳动物的内侧杏仁核，可能与鸟类杏仁核的带状核同源（Thompson et al.，1998；Cheng et al.，1999；Yamamoto et al.，2005），可投射到 SL（Canteras et al.，1995）。SL 的大量输入来源于腹侧间脑的喙侧尾部，其中包括前视区（内侧视前核）（Berk and Butler，1981；Panzica et al.，1992；Balthazart et al.，1994；Balthazart and Absil，1997；Atoji and Wild，2004；Montagnese et al.，2008）、下丘脑（下丘脑前和外侧区）、结节和乳头区（Atoji and Wild，2004，2006）。相似投射方式在大鼠中已经被证实（Canteras et al.，1992、1994；Risold and Swanson，1997b）。哺乳动物侧间隔的一种主要输出方式是通过内侧前脑束下行，然后支配内侧隔核、对角带核、下丘脑外侧区、视前内侧区、下丘脑前区、乳头体前腹核以及乳头体核（Risold and Swanson，1997b）。鸟类的 SL 发出相似的信号到内侧视前核、下丘脑前核和腹内侧核、下丘脑外侧区以及乳头核外侧区（Atoji and Wild，2004），由此可见在鸟类和哺乳动物中下丘脑核团和侧间隔之间存在许多交互投射。最后，哺乳动物和鸟类 SL 的第四个大量的投射来源于脑干，尤其是来自于腹侧被盖区（Kitt and Brauth，1986b）、蓝斑核（Kitt and Brauth，1986a）以及中缝核/线尾部（Cozzi et al.，1991；Atoji and Wild，2004）。据报道，投射到 SL 的神经元分别是多巴胺能神经元（Bailhache and Balthazart，1993；Bottjer，1993；Moons et al.，1994；Wynne and Güntürkün，1995）、去甲肾上腺素能神经元（Bailhache and Balthazart，1993；Moons et al.，1995；Mello et al.，1998）和血清素能神经元（Challet et al.，1996）。

其他化学结构学研究结果已显示不同脊椎动物中，在 SL 的尾部和腹外侧区有含精氨酸催产素（和哺乳动物血管升压素同源）的致密纤维末梢。脊椎动物特别是哺乳动物的神经肽表达丰度具有睾酮依赖性和性别二态性（Moore and Lowry，1998；Goodson and Bass，2001）。目前，至少已在 3 种鸟类物种中证实神经肽表达具有性别二态性（Voorhuis et al.，1988；Viglietti-Panzica et al.，1992；Jurkevich et al.，1997）。SL 也富含雄激素浓缩细胞（Arnold et al.，1976；Barfield et al.，1978）和雌激素受体（Panzica et al.，2001）。其他一些化学结构学研究结果显示在日本鹌鹑（Japanese quail）（Azumaya and Tsutsui，1996）、斑鸠（collared dove）（Dubbeldam et al.，1999）、鸣禽（Goodson et al.，2004）、鸡（Klein et al.，

2006)、无尾类两栖动物(Lazar et al., 1991)以及哺乳动物(Melander et al., 1986; Risold and Swanson, 1997a; Chaillou et al., 1999)中,甘丙肽纤维起源于隔的外侧壁。有趣的是,已在鸡体内发现了甘丙肽纤维和核周体的分布具有性别二态性,尤其是在内侧终纹床核和侧间隔中的分布(Klein et al., 2006),这与之前发现的精氨酸催产素所呈现的特征相似。而且,已有研究证实哺乳动物共同表达甘丙肽和血管加压素的脑区表现为性别差异(Miller et al., 1993)。

9.2.5.1.2 内侧隔

在发育期,小鼠和鸡的内侧隔区表达 Tbr1(Puelles et al., 2000)、Lhx6、Lhx7/8、GAD67 以及 VGLUT2(Flames et al., 2007; Abellán and Medina, 2009; Abellán et al., 2010),这个区域由谷氨酸能、GABA 能和胆碱能神经元以及来自于皮质隔膜和苍白球-视交叉前区的一些神经元组成;苍白球-视交叉前区位于 SM 的腹侧,这个位置有一些 GABA 能神经元(Abellán et al., 2010)。与侧间隔相似,内侧隔(图 9.7)的输入信号也来自于海马复合体、整个腹侧间脑的喙侧尾部(包括来自于视交叉前、下丘脑前部、乳头和结节区的核团)以及腹侧被盖区、蓝斑核位置以及线尾部的信号(Kitt and Brauth, 1986a、b; Atoji and Wild, 2004; Montagnese et al., 2008)。另外,内侧隔也能接受来自对角带核(Atoji and Wild, 2004; Montagnese et al., 2008)、终纹床核的内侧部(Montagnese et al., 2008)以及前内侧丘脑背外侧核的输入信号(Atoji and Wild, 2004)。SM 能投射到海马复合体(Atoji and Wild, 2004)、嗅结节、腹侧苍白球、侧间隔、对角带核以及连合隔核(Atoji and Wild, 2004; Montagnese et al., 2008)。

化学结构学研究发现,与侧间隔相比,内侧隔中大多数的肽能和氨基能神经元以及纤维展示出较弱的免疫活性。但其中有一个例外就是胆碱能神经元,它在内侧隔中有非常高的浓度,尤其在尾部浓度更高。这种现象不仅存在于多种鸟类,而且在很多四足动物的腹内侧隔中也是如此(Goodson et al., 2004)。

9.2.5.1.3 海马隔

哺乳动物有隔海马核(Jakab and Leranth, 1995; Risold and Swanson, 1997a、b),也已有人提出鸟类有一个第三区即海马隔(图 9.7),其由一个小而薄的垂直区域组成,该区域位于前连合并延伸至中隔背侧区(Goodson et al., 2004)。最初选用皮质标志物 Emx-1 进行的发育学研究结果表明海马隔的一个离散的背侧区是皮质(Puelles et al., 2007)。利用编码转录因子 Lhx5 基因的最新研究数据显示,海马隔的整个内侧部从腹侧最背部到海马连合核组成隔的一个皮质区(Abellán et al., 2010)。化学结构学数据显示 VGLUT2 转运体围绕在海马连合核的周围,表明这些神经元是谷氨酸能神经元,这进一步为海马隔是皮质衍生物提供了更多的支持(Abellán et al., 2010)。另一个证据来自于众所周知的 GnRH-1 神经元迁移:GnRH-1 神经元从胚胎的嗅板迁移到嗅球后面的皮质层,随后又迁移到视前区、下丘脑以及隔区(图 9.8A)。在两栖动物(Muske and Moore, 1988)、哺乳动物(Schwanzel-Fukuda and Pfaff, 1989; Wray et al., 1989)和鸟类(Murakami et al., 1991; Norgren and Lehman, 1991)中已经发现存在独特的神经元迁移方式。最有趣的是,在哺乳动物中大部分 GnRH-1 神经元最终定位于下丘脑的视前区和弓状核(Silverman et al., 1994);在禽类(例如雏鸡)的

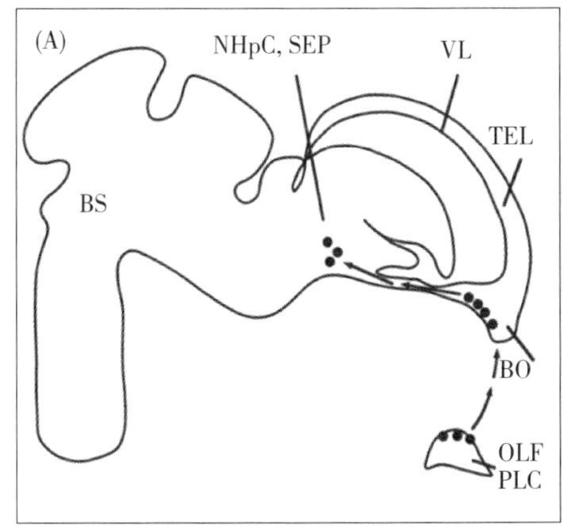

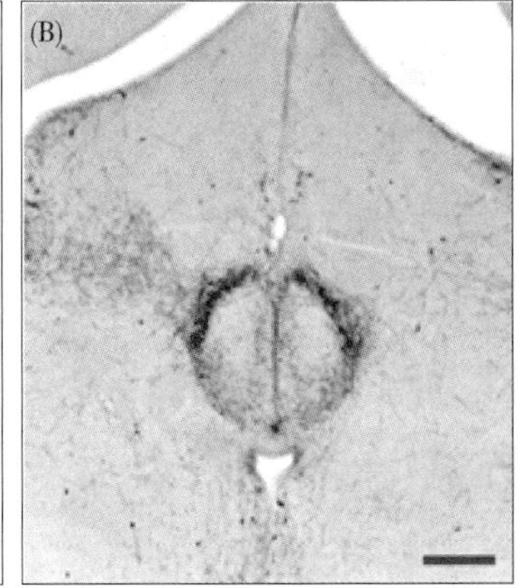

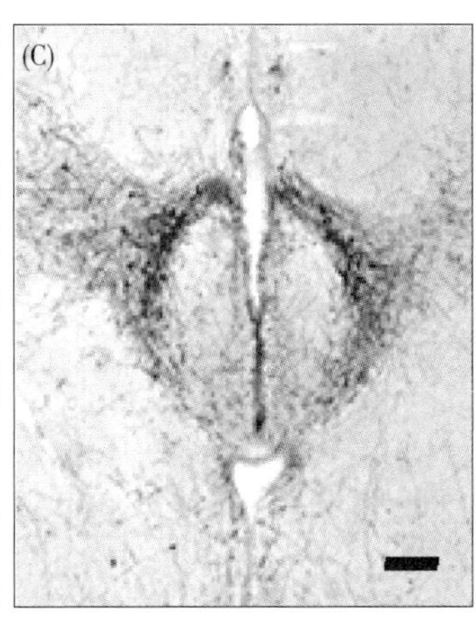

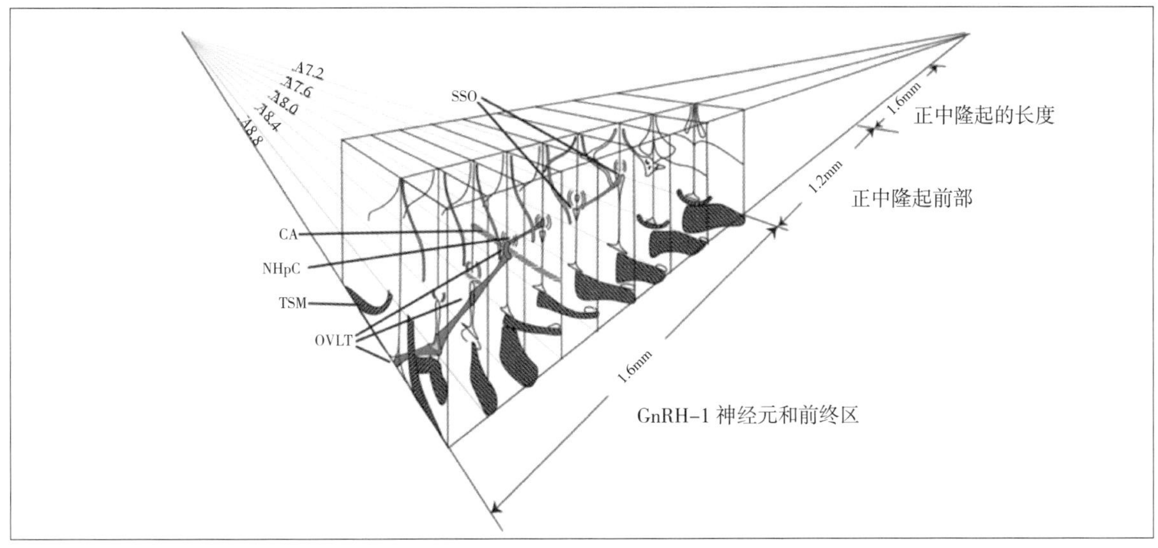

图 9.8★　禽类脑中促性腺激素释放激素 1（GnRH-1）神经元的起源和分布

（A）GnRH-1 神经元起源于脑外的嗅板（OLF PLC）并迁移入脑形成隔膜和视前区。（B）和（C）在胚胎发育期，GnRH-1 神经元迁移的主要位点是隔膜区海马连合核（NHpC）的周围。（D）大约 73%的 GnRH-1 神经元存在于隔膜，而 GnRH-1 神经元纤维末端除了存在于正中隆起（ME）外侧区之外，还存在于终板血管器（OVLT，红色显示）以及隔下器官（SSO，绿色显示）。标尺 =300 μm。其他缩写：BO，嗅球；BS，脑干；CA，前连合；TEL，终脑；TSM，中脑中隔束；VL，侧脑室。（B）（C）和（D）引自 Kuenzel 和 Golden（2006）。

脑中 73%的 GnRH-1 神经元位于隔的内侧和外侧隔区之间以及海马连合核周围（NHpC）（图 9.8B、C）；Kuenzel and Golden，2006）。海马连合核的核心区域是一个密集的促肾上腺皮质激素释放激素纤维丛（Richard et al.，2004）。禽类的海马隔也以 P 物质、神经肽 Y（NPY）和血管活性肠肽（VIP）纤维为特征（Goodson et al.，2004）。后两种肽（NPY 和 VIP）与生殖功能密切相关（参照 9.4.1 内容）。同样，在鼠海马隔中也发现细胞核周体中表达神经肽 Y mRNA，纤维丛中表达 P 物质（Risold and Swanson，1997a）。

9.2.5.1.4　尾中隔，皮质缰，皮质隔道

哺乳动物的第四个主要的隔区是后间隔，包括伞隔核和三角隔核（Jakab and Leranth，1995；Risold and Swanson，1997a、b）。有人提出鸟类有一个尾中隔区，该区域与哺乳动物的伞隔核相类似，似乎是腹外侧 SL 的尾部扩张（Goodson et al.，2004）。尾中隔存在的纤维束称为皮质缰和皮质隔道。在大鼠中，连接伞隔核和海马的纤维束是海马伞（Risold and Swanson，1997b）。因此，有人提议将皮质缰和皮质隔道合起来重新命名为海马伞（Goodson et al.，2004；Puelles et al.，2007）。在鸟类尾中隔区腹侧部有 GnRH-1 神经元，它是在海马

连合核中及其周围 GnRH-1 主要细胞群的延伸部分（Kuenzel and Golden，2006）。

9.2.5.1.5 隔相关的室周器官：外侧隔器官、终板血管器和隔下器官

在所有脊椎动物的大脑中都发现了室周器官（CVOs）的存在。顾名思义，这些器官位于大脑特定区域的脑室附近。与鸟类隔相关的 3 个室周器官包括外侧隔器官（LSO）、终板血管器（OVLT）和隔下器官（SSO）。多数室周器官具有共同的特征，包括特化的室管膜细胞和一个血管区，其中后者含有一个不完整的血脑屏障以及与脑脊液接触的神经元（Vigh，1971）。由于它们的神经内分泌功能对脊椎动物的生存至关重要，所以接下来将对这 3 种鸟类隔周边的 CVOs 进行简单探讨。

鸟类 LSO 这一叫法首次出现于 1982 年（Kuenzel and vanTienhoven，1982），后来发现其具有两个特征性组成部分，即外侧和内侧部分（Kuenzel and Blähser，1994；Kuenzel et al.，1997）。LSO 内侧（LSOm）位于侧间隔腹部的侧脑室底部。LSOm 中含有接触脑脊液的神经元、其他类型神经元和特化的室管膜细胞，其接触脑脊液的神经元中含有并能合成 VIP。外侧部分（LSOl）位于侧脑室底部的侧面（图 9.5D），具有改良的室管膜细胞层、血管活性肠肽受体，但是缺乏完整的血脑屏障（Kuenzel and Blähser，1994；Kuenzel et al.，1997）。目前已证实鸟类（Silver et al.，1988；Wada et al.，2000）和爬行动物（Foster et al.，1994；Foster and Soni，1998）的侧间隔中血管活性肠肽神经元含有视蛋白类化合物，这表明这些神经元或该器官中的其他神经元也许可以作为脑的光感受器，通过监测日光照射来监测季节变化。

OVLT 位于第三脑室的侧壁附近，被称为终板血管器。在第三脑室起始部位的两侧是 OVLT，它是一种高度血管化的结构。在啮齿类动物中，OVLT 位于下丘脑前、腹侧区域，并且靠近视交叉上核（Duvernoy and Risold，2007）。与之相比，鸟类的终板血管器分布更为广泛，由位于视交叉和脑基部之间的交叉前段组成。OVLT 延续至第三脑室前部区域两侧的背侧，在此处作为连合片段继续延伸并通过前连合的前部和背部，分别形成连合前和连合上区（Dellmann，1964；Mikami，1976）。因此，鸟类终板血管器占据了脑中线的间脑顶部和隔膜底部之间至关重要的位置。在哺乳动物中，促性腺激素释放激素（GnRH）神经元存在于与 OVLT 相邻的视交叉前区，并且在 OVLT 中及其周围发现 GnRH 纤维（Foster and Younglai，1991；Silverman et al.，1994）。在雏鸡中，GnRH-1 神经元纤维遍布整个 OVLT 区（以红色显示），并且继续延伸通过另一个皮质下器官-CVO（以绿色显示）（图 9.8D）。数据表明 GnRH-1 神经元的大部分纤维终末区出现在沿着隔区的中线层，在这里 GnRH-1 激素可以分泌到第三脑室的脑脊液和/或 COVs 的毛细血管中（Kuenzel and Golden，2006）。

哺乳动物的穹隆下器官（SFO）位于两个侧脑室和第三脑室的交汇处，悬吊于穹窿（miselis et al.，1979）。由于缺乏鸟类具有穹隆的证据，因此有人提议在鸟类中穹隆下器官的位置用隔下器官来描述（Legait and Legait，1958）。该隔下器官呈指状投射至第三脑室背侧区域，含有一个致密的 GnRH-1 纤维终末区（图 9.2）（Walsh and Kuenzel，1997），并且沿中线从 OVLT 的尾部末端向前端和尾部延伸。在哺乳动物中，SFO 高度血管化，并且该位置存在血管紧张素受体（Mendelsohn et al.，1983），故其是血管紧张素Ⅱ诱导水摄入的高度敏感脑区（Miselis et al.，1979）。与哺乳动物相似，鸟类的隔下器官也对血管紧张素Ⅱ敏感（Takei，1977；Massi et al.，1986），并在这个结构中存在血管紧张素Ⅱ受体亚型（Schäfer et al.，1996）。

9.2.5.1.6 隔的功能分析

隔与海马体、杏仁核、间脑和脑干有重要的联系。这个脑皮质下区的功能包括调节摄食、防御、生殖等行为，其中生殖行为是脊椎动物物种延续的基础（Swanson，2000）。从海马体的信息输入来看，食物储存行为与隔有关。具体来说，黑冕山雀（black-capped chickadee）食物储存行为是与季节相关的活动，在储存行为的高峰期，隔和海马的体积显著增加（Shiflett et al.，2002）。鸟类表现出的另一个季节性活动是繁殖行为，通常发生在春季日照时间变长时。在各种鸟类的求偶和攻击行为中，隔起着重要的作用（Ramirez et al.，1988；Goodson，1998；Goodson and Adkins-Regan，1999；Panzica et al.，2001）。隔区的损伤促进了环鸽的求爱行为和发声（Cooper and Erickson，1976），也能促进领地麻雀产生攻击行为和增加简短、多用途鸣叫声的数量（Goodson et al.，1999）。对脑切片进行免疫组化染色检测精氨酸催产素时发现，雄性日本鹌鹑（Japanese quail）侧间隔中的精氨酸催产素的免疫着色比雌性日本鹌鹑要多（Panzica et al.，2001）。与之相似的是，在公鸡的侧间隔中发现精氨酸催产素和甘丙肽纤维密度增加（Jurkevich et al.，1997；Klein et al.，2006）。在公鸡和母鸡之间的求偶和交配行为以及雄性之间的敌对行为中，横向间隔中的 *c-fos* 基因产生的 Fos 蛋白明显增多（Xie et al.，2010）。神经元 *c-fos* 基因表达的增加是这些细胞活化的标志。

在鸟类隔中 GnRH-1 神经元占大多数，这种神经元在调控性腺的发育和功能方面起到重要作用（Kuenzel and Golden，2006）。很多年来一直推测 GnRH-1 神经元由一种称为“脑光感受器”的神经元所激活，这种神经元具有感知光的能力（Follett and Davies，1975；Silver et al.，1988；Kuenzel，1993；Sharp and Ciccone，2005）。但是作为脑光感受器的神经元的位置仍然存在争议。如前所述，其中一个可能的位置是在 LSO；第二个位置是在下丘脑内侧基底部，在这个位置中有与甲状腺激素代谢/视蛋白 5 相关的神经元（Yoshimuraet et al.，2003；Yasuo et al.，2003；Ono et al.，2009；Nakane et al.，2010），或含有褪黑素、多巴胺和视黑素的神经元，这两种神经元都能充当脑光感受器（Thayananuphat et al.，2007；Kang et al.，2007；El Halawani et al.，2009）。另一候选位置位于室旁核内及其周围，这个位置存在含有脊椎动物原视蛋白的神经元（Halford et al.，2009）。

在鸟类中涉及隔的连接组学研究中，已有研究结果表明不仅存在影响下丘脑功能的下行神经内分泌系统，而且还存在从关键间脑结构返回至隔的上行通路，这表明下游运动通路具有多个反馈回路（Berk and Butler，1981；Berk and Finkelstein，1983；Atoji and Wild，2004；Montagnese et al.，2004，2008）。在以前的研究中已经发现，与隔直接相连的一些下丘脑结构与食物摄取和自主神经系统的调节有关。隔与下丘脑结构的相互联系以及隔底部的隔下器官含有血管紧张素Ⅱ受体，分别为隔调控食物和水摄入提供了证据。事实上，有证据表明隔具有下行的神经内分泌与整合系统，其参与调控鸟类的基本社交、摄食行为和功能。

9.3 自主神经系统的组成

ANS 的基本组成部分包括交感神经系统（SNS）和副交感神经系统（PNS）的节前和节后

神经结构、神经递质、受体以及起源于脑和脊髓特定部位的节前神经元，这些部位在上一章关于鸟类 ANS 的论述中可以找到（Kuenzel，2000）。此外，关于这个主题在有关文章中有极好的论述（Akester，1979；Bubien Waluszewska，1981；Yasuda，2002）。下面仅介绍 ANS 的整体功能和中枢结构组成，以显示皮质下结构的连通结构是如何影响自主神经系统的调节功能。总的来说，自主神经系统负责在每天、每季度和每年自动发生的运动功能和分泌物的分泌。它涉及感觉信息的整合，使得位于内脏器官中的平滑肌、心肌和分泌细胞提供适当的输出以维持身体功能的稳态，例如心脏和呼吸速率、血压、渗透压和 pH 平衡、体温（特别是恒温动物）、胃肠运动、生殖过程、昼夜节律和其他重要的节律性功能。为了调节输出，ANS 的两个拮抗系统（交感神经和副交感神经系统）相互协调，共同调节输出信号。

9.3.1 交感神经系统

与哺乳动物相似，鸟类脊髓在胸腰段脊柱的两侧有神经节链。然而，鸟类与哺乳动物存在显著差异，大多数椎骨是融合在一起的，因此对整个脊髓、脊髓神经和与脊髓各部分相关的神经节的解剖需要一定的经验。由于不同鸟类之间椎骨数量不定，因此脊椎神经和神经节的编号系统以及不同的编号方法亦不同。目前采用的编号方法有两种：第一种是从颈部开始到尾椎结束，依次对脊髓节段和神经进行编号（Dubbeldam，1993；Yasuda，2002）；第二种是将椎骨、脊柱节段及其相关的脊神经、背根神经节和自主神经节链编号为椎骨区域组（Nickel et al.，1977；Landmesser，1978）。我们已经使用了区域术语：颈、胸、腰和骶骨（或骶骨和尾骨）神经（和神经节），但是在解剖尾椎时，过渡区可能会将神经节或脊神经归于适当的区域以显示尾部脊髓（Dubbeldam，1993）。因此，尤其在研究中引用特定节段、神经节或脊神经时，用图像进行记录是最有效的。

在脊髓胸腰段的每一段内都有一个核团，通过核团能识别 SNS 的中枢神经系统起源。中间内侧核，以前称为 Terni 氏柱，含有 SNS 的节前运动神经元。中间内侧核位于脊髓横截面的中线，中央管的正背侧（见 Kuenzel 2000 年文章中的图 9.5）。此处神经元的轴突末梢向外侧移动一小段距离并支配其中一个自主神经节。释放的主要神经递质是乙酰胆碱（ACh），其与存在于节后神经元上的烟碱受体结合。长的节后轴突投射到特定的内脏器官，节后轴突主要释放的神经递质是去甲肾上腺素，其与 α 或 β 肾上腺素能受体亚型结合。

Remak 神经是鸟类特有的自主神经节神经。它出现在十二指肠的末端，与肠道平行走向，终止于泄殖腔，在胃肠运动的调节中起作用（Hodgkiss，1984a、b）。Remak 神经节内单个神经显微注射实验显示该区域存在 4 种不同形态的神经元类型，每类神经元的功能尚待阐明（Lunam and Smith，1996）。

9.3.2 副交感神经系统

副交感神经系统包括两组节前神经元，一组起源于脑，另一组位于脊髓的骶骨区域。研究发现节前神经元位于脑部动眼神经（Ⅲ）、面神经（Ⅶ）、舌咽神经（Ⅸ）和迷走神经（Ⅹ）的运动核中（Akester，1979；Dubbeldam，1993）。就副交感神经系统的调节功能而言，对多种内脏器官有重要影响的颅神经是迷走神经。副交感神经在骶骨区的神经末梢能形成一个盆腔神经丛。与交感神经系统相反，副交感神经系统的节前神经元投射到内脏器官、组织内或它们附近的特定神经节。与交感神经系统相似，副交感神经的节前神经元分泌的神经递质是 ACh，其节后神经元上的烟碱型受体可以与 ACh 结合。副交感神经的节后神经元释放的主要神经递质也是 ACh，能与位于内脏靶器官内的毒蕈碱型受体结合。

9.4 皮层下区和自主神经系统相关的功能性神经通路

鸟类所表现出的生殖行为和摄食行为对其物种延续和健康具有重要意义。这两种行为的实现，依赖于在皮质下区和自主神经系统中存在的结构。本节试图展示每种行为如何通过皮质下区、自主神经和神经内分泌系统来调控日常或季节性必要的行为生理过程。

9.4.1 生殖系统的调节

生殖系统的正常功能依赖于其特殊的发育过程。与大多数在脑内发育和分化的神经元不同，Ⅰ型促性腺激素释放激素神经元（GnRH-1）起源于脑外侧并迁移至正在发育的器官。GnRH-1 神经元最初在两栖动物中发现（Muske and Moore，1988），详细的数据表明哺乳动物中的 GnRH-1 神经元从嗅觉区迁移至脑视前区和下丘脑区域（Schwanzel-Fukuda and Pfaff，1989；Wray et al.，1989）。在鸡胚中也获得了类似的数据（Murakami et al.，1991；Norgren and Lehman，1991）。经证实，在雏鸡中 GnRH-1 神经元起源于脑外侧嗅基板（图 9.8A），并可通过视黄酸和成纤维细胞生长因子（FGF）之间的拮抗作用将 GnRH-1 神经元前体细胞特化，其中 FGF 能诱导 GnRH-1 神经元特化（Sabado et al.，2012）。一旦进入大脑内部的嗅觉区域，神经元会向视交叉前区和下丘脑区域尾部迁移。哺乳动物中大多数 GnRH-1 神经元位于视前区和下丘脑前部，包括下丘脑内侧基底部尾侧弓形核中的细胞群体（Silverman et al.，1994），与哺乳动物相比雏鸡脑中大部分（73%）GnRH-1 神经元位于皮质下的隔区（Kuenzel and Golden，2006）。GnRH-1 神经元的主要细胞群体位于皮质连合床核周围，当前已重命名为海马连合核（NHpC）（图 9.8B、C）。事实上，发育生物学家已经报道，在隔区中线两侧隔中央分隔带从背侧往下到 NHpC，这部分区域叫做隔-海马隔，利用组织细胞标记物检测发现该区域有皮质类型的神经元而没有预期的纹状体和苍白球类型的神经元（Puelles et al.，2007；Abellán et al.，2010）。GnRH-1 神经元来源于皮质和嗅球区域的迁徙，也许可以解释为什么该隔区中发现了一些皮层神经元（见 9.2.5）。

位于隔区和视前区的 GnRH-1 神经元构成初级内分泌系统，该系统负责生殖系统的发育和功能维持，并影响性别特异性生殖行为。GnRH-1 神经元的主要部分在正中隆起形成一个大的神经纤维末梢区域，GnRH-1 神经元的分泌物作用于垂体前叶，使后者分泌黄体生成素（LH）和促卵泡激素（FSH）。而后，促性腺激素（LH 和 FSH）可以作用于性腺，使睾丸释放睾酮或卵巢释放雌激素。

除了位于皮质下隔区 GnRH-1 神经元的主要细胞群外，另一种皮质下的部位——扩展杏仁复合体也影响生殖功能。内侧扩展的杏仁复合体（更多细节见 9.2.3）包括内侧终纹床核（BSTM）。在鸟类中 BSTM 具有性别二态性，在雄性中 BSTM 体积更大，其对类固醇敏感并影响交配行为（Kiss et al.，1987；Voorhuis et al.，1988；Panzica et al.，1998；Viglietti-Panzica et al.，1992；Aste et al.，1998；Jurkevich et al.，1999）。BSTM2（BSTM 的腹内侧）是 BSTM 的亚核，在公鸡性行为唤起（appetitive sexual behavior）中起作用（Xie et al.，2010，2011）。重要的是，BSTM 中的催产素神经元投射到内侧视前核（Absil et al.，2002b）。内侧视前核（POM）类似于内侧终纹床核，具有性别二态性（Viglietti-Panzica et al.，1986；Adkins-Regan and Watson，1990）。在雄性鹌鹑中，POM 尾部被证明与完成性行为（consummatory sexual behavior）相关，而喙侧影响性行为唤起（Balthazart et al.，1998a；Balthazart and Ball，2007）。

日本的一项关于鹌鹑的研究给出从 POM 下行到泄殖腔主要肌肉的整个生殖通路的轮廓，其中泄殖腔肌肉负责产生泡沫以及交配期间将精液从雄性泄殖腔射入雌性泄殖腔（Wild and Balthazart，2013）。该通路包括从 POM 到丘间复合体（ICo）的一个投射（Wild and Balthazart，2013）。在 ICo 内发现了一个独特的、细长的核为背内侧核（DM）。已证实 DM 投射到被称为后疑核的脑干核的尾部（RAm）（Wild et al.，1997；Wildand Balthazart，2013）。来自于 RAm 的顺行追踪数据显示，RAm 的投射从脑干核的尾部穿过脊髓全长到达脊髓骶区。脊髓水平前角处的运动神经元支配着大的泄殖腔括约肌（mSC）（Wild and Balthazart，2013）。已证实泄殖腔括约肌负责生产泡沫，该泡沫在交配期间与精液一起转移给雌性，以提高受精率（Seiwert and Adkins-Regan，1998）。

另一个涉及自主神经系统的通路也被提出，这个通路会影响禽类的生殖功能、统治和防御行为。这个通路的关键结构是 ICo，还有一个被 ICo 包围的结构——DM（前文有提及）（Wild and Balthazart，2013）。早先有人提议禽类 ICo 的背内侧部和中央灰质（GCt）与哺乳动物中脑导水管周围灰质相似（PAG）（Dubbeldam and den Boer-Visser，2002）。有趣的是哺乳动物的 PAG 已被证明是情感运动神经系统的一部分（Holstege，1992）。Dubbeldam 和 den Boer-Visser（2002）提出的 PAG 的概念已得到扩展并受到其他数据的支持。鸟类细长的 ICo（包含被包围的 DM 和背外侧核（DL））与 GCt 相连，有人提出该位置与哺乳动物 PAG 相同（Kingsbury et al.，2011）。在鸟类 ICo 和 GCt 是截然不同的部分，其与生殖相关，特别是交配和其他相关的统治和防守行为。已证明鸟类 GCt 投射到包括 Terni 柱内的神经元（中间内侧核，背连合部）在内的交感神经系统的节前神经元（Breazile and Hartwig，1989）。因此更新鸟类脑导水管灰质概念（Kingsbury et al.，2011）为提炼和描述这个非常有趣的中脑结构的研究提供了丰富的基础。

总之，隔、内侧终纹床核、内侧视前核以及它们与神经内分泌和自主神经系统的已知连接，共同调节神经和内分泌激素输出，有助于调节鸟类复杂的生殖功能。

9.4.2 摄食调节

哺乳动物摄食的神经调节机制已取得重大进展。同样，禽类中似乎也存在类似的神经系统。瘦素是脂肪组织产生的重要信号分子，在调节哺乳动物体重方面起重要作用（Friedman and Halaas，1998）。血液中瘦素的浓度与位于外周的脂肪储存量成正比。瘦素似乎是一种代谢信号，可以直接影响中枢神经系统特别是下丘脑的神经环路，调节摄食和能量平衡。在哺乳动物下丘脑中存在一组神经肽和受体，它们在调节食欲和能量消耗方面起着关键作用，通过对这两方面的调节以维持体重（Woods et al.，1998；Berthoud，2002）。令人感兴趣的是，负责产生这些关键神经肽及其受体的一些基因在鸟类中已被克隆，这表明神经系统在进化上是保守的。

表 9.1 中列出了已经明确影响鸟类摄食和/或能量消耗的神经肽。令人奇怪的是，与哺乳动物相比，一些肽对鸟类的摄食行为有不同的影响。尽管在鸡和火鸡中产生瘦素受体的基因已经被克隆和测序（Horev et al.，2000；Ohkubo et al.，2000；Richards and Poch，2003；Liu et al.，2007），但对其真实配体已发表的序列仍存在争议。目前一致认为，瘦素样基因在任何鸟类物种中还没有被克隆。但无论如何，有令人信服的证据表明鸟类瘦素分子确实存在。在两栖动物中已经克隆了一个瘦素基因，尽管与哺乳动物瘦素的氨基酸序列同源性低，但已知的瘦素蛋白的一个共同特征是具有高度保守的三级结构（Crespi and Denver，2006）。对鸟类施用重组鸡或哺乳动物的瘦素蛋白后能减少摄食，这类似于瘦素在大鼠中的作用（Denbow et al.，2000；Lohmus et al.，2003；Dridi et al.，2005）。重要的是，对瘦素进行免疫后可以增加鸡的食物摄入量（Shi et al.，2006）。

表 9.1　鸟类中枢注射神经肽及其对摄食的影响[1]

促食欲的	没有影响	使食欲减退的
神经肽 Y	黑色素浓集激素[3]	α-黑素细胞刺激素
刺鼠相关肽	食欲素(A 和 B)[3]	可卡因-苯丙胺调节转录肽
肽 YY[2]	胃动素[3]	促肾上腺皮质激素释放激素
胰多肽[2]		生长素[3]
		胆囊收缩素
		蛙皮素
		胰高血糖素样肽[1]
		胃泌素
		尿压素 I/尿皮素
		神经介质 U/S

1　Furuse(2002)和 Richards and Proszkowiec-Weglarz(2007)报道的数据。
2　在哺乳动物中，这些肽会减少食物的摄入量。
3　在哺乳动物中，这些肽会增加食物的摄入量。

已经在哺乳动物中发现了用于调节摄食行为和能量消耗的关键神经肽（Woods et al.，1998），这些神经肽在鸟类中表现出同样的作用。图 9.9 是神经肽调节禽类物种摄食的工作模型。该模型是根据哺乳动物当前的数据和概念进行改编的。注意，鸡脑的两个横断面（图 9.9）的示意图应该被看作是两个部分。图 9.9（A）（脑的左侧）显示当瘦素样信号在血液中升高时，室旁核（PVN）、下丘脑外侧核（LHy）、漏斗核（IN）和交感神经系统（SNS）的活动。图 9.9（B）（大脑右侧）显示当血浆中瘦素样信号低时 PVN、LHy、IN 和 PNS（副交感神经系统）的活动。以下数据支持这样一个观点，即在哺乳动物和鸟类中高瘦素样信号（图 9.9A，左侧）导致食物摄入减少和能量消耗增加，而低瘦素样信号（图 9.9B，右侧）增加食物摄入量并减少能量消耗。

具体而言，神经肽 Y（NPY）已被证实是最有力的促胃肽之一（Kuenzel et al.，1987）。NPY 的定位之一是间脑，在间脑中其位于下丘脑下核（IH）和漏斗核（Kuenzel and

McMurtry，1988；Walsh and Kuenzel，1997）；其中漏斗核被认为与弓状核同源，而弓状核在哺乳动物中是包含 NPY 神经元的重要下丘脑核团（Schwartz et al.，2000）。此外，黑皮质素系统包括刺鼠相关肽（AgRP）和 α-黑素细胞刺激激素［α-MSH，阿黑皮素原（POMC）基因的产物］，它们是在哺乳动物弓状核神经元中发现的另外两种调节摄食的关键肽（Woods et al.，1998；Cone，1999；Schwartz et al.，2000）。黑皮质素系统也被证实存在于鸟类的漏斗核中（Phillips-Singh et al.，2003）。与哺乳动物相似，鸟类的漏斗核中的神经元共同表达 NPY 和 AgRP mRNA，并且禁食时 NPY 和 AgRP mRNA 表达显著增加（Boswell et al.，2002；Phillips-Singh et al.，2003）。重要的是，中枢给予 AgRP 可以增加摄食（Kawakami et al.，2000；Tachibana et al.，2001；Straderet et al.，2003），而 α-MSH 抑制摄食（Kawakamiet al.，2000；Tachibana et al.，2001（表 9.1），这些结果与哺乳动物中相似。

黑皮质素系统的一个额外组成部分是 AgRP 和 α-MSH 各自的受体，后者在这两种肽的作用或信号中至关重要。在哺乳动物中涉及的主要黑皮质素受体是黑皮质素 4 受体（MC4R）（Forbes et al.，2001）。α-MSH 和 AgRP 都能与 MC4R 结合，这两个肽竞争结合位于下丘脑外侧区神经元上相同的 MC4R。α-MSH 是 MC4R 的激动剂，而 AgRP 则是 MC4R 的拮抗剂。当产生过量的 α-MSH 时，其竞争并结合 AgRP 的结合位点，从而导致摄食减少和分解代谢增加。相反，过量的 AgRP 能够封闭 MC4R 的可用位点，导致摄食增加和能量消耗减少（Cone，2005）。重要的是，基于在斑鸠中使用 MC4R 拮抗剂和非选择性 MC3-/MC4R 激动剂的数据显示鸟类同样表达 MC4R，其似乎是调节摄食行为和能量平衡的关键受体（Strader et al.，2003）。在鸡脑中存在的参与摄食调节的重要的黑皮质素受体类型是 MC4R（Takeuchi and Takahashi，1998，1999）。鸟类的工作模型（图 9.9）表明两类脊椎动物摄食和能量消耗的调节具有相似性。然而，请注意，这是一个高度简化的模型，需要实验证明，特别是鉴定鸟类瘦素样分子。

9.4.2.1 调节摄食和能量平衡的自主神经通路

调节摄食和能量平衡的下丘脑模型（图 9.9）不再具有下丘脑腹内侧核（VMN）这个结构，该结构在过去至少 60 年的出版物中被称为“饱中枢”，因为损伤该结构会导致摄食过多和肥胖（Hetherington and Ranson，1940）。因为其内有表达神经肽的神经元，所以用弓状核一词替换了以前的叫法，而这些神经元可以刺激或抑制摄食，刺激还是抑制又取决于来自外周器官特别是脂质储存器官的信号。在大鼠和鸡的脑中，VMN 位于喙尾平面的弓状核（IN）的正前部。以前的出版物中，在实验动物大脑中进行的 VMN 电解损毁伤害很大，很可能波及弓状核。

图 9.9 中的模型保留了两个神经结构，即室旁核和下丘脑外侧区，这两个神经结构在近 50 年来一直出现在饲喂模型中。在哺乳动物中，两者都与自主神经系统相连接。PVN 投射到中央灰质（GCt），然后投射到中间外侧（IML）细胞柱，而交感神经系统节前神经元发源于此（Luiten et al.，1987）。PVN 及 LHy 投射下行的神经元轴突到孤束核和迷走神经背侧运动核，后者是 PNS 的关键核团（Luiten et al.，1987）。因此，与拮抗的 PNS 相比，SNS 活性的变化对能量消耗有显著的影响，同时能显著影响摄食行为和调节体重的稳态机制。作为“能量传感器”之一的腺苷酸活化蛋白激酶（AMPK）是公认的细胞水平激酶信号级联反应中的重

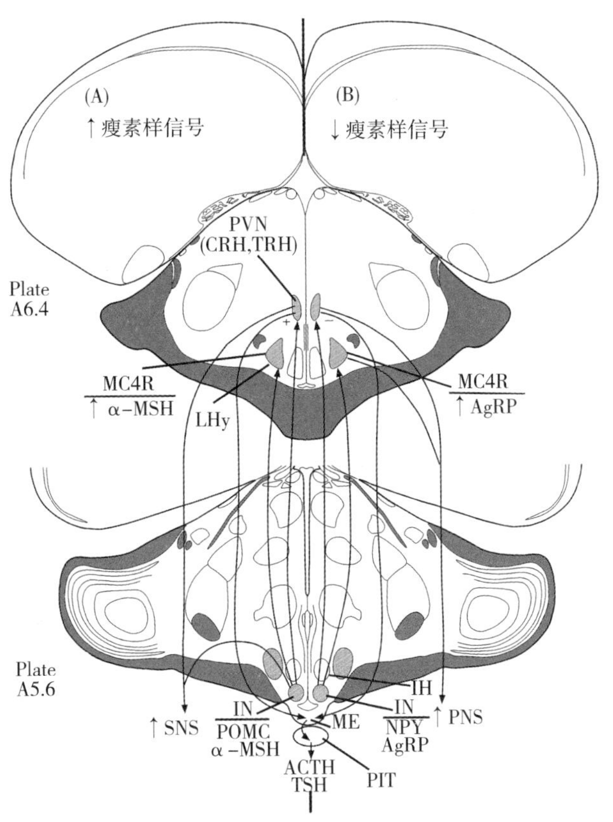

图 9.9　雏鸡脑的两个横切片显示了调节摄食和能量消耗的主要的下丘脑结构

(A)脑的左侧显示的是当瘦素样信号在血液中升高时，漏斗核(IN)、下丘脑外侧核(LHy)和室旁核(PVN)等 3 个下丘脑结构的活动。在 IN(与哺乳动物的弓状核同源)中发现的表达阿黑皮素原(POMC)和 α-黑素细胞刺激素(α-MSH)的特定神经元被激活。这些神经元接下来刺激表达促肾上腺皮质激素释放激素(CRH)和促甲状腺激素释放激素(TRH)的室旁核(PVN)神经元，然后这些 PVN 神经元将它们各自的神经肽释放到正中隆起(ME)。这些肽被运送到垂体前叶(PIT)，使促肾上腺皮质激素(ACTH)和促甲状腺激素(TSH)释放到垂体门脉系统中，从而增加皮质酮和甲状腺激素的外周水平，交感神经系统(SNS)被激活。增加的 α-MSH 释放到 LHy 中，α-MSH 在该位置能够有效地与黑皮质素 4 受体(MC4R)结合，总体效果是减少摄食。(B)脑切片的右侧显示血液瘦素样信号低水平的效应。IN 中表达神经肽 Y(NPY)和刺鼠相关肽(AgRP)的神经元被激活后刺激摄食。此外，它们抑制了 PVN 中表达 CRH 和 TRH 神经元的活性。AgRP 竞争结合 α-MSH 在 LHy 中的 MC4R 结合位点，从而阻断 α-MSH 对摄食的抑制。另外，副交感神经系统(PNS)被激活，从而有助于提高摄食并降低能量消耗。

要酶类，可刺激产能（分解代谢）途径（Hardie，2004）。AMPK 活化的最终结果是兴奋 NPY/AgRP 下丘脑神经元，进而导致摄食增多和能量消耗减少。与 AMPK 偶联的另一类传感器是哺乳动物雷帕霉素靶蛋白（mTOR），是一种丝氨酸-苏氨酸激酶，与 AMPK 作用相反。当 mTOR 途径被激活时，会刺激表达 POMC 的神经元，引起 α-MSH 的释放，紧接着引起摄食减少和能量消耗增加（Cota et al.，2006）。利用抗 mTOR 抗体进行检测，结果显示 PVN 和弓状核中都存在这种蛋白质，并且在弓状核 NPY/AgRP 神经元中高表达（Cota et al.，2006）。Richards 和 Proszkowiec-Weglarz（2007）发现了一个能很好地描述调节鸡食欲和能量消耗的可能机制，这个机制以影响体重的下丘脑神经元为模型，涵盖了 AMPK 和 mTOR 信号通路。

9.4.2.2　稳态调节或稳态变化：一种可能解释鸟类年周期调节的自主假说(可能是肉鸡和火鸡快速生长的遗传选择的结果)

在本书上一版中，介绍了稳态调节的假说（Kuenzel，2000）。该假说建立在整个鸡脑的神经肽-血管活性肠肽的分布（Kuenzel and Blähser，1994）和基因表达的基础之上（Kuenzel et al.，1997），是一个关于可能调节家养及野生禽类物种年周期神经系统的假说。独特的 VIP

分布可鉴别禽类的室周器、外侧隔器官、皮质下结构和自主神经系统的中枢组成部分——以前大部分被分组在一起，并被认为功能与哺乳动物内脏前脑系统相似（van der Kooy et al.，1984）。哺乳动物内脏前脑系统包括内侧和外侧前额叶皮层、室旁核、弓状核、下丘脑后外侧核、终纹床核、杏仁中央核和孤束核。该假说认为内脏前脑系统影响自主神经功能，并且可以在有精神压力或情绪波动期间无视脑干稳态机制（van der Kooy et al.，1984）的调节作用。这种稳态调节假说仍然是一个可行的假说，可能有助于解释候鸟的周期性迁徙现象以及现代肉鸡和火鸡的某些行为和生理特性，其中这些肉鸡和火鸡已经根据其生长速度和饲料转化率进行了选育。

候鸟，特别是那些每年春季向北迁徙的温带地区的候鸟，需要从迅速增加体重的合成代谢状态转变，之前合成代谢是为了保证必要的脂肪储备，以便后面进行艰苦的迁徙之旅到达繁殖地。此后，随着鸟类进入其周期性迁徙的新阶段而转变为分解代谢状态。在繁殖季节为了吸引和寻找伴侣，鸟类的领地意识逐渐增强。成功地繁殖及哺育雏鸟所需的生理和行为过程在代谢上是需要的。此后，鸟类经历了大规模的换羽过程，这一过程继续保持其分解代谢状态，因而伴随着脂质储备（能量）的大量消耗。随后，鸟类会转向合成代谢状态，增加摄食，为返回越冬地要面临的严酷飞行作准备。由于鸟类经历了代谢状态的显著变化，加上其迁徙过程的每个特定阶段的时间周期短，如果能量平衡的设定点在全年是固定的，则鸟类将不可能满足其季节性生活史的要求。因此，当合成代谢过程成为体重快速增加的关键因素的时候，体内平衡的变化（稳态调节）将允许副交感神经系统占主导地位；相反，当能量需求高且持续时，自主神经系统中的交感神经的活动将增强。稳态调节假说提示，鸟类，也许还有其他脊椎动物，为了能够完成它们的周期性活动，自主神经系统具有在平衡或设定点动态转移的能力。最近发现的涉及神经通路、能量传感器以及下丘脑整合营养信号和激素信号能力的分子模型也许能提供关键的生物标记，从而通过聚焦于与自主神经通路有关的信号和过程，利用这些生物标记来验证该假说的正确性。

为加快生长速度和更好的饲料转化率，对肉鸡和火鸡持续采用遗传选育程序，因此在饲料向优质的肉类产品转化过程中，现代化禽类的转化率非常高。然而，肉鸡和火鸡饲养者的经营成本限制了饲养，这就要求对禽类的整个生命周期进行仔细的监测，以确保种鸡健康及受精率维持在可接受的范围内（Richards et al.，2010）。多年来的数据显示，与蛋鸡相比，肉鸡的食物摄入量有所增加，而整体活动减少，基础代谢率也有所降低。数据表明自主神经系统失衡，也就是说，在肉用禽类中其副交感神经活动增强，而交感神经活动减弱。随着目前对摄食、代谢信号、能量稳态及相关基因等神经调节的认识进一步加深（Richards and Proszkowiec-Weglarz，2007；Byerly et al.，2009；Yuan et al.，2009），也许是时候开展对影响自主神经系统的基因进行调查，以便建立起客观的 PNS/SNS 比率方法，用以指示种禽可接受的生长速率、终生福利和持续的繁殖产量三者之间的有效平衡。

9.5 总结及结论

本章研究了禽类前脑皮质下区 5 个不同区域的神经结构和功能（图 9.1），以及自主神经系统的基本组成。值得注意的是，有证据显示这些区域在脊椎动物中的进化是保守的。因此，从哺乳动物身上获得的数据，可以用来帮助发现鸟类尚未广泛研究的系统的功能。皮质下区的结构和区域很重要，因为该位置一些区域与大脑皮质（大脑皮层样）区域以及神经内分泌和自主神经系统的一部分（即关键的下丘脑和脑干）结构之间有连接。重要的是，神经内分泌和自主神经系统与激素的产生有关，而这些激素可影响有机体的生理和行为长达数小时、数天，甚至数周，这些也说明了鸟类季节性活动的调节过程。

与有关皮质下区和自主神经系统的功能包括对摄食、生殖、随意肌、格斗和应激行为的神经调节。与其相关的其他功能还包括奖赏、记忆和学习。希望本文能够推动对本文所讨论的神经系统的进一步了解和研究，同时也希望能够对未来的一些实验有所帮助，从而进一步了解各种野生和家养禽类中枢神经系统及其神经通路和功能。

致谢

本项研究受到来自美国国家科学基金会和阿肯色州生物科学研究所(ABI)的部分资金支持，以及美国农业部/非洲农业研究所/国家粮食和农业研究所(NIFA)的国家研究竞争性赠款计划(2005-35203-15850)拨款的资助。作者在此感谢 Seong Kang 博士阅读手稿、帮助组织和格式化参考文献，并且完成了图 9.3 和图 9.8 的编绘工作；感谢 Rajamani Selvam 对图 9.7 和图 9.9 的最终布局的编排。

参考文献

（付守鹏译，李东风校）

第三篇　器官与系统主题

第 10 章　血　　液

Colin G. Scanes

10.1 引言

血液由以下部分组成：

- 血浆
- 所有带核的组成元素
  - 红细胞
  - 白细胞
  - 血小板

血液对鸟类的生理机能至关重要，其功能如下：

- 运输呼吸的气体（O_2 和 CO_2）、电解质、营养成分（如葡萄糖、氨基酸、脂肪酸）、代谢产物（如乳酸）、废弃化合物、激素（从内分泌细胞到靶器官或靶组织）、热量，一些病原体和毒素也经过血液运输
- 通过抗体、白细胞和血小板进行防御
- 维持水和电解质的稳态
- 血管损伤时发生血凝

血液的黏稠度比水高，鸡血液的黏度比水的黏度大 3.1 倍；家鸭和家鹅的血液黏度比水的黏度高 4.2 倍（Sturkie，1986）。此外，鸟类血浆黏度约为水黏度的 1.4 倍（从 Sturkie 的数据计算获得（1986），鸡、鸵鸟、家鸭和家鹅）。

10.2 血浆

表 10.1 中总结了鸟类血浆中各组分的平均浓度。鸟类血浆渗透压的研究来自以下组分（Peltonen and Sankari，2011）：

- 电解质：95 %（表 10.1 ）
- 葡萄糖、氨基酸、尿素和其他有机分子：5 %

• 蛋白质：0.5%的胶体渗透压

血液中电解质的浓度随生理状态的变化而变化。脱水或高温均可使鸡的静脉血浆中钠浓度和血浆渗透压升高（Arad et al.，1983）。高温还可导致鸡体内氯离子、血液尿素氮和尿酸浓度升高（Arad et al.，1983）。

10.2.1 血液中的电解质

鉴于电解质在血液渗透压、神经和肌肉细胞的极化/去极化中的关键作用，其浓度被维持在严格限定的范围内。表10.1中总结了大量鸟类物种的电解质在循环血浆中的平均浓度，如钠、钾、钙和氯化物（其他资料可以在网站http://booksite.elsevier.com/9780124071605/上找到）。血液中的电解质浓度随生理状态发生转变，例如，急性热应激伴随着血浆钠离子和钾离子浓度的下降（鸡：Borges et al.，2004）。此外，血浆钠离子浓度在禁食及其伴随的代谢降低时降低（鸡：Christensen et al.，2012）。雀形目鸟类的迁徙和非迁徙物种之间，钠和氯化物的静脉血浆浓度存在差异（Heatley et al.，2013）。

碳酸氢盐在血液中的浓度随 P_{CO_2} 的变化而变化（见10.4）。例如，血浆中的碳酸氢根离子的浓度，会因为急性热应激引发的热喘息（鸡：Borges et al.，2004）和锻炼时过度通气而降低（鸡：Gleeson and Brackenbury，1984）。已有报道，雀形目鸟类的迁徙和非迁徙物种之间，静脉血浆中的碳酸氢盐浓度有差异（Heatley et al.，2013）。

10.2.2 循环中的营养成分和其他有机小分子

在表10.1中总结了大量鸟类物种循环中的葡萄糖、尿酸和尿素的平均浓度。

表10.1 鸟类循环血浆中各组分的平均浓度

组分	血浆中的浓度
蛋白质(g/L)(100个物种)	39.6±0.74
白蛋白(g/L)(63个物种)	15.9±0.55
球蛋白(g/L)(55个物种)	18.8±0.96
葡萄糖(mmol/L)(139个物种)	15.4±0.32
钠(mEq/L)(47个物种)	152.5±1.13
氯化物(mEq/L)(43个物种)	112.6±1.28
钙(mEq/L)(49个物种)	2.56±0.10
钾(mEq/L)(46个物种)	3.21±0.19
尿酸(mmol/L)(60个物种)	0.50±0.04
血液中尿素氮(mmol/L)(43个物种)	1.11±0.09

注：单个鸟类物种血清/血浆中的详细成分在循环中的浓度见网站http://booksite.elsevier.com/9780124071605/的表1。

10.2.2.1 血浆葡萄糖浓度

鸟类血浆中的葡萄糖浓度是哺乳动物的两倍以上（表10.1）。对于诸如胰岛素给药或禁食的生理变化，血浆中葡萄糖的浓度相对不反应。正在锻炼的鸟类的血浆中，乳酸的浓度会增加。例如，在跑步机上运动的鸡的血浆中，乳酸浓度从2.1mmol/L增加至8.4mmol/L（Gleesonand Brackenbury，1984）。

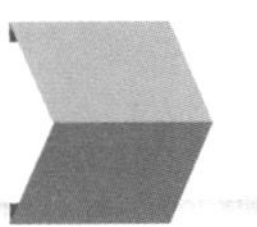

10.2.2.2　尿酸和尿素

鸟类循环系统中携带的含氮废弃物为尿酸和尿素。鸟类血浆中的尿酸和尿素的浓度见表 10.1。人们普遍认为，鸟类的尿酸和尿素在循环中的浓度非常相近（Sturkie，1986）。然而，这仅是以mg/dL 为单位计量的情况，而不是基于 mmol/L 为单位计量。含氮废弃物在血液中的浓度受生理状态的影响。例如，热应激时尿酸盐在循环中的浓度降低（鸡：Lin et al.，2006）。

10.2.2.3　血液中的抗氧化剂

抗氧化剂具有保护作用，可以减少自由基损伤和免疫相关的呼吸道疾病暴发。血浆中的主要抗氧化剂是尿酸，维生素 E 和 4 种类胡萝卜素也是抗氧化剂。血液的抗氧化能力可随着应激和饮食的变化而变化（Cohen et al.，2007，2009）。

10.2.3　血浆蛋白

多种鸟类的血液中，蛋白质、白蛋白和球蛋白的平均浓度见表 10.1。表 10.2 总结了前白蛋白、白蛋白、α 球蛋白、β 球蛋白和 γ 球蛋白在代表性鸟类血浆中的浓度。

表 10.2　鸡和野生鸟类血浆蛋白的浓度(g/L)

种类	前白蛋白	白蛋白	α 球蛋白	β 球蛋白	γ 球蛋白	参考文献
黑额鸣冠雉 (*Aburria jacutinga*)	3.4	27.3	4.8	6.8	1.5	Mottaet al.,2013
鸡[1]	未报告	15	4	8	15	Hasegawa et al.,2002
	但已确定	17	8	12	9	Peltonen and Sankari,2011
圣文森特鹦鹉 (*Amazonaguildingii*)	6	17.4	2.5	4.6	3.0	Deem et al.,2008
红松鸡 (*Lagopus lagopusscoticus*)	1.7	19.7	17.9			Wilson and Wilson,1978

1 成年肉种鸡。

引自 Peltonen and Sankari(2011)。

鸟类由血浆蛋白质构成的血浆胶体渗透压比起由电解质和有机小分子（如葡萄糖）构成的血浆渗透压低很多，也比哺乳动物的低（Peltonen and Sankari，2011）。根据电泳图像分析，血清中的主要蛋白质如下：

- 前白蛋白（具有与甲状腺激素结合的能力，也称为甲状腺素运载蛋白）
- 白蛋白（结合脂肪酸、亲脂性激素等）
- 球蛋白（α、β 和 γ）

在禽类胚胎中，主要的胚胎血浆蛋白是甲胎蛋白，其与金属结合。甲胎蛋白已经从鸡胚蛋清中分离出来，但其不像它在哺乳动物中的类似物，不能结合类固醇激素（Ido and Matsuno，1982）。

10.2.3.1　细胞外液蛋白质

基于抽吸水泡液研究，细胞外液中蛋白质的浓度约为血浆中的一半（Peltonenand Sankari，2011）。

10.2.3.2　白蛋白

白蛋白在肝脏中合成（鸡：Fujii et al.，1996），其功能包括构成胶体渗透压、促进营养成分和亲脂性激素的转运。例如，白蛋白结合、运输和分散脂质，包括脂肪酸。在白蛋白存在下，鸡胚心脏细胞摄取饱和脂肪酸（如棕榈酸）增加（Paris et al.，1978）。

随生理状态的改变，血浆白蛋白浓度有一些变化。例如，通过减少光周期和禁食48 h诱导早期换羽，会导致血浆白蛋白浓度降低，但球蛋白会增加（鸡：Gildersleeve et al.，1983）。血浆白蛋白浓度有明显的昼夜节律（鸡：Gildersleeve et al.，1983）。此外，产蛋鸡的血浆白蛋白浓度会降低（Morgan，1975）。

10.2.3.3 球蛋白

球蛋白有多种蛋白质，广义上，可以根据电泳迁移分为以下三类：

- α球蛋白
  - α_1 球蛋白，包括载脂蛋白A～I，其结合脂质（鸡：Roman et al.，2009），如皮质素转运蛋白（见下文）和视黄醇结合蛋白
  - α_2 球蛋白，包括血管紧张素原（血管紧张素Ⅰ和Ⅱ的前体）和血浆铜蓝蛋白
- β球蛋白（包括纤维蛋白溶解酶原）
  - β_1 球蛋白
  - β_2 球蛋白，包括哺乳动物的转铁蛋白，但不包括鸟类的
- γ球蛋白，包含至少在一些鸟类存在的转铁蛋白（Torres-Medina et al.，1971），以及免疫球蛋白（Ig），如IgA、IgM和IgY（相当于哺乳动物的IgG）

球蛋白的浓度受生理状态的影响。例如，通过减少光周期和禁食来诱导鸡早期换羽，伴随着血浆球蛋白浓度的增加（鸡：Gildersleeve et al.，1983）。在公鸡的生长期，血清中 α_1 球蛋白浓度会下降（Peltonen and Sankari，2011）。

10.2.3.4 特异性转运蛋白

10.2.3.4.1 铜蓝蛋白

血液中结合铜离子的主要转运蛋白是铜蓝蛋白。这种糖蛋白由肝脏产生。禽类血浆铜蓝蛋白已被纯化，部分结构已明确（鸡：Disilvestroand Harris，1985；Calabrese et al.，1988；鹅：Hilewicz-Grabska et al.，1988）。鸡的每个铜蓝蛋白分子可结合5个铜原子（Calabrese et al.，1988）。

血浆铜蓝蛋白的浓度受到生理状况和营养状况的影响。铜的状况将影响血浆铜蓝蛋白的浓度，缺乏铜则其血液浓度降低（鸡：Baumgartner et al.，1978；Kaya et al.，2006），并可以通过膳食中补充铜而升高（鸡：Koh et al.，1996）。注射大肠杆菌内毒素（鸡：Curtis and Butler，1980；Lin et al.，2006）和糖皮质激素（鸡：Lin et al.，2004）可快速提高血浆铜蓝蛋白的浓度。在鸟类食物中添加5-氨基乙酰丙酸时，血浆铜蓝蛋白的浓度受到抑制，该物质是卟啉及其形成的血红素的前体（鸡：Satoet al.，2012）。

10.2.3.4.2 胰岛素样生长因子结合蛋白

胰岛素样生长因子1（insulin-like growth factor 1，IGF1）主要与胰岛素样生长因子结合蛋白（insulin-like growth factor binding proteins，IGFBPs）相结合后在血浆中转运。在鸟类至少有5种IGFBPs：

- IGFBP 1［鸡：NCBI参考序列：NM_001001294.1；火鸡：NCBI参考序列：XM_

003204673.1；斑胸草雀（或珍珠鸟）：NCBI 参考序列：XM_002192038.2］

• IGFBP 2［鸡：GenBank：AJ544105.1；斑胸草雀（或珍珠鸟）：NCBI 参考序列：XM_002191294.2］（Schoen et al.，1994）
• IGFBP 3（鸡：NCBI 参考序列：NM_001101034.1）
• IGFBP 4（鸡：NCBI 参考序列：NM_204353.1）
• IGFBP 5（鸡：NCBI 参考序列：XM_422069.3）

10.2.3.4.3　视黄醇结合蛋白

维生素 A 与视黄醇结合蛋白（retinol-binding protein，RBP）结合后进行运输，它们可与前白蛋白结合形成复合物（鸡：Abe et al.，1975）。禽类 RBP 已被纯化，其结构也已明确（Zanotti et al.，2001）。甲状腺激素运载蛋白也与 RBP 结合（Eguchi et al.，2008）。RBP 在肝脏合成，在体内可通过饲料中的维生素 E 抑制其合成；在体外可通过培养基中的 α-生育酚抑制其合成（鸡：Zhou et al.，2012）。

10.2.3.4.4　转铁蛋白

转铁蛋白在血液中运输铁（每个转铁蛋白分子转运两分子铁）（Lambert et al.，2005）；一些转铁蛋白与转铁蛋白受体结合。据报道，铁的循环浓度为 2 μg/mL（鸡：Morgan，1975；火鸡：Huff et al.，2010）。与转铁蛋白结合的铁可被转移到其他主要的铁结合蛋白上去，如卵黄的前体卵黄高磷蛋白（Morgan，1975）。

禽类转铁蛋白结构已有报道（鸡：GuhaThakurta et al.，2003；Lambert et al.，2005）。除了运输铁以外，转铁蛋白还促进红细胞在发育过程中摄取亚铁（鸡胚血液细胞：van Bockxmeer and Morgan，1982）。转铁蛋白还结合循环酶，如丁酰胆碱酯酶（鸡：Weitnauer et al.，1999）。

转铁蛋白由肝脏合成后分泌到血液中（鸡：Fujii et al.，1996）。在鸟类，转铁蛋白基因的表达仅限于肝脏和输卵管（McKnight et al.，1980）。鸡转铁蛋白受体的 cDNA 特征已经阐明（Gerhardt et al.，1991）。转铁蛋白受体可诱导细胞的程序性死亡/凋亡（鸡：Ohno et al.，2008）。

转铁蛋白和转铁蛋白受体的血液浓度分别为 2.4 mg/mL（Morgan，1975）和 1.2 μg/mL（鸡：Wiwanitkit et al.，2007）。血浆转铁蛋白受体的浓度反映了红细胞的生成活动。

生理因素影响转铁蛋白的血液浓度，雌激素或铁缺乏可使转铁蛋白的血液浓度升高（鸡：McKnight et al.，1980）。肝转铁蛋白的表达量会因雌激素和糖皮质激素的缺乏而增加（鸡：McKnight et al.，1980）。鸡血浆转铁蛋白的浓度会因为金黄色葡萄球菌感染而升高（Chamanza et al.，1999）。禽类感染疟原虫（*Plasmodium gallinaceum*），即引起家禽疟疾的原生动物，其血浆中转铁蛋白受体浓度有着很强的增加趋势（鸡：Wiwanitkit et al.，2007）。

10.2.3.4.5　激素的运输

亲脂激素，包括类固醇激素，在血浆中与蛋白质（包括白蛋白和特异性结合蛋白）结合而运输。血液中具有亲脂激素结合蛋白可以促进激素到达其靶器官中（Richardson et al.，2005）。

10.2.3.4.5.1 性类固醇

虽然在两栖动物、爬行动物及哺乳动物中已发现一种特异性的性激素结合蛋白（sex hormone binding protein，SHBP），但鸟类没有（Wingfield et al.，1984）。这在后来的报道中得到确认（Breuner and Orchinik，2009；Malisch and Breuner，2010）。

10.2.3.4.5.2 甲状腺激素

鸟类中不存在哺乳动物甲状腺激素结合球蛋白（thyroxine-binding globulin）的同源物（Schreiber and Richardson，1997）。与其他所有脊椎动物一样，鸟类甲状腺激素也与白蛋白（Schreiber and Richardson，1997）和甲状腺激素运载蛋白结合（Schreiber and Richardson，1997；Richardson et al.，2005）。鸟类甲状腺激素运载蛋白已被纯化，分子质量为15ku（鸡：Eguchi et al.，2008）。甲状腺激素运载蛋白还与视黄醇结合蛋白结合（Eguchi et al.，2008）。

10.2.3.4.5.3 皮质类固醇

鸟类有皮质类固醇结合球蛋白（corticosteroid binding globulin，CBG）或皮质素转运蛋白。在血浆中，该 α_1 球蛋白结合并运输皮质酮，例如，在美国红隼（Whitman et al.，2011）、鸡（Murakami，1991）、白冠麻雀（Breuner and Orchinik，2009）和斑胸草雀即为如此（Schmidt et al.，2010）。CBG还可以结合皮质醇，禽类胚胎中主要的糖皮质激素（Schmidt et al.，2010）。在发生应激时，如美国红隼（Whitman et al.，2011）被捕捉时，CBG的血浆浓度降低。

10.2.3.5 **γ球蛋白**

γ球蛋白包括IgA、IgM和IgY。鸡在生长期，其免疫球蛋白血浆浓度如下（Klasing，1998）：

- IgA：0.3 g/L
- IgM：2.7 g/L
- IgY：5.5 g/L

产蛋鸡的IgY浓度会显著降低（0.8 g/L）（Cetin et al.，2010）。这可能是由于血液中IgY有部分转运入卵黄中的缘故。

10.2.3.6 **酶**

鸟类血浆中有很多酶，包括碱性磷酸酶（Alk P）、天冬氨酸氨基转移酶（AST）、胆碱酯酶、肌酸磷酸转移酶和乳酸脱氢酶（LDH）。在血液学研究中，天冬氨酸氨基转移酶和肌酸磷酸转移酶的活性检测较常见。

据报道，酶的活性受到生理因素和外部环境的双重影响。例如，静脉血浆中的丙氨酸氨基转移酶（ALT）活性在脱水或高热时都会升高（Arad et al.，1983）。通过降低光照周期和禁食48 h诱导早期换羽，会导致血浆成分的浓度发生变化，ALT活性降低，而Alk P、LDH和GOT活性升高。此外，血浆胆碱酯酶活性的降低，已用作接触有机磷酸盐和氨基甲酸盐的生物标志物，并因此作为野生动物风险评估的标志。然而，调查不同鸟类酶的基础活性是至关重要的（Santos et al.，2012）。

10.3 红细胞

表10.3总结了野生鸟类和成年鸡红细胞的多种特征，包括红细胞数量、血细胞比容和红细胞的大小。

10.3.1 红细胞的结构

禽类红细胞呈卵圆形（图10.1），其平均体积为145 fL，且大小一致（表10.3）：

- 长直径：约12.5 μm
- 短直径：6.8 μm
- 厚度：3.2 μm

在胚胎发育期，红细胞体积下降，从10 d时的170 fL，到18 d时降至140 fL（鸡：Tazawa et al.，2011）。红细胞存在着明显的不对称性，鸡红细胞长度与宽度之比约为1.7，野生鸟类则约为1.8（表10.3）。

表10.3 野生鸟类(不包括家禽)和鸡的红细胞特征

参数	野生鸟类(平均)	鸡[1](平均)
红细胞含量(×10^6 个/μL)	3.33(164个物种)	3.2
红细胞比容(%)	44.0(158个物种)	44.0
血红蛋白含量(%)	14.5(134个物种)	10.1
红细胞体积(fL)	149.4(81个物种)	149.4
红细胞长度(μm)	12.5(364个物种)	12.2
红细胞宽度(μm)	6.8(362个物种)	7.1
红细胞长宽比	1.844(362个物种)	1.718
红细胞横截面积[2]($μm^2$)	68.3(362个物种)	68.0
红细胞血红蛋白含量(fg)	50.8(23个物种)	32

1 总结了成熟/成年鸡的早期数据(Sturkie，1986)。

2 面积$=\pi\times\frac{1}{2}$(长×宽)。

更多资料可在网站http://booksite.elsevier.com/9780124071605上查阅到。

禽类的红细胞有一个位于中心的核（长径约6.5 μm、短径约2.8 μm），因为它们有细胞核和线粒体，因而且体积更大，因而与哺乳动物的红细胞不同。红细胞中最丰富的蛋白质是血红蛋白（图10.1）。野生鸟类的红细胞比鸡的红细胞含有更多的血红蛋白（表10.3）。禽类红细胞的核中也含有血红蛋白，这是通过细胞核膜上的孔与胞质血红蛋白接触的结果（Davis，1961）。

微管对红细胞的非对称结构起稳定作用（Winckler and Solomon，1991）。这些微管由微

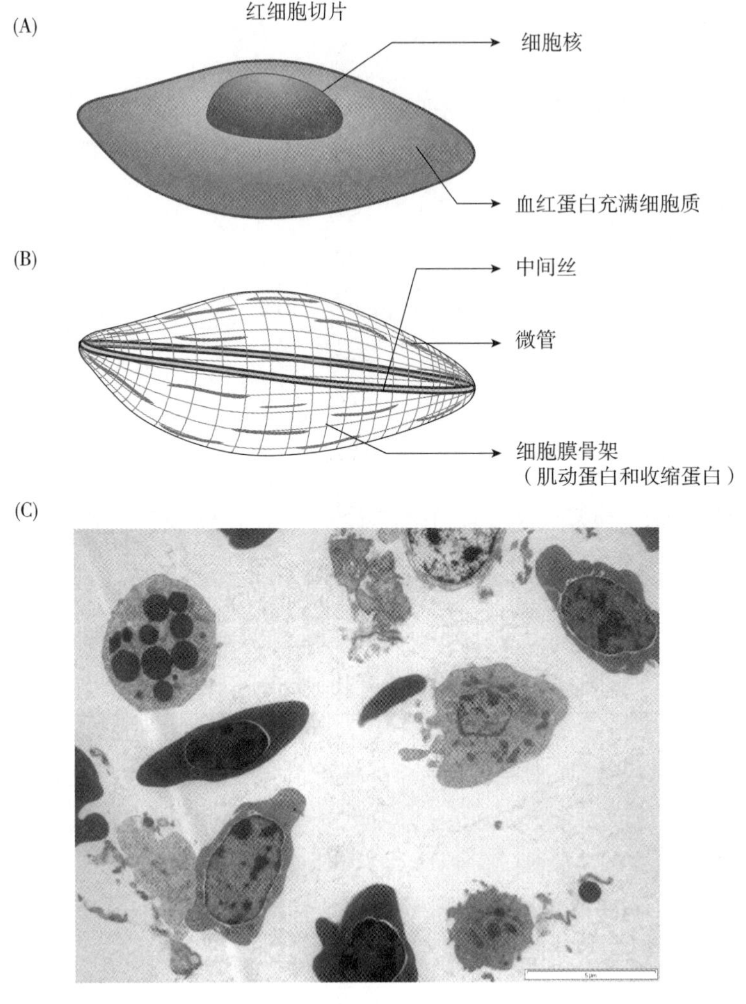

图 10.1★ 禽类红细胞示意图

(A) 鸟类红细胞切片显示细胞核和血红蛋白充满细胞质。(B) 鸟类红细胞的结构表明，细胞骨架维持细胞形态并支持细胞核。微管边缘带（紫色）和细胞膜骨架（方格网纹所示）维持细胞的形状。中间丝（蓝色）支持细胞核。［基于 Joseph-Silverstein and Cohen (1984)；另见 http://hermes.mbl.edu/BiologicalBulletin/MMER/COH/CohFig1.html (accessed 23.07.13.)］(C) 电子显微镜观察鸡骨髓细胞，发现发育中的红细胞具有高电子密度血红蛋白（标尺：5 μm）。经 Elsevier 授权许可，引自 Shini 等 (2008)。

管蛋白组成，其中鸡红细胞 95%的微管蛋白是微管蛋白-βⅣ（Sharma et al.，2010）。红细胞阴离子转运蛋白（红细胞带 3）是红细胞中主要的跨膜蛋白，它有两项功能：

- 固定细胞内部的骨架
- 作为阴离子的关键转运体，用碳酸氢根离子（HCO_3^-）交换氯离子（Cl^-）

火鸡红细胞另一种质膜蛋白是球蛋白，在 β-肾上腺素能激动剂存在下发生磷酸化（Alper et al.，1980）。禽类红细胞的细胞膜脂肪酸组成可随饮食中的脂肪酸变化而改变（例如鸡尾鹦鹉）（Heinze et al.，2012）。

10.3.2 红细胞染色质和转录

鸡红细胞有转录活性（例如，烯醇化酶，Toll 样受体 3、9 和 21，黏液病毒抗性 1）（Morera et al.，2011）。染色质结构对于控制 DNA 复制、修复和转录至关重要，其被认为处于一种解旋的状态（Morera et al.，2011）。30 nm 纤维是染色质折叠的第一级结构，在鸡红细胞中，通过调节因子允许进行转录和进入胞质，而不是通过 DNA 复制调节（Scheffer et al.，2011）。鸡红细胞核中，组蛋白和染色质之间也有密切的联系（Koutzamani et al.，2002）。

RNA 与血红蛋白的比例从第 3 天的约 240 μg/mg 到第 6 天的 35 μg/mg，呈线性关系迅速降低；随后以较慢的速度下降，降至第 17 天时的不足 10 μg/mg（鸡：Baumann et al.，2003）。在 RNA 与 Hb 的物质的量比从 6.8（第 3 天）降至 0.5（第 17 天）时，红细胞内三磷酸腺苷（ATP）含量大幅度下降（鸡：Baumann et al.，2003）。

10.3.3 红细胞代谢

比较奇怪的是，禽类红细胞内的新陈代谢和代谢酶的表达很少受到关注。一般认为葡萄糖是满足红细胞能量需求的主要物质。然而在体外，葡萄糖不能维持红细胞的 ATP 需求（鸡：Mathew et al.，1993）。因为禽类通过主动转运进入红细胞的葡萄糖非常少，所以这并不意外。事实上，在体外由谷氨酰胺维持着红细胞的 ATP 需求（鸡：Mathew et al.，1993）。基于较早的文献证据表明，禽类红细胞采用的是三羧酸循环供能（鸡：Dajani and Orten，1958）。此外，鸡红细胞可以利用甘氨酸作为底物（Dajani and Orten，1959）。然而，鸽红细胞中没有发现三羧酸循环酶的活性，但有代谢酶的活性（包括己糖激酶、磷酸果糖激酶和丙酮酸激酶）（Kalomenopoulou and Beis，1990）。已有报道蓝企鹅（*Eudyptula minor*）的红细胞中以下酶类有高活性：三磷酸异构酶、乳酸脱氢酶、磷酸甘油醛脱氢酶和磷酸甘油酸激酶（Nicol et al.，1988）。在蓝企鹅红细胞中，大约一半的葡萄糖被代谢为乳酸（Nicol et al.，1988）。研究禽类红细胞关键代谢基因的表达及控制十分必要。

鸟类胚胎发育早期，红细胞有较高浓度的 ATP（例如，鸡在孵育第 3 天为 15 mmol/L）（Baumann et al.，2003）。来自鸡胚的红细胞中也有显著水平的 CTP 和 UTP（鸡：Baumann et al.，2003）。此外，来自鸡胚的红细胞中还含有另一种高能量化合物——2，3-二磷酸甘油酸（2，3-BPG）（鸡：Baumann et al.，2003）。在体外，来自第 10 天胚胎的红细胞因缺氧导致 ATP 浓度降低（鸡：Baumann et al.，2003）。

10.3.4 红细胞含量和红细胞比容

表 10.3 总结了多种鸟类的红细胞比容和红细胞含量，并与鸡的早期数据进行了比较。纵观鸟类物种，有报道红细胞比容与体重的对数成反比，从 10 g 体重鸟类的平均 52%下降到 1 kg 体重鸟类的 40%（Bishop and Butler，1995）。当红细胞被去除后，红细胞比容随着血浆体积的迅速恢复而下降。除去 30%的血液后，红细胞比容和红细胞含量几乎立即减少（日本鹌鹑：Schindler et al.，1987）。

当氧分压降低时，红细胞含量和红细胞比容增加。例如，缺氧会增加红细胞比容（鸡和日本鹌鹑：Rosse and Waldmann，1966）。同样，在去除 30%的血液使红细胞含量立即减少后，72 h 内能迅速恢复正常（日本鹌鹑：Schindler et al.，1987）。需要指出的是，随着红细胞生成的加速，不成熟红细胞的比例会增加，即血液和骨髓中网织红细胞的比例增加（日本鹌鹑：Gildersleeve et al.，1985a、b；Schindler et al.，1987）。

禽类胚胎发育期间红细胞含量显著增加（鸡：Tazawa et al.，2011）（图 10.2）。正如预期的那样，红细胞含量对高海拔呈应答性增加（火鸡胚：Bagley et al.，1990）。不出意外的是，红细胞比容会因铜缺乏而降低（鸡：Baumgartner et al.，1978）。在种公鸡和种母鸡之间，似乎存在着红细胞比容和红细胞含量的性别差异（表 10.4），这一现象可能归因于性成熟母鸡血浆中高浓度的卵黄前雌激素、体和/或雄激素的直接作用。

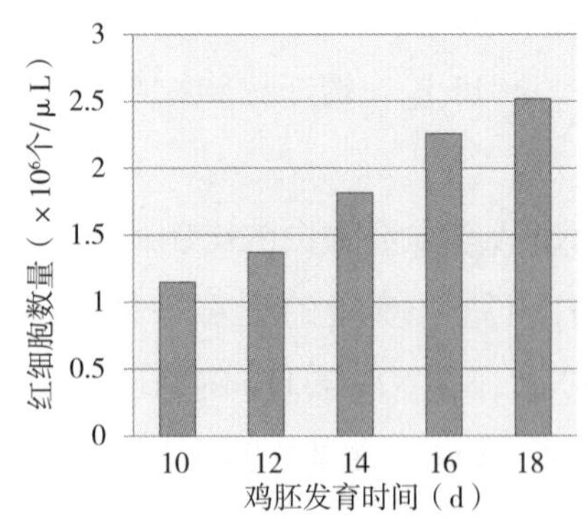

图 10.2 鸡胚胎发育期间红细胞含量的变化
数据引自 Tazawa 等(2011)。

表 10.4 雄性和雌性成年鸡红细胞含量和红细胞比容的比较

种类	红细胞含量($\times 10^6$ 个/μL)	血细胞比容(%)
雄性	3.6	42.9
雌性	2.8	29.2

数据来源：根据 Sturkie(1986)总结的数据计算获得。

有一些毒物也可引起红细胞含量降低，例如在卵内给予 1-（2-氯苯基）-1-（4-氯苯基）-2，2，2-三氯乙烷 o，p -DDT（日本鹌鹑：Bryan et al.，1989）。化学药品如苯乙酰肼和有机磷农药敌百虫可减少禽类循环血液中红细胞的含量，从而诱发贫血症（鸡：Coll and Ingram，1978；日本鹌鹑：Gromysz-Kałkowska et al.，1985）。此外，石油会降低红细胞比容（野鸭：Lee et al.，2012）。通过对 37 000 只肉鸡数据的 meta 分析，发现霉菌毒素能降低红细胞比容（Andretta et al.，2012）。

10.3.5 红细胞的生成

鸟类红细胞产自其骨髓。体外实验证明，胚胎骨髓细胞能发育成红细胞（日本鹌鹑：Brandon et al.，2000）。鸟类红系细胞可以概括如下（Williams，1972）：

- 成红细胞（细胞增殖）⟶多嗜性成红细胞（细胞体积减小，同时血红蛋白开始合成）
- 多嗜性成红细胞⟶网织红细胞（细胞体积进一步减少，有血红蛋白合成）
- 网织红细胞⟶成熟红细胞（不对称拉长）

在成熟红细胞的形态形成过程中，微管在不对称拉长形状的发育中起着关键作用（Winckler and Solomon，1991）。因此，血液中比较圆的红细胞为未成熟红细胞/网织红细胞。

10.3.5.1 **促红细胞生成素**（erythropoietin，EPO）

禽类促红细胞生成素的数据，来自体外实验中鸡血浆刺激鸡红细胞内血红蛋白积累的能力，贫血鸡的血浆更有效（Coll and Ingram，1978）。而且，体内红细胞生成的变化率与促红细胞生成素的调节一致，而贫血促进红细胞生成（鸡：Rosse and Waldmann，1966），红细胞增多使其抑制（日本鹌鹑：Rosse and Waldmann，1966）。在鸽孵化后骨骼中形成骨气室期间，造血骨髓占体重的百分比减少，但其在尺骨、桡骨、股骨、胫骨、肩胛骨、叉骨和尾椎骨的分布增加（Schepelmann，1990）。

促红细胞生成素（EPO）通过与 EPO 受体（EPO receptor，EpoR）相结合发挥作用。EpoR 过表达时促进禽类红细胞的增殖（Mikulits et al.，2000）。此外，通过 EpoR 和 c-Kit（另一种细胞因子——生长因子的受体）的高表达防止铁抑制铁蛋白重链（ferritin heavy chain，ferH）的表达（Mikulits et al.，2000）。

10.3.6 红细胞的寿命

禽类红细胞尽管有核，但不分裂，不能进入新的 S 阶段（Williams，1972）；其寿命非常有限，远低于哺乳动物（Brace and Atland，1956；Beuchat and Chong，1998），所有被标记的红细胞在第 42 天（鸭）、第 35 天（鸡）和第 48 天（鸽）内消失（Rodman et al.，1957）。日本鹌鹑红细胞的平均寿命为 34 d（Nirmallan and Robinson，1973）。经计算得出，这 4 种禽类的红细胞平均寿命为 39.7 d±3.3 d。相比之下，哺乳动物红细胞更长寿：11 个物种的红细胞平均寿命为 85.6 d±10.5 d（根据 Röhme 计算，1981）。

10.3.7 血红蛋白

血红蛋白在肺部结合 O_2，在组织释放 O_2。禽类的血红蛋白已经做过纯化（鸡：Matsuda and Takae，1963）、结晶和特征研究，包括 X 射线分析（斑头雁和灰雁：Liang et al.，2001；鸵鸟：Sundaresan et al.，2009）。与哺乳动物的一样，禽类的血红蛋白是一种四聚体蛋白质，有 4 个蛋白质亚基，每一个亚基上都附着有一个含亚铁的血红素。早期胚胎中的血红蛋白具有更高氧亲和力和更低玻尔效应的分子基础也已阐明（Chapman et al.，1980）。ATP 和其他核苷酸是血氧饱和度的主要决定因素（鸡：Baumann et al.，2003）。

禽类的血红蛋白有多种形式，鸡有 6 种形式（胚胎有 4 个、成年鸡有 2 个）：

- 胚胎中的主要形式：
  - Hb P：πα 球蛋白和 ρβ 球蛋白
  - Hb P′
- 胚胎中的次要形式：
  - Hb $M\alpha^{D}$球蛋白
  - Hb $E\alpha^{A}$球蛋白
- 成年鸡的主要形式：$HbA\alpha^{A}$球蛋白
- 成年鸡的次要形式：$HbD\alpha^{D}$球蛋白

鸡的两种主要的胚胎血红蛋白的作用在胚胎发育的第 4 天达到高峰，然后逐渐减退，到第 15 天后便检测不到了；两种次要的胚胎血红蛋白一直增加，到第 6～7 天之后减少，但是在孵化期血液中一直存在（Cirotto et al.，1975）。鸡胚胎血液中组成血红蛋白的 α 球蛋白的变化如图 10.3 所示。

在禽类红细胞中，有机磷酸盐显著影响血红蛋白与氧的结合。在大多数禽类中，主要的调节因子是五磷酸肌醇；然而，在鸵鸟有证据表明是四磷酸肌醇（inositol-P_4）起关键作用（Sundaresan et al.，2009）。六磷酸肌醇（inositol-P_6）能降低鸡或鸽血红蛋白的氧亲和力（Vandecasserie et al.，1971）。同样，五磷酸肌醇（inositol-P_5）也能降低血红蛋白的氧亲和力（Isaacks et al.，1977）。

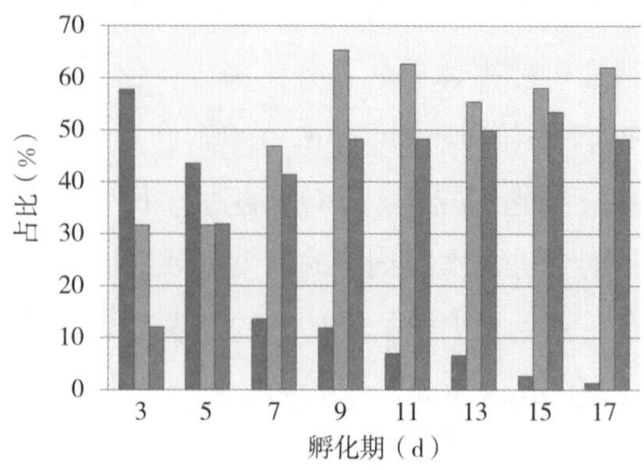

图 10.3★ 鸡胚发育期间 α 球蛋白的比例变化
红色：πα 球蛋白；绿色：α^A 球蛋白；蓝色：α^D 球蛋白。

无论在休息或活动状态，禽类动静脉血液中氧浓度的差异是恒定的，与体重无关（Bishop and Butler，1995）。

10.3.7.1 血红蛋白基因

与哺乳动物相似，禽类也有多个血红蛋白基因：鸡有 7 个（Reitman et al.，1993），斑胸草雀有 6 个（Alev et al.，2009）。这些基因组成了编码 α 球蛋白和 β 球蛋白的基因小家族。鸟类的血红蛋白基因可概括如下：

- 鸡 π（Pi）α：与鸭 π 同源，并与斑胸草雀 α1 直系同源
- 鸡 αD：与火鸡、鸵鸟和鹌鹑 αD 同源，并与斑胸草雀 α2 直系同源
- 鸡 αA：与火鸡、鸵鸟和鹌鹑 αA 同源，并与斑胸草雀 α3 直系同源
- 鸡 ρ（rho 或 P）β：可能与斑胸草雀 β1 直系同源
- 鸡 βH：可能与斑胸草雀 β2 直系同源
- 鸡 βA：主要与火鸡、鸭、火烈鸟、秃鹫、金刚鹦鹉、鸽和鸵鸟 β 同源，并与斑胸草雀 β3 直系同源
- 鸡 βε：与鸡 ρ 显著同源

成年斑胸草雀血红蛋白的组成比例是：α 球蛋白，α3 球蛋白 74%，α2 球蛋白 26%；β 球蛋白，都是 β3 球蛋白。而在胚胎中，血红蛋白的组成比例是：α 球蛋白，α1 球蛋白 28%、α2 球蛋白 55%、α3 球蛋白 16%；β 球蛋白，β1 球蛋白 44%、β2 球蛋白 33%，β3 球蛋白 24%（Alev et al.，2009）。

鸡的 α 球蛋白基因位于 14 号染色体上。在胚胎红细胞中，包含多个 α 球蛋白基因的区域定位于环核基质包围的 DNA 环的表冠区（Iarovaia et al.，2009）。

10.3.7.2 鸟类在高海拔地区飞行时血红蛋白的适应性变化

能高空飞行的鸟类的血红蛋白结构对氧的亲和力较强（图 10.4）。例如黑翅草雁与能飞越喜马拉雅山迁徙的斑头雁的血红蛋白结构有细微的差别（α 球蛋白发生单置换）（Jessen et al.，1991）。同样，能潜水的鸟类的血红蛋白的氧亲和力也较强，如帝企鹅（Meir Ponganis，2009）。这种区别很容易从斑头雁和帝企鹅的血红蛋白氧解离曲线相比于家鸭（和大多数其他鸟类，图 10.4）的发生左移得出。

10.3.7.3 鸟类胚胎发育时血红蛋白的适应性变化

在鸟类早期胚胎发育阶段，血红蛋白的氧亲和力具有更高的亲和力（图 10.5）。早期胚胎血红蛋白的较大氧亲和力和较低玻尔效应的分子基础已经被确定（Chapman et al.，1980）。

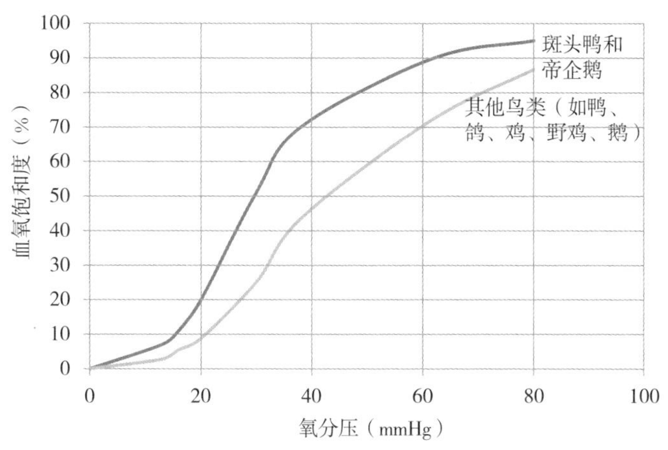

图 10.4 禽类红细胞中血红蛋白的氧解离曲线

图中鸽、鸭、鹅、鸡和野鸡的数据引自 Christensen 和 Dill（1935），鹅、斑头雁和帝企鹅的数据引自 Meir 和 Ponganis（2009）。

10.3.7.4 血红蛋白的糖基化作用

据检测，尽管大多数鸟类血液中葡萄糖的浓度较高，但是其血红蛋白糖基化比例却比哺乳动物的低，例如白嘴鸦（*Corvus frugilegus*）和哑天鹅（*Cygnus olor*）的小于 2%（Mikšik and Hodny，1992；Beuchat and Chong 在 1998 年也有综述）。甚至在蜂鸟体内，血浆葡萄糖浓度超过 40 mmol/L 时，其糖基化血红蛋白的比例仍处在哺乳动物的正常范围之内（即 3.5%～5.0%）（Beuchat and Chong，1998）。

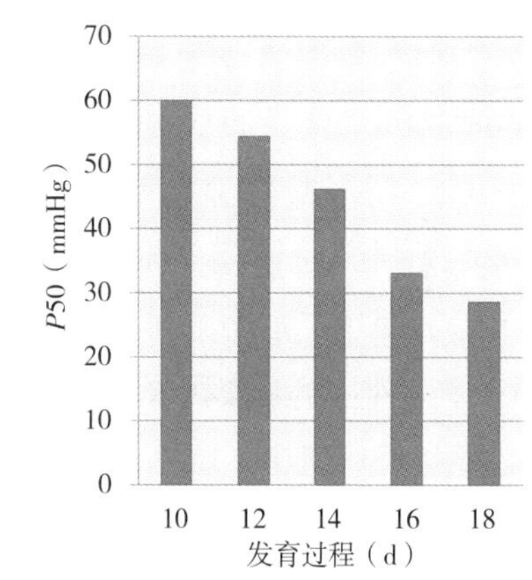

图 10.5 鸡胚发育过程中，其血红蛋白的氧亲和力（*P*50）的变化

数据引自 Tazawa 等，（1976）。

10.3.7.5 血红蛋白和营养

鸟类因其对铁的获得能力低，血红蛋白在血液中浓度较低（Tako et al.，2010）。

10.3.8 碳酸酐酶

在红细胞中，碳酸酐酶催化二氧化碳和水之间的反应，产生碳酸；随后可逆性地形成碳酸氢盐（HCO_3^-）和质子（H^+）。

$$CO_2+H_2O \rightleftharpoons H_2CO_3 \rightleftharpoons HCO_3^-+H^+$$

碳酸酐酶（carbonic anhydrase，CA）已经在鸟类的红细胞中被纯化（鸡：Bernstein and Schraer，1972；鸵鸟：Ozensoy et al.，2005；鸽：Ozensoy et al.，2011）。在对日本鹌鹑红细胞进行研究时，发现β肾上腺素激动剂会使碳酸酐酶活性增强（Igbo et al.，1994）。此外，低氧会使鸟类红细胞碳酸酐酶的活性增强（Glombitza et al.，1996）。

当母鸡开始产蛋时，血红蛋白相关的碳酸酐酶Ⅱ（CAⅡ）及其同工酶 CAⅢ的量增加（Nishita et al.，2011a、b）。Fe^{2+} 可增强禽类红细胞碳酸酐酶的活性（Wu et al.，2007）。

10.3.9 转运蛋白

10.3.9.1 负离子转运蛋白

关键的负离子转运蛋白以碳酸氢根离子（HCO_3^-）交换氯离子（Cl^-）。人们已研究了鸡负离子转运蛋白转录物的特征，并获得了鸡红细胞表达的负离子转运蛋白（条带 3）（Kim et al.，1988）。致癌基因 *v-erbA* 会抑制鸡红细胞中负离子转运蛋白（条带 3）的表达（Zenke et al.，1988）。

10.3.9.2 钠和钾转运

有相当可观的钠和钾穿过红细胞质膜。钠离子穿过火鸡红细胞质膜的量是人的 2～3 倍（Palfrey and Greengard，1981）。禽红细胞中的 $Na^+/K^+/2Cl^-$ 共转运蛋白表现出对 β 肾上腺素能激动剂和氧浓度的敏感性（Gibson et al.，2000）。随年龄的增长，转运入鸡红细胞内的钾的量减少（Drew et al.，2002）。

10.3.9.3 葡萄糖

进入禽类红细胞的葡萄糖量较少，需要不可饱和载体与可饱和载体的介导以完成转运，并可被细胞松弛素所抑制（Simons，1983a、b）。鸽红细胞在被细胞松弛素 B 抑制后，3-O-甲基葡萄糖的摄入量很低，每个红细胞中只有 200 拷贝的 GLUT1 蛋白质，而人类的是 300 000 拷贝（Diamond and Carruthers，1993）。鸡红细胞表达两种葡萄糖转运蛋白（glucose transporters，GLUT），即 GLUT1 和 GLUT3（Mathew et al.，1994）。在红细胞分化过程中，GLUT1 和 GLUT3 的表达迅速下降到非常低的水平（Mathew et al.，1994）。鸡胚红细胞中单糖的简单扩散明显多于年龄更大的鸡（Ingermann et al.，1985）。

10.3.9.4 氨基酸和尿素

在鸟类红细胞中，氨基酸跨膜运输具有钠依赖性，例如鸡红细胞中甘氨酸、亮氨酸和赖氨酸的吸收（Somes et al.，1981；Lerner et al.，1984）。据报道，禽类红细胞几乎不表达尿素转运蛋白-B（Liu et al.，2011）。

10.3.10 激素对红细胞的影响

在火鸡红细胞中，儿茶酚胺通过 β 肾上腺素受体、腺苷酸环化酶的活化、环 3′，5′-单磷酸腺苷（cyclic 3′，5′-AMP）以增强钠的转运（Gardner et al.，1973；Palfrey and Greengard，1981）；β 肾上腺素能激动剂可以刺激钾的内流（Furukawa et al.，1980）。

在禽类的红细胞膜上至少有 3 种 β 肾上腺素能受体：βtrunc、β3C 和 β4C 受体（火鸡：Chen et al.，1994；Baker，2010）。火鸡已被用作研究 β 肾上腺素能受体的模型。β 肾上腺素能受体在其激动剂作用下，可功能性增强腺苷酸环化酶的活性（Stadel et al.，1982；Peters et al.，1984）；可被 β 肾上腺素受体激动剂脱敏，并且也可被 β 肾上腺素能受体拮抗剂致敏，原因是其结构被改变（Stadel et al.，1982；Peters et al.，1984）。鸡胚红细胞具有的 A2α 腺苷酸受体也能激活腺苷酸环化酶（Glombitza et al.，1996）。在胚胎发育过程中，由于 cGMP 抑制磷酸二酯酶 3，红细胞对 β 肾上腺素能和 A2 受体激动剂的应答进行性减少（Baumann et al.，1999）。

也有证据表明，甲状腺激素影响禽类红细胞，表现为甲状腺功能低下的火鸡，其红细胞对 β 肾上腺素能激动剂表现较低的敏感性（Furukawa et al.，1980）。

10.3.11 应激原的影响

应激原对禽红细胞有影响。例如，鲱鱼鸥（*Larus argentatus*）和大西洋海雀

（*Fratercula arctica*）接触原油之后，会出现红细胞线粒体的变性（Leighton，1985）。在体外实验中，禽类红细胞在葡萄糖或与葡萄糖-6-磷酸的共同刺激下，过氧化氢和超氧化物的产量会明显增加，血红蛋白的氧解离曲线也发生变化（Zhang et al.，2011）。相比之下，哺乳动物红细胞对活性氧（reactive oxygen species，ROS）或血红蛋白的影响没有观察到（Zhang et al.，2011）。ROS 是由鸟类红细胞的线粒体产生的，如鹌鹑或鹦鹉（Montgomery et al.，2012）。这种影响也许能解释禽类红细胞的寿命比较短的原因。

10.3.12　禽类红细胞的其他作用

有人认为，禽类红细胞除了能参与气体交换外，还可能具有免疫样功能（Morera et al.，2011）。

10.4　血液中的气体

表 10.5 列出了多种鸟类安静时动脉和静脉血液中的 P_{O_2}、P_{CO_2} 和 pH。鸟类在短期飞行中，动脉血中的 P_{O_2} 无变化（Butler et al.，1977），这可能归因于其呼吸频率的增加。此外，鸡在跑步机上活动时，动脉 P_{O_2} 反而增加（Gleeson and Brackenbury，1984），这可能也是因为鸡的呼吸增强了。快速生长期和成年肉鸡静脉血中 P_{O_2} 和 P_{CO_2} 的变化见表 10.6。生长期的静脉血 P_{O_2} 下降，反映了其新陈代谢的需求。

表 10.5　鸟类安静时以 pH 为对照的动脉和静脉 P_{O_2} 和 P_{CO_2}

物种	动脉	静脉	参考文献
P_{O_2}(mmHg)			
雁形目(Anseriformes)			Kawashiro 和 Scheid(1975)
家鸭(Domestic duck)	82		
鸽形目(Columbiformes)			
鸽(*Columbia livea*)	87	57	Butler 等(1977)
哀鸠(*Zenaida macroura*)		49	Harms 和 Harms(2012)
隼形目(Falconiformes)			Escobar 等(2011)
卡拉卡拉鹰(*Caracara plancus*)	99	—	
鸡形目(Galliformes)			
成年母鸡(*Gallus gallus*)	93		Gleeson 和 Brackenbury(1984)
速生肉鸡(Rapidly growing chicken)		44	Olanrewaju 等(2010)、van As 等(2010)、Christensen 等(2012)的平均值
雀形目(Passeriformes)			
宽尾拟八哥(*Quiscalus major*)		47	Harms 和 Harms(2012)
家麻雀(*Passer domesticus*)		40	Harms 和 Harms(2012)
鹦形目(Psittaciformes)			
亚马逊鹦鹉(*Amazona aestiva*)	98.1		Valéria 等(2008)

（续）

物种	动脉	静脉	参考文献
P_{CO_2}(mmHg)			
雁形目(Anseriformes)			
家鸭	38		Kawashiro 和 Scheid(1975)
鸽形目(Columbiformes)			
鸽(*Columbia livea*)	27	35	Butler 等(1977)
哀鸠(*Zenaida macroura*)		29	Harms 和 Harms(2012)
隼形目(Falconiformes)			
卡拉卡拉鹰(*Caracara plancus*)	25	—	Escobar 等(2011)
鸡形目(Galliformes)			
鸡(*Gallus gallus*)	25		Gleeson 和 Brackenbury(1984)
速生肉鸡(Rapidly growing chicken)	—	56	Olanrewaju 等(2010)、van As 等(2010)、Christensen 等(2012)的平均值
雀形目(Passeriformes)			
宽尾拟八哥(*Quiscalus major*)		29	Harms 和 Harms(2012)
家麻雀(*Passer domesticus*)		38	Harms 和 Harms(2012)
鹦形目(Psittaciformes)			
亚马逊鹦鹉(*Amazona aestiva*)	22		Valéria 等(2008)
pH			
鸽形目(Columbiformes)			
鸽(*Columbia livea*)	7.43	7.36	Butler 等(1977)
鸡形目(Galliformes)			
速生肉鸡(Rapidly growing chicken)		7.35	Olanrewaju 等(2010)、van As 等(2010)的平均值
成年鸡(*Gallus gallus*)		7.42	Martin 等(2010)
隼形目(Falconiformes)			
卡拉卡拉鹰(*Caracara plancus*)	7.54		Escobar 等(2011)

动脉血中的 P_{CO_2} 会受呼吸的影响，而静脉血中的 P_{CO_2} 反映了新陈代谢的情况。例如，鸸鹋在热应激时发生热喘息（Jones et al.，1983）和鸡在跑步机上奔跑（Gleeson and Brackenbury，1984），其体内 P_{CO_2} 都会下降。然而，静脉血浆中的 P_{CO_2} 在鸡的生长期上升（表 10.6），禁食时下降（快速生长中的雏鸡：Christensen et al.，2012）。这种改变可能反映了组织的新陈代谢情况。

表 10.6 不同生长期鸡静脉血中 P_{O_2} 和 P_{CO_2} 的变化

	P_{O_2}(mmHg)	P_{CO_2}(mmHg)	参考文献
肉用仔鸡			
11 日龄	58	48	van As et al.，2010
33 日龄	48	59	van As et al.，2010
47 日龄	35	69	van As et al.，2010
成年肉用母鸡(肉种鸡)	46	38	Martin et al.，2010

其他材料参见相关网站 http://booksite.elsevier.com/9780124071605。

10.5 白细胞

禽类的白细胞包括 5 种类型，分别是淋巴细胞、异嗜性粒细胞（相当于哺乳动物的嗜中性粒细胞）、嗜碱性粒细胞、嗜酸性粒细胞和单核细胞，各类白细胞的结构见图 10.6。表 10.7 列出了野生禽类和家禽的白细胞数量和各类白细胞分类计数的百分比。据 Klasing（1998）估计，鸡每千克体重每天可产生 0.76 g 白细胞。在禽红细胞比容测定中，可以在“淡黄层”中找到白细胞。

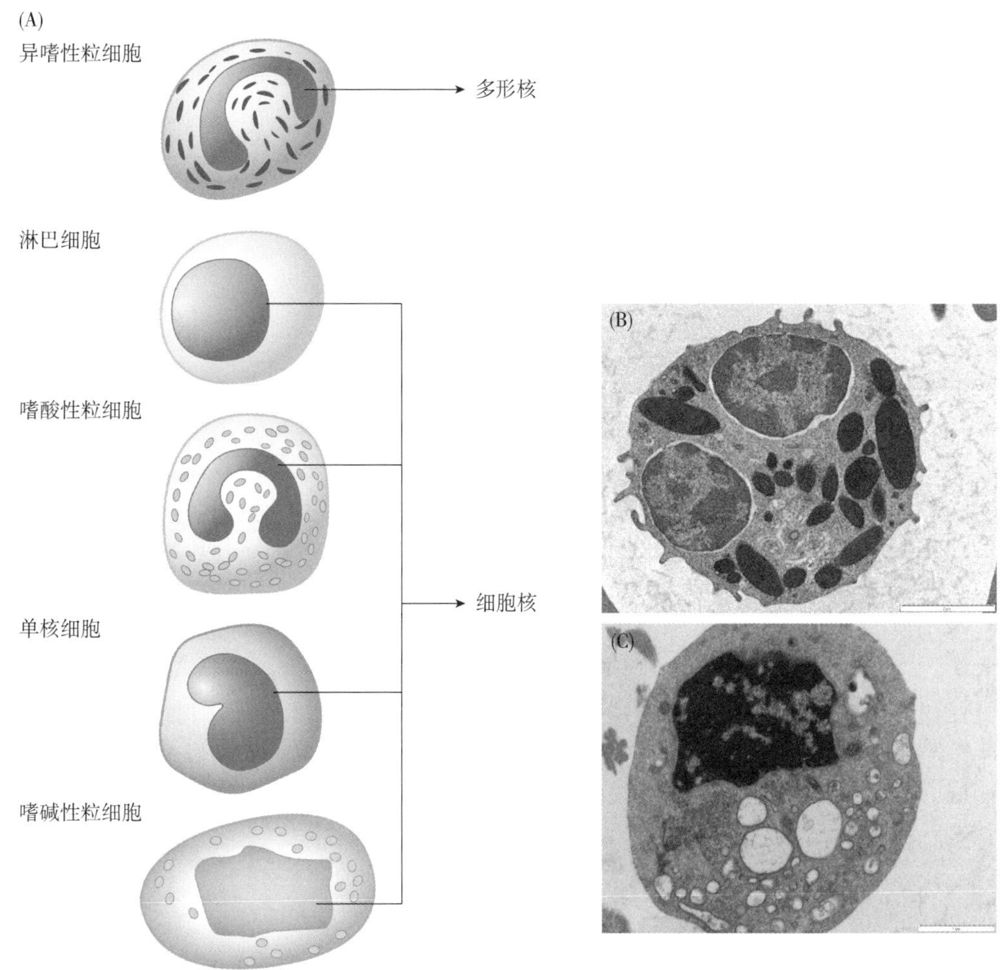

图 10.6★ 禽白细胞

（A）白细胞显微图像示意图。（B）电子显微镜下鸡外周血中具有大细胞质颗粒（标尺长度 2 μm）的异嗜性粒细胞[引自 Shini 等（2008），经 Elsevier 许可]。（C）电子显微镜下鸡外周血中的无颗粒淋巴细胞（标尺长度 1 μm）。引自 Shini 等（2008），经 Elsevier 许可。

表 10.7 野生禽类（不包括家禽品种）和鸡的血小板和白细胞

参数	野禽（平均）	鸡（平均）[1]
血小板（10^3 个/μL）	30.4（14 种）	34.4
白细胞（10^3 个/μL）	16.1（97 种）	25.5
异嗜性粒细胞（%）	45.3（80 种）	25.9
淋巴细胞（%）	45.5（79 种）	57.6

（续）

参数	野禽(平均)	鸡(平均)[1]
单核细胞(%)	3.0(77种)	5.6
嗜酸性粒细胞(%)	4.1(77种)	1.7
嗜碱性粒细胞(%)	1.6(77种)	2.4

1 对37 000只肉鸡进行的Meta分析研究(Andretta et al.,2012)和Sturkie(1986)总结的数据。

10.5.1 白细胞计数

单位体积血液中的白细胞数量有差异。不同鸟类血液中白细胞的浓度和计数均存在差异，有些鸟类的异嗜性粒细胞多于淋巴细胞，如鹰形目（*Accipitriformes*）(63.1%，30.5%）和鸵形目（*Struthioniformes*）(65.4%，26.0%）；有些禽类异嗜性粒细胞少于淋巴细胞，如雀形目（*Passeriformes*）(19.6%，67.9%）(C. G. Scanes，未发表的观察）。

异嗜性粒细胞和淋巴细胞浓度之间常存在相反关系。应激激素皮质酮可增加雏鸡的异嗜性粒细胞并减少淋巴细胞（图10.7）(Gross and Siegel，1983）。这导致异嗜性粒细胞/淋巴细胞比率（H/L）的巨大变化（Gross and Siegel，1983）。同样，用促肾上腺皮质激素刺激雏鸡肾上腺皮质细胞，会出现异嗜性粒细胞增加和淋巴细胞减少的变化（Davison and Flack，1981）。对雏鸡使用皮质酮会导致异嗜性粒细胞体积变小（Shini et al.，2008）。受伤时阿德利（Adélie）企鹅的H/L比值会增大；暴露于氨气、间歇性电击（McFarlane and Curtis，1989）、环境热应激（Borges et al.，2004）等应激原的雏鸡H/L比值都会增大；经过大肠杆菌（*E. coli*）攻毒和运输应激之后，幼龄火鸡的H/L比值也会增大。这些都进一步说明了应激与白细胞数量之间的关系（Vlec et al.，2000）。

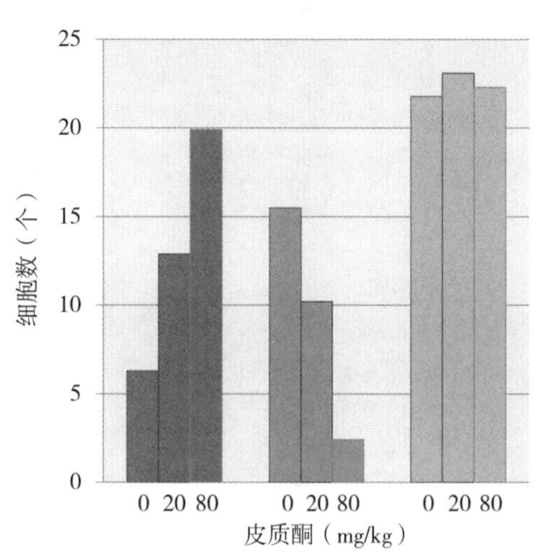

图10.7★ 皮质酮（日粮中以mg/kg计）对雏鸡异嗜性粒细胞（红色）、淋巴细胞（蓝色）和白细胞总数（绿色）的影响

引自Gross和Siegel（1983）的数据。

据报道，一些禽类在圈养时会出现白细胞数量的明显变化，在淋巴细胞降低的同时，异嗜性粒细胞的比例却几乎增加了3倍［褐领雀（*Zonotrichia capensis*）：Ruiz et al.，2002］。这可能反映了应激的影响。

环境对不同白细胞的数量也有独立的影响。与野生同类相比，保持圈养的蓝顶亚马逊鹦鹉（*Amazona aestiva*）白细胞在血液中的浓度下降了71.4%（Deem et al.，2005），这是由于其嗜性粒细胞的百分比和数量都减少了（Deem et al.，2005）；淋巴细胞尽管百分比增加了，但浓度没有变化（Deem et al.，2005）。黑面琵鹭（*Platalea minor*）的白细胞总数量随肉毒梭菌毒素中毒明显增加（Chou et al.，2008）。在研究霉菌毒素对鸡影响的一项Meta分析中，Andretta等（2012）报道了白细胞总数及异嗜性粒细胞和淋巴细胞浓度均下降。

10.5.1.1　白细胞数量

白细胞总浓度、异嗜性粒细胞和淋巴细胞的相对比例都有生理性变化。鸡经并列核疟原虫（*Plasmodium juxtanucleare*）攻毒后血液中白细胞浓度会出现增加的情况（Silveira et al.，2009）。

血液白细胞计数明显会受应激的影响。在接受外源性皮质酮（即应激激素）的雏鸡中，异嗜性粒细胞增多而淋巴细胞减少（图 10.7）（Gross and Siegel，1983），这就导致了 H/L 比率的明显变化（Gross and Siegel，1983）。同样，给雏鸡使用促肾上腺皮质激素，在肾上腺皮质细胞受到刺激的同时，也会出现异嗜性粒细胞增加和淋巴细胞减少（Davison and Flack，1981）。

雏鸡中存在与皮质酮类激素相关的异嗜性粒细胞体积减少的情况（Shini et al.，2008）。在受伤的阿德利企鹅（Vleck et al.，2000）以及暴露于大气氨、间歇性电击、环境热应激（McFarlane and Curtis，1989）和脂多糖（LPS）等应激原的幼雏中（Shini et al.，2008），更高的 H/L 比率进一步验证了应激与白细胞数量之间的关系。在给鸡静脉注射纤维素微粒子发生的反应中，异嗜性粒细胞的比例有所下降，嗜酸性粒细胞增多（Wang et al.，2003）。

发生氯酚磷和敌百虫中毒后，白细胞体系发生变化，表现为明显的异嗜性粒细胞和嗜酸性粒细胞增多症。在摄入了氯酚磷后，嗜碱性粒细胞增多；并且在摄入了上述两种杀虫剂后，单核细胞的数量明显增加（日本鹌鹑：Gromysz-Kałkowska et al.，1985）。

10.5.2　异嗜性粒细胞

异嗜性粒细胞是主要的吞噬性白细胞，其被认为等同于哺乳动物的嗜中性粒细胞。

10.5.2.1　结构

异嗜性粒细胞是禽类主要的多形核白细胞（图 10.6），其直径为 10～15 μm（Sturkie，1986）。异嗜性粒细胞是弱嗜碱性和伪嗜酸性的，瑞氏染色呈亮红色（Sturkie，1986）。电子显微镜研究（鸭和鹅：Maxwell，1973；鸡：Shini et al.，2008）揭示了禽类的异嗜性粒细胞有以下特征：细胞核有两三个裂片；线粒体稀少；细胞内颗粒分为致密的和小密度的两类，致密颗粒呈椭圆形或球形，直径为 0.4～1.8 μm（鸭和鹅：Maxwell，1973）。

皮质酮或 LPS 等应激原会迅速影响血液中的异嗜性粒细胞，引起细胞横截面缩小，分泌颗粒直径增加（鸡：Shini et al.，2008）。

10.5.2.2　功能

异嗜性粒细胞是禽类主要的吞噬性白细胞，与哺乳动物的嗜中性粒细胞有类似的作用（图 10.6）（Harmon，1998）。异嗜性粒细胞在非特异性免疫系统中有重要作用，包括介导急性炎症反应。异嗜性粒细胞和单核细胞都可以吞噬和杀死细菌，但前者的能力更强。（鸡和火鸡：Stabler et al.，1994）。

细菌的调理作用能增强异嗜性粒细胞的吞噬作用（Sabter et al.，1994）。异嗜性粒细胞可释放超氧化物（鸡和火鸡：Stabler et al.，1994）。被诸如鸡毒支原体（*Mycoplasma gallisepticum*）等细菌感染的异嗜性粒细胞，可吸引淋巴细胞（Lam，2002）。异嗜性粒细胞已被证明能吞噬白色念珠菌（*Candida albicans*）等真菌（斑鸠：Terrón et al.，2003）。γ 干扰素可增强异嗜性粒细胞的吞噬活性（鸡：Kogut et al.，2005）。白细胞介素-2（IL-2）对异嗜性粒细胞有显著影响，能增加其吞噬作用、抑菌活性以及炎症细胞因子 IL-8 的表达（鸡：Kogut et al.，2002、2003）。禽类异嗜性粒细胞的吞噬能力随着年龄的增长而逐渐下降（斑鸠：Terrón et al.，2004）。褪黑激素能增加异嗜性粒细胞的吞噬活性和吞噬白白念珠菌的比例，同时抑制超氧阴离子（O_2^-）水平（斑鸠：Terrón et al.，2003）。黄曲霉毒素会降低异嗜性粒细胞的吞噬和杀菌活性（鸡：Chang and Hamilton，1979a）。

非特异性免疫系统的另一个方面是异嗜性粒细胞中的颗粒含有 β-防御素：gallinacins（Gal 1，Gal 1α，Gal 2）、组织蛋白酶、溶菌酶、酸性磷酸酶、β-葡萄糖醛酸酶和 α-葡萄糖苷酶（Hawig et al.，1994；Harmon，1998）。

10.5.2.3 数量

血液中异嗜性粒细胞的浓度随应激和有毒物质如除草剂百草枯（日本鹌鹑：Clark et al.，1988）、有机磷杀虫剂（氯酚磷或敌百虫）（日本鹌鹑：Gromysz-Kałkowska et al.，1985）的使用而增加。在去除 30%的血量后，异嗜性粒细胞百分比也会增加（日本鹌鹑：Schindler et al.，1987）。一些病原体［如金黄色葡萄球菌（*S. aureus*）］可以杀死鸡的异嗜性粒细胞（Lowder et al.，2009）。

10.5.2.4 生成

异嗜性粒细胞在骨髓中产生。体外试验已证明胚胎骨髓细胞能发育成异嗜性粒细胞（日本鹌鹑：Brandon et al.，2000）。

10.5.3 淋巴细胞

禽淋巴细胞可以用特殊的单克隆抗体来分离，比如 K55 单克隆抗体，这是一种可结合鸡淋巴细胞的抗体（Schmaier et al.，2011）。禽淋巴细胞包括 B 淋巴细胞和 T 淋巴细胞。T 淋巴细胞包括以下几种（鸡：Gehad et al.，2002；Kushima et al.，2004）：

- （$CD3^+$）T 细胞，T-辅助细胞（$CD4^+$）
- 细胞毒性/抑制性 T 细胞（$CD8^+$）
- $CD3^+$ CD4-CD8-T 细胞

Chowdhury 等（2005）报道，家养火鸡血液中 17.5%的淋巴细胞为 B 淋巴细胞，16%为 $CD4^+$，16%为 $CD8^+$。

10.5.3.1 结构

禽淋巴细胞呈弱嗜碱性。禽类血液中的淋巴细胞的结构特点已经通过电子显微镜进行了研究（鸭、鹅、鸽、火鸡、日本鹌鹑：Maxwell，1974）（图 10.6）。淋巴细胞具有高核/质比的非叶状核。

禽类的循环血液中有小型和中型两种类型的淋巴细胞（Maxwell，1974）。小淋巴细胞的核是多形的；细胞质包含多个线粒体、高尔基体、一些内质网和少数颗粒；有大量的伪足。中型淋巴细胞呈椭圆形，有球形核；细胞器（线粒体和内质网）和伪足相对较少。

生理变化可导致淋巴细胞超微结构的改变，如应激原 LPS 能很快使血液中淋巴细胞的直径或横截面积缩小（鸡：Shini et al.，2008）。

10.5.3.2　**功能**

淋巴细胞在体液免疫和细胞免疫中起重要作用。IL-2 受体 α 链（CD25）存在于 $CD4^+$ 和 $CD8^+$ 淋巴细胞的细胞膜上（鸡：Teng et al.，2006）。

10.5.3.3　**数量**

血液中淋巴细胞的浓度会因应激（如前述白细胞数量）和除草剂等毒物而减少（Clark et al.，1988）。

10.5.4　嗜酸性粒细胞

10.5.4.1　**结构**

禽类的嗜酸性粒细胞是卵圆形粒细胞，有大量的细胞质。圆形颗粒用伊红染色后呈红色。细胞核有两个裂片（即双裂片）（Sturkie，1986）。用电子显微镜研究表明，禽类的嗜酸性粒细胞有多个致密颗粒（直径 0.1～1.6 μm）和结晶核（crystalline cores）（Maxwell and Sille，1972）。

10.5.4.2　**功能**

禽类嗜酸性粒细胞的功能尚不完全清楚（Campbell，1997；Campbell and Ellis，2007）。

10.5.4.3　**数量**

在分类计数中，嗜酸性粒细胞的百分比可能受到一些应激因素的影响。据报道，一些禽类在圈养过程中，嗜酸性粒细胞会增多（红领带鹀：Ruiz et al.，2002）。与此相反，杀虫剂氯酚磷和敌百虫会使嗜酸性粒细胞的数量减少（日本鹌鹑：Gromysz-Kałkowska et al.，1985）。

10.5.5　单核细胞

10.5.5.1　**结构**

禽类的单核细胞是卵圆形细胞，细胞质丰富。电子显微镜观察显示，禽类的单核细胞有多个小的致密颗粒（直径 0.1～1.6 μm）和结晶核（Maxwell and Siller，1972）。单核细胞有肾形细胞核和大量细胞质，其中包括高度发达的高尔基体、粗面内质网、微管、囊泡和线粒体（鸭、鹅、鸽、火鸡、日本鹌鹑：Maxwell，1974）。

10.5.5.2　**功能**

禽类单核细胞的功能尚不完全清楚。单核细胞在受 LPS 刺激时会产生一氧化氮（NO）（鸡：Bowen et al.，2009）；随之 NO 诱导血管舒张。在单核细胞和巨噬细胞中，脂多糖能刺激诱导型一氧化氮合酶（iNOS）的表达并由此产生 NO（鸡：Bowen et al.，2007）。

单核细胞膜上存在 IL-2 受体 α 链（CD25）（鸡：Teng et al.，2006）。鸡单核细胞由于巨噬细胞炎性蛋白（MIP）-1β（LAM，2002）的释放而对异嗜性粒细胞和淋巴细胞发挥趋化作用。细菌的调理作用能增强单核细胞的吞噬作用（Sabter et al.，1994）。黄曲霉毒素能降低单核细胞的吞噬活性（鸡：Chang and Hamilton，1979b）。禽单核细胞可转化为非常强大的吞噬细胞——巨噬细胞（Grecchi et al.，1980）。

10.5.5.3　**数量**

据报道，在用大肠杆菌攻毒或发生运输应激后，单核细胞数量占白细胞总数的百分比会增加（火鸡：Huff et al.，2010）。在受到革兰氏阴性细菌细胞壁 LPS 刺激时，单核细胞数量最初减少，但随后恢复并增加（鸡：Gehad et al.，2002；Bowen et al.，2009）。氯酚磷和敌百虫等杀虫剂会使单核细胞数量增加（日本鹌鹑：Gromysz-Kałkowska et al.，1985）。相反，除草剂百草枯（Clark et al.，1988）和黄曲霉毒素会使单核细胞的浓度降低（鸡：Chang and Hamilton，1979b）。

10.5.5.4 生成

单核细胞在骨髓中产生。在体外试验中，胚胎骨髓细胞能够发育成单核细胞（日本鹌鹑：Brandon et al.，2000）。

10.5.6 嗜碱性粒细胞

10.5.6.1 结构

嗜碱性粒细胞的细胞核和细胞质颗粒能吸收诸如苏木精等碱性染色剂，呈淡紫色外观，胞质清晰（Sturkie，1986）。禽嗜碱性粒细胞的超微结构已有报道（鸭、鹅：Maxwell，1973）。鸭和鹅的嗜碱性粒细胞直径为 0.1～0.8 μm，火鸡的可达 1.0 μm（Maxwell，1973）。细胞核为多形性（Sturkie，1986）或非分叶状（鸭、鹅：Maxwell，1973）。

10.5.6.2 功能

禽类嗜碱性粒细胞的功能尚不完全清楚。

10.5.6.3 数量

寄生虫和毒物会影响嗜碱性粒细胞的数量。用并列核疟原虫（*P. juxtanucleare*）对鸡进行攻毒会导致血液中嗜碱性粒细胞浓度增加（Silveira et al.，2009）。农药氯酚磷也会使嗜碱性粒细胞数量增加（日本鹌鹑：Gromysz-Kałkowska et al.，1985）。

10.6 血小板

禽类的血小板与哺乳动物血小板的功能相当。禽类血小板可被表面抗原的特异性单克隆抗体识别（鸡：Horiuchi et al.，2004；珍珠鸡：Bódi et al.，2009）；可以使用特定的单克隆抗体来分离，如抗鸡 α_{2b}整联蛋白 14（Schmaier et al.，2011）。鸡血小板表达许多形成哺乳动物血小板的特定基因（Schmaier et al.，2011）。鉴于其功能，一些研究人员认为血小板应被视为白细胞（Seliger et al.，2012）。当确定禽的红细胞比容时，在“淡黄层”中能够发现血小板。

10.6.1 结构

禽类的血小板有以下特征（日本鹌鹑：Belleville et al.，1982）：

- 细胞直径：5.4 μm
- 细胞核直径：4.2 μm

禽类血小板易与淋巴细胞混淆，但容易被特定表面抗原的特异性单克隆抗体识别（鸡：Horiuchi et al.，2004；珍珠鸡：Bódi et al.，2009）。禽类血小板的超微结构已有相关描述

（鸭、鹅、鸽、火鸡、日本鹌鹑：Maxwell，1974）。禽类的血小板呈不规则形，有多个伪足；同样，细胞核形状不规则；细胞质比小淋巴细胞多；有多个小的线粒体，一个内质网，突出的微管，和一些致密颗粒。

10.6.2　功能

禽类的血小板因不能形成抗剪切的聚集物，与哺乳动物的血小板不同，而且它们的 $\alpha(_2b)\beta_3$ 整联蛋白水平较低——这是聚集体形成所需的蛋白质（Schmaier et al.，2011）。作为凝血过程的一部分，血小板被凝血酶激活并黏附于纤维蛋白原上（Lacoste-Eleaume et al.，1994）。禽类血小板能聚集并诱导止血，暂时阻止血流（Grant and Zucker，1973）；聚集发生在对血清素的反应中（Stiller et al.，1975）。

禽类有哺乳动物血小板蛋白的同源物，例如整合蛋白 GPⅡb-Ⅲa 存在于鸡血小板表面（Lacoste-Eleaume et al.，1994）。

禽类血小板产生血小板衍生生长因子（PDGF）。PDGF 的 A 链和 B 链 mRNA 在血小板中分别有低表达和高表达，但是在暴露于 1 型胶原后，两者的表达都进一步增加（Horiuchi et al.，2001、2002）。PDGF 被认为在组织修复中起作用。PDGF B 链可由鸡血小板转录产物的 cDNA 进行表征（Huruui et al.，2002）。

与哺乳动物血小板一样，禽类血小板能从细胞内颗粒释放出血清素（Stiller et al.，1975），血清素释放是对凝血酶或胶原蛋白的反应，但对牛凝血酶的敏感性低得多（鸡：Schmaier et al.，2011）。血清素依次引起血管收缩、凝血细胞聚集和血液凝固（Stiller et al.，1975；Lacoste-Eleaume et al.，1994；Chapman et al.，2008）。此外，与哺乳动物的血小板一样，鸡的血小板也会释放促炎细胞因子而应对脂多糖（一种病原体的替代物）。IL-1β、IL-6、IL-8 和 IL-12 与 α 干扰素和环氧化酶一起对脂多糖的应答大幅度增加（Ferdous et al.，2008；Scott and Owens，2008；St Paul et al.，2012）。Toll 样受体（TLR）识别病原体并由鸡血小板表达。例如，TLR 2、3 和 4 在脂多糖反应中表达（St Paul et al.，2012）。

血小板也应该被认为是非特异性免疫系统的一部分。例如，禽类血小板吞噬细菌，但可能无法吞噬原虫（鸡：Chang and Hamilton，1979c；DaMatta et al.，1998）。据报道，在脂多糖反应中，鸡血小板的吞噬性会增强（St Paul et al.，2012）。血小板细胞能表达 IgY Fc 受体（鸡：Viertlboeck et al.，2009）。IL-2 受体 α 链（CD25）存在于血小板的细胞膜上，就像单核细胞以及 $CD4^+$ 和 $CD8^+$ 淋巴细胞（鸡：Teng et al.，2006）一样。对脂多糖和诱导型一氧化氮合酶的高表达反应，鸡血小板中的亚硝酸盐释放增加（St Paul et al.，2012）。

10.6.3　数量

表 10.7 总结了野生禽类和家禽的血小板浓度。血液中的血小板数量受到环境因素的影响，会因病毒如法氏囊病病毒（Lima et al.，2005）感染而降低（血小板减少症）。此外，用并列核疟原虫诱导鸡疟疾会导致血小板数量明显减少（Silveira et al.，2009）。与上述类似，静脉内给予纤维素微粒后血小板数量减少（Wang et al.，2003）。用 LPS 刺激后血小板数量增加（鸡：Gehad et al.，2002）。农药可以影响血小板的浓度，例如敌百虫会使血小板浓度升

高，但是氯酚磷的作用恰好相反（日本鹌鹑：Gromysz-Kałkowska et al.，1985）。

10.6.4 生成

血小板由骨髓中的成血栓细胞形成。体外试验已证明胚胎骨髓细胞能够发育成血小板（日本鹌鹑：Brandon et al.，2000）。

10.7 凝血

与哺乳动物的血液相比，禽类血液凝固的速度要慢得多（日本鹌鹑：Belleville et al.，1982）。例如，日本鹌鹑全血的凝血时间为 38 min，而人类血液为 8 min（Belleville et al.，1982）。玻璃不会促使禽类血液凝固而出现血栓（日本鹌鹑：Belleville et al.，1982）。表 10.8 提供了部分禽类凝血时间的实例。

禽类血液凝固的整体过程可能与哺乳动物相同（图 10.8）。纤维蛋白原被蛋白酶，即凝血酶裂解成纤维蛋白，然后聚合。目前已经分离出禽类的凝血酶（日本鹌鹑：Belleville et al.，1982）。凝血酶原通过一系列凝血因子被激活成凝血酶。

表 10.8 部分禽类的血液凝固时间

试验	鸡[1,2]	火鸡[1]	日本鹌鹑[3]	白眶亚马孙鹦鹉 (*Amazona ventralis*)[2]	大白凤头鹦鹉 (*Cacatua alba*)[2]
Lee-White 全血凝血(min)	52[1]	75	38	—	—
毛细管试验(min)	78[1]	124	—	—	—
单级凝血酶原试验(s)	15.9[1](10.0[2])	16.9	10	10.0	10.0
全血凝血致活酶试验(s)	16.9[1](9.1[2])	19.5	(78[4])	10.3	—

1 Bigland 和 Starr(1965)。
2 Morrisey 等(2003)。
3 Belleville 等(1982)。
4 部分凝血致活酶时间。

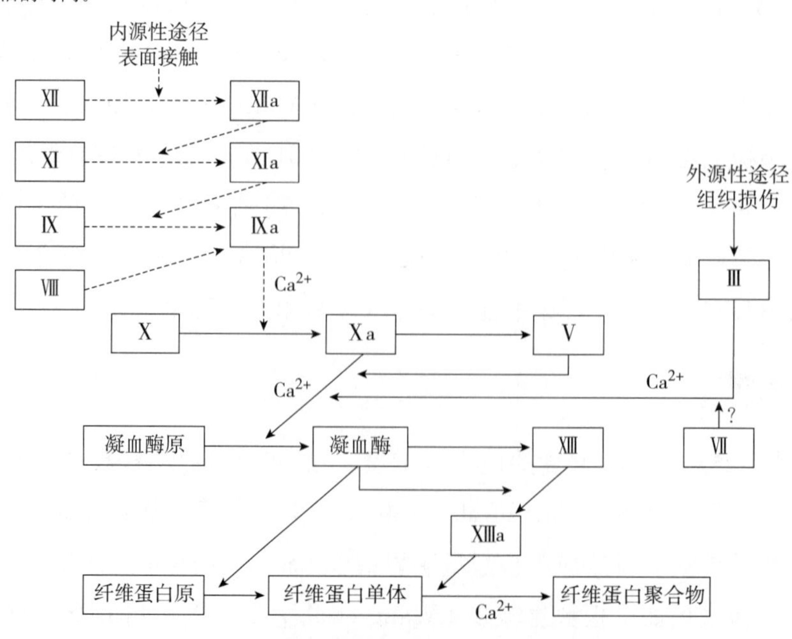

图 10.8 禽类凝血级联的一系列凝血因子

10.8 禽血模型

10.8.1　β 肾上腺素能受体

多年来，火鸡和鸡的红细胞被用来作为 β 肾上腺素能受体和腺苷酸环化酶的模型（火鸡：Schramm et al.，1972；Bilezikian and Aurbach，1973a、b；Oye and Sutherland，1996）。火鸡红细胞膜上的钠离子流量是人类的 2～3 倍（Palfrey and Greengard，1981）。现在已选育了用于高亮氨酸摄取和低亮氨酸摄取的鸡品系（Somes et al.，1981），这些品系还可提高甘氨酸、赖氨酸摄取和 Na^{+}-K^{+}-ATP 酶的活性（Somes et al.，1981；Lerner et al.，1982）。利用火鸡红细胞的裂解液，证明了蛋白激酶在 β 肾上腺素能受体脱敏中的作用（Nambi et al.，1985）。在火鸡红细胞膜中，腺苷酸环化酶可被钙离子抑制（Demirel et al.，1998）。

10.8.2　转基因鸡

转基因鸡能产生所需的蛋白质，如人类的促红细胞生成素，这种鸡已被开发使用（Koo et al.，2010；Penno et al.，2010）。

10.8.3　禽类 IgY 抗体

鸡 IgY 抗体被用于人血浆的免疫亲和分级分离，这是因为它们具有高亲合力和特异性，低非特异性结合，以及鸡蛋中有现成的来源（Huang and Fang，2008）。

10.8.4　营养模型

10.8.4.1　维生素 K

维生素 K 是在研究鸡肉营养时被发现的（McCullem，1957）。这种脂溶性维生素对血液凝固级联中蛋白质的合成至关重要。

10.8.4.2　铁利用率

目前已经建立了使用鸡和稳定同位素 ^{58}Fe 进行铁利用率营养研究的模型（Tako et al.，2010）。

参考文献

（王纯洁、宋予震译，周杰校）

第 11 章　心血管系统

Edward M. Dzialowski and Dane A. Crossley II

11.1 概述

鸟类已经演化出一套高性能的心血管系统以满足在各种环境乃至极端环境中奔跑、飞行、游泳或潜水的需求。在这些环境中，机体持续高水平的活动对心血管系统功能有更高的要求，以便为组织器官的活动提供足够的 O_2 运输和有效去除代谢产物。此外，鸟类是恒温动物（endothermic organisms），心血管系统在维持恒定体温方面发挥着重要作用。本章中循环系统组成部分介绍了血液运输如何满足禽类栖息于各种特定环境的血液供应要求。本章包括禽类心脏的形态和功能、血流动力学（circulatory hemodynamics）和血管树（vascular tree）。贯穿本章的主线是，血液循环的各个组成部分须以一个整体的方式发挥功能，以确保 O_2 的运输符合组织对 O_2 的需求。这是通过自身调节、体液和神经机制对循环的整合调节实现的。自本书的上一版出版以来，在禽类胚胎期心血管活动的调节和支配方面做了大量研究，并取得一定进展，有助于我们对整个个体发育系统的理解。最后，本章将探讨复杂动物体内的心血管系统是如何在与复杂环境的相互作用中发挥功能的。

现代鸟类来源于兽脚类恐龙（Padian and de Ricqles，2009），而哺乳动物起源于食肉爬行动物犬齿兽。这些祖代起源于距今 2 亿年前的三叠纪时期，因此，从进化的角度来看，禽类和哺乳动物种群已经分离了相当长的一段时间。正如人们所预期的，自从分离后，禽类与哺乳动物的心血管结构和功能出现了显著差异，但循环系统的一些相似之处也很明显。这些相似之处可能代表了它们的机体保留了祖先的共有特征——都具有恒温表型，也可能说明了这是种群分离后趋同进化的结果。

然而，我们对禽类心血管结构和功能的了解比起对哺乳动物的了解更有限。在这一章中，在比较禽类与哺乳动物循环系统的特征时，我们尝试阐明二者心血管系统异同特征的本质。

禽心血管系统这一章，我们从上一版（Whittow，2000）中选取了许多优秀的综述，包括 Akester（1971）、Jones 和 Johansen（1972）、Bennett（1974）、Baumel（1975）、Akester（1979）、Cabot 和 Cohen（1980）、West 等人（1981）和 Benzo 等人（1986）的主要著作。本

章更新和扩展了这些著作，并总结了最近在其他领域的研究进展，如以前未涉及的禽类发育。

11.2 心脏

11.2.1 大体结构和功能

11.2.1.1 功能解剖学

禽类心脏与哺乳动物的类似，是一个四室肌质性器官，像一个水泵一样，可以间歇地对中央动脉加压，使血液流向体循环和肺循环的毛细血管床。在功能上，这些循环彼此串联，并且血液在进入任一循环之前返回心脏被再次加压。与哺乳动物一样，右心室对肺循环加压，左心室对体循环加压。在任何情况下，中心平均动脉压与中心静脉压之间的压差可抵抗血液循环中微血管产生的血流阻力来驱动血液流动，维持血流量（心输出量，the cardiac output，CO）。在血液进入心室之前，左心房和右心房在中心静脉压的作用下接收血液。与哺乳动物的心房一样，这些腔室的功能可能更多的是作为其各自心室的血液储存器，而不是对心室加压的“增压器”。血流的阻力，即外周阻力，在肺循环比在体循环更低，因此左心室需要产生比右心室更多的压力以产生相同体积的血流量。心室压力的差异反映在了心室的大体解剖结构中，右心室的心肌比更有力的左心室的心肌更薄。

在禽类，心脏位于胸腹腔的前部，其长轴略微偏于中线左侧，部分被肝脏小叶覆盖。一个非常薄而坚韧的纤维性心包包围着心脏。心包腔含有少量浆液，为心脏周期性收缩的节律运动提供润滑。心包松散地附着在胸骨和周围气囊的背表面上，并且更牢固地附着于肝脏。心包也通过腹膜腔的腹膜连接到脊柱。这些附着将心脏的顶点固定在肝脏肝中切迹和胸腹腔尾轴内。心包的外纤维层与大中央血管外的外膜层相连。心包膜有相对非顺应性，因此强烈地对抗由心室容量过载引起的迅速增大的心脏尺寸。心包的非顺应性或许通过含有的不可压缩的润滑流体导致心室之间一定程度的机械耦合（mechanical coupling）。例如，一个心室的舒张压增加可能传递到另一个心室，引起压力增加和顺应性降低。

11.2.1.2 心脏尺寸

在禽类，心脏质量（heart mass，HM）参照体质量（body mass，BM）的计算公式为$M_h = 0.014M_b^{0.91}$（Bishop and Butler，1995）。在哺乳动物，公式为$M_h = 0.005\ 8M_b^{0.98}$（Prothero，1979），其中M_h是心脏质量，M_b是体质量。与哺乳动物相比，一定体质量的禽类明显具有更重的心脏，这可能是由于禽类需要高需氧代谢能力来维持扑动飞行造成的。此外，和心脏质量几乎与体质量成正比的哺乳动物不同，禽类的比例指数明显小于 1。这意味着，按照体质量的比例，像天鹅、鸭和鹅等较大的鸟类与体型较小的鸟类相比，具有比例相对较小的心脏。因此，对于赛鸽（421 g）这样的鸟类而言，心脏质量约占体质量的 1.1%，相比较而言，2.95 kg 的北京鸭则为 0.8%。这种关系如图 11.1 所示（Grubb，1983；Bishop and Butler，1995）。在一些迁徙物种中，在迁徙前心脏变得肥大（见 11.6.1.2）。因此，迁徙候鸟可能具有通过季节性体液机制或者长期自然选择的途径增加心脏尺寸的遗传潜力，从而增加心输出量。蜂鸟具有比其他所有鸟类比例更大的

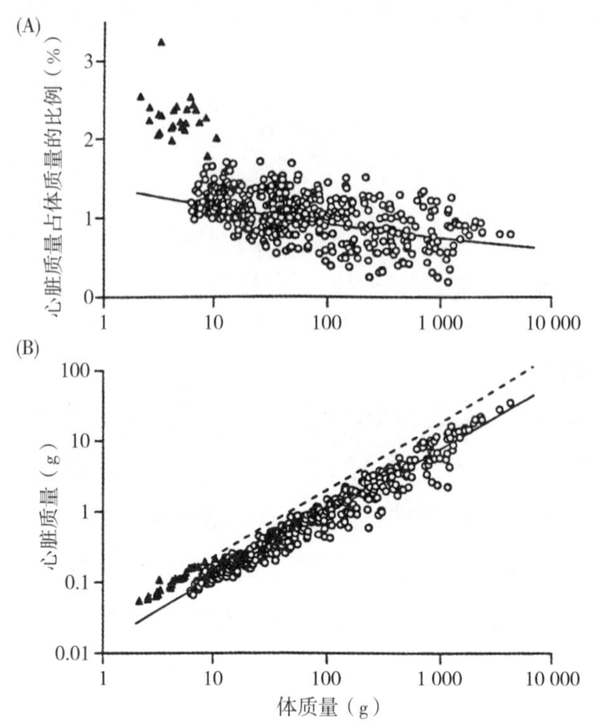

图 11.1　(A) 心脏质量占体质量的百分比。(B) 心脏质量（单位：g）根据 488 种禽类体质量（单位：g）绘图，包括 25 种蜂鸟。蜂鸟数据由实心三角形和虚线表示，其他物种由空心圆和实线表示。引自 Bishop 和 Butler (1995)。

心脏（如图 11.1 所示），可能反映了悬停飞行的高需氧需求。25 种蜂鸟的心脏质量，$M_h = 0.025M_b^{0.95}$（Hartman，1961）。相比之下，华丽的鹎形目（*Nothoprocta ornata*）和智利鹎形目（*Nothoprocta perdicaria*）心脏质量分别占体质量的 0.24%和 0.28%（Altimiras et al.，2013）。

心脏质量作为体质量的一部分也可能具有年龄依赖性。北京鸭（*Anas platyrhynchos*）孵化前的心室约占体质量的 0.4%，孵化时显著增加至体质量的 0.75%（Ream et al.，2013）。心脏质量的增加与孵化过程中有氧代谢能力的增加一致。在孵化后的鸡和北方山齿鹑（*Colinus virginianus*）上观察到类似的增加（Dzialowski，未发表的数据）。

11.2.1.3　心腔

禽心脏有两个完全分开的心房和心室。这些腔室在功能上等同于哺乳动物心脏，用于将心输出量分配到体循环和肺循环。在活的状态，心房是圆形的腔室，在心房舒张期中充血。离体心脏可能会塌陷，导致心耳明显可见。右心房通常比左心房大得多。像哺乳动物一样，禽类房室壁由心内膜、心肌和心外膜层组成。心房肌尽管由较厚的肌肉束排列形成肌肉弓，但心房壁通常较薄。右侧和左侧横弓分别与背侧纵弓和房间隔排列成直角。横弓分支成较小的束，其在心房的腹侧与圆形肌肉带（心房基底肌，muscularis basianularis atrii）融合。心房肌收缩时，心房几乎排空。在许多物种中，心房缺乏功能性流入瓣膜，因此心房收缩对心室充盈的重要性可能是轻微的。

心室肌的结构比心房肌的更复杂，包括一层浅层肌肉、右心室的纵向肌肉，以及窦形和球形螺旋肌。左心室呈锥形，延伸到心尖，其右壁形成室间隔。右心室的外侧壁与左心室外侧浅层肌肉连为一层，围绕心脏的右侧，形成封闭的、未到达心脏顶点的新月形腔。两个心室的肌肉壁发育不同，左心室壁比右心室壁厚 2～3 倍。此外，左心室壁的曲率半径（the radius of curvature）小于右心室壁的曲率半径（图 11.2）。这意味着与右心室相比，左心室产生的压力有更大的机械优势，并且根据 LaPlace 定律，左心室对于给定的压力增量具有较小的壁张力。因此，左心室厚的、半径小的心壁，其心肌层的收缩使得左心室能够产生比右心室高 4～5 倍的收缩压，并且不会破裂。右心室较大的曲率半径和较薄的外侧心室壁反映了由该室产生的收缩压较低，这可能是由于禽肺血管阻力低所致。另外，这种几何形状的另一个结果是，右心室肌纤维缩短程度的微小变化可以使每搏输出量发生较大的变化。

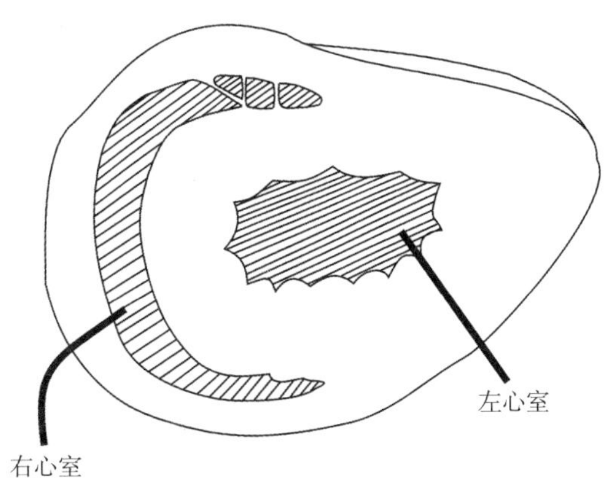

图 11.2　禽类心脏心室横断面
阴影为每个心室的内腔。引自 West 等(1981)。

11.2.1.4　瓣膜

在心房收缩期，血液通过膜状房室瓣保护的房室孔从左心房进入左心室，房室瓣的结构与哺乳动物的类似。瓣膜围绕房室孔形成连续膜。瓣膜是三尖瓣，而哺乳动物是二尖瓣，但在禽心脏中，这个瓣膜的尖端并不明确。前小叶和后小叶较小。大主动脉（内侧）小叶通过纤维组织与相邻主动脉瓣膜的非冠状尖连接在左侧基部。瓣膜的游离缘由许多不可伸长的腱索固定到左心室心内膜上。这种结构可以防止心室收缩时瓣膜外翻。

血液通过房室瓣所保护的房室孔从右心房进入右心室，禽类右房室瓣的结构非常独特。与哺乳动物三尖瓣的纤维结构特征形成明显的对照。在禽类，右房室瓣由右心室的外侧壁倾斜的单个螺旋状的心肌瓣组成（图 11.3；Lu et al.，1993a）。该螺旋瓣沿右心房外侧壁向下延伸。瓣膜的心房部分向心室顶端延伸的距离比右心室瓣的距离更短。大多数瓣膜由心室肌组成，仅在其上部为双层。心室开始收缩时瓣膜关闭的机制尚不清楚。在心室收缩期开始时，它可能通过肌肉瓣的收缩主动关闭，或由短暂的血液回流导致心室瓣的偏转，导致被动关闭。

在细胞水平上，左右房室瓣都与心肌的电传导系统紧密连接，为瓣膜闭合至少部分依赖于主动的肌肉收缩的想法提供了证据。一个完整的环状浦肯野纤维环绕右房室孔，并与肌质的房室瓣相连（Lu et al.，1993a，b）。这种解剖结构的一个例外是企鹅，在企鹅中，Adams（1937）没有发现浦肯野房室环。Lu 等人（1993a，b）的大多数研究支持了右房室瓣膜的心房肌和心室肌都是通过浦肯野系统兴奋收缩的观点。然而，Szabo 等人（1986）认为在浦肯野房室环系统和左心室心肌之间有一个结缔组织构成的绝缘层，提示来自左心室的肌瓣可被动工作。尚未通过明确的生理实验来证实这一问题，但当前的证据总体表明，在心室肌动态收缩之前，瓣膜的两部分均被电激活，并且在心室收缩期开始时关闭房室孔（Lu et al.，1993b）。这显然不同于哺乳动物的闭合机制，在哺乳动物，心室收缩期时三尖瓣的小叶浮起进入右房室孔中，通过房室自身产生的压力差移动。

右心室和左心室的动脉瓣膜在结构上看起来更常规（比哺乳动物）。肺动脉瓣由三个半月形的瓣膜组成。当心室压力低于心室舒张期肺动脉干压力时，瓣膜闭合，防止血液从肺动脉回流入右心室。主动脉瓣也由三个半月形瓣膜组成，但它们比肺动脉瓣更坚硬，并且牢固地

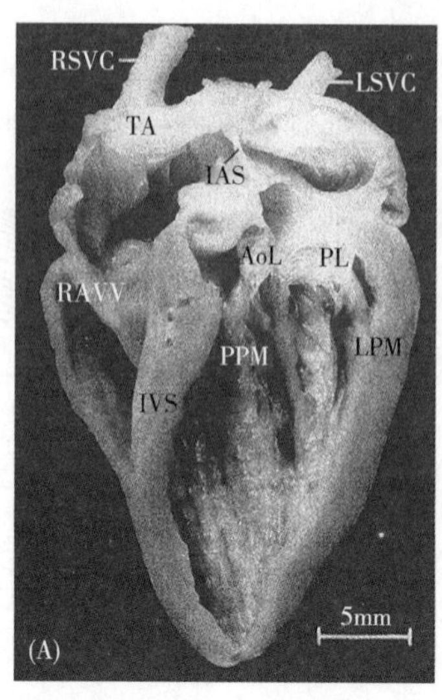

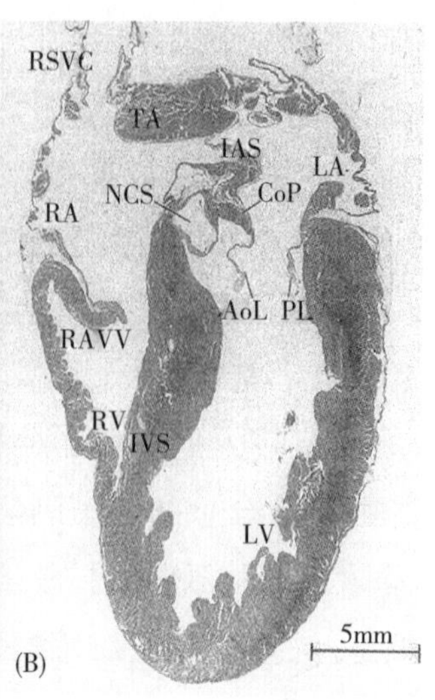

图 11.3 鸡心房和心室前额面视图，显示左侧和右侧房室瓣（AV）

（A）心切开前视图额面。（B）8μm 厚额面组织切片，Goldner 三色染色法。AoL，左房室瓣的主动脉瓣；CoP，肌肉弓连接部；IAS，房间隔；IVS，室间隔；LA，左心房；LPM，左乳头肌；LSVC，左上腔静脉；LV，左心室；NCS，主动脉非冠状窦；PL，左侧房室瓣后叶；PPM，后乳头肌；RA，右心房；RAVV，右房室瓣；RSVC，右上腔静脉；RV，右心室。引自 Lu 等（1993a）。

附着在下层心肌上。瓣膜尖端与下层环状排列的心肌细胞内的纤维组织环相连，该环由介于主动脉瓣的左冠状动脉瓣尖与左房室瓣的主动脉小叶之间的心肌肌肉弓完全闭合，如图 11.4 所示（Lu et al.，1993a）。这种解剖结构与哺乳动物心脏中的结构有所不同，在哺乳动物心脏中，位于主动脉壁和相邻二尖瓣的肌肉环之间只有结缔组织，而没有心肌；在哺乳动物中，心肌环是不完整的。然而，在禽类，这种括约肌样的心肌柱在收缩时能够潜在地收缩左心室主动脉口。Lu 等人（1993a）提出，心肌环与括约肌类似，可通过调节血流阻力来控制左心室心输出量。另一个值得关注的可能性是心肌环的肌肉收缩可以关闭主动脉瓣相对坚硬的尖端。浦肯野系统的中束分支与肌肉弓连接，因此它的收缩可能在心动周期中开始得相对较早。显然，迫切需要生理学研究确定这些有趣的机制是否在禽类心脏中起作用。

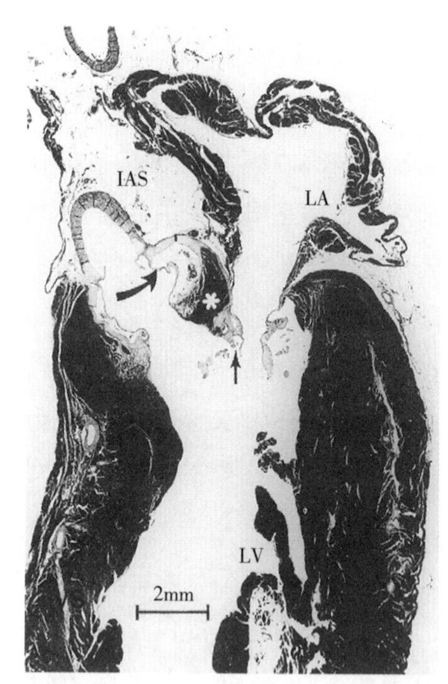

图 11.4 鸡心脏组织切片显微照片

修正的矢状面，显示肌肉弓前柱，用一个星号表示。肌肉弓位于左冠状动脉瓣尖（弯箭头）和左房室瓣的主动脉小叶（直箭头）之间。IAS，房间隔；LA，左心房；LV，左心室。引自 Lu 等（1993a）。

11.2.1.5 冠状循环

禽类经左、右冠状动脉供应心肌的含氧血，进入右腹主动脉和左主动脉窦，左主动脉窦紧邻主动脉瓣尖端的下游方向。大多数禽类的冠状循环有两个入口，尽管有个体差异，有的可观察到四个。在鸡，右腹窦通向右冠状动脉，然后立即将其分位深、浅两支（图 11.5）。浅支（或浅表分支）位于右心室和心房之间的冠状沟，为左右心室肌供血。较大的深支（或深部分支）为右心室的腹壁，为左右心房的背壁和右房室瓣供血。在大多数物种中，右冠状动脉占主导地位，并且还为室间隔、心尖和大部分左心室肌供应血液。左冠状动脉起源于左主动脉窦，也有一个浅支沿左冠状沟分布。另一个浅支分为心房支和心室支，而深支则为左心室的腹侧心肌供血。对于鸡而言，左冠状动脉占主导地位的并不少见，在这种情况下，它几乎为所有的左心室肌和心尖供血。冠状动脉分支之间吻合较多，特别是冠状沟附近。

吻合小支流的五组心静脉通过冠状窦将心肌静脉血回流到右心房。小的心静脉直接开口于心房和右心室。在鸡、鸭、鸽（West et al.，1981）、鸵鸟（Bezuidenhout，1984）等鸟类中，可以看到这种冠状循环的基本解剖模式。

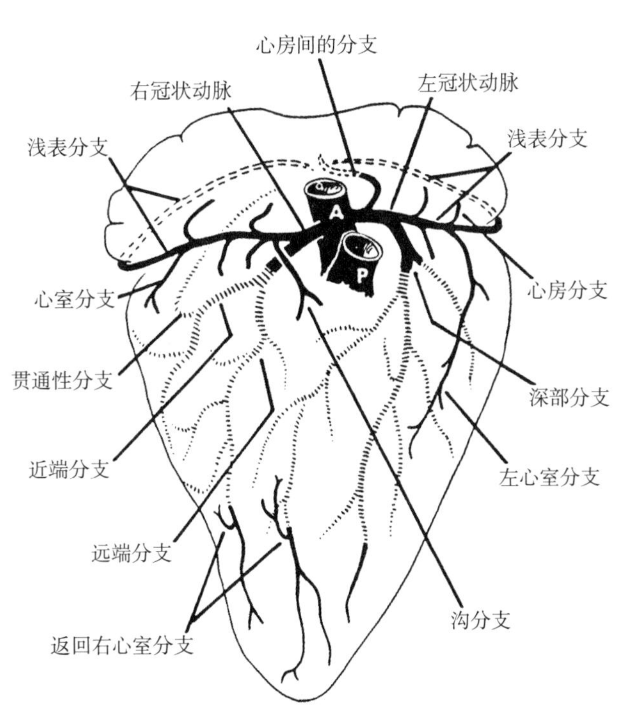

图 11.5　原鸡属（*Gallus*）鸡冠状动脉排列（前腹侧）

黑实线和虚线表示浅动脉。交叉阴影线代表嵌入腹侧心肌和右侧室间隔的深动脉。A，主动脉；P，肺动脉干。引自 West 等（1981）。

如图 11.6 所示，与禽类其他大多数组织的灌注率相比，心肌的灌注率较高（见 11.4.2.3；Johansen，1964；Jones et al.，1979；Ellerby et al.，2005）。与静息的骨骼肌相比，持续活动的心肌有更高的灌注率。珍珠鸡在运动期间，流入心室的血液增加了一倍以上（Ellerby et al.，2005）。据推测，与哺乳动物一样，禽大部分冠状动脉的血流灌注发生在舒张期，因此，如果舒张期间隔延长，只要动脉驱动压力不下降，则冠状动脉的血流量就可能增加。

火鸡有时发生病毒源性的充血性心肌病，又称轮状心脏病。在这种情况下，由左心室肌收缩减弱引起的全身性低血压和低心输出量可能是心内膜下冠状动脉灌注率降低的结果（Einzig et al.，1980）。患有轮状心脏病的火鸡也表现出心电图模式的改变（见 11.2.3.4）。

11.2.2　心脏变量

尽管禽类和哺乳动物心血管系统的性能相似，但结构并不完全相同。与体质量相当的哺乳动物相比（Grubb，1983），鸟类具有较大的心脏、较大的每搏输出量、较低的心率和较高的心输出量。此外，在许多禽类中，平均动脉压高于体质量相当的哺乳动物（Smith，1994）。心输出量（CO）为每搏输出量和心率的乘积，它是决定向组织运输氧的主要因素。

在禽类休息时，左心室每搏搏出量（V_s）与体质量（M_b）几乎成正比（Grubb，1983；Seymour and Blaylock，2000）。对于体质量从 0.035 kg（鹦哥）到 37.5 kg（鸸鹋）等 9 种禽类，Grubb 发现 $V_s=1.72M_b^{0.97}$，其中 V_s的单位是 mL，M_b单位是 kg。Seymour 和 Blaylock（2000）在禽类和哺乳动物（$V_s=0.99M_b^{1.03}$）中发现了类似的关系。体质量较大的禽类休息时的心率（f_H，次/min）较慢，$f_H=178.5M_b^{-0.282}$。休息时的心输出量［mL/（kg·min）］，即每搏输出量和心率的乘积，与禽类体质量的比例关系为 $CO=307.0M_b^{0.69}$。哺乳动物心输出量的相应关系为$CO=166M_b^{0.79}$（Holt et al.，1968）。这些结果表明，与相同

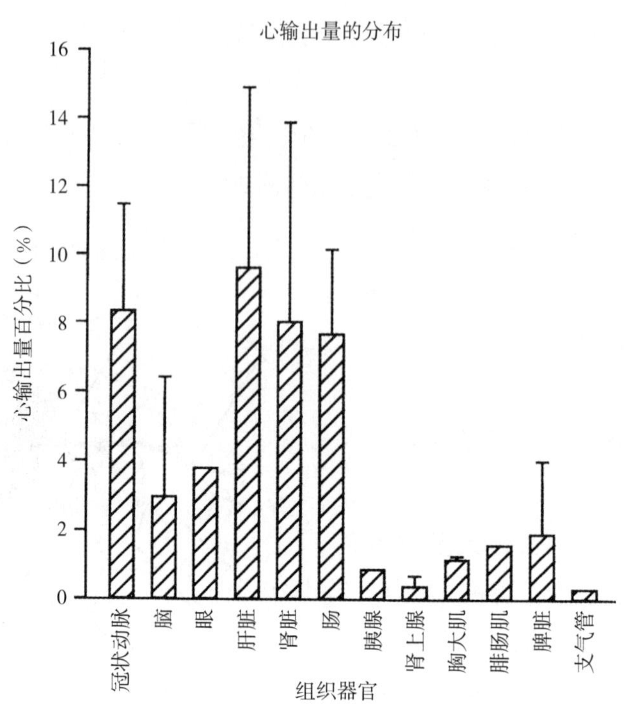

图 11.6 器官血流量按鸟类静息时心输出量百分比绘图

标准误差线显示在适当的位置。数据来自 Boelkins 等（1973）（鸡），Duchamp 和 Barre（1993）（番鸭），Jones 等（1979）（北京鸭和野鸭），Sapirstein 和 Hartman（1959）（鸡），Stephenson 等（1994）（北京鸭）和 Wolfenson 等（1978）（鸡）。

体质量的哺乳动物相比，禽类具有较大的心输出量。体型较大禽类休息时的心率比体型较小禽类的慢。Bishop 和 Butler（1995）通过对 49 种禽类的研究发现异速生长期禽类休息与飞行时的不同心率关系，休息时心率为 $f_H=125M_b^{-0.37}$，飞行时心率为 $f_H=480M_b^{-0.19}$。有趣的是，飞行时心率-体质量线性关系比休息时的斜率更缓，表明较大的禽类在从休息到飞行的转变中显示出更大的心率绝对值的增加（图 11.7）。Bishop 和 Butler（1995）认为，即使在飞行时每搏输出量的绝对值可能增加，但飞行时每搏输出量的体质量的指数应该与休息时相似（$M_b^{0.96}$）。因此，可以预测在飞行时心输出量作为每搏输出量和心率乘积，与体质量呈一定比例（$M_b^{0.77}$）。

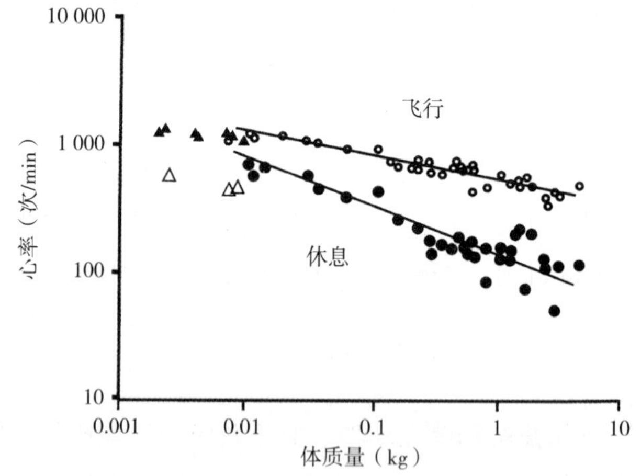

图 11.7 49 种鸟类（包括 7 种蜂鸟）休息和飞行中的心率（次/min）对于体质量（kg）绘图

蜂鸟，空心三角形（休息）和实心三角形（飞行）；其他物种，实心圆（休息）和空心圆（飞行）。引自 Bishop 和 Butler（1995）。

较大禽类单位体质量的冠状动脉灌注率较低，在飞行和休息时都是如此。这可能反映了组织水平的动脉氧供应的优化，心输出量的体质量指数与体质量特异性氧消耗指数是非常相似的。因此，自然选择可能影响心输出量，在不同禽类物种中维持相似水平的动静脉氧分压差。每搏输出量受心脏结构的限制，从理论上讲，V_s 应与 M_h 和 M_b 成比例（Schmidt-Nielsen，1984；Astrand and Rodahl，1986）。因此，体质量越大的禽类心率越低，较低的心率与它们较低的特异性氧输出量和心输出量相匹配。

11.2.3　组织结构和心脏电生理学

11.2.3.1　组织结构

心房和心室结构在组织学上非常相似，由外层的心外膜、中间的心肌层和内层的心内膜组成。三层中由于心肌层的广泛增殖，心室壁比心房壁厚得多。心外膜和心内膜层形态相似，由疏松结缔组织和被覆单层扁平上皮细胞或内皮细胞的弹性纤维组成。房室隔（atrioventricular septum）由心房、心室各自内腔的心内膜和它们之间的心肌细胞组成。在麻雀和鹳中，房间隔（atrial septum）非常薄，部分区域仅由两层心内膜组成。

心房肌和心室肌均由横纹肌组成，与哺乳动物相比有三个显著的差异（Sommer and Johnson，1969，1970；Hirakow，1970）。第一，哺乳动物心肌的横纹肌带非常明显，但鸟类心肌的横纹肌带缺少 M 带。在哺乳动物心肌中，M 带是连接相邻肌球蛋白丝的蛋白质分子线。M 带缺失对鸟类心肌细胞收缩特性的影响尚不清楚。第二，鸟类心肌纤维直径远比哺乳动物的小，因此在类似大小的心脏中鸟类心肌纤维数量更多。与直径为 10～15 μm 的哺乳动物心肌细胞相比，鸟类心肌细胞的直径通常为 2～7 μm。第三，所有鱼类和爬行动物的心肌细胞，包括鸟类物种，缺乏在哺乳动物心肌中明显的横管（T 管）。围绕肌纤维的膜（肌膜）由两部分组成：细胞膜（原生质膜，plasmalemma）和与胶原纤维间质网络互连的外层。在哺乳动物心肌中，质膜内陷形成的 T 管垂直于肌丝长轴。T 管位于肌质网（SR）两侧（两分体或三分体，图 11.8）的旁边，并形成连接点。在哺乳动物中，T 管系统增加心肌细胞的表面积，如小鼠心脏细胞（直径 15 μm）的表面积与体积的比值与雀鸟（心脏细胞直径 8 μm）的相同。雀鸟和小鼠的心率相似。（Bossen et al.，1978）。

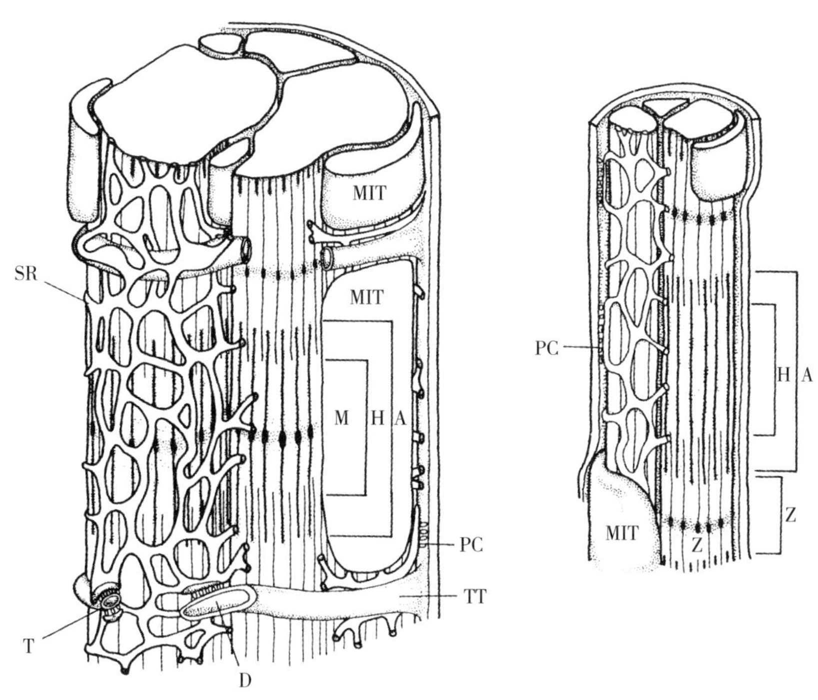

图 11.8　哺乳动物（左）和鸟类（右）心肌细胞的比较

鸟类纤维的主要特征是较小的细胞直径，M 带和横（T）管缺失。SR，肌浆网；T，三联结；D，二连体；PC，外周耦联点；TT，横管；MIT，线粒体；M，H，A，I，Z，横纹肌带。引自 Sommer 和 Johnson（1969）。

SR和质膜之间的连接通过耦联发生。在鸟类中，缺乏T管系统，耦联在细胞表面发生（图11.8）。耦联受连接过程的影响，该连接过程从SR［连接型肌质网（JSR）］的细胞质表面延伸出来，紧密地附着在质膜的内表面上。鸟类还具有延伸型连接SR（EJSR），其发生在Z带区域，但这是不同的。尽管它在很多方面与JSR类似，但实际的连接过程或许有几微米的缝隙与质膜分离。鸡的EJSR发达程度远低于雀形目（Sommer et al.，1991）。有趣的是，小鼠心脏中的JSR体积与雀类中JSR（20%）和EJSR（80%）的总体积几乎相同（Bossen et al.，1978）。

11.2.3.2 兴奋-收缩耦联

兴奋-收缩耦联描述了一种电信号，即动作电位（action potential，AP）如何沿着质膜移动，引起肌原纤维区的SR释放钙，引起肌动蛋白-肌球蛋白相互作用的改变，从而导致肌肉收缩。在心肌细胞中，来自JSR的电信号和Ca^{2+}释放之间的转导受递质（实际上就是Ca^{2+}本身）的影响。在该过程的第一步中，AP通过通道中的构象变化使肌膜中的电压依赖性Ca^{2+}通道开放。然后在连接过程中Ca^{2+}进入细胞并扩散到受体上，在那里作为递质，打开Ca^{2+}依赖的Ca^{2+}通道，依次释放在SR中螯合的Ca^{2+}。这种Ca^{2+}诱导的Ca^{2+}释放（CICR）对鸟类心脏的生理功能至关重要，其中，大部分EJSR，与质膜仅相距几微米。此外，CICR允许精细地调节心肌细胞的收缩力和舒张力。肌细胞的舒张是由于Ca^{2+}进入SR和通过Na^{+}/Ca^{2+}交换排出所致。在心肌中，收缩是“全或无”式的。收缩力和舒张力的调节须在细胞水平上进行，即通过调节Ca^{2+}进入肌膜的量，也通过影响SR中Ca^{2+}释放来完成。

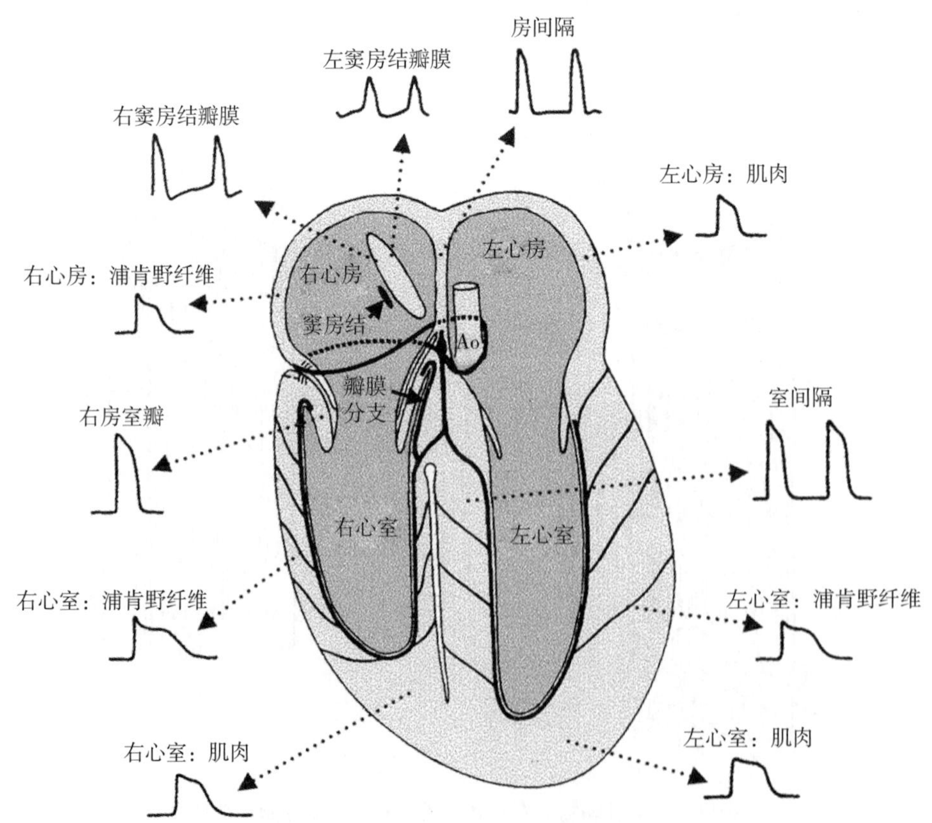

图11.9 鸟心脏浦肯野系统（Davies，1930）与记录的鸡和火鸡指示位点细胞的跨膜动作电位
改编自Moore（1965），Jones和Johansen（1972）。

11.2.3.3　传导系统

禽心脏的传导系统由窦房（SA）结、房室（AV）结、房室浦肯野环、希氏束和三个束分支组成（图 11.9）。在组织学上，三种类型的细胞与传导系统相关。第一种类型，起搏细胞（P 细胞）为小的球形，分布于 SA 结和 AV 结，P 细胞具有节律性自动去极化的特性。移行细胞（T 细胞）比心肌细胞小得多，并且具有较少的微纤维（microfibril），它们的结构介于正常心肌细胞和浦肯野纤维之间。第三种类型，浦肯野细胞为含少量肌原纤维的大而细长的长方形细胞。然而，许多浦肯野细胞含有称为中间丝的纵向纤维，这些纤维是细胞骨架的一部分，用于维持心肌收缩时的细胞形状。浦肯野细胞直径是心肌细胞直径的 5 倍。

尽管存在相当大的物种变异，鸟类窦房（SA）结一般位于靠近右心房的腔静脉开口处。P 细胞和许多 T 细胞组成 SA 结，并被包围在疏松结缔组织鞘中。T 细胞将起搏器（P 细胞）的脉冲传递到心房肌细胞。禽类的 SA 结在形态上是散在分布的，或许在一定程度上影响其生理作用的发挥方式。初级电起搏器区域在 SA 结内自发地改变位置（Hill and Goldberg，1980）。

对于正常的心脏功能，某一腔室（心房或心室）的心肌纤维几乎是同时地收缩，但心房收缩发生在心室收缩之前是必要的。SA 结发起的兴奋波在房室（AV）结短暂延搁，从而在心室收缩开始之前使心房排空。引发收缩的电脉冲以超过 1 m/s 的速率传导至心房和心室，而通过 AV 结的传导则要慢两、三个数量级。通过心肌产生的兴奋从一个心肌细胞传导到下一个心肌细胞，也沿着专门的传导路径传导。每个心肌细胞都是一个独立的个体，但是它们的生物电活动，就好像是连在一起的合胞体（syncytium）。这一特性是由于细胞膜某一部位电阻很低，该部位细胞之间连接紧密。禽类的连接复合物（即闰盘）通常连接在心肌的两端，与肌原纤维的长轴成直角。闰盘由桥粒和连接体（nexus）两部分组成。桥粒将心肌细胞机械地耦联在一起。连接体将心肌细胞以生物电方式耦联在一起。一个连接体可以看作是单位电阻的阵列，其数量与细胞之间的电阻成反比（Somme，1983）。有趣的是，沿着心肌细胞的纵轴线很少有连接体。

兴奋性电波通过心室的速度可通过浦肯野纤维的专门传导系统增强，但鸟类心房中是否有专门的传导系统也存在争议。在心房中，电波和收缩波从窦房结到房室结沿着相同的方向进行，这可能意味着这里不需要专门的传导系统。然而，两个心房都含有浦肯野细胞，在形态学和生理学方面都认为它们优先形成传向房室结的激活波（Davies，1930；Hill and Goldberg，1980）。相反的观点认为，由于心房中的浦肯野细胞在正常的心肌细胞之间弥散性分布。因此，它们可能是胚胎时期形成心室传导系统原基的胚胎残留物（Sommer，1983）。

兴奋的心房波通过房室结到达心室，房室结在鸟类中是一个存在争议的结构，尽管在功能研究中确立了它的存在，但许多形态学研究未能找到它。鸡的房室结位于房间隔基部的右侧（Davies，1930；Lu et al.，1993b；Ying et al.，1993），但在印度家禽、黑喉鹎（*Pycnonotus cafer*）、家麻雀（*Passer domesticus*），以及雕鸮（*Bubo bengalensis*），房室结位于左侧房室交界处（Mathur，1973）。希氏束及其三个分支的浦肯野细胞起源于房室结。左、右束支分别沿左心室和右心室的室间隔向心尖延伸形成，在心内膜下层形成网状结构，之后分别沿冠状动脉束（动脉周围浦肯野纤维）贯穿心肌。

可以从心脏的传导系统推断出兽脚类为鸟类的祖先。鸟类与哺乳动物不同，在心脏右侧具有一个房室浦肯野环，它绕着右房室瓣运动（图 11.10；也见 11.2.1.4）。中间束分支与其他分支分离后，围绕主动脉分布后连接到房室环，形成数字“8”的形状（Lu et al.，1993b）。

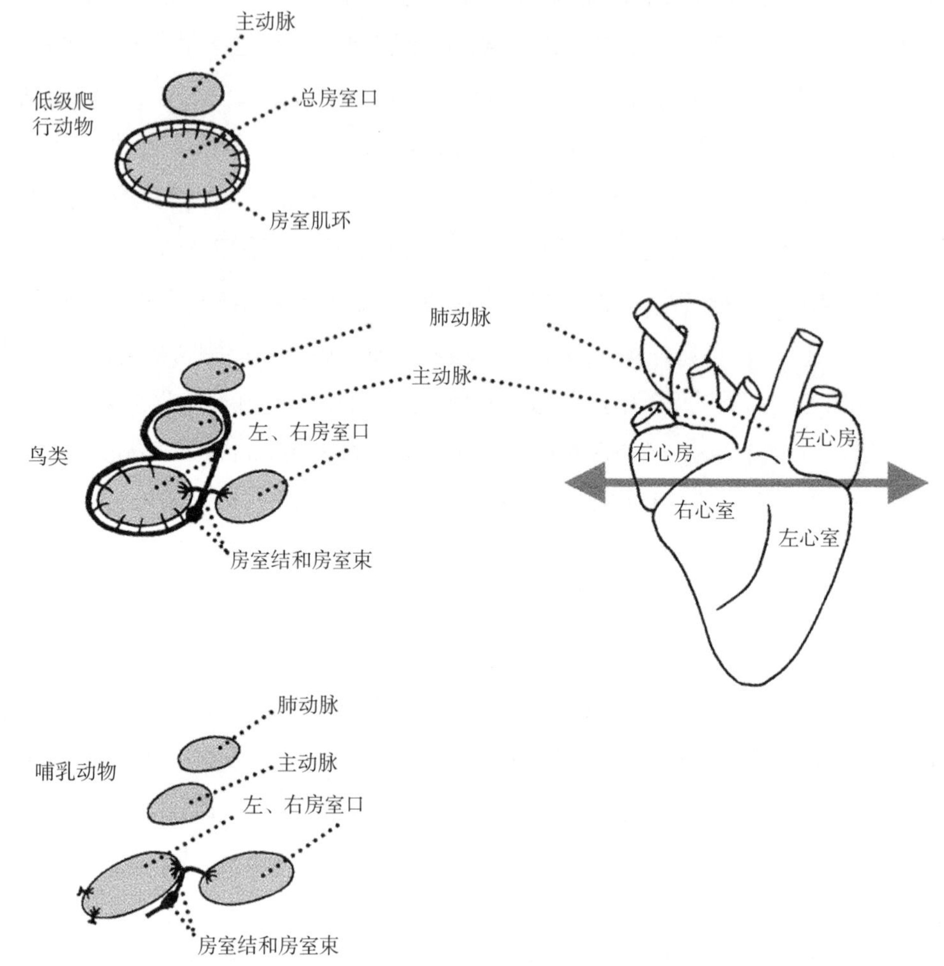

图 11.10 低级爬行动物、鸟类和哺乳动物的心脏横断面心室结构示意图，显示房室连接，右图为鸡心脏
引自 Davies(1930)。

浦肯野细胞传导电脉冲比心肌细胞快得多。在哺乳动物中，这种高传导速度的一部分原因是浦肯野细胞缺乏 T 管系统。T 管增加了细胞的表面积，从而增加了膜电容（增加一定量电荷的时间长度就改变膜电位），高电容使传导速度减慢。然而，在鸟类，心肌和浦肯野细胞都没有相关的 T 管系统，但后者仍然以更快的速率传导脉冲。这是因为传导速度随细胞直径而变化，且鸟类的浦肯野细胞比心肌细胞大得多。此外，可以通过浦肯野细胞中维持细胞圆形形态的中间细丝获得更高的传导速度。另外，浦肯野细胞之间的电阻低于心肌细胞之间的电阻，因为连接体大小也随细胞直径而增加，从而进一步增加传导速度。最后，在具有非常大心脏的哺乳动物（即有蹄类动物）中，束内的浦肯野细胞被紧密地包在一起并被绝缘膜包围，使得整个束表现的生物电特性就如同相等直径的一个纤维一样。在鸟类心脏中浦肯野细胞也同样被“捆绑”，但这是否增强传导速度并不确定，因为浦肯野纤维束缺少结缔组织鞘，因此不与周围组织绝缘。

11.2.3.4 电生理学

浦肯野纤维与冠状动脉伴行，因此以相对较短的时间通过较厚的左心肌，使鸟类兴奋波能快速到达左心室壁的任何一点（Lewis，1916）。Kisch（1951）认为，去极化的顺序是：右心室尖部、右心室基底部、左心室基底部、左心室尖部。Moore（1965）绘制了火鸡心外膜激活图，提出右心室心外膜的顶端 1/3 最早被激活，其次激活的是基底部上 1/3，肺动脉口是整个心脏激活的最后一个区域。室间隔的前 1/3 和左心室的中间区域先于基底区域被激活，整个左心室心外膜在 12.5 ms 内被激活。也有人发现有一些不同的激活顺序（Lewis，1916；Mangold，1919）。Kisch 提出，传导系统仅在其末端纤维和心肌之间直接接触的地方刺激心肌，而不是整个传导系统（Kisch，1951）。他自己的研究工作支持了这一观点，结果显示心内膜下心肌比最早激活的心外膜下心肌大约晚 20 ms，这又表明心外膜下具有心肌传导系统的捷径。然而，Davies（1930）、Lu 等人（1993）和 Kharin（2004）认为，由于束支没有纤维鞘，脉冲在室间隔区域有一个较早广泛的传导，之后沿着束到达心室的所有部位。Kharin（2004）绘制了鸡心室中 64 个电极的激活模式，并发现右心室和左心室内最早的激活是一种马赛克样模式（mosaic-like pattern）。心室的复极化遵循的模式与去极化期间观察到的不同（Kharin，2004）。复极起始于右心室心尖并向下移动到左心室心尖，接着是左心室基底复极，最后是右心室基底。

通过记录鸡和火鸡心脏细胞的跨膜电位，研究了禽类心传导系统（Moore，1965，1967）。在没有任何外源性因素影响下，窦房结的起搏细胞决定心率。作为起搏器的细胞在舒张期间显示出缓慢去极化的特征，去极化的幅度与细胞固有的自动去极化程度有关（去极化最快的细胞驱动较慢的细胞），而非自发激活的细胞在舒张期表现出稳定的膜电位（图 11.9）。从左房室瓣与窦静脉的交界处记录的动作电位显示舒张期去极化（前电位），其缓慢过渡到实际动作电位的上升阶段（图 11.9），与右侧房室瓣记录到的相对快速上升动作电位相反，这表明右房室瓣中的细胞由起搏细胞触发。从心室肌细胞记录的动作电位持续时间长于从心房肌细胞记录的持续时间（图 11.9）。浦肯野纤维的动作电位显示有一个尖锐的峰，随后是一个明显的平台，心房或心室肌细胞的动作电位中未见这一特征。浦肯野纤维去极化时间也更长，尽管没有从鸟类浦肯野纤维记录到舒张期去极化。浦肯野细胞的动作电位与心室肌细胞相比，持续时间较长，表明有长的不应期，这将确保心室肌的协同去极化，从而可防止期前收缩和可能的肌纤维颤动（Moore，1965）。

心电图（electrocardiogram，ECG）显示了心脏总的电活动。心电图通常是用放置在体表或皮下的电极间接记录的（直接的 ECG 是通过将胸骨分开并将电极直接放置在心脏表面来记录的）。鸟类与哺乳动物一样，依照大约在 100 年前 Einthoven 首先设计的模型，应用三个标准导联（Ⅰ～Ⅲ）。身体是一个电导体，通过心脏的去极化和复极化可以简化为单个电偶极子。偶极子具有幅值（伏特）、方向和电荷性（正或负），因此它是一个矢量。Einthoven 认为，心脏矢量位于由双极导联连接形成的等边三角形的中心（图 11.11）。导联Ⅰ连接右胸部（负极）和左翅基部（正极）之间。导联Ⅱ连接右翅基部（负极）和左大腿（正极）之间。导联Ⅲ连接左翅基底部（负极）和左大腿（正极）之间。这些导联的设置使得在人类和许多其他哺乳动物中，记录的信号的极性是正的。相反，在鸟类，心电图（心室收缩）的主要组成部分的极性是负的（图 11.12）。

关于典型的禽类心电图似乎存在一些争议（图 11.12）。例如，Kisch（1951）报道了 P 波、QRS 波和 T 波的存在，而 Mangold（1919）报道鸟类的心电图没有 R 波，而是深 S 波。Sturkie（1986）报道了 P 波的存在，占主导地位的 S 波和 T 波，以及小 R 波，但没有 Q 波。

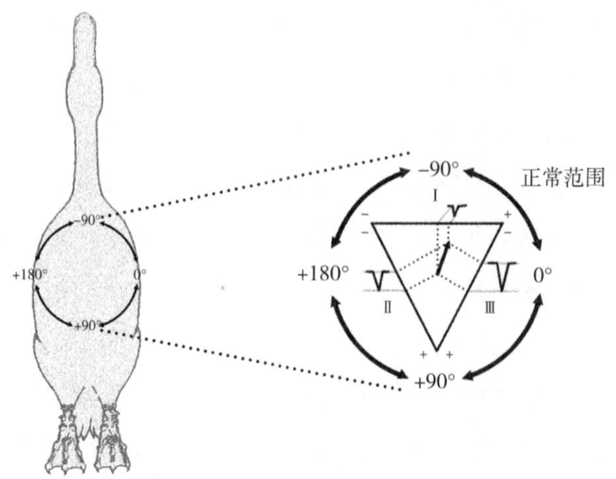

图 11.11 Einthoven 构想的心脏电轴与三根标准导联（Ⅰ、Ⅱ和Ⅲ）记录的电位的关系

左图为鸭腹侧视图，电轴向上并靠近中线。Einthoven 三角形中间的箭头表示轴的方向，而长度表示其幅度和度数。电压的改变在每个导联（Ⅰ、Ⅱ和Ⅲ）上显示出来。

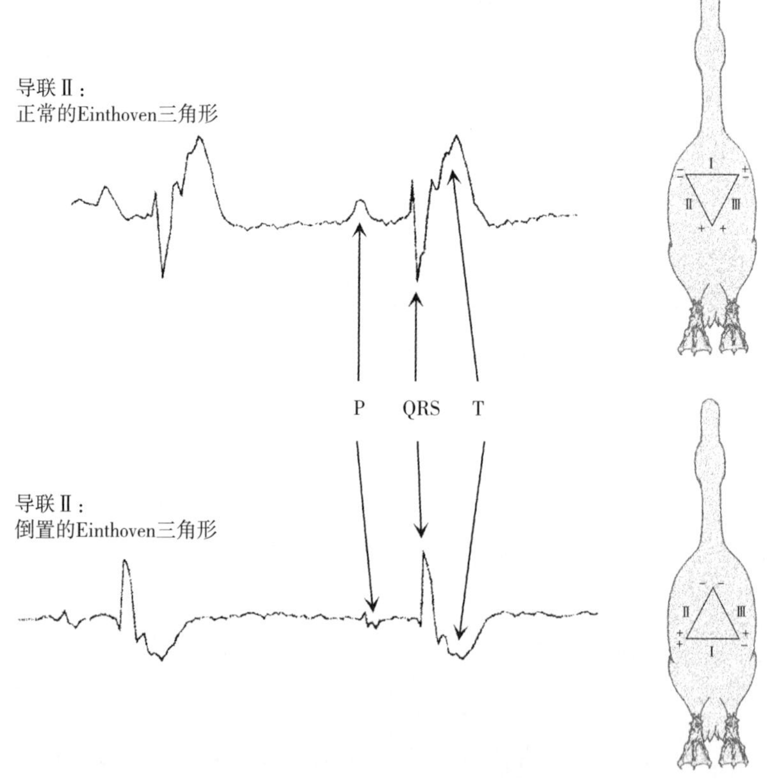

图 11.12 上方心电图（ECG）曲线：当记录电极以常规哺乳动物方式放置在右肩和左腿时，从导联Ⅱ记录的电压。右上角腹侧视图显示鸭的 Einthoven 三角形。下方 ECG 曲线：当记录电极放置在左肩和右腿时由导联Ⅱ记录的电压。右下角腹侧视图显示鸭的 Einthoven 三角形是倒置的。图示 ECG 复合波。P 表示心房收缩，QRS 表示心室激活，T 表示心室复极化。引自 Liu 等（未公布的数据）。

尚未有更多最新的工作阐明 Q 波的状态。人们普遍认为，鸡心电图中不存在 Q 波（Goldberg and Bolnick，1980；Liu and Li，2005），火鸡有小的 Q 波（McKenzie et al.，1971），一些鸭的心电图中有非常明显的 Q 波（图 11.12；Cinar et al.，1996）。除了用于监测心率外，心电图还常常用于获取心动周期的各个阶段的时间，因为心电图的组成可以通过心房（P 波）和心室（QRS 波或 RS 波）去极化以及心室复极（T 波）来识别。P 波的持续时间是心房去极化和复极化的时期，而 P-R 持续时间包括房室结传导延搁。QRS 波或 RS 波代表心室激活，T 波是心脏完全复极化的时期。Q-T 或 R-T 持续时间代表心室的激活和舒张的完整周期的持续时间

（图 11.12）。这些间隔大部分是固定的，因此主要是 T 波和 P 波之间的时间间隔（即间歇时间间隔），其分别随着心率的增加和减小而缩短和延长。事实上，在非常高的心率下，一次搏动的 T 波可能会覆盖下一个波的 P 波。

标准肢体导联的双极记录意味着心脏矢量沿着两个电极之间的线投影（图 11.11）。当使用所有导联时，可以重构心脏矢量或关于导联定位平面的心动周期任一心电活动的平均电轴（mean electrical axis，MEA）。标准导联位于额面，在哺乳动物中，QRS 波的 MEA 是面向下（向下）和向左（+60°）方向。相比之下，鸟心脏 QRS 波的 MEA 接近－90°，沿身体的长轴定向并且在额面向上。因此，QRS 波或 RS 波是负极性的，并且在导联 Ⅰ 中几乎没有体现，其中最高电压由导联Ⅱ或Ⅲ记录（图 11.11）。P 波和 T 波的平均电轴可以用类似的方式计算。除了标准肢体导联 Ⅰ 以外，Szabuniewicz 和 McCrady（1967）使用其他心脏导联能够确定鸡心脏 QRS 波或 RS 波，P 波和 T 波的 MEA，不仅在额面（－77.1°），而且在水平面（+72.4°）和矢状面（－55.4°）。

心室去极化阶段的 MEA 是负的，而复极期的 MEA 为正。因此，当 T 波向上或为正时，QRS 波或 RS 波组成部分偏转向下或为负（图 11.12）。显然，心脏每一次跳动并没有显著地改变其在的胸部的位置。波向相反方向偏转，因为去极化导致心室心肌变负，复极驱动心肌变正。此外，这些波的时间过程是不同的。复极化比去极化慢，因此 T 波比 QRS 波或 RS 波更长。在这种情况下，应该注意的是，当仅使用 ECG 来监测心率时，使用单对导联（通常为 Ⅱ），RS 波常常表现为正偏转。这是通过反转导联 Ⅱ 双极电极的极性实现的（倒置的 Einthoven 三角形，图 11.12），并且是出于易于观察的原因。

由于电极记录位点的不同、物种之间的解剖学差异，以及缺乏与人类一样的大数据库和其他哺乳动物一定程度的数据库积累，所以进一步解释鸟类心电图是复杂的。事实上，对鸟类 ECG 严格、详细的研究似乎不太可能用于临床诊断。Boulianne 等人（1992）认为只有在躯干中引起心脏位置改变的疾病，并因此改变 MEA，才能通过二维心电图成功地诊断。鸡和火鸡的圆心病（round heart disease）会发生这样的转变，额面的平均 RS 轴为+70°，正常鸟类为－85°（Hunsaker 等，1971；也见 11.2.1.5）。

11.3 一般血流动力学

组成肺循环和体循环的三种主要血管包括：①动脉或分配血管；②毛细血管或交换血管；③静脉或贮存血管。小动脉和小静脉是分别位于毛细血管床上游和下游的肌性血管，属于调节血管，直接控制血流分布，并通过调节毛细血管压力间接调控毛细管壁的物质交换。

主动脉经过多次分叉成为毛细血管床，在每个分叉处血管阻力增加（McDonald，1974）。在稳定状态下，母血管和子血管中的流量保持相同，然而子血管中的流速却下降到母血管的 80%左右。因此，两个子血管的横截面积（πr^2，其中 r 是内半径）之和比母血管的横截面积大 25%左右。随着血管分叉，流速下降，所以毛细血管内的血流速度非常慢，这样就有足够的时间与周围的细胞进行气体、营养物质和代谢产物的交换。

驱动血流循环的是心脏收缩产生的压力。泊肃叶定律（Poiseuille's Law）显示在恒流情况下，流量（$\dot{Q}$）与血管两端压差（P_1-P_2）、血管半径（r）和长度（L）关系如下：

$$\dot{Q}=(P_1-P_2)\times\frac{\pi r^4}{8\mu L} \tag{11.1}$$

其中，μ 是血液黏度。把等式（11.1）重新排列成更加熟悉的形式：

$$\frac{\pi r^4}{8\mu L}=\frac{P_1-P_2}{\dot{Q}} \tag{11.2}$$

因为等式（11.2）左侧的是血管阻力（R），所以

$$R=\frac{P_1-P_2}{\dot{Q}} \tag{11.3}$$

或者，对于全身，总外周阻力（TPR，kPa·s/m^3）的计算公式如下，

$$\text{TPR}=\frac{\text{MAP}-\text{MVP}}{\text{CO}} \tag{11.4}$$

其中，MAP是平均动脉压（kPa），MVP是平均静脉压（kPa），CO是心输出量（m^3/s）。为了便于在不同大小动物之间进行比较，通常以单位重量的心输出量［即 m^3/（s·kg）］表示CO。

从解剖学角度看，任何血管的长度（L）是固定的，而血液黏度仅会变化2～3倍，所以血管阻力由血管的半径决定（公式11.2）。因此，在压力下降一定程度时，血管半径从两个单位（图11.13中图）变为一个单位（图11.13左图），即血管半径减半（即血管半径为原来的1/2），血流量将减少到原来的1/16（图11.13），这对控制血流分布具有重要意义。

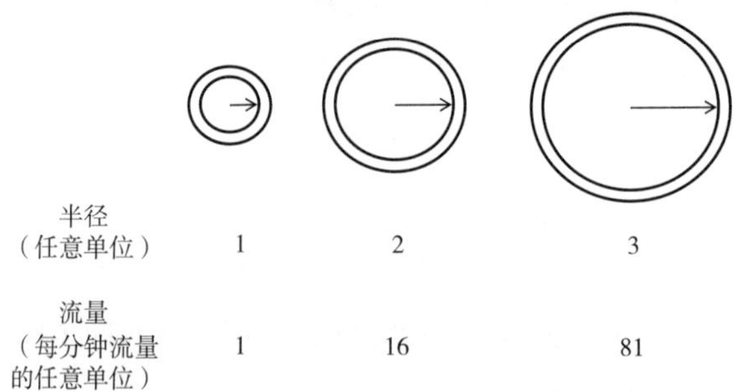

图11.13 在恒定压力驱动下，血管半径不同（如箭头长度所示）对液体流量的影响
流量减小比例是半径减小比例的4次方。半径尺寸和相对流量均为任意单位。

泊肃叶定律（公式11.1）适用于恒流。然而，在主要动脉中，血流是高度脉动性的。由于血液的惯性和心率较快，在脉动流中流量幅度可能不再随压力梯度变化呈线性变化。但是，偏离泊肃叶定律的程度可以由无量纲常数 α 表示（Womersley，1975）：

$$\alpha=r\sqrt{\frac{2\pi f\rho}{\mu}} \tag{11.5}$$

其中，r 是半径，f 是心率，ρ 是血液密度，μ 是血液黏度。

当基本频率（如心率）的 $\alpha<0.5$ 时，相位滞后可以忽略不计，流量与泊肃叶方程所预测的相似。当基本频率（约3次/s）的 α 值为6.0～7.0时，通过泊肃叶方程估算鸭主动脉的血流量是不可靠的。然而，在任何给定心率的情况下，α 值取决于血管半径的大小。因此，在股骨动脉中，α 值一定低于1，并且流量将随着该血管中的压力梯度大致成线性变化。微循环的血管半径很小，α 也同样低，所以在这种血管床上应用泊肃叶定律也只能获得大约值。血液

黏度在较大的血管中可以被认为是一个常数，而在毛细血管大小的血管中可能会有不可预知的变化（见 11.4.2）。因此，注意当用恒流泵的时候用恒定流公式计算流量。即便如此，当脉动流有平稳的流量时，可以用泊肃叶定律（公式 11.4）计算 TPR。

用傅立叶分析（Fourier analysis）脉动流量和压力的波形可将平均值计算出来。振荡输出为原始波形的谐波处的一系列正弦波（第一级谐波为基本频率 f，第二级谐波为 $2f$，……，第 n 级谐波为 nf）。如果同时记录压力和流量波形，在每级谐波下血管阻抗可用压力震荡幅值除以流量获得。因此，血管阻力（平均压力除以平均流量）可以看作是零频率下的阻抗。循环系统的任何区域的血管阻抗可通过在该区域同时记录相应频率下的压力和流量波来确定。如果记录主动脉输入端的压力和流量，则主动脉阻抗不仅是整个系统循环的特征，而且也是左心室必须承受的后负荷的表现。

尽管压力和流量在动脉系统输入端同步地开始记录，然而流速峰值较压力峰值先期到达。这种不同步现象是因为脉冲通过动脉系统传导导致的。因此，对于压力脉冲，在压力波峰穿过上游点时建立的动脉上游和下游点之间的正梯度，当波峰到达下游点时将出现反转。尽管在心室出口存在瓣膜，限制主动脉根部血液逆流，但所有动脉血管的压力梯度围绕平均值上下波动，流量将上升或下降，甚至可能出现反转。然而，很明显的是，流量和压力波并非“同相”，在每个谐波频率下，相位差的程度可以通过傅立叶分析来计算。

输入阻抗（通常是梯度性的，见图 11.14 和图 11.15）通过傅立叶分析在每个频率下存在一系列的模量（$|Z|$）和相位（ϕ）值。因而：

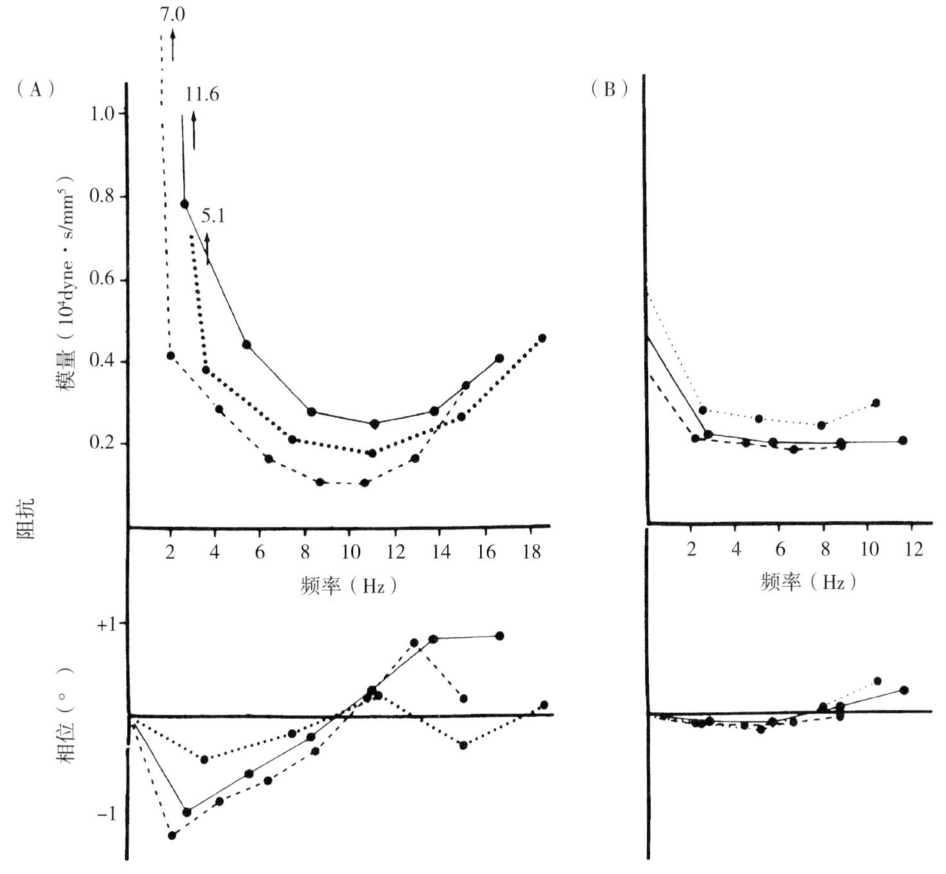

图 11.14　鸭的主动脉(A)和肺动脉(B)循环的阻抗模量及相位与频率的关系
引自 Langille 和 Jones(1975)。

$$(|Z|)=\frac{\text{脉冲压力}}{\text{脉冲流量}} \tag{11.6}$$

和

$$(\phi)=\text{压力相位}-\text{流动相位} \tag{11.7}$$

当流动引起压力时，阻抗的相位将为负值；当压力引起流动时，阻抗的相位为正值。

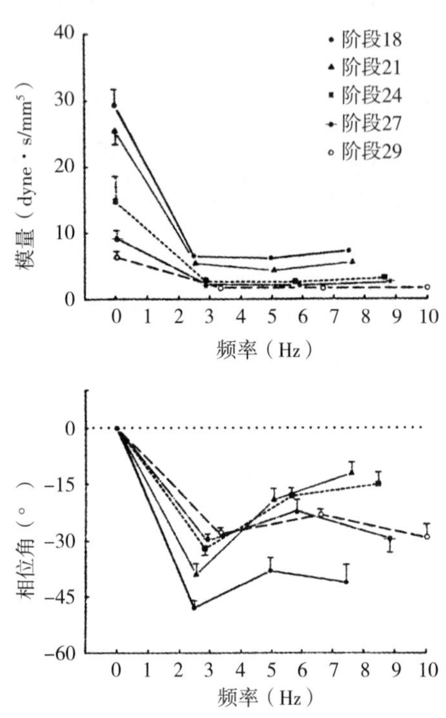

图 11.15　18～29 阶段鸡胚阻抗模量(上)和相位角(下)

注：上下图图标意思相同 引自 Zahka 等(1989)。

11.4 脉管丛

11.4.1 动脉系统

11.4.1.1 大体解剖学

在所有脊椎动物的胚胎中至少出现 6 对动脉弓，特别是它们的水生祖先。 在鸟类，并不是所有的动脉弓都在同一时间出现，有些是极其短暂的，例如第五对动脉弓最后出现。 成年后只有 3 个动脉弓存在，包括颈动脉（第三动脉弓）、主动脉（第四动脉弓）和肺动脉（第六动脉弓）。 在鸟类和哺乳动物以外的陆生脊椎动物中，保留了第四动脉弓的左侧和右侧分支，而在鸟类只保留右侧支，在哺乳动物则只保留左侧支。 在一些鸟类物种中，左动脉弓的残留物可能是细胞的固体核；在少数种类，例如翠鸟科的带翠鸟（*Megaceryle alcyon*），尽管失去了同主动脉根部的连接，但左侧动脉弓依然明显且具有功能（Glenny， 1940）。 Stéphan（1994）通过一系列有趣的试验证实，结扎鸟类胚胎动脉弓的右侧会造成如哺乳动物一样左侧发育。 这一发现表明，动脉弓的保留或消失取决于血液动力学条件，右侧弓的存在，可能源于鸟类心室输出血管的特殊

注：dyne，达因，是力的单位，1dyne=10^{-5}N。

发育。

心脏最主要的血管床是由主动脉提供的。为心肌提供营养和气体交换的冠状动脉来自靠近心脏的升主动脉（见11.2.1.5）。升主动脉随后分叉为两个大的头臂主动脉干（图11.16），为头部、翅膀和飞行肌群供血。每个头臂血管的直径通常大于主动脉延伸部分，这说明头臂血管的血流量较大。

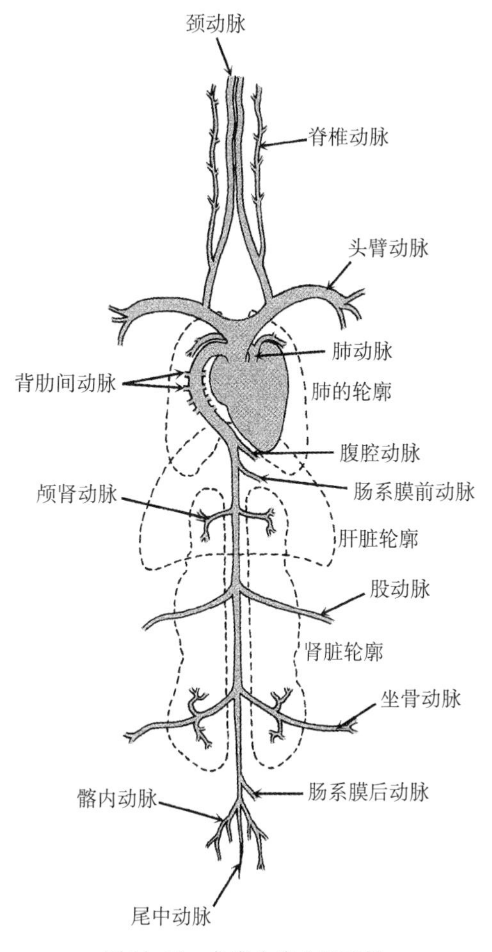

图11.16 鸟类全身主要动脉

头颈部的所有动脉都是颈动脉的分支，但在靠近心脏的颈动脉走向却不完全一样。最常见的是两个大小相等的血管并行排列（图11.16）；其他还包括两个颈动脉汇集形成一个动脉（苍鹭、麻鸭和翠鸟），或者由于右颈动脉（雀形目）或左颈动脉（鸻科鸟）退化而出现单一动脉，或具有两个大小不等的动脉（火烈鸟和凤头鹦鹉）。

大脑的血液供应不能中断，否则大脑会迅速发生功能障碍。颈动脉位于颈椎骨基部，靠近旋转轴的沟槽中，从而避免由于颈部的转动而阻断血流。同时，颈动脉同脊椎动脉之间的吻合支，以及脑基部颈动脉之间的X形、I形和H形连接也提供了安全保障。除了霸鹟亚目（Tyranni）外，在所有的鸟类中都发现了这种颈动脉吻合结构（Baumel and Gerchman，1968）。鸟类不具有同哺乳动物相似的威利斯（willis）脑动脉环，但由于大多具有较大的颈动脉吻合结构，因此它们的侧支循环可能比哺乳动物的脑动脉环更有效。锁骨下动脉为翅膀和飞行肌群供血，每个锁骨下动脉分为两个支，即肱动脉（翅膀）和胸动脉（飞行肌群）。

降主动脉在脊柱腹侧向尾部运行，形成成对的肋间动脉和腰荐动脉。腹部脏器和腿部血液由以下血管供应，均来自降主动脉（图11.16）：

①腹腔动脉：肝、脾、腺胃、肌胃、肠、胰腺。

②肠系膜前动脉：大多数肠、胰腺。

③肾动脉：肾（前部）、睾丸。

④股动脉：腿部。

⑤坐骨动脉：肾中部和后部、腿部、输卵管子宫部。

⑥肠系膜后动脉：直肠、泄殖腔。

⑦髂内动脉：骨盆壁、输卵管。

⑧尾动脉：尾、主动脉末端分支。

鸟类有三对肾动脉：一对来自主动脉，另外两对来自坐骨动脉。然而，苍鹭（*Ardea cinerea*）其中一对肾动脉来自股动脉，而不是坐骨动脉。

腿部的血流供应主要来自坐骨动脉，在与膝盖水平的位置，它与股动脉汇合，形成□动脉。这支动脉经过腿的下部，分为前胫动脉和后胫动脉。在许多鸟类腿的跗骨区和腋下区，有动静脉血管网，称为细脉网（rete mirabile），尤其存在于涉水和水生鸟类（Midtgård，1981）。由于温热的动脉血液流入四肢末端的静脉时，温度略有下降，故细脉网成了热交换器。在细脉网中动脉与静脉内血液的逆向流动保证了热量沿着动脉和静脉的纵向传递。机体通过降低流经足部或翅膀等外周较薄部位的血流温度，从而减少热量流失到环境中。

11.4.1.2 动脉壁的功能形态学

大动脉有两个主要功能。首先，它们作为低阻力血管，将血液输送到小动脉，再分配给外周分布的血管床。其次，整个动脉系统充当蓄压器或弹性贮器，接收心脏泵出的血液，再通过毛细血管床，将高度搏动的血流转化为稳定的血流。被称为弹性贮器是因为血管壁的弹性，尤其是那些靠近心脏的血管。

中央动脉血管均具有弹性，而外周血管，特别是第二级分支末端的血管，则是肌性的。在弹性动脉中，大部分的血管壁是由嵌入在弹性纤维的平滑肌层组成，并与胶原层交织。肌纤维、弹性纤维和胶原纤维共同形成一层，构成单个层状单元，大量的同心层状单元组成了鸽、鸡和疣鼻天鹅（*Cygnmus olor*）的弹性动脉壁的大部分，如图 11.17 所示（Bussow，1973）。有趣的是，层状部分不能在血管周围形成完整的圆柱体，在靠心脏很近的血管尤其明显，在那里，一个单独的层可能最多只延伸到血管周长的 1/4。

肌性动脉壁结构则完全不同。肌性血管主要由周围排列的平滑肌细胞组成，弹性纤维以单支或粗大的纤维束呈网状地分布于肌肉细胞之间（Hodges，1974）。胶原蛋白组分被转移到血管壁的外层。鸡和火鸡的肠系膜前动脉的正常肌性动脉结构有一个有趣的修饰（Ball et al.，1963）。这条血管由纵向排列的平滑肌纤维构成，其厚度大约与壁内环行平滑肌相同。外肌层的重要功能尚不清楚，但它可能使血管缩短以适应内脏运动导致的位置变化。

弹性动脉包括主动脉弓及其主要分支、胸主动脉到腹主动脉的部分，以及肺动脉的外部。然而，腹主动脉的所有分支以及尾部的动脉均是肌性的。在动脉树的大多数区域，从弹性动脉到肌性动脉结构的过渡相当迅速，通常发生在分支部位。主动脉本身是个例外。主动脉的弹性和肌性部分由腹腔动脉延伸到坐骨动脉分开，后两者管壁结构尚不清楚。此外，鸽和火鸡该区域的血管壁由横向且不对称的腹侧肌性厚壁和背侧弹性薄壁构成。

动脉在体时随着心跳扩张和收缩，但这种现象在研究血管的离体试验中很少模拟到。相反，动脉壁弹性在静态下的研究通常比动态下的多。实际上，用注射器给一段血管充气，可以观察到既定体积变化引起的压力变化。这些压力-容积曲线让人们立即注意到扩张程度同动脉弹性变化的关系。

此外，通过使用来自身体不同部位的血管，揭示了不同部位血管弹性的差异。压力-容积曲线通常为 J 形，显示血管越被扩张，其阻力越大，导致血管进一步扩张（图 11.18；Speckmann and Ringer，1966）。血管壁的胶原纤维在高压情况下抑制其扩张，而弹性蛋白的特质则影响了曲线的低压区域。弹性蛋白的顺应性和胶原蛋白的刚性协调工作，使血管壁在一定范围内的扩张压力下均匀并平稳地扩张，而不会出现动脉隆起。相反，若弹性蛋白和胶原蛋白的扩张特性保持一致，则血管壁将形成动脉鼓包。橡胶应对扩张具有直线的而不是 J 形的反应。当圆柱形气球充气的时候，其壁总是出现鼓包。

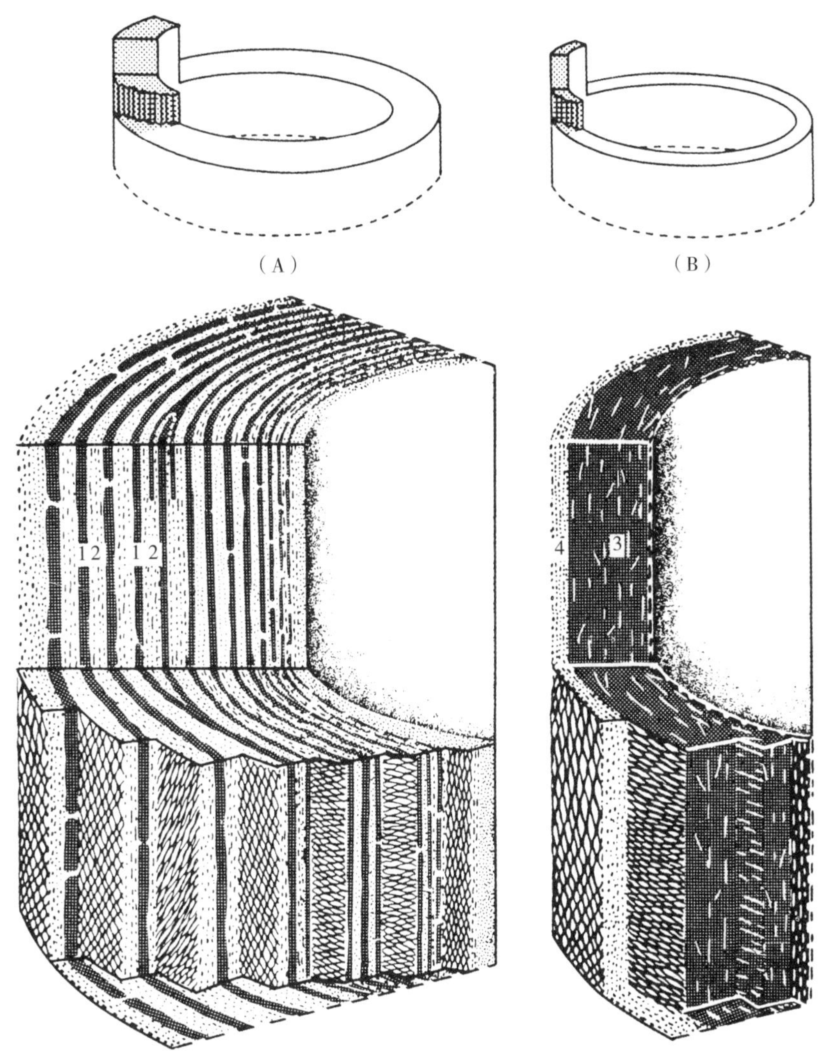

图 11.17　弹性动脉壁（A）和肌性动脉壁（B）的示意图

（A）禽类弹性动脉壁结构。血管壁是由嵌在精细弹性纤维（1）网中的分散平滑肌层构成，该精细弹性纤维网与胶原层（2）交替出现。（B）禽类肌性动脉壁由平滑肌细胞和弹性纤维（3）构成的薄内膜，以及结构清晰的弹性厚外膜（4）构成。上图比较了具有相同管腔直径的弹性动脉和肌性动脉的管壁厚度，弹性血管壁的厚度约为肌性血管壁的 3 倍。引自 Bussow（1973）。

相对于血管壁弹性回缩，血管扩张时需要更高的压力。回缩的能量与扩张消耗的能量的比值是衡量该血管弹性回缩力的一种方法（图 11.18）。火鸡的胸主动脉（弹性动脉）和腹主动脉（肌性动脉）的弹性回缩力惊人地相似。在火鸡测得的动脉压力范围内，其弹性回缩力为 85%～87%，远远高于大多数哺乳动物而接近于无脊椎动物血管的值。由于每次心脏射血造成的弹性扩张能量消耗将通过弹性回缩恢复，因而在某种意义上，弹性越强越好。然而，如果弹性回缩力太高，血管可能进入不受控制的振

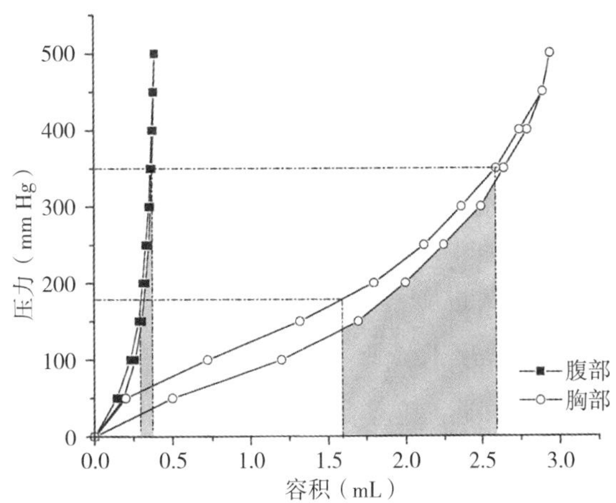

图 11.18　火鸡主动脉腹部和胸部区域的典型压力-容积曲线

每条曲线的上部是扩张区域，下部是回缩区域。通过将火鸡血压范围内回缩区域下的面积（阴影）除以扩张区域下的面积，得到该血管弹性回缩力。引自 Speckmann 和 Ringer（1966）。

荡（共振），特别是在许多鸟类中观察到高重复频率（心率）。因而，鸟类血管动力学显然具有特殊性。

压力-容积曲线揭示了某段特定完整血管的特征，而构成血管壁的物质特性可用应力-应变曲线表示［图 11.19（A）］。应力是变形力除以受力血管壁的面积，而应变是拉伸半径与未拉伸半径的比值。绿头鸭（*Anas platyrhynchos*）升主动脉、降主动脉、头臂动脉和胸主动脉的应力-应变曲线见图 11.19（A）。其腹主动脉的应力-应变关系如火鸡的压力-容积曲线（图 11.18）左移，而其他血管的曲线位于中心，提示腹主动脉比其他血管更具刚性。这一发现说明鸭和火鸡的腹部主动脉较其他曲线位于中心部位的动脉含有更多的胶原蛋白。

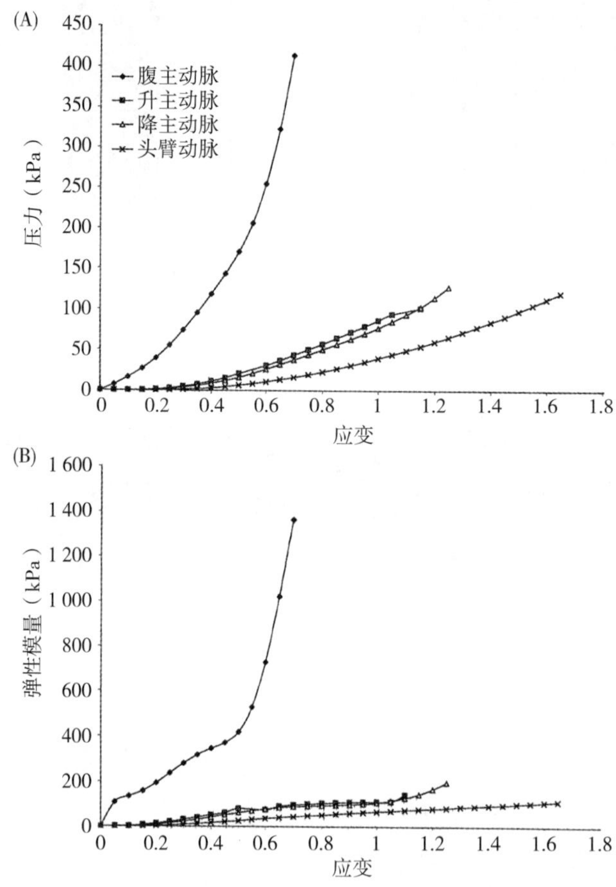

图 11.19 （A）鸭（*A. platyrhynchos*）主动脉四个区域血管壁的应力-应变曲线。（B）这些血管的静态弹性模量*（elastic modulus）来源于A。引自 Braun 和 Jones（未发表数据）。

应力-应变曲线的斜率是构成血管壁的物质的弹性模量，但由于血管的斜率不是线性的，所以弹性模量不断变化。增量弹性模量指在应变稍微增加情况下的弹性模量（Bergel，1961）。鸭主动脉的增量弹性模量如图 11.19（B）所示，其与火鸡主动脉的增量弹性模量相同（Speckmann and Ringer，1964）。由于腹主动脉的弹性模量远远高于胸主动脉，说明前者较后者更具刚性。然而，这些动脉弹性模量较哺乳动物血管相应的动脉弹性模量低 1～2 个数量级。哺乳动物血管壁中的层状单元可形成完整的圆柱体，因而那些以胶原蛋白为主的层必定被拉伸到与更易扩张的肌层相同的程度。也就是说，这种刚性层在确定血管壁延伸度方面更为重要。然而，鸟类动脉的层状单元不能形成完整的圆柱体，所以在坚硬的和弹性的成分之间存在一些“串

* 弹性模量，是指单向应力状态下应力除以该方向的应变。

联"的耦合，可以使更多的易扩张层能够独立地延展。禽类血管的管壁要比哺乳动物相同直径的血管厚得多，从而弥补了其较低的弹性模量（Bussow，1973）。

11.4.1.3　动脉压与血流之间的关系

每次心跳通过动脉系统发出一个脉搏，稍后到达远离心脏的位置。脉搏波传导的速度在大多数可扩张的血管最慢，而在较硬的外周血管中加快。鸭脉搏波速度从主动脉弓（4.4±0.8）m/s增加到腹主动脉（11.7±1.2）m/s，以胸主动脉的速度增加为主（Langille and Jones，1975）。

当脉冲传导时间占据心动周期相当大比例时，不同动脉部位的压力和流量脉冲之间发生显著的相位变化。鸭脉搏波从心脏传导到腹主动脉远端所需的时间约为 20 ms，为心动周期的 5%～10%（Langille and Jones，1975）。因此，鸭全身压力脉冲通过动脉系统时，其波形发生明显变化（图 11.20）。随着脉冲压力增加约 30%，脉冲波幅和波形均改变。压力脉冲的峰值是由心缩期压力显著增加引起的，而在心舒期几乎没有变化（图 11.20）。

压力脉冲的峰值由波的传导效应，特别是波反射引起。所有波的运动形式都可以通过它们所穿过部位的物理改变来反映。当这种改变发生在动脉系统时，入射压力和流动波将反射回心脏。这些物理改变可以是离散不连续的，例如由于动脉的分支引起的改变（McDonald，1974）；也可以是连续的，例如动脉硬化导致管壁顺应性的连续变化（Langille and Jones，1975，1976）。然而，主要反映部位似乎是在终末血管床。从这个位置，压力和流量脉冲波被反射回心脏，破坏性或建设性地干扰心脏收缩产生的入射波。这种干扰意味着在动脉系统中的任何一个位置同时记录的压力和流量波，与在另一个位置记录的波形极不相同。在无反射系统中，在任何给定位置采样的压力和流量脉冲应与系统中其他地方记录的相似。

下面介绍一个重要的问题，即外周血管床对输出压力和流动波的终止性质。如果外周血管床对脉动血流有相对较大的阻抗，则是闭合型终端；如果它们呈现相对较小的阻抗，则是开放型。在高等脊椎动物中，反射在周围压力下产生的大振荡，驱动小振荡流穿过终末血管床（图 11.20），表明终端阻抗较高（即闭合型）。因此，压力应该在没有位移的封闭端反射，以满足需要高压振荡驱动低振荡流通过高阻抗终端的条件，反射的流动波应该被反转。也就是说，反射波应与入射波异相 180°。然而，多少入射波到达终端（因为在系统中传播时，入射脉冲被衰减，特别是在较小的血管中）和多少反射波回到心脏（因为也是阻尼减少了它的幅度）仍然是一个值得探究的问题。

反射系数（由终端血管床反射的入射波）对外周血管系统的状态非常敏感。在静止条件下，高达 80%的入射波可能会被反射出来。鸭在强迫潜水期间或当禽类自愿潜水被困在水下时，会发生强烈的血管收缩，导致 100%的入射波被反射。相反，在运动或出血期间发生的外周血管床的血管扩张可能将反射系数降低到零。

评估波在动脉系统中的传播是复杂的，需要对压力和流量波形进行谐波分析。目前，对动脉树中入射波和反射波的相互作用进行简单的概念分析就足够了。为简单起见，考虑一个简谐运动的压力波，如图 11.21 所示（一次谐波）。在系统的闭合端（终端血管床），入射和反射的压力波将同相，两者相加出现波腹（antinode），这显然是放大的压力振荡。图 11.21 反射波线显示为入射波的 40%，因此所得到的复合波的振幅将为入射波的 140%，如波包络线（wave

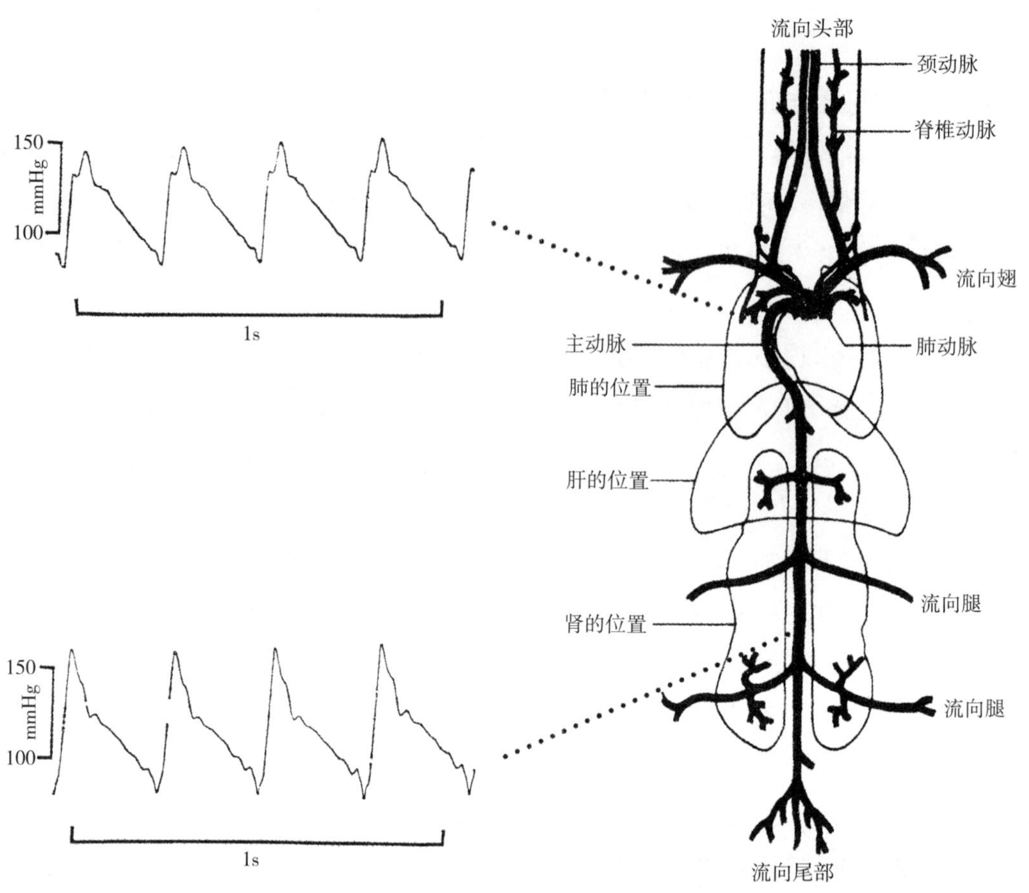

图 11.20　同时在鸭主动脉近端和远端记录的压力波的示意图
在沿主动脉传导期间发生压力波的放大和变形。改编自 Langille 和 Jones（1975）。

envelope）所示。现在，考虑一下终端后 1/4 波长的点。入射波在其达到闭合端前的 1/4 周期中出现，并且反射波需要另一个 1/4 周期才能返回到这一点，所以入射波和反射波现在相差 180°的异相，然后破坏性干扰产生一个节点，显示为压力降低。因此，复合波的振幅比没有反射时的波形小约 40%（如图 11.21 中的波包络线所示）。

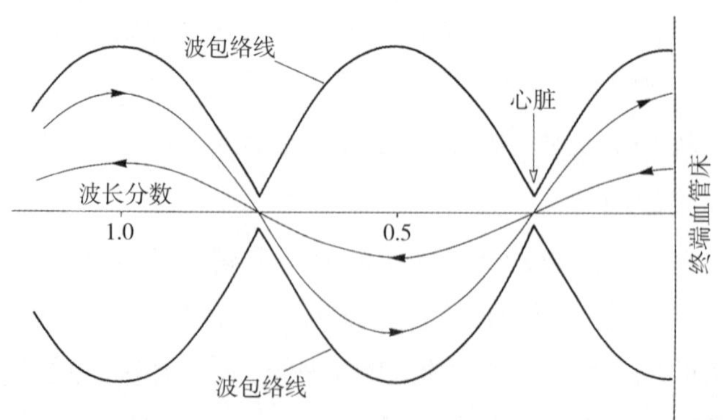

图 11.21　闭合端（终端血管床）入射和反射的压力波之间的相互作用

为了清晰，假设仅 40%的波从闭合端反射（即反射系数=0.4）。横坐标以波长的分数标记。在反射点，两个波都是相位相加在一起的。参考距离为 1/4 波长的点，入射波 90°，反射波 90°，使它们相位相差 180°，并相互抵消。这一点是一个节点，唯一的振荡是入射波和反射波的最大振幅之差。为了在促进心脏功效方面获得最大的收益，心脏应该位于这一点上。整个周期的总偏移由波包络线（图中较粗的线）表示。改编自 McDonald（1974）。

当入射波和反射波在终端处相位相差 180°，但与终端阻抗相差 1/4 周期时，流动波也将被反射。因此，流动波在终端处被抵消，而在心脏处叠加。也就是说，同非反射系统相比，较小的脉压可以产生高振动性的心输出量，其优势在于对于任何给定水平的心脏耗氧量，可以进行更多心脏外部的工作（Milnor，1979）。

当心脏在主要反射部位上游 1/4 波长时，这种反射的效应将最大化。鸭休息时心率是 2～3 次/s，因而即使以最低的脉搏波速率（4 m/s）传播，主要的反射部位也必定位于离心脏 1/3m或 1/2m 处（似乎是最不可能的部位）。然而，在运动过程中心率可能会翻倍，而主要反射部位则距离心脏 16～25 cm。但是，运动与血管舒张有关，这将降低反射系数。相比之下，强制或自愿潜水期间，特别是如果鸟被困在水下，血管收缩，则会加剧反射，但是心率变为约 0.33 次/s。

因此，通过心率与反射系数之间必要的平衡来最大化反射效应，似乎是不太可能的。那么，脉冲波长同心脏与主要反射部位之间的距离不匹配的后果是什么呢？假设图 11.21 描述了压力波的第二次而不是第一次谐波。在这种情况下，第一次谐波将为 90°（而不是 180°）异相于心脏处。这代表第一次谐波的波腹，这将增加收缩压，使心脏消耗更多的能量。心脏将位于第二次谐波的节点处，但位于第三个谐波的波腹处（270°异相）。由于前三次谐波贡献了原始脉冲振幅的 80%～90%，净效应则是收缩压的增加，这被认为是鸭主动脉弓脉压的早期收缩期肩峰（图 11.20）。

如果通过动脉系统的压力或流量波的时间小于心动周期的 5%，则对这些波形的反射效应不明显。然而，虽然有反射发生，但它们是弥散的；压力波在心脏和周围之间来回反弹，直到消失。人类动脉粥样硬化导致脉冲通过动脉系统时不再放大（O'Rourke et al.，1968）；火鸡（*Meleagris*）中常见动脉粥样硬化（Ball et al.，1972；Manning and Middleton，1972），也发现了类似的现象（Taylor，1964）。动脉粥样硬化中的脉冲放大损失是由主要动脉的广泛硬化引起的，其主要作用是加速脉搏波传播，从而使波的传播效应最小化。

蜂鸟是最小的恒温脊椎动物之一。通过对鸭的血液动力学的了解，是否可以预测蜂鸟的血流动力学？假设脉搏波速度不变，那么蜂鸟和鸭在同样条件下，随着线性长度（L）与体重（M_b）减小，则心率（f_H）必定以相同的比例增加。对于鸟类，f_H和 M_b相关的公式为 $f_H = k_1 \cdot M_b^{-0.28}$（Grubb，1983；见 11.2.2），$L = k_2 \cdot M_b^{-0.33}$，其中 k_1 和 k_2 为常数。

根据这一分析，一只体重仅为鸭的 1/400 的蜂鸟，f_H是鸭的 5.3 倍，但 L 降低将近 7 倍。即使报道的巨型蜂鸟（*Patagona gigas*）最高 f_H在 1 020 次/min（Lasiewski et al.，1967），脉搏传播时间占心脏间期的比例显著小于鸭，但对脉搏的反射效应可能不明显（Jones，1991）。

11.4.1.4　血管阻力

虽然禽动脉的复杂压力和流量波（图 11.22）不能直接进行比较，但是像所有周期信号一样，可以表示为上升频率（谐波）的正弦信号的和。这些压力和流量的单独谐波是直接可比的（McDonald，1974）。通过确定血管阻抗与频率的比值，可以最方便地进行比较。阻抗模量（压力谐波的振幅除以相同阶次的流量谐波的振幅）是适用于模拟脉动血流的血管阻力。仅仅是压力和流动振荡不同步的程度造成了阻抗异相。

图 11.14（A）显示了鸭属鸟类（*Anas*）胸降主动脉供血循环的阻抗与频率曲线，而图 11.14（B）显示了肺循环的血管阻抗。主动脉阻抗从零频率处的值［外周电阻（Zt）］下降到

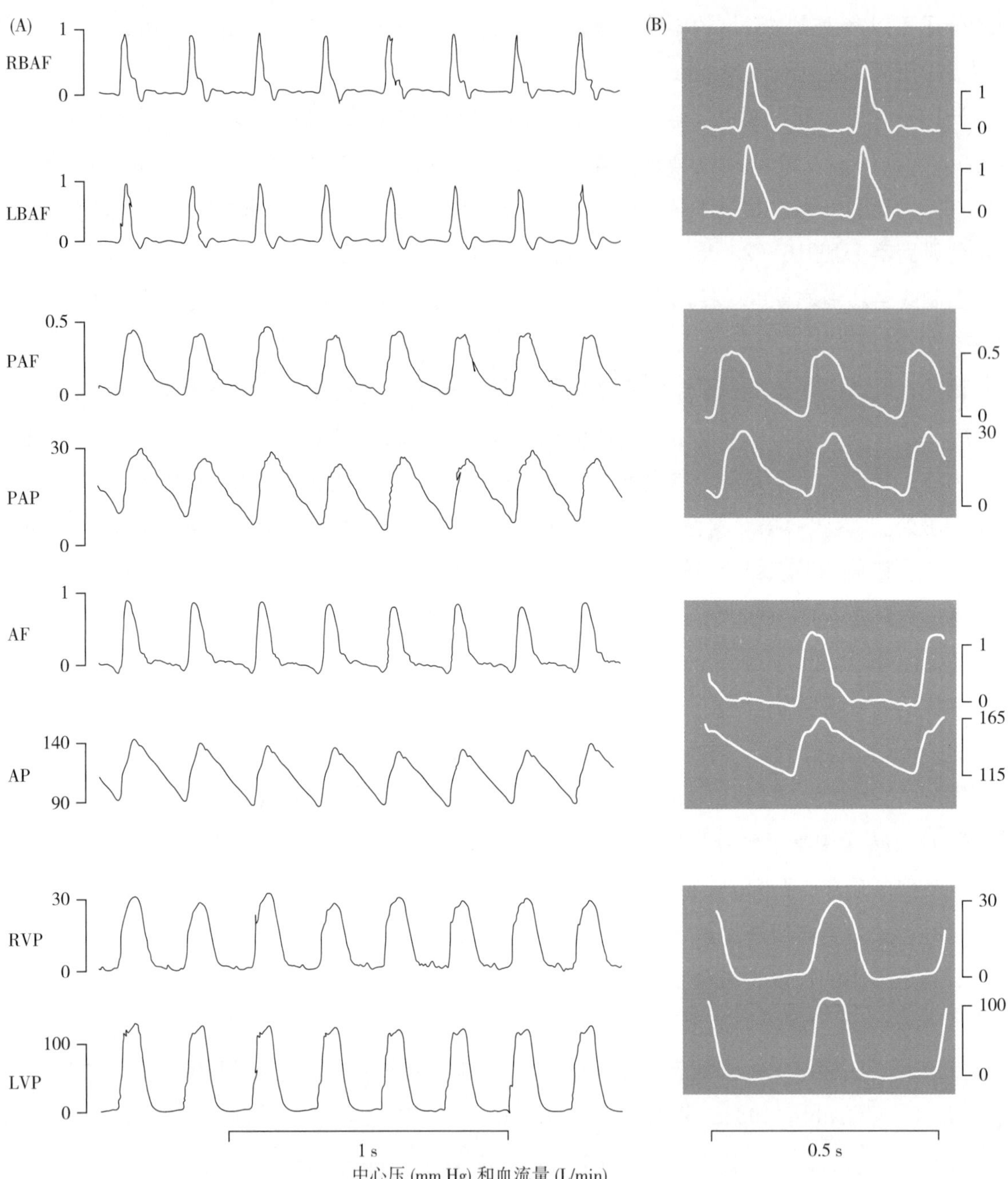

图 11.22 在鸭的动脉系统中同时记录的血压（mmHg）和流量（L/min）

描记曲线，从上到下：RBAF，右侧头臂动脉流量；LBAF，左侧头臂动脉流量；PAF，肺动脉流量；PAP，肺动脉压；AF，主动脉流量；AP，主动脉压；RVP，右心室压；LVP，左心室压。右侧示波器面板显示的是匹配的中心动脉压和血流量。左侧成对的描记曲线都是从不同的动物上记录的数据。引自 Langille 和 Jones（1975）。

高频时稳定值，这是特征阻抗（Zo）的象征［图 11.14（B）］。外周阻力和特征阻抗分别是测量动脉反射口径和主动脉扩张度的指标，不受反射波的影响。模量和相位通常不是恒定的，而是波动的，这些波动是由外周血管部位的波反射效应造成的。主动脉循环的阻抗模量中明确定义的最小值以及阻抗相位从负值（压力滞后流动振荡）到正值（压力引导流动振荡）的一致上升，是波形反射系统的特征［图 11.14（A）］。在阻抗最小的频率（10Hz）下，循环对心脏的脉动血流施加最小负荷［图 11.14（A）］。

反射系数取决于终端动脉床与供血动脉之间的阻抗失配，公式如下：

$$(Z_t - Z_o) / (Z_t + Z_o) \times 100$$

对于主动脉循环，反射系数高，超过 80%。然而，在肺循环中，缺少明显的阻抗最小值，表明这种低电阻循环不会引起脉搏波的主要反射。肺循环的反射系数只有 25%。

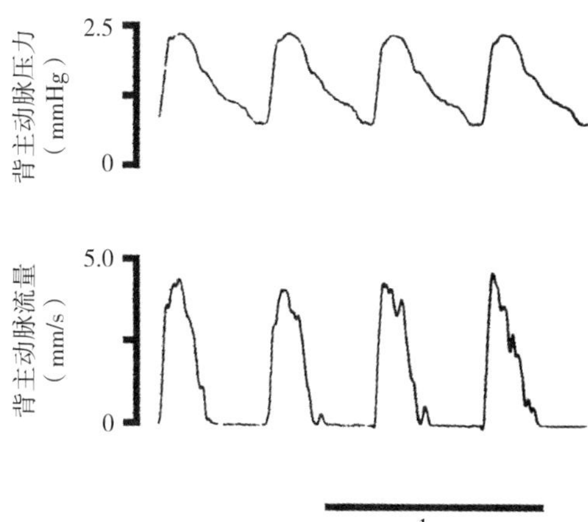

图 11.23　在鸡胚胎第 24 阶段同时记录背主动脉压和流量

尽管没有半月瓣，记录的压力和流量波形与成年动物相似（见图 11.14）。引自 Zahka 等（1989）。

首先，胚胎心脏收缩产生脉动压和血流量。在第 24 阶段，尽管心脏中没有半月瓣，但是雏鸡的血管压力和流量波形类似于记录的波形（图 11.23；Zahka et al.，1989）。外周阻力和血管阻抗模量随着 18～29 阶段的发育（3～6d 的发育；图 11.15）而下降。

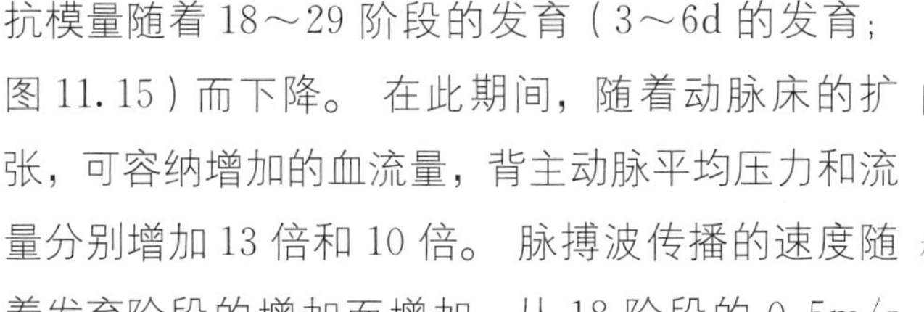

在此期间，随着动脉床的扩张，可容纳增加的血流量，背主动脉平均压力和流量分别增加 13 倍和 10 倍。脉搏波传播的速度随着发育阶段的增加而增加，从 18 阶段的 0.5m/s 增加到第 24 阶段的近 1m/s（Yoshigi et al.，1997）。因此，脉搏传播时间是心动周期（0.35～0.45s）的一小部分，所以反射效应不重要。即使不是这种情况，由于血管阻力明显下降，胚胎发育的后期阶段，反射效应将被最小化。因此，胚胎发育期间血管阻抗的下降是由于背主动脉（更加粗大、更有弹性、更易扩张）的生长，弹性纤维首先出现在第 29 阶段（Hughes，1942）。

11.4.2　毛细血管床

11.4.2.1　气体交换

全身毛细血管是鸟类血液和全身组织之间重要的功能界面。毛细血管中的红细胞与周围组织中的线粒体之间的通路，代表了肺部氧气转运途径中一系列阻力中的最后一个。O_2 和 CO_2 通过简单的扩散在全身毛细血管血液和周围组织线粒体之间交换。因此，从红细胞到线粒体的扩散距离，以及沿着该途径的扩散阻力的分布具有重要的生理学意义。August Krogh 于 1914 年第一次阐述毛细血管区域（capillary domain）的概念，即可以通过毛细血管扩散以满足一个定量组织的氧需求，这对于了解肌肉组织中的气体交换是一个有价值的概念（Krogh，1919）。基于此模型，对毛细血管血液-组织气体交换中重要因素的简单解释可以在 West（2008）中找到。

对鸟类全身毛细血管，特别是飞行肌中毛细血管的研究主要集中在两个方面：①飞行期间，胸肌是高强度工作的主要肌肉，反映在 O_2 的消耗量比在休息时增加约 5 倍（Butler et al.，1977），表明胸肌毛细血管功能性解剖结构可能在肌小节或肌原纤维节缩短期间表现出适应组织的高氧需求和机械变形；②某些在高空飞行的物种（见 11.6）。因此，毛细血管在密度或几何排列方面可能具有特别的适应性，这有利于在大气氧分压（P_{O_2}）减少导致的相对较低的动脉氧分压（$P_{a_{O_2}}$，气体在全身毛细血管动脉端扩散的压力）的情况下，向正在工作的胸肌输送 O_2。

在确定肌肉的毛细血管时，可以考虑三个参数：每根肌纤维的毛细血管数量、肌纤维的横截面积以及每根肌纤维周围的毛细血管的几何排列（Snyder，1990）。Gray 等（1983）发现，来自鸡的前背阔肌的慢速红肌纤维的每平方毫米血管数比该肌后部的快速白肌纤维多 25%。然而，在其他 6 种鸟类中，重量从 11 g 到 6.2 kg，纤维直径与每根纤维的毛细血管数量均没有显著相关性。因此，肌纤维较大的组织毛细血管密度降低。Snyder（1990）估计，腓肠肌的慢速红肌纤维和快速白肌纤维中从毛细血管到线粒体的最大扩散距离分别平均为 32.4 μm 和 36.5 μm。Torrella 等（1999）发现野鸭最大扩散距离范围从胸肌氧化型纤维的 16.8 μm 到腓肠肌糖酵解型纤维的 34.4 μm。这些数值与从哺乳动物中获得的数值类似，表明扩散距离在脊椎动物的演化过程中是高度保守的。增加每根肌纤维毛细血管的数量似乎产生收益递减（diminishing returns），因此超过两个毛细血管的肌纤维没有显示出可测量的扩散距离的进一步减少。与刚出生的哺乳动物情况相反，鸟类肌肉中的毛细血管与肌纤维的比例在孵化期间似乎是固定的。由于肌纤维在发育过程中变大，新孵出雏鸡的扩散距离最短，约 18 μm（Byers and Snyder，1984）。

通过减少红细胞与线粒体之间的扩散距离带来的益处，取决于 O_2 扩散阻力在血液和线粒体之间分布的假设。有人认为，毛细血管与组织界面代表了主要的阻力（Gayeski and Honig，1986），在这种情况下，与增加此界面面积相比，减小总体扩散距离的效果有限。

与哺乳动物后肢肌肉的几何排列相比较，鸽胸肌存在大量垂直于肌纤维长轴的毛细血管分支（Mathieu-Costello，1991，图 11.24）。这些分支来自平行于肌纤维长轴的毛细血管。随着胸肌在动力冲程上缩短，分支点越靠近，但在收缩期间，毛细血管分支与肌纤维长轴的垂直方向不会明显变化。当肌肉缩短时，与肌纤维平行的毛细血管短节段会变得弯曲，但不会变得特别弯曲。垂直于肌纤维长轴的毛细血管分支围绕肌纤维的周边延伸，这种高密度分布确保了肌纤维周围的毛细血管有一个有效包络，有利于血液-组织间 O_2 的有效交换（Ellis et al.，1983）。与哺乳动物相比，毛细血管分支的这种排列可以弥补鸟类某些不利的血液流变性（rheological property）带来的影响，如相对较低的红细胞变形性和较低的毛细血管比容。

图 11.24 鸽胸肌中毛细血管几何形状的示意图

为了图像清晰，减少了垂直于肌纤维长轴延伸的毛细血管分支的数量。a，动脉；v，静脉。引自 Mathieu-Costello 等（1994）。

在所有脊椎动物中，飞行的蜂鸟具有最高的单位质量（mass-specific）代谢率，并且其飞行骨骼肌中的 O_2 需求量最高。因此，推测这些鸟类在毛细血管水平上进行有效气体交换的适应性是最明显的。这可能包括从毛细血管到线粒体的扩散距离减小，或毛细血管-肌纤维接触面积的增加。如果毛细血管-线粒体之间的氧分压差保持不变，上述任何一种因素都会提高呼吸道气体的通量。在蜂鸟飞行肌中，毛细血管表面积与肌纤维表面积之比约为大鼠比目鱼肌的 2 倍，两种肌肉中的线粒体密度相似（Mathieu-Costello et al.，1992）。因此，根据菲克定律，在其他因素不变的情况下，禽类 O_2 扩散到纤维中的速度将是大鼠的 2 倍。这说明禽类飞行肌肉中大面积的毛细血管-肌纤维界面，在飞行过程中维持极高的 O_2 利用方面起重要作用。工作时蜂鸟飞行肌中线粒体的呼吸速率约为哺乳动物运动肌的 2 倍。有趣的是，蝙蝠是唯一飞行活跃的哺乳动物，其胸肌中毛细血管-肌纤维界面的面积与蜂鸟相似。

蜂鸟毛细血管网的基本结构与鸽飞行肌的基本结构相似但蜂鸟的毛细血管密度更高。这是由于肌纤维（1/2 需氧，1/10 参与糖酵解）的横截面积较小，而不是每根纤维周围的毛细血管较多（Mathieu-Costello et al.，1992）。横截面积较小的纤维可能是对毛细血管-线粒体扩散距离减少的适应。然而，一些试验和理论证据表明，P_{O_2} 下降主要由于克服毛细血管-肌纤维界面阻力，然后 P_{O_2} 下降得速度更慢、幅度更大，这主要是因为肌红蛋白促进扩散（Honig et al.，1991）。因此，与毛细血管和线粒体之间的短路径相比，毛细血管和肌纤维之间的大面积接触可能是有效输送 O_2 更重要的因素。对于鸟类和蝙蝠中的飞行肌肉尤其如此，纤维肌红蛋白含量很高，因此促进扩散的可能性很高。通过对积极飞行和久坐状态的鸽进行比较显示，飞行状态对毛细血管-肌纤维的影响很小。鸽在野生状态比久坐状态有更大的有氧代谢能力（aerobic capacity），胸膜中有氧肌纤维的横截面积增加 30%，线粒体密度会更高。然而，毛细血管-肌纤维比例与一定线粒体密度下的毛细血管长度-肌纤维体积的比例相似（Mathieu-Costello et al.，1994）。这个发现与 Snyder 和 Coelho（1989）的结果一致，他们通过使鸡的肱骨负重以引导右前叶背阔肌变大，发现每个纤维中毛细血管数量的增加恰好与肌纤维肥大相匹配，并认为肌肉生长的主要决定因素是毛细血管。

11.4.2.2 微血管流体交换

Starling 在 100 多年前第一次描述到，毛细血管流体平衡是通过流体静力和穿过毛细管壁的渗透力之间的动态相互作用维持的（Starling，1896）。Landis（1927）、Kedem 和 Katchalsky（1958）对 Starling 的原始描述进行了修改和完善，得出以下描述微血管流体交换的方程式：

$$J_V = K_{FC}[(P_c - P_T) - \sigma_d(\pi_P - \pi_T)]$$

其中，J_V 是穿过血管壁的净体积流量，K_{FC} 是毛细血管过滤系数，P_c 和 P_T 分别为毛细血管和组织液压力，$(\pi_P - \pi_T)$ 是血浆（P）和组织液（T）之间的胶体渗透压（COP）压差，σ_d 是渗透反射系数。

在稳定状态下，毛细血管血压与血液 COP 对抗，以维持组织液平衡。通常血压在毛细血管的动脉端高于 COP，在静脉端低于 COP。流体在毛细血管的动脉端分泌，被滤出到组织间隙，并在毛细血管的静脉端被吸收回到血管。因此，为了进行充分的流体交换，COP 必须抵消毛细血管压力，后者能反映动脉血压（Landis and Pappenheimer，1963）。根据 Donnan 效应（Donnan effect），COP 的值由血液蛋白的浓度和种类以及血浆中保留的阳离子决定（Guyton et al.，1975）。然而，现在清楚的是，微血管流体交换是一种动态过程，其中血管外力如组织液压、组织 COP 和淋巴流，可以影响跨毛细血管的流体运动（Taylor and Townsley，1987）。除了在微血管床的不同区域存在不均匀性斯塔林力（Starling force）之外，毛细血管膜渗透性的不均匀性也可能导致斯塔林压力在整体和局部之间的差异。根据最新报道，流体在毛细血管的动脉端分泌以及在毛细血管静脉端吸收的这种简单的稳态是一种暂时的现象。

尽管鸟类中的微血管流体交换呈现出一些独特而有趣的特征，禽类物种在这方面的研究很少。例如，火鸡和鸭间质液中的蛋白质浓度与血液中蛋白质浓度的比例，远远低于哺乳动物中的比例（Hargens et al.，1974）。Hargens 等（1974）指出，鸟类较低的比例与较高的动脉血压相关。此外，鸟类似乎对出血具有高度抵抗力，对血液流失的耐受性比哺乳动物强。Kovach 和 Balint（1969）的研究显示，只有长时间出血才能增强出血耐受力，因为血液稀释在鸽的失血期中一直存在，而大鼠在出血后 15～20 min，无进一步血液稀释。血液稀释是通过低蛋白质含量的等渗流体的流入来实现。

血容量的恢复是由于毛细血管压力降低，毛细血管吸收组织液而引起。毛细血管压力下降可能是由于前毛细血管和后毛细血管之间的阻力比例增加，以及出血期间动脉压和静脉压的变化引起的。鸭的毛细血管的阻力变化似乎是其快速恢复血容量最重要的因素。阻断 α-肾上腺素能受体可以抑制骨骼肌的血管收缩，骨骼肌成为组织液的主要储备场所，并导致血容量的恢复明显减缓（Djojosugito et al.，1968）。Djojosugito 等（1968）将鸭和猫出血后恢复血容量能力的差异归因于鸭骨骼肌系统中非常显著的反射性血管收缩，以及鸭的毛细血管表面积是猫的3～5 倍，这种情况增加了流体进入血管系统的吸收速率（Folkow et al.，1966）。

许多鸟类，如鸸鹋和鸵鸟，都有非常长的颈部，头部距离心脏 1 m 或者更远。然而，鸸鹋休息时的平均动脉血压（Grubb et al.，1983）与鸽相似（Butler et al.，1977）。在这些鸟类中，不需要特别高的血压以克服重力对循环的作用确保血液流向头部。在流体系统中，静脉中血液的重力压力将平衡动脉中的重力压力，很像虹吸作用。换句话说，在像循环这样的封闭管道系统中，血液向上流动并不比向下流动更困难。身体中整体循环流动取决于主动脉和右心房之间的压力差，并且与血液的实际路径几乎没有关系。

在长颈鸟脑循环中测量的压力，要比在主动脉瓣外侧测量的主动脉压力低，这是由于其微小的压力差足以引起颈动脉的血液流动，以及头部在心脏上方的高度引起的重力效应。如果头部位于心脏上方 1 m 处，头部动脉血压将比心脏下降约 75 mmHg。因此，在颅毛细血管床中，流体静压可能低于血液的 COP，并且流体将从间隙中连续滤出，与过量饮酒后的情况相似。然而，由于鸵鸟醉酒现象并不常见，所以动脉血压显著升高、小动脉阻力降低或血液 COP 降低等反向机制肯定发挥了作用。现在有可能可以获得长颈鸵鸟和鸸鹋的数据，希望可对这些理论进行验证。

11.4.2.3 静息状态时的血流分布

分配到不同器官的心输出量（CO）百分比与其有氧代谢活动及其大小密切相关。CO 的分布最终取决于全身平行排列的血管床的相对阻力。反过来，血管阻力由多种激素、自身调节机制和神经调控机制决定（见 11.5）。不同的研究人员获得的不同器官的相对血流量（CO 百分比）的数值差异很大，可能反映了试验技术、物种和休息条件的差异。然而，从有限的数据可以看出，心脏、肝脏、肾脏和肠获得的 CO 比例相对较高（图 11.6）。休息时，鸟类的脑组织似乎接收了约 3% CO，类似于在小型哺乳动物（如大鼠）休息时的脑组织所接收的比例（Ollenberger and West，1998）。

到目前为止，禽类静息状态时，脾脏在所有测量的器官中具有最高的血流量（每克组织湿重约16 mL/min）（图 11.25）。尽管脾脏体积较小，但与它接收的 CO 总量不成比例（图

11.6)。在哺乳动物脾脏中也发现较高的单位时间血流量，如犬在有意识时脾脏的血流量大约为 12 mL/(min · g)(Grindlay et al., 1939)。几乎可以肯定，这种较高的单位时间血流量与该器官的双重过滤功能相关：作为老化红细胞的过滤器，这些老化红细胞能通过渗透过程消除；并且作为网状内皮系统的器官，其中的血液在通过脾窦和脾髓时被网状内皮的吞噬细胞清除。显然，这个双重过滤作用需要较高的单位时间血流量才有效。与脾脏血流量相反，鸟类脑血流量下降了一个数量级。如图 11.25 所示(Bickler and Julian, 1992; Butler et al., 1988; Faraci and Fedde, 1986; Faraci et al., 1984; Grubb et al., 1977; Joneset et al., 1979; Stephenson et al., 1994; Wolfenson et al., 1982; Ellerby et al., 2005)，在常氧条件下，血液流向全脑和单个脑区的血流量为 0.43～2 mL/(min · g)。心脏和肾脏都具有相对较高的单位质量(mass specific)血流量，反映了心肌收缩的高氧需求和肾组织中依赖能量的膜泵的活性。另一方面，胸肌和腓肠肌显示休息时血液灌注率相对较低(图 11.25)。

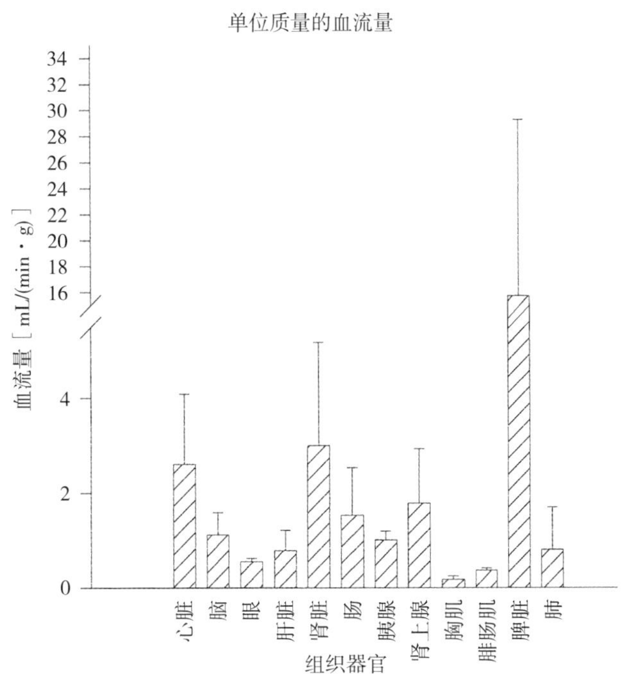

图 11.25　休息时鸟类特定器官血流量[mL/(min・g)]

结果显示了标准误。数据引自 Butler 等(1988)(簇绒鸭)，Duchamp 和 Barre(1993)(雏番鸭)，Faraci 等(1985)(北京鸭)，Jones 等(1979)(北京鸭和绿头鸭)，Stephenson 等(1994)(北京鸭)和 Wolfenson 等(1978)(鸡)。

11.4.3　静脉系统

11.4.3.1　静脉系统的功能发育

鸟类静脉系统的胚胎发育遵循典型的脊椎动物模式。鸟类胚胎约 15 个体节阶段，成对的颅部和尾部共同的主要静脉由体细胞中胚层的血管丛发育而来(Lillie, 1908; Sabin, 1917)。在胚胎发育过程中，心脏向尾部移动，颅内静脉延伸成颈静脉，使血液从胸骨区和翅膀返回到心脏右侧的锁骨下静脉成为尾静脉分支(Ede, 1964)。成年鸟类的头部至心脏的静脉系统不同于哺乳动物的 2 个颅骨(上)腔静脉。右侧的颈静脉比左侧的直径更大，在颅底部的颈静脉中间有一个吻合口，允许一部分头部和颈部左侧的血液，通过右侧更大的颈静脉回流到心脏。

心脏尾部的静脉系统发育主要涉及生理上重要的肾和肝门静脉循环的形成。最初，下主静脉与胚胎肾（中肾）一起发育，把肾脏血液引入尾主静脉。最终，尾主静脉的前部分消失，下主静脉与静脉导管形成连接，这种连接成为尾腔静脉。肝在静脉导管周围发育，将其分为毛细血管床，形成肝门静脉循环。静脉导管的头部成为肝静脉，尾部成为肝门静脉。最后，肾门静脉与髂总静脉形成尾腔静脉，尾下主静脉由尾侧肾静脉替代。

11.4.3.2 贮存功能(容量血管)

鸟类的静脉管壁与哺乳动物的一样，比动脉的管壁薄，因此，静脉扩张取决于正透壁压力梯度。血管壁有三个基本组成部分——内膜、中膜和外膜。中膜由周围平滑肌纤维组成。在较大的静脉中，弹性层出现在外膜中，构成大部分的壁组织。心脏附近的静脉经常与功能性的心肌纤维相互作用。偶尔可以看到野鸭的尾腔静脉与静脉窦的收缩频率相同。

如同哺乳动物，鸟类的静脉系统并不代表是一种将血液输送到心脏的被动管道。薄的、可扩张的静脉壁意味着这些血管相对于动脉顺应性较好。在血管中，顺应性是由于血管透壁扩张压力变化（ΔP）导致的血管容量变化（ΔV）的比率：

$$顺应性=\Delta V/\Delta P$$

哺乳动物整个血管系统的顺应性约为 3 mL/（kg· mmHg）。动脉血管段的顺应性仅为静脉段的 3%（Rothe，1983）。因此，尽管血液循环中静脉血管压力较小，但任何时候静脉血容量占 60%～80%，所以静脉被称为容量血管。静脉循环的能力可以通过透壁压力的变化被动地改变，或通过静脉平滑肌收缩状态的变化主动改变。减少透壁压，可引起静脉被动地弹性回缩，或通过 α-肾上腺素能受体介导的静脉壁平滑肌的主动收缩来降低静脉顺应性（见 11.5.2.4），这两者都可用于减少静脉容量。这个过程有助于将血液转移到心脏，在其他条件都相同的情况下，将增加心房充盈和心输出量。家禽的大静脉由肾上腺素能的运动纤维支配（Bennett et al.，1974；Bennett and Malmfors，1975b），并且这种支配的密度表明存在对静脉容量的主动控制（见 11.5.2.4）。到目前为止，在鸟类还没有开展类似于在哺乳动物做的肾上腺素能效应对静脉容量功能影响的生理学研究（Vanhoutte and Leusen，1969）。

11.4.3.3 静脉在运动和潜水中的生理作用

鸽在低速风洞中飞行时的静脉压力从休息时 1.2 mmHg 增加到 2.5 mmHg（Butler et al.，1977）。心输出量（CO）在飞行中增加了 4.4 倍，主要是在恒定的每搏输出量下通过增加心率来实现。在飞行中，毛细血管静脉端到右心室的压力梯度增加，根据 Frank-Starling 关系可以推导出静脉回流、右心室充盈和 CO 均增加。静脉压由静脉容积和顺应性之间的关系决定，当静脉平滑肌收缩减少，静脉壁变硬时，静脉压下降。哺乳动物肝脏、脾脏和皮肤的静脉床作为血液贮存器，可以在运动过程中主动减少容量，从而增加静脉压和静脉回流到心的血量（Rothe，1983）。这些静脉血管床在鸟类飞行运动中是否也会收缩，目前尚不清楚。

对于潜水鸟类的心血管调节，静脉主动收缩也可能很重要。Djojosugito 等（1969）间接证明鸭在潜水期间静脉压增加。Langille（1983）也证实了这一点，其结果表明这是由于运动性静脉收缩引起。在后一项研究中，如果中心静脉压在潜水期间保持不变，则心脏每搏输出量会下降。这表明，通过 Frank-Starling 机制增加静脉收缩引起的充盈，通常在潜水期间影响甚至抵消因迷走神经兴奋引起的心室肌收缩性降低（见 11.5.3.2.3）。

11.4.3.4　肾门静脉系统

与大多数脊椎动物一样，鸟类具有肾门静脉循环。静脉血液从腿和肠后段回到心脏，再通过肾门静脉系统进入肾脏。在肾脏中，该血液与环绕所有非髓质肾单位节段的管周窦内的肾小球出球小动脉的血液混合，最终流向肾静脉。目前，人们对肾门静脉系统的生理意义知之甚少。总血流量的 50%～70% 来自肾门静脉，然而，这个百分比在动物之间是高度可变的，并且可以在没有明显原因的情况下，在同一个体中迅速改变（Odlind，1978）。血流变化的部分原因可以归结为在髂静脉内活跃的、受神经支配的肾门静脉瓣膜的状态（图 11.26 和图 11.27；Glahn et al.，1993）。瓣膜受到自主神经系统的副交感神经和交感神经系统的密集的相互作用的运动神经的支配（见 11.5.2.3）。肾上腺素能刺激使瓣膜平滑肌松弛，胆碱能刺激使之收缩。相反，肾门静脉平滑肌本身主要表现为肾上腺素能收缩反应，这是大多数血管平滑肌的典型反应（Burrows et al.，1983）。门静脉系统内血管阻力的分布由门静脉瓣膜和交替的、平行静脉通路控制，以便血液返回心脏，这也决定了肾门静脉的血流量（图 11.28）。

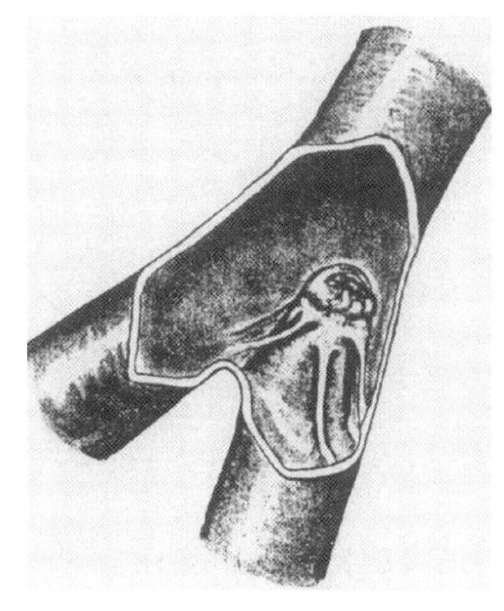

图 11.26　肾门静脉瓣膜图

由平滑肌组成的瓣膜位于肾外静脉和髂静脉汇合处。瓣膜通过肌肉“系绳”（tether）固定在静脉壁上。引自 Burrows 等（1983）。

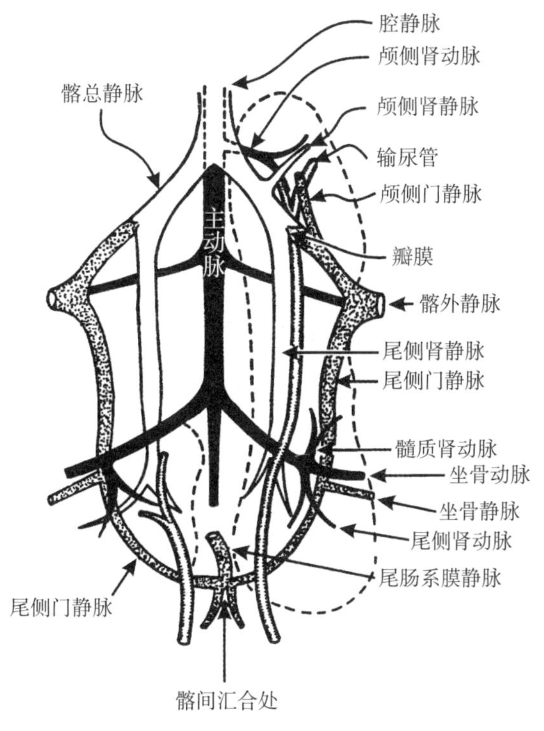

图 11.27　禽类肾腹侧视图

简化了的禽肾门静脉循环及其与全身静脉系统的连接。引自 Wideman 等（1992）。

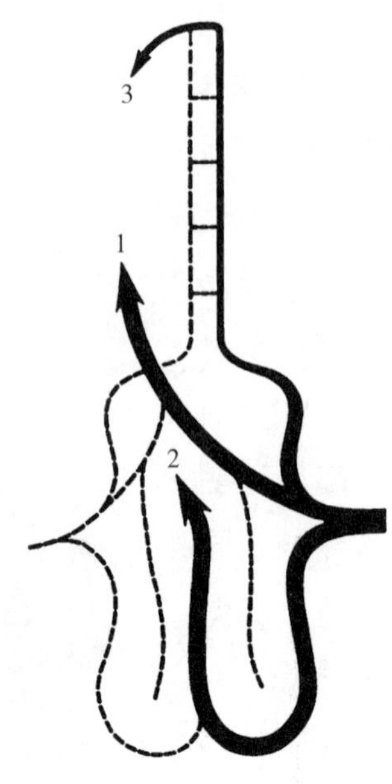

图 11.28 肾门静脉循环中的三种平行的分流途径

1. 肾门静脉瓣膜在其交感运动神经的支配下开放——静脉血液从髂外静脉通过专属瓣膜进入髂总静脉，绕过肾脏。2 和 3. 肾门静脉瓣部分闭合，瓣膜阻力较高。从髂外静脉的腿部返回的血液进入颅侧和尾侧门静脉系统回流。引自 Akester (1967)。

从腿部的髂外静脉回流的静脉血有几种选择（图 11.27 和图 11.28）：如果肾门静脉瓣膜在交感神经系统激活的影响下打开，血液可以通过专属瓣膜进入髂总静脉，再由髂总静脉通向腔静脉并绕过肾脏，直接返回到心脏的右侧。如果瓣膜由于副交感神经刺激而部分闭合，并且瓣膜的阻力较高，则血液可以通过颅侧或尾侧门静脉进入肾门系统。因此，门静脉在功能上与髂总静脉和腔静脉提供的直接静脉通路平行。进入颅侧和尾侧门静脉系统的血液最终分别进入椎管内静脉窦和尾肠系膜静脉，并通过该路线返回心脏右侧。尾部肠系膜静脉前部与肝门静脉相连，为血液流通提供了另一种选择。颅侧和尾侧门静脉相互平行排列，来自髂外静脉的血液可以进入其中一个门静脉，但不能同时进入。因此，来自腿部、尾部和消化道后段的静脉血液的可变部分可直接返回心脏右侧（经由髂总静脉和腔静脉），或进入肾脏（颅侧门静脉）或者肾脏和肝门静脉系统（尾侧门静脉）（图 11.28）。静脉血流的模式取决于门静脉系统内血管阻力的分布。

有些研究人员认为这些功能主要归功于肾门静脉系统，但因为神经、体液和局部代谢调控均可能会影响门静脉和瓣膜所提供的相对阻力，因此很难得到这种结论。最近的试验证据推动了门静脉补偿假说的发展，其中上述并行互连静脉被视为相互连通的网络，其中肾周皮质的肾窦位于其中心。因此，经门静脉流入肾脏的血液量将取决于上述并联分流通路中的阻力和压力，以及管周窦内的阻力和压力。

从肾小球流出的血液也进入肾窦并造成压力（Wideman et al.，1991），所以任何低于自动调节范围的肾动脉压力都会促进血液从门静脉进入肾窦。众所周知，如果门静脉系统完好无损，鸟类可以在肾动脉压下降至 40～50 mmHg 的时候维持总的肾血流量。如果动脉压力下降，肾小球血管本身可以通过自动调节，维持肾小球滤过率恒定，但最低压力只能达到 70 mmHg（Wideman et al.，1992）。肾脏总血流量的自动调节范围广泛，部分归因于门静脉系统的自动调节缓冲作用。通过试验减少门静脉血流量，导致保持肾脏总血流量恒定的动脉压力范围变窄（Wideman et al.，1992）。肾血流量存在区域差异，肾前部显然从门静脉中获得更多血流量，这表明肾动脉血流量在肾前部通常较低。

门静脉系统在鸟类环境生理学中的功能意义可能与盐负荷和脱水有关。Dantzler（1989）提出，在这些条件下，肾皮质浅层的皮质肾单位的入球小动脉的适应性反应是收缩，这将导致肾的过滤作用持续停止。通过补偿性地增加门静脉血流量，维持皮质肾单位的营养血液供应，从而维持这些情况下的肾血流量（Wideman and Gregg，1988）。

11.4.4 胚胎期的血管分流

禽类胚胎在发育时，循环系统中有许多只在胚胎阶段发现的血管分流（Dzialowski et al.，2011）。这些血管分流为了让全身静脉回流进入右心房，提供从右到左的分流，以绕过不通气的肺。鸟类胚胎中第一个主要胚胎分流是通过一对动脉导管。鸟类这两个胚胎血管从左、右肺动脉分支，并与降主动脉连接（图11.29）。这种情况与哺乳动物胎儿相反，哺乳动物胎儿有一个动脉导管，连接肺动脉和主动脉到更靠近心脏和这些大血管起源的位置。White（1974）发现，在鸡胚胎发育的后期，通过成对的动脉导管将右侧前腔静脉回流的大部分血液

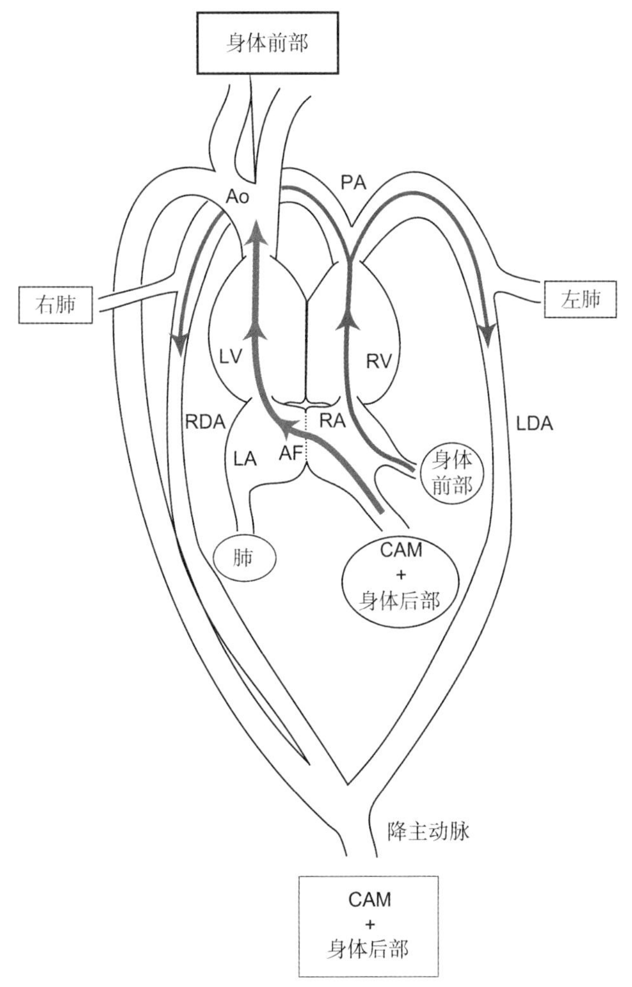

图11.29★ 发育中的鸡胚的胚胎循环

两个从右到左的分流是左、右动脉导管和心房孔。PA，肺动脉；Ao，主动脉；LDA，左开放性动脉导管；RDA，右开放性动脉导管；AF，心房孔；CAM，绒毛尿囊膜；RV，右心室；LV，左心室；LA，左心房；RA，右心房。引自Dzialowski等（2011）。

分流到背侧主动脉。Tazawa和Takenaka（1985）估计，导管将右心室输出的84%血液分流至背主动脉。大部分背主动脉血液流向脐动脉和胚胎气体交换器——绒毛尿囊膜。哺乳动物胎儿阶段导管的通畅性部分由具有松弛效应的前列腺素维持。有趣的是，禽导管中的前列腺素没有血管扩张反应（Dzialowski and Greyner，2008；Greyner and Dzialowski，2008）。这种差异可能是由于母体胎盘是哺乳动物胎儿血液前列腺素的来源。

在心脏的两个心房之间存在第二个分流器，其功能类似于哺乳动物胎儿的卵圆孔。禽类右心房和左心房通过房间隔上的小孔或小洞连接。右心房接收后静脉回流血液，其中包括来自胚胎气体交换器——绒毛尿囊膜的含氧血液（图11.29；White，1974）。Tazawa和Takenaka（1985）估计，这种后静脉回流血液的60%流经心房孔，导致右向左分流，这种分流确保含氧血液通过颈动脉和锁骨下动脉流到胚胎的前部。

上面讨论的两种血管分流器必须在孵化时闭合，以确保肺中有充足的含氧血液。动脉导管是氧敏感血管，会因氧气的增加而收缩（Greyne and Dzialowski，2008；Agren et al.，2007）。鸡胚氧气诱导的血管收缩的强度在孵化期间增加。使用体外肌动描记法（myography）证实，在孵化的18 d，导管的收缩强度是外部血管的3倍（Belanger et al.，2008）。同时，孵化期间动脉的P_{O_2}增加30～80 mmHg（Tazawa et al.，2002）。在孵化时，鸡动脉导管功能性闭合（Belanger et al.，2008）。心房孔闭合可能是由于左心房内压力变化引起的（Jaffee，1965）。似乎心房孔有类似瓣膜的功能，在左心房的压力大于右心房时闭合。

11.5 心血管系统的调节

11.5.1 调节系统

无论是心输出量还是血管床的血流阻力都会随着动物活动的类型和强度不同而发生很大变化。心输出量的变化与机体总的代谢需求成比例，而血管阻力则随身体不同部位对血流量的需求而呈区域性变化。心输出量和血流阻力都受自身、体液、激素和神经调节的影响。动脉血压是由心输出量和总外周阻力共同决定的，由此产生驱动力以保证各血管床有足够的血流量。与心输出量和外周阻力相比，血压的变化范围较小。大量有关心血管功能调节的研究表明，当外部环境或活动水平改变引起心输出量和外周阻力变化时，血压能维持在一定的范围内，以确保充足的组织灌注。

心血管系统由数个整合机制控制，它们的作用时间从不足1 s到几个月甚至更长。反射性调节是对心输出量和外周阻力最快的调节，可能发生在几秒内，主要用于维持短期的体内平衡，并对内、外环境的变化产生快速的心血管反应。自身调节机制作用于血管床时，可根据代谢或其他因素引起的局部变化，在数秒至数分钟的时间范围内调节血流量。体液因素的调节则会持续很长时间，体液因素（如O_2和CO_2水平、pH和代谢产物）的变化可直接影响心血管感受器或循环系统中的其他元件，引起心血管功能的改变，并在一定时间内进行修正。例如，鸟类在大规模迁徙飞行时、在高海拔地区与在海平面相比，吸入的O_2和血氧水平都低得多。激素也会影响外周循环和心脏，血液中许多激素的水平可能会随着动物的活动状态或一年中的不同时期而改变，如蜕皮期或交配期。

11.5.2　外周血流量的调节

动脉壁平滑肌收缩可改变血管管径，通过这种方式改变血流量的最有效的位置是血管壁横截面积与管腔面积之比最大的部位。最小的动脉和微动脉具有最高的壁腔比，在这里，单个平滑肌纤维的收缩可以调节整个管壁横截面，使阻力变化最大。血液循环中血管阻力的最大组成部分是由这些血管壁的平滑肌紧张性决定的。动脉平滑肌紧张性受多种机制调节：①腔内压力变化，引起血流量的机械性自动调节；②体液因素，包括 O_2 分压、局部代谢产物水平、细胞外离子浓度、局部释放的血管活性物质、血液激素和血管活性剂；③自主神经末梢释放的递质。

静脉壁平滑肌纤维也受到这些因素的影响，通过调节静脉壁顺应性的机制，从而控制中心静脉池的血液流回到心脏。这些调节因子对禽类血管功能的影响将在下面的章节讨论。

11.5.2.1　血管反应性机制

平滑肌收缩的调节不同于骨骼肌，涉及肌球蛋白轻链的激活。血管平滑肌收缩和舒张受到位于 Ser^{19}（MLC_{20}）的 20 ku 肌球蛋白轻链的磷酸化和去磷酸化状态的调节。在磷酸化状态下，平滑肌收缩导致血管收缩。肌球蛋白轻链 20（MLC_{20}）的磷酸化由 Ca^{2+}-钙调蛋白依赖的 MLC 激酶所介导。由于肌质网储存的 Ca^{2+} 释放和细胞外 Ca^{2+} 通过细胞膜上的 Ca^{2+} 通道进入胞内，导致胞内 Ca^{2+} 浓度升高，从而激活 MLC 激酶（Ganitkevich et al.，2002；Somlyo and Somlyo，2003；Webb，2003）。肌球蛋白轻链磷酸酯酶（myosin light chain phosphatase，MLCP）使 MLC_{20} 去磷酸化时，平滑肌舒张。一些 G 蛋白偶联受体激动剂可抑制 MLCP，导致 MLC 磷酸化增加，并在细胞质 Ca^{2+} 浓度没有变化时产生收缩，这是 Ca^{2+} 致敏性增强的结果（Ganitkevich et al.，2002；Somlyo and Somlyo，2003；Webb，2003）。

哺乳动物中 MLCP 的抑制涉及许多通路。RhoA/Rho 激酶途径抑制 MLCP 活性，该途径通过 MLCP 调节亚基 MYPT1 的磷酸化使 MLCP 失活。哺乳动物中抑制 MLCP 活性的第二种机制是使平滑肌 MLCP 特异性抑制蛋白 CPI-17（PKC potentiated inhibitor protein-17 ku；Webb，2003）磷酸化。在生理条件下，Ca^{2+} 通过肌质网释放，Ca^{2+} 内流和致敏作用共同调节血管平滑肌收缩，但对此在调节禽类平滑肌收缩方面的作用的研究刚起步。在鸡的主动脉平滑肌、肠系膜动脉、肌胃或小肠中并未发现 CPI-17 蛋白，所以 CPI-17 蛋白可能不参与禽类平滑肌收缩（Kitazawa et al.，2004）。此外，PKC 激活使成年鸡动脉血管收缩（Kitazawa et al.，2004）。相反，Rho 激酶抑制剂 Y-27632 和羟基法舒地尔（hydroxyfasudil）使鸡胚胎和鸸鹋的股动脉（femoral artery）和导管动脉（ductus arteriosus）产生明显的血管收缩障碍（Zoer et al.，2010；Greyner and Dzialowski，2008；Dzialowski and Greyner，2008）。这些通路在禽血管平滑肌收缩中的作用需进一步研究。

11.5.2.2　自身调节

循环系统一定区域内的血管紧张性可以定义为该区域内血管壁中平滑肌纤维的平均收缩水平。在稳定的腔内压和没有外在影响的情况下，单个平滑肌的自发收缩以固有的速率发生。在阻力血管，平滑肌细胞与血液流动轴线成直角或浅螺旋形围绕排列，其收缩所产生的时间-平均张力与管腔内压相平衡，从而决定了血管管径乃至血流量。动脉血压的增加会使血管壁扩张，血管管径变大，造成血流阻力减少，导致通过血管的血流量增加。血管壁的扩张会增加平滑肌收缩的频率，而增加的血管舒缩作用将通过减小血管的管径，进而增加血管的阻力，使血流量恢复到原来的水平。相反，压力的减小会降低血管壁张力，导致平滑肌自发活动速率下降，使血管舒张和血流量增加以抵消灌注压降低的影响。血管管径的这些肌源性变化，使组织灌注压力变化时，通过自动调节机制使血液量达到最适水平。在大多数血管床中，自动调节机制可能局限于调节局部血流量以确保血液均匀分布，例如在肾脏，该机制对于动脉血压变化时保持肾小球单位时间内的血流量稳定十分重要。在机体中，局部压力诱导的自动调节将与局部释放的血管活性物质和自主神经反射引起的神经元介导的血管运动相互作用，以调整外周区域血流量的均衡。

11.5.2.3 体液因子

外周血管的血流量受到三大类体液因素的影响。第一类是化学因子，如 P_{O_2}、P_{CO_2}、乳酸和其他代谢产物、电解质浓度和 pH，它们直接作用于肌细胞；第二类因子是通常由局部血管内皮细胞释放的血管活性物质，其中包括 NO、H_2S、前列腺素和内皮素，这些因子通过受体介导机制作用于平滑肌细胞；第三类是循环系统中的血管活性物质，也通过受体偶联机制调节平滑肌收缩。

11.5.2.3.1 化学因子

如果一个组织的代谢率增加，例如，运动时骨骼肌区域性血流量增加，一定程度上是由于乳酸和 CO_2 浓度增加，以及 pH 下降引起的局部阻力血管和毛细血管前括约肌的舒张。这种情况下的血管扩张是由于 Ca^{2+} 的外流和 Ca^{2+} 通道的改变引起的（Wray and Smith，2004），其次是对血管肌细胞收缩组织（contractile apparatus）的直接化学作用（Mellander and Johansson，1968）。如果局部 P_{O_2} 下降或细胞外离子（如 K^+）浓度增加，血管舒张可能会进一步增强，由此引起的血流量增加被称为功能性充血，有助于向肌肉输送更多的 O_2，并提高组织代谢物的清除率。在运动过程中，中心动脉压也可能升高（Butler，1991；Saunders and Fedde，1994），而局部肌源性自动调节有限制血流量增加的趋向（如 11.5.2.2 中所述）。然而，在高代谢率的组织中，这种机制在很大程度上受到局部化学性血管舒张的影响。在缺血期由于组织缺氧和代谢物的积累，也会引起血管舒张，如图 11.30 所示的血液流向血管床时受阻。当阻塞消除后，血流量会短暂的上升至阻塞前的几倍，血流增加量与阻塞持续时间成正比。这种反应性充血的作用可以恢复组织氧含量，并消除阻塞期间累积的代谢产物。在体外环境下，局部缺氧也降低了外源性的或交感神经末梢释放的去甲肾上腺素对动脉的缩血管作用（Gooden，1980；见 11.5.2.3.2），因此可以认为，在体内会通过降低神经源性或循环系统中儿茶酚胺介导的缩血管效应以引起充血反应。局部高碳酸血症也能引起血管扩张，在鸭的后肢血管床中，其作用比低氧抑制神经源性或儿茶酚胺引起的血管收缩效果更强（Lacombe and Jones，1990）。

11.5.2.3.2 局部产生的血管活性物质

内皮源性舒张因子一氧化氮（NO）是由血管内皮细胞中的 L-精氨酸酶解产生的一种可快速扩散的小分子，在哺乳动物（Umans and Levi，1995）和鸟类（Hasegawa et al.，1993）都存在。在这两种脊椎动物中，NO 通过松弛预收缩的血管平滑肌而发挥强大的舒血管效应。乙酰胆碱（ACh）可刺激内皮细胞释放 NO，这在一定程度上解释了 ACh 在血液循环中的舒血

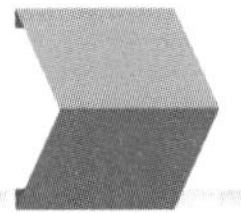

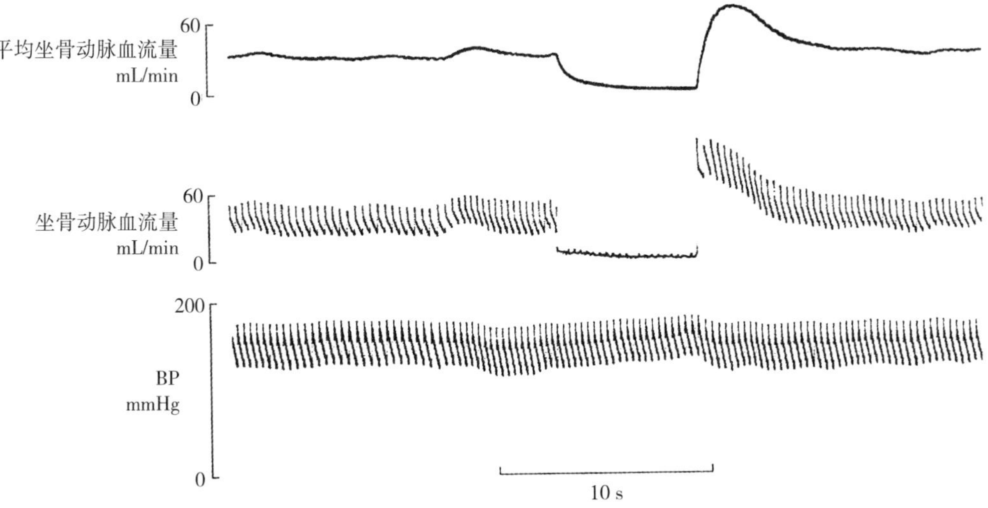

图 11.30　鸭动脉阻塞反应时坐骨动脉血流量（SF）和平均坐骨动脉血流量（mean SF）的变化

阻塞期以零血流量为标记。BP：动脉血压。注意阻塞期后的充血，以最小的压力变化快速恢复到阻塞前的单位时间血流量。引自 Jones 和 Johansen（1972）。

管作用（Furchgott and Zawadzki，1980）。在离体情况下，ACh 作用于家禽主动脉内皮细胞毒蕈碱受体引起 NO 释放，进而引起局部血管舒张（Hasegawa and Nishimura，1991；Jarrett et al.，2013）。NO 可以通过活化可溶性鸟苷酸环化酶，提高 cGMP 水平而使血管舒张，这反过来又激活了 cGMP 依赖性蛋白激酶，使细胞内 Ca^{2+} 浓度降低。

血管紧张素Ⅱ（AngⅡ）是另一个促使禽类血管内皮细胞释放 NO 的因子，在一些禽类中观察到，机体注射 AngⅡ后，由 NO 释放产生的舒血管作用很快出现暂时性抑制效应（Stallone et al.，1990；Hasegawa et al.，1993；Takei and Hasegawa，1990）。机械刺激，如血液流动引起的剪切应力（flow-induced shear stress）（见 11.5.2）也可能引起禽类的血管内皮细胞释放 NO，这种效应在哺乳动物的脉管系统中已有报道（Umans and Levi，1995）。鉴于鸟类的血流速度通常比具有同等体重的哺乳动物快，该机制可以为血管床的血管舒张提供额外的局部调节，以满足该血管床的即时血流量需求。

其他局部释放的血管活性物质，如内皮素和 H_2S，在调节禽类局部血流中起重要作用。内皮素是已知的哺乳动物中最有效的血管收缩物质（Inagami et al.，1995）。有研究表明，鸡内皮素在胚胎阶段可促进股动脉、肠系膜动脉和肺动脉收缩（Moonen and Villamor，2011；Villamor et al.，2002），也可促进成年鸡的肺动脉收缩（Martinez-Lemus et al.，2003）。在鸡孵化阶段，内皮素在低剂量时引起血管收缩，在较高剂量时引起血管舒张（Moonen and Villamor，2011）。Moonen 和 Villamor 认为，收缩可能由 ET_A 受体介导，而高剂量时（舒张）由 ET_B 受体介导。该受体已在禽类心肌细胞上得到证实，且它们的激活会导致收缩力增加（Kohmoto et al.，1993；Hassanpour et al.，2010）。近年来，已经发现局部释放的 H_2S 对于血管紧张性的调节可能很重要，它可在全身血管中引起血管舒张或收缩。已证实 H_2S 的舒血管作用是通过 K_{ATP} 通道和 cGMP 水平以类似于 NO 的方式起作用（生物学作用见 Kolluru 等的综述，2013）。在哺乳动物，H_2S 介导的主动脉血管收缩通过下调 cAMP 发挥作用（Lim et al.，2008）。在一项对北京鸭主动脉的研究中，H_2S 使未受刺激的主动脉收缩，并使预收缩的血管收缩后产生了一个微弱的舒张（Dombkowski et al.，2005）。还有许多类似的途径，下一步的研究需要确定 H_2S 在调节禽类血管紧张性中的作用。

11.5.2.3.3 循环物质

循环系统中的儿茶酚胺对禽类血液循环中的所有组分都有很强的影响。儿茶酚胺类的肾上腺素（EPI）和去甲肾上腺素（NE）由肾上腺嗜铬细胞释放到血液循环，对血管平滑肌有直接作用。交感神经系统激活后也可释放大量的 NE 进入血液循环（见 11.5.2.4）。许多在哺乳动物血管系统具有血管活性作用的肽类也存在于禽类血浆中，但是这些肽类中的大多数在禽血管系统上的具体作用尚未详细研究。其中，在禽类中研究最广泛的调节血管舒缩的物质是 AngⅡ和禽抗利尿激素。

如图 11.31（A）所示，安静状态下，鸭和鸡清醒时其血液中 NE 水平为 3～5 nmol/L（Lacombe and Jones，1990；Kamimura et al.，1995），血浆 EPI 水平大约是 NE 的一半（Lacombe and Jones，1990）。由于切除肾上腺可以消除血浆中的 EPI，EPI 似乎完全由肾上腺释放（Lacombe and Jones，1990）。然而，由于自主性传出活动使交感神经末梢释放 NE 进入血浆，肾上腺的缺失没有显著影响循环系统中的 NE 水平。在不同的生理条件下，EPI 和 NE 的血液水平都有所变化。例如，如图 11.31（B）所示，在鸭被强迫潜水时，血浆儿茶酚胺水平可以从 2 nmol/L 增加到大于 1 000 nmol/L，与其最终潜水深度和潜水距离成比例（Huang et al.，1974；Hudson and Jones，1982；Lacombe and Jones，1990）。

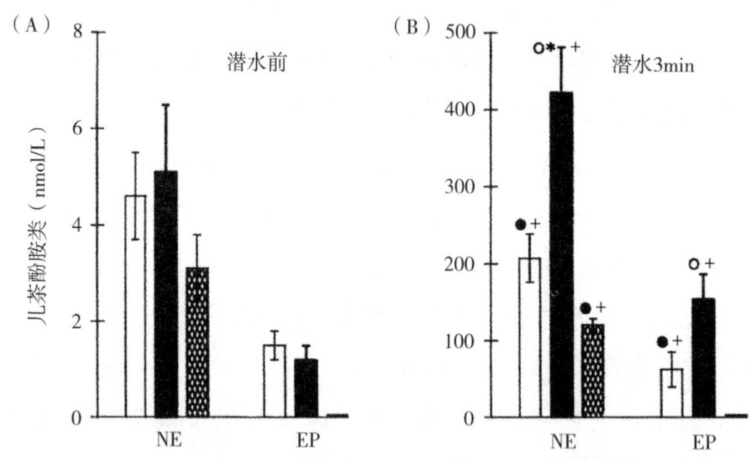

图 11.31 鸭血浆去甲肾上腺素（NE）和肾上腺素（EP）水平

(A) 潜水前，(B) 非自愿潜水 3 min 时。对照组（白柱）；假手术组（黑柱）；肾上腺切除组（阴影柱）。空心圆形表示与对照组有显著差异；实心圆，与假手术动物的差异；星号，与肾上腺切除动物的差异；加号，与潜水前的差异。肾上腺切除消除了血浆 EP 而不是 NE，注意 B 图中坐标的变化，引自 Lacombe 和 Jones（1990）。

NE 和 EPI 均通过 α-肾上腺素能和 β-肾上腺素能受体调节禽类血管平滑肌的舒缩活动（Bolton and Bowman，1969）。鸭清醒时静脉注射 NE 可引起全身性的血管收缩。血管收缩使体内每个血管床的血流阻力增加，其总体效应是引起血压上升。图 11.32 所示的是后肢血管床血流阻力增加。NE 对这些血管的作用主要通过 α-肾上腺素能受体介导（Butler et al.，1986；Wilson and West，1986；Bolton and Bowman，1969）。血管平滑肌上的 α-肾上腺素能受体活化后，通过第二信使系统调动细胞内储存的 Ca^{2+}，并激活细胞膜钙通道，从而增加细胞内 Ca^{2+} 浓度，激活肌动-肌球蛋白收缩装置（contractile apparatus）（Webb，2003；见 11.5.2.1）。NE 还可以通过 β-肾上腺素能受体介导禽类血管系统的作用，然而该作用仅在药理学阻断 α-肾上腺素能受体后才会出现全身性表现（Butler et al.，1986）。禽类血管系统中

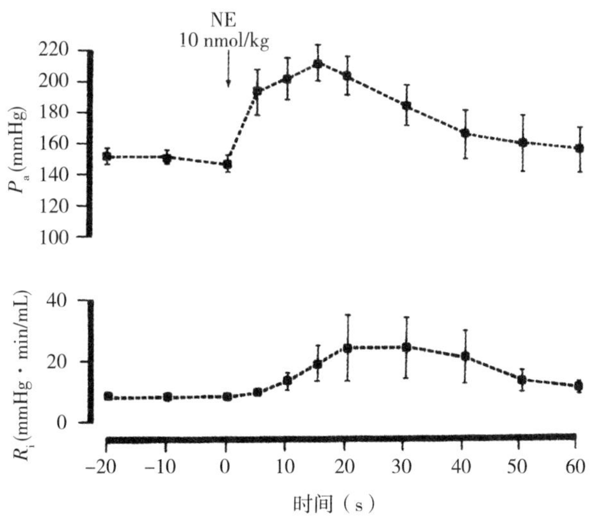

图 11.32 成年鸭平均动脉血压（P_a）和坐骨动脉血流阻力（R_i）对静脉注射去甲肾上腺素（NE，箭头所示）的反应

每个数据点的 R_i 值由对应的 P_a 和血流量值计算，改编自 Wilson 和 West（1986）。

的 β-肾上腺素能舒血管作用也通过激活细胞内第二信使，将肌动-肌球蛋白复合体转化为非活性形式以促进血管舒张。同时阻断 α-肾上腺素能和 β-肾上腺素能受体可以消除 NE 对禽类血管平滑肌的所有直接作用。NE 对外周阻力的总体影响取决于每个血管床 α-肾上腺素能和 β-肾上腺素能受体的相对丰度。EPI 也作用于血管平滑肌的肾上腺素能受体，但与 α-肾上腺素能受体的亲和力比 β-肾上腺素能受体更高，因此在相同的受体密度时可比 NE 产生更强的缩血管作用。

禽类血管紧张素 Ⅱ（Ang Ⅱ）的结构及其产生的生化途径与哺乳动物的 Ang Ⅱ 相似（Wilson，1989；Henderson and Deacon，1993）。肾小球入球小动脉内侧的肾小球旁球细胞释放的肾素通过水解血管紧张素原（一种血浆 α-球蛋白）产生血管紧张素 Ⅰ。禽类血浆中已鉴定有血管紧张素转换酶，它位于血管壁上（Henderson and Deacon，1993），可降解血管紧张素 Ⅰ（Ang Ⅰ）生成 Ang Ⅱ。许多刺激，如全身性低血压、血容量不足、血浆或远端小管离子浓度（特别是 Na^+）下降，或肾小球 β-肾上腺素能受体的活化都可以引起肾素分泌进入血浆，促使循环血管紧张素 Ⅰ 增加，并转化为 Ang Ⅱ。Ang Ⅱ 在多个层面影响循环功能，引起中枢神经系统和外周血管系统的反应。这些反应的目的是保存水分和电解质，以抵消最初引起肾素分泌的刺激因素。

在中枢神经系统中，Ang Ⅱ 作用于一些下丘脑神经元受体以促进饮水行为（Evered and Fitzsimons，1981）。在外周系统，外源性或内源性 Ang Ⅱ 可以引起机体动脉血压升高或双相性的低血压-高血压反应，具体反应取决于不同的物种。经体循环对鸭（Wilson and West，1986；Butler et al.，1986）和鸽（Evered and Fitzsimons，1981）注射 Ang Ⅱ 会产生剂量依赖性的动脉血压升高。Butler 等人（1986）、Wilson 和 West（1986）认为这种反应是由于 Ang Ⅱ 介导交感神经末梢释放 NE，以及促进肾上腺释放 EPI 和 NE，从而引起的血管收缩。在他们的试验中，α-肾上腺素能和 β-肾上腺素能阻断剂消除了注射 Ang Ⅱ 的升压作用。Moore 等人（1981）甚至认为 Ang Ⅱ 对家禽动脉平滑肌没有直接的缩血管作用。Wilson（1989）在一篇禽类肾素-血管紧张素系统的综述中将 Ang Ⅱ 引起的血管收缩完全归因于儿茶酚胺分泌增加的效应。

经体循环给鸡和鹌鹑注射 AngⅡ会产生快速、短暂的血压降低，随后动脉血压持续升高（Nakamura et al.，1982；Takei and Hasegawa，1990）。该反应的升压阶段由肾上腺素能机制介导，如鸭和鸽，但是短暂降压阶段似乎是 AngⅡ对血管内皮细胞的间接作用，正如 11.5.2.3.2 所述，通过这些细胞在局部释放的 NO 而起作用。胚胎和成年鸡的腹主动脉的体外等长张力研究显示，AngⅡ诱导的血管舒张被 L-NAME 抑制，去除内皮细胞可消除该效应（Nishimura et al.，2003）。

精氨酸升压素（AVT）是哺乳动物的抗利尿激素在禽类的同系物，在高渗透压或低血容量的条件下，从垂体后叶释放进入血液循环。然而，由盐负荷或出血后引起的内源性 AVT 水平升高对禽类血管系统的影响尚不清楚，经体循环注射 AVT 引起的血管舒缩作用也不明确。在哺乳动物中，精氨酸升压素促进全身小动脉和肾小球入球小动脉的收缩，两者都有助于抗利尿作用。禽类 AVT 也诱导肾小球入球小动脉收缩（Braun，1982），但它对循环系统的其他影响仍有争议。一些研究表明，注射 AVT 对心血管没有作用，即使在剂量比“生理”水平高出很多倍的情况下，禽类血管系统对 AVT 也不敏感（Simon-Oppermann et al.，1988；Robinzon et al.，1988）。相反，Wilson 和 West（1986）在鸭和鸡以及 Brummermann 和 Simon（1990）在鸭的研究发现，体循环注射 AVT 导致血压降低，并伴有心动过速。Brummermann 和 Simon 指出，AVT 可直接舒张血管平滑肌，导致动脉血压下降，进而引起压力反射介导的心动过速。然而，Robinzon 等人（1993）在鸡中发现，AVT 介导的血管反应不同，取决于应用的剂量和方法。静脉低剂量缓慢注射产生了血压升高效应，类似于哺乳动物对精氨酸升压素的反应，而在其他禽类的研究中报道，静脉高剂量注射（bolus intravenous doses）产生了血压降低效应。Robinzon 等人（1993）因此提出 AVT 主要通过调节血管管径而起作用，但是在整个机体的血管床中血管舒缩的程度和趋势是不均衡的。尽管 AVT 在禽类中对血管具有直接效应似乎已成共识，但对其具体的作用原理需通过在体分离血管床和离体血管上的进一步研究得以证实。

11.5.2.4 神经调节

除了毛细血管床外，体循环和肺血管网的所有部分都有自主神经系统支配。这种神经支配形成了神经调节的最后通路，使中枢神经系统可以快速而灵活地控制心输出量在各区域的分布。来自内脏或躯体感受器的各种反射性传入信号，经脑干和脊髓通路调节血管系统的自主性活动，同时延髓以上的中枢神经系统也影响血管系统的自主性活动。然而，在一定的自主性活动强度下，血管系统每个区域的血管舒缩程度将取决于该区域中神经末梢和神经-肌接头（效应器）细胞上感受器的密度。

自主神经末梢在动脉和静脉血管壁内的位置是不同的。除了一些特殊情况外，动脉壁中的神经纤维和末梢仅限于外膜，最远延伸到标志着外膜和中膜分界的外弹性膜（Bennett and Malmfors，1970）。在这方面，禽类动脉的神经支配模式与哺乳动物类似（Hirst and Edwards，1989）。与动脉神经支配形式相反，禽类静脉的神经纤维和末梢通常位于中膜平滑肌附近，也存在于外膜中（Bennett and Malmfors，1970），在这方面，禽类也类似于哺乳动物（Shepherd and Vanhoutte，1975）。

除了壁内神经纤维和末梢，大小神经也分布于动脉和静脉的外表面，并且有一些血管完全被神经纤维丛包围。此外，在整个机体中，神经通常伴随着血管平行延伸，形成神经血管束。血管和神经之间的这种紧密联系对于神经源性血管运动的实验研究具有重要的意义。通常采用电刺激自主神经来评估特定神经调节血管床的血管阻力的有效性。然而，在刺激位点和预期血管舒缩部位之间阻止或切断血管床的供应血管（如插入血流量探针），则可能会中断这些血管床的一些神经通路。

11.5.2.4.1　机体动脉神经支配

主动脉从起点到与腹腔动脉、近端头臂动脉干和颈总动脉最近端的交界处，为弹性血管（见 11.4.1.2），平滑肌相对较少，因此支配血管舒缩运动的相应神经也少（Bennett and Malmfors，1970；Bennett，1971）。主动脉，特别是靠近其基部和在邻近肺动脉干基部，在外膜上有许多含有儿茶酚胺的小细胞（Bennett，1971）。这些细胞单独或成簇出现，类似于颈动脉体的含胺类细胞，分布有迷走神经的分支。虽然这些细胞可能是局部释放儿茶酚胺的来源，但也有人认为这些细胞可能构成主动脉体化学感受器（Bennett，1971；Tcheng and Fu，1962），与哺乳动物同源部位发现的细胞类似。此外，分布于主动脉弓外膜的传入迷走神经纤维，其神经末梢能感受血管壁的扩张，并发出中心动脉血压高低的信号，这些构成了禽类机体中唯一的动脉压力感受器（Jones，1973）。

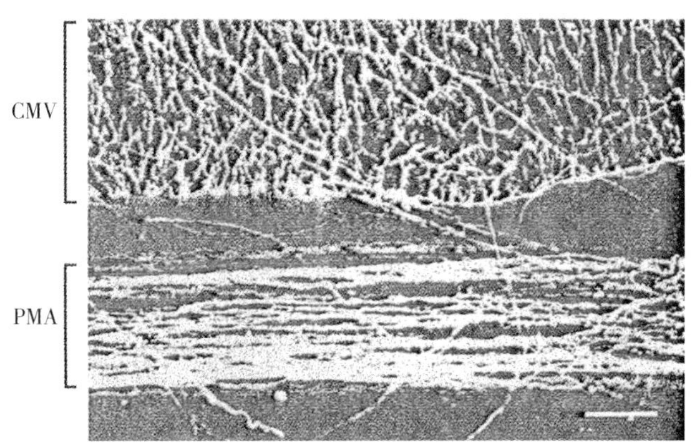

图 11.33　鸡的肠系膜后动脉（PMA）远端分支和尾肠系膜静脉（CMV）的肾上腺素能神经支配模式

图中血管从左至右沿长轴排列运行。醛荧光组织化学显示两种血管均存在肾上腺素能神经纤维和末梢；在动脉中，它们平行于血管轴线，且比静脉中密集，标尺代表 100 μm，改编自 Bennett 和 Malmfors（1970）。

从大血管的主干动脉分支点到远端的动脉网，管壁由弹性管壁转变成肌肉管壁结构。这种转变也标志着动脉壁神经支配密度的增加，如图 11.33 所示家禽的肠系膜后动脉分支。在一些动脉，如坐骨动脉，可以在中膜以及在中、外膜边缘处看到曲张体纤维（varicose fiber）（Bennett and Malmfors，1970）。在大的肌型动脉中，通常颈动脉的神经分布最密（Bennett and Malmfors，1970）。鉴于这些动脉将大部分血液输送到脑，这种神经分布密度可能反映了头部血流量的自主控制大于其他血管床。尚未见系统地描述由大动脉供应的各个血管床内的较小动脉分支的血管舒缩神经支配，但是所有血管床的肌型小动脉上都有高密度的神经分布，它们构成的阻力血管，提供了 70%～80%的总外周阻力（TPR）（Folkow et al.，1966；Bennett and Malmfors，1970）。

在不同的禽类，动脉网在各区域的神经支配密度是有差异的，因此，神经对不同区域血流量的调节具有物种差异。例如，鸭支配后肢肌肉的大动脉上的神经分布比火鸡更密集，而这

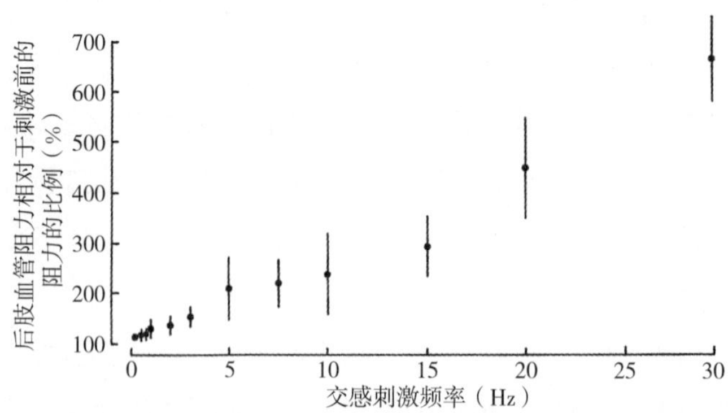

图 11.34 电刺激鸭后肢交感神经的频率与该血管床阻力（HLVR）的关系

后肢血管阻力的每个数据点由对应的动脉压和坐骨动脉血流量计算。后肢血管阻力的增加以相对于刺激前的血管阻力的百分比表示。引自 Smith（未发表数据）。

种差异在功能上与其产生和维持神经系统调节的外周血管收缩能力有关（Folkow et al.，1966）。研究者认为这是潜水禽类普遍的生理适应现象，能够将血流量从能承受一段时间局部缺血的外周血管床，重新分配到中心循环，从而为缺血敏感的心脏和脑组织维持血氧含量。

电刺激血管床的交感神经支配引起该区域血管阻力的增加，可模拟中枢神经系统释放促血管收缩物质的效应。如图 11.34 所示，逐渐增加刺激频率会引起鸭后肢血管床外周阻力成比例增加，在刺激频率为 30Hz 时产生的最大阻力是刺激前阻力值的 7 倍。相反，在猫后肢产生最大阻力所需要的刺激频率小于 10Hz（Folkow，1952）。因此，鸭后肢血管床需要比猫更高程度的交感神经兴奋，才能增加相同程度的血液阻力。这可能反映出两个物种后肢血管床动脉交感神经末梢分布的差异。为了证实这一点，Bennett 和 Malmfors（1970）发现禽类肌内小动脉的肾上腺素能神经支配模式与哺乳动物没有明显差异，但观察到禽类肌内大动脉中神经末梢分布密度较哺乳动物的大。

禽类动脉系统的某些区域有特殊的血管壁结构和独特的神经支配模式，可能反映了局部血流量控制能力的增强。在某些鸟类的前肠系膜动脉中，除了血管中膜正常的环状平滑肌之外，在外膜还有一层纵向平滑肌（Bolton，1969；Bennett and Malmfors，1970；Bell，1969；Ball et al.，1963；见 11.4.1.2）。像其他动脉一样，肾上腺素能纤维和曲张体纤维末梢位于外膜-中膜边缘，但是这些末梢也延伸到纵行肌内，与肌纤维的方向一致。胆碱能神经纤维也支配此类血管的纵行肌（Bolton，1967；Bell，1969；Bennett and Malmfors，1970），但并不延伸到内层环行肌内（Bell，1969）。刺激肾上腺素能神经使环状肌肉收缩，该效应可分别被 α-肾上腺素能激动剂模拟和拮抗剂阻断（Bolton，1969；Bell，1969；Gooden，1980）。然而，刺激肾上腺素能神经可通过 β-肾上腺素能受体导致纵行肌舒张（Bolton，1969；Bell，1969）。在体外制备的血管上刺激胆碱能神经纤维引起纵行肌收缩，使整个血管缩短。然而，对血液通过血管的阻力没有显著影响。但在血管缩短的状态下，发现环行肌的肾上腺素能收缩效应被放大（Bell，1969）。因此纵行肌的胆碱能神经支配被认为能增强肾上腺素能介导的血流量控制，这可能是应激时一种适应肠道血液流动的快速调节（Bell，1969）。事实上，血管交感神经冲动增强对纵行肌的舒张作用，以及对环状肌的收缩作用，可促进胆碱能神经输入对于血管段的缩短效果。当前肠系膜动脉的长度随着消化过程中的肠道运动而改变时，胆碱能神经输入也有助于更精确地调节血流量。

冠状动脉的外层也具有纵行肌，但该肌层的肾上腺素能神经支配非常稀少。如同其他动脉一样，这些动脉中大多数肾上腺素能神经纤维和末梢分布在外-中膜边缘（Bennett and Malmfors，1970）。目前还没有关于禽类冠状动脉胆碱能神经支配的报道。然而，脑动脉由肾上腺素能和胆碱能纤维双重支配（Tagawa et al.，1979）。与机体的其他动脉相同，整个脑循环中肾上腺素能曲张体纤维末梢位于靠近中膜边缘的外膜处。胆碱能纤维也位于外膜中，但支配密度低于肾上腺素能末梢（Tagawa et al.，1979）。据推测，由于脑动脉在外膜上没有平滑肌，所以从两种末梢释放的神经递质扩散到中膜作用于肌纤维。Tagawa 等人（1979）报道，禽类大脑动脉的胆碱能神经支配似乎来源于中枢神经元（特别是在间脑）和外周神经元，与哺乳动物一样。对哺乳动物的研究表明，与体内其他血管床的神经源性控制相比，在脑血流量总体控制中，血管反射性舒缩的功能相对较小；脑内血液分布主要受局部和循环体液因素的影响（Kontos，1981）。在禽类中也可能是这样，如 Stephenson 等人（1994）推测，在潜水时，鸭脑血流变化的神经源性调节作用较小。

11.5.2.4.2　机体静脉神经支配

禽类大静脉的神经支配比哺乳动物的更密集。鸡尾腔静脉的去甲肾上腺素能神经分布密度，从血管的远心端到近心端逐渐增加（Bennett，1974；Bennett et al.，1974）。尾腔静脉具有外层的纵行肌和内层的环行肌，两层均受肾上腺素能神经支配，末梢和纤维的方向与每层肌纤维的方向一致（Bennett，1974），该血管也有少量的胆碱能神经支配。前腔静脉也有两层肌肉层，具有与尾腔静脉相似的肾上腺素能神经支配模式（Bennett and Malmfors，1970）。胸肺静脉、锁骨下静脉、腹腔静脉和颈静脉的管壁都有环行和纵行平滑肌，这些血管的神经支配通过主要位于内外肌层之间的曲张体神经纤维丛和神经末梢来完成。其他静脉，如尾肌内静脉，主要是环形肌，神经支配模式如图 11.33 所示。

在功能上，肾上腺素能血管运动似乎在静脉中明显。尾腔静脉和其他主要静脉的血管运动主要由 α-肾上腺素能受体介导，在激活时产生血管收缩，但不存在功能性 β-肾上腺素能受体（Bennett and Malmfors，1974）。各静脉平滑肌对胆碱能神经刺激的反应微弱且有差异，可能对血管壁顺应性的神经源性调控没有直接作用。然而，胆碱能神经末梢释放的乙酰胆碱（ACh）可以调节局部肾上腺素能神经末梢释放的去甲肾上腺素（NE），因此可以对肾上腺素能产生的静脉舒缩的紧张性进行精细调节。

交感神经介导的大静脉平滑肌收缩可降低血管壁顺应性和减小血管直径，从而为减小中心静脉血管容量和促进血液回流至心脏提供了一种反射机制，如 11.4.3.2 所述，Langille（1983）认为反射性静脉收缩可以造成非自愿潜水鸭中心静脉压升高。这种反射可能有助于静脉回流到心脏，以维持在潜水过程中心脏收缩力下降时的每搏输出量的恒定（Djojosugito et al.，1969；Langille，1983）。

肾门瓣为鸟类特有的结构，位于髂外静脉连接骶尾静脉与尾静脉交界处的两侧。这些瓣膜（图 11.26）由平滑肌括约肌构成，可以阻断从髂外静脉到尾腔静脉的直接血流路径。如 11.4.3.4 所述，这种阻断增加了肾门静脉血流量，来自髂外静脉的血液，一部分重新进入肾毛细血管，然后再到尾静脉。肾门瓣中有大量的肾上腺素能和胆碱能神经纤维分布（Akester and Mann，1969；Bennett and Malmfors，1970），它们对瓣膜平滑肌有拮抗作用。肾上腺素能神经刺激和拟交感神经物质诱导的舒张由β-肾上腺素能受体介导，而胆碱能神经刺激和拟胆碱物质产生的收缩通过毒蕈碱受体介导（Bennett and Malmfors，1975a；Sturkie et al.，1978）。瓣膜对肾门静脉系统血液分布控制的重要性一直是研究者争论的焦点（Akester，1967；见11.4.3.4）。Glahn等人（1993）对禽肾脏功能的体内研究表明，肾门瓣通过改变肾门系统中的流量而影响肾的总血流量。在动脉血压降低的情况下，当肾动脉灌注低于肾小球血流自动调节范围时，肾门瓣关闭，增加肾门静脉血流量以补偿肾的总血流量（Glahn et al.，1993）。因此，对肾脏门静脉的神经控制是对低血压或低血容量的反射性调节中的一个组成部分。

11.5.2.4.3 肺血管神经支配

家禽肺动脉的肾上腺素能神经支配主要由带有少量曲张体神经末梢的纤维组成。纤维和神经末梢在动脉外-中膜边缘形成神经丛，并有一些投射到中膜环行平滑肌内。在外膜中也有纵向平滑肌，但其中的神经支配非常少（Bennett and Malmfors，1970；Bennett，1971）。一些肺动脉分支在沿其走向的短片段上有致密的肾上腺素能神经丛（Bennett and Malmfors，1970），这可能有助于将血液重新分配至肺中某些气体交换区，进而优化局部通气-灌注比（Hebb，1969）。

左心房近端的肺静脉有非常密集的肾上腺素能神经纤维和末梢分布，这种神经分布的密度显著大于肺动脉（Bennett，1971）。在外-中膜边缘处的神经丛有丰富的末梢曲张体和神经纤维，并有一些到达中膜（Bennett，1971；Bennett and Malmfors，1970）。在外膜中也存在纵向平滑肌，在肌纤维之间具有肾上腺素能神经末梢（Bennett，1971；Bennett and Malmfors，1970）。纵向平滑肌的神经分布密度在左心房附近减少，沿着血管向远心端增加，直到肺的分叉部。在与肺的交界处，整个血管壁的神经分布密度突然降低，且在肺内、肺静脉大分支的神经分布非常少，而血管的小分支似乎没有神经分布（Bennett，1971）。

11.5.2.4.4 自主调节途径

肾上腺素能神经节后血管收缩神经元支配血管系统，其胞体位于成对的椎旁神经节链（ganglion chain）中或椎前神经节中，有时也散在分布于内脏的小神经节中。颈上神经节细胞（为两个最大的颅颈神经节的融合体）支配头部的血管，包括盐腺和唾液腺血管，通过头端延伸与数条颅神经吻合（Bennett，1974）。禽类成对的交感神经节与颈椎相关联，且这些神经节中的细胞支配颈部的血管。禽类存在颈椎旁神经节，是其与哺乳动物交感神经系统的主要差异。在禽类的颈部末端、胸部和翼部，血管系统被胸椎旁神经节链中的神经元支配。交感神经纤维主要通过臂神经丛进入翼部血管。一些胸节后神经节的神经元也会经腹腔神经丛向更大的内脏神经发出交感神经纤维支配前腹部内脏（Bennett，1971）。

禽类愈合荐骨（synsacrum）由腰椎、骶骨和尾骨脊柱的椎骨融合形成。到目前为止，检测到鸟类该区域每一侧的椎旁神经节链约在第六尾骨段水平面中线处融合，且结合的交感神经干向后延伸到尾椎（Pick，1970；Akester，1979；Benzo，1986）。这一部分交感神经系统的节后神经元的轴突通过较小的内脏神经和主动脉神经丛、下腹神经丛、盆神经丛和泄殖腔神经支配腹部和盆腔内脏，一些交感节后神经元的胞体也位于这些神经丛内的椎前神经节内。此外，腰骶交感神经元的缩血管轴突通过腰骶神经丛支配后肢血管（Benzo，1986；Bennett，1974）。

交感神经节前细胞和交感神经节后缩血管神经形成的突触位于两侧神经元柱（特尔尼柱，

column of Terni）中或附近，或散在于脊髓中央管附近的灰质中（见 11.5.3.2）。颈交感神经节神经支配的所有节前神经元轴突，通过颅胸段的腹神经根离开脊髓；颈椎神经根与颈交感神经节之间没有明显的联系（Bennett，1974；Akester，1979；Pick，1970）。尽管还没有详细研究投射到节后缩血管神经元支配胸部、腹部、骨盆和四肢的脊神经节前神经元的节段位置，但这些神经元的位置分布可能与哺乳动物相似。也就是说，一个特定脊髓节段的节前神经元的轴突，从该节段的脊髓腹根出来，支配同一水平的节后神经元，或支配出口处头侧或尾侧一、两个节段内的节后神经元（Gabella，1976）。

支配诸如禽类头部盐腺和唾液腺等器官血管平滑肌的副交感节后神经元位于靠近或嵌入器官的自主神经节中（Ash et al.，1969）。副交感节前神经元胞体位于脑干中的动眼神经、面部神经、舌咽神经和迷走神经核，且通过与这些核相连的各自的颅神经延伸到外周神经节，支配头部的副交感神经节后舒血管神经元（Akester，1979）。支配机体动脉和静脉的副交感节后胆碱能神经纤维位于血管自身相联系的神经丛中，或对于腹部内脏血管，位于含有肾上腺素能和胆碱能神经节后神经元混合体的椎前神经节内（Bennett and Malmfors，1970；Bennett，1974）。支配节后神经元在内脏和骨骼肌中产生血管舒张的节前细胞的胞体位置尚未确定。像哺乳动物一样，禽类副交感神经也从颅骨和骶椎管传出。因此可以预测，负责胸部、前腹部脏器和身体前部骨骼肌血管舒张的节前神经元细胞位于延髓迷走神经运动核，其轴突通过迷走神经延伸进入节后神经元。同样，介导后腹部和盆腔脏器，以及身体后部骨骼肌血管舒张的节前细胞，很可能它们的胞体位于脊髓骶骨水平，轴突通过腹部和盆腔自主神经支配节后神经元。

11.5.3　心脏的调节

11.5.3.1　儿茶酚胺对心脏的影响

去甲肾上腺素（NE）和儿茶酚胺类肾上腺素（EPI）在鸟类血浆中都存在（见 11.5.2.3.3），并且都具有调节心脏的作用，包括增加起搏器去极化速率（DeSantis et al.，1975；Bolton and Bowman，1969）和增强心肌收缩力（DeSantis et al.，1975；Bennett and Malmfors，1974；Bolton，1967；Bolton and Bowman，1969）。在离体心脏制备和体外培养的心肌中，NE 产生的正性变力和变时效应增强，等于或大于等摩尔的 EPI。这与哺乳动物心脏的情况形成鲜明对比，在哺乳动物中 EPI 更有效（Gilman et al.，1990）。在禽类的在体试验中，静脉注射大剂量 NE 和 EPI，通过瞬时增加收缩速率和收缩力使心输出量增加，伴随着外周血管收缩，导致儿茶酚胺介导的高血压（Wilson and Butler，1983；Wilson and West，1986；Bolton and Bowman，1969；Butler et al.，1986）。在禽类和哺乳动物心脏中，儿茶酚胺似乎主要通过 β-肾上腺素能受体对心肌和起搏细胞起作用（Bolton and Bowman，1969；Butler et al.，1986；Bolton，1967）。

11.5.3.2　神经调节

关于鸟类心脏神经支配的解剖学研究已经有 100 多年的历史。首先是通过大体解剖观察，然后利用各种神经特异性染色技术（Ábrahám，1969；Hirsch，1970；Pick，1970）。但这些方法都没有考虑心交感神经和副交感神经支配模式在解剖学上的差异，而这是确定心脏神经调控机制的重要因素之一。近年来，随着肾上腺素能和胆碱能神经递质或这些递质的分解和合成代谢通路中酶的特异性组织化学技术的出现，人们才开始研究心脏神经双重支配功能的特异性模式。Falck（1962）建立了最成熟的组织化学方法，利用儿茶酚胺在光学显微镜下经紫外照射呈现明亮的荧光来测定肾上腺素能神经末梢外周分布情况。该技术敏感地显示细胞体、轴突、神经末梢的曲张体神经纤维。心脏肾上腺素能神经支配的描述大部分都是根据这个技术在心房和心室组织的全标本或切片上的应用。Koelle等人建立的乙酰胆碱酯酶（AChE）组织化学测定方法（Koelle，1963）已被用于测定心脏的副交感神经支配的分布。近年来免疫组织化学技术也可检测生物化学途径中合成神经递质的酶，特别是针对多巴胺β-羟化酶和酪氨酸羟化酶（NE合成酶），以及胆碱乙酰转移酶（ACh合成酶）的抗体已商业化应用。然而这些技术仍未应用于禽类心脏的研究。

利用递质特异性的组织学技术的研究结果解析心血管系统自主神经的支配模式，主要根据以下两个假设：①交感神经节后神经元末梢释放的主要神经递质是NE，②副交感神经末梢释放的是ACh。鸟类心脏的功能研究在很大程度上支持这一假设。然而，在各种不同的脊椎动物的外周自主神经解剖和功能的研究中，发现这个系统除产生经典的递质外，还存在自主神经递质和神经调质（neuromodulator）的多样性（Nilsson and Holmgren，1994；Armor and Ardell，1994；Furness and Costa，1987）。因此，在这一领域的研究必须采取慎重的态度。在以下关于鸟类心脏的神经支配的讨论中，重点介绍使用神经传递特异性技术的研究结果。

11.5.3.2.1 交感神经支配

11.5.3.2.1.1 解剖学（结构） 起源于神经元胞体的交感神经节后纤维延伸到心脏形成心内神经丛的一部分，遍布于四个心腔。腔静脉近心端处的肾上腺素能神经支配与右心房心内神经丛相连（Bennett and Malmfors，1970）。交感神经纤维在右心房的心外膜表面形成网状结构，随着一些纤维穿透薄的心房壁与心肌细胞束相邻；另一些纤维穿过心壁到达心内膜下（Smith，1971a）。神经丛的整体外观是纤维从心外膜通过心壁延伸到心内膜下的三维空间网格结构，在心房不同位置具有不同的光滑区域（非曲张体）和曲张体神经纤维及神经末梢。

Bennett和Malmfors（1970）报道，右心房的外壁是心脏神经支配最密集的区域，且其与相邻腔静脉汇合处的纤维及其末梢密度最高。一些学者通过与哺乳动物心脏中明确定义的"窦房结"（sinuatrial node，SA结）相类比，推测这一区域就是SA结。然而，有一些证据显示，在静脉窦与SA瓣膜交界处，鸟类右心房的主要起搏点部位的细胞可能存在一个与哺乳动物心脏不同的功能组织（Moore，1965；见11.2.3.3）。鸟类中存在这些瓣膜，而在哺乳动物体内仅由退化的皱褶替代。在鸟类心脏的这一区域，大量神经纤维形成曲张体纤维，穿行于心肌细胞中，并与这些细胞的纵轴并行排列。另一个高密度肾上腺素能纤维末梢区域位于房室交界附近的右心房壁，这个区域对应于房室结（AV结）（Bennett and Malmfors，1970；见11.2.3.3）。许多神经曲张体纤维也与右心房壁的血管相连。

Bogusch（1974）在家禽研究（锇染色法）中报道，起搏点区域和右心房传导系统的特殊细胞上有丰富的神经纤维支配，这些神经纤维带有大量的曲张体纤维和一些裸露的神经末梢。相反，Yousuf（1965）在麻雀心脏研究（银染色法）没有发现支配SA结区域的神经纤维，AV结也几乎没有神经支配。引起这种差异的原因可能是由于物种差异或银染的敏感性相对较低。无论如何，这两种技术都不是神经递质特异性的，也不如胺荧光技术那么敏感。交感神经如何支配右心房传导组织的完整细节尚不清楚。可以通过神经末梢中多巴胺羟化酶或酪氨酸羟化酶免疫组织化学联合定位，并结合可视化的起搏细胞和心房浦肯野纤维的常规组织学方法来解决这个问题。

经过胺相关荧光处理后，在右心房和血管系统的部分壁中存在少量强荧光细胞体。然而，这些细胞与心内神经节无关（Bennett and Malmfors，1970），可能代表了小而强的荧光细胞或所谓的副神经节细胞（Eranko and Eranko，1977），它们的功能尚不确定。然而，在非荧光神经节细胞周围存在一些荧光神经末梢（Bennett and Malmfors，1970），表明交感神经以某些形式调节心脏内在神经元的活动。

右侧房室瓣在两层心肌之间有一层结缔组织中心层（见 11.2.1.4），并能观察到与该结缔组织相关的神经束（Smith，1971a）。在一项研究中，使用了几种常规神经染色剂以及胆碱酯酶特异性染色剂，但对瓣膜神经支配染色的特异性没有进行详细说明。然而，Bennett 和 Malmfors（1970）已经证明，少量肾上腺素能神经纤维末梢排列在瓣膜上一个松散的神经丛中，并支配这个瓣膜。这些观察表明，在一定程度上对这种瓣膜的神经调节可能受到自主神经系统的交感神经支和副交感神经支的控制。

左心房中的肾上腺素能神经分布比右心房的密度小，但比心室的密度大。左心房心神经丛的肾上腺素能纤维和末梢类似于右心房，以三维模式分布，密度几乎不变地均匀分布于整个左心房壁。此外，房间隔作为心外膜丛的延伸，也受到肾上腺素能神经支配（Akester，1971；Akester et al.，1969）。左侧房室瓣的远端部分具有弹性纤维结构，而近端的心肌与纤维骨架相连（见 11.2.1.4）。Smith（1971a）描述了一种精细的神经纤维网络，与左心房下心内神经丛相连，投射该瓣膜的弹性纤维部分；但这项研究没有提到瓣膜肌肉部分的神经支配。所使用的染色技术也不是神经递质所特有的，因此左房室瓣可能受到交感或副交感神经的支配，或两者同时支配，或观察到的神经支配可能是传入神经。然而，关于后一种可能性，Smith（1971a）指出，在左侧房室瓣内或附近没有观察到典型感受器的单一或特殊的神经末梢。

禽类心室神经的分布比心房少，但即使如此，其心室神经分布仍比哺乳动物心脏的更密集（Smith，1971b）。Akester 等（1969）和 Akester（1971）报道了室间隔的肾上腺素能神经支配，Bennett 和 Malmfors（1970）也观察到这个区域的神经分布比其他心室壁处更密集。虽然这些研究并没有确定室间隔内神经分布的位置，但由于在室间隔细胞附近已观察到裸露的神经末梢，所以这些轴突可能支配室间隔中的浦肯野细胞（Akester，1971）。Smith（1971a）就肺动脉瓣和主动脉瓣的神经分布研究表明，这些部位的神经分布比左侧房室瓣少。在肺动脉和主动脉瓣的神经纤维由神经丛组成，这些神经丛在其瓣叶的基部排列形成空间点结构。

鸟类心交感神经多数来自最头端的胸神经节和最尾端的颈神经节，但在不同的研究中也有一些差异（Cabot and Cohen，1980）。Macdonald 和 Cohen（1970）以及 Cabot 和 Cohen（1980）描述鸽右侧心交感神经为单一主干，它由三个最尾端颈神经节的节后神经吻合形成。这些神经节与形成臂神经丛的脊神经相连。因此，该结构中最尾端的神经节与形成臂神经丛的最末脊髓节段相连。这一说法与 Malinovsky（1962）在鸽的描述相似。然而，鸡右侧心交感神经起源仅限于第一胸椎旁神经节（根据其尾端到第一肋骨头端的位置所定义；Pick，1970；Tummons and Sturkie，1969；图 11.35）。

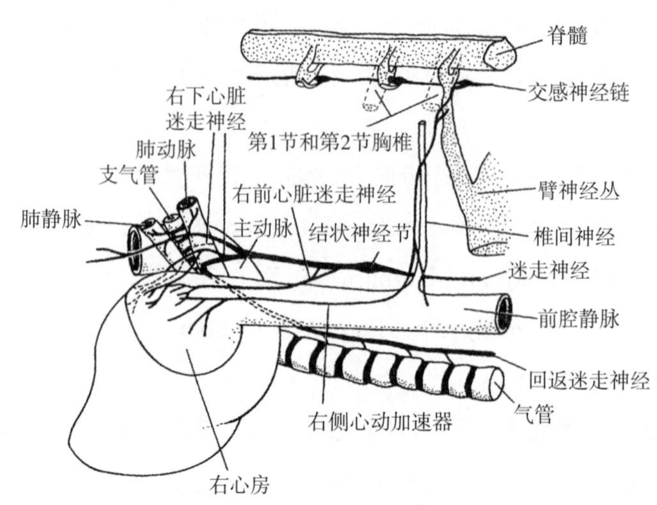

图 11.35 鸡心交感神经支配的右面观示意图

鸡心脏交感神经起源于第一个胸椎椎旁神经节。改编自 Tummons 和 Sturkie(1969)。

关于鸟类交感神经节的命名尚有一些争议。鸟类有一个与每个颈椎节段相连的交感神经节（Gabella，1976；Pick，1970），由于这一观察结果以及对鸟类肋骨编号概念的不同，很难准确描述最尾端神经节对心脏神经的作用。Malinovsky（1962）认为胸神经节位于第一肋骨和第二肋骨的头端之间，所以它是第一个胸神经节。然而 Macdonald 和 Cohen（1970）都支持早期学者的观点，因为第一根肋骨尺寸变小且不构成胸腔的一部分，因此他们觉得不应该将它作为第一胸段的标志。正如 Cabot 和 Cohen（1980）所指出的，就心交感神经传出到禽类心脏的功能方面而言，术语的问题并不重要，但若想得出该途径与交感神经支配的同源性的结论时，可能会变得很重要。哺乳动物没有颈椎旁神经节链，在哺乳纲，传出到心脏的神经节后神经元，位于中段颈神经节和星状神经节内，后者由尾端颈神经节和第一胸神经节结合形成。鸟类中并没有相似的结构。

无论支配右侧心交感神经的神经节数量如何，到目前为止，所有禽类心脏的这种神经的分布似乎都遵循着同样的规律。向心方向延伸的神经与小的椎静脉共同来源于最后一个颈椎和第一个胸椎段之间的脊柱侧面。血管和神经在肺顶端胸膜联合，并在胸膜筋膜之间并行，在接近椎静脉与前腔静脉连接处的胸膜腹面，神经沿着腔静脉向尾侧转向心脏，形成两个分支。内侧支进一步分支并进入心神经丛，分布在右心房壁内；外侧支在右肺动脉附近与右侧迷走神经结合（Pick，1970；Cabot and Cohen，1980；Tummons and Sturkie，1969；Cabot and Cohen，1977a；Macdonald and Cohen，1970；Malinovsky，1962）。左侧心交感神经的神经节起源与右侧的相似，鸡的来源于椎旁第 14 神经节（第一胸椎），鸽的来源于第 12～14 神经节节后神经节的吻合支（Cabot and Cohen，1980）。鸽左侧交感神经的最大分支来自第 14 神经节，右侧也是如此。在通向心脏的过程中，鸽的左侧心脏神经分成两个或多个分支短距离并列运行，在到达前腔静脉之前重新融合。该神经沿着腔静脉向尾侧延伸至心脏时，再次形成分支，并且独立分支与左心房的心脏神经丛合并。

Cabot 和 Cohen 以及他们的同事以鸽为对象详细研究了禽类心交感神经节后神经元细胞起源的位置和心脏的交感神经节前神经元在椎管内的位置。这些研究人员联合使用变性、神经解剖学示踪、电生理刺激和记录技术。为了确定支配心脏的节后神经元胞体的神经节的分布情况，Macdonald 和 Cohen（1970）进行了一系列神经元变性研究。在胸部右侧或左侧心脏交感神经节段中，第 14 神经节中存在最大数量的变性神经元，而第 12 和 13 神经节中有较少量的变性神经元；在头侧神经节或尾侧神经节中没有观察到变性神经元。因此，心交感神经纤维起源的节后细胞位于同一交感神经节的双侧，从而产生了构成心脏神经的节后神经。Macdonald 和 Cohen（1970）在电刺激神经节本身或节间交感神经干时发现，刺激第 12～16 神经节产生短潜伏期的心脏正性变时效应，而刺激第 17 和 18 神经节偶尔会产生长潜伏期反应，刺激尾神经节至第 18 神经节之间，无反应。这些结果可通过刺激神经节同时，结合刺激其前方和后方交感神经干截面而证实。这些资料表明起源于脊髓尾部第 16 神经节的节前轴突，在第 12～14 神经节处的心脏节后神经元汇合。刺激第 17 和第 18 神经节时产生较长心脏反应潜伏期，是由于肾上腺的交感神经激活后才释放儿茶酚胺到血液中。观察发现，从第 17 和第 18 神经节发出的神经与内脏神经连接，其分支支配肾上腺髓质。

支配禽类心脏和血管的交感神经节前神经元位于脊髓灰质的同一区域，靠近中央管背侧中线，并向喙尾侧延伸穿行到第 14～21 神经节中。大多数节前神经元局限于中线的一个独特的细胞柱上，即特尔尼（Terni）柱，这是禽类脊髓特有的核（Huber，1936；Cabot 和 Cohen，1980）。这个特尔尼柱可能是哺乳动物中间外侧细胞柱的同源物。Leonard 和 Cohen（1975）研究鸽子脊髓灰质细胞结构时报道，由于小簇细胞延伸至第 13～14 神经节和第 21 神经节尾部之间的区域，所以该柱（核）的喙部和尾部范围不清晰。使用逆向转运辣根过氧化物酶神经示踪法研究表明，在鸽子的第 14 神经节处，其节前神经元从第 14 神经节的尾侧传出到第 17 神经节的腹侧（Cabot 和 Cohen，1977a）。这一发现为 Macdonald 和 Cohen（1970）基于功能和变性研究的早期结论提供了强有力的解剖学证据，即传向心脏节后神经元的脊神经节前神经元来自第 14～16 神经节，还有一些可能来自第 17 神经节。

Cabot 和 Cohen（1977a）采用的研究方案没有专门标记心脏节前神经元。在最近的一项关于心脏交感神经控制的椎管内环路的研究中，Cabot 等人（1991b）更精确地绘制了含有心脏节前运动神经元的脊髓区域。在该研究中，用破伤风毒素片段 C（由轴突逆向运输的无毒部分）标记与鸽的第 14 神经节相连的节前神经元，将其注射到交感第 14 神经节中。这些试验证实在特尔尼柱中节前神经元的位置，还证明了该区域核外侧的神经元标记（图 11.36），在哺乳动物脊髓中，被中介核的交感节前神经元占据（Petras and Cummings，1972），Cabot 等人（1991b）已在鸽的研究中将这一术语运用于脊髓的相应区域。他们的研究结果表明，脊髓中支配心脏的神经元并不局限于特尔尼柱中。目前在禽类中还没有标记支配心脏特定区域的心脏节后交感神经元的研究。但为了确定控制心脏功能（如速度和收缩性）的神经元群在脊髓内部的位置，这将是进一步研究的必要步骤。局部注射逆行神经解剖示踪剂是解决这个问题的一个可能的方法，如注射破伤风毒素片段 C 或伪狂犬病病毒到心脏的特定区域。这一示踪剂随后将通过逆行和跨突触的方式传送，使心脏节后神经元和脊髓节前神经元传入可视化。已证明该方法在哺乳动物心脏自主通路的研究中具有优势（Strack et al.，1988）。

在禽类，还没有总体地描述从中枢神经系统的高级中枢到控制心脏的交感神经节前神经元的下行投射系统。然而，Cabot 等（1982）在鸽的一系列解剖研究中，确定了对脊柱神经节前神经元投射的总体模式，与哺乳动物中发现的模式非常相似，并且解剖数据证实了早期的脑部刺激研究的结果。尤其 Cabot 等（1982）已经在解剖结构上揭示，当电刺激时，禽类节前神经元接受来自间脑和脊髓区域的直接投射，引起心脏舒张（Macdonald and Cohen，1973；Folkow and Rubenstein，1965；Kotilainen and Putkonen，1974；Feigl and Folkow，1963）。

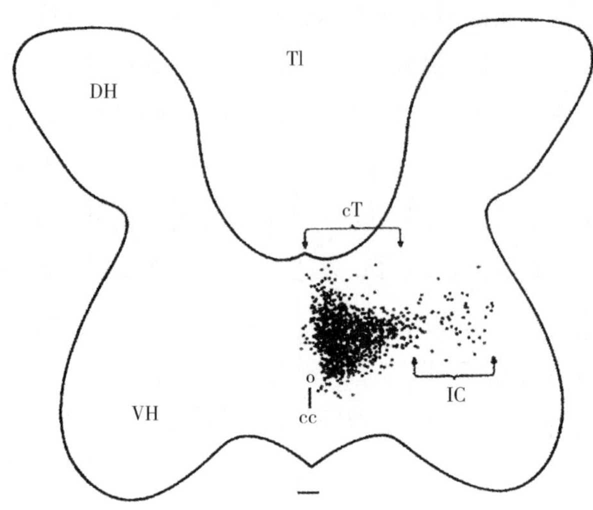

图 11.36 通过将逆行神经示踪剂（破伤风毒素片段 C）注入鸽右侧椎旁神经节 14，在脊髓的第一胸段（T1）中标记的脊柱神经节前神经元的细胞体的中间带外侧（mediolateral）分布

鸽心脏多数交感神经来源于这个神经节。该图显示了标记的神经元集中在特尔尼柱［cT，靠近中央管（cc）的最大点聚集］，少量细胞位于更侧面的脊髓间核（IC）。虽然神经支配心脏的节前神经元在本试验中没有特异标记，但它们的细胞体将在标记的群体中。缩写：DH，背角；VH，腹角。水平标尺表示 50 μm。引自 Cabot 等（1991b）。

11.5.3.2.1.2 交感神经控制 电激活禽类心脏壁内肾上腺素能神经使心脏收缩增强和心搏加速。Bolton 和 Raper（1966）以及 Bolton（1967）首次在家禽心脏研究中证实，由于交感神经介导，离体左心室电节律引起的收缩力增强。在这些研究中，电刺激兴奋胆碱能和肾上腺素能神经，然后通过药理学方法应用阿托品消除副交感神经的抑制作用后，显示出交感神经介导的增强效应。在毒蕈碱阻断后，由于这种作用可以被 β-肾上腺素能拮抗剂所阻断，表明电刺激产生增强收缩力是由于肾上腺素能神经的兴奋所致。这些数据首次证明了禽类交感神经系统可以对心室肌细胞产生直接的正性变力作用。

类似的体外左、右心房电刺激试验表明，心壁内交感神经兴奋对这些腔室具有很强的作用。在家禽心脏的左心房，交感神经兴奋引起心肌细胞收缩力增加。β-肾上腺素能拮抗剂能阻断这些正性变力作用（Koch-Weser，1971；Bennett and Malmfors，1974，1975b）。电刺激离体右心房壁内交感神经引起心肌收缩力增加和起搏速率加快，这两种效应由 β-肾上腺素能受体介导（Pappano and Loffelholz，1974）。

利用 Langendorff 的方法灌注离体鸡心脏，刺激右心交感神经产生正性变时效应（心率从 186 次/min 增加到 292 次/min；Sturkie and Poorvin，1973）。在氧供给充足（推测）、灌注液为 40℃时，离体心脏的基础心率预测可能与切断双侧迷走神经和心脏交感神经（“去支配”状态）的在体心脏的基础心率相似。但事实并非如此。在体神经离断的心脏搏动的平均速率为 235～285 次/min（Tummons and Sturkie，1968，1969）。在这种情况下，右心交感神经末梢的刺激会使心率增加 48%，达到 345 次/min。相比之下，刺激离体心脏的右心神经末端产生的平均心率为 292 次/min。也就是说，在离体处理中，最大强度刺激交感神经只能将心率提高到与在体神经离断的心脏的基础速率相当的水平，尽管在这些处理中基础心率不同，但在刺激交感神经时，两种情况下增加比例都是相同的。因此，离体心脏中交感神经介导的变时效应只能相对地反映这种控制系统在体内心脏中的功能。

刺激在体心脏交感神经会引起心率加快。Tummons 和 Sturkie（1968）在鸡的研究发现，未麻醉情况下刺激任何一侧的心脏交感神经都能产生该效果：右侧神经兴奋心率比刺激前增加了 48%，而左侧神经兴奋时则增加了 32%。然而，Macdonald 和 Cohen（1970）在鸽的研究发现，刺激心脏神经时，只有右侧的心脏神经介导心率加速（图 11.37，上图），而刺激左侧心脏神经改变了心电图 T 波的出现时间，并没有变时效应（图 11.37，下图）。这种在心脏调控中的功能不对称性在哺乳动物也有报道（Randall，1994）。

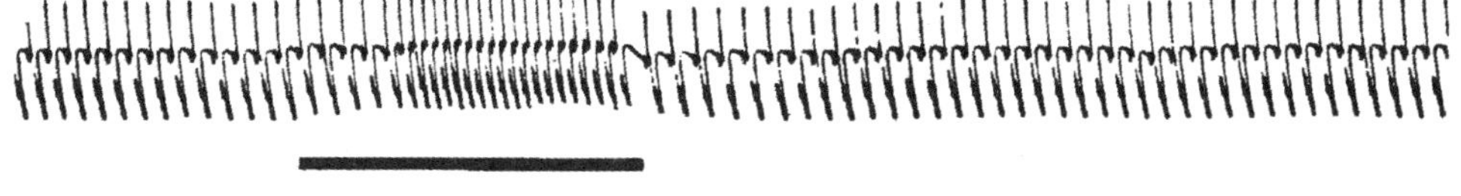

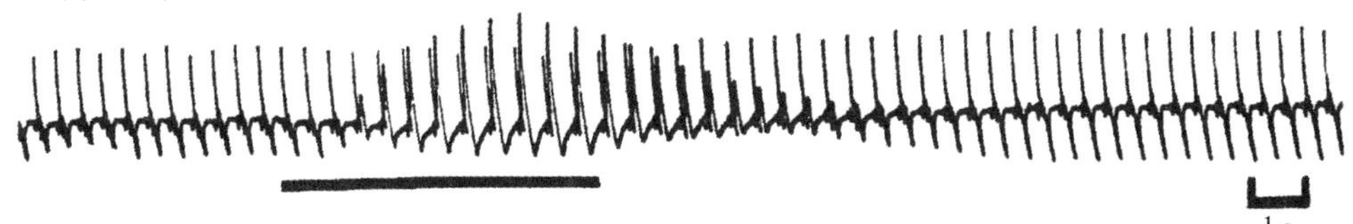

图 11.37　鸽心电图显示对右侧（上图所示）和左侧（下图所示）心脏交感神经进行电刺激时的心率变化
传递到每个神经的刺激串的持续时间由心电图迹线下的实心条的长度指示。引自 Macdonald 和 Cohen（1970）。

在右心房，SA 区密集的肾上腺素能神经支配（见 11.5.3.2.1）在控制心率方面的作用显而易见，许多研究表明，在不同的生理条件下体内心率的调节由交感神经系统实现。此外，心脏有大量神经支配的解剖学证据，以及前面所引用的交感神经对心房和心室肌收缩性影响的数据，均表明交感神经系统也可以引起整体和局部的收缩性增强。这种构造的两个重要的功能性结果是：①从中枢神经系统到心脏各心腔有不同的交感神经传出信号，使各心腔局部收缩力有不同的增强，其泵（血）活动与对应的血压阻力相匹配。②每个腔室的输出量可以通过泵（血）速率单独控制。然而，为了更彻底地理解这个控制系统的功能，有必要确定不同组分的节前和节后交感神经元是否实际上支配不同的心脏区域，以及不同组分是否以反射驱动分别通过受体激活特定的心脏或血管反射区。与神经节后副交感神经元的心内位置相比，分析支配心腔节后交感神经轴突起源的细胞位置（远离心脏的）更复杂。

大多数有关交感神经控制心脏功能的研究已经证实，去甲肾上腺素（NE）作为禽类节后末梢释放的递质，对心肌发挥作用。然而，禽类心脏包含儿茶酚胺类肾上腺素（EPI）和 NE（Sturkie and Poorvin，1973；DeSantis et al.，1975；Holzbauer and Sharman，1972）。在其他器官，如家禽的直肠，肾上腺素能末梢可能释放 EPI（Komori et al.，1979）。在鸡离体心脏中，DeSantis 等（1975）根据两大证据认为 EPI 和 NE 都可以作为交感神经递质。首先，通过注射酪胺（一种刺激交感神经末梢释放内源性胺的化合物）刺激交感神经，或用富含钾的灌注液使心内神经末梢去极化，均引起心脏 NE 和 EPI 释放增加。其次，使用外源性 NE 和 EPI 在增加心率和收缩强度等方面具有同等效力。这些研究者还用 6-羟基多巴胺刺激心脏以破坏交感神经末梢，发现心内 EPI 和 NE 的浓度降低到非常低的水平。但 DeSantis 等（1975）在刺激心脏神经时，没有进行化学性交感神经切除对儿茶酚胺释放的影响的关键试验。另一方面，Sturkie 和 Poorvin（1973）的结论是，即使他们和其他工作人员在心脏中鉴别出存储的 EPI 和 NE，但在交感神经兴奋时只有 NE 释放。这些研究者的结论是 EPI 被隔离在非神经元中存储，因此不会参与心肌的神经源性控制。目前，普遍接受的观点是禽类心脏中最主要的交感神经递质是 NE，与哺乳动物的心脏一样。

自主紧张性通常指在基础或静息条件下（即动物没有自主运动或没有对其环境进行重要生理反应时），自主神经引起心脏的自发和持续活动的水平。对自发性神经活动进行监测，从技术上来说非常困难，因为只有急性麻醉动物才能进行神经记录，其他任何技术都难以进行。因此通常将基础心率水平作为心脏自主紧张性的主要检测指标，因为动物处于各种条件下，心率都容易测量。在分析心脏紧张性的自主调节时，另一个复杂的问题是交感神经和副交感神经的自发活动都对心率的影响很大。由于副交感神经和交感神经传入以相反的效应调节速率，仅仅在没有另一神经影响的情况下，才能准确评估单一神经紧张性活动的变时效应。心脏的自主传入可以通过各种各样的方法选择性离断，包括手术切断迷走神经或心交感神经、化学性切断交感神经（通过破坏肾上腺素能神经末梢的药剂预处理或通过肾上腺素能阻断剂）、阿托品阻断心脏迷走神经，或这些方法联合使用。

消除迷走神经对心脏的影响后，利用上述任何一种功能性交感神经切除方法产生的基础心率的变化，就能定量测定心交感神经的紧张水平。在禽类物种之间，甚至在对同一物种的不同研究中，都报道交感神经紧张性的程度有很大的不同。这种变化的一部分原因可能是由于麻醉剂的使用。由于全身麻醉，基础心率本身会发生变化，麻醉药也会减弱心脏的自主活动（Vatner and Braunwald，1975；Brill and Jones，1981；Lumb and Jones，1984）。因此，只有消除迷走神经对心脏的影响之后，才能以清醒的、自然呼吸的、静止状态的动物为对象，对心脏交感神经紧张性进行最精确的评估。

Johansen 和 Reite（1964）研究了鸭清醒和全身麻醉时心脏的自主神经紧张性，试验结果表明这两种状态没有差别，说明清醒和全身麻醉对试验的结果没有任何影响。在切断鸭迷走神经的研究中，β-肾上腺素能阻滞引起心率大幅下降，意味着存在强烈的静息状态的交感神经紧张性。Tummons 和 Sturkie（1969）报道，在鸡清醒时，手术分离心脏交感神经后恢复 6 d，心率比对照组的动物低约 16%。在鸭麻醉时，Kobinger 和 Oda（1969）利用药物在神经系统的中枢和外周水平抑制交感神经功能后，也证实了心脏有显著的交感神经紧张性。在中枢端，可乐宁可抑制脊髓中血管加压区（包括交感神经运动区）导致心率降低。在外周端，利血平可从外周交感神经末梢消除 NE 或阻止 NE 从神经末梢释放，从而显著降低心率。这些试验都没有同时做迷走神经阻断。与 Kobinger 和 Oda（1969）的结果相反，Folkow 等（1967）发现在同一物种的 β-肾上腺素能阻断后心率没有显著变化。然而，后一项研究中一个较复杂的因素是，作者承认所使用的药物（是一种正在研制的实验性 β-受体阻滞剂）具有部分 β-激动剂的效应，这可能抵消了 β-受体阻断剂对基础心率的作用。Butler 和 Jones（1968，1971）报道，鸭在清醒时经普萘洛尔（心得安，一种没有 β-激动剂效应的药物）进行 β-肾上腺素能阻断后，心率无显著变化。Butler（1967）对鸡清醒时的研究发现，在迷走神经未损伤时

β-肾上腺素能阻断可使心率显著下降至正常心率的 75%。迷走神经切断术后，β-肾上腺素能阻断产生较小的效应，心率降低到迷走神经正常的动物心率的 82%。这些结果表明，在鸡中存在显著的交感神经紧张性，进一步证实了只有在心脏没有副交感神经传入到心脏的情况下，才能准确评价交感神经紧张性水平这一论点。然而，Butler（1967）的结果与 Tummons 和 Sturkie（1970）的结果形成了对比，他们发现切断交感神经使心率比神经切断前的水平下降约 16%，而切断迷走神经产生了相同比例的升高。同时进行迷走神经切断术和交感神经离断导致的心率与正常动物的心率无显著差异。作者因此得出结论：处在静息状态的正常动物，传入到心脏的交感神经和副交感神经的紧张性之间相互平衡，其维持的心率与动物在心脏去神经支配后的内在心率处于相同水平。从前面的讨论可以清楚地看到，进一步研究交感神经紧张对心脏的作用，必须严格考虑麻醉状态和相应的副交感神经驱动水平。

在鸽，对右心神经的动作电位组分进行电生理分析表明，神经中的轴突可以按传导速度分为两类，如图 11.38 所示（Cabot and Cohen，1977a）。一类传导速度较慢（0.4～2 m/s），显示介导交感神经性心动加速。这些轴突传导速度的范围在已知支配内脏的无髓鞘交感神经节后纤维的范围内（Gabella，1976），且右心神经的形态学分析证实，这些神经中 67%的轴突是无髓鞘的（Macdonald and Cohen，1970）。另一类传导速度较快（范围 2～5.6 m/s），可能是有髓鞘的轴突。这些占轴突总数的 33%，可能代表所谓的交感神经传入纤维（Malliani et al.，1979），在心脏、大血管或肺中有感受器末梢。业已证明心脏神经中的传入纤维参与鸽的心加压反射（Cabot and Cohen，1977b）。

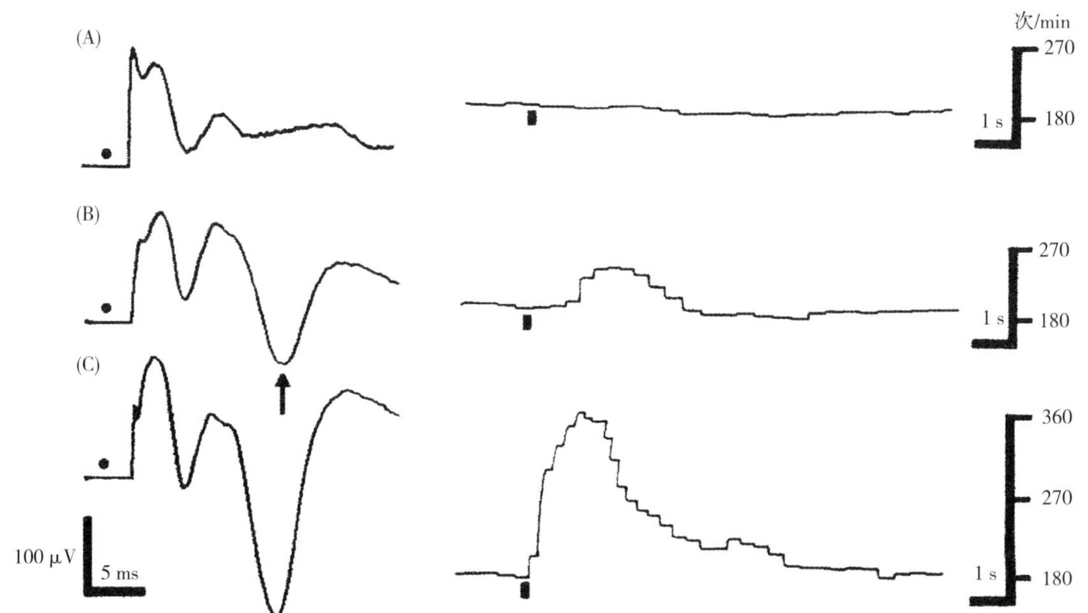

图 11.38　分级电刺激鸽的右心交感神经引起的复合动作电位与心脏变时性效应之间的相关性

左侧的迹线表示三个刺激强度从 A 增加到 C 的复合动作电位（与迹线相关的圆点表示刺激的开始，脉冲频率为 50 Hz，串刺激持续 200 ms）。对于这些迹线，垂直标尺代表 100 μV，水平标尺代表 5 ms。右侧的曲线代表搏动计数器记录，显示由引起左侧神经反应的相同刺激（每条曲线下面的实心正方形）产生的心率变化。每条曲线右侧的标尺代表心跳次数（次/min）。对于这些迹线，水平标尺代表 1 s。迹线 B 中的箭头指示的是心脏加速神经纤维传导的复合动作电位组分的开始；迹线 C 的刺激强度增加，动作电位组分随之增加，心动速度也增强。引自 Cabot 和 Cohen（1977a）。

11.5.3.2.2　副交感神经支配

11.5.3.2.2.1　解剖学　到达心脏的传出神经元及其胞体最终形成共同通路，通过副交感神经控制心脏功能。这些节后神经接受节前神经末梢的突触传入，而节前神经元的胞体在脑干中，其轴突通过迷走神经延续到心脏。人们普遍认为，心脏中的副交感神经元是胆碱能神经元，其末梢在心肌中释放乙酰胆碱（ACh），该神经递质通过接头后的毒蕈碱受体调节心肌功能。事实上，解剖学上大多数心脏副交感神经分布的研究都是利用组织化学反应，以乙酰胆碱酯酶（AChE）作为标记物去确定胆碱能纤维和心脏神经丛末梢的分布，以及心脏内神经元的位置。Cabot 和 Cohen（1980）对心脏的胆碱能神经支配进行了大量的综述，因此下面将对该综述和后续工作者的贡献作一简短的概述。

到目前为止，所有的研究均发现禽类的四个心腔都有 AChE 的阳性神经分布（Hirsch，1963；Yousuf，1965；Smith，1971a，b；Akester and Akester，1971；Mathur and Mathur，1974；Rickenbacher and Müller，1979；Kirby et al.，1987）。Smith（1971a，b）对鸡心脏神经分布模式的研究表明，胆碱能神经、神经纤维及其末梢形成心房和心室的心外膜下神经丛，并延伸到心肌。一些纤维一直分布到心内膜区域，并形成遍布心房和心室的心内膜下神经丛。在许多禽类物种，胆碱能神经纤维在心脏内的总体分布，与肾上腺素能纤维及其末梢的分布相对应（Bennett and Malmfors，1970）。由于心脏的主要起搏点位于右心房，且起搏点放电频率受迷走神经的抑制，所以右心房一直是解剖学研究胆碱能神经分布的焦点。Yousuf（1958）研究表明，在胚胎发育期，麻雀心脏 SA 周围区域是心脏在胚胎发育过程中受外来胆碱能神经支配的第一部位，在后期的发育阶段，大量神经分布于这个区域和 AV 附近的右心房壁。但是，没有观察到神经纤维进入 SA 区域，且仅有少量纤维存在于 AV 细胞间。在鸽心脏中也观察这种分布模式（Mathur and Mathur，1974）。然而，Gossrau 报道鸽、苍头燕雀和金丝雀心脏起搏点区域有密集的 AChE 阳性神经分布，而鸭和鸡的这个区域神经分布稀少（Akester，1971）。Mathur 和 Mathur（1974）以及 Gossrau 在鸽心脏的研究结果不同，可能是由于所采用技术上的差异所致，也可能在一定程度上与物种不同有关。Bogusch（1974）观察到在禽类右心房心外膜下的浦肯野纤维周围有密集的胆碱能神经分布，但注意到这种神经分布的密度随着传导纤维接近 AV 边界而降低。在这项研究中，在心房内胆碱能传导调控中，多数神经末梢仅松散地与浦肯野纤维相连，使得对心房传导的胆碱能调控中神经效应器-组织关系的性质存在疑问。在禽类心脏中，SA 瓣膜退化物也被认为是胆碱能神经支配的靶点（Akester，1971；Mathur and Mathur，1974）。

与右心房相比，有关左心房和心室的胆碱能神经分布的研究较少，但如 Smith（1971b）所描述的那样，似乎也具有心外膜和心内膜下神经丛，以及神经纤维及其末梢各自延伸到心肌内的模式。在房间隔和室间隔（Akester，1971）、右侧房室瓣瓣叶（Akester，1971；Mathur and Mathur，1974）和左侧房室瓣瓣膜分布有大量的胆碱能神经。来自心内膜下神经丛的 AChE 阳性神经纤维在这里进入瓣膜基底部位置（Smith，1971a）。禽类腱索是否有胆碱能神经支配存在争议。Smith（1971b）报道鸡心脏没有神经纤维分布，而 Mathur 和 Mathur（1974）在鸽心脏中发现这些腱索中分布神经纤维。由于腱索不含主动性收缩组织，仅是用于固定主动脉瓣叶的乳头肌，因此神经支配的功能仍不清楚。这些结构中所观察到的神经纤维可能是通向瓣膜或乳头肌的传出神经，但有些纤维也可能对传入功能有促进作用。

禽类心脏的冠状动脉与所有心腔相连，其外膜受胆碱能神经纤维支配（Hirsch，1963；

Akester，1971；Smith，1971a），但这些神经支配的起源尚不清楚。支配冠状动脉的胆碱能纤维可能来源于心脏的副交感节后神经元或可能是外在的交感神经胆碱能纤维。不论哪种情况，这种神经支配的功能可能是通过促进血管舒张而增加冠状动脉血流量。

Rickenbacher 和 M ü ller（1979）证实，在雏鸡心脏发育过程中，心内神经元的细胞体聚集成为神经节，最初它们在左心室发育，然后在冠状沟和心室腹侧表面的周围出现一大群神经节，最后神经节与背侧心房壁一同发育。

成年禽类心脏中的神经节主要位于心外膜下神经丛，通常与神经丛相连且常临近这些神经的分叉点。心内神经元的胞体具有多极化的特点（具有两种以上的发育过程；Smith，1971b；Yousuf，1965），但仅限于两个物种的心脏（鸡和麻雀）。在任何禽类物种中，没有关于心内神经元发育过程中其胞体的大小或长度或特定的投射性变化的形态学资料。

AChE 的组织化学反应一直是分析禽类心内神经元分布的主要手段，毫无疑问，这些技术可以使大多数神经元（不是所有神经元）可视化。这些解剖学数据以及下面所引用的功能学研究证据支持了禽类心内胆碱能神经元占优势的论点。然而，在与神经系统关联的一些非神经元元件中也检测到 AChE 的存在（Fibiger，1982）。所以，证实心内神经元的胞体中存在 AChE 是鉴定胆碱能神经元的必要条件，但不能作为充分的鉴定指标。人们普遍认为，在中枢神经系统中，胆碱能纤维的功能指标是胆碱乙酰转移酶（ChAT，ACh 合成途径中的一种酶）（Fibiger，1982）。目前特异性 ChAT 的抗体已商业化，并开始应用于哺乳动物外周自主神经系统的鉴定。ChAT 免疫组织化学技术应用于禽类心脏，将有助于证实这个假设：禽类中的心内神经元实际上是胆碱能占优势。

Rickenbacher 和 Müller（1979）在分析发育过程中心内神经节的分布时，发现右心室壁约含神经节总数的 1/2，右心房约含 1/5，左心室约含 1/6，左心房神经节数量最少。在成年禽类的心脏中，迄今为止还没有对各区域神经元分布进行定量研究，所以与每个心腔相关联的神经元的绝对数目是未知的。然而，在成年动物心脏中已经确定了心内神经元的一般分布模式（Cabot 和 Cohen，1980）。在左右心房和心室的背侧和腹侧面均存在含有不同数量神经元的神经节（Yousuf，1965；Smith，1971a，b；Rickenbacher and Müller，1979；Kirby et al.，1987；Cabot and Cohen，1980）。Smith（1971b）曾报道，禽类心脏心室心内神经节总数比哺乳动物的数量更多。已发现神经节在窦房（SA）结附近而不是在结区内（Yousuf，1965；Smith，1971b）。Yousuf（1965）报道界沟（sulcus terminalis）的一些神经元似乎向结区组织的方向投射。有报道房室（AV）结区域也缺乏神经节（Yousuf，1965；Smith，1971b；Mathur and Mathur，1974），但似乎这个区域和 AV 束由附近 AV 沟神经节的神经元轴突支配（Yousuf，1965）。Smith（1971b）描述了在前、后腔静脉口附近的右心房壁背侧内、左心房背侧面上肺静脉基部附近、AV 沟的背侧部内的高密度神经节，聚集在肺动脉和主动脉的基部周围。在心室中，神经元分散地分布在 AV 沟到腹侧面顶点之间（Smith，1971b；Rickenbacher and Müller，1979）。还有许多神经节与伴随心房和心室冠状动脉的神经相联系（Mathur and Mathur，1974；Smith，1971b）。

对哺乳动物心脏的研究表明，许多神经肽共同存在于轴突、末梢和胆碱能心内神经元胞体中，也存在于与这些神经元联系的节前末端中（Steele et al.，1994，1996）。在外周自主神经系统中，有一类重要的神经调质是肽。且在一些外周神经元中，它们以特定的组合形式存在，以化学结构命名，具有特定的功能，如控制血管舒缩或控制肌细胞收缩性。在禽类心脏的心内神经元及其末梢已经发现有 P 物质和血管活性肠肽存在，而生长抑素则存在于心内神经元的末梢，而不是胞体内（Corvetti et al.，1988），表明这些神经肽对哺乳动物心内神经元活动和心脏动力学发挥重要的调节作用（Armour et al.，1993），并且这些肽存在于禽类心脏中，表明它们可能在禽类神经节和神经效应器传递的调节中起重要作用。这些心脏神经控制机制的比较学研究，是一个有前景但尚未研究的领域。

在许多禽类物种中已有关于迷走神经及其心脏分支研究进展的报道（Pick，1970；Jones and Johansen，1972；Cabot and Cohen，1980）。后来的综述指出，关于神经分布及其主要分支的描述在物种间是一致的，因此，根据 Malinovsky（1962）和 Cohen 等（1970）在鸽的综合报道和上面所引述的综述，关于禽类心脏神经支配的大体情况概述如下。在颅骨内，迷走神经和舌咽神经的外周主干起源于由舌咽神经近端神经节和迷走神经颈静脉神经节融合而成的双侧的大神经节。这些神经的主干一起从颅骨通过颈静脉孔出现，并且立即在孔外面吻合，与迷走神经干联合，再到舌咽神经的岩部神经节。迷走神经干沿着颈内静脉的背内侧方向继续向颈部传导，通过其腹侧的颈脊髓神经。虽然 Malinovsky（1962）描述了迷走神经干与邻近的颈交感神经干偶然有小吻合，但它在颈椎部分没有大的神经分支。如图 11.39 所示，在胸廓入口处，结状（或者称为远端迷走神经）神经节以迷走神经干的纺锤形扩大形式而存在。每个结状神经节都有一些感受器的传入神经轴突，在心血管和呼吸功能的调控过程中起重要作用。沿着这个神经节的长轴出现分支，沿中轴延伸去支配甲状腺、甲状旁腺和鳃后腺以及颈动脉体（图 11.39）。

后面的结构包含了禽类外周化学感受器，是感受动脉 O_2、CO_2 的张力和 pH 的位置（Jones and Purves，1970；见 11.5.4.1）。从结状神经节尾部离开的分支穿行到主动脉根部。Nonidez（1935）用类比哺乳动物的方法研究发现小鸡的右侧有两条分支，即降压感受器和附属降压神经。Nonidez（1935）报道在左侧没有相应的神经，但有报道在其他物种中，在双侧均存在从结状神经节穿行到主动脉根部的神经（即主动脉神经）（Jones and Purves，1970；Jones，1973；Cohen et al.，1970；Joneset al.，1983；Smith and Jones，1990，1992；Smith，1994；图 11.39）。这些神经在主动脉壁分支成神经丛。Jones（1973）首先证实鸭主动脉神经向心脏传递动脉血压信息，且主动脉压力感受器参与调节和维持动脉血压。

如图 11.40 所示，随着迷走神经干接近肺动脉，在结状神经节尾部几毫米处分叉形成几个主要分支。其中两条外接肺动脉，重新聚合继续沿着迷走神经主干行进到腹腔，另一条形成喉返神经，顺着气管向头部穿行。该神经没有形成心脏迷走神经分支。另一个主要的迷走神经分支穿行进入心脏背侧神经丛（Jones and Johansen，1972；如图 11.39 所示）。其余的迷走神经分支沿着肺动脉穿行到肺部，形成肺神经支配的一部分。经肺尾动脉神经重新组合成肺动脉神经后，迷走神经主干经腹侧至身体同侧的支气管，并通过心脏背侧的表面。从神经干产生许多更小分支并进入心脏神经丛。在右侧，这些分支进入心脏的 SA 结和 AV 结附近以及腔静脉口；心迷走神经分支的左右两侧也在 AV 沟附近进入心神经丛。这里所描述的心脏神经构成了心脏的主要迷走传出神经支配，已通过电刺激迷走神经干结合外科离断神经干及各种

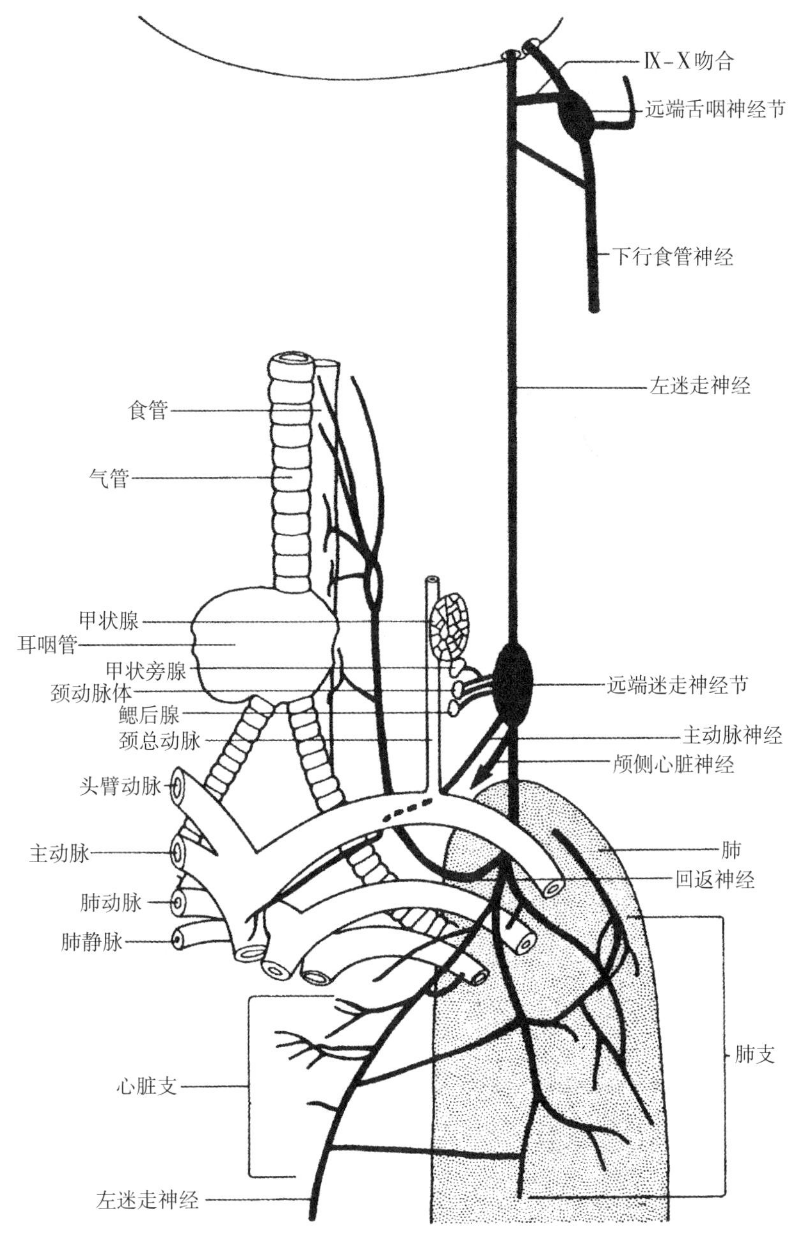

图 11.39 鸭胸腔前区左侧迷走神经通路的腹面示意图
图示颈动脉体、鳃后腺、甲状腺、甲状旁腺及主动脉迷走神经的分布情况。引自 Jones 和 Johansen (1972)。

心脏分支的功能学研究所证实（Cohen et al.，1970）。左、右侧迷走神经干，位于心脏最下支起点的尾侧，经腹侧到肺静脉，在肺静脉内侧旋转，并行进入腹部脏器（图 11.40）。

各种解剖学和生理学技术已应用于禽类迷走神经心脏抑制纤维起源细胞在中枢神经系统的定位的研究。通过对神经元胞体在颈部迷走神经离断后退化变性的程度来测定（Cohen et al.，1970），以及在外周使用示踪剂对迷走神经细胞进行逆行性标记，初步在结构上确定了支配咽部和胸、腹腔脏器的迷走神经节前运动神经元在延髓的区域范围（Katz and Karten，1979，1983a，b，1985；Cabot et al.，1991a）。Cohen 等（1970）以鸽为研究对象，根据细胞结构和形态学标准，描述了鸽迷走神经背侧运动核（DMV）的 3 个主要区域。在心脏迷走神经分支离断后，神经元在延髓的主要定位，即从脑闩延伸到 DMV 喙侧杆的区域，显示有退化的迹象，在喙侧向脑闩方向 0.6～0.8 mm 的区域具有最高密度的退化细胞。在喙尾部水平，这些细胞主要位于 DMV 的最腹侧区域。这些试验结果表明禽类心脏迷走抑制性神经元的中

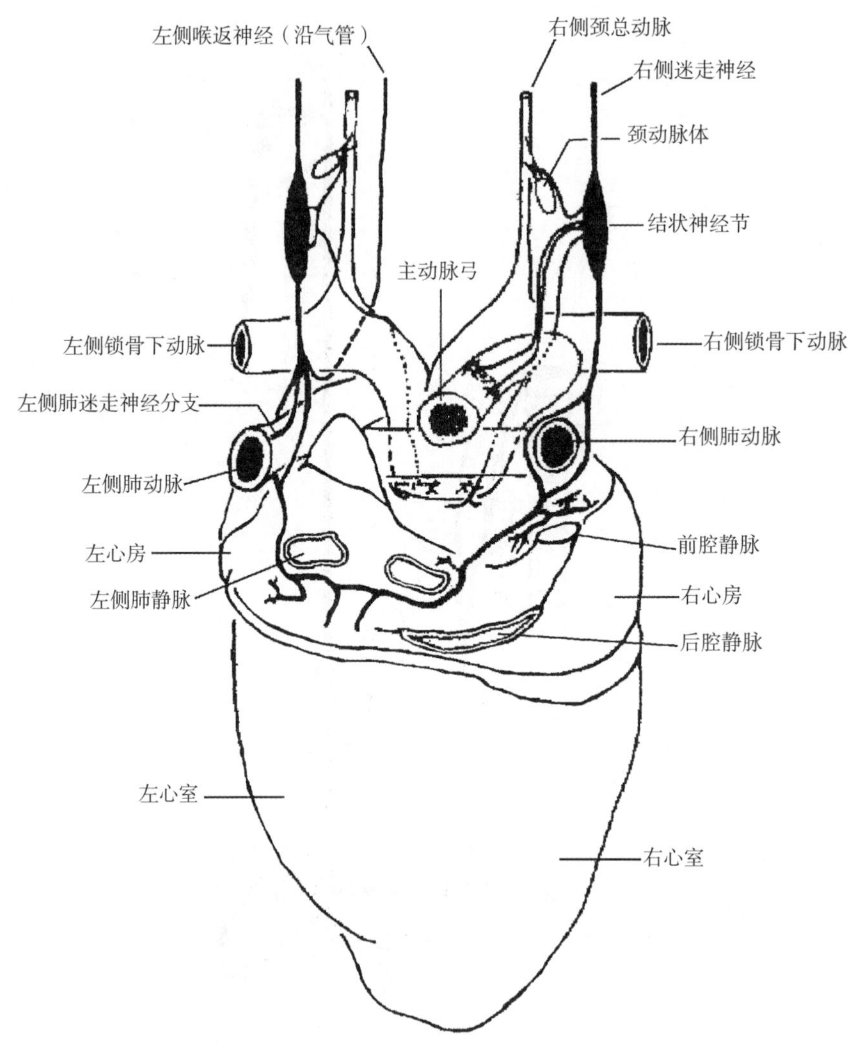

图 11.40 禽类心脏总体迷走神经支配的背侧观示意图

注：迷走神经分叉接近肺动脉的路径。为清楚起见，右侧肺部神经和右侧喉返神经分支没有显示，右侧肺静脉（位置靠近左侧）没有标记。改编自 Cabot 和 Cohen（1980）。

枢分布不同于哺乳动物。在哺乳动物，这些神经元的主要位置是疑核，位于 DMV 的腹外侧（Hopkins，1987）。

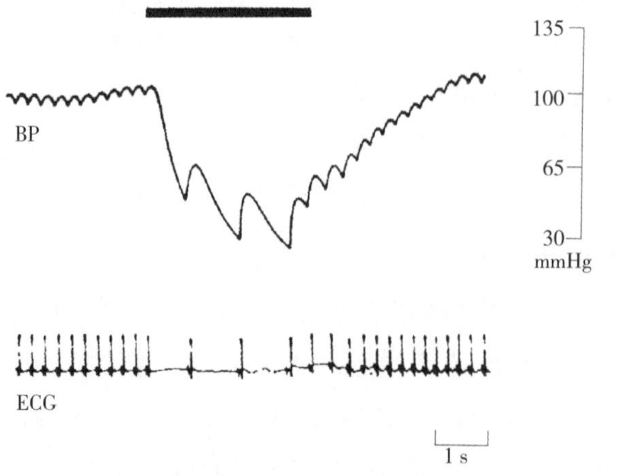

图 11.41 局部电刺激鸽迷走神经背侧运动核（DMV）对动脉血压（BP）和心脏变时性（用心电图描记，ECG）的影响

串刺激（50Hz 脉冲）持续的时间由曲线上的实心水平标尺显示。引自 Cohen 和 Schnall（1970）。

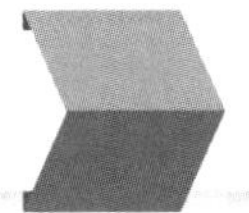

DMV 区域在解剖学上可能含有心脏抑制性神经元的胞体，局部电刺激该区域可产生短暂的延迟性心率下降，这个反应很快，如图 11.41 所示（Cohen and Schnall，1970），在刺激开始后的 1 或 2 个心动周期内便出现心率下降，提示抑制心动的节前细胞体直接受到刺激。如果刺激继续进行，在某些动物中会产生完全的房室阻滞，降压反应总是继发于所有负性变时反应（图 11.41）。这个反应是两侧对称的，刺激任何一侧的 DMV 都会产生类似的心抑制反应。通过刺激颈部或胸部入口的迷走神经干来模拟中枢刺激对心脏的影响（Cohen and Schnall，1970）。在刺激鸽迷走神经干时，DMV 的场电位和单个神经元记录进一步证实了大量心脏抑制神经元的胞体位于 DMV 喙侧到脑闩的中央区域（Schwaber and Cohen，1978b）。

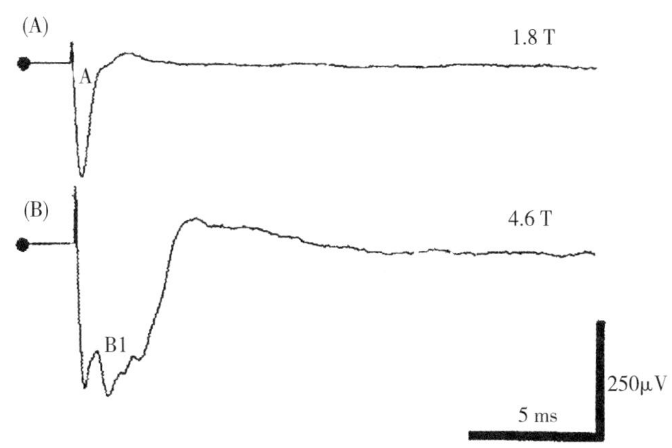

图 11.42　电刺激鸽颈中段右侧迷走神经引起的复合动作电位

显示对两种强度刺激的反应。(A) 以 1.8 倍的阈强度 (1.8T) 进行刺激，仅产生标记为 A 波的短暂的延迟性反应，代表迷走神经中传导最快的纤维（曲线左侧的黑点代表刺激起点）。心率变化与这组纤维的激活无关。(B) 以 4.6 倍的阈强度 (4.6T) 刺激会引起另一组传导较慢的纤维的反应，这个复合动作电位的组分被标记为 B1 波。这些纤维的传导速度为 8～14 m/s，且被激活时会产生心动过缓。T 表示阈强度，纵向标尺为 250 μV；横向标尺为 5 ms。Schwaber 和 Cohen (1978a)。

Schwaber 和 Cohen（1978a）对迷走神经的电生理学研究发现，当颈部迷走神经受到越来越大强度的刺激时，心动过缓的发生与复合动作电位（AP）的特定波形相吻合（B1 波，图 11.42）。该波是通过激活一组以 8～14 m/s 速度传导的迷走神经轴突而产生的。当迷走神经受到足够强的刺激时，产生 A 和 B1 两种波（图 11.42 的 B 曲线），并且将刺激电压增加到可以阻断 A 而不阻断 B1 时，则维持心脏抑制反应。研究者因此得出结论，迷走神经中产生复合 AP 的 B1 波的纤维主导心脏抑制。试验证实了这一点，DMV 中的场电位和单个神经元电活动与刺激迷走神经时同步记录的复合 AP 相关（Schwaber and Cohen，1978b）。在这些试验中，刺激诱发的迷走神经 B1 波的激活，在 DMV 区域产生了最短的延迟和最高的振幅反应，这在之前的研究已经表明在 DMV 区域可能包含心脏抑制性神经元的胞体。除了刺激诱发电位的证据外，鸽清醒和麻醉状态下 DMV 喙侧到脑闩的自发性单个神经元电活动的记录，证明在心动周期中节律性放电模式与心脏机械活动紧密相关（Gold and Cohen，1984）。研究还表明，外部条件刺激（如闪光、足底电刺激）使这个区域单个神经元活动减弱或消失，引起心率增加（见 11.5.5）。

上述解剖学和生理学证据共同表明，禽类脑神经节前迷走神经心脏抑制性神经元位于 DMV 喙侧到脑闩腹外侧区域。然而，Cabot 等（1991a）使用一种新的、更敏感的逆行神经解剖学示踪方法，重新对这些神经元的定位问题进行了研究。他们在鸽心脏的选定区域注射了少量的破伤风毒素结合片段。该神经示踪剂被注射部位的局部神经纤维和末梢所吸收，并逆行运输，通过两种可能的途径标记延髓中心迷走神经节前神经元的胞体，两者都具有相似的结果。第一种途径是通过心脏注射部位或附近节前神经元的纤维或末梢直接吸收神经示踪剂，在这种情况下，示踪剂将直接回到细胞体。第二条途径是跨突触运输，心内神经元的节后纤维和末梢从注射部位吸收神经示踪剂，示踪剂经过这些神经元胞体和其他部分，然后穿过突触间隙到达与节后细胞接触的节前细胞的末梢，从这些末梢再将示踪剂运输到节前神经元胞体。在心内注射示踪剂后，在延髓中的两个部位发现了标记的神经节前迷走神经元（图 11.43）。大多数标记的神经元位于 DMV 腹外侧部，这一位点与哺乳动物脑干疑核同源；这些神经元成群聚集在脑闩的 0.5 mm 范围内，如图 11.43 的下图所示。在 DMV 的腹外侧边缘的区域，许多喙侧横切面内发现少量标记的神经元（图 11.43 上图），与 Cohen 等（1970）在退行性研究中描述的区域极为相近，并且正好在 Schwaber 和 Cohen（1978a，b）功能学研究中描述的区域的腹侧。Cabot 等（1991a）的研究结果表明，控制禽类心脏的中枢神经组织与哺乳动物有更多的共同之处，这一研究结果促使对这个组织进行重新评估。然而，这些解剖数据尚未得到生理学研究的证实。此外，迷走神经节前抑制神经元的膜和放电特性仍有待研究，以确定这群神经元是否在功能上有独立的亚群，如果有的话，这群神经元的功能特性与它们控制心脏动力学方面的潜在作用之间是否也存在相互关系?

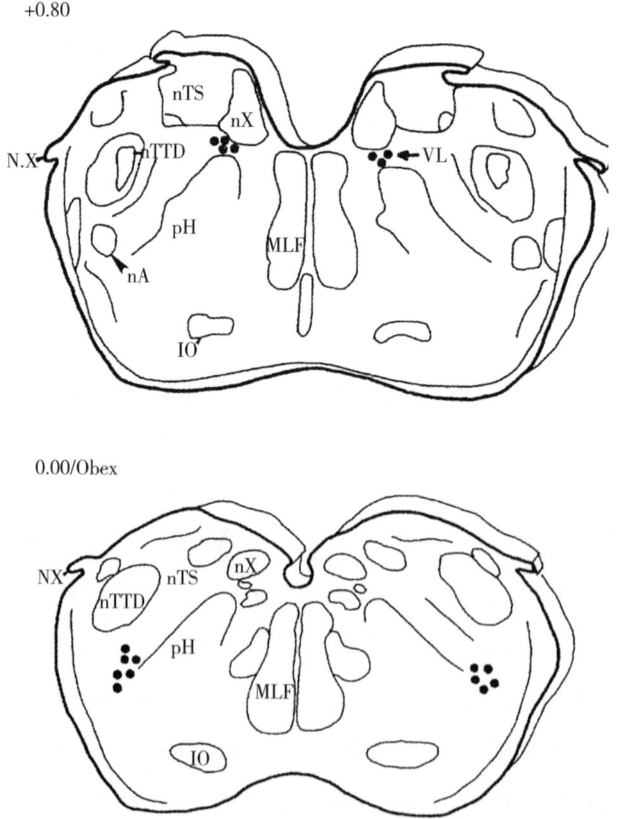

图 11.43 鸽脑闩区域延髓横切面的轮廓图，描绘了心脏注射逆行转运标记——破伤风毒素结合片段 C 的迷走神经节前神经元的位置

上图显示脑闩喙侧 0.8 mm 处横切面，标记的神经元（实心圆）位于腹外侧核（VL）中的迷走神经（nX）的背侧运动核的腹侧。下图显示脑闩水平处的横切面，表明在延髓区域其他的标记神经元，可能是鸟类与哺乳动物疑核（nA）的同源物，位于 nX 的腹外侧。缩写：IO，下橄榄核；MLF，内侧纵束；nTS，孤束核；nTTD，三叉神经核和下束；NX，迷走神经干；pH，霍斯利（Horsley）神经丛。转自 Cabot 等（1991a）。

对禽类延髓心迷走神经运动神经元传入的性质和来源，我们知之甚少。Berk 和 Smith（1994）对鸽的研究已经表明，投射到这些神经元的肽来源于孤束核（NTS）区域。NTS 是来自迷走神经、舌咽神经和其他脑神经携带的内脏感受器传入信息的一个靶点，从 NTS 到心脏运动神经元的肽能纤维投射可能代表了一种重要的内脏反射途径，正如在哺乳动物中所描述的一样（Loewy and Spyer，1990）。除了外周传入，还有从大脑靠近喙侧的结构投射到 DMV 的广泛模式。Berk、Finkelstein（1983）和 Berk（1987）都证实了来自终纹状体床核、古纹状体腹侧、下丘脑内侧和外侧的神经纤维投射到 DMV。这些前脑传入表明中枢神经控制心脏功能的潜在途径，通过这些途径可以维持稳态，也可在运动、饲喂或其他行为，或应对外部环境的变化时，为中枢神经调节心脏功能提供一种途径。此外，Cohen 和同事探索了以禽类延髓心运动神经元为目标的条件反射中枢解剖途径（见 11.5.5）。因此，这些心脏运动神经元可整合来自内脏和其他感受器，以及中枢神经系统的更高水平的信息，以控制心脏动力学，但目前我们对其整合机制的认识还很有限。

11.5.3.2.2.2　副交感神经调节　乙酰胆碱在禽类心脏中的作用是抑制心房和心室肌细胞的收缩力、起搏组织的放电速率以及特殊传导组织的传导速率。神经节前末梢释放的 ACh 激活心脏节后神经元膜上的兴奋性烟碱受体，这些神经元反过来从其效应器末端释放 ACh 抑制心脏功能。刺激离体心脏迷走神经可使内在的副交感节后神经元释放大量 ACh。在这些试验中收集到的 ACh 只有很少一部分是从节前神经元末梢释放的，心脏离体处理后，为防止神经节后末梢释放神经递质，从迷走神经诱发 ACh 的释放显著减少（Loffelholz et al，1984）。

ACh 对禽心房和心室肌细胞膜的传导性有不同的影响，继而对肌细胞的收缩特性也有不同的效应。Inoue 等人（1983）利用体外细胞内电极技术，研究 ACh 对心房和心室肌细胞膜离子传导性的影响，以确定它们之间可能的差异。他们发现心室肌细胞中，ACh 降低了收缩力，缩短了动作电位（AP）的幅度和时程，但是静息膜电位和全细胞电阻均无变化。另一方面，在心房肌细胞中，ACh 使细胞膜超极化并降低全细胞电阻（意味着稳态离子电导率增加），并导致 AP 的振幅和时程减小。研究者发现，ACh 与肌细胞膜上的毒蕈碱受体结合会导致两种细胞中钙依赖性钠电流的降低。然而，心房肌细胞还表现出毒蕈碱介导的外向钾电流的增加，这解释了 ACh 诱导的超极化和电阻降低的现象；心室肌细胞中不存在这种机制。对 ACh 反应的差异意味着相同的神经递质能有区别地调节心房和心室的收缩力。

在哺乳动物心脏中存在几种毒蕈碱受体的亚型（Deighton et al.，1990），且其中一些受体亚型也存在于禽类心脏中。哺乳动物心肌细胞上的大部分毒蕈碱受体是 M_2 亚型（Deighton et al.，1990；Jeck et al.，1988），且该亚型介导复杂的细胞内机制，抑制心肌细胞功能，这是心脏副交感神经控制的根本原因。在比较鸡和豚鼠心脏中毒蕈碱受体类型时，Jeck 等（1988）发现在鸡的心肌中主要是 M_1 亚型受体，而豚鼠心脏中最普遍的类型是 M_2 亚型，其他哺乳动物心脏也是如此。尚未对其他禽类物种心脏中毒蕈碱受体的亚型进行详细分析，但如果 Jeck 等（1988）对鸡的研究结果代表禽类的普遍情况，禽类和哺乳动物之间受体介导的毒蕈碱抑制心肌细胞功能的机制可能存在很大的差异。

人们普遍认为，在禽类离体心房组织中、完整的在体或离体心房中，ACh 都具有强烈的负性变力效应（Jeck et al.，1988；Sturkie，1986）。但是关于胆碱能纤维对鸟类心室收缩力的特异性影响的研究还很少。正如上文所述，与哺乳动物相比，禽类心室组织胆碱能神经纤维分布密度更高，且禽类比哺乳动物有更多与心室密切相连的心内神经元（参见上文和 Smith，1971b）。在早期解剖学所证实的禽类心室肌细胞胆碱能神经分布密度高的基础上，Bolton 和 Raper（1966）通过体外试验，比较了内源性释放和外源应用 ACh 对禽类右心室和豚鼠心脏的影响。节律性电刺激心室导致家禽心室组织收缩力急剧减弱，而豚鼠心室组织收缩力增强。阿托品可阻断毒蕈碱受体，消除禽心室肌对刺激的负性变力效应，然后可观察到强烈的正性变力效应；然而，阿托品对豚鼠心室刺激没有影响。作者提出禽类心脏具有通过心内释放 ACh 介导副交感神经有效抑制心室收缩力的能力。此外，阻断这一反应发现刺激引起的收缩力增加，研究者确定是交感神经末梢释放 NE 的结果。他们推断与哺乳动物的情况相反，家禽右心室受到自主神经系统的交感神经和副交感神经的双重支配。后来的体外试验已证实这些观察结果（Bolton，1967；Biegon et al.，1980；Biegon and Pappano，1980）。

从 20 世纪早期开始，一般用于探讨禽类心脏副交感神经传出调控问题所采用的第一种试验方法，是检验外源性使用 ACh 对右心房起搏细胞活性的影响（Jones and Johansen，1972；Cabotand Cohen，1980）。Loffelholz 及其同事和其他研究者进行了调查，对这个系统进行了更详细的描述。在离体右心房中，电场刺激右心房和刺激相连的右侧迷走神经引起 ACh 释放，导致起搏点放电率下降（Pappano and Loffelholz，1974；Pappano，1976；Brehm et al.，1992）。这种变时效应被阿托品阻断，而不被六甲铵（神经节阻断剂）所阻断，因此它一定是由心房壁的副交感节后神经元直接释放的 ACh 介导的（Pappano and Loffelholz，1974）。另一方面，当不存在阿托品时，六甲铵可阻断电刺激相连的迷走神经断端的所有效应。因此，通过节前神经末梢，可使心内神经节后神经元突触活化，引起迷走神经介导的心动过缓。就像上面所讨论的心房和心室肌胆碱能神经控制的变力效应一样，在心内神经节中，通过从节前到节后神经元的突触传递冲动，控制心脏起搏点速率。

11.5.3.2.2.2.1　变导效应　目前还没有关于 ACh 直接影响禽类心脏特殊传导细胞脉冲传导速率的研究，也没有副交感神经控制此功能的研究。在现行的体外培养的心脏组织中鉴定传导组织的位置存在技术上的困难，因此，在禽类关于这个问题的研究主要通过在体心脏进行。Goldberg 等（1983）研究表明，刺激鸡的任一侧迷走神经可以显著延长 AV 传导时间，没有两侧的不对称反应。然而，为了揭示这个变导效应，通过电极连接到窦房结控制心脏节律，既控制心率又防止迷走神经刺激期间起搏点位置的变化。Bogusch（1974）使用解剖学技术，鉴定了在靠近 AV 边界的传导细胞区域的胆碱能纤维和末梢，并提出了该神经支配的功能作用，但是似乎只有 Goldberg 等（1983）通过生理学研究证实了鸟类的这种功能（见 11.2.3.3）。

11.5.3.2.2.2.2　变时效应　迷走神经调控鸟类心率的研究历史悠久，可以追溯到 18 世纪。迷走神经兴奋可以使心率骤降，并在某些情况下阻止心脏搏动（Cabot and Cohen，1980）。正如这些学者指出的那样，利用最近发展的技术在各种禽类物种中重新深入研究了迷走神经介导的心动过缓的本质（Johansen and Reite，1964；Bopelet，1974；Peterson and Nightingale，1976；Langille，1983；Lindmar et al.，1983；Goldberg et al.，1983；Lang and Levy，1989；Butler and Jones，1968；Cohen and Schnall，1970；Jones and Purves，1970）。在上述药理研究中，ACh 的负性变时效应与电刺激迷走神经的作用相似。利用几种预处理来

评估迷走神经刺激的变时效果，包括体外心房组织、带有迷走神经残段的离体搏动心脏、开胸麻醉动物以及仅暴露颈部迷走神经的麻醉或清醒的动物。在所有这些预处理方式中，心脏迷走神经的控制显然是非常有效的，并且每种预处理产生的结果都与其他结果互补。

刺激引起鸽心动过缓的例子如图11.44所示。切断右侧（上图）和左侧（下图）颈部迷走神经末端，以50 Hz的脉冲频率串刺激外周断端，在每次试验中对侧迷走神经是完整的。这些例子中，所用的刺激强度能够阻止心脏搏动。通过集中电刺激延髓（这个位置在解剖学研究中显示是心脏迷走神经节前神经元定位的地方）（Cohen and Schnall，1970）可以产生与刺激外周迷走神经的负性变时效应相似的结果。

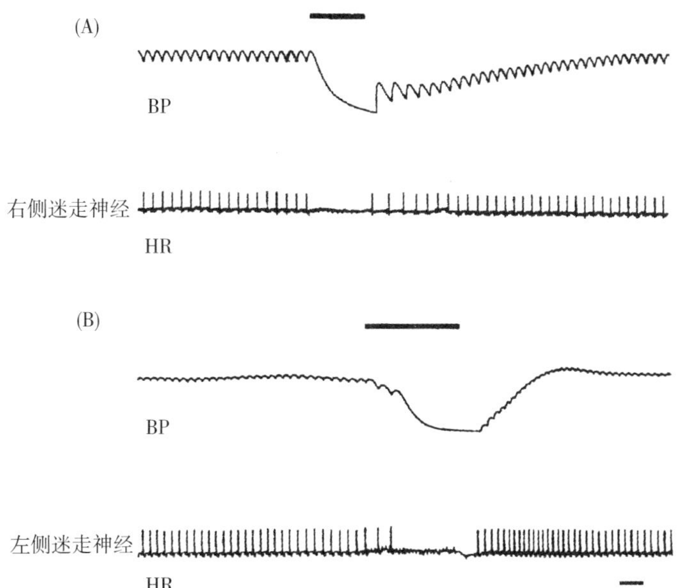

图11.44 刺激右侧（A）和左侧（B）迷走神经对两只鸽的心率（HR）和动脉血压（BP）的影响

暴露颈部神经并以50 Hz的脉冲频率串刺激（刺激持续时间由动脉血压曲线上方的水平条表明）。底部曲线下面的水平标尺代表1s。引自Cohen和Schnall（1970）。

一些研究者发现左右迷走神经在控制心率方面的作用具有同等的效果，而其他研究者则在这个系统中发现了极大的双侧不对称性。Bopelet（1974）、Peterson和Nightingale（1976）以及Goldberg等（1983）报道，电刺激左右迷走神经，家禽心脏变时效应没有差异。然而，在同一物种中，Sturkie（1986）以及Lang和Levy（1989）报道右侧迷走神经比左侧更能有效改变心率。Johansen和Reite（1964）在鸭和海鸥，Jones和Purves（1970）在鸭，Cohen和Schnall（1970）在鸽的研究都报道了电刺激迷走神经有类似的不对称效应。此外，Butler和Jones（1968）在鸭迷走神经对心率控制的系统性研究表明，通过对颈部迷走神经进行冷阻断，并通过对这些神经的单侧和双侧离断后，显示迷走神经支配可能随着时间的推移而改变。然而这些研究者并没有在切断迷走神经后刺激神经的外围断端。因此这种双侧不对称的起源是在中枢神经系统还是在心脏仍不得而知。

Lindmar等（1983）通过刺激所连接的左侧和右侧迷走神经断端定量测定鸡离体心脏释放的ACh含量，试图确定这些神经的心内联系是否存在双侧差异。如果来自每个迷走神经的纤维支配大约相同数量的节后心内神经元，则单独刺激任一神经释放的ACh含量估计是一样的，实际上发现情况确实如此。如果每个迷走神经支配的心内神经元的数量没有重叠，那么刺激单侧神经所释放的ACh总量应该与同时刺激双侧神经所释放的量相同。但是，Lindmar

等（1983）发现刺激单个神经释放的 ACh 总量显著大于双侧刺激释放量，表明大部分心内神经元受双侧神经支配。在该试验中，不可能将支配起搏点组织的节后神经元的效应与促进其他功能的神经元的效应分开，但是如果假定 Lindmar 等（1983）发现双侧神经支配的整体模式可以应用于控制心率的那些神经元的特定亚群，那么这一组神经元可能被任一神经中运行的节前纤维所控制。因此几乎没有理由认为，迷走神经支配的横向变化是由改变这些神经的心内影响因素引起的。该推理支持了这样一种观点，即在延髓中迷走神经节前神经元活动模式的变化可能导致了优势迷走神经的自发转移。这种中枢神经因素可以用 Gold 和 Cohen（1984）同时记录两侧迷走神经复合体中神经元自发活动的方法进行研究。

11.5.3.2.2.2.3 变力效应 在禽类的离体心脏中，尽管上述提到的证据表明内源性释放或外源性使用 ACh 引起强烈的负性变力效应，迷走神经刺激对在体心脏的变力效应仍有争议。Folkow 和 Yonce（1967）揭示，当心率通过电子起搏保持恒定时，鸭心脏对迷走神经刺激反应的左心室收缩力指数，即左心室收缩力峰值显著降低。这些研究还发现，在起搏期间心输出量（CO）随迷走神经刺激而下降。该研究显示由于迷走神经刺激不影响外周阻力，所以 CO 的下降一定是由每搏输出量的减少引起的。虽然没有直接测量心脏收缩力，但作者将左心室压力和 CO 的下降归因于迷走神经介导的心室收缩性下降所致。静脉注射阿托品后，消除了迷走神经的刺激作用，证实了该效应是神经介导的。Furnival 等（1973）利用心室收缩力的另一个指标，即左心室压力最大变化率，研究的结果与 Folkow 和 Yonce（1967）的报道相反。Furnival 等（1973）在犬、鸭和蟾蜍的迷走神经刺激对心室收缩反应的比较学研究表明，仅两栖动物心脏收缩力显著下降。这些学者提出，在 Folkow 和 Yonce（1967）的试验方案中，鸭心室一直处于非常高的末期心脏舒张压，这很可能会导致处理结果的失败，进而出现对迷走神经刺激的反应异常。然而 Lang 和 Levy（1989）在鸡上使用与 Furnival 等（1973）在鸭上相同的心室收缩力指数，推断迷走神经刺激可以使心室收缩力减少 50%以上（图 11.45）。此外，由 Lang 和 Levy（1989）报道的鸡心脏迷走神经刺激引起的变力效应比哺乳动物心脏的效应强得多。

围绕这个问题的争议可能取决于用于评估心室收缩力的方法。只有利用更直接的收缩指数才有可能解决这个问题，如 Walton-Brodie 型测力计直接埋置于心室壁，估测每次射血分数，或测量心输出量以及心室压力和全身压力以评估心搏活动。

11.5.3.2.2.2.4 副交感神经紧张性活动 对一些禽类副交感神经紧张性抑制心率的研究表明，它与交感紧张类似，变化范围很大。影响交感神经紧张性评价的因素（如麻醉状态，是否存在来自其他自主分支的紧张性）已在 11.5.3.2.1 讨论，这些评估的因素同样适用于迷走神经紧张性分析，因此研究迷走神经抑制程度的方法将影响对这些研究结果的解释。在 Johansen 和 Reite（1964）的研究中，鸭在清醒状态或麻醉状态下，当支配心脏的交感神经完整时，一侧（右或左）迷走神经切断时心率没有变化；随后切断剩下的迷走神经便出现变时效应，心率增加到完整动物或切断单侧迷走神经动物的 65%以上。这些结果表明心脏存在强烈的迷走神经紧张性抑制；然而，作者发现双侧迷走神经或 β-受体阻断后，心脏表现高度的交感神经紧张。但由于该研究在切断双侧迷走神经之前，作者没有进行 β-受体阻断的逆行试验，因此既不能确定副交感神经紧张性与交感神经紧张性之间的平衡，也不能确定副交感神经对心脏的实际抑制程度。鸭在未麻醉状态下联合利用冷冻阻断和颈部迷走神经切断的方法，研究结果表明鸭安静时平均心率比手术操作前升高 180%以上（Butler and Jones，1968）。同一作者的另一项研究中，鸭在清醒状态下用阿托品药理性阻断副交感神经系统引起平均心率增加到对照组的约 150%（Butler and Jones，1971）。这两项研究在副交感神经紧张性评估过程中，交感神经系统都起作用。Butler（1967）发现切断鸡双侧迷走神经后，心率增加到对照组的 138%以上；与此相反，Bopelet（1974）报道心率仅仅增加 8%，且 Peterson 和 Nightingale（1976）发现切断鸡双侧迷走神经后心率没有变化。这些研究中都没有消除交感神经对心脏的作用。Sturkie 和他的同事们（Sturkie，1986）利用在 11.5.3.2 中讨论的基本原理，在鸡心脏不受交感神经的作用下，通过检测药理作用或外科手术切断迷走神经评价副交感神经对心脏的紧张性支配。他们发现鸡心脏副交感神经紧张性的净抑制作用，相当于完全自然状态的心率降低 20%。这种迷走神经紧张性的评估实际上要比其他研究者对鸡（Butler，1967）或鸭（Johansen and Reite，1964；Butler 和 Jones，1968，1971）的估测更低，因为其他研究者评估时没有排除交感神经对心脏的调控作用。在后者的研究中，迷走神经作用解除后，由于持续存在交感神经的作用，副交感神经对心脏抑制程度可能被夸大。

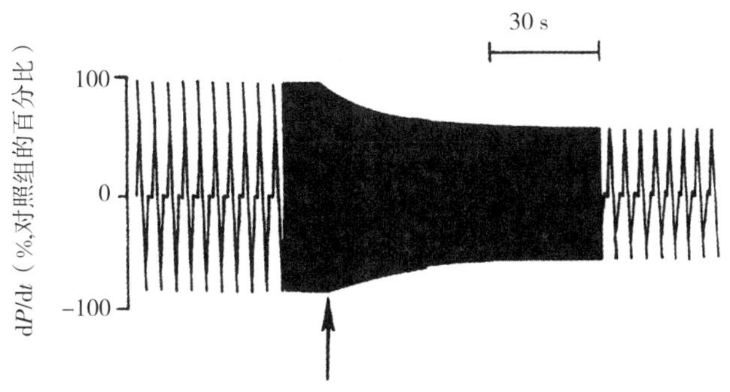

图 11.45　刺激右侧迷走神经对鸡心脏左心室压力变化率（dP/dt）的影响

在这个变量中，迷走神经引起的变化代表了心室收缩力变化的指标。曲线表示电分析左心室室内压的一阶导数；每个峰值的幅度表示相应的心室压力脉冲的最大变化率。曲线是以两种速度获得。左侧部分是高速记录纸图，表示迷走神经刺激前单个脉冲的压力变化速率。在刺激将要开始时（在箭头处），记录纸速降低到能够显示出对 80s 串刺激（频率为 20Hz）的反应，图上水平标尺显示 30s 刺激时间。右侧部分恢复到高速记录纸，表示对迷走神经刺激产生反应的单个压力脉冲的变化率达到一个平台。引自 Lang 和 Levy（1989）。

11.5.3.2.3　心输出量的调节

单位时间内由左心室或右心室泵出的血液量被称为心输出量（CO）。由于随着时间的推移，心脏两侧的输出量必须完全匹配，因此单位时间内心脏泵出的血液总体积是 CO 的两倍。CO 通常以 mL/min 为单位，是心率（次/min）与每次搏动时泵出血液的体积或每搏输出量（mL）的乘积。心率和每搏输出量由心脏内在或外在因素决定。内在因素包括心房起搏点细胞活性和心肌纤维的收缩特性。影响心率和心搏量的外在因素包括自主神经活动和血液中的心脏激素水平。一定时间内的 CO 由这些内在和外在因素的复杂的相互作用确定。在前面的章节中已经讨论过其中一些因素，必要的时候将会参考。

11.5.3.2.3.1　心率在心输出量调节中的作用　在没有外部影响的情况下，心率的基础水平主要取决于 SA 结起搏细胞固有膜的特性（见 11.2.3）。这些细胞的去极化速率，以及 APs 的放电速率是由离子（特别是 K^+）通过细胞膜传导决定，但这个过程本身在一定程度上依赖于物理因素，比如细胞外离子的浓度和温度。在大多数情况下，这些物理因素通过稳态机制保持在相当小的范围内，因此不会显著影响心率。

自主神经系统的交感神经和副交感神经分支之间相互作用，以复杂、非线性的方式控制心率。这种复杂性的部分原因是迷走神经刺激对心率的全变时效应可在几次心跳中发生，而交感神经刺激引起心脏反应的完整过程可能需要 30 s（图 11.46）。因此，似乎副交感神经系统调节心率的变化最快速。产生非线性特征的原因是，增加其中一个分支的心输出量就可能改变心脏副交感神经-交感神经相互作用的程度。

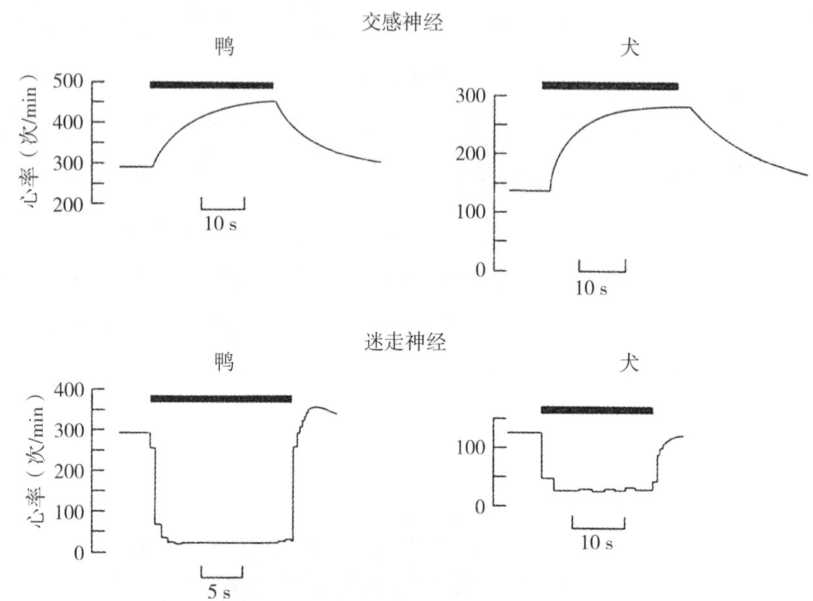

图 11.46 刺激两侧心脏交感神经（上图）和迷走神经（下图）后鸭（左侧曲线）和犬（右侧曲线）心率变化的时程比较

在每个图中，曲线上方的粗横线表示刺激持续时间。由 Furilla 和 Jones(1987a)修改。

图 11.47 阐明了刺激绿头鸭（*A. platyrhynchos*）双侧迷走神经和心交感神经远侧断端与心率的关系（Furilla and Jones，1987b）。图中 100%表示刺激频率，在此频率以上心率不会再进一步

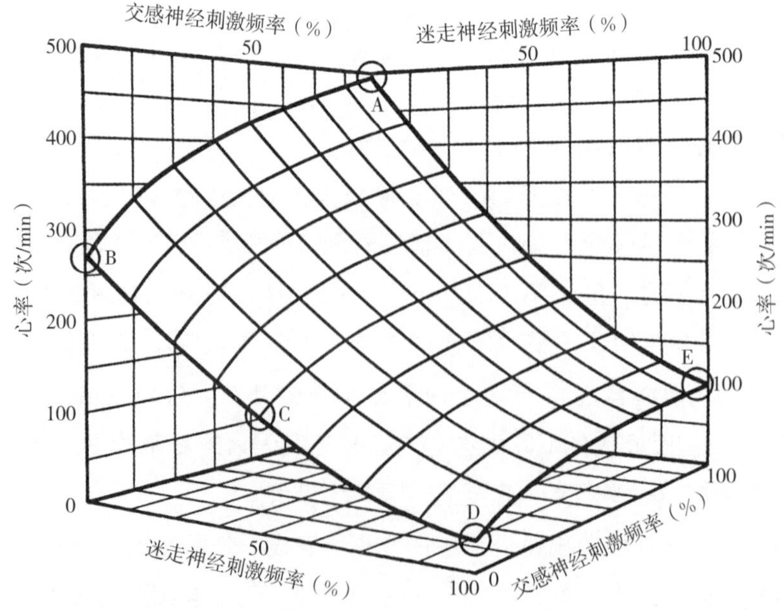

图 11.47 刺激北京鸭双侧迷走神经和心交感神经远侧断端与心率的关系

“100%”表示刺激的频率，在此基础上增加刺激频率，心率不会发生进一步的变化。一定水平的迷走神经和交感神经刺激引起的心率变化被绘制在“透视”坐标纸上，并且通过观察，将在刺激试验中获得的所有心率绘制在表面。参阅正文关于点 A～E 的解释。引自 Furilla 和 Jones（1987a）。

变化。一定水平的迷走神经和交感神经刺激引起的心率变化被绘制在透视坐标纸上，并且通过观察，将刺激试验中获得的所有心率绘制在表面。区域B代表心脏完全去神经支配，区域E代表最大的迷走内脏神经刺激。路线A—B和D—E分别表示在最小和最大迷走神经活动时，不同刺激强度刺激交感神经的效果。同样路线B—D和A—E分别表示在最小和最大交感神经活动时，不同刺激强度刺激迷走神经的效果。

在迷走神经零活性时，增加交感神经活性引起心率升高200次/min以上（B到A），而在迷走神经活性达到最大时，增加交感神经活性仅使心率增加50次/min（D到E）。与此类似，增加迷走神经活性导致心率在无交感神经活动时降低200次/min以上（B至D），在最大交感神经活性时降低近400次/min（A至E）。显然，迷走神经活性越强，就越能够阻止交感神经对心脏的作用，说明在心脏起搏点，自主神经系统两个分支间的相互作用的非线性关系。在心脏调控中副交感神经系统效应的增强被称为增强拮抗作用，可能通过两种机制介导。首先，对超过一定阈值的交感神经刺激的反应，胆碱能纤维介导突触前神经元释放NE减少。其次，ACh能减弱一定水平的交感神经刺激引起的突触后神经元反应的幅度（Levy，1971）。

短期心率波动是由自主神经系统两个分支之间在起搏点持续拮抗引起的。这种相互作用可能会掩盖诸如血液中激素水平波动引起的长期心率变化。正常的稳态过程倾向于降低可变性，并保持内部生理功能的稳定性，且心率的短期波动通常被看作是偏离正常值的异动。如果记录一只动物一系列心脏间隔，则该系列间隔的持续时间显得很不规则，并随时出现明显的随机波动。这些波动是真正随机的还是模式化的，还有在争议，如果是后一种情况，可为心率的无序调控提供证据（Denton et al.，1990；Goldberger et al.，1990）。心率的无序调控的最有力证据可能在于支配心脏的神经的形态。神经反复分支，就像树的分枝一样，是一种内在的不规则结构。因此，如果在解剖学是不规则的，那么为什么系统的日常活动不应该是不规则的呢（Pool，1989；Goldberger，1991）?

很显然即使记录时间很短，心率波动也相当大，而不会维持在稳态水平［图11.48（A）］。放电间隔形成一个时间序列，可以通过傅立叶分析转化成频域（frequency domain），揭示序列中周期性分量的存在。傅立叶变换量绝对值的平方产生心率变异性功率谱（PS/HRV）（Kamath and Fallen，1993）。

图11.48（B）（i）表示鸭（*Aythya affinis*，小潜鸭）在正常安静状态下的PS/HRV。该曲线显示呼吸性窦性心律不齐是呼吸频率的一个单主峰值。这是心脏副交感神经活动的呼吸调节的表现（Shahet al.，2010；对心脏交感神经刺激的反应太慢而不能在高频率下显著影响心率）。尽管高频元件的振幅降低，但用β-拮抗剂阻断交感神经系统往往会增加心率变异性［图11.48（B）（ii）］，而用阿托品阻断副交感神经则会产生一个有节律且恒定的心率［图11.48（B）（iii）］。这证实短期心率控制是由小潜鸭（*A. affinis*）中的副交感神经系统支配的。在刚孵化的鸸鹋（*Dromaius novaehollandiae*）发现了类似的心率变异性的调控（Shah et al.，2010）。

PS/HRV是自主反应能力的量化指标（Saul，1990），并且可以在长时间行程和许多类型的活动中评估禽类的心血管调节。也可以利用这种技术评估动脉血压和血管舒缩波动等其他周期性功能活动对PS/HRV的影响。心率遥测记录结合心脏功能的频率分析，将为研究自由

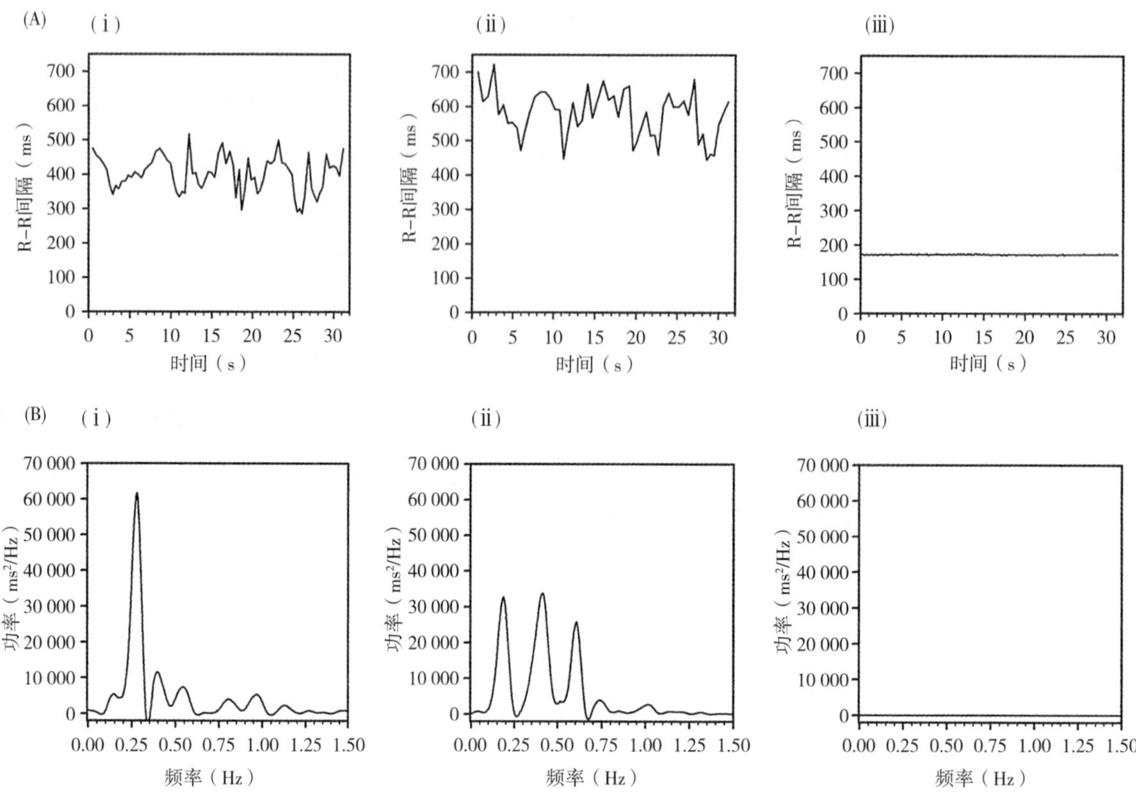

图 11.48 (A) 通过无线电遥测记录水面上安静的鸭（小潜鸭，*Aythya affinis*）在持续 30 s 内的放电间隔（R-R 间隔）。(i) 对照组；(ii) 用纳多洛儿（Nadolol，一种 β-肾上腺素能拮抗剂）阻断交感神经系统；和 (iii) 用阿托品（毒蕈碱拮抗剂）阻断副交感神经系统。(B) 由 (A) 中所示的时间序列引起的心率变异性功率谱。(i) 对照组；(ii) 用纳多洛儿阻断；和 (iii) 用阿托品阻断。因为时间序列太短而不足以显示极低频率的成分，用高通滤波器将这些成分从功率谱中去除。引自 McPhail 等（未发表的数据）。

活动的禽类生理过程调控开辟新的方法。

11.5.3.2.3.2 每搏输出量在心输出量调节中的作用 与心率一样，每搏输出量取决于心脏的内在和外在因素。若每次搏动时所有的心肌细胞收缩，每个肌纤维的固有收缩特性和所有纤维的静止长度是决定每搏输出量的主要内在因素。狭义的收缩性指在特定的收缩前长度下，心肌纤维收缩期间产生的力量；广义的收缩性也指心脏的一个腔室所有肌肉纤维的整体收缩性能。收缩性量化的主要问题是心脏工作很难测量单个心肌纤维所产生的力量。因此，已经研究出一些间接指数来估测这个变量，包括测量一定时间内的心脏输出量以计算每搏输出量，记录针对固定后负荷或进入恒定动脉压形成的心室收缩压峰值，测量收缩期心室内压增长的速度。所有这些方法的主要假设是，所测量的变量反映了整个腔室空间内的所有肌纤维的收缩性。然而，研究者在不同试验条件下使用的各种收缩参数使得难于对不同研究的数值进行比较。从心室直接测量的心输出量不依赖于动脉或心室压力变化的影响，这可能是最可靠的心脏收缩指数。这一测量需要高精度的植入程序，安置合适的仪器，这也是最难做到的。

与骨骼肌的收缩相比，心肌纤维收缩所产生的力量取决于其收缩前的长度（"前负荷"）。Otto Frank（Rushmer，1976）首先将这一原理应用于心脏。他指出在一定范围内心舒期心室肌前负荷越大，下一次心缩期的张力越大。Ernest Starling 及其同事进一步研究了这种心肌长度-张力关系，他们证实了在心动周期中，左心室心缩期的射血量与心舒末期血液充盈量成正比。如图 11.49 所示，这些概念已被结合到 Frank-Starling 关系中来描述心室每搏输出量对心脏静脉回流变化的内在反应。每一次搏动前，通过增加心室血液充盈量增加了所有纤维的前负荷，引起心室中每个肌纤维的收缩力增加，这引起心室搏出总量增加。图 11.49 中的曲线 A 称为心室功能曲线。这条曲线中的关系表明了心脏自动调节功能，称为异长调节，即静息纤维长度的变化（异长性）引起同一个方向的收缩性变化，该调节机制是心肌的内在性能。这一机制对心脏整体功能的影响是，如果所有其他条件保持不变，CO 将由静脉回流量决定。经左心房向左心室的静脉回流增加将使舒张末期心室壁伸展增大，且下一次搏动时每搏输出量增加；相反，如果回心血量减少，每搏输出量将减少。简而言之，如果所有其他因素不变，那么心脏就会泵出其所获得的血量。

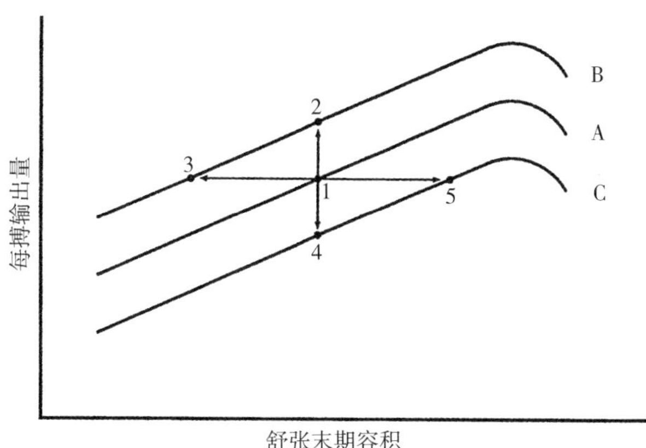

图 11.49 心室肌 Frank-Starling 关系的理想模式图

（A）内在心室功能曲线表示在没有外在影响的情况下，心室舒张末期容积（表示肌肉纤维伸展程度）和每搏输出量（收缩指数）之间的关系。这个曲线在高舒张末期容积达到峰值并开始下降，这时静息的肌小节长度最大。（B）和（C）心脏外在因素改变心肌变力效应重置心室功能曲线，不依赖于舒张末期容积或初始纤维长度调控不同范围的每搏输出量。（B）心脏交感神经效应增强或循环儿茶酚胺具有正性变力作用，曲线重新定位于更高的每搏输出量。（C）迷走神经功能增强具有负性变力作用，曲线重新定位于更低的每搏输出量。第 1 点到第 5 点是本文所讨论的外在因素对心室功能影响的假定操作点。

除了内在的 Frank-Starling 机制外，心肌收缩力还受到外在因素的影响。血液激素如 EPI 和自主神经递质 NE 和 ACh（见 11.5.3.1 和 11.5.3.2）直接影响心肌纤维的收缩力。这些外在因素与控制每搏输出量的内在自主调节因子叠加，可在相同静息肌纤维长度或心室充盈程度的情况下影响每搏输出量，将整个心室功能曲线（图 11.49 中的曲线 A）向更高（曲线 B）或更低（曲线 C）改变。每搏输出量的这种调节被称为等长调节，强调收缩力的变化不依赖于肌纤维长度的事实。交感神经对心脏的作用增加或循环儿茶酚胺水平的增加将增加心室等长变力效应。因此相同的心脏充盈程度会导致更大的每搏输出量，如图 11.49 中箭头所示，从曲线 A 上的点 1 到曲线 B 上的点 2。另一种考虑方式是在曲线移动后更小的心舒末期容积将产生相同的每搏输出量（从点 1 到点 3 箭头）。另一方面，迷走神经增强禽类心脏的作用能降低其心室肌收缩力，改变心室功能曲线，导致每搏输出量减少（图 11.49 曲线 C）。在新的调控点上，相同程度的前负荷将导致较低的每搏输出量（从点 1 到点 4 箭头）；或者需要更大的舒张末期容积才能维持相同的每搏输出量（从点 1 到点 5 的箭头）。

心室泵对应的动脉压（“后负荷”）是决定每搏输出量大小的主要外在因素。心室等容收缩期产生的压力是肌纤维收缩的结果。在等张期，当心室内压超过主动脉内压时动脉瓣打开，血液从心室泵出。在心肌收缩力或心室舒张末期容积不变时，如果通过升高动脉血压来增加心室前负荷，则随后的每搏输出量将会减少，因为需要更多的能量来提高室内压，使其高于新的动脉压水平。起初，在心脏收缩期结束时将在腔内留下更大比例的前一个舒张末期容积的血量，导致在下一个充盈期增大肌肉纤维静息时的张力水平。根据 Frank-Starling 机制，增大的张力将迅速导致随后的心搏期间的收缩力增加，针对升高的动脉血压通过心肌异长调节恢复每搏输出量。

在许多禽类中，需要调整 CO 以匹配不同条件下组织的灌注要求，如运动、缺氧或潜水（见 11.6）。这些调整似乎主要是改变心率，而每搏输出量保持相对不变。在运动过程中，鸭（Bech and Nomoto，1982；Kiley et al.，1985）、鹅（Fedde et al.，1989）和火鸡（Boulianne et al.，1993a，b）是通过增加心率促使 CO 的变化。然而，鸸鹋（Grubb et al.，1983）和鸡（Barnas et al.，1985）运动时每搏输出量可能会增加 100%，CO 显著提高。全身性的动脉压力感受器传入介导的 CO 的反射性变化也似乎是通过改变心率来实现的，而每搏输出量相对不变（见 11.5.4.2）。总之，在运动、缺氧或潜水期间，禽类在心率、动脉血压和静脉回流方面表现出与静息状态的显著不同。然而，迄今在大多数禽类的检测中，从静息状态向这些状态转变后，经过初始的短时间调整，每搏输出量能恢复到接近静息的水平。这表明 CO 的内在自动调节在每搏输出量维持中发挥重要作用，有潜力去应对大范围的循环调节。

11.5.4 循环系统的反射性调节

11.5.4.1 化学感受性反射

禽类脑脊液和动脉血中 O_2、CO_2 和 pH 水平的变化会引起 CO 和血管口径的反射性调节。在禽类中枢神经系统中存在对脑脊液中 CO_2 敏感的感受器（Jones et al.，1982），但是迄今还没有对这些感受器的位置或转导特性进行过详细的研究。然而，如果这些感受器与哺乳动物中的感受器类似，它们可能位于或靠近延髓腹外侧的表面（Schlaefke，1981）。禽类动脉化学感受器主要存在于颈动脉体，是位于甲状腺尾部的双侧结构，且靠近腮后腺、迷走神经节和颈动脉（由它们供血）（图 11.39；Adams，1958；Jones and Purves，1970；Kameda，2002）。颈动脉体受迷走神经和喉返神经支配（Kameda，2002）。有报道一些禽类的化学感受器存在于和大血管基部相连的主动脉体中（Tcheng et al.，1963；Ito et al.，1999）。

在鸭和鸡已经研究了动脉 CO_2 分压（P_{aCO_2}）、O_2 分压（P_{aO_2}）和动脉 pH（pH_a）变化时动脉化学感受器的放电特征。感受器的放电速率与（P_{aCO_2}）成正比，与 P_{aO_2} 成反比（Bouverot and Leitner，1972；Bamford and Jones，1976；Nye and Powell，1984；Hempleman et al.，1992）。Hemolman 等人对 P_{aCO_2} 和 P_{aO_2} 变化引起鸭颈动脉体化学感受器的放电敏感性进行了定量研究。当 P_{aO_2} 保持在正常 O_2 水平（接近 100 mmHg）时，化学感受器对 P_{aCO_2} 逐步变化（通过改变禽呼吸空气中的 CO_2 分压产生）的敏感度平均脉冲为 +0.20 次/（s·mmHg）。低 O_2（P_{aO_2} =56 mmHg）增强化学感受器放电，以响应（P_{aCO_2}）的改变（图 11.50）。在这种情况下，特定的常氧中相同的（P_{aCO_2}）逐步变化引起 + 0.32 次/（s·mmHg）脉冲的敏感度。在吸入空气不含 CO_2 的情况下，（P_{aCO_2}）逐步从正常 O_2 水平变化到大约正常水平的一半，平均敏感度约 −0.10 次/（s·mmHg）。因此，颈动脉体化学感受器对动脉 CO_2 绝对水平变化的敏感度约是 O_2 的两倍。在本研究中选取的一些化学感受器能敏感地感受到血液中

O_2 和 CO_2 的变化率，表明动脉血气状态的比例和速率的相关信息会传播到中枢神经系统。然而，在生理状态下产生血气波动的较低频范围内，会使大部分速率敏感化学感受器有最大放电速率。因此，只有相对较低频率的血气振荡频率才能准确转导，例如在休息或低强度活动中发生的那些振荡频率。在更高的振荡频率，例如在喘气或高强度运动期间发生的频率，化学感受器传入中枢神经系统的冲动可能反映的是在几个振荡周期内的平均血气水平。

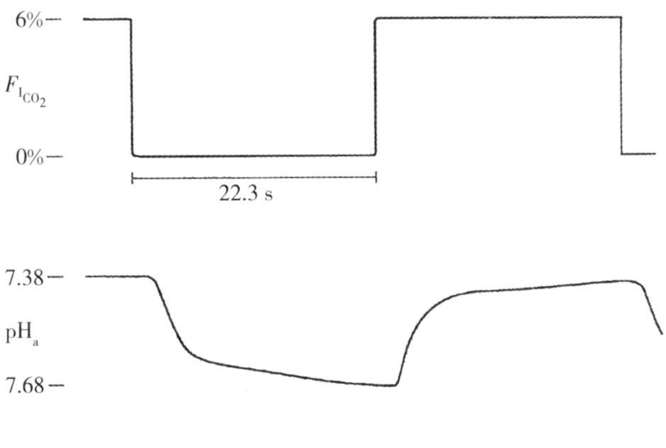

图 11.50　鸭缺氧（吸入气体含 10% O_2）时吸入的 CO_2 水平（顶部曲线，吸入气体中 CO_2 分数 $F_{I_{CO_2}}$）从迷走神经传递［底部曲线，神经电图（ENG）］到逐步变化的单纤维动脉化学感受器反应的记录

动脉 pH［中间曲线（pHa）］也随着吸入 CO_2 的变化而逐步变化。化学感受器放电对 CO_2 和 pH 水平以及这些变量的变化率敏感。引自 Hempleman 等（1992 年）。

禽类在 O_2 和 CO_2 量处于正常血气水平时，其动脉化学感受器是自发活跃的，且在这种情况下，该感受器在维持正常呼吸的通气水平方面起重要作用（Bouverot and Leitner，1972）。然而，动脉化学感受器在禽类循环中的反射调控作用仍不清楚。由于存在空气流通的变化，分析化学感受器激活的循环效应变得更为复杂。鸭在窒息时，血液 O_2 分压下降，CO_2 分压升高，且颈动脉体化学感受器逐渐受到更强的刺激，这种传入信号在启动和维持强烈心动过缓中起重要作用（Jones and Purves，1970；Butler and Taylor，1973）。然而，如果人为将鸭自主呼吸的血气调整为模拟窒息期间的低氧高碳酸血症，则会通过化学感受性反射来增加通气，导致肺部感受器的效应升高。在这种状态下，心率几乎没有变化（Butler and Taylor，1973，1983）。麻痹但未麻醉的动物处于低氧高碳酸血症时，通过控制潮气量和呼吸频率以防止通气升高（通气升高会导致肺部感受器传入信号升高），心率下降到常氧正常碳酸血动物和潜水结束时动物的中间水平（Butler and Taylor，1973，1983），此效应如图 11.51 所示。通过停止呼吸泵终止呼吸会完全表现为化学感受器介导的心动过缓：心率下降到与潜水结束时动物心率相同（Butler and Taylor，1973，1983）。这些试验表明，鸭与哺乳动物一样，高通气驱动可以掩盖自主呼吸期间强烈的动脉化学感受器刺激引起的心血管反射。Butler 和 Taylor（1983）认为通过增加通气量激活肺部感受器会掩盖心脏的化学感受器反射。

来自外周动脉化学感受器的传入信号可以反射性地改变外周血管阻力，但化学感受器在血管系统调控中的一般性作用尚不确定。Bouverot 等人（1979）研究了化学感受器反射对脉管系统影响的间接证据，显示颈动脉体完好的鸭在自主呼吸时如果受到动脉缺氧的影响，血管外

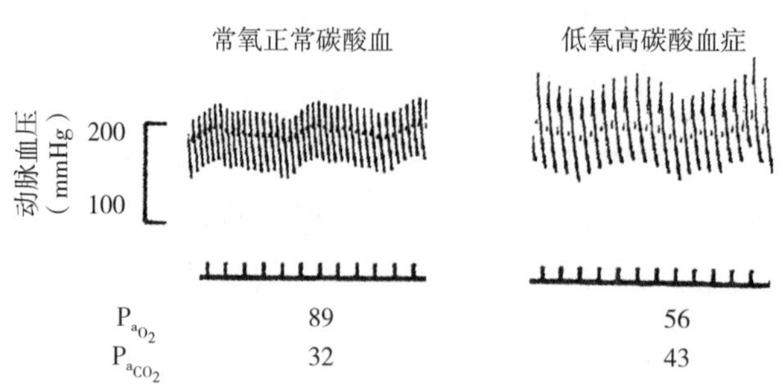

图 11.51 全身低氧高碳酸血症对野鸭心率和血压的影响

动物经静脉注射泮库溴铵（pancuronium bromide，神经肌肉阻滞药或肌松药）抑制自主性呼吸运动后，进行人工通气。（上图左侧）通气时动脉血压和心率；底部表示全身动脉血气值。（上图右侧）当通过改变吸入气体中 CO_2 和 O_2 水平，调整血气值与 1 min 潜水结束的时候相同时，由于激活了动脉化学感受器反射而使心率降低。在两个图中，压力曲线下的标尺刻度表示 1 s 间隔。引自 Butler 和 Taylor（1973）。

周阻力有增加的趋势。在颈动脉体去神经支配后的动物，相同的刺激导致外周阻力下降 40%，表明这些化学感受器在对血管缺氧的反应方面具有潜在的作用。与心脏对颈动脉体刺激的反应一样，缺氧期升高的通气量可能会掩盖血管反射性收缩的全部过程。Bouverot 等人（1979）没有尝试通过控制通气量来评估这种交互作用。

在禽类循环系统调节中，尚未确定动脉化学感受器的作用。颈动脉体传入信号的加强可以引起呼吸和心脏反应，且这两种反应对维持 O_2 输送和排出组织中 CO_2 是重要的。这些主要化学感受器反射在使血液灌注与通气相匹配，以应对气体的内部和外部水平的变化方面的重要性，还需要通过进一步的试验确定。

11.5.4.2 压力感受性反射

动脉血压为全身血管床的灌注提供驱动力，因此动脉血压必须维持在一定范围内，才能确保在各种生理条件下的最佳组织血流量。禽类压力感受性反射对血压的维持是一种负反馈机制（Bagshaw，1985；Smith，1994）。动脉压力感受器的传入信号引起压力感受性反射，完成对血压的调节。这些机械感受器的末梢嵌入动脉壁的结缔组织中，感知由动脉壁张力变化而引起的动脉血压变化。动脉内压力的增加导致血管壁的周长增加，这又拉伸了压力感受器末梢使动作电位（AP）的传导频率增加。禽类动脉压力感受器主要位于靠近左心室瓣膜的主动脉壁中（Jones，1973）。它们的轴突从迷走神经的神经节分出的主动脉神经到达脑干（Nonidez，1935）。迄今为止仅有少量关于禽类压力感受器功能的研究，结果表明禽类响应血压变化的放电特性与哺乳动物高阈值、慢适应压力感受器的特性类似（Jones，1969，1973）。自发性压力感受器神经冲动的产生与心动周期中心脏收缩的机械活动相关联，如图 11.52 所示。压力感受器也对压力脉冲的增长速度敏感。由此表明，压力感受器能够将心率、心脏收缩压和主动脉压力波斜率（可能反过来反映心脏收缩力）的信息传递到中枢神经系统。

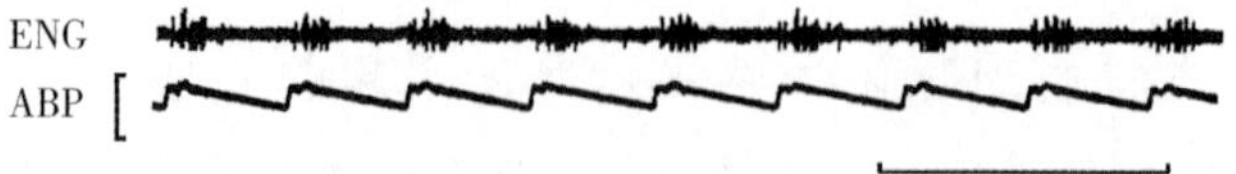

图 11.52 鸭麻醉状态下压力感受器放电［上面曲线，神经电图（ENG），主动脉神经的外周断端记录］和血压［下面曲线，动脉血压（ABP），头肱动脉记录］之间的关系

压力感受器放电与收缩期的最大压力同步。ABP 比例尺表示 100～200 mmHg 的压力跨度。引自 Jones（1973）。

禽静息时的平均动脉血压高于同等状态相同体重哺乳动物的动脉血压。事实上，一些禽类的平均静息血压可能会超过 150 mmHg（Altman and Dittmer，1971）。禽类血压在静息水平可引起其压力感受器放电（Jones，1969，1973），所以压力感受器在此压力下可能有紧张性活动。压力感受器感知到的血压变化，通过传入放电频率的变化呈现给中枢神经系统中的压力感受性反射环路。压力感受性反射的作用是在与初始压力变化相反的方向调整压力。这种反射通过调节外周血管和心脏的效应器，将失调的血压回归到设定水平。因此，随着时间的推移，压力会保持在相当狭窄的范围内，以确保组织灌注的压力恒定。人们对禽类血压调节中涉及的中枢神经调节机制知之甚少。在鸽，氯胺酮（ketamine）通过抑制 NMDA 受体减弱防御性升压反应，表明迷走神经的作用与哺乳动物的一样（Lucitti and Hedrick，2006）。一般认为压力感受性反射的中枢组成的基本结构与哺乳动物的结构相似（Lucitti and Hedrick，2006）。

血压变化引起的主要心血管反应是压力感受性反射介导的心输出量的变化，如图 11.53（A）所示，由于药物引起的血压升高，心率会迅速下降。切断双侧主动脉神经，则这种反射性反应完全消失［图 11.53（B）］。血压-心率关系的敏感度范围为－3.13～－0.5 次/（min·mmHg），且取决于物种和评估方法（鸡，Bagshaw and Cox，1986；鸭，Smith and Jones，1990，1992；Millard，1980；鸽，Lucitti and Hedrick，2006；见 Smith，1994 的进一步讨论）。压力感受性反射通过感受器介导的压力变化作用，可以在双侧主动脉神经切断的动物中通过电刺激主动脉神经中枢断端来模拟。Smith 和 Jones（1992）使用这种方法探讨压力感受器在循环系统中的动态控制作用。当刺激电流被设定在刚好能引起反应的阈值时（图 11.54，黑圈），刺激去除神经支配的动物的主动脉神经引起动脉血压下降，且下降程度与刺激频率成比例。该反应主要是通过降低心率而使心输出量下降，而不改变每搏输出量（Smith and Jones，1992）。在压力感受器完好的禽类，这种反应与压力感受器介导的对药物引起的血压变化反应遵循相同的模式。也就是说，压力感受性反射活动主要表现为心率的变化。然而，压力感受性反射可以引起外周血管运动和心脏反应：去神经支配的动物中，以数倍于阈值水平的电流强度刺激主动脉神经引起外周阻力及心率下降（Smith and Jones，1992）。这些数据表明，当出现相对较小的压力变化时，它们将通过调节心输出量来补偿血压，但是较大的压力变化时是通过心脏和外周血管一起调节来恢复血压。

压力感受性反射与其他反射（如可能同时参与的化学感受性反射）相互作用可以改变控制效应。为了确定鸭在潜水期间观察到的压力感受性反射功能明显降低的原因（Jones et al.，1983；Millard，1980），Smith 和 Jones（1992）在增强化学感受器作用之前和期间，刺激了去神经支配的鸭的主动脉神经。通过给动物呼吸混合气体来完成对化学感受器的刺激，所说的混合气体是模拟动物在潜水 2 min 末时观察到的低氧高碳酸血气值，结果显著降低了主动脉神经对平均动脉压的影响。如图 11.54 所示，以 15Hz 的频率电刺激主动脉神经时，低氧高碳酸血症（三角形所示）与自然空气呼吸（黑圈）的反应相比，MAP 的比例降低了 50%。该反应是由化学感受器激活引起的，用自然呼吸的正常血氧动物的静脉血灌注与血管分离的颈动脉体时，压力感受性反射功能减弱，进一步证实了这一点（Smith and Jones，1992）。因此，这表现为化学感受器在潜水第 1 min 后产生的效应（Jones and Purves，1970）至少在一定程度上引起此期间心血管变量的压力感受性反射调控的减弱。

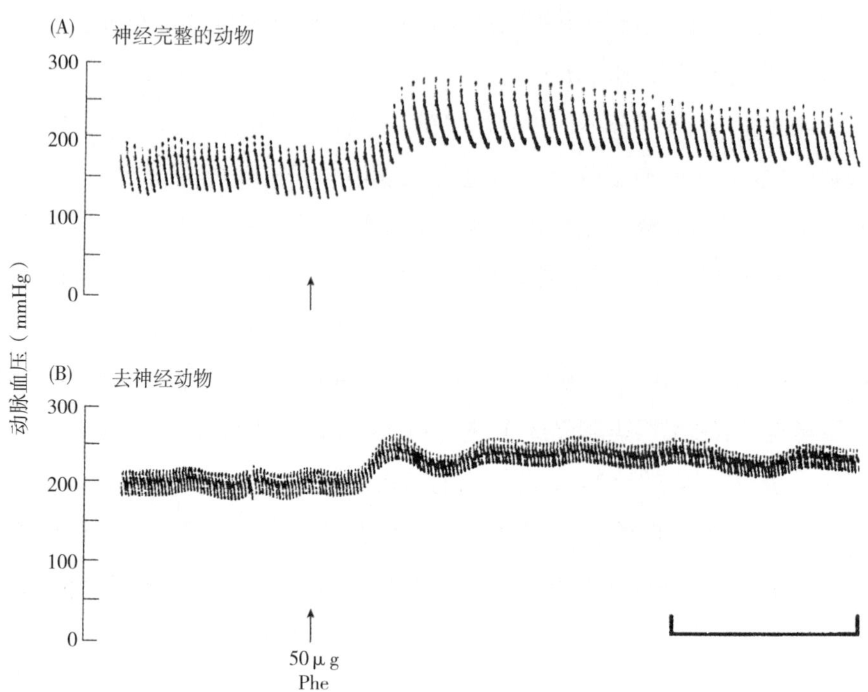

图 11.53 同一只鸭主动脉神经去神经支配前（A）和后（B），静脉注射苯丙氨酸（Phe，箭头处为注射位点）引起的心率对动脉血压（ABP）升高的反应

压力感受器去除神经支配后消除了压力感受性反射介导的心动过缓。注意：去神经支配的动物注射前血压和心率增高，表明在压力感受器完整的动物，心血管系统中存在一定程度的压力感受性反射介导的抑制效应。引自 Smith（未发表的数据）。

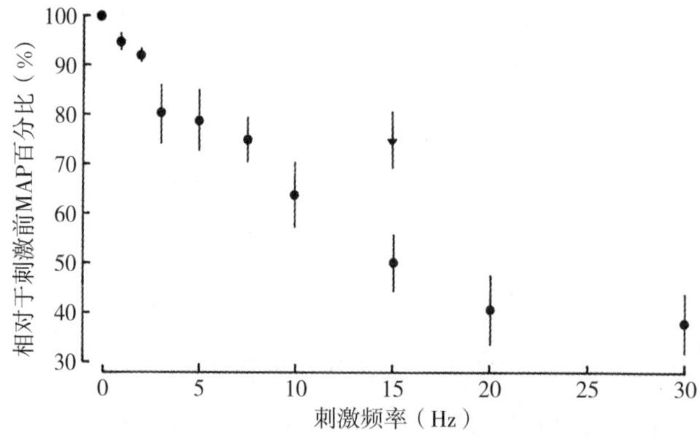

图 11.54 鸭在清醒状态下自主呼吸空气（P_{aO_2}：88mmHg，P_{aCO_2}：26mmHg；黑圈）或低氧高二氧化碳混合气（P_{aO_2}：62mmHg，P_{aCO_2}：44mmHg；三角形）时，电刺激主动脉神经后的平均动脉血压（MAP）的变化

每个神经刺激频率处的血压反应表示为平均动脉血压（MAP）相对于刺激前 MAP 的百分比。启动化学感受器，可减弱以 15 Hz 电刺激主动脉神经产生的抑制效应。误差线代表 1 S. E. M.，3 只动物在常氧下进行 5 次试验，在缺氧性高碳酸血症期间进行 3 次试验。在每次试验中刺激脉冲持续时间和振幅是恒定的。引自 Smith（未发表的数据）。

11.5.4.3 心感受性反射

在禽类心房和心室的解剖学研究中已观察到小神经末梢为简单旋钮状、板状或环状，以及直线或螺旋缠绕形状的神经末梢（Ábrahám，1969；Jones and Milsom，1982），但是禽类心脏似乎没有像在哺乳动物心脏中那样，存在大量复杂和高度发达的感受器末梢。迄今为止，对禽类心脏感受器的功能和它们的反射性效应的研究还很少。Jones（1969）证实鸭颈迷走神经中的一些传入纤维存在与心脏相联系的感受器末梢，对 AV 交界附近的点状刺激有反应，并在心动周期中以自发放电与心肌机械运动相联系。Estavillo 和 Burger（1973a，b）在鸡的研究发现，大部分心脏感受器的细胞体在结状神经节中，其感受器也定位在主动脉瓣附近的左心室。这些感受器的放电模式或是与心动周期相关联，或是不规则的，明显与循环中的机械收缩活动无关。通过吸入不同浓度的 CO_2 和不同的动脉 pH（pHa）单独或共同调节两种类型感受器的放电。研究中发现，在较大的血压范围内，阶段性激发的心脏感受器的放电频率与动脉血压成正比，且这种关系在 CO_2 水平升高时被重新调整为较低的放电频率，如图 11.55 所示。双侧切断鸡心中神经（middle cardic nerve）后，仅保留心脏感受器的轴突，能引起动脉血压的迅速上升（Estavillo，1978；Estavillo et al.，1990），这使人联想到鸭在主动脉神经切断后引起的动脉血压升高的试验结果（图 11.53）。

禽心脏感受器促进血压和呼吸的调节，为心腔内压力和体积的变化提供反馈。$P_{a_{CO_2}}$ 和 pH_a 水平的变化可以调节这种反馈（Estavillo and Burger，1973b；Estavilloet al.，1990）。在后一项研究中，心中神经双侧切断除了能促进血压升高之外，也能显著减弱由全身高碳酸血症引起的通气增加。

禽类表现出与哺乳动物类似的 Bezold-Jarisch 反射。刺激鸭心脏感受器表现为心率和动脉血压下降（Blix et al.，1976；Jones et al.，1980）。Blix 等（1976）认为，在药理学刺激心脏感受器的基础上，这种反射有助于潜水时心脏变时反应的产生和维持。Jones 等人（1980）重新研究了这个问题，通过改变左心室压力来对心脏感受器启动（加载）和卸载，为在潜水前和潜水期间这些感受器提供更实际的生理刺激。但这项研究的结果未能证实心脏感受器激活与潜水心动过缓之间的联系。

目前还没有足够的证据来确定由心脏感受器传入信号引起的反射的总体功能。尽管这些感受器可以影响血压和呼吸，但它们在压力或呼吸调节中似乎不起主要作用。然而，它们可能介导呼吸系统和循环系统之间的一些动态相互作用，从而有助于纠正在运动中或在不利环境条件下可能发生的通气-灌注的不匹配。

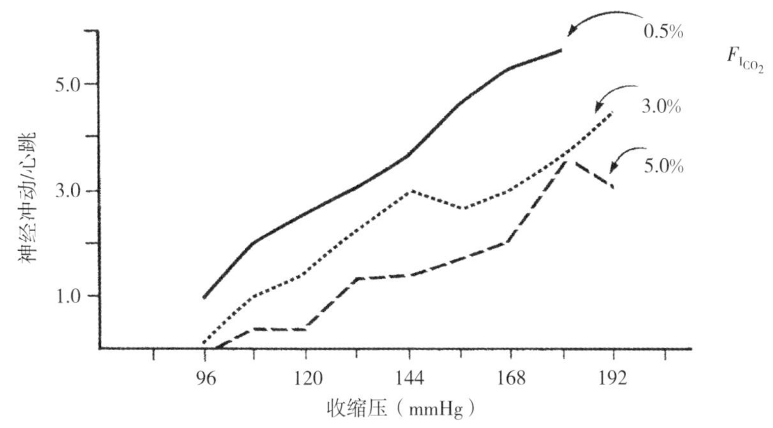

图 11.55 鸡吸入不同浓度 CO_2（$F_{I_{CO_2}}$）对心脏机械感受器放电率（每次心跳的脉冲）与动脉血压（收缩压）之间关系的调节作用

曲线是通过在一定的血压范围内，通过注射乙酰甲基氯化胆碱或肾上腺素而产生的特定压力值时的一系列感受器放电频率。逐渐增加 $F_{I_{CO_2}}$ 使感受器放电频率与血压的关系发生变化，放电频率逐步降低。$F_{I_{CO_2}}$，吸入气体中 CO_2 浓度。引自 Estavillo 和 Burger（1973b）。

11.5.4.4 骨骼肌引起的心血管反射

禽类在运动、缺氧和缺氧性高碳酸血症时，通过反射调节动脉血压、心率和其他心血管活

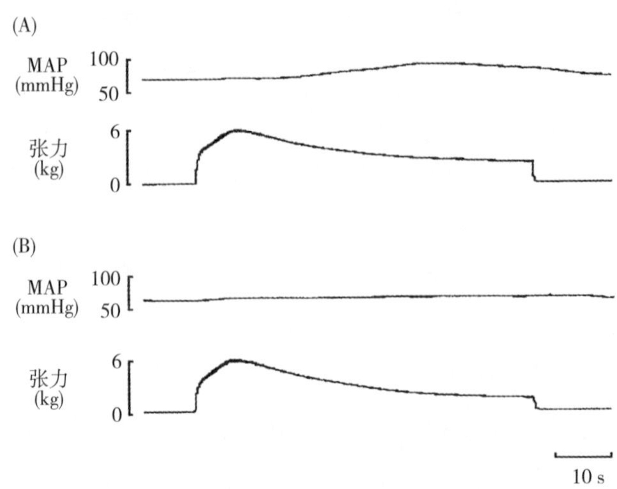

图 11.56 鸡在麻醉状态下经电刺激坐骨神经引起腓肠肌的静力收缩［每个图中下面的曲线（张力）］的加压效应［每个图中上面的曲线，平均动脉压（MAP）］

(A)当坐骨神经-脊髓连接完好时，静力肌肉收缩时 MAP 增加。(B)坐骨神经切断后静力肌肉收缩时 MAP 没有变化。压力反射的传入神经起源于腓肠肌内。引自 Solomon 和 Adamson(1997)。

动。有一些关于外周动脉化学感受器、中枢神经系统的化学敏感区和动脉压力感受器分别在心血管反应中的作用的研究，认为这些感受器组合传入的信号并不能解释所观察到的所有变化。因此，也必须考虑到其他类型感受器传入的信号。哺乳动物骨骼肌活动反射性引起平均动脉血压的明显增加，这种反射的感受器似乎是分布在躯体神经中的Ⅲ型传入纤维（小髓鞘纤维）和Ⅳ型纤维（无髓鞘纤维或 C-纤维）的末梢（位于肌肉内）(Coote，1975)。Kiley 等人(1979)指出鸭肌肉传入参与心血管对运动的反应，且 Lillo 和 Jones (1983) 提出，鸭的躯体肌肉传入至少可部分调控由低氧高碳酸血症和局部缺血等引起的心脏和血管反应，这与化学感受器激活无关。此外，Solomon 和 Adamson (1997) 证实鸭的“运动加压”(exercise pressor)反射表现类似于哺乳动物。这种作用包括由大的后肢肌肉和腓肠肌［图 11.56 (A)］的持续静力收缩引起的平均动脉压增加（很大程度上由舒张压的升高所致）。研究者认为这是一种反射效应，因为切断坐骨神经从肌肉到脊髓的传入纤维，便消除了肌肉收缩的加压反应［图 11.56 (B)］。从这项研究中我们还不清楚肌内感受器是否参与了感知与肌肉收缩有关的机械收缩，或肌肉内代谢物堆积引起的化学信号是否作为该反射的主要生理刺激因素。研究普遍认为，能感受任何一种或两种形式的感受器都可以反射性引起血压变化。迄今，对激活骨骼肌传入的反射效应的研究表明，从运动或低氧应急肌肉到控制循环的神经回路的直接感觉反馈可能参与启动或加强心血管对肌肉活动的反应过程。这种机制有助于增加运动肌肉的血液灌注量，但这些反射的完整作用仍有待进一步研究确定。

11.5.5 神经调节的整合

如前所述，控制心血管功能的主要反射是化学感受性反射、压力感受性反射和由心脏和骨骼肌内感受器引起的条件反射。这些反射在某些情况下可能会相互影响，如 11.5.4.2 所述的压力感受性反射抵消化学感受性反射的情况。此外，还有一些其他反射作为全身稳态控制系统的一部分，可以影响循环系统，如体温和呼吸系统的调节。所有影响血液循环的反射最终都通过支配心脏和血管系统的自主神经系统的共同通路而实现，且在动物偏离生理状态期间，这些反射中的一部分可能同时进行调节。因此神经系统对循环系统的整合调控是通过心血管和其他反射之间复杂的相互作用而实现的，但是在所有脊椎动物中这些相互作用的本质仍不完全清楚。由于这种大规模的整合，使得单独研究任何一种反射的效应都是一个相当大的挑战，尤其是在未麻醉的动物中。解决这个问题的方法是确保只激活特定反射的传入途径，而阻止其他反射相关信号的传入。然而，即使这样，由于反射会传出相关联的效应，以及该效应的结果可以引起其他反射的继发激活，因此，也不可能避免分析结果的复杂性。一个典型的例子是动脉化学感受器反射引起通气量增加，继而激活了肺部反射。因此，对禽类复杂控制系统中心血管反射的进一步研究的实验设计必须考虑到这些系统的关联性和整体性。

单神经介导的反应，如心率的变化，涉及通过频繁诱发或自然行为刺激一个或多个传入或传出途径，可能会受到习惯或条件作用的影响。习惯是指反复呈现单一触发刺激引起的反应减退（不是由于感觉适应或运动疲劳）。与此相反，条件作用涉及动物学习两种不同刺激之间的关系。在经典条件作用（Pavlov，1927）中，条件和非条件刺激之间出现的时间间隔很短。

动物学习这些刺激之间的关系，所以在初始试验之后，反射可以仅通过条件刺激而实现。反射一旦有条件，就会有预期、会增强，并具有与非条件反射相似的效果。

Cohen 及其合作者利用鸽建立了一个条件学习模型，来探索长期联合型学习的细胞神经生理机制。在模拟动物训练时，将条件刺激（CS，一个 6 s 全视野的视网膜照明）与非条件刺激（US，0.5 s 的足底电击）相结合，动物对 CS 的反应是一种短暂的、可量化的心率增加（条件反射，CR）。经过 30～50 次配对刺激试验的初始训练期后，CS 在没有 US 可依赖的情况下可产生条件反射。鸽的这种条件反射的性能非常强大，无需反复结合刺激，能长时间（长达几周）保持稳定（Cohen，1980，1984）。长时间保持稳定有利于对这个系统中参与开发联合型学习的神经元性质的变化进行电生理学研究。以这个模型为基础，Cohen 和同事们已经在解剖学和生理学上描述了鸽条件刺激的中枢视觉通路、非条件刺激的躯体感觉通路以及将自主运动神经元合并为下行神经束并通向心脏的最后共同通路。在本章前面已引用这个团队的大部分关于这个系统的传出元件方面的工作的描述。

Cohen（1980，1984）已经详细描述了条件反射（CR）所涉及的中枢和外周神经通路，在此简要概述。视网膜上的神经节细胞在 6 s 的全视野视网膜光照射开始时，会产生一段阶段性的动作电位（APs）。这种阶段性兴奋波沿着中枢神经系统中的多级通路同步地分别传递到脊髓和脑干中的节前交感神经和副交感神经运动神经元。这些节前神经元又以协同方式控制心脏节后自主神经元群，发挥短暂的交感神经性心动加速作用，同时使副交感神经心动抑制效应消失。

鸽在经药物处理后进行条件反射建立研究，在条件（刺激）作用的过程中损害中枢视觉通路的特定组分并进行电生理学研究，结果表明 CS 通过多路径并行传送到端脑的视觉区。其中包括：①含有主要视神经核的丘脑通路（哺乳动物外侧膝状核的禽类同系物）；②经过视顶盖和圆核的离顶盖投射通路（Cohen，1980）。此外，可能存在参与条件反射的第三条视觉输入途径，投射通过顶盖前区和丘脑。尽管在条件作用过程中，重复 CS 没有改变视网膜的反应，但在此过程中，CS 通路中的二级和更高级神经元的反应变得更容易。这些变化的时程与建立条件性心率反射的时间相匹配，因此在 CS 通路中下一个阶段的神经元或其接触的突触区域可能是联合型学习时心血管的调控位点。

参与该心脏条件性反射的下行通路已经确定。下丘脑内侧区域的神经元以及位于腹侧脑干的神经元投射到交感节前神经和副交感神经的心肌运动神经元上。在禽类，内侧下丘脑又接收来自类似哺乳动物杏仁核的信号输入，在两类动物中刺激该区域时都引起显著的心脏效应。

此外，禽类杏仁核或其下丘脑投射损伤，都可导致条件（刺激）不足或阻止条件反射的建立（Cohen，1980）。然而，迄今为止还没有详细地研究禽类端脑视觉信息到杏仁核的投射。CS和US的结合在反射中枢通路的每一个特定阶段都已得到证实。因此，在此通路中，训练引起的CS变化是通过长期的异源性突触易化作用实现的，而这种促进作用是联合型学习的一系列神经生理机制中的重要组成部分。

目前在禽类已经粗略了解了参与循环系统输出调控的中枢和外周神经通路的大体情况，但是关于禽类任何一种心血管反射中枢通路内的特定传入和中间连接的细节知之较少。开展反射研究工作的假设是它们的信号通路与哺乳动物的通路相似，但考虑到禽类和哺乳动物之间心血管反射区的差异，这个假设不一定是有效的。例如，禽类只有一个主动脉压力感受器部位，而哺乳动物有两个。此外，禽动脉化学感受器的大部分传入信号来自颈动脉体，而在哺乳动物中，主动脉和颈动脉化学感受器都对心血管化学感受性反射有作用。尚未详细研究禽类心血管控制的神经回路组成，因此这种回路是否与哺乳动物相似仍不清楚。

11.5.6　心血管调节机制的功能发育

禽类心血管控制机制方面的最新研究主要集中在其胚胎发育阶段。大量开创性工作已经证明了心脏和血管在解剖学上的形成。下文将概述禽类在发育过程中的心血管调控。需要强调的是，大多数关于禽类发育的研究都集中在家鸡上，有关心血管调控机制的研究也是如此。

11.5.6.1　心脏自主神经系统调节在发育过程中的变化

11.5.6.1.1　心脏自主神经支配

禽类胚胎在发育过程中其心脏的副交感神经和交感神经纤维分布不同。迷走神经（X）的分支在15%孵育期时穿过鸡胚心室，在35%孵育期时分布到所有的心腔（Pappano，1975）。大约在20%孵育期时，心脏和窦神经分支达到躯干和心房（Kuratani and Tanaka，1990）。相比之下，来自交感神经节的心交感神经直到50%的孵育期时才到达心脏（Higgins and Pappano，1979；Kirby et al.，1980），且在75%孵育期时分布于心肌（Verberne et al.，1999）。交感神经纤维起源于第一对胸神经节（Kirby et al.，1980）或颈神经节（Verberne et al.，1999）。

电场刺激研究发现，功能发育滞后于神经分布的解剖结构的形成。由自主神经受体药物和心房电场刺激引起的胆碱能依赖性负性变时效应出现在60%孵育期。当用胆碱酯酶抑制剂—毒扁豆碱预处理时，负性变时效应会更早，在50%孵育期时就会出现（Pappano and Löffelholz，1974）。相比之下，直到孵化时才观察到电场刺激引起的肾上腺素能依赖性正性变时效应（Pappano and Löffelholz，1974）。在50%～60%孵育期时，通过酪胺促进节后神经元释放儿茶酚胺，就能够产生肾上腺素能依赖性反应（Pappano，1975；Crossley，1999）。酪胺的这种增强作用随着孵化期延长而增加，直到90%的孵育期才停止增加（Crossley et al.，2003b）。大量的数据表明自主神经系统的功能调控滞后于心脏的神经支配。

11.5.6.1.2　心脏胆碱能和肾上腺素能受体

很早以前就已经确定，在 10%的孵育期时，鸡胚起搏细胞就表达毒蕈碱型胆碱能受体（Cullis and Lucas，1936；Coraboeuf et al.，1970；Pappano and Lott felholz，1974）。刺激这些受体会产生 ACh 依赖性负性变时效应，这个效应能被胆碱能拮抗剂阿托品阻断。ACh 的负性变时效应的发育有两个阶段（Dufour and Posternak，1960）。在 15%～30%的孵育期时，ACh 敏感性的增加是由膜渗透性的改变而引起。在 40%～55%的孵育期时，是由心脏的功能性副交感神经支配而引起（Pappano，1977）。

在 10%孵育期时，起搏细胞表达的 β-肾上腺素能 1 型和 2 型受体（β1 和 β2）介导调节变时效应（Berry，1950；Fingl et al.，1952；McCarty et al.，1960；Lenselink et al.，1994）。起搏细胞对肾上腺素的敏感性在 60%～85%孵育期是恒定的，在随后的 85%～95%孵育期时敏感性降低（Löffelholz and Pappano，1974）。这种敏感度的降低与胚胎发育后期的循环系统中儿茶酚胺水平的升高有关（Crossley et al.，2003b）。在 20%的孵育期时，胚胎 β-肾上腺素能受体对 β-肾上腺素的刺激会作出变力性和变时性心脏效应（McCarty et al.，1960；Shigenobu and Sperelakis，1972；Frieswick et al.，1979；Higgins and Pappano，1981）。在白来航鸡，最大的肾上腺素能神经刺激产生持续的痉挛，但在 75%～90%孵育期时，胚胎脑室组织对异丙肾上腺素敏感性会增加，随后在孵化结束前减少，提示肾上腺素能神经敏感性随着发育而降低（Higgins and Pappano，1981）。在这个发育阶段，酪胺（10 mg/kg）对鸡胚胎心脏产生类似的变力和变时效应（Crossley，1999）。在肉鸡品系胚胎中，也显示在该孵育期间对肾上腺素敏感性随年龄增加而降低，这是由于 β-肾上腺素能受体的内在变化所致（Lindgren and Altimiras，2009）。总之，发育中的小鸡在孵育早期表现出 β-肾上腺素能介导的变力性和变时性心血管反应。

11.5.6.2　血管收缩性的发育

11.5.6.2.1　血管反应性调节

胚胎血液循环必须满足胚胎迅速增长的需求，同时也发育成其成年时的表型。成年鸡血管平滑肌和内皮细胞必须调节血管张力、血压和血流分布。在血管形态发生期间，血管平滑肌和内皮细胞必须增殖、迁移并产生细胞外基质，同时获得通过平滑肌活性调节血管张力的生理能力（Owens et al.，2004；Rzucidlo et al.，2007）。

如 11.5.2.1 所述，平滑肌收缩依赖于 Ca^{2+} 偶联的 MLCK 和 Rho 激酶途径对 MLC20 的磷酸化。在 50%的孵育期时，MLC20、MLCK 和 MLCP 在鸡胚胎血管平滑肌中就会表达（Ogut and Brozovich，2000）。在 40%孵育期时，胚胎主动脉就会因细胞内 Ca^{2+} 升高而迅速收缩。75%孵育期时，MLC20 磷酸化达到稳定水平（Ogut and Brozovich，2000）。使 Ca^{2+} 致敏的 Rho 激酶途径似乎在胚胎发育期间成熟。Rho 激酶通路抑制剂 Y-27632 和羟基法舒地尔（hydroxyfasudil）抑制股动脉和动脉导管的收缩（Greyner and Dzialowski，2008；Zoer et al.，2010）。Rho 激酶抑制剂的作用随着孵育时间的延长而增加，这表明 RhoA/Rho 激酶介导作用的增加使收缩性组织对钙的敏感性增加。

11.5.6.2.2　血管肾上腺素能受体

胚胎发育早期，血管系统即表达肾上腺素能受体。在 15%孵育期后，肾上腺素增加胚胎动脉压力，表明存在肾上腺素能受体并且具有功能（Hoffman and van Mierop，1971；Girard，1973）。利用特异性肾上腺素能受体激动剂和拮抗剂进行药物处理来鉴定受体类型，表明 α-肾上腺素能受体和β-肾上腺素能受体在30%孵育期时就存在（Saint-Petery and van Mierop, 1974; Koide and Tuan, 1989）。进一步研究胚胎血管床之间的差异证实，早在60%孵育期时肠系膜循环系统表达α-肾上腺素能受体（Rouwet et al., 2000）。鸡孵育期从70%增加到90%时，股动脉和颈动脉α1-肾上腺素能受体和非受体依赖性刺激收缩反应性增加（Le Noble et al., 2000）。相反，在胚胎发育过程中，所有肺动脉都缺乏α-肾上腺素能受体介导的收缩作用（Villamor et al., 2002）。刺激β-肾上腺素能受体在包括股动脉的一些血管中产生松弛作用。随着孵育期的延长，血管系统对β-肾上腺素刺激的敏感性和反应性都增加。

在15%孵育期时，虽然肾上腺素能受体在动脉血管系统显示功能，但交感神经调控存在延迟现象。在任何神经源性反射之前，外源性NE会引起动脉血管收缩（Le Noble et al., 2000）。鸡交感神经控制的动脉血管阻力似乎仅限于胚胎发育的后期阶段。在鸡胚胎发育后期，刺激血管周围神经引起股动脉收缩，然而不会使颈动脉和肺动脉产生反应。总之，最初来自循环系统的儿茶酚胺和后来的交感神经调控，都增强了血管系统肾上腺素能神经的控制。

11.5.6.2.3 血管胆碱能受体和内皮调节

禽类血管反应性的胆碱能控制出现在胚胎发育的早期。刺激毒蕈碱受体以一氧化氮（NO）介导的内皮依赖性方式，使鸡胚胎的主动脉、股动脉、颈动脉、肠系膜动脉、肺动脉和动脉导管舒张（Greyner and Dzialowski, 2008; Le Noble et al., 2000; Rouwet et al., 2000; Martinez-Lemus et al., 2003; Nishimura et al., 2003; Villamor et al., 2002）。这种内皮依赖性的NO介导的舒张对调节早期发育胚胎的循环系统至关重要。鸡在15%孵育期时，发育中的心血管系统的多个组织表达NO合成酶mRNA（Groenendijk et al., 2005）。在50%孵育期时，离体心肌细胞对硝普钠（NO供体）和L-精氨酸（NO前体）产生反应，表明NO/cGMP通路已经发挥作用（Ungureanu-longrois et al., 1997）。在50%孵育期时，离体绒毛尿囊膜（CAM）动脉在ACh作用下收缩（Lindgren et al., 2010），且NO使CAM血流量增加（Dunn et al., 2005）。在孵育早期，NO供体在不改变动脉阻力的情况下，可能通过静脉扩张降低心室前负荷（Bowers et al., 1996）。在45%孵育期时，硝普钠会引起血管舒张，表明参与cGMP活化的细胞通路已在早期成熟（Altimiras and Crossley, 2000）。此外，在鸡70%和90%孵育期时，NO有维持全身血管扩张的作用（Iversen et al., 已接受的文章）。最后，在内部和外部管道，肺循环和体循环动脉的内皮依赖性舒张是不变的（Villamor et al., 2002; Le Noble et al., 2000）。鸡在孵化期缺乏在新生哺乳动物中所观察到的肺动脉内皮功能的抑制效应。

在鸡胚胎中，内皮依赖性舒张的其他介质研究甚少。在50%和65%孵育期时，腺苷参与了CAM对缺氧的血管生成反应。在50%～70%孵育期时，腺苷使胚胎全身血管阻力降低（Adair et al., 1989）。已经在50%孵育期的胚胎红细胞上发现了腺苷受体（Glombitza et al., 1996）。这些研究表明鸡在发育期心血管系统中存在腺苷受体。

11.5.6.3 心血管自主调节的发育性整合

11.5.6.3.1 传入途径

禽类主动脉中的颈动脉体和特殊的机械感觉神经末梢提供主要的心血管反射。颈动脉体是感知动脉O_2和CO_2浓度及pH的外周化学感受器的主要位点（见11.5.4.1）。首先，在约25%孵育期时，出现由间充质样细胞组成的颈动脉体；到40%的孵育期时，已经迁移到成年时

颈动脉体的位置（Murillo-Ferrol，1967）。在60%孵育期时，实质中含有大量分散的颗粒细胞、血管球细胞或Ⅰ型细胞（Kameda，1994）。这些细胞的出现与血清素免疫反应性峰值（Kameda，1990），以及长轴突与血管球细胞突触连接的出现一致（Kameda，1994）。在70%孵育期时，发育中的血管球细胞已经表现成熟期的特征（Kameda，1994）。孵化后缺氧诱导血管球细胞儿茶酚胺分泌增加，并与本身的儿茶酚胺释放量降低相关（Donnelly，2005）。

心血管系统的反射性感觉传入纤维来源于结状神经节。结状神经节自细胞体出来后分叉，一个分支到达心脏和内脏，另一个分支在到达中枢，在中枢神经系统内及孤束核形成连接。神经节最初出现在15%孵育期时，随后神经节增殖，在30%孵育期时达到高峰。孵化时细胞凋亡导致细胞的数量减少（Harrison et al.，1994）。早期神经元发育不依赖于神经营养因子，当神经元向靶组织发展时，就会依赖于脑源性神经营养因子。胚胎发育过程中神经元的发育受其他营养因子如神经生长因子的调节（Hedlund and Ebendal，1980）。

总之，在孵育期的前半段时间，心血管反射性传入途径的发育与中枢神经系统的发生相关。动物孵化时，颈动脉体的敏感性增加，但发生在压力感受区域的变化仍是未知的。

11.5.6.3.2　心脏的紧张性调节

在胚胎发育早期，胆碱能紧张性活动作用似乎不参与维持基础心血管功能。在白来航鸡，胆碱能毒蕈碱受体拮抗剂阿托品仅在孵化前后才会改变其心率（Pickering，1895；Saint-Petery and van Mierop，1974；Tazawa et al.，1992；Crossley and Altimiras，2000），且对动脉压无影响（Tazawa et al.，1992；Crossley and Altimiras，2000）。然而，这对于禽胚胎来说并不是普遍现象，因为在阿托品调节心率反应方面，不同的物种存在差异（Crossley et al.，2003b；Swartet al.，2014）。早在60%～90%孵育期时，肉鸡、黑色矮脚鸡和红色丛林鸡等不同品种鸡的胚胎，存在对心率影响不同的胆碱能紧张性作用（Crossley et al.，2003b；Chiba et al.，2004；Crossley and Altimiras，2012）。如果缺乏胆碱能紧张性，也不能排除副交感神经系统有可能被激活并出现间歇性活动。鸡胚胎瞬时心率连续记录显示心率减速，可能是由于暂时性的副交感神经活动增强所致（Kato et al.，2002）。尽管在发育早期已表达胆碱能受体，并且在60%孵育期时，副交感神经传出通路在某些条件下已具有功能（Pappano et al.，1973），至少在孵化期的前半段时间内，心血管功能和持续发育没有受到胆碱能紧张性刺激。

相反，在大多数鸟类胚胎发育期间存在明显的肾上腺素能紧张性。在发育早期就出现α-肾上腺素能受体和β-肾上腺素能受体介导的心率和动脉血压的紧张性刺激（Saint-Petery and van Mierop，1974；Koide and Tuan，1989；Tazawa et al.，1992；Crossley and Altimiras，2000）。在30%孵育期时，就出现了一种对心率和动脉血压呈β-肾上腺素能正性变时的紧张性（Saint-Petery and van Mierop，1974；Girard，1973）。这个紧张性对基础性功能至关重要（Tazawa et al.，1992；Crossley，1999；Crossley and Altimiras，2000）。随着鸡胚胎从40%到95%孵育期，β-肾上腺素能变时紧张性从10%增加到20%（Crossley，1999）。用6-羟基多巴胺或神经节阻断剂药物阻断交感神经末梢后，胎心率基线不变（Tazawa et al.，1992；Crossley，1999；Crossley et al.，2003b），这表明鸡胚胎肾上腺素能心率紧张性来源于循环系统的儿茶酚胺。在孵育期的最后30%期间，在鸸鹋、家鹅和加拿大鹅中观察到类似β-肾上腺素能心率紧张性的变化（Crossley et al.，2003a；Swart et al.，2014）。

尽管β-肾上腺素能抑制剂通过直接介导心脏和起搏点组织而影响心脏，但从40%孵育期直到孵化结束时，α-肾上腺素能受体拮抗剂对心率的抑制作用机制尚不清楚（Koide and Tuan，1989；Tazawa et al.，1992；Crossley，1999；Crossley and Altimiras，2000）。尽管存在这种紧张性，且在孵育期60%～95%之间达到最大值，但据报道鸡心脏中不存在α-肾上腺素能受体（Crossley，1999；Chess-Williams et al.，1991）。因此，α-肾上腺素能受体阻断剂处理后，对α-肾上腺素能受体阻断所致的心动过缓效应可能会有明显的继发血管舒张效应（Crossley and Altimiras，2000）。血管舒张可在CAM血管系统中产生血液积聚，使静脉回流减少，或心率降低和心输出量（CO）减少。

11.5.6.3.3 血管紧张性的调节

成年脊椎动物的交感神经系统调节全身和局部的血管阻力和容量。由交感神经末梢释放及肾上腺髓质分泌的儿茶酚胺（肾上腺素和去甲肾上腺素）的变化介导调节血管紧张性。这些配体与不同类型的肾上腺素能受体（AR）结合，而不同类型的肾上腺素能受体在血管床的分布不均衡。这种分布方式使全身儿茶酚胺的释放产生不同的血液动力学反应。如果刺激是由交感神经末梢或者血液儿茶酚胺引起的，则不同受体活化而产生的血管紧张性与受影响的血管区域有关（Guimaraes and Moura，2001）。

维持血管收缩的α-肾上腺素能受体紧张性在一些血管床中是活跃的，且在30%～95%孵育期时即具有功能（Girard，1973；Saint-Petery and van Mierop，1974；Koide and Tuan，1989；Tazawa et al.，1992；Crossley，1999；Crossley and Altimiras，2000）。α-肾上腺素能受体介导的血管紧张性在骨骼肌中普遍存在，对心脏、肠和卵黄囊的作用是有限的（Mulder et al.，2001）。在CAM血管分支中没有进一步发现α-肾上腺素能受体，说明肾上腺素能受体类型呈区域性分布（Lindgren et al.，2010）。尽管时程尚未阐明，但在黑色矮脚鸡、红色丛林鸡和肉鸡中都观察到类似的强烈的α-肾上腺素能受体血管紧张性（Crossley，未发表结果；Crossley and Altimiras，2012）。在白来航鸡，可能维持胚胎血管紧张性的受体的亚型是α1-肾上腺素能受体，它对非特异性α-肾上腺素能受体拮抗剂（酚妥拉明）和α1-肾上腺素能受体特异性拮抗剂（哌唑嗪）有相似反应（Crossley and Altimiras，2000）。在白来航鸡胚胎孵化前，α-肾上腺素能受体参与介导的血管收缩从10%增加到55%以上，表现为依赖性增加（Crossley，1999）。在其他物种中进行的有限的研究表明，鸸鹋、家鹅和加拿大鹅的胚胎在最后30%的孵育期具有明显的α-肾上腺素能受体紧张性（Crossley et al.，2003a；Swart et al.，2014）。总之，鸡胚胎在大多数发育过程中依赖于α-肾上腺素能介导的血管收缩，这与所研究的其他禽类具有共同的特征。

在胚胎发育过程中，β-肾上腺素能受体血管舒张性与α-肾上腺素能受体介导的血管紧张性相拮抗。白来航鸡的β-肾上腺素能受体血管舒张性出现在30%孵育期时，从35%～60%孵育期时，β-肾上腺素能受体血管舒张性增加并保持稳定，直到最后5%孵育期时消失（Saint-Petery and van Mierop，1974；Crossley，1999；Girard，1973）。其他品系鸡在60%～90%孵育期时，存在一种活跃的抑制动脉血压的β-肾上腺素能受体紧张性（Koide and Tuan，1989；Tazawa et al.，1992；Crossley，未发表；Crossley and Altimiras，2012）。其他品系鸡和鸸鹋胚胎在90%孵育期时这种血管扩张力达到最大强度（Crossley，未发表的数据；Crossley et al.，2003b；Crossley and Altimiras，2012）。与鸡和鸸鹋不同，家鹅和加拿大鹅胚胎在 70%孵育期时具有 β-肾上腺素能受体血管扩张性，而在 90%孵育期时这种血管扩张活性消失（Swart et al.，2014），显然调节机制可能在物种间有所不同。

就像肾上腺素能紧张性对心率的影响机制，发育期间的肾上腺素能血管紧张性是由于循环血液儿茶酚胺的水平所致。这通过用 6-羟基多巴胺或六甲双胍神经节阻断后的试验数据证实，另外试验表明这些处理不会改变鸡胚胎的静息动脉压（Crossley，1999；Crossley and Altimiras，2000；Crossley et al.，2003b）。

11.5.6.3.4　压力反射性调节

发育中压力反射性功能的研究仅限于家鸡品种，并且仅侧重于表征心脏-肢体的反射数据或仅限于动脉压力变化对心率的影响（Altimiras and Crossley，2000；Elfwing et al.，2011；Mueller et al.，2013）。药理学评估（或 Oxford 法）和自发性压力反射敏感性评估，这两种方法可以定量检测鸡发育过程中压力反射的增加（灵敏度）和调定点（set point）的变化（Altimiras and Crossley，2000；Elfwing et al.，2011；Mueller et al.，2013）。每种方法都有其优点和不足，在一定程度上与所研究的品种有关，然而都表明在 80%孵育期（21 d 孵育期）时就存在压力反射功能（Altimiras and Crossley，2000；Elfwing et al.，2011）。除了在鸡发育过程中的压力反射发挥作用的时间变化外，还有压力反射功能变化的报道。反射的增加是在鸡孵化期间反映压力反射成熟的关键指标；然而，诸如调定点和阈值等指标也可以作为衡量指标。白来航鸡的鸡胚在 85%孵育期时压力感受器就发挥功能（Altimiras and Crossley，2000），但通过试验手段调节血压后，仅 17%的胚胎出现心率变化；在 90%孵育期时，这一比例迅速增加到 33%，孵化期末时压力反射增加了 5 倍（Altimiras and Crossley，2000）。使用自发性评估方法分析了肉鸡动脉压的自发波动和心率之间的相关性，在 80%的孵育期中这种反射功能发挥作用，从这一时间点到 95%孵育期时，压力反射的增加保持不变（Elfwing et al.，2011）。有趣的是，从 80%到 95%孵育期，肉鸡胚胎的自发压力增加相对恒定，平均为 59.8 kPa/min。在同一品种中，这个增幅比 Oxford 法测得的增幅要更高，后者在相同的发育时期内，逐渐从 10.9 kPa/min 增加到 30 kPa/min（Elfwing，2007）。以前人们关于每种方法的有效性存在争论（Di Rienzo，2001；Elfwing et al.，2011），这可能解释了鸡在个体发育过程中压力反射功能在这些报道的差异。总体而言，虽然以前的研究已经对禽类压力反射功能的个体发育进行了报道，但家鸡是唯一的生物模型。对不同禽类谱系的多个物种的不同发育期（早熟和晚熟）进行研究以确定禽类压力反射功能个体发育的共同点至关重要。

在个体发育过程中，研究压力反射功能与其他调节机制之间的相互作用同样具有重要意义；然而，尚未见全身性激素和中枢神经肽调节压力反射功能的研究。血管紧张素Ⅱ（AngⅡ）是一种重要的调节性多肽，对成年鸡体内血容量的稳定至关重要，且能促进一系列影响压力反射功能的信号通路的整合。AngⅡ在鸡胚胎中也能调节压力反射功能，在 90%孵育期时降低压力反射增益和调定点（Mueller et al.，2013）。鸡胚胎中的这种变化在一定程度上是由于迷走神经抑制的减少，这可能是已知的胚胎血浆中 AngⅡ水平升高所致（Crossley et al.，2010）。因此，为了深入理解这种反射的发育，压力反射功能的个体发育必须与胚胎心血管系统其他调节指标一起进行评估。

11.5.6.3.5 低氧心血管反应

除了探索成熟的成年动物缺氧对血压的反应外，胚胎心血管对缺氧的反应也是有效的评价手段，它可以评价环境损伤对发育调节机制的影响。在禽类个体发育过程中，缺氧被认为是一种有意义的自然现象（Andrewartha et al.，2011）。研究人员已经利用两种方法来描述减少氧气引起的心血管反应：持久和急性暴露于低氧。家鸡持久（>15 min）暴露于低氧在早期胚胎（15%～25%孵育期）引起的心率反应可以忽略不计，在孵育中期（67%～76%）心率降低，在孵育后期（95%～100%）心率增加（Khandoker et al.，2003；Andrewartha et al.，2011）。在持久暴露于低氧下，动脉压力和血流分布的变化尚待研究。

首先利用急性缺氧（<10 min）分析胚胎暴露于低氧对动脉血压的影响。通常低氧导致鸡胚胎血压过低，在整个胚胎发育过程中，对动脉血压的影响取决于低氧水平（Tazawa，1981；Crossley et al.，2003b）。鸸鹋胚胎在60%孵育期时也有类似的反应；然而，在孵化结束之前会转变成高血压反应（Crossley et al.，2003a）。急性缺氧也会降低鸡胚胎的心率，在43%～100%孵育期，其反应强度取决于氧的水平，与持久暴露于低氧所观察到的结果不一样（Tazawa，1981；Tazawa et al.，1985；Crossley et al.，2003a）。相反，在最后的30%孵育期中，低氧可以维持或增加鸸鹋胚胎心率（Crossley et al.，2003a）。对30%孵育期之后低氧暴露期间血流量的测定有限。Tazawa 等（1985）测定了鸡约在70%孵育期时胚胎尿囊动脉（供应CAM的主要动脉）中的血流量，低氧暴露后血流量略低于4.1～4.4 mL/min的基线值（Tazawa et al.，1985）。后来的研究表明，从孵育期的40%～76%，严重缺氧（0～5%O_2）会使鸡胚胎的尿囊动脉血流量降低多达0.7 mL/min（Van Golde et al.，1997）。在50%～90%孵育期间，常氧条件下CAM血管的心输出量（CO）在41%～52%变化，低氧所引起的血流量减少代表重要的流量重新分配模式（Mulder et al.，1997）。重新分配模式有利于增加心脏和大脑的血液灌注量，同时降低肝脏、卵黄和胴体的血流灌注量（Mulder et al.，1998）。直接测量股动脉血流量也能阐明低氧暴露期间肢体灌注量减少（Iversen et al.，已接受的文章）。总之，鸡胚胎暴露于急性低氧，整个心血管功能受到抑制。

在鸡胚胎中已经研究了心血管功能变化的机制。在白来航鸡43%～100%孵育期，缺氧能降低胚胎动脉血压（Crossley，1999）。最初，这种反应在一定程度上是由于O_2减少直接引起血管系统扩张所致（Crossley et al.，2003b）。在70%～90%孵育期，扩张是α-肾上腺素能受体和胆碱能受体受到刺激引起的，在最后约20%的孵育期是缓慢的β-肾上腺素能刺激引起的（Crossley et al.，2003b）。尽管血管胆碱能效应增加可能是由反射机制引起的，但在最终30%～40%的孵育期，肾上腺素能刺激是由于低氧暴露引起血浆儿茶酚胺含量的升高所致（Mulder et al.，2000；Crossley et al.，2003b）。最近的研究发现在70%～90%孵育期，引起鸡胚胎缺氧性低血压的另一个因素是NO介导的血管舒张作用（Iversen et al.，已接受文章）。

心率对缺氧的反应在一定程度上是由于低氧直接作用胚胎心肌和起搏点组织而引起（van Golde et al.，1997；Crossley et al.，2003b）。在最后10%孵育期，刺激α-肾上腺素能神经，以及通过低氧直接作用于自主神经末梢和嗜铬组织引起胆碱能抑制效应，均能影响低氧性心动过缓（Crossley et al.，2003b）。值得注意的是，α-肾上腺素能受体介导的CO再分配（包括优先灌注心脏）是鸡胚胎反应的重要组成部分，并且抑制作用可能有助于在低氧期间α-肾上腺素参与的变时效应（Mulder et al.，1998，2001）。

显然，必须研究多个物种的其他调节系统，来进一步建立胚胎心血管系统对缺氧时期反应的模式，然而胚胎可能依赖于外周机制，如 NO，而自主神经系统的作用很有限。

11.5.6.4　心血管功能的体液和局部效应的发育

许多激素在胚胎发育期间的心血管调节中发挥着积极的作用。研究最多的激素包括血管紧张素Ⅱ（AngⅡ）、内皮素（ET）和钠尿肽（NP），它们在成年鸡中的作用已在 11.5.2.3 中介绍。所有这些激素在鸡胚发育的相对较早的时间就已经发现。

在鸡胚胎发育早期就存在肾素-血管紧张素系统的组分。产蛋雌禽在新产蛋中可检测到 AngⅡ转换酶（ACE）。在发育的前 2d，整个胚胎的 ACE-mRNA 水平增加（Savary et al.，2005），且存在血管紧张素合成和信号转导的通路。在 15%～20%孵育期，心脏组织、臂弓组织和中肾组织均表达 AngⅡ受体 mRNA（Kempf and Corvol，2001）。CAM 至少在孵育期的后半期表达 AngⅡ受体（Moellera et al.，1996），并在 35%孵育期时对 AngⅡ出现反应（Le Noble et al.，1991，1993）。

血管紧张素Ⅱ（AngⅡ）似乎是鸡发育阶段心血管功能的兴奋性调节剂。在体内，从 60%孵育期至孵化结束，AngⅡ的量与动脉血压以一种剂量依赖性方式增加（Crossley et al.，2010）。此外，在同一时间内，鸡胚胎体内的循环 AngⅡ含量较高，并阻断 ACE，引起 90%孵育期胚胎的血压相对较低（Crossley et al.，2010；Mueller et al.，2013）。尽管胚胎动物与成年鸟类相似，对 AngⅡ的反应均是血压升高，但胚胎缺乏成年禽类中报道的初始 AngⅡ诱导的低血压过程（Crossley et al.，2010）。鸡胚胎也不完全依赖 α-肾上腺素能受体刺激 AngⅡ引起高血压；在孵化前，AngⅡ 1 型受体拮抗剂（AngⅡ 1R）对胚胎无效（Crossley et al.，2010）。早在 50%孵育期时，ACE 在主动脉上就有活性，并随着鸡胚发育而活性增加（Topouzis et al.，1992）。在鸡胚 90%孵育期时，血管紧张素还可以使鸡胚离体主动脉环舒张（Nishimura et al.，2003）。这些离体血管缺乏交感神经传入，将只产生一个收缩反应。综上所述，实验证实 AngⅡ是鸡胚胎心血管调节的重要组成部分，与成年鸡的心血管反应既有相似也有不同之处。

在发育的心脏中，AngⅡ的 1 型和 2 型受体（Rabkin，1996）均存在。在 85%孵育期时，AngⅡ可以作用于发育鸡的心脏产生正性变力作用（Freer et al.，1976）。在 35%～90%孵育期间，暴露的 AngⅡ通过激活 AngⅡ 1 型受体（AngⅡ 1R）和上调肌球蛋白轻链引起心脏肥大（Mathew et al.，2004；Baker and Aceto，1990；Aceto and Baker，1990）。可见的心脏肥大可能是由于 AngⅡ对心脏的直接作用和/或作为对胚胎血管功能变化的反应。血管紧张素在鸡心血管发育和调节中的作用是显而易见的，体内研究可进一步阐明其作用的重要意义。

局部产生的血管收缩剂——内皮素在鸡的整个发育阶段的心血管系统中广泛表达（Kempf et al.，1998）。心肌和血管系统在 15%的孵育期时表达内皮素受体亚型 mRNA 转录产物（Groenendijk et al.，2008）。内皮素转换酶 1 最早在 20%孵化期时能检测到，可激活内皮素（Ballard and Mikawa，2002；Hall et al.，2004）。在体内和体外研究中发现内皮素会引起心血管功能的变化。在 20%孵育期时，体内给予内皮素拮抗剂会降低心脏功能（Groenendijk et al.，2008）。从 50%孵育期胚胎获取心肌细胞进行体外培养，观察到内皮素介导的正性变力作用（Bézie et al.，1996）。采用肌动描记研究离体的主动脉、肺动脉和动脉导管均显示内皮素可引起血管收缩（Wingard and Godt，2002；Villamor et al.，2004，2002；Martinez-Lemus et al.，2003；Agren et al.，2007）。在孵化结束之前，内皮素-1 增多可引起主动脉壁张力增加，这对于鸡雏破壳可能非常关键（Martinez-Lemus et al.，2003；Villamor et al.，2004）。

钠尿肽有助于调节钠和水的平衡并维持心血管稳态（Takei，2000；Toop and Donald，2004；Trajanovska et al.，2007）。哺乳动物表达三种钠尿肽亚型：心房钠尿肽（ANP）、B 型钠尿肽（BNP）和 C 型钠尿肽（CNP）。心室体积的增加可使心室肌细胞产生并释放 ANP 和 BNP（Takei，2000；Toop and Donald，2004；Trajanovska et al.，2007）。鸡基因组有 4 个潜在的钠尿肽基因，包括 BNP 和 CNP（Houweling et al.，2005；Trajanovska et al.，2007）。早在胚胎发育的 20%时，钠尿肽就出现血管舒张效应（Nakazawa et al.，1990）。对离体心肌细胞的研究表明，在 50%孵育期时，心肌细胞开始对钠尿肽有反应（Bézie et al.，1996；Koide et al.，1996）。这些研究表明，钠尿肽受体既存在于发育阶段胚胎的心脏中，也存在于血管系统中。还有一些迹象表明内皮素和钠尿肽相互作用以调节鸡胚胎的心肌细胞收缩性（Bézie et al.，1996）。钠尿肽在发育过程中的功能仍有待于进一步充分研究。

11.6 环境心血管生理学

11.6.1 飞行

鸟类飞行需要呼吸系统和心血管系统的配合，为肌肉的活动提供充足的 O_2，因为鸟类在活动时测量这些参数本身很复杂，所以很少有测定飞行的心血管调节的研究。两个最完整的测定心血管和呼吸功能的研究是在家鸽（*Columba livia domestica*）飞行中进行的（Butler et al.，1977，Peters et al，2005）。在风洞速度为 10 m/s（Butler et al，1977）或 18.4 m/s（Peters et al.，2005）的情况下飞行时，家鸽耗 O_2 量较正常情况下分别增加了 10 倍和 17 倍。在飞行过程中，心输出量（CO）增加了 7.4 倍，血氧摄取增加了 2.4 倍，增加的 O_2 输送满足了飞行过程中肌肉的代谢需求。在飞行过程中，心率（在这些动物中 CO 增加的主要机制）从安静状态下 110 次/min 增加到飞行状态下的 663 次/min（Peters et al.，2005）。家鸽在飞行过程中由于运动引起的心率增加幅度与蝙蝠飞行的情况类似，但比哺乳动物奔跑时的心率要大（Peters et al.，2005）。

CO 和氧气消耗变化的多少取决于鸟类的飞行方式。例如，在鸟类翱翔和滑翔时，飞行时的心率与安静状态下的心率相似，而鸟类在起飞过程中，加速度最大，振翅飞行时，心率增加 2.2～7.4 倍（Peters et al.，2005，Sapir et al.，2010，Sakamoto et al.，2013）。黑眉信天翁（*Thalassarche melanophrys*）的心率、飞行方式与振翅所耗费时间之间有显著的相关性（Sakamoto et al.，2013）。海角塘鹅（*Morus capensis*）从滑翔到振翅的过渡期间，心率几乎瞬间发生变化（Ropert-Coudert et al.，2006）。虽然飞行方式与心率变化有关，但飞行速度似乎不会改变心血管参数（Ward et al.，2002；Ros et al.，未发表数据）。风速在 0～16 m/s 间变化时，飞行的鸡尾鹦鹉（*Nymphicus hollandicus*）的心率是相对恒定的，平均为

817 次/min，比安静时的水平增加了 2.3 倍（Ros et al.，未发表数据）。

在鸟类飞行过程中，随着 CO 在飞行肌中分布的增加，组织灌注也可能会改变，然而迄今为止这个参数尚未被量化。目前只获得了鸟类行走和跑步过程中骨骼肌灌注的量化数据。Ellerby 等（2005）发现鸟类双足行走时，运动肌灌注显著增加。珍珠鸡（*Numida meleagris*）随着行走速度提高到 $V_{O_2 max}$ 的 90%，心率和每搏输出量的增加能使 CO 增加 4.9 倍（Ellerby et al.，2005）。大部分增加的 CO 分布在腿部肌肉，而流向脑、脾、胃、胰腺、小肠和肾脏的血流量没有变化。Bech 和 Nomoto（1982）报道，北京鸭（*Anas domesticus*）在运动平板上跑步时坐骨动脉血流量增加 3.7 倍，这表明在这一种类中有类似的 CO 变化。北京鸭游泳时腿部肌肉组织灌注增加 5 倍，接近最大维持率（Butler et al.，1988）。因此，可以推断，在中等强度飞行到高强度振翅飞行中，飞行肌的血液灌注也会有类似的增加。相比之下，滑翔引起的肌肉单位时间的血流量变化有限，特别是考虑到在滑翔期间预期的 CO 会更低。

11.6.1.1　海拔高度

一些鸟类物种，如斑头雁（*Anser indicus*），它们每年在海拔 5 500～7 250 m 的高山区进行迁徙（Hawkes et al.，2012），在脊椎动物当中是独一无二的。在如此高的海拔之下，会使吸入体内的氧分压（P_{IO_2}）下降至大约 50 mmHg，相当于海平面氧分压的 7%。在 O_2 瀑布（O_2 cascade）中，最大有氧代谢能力受限于心血管系统中 O_2 的对流运动（Hillman et al.，2013）。因此，为了能在高海拔地区低 O_2 环境下剧烈运动，斑头雁的心血管系统也应发生相应的调整，适应高强度的有氧代谢活动。William 博士团队的大量研究已经证实了斑头雁（*A. indicus*）心血管功能的适应性调整，低地物种的鸟类在安静状态下和飞行过程中的 O_2 消耗水平都会下降。Scott 和 Milsom（未发表数据）比较了安静状态下斑头雁（*A. indicus*）和北京鸭（*A. domesticus*）在遇到 O_2 水平下降时的心血管参数。安静状态下的斑头雁在吸入的 O_2 水平低至 4%时，仍能维持平均动脉压，而北京鸭在 O_2 水平为 7%时，平均动脉压即开始下降。他们发现，为了适应降低的吸入 O_2 水平，斑头雁的心率能从安静状态下的 160 次/min，增加到超过 300 次/min。相比之下，北京鸭的心率从 130 次/min 仅提高到 190 次/min，以应对同样的缺氧挑战。在比较斑头雁和白颊黑雁（*Branta leucopsis*；图 11.57；Lague et al.，未发表数据）时，相似的应对能力差异也很明显。当吸入的 O_2 从 12%降至 7%时，在维持耗氧时，斑头雁的心率增加超过 40%，CO 增加量超过 100%。相比之下，白颊黑雁由于心率下降了 4%，CO 增加相对较少，仅有 10%，因此 O_2 的消耗下降了 18%。

在活动过程中，在低 O_2 环境下提高心率的能力是最主要的，这一结论已经在斑头雁中得以证实。当飞行速度在 45～55 km/h 之间时，斑头雁的心率比安静状态下增加大约 2.5～3 倍，耗氧增加 16 倍。初步分析在 21%、10.5%和 7% O_2 条件下的心率数据，表明在低氧飞行条件下（这些条件与其迁徙行为中所遇到的氧气水平相同），这些动物始终能保持逐渐升高的心率以及与之对应的 CO 水平（Meir et al.，2013）。因此，这些动物能够用于观察从安静状态到快速低氧飞行条件下的心血管变化。

在 O_2 利用率下降或心肌需氧量增加时，冠状血管扩张对维持 O_2 输送至关重要。这些因素可能在高海拔飞行的鸟类中同样发挥作用。已有报道证实在海平面上，当 P_{IO_2} 为 142 mm Hg 时，北京鸭和斑头雁冠状动脉灌注达 3.5 mL/（min·g）（以每克心脏湿重计）（Faraci et al.，

1984)。北京鸭和斑头雁在严重缺氧状态下(28 mmHg $P_{I_{O_2}}$)能利用缺氧冠状血管扩张使冠状动脉的血液灌注分别增加5.5倍和2.7倍(Faraci et al., 1984,图11.58)。虽然斑头雁能完成高空飞行,但与北京鸭相比,它们在低氧条件下,不能增加冠状动脉的血液灌注到相同的程度。这可能是因为斑头雁与其他种类的鸟类相比,心室毛细血管密度更大而得以补偿(Scott et al., 2011)。

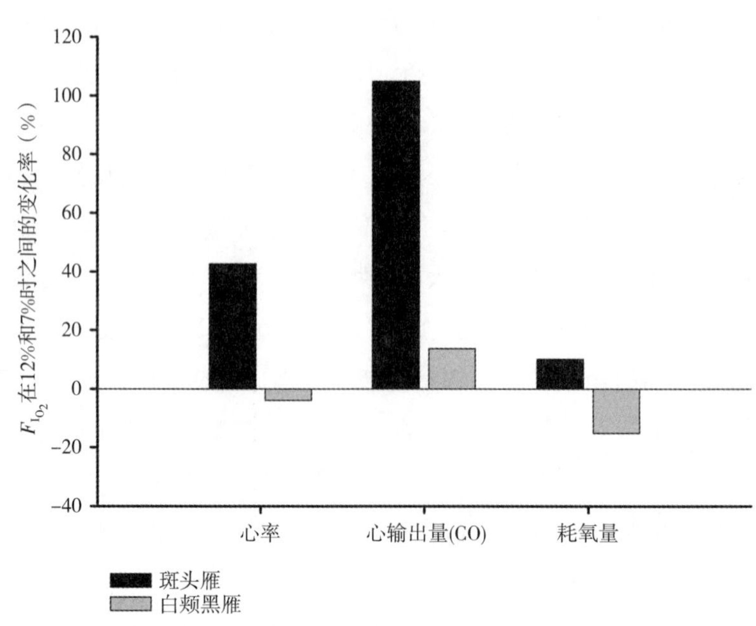

图11.57 斑头雁和白颊黑雁在安静状态下吸入的$F_{I_{O_2}}$从12%下降到7%时的心率、心输出量和耗氧量变化率

引自Lague等(未发表数据)。

在哺乳动物中,CO_2也是一种有效的冠状血管扩张剂,与心肌中有氧代谢增强从而增加O_2传输速率有关,而低碳酸血症则会增加冠状动脉耐受,降低冠状血管灌注。这在高海拔迁徙飞行过程中显然不利。有趣的是,在斑头雁中,冠脉血流量和$P_{a_{CO_2}}$之间的关系与哺乳动物相比差异较大。在哺乳动物当中,当$P_{a_{CO_2}}$范围在30~60 mmHg之间时,冠脉血流量与$P_{a_{CO_2}}$呈线性增加关系。但是,在低碳酸血症的条件下,当$P_{a_{CO_2}}$在30 mmHg甚至更低的情况下,$P_{a_{CO_2}}$对冠状动脉的血管阻力似乎不发挥作用(Faraci and Fedde, 1986)。这是否是在高海拔飞行时保障心肌氧输送的机制还需要进一步确定。

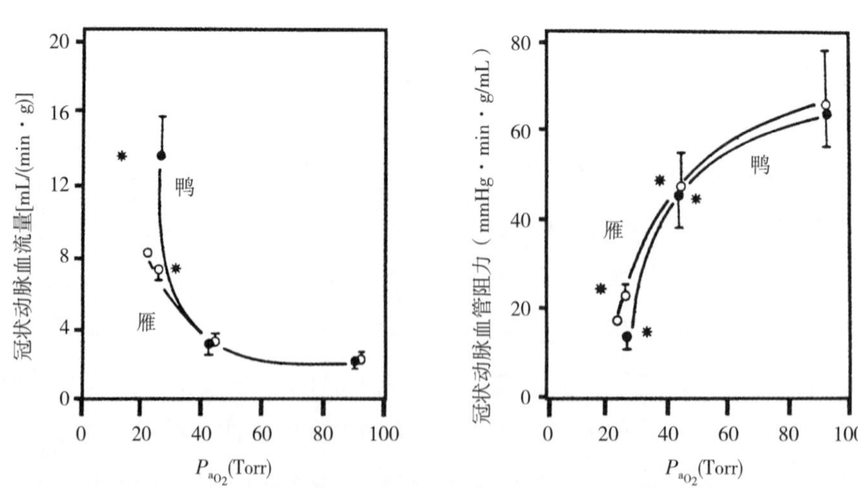

图11.58 北京鸭和斑头雁冠状动脉循环对缺氧的反应

以动脉O_2分压($P_{a_{O_2}}$)为函数的冠状动脉血流量[mL/(min·g)](左);冠状动脉血管阻力(mmHg·min·g/mL)(右)。所有值都是均值±S.E.;n=5,除了25 Torr处,表示两只斑头雁的曲线绘制情况。星号表示与正常含氧量(最高$P_{a_{O_2}}$水平)相比差异显著,$p \leqslant 0.05$。引自Faraci等(1985)。

在高海拔地区活动时,组织中$P_{I_{O_2}}$会降低,发生低碳酸血症。低碳酸血症和继发呼吸性碱中毒是由持续的低氧血症驱动通气增加了CO_2排出所致(Faraci et al., 1985; Scott and

Milsom，2007）。这种情况可能会极大地影响组织代谢功能，对高需氧组织中枢神经系统的影响最大。在灰雁中，$P_{a_{CO_2}}$ 从 50 mmHg 降至 20 mmHg 时，脑血流量也会随之减少，随后会达到一个平台期；然而，当 $P_{a_{O_2}}$ 降至 20 mmHg 以下时，脑组织中的 P_{O_2} 会持续下降，这表明脑血管对这两种情况的敏感性存在差异（Bickler and Julian，1992）。CO_2 通常是脑循环内有效的血管扩张剂（Faraci and Fedde，1986；Grubb et al.，1977）；然而，灰雁（*Anser anser*）和北京鸭的脑血管系统相当不敏感，但斑头雁对低碳酸血症非常敏感（Bickler and Julian，1992；Faraci and Fedde，1986；Grubb et al.，1977）。

鉴于鸟类物种栖息时的海拔范围和季节性迁徙时短时间内经历的海拔范围，飞行肌中毛细血管的差异也可能与飞行海拔相关。可以预测，高海拔地区鸟类肌纤维中的毛细血管密度较大，从而增加了毛细血管和肌纤维之间的接触总面积。这种特征在许多高海拔飞行的鸟类物种中较为明显，且都具有相对较多的肌肉毛细血管和较小的肌纤维尺寸。与低地鸟类物种相比，来自海拔 4 200 m 的斑头雁和安第斯骨顶鸡（*Fulica ardesiaca*）的胸肌以及安第斯骨顶鸡的某些肢体肌肉中，每根肌纤维的毛细血管数量都比低地物种多（Scott et al.，2009；Leon-Velarde et al.，1993）。另外，在斑头雁中，需氧纤维的线粒体重新分配，使其与毛细血管相邻（Scott et al.，2009）。这些补偿性变化也可以在个体发育过程中诱导，如在低氧条件下孵化的加拿大黑雁，毛细血管与肌纤维比有所提高，扩散距离也可能会变化（Snyder et al.，1984；Snyder，1987）。相反，与海平面上的对照组作比较，飞行在海拔 3 800 m 的野生成年鸽具有与之相似的毛细血管形状和密度（Mathieu-Costello et al.，1996）。有些因素也同等重要，如 P_{50} 的改变、血液的携氧能力以及肌纤维的肌球蛋白含量，也是重要的适应性反应。有研究证实，适应了高海拔环境的未经驯化的鸽（Weinstein et al.，1985）和斑头雁（Scott，2011）提高了携氧能力和组织摄氧能力。总之，虽然目前对适应高海拔飞行动物的心血管和呼吸调节的认识已经取得了一定进展，但仍需进一步深入研究，以解释鸟类在低氧环境中维持活动的能力。

11.6.1.2 迁徙

许多鸟类每年都会进行大规模的迁徙，这就涉及长时间的连续禁食飞行。候鸟在器官大小和质量上表现出非凡的表型可塑性。这种器官质量的可塑性表现为心脏和其他器官的肥大，类似于在蛇等不频繁摄食的爬行动物中观察到的可塑性（Secor and Diamond，1998；Andersen et al.，2005）。例如，白颊黑雁在迁徙前心脏肥大，约占体重的 1.1%（Bishop et al.，1995）。相比之下，普通鸟类的心脏大约为体重的 0.8%（见 11.2.1.2）。红腹滨鹬（*Calidris canutus islandica*）和斑尾塍鹬（*Limosa lapponica taymyrensis*）的心脏肥大与迁徙所需的动力增加有关（Piersma et al.，1999；Landys-Ciannelli et al.，2003）。穿越撒哈拉沙漠的庭园林莺（*Sylvia borin*）表现出心脏和飞行肌肉质量的减少，恢复饲养 9 d 后可恢复到之前的状态（Bauchinger et al.，2005）。长时间迁徙与心脏肥大相关的心血管生理学研究很少。斯瓦尔巴德岛的白颊黑雁在连续几天的迁徙过程中，心率从 317 次/min 降至 226 次/min（Butler et al.，1998）。Butler 等（1998）认为逐渐的心动过缓是由于随着体重下降，O_2 需求减少，而心脏质量在迁徙期间保持不变。因此，心输出量（CO）的变化似乎受心率变化影响最大。在迁徙之前、迁徙期间和迁徙之后，心肌质量的这些变化如何影响这些物种的心血管功能和表现，还有待进一步观察。

11.6.2 游泳和潜水

鸟类能进行水面上游泳、水面下游泳或潜泳。凤头潜鸭（*Aythya fuligula*）以最大持续速度进行水面上游泳时，CO 从 276 mL/min 增加到 466 mL/min，增长率为 70%（Bevan and Butler，1992）。与飞行时一样，游泳与区域血管灌注的变化有关，心肌血流量和活动的腿部肌肉血流量分别增加了 30%和 300%，而流向其他区域的血流量保持不变或减少（Bevan and Butler，1992）。类似的方式在美洲潜鸭（*Aythya americana*）中也很明显，美洲潜鸭在短时间的水下游泳期间，后肢血流灌注增加 200%～500%（Stephenson and Jones，1992）。显然，在游泳过程中发生选择性灌注可能是通过活动肌肉中的血管舒张和内脏器官及不活动肌肉中的血管收缩之间相互作用引起的（图 11.59；Butler et al.，1988；Bevan and Butler，1992）。

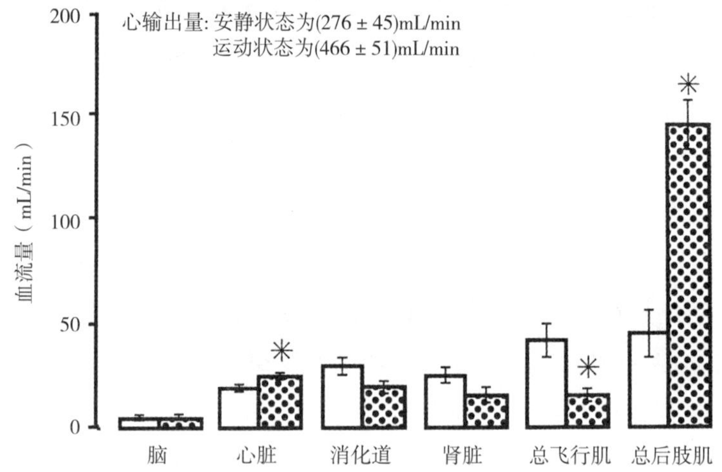

图 11.59 直方图显示了 6 只凤头潜鸭游泳之前（空白框，血液平均流速为 0.01m/s）和游泳时（阴影框，血液平均流速为 0.69 m/s），流向选择的血管床的平均血流量

＊表示运动前和游泳时的血流量差异显著（$p<0.05$）。引自 Butler 等（1988）。

在潜水过程中，动物潜水期间必须依靠体内有限的 O_2 储备维持运动。大多数动物潜水的时间比有氧潜水极限（aerobic dive limit，ADL）要短。有氧潜水时间的长短，取决于体内 O_2 储备的多少。许多潜水的鸟类，如鸭和鸬鹚，进行多次持续时间不超过 60 s 的短暂潜水。其他一些物种，如帝企鹅（*Aptenodytes forsteri*），潜水时间可超过 20 min（Meir et al.，2008）。这些不同的潜水行为，必然导致鸟类物种具有不同的生理特性，以确保 O_2 的有效运输。然而，无论潜水时间多长，心血管的反应模式都是相似的。

心血管在自愿潜水时的时相，包括即将潜水前的初始阶段的心动过速，以及潜水后心动过缓。在身体舒展开来之后，通常会有一个潜水后心动过速期。潜水前期和后期的心动过速，有助于补充 O_2 储备并排出 CO_2（Butler and Jones，1997）。在许多物种中，潜水时的心动过缓并不是真正的心动过缓，与安静状态下的心率相比，潜水时的心率仍然是加快的。

Jones 和 Holeton（1972）、Lillo 和 Jones（1982）、Jones 等人（1983）、Smith 和 Jones（1992），以及 Bevan 和 Butler（1992）的研究表明，潜水鸭在潜水期间，在造成心输出量（CO）大幅降低的过程中维持了每搏输出量，表明在这些过程中，调控 CO 的主要因素是心率。此外，最小心率、潜水时间与潜水深度之间呈负相关（Bevan et al.，1997；Meir et al.，

2008)。潜水时心动过缓的程度可能与血氧水平的变化相关，受副交感神经传出变化的调节（McPhail and Jones，1999）。双冠鸬鹚（*Phalacrocorax auritus*）在潜水时，浅潜期的心率取决于吸入的 O_2 水平（Enstipp et al.，2001）。潜水前吸入含氧量低的气体，会导致心动过缓加剧，而预先吸入含氧量高的气体，则会引起相反的效应。在小斑背潜鸭（*A. affinis*）中也观察到了吸入的 O_2 水平和潜水期间的类似变化（Borg et al.，2004）。

科学家在企鹅中开展了大量研究，以了解它们延长主动潜水时间的能力。帝企鹅的潜水时间如果超过有氧潜水极限，在返回水面之前会变得相对心动过缓（Meir et al.，2008）。小斑背潜鸭仅在强迫潜水期间将心率降低到安静状态水平以下（Borg et al.，2004）。在 30 min 的长时间自愿潜水期间，或者如果该物种暴露于 9%的 O_2，则在潜水后期心率会降至安静状态水平以下，这表明真正的潜水心动过缓可能仅在血液 P_{O_2} 水平严重降低时才发生（Borg et al.，2004）。现已证明在应对潜水时，组织灌注发生的变化与心率有关。帝企鹅在长时间的潜水期间，血液乳酸水平上升，表明潜水期间流向骨骼肌的血流量发生了改变（Ponganis et al.，2009）。有氧潜水极限（ADL）是潜水变为无氧运动的持续时间，可以用潜水后恢复的血液乳酸水平来指示。大部分鸟类进行多次短期潜水达到他们的有氧潜水极限；但是在一些鸟类中，渡过有氧潜水极限期后其体内血液乳酸仍保持较低水平，在潜水后（即潜水结束返回水面时）血液乳酸水平才会升高。也有数据表明，帝企鹅可能有动静脉短路血管流经四肢（Ponganis et al.，2009）。Ponganis 等（2009）提出，该短路血管可能在潜水的初始阶段十分重要，能够促进 O_2 从气体交换表面运输到静脉系统。

目前已经在一些鸟类中探索了心血管系统应对潜水过程的调节。现已证实在潜水鸭的自愿潜水中，压力感受器传入在产生或维持心率方面没有直接作用，因为这些动物在动脉压力感受器去神经支配之后显示出与之前相同程度的心动过缓（Furilla and Jones，1987a）。然而，压力感受器可能在控制被训练成自愿潜水的绿头鸭的心率（*A. platyrhynchos*）中发挥作用。潜水前，绿头鸭的心率在100～500 次/min 之间，但不管潜水前的心率如何，潜水期间的心率都趋于 250 次/min（Furilla and Jones，1987b）。这种反应说明在自愿潜水期间，心率被调节到一个固定值。切除双侧主动脉神经，去除压力感受器传入后，能消除潜水心率接近“调定点”（set point）的趋势；压力神经去除后的潜水心率与潜水前心率相差不大（Furilla and Jones，1987b）。鉴于压力反射通常通过调节 CO 和血管阻力来调节血压，因此心率的压力感受器依赖性调定点的生理值是不确定的。目前尚未确定绿头鸭在自由潜水期间动脉血压的变化。然而，在这些条件下调节心率可能有一些潜在的好处。如果真是这样的话，那么在心缩期对中枢神经系统的强相压力感受器（strong phasic baroreceptor）传入，是心率相关信息的主要传入反馈通路。

潜水鸭的鼻腔感受器和绿头鸭的化学感受器受到刺激，是潜水心动过缓发生的直接原因（Furilla and Jones，1986，1987a，b）。在实验条件下，反复淹没潜水鸭或绿头鸭的头部，适应 100～200 次后，会引起心动过缓反应（图 11.60；Gabbott and Jones，1987）。然而，在绿头鸭中，延长淹没时间至 40 s 以上时，几乎消除了心脏对淹没反应的心率减缓。很明显，在绿头鸭中，来自颈动脉体化学感受器的信号输入对超过 60 s 以上的淹没特别敏感。同样，在淹没动物之前，先使已经习惯于淹没的动物暴露于含氧量 10%或 15%的空气中，会造成明显的心动过缓，尽管下一次试验在呼吸室内空气之后，引起习惯性心脏反应。有趣的是，吸入含氧量低的空气后，潜水心率不受训练的影响。因此，化学感受器的传入可以被驯化，驯化后将与未驯化的鸭中是相同的，因为在被淹没 40 s 后，血气水平是相同的。驯化反应发生在中枢神经系统内，低于丘脑水平。通过手术切除高位脑中枢的动物，可以像鸭一样，很容易进行训练（Gabbott and Jones，未发表的数据）。

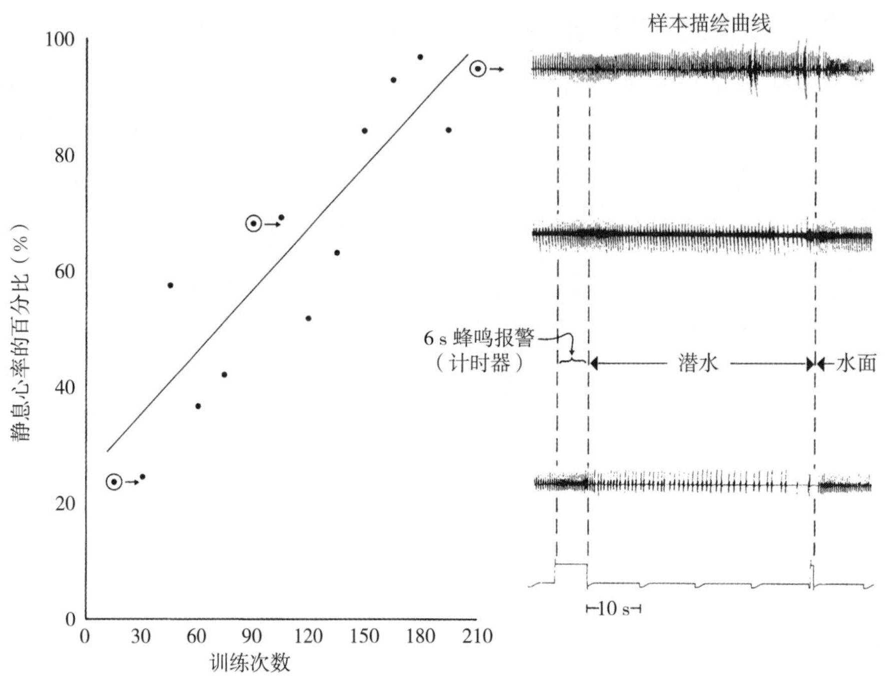

图 11.60 在北京鸭的重复下潜试验中，下潜 40 s 时出现心动过缓程度降低，每一次试验包括一个 6 s 蜂鸣报警（计时器）及紧随其后的 40 s 下潜

该图是在试验后期获得的一部分静息心率的百分比与试验次数之间的对应关系。样本的心电图取自系列下潜试验的第 1 次（底部曲线）、第 90 次（中间曲线）和最后 1 次（顶部曲线）。引自 Gabbott 和 Jones（1987）。

即使 CO 在潜水期间有所减少，脑血管和胸腹腔血管的灌注速率仍然能够维持或高于潜水前水平（Heieis and Jones，1988；Jones et al.，1979）。野鸭和北京鸭被淹没前，平均心肌血流量为0.73 mL/（min·g），被水淹没 144～250 s 后平均心肌血流量为 0.88 mL/（min·g）。在此期间，脑血流量从 0.43 mL/（min·g）增加到 3.68 mL/（min·g）。将北京鸭强行淹没，直至 P_{aO_2} 下降至50 mmHg，脑血流量由 1.58 mL/（min·g）增加至 3.2 mL/（min·g）。显然，无论测量的绝对值范围有多大，脑血流量在强迫淹没性窒息时增加，以维持 O_2 输送到脑组织。在北京鸭中，似乎没有出现血液从低氧耐受区域向大脑这样对低氧更敏感的区域的再分配现象（Stephenson et al.，1994）。但是，已有研究提出在新生哺乳动物中，存在这种应对低氧窒息时脑血流量在不同区域发生变化的现象（Goplerud et al.，1989）。

致谢

本章大量引自由 Frank M. Smith、Nigel H. West 和 David R. Jones 撰写的第五版的“心血管系统”。

参考文献

（王金泉、赵红琼、王菊花、史慧君、姚刚译，周杰校）

第12章 渗透调节系统

Eldon J. Braun

12.1 引言

为便于阐述鸟类的渗透调节方式，本章首先介绍脊椎动物渗透调节方面的一些共性知识。动物机体细胞外液中含有充足的水分，以维持细胞的正常功能。但动物的生活范围非常广泛，从干燥缺水的沙漠到水量充沛的环境（但有的可能是咸水或海水）均有动物栖息。因此，动物机体内环境中的水量受外界环境的影响。根据内环境中水和离子的稳态情况，可将动物分为变渗性动物（osmoconformers）和调渗性动物（osmoregulators）两类。

大多数脊椎动物（包括鸟类）属于调渗性动物，但栖息在海洋环境中的部分脊椎动物，如盲鳗、鳐鱼和鲨鱼却是例外，它们均为变渗性动物（Somero，1986）。变渗性动物细胞质的成分是可以调节的，其细胞外液与周围海水等渗，但对于单个离子来讲却不是等渗的（Somero，1986）。有些动物细胞外液中的有机溶质浓度对水进出细胞产生影响。生活在海水环境中的鲨鱼就是一种变渗性动物（Somero，1986）。这些动物的细胞外液与海水等渗，但单个离子不等渗。渗透压（osmolality）的差异是由尿素和三甲胺（trimethylamine，TMO）两种有机溶质的差异造成的（Yancey and Somero，1979）。由于尿素可使蛋白质变性，因此尿素不可能是这些动物体内唯一的有机溶质；TMO作为蛋白质的保护剂，可防止尿素潜在的负面效应。

北温带气候区的树蛙是淡水动物中一个很好的例子。树蛙体内的有机溶质可以防止环境变化对细胞外液带来的不良影响（Zhang and Storey，2012）。深秋季节，当环境温度下降时，树蛙钻入淡水池塘的泥中，身体与周围环境一同冰冻。但是，当树蛙组织冰冻时，其细胞不会造成典型的冰晶损害。这是因为，随着环境温度的下降，树蛙的肝脏会动员产生大量的葡萄糖。这些葡萄糖可以形成结构水，从而防止冰晶形成所造成的破坏性影响（Dieni and Storey，2010）。此外，冷水中的葡萄糖形成了玻璃层，该过程称为玻璃化，也可以阻止水自由通过细胞膜（Brüggeller and Mayer，1980）。此文仅列出2个进化的例子，说明有机溶质对液体跨膜转运的影响。

12.1.1 脊椎动物渗透调节器官

脊椎动物已进化形成了若干渗透调节途径，使其能够在各种环境中生存（表12.1）。从表中明显可见，除了哺乳类动物，其他所有脊椎动物都拥有多个器官和/或系统来维持体内渗透平衡。在不同鱼类中，有4种器官参与渗透调节。在两栖动物中，个别种类能够使用多达5种器官或系统维持体液和电解质的平衡。爬行动物可利用肾脏、肠道或膀胱进行渗透调节，因而，爬行动物渗透调节的方式是多样的。此外，很多爬行动物还通过盐腺进行渗透调节。哺乳动物与众不同，仅通过肾脏这一器官参与渗透调节。哺乳动物可以通过其他途径（皮肤、肺、胃肠道）排泄水和电解质，但其目的不是渗透调节。哺乳动物的膀胱转运离子和水的能力非常有限，因此，膀胱主要作为尿液的储存器官发挥排泄作用，它对哺乳动物渗透调节并不重要（Lewis，1977）。

表 12.1 脊椎动物的渗透调节器官

器官	鱼类	两栖类	爬行类	鸟类	哺乳类
肾脏	×	×	×	×	×
肠	×	×	×	×	
膀胱	×	×	×		
鳃	×	×			
盐腺			×	×	
皮肤		×			

12.1.2 鸟类的渗透调节

鸟类的渗透调节器官共有三种，数量处于哺乳动物和其他非哺乳动物之间。与爬行动物相似，多种鸟类拥有功能性盐腺。此外，和爬行动物一样，消化道后段是鸟类渗透调节系统的重要组成部分。尽管未对爬行动物进行彻底的调查，但鸟类消化道后段的渗透调节作用可能比其他脊椎动物更重要。

本章将从肾脏、消化道后段和盐腺3种器官介绍鸟类的渗透调节。

12.2 鸟类肾脏

从胚胎学的角度，脊椎动物的肾脏可以归类于四种发育类型（即从最原始的原肾到羊膜动物最发达的后肾）中的一种。鸟类属于羊膜动物，拥有后肾。后肾是鸟类孵出后的功能性排泄器官，但在胚胎发育期，肾脏的个体发生可概括为前肾和后肾两个原始阶段。孵化大约36 h可形成最初的肾脏，即前肾。前肾存在于最原始的脊椎动物，在鸟类则完全退化了。中肾是胚胎发育过程中形成的第二种排泄器官，与成年鱼类和两栖类的肾脏同源。中肾约在胚胎孵化到55 h开始发生，并通过中肾管连接到泄殖腔，但孵化至第4天的时候，中肾还没有完全形成。大约孵化5 d的时候，中肾肾小球血液循环形成。中肾发挥最大功能的时期是在胚胎孵化的第5～11天。大约在孵化的第11天，后肾开始发挥作用，而中肾则开始退化。在中肾发挥功能的高峰期，尿素是其主要的氮排泄物。一旦后肾成为发挥功能的排泄器官，鸟类的代谢也将发生改变，尿酸成为主要的氮排泄物（Patten，1951）。

许多小型哺乳动物的肾脏为典型的豆形单乳头型，但鸟类肾脏与此不同，它在身体的背腹部被压缩，尽管其形态上有所不同，但通常分成前、中、后三个肾叶（图 12.1；Hodges，1974；Johnson，1968；Braun and Dantzler，1972）。鸟类肾脏内部不像哺乳动物的单乳头型肾脏可以区分为明显的皮质和髓质。典型的鸟类肾脏由许多皮质肾单位组成皮质，这些皮质肾单位再合并形成髓质（图 12.2）。该结构让人联想到大型哺乳动物的多肾小叶型肾脏（Sperber，1944）。鸟类肾脏的皮质由大量的小型肾单位组成。这些小型肾单位没有髓袢（亨利氏袢，loops of Henle），仅由一条肾小管组成。肾小管共有 4 次弯曲折叠，并在中央传出静脉周围呈放射状排列。该肾单位以直角汇入集合管，因此其在逆流倍增（countercurrent multiplier，CCM）系统中不能起直接作用。这些肾单位基本上仅包括近端小管和远端小管。皮质深部有许多体积更大的肾单位，由高度盘曲的近端小管、亨利氏袢以及远端小管组成（图 12.3）。肾单位形态之间的过渡不是突然的，而是渐进的。无袢肾单位和有袢肾单位的数量随物种的不同而变化，但在所有物种中，无袢肾单位的数量远远超过有袢肾单位。目前，仅在很少的物种获得了这方面的数据。但是总体来说，鸟类的肾单位由 85% 的无袢肾单位和 15% 的有袢肾单位组成（Braun and Dantzler，1972）。

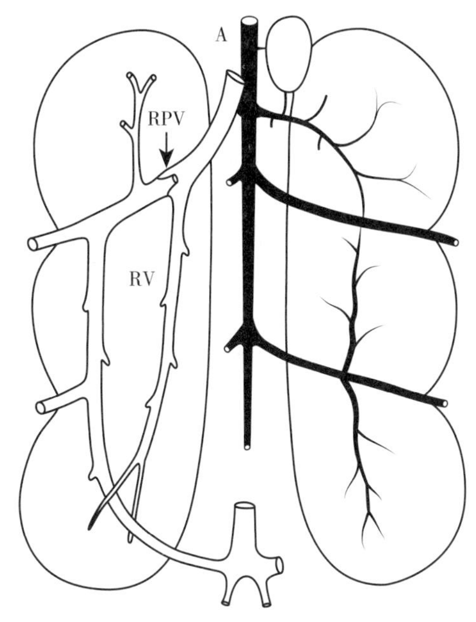

图 12.1 鸟类肾脏的表面解剖学，显示肾叶、动脉血供应、静脉回流以及肾门脉血流量

黑色代表动脉系统，中空代表静脉系统。A，动脉；RV，肾静脉；RPV，肾门脉瓣。改编自 Hodges（1974）。

肾脏髓质由小锥形结构（即髓质锥体）组成。锥体含有亨利氏袢、集合管和直小血管，这种逆流排列结构有利于 CCM 系统发挥作用，使鸟类肾脏能够生成高渗尿。

12.2.1 肾脏的血管解剖

鸟类肾脏的动脉血液供应来自降主动脉的三个分支（图 12.1）。较小的肾前叶和肾中叶由单独的动脉分支供应血液，而较大的肾后叶由主动脉分支供应血液。该主动脉分支在肾脏表面分为两支，这样就有两条动脉进入肾后叶的实质部分。动脉经过一系列的再分支，直至形成入球小动脉。入球小动脉进入肾小囊（鲍曼氏囊，Bowman's capsule）分支形成肾小球毛细血管，再汇合形成出球小动脉离开肾小囊，构成包绕肾小管的毛细血管网（肾小管周围毛细血管）。与所有其他非哺乳脊椎动物一样，鸟类也通过功能性的肾门脉系统为肾脏供应静脉血。肾门脉系统的末梢血管最终与出球小动脉形成的肾小管周围毛细血管网汇合（图 12.4）。经测定发现，这些血管的血压呈振荡曲线（Braun and Yokota，未发表的数据），但目前仍不能确定该血管网中的血流量是如何调节的。肾门脉系统接收来自后肢（髂外静脉）和后段消化道（尾部的肠系膜静脉和阴部静脉）的血液。髂总静脉上有一个平滑肌瓣膜，可以控制肾门脉血管流向肾脏的血量（图 12.5）。当瓣膜开启时，血流直接流向后腔静脉，而当瓣膜关闭时，血液将流向肾实质。试验数据显示，肾上腺素能递质刺激可引起该瓣膜关闭，胆

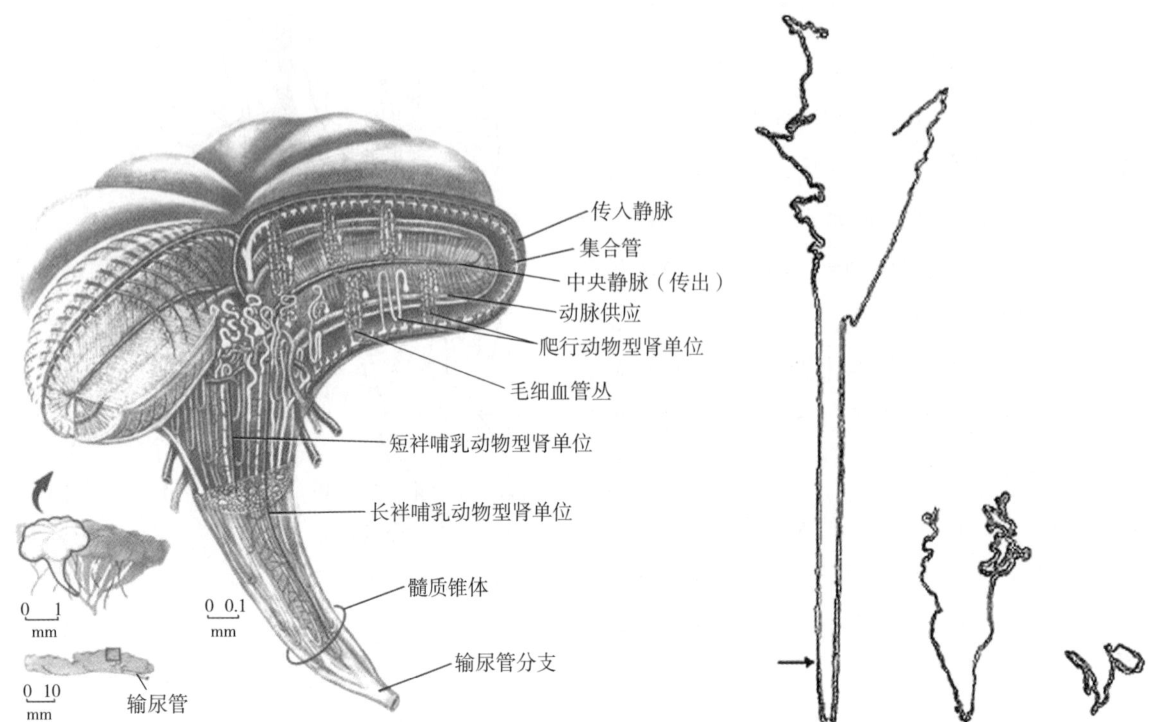

图 12.2　鸟类肾脏的内部解剖图，本图根据沙漠鹌鹑肾脏解剖结构绘制

全肾绘制在图的左下方。肾的皮质区由围绕着中央传出静脉排列的无袢肾单位组成。肾单位以直角汇入集合管，因此在逆流倍增中没有直接作用。由无袢肾单位汇集而成的小导管进入肾的髓质，其输出端与有袢肾单位混合。无袢肾单位的深部是含有不同长度亨利氏袢的肾单位。注意，从最短的无袢肾单位到输尿管分支存在一条连续的管道，并最终进入输尿管。因此，鸟类泌尿系统中没有肾盏。引自 Braun 和 Dantzler（1972）。

图 12.3　沙漠鹌鹑的肾单位示意图

左图是长袢肾单位，箭头表示从髓袢细段向髓袢粗段降支过渡。中图显示的是短袢肾单位。右图是经四次折叠的管状无袢肾单位。这些肾单位以直角汇入集合管，因而没有逆流倍增作用。改编自 Braun 和 Dantzler（1972）。

碱能刺激则促进瓣膜开放（Burrows et al，1983）。门脉系统中的血流还有一项作用，就是将物质运输至肾单位的肾小管周围，有利于肾小管细胞的分泌。门脉血流不进入髓质锥体（Wideman，1988）。

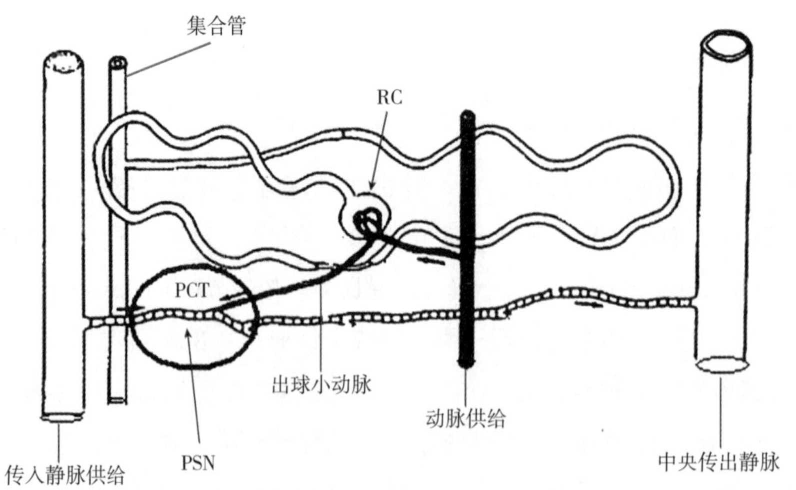

图 12.4　鸟类肾皮质的血液流动模式示意图

RC，肾小体；PSN，肾小管周围毛细血管网；PCT，近曲小管。注：出球小动脉、肾门脉血流以及近曲小管共同在肾小管周围交汇（见图左侧圆圈内）。改编自 Hodges(1974)。

肾脏内静脉的输出始于肾小管周围毛细血管网，其中出球小动脉和肾门脉系统的末梢血管在此处汇合。血流再从该血管网流入皮质小叶中间的中央静脉。中央静脉汇集为小叶间静脉（其中有的到达肾脏表面之前就发生汇合)，再流入肾静脉。最后，肾静脉在临近肾门脉瓣的位置汇入髂总静脉。髓质锥体内的直小血管从锥体的底部传出，然后汇入小叶间静脉。

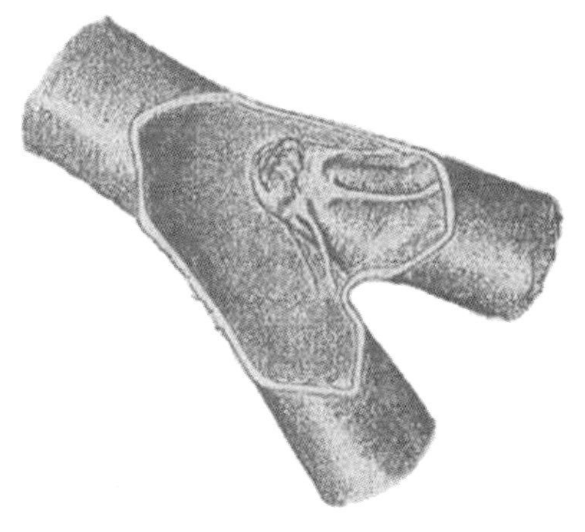

图 12.5　肾门脉系统瓣膜的功能示意图

显示瓣膜引导血液流向肾脏的实质或流向肾脏分泌上皮细胞旁路。改编自 Burrows 等(1983)。

在肾小囊内，毛细血管丛形成肾小球。与大多数哺乳动物肾小球的结构相比，鸟类肾小球更简单，毛细血管间相互连接的分支较少。在肾脏皮质，体积较小的无袢肾单位的毛细血管丛形成环状，即入球小动脉进入肾小囊后形成环状结构，再以出球小动脉离开(图 12.6)。当无袢肾单位过渡为较大的有袢肾单位后，毛细血管丛的结构复杂性也增加了，但仍没有哺乳动物那么复杂(图 12.7)。当入球小动脉进入肾小囊时，许多这样的毛细血管丛在其周围形成环状，再汇合为出球小动脉离开肾小球。这些毛细血管袢之间缺乏相互连接的分支，但最大肾小体中的部分毛细血管网在汇成出球小动脉之前会形成一个分支。与所有鸟类的毛细血管一样，其肾小球毛细血管的内径(7～8 μm)比哺乳动物(3～4μm)的大。鸟类红细胞有核、呈梭形(8μm×15 μm)，长径比哺乳动物的红细胞(直径为 7 μm)大得多。这些特性将使鸟类的红细胞很难通过哺乳动物那种典型的肾小球毛细血管丛。哺乳动物的红细胞具有很强的变形性，当它们经过细小的毛细血管时，会进行“坦克履带式”运动(Skotheim and Secomb，2007)。

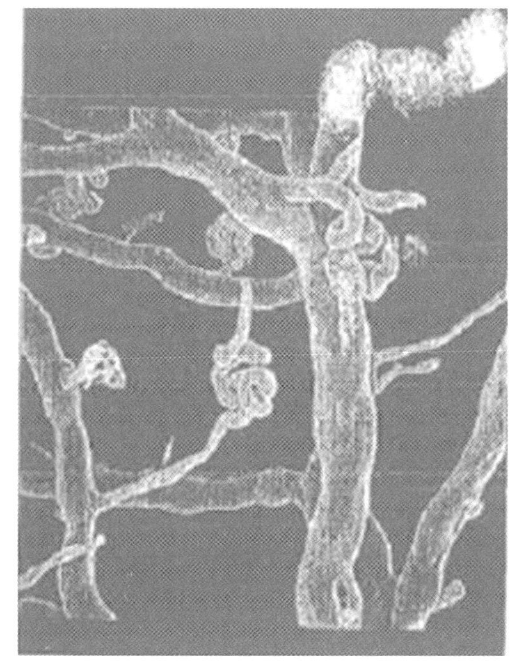

图 12.6　肾脏脉管系统(甲基丙烯酸甲酯包埋法)

图中显示无袢肾单位中有一条入球小动脉盘曲形成了肾小球毛细血管袢。注意：入球小动脉形成肾小球毛细血管袢时没有发出分支。改编自 Braun(未发表)。

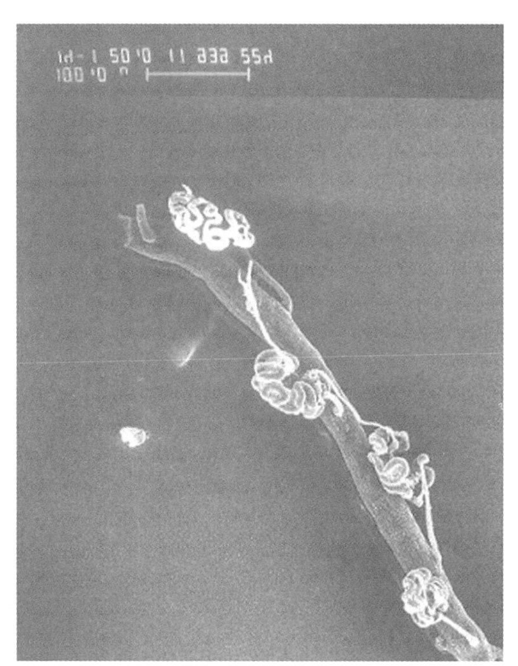

图 12.7　肾脏脉管系统的扫描电子显微图像，显示的是有袢肾单位的肾小球毛细血管网(甲基丙烯酸甲酯包埋法)

注意：肾小球毛细血管网的简单性和/或缺少相互连接的分支。改编自 Braun(未发表)。

数据显示，鸟类的肾小囊滤过屏障由血管内皮细胞和肾小囊脏层构成，其对滤过的限制稍小于哺乳动物（Casotti and Braun，1996）。人们发现，鸡滤过膜中的“微孔”直径要比已报道的哺乳动物的大 40%～80%。此外，数据表明，鸡滤过屏障上多聚阴离子电荷比哺乳动物（大鼠）少（Casotti and Braun，1996）。上述两个参数，提示鸟类的滤过屏障将允许稍大的分子滤过并汇入滤液中。实际上，鸟类输尿管中的尿液平均含有 5 mg/mL 的蛋白质，比一般哺乳动物的尿液的蛋白质含量要高出 100 倍（Janes and Braun，1997）。

12.2.2 肾小球的滤过作用

液体和小分子溶质通过滤过屏障是由于心脏泵血产生的静水压（hydrostatic pressure）作用。静水压促进血浆滤出，而由血浆蛋白形成的胶体渗透压则是对抗滤过的力量。此过程是被动的，仅与上面提到的物理参数有关。与体质量相近的哺乳动物相比，鸟类单个肾单位肾小球滤过率（rate of glomerular filtration by single nephron，SNGFR）极低。但采用差速分析法研究表明，全肾肾小球滤过率（glomerular filtration rates，GFR）在这两类动物中并没有显著差异（鸟类：$GFR=1.24BM^{0.694}$，$n=11$；哺乳动物：$GFR=1.24BM^{0.765}$，$n=4$；BM，体质量，kg；Yokota et al，1985）。鸟类较低的 SNGFR 可以通过其肾脏中较多的肾单位数量补偿。例如，沙漠鹌鹑（BM=140 g）的肾脏约有 48 000 个肾单位，而实验室大鼠（BM=300 g）大约有32 000个。

只有沙漠鹌鹑和欧洲椋鸟这两种鸟类的 SNGFR 经过定量检测（Braun and Dantzler，1972；Laverty and Dantzler，1982）。但是对这两种鸟类采用的检测方法完全不同。沙漠鹌鹑的 SNGFR 检测采用亚铁氰化钠法。该方法理论上可以定量分析某一时期肾内所有肾单位的 SNGFR。数据显示，体积较小的无袢肾单位的平均 SNGFR 为 6.4 nL/min，体积较大的有袢肾单位的平均 SNGFR 为 14.6 nL/min（Braun and Dantzler，1972）。欧洲椋鸟 SNGFR 的定量分析采用体内微穿刺法。该方法只能定量检测位于肾脏表层肾单位的 SNGFR（Laverty and Dantzler，1982）。这些分布在表层的肾单位是最小的无袢肾单位，SNGFR 值介于 0.25～0.5nL/min。亚铁氰化钠法所获得的数据是所有无袢肾单位的 SNGFR 平均值。正如前面提到的，从最小无袢肾单位过渡到最大有袢肾单位是一个渐进的过程。这两种类型肾单位的区别在于是否存在亨利氏袢以及与集合管连接的性质。

与哺乳动物相比，鸟类全肾 GFR 变动范围更大。水合状态是这种变化的主要决定因素（表 12.2）。缺水情况下，GFR 可以减少 65%。GFR 的这些变化在一定程度上受鸟类抗利尿激素——精氨酸催产素（arginine vasotocin，AVT）的调节。研究表明，沙漠鹌鹑灌注 NaCl 后，随着渗透负荷增加，GFR 下降。这种下降可能是由于起滤过作用的无袢肾单位数量减少所致（Braun and Dantzler，1972）。这些数据表明，AVT 通过脉管系统发挥作用，即血管性抗利尿。相反，家禽清醒时通过灌注提高体内 AVT 含量，结果显示 AVT 主要作用于肾小管，但也有可能作用于集合管（图 12.8，Stallone and Braun，1985）。综上所述，这些数据表明，AVT 的作用是通过影响肾的脉管系统和肾小管上皮细胞来保持水分。一些小型鸟类（太阳鸟，或许还有蜂鸟）的 GFR 可发生昼夜变化，这主要是由于它们为满足能量需要，产生了大量代谢产物，而机体需要排泄大量含代谢产物的液体（del Rio et al，2001）。

鸟类的肾血流量（renal blood flow，RBF）和 GFR 能够在较大的血压范围内进行自身调节

（Wideman，1991）。人们仅在家禽中进行了肾血流量调节的研究。研究发现，在家禽全身血压低至 50 mmHg 时，RBF 和 GFR 仍可维持正常。

表 12.2　部分鸟类的肾小球滤过率(GFR)

种类	GFR[mL/(kg·min)]
家禽(Domestic fowl)	2.5
沙漠鹌鹑(Desert quail)	1.8
野鸭(Mallard duck)	2.5
加拿大鹅(Canadian goose)	1.2
灰翅鸥(Glaucous-winged gull)	1.9
欧洲椋鸟(European starling)	2.8
虎皮鹦鹉(Budgerigar)	4.4
火鸡(Turkey)	1.3

数据引自 Braun(1982)。译者注:原文表序有误,现将原文中表 12.3 更换为表 12.2。

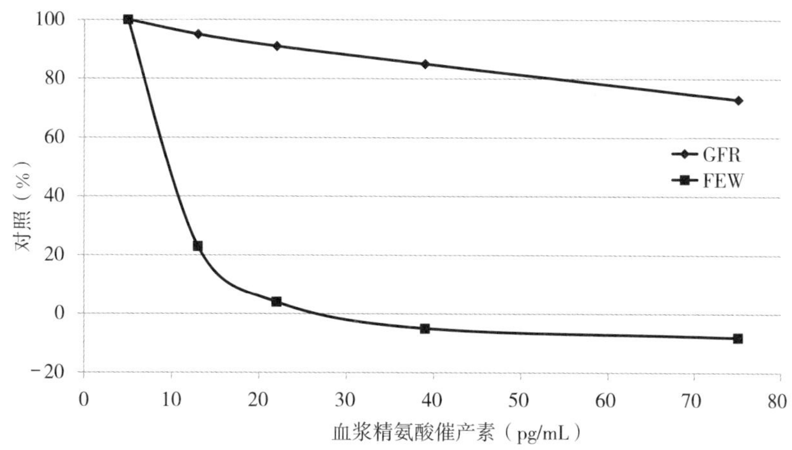

图 12.8　鸟类抗利尿激素——精氨酸催产素（AVT）对家禽自由水清除率和肾小球滤过率的影响

注意：相对于肾小球滤过率，自由水清除率较早出现显著的降低，表明 AVT 对肾小管的影响先于肾小球滤过率。GRF，肾小球滤过率；FEW，自由水清除率。改编自 Stallone 和 Braun（1985）。

12.2.3　肾小管离子转运

一般来说，鸟类近端小管的功能与其他脊椎动物相似，均可经此处等渗性重吸收肾小球滤过的大部分液体。人们采用体内微穿刺、离体肾小管灌流和原代细胞培养技术直接研究鸟类近端小管对液体和电解质的转运能力，或通过整体动物试验对其进行间接推断（Brokl et al.，1994；Laverty and Alberici，1987； Sutterlin and Laverty，1998）。整体动物研究表明，约 60%的肾小球滤液在近端小管重吸收（Braun and Dantzler，1972）。相反，体内微穿刺的研究数据表明，仅有 24%的滤过液在近端小管重吸收（Laverty and Dantzler，1982）。如此大的差异可能是由于微穿刺取样液体来自肾表层很小的无袢肾单位，这是微穿刺技术的一个局限。而且，只有在位于肾脏表层的近端小管初始段可以取样。此外，微穿刺的数据也确证近端小管以等渗方式进行重吸收。

鸟类肾脏显然对滤过的葡萄糖的重吸收能力很大。这是因为鸟类血浆葡萄糖浓度非常高，但 GFR 与哺乳动物没有区别，这导致葡萄糖的滤过负荷很大（滤过负荷＝血浆葡萄糖浓度×GFR）（Morgan and Braun，2001）。此外，输尿管尿液中葡萄糖的量也很少。在哺乳动物，葡萄糖由位于近端小管的钠-葡萄糖共转运蛋白（sodium-glucose cotransporter，SGLT）

重吸收。SGLT 重吸收葡萄糖的能力也存在极限，这称为肾小管葡萄糖最大重吸收量。鸟类葡萄糖的滤过负荷非常高，鸟类肾脏中 SGLT 数量势必上调，但尚未开展对鸟类肾脏中 SGLT 的相关研究。

12.2.4 肾髓质

鸟类肾髓质是由数量不定的小锥形单元，即髓质锥体组成（图 12.2）。锥体的数量和大小在一定程度上受到鸟类种类及其栖息地的影响（Johnson and Mugaas，1970）。此外，肾内锥体的大小不均一，长而大的锥体一般位于肾的前部（Johnson and Mugaas，1970）。每个锥体终止于一条大集合管。几条集合管又汇聚形成输尿管的主要分支，在肾的腹侧面进入输尿管。由于一个髓质锥体输出后不再进入第二个锥体，所以每个锥体是一个独立的功能单位。也就是说，锥体以平行方式而非串联方式发挥其功能。鸟类输尿管的解剖结构与哺乳动物的不同。哺乳动物在集合管和肾盏及最后的输尿管之间是间断的，而鸟类从最小的无袢肾单位到输尿管之间是一条连续的导管。这是其解剖学上的功能特点。

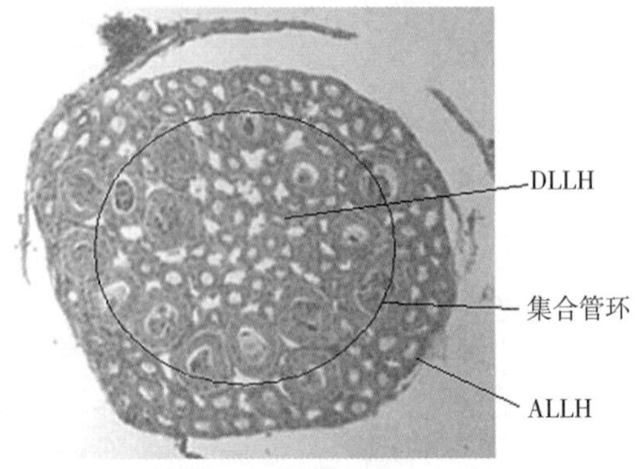

图 12.9 沙漠鹌鹑肾脏髓质锥体的石蜡切片

注意：集合管的环状结构，其中亨利氏袢粗段位于集合管环的外侧，细段趋于集合管环的中央位置。DLLH，亨利氏袢降支；ALLH，亨利氏袢升支。改编自 Braun（未发表）。

髓质锥体内肾小管和血管按照一定的方式排列。从锥体上 1/3 处的横切面可见集合管呈环形排列，其中亨利氏袢细段趋于环的内侧，而亨利氏袢粗段位于环的外侧（图 12.9，Johnson and Mugaas，1970）。锥体内的直小血管形如花边样，其中长而直的血管非常少（图 12.10）。

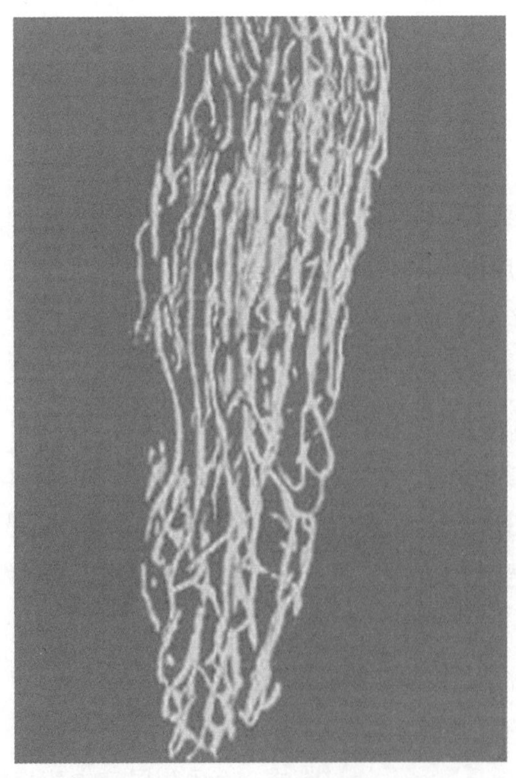

图 12.10 沙漠鹌鹑肾脏的髓质锥体内直小血管血液供给和静脉回流微造影图

髓质锥体内的毛细血管形如花边样，几乎没有直的血管。引自 Braun（Sturkie's Arian Physiology，5th ed.）。

近端小管直部进入髓质锥体，形成亨利氏袢的降支。由直部过渡到亨利氏袢降支（descending limb of Henle's loop，DLLH）细段的变化十分明显（图 12.11；Braun and Reimer，1988）。近端小管直部的立方形上皮细胞被扁平上皮细胞（3 型上皮细胞）所替代，形成了 DLLH（Braun and Reimer，1988）。发卡结构转弯之前的是肾小管厚壁段，相当于髓袢降支粗段，大约为 DLLH 总长度的 15%（图 12.3；Casotti et al.，2000）。鸟类 DLLH 的形态学特征与大多数哺乳动物肾单位明显不同。后者的发卡结构是由细小上皮细胞组成，粗大细胞（Thick Cells）出现在髓袢升支（ascending limb of the loop of Henle，ALLH）的某个可变点上。鸟类肾脏的 DLLH 结构对 CCM 系统很重要，能够在髓质锥体发挥作用（Layton et al.，2000）。升支粗段 NaCl 的转运约占鸟类髓质锥体尿浓缩能力的 70%（Layton et al.，2000）。ALLH 穿过锥体的底部，再进入集合管。

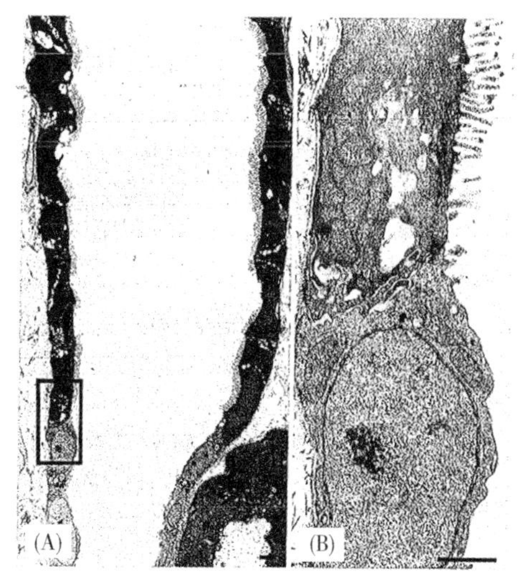

图 12.11　肾小管纵切面的电子显微图像
显示直的近端小管至亨利氏袢降支细段的突然转变。放大的插图中显示了这种转变（图 B）。注意：细胞间微绒毛的存在和缺失。改编自 Braun 和 Reimer（1988）。

12.2.5　尿的浓缩与稀释

和哺乳动物一样，鸟类能通过肾脏排泄体内多余的溶质，从而保存体内的水分。也就是说，鸟类肾脏可以生成高于血浆渗透压的尿液。尽管鸟类和哺乳动物的肾脏均有 CCM 系统这样的功能性形态结构，但是，该系统的细微结构在这两类脊椎动物中并不相同。如前所述，鸟类肾脏髓质由许多小的单元或髓质锥体构成，其中的小管并行排列。亨利氏袢（升支和降支）、集合管和直小血管等小管中的液体均可以逆向流动。

鸟类主要以尿酸形式排泄氮代谢的产物。由于尿酸几乎不溶于水，因而其对髓质锥体区的溶质组成没有影响。此外，鸟类以尿素的形式排出的氮非常少。但尿素却是哺乳动物主要的氮排泄物，约占肾脏髓质中溶质成分的 50%。自鸟类肾脏髓质锥体的底部至尖端存在完全由 NaCl 形成的溶质梯度（Skadhauge and Schmidt-Nielsen，1967）。在亨利氏袢粗段（包括发夹弯形成之前的部位），NaCl 通过主动转运至锥体间质（Nishimura et al.，1986），再经被动转运从间质进入亨利氏袢降支（DLLH）（图 12.12）。因此，NaCl 在髓质锥体可以被循环利用。鸟类 DLLH（31.7×10^{-7} cm^2/s）对 NaCl 的扩散通透性明显高于仓鼠 DLLH（2.9×10^{-7} cm^2/s；Nishimura et al.，1986）。ALLH 可以排出 NaCl，但对水不具渗透性，这样当小管液流至远曲小管时足以被稀释。在小管液进入集合管直至重新进入髓质锥体之前，肾皮质区远曲小管中的水被排出，使小管液与间质渗透平衡。当集合管中等渗的小管液流至锥体区时，就处于渐增的渗透梯度中，其水分被排出至锥体间质后即转变为高渗溶液。锥体内水经小管的转运受鸟类抗利尿激素 AVT 的控制。

髓质锥体内，水经水通道或水通道蛋白（aquaporin，AQP）通过小管。AQP3 和 AQP4 位于集合管细胞的基底侧膜，而对 AVT 敏感的 AQP 2 则位于集合管细胞内接近顶膜的部位

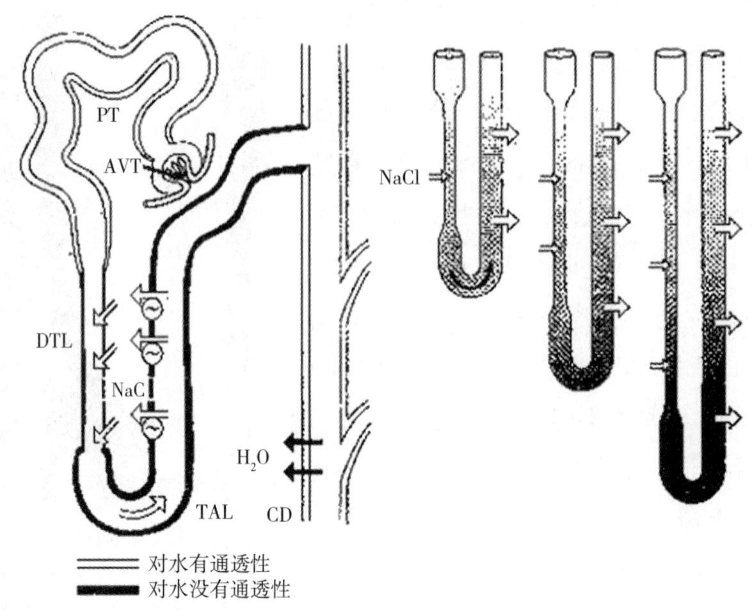

图 12.12 鸟类逆流倍增系统模型

在亨利氏袢粗段，NaCl 经主动转运排出。在亨利氏袢降支细段，髓质间质高浓度的 NaCl 又经被动转运吸收。这一过程使升支中的小管液稀释，低于周围的髓质间质。在抗利尿激素（AVT）存在的情况下，集合管中水分被重吸收致使液体浓缩，最终，与浓缩的间质保持平衡。PT，近端小管；DTL，降支细段；TAL，升支粗段；CD，集合管。引自 Nishimura（Sturkie's Avian Physiology，5th ed.）。

（Nishimura，2008）。与哺乳动物的肾脏髓质组织相反，鸟类集合管在促进水的转运方面，对抗利尿激素 AVT 的敏感性较低（Nishimura，2008）。

与哺乳动物的肾脏相比，鸟类不能生成高度浓缩的尿液。哺乳动物尿液渗透压与血浆渗透压的比值（尿液-血浆渗透压比值，U/Posm）范围可从 1（山地海狸）到 25（沙漠啮齿动物），而鸟类的尿液-血浆渗透压比值最大比约为 2.5（Braun，1993）。鸟类的尿液浓缩能力较差，与其肾脏结构及缺少膀胱有关。膀胱具有储存尿液功能，直到尿液能够正常排泄出来。鸟类肾脏排泄的尿液最终进入泄殖腔，即消化道的末端部分，但尿液不会停留在泄殖腔，而是被逆蠕动转移至结肠以及结肠和回肠交界处的盲肠。因此，尿液将再次与具有跨膜转运功能的上皮细胞接触。

由于鸟类缺乏生成高浓缩尿液的能力，当尿液以一定浓度梯度穿过结肠上皮时，可以防止体液从浆膜向黏膜方向流动而导致体液减少。数据表明，结肠上皮可以逆 200 mOsm/kg H_2O 的浓度梯度将液体由黏膜向浆膜方向运送（Skadhauge and Kristensen，1972）。最重要的是，鸟类肾脏可以和消化道后段功能协调一致，从而保持体液和电解质的平衡，肾脏不应该把生成比血浆浓度更高的尿液作为维持体液的机制。

正如上面所提到的，鸟类肾脏的解剖结构使其不具有生成高度浓缩尿液的能力。如鸟类体内水分充足，其尿液渗透压与血浆等渗，或者略高于血浆渗透压。缺水时，鸟类尿液平均浓度比血浆高出约 2.0 倍（表 12.3）。相对于哺乳动物来说，鸟类的血浆渗透压很不稳定，并且随水的缺乏而增加。因此，鸟类尿液-血浆渗透压比值可能会带来一定的误导（Braun and Dantzler，1972）。有文献报道，盐沼地的萨凡纳麻雀（*Savannah sparrow*）在适应饮用海水后，其尿液一血浆渗透压比值（U/Posm）达到 4～6（Poulson and Bartholomew，1962）。这些数据表明，鸟类消化道中的盐水没有被吸收进入血液循环再通过肾脏排出，而是沿着消化道后行并被排出。在蜂鸟也观察到水没有被消化道吸收的现象（del Rio et al.，2001）。另一项对盐沼地萨凡纳麻雀的野外研究表明，在不饮用海水，仅以植物叶子上的露珠作为淡水来源的环境下，这些鸟类的 U/Posm 是 1.2（Goldstein et al.，1990）。

表 12.3 部分鸟类尿液-血浆渗透压比值(U/Posm)

种类	U/Posm	
	输尿管尿液	终尿
家禽(Domestic fowl)	2.0	
环颈雉(RinG-necked pheasant)	1.5	
笑翠鸟(Kookaburra)		2.7
歌吸蜜鸟(Singing honey eater)		2.4
红垂蜜鸟(Red wattlebird)		2.4
美洲鹑(Bobwhite quail)		1.6
加利福尼亚鹌鹑(California quail)		1.7
甘布尔氏鹌鹑(Gamble's quail)		2.5
塞内加尔鸽(Senegal dove)		1.7
英国麻雀(English sparrow)	1.7	
歌雀(Song sparrow)	2.2	
白冠麻雀(White crown sparrow)	2.1	
白翅鸽(White-winged dove)	1.8	
鸸鹋(Emu)		1.4
粉红凤头鹦鹉(Galah)		2.5
灰翅鸥(Glaucous-winged gull)	1.9	
萨凡纳麻雀(Savannah sparrow)	1.6	

改编自 Braun(2009)。译者注:原文表序有误,原文中表 12.4 修改为表 12.3。

12.2.6 氮的排泄

鸟类氮代谢的主要终产物是尿酸，占输尿管尿液排氮量的 70%～80%。其他化合物如尿素、肌酐和氨基酸在鸟尿中仅少量存在。在某些情况下，如为维持能量平衡而饮水较多，氨氮可占尿液排氮量的 50%以上（Preest and Beuchat，1997；Tsahar et al.，2005）。

尿酸作为氮代谢的终产物，是一种非常有效的排泄形式。这是因为尿酸含有四个氮原子，而且与其他氮排泄产物相比具有极低的水溶性（表 12.4）。然而，与尿素和氨相比，合成尿酸的代谢成本（9 个 ATP）高。低水溶性使其在血浆中存在产生沉淀的可能。但应用亨德森-哈塞尔巴赫方程（Henderson-Hasselbach equation）可以计算出，在 pH7.4 条件下，血浆中 98%尿酸以负离子形式存在。而尿酸盐比其分子的质子化形式具有更高的水溶性（表 12.4）。鸟类血浆中尿酸盐浓度会有少许变化，但一般不超过 1.0 mmol/L。尿酸/尿酸盐的平均浓度约为 0.65 mmol/L，处于尿酸盐的溶解限度（8.32 mmol/L）以内，可以阻止结晶形成。

表 12.4 含氮化合物溶解度

化合物	溶解度（mmol/L）
尿酸	0.381
尿酸铵	3.21
尿酸钠	8.32
尿酸钾	14.75
尿素	16 650
氨	∞

译者注：原文表序有误，原文中表 12.5 修改为表 12.4。

尿酸盐分子相对较小，可以自由通过肾小球滤过屏障。然而，尿酸盐的排泄量高出滤过量的 5 倍多，这表明肾小管还分泌大量的尿酸盐。事实上，不同试验数据均证实了这一点（Brokl et al.，1994；Laverty and Dantzler，1983；Dudas et al.，2005）。体内微穿刺研究证实，皮质表层无袢肾单位的近端小管分泌尿酸盐最为明显。此外，在一项离体试验中，对来自更深层肾单位中的近端小管进行灌注，获得的结果也支持微穿刺的数据（Brokl et al.，1994）。近端小管离体灌注试验数据还证实，尿酸盐可以逆电化学梯度跨膜通过基底侧膜，该过程可以被对氨基马尿酸竞争性抑制。尿酸盐经细胞顶膜排出后，将引起电化学梯度的下降（图 12.13）。

一旦尿酸/尿酸盐进入近端小管，在其浓度升高并超过溶解极限时，就有可能形成结晶。管腔内尿酸盐浓度的增加是由肾小管的大量分泌和肾小管对肾小球滤过液的正常重吸收引起的。

12.2.7 鸟类尿中尿酸的形成

尿酸和尿酸盐的低水溶性，致使其在溶液中可能发生沉淀现象。如上所述，由于水的重吸收和尿酸盐的分泌，近端小管中的尿酸盐浓度超过了溶解极限。然而，在管腔内，阴性尿酸盐可以与血清白蛋白结合，从而阻止结晶的形成。鸟类的肾小球滤过屏障允许一些大分子物质，如白蛋白通过（Casotti and Braun，1996）。因此，少量的白蛋白可以穿过肾小球滤过屏障。实际上，鸟类输尿管尿液中蛋白质含量（5mg/mL）是哺乳动物的（0.05mg/mL）100 倍（Janes and Braun，1997）。在近端小管的前段，小的球状物开始形成（图 12.14）。最终，输尿管尿液中含有一系列直径不同（1～14 μm）的球状物（图 12.15）。化学分析表明，这些球粒中约含 65%的尿酸盐。在电子显微镜下观察这些球状物的切片，没有发现尿酸的晶体（图 12.16）。这表明尿酸盐与血清白蛋白的化学结合，既避免了尿酸盐的溶解，又阻止了晶体的形成（图 12.17）。此外，由于尿酸盐不溶解，不影响终尿

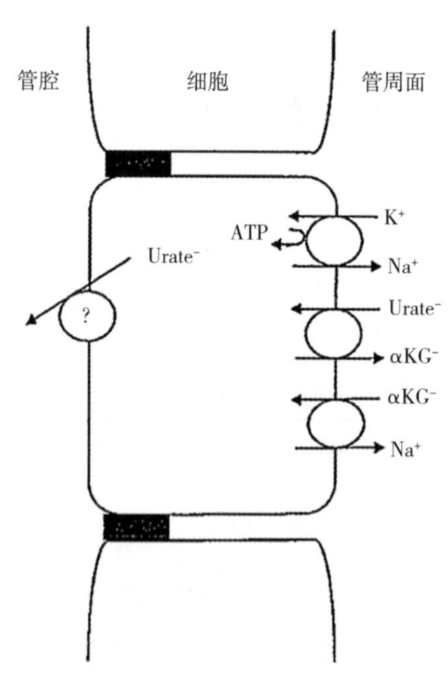

图 12.13 近端小管分泌尿酸盐的可能机制

尿酸盐以有机酸转运蛋白（OAT1）作为载体，与 α-酮-戊二酸互换的方式进入细胞，再通过一种未知载体蛋白从顶膜易化扩散至管腔内。αKG^-，α-酮-戊二酸离子；$Urate^-$，尿酸盐离子。引自 Braun（2009）。

的渗透压，如同哺乳动物尿液中的尿素。这里需强调指出，不宜直接比较鸟类和哺乳动物的尿液-血浆渗透压比值，因为它们各自的氮代谢终产物对尿液总渗透压的贡献并不相等。

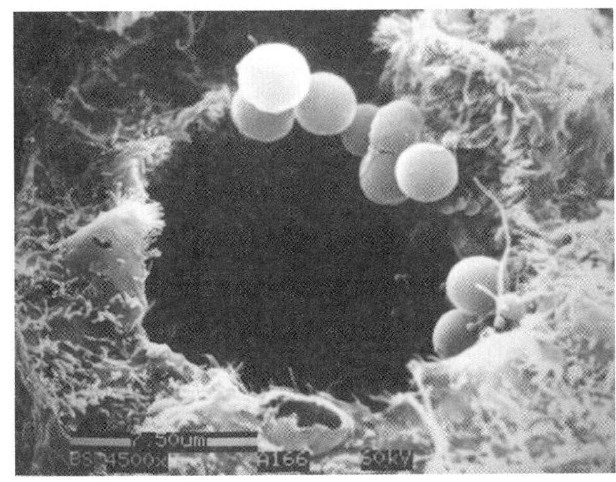

图 12.14　肾单位近端小管中的尿酸盐颗粒（如图中刷状缘一侧所示）
改编自 Braun（未发表）。

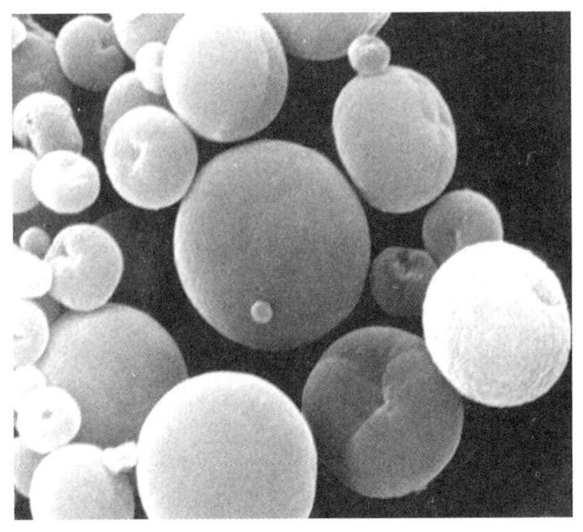

图 12.15　输尿管尿液的扫描电镜照片（SEM）
输尿管尿液在电子显微镜样品台上风干处理。注意：图中完全没有尿酸盐结晶。改编自 Braun（未发表）。

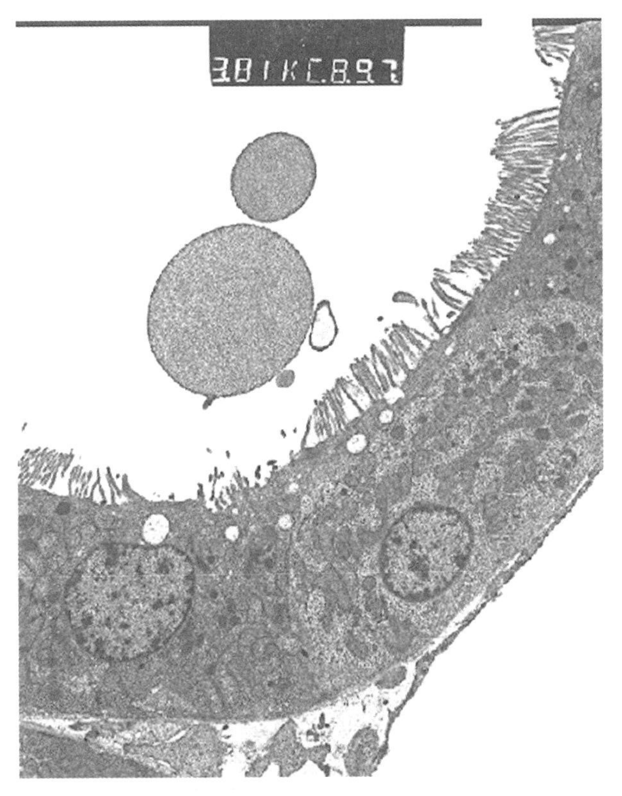

图 12.16　沙漠鹌鹑肾脏近端肾小管的透射电子显微照片，显示一个尿酸盐球粒切面
注意：图中没有尿酸盐结晶出现。改编自 Braun（未发表）。

尿酸盐颗粒随着尿液一道被运送至泄殖腔的泄殖道，但尿液并没有停留在泄殖腔部位，而是继续被逆蠕动至结肠和消化性盲肠（图 12.18；Brummermann and Braun，1995）。尿液环绕中心粪核（central fecal core）周围移动，并与结肠上皮细胞接触，在上皮细胞的刷状缘含有大量种类繁多的细菌。Barnes 和 Impey（1970）对该菌群进行了研究和分类。Campbell 和 Braun（1986）发现该细菌群仅在含尿酸的培养基中生长茂盛。十二烷基苯磺酸钠-聚丙烯酰

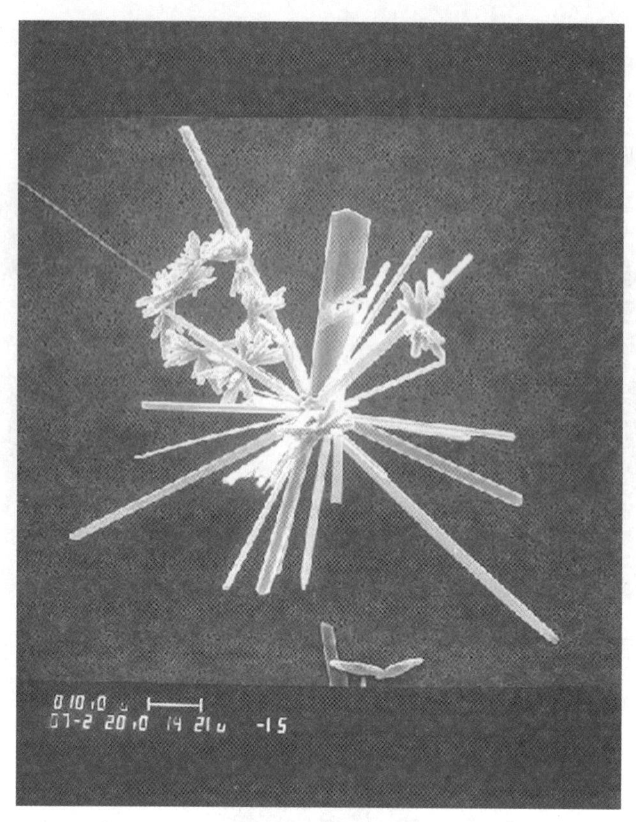

图 12.17 尿酸盐结晶的扫描电子显微图像

尽管鸟类输尿管尿液中尿酸盐含量高，但未观察到这种类型的结晶（回顾图 12.16）。改编自 Braun（未发表）。

胺凝胶电泳（SDS-PAGE）显示输尿管尿液中含有大量的蛋白质。这些蛋白质的分子质量不同，其中血清白蛋白浓度最高（图 12.19；Janes and Braun，1997）。而类似检测方法显示鸟类排泄的尿液（即泄殖腔内尿液）则很少或者根本没有蛋白质（图 12.20；Janes and Braun，1997）。蛋白质降解为氨基酸、二肽和三肽，细菌还能生成挥发性短链脂肪酸，这些产物均经结肠上皮吸收。脂肪酸作为一种能量来源，可以提高钠的转运。而其他有机物质作为钠/葡萄糖协同转运蛋白的底物而被吸收（Rice and Skadhauge，1982）。因此，输尿管尿液中大量的蛋白质（5 mg/mL）不会被动物排泄和丢失。不仅尿中的游离蛋白质能被降解，球状物中与尿酸盐结合的蛋白质也能被降解。

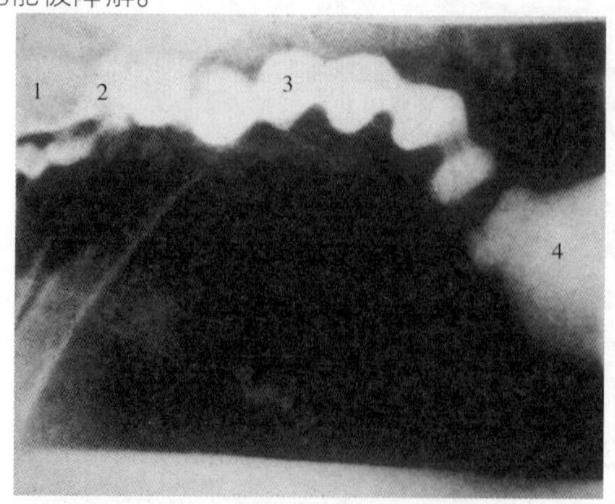

图 12.18 家禽后段肠逆蠕动模式的 X 线照片

泄殖腔位于图右侧（4），“圆环”（1～3）显示泄殖腔引起平滑肌收缩产生的逆蠕动。改编自 Brummermann 和 Braun（1995）。

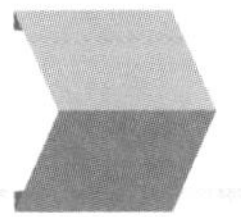

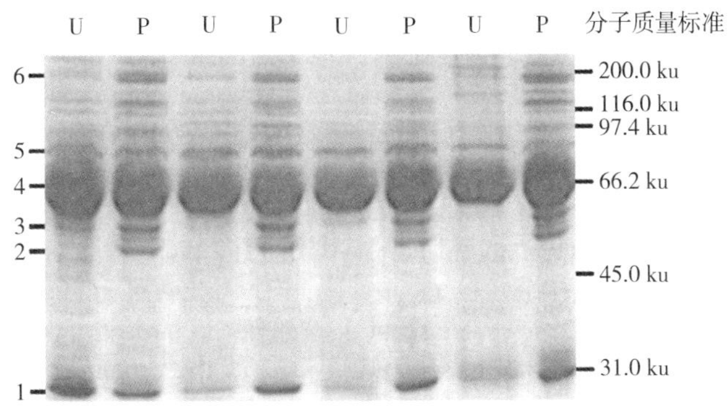

图 12.19 家禽输尿管尿液和血浆样品的 SDS-PAGE 凝胶图像

注意输尿管尿液(U)和血浆(P)泳道间条带的相似性。位于 65 ku 处的条带是血清白蛋白。改编自 Janes 和 Braun(1997)。

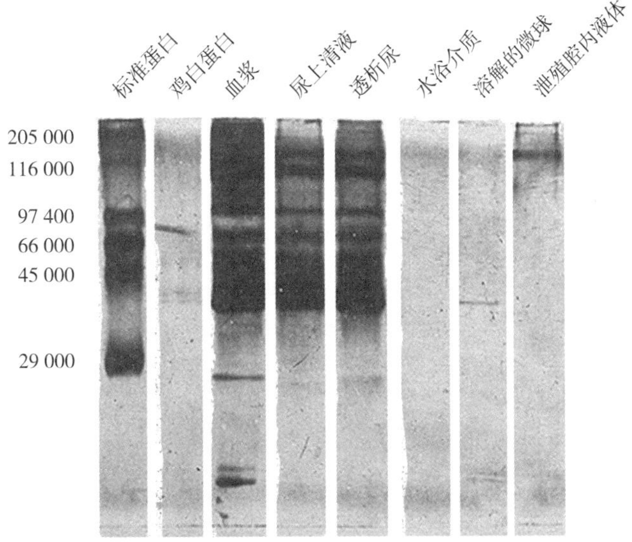

图 12.20 家禽血浆和终尿的 SDS-PAGE 凝胶图像

注意:在含有终尿的泳道中没有条带。改编自 Janes 和 Braun(1997)。

消化道后段中的细菌也能降解尿酸分子，产物中包括氨和谷氨酸。采用放射性标记谷氨酰胺的研究显示，谷氨酰胺存在于尾肠系膜静脉血液中（Karasawa and Maeda，1992）。该静脉进入肾门脉系统，将血液运输至肾小管的管周面。此时，谷氨酰胺可以通过细胞基底侧膜进行转运，并在此处进行脱氨。氨被分泌到小管腔内，与氢离子结合形成中性铵盐，最终排出体外。因此，排泄产物的循环利用具有维持机体酸碱平衡的作用。尿酸中氮的循环利用对一些采食氮含量很低的鸟类是非常重要的，如食蜜鸟类和食果鸟类。

12.3 鸟类的消化道后段

鸟类的消化道后段（泄殖腔、结肠和消化性盲肠）在渗透调节中具有重要的作用，其作用的大小会因物种的不同而有些变化。如前所述，肾脏产生的尿液进入泄殖腔——确切地说是泄殖道。液体经逆蠕动至泄殖腔的粪道，再进一步进入结肠和消化性盲肠（图 12.18）。这些液体围绕在中心粪核周围移动，且与消化道后段的上皮细胞紧密接触。Brummermann 和 Braun（1995）以家禽作为试验动物，证明调控逆蠕动的部位位于消化道后段，而非下丘脑的中枢渗透压感受器。这些试验表明，泄殖腔能感知腔内液体的张力变化，如果其张力比血浆高出200 mOsm/kg H_2O，逆蠕动就会减缓或者完全停止。用高渗 NaCl 溶液在体灌注家禽的结肠，能减少结肠的吸收，支持了在泄殖腔中高渗溶液阻止逆蠕动的观察结果（Skadhauge and Kristensen，1972）。

Vranish 和 Braun（2011）的最新数据表明，泄殖腔内对输尿管尿液渗透压改变敏感的结构是一种类香草素受体（vanilloid type receptor）——瞬时受体电位（transient receptor potential，TRP）家族的成员。已知类香草素受体可以被热、疼痛和极端 pH 等有害刺激激活（Clapham et al.，2002）。其中，TRPV4 是一种对 Ca^{2+} 适度选择的通道（Clapham et al.，2002），其独特之处在于它是唯一一种对细胞变形作出反应的类香草素受体，如细胞暴露在渗透压环境改变时发生的变形（Clapham et al.，2002）。等渗条件下，TRPV4 存在基础水平的 Ca^{2+} 内向电流。在低渗介质中，Ca^{2+} 内流增加，而高渗环境导致 Ca^{2+} 内流减慢或完全停止（Plant and Strotmann，2007）。该通道蛋白在哺乳动物的多种组织中表达，包括肾单位的髓袢升支粗段和远曲小管、肺泡上皮，以及耳、眼的机械敏感性神经元和胃肠道（Brierley et al.，2008；Cohen，2007；Holzer，2007；Liedtke and Simon，2004；Plant and Strotmann，2007）。虽然该通道的信号传导机制尚不完全清楚，但是它对渗透性信息的传递（在大多数情况下，是对局部反应的启动），使它成为鸟类泄殖腔内敏感元件的理想选择。

鸟类结肠上皮细胞的转运活动受到多种激素的调节。数据显示，食盐摄入量影响家禽肠道后段钠电性通道（ENaC）的钠转运（Laverty and Skadhauge，1999；Laverty et al.，2006）。低钠饮食可以增加血浆醛固酮水平，导致泄殖腔粪道和结肠中 Na^+ 的吸收率升高，该效应在粪道非常明显。血浆醛固酮浓度很低时钠的转运很少。然而，食盐摄入量对结肠的影响则较为复杂。在高钠饮食条件下，钠的吸收仍然存在，然而是通过钠与有机物（如氨基酸和葡萄糖）耦联共转运介导，而不是通过 ENaC 通道。该转运蛋白似乎是上皮转运蛋白 SGLT 家族中的一员（Laverty et al.，2001）。有机分子是由细菌分解蛋白质而产生的，而这些蛋白质则来自进入消化道后段的尿液。钠的持续转运有助于尿液中水分的回收。因此，结肠共转运体不仅在渗透调节中发挥重要的生理作用，而且有助于消化道后段吸收蛋白质和尿酸的细菌分解产物。

鸟类的许多分类群（全蹼目、鹳形目、隼形目、鸽形目和雀形目）存在体积较小的盲肠，人们通常将它们看作是退化的或失去功能的组织（Clench，1999）。然而，对麻雀的一项研究显示，这些盲肠拥有非常复杂的内部结构。麻雀盲肠中有一条连接许多侧支的中央管，使其外观犹如一个瓶刷（图 12.21；Reyes and Braun，2005）。这些管道均布满了上皮细胞，细胞中还拥有非常密集的刷状缘，而且线粒体的密度也很大。这种复杂的结构体系表明，小型的盲肠并非退化组织，而可能具有渗透调节作用。

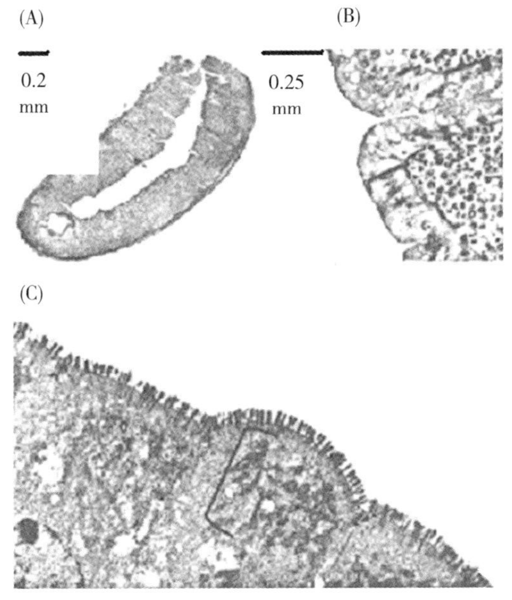

图 12.21　家麻雀盲肠的组织学制备

（A）左上方是整个结构的矢状切面，显示一条中央管。细胞学细节在放大倍数较高的两张图中（B 和 C）描述。注意：图中括号突出显示的密集的刷状缘和带有密集线粒体的细胞。细胞学细节表明这些小的结构并不是退化组织。此外，细胞表现出高水平的 ATP 酶活性。改编自 Reyes 和 Braun（2005）。

12.4 鸟类盐腺

正如前面所讨论的，鸟类肾脏能够生成高渗尿液，但其排泄溶质的能力有限。那些摄入淡水少的鸟类并非完全依赖肾脏排泄多余的离子（主要是钠）来维持细胞外液的稳态。鸟类离子调节的另一种途径是盐腺，它可以排泄高浓度的氯化钠溶液。盐腺在鸟类头部的位置稍有不同，有些盐腺位于眼眶内，有些则位于眼眶上方，故又名鼻盐腺（Peaker and Linzell, 1975）。如表 12.5 所示，至少有 15 个目的鸟类已被鉴定出含有盐腺。这些鸟类来自不同的栖息地，或者饮用淡水受限，或者正常饮食中含有高浓度的电解质，如食肉动物或沙漠地区的鸟类。

表 12.5　具有盐腺的鸟类（目）

目	栖息地	目	栖息地
鹀形目	热带雨林、草原	鹤形目	水环境、雨林至草原
美洲鸵鸟目	南美草原	鸻形目	近水地带
鸵形目	沙漠至灌木丛林	潜鸟目	水环境、淡水池塘和湖泊
鹤鸵目	热带雨林至温带雨林	鸽形目	草原、沙漠
隆鸟目	马达加斯加	鹦形目	热带、亚热带
恐鸟目	半干旱区和高降雨量生态区	鹃形目	森林、热带稀树草原和湿地
鸊鷉目	淡水池塘和湖泊	鸮形目	世界分布
企鹅目	海洋或沿海栖息地	夜鹰目	草原、半干旱沙漠、林地
鹱形目	岛屿、沙漠	雨燕目	针叶林、沙漠、草原
鹈形目	海洋，海岸	鼠鸟目	落叶林、草原
雁形目	湿地	咬鹃目	林地、草原、热带稀树草原

（续）

目	栖息地	目	栖息地
红鹳目	大湖泊、浅水、内陆或沿海	佛法僧目	热带雨林，近水林地、海滩
鹳形目	湿地、沼泽、森林溪流	鹦形目	森林、林地
隼形目	草原、开放林地	雀形目	草原、林地、灌木丛、森林、沙漠、山脉
鸡形目	森林、沙漠、灌木林、栽培土地		

注：盐腺数据引自 Peaker 和 Linzell（1975）。译者注：原文表序有误，原文中表 12.2 修改为表 12.5。

12.4.1 盐腺的结构

盐腺的解剖结构复杂。鸟类盐腺也是一种逆流交换系统，上皮小管和血管平行，而液体流动方向相反，如同鸟类和哺乳类的肾髓质（图 12.22；Gerstberger and Gray，1993）。盐腺由一系列分泌小管组成，聚集在一起呈树枝状。小管的起始部是盲端，其中的细胞具有明显的上皮细胞特征（即基底侧存在众多内褶，并含有大量的线粒体）。分泌小管汇集形成两条大导管。在大多数鸟类，这些导管通入鼻腔。

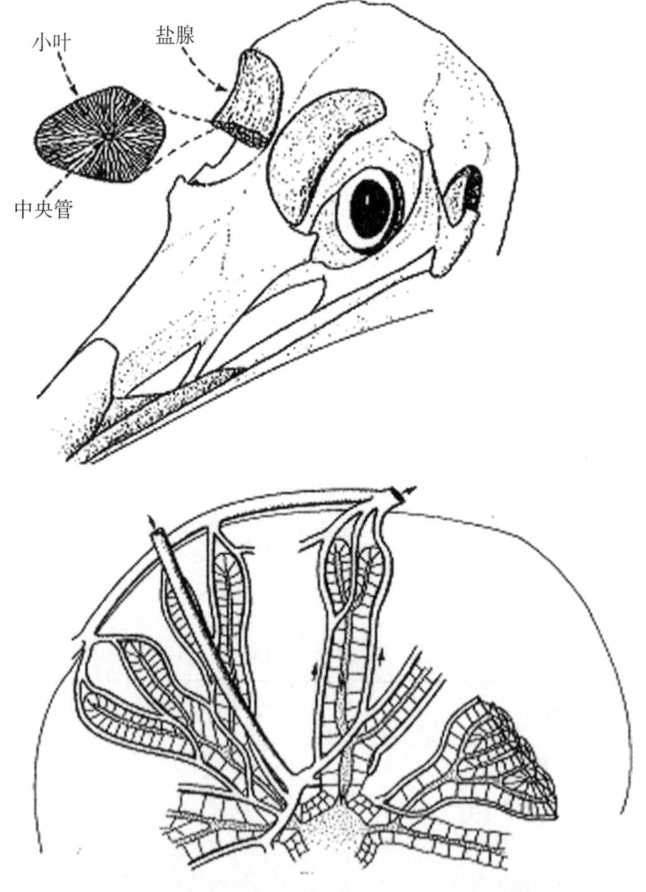

图 12.22 上图显示一些鸟类盐腺的解剖位置，下图显示血管和分泌小管的逆流模型
箭头显示分泌小管和血管的逆流方向。改编自 Schmidt-Nielsen（1960）。

12.4.2 盐腺分泌产物

盐腺生成高渗液体。因此，盐腺分泌离子（主要是 NaCl）时，需要的水很少，远低于最初饮入的水，这就导致细胞外液中保留了一定的渗透自由水。盐腺细胞分泌离子的可能机制如图 12.23 所示（Shuttleworth，1995）。该过程由 Na^+/K^+ 交换转运体在细胞基底侧膜形成的梯度驱动。通过基底侧膜上典型的 Na^+-K^+-$2Cl^-$ 机制可将 Cl^- 转运至细胞内。其中的关键步骤是 Cl^- 通过继发性主动转运穿过细胞顶端膜，同时，Na^+ 经被动转运穿过细胞间缝隙。该过程最终使得含高浓度 NaCl 的溶液被分泌至盐腺小管的管腔内。

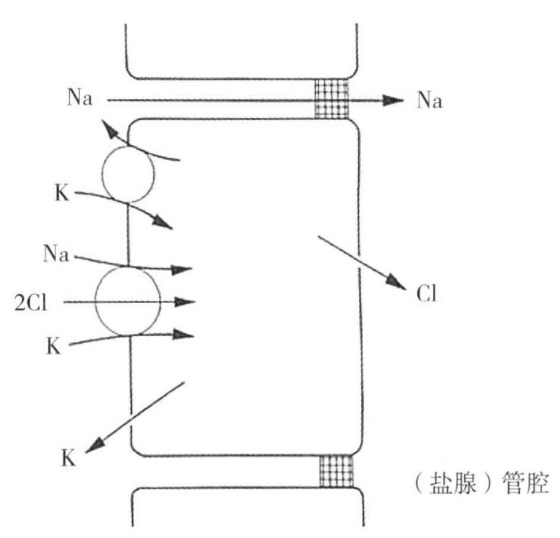

图 12.23　盐腺分泌高浓度氯化钠的建议机制

该过程由 Na^+-K^+-$2Cl^-$ 转运体介导。氯穿过细胞顶端膜，而钠经细胞旁路途径被动转运。引自 Shuttleworth（1995）。

12.4.3　盐腺分泌的调控

细胞外液渗透压增加和体积增大是触发或驱使盐腺导管细胞分泌的刺激因素。这主要是由于细胞外液中 NaCl 含量的增加，导致细胞内水分反向渗出，引起细胞外液增多（Ash et al.，1969；Fänge et al.，1958）。细胞外液的这种变化反映在血浆成分的变化中，中枢渗透压感受器可以感受到这些变化。分泌神经中的胆碱能神经纤维不仅可以支配盐腺的小管，也能支配与小管平行的血管（Babonis and Brischoux，2012）。这导致了分泌活动的增强和血流量的增加，从而加速物质向分泌小管输送，促进盐腺分泌。激素似乎不会触发盐腺分泌，但其在调节分泌速度方面可能具有重要的作用。例如，血管紧张素Ⅱ能够抑制盐腺的分泌，而心房钠尿肽则有增强效应（Gray et al.，1997）。

鸟类肾脏可将尿液浓缩，使其渗透浓度明显高于血浆，致使肾脏不会生成大量的自由水。另外，盐腺还具有排泄过量渗透活性离子的能力，这有助于鸟类栖息于广泛的环境或栖息地，其中包括一些淡水资源有限的地区。

参考文献

（姜锦鹏译，周杰校）

第 13 章　呼吸系统

Frank L. Powell

13.1　概要

气体交换是呼吸系统的主要功能，即将环境中的氧气运送给组织，并排出组织产生的二氧化碳。鸟类和哺乳动物维持恒定的体温需要消耗大量的氧气。鸟类的运动，即展翅飞翔，是所有脊椎动物中耗氧量最大的。鸟类的呼吸系统与哺乳动物的肺在结构上迥然不同，有些差异可以保障更有效的气体交换，而有些差异可能是替代的进化方案，以解决脊椎动物呼吸的共性问题。

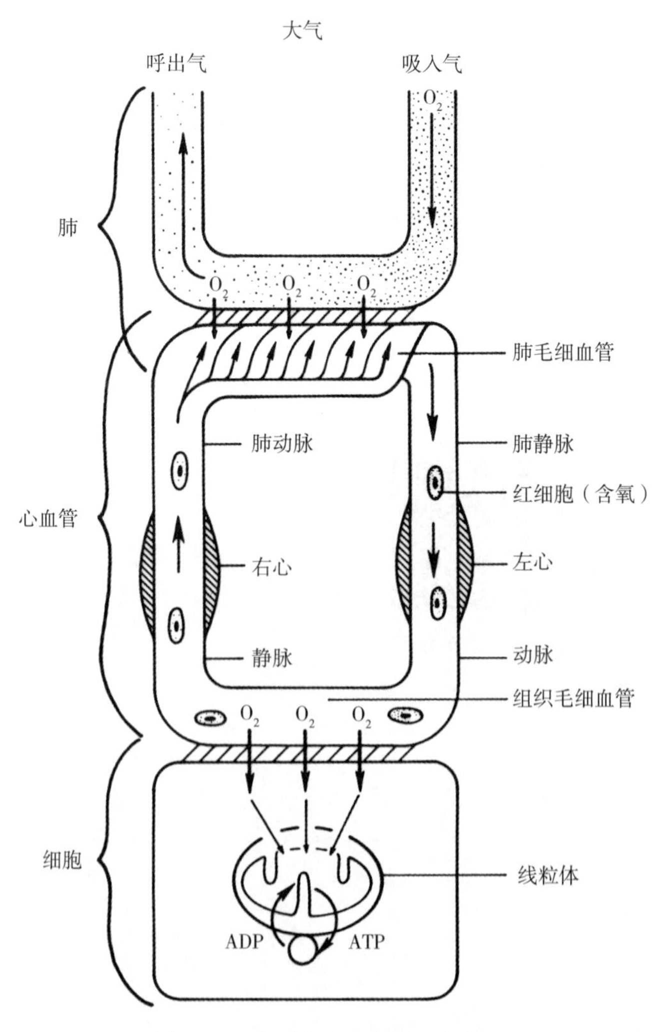

图 13.1　鸟类氧气运输的一般模型
改编自 Taylor 和 Weibel(1981)。

一般而言，呼吸系统通过运送足够的氧气，排出过量的二氧化碳，为其他器官服务。当氧气需求增加时，机体产生各种呼吸反应，以保障充足的氧气供应，这些反应涉及肺、呼吸力学、肺循环、血液中氧气和二氧化碳的输送、肺和组织气体交换，以及呼吸控制系统对这些机制的调节。本章将分别对这些生理机制进行介绍，很多内容参考了哺乳动物的呼吸生理学。因此，读者可以查阅现有的参考文献以获得有关基本概念的更详细内容。在鸟类，呼吸系统对体温调节

（通过水分蒸发）和非呼吸功能（如啼鸣）也至关重要，但这些不在本章阐述。当前研究的问题和重要的未解答的问题会在本章以“前沿”为标题的段落讨论。

13.1.1　氧瀑布

图 13.1 是鸟类氧气运输的一般模型，显示了氧气从环境运输到细胞的生理学步骤。这通常也被称作“氧瀑布（oxygen cascade）”，因为氧气含量（也称为氧分压或 P_{O_2}）会在模型的每一个步骤中逐渐递减。呼吸运动使新鲜空气进入肺，同时心脏将含氧少的血液泵送至肺。氧气在肺中从肺泡扩散至血液，然后这些含氧多的血液通过肺循环回到心脏。动脉血通过体循环泵到机体的各种器官和组织。最终，氧从体循环毛细血管扩散至代谢中的组织，最终进入细胞内的线粒体。二氧化碳经由与氧气完全相反的过程从细胞内运送至外环境。以下章节会对每一个过程进行详细阐述，重点关注鸟类特有呼吸系统的结构与功能关系，特别是与哺乳动物不同之处。在体温调节和活动过程中，脊椎动物中唯有哺乳动物的需氧量与禽类的水平接近。

13.1.2　符号和单位

表 13.1 列出了本章所用到的通用符号与缩写。主要变量用大写字母表示，主要变量上方的小点表示相对于时间的一级衍生参数（例如，吸气量的单位，$\dot{V}_I$为 L/min）。修饰符号中的大写字母表示气相，小写字母表示液体或组织。最后，用下角标表示特定的气体。如未作特别说明，呼吸气体的体积（例如，通气）是指生理条件下（体温和压力，饱和）。氧气（O_2）或二氧化碳（CO_2）的量以毫摩尔（mmol）表示（例如，O_2 浓度用 mmol/L 表示）。压力以 Torr* 表示（7.5 Torr=1 kPa）。

表 13.1　呼吸生理学中的常用符号

主要变量(单位)	
C	浓度或含量(mmol/L)
D	弥散量[mmol/(min・Torr)][①]
P	分压或静水压(Torr 或 cmH_2O)
V	气体容积(L 或 mL)
$\dot{V}$	通气量(L/min)
$\dot{Q}$	血流速率或灌注速率(L/min)
$\dot{M}$	气体流量(mmol/min)
修饰符号	
D	无效腔气体
E	呼出气体
$\bar{E}$	混合呼出气体

* Torr(托)，压强单位，1Torr=133.322Pa。

（续）

修饰符号	
I	吸入气体
T	潮气
a	动脉血
c	毛细血管血
m	膜
t	组织
v	静脉血
$\dot{V}$	混合静脉血
举例	
P_{IO_2}	吸入气体的氧分压
P_{aO_2}	动脉血的氧分压
$P_{\dot{V}O_2}$	混合静脉血的氧分压
$\dot{M}_{O_2}$	单位时间内的耗氧量
$\dot{V}_P$	单位时间内副支气管通气量

① 弥散量（diffusing capacity），即在一定时间内单位分压差条件下，能够通过肺泡膜的气体量。

13.2 鸟类呼吸系统的解剖学

鸟类呼吸系统的结构在脊椎动物中是独特的。肺较小，呼吸过程中肺的体积不发生变化，而九个大的气囊作为"风箱"使肺通气，但不直接参与气体交换（图13.2）。禽类呼吸系统（即肺和气囊）的总体积（约占动物体积的15%）与体型相当的哺乳动物的（肺约占动物体积的7%）相比要大，但鸟类的肺本身较小（占身体体积的1%～3%）。显然，在进化过程中，禽类将换气和通气的功能进行分离，使呼吸器官细分为更小的功能单位以增加气体交换面积。鸟类呼吸器官是换气和通气在不同的地方，而哺乳动物是同时发生（Duncker，1978）。哺乳动物肺中的肺泡能够同时执行通气和换气的作用。

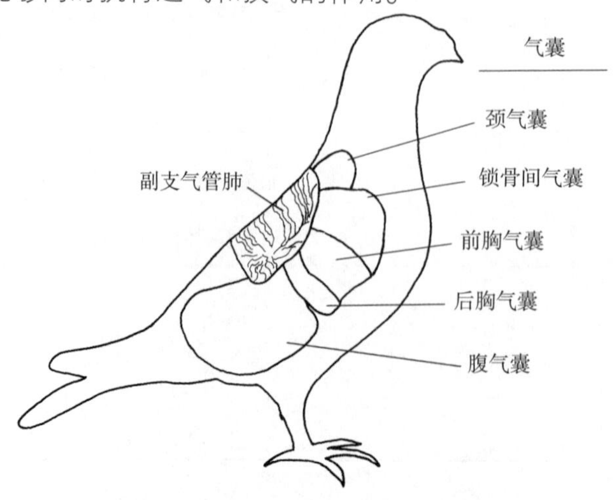

图13.2 鸽的呼吸系统（包括副支气管肺和气囊）

与哺乳动物相反，禽类胸腔气压基本与大气压一致（相对于负压），并且也不存在将胸腔与腹腔进行功能性隔离的膈肌（见 13.3）。本节介绍基本的呼吸系统解剖学，有助于理解呼吸功能，而更细节的知识可以参考一些优秀的专著和综述（Duncker，1971；King and Molony，1971；Maina et al.，2010；McLelland，1989b）。本章有关术语参照《Nomina Anatomica Avium》（King，1979）。气体交换表面和肺循环解剖结构的细节将在之后的部分介绍（分别见 13.4 和 13.6.3）。

13.2.1　上呼吸道

鸟类能够通过口鼻呼吸。口鼻结构可以对吸入的空气进行增温、加湿，并过滤可能损伤脆弱的呼吸道表面的大颗粒。口鼻腔和气管被喉部分开，空气由喉部声门裂进入气管。吸气时，喉部肌肉收缩，打开声门，减少气道阻力。当试图给鸟进行插管时，声门的这种节律性开放是非常有用的。大多数鸟类的气管具有完整的软骨环和大量的平滑肌，也有一些例外，如企鹅的“双气管”，其内侧隔膜将气管分为两根管；另外，鸸鹋气管腹面上有狭缝状开口，能让其发出有特色的高亢的鸣叫声（McLelland，1989a）。喉与气管的解剖学和生理学已有详细综述（McLelland，1989a）。

气管的容积决定通气的“无效腔”，因此也是换气的重要决定因素。Hinds 和 Calder（1971）测量了 27 种鸟的气管容积，发现气管容积（V，以 mL 为单位）与体质量（M_b，以 kg 为单位）相关联：$V=3.7M_b^{1.09}$。该方程式低估了北京鸭（Bech et al.，1984；Hastings and Powell，1986b）和鸽（Powell，1983b）的气管容积，但高估了公鸡（Kuhlmann and Fedde，1976）的气管容积，不过误差小于 25%。

与体型相当的哺乳动物相比，禽类的气管容积要大 4.5 倍（Hinds and Calder，1971）。禽类通常以深而缓慢的呼吸方式来补偿增加的无效腔体积（Bouverot，1978）。有几种鸟类拥有延长的气管，其在颈部环绕，但其功能尚不清楚（Mc Lelland，1989a）。

在鸣管部位，气管分叉成两个初级支气管。在大多数物种（如鸡、鸭），气管穿过锁骨气囊在胸腔内分叉。鸣管是鸟类的发声器，但对其准确的机制所知甚少。详情可参考与此结构有关的综述（King，1989）。与鸟类的气管相似，鸣管在物种间也千差万别，某些物种的雄性具有功能未知的鸣泡。

13.2.2　肺

鸟类的肺位于胸腹腔的背侧（图 13.2），其背侧面嵌入椎肋之间的间隙中。图 13.3 显示了典型的鸟类肺支气管分支模型。

13.2.2.1　导气管

通常，鸣管和肺之间的肺外初级支气管相对较短。肺内初级支气管贯穿于肺部，从腹内侧进入，从肺的尾部穿出连接腹气囊开口（见 13.2.3）。根据初级支气管的来源，次级支气管可分为两个功能群。头侧群由 4～5 个来源于腹内侧肺初级支气管的次级支气管组成，这些胸内侧次级支气管进一步分支形成覆盖肺腹内侧表面的扇状结构。尾侧群由 6～10 个背内侧次级支气管组成，它们也进一步分支形成覆盖于肺背内侧表面的扇状结构。

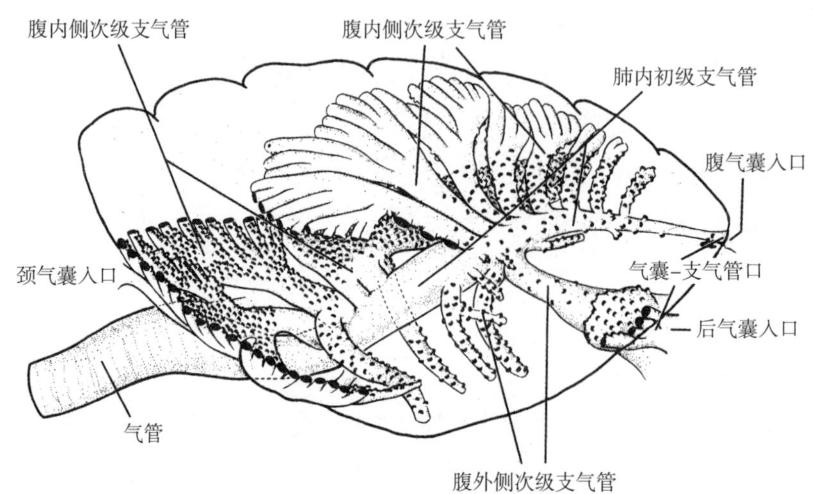

图 13.3 疣鼻天鹅(*Cygnus olor*)支气管在左肺内的分布(Duncker,1971)

大多数物种的第三个功能群的次级支气管由不同数量的腹外侧支气管组成，它们也由尾侧的初级支气管分支而来。第一或第二外侧支气管与其后的胸气囊形成短的连接。其他的腹外侧支气管在不同的物种可能不同程度地插入肺的腹外侧部，但与别的次级支气管不同，它们不形成常规的扇面结构。

初级和次级支气管只是导气管，不参与气体交换。半环状软骨和平滑肌支持初级支气管，但次级支气管壁是松弛的，需要贴附于周围的肺和胸膜以保持管腔开放。鸟类气管、初级和次级支气管的呼吸上皮细胞有纤毛，并含有因物种而异的不同数目的杯状细胞。

13.2.2.2 副支气管

副支气管是鸟类肺中气体交换的功能单位，因其来源于次级支气管，也被称为“三级支气管”。因其也可能来源于次级支气管的进一步分支，副支气管可能是更为恰当的术语（图 13.3）。大多数副支气管像数百个平行排列的管子，连接腹内侧和背内侧次级支气管（图 13.3），这些副支气管也称为古肺副支气管，其与初级支气管以及头侧群和尾侧群的次级支气管一起组成最简单的鸟类肺支气管分支图（Duncker，1972，1974）。

除了某些企鹅，其他鸟类还具有额外的副支气管被称为新肺副支气管（Duncker，1972，1974）。这些副支气管并不排列成规则的平行堆叠管，而是呈不规则的分支状排列。新肺副支气管可将另外一套尾部背外侧次级支气管连接到后气囊（见 13.2.3），或者其他的副支气管。新肺副支气管的数量不会超过副支气管的 25%，不同物种存在很大差异。尽管新肺副支气管和古肺副支气管从字面上有新老之分，但没有证据表明它们之间存在系统发育和进化的联系（Maina，1989）。不同副支气管的功能意义将在之后的章节阐述（见 13.3.3.2）。

图 13.4 显示了副支气管详细的结构，以及它们如何在肺内平行排列成蜂窝状。气体交换发生在这些副支气管的管壁，这些管直径为 0.5～2.0 mm，长度因鸟的体型而异，可达几个毫米（Duncker，1971；Maina，1989）。副支气管之间被结缔组织和大的肺血管纵向隔开。副支气管的管腔由结缔组织和平滑肌组成的网状结构组成，呈现出从副支气管管腔向肺房入口辐射的轮廓。肺房经由漏斗，最终到达直径为 2～10 μm 的呼吸毛细管，其长度大概是所有副支气管直径的 1/4（图 13.4）。副支气管壁衬以柱状上皮和鳞状上皮细胞，向肺房迁移过程中细

胞层变得越来越薄，到漏斗和呼吸毛细管处只存在鳞状上皮细胞（Smith et al.，1986）。在副支气管旁幔（parabronchial mantle），呼吸毛细管网与类似的肺毛细血管网交织在一起，其中空气一血液毛细管形成的界面是气体交换的部位。

13.2.2.3　前沿：血-气屏障的进化

呼吸器官的进化由至少两大原则主导。首先，血气屏障的面积必须非常大，且非常薄，使氧气可通过扩散被摄取（见 13.6.3）。肺被细分成更小的结构后，增加了表面积与体积的比值，因此鸟类或哺乳动物肺的表面积是爬行动物简单肺的 10 倍以上（Hsia et al.，2013）。（当然，爬行动物的肺功能已足以满足其相对较低的耗氧量需求。）第二个原则是维持非常薄的血气屏障，既要有助于扩散，也要保持血液毛细血管的结构完整性。这在鸟类和哺乳动物尤为重要，它们需要加快血液流动以满足代谢需求，并且它们进化出独立的肺循环和体循环，保证肺部毛细血管血压低于体循环血压。尽管如此，运动引起的肺毛细血管血压升高足以诱发肺毛细血管应力衰竭（West，2011）。

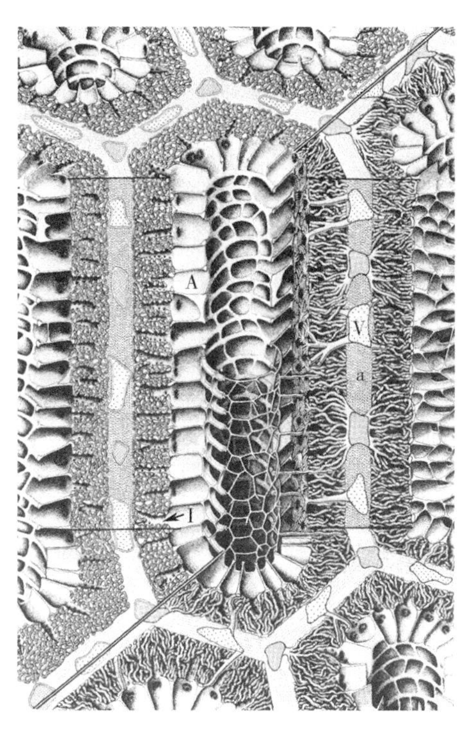

图 13.4　典型的副支气管（直径约 1 mm）的剖面图

左侧显示空气从副支气管管腔到肺房（A）、漏斗（I）和呼吸毛细管的流向。右侧显示血液从副支气管间小动脉（a）进入毛细血管，汇聚到靠近肺房的小静脉，流向副支气管间小静脉（v）。改编自 Duncker（1974）。

针对这些挑战，鸟类进化出一种独特的解决方案，可能比哺乳动物更具有适应性。鸟类用于气体交换的肺的表面积比体型相当的哺乳动物的增加了约 15%，而厚度薄了将近 40%（Maina et al.，1989；West，2009）。鸟类肺中的呼吸毛细管比哺乳动物肺的肺泡空间小得多，这意味着鸟类肺中的毛细血管与肺泡肺的相比，与气体交换的面积更大。鸟类肺中的毛细血管由来自呼吸毛细管网的上皮桥广泛且均匀地支撑着（图 13.5）。目前，该系统确切的生物力学机制尚不清楚（West et al.，2010），但鸟类肺中这么小的气体空间是可能的，因为它们与哺乳动物的肺泡不同，在通气时不改变体积（见 13.3.3）。最近的研究还表明，呼吸毛细管与毛细血管比较，其形状不太像管状，也不够规则（图 13.5），这可能对气体运输产生影响（见 13.6.3.1）。

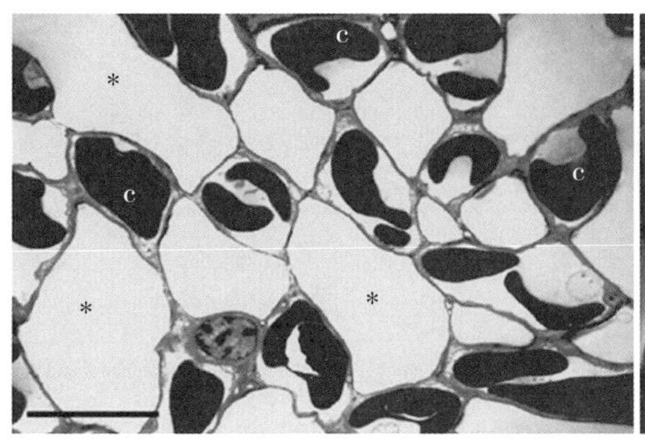

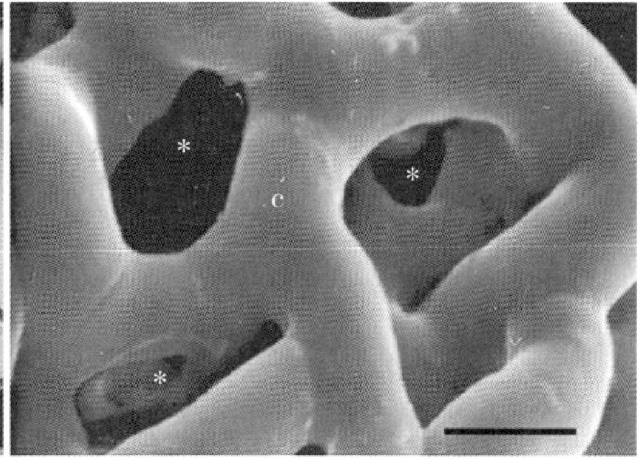

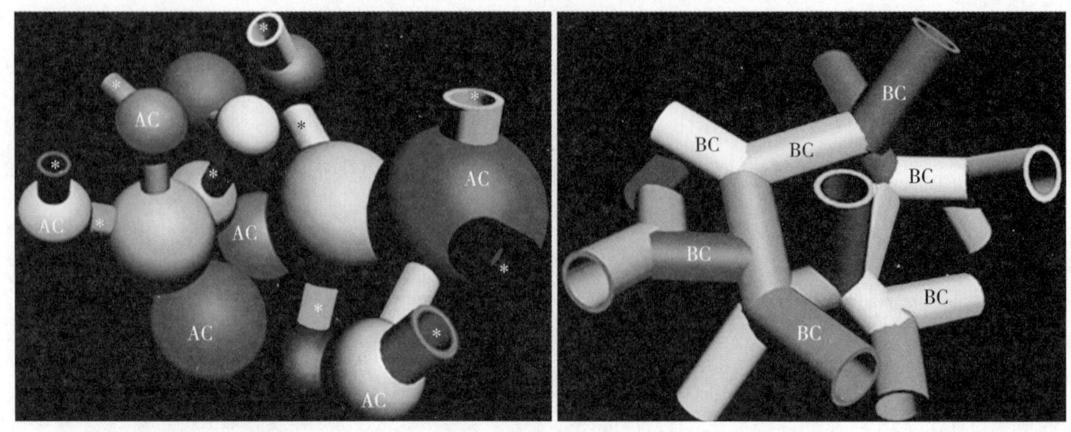

图 13.5★ 上图：空气（*）-血液（c）毛细管网的透射电镜(左)和扫描电镜图(右)。比例尺＝10 μm。下图：空气（左，AC）和血液（右，BC）毛细管的计算机三维重建。AC由短管（*）相互连接的球状空间组成，而BC是由长度和直径相似的短管相互连接而成。改编自 Maina 等人（2007）。

13.2.3 气囊

气囊是其入口与肺初级支气管和次级支气管相连的薄膜结构，它们占据了呼吸系统的大部分体积（图 13.2）。气囊上几乎没有体循环的毛细血管分布，因此不直接参与气体交换过程，而是像“风箱”一样让肺与外界空气相通。大多数鸟类有九个气囊，分为前气囊功能群和后气囊功能群（Duncker，1971；Maina，1989；McLelland，1989b）。气囊憩室也可以穿透骨架，但是有很大的种属差异，其功能意义或与呼吸的联系并不清楚（Maina，1989）。

前气囊功能群由成对的颈气囊、不成对的锁骨间气囊以及成对的前胸气囊组成。颈气囊与第一腹内侧次级支气管直接相连。锁骨间气囊与第三腹内侧次级支气管直接相连。在某些物种中，比如鸡，其锁骨间气囊也可能通过副支气管与其他头部（腹内侧）次级支气管相连。前胸气囊通常与第三腹内侧次级支气管连接，在某些物种，前胸气囊也会与来源于头侧次级支气管的副支气管相连。

后气囊功能群由成对的后胸气囊和成对的腹气囊组成。后胸气囊与腹外侧的次级支气管连接，在某些有许多新肺副支气管的物种，比如鸡，它们的后胸气囊也可能间接地与其他腹外侧，甚至头部（腹内侧）的次级支气管相连。腹气囊与肺内初级支气管的尾部末端相连，也可能与来源于背外侧的次级支气管和背内侧最后的次级支气管的副支气管有更多的间接联系。气囊与副支气管的连接通常聚集成被称为“萨克支气管”（saccobronchus）的漏斗状结构。

13.2.4 呼吸系统容量

上呼吸道和接近副支气管的支气管分支组成解剖无效腔，如 13.2.1 所述。由于不直接参与气体交换，这些传导性气道被称为“无效腔”。肺内的传导气道对整个无效腔的贡献相对较小，但无效腔的总体积通常比大多数哺乳动物的大，这与鸟类的脖颈较长相符。下文讨论无效腔的生理测量方法（见 13.3.3.4）。

鸟肺内参与气体交换的实际空气量等同于呼吸毛细管内的体积，呼吸毛细管的体积比体型相近的哺乳动物参与气体交换的肺泡体积要小得多（Powell and Mazzone，1983）。然而，在开放式的副支气管中，气流的独特模式使这种气体交换更新得比肺泡的潮气通气更频繁（见 13.3.3.2）。因此，鸟类不需要像哺乳动物那样在肺内存留大量的功能余气量（FRC）来缓冲呼吸过程中可能发生的气体交换、氧气和二氧化碳水平的变化。

气囊占据了鸟类呼吸系统的大部分容量，而哺乳动物没有类似的结构。与哺乳动物的肺泡不同，气囊不是气体交换的重要场所，也不会如肺泡那样，其大小在通气过程中会发生变化。文献报道的气囊的体积差异较大，因为该值对测量方法非常敏感。例如，在一定压力下，向死禽气囊中注入的铸塑材料的体积可能比胸腔和腹壁存在肌肉张力时的活禽的气体体积大得多。另外，活的动物气囊容量会随身体的姿势、消化和生殖状态的改变而变化，因为身体内的不同结构（如蛋）都会占一定的体积。在受控压力条件下的灌注（Duncker，1971）和体内气体稀释法（Scheid et al.，1974）可能是现有的测量气囊容量的最精确方法。

13.3 通气和呼吸力学

呼吸肌的收缩产生压力，使空气进出气囊，进入副支气管肺。气囊大小随着呼吸肌运动导致的身体体积的变化而变化，像风箱一样使体积几乎不变的副支气管肺通气（Jones et al.，1985；Macklem et al.，1979）。与哺乳动物不同，鸟类肺的容量是通过附着在体壁来保持的，而不是由胸膜腔负压维持。此外，与哺乳动物不同，禽类没有将体腔分隔成单独的胸腔和腹腔的膈肌。因此，禽类胸腹腔压力相对均一，并作为一个整体进行机械运动（Scheid and Piiper，1989）。

肺通气量（$\dot{V}$）是潮气量（Vt）和呼吸频率（fR）的乘积。因此，通过呼吸加快或加深可以增加肺通气量。禽类呼吸系统中气流的分布取决于呼吸肌运动的幅度和模式，以及下文所述的体壁、肺和气囊的力学特性。

13.3.1 呼吸肌

图 13.6 显示了鸟类正常吸气和呼气时胸部骨骼的变化（King and Molony，1971；Zimmer，1935）。在吸气过程中，胸骨向头侧和腹侧移动，喙突和叉骨在肩部旋转。同时，椎肋向头部移动以横向扩张胸肋和胸腹腔。

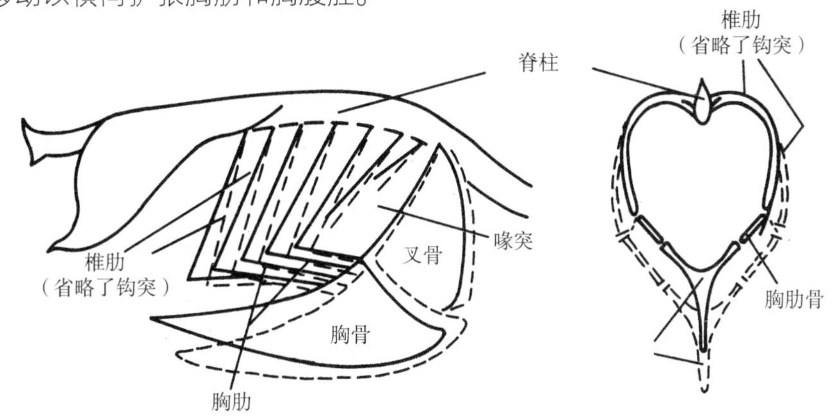

图 13.6　站立的鸟在呼吸时胸廓位置发生的变化

实线表示在呼气结束时的胸廓位置，虚线表示吸气结束时的胸廓位置。引自 Zimmer（1935）。

小型鸟（如椋鸟）在飞行时，叉骨和胸骨是机械耦合的，这样展翼有助于肺通气（Jenkins et al.，1988）。然而，即使在较大的鸟类（如鹅），飞行过程中翅膀的运动和肺通气也是相协调的，因此这可能涉及神经肌肉回路及呼吸机制的耦合（Funk et al.，1992a，b）。如表13.2所示，休息时，吸气和呼气都需要呼吸肌主动收缩，De Wet等人（1967）对这些肌肉的神经支配进行了总结。肺通气的增加是通过调动呼吸肌中更多的运动单位或额外的肌肉实现的，呼气正好相反（Fedde et al.，1963，1964b，1969；Kadono and Okada，1962；Kadono et al.，1963）。因此，平静时鸟类呼吸系统中的存气量处于吸气量和呼气量之间（Seifert，1896），而不像哺乳动物平静时的存气量相当于呼气末的功能残气量。肋间肌控制覆盖在肺腹侧表面的水平隔膜的张力，但与哺乳动物的膈不同，它们并不能改变肺容量（Fedde et al.，1964a）。

表13.2 鸡的呼吸肌

吸气	呼气
斜角肌	第5～6肋间外肌
肋间外肌（除第5～6肋间的肌肉）	第3～6肋间内肌
第2肋间内肌	肋胸骨小肌
肋胸骨大肌	腹外斜肌
肋提肌	腹内斜肌
深锯肌	腹横肌
	腹直肌浅层、中层和深层
	肋间肌

13.3.2 机械特性

13.3.2.1 顺应性

顺应性（C）定义为很小的压力变化（ΔP）所能引起的容量的变化（ΔV）：

$$C=\Delta V/\Delta P$$

鸟类随着呼吸而发生的压力变化在整个体腔基本一致，测量气囊内压（P_{AS}）和体外大气压的差值可反映这些变化。呼吸系统容量（V_{RS}）的变化可以用体积描记器来测量呼吸过程中整个机体体积的变化，也可以用呼吸速度描记器来定量测定经由喙或者气管吸入或呼出的空气量。顺应性测量的是人工通气的鸟以V_{RS}对P_{AS}作图时最陡部分的斜率。鸡的最大顺应性是10 mL/cmH_2O（Scheid and Piiper，1969），鸭的是30 mL/cmH_2O（Gillespie et al.，1982b），这些顺应性的值与体型校正后的哺乳动物相似。

当通过对自主呼吸的鸟类的呼吸系统施加小的外部强迫振荡气体来测量顺应性时，会获得不同的结果。用这种强迫振荡技术（FOT）测量的鸭的顺应性只有7.7 mL/cmH_2O（Gillespie et al.，1982b），远小于哺乳动物。相比之下，用这种方法测量鸽的顺应性（2.8 mL/cmH_2O，Kampe and Crawford，1973）要比差不多体型的哺乳动物（Powell，1983b）的预测值大3.7倍，造成这些差异的原因尚不清楚，但他们认为顺应性对姿态和肌肉张力的变化很敏感。顺应性主要依赖于禽类体壁和气囊的黏滞弹性，而在哺乳动物主要与肺的弹性相关（Macklem et al.，1979）。因此，当通过“扩张”气囊和拉伸腹壁引起容量变化时，鸟类的顺应性较大；但当容量的变化与体壁肌肉张力相反时，顺应性就会降低。

13.3.2.2 阻力

欧姆定律定义了呼吸系统的压力、流量和阻力（R）之间的关系：

$$R=\Delta P/\dot{V}$$

ΔP 是驱动通气气流的大气压和气囊压的差值。呼气使气囊体积减小，产生小的正压，这使气流克服小的气道阻力从气囊内流出；吸气时正好相反。呼吸过程中所有气囊内压力的变化很小，也比较相似（±1 cmH_2O），因此阻力的测定可采用上述顺应性的检测方法（Scheid and Piiper，1989），测量人工或自主呼吸时压力和容量的变化。在与其呼吸系统的共振频率一致的情况下（Kampe and Crawford，1973），鸭的气道阻力是 4.8 cmH_2O/（L/s）（Gillespie et al.，1982a），鸽的是 41 cmH_2O/（L/s）。

气管构造是阻力的重要决定因素。泊肃叶定律预测，气道阻力与气管长度成正比，与气管半径的四次方成反比。因此，鸟类呼吸系统中的阻力可由于气流路径的解剖学差异而有所不同（见 13.3.2.2）。不同的气流路径可能解释了为什么鸟类在吸气时气道阻力通常比呼气时更大（Brackenbury，1971，1972；Cohn and Shannon，1968）。然而，当对未麻醉的鸭使用强迫振荡技术测量时发现，吸气和呼气的气道阻力相同（Gillespie et al.，1982a）。用这种方法测量的气道阻力不包括体壁造成的阻力（Scheid and Piiper，1989），因此吸气和呼气之间气道阻力的一些差异可以反映肌肉的张力。

生理因素也会影响气道阻力。肺 P_{CO_2} 降低可通过背内侧次级支气管到初级支气管开口处的局部效应增加阻力（Molony et al.，1976）。然而，P_{CO_2} 并不影响副支气管平滑肌的收缩（Barnas and Mather，1978）。在通气速率快的大气道或支气管分叉处可能产生的喘流会增加气道阻力（Brackenbury，1972；Molony et al.，1976）。最后，呼吸频率可以改变气道阻力。快而浅的通气采用的气流路径可能不同（Banzett and Lehr，1982；Hastings and Powell，1987），因此会影响气道阻力。此外，呼吸系统有一个共振频率，在这个频率上呼吸的整体阻力最小（例如，鸽每秒呼吸 9.4 次时，气流阻力最小；Kampe and Crawford，1973）。

13.3.2.3 呼吸毛细管表面张力

在呼吸交换表面，气一液界面的表面张力倾向于使呼吸毛细管塌陷，这降低了呼吸毛细管和毛细血管之间组织液的压力。组织液压力的降低会增加毛细血管的滤过作用，会导致水肿和血气屏障的增厚（见 13.4.4）。在副支气管肺，表面张力更倾向于引起水肿，因为呼吸毛细管一毛细血管网主要是维持容量恒定（Maina，2007）。与肺泡相似，呼吸毛细管的内表面有表面活性物质，可以降低表面张力，以抵消一些潜在的有害影响（McLelland，1989b）。这些表面活性物质由副支气管肺的嗜锇性板层小体分泌，以鸟类特有的三薄层状物质分布于呼吸毛细管表面（Bernhard et al.，2001；King and Molony，1971；McLelland，1989b；Pattle，1978）。在容积发生变化时，鸟类表面活性物质的表面张力大约为哺乳动物的 3 倍，但其最大表面张力比哺乳动物的小（Bernhard et al.，2001），这与鸟类表面活性物质的化学成分，以及呼吸毛细管的容量不随通气而改变相一致，因此没有选择压力（又称进化压力）来降低表面张力以减少呼吸做功。

13.3.3 通气方式

13.3.3.1 气囊通气

气囊的通气量大体上与其容积成正比，如前气囊功能群（锁骨间气囊和前胸气囊）和后气囊功能群（后胸气囊和腹气囊）各占吸气量的一半（Scheid et al.，1974）。气囊通气量与其体积的比值会影响气囊内 O_2 和 CO_2 含量（见 13.3.3.3）。因此，气囊体积随着体壁肌肉的紧张而增加，而麻醉导致这些肌肉紧张度的变化，从而改变气囊气体的组成（Scheid and Piiper，1969）。尽管人们推测鸟类憋气潜水时，通过气囊间的气体流动以增加肺的气体交换能力（Boggs et al.，1996），但尚没有证据表明正常呼吸时气囊间的气体可以相互流通（Scheid and Piiper，1989）。

13.3.3.2 肺通气

图 13.7 显示了鸟类的肺在吸气和呼气时的气体流动方式。现已证实，通气过程中气体以从尾侧到头侧的单向流动方式通过古肺副支气管（Scheid and Piiper，1989）。早期研究人员注意到，在火车站捕获的鸽，烟灰主要沉积在肺的尾部，表明吸入气体从尾部进入肺（Dotterweich，1930）。后来，研究人员通过准确测量肺不同部位的气流（Brackenbury，1971；Bretz and Schmidt-Nielsen，1971，Scheid et al.，1972）和呼吸的气体（Powell et al.，1981），证实了这种通气方式。

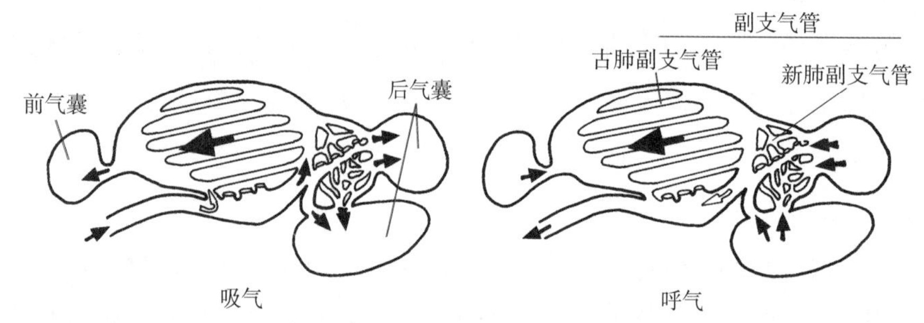

图 13.7 鸟类呼吸系统在吸气和呼气时气流的流动方式

在呼气和吸气两个过程中，古肺副支气管的气体总是从后（尾侧）向前（头侧）流动（大的实心箭头），而新肺副支气管的气体流是双向的（小的实心箭头）。空心箭头显示可能的气体分流情况。

吸气时，有将近一半的潮气量进入后气囊，另一半进入前气囊。图 13.7（实心箭头）表明了吸气气流绕过头侧次级支气管的开口，通过初级支气管直接流入后气囊和尾侧部的次级支气管。当气体进入尾侧次级支气管，它继续从后往前通过古肺副支气管，再经过头侧次级支气管进入前气囊。如果潮气量足够大，同一次呼吸吸入的部分气体可通过古肺副支气管到达前气囊。

呼气时，气囊内气体通过初级支气管和气管排出体外。图 13.7（实心箭头）表明前气囊排出的气体如何通过头侧次级支气管流向初级支气管，而后气囊排出的气体通过尾侧的次级支气管从后往前穿过古肺副支气管。如果呼气量足够大，从后气囊排出的气体也会通过头侧次级支气管混合着从前气囊呼出的气体离开肺。

因此，在吸气和呼气时，古肺副支气管中气体都是从尾侧向头侧流动。而在与后气囊有功能性串联的新肺副支气管中，气流是双向的。吸入的气体从头侧往尾侧流动，通过新肺副支气管进入后气囊，然后在呼气时从尾侧向头侧流动（Scheid and Piiper，1989）。这些流动模式对气体交换的影响在 13.6.2 讨论。

鸟类肺中的气流模式由“气动阀”决定。压力测量表明，支气管分叉处（比如头侧次级支气管进入初级支气管的开口）的阻力相对于远端气道阻力，更能决定气流模式（Kuethe，1988；Molony et al.，1976）。迄今并没有气动阀存在的解剖证据，例如，在吸气时，可以关闭头侧次级支气管到初级支气管的开口（Scheid and Piiper，1989）。早在 1943 年，就采用鸟肺的液体动力模型来显示这些分叉对古肺副支气管从尾侧向头侧的单向流动至关重要（Hazelhoff，1951）。现代理论模型预测，气动阀的效率随气体密度的降低而减弱，鸟类低密度气体试验表明，气动阀失效，气流转道（Banzett et al.，1987，1991；Butler and Turner，1988；Wang et al.，1988，1992）。相比之下，呼气气动阀对气体密度不敏感（Brown et al.，1995）。今后还需试验来证明高海拔气体密度降低是否会影响气动阀的功能。

13.3.3.3 气囊中 P_{O_2} 和 P_{CO_2}

气体流动模式是影响气囊内 P_{O_2} 和 P_{CO_2} 的重要决定因素（表 13.3）。前气囊只接收来自副支气管的气体，因此其 P_{O_2} 和 P_{CO_2} 非常接近呼气末的水平。然而，后气囊的气体是重新吸入的无效腔气体（其 P_{O_2} 和 P_{CO_2} 也在呼气末水平）和新鲜空气的混合，因此 P_{O_2} 较高，而 P_{CO_2} 较低。还有其他一些因素导致气囊内 P_{O_2} 下降，P_{CO_2} 升高，包括分层、穿过气囊壁的气体交换，以及与气囊串联的新肺副支气管的气体交换（Geiser et al.，1984）。

表 13.3 清醒鸟类气囊和呼气末的 O_2 和 CO_2 的分压

	家雁(Cohn and Shannon, 1968;表 13.6)	家雁(Scheid et al., 1991)	鸡(Piiper et al., 1970)	鸭[1]	鸽[2]
锁骨					
P_{CO_2} (Torr)	35	39	44.0	39.2	32
P_{O_2} (Torr)	100	92	83.9	99.4	109
前胸					
P_{CO_2} (Torr)	35	38	41.6	35.7	34
P_{O_2} (Torr)	100	95	99.1	104.3	105
后胸					
P_{CO_2} (Torr)	28	20	24.2	18.9	29
P_{O_2} (Torr)	115	124	120.3	123.9	111
腹部					
P_{CO_2} (Torr)	28	18	14.7	17.5	27
P_{O_2} (Torr)	115	128	130.0	126.7	110
呼气末					
P_{CO_2} (Torr)	35	39	36.7	35.7	—
P_{O_2} (Torr)	100	100	94.3	100.1	—

1 假定干燥气体压为 700 Torr 时，Vos(1935)计算所得。

2 假定干燥气体压为 700 Torr 时，Scharnke(1938)计算所得。

穿过气囊壁的气体交换不超过总呼吸气体交换的 5%，是决定气囊中 P_{O_2} 和 P_{CO_2} 的次要因素（Magnussen et al.，1976）。鸭呼吸时，能观察到分层现象（即吸入的新鲜空气和气囊余气不完全混合），但这对气囊内气体浓度是否有影响尚不清楚（Torre-Bueno et al.，1980；Powell and Hempleman，1985）。与后气囊串联的新肺副支气管内的气体交换是造成 P_{O_2} 和 P_{CO_2} 的测量值与预测值（根据再吸入的无效腔）之间差异的最重要因素（Piiper，1978）。企鹅只有古肺副支气管，在一小部分的副支气管中也可能存在双向气流，因而会影响后气囊中的 P_{O_2} 和 P_{CO_2}（Powell and Hempleman，1985）。

考虑到气囊中 P_{O_2} 和 P_{CO_2} 的决定因素，气囊采样有助于理解生理状况下鸟类的呼吸功能。例如，最近采集潜水帝企鹅气囊气体的试验对理解鸟类和哺乳动物在潜水时消耗储存氧气的差异十分重要，这些差异导致长时间潜水时 P_{O_2} 相似，但在深潜的前 7 min 内，企鹅能够维持正常（呼吸）动脉血氧饱和水平，而威德尔海豹和象海豹的动脉血氧饱和水平则显著下降（Ponganis et al.，2011）。

13.3.3.4 有效的副支气管通气

对气体交换的定量描述需要测量肺的通气效率（见 13.3.3.4）。通过类比哺乳动物的肺泡通气，将鸟类通气定义为副支气管通气（$\dot{V}_P$），并且由于无效腔通气（$\dot{V}_D$）的存在，副支气管通气不同于吸入通气（$\dot{V}_I$）。鸟类的 $\dot{V}_D$ 不仅包括上呼吸道的解剖无效腔，还包括由通气分流过程中，气流绕过副支气管引起的无效腔。图 13.7（空心箭头）显示气体如何在吸入过程中绕过副支气管，直接进入头侧次级支气管和气囊，或者在呼气过程中绕过副支气管从初级支气管流出（Powell，1988）。

测量头侧次级支气管的 P_{CO_2} 发现，吸气分流（即吸入气体直接从初级支气管进入前气囊）不会发生（Powell et al.，1981）。然而，一些吸入气体可能会进入第四个腹内侧（头侧次级）支气管，然后从前往后流过某些古肺副支气管（Powell and Hempleman，1985），但这不会是分流。与此相反，P_{CO_2} 的测量结果显示呼气分流，后气囊呼出的气体有 10%～25%通过初级支气管流出（Powell，1988；Powell et al.，1981）。其他试验表明，呼气时向支气管分流中的相对比例在呼气开始时为 75%～100%，到接近呼气中点时就降为 0%（Hastings and Powell，1986a）。呼气时支气管分流的程度取决于通气模式，如潮气量、流速和热喘息（Bretz and Schmidt-Nielsen，1971；Hastings and Powell，1986a）。

13.3.3.5 人工通气

副支气管肺的气流方式提供了一种独特的人工通气方式，称为单向通气（Burger and Lorenz，1960）。新鲜的加湿气体可以通过气管或气囊的插管吹入，流经副支气管，再通过另一插管排出体外。该技术可在临床用于支持手术时的气体交换，它可以打开一个气囊（防止有效的自主通气），用于注入麻醉气体或雾化药物（Fedde，1978；Whittow and Ossorio，1970），或用于实验研究（Burger et al.，1979；Fedde et al.，1974）。人工通气也可以通过手动交替挤压和提升胸骨来实现，比如在可能麻醉过深的鸟。此外，同样重要的是，要注意抓鸟的时候不要挤压胸骨，因为这可能会导致窒息。

13.3.3.6 前沿：恐龙肺的结构-功能

关于鸟类和恐龙之间的进化关系有丰富的文献资料，现代鸟类呼吸系统是探讨其关系的重要部分。例如，假设长气管、大体积的气囊和气化的骨骼是为了提高大型恐龙的体温调节能力（Perry et al.，2009）。此外，模型显示，气囊可以通过改善平衡性和灵活性来辅助飞行，促进从四足动物到双足动物的过渡（Farm，2006）。这些理论都是基于化石骨架，而对于最重要的生理问题的答案都随着恐龙软组织的消失而难以找寻。然而，最近的比较生理学研究表明，实验验证方法与描述性和演绎性方法对研究鸟类进化的价值。例如，单向气流已经在鳄鱼肺中被证实，它有一种类似于现代鸟类的支气管树，但没有气囊（Farm and Sanders，2010）。这就意味着，采用呼吸的肝脏活塞机制，可以在动物上实现交叉气流的气体交换，就像在短吻鳄中发现的一样，鸟类四足祖先也可能一样，肋呼吸或双足运动并不是交叉气流气体交换的先决条件。早期的古蜥在低氧环境条件下进化时，交叉气流气体交换的效率可能为鸟类祖先提供了比合弓纲动物更优越的竞争优势。

13.4 肺循环

第 11 章介绍了循环的基础生理学，而本节重点介绍肺循环。肺循环的独特性在于肺是接收全部心输出量的唯一器官。鸟类和哺乳动物体循环和肺循环的“串联”排列意味着肺部接收的血流量与全身所有其他部位的血流量相同。然而，肺部血流阻力较低，这使得在左、右心室完全隔离的条件下，肺的灌注压低于体循环。本部分阐述决定肺毛细血管压力、容量和血流的结构和功能因素，这些也是决定气体交换的重要因素。

13.4.1 肺循环的解剖学

家禽肺循环的功能解剖学已经有了详细的研究（Abdalla and King，1975）。副支气管间动脉从肺动脉的主干发出，并在副支气管之间行进，可能灌注一个以上的副支气管。这些血管再分支成副支气管内动脉，沿副支气管的几个点灌注副支气管旁幔。如 13.2.2.2 部分所述，副支气管内动脉在副支气管旁幔外缘附近分支形成肺毛细血管，与呼吸毛细管形成网状结构。肺毛细血管血液汇入副支气管腔附近的副支气管内静脉。这些静脉将血液输送到位于副支气管外缘附近的副支气管间静脉。副支气管间静脉在副支气管之间穿行，沿着某个副支气管的几个点或数个副支气管收集血液。肺中的动脉和静脉之间没有形成血管吻合（Abdalla，1989）。

这种解剖结构对于呼吸气体交换带来两个重要的后果。首先，所有的副支气管全长都是由含氧量低的混合静脉血灌注，而从肺静脉（即体循环的动脉血）返回心脏的富氧血液是从所有副支气管的全长排出的混合血。这允许逆流气体交换的发生，这比下述的肺泡气体交换更加有效（见 13.6.2）。第二，这意味着副支气管旁幔的血流从外周流向内腔，这会影响气体在呼吸毛细管中的交换效率（见 13.6.3.1）。

13.4.2 肺毛细血管容积

鸟类的副支气管肺和哺乳动物肺泡肺中的毛细血管血容量相似。一个值得注意的例外是家禽，其肺毛细血管容积是其他相同体型鸟类推测值的 1/3（Maina et al.，1989）。然而，鸟类肺毛细血管的容积在任何情况下都保持基本恒定，而哺乳动物在流量或压力增加时，可通过募集和扩张增加肺毛细血管容积。在副支气管肺中毛细血管的募集或扩张会使邻近的呼吸毛细管崩塌，引起分流而降低气体交换效率（见13.2.2.3和13.6.4.2）。

13.4.3 肺血管压力、阻力和流量

13.4.3.1 肺血管阻力

类似于欧姆定律，肺血管阻力（PVR）的计算公式如下：

$$PVR=\dot{Q}/\Delta P$$

其中 $\dot{Q}$ 是心输出量，ΔP 是平均肺动脉压和左心房压之间的差值。静息状态下，鸟类和哺乳动物的肺血管压和心输出量相似，因此PVR也相似。然而，与哺乳动物相比，鸟类的PVR随着心输出量的增加而增加更多。例如，家鸭一侧肺的血流增加一倍，几乎使平均肺动脉压增加一倍，但计算的该肺阻力并没有变化，毛细血管的直径也不会改变（Powell et al.，1985）。测量肺动脉系统增压对鸡肺毛细血管形态的影响，没有发现毛细血管的开放，甚至扩张也很少（Watson et al.，2008）。鸟类肺毛细血管的扩张和开放的缺乏还意味着重力和肺血管压力决定哺乳动物肺局部血流量的机制在鸟类并不重要。哺乳动物肺中所谓的1区和2区，即肺泡压力可以使毛细血管塌陷、血流停止，或决定血流的情况，在鸟类并不存在（West et al.，2006）。因此，其他机制参与鸟类肺血流分布的调节，在13.4.3.2讨论。

13.4.3.2 血流分布

对于呼吸气体交换而言，局部和区域的血管阻力变化比整体的PVR更为重要。例如，副支气管之间的局部血流控制对气体交换的效率有重要影响（见13.6.4.3）。缺氧已被证实可以减少副支气管局部的血流量，而且 P_{O_2} 梯度可以解释副支气管灌注的差异（Holle et al.，1978；Parry and Yates，1979）。缺氧和高碳酸血症也可以重新分布古肺副支气管和新肺副支气管之间的血流（Weidner et al.，2012）。这些反应的生理机制尚不清楚，它可能涉及低氧性肺血管收缩，这是肺泡低氧对哺乳动物肺小动脉的直接作用。曾有研究报道，在鸡上，副支气管间动脉和静脉有能够控制局部血流的平滑肌，它们可能负责控制副支气管之间或贯穿全长的血流量（Abdalla，1989），这也可能解释了鸟类缺氧导致的肺动脉高压（Black and Tenney，1980；Burton et al.，1968），但在鸟类与血流量变化无关的低氧对PVR的影响，仍有待确定。

13.4.3.3 前沿：鸟类运动过程中肺血管压力

在运动过程中，鸟类的肺循环如何应对血流量的大量增加是一个谜。观察发现，在鸟肺中，随着血流量和血压的增加，并没有发现重新开放或显著扩张的毛细血管，这与哺乳动物形成了鲜明的对比。肺泡毛细血管的开放和扩张对促进运动时的气体交换非常重要，因为它通过增加扩散表面积和维持毛细血管中红细胞的通过时间来扩散吸收氧气（见13.6.3）。在哺乳动物中，如果运动过程中血压增加太多（如优秀的运动员或纯种马），那么肺毛细血管会遭受“压力衰竭”，血液会渗入肺泡（West，2011）。鸟类的血气屏障可能受到呼吸毛细管网的保护（见13.1.2.3），但它也较薄，如何避免运动时出现压力衰竭尚不清楚。心输出量和肺血

流量的增加在鸟类和哺乳动物类似，鉴于有限的鸟类肺毛细血管的顺应性，推测肺动脉血压非常高。迄今为止，还没有测量过自然运动状态下鸟类的肺循环血压和血流量。通过使用药物提高代谢速率来模拟运动的试验并没有发现肺血流量的增加会引起肺动脉压力的大幅增加（West et al.，2010），结果出人意料。造成这一意外结果的原因，以及飞行鸟类肺动脉压力的变化对未来的试验提出了挑战。

13.4.4　液体平衡

肺中的液体平衡，如在所有器官中一样，取决于毛细血管的静水压和胶体渗透压以及毛细血管通透性。这些变量在鸟类和哺乳动物是相似的，尽管尚未直接测量鸟类肺脏的淋巴引流（Weidner et al.，2006）。容量负荷增加了肺间质，特别是副支气管间隔中的血管外水分，可导致水肿（Weidner et al.，1993；Weidner and Kinnison，2002）。鸟类淋巴管的详细解剖和肺淋巴引流率仍有待确定。

家禽饲养中涉及肺循环和液体平衡的一个非常重要的问题是用于肉类生产的快大型肉鸡的腹水（Julian，1993）。腹水（即腹膜积液）与肺动脉高压（PAH）有关，在高海拔地区的鸡也频繁发生腹水。因此，早期对这一问题的研究主要集中在异常的氧敏感性上，血管对缺氧的敏感性增加可能会引起伴随快速生长的心输出量的大量增加，并且引起低氧性肺血管收缩（Peacock et al.，1990）。然而，比较 PAH 易感肉鸡和 PAH 不易感肉鸡的心输出量，并没有发现可重复的差异，尽管 PAH 易感肉鸡的血管容量相对较小（Wideman et al.，2007）。增加肺血管阻力（如缺氧、血栓素、内皮素-1 和 5-羟色胺）和减少血管舒张的因素（例如，一氧化氮的底物限制性 L-精氨酸）能促进 PAH 和腹水的发生，并且似乎受遗传调控（Wideman et al.，2013）。

13.5　气体在血液中的运输

平衡曲线，也称为解离曲线，表示血液中 O_2 和 CO_2 的含量与其分压关系的函数曲线。同时考虑分压和浓度是有必要的，因为分压梯度驱动肺和组织中气体的扩散转运，但浓度差异决定了肺和循环中的对流气体的转运速率（见 13.6.1）。根据亨利定律，物理溶解在液体中的气体的浓度与其分压呈线性关系：$C=\alpha P$，其中 α 是每托（Torr）的溶解度［以毫摩尔（mmol）为单位］。这意味着惰性气体如氮气，甚至是麻醉气体，血液中的气体浓度的增加与其分压成正比。但是，O_2 和 CO_2 也会与血液发生化学反应，这些反应导致了浓度和分压之间更复杂的关系，但它们用于①增加血液中的 O_2 和 CO_2 浓度；②允许对 O_2 和 CO_2 在血液中的运输进行生理调节；③使呼吸性 CO_2 交换成为机体内酸碱平衡的重要机制。

13.5.1　氧气

正常动脉血中的氧浓度（C_{aO_2}），例如鸽子，约为 8.3 mmol/L。然而，41℃下 O_2 在血液中的物理溶解度（α_{O_2}）仅为 0.001 24 mmol/（L·Torr），因此在 95 Torr 的正常动脉血氧分

压下，鸽子动脉中 O_2 含量只有 0.117 mmol/L 是溶解的气体（Powell，1983b）。血液中的大部分 O_2 与血红蛋白化学结合。

13.5.1.1 血红蛋白

血红蛋白是由四条单独的多肽链组成的大分子，每条多肽链含有一个血红素（含铁）蛋白质，当铁以亚铁（Fe^{2+}）形式存在时，该蛋白质可以与 O_2 结合。当铁离子以三价铁形式（Fe^{3+}）存在时形成高铁血红蛋白，它不能与 O_2 结合。在正常条件下，少量高铁血红蛋白可略微降低与血红蛋白结合的 O_2 的量。当完全饱和时，1 g 纯哺乳动物血红蛋白可以结合 0.060 mmol O_2，该值在鸟类基本相似（Powell，1983b）。血红蛋白浓缩在红细胞内。这种细胞结构对于微循环的生物物理学非常重要，它通过血红蛋白微环境中的细胞变化来进行 O_2 结合的生理调控（见 13.4.1.3）。

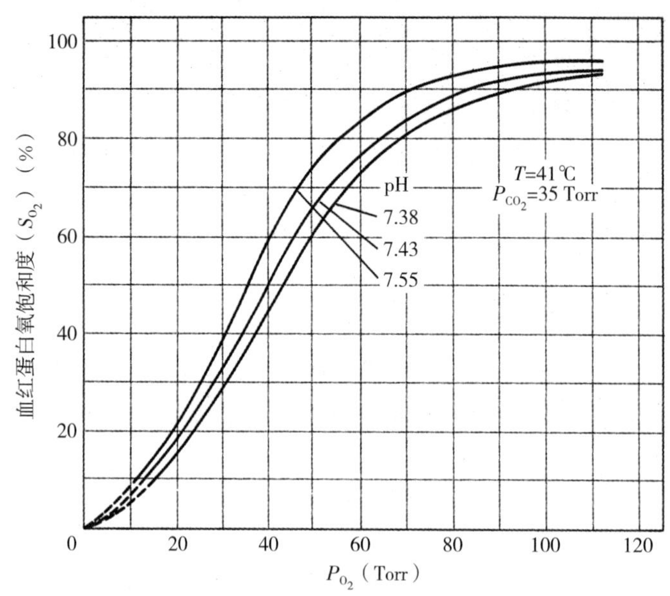

图 13.8 鸭的血-氧平衡曲线

波尔效应是指曲线随 pH 的变化而发生的位移。参照 Scheipers 等(1975)。

13.5.1.2 血-氧平衡曲线

图 13.8 显示鸭血的 O_2 平衡曲线，即氧饱和度（S_{O_2}）对 P_{O_2} 的平衡曲线，其中 S_{O_2} 为结合 O_2 的氧合血红蛋白占所有可结合 O_2 的血红蛋白的百分比。因此，S_{O_2} 最大为 100%，并且与血液中血红蛋白浓度无关。相比之下，以浓度对 P_{O_2} 绘制的 O_2-血红蛋白平衡曲线可以量化给定 P_{O_2} 时血液中 O_2 的绝对量，而最大 O_2 浓度取决于可用的血红蛋白的数量。当血红蛋白与 O_2 结合达到 100%饱和时，血液中最大的 O_2 浓度定义为氧容量。血液中的总 O_2 浓度（C_{O_2}），包括化学结合的 O_2 和溶解的 O_2，可用以下公式计算：

$$C_{O_2} = [O_2\ 容量\ (S_{O_2}/100)] + (\alpha_{O_2} P_{O_2})$$

血-氧平衡曲线的反曲形状（或 S 形状）是由血红蛋白的四个亚单位之间的协同变构相互作用产生的，这决定了分子的三维形状。单个血红蛋白亚基的 O_2 平衡曲线不是 S 形的，而是简单的凸形曲线，如肌红蛋白的 O_2 平衡曲线（见 13.7）。血氧血红蛋白平衡曲线的形状促进了氧气在肺部血液中与血红蛋白结合和在组织血液中从血红蛋白释放。

血红蛋白的功能亚基之间的协同性是用希尔系数 n 进行量化的（Powell and Scheid,

1989）。在鸟类血液中观察到的 n，超过理论高限 4，可能反映了血液样品中多个血红蛋白分子聚集体之间的协作或不同亚型的血红蛋白之间的互作（Black and Tenney，1980b；Lapennas and Reeves，1983）。

表 13.4 鸟类全血的呼吸参数

参数	穴鸮	鸽(Powell，1983a)	雌性家鸡(Bartels et al.，1966；Bauer et al.，1978；Baumann and Baumann，1977；Henning et al.，1971；Hirsowitz et al.，1977；Holle et al.，1977；Lapennas and Reeves，1983；Meyer et al.，1978；Wells，1976)	北京鸭(Andersen and Lovo，1967；Black and Tenney，1980b)	番鸭(Holle et al.，1977；Morgan and Chichester，1935；Scheipers et al.，1975)	斑头雁(Meir and Milsom，2013)
血细胞比容(%)	33.7±2.1	48.7	26～30	45.4	37.3±1.3	43.3+1.3
血红蛋白(g/100mL)	10.7±0.4	14.3	8.6～9.3	15.5	—	17.1+1.24
氧容量(mmol/L)	—	8.6	8.6～12.3	≥8.9	7.3±0.51	—
P_{50}(Torr)	42.3±0.8	40.8±1.4	47.7±4.2	42.7～45.0	40.1±3.7	31.2
希尔系数 n(—)	2.60～3.42	2.75	3.4±0.1	4.3	2.9	—
波尔系数($\Delta\log P_{50}/\Delta pH$)	0.42～0.46	0.42～0.53	0.50±0.08	0.40～0.44	0.44～0.53	0.42～0.48
温度系数($\Delta\log P_{50}/\Delta T$)	—	0.015～0.026	0.014～0.015	—	—	0.024～0.032
霍尔丹效应($\Delta C_{CO_2}/\Delta C_{O_2}$)	—	—	0.42	—	0.3	—

注：当有三次或更多次的测量时，给出了标准差；少于三次测量时，给出了测量值的范围。

血红蛋白对 O_2 的亲和力用 P_{50} 来定量，即 50%氧饱和时的 P_{O_2}。例如，P_{50} 的减小或曲线“左移”表明 O_2 亲和力的增加，因为对于给定的 P_{O_2}，P_{50} 减小或曲线左移时 S_{O_2} 是变大的。一般来说，鸟类血液中的 P_{50} 比哺乳动物血液中的更大。表 13.4 显示 P_{50} 在 40 Torr 左右的几种常见鸟类的 P_{50} 值，而同等大小的哺乳动物的 P_{50} 值接近 30 Torr。一些研究使用了红细胞悬液（Lutz，1980），这可能能够解释为什么他们发现的 P_{50} 值较低。然而，鸟类血红蛋白溶液中 P_{50} 的测定结果与其他已经公布的全血中的值（如鸽子）一致（Powell，1983b）。由于鸟类肺中吸收 O_2 的效率高于哺乳动物，鸟类可能已经进化出了具有低 O_2 亲和力的血液，来最大化 O_2 在组织中的输送。

血红蛋白-O_2 亲和力的发育变化可以通过个体血红蛋白类型的差异来解释。例如，鸡的 P_{50} 急剧下降（从第 8 天的 75 Torr 下降到第 14～16 天的 35 Torr），可能是因为红细胞中表达的成熟血红蛋白代替了雏鸡的胚胎血红蛋白（Baumann and Baumann，1978）。

13.5.1.3 血红蛋白氧亲和力的生理调控

影响某个特定物种的 P_{50} 的最重要的生理因素是有机磷酸盐水平、pH 和温度。这些因素能改变血红蛋白四聚体的结构，使其能更多或更少地结合 O_2。

1，3，4，5，6-五磷酸肌醇（IPP）是影响鸟类 P_{50} 的主要有机磷酸盐（Weber and Wells，1989）。在红细胞内，IPP 与血红蛋白结合的作用是相当大的，例如，在体外可使游离的鸡血红蛋白的 P_{50} 增加不到 3 Torr，而在体内可超过 40 Torr（Weingarten et al.，1978）。鸟类有机磷酸盐的生理变化尚未广泛研究（Maginnis and Kilgore，1989；Weber and Wells，1989）。

在哺乳动物中，对海拔等条件的适应可以通过改变有机磷酸盐（2，3-二磷酸甘油酸或2，3-DPG）来调节 P_{50}。然而，值得注意的是，在低海拔或高海拔条件下适应了多个世代的鸟类之间，P_{50}的差异并不能用有机磷酸盐浓度的不同来解释。低海拔地区的灰雁和加拿大雁（P_{50}分别为39 Torr和42 Torr）的红细胞无机磷酸盐水平与高海拔地区的斑头雁（P_{50}为29 Torr）相似（Petschow et al.，1977）。P_{50}的差异是由于不同物种的血红蛋白与IPP结合的差异造成的（Rollema and Bauer，1979）。

图13.8显示了pH对 O_2 亲和力的影响，这也被称为波尔效应。pH的增加导致了 P_{50}的降低（即增加了 O_2-血红蛋白亲和力），反之亦然。H^+ 与血红蛋白中的组氨酸残基结合，改变了血红素位点的分子构象及其结合 O_2 的能力。波尔效应的生理学意义在于它促进 O_2 在 CO_2 较低且pH较高的肺部与血红蛋白的结合（见13.5.3）。在肌肉中，会发生相反的情况，pH的降低会促进 O_2 进入到组织中。波尔效应与大多数鸟类饱和度无关（Lapena and Reeves，1983；Maginnis，1985；Meyer et al.，1978），并与报道的哺乳动物的数值相似（表13.4）。

与哺乳动物不同，大多数鸟类 CO_2 单独对 P_{50}没有影响（Meyer et al.，1978）。在哺乳动物中 CO_2 与血红蛋白形成氨基甲酰化合物，这会引起 P_{50}的小幅增加。在某些鸟类，如麻雀和猫头鹰，与不挥发酸相比，CO_2 引起的pH改变导致的波尔效应更大（Maginniss，1985；Maginniss and Kilgore，1989）。因此，氨基甲酸的形成确实发生，并且可以降低游离的鸟血红蛋白的 O_2 亲和力。然而，IPP与大多数鸟类血红蛋白的结合阻止了 CO_2 单独引起的波尔效应（Lapennas and Reeves，1983；Weingarten et al.，1978）。

体内生理状态下 O_2 解离曲线比图13.8中的离体解离曲线更陡，因为动脉血和静脉血之间 P_{CO_2} 增加并且pH降低。这对于气体交换是有利的，因为它在给定的 P_{O_2} 变化情况下增加 O_2 浓度的变化，从而增加 O_2 结合或释放。生理性血-氧液平衡曲线的斜率，以 O_2 浓度计，被称为 βb_{O_2}［mmol/（L·Torr）］，用于气体交换的定量描述（见13.6.1）。

由于 O_2 与血红蛋白的结合是释放热量的化学反应，温度升高降低了血红蛋白对 O_2 的亲和力，这有助于 O_2 在因锻炼而温度较高的肌肉的释放。对于在高空飞行的鸟类，推测高速率的通气和极冷的空气可能会冷却呼吸交换表面，从而促进肺中 O_2 与血红蛋白的结合（Faraci，1986，1991）。然而，迄今尚未证明肺部血液温度在飞行时降低。除了下面描述的斑头雁以外，温度对鸟类 P_{50}的影响一般与哺乳动物的类似（表13.4）。

13.5.1.4 前沿：血红蛋白对高海拔的适应

与生活在低海拔地区的物种相比，生活在高海拔地区的鸟类血红蛋白与 O_2 的亲和力通常更高，大概是对低氧的适应（Black and Tenney，1980b；Jessen et al.，1991；Meir and Milsom，2013；Petschow，1977）。例如，斑头雁的 P_{50}比它们常年生活在印度平原上的近亲灰雁的 P_{50}低10 Torr（Petschow et al.，1977）。低的 P_{50}将增强极度低氧时肺泡血红蛋白的载氧能力（Bencowitz et al.，1982），并且高海拔地区的鸟类和哺乳动物中均观察到 P_{50}低的趋势（Powell and Hopkins，2010）。来自斑头雁和灰雁的氨基酸序列显示，四个血红蛋白亚基（两条α-链和两条β-链）中的一个亚基存在单个氨基酸替换（Allen，1983）。采用基因工程方法在人的血红蛋白上模拟这种单个氨基酸替代，发现 P_{50}减少的程度与斑头雁和灰雁之间的差异类似（Jessen et al.，1991）。一般来说，与低海拔物种相比，高海拔物种的低 P_{50}似乎只需要少量氨基酸置换，并且这种替换可能发生在亚基之间的接触位点，它们将血红蛋白稳定在低 O_2 亲和力或高 O_2 亲和力构象上，或发生在 O_2-亲和力的生理调节剂的结合位点（Weber，2007）。此外，与其他鸟类相比，斑头雁血红蛋白对温度更敏感（表 13.4），可能对于斑头雁有额外的好处。由于高原飞行时肺和运动肌肉之间温度和 CO_2 的差异，斑头雁 P_{50} 的变化，相对于固定的 P_{50}，可能会使 O_2 的释放加倍（Milsom，2013）。

13.5.1.5　影响氧容量的因素

如上所述，血液中血红蛋白浓度（即［Hb］）的变化将改变 O_2 容量，并因此改变任何 P_{O_2} 下的 O_2 浓度。［Hb］取决于红细胞平均血红蛋白浓度（MCHC）和血细胞比容。表 13.4 给出了典型的血细胞比容和［Hb］值；［Hb］表示每 100mL 血液中的血红蛋白含量，单位是 g/100 mL，而不是毫摩尔，因为最初测量血红蛋白时，分子质量并不知道。鸟类 MCHC 通常为 30～40 g/100 mL（Palomeque et al.，1979），或类似于哺乳动物的 MCHC。

如果［Hb］降低，例如当贫血导致血细胞比容降低时，任何给定的 P_{O_2} 下 O_2 的容量和浓度都降低。当［Hb］增加时，例如，当使用促红细胞生成素（EPO）刺激骨髓中的红细胞产生时，O_2 容量增加。EPO 是当动脉血 O_2 水平降低时从肾脏中的细胞释放的（Sturkie，1986）。［Hb］存在显著的性别差异，例如在鸡中，性激素可以影响血细胞比容（Sturkie，1986）。

13.5.2　二氧化碳

血-二氧化碳平衡（或解离）曲线是非线性的，且它们具有与血-氧平衡曲线不同的形状和位置（图 13.9）。CO_2 以三种形式被血液携带，所以血液中的 CO_2 浓度通常远高于 O_2 的浓度。这导致体内 P_{CO_2} 值的变动范围比 P_{O_2} 值的变动范围更小，尽管 CO_2 和 O_2 在动脉和静脉之间的浓度差异相似。因此产生的动脉和静脉交汇点之间的生理性 CO_2 解离曲线比生理性 O_2 解离曲线更加线性（图 13.9）。

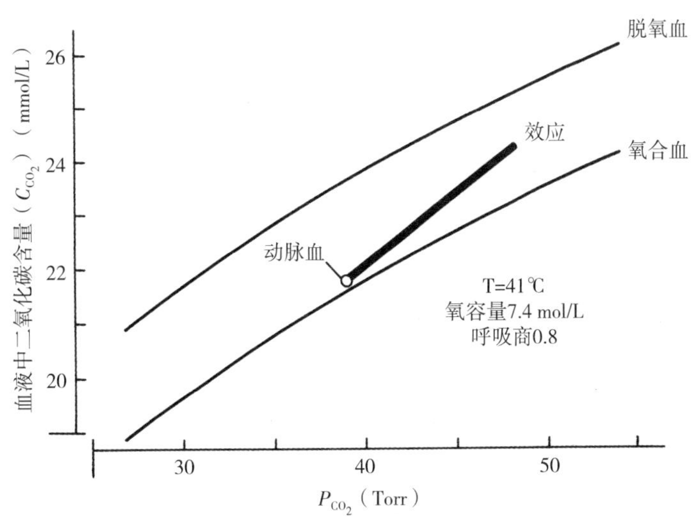

图 13.9　鸭的血-二氧化碳平衡曲线

上面的曲线是血液样本在体外平衡得到的脱氧血，下面的曲线为氧合血。粗线是未麻醉未受干扰的鸟类生理或在体的解离曲线。该图说明了组织毛细血管中从动脉血变成静脉血时血液中 CO_2 含量（C_{CO_2}）的变化。引自 Scheipers 等（1975）。

13.5.2.1　血液中的二氧化碳形式

CO_2 在水或血浆中的溶解度为 0.027 8 mmol/（L・Torr），大约是 O_2 的 20 倍。然而，

溶解的CO_2仅占动脉血液总CO_2浓度的5%。CO_2也可以与血红蛋白末端的氨基结合形成氨基甲酰化合物（见13.4.1.3）。碳酸氢根离子（HCO_3^-）是血液中最重要的二氧化碳携带形式。CO_2与水结合形成碳酸并分解成HCO_3^-和H^+：

$$CO_2 + H_2O = H_2CO_3 = HCO_3^- + H^+$$

碳酸酐酶是催化这种反应的酶，钙反应主要发生在红细胞中（Maren，1967）。在碳酸酐酶存在时，该反应几乎瞬间发生，但未催化的反应在任何液相介质中发生的非常慢（需要4min以上才达到平衡）。CO_2到碳酸氢盐的迅速转化导致动脉血中约90%的CO_2以该形式携带。由CO_2产生的H^+与血红蛋白反应，会同时影响O_2解离曲线（波尔效应）和CO_2解离曲线，如下所述。

13.5.2.2 影响血-二氧化碳平衡曲线的因素

Hb-O_2饱和度是影响CO_2平衡曲线位置的主要因素。在任何给定的P_{CO_2}（图13.9），当血液脱氧时霍尔丹效应（Haldane effect）会增加CO_2浓度，或当血液含氧时会降低CO_2浓度。霍尔丹效应实际上是与影响O_2平衡曲线的波尔效应相同的分子机制的另一面（见13.4.1.3）。可以认为H^+和O_2竞争结合血红蛋白，因此增加O_2会降低血红蛋白对H^+的亲和力（霍尔丹效应），而增加H^+会降低血红蛋白对O_2的亲和力（波尔效应）。

霍尔丹效应的生理学意义是当血液含氧时促进肺部CO_2的释放，而当O_2释放到组织中时促进CO_2在血液中的加载。霍尔丹效应还会导致更陡的血-二氧化碳平衡曲线（图13.9），其生理意义是在给定的P_{CO_2}增加CO_2浓度梯度。最后，当鸟类肺中逆流的气体交换放大后，霍尔丹效应会引起明显的负的血-气二氧化碳梯度（见13.6.2.2）。

13.5.3 酸-碱

CO_2和H^+/HCO_3^-之间的化学平衡对酸一碱生理有着巨大的影响。每摩尔代谢产生的CO_2产生1 mol的酸，95%以上的这种酸是由肺排出的（Skadhauge，1983）。通过改变通气量快速改变血液中的P_{CO_2}浓度的能力对血液pH有很大的影响，所以酸碱平衡依赖于呼吸系统和肾脏系统的整合功能。

13.5.3.1 亨德森-哈塞尔巴尔赫(Henderson-Hasselbalch)方程

该方程描述了血液中P_{CO_2}，pH和［HCO_3^-］的关系：

$$pH = pKa + \log([HCO_3^-]/\alpha P_{CO_2})$$

其中，pKa是Ka的$-\log_{10}$，碳酸的解离常数；［HCO_3^-］是碳酸氢盐浓度，单位是mEq/L或mmol/L，α是CO_2在水中的物理溶解度。鸡的正常动脉血pH（pHa）是7.52（表13.5），可以根据41℃下的鸡血浆中的pKa=6.09和α_{CO_2}=0.03 mmol/（L·Torr）（Helbacka et al.，1963），动脉血P_{CO_2}=33 Torr（表13.5）和动脉血［HCO_3^-］=27.2 mmol/L来计算。如果对［Hb］的差异进行校正，鸭血浆的缓冲值与人类的值相似（Scheipers et al.，1975）。在pH =7.5时，［H^+］仅为30 nmol/L，或显著低于体内其他许多重要离子，如Na^+、Cl^-、HCO_3^-（浓度在mmol/L的水平）。pH的微小变化，对应于［H^+］的微小变化（见第12章），可导致生理功能发生剧烈变化。

亨德森-哈塞尔巴尔赫方程显示了pH的生理控制如何依赖于［HCO_3^-］与［αP_{CO_2}］的比

值。请注意，在各种不同的［HCO_3^-］和 P_{CO_2} 值的情况下，pH 可能是正常的。所以，例如，鸡 pH=7.52 并不一定指示正常的酸碱状态。慢性酸碱失调的主要原因不能仅仅由 P_{CO_2}、pH 或［HCO_3^-］的数据确定。为了正确诊断，必须获得有关疾病史、肺功能或血液化学的其他资料。

呼吸系统主要通过改变动脉 P_{CO_2}（P_{aCO_2}）来控制 pH。在任何给定的代谢率下，P_{aCO_2} 都是由副支气管通气决定的（见 13.6.2）。增加通气会降低 P_{aCO_2}，增加 pHa，而减少通气则会产生相反的效果。因此，通气是一种有效地快速改变 pHa 的机制，对 pH 的通气反射反应是最重要的快速调控 pH 的生理机制。如第 12 章所述，肾脏也可以通过改变［HCO_3^-］来调控 pH，并且不依赖 CO_2 变化，但肾脏改变 pH 通常比呼吸改变 pH 要慢。

表 13.5　清醒休息的鸟类气体交换变量

参数	鸽 (Bouverot et al., 1976)	雌性家鸡 (Piiper et al., 1970)	北京鸭 (Bouverot et al., 1979)	白羽北京鸭 (white Pekin duck) (Jones and Holeton, 1972)	番鸭 (*Cairina Moschata*) (Jones and Holeton, 1972)
M_b(kg)	0.38	1.6	2.37	2.4	2.16
$\dot{M}_{O_2}$(mmol/min)	0.35	1.09	1.67	—	—
f_R(min^{-1})	27.3	23	15.6	8.2	10.5
V_T(mL)	7.5	33	58.5	98	69
$\dot{V}_E$(L/min)	0.204	0.760	0.910	0.807	0.700
$\dot{Q}$(L/min)	0.127	0.430	0.423	0.973	0.844
$P_{E_{O_2}}$ (Torr)	—	101.8	—	100.1	96.6
$P_{a_{O_2}}$ (Torr)	95	87	100	93.1	96.1
$P_{\bar{v}_{O_2}}$ (Torr)	50	40.8	69.9	63.3	55.9
$P_{E_{CO_2}}$ (Torr)	—	33.0	—	34.2	34.2
$P_{a_{CO_2}}$ (Torr)	34	29.2	33.8	36.3	35.9
$P_{\bar{v}_{CO_2}}$ (Torr)	—	39.2	—	37.3	42.6

除引自 Piiper 等人(1970)以及 Jones 和 Holeton(1972)使用气管导管轻轻导入站立的鸟体内测量的数据，还有一部分来自身体体积扫描仪检测的数据。由于未对混合呼出气体进行测量，$\dot{M}_{O_2}$(mmol/min)未给出参考值。

13.5.4　血气测量

采用为人类设计的传统设备精准测量鸟类血液的 P_{O_2}、P_{CO_2} 和 pH，面临特殊的挑战。与哺乳动物不同，鸟类的红细胞是有核的（与大多数其他脊椎动物一样），这可能是鸟类的氧气消耗率比哺乳动物高的原因。因此，必须注意在抽取样本之后尽快分析鸟类的动脉血液气体，并在必要时校正任何由时间引起的 P_{O_2} 下降。如果不能马上进行分析，那么将样品储存在冰水中或许有所帮助。但有任何延迟，分析值仍然会不同于体内的值，尤其是在正常氧分压下血-氧平衡曲线相对平坦时，O_2 含量即使是很小的改变也会导致 P_{O_2} 有很大的变化（Scheid and Kawashiro，1975）。采样延迟也可能是导致模拟高空的鸽混合静脉血 P_{O_2} 值为 0 的原因（Weinstein et al.，1985）。

除了采样延迟之外，还必须注意应该在相当于体温的温度条件下进行分析，而鸟类的体温通常比人类37℃的体温要高，要用鸟类血液温度建立校正值（Kiley et al.，1979）。此外，还需要使用一个血压计来确定一个血气校正因子，用来解释气相校准的电极在液相中测量 P_{O_2} 的值的差异（Nightingale et al.，1968）。对于可能影响氧气-血红蛋白饱和度测量的其他因素，已经在其他综述中讨论过（Powell and Scheid，1989）。

最后，动脉血气值最重要的决定因素是鸟的生理状态。表13.5展示了几种呼吸室内空气的鸟类的动脉血气值，但如果取样过程导致鸟儿兴奋的话，这些数值可能就不是"正常"的。远程控制的取样设备已经在休息状态下的鸭上应用（Scheid and Slama，1975），而且这项技术将被扩展到其他有趣的领域，比如潜水的企鹅（Ponganis et al.，2011）和飞翔的雁（Meir et al.，2013）。

13.6 肺气体交换

理论上，呼吸系统的独特解剖结构使得鸟类的气体交换模型比哺乳动物模型更为有效（Piiper and Scheid，1975）。在气体交换面给定的通气水平下，副支气管肺单位时间内的通气量（$\dot{V}_P$）、心输出量（$\dot{Q}$）、肺扩散能力（$D_{L_{O_2}}$）、动脉血氧载量和 CO_2 的清除，可能均比具有相同吸气量和代谢需求的肺泡肺更好（Powell 和 Scheid，1989）。本节描述该模型的结构和功能基础，以及它在正常生理状况下的自然行为。

13.6.1 氧运输的基本原理

13.6.1.1 对流

对流，即气体的大量流动，是通过通气将氧气输送到肺部，再通过血流将氧气输送到组织。Fick 原理，简单地说，就是应用于呼吸气体运输的质量守恒定律，可以用来量化 O_2 吸收：

$$\dot{M}_{O_2} = \dot{V}\beta_{g_{O_2}}(P_{I_{O_2}} - P_{E_{O_2}})$$

其中 $\dot{M}_{O_2}$ 是 O_2 吸收量，$\dot{V}$ 是通气量，$\beta_{g_{O_2}}$ 是气相中 O_2 的容量系数［在41℃时为0.512 mmol/（L·Torr）］，而（$P_{I_{O_2}} - P_{E_{O_2}}$）是吸入和混合呼出气中 P_{O_2} 的差值（Piiper 等，1971；Powell 和 Scheid，1989）。在 Fick 原理的这个公式中，假设吸入和呼出的通气量是相同的，那么消耗的 O_2 的量是吸入和呼出的 O_2 之间的差值。测量总通气量时，使用的是混合呼气 P_{O_2}；如果可以获得副支气管通气量（$\dot{V}_P$）（见13.5.4.1），则使用呼气末 P_{O_2}。用于描述 O_2 交换的原理也适用于 CO_2 交换。

心血管系统将 O_2 从肺中运输到组织，也可以用 Fick 原理写成：

$$\dot{M}_{O_2} = \dot{Q}\beta_{b_{O_2}}(P_{a_{O_2}} - P_{\bar{v}_{O_2}})$$

其中 $\dot{Q}$ 为心输出量，$\beta_{b_{O_2}}$ 为血-氧平衡曲线的生理斜率（见13.4.1.3）。因此，肺部血液吸收的 O_2 量是离开肺部的动脉血中的 O_2 量与进入肺部的混合静脉血中的 O_2 量之间的差值。在一个稳定的状态下，氧瀑布的每一步 $\dot{M}_{O_2}$ 都是相等的，所以 Fick 原理的方程式可以重排，根据方程中其他变量的测量结果计算 $\dot{M}_{O_2}$、$\dot{Q}$、$\dot{V}$ 或 P_{O_2}。表13.5列出了一些鸟类休息时气体交换的重要变量。几篇综述（Brackenbury，1984；Butler，1991；Faraci，1991；Powell and

Scheid，1989）总结了不同生理状况下，比如运动、低氧和热应激，这些变量的变化。

13.6.1.2　扩散

O_2 通过短距离的血气屏障的运动是通过“被动”的扩散机制发生的；体内不发生 O_2 的主动运输。Fick 扩散定律描述了 O_2 从呼吸毛细管输送到毛细血管的过程：

$$\dot{M}_{O_2} = \Delta P_{O_2} \cdot D_{L_{O_2}}$$

其中 ΔP_{O_2} 是肺呼吸毛细管和毛细血管血液的平均 P_{O_2} 梯度，$D_{L_{O_2}}$ 是肺对 O_2 的扩散能力。该方程表明，P_{O_2} 梯度给定的情况下，较大的 $D_{L_{O_2}}$ 输送的 O_2 更多。$D_{L_{O_2}}$ 的决定因素在肺的扩散能力一节中描述（见 13.6.3）。

13.6.2　逆流气体交换

13.6.2.1　氧气交换

图 13.10 显示了副支气管中的气流和血流可视为相互垂直伴行的，这也是鸟类的逆流气体交换模型的基础。在这个理想的逆流交换模型中，假设气流是连续穿过副支气管的，并沿其长度均匀地灌注混合的静脉血。在副支气管的吸气端，有较大的氧分压梯度驱动氧气向毛细血管内扩散，使毛细血管内的氧分压升高，副支气管内氧分压下降。当空气沿着副支气管流动时，驱动氧气扩散的氧分压梯度减小，而 $P_{\bar{v}_{O_2}}$ 是恒定的。在副支气管的呼气末端，氧分压已经降至呼气末水平，离开这部分副支气管的毛细血管中的氧分压也就相对较低。然而，注意回到心脏的动脉血液是副支气管的毛细血管血的混合物。因此，在理想的逆流气体交换中，动脉血氧分压比呼气末气体的氧分压高。

呼出气氧分压与动脉血氧分压的分压差为负值，如图 13.10 中所示的氧分压箭头的重叠，在肺泡气体交换中是不可能的。理想肺泡气体交换所能达到的最佳状态是呼出气和动脉血氧分压之间的平衡，所以（$P_{E_{O_2}} - P_{a_{O_2}}$）=0。然而，在鸟类中，呼出气和动脉血氧分压的分压差并不一直是负值，而动脉血氧分压在休息、正常氧压的鸟类和哺乳动物中是相似的（表

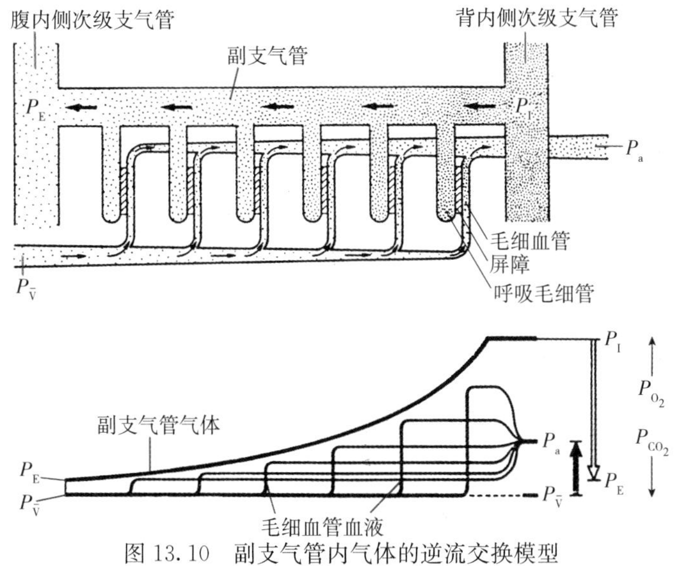

图 13.10　副支气管内气体的逆流交换模型

下图显示沿着副支气管分布的毛细血管血液的混合产生了动脉血氧分压（$P_{a_{O_2}}$），气体氧分压（P_{O_2}）在吸入气氧分压（P_I）和呼出气氧分压（P_E）之间波动。气体氧分压（空心箭头）与血液氧分压（实心箭头）的重叠表明了鸟类 $P_{a_{O_2}}$ 大于 $P_{E_{O_2}}$ 的情况。图片引自 Scheid（1990）。

13.5）。如以下章节所解释的，逆流氧气交换在理论上比肺泡交换更有效，但都存在类似的气体交换限制，这种限制对鸟类的影响大于对哺乳动物的影响（见13.6.4）。

注意逆流交换的效率不应取决于副支气管通气的方向。这得到以下试验的支持，在鸡和鸭中逆转副支气管的气流方向，既不影响呼出气和动脉血之间的氧分压差，也不影响二氧化碳分压差（Powell，1982；Scheid and Piiper，1972）。这在生理上是有意义的，因为在新肺副支气管中气体流动认为是双向的（见13.2.3）。

13.6.2.2 二氧化碳逆流交换

图13.10表明在副支气管内，呼出气的二氧化碳分压可以超过动脉血二氧化碳分压，这在肺泡气体交换中也是不可能的。这种情况的发生与上文讲的动脉血和呼出气氧分压的重叠类似。但是，鸟类呼出气的二氧化碳分压超出混合静脉血二氧化碳分压的试验观察，只能用副支气管中氧气和二氧化碳交换的互作来解释。鉴于血-氧平衡曲线和血-二氧化碳平衡曲线的形状，在副支气管的呼气末端，二氧化碳清除与氧气摄取的比值（R=呼吸交换率）下降。根据Zeuthen（1972）最初的假设，这可能导致副支气管呼气末端混合静脉血的氧合，并通过霍尔丹效应增加毛细血管中的二氧化碳分压。由于氧合混合静脉血的二氧化碳分压大于$P_{V_{O_2}}$（图13.9），副支气管呼气末端的气体与血液平衡后的二氧化碳分压（即$P_{E_{CO_2}}$）可超过真实的$P_{V_{O_2}}$。

在鸟类，动脉血和呼出气二氧化碳分压之间的重叠比氧气的重叠更为常见（表13.5）。这是因为血-氧平衡曲线和血-二氧化碳的血液平衡曲线的差异，以及与O_2相比，CO_2对一些限制逆流气体交换效率的因素更不敏感。

限制O_2交换的因素也同样影响CO_2交换，这在下文详细讨论。然而，$P_{a_{CO_2}}$对生理无效腔（$\dot{V}_{Dphys}$）和有效的副支气管的通气量（$\dot{V}_P$）的变化最为敏感，而CO_2不应被限制扩散，因为O_2和CO_2需要类似的时间来实现扩散平衡（Wagner，1977）。由于血-氧平衡曲线和血-二氧化碳的血液平衡曲线之间的差异（Powell and Scheid，1989），$\dot{V}/\dot{Q}$不匹配和分流导致的$P_{a_{CO_2}}$升高比$P_{a_{O_2}}$降低要少。

13.6.3 肺扩散能力

肺对O_2的扩散能力（$D_{L_{O_2}}$）是一个复杂的变量，取决于多种生理过程（Powell，1982；Powell and Scheid，1989）。这些生理过程包括呼吸毛细管中的气相扩散、跨血气屏障的扩散，以及O_2与血红蛋白之间的化学反应。

13.6.3.1 呼吸毛细管中的气体运输

副支气管内的通气气流能避免在副支气管腔内形成明显的P_{O_2}梯度。然而，气体在呼吸毛细管中运输的机制尚不清楚，而在副支气管管腔与房幔深处可能存在P_{O_2}梯度。起初，考虑到气体运输的距离较短，以及肺泡肺气体交换功能单位气体扩散的效率，我们假设气体通过扩散在细小的呼吸毛细管中运输。的确没有测量到呼吸毛细管中的气体交换有明显的扩散阻力（Burger et al.，1979；Crank and Gallagher，1978；Scheid，1978）。如果扩散是呼吸毛细管中主要的气体运输机制，那么，可以通过类似逆流交换的设计来加强呼吸毛细管和毛细血管之间的交换（Scheid，1978）。氧气会从呼吸毛细管的管腔向周边扩散，正好与毛细血管的流向相反（图 13.4 和图 13.10）。因此，毛细血管末端的血液将与副支气管管腔附近的呼吸毛细管中相对较高的 P_{O_2} 保持平衡。然而，并没有试验证据证明这一点。近来对呼吸毛细管网络的形态计量研究（图 13.5）显示了大量的联系和分支，完全不同于图 13.10 所示的一端封闭的管（或死端管）。这可能导致呼吸毛细管中出现对流，而不仅仅是扩散（Maina et al.，2010）。

13.6.3.2　血气屏障扩散

血气屏障对肺内扩散的影响可以用膜扩散能力（$D_{m_{O_2}}$）来评价，它可以根据肺的形态计量来评估（Maina，1989；Powell and Scheid，1989）。$D_{m_{O_2}}$ 与血气屏障的表面积成正比，与厚度成反比。通过灌流固定和快速冷冻保存组织的电镜和体视学分析，现已在几种鸟类中测量了这些变量（Dubach，1981；Maina et al.，1982，1989；Powell and Mazzone，1983；Powell and Mazzone，1983）。该值取决于体型（决定代谢水平；见第 9 章）。但一般来说，鸟类的 $D_{m_{O_2}}$ 比体型相当的陆生哺乳动物的要大（Maina，1989）。例如，加拿大雁的 $D_{m_{O_2}}$ 比体型相当的哺乳动物的大 1.7 倍（Powell and Mazzone，1983）。此外，血气屏障的厚度比哺乳动物的薄 2.5 倍，而且厚度更均匀（Maina et al.，1989；West，2009）。有趣的是，$D_{m_{O_2}}$ 在体型相当的鸟类和蝙蝠身上是相似的，说明了在飞行过程中膜的扩散能力对高 O_2 消耗水平的重要性（Maina，1989）。

13.6.3.3　O_2-血红蛋白反应速率

影响氧气吸收的另外一个因素是氧气与血红蛋白的有限反应速率。因此，如果由于毛细血管体积增加，有更多的血红蛋白可供使用，肺对氧的扩散能力 $D_{L_{O_2}}$ 就会增加。除了鸡的毛细血管体积相对较低之外，鸟类的肺毛细血管血容量和类似体型的陆生哺乳动物相似（Maina，1989）。而且，鸟和哺乳动物中氧气和血红蛋白的反应速率估计也相似（Phu et al.，1986）。因此，在鸟类和哺乳动物肺中，氧气与血红蛋白反应速率对扩散阻力的贡献也相当。在哺乳动物，这大约占总的氧气扩散阻力的一半。

13.6.3.4　肺对 O_2 的扩散能力（$D_{L_{O_2}}$）的生理学估测

在理想的逆流分析所需的假设得到满足的条件下，可以通过对鸟类的试验测量来估计肺的氧扩散能力。例如，测量应在低氧条件下进行，这时血-氧平衡曲线是线性的，以满足常数 $\beta_{b_{O_2}}$ 的假设。已在鸡和鸭上进行了满足这些假设的肺氧扩散能力的生理测量（Burger et al.，1979；Scheid and Piiper，1970），测得的值通常与形态计量的估计值相吻合（Maina and King，1982）。鸭的生理 $D_{L_{O_2}}$ 在 38～68 μmol/（min・Torr・kg）（Hempleman and Powell，1986）。采用其他方法估算潜在的扩散限制，发现休息状态下鸟类 O_2 达到完全的扩散平衡（Powell and Scheid，1989）。

运动与使用药物提高代谢率可增加鸭肺的氧扩散能力（Geiseret al.，1984；Hempleman and Powell，1986；Kiley et al.，1985），这一变化与心输出量增加密切相关（Hempleman and Powell，1986）。在肺泡肺中，肺的氧扩散能力随着心输出量的增加而增加，这是通过开放和扩张肺毛细血管，增加肺毛细血管的表面积和毛细血管体积而实现的。然而，这种增强作用可以被肺毛细血管较短的转运时间所抵消，从而减少了扩散平衡的时间。在鸟类肺部不发生血管的开放和扩张（见 13.3.2），因此，目前运动过程中肺的氧扩散能力增加的机制尚不清楚。

13.6.4　肺的异质性

鸟类的肺是一个由数百根副支气管组成的复杂结构。在这些功能区域，通气、血流或者扩散能力的不匹配会降低气体交换效率。血流速度和吸入气体成分的短暂变化也会影响气体交换。对于在海平面处于正常休息状态的鸟类和哺乳动物而言，这种肺功能的异质性是气体交换率低于理想水平的最重要因素。

13.6.4.1 生理无效腔

生理无效腔（$\dot{V}_{Dphys}$）定义为总的吸气量（$\dot{V}_E$）或呼气量（$\dot{V}_I$）与有效的副支气管通气量的差值（$\dot{V}_P$）：

$$\dot{V}_{Dphys}=\dot{V}_I-\dot{V}_P$$

生理无效腔包括解剖无效腔和吸气或呼气时的支气管分流等（见 13.3.3.4），或者通气与血流灌注比值（$\dot{V}/\dot{Q}$）高的肺区的通气（见 13.5.4.3）。因此，生理无效腔把通气量看作是总的通气量在一个理想的有效的副支气管通气区和解剖无效腔两部分之间的分配（Scheid and Piiper，1989）。

用于估测肺泡肺中生理无效腔的很多技术在鸟类并不适用（Powell，1988）。然而，根据氧气和二氧化碳解离曲线和逆向气体交换的一个计算机模型，可以从测量到的通气量、混合静脉血和混合的呼出气体计算出单位时间副支气管的通气量（$\dot{V}_p$）（Hastings and Powell，1986b）。人工通气的鸭的生理无效腔比解剖无效腔与设备的无效腔之和多几乎 10 mL，占解剖无效腔（约 15mL）的 2/3（Hastings and Powell，1986b）。这么大容量的生理无效腔，与相当大的一部分通气流向通气与血流灌注比值（$\dot{V}/\dot{Q}$，见 13.5.4.3）较高的肺区一致，也说明肺部通气的异质性对副支气管通气和气体交换有重要的影响。

13.6.4.2 分流

鸟类肺部血液分流到有效的气体交换区域的量非常少。就像第 13 章肺循环的解剖学部分描述的那样，肺循环中没有动静脉吻合。在麻醉的人工通气的鹅和鸭，用惰性气体的方法定量测定其真实的肺内的分流，发现分流的血量仅占心输出量的 1%～2.7%（Burger et al.，1979；Powell and Wagner，1982）。氧气可以被用来定量肺内和肺外的分流量，例如体循环静脉血从支气管静脉或心最小静脉流入肺静脉。鸭的平均氧分流量为心输出量的 6.3%～8%，这比根据哺乳动物心最小循环和支气管循环的大小预测的值要大许多（Bickler et al.，1986）。对于这么大的分流的一个可能的解释是鸟类椎静脉和肺循环之间存在某种联系，这在鸭上也同样存在（Bickler et al.，1986）。肺外分流对各种生理条件的敏感性尚未测定，但如果这种分流持续存在，动脉血氧分压将会比在低氧下预测的大很多。

13.6.4.3 通气与血流灌注不匹配

不同副支气管之间通气与血流灌注比值（$\dot{V}/\dot{Q}$）的差异是处于海平面休息状态下的鸟类动脉血氧分压低于逆流交换理想水平的主要因素（Powell and Scheid，1989）。通气量和血流量在不同的副支气管之间存在差异，这取决于肺中多个平行通路上的阻力或压力梯度的微小差异。有些生理机制，如支气管和副支气管（见 13.2.2.2）或副支气管间动脉（见 13.4.3.1）平滑肌的张力，可能降低异质性，但完美的匹配是做不到的。

必须指出的是，这种区域性的 $\dot{V}/\dot{Q}$ 的异质性对气体交换的影响不同于整体 $\dot{V}/\dot{Q}$ 对气体交换的影响。整体 $\dot{V}/\dot{Q}$ 可以影响动脉血氧分压，例如在心输出量恒定的情况下减少通气量会导致动脉血氧分压下降。此外，在完全均匀的对流气体交换器中，整体的 $\dot{V}/\dot{Q}$ 会影响动脉血和呼出气氧分压差值的幅度（Powell and Scheid，1989）。然而，与具有同样的整体 $\dot{V}/\dot{Q}$ 的均匀对流气体交换器相比，副支气管之间局部的 $\dot{V}/\dot{Q}$ 失配会进一步降低动脉血氧分压，使动脉血氧分压与呼出气氧分压的差值更大。这与哺乳动物中增加理想状态下肺泡和动脉血氧分压差是相似的。

有一些技术被用来测量鸟类肺部的 $\dot{V}/\dot{Q}$ 的分布，但是这些技术相对比较复杂，迄今还没有用来对很多生理条件下清醒鸟类的肺部进行测量（Burger et al.，1979；Hempleman and Powell，1986；Powell，1988；Powell and Wagner，1982）。某些情况下，大量的通气量通往肺部 $\dot{V}/\dot{Q}$ 较高的区域（Powell and Wagner，1982），这就增大了生理无效腔。与副支气管 $\dot{V}/\dot{Q}$ 接近的鸟类 $\dot{V}/\dot{Q}$ 的异质性对氧气的交换有很大的影响。和哺乳动物相比，鸟类的 $\dot{V}/\dot{Q}$ 异质性略大，逆流气体交换与肺泡气体交换相比，对于 $\dot{V}/\dot{Q}$ 的不匹配更为敏感（Powell and Hempleman，1988；Powell and Scheid，1989）。在含氧量正常的人工通气的鹅，动脉血氧分压比逆流气体交换的理想水平低 25 Torr，显著高于典型的哺乳动物中肺泡和动脉血氧分压差的理想测量值（Powell and Hempleman，1988）。因此，这种动脉血氧分压与理想水平的差异（15 Torr）可以用 $\dot{V}/\dot{Q}$ 的异质性解释（Powell，1993）。测量值和理论值之间的差异（10 Torr）可以用肺后分流解释，这在哺乳动物中几乎是不存在的。肺分流很小（Bickler et al.，1986；Powell and Wagner，1982），也没有证据表明在含氧量正常的休息状况下，有氧气的扩散限制（Powell and Scheid，1989）。

除了并行的副支气管间发生 $\dot{V}/\dot{Q}$ 的不匹配，当血流的纵向分布不均匀时，单个的副支气管还会发生连续多次的 $\dot{V}/\dot{Q}$ 不匹配。有些研究表明，副支气管吸气端的血流量更大（Holle et al.，1978；Jones，1982；Parry and Yates，1979）。然而，这种单个副支气管发生的连续多次的不匹配，其异质性并不影响气体交换，除非存在扩散限制（Holle et al.，1978；Powell and Scheid，1989），而这在大多数情况下都不会发生（见 13.6.3.4）。

13.6.4.4 暂时的异质性

正常呼吸情况下，副支气管瞬时通气的变化可引起 $\dot{V}/\dot{Q}$ 的暂时性变化。理论上来讲，这会使动脉血氧分压显著低于预测的持续呼吸的理想水平（Powell，1988；Powell and Scheid，1989）。比如，一次通气暂停就像屏气，可迅速降低气体容量较小的鸟类肺部的氧分压（Powell and Scheid，1989）。然而，试验表明这在正常的呼吸中并没有发生，因为有效的副支气管气体容量通过与更大的支气管的气体混合而增加（Scheid et al.，1977）。呼吸过程中，进入副支气管气体的氧分压的暂时性改变会影响动脉血氧分压，但作用可能相对较小（Powell，1988）。可以计算每个副支气管吸入气的时间平均氧分压（time-averaged $P_{I_{O_2}}$），这和后气囊的氧分压大致相等（Scheid et al.，1978）。

13.6.5 前沿:高空飞行期间的气体交换

鸟类如何在极高的海拔和低氧的条件下满足飞行所需的高水平氧气消耗仍然是一个未解之谜。鸟类通常比哺乳动物更能容忍低氧（Tucker，1972），而第一个实际测量高空飞行期间氧气交换的试验使用了在低压舱中盘旋的蜂鸟（Berger，1974）。在海平面盘旋时氧气流量（$\dot{M}_{O_2}$）为 32 mmol/（kg·min），小于蜂鸟的最大 $\dot{M}_{O_2}$（Wells，1993），但是却比体型相当的哺乳动物的最大 $\dot{M}_{O_2}$。此外，蜂鸟能够在模拟 6 000m 海拔的高度仍然可保持这个高水平的 $\dot{M}_{O_2}$，而在研究过的哺乳动物，达到这个海拔高度时最大 $\dot{M}_{O_2}$ 降低到在海平面时 $\dot{M}_{O_2}$ 值的一半。其他的试验研究了蜂鸟在不同氧气含量的条件下进行不同级别运动时的 $\dot{M}_{O_2}$（Chai and Dudley，1996），但迄今，尚未在任何鸟类确定不同海拔高度的最大 $\dot{M}_{O_2}$。

通过试验测量相关的生理变量以了解高空飞行的鸟类气体交换如何变化，是一个巨大的挑战。因此，大部分的信息来源于休息或麻醉状态下的鸟类暴露于低氧条件的研究。对休息的鸭和斑头雁的试验表明，在高海拔时通气量非常高（Black and Tenney，1980b；Powell et al.，2004），据此推测这可能抵消逆流气体交换的优势（Shams and Scheid，1989）。然而，这些试验得出的推测对心输出量极为敏感，相同的物种在不同实验室研究的低氧休息状态时，心输出量的变化很大（Black and Tenney，1980b；Shams and Scheid，1989）。在 11km 海拔高度，鸟类的逆流气体交换较肺泡气体交换的优势可能使 P_{aO_2} 增加几托，增加的幅度取决于心输出量。然而，当吸入气体和混合静脉血液之间的 P_{O_2} 差最大仅为 20 Torr 时，上述 P_{aO_2} 微小的变化在生理上有重要的意义（Powell，1993）。

低氧状态下，测量麻醉鸭气体交换限制，发现 P_{aO_2} 的理论值和测量值之间的差异仅为几托（Powell，1993），这与常氧条件下鸟类因气体交换限制造成的相对较大的影响形成对比。这是因为低氧条件下，气体交换在氧气-血红蛋白平衡曲线的陡峭部分进行（见 13.6.3.4），$\dot{V}/\dot{Q}$ 不匹配对 P_{aO_2} 的影响降低。事实上，在麻醉鸭中，$\dot{V}/\dot{Q}$ 分布不会因为低氧或常氧状态而变化（Powell and Hastings，1983）。轻微的气体扩散限制也可能导致测量的 P_{aO_2} 与预测的低氧下逆流交换的理想值之间的差异。然而，在常氧情况下测量到的肺后分流（Bickler et al.，1986）应该在低氧情况下不存在，不然 P_{aO_2} 会更低。

测量低氧条件下运动期间气体交换变量的其他试验在奔跑的水禽和鸸鹋上完成。这样的研究可以揭示鸟类呼吸系统的独特特征，它可以提供优于肺泡气体交换的优势，但 $\dot{M}_{O_2}$ 增加的极限约为静息水平的 3 倍。鸸鹋上的研究表明，低氧与常氧情况下 $\dot{V}/\dot{Q}$ 不匹配没有变化，与麻醉鸭的结果相似（Powell and Hastings，1983）。然而，鸸鹋 $\dot{V}/\dot{Q}$ 不匹配也没有因运动而变化，这和运动的哺乳动物 $\dot{V}/\dot{Q}$ 不匹配增加相比，可能为鸟类提供了海拔上的优势。

随着仪器的发展和进步，可以测量飞鸟中更多相关的气体交换变量。对在风洞中飞行的斑头雁的代谢率的初步研究显示，当保持飞行速度，但模拟 5 500m 和 8 500m 海拔高度时吸入气的氧气减少时，$\dot{M}_{O_2}$ 下降（Meir et al.，2013）。这表明低氧时飞行效率可能更高，类似于企鹅和海洋哺乳动物长时间潜水期间游泳效率增加（Ponganis et al.，2011）。对于肺部气体交换更有趣的是，斑头雁飞行时的动脉 P_{O_2} 与休息时的值相同或更大。在低氧条件下，奔跑的鸸鹋增加了 P_{aO_2} 并降低了 P_{aCO_2}（Schmitt et al.，2002），表明鸟类在高海拔地区较哺乳动物的优势部分是更高的过度换气。这涉及通气调控的差异，而不是肺部结构和功能本身（见 13.7.3.4）。本章后面几节将讨论影响鸟类在极端海拔下运动的其他因素，这些因素在其他的综述中也有讨论（Faraci，1991；Fedde，1990；Scott and Milsom，2006）。然而，与肺泡肺相比，确定在高海拔情况下鸟类呼吸系统的独特结构和功能存在多大的优势，还需要在缺氧条件下测量鸟类进行最大限度运动时的生理指标。

13.7 组织气体交换

氧气通过扩散从体循环毛细血管转移到细胞中的线粒体。因此，Fick 原理的第一个扩散定律描述了氧气在组织中的转运，类似于肺中穿越血气屏障的扩散：

$$\dot{M}_{O_2} = \Delta P_{O_2} \cdot D_{t_{O_2}}$$

其中，ΔP_{O_2} 是毛细血管血液和线粒体之间的平均 P_{O_2} 梯度，$D_{t_{O_2}}$ 是组织扩散氧气的能力，类似于肺扩散能力（见 13.6.1.2）。氧气在组织和肺中扩散的主要区别是氧气在组织中的扩散途径比在肺中的多。组织毛细血管之间的距离约为 50 μm，因此气体从毛细血管表面到线粒体的距离可能比血气屏障的厚度（< 0.5 μm）大 50 倍。

13.7.1 微循环

13.7.1.1 骨骼肌

较长的气体扩散距离可导致肌肉中产生显著的 P_{O_2} 梯度。此外，P_{O_2} 梯度沿着毛细血管随氧气的释放而变化，毛细血管 P_{O_2} 从动脉血水平下降到静脉血水平。然而，鸟类在骨骼肌微循环中有一些独特的结构特征，以减少扩散距离，加强组织气体交换。例如，蜂鸟飞行肌肌纤维单位横截面的毛细血管数目是大鼠比目鱼肌的 6 倍，鸽子飞行肌的这个数值是大鼠的 3 倍（Mathieu-Costello，1993），这明显降低了鸟类毛细血管释放氧气的径向扩散距离。

此外，鸟类骨骼肌的毛细血管非常曲折，并且有广泛密集的分支，连接沿相邻肌纤维延伸的毛细血管（mathieu Costello，1991；Mathieu-Costello et al.，1992）。这种几何形状增加了气体交换的表面积，因此肌纤维在功能上被毛细血管包围。这提供了比传统的哺乳动物模型更好的组织氧合，传统哺乳动物模型是沿着肌纤维运行的直的毛细血管（即 Krogh 圆柱体）。Krogh 的模型预测，当氧气供应减少或需求增加时，毛细血管静脉端的 P_{O_2} 可能为零（Mathieu-Costello，1991）。

13.7.1.2 脑循环

大多数证据表明，鸟类脑的血流量在低氧时增加，但不随二氧化碳的改变而变化（Faraci，1991），这能显著改善低氧时氧气向组织的释放（Faraci et al.，1984；Grubb et al.，1977）。在哺乳动物中，低氧也会增加脑的血流量，但因为低氧导致通气反射性增加，以及 P_{aCO_2} 减少引起血管收缩效应，所以低氧时脑的血流量仅小幅增加（见 13.7.3.2）。这种脑血管控制的差异可能有助于解释为什么一些鸟类比一些哺乳动物更能耐受严重的低氧（Faraci，1986）。

13.7.2 肌红蛋白

肌红蛋白是一种 O_2 结合蛋白，类似于血红蛋白分子的一条多肽链（见 13.4.1.1），它对 O_2 有着极高的亲和力。例如，蜂鸟肌红蛋白的 P_{50} 是 2.5 Torr（Johansen et al.，1987），所以肌红蛋白可以很容易地与来自毛细血管血的氧气结合。因此，肌红蛋白被认为对肌肉中的氧气扩散有重要的促进作用，它将氧气穿梭运送到远离毛细血管的地方，或者到达毛细血管的静脉端。潜水鸟类、高海拔原居鸟类（Fedde，1990）和代谢率极高的蜂鸟（Johansen et al.，1987）的心肌和骨骼肌含有高水平的肌红蛋白（Giardina et al.，1985；Weber et al.，1974）。鸟类肌红蛋白随着身体训练而增加，为肌红蛋白在组织气体交换中的生理意义提供了进一步的证据（Butler and Turner，1988）。肌红蛋白也是潜水鸟类重要的 O_2 储存库，它占总的 O_2 储备的1/3，而呼吸系统和血液所携带的 O_2 含量差不多（Ponganis et al.，2011）。

13.7.3 低氧和运动的影响

一般来说，O_2 供应的减少（如低氧）或 O_2 需求的增加（如运动）可从组织水平上通过增加组织从血液中摄取氧的能力或增加血流量得到满足。这可用适用于心血管系统的Fick方程来说明（见13.5.1.1）：

$$\dot{M}_{O_2}=\dot{Q}(C_{a_{O_2}}-C_{\dot{v}_{O_2}})$$

组织从血液中摄氧量的增加使 $C_{\dot{v}_{O_2}}$ 减少，但 $P_{\dot{v}_{O_2}}$ 并没有减少太多，这是因为在静脉端血氧平衡曲线的斜率很陡（图13.8）。高的 $P_{\dot{v}_{O_2}}$ 水平是有利的，它维持较高的毛细血管平均 P_{O_2} 水平，以驱动氧气扩散到组织。低氧时，鸭能够在不改变血流的情况下，维持骨骼肌中的氧气消耗（Grubb，1981）。严重低氧时，休息的鸭和斑头雁的 $C_{\dot{v}_{O_2}}$ 可以小于0.5 mmol/L（Black and Tenney，1980b）。这意味着组织几乎完全地摄取了血液中的氧气，尽管如此低的值也可能来自测量误差（见13.4.5）。鸟类脑循环和冠状循环中氧气的摄取机制尚不知晓。

在运动的鸟类，氧气摄取量和血流量均增加，以满足代谢的需求（Faraci，1986；Faraci et al.，1984；Fedde，1990）。增加血流量有助于维持较高的毛细血管平均 P_{O_2}，因为对于给定的动脉氧浓度和氧耗量，它能提高混合静脉的血氧浓度（见上面的公式）。在低氧情况下，在休息鸟类的呼吸肌中也观察到血流量的增加，这可能反映了在呼吸增强的过程中这些肌肉的做功增加（Faraci，1986）。在低氧运动的某些极端条件下，肌肉血流量或组织的氧气扩散实际上可能限制了鸟类最大的 $\dot{M}_{O_2}$（Fedde et al.，1989）。

鸟类骨骼肌中的毛细血管也显示了明显的生理可塑性和对低氧环境的遗传适应性。慢性低氧环境增加了鸽的有氧飞行肌肉中毛细血管与肌纤维表面的接触（Mathieu Costello and Agey，1997）。与其他生活在低海拔地区的雁相比，斑头雁每条肌纤维的毛细血管比预期满足其有氧运动所需的还要多（Scott et al.，2009）。毛细血管的密度更大，分布也更均匀，与其他雁相比，斑头雁的线粒体的位置与毛细血管更接近，但离体线粒体在体外的呼吸能力、O_2 动力学和磷酸化效率并没有什么不同（Scott et al.，2009）。因此，对低氧的风土驯化和适应似乎与氧气输送的变化相关，而不是氧气利用（即线粒体呼吸）的变化。

13.8 呼吸的调控

呼吸起源于中枢神经系统有节律的运动输出信号。这种基本呼吸节律由几个反射调节，以应答机体活动的变化和环境的变化。这些反射是典型的负反馈调节，倾向于维持动脉血气和 pH 稳态（表 13.6）。例如，如果无效腔增加，在肺通气不变的情况下，$P_{a_{CO_2}}$（二氧化碳分压）将增加。然而，增加的 $P_{a_{CO_2}}$ 刺激通气，使潮气量增加，这补偿了无效腔的增加，使 $P_{a_{CO_2}}$ 回到正常值。与所有反射一样，通气反射也包括感觉或传入神经、中枢神经系统中和运动或传出神经。

本部分内容将呼吸生理学和神经科学联系起来，但这里的重点是呼吸方面和对血液中气体变化的通气反射反应，通常称为通气的化学调节。几篇综述对于通气控制的神经科学和不同生理条件下的呼吸调控有更多的介绍（Bouverot，1978；Davey and Seller，1987；Gleeson and Molony，1989；Jones and Milsom，1982；Powell，1983b；Scheid and Piiper，1986；Taylor et al.，1999）。

表 13.6　未麻醉鸟类呼吸空气的动脉血液气体和 pH

鸟类	P_{O_2}(Torr)	P_{O_2}(Torr)	pH
雌性黑矮脚鸡(Calder and Schmidt-Nielsen, 1968)	—	29.9	7.48
雌性白来亨鸡(Kawashiro and Scheid, 1975)	82	33	7.52
雌性白洛克鸡(Calder and Schmidt-Nielsen, 1968)	—	29.2	7.53
野鸭(Butler and Taylor, 1983)	81	30.8	7.46
番鸭(Kawashiro and Scheid, 1975)	82	38	7.49
番鸭(Jones and Holeton, 1972)	96.1	35.9	7.46
北京鸭(Black and Tenney, 1980b)	93.5	28	7.46
北京鸭(Bouverot et al., 1979)	100	33.8	7.48
鸸鹋(Jones et al., 1983)	99.7	33.5	7.45
斑头雁(Black and Tenney, 1980)	92.5	31.6	7.47
家鹅(Scheid et al., 1991)	97	32	7.52
银鸥(Calder and Schmidt-Nielsen, 1968)	—	27.2	7.56
红尾鹰(Kollias and McLeish, 1978)	108	27	7.49
穴居猫头鹰(Kilgore et al., unpublished data)	97.6	32.6	7.46
白鹈鹕(Calder and Schmidt-Nielsen, 1968)	—	28.5	7.5
阿德利企鹅(Murrish, 1982)	83.8	36.9	7.51
南极企鹅(Murrish, 1982)	89.1	37.1	7.52
巴布亚企鹅(Murrish, 1982)	77.1	40.9	7.49
鸽(Powell, 1983a)	95	30	7.503
走鹃(Calder and Schmidt-Nielsen, 1968)	—	24.5	7.58
白腹鹳(Marder and Arad, 1975)	—	27.9	7.56
疣鼻天鹅(Bech and Johansen, 1980)	91.3	27.1	7.5
土耳其秃鹰(Calder and Schmidt-Nielsen, 1968)	—	27.5	7.51

13.8.1　呼吸节律的产生

基本呼吸节律由中枢模式发生器产生，中枢模式发生器由中枢神经系统脑干中的神经元网络组成。呼吸节律可以通过雏鸡离体后脑的神经输出测量（Fortin et al.，1994），在第Ⅺ和第Ⅻ脑神经根之间横断脑干导致鸽呼吸暂停和最终死亡（Von Saalfeld，1936）。延髓吸气和呼气神经元之间的交互抑制是鸟类的共同特征（Peek et al.，1975），但是哺乳动物上的试验表明，呼吸节律的产生可在没有抑制性突触相互作用的情况下发生，提示存在起搏器过程（Smith et al.，1991）。通过刺激研究鸡或鸽的发声（Peek et al.，1975）和喘气（Richards，1971），发现了其他中枢神经系统结构，这些结构对向鸟类的呼吸肌（表 13.2）传出运动信号很重要（Davey and Saller，1987）。鸟鸣中枢模式发生器的发育需要呼吸肌，需要听觉反馈（Konishi，2010），但尚未针对呼吸的这种相互作用进行研究。

13.8.2 感觉输入

13.8.2.1 中央化学感受器

哺乳动物延髓腹外侧表面相对离散的区域显示了对 P_{aCO_2} 和局部 pH 变化的化学敏感性。这些所谓的中枢化学感受器可以解释哺乳动物大部分由体内 P_{aCO_2} 增加引起的反射性通气增加（Bouverot，1978；Guyenet et al.，2010）。在鸟类，中枢化学感受器尚未通过神经生理学或解剖学方法鉴定。然而，清醒状态下的鸭在仅灌注头部血液时 P_{aCO_2} 增加，通气量增加，表明鸟类中枢化学感受器的重要生理作用（Milsom et al.，1981；Sebert，1979）。

13.8.2.2 动脉化学感受器

动脉化学感受器对 P_{aO_2}、P_{aCO_2} 和 pH 的变化很敏感，它们解释了鸟类和哺乳动物对低氧的所有通气反应（Bouverot，1978）。它们对 CO_2 和 pH 的通气反应也很重要。颈动脉体是很小的器官（直径小于 1 mm），位于颈动脉和迷走神经结状神经节之间的胸部两侧（Adamson，1958；Hempleman and Warburton，2013；Kameda，2002）。这些器官由颈动脉的一个分支充分灌注，并且有迷走神经的一个分支分布。鸟类颈动脉体靠近甲状旁腺和鳃后腺，在某些物种被包裹在甲状旁腺中（Kobayashi，1969；Yamatsu and Kameda，1995），尚不清楚这种联系的生理意义。采用解剖学和生理学方法在颈部沿着颈动脉和主动脉的其他地方也发现了动脉化学感受器（Gleeson and Molony，1989）。

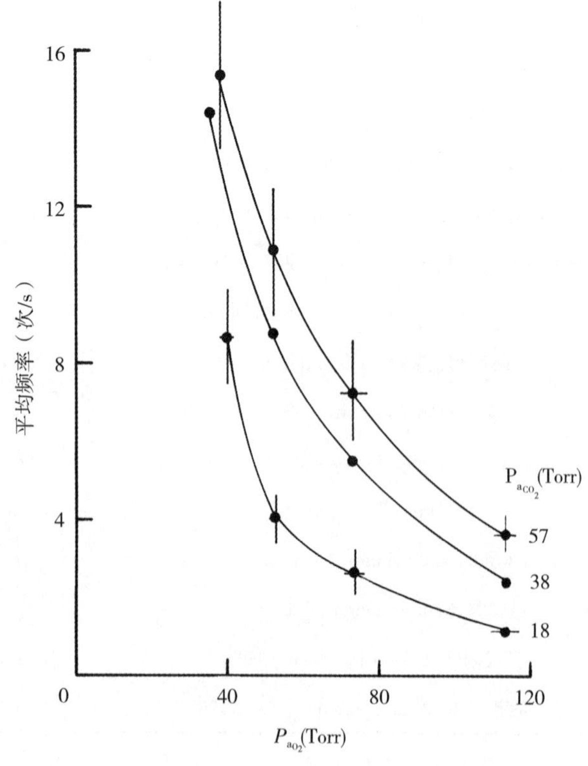

图 13.11 家鸭暴露于不同的 P_{aO_2} 和 P_{aCO_2} 组合时动脉化学感受器动作电位的平均频率（$n=14$，±SEM）
引自 Hempelman 和 Powell 未发表的数据。

图 13.11 显示了鸭颈动脉体化学感受器对 P_{aO_2} 和 P_{aCO_2} 变化的反应。关于低氧或血液碳酸过高的传入信息从颈动脉体以频率增加的动作电位通过迷走神经传递到中枢神经系统。单个化学感受

器动作电位放电的模式可根据刺激（O_2 和 CO_2）的不同而不同，但其生理意义尚不清楚（Nye and Powell，1984；Powell and Hempleman，1990）。鸟类动脉化学感受器也能对呼吸过程中 P_{aO_2}、P_{aCO_2} 和 pH 的变化作出反应（Hempleman et al.，1992）。鸟类和哺乳动物颈动脉体的细胞类型和超微结构是相似的（Gleeson and Molony，1989），颈动脉体球细胞化学感受器机制也类似，这可能解释两类动物对 P_{O_2} 和 P_{CO_2}（或 H^+）的敏感性。然而，动脉化学感受器敏感性的细胞机制还没有完全被研究清楚（Kumar and Prabhakar，2012）。

13.8.2.3 肺内化学感受器

与哺乳动物不同，鸟类（和爬行动物）的肺包含肺内化学感受器（IPC），可以对 P_{CO_2} 的生理变化产生反应（Burger et al.，1974；Fedde et al.，1974a；Peterson and Fedde，1968）。IPC 的感觉末梢尚未被鉴定（Gleeson and Molony，1989），但有生理证据表明，这些迷走神经的传入纤维有多个末梢沿一个或多个副支气管分布在副支气管旁幔的几个位点（Hempleman and Burger，1984）。IPC 还可以对肺动脉输送到肺的 CO_2 的变化作出反应（Banzett and Burger，1977）。图 13.12 显示了 P_{O_2} 的下降如何刺激 IPC，而不像动脉化学感受器被低碳酸血症所抑制。然而，IPC 活动的增加引起通气减少，所以中枢、动脉和肺内化学感受器反射对 CO_2 的反应方向是一致的（见 13.7.3）。IPC 的化学感受机制依赖于细胞内 pH（Hempleman and Posner，2004；Scheid et al.，1978），受 Na^+/H^+ 交换器（Hempleman et al.，2003）、HCO_3^-/Cl^- 交换器（Shoemaker and Hempleman，2001）和碳酸酐酶的影响（Hempleman et al.，2000）。钙和钾通道也可以调节 IPC 的敏感性（Hempleman et al.，2006；Bina and Hempleman，2007）。

IPC 对 P_{CO_2} 的变化非常敏感，对正常呼吸过程中肺 P_{CO_2} 的周期性变化也产生反应，表现为动作电位频率的显著增加或减少（Fedde and Scheid，1976；Scheid et al.，1978）。这使得 IPC 适合微调通气模式，类似于哺乳动物的迷走神经肺牵张受体的作用（见 13.7.3）。然而，哺乳动物或爬行动物的肺牵张受体对机械刺激和 P_{CO_2} 敏感（Powell et al.，1988），而鸟类 IPC 对肺机械牵张不敏感（Bouverot，1978；Fedde et al.，1974b）。

13.8.2.4 其他受体对呼吸的影响

通气也对气囊机械感受器，脊髓热感受器，皮肤（也可能是骨骼肌）的本体感受器，对刺激物、寒冷和水敏感的上呼吸道感受器，可能还有动脉压力感受器的活动变化作出反应（Gleeson and Molony，1989）。

13.8.3 通气反射

13.8.3.1 通气对 CO_2 的反应

大多数鸟类通常不会暴露于 CO_2 水平增加的环境，除非在特殊的巢穴或洞穴中。然而，对常见刺激（如运动、高温或低温，以及海拔高度）的通气反应会受到 CO_2 的影响，因此了解通气对 CO_2 的反应很重要。

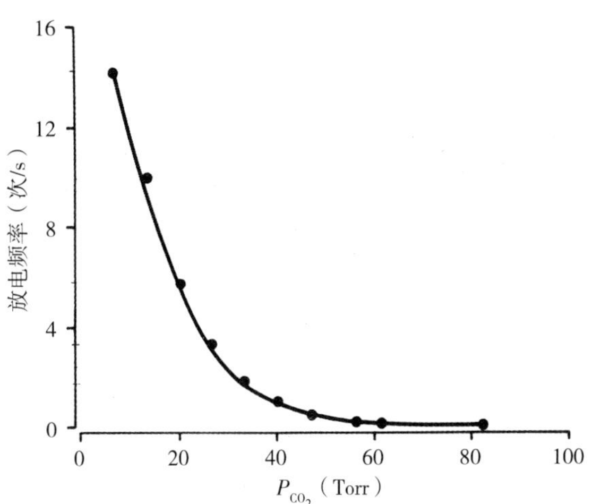

图 13.12 肺内化学感受器（$n=54$）暴露于 7～82 Torr 的 P_{CO_2} 时动作电位的平均频率

引自 Nye and Burger（1978）。

图 13.13 显示清醒鸭的通气量随着吸入气 CO_2 的增加而增加。大多数物种表现为潮气量增加，但频率的反应会可能不同（Bouverot，1978）。在吸入气 CO_2 浓度较低的情况下，通气只增加到足以维持正常水平的 P_{CO_2}（Osborne and Mitchell，1978）。

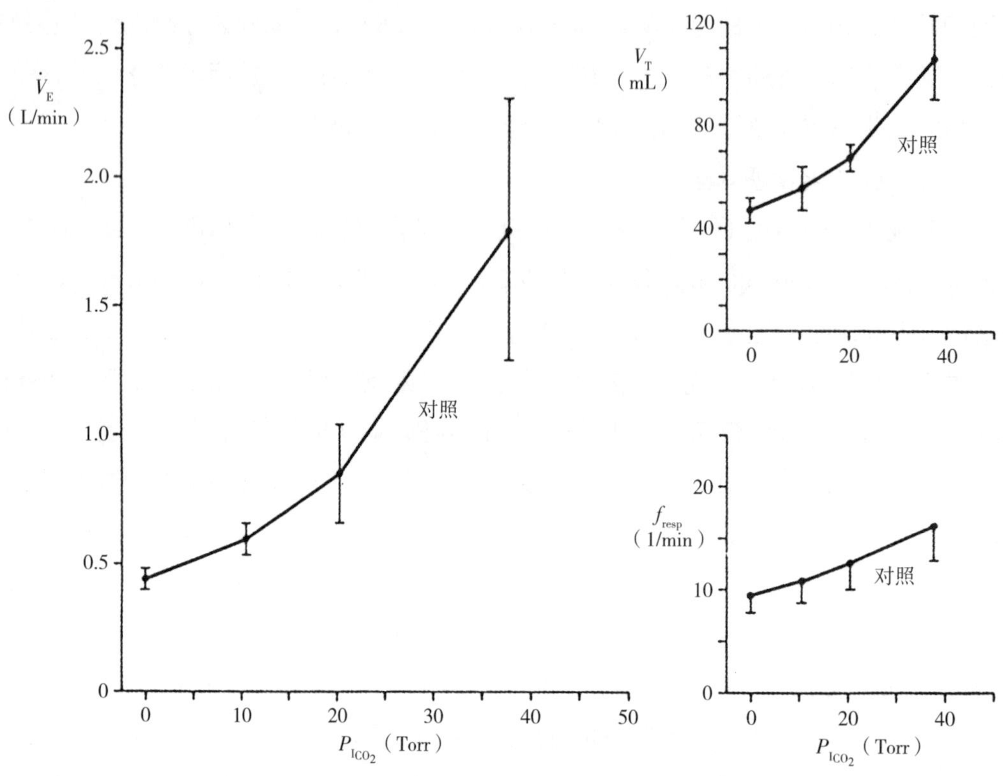

图 13.13　清醒的番鸭对吸入气 CO_2 的通气反应

$\dot{V}_E$，每分钟通气量，V_T，潮气量；f_{resp}，频率。根据 Powell 等（1978）修改。

降低 P_{aCO_2} 或肺内 P_{O_2} 可减少通气。因此，当通气由于另外的刺激，如低氧或高热，增加时，P_{aCO_2} 的下降会抑制通气驱动力，而通气是刺激与抑制的净结果。高碳酸通气反应根据鸟的体型而变化，所以较小的鸟类对 CO_2 的敏感性降低（Williams et al.，1995）。鉴于对低氧的敏感性和体型的反比关系，假设这可能减少小型鸟类随剧烈的低氧通气反应的抑制作用（Kilgore et al.，2008）。

中枢化学感受器对 P_{aCO_2} 的通气反应在 13.7.2.1 中已作介绍。动脉化学感受器在对 P_{aCO_2} 动态变化的反应中起着重要作用（Fedde et al.，1982；Jones and Purves，1970；Seifert，1896），如呼吸时可能发生的 P_{aCO_2} 波动，也许对 P_{aCO_2} 的静态变化也有反应（Gleeson and Molony，1989）。IPC 也参与对 P_{aCO_2} 改变的通气反应，尽管它们在这一反应中的作用尚有争议（Bouverot，1978；Gleeson and Molony，1989）。试验证据似乎支持 IPC 在确定呼吸模式方面的作用，但不是在 P_{aCO_2} 增加时决定总的通气水平（Gleeson and Molony，1989）。IPC 适合感受每一次呼吸的通气变化导致鸟类肺的 P_{CO_2} 也发生改变。因此，IPC 在肺牵张感受器的呼吸控制中也起着类似的作用，它们也能感受通气量随肺容积变化的瞬时变化。

13.8.3.2 低氧通气反应

低氧通气反应（图 13.14）在鸟类和哺乳动物是相似的（Black and Tenney，1980b；Bouverot，1978）。P_{aO_2} 高于正常水平不会导致通气量的大幅度减小，表明来自动脉化学感受器的常氧通气驱动相对较小（Gleeson and Molony，1989）。另外，正常情况下只要 P_{aO_2} 不低于约

60 Torr，通气不会发生大的变化，因为通气的小幅增加将降低 P_{aCO_2} 和通气驱动。低氧通气反应的曲线（图 13.14）与动脉化学感受器对 P_{aO_2} 的反应曲线（图 13.11）的形状相似，动脉化学感受器负责鸟类的低氧通气反应（Jones and Purves，1970；Seifert，1896）。然而，图 13.11 中的动脉化学感受器反应是通过控制麻醉鸟类肺单向通气气体中的 CO_2 水平，使 P_{CO_2} 保持恒定的条件下测量的。低氧通气反应也可以通过控制清醒鸟吸入气的 CO_2 水平，在 P_{CO_2} 保持恒定的条件下测量。然而，与哺乳动物不同，这种二氧化碳水平保持恒定的低氧通气反应并不能测量单纯低氧（不依赖 CO_2 的作用）对通气的作用。改变吸入气的 CO_2 可以通过作用于 IPC 影响鸟类通气，而不依赖 P_{aCO_2}（Powell et al.，2000；Scott and Milsom，2007）。

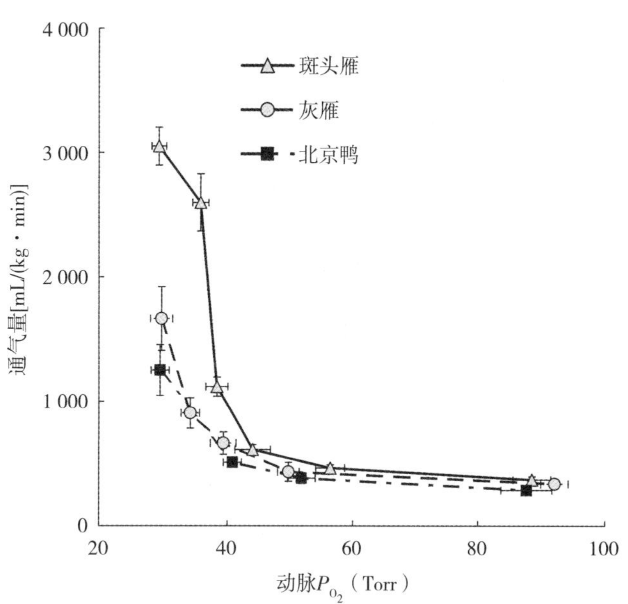

图 13.14 三种水禽的低氧通气反应（P_{CO_2}）
引自 Scott 和 Milsom（2007）。

在伴随慢性的氧气水平变化而发生的鸟类低氧通气反应中能观察到生理可塑性或适应性。慢性持续低氧，比如在高海拔地区生活，将导致通气发生时间依赖性的增加，高于急性反应水平（Black and Tenney，1980b；Bouverot，1985；Bouverot et al.，1976，1979；Powell et al.，2004）。这在哺乳动物称为通气对低氧的风土驯化，涉及动脉化学感受器对 O_2 敏感度的改变和中枢神经系统呼吸中枢的适应性改变，对于一个给定的化学感受器传入信号，增加了呼吸运动的传出信号（Powell et al.，1998）。在哺乳动物，低氧的风土驯化导致时间依赖性的 P_{aO2} 增加，但这种现象并不是在所有的鸟类都观察到。在海拔 3 800～5 640m 高度驯化的北京鸭，P_{aCO_2} 的降低大于 5 Torr，说明副支气管通气增加，但 P_{aO_2} 并不增加（Black and Tenney，1980b；Powell et al.，2004）。显然，在高原习服过程中，氧气交换的其他限制性条件增多，影响甚至抵消了副支气管通气增加所产生的提高 P_{aO_2} 的效应。

鸟类在低氧通气反应中也表现出其他形式的生理可塑性（Mitchell et al.，2001）。和哺乳动物类似，鸭表现长期的通气增强，正常氧分压下短暂缺氧 3～10 次后，呼吸维持在高于对照组的水平。然而，与哺乳动物相比，在鸟类没有观察到抑制机制，如低氧通气下降或“衰减”。这种兴奋效应而不是抑制效应可能在高海拔地区具有优势（见 13.7.3.5）。

13.8.4 运动引起的通气反应

运动是增加通气量的最常见原因，但确切的生理机制还不清楚。迄今为止最好的证据表明，运动通过“前馈”机制和化学感受器反馈机制的结合使通气增加（Dempsey et al.，1995）。前馈机制，也叫中央指令，是一种由中枢神经系统的高级中枢发出的神经信号，可以直接刺激呼吸中枢。例如，运动肌肉的神经信号也可以刺激呼吸肌，并可能导致翼搏动和呼吸之间的一些相位同步（Funk et al.，1992a，b）。化学感受器的反馈机制防止通气量过度增加。运动的鸟类 P_{aCO_2} 通常会下降（Kiley et al.，1979），如果呼吸的化学反馈没有抑制通气的话，将会导致更为严重的低碳酸血症。其他通气的刺激，如体温和高原低氧，可以改变对运动的反应（Gleeson and Molony，1989）。

13.8.5 前沿：高海拔地区的极端通气过度

与哺乳动物相比，鸟类在高海拔地区更容易发生通气过度（Powell et al.，2004）。这一问题在诸如斑头雁这种进化适应高空的鸟类也一样存在。斑头雁是典型的高海拔原居鸟类，并没有显示出人类在高海拔地区所表现出的"迟钝"的低氧通气反应（Scott and Milsom，2007）。在低氧条件下，过度通气会降低 P_{aCO_2}，增加 P_{aO_2}，并放大波尔效应，以增加血红蛋白-O_2 的亲和力。虽然由于鸟类对低氧通气的习服与适应，P_{aO_2} 并没有进一步增加，但 P_{aCO_2} 的时间依赖性降低将通过波尔效应进一步增加动脉血氧浓度。因此，鸟类在高海拔地区的许多优势看来是由强烈的低氧通气反应带来的极端通气过度、低碳酸血症和碱中毒造成的。支持这一观点的是对暴露于 9 000m 模拟高度的鸽子的观察，当动脉血 pH 为 7.85 时，只表现很小的应激（Lutz and Schmidt-Nielsen，1977）。其他研究表明，在暴露于 9 000m 的鸽子体内，当静脉血 pH 从 7.42 增加到 7.56 时，细胞内 pH 并没有变化（Weinstein et al.，1985）。这表明，对细胞内环境更严格的调控可能为鸟类在适应海拔高度上提供优势，尽管这一假说还有待进行系统检验。在任何情况下，允许在一定海拔高度发生这种极端的低碳酸血症和碱中毒现象的通气和脑血流的控制系统（见 13.7.1.2）必须与细胞对 pH 大幅变化的适应一起进化，或来源于细胞的适应性进化。

参考文献

（贾逸敏译，赵茹茜校）

第 14 章　胃肠道的解剖结构和生理学

D. Michael Denbow

14.1　消化道的解剖结构

消化道不仅对营养物质的消化和吸收十分重要，而且还是机体最大的免疫器官，保护机体抵抗外源病原微生物。鸟类的消化系统（图 14.1）进化得更便于飞行。与哺乳动物相比，鸟类的肠道更短（表 14.1）。另外，鸟类没有牙齿和厚重的下颌肌肉，而是由一个轻便的嘴或喙

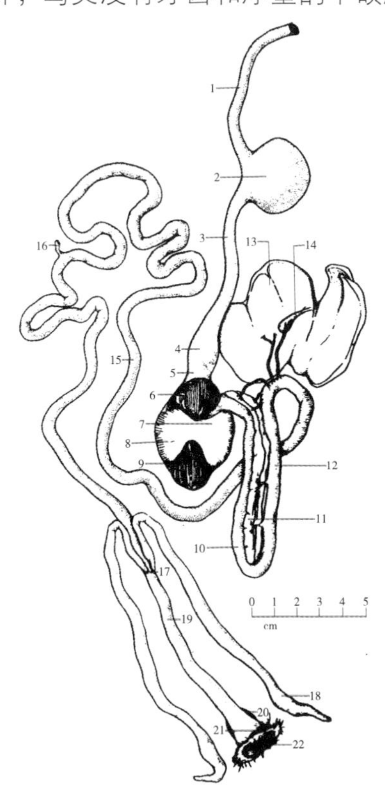

图 14.1　12 周龄火鸡的消化道

1. 嗉囊前食管/上食管；2. 嗉囊；3. 嗉囊后食管/下食管；4. 腺胃；5. 峡部；6. 头背侧薄肌；7. 头腹侧厚肌；8. 尾背侧厚肌；9. 尾腹侧薄肌（6~9，肌胃）；10. 近端十二指肠；11. 胰腺；12. 远端十二指肠；13. 肝脏；14. 胆囊；15. 回肠；16. 梅克耳憩室；17. 回盲连接；18. 盲肠；19. 直肠；20. 法氏囊；21. 泄殖腔；22. 肛门。

代替。食物颗粒被整个吞入消化道，随后在体腔内的砂囊或肌胃中被磨细。本章不具体阐述消化道在各物种间的变异，仅描述鸟类和哺乳动物消化道之间的差别。读者可以从 McLelland（1975，1979）所写的两篇综述中获得各物种的具体资料。

表 14.1 各种鸟类消化道尺寸大小[1]

物种	体重(kg)	食管		腺胃和肌胃			小肠			盲肠		直肠			汇总		
		长度(mm)	总长百分比(%)	重量(g)	长度(mm)	总长百分比(%)	重量(g)	长度(mm)	总长百分比(%)	重量(g)	长度(mm)	重量(g)	长度(mm)	总长百分比(%)	重量(g)	总长(mm)	长度体重比
鸡																	
来航鸡	1.2	136	9.9	8.2	86	6.3	26.7	1 082	78.9	29.5	127	5.2	68	5.0	2.3	1 372	1.14
肉鸡	3.0	140	6.4	16.8	101	4.7	43.5	1 796	82.7	73.6	188	10.7	134	6.2	5.1	2 171	0.72
火鸡	3.0	123	5.7	8.5	110	5.1	52.9	1 853	85.7	85.3	278	20.1	75	3.5	4.4	2 161	0.72
日本鹌鹑[2]	5	11.5		38	5.8		510	78.1		100		30	4.6		653		
家鸭[3]	2.2	310	11.7		130	4.9		2 110	79.9		140		90	3.4		2 640	1.20
鸸鹋[3]	53.0	790	12.1		260	4.0		5 200	79.4		120		300	4.6		6 550	0.12
美洲鸵[4]	25.0				310			1 400			480		400				
鸵鸟[4]	122.0				480			6 400			940		8 000				
雪松太平鸟[5]		51	16.2		36	11.4		171	54.3		0	0	57	18.1		315	

1 胃肠道的长度和重量可根据禽类饲养环境的变化而变化(Deaton et al.,1985)。
2 引自 Fitzgerald(1969)。
3 引自 Herd(1985)。
4 引自 Fowler(1991)。
5 引自 Levey 和 Duke(1992)。

14.1.1 喙、口和咽

鸟类有嘴或喙，这个结构在物种间存在较大的解剖学变异，以适应不同的摄食模式。上喙通常覆盖着坚硬的角质。然而，有些种类的鸟（如鸻亚目或水禽）整个喙都是柔软的，而另一些种类的鸟（如鸭科或水鸟）只有喙的前端是坚硬的。嘴峰位于上喙背侧中间的区域，在胚胎期有一个尖的突起（卵齿），在孵化后脱落。

与哺乳动物不同，鸟类的咽和口没有清晰的界限。鸟类缺乏软腭和咽峡；口腔和咽腔合称口咽。上腭上有一个纵裂连接口腔和鼻腔，称为鼻后孔。紧临鼻后孔尾侧的部位是漏斗状裂，位置居中，通常开口于听管（图 14.2）。上腭一般有脊，用于辅助打开种子外壳。

所有的脊椎动物都有舌骨，作为舌和喉肌肉的附着点。鸟类有一个 Y 形舌骨器（延伸到舌尖）。舌骨的“角”为两个长条状结构，沿 Y 形分叉向后生长，为始于下颌的牵引肌提供附着点。不同种类的鸟，舌骨角的形状有所不同，可以长至头顶、环绕眼窝以及深入鼻腔（Short，1982；Wang et al.，2011）。附着于舌骨器的肌肉收缩时，向前拉动舌骨器，靠近颅骨，从而将舌向外推出。舌骨角及其附属肌群的拉长，确保鸟类舌头可以伸长，从而能从口腔伸出更远。

舌头的形状显示对采集、控制和吞咽食物等活动的适应性（Harrison，1964）。对于用舌头采集食物的鸟类，在采集食物的过程中，舌头可以从嘴中伸出，这样的舌头通常有侧刺，可能覆有下颌腺分泌的黏液。舌头可以作为刷、矛或动态管道（Rico-Guevara and Rubega，2011），可以伸出的长度有时可达喙长度的 4 倍。

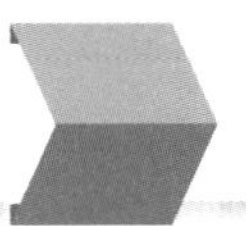

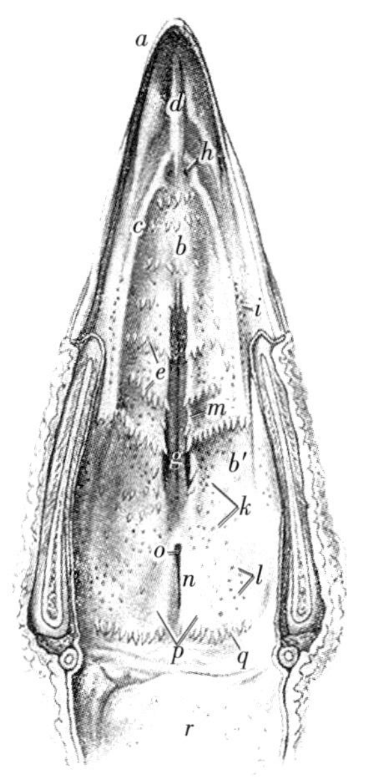

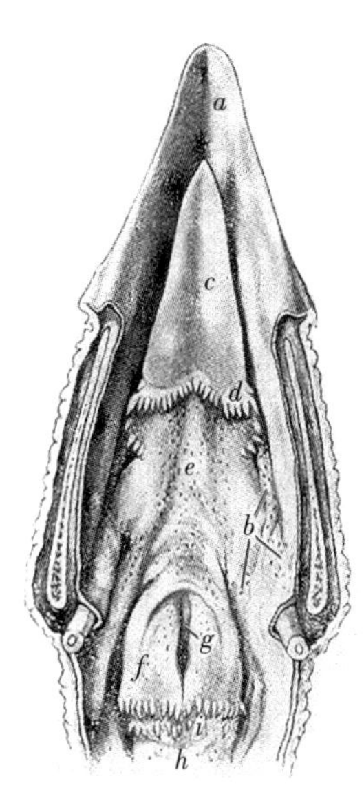

图 14.2　鸡口腔和咽部

左：鸡口腔和咽部的顶部。a，上喙；b，b'，上腭；c，侧腭嵴；d，正中隆突；e，腭乳头；g，腭裂（鼻后孔裂）；h，上颌腺孔；i，腭腺外侧孔；k，腭腺内侧孔；l，翼状腺和咽鼓管腺孔；m，环状皱褶；n，咽部皱褶；o，漏斗状裂；p，咽；q，咽乳头；r，食管。右：鸡口腔和咽部的底部。a，下喙；b，下颌腺后孔；c，舌；d，舌乳头；e，舌后腺孔；f，喉（颅侧）；g，喉裂；h，食管；i，咽乳头。改编自 Nickel 等（1977），经出版商许可使用。

有些鸟类的舌头可用来处理食物，如肉食性鸟类，其舌头是不伸出的，表面覆盖坚硬、尖锐且朝向后方的乳头。对于猛禽，舌头呈木锉样，靠近喙的部分坚硬且粗糙（McLelland，1979）。典型的用舌头过滤食物颗粒的鸟类（如鸭子），靠近喙的部分形成勺状结构，外侧边缘有两排重叠的刚毛，这些刚毛与喙共同起到过滤颗粒的作用。

用舌头来辅助吞咽食物的鸟类，其朝向后方的乳头一般出现在靠近舌根的位置，这些乳头的作用是将食物向后推。这种专门帮助吞咽的舌头也是不伸出口腔的。

唾液腺在物种间也存在相当大的差异。唾液腺一般在食谷类的鸟类比较发达，但在捕食的鸟类中不发达，在食鱼类鸟类中也发育不完善，而在蛇鹈鸟和鸬鹚中往往缺失（Antony，1920）。一般来说，上颌、上腭和蝶翼的腺体在口腔的顶部，口腔腺在脸颊，而下颌、舌和环杓的腺体在口腔底部。据报道，原鸡属和火鸡属鸟类的唾液腺分泌很少的淀粉酶，但是麻雀会分泌大量淀粉酶（Jerrett and Goodge，1973）。

味蕾的分布也存在物种之间的差异，有的位于上喙上皮细胞，有的在下颌前部或舌后的下颌上皮细胞。有一小部分味蕾分布于舌前的腹外侧。据报道，鸡有多达 300 个味蕾，肉鸡的味蕾数量是蛋鸡的两倍（Ganchrow and Ganchrow，1985；Kudo et al.，2008）。

在某些鸟类，口腔底部存在的囊状憩室称为颊囊，可以用来携带食物或在繁殖季节用来展示。

在舌头后面紧接着的就是喉丘。它在喉部的声门有一个狭长的开口。喉丘一般有数排朝向后方的角质化乳头，在吞咽时辅助食物向食管方向移动。

14.1.2　食管和嗉囊

食管是一个可扩张的薄壁管道，把食物从咽运送到胃，也可以让鸟类把食物整个吞下。

因此，它还包含了许多具有弹性的纵向折叠结构。鸟类的食管壁分为四层：黏膜、黏膜下层、肌层和浆膜层。它通常只包含平滑肌细胞，以环形肌为主（McLelland，1979）。

不同于哺乳动物，鸟类食管分为颈段和胸段。此外，鸟类食管还缺乏哺乳动物所具有的上、下食管括约肌（Mule，1991）。

很多鸟类（例如，海鸥、企鹅、鸵鸟），颈段食管膨大形成嗉囊，但并非所有鸟类均如此。嗉囊的功能是储存食物，可能是纺锤形、二裂片或单叶形。鸡的嗉囊是位于食管腹侧的憩室，内表面含有纵向褶皱，从而使它具有扩张性。嗉囊之后的食管延续为胸段食管，与腺胃相连。

少数种类的鸟有憩室，或颈段食管双侧对称扩张成食管囊。具有这种结构的鸟类，食管囊大多只出现在雄性，在繁殖季节和交配鸣叫时起展示作用。

食管和嗉囊内衬不完全角化复层鳞状上皮，存在大量黏液腺的开口。这些腺体一般在胸段食管数量更多，在颈段食管甚至可以不存在。黏液腺只位于嗉囊与食管交界处附近。

颈段食管由副交感神经支配。胸段食管由迷走神经及腹腔神经丛的神经支配。食管由少量肾上腺素能神经纤维的突触与肌间神经丛支配（McLelland，1975；Mule，1991）。

14.1.3 胃

单胃哺乳动物的胃包含一个单一的腔室。然而，鸟类的胃由两个腔室组成，即腺胃和肌胃，前者类似于哺乳动物的单胃。腺胃在肌胃的向口侧位置。腺胃是一个纺锤形的器官，在不同物种间的大小和形状不同，在水生食肉鸟类中相对较大且可扩张，而在食谷类物种中相对较小。缺乏嗉囊的鸵鸟腺胃特别大。腺胃分泌黏液、盐酸和胃蛋白酶原，肌胃起到机械性消化的作用，也是胃蛋白水解的场所。肌胃幽门区与十二指肠相连。

鸟类胃的解剖特征有两大极端种类（McLelland，1979）。第一种类型是食肉类、食鱼类鸟类的胃，适于储存和消化相对较软的食物，两个胃室包含小间隔，有的鸟类胃室可能比其他种类更发达。第二种类型是草食类、杂食类、食虫类和食谷类鸟类的胃，便于采食和消化坚硬的食物，腺胃和肌胃被一个称为胃中间带的峡部分隔。腺胃相对较小，而肌胃较大且有力。肌胃含有两对相向的肌肉，称为薄肌对和厚肌对（图14.3），二者皆由环形肌组成。有的物种（如苍鹭、鹰、猫头鹰）缺乏这些肌肉对。

腺胃通常没有脊（除了食鱼食肉的物种），内衬一层黏膜。突入胃腔的是黏膜表面的乳头，黏膜表面可见分泌胃液的复合腺开口。这些腺体通常只包含泌酸胃酶细胞（oxynticopeptic cells），分泌盐酸、胃蛋白酶和黏液。腺胃具有肌间神经丛和黏膜下神经丛（Martinez et al.，2000）。

肌胃的内表面衬有角质层，有时称为角质膜，这是由黏膜腺体产生的。角质层可以保护肌胃免于腺胃分泌的酸和蛋白水解酶的作用，避免磨碎较硬食物时发生黏膜损伤。角质层呈现淡绿色或棕色，归因于从十二指肠返流的胆汁。尽管大多数鸟类的肌胃角质层会不断磨损并持续更新，但仍有部分物种的肌胃角质层会发生脱落。

胃的幽门部分在发育过程中也有相当大的变化。在原鸡属中，它只有0.5cm长，由其黏液腺分泌的黏液覆盖，而不是角质层。而其他种类的幽门部分较大，且包含角质层。虽然这个区域的功能还不清楚，但据报道它可以降低大颗粒食糜进入十二指肠的速度（Vergara et al.，1989）。

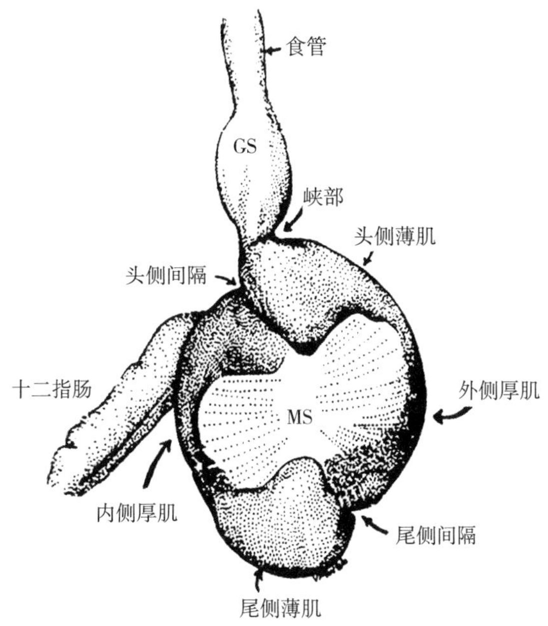

图 14.3　家养火鸡肌胃的解剖特点

GS，腺胃；MS，肌胃。值得注意的是肌胃的头侧薄肌从外侧厚肌持续到尾侧薄肌，终止于尾侧间隔处。相似的是，尾侧薄肌从内侧厚肌持续到头侧薄肌，终止于头侧间隔处。引自 Chaplin 和 Duke（1990）。

胃受迷走神经支配，也受来自腹腔和肠系膜神经丛的血管周围神经纤维支配。胃壁肌细胞受胆碱能纤维支配，而去甲肾上腺素能纤维主要支配血管。肌间神经丛位于浆膜下，黏膜下神经丛缺乏。由于缺乏纵行肌层，透过透明的浆膜层通常可见到肌间神经丛。

14.1.4　小肠

小肠一般分为十二指肠、空肠、回肠。虽然有一个明显的十二指肠袢，卵黄囊蒂（即梅克耳憩室）经常被用来作为界定空肠和回肠的标志。小肠长度在物种间有相当大的差异，食果类、食肉类和食虫类物种的小肠相对较短，食谷类、食草类和食鱼类物种的小肠较长。然而，与哺乳动物相比，禽类小肠长度相对较短。

小肠壁含有褶皱或绒毛，这取决于物种。黏膜突起的类型在小肠和大肠之间并不一致。原鸡属有绒毛，绒毛长度从十二指肠的 1.5mm 降低到回肠和直肠的 0.4～0.6mm。绒毛数量在1～10 日龄下降，但此后保持不变。

生长性状的遗传选育改变了绒毛的形态特点（Yamauchi and Isshiki，1991）。与白来航鸡相比，肉鸡的绒毛较大，十二指肠绒毛顶端表面上皮细胞的隆起更多。尽管如此，这两种鸡的小肠绒毛都会形成锯齿状排列，这样可以减缓食糜的流动。

小肠壁包含与其他消化道相同的四层结构，包括黏膜、黏膜下层、肌层和浆膜层。黏膜层由黏膜肌层、固有层和上皮组成。然而，黏膜肌层和固有层在鸟类中是不发达的，这可能是因为缺乏中央乳糜管。虽然布氏腺常见于哺乳动物，但禽类缺乏（Calhoun，1954）；管状腺（可能是与布氏腺同源的腺体）在有些物种中存在（Ziswiler and Farner，1972）。上皮细胞包含主细胞、杯状细胞和内分泌细胞。利氏肠腺窝是绒毛上皮细胞的来源。这些隐窝内包含未分化细胞、杯状细胞、内分泌细胞和淋巴细胞。隐窝基底部含有球形白细胞和潘氏细胞。

肠道内广泛分布交感神经和副交感神经。这些神经是胆碱能和肾上腺素能神经纤维

（Bennett，1974）。 Ali和McLelland（1978）报道了肠神经丛的特点。 除直肠外，肠壁纵行肌肉极少受神经支配。

肠神经又称Remak神经，贯穿小肠和大肠全长，为鸟类独有。 虽然它在哺乳动物没有同源结构，但可能与椎前神经节相似（Hodgkiss，1984a）。 此神经还被认为是混合神经，内部混行交感神经纤维和副交感神经纤维（Hodgkiss，1986）。

14.1.5 盲肠

盲肠出现在回肠和直肠交界处。 有些物种可能缺乏盲肠（如鹦形目、雨燕目和鴷形目）或盲肠发育不全（如鸽形目和鴷形目）。 其他别的物种，盲肠或者成对（例如，草食类鸟、大多数食谷类鸟和猫头鹰）或单数（如鹭）出现，或者由双对构成（如蛇鹫）。 McLelland（1979）根据形态学特点将盲肠分为四种类型：①肠型：类似于其余肠段；②腺型：较长且包含许多活跃的分泌隐窝；③淋巴结型：尺寸较小，含有许多淋巴细胞，偶有不分泌的隐窝；④发育不全型：尺寸不大，管腔很小。 日粮和盲肠发育之间的相关性，或盲肠大小与直肠的长度和宽度之间的相关性，尚未被揭示（McLelland，1989）。

鸡的盲肠根据形态学特点大致可分为三个区域（Ferrer et al.，1991）。 近回盲部的是盲肠底，这部分上皮细胞绒毛发达。 盲肠中央区（盲肠体）有带小绒毛的纵向皱褶，而远端盲肠区（盲肠顶）同样有小绒毛并包含纵向和横向的褶皱。 近回盲部绒毛和肌肉组织共同作用，有效阻止很小的食糜颗粒进入盲肠（Ferrando et al.，1987），但液体内容物可以进入。

目前，人们对于盲肠的重要性有了越来越多的了解。 盲肠切除会导致机体对食物的代谢能力下降，氨基酸丢失较多，粗纤维消化率下降（Chaplin，1989）。 盲肠的吸收作用稍后讨论。

14.1.6 结肠(直肠)和泄殖腔

结肠，有时被称为直肠，相对较短，连接回肠与泄殖腔的粪道部分。 哺乳动物结肠无绒毛和杯状细胞，但鸟类结肠有大量平绒毛和相对略少的杯状细胞（Clauss et al.，1991）。 此外，鸟类的直肠隐窝相对较少，而且比哺乳动物的短。 结肠和盲肠上皮细胞为单层柱状上皮，拥有发育完善的刷状缘。 正如14.6部分所讨论的，泄殖腔和结肠对水的重吸收有重要作用。

泄殖腔是排泄、生殖和消化废物的共同通道，共包含三个腔室：粪道、泄殖道和肛道。 粪道靠近头侧部分，缺乏绒毛，但有黏膜折叠或褶皱。 泄殖道在中间，也是泄殖腔最小的腔室，分别由粪道泄殖道襞和泄殖道肛道襞与粪道和肛道隔开。 尿道和生殖道开口于尿殖道背侧。 最后的腔室是肛道，通过肛门与外部相通。 法氏囊（参与机体的免疫功能）位于肛道背侧。 同样在肛道背侧的还有肛道背侧腺，有时候又叫泡沫腺，可以分泌白色、易起泡的液体。 鸟类没有膀胱，尿液进入远端低位肠道后，被迫返回结肠、盲肠，甚至小肠（Goldstein and Braun，1986）。

14.2 附属器官解剖结构

14.2.1 胰腺

胰腺是位于十二指肠袢内的一个淡黄色或红色器官，有的物种（如虎皮鹦鹉）一部分胰腺可能会在袢外。胰腺兼具内分泌和外分泌功能，其内分泌功能将稍后讨论。食肉类和食谷类物种的胰腺较小，食鱼类和食虫类物种的胰腺较大。胰腺一般分为三个叶：背叶、腹叶和脾叶，但它们的功能未知（Paik et al.，1974）。

胰腺外分泌部由复合管泡状腺组成，其中分为许多小叶。胰管的数目从一个到三个不等（在家禽中是三个）。胰管一般汇入十二指肠升部的远端，很少流入十二指肠的降部。家禽的胰管和胆管由共同的乳头汇入十二指肠升部（图 14.1）。胰腺分泌淀粉酶、脂肪酶、蛋白水解酶和碳酸氢钠。

14.2.2　肝脏

肝脏也是兼具内分泌腺和外分泌腺功能的器官。肝脏分为左右两叶，头侧中间部分相连。右叶较大，家禽和火鸡的肝脏左叶还可细分为背侧部和腹侧部。胆小管汇入小叶间导管。小叶导管联合后形成左、右肝管。与哺乳动物不同，禽类的胆汁由两个管道输送到十二指肠。左、右肝管相结合，形成共同的肝肠管，然后进入十二指肠。然而，从右肝管分出一条肝囊管连接到胆囊，后者又通过囊肠管（cysticoenteric duct）汇入十二指肠。没有胆囊的物种（例如，鸽子、一些鹦鹉和鸵鸟），右肝管的分支称为右叶肝肠管，直接汇入十二指肠。胆管通常在非常接近胰管的部位汇入十二指肠。汇入部位通常是在十二指肠袢的升部。然而，对于包括鸵鸟和鸽在内的某些物种，汇入部位则是十二指肠袢的降部。

14.3　运动

食物在分解的时候，不仅需要沿着胃肠道（GIT）长轴向纵深运送（即蠕动），而且还需要有局部的非传播性运动参与，以便将食物与胃液混合并使食糜颗粒空间上更接近肠上皮细胞。运动不仅发生在动物摄食时，也发生在动物禁食时（迁移运动复合体，MMCs）。后一种运动方式可能有助于消化道清除包括不能消化的颗粒、死的肠上皮细胞在内的其他成分。肠神经系统属于自主神经系统的一部分，可以调控胃肠道功能，包括胃肠道的运动。

14.3.1　食管

White（1968，1970）以及 Suzuki 和 Nomura（1975）已经对禽类的吞咽有所研究。为了取得食物，禽类首先降低头部，然后用喙抓住食物，接着用舌头将食物移动到口咽部。鼻后孔反射性关闭。吞咽口腔期，舌头前后快速运动 1～3s，这使得食物颗粒向后移动（Suzuki and Nomura，1975），这种运动由朝向后方的乳头辅助。

在下一阶段（咽部期），漏斗丘和声门闭合，舌骨器凹陷，舌向后移动，食管向前移动，从而减小了口腔与食管之间的距离。头部被抬起，舌进一步运动，并由漏斗丘的前后运动协助，促使食物颗粒从舌移动到食管。

食管主要通过蠕动将食团移入胃部（食管期）。颈段食管收缩比胸段食管更快。对于禁食的鸟，纵向肌肉层闭合食管嗉囊裂，从而防止食物进入嗉囊（Ashcraft，1930）。肌胃部分充盈后，食管嗉囊裂松弛，食物可以根据肌胃收缩状态进入嗉囊或胃。嗉囊充当临时的食物储存场所（Hill，1971）。食物的去向似乎受到肌胃收缩状态的控制，当肌胃收缩或放松时，食物会相应地进入或绕过嗉囊。6～10周龄的火鸡禁食过夜，黎明后的前4～6h几乎没有摄入食物进入嗉囊。此后的每次进食，胃肠道从头侧充盈到回肠上1/3。到下午稍晚的进食，嗉囊也填满（G. Duke，个人交流）。

由于嗉囊壁收缩，食物从嗉囊中排出。这种收缩持续约6s，收缩力约为20cm H_2O（Fileccia et al.，1984）。在原发性蠕动期间，自发性电活动停止，这与肌肉壁的松弛有关。之后发生可传播的长时程高幅尖峰脉冲。由于蠕动波是离口侧的，蠕动波位置前肌肉的抑制先于蠕动波发生。嗉囊的排空速率不受颗粒大小的影响，也不受混合物中可溶性或不溶性成分的影响（Vergara et al.，1989）。

与哺乳动物不同，许多鸟类食管的自发性电活动和收缩情况已被记录（Mule，1991）。这种电活动在起源上是肌源性的。它的发生独立于慢波（鸟的食管无慢波）。这些自发性收缩的功能还未可知，但它们可能起到清除食管内容物的作用。

原发性蠕动完全由外在神经系统介导（Mule，1991）。鸟类的肠神经系统不参与传播性蠕动的调控，除非短距离的蠕动。切断舌咽或迷走神经可分别破坏颈段和胸段食管的蠕动。食管去神经支配，可以阻止电活动波形的传播，说明这些肌细胞的电活动表现类似于多单位平滑肌细胞。

14.3.2 肠胃循环

哺乳动物胃的运动受到起源于卡哈尔（Cajal）间质细胞的慢波调节，卡哈尔细胞存在于肌间神经丛附近（Sanders et al.，2006）。这些慢波控制“位相性肌肉”的收缩节奏，提高电压门控 Ca^{2+} 通道开放的可能性，从而兴奋肌肉。这些慢波源自GIT内不同部位的起搏器区域，因而产生的慢波频率存在区域差异。胃内的起搏细胞主要存在于胃大弯部。慢波不会从胃传播到小肠，小肠有自己的起搏细胞。大多数鸟类的胃部缺乏纵向平滑肌，不表现慢波。因此，鸟类胃的运动比哺乳动物的更复杂（Dziuk and Duke，1972）。

在鸟类的肠胃循环中，肌胃的薄肌收缩，峡部闭合，之后幽门开放，胃内容物流入十二指肠（图14.4）。接下来，十二指肠收缩，峡部松弛，肌胃的厚肌收缩。这会使肌胃内容物加速回流到腺胃。该循环以腺胃收缩结束。胃十二指肠循环在火鸡中以每分钟3.3个循环的频率进行（Duke，1982）。可以预料，腔内压力发生的巨大变化与肌胃厚肌的收缩有关（图14.5）。

如上所述，幽门区似乎控制了物质从肌胃到十二指肠的运动。可溶性物质容易从肌胃转运到十二指肠，较大的颗粒在肌胃停留的时间较长（Vergara et al.，1989）。

饱食的鸟类肠胃循环的启动并不依赖于外来神经的支配，这提示机体内部存在一个控制循环的起搏器（Chaplin and Duke，1988）。胃去神经术可以降低禁食鸟类肠胃循环的速率，并破坏其正常同步（图14.6），这表明肠胃循环并非独立于外源神经的信号输入。

肠胃循环的起搏器似乎在峡部（Chaplin and Duke，1990）。破坏该区域的肌间神经丛，肌胃和十二指肠的收缩减少50%，同时腺胃收缩终止。

猛禽的肌胃缺乏其他鸟类那种特征性的两对相向的肌肉，因此其胃-十二指肠循环较为简单。可分为三个阶段：机械期、化学期以及颗粒形成和排泄期（Kostuch and Duke，1975）。

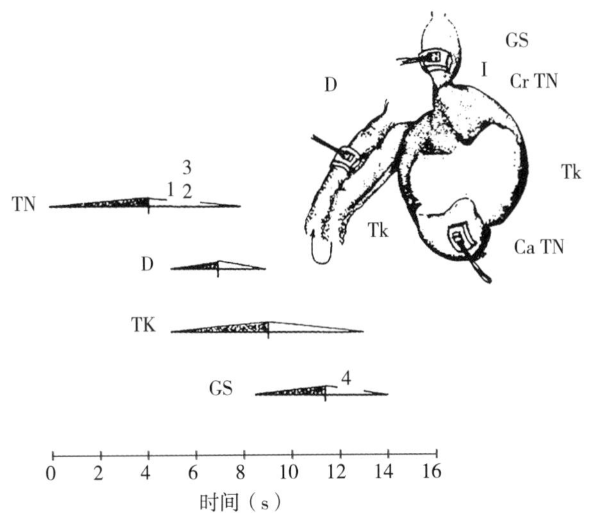

图 14.4　右上：火鸡胃、十二指肠的器官解剖关系和张力测量传感器位置示意图。代表器官的字母如下：GS，腺胃；I，峡部；Cr TN，肌胃头侧薄肌；TK，肌胃的厚肌对（背侧和腹侧）；Ca TN，肌胃尾侧薄肌；D，十二指肠。左下：三角形图表示胃-十二指肠循环发生的顺序和持续时间。黑色填充区表示收缩持续时间，白色填充区表示肌胃、十二指肠（D）、腺胃（GS）的薄肌对（TN）和厚肌对（TK）的松弛持续时间。数字是指胃-十二指肠循环中的非收缩性活动：1，幽门开放；2，峡部开放；3，幽门关闭；4，峡部关闭。引自 Chaplin 和 Duke（1988）。

来自腺胃的蠕动波向离口侧移行，通过肌胃后进入小肠。虽然猛禽的胃运动顺序与哺乳动物的相似，但尚未记录到这些物种的慢波。

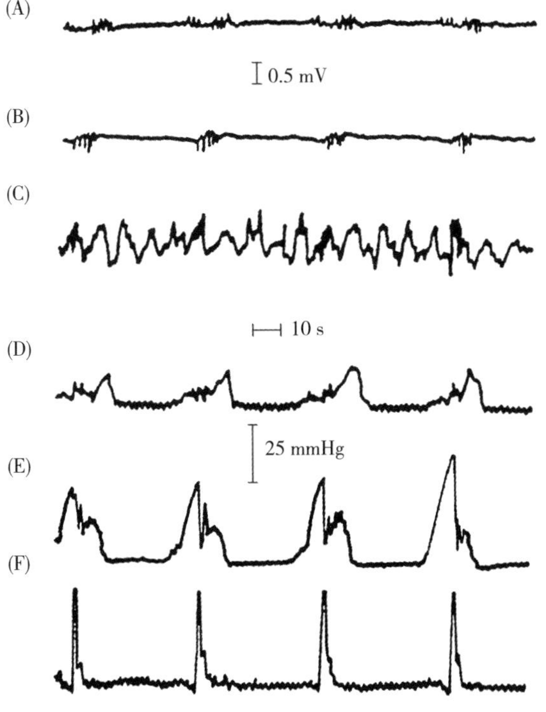

图 14.5　火鸡胃和十二指肠典型电位记录和腔内压力变化的描记图

（A）、（B）和（C）分别描记的是腺胃、肌胃头侧厚肌和近端十二指肠的电位变化。十二指肠慢波可明显观察到峰电位；只有腺胃和肌胃的峰电位与收缩相关。（D）、（E）和（F）分别描记的是这些器官相应的腔内压力变化。电信号记录的时间常数为 1.1s。引自 Duke 等（1975）。

排遗（egestion）是鸟类特有的另一种胃肠功能（Rea，1973）。这一过程（包括不易消化的物质经口排出）在肉食鸟类更常见。每当骨、毛发或羽毛被摄入时，这些物质会被压实并经口排出，这不同于反刍动物的反刍或哺乳动物的呕吐（Duke et al.，1976a，b）。排遗开始

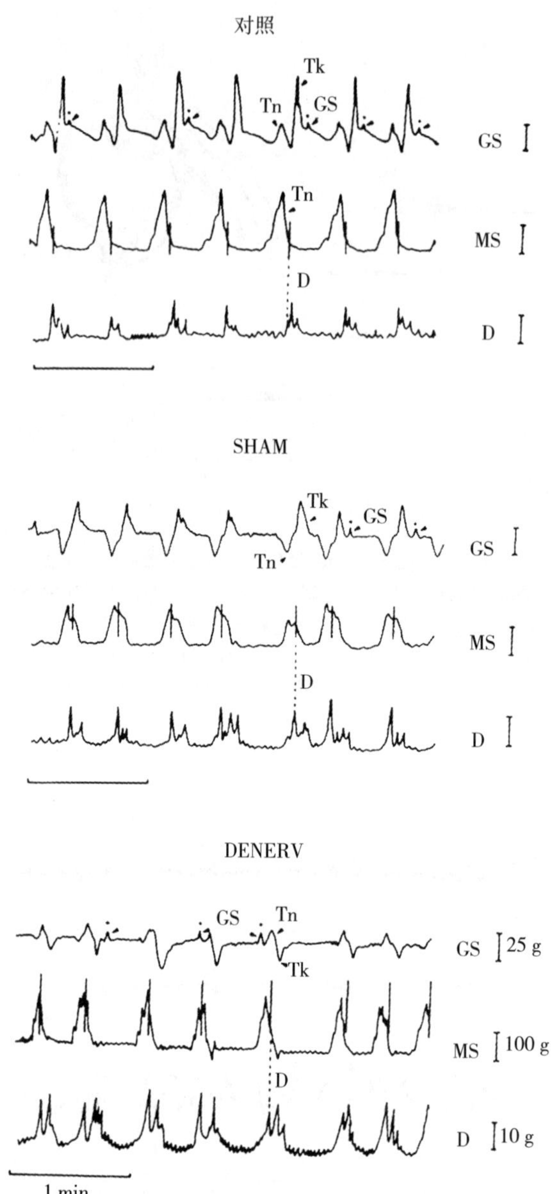

图 14.6 通过植入张力传感器描记腺胃（GS）、肌胃（MS）和十二指肠（D）的收缩

术后第 3 天对三个处理组进行记录。箭头和字母指示的是一个胃-十二指肠循环中每个器官的收缩。腺胃的收缩用箭头和闭合圆圈表示；十二指肠的同步收缩情况用虚线标识。SHAM，假去神经；DENERV，去神经。注意：对照组描记图所示为正常的收缩同步。引自 Chaplin 和 Duke（1988）。

前约 12min，肌胃收缩频率和振幅增加。排出物被压实成团粒并移至低位食管。排遗开始前 8～10s，团粒通过食管逆向蠕动向口侧方向移动。腹部和十二指肠的肌肉没有参与此过程。

肠胃反射控制胃的排空。仅增加十二指肠内压，或向十二指肠内注射 HCl、高渗 NaCl 或氨基酸溶液，都可以抑制胃的运动（Duke and Evanson，1972；Duke，1977，1989）。该抑制作用存在剂量和容积效应，一般 3～30s 内即可发生，并可持续 2～35min。若十二指肠内注射脂质溶液，4～6min 后胃的运动减慢，持续 24～45min。后面这种反应似乎与激素调节有关，推测可能是肠抑胃素。

此外，肌胃中胆汁酸的增加与肌胃中木屑（wood shaving）残余量成正比（Hetland et al.，2003）。由于胆汁酸在十二指肠袢的升部进入肠道，因而胆汁酸进入肌胃是逆向运输。

14.3.3　小肠

移行性复合运动（MMC）以慢波的电位变化为特征，慢波向离口侧移行，并且与周期性峰电位和平滑肌收缩相关（图 14.7）。尽管迄今尚未对鸟类 MMC 进行广泛的研究，但现有数据表明鸟类的 MMC 与哺乳动物的相似（Clench et al.，1989）。MMC 有三个阶段：静止期（Ⅰ相）；慢波上叠加有不规则间隔的峰电位活动（Ⅱ相）；慢波上叠加有高振幅、规则的峰电位活动（Ⅲ相）。鸡的 MMC 周期为 77～122min，而猫头鹰只有 21min。Ⅲ相持续时间 5～8min（图 14.8）。这些数值与哺乳动物的相似。不过，鸟类的 MMC 传播速度相对较慢，为 0.48～0.62cm/min。在鸡、鹌鹑和猫头鹰的十二指肠中都观察到 MMC，但是在火鸡上仅观察到十二指肠 MMC 向离口侧移行（Mueller et al.，1990）。

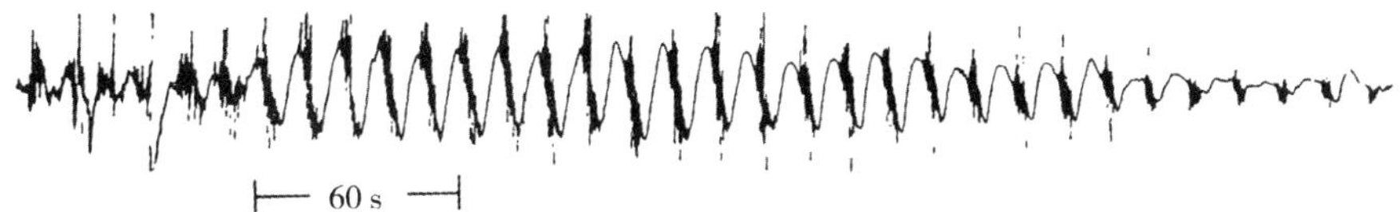

图 14.7　肌电记录显示慢波（原鸡属）上的动作电位

引自 Clench 等（1989）。

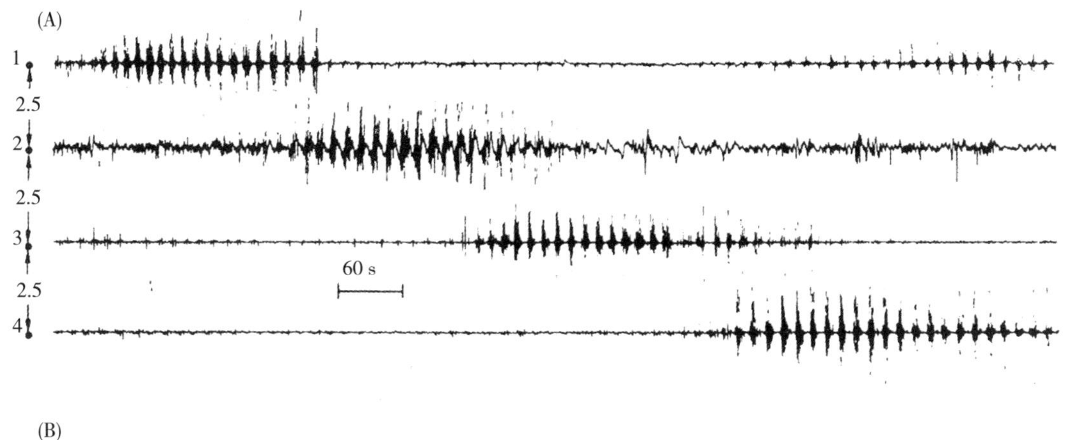

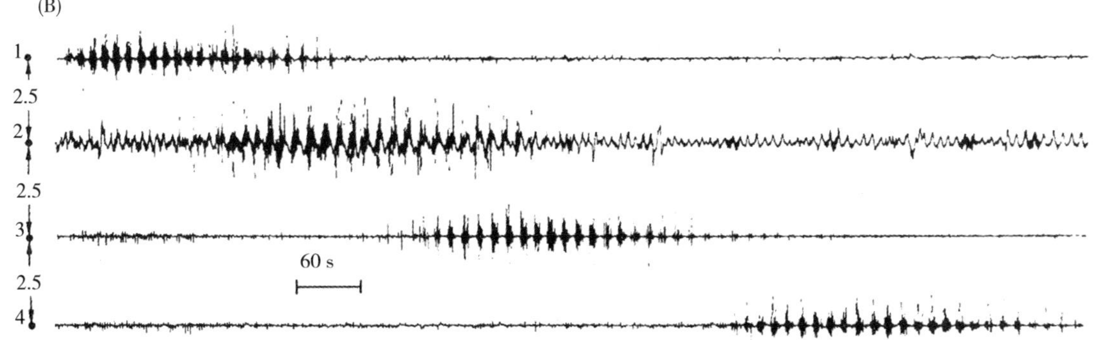

图 14.8　林鸮移行性复合波（MMC）的代表性肌电记录

电极放置于近端回肠，间隔 2.5cm。（A）正常饲喂状态的鸟。（B）禁食状态的鸟。（A）中所示的鸮类物种的高频率 MMC，在前一个复合波传播通过导联 4 之前，第二个规则的峰电活动从导联 1 开始生成。引自 Clench 等（1989）。

肠道返流现象似乎是鸟类特有的（Duke et al.，1973）。增加十二指肠内管腔压力，肌胃内压力往往也随之增加。然而，火鸡十二指肠内每 15～20min 发生较大的压力变化，这与胃的运动抑制和肠内容物返流有关（图 14.9）。在许多其他物种中也观察到类似现象，随着膳食脂肪水平的增加，这种情况更为频繁（Duke et al.，1989）。

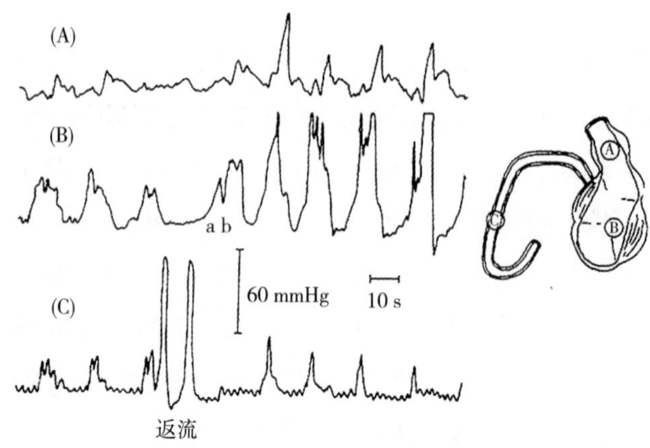

图 14.9 火鸡腺胃（A）、肌胃（B）和近端十二指肠上部（C）压力变化的描记图，显示十二指肠返流期间的压力状态

胃肠道内尖端开口管（open-tipped tube）的安放位置，以ⒶⒷⒸ标记于胃的矢状断面图。图（B）中体现肌胃双相活动的代表性描记波形变化较大，在一次返流周期发生的两个收缩相位记录中，（a）是薄肌对收缩时形成的波形，（b）是厚肌对收缩时形成的波形。引自 Duke 和 Evanson（1972）。

14.3.4 盲肠

盲肠的运动尚未研究清楚。盲肠的充盈，是直肠逆向蠕动波和回肠蠕动波汇聚导致的。鉴于回盲连接的形态学特征，只有液体或非常小的颗粒才可以进入盲肠。事实上，87%～97%的盲肠液源自尿液（Bjornhag and Sperber，1977）。尿液移动到盲肠的重要性在后文讨论。

盲肠 MMC 样的电活动已经被观察到，但这种活动并不迁移，也没有形成 MMC（Clench et al.，1989）。在火鸡的盲肠中记录到两种类型的收缩（Duke et al.，1980）。一种类型具有低振幅，发生频率为 2.6 次/min，而另一种具有较高的振幅，发生频率为 1.2 次/min。低振幅收缩与混合过程相关，而高幅度收缩是推进性的。离口侧收缩比向口侧收缩更常见，后者的收缩具有更大的幅度，从而防止消化产物在远端盲肠积聚。盲肠蠕动似乎是肌源性介导的，抑制性神经输入显然能够抑制这种收缩（Hodgkiss，1984b）。在哺乳动物中，盲肠管腔扩张会引起上行刺激和下行抑制，这是由肠神经系统控制的神经源性介导作用，可被河豚毒素阻断。相比之下，鸟类盲肠管腔扩张引起环形肌肉的收缩，不受河豚毒素的影响，因此显然并非由肠神经系统控制。

盲肠内容物的黏稠度与直肠内容物大不相同，因此可以容易地与直肠粪便区分开来。与直肠相比，盲肠排空相对较少，且直肠先于盲肠排空（Duke et al.，1980）。小火鸡的盲肠排空通常在开灯的 1～5min 内发生，下午稍晚再次发生。高幅度收缩的频率有所增加，盲肠排空前 2min 内会发生4～7 次这样的收缩。这些收缩与高振幅的电脉冲有关。盲肠排空时，回肠和直肠也发生一次高振幅收缩。盲肠对直肠排空的比率也受到日粮的影响，变化范围从饲喂大麦时的 1∶7.3 到饲喂玉米时的 1∶11.5（Roseler，1929）。如 14.6 所述，消化产物滞留盲肠的时间，提示了该器官独特的作用。

14.3.5 结肠

直肠几乎一直呈现连续的逆向蠕动。这种运动负责将尿液从泌尿道输送到结肠和盲肠中

（Akester et al.，1967；Polin et al.，1967；Goldstein and Braun，1986）。据报道，结肠有两种类型的慢波（Lai and Duke，1978），包括持续时间短的小型慢波（sSW）和持续时间长的大型慢波（lSW）（图 14.10）。sSW 与小型收缩相关，X 线显示为逆向蠕动。lSW 与大型收缩相关，但 X 线显示可能与直肠内容物的运动不相关。

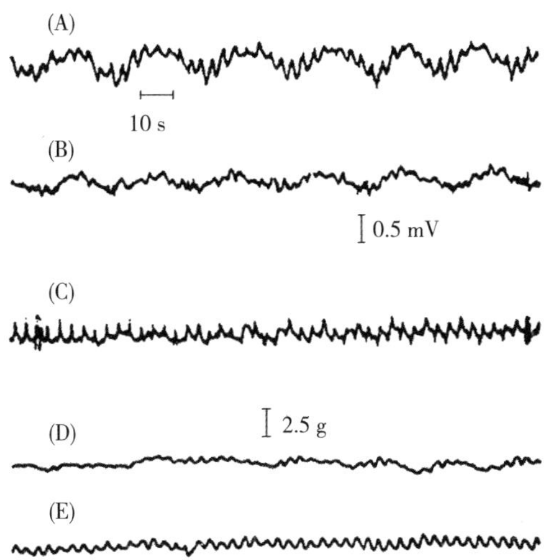

图 14.10　三个双极电极(A)、(B)、(C)和两个张力传感器(D)、(E)记录到的火鸡结肠电位变化与收缩力变化的曲线

电极和张力传感器植入泄殖腔的深度分别是 10、6、1cm 和 8、3cm。描记图(A)和(B)中明显可见大型慢波和小型慢波，描记图(C)中仅小型慢波可见。体现逆向蠕动的小型收缩波在描记图(D)和(E)中均明显可见，但体现蠕动的大型收缩波仅在(D)中可见。引自 Lai 和 Duke(1978)。

sSW 和 lSW 的频率如表 14.2 所示。sSW 在远端结肠的频率最高。相反，lSW 在近端结肠的频率最高，在远端结肠无 lSW 的记录。将这种慢波模式与运动模式对比，发现 sSW 出现在远端结肠，负责逆向蠕动运动，而 lSW 则在近端结肠开始，负责直肠内容物的蠕动运动。

表 14.2　火鸡直肠小型和大型收缩以及小型和大型慢波的平均频率和幅度

	收缩				慢波			
	小型		大型		小型		大型	
	频率(周期/min)	振幅(g)	频率(周期/min)	振幅(g)	频率(次/min)	振幅(mV)	频率(次/min)	振幅(mV)
近端[1]	14.6±0.85	0.45±0.24	2.66±0.26	0.54±0.20	15.4±1.07	0.17±0.08	2.83±0.26	0.21±0.09
中部	—	—	—	—	15.8±1.12	0.16±0.09	2.76±0.24	0.12±0.06
远端	15.4±0.69	<0.70±0.33	—	—	16.4±2.16	0.25±0.12	—	—

1　近端、中部和远端分别指离泄殖腔 10 cm、6 cm 和 1 cm 的结肠电极植入位置，或距离泄殖腔 8 cm(近端)和 3.5 cm(远端)处的张力换能器植入位置。远端张力换能器未记录到大型收缩，远端电极也未记录到大型慢波。引自 Lai 和 Duke(1978)。

结肠几乎连续的逆向蠕动只在排粪时才中断（Duke，1982）。排粪开始前约 10min，sSW 的振幅开始下降，同时 lSW 的频率呈梯度递增。这些条件有利于抑制逆向蠕动和刺激蠕动。排粪的时间不超过 4s，伴随始于近端结肠的强烈收缩，这种收缩向离口侧移行，并携带结肠全长的内容物。直肠的收缩似乎是由非胆碱能及非肾上腺素能神经介导的（Bartlet，1974；Takewaki et al.，1977）。

14.3.6　其他影响运动的因素

胃肠道的运动呈现昼夜节律性变化。与黑暗期间相比，火鸡肌胃的收缩频率和幅度在光照期间均提高（Duke and Evanson，1976）。胃收缩活动的增加和减少恰好分别与“开灯”和“关灯”之前的时间点相对应。对于禁食的鸟类，胃活动的这种昼夜节律依然存在（虽然不太明显）。

鸟类的胃肠道运动也呈现头期、胃期和肠期。24h禁食的大角猫头鹰、火鸡和红尾鹰，食物的视觉刺激可引起胃的收缩（Duke et al.，1976a）。允许摄食后，胃的活动进一步增加，此为胃期。在肠期，食物进入十二指肠可减缓胃收缩的频率，以便消化（Duke et al.，1973）。虽然头期主要由神经系统介导，但似乎还有一个尚未明确的内分泌成分提高了运动能力。

运动受许多因素的影响。例如，包括戊巴比妥钠和甲氧氟烷在内的麻醉剂可以降低胃十二指肠运动，减少胃分泌（Kessler et al.，1972；Duke et al.，1977）。较高的环境温度会降低胃肠道运动，然而寒冷对消化系统各个部位运动的影响存在差异性，不过总体上可以缩短食物通过消化道的时间（Tur and Rial，1985）。

14.4 运动的神经和激素控制

禽类胃肠道的外在和内在神经支配与哺乳动物相似（Olsson and Holmgren，2011）。外在神经支配主要来自迷走神经、Remak神经（运行于肠道的节神经），以及来自内脏和骨盆神经的纤维（Nilsson，2011）。在与肠道相关的许多神经元中发现存在一氧化氮合酶。许多这些神经元还含有血管活性肠肽（VIP）和垂体腺苷酸环化酶激活多肽。在鸽中，这些神经还含有甘丙肽。此外，肠道的大多数区域含有具有速激肽免疫活性的神经，并且肠道还含有γ-氨基丁酸能神经元。虽然据报道鸡的肠道中不存在儿茶酚胺类物质，但是肌胃的肌间神经丛含有胺能神经元（Aisa et al.，1997）。

食管收缩可因乙酰胆碱（ACh）和迷走神经的刺激而增加，不受交感神经刺激的影响（Bowman and Everett，1964；Ohashi and Ohgua，1967；Taneike et al.，1988）。然而，有证据表明食管平滑肌存在非肾上腺素能和非胆碱能（NANC）抑制效应（Sato et al.，1970；Postorino et al.，1985）。5一羟色胺也引起食管收缩（Mule et al.，1987），这种作用似乎由胆碱能和NANC兴奋性神经元的活化来间接介导（Fileccia et al.，1987）。此外，速激肽引起肠道收缩（Liu and Burcher，2001）。与上述不同的是，肾上腺素可通过α-肾上腺素能受体诱导鸡直肠的松弛（Ojewole，1980）。

腺胃含有抑胃肽（GIP）、VIP和一氧化氮合酶（nNOS），但没有生长抑素、组-异亮肽（PHI）、酪-酪肽（PYY）、神经肽Y（NPY）、蛙皮素、蛋氨酸脑啡肽、5-羟色胺、P物质、甘丙肽、降钙素基因相关肽（CGRP）（Martinez et al.，2000）。VIP和nNOS可能导致平滑肌松弛。腺胃的分泌活动由副交感神经和弥漫性内分泌系统控制。

如表14.3所示，多种肽类已经在鸟类胃肠道内得到鉴定。这些肽的功能尚待明确。虽然没有确定NANC兴奋性神经递质的种类，但已经发现神经降压肽可以诱导嗉囊平滑肌的收缩（Denac and Scharrer，1987）。后一种效应是非乙酰胆碱、前列腺素或阿片样物质介导的（神经肌肉）接头后反应。

表 14.3 肠道内分泌细胞对各种调节肽、嗜铬粒蛋白和 5-羟色胺首次出现免疫反应的鸡胚日龄(孵化天数)[1]

	腺胃	肌胃	幽门区	十二指肠	回肠上部	回肠下部	盲肠	大肠
嗜铬粒蛋白	9	12	12	10.5[2]	10.5[2]	15.5[2]	13.5[2]	10[2]
脑啡肽	21	—	—	—	—	—	—	—
促胃液素/CCK	12[3]	—	11	11	11	17	17	17
GRP	11	21	21	—	—	—	—	—
胰高血糖素	13	—	14	13	14	14	—	—
胃动素	—	21	21	21	13	17	17	17
神经降压肽	12	—	12	12	13	14	14	9
PP	14	—	14	13	13	14	—	21
酪-酪肽(PYY)	—	12	12	18	21	21	—	—
5-羟色胺	8	—	12	11	11	14	14	9
生长抑素	12	—	12	11	13	14	17	13
P 物质	—	—	—	21	11	17	17	13
VIP	21	—	—	19	12[4]	19	21	21

1 —，不存在与指定化合物免疫反应的细胞；CCK，胆囊收缩素；GRP，促胃液素释放肽；PP，胰多肽；VIP，血管活性肠肽。

2 引自 Salvi 等（1996）。

3 引自 Aksoy 和 Cinar（2009）。

4 引自 Parisi Salvi 等（2004）。

资料来源：除标注外，数据引自 Rawdon 和 Andrew（1999）。

组胺通过与胆碱能神经递质的相互作用来控制食管收缩（Taneike et al.，1988）。组胺诱导的食管收缩呈剂量依赖性，这种作用被河豚毒素阻断，这表明其作用由 ACh 的释放介导。刺激迷走神经引起的收缩因组胺的存在而增加，组胺诱导的收缩反而因乙酰胆碱酯酶抑制剂而增强。因此，组胺很可能是通过其 H1 受体调节 ACh 的释放控制食管平滑肌的收缩。如图 14.11 所示，脑啡肽也引起食管收缩，但其作用由 5-羟色胺能神经元介导。

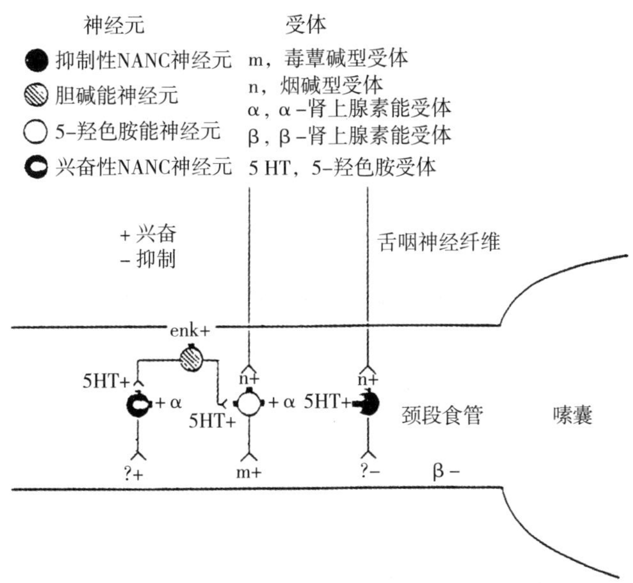

图 14.11 鸽颈段食管固有神经支配的假设模式示意图

不同的神经元类型存在于壁内丛：兴奋性胆碱能神经元、兴奋性 NANC 神经元、抑制性 NANC 神经元和 5-羟色胺能神经元。引自 Mule（1991）。

嗉囊的控制似乎与食管类似。电刺激嗉囊导致的收缩，很大程度上是由于 ACh 的释放，但并不完全是，因为这种收缩可被阿托品显著阻断（Denac et al.，1990）。目前尚不清楚哪种神经递质主要引起阿托品不能阻断的收缩（即 NANC 诱导的），但神经降压肽、蛙皮素和 P 物质已被证明可在电刺激嗉囊后引起阿托品抵抗性（atropine-resistant）收缩（Denac and Scharrer，1987，1988）。去甲肾上腺素引起的嗉囊肌肉松弛由β-肾上腺素能受体介导。由此看来，嗉囊和食管由三种类型的神经控制：兴奋性胆碱能神经元、兴奋性NANC神经元（可能是肽类）和抑制性去甲肾上腺素能神经。

胆囊收缩素八肽（CCK-8）是研究得最多的肠道运动调节剂。静脉注射CCK-8可抑制胃和十二指肠的运动（Savory et al.，1981）。CCK-8和胆囊收缩素四肽（CCK-4）抑制胃的电活动（Martinez.，1992）。CCK-4抑制十二指肠的电活动，但CCK-8却加强十二指肠的电活动（图14.12）。CCK-A和CCK-B亚型受体拮抗剂不能阻断CCK的作用。CCK对鸟类胃和十二指肠运动的作用与哺乳动物的相似。CCK抑制胃的运动，增强十二指肠的分节收缩，因而也能延缓胃的排空（Martinez et al.，1992）。

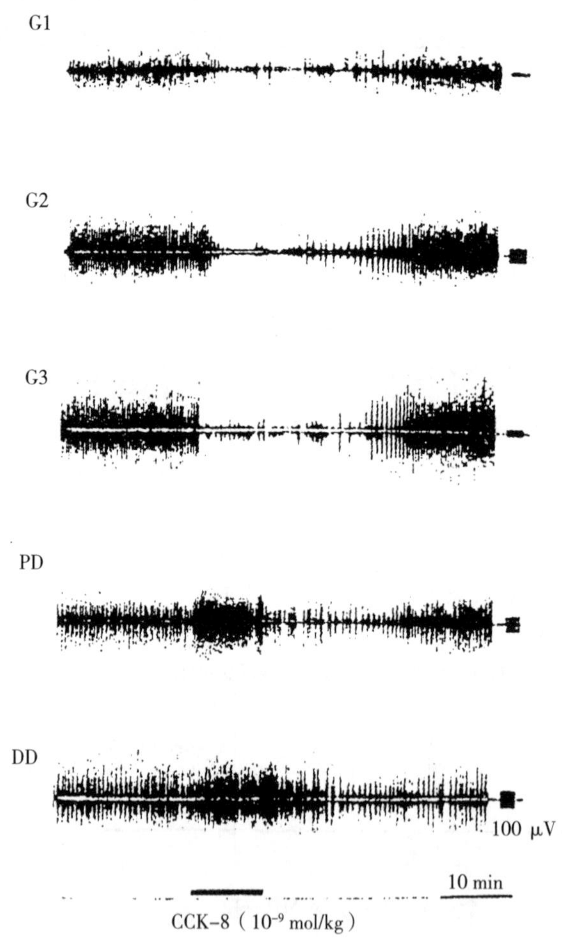

图14.12 注射胆囊收缩素八肽（CCK-8，10^{-9} mol/kg）对胃十二指肠电活动的影响

研究中所涉及的胃区如下：G1，腺胃；G2，头侧薄肌；G3，尾侧厚肌；PD，近端十二指肠；DD，远端十二指肠。在所有受试动物中均观察到相似的反应。引自Martinez等（1993）。

迷走神经切断术和六烃季铵都可以阻断鸡胃（即腺胃和肌胃）对CCK-8的反应，但不能阻断十二指肠的反应（Martinez et al.，1993）。此外，CCK-8在十二指肠中的作用并没有被阿托品或甲基麦角酰胺改变。在胃或十二指肠对CCK-8的反应中，酚妥拉明和普萘洛尔也没有影响。因此，CCK-8对胃的作用似乎是通过迷走神经介导的，而对十二指肠的效应可能是直接作用于平滑肌细胞。CCK-8对胃的作用被N^G-硝基-L-精氨酸甲酯（L-NAME）阻断，表明CCK的抑制作用涉及一氧化氮的释放。由于L-NAME没有完全阻止CCK对尾背侧厚肌的作用，所以该反应可能涉及另一种神经递质（可能是 VIP）。有趣的是，对于迷走神经切断的鸡，CCK-8 仍可引起胃的兴奋，这表明除了通过迷走神经作用外，CCK-8 还可以对胃的肌肉有直接作用。CCK-8 引起十二指肠电活动的增加，L-NAME 可进一步使之增加，这表明一氧化氮可能是十二指肠电活动紧张性的抑制剂。

鸡促胃液素（cG）是促胃液素/CCK 家族成员，已经从鸡的胃窦分离到（Dimaline et al.，1986）。静脉注射 cG 引起的效应与 CCK-4 类似（Martinez et al.，1992）。这提示胃中存在一种可识别 CCK 和 cG 的受体亚型，但在十二指肠中也有可能是一种识别 CCK-8，另一种识别 CCK-4 和 cG。

阿片肽似乎与移行性复合运动（MMC）有关。注射蛋氨酸脑啡肽、吗啡和 β-酪啡肽（5×10^{-7} mol/kg）可引起远端十二指肠高强度的电活动（类似于 MMC 的Ⅲ相），并在小肠迁移（Jiménez et al.，1992）。吗啡的作用被纳洛酮（5×10^{-7} mol/kg）阻断，而较高剂量的纳洛酮可降低胃-十二指肠的运动。十二指肠电活动增加的同时，胃的电活动抑制。

14.4.1　通过速率

消化道食物的通过速率已经可以通过多种方式测量。因为消化产物由固体和液体组分组成，所以检测中使用不同类型的标志物。不溶性标志物（如铬-媒染大米、铈-媒染大米、Cr_2O_3）或不透射线塑料颗粒（Branch and Cummings，1978；Uden et al.，1980；Ferrando et al.，1987）已被用作固体转运时间的指示剂，而可溶性标志物如 Cr-EDTA（Vergara et al.，1989）或者酚红（Goñalons et al.，1982）已被用于测量液体转运时间。研究发现一般较大的颗粒物在消化道中的滞留时间较长。

鸡的排泄物中不溶性标志物的首次出现时间是摄入后的 1.6～2.6h。然而，平均滞留时间是比标记初始出现时间更好的转运时间指标。不溶性标志物的平均滞留时间为 5～9h，平均滞留时间取决于摄入成分的性质及其大小。

消化产物的转运时间受遗传的影响。在比较肉鸡和来航鸡时发现，总的平均滞留时间并无区别，但在消化道各处滞留的时间却不相同（表 14.4）。

表 14.4　肉鸡和来航鸡各段消化道中固相标志物的平均滞留时间(min)

各段胃肠道名称	肉鸡[1]	来航鸡[1]	肉鸡[2]
嗉囊	31	48	41
腺胃＋肌胃	39	71	33
十二指肠	10	7	5
空肠	84	85	71
回肠	97	84	90
盲肠	119	112	—
直肠	56	51	26

1　引自 Shires 等(1987)。数值以禽类 1 800g 体重为标准进行了校正。
2　引自 Van Der Klis 等(1990)。

食物通过速率受到多种因素影响。饲料通过小肠和大肠的转运时间随着日龄的增加而增加（Shires et al.，1987）。这可以解释为什么老年鸟类饲料可代谢能值提高。日粮中添加脂质（Sell et al.，1983）或蛋白质（Sibbald，1979）可延长通过时间。环境温度的升高缩短转运时间。

14.5 分泌和消化

出雏时雏鸡必须完成营养来源的转变，从出雏前依赖来源于蛋黄的富含脂肪的内源性日粮，转变为出雏后富含糖类和蛋白质的外源性日粮（Sklan，2001）。出雏后立即饲喂可使雏鸡小肠长度增加约2倍，若禁食则仅增加60%（Sklan and Noy，2000）。肠道重量的增加伴随胰蛋白酶、淀粉酶和脂肪酶活性的增加，禁食情况下这些酶的活性将保持不变。由于黏膜吸收依赖于钠离子从肠上皮细胞基底外侧膜的主动转运，饲喂低钠日粮会降低黏膜的吸收。

14.5.1 口腔

唾液腺可分泌黏液，部分物种也可分泌淀粉酶。原鸡（*Gallus*）和火鸡（*Meleagris*）的唾液中不存在淀粉酶，而麻雀（Jerrett and Goodge，1973）及其他一些物种（Bhattacharya and Ghose，1971）唾液中含淀粉酶。原鸡每日唾液分泌量为7～25mL（Leasure and Link，1940）。

黏液可润滑食物并使其沿食管向下移动。然而，在某些物种中，黏液也可作为舌尖上的胶黏剂辅助捕捉昆虫，或在筑巢过程中用来黏合筑巢材料。

14.5.2 食管和嗉囊

食管的主要分泌物是黏液，因此在化学消化中并不重要。不过，食管分泌的黏液可补充唾液分泌的不足，因此也具有重要意义。在某些物种中，包括大火烈鸟和雄性帝企鹅，食管壁可产生一种营养性的局部分泌物用以饲喂雏鸟。

嗉囊中存在淀粉酶，可消化一些糖类（Philips and Fuller，1983）。嗉囊中的淀粉酶来源于唾液分泌物、肠返流、植物或细菌。Bolton（1965）报道，淀粉可在嗉囊中被水解，然后被吸收，或转化为乙醇、乳酸及其他酸；或转运至后段胃肠道。Pinchasov和Noy（1994）发现嗉囊中有大量淀粉被酶解。蔗糖也可在嗉囊中被水解。尽管嗉囊可以吸收糖，但吸收量极少。

当食物充足时，嗉囊对正常生长并不重要。对自由采食的鸡来说，嗉囊切除不影响生长速度，但当限制采食时，嗉囊切除会降低其生长速度。这一现象支持了嗉囊的主要功能是储存食物而非消化的观点。

繁殖季节的白鸽和灰鸽在催乳素的作用下可产生“嗉囊乳”。嗉囊乳含有12.4%蛋白质、8.6%脂肪、1.37%灰分和74%水（Vandeputte-Poma，1968）。因此，嗉囊乳富含蛋白质和必需脂肪酸，但缺乏糖类和钙（Desmeth，1980）。

14.5.3 胃

禽类的泌酸胃酶细胞（oxynticopeptic cells）可分泌盐酸和胃蛋白酶原。胃蛋白酶原在酸或已存在的胃蛋白酶的作用下，转化为胃蛋白酶。在胃分泌物中发现有脂肪酶，这可能来源于十二指肠回流。胃的基础分泌率为 15.4 mL/h，含有 93 mEq/L 酸和 247 PU/mL 的胃蛋白酶（Long，1967），pH 为 2.6（Joyner and Kokas，1971）。然而，由于食糜的存在，胃内容物的 pH 通常高于 2.6。表 14.5 列出了一些禽类物种屠宰后立即检测的胃肠道内容物的 pH。活禽胃肠道内容物的 pH 一般更高。例如，Winget 等（1962）报道了鸡胃肠道内容物 pH：口腔为 6.7，嗉囊为 6.4，回肠为 6.7，直肠为 7.1。年龄对消化道 pH 没有影响（Herpol，1966）。禽类的酸分泌要高于哺乳动物，可能是因为排空速度较快（表 14.6）。

淀粉的分解可发生在嗉囊，而在腺胃中不明显。这是因为胃的 pH 较低，不利于淀粉酶活性（Pinchasov and Noy，1994）。

表 14.5　禽类消化道内容物 pH

	鸡	鸽子	野鸡	鸭子	火鸡
嗉囊	4.51	6.3[1]	5.8	4.9	6.0
			4.28		
腺胃	4.8	1.4[1]	4.7	3.4	4.7
		4.8			
肌胃	4.74[2]	2.0	2.0	2.3	2.2
	2.50				
十二指肠	5.7～6.0	6.4[1]	5.6～6.0	6.0～6.2	5.8～6.5
	6.4[2]	5.2～5.4			
空肠	5.8～5.9	5.3～5.9	6.2～6.8	6.1～6.7	6.7～6.9
	6.6[2]				
回肠	6.3～6.4	6.8[1]	6.8	6.9	6.8
		7.2[2]	5.6		
直肠	6.3	5.4	6.6	6.7	6.5
		6.6[1]			
盲肠	5.7		5.4	5.9	5.9
	6.9[2]				
	5.5～7.0[3]				
胆汁	7.7[4]		6.2	6.1	6.0
	6.6[2]				
	5.9				

1　引自 Herpol(1966)。
2　引自 Herpol 和 van Grembergen(1967)。
3　引自 Sudo 和 Duke(1980)。
4　引自 Lin 等(1974)。
来源：引自 Sturkie(1976)，基于 Farner 的研究(1942)。

胃液分泌有三个时相：头期、胃期和肠期。这三个时相在禽类都存在（Burhol，1982）。在头期，视觉、嗅觉或对食物的期待可引发氢离子（H^+）和胃蛋白酶分泌增加。这一时相受迷走神经的控制。

如 Duke（1986）所述，刺激迷走神经可提高胃液分泌速率，同时促进胃蛋白酶分泌。刺激迷走神经对胃液分泌的促进作用比胆碱能药物更强（Gibson et al.，1974）。这表明，如下文所述，其他神经递质与乙酰胆碱协同刺激胃液分泌。

在禽类，刺激迷走神经引起的胃蛋白酶分泌比 H^+ 的分泌更多（Burhol，1982）。相反，注射胰岛素抑制胃 H^+ 分泌而不影响胃蛋白酶的分泌。因此，H^+ 和胃蛋白酶分泌可能具有不同的调控模式。

表 14.6 不同物种胃酸的基础分泌

物种	体重(kg)	酸产量[mEq/(kg·h)]	胃蛋白酶产量[PU/(kg·h)]
人	70	0.03	862
犬	15	0～0.004	0～62
大鼠	0.35	0.25	2 230
猴	2.5	0.12	730
鸡	1.75	0.78	2 430

来源：引自 Long(1967)。

鸡、鸭的胃蛋白酶已有详细描述（Pichová and Kostka，1990）。鸭胃蛋白酶原和胃蛋白酶分别包含 374 和 324 个氨基酸。鸭胃蛋白酶的最适 pH 为 4，升高至 pH7.5 时胃蛋白酶活性保持稳定，pH 9.6 时失活。

许多激素都与胃液分泌有关（表 14.7）。胃泌素在胃液分泌时相的胃期发挥作用。目前已从鸡幽门分离得到鸡胃泌素，鸡幽门相当于哺乳动物的胃窦（Dimaline et al.，1986）。虽然在结构上与胆囊收缩素（CCK）类似，鸡的胃泌素（cG）具有明显不同的促分泌作用（Dimaline and Lee，1990）。灌注 cG 可促进胃酸和胃蛋白酶的分泌。与 CCK 不同，胃泌素不影响胆囊收缩或胰腺分泌。另一种肽——胃泌素释放肽，也可诱导酸的分泌，但尚不清楚它是否通过调节胃泌素释放而发挥作用（Campbell et al.，1991）。

胃液分泌的肠期受到包括 CCK、促胰液素和禽胰多肽（APP）等多种激素的调节。APP 最早在鸡体内发现（Kimmel et al.，1968；Larsson et al.，1974），进食后在氨基酸和盐酸的刺激下从胰腺释放（Hazelwood et al.，1973；Duke et al.，1982）。假饲时 APP 不释放，推测 APP 在胃液分泌的头期不起作用（Kimmel and Pollock，1975）。APP 促进胃酸和胃蛋白酶分泌，此作用不依赖迷走神经（Hazel-wood et al.，1973）。

从鸟类的十二指肠和空肠中分离到 CCK（Dockray，1977）和促胰液素（Nilsson，1974）。CCK 刺激胃酸分泌，但不影响胃蛋白酶的分泌。在哺乳动物，促胰液素可抑制胃酸分泌，刺激胃蛋白酶分泌；而在鸡，促胰液素可同时刺激胃酸和胃蛋白酶的分泌（Burhol，1974）。

表 14.7 家禽胃肠激素

激素	产生部位	生物学作用
胃泌素	前胃	刺激胃酸和胃蛋白酶分泌
胆囊收缩素	十二指肠、空肠	刺激胆囊收缩、胰酶分泌及胃酸分泌，抑制胃排空，增强促胰液素引起的胰腺电解质分泌
促胰液素	十二指肠、空肠	刺激胰腺分泌碳酸氢盐
血管活性肠肽	十二指肠、空肠	可能是一种比促胰液素更有效的胰腺电解质分泌刺激剂，抑制平滑肌收缩
胰多肽	胰腺、前胃、十二指肠	刺激胃酸和胃蛋白酶分泌
胃泌素释放肽（蛙皮素）	前胃	刺激胰酶分泌，刺激嗉囊收缩

（续）

激素	产生部位	生物学作用
生长抑素	胰腺、肌胃、前胃、十二指肠、回肠	抑制其他胃肠激素的分泌

与在哺乳动物的作用相同，组胺参与禽类胃酸释放的调节。注射甲氰咪胍（一般指西咪替丁，一种 H_2-受体阻断剂）可提高前胃和十二指肠内容物的 pH（Ward et al.，1984）。静脉注射 2-脱氧-D-葡萄糖引起的胃酸分泌增加的作用也可被甲硫咪胺（一种 H_2-受体阻断剂）所阻断（Nakagawa et al.，1983）。

14.5.4 小肠

肠道消化包括肠腔消化和刷状缘消化。刷状缘含有蔗糖酶-异麦芽糖酶、肽酶和磷酸酶。鸡在出雏前即可水解双糖，出雏后其蔗糖酶-异麦芽糖酶表达上调。葡萄糖经钠-葡萄糖转运蛋白（SGLT-1）以继发性主动转运的方式跨肠上皮细胞膜转运，依赖于肠上皮细胞基底外侧膜上钠离子的主动清除。SGLT-1 在出雏前 2d 表达增加。肠道的吸收能力随着体重的增加而加强，但葡萄糖的吸收率在出雏后一周内最高而后下降，与刷状缘 SGLT-1 的密度变化相吻合（Barfull et al.，2002）。

胰腺和肠道都可产生淀粉酶（Osman，1982）。虽然在小肠的所有部位都发现了淀粉酶，但空肠中淀粉酶浓度最高，占淀粉酶总活性的 80%。空肠中高水平的淀粉酶可能是因为胰管开口靠近空肠前部。在盲肠中只发现了少量的淀粉酶。胰淀粉酶和肠淀粉酶的最适 pH 分别为 7.5 和 6.9。

肠道酶类参与了消化的最后一步。这些分泌物负责消化淀粉、蔗糖、脂肪和蛋白质（表 14.8）。鸟类小肠中含有麦芽糖酶、蔗糖酶、帕拉金糖降解酶（palatinase），但不含海藻糖酶（Siddons，1969）。乳糖酶是否存在似乎是有争议的。然而，据报道无菌雏鸡不存在乳糖酶，饲喂乳糖作为唯一能量来源的无菌雏鸡死亡率非常高（Siddons and Coates，1972）。空肠中酶活性最高，其前段和后段肠道酶活性均降低。这些酶位于肠绒毛的上皮细胞中。在大肠中发现的麦芽糖酶、蔗糖酶和帕拉金糖降解酶活性来自小肠，而在大肠中发现的乳糖酶活性可能源于盲肠细菌。

表 14.8 肠分泌的酶

酶	底物	产物或功能
麦芽糖酶	麦芽糖	葡萄糖
异麦芽糖酶	糊精	葡萄糖
蔗糖酶	蔗糖	葡萄糖、果糖
肠激酶	胰蛋白酶原	胰蛋白酶
脂肪酶	单甘油酯	甘油、脂肪酸
肽酶	二肽和三肽	氨基酸

对禽类肠道分泌的调控还知之甚少。十二指肠扩张、迷走神经兴奋和促胰液素可以促进肠道分泌。迷走神经兴奋对黏液分泌的促进作用大于对酶分泌的刺激作用。

14.5.5 结肠

氯离子（Cl^-）在直肠、盲肠和粪道分泌。相关内容将在14.6进行介绍。

14.5.6 胰腺

如上文所述，胰腺和胆汁分泌物在空肠前部进入胃肠道。鸡胰腺分泌物pH为6.4～6.8（Hulan et al.，1972），而火鸡胰腺分泌物pH为7.4～7.8（Duke，1986）。分泌物包括含有水和碳酸氢盐的水相，以及酶相。

表14.9列出了肉鸡胰腺中发现的消化酶。尽管未在表中显示，有资料报道胰腺可分泌核糖核酸酶和脱氧核糖核酸酶（Dal Borgo et al.，1968）。淀粉酶存在于十二指肠、空肠、回肠和结肠。胰蛋白酶和淀粉酶在空肠中浓度最高（Bird，1971；Osman，1982），可能是因为胰管入口在十二指肠末端附近。胰淀粉酶和肠淀粉酶都需要氯离子。这些酶的特征表明胰淀粉酶与哺乳动物α-淀粉酶类似，而肠淀粉酶与葡糖淀粉酶类似。

表14.9 胰腺消化酶

酶	百分比(%)
胰蛋白酶原	10
胰凝乳蛋白酶原(A、B和C)	20
胰蛋白酶抑制剂	11.3
淀粉酶	28.9
羧肽酶原(A和B)	29.8

来源：引自Pubols（1991）。

胰腺分泌受神经和激素双重调节。鸟类的胰腺分泌率高于哺乳动物（表14.10）。胰腺分泌具有头期和肠期两个时相。当禁食鸟类被允许进食时，胰腺分泌立即增加（Kokue and Hayama，1972）。这种反应可被迷走神经切断术或阿托品阻断，并可被胆碱能药物增强（Hokin and Hokin，1953）。

表14.10 鸡、犬、大鼠和绵羊的胰腺分泌率及禁食的影响

物种	饥饿时间(h)	胰腺分泌量[mL/(kg·h)]
鸡	24	0.70
	48	0.68
	72	0.65
犬	24	0.1～0.3
	48	可忽略不计
鼠	24	0.6～0.7
绵羊	24	0.13
	48	0.07

来源：改编自Kokue和Hayama（1972）。

在十二指肠中注入稀盐酸可刺激促胰液素样活性物质的释放（Nilsson，1974）。静脉注射促胰液素会增加胰腺分泌物的含水量。然而，与哺乳动物不同，VIP可更有效地刺激胰液分泌（Vaillant et al.，1980）。VIP存在于胃肠道和胰腺中的神经元内。目前认为，VIP

是胰液分泌的主要调节因子，而非胰液素，且该反应可能由神经或激素介导（Dockray，1988）。VIP 不能刺激胰酶的分泌。

胆囊收缩素（CCK）在受到脂类和氨基酸的刺激时分泌。CCK 可增强鸽的胰腺分泌（Sahba et al.，1970），并提高火鸡胰腺分泌物流速和蛋白质分泌速率（Dockray，1975）。

从腺胃中分离到两种与蛙皮素结构相关的胃泌素释放肽（GRP）（Campbell et al.，1991）。这些肽存在于内分泌细胞中，含有 27 或 6 个氨基酸。蛋白胨扩张腺胃可刺激胰液和酶的分泌。这种效应似乎是由 GRP-27 介导，而与 GRP-6 无关。用生理盐水扩张效果较差。

日粮可影响胰酶的分泌速率。日粮中糖类和脂肪含量增多会提高胰腺分泌物中淀粉酶和脂肪酶的活性（Hulan and Bird，1972）。

14.5.7　胆汁

胆汁由肝脏产生并分泌，对脂肪消化至关重要。它能乳化脂肪从而使其更有效地被脂肪酶消化。此外，4～8 周龄鸡的胆汁中开始出现淀粉酶（Farner，1943）。因此，胆汁也参与糖类的消化。

对鸟类胆汁分泌的了解相对较少，这可能是由于鸟类胆汁通过肝肠管和囊状肠管进入小肠的复杂解剖结构。禁食肉鸡的胆汁分泌速率为 24.2 μL/min（Lisbona et al.，1981）。牛磺鹅脱氧胆酸和牛磺胆酸是鸡和火鸡中的主要胆汁酸，而牛磺鹅脱氧胆酸和鸭胆酸（phocaecholyltaurine）是鸭的主要胆汁酸（Elkin et al.，1990）。这些均通过主动转运系统分泌。

甘氨胆酸盐和牛磺胆酸盐很容易通过肠壁吸收。靠近小肠远端的吸收率较高（Lindsay and March，1967）。这使得胆汁酸再循环，从而允许其在脂肪消化中的再利用。据估算，90%的胆盐在空肠和回肠中被重吸收（Hurwitz et al.，1973）。

由于鸡肝脏葡萄糖醛酸转移酶水平低且胆绿素还原酶很少或没有，胆绿素的分泌率［14.7 μg/（kg・min）］比胆红素高［0.9μg/（kg・min）］。鸡粪呈现的绿色可能是由于胆绿素引起的。盲肠粪便显示棕色的相关原因尚不清楚，可能是由于细菌将胆绿素还原为胆红素，再加上随后的脱氢反应所致（Hill，1983）。

14.6　吸收

14.6.1　糖类

鸟类糖类的吸收机制和哺乳动物类似。与盲肠相比，小肠吸收的速度更快，糖类以主动转运和被动扩散的机制被吸收。从肠远端区吸收的糖可占总量的 5%。那些含有六元环且第三位为羟基的葡萄糖类似物可被主动转运。主动转运占葡萄糖吸收的 80%以上。D-葡萄糖和 D-半乳糖的吸收速度比 D-木糖、D-果糖和 D-阿拉伯糖更快。这些糖的吸收比 L-阿拉伯糖、L-木糖、D-核糖、D-甘露糖和 D-纤维二糖更快。

小肠和大肠通过位于顶膜的钠依赖性 SGLT-1 系统吸收葡萄糖。果糖由顶膜 GLUT-5 系统转运（Garriga et al.，2004）。一旦进入上皮细胞，这些糖通过基底外侧膜的转运蛋白GLUT-2运输到组织间隙中，从而被吸收入血液。在生命的第一周，糖的吸收率最高，之后下降（Barfull et al.，2002）。SGLT-1的表达受肾素-血管紧张素-醛固酮系统调节（Garriga et al.，2004）。

糖的逆浓度梯度吸收依赖于位于顶膜的钠依赖性、根皮苷敏感的转运系统。该系统与位于基底外侧膜上的Na^+-K^+-ATP酶偶联。与哺乳动物的情况不同，鸟类主动转运一分子糖与两分子的Na^+的转运相偶联（Kimmich and Randles，1984）。糖通过简单扩散或不依赖钠的易化扩散机制穿过肠上皮细胞基底外侧膜进入血流。

在小肠中，十二指肠对葡萄糖的吸收能力最强（图14.13）。十二指肠、空肠和回肠末端对摄入淀粉的累积消化率分别达到65%、85%和97%（Riesenfeld et al.，1980）。几乎所有淀粉消化产生的葡萄糖都在小肠内被吸收。

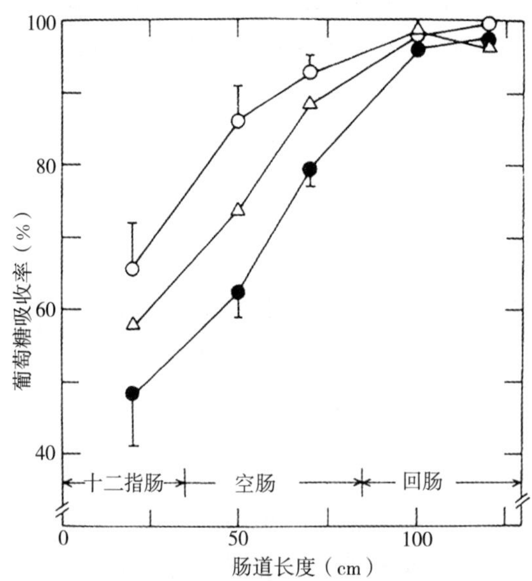

图14.13 7周龄鸡肠道葡萄糖吸收和淀粉消化的累积百分比

单水合葡萄糖作为日粮中糖类的唯一来源时的葡萄糖吸收（○），淀粉作为日粮中糖类的唯一来源时的淀粉消化（Δ）和吸收（●）。图中给出的数值是6只鸡的平均值±标准误。引自Riesenfeld等（1980）。

葡萄糖在盲肠也有明显吸收（Savory and Mitchell，1991）。虽然整个盲肠在孵化期间能够聚积糖，但这种能力很快仅局限于盲肠近段区域（Planas et al.，1986）。在低糖状态下，盲肠主动吸收糖的能力似乎高于空肠（Vinardell and Lopera，1987）。

回肠对葡萄糖的主动转运有更大的亲和力（Levin et al.，1983）。回肠似乎非常适合转运没被空肠吸收的葡萄糖。

胃肠道也在葡萄糖稳态中发挥作用（Riesenfeld et al.，1982）。鸡采食半提纯的日粮，其中的葡萄糖替换为果糖、大豆油或纤维素，其血浆葡萄糖水平保持相对恒定。这与葡萄糖转化率的改变有关，但很大程度上归因于肠内葡萄糖转化为乳酸速率的改变。

14.6.2 氨基酸和肽

鸟类氨基酸和肽的吸收与哺乳动物相似（Gilbert et al.，2008）。与糖的转运相同，氨基酸也通过继发性主动转运系统转运。这一过程是可饱和的，和Na^+协同转运，并由三磷酸腺苷提供能量。氨基酸转运系统可分为四类：①中性氨基酸；②脯氨酸、β-丙氨酸和相关氨基酸；③碱性氨基酸；④酸性氨基酸。然而，这一分类并不严谨，因为许多氨基酸与不止一类的氨基酸共用转运系统。例如，亮氨酸（一种中性氨基酸）可以抑制脯氨酸和精氨酸（一种碱性氨基酸）的摄取。脯氨酸和β-丙氨酸在一定程度上会抑制甘氨酸转运。

氨基酸的主要吸收部位是小肠，但也有报道表明嗉囊、肌胃和腺胃也可吸收氨基酸。因研究结果存在争议，目前尚不确定小肠的哪一部位吸收氨基酸的能力最强。母鸡的直肠也能通过一种可饱和的机制吸收蛋氨酸。与葡萄糖转运一样，回肠中各种氨基酸的 Km 值低于十二指肠（表 14.11）。

表 14.11　鸡小肠可饱和氨基酸吸收的 K_m(mmol/L)和 J_{max}[Pmol/(cm^2 · s)]

氨基酸	空肠		回肠	
	K_m	J_{max}	K_m	J_{max}
氨基-异丁酸	4.6±0.9	46±7	2.5±0.2	56±6
甘氨酸	4.2±0.4	37±5	2.7±0.2	55±6
组氨酸	3.4±0.7	132±12	0.8±0.2	129±4
蛋氨酸	4.9±0.6	147±14	1.9±0.6	148±5
缬氨酸	3.2±0.7	38±7	1.5±0.2	82±13

来源：引自 Levin(1984)。

肽（如二肽和三肽）的吸收可经由细胞旁途径和特定的转运系统介导（图 14.14）。现已阐明许多氨基酸转运载体的特征。这些氨基酸转运载体包括偏好亮氨酸和其他大的疏水性中性氨基酸的转运载体（系统 L），偏好丙氨酸和其他小的中性氨基酸的系统 A，以及偏好丙氨酸、丝氨酸和半胱氨酸的系统 ASC（表 14.12）。此外，采用一个单独的命名法（x 表示阴离子，y 表示阳离子，z 表示中性离子）来区分介导阳离子氨基酸（系统 y^+）和阴离子氨基酸（系统 X_{AG}^-）转运的系统。除了少数例外（系统 L、系统 T），小写字母缩写表示不依赖于 Na^+ 的转运载体，而大写字母缩写表示依赖于 Na^+ 的转运载体。

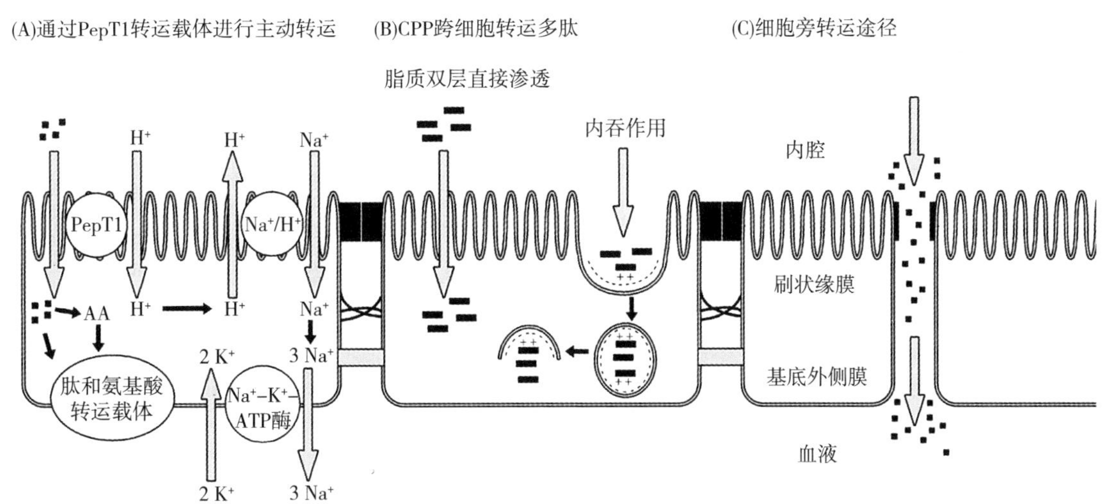

图 14.14　肠上皮细胞吸收肽的潜在途径

(A)二肽和三肽吸收的主要途径是通过肽转运蛋白 PepT1 与 H^+ 共转运。(B)细胞穿透肽(CPP)可携带肽等物质到细胞内部。(C)紧密连接的通透性增加允许通过细胞旁途径摄取肽。引自 Gilbert 等(2008)。

表 14.12 氨基酸转运载体系统

系统	cDNA*	SLC	氨基酸底物
A	SNAT2	SLC38A2	G，P，A，S，C，Q，N，H，M
	SNAT4	SLC38A4	G，A，S，C，Q，N，M，AA$^+$
ASC	ASCT1	SLC1A4	A，S，C
	ASCT2	SLC1A5	A，S，C，T，Q
asc	4F2 hc/asc1	SLC3A2/SLC7A10	G，A，S，C，T
B^0	B^0AT1	SLC6A19	AA^0
	B^0AT2	SLC6A15	P，L，V，I，M
$B^{0,+}$	ATB$^{0,+}$	SLC6A14	AA^0，AA$^+$，β-Ala
$b^{0,+}$	rBAT/b$^{0,+}$AT	SLC3A1/SLC7A9	R，K，O，cysteine
β	TauT	SLC6A6	Tau，β-Ala
Gly	XT2	SLC6A18	G
Imino	Imino	SLC6A20	P，HO-P
L	4F2hc/LAT1	SLC3A2/SLC7A5	H，M，L，I，V，F，Y，W
	4F2hc/LAT2	SLC3A2/SLC7A8	AA^0 except P
	LAT3	SLC43A1	L，I，M，F
	LAT4	SLC43A2	L，I，M，F
N	SNAT3	SLC38A3	Q，N，H
	SNAT5	SLC38A5	Q，N，H，S，G
PAT（亚氨基酸）	PAT1	SLC36A1	P，G，A GABA，β-Ala
	PAT2	SLC36A2	P，G，A
T	TAT1	SLC16A10	F，Y，W
X_{AG}^-	EAAT2	SLC1A2	E，D
	EAAT3	SLC1A1	E，D
x_c^-	4F2 hc/xCT	SLC3A2/SLC7A11	E，cystine$^-$
y^+	CAT-1	SLC7A1	R，K，O，H
y^+L	4F2hc/y$^+$LAT1	SLC3A2/SLC7A7	K，R，Q，H，M，L
	4F2hc/y$^+$LAT2	SLC3A2/SLC7A6	K，R，Q，H，M，L，A，C

NR，未报道；A，反向转运；AA^0，中性氨基酸；AA$^+$，阳离子氨基酸；U，单向转运；S，同向转运；S-AA^0，中性氨基酸的同向转运；K，肾脏；I，肠；AM，顶膜；BM，基底外侧膜；Ub，普遍存在。氨基酸以单字母缩写表示。O，鸟氨酸；HO-P，羟脯胺酸；GABA，γ-氨基丁酸。亲和力：高$<100\mu$mol/L；中等，100μmol/L 到 1 mmol/L；低，$>$1mmol/L。

* 肾和肠上皮细胞中表达。

来源：修改自 Bröer（2008）。

对于二肽和三肽的吸收，目前已知只有一种转运系统，命名为 PEPT1（SLC15A1）。这是一种低亲和力、高饱和度的转运系统，基本上可转运所有蛋白质分解产生的二肽和三肽，以及各种肽类药物，如氨基头孢类和各种前体药物。PepT1 转运载体参与质子的协同转运。目前对许多物种（包括鸡和火鸡）的 PepT1 的特征已有深入了解（Gilbert et al.，2008）。肽似乎比氨基酸吸收速度更快。肽的吸收可消除氨基酸吸收之间的竞争性，有助于提高吸收速率。

在限饲期间，PepT1 表达上调。这种机制对于延迟饲喂引起的新生肉用雏鸡肠绒毛高度和隐窝深度降低导致的黏膜表面积减少可能有补偿作用。PepT1 表达上调可能由过氧化物酶体增殖物激活受体 α（peroxisome-proliferator-activated receptor α，PPARα）介导（Shimakura et al.，2006）。

盲肠在氨基酸吸收中也很重要。脯氨酸通过 Na^{+}-依赖性载体介导的转运系统被盲肠吸收，近段盲肠的转运效率高于远段盲肠（Obst and Diamond，1989）。此外，亮氨酸、苯丙氨酸、丙氨酸和甘氨酸、肌氨酸可逆浓度梯度被吸收（Gasaway，1976；Calonge et al.，1990；Moretó et al.，1991）。有研究表明，脯氨酸和甲硫氨酸也可通过 Na^{+}-非依赖性系统转运（Moretó et al.，1991）。

盲肠对氨基酸的转运能力强于对糖的转运（Moretó et al.，1991）。鉴于以下情况，盲肠吸收氨基酸的功能或许是重要的：①从粪道逆行携带到盲肠的尿酸可以由微生物转化为氨基酸；②盲肠内高浓度的蛋白酶可分解蛋白质并释放氨基酸。因此，盲肠可能在氨基酸吸收中发挥重要作用。

14.6.3 脂肪酸和胆汁酸

脂肪酸主要在空肠后半部吸收，少部分在回肠被吸收。由于胆管在十二指肠远段进入肠道，相对于哺乳动物，鸟类的脂肪乳化作用被延迟。

在哺乳动物，脂肪酸进入肠上皮细胞，再次酯化成甘油三酯，并包装生成乳糜微粒进入淋巴系统。然而，鸟类脂类重新酯化后包装成门静脉微粒，直接进入肝门静脉。

14.6.4 挥发性脂肪酸

盲肠内挥发性脂肪酸（VFA）的浓度很高，其组分主要是乙酸，也有一些丙酸和丁酸。鸡盲肠 VFA 浓度可达 125 mmol/L（Annison et al.，1968），鹅为 70 mmol/L（Clemens et al.，1975）。VFA 是微生物分解尿酸的副产物之一（Braun and Campbell，1989）。传统环境下饲养的禽类门静脉血中 VFA 水平高于无菌饲养的禽类，表明细菌发酵形成的 VFA 被胃肠道吸收。小肠和盲肠中的 VFA 均通过被动转运吸收（Sudo and Duke，1980）。由于肠腔内 VFA 浓度较高，这些化合物可顺着浓度梯度通过被动扩散被吸收。小肠和盲肠吸收丙酸和丁酸的速率相等，但盲肠内乙酸吸收更快。岩雷鸡（ptarmigan，松鸡科鸟类）盲肠微生物发酵产生的 VFA 可满足基础代谢率 11%～18%的能量需求（Gasaway，1976）。

14.6.5 电解质

钙和磷酸盐的主要吸收部位是空肠前段，两者都是主动转运（Levin，1984）。当饲喂钙磷充足的日粮时，十二指肠中有磷酸盐的净分泌。但是，当饲喂磷缺乏的日粮时，十二指肠内有磷酸盐的净吸收。

钙通过一个主动转运系统吸收，并受 1，25-二羟基维生素 D_3 [1，25（OH）$_2D_3$] 的影响。钙首先通过扩散进入黏膜上皮细胞内，然后通过位于基底外侧膜上的主动转运系统分泌进入血液。

1，25（OH）$_2D_3$ 诱导鸟类钙结合蛋白-D_{28k}（Wasserman，1992）和鸡肠细胞基底外侧膜上的钙泵单元（calcium pump unit）的合成（Wasserman et al.，1992）。给鸡饲喂钙或磷缺乏的日粮，给维生素 D 缺乏的鸡补充维生素 D 或注射 1，25（OH）$_2D_3$，会引起十二指肠、空肠、回肠和直肠细胞膜钙泵 mRNA 表达上调（Cai et al.，1993）。

最近有文章阐述了肉鸡胃肠道钠（Na）、钾（K）、钙（Ca）和镁（Mg）的吸收和分泌（Van Der Klis et al.，1990）。Na的转运在下文讨论。K、Ca和Mg在十二指肠吸收。此外，回肠和直肠分泌部分Mg。这些矿物质的主要吸收部位是近段空肠，部分Ca和Mg在肌胃被吸收。这与干物质在空肠中停留时间占总时间25%相吻合。这些矿物质在空肠以外几乎不被吸收。

14.6.6 水、钠和氯化物

水在小肠、大肠和盲肠中被吸收。水的吸收是对其他化合物（如葡萄糖、钠和氨基酸）主动吸收的继发性反应。

鸟类通常会生成低渗尿。尿液可以进入粪道，并通过逆向蠕动，继续进入盲肠。但也有例外，如鸵鸟可以浓缩尿液，并且尿液不会返回结肠（Elbrond et al.，2009）。鸡在切除了粪道后，排泄物含水量升高，表明肠道后段具有调节水盐平衡的作用。

钠的分泌发生在肠道近段（Van Der Klis et al.，1990）。钠的吸收主要在近段空肠，然后是结肠。回肠对钠的吸收能力比较弱。

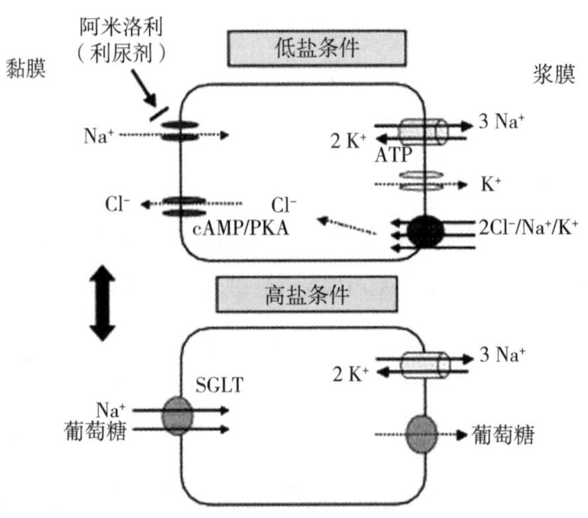

图14.15★ 母鸡后段肠道转运途径的工作模型

上图分别显示适应低盐和高盐的母鸡组织中不同的Na^+吸收途径。示例显示结肠在高盐和低盐摄入的极端情况下，转运模式发生了完全的改变。葡萄糖通过SGLT被摄取，再通过GLUT从基底外侧膜释放，代表了高盐状态下一些有机底物（氨基酸和己糖）的共转运系统。利尿剂阿米洛利在10^{-5}mol/L浓度时阻断了低盐ENaC通道。基底外侧或浆膜侧的钾通道也可能存在于顶膜，介导K^+的分泌。为简化起见，Cl^-分泌途径仅显示在低盐条件下，尽管在高盐条件下也可观察到。cAMP/PKA，环磷酸腺苷/蛋白激酶A；SGLT，钠-葡萄糖共转运蛋白；ATP，腺嘌呤核苷三磷酸。引自Laverty等（2006）。

粪道、结肠和盲肠在钠（Na）、氯（Cl）和水平衡中起着重要作用（Laverty et al.，2006）。饲喂低盐日粮时，Na从粪道、结肠和盲肠净吸收。Na^+吸收是通过细胞顶端的电压门控Na^+通道、阿米洛利（一种利尿剂）敏感的Na^+通道和基底外侧的钠泵（Na^+-K^+-ATP酶）介导的主动转运过程（图14.15）。结肠和粪道内黏膜由单层柱状上皮细胞、吸收性上皮细胞（AEC）、杯状细胞（GC）和富含线粒体的细胞（MR）组成。饲喂低盐日粮时，有大量的微绒毛刷状缘。当饲喂高盐日粮时，粪道几乎停止吸收氯化钠，而在结肠中，如果黏膜侧己糖和氨基酸浓度较低，Na的吸收仍然维持较高水平。结肠SGLT表达随日粮中盐的增加而上调。这表明从电压门控、通道介导的Na^+转运转为有机物Na^+-共转运的一种动态变化，此现象与在哺乳动物小肠（而不是大肠）中观察到的相一致。在高盐饮食条件下，尽管结肠形态保持不变，但粪道微绒毛的密度和长度下降。对低盐日粮的适应是由循环血液中的醛固酮介导的，可使 Na^+ 的转运（吸收）最大化。醛固酮抑制 SGLT 表达（Laverty et al.，2001）。

此外，粪道和直肠存在 Cl^- 的净分泌，但鸟类采食高 NaCl 日粮后粪道的 Cl^- 分泌能力消失（Skad-hauge，1989）。5-羟色胺可诱导 Cl^- 的分泌（Hansen and Bindslev，1989a）。5-HT_{1A}、5-HT_{1B}、5-HT_{1c}、5-HT_{1D}、5-HT_2、5-HT_3，以及肾上腺素能、胆碱能和组胺能受体的拮抗剂均不能阻断这种反应。然而，5-羟色胺诱导 Cl 分泌的第二信使是 cAMP（Hansen and Bindslev，1989b）。

后段肠内 Na^+ 吸收和 Cl^- 的分泌受血浆醛固酮的调节（Clauss et al.，1991）。血浆醛固酮增加可刺激粪道、直肠和盲肠中阿米洛利依赖性的 Na^+ 吸收。高盐日粮可降低血浆醛固酮水平，降低阿米洛利依赖性的 Na^+ 吸收。此外，直肠和盲肠转换为不依赖阿米洛利的己糖/氨基酸刺激 Na^+ 转运，但粪道中的 Na^+ 转运停止。己糖/氨基酸刺激直肠 Na^+ 转运可抵消高盐饮食引起的渗透性失水（Skadhauge et al.，1985），血浆精氨酸加压素和/或催乳素的升高可刺激这个过程（Arnason and Skadhauge，1991）。

14.6.7 维生素

整个小肠均可吸收维生素 B_6，但主要的吸收部位是十二指肠（Heard and Annison，1986）。嗉囊和盲肠也可吸收，但吸收量极少。维生素 B_6 的吸收机制是被动扩散。虽然微生物的确可以合成维生素 B_6，但远不能满足鸟类对维生素的需求。

14.7 年龄对胃肠功能的影响

小肠在孵化后期迅速增长，从孵化第 17 天占体重的 1%增加到出雏时（第 21 天）占体重的 3.5%，出雏后 12 d 内肠道长度增加 2～4 倍（Uni，2006）。在接近出雏时绒毛长度增加，出雏后绒毛的大小和数量增加。在出雏后第 7 天十二指肠绒毛的生长接近完成，而空肠和回肠绒毛的生长可持续至 14 d 后。哺乳动物肠细胞增殖大多发生在隐窝内，与哺乳动物不同的是，禽类的肠细胞增殖可发生在整绒毛。4 日龄雏鸡肠道细胞迁移至绒毛顶端需要 3 d，更大日龄则为 4 d。

据推测，出生后的生长速度至少部分受各器官异速生长的影响（Lilja，1983）。出雏后肠道生长迅速，在 5～7 日龄相对生长速度最快。12 日龄时，肠道长度增加 2～4 倍，小肠在此期间增加 7～10 倍。

就肠内胰酶的活性而言，在出雏后 21 d 内火鸡小肠内胰蛋白酶、蛋白酶和淀粉酶活性迅速增加（Krogdahl and Sell，1989）。然而，脂肪酶活性在 21 日龄后才开始升高。在 21 日龄前饲喂高脂饲料并不能显著提高脂肪酶的活性。至少在最初几周内，脂肪酶的活性似乎是影响消化的限制性因素。

在肉鸡发育过程中，营养素转运系统的发育发生了一系列显著变化（Obst and Diamond，1992）。在出雏后第一周，小肠对脯氨酸的摄取高于对葡萄糖的摄取。由于肉仔鸡在第 1 周的相对生长率最高，氨基酸的吸收与这种生长模式相匹配。葡萄糖的摄取在第 2 周短暂增加。据推测，这一增长是由于蛋黄储备耗尽，肉仔鸡从脂质代谢转变为糖类代谢的结果。由于肠道的异速生长，在出雏后第 2 周，肠的重量占体重的比例下降，这可能是在此期间葡萄糖摄入增加的第二个原因。第 6 周脯氨酸摄取短暂增加，这一增长与幼龄后第一次换羽以及绝对增长率的增加相吻合。

有趣的是，肉鸡的肠道吸收能力与其营养需求相符。这与哺乳动物的结果形成鲜明对比，哺乳动物的摄取量远远超过了其需要量。养分的吸收是否是肉鸡生长的潜在限制，还是肉鸡能更好地分配营养资源，仍有待阐明。

出雏后立即喂食会刺激肠道发育。延迟24～48h 饲喂可降低绒毛长度、肠细胞迁移速度（Geyra et al.，2001）和肠细胞数量，但产生酸和中性黏液的杯状细胞数目增多（Uni et al.，2003）。

14.7.1 微生物菌群

肠道菌群比宿主更为复杂。事实上，我们已经知道，人类肠道中的微生物基因数量（3 300 000）大约是人类基因组中基因数（20 000～25 000）的 150 倍。大量文献表明，有些肠道菌群（如大肠杆菌、梭菌、沙门氏菌）可以引起疾病。但是，许多肠道微生物是有益的。例如，生成维生素 B_{12}的酶是由细菌产生的。如今，向胃肠道提供有益微生物以减少有害细菌的存在，是改善家禽健康和生产性能的公认策略（Mead，2000）。

有证据表明，微生物可以调节动物体的基因和免疫系统（Lee and Mazmanian，2010）。共生微生物菌群可以"程序化" T 细胞的分化，从而影响宿主基因组，改变适应性免疫系统的功能。已有报道表明，在无菌环境中饲养的小鼠，由于缺乏肠道微生物，导致黏膜相关淋巴结组织缺陷，派伊尔结减少，小肠黏膜固有层减少和肠系膜淋巴结减少。肠道菌群也与肥胖和 2 型糖尿病有关（Raoult，2008）。肥胖患者肠道乳酸菌（*Lactobacills* sp.）含量明显增加，而糖尿病患者厚壁菌（*Firmicutes*）比例较低，拟杆菌（*Bacteroidetes*）和变形杆菌（*Proteobactgetia*）比例较高（Larsen et al.，2010）。

新生雏鸡从蛋壳表面获得细菌，在胃肠道迅速定殖，5 日龄达到最高密度（Apajalahti et al.，2004）。随着鸡的生长，微生物菌群的组成也会发生变化（Lu et al.，2003）。多年来一直在家禽日粮中使用亚治疗水平的抗生素，以提高其生长性能。人们普遍认为，抗生素的作用至少部分是通过影响微生物菌群而实现的（Coates et al.，1963；Knarreborg et al.，2002）。乳酸菌、链球菌和产气荚膜梭菌（*Clostridia perfringens*）最常见于回肠，而乳酸菌和产气荚膜梭菌受日粮处理的影响最大。

向家禽提供益生菌（即竞争性排斥）已被用于家禽生产以提高生长性能（Mead，2000）。雏鸡对鼠伤寒沙门氏菌非常敏感，如果雏鸡的胃肠道定殖成年鸡的微生物菌群，这种易感性就会大幅降低。因此，竞争性排斥可以用来减少沙门氏菌和空肠弯曲杆菌（这两者都是食物中毒的潜在原因）在胃肠道的定殖。乳酸菌的增加与促生长有关。在肉鸡中，接种乳酸菌的雏鸡增重显著高于对照组（Angelakis and Raoult，2010）。

参考文献

（孙钦伟、倪迎冬译，赵茹茜校）

第 15 章　骨骼发育及骨骼疾病

M. Pines and R. Reshef

15.1 引言

软骨发生是骨骼发育的初始阶段，起始于胚胎发育过程中体节发生的早期阶段，被认为是骨骼发育的最早阶段。 它包含祖细胞特化、细胞迁移、上皮-间质细胞转化及软骨细胞的分化和成熟。 参与软骨发生的间质细胞起源于神经嵴（neural crest）细胞，而神经嵴细胞来源于神经外胚层的神经嵴；预分节轴旁中胚层分化为体节，并引生出生骨节隔室，导致中轴骨的形成；侧板中胚层胚体壁引生附肢骨肢芽。 从经济角度来看，主要的骨骼疾病与过去几十年家禽生长速率的快速增长有关，理解其相关机制将有助于开发骨骼相关疾病的治疗方法。 在本章中，我们从细胞和分子水平来介绍促使软骨发生的过程及多种家禽骨骼疾病。 本章旨在对本领域做一简述，不涵盖禽类骨骼发育和疾病的所有方面。

15.2 骨骼发育

15.2.1　体节发生和生骨节形成

在原肠胚形成期间，从原条不同区域迁移而来的细胞形成了中胚层。 根据详尽的原基分布图（fate map）研究（Garcia-Martinez and Schoenwolf，1992；Psychoyos and Stern，1996），从亨氏结（Hensen's node）迁移来的细胞形成脊索和神经底板（Charrier et al.，2005）。 从原条前区（亨氏结后部）迁移来的细胞形成近轴中胚层，进而出芽生成体节。 从原条之后的区域迁移来的细胞形成中间板和外侧板中胚层组织。 在轴旁中胚层的预分节区域，细胞会经历几波信号波，从而引发所谓的分节时钟（segmentation clock），直到一个精确协调的体节形成，过程结束（Pourquié，2011）。 此区域包含生骨节前体，位于中线区域的脊索和外侧的中间板中胚层之间，且位于神经板下。 在神经胚形成和神经管闭合期间，预分节的中胚层出芽并形成体节，与背侧外胚层相邻。 体节从前向后成熟，因此，最前面的体节第一个出芽，而最后面的体节是最新形成的（Christ and Ordahl，1995）。 这种由前向后的成熟梯度反映了被许多其他生长组织包围的胚胎结构在时间和空间上的变化，提示体节细胞的区域化和分化是一个在体内、外共同作用下的动态过程。

体节出芽形成围绕体腔的上皮细胞层。在体节成熟期间，从第三个新形成的体节开始，几个区室依次形成。在此阶段，两个区室已经形成：第一个是生骨节，其在体节的腹内侧部经历了上皮细胞向间质细胞的转化；与此同时，背侧半数的上皮细胞形成生皮肌节的过渡结构（Ordahl and Le Douarin，1992；Christ and Scaal，2008）。上皮体节的背内侧部包含由前部向后部迁移形成肌节支架的肌肉祖细胞（Kahane et al.，1998），而生皮肌节的中心部分将生成背部真皮（Ben-Yair et al.，2011）。另外，Huang 等（2000）发现胸部皮肌节细胞含有肩胛骨尾侧部的前体物，而这块骨头的喙突区域则起源于胚体壁。随着发育的进行，生皮肌节经过一系列复杂的变化后，沿着其背腹轴进行分裂，并形成两波细胞迁移。肌节在腹侧区室内形成，而皮节在体节的背外侧区室的中心形成（Ben-Yair et al.，2011）。第四个区室——生腱区，由生骨节细胞构成并生成肌腱；在发育后期，它在肌节和生骨节之间形成（Schweitzer et al.，2001；Brent et al.，2003）。

随着上皮一间质转化，生骨节区室由间质细胞组成，开始沿着几个路径迁移；它们沿腹内侧、背侧和外侧迁移填充至不同区域，在细胞开始分化成软骨细胞前，生成多个脊柱部位、椎间盘及肋骨。生骨节沿着前后轴重新分节，形成前后两部分，每个部分都提供细胞参与形成两个连续的椎骨。因此，组成一个椎骨的细胞来源于邻近头侧生骨节的后半部分和邻近尾侧生骨节的前半部分（Aoyama and Asamoto，2000；Christ and Scaal，2008）。随后，来自头侧半个生骨节的细胞填充至全棘突和肋骨末梢，而来源于尾侧半个生骨节的细胞填充至头侧半个棘突、锥骨弓、横突骨和整个肋骨（Aoyama and Asamoto，2000）。成骨节重分节的过程对于保证节段肌肉的运动是必需的，这些肌肉通过肌腱被连接到两个重分节的椎骨。生骨节进一步细分为若干子区域，每个子区域根据其位置不同而具有不同特性。生骨节内侧的细胞将会生成髓膜和围绕脊索的血管，可被来自神经管和脊索的复杂信号所调控（Nimmagadda et al.，2007），这一区域被称为脊膜节（Christ and Scaal，2008）。另一区域，关节刀（arthrotome），来源于体腔形成三角形，它指向脊索，由未经过上皮一间质转化的间质细胞组成。这些细胞将生成椎关节、椎间盘和肋骨内侧部（Mittapalli et al.，2005）。若想进一步了解椎骨、肋骨、椎间盘、肌腱和血管等各个部位，见 Christ 和 Scaal（2008）。

15.2.2 信号分子在生骨节形成中的作用

体节被多个影响它成熟的组织包围（Christ and Scaal，2008）。这些组织分泌的信号分子扩散到体节形态发生的场所，并形成梯度。在特定阶段，这个体节区域的每个细胞会暴露于不同浓度的相互关联的信号分子中，并根据细胞的位置和响应这些信号分子的能力作出反应（Cairns et al.，2008；Piran et al.，2009）。四种来源的外部信号分子会对新形成的体节产生影响。沿背腹轴和脊索极化的神经管为中线来源：含有神经嵴脊和顶板的不同阶段的背神经管是背内侧信号源；脊索和神经管底板构成腹内侧信号源；外胚层表面作为信号分子的背侧源；中段和侧板中胚层组织构成了信号分子的第四个来源（Monsoro-Burq，2005）。所有这些组织源分泌不同组合的信号分子，以不同的方式影响体节形成区域，使其分化为独立的区室，并启动不同的分子级联，产生多样化的细胞谱系。

一些 Wnt 家族成员由神经管背部和外胚层表面分泌：音猬因子（Shh）从脊索和神经管底板分泌；骨形态发生蛋白 4（BMP4）在轴旁中胚层成熟早期由侧板和中段中胚层组织分泌，后期由第三级新形成体节神经顶板分泌（Pourquié et al.，1996；Reshef et al.，1998）。BMP 拮抗剂——头蛋白和卵泡抑素，显示了其在轴旁中胚层的表达模式，并影响 BMP4 在邻近组织中的表达（Amthor et al.，1996；Hirsinger et al.，1997；Marcelle et al.，1997；Reshef et al.，1998）。各种旁分泌信号分子家族的这些成员在体节内形成一个非常动态的场所，它们在不同的位置以不同的浓度直接和间接地相互作用，引起体节的区室化（Cairns et al.，2008；Piran et al.，2009）。

15.2.3　肢体发育中的组织互作和基因活性

肢体软骨发生实质上与轴向软骨形成所涉及的分子盒（molecular cassette）相同，且驱动相同的过程，只是在不同的组织（侧板中胚层）形成骨。侧翼外胚层沿前－后轴在特定位置形成前肢芽和后肢芽，取决于 *Hox* 基因的特异性组合（Cohn and Tickle，1999）。这些特异性侧翼侧板区域表达有丝分裂原因子（mitogen factor）FGF10，其可诱导在活化的相应的侧翼外胚层形成特异性组织——外胚层顶脊（AER）（Xu et al.，1998；Yonei-Tamura et al.，1999）。典型的 Wnt3a 信号可以激活外胚层的 FGF10 表达，从而诱导 FGF8 在 AER 中表达（Niswander et al.，1993；Fallon et al.，1994；Fernandez-Teran and Ros，2008）。随着肢芽沿着远近轴发育，在 AER 下层的间叶细胞（沿肢芽远侧端的一个狭窄的外胚层条带）广泛增殖。

当靠近 AER 的细胞持续增殖时，近端细胞逐渐脱离细胞周期并开始分化成肢体的不同组织，包括肌腱、软骨、血管和肌鞘。肌肉祖细胞由生皮肌节外侧迁移，进入肢芽结构（Christ and Scaal，2008）。位于肢芽中心的核心间质细胞聚集形成软骨原基。相邻细胞分泌的 TGF-β 信号因子可激活肢体芽中心的浓缩期细胞，诱导纤维连接蛋白和其他钙黏附分子的表达，以稳定浓缩期细胞核。周围外胚层分泌的 FGF 通过激活 FGF 2 型受体抑制软骨发生，从而将软骨原基（浓缩细胞核）保存在发育中的肢芽中心（Newman et al.，2008）。另一个重要的信号中心是极化活性带（ZPA），它是一个位于发育肢芽后区的小块组织。ZPA 异位移植到前区导致镜像多趾畸形，通常 ZPA 细胞中表达的 Shh 信号分子能够模拟该过程（Riddle et al.，1993）。Shh、BMP、FGF 及其抑制剂构成的正反馈和负反馈回路调节 AER 引发的生长活性。肢体的前后模式一般依赖于 Shh 暴露的浓度和时间梯度，尤其是足趾模式。在整个末梢间质中表达的 BMP 是形成最终足趾的主要因素，BMP 在趾间网间质中表达并激活凋亡机制。头蛋白和 gremlin 蛋白是高效的 BMP 拮抗剂，其在足趾间质表达能够保护这些区域的细胞免于凋亡（Gilbert，2010）。

15.2.4　调控软骨发生的分子机制

研究显示，腹侧中线组织——脊索和神经管底板通过分泌一个共同信号因子决定腹侧体节区室——生骨节的腹侧特征（Brand-Saberi et al.，1993；Dietrich et al.，1993，1997；Goulding et al.，1993；Koseki et al.，1993；Pourquié et al.，1993；Ebensperger et al.，1995）。Shh 信号分子能够模拟这些组织的信号特性（Fan and Tessier-Lavigne，1994；

Johnson et al., 1994; Fan et al., 1995; Münsterberg et al., 1995; Borycki et al., 1998; Teillet et al., 1998)。Shh 缺失的突变型小鼠不能形成生骨节，且因此导致椎骨缺失（Chiang et al., 1996）。Pax1 是在生骨节形成早期表达的转录因子，被证明是 Shh 的靶基因（Ebensperger et al., 1995; Münsterberg et al., 1995; Šošic et al., 1997; Borycki et al., 1998; Teillet et al., 1998; Peters et al., 1999）。随着发育的进行，该转录因子逐渐从迁移的背侧和外侧软骨细胞中消失，最终从所有进行软骨发生的细胞中消失。这表明在软骨形成的早期阶段需要 Shh 短暂的存在，以利于成骨细胞变成软骨细胞。这种早期分子活性被认为是软骨内骨化过程的第一阶段。

第二阶段就是间质细胞聚集形成致密的结构，然后再增殖分化为软骨细胞，这就是软骨细胞的形成过程。该过程取决于 BMP4（Monsoro-Burq et al., 1996），一种决定肢体软骨发生的必要因素（Zou et al., 1997）。然而，在体节的成熟和软骨细胞分化上，它的作用更复杂。一些研究表明，在体节发育的早期，BMP4 是一种轴旁中胚层广义抑制剂，能将其转化发展成为侧板中胚层，这是根据超表达 BMP4 的体节体外培养和在体试验中侧板标记物的表达所得出的结论（Pourquié et al., 1996; Tonegawa et al., 1997; Reshef et al., 1998）。此外，这种因子是一种特殊的肌源性抑制剂，能决定骨骼与肌肉比率，此比率可由两种组织的体节区室大小来反映（Piran et al., 2009）。另一些研究表明，在软骨发生早期，有两个连续的分子时相。第一阶段是 Shh 依赖型，而第二阶段则不依赖 Shh 但需要 BMP4。Shh 似乎在决定成骨细胞对后期 BMP4 活性的反应能力中也发挥作用（Murtaugh et al., 1999），此过程由转录阻遏因子 Nkx3.2 和转录因子 Sox9 介导，表明这些基因在维持 BMP 的促软骨反应中发挥作用（Murtaugh et al., 2001; Zeng et al., 2002）。其次，Sox9 和其他两个 Sox 家族成员——Sox5 和 Sox6 形成了转录因子复合物，在前软骨聚集期的所有细胞和软骨成分中表达。这种转录复合物可直接结合，并激活软骨细胞外蛋白的特异基因（Lefebvre and Bhattaram, 2010）。Sox9 上调了 Sox 5 或 Sox6 的表达（Akiyama et al., 2002），也可以上调自身表达（Kumar and Lassar, 2009）。Sox9 可被三因子家族——Shh、BMP 和 FGF 信号通路正向调控，被 Wnt/β-catenin 信号负向调控，表明其在背侧体节区表达缺失（Lefebvre and Bhattaram, 2010）。人类 Sox9 基因杂合突变导致了严重的软骨发育不全，证实了其在软骨发生的重要性（Foster et al., 1994; Wagner et al., 1994）。

软骨生成的第三、第四阶段包括增殖、空间重排和软骨细胞肥大。在这些阶段，增殖的软骨细胞形成软骨雏形（第三阶段），然后停止分裂，改变形态，变成肥大软骨细胞（第四阶段）(Lefebvre and Bhattaram, 2010)［图 15.1（A）］。进一步的研究揭示了 Runt 转录因子家族成员 Runx2 在这两个阶段中起了关键性作用（Yoshida et al., 2004）。根据这些研究，软骨细胞的肥大属于 Runx2 依赖型（Yoshida et al, 2004），肥大细胞对这种转录因子的应答能力由 Nkx3.2 和 Sox9 介导（Kempf et al., 2007）［图 15.1（B）］。此外，组蛋白脱乙酰基酶 4（HDAC4）在肥大细胞中表达，并在这些细胞中起调节 Runx2 的作用（Vega et al., 2004）。在肥大增生性软骨细胞中表达的 Runx2，结合并反式激活旁分泌因子——印度刺猬因子（Ihh）的启动子（Yoshida et al., 2004），这一过程被证实是甲状旁腺激素表达的必要和充分条件（Vortkamp et al., 1996），后者又反过来抑制 Ihh 的表达。这个严格的负反馈回路调控肥大软骨细胞的增殖过程。一旦这些细胞发育成熟变成肥大软骨细胞，它们分泌胶原X和其他胞

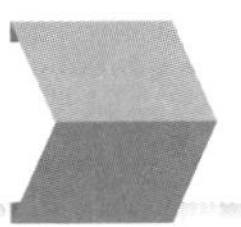

外基质蛋白，从而改变基质使其被磷酸钙矿化（Lefebvre and Bhattaram，2010）。

这些关于复杂分子网络简明的描述和软骨内骨化的不同阶段的紧密调节（图 15.1），体现了在实现骨骼发育的正确的比例、形状和结构的过程，不同阶段之间精准平衡的重要性。然而，本综述只涉及软骨生成本身，并没有揭示其他组织对这个过程的潜在影响。例如，最近的研究表明，在胚胎形成中的肌肉力量能够支配骨形状以承受最适的负载，并且这种作用发生在软骨细胞汇聚伸展期间（Sharir et al.，2011；Shwartz et al.，2012）。然而，这种作用的分子机制仍然有待阐明。

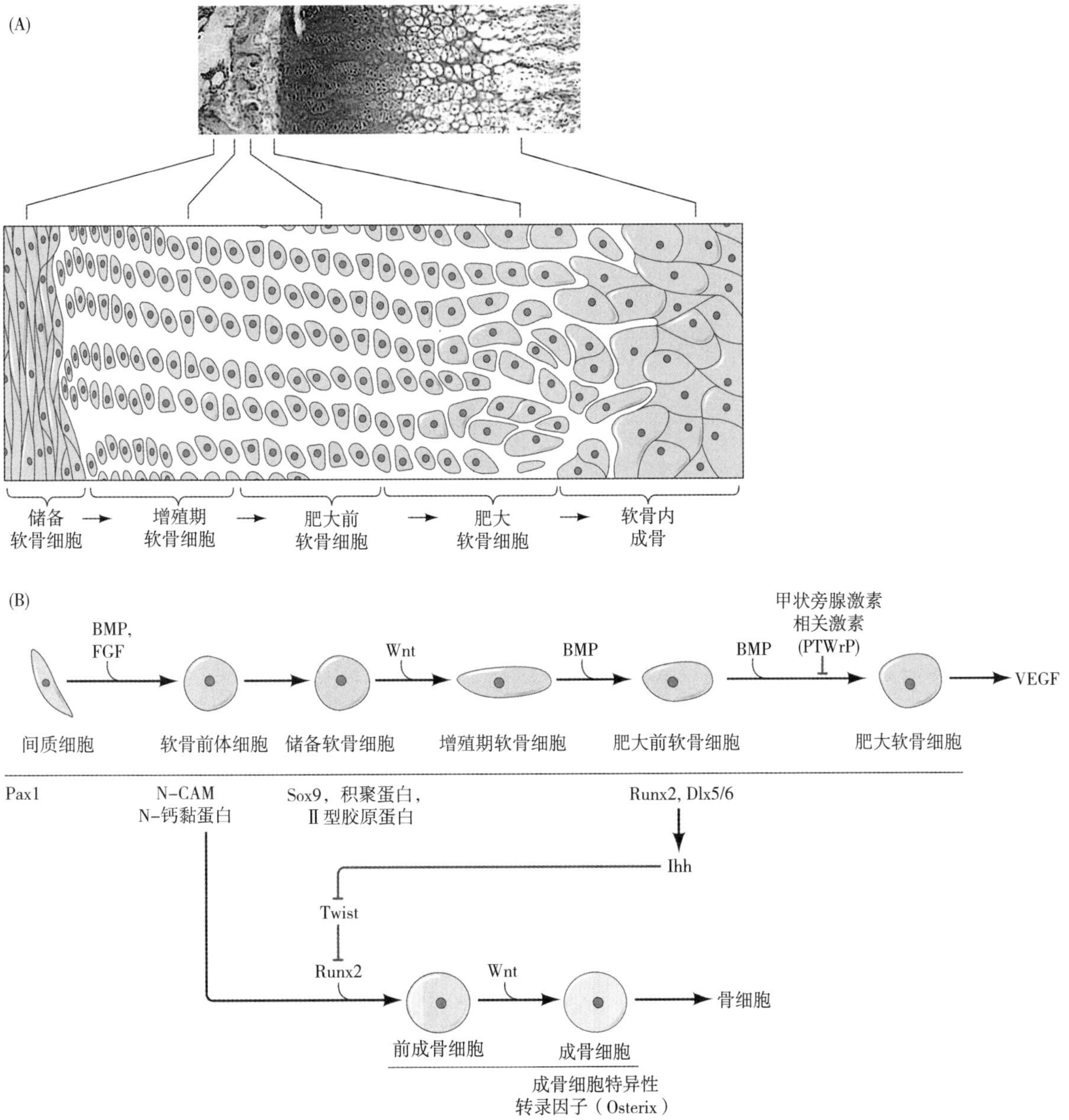

(A)

储备软骨细胞 → 增殖期软骨细胞 → 肥大前软骨细胞 → 肥大软骨细胞 → 软骨内成骨

(B)

BMP, FGF → Wnt → BMP → BMP 甲状旁腺激素相关激素 (PTWrP) → VEGF

间质细胞　软骨前体细胞　储备软骨细胞　增殖期软骨细胞　肥大前软骨细胞　肥大软骨细胞

Pax1　N-CAM N-钙黏蛋白　Sox9，积聚蛋白，Ⅱ型胶原蛋白　Runx2, Dlx5/6

Ihh　Twist　Runx2　Wnt

前成骨细胞　成骨细胞　骨细胞

成骨细胞特异性转录因子（Osterix）

图 15.1★　软骨内骨化的细胞谱系及分子机制

（A）阿尔辛蓝染色软骨和茜素红染色成骨。下面是一个过渡区的图示，其中软骨细胞分裂、扩大、死亡，并被成骨细胞（骨细胞）所取代。（B）软骨-骨转换中的旁分泌因子和转录因子。生骨节细胞可以变成软骨细胞（以 SOX9 转录因子为特征）或成骨细胞（以 Osterix 转录因子为特征）取决于它所经历的旁分泌因子的类型。生长期软骨细胞分泌的旁分泌因子印度刺猬因子（Ihh）可抑制 Twist（一种 Runx2 的抑制剂）。Runx2 是引导细胞进入骨通路的关键，并激活 Osterix，从而激活骨特异蛋白。经授权许可，引自 Gilbert（2010）。

15.3 骨骼疾病

骨骼发育和生长被精密的细胞和分子机制调控，任何偏差都会导致骨骼疾病，这是目前家禽养殖业中主要的经济问题。骨骼发育和生长的调节似乎很复杂，伴随着调节剂之间多种水平的相互作用。关于家禽骨骼疾病各方面的论述可参见前几年发表的综述（Orth and Cook，1994；Cook，2000；Edwards，2000；Rath et al.，2000；Pines et al.，2004）。

15.3.1 遗传和罕见骨骼疾病

短肢是一种隐性遗传的结缔组织疾病，它会影响软骨发育并以软骨营养不良和长骨缩短为特征。它涉及软骨聚集蛋白聚糖的生成减少及软骨聚集蛋白聚糖 mRNA 水平的下降。在硫酸软骨素第十外显子结构域 2 的第八个重复序列中发现了一个终止密码子（Primorac et al.，1994）。掌/跖骨畸形（ametapodia）是一种与浅褐来航鸡的肢体发育异常相关的突变，这种变异以跗跖骨的完全消失为特征，也存在严重的掌骨发育不良。这种疾病是染色体隐性遗传的，患病鸡通常活不过 2～4d（Smyth et al.，2000）。

15.3.2 脊椎骨疾病

脊柱侧凸的特点是脊柱侧向偏移，伴有椎体旋转。强光对松果体分泌褪黑激素的影响可能与疾病的发病率有关，可以通过松果体摘除来模拟（Machida et al.，2001）。鸡松果体摘除的脊柱侧凸椎骨凹凸面可以用微电脑断层扫描（micro-CT）进行评估（Fu et al.，2011）。对脊柱侧凸父母代发病率的研究发现了三个常染色体隐性基因（McCarrey et al.，1981）。

脊椎前移的特征是关节椎骨前端的腹侧脱位，主要发生于第四胸椎，也会发生于其后端第五胸椎以及之后的胸椎，这会导致脊髓夹持。脊髓损伤导致腿部无力，通常伴随部分后躯麻痹（McNamee et al.，1998）。在某些情况下，该病的发生率与盲肠肠球菌有关（Makrai et al.，2011），并且笼养自由采食的鸡群中发病率最高。

15.3.3 支原体感染导致的骨骼疾病

在支原体感染的火鸡身上观察到以髋关节软骨萎缩、关节间隙中有透明液体、外翻畸形、跗跖骨缩短，以及弯曲的脚趾为特征的腿部无力（Trampel and Goll，1994）。火鸡胚胎接种支原体后可观察到关节病变和弯曲脚趾，扫描电子显微镜观测显示跗跖关节软骨中有裂隙（Lam et al.，2004）。在某些情况下，椎体软骨萎缩症与艾奥瓦支原体相关（Ley et al.，2010）。

15.3.4 细菌性软骨坏死伴发骨髓炎——股骨头坏死

最早报道的骨髓炎是导致澳大利亚商品肉鸡跛行的原因，且被证实由金黄色葡萄球菌引起。细菌性软骨坏死伴发骨髓炎（BCO）是一种自然发生的骨骼疾病，也能由金黄色葡萄球菌感染引起（Daum et al.，1990；McNamee et al.，1999）。尽管在 BCO 中金黄色葡萄球菌是最常见的细菌，但是在病变处也分离出了其他细菌（McNamee et al.，1998；Dinev，

2009）。BCO是导致跛行的主要原因之一，且被感染的活禽通常表现为特有的跛行步态（Wideman and Prisby，2013）。自然发生的BCO最常见的受损部位是股骨和胫跗骨近端（McNamee et al.，1998，1999）。跗跖骨近端、股骨远端、胫跗骨远端、肱骨近端和椎骨病变率较低（McNamee et al.，1998）。骨髓炎和软骨病变常发生于股骨和/或胫跗骨的干骺端，偶然发生于胫跗骨近端的次级骨化中心。肉眼可观察到BCO表现为含有渗出液的局灶黄区或溶解区。在金黄色葡萄球菌引发的病变中，骨骺或长骨生长部的血管通常有团块状的嗜碱性细菌，且被含坏死软骨细胞的染色不良的软骨基质所包围（McNamee and Smyth，2000）。计算机断层扫描显示，骨小梁丢失以及矿化骨基质病变的退化过程似乎与骨吸收的增加、破骨细胞的病理性过度增殖，以及骨有机基质蛋白含量降低有关（Olkowski et al.，2011）。此外，肉鸡的免疫抑制与BCO的发病机制有关，且类固醇使用导致的跛行与胫骨近端及股骨头近端坏死有关（Wideman and Pevzner，2012）。在未知病原菌暴露的情况下，金属网上平养的肉鸡BCO的发病率较高（Wideman and Pevzner，2012）。

15.3.5 角状肢畸形

角状肢畸形或肢体扭转畸形（扭曲腿）与异常的骨干扭曲和长骨体生长部的骨软骨炎有关。这些畸形由胫骨远端的轻微偏移和扭曲发展而来。胫骨的渐进性弯曲和负重侧的骨干皮质增生，可能是对该疾病的一种适应（Cruickshank and Sim，1986）。胫骨远端结构异常可使胫骨远端腓肠肌腱轻度移位，从而导致髁远端受力不均。这种疾病的发生率与高生长速率和快速增重（Fleming，2008；Shim et al.，2012）、早期饮水限制（Toghyani et al.，2011）、蜂窝织炎（Elfadil et al.，1996）、有机微量元素（Ferket et al.，2009）和维生素D的状态（Newbrey et al.，1988）有关。一种半永久性鸡左侧胫跗骨远端骨膜剥离模型被用于该病的研究，这种模型可使干骺端-骨干间的角度随时间发生显著变化（Rackard et al.，2002）。

15.3.6 维生素和矿物质缺乏

关于维生素、矿物质及其互作对家禽骨骼疾病的作用有很多报道（Williams et al.，2000；Jin et al.，2001；Zhang et al.，2003）。例如，肉鸡缺乏维生素 B_6 导致胫骨干重减少和皮质厚度下降。组织形态学检查发现不成比例的大的骨侵蚀表面、骨样组织数量减少、矿化骨小梁宽度变小和次级骨化中心数量减少，并伴随着粗糙小梁形成。干骺端软骨呈现不规则的骨小梁和显著减少的胶原蛋白，并且可能损害胶原蛋白交联（Masse et al.，1990，1994）。其他矿物质和维生素（如锰、生物素和胆碱）缺乏的影响也有研究报道（Stock and Latshaw，1981；Liu et al.，1994）。

维生素D及其代谢产物是迄今研究最多的与家禽骨骼疾病相关的因素（Edwards，2000；Dinev，2012）。细胞外磷酸盐减少与维生素D缺乏有关，可能在佝偻病中起关键作用，且Ben-Bassat等人（1999）研究发现维生素D参与纵向骨生长，特别是参与长骨末端生长板的生长。在佝偻病中，生长板肥大区宽度增加且其矿化存在缺陷。维生素D对生长板的作用主要由肠上皮细胞表达的维生素D受体介导，表现为钙和磷从肠腔吸收增加。但是，维生素D代谢产物也可能直接作用于生长板。例如，给佝偻病雏鸡生长板直接注射24，25-二羟维生素 D_3

会导致生长板愈合（Lidor et al.，1987）。体外试验发现，24，25-二羟维生素 D_3 促进静止层细胞分化，但在一定程度上抑制其增殖，而 1，25 二羟维生素 D_3 则抑制静止层和增殖层的细胞增殖（Boyan et al.，2002）。维生素 D（Atencio et al.，2005）、1α-羟基维生素 D_3（Driver et al.，2005）、25-羟基胆骨化醇（Bar et al.，2003）在骨骼发育和骨骼疾病中的作用已经被证实：植酸酶与 1α-羟基维生素 D_3 或 25-羟基胆骨化醇联合使用，可分别改善腿部问题或降低佝偻病发病率（Mitchell and Edwards，1996；Driver et al.，2005）。

15.3.7 胫骨软骨发育不良

胫骨软骨发育不良（TD）是一种最常见的骨骼畸形疾病，可导致畸形骨和跛行（Leach and Gay，1987；Orth and Cook，1994；Pines et al.，2004）。该病发生在快速生长的禽类，尤其是以最大遗传潜力生长的肉鸡（Leach and Lilburn，1992）和火鸡（Wyers et al.，1991）。比较快速生长型和缓慢生长型两种品系，发现快速生长型品系矿化作用较少、多孔皮质骨较多、钙磷比增加（Williams et al.，2000a）。多孔性是由于初始骨单位在骨膜表面快速形成，而成骨细胞不完全填充所产生的空腔所造成的。骨密度和矿物质含量降低会改变骨骼生物力学特性，导致家禽在捕获、运输和处理过程中更高的骨折风险。限饲的使用产生了一种假说，即骨骼生物力学特性改变的原因是快速生长速率而不是遗传潜力（Williams et al.，2004），这意味着以生长速率为目标的遗传选择实际上导致了 TD 发病率的增加（图 15.2）。

已经发现有多种因素是 TD 发生的病因，包括饲粮（Rennie et al.，1993）、环境（Riddel and Classen，1992）和遗传因素（Leach and Lilburn，1992；Kapell et al.，2012）。TD 可以自然发生，也可以被选择（Ling et al.，2000），或通过调控营养或毒性物质诱导产生（Orth and Cook，1994；Rath et al.，2004）。因此，不同方案导致的 TD 最初可能通过不同的通路起作用，但是后期它们可能共享相同的通路，并表现为相同的表型（Pines et al.，2004）。

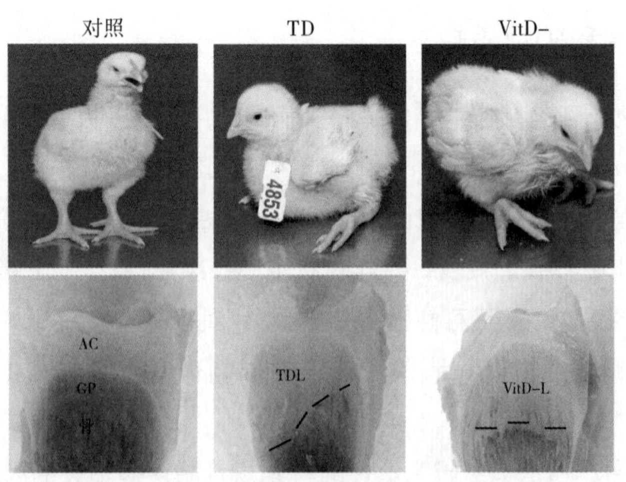

图 15.2★ 患有福美双-依赖型胫骨软骨营养不良（TD）和维生素 D 缺乏性佝偻病（VitD-）的 12 日龄肉鸡雏鸡（第一排）及其胫骨生长板（第二排）

注意患有 TD 和 VitD-的鸡的跛行及胫骨生长板的增加（GP）。AC，关节软骨；TDL，胫骨软骨发育不良的病变；VitD-L，维生素 D 缺乏性病变。

TD 是一种发生在长骨末端生长板的疾病，它以非血管化、非矿化的白色透明软骨楔的外观为特征，主要发生于胫骨近端干骺端，偶然出现在跗跖骨。在 TD 中，填充生长板的软骨细胞未能完全分化，通常会导致软骨血管化和矿化（Knopov et al.，1995；Pines et al.，1999）。研究采用各种策略试图去理解 TD 的成因，研究内容包括软骨细胞分化机制（Knopov et al.，1997；Pines et al.，1999；Farquharson et al.，2001）、软骨细胞凋亡机制（Rath et al.，1998）、激素及其受体的作用（Ben-Bassat et al.，1999；Webster et al.，2003），以及使用指纹技术比较正常软骨和 TD 软骨细胞中基因表达的差异（Jefferies et al.，2000；Tian et al.，2013）。TD 与铜缺乏症有关（Lilburn and Leach，1980），且可以被铜螯合剂诱导（Pines et al.，2004）。

与 TD 一样，佝偻病雏鸡生长板增大，伴随着软骨细胞数量的增加，且无血管分布。添加高剂量的维生素 D 及其类似物可改善选育品系的 TD 发生率，从而证实了 TD 和佝偻病的关联（Edwards，2000；Whitehead et al.，2004；Atencio et al.，2005）。TD 发生率差异化选育的肉鸡对饲粮维生素 D_3 缺乏的生理反应不同（Shirley et al.，2003）。尽管 TD 和佝偻病有不同的病因，热休克蛋白 90（Hsp90）抑制可显著改善患有 TD 和维生素 D 缺乏症雏鸡生长板的组织病理并减轻跛行症状，表明它们具有相似的作用通路（Herzog et al.，2011）。然而，当研究和设计解决 TD 和佝偻病的策略时，区分这两种病变是十分重要的。尤其重要的是，在某些情况下，患有 TD 的禽类也有患佝偻病的历史。通过外观区分这两种病变是可能的，但是分子靶标检测（如 PTHR 基因表达）会更加精确。TD 中的 PTHR 表达正常，然而在佝偻病中高水平的甲状旁腺素导致 PTHR 表达被下调，因此不能检测到 PTHR 表达（Ben-Bassat et al.，1999）。

15.4 结论

高度精确的基因调控对软骨发生是必不可少的，偏差超过一定阈值会导致骨骼生长异常。多层次、多学科研究，例如基因组学和蛋白组学方法、细胞培养学方法、遗传筛选、营养调控和环境对策，能使我们更好地理解骨骼疾病的分子机制，从而增加我们的认识，或许有助于设计治疗骨骼相关疾病的合理措施。家禽骨骼疾病带来的巨大损失是由死亡率增加、肉品加工厂的投诉，以及胴体分割时胸和腿的等级下降造成的。从经济角度看，主要的骨骼疾病与过去几十年禽类生长速率的快速增加有关。无论疾病来自快速生长速率引发的直接效应，还是来自体重增加、骨骼、肌肉和/或肌腱发育不良导致的间接效应，仍需进一步确认。产业面临的经济困境在于这两方面的平衡：一方面是对快速生长品系的持续筛选；另一方面是骨骼疾病或其他代谢疾病导致的损失。

参考文献

（马文强译，赵茹茜校）

第 16 章　骨骼肌

Sandra G. Velleman and Douglas C. McFarland

16.1 前言

本章主要介绍禽类骨骼肌的发育和生长。首先介绍不同禽类骨骼肌结构的多样性；随后重点围绕骨骼肌卫星细胞，阐述胚胎期肌肉的起源，以及出雏后肌肉的发育和生长。卫星细胞是出雏后所有肌肉生长所必需的成体成肌干细胞。本章的后半部分介绍肌纤维类型、骨骼肌收缩的机制，以及生肌转录调节因子的功能。此外，还讨论了禽类骨骼肌生物学的前沿研究领域，包括卫星细胞异质性、肌肉生长发育的细胞外基质调控机制、火鸡肌肉形态结构的母系遗传，以及禽类生肌相关新基因的鉴定。

16.2 禽类骨骼肌的多样性

拥有飞行能力使鸟类能够广泛地利用各种不同的环境和栖息地。或许受益于这种机动性，鸟的种类繁多、体型多样，可能是最成功的陆栖脊椎动物（Welty，1982）。与 3 000 多种两栖动物、6 000 多种爬行动物和 4 100 多种哺乳动物相比，现存鸟类数量较多，大约有 8 900 种。鸟类骨骼肌系统的结构存在巨大差别，主要取决于其是否飞行及其飞行的特点。飞行鸟类的胸骨具有高耸的龙骨突，并附着强有力的飞行肌肉。尽管企鹅无法飞行，但龙骨却充当了控制短翅肌肉的锚，这种翅膀实际上是用于游泳的鳍状肢。缺乏飞行能力的鸟类一般缺乏龙骨（如鸵鸟），或者龙骨结构很小。鸟类还有一些特有的骨骼结构，例如大而长的、且与愈合荐骨相连的盆骨，约占体长的一半。因此，鸟类的背部肌肉相对较少，其大部分肌肉位于躯干腹侧，且种属间差异巨大。例如，善于飞行的蜂鸟和燕子很少在地面上行走。它们的飞行肌肉占体重的 25%～35%，而腿部肌肉只占约 2%。另一方面，海岸鸟类主要依靠奔跑而非飞行，其腿部肌肉比翅膀肌肉发达。此外，需要捕捉强壮猎物的猛禽也有非常强壮的腿部肌肉。

鸟类的飞行肌主要是胸大肌和锁骨上肌。某些鸟类的这两种肌肉可占其体重的 25%。家禽商品系的选育也主要集中在这些对胴体经济性状尤为重要的肌肉上。这两块肌肉均起源于龙骨，锁骨上肌位于胸肌背侧和下方。胸肌附着在肱骨上，负责压低双翼。锁骨上肌附着在一个肌腱上，该肌腱从背部穿过一个小孔并固定在肱骨的背侧。这种“绕绳滑轮”装置可以使翼扬起。此外，还有许多其他较小的肌肉能调整翅膀的角度。

鸟类的骨骼肌系统在结构上变化多样，使其很好地适应它们的生态环境和食物来源。例如，以粗糙种子为食的鸟类颌闭合肌比以较小谷物或非粗糙材料为食的鸟更强壮。正如下文所述，每一块肌肉的运动必须要与合适的收缩纤维类型、代谢特性和神经信号相匹配。

根据其发育模式，可将鸟纲成员分为早成鸟或晚成鸟两类。早成鸟出壳时眼睛已经睁开，体表覆盖绒毛，2 d 内即可离巢活动。晚成鸟出壳时仍然闭着眼睛，羽毛稀疏或缺乏，必须由父母喂养。雀形目是鸟纲最大的目，所属鸟类是晚成鸟的典型代表。此外，也有一些鸟类介于这两类之间，又称为半早成鸟或半晚成鸟。早成鸟中包括一些水鸟，比如海鸥、燕鸥、鸭、鹅和秧鸡。这些鸟类在出孵的第一天即可奔跑和游泳，但完全长成之后才能飞翔（Dial and Carrier，2012）。这些物种腿部的骨骼肌系统比翅膀早熟，可保障它们在不依赖飞行能力的情况下逃脱捕食者的攻击。尽管晚成鸟类在出雏后不具备行走的能力，雏鸟还是有能力进行交替的步进运动，表明鸟类运动系统的发育相对较早（Muir，2000）。早成鸟和晚成鸟之间的一些差异被认为是由于后者的神经系统不成熟所致（Oppenheim，1972）。然而，除家雉科的成员外，所有鸟类啄壳和出壳动作的次序保持一致（Oppenheim，1972）。

甲状腺激素一直被认为在骨骼肌发育中起着重要的作用。1984 年 McNabb 等人比较了早成的日本鹌鹑和晚成的斑鸠的甲状腺功能。研究发现，尽管孵化时间、成年体重和成年血清甲状腺激素水平相似，鹌鹑和斑鸠的甲状腺功能和身体发育有明显差异。早成性鹌鹑出壳前甲状腺活性较高，出雏后不久就下降，然后逐渐增加到成年水平。晚成性斑鸠的甲状腺活性缺乏出雏前高峰。实际上，其甲状腺活性在出雏时较低，之后则稳步上升至成年水平。甲状腺活性的发育特征和神经系统成熟度的差异可能是导致早成鸟和晚成鸟骨骼肌生长模式显著差异的重要因素。

16.3 骨骼肌的胚胎起源

包括鸟类在内的脊椎动物胚胎学的文献众多。因此，本节将着重阐述胚胎中与骨骼肌系统发育相关的特定细胞（Gilbert，2000）。在原肠胚形成或球状囊胚转换成细长的管状结构之后，胚胎出现了三个原始胚层。外部结构构成外胚层，内表面形成内胚层，而两层中间是中胚层。形成骨骼肌和其他内部结构的细胞来源于中胚层。脊索的延长导致胚胎不断伸展，中胚层在脊索的两侧生长为“板”，上下分别覆盖外胚层和内胚层。在此期间，中胚层细胞持续增殖，从胚胎前端一直到胚胎后端，形成许多相对独立的细胞团块，称为体节。不同部位体节的细胞发育成不同的结构。靠近脊索的细胞称为生骨节，最终发育成脊椎骨和肋骨；与背侧表面相邻的细胞是皮节，发育成躯干的皮肤；位于生骨节和皮节之间的细胞称为肌节，身体的大部分骨骼肌均起源于此。

在胚胎发育的特定阶段，原始肌细胞（胚胎成肌细胞）从体节迁移到特定的肌肉床，并继续增殖。一些成肌细胞融合在一起形成初级肌纤维。这些肌纤维的细胞核位于细胞中央，并开始形成肌原纤维。剩下的单个成肌细胞继续增殖，并最终融合形成次级肌纤维。次级肌纤维沿着初级肌纤维方向形成，后者的作用在于引导肌肉发育的方向，使其具有正常的功能。大多数动物肌纤维的形成在出生或出壳时基本完成。出生后的肌肉生长则是由于现有肌纤维体积的增加，也称为肥大。肥大发生的细节直到 20 世纪 60 年代才逐渐被解析，而且现在所知的关于出雏后或出生后肌肉生长的许多知识来自以鸡为模型的研究。Smith（1963）研究发现肌纤维数量增加发生在鸡出壳前，出壳后肌肉生长则是肥大的过程。对不同品系鸡的研究也进一步证实了出雏时起始肌纤维数目的重要性。快速生长的肉鸡品系在出壳时肌纤维数量远多于蛋鸡品系，尽管肌纤维直径稍小。生长 10 周后，肉鸡品系的肌纤维直径则远大于蛋鸡品系（Smith，1963）。

早期肌肉生长研究的主要困惑之一是骨骼肌生长和再生过程中细胞核的来源：究竟是现有肌纤维中细胞核分裂而来，还是有其他的细胞核来源？为解答这个问题，Stockdale 和 Holtzer（1961）分离了鸡胚胎成肌细胞，在体外培养并使其融合形成未成熟的肌纤维，又称肌管。他们在培养基中添加氚标记的胸苷，但并没有在肌管内发现有丝分裂相或放射性标记物。但若将氚标记的胸苷添加到增殖细胞中，则可检测到放射性标记的细胞核。这些研究结果表明，肌细胞核并不能进行有丝分裂，而由其他细胞负责提供肌细胞肥大所需的 DNA。显而易见，胚胎成肌细胞很可能参与了出生前骨骼肌纤维的发育，但出生后骨骼肌生长的细胞来源并不清楚。

16.4 出生后或出雏后骨骼肌的发育

1961 年，Alexander Mauro 发表了一篇研究简报，描述一种存在于青蛙肌细胞膜（或肌纤维膜）和基底膜（或底膜）之间的细胞（Mauro，1961）。电镜结果显示，这种细胞主要由细胞核组成，只有很少的细胞质，几乎没有线粒体或高尔基体等细胞器。鉴于这些细胞主要位于肌纤维的周边，Mauro 博士将这些细胞称为“卫星细胞”。他推测卫星细胞可能会以某种方式被激活，并参与肌肉的损伤修复。通过与其他同事交流，他了解到大鼠的骨骼肌也存在这些细胞，而心肌则没有。卫星细胞是否参与了出生后或出雏后骨骼肌的发育？Moss 和 Leblond（1971）首先证实了卫星细胞确实参与了出生后肌肉的生长。他们给幼龄生长阶段的大鼠注射氚标记的胸苷，并在肌肉组织中示踪标记物。注射 1 h 后，可在骨骼肌卫星细胞中发现同位素标记。此后 24 h，氚标记的卫星细胞数量增加了一倍，表明卫星细胞正在分裂。随后，标记开始出现在骨骼肌细胞核内，表明卫星细胞与相邻肌纤维发生了融合。这些现象证明卫星细胞在肌纤维 DNA 累积过程中确实发挥了关键的作用。

Moss 等（1968）的研究进一步证实了 DNA 累积在纤维肥大过程中的重要性。该研究发现，骨骼肌纤维的直径与 DNA 含量的比率是恒定的。这些发现表明，由卫星细胞融入导致的 DNA 增加是骨骼肌生长所必需的。尽管 Mauro 最初发现的是不活跃的或休眠的卫星细胞，但其他实验室进一步的研究发现骨骼肌，尤其是年轻动物的骨骼肌，存在激活和正在分裂的卫星细胞（Snow，1977）。这些细胞有常染色质核和突出的核仁，细胞质体积较大，具有多聚核糖体和更多的线粒体、粗面内质网和高尔基体。Snow（1977）还发现，老龄大鼠（8～30 月龄）

与年轻大鼠相比，其肌肉卫星细胞的细胞核呈现异染色质和高核质比。同时，这些细胞的粗面内质网数量较少，高尔基体发育不良——这些都是休眠或非活化的卫星细胞的共同特征。Schultz 等（1978）给老龄小鼠注射氚标记的胸苷，发现其卫星细胞的细胞核中缺乏放射性标记，卫星细胞的数目也较年轻的动物少。尽管成年动物肌肉中的卫星细胞数量少，且处于休眠状态，老龄动物的卫星细胞仍然具备激活和增殖的能力（Allen et al.，1980），不过其增殖潜力较低（Schultz and Lipton，1982）。

为明确骨骼肌卫星细胞是否如 Mauro（1961）推测，参与了骨骼肌的损伤修复过程，Bischoff（1975）从大鼠腿部肌肉中分离出单独的肌纤维，并将其置于培养基中。在最初几个小时内，基底膜内发生退化，形成收缩结节，肌细胞核没有出现有丝分裂。然而，附着于肌纤维的卫星细胞开始增大，增殖，并在肌膜内融合形成肌管。最终，再生纤维具备收缩能力。这个现象和其他研究（Carlson and Faulkner，1983；Ontell，1986；Schultz，1989）共同证明了卫星细胞在骨骼肌损伤修复中的重要作用。此外，还有研究发现卫星细胞可穿过基底膜，与相邻的肌纤维融合，参与修复与它们无附着关系的肌纤维（Hughes and Blau，1990）。

卫星细胞激活受营养和运动的影响。营养不良会降低源自卫星细胞的新细胞核占骨骼肌总细胞核的比例（Hansen-Smith et al.，1979）。此外，营养不良个体的卫星细胞大多处在休眠状态。在营养恢复之后，卫星细胞才开始继续增大，并开始有丝分裂（Hansen-Smith et al.，1978）。Darr 和 Schultz（1987）利用未经训练的运动大鼠模型证明了运动诱导的卫星细胞激活。运动时，虽有小部分（<3%）肌纤维坏死，但此时卫星细胞的活化程度非常高，远超过维持纤维再生的实际需求。显微镜下可见很多细胞核还位于肌纤维中央，这是新修复肌纤维的特征。

16.5 骨骼肌的生长

许多对骨骼肌卫星细胞增殖和分化调节因子的认知，源自对各物种离体细胞培养和无血清培养体系的研究。Bischoff（1974）首次分离培养了成年大鼠骨骼肌卫星细胞。这些细胞具备增殖和分化成为多核肌管的能力。此后，又有研究者分离培养了人（Blau and Webster，1981）和主要农业动物（详见 Dodson et al.，1996）的骨骼肌卫星细胞，包括鸡（Johnson et al.，1983；Matsuda et al.，1983；Yablonka-Reuveni et al.，1987）和火鸡（McFarland et al.，1988）。

鉴于完全培养基的血清中含有多种已知和未知的影响细胞活性的激素与生长因子，用此模型来研究细胞增殖、分化及其他活动所需的条件，其价值具有一定的局限性。因此建立了鸡胚成肌细胞（Dollenmeier et al.，1981）、火鸡卫星细胞（McFarland et al.，1991）、鸡和火鸡卫星细胞（McFarland et al.，2011）的无血清培养体系。利用这些体系，研究者可以研究单个或多个生长因子对细胞增殖和分化的作用。在禽类和哺乳类动物开展的研究，得出了相似的结果。其中研究最多的生长因子是胰岛素样生长因子（insulin-like growth factor，IGF）、成纤维生长因子（fibroblast growth factor，FGF）、血小板衍生生长因子（platelet-derived growth factor，PDGF）、肝细胞生长因子（hepatocyte growth factor，HGF）、转化生长因子 β（transforming growth factor-beta，TGF-β）和肌肉生长抑制素（myostatin）。到目前为止，表皮生长因子（epidermal growth factor，EGF）在禽类骨骼肌上的作用尚未完全研究清楚。McFarland 等（1993）认为 EGF 单独或者 EGF 与 IGF（或 FGF）一起，对火鸡胚胎成肌细胞或卫星细胞增殖均无影响。但确有报道发现 EGF 可以刺激鸡平滑肌细胞增殖（Topouzis and Majesky，1996）、促进鸡心肌细胞的发育和功能的发挥（Lau，1993，1994；Rabkin，1996）。有关生长因子对禽类卫星细胞的影响，此前已有更为详尽的综述（McFarland，1999）。后面将简要介绍关于卫星细胞生长因子的一些重要发现和最新研究成果。

Schmid 等（1983）最早报道了 IGF 影响禽类骨骼肌细胞的增殖与分化。他们发现两种形式的 IGF（IGF-Ⅰ和 IGF-Ⅱ）在促进鸡胚成肌细胞分化与融合方面效果相当。但对火鸡胚胎成肌细胞而言，IGF-Ⅱ刺激增殖与分化的效应要明显强于 IGF-Ⅰ。外源添加的 IGF-Ⅰ或 IGF-Ⅱ在促进火鸡卫星细胞增殖方面作用相当，但均不影响分化。火鸡卫星细胞和胚胎成肌细胞的增殖均依赖 FGF 的作用。FGF 单独就可以促进这两种细胞的增殖，与 IGF 一起还可以产生协同效应，而 FGF、IGF 和 PDGF 三者的组合效应最强。IGF 是胰岛素样生长因子，在哺乳动物和鸟类均具有胰岛素样活性。例如，IGF 可以促进火鸡（McFarland et al.，1994）和鸡（Duclos et al.，1993a）卫星细胞对葡萄糖的摄取。此外，IGF 还可以促进来源于鸡胚胎成肌细胞（Janeczko and Etlinger，1984）、鸡卫星细胞（Duclos et al.，1993b）和火鸡胚胎成肌细胞与卫星细胞（McFarland et al.，1994）的肌管的蛋白质合成，并抑制其蛋白质降解。最近有研究（Shinichi et al.，2012）表明，IGF-Ⅰ基因多态性与鸡胸大肌的重量密切相关，这说明分子标记辅助选育可能是提高胸肌产量的有效工具。

成纤维生长因子（FGF）是一类多肽生长因子家族，对细胞和组织具有多种不同的作用。FGT 对于禽类骨骼肌细胞是一种重要的丝裂原。实际上，如果在无血清培养基中去除 FGF，即使添加 IGF、PDGF 或 EGF，火鸡卫星细胞或胚胎成肌细胞都无法增殖（McFarland et al.，1993）。大多数有关 FGF 的研究集中在 FGF-1 和 FGF-2。FGF-2 对火鸡（McFarland et al.，1993）和鸡（Wilkie et al.，1995）卫星细胞的丝裂原激活效应比 FGF-1 更强。此外，FGT 还可以抑制细胞的分化。培养基中添加 FGF-2 可抑制鸡（McFarland et al.，1997a）和啮齿动物（McFarland et al.，2000）卫星细胞的分化。

血小板衍生生长因子（PDGF）是血清中主要的丝裂原，主要来源于参与凝血的血小板。机体中其他多种细胞，包括骨骼肌细胞，也可以产生 PDGF。此外，有研究发现 PDGF 对鸡胚胎成肌细胞具有很强的丝裂原活性，其中以 BB 型二聚体活性最强，AB 型其次，而 AA 型则无活性。另有研究发现，PDGF 对火鸡胚胎成肌细胞和卫星细胞同样有作用（Ye et al.，1996）。PDGF 对成肌细胞还具有趋化作用。Venkatasubramanian 和 Solursh（1984）以日本鹌鹑胚胎成肌细胞为模型，证明这些细胞可以顺 PDGF 浓度梯度迁移，而非成肌躯干间质细胞则无此现象。

Bischoff 和其他人的早期研究发现，啮齿动物肌肉挤压受损后的生理盐水提取物对卫星细胞具有丝裂原活性。这种所谓的“挤压受损肌肉丝裂原”可以激活附着在离体肌纤维周围的休眠卫星细胞（Bischoff，1986）。Tatsumi 等（2001）在离体培养的休眠卫星细胞上发现，牵拉培养的细胞比稳定培养的休眠细胞更早进入细胞周期。此外，牵拉培养细胞的条件培养基能激活休眠细胞。牵拉或损伤可以促使肝细胞生长因子（HGF）从细胞外基质中释放进入培养液。采用 HGF 抗体可有效阻断牵拉对卫星细胞的激活作用。这些均证实，受损肌肉丝裂原其实就是 HGF。 HGF 以一种无活性的肝细胞生长因子原的形式存在于细胞外基质中，在牵拉过程中受一氧化氮诱导以活性形式释放（Tatsumi and Allen，2004）。 Gal-Levi 等（1998）证实 HGF 也能调控鸡的卫星细胞。 HGF 促进培养细胞 DNA 的合成，抑制细胞分化。 这种分化抑制作用伴随多种生肌决定因子活性的下降，随后肌肉特异性蛋白表达降低。据推测，促进卫星细胞的增殖，抑制其分化有助于增加卫星细胞的数量，并最终形成更多的肌纤维。 HGF 对火鸡卫星细胞的增殖和分化具有类似的调控作用（Zeng et al.，2002）。 在火鸡卫星细胞无血清培养基中添加抗 HGF 抗体也能抑制细胞增殖，说明 HGF 确实作为一种肌肉自分泌或旁分泌因子（即局部作用生长因子）发挥作用。 另有研究发现，HGF 对卫星细胞还具有趋化活性（Bischoff，1997）。 Brand-Saberi 等（1996）采用鸡胚模型研究发现，HGF 能引起成肌前体细胞从体节脱离，因此认为 HGF 可能在启动胚胎成肌前体细胞迁移至肌床过程中发挥重要作用。

此外，大鼠肝细胞分泌的一种未知因子可抑制大鼠 L6 肌细胞的分化（Evinger-Hodges et al.，1982）。 多个实验室曾研究过这种“分化抑制因子”，Florini 等（1986）鉴定该物质实际上是转化生长因子 β（TGF-β）。 这种抑制分化作用似乎是通过阻断成肌分化基因（如肌细胞生成蛋白，myogenin）的表达来实现的（Massague et al.，1991）。 通过检测培养 1.5d 鸡胚 TGF-β1 和 TGF-β2（Jakowlew et al.，1994）和培养 4d 鸡胚的 TGF-β4 表达，推测 TGF-β 在禽类早期发育中起重要作用（Jakowlew et al.，1992）。 实际上，在检测的所有胚胎组织中均表达这三种形式的 TGF-β，且表达水平随胚龄增加而增加。 Yun 等（1997）发现，TGF-β1 能同时抑制火鸡卫星细胞的增殖和分化。 此前，Schofield 和 Wolpert（1990）研究表明，单独添加 TGF-β1 和 TGF-β2 对鸡胚胎成肌细胞分化无影响。 但如果同时添加 FGF，则 TGF-β 能阻断 FGF 对成肌细胞分化的抑制作用。 目前尚不清楚火鸡和鸡的这种差异究竟是由于物种的不同，还是所用培养条件或细胞发育阶段的不同所致。

肌肉生长抑制蛋白（myostatin）是 TGF-β 多肽家族的成员之一。 myostatin 基因的缺陷导致比利时蓝牛和皮尔蒙特牛肌肉量大幅增加（McPherron and Lee，1997）。 与此类似，myostatin 敲除小鼠也表现出明显的肌肉增加现象（McPherron et al.，1997）。 Srinivasan 等（2004）发现 myostatin 水平在肌肉萎缩时明显升高，而 Price 等（2011）也报道光刺激迁徙麻雀能增加 myostatin 表达。 一般认为，myostatin 水平在肌肉分解过程中升高，从而防止退化发生时卫星细胞的过早激活。 而当肌肉再生开始时，myostatin 水平下降（Kirk et al.，2000）。 体外的研究也表明，myostatin 能抑制小鼠 C2C12 肌细胞增殖，以及 DNA 和蛋白质的合成，但不影响蛋白质降解或凋亡（Taylor et al.，2001）。 myostatin 处理离体培养肌肉会抑制卫星细胞激活并进入细胞周期（McCroskery et al.，2003）。

在无血清培养基中添加 20 ng/mL myostatin 能使火鸡胚胎成肌细胞和卫星细胞的增殖水平下降 26%～45%（McFarland et al.，2006）。 myostatin 还能显著抑制火鸡卫星细胞的分化，但对火鸡胚胎成肌细胞的分化无影响。 此外，抑制肌肉生长的饰胶蛋白聚糖（decorin）的表达水平在分化的细胞中提高。 此外，源自胸大肌的卫星细胞对 myostatin 的增殖抑制作用，较源自股二头肌的卫星细胞更为敏感（McFarland et al.，2007）。 myostatin 抑制了胸大肌来源的卫星细胞的分化，而对股二头肌来源的卫星细胞分化无影响。 在增殖培养基中添加

myostatin 抗体处理 3 d，能增加细胞增殖 6%～7%，提示内源性 myostatin 可以通过自分泌方式调节肌肉生长。 但该抗体无论对胸大肌还是股二头肌来源的细胞的分化均没有影响。

上述生长因子是卫星细胞活性和肌肉生长调节因子中研究最多的。 其他影响卫星细胞或成肌细胞生长的因子还包括集落刺激因子（granulocyte colony-stimulating factor，G-CSF）。G-CSF 的受体在发育的体节中表达，而 G-CSF 及其受体也在小鼠胚胎成肌细胞中表达（Mie et al.，2011）。 G-CSF 在肌肉损伤再生中也发挥重要作用，其受体会在损伤的小鼠肌肉中短暂表达。 采用抗体中和 G-CSF 会减缓损伤肌肉的再生过程。 G-CSF 在肌肉发育和修复过程中非常重要。 另一个对肌肉生长有重要作用的因子是骨形成蛋白（bone morphogenic protein，BMP）（Ono et al.，2011）。 BMP 4 可以刺激卫星细胞增殖，抑制其分化。 添加 BMP 抑制剂 Noggin 可以诱导细胞提前分化。 在卫星细胞分化过程中，Noggin 的表达水平增加，增殖停止，细胞开始分化并发生融合。 作者认为，BMP 信号的激活伴随着卫星细胞数量的持续增加。 在某个特定时间节点， Noggin 被激活以拮抗 BMP 信号，从而启动细胞分化。

16.6 骨骼肌纤维类型

不同肌纤维在收缩速度、代谢和功能方面存在显著差异。 通常将骨骼肌纤维分为三种类型：①慢速氧化型（SO），Ⅰ型或红肌纤维；②快速酵解型（FG），ⅡB 型或白肌纤维；③快速氧化和酵解型（FOG），ⅡA 型或中间型纤维（Allen 和 Goll，2003）。 不同肌群肌纤维类型的分布不同，以满足特定运动的需要。 而且，同一解剖部位的肌纤维类型组成可能在物种间具有很大差异。 例如，与鸡或雉的胸大肌相比，鸭的胸大肌主要由富含肌红蛋白的氧化型纤维组成，因此呈红色。 这块有力的飞行肌非常适合鸭进行长而持续的远途迁徙。 野生候鸟的肌肉一般Ⅰ型纤维比例较高，而Ⅱb 型纤维比例较低（Ashmor et al.，1972）。 Ⅰ型纤维具有较高的有氧代谢和血液供给能力，可以满足长时间活动的需要。 相反，家鸡的胸大肌由Ⅱb 型纤维组成，由于不需要长时间的飞行，其血液供给率较低，肌肉也更容易疲劳。

氧化型肌肉通过糖酵解和三羧酸循环氧化糖原和葡萄糖，并通过 β-氧化利用脂肪酸。 因此，这些肌肉含有丰富的线粒体、较细的纤维，便于氧气的扩散，并具有较高的甘油三酯水平和毛细血管密度。 鸡或雉胸大肌主要由快速酵解型肌纤维组成，肌红蛋白含量少，肌肉呈白色。 酵解型肌肉将糖原和葡萄糖氧化为乳酸，乳酸返回到肝脏进行糖异生（柯里氏循环，Cori cycle）。 因此，这些肌肉从葡萄糖氧化所得的能量很少，而能量利用速度很快，能满足快速而短暂的爆发性运动。

不同类型的肌纤维除能量代谢存在差异外，收缩特性也由肌纤维收缩装置中收缩蛋白的亚型所决定。 快收缩肌纤维所含的肌球蛋白亚型具有快速 ATP 酶活性（迅速产生能量供应快速运动），而慢收缩肌纤维含有的肌球蛋白亚型具有慢速 ATP 酶活性（缓慢地产生能量供应持续的运动）。 运动的功能单位称为运动单位，由位于脊髓背根的神经元胞体及其轴突，以及受其支配的肌纤维组成。 单个轴突分成许多分支（几个到几百个），每个分支支配单个肌纤维。运动单位散布在肌群的各个区域，因此单独的运动单位也能影响大面积的收缩力（Lieber，1992）。 支配慢收缩肌纤维的神经产生的动作电位模式与支配快收缩肌纤维的神经不同。 神经移植研究显示，这些动作电位模式可影响肌球蛋白亚型的表达（Cerny and Bandman，1987）。当快肌被通常支配慢肌的神经支配时，快肌球蛋白亚型会被慢肌球蛋白亚型所代替。然而，神经刺激并非影响肌肉收缩特征的唯一因素，形成肌纤维的成肌细胞谱系也影响肌纤维类型（Dimario and Stockdale，1997）。

肌纤维的横截面积受肌纤维类型的影响。通常 I 型纤维的横截面积比 Ⅱb 型纤维小（Ashmore et al.，1972）。肌纤维的横截面积不是恒定不变的，它会根据肌纤维的使用情况而改变。候鸟飞行肌肉的纤维直径会在迁徙前及迁徙飞行期间发生改变（Price et al.，2011）。例如，在长时间的迁徙飞行期间，候鸟脂肪氧化导致体重减轻，其肌纤维直径可能随之下降（Lindström et al.，2000）。在中途停留或休息期间，肌肉会恢复，肌纤维直径增加，以便为下一次飞行做准备（Landys-Cianneli et al.，2003）。

16.7 肌肉的结构与收缩机制

肌肉被一层结缔组织肌外膜［图 16.1（A）］包裹。肌外膜将肌肉独立分隔开来。在肌肉中，肌纤维形成肌束。肌束由被称为肌束膜的结缔组织层分隔。肌束大小不同，每束有 50～300 个肌纤维。每根肌纤维被肌内膜结缔组织层分隔。结缔组织层在肌腱结合处连接在一起，彼此不独立。三层结缔组织相互连接为肌肉提供了强大的结构框架，并且包含毛细血管床和持水分子（Allen and Goll，2003）。

成熟的肌纤维的长度和直径大小各异。骨骼肌纤维是一种多核细胞，其细胞核位于肌纤维周围，贴近肌膜内侧。肌膜是肌细胞的细胞质膜，包含一种向肌纤维内凹陷的结构，称为横管系统。横管系统每隔特定的距离会沿着肌肉的肌小节或收缩单位凹陷嵌入肌纤维。该系统保证骨骼肌细胞膜在充分的去极化后，钙离子能迅速释放（Allen and Goll，2003）。

肌肉的收缩是由肌球蛋白的头部与肌小节细肌丝中的肌动蛋白结合而引发的。有关肌肉收缩的综述，参见 Alberts 等（2008）。三磷酸腺苷被水解成二磷酸腺苷，导致肌动蛋白丝被推向肌小节的中心［图 16.1（B）和（C）］。两条 Z 线之间的距离形成一个肌小节。细肌丝主要由肌动蛋白、原肌球蛋白、肌钙蛋白、原肌球调节蛋白和伴肌动蛋白组成。肌丝通过 α-辅肌动蛋白（α-actin）和戴帽蛋白肌 Z 系（CapZ）锚定到 Z 线，靠近 M 线的末端用原肌球调节蛋白加帽，该蛋白可部分地调节肌动蛋白丝的长度（Fowler et al.，1993）。伴肌动蛋白是一种肌动蛋白结合蛋白，该蛋白基因敲除小鼠的肌动蛋白丝长度缩短，收缩性能受损（Bang et al.，2006）。在 I 带，肌动蛋白丝与肌球蛋白丝不重叠。

肌小节中的肌球蛋白丝与肌动蛋白丝在 H 带中没有任何重叠，而在 A 带则存在重叠现象［图 16.1（B）和（C）］。肌球蛋白是由两条重链和双拷贝的两条不同轻链组成的蛋白二聚体。N 端球状结构域是与肌动蛋白结合并与 α 螺旋肌球蛋白尾部区域连接的区域。两条轻链各有一个拷贝位于球状肌球蛋白头部附近。

肌球蛋白头部从肌动蛋白丝解离可防止肌肉保持持续收缩状态。肌钙蛋白复合物包含肌钙蛋白 I、肌钙蛋白 T 和肌钙蛋白 C，该复合物参与了肌球蛋白头部与肌动蛋白丝相互作用的调节［图 16.1（C）］。在肌肉舒张时，肌钙蛋白 I-T 复合物使原本位于肌动蛋白螺旋中的原

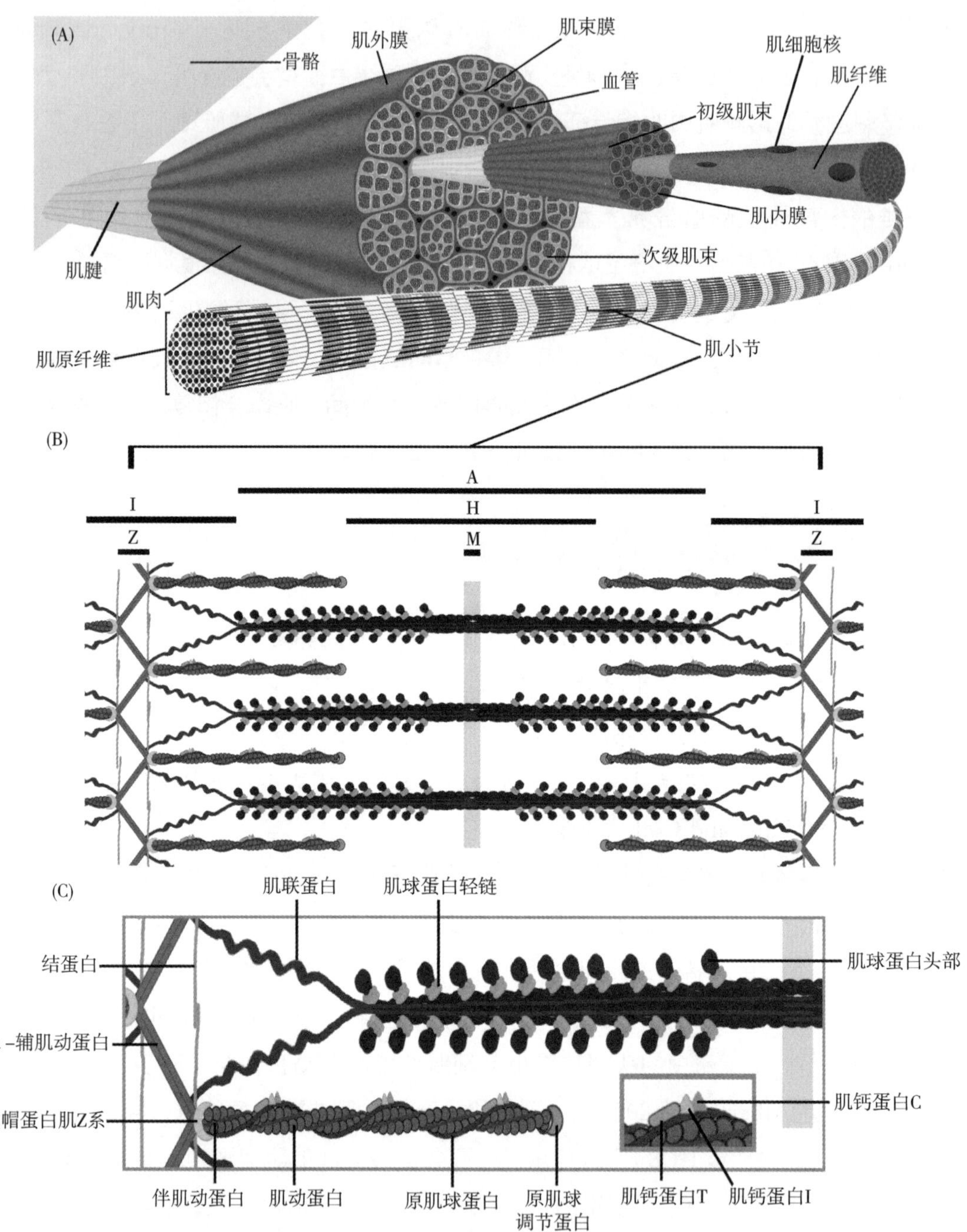

图 16.1★ 肌肉结构示意图

（A）肌肉横截面（突出显示肌纤维结构）；（B）肌小节结构；（C）肌球蛋白和肌动蛋白通过相关分子重叠。

肌球蛋白发生位移，从而防止肌球蛋白头部与肌动蛋白结合。而当肌质网释放钙离子后，肌钙蛋白 C 与钙离子结合，导致肌钙蛋白 I-T 与肌动蛋白脱离，原肌球蛋白回位至肌动蛋白槽，进而促进肌球蛋白头部与肌动蛋白丝的结合。

16.8 肌肉发育:生肌调节因子的功能

当肌肉前体细胞开始分化为骨骼肌时，胚胎期和出壳后骨骼肌特异性发育的激活需要肌肉调节因子（muscle regulatory factors，MRF）的精确表达。MRF 属于碱性螺旋-环-螺旋（basic helix-loop-helix，bHLH）转录因子家族，它们以特定的时间顺序表达。MRF 通过与

DNA 中的 E-box 结合来激活肌肉特异性基因表达（Olson，1990）。生肌决定因子 1（Myogenic determination factor 1，MyoD1）是首个被鉴定的 MRF。由于 MyoD1 可以将非生肌细胞转化为骨骼肌谱系，其重要性随即得到广泛认可（Davis et al.，1987；Weintraub，1993）。此外，成肌细胞和卫星细胞增殖也需要 MyoD1 的表达。生肌因子 5（Myogenic factor 5，Myf5）的功能与 MyoD1 相似，也能启动细胞增殖。MyoD1 和 Myf5 同时缺失会阻断骨骼肌的形成（Rudnicki et al.，1993）。但单独破坏 MyoD1 或 Myf5，肌肉发育仅发生轻微缺陷（Rudnicki et al.，1992，1993），因此 MyoD1 和 Myf5 在功能上是多余的。肌细胞生成蛋白（myogenin）则对肌肉特异性蛋白质的表达而言是不可或缺的，这些蛋白参与了成肌细胞融合形成肌管和终末分化的过程。在 MRF 中，myogenin 是肌肉发育必不可少的。当破坏 myogenin 的表达，即使存在成肌细胞，肌肉也很少甚至没有发育（Hasty et al.，1993）。生肌调节因子 4（Myogenic regulatory factor 4，MRF4），又称生肌因子 6，通常在 myogenin 之后表达，也是肌纤维形成所必需的。然而，MRF4 可能在鸟类的细胞增殖过程中发挥作用。Shin 等人（2012a）发现在火鸡卫星细胞增殖过程中 MRF4 呈现高丰度表达。小鼠的肌肉再生研究结果发现 MRF4 具有双相表达模式。Launay 等人（2001）报道，在损伤后 2～3d MRF4 的表达增加，在损伤后第 8 天下降，随后在再生的后期（损伤后 30 d）再次上调。

除 MRF 以外，肌细胞增强因子（myocyte enhancer factor，MEF）也是肌肉分化的正调节因子（Naya and Olson，1999）。与 MRF 不同，MEF 不是骨骼肌特异的，它们在心脏和平滑肌中也有表达。MEF 不能决定特定的骨骼肌表型，但它们似乎以正反馈方式起作用，尤其是与 myogenin 协同发挥作用（Ridgeway et al.，2000）。

16.9 卫星细胞和成肌细胞的异质性

与预期一致，肌纤维的结构、代谢特性和对刺激的反应具有明显的异质性。这种异质性取决于肌肉的特定功能。例如，用于快速冲刺的肌肉与用于持续运动的肌肉不同，姿势肌的特性也不同于非姿势肌。

卫星细胞之间也存在异质性，并且根据不同的标准可分成各种亚群。很多实验室均证实了表达不同类型肌球蛋白的卫星细胞亚群的存在（Stockdale，1990；Feldman and Stockdale，1991；Hoh and Hughes，1988）。Schultz 和 Heckman-Jones（1990）证明活体存在两个卫星细胞亚群。在长达 7d 的肌肉生长中，其中一个亚群的卫星细胞似乎从未分裂。Yablonka-Reuveni 等人（1987）对鸡卫星细胞的克隆分析鉴定了群落大小的差异，发现超过 90%的细胞克隆可以增殖为大群落，而另外 8%～9%的细胞克隆则形成小群落。

为了验证卫星细胞的异质性部分归因于细胞对生长因子应答差异的假设，McFarland 等人（1995a）从一只 6 周龄雄性火鸡的一块肌肉（胸大肌）中分离出单个卫星细胞。使用机器人细胞操纵器培养了 73 个细胞克隆，不同克隆的细胞铺满 25 cm^2 的组织培养瓶的用时差异很大。尽管细胞保持持续生长，但生长最快的细胞克隆在第 17 天达到融合，而最慢的则在第 30 天融合。为进一步研究细胞之间的差异，选择在第 19 天融合和在第 29 天融合的细胞克隆进行深入研究。结果发现，前者的增殖显著快于后者。此外，第 19 天融合的克隆对各个浓度

（0.5%～15%）鸡血清的促有丝分裂效应的应答更明显。两种克隆中的细胞均具有相同的形态，且通过生化试验并没有检测到凋亡细胞特有的 DNA 片段。当对两种接近融合的细胞克隆采用低血清的培养基进行诱导分化时，其分化速率并无差异。随后有研究进一步比较它们对肌肉生长和发育中重要生长因子的反应（Yun et al.，1997）。在无血清培养条件下，第 17 天融合的克隆对 FGF-2、IGF-1、胰岛素和 PDGF-BB 的促有丝分裂效应的反应较第 29 天融合的更大。此外，第 17 天融合的克隆对 TGF-β 的抑增殖和抑分化作用的应答也较明显。分析这两种细胞克隆上的 PDGF、FGF 和 IGF 受体的特性也没有发现其解离常数或受体数目存在差异。这些结果表明卫星细胞对生长因子的反应存在异质性。为了进一步对比克隆之间的差异，研究者又在原有克隆的基础上另外增加了两个快速生长的克隆和两个缓慢生长的克隆一并进行比较（McFarland et al.，2003）。研究中所用的三个快速生长克隆在 25 cm^2 培养瓶中分别在第 17、18 或 19 天发生融合，而三个慢速生长的克隆则在第 28 天或 29 天发生融合。所有快速生长的克隆都对FGF-2 应答更强，并在增殖开始时比缓慢生长的克隆表达更高水平的 FGF-2 和 FGFR-1。快速生长的克隆也比缓慢生长的克隆表达更高水平的硫酸乙酰肝素蛋白多糖（heparan sulfate proteoglycan，HSPG），且在分化期差异尤其明显。HSPG 在 FGF 信号通路中起到重要作用，其表达在所有克隆的增殖过程中增加，而在分化过程中降低（其中一个克隆除外）。生长缓慢的克隆，FGFR-1 的表达在整个增殖和分化过程中均增加，但快速生长的克隆中该受体的表达在分化过程中降低。采用逆转录 PCR 方法未能在火鸡卫星细胞或肌管上检测到 FGFR-2 和 FGFR-3。

为了验证卫星细胞克隆对生长因子刺激的应答的差异是否由于活化的细胞内信号蛋白水平的差异所致，有研究进一步比较了上述 6 个克隆中磷酸化-MAPK（磷酸化-ERK 1/2）的水平（McFarland and Pesall，2008）。蛋白免疫印迹法证明，IGF-1 和 FGF-2 在卫星细胞和火鸡胚胎成肌细胞均存在协同作用。添加 IGF-1 和 FGF-2 后，两个缓慢生长的克隆的 MAPK 磷酸化水平较低，而另一个生长缓慢的克隆 MAPK 磷酸化水平与三个快速生长的克隆类似。这个结果提示，肌肉内的卫星细胞亚群对生长因子刺激应答的变异存在多种原因，可能与 MAPK 磷酸化水平有关。

不同类型肌肉之间卫星细胞的特性也存在差异。有研究对比了离体培养的来源于火鸡胸大肌（主要由酵解型纤维组成）和股二头肌（主要由氧化型纤维组成）的卫星细胞（McFarland et al.，1995b）。与股二头肌的卫星细胞相比，胸大肌的卫星细胞对血清促丝裂效应更敏感。低血清诱导分化时，股二头肌卫星细胞融合成多核肌管的速度比胸大肌来源的卫星细胞更快。然而，股二头肌和胸大肌来源的卫星细胞对 IGF-1、胰岛素或 FGF-2 的促丝裂效应并无明显差异。对生长因子受体特性的检测也显示，两种细胞的 FGF 和 IGF 受体对其配体的亲和力和受体数量均无差异（McFarland et al.，1997b）。但这些卫星细胞上的 PDGF 受体的亲和力和受体数目却存在差异。研究发现，股二头肌卫星细胞上 PDGF 受体数量较多，而胸大肌卫星细胞的受体亲和力更高。与胸大肌卫星细胞相比，离体培养的股二头肌卫星细胞分化而来的肌管中蛋白质降解和合成的速率更高。很多活体及离体肌肉研究表明，氧化型肌肉蛋白质合成速率要高于酵解型肌肉（Beatty and Bocek，1969）。此外，与胸大肌细胞相比，股二头肌细胞摄取葡萄糖类似物——2-脱氧葡萄糖的速率也更快。

16.10 胸肌形态的母系遗传和生长选择

肌肉由肌纤维和肌纤维束组成，但肌纤维和肌纤维束的大小和形态在品系间存在差异。胸肌重量（通过胸围测定）具有高度遗传力。Nestor 等（1967）总结选育群体的胸围未加权平均遗传力为 0.30。McCartney（1961）报道随机繁殖群体胸围的遗传力为 0.42。Nestor 等（1967）通过全同胞分析得到的遗传力为 0.77，通过亲本回归得到的遗传力为 0.61。遗传对胸肌形态结构作用的研究从 Velleman 等人（2003a）开始，研究发现火鸡胸肌形态结构属于母系遗传。商品火鸡是由父本系（或父本杂交系）和母本系（或母本杂交系）杂交而成的。父本系通常筛选生长速度和产肉率，而母本系则根据生长速度和繁殖性状进行筛选。

Velleman 等人（2003a）在早期的研究中，采用胸肌形态差异明显的火鸡品系进行了两个试验（图 16.2）。试验选用随机繁育的对照品系 2（RBC2）、F 系和 B 系。其中，RBC2 是 1966 年商品火鸡的代表（Nestor et al.，1969），F 系是从 RBC2 中筛选的 16 周龄体重增加的品系（Nestor，1977），B 系为商品父本系。RBC2 的细胞外基质间隙（肌束膜和肌内膜间

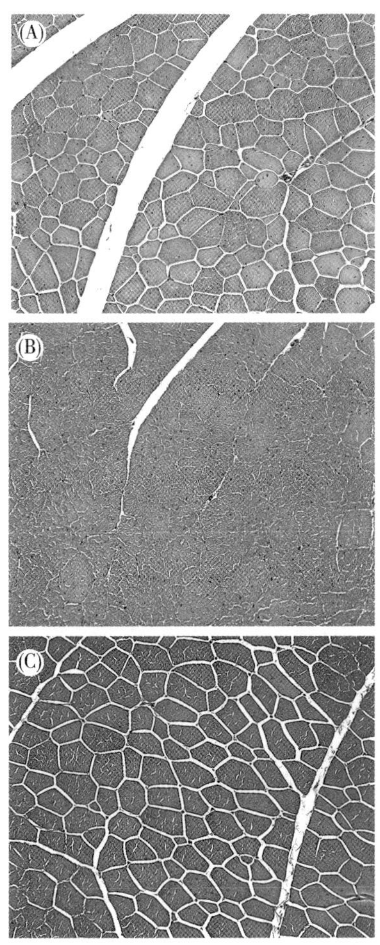

图 16.2 根据体重长期选育的实验品系（F）、商品系（B）和随机杂交对照品系（RBC2）（即 F 系基础群）16 周龄胸大肌代表性样品

（A）为 RBC2 系；（B）为 F 系；（C）为 B 系。由 Velleman 等（2003a）授权使用。

隙）界限清楚，其肌纤维没有商品父本B系粗。F系的特征是细胞外基质间隙和肌纤维都较其他品系小，肌束的界限也比较模糊。试验一采用F系和B系火鸡，通过B系和F系正反杂交和纯交的方式获得子代。试验二采用F系和RBC2系正反杂交和纯交获得子代。分别采集两个试验中子代的胸肌样品，并对其进行组织学评估。两个试验均表明，雄性和雌性子代的胸肌形态结构均跟随母本。由图16.3可见典型的F系和B系正反交子代胸肌的横切面。随后，另有研究使用F系和RBC2系的F1和F2杂交后代，进一步验证了16周龄火鸡的胸肌形态属母系遗传（Velleman and Nestor，2004）。以产蛋性能而不是生长性能为目标选育的蛋用火鸡同样也表现出母系遗传的特性。由此可见，胸肌形态结构的母系遗传似乎在火鸡中普遍存在（Velleman and Nestor，2006；Velleman et al.，2007a）。

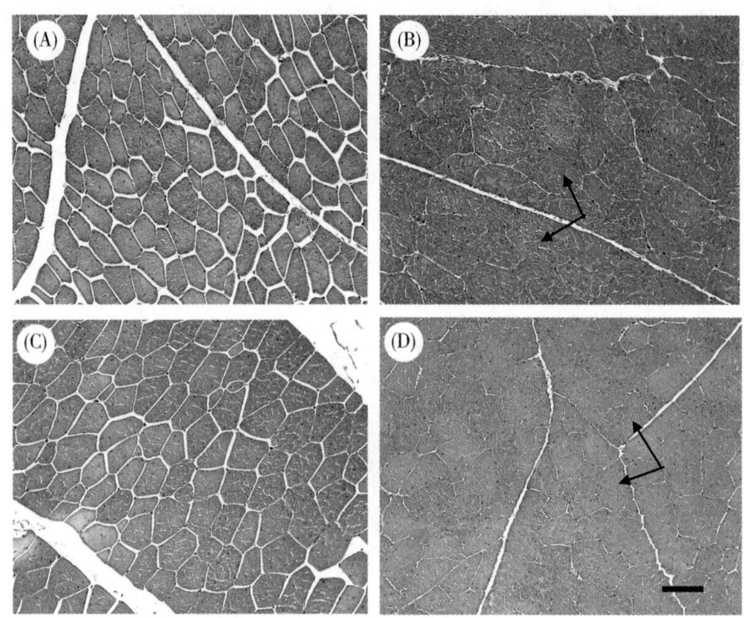

图16.3　商品父本系（B）和16周龄体重长期选育实验品系（F）正反交后代胸大肌代表性横截面图

（A）F父系×B母系；（B）B父系×F母系；（C）F父系×B母系；（D）B父系×F母系。（A）和（B）来自公鸡，而（C）和（D）来自母鸡。标尺=50 μm。箭头所示为肌纤维区块。由Velleman等（2003a）授权使用。

火鸡胸肌的母系遗传生物学机制目前尚不清楚。这种母系遗传可能由线粒体遗传、表观遗传或遗传印记，或蛋内的某些因子引起。线粒体DNA主要来自母体，并引起雄性和雌性之间的遗传不对称（Wolff and Gemmell，2012）。然而线粒体遗传机制及其与肌肉形态结构的关系目前尚不明确。被子植物、哺乳动物及一些原生动物均存在遗传印记（Pennisi，2001）。假如遗传印记在火鸡胸肌形态的遗传中起重要作用，则应该能观察到某些父系遗传的特征。有研究表明，蛋的品质会影响火鸡出雏后的生产性能。例如，蛋重可以影响24周龄火鸡的体重（Scott and Phillips，1936；Bray，1965）。但蛋的性状，譬如蛋的重量和蛋的营养成分的差异，可能不是导致母系遗传的原因。

不管是什么原因导致了火鸡肌肉形态结构的母系遗传，对商品火鸡产业而言，商品火鸡的配种方式会显著影响生产性能。商品母本应当选用具备理想胸肌形态特征的品系。Velleman等（2010）发现配种方式对火鸡胸肌形态的影响自12周龄开始显现。目前尚不清楚其他禽种是否存在胸肌形态的母系遗传，或其他部位的肌肉是否同样存在母系遗传现象。

16.11 高生长速度的选育对肌肉损伤的影响

家禽育种产业历来重点关注高生长速度和胸肌的重量。家禽高速生长可以满足消费者对经济实惠的鸡肉和火鸡产品的需求，但同时也改变了肌肉的形态结构和生化特性。因此生长率提高的同时也必须考虑影响肌肉生长的细胞学机制。骨骼肌（尤其是胸肌）的这些变化会影响肉质，这也是肌肉纤维的缺陷造成的终极后果。选育的高速生长家禽会出现一些典型的肌纤维缺陷，包括胸深肌病（deep pectoral myopathy）(Wilson et al.，1990；Sosnicki and Wilson，1991)、局灶性肌病（Sosnicki，1993）和 PSE 肉（Sosnicki，1993；Pietrzak et al.，1997）。最近有报道发现肉鸡胸肌出现白色条纹，这与体重过大或生长过快有关（Bauermeister et al.，2009；Kuttappan et al.，2012）。白色条纹缺陷是肌肉顺着肌纤维的方向出现白色条纹，虽不影响蒸煮品质，但会影响其外观。由于肌纤维被结缔组织包围，白色条纹的产生可能与结缔组织沉积或结构的改变有关。据 Kuttappan 等（2013）报道，高速生长家禽胸肌中带白色条纹的病理变化有所增加。白色条纹的严重程度不同，并影响肌肉的形态。白色条纹严重或中等严重的胸肌样品会出现横纹消失、肌纤维大小变异、絮状或空泡变性、纤维溶解、轻度矿化、偶发再生、单核细胞浸润、脂质沉积、间质性炎症和纤维化。此

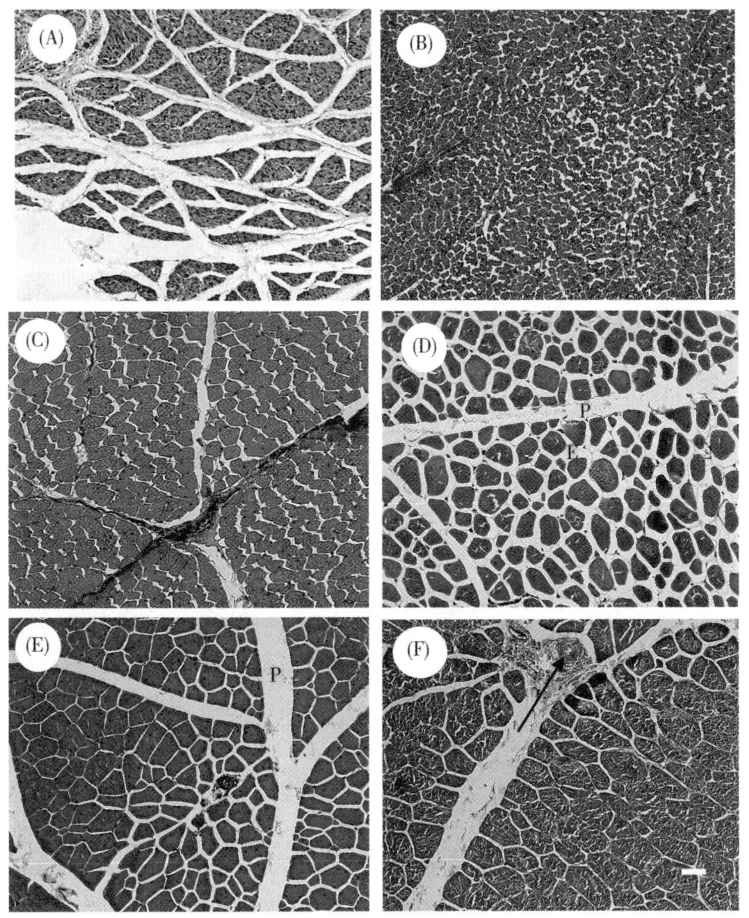

图 16.4　随机杂交对照品系胸大肌苏木精-伊红染色图

(A) 胚胎发育 25d；(B) 出壳后一周；(C) 4 周龄；(D) 8 周龄；(E) 16 周龄；(F) 20 周龄。P 表示肌束膜连接组织层；E 表示肌纤维膜连接组织层［在图 (D) 中］；箭头所指为毛细血管。标尺＝40μm。由 Velleman 等 (2003b) 授权使用。

外，白色条纹肌肉中脂肪含量增加，蛋白质含量却降低。

肉鸡和肉用火鸡的胸肌纤维缺陷还包括肉色呈浅色或苍白色，系水力低（Rémignon and Bihan-Duval，2003）。根据 Owens 等（2000）的估计，大约40%的商品火鸡肉的系水力差。育种导致的这些肌肉变化不仅存在于鸡和火鸡中，鸭也存在这些问题（Baeza et al.，1997）。

Wilson 等（1990）的研究发现，火鸡胸肌的肌纤维损伤程度随着年龄增加而增加。Velleman 等（2003b）跟踪比较了 RBC2 系和 F 系火鸡从胚胎发育后期（第25天）到出壳后20周肌肉的形态，以研究基于生长速度的选育对肌肉纤维损伤的影响。图16.4和图16.5可见经苏木精和伊红染色的 RBC2 系和 F 系的胸肌。未经选育的 RBC2 系火鸡的胸肌具有结构良好的肌纤维和肌束（图16.4）。不管哪个年龄，RBC2 系火鸡肌肉样品的肌纤维和肌束之间都为肌内膜和肌束膜结缔层留有足够的空间。此外，肌束膜结缔组织层还含有大量的毛细血管床，这对移除无氧酵解的副产物至关重要。然而，在20周龄时观察到一些肌纤维断裂。相比之下，F 系在8周龄时肌纤维和肌束周围的肌内膜和肌束膜的间隔就较小。在出壳后16周，F 系肌肉中发现过度收缩的肌纤维，在20周时肌纤维束出现明显断裂和退化。由于 F 系胸肌中结缔组织的空间较小，因此不存在发育良好的毛细血管床。

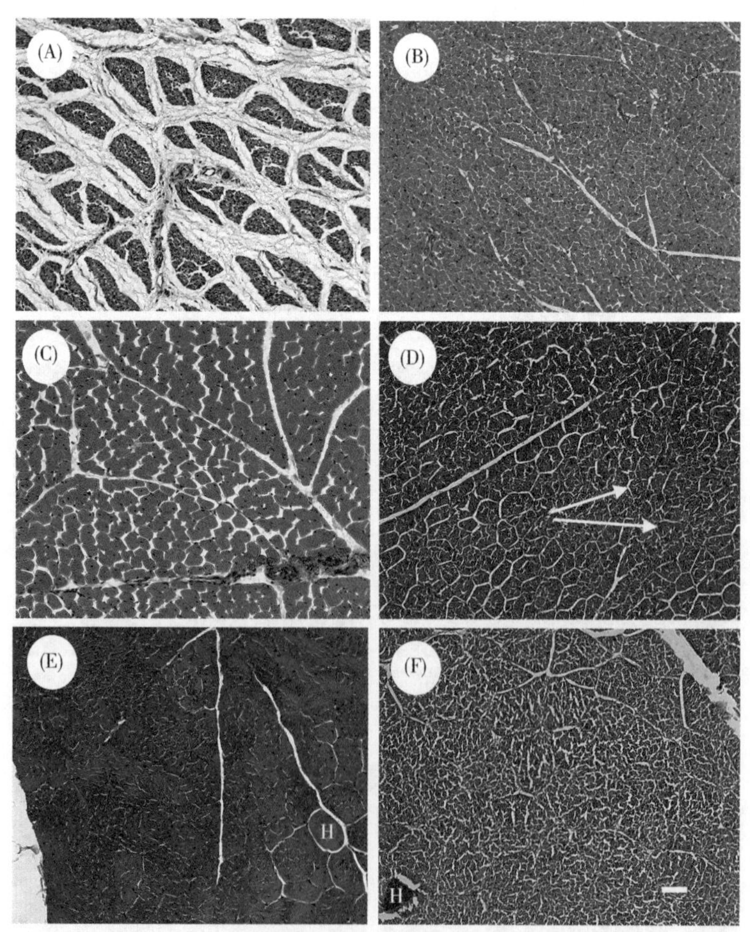

图16.5 16周龄体重选育 F 系胸大肌苏木精-伊红染色图

（A）胚胎发育25d；（B）出壳后一周；（C）4周龄；（D）8周龄；（E）16周龄；（F）20周龄。箭头所示为肌纤维断裂；H表示肌纤维过度收缩。标尺=40μm。由 Velleman 等（2003b）授权使用。

F 系所呈现出的这种肌肉形态的变化表明，家禽过度生长的肌肉超出了肌肉支持系统的承受范围，就会导致肌肉损伤。肌纤维断裂后，肌内膜间隔缩小。胸肌主要由快速酵解型（Ⅱb）肌纤维组成。随着胸肌重量的增加，糖酵解纤维更多，其厌氧代谢能力也随之增强（Dransfield and Sosnicki，1999；Yost et al.，2002）。厌氧呼吸产生的乳酸导致肌肉中的酸浓度升高，pH 降低。而 PSE 肉正好具有宰后 pH 低的特点。结缔组织间距缩小的肌肉可能存在循环受限，而肌肉中乳酸又必须通过循环系统清除，并经肝脏转化为糖原（Bangsbo et al.，1991）。有研究发现，火鸡胸肌纤维坏死肌肉周围的毛细血管确实有所减少（Sosnicki and Wilson，1991）。血液循环受限的胸肌，其乳酸清除的能力下降，可能是导致 PSE 肉中 pH 降低的原因。

16.12 细胞外基质对肌肉发育和生长的调节

如上所述，肌肉被三个不同的结缔组织层包裹着：肌外膜、肌束膜和肌内膜［图 16.1（A）］。肌外膜包裹着整个肌肉，并且将其与各种肌肉组织或肌腱相连，使其附着在骨骼上。尽管肌外膜非常厚，但也易于去除，并非影响肉质的一个因素。肌束膜包裹着肌纤维束，肌内膜包裹着单个肌纤维。肌肉的很多功能特性及影响肉质的因素由结缔组织层决定。组织结构、组织的弹性、肌肉血管供应以及系水力等都与结缔组织（主要是占比 90%的肌束膜）密切相关。结缔组织由细胞和细胞外基质组成。

细胞外基质包括所有细胞分泌的并固化在细胞外的分子，是细胞自己制造的外环境。细胞外基质的主要大分子成分包括胶原蛋白、蛋白多糖和非胶原糖蛋白。细胞外基质以往被看作一种结构物质，细胞嵌入其中，并不能主动影响细胞行为。细胞外基质顾名思义是一种用于填充细胞间隙的基质。关于细胞外基质的这种传统观点现已被更新。细胞外基质是一种动态的复杂的大分子网络，参与调节组织发育、功能、生长和维持等机制。例如，细胞外基质可作为细胞迁移的介质调节肌肉功能，可调节生长因子活性，可调节细胞增殖和分化信号传递，并为正常组织活动提供必需的组织结构框架。

肌肉的形成取决于与多核肌管形成有关的肌细胞的迁移。细胞外基质可作为支持细胞迁移的介质。细胞与细胞外基质的相互作用主要由细胞膜受体——整合素控制。整合素是广泛表达的糖蛋白，是由 α 和 β 亚基组成的异二聚体，可连接细胞外基质和细胞骨架。整合素通常与细胞外基质糖蛋白——纤连蛋白中的精氨酸-甘氨酸-天冬氨酸（RGD）结构域相结合。整合素与纤连蛋白的结合导致黏着斑的形成。纤连蛋白是一种多功能的胞外大分子，以二聚体的形式分泌，两条肽链的 C-末端通过二硫键结合在一起。每个纤连蛋白亚基的分子质量为 235～270 ku。除了 RGD 结构域，纤连蛋白还具有与肝素、纤维蛋白和胶原结合的位点。

细胞迁移涉及一系列的细胞变化，包括细胞前缘延伸、细胞与细胞外基质底物之间形成稳定连接、细胞骨架的收缩、细胞的移位，以及细胞后缘的细胞-细胞外基质底物黏附的解离。整合素的表达是细胞迁移所必需的。Boettiger 等（1995）研究发现，抑制 α5β1 整合素的表达可阻断肌肉细胞的迁移和肌管发育。此外，上调 α5β1 整合素表达能提高抗凋亡基因的表达，并促进细胞存活和生长（Zhang et al.，1995）。当附着于细胞外基质底物时，肌细胞开始延长，并具有更多的整合素介导的黏着斑，进而引起更多的迁移、肌管的形成和随后的纤维发育。

胶原蛋白是在肌肉中发现的最丰富的细胞外基质分子，它存在于三个结缔组织层中（McCormick，1999）。骨骼肌中的胶原蛋白主要是Ⅰ型和Ⅲ型纤维状胶原蛋白。这些纤维状胶原蛋白在维持肌肉的机械稳定性和防止肌肉过度伸展中具有重要作用。肌肉的伸展程度部分取决于纤维状胶原蛋白的交联程度。纤维状胶原蛋白由三条形成右旋三螺旋的 α-多肽链组成。三螺旋的螺旋状结构域包含 Gly-X-Y 的氨基酸重复序列，其中 X 和 Y 通常是脯氨酸或赖氨酸。除螺旋状结构域外，胶原蛋白还具有通过链间氢键进行相互作用的羧基和氨基末端的非螺旋区域，以及形成链内和链间二硫键的区域。

细胞内和细胞外均存在对胶原蛋白三螺旋翻译后的修饰。在细胞内，特定的赖氨酸残基可以被糖基化修饰，特定的脯氨酸和赖氨酸残基也可以被羟基化修饰。这些翻译后修饰对于胶原蛋白功能的发挥是必要的。一旦分泌到细胞外基质中，羧基和氨基末端就会被剪切。此时，胶原蛋白分子以四分之一错位阵列的模式排列。四分之一错位阵列是指相邻排列的胶原蛋白分子之间大约有四分之一长度的重叠。该阵列出现的同时开始形成胶原原纤维（fibril）。胶原蛋白纤维是胶原蛋白的功能形式。

四分之一错位阵列的发生是因为疏水作用和离子的相互作用，最初的胶原原纤维并不是一个稳定的复合体。胶原原纤维的稳定性和功能离不开后续的共价键的形成，又称为交联。纤维状胶原蛋白可形成二价和三价胶原蛋白交联（McCormick，1999）。二价或酮胺交联是短暂而可逆的，取而代之的是成熟的不可逆的三价羟基联吡啶（hydroxylysl pyridinium，HP）交联。HP 交联的三价形式随年龄而增加，HP 交联水平的提高伴随肉的嫩度降低。

胶原蛋白交联的形成取决于饰胶蛋白聚糖（decorin）与胶原原纤维的关联。饰胶蛋白聚糖是富含亮氨酸的小分子蛋白聚糖的一员，由大约 45 ku 的核心蛋白和单个共价结合的软骨素或硫酸皮肤素链组成。Weber 等（1996）研究发现，饰胶蛋白聚糖是一种弓形分子，其内凹表面包裹在距离 N 末端大约 54 nm 的胶原蛋白三螺旋周围。饰胶蛋白聚糖的第二结合位点距 N 末端 112 nm。饰胶蛋白聚糖表达的变化会影响胶原纤维的形成和交联（Danielson et al.，1997）。Danielson 等（1997）的研究显示，在饰胶蛋白聚糖敲除小鼠模型中，胶原纤维的大小和直径均存在异常。虽然这些小鼠能存活，但它们的皮肤很脆弱，容易被外力撕裂。因此，饰胶蛋白聚糖影响胶原纤维成熟为更大的纤维网络，并影响组织的功能特性。就骨骼肌而言，饰胶蛋白聚糖的表达水平会影响肌肉的弹性。譬如，鸡的 LSN*（Low score normal）遗传性肌无力，其特征是肌肉发育和功能低于正常水平。

LSN 最初是在患遗传性肌肉萎缩症的鸡与商品白色来亨鸡的杂交 F2 后代中发现的（Pierro and Haines，University of Connecticut，Storrs，CT，06，268，未发表资料）。LSN 主要用来区分肌肉萎缩症的禽类。LSN 个体当处于背部朝下的仰卧位，不能很好地翻正站立（耗竭分数），但活动能力比肌肉萎缩的个体要高。在胚胎发育 20d 的 LSN 禽类的胸大肌中，饰胶蛋白聚糖的蛋白水平显著增加（Velleman et al.，1996）。随着饰胶蛋白聚糖水平的提高，LSN 胸大肌胶原蛋白的 HP 交联水平在出壳后 6 周增长近 200%

* 译者注：通常采用背部朝下翻正次数评价肉鸡肌肉萎缩程度和力量强弱。2～3 月龄正常肉鸡一般可以翻正 15～20 次左右（高分），而重度肌无力肉鸡几乎完全不能翻正（零分）。LSN 一般指介于正常和重度肌无力之间的肌肉萎缩状态（低分-正常）。

（Velleman et al.，1996）。

饰胶蛋白聚糖除调控胶原原纤维生成之外，还能与生长因子 TGF-β（Hildebrand et al.，1994）和肌肉生长抑制素（Miura et al.，2006）结合来影响肌细胞的增殖和分化。饰胶蛋白聚糖在调节这两种关键生长因子的生物可利用度方面发挥重要作用，它引导这两种生长因子至它们的细胞信号转导受体。TGF-β 和肌肉生长抑制素都是肌肉细胞增殖和分化的强抑制因子。肌肉生长抑制素是 TGF-β 家族生长因子的一员，仅在骨骼肌中存在。

TGF-β 与饰胶蛋白聚糖的核心蛋白结合，因而不能与其Ⅰ型和Ⅱ型受体结合，使肌细胞对 TGF-β 的反应性降低（Drougett et al.，2006）。TGF-β 与其受体的结合导致异源二聚体形成，并使Ⅱ型受体磷酸化，激活Ⅰ型受体。受体被激活后将 Smads 磷酸化，并与伴侣 Smad（Smad-4）结合形成 Smad 复合物。Smads 是一类细胞内蛋白质，介导细胞外 TGF-β 信号。Smads 复合体转位至细胞核，与转录因子结合并调节靶基因的转录（Mehra and Wrana，2002）。饰胶蛋白聚糖可与低密度脂蛋白受体（Low-density lipoprotein-1，LRP-1）结合，随后被胞吞而分解（Brandan et al.，2006）。该过程会在某种程度上调控循环中饰胶蛋白聚糖水平，并影响 TGF-β 与其受体的结合。

饰胶蛋白聚糖的表达也受肌肉生长过程中 TGF-β 水平的调节。Li 等（2006）研究证实，TGF-β 可以在体外降低饰胶蛋白聚糖的表达。体内也存在 TGF-β 对饰胶蛋白聚糖表达的调节。给鸡胚发育第 3 天注射外源性 TGF-β，胸大肌中饰胶蛋白聚糖 mRNA 水平在胚胎第 10 天时降低，而蛋白水平在胚胎第 17 天和出壳后的第 1 天降低（Li and Velleman，2009）。

饰胶蛋白聚糖似乎也可以通过调节结缔组织生长因子参与骨骼肌纤维化的调节。TGF-β 和溶血磷脂酸刺激肌肉细胞产生结缔组织生长因子，增强肌肉纤维化和肌肉去分化（Vial et al.，2008）。饰胶蛋白聚糖的核心蛋白与结缔组织生长因子结合，抑制结缔组织生长因子的促纤维化效应（Vial et al.，2011）。

肌肉生成抑制因子与 TGF-β 作用方式类似，也可以结合饰胶蛋白聚糖的核心蛋白（Miura et al.，2006）。与 TGF-β 一样，饰胶蛋白聚糖能调节（递呈或阻断）肌肉生长抑制因子与其激活素Ⅱ型受体，并通过 Smad 介导的信号通路调节基因表达。当肌肉生长抑制因子与饰胶蛋白聚糖的核心蛋白结合，阻断了前者与其受体结合，进而促进了肌细胞的增殖和分化（Kishioka et al.，2008）。肌肉生长抑制因子的基因突变可导致“双肌”现象（Grobet et al.，1997；Kambadur et al.，1997；McPherron and Lee，1997）。Yang 等（2003）的研究显示，肌肉生长抑制因子抑制鸡胚胎成肌细胞的增殖和分化。McFarland 等（2006）也发现肌肉生长抑制因子能抑制火鸡卫星细胞增殖和分化。除饰胶蛋白聚糖可以调节肌肉生长抑制因子的表达外，骨骼肌基底膜蛋白聚糖（perlecan）也具有调节作用（Xu et al.，2010）。敲除小鼠的骨骼肌基底膜蛋白聚糖的蛋白后，肌肉生长抑制因子的表达降低，肌纤维，尤其是Ⅱb 型快收缩纤维，出现肥大。

饰胶蛋白聚糖是一种细胞外基质大分子，它可以作为核心分子参与细胞外基质的形成，也可以在细胞表面附近发挥作用，或直接结合细胞表面受体，启动调节细胞生长的信号转导途径。饰胶蛋白聚糖可以直接与胰岛素样生长因子受体（Insulin like growth factor receptor，IGFR）和表皮生长因子受体（Epidermal growth factor receptor，EGFR）结合，进而调节细胞生长。饰胶蛋白聚糖与 IGFR 结合：磷酸化 IGFR，形成细胞内锚定蛋白胰岛素受体底物-1（IRS-1）的锚定或结合位点；IRS-1 随后被磷酸化；磷脂酰肌醇 3-激酶随之被激活，然后磷酸化其级联效应器——丝氨酸/酪氨酸激酶（AKT）。激活 AKT 会引起细胞周期蛋白（cyclin）依赖性激酶活性的抑制因子 p21[WAF1/CIP1] 的下调，使细胞从 G1 向 S 期转变，并增加细胞周期相关蛋白的丰度，提高细胞增殖能力。Moscatello 等（1998）研究表明，饰胶蛋白聚糖与 EGFR 结合可发生一系列磷酸化，主要通过丝裂原活化蛋白激酶途径（MEK1/2 和 ERK1/2），上调 p21，从而抑制细胞周期蛋白和细胞周期蛋白依赖性激酶的活性。

16.13 细胞膜相关的细胞外基质大分子对肌肉生长特性的调节

与细胞膜相关联的蛋白聚糖通常包括胞外、跨膜和胞内三个结构域。因此，这些蛋白聚糖可以在组织细胞外基质结构、细胞骨架组织、细胞间黏着和细胞的信号转导中起作用。黏结蛋白聚糖（syndecan）和磷脂酰肌醇蛋白聚糖（glypican）是硫酸乙酰肝素蛋白聚糖的两个家族，也是生长因子信号转导中不可或缺的组分。成纤维生长因子 2（FGF2）是肌细胞增殖的强刺激物，也是细胞分化的强抑制剂（Dollenmeier et al.，1981）。FGF2 通过结合黏结蛋白聚糖和磷脂酰肌醇蛋白聚糖的硫酸乙酰肝素链，维持其与酪氨酸激酶受体的高亲和力（Steinfield et al.，1996）。

黏结蛋白聚糖有四个家族成员，即 syndecan-1～4。这四个成员均在骨骼肌中有表达（Larraín et al.，1997，1998；Brandan and Larraín，1998；Fuentealba et al.，1999；Liu et al.，2006）。所有黏结蛋白聚糖都是 I 型膜糖蛋白（Deepa et al.，2004），通常含有至少 3 条硫酸乙酰肝素链以及 N-糖基化链。然而，其核心蛋白还可以共价结合硫酸皮肤素和硫酸软骨素链。所有的黏结蛋白聚糖都具有胞外、跨膜和胞内结构域。syndecan-1～4 的胞内结构域具有两个保守区（C1 和 C2），中间由可变区（V）分开。胞内结构域的 C 末端具有保守的氨基酸序列（EFYA），该序列使黏结蛋白聚糖可以发挥多种细胞表面受体的作用（Choi et al.，2011）。下文介绍骨骼肌中每种黏结蛋白聚糖的已知功能。

syndecan-1 是 FGF2 信号转导的调节因子。syndecan-1 在肌肉细胞增殖过程的表达丰度要高于分化过程（Larraín et al.，1997；Liu et al.，2004）。选育的快速生长型火鸡 syndecan-1 的表达高于没有经过选育的火鸡（Liu et al.，2004）。syndecan-1 高表达可能延长细胞的增殖期，扩大可分化成肌纤维的肌细胞储备库。

syndecan-2 在某种程度上与 syndecan-1 类似，在禽类肌细胞增殖期间表达升高，随着分化过程而降低（Liu et al.，2006）。与其他黏结蛋白聚糖相比，目前对 syndecan-2 在肌肉中的功能仍了解较少，但有证据表明 syndecan-2 胞内结构域可能参与调节细胞对 TGF-β 的应答（Chen et al.，2004）。

近年来有研究表明，syndecan-3 可能在成肌卫星细胞的维持、增殖和分化中发挥作用（Fuentealba et al.，1999；Cornelison et al.，2004；Pisconti et al.，2010）。syndecan-3 的缺乏会引起肌肉萎缩，其症状包括运动障碍、纤维化、肌核数量减少（Cornelison et al.，2004），卫星细胞增殖减少等（Pisconti et al.，2010）。

syndecan-4 是参与家禽肌肉发育的黏结蛋白聚糖中研究最多的。有研究表明，syndecan-4 在肌肉维持和再生中发挥着重要作用（Cornelison et al.，2001，2004）。在火鸡卫星细胞增殖过程中，syndecan-4 的表达水平较高（Velleman et al.，2007b）。syndecan-4 在肌肉中的主要作用是调节细胞骨架组织和细胞迁移（Shin et al.，2012b，2013a；Song et al.，2012a，b）。当 4，5-二磷酸磷脂酰肌醇（phosphatidylinositol 4，5-bisphosphate，PIP2）与 syndecan-4 胞内结构域的 V 区结合时，syndecan-4 可促进未激活的 PKCα 向肌细胞膜转位，并导致其激活（Song et al.，2012c；Shin et al.，2012b）。一旦 PKCα 被激活，PKCα 将进一步激活下游 RhoA 信号转导通路，从而参与细胞迁移的调节（Dovas et al.，2006；Shin et al.，2013a）。syndecan-4 胞内结构域的缺失或 RhoA 的减少均可抑制火鸡卫星细胞的迁移（Shin et al.，2013a）。在火鸡卫星细胞中，与 PIP2 的结合也起到稳定 syndecan-4 的作用，进而导致 syndecan-4 低聚物的形成（Shin et al.，2012b）。由于单体形式的 Syndecan-4 不具备激活 PKCα 的能力，syndecan-4 的低聚化是激活 syndecan-4 的前提（Horowitz and Simons，1998a，b）。

关于与 FGF2 的关系，syndecan-4 的功能可能因细胞种类而异。例如，有研究显示，在内皮细胞中 syndecan-4 硫酸乙酰肝素链和胞内结构域是 syndecan-4 介导的 FGF2 细胞信号转导所必需的（Volk et al.，1999）。然而，火鸡卫星细胞的 syndecan-4/FGF2 信号转导则不依赖硫酸乙酰肝素链，但需要胞内结构域及其保守 C1 区中的 Ser^{178} 残基（Zhang et al.，2008；Song et al.，2012c，d）。Horowitz 和 Simons（1998a，b）研究发现，生长抑制剂可以将 C1 结构域中的丝氨酸残基磷酸化，而 FGF2 可使其去磷酸化。C1 区域中丝氨酸的磷酸化将抑制 PKCα 的激活。在火鸡卫星细胞中，Ser^{178} 残基能够促进 PKCα 的活化和 FGF2 诱导的细胞增殖（Song et al.，2012d）。

16.14　细胞外基质对生肌调节因子的调节

硫酸乙酰肝素蛋白聚糖中的 syndecan-4 和 glypican-1 已经被证实与卫星细胞增殖和分化过程中多种 MRF 的表达有关（Gutiérrez and Brandan，2010；Shin et al.，2012a）。Shin 等（2012a）通过敲低火鸡卫星细胞中 syndecan-4 和 glypican-1 的表达，研究了这两种聚糖对 MRF 的影响。结果发现，降低 syndecan-4 显著升高增殖期卫星细胞 MyoD 和 MRF4 的表达，这提示 syndecan-4 可能影响调节肌细胞数目的 MRF 表达。相反，在火鸡卫星细胞增殖和分化阶段降低 glypican-1 的表达，抑制了所有 MRF 的表达，这说明 glypican-1 可能是 MRF 表达所必需的。

16.15　调节禽类生肌的新基因

有些以往未发现参与肌肉发生的基因也可能参与禽类肌肉生长的调节。有研究采用火鸡骨骼肌长核苷酸芯片（turkey skeletal muscle long oligonucleotide，TSKMLO）分析了三个发育阶段的胸大肌全转录组（Reed et al.，2008；Sporer et al.，2011a）。这三个发育阶段分别是第 18 天胚龄、1 日龄和 16 周龄。在差异表达的基因中（Sporer et al.，2011b），深入研究了三个基因［即多功能蛋白聚糖（versican）、基质Gla蛋白和死亡相关蛋白］对卫星细胞增殖和分化的影响。

多功能蛋白聚糖是一种分子质量很大的硫酸软骨素蛋白聚糖，最初在培养的成纤维细胞中发现（Zimmerman and Ruoslahti，1989）。Zhang等（1998）研究表明，多功能蛋白聚糖能促进NIH-3T3成纤维细胞增殖。在火鸡卫星细胞中敲低多功能蛋白聚糖的表达，细胞的增殖加快，说明多功能蛋白聚糖在卫星细胞增殖过程中发挥潜在的作用（Velleman et al.，2012）。此外，在胚胎期肌肉发育过程中，保水性高的大分子蛋白聚糖，如多功能蛋白聚糖，可能参与初级肌纤维的合成。多功能蛋白聚糖由许多硫酸软骨素链附着于核心蛋白，并与其他分子发生离子互作。由于多功能蛋白聚糖在胚胎肌肉形成的早期表达，推测其可能在发育肌纤维的空间分配上发挥重要作用（Fernandez et al.，1991）。

基质Gla蛋白在血管平滑肌细胞高丰度表达（Proudfoot and Shanahan，2006）。随后，Sporer等（2011b）发现在骨骼肌中也有表达。敲低基质Gla蛋白的表达仅降低了快速生长火鸡卫星细胞的增殖（Velleman et al.，2012）。目前尚不能推测基质Gla蛋白是否在成肌过程中发挥作用，或者仅在快速生长品系表达。

死亡相关蛋白（death-associated protein，DAP）是首次在HeLa细胞中发现的一种高度保守的富含脯氨酸的磷蛋白（Deiss et al.，1995）。近年来的研究发现DAP是一种mTOR的底物（Koren et al.，2010），mTOR是调控肌肉肥大的主要细胞内信号通路（Bodine et al.，2001）。在火鸡（Velleman et al.，2012）和鸡（Shin et al.，2013b）胸肌卫星细胞中，敲低DAP的表达能显著抑制肌管形成。鉴于DAP可能是禽类生肌过程的关键基因，后续研究还需要深入揭示mTOR对肌肉DAP的调节作用。

16.16 总结

本章聚焦禽类骨骼肌生物学系统，概述了肌肉的结构、出壳前后的发育、生长选育的作用、细胞外基质对肌肉发育和生长的影响，以及新基因的鉴定。肌肉生长发育是一个复杂的过程，涉及细胞一系列的变化，而且胚胎期和出壳后具有不同的特点。目前已知多种因子可以影响禽类骨骼肌的发育和生长。随着时间的推移，将会有更多的因子被鉴定。

致谢

感谢Ms. Laura B. Harthan在图片处理技术方面的帮助。

参考文献

（束刚译，赵茹茜校）

第 17 章　免疫系统

Pete Kaiser and Adam Balic

17.1 引言

尽管目前我们对鸟类免疫系统以及鸟类对疾病和疫苗的免疫应答的认识仍然落后于那些研究得较完善的生物医学模型，例如人和小鼠，但自本书上一版出版以来，相关研究已取得显著的进展。鸡基因组序列的测序完成在很大程度上促进了我们对禽类免疫系统相关基因和分子的认识，从而让我们能更详细地了解禽类免疫应答的过程。目前鸟类免疫学研究的主要对象以及本章的重点仍然是鸡，因为它是具有重要经济价值的禽类。当然，如果把鸡免疫系统的知识应用于其他鸟类物种，虽然从广义上讲，相同的原理仍可适用，但细节上可能有所不同。例如，不同禽类免疫多基因家族成员的数目是不同的（Huang et al.，2013）。

广义上讲，鸟类的免疫系统和免疫应答与哺乳动物是相似的。二者都有先天免疫应答和适应性免疫应答，并且鸟类的适应性免疫应答也包括细胞免疫应答和体液免疫应答，从而产生免疫记忆。然而，当人们研究鸟类的免疫应答器官、细胞和分子时，就会发现虽然鸟类能实现和哺乳动物相同的全身性应答，但它们应答的方式在很多方面（并不是所有）都是不同的。

因为很难在一个章节中总结禽类免疫系统的各个方面，所以本章我们将会着重于鸟类免疫应答器官的基本解剖学，以及不同于哺乳动物免疫应答的主要免疫细胞和分子，在某些情况下，这些是鸟类独有的。

17.2 禽类免疫应答的器官和细胞

要了解禽类免疫应答，就需要先认识其基本结构。淋巴组织来源于上皮（如胸腺和法氏囊）或间质（如脾脏和骨髓），血液来源的造血细胞会定植在这些淋巴组织中。定植在初级淋巴器官（即胸腺和法氏囊）的原始造血干细胞会在原位发育成具有免疫能力的 T 细胞和 B 细胞。这一发育过程使 T 细胞和 B 细胞原则上只对外源性抗原产生应答反应，而忽略自身抗原。然后这些成熟的免疫细胞再次进入血液循环，并定植在外周淋巴器官，这些外周淋巴器官包括脾脏，盲肠扁桃体，派伊尔结，麦克尔憩室，哈德氏腺，以及其他肠道、支气管、皮肤、鼻以及与生殖相关的淋巴组织。在这些外周组织中，存在分别由 T 细胞和 B 细胞定植的 T 细胞依赖区和 B 细胞依赖区。

17.2.1 初级淋巴组织

适应性免疫应答的两个主要方式：T 依赖性免疫应答和 B 依赖性免疫应答（通常被称为细胞免疫应答和体液免疫应答），首先是在鸡上被阐述，比其他脊椎动物发现得更早。在 17 世纪，Hieronymous Fabricius 首次描述了法氏囊。20 世纪 60 年代人们普遍接受了机体存在细胞免疫应答（涉及巨噬细胞和淋巴细胞）和体液免疫应答（涉及抗体），但是并不清楚产生抗体的细胞和驱动细胞免疫应答的细胞属于相同还是不同的群体。Glick 等（1956 年）通过一系列法氏囊切除试验（出于其他目的），发现来自法氏囊的淋巴细胞控制抗体的产生。随后，他又证明法氏囊是鸟类 B 细胞受体库发育的器官。之后，其他研究者发现来自胸腺的细胞介导细胞免疫（Szenberg and Warner，1962）。接着 Cooper 等（1965 年）提出假设，鉴于鸟类和哺乳动物在免疫系统和淋巴组织上的相似性，在哺乳动物上一定存在一个与法氏囊功能相似的器官（后来证明是骨髓）。因此，T 细胞因其在胸腺发育而得名，B 细胞则由于其在法氏囊发育而得名。

17.2.1.1 胸腺、T 细胞和 T 细胞受体

鸟类胸腺位于颈部，沿着迷走神经和颈静脉平行方向从第三颈椎直至上胸椎，在颈部两侧各由7～8 个单独的叶组成。在 3～4 月龄时，小叶直径达到最大尺寸，为 10～12 mm，之后开始退化。每个小叶被细小的纤维状结缔组织囊包裹并嵌入脂肪组织中。每个小叶由中心的髓质和周围的皮质组成。胸腺主要含有 T 细胞，还有少量散在分布于髓质和皮质的巨噬细胞和上皮网状细胞。皮质的包囊下区被认为是 T 细胞增殖的主要场所。在 T 细胞成熟过程中，细胞向皮质与髓质的交界区迁移，在这里经胸腺树突状细胞（dendritic cells，DCs）和巨噬细胞选择的胸腺细胞进入髓质，随后进入血液循环。

T 细胞通过异二聚体 T 细胞受体（T cell receptor，TCR）识别主要组织相容性复合物（major histocompatibility complex，MHC）分子递呈的抗原。和哺乳动物一样，鸡也有 αβ 和 γδ 型 T 细胞受体（Chen et al.，1991）。每个 T 细胞受体都包含两个免疫球蛋白（immunoglobulin，Ig）超家族结构域，包括远离细胞膜的可变区（variable，V）和邻近细胞膜的恒定区（constant，C）。后者决定了 TCR 的类别。免疫球蛋白结构域通过一段连接肽和一段跨膜结构域锚定在细胞膜上，其后连接一段非常短的胞质区，该区并不含信号基序，而所有 TCR 的信号都是由 CD3 复合物介导的，这个复合物由 5 种不同的蛋白质组成，由 Chen 等人（1986 年）首先在鸡上鉴定。鸡有两个 Vβ 基因家族——Vβ1 和 Vβ2，它们分别被 TCR2 和 TCR3 抗体所识别（Chen et al.，1991）。表达 αβ 型 TCR 的 T 细胞还可根据它们表达的另外两个表面分子 CD4 和 CD8 进一步区分为不同的亚群。CD4 是 MHC Ⅱ 的共受体，CD8 是 MHC Ⅰ 的共受体。TCR-$\alpha\beta^+$ $CD4^+$ T 细胞被认为是辅助 T 细胞（T helper，Th），而 TCR-$\alpha\beta^+$ $CD8^+$ T 细胞被认为是细胞毒性 T 细胞（cytotoxic T，Tc），下文会进行更详细的讨论。

造血干细胞分三波进入胸腺，并且在前两波中所有三个谱系的细胞都会出现（Chen et

al.，1991）。TCR-$\gamma\delta^+$ 和 TCR-$\alpha\beta_1^+$ 成熟 T 细胞分别在胚胎发育第 15 天和第 19 天移行到脾脏，然而 TCR-$\alpha\beta_2^+$ 细胞直到出雏后才会在脾脏出现（Chen et al.，1991）。

17.2.1.2　法氏囊

法氏囊在本质上来说是泄殖腔的一个憩室。法氏囊在鸡大约 8 周龄时达到最大，然后像胸腺一样萎缩。到性成熟时，大部分法氏囊已经消失。法氏囊被厚厚的平滑肌包围着。法氏囊的内部结构由 15～20 个纵向褶皱组成，每个褶皱包含很多滤泡，在一个成熟的法氏囊中总的滤泡数目是8 000～12 000 个（Olah and Glick，1978a）。法氏囊原基出现在胚胎期的第 3～5 天，之后开始形成芽，是法氏囊滤泡的前身，每个芽都会发育成为囊泡的髓质。每个芽的表皮由滤泡相关上皮（follicle-associated epithelium，FAE）和滤泡间上皮（interfollicular epithelium，IFE）组成。滤泡间上皮产生黏液样物质，释放到囊腔中润滑褶皱表面。滤泡相关上皮连接滤泡髓质和囊腔。滤泡相关上皮可以摄取囊腔中的抗原或颗粒（Bockmann and Cooper，1973；Olah and Glick，1978a；Schaffner et al.，1974），也可以在相反的方向摄取囊分泌性树突状细胞（bursal secretory DCs，BSDC）的分泌产物（Nagy et al.，2001）。囊泡本身像胸腺小叶一样，都有皮质和髓质（图 17.1）。

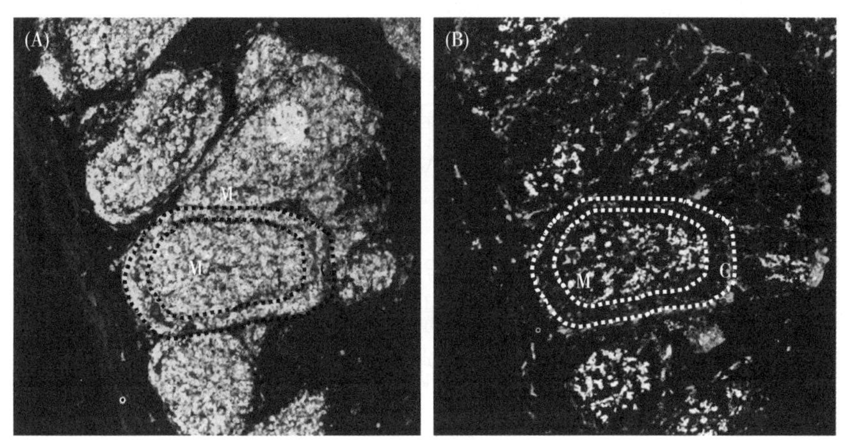

图 17.1★　法氏囊内单核巨噬细胞亚群

Bu-1$^+$ B 细胞（A，绿色）或 CD11（B，绿色）和带红色荧光蛋白（RFP）$^+$ 的单核巨噬细胞（红色）在 8 日龄 MacReporter 鸡中（一种巨噬细胞谱系的所有细胞都表达荧光蛋白的转基因鸡，这种荧光蛋白是以 CSF-1R 的启动子来驱动的，来自 Balic 等人未发表的结果）。虚线所示横断面中 B 细胞滤泡的结构，M 为 B 细胞滤泡髓质，包含一个单核巨噬细胞亚群，即囊分泌性树突状细胞，这些细胞是 CD11 阳性的。相比之下，B 细胞滤泡皮质（C）附近的滤泡间单核巨噬细胞亚群的 CD11 表达水平较低。

17.2.1.3　B 细胞

B 细胞在胚胎期的第 8～14 天通过血液迁移至法氏囊并在此定植（Le Douarin et al.，1975；Houssaint et al.，1976）。表达重排 B 细胞受体的成熟 B 细胞在出雏后迁出法氏囊。禽类出雏后至少有三种外周 B 淋巴细胞类群。第一类是表达 LT2 抗原的短寿命（大约 3 d）细胞群（Paramithiotis and Ratcliffe，1996），这一类群大约占新出雏禽类外周 B 淋巴细胞的 60%，但到 3 周龄时大部分就消失了。第二类是不表达 LT2 抗原的细胞群，占外周 B 细胞的 30%～35%，其寿命大约为 3 周（Paramithiotis and Ratcliffe，1993，1994，1996）。第三类短寿命的 B 细胞群可能来源于快速分裂的囊外前体细胞，约占新生雏禽外周 B 细胞的 5%。这些囊外前体细胞可能也是年长鸟类法氏囊退化后外周 B 细胞的来源。

法氏囊中的淋巴细胞绝大多数是 B 细胞（98%），仅有少数散在的 T 细胞（2%）。在皮质和髓质中均存在巨噬细胞，在滤泡相关上皮（FAE）中还发现有巨噬样细胞。由 Olah 和 Glick（1978b）首次鉴定的囊分泌性树突状细胞仅出现在髓质，在那里它们与淋巴细胞发生相互作用；一般认为，囊分泌性树突状细胞通过调控 B 细胞与抗原之间的相互作用来促进 B 细胞成熟。

17.2.1.4　B 细胞受体/抗体

在哺乳动物中，主要通过基因重组的方式产生分泌型抗体库（更准确地说是 B 细胞受体库）。每个免疫球蛋白链都由多个连续的 V 片段（变体）、多个 D 重链片段（多样性）、4～6 个 J（连接链）片段构成，这些片段的重组产生功能性 VJ（轻链）或 VDJ（重链）免疫球蛋白。这种组合多样性是由不同基因片段之间的连接多样性导致的。这种重组机制并不精确，核苷酸可以被添加或移去。同时，生物体通过这种机制产生 B 细胞受体库和抗体库，每个个体在同一时间可产生多达 10^8 种不同的特异性免疫球蛋白。

在鸡中，这种机制有些不同，被称为基因转化。鸡的轻链和重链都只有一个有功能的 V 和 J 片段，这些片段的重排产生的多样性很低或没有。不过，这两条链的功能性 V 片段的上游均包含假基因 V 片段簇。VJ 或 VDJ 重排发生在鸡的骨髓和脾脏 B 细胞中，B 细胞在其表面出现这种重排的 B 细胞受体后再迁移到法氏囊。在法氏囊，基因转化涉及假基因序列和经典重排序列之间的随机重组，导致 B 细胞受体/抗体库的大小与哺乳动物相似。

大多数哺乳动物有五种免疫球蛋白，分别是 IgM、IgG、IgD、IgA 和 IgE。在鸟类中，现已鉴定出三种免疫球蛋白，并且与哺乳动物 IgM、IgA 和 IgG 的功能相同，所有鸟类似乎都没有 IgD 和 IgE。

鸡的 IgM 在结构和功能方面与哺乳动物有较高的同源性；在胚胎发育的过程中，IgM 亚型最先表达。在各种条件下对鸡 IgM 分子质量进行物理测量，发现为 823～954 ku，平均为 890 ku，H 链有 70 ku，L 链有 22 ku，表明鸡的 IgM 更可能是四聚体而不是五聚体，也可能是两者的混合体。

禽类 IgG 与哺乳动物 IgG 和 IgE 均有相似之处，可能在功能上兼具两者的特性。它是血清中的主要形式，在初次抗体应答产生 IgM 之后产生，是二次应答产生抗体的主要类型。不同的文献描述不同，有的写成 IgY，有的说是禽 IgG，在我们看来 IgY 更为恰当，因为禽类的分子似乎是 IgG 和 IgE 的进化前身（Parvari et al.，1998；Bengten et al.，2000），与这两种哺乳动物亚型都具有同源性。这个术语现在也用于所有非哺乳类脊椎动物。鸡 IgY 与哺乳动物 IgG 的主要区别在于鸡 IgY 的分子结构中 H 链较长。禽类 IgY 有五个结构域（V，C1～C4），而哺乳动物 IgG 只有四个结构域，并且禽类分子不具有铰链。取而代之的是，在 C1-C2 和 C3-C4 的接口处，它有一个限制其灵活性的“开关”结构域。鸡血清中 IgY 以单体形式存在，其分子质量约为 165～206 ku。

动物体分泌物（例如眼泪、唾液或胆汁）中抗体活性的主要形式是 IgA。在哺乳动物中，IgA 是通过 J 链连接的二聚体，J 链与上皮细胞表面上的受体结合（Underdown and Schiff，1986；Kerr，1990）。该受体作为分泌组分（secretory component，SC）整合到 IgA 分子中，然后 IgA 复合物通过上皮细胞转运并分泌到相关器官的管腔中（Solari and Kraehenbuhl，1985）。SC 促进 IgA 黏附于上皮细胞表面，以保护其不被细胞内蛋白质降解。从胆汁等分泌物中提取的鸡 IgA 通常较哺乳动物分泌物中发现的 IgA 大，表明禽类 IgA 是三聚体或四聚体形式（Watanabe and Kobayashi，1974），它也具有一个 J 链和 SC。

17.2.2　次级淋巴组织

17.2.2.1　脾脏

鸡的脾脏位于腺胃的左后方，呈圆形或椭圆形。脾脏在胚胎淋巴细胞增殖中具有重要作用，B 细胞前体细胞经过免疫球蛋白基因重排后再迁移进入法氏囊（Masteller and Thompson，1994）。禽类孵化时，脾脏成为次级淋巴器官，为淋巴和非淋巴样细胞之间的相互作用提供不可缺少的微环境。事实上，因为禽类的淋巴管和淋巴结发育不良，禽类脾脏对整个免疫系统的作用可能比在哺乳动物中的更重要。

哺乳动物和鸡的脾脏都有红髓和白髓的基本结构（图 17.2）。白髓中主要是淋巴细胞，而红细胞较少。红髓中淋巴细胞和非淋巴细胞都存在。在鸡的鼻窦中，含有大量的 $CD8^+$ $TCR\gamma\delta^+$ T 细胞，但也存在 $CD4^+$ $TCR\alpha\beta1^+$ 或 $CD4^+$ $TCR\alpha\beta2^+$ 细胞。

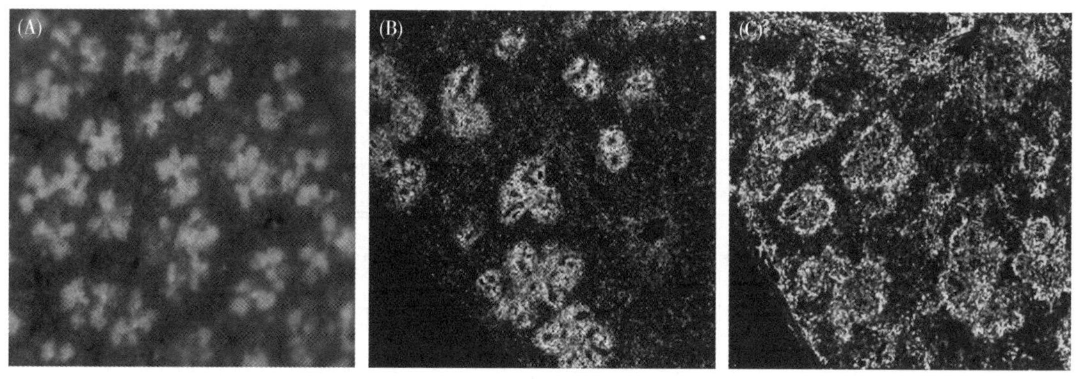

图 17.2★　在 MacReporter 鸡脾中的整体外观（A）和免疫荧光染色（B 和 C）

（A）脾脏表面的整体外观，单核巨噬细胞表达红色荧光蛋白（RFP）。RFP^+ 细胞存在于整个脾，但集中在椭球周围白髓（PWP）。椭球周围白髓中独特的花丛状 RFP^+ 细胞反映中央动脉周围的毛细血管结构。（B）免疫荧光染色的 BU-1^+ B 细胞（绿色）和 RFP^+ 单核吞噬细胞（红色）。RFP^+ 单核细胞都集中在 B 细胞丰富的动脉周围淋巴鞘（PELS）和椭球内。（C）免疫荧光 cvi-chnl-74.2（绿色），它能够识别红色骨髓巨噬细胞，并且环绕在 PELS 以及 RFP^+ 单核巨噬细胞（红色）周围。

在成年禽类中，大部分的 $TCR\gamma\delta^+$ 细胞都是 $CD8\alpha\beta^+$（Tregaskes et al.，1995）。浆细胞表达的三种免疫球蛋白在红髓中均有存在，尤其是靠近大血管区域。红髓中还含有许多巨噬细胞，这些细胞呈很强的酸性磷酸酶阳性，并可与单克隆抗体 68.1 和 74.2（Jeurissen et al.，1994）以及 KUL01 和 Ⅱ 型 MHC（Mast et al.，1998）结合染色。异嗜白细胞也分布在红髓窦中。

脾脏是最大的淋巴器官。它没有传入淋巴管和传出淋巴管，因此只能从血液获得抗原。脾脏白髓周边包围着血管，并且形态上也有不同的区域。动脉周围淋巴鞘（periarteriolar lymphoid sheaths，PALS）围绕中央动脉。椭球周围淋巴鞘（periellipsoid lymphoid sheaths，PELS）类似于哺乳动物的边缘区，环绕着毛细血管。生发中心位于动脉周围淋巴鞘的动脉分支处。

动脉周围淋巴鞘主要含有 T 细胞，大多数是 $CD4^+$ $TCR\alpha\beta1^+$ 细胞，但也有一些 $CD4^+$ $TCR\alpha\beta2^+$ 和 $CD8^+$ $TCR\alpha\beta1^+$ 细胞。鸡 CD4 T 细胞是辅助性 T 细胞，围绕着生发中心，它们在

B细胞的成熟过程中可能发挥着作用。动脉周围淋巴鞘也包含$KUL01^+$ MHC class II^+细胞，这些被称为指突状树突细胞（Igyarto et al.，2007）。这些细胞可能是滤泡树突状细胞（follicular dendritic cells，FDC）的前体细胞，因为它们分散或聚集成约生发中心的大小（Jeurissen et al.，1994；Igyarto et al.，2007；Olah and Glick，1982；Gallego et al.，1993）。

在椭球周围淋巴鞘中，毛细血管周围被椭球相关的网状细胞包裹。椭球相关细胞（ellipsoid-associated cells，EAC）在椭球面被发现，并具有很强的吞噬作用（Olah and Glick，1982）。它们能被单克隆抗体68.2识别（Jeurissen，1991），负责清除循环系统中的抗原。椭球相关细胞环被$BU\text{-}1^+$ B细胞包围（Nagy et al.，2005；Mast and Goddeeris，1998；Igyarto et al.，2008）。椭球周围淋巴鞘中的B细胞主要表达IgM或IgA抗体，IgY表达很少。在椭球相关细胞周围，由74.2^+ $KUL01^+$巨噬细胞形成另一个环（Nagy et al.，2005；Jeurissen et al.，1992；Mast et al.，1998）。

脾脏能有效地发挥先天免疫和适应性免疫应答，是一种重要的免疫调节器官。基于脾脏中的各种淋巴细胞和非淋巴细胞的位置分布，动脉周围淋巴鞘似乎主要参与适应性免疫应答，而椭球周围淋巴鞘同时参与先天免疫和适应性免疫应答。

17.2.2.2 哈氏腺

哈氏腺（Harderian gland，HG）是位于眼眶内的免疫内分泌器官。它通过导管分泌一些具有润滑和保护瞬膜作用的物质。腺体可以分为表面上皮和内在的淋巴组织两个部分（Olah et al.，1996）。腺体的头部有一个典型的次级淋巴器官的结构，包括B细胞依赖的生发中心、FAE结构和T细胞依赖的滤泡间区，T细胞和巨噬细胞散落分布于该区间。腺体含有大量的B细胞和浆细胞，B和T细胞聚集在成熟腺体的不同区域。

雏鸡哈氏腺中有$CD45^+$细胞、B细胞、巨噬细胞、交错突细胞和异嗜性白细胞（Jeurissen et al.，1989；Bang and Bang，1968）。在年老的禽类中，大多数的T细胞是$CD4^+$细胞、$TCR\alpha\beta1^+$细胞以及少量散落的$CD8^+$ $TCR\gamma\delta^+$细胞。随着年龄的增长，浆细胞的数量急剧增加，而且它们能在原位增殖（Savage et al.，1992；Scott et al.，1993）。产生IgM、IgY和IgA的浆细胞均在哈氏腺中被发现（Jeurissen et al.，1989；Olah et al.，1996；Jalkanen et al.，1984），事实上这三种Ig抗体都存在于眼泪中。

17.2.2.3 盲肠扁桃体

盲肠扁桃体位于回盲连接处的盲肠基部（图17.3）。它的原始细胞出现在胚胎发育的第10天，而淋巴细胞出现在第18天（Payne，1971）。而从第二周开始，我们可以发现成熟淋巴细胞数量增加，淋巴结生发中心出现，随着年龄的增长，细胞数目越来越多。盲肠扁桃体的一般结构类似于派伊尔氏结，包括特化的淋巴细胞上皮区、上皮下固有层、生发中心和滤泡间区。上皮下固有层中主要包含IgM^+ B细胞（以及少量的IgY^+ B细胞和偶尔出现的浆细胞）和少量表达$TCR\gamma\delta$或$TCR\alpha\beta1$的$CD4^+$ T细胞和$CD8^+$ T细胞。单核细胞在整个扁桃体中都有发现，但主要集中于上皮细胞。T细胞依赖性的滤泡间区主要包含$CD4^+$ $TCR\alpha\beta1^+$细胞（Olah and Glick，1987；Bucy et al.，1988）。

17.2.2.4 派伊尔氏结

在鸡肠道中发现具有哺乳动物派伊尔氏结特征的淋巴聚集（Burns，1982；Befus et al.，

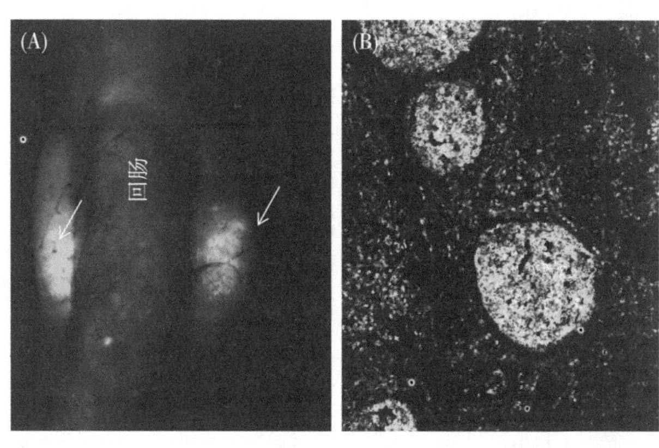

图 17.3★ 在 MacReporter 鸡盲肠扁桃体中的整体外观(A)和免疫荧光染色(B)

(A)带有单核巨噬细胞(箭头)表达绿色荧光蛋白(GFP)的盲肠扁桃体整体外观。盲肠扁桃体由许多的淋巴组织组成。(B)在 MacReporter 鸡盲肠扁桃体中，对 Bu-1$^+$ B 细胞和单核巨噬细胞(红色)的免疫荧光染色鉴定出分散的 B 细胞和单核巨细胞，以及含有大量单核巨噬细胞的生发中心，这些巨噬细胞被鉴定为禽类卵泡状树突细胞。

1980)(图 17.4)。派伊尔氏结在鸡肠道中的数目以及分布变化很大。派伊尔氏结的数量在 6～16 周龄时达到峰值，然后会慢慢退化，但是其中一个位于回盲结合处的派伊尔氏结会一直存在(Befus et al.，1980)。这表明，与有些哺乳动物相同(Reynolds and Kirk，1989)，鸡的派伊尔氏结可能包括形态发育和功能各异的淋巴结构。与哺乳动物派伊尔氏结类似，鸡的派伊尔氏结有加宽的绒毛、一个滤泡结构、一个包含 M 细胞的特化上皮组织，以及胚胎中的主动抗原摄取的发育和与衰老相关的退化。其生发中心、上皮下固有层和滤泡间区与盲肠扁桃体相似。巨噬细胞广泛分布的上皮下固有层是 B 细胞依赖性的，所有的 B 细胞都表达 Bu-1/chB6 抗原(Jeurissen et al.，1989)。滤泡间区域是 T 细胞依赖性的，几乎所有的 T 细胞都是 TCRαβ1$^+$ 细胞，其中大多数为 CD4$^+$ 细胞(Bucy et al.，1988)，只有少量的 TCRγδ$^+$ 细胞($<5\%$)存在其中。生发中心和滤泡间区域主要包含 IgY$^+$、少量的 IgA$^+$ 和 IgM$^+$ 浆细胞。

17.2.2.5 美克耳氏憩室

美克耳氏憩室(Meckel's diverticulum，MD)的确切功能及其在鸟类免疫应答中的作用还有待研究。MD 是胚胎时期卵黄蒂的残余，作为小肠的附加物位于空肠中部。美克耳氏憩室壁分为独立的四层。最外层浆膜层覆盖了一层厚厚的结缔组织，其下由一层平滑肌包裹。在内腔面，是一些包裹着大血管及神经节的结缔组织，这一层折叠进入美克氏憩室的腔内，其表面被一层柱状上皮细胞所覆盖，其间还有产黏液的杯状细胞。在孵化时，MD 内并没有淋巴细胞。然而，孵化后的前两周卵黄囊退化，骨髓造血组织和淋巴细胞组织开始出现。在造血组织中，有三个不同的区域，最靠近卵黄囊腔的区域含有单核细胞，其次是含有大量原始细胞的区域，最后是含有未成熟粒细胞的区域，成熟的粒细胞很稀少(Olah and Glick，1984)。在淋巴细胞组织中，CD45$^+$ 细胞包括 IgM$^+$ B 细胞渗透进了上皮及结缔组织中。单核巨噬细胞广泛分布于 MD 中。MD 中的淋巴组织随着年龄增长不断增加并形成褶皱，杯状细胞数目逐渐减少，上皮被淋巴细胞渗透，淋巴母细胞在抗原递呈细胞周围形成。在孵化后的 2～3 个月，生发中心在肌肉层附近大量产生(Olah et al.，1984；Jeurissen et al.，1988)。IgA 和 IgY 浆细胞散布到 MD 各处。之后，可以区分 B 细胞和 T 细胞区域，T 细胞区域靠近生发中心，而 B 细胞区域一般位于上皮下(Jeurissen et al，1988)。

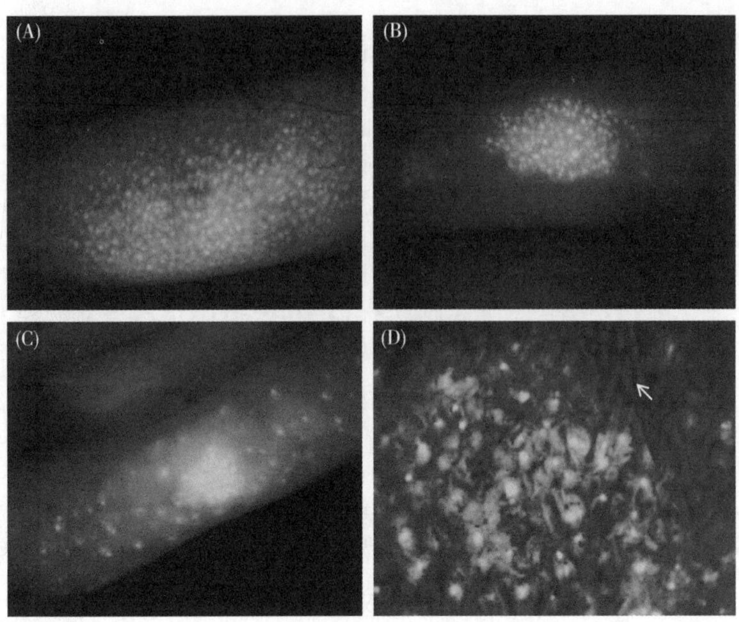

图 17.4★　10 周龄 MacReporter 鸡的派伊尔氏结全组织切片（A～D）

可以观察到鸡肠道淋巴组织上单核巨噬细胞表达 RFP。在相同放大倍数下（1.8×），同一个体具有三种不同大小的派伊尔氏结，表明鸡派伊尔氏结大小有比较大的波动范围。单个派伊尔氏结可能包含几十到上千个淋巴滤泡。在（C）图中可见分散的非派伊尔氏结淋巴聚合物。(D) 回肠派伊尔氏结位于黏膜表面。正常的小肠绒毛椽状结构（箭头处）中含有派伊尔氏结的淋巴组织。

17.2.2.6　其他的黏膜淋巴组织及细胞

肠道、呼吸道和生殖道黏膜表面积的和是体内已知的与外部环境接触最大的黏膜表面积。它们同时也被认为是脊椎动物最大的器官，参与了不同的生理过程，比如消化和气体交换。这些生理过程和动物体与外界的物质交换密切相关，分别是营养物和空气，一些机体必需的小分子物质的交换和转运都需要通过这些黏膜表面来进行。因此它们也面临着一些来自新物质和新微生物的挑战，包括病原微生物。为了阻止这些病原体通过黏膜组织，机体进化出了多种保护机制，包括屏障功能（例如，角质化皮肤、气管中的纤毛细胞、黏液分泌），高度分化的免疫细胞（如皮肤中的朗格汉斯细胞）以及淋巴组织结构。特别是呼吸道、肠道和生殖道的黏膜免疫系统都有高度发达的淋巴组织，如支气管相关淋巴组织、肠相关淋巴组织（图 17.5），以及派伊尔氏结、盲肠扁桃体和淋巴滤泡。

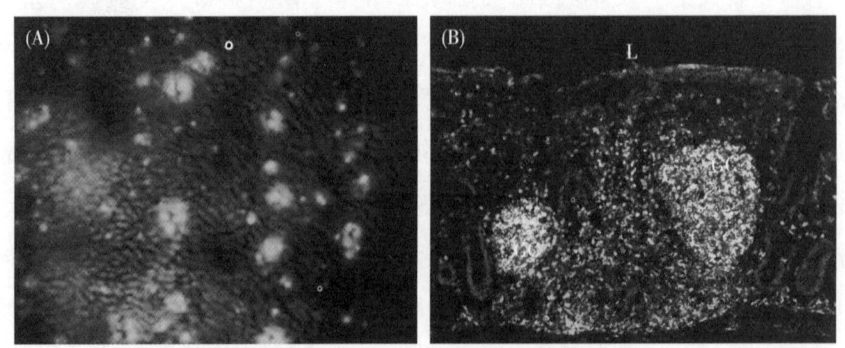

图 17.5★　Macreporter 鸡的直肠组织切片（A）和免疫荧光染色（B）

（A）直肠组织切片，黏膜表面的单核巨噬细胞表达 RFP。表达 RFP 的细胞位于黏膜绒毛的固有层，其聚落大小不一。(B) 直肠黏膜淋巴聚集的 Bu-1^{+}B 免疫阳性细胞（绿色），RFP^{+}单核巨噬细胞（红色）以及细胞核（蓝色）。RFP^{+}单核细胞广泛分布于黏膜固有层，特别是在生发中心（GC）有大量分布。L＝直肠内腔。

此外，固有层内广泛分布着各种免疫细胞，例如上皮内和固有层淋巴细胞、巨噬细胞和树突细胞。在哺乳动物中，肠道中淋巴细胞的数目比所有次级淋巴组织加起来还多，在禽类可能存在类似的情况（Schat and Meyers，1991），尤其是禽类还缺乏淋巴结。禽类肠道内发现了大量淋巴滤泡，通常这些是由一个或多个 B 细胞滤泡和一个包绕的 T 细胞区域组成。尚不清楚这些结构是否代表次级或者三级淋巴组织，然而考虑到哺乳动物上也发现越来越多的不同类别的相似结构（Baptista et al.，2013），鸡肠道内的淋巴滤泡可能代表了不同发育起源和功能的淋巴组织。最后，黏膜表面的上皮细胞能够感应到病原体，并能有效调节居于其下的免疫细胞的应答。

多年以来，黏膜免疫学研究重点关注这些细胞免疫是如何被激活并相互作用以保护宿主免受病原微生物的入侵。直到近些年，免疫学家才开始认识到肠道存在数以万亿计的共生微生物，它们与黏膜免疫系统存在密切的相互作用（Molloy et al.，2012）。这些微生物不仅帮助消化营养物质，还在免疫系统的发育和功能以及肠道完整性的维护上扮演着至关重要的角色。

在生理状态下，黏膜免疫系统必须保持对微生物菌群的耐受以避免肠道慢性炎症的发生，但同时又能够快速、准确地对入侵的病原产生反应。因此，肠道微生物菌群、上皮细胞和黏膜免疫系统之间的互作失调可能会导致局部或全身性的疾病。近年来，上皮屏障生物学成为哺乳动物免疫学研究的重要课题，然而在禽类上这方面的研究才刚刚开始（Mwangi et al.，2010）。

17.3　免疫应答的调节

17.3.1　参与先天性免疫应答的分子及细胞

鸡淋巴组织、细胞和分子库与哺乳动物的不同，虽然所有这三大库中也有许多成员是相同的。可以说，学术上最感兴趣的是研究哪些地方不同，尽管理解相似性也是至关重要的。

正如之前所提到的，鸡 B 细胞的发育是在法氏囊中进行的，而哺乳动物并没有法氏囊。鸡也没有淋巴结，这是哺乳动物中初级抗原提呈的地方。到目前为止，鸡体内抗原提呈的发生部位尚未被确证，但认为发生在感染位点局部，可能位于鸡黏膜组织淋巴汇集的地方，包含有一些特殊的结构，比如 MD 和盲肠扁桃体。虽然有关 MD 在免疫应答方面的作用研究较少，但是目前已经确认盲肠扁桃体可能是免疫应答发生的重要位点，特别是针对一些病原体，例如空肠弯曲杆菌、沙门氏菌和柔嫩艾美耳球虫。

虽然人们能在鸡的血液中检测到与嗜酸性粒细胞形态相同的细胞，但并不能证明这些细胞具有功能。在哺乳动物中，嗜酸性粒细胞在过敏反应和驱虫反应中有重要作用（传统上称为体液免疫应答），又叫作 Th2 应答。哺乳动物 Th2 应答的很多组分，特别是那些控制嗜酸性粒细胞应答和功能的因子，在鸡上恰恰没有。哺乳动物的 Th2 应答涉及细胞因子 IL-4、IL-13 和 IL-5，在外源病原微生物感染时，它们的表达都会升高。其功能之一是驱动抗体向 IgA 和 IgE 亚型转化，后者能结合在嗜酸性粒细胞 Fc-εR 上，引发其脱粒。在 IL-4 诱导抗体向 IgE 转化后，IL-5 驱动 IgE 的生成。在鸡上，当发生外源性病原微生物感染时，IL-13 和 IL-4（前者表达量是后者的100倍)会大量地产生(Degen et al., 2005; Powell et al., 2009),但是IL-5并没有表达(Powell et al., 2009)。禽类没有IgE的产生:鸡只有IgM、IgY(功能相当于哺乳动物的IgG,没有亚型)和IgA。在哺乳动物中调控嗜酸性粒细胞迁移的嗜酸性粒细胞趋化因子及其受体,在鸡的基因组中缺失。

鸡缺少的另一个重要的免疫细胞是中性粒细胞。这种细胞在哺乳动物上是诱导先天性免疫应答所必需的效应细胞。在鸡上,它们被异嗜性细胞所取代。到目前为止,我们仍缺乏好的方法来证实异嗜性细胞是单一的具有相同功能的细胞,还是多种具有不同功能细胞亚群的统称。

17.3.1.1 CHIR 家族

所有病原体(可能)都存在免疫干预或者逃避的机制,从而影响宿主的免疫应答以获得足够的时间来自我复制,病毒在这方面尤为擅长。为了向免疫系统预警病毒的感染,包含在主要MHC Ⅰ类分子中的病毒肽段会被呈递给$CD8^+$ T细胞。许多病毒使用各种机制来下调其感染细胞中MHC Ⅰ类分子的表达,以避免触发$CD8^+$ T细胞的免疫应答。另一方面,宿主也有检查细胞表面MHC Ⅰ类分子的表达水平的机制,特别是通过自然杀伤(natural killer, NK)细胞来检查,这种细胞靶向表面MHC Ⅰ类分子表达减少的宿主细胞。反过来,一些病毒通过一些方式来模拟MHC I类的表达,它们或者通过编码自己的MHC Ⅰ类分子,选择性调节宿主细胞MHC Ⅰ类分子的表达,干扰NK细胞信号转导,或通过调节影响NK细胞的细胞因子途径(Orange et al, 2002)。

NK细胞检查MHC Ⅰ类分子的表达水平及自身活化的机制是非常精准的。本质上,NK细胞表面的许多受体都可以识别MHC Ⅰ类分子,并传递信号以保持NK细胞激活和抑制的平衡。简单地说,病毒细胞缺乏检测宿主细胞MHC Ⅰ类分子的能力将会导致缺乏激活或者抑制NK细胞的信号,最终导致NK细胞杀死该细胞。

在人和小鼠上,这些NK细胞的受体被称为KIR受体(在人上原本是杀伤细胞免疫球蛋白样受体,但现在代表杀伤细胞抑制性受体;在鼠上使用不同家族的受体,它们用二聚体的凝集素来执行这个功能)。不同的免疫球蛋白样受体形成一个超家族,它们几乎涉及了机体所有的免疫应答。人KIR受体位于19号染色体,是形成白细胞受体复合体(leukocyte receptor complex, LRC)的一部分,其中也包括白细胞Ig样受体家族(leukocyte Ig-like receptor, LILR)。小鼠的LRC基因位于7号染色体上。

鸡的LRC相关基因位于31号小染色体上,并且这些基因已经被命名为鸡免疫球蛋白样受体或CHIR(Viertlboeck and Gobel, 2011)。事实上,整个引号小染色体似乎只编码了LRC相关基因而没有其他基因。总的来说,CHIR基因看起来和哺乳动物KIR和LILR基因相似。CHIR与LILR基因一样在各种白细胞中表达,但是其表达非常多样化,这点像KIR基因。在人上,有17个KIR基因和13个LILR基因。在鸡上,有超过100个CHIR基因,其数量与哺乳动物相比增加很多,并且由这些基因编码的蛋白质可以是激活的,也可以是抑制的或者具有双重功能。绝大多数CHIR的配体尚待确定,唯一已知的是CHIR-AB1,其结合在鸡的IgY上(Viertlboeck et al, 2007)。

鸡CHIR基因的数目较哺乳动物大量增加的原因目前仍很难解释。对于"鸡和哺乳动物有相同的免疫基因家族，但成员较少”的规则来说，这仍然是唯一的例外。对 CHIR 配体的进一步研究将有助于阐明其功能，推测 CHIR 基因数目的增加可能在一定程度上补偿了其他分子例如 MHC 基因数量的明显减少。

与哺乳动物相比，鸡的 Toll 样受体（Boyd et al.，2007；Temperleyet al.，2008；Cormican et al.，2009）、防御素（Lynn et al.，2007）、细胞因子（Kaiser et al.，2005）、趋化因子（Kaiseret et al.，2005；Hughes et al.，2007）、抗体（如前面所讨论的）和其他免疫分子（Kaiser，2007，2010）都有所不同。从引用的文献可以看出，大部分的研究都出现在鸡基因组测序结果公布之后（ICGSC，2004）。

表 17.1　人和鸡体内的炎性趋化因子-配体受体的关系

人		鸡	
受体[1]	配体[2]	受体[3]	配体[4]
CXCR1	CXCL8、CXCL6	CXCR1	CXCLi1、CXCLi2（Poh et al.，2008）
CXCR2	CXCL1-5、CXCL7	未知	CXCLi3
CCR1	*CCL4*、*CCL5*、*CCL6*、*CCL14*、*CCL15*、*CCL16*、*CCL23*	CCRa	CXCLi1-10?
CCR2	**CCL2**、**CCL8**、*CCL16*	CCRb	CXCLi1-10?
CCR3	**CCL11**、*CCL26*、**CCL7**、**CCL13**、*CCL15*、*CCL24*、*CCL5*、CCL28、*CCL18*		
CCR5	**CCL2**、*CCL3*、*CCL4*、*CCL5*、**CCL11**、**CCL13**、*CCL14*、*CCL16*		
CCR8	**CCL1**、*CCL16*	CCR8	未知
CCR4	*CCL3*、*CCL5*、CCL17、CCL20	CCRc	未知

注：1　*CCR* 基因都是在人 3 号染色体上发现的，CCR1、CCR2、CCR3 和 CCR5 都在一个位点上，CCR8 和 CCR4 与这个位点的距离较远。

2　粗体表示 MCP 家族，斜体表示 MIP 家族。

3　在人基因组编码 CCR1、CCR2、CCR3 和 CCR5 位点上，鸡的基因组上相同的位点上编码鸡的三个基因，CCRa、CCRb 和 CCRc。在系统发育分析中，CCRa 和 CCRb 与人 CCR1、CCR2、CCR3 和 CCR5 相似，而 CCRc 与人 CCR8 基因相似。

4　我们假设 CCLi1-10 是鸡 MCP 和 MIP 家族趋化因子，用 CCRa 和 CCRb 作为受体。

17.3.2　主要组织相容性复合物

只有当病原被包裹在主要组织相容性复合物（major histocompatibility complex，MHC）分子中，并呈递给 T 细胞，适应性免疫应答才被触发。编码 MHC 的基因组区域是高度多态的，在哺乳动物上多达约 300 个基因。与抗原递呈最相关的是Ⅰ类基因，其主要向 $CD8^+$ T 细胞递呈细胞内病原的抗原，Ⅱ类基因主要向 $CD4^+$T 细胞递呈细胞外病原的抗原。MHC Ⅰ型蛋白在大多数细胞类型中均有表达，而 MHC Ⅱ类蛋白主要在抗原递呈细胞中表达，例如树突状细胞、巨噬细胞和 B 细胞。

与哺乳动物 MHC 相反，鸡只有少量必需的 MHC（Kaufman et al.，1999）。在哺乳动物体内存在许多的 MHC Ⅰ类和Ⅱ类基因，其准确的数量因物种不同或同一物种的不同个体间存在差异。在鸡体内，最少的必需 MHC 只包含两个Ⅰ类基因和两个Ⅱβ 类基因，并且这两类基因中主要表达的只有一个类型（Kaufman，2000）。这些都明显影响了鸡对病原体特别是病毒的免疫应答能力。

病毒感染是由细胞介导的免疫应答来清除的，这一过程由 MHC Ⅰ类分子呈递病毒性抗原来触发。如果鸡表达单一的 MHC Ⅰ类基因，其产物将仅可识别某些特定肽段，然而为了触发适应性免疫应答，病毒必须编码适合该 MHC Ⅰ类分子的肽。否则，病毒不会被适应性免疫应答所察觉也不会被清除。大多数的大病毒会编码很多的肽段，大大提高了体内 MHC Ⅰ类基因识别这种病毒的概率。但是随着病毒个体的减小，这个机会就会大大降低。只编码四个基因的鲁斯肉瘤病毒（Rous sarcoma virus，RSV）就是这种情况（Kaufman，2000；Hofmann et al.，2003）。RSV 是一种可致癌的逆转录病毒，对某些品系的鸡来说是致命的，但对于另一些品系不致命。有这种病毒存在的情况下，禽类是否发病取决于 MHC Ⅰ类分子能（B12 品系）否（B4 品系）结合来自 RSV 的肽。B12 品系鸡的肿瘤发生能够被抑制从而使鸡存活下来，但是 B4 品系的鸡一般会死于肿瘤。

17.3.3 细胞因子和趋化因子

细胞因子和趋化因子调控机体对疾病或疫苗接种免疫应答精确性的分子。直到最近，我们对鸡细胞因子和趋化因子库的认知与哺乳动物相比一直比较局限。十年前，鸡上只报道了Ⅰ类干扰素（Sekellick et al.，1994；Sick et al.，1996）和 TGF-β 家族（Jakowlew et al.，1998，1990；Bur and Jakowlew，1992）。一般来说，鸡的细胞因子与哺乳动物的直系同源物只有 25%～35%的氨基酸同源性。因此，在单克隆抗体或生物分析方法中几乎没有交叉反应。此外，交叉杂交或变性（逆转录酶）聚合酶链反应也不成功。在鸡基因组序列（ICGCS，2004）发布前，通过组合运用表达克隆的序列标签（EST）数据库（Digby and Lowenthal，1995；Sundick and Gill-Dixon，1997；Weining et al.，1998）、EST 的系统测序数据库（Lillehoj et al.，2001；Min and Lillehoj，2002，2004；Rothwell et al.，2004；Schneider et al.，2000，2001）和基于同线性保守的基因组学方法（Avery et al.，2004；Balu and Kaiser，2003）取得了一些进展。但是，鸡基因组序列的出现极大地改变了我们对禽类细胞因子和趋化因子库及其生物学功能的认识（Kaiser et al.，2005）。

许多在哺乳动物上发现的细胞因子和趋化因子也存在于鸡中。只有多基因家族的细胞因子和趋化因子例外，鸡的这些家族成员似乎比哺乳动物少很多。这些多基因家族成员的缺失或许能够解释禽类免疫系统与哺乳动物在器官和细胞水平的一些差异。我们在这里没有完整地列出哺乳动物和鸡细胞因子间的差异，而是重点关注三个多基因家族：趋化因子、肿瘤坏死因子超家族和白细胞介素-1 家族，它们与哺乳动物相比存在一些差异，并具有重要的生物学意义。

17.3.3.1 趋化因子

趋化因子是一类小的化学信号分子，它们控制免疫细胞在炎症反应时向感染部位或免疫组织的迁移，以维持机体稳态。因此，它们对免疫防御至关重要。根据结构特征，它们大致可分为两个大的家族（CC 和 CXC）和两个小的家族（XC 和 CX3C）。更好的分类是根据它们的功能进行划分，一些趋化因子主要维持机体稳态，而另一些则主要参与炎症反应。对于维持稳态的趋化因子，单一配体结合单一受体。对于炎性趋化因子，单个配体可以与多个受体相互作用，单个受体也可以有多个配体。在基因组中，炎性趋化因子和它们受体的基因分布于基因组不同位点的多基因家族中。有单一家族的 CXCL 趋化因子，还有两个家族的 CCL 趋化因子，即 MCP 和 MIP 家族。

与哺乳动物相比，鸡体内的稳态趋化因子更少（Kaiser et al.，2005）。例如，嗜酸细胞活化趋化因子（CXCL9～11）和嗜酸细胞活化趋化因子受体（CXCR3）在鸡体内没有表达，但存在有明显同源关系以及类似功能的因子。唯一的例外是 CXCL13，它在人和小鼠上都是单基因，但是在鸡基因组的相同位点有三个基因（CXCL13L1、CXCL13L2 和 CXCL13L3）。其中，两个与同源受体 CXCR5 相互作用，但第三个（CXCL13L3）却与受体 CXCR5 没有作用（Victoria Waters and Pete Kaiser，未发表）。

总的来说，鸡体内的炎性趋化因子和它们的受体都不是太清楚（表 17.1）。小鼠和人炎性 CXCL 家族分别有 5 个和 10 个成员，但是鸡 CXCL 家族只有 3 个成员。人的 IL-8（CXCL8）是这个家族的成员，小鼠没有 CXCL8，而鸡有两个类似物，即 CXCLi1 和 CXCLi2，它们都与人的 CXCL8 有相同的生物学功能（Poh et al.，2008）。鸡上的第三个炎症趋化因子 CXCLi3 是 CXCL 家族成员，但是它与哺乳动物没有同源性。在哺乳动物中，炎症趋化因子 CXCL 与两个受体 CXCR1 和 CXCR2 结合，这两个受体由同一个基因位点编码；鸡基因组中，相同的位点只编码一个受体 CXCR1。

表 17.2　人和鸡不同的肿瘤坏死因子超级家族（TNFSF）和 TNF 受体超级家族（TNFRSF）分型，鸡缺乏哺乳动物上的三十亚家族

人			鸡		
TNFSF 家族成员		染色体	TNFSF 家族成员	染色体	TNFRSF 家族成员
1	LT-α	6	否		否
2	TNF-α	6	否		是
3	LT-β	6	否		否
4	OX40L	1	是	21	是
1B	AITRL	1	是	21	是
6	FASL	1	是	21	是
9	4-1BBL	19	否		是
7	CD27L	19	否		否
14	LIGHT	19	否		否
12	TWEAK	17	否		否
13	APRIL	17	否		否
15	VEGI	9	是	17	是
8	CD30L	9	是	17	是
5	CD40L	X	是	4	是
10	TRAIL	3	是	9	是
11	RANKL	13	是	1	是
13B	BAFF	13	是	1	是
—	—	—	TRAIL-L	4	7

在人、小鼠和鸡中，MCP 家族有 6 个成员。人和小鼠有 5 个 MCP 家族成员是相同的，但是哺乳动物和鸡 MCP 家族之间并没有直接的同源关系（Kaiser et al.，2005）。MIP 家族在不

同物种之间的差异更明显，在人、小鼠和鸡上，分别有 11、5 和 4 个成员，人和小鼠的 MIP 家族只有 3 个成员相同。鸡体内似乎有哺乳动物 CCL5 的同源基因，在人上称为 CCL16 基因，但是与哺乳动物其他两个家族成员并没有明显的同源关系（Hughes et al.，2007）。在哺乳动物中，MCP 和 MIP 家族的趋化因子通过四个受体（CCR1、CCR2、CCR3 和 CCR5）发挥作用，这些受体又被同一个基因位点编码。在鸡基因组的相同位点，只编码三个基因。其中两个（CCRa 和 CCRb）基因看起来和哺乳动物的四个受体一样。进化分析发现第三个基因（CCRc）与维持稳态的 CCR8 同源。

总的来说，与哺乳动物相比，鸡趋化因子家族成员通常要少。这是“最少的必需趋化因子库”吗?

17.3.3.2 肿瘤坏死因子超家族

肿瘤坏死因子（tumor necrosis factors superfamily，TNFSF）和它的受体（tumor necrosis factors receptor superfamily，TNFRSF）都有一个超家族。这些因子在所有的免疫应答中都发挥至关重要的作用，包括诱导先天性免疫应答、炎症、细胞凋亡和细胞增殖。肿瘤坏死因子及其受体这两个家族的绝大多数成员都是膜蛋白，尽管它们中的某些成员是可溶性蛋白质。TNFSF 的成员主要是Ⅱ类膜蛋白，形成同源三聚体发挥功能；而 TNFRSF 的成员则是 I 类膜蛋白，以单体的形式发挥功能，虽然它们能够与其配体或者自身的其他拷贝形成更高水平的复合物。

在哺乳动物和鸡中，TNFSF 的成员以小的亚家族形式出现在不同染色体的多基因位点上（表 17.2）。鸡的 TNFSF 家族成员比哺乳动物少，并且整个亚家族在鸡上要么存在，要么不存在。虽然鸡的基因组还不完整，但是如果同源的 TNFRSF 成员在鸡上也不存在，这些基因的缺失可能就是真的，并且在通常情况下的确如此。

这些基因的缺失，特别是编码 TNF-α 和两个淋巴毒素（LT-α 和 LT-β）的基因亚家族的明显缺失，对鸡的免疫应答有重要的影响。在哺乳动物中，LT 基因对于包括淋巴结在内的二级淋巴器官的发育至关重要（Fu and Chaplin，1999）。它们在鸡中不表达可能可以解释鸡淋巴结的缺失。鸭有原始的淋巴结，但是到目前为止还没有证据表明，在鸭的基因组中有 LT 或者是 TNF-α 基因的存在。在哺乳动物中，TWEAK 和 APRIL 分别参与血管生成和免疫调节，但这两种基因在鸡基因组中也都不存在。在哺乳动物中，4-1BBL 和 LIGHT 对激活 T 细胞、增强 T 细胞的增殖、IL-2 的分泌、细胞凋亡以及增强抗肿瘤活性有协同效应。CD27L（又名 CD70）在活化的 T 和 B 淋巴细胞以及成熟的树突状细胞上表达。与受体结合后，CD27 在免疫启动、发挥效应、T 细胞分化和记忆形成以及浆细胞和记忆 B 细胞生成等方面起非常重要的作用。这后五种因子在鸡体内都不存在，但它们在哺乳动物中的功能都存在，这再次表明了哺乳动物免疫系统的冗余。我们可以把鸡的 TNFSF 和 TNFSRSF 称为“最小的必需 TNF 家族”。

17.3.3.3 白介素-1 家族

IL-1 家族的三个成员多年来一直被认为是 IL-1α、IL-1β 和 IL-1 受体拮抗剂（IL-1RN）。这三个基因在哺乳动物基因组上由同一位点编码。IL-1α 和 IL-1β 是促炎细胞因子，而 IL-1RN 则通过负反馈作用来缓解炎症反应。IL-1 家族的第四个成员 IL-18，发现于 1995 年，定位在不同染色体的不同位点上，可以促进 Th1 适应性免疫应答。通过基因组测序在人和小鼠上又发现了 IL-1 家族的 7 个成员，其中的 6 个基因在同一基因位点，IL-33 与最初的 3 个家族成员在同一位点。在哺乳动物中，最近修订了这些基因的命名法则（表 17.3）。IL-1 家族中的所有成员或者有促炎作用，或者有抑炎作用。

表 17.3 人和鸡白介素（IL）-1 家族亚型差异很大，鸡 IL-1 亚型的基因数量要少很多

人		鸡	
基因	染色体	基因	染色体
IL-1α（IL-1F1）	2		
IL-1β（IL-1F2）	2	IL-1β	22
IL-36RN（IL-1F5）	2	IL-36RN	未知，但与 IL-1β 位置不同
IL-36α（IL-1F6）	2		
IL-37（IL-1F7）	2		
IL-36β（IL-1F8）	2		
IL-36γ（H-1F9）	2		
IL-38（IL-1F10）	2		
IL-1RN（IL-1F3）	2	IL-1RN	未知，但与 IL-β 位置不同
IL-18（IL-1F4）	11	IL-18	24
IL-33（IL-1F11）	9	IL-18	24

迄今为止，在鸡上只确认了 4 个家族成员。十多年前，人们已经认识了 IL-1β（Weining et al.，1998）和 IL-18（Schneider et al.，2000），它们仍然是仅有的两个在鸡基因组中被标注的 IL-1 家族成员。最近，我们根据 EST 文库发现了两个新成员，其中包括 IL-1 家族的 IL-1RN（Gibson et al.，2012a）和 IL-36RN（Gibson et al.，2012b）。我们还没有确定这两个家族成员在鸡染色体上的具体位置，但我们已经确认了它们与 IL-1β 的位置不相同。哺乳动物的多基因位点编码了 9 个 IL-1 家族成员，但是在鸡中似乎不存在这种现象。这表明禽类和哺乳动物虽然有一个共同祖先，但是先后经历了不同的进化方向。因此，鸡 IL-1 家族成员的完整功能尚待确定，尤其是在基因组序列中并未发现的这两个新成员，表明它们位于基因组中难以被测序的区域。

IL-1 家族配体的生物学效应是通过 IL-1 受体（IL-1R）家族成员发挥的，这些受体在靶细

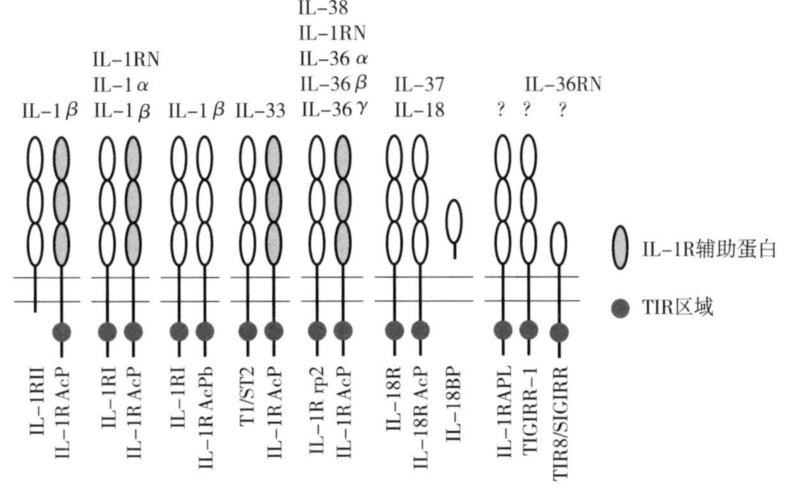

图 17.6 人 IL-1 受体家族和其配体

大多数的受体都含有胞质 TIR 区域，并且其中一些存在 IL-1R 辅助蛋白（IL-1R AcP）。鸡有 12 个受体家族成员，但只有 4 个 IL-1 家庭成员（IL-1、IL-1RN、IL-36RN 和 IL-18）被鉴定出来。

胞表面表达或以可溶性受体形式进行分泌。在哺乳动物中，该家族由12个成员组成（图17.6），其特征是具有IgG样细胞外结构域和细胞质Toll/IL-1R（TIR）结构域。到目前为止，尽管鸡IL-1的家族成员还不确定，但是人基因组中所有的IL-1R基因都在鸡的保守位点上出现（Gibson，et al.，未发表的数据），这表明可能有更多的鸡IL-1家族成员会被鉴定。

17.4 本章小结

禽类与哺乳动物生活在同一个地理环境，都会遭受相同范围的病原体入侵（如病毒、细菌、原生动物寄生虫、蠕虫、体外寄生虫）。禽类和哺乳动物的免疫应答存在很多的相似性，但客观地讲，禽类的免疫系统比哺乳动物的免疫系统要简单得多。我们很难假设是因为选择压力导致了哺乳动物免疫系统变得更复杂，也很难想象这种压力来自某种独特的病原体的入侵。或许与哺乳动物妊娠的特性有关，母体不能对胎儿产生排斥，所以使得哺乳动物的免疫系统更加复杂。然而，这种复杂的免疫系统似乎增加了哺乳动物自身免疫性疾病的发病率，又或者我们只是没有在鸟类发现类似的疾病?

这是一个让禽类免疫学家兴奋的时代。鸡和其他上百种禽类的基因组序列（有的已经完成测序，有的正在进行测序），以及近年来快速发展的研究鸟类中宿主-病原体相互作用的新工具和试剂，为更好地了解禽类免疫生理学打开了大门。

参考文献

（杨晓静译，赵茹茜校）

第四篇　代谢主题

第18章　糖代谢

Colin G. Scanes

18.1　鸟类的糖代谢概述

鸟类的糖代谢与哺乳动物很相似。葡萄糖在小肠中被吸收后，通过糖酵解、三羧酸循环或磷酸戊糖途径分解供能。有些组织只能利用葡萄糖、而不能利用脂肪酸作为能量来源。葡萄糖既可以糖原的形式存储在肝脏、肌肉和其他组织中，也可以用于合成脂肪酸（脂质生成）。葡萄糖可以由肝脏和肾脏中的乳酸、生糖氨基酸和其他糖异生前体物质合成。鸟类和哺乳动物的糖代谢有两点不同：

①鸟类的血糖浓度非常高（这一点在18.2详述）；

②鸟类合成脂肪的器官是肝脏。

然而，有几点需要注意的是：第一，鸟类远程飞行所消耗的能量主要由脂肪酸而不是葡萄糖来提供；第二，迄今对鸟类糖的研究过多集中于家禽，特别是鸡的研究，容易导致以偏概全；第三，胰腺激素（胰高血糖素和胰岛素）对糖代谢以及血糖浓度的调节将在本章其他部分进行论述。

呼吸商（respiratory quotient，RQ；指二氧化碳释放量与氧气消耗量的比值）反映了动物能量消耗的主要底物来源。如果呼吸商为1，则糖（如葡萄糖）是主要的能量消耗底物。如果呼吸商为0.7，则甘油三酯（脂肪酸）是主要的能量消耗底物。如果氨基酸被用作能量消耗底物，则呼吸商为0.8～0.9。表18.1归纳了不同鸟类的呼吸商。鸟类的呼吸商主要以0.7或1为主，这说明大部分鸟类是利用甘油三酯/脂肪酸或葡萄糖作为能量消耗底物。也有报道说雏鸡的呼吸商为1.1或更高（Geelissen et al.，2006），这反映了在消耗葡萄糖的同时，也进行了脂肪酸的合成以及甘油三酯的沉积。当能量消耗底物从葡萄糖转变为脂肪酸时，呼吸商会降低。比如，当家雀（*Passer domesticus*）和蜂鸟在禁食时，呼吸商会下降到0.7。而鸡在夜间禁食时，呼吸商从0.9左右下降到小于0.7（表18.1）。

表 18.1 部分鸟类的呼吸商

品种	呼吸商	参考文献
饱食鸡（*Gallus gallus*）	约 1.0 或 1.1，或>1.1	Brackenbury and El-Sayed（1985），Geelissen et al.（2006）
活动中的鸡	0.97	Brackenbury and El-Sayed（1985）
禁食鸡	0.7	Boshouwers and Nicaise（1981）
饱食家雀（*Passer domesticus*）	0.9，或≤1.0	Walsberg and Wolf（1995）
禁食家雀	0.7	Walsberg and Wolf（1995），Khalilieh et al.（2012）
花蜜喂食棕煌蜂鸟（*Selasphorus rufus*）或者安娜蜂鸟（*Calypte anna*）	1.0	Welch et al.（2007），Suarez et al.（2011）
禁食棕煌蜂鸟或者安娜蜂鸟	0.7	Suarez et al.（1990，2011），Welch et al.（2007）
食肉鸟：美洲隼（*Falco sparverius*），长耳鸮（*Asio otus*），棕榈鬼鸮（*Aegoliusa cadicus*）	0.74～0.78	Gatehouse and Markham（1970）

18.2 循环血液中的糖类浓度

18.2.1 前言:不同鸟类的血糖浓度

鸟类血液中的糖类以葡萄糖为主，血糖浓度平均为 15.4±0.32 mmol/L（表 18.2）。今鹗总目（Neognathae）鸟类的血糖浓度比走禽类要高。野生鸟类的血糖浓度往往是哺乳动物的 2 倍以上。比如，饱食和禁食大鼠的血糖浓度分别为 7.9 mmol/L 和 4.9 mmol/L（Simon et al.，2011）。胰腺激素（胰高血糖素和胰岛素）对血糖浓度的调节将在本章其他部分进行论述。

表 18.2 不同鸟类的血糖浓度

	血糖浓度(mmol/L)＋平均标准误(种类数)
鹰形目	17.8+1.18(11)
雁形目	12.2+1.34(13)
雨燕目	16.0+0.47(3)
鸻形目	17.8+1.12(8)
鸽形目	16.4+0.94(8)
鹳形目	14.5+1.01(3)
隼形目	20.1+0.65(8)
鸡形目(家禽除外)	17.3+0.79(14)
鹤形目	13.1+0.57(4)
雀形目	16.8+1.29(12)
全蹼目	14.6+0.90(5)
火烈鸟目	10.8+0.52(4)
鸌形目	13.5+1.89(5)
鹦形目	14.9+0.46(20)
企鹅目	14.1+0.83(6)
鲣鸟目	10.6+1.32(6)
今鹗总目	15.5+0.32(136)
古鹗总目	11.1+1.18(3)
鸟纲	15.4+0.32(139)

在哺乳动物，血糖浓度和体重存在以下关联：血糖浓度（mmol/L）=7.6−0.44 log 体重（kg）（Beuchat and Chong，1998；Braun and Sweazea，2008）。Braun 和 Sweazea（2008）报

道鸟类中也存在类似的关联：血糖浓度（mmol/L）=15.3−0.44 log体重（kg）。野生鸟类体重为1kg时，血糖浓度为15.3 mmol/L（或者是275 mg/dL）。然而，Beuchat和Chong等研究者（1998）就没有观察到这种相关性。文献报道中关于野生鸟类和驯养品种的研究数据往往存在很大差异。因此，这种个体体重和血糖浓度之间的关系并没有完全得到确认，目前仅适用于野生品种。

18.2.2 驯养与鸟类血糖浓度

有研究者认为，驯养和高强度选择影响了鸟类葡萄糖代谢以及血糖浓度，然而这一说法并未得到广泛认同。野生火鸡（*Meleagris gallopavo*）的血糖浓度比驯养火鸡高50%以上（Lisano and Kennamer，1977；Anthony et al.，1990；表18.3）。相反，家鹅比野鹅的血糖浓度高（Gee et al.，1981；Sitbon and Mialhe，1979；表18.3）。有人直接比较了原鸡（*Gallus gallus*，认为是家鸡驯养前的物种）、亚洲鸡和肉鸡的血糖浓度（Soleimani and Zulkifli，2010），但并没有发现驯养鸡和野生鸡的血糖浓度存在差异（表18.3）。而且，驯养和野生的鸽或鸭之间的血糖浓度也没有明显差异（表18.3）。目前，还没有针对鸡与红原鸡，驯养的火鸡、鸭、鹅与野生的火鸡、鸭、鹅之间的血糖浓度的比较研究。这类研究应该涵盖多个年龄阶段，而且应该在同一实验室、用同样的方法测试血糖浓度以保证其一致性。

表18.3 同种鸟类的驯养品种和野生品种血糖浓度的比较

品种	血糖浓度（mmol/L）	参考文献
原鸡（*Gallus gallus*）	13.3	Soleimani and Zulkifli（2010）
家鸡（*Gallus gallus domesticus*）	12.7	Soleimani and Zulkifli（2010）
商业肉鸡（*Gallus gallus domesticus*）	15.0	Soleimani and Zulkifli（2010）
饱食鸡（15项研究）	13.0	Scanes（2008）
饱食鸡	13.2	Simon et al.（2011）
禁食鸡	12.6	Simon et al.（2011）
火鸡（*Meleagris gallopavo*）		
野生火鸡	19.7	Lisano and Kennamer（1977）
禁食火鸡	10.6	Anthony et al.（1990）
恢复喂食火鸡	11.5	Anthony et al.（1990）
绿头鸭（*Anas platyrhynchos*）		
野鸭	11.5	Fairbrother et al.（1990）
家鸭	10.0	Mean Applegate et al.（1999），Zhang et al.（2005）
灰雁（*Anser anser*）		
野雁	12.3	Gee et al.（1981）
家鹅	15.6	Sitbon and Mialhe（1979）
原鸽（*Columba livia*）		
野鸽	15.5	Gayathri et al.（2004）
家鸽	16.1	Lumeij and de Brujne（1985）

18.2.3 禁食与鸟类血糖浓度

在某些鸟类中，比如鸡（Dupont et al.，2008；Christensen et al.，2013）、家鸭（*Anas platyrhynchos*；Zhang et al.，2005）、家鹅（*Anser anser*；Sitbon and Mialhe，1979）、家雀（*Passer domesticus*；Khalilieh et al.，2012）、安娜蜂鸟（*Calypte anna*）、科斯塔蜂鸟

（*Calypte costae*）、红宝石喉蜂鸟（*Archilochus colubris*，Beuchat and Chong，1998）和黄腿鸥（*Larus cachinnan*；Alonso-Alvarez and Ferrer，2001）等，血糖浓度会因禁食而降低。比如，成年家雀禁食 24 h 后，其血糖浓度降低 25.3%（Khalilieh et al.，2012）。青年/成年家鹅在禁食时，其血糖浓度也会降低。鸟类禁食 24 h 后血糖浓度降低 25.4%，而鹅禁食 4 d 后血糖浓度降低 32.5%（Sitbon and Mialhe，1979）。但是，对其他一些鸟类的研究中发现血糖浓度并没有因禁食而降低，比如成年环颈斑鸠（*Streptopelia risoria*；Lea et al.，1992）、日本鹌鹑（*Coturnix japonica*；Sartori et al.，1996）、阿德利企鹅（*Pygoscelis adeliae*；Vleck and Vleck，2002）、帝企鹅（*Aptenodytes forsteri*；Groscolas and Rodriguez，1981）、园莺（*Silva borin*；Totzke et al.，1998）以及成年鲭鸥（*Larus argentatus*；Jeffrey et al.，1985）；然而，雌性环颈斑鸠（*Streptopelia risoria*；Lea et al.，1992）的血糖浓度反而会因禁食而增加。

18.2.4 摄食对鸟类血糖浓度的影响

如同禁食一样，摄食也会对血糖浓度产生影响。例如，在夜间没有摄食的鸡血糖浓度会降低（Christensen et al.，2013）。而蜂鸟在摄食之后，血糖浓度显著升高，并在原先已经很高的血糖浓度基础上进一步增高至 26.5 mmol/L，这个浓度远超过哺乳动物患糖尿病时的浓度（图 18.1），其原因与蜂鸟摄食富含葡萄糖和果糖的花蜜有关。然而安娜蜂鸟（*Calypte anna*）在进食 1.5 h 之后血糖浓度便从 41 mmol/L 显著下降到基础水平（17 mmol/L）（Beuchat and Chong，1998）。同样，雀形目（图 18.1）和鸡（图 18.2）在灌服单糖时，其血糖浓度增高。在进食 1 h 后，血糖浓度又恢复到基础水平（Sinsigalli et al.，1987；图 18.2）。

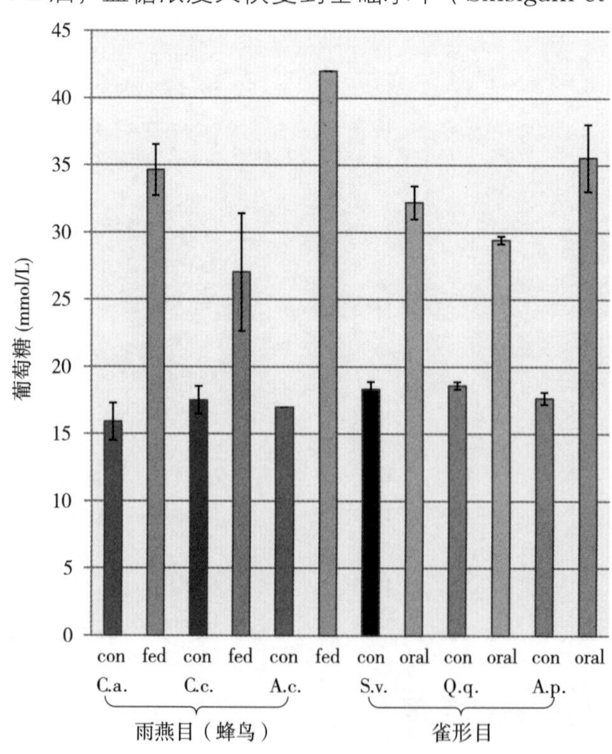

图 18.1 给蜂鸟喂食花蜜与给雀形目鸟灌服葡萄糖和果糖（1∶1）30 min 后血糖浓度的变化

con：对照组；fed：饱食组；oral：灌服组；C. a.：安娜蜂鸟（*Calypte anna*）；C. c.：科斯塔蜂鸟（*Calypte costae*）；A. c.：红宝石喉北蜂鸟（*Archilochus colubris*）；S. v.：紫翅椋鸟（*Sturnus vulgaris*）；Q. q.：普通拟八哥（*Quiscalus quiscula*）；A. p.：红翅黑鹂（*Agelaius phoeniceus*）；竖线：S. E. M.；数据引自 Beuchat 和 Chong（1998）及 Martinez del Rio 等（1988）。

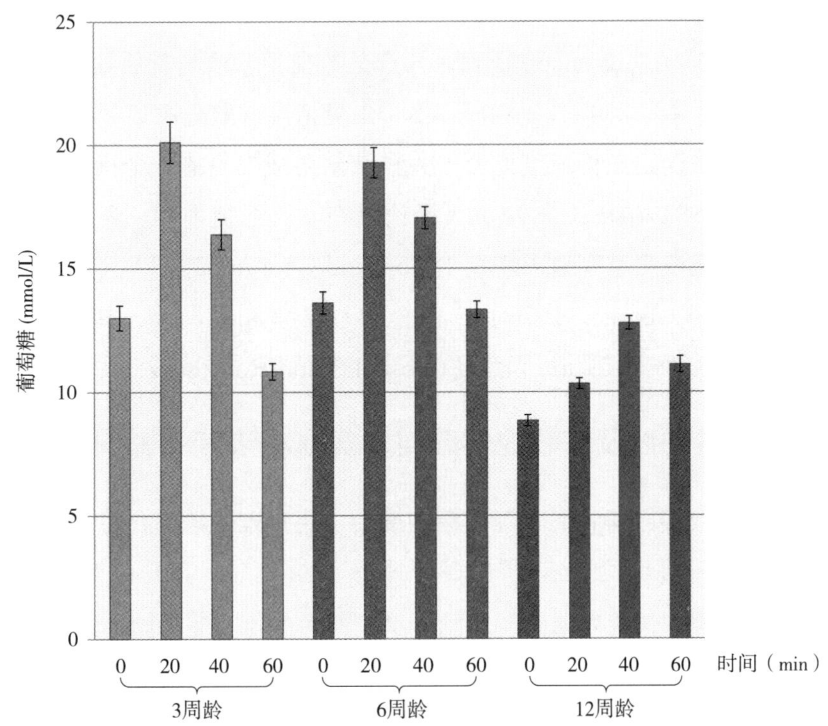

图 18.2 灌服葡萄糖（每千克体重灌服 2 g 或 11.1 mmol）对 3、6、12 周龄的鸡在摄入葡萄糖 0、20、40 和 60 min 后血糖浓度的影响。数据引自 Sinsigalli 等（1987）。

18.2.5 年龄、繁殖状况及迁徙与鸟类血糖浓度的变化

有研究发现，血糖浓度在胚胎发育的后半阶段有所上升（Willemsen et al.，2011）。在出壳时血糖浓度迅速降低，而在随后的 12 个 h 内又逐渐升高（鸡：Rinaudo et al.，1982）。鸡在出壳后的生长发育过程中，血糖浓度逐渐下降（原鸡：Sinsigalli et al.，1987）（图 18.2）。Sinsigalli 等对青年鸡的研究发现，随着年龄的增加，禽类在注射葡萄糖后对葡萄糖的清除率会降低（Sinsigalli et al.，1987）（图 18.2）。

在某些鸟类中，性别对血糖浓度也有一定的影响。比如，与雄性鹌鹑相比，性成熟的雌性鹌鹑的血糖浓度要低 6.7%（Itoh et al.，1998）或 17.0%（Scholtz et al.，2009）；而雄性绿头鸭的血糖浓度低于雌性绿头鸭（Fairbrother et al.，1990）（表 18.4）。

表 18.4 繁殖状况对绿头鸭（*Anas platyrhynchos*）血清葡萄糖浓度的影响

繁殖状况	血清葡萄糖浓度（mmol/L）± 标准误（*n*）
产蛋前	13.2 ± 0.2 (34)[1]
产蛋中	14.3 ± 0.9 (10)[1]
孵化中	11.7 ± 0.7 (20)[2]
换羽中	11.0 ± 0.5 (11)[2]
非繁殖期	11.9 ± 0.3 (34)[2]

1、2 代表差异显著，$p < 0.01$；数据引自 Fairbrother 等（1990）。

鸟类在孵蛋过程中血糖浓度会产生变化。比如，成年鸽的血糖浓度在孵蛋中期时降低 53%，但在孵蛋后期可恢复至正常水平，并在孵蛋结束时进一步升高（Gayathri et al.，2004）。同样，环颈斑鸠的血糖浓度在孵化结束后以及在育雏时升高（Lea et al.，1992）。有

研究表明绿头鸭（*Anas platyrhynchos*）也有类似现象（Fairbrother et al.，1990）。

对艾草松鸡（greater sage grouse）而言，开产前的血糖浓度与其后期至少成功繁殖一只幼雏密切相关（Dumber et al.，2005）。然而，由于血糖浓度与繁殖率之间的生理学基础还不是很清楚，因此目前尚无法确定血糖浓度能否作为预测繁殖成功率的一个指标。

加拿大鹅（*Branta canadiensis interior*）无论是在春天迁徙前后，还是繁殖季节，或者是在秋天迁徙前期，其血糖浓度都有微小差别（Mori and George，1978）。秋天迁徙后能观察到血糖浓度增高（Mori and George，1978）。帝企鹅在禁食和换羽时，其血糖浓度从(19.7±2.4) mmol/L增加到(28.4±6.5) mmol/L（Groscolas and Rodriguez，1981）。

18.2.6 疾病、毒物以及畜牧业实践对禽类血糖浓度的影响

鸟类在发生传染病或接触毒物时，其血糖浓度会发生病理性改变：患传染病时血糖浓度降低，中毒时血糖浓度则升高。当雏鸡严重感染螺核原虫症时，其血糖浓度降低（Lloyd and Gibson，2006）。而当鸡发生猝死时，其血糖浓度会降至极低水平（Davis et al.，1995）。

不同的环境毒物对鸟类的血糖浓度产生不同的影响。当红领绿鹦鹉（*Psittacula krameri*）发生有机磷农药喹硫磷中毒时，其血糖浓度显著升高（Anan and Maitra，1995）。当野鸭摄入多氯联苯混合物Aroclor 1254时，其血糖浓度会降低（Fowles et al.，1997）。但是，雏鸭即便因呋喃唑酮中毒时，其血糖浓度也不会发生变化（Webb et al.，1991）。

某些国家采用强制饲喂的方法来获取鸭和鹅的肥肝，鹅（Sitbon and Mialhe，1979）和鸭（Zhang et al.，2005）的血糖浓度也因强制饲喂而增高。

18.2.7 环境温度对鸟类血糖浓度的影响

环境温度对鸟类的血糖浓度具有一定影响。血糖浓度不仅因禁食16 h而降低（Boussaid-Om Ezzine et al.，2010），鸟类暴露在高温下（如肉鸡在32℃环境中生存1周），其血糖浓度也显著降低，而且降低幅度比禁食16 h更加显著（Boussaid-Om Ezzine et al.，2010）。如果在高温环境中以葡萄糖和精氨酸作为饲料进行无限制喂食，会使鸡的血糖浓度升高（Boussaid-Om Ezzine et al.，2010）。

18.3 葡萄糖的利用

鸟类利用葡萄糖的效率非常高（表18.5）。比如，蜂鸟［如棕煌蜂鸟（*Selasphorus rufus*）和安娜蜂鸟（*Calypte anna*）］在搜寻食物时通过利用摄入的葡萄糖来维持悬停飞行（Welch and Suarez，2007）。与此相反，红宝石喉北蜂鸟（*Archilochus colubris*）在迁徙过程中是利用脂肪来提供能量的。它们在飞行20个h、距离超过900 km的过程中，消耗掉脂肪组织中贮存的绝大部分甘油三酯（Hargrove，2005）。蜂鸟骨骼肌中线粒体的呼吸速率非常高［7～10 mL/（mL·min）］；这个速率是哺乳动物所能达到的最高速率的两倍（Suarez et al.，1991），其原因可能与线粒体表面积较大有关（Suarez et al.，1991）。鸡在活动时的葡萄糖代谢效率也有所增高（Brackenbury and El-Sayed，1985）。

表 18.5　鸡的葡萄糖代谢

参数	鸡龄	方法	预测的葡萄糖代谢量 [μ mol/(min·kg)]	参考文献
机体葡萄糖损失总量（包括葡萄糖利用）	8 日龄	检测血液中同位素标记的脱氧葡萄糖的消耗	102	Tokushima et al.（2005）
机体葡萄糖利用总量	4 周龄	产热	174	Buyse et al.（1993）[1]
	5 周龄		112	
机体葡萄糖消耗总量	5～6 月龄	检测血液中同位素标记的葡萄糖的消耗	79.4	Belo et al.（1976）
平均			116	

1　代表的是呼吸商（RQ）为 1，以葡萄糖（不是脂肪或氨基酸）作为能量来源的条件下所获得的数据。Geelissen 等（2006）报道，具有相似年龄的动物的呼吸商为 1.1 或更高。这个数据是根据来自同一个实验室的、具有相同年龄的鸟类的体重和糖类的分解产能［RQ=1.00，糖类=16.7 kJ/g（每摩尔葡萄糖产能为 3008.67 kJ）］计算而来（Walsberg and Wolf，1995）。

鸟类的不同器官对葡萄糖的摄取有明显区别（表 18.6）。脑和心脏摄入量最大，肝脏和部分骨骼肌可通过胰岛素的作用增加对葡萄糖的摄取，然而，鸡的脑部对葡萄糖的摄取却并不活跃（Tokushima et al.，2005）。在 12 h 光照/12 h 黑暗的光照制度下，鸡的不同组织器官在白天对葡萄糖的摄取均存在显著差异（Karaganis et al.，2009）。

表 18.6　鸡的不同器官对葡萄糖摄入量的比较

器官	葡萄糖摄入量［nmol/(min·g)］
脑	315
心脏	223
肾脏	146
小肠	100
骨骼肌	38（25～55）[1]
脂肪组织	18.5
肝脏	12.3

数据引自 Tokushima 等（2005）通过测定 ^3H 标记的 2-脱氧葡萄糖在 8 日龄的鸡经过 12 h 禁食后的吸收。1 代表肌肉中的变化。

18.3.1　发育过程中葡萄糖利用的变化

鸟类在胚胎阶段和出壳前，仅有极少的葡萄糖在肝脏转化为脂肪。但在出壳后由于摄食的原因，鸡开始大量利用葡萄糖合成脂肪，并在出壳后的 8 d 内达到高峰（Goodridge，1968a、b；表 18.7）。

表 18.7　鸡在出壳后早期发育过程中肝脏进行糖酵解、糖原合成以及脂肪合成中对葡萄糖利用的变化

日龄	葡萄糖利用[1]（稳定水平的百分比）		
	糖酵解[2]	糖原合成[3]	脂肪合成[4]
0（胚胎后期到出壳前）	13.3 ± 0	<0.5	<0.5
2	51.1 ± 6.4	10.0 ± 4.1	4.0 ± 1.0
4	85.4 ± 5.4	8.3 ± 0	36.8 ± 9.8
8	**104.4 ± 4.6**	7.6 ± 1.1	**94.7 ± 14.7**
12	**84.5 ± 10.5**	34.8 ± 9.4	66.8 ± 10.4
16	**120.8 ± 12.5**	**105.1 ± 24.5**	**144.2 ± 29.0**

注：粗体的数据代表平台稳定水平。

1　通过测定［U-^{14}C］氧-葡萄糖的利用率。

2　CO_2 的稳定转化效率为：1261 dpm/mg，数据引自 Goodridge（1968a）。

3　糖原的稳定转化效率为：647 dpm/mg，数据引自 Goodridge（1968a）。

4　脂肪酸的稳定转化效率为：582 dpm/mg，数据引自 Goodridge（1968a）。

18.3.2 禁食与葡萄糖利用

鸟类在禁食时对葡萄糖的利用会减少。比如，无论是由于繁殖还是强制性的绝食，帝企鹅（*Aptenodytes forsteri*）体内不可逆的葡萄糖周转量会降低32%（Groscolas and Rodriguez, 1981）：喂食，44.2 μmol/（min·kg）；禁食，30.1 μmol/（min·kg）。

同样，日本鹌鹑（*Coturnix japonica*）在禁食2 d后，其葡萄糖利用降低了57.6%（Sartori et al.，1996）。鸡在禁食1 d后，葡萄糖利用降低了64%（Belo et al.，1976）。葡萄糖利用降低有以下几个原因：

（1）骨骼肌等外周组织对葡萄糖的利用降低（表18.8）；

（2）肝脏对葡萄糖的利用降低。一方面，由于肝脏的脂肪合成，肝脏对葡萄糖的利用会降低，其利用率与禁食2 h后相当（图18.3）。脂肪酸的合成速率也会降低到禁食1 d时水平的6.4%和禁食3 d时水平的0.2%（Yeh and Leville，1971a、b）。鸡的脂肪生成相关酶的表达水平因禁食而降低（Desert et al.，2008；Sherlock et al.，2012）。另一方面，由于肝脏的糖酵解，也会降低肝脏对葡糖糖的利用（Goodridge，1968a）。

表18.8 8周龄鸡在摄食或禁食6 d后静脉-动脉血糖浓度的差值（用于分析葡萄糖的生成与利用）

	摄食	禁食（6 d）
静脉-动脉血糖浓度差值（nmol/mL）		
肝	+940[1]	+1 450
肾	+44	+307
后腿	−792	−199
器官单位重量葡萄糖净生成量［μmol/(min·g)］		
肝[2]	1.8[1]	2.8（糖异生）
肾[3]	0.4	2.8（糖异生）
单位体重葡萄糖净生成量［μmol/(min·kg)］		
肝	34	53
肾	2	17
器官单位重量葡萄糖净生成量［nmol/(min·g)］		
臀及后腿部/骨骼肌[4]	44	10
单位体重葡萄糖净生成量［μmol/(min·kg)］		
骨骼肌[5]	22	5

1 这里不包括肝脏经由肝门静脉吸收的葡萄糖。

2 肝脏葡萄糖的产生是以动静脉血糖浓度差值以及血流至肝脏的速度为1.92 mL/(min·g)（Tinker et al.，1986）来计算的。

3 肾脏葡萄糖的产生是以动静脉血糖浓度差值以及动脉血流入肾脏的速度为9 mL/(min·g)（Merrill et al.，1981）来计算的。

4 臀及后腿部对葡萄糖的净利用率的计算是以动静脉血糖浓度的差值以及动脉血流入骨骼肌的速度为50 μL/(min·g)（Merrill et al.，1981）来计算的，以骨骼肌代表臀及后腿部。

5 以骨骼肌占机体重量的50%来计算。

数据引自Tinker等（1986）。

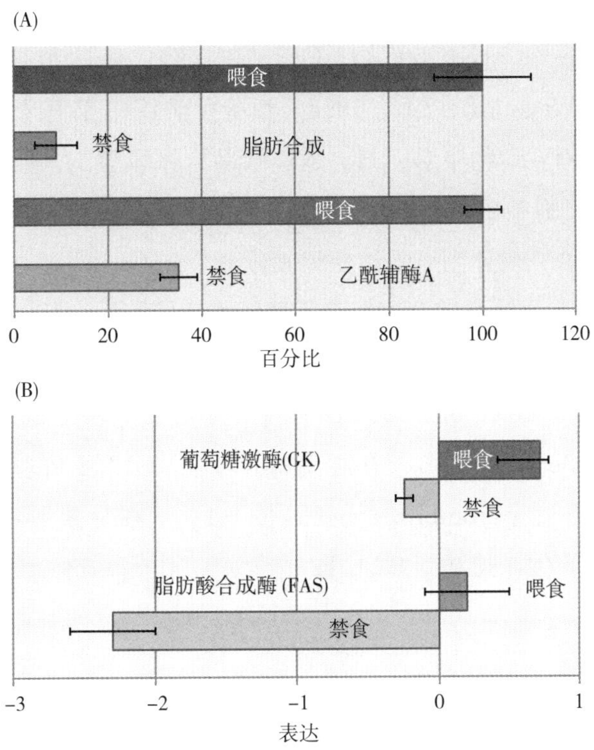

图 18.3　禁食对肝脏糖类代谢的影响

(A) 禁食 2 h 后鸡的肝脏脂肪合成效率以及乙酰辅酶 A 的浓度。数据以占对照组（摄食组）的百分比来表示，数据引自 Yeh and Leveille（1971a、b）；(B) 禁食 5 h 对鸡的肝脏中与糖类代谢相关的关键酶表达的影响，数据引自 Dupont 等（2008）。

18.4 葡萄糖转运

葡萄糖经由葡萄糖转运蛋白运输到细胞内。禽类中有 5 种葡萄糖转运（glucose transporter，GLUT）基因/蛋白（Wagstaff et al.，1995；Kono et al.，2005），分别命名为：

GLUT1：葡萄糖转运蛋白 1，属于可溶性的 2 型转运蛋白家族（Wang et al.，1994）（鸡：Gene bank CGNC ID CGNC：49664）；

GLUT2：葡萄糖转运蛋白 2，属于可溶性的 2 型转运蛋白家族（鸡：GenBank：Z22932.1）；

GLUT3：葡萄糖转运蛋白 3（SLC2A3），属于可溶性的 2 型转运蛋白家族（鸡：Gene bank NM_205511.1）；

GLUT5：葡萄糖-果糖转运蛋白 5，属于可溶性的 2 型转运蛋白家族（鸡：Gene bank CGNC ID1764）；

GLUT8：葡萄糖转运蛋白 8，属于可溶性的 2 型转运蛋白家族（鸡：Gene bank CGNC ID378802）。

对不同鸟类如鸡（Seki et al.，2003）或家雀（Sweazea and Braun，2006）葡萄糖转运蛋白的研究发现，鸟类中没有类似哺乳动物中胰岛素依赖型的 GLUT4 的同源蛋白质。脂肪组织、脑（鸡：Kono et al.，2005）以及成纤维细胞（Wagstaff et al.，1995）中的 GLUT1 的表达量很高。GLUT2 仅在肝和肾中具有高表达量（鸡：Kono et al.，2005；Lee et al.，

2006)，在小肠中也有少量表达(鸡：Duarte et al.，2011)。表皮生长因子抑制鸡肝细胞中GLUT2的表达水平(Lee et al.，2006)。GLUT3在脑中表达量很高(鸡：Kono et al.，2005)，在成纤维细胞(Wagstaff et al.，1995)和各种组织中都有表达(家雀：Sweazea and Braun，2006)。尽管在哺乳动物中GLUT1是非胰岛素依赖型的，但是在鸟类中胰岛素可通过促进GLUT1在成肌细胞中的表达，提高其在细胞中的表达量，从而促进葡萄糖的吸收(鸡：Zhao et al.，2012)。鸡体内有表达胰岛素依赖型的GLUT8，并且在肾上腺、大脑、肾脏、胰腺、脾脏以及睾丸中表达量较高，但在脂肪组织、肝脏、心脏以及骨骼肌中表达量较低(鸡：Seki et al.，2003；Kono et al.，2005)。鸟类的红细胞在发育过程中，葡萄糖转运蛋白的表达量降低(鸡：Johnstone et al.，1998)，每个成熟红细胞仅有200个GLUT1的拷贝(鸽子：Diamond and Carruthers，1993)。在雏鸡的肝脏中，GLUT2的表达量很高，而GLUT1和GLUT3也有一定的表达(Humphrey et al.，2004)。在骨骼肌中，GLUT3表达很高，GLUT1也有一定的表达，但未检测到GLUT2的表达(Humphrey et al.，2004)。

18.5 中间代谢

18.5.1 葡萄糖的磷酸化和去磷酸化

葡萄糖-6-磷酸在代谢过程中起到很重要的作用(图18.4)。鸟类在出壳后，肝脏葡萄糖-6-磷酸的浓度迅速升高(火鸡：Rosebrough et al.，1979)。

18.5.1.1 葡萄糖磷酸化

在葡萄糖激酶或己糖激酶催化下，葡萄糖被磷酸化生成葡萄糖-6-磷酸。

$$\text{葡萄糖} + \text{ATP} \longrightarrow \text{葡萄糖-6-磷酸}$$

18.5.1.1.1 葡萄糖激酶/己糖激酶

对鸡和骡鸭的葡萄糖激酶的研究发现，这两个物种的葡萄糖激酶具有99%的同源性(Berradi et al.，2005，2007)。骡鸭(Berradi et al.，2004)过度喂食或者鸡(Berradi et al.，2007)在进食时，肝脏中葡萄糖激酶的表达会增高。而禁食会使鸡的葡萄糖激酶表达量降低66%(Dupont et al.，2008)。鸡的肝脏中具有低Km(米氏常数)值的己糖激酶活性，禁食则降低该酶的活性(O'Neill and Langlow，1978；Klandorf et al.，1986)。在肝脏线粒体中检测到高Km值的己糖激酶活性(鸡：Borrebaek et al.，2007)。己糖激酶也存在于蜂鸟的肌细胞中(Suarez et al.，1990)。

18.5.1.2 葡萄糖-6-磷酸去磷酸化

葡萄糖-6-磷酸酶对维持葡萄糖稳态起到了关键作用：

$$\text{葡萄糖-6-磷酸} \longrightarrow \text{葡萄糖} + \text{磷酸}$$

18.5.1.2.1 葡萄糖-6-磷酸酶

鸟类葡萄糖-6-磷酸酶的催化作用是在肝脏进行的(鸡：O'Neill and Langlow，1978)。通过糖原分解和生糖途径产生的葡萄糖-6-磷酸在肝脏中被葡萄糖-6-磷酸酶催化，脱磷酸后生成葡萄糖，葡萄糖从肝脏进入血液循环，并释放到外周组织而被利用。骨骼肌中没有发现葡萄

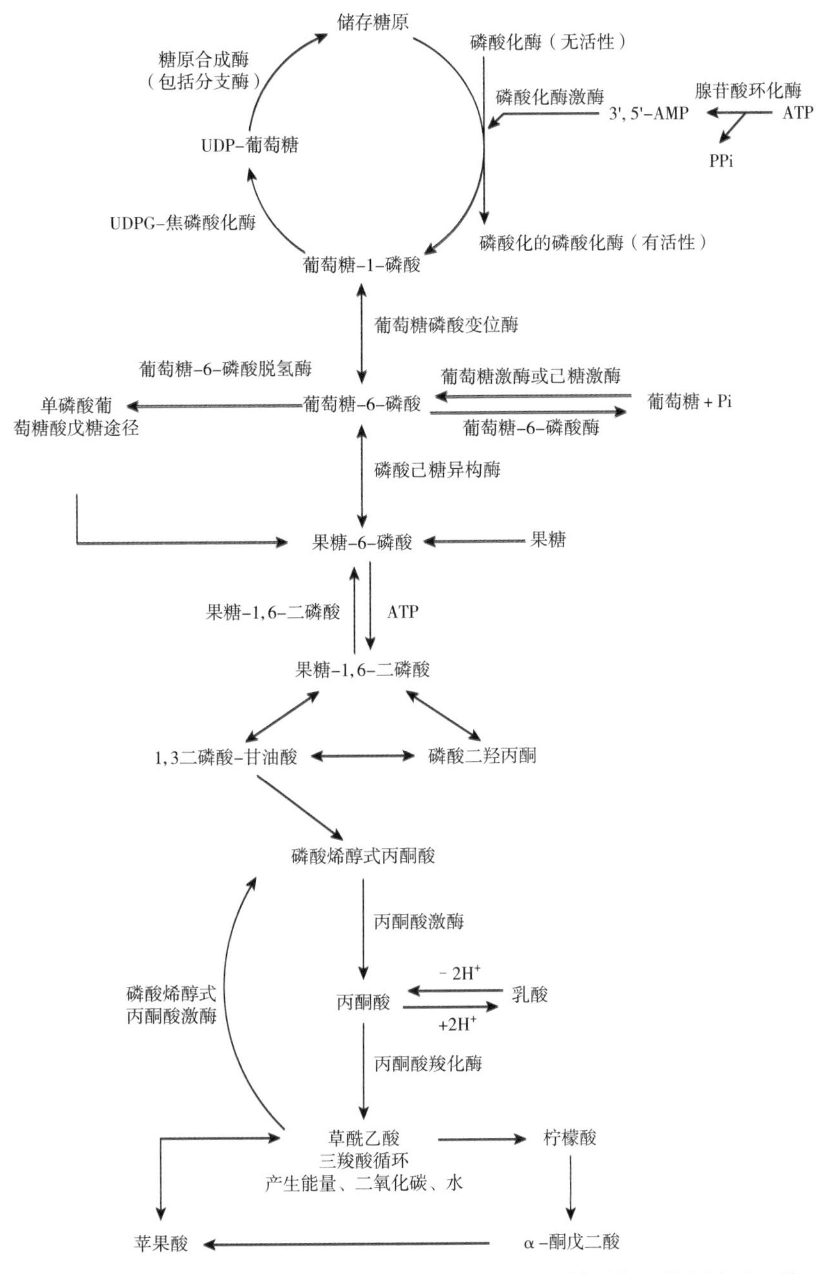

图 18.4　糖类代谢概况（葡萄糖磷酸化/去磷酸化、糖酵解、糖原合成、糖原分解以及磷酸戊糖途径）示意

糖-6-磷酸酶，因此肌糖原不能作为循环葡萄糖的来源。伴随着由禁食引起的糖原分解和生糖途径的加速，肝脏中葡萄糖-6-磷酸酶的活性也会升高（鸡：O'Neill and Langlow，1978）。

18.5.2　糖酵解

糖酵解过程归纳在图 18.4 中。糖经糖酵解途径进入柠檬酸循环而代谢，同时，糖酵解也是葡萄糖进行厌氧分解的途径。

18.5.2.1　发育过程对糖酵解活性的影响

在鸟类胚胎的肝脏中，葡萄糖的酵解活性很低，但在孵化 1 周后就会达到正常水平（鸡：Goodridge，1968a）（表 18.4）

18.5.2.2　摄食和禁食对糖酵解活性的影响

摄食会引起孵化后期糖基化活性增加（鸡：Goodridge，1968b）。而禁食会抑制肝脏通过糖酵解对葡萄糖的利用率，并抑制葡萄糖氧化为二氧化碳的效率。雏鸡在禁食时，肝脏中葡萄糖氧化为二氧化碳的速率会降低（Goodridge，1968b）：禁食 1 d：降低至对照组的 59.5%；禁食 3 d：降低至对照组的 17.5%。

鸡糖酵解途径的酶的基因表达同样受到禁食的抑制（Sherlock et al.，2012）。

18.5.2.3 红细胞中的糖酵解

红细胞利用葡萄糖获得能量的主要途径是通过糖酵解和磷酸戊糖途径（鸽：Kalomenopoulou et al.，1990）。红细胞中存在磷酸果糖激酶、丙酮酸激酶以及己糖激酶的活性（鸽：Kalomenopoulou et al.，1990）。

18.5.3 柠檬酸循环（三羧酸循环）

18.5.3.1 概述

图 18.5 归纳了柠檬酸循环（三羧酸循环，TCA）的过程。在出壳前后，线粒体的功能（柠檬酸合成酶的活性）会增强（鸡：Walter et al.，2010）。在鹌鹑、野鸡、家养火鸡以及野生火鸡的骨骼肌中都能检测到柠檬酸合成酶和丙酮酸激酶的活性（Shea et al.，2007）。蜂鸟体内的柠檬酸合成酶的活性与哺乳动物相似，但要比鸡的活性高（表 18.9）。在摄入无蛋白质日粮的条件下，通过蛋白质组学分析，发现胸肌细胞中具有丙酮酸激酶（鸡：Corzo et al.，2006）。

表 18.9 蜂鸟与鸡的柠檬酸合成酶活性比较

动物	柠檬酸合成酶活性[nmol/(min·g)]*	参考文献
蜂鸟	448	Suarez et al. (2009)
鸡	21	Azad et al. (2010)

*其中的 g 是湿重的单位。

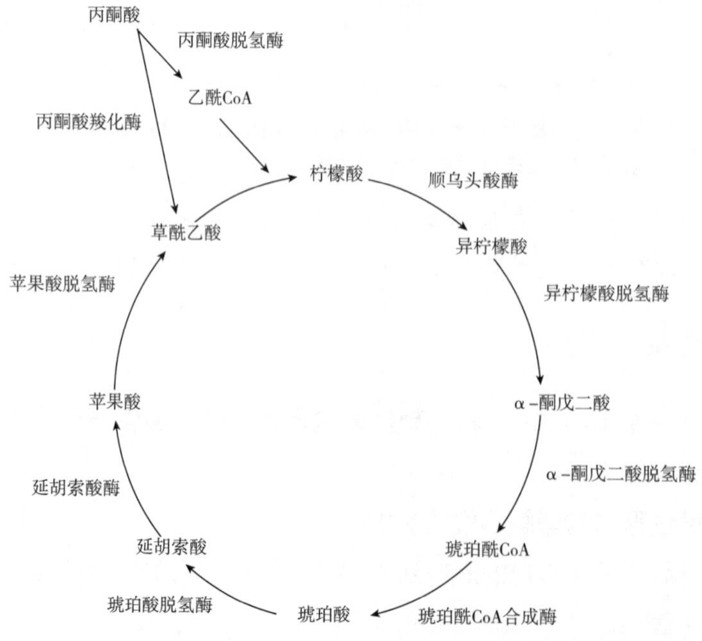

图 18.5 柠檬酸循环或三羧酸循环（tricarboxylic acid，TCA）示意

18.5.3.2 红细胞

据报道，在鸽的红细胞中不存在柠檬酸循环（Kalomenopoulou et al.，1990）。

18.6 糖异生

糖异生途径归纳在图 18.4 和图 18.6 中。鸟类的糖异生器官主要是肝脏和肾脏。在胚胎发育过程中，卵黄囊中的糖异生途径非常活跃，其中 1，6-二磷酸-果糖、磷酸烯醇式丙酮酸羧激酶以及葡萄糖-6-磷酸的浓度都非常高（鸡：Yadgary et al.，2011）。鸡的肌肉型和肝脏型磷酸果糖激酶（muscle-and liver-type phosphofructokinase，PEK-M 和 PEK-L）均已鉴定（Seki et al.，2006），PEK-L 在肝脏、骨骼肌以及脑中均有低量表达，而 PEK-M 只在骨骼肌中表达（Seki et al.，2006）。

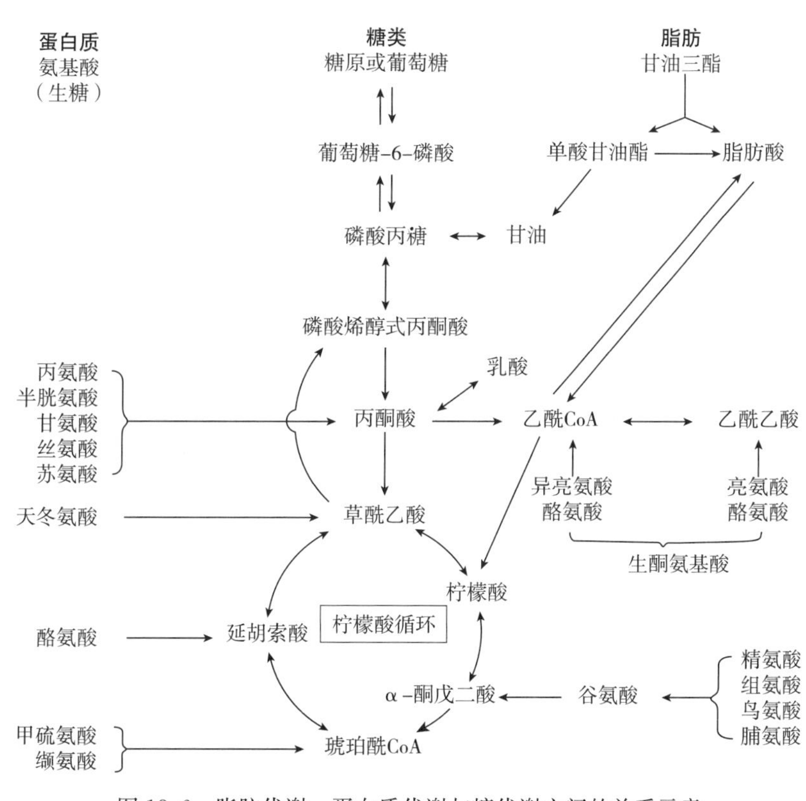

图 18.6 脂肪代谢、蛋白质代谢与糖代谢之间的关系示意

18.6.1 禁食对糖异生的影响

在某些鸟类，禁食促进了糖异生。在禁食时，肝脏和肾脏会释放出大量的葡萄糖，而肝脏中葡萄糖-6-磷酸酶、磷酸烯醇式丙酮酸羧基激酶、丙氨酸氨基转移酶以及天冬氨酸氨基转移酶的活性也会增加（鸡：Veiga et al.，1978）。通过 ^{14}C 同位素示踪发现，日本鹌鹑在禁食时，体内 ^{14}C 同位素标记的碳酸氢盐转化为葡萄糖的效率增加，表明体内糖异生途径高度活跃（Sartori et al.，1996，2000）。研究也发现，禁食 2 d（阶段 2），肾脏细胞液中的磷酸烯醇式丙酮酸羧基激酶的活性增强（Sartori et al.，1996，2000）。通过把富含乳糖（糖异生代谢途

径的底物之一）的营养液对雏鸭的肝脏进行灌注试验发现，禁食也会促进雏鸭的糖异生（Bedu et al.，2001）。禁食还会促进糖异生途径所需酶的基因表达（鸡：Désert et al.，2008；Sherlock et al.，2012）。但对于肉食性的鸟类来说，禁食反而会抑制糖异生（黑美洲鹫，*Coragyps atratus*：Veiga et al.，1978）。

18.6.2 糖异生途径在肝脏和肾脏中的相对重要性

糖异生在肝脏和肾脏都能进行。在喂食和禁食的条件下，通过对动静脉血糖浓度差异的比较发现，肝脏的糖异生约占70%，肾脏的糖异生占30%（鸡：Tinker et al.，1986）（表18.8）。对于肉食性鸟类来说，喂食后其体内糖异生途径变得高度活跃（黑美洲鹫，*Coragyps atratus*：Veiga et al.，1978；并参照图18.9）。通过研究动静脉血中葡萄糖与乳糖的浓度差异发现，在花斑鸟类（graniferous birds）的肝脏也检测到糖异生的活性（表18.8）。有研究发现鸡的肠道可以把37%的葡萄糖转化为乳糖，据此推测大部分乳糖来自肠道（Riesenfeld et al.，1982）。

18.7 糖原

18.7.1 概述

糖原是由葡萄糖聚合而成的含有许多分支的大分子多糖，是糖的主要储存方式，尤其是在肝脏和骨骼肌中。糖原的合成与分解可参考图18.4或图18.9。糖原分解对星形胶质细胞的功能非常重要（鸡：Gibbs et al.，2006）。糖原分解主要由肝脏表达的葡萄糖激酶所催化。

18.7.2 糖原合成与分解

18.7.2.1 糖原合成

由葡萄糖合成糖原，称为糖原合成：

葡萄糖-6-磷酸⟶葡萄糖-1-磷酸。

18.7.2.1.1 葡萄糖磷酸变位酶

葡萄糖-1-磷酸+尿苷三磷酸（UTP）⟶尿苷二磷酸葡萄糖（UDP-葡萄糖）

18.7.2.1.2 尿苷二磷酸葡萄糖焦磷酸化

糖原（n）+UDP-葡萄糖⟶糖原（$n+1$）+UDP

18.7.2.1.3 糖原合成酶

胸肌细胞可表达糖原合成酶（glycogen synthase，GS）（鸡：Sibut et al.，2008；Simon et al.，2012）。

18.7.2.2 糖原分解

糖原分解是指糖原分解为葡萄糖-1-磷酸的过程：

糖原（n）+三磷酸腺苷（ATP）⟶糖原（$n-1$）+葡萄糖-1-磷酸

18.7.2.2.1 糖原磷酸化

糖原磷酸化酶在胸肌细胞中有表达（鸡：Sibut et al.，2008；Simon et al.，2012）。

鸟类出壳前后，肝脏中磷酸化酶的活性有细微的差别（火鸡：Rosebrough et al.，1978b）。而 cAMP 可以增强火鸡肝脏磷酸化酶的活性（Rosebrough and Von Vleck，1990）。

鸟类出壳前后，肝脏和骨骼肌中的磷酸腺苷激活的蛋白激酶（AMP-activated protein kinase，AMPK）、AMPK 的调控亚基和催化亚基的表达以及 AMPK 的磷酸化作用都有增强（鸡：Walter et al.，2010）。

18.7.2.3　糖原合成与分解在发育过程中的变化

鸟类在出壳前后的发育过程中，糖原在代谢中的重要性发生明显的变化。在胚胎中，糖原的水平普遍较低（除了个别例外的报道）。比如，在胚胎发育的 15～19 d 以及 19 d 到出壳之间，肝糖原浓度会降低（鸡：Pulikanti et al.，2010；Zhai et al.，2011）。糖原的储存状态也有略微的变化。然而，在胚胎发育 15～19 d 的时候，破壳肌的糖原浓度增加，这便于为后期孵化提供必需的葡萄糖（鸡：Pulikanti et al.，2010）。在对鸡形目的鸟类研究发现，孵化后肝糖原浓度有显著的增加（火鸡：Foye et al.，2006）（表 18.10）。

表 18.10　在出壳后早期发育阶段火鸡肝糖原的变化

日龄	肝糖原	
	浓度（mg/g）	总量（mg）
0	16.4	20.2
7	84.7	591

数据引自 Foye 等（2006）。

鸡（*Gallus gallus*）在胚胎发育第二阶段中期，其肝糖原浓度有所增高，到出壳前达到最大值：

在胚胎发育的 11 d 内糖原浓度增高 3 倍，并在第 18 天达到最高（Hamer and Dickson，1987）；

在胚胎发育的 16 d 内糖原浓度提高 51%，到第 18 天达到最高（Willemsen et al.，2011）；

在胚胎发育的 18 d 内糖原浓度逐渐升高，并在第 20 天达到最高（Kornasio et al.，2011）（表 18.11）；

从啄壳到出壳，肝糖原浓度会降低 58%。在出壳过程中，糖原能分解产生 21 μmol 的葡萄糖（鸡：Willemsen et al.，2011）。

出壳以后，由于摄食的原因，雏鸡的肝糖原会迅速增加（Kornasio et al.，2011）（表 18.11）。在出壳前后，胚胎给养也会使肝糖原增加（Kornasio et al.，2011）。

胸肌糖原的变化与肝糖原的情况不同，在胚胎发育的 18～20 d，胸肌糖原只提高 33%（Kornasio et al.，2011）。肌糖原也会因胚胎给养而增加（Kornasio et al.，2011）。

胚胎期肝糖原的转化效率很低，然而出壳后大约 2 周以内肝糖原即可达到最高值（对鸡的研究可参考 Goodridge，1968a）（表 18.4）。刚出壳的雏鸡肝糖原增加不会太快，直到开始摄食以后才会增加。这说明营养的摄入能促进糖代谢相关关键酶的表达（鸡：Goodridge，1968b）。在出壳后 1 周内，肝糖原合成酶的活性也随之增强（火鸡：Rosebrough et al.，1979）。

表 18.11 鸡肝脏和肌肉中糖原总量的变化

鸡龄	糖原总量（mg）	
	肝	肌肉
18 胚龄	2	6
19 胚龄	6	8
20 胚龄	8	8
21 胚龄	3	7
出壳	5	7
24 h	4	9
24 h，早期喂食	26	12
36 h	5	6
36 h，早期喂食	135	18

数据引自 Kornasio 等（2011）。

18.7.2.4 喂食与禁食对糖原代谢的影响

养分摄入对糖原数量有着重要的影响。如鸡在正常进食的条件下，其肝糖原的储存量很大。表 18.12 总结了在喂食前后肝糖原的数量以及日均糖原分解对体内总体代谢的影响。在喂食时，糖原合成与糖原分解的速度相当。葡萄糖尤其是果糖的摄入能增强肝糖原合成酶的活性（火鸡，Rosebrough et al.，1979）。骨骼肌中糖原合成酶的活性在出壳以后也会增强，表明骨骼肌中的糖原在出壳后也会增加（火鸡：Rosebrough et al.，1979）。对鸡（Tinker et al.，1986）（表 18.13）和火鸡（Rosebrough et al.，1978a）的研究发现：禁食会降低肝脏、肾脏以及骨骼肌中的糖原含量。

表 18.12 喂食方式对鸡的肝糖原数量的影响（以此来分析糖原分解的效率）

时间	喂食频率	肝糖原 (mmol/kg)*	肝糖原变化量 (mmol/kg)*	糖原分解产生的葡萄糖预测值 [μmol/(min·kg)]*
喂食后 12 h	每天	7.7	4.2	5.8
喂食前	每天	3.5		
喂食后 24 h	隔天	15.9	9.0	6.2
喂食前	隔天	6.9		

引自 De Beer 等（2007）。

* 该单位中 mmol、μmol 为葡萄糖相当量的单位，kg 为体重的单位。

表 18.13 鸡在饥饿时的糖原变化

器官	糖原（μmol*/g）	
	喂食	禁食 6 d
肝	84.4	18.5
肌肉	54.4	25.8
肾	2.8	1.3

数据引自 Tinker 等（1986）。

* μmol 为葡萄糖相当量的单位。

18.7.3 胚胎给养对糖原的影响

肝糖原数量在胚胎发育后期逐渐升高，在 20 胚龄达到最高，但在出壳后又逐步下降（Kornasio et al.，2011）。胚胎给养可以增加肝糖原与肌糖原的含量（Kornasio et al.，2011）。出壳后的喂食也会极大的提高肝糖原与肌糖原的数量（Kornasio et al.，2011）。

18.7.4 糖原体

糖原体是在鸟类背部、脊髓腰骶部区域内的一种胶状卵形器官（Watterson，1949），它由一种原先被称为单一的糖原体细胞所组成（Watterson，1949），属于一种星形细胞（Louis，1959、1993；De Gennaro，1993），该类细胞具有极高的糖原储存能力，其细胞质中含有糖原颗粒（Imagawa et al.，2006a）。通过小脑神经元细胞与糖原体共培养，发现了另外一类细胞，它们呈扩散性生长并黏附于神经元上（Imagawa et al.，2006a）。糖原体从腰骶神经管前端衍生而来（De Gennaro，1991）。Lachi 叶（The lobes of Lachi）与糖原体具有许多代谢相似性，如它们都含有糖原合成酶、糖原磷酸酶、葡萄糖-6-磷酸脱氢酶以及 6-磷酸葡萄糖酸脱氢酶，而且两者均缺少葡萄糖-6-磷酸酶（Benzo and DeGennaro，1981）。

糖原体包含多种与代谢相关的酶活性，如糖原合成酶、糖原磷酸酶、葡萄糖-6-磷酸脱氢酶以及 6-磷酸葡萄糖酸脱氢酶（Benzo and DeGennaro，1974，1981）。糖原体中还含有乳酸脱氢酶（lactate dehydrogenase，LDH），同时也检测到 LDH-B 的表达（Imagawa et al.，2006b）。因此，有人认为糖原体能够消化乳酸体（Imagawa et al.，2006b）。糖原体中的糖原含量不因饥饿和激素（如胰岛素、胰高血糖素和促肾上腺皮质激素等）而发生改变（Imagawa et al.，2006a）。去甲肾上腺素对糖原分解有一定的影响，它能在体外引起糖原体糖原含量的降低（Lee et al.，2001）。有研究表明糖原体与 Lachi 叶通过磷酸戊糖途径为髓磷脂的合成提供必要的前体物质（Benzo and DeGennaro，1981）。

18.8　糖类的消化与吸收

糖类的消化与吸收将分三个部分来讨论：淀粉消化、双糖消化以及葡萄糖吸收。

18.8.1　淀粉消化

淀粉由小肠（表 18.14）和胰腺外分泌所产生的淀粉酶降解（鸡：Osman，1982）。鸡日粮中 97%的玉米淀粉可被消化（Riesenfeld et al.，1980）。鸡小肠内消化淀粉的区域大体如下：63%的淀粉在十二指肠中消化；19%在空肠消化；12%在回肠消化（Riesenfeld et al.，1980）。

而且，其他类型的淀粉（如来自豆科作物的淀粉）在鸡的十二指肠和回肠中的消化比例也相当高，（Weurding et al.，2001）。某些鸟类的上消化道或肝脏能够分泌淀粉酶，如珠颈斑鸠（*Streptopelia chinensis*）和家鸦（*Corvus splendens*）的唾液腺、家雀（*Passer domesticus*）的肌胃（Bhattacharya and Ghose，1971），以及鸡的肝脏分泌的胆汁均含有淀粉酶（Farner，1943）。

表 18.14　鸡小肠中的酶活性(μ/mg)

酶	十二指肠	空肠
淀粉酶	13.4	19.0
麦芽糖酶	1.5	4.8
蔗糖酶	1.4	3.2

数据引自 Liu 等(2008)。

18.8.2　双糖消化

麦芽糖可以被麦芽糖酶降解为两分子葡萄糖，而蔗糖可降解为一分子葡萄糖和一分子半乳糖。在十二指肠和空肠都能检测到麦芽糖酶和蔗糖酶活性(鸡：Liu et al.，2008)。尽管在雀形目的鸟类中，如棕尾割草鸟(*Phytotoma rara*)，麦芽糖酶的活性比蔗糖酶的活性更高，然而这两种酶在小肠内的活性分布相对平均(Meynard et al.，1999)。空肠中异麦芽糖酶的活性比十二指肠的要低(Liu et al.，2008)。在胚胎发育过程中异麦芽糖酶的表达水平基本没有变化(Yadgary et al.，2011)。

18.8.3 葡萄糖吸收

鸟类的小肠、盲肠和结肠都能吸收葡萄糖(鸡：Riley et al.，1986；Moreno et al.，1996；De La Hora et al.，1998，2001)。葡萄糖的主要吸收场所是十二指肠，通过给雏鸡喂食富含葡萄糖的日粮，发现超过80%的葡萄糖在十二指肠吸收(Riesenfeld et al.，1980)。蜂鸟[如棕煌蜂鸟(*Selasphorus rufus*)和安娜蜂鸟(*Calypte anna*)]肠道内富含高活性的葡萄糖转运蛋白，能大量吸收葡萄糖(McWhorter et al.，2006)。

经由肠腔吸收的葡萄糖通过主动运输进入肠上皮细胞，对葡萄糖进行主动运输的主要是钠离子D-葡萄糖半乳糖共转运蛋白1(sodium D-glucose and galactose co-transporter 1，SGLT1)。SGLT1对葡萄糖具有很高的亲和力(Gal-Garber et al.，2000)，而且只存在于在肠道上皮绒毛细胞中(鸡：De La Hora et al.，1998；Barfull et al.，2002)。SGLT1在小肠中的表达量非常高，尤其在空肠区的表达量最高，SGLT1在十二指肠中的表达量约为空肠中的77%，而在回肠中的表达量约为空肠的65%(Gilbert et al.，2008)。

禁食后鸡的SGLT1在空肠中的表达会增加(Gal-Garber et al.，2000；Duarte et al.，2011)，在重新喂食后其表达量会进一步升高(Gal-Garber et al.，2000)。在胚胎发育过程中SGLT1的表达量会增加(鸡：Yadgary et al.，2011；Speir et al. 2012；鸽：Dong et al.，2012)。在生长期间，肠道表面积不断增大，然而SGLT1的表达量却会下降(Barfull et al.，2002)。醛固酮会影响SGLT1的表达水平(鸡：De La Hora et al.，2001)。在小肠中也会表达不依赖于钠离子的葡萄糖(半乳糖、果糖)转运蛋白2(GLUT2)。在雏鸡中，GLUT2在空肠中的表达水平不受禁食或再喂食的影响(Duarte et al.，2011)。

18.8.4 食物在胃肠道的储存

某些花斑鸟类(graniferous birds)(如鸡形目)在嗉囊和肌胃中能暂时储存食物。比如，在未性成熟的肉鸡的嗉囊中可以储存一定量的食物，使其适应喂食的规律(每天喂食或隔天喂食)(De Beer et al.，2008)。对鸡来说，只有在日间进行喂食，在夜间来临之前，进食量会达到最大值，因而伴随着嗉囊和肌胃被填满(Scanes et al.，1987；Buyse et al.，1993；图18.7)。而夜间的能量需求因代谢率降低而有所降低，并通过日间储存的食物来提供(Buyse et al.，1993；图18.8)。

18.8.5 肠发酵

关于鸟类胃肠发酵的资料非常有限。

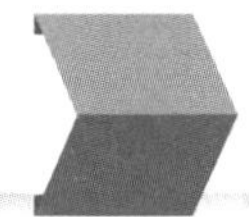

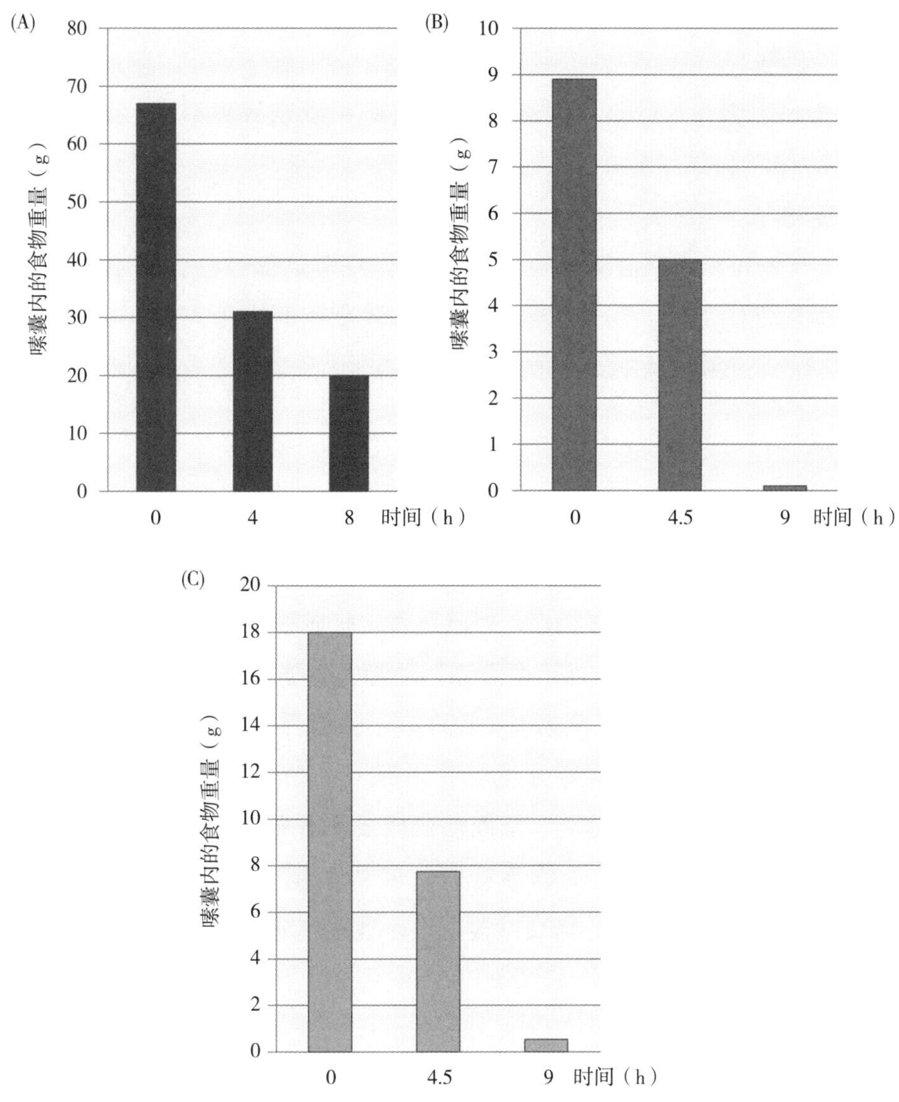

图 18.7　鸡嗉囊储存食物的统计

（A）性未成熟的肉鸡在摄食以后不同时间嗉囊中的食物重量（De Beer et al.，2008）；（B）在关灯前增加喂食后，夜间年幼肉鸡嗉囊中的食物重量（Buyse et al.，1993）；（C）产蛋母鸡嗉囊中的食物重量（Scanes et al.，1987）。

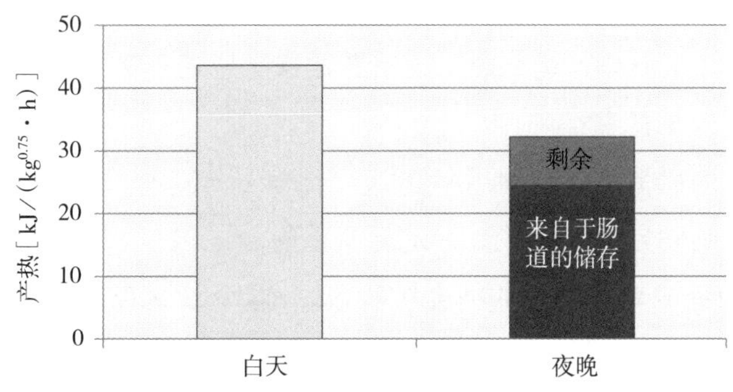

图 18.8　雏鸡在白天与夜晚中产热/能耗的比较

此处也包括了在嗉囊、砂囊以及前胃中为夜间所需的储存食物所产生的热量。数据引自 Buyse 等（1993）。

18.8.5.1　纤维素

18.8.5.1.1 前肠

新热带鸟（麝雉，*Opisthocomus hoazin*）被认为是唯一具有前肠发酵功能的鸟类（Grajal et al.，1989）。嗉囊中的微生物菌群经过鉴定，发现含有类似于哺乳动物瘤胃中的产甲烷菌

(Wright et al., 2009; Godoy-Vitorino et al., 2012)。

18.8.5.1.2 后肠

在鸡形目鸟类和岩雷鸟(*Lagopus muta*)的盲肠中发现纤维素可发酵为挥发性脂肪酸(Gasaway et al., 1976a、b、c)。

18.8.5.2 **淀粉**

有证据表明,淀粉可以在家禽嗉囊中发酵。夜间在嗉囊储存的食物中,乳酸的浓度显著增高,然而短链挥发性脂肪酸(除戊酸和己酸)的浓度仅有少量增加(火鸡:Johannsen et al., 2005)。在鸡的肠道中,大概37%的葡萄糖会转化为乳酸(Riesenfeld et al., 1982)。

18.9 结论

图18.9归纳了鸟类葡萄糖的代谢去向。

尽管鸟类的糖代谢与哺乳动物很相似,但还是有一些显著的区别:

(1)血糖浓度差异大,鸟类的血糖浓度是哺乳动物的2倍。

(2)与哺乳动物不同,鸟类对于高血糖(糖尿病)的耐受能力非常强,即使在切除胰腺或控制胰岛素水平的条件下,鸟类的血糖浓度仍变化不大。然而,有报道显示,使用胰岛素抗血清能引发鸡对胰岛素的被动免疫作用,从而使血糖浓度增高,并在使用抗血清5 h后血糖浓度达到747 mg/dL,这一点与哺乳动物患糖尿病时的血糖变化特征类似(Dupont et al., 2008; Simon et al., 2012)。另外,蜂鸟进食后可以观察到非常高的血糖浓度,但对蜂鸟本身并没有任何伤害(Beuchat & Chong, 1998)。

(3)鸟类无葡萄糖转运蛋白GLUT4。

(4)鸟类脂肪合成的场所是肝脏,而哺乳动物主要是脂肪组织。

18.9.1 饥饿过程及其代谢

一般可分为4个代谢阶段:

(1)吸收阶段:从进食开始,直到摄入的所有糖类在肠道中被完全吸收;

(2)后吸收阶段或短期禁食;

(3)饥饿Ⅱ阶段:消耗蛋白质与利用脂肪;

(4)饥饿Ⅲ阶段:脂肪完全消耗并开始消耗氨基酸。

在吸收阶段,葡萄糖或其他简单的糖会被吸收。这个阶段包括食物在胃肠道内的消化和移行过程以及消化吸收前在前消化道(包括嗉囊、肌胃、腺胃)的储存过程(图18.7)。至少对鸡和火鸡来说,在夜间它们会在前消化道储存营养物质(蛋鸡,Scanes et al., 1987; 雏鸡,Buyse et al., 1993),这可为它们提供70%的能量所需(图18.8)。

一般认为,在后吸收阶段,糖原会作为机体能量的主要来源。而在饥饿Ⅱ阶段,会消耗部分蛋白质和来自脂肪组织分解的脂肪酸。在饥饿Ⅲ阶段,随着储备的脂肪被消耗殆尽,机体会转而利用来自肌肉或其他组织的蛋白质分解的氨基酸作为糖异生的前体物质,以保持血糖稳定(Goodman et al., 1980; Bernard et al., 2002)。

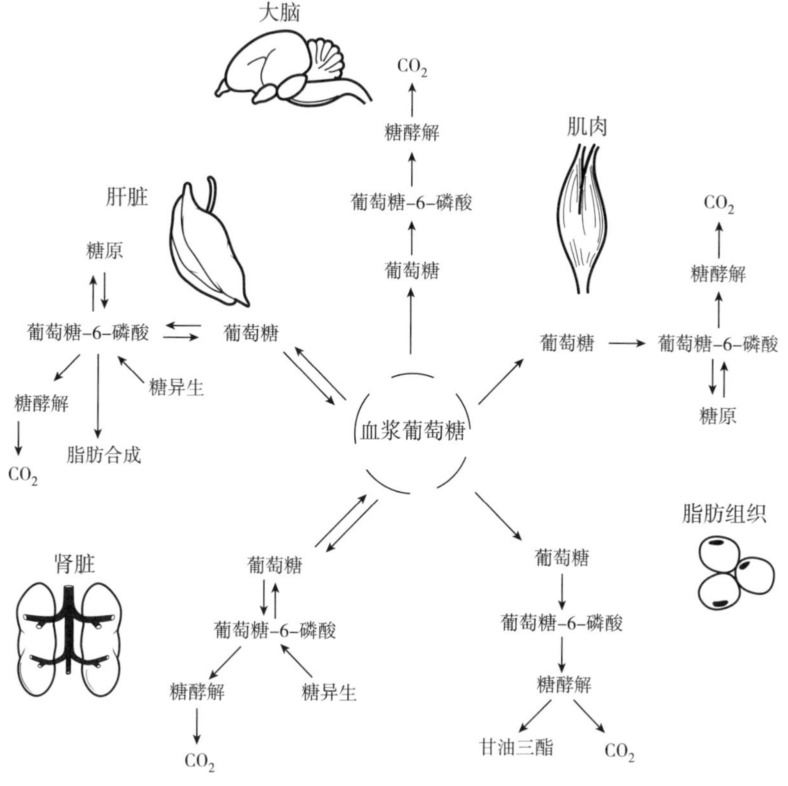

图 18.9　葡萄糖在血浆与各主要器官之间流动示意

在后吸收阶段以及饥饿Ⅱ和Ⅲ阶段，肌肉或肝脏的脂肪合成和糖酵解会逐渐减弱（图 18.3 和表 18.8）。这种减弱会一直持续到吸收阶段结束。比如，由于夜间通常不喂食，鸡在夜间的代谢效率会降低 26%。在后吸收阶段，肝脏的糖原分解只能满足机体对葡萄糖的少部分需求。表 18.12 展示了在喂食状态下鸡的肝糖原含量，数据表明在每天喂食或隔天喂食的情况下，鸡的肝糖原含量达到最大。在后吸收阶段，如果葡萄糖消耗总量为 55 μmol/（min · kg）（Belo et al.，1976）或 116 μmol/（min · kg）（表 18.5），那么在进食间隙中肝糖原分解约为 6 μmol/（min · kg）。

因此，肝糖原分解产生的葡萄糖大约只占机体全部葡萄糖的 10%，这说明在后吸收阶段以及饥饿Ⅱ和Ⅲ阶段，肝脏糖异生作用会增强，而糖酵解和脂肪合成会减弱，通过对进食 2h 后肝脏中乳酸浓度的检测也证实了上述结论（鸡：Yeh and Leveille，1971b）。

在禁食时，肝糖原和肌糖原的含量都会降低。对鸡的研究发现，在饥饿 6d 的情况下，肝糖原和肌糖原的含量分别下降 78%和 53%（Tinker et al.，1986；表 18.12）。

王企鹅（*Aptenodytes patagonicus*）在饥饿Ⅱ阶段和Ⅲ阶段，体内储存的脂肪几乎消耗殆尽，其血液脂肪酸浓度也显著降低（Bernard et al.，2002）。此外，血液尿酸浓度的增加表明糖异生作用得到增强（Bernard et al.，2002）。鸡在饥饿 6d 后，进入肝脏和肾静脉的葡萄糖会增加（Tinker et al.，1986），这也表明了糖异生作用的增强（表 18.8）。据计算，通过糖异生作用可提供的葡萄糖达到 70 μmol/（min · kg）。

通过对动静脉血成分的差异分析表明，饥饿时伴随着后躯肌肉释放的氨基酸和乳酸等物质的增加，肝脏和肾脏对这些糖异生的前体物质（氨基酸、乳酸）的摄取也相应增加（Tinker et al.，1986）。鸡在禁食 24h 后，血液中的甘氨酸浓度降低，也说明糖异生的作用增强了（Belo et al.，1976）。

参考文献

（杨梦华译，王松波、江青艳校）

第 19 章　脂肪组织与脂类代谢

Johan Buyse and Eddy Decuypere

缩略语

ACC，acetyl-CoA carboxylase　乙酰辅酶 A 羧化酶
ATGL，adipose triglyceride lipase　脂肪甘油三酯脂酶
FAS，fatty acid synthase　脂肪酸合成酶
FTO，fat mass and obesity-associated（FTO）gene　脂肪量和肥胖相关基因
GH，growth hormone　生长激素
HDL，high-density lipoproteins　高密度脂蛋白
IGF，insulin-like growth factor　胰岛素样生长因子
LDL，low-density lipoproteins　低密度脂蛋白
LPL，lipoprotein lipase　脂蛋白脂酶
ME，metabolizable energy　代谢能
NEFA，nonesterified fatty acids　非酯化脂肪酸
PPARγ，peroxisome proliferator-activated receptor γ　过氧化物酶体增殖物激活受体 γ
SREBP，sterol regulatory element binding protein　固醇调节元件结合蛋白
TAG，triacylglycerol　甘油三酯（三酰甘油）
VLDL，very-low-density lipoproteins　极低密度脂蛋白
VLDLy，yolk-targeted very-low-density lipoproteins　卵黄定向的极低密度脂蛋白

19.1 前言

脂肪组织的主要功能是维持能量稳态。当食物过剩时，能量以疏水的甘油三酯（TAGs）的形式储存于脂肪细胞内膨胀的脂滴中。由于单位重量 TAG 含有的能量高，脂肪组织特别适合用来储存能量；当食物缺乏时，脂肪细胞中的 TAGs 会被动员（脂解），产生的脂肪酸可被多种组织氧化而产生化学能。胴体中脂肪组织的沉积量易受到遗传和外源

因素的影响而产生变化。然而，现在已经很明确，脂肪组织不仅能储存能量，还具有内分泌和旁分泌功能。

19.2 脂肪组织的发育

脂肪组织的细胞发育包括细胞数量的增加（hyperplasia，增生）和细胞体积的增大（hypertrophy，肥大）。脂肪细胞的数量和体积均会随着年龄而增加，且与脂肪重量和体重成正比（Cartwright，1991）。脂肪细胞的增生和肥大在鸡的脂肪沉积中均发挥作用。但是，不同脂肪组织中增生和肥大的程度并不相同。

在幼龄阶段，脂肪组织重量的增加主要是由脂肪细胞数量的增加造成的。而在较大周龄阶段，脂肪细胞内的脂质累积则成为决定脂肪重量的主要因素。至于在什么周龄阶段，脂肪细胞肥大开始成为脂肪组织生长的最主要决定因素，不同的文献报道并不一致。最早的研究发现，一种商业品系肉鸡腹部脂肪细胞数量在12～14周龄前持续增加，而该阶段脂肪细胞体积的增大很慢。12～14周龄后，腹部脂肪的增加则主要是已有脂肪细胞的脂质充盈（Hood，1982；March et al.，1984；Cartwright，1991）。相反，最近的研究表明，在7周龄时肉鸡脂肪的增加主要是由脂肪细胞的肥大造成的（Guo et al.，2011）。与散养、未经选育的肉鸡或者几十年前选育的肉鸡相比，现代选育的肉鸡则相对比较肥胖。由此推测，细胞肥大成为机体脂肪沉积主要决定因素的时间被提前了。快速生长的肉鸡可能比慢速生长的肉鸡更早地获得遗传决定的脂肪细胞最终数量。此外，性别（Hood，1982）、营养状态（Hood and Pym，1982；Guo et al.，2011）以及对肥胖直接或间接的选择，均会影响脂肪细胞的年龄依赖性或体重依赖性的发育模式。由于脂肪细胞数量和体积增加速率的不同，在7周龄前，肉鸡腹部脂肪中不同直径脂肪细胞数量的比例呈现双峰频率分布。随着年龄增加到22周，“大”细胞群中的脂肪细胞的数量增加缓慢，但平均直径变大。相反，“小”细胞群中的脂肪细胞的数量增加更快，但平均直径不变（March et al.，1984）。Merkley和Cartwright（1989）在腹部、腿部、背部和颈部的脂肪垫中也观察到了同样的现象。因此，即使在相同体重的情况下，群体间的肥胖差异也是由脂肪细胞数量和脂肪细胞体积共同造成的。然而，机体脂肪含量的减少（比如通过饮食调控）主要是由脂肪细胞的脂解（萎缩）造成的。

19.3 脂肪细胞增殖和分化

鸡脂肪生成的第一步是胚胎干细胞在胰岛素和地塞米松的诱导下分化形成白色脂肪前体细胞（Li et al.，2011）。这种前体细胞存在于脂肪组织的血管基质（stromal-vascular fraction，SVF），可发生增殖并进一步分化形成多脂滴的未成熟白色脂肪细胞。当多脂滴的脂肪细胞被脂质充盈后，最终形成形态与代谢特征迥异的单脂滴成熟脂肪细胞（Butterwith，1988；Evans，1977）。禽类成熟脂肪细胞（平均直径150 μm）的特征是，细胞内含有一个占细胞总体积80%以上的大脂滴，而其他细胞器都被排挤到细胞边缘，细胞质也呈现窄圈状。禽类脂肪细胞的另一个形态学特征是在胞质和脂滴之间存在微丝，可为脂肪细胞提供结构支撑

（Evans，1977；Hood，1982）。

有关脂肪生成的研究，绝大多数都是利用细胞培养体系培养哺乳动物细胞系（很少用禽类来源的细胞系）进行的，并且这些研究主要集中于脂肪生成的内分泌调控方面。研究表明，培养液中添加胰岛素可促进鸡脂肪前体细胞的增殖，而胰岛素缺失或培养液中添加 10%经透析的鸡血清，细胞增殖就会受到抑制。此外，研究还发现，胰岛素样生长因子 1 和 2（IGF-1/2）、成纤维生长因子（FGF）、转化生长因子 α 和 β（TGF-α/β）和血小板衍生生长因子（PDGF）都可以在体外促进鸡脂肪前体细胞的增殖（见 Butterwith 综述，1997）。但是，这些生长因子大多数会同时抑制脂肪前体细胞的分化。这些数据提示，生长因子可能是脂肪前体细胞增殖和分化的重要自分泌、旁分泌和内分泌调控因子。此外，葡萄糖（Qi et al.，2012）、地塞米松和胰岛素（Ramsay and Rosebrough，2003）也可促进脂肪前体细胞的分化。胰岛素、肝素、鸡血清、地塞米松和转录因子过氧化物酶体增殖物激活受体 γ（PPARγ）均参与了脂肪细胞的成熟（脂质充盈）过程。

19.4 机体脂肪的分布

现代肉鸡在商业屠宰时每千克体重含有 150～220g 脂质。脂肪组织分布于机体的不同部位，其中沉积量最大的部位是腹部脂肪垫，其次是颈部、腿部、背部和肌胃脂肪垫，以上部位沉积的脂肪约占总体脂含量的 20%。骨骼和皮肤中的脂肪分别占总体脂含量的 15%和 19%，其他一些沉积量较小的部位约占总体脂含量的 8%。因此，胴体其他部分含有的脂肪约占总体脂含量的 1/3。由于禽类横纹肌只含有少量（1.5%）的肌间和肌内脂肪，其余大部分脂质主要位于肠道、肺、肾脏和腺体等器官（Nir et al.，1988）。

腹部脂肪垫重量与总体脂含量成高度正相关，且其容易定量分析，因此腹部脂肪垫被广泛用作总体脂含量的评估指标（Sonaiya，1985）。事实上，以降低腹部脂肪含量为目标的选育已经成功减少了肉鸡的体脂含量（Leclercq，1984；Baéza and Le Bihan-Duval，2013）。

高等脊椎动物的生长不仅包括体重的增加，还包括机体形态和组成的变化，后者与机体不同组织生长速率及其功能的差异有关（Pálsson，1955）。机体某一部分重量（Y）与总体重（X）之间的关系可用赫胥黎方程来描述：

$$Y = aX^b$$

或者通过指数转化后：

$$\ln Y = \ln a + b \ln X$$

回归系数 b 也被称为异速生长系数。当 $b=1$ 时，因变量 Y 的重量与自变量 X 的重量成比例增加；当 $b \neq 1$ 时，绝对重量的比例不再维持不变，但 Y 相对生长速率与 X 相对生长速率的比值在生长阶段保持恒定。

与哺乳动物一样，在禽类中，不同部位的体脂沉积速率也存在差异。所有的脂肪组织（包括肌内脂肪和生理必需的脂肪）并非以同样的速率成熟，而是具有不同的异速生长系数。Merkley 和 Cartwright（1989）报道，商业化的雌性肉鸡在 8～16 周龄之间，腹部和背部脂肪的沉积量大于颈部和缝匠肌部位脂肪的沉积量。Nir 等（1988）观察到，对于以增加或者减少腹部脂肪为选育目标的肉鸡品系来说，不同部位脂肪的异速生长系数增加的顺序是：缝匠肌脂肪≈颈部脂肪（0.83）<砂囊脂肪（1.030）<腹部脂肪（1.17）<肠系膜脂肪（2.51）。与低脂肪品系鸡的异速生长系数（平均1.02）相比，高脂肪品系鸡具有更高的异速生长系数（平均1.24）。作者通过对连续光照条件下商业化肉鸡的研究，计算出如下异速生长系数：缝匠肌脂肪（1.137）≈肩胛部脂肪（1.171）<心脏脂肪（1.284）<腹部脂肪（1.615）≈胃部脂肪（1.623）。由此可以推断，与其他部位脂肪（甚至是胴体其他部位沉积的脂肪）相比，腹部脂肪垫更容易受到遗传和非遗传因素的影响。然而，机体不同部位脂肪组织具有不同异速生长的机制，以及遗传和外源因子作用的调控机制，均有待进一步阐明。

19.5 脂类代谢

19.5.1 脂蛋白代谢

19.5.1.1 门静脉微粒

糖类和蛋白质在胃肠道内水解后产生的单糖（己糖和戊糖）和氨基酸可通过主动运输或扩散的方式从小肠肠腔转运到血液循环系统。日粮中的脂类则被脂酶水解产生游离脂肪酸，进而被肠道黏膜上皮细胞吸收。在肠上皮细胞内，大多数脂肪酸又可与甘油重新酯化形成新的甘油三酯（TAGs），这些TAGs进而与磷脂、胆固醇（酯）以及特定的载脂蛋白（主要是apoB100）一起形成脂蛋白（lipoproteins）。在哺乳动物，脂蛋白以乳糜微粒（chylomicrons）的形式通过淋巴系统进行运输。而在禽类，由于淋巴系统发育很不完善，肠上皮细胞合成的脂蛋白则进入门静脉。因此，日粮来源的脂蛋白（平均直径150 nm）在禽类中被称为门静脉微粒（portomicrons）。门静脉微粒、其他类型脂蛋白（如VLDL、LDL和HDL）及脂蛋白残粒的主要特征以及脂类组成已在别处进行阐述（Sato et al.，2009；Alvarenga et al.，2011）。值得注意的是，禽类脂蛋白中没有apoB48和apoE（Walzem，1996）。此外，日粮中游离脂肪酸的重新酯化并不完全，一些非酯化脂肪酸（NEFA）也会进入门静脉，与白蛋白结合后运输到外周组织。血液中门静脉微粒的浓度主要取决于禽类的营养状态及日粮中脂肪的含量（Griffin and Hermier，1988）。门静脉微粒进入门静脉后被运输到肝脏，但并不在肝脏进行代谢（可能是因为门静脉微粒太大，不能穿过肝毛细血管床的细胞筛（Hermier，1997）），而是经过肝脏到肝外组织，被脂蛋白脂酶（LPL）部分水解。由于鸡缺失apoE，LPL水解后形成的门静脉微粒残粒可能通过apoB100依赖的脂蛋白残粒受体被肝脏吸收（Sato et al.，2009）。内吞的TAG可用作重新合成新的富含TAG的脂蛋白。

19.5.1.2 脂质从头合成和极低密度脂蛋白(VLDL)合成

脂质从头合成指的是从非脂质前体（如来源于日粮、糖原分解和糖异生的糖）合成TAGs的代谢通路。在大多数哺乳动物中，脂质从头合成主要发生在脂肪细胞；而在禽类中，传统认为肝脏是脂质从头合成的主要部位（Leveille et al.，1975）。但是也有证据显示，肝脏在脂质生成中的作用可能被高估了，还必须考虑其他组织（如骨骼、皮肤和肠道）对脂质生成的贡献（Griffin and Hermier，1988；Nir and Lin，1982）。

丙酮酸通过丙酮酸脱氢酶可形成乙酰辅酶 A，后者在脂质从头合成中起着关键作用。乙酰辅酶 A 可在乙酰辅酶 A 羧化酶（ACC）的催化下不可逆的转化成丙二酰辅酶 A，该过程是脂肪酸合成的限速步骤。丙二酰辅酶 A 的延长受到多酶复合物脂肪酸合成酶（FAS）的催化，新形成的脂肪酸可以与甘油发生酯化形成 TAGs。TAGs 再与磷脂、胆固醇（酯）和特定的载脂蛋白（主要是 apoB100）组装形成极低密度脂蛋白（VLDLs）。新合成的 VLDLs 储存在囊泡中，需要时可释放进入血液。哺乳动物中很多载脂蛋白在禽类中也被鉴定出来，但禽类载脂蛋白的具体功能尚未完全阐明（Griffin and Hermier，1988；Walzem，1996；Sato et al.，2009）。胰岛素可促进肝脏中脂质从头合成及 VLDLs 的合成，而甲状腺激素、胰高血糖素和肾上腺素具有相反的作用。血浆中 VLDL 浓度与总体脂含量成高度正相关，因此可以作为肉鸡脂肪沉积量的一个选择标准（Whitehead，1988；Guo et al.，2011）。

19.5.1.3　脂蛋白脂酶(LPL)

分泌到血液中的富含 TAGs 的脂蛋白（包括来源于肠道的门静脉微粒和来源于肝脏的 VLDL）可以被几种脂酶分解，其中 LPL 是目前知道的最重要的一种脂酶。LPL 由脂肪细胞和肌细胞合成，迁移到周围毛细血管管腔表面后通过肝素锚定于毛细血管壁，并被脂蛋白表面特定的载脂蛋白所激活，进而具有水解 TAG 的功能（Butterwith，1988；Griffin and Hermier，1988）。在哺乳动物中，apoC Ⅱ可从高密度脂蛋白（HDLs）转移到 VLDLs，进而激活 LPL。在禽类中，虽然具体是哪一种载脂蛋白激活 LPL 尚需进一步鉴定（Walzem，1996），但是，在未成熟母鸡的 VLDLs 以及成熟和未成熟母鸡的门静脉微粒、HDLs 上均存在可激活 LPL 的载脂蛋白（Griffin et al.，1982）。LPL 可水解脂蛋白核心的 TAGs，并释放游离脂肪酸供细胞摄取。在肌细胞中，摄取的脂肪酸可被氧化产生能量；而在脂肪细胞中，摄取的脂肪酸可重新合成 TAGs 来储存能量。禽类 LPL 的活性受到年龄的影响，同时在一定程度上也受到营养状态的影响。此外，胰岛素是促进 LPL 活性的主要调控激素（Griffin and Hermier，1988）。

19.5.1.4　脂蛋白分解代谢

随着脂蛋白中 TAGs 的水解，载脂蛋白也会发生丢失，脂蛋白体积变小但密度增加。发生部分代谢的 VLDLs 可在鸡血清中形成中密度脂蛋白（IDL，亦称作 VLDL 残粒）。IDL 会重构形成富含胆固醇的低密度脂蛋白（LDLs），剩余的 VLDL 残粒和门静脉微粒残粒可以被肝脏脂酶分解。LDLs 可通过受体介导的胞吞方式被肝脏或其他组织摄取。来源于肝脏或肠道的未成熟 HDLs，可从 VLDLs 获取胆固醇和磷脂，或与 LDLs 互作后获取胆固醇和磷脂。与哺乳动物一样，HDLs 也是禽类胆固醇和磷脂的主要转运载体。

19.5.1.5　蛋鸡的脂蛋白

蛋鸡血浆中脂蛋白代谢与未成熟母鸡和公鸡存在明显差异。由于卵巢合成脂质的能力极低，所有蛋黄脂质主要是由肝脏合成（类固醇激素如雌激素和孕激素可促进该过程），并以特殊的卵黄定向的富含 TAG 的 VLDLs（VLDLy）和富含磷脂的脂蛋白（卵黄原蛋白）的形式转运到卵巢（Walzem，1996）。与未成熟母鸡中正常 VLDLs 相比，蛋鸡 VLDLy 的直径（30 nm）只有前者的一半。蛋鸡 VLDLy 组成含有较多的 TAGs 和磷脂，较少胆固醇（酯），并具有独特的载脂蛋白（只有 apoB 和 apoVLDL Ⅱ）。此外，蛋鸡 VLDLy 很少被外周血管内的

LPLs 水解（Griffin et al.，1982；Griffin and Hermier，1988）。脂蛋白要进入卵黄中，其首先要通过颗粒基底层的孔（作为筛子来排除较大的脂蛋白），然后再通过受体介导的内吞作用（与体细胞的 apoB 受体不同，卵黄具有特异的 apoB 受体）进入到发育中的卵黄内。显然，apoB 是作为配体而非 apoVLDL Ⅱ来发挥作用的（Walzem，1996）。卵黄特异的 VLDL-卵黄原蛋白受体或 LR8 受体是 LDL 受体超家族的一员（Bujo et al.，1994）。因此，只有肝脏来源的脂质（多不饱和脂肪酸除外）可以沉积在卵黄中。雌激素依赖的 apoVLDL Ⅱ除了可以调节 VLDLy 的直径，还可作为 LPL 活性的抑制剂，从而防止 VLDLy 中 TAGs 被 LPL 水解（Schneider et al.，1990）。

19.5.2 脂类代谢的激素调节

去势术是内分泌影响禽类生长的最早例证，并已应用于养禽生产。从那时起，对激素的系统研究揭示了这些内源性分子对蛋白质、糖类和脂类代谢的重要作用。除了胰腺激素外，还有两个重要的轴已被鉴定：生长轴和甲状腺轴。禽类的这两个轴相互关联，尤其是在决定禽类的生长和机体组成方面关系密切。

19.5.2.1 生长激素

生长激素（GH）是一种促进哺乳动物生长的垂体激素。在幼龄动物中，GH 促进全身的生长，在成年动物中则促进四肢的生长。因此，GH 也对禽类的生长起着重要作用（Scanes et al.，1984）。GH 对机体内合成代谢的作用与其脉冲分泌模式的关联已在别处进行论述（Buyse and Decuypere，1999）。

我们知道，GH 并不是决定禽类生长和机体组成的唯一激素。同样，其他内源性调控物质（如甲状腺激素和 IGF）也发挥重要作用。大量证据显示，血浆 GH 和 IGF-1 水平成正相关，二者可促进一些合成代谢过程。此外，IGF-1 可促进脂肪生成，但抑制 GH 诱导的脂解。连续注射 IGF-1 可降低腹部脂肪的含量（Buyse and Decuypere，1999），而给肉鸡注射 IGF-2 可促进脂肪沉积（Buyse and Decuypere，1999），但有关血浆 IGF-2 浓度的数据很少，其生物学功能尚不清楚。同样，IGF 结合蛋白（IGFBP）对禽类生长、发育及机体组成的作用也不清楚。

报道显示，不同来源的 GH 均可影响鸡脂肪组织在体外的脂解活性。GH 可通过不同的细胞机制促进甘油的释放和抑制胰高血糖素诱导的脂解（Campbell and Scanes，1988）。GH 对体外脂解作用的生理意义可与其在营养代谢中的稳态作用关联起来。

19.5.2.2 甲状腺激素

大量证据显示，甲状腺激素对禽类的胚胎发生和出壳后的正常生长均具有重要作用。甲状腺激素还可影响禽类的机体组成和肥胖。鸡处于甲亢状态时，往往会造成脂肪含量减少；而在甲减的鸡中，其脂肪沉积会增加（Decuypere and Buyse，1988）。在培养的肉鸡脂肪细胞中，三碘甲腺原氨酸（T_3）可提高基础的脂解活性以及胰高血糖素诱导的脂解（Harden and Oscar，1993）。此外，T_3 还可提高肝脏苹果酸酶活性，进而促进脂质生成。

19.5.2.3 胰腺激素

胰腺激素（胰岛素、胰高血糖素、禽类胰多肽和生长抑素）在调控糖类、蛋白质和脂类代谢中起着重要作用，因此对于禽类的正常生长和发育至关重要。胰腺激素的结构、分泌及其外周调控详见 Simon 的综述（1989）。简单地说，胰岛素通过促进细胞对葡萄糖的吸收，或者抑制糖原降解（促进糖原合成）和糖异生来降低血糖水平。胰高血糖素与胰岛素的作用相反。因此，胰高血糖素和胰岛素的比例对于调节营养代谢更为重要。胰岛素还可通过促进脂质生成酶的合成来促进肝脏的脂质生成。此外，在脂肪细胞水平，胰岛素可通过促进 LPL 的活性来提高 VLDLs 的水解（Simon，1989）。在胰岛素和胰高血糖素对脂质动员作用方面，哺乳动物和禽类存在明显的差异。首先，在哺乳动物中，儿茶酚胺类激素是脂解的主要效应物，而在禽类中胰高血糖素是脂解的最有效促进剂。其次，胰岛素在哺乳动物中具有明确的抗脂解作用，而在禽类中并非如此。

19.5.2.4　其他激素

大量证据表明，肾上腺皮质激素（禽类中主要是皮质酮）可降低禽类体重，提高脂肪沉积，其原因是糖皮质激素具有直接的分解代谢作用，并可促进禽类肝细胞中脂质生成。垂体分泌的催乳素也可促进脂质生成，而且皮质酮和催乳素对脂肪沉积的时间协同作用也已在肉鸡和野生鸟类中得到证实（Decuypere and Buyse，1988）。性激素对禽类生长的调控作用尚不完全明了，目前知道的是雌激素可促进脂质生成，而睾酮具有相反的作用。

19.5.2.5　野生鸟类迁徙前摄食过量及增肥的内分泌调控

许多鸟类每年都会迁徙，需要消耗大量的能量。在春季或秋季的长途迁徙准备中，鸟类会发生迁徙前摄食过量及增肥的现象。在鸟类迁徙前，其形态、行为和机体组成等方面都会发生改变，这些改变的启动主要受到昼长变化及环境温度变化等重要授时因子（Zeitgebers）的诱导，同时神经-内分泌也参与了该过程。报道显示，除了性激素外，皮质酮和催乳素都参与了白冠麻雀（Meier and Farner，1964）和白喉雀（Meier and Martin，1971）等野生鸟类迁徙前摄食过量及增肥的过程。更特别的是，迁徙前脂肪沉积的增加依赖于皮质酮和催乳素的时间协同作用（Meier and Farner，1964；Meier and Martin，1971）。胰高血糖素作为最有效的促脂解物质，也参与了鸟类迁徙前和冬季的增肥过程（如美洲红翼鸫，Hintz，2000）。事实上，加拿大安大略省冬季（从 9 月到第二年 5 月）室外鸟类血浆中胰高血糖素水平显著低于夏季。因此可推断，低水平的胰高血糖素意味着维持沉积的脂质储备。此外，脂肪细胞中胰高血糖素受体的季节性变化以及伴随的脂肪细胞对胰高血糖素敏感性的降低，也可能参与了禽类体重和体脂的维持。

19.6　脂肪组织功能

几十年来，白色脂肪组织的作用一直被认为仅仅是以 TAGs 形式储存能量，以及释放脂类用于组织（主要是骨骼肌）的氧化。尽管不同脂肪沉积部位的脂类含量存在差异，但其含量可高达组织鲜重的 90%（Evans，1977；Nir et al.，1988）。考虑到脂类（±39 kJ/g）比蛋白质（±23 kJ/g）和糖类（±18 kJ/g）含有更高的能量，脂肪组织的确是适宜的能量储存器。此外，脂肪组织还可起到绝缘的作用（如皮下脂肪），保护机体内部器官。而最近的研究表明，脂肪组织也参与了很多其他生理过程及生物学功能，比如食欲调节、生殖、血管生成、凝血、纤溶、血管紧张性调控和免疫等。

脂肪组织并不仅仅包括脂肪细胞，虽然脂肪细胞的重量可占脂肪组织重量的90%，但其数量只占脂肪组织总细胞数量的约25%。脂肪组织中还有成纤维细胞、血细胞、内皮细胞、周细胞、间充质细胞和脂肪前体细胞等其他细胞。脂肪组织中所有细胞均是相互之间自分泌或旁分泌的靶标，并且均参与了脂肪生成过程（Frühbeck and Gómez-Ambrosi，2005）。

在哺乳动物中（也可能在禽类中），即使在脂肪细胞肥大后、机体维持正能量平衡时，仍有可能形成新的脂肪细胞，从而增加脂肪组织中脂肪细胞的数量。此外，有报道显示，脂肪细胞还可以发生去分化：即成熟的脂肪细胞失去其脂质充盈的形态，呈现成纤维细胞样的外观，并重新获得脂肪前体细胞的特征（Kokta et al.，2004）。肌细胞和脂肪细胞间的信号互作对于理解动物机体生长、发育和机体组成变化等复杂过程中的脂肪与肌肉沉积以及能量利用效率尤为重要。肌肉和脂肪间的信号互作是基于这样的观点：脂肪组织不仅是储存过剩能量的惰性器官，而且是一个多功能的器官，脂肪细胞可分泌大量激素、生长因子、细胞因子和基质蛋白等物质，统称为脂肪因子（adipokines）（表19.1）。同时，脂肪细胞也含有很多脂肪因子和一些全身性激素（如垂体激素和胰腺激素）的受体。

表19.1 参与禽类[1]脂类代谢的基因表达以及禽类脂肪因子

基因表达	脂肪因子
硬脂酰辅酶A去饱和酶（SCD）	瘦素
激素敏感脂酶（HSL）	脂联素
脂肪甘油三酯脂酶（ATGL）	内脂素
AMP激活的蛋白激酶（AMPK）	抵抗素
脂联素受体R1和R2	降脂素
胰岛素受体（IRs）	促酰化蛋白
胰岛素受体底物蛋白	脂肪营养蛋白
过氧化物酶体增殖物激活受体γ（PPARγ）	白介素6（IL-6）
固醇调节元件结合蛋白1和2（SREBP-1/2）	肿瘤坏死因子α（TNF-α）
瘦素受体?	转化生长因子β（TGF-β）
刺鼠信号肽	爱帕琳肽（apelin）
黑皮质素受体（MCR）	血管紧张素原
阿黑皮素原（POMC）	
神经肽Y（NPY）	
脂肪量和肥胖相关基因（FTO）	
脂蛋白脂酶（LPL）	
脂肪酸合成酶（FAS）	
生长激素受体（GHR）	
白介素18（IL-18）	
内脂素	
3-羟基-3-甲基戊二酰基辅酶A还原酶	

1 7周龄肥胖和瘦肉品系肉鸡脂肪组织中的基因表达，更详细的列表见Wang等（2007）。

数据来源：After Richards等（2010）。

与网膜、肠系膜和肾周等其他组织脂肪沉积的调节因子相比，肌内和肌间脂肪沉积受到不同因子的调控。由于其他组织的脂肪并不与肌肉相邻，从而缺少一些肌肉分泌的特定旁分泌信号。

脂肪细胞根据其所处阶段的不同，对神经内分泌信号的反应会有所差异，并且这种差异具有种属特异性。同时，许多调控脂肪生成的因子在不同部位的表达也存在差异。以上差异共同影响禽类脂肪分布的模式。

脂肪组织一方面可以作为脂质生成的储存器，另一方面还可以作为动员的底物来源，因此在能量底物分配中起着核心作用。即使在能量平衡状态，脂质生成和脂解仍然在持续进行。因此，脂肪组织是一个具有高周转率的动态组织（如啮齿类动物沉积脂类的半衰期大约为 8 d，Frühbeck and Gómez-Ambrosi，2005）。非酯化脂肪酸（NEFA）动员（或脂解）后，NEFA 会被各种细胞摄取并氧化。大多数情况下，NEFA 的摄取要远快于其氧化（高强度和/或持久性的运动除外）。肌肉氧化所需 NEFA 的 80%～90%来源于血浆中的 NEFAs（其来自日粮或脂肪组织），只有 10%左右的 NEFAs 来源于肌肉本身的脂类。AMP 激活的蛋白激酶（AMPK）在能量感应中起着核心作用，其可正向调节产生能量的细胞过程（如 NEFA 氧化和葡萄糖摄取），而负向调控消耗能量的细胞过程（如脂质生成、蛋白质合成和糖异生）。这些过程均受到内分泌因子和脂肪因子的调控。

鸡脂肪组织的脂解几乎完全是由胰高血糖素来调控的。在离体培养的鸡脂肪细胞中，胰岛素并不发挥抗脂解的作用，只有禽类的胰多肽、生长抑素和肠胰高血糖素样肽（GLP）具有抗脂解的作用（Dupont et al.，2012）。鸡脂肪组织的脂解受到脂肪甘油三酯脂酶（ATGL）的调控，ATGL 是一种特异在皮下和腹部脂肪中表达的脂酶，在鸡出壳后和采食前具有高表达。激素敏感脂酶（HSL）也在鸡中存在（Anthonsen et al.，1997），LPL、肝脏脂酶以及内皮脂酶和羧酸酯脂酶均在哺乳动物和禽类中高度保守（Sato et al.，2010）。在肉鸡中，糖皮质激素可促进 ATGL 的活性（Serr et al.，2011）。

脂联素及其受体（R1 和 R2）在包括鸡脂肪组织在内的多种组织中均有表达（Hendricks et al.，2009；Ghazanfari et al.，2011）。脂联素可促进肌肉中 NEFA 的氧化，从而降低血浆中 NEFA 和葡萄糖的水平（至少在哺乳动物中，脂联素降低葡萄糖水平是由于其提高了胰岛素敏感性）。禁食可以降低鸡脂肪组织中脂联素受体的表达（Ghazanfari et al.，2011），而血浆中的脂联素（特别是高分子质量脂联素亚型）水平与鸡腹脂重量成反比（Hendricks et al.，2009）。

鸡脂肪组织中胰岛素信号下游调控元件与哺乳动物类似，但其信号通路明显不同（Dupont et al.，2012）。鸡的胰岛素受体（IR）和胰岛素受体底物蛋白（IRS1）水平低于哺乳动物（大鼠），从而造成一定程度的胰岛素不敏感或胰岛素耐受。

PPARγ 是脂肪生成的关键调控因子，在脂肪组织和肝脏中表达，而在肌肉中不表达。PPARγ 水平受到营养的影响，产蛋初期的蛋鸡，PPARγ 水平在肝脏和卵巢中较高，而在脂肪组织中的水平降低（Sato et al.，2004）。此外，给新生雏鸡单次腹腔注射曲格列酮（一种合成的 PPARγ 配体）会造成肉鸡 48 日龄时腹脂绝对重量和相对重量降低（Sato et al.，2008）。

鸡的固醇调节元件结合蛋白 1 和 2（SREBP1 和 SREBP2）基因位于两个独立的染色体上，与哺乳动物的 SREBP1/2 基因高度保守（Assaf et al.，2003）。SREBP1/2 在肝脏脂质生成调控中起着重要作用，SREBP1 与脂肪组织和/或肝脏中脂肪酸合成酶（FAS）的蛋白质含量或活性有关。因此，SREBP1/2 是哺乳动物和禽类脂质生成的关键调节因子，其在不同组织的差异表达是机体脂肪酸合成部位存在差异的主要决定因素（Gondret et al.，2001；Yen et al.，2005）。

内脂素（visfatin）是一种参与免疫调节和葡萄糖代谢的脂肪因子。鸡内脂素与哺乳动物内脂素的同源性为 92%～94%，其主要在鸡的骨骼肌而非腹脂和皮下脂肪中表达。因此，鸡内脂素更应该称为肌肉因子（myokine）而非脂肪因子（Krzysik-Walker et al.，2008；Li et al.，2012）。然而，与瘦肉品系相比，高腹脂的肥胖品系鸡的脂肪组织中具有较高的内脂素表达（Cogburn et al.，2011）。

有关瘦素受体在鸡脂肪组织中的表达尚存在争议。Wang 等（2007）发现在鸡脂肪组织中没有瘦素受体的表达，而 Hausman 等（2012）则报道肉鸡脂肪组织中有瘦素受体的表达。

与哺乳动物一样，刺鼠信号肽、黑皮质激素受体、阿黑皮素原（Yabuuchi et al.，2010）和神经肽 Y（Hausman et al.，2012）在鸡脂肪组织均有表达，说明禽类同样存在调控采食的下丘脑调节通路，也可能在局部的脂肪组织代谢中发挥作用。

在哺乳动物中，脂肪量和肥胖相关（FTO）基因参与了能量平衡（特别是采食和能量消耗）的调节（Wang et al.，2012b）。在鸡中，FTO 基因 mRNA 在很多组织中都有表达，其中在下丘脑、小脑、肝脏和内脏脂肪中高表达。但是，FTO 基因的表达水平受到品种（肉鸡和蛋鸡）、年龄和营养状态的影响。禽类 FTO 的功能尚需更多的研究来明确。

哺乳动物中还发现有其他一些脂肪因子，如抵抗素、降脂素和纤溶酶原活化抑制因子-1（Richards et al.，2010)，这些因子在鸟类和鸡中的具体作用有待进一步阐明。

19.7 脂肪代谢与沉积的影响因子

营养对动物生长性能和机体组成具有重要影响。营养的概念非常宽泛，包括量（如自由采食和限饲）、质（如代谢能、常量营养素、微量营养素和毒素）以及饲喂程序（如连续饲喂和隔日饲喂）等。

众所周知，禁食-再饲喂周期与内分泌因子（如甲状腺激素、生长激素和胰腺激素）诱导的中间代谢的波动密切相关（Buyse et al.，2001）。在禁食阶段，肝脏脂质生成活性急剧降低，脂肪组织释放的 NEFA 增加，而在再饲喂后则相反。有关禁食-再饲喂方式影响肝脏中脂质生成基因及转录因子的 mRNA 水平动态变化，读者可参考最近的一些研究（如 Wang et al.，2012a；Richards et al.，2003；Saneyasu et al.，2013）。此外，禁食-再饲喂方式对下丘脑的促采食与抑采食神经肽以及脂质生成基因（如 *FAS* 和 *ACC*）也具有显著的影响（Higgins et al.，2010；Song et al.，2013）。有关这些发现与禽类自由采食调控相关性的讨论不在本章范围之内。

在日粮质量方面，代谢能（ME）水平及常量营养（脂类、糖类和蛋白质）比例对肉鸡生长性能和机体组成的影响已开展了广泛的研究。一般来说，高 ME 水平日粮（含有正常蛋白质水平）并不改变遗传所决定的机体增重，但却可促进肉鸡的脂肪沉积，这种脂肪沉积的增加是过多能量摄入造成的结果。相对于维持和生产能量需求来说，过多能量摄入会导致“奢侈能量"(luxus energy)消耗。尽管"奢侈能量"消耗也会在某种程度上以热的形式散发出去，但是其大部分还是转化成机体的脂肪沉积(Buyse et al., 1992)。由蛋白质水平降低造成的代谢能-蛋白质比值的升高，不仅会导致脂肪沉积增多，还会使生长速率降低。体内外研究显示，脂肪沉积的增多是由于肝脏脂质生成的增强，肝脏脂质生成酶(如苹果酸酶、*ACC* 和 *FAS*)的表达及活性会升高(Donaldson, 1985; Adams and Davis, 2001; Rosebrough et al., 2011)。有关高低蛋白质日粮互换时肝脏脂质生成短期适应方面的研究读者可参考 Rosebrough 及其团队的工作(Rosebrough et al., 2011)。在生化水平的肝脏中间代谢内在因果机制在别处已有详细的讨论(Swennen et al., 2007a)。日粮蛋白质相对缺乏还会导致明显的内分泌变化(参见综述: Buyse et al., 2001; Rosebrough et al., 2011)。事实上，限制鸡日粮中的蛋白质水平，GH 分泌脉冲增强，血浆 IGF-1 和四碘甲腺原氨酸(T_4)水平降低，而三碘甲腺原氨酸(T_3)浓度升高。肉鸡饲喂过高蛋白质含量(超过需求量)的日粮会造成其脂肪减少，原因是脂质从头合成以及脂质生成酶的表达和活性均降低。但是，由于含氮废物排泄增加会导致过多的能量消耗，饲喂过高蛋白质日粮的肉鸡生长也会受抑制。日粮脂肪水平对体脂沉积和脂类代谢的影响尚不明确(Swennen et al., 2007a)。在有关日粮脂肪水平的研究中，由于没有清楚地说明日粮脂肪是否等能量地替代蛋白质和/或糖类，因此对于这些研究的解释有时就会显得复杂。通常，提高日粮脂肪水平会降低肝脏脂质生成的活性，可能是由于长链乙酰辅酶 A 抑制了 *ACC* 活性(Leveille et al., 1975)。最后，肉鸡日粮中高糖类水平会增强糖酵解，从而弥补肝脏脂肪酸产生的减少(Tanaka et al., 1983)。但是，日粮脂肪和糖类诱导的肝脏脂质生成活性的变化不一定会改变机体的脂肪沉积(Swennen et al., 2007a)。

追求高生长速率和高饲料转化率的高强度选择，会使肉鸡机体增重和饲料转化率大幅增加(直接的选择反应)。但是，一些不良的间接选择反应也会发生，如脂肪沉积增加、腿部疾患以及诸如腹水和猝死综合征等代谢疾病。Havenstein 及其团队通过比较经典的 1957 肉鸡品系(雅典-加拿大随机饲养对照品系)和现代 1991 肉鸡品系(Arbor Acres)，以及同时饲喂两种品系肉鸡日粮，评估了生长速率选择和日粮方案的不同作用(Havenstein et al., 1994a, b)。在随机饲养 1957 品系和商业 2001(Ross 308)品系之间也开展过类似的比较试验，每种品系的肉鸡都饲喂经典的 1957 和 2001 日粮(Havenstein et al., 2003)。这些研究不仅清楚地揭示了遗传是提高生长性能和胴体产量的主要决定因子，还表明生长速率的选择会造成胴体脂肪含量的升高。鉴于脂肪沉积增加及其不良后果，一些家禽研究所培育了不同肥胖型和瘦肉型的肉鸡品系。不同品系采用了不同的选择策略，如增加或减少腹脂含量的选择(法国和以色列)、高体增重(肥胖品系)和高饲料转化率(瘦肉型品系)的选择(荷兰和丹麦)、高(肥胖品系)或低(瘦肉型品系)血浆 VLDL 浓度的选择(英国)。有关遗传力评估、基因型与表型相关性、生长性能特征、能量、脂质和蛋白质代谢、内分泌、中间代谢以及繁殖性能等详细信息已在别处涉及(Leclercq, 1988; Whitehead, 1988; Buyse et al., 1999; Baéza and Le Bihan-Duval, 2013)。直接或间接选择都可产生肥胖型或瘦肉型的肉鸡品系。至于脂类代谢，不论选择的标准如何，与瘦肉型品系肉鸡相比，所有肥胖品系肉鸡的特征是具有更高的肝脏脂质生成能力。但是，一些间接选择反应以及潜在的内分泌机制会根据选择策略而有所不同。事实上，与通过高体增重选择产生的肥胖型肉鸡相比，通过饲料转化率选择产生的瘦肉型肉鸡，具有更高基础水平的脂解活性以及胰高血糖素诱导的脂解活性。相反，高-低腹脂含量的直接选择对脂肪组织的脂解能力无明显影响。由选择策略造成的脂解活性及其他参数的差异，与不同选择导致的内分泌系统的变化密切相关。直接选择更多地会影响甲状腺轴和胰腺激素，而间接选择主要影响生长轴（Buyse et al.，1999）。另外一个研究脂类代谢调节机制的遗传模型是蛋鸡高（R+：肥胖型品系）或低（R−：瘦肉型品系）剩余采食量选择模型，该模型中的两种品系蛋鸡在食欲、产热（包括日粮诱发的产热）、体型和机体组成等方面均有显著差异（Bordas et al.，1992；Swennen et al.，2007b）。

19.8 结语

作为机体变化最大的胴体成分，脂肪组织传统上被认为是储存能量的惰性组织。鸡的大部分脂肪分布在晚熟的脂肪组织中。在细胞水平，脂肪前体细胞的分化与增殖受到多种激素和转录因子的调控。脂肪组织的生长首先是增生（脂肪生成），然后是成熟脂肪细胞的肥大，脂肪沉积量取决于遗传和营养因素。最近的研究表明，脂肪组织更应该被认为是一个分泌大量脂肪因子，并在多种机体过程中发挥作用的活跃组织。

参考文献

（王松波译，王丽娜、高萍、江青艳校）

第 20 章 蛋白质代谢

Colin G. Scanes

20.1 前言

20.1.1 蛋白质代谢概述

蛋白质对鸟类至关重要。与其他动物类似，蛋白质是构成鸟类各组织器官的重要成分，如皮肤和羽毛中的角蛋白、结缔组织中的胶原蛋白、细胞蛋白质（例如细胞膜蛋白、细胞骨架蛋白、核糖体蛋白和组蛋白）；肌肉中的收缩蛋白（见第 15 章）；氧结合蛋白质（如红细胞中的血红蛋白和肌肉中的肌红蛋白）；受体、激素、细胞因子等其他信使；抗体、转运蛋白、卵黄和卵清中供胚胎发育的营养性蛋白质（见第 31 章）和酶等。通过分析附着在骨骼上的肌肉和相关结缔组织，可估算雏鸡的蛋白质组成（表 20.1）。

蛋白质由氨基酸组成：

$$\text{血浆氨基酸池} \longleftrightarrow \text{胞内氨基酸池} \longleftrightarrow \text{胞内蛋白质}$$

禽类日粮中用于蛋白质合成的必需氨基酸包括：精氨酸、组氨酸、异亮氨酸、赖氨酸、蛋氨酸（在缺乏半胱氨酸的情况下需求量更高）、苏氨酸、色氨酸和缬氨酸。

禽类日粮中用于蛋白质合成的其他重要氨基酸包括：丙氨酸、天冬氨酸、天冬酰胺、半胱氨酸、谷氨酸、甘氨酸、亮氨酸、脯氨酸、苯丙氨酸、丝氨酸和酪氨酸。

赖氨酸和蛋氨酸是禽类生长的第一限制性氨基酸（Bornstein and Lipstein，1975）。禽类氨基酸的合成场所主要在肝脏，并伴随着一些氨基酸的相互转换：如谷氨酰胺合成酶催化谷氨酸转化为谷氨酰胺，而谷氨酰胺酶可逆向催化该反应。氨基酸还具有某些非营养性作用（见 20.5），如氨基酸在糖原异生过程中可转化为葡萄糖（见第 17 章）、嘌呤、尿酸、神经递质和色素等（见 20.5）。

蛋白质中氨基酸残基的翻译后修饰方式包括：

- 甲基化：肌原纤维蛋白（如肌动蛋白和肌球蛋白）中的组氨酸残基被甲基化（表 20.1）。
- 磷酸化：磷酸化的丝氨酸、苏氨酸或酪氨酸残基对于酶的激活或失活都是必不可少的。

• 糖基化：糖蛋白的形成。
• 乙酰化：脂蛋白的形成。

表 20.1 雏鸡中各器官重量、总蛋白质、肌原纤维蛋白（用3-甲基组氨酸表示）**占体重的百分比**

器官	重量（g）	重量/体重	蛋白质（占机体总含量的百分比）	3-甲基组氨酸（占机体总含量的百分比）
骨骼肌和相关结缔组织[1]	99.3	37.7%	48.6%	84.0%
骨[1]	77.7	29.2%	22.9%	1.6%
胃肠道	34.2	13.0%	11.9%	9.8%
皮肤和羽毛	33.3	12.4%	9.3%	1.7%
肝脏	10.4	3.9%	5.3%	1.0%
心脏	3.2	1.2%	1.3%	1.4%
肾脏	2.3	0.8%	0.9%	0
肺	2.2	0.8%	0.7%	0.2%
脑	1.5	0.6%	0.4%	0.1%

1 已对附着在骨骼上的肌肉和软组织校正。引自 Jones 等（1986）。

20.1.2 肌肉

骨骼肌中的蛋白质含量超过20%，主要包括粗、细肌丝中的肌球蛋白、肌动蛋白以及其他肌浆蛋白。

细肌丝：

• 肌动蛋白
• 原肌球蛋白
• 肌钙蛋白

粗细丝：

• 肌球蛋白

骨骼肌由不同类型的肌纤维组成：

• 慢速氧化型肌纤维，也被称为慢肌纤维或Ⅰ型肌纤维
• 快速氧化酵解型（FOG或ⅡA型）肌纤维
• 快速酵解型（FG或ⅡB型）肌纤维
• 紧张型（ⅢA和ⅢB型）肌纤维

以上是根据肌纤维的生化代谢类型和功能特点进行分类的。例如安娜蜂鸟（*Calypte anna*）和斑马雀（*Taeniopygia guttata*）的飞行肌（含胸大肌）是能够持续快速收缩的FOG纤维（Welch and Altshuler，2009）。

表20.2总结了鸡不同部位肌肉的纤维类型。鸡的腓肠肌是混合肌，含有多种类型的肌纤维。安娜蜂鸟（*C. anna*，Welch and Altshuler，2009）、英国麻雀（*Passer domesticus*，Marquez et al.，2006）、鸵鸟（*Struthio camelus*，Velotto and Crasto，2004）和斑马雀（*T. guttata*，Welch and Altshuler，2009）等鸟类的腓肠肌纤维类型与鸡类似。

肌球蛋白的表达在不同纤维类型的肌肉中，以及在胚胎发育和出壳后的生长过程中都存在明显差异（Rosser et al.，1996，1998）。例如，成年鸡胸肌主要表达快型肌球蛋白重链（MyHC1），而紧张型肌肉中则表达慢型肌球蛋白重链（MyHC2）（Crew et al.，2010）。

表 20.2　鸡不同肌肉的纤维类型

肌肉	肌纤维类型
胸大肌	99%FG（ⅡB 型）
后背阔肌	90%FG（ⅡB 型）和 10%FOG（ⅡA 型）
缝匠肌白肌	15%FOG（ⅡA 型））和 85%FG（ⅡB 型）
缝匠肌红肌	40%SO（Ⅰ型）、40%FOG（ⅡA 型）和 20%FG（ⅡB 型）
紧张型肌肉（例如前背阔肌、跖肌和内收肌群深屈肌）	几乎完全是Ⅲ型（约 70%ⅢA 型，约 30%型ⅢB）

引自 Barnard 等（1982）。

20.1.3　羽毛

野生鸟类的羽毛占体重的 20%～30%（Griminger and Scanes，1986），而鸡的羽毛占体重的比例不足 12.4%（表 20.1）。羽毛由 β-角蛋白组成（Stettenheim，2000）。鸡羽轴（rachis）蛋白质中富含 4 种氨基酸（Harrap and Woods，1964）：

- 丝氨酸：13.7%
- 甘氨酸：13.3%
- 脯氨酸：9.5%
- 半胱氨酸：7.2%

鸡角蛋白基因 A-D 早在 14 胚龄时就在羽毛组织中启动表达（Presland et al.，1989）。换羽期（见第 38 章）羽毛的更换对鸟类的飞行至关重要。羽毛的生长速度与羽毛发育是否异常有关（Vágási et al.，2012）。大型鸟类换羽时间相对更长。通常鸟类羽毛重量是体重的 0.32 次方，而羽毛生长速度则慢一些，约为体增重的 0.17 次方（Rohwer et al.，2009）。

20.2　蛋白质消化

蛋白质在胃肠道被消化成氨基酸、二肽和三肽。蛋白质消化的主要部位是小肠，其消化产物氨基酸和小肽也大部分在小肠被吸收。

20.2.1　蛋白质在肌胃和腺胃的消化

鸟类的蛋白质消化起始于肌胃和腺胃，按以下几个步骤进行：

- 肌胃的机械研磨
- 低 pH 环境下的化学变性
- 胃蛋白酶水解

鸟类的胃蛋白酶原已被纯化（鸡：Bohak，1969）。鸟类胃蛋白酶原在低 pH 下酶解激活成有活性的胃蛋白酶（Keilova et al.，1977）。鸡腺胃黏膜细胞表达并分泌胃蛋白酶 A 和 C（Sakamoto et al., 1998)。

20.2.2 蛋白质在小肠中的消化

小肠是蛋白质消化的主要部位，蛋白质的消化产物（氨基酸、二肽和三肽）也在小肠被吸收（表20.3）。

小肠内蛋白质被胰蛋白酶和糜蛋白酶水解。胰腺首先合成无活性的酶原（分别是胰蛋白酶原和糜蛋白酶原），并以胰液的形式分泌进入小肠，这些酶原激活后转变成具有活性的胰蛋白酶和糜蛋白酶。在小肠中，胰蛋白酶原和糜蛋白酶原都是通过特异性的蛋白水解酶激活：

- 胰蛋白酶原⟶胰蛋白酶
- 糜蛋白酶原⟶糜蛋白酶

此外，小肠中还存在一些肽酶，用于分解胰蛋白酶和糜蛋白酶消化生成的多肽。

表20.3 蛋白质在鸡小肠不同部位的消化和吸收

部位	蛋白质消化(%)	蛋白质吸收(%)
十二指肠末端	60	7
空肠末端	85	70
回肠末端	93	83

引自 Hurwitz 等(1972)。

20.2.2.1 胰蛋白酶

禽胰蛋白酶由223个氨基酸残基组成。鸡的6种胰蛋白酶原基因家族成员已被鉴定（Wang et al., 1995）。鸵鸟的一个胰蛋白酶原cDNA序列也已阐明（Szenthe et al., 2005）。胰蛋白酶原基因不仅在胰腺表达，还分别在肝脏、脾脏和胸腺中表达（Wang et al., 1995）。胰蛋白酶原可被肠激酶激活，或通过自身催化（鸵鸟：Szenthe et al., 2005），形成有活性的胰蛋白酶。

20.2.2.2 糜蛋白酶原

糜蛋白酶原是在小肠内通过蛋白酶（例如胰蛋白酶）水解来激活的。禽胰凝乳蛋白酶原可由胰腺分离获得（鸵鸟：van der Westhuizen et al., 1989；日本鹌鹑：Hou et al., 1990）。

20.2.2.3 氨基肽酶

氨基肽酶是肠上皮细胞的膜结合蛋白。该蛋白大部分处于胞外，同时包含一个跨膜结构域和一个小的胞内域。禽类氨基肽酶只有部分结构被阐明（鸡：Gal-Garber and Uni, 2000）。该酶在整个小肠均有表达，以回肠的表达量最高（鸡：Gal-Garber and Uni, 2000）。

20.2.3 小肠内氨基酸的吸收

氨基酸的吸收部位主要在小肠（鸡主要在空肠和回肠，Tasaki and Takahashi, 1966）。蛋氨酸的吸收主要在回肠（图20.1）。蛋氨酸的吸收率最高，其次是异亮氨酸、缬氨酸和亮氨酸；天冬氨酸、甘氨酸和精氨酸（Tasaki and Takahashi, 1966；Riley et al., 1986）吸收率较

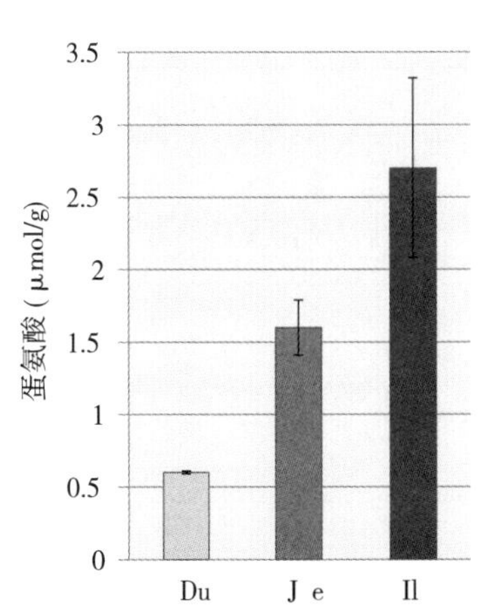

图 20.1　体外培养的鸡小肠不同区段对蛋氨酸的吸收
Du：十二指肠；Je：空肠；Ⅱ：回肠。
引自 Knight 和 Dibner（1984）。

低，谷氨酸的吸收率最低。小肠细胞中表达一系列的氨基酸转运载体（鸡有 10 种），其表达量随十二指肠、空肠、回肠依次递增（鸡：Gilbert et al.，2007）。此外，在出壳后的生长发育阶段，许多氨基酸转运载体的表达量持续增加（鸡：Gilbert et al.，2007）。

小肠内肽转运蛋白 1（PepT1）的表达量较高，在出壳后有显著增加（Gilbert et al.，2007）。PepT1 的主要功能是将肠腔中的二肽和三肽转运进入肠上皮细胞。食糜中的蛋白质和脱落的肠黏膜细胞的蛋白质消化后均以氨基酸和小肽的形式被吸收。小肠黏膜细胞的周转时间大致如下（鸡：估算自 Imondi and Bird，1966）：

- 十二指肠：111 h
- 空肠：55 h
- 回肠：89 h

20.2.4　大肠内蛋白质的消化

关于结肠和盲肠在蛋白质和氨基酸消化吸收方面的报道较少。当食糜到达结肠时，大部分蛋白质都已被消化吸收（表 20.3），但大肠脱落黏膜细胞的去向尚不清楚。在鸟类的结肠中有大量的蛋白质水解菌（鸡：King et al.，2009），这些蛋白质水解菌的作用尚不明确。有趣的是，大肠和小肠都具有对蛋氨酸类似物、2-羟基-4-甲基丁酸（蛋氨酸）的吸收能力（鸡：Knight and Dibner，1984；Dibner et al.，1988）。

20.3　蛋白质合成和降解

20.3.1　全身合成和降解

全身蛋白质净合成量（累积量）＝全身蛋白质合成量－全身蛋白质降解/损失量

全身蛋白质损失量包括产蛋和换羽过程中鸡蛋和羽毛中的蛋白质。如果全身蛋白质的净合成为负值，实际上等于全身蛋白质的净降解。全身蛋白质净合成可以通过氮平衡测定来估计。Fnce、Kino 和 Okumura（1987）用氮平衡法估算了雏鸡（14～21 d）1 周内蛋白质合成量约为 0.29g/d。通过放射性标记非代谢型氨基酸，例如标记苯丙氨酸或酪氨酸，也能测定全身蛋白质是净合成（增加量）还是净降解（表 20.4）。结果与预期一致，禁食或者用缺乏特定氨基酸的日粮饲喂，雏鸡蛋白质净合成（增加量）出现负值（表 20.5）。禁食和缺乏特定氨基酸的情况下，全身的蛋白质合成明显减少，甚至受到抑制（Kino and Okumura，1987；Muramatsu et al.，1987b）（表 20.5）。禁食提高了鸟类蛋白质降解水平，而特定氨基酸缺乏则对鸟类蛋白质降解的影响不显著（Kino and Okumura，1987；Muramatsu et al.，1987b）。

表 20.4 年龄和日粮蛋白质对青年鸡肌肉蛋白质合成和降解的影响

	肌肉			
	胸（胸肌）		腿	
	蛋白质合成率（%/d）	蛋白质降解率（%/d）	蛋白质合成率（%/d）	蛋白质降解率（%/d）
1周龄	18	26	25	18
4周龄	24	18	—	—
6周龄	17	14	—	—
对照	26	10	22	9
赖氨酸缺乏日粮	24	22	20	19
对照	24	18	—	—
充分供应蛋白质日粮2d	41	24	—	—
对照	19	10	—	—
蛋白质缺乏日粮	13	5	—	—

引自 Maruyama 等（1978），MacDonald 和 Swick（1981），Urdaneta-Rincon 和 Leeson（2004）。

表 20.5 营养状况对青年肉鸡总蛋白质沉积(净合成)、合成和降解的影响

	A	B	C
研究1（Muramatsu et al.,1987b）	蛋白质合成[1] [g/(d·kg)]	蛋白质降解 [g/(d·kg)]	相对蛋白质净合成量(△)，负值表示降解 [g/(d·kg)]
饲喂	21.3	11.2	10.1
禁食	14.7	19.5	−4.8
研究2（Kino and Okumura,1987）	蛋白质合成率（%/d）	蛋白质降解率（%/d）	蛋白质净合成或合成增量(△),负值表示降解(g/d)
对照	23	18	+5
组氨酸缺乏的日粮	17	18	−1
含硫氨基酸缺乏的日粮	15	18	−3

1 使用^{3}H-苯丙氨酸测定。单位中的kg是体重的单位,余同。

20.3.2 肌肉蛋白质合成与降解

与其他蛋白质一样，肌肉蛋白质的合成来源于肌细胞内的氨基酸池。

血浆氨基酸池←→肌肉氨基酸池←→肌肉蛋白质

肌浆蛋白与肌原纤维蛋白的合成速率非常相近（鸡：Laurent et al.，1978a）。成年鸡肌肉组织中的部分非胶原蛋白合成速率如下（Laurent et al.，1978a）：

- 前背阔肌：16%/d
- 后背阔肌：7%/d
- 心脏：14%/d
- 肌胃：11%/d

考虑到成年鸡代谢处于稳态的情况下（无蛋白质沉积、降解或净蛋白质合成近乎零），上述数据也代表了蛋白质的降解速率。表 20.4 和表 20.6 列举了雏鸡体内蛋白质合成、降解和分解以及沉积的速率，其中蛋白质的合成速率通常每天超过 10%，蛋白质的降解速率每天也超过了 10%。这种肌肉蛋白质快速周转现象在生长鸡和成年鸡中尤其明显（表 20.4）。

骨骼肌中结缔组织的比例较高。鸡前背阔肌中结缔组织蛋白质和胶原蛋白的比例高达 23%。不同部位的胶原蛋白合成速率如下：

- 心脏：0.9%/d
- 前背阔肌：0.6%/d
- 后背阔肌：0.6%/d

胶原蛋白的合成速率要远低于肌原纤维蛋白和肌浆蛋白。由下列数据可知，前背阔肌在肥大过程中，胶原蛋白合成的速率显著增加：

- 0 d：0.6%/d
- 1 d：1.2%/d
- 3 d：4.5%/d
- 7 d：4.2%/d

鸡在生长期，蛋白质合成和降解速率有所降低（表 20.4）。不同部位肌肉的蛋白质合成速率不同（如前、后背阔肌之间或胸大肌和腓肠肌之间均存在差异）（表 20.4 和表 20.6）。

表 20.6　蛋氨酸对肉鸡肌肉蛋白质合成的影响

	缺乏蛋氨酸的基础日粮[1]	含 0.2%蛋氨酸的基础日粮
增重(g/d)	15.1±0.3	24.9±0.3[3]
蛋白质合成速率(%/d)		
腓肠肌	5.6±1.1	13.6±1.1[3]
胸大肌	12.1±1.6	21.8±1.6[2]

1　0.5%含硫氨基酸。
2　$p<0.05$。
3　$p<0.01$。
引自 Barnes 等(1995)。

20.3.2.1　营养对肌肉蛋白质合成与降解的影响

在最适营养条件下可以观察到肌肉蛋白质的最高净合成率（即肌肉蛋白质合成与降解之差）。营养不良会降低肌肉蛋白质的净合成率，严重营养不良时肌肉蛋白质的净合成率极低，甚至出现负值。例如，给青年鸡饲喂缺乏赖氨酸的日粮已观察到此结果（表 20.6）。营养缺乏或重新饲喂适宜日粮的效应能够通过肌肉蛋白质合成（重新饲喂无蛋白质日粮或添加了蛋氨酸的日粮）和/或降解（如采用缺乏赖氨酸的日粮）的效应来体现（表 20.4 和 20.6）。

20.3.2.2　肌肉负重和神经支配对肌肉蛋白质合成与降解的影响

研究表明，神经支配和肌肉负重（stretch）对肌肉蛋白质的合成与降解均具有影响（鸡：Goldspink，1978）。例如，肌肉去神经后导致其蛋白质的合成与降解均产生快速变化（鸡：Goldspink，1978）（表 20.7）。而且，给肌肉以重力负荷（由此引起肌肉绷紧）可导致肌肉肥大。肌肉肥大过程中其蛋白质合成显著增加，并导致蛋白质沉积（Laurent et al., 1978c）（图 20.2）。令人惊讶的是，在肥大过程中肌肉蛋白质的降解仅有适度的增加（Laurent et al., 1978c）（图 20.2）。

表 20.7 神经支配、肌肉制动及负重对前背阔肌蛋白质合成与降解的影响

	去神经支配	去神经支配、肌肉制动并负重	去神经支配、肌肉制动但不负重
合成	+41%	+67%	−16%
降解	+82%	+111%	+52%

数据来源：鸡，Goldspink（1978）。

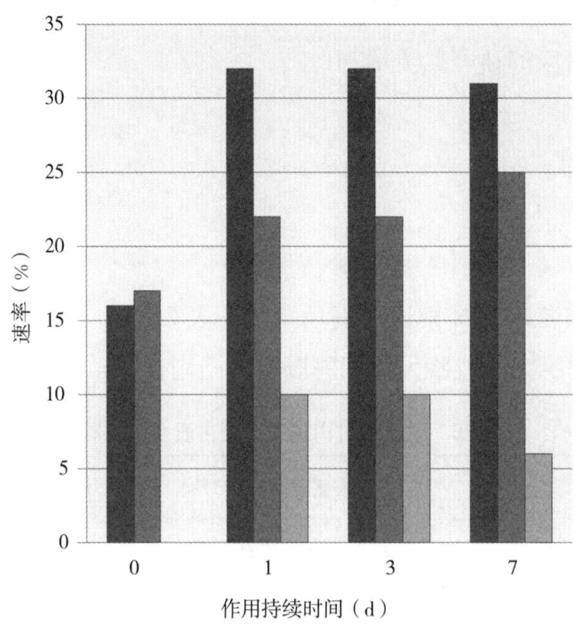

图 20.2★ 成年鸡肱骨周围的前背阔肌负重引起肌肉肥大过程中的蛋白质合成、降解和沉积速率

红色柱指蛋白质合成；蓝色柱指蛋白质降解；绿色柱指蛋白质沉积（净增量）。0 d 蛋白质的累积速率标记为零。数据引自 Lsurent 等（1978c）。

20.3.2.3 激素与肌肉蛋白质合成

体外培养鸡胸肌卫星细胞并诱导出肌管的试验研究发现，胰岛素和类胰岛素生长因子（IGF1）能够促进肌肉蛋白质合成，同时抑制蛋白质的降解（Duclos et al., 1993）。

- IGF1 使蛋白质降解减少 32%
- 胰岛素使蛋白质降解减少 13%

20.3.2.4 肌肉蛋白质的降解

通过测定 3-甲基组氨酸的释放量可以测定整个机体肌肉蛋白质的降解水平（Saunderson and Leslie, 1983）。肌原纤维蛋白中组氨酸残基通过如下途径甲基化（表 20.1）:

组氨酸残基＋S-腺苷蛋氨酸⟶3-甲基组氨酸残基＋S-腺苷同型半胱氨酸

当肌肉蛋白质降解时，3-甲基组氨酸未能被重复利用而释放出来。

目前尚无鸟类全身肌肉蛋白质降解水平的系统报道，仅对鸟类换羽过程有部分报道。在白冠麻雀（*Zonotrichia leucophrys*）换羽过程中，3-甲基组氨酸的释放量增加（Pearcy and Murphy, 1997）:

• 非换羽期：0.6 μmol/d

• 换羽期：1.1 μmol/d

换羽增加了肌肉蛋白质的降解，其原因可能是为了满足新生羽毛形成的需要。据报道，给非换羽期的白冠麻雀投喂缺乏含硫氨基酸的日粮后，肌肉蛋白质降解加剧，同时 3-甲基组氨酸释放增加。与此相反，给换羽期的白冠麻雀投喂缺乏蛋白质的日粮，3-甲基组氨酸的释放会减少（Pearcy and Murphy，1997）。

20.3.3　肝脏和胃肠道

鸟类肝脏合成的蛋白质较多（表 20.8），约占全身蛋白质合成量的 11%。另外，胃肠道合成的蛋白质比其他组织要多。尽管胃肠道中总蛋白质只占全身总蛋白质的 9.2%，而胃肠道的重量仅占体重的 5.9%（表 20.8），但在青年鸡中，18.9%的蛋白质合成发生在小肠（含胰腺和盲肠）（Muramatsu et al.，1987a）（表 20.9）。

表 20.8　青年鸡 21 日龄胃肠道蛋白质代谢的重要性

	蛋白质合成[1]				
	21 日龄重量 (g/kg)	相对蛋白质合成量 (g/kg)	蛋白质合成速率 (%/d)	蛋白质合成速率 [g/(d·kg)]	各脏器蛋白质合成占全身蛋白质合成百分比 (%)
全身	100[2]	190±4	19±3	35.7±1.16	100[2]
肝脏	2.9±0.4	5.5±0.1	73±5	4.0±0.2	11.0±0.8
胰腺	0.4±0.02	0.8±0.03	172±12	1.5±0.1	3.9±0.3
十二指肠	1.5± 0.06	2.3±0.01	77±8	1.7±0.2	4.5±0.4
空肠和回肠	3.4±0.11	5.9±0.5	58±2	3.5±0.4	9.2±0.9
盲肠	0.6±0.01	0.8±0.05	63±5	0.5±0.0	1.3±0.1

1　使用 ^{3}H-苯丙氨酸测定。下列各项单位中的 kg 是体重单位。

2　按照定义。

数据引自 Muramastsu 等（1987a）。

20.3.3.1　肝脏和肠道蛋白质代谢的生理性变化

肝脏和肠道的蛋白质含量及脏器重量均受到各种生理状态的影响（图 20.3）。例如，长时间迁徙后，斑鹟和柳莺的肝脏和肠道的重量都会减轻（Schwilch et al.，2002），这是由于迁徙过程需要蛋白质降解产生氨基酸，从而为飞行提供能量。

日粮组成也会影响肝脏和肠道的蛋白质代谢。例如，给日本鹌鹑喂食高纤维的日粮 4 周，肌胃出现明显肥大（增加 2.3 倍）（Starck and Rahmaan，2003）。其原因可能与高纤维日粮的营养密度较低，采食量显著增加，导致食物的堆积，从而引发肌胃的机械拉伸有关。此外，给鸡提供无菌饲粮后，肝脏和小肠的重量及蛋白质合成率都有所下降（Muramatsu et al.，1987a，1988）（表 20.8），提示微生物能刺激胃肠道生长。

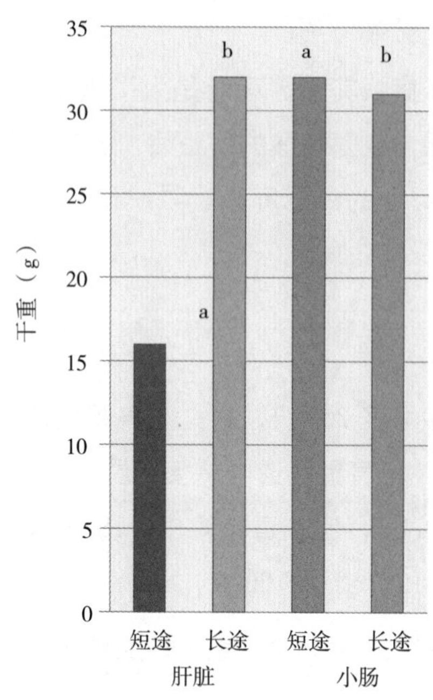

图 20.3 长途与短途迁徙对家燕（*Hirumdo rustica*）肝脏和小肠重量的影响

字母 a、b 不同表示 $p<0.05$。引自 Schwilch 等（2002）。

表 20.9 无菌日粮对青年鸡生长及蛋白质合成[1] 的影响

	常规日粮	无菌日粮
生长速率（g/d）	6.2±0.1	6.9±0.2[3]
	23d 重量（g/kg）	
肝脏	2.9±0.04	2.6±0.06[3]
十二指肠	1.5±0.06	1.2±0.04[3]
空肠和回肠	3.4±0.11	2.3±0.08[3]
氮潴留（g/d）	0.24±0.05	0.27±0.05
	蛋白质合成［g/(d·kg)］	
全身	36±1.2	34±0.7
肝脏	4.0±0.2	3.2±0.2
十二指肠	1.7±0.2	1.3±0.1
空肠和回肠	2.4±0.2	3.5±0.22[2]

1 使用 ^3H-苯丙氨酸测定。

2 $p<0.05$。

3 $p<0.01$。

数据引自 Muramastsu 等（1987a，1988）。

20.3.4 免疫器官的蛋白质代谢

免疫器官保持着较高的蛋白质合成水平。表 20.10 总结了生长鸡两个免疫器官的蛋白质合成水平。免疫器官的高蛋白质合成率与脏器重量不成比例。阳离子氨基酸转运载体 1～3（CAT1～3）负责跨膜转运氨基酸进入细胞。7 日龄雏鸡免疫器官（如法氏囊、脾脏和胸腺）中均有 CAT1～3 表达（鸡：Humphrey et al.，2004，2006）。

免疫功能与蛋白质和氨基酸之间均存在相互作用。研究表明，赖氨酸能促进鸡胸腺细胞增殖（Humphrey and Klasing，2005）。鼠沙门氏菌脂多糖（LPS）诱导的急性反应过程中，鸡（11 周龄）法氏囊和胸腺中 CAT1 的表达下调（Humphrey and Klasing，2005）。

表 20.10　青年鸡（21 日龄）免疫器官的蛋白质代谢

	21 日龄体重 (g/kg)	合成百分比 (%/d)	蛋白质合成 [g/(d·kg)]	占总蛋白质合成比例（%）
法氏囊	0.68±0.04	67±5	0.6±0.1	1.6±0.2
脾脏	0.15± 0.01	46±2	0.09±0.01	0.2±0.03

1　使用 3H-苯丙氨酸测定。
引自 Muramastsu 等（1987a）。

20.3.5　蛋白质与生殖系统

20.3.5.1　雌性生殖系统

鸟类生殖器官对机体整体蛋白质合成与降解的影响程度仍有待阐明。目前比较认同的观点是：雌鸟生殖系统的蛋白质合成水平较高。鸟蛋中富含蛋白质。例如，一个 58 g 的鸡蛋中蛋白质组成如下（Belitz et al.，2009）：

• 白蛋白：3.6g
• 蛋黄中蛋白质：3.3g
• 蛋壳中蛋白质：0.2g

这相当于鸡日粮中所需蛋白质的 43%（表 20.11）。

卵黄蛋白几乎全部由肝脏合成，并被发育中的卵母细胞吸收进入卵泡（见第 27 章）。

卵黄蛋白组成如下（Moran，1987）：

• 低密度脂蛋白（极低密度脂蛋白 LDF1 和 LDF2）：66%
• 颗粒状蛋白（卵黄高磷蛋白和卵黄脂磷蛋白）：23%
• 水溶性 α 卵黄球蛋白、β 卵黄球蛋白和 γ 卵黄球蛋白（IgG）：11%

卵黄高磷蛋白和卵黄脂磷蛋白都来源于肝脏合成并分泌到血浆中的卵黄蛋白原（VTGS）。VTG 在卵泡中被转化为卵黄高磷蛋白和卵黄脂磷蛋白。鸟类存在多种 VTG 基因亚型（如鸡 VTGⅠ、VTGⅡ和 VTGⅢ：Evans et al.，1988），且只在产生雌激素或者接受外源性雌激素刺激下的肝脏中表达（鸡：Evans et al.，1988；日本鹌鹑：Gupta and Kanungo，1996）。孕酮可以抑制 VTGⅡ的表达（日本鹌鹑：Gupta and Kanungo，1996）。有趣的是，一些化学性内分泌干扰物（如杀虫剂）可以通过测定日本鹌鹑血液中 VTG 浓度或 VTG 基因表达水平进行评估（Shibuya et al.，2005）。

成熟的雌性个体全身和特定器官的蛋白质合成和降解速率尚不清楚。例如，卵巢和输卵管中的结构蛋白和分泌蛋白的转换，以及肝脏中 VTG 和其他卵黄蛋白的合成等均有待进一步研究。光照刺激未性成熟的小母鸡（17 周龄）28 d，卵巢和输卵管开始发育。雌激素（雌二醇）和孕酮促进输卵管的生长发育，伴随着蛋白质合成显著增强（Muller et al.，1970）。

20.3.5.2　雄性生殖系统

鸟类雄性生殖器官对整体蛋白质代谢的重要性容易被忽视。但鸟类的睾丸指数比哺乳动物的大很多，具体数据如下：

性成熟的日本鹌鹑的睾丸：2.5 g 或占体重的 2.5%。

性成熟的鸡的睾丸：33g（Gonzalez-Moran et al.，2008）。

鸟类精子形成过程对蛋白质合成有非常高的要求。然而，由于精清体积有限，其对蛋白质需求量则可能较低。例如，0.4 mL 的火鸡精清中的精浆蛋白浓度仅为 1.9%（Kotłowska et al.，2005）。附睾、输精管、阴茎以及第二性征发育和维持对蛋白质需求的研究鲜有报道。

表 20.11 性成熟母鸡的特征

指标	度量标准
体重	1.5 kg
胴体蛋白	23.9 %
胴体蛋白	358 g
卵巢	35.5 g
输卵管	47.1 g
输卵管蛋白	8.2 g
肝脏	24 g
产蛋期	
日粮中蛋白质需要量	16.5 g/d
输卵管中蛋白质分泌量或卵巢中卵子蛋白含量	约 7.1 g/d
性成熟期	
性成熟期体增重	252 g
性成熟期总蛋白累积	2.2 g/d
性成熟期卵巢和输卵管蛋白累积	0.5 g/d

引自 Reid（1976），Renama 等（2001），Belitz 等（2009）。

20.4 氨基酸及其代谢

20.4.1 肌肉和其他细胞的氨基酸摄取

肌肉和其他组织细胞中存在氨基酸转运载体。细胞摄取氨基酸的水平可以通过［^{3}H］和［^{14}C］同位素标记的氨基异丁酸（aminoisobutyric acid，AIB）的摄取量来测定。这种方法可以同时检测到进入细胞的游离氨基酸量和已经合成为蛋白质的氨基酸量，数据更为准确。IGF-1 和胰岛素等内分泌激素能有效刺激肌细胞摄取 AIB，其半数最大有效剂量分别如下（Duclos et al.，1993）：

- IGF-1：0.27 nmol/L
- 胰岛素：35 nmol/L

由于胰岛素也是通过 IGF-1 受体发挥作用，所以其半数最大有效剂量要明显高于 IGF-1。早期研究也发现，胰岛素可促进鸡胚心肌细胞对 AIB 的摄取（Guidotti et al.，1968；Santora et al.，1979）。目前尚不清楚心肌细胞中胰岛素是通过胰岛素受体起作用还是充当 IGF-1 的替代物。生长激素对鸡的肌管摄取 AIB 无影响（Duclos et al.，1993）。

20.4.1.1　阳离子氨基酸转运载体

阳离子氨基酸转运载体（CAT1～3）通常在鸟类胸大肌、心脏和肝脏中表达（Humphrey et al.，2004，2006）。日粮中缺乏赖氨酸能显著下调鸟类 CAT1～3 的表达（Humphrey et al.，2006）。由鼠伤寒沙门氏菌脂多糖刺激引起的急性期反应能显著促进鸡（11 周龄）胸大肌中 CAT1～3 的表达（Humphrey and Klasing，2005）。

20.4.2　含氮排泄物

禽类排泄物中大部分尿氮都是以尿酸的形式存在。尿酸、尿素和氨对鸟类氮排泄的相对占比如下（Stevens，1996）：

- 尿酸：约 75%
- 尿素：约 5%
- 氨氮：12%

氨占尿氮的比例不高，且受日粮蛋白质水平的影响较小。研究表明，鸽日粮蛋白质含量对其排泄物中的氨浓度没有影响（鸽：McNabb et al.，1972）。但不同物种的尿氮排泄存在明显差异，如小蜂鸟和蜂鸟有超过 1/4 的氮是以氨的形式排泄（McWhorter et al.，2003）。

20.4.2.1　尿酸

禽类的主要氮排泄物是尿酸（Milroy，1903）。灌注氨或谷氨酰胺可导致鸡血液中的尿酸浓度增加（Karasawa and Tasaki，1973）。禽类的肝脏和肾脏中已发现各种参与尿酸循环的酶，如禽类肝脏和肾脏中均含有活性的磷酸核糖焦磷酸酰胺转移酶和黄嘌呤脱氢酶（鸡：McFarl and Coon，1980，1984）。谷氨酰胺在尿酸形成中具有重要的作用（见 20.4.2.3）。禽类肝脏具有较高水平的谷氨酰胺酶（催化谷氨酰胺形成谷氨酸）（鸡：Wu et al.，1998）。

肝脏是尿酸生成的主要器官。离体研究发现，鸡肝细胞具有合成尿酸的能力（McFarl and Coon，1984）。肾脏仅合成禽类尿液中约 17%的尿酸（鸡：Chin and Quebbemann，1978）。谷氨酰胺、甘氨酸和天冬氨酸通过以下途径形成尿酸（Stevens，1996）：

（1）核糖＋ATP ⟷ 5-磷酸核糖＋ADP

（2）5-磷酸核糖＋ATP ⟷ 5-磷酸核糖-α-焦磷酸（PRPP）＋AMP（焦磷酸激酶）

（3）PRPP＋谷氨酰胺 ⟷ 5-β-磷酸核糖胺＋谷氨酸磷酸核糖焦磷酸酰胺转移酶（氨基磷酸核糖转移酶）

（4）磷酸核糖胺＋甘氨酸 ⟷ 甘氨酰胺核苷酸（GAR）［磷脂酰甘氨酸胺］（GAR 合成酶）

（5）GAR＋N-甲酰基四氢叶酸 ⟷ 甲酰胺核苷酸（FGAR）［磷酸核糖基-N-GAR 转化甲酰甘氨酸胺］＋四氢叶酸

（6）FGAR＋谷氨酰胺＋ATP ⟷ 甲酰甘氨酸脒核苷酸（FGAM）＋谷氨酸＋ADP（FGAM 合成酶）

（7）FGAM＋HCO_3^-＋ATP ⟷ 磷酸核糖基-5-氨基咪唑-4-羧酸酯＋ADP

（8）磷酸核糖基-5-氨基咪唑-4-羧酸酯＋天冬氨酸＋ATP ⟷ 次黄苷酸＋富马酸＋ADP

（9）次黄苷酸 ⟷ 黄嘌呤＋PRPP（IMP 脱氢酶）

PRPP 循环回到步骤（3），用于尿酸循环或产生嘌呤。

（10）黄嘌呤酸 ⟷ 尿酸（黄嘌呤脱氢酶）

20.4.2.2 尿素

部分学者曾质疑鸟类是否存在尿素循环（Stevens，1996）。事实上，禽类血清中尿酸和尿酸盐确实都存在（参见第 11 章）。

尿素循环如下：

（1）鸟氨酸＋氨甲酰磷酸 ⟷ 瓜氨酸

（2）瓜氨酸＋天冬氨酸＋ATP ⟷ 精氨琥珀酸＋富马酸＋AMP

（3）精氨琥珀酸 ⟷ 精氨酸

（4）精氨酸 ⟷ 尿素＋鸟氨酸［返回步骤（1）］

20.4.2.3 谷氨酰胺与氨解毒

谷氨酰胺合酶是禽类肝脏中的主要氨解毒酶，其编码基因已被克隆（Pu and Young，1989）。谷氨酰胺合酶在肝脏、脑和视网膜中均有表达（鸡：Satoh and Matsuno，1983；Patejunas and Young，1987）。与哺乳动物不同，谷氨酰胺合酶的表达在禽类肝脏中无明显的区域（部位）差异（鸡和鸭：Smith and Campbell，1988）。从亚细胞定位看，哺乳动物谷氨酰胺合酶主要分布在细胞质中，而禽类则主要分布在线粒体中（鸡和鸭：Smith and Campbell，1988）。

20.4.3 氨基酸供能

20.4.3.1 谷氨酰胺供能

谷氨酰胺是禽类部分组织细胞（如红细胞）的重要能量来源（鸡：Mathew et al.，1993）。此外，谷氨酰胺也常被用作肠上皮细胞的主要能量来源（鸡：Watford et al.，1979）。

20.4.4 氨基酸衍生物

动物体内有多种化合物都是通过生物合成途径由氨基酸衍生而来，具体包括：

- 来自酪氨酸（和苯丙氨酸）的肾上腺素（激素）
- 谷氨酸（神经调质）
- 来自组氨酸的组胺（神经递质和炎症反应）
- 来自色氨酸的褪黑素（激素）
- 来自酪氨酸的黑色素（色素）
- 来自一氧化氮合酶催化精氨酸水解生成的一氧化氮（信号分子）
- 来自酪氨酸（和苯丙氨酸）的去甲肾上腺素（神经递质和激素）
- 来自谷氨酰胺、天冬氨酸和甘氨酸的核苷酸［嘌呤（例如腺嘌呤、鸟嘌呤）和尿酸］
- 来自色氨酸的 5-羟色胺（神经递质）

• 来自甲状腺球蛋白（酪氨酸残基）的甲状腺素和三碘甲腺原氨酸（激素）
• 来自精氨酸的尿素

这种生物合成途径的例子见图 20.4。

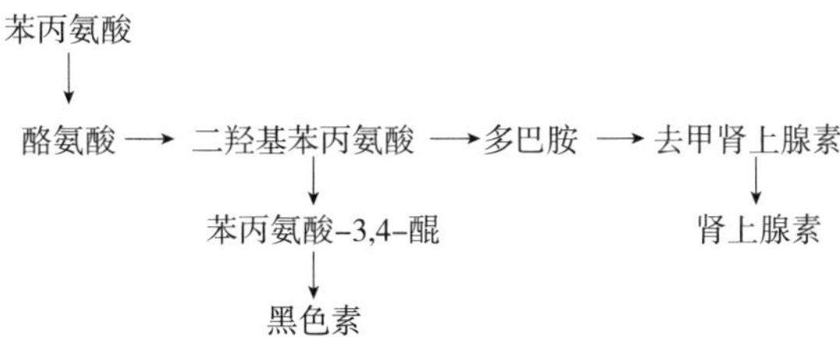

图 20.4　苯丙氨酸或酪氨酸合成黑色素、多巴胺、去甲肾上腺素和肾上腺素的生化途径

20.5 氨基酸的非营养作用

一些有趣的研究表明，氨基酸具有一定的调节作用。

20.5.1　氨基酸调控代谢

20.5.1.1　谷氨酰胺和肌肉生长

有报道指出，谷氨酰胺具有调控肌肉蛋白质合成的作用（Wu et al.，1998）。禁食可降低青年鸡腿肌中游离谷氨酸和谷氨酰胺水平，同时抑制蛋白质合成，而在胸大肌中则无此现象（鸡：Watford and Wu，2005）（表 20.12）。禽类肌肉同时具有谷氨酰胺合酶和谷氨酰胺酶的活性。其中，禽类腿肌中的谷氨酰胺合酶活性显著高于胸大肌，而谷氨酰胺酶活性无差异（鸡和鸽：Watford and Wu，2005）。

表 20.12　禁食对谷氨酰胺、谷氨酸和蛋白质合成率的影响

	饲喂	禁食
蛋白质合成百分比（%/d）		
胸大肌	11	10
腿肌	36	14
谷氨酰胺（μmol/g）		
胸大肌	1.4	1.4
腿肌	9.4	3.0
谷氨酸（μmol/g）		
胸大肌	0.9	0.9
腿肌	3.4	1.7

引自 Watford 和 Wu（2005）。

20.5.1.2　谷氨酰胺与肠道生长

研究发现，在青年鸡的玉米豆粕型日粮中添加谷氨酰胺，尽管对其生长无明显的促进作用，但可增加十二指肠和空肠黏膜的绒毛高度（Bartell and Batal，2007）。下列数据表明，谷氨酰胺可使十二指肠绒毛高度提高 41%（Bartell and Batal，2007）：

- 饲喂玉米豆粕型日粮：十二指肠绒毛高度为 652 μm
- 日粮补充 4%谷氨酰胺：十二指肠绒毛高度为 921 μm

参考文献

（曾庆节译，束刚、江青艳校）

第 21 章　采食调控

D. Michael Denbow and Mark A. Cline

21.1 引言

禽类和哺乳动物一样具有复杂的采食调控机制。当有多种食物可以选择时，火鸡、肉鸡、蛋鸡和其他禽类都能够选择有利于生长和生产的食物（Denbow，1999）。禽类如果在幼龄期严格限饲，限饲结束后它们就会通过增加采食量而获得补偿性生长，但不一定能够完全补偿。相反，如果给来航鸡强制饲喂平时食量两倍的食物，恢复自由采食后就会出现 7～10 d 的采食停滞，直到它们的体脂恢复到强饲前的水平时才恢复采食。因此，禽类显然具有调控其自身采食的能力。

在禽类采食调控的研究中，目前最确证的是日粮氨基酸失衡对禽类采食的短期影响。饲料中缺乏赖氨酸、蛋氨酸和色氨酸会显著降低出壳 24 h 内肉仔鸡的采食量（Picard et al.，1993）。这种反应最快在出壳后 7 h 就会出现。有文献表明，禽类感应日粮氨基酸缺乏的能力取决于其遗传背景（Noble et al.，1993）。

禽类高强度的基因选育保证了现有品系拥有最优的产肉或者产蛋能力。基因选育的肉鸡 6 周龄时的体重是蛋鸡的 5 倍（Zhao et al.，2004）。肉鸡达到上市体重的时间比 50 年前提前了 50d，而生长速度的提高主要源于采食量的提高。

Kuenzel（1994）、Denbow（2000）、Furuse 等（2007）、Richards 和 Proszkowiec-Weglarz（2007）、Cline 和 Furuse（2012）先后对禽类的采食调控作了综述。采食调控包括中枢神经系统以及中枢外部分，还包括中枢神经系统内的信号整合。与哺乳动物一样，中枢神经系统是食欲调控的核心部位，尤其是下丘脑（Hussain and Bloom，2013）。因为大部分禽类采食调控的研究都以家禽作为研究模型，本章内容以家禽为主，同时也涉及了一些其他鸟类的研究结果。

21.2 采食的外周调控

除中枢神经系统外，采食还受到胃肠道和肝脏的调控（Denbow，1994）。因为没有相关的受体介导，谷物似乎并不直接影响采食。然而，当谷物摄入量充满胃肠道时也可物理性抑制采食。胃肠道存在渗透压感受器，当有高渗溶液进入胃肠道，采食就受到抑制。有研究表明，向十二指肠灌注高渗溶液可以抑制采食，提示十二指肠存在渗透压感受器。后续的报道证实，十二指肠内高渗溶液灌注引起的采食抑制是通过抑制胃肠蠕动实现的（Denbow，1994）。

营养物质在胃肠道吸收后，通常被直接运送到肝脏。在哺乳动物，吸收的脂质会被包装成乳糜微粒进入淋巴系统，并运送到锁骨下静脉；而在禽类，脂质被包装成门静脉微粒，并通过肝门静脉直接进入肝脏。因此，禽类的肝脏具有感应营养摄入和控制采食的作用。如表21.1所示，肝脏灌注葡萄糖、赖氨酸或者脂质能够抑制采食，但抑制作用存在品种差异。例如，肝脏灌注葡萄糖会抑制来航鸡采食，但不抑制肉鸡采食；给自由采食的来航鸡灌注脂质会抑制其采食，而灌注脂质对肉鸡采食无抑制作用。

表21.1 肝门系统灌注各种物质对采食的影响[1]

物质	肉鸡	来航鸡
葡萄糖	→	↓
氨基酸制备物游离胺Ⅲ®[2]	ND	→
赖氨酸	ND	↓
亮氨酸	ND	延迟↓
氯化铵	ND	→
肾上腺素	ND	↓
脂肪酸 Liposyn®[3]	→	↓

注：1 →：无作用；↓：抑制采食；ND：未检测（Denbow，1999）。

2 游离胺Ⅲ®包含异亮氨酸、亮氨酸、赖氨酸、蛋氨酸、苯丙氨酸、苏氨酸、色氨酸、缬氨酸、丙氨酸、dl-精氨酸、组氨酸、脯氨酸、丝氨酸、甘氨酸、半胱氨酸、乙酸钠、乙酸镁、氯化钠、氯化钾、磷酸和焦亚硫酸钾。

3 Liposyn®是一种商品化的乳化脂肪产品。

虽然门静脉葡萄糖浓度的变化会通过影响肝脏来调控采食，但并没有证据表明血浆或者中枢的血糖浓度会影响采食。Savory在1987年报道，血糖浓度和采食并无关联；而且，侧脑室注射葡萄糖或其代谢拮抗物对采食均无影响（Denbow et al.，1982）。在哺乳动物，注射胰岛素能够促进采食，而在禽类，注射胰岛素对采食无作用或者抑制采食（Cline and Furuse，2012）。

肝脏灌注脂质会影响采食，同时食物中的脂质也会影响采食（Denbow，1989）。给来航鸡饲喂中链甘油三酯（三辛酸甘油酯或三癸酸甘油酯）或者包含长链脂肪酸的玉米油，30 min时即可抑制采食。类似的研究也表明，通过肝门系统灌注短链和中链甘油三酯，其抑制采食的效果比长链脂肪酸更强（Denbow，1994）。但是在胃内灌注时，中链和长链甘油三酯抑制采食的作用是一样的。存在于外周和中枢的酮体也有抑制雏鸡采食的作用（Sashihara et al.，2001）。

采食的脂肪稳态理论认为，中枢通过感应脂肪组织的状态而对采食做出适当调整，以维持脂肪贮存的平衡。1994年，在小鼠上克隆出了由*ob*基因编码的蛋白——瘦素（leptin）（Zhang et al.，1994）。瘦素是白色脂肪组织分泌的调控脂肪沉积的负反馈信号。当脂肪储存增加时，循环中血浆瘦素水平升高。*ob/ob*小鼠缺乏瘦素蛋白，给*ob/ob*小鼠注射瘦素重组蛋白可以降低采食，并降低体重和体脂含量，提高产热。许多研究认为禽类也有瘦素，但也有研究质疑这一点（Cerasale et al.，2011）。迄今尚未发现禽类的瘦素基因，但有研究表明瘦素的受体是存在的（Horev et al.，2000）。在啮齿类动物，中枢或者外周注射瘦素会降低采食；给来航鸡和肉鸡脑室注射（ICV）人重组瘦素也可以抑制采食（Denbow et al.，2000）。

胃生长素（ghrelin，也称为胃饥饿素）最初被认为是一种生长激素释放肽，由哺乳动物的胃分泌。在人和哺乳动物，脑室注射或者腹腔注射（IP）胃生长素均能促进采食。此外，血浆中胃生长素的水平会在饥饿状态时升高，并在采食后下降。禽类的腺胃中也有胃生长素。日本鹌鹑和 6 日龄蛋鸡在饥饿时血浆胃生长素的水平升高，但是 3 周龄的肉鸡饥饿时胃生长素水平并没有明显变化（Richards and Proszkowiec-Weglarz，2007；Richards and McMurtry，2010）。尽管脑内胃生长素 mRNA 的水平在饥饿和采食后没有明显变化。研究发现饥饿时，腺胃中胃生长素 mRNA 和肽的水平会升高，而采食后很快就会恢复到对照组的水平。血浆胃生长素水平的变化与饥饿相关，提示胃生长素仅是一种外周的促进食欲的信号，与啮齿类动物和人类不同的是，中枢注射胃生长素却会抑制禽类采食（Furuse et al.，2001）。给日本鹌鹑腹腔注射低剂量胃生长素促进采食，而高剂量会抑制采食；而给鸡静脉注射胃生长素，抑制采食的作用很微弱甚至无影响。

21.3 采食的中枢调控

动物的采食调控是高度保守的，调控采食行为的神经内分泌网络也是保守的。下丘脑被认为是食欲调控的关键部位（Hussain and Bloom，2013）。下丘脑接受来自肠道、胰腺、肝脏、脂肪组织还有大脑其他部位的信号，并对这些信息进行整合（图 21.1）（Richards and Proszkowiec-Weglarz，2007）。

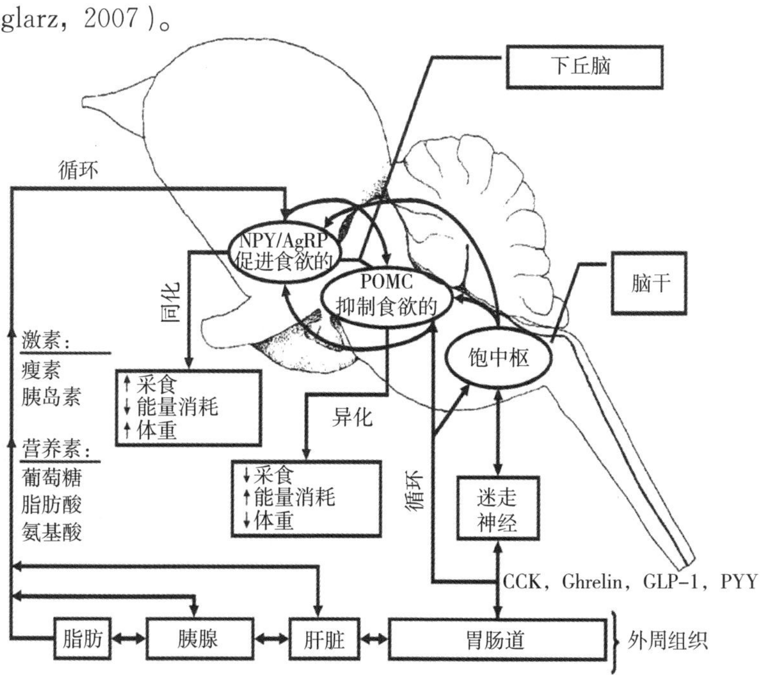

图 21.1　食欲的长期调节和能量平衡维持禽类体重稳定的调控模型（由激素、神经元、神经内分泌、营养信号调控的外周组织与中枢神经系统形成的整合环路）

NPY，neuropeptide Y，神经肽 Y；AgRP，agouti-related peptide，刺鼠相关肽；POMC，pro-opiomelanocortin，阿黑皮素原；CCK，cholecystokinin，胆囊收缩素；GLP-1，glucagon-like peptide-1，胰高血糖素样肽 1；PYY，peptide YY，肽 YY。

与哺乳动物一样，破坏禽类下丘脑中区会促进采食，而破坏下丘脑外侧区（LHA）会抑制采食（Kuenzel et al.，1999）。这两个部位分别是传统意义的饱中枢和摄食中枢，目前我们认为这两个区域属于采食调控神经环路中的一部分。

采食的神经化学调控是非常复杂的。中枢神经系统内，许多神经元释放的化学物质都能够调控采食。详细的内容将在“21.4 经典的神经递质”部分具体阐述。已有的研究表明，许多经典的神经递质（表21.2）和肽（表21.3）都能够在中枢调控采食。总体来讲，这些化学物质的作用在哺乳动物和禽类相似，个别也有例外。

21.4 经典的神经递质

许多经典的神经递质都能够在中枢神经系统调控禽类采食，但对不同品种禽类的作用有可能不同（表21.2）。例如，脑室注射肾上腺素（E）能够促进肉鸡采食（Denbow et al.，1981），对来航鸡采食无显著影响（Denbow et al.，1983），但显著抑制火鸡采食（Denbow，1983）。Katayama等（2010）的研究表明，脑室注射高剂量去甲肾上腺素（NE）可抑制肉鸡采食，并且这种抑制作用与脑内神经肽Y（NPY）或者阿黑皮素原（POMC）的浓度变化无关。另一方面，Bungo等证明脑室注射NE能够促进蛋鸡采食，而注射多巴胺、左旋多巴和酪氨酸不影响蛋鸡采食（Bungo et al.，2010）。脑室注射5-羟色胺（5-HT）可抑制来航鸡和肉鸡采食（表21.2），而且在饲粮中添加氟苯丙胺（fenfluramine，5-羟色胺作用的增强剂）也能够抑制蛋鸡和肉鸡采食（Hocking and Bernard，1993）。

表21.2 中枢注射各种神经递质或激动剂对禽类采食的影响[1]

神经递质	肉鸡	来航鸡	火鸡
AMPA（α-氨基-3-羟基-5-甲基-4-异噁唑丙酸）[2]	→		
荷包牡丹碱（bicuculline）[3]	↓		
多巴胺（dopamine）	→	→	→
肾上腺素（epinephrine）	↑	→	↓
谷氨酸盐（glutamate）[3]	↓		
异丙肾上腺素（isoproterenol）[4]	↓		
红藻氨酸（kainate）[2]	→		
NMDA（N甲基-D-天冬氨酸盐）[2]	↑		
去甲肾上腺素（norepinephrine）	↑	↑	↓
5-羟色胺（饱食）	↓	↓	↓
5-羟色胺（禁食）	→	↓	↓
组胺[5]	↓	↓	ND
氯化氨甲酰胆碱（carbachol，胆碱能受体激动剂）	↓	ND	ND
醋甲胆碱（methacholine，毒蕈碱的胆碱能受体激动剂）	→	ND	ND

（续）

神经递质	肉鸡	来航鸡	火鸡
毒蝇蕈醇（muscimol，GABA 激动剂）[6]	↑	↑	↑
心得安（propranolol）[4]	↑		

注：1　→：无作用；↓：抑制采食；↑：促进采食；ND：未检测。除非另有说明，数据来自 Denbow（1999a）。
2　引自 Bungo 等（2011），AMPA 和 NMDA 抑制鸽子的采食（Zeni et al.，2000）。
3　引自 Zendehdel 等（2009），谷氨酸盐抑制鸽子的采食（Zeni et al.，2000）。
4　引自 Baghbanzadeh 等（2010）。
5　肉鸡数据引自 Cline 和 Furuse（2012）；来航鸡数据引自 Meade 和 Denbow（2001）。
6　肉鸡数据引自 Zendehdel 等（2009）；来航鸡数据引自 Bungo 等（2003）。

在哺乳动物，将去甲肾上腺素注射到脑内特定的部位，依据注射部位的不同可以发挥促进或者抑制采食的作用。注射到下丘脑腹内侧核（VMH）或者室旁核（PVN）能够促进采食；而注射到外侧区包括穹窿周边则抑制采食。在来航鸡，VMH、PVN 和内侧隔核注射去甲肾上腺素能够促进采食（Denbow and Sheppard，1993）；而注射到外侧隔核旁、网状核上侧和背侧的前部以及枕中脑束（the tractus occipitomesencephalicus）前部则会抑制采食。

蛋鸡脑室注射氯压定（clonidine，也称可乐定）和 α_2-肾上腺素激动剂能够促进采食，而育亨宾（yohimbine）作为 α_2-肾上腺素能受体拮抗剂能够削弱这种促进作用（Tachibana et al.，2009b）。然而在脑室注射 0.1 nmol 和 0.2 nmol 的氯压定能够促进肉鸡的采食（Bungo et al.，1999），0.8 nmol 能够促进蛋鸡的采食，但 0.4 nmol 不能表现出促进采食的作用。由此可见，根据生长速度选育的肉鸡，其 α_2-肾上腺素能受体具有较高的敏感性。脑室注射 α_3-肾上腺素能受体激动剂 BRL37344 能够抑制采食（Tachibana et al.，2003a）。

γ-氨基丁酸（GABA）是中枢主要的抑制性神经递质。GABA 可以促进肉鸡和火鸡的采食（表 21.2），这个效应可能是通过 $GABA_A$ 而非 $GABA_B$ 来实现的（Jonaidi et al.，2002）。毒蝇蕈醇（muscimol）是 $GABA_A$ 受体的激动剂，也能够促进肉鸡的采食，而 $GABA_B$ 受体的激动剂氯苯氨丁酸（baclofen）则没有促进采食的作用。

已有研究表明，脑室注射组胺会抑制肉鸡和来航鸡的采食（Meade and Denbow，2001）。组胺的受体有三种亚型：H1、H2 和 H3。H3 受体是一种自身受体，可抑制组胺神经元释放内源性组胺。组胺抑制采食的作用可以被 H1 受体拮抗剂氯苯吡胺（chlorpheniramine，又称扑尔敏）以及 H2 受体拮抗剂甲氰咪胍（cimetidine）削弱。Taati 等（2010）的研究表明，注射 H3 受体拮抗剂噻普酰胺（thioperaminde）可增加组胺的释放，降低 3 周龄肉鸡的采食，而 H3 受体激动剂 R-α-甲基组胺（R-α-methylhistamine）能够促进采食。H1 受体拮抗剂扑尔敏能够抑制噻普酰胺的作用，而 H2 受体拮抗剂法莫替丁（famotidine）只有在高剂量时才能抑制采食。因此，H1 受体在组胺引起的采食抑制作用中发挥着关键的作用，而 H2 受体的作用尚不明确。

21.5 肽类

能够影响采食的肽类非常多，而且新的食欲调节肽还在不断地被发现（Cline and Furuse，2012）。表 21.3 列出了能够促进采食的主要肽类，而表 21.4 则列出了能够抑制采食的主要肽类。

表 21.3 中枢注射肽类对各种禽类的促采食作用[1]

促采食肽	肉鸡	来航鸡	其他鸟类
禽胰多肽		Denbow (1999a)	
astressin	Emadi et al. (2011)		
CB65 (N-环己基-7-氯-1-［2-(4-吗啉基)乙基］喹啉-4 (1羟) -1-3-酰胺)	Emadi et al. (2011)		
氯压定 (clonidine)	Bungo et al. (1999)	Tachibana et al. (2009b)	
CNQX (6-氰基-7-硝基喹喔啉-2, 3-二酮)			鸽: Zeni et al. (2000)
β-内啡肽	Denbow (1999a)	Denbow (1999a)	
甘丙肽		Cline and Furuse (2012)	
GnIH (促性腺激素释放抑制激素)	Tachibana et al. (2008)	Cline and Furuse (2012)	
(蛋氨酸[5]) -脑啡肽	McCormack and Denbow (1989)		
MK801			鸽: Zeni et al. (2000)
神经肽 Y	Denbow (1999a)	Cline and Furuse (2012)	环鸽: Strader and Buntin (2001) 白冠麻雀: Richardson et al. (1995)
痛敏肽	Cline and Furuse (2012)	Cline and Furuse (2012)	
肽 YY	Cline and Furuse (2012)	Cline and Furuse (2012)	
催乳素			家养土鸡: Denbow (1999a)[1] 环鸽: Foreman et al. (1990) 欧洲鹌鹑: Boswell et al. (1995) 卡奴鸽: Miller and Riddle (1943)
催乳素释放激素		Cline and Furuse (2012)	
生长抑素		Cline and Furuse (2012)	
内脂素	Cline and Furuse (2012)		
26RFa (VGTALGSLAEELNGYNRKKGGFSFRFNH 2)	Cline and Furuse (2012)	Cline and Furuse (2012)	
Δ^9-THA (Δ^9-四氢大麻酚)	Abel et al. (1972)		

注：作者和年份表明参考文献，空格表示没有已报道的数据。

1 有抑采食作用。

21.5.1 神经肽 Y

1982 年，神经肽 Y（NPY）最早是从猪脑中分离得到的（Tatemoto et al.，1982）。NPY 是一种在中枢神经系统中大量表达的肽类，由高度保守的 36 个氨基酸残基组成，哺乳动物和禽类仅有一个氨基酸残基的差别（Blomqvist et al.，1992；Larhammar，1996）。在哺乳动物和禽类，NPY 是最有效的促采食因子之一。NPY 通过 Y2 受体和 Y5 受体而非 Y1 受体促进采食。然而，哺乳动物的 YY 肽和胰多肽抑制食欲，肉鸡和来航鸡的 YY 肽则促进采食（Kuenzel et al.，1987；Denbow et al.，1988）。YY 肽比 NPY 的促采食作用更强，表明 YY 肽与 NPY 受体的亲和力可能比 NPY 更强。

在哺乳动物，下丘脑的弓状核（ARC）是采食调控的主要位点（Hussain and Bloom，2013）。该核团具有半透的血脑屏障，允许外周信号传入中枢。弓状核内最多的是共表达 NPY 和刺鼠相关肽（AgRP）的促采食神经元，其次还有表达 POMC-CART（可卡因-安非他命相关转录本）的抑采食神经元。这些神经元还会和其他核团（如表达食欲素 orexin 和黑色素聚集激素 MCH 等肽）中的二级神经元相互关联。禁食状态下，弓状核的 NPY mRNA 及肽水平会升高，同时释放到室旁核的 NPY 也会增加。

黑素皮质素 4 受体（MC4R）与抑制采食有关，AgRP 是 MC4R 的内源性拮抗剂。由弓状核 NPY-AgRP 神经元释放的 AgRP 能够阻断 MC4R 的效应，进而促进采食。此外，α-黑素细胞刺激素（α-MSH）是由 POMC 的基因转录而来，它能够激活 MC4R 进而抑制采食。因此，禁食会促进 AgRP mRNA 的表达而抑制 POMC mRNA 的表达。

在禽类，表达 NPY 的神经元主要集中在漏斗核，与哺乳动物的弓状核同源（Kuenzel，1994；Wang et al.，2001），同时这些神经元也表达 AgRP（Boswell et al.，2002）。同哺乳动物一样，禁食或者限饲时禽类下丘脑 NPY 的表达也会增加（Phillips-Singh et al.，2003；Song et al.，2012）。因此，和哺乳动物一样，AgRP 能够阻断黑素皮质素的抑制采食作用，而 NPY 介导的则是促采食通路。

脑室注射去甲肾上腺素不影响脑内 NPY 或者 POMC mRNA 的表达（Katayama et al.，2010）。然而，脑室注射 NPY 引起的促采食作用会被 $α_2$-肾上腺素能受体拮抗剂——育亨宾（yohimbine）削弱（Tachibana et al.，2009b）。这些数据提示，NPY 神经元可能作用于 $α_2$-肾上腺素受体，通过与肾上腺素能神经元的联系而发挥作用。另一方面也有研究表明，$GABA_A$ 受体拮抗剂也能够削弱 NPY 的作用（Jonaidi and Noori，2012）。

表 21.4　通过中枢或者外周注射能够抑制禽类采食（食欲减退）的肽类

抑采食肽	中枢注射			外周注射		
	肉鸡	来航鸡	其他禽类	肉鸡	来航鸡	其他禽类
alytesin	Cline and Furuse(2012)			Cline et al. (2008b)		
AM251[1-(2,4-二氯苯基)5-4-碘苯基)-4-甲基-N-(1-哌啶基))吡唑-3-酰胺]				Novoseletsky et al. (2011)		
糊精(amylin)	Cline et al. (2008d)			Cline et al. (2008d)		
鹅肌肽(anserine)	Cline and Furuse(2012)					
AVT(精氨酸催产素)		Cline and Furuse(2012)				
蛙皮素(bombesin)	Denbow (1999a)	Meade and Denbow(2003)	家养火鸡：Denbow (1999a)		Denbow (1999a)	家养火鸡：Denbow (1999a)
降钙素(calcitonin)	Cline and Furuse(2012)					
肌肽(carnosine)	Cline and Furuse(2012)					
CCK(胆囊收缩素)	Denbow (1999a)	Rodríguez-Sinovas et al. (1997)	家养火鸡：Denbow (1999a) 白冠麻雀：Richardson et al. (1993)	Denbow (1999a)	Denbow (1999a)	

（续）

抑采食肽	中枢注射			外周注射		
	肉鸡	来航鸡	其他禽类	肉鸡	来航鸡	其他禽类
CGRP（降钙素相关肽）	Cline and Furuse(2012)			Cline et al.(2009a)		
CRF（促肾上激素释放激素）	Cline and Furuse(2012)	Cline and Furuse(2012)	白冠麻雀：Richardson et al.(2000)			
胃泌素(gastrin)	Cline and Furuse(2012)	Denbow (1999a)		Denbow(1994)		
胃生长素(ghrelin)	Cline and Furuse(2012)	Cline and Furuse(2012)	鹌鹑：Shousha et al.(2005a)	Geelissen et al.(2006)	Kaiya et al.(2007)[1]	鹌鹑：Shousha et al.(2005a)[2]
GLP（胰高血糖素样肽）	Cline and Furuse(2012)	Cline and Furuse(2012)	鹌鹑：Shousha et al.(2007)			鹌鹑：Shousha et al.(2007)
胰高血糖素(glucagon)		Denbow (1999a)			Honda et al.(2007a)[1]	
GHRH（生长激素释放激素）	Cline and Furuse(2012)	Cline and Furuse(2012)				
胰岛素(insulin)	Cline and Furuse(2012)	Cline and Furuse(2012)			Bermudez et al.(1983)[1]	
瘦素(leptin)	Denbow et al.(2000)	Denbow et al.(2000)				
雨滨蛙肽(litorin)	Cline and Furuse(2012)	Cline and Furuse(2012)[1]				
LPLRF(Leu-Pro-Leu-Arg-Phe)	Cline and Furuse(2012)	Cline and Furuse(2012)[1]	美洲鹑鹌鹑：Cline et al.(2009c)			
MSH(α,β 和 γ)（黑素细胞刺激激素）	Cline and Furuse(2012)	Cline and Furuse(2012)（仅 α-MSH）				
NAME（N-硝基-精氨酸 甲酯）	Denbow (1999a)	Khan et al.(2007)[3]		Khan et al.(2007)	Khan et al.(2007)	
神经介素(neuromedin)(B,C 和 U)		Cline and Furuse(2012)	鹌鹑(NMU)：Shousha et al.(2005b)			鹌鹑(NMU)：Shousha et al.(2005b)
神经肽 AF、FF、K、S、SF 和 VF	Cline and Furuse(2012)					
胃泌酸调节素(oxyntom-odulin)	Cline and Furuse(2012)					
PACAP（垂体腺苷酸环化酶-激活多肽）		Cline and Furuse(2012)				
顶压素(stresscopin)	Cline and Furuse(2012)	Cline et al.(2009d)				
P 物质		Cline and Furuse(2012)				
尿皮质激素(urocortin)	Cline and Furuse(2012)					
尾加压素(urotensin)	Cline and Furuse(2012)					
VIP（血管活性肠肽）		Cline and Furuse(2012)				
氙(xenin)	Cline and Furuse(2012)			Cline et al.(2007b)		

注：作者和年份表明参考文献，空格表示没有已报道的数据。

1 处理不影响采食。

2 低剂量有抑制采食作用；高剂量有促进采食作用。

3 处理有促进采食的作用。

21.5.2 黑素皮质素

黑素皮质素是由 POMC 剪切而来，在哺乳动物主要从弓状核神经元释放。分布在动物体全身的黑素皮质素受体有五种亚型（MC1R～MC5R）。MC3R 和 MC4R 主要在哺乳动物的脑中表达。MC3R 可能主要调控能量消耗，而 MC4R 主要是调控采食。MC3R 受体激动剂具有抑制采食的作用。

脑室注射黑素细胞刺激素（α-MSH）可以显著抑制禁食肉仔鸡的采食，并减弱 NPY 诱导的采食（Kawakami et al.，2000）。相反，AgRP 会削弱 α-MSH 引起的厌食作用（Tachibana et al.，2001）。CART 也是由 POMC 神经元释放的，可以降低肉鸡和蛋鸡的采食以及 NPY 引起的采食（Tachibana et al.，2003b）。

在哺乳动物，β-MSH 对 MC4R 的亲和力要比 α-MSH 高（Harrold et al.，2003）。因此 β-MSH 可能是黑素皮质素受体主要的内源性激动剂。但是，鸡的 α-MSH 对 MC4R 的亲和力要比 β-MSH 高（Ling et al.，2004）。β-MSH 可以降低肉仔鸡对食物和水的摄入，同时升高血浆皮质酮的浓度（Smith et al.，2008）。γ-MSH 是 MC3R 的选择性激动剂，也能够抑制肉鸡采食，但是需要的剂量要比 α-MSH 或 β-MSH 的高（Smith et al.，2011）。因此，黑素皮质素系统参与了禽类的抑采食效应，但是不同受体的分布及其作用还有待进一步研究。

21.5.3 促肾上腺皮质激素释放激素

在肉鸡和来航鸡，促肾上腺皮质激素释放激素（CRF）均可以在中枢发挥抑制采食的作用（Furuse et al.，1997；Denbow et al.，1999），这种作用由 CRF 受体介导。脑室注射 CRF 的类似物顶压素（stresscopin）也会降低肉鸡和来航鸡的采食和饮水（Cline et al.，2009d）。这种现象跟 VMH 中 c-Fos 活性细胞数量增多、PVN 中小细胞性神经元和大细胞性神经元的分布以及下丘脑后侧核（PHN）中神经元活性增高有关。Khan 等（2008）发现阻断一氧化氮信号可减弱 CRF 抑制肉鸡采食的效应。

如上所述，胃生长素发挥作用的位点在中枢神经系统。在哺乳动物，胃生长素主要是通过激活 ARC 中的 NPY 神经元促进采食。但与哺乳动物的效应相反，肉仔鸡脑室注射胃生长素却会抑制采食（Furuse et al.，2007）。关于其内在的机制，Saito 等（2005）表明脑室注射胃生长素可以提高血浆皮质酮的水平。当胃生长素和 CRF 受体抑制剂（astressin）共注射时，astressin 会削弱胃生长素抑制采食以及升高血浆皮质酮水平的作用。此外，胃生长素和 NPY 共注射会抑制 NPY 的促采食作用，但脑室注射胃生长素不会改变 NPY mRNA 的表达。哺乳动物胃生长素会促进 ARC 神经元释放 NPY，而禽类中枢胃生长素则通过促进内源性 CRF 释放而抑制采食。Taati 等（2010）证明，阻断组氨酸 H1 受体会降低胃生长素的抑采食作用，但阻断 H2 受体则无类似效应。因此，仔鸡胃生长素可能通过组胺能系统引起 CRF 释放，最终导致抑采食效应。

21.5.4 肥胖抑制素

胃生长素前体肽不仅可以产生胃生长素，还可产生肥胖抑制素（obestatin）。肥胖抑制素是一种由 23 个氨基酸残基组成的酰胺肽，最早从大鼠的胃中提取纯化，是 GPR39 受体的内源性配体（Wolfgang et al.，2006）。有报道认为，肥胖抑制素可降低采食和体重，而其他作用还不清楚。但是也有研究指出，肥胖抑制素对大鼠采食无影响（Seoane et al.，2006）。Xu 等（2011a）的研究表明，给一种大体重选育品系（High-weight selected line）的鸡脑室注射肥胖抑制素会剂量依赖性地提高采食。但是 Song 等（2013）的研究发现，静脉注射肥胖抑制素不影响肉鸡和来航鸡的采食。禽类肥胖抑制素对采食的作用还有待进一步研究。

21.5.5 AMP 激活的蛋白激酶

AMP 激活的蛋白激酶（AMPK）是一种由 1 个催化亚基（α）和 2 个调节亚基（β 和 γ）组成的异源三聚体的酶复合物。AMPK 可以被 AMP 变构调节所激活，此外肝激酶 B1（LKB1）、钙调蛋白依赖性蛋白激酶（CaMKK）和 TGF-β 激活的激酶 1（TAK1）等上游激酶可通过磷酸化 α 亚基上的苏氨酸（Thr 172）激活 AMPK。AMPK 是一种能量感应器。葡萄糖、瘦素和胰岛素会抑制下丘脑 AMPK 活性并抑制小鼠采食，而胃生长素和脂联素会刺激下丘脑 AMPK 的活性而促进大鼠采食（Xu et al.，2011a）。脑室注射胃生长素会抑制下丘脑 AMPK 基因的表达以及 AMPK α 亚基的磷酸化。此外，胃生长素对小体重禽类的抑采食作用比大体重禽类明显，提示小体重选育会提高胃生长素和 AMPK 系统的敏感性（Xu et al.，2011a）。

21.5.6 阿片类

阿片类物质是一类在中枢神经系统广泛分布的抑制性神经递质。阿片受体包括 μ、δ 和 κ 三种亚型。阿片类物质的拮抗剂纳洛酮（naloxone）和纳屈酮（naltrexone）可以降低肉鸡和蛋鸡的采食（Denbow，1999）。在禽类，阿片类物质通过 δ 受体和 κ 受体发挥作用来改变采食。（Bungo et al.，2004）。Dodo 等（2005）的研究表明，μ 受体（特别是 μ1 受体）的拮抗剂会降低新生雏鸡 NPY 诱导的采食。

孤啡肽 FQ（N/OFQ）的结构与阿片类物质相似，它既能够与阿片样 G 蛋白偶联受体 1 结合，也可以和孤啡肽受体（NOP）结合。N/OFQ 的结构与阿片类物质的典型结构非常相似，特别是强啡肽 A，但是 N/OFQ 并不通过强啡肽 A 的 κ-阿片受体发挥作用。N/OFQ 可以促进大鼠的采食（Polidori et al.，2000）。和其他阿片样物质类似，脑室注射 N/OFQ 可以促进采食，并且提高肉仔鸡的啄食频率（Abbasnejad et al.，2005）。脑室注射 N/OFQ 也可以促进来航鸡的采食，并且这种促进作用可能与间脑 AgRP mRNA 表达升高以及 CART mRNA 表达下降有关（Bungo et al.，2009）。N/OFQ 的促采食作用可以被 α-MSH 阻断，但不影响 NPY 或 POMC mRNA 的表达。

21.5.7 FMRF 酰胺类

神经多肽 Phe-Met-Arg-Phe-NH_2（FMRF 酰胺）最早是从软体动物蛤蚧的神经节中分离出来的。此后，陆续在各种无脊椎动物中发现了 C 端包含 RF 酰胺序列的类似神经多肽（RF 酰胺多肽）。鸡的五肽 Leu-Pro-Leu-Arg-Phe-NH_2（LPLRF 酰胺）是从脊椎动物中分离出的第一种 RF 酰胺，能与 FMRF 酰胺抗体发生交叉反应（Dockray et al.，1983）。

研究证明，催乳素释放肽（PrRP）和促性腺激素抑制激素（GnIH）等几种 RF 酰胺在新生雏鸡中均可以作为促采食因子。PrRP 最初被认为是哺乳动物催乳素释放的刺激因子

（Hinuma et al.，1998）。中枢注射 PrRP 可减少大鼠的采食量（Lawrence et al.，2000，2002；Ellacott et al.，2002），却能显著增加蛋鸡的采食量（Tachibana et al.，2004b）。在等摩尔条件下，PrRP 的促食欲效应显著弱于 NPY，但是 PrRP 和 NPY 共注射，NPY 的促采食作用会被进一步增强。

Tsutsui 等（2000）从鹌鹑脑中分离出 C 端包含 LPLRF 酰胺结构的一种新十肽，其结构为由 SIKPSAYL-PL 等 10 个氨基酸组成的 RF 酰胺。这种十肽可抑制脊椎动物的促性腺激素释放因子，因此被称为促性腺激素释放抑制激素（GnIH）。GnIH 的前体蛋白包含一个 GnIH 和两个 GnIH 相关肽（GnIH-RP-1 和 GnIH-RP-2）。脑室注射 GnIH、GnIH-RP-1 和 GnIH-RP-2 都能显著促进蛋鸡的采食（Tachibana 等，2005a）。Tachibana 等（2008）证明，GnIH 的作用可能是由肉鸡 μ 阿片受体介导，而不是 δ 或 κ 型受体。此外，因为一氧化氮合成的抑制剂并不影响 GnIH 诱导的采食，GnIH 可能不通过一氧化氮来发挥作用。

Ukena 等（2010）最近在日本鹌鹑的下丘脑前部发现另一种 RF 酰胺（26RFa）。它的受体 GPR103 存在于大脑、间脑、中脑和小脑中。Ukena 等（2010）发现，中枢注射 26RFa 可以促进肉鸡的采食，但对蛋鸡无作用。此外，首次从胎盘中分离出来的另一种 RF 酰胺（metastin）可以促进肉仔鸡的采食，且该效应是由 μ 阿片受体介导的（Khan et al.，2009）。

对于本章提到的 RF 酰胺，在中枢给药时会对雏鸡产生促采食效应。相反，这个家族的一些其他成员则与厌食症有关。仔鸡脑室注射 LPLRF 酰胺 30min 后，会产生抑制采食的效应，但是这种效应在注射 40min 后就消失了（Cline et al.，2009c）。LPLRF 酰胺处理的仔鸡深度休息的时间更长，而仔鸡的其他行为并不受影响，据此推测 LPLRF 酰胺的短期厌食症作用可能是深度休息造成的。Tachibana 等（2005b）的报告进一步提示，LPLRF 酰胺可能对食物摄入没有特定影响，其对蛋鸡的研究证实了这一观点。

RF 酰胺家族中神经肽 FF（NPFF）亚家族的几个成员也被证明会抑制仔鸡采食（Cline and Furuse，2012）。脑室注射 NPFF 可剂量依赖性降低肉鸡的采食量（Cline et al.，2007a）。NPFF 的作用是通过 μ 和 κ 亚型阿片受体介导的，并且 NPFF 会削弱 NPY 和 β-内啡肽（END）诱导的促采食效应（Cline and Mathews，2008）。

21.5.8　甘丙肽

甘丙肽是一种存在于中枢神经系统和肠道中的多肽，在物种间保守。Tachibana 等（2008）发现，脑室注射甘丙肽可促进肉鸡和蛋鸡的食物摄入，但不能促进水的摄入。甘丙肽可能通过 μ 阿片受体起作用，且 α_2-肾上腺素能受体可能介导这种反应。

21.5.9　内脂素

内脂素（visfatin）也称为前 B 细胞集落增殖因子，是一种最初从人类和小鼠的内脏脂肪中分离出来的多肽，与胰岛素的作用类似（Fukuhara et al.，2005）。内脂素与人类代谢综合征有关（Filippatos et al.，2007）。内脂素对采食的影响最早是在肉鸡中发现的。脑室注射内脂素可使肉鸡的采食量和啄食效率提高近一倍（Cline et al.，2008c），同时伴随着 LHA 区 c-Fos 免疫反应细胞数量的增加和 VMH 区 c-Fos 活性的降低。Brunetti 等（2012）研究表明，弓状核注射内脂素可增加大鼠的食物摄入，并且降低 CART 和 CRH 的 mRNA 水平，因此内脂素可能在禽类和哺乳动物中具有相似的作用。

21.5.10 生长抑素

众所周知，生长抑素能抑制生长激素释放，但有研究表明生长抑素也可影响采食。据报道，根据进食状态的不同，生长抑素可增加或减少大鼠的采食量，而脑室注射生长抑素可增加肉鸡和蛋鸡的采食（Tachibana et al.，2009a）。生长抑素作用是由 μ 阿片类和 α_2-肾上腺素能受体共同介导的。脑室注射生长抑素类似物的研究显示，SSTR2、SSTR3 和 SSTR5 受体与生长抑素诱导的促采食效应相关，但 SSTR4 受体则与此作用无关（Tachibana et al.，2010）。

21.5.11 大麻素类

大麻中的活性成分是 Δ^9-四氢大麻酚（Δ^9-THA），它可以与大脑中的大麻素受体 CB1 和 CB2 结合。大麻素受体的内源性配体是 2-花生四烯酰甘油和花生四烯酰乙醇胺，内源性拮抗剂包括 O-2050 和 AM4113。CB1 受体存在于禽类和哺乳动物的大脑以及外周组织，而 CB2 受体存在于免疫细胞和血细胞中（Pagotto et al.，2006）。虽然 Δ^9-THA 对食物摄入量的影响还未明确，但一般认为它会促进采食，而一些抑制采食的作用很可能是其镇静作用导致的（Pagotto et al.，2006）。Abel 等（1972）首次证实，仔鸡的食物摄入量随着 Δ^9-THA 的增加而增加。通过饲料添加或静脉注射 Δ^9-THA 的拮抗剂均可减少肉仔鸡的食物摄入量（Novoseletsky et al.，2011），由此进一步证明了大麻素在禽类中的促采食作用。

21.5.12 胰高血糖素样肽

胰高血糖素样肽-1（GLP1）是胰高血糖素超家族的成员。与哺乳动物类似，脑室注射 GLP1 可降低肉仔鸡的采食量（Bungo and Furuse，2001）。该超家族的另一成员，生长激素释放因子可增加大鼠的采食量，但却是肉仔鸡采食的强效抑制剂（Furuse et al.，2001）。胰高血糖素超家族的其他神经肽，包括血管活性肠肽（VIP）和垂体腺苷酸环化酶激活多肽（PACAP）可减少蛋鸡的采食量（Tachibana et al.，2004a）。脑室注射 PACAP 和 VIP 可增加血浆皮质酮浓度，而共注射 CRF 受体拮抗剂 astressin 后，这一效应被削弱，表明 PACAP 和 VIP 通过激活 CRF 神经元起作用（Tachibana et al.，2004a）。与之类似，脑室注射胰高血糖素（Honda et al.，2007a）和胃泌素调节素（oxyntomodulin）（Cline et al.，2008a）可降低仔鸡的采食量。

21.5.13 胆囊收缩素

胆囊收缩素（CCK）最初是从猪小肠中分离出来的。外周或中枢注射 CCK 会减少哺乳动物的采食量。肉鸡大脑注射 CCK 会减少其食物摄取（Denbow and Myers，1982）。但与 CCK 结构相关的多肽-胃泌素却不会减少哺乳动物的采食量。鸡 CCK 八肽（CCK8）的氨基酸序列与哺乳动物相同，而胃泌素的氨基酸序列在鸡和哺乳动物之间存在差异。Furuse 等（1999）证明，脑室注射鸡胃泌素可抑制新生雏鸡的采食和食物排空。对 CCK 和胃泌素的食欲抑制作用的进一步研究表明，这些肽的功效取决于其肽段序列的长度（Furuse et al.，2000）。

21.5.14　胰高血糖素超家族

与胰高血糖素超家族一样，降钙素基因肽超家族的成员，包括降钙素、降钙素基因相关肽（CGRP）和胰淀素（amylin），都可能参与采食调节。这些肽是降钙素原 RNA 转录产物通过组织特异选择性剪接而产生的。研究表明，脑室注射或腹腔注射胰淀素可剂量依赖性降低肉鸡的采食量（Cline et al.，2008d），这一效应与后脑和孤束核的神经元活动增加有关。此外，胰淀素可增加食糜在消化道的滞留时间，增加血浆皮质酮浓度以及焦虑相关行为。由于胰淀素与胰岛素共分泌，所以它可能参与调控了仔鸡采食的终止。

脑室注射降钙素可减少肉仔鸡食物和水的摄入（Layne et al.，2009），这与下丘脑 ARC、背内侧核和 VMH 区的神经元活性增加有关，而 CRF 系统可能没有介导这种效应。脑室注射或腹腔注射 CGRP 可降低肉鸡对食物和水的摄入量，但 CGRP 对水摄入的影响似乎与其对食物摄入的影响有关（Cline et al.，2009a）。同时，CGRP 诱导的厌食症与 ARC、PVN、PHN 和 VMH 区神经元活性增加的结果相一致。

21.5.15　胰岛素

脑室注射胰岛素会降低哺乳动物的采食量。同样，脑室注射胰岛素也会降低来航鸡仔鸡的采食量（Honda et al.，2007b；Shiraishi et al.，2008a），同时增加 POMC、CART 和 CRF 在下丘脑的表达，但对 NPY mRNA 和 AgRP mRNA 的表达无影响（Honda et al.，2007b；Shiraishi et al.，2008a）。Shiraishi 等（2008a）报道，脑室（包括脑干）注射胰岛素可使 NPY 表达降低。阻断黑素皮质素受体可抑制脑室注射胰岛素引起的抑采食作用（Shiraishi et al.，2008a）。与单独注射胰岛素相比，β-内啡肽（β-END）和胰岛素共注射对中枢 POMC 表达的抑制作用更强，可见 μ-阿片受体的阻断可以削弱胰岛素对采食的影响（Shiraishi et al.，2008b）。注射鸡源或猪源胰岛素可以减少单冠来航鸡的采食量，但注射人源或牛源胰岛素则无此效应（Shiraishi et al.，2009）。Kuenzel 和 McMurtry（1988）报道，脑室注射胰岛素导致血浆胰岛素浓度增加。胰岛素可能通过作用于中枢的促采食和抑采食系统来减少鸡的采食。

21.5.16　蛙皮素

蛙皮素（bombesin，也称铃蟾肽）是一种来自两栖类动物皮肤的十四肽，可抑制哺乳动物的采食。Denbow（1989）报道，脑室注射或静脉注射蛙皮素可降低火鸡对食物和水的摄取。脑室注射蛙皮素也可抑制肉鸡的食物摄入，蛙皮素与 NPY 共注射可抑制 NPY 的促食欲效应（Bungo et al.，2000）。脑室注射和腹腔注射蛙皮素类似物 alytesin 和 litorin 可降低肉仔鸡的食物摄入（Cline et al.，2008b，2010a）。

21.6　体重的选育可改变采食调控机制

基因选育使肉鸡具有快速生长的特性，而来航鸡已被选育为高产蛋鸡，体重也较小。一系列的研究表明，体重选育可改变采食调节机制。脑室注射去甲肾上腺素（NE）和肾上腺素（E）可增加肉鸡的采食量，但对来航鸡无此效应（Denbow，1985）。脑室注射 5-羟色胺会减少禁食状态下来航鸡的采食量，但对禁食状态下的肉鸡则无效。因此，肉鸡可能对促采食化合物更敏感，而蛋鸡对抑采食化合物更敏感。

通常选用同一品系的家禽来研究生长选育如何改变采食调节机制。禽类在 8 周龄时被分为低（LWS）或高（HWS）体重组（Siegel，1962；Rubin et al.，2010；Marquez et al.，2010）。当选育到第 55 代时，鸡在 56 日龄的体重差异达到 10 倍（图 21.2），采食量和体组成也存在类似差异，且这些个体分别具有厌食症或肥胖特征。

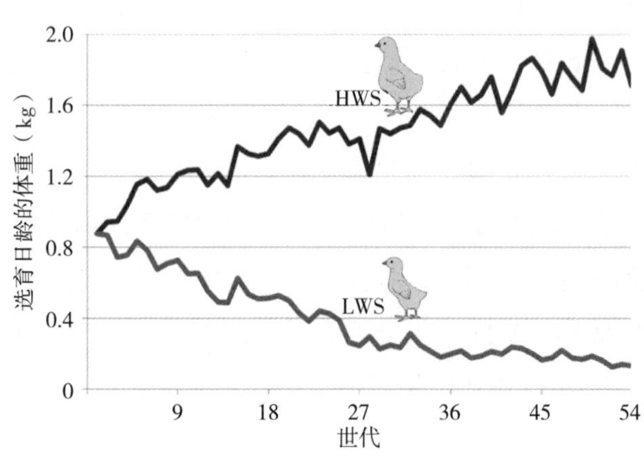

图 21.2★ 体重选育过程中 LWS 品系和 HWS 品系鸡出壳后56d 的体重

LWS 品系鸡表现出自然的厌食（Zelenka et al.，1988）和（Dunnington and Siegel，1996）性成熟延迟或停滞（Dunnington et al.，1983，1984）。HWS 品系鸡则表现为强迫性进食（Dunnington and Siegel，1984）。

Burkhart 等（1983）报道，损伤 LWS 品系鸡的中枢 VMH 区可导致非食欲过强引起的肥胖，而 HWS 品系鸡的类似损伤则无此效果。这些禽类来源于 8 周未成年体重差异选择的普通群体。VMH 区被认为与饱感有关，其功能可能会因体重选育而改变。

注射 α_1-肾上腺素能受体激动剂甲氧胺可促进 HWS 品系鸡采食，而对 LWS 品系鸡则无影响（Denbow et al.，1986）。另外，与 LWS 品系鸡相比，5-HT 对 HWS 品系鸡的厌食效应更持久。

与 Bray（1991）针对哺乳动物所提出的观点类似，Denbow（1999a）认为上述鸡的体重差异可能是由副交感神经和交感神经系统之间平衡的变化引起的。上述鸡的选育方法可能会增强自主神经系统中副交感神经的作用。LWS 品系鸡似乎比 HWS 品系鸡具有更强的交感神经系统活性（Kuo et al.，2001），这一现象支持了以上假设。

对于许多厌食性神经肽，包括 α-MSH、CRF、胰岛素、胰淀素和神经肽 AF，LWS 品系鸡比 HWS 品系鸡的有效反应剂量更低（Cline et al.，2010b）（图 21.3）。例如，CRF 可减少 LWS 和 HWS 品系鸡的采食量，但 LWS 品系鸡比 HWS 品系鸡需要的剂量更低（Cline et al.，2009b）。另外，对 HWS 品系鸡而言，CRF 诱导的厌食效应在使用 CRF 受体拮抗剂后会被削弱，但对 LWS 品

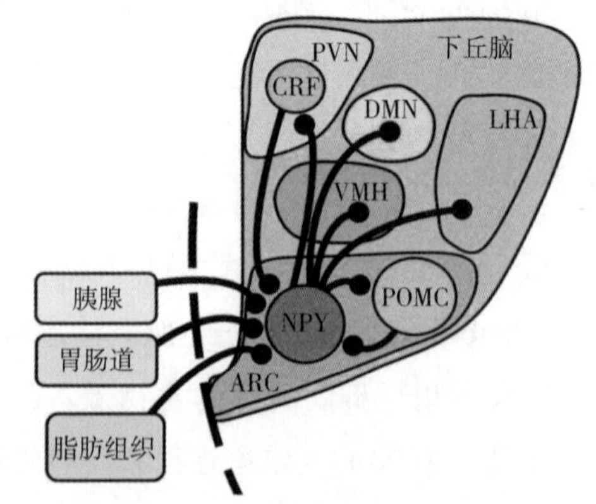

图 21.3★ 基于哺乳动物模型 ARC 的 NPY 神经元投射到下丘脑其他食欲相关核团，ARC 中 NPY 神经元和 POMC 神经元相互支配，ARC 和 PVN 中 NPY 神经元和 CRF 神经元相互支配。外周信号通过作用于 ARC 而影响采食。引自 Broberger 等（1999）；Tebbe 等（2003）；Mercer 等（2011）。

系仔鸡则无此效果。然而，对于神经肽 S、降钙素和 CGRP，HWS 品系鸡响应的剂量低于 LWS 品系鸡。HWS 品系鸡和 LWS 品系鸡对 ghrelin 和甘丙肽的反应类似。最后，LWS 品系鸡对 NPY 或 AgRP 没有反应，而使用瘦素不会减少 HWS 品系鸡的采食量。

21.7 禽类和哺乳动物之间的差异

在大多数情况下，神经递质和代谢物在禽类和哺乳动物中的作用相似（图 21.4）。但是，也有几个值得注意的差异。虽然 YY 肽和胰多肽均抑制哺乳动物采食，但却能促进禽类采食。相反，虽然 ghrelin 在哺乳动物中是一种有效的促食欲肽，但它在禽类中则表现出抑食效应。在哺乳动物中表现出促食欲的其他肽，包括黑色素聚集激素、食欲素（A 和 B）和胃动素，对鸡的采食没有影响。PrPP 可促进鸡采食，但却抑制哺乳动物采食。

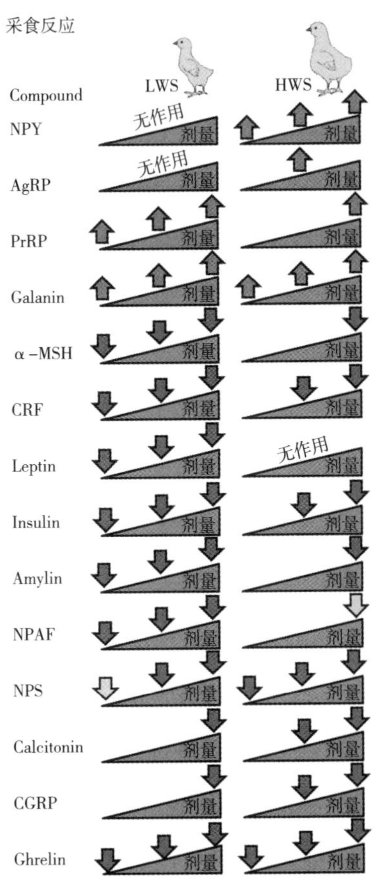

图 21.4★　LWS 和 HWS 仔鸡注射外源性神经肽对采食的调控作用汇总

三角形代表神经肽计量的增加，箭头所指的位置代表采食下降（向下的红色箭头）或者增加（向上的绿色箭头）的相对阈值，灰色箭头代表响应时间的延迟。

参考文献

（王丽娜译，王松波、朱晓彤、江青艳校）

第五篇　内分泌主题

第 22 章　内分泌系统

Colin G. Scanes

22.1 引言

激素在调控禽类繁殖、代谢及生长等生理功能方面发挥着重要作用。 激素由无管腺或内分泌腺产生，然后释放到血液中，随着血液循环作用于特定的细胞、组织或器官（即靶细胞、靶组织或靶器官）。 每种蛋白质和多肽类激素通过与细胞表面受体结合，而类固醇类激素和甲状腺激素则通过与胞质或胞核内受体结合发挥生理作用。 禽类具有与哺乳动物相似的内分泌器官：①腺垂体（在垂体章节中讨论）。 ②下丘脑-神经垂体复合体（在垂体章节中讨论）。 ③性腺（在雄性和雌性动物生殖章节中讨论）。 ④胰岛（在内分泌胰腺章节中讨论）。 ⑤肾上腺（在肾上腺章节中讨论）。 ⑥甲状腺（在甲状腺章节中讨论）。 ⑦甲状旁腺（在关于激素调节骨质流失和蛋壳钙化作用章节中讨论）。 ⑧松果体或松果腺（在松果体章节中讨论）。 ⑨后鳃体或后鳃腺（C 细胞分泌降钙素）。 在哺乳动物发育过程中发现后鳃腺，并发现甲状腺和甲状旁腺中有 C 细胞分布（在关于激素调节骨质流失和蛋壳钙化作用章节中讨论）。 ⑩肠内的内分泌细胞（在胃肠道解剖生理学章节中讨论）。

传统观点认为机体内分泌系统中的特定内分泌腺仅产生激素，其他作用很少，这种观点过于局限，其实那些激素作用的靶器官也产生激素，比如：①分泌脂联素和瘦素的脂肪组织（在脂肪组织章节中讨论）。 ②产生钠尿肽的心肌细胞。 ③产生胰岛素样生长因子-Ⅰ（IGF-Ⅰ）的肝脏。 ④产生肾素（由此产生血管紧张素Ⅰ和血管紧张素Ⅱ）、1，25-二羟胆钙化醇及促红细胞生成素的肾脏（在血液和渗透压调节章节中讨论）。

22.2 禽类的系统发育

经过多代人工选择的禽类，如在大约 1 万年前就发生了鸡驯化（Sawai et al.，2010），所以有关家禽类物种的研究成果进行外推应当谨慎。 现有的家禽与其祖先之间是存在差别的，例如，促甲状腺激素（TSH）受体基因在家养鸡的多个品系中表现出相同的突变，而在原鸡中却不存在（Rubin et al.，2010），此外，家养鸡中 *SH3RF2* 基因的大多数编码序列已缺失

（Rubin et al.，2010）。

即使没有驯化，也有人认为，无论是鸡形目禽类（如鸡、火鸡、鹌鹑），还是雁形目禽类（如鸭和鹅），都不是其他禽类的理想模型。在鸟纲（鸟类）和新鸟纲（现代鸟类，包括所有现存的物种）中，有两个分支：

（1）古颚类（包括鸸鹋、鸵鸟和美洲鸵鸟）。

（2）今颚类，由两个不同的群体组成。

a. 鸡雁小纲，由雁形目和鸡形目组成。

b. 新鸟纲（大多数现代鸟类）（见生物进化树，http：//tolweb.org；Hackett et al.，2008；Jetz et al.，2012；McCormack et al.，2013）。

这两个分支大约在1.4亿年前就已分开（Sanders and Lee，2007），而鸡雁小纲和新鸟纲大约是在9 500万年前分开的（Ericson et al.，2006）。在新鸟纲中，有三个分支：水鸟，陆鸟，第三个分支包括鸨（鸨科）、杜鹃（杜鹃科）、火烈鸟（红鹳科）、蜂鸟（蜂鸟科）、喇叭鸟（喇叭鸟科）、蕉鹃（蕉鹃科），都表现出明显的多样性。鸽子和斑鸠（鸠鸽科）在新鸟纲里形成不同的亚群（Hackett et al.，2008；McCormack et al.，2013）。

22.3 调节生理功能的肽类及其他化学信使

相同的化学物质可能通过一种或多种方式发挥作用：

（1）作为激素，由内分泌细胞分泌后，通过血液循环到达靶细胞。

（2）作为旁分泌因子，由一种细胞释放后，通过细胞外液影响另一种细胞的功能。

（3）作为自分泌因子，由一个细胞释放后，通过细胞外液影响另一个相同类型细胞的功能。

（4）作为一类细胞的胞内分泌因子，作用于其他细胞，并影响其功能。

（5）作为神经递质或神经调质，由一个神经元释放后作用于另一个神经元。

（6）作为神经肽，由一个神经元释放后，作用于邻近的其他细胞。

（7）作为神经内分泌因子，由神经元的轴突末梢释放到血液中，然后作用于其他细胞。

这些化学信使中有许多是神经肽类物质。表22.1中列举了在禽类中发现的神经肽和蛋白质——多肽类激素。这是基于鸡和斑胸草雀（*Taeniopygia guttata*）的基因组学研究获得的（Delfino et al.，2010；Xie et al.，2010）。表22.2中列举了在其他脊椎动物中发现的神经肽。

表22.1 禽类的神经肽和肽类激素

神经肽原或神经肽	基因符号	是否存在于鸡基因组中?[1]	是否存在于斑胸草雀基因组中?[2]	禽类特异之处及其他
腺苷酸环化酶激活肽1（垂体）	Adcyap1	√	√	表达［如大脑和胃肠道（GI）中］
肾上腺髓质素	AMD	√	√	在肺、肾上腺、骨骼肌和胃肠道（Zudaire et al.，2005）表达；在低血压鸡肺中表达量增加（Gomez et al.，2007）

（续）

神经肽原或神经肽	基因符号	是否存在于鸡基因组中?[1]	是否存在于斑胸草雀基因组中?[2]	禽类特异之处及其他
精氨酸血管升压素	AVP	√	√	鸟类精氨酸催产素（AVT）神经肽
促肾上腺皮质激素释放因子酰胺肽	LOC420716/CRF	√	√	
C 型钠尿肽 1	CNP1	√	√	狭义认为在鸡中表达
C 型钠尿肽 2	CNP2	√	√	
降钙素相关多肽 α（也称降钙素基因相关肽，CGRP），该基因也编码降钙素	CALCA	√	√	
可卡因和苯丙胺调节转录蛋白	CART	×	√	鸡的中枢神经系统效应（Tachibana et al.，2003）
促肾上腺皮质激素释放激素（也称皮质激素释放激素或促肾上腺皮质激素释放因子，CRF）	CRH	√	√	在下丘脑表达
胆囊收缩素	CCK	√	√	
嗜铬颗粒素 A（甲状旁腺分泌蛋白 1）	CHGA	√	√	
嗜铬颗粒素 B	CHGB	√	√	
第 12 号染色体开放阅读框 39（神经肽 Q）	C12 或 f39	√	√	
第 2 号染色体开放阅读框 40	C2 或 f40	√	√	
内皮素 1	EDN1	√	√	低血压鸡肺中表达量增加（Gomez et al.，2007）
内皮素 2	EDN2	√	√	
内皮素 3	EDN3	√	√	
卵泡刺激素 β 亚单位	FSHB	√	√	在腺垂体细胞中表达
前甘丙肽原	GAL	√	√	在中枢神经系统和胃肠道中表达
抑胃肽（GIP）	GIP	√	√	在中枢神经系统和胃肠道中表达
促胃液素释放肽（GRP）	GRP	√	√	在胃肠道和下丘脑中表达
胃饥饿素（ghrelin）或胃抑素（obestatin）前肽原	GHRL	√	√	在胃肠道和下丘脑中表达
胰高血糖素前体激素，也包括胰高血糖素样肽 1（GLP1）和 2（GLP2）	GCG	√	√	在胰腺、胃肠道和下丘脑中表达
糖蛋白激素，α 多肽	CGA	√	√	在腺垂体细胞中表达
促性腺激素释放激素（GnRH-I）（原名黄体生成素释放激素 I，LHRHI）	GnRH	√	√	在下丘脑表达，禽类第 2 个基因编码 GnRHI
生长激素	GH	√	√	在腺垂体细胞和中枢神经系统中表达 雀形目鸟类在 1 号染色体上复制 GH 基因 重复基因的表达尚未成功建立
生长激素释放激素（GHRH），也称生长激素释放素（somatoliberin）	GHRH	√	√	在下丘脑表达

（续）

神经肽原或神经肽	基因符号	是否存在于鸡基因组中?[1]	是否存在于斑胸草雀基因组中?[2]	禽类特异之处及其他
下丘脑分泌素（hypocretin）（食欲素，orexin）神经肽前体	HCRT	√	√	在中枢神经系统表达
胰岛素	INS	√	√	在胰腺表达
胰岛素样蛋白5	INSL5	×	√	
胰岛素样生长因子1	IGF1	√	√	在肝和软骨中表达
胰岛素样生长因子2	IGF2	√	√	
胰岛淀粉样多肽	IAPP	√	√	与降钙素相关多肽α功能相似，在中枢神经系统、胃肠道和胰腺中表达（Fan et al.，1994）
吻肽	KISS1	×	×	鸡卵巢中吻肽10的作用已见报道（Xiao et al.，2011）
瘦素或瘦素样肽	OB	√?	√	参见文中叙述
黄体生成素β亚单位	LHB	√	√	在腺垂体细胞中表达
8-异亮氨酸催产素-运载蛋白1	MST	√	√	相当于哺乳动物中的催产素，在中枢神经系统中表达
胃动素	MLN	√	√	在中枢神经系统和胃肠道表达
钠尿肽前体A	NPPA	√	√	
神经介素（neuromedin）B	NMB	√	√	
神经介素U	NMU	√	√	
神经肽S	NPS	√	√	
神经肽VF（促性腺激素抑制激素，GnIH）	NPVF	√	√	
神经肽W	NPW	×	√	
神经肽Y	NPY	√	√	
神经降压肽	NTS	√	√	在中枢神经系统和胃肠道表达
骨织素（osteocrin）	OSTN	√	√	
胰多肽	PPY（or PP）	√	√	在胰腺和胃肠道表达
甲状旁腺激素	PTH	√	√	在甲状旁腺表达
甲状旁腺激素样激素（也称PTH相关肽，PTHrP）	PTHLH	√	√	在发育早期胚胎的骨骼组织中表达，关于表达可参见垂体章节
垂体腺苷酸环化酶激活肽1	参见“腺苷酸环化酶激活多肽”			
血小板衍生生长因子D	PDGFD			
血小板衍生生长因子α多肽	PDGFA			
血小板衍生生长因子β多肽	PDGFB			
前孤啡肽原	PNOC			
前黑色素聚集激素（MCH）	PMCH			
强啡肽原	PDYN			
脑啡肽原	PENK			中枢神经系统
前动力蛋白2	PROK			
催乳素	PRL	√	√	腺垂体细胞
催乳素B（也称催乳素样蛋白，PLP）	PRLB	√	√	禽类和鱼类中有报道，而哺乳动物没有

（续）

神经肽原或神经肽	基因符号	是否存在于鸡基因组中?[1]	是否存在于斑胸草雀基因组中?[2]	禽类特异之处及其他
催乳素释放激素	PRH	√	√	中枢神经系统
阿黑皮质素原	POMC	√	√	中枢神经系统和腺垂体细胞
焦谷氨酰胺				
松弛素 3				
促胰液素				中枢神经系统和胃肠道
分泌粒蛋白Ⅱ（嗜铬粒蛋白 C）				
分泌粒蛋白Ⅴ（7B2 蛋白）				
生长抑素 1	SST1	√	√	中枢神经系统、胃肠道和胰腺
生长抑素 2	SST2	√	√	
速激肽（tachykinin）前体 1	TAC1	√	√	
促甲状腺激素（或促甲状腺素）β 亚单位	TSHB	√	√	腺垂体细胞
促甲状腺激素释放激素（也称甲状腺释放素）	TRH	√	√	中枢神经系统
尿皮质激素（urocortin）	UCN	√	√	
尿皮质激素 3	UCN3	√	√	
尾加压素 2	UTS2			
尾加压素 2 相关肽	UTS2D			
血管内皮生长因子 C	VEGFC			
血管活性肠肽	VIP			中枢神经系统和胃肠道

注：1　引自 Delfno 等（2010）。
　　2　引自 Xie 等（2010）。

表 22.2　目前未被证实存在于禽类的神经肽

爱帕林肽（apelin，APEL）	脑啡肽原 B（PDYN）
皮质抑素（cortistatin，CORT）[1]	YY 肽（PYY）
甘丙肽样肽（GALP）	假定肽 YY-2（PYY2）
铁调素（HEPC）	促松弛素（pro-relaxin）1（REL1）
胰岛素样蛋白 3（INSL3）	促松弛素 2（REL2）
胰岛素样蛋白 4（INSL4）	内分泌特异调节蛋白 18（RES18）
间叶素（intermedin，ADM2）	神经肽 Q（SPXN）
肿瘤转移抑制素 KISS-1（KISS-1）[2]	速激肽（tachykinin），前体 2（TKN2）
钠尿因子 B（ANFB）	速激肽，前体 3（TKN3）
神经介素 S（NMS）	速激肽，前体 4（TKN4）
神经肽 B（NPB）	耐扭蛋白（torsin family）2A（TOR2A）
神经肽 FF（NPFF）	
神经肽 S（NPS）	
前蛋白转化酶枯草杆菌蛋白酶/kexin 1 型抑制剂（PCSK1N）	

注：引自 Delfino 等（2010）。
1　皮质抑素基因在鸡自主神经元中表达（Nishi et al.，2010）。
2　KISS-10 可作用于鸡卵巢（Xiao et al.，2011）。

在脊椎动物进化过程中，有许多因基因复制导致新的化学信号肽和蛋白质或新的受体产生的例子，也有因基因缺失导致的情况。例如，催乳素样蛋白（PLP）基因是在鱼类和鸟类中发现的，而哺乳动物中未发现（Wang et al.，2010）。由此推测，该基因在鸟类的两栖类和爬行类动物祖先中保留了下来，但在哺乳动物的祖先中消失了。

基因组学研究的巨大进步促进了人类对禽类生理学的理解（在基因组学章节中详细讨论），特别是在基因水平上的多态性差异、RNA 剪接差异和翻译后的差异，包括蛋白水解激活（如阿黑皮质素原、胰高血糖素基因的翻译产物）和糖基化［如黄体生成素（LH）、卵泡刺激素（FSH）和促甲状腺激素（TSH）］。

22.4 在禽类中发现的化学信使

在哺乳动物中不存在禽类神经肽及其对应的基因。这些神经肽包括皮质醇释放因子（CRF）酰胺、C 型钠尿肽 1 前体、肾钠尿肽（Delfino et al.，2010），以及催乳素样蛋白（PLP）（Wang et al.，2010）。

22.5 非传统内分泌器官产生的激素

一个很好的例子，即一种由非传统内分泌器官产生的蛋白质被推测为激素的脂联素。脂联素在鸡的多个组织中表达，如脂肪组织（表达量最高）、肝脏（其次）、腺垂体、脑、肾和骨骼肌（Maddineni et al.，2005）。此外，这些组织也表达脂联素受体 AdipoR1 和 AdipoR2。其中 AdipoR1 在骨骼肌、脂肪组织和脑中表达量最高，在腺垂体、肾、肝、卵巢、脾中也有表达；而 AdipoR2 在脂肪组织表达量最高，骨骼肌次之，在腺垂体、脑、肾、肝、卵巢和脾中也有表达（Ramachandran et al.，2007）。由此推测，脂联素可作为一种激素和旁分泌因子发挥作用。

22.6 禽类的特性

22.6.1 鸣叫

雀形目鸟类具有独特的鸣叫能力，这种能力受到大脑的复杂调控。与雀形目鸟类鸣叫相关的基因分子进化速度很快（Warren et al.，2010）。

22.6.2 盐腺

一些禽类通过盐腺分泌高渗溶液（主要含氯化钠），使其能够在海洋环境中繁衍生息（在渗透压调节章节中详细介绍）。盐腺受激素调节，如血管紧张素Ⅱ可直接降低鸭盐腺液流量（Butler，2007），对切除肾上腺及化学阻断交感神经作用的禽类都有作用，且这种作用不依赖于肾上腺激素和儿茶酚胺类激素（Butler，2007）。另外，钠尿肽也会影响盐腺的功能

(Schütz and Gerstberger, 1990)。

22.6.3 代谢特点

野生禽类和哺乳动物之间血液中葡萄糖的浓度有显著差异，前者是后者的两倍，而体型较小的禽类和哺乳动物的体内血液中葡萄糖的浓度均高于对应的体型较大的个体 (Braun and Sweazea, 2008)(详见糖代谢和胰腺章节)。此外，除了个例，若血液中葡萄糖浓度达到一定水平，禽类也会出现糖尿病。有报道显示，用抗胰岛素血清被动免疫的鸡表现出类似糖尿病的代谢和血液变化，抗血清给药5 h后，血液中葡萄糖的浓度为 747 mg/dL (Dupont et al., 2008; Simon et al., 2012)。有趣的是，在蜂鸟进食同样浓度的葡萄糖后未观察到不良影响 (Beuchat and Chong, 1998)。鸟类在短期飞行和长途迁徙飞行中都有很高的新陈代谢需求 (详见迁徙章节)。

22.6.4 繁殖

在繁殖方面，禽类与哺乳动物有明显差异 (详见本书关于雄性和雌性生殖的章节)。这些差异包括禽类有内睾丸、产大蛋黄蛋、无妊娠、只有单侧卵巢和输卵管 (缪勒氏管)，以及独特的性行为、抱窝和父母行为 (见抱窝章节)。

22.6.5 转基因家禽展望

现今已经研究出可表达人促红细胞生成素 (hEPO) 的转基因鸡 (Koo et al., 2010)。hEPO 的表达受四环素诱导启动子控制 (Koo et al., 2010)，因此，如果存在不受控制的组成性表达，则消除了 hEPO 在鸡体内的潜在病理效应。禽类中的免疫活性促红细胞生成素已有报道 (Wickramasinghe et al., 1994)。

22.7 瘦素之谜

瘦素是哺乳动物脂肪组织中产生的一种激素。关于鸡瘦素存在与否说法不一 (Taouis et al., 1998; Sharp et al., 2008; Simon et al., 2009)。在斑胸草雀 (*T. guttata*) 中已发现一种瘦素样基因 (瘦素样基因 ID: 101233729)。

资料显示，有关哺乳动物瘦素对禽类的多种效应的描述完全一致。Liu 等已从 cDNA 特点分析了鸡瘦素的短型受体 (Liu et al., 2007)。瘦素受体存在于多种组织，包括脑和肝脏 (Liu et al., 2007)，且在多个组织中观察到有免疫活性的 180 ku 蛋白 (Ohkubo et al., 2007)。瘦素受体在鸡的腺垂体和基底细胞中表达 (Liu and Sharp, 2007)，在火鸡 (Richards and Poch, 2003) 和鹅 (Wang et al., 2011) 中也有表达。瘦素受体在火鸡和鹅的大脑、肺和脾脏中表达，在脂肪组织、十二指肠、肝脏、胰腺和骨骼肌中也有表达 (Richards and Poch, 2003; Wang et al., 2011)。油酸可以增加体外脂肪组织瘦素受体的表达 (Wang et al., 2011)。据报道，将哺乳动物瘦素注射到鸡胚蛋白中，可提高鸡胚孵化后的生长率和血液中甲状腺激素 (T_3) 的浓度，增加生长激素受体和 IGF1 mRNA 在肝脏中的表达 (Li et al.,

2011）。体外哺乳动物瘦素可提高鸡胚肝细胞中脱碘酶的表达和活性（Li et al.，2011）。注射哺乳动物瘦素后使越冬白喉带鹀的食物摄入和脂肪量都减少（Cerasale et al.，2011）。已从斑胸草雀中鉴定出瘦素受体（LEPR）基因（瘦素受体基因 ID：100229897）。

参考文献

（程美玲译，胡建民校）

第23章 垂 体

Colin G. Scanes

23.1 引言

垂体（脑下垂体）在解剖结构和功能上与下丘脑紧密相连。下丘脑-垂体复合体结构如图 23.1 所示。垂体结构复杂，是由两种截然不同的结构组成：腺垂体（位于蝶鞍骨的凹陷处）和神经垂体（通过漏斗部与大脑底部相连），二者胚胎起源不同，发育过程各异。其中腺垂体是由拉特克囊（Rathke's pouch，可能来自口腔顶部的外胚层）衍生而来，而神经垂体则是来自漏斗部（脑的衍生物）。哺乳动物的腺垂体继续形成远侧部（属于腺垂体）、中间部和结节部，但禽类没有中间部，其胚胎期的腺垂体继续形成远侧部（或腺垂体）和结节部；神经垂体形成神经部、漏斗柄和正中隆起。

23.2 下丘脑-垂体复合体的解剖结构

23.2.1 腺垂体或远侧部

23.2.1.1 引言

禽类远侧部由两种不同的裂叶组成：头叶和尾叶。头叶是由拉特克囊前壁的上层、中层及部分后壁的一部分发育而来的（Sasaki et al.，2003）。尾叶是由拉特克囊后壁和其前壁下层形成的（Sasaki et al.，2003）。腺垂体由分泌细胞、滤泡星状细胞、胞外胶质及纤维组成（Mohanty et al.，2006）。

23.2.1.2 分泌细胞

禽类腺垂体含有大量的分泌细胞，包括分泌促肾上腺皮质激素（ACTH）的促肾上腺皮质激素分泌细胞、分泌黄体生成素（LH）或卵泡刺激素（FSH）的促性腺激素分泌细胞、分泌催乳素（PRL）的催乳素分泌细胞、分泌生长激素（GH）的生长激素分泌细胞、分泌促甲状腺激素（TSH）的促甲状腺激素分泌细胞（表 23.1）。此外，还有产生生长激素和催乳素的生长激素分泌细胞和共表达蛋白、原阿黑皮素（POMC）及 LH、FSH 和 TSHα 亚基的细胞（如鸡，

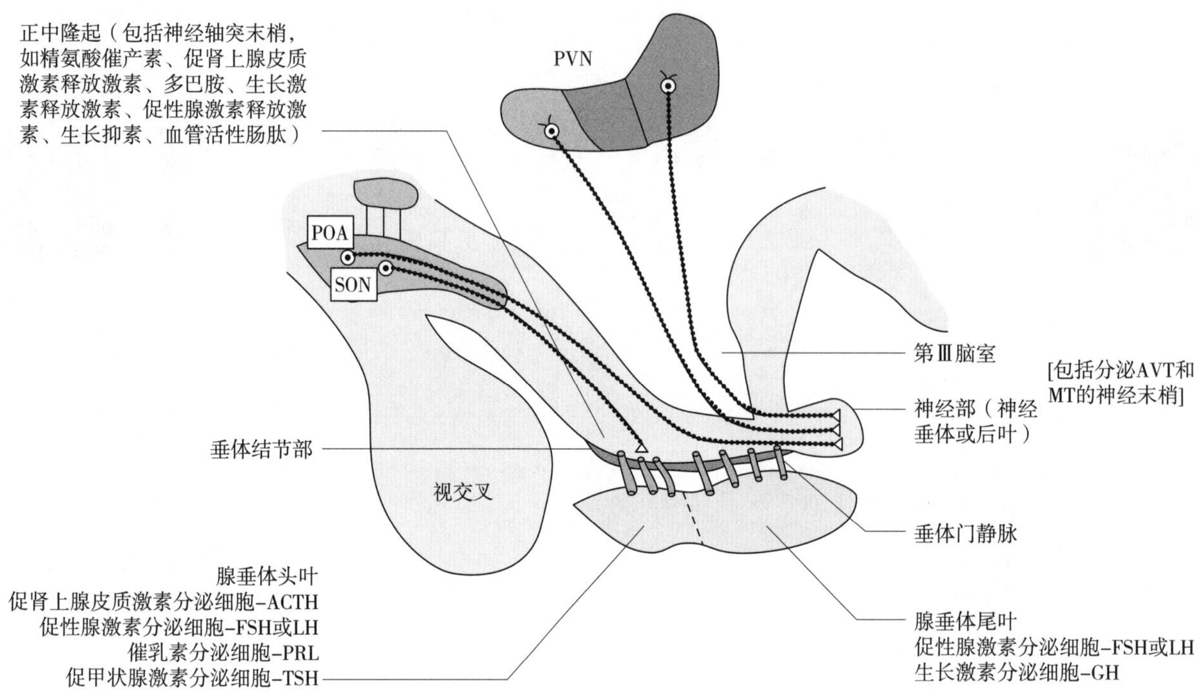

图 23.1★　禽类下丘脑和垂体的结构

深绿色：结节部；浅蓝色：下丘脑中的神经组织；浅绿色：远侧部或腺垂体组织；红色：垂体门脉血管，携带有从正中隆起处神经末梢分泌来的可以刺激或者抑制腺垂体激素释放的激素（神经分泌细胞的胞体位于下丘脑内，其轴突末梢终止于正中隆起或神经垂体）；AVT，精氨酸催产素；MT，8-异亮氨酸催产素；POA，视前区；PVN，室旁核；SON，视上核。

Pals et al.，2006）。

表 23.1　垂体激素的化学概述

垂体激素	别名（IUPAC/IUB）	化学性质
腺垂体激素		
促肾上腺皮质激素（ACTH）	Corticotropin	先合成蛋白质（阿片-促黑素细胞皮质素原，或称阿黑皮素原（POMC）），然后经蛋白酶水解成多肽（ACTH）
卵泡刺激素（FSH）	Follitropin	两种糖蛋白亚基：常见于 FSH、LH 和 TSH 的 α 亚基，β 特异性亚基
黄体生成素（LH）	Lutropin	两个糖蛋白亚基：常见于 FSH、LH 和 TSH 的 α 亚基、β 特异性亚基
生长激素（GH）	Somatotropin	蛋白质类
催乳素（PRL）	Lactotropin	蛋白质类
促甲状腺激素（TSH）	Thyrotropin	两个糖蛋白亚基：常见于 FSH、LH 和 TSH 的 α 亚基、β 特异性亚基
神经垂体激素		
精氨酸催产素（AVT）	Arginine vasotocin	合成蛋白质后，经蛋白酶水解为带有 9 个氨基酸残基的肽类
8-异亮氨酸催产素（MT）	Mesotocin	合成蛋白质后，经蛋白酶水解为带有 9 个氨基酸残基的肽类

垂体的远侧部有充足的血液供应，包括垂体门脉系统。垂体门脉系统是联络正中隆起处神经垂体和腺垂体的纽带。实际上，来自正中隆起的释放激素（或下丘脑-神经垂体激素）可经由门脉血管调节腺垂体（图 23.1，表 23.2）。

表 23.2　禽类下丘脑中存在的释放激素和释放抑制激素（释放因子及神经肽）概况

腺垂体激素	释放激素	释放抑制激素
促肾上腺皮质激素（ACTH）	促肾上腺皮质激素释放激素（CRH） 精氨酸催产素（AVT）	—
卵泡刺激素（FSH）	促性腺激素释放激素Ⅰ和Ⅱ（GnRH Ⅰ和Ⅱ）	促性腺激素释放抑制激素（GnIH）
黄体生成素（LH）	促性腺激素释放激素Ⅰ和Ⅱ（GnRH Ⅰ和Ⅱ）	促性腺激素释放抑制激素（GnIH）
生长激素（GH）	生长激素释放激素（GHRH） 促甲状腺激素释放激素（TRH） 胃饥饿素 垂体腺苷酸环化酶激活肽（PACAP） 瘦素	生长激素释放抑制因子（即生长抑素，SS 或 SRIF）
催乳素（PRL）	血管活性肠肽（VIP） 催乳激素释放肽（PrRP） 精氨酸催产素（AVT）? 促甲状腺激素释放激素（TRH）? 组-异亮肽（PHI）?	多巴胺?
促甲状腺激素（TSH）	促甲状腺激素释放激素（TRH） 促肾上腺皮质激素释放激素（CRH）	生长抑素（SS）?

23.2.1.3　滤泡星状细胞

腺垂体含有滤泡星状细胞，和神经垂体一样，这些细胞都起源于神经外胚层。禽类中已发现含有 S-100 蛋白免疫原性的无颗粒细胞（Harrisson et al.，1982；Van Nassauw et al.，1987；Harrisson，1989）。滤泡星状细胞可能通过自分泌和旁分泌的方式参与邻近内分泌细胞的激素分泌，调控免疫与内分泌的相互作用。已有证据表明，禽类的滤泡星状细胞可影响促甲状腺激素分泌细胞的分泌活动（Harrisson et al.，1982），因为这些细胞表达 TSH 受体（Grommen et al.，2009）；还可以参与大肠杆菌激发的垂体应答反应（Fernandez et al.，1986）。滤泡星状细胞这些作用或许是通过缝隙连接或释放神经调质来实现的。相对来说，对禽类滤泡星状细胞的关注较少。据推测，滤泡星状细胞可能通过旁分泌的方式影响腺垂体的分泌细胞，可能以短反馈的途径影响促甲状腺激素分泌细胞的功能。

23.2.2　结节部

垂体结节部是由位于正中隆起腹侧面的垂体细胞组成，由拉特克囊（Rathke's pouch）衍生而来，特别是上前部（Sasaki et al.，2003）。在鸡胚孵化的第 8～14 天，结节部沿着正中隆起发育（Kameda et al.，2000），包括以下几种类型的细胞：①结节部特异性分泌细胞。②存在于结节部的远侧部细胞，包括促性腺激素分泌细胞、促肾上腺皮质激素分泌细胞、生长激素分泌细胞和催乳素分泌细胞（Mohanty et al.，1997）。③滤泡星状细胞（Yasuo and Korf，2011）。④多功能巨噬细胞（Sano and Murabe，1980）。

结节部以逆行的方式与正中隆起相通，以顺行的方式与远侧部联系。发育过程中，结节部内 LH、FSH 和 TSH 的 α 亚基会出现高表达（Kameda et al.，2000）。此外，鸡体内的大多数细胞都与 LH 和嗜铬粒蛋白 A 的免疫原性有关（Kameda et al.，1998）。在结节部峡部细胞的胞核中发现孕酮受体（Gasc and Baulieu，1988）。

23.2.3 神经垂体或神经部

神经垂体由神经分泌型轴突末梢形成，可释放精氨酸催产素（AVT）和8-异亮氨酸催产素（MT）（表23.1），这些激素都是在下丘脑神经元胞体的胞核中合成的，并经轴突运送到神经部。

23.3 促性腺激素

23.3.1 结构

禽类LH和FSH是分子质量为30 ku的糖蛋白（Burke et al.，1979a），二者均由两个糖蛋白亚基组成，即常见于LH、FSH和TSH的α亚基和激素特有的β亚基（表23.1），这两个亚基都是生物活性所必需的（Burke et al.，1979b）。其中α亚基及LH和FSH的β亚基的氨基酸序列已经从cDNA的核酸序列推导出来［α亚基：鸡（chicken）：Foster et al.，1991；家鸭（domestic duck）和番鸭（muscovy duck）：Hsieh et al.，2001；LHβ亚基：鸡：Noce et al.，1989；日本鹌鹑（Japanese quail）：Ando and Ishii，1994；火鸡：You et al.，1995；FSHβ亚基：日本鹌鹑：Kikuchi et al.，1998；鸡：Shen and Yu，2002；日本朱鹮（Japanese crested ibis）：Kawasaki et al.，2003］。

23.3.2 作用

关于雌性和雄性动物生殖调控更详尽的论述请参阅第25章。

23.3.2.1 LH对雌性动物的作用

23.3.2.1.1 排卵

LH的主要作用是诱导排卵。注射LH后会导致过早排卵（Imai，1973）。给予LH后会使成熟卵泡出现一系列变化：生发泡的破裂、卵母细胞表面和颗粒层之间的连接出现解离、卵周隙开始发育、第一和第二成熟纺锤体的形成（Yoshimura et al.，1993）。在卵泡发育过程中，发生纤溶酶原激活物等蛋白酶的重塑。LH会降低最大（F1级）卵泡颗粒细胞中和细胞相关的纤溶酶原激活物的分泌（Tilly and Johnson，1987，1988a，b）。

23.3.2.1.2 类固醇合成

哺乳动物的LH可以增加在体母鸡卵巢中孕酮和睾酮的分泌量（Shahabi et al.，1975），刺激体外F1级卵泡颗粒细胞分泌孕酮和雄烯二酮（Tilly and Johnson，1987，1988a，b）。LH还可以刺激F2级卵泡膜细胞分泌雄烯二酮（Tilly and Johnson，1989），刺激小卵泡的卵泡膜细胞（6～8 mm）分泌孕酮、脱氢表雄酮（DHEA）、睾酮和雌二醇（Kowalski et al.，1991；Tilly et al.，1991a）。

23.3.2.1.3 卵巢多肽和蛋白质生长因子与激素的产生

LH影响卵巢内生长因子和激素的产生。例如，LH可降低鸡F1或F3和F4级卵泡颗粒细胞中抑制素α亚基的表达（Davis et al.，1999）。LH会导致排卵前和排卵后卵泡颗粒细胞中结缔组织生长因子（CTGF）表达量分别出现降低和升高的现象（Zhu et al.，2012）。

23.3.2.1.4　卵泡发育

在胚胎发育过程中，LH 增加卵泡数及卵母细胞和卵原细胞的比例，同时抑制卵原细胞的有丝分裂（González-Morán et al.，2007）。体外培养鸡胚卵巢发现，减数分裂前标记物 Stra8 和减数分裂标记物 Scp3 的表达量增加，表明 LH 可刺激生殖细胞进入减数分裂（He et al.，2013）。

23.3.2.2　FSH 对雌性动物的作用

23.3.2.2.1　类固醇合成

FSH 影响未成熟卵黄卵泡和小黄卵泡中类固醇的生成，但不包括大的成熟卵泡（F1）。FSH 还可刺激中级卵泡（如 F5 或第五大卵泡）颗粒层孕酮的分泌（Calvo and Bahr，1983）。此外，FSH 显著增加小卵泡（6～8 mm 和 9～12 mm）的卵泡膜细胞孕酮、雄烯二酮和雌二醇的合成（Kowalski et al.，1991）。FSH 刺激小卵泡颗粒细胞的成熟，使它们获得对 LH、FSH 及环一磷酸腺苷（cAMP）反应的能力，从而增加孕酮的生成（Tilly et al.，1991b），这些至少部分源于 P450 侧链裂解酶 mRNA 的诱导（Li and Johnson，1993）。

23.3.2.2.2　增殖和重塑

FSH 既可以增加切除垂体的鸡胚中卵巢细胞的增殖（Sánchez-Bringas et al.，2006），也可以增加完整胚胎卵巢表面上皮细胞的增殖（Méndez et al.，2003）。此外，FSH 还可以刺激来自 F1 和F5～F6 小黄卵泡的颗粒细胞的增殖（McElroy et al.，2004）。研究发现，在胚胎发育过程中，减数分裂前标记物 Stra8 和减数分裂标记蛋白 Scp3 的表达量降低，表明 FSH 可抑制生殖细胞进入减数分裂（He et al.，2013）。

FSH 可以增加颗粒细胞中闭合蛋白（一种紧密连接中的重要蛋白）的表达（鸡：Schuster et al.，2004）。因此，FSH 可促进卵母细胞快速发育和卵黄沉积。此外，FSH 在激活素存在下可诱导颗粒细胞特异性分化标志物的生成，包括透明带蛋白 C（鸡：Schierer et al.，2003）。

23.3.2.2.3　肽及蛋白质生长因子和激素

FSH 影响卵巢内生长因子和激素的生成。例如，FSH 增加 F1 及 F4～F5 级卵泡、小黄卵泡和大白卵泡颗粒细胞中的抑制素 α 亚基和抑制素蛋白的表达（鸡：Davis et al.，1999，2001）。FSH 还会抑制排卵前卵巢颗粒细胞中结缔组织生长因子（CTGF）的表达，但提高鸡排卵后卵泡 CTGF 的表达（Zhu et al.，2012）。

机制　FSH 的信号转导机制涉及腺苷酸环化酶的激活和 cAMP 的增加（Calvo and Bahr，1983；Kowalski et al.，1991）。

23.3.2.3　LH 对雄性动物的作用

与哺乳动物一样，LH 主要作用于睾丸间质细胞，刺激其分化并产生睾酮。给切除垂体的日本鹌鹑注射 LH，发现其睾丸中成熟间质细胞数大大增加，并且间质中成纤维细胞和移行细胞的数量减少（Brown et al.，1975）。在日本鹌鹑中，LH 还可升高血浆睾酮的浓度（Maung and Follett，1978），并增加体外睾酮的合成（Maung and Follett，1977）。

23.3.2.4　FSH 对雄性动物的作用

FSH 的主要作用是刺激精子产生。给切除垂体的鹌鹑注射 FSH 时发现，伴随睾丸支持细胞分化和精子产生，睾丸体积增大 8.8 倍、生精小管直径增加 2.1 倍（Brown et al.，

1975）。FSH 还可促进鸡胚中生精小管细胞的增殖（Méndez et al.，2003）。FSH 在体外可促进鸡睾丸支持细胞的增殖及其抑制素的分泌（Guibert et al.，2011），对家禽睾丸中睾酮的产生作用甚小（Maung and Follett，1978），但可上调其受体（Tsuisui and Ishii，1980）。

23.3.2.5 FSH 的其他作用

FSH 一个意想不到的作用就是对脂质代谢的影响。FSH 可增加体内脂肪含量，并影响脂质代谢，如相关酶体外表达的变化（鸡：Cui et al.，2012）。通过观察 FSH 受体（FSHR）在禽脂肪组织中的表达（鸡：Cui et al.，2012），可以证明 FSH 的作用具有特异性。

23.3.2.6 鸡 LH 受体与信号转导

已证实存在鸡 LH 受体（LHR）（Johnson et al.，1996），其表达受外周和卵巢激素及生长因子的影响。睾酮、LH、激活素和 BMP6 可使 F1 卵泡颗粒细胞中 LHR 的表达增加（Johnson et al.，2006；Al-Musawi et al.，2007；Rangel et al.，2009）。这些效应可能在排卵前 LH 和孕酮的增加方面起关键作用。激活素还会增加大卵泡（F1、F3、F4）和小黄卵泡颗粒细胞中 LHR 的表达（Johnson et al.，2006）。大豆异黄酮会增加鸡 F1 卵泡中 LHR 的表达（Liu and Zhang，2008）。

LH 作用于卵泡膜细胞的信号转导作用是通过腺苷酸环化酶和 cAMP 完成的（Tilly and Johnson，1989）。而在颗粒细胞中，LH 则是通过腺苷酸环化酶和 cAMP（Johnson and Tilly，1988）及随后的钙动员发挥作用（Asem et al.，1987；Tilly and Johnson，1988a，b）。

23.3.2.7 FSHR 与信号转导

鸡 FSHR 的 cDNA 已确定（Wakabayashi et al.，1997）。FSHR 的表达受 FSH、卵巢内生长因子和基因组变异的影响。FSH 可上调未分化的颗粒细胞中 FSHR 的表达（Woods and Johnson，2005）。激活素会增加来自大卵泡（F1、F3、F4）和小黄卵泡颗粒细胞中 FSHR 的表达（Johnson et al.，2006）。骨形态发生蛋白-2（BMP2）可降低未分化颗粒细胞 FSHR 的表达（Haugen and Johnson，2010）。BMP6 可增加大黄卵泡（F1、F2 和 F3/F4）颗粒细胞中 FSHR 的表达；卵泡膜细胞产生骨形态发生蛋白（BMPs），包括 BMP6（Al Musawi et al.，2007）。FSHR 基因的多态性影响 FSHR 的表达（Li et al.，2011）。

FSH 可激活鸡睾丸支持细胞中 cAMP-蛋白激酶 A、磷脂酰肌醇 3-激酶-Akt（蛋白激酶 B）和丝裂原活化蛋白激酶途径（Guibert et al.，2011），但对脂肪组织的影响则是由过氧化物酶体增殖物激活受体（PPAR）信号介导的（鸡：Cui et al.，2012）。

23.3.3 促性腺激素释放的调控

23.3.3.1 引言

基于去传入和损伤感觉神经的研究发现，LH 和 FSH 的释放主要由下丘脑控制（Davies and Follett，1980）。LH 的释放受促性腺激素释放激素-1 和促性腺激素释放激素-2（GnRH1 和 GnRH2）的控制（表 23.2）。FSH 的释放是否受 GnRH1 或 GnRH2 的影响尚不清楚。促性腺激素释放抑制激素（GnIH）对 LH 和 FSH 均有抑制作用。

23.3.3.2 促性腺激素释放激素

23.3.3.2.1 化学

禽类下丘脑有两种 GnRH 肽，分别由 GnRH1 和 GnRH2 的基因编码（Dunn et al.，

1993；Ikemoto and Park，2006）：

鸡 GnRH1（cGnRH1）

pGlu-His-Trp-Ser-Tyr-Gly-Leu-Gln-Pro-Gly-NH_2（King and Millar，1982）

鸡 GnRH2（cGnRH2）

pGlu-His-Trp-Ser-His-Gly-Trp-Tyr-Pro-Gly-NH_2（Miyamoto et al.，1984）

其他鸟类与此类似（鸵鸟：Powell et al.，1987）。椋鸟 GnRH1 的 cDNA 已确定（Ubaka et al.，2009）。椋鸟和鸡的 GnRH1 前体之间同源性为 58%（Ubaka et al.，2009）。

cGnRH2 在刺激体外（鸡：Chou et al.，1985；Millar et al.，1986）和体内（鸡：Wilson et al.，1989；Proudman et al.，2006）LH 释放方面比 cGnRH1 更有效。相比 LH，给予禽类 GnRH1 或 GnRH2 引起的 FSH 释放量更少（Hattori et al.，1986）或者无效（Scanes et al.，1977；Krishnan et al.，1993；Proudman et al.，2006）。禽类 FSH 的释放激素的特性仍不清楚。cGnRH1 和 cGnRH2 的作用是由 cAMP 和磷酸肌醇介导的（Bonney and Cunningham，1977；Joseph et al.，2009）。

23.3.3.2.2　cGnRH 释放的调控

神经轴突末梢接受刺激，释放 cGnRH1 和 cGnRH2。神经递质和神经肽既可促进其释放，也可抑制其释放，其中起促进作用的有作用于 α_1-肾上腺素能受体的去甲肾上腺素（Knight et al.，1982；Millam et al.，1984）和神经肽 Y（Fraley and Kuenzel，1992；Contijoch et al.，1993a），起抑制作用的有多巴胺（Knight et al.，1982；Contijoch et al.，1992）、β 内啡肽（Contijoch et al.，1993b）和 GnIH。

23.3.3.2.3　下丘脑 GnRH 含量的变化

下丘脑 GnRH1 的免疫反应性和/或表达的变化与 GnRH1 在禽类生殖调控中的作用一致。cGnRH1 在火鸡下丘脑中的含量随其生理状态的变化而变化（Rozenboim et al.，1993）。与对照组相比，光刺激作用后蛋鸡 GnRH1 水平更高（Rozenboim et al.，1993）。通过光刺激火鸡，可以使苍白球核中的 GnRH1 激活（c-fos 表达），并使前乳头状核中的多巴胺神经元兴奋（Thayananuphat et al.，2007）。在雌鸡孵化（Dunn et al.，1996）和雄性雏鸡接受雌二醇处理（Dunn and Sharp，1999）时，下丘脑中 GnRH1 的表达量下降。光刺激的椋鸟下丘脑视前区神经元中有 GnRH1 表达和 GnRH1 肽的共同定位，但在光抗性椋鸟中未发现（Ubaka et al.，2009）。相反，光刺激短日照鸡可增加其 LH 的分泌，但不影响 GnRH1 的表达（Dunn and Sharp，1999）。

GnRH2 免疫反应性和/或在下丘脑表达的变化证实，其在控制禽类繁殖方面发挥重要作用。光刺激可使 GnRH2 含量增加；产蛋鸡的 GnRH2 含量较高，但在孵化和光抗性火鸡中 GnRH2 含量减少（Rozenboim et al.，1993）。与非繁殖期相比，斑胸草雀繁殖期会出现更多和更大的 GnRH2 神经元（Perfito et al.，2011）。鸡胚发育过程中，脑中 cGnRH1 和 cGnRH2 的含量会发生变化，但两者的变化并不一致（Millam et al.，1993）。

GnRH 免疫原性不仅存在于下丘脑神经元中，也存在于下丘脑内侧区域的肥大细胞中，这些肥大细胞的数量和分布取决于求偶行为后随之发生的生殖行为（Silver et al.，1992；Zhung et al.，1993）。

23.3.3.2.4 GnRH 受体

禽类有两种 GnRH 受体亚型：GnRH-R1 和 GnRH-R3。对于这两种受体类型，鸡的 GnRH2 比 GnRH1 具有更高的亲和力，并且在促进磷酸肌醇生成方面更有效（Joseph et al.，2009）。在鸡垂体中，cGnRH-R3 比 cGnRH-R1 表达量高很多（Joseph et al.，2009），并且在性成熟的禽类中有更高的表达（McFarlane et al.，2011）。除垂体中存在 cGnRH-R1 的表达，在正中隆起、小肠和睾丸中也有一些表达（Joseph et al.，2009）。一些报道称在正中隆起和小肠中发现 cGnRH-R3 的表达，但表达量很低（Joseph et al.，2009）。

23.3.3.3 促性腺激素释放抑制激素

23.3.3.3.1 化学

Tsutsui 等从鹌鹑脑中分离到一种新的神经肽，由 12 个氨基酸残基构成，可抑制鹌鹑体内 LH 的释放，因此被命名为促性腺激素释放抑制激素（GnIH）（Tsutsui et al.，2000）。禽类 GnIH 及其前体结构已见报道［鹌鹑：Tsutsui et al.，2000；Satake et al.，2001；鸡：Ikemoto and Park，2005；白冠带鹀（white-crowned sparrow）：Osugi et al.，2004］。脊椎动物中发现的第一个 RF 酰胺肽是鸡的 LPLRF-NH_2（Dock-ray et al.，1983），它与 GnIH 的 C 末端 5-氨基酸残基相同（在本章中将进一步讨论）。神经肽 VF 前体（NPVF）基因还编码 GnIH 相关肽-1（GnIH-RP1）和 GnIH 相关肽-2（GnIH-RP2），每个都具有 LPXRF 酰胺（X=L 或 Q）结构。从三种禽类获得的 GnIH 分别为：鹌鹑：SIKPSAYLPLRF-NH_2，鸡：SIRPSAYLPLRF-NH_2，麻雀：SIKPFSNLPLRF-NH_2。

23.3.3.3.2 GnIH 的作用

GnIH 影响促性腺激素 FSH 和 LH 的生成，其受体（GnIHR）与表达 LH 和 FSH 的细胞共定位（Maddineni et al.，2008），对 LH 的合成和释放都有一定的抑制作用，例如，GnIH 降低阉割和 GnRH1 刺激后鸣禽血液中 LH 的浓度（白冠带鹀：Osugi et al.，2004）。此外，GnIH 可降低日本鹌鹑中常见的 α 亚基和 LH β 亚基的垂体表达，以及血液中 LH 和睾酮的浓度（Ubuka et al.，2006），降低体外 α 亚基和 FSHβ 亚基的表达（鸡：Ciccone et al.，2004；Maddineni et al.，2008）。

23.3.3.3.3 下丘脑的 GnIH

GnIH 不仅作用于垂体，也通过影响下丘脑 GnRH1 和 GnRH2 神经元抑制促性腺激素的释放。据报道，下丘脑中 GnRH1 和 GnRH2 神经元可表达 GnIH 受体（Ubuka et al.，2008）。还有证据表明，GnIH 在控制生殖方面并不总起关键作用。例如，注射脂多糖模拟急性感染，可以减少斑胸草雀下丘脑中含有免疫反应性 GnRH 的神经元数量，但表达 GnIH 的数量不变（Lopes et al.，2012）。而繁殖期和非繁殖期斑胸草雀的 GnRH1 和 GnIH 神经元没有出现差异（Perfito et al.，2011）。

鸡 GnIH 的下丘脑表达受生殖状态影响，且孵育过程中较产蛋时受影响更大（Ciccone et al.，2004）。此外，松果体与下丘脑之间存在着交互作用，褪黑素可以增加下丘脑外植体 GnIH 的释放量（Chowdhury et al.，2010）。

23.3.3.3.4 受体

GnIHR 的 cDNA 序列已确定（鸡：Ikemoto and Park，2005），属于 RF-酰胺相关肽

（RFRP）类受体。雌激素和孕酮共同作用可以降低腺垂体 GnIHR 的表达量（Maddineni et al.，2008）。

23.3.3.4 其他激素和 LH 的释放

催乳素可直接作用于促性腺激素分泌细胞，使其分泌 LH，还可抑制体外火鸡腺垂体细胞的 LH 释放（火鸡：You et al.，1995）。

23.3.3.5 正反馈与负反馈

禽类性激素可通过直接作用于腺垂体或者改变下丘脑释放激素的释放，影响促性腺激素的合成与释放，这主要是一种抑制性调控。性腺切除可以导致血液中 LH 与 FSH 的浓度大量增加（日本鹌鹑：Davies et al.，1980）。雄激素对 LH 分泌的抑制作用是通过雄激素和雌激素受体介导的（鹌鹑：Davies et al.，1980），或者主要由雌激素受体介导（鸡：Fennell et al.，1990）。

在雌性动物中，雌二醇对 LH 的分泌具有负反馈作用，孕酮可以刺激或者抑制 LH 的释放，这取决于禽类的状态。孕酮会引起排卵前母鸡 LH 含量的激增。在卵巢切除的家禽中，单次注射孕酮或者雌二醇可以降低血浆 LH 的浓度（Wilson and Sharp，1976a，b）。孕酮对正常母鸡或者预先用孕酮和雌二醇处理的卵巢切除母鸡的 LH 释放具有正反馈作用（Wilson and Sharp，1976a，b）。在鸡下丘脑中存在孕酮受体，给予雌二醇后，免疫反应性增强（Gasc and Baulieu，1988）。雌激素还诱导促性腺激素细胞（分泌 LH 的细胞）中孕酮受体的表达（Gasc and Baulieu，1988）。

23.3.3.6 生殖周期

23.3.3.6.1 季节性繁殖

增加日照可使温带地区禽类 LH 与 FSH 的分泌量增多（日本鹌鹑：Follett and Maung，1978；Henare et al.，2011；椋鸟：Dawson et al.，1985），这有利于其在最有利的季节进行繁殖，只需一日就可以刺激 LH 和 FSH 的释放（日本鹌鹑：Follett et al.，1977）。关于腺垂体结节部在这方面的作用将在 23.9.1 进行讨论。

温度是影响繁殖周期的另一个环境因素。低温会减弱光周期对繁殖的诱导作用（Wingfield et al.，2003），而温度升高则延长繁殖周期［大山雀（great tits）：Schaper et al.，2012］。水分的有效利用能够增强北美歌雀（song sparrows）的光周期反应（Wingfield et al.，2012）。在低纬度地区，补充环境线索的重要性变得越来越重要（Silverin et al.，2008）。

23.3.3.6.2 排卵周期

在排卵前 4～6 h，血浆 LH 浓度激增（鸡：Furr et al.，1973）（图 23.2A），这种现象在火鸡也有报道，但不是在排卵期，而是在排卵前期（Liu et al.，2001）。LH 的大量增多是由雌激素启动作用下的孕酮引起的（Wilson and Sharp，1976a，b）。在排卵周期中，鸡腺垂体 GnRHR 的表达量增加（Lovell et al.，2005）（图 23.2B）。此外，在雌二醇存在下，用孕酮处理未成熟母鸡，GnIH 的表达量显著降低。在母鸡排卵周期中，血液中 FSH 的浓度变化不大（Scanes et al.，1977；Krishnan et al.，1993；Lovell et al.，2005）。

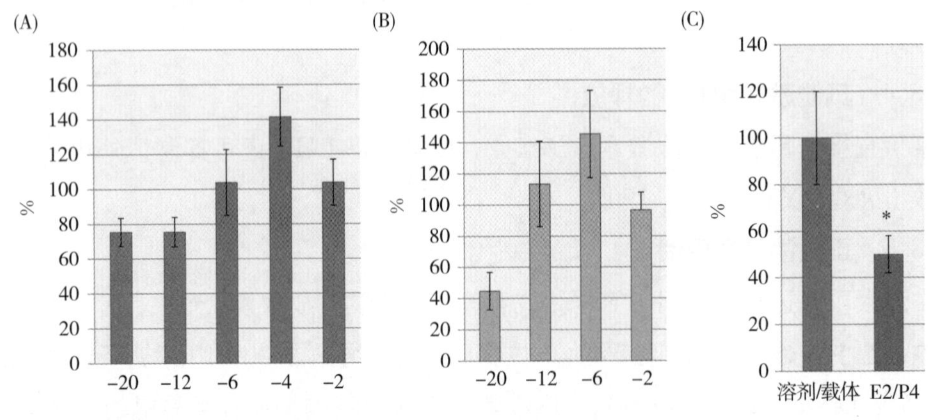

图 23.2★ 鸡排卵周期中 LH 的变化

（A）排卵期血中 LH 的浓度。（B）排卵周期中垂体 GnRH 受体的表达情况，数据引自 Lovell 等（2005）。（C）雌二醇（E_2）和孕酮（P_4）对性成熟前母鸡体内腺垂体 GnIH 受体表达的影响。引自 Maddineni 等（2008）。

23.3.4 促性腺激素亚基的表达调控

23.3.4.1 LH-FSH-TSHα 亚基的表达调控

常见于 LH-FSH-TSH α 亚基的表达随着生理状态的变化而变化，但目前尚不清楚这些变化是否与特定的细胞类型有关。饥饿会使日本鹌鹑 LH-FSH-TSH 的 α 亚基表达量下降（Kobayashi et al.，2002）。增加限饲母鸡的采食量会使 α 亚基的表达量增加（Ciccone et al.，2007）。由此表明，在 α 亚基表达过程中存在负反馈作用，因为卵巢切除后，鸡 α 亚基表达量升高，而这种作用可被雌二醇替代逆转（Terada et al.，1997）。GnIH 可降低日本鹌鹑垂体 α 亚基的表达（Ubuka et al.，2006）。

23.3.4.2 LHβ 亚基的表达调控

LHβ 亚基的表达受发育阶段和下丘脑及卵巢激素的影响。早在胚胎发育的第 11 天，LHβ 亚基就开始表达（Grzegorzewska et al.，2009）。GnRH1 可增加体外 LHβ 亚基的表达（火鸡：You et al.，1995）。饥饿可减少 LHβ 亚基的表达（日本鹌鹑：Kobayashi et al.，2002），这可能是 GnRH1 或者 GnRH2 的刺激作用减弱，或者两者同时减弱，GnIH 降低了腺垂体 LHβ 亚基的表达量（日本鹌鹑：Ubuka et al.，2006）。卵巢激素，如雌二醇，也可以通过反馈作用降低 LHβ 亚基的表达量（Terada et al.，1997）。催乳素可降低体外火鸡垂体细胞 LHβ 亚基的表达量（You et al.，1995）。通过 PPAR 信号通路，前列腺素 D2（PGD2）或 PGJ2、前列腺素-D 合成酶的下游代谢物可以促进母鸡腺垂体细胞 LHβ 亚基的表达（Chen et al.，2010）。

23.3.4.3 FSHβ 亚基的表达调控

在性腺激素的反馈作用下，FSHβ 亚基的表达随发育阶段而变化，应该是受到下丘脑的影响。早在 11 d 时，鸡胚腺垂体就可以表达 FSHβ 亚基（Grzegorzewska et al.，2009）。抑制素对禽类 FSHβ 亚基表达具有负反馈效应。研究表明，火鸡免疫抑制素可使垂体 FSHβ 亚基的表达量升高，小黄卵泡的数量增多，推测可能与 FSH 增多有关（Ahn et al.，2001）。

FSHβ 亚基的表达受中枢神经调控。参与禽类这方面作用的下丘脑因素尚未确定。下丘脑调控方面的证据如下：光刺激伴随有 FSHβ 亚基表达量的增加（鸡：Li et al.，2009）；磺胺二甲嘧啶可诱导性成熟提前，并增加垂体 FSHβ 亚基的表达（鸡：Li et al.，2009）；饥饿状态的日本鹌鹑 FSHβ 亚基的表达量减少（Kobayashi et al.，2002）。

23.3.5　垂体促性腺激素

根据对鸡的研究，禽类促性腺激素似乎包含 LH 或 FSH（Proudman et al.，1999）。含有 LH 的促性腺激素分泌细胞要比含有 FSH 的促性腺激素分泌细胞更多（Proudman et al.，1999）。含有 LH 或 FSH 的促性腺激素分泌细胞存在于腺垂体的头叶和尾叶，特别是在外周（Proudman et al.，1999；McFarlane et al.，2011）。大多数产生 LH 的促性腺激素分泌细胞还表达雌激素受体 α，有些还表达雄激素受体（Sun et al.，2012）。产生 FSH 的促性腺激素分泌细胞还表达 β 聚糖、TGFβ3 型受体和抑制素的辅助受体（鸡：Sweeney and Johnson，2005）。

23.3.6　促性腺激素的个体发育

在鸡胚发育 3.5 d、垂体远侧部形成之前，拉特克囊（Rathke's pouch）的基底后部区域存在 LH 免疫反应性，同时存在 LH、FSH 和 TSH 共有 α 亚基的表达（Kameda et al.，2000）。有证据显示，皮质酮在含有 FSH 的促性腺激素的形成中发挥作用。糖皮质激素可诱导鸡胚垂体中亮氨酸拉链蛋白（GILZ）的表达，且随着皮质酮的增加而增加（Ellestad et al.，2009）。外源 GILZ 可增加 FSHβ 亚基的表达（Ellestad et al.，2009）。

23.4　促甲状腺激素

23.4.1　结构

禽类 TSH 是由 α 亚基和 β 亚基组成的异源二聚体，鸵鸟的 TSH 已经纯化，是一种糖蛋白（Papkoff et al.，1982）。禽类 TSHβ 亚基的 cDNA 序列已鉴定［鸡：Gregory and Porter，1997；Kato et al.，1998；日本鹌鹑：Catena et al.，2003；家鸭和骡鸭：Hsieh et al.，2007］。

23.4.2　TSH 的作用

23.4.2.1　作用

TSH 刺激禽类甲状腺增生（Robinson et al.，1976）和释放甲状腺素（T_4）。注射 TSH 后，血液中 T_3 和 T_4 的浓度增加（鸡：MacKenzie，1981；Williamson and Davison，1985；鸽和日本鹌鹑：McNichols and McNabb，1988）。研究发现，禽类甲状腺 T_3 水平极低（McNichols and McNabb，1988），且 T_4 可以向 T_3 转化（Decuypere et al.，1988；McNichols and McNabb，1988），显然，TSH 可能不直接增加甲状腺 T_3 的释放，而是刺激 T_4 的释放，T_4 在外周迅速转化为 T_3。

23.4.2.2　机制

TSH 通过结合促甲状腺激素受体（TSHRs）发挥作用，TSHRs 是通过 G-蛋白与腺苷酸环化酶相偶联，此类受体已被鉴定（鸡：Grommen et al.，2006）。腺苷酸环化酶的激活导致细胞内 cAMP 的增加和蛋白激酶 A 的活化。TSH 既可以增加体外甲状腺组织中 cAMP 的释放（鸡：Tonoue and Kitch，1978），也可以提高体内甲状腺 cAMP 的含量（鹌鹑：McNich-ols and McNabb，1988）。当然，TSH 不仅在甲状腺中表达，而且在脑、腺垂体、视网膜和松果体腺中也表达（鸡：Grommen et al.，2006）。TSHRs 的 5 种剪接变异体在甲状腺中表达（鸡：Grommen et al.，2006，2008）。基因组检测表明，TSHRs 的基因在鸡驯化过程中经历了遗传变化（Rubin et al.，2010）。

23.4.3 促甲状腺激素释放的调控

TSH 从下丘脑的释放主要是通过两种释放激素［促甲状腺激素释放激素（TRH）和促肾上腺皮质激素释放激素（CRH）］的刺激调控，以及生长抑素（SS 或 SRIF）的抑制效应。

23.4.3.1 促甲状腺激素释放激素

TRH 的结构如下：焦谷氨酰-组氨酸-脯氨酸（Bøler et al.，1969）。鸡 TRH 前体已确定，包含 4 个 TRH 前体序列（-K/RRQHPGK/RR）（Aoki et al.，2007）。TRH 刺激 TSH 的释放（鸡：Scanes，1974）。

在鸡脑中有 TRH 表达（视前室周核、视前内侧核、下丘脑外侧区、室旁核、下丘脑室周核和下丘脑腹内侧核）（Aoki et al.，2007），其受体已被鉴定（Sun et al.，1998）。

23.4.3.2 生长抑素

TSH 的释放存在一种抑制性调控，即生长抑素抑制 TSH 的释放（Geris et al.，2003a）。SS 的作用是通过生长抑素受体（SSTRs）包括 SSTR2 和 SSTR5 实现的（Geris et al.，2003a；De Groef et al.，2007）。

23.4.3.3 促肾上腺皮质激素释放激素

CRH 刺激禽类 TSH 的释放（Geris et al.，2003），这是通过 2 型 CRH 受体（CRH-R2s）介导的，而 CRH-R2s 由鸡的促甲状腺激素分泌细胞表达（De Groef et al.，2003b）。

23.4.3.4 负反馈

同哺乳动物一样，T_3 对禽类 TSH 的释放起负反馈作用，通过致甲状腺肿物引起甲状腺激素分泌细胞数量增加，进而引起 TSH 含量增加的试验可以证实（Sharp et al.，1979）。

23.4.3.5 环境因素和 TSH 释放

寒冷可引起鸟类 TSH 释放量的快速增加。冷暴露下，血液中 T_4 的浓度增加（日本鹌鹑：Herbute et al.，1984），这可能是由 TRH 介导，因为冷应激增加下丘脑 TRH 的表达（Wang and Xu，2008）。在禁食期间，血液中 TSH 的浓度降低，促甲状腺激素分泌细胞对 TRH 或 CRH 均保持敏感（鸡：Geris et al.，1999）。

23.4.4 远侧部 TSHβ 亚基表达的调控

对骡鸭（雄性番鸭和雌性家鸭的杂交后代）的研究表明，来自母本基因组的 TSHβ 亚基转录本优先转录（Hsieh et al.，2007）。

TRH 可以促进体外鸭垂体组织 TSHβ 亚基的表达（Hsieh et al.，2007）（图 23.3）。甲状腺激素抑制 TSHβ 亚基的表达。T_3 或 T_4 抑制体外垂体组织中 TSHβ 亚基的表达（鸭：Hsieh et al.，2007）（图 23.3）。同样，鸡垂体细胞 TSHβ 亚基的表达受 T_3 抑制（Gregory and Porter，1997），而用致甲状腺肿物处理鹌鹑后，其垂体中 TSHβ 亚基的表达量增加（Catena et al.，2003）。此外，糖皮质激素，如皮质酮，抑制体外鸭垂体组织中 TSHβ 亚基的表达（Hsieh et al.，2007）。但日本鹌鹑饥饿时 TSHβ 亚基的表达没有变化（Kobayashi et al.，2002；Kobayashi and Ishii，2002）。

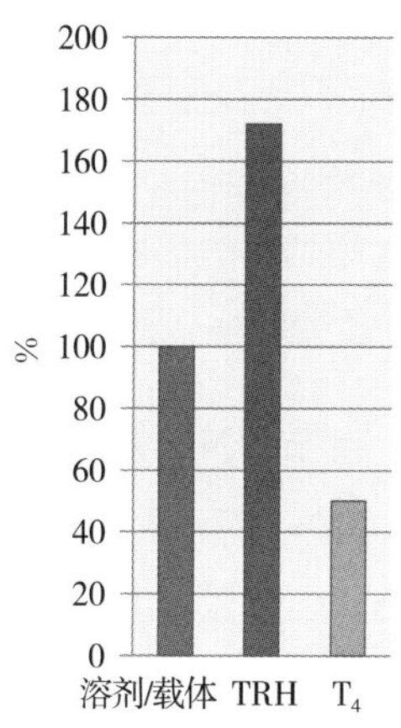

图 23.3★　TRH 和 T_4 对鸭腺垂体 TSHβ 亚基体外表达的影响

数据引自 Hsieh 等（2007）。

23.4.5　促甲状腺激素的来源

23.4.5.1　腺垂体

促甲状腺激素分泌细胞，即产生 TSH 的细胞，几乎全部位于禽类腺垂体的头侧（或头端）（图 23.1）。这是基于免疫细胞化学及抗哺乳动物 TSHβ 亚基的抗血清（Sharp et al.，1979）。基于 TRH 对 TSH 释放的刺激性控制，已经报道了鸡脑垂体头叶细胞膜制剂的 TRH 结合位点，这并不奇怪（Harvey and Baidwan，1989）。分泌 TRH 的腺垂体细胞占 2%～6%［成年环鸽（ring dove）：Reichardt，1993］。一些促甲状腺激素分泌细胞表达雄激素受体（Sun et al.，2012），但雄激素与 TSH 分泌之间的互作关系尚不清楚。

23.4.5.2　垂体外的 TSH

在鸡胚的脊髓管、嗉囊、支气管、胸膜和心包腔中均报道有免疫反应性 TSHβ 亚基（Murphy and Harvey，2001）。

23.4.6　促甲状腺激素的个体发生

在鸡胚胎发育中，很早就能检测到 TSH（垂体）和 TRH（下丘脑）（TSH 在第 6.5 天：Thommes et al.，1983；TSHβ 亚基在第 12 天：Ellestad et al.，2011；TRH 在第 4.5 天：Thommes et al.，1985），期间还会出现细胞数量和 TSH-TRH 含量的变化。目前，已成功构建可产生 TSHβ 亚基的腺垂体促甲状腺激素分泌细胞发育过程中差异表达基因的自组织映射（Ellestad et al.，2006）。

下丘脑-垂体-甲状腺轴发育到中胚期开始具备功能（Thommes et al.，1984）。第二阶段是该轴的成熟，大约出现在孵化期脱碘途径完全建立时（Decuypere et al.，1988；McNichols and McNabb，1988）。

23.5 生长激素

23.5.1 化学

1988年，Lamb等通过克隆及测序的方法鉴定了鸡生长激素cDNA（Lamb et al.，1988）。目前已成功研制出鸡生长激素的特异性拮抗剂（Paczoska-Eliasiewicz et al.，2006）。

23.5.2 生长激素异构体

人的生长激素是由多个基因编码，且mRNA具有不同的剪切模式，禽类的生长激素则不同，存在电荷和大小的变化，其异构体多源于翻译后修饰。目前发现，鸡体内存在糖基化GH（Berghman et al.，1987）、磷酸化GH（Arámburo et al.，1990，1992）、裂解的15 ku GH（Arámburo et al.，2001），以及二聚体和其他寡聚体形式（Houston and Goddard，1988）。

生长激素异构体的释放可能存在差异化调控机制。在生长发育过程中，鸡血浆中各类生长激素异构体的比例会随着GHRH的刺激作用而发生变化（Arámburo et al.，2000；Martínez-Coria et al.，2002）。此外，正处于生长期的鸡血浆中糖基化与非糖基化生长激素的比例也呈动态变化趋势（鸡：Berumen et al.，2004），二者可能均存在于同一种分泌颗粒中（鸡：Berumen et al.，2004）。

23.5.3 生长激素的作用

有关GH作用的研究主要针对驯养鸡，有必要开展对其他禽类的相关研究。

23.5.3.1 GH与生长

GH对禽类生长发育具有重要的调节作用。由垂体切除而引起的GH缺乏可导致鸡生长速率降低50%以上（King and Scanes，1986；Kusnik et al.，2008），但对火鸡生长速率影响不大，仅使其平均日增重减少30%（Proudman and Opel，1990a）。GH处理鸡可部分恢复其因垂体切除而引起的生长迟缓（Kingand Scanes，1986；Scanes et al.，1986），但在火鸡的研究中未发现此效果（Proudman et al.，1994）。GH不能促进垂体完整的禽类的生长（Leung et al.，1986；Burke et al.，1987；Cogburn et al.，1989；Proudman et al.，1994）。然而有研究发现，如果以脉冲式给予GH，可刺激生长期鸡的生长（Vasilatos-Younken et al.，1988）。

在哺乳动物中，GH通过刺激肝脏产生胰岛素样生长因子1（IGF-1），进而发挥其促生长作用。禽类亦是如此，切除垂体的幼禽血浆中IGF-1的浓度显著降低（鸡：Huybrechts et al.，1985；Proudman et al.，1994），而当重新给予GH后，血浆中IGF-1浓度有所恢复。此外，当以脉冲式给予幼禽GH后，不但其生长发育速度加快，而且血浆中的IGF-1浓度也随之升高（Vasilatos Younken et al.，1988）。体外研究表明，GH能够刺激鸡肝脏细胞分泌IGF-1，特别是有胰岛素存在时，效果更显著（Houston and O'Neill，1991）。

23.5.3.2　GH 与脂质代谢

GH 能够调节禽类的脂质代谢，影响鸡的脂肪含量，其影响的程度与给药方式有关，如每日注射 GH 可使体脂增加（Cogburn et al.，1989），与此相反，当脉冲式给予 GH 则使其体脂下降（Vasilatos-Younken et al.，1988）。研究还发现，鸡的脂肪组织中也有 GH 受体表达（鸡：Hausman et al.，2012）。

GH 还会加快脂解速率，刺激体外脂肪的分解（鸡、火鸡、鸽子：Harvey et al.，1977；Campbell and Scanes，1985），这种作用可被 GH 拮抗剂阻断（鸡：Campbell et al.，1993）。在体内，GH 可快速增加血浆中游离脂肪酸（NEFAs）的浓度（鸡：Hall et al.，1987；Scanes，1992；切除垂体的鸭：Foltzer and Mialhe，1976），但对完整或切除垂体的火鸡雏没有作用（Proudman et al.，1994）。此外，GH 对禽类脂质代谢的影响类似于哺乳动物中 GH 的胰岛素样作用。在体外，GH 既可以减少胰高血糖素的分泌，也可以下调 cAMP 介导的脂解作用（Campbell and Scanes，1987）。

GH 还可抑制禽类脂肪合成，并抑制体外胰岛素诱导的鸡肝细胞脂肪酸的合成（Harvey et al.，1977）。此外，体外脉冲式给予 GH 处理可减少雏鸡肝脏脂肪的合成（Rosebrough et al.，1991）。

23.5.3.3　GH 与甲状腺激素

GH 可显著影响血液中甲状腺激素（T_3）的浓度，但是否影响禽类甲状腺分泌甲状腺素（T_4）尚无定论（鸡：MacKenzie，1981）。幼雏中，GH 能够增加血浆 T_3 浓度（Kuhn et al.，1985）。这是由于 GH 不但能够降低肝脏 3 型脱碘酶（一种分解酶，可将 T_3 分解为 T_2）的活性，还可以降低其表达水平（Van der Geyten et al.，1999）。这是 GH 的生理作用，因为在垂体切除后，3 型脱碘酶浓度增加，但通过 GH 替代疗法可部分恢复（Darras et al.，1993）。

23.5.3.4　GH 与免疫功能

GH 对禽类的免疫系统具有重要的调节作用。例如，GH 可增加垂体切除雏鸡的胸腺重量（King and Scanes，1986；Scanes et al.，1986）和法氏囊重量（前提是切除垂体的雏鸡仍含有 T_3）（Scanes et al.，1986），还影响外周血白细胞。此外，GH 能够减少法氏囊细胞的凋亡（Rodríguez-Méndez et al.，2010）。此外，禽类的免疫组织中可表达 GH（本章将进一步讨论）。

23.5.3.5　GH 与生殖

性成熟前给予鸡生长激素，不但可以增加卵巢重量，还能够促进基质及小卵泡细胞的增殖，并抑制其凋亡（鸡：Hrabia et al.，2011）。然而对缺乏 GH 受体的雄性矮腿鸡（dwarf male chickens）而言，GH 对生殖没有影响（Zheng et al.，2007）。此外，性腺组织也可表达 GH（本章将进一步讨论）。

23.5.3.6　GH 与肾上腺皮质激素

GH 对禽类的肾上腺皮质具有生理调节作用。给予鸡重组 GH（Cheung et al.，1988）或者长期持续注射天然 GH 均可导致鸡血浆皮质酮浓度急剧上升（Rosebrough et al.，1991）。此外，GH 对体外皮质类固醇的生成有一定的影响（鸡：Carsia et al.，1985c）。

23.5.3.7　GH 受体与信号转导

鸡 GH 受体的 cDNA 序列已确定（Burnside et al.，1991）。与哺乳动物类似，鸡的 GH

受体也是由胞外域、胞内域及跨膜域三个结构域组成。GH 受体基因的多态性与生长速率及肥胖有关（Ouyang et al.，2008）。此外，研究表明，性连锁矮腿鸡有突变，使 GHR 无法正常表达（Burnside et al.，1992）。

GH 可以下调 GHR 表达。垂体切除后，GH 与鸡肝细胞膜的结合增强，而 GH 处理后会降低二者的结合（Vanderpooten et al.，1991a）。研究表明，当幼禽血浆 GH 浓度升高时，肝上 GH 的结合（鸡：Vanderpooten et al.，1991b）及 GHR mRNA 表达（Burnside and Cogburn，1992）均下降。

GH 与受体结合后，通过 JAK 激酶 2（JAK2）介导完成其胞内信号转导。GH 可激活肝和骨骼肌中 JAK2（鸡：Wang et al.，2005）。JAK 激酶 2 基因的多态性与鸡的生长关系密切（Liu et al.，2010）。

禽类血浆中存在 GH 结合蛋白（GHBP，生长激素受体胞外域），并且 GH 受体基因的 GHBP 转录本已确定（鸡：Lau et al.，2007）。此外，GHBP 也可能来自于 GHR 蛋白的水解（鸡：Vleurick et al.，1999）。

23.5.4　GH 分泌的调控

禽类 GH 由垂体分泌，受到下丘脑分泌的多种激素（包括生长激素释放激素、促甲状腺素激素释放激素、胃饥饿素及生长抑素）的调控（表 23.2、表 23.3）。

表 23.3　神经肽类物质对鸡 GH 分泌细胞内钙离子浓度的影响

神经肽	Δ [Ca^{2+}] i
生长激素释放激素（GHRH）	120±6
促甲状腺激素释放激素（TRH）	222 ±16
胃饥饿素（Ghrelin）	94 ±16
垂体腺苷酸环化酶激活肽（PACAP）	90±14

注：引自 Scanes 等（2007）。

23.5.4.1　生长激素释放激素

依据 cDNA 序列（Wang et al.，2006，2007）可推测鸡 GHRH 及其前体的氨基酸序列，如下所示：鸡 GHRH：HADAIFTDNYRKFLGQISARKFLQTIIGKRLRNSESSPGEGVHKLLT。

目前 GHRH 的两个前体已确定，其中一个含有垂体腺苷酸环化酶激活肽（PACAP）（Wang et al.，2007）。GHRH 在禽类下丘脑、小肠、肝、肾、肺、卵巢、腺垂体、脾脏和睾丸中均有表达（Wang et al.，2007），在 8 日龄胚胎的垂体中呈高表达，随后在 12～20 日龄降至较低的平台期（Wang et al.，2006）。研究显示，GHRH 在体内外均可促进 GH 的释放（鸡：Scanes et al.，1984）。禽类 GH 与 GHRH 作用可使细胞内钙离子浓度增加（鸡：Scanes et al.，2007）（表 23.3）。

鸡 GHRHR 的氨基酸序列已确定（Porter et al.，2006；Toogood et al.，2006）。GHRH 能够与其特异性结合（Wang et al.，2007）。研究发现，GHRHR 仅表达于腺垂体，GHRH 促进其受体表达；相反，生长抑素（SS）或皮质酮可减少 GHRHR 的表达（Porter et al.，2006）。在胚胎发育的第 8～12 天及第 12～16 天，垂体 GHRHR 的表达水平大幅增加（Wang et al., 2006)。

23.5.4.2 促甲状腺激素释放激素

禽类生长激素释放的生理性刺激是三肽 TRH(表 23.2)。另外，在禽类下丘脑中发现有 TRH 的存在，在鸡神经垂体的细胞中发现有 TRH 受体(Harvey and Baidwan, 1989)，GH 也在此部位产生。研究表明，TRH 在体内外均可促进 GH 的释放(鸡：Harvey et al., 1978a；火鸡：Fehrer et al., 1985)，GH 对 TRH 的大多数应答都与胞内钙升高有关(Scanes et al., 2007)(表 23.3)。基于抗 TRH 血清降低雏鸡血液 GH 浓度的试验证实，TRH 是一种 GH 分泌的生理调节剂(Klandorf et al., 1985)。

23.5.4.3 生长抑素

禽类 SS_{14} 的氨基酸序列与哺乳动物相同：H-Ala-Gly-Cys-Lys-Asn-Phe-Phe-Trp-Lys-Thr-Phe-Thr-Ser-Cys-OH(鸽子：Spiess et al., 1979；鸡：Hasegawa et al., 1984)。

在禽类大脑中已经发现两种生长抑素前体异构体，分别为Ⅰ型生长抑素前体(PSS1)与Ⅱ型生长抑素前体(PSS2)(Trabucchi et al., 2003)。唯一影响腺垂体分泌激素的生长抑素 SS 很可能是 SS1。

禽类中，生长抑素抑制 GH 的释放。研究不仅证实下丘脑中存在 SS 神经元(鸭：Blahser et al., 1978)，还证实了鸡腺垂体中存在 SS 的结合位点(Harvey et al., 1990)。化学合成的鸡 SS 在体内外均可抑制 GH 对 TRH 的反应(Harvey et al., 1978a)，该作用很可能是通过 SSTR2 介导的(Bossis and Porter, 2001；Geris et al., 2003a)。

23.5.4.4 胃饥饿素

23.5.4.4.1 作用和化学

饥饿素可以促进鸡生长激素的释放(Ahmed and Harvey, 2002)，但仅有少数 GH(1/5)对胃饥饿素的应答表现为胞内钙离子浓度升高(Scanes et al., 2007)。研究表明，鸡的下丘脑可呈现饥饿素免疫反应阳性(Ahmed and Harvey, 2002)。禽类饥饿素的氨基酸序列已经确定(Kaiya et al., 2002)：

鸡：GSSFLSPTYKNIQQQKDTRKPTARLH

火鸡：GSSFLSPAYKNIQQQKDTRKPTARLH

鸭：GSSFLSPEFKKIQQQNDPAKATAKIH

鹅：GSSFLSPEEKKIQQQNDPTKTTAKIH

鸸鹋：GSSFLSPDYKKIQQRKDPRKPTTKLH

S 为辛基[CH_3—(CH_2)$_8$C=O. O—]酰化位点(引自 Richards et al., 2006)。

23.5.4.4.2 受体

胃饥饿素通过生长激素释放激素受体(GHSR)发挥生理作用，这是禽类的特征(如日本鹌鹑：Kitazawa et al., 2009)。禽类腺垂体中至少有两种类型的 GHSR：GHS-R1a 和 GHS-R1c。鸡饥饿素、GHSR 及肾上腺皮质激素会抑制它们的表达(Geelissen et al., 2003)。

23.5.4.4.3 其他来源的胃饥饿素

除下丘脑外，饥饿素在前胃和腺-肌胃连接处呈高表达，同样，在肌胃和十二指肠也有表达(Shao et al., 2010)。

23.5.4.5　其他神经肽和激素

除上述外，其他神经肽和激素也能够影响 GH 的释放。源于禽 GHRH 基因的肽——垂体腺苷酸环化酶激活肽（PACAP）也可以刺激 GH 的释放（Peeters et al.，1998），GH 亚群对 PACAP 的作用与胞内钙含量的增加有关（Scanes et al.，2007）。鸡的 PACAP 结构：鸡 PACAP38：HIDGIFTDSYSRYRKQQMAVKKYLAAVLGKRYKQRVKNK（Wang et al.，2007），可与其受体（PACAPR）特异性结合（Wang et al.，2007）。此外，瘦素也可以增加鸡 GH 分泌细胞内的钙（Scanes et al.，2007），PRP31 降低血液中 GH 的浓度（Tachibana et al.，2011）。

禽类中存在两种外周激素，胰岛素样生长因子一1（IGF-1）和三碘甲腺原氨酸（T_3），均可通过负反馈调节的方式抑制禽类生长激素的分泌。研究显示，IGF-1 在体内外均能抑制鸡生长激素的释放（鸡：Perez et al.，1985；Buonomo et al.，1987）。而体内外研究发现，高浓度的 T_3 可减少鸡 GH 的释放（活体内：Scanes and Harvey，1989；体外：Donoghue and Scanes，1991）。

23.5.4.6　营养与生长激素的分泌

营养缺乏可导致禽类血浆中 GH 的浓度上升。短时间饥饿（1～2 d）会导致血浆 GH 的浓度呈现短暂性提高（鸡：Harvey et al.，1978b；火鸡：Anthony et al.，1990）。此外，热量和蛋白的缺乏也会使青年鸡和火鸡血浆 GH 的浓度上升（Engster et al.，1979）。同样，长期缺乏蛋白质会伴随青年鸡血浆 GH 浓度的升高（Scanes et al.，1981）。

23.5.5　生长激素基因和生长激素表达的调控

23.5.5.1　生长激素基因

禽类生长激素的结构已有报道，由以下物种的 cDNA 或基因组 DNA 推导而来：鸡（*Gallus gallus*）（NCBI 参考序列：NM_204359.2）、鸡视网膜源 GH（GenBank：AY373631.1）、家鸭（*Anas platyrhynchos*）GH（GenBank：X07079.1）、家鹅（*Anser anser*）GH（GenBank：AY149895.2）、欧洲斑姬鹟（*Ficedula hypoleuca*）GH（GenBank：DQ218278.1）、日本鹌鹑 GH（GenBank：FJ458436.1）、丛林乌鸦（*Corvus macrorhynchos*）GH 1A（GenBank：AB560855.1）、鸵鸟（*Struthio camelus*）GH（GenBank：AB028191.1）、火鸡（*Meleagris gallopavo*）GH（GenBank：M33697.1）和斑胸草雀（*Taeniopygia guttata*）GH1（NCBI 参考序列：XM_002196131.2）。

雀形目鸟类中另有一种进化速度更快的生长激素基因（Yuri et al.，2008），其中，丛林乌鸦的第二种 GH 或生长激素样蛋白的结构已见报道（Arai and Iigo，2010）（GenBank：AB560856.1）。此外，斑胸草雀的生长激素样蛋白结构也已见报道（NCBI 参考序列：XM_002187248.2）。研究显示，欧洲斑姬鹟（Buggiotti et al.，2006）GH 的结构更类似于生长激素样蛋白或 GH1B，而不是 GH 或 GH1A。但目前关于生长激素样蛋白和 GH1B 的作用及调控机制尚不清楚。

鸡生长激素基因的多态性与其生长速率及脂肪细胞的数量有关（鸡：Nei et al.，2005；Zhang et al.，2007；Ouyang et al.，2008）。

23.5.5.2　生长激素的表达

GH 的表达受多重刺激和抑制因素影响。例如，体内（Vasilatos-Younken et al.，1992）和体外（Radecki et al.，1994）研究表明，GHRH 通过 cAMP 依赖性蛋白激酶信号通路（Kansaku et al.，1998）提高生长激素 mRNA 表达的水平（Vasilatos-Younken et al.，1992）（图 23.4）。此外，皮质酮（Bossis and Porter，2003；Heuck et al.，2009）、TRH、垂体腺苷酸环化酶激活肽（PACAP）和饥饿素（Porter et al.，2006）均可促进胚胎垂体细胞中生长激素的表达。而生长激素释放抑制因子（SRIF，即生长抑素）（Porter et al.，2006）和胰岛素样生长因子-1（Scanes et al.，1999）可抑制 GH 的表达（图 23.4）。生长过程中，GH 分泌的变化与血浆 GH 的浓度变化一致（鸡：McCann-Levorse et al.，1993）。禽类生长激素细胞发育过程中生长激素基因的表达模式可以通过自组织映射来描述（Ellestad et al.，2006）。

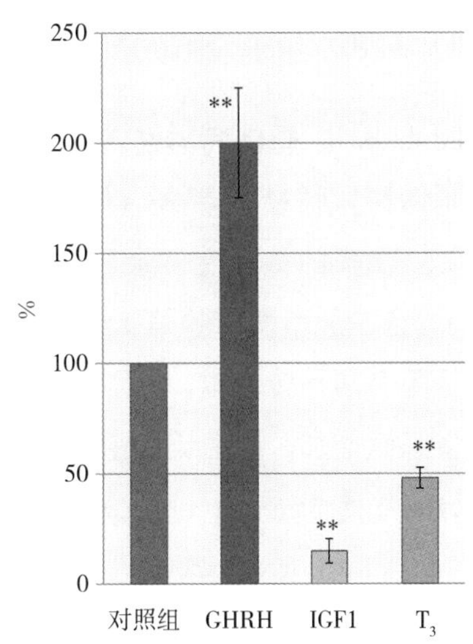

图 23.4★　GHRH 处理（体外）、IGF1 灌流（体内）和日粮中添加 T_3 对鸡腺垂体 GH 表达的影响

引自 Radecki 等（1994）；Scanes 等（1999）。

23.5.6　垂体起源的生长激素

生长激素分泌细胞位于腺垂体（Mikami et al.，1980；Reichardt et al.，1993）（图 23.1）。在胚胎发育后期和刚出壳时，生长激素分泌细胞的数量迅速增加，直至达到峰值水平（鸽：Reichardt et al.，1993；鸡：Malamed et al.，1997）。生长激素分泌细胞的结构随个体发育变化而变化。在胚胎发育后期，细胞的分泌颗粒数量增加（鸡：Malamed et al.，1997），而且成年鸡比青年鸡多（鸡：Malamed et al.，1985，1988）。此外，有研究报道垂体结节部也分布有生长激素分泌细胞，见 23.2.1。

23.5.7　垂体外生长激素的产生

在鸟类，GH 和/或 GH mRNA 出现在传统上认为的生成部位——腺垂体细胞之外。GH 存在于性腺、视网膜和免疫组织中。此外，在成年鸡的睾丸中还发现一种与 29 ku GH 有免疫反应性的 17 ku GH，它可能与精子发生有关（Martínez Moreno et al.，2011）。视网膜内也可产生生长激素。体外培养的鸡胚视网膜神经节细胞中发现含有免疫反应性的 15 ku GH 和生长激素受体（GHRs）（Sanders et al.，2009）。生长激素在体外和鸡胚中具有神经保护作用（Sanders et al.，2010，2011）。有证据表明，卵巢分泌的 GH 对卵巢具有旁分泌作用，可促进鸡颗粒细胞孕酮的合成（Ahumada Solórzano et al.，2012）。另有研究报道，鸡卵巢中呈现生长激素免疫性及 GH 的表达，尤其在 F5-2 卵泡的颗粒层（Ahumada Solórzano et al.，2012）。此外，F2 和 F4 卵泡中都有 GH 受体（GHR）的表达（Ahumada Solórzano et al.，2012）。GH 在法氏囊表达（鸡：Luna et al.，2008），其免疫反应性存在于鸡的法氏囊、脾脏和胸腺（鸡：Luna et al.，2005）。此外，在鸽和火鸡的大脑中发现含有 GH 的神经元（Ramesh et al.，2000）。

23.5.8 生长激素的个体发生

23.5.8.1 垂体特异性转录因子

垂体特异性转录因子（Pit1）可以激活生长激素基因的启动子（鸡：Murase et al.，2011）。禽类的特异性转录因子已经确定（火鸡：Wong et al.，1992；鸡：Tanaka et al.，1999），且在胚胎发育的第5天就可检测到Pit1（鸡：Van As et al.，2000）。垂体特异性转录因子基因有两种转录本，分别为Pit1α和Pit1γ，在鸡垂体的头叶和尾叶表达，且在鸡出生后其表达量开始增加，与生长激素的表达模式相似（鸡：Tanaka et al.，1999）。研究发现，生长激素分泌细胞表达Pit 1（火鸡：Weatherley et al.，2001）。皮质酮对Pit1的表达没有影响（鸡：Fu and Porter，2004），但TRH可增加Pit1的表达（Van As et al.，2004）。

23.5.8.2 生长激素细胞及其分化

胚胎中生长激素细胞数量的增加始于孵化第14天（Porter et al.，1995），且GHRH可提高其数量（Porter et al.，1995）。这种增加可能是由于皮质酮的刺激作用，也可能是GHRH和甲状腺激素的刺激作用（Dean Porter et al.，1999；Liu and Porter，2004）。糖皮质激素诱导生长激素细胞分化涉及两种类型，包括1型（盐皮质激素）和2型（糖皮质激素）受体（Bossis et al.，2004）。皮质酮通过顺式糖皮质激素响应元件诱导生长激素基因的表达（Heuck Knubel et al.，2012）。诱导生长激素细胞分化的皮质酮可能来自肾上腺，但类固醇生成酶表达于胚胎腺垂体（Zheng et al.，2008）。

23.5.8.3 分泌

在所研究的鸟类中观察到血浆GH浓度变化的共同规律。在胚胎发育晚期和刚出壳时，GH浓度逐渐升高；在出壳后快速生长期，血浆GH浓度呈现高位；而老年和成年禽类血浆GH显著降低（Harvey et al.，1979a，b）。这种伴随机体发育而表现出GH的表达规律可能与GH的合成、GH含量及垂体对某些促分泌物质的敏感性有关。在发育中期和生长期，血浆GH浓度下降，可能与性腺类固醇激素无关，因为阉割并不能阻止血浆GH浓度的下降（Scanes and Johnson，1984）。GH mRNA表达量的变化趋势与血浆GH浓度的变化非常相似（McCann Levorse et al.，1993）。

23.6 催乳素

23.6.1 化学

禽类垂体组织中已成功分离出催乳素（Papkoff et al.，1982）。此外，鸡的重组催乳素已在大肠杆菌中表达并纯化（Hanks et al.，1989a）。禽类催乳素的cDNA序列已确定，由此推导出氨基酸序列（鸡：Hank et al.，1989b；Watahiki et al.，1989）。

23.6.2 异构体

同哺乳动物一样，禽类也具有因翻译后修饰而形成的催乳素异构体。除了非糖基化形式的催乳素异构体外，在火鸡中还鉴定出两种糖基化的 PRL 异构体（分别是 O-糖基化和 N-糖基化）（Corcoran and Proudman，1991），但这些糖基化的催乳素与受体的亲和性较弱（Corcoran and Proudman，1991）。此外，还发现了糖基化的鸡 PRL（Berghman et al.，1992）。禽类 PRL 还可被磷酸化（Berghman et al.，1992）。机体的生理状态影响垂体 PRL 异构体的水平。例如，在休产期、产蛋期、孵化母鸡之间（鸡：Hiyama et al.，2009），以及在发育过程中（Bedecarrats et al.，1999a，b，c），催乳素的变异比例会发生变化。

23.6.3 PRL 的生物学作用

23.6.3.1 PRL 与嗉囊腺

PRL 可刺激鸽的嗉囊腺分泌鸽乳。乳鸽生发层细胞的大量增殖，伴随包括角蛋白在内的特定基因的表达（Gillespie et al.，2013）。鸽孵化时，伴随血浆中 PRL 浓度的升高，嗉囊腺的重量增加（Goldsmith et al.，1981）。基于这一特性，鸽科（斑鸠与鸽）可作为动物模型用于研究 PRL 的生物学作用（Nicholl，1967）。据推测，PRL 诱导产生的一种肝脏因子——协同素（synlactin）可增强 PRL 对嗉囊腺的影响（Nicoll et al.，1985）。以类似的方式，一种血清因子也可增强 PRL 对 NB2 大鼠淋巴瘤细胞的作用（McNeilly and Friesen，1985）。协同素的性质尚未确定，推测可能是 IGF1 或 IGF 结合蛋白。PRL 也直接影响行为。因为已经有报道显示，鸽大脑中存在散在的 PRL 结合位点（PRL 受体）（Buntin et al.，1993）。

23.6.3.2 PRL 与孵化行为及就巢性

禽类孵化行为和就巢性受 PRL 调控，给予 PRL 可诱导禽类产生就巢行为（鸡：Riddle et al.，1935；火鸡：Youngren et al.，1991）。主动免疫催乳素后，雌性火鸡的孵化行为完全被抑制（Crióstomo et al.，1998）。PRL 还可通过中枢增加火鸡的筑巢活动，且伴随性类固醇激素诱导其产生孵化行为（El Halawani et al.，1986；Youngren et al.，1991）。同样，PRL 也可增强矮脚鸡（bantam chickens）的孵化行为，还可引起无就巢性的禽类的筑巢行为（Sharp et al.，1988），推测 PRL 与孵化行为之间可能存在正反馈效应。

禽类孵化时，其催乳素的释放量和血浆催乳素浓度均上升（鸡：Sharp et al.，1988；火鸡：El Halawani et al.，1988；Wong et al.，1991）。同样，野生禽类孵化过程中，血中 PRL 浓度升高［如雌性和雄性普通鹱（Manx shearwater）］（Riou et al.，2010），但如果中断筑巢或就巢行为，血中 PRL 浓度就迅速下降（El Halawani et al.，1980；Tong et al.，1997）。

23.6.3.3 PRL 与繁殖

PRL 对禽类生殖具有激活和抑制的双重调节作用（Li et al.，2011），既可在下丘脑水平诱导孵化行为，也可通过腺垂体 PRL 降低 LHβ 亚基的表达，性腺水平的作用或许也是如此。

23.6.3.4 PRL 与渗透调节

PRL 可能具有调节禽类胚胎渗透压的作用。绵羊或牛 PRL 均可使尿囊液中氯和钠的浓度下降，同时使肾脏 Na^+-K^+-ATP 酶活性上升。

23.6.3.5 PRL 受体

基于 PRL 受体（PRLR）的 cDNA 序列可以推导出其编码蛋白的氨基酸序列（鸡：Tanaka et al.，1992；鸽：Chenand Horseman，1994，鹅：Xing et al.，2011）。与哺乳动物相同，禽类

PRLR由胞外区、跨膜区与胞内区三部分组成。但禽类PRLR具有独特的双天线结构，即在细胞外区域有两个假定的PRL结合位点。

火鸡PRLR在脑（和下丘脑）、孵化斑、嗉囊、十二指肠、肌胃、心、肾、白细胞、肝、肺、卵巢、胰腺、胸肌、垂体、壳腺和脾脏等组织中表达（Zhou et al.，1996）。同样，鸡的PRLR也在诸多组织中表达（Tanaka et al.，1992；Kang et al.，2007）。鹅的睾丸、卵巢、输卵管、肾脏和大小肠中也可表达PRLR（Xing et al.，2011）。

PRLR的表达与其生理状态密切相关：垂体和蛋壳腺中有较多的PRLR表达，但光刺激蛋鸡后，其下丘脑中的表达量减少，而孵化时会增加（火鸡：Zhou et al.，1996）。在孵化前期，下丘脑、垂体、肝脏、胰腺、肾脏和性腺的PRLR表达显著增加（鸡和火鸡：Bole-Feysot et al.，2007；Leclerc et al.，2007）。

23.6.4 PRL释放的调控

虽然PRL的分泌主要受下丘脑的刺激性调控，但可能存在抑制性作用。

23.6.4.1 血管活性肠肽

血管活性肠肽(VIP)属于调节下丘脑-垂体功能的重要因子，可以促进PRL的释放（表23.2）。

23.6.4.1.1 化学

鸡血管活性肠肽氨基酸序列如下：HSDAVFTDNYSRFRKQMAVKKLYNSVLT（Nilsson，1975）。

23.6.4.1.2 活性

PRL的释放源于VIP的刺激（鸡体内试验：Macnamee et al.，1986；火鸡体内试验：Opel and Proudman，1988；火鸡体外试验：Proudman and Opel，1988）。同样，VIP可使白冠带鹀血液PRL的浓度增加十倍，但对另一种雀形目鸟类——佛罗里达州灌丛鸦却没有效果。VIP存在于禽类的下丘脑，尤其是正中隆起（MacNamee et al.，1986）。

23.6.4.1.3 生理作用

通过使用VIP的抗血清进行研究，证实了VIP在禽类催乳素的释放和表达调控中的生理作用。VIP免疫中和不但使鸡血液中催乳素的浓度下降（Sharp et al.，1989；El Halawani et al.，2000），还会减少催乳素的表达（Avital-Cohen et al.，2011），并使火鸡下丘脑提取物中所有催乳素释放活性消失（El Halawani et al.，1990）。

23.6.4.1.4 下丘脑中的含量

下丘脑中VIP的含量随着生理状态的变化而变化，这与VIP作为释放激素的作用模式是一致的。例如，与非光刺激的火鸡相比，光刺激下的火鸡下丘脑VIP含量升高，在孵化期母鸡中VIP表达量更高（Rozenboim et al.，1993）。多巴胺可增加下丘脑漏斗核复合体（INF）中VIP的表达（火鸡：Bhatt et al.，2003）。

23.6.4.1.5 释放和表达

多巴胺通过D1型多巴胺受体刺激下丘脑VIP的释放（火鸡：Youngren et al.，1996；Chaiseha et al.，1997）。此外，5-羟色胺通过作用于下丘脑多巴胺能神经元增加PRL的分泌，然后释放 VIP，从而促进 PRL 的释放（火鸡：El Halawani et al.，1995；Chaiseha et al.，2010）。

23.6.4.2　**精氨酸加压素**

精氨酸加压素（AVT）也具有一定的促 PRL 释放的作用（表 23.2）。神经垂体提取物能刺激 PRL 释放的原因是其含有 AVT 和 VIP。虽然 AVT 能刺激 PRL 释放，但使用 AVT 抗血清后，神经垂体提取物刺激 PRL 释放的作用被部分中和（El Halawani et al.，1992）。

23.6.4.3　**其他刺激因子**

其他肽类物质也能够刺激禽类 PRL 的分泌，如 TRH（火鸡体内试验：Saeed and El Halawini，1986）及组-异亮肽（PHI）（火鸡：Proudman and Opel，1990b）。

23.6.4.4　**PRL 释放肽**

23.6.4.4.1　化学

催乳素释放肽（PrRP）属于 RF 酰胺肽。依据鸡 PrRP 的 cDNA 序列，已鉴定出禽类 PrRP 的前体（前催乳素释放肽），分别由 20 和 31 个氨基酸组成，序列分别为：PrRP20：SPEIDPFWYVGRGVRPIGRF-NH_2；PrRP31：SRPFKHQIDNRSPEIDPFWYVGRGVRPIGRF-NH_2。

23.6.4.4.2　作用

一般认为，禽类 PrRP 影响 PRL 的分泌。外周给予中等剂量的 PrRP 可小幅度增加鸡血中 PRL 的浓度，该现象可能反映出 PRL 释放量的增加（Tachibana et al.，2011）（表 23.2）。与此相反，当脑内注射 PrRP31 后，可持续降低血中 PRL 的浓度，由此表明，可能存在一个超短反馈效应。

23.6.4.4.3　受体

现已发现三种禽类 PrRP 受体，即 PrRPR1、PrRPR2 和鲫酰胺肽受体（C-RFaR）。PrRP、C-RFa、PrRPR1、PrRPR2、C-RFaR 在鸡脑的特定部位，包括下丘脑、后脑和端脑呈现中等程度到高表达（Wang et al.，2012）。PrRP、C-RFa 和 PrRPR1 在垂体呈现高表达，而 C-RFaR 呈现适度表达（Wang et al.，2012）。

23.6.4.5　**多巴胺**

多巴胺对禽类催乳素的分泌具有刺激和抑制的双重作用。多巴胺直接通过 D2 多巴胺受体抑制 VIP 刺激的腺垂体催乳素的释放（火鸡：Youngren et al.，1998）（表 23.2）。此外，处于孵化期的矮脚鸡腺垂体多巴胺受体数量减少（矮脚鸡：MacNamee and Sharp，1989），而多巴胺的这种刺激作用是在下丘脑水平实现的。

23.6.4.6　**其他抑制因素**

禽类催乳素细胞还含有降钙素（鸡：Maddineni et al.，2007）。研究发现，PRL 与降钙素浓度之间呈反比关系，因此一般认为降钙素可以抑制 PRL 的释放（鸡：Maddineni et al.，2007）。

23.6.5　PRL 的表达

PRL 的表达受下丘脑调控。给予青年鸡光刺激后会导致腺垂体 PRL 表达增加（Li et al.，2009）。此外，在孵化过程中 PRL 的表达显著增加（火鸡：Wong et al.，1991）。VIP 增加 PRL 的表达，这是在 cAMP 信号通路（Kang et al.，2004）和/与蛋白激酶 C（Sun and El Halawani，1995）介导下实现的。此外，火鸡免疫接种 VIP 抗体可降低垂体 PRL 的表达（El Halawani et al.，2000；Ahn et al.，2001）。

23.6.6 PRL 的起源

PRL 产生细胞（催乳素分泌细胞）主要存在于腺垂体的头叶（Mikami，1980）（图 23.1）。催乳素分泌细胞比例的变化与生理状态相关。例如，新出壳的鸽催乳素细胞的比例为 12%，而成年后下降到不足 2%（Reichardt，1993）。孵化期火鸡的腺垂体催乳素细胞数量大大增加，如果被迫停止孵化（离开巢穴），则催乳素细胞的数量急剧下降（Ramesh et al.，2001）。换羽期间的鸡催乳素细胞数量下降（鸡：Sandhu et al.，2010）。

有报道称，孵化期分泌 GH 和 PRL 的垂体细胞存在于尾叶和腺垂体的腹侧部及头尾交界处（火鸡：Ramesh et al.，1998）。如果禽类孵化行为被剥夺，生长激素-催乳素分泌细胞迅速消失（Ramesh et al.，2001）。在孵化期，生长激素-催乳素分泌细胞会分泌大量 PRL（Ramesh et al.，1998）。垂体结节部也存在产生 PRL 的细胞，见 23.2.2。

23.6.7 垂体外来源的催乳素

已有报道显示，脑中存在 PRL 免疫反应阳性的神经细胞（如海马和下丘脑，Ramesh et al.，2000）。在鸡和鱼类中发现催乳素样蛋白（PLP）（亦称催乳素 22），但在哺乳动物未发现该蛋白（Wang et al.，2010）。其前体物由 222 个氨基酸组成，与 PRL 有 33%的同源性，并且可与催乳素受体结合（Huang et al.，2009；Wang et al.，2010），但是否存在其特异性受体尚无定论。催乳素样蛋白在脑、肺、卵巢和睾丸等组织中均呈高表达，在肾脏、肌肉和心脏中呈中度表达，但在垂体中少量表达（Wang et al.，2010）。

23.6.8 催乳素的个体发生

皮质酮可以增加鸡胚腺垂体亮氨酸拉链蛋白（GILZ）的表达，还可以通过 GILZ 增加胚胎腺垂体催乳素细胞的数量（Ellestad et al.，2009）。外源性给予 GILZ 可增加鸡胚腺垂体催乳素的表达（Ellestad et al.，2009）。皮质酮能够增加催乳素细胞数量，但其对催乳素细胞增殖作用不大（鸡：Fu and Porter，2004）。

虽然催乳素分泌细胞不存在腺垂体特异性转录因子（Pit1），但 Pit1 能够激活 PRL 的启动子（火鸡：Weatherley et al.，2001）。通过自组织映射可以描述催乳素分泌细胞发育过程中的基因表达模式（Ellestad et al.，2006）。

23.7 促肾上腺皮质激素

23.7.1 促肾上腺皮质激素与其他 POMC 衍生肽的化学性质

促肾上腺皮质激素作为 POMC 的一部分被合成（表 23.1）。此外，POMC 也包含 β-内啡肽（β-EP）、α-促黑素细胞激素（MSH）和 β-促黑素细胞激素的序列，其中 β-EP 是 β-促脂解素（β-LPH）的一部分。Takeuchi 已揭示鸡 POMC 的 cDNA 序列（Takeuchi et al.，1999）。

很多禽类的 ACTH、β-EP 和 β-LPH 已被纯化（图 23.2）。与哺乳动物一样，禽类 ACTH 也是一个简单多肽，由 39 个氨基酸组成（Li et al.，1978；Chang et al.，1980；Hayashi et al.，1991）。

鸡：SYSMEHFRWGKPVGRKRRPIKVYPNGVDEESAESYPMEF

鸵鸟：SYSMEHFRWGKPVGRKRRPVKVYPNGVQEETSEGFPLEF

POMC 蛋白在哺乳动物垂体中间部水解产生 α-MSH。禽类没有垂体中间部，但在远侧部发现 α-MSH（Hayashi et al.，1991）。α-MSH 与 ACTH 的生物学作用不同。例如，α-MSH 能够刺激鸭盐腺排出钠，而 ACTH 无此作用（Ituzziza et al.，1992）。目前，已经从鸵鸟和火鸡腺垂体组织中分离得到 β-LPH 和 β-EP（Chang et al.，1980；Naude et al.，1980，1981a，b）。和哺乳动物一样，鸵鸟的 β-EP 有 31 个氨基酸序列，与其 β-LPH C-末端序列相同。

23.7.2　ACTH 的作用

23.7.2.1　对肾上腺皮质细胞的影响

ACTH 能够刺激禽类肾上腺皮质细胞产生皮质酮（禽类主要的糖皮质激素）、醛固酮（禽类主要的盐皮质激素）和脱氧皮质酮（鸡：Carsia et al.，1985a，b；鸭：Collie et al.，1992；体态较大的美洲鸵鸟：Lèche et al.，2009）。ACTH 可引起禽类肾上腺皮质细胞形态的显著变化，这是缘于细胞骨架的改变（Cronshaw et al.，1992）。

ACTH 的作用是在黑皮质素受体和 cAMP 介导下实现的（Carsia et al.，1985a）。ACTH 可以影响 100 多个基因的表达，其中包括 MC2R、cAMP 反应元件和类固醇合成急性调节蛋白（鸡：Bureau et al.，2009）。ACTH 对肾上腺的作用与机体的生理状态密切相关（Carsia et al.，1985b）。例如，在生长发育期间，肾上腺对 ACTH 的敏感度下降。

23.7.2.2　黑皮质素受体

ACTH 通过与黑皮质素受体（MCR）结合发挥作用，MCR 属于 G 蛋白偶联超家族成员。禽类有五种 MCR：MC1-R、MC2-R、MC3-R、MC4-R 和 MC5-R。鸡的 MC1-R（Takeuchi et al.，1996）、MC2-R（Takeuchi et al.，1998）、MC3-R（Takeuchi and Takahashi，1998a），以及 MC4-R 和 MC5-R（Takeuchi and Takahashi，1998b）均已鉴定。

MC2-R 在肾上腺中表达，并在此介导 ACTH 的生理作用（鸡：Takeuchi et al.，1998）。ACTH 能够促进 MC2-R 表达（鸡：Bureau et al.，2009）。此外，禽类的肾上腺中也有 MC3-R 表达（Takeuchi and Takahashi，1998a）。MC1-R、MC4-R 和 MC5-R 在下丘脑表达（鸡：Dridi et al.，2006），在控制采食上发挥调节作用。

上述受体对 ACTH 和 α-MSH 的特异性不同，与 α-MSH 相比，ACTH 能够更有效地抑制配体与每种 MCR 的结合（Ling et al.，2004）。ACTH 与 MC2-R 结合刺激 cAMP 形成的作用更强，但 α-MSH 和 ACTH 与 MC1-R、MC3-R、MC4-R、MC5-R 结合后具有相似的刺激 cAMP 形成的能力（Ling et al.，2004）。

23.7.3　ACTH 释放的调控

应激可促进促肾上腺皮质激素释放激素（CRH）的释放，进而促使腺垂体释放 ACTH，而

ACTH 可以进一步促进皮质酮的合成。

23.7.3.1 **促肾上腺皮质激素释放激素**

CRH 刺激 ACTH 的分泌（表 23.2）。对鸡 CRH 的 cDNA 序列进行了测序，由此推导出鸡的 CRH 结构与哺乳动物的相同（Vandenborne et al.，2005a），鸡 CRH：SEEPPISLDLTFHLLREV LEMARAEQLAQQAHSNRKLMEIIGK。

禽类下丘脑，尤其是正中隆起处 CRH 的免疫反应呈阳性（Jozsa et al.，1984）。CRH 可刺激体外培养的鸡/鸭垂体细胞释放 ATCH（Carsia et al.，1986；Castro et al.，1986）。鸡的 CRH 受体已鉴定，CRH 和尾加压素-1 都是其有效配体（Yu et al.，1996）。CRH 的作用通过 CRHR1 介导（De Groef et al.，2003a）。虽然在脑提取物中发现 CRH 结合蛋白（鸡：Seasholtz et al.，2002），但其在禽类中的作用尚不清楚。

23.7.3.2 **其他激素**

AVT 和 MT 都能够刺激 ACTH 的释放（Castro et al.，1986）。中枢给予饥饿素能提高雏鸡血浆皮质酮的浓度（Saito et al.，2005），可能是由于 CRH 释放增加所致。此外，甲状旁腺激素相关肽及降钙素作用于垂体后，可增加垂体 ACTH 的释放（鸡：Nakayama et al.，2011a，b，c）。促肾上腺皮质激素分泌细胞上存在降钙素受体，降钙素与其结合后，增加 CRH 刺激 ACTH 释放（鸡：Nakayama et al.，2011b，c）。

23.7.3.3 **反馈调节**

体内外试验均已证实，皮质酮可通过作用于下丘脑和垂体抑制 ACTH 的释放（Herold et al.，1992；Carsia et al.，1986）。皮质酮还会下调下丘脑中 CRH 的表达（鸡：Vandenborne et al.，2005b）。虽然皮质酮不影响腺垂体 CRH-R 的表达（鸡：Vandenborne et al.，2005b），但却能够上调垂体 VT2R 的表达（Sharma et al.，2009）。缺乏蛋白质的雏鸡血浆中皮质酮浓度上升，同时 ACTH 的浓度会下降（Carsia et al.，1988），这可能是由于糖皮质激素负反馈作用的增加。

23.7.4 POMC 表达的控制

禁水（伴随有 AVT 的释放增多）和睾酮处理均能引起鸡腺垂体中 POMC mRNA 的表达减少（Sharma and Chaturvedi，2011）。体内研究显示，皮质酮不影响腺垂体 POMC 的表达；但体外研究则显示，皮质酮可以下调 POMC 的表达（鸡：Vandenborne et al.，2005b；Sharma et al.，2009）。

23.7.5 ACTH 的来源

POMC 在腺垂体的嗜酸性细胞——促肾上腺皮质激素分泌细胞中表达，并加工成 ACTH（Hayashi et al.，1991；Gerets et al.，2000）（图 23.1）。鸡腺垂体含有大量 ACTH（1.6 μg），但 α-MSH 含量很低（10 ng）（Hayashi et al.，1991），且 ACTH 与 α-MSH 共存于同一细胞中（Iturriza et al.，1980；Hayashi et al.，1991）。添加 CRH 可使培养的鸡腺垂体中表达 POMC 的细胞数量增加（Pals et al.，2006）。在禽类促肾上腺皮质激素分泌细胞中发现了 VT2R（Jurkevich et al.，2005）

23.7.6　垂体外来源的 POMC

除了腺垂体，POMC 还在多个器官中表达。研究显示，在脑、肾、肾上腺、脂肪组织、性腺和尾脂腺中均有 POMC 的表达（鸡：Takeuchi et al.，1999）。Gerets 等（2000）研究表明，位于漏斗状核和正中隆起的核周体，以及位于视前区和内侧基底下丘脑的纤维内都含有 POMC。此外，胸腺和法氏囊等免疫组织中 POMC 免疫反应也呈阳性（Franchini et al.，1999）。不仅如此，研究发现 POMC 和激素原转化酶 1 和 2（PC1 和 PC2）均在毛囊中表达（Yoshihara et al.，2011）。

MCR 在多种组织中有表达。在脾脏中发现 MC2-R 的表达（Takeuchi et al.，1998）。MC4-R 和 MC5-R 在鸡的脑、肾上腺、性腺和脂肪组织中均有表达。此外，MC4-R 在脾脏中有表达，而 MC5-R 在肾脏和尾脂腺中也有表达（Takeuchi and Takahashi，1998b）。然而，这些 POMC 产物的作用仍不清楚。毛囊中也表达 MC1-R，其通过与 α-MSH 或 ACTH 结合，从而改变羽毛的颜色（Yoshihara et al.，2011）。

23.7.7　ACTH 的个体发生

家禽胚胎发育的第 7 天即可发现促肾上腺皮质激素分泌细胞（Jozsa et al.，1979）。胚胎发育到第 11 天和第 17 天之间，血浆中 ACTH 和皮质酮的浓度增加（鸡：Jenkins et al.，2007）。血中皮质酮浓度升高后能够促进腺垂体催乳素分泌细胞和生长激素分泌细胞的数量增加。

23.8　其他腺垂体肽类

除“经典”的激素外，腺垂体还表达以下蛋白质。

23.8.1　脂联素

腺垂体表达脂联素（鸡：Maddineni et al.，2005）及其受体（AdipoR1 和 AdipoR2）（鸡：Ramachandran et al.，2007）。脂联素的垂体表达受生理状态的影响，禁食 48 h，脂联素的表达增加（Maddineni et al.，2005），同时伴随两种受体亚型的表达量降低（Ramachandran et al.，2007）。

23.8.2　降钙素

降钙素在鸡腺垂体中表达，与 PRL 共表达于催乳素分泌细胞中（Maddineni et al.，2007）。降钙素生理作用的证据来自于在不同生殖阶段垂体中 PRL 和降钙素的表达呈负相关的报道（Maddineni et al.，2007）。促肾上腺皮质激素分泌细胞存在降钙素受体，降钙素与其结合后可增强 CRH 刺激的 ACTH 释放（鸡：Nakayama et al.，2011b）。

23.8.3　嗜铬粒蛋白 A

嗜铬粒蛋白 A 是一种能够与蛋白质类激素同时分泌的酸性肽。从鸵鸟腺垂体中纯化并测序的嗜铬粒蛋白 A 与哺乳动物的嗜铬粒蛋白 A 具有约 80%的同源性（Lazure et al.，1990），但嗜铬粒蛋白 A 或其肽段的功能尚未确定。

23.8.4 胰高血糖素受体

鸡垂体中胰高血糖素受体适度表达（Wang et al.，2008），但胰高血糖素受体的细胞定位和功能尚未确定。

23.8.5 卵清抑制剂

禽蛋的卵白蛋白即卵清抑制剂与一些腺垂体细胞共定位，如生长激素细胞、分泌 LH 的促性腺激素分泌细胞、促肾上腺皮质激素分泌细胞，但不包括催乳素分泌细胞（Oubre et al.，2003）。

23.8.6 甲状旁腺相关肽

甲状旁腺相关肽（PTHrP）能够与腺垂体的细胞质膜相结合（鸡：Nakayama et al.，2011a）。将 PTHrP 注入第三脑室能够促进 ACTH 的释放（Nakayama et al.，2011a），这表明 PTHrP 可以渗入促肾上腺皮质激素分泌细胞而发挥作用，或者 PTHrP 通过促进 CRH 的释放而发挥作用。PTHrP 可对腺垂体发挥作用，其证据来自于 PTHrP 及 PTH 样肽（PTH-L）共表达于腺垂体远侧部的报道（Pinheiro et al.，2010）。

23.8.7 肽

有证据表明，腺垂体的四肽能刺激去垂体鸡的甲状腺，提高血中甲状腺激素的水平（Kusnik et al.，2008）。

23.8.8 类固醇激素生成酶

胚胎腺垂体表达类固醇激素合成酶，包括 P450 胆固醇侧链裂解酶和 3β-羟类固醇脱氢酶-1（Zheng et al.，2008）。

23.9 垂体结节部的功能

直到最近，关于禽类结节部功能的研究极少。

23.9.1 垂体结节部与光周期性

已有大量证据表明，垂体结节部在禽类的昼夜节律和光周期方面发挥着重要作用。在日本鹌鹑，14 h 的光周期刺激可使垂体结节部 TSHβ-亚基的表达量增加。在随后的 4 h 内，下丘脑 2 型单脱碘酶表达量升高，T_3 也随之升高（Nakao et al.，2008）。下丘脑内施加 TSH 可模拟光刺激的作用，表明来自结节部的 TSH 可以逆向的方式起作用（Nakao et al.，2008）。

23.9.2 松果体对结节部的影响

结节部存在褪黑素结合位点（日本鹌鹑：Cozzi et al.，1993），并有褪黑素受体［Mel

(1c)]的表达(Kameda et al., 2002),这是松果体与结节部功能相关的证据。此外,切除松果体可使结节部 LH-FSH-TSH 共同的糖蛋白 α 亚基的表达增加(鸡: Kameda et al., 2002)。结节部糖蛋白激素 α 亚基表达的昼夜变化受松果体褪黑激素的调控(鸡: Arai and Kameda, 2004)。

23.9.3 昼夜节律和结节部

结节部存在内源性的昼夜节律。在日本鹌鹑的结节部发现有昼夜节律相关基因 *Cry*1 和 *BMAL*1 的表达(Yasuo et al., 2004; Ikegami et al., 2009)。

结节部与其他组织的光感受器之间也有联系。含有视蛋白-5 感光蛋白的神经细胞延伸到邻近的正中隆起的外侧区域,该区域靠近结节部(Halford et al., 2009; Nakane et al., 2010)。无论是否切除禽类的松果体,连续光照或延长黑夜均可减少或增加其垂体结节部 FSH-LH-TSH α 亚基的表达(Kameda et al., 2002)。

23.10 神经垂体

23.10.1 简介

下丘脑神经分泌束(神经元)的轴突末梢终止在神经垂体,解剖示意见图 23.1。神经垂体分泌的两种激素是 AVT 和 MT(表 23.1)。神经垂体有两条基因,第一条是禽类的催产素(OXT)基因,编码前催产素运载蛋白原(prooxyphysin),其蛋白水解产物为 MT 和神经垂体激素运载蛋白-1。第二条是禽类 *AVP* 基因,编码 AVT 和神经垂体激素运载蛋白-2 的前体蛋白。

AVT 和 MT 主要由不同的神经分泌细胞产生和分泌。分泌 AVT 和 MT 的神经元的胞体位于下丘脑内两个独立而重叠的区域(Goosens et al., 1977; Bons, 1980; Tennyson et al., 1985)。在鸡胚中,分泌 AVT 和 MT 的神经细胞的胞体和轴突在 6~17 d 发育(Tennyson et al., 1986)。

MT 和 AVT 分别是与神经垂体激素运载蛋白-1 和运载蛋白-2 来自相同前体分子的一部分。在 AVT 和 MT 的轴浆运输过程中,运载蛋白充当载体。在释放之前,这些激素储存在结节部。两种禽类神经垂体激素的运载蛋白已进行了鉴定和测序(如鸵鸟: Lazure et al., 1987, 1989; 鹅: Michel et al., 1990)。禽类的两种神经垂体激素是 AVT 和 MT(Acher et al., 1970):

AVT(8-精氨酸催产素): CyS-Tyr-Ile-Glu(NH_2)-Asp(NH_2)-CyS-Pro-Arg-Gly(NH_2);

MT(8-异亮氨酸催产素): CyS-Tyr-Ile-Glu(NH_2)-Asp(NH_2)-CyS-Pro-Ile-Gly(NH_2)。

AVT 与精氨酸加压素不同,它是哺乳动物的抗利尿激素,由单一氨基酸残基突变产生(第 3 位苯丙氨酸替换为异亮氨酸)。MT 与哺乳动物体内的同源催产素不同,其由异亮氨酸替代了亮氨酸（第8位）。

神经垂体含有高浓度的AVT和MT（鸡：4.0 μg AVT和0.9 μg MT）（Robinzon et al.，1988a）。在整个大脑（Robinzon et al.，1988a）和卵巢内也发现了这些神经肽，但浓度较低（Saito et al.，1990）。据推测，尽管卵巢也可以产生较多的AVT和MT，但血中AVT和MT的主要来源是神经垂体（Saito et al.，1990）。

23.10.2 AVT的作用

AVT的主要作用是影响肾功能和生殖。

23.10.2.1 AVT对肾功能的影响

AVT是鸟类主要的抗利尿激素（Goldstein，2006）。无论是在手术切除结节部，或是在缺乏AVT的鸡中，由于缺乏AVT，都会伴随着大量尿液的产生（Shirley and Nalbandov，1956；Dunson et al.，1972）。给禽类注射AVT具有抗利尿作用（Ames et al.，1971）。AVT主要在肾小管发挥作用（Gerstberger et al.，1985；Stallone and Braun，1985），使AQP-2的表达增加（鹌鹑：Lau et al.，2009）。基于沙漠鹌鹑的研究，AVT通过降低起滤过作用的爬行动物型肾单位的数量和哺乳动物型单个肾单位的GFR，从而降低肾的GFR（Braun and Dantzler，1974）。AVT还通过调节肾小球滤过及肾血管变化来增加水的储存（鸡：Stallone and Braun，1985；鸥：Gray and Erasmus，1988）。AVT分别通过VT2R受体和VT1R受体降低家雀的尿液生成速度和肾小球滤过率（麻雀：Goecke and Goldstein，1997）。研究表明，患有遗传性尿崩症的鸡对AVT的敏感性降低（Brummermann Braun，1995）。

23.10.2.2 AVT对心血管系统的影响

AVT对鸟类既有血管抑制作用又有血管升压作用。给清醒的成年鸡及成年或幼年鸭单次快速静脉注射AVT，会导致平均动脉压显著下降（Wilson and West，1986；Robinzon et al.，1988b）。相反，给清醒鸡灌注AVT却使其动脉血压升高（Robinzon et al.，1993）。与此相似的是，单次快速静脉注射AVT后心跳加速，而灌注AVT后心跳减慢（Wilson and West，1986；Robinzon et al.，1988b，1993）。

23.10.2.3 AVT对产蛋的影响

AVT对禽类的产蛋过程具有调节作用，可影响母鸡子宫收缩，但MT不具有类似功能（Koike et al.，1988）。AVT引发过早产蛋的机制可能与其促进子宫前列腺素（可能是E1）的局部分泌有关，而这反过来又会引起子宫收缩（Rzasa，1978，1984）。产蛋时，血液中AVT的浓度会显著上升，也增加了子宫对AVT的敏感性（Rzasa，1978）。AVT的受体VT3R在鸡子宫内膜和蛋壳腺的肌层中表达（Gubrij et al.，2005）。

23.10.2.4 其他作用

神经垂体激素对禽类其他激素的分泌也有影响。例如，AVT可以刺激PRL（El Halawani et al.，1992）和ACTH的释放（Castro et al.，1986）。

23.10.2.5 受体

AVT和MT的受体是G蛋白偶联受体超家族内的催产素（VT）受体家族的成员。禽类AVT和MT的受体基因有四个，分别是VT1R（在大脑中广泛表达）、VT2R（V1b）（在垂体中广泛高表达)、VT3R(催产素样)(在大脑中广泛高表达)和 VT4R(V1a)(白喉带鹀和斑胸草雀: Leung et al., 2011)。研究发现，VT3R 受体也存在于鸡中(Gubrij et al., 2005)。

有关鸣禽的研究表明，VT2R(V1b)在其大脑中表达量较低(Leung et al., 2011)。已有报道显示，VT1R、VT3R 和 VT4R(V1a)三种 VT 受体在白喉带鹀和斑胸草雀大脑中表达(Leung et al., 2011)，而且在与行为效应相关的区域呈现高表达。AVT 刺激禽类释放 ACTH 的作用是由 VT2R 介导的，这些受体都在促肾上腺皮质激素分泌细胞表达(Jurkevich et al., 2005)。由于它的负反馈作用，给鸡注射皮质酮可增加 VT2R 表达和 VT2R 免疫活性(Sharma et al., 2009)。缺水或注射睾酮使 VT2R 在鸡的腺垂体表达量增加(Sharma and Chaturvedi, 2011)。VT3 受体在日本鹌鹑蛋壳腺肌层表达(Srivastava et al., 2010)。

23.10.3　MT 的作用

目前有关禽类中 MT 生理作用的信息较少。虽然产蛋时血液中 MT 的浓度不变(Nouwen et al., 1984; Koike et al., 1988)，但 MT 会影响 AVT 与子宫的结合，增强蛋鸡产蛋时 AVT 的刺激作用(Takahashi and Kawashima, 2008a)。MT 与子宫受体结合，在蛋鸡中已有报道(Takahashi and Kawashima, 2008b)。MT 并不影响动脉血压或心率等主要心血管指标，但却会影响某些器官的血液流动(如小腿和鸡冠的温度降低)(Robinzon et al., 1988b)。此外，灌注 MT 会降低血液中醛固酮的浓度(Robinzon et al., 1988b)。

23.10.4　MT 及 AVT 对行为的影响

MT 和 AVT 在大脑中产生并发挥作用，也许会影响禽类的某些行为，如配对。给斑胸草雀注射催产素拮抗剂可延长配对的潜伏期，并减少配对(Pedersen and Tomaszycki, 2012)。催产素拮抗剂注入雌性斑胸草雀隔膜使其社会行为能力降低(Goodson et al., 2009)。这些似乎与群居行为有关，有群居习性的原野春雀的背侧中隔(LS)和内侧杏仁核的 MT 增加，而在有占地行为的北美歌雀未发现此现象(Goodson et al., 2012)。当幼禽暴露在正在孵蛋的雌火鸡面前时，在其室旁核(PVN)和视上核腹侧部(SOv)含有 MT 的神经元会有 *c-fos* mRNA 的表达(Thayananuphat et al., 2011); 雌火鸡脑室注入催产素受体激动剂会抑制其孵化行为(Thayananuphat et al., 2011)。

23.10.5　AVT 和 MT 释放的调控

表 23.4 概括了影响血中 AVT 浓度的因素。AVT 和 MT 的释放的调控是分开的。例如，热应激增加血中 AVT 的浓度，却降低 MT 的浓度(Wang et al., 1989)。

23.10.5.1　与肾功能相关的 AVT 释放的调控

血浆渗透压升高引起 AVT 释放，以防止水分丢失(表 23.4)。血浆渗透压升高的情况下通常会降低血容量。AVT 的释放受渗透压的调控而不是受血容量的调控(Stallone and Braun, 1986)。在鸡中，血管紧张素-2 可降低血中 AVT 的浓度，可能通过神经垂体存在的血管紧张素受体发挥作用，从而导致产蛋前 AVT 的释放减少(Takahashi et al., 2011)。

表 23.4 影响禽类血中 AVT 浓度的因素

生理因素	鸡	鸭	家雀
产蛋	↑↑	—	—
禁水	↑	↑	↑
血管紧张素	↑	→	—
出血	↑	↑	—
氯化钠负荷	↑	↑	—
麻醉	↓	—	—

注：引自 Scanes(2000)。

23.10.5.2 与产蛋相关的 AVT 释放的调控

产蛋时，血中 AVT 的浓度大大增加（Sturkie and Lin，1966；Nouwen et al.，1984；Koike et al.，1988）。在产蛋鸡中，前列腺素 F2α 使血浆中 AVT 的浓度增加（Shimada et al.，1987），同时使神经垂体中前列腺素 F2α 受体减少（Takahashi and Kawashima，2008c）。产蛋时，神经部是 AVT 最可能的来源，但卵巢内的 AVT 可能也起作用，产蛋前卵泡中 AVT 水平迅速下降（Saito et al.，1990）。

此外，神经部和卵巢-输卵管也存在关联。鸡神经垂体的膜成分有雌激素结合位点，但在产蛋前其结合力会降低（Takahashi and Kawashima，2009）。无论是雌激素还是孕酮都可减少神经垂体中前列腺素 F2α 受体的数量（Takahashi and Kawashima，2008c，2009）。

不足为奇的是，在蛋壳沉积过程中钙流量发生大幅变化，钙调控与产蛋之间存在着交互作用。母鸡的神经垂体和下丘脑视前区存在降钙素受体（Nakayama et al.，2010，2011b，c），产蛋前会发生变化（如亲和力增加，容量减少），雌激素可降低母鸡神经垂体 CT 与受体的结合能力（Nakayama et al.，2011d）。

23.10.6 AVT 和 MT 的表达

MT 在室旁核的细胞体中表达，特别是单核细胞、巨核细胞亚群和室周亚群（鸡：Barth et al.，1997）。有些细胞的胞体同时表达 MT 和 AVT（Barth et al.，1997）。AVT 在视上核细胞体中表达，尤其是在腹侧和外部亚细胞群中表达（鸡：Barth et al.，1997）。*AVT* 基因在产蛋时表达量增加（日本鹌鹑：Seth et al.，2004a；鸡：Seth et al.，2004b），禁水时表达量也增加（日本鹌鹑：Seth et al.，2004a），缺水会增加含有 AVT 免疫活性的神经元数量（日本鹌鹑：Seth et al.，2004a）。

参考文献

（栾新红、郑鑫、兰海楠、程美玲译，胡建民校）

第 24 章 甲状腺

F. M. Anne McNabb and Veerle M. Darras

24.1 甲状腺的解剖学和组织胚胎学

禽类甲状腺是成对的、血管丰富、位于气管腹外侧的椭圆形腺体，尾侧至锁骨下动脉和颈总动脉的交界处（图 24.1）。禽类甲状腺的组织学和超微结构与其他动物相似（French and Hodges，1977；Astier，1980）。禽类甲状腺由上皮细胞围成的腺泡构成，腺泡腔里充满了胶质，其中含有可结合甲状腺激素的甲状腺球蛋白，所以胶质可以作为细胞外甲状腺激素储存库。这种细胞外激素储存形式是甲状腺独有的，也被认为是对微量元素碘缺乏的一种适应。碘是甲状腺激素的一个重要组成部分（McNabb，1992）。哺乳动物有甲状腺滤泡旁细胞（降钙素细胞），可分泌降钙素，但禽类甲状腺中没有；禽类的降钙素细胞在鳃后体中（见第 25 章）。

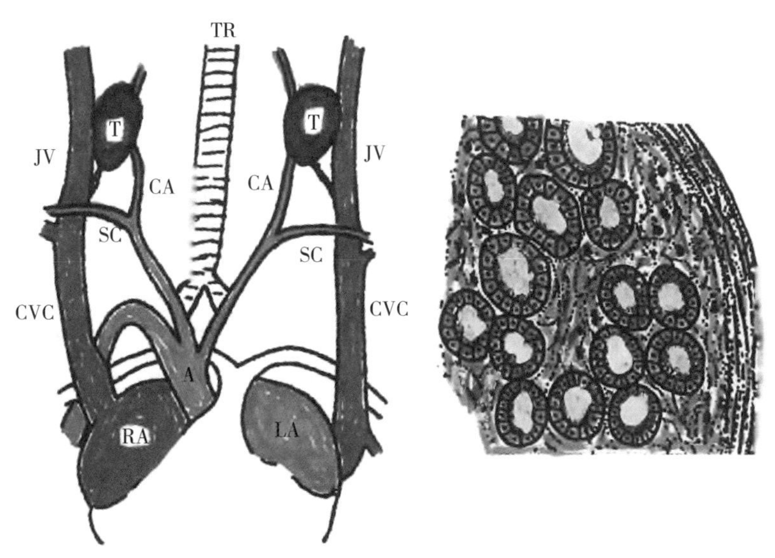

图 24.1★　禽类甲状腺

左图：禽类甲状腺腹面。禽类甲状腺的位置，鸡的右侧比左侧更靠后。A，主动脉；CA，颈总动脉；CVC，颅腔静脉；JV，颈静脉；LA，左心房；RA，右心房；SC，锁骨下动脉；T，甲状腺；TR，气管。右图：甲状腺组织切片，HE 染色。图中显示的是各种大小的滤泡，由立方形细胞（正常甲状腺状态的特征）组成，包围着充满胶体的腔。右侧显示部分腺体的结缔组织囊。滤泡之间的间隙区域含有血管、神经和疏松结缔组织。

在脊椎动物中，由咽腹壁形成的甲状腺出现的较早（如鸡胚孵育期为 21 d，第 2 天即出现）。这些上皮细胞最初附着在咽部，但随后分离，第 5 天甲状腺呈成熟状态。滤泡形成开始于孵化中期，随着胚胎期前半段腺体功能的成熟和后半段下丘脑-垂体调节轴的建立，滤泡迅速形成。相反，在晚成的环鸽中，虽然有些滤泡出现较早，但在胚胎期几乎没有更多的滤泡组织出现，大部分组织学和功能性的发育及控制发生在孵化后（见综述：Wentworth and Ringer，1986；McNabb，1992）。近年来，在研究与甲状腺发育早期过程有关的内外信号方面已经取得了重大进展。虽然这些研究大多利用哺乳动物模型，但是一些研究表明，鸡胚中甲状腺发育特定的信号转导方面与哺乳动物的甲状腺发育调控基本一致（见综述：De Felice and Di Lauro，2011）。对鸡整个胚胎期甲状腺功能的大部分关键组件基因表达有较详细的研究，包括孵化期后半段和孵化期间甲状腺如何通过调控合成和释放甲状腺素（四碘甲腺原氨酸，T_4）来增加血液中 T_4 浓度（Grommen et al.，2011）。

24.2 甲状腺激素

24.2.1 甲状腺激素的合成、释放和血中浓度

禽类和其他脊椎动物一样，T_4 和三碘甲腺原氨酸（T_3）都属于甲状腺激素（图 24.2）。总之，对禽类甲状腺功能的研究表明，禽类甲状腺激素合成和释放的机制与哺乳动物基本相同（见综述：McNabb，1992）。碘化物通过钠碘依赖的同向转运蛋白（Na-I 泵）从血液将碘转移到甲状腺中，另一种转运蛋白，潘蛋白（pendrin）参与碘化物从滤泡细胞到胶质的转运（见哺乳动物碘化物转运综述：Bizhanova and Kopp，2009）。高氯酸盐对几种禽类甲状腺的影响表明，禽类中 Na-I 泵活性与已有研究报道的哺乳动物和少数其他脊椎动物的 Na-I 泵活性相当

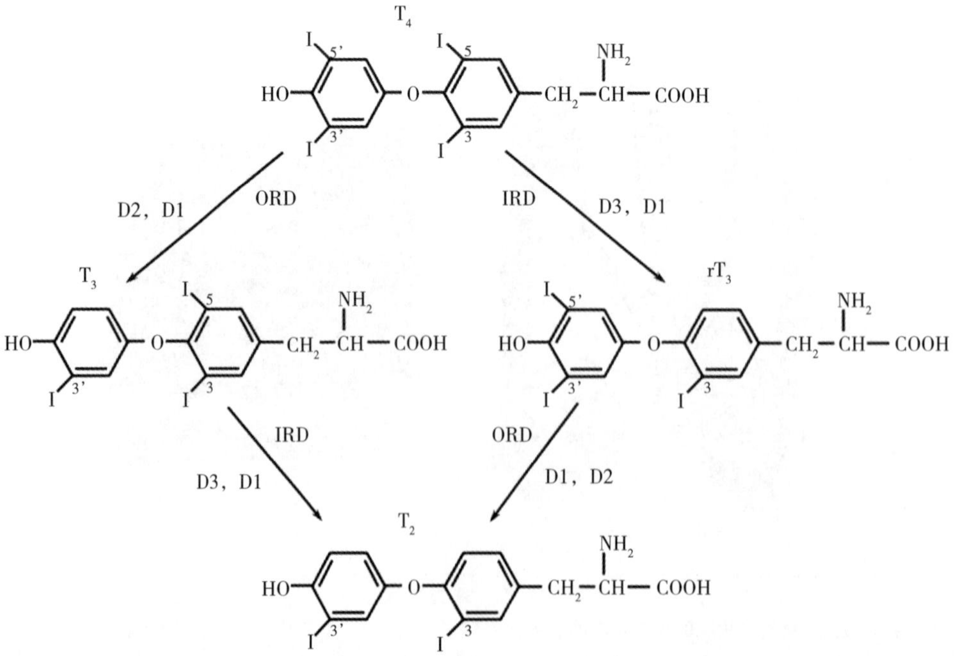

图 24.2 甲状腺激素及其脱碘途径导致甲状腺激素的激活和失活

T_4，3，5，3′，5′-四碘甲腺原氨酸或甲状腺素；T_3，3，5，3′-三碘甲腺原氨酸；D1，1 型脱碘酶；D2，2 型脱碘酶；D3，3 型脱碘酶；IRD，内环脱碘；ORD，外环脱碘；rT_3，3，3′，5′-逆三碘甲腺原氨酸；T_2，3，3′-二碘甲腺原氨酸。

(McNabb et al., 2006)。禽类甲状腺具有极高的碘浓度，并能延长碘化物的存留时间。尽管禽类甲状腺碘化物可能受到碘化物有效供应量的影响，但在成年动物体内，血中甲状腺素和甲状腺内激素含量在较宽的碘摄入量范围内保持相对稳定。胚胎和雏鸡也显示出明显的碘化物调节作用，但不如成禽的明显(McNabb et al., 1985a, b; Stallard and McNabb, 1990)。

甲状腺激素的合成始于甲状腺球蛋白中酪氨酸残基的碘化，而甲状腺球蛋白以胶体的形式储存激素。甲状腺球蛋白是在滤泡细胞内质网的核糖体上产生，碳水化合物进入网状腔，在高尔基体中进一步修饰和补充，然后通过囊泡将甲状腺球蛋白运输到细胞顶端，以胞吐形式进入胶体中。甲状腺球蛋白内酪氨酸的碘化需要甲状腺过氧化物酶和碘化物的氧化形式，形成单碘酪氨酸(MITs)和二碘酪氨酸(DITs)，然后再通过甲状腺过氧化物酶偶联产生甲状腺激素，T_4(DIT+DIT)和 T_3(DIT+MIT)。甲状腺中激素的释放会涉及滤泡细胞胶体滴的内吞作用，先与溶酶体融合，由溶酶体酶作用于甲状腺球蛋白，释放 T_4 和 T_3 进入滤泡细胞外表面的毛细血管内(见综述：McNabb, 1992)。

成年禽类的碘化物摄取充足，甲状腺激素主要由 T_4 组成，T_3 的含量较少或检测不到。当碘量受限时，T_3 : T_4 的比值增加，总激素储备减少。利用多种方法测得鸡、鹌鹑和鸽的甲状腺激素分泌率(TSRs)均为每 100 g 体重 1～3 μg。低温会增加 TSR，而碘缺乏和机体老化则会降低 TSR(见综述：Wentworth and Ringer, 1986)。和其他脊椎动物一样，禽类甲状腺的功能主要也是由下丘脑-垂体-甲状腺轴(HPT)控制(见 24.3)。

胚胎期甲状腺组织形成滤泡之前已经具备了激素合成的能力。在早成的禽类如鸡的胚胎发育过程中，甲状腺中碘化物的浓度和一些激素的合成发生在孵化期第一个 1/4～1/3 期间，但在晚成的禽类如环鸽的胚胎发育中则发生在孵化中期(见综述：McNabb et al., 1998)。很早以前，血液甲状腺激素的测定是通过检测蛋白结合碘，之后通过竞争结合法分析，再之后通过放射免疫测定法(RIA)和酶联免疫吸附法(ELISA)测定，近年来采用液相色谱-质谱联用法测定。20 世纪 70 年代后期的绝大多数激素方面的文献数据都是采用 RIA 和 ELISA 法测得的。

禽类血浆中 T_4 的浓度比 T_3 高出几倍，但是这个比值比甲状腺内的比值低得多。许多成年家禽血浆或血清的 T_4 在 5～15 ng/mL(6～19 pmol/mL)范围内，T_3 在 0.5～4 ng/mL(0.7～1.5 pmol/mL)范围内。和哺乳动物相比，禽类血浆中 T_4 含量较少(哺乳动物高出 10 倍)，但 T_3 浓度相似(McNabb, 2000)。在许多禽类物种中已经测定血液中这两种激素的浓度，但由于存在技术差异和诸多影响甲状腺状态的因素(如食物供应量、季节性、品种、年龄和采样时间)，所以用此归纳物种差异时须谨慎。

血浆甲状腺激素的昼夜模式很容易在禽类中得到证实。血浆 T_4 在夜晚上升并达峰值，而血浆 T_3 在白天升高并达峰值，反映出光照下甲状腺外 T_4 转化为 T_3 转化率最高的时期。食物的摄取方式是影响外周 T_3 产生、降解及血浆甲状腺激素水平的关键因素。温度也可能很重要；在这种昼夜模式下，低温使血浆 T_3 上升，温度适宜则使其下降。一般来说，温度对血浆 T_4 的影响与 T_3 相反，且更为复杂(见综述：Cogburn and Freeman, 1987; Decuypere and Kühn, 1988; Sharp and Klandorf, 1985)。

在脊椎动物体内，血液中甲状腺激素是通过结合蛋白来运输的，这些结合蛋白维持着甲状腺激素的储存，并帮助调节组织对激素的可利用性。然而，仅仅了解游离激素的浓度并不足以了解不同条件下不同组织的激素进入情况（见 24.2.3）。禽类体内主要的甲状腺激素结合蛋白是一种具有高亲和力、低容量的甲状腺素转运蛋白，而白蛋白则是低亲和力和高容量的转运蛋白。禽类缺乏大型哺乳动物血液中极高亲和力的 T_4 结合蛋白，如甲状腺素结合球蛋白（TBG）。对禽类的一些研究表明，结合蛋白可以调节如发育期间和昼夜周期中甲状腺激素的可利用性（见综述：McNabb，2000）。在几种禽类中已鉴定出脉络丛和肝脏中产生的甲状腺素转运蛋白，并与其他脊椎动物中的功能进行了比较。与哺乳动物的结合模式相反，禽类甲状腺素转运蛋白对 T_3 的亲和力比 T_4 高（Chang et al.，1999；Schreiber，2002）。

早成和晚成发育的禽类血浆甲状腺激素的个体发育模式不同。在早成物种中，甲状腺的功能及其调控在孵化前成熟，血浆 T_4 浓度在胚胎期后半段上升几倍，但血浆 T_3 浓度仍然很低。在孵化后期，这两种激素均急剧上升，达到禽类血浆中测量到的最高浓度。这种模式在早成的鸡形目鸟类（McNabb et al.，1998）和早成的野鸭（mallard ducks）（McNabb et al.，2006）中是一致的。在这期间，早成的物种中甲状腺激素分泌高峰的出现与其遇冷发生的体温调节及肺呼吸的启动有关。分泌高峰过后，血浆甲状腺激素浓度显著降低，孵化后逐渐增加，直至成年水平。来自两个鸟纲（鸽形目环鸽、雀形目欧洲椋鸟和红翅鸫黑鸟）的变种中，胚胎期和孵化期的血浆 T_3 和 T_4 浓度非常低，在孵化后的最初 2～3 周逐渐增加到成年的水平。这些晚成鸟类孵化后几天到一周首先出现应对寒冷的生热反应，随着幼鸟羽毛的丰满，体温逐渐稳定（见综述：McNabb and Olson，1996；McNabb et al.，1998）。

24.2.2 甲状腺激素的作用机制

与其他脊椎动物一样，在禽类中，许多甲状腺激素的作用是通过核受体超家族（一大类具有相似结构域的激素受体）成员的核甲状腺激素受体介导的。甲状腺激素受体，通常被称为 T_3 受体，因为它们与 T_3 高度亲和，主导甲状腺激素的转录效应（即这些受体是作用于甲状腺激素应答基因的转录因子；图 24.3）。因此，在转录作用方面，从甲状腺释放的主要激素是 T_4，它被认为是一种主要的激素前体。由甲状腺激素介导的直接效应有两个方面，即发育性和代谢性（见 24.4.1 和 24.4.2），但也有甲状腺激素的间接或允许作用，以及与其他激素的交互作用。

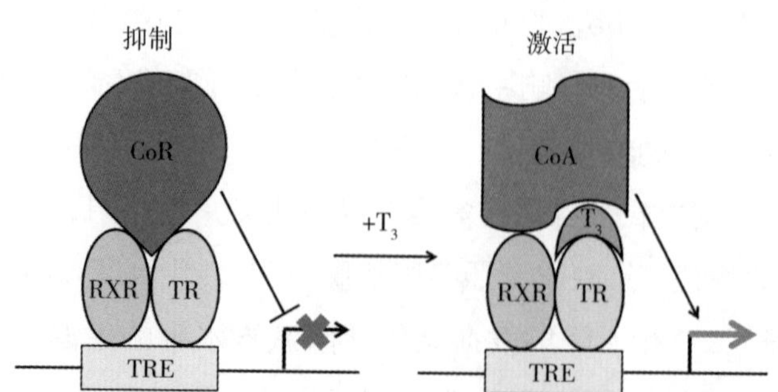

图 24.3★ 甲状腺激素在 T_3 缺乏时导致基因抑制和在 T_3 存在时基因转录激活的作用机制

CoA，共激活因子；CoR，共阻遏子；RXR：视黄酸 X 受体；TR，甲状腺激素受体；TRE，甲状腺激素反应元件；T_3，3，5，3′-三碘甲腺原氨酸。

脊椎动物中的甲状腺激素受体（TRs）是由两个基因编码的，即甲状腺激素受体-α

（THRA）和甲状腺激素受体-β（THRB），它们产生许多与 T_3 高亲和力的受体亚型（如哺乳动物中的 TRα1、TRβ1、TRβ2 和 TRβ3，但不同的脊椎动物中亚基的数目和类型是不同的）。*THRA* 基因 mRNA 表达，导致甲状腺激素作用的抑制效应。一般来说，TRα 的基因表达普遍存在，但禽类大脑发育过程中可能有所不同。TRβ 表达只局限于较少的组织中，并且在发育上受到特异性调控（见综述：哺乳动物，Flamant et al.，2006；Cheng et al.，2010；禽，Decuypere et al.，2005；Grommen et al.，2008；Darras et al.，2011）。除了与受体结合的 T_3（配体）外，转录的进一步调节可由位于 T_3 靶基因启动子上激素反应元件的差异、来自组织中受体浓度的差异、来自受体亚型发育表达中的差异，以及核内共调节蛋白的作用等引起。当 TRs 未能与 T_3 结合时，共调节蛋白抑制并阻止正向调控的甲状腺应答基因的转录；当 TRs 与 T_3 结合（即 TRs 被占据）时，转录被激活（图 24.3）。在哺乳动物中，甲状腺激素作用的详细分子机制非常清楚（见综述：Cheng et al.，2010）。已有研究表明，禽类中受体介导的甲状腺激素的作用与哺乳动物非常相似（Decuypere et al.，2005；Darras et al.，2011）。T_3 受体的结合程度（即结合饱和度）主要取决于向血液中释放 T_3、对胞内 T_3 发挥不同作用的脱碘反应（见 24.2.3），以及控制激素进入特定组织的转运分子（见 24.2.4）。此外，其他激素的降解途径对胞内 T_3 的作用也有影响。

甲状腺激素还通过质膜内、细胞质和线粒体中的非基因组效应（即这些效应不是由胞核中 TR 结合引起的）发挥作用，这些效应已有哺乳动物分子水平上的研究报道（Cheng et al.，2010；Scapin et al.，2010）。其中，作为非基因组作用之一，即甲状腺激素的生热效应，几十年来在禽类和哺乳动物的整体水平受到广泛关注（见 24.4.2）。

与哺乳动物一样，通过补充致甲状腺肿物（甲巯咪唑）或通过甲巯咪唑加激素来改变甲状腺的状态，证明禽类靶组织中不同受体亚型的调控存在差异。甲状腺功能减退足以导致雏鸭生长迟缓、几种发育标记物减少、部分肌肉的 TRβ0（推测与 TRβ1 同源）减少，但不影响 TRαmRNA 的表达。甲状腺功能亢进并不改变 TRα 的 mRNA 表达，但使心脏、腿部和胸肌中 TRβ0 mRNA 的表达高于甲状腺功能正常的对照组（Bishop et al.，2000）。关于禽脑和垂体中 TR mRNA 的发育调控已得到证实（见综述：Darras et al.，2011）。垂体中 TRβ2 大量表达，可能发挥重要的反馈调节作用（Grommen et al.，2008；见 24.3）。

24.2.3 甲状腺激素的细胞摄取

由于甲状腺激素是亲脂的，一般认为它们很容易通过被动扩散穿过质膜。然而，在 20 世纪 70 年代后期，对大鼠肝细胞的研究表明，T_4 和 T_3 至少部分是通过主动转运和单独的运输系统进入细胞（Krenning et al.，1978，1981）。第一个甲状腺激素转运蛋白的鉴定历时 30 多年（Friesema et al.，2001，2003），目前已发现多种促进甲状腺激素进出细胞的跨膜蛋白。这些蛋白均属于单羧酸转运蛋白（MCTs）、Na-牛磺胆酸共转运多肽（NTCPs）、非钠离子有机阴离子转运多肽（OATPs）和 L 型氨基酸转运蛋白（LATs）家族。

在人类和啮齿类中，对甲状腺激素表现出特异性最高的转运蛋白是 OATP1C1，它优先转运 T_4 和 rT_3，而 MCT8 和 MCT10 则高效地转运 T_4 和 T_3（见综述：Friesema et al.，2005；Visser et al.，2008，2011）。到目前为止，只有一种禽类甲状腺激素转运蛋白被完全鉴定，即鸡 OATP1C1（SLCO1C1）。在哺乳动物中，它是一种 T_4 的高特异性转运蛋白（Nakao et al.，2006）。其他在鸡中表达的转运蛋白还有 MCT8（SLC16A2）、MCT10（SLC16A10）和 LAT1（SLC7A5），但它们仍需进行功能性分析。存在于胚胎中的这些转运蛋白可以调节发育中的组织，包括脑中甲状腺激素的摄取（Geysens et al.，2012；Van Herck et al.，2012）。在成年鹌鹑的下丘脑中，OATP1C1 被认为参与了季节性繁殖的甲状腺激素依赖性刺激（Nakao et al.，2006；见第 34 章）。

24.2.4 甲状腺激素的激活和降解

甲状腺激素一旦由甲状腺分泌，便可通过不同途径在外周组织中代谢。丙氨酸侧链的氧化脱氨和脱羧，以及醚键断裂导致激素不可逆的降解。酚羟基的硫酸化和葡萄糖醛酸化是可逆过程，有助于激素溶解和随后排泄。然而，最重要的途径是从酚类外环（5′D 或 ORD）或从酪氨酰或内环（5D 或 IRD）（图 24.2）除去单个碘分子所导致的脱碘，该过程是由碘甲腺原氨酸脱碘酶催化的。由于禽类甲状腺主要分泌 T_4，所以存在于血液和外周组织中的 T_3 大部分来源于 T_4 的甲状腺酚外环脱碘。

1978 年，首次从北京鸭中获得禽类外周 T_4 转化为 T_3 的直接证据（Astier and Newcomer，1978）。与哺乳动物相似，禽类脱碘活性的生化特征首先是用鸡（Borges et al.，1980；Rudas，1986）、鹌鹑（McNabb et al.，1986）和环鸽（Rieman and McNabb，1991）的肝匀浆进行的，后来扩展到其他组织，如肾、肠和脑等。这些研究表明，禽类存在三种脱碘酶（见综述：Darras et al.，2006），其活性与在哺乳动物组织中观察到的非常相似（见综述：Bianco et al.，2002）。通过克隆鸡的三种脱碘酶 D1（DIO1）、D2（DIO2）和 D3（DIO3）最终证实它们与哺乳动物高度同源（Gereben et al.，1999；Van der Geyten et al.，1997）。这些脱碘酶的部分序列信息也可用于其他一些禽类，包括火鸡、鹌鹑、树雀和斑胸草雀。目前比较清楚的是，在脊椎动物的整个进化过程中，碘甲腺原氨酸脱碘酶的结构和功能是高度保守的（见综述：Darras and Van Herck，2012；Orozco et al.，2012）。

禽类所有的脱碘酶都是硒蛋白，在其催化位点上有硒代半胱氨酸。因此，它们依赖于其 mRNA 3′非翻译区存在硒代半胱氨酸插入序列（SECIS）元件，以允许硒代半胱氨酸的掺入（Bianco et al.，2002）。D1 酶是一种催化 ORD 和 IRD 的非选择性酶。相反，D2 仅催化 ORD，而 D3 只催化 IRD，并且是一种纯失活酶（图 24.2）。D1 在禽类肝脏、肾脏和小肠中高表达，并且促进外周 T_3 的产生和 rT_3 降解。D2 主要在脑中表达，这对已进入大脑的 T_4 向 T_3 的局部转化很重要。D3 在几乎所有鸡组织中都有不同数量的表达，并被认为在特定情况下，如早期发育、疾病和饥饿时，可防止细胞过度暴露于 T_3（见综述：Darras et al.，2006）。脱碘酶在早成禽类出雏前后甲状腺激素的血液变化模式中起重要作用。D3 在鸡胚肝中的表达特别高。在孵化前的最后几天，肝脏 D3 活性的急剧下降是造成血液中 T_3 孵化高峰的主要因素（Darras et al.，1992；Galton and Hiebert，1987）。在孵化过程中，脑中 T_3 的增加是由 D2 增强，局部 T_4 向 T_3 转化所致（Darras et al.，2009）。

24.3 下丘脑-垂体-甲状腺轴

禽类的甲状腺主要受下丘脑-垂体轴调节。禽类下丘脑产生两种对甲状腺具有刺激作用的激素：TRH 和 CRH；而 GH 对腺垂体的促甲状腺激素分泌细胞具有抑制作用。促甲状腺激素（TSH）是调控甲状腺产生和释放甲状腺激素的主要因子，而甲状腺激素对垂体和下丘脑起负反馈作用。

之前基于鸡的基础研究表明，禽类的 HPT 轴控制与哺乳动物的非常相似（Decuypere and Kühn，1988）。TRH 的三肽结构在所有脊椎动物中都是相同的。许多研究表明，外源性 TRH 可以刺激鸡垂体中 TSH 的释放。最近，有关禽类、两栖类动物、爬行类动物和鱼类的研究表明，CRH 通常是非哺乳类脊椎动物中垂体 TSH 最重要的下丘脑刺激因子，而 TRH 不是。目前看来，禽类中 TRH 对甲状腺功能的影响最重要的是通过 GH 的释放作用，由 GH 抑制 3 型脱碘酶引起的 T_3 降解，从而使血液 T_3 的含量增加（见综述：De Groef et al.，2006；见 24.2.4 和 24.5）。

TSH 是一种糖蛋白，在不同的脊椎动物中，其 β 链结构不同，但几种异源的 TSHs 会影响禽类甲状腺功能。由于缺乏特异性禽类 TSH 抗体，所以许多有关 TSH 调控方面的研究进展都是利用异源 TSHs 抗体获得的。在发育过程中，HPT 轴对早成的鸡甲状腺调控的建立发生在孵化中期（胚胎期 10.5～11.5 d）左右。第 9.5 天摘除胚胎垂体，到第 11.5 天血浆 T_4 含量不会改变，但是会抑制第 11.5 天后血浆中 T_4 含量的增加。这些发现表明，在第 11.5 天产生的 TSH 足以建立 HPT 轴对甲状腺的控制，但是之前的甲状腺发育确实是自主性的（见综述：Thommes et al.，1988）。在胚胎发育相同阶段存在 TSHβ 肽及其 mRNA 的鉴定，为上述发现提供了高度特异的证据（Eelthad et al.，2011）。研究证实，到胚胎发育第 19 天，垂体促甲状腺激素分泌细胞反馈效应成熟，表明此时致甲状腺肿物可通过抑制血液中的 T_4，刺激 TSHβmRNA 的增加（Muchow et al.，2005）。同样，生长抑素对 TSH 促进 T_4 生成的反馈抑制作用也在第 19 天和孵化期成熟（De Groef et al.，2007）。有关环鸽的研究表明，在晚成的物种中，甲状腺的垂体控制似乎是在孵化后建立起来的。在这些物种中，甲状腺对外源 TSH 不敏感，并且在孵化后的头三周内，血液甲状腺激素的浓度非常低，然后逐渐增加。对其他晚成物种（红翅黑鹂和椋鸟）的研究表明，血液中甲状腺激素变化与这种发育模式一致（见综述：McNabb，2007）。

温度和食物消耗等环境和外部因素对甲状腺功能的影响主要通过 HPT 轴来调节。冷暴露或冬季条件下，甲状腺体积的增加和分泌率的改变，为垂体 TSH 释放的增加提供了证据，而热暴露则有相反的效果（见综述：Wentworth and Ringer，1986）。温度对血液甲状腺激素的影响较复杂，因为除了甲状腺分泌率之外，脱碘作用和其他与激素分泌有关的反应也起作用（见 24.2.4）。对于甲状腺激素促进产热的作用，请参阅 24.4.2。食物消耗、限饲和饥饿对鸡的影响得到了广泛的研究，对于了解 GH 参与 HPT 轴控制和食物消耗差异的代谢效应具有重要意义（见 24.4.2）。

24.4 甲状腺激素的作用

24.4.1 甲状腺激素对发育的作用

甲状腺激素影响禽类发育的两个方面，即生长和分化成熟。生长（即质量增加）主要涉及细胞增殖（增生），但也可能由细胞大小的增加（肥大）引起。一般来说，甲状腺激素会与其他调控物质协调、允许或间接地促进禽类生长（见综述：McNabb and King，1993）。机体生长主要的直接刺激来源于血液生长因子，如胰岛素样生长因子-1（IGF1），这些生长因子主要受垂体生长激素的调控（见第22章）。

切除甲状腺或给予致甲状腺肿物导致甲状腺功能减退，从而使禽类生长迟缓，这些正说明家禽的正常生长需要甲状腺激素。但血液中甲状腺激素的浓度在生理范围内，并没有确切证据表明甲状腺激素可以促进机体生长。在甲状腺机能亢进的极端情况下，由于代谢率高和分解代谢的加强，生长受到抑制（McNabb and King，1993；McNabb，2000）。

甲状腺激素在许多组织分化和成熟过程中发挥重要作用。在哺乳动物中，甲状腺激素在胃肠道、心脏、骨骼肌、皮肤、骨骼和神经组织发育中的作用受到广泛关注（见综述：McNabb，1992；Pascual and Aranda，2013）。众所周知，它们对大脑、眼睛和耳朵的发育至关重要（分别引自综述：Bernal，2007；Forrest and Swaroop，2012；Rusch et al.，2001）。

有关禽类的信息表明，甲状腺激素在禽类组织的发育过程中具有类似作用。在鸡中，从发育初期开始，神经外胚层就有TRα表达，并且在神经胚形成期间表达增加（Flamant and Samarut，1998）。甲状腺激素存在于早期胚脑中，并且转运蛋白、脱碘酶和TRs在整个胚胎发育过程中呈现出动态和区域特异性的表达模式（见综述：Darras et al.，2009；Forrest et al.，1991；Van Herck et al.，2012）。甲状腺激素对正常脑结构的发育，以及与信号网络功能相关的神经连接是必需的，如鸡小脑中所示（Bouvet et al.，1987；Verhoelst et al.，2004），可以刺激鸡视网膜感光细胞的成熟（Fischer et al.，2011），参与内耳的发育（Geysens et al.，2012）。甲状腺激素对于早期的学习也是必不可少的，因为它们决定子代记忆敏感时期的开始，并且可能使大脑为以后的学习做好准备（Yamaguchi et al.，2012）。

在一些组织中，甲状腺激素可与其他激素相互作用，以刺激分化成熟。在鸡胚肠中，单独甲状腺激素可以刺激细胞分化并诱导消化酶产生，但与糖皮质激素联合作用则对肠道葡萄糖转运的成熟是必需的（见综述：McNabb et al.，2006）。骨骼肌的分化和生长需要GH和甲状腺激素。单独的GH似乎足以增加甲状腺机能减退鸡的肌肉重量，但这两种激素在逆转对肌球蛋白的影响中是必需的。在胚胎发育后期，对功能成熟至关重要的特异性肌球蛋白亚型的出现也受T_3调控。甲状腺激素还与IGF1相互作用（如骨骼发育）。对早期鸡胚胎骨盆软骨的体外研究表明，甲状腺激素通过刺激基质产生和骨化而触发软骨的分化成熟。在这种情况下，T_3刺激软骨细胞肥大，但不影响细胞增殖，而细胞增殖只有在IGF1存在时才出现（见综述：McNabb and King，1993；McNabb et al.，2006）。在卵母细胞中，母体T_4水平的增加刺激了日本鹌鹑胚胎盆腔软骨分化（Wilson and McNabb，1997）。

24.4.2　甲状腺激素对代谢和体温调节的影响

甲状腺激素控制着代谢、吸热性产热、恒温禽类和哺乳动物高而恒定的体温维持，以及季节性产热的额外适应性变化（Danforth and Burger，1984）。与变温脊椎动物较低的吸热性产热相比，恒温禽类和哺乳动物涉及有氧代谢与三磷酸腺苷（ATP）解偶联释放的能量更高。之前的研究证实，甲状腺激素具有刺激各类代谢的作用，外源性甲状腺激素刺激和切除甲状腺或致甲状腺肿物给药，禽类会降低其耗氧量（见综述：Wentworth and Ringer，1986）。甲状腺激素的改变也可以以其他方式影响代谢能量供应（例如，甲状腺激素的增加有助于肝糖原的储存，而激素减少则导致糖原消耗和血糖降低）。

哺乳动物和禽类吸热性产热的调节存在着根本性差异。在哺乳动物中，专门产热的棕色脂肪组织（BAT）在热生成中起关键作用，但禽类没有 BAT，所以这种产热只发生在其他组织中。在所有的吸热过程中，线粒体电子传递链与解偶联生成 ATP 是由线粒体内膜中的阴离子载体蛋白所促成的。目前的证据表明，在哺乳动物中，解偶联蛋白-1（UCP1）是最重要的，尽管禽类解偶联蛋白可能是通过与 β-肾上腺素能系统的相互作用而发挥作用（Joubert et al.，2010），但禽类中关键的解偶联蛋白是腺嘌呤三核苷酸转移酶（Walter and Seebacher，2009）。T_4 和 T_3 都可能在吸热性产热中起作用，这些反应可能涉及 T_4 或 T_3 的非基因组反应，或是主要来自 T_3 与核 TRS 结合产生的基因组反应。虽然有一些关于鸡胚非基因组对产热影响的研究，但大多数是基于哺乳动物的研究（见综述：Scapin et al.，2009）。

甲状腺发育的时机和 HPT 轴的控制对于早成和晚成的禽类体温调节的成熟至关重要。早成的禽类中，大多数 HPT 的成熟发生在胚胎发育后期，在孵化期对冷却表现出吸热反应，并获得像雏鸡一样保持体温恒定（恒温）的能力。鸡胚在孵育后期可能表现出一些吸热反应。相比之下，晚成禽类在孵化后数天或数天以上，HPT 轴一定程度上才会成熟，在孵化后数周内逐渐出现吸热反应和恒温状态（见 24.2.1；见综述：McNabb et al.，1998）。

早成和晚成发育的禽类中，与孵化期相同的是肺呼吸的开始、那些与破壳有关的身体部位的成熟、卵黄囊回缩，以及孵化活动的新陈代谢需求。甲状腺激素对于肺成熟和肺呼吸开始时产生表面活性物质，以及肌肉功能成熟的许多方面是必需的（即甲状腺激素的基因组作用；参见 24.2.2 和 24.4.1）。然而，在早成和晚成发育的禽类中，孵化期甲状腺激素的血液浓度截然不同，此时只有早成禽类甲状腺激素浓度急剧增加。这表明，血液中激素的早成发育峰主要与遇冷后引起吸热反应的启动（即主要非基因组作用）有关，遇冷引起的反应出现在早成发育期，而不是出现在原始物种中。它通常出现在早成发育禽类的孵化期，而晚成发育的禽类不出现。本文论证了血液中激素的早成发育峰，同时还表明，在孵化期间，由甲状腺激素刺激的其他发育事件，包括组织器官的特异性作用，并不需要血液中高浓度的甲状腺激素。HPT 轴的作用及其与下丘脑-垂体-肾上腺皮质轴的相互作用尚待阐明（Debonne et al.，2008；见 24.3 和 24.5）。

24.4.3　甲状腺激素对生殖及母体影响幼体发育的作用

在影响禽类生殖过程、生殖周期的光周期启动过程中，以及其他（如换羽等过程）不与繁殖竞争能量需求的过程中，甲状腺激素是重要因素之一。产蛋受甲状腺状态的影响；例如，给予日本鹌鹑致甲状腺肿物导致其甲状腺功能降低，停止产蛋，而在较低剂量的甲状腺激素作用下，母鸡仍能维持血液甲状腺激素水平，并在 HPT 轴激活的情况下继续产蛋。因为蛋中甲状腺激素含量取决于母鸡体内血液的甲状腺激素，这表明母鸡可能在其维持正常甲状腺状态的范围内“保护”对胚胎发育的母体激素供应。日本鹌鹑在服用足以降低甲状腺功能的甲巯咪唑时停止产蛋，所以它们不会产出缺乏甲状腺激素的蛋（Wilson and McNabb，1997）。相反，在一项关于甲巯咪唑诱发鸡甲状腺功能减退的长期研究中，尽管母鸡自身的血液激素减少，但母鸡仍继续产蛋，产下的蛋缺乏母体激素，且含有甲巯咪唑（Van Herck et al.，2013）。目前尚不清楚甲状腺功能减退对鸡和鹌鹑产蛋的影响是否存在种属差异，或者这些差异是否源于这些研究中使用的方案的差异。

蛋中碘的沉积和母体甲状腺激素会影响胚胎甲状腺状态（见综述：McNabb and Wilson，1997），蛋中的许多其他成分也会影响胚胎甲状腺状态（Ho et al.，2011）。当给予极低碘日粮限制日本鹌鹑蛋中碘的供应时，蛋含碘量降低，但胚胎甲状腺功能的调整维持了血液 T_3 浓度（尽管 T_4 量显著降低），所以孵化和出壳后的生长与对照组没有区别（McNabb et al.，1985a，b；Stallard and NcNabb，1990）。出壳后的鹌鹑幼雏甲状腺系统有较好的适应潜能，尽管它们持续暴露于甲状腺抑制剂高氯酸盐中，但它们的甲状腺功能仍保持正常（McNabb et al.，2004；McNabb，2006）。然而，应当指出的是，血液甲状腺激素水平不应当被假定为反映所有靶组织中细胞内激素的可用性，因为不同组织中激素转运和脱碘能力的不同，创造了与甲状腺激素可用性相关的个别局部环境。很少有研究测量组织激素的含量。最近一项关于甲巯咪唑处理的甲状腺功能低下母鸡胚胎的研究中发现，脑中激素的调节与低浓度的血液激素无关。但由于母鸡在蛋中沉积甲巯咪唑，而甲巯咪唑的组织特异性作用可能增加这一现象的复杂性（Van Herck et al.，2013）。

大多数有关甲状腺对产蛋、蛋成分和孵化影响的实验室研究，都是在早成发育的雀形鸟类（galliform birds）上进行的（见综述：Decuypere et al.，1990）。然而，对野生禽类生殖的神经内分泌调控的研究（见综述：Yoshimura，2010；见第 34 章），及暴露于环境化学品中破坏野生禽类甲状腺的研究（见综述：McNabb，2007）均表明，在晚成或半晚成物种中也需要甲状腺功能正常。例如，历史上对暴露在一系列环境多氯联苯（PCB）浓度下的银鸥（herring gulls）的研究表明，接触这类破坏甲状腺的化学品会导致发育和孵化问题（见综述：Fox，1993；McNabb and Fox，2003；见第 43 章）。对特定的多氯联苯（Roelens et al.，2005）和二噁英（Brutman et al.，2003）的实验室研究表明，孵化延迟与鸡胚中甲状腺的破坏有关。

长期以来，人们一直认为甲状腺激素在野生禽和家禽交配后的换羽中起重要作用，血浆甲状腺激素的变化与自然换羽有关（见综述：Kuenzel，2003；见第 39 章）。在季节性繁殖的野生禽类和商业化家禽中发现，生殖活动的抑制（包括停止产蛋）和换羽同时发生，甲状腺激素和/或饥饿可用于诱导家禽换羽。PRL 和其他一些激素一样在换羽中发挥作用（见综述：Kuenzel，2003）。雌激素的减少似乎在换羽的起始阶段很重要，而甲状腺激素与雌激素比例的增加在新羽毛的形成过程中很重要（见综述：Decuypere and Verheyen，1986）。

24.5 甲状腺与其他激素的相互作用

甲状腺激素在发育、生长和新陈代谢中发挥着直接和间接的重要作用（见 24.4），在这些功能中都存在甲状腺激素与其他若干激素及激素系统的相互作用。甲状腺激素是机体生长所必需的，但它们似乎是一种允许或与 GH 的协同作用直接刺激细胞增殖的生长因子（见第 37 章）。甲状腺激素一方面通过直接抑制垂体生长激素分泌细胞，另一方面通过对生长激素分泌细胞有刺激作用的 TRH 的负反馈效应，调节垂体 GH 的产生和释放。而甲状腺激素在促进生长激素分泌细胞发育方面也起着重要作用，这可能与糖皮质激素有关（Liu and Porter，2004），这些与甲状腺对哺乳动物生长轴的影响不同，在哺乳动物中，T_3 刺激 GH 的产生和释放。在禽类，GH 通过抑制 IRD 对 T_3 的降解作用，进而增加血液 T_3 浓度，刺激甲状腺功能，这是孵化期血液 T_3 浓度增加的一个主要原因（见 24.2.4 和 24.4.1）。

HPT 和其他下丘脑-垂体控制轴之间的相互作用在许多情况下都很重要。下丘脑 TRH 通过刺激 GH 的释放及对脱碘的影响发挥部分甲状腺作用，而 CRH 刺激垂体促甲状腺激素分泌细胞释放 TSH，TSH 对甲状腺具有刺激调控作用（见 24.3）。在孵化期间，糖皮质激素浓度升高，可通过抑制 3 型脱碘酶引起的 T_3 降解和刺激 1 型 ORD 引起的 T_3 生成来增加血液 T_3 水平（Darras et al.，1996）。甲状腺激素和糖皮质激素可能对肺和肠道器官的分化有重要影响（见 24.4.1）。虽然这些激素的相互作用在孵化期间很明显，并因此受到更多关注，但是它们在其他年龄段的各种代谢和发育事件中仍然很重要。在成年禽类中，甲状腺激素与生殖轴的相互作用很重要，因为甲状腺激素对于生殖周期的起始和时机，以及产蛋是必需的（见 24.4.3）。

24.6 环境对甲状腺功能的影响

温度和食物供应的变化是影响甲状腺功能最重要的自然环境因素。如本章所述，寒冷环境可以通过 HPT 轴（见 24.3）促进甲状腺激素的释放，改变外周甲状腺激素的脱碘途径（见 24.2.4），可增加甲状腺激素的转换（Wentworth and Ringer，1986）。总之，这些变化增加了甲状腺激素的可用性，与低温环境下恒温所需的代谢增加有关。随着持续的冷暴露，血浆 T_4 浓度变化相对较小（即小于 T_3 的变化比例），这表明 HPT 轴响应不如脱碘路径的变化重要（Rudas and Pethes，1984）。一般来说，高温会产生相反的效果（即会抑制甲状腺功能）（见综述：Sharp and Klandorf，1985）。然而，如 24.4.2 所述，基因组和非基因组效应对代谢影响的细微差别，以及 T_4 和 T_3 在代谢刺激中的相互作用，在禽类中尚未得到充分的研究。

与温度变化一样，食物的供应也会改变甲状腺的状态。限饲或饥饿会导致血液 T_3 浓度降低，但对 T_4 的影响更大（见综述：Darras et al.，1995）。在不同的脊椎动物中，饥饿与限饲引起的甲状腺效应的详细情况和这些效应的相关原因（HPT 轴作用与脱碘变化）会有一些差异。在禽类中，饥饿和持续的部分限饲都会导致血液 T_3 降低和 T_4 升高。血液 T_3 降低的主要原因是通过 D3 IRD 来增加 T_3 的降解，D1 不会改变 T_4 到 T_3 的转化（Darras et al.，1995）。摄食通过增加血液 T_3，显示摄食是影响血浆甲状腺激素浓度昼夜变化的关键因素之一（见 24.2.1）。同样，摄食也可能是某些温度诱导的甲状腺激素变化的一个重要因素；例如，暴露于 40℃ 高温下的鸡血浆 T_3 浓度降低，可能主要是由于高温下食物摄入减少（Williamson et al.，1985）。

除了自然环境事件外，环境中内分泌化学干扰物对接触这些化学物质的禽类的甲状腺功能也有一定影响。本章中列出的事例，旨在为第 43 章中关于内分泌干扰物的更全面的叙述提供线索。从历史上看，大量的持久性工业化学品，如甲状腺干扰物——多氯联苯，被释放到五大湖区等主要水体中。自 20 世纪 60 年代末多氯联苯（PCB）最后一次释放以来，五大湖区的主要监测工作都提供了间接证据，证明银鸥多氯联苯的总暴露量，即食用鱼类经历这种化学物质的生物积累，导致种群减少和甲状腺破坏（Fox，1993）。对 1998—2000 年收集的海鸥胚胎甲状腺功能的研究表明，与参考位点相比，持续的环境多氯联苯暴露对胚胎甲状腺功能的破坏，在污染最严重的位点持续存在（McNabb and Fox，2003）。新近的研究探讨了常用的 PCB 混合物，如 Aroclor 1254，如何通过改变 T_4 清除率的关键酶系统［尿苷二磷酸-葡萄糖醛酸转移酶（UDPGT）］来影响甲状腺功能（Webb and McNabb，2008），以及特定的 PCB 异构体，如二噁英类 PCB77，诱导脱碘酶结构的改变，导致血浆甲状腺激素浓度降低（Beck et al.，2006）。甲状腺激素与甲状腺激素结合蛋白的结合也受多氯联苯 PCBs 的影响（见综述：Ishihara et al.，2003；Scanes and McNabb，2003）。因而，多氯联苯可通过多种机制影响甲状腺功能，而其存在于环境中的大量同源物及其混合物，使得对其作用效果的认识变得更加复杂。

高氯酸盐化合物作为实验用甲状腺激素，在许多地区也是环境污染物，因此影响了通过饮用水或食物来源暴露的动物的甲状腺功能。高氯酸盐的主要作用是通过竞争抑制甲状腺中的 Na-I 泵摄取碘，造成缺碘，从而影响甲状腺功能。也有证据表明，高氯酸盐对甲状腺和 HPT 轴有额外的作用。关于高氯酸盐对禽类影响大部分已知信息均来自实验室研究，包括环境相关的高氯酸盐暴露（见综述：McNabb et al.，2006）。接触高氯酸盐的鹌鹑会将高氯酸盐转移到蛋中，导致胚胎甲状腺功能减退，表现为甲状腺肥大、甲状腺激素含量下降、身体发育迟缓、孵化延迟、死亡率增加，以及甲状腺反应性基因表达的一些相关改变（Chen et al.，2008）。在暴露于高氯酸盐饮用水的鹌鹑雏中也观察到类似的影响（Chen et al.，2009）。在这两种情况下，甲状腺功能减退，脱碘酶反应似乎“保护”T_3 供应给大脑，而不是肝脏。

近年来备受关注的其他几类环境甲状腺化学干扰物还有阻燃剂［多溴联苯醚（PBDEs）］、炊具不粘涂层［全氟烷基化合物（PFCs）］和用于塑料和食品罐衬里的双酚 A。这些持久性污染物广泛存在于野生禽类中，并已被证明可以改变甲状腺功能。在世界各地的禽类种群中已经发现了阻燃剂，并且已证明其可改变甲状腺功能，包括家禽、雀形目鸟类（分别有鸡：Farhat et al.，2013；斑胸草雀类：Eng et al.，2013；茶隼：Fernie et al.，2005；鹰：Cesh et al.，2010），以及野外捕获的红隼和秃鹰。PFCs 也被证明可以改变禽类的甲状腺功能（Vongphachan et al.，2011；Cassone et al.，2012）。双酚 A 可以作为与 TR 结合的甲状腺激素类似物（Zoeller，2005），改变了许多动物的甲状腺功能，但禽类中仅开展过有关生殖干扰方面的研究。

24.7 结论与总结

本章回顾了甲状腺解剖和功能方面的研究进展，以及通过下丘脑-垂体-甲状腺轴建立其控制的方法，重点强调这些事件在早成和晚成发育禽类发生时间的差异。甲状腺激素与血液中蛋白质结合，通过质膜转运蛋白进出细胞，以及通过激活和灭活甲状腺激素的酶进行脱碘，这些都是从甲状腺激素调控各器官活动方面的功能角度来解释的。结合其发育和代谢作用，主要从核受体介导的甲状腺激素基因组作用机制，以及非基因组作用机制方面进行了阐述。还讨论了甲状腺激素与其他激素系统的相互作用，以及环境对甲状腺功能的影响，包括环境污染物对甲状腺功能的影响。

参考文献

（滑静译，胡建民校）

第 25 章　激素对骨转化和蛋壳钙化的调节作用

Christopher G. Dacke，Toshie Sugiyama and Carol V. Gay

缩略语

1，25-（OH）$_2$D$_3$ or 25-（OH）D$_3$，Metabolites of vitamin D　维生素 D 代谢物

Ca or Ca^{++}，Calcium or ionic calcium　钙或钙离子

CA，Carbonic anhydrase　碳酸酐酶

cAMP，Cyclic adenosine monophosphate　环一磷酸腺苷

CGRP，Calcitonin gene-related peptide　降钙素基因相关肽

CT，Calcitonin　降钙素

DBP，Vitamin D binding proteins　维生素 D 结合蛋白

ESG，Eggshell gland　蛋壳腺

OPG，Osteoprotegerin　骨保护素

PGs，Prostaglandins　前列腺素

PGE$_2$，Prostaglandin isoform E$_2$　前列腺素 E$_2$

Pi，Inorganic phosphate　无机磷酸盐

PKA，PKC，Protein kinase A or C　蛋白激酶 A 或 C

PTGs，Parathyroid glands　甲状旁腺

PTH，Parathyroid hormone　甲状旁腺激素

PTHrP，Parathyroid hormone-related peptide　甲状旁腺激素相关肽

PLP，Parathyroid-like peptide　甲状旁腺素样肽

PTX，Parathyroidectomized　甲状旁腺切除

RANK，Receptor-activated nuclear factor κB　受体激活核因子 κB

RANKL，RANK ligand　受体激活核因子 κB 配体

25.1 前言

钙(Calcium，Ca)是禽类血浆中受到最有效调节的成分之一。禽类经典的钙调节激素包括甲状旁腺激素(PTH)、降钙素(CT)和 1，25-二羟基维生素 D_3 [1，25-$(OH)_2D_3$]，尽管这些钙调节激素的作用和敏感性与哺乳动物之间存在差异较大(Dacke，1979)。禽类骨骼的代谢作用明显强于哺乳动物(Gay，1988)。其他假定的钙和骨调节因子包括前列腺素(PGs)(Dacke，1989)、降钙素基因相关肽(CGRPs)(Dacke et al.，1993a)、胰淀素(amylin，Guzel et al.，2009)，以及细胞内因子如受体激活核因子 κB(RANK)、受体激活核因子 κB 配体(RANKL)和骨保护素(OPG)系统等，在调节禽类钙代谢过程中的作用与哺乳动物也明显不同。这种差异部分原因可能是与性成熟期雌禽骨代谢增强以应对蛋壳形成时钙需求量显著增加有关(Dacke，2000；Whitehead，2004)。

关于禽类钙和骨代谢近期的综述参见 Gay(1996)，Sugiyama 和 Kusuhara(2001)、Whitehead(2004)、Stamford(2006)、Bar(2008)、de Matos(2008)以及 Kim(2012)。禽类钙代谢的许多特征与脊椎动物相同，但也有所不同，如产蛋鸡不仅能产下巨大的蛋，而且蛋壳高度钙化(Romanoff and Romanoff，1963)。其他的初龙亚纲物种，包括现存的鳄目和已经灭绝的恐龙，都与禽类有非常近的亲缘关系，它们都能够产下蛋壳钙化的蛋(Dacke，1979；Schweitzer et al.，2005，2007)。蛋的含钙量相当大，一般约占禽类全身钙存储量的 10%(Kenny，1986)。家养蛋禽(如鸡、日本鹌鹑)产蛋期每天的钙代谢水平与人类女性孕期和哺乳期总计 18 个月的钙代谢水平相当。除了从日粮中摄取钙，蛋鸡和一些已经灭绝的恐龙在性腺类固醇的作用下，动员长骨这一个高度动态的钙储备库，用以补充蛋壳钙化时对钙的需求。这说明雌激素对脊椎动物的骨代谢具有明显的调节作用(Simkiss，1967；Kusuhara and Schraer，1982；Dacke et al.，1993b；Imamura et al.，2006；Hiyama et al.，2009)。

影响禽类钙代谢的另一个特性是其飞行能力。与其他脊椎动物相比，禽类在发育过程中形成了中空的轻而强健的长骨，翼龙的骨骼化石中也发现了相似的轻量级结构(Wellnhoser，1991)。这种中空的骨结构暗示着禽类的骨骼在生长阶段存在高度重塑性，这可能影响禽类某些激素活性和敏感性的演化。

哺乳动物会在几个小时内对急性高血钙或低血钙应激产生应答，而一周龄的雏鸡可在 PTH 作用下几分钟内恢复血钙浓度(Koch et al.，1984)。一周龄雏鸡静脉注射 ^{45}Ca 后，^{45}Ca 在血浆中快速代谢，15 min 后大约有 40%的 ^{45}Ca 沉积到骨骼(Shaw et al.，1989)。通过计算单向血浆-骨钙清除常数(K_{pb} ^{45}Ca)、Ca^{2+} 净流入量并估测钙沉积到骨骼的总速率，发现骨骼中 Ca^{2+} 流出量约占其总流入量的 80%，血浆中的 Ca^{2+} 进入骨骼仅需几分钟。尽管受日粮中钙的含量或其他因素的影响，鸡股骨中 Ca^{2+} 的净增量可达 0.28 μmol/(min·g)(湿重)。显然，对快速生长的动物而言，任何影响 Ca^{2+} 快速流入或流出的因素都会显著影响血浆钙的调节。Bronner 和 Stein(1992)根据 Shaw 等(1989)的数据，计算出鸡股骨对 ^{45}Ca 的半吸收量时间小于 10 min，而兔、犬和大鼠则在 30 min 左右。

影响动物生产和动物福利的钙或骨代谢紊乱的现象激发了人们对蛋鸡骨生物学研究的兴

趣。采用层架笼式饲养鸡后，笼养鸡表现出肌无力等症状（Couch，1955），这些症状与骨骼弱化相关，表现出骨质疏松症的特征（Stamford，2006）。

禽骨质疏松症表现为全矿化骨质减少，导致骨脆性增加、易骨折（Whitehead and Fleming，2000）。禽骨质疏松症的发病率和严重程度与产蛋能力密切相关。高产蛋鸡更容易患有骨质疏松症（Fleming et al.，2006）；经遗传筛选具有抗骨质疏松的蛋鸡品系所生产蛋的蛋壳质量较差。骨质疏松的发生与雌激素活性有关，雌激素可刺激髓质骨形成，进而有助于蛋壳的形成；同时，骨质疏松会导致松质骨的体积和皮质骨的厚度都减少，最终导致骨骼强度减弱（Fleming et al.，1998；Turner et al.，1993；Wilson and Thorp，1998）。抗雌激素药物他莫西芬可防止骨质疏松症，但会导致产蛋鸡停产（Wilson and Thorp，1998）。70周龄母鸡的血浆雌激素水平、肾脏和十二指肠的雌激素受体-α的含量，显著低于产蛋高峰期的母鸡（29周）。因此，高龄母鸡的1，25-（OH）$_2$D$_3$含量和肠道钙吸收能力显著降低（Beck and Hansen，2004；Hansen et al.，2003）。

本文基于已有的大量文献主要介绍鸡钙调控生理方面的内容，其他禽类的钙调控研究在适宜之处也有涉及。

25.2 产蛋和髓质骨的进化

25.2.1 产蛋和钙库的演化

与低等脊椎动物不同，爬行动物和禽类产生的闭锁的蛋，由于没有幼虫阶段，必须通过孵化产生个体。刚孵化的幼体形态上与成体相似，已经形成骨质化的骨骼。初龙亚纲的鳄鱼、恐龙和禽类都是如此。这就需要卵黄能提供充足的钙。爬行动物的蛋通常具有坚韧的外壳，如乌龟的蛋壳较厚，并有碳酸钙沉积。除保护作用外，蛋壳也是禽类和其他初龙亚纲动物骨骼钙化的主要钙源（Johnston and Comar，1955；Simkiss，1967；Tuan and Ono，1986；Dacke，1979）。研究表明，与发育较快的晚成鸟类（如椋鸟，*Sturnus vulgaris*）相比，发育较慢的早成鸟类（如日本鹌鹑，*Coturnix japonica*）能从蛋壳中获得更多的钙，因此，他们拥有骨质化程度更高的骨骼（Blom and Lilja，2004；Karlsson and Lilja，2008）。

这些物种对钙的大量需求意味着，繁殖期的雌性动物除了需要稳定的皮质骨外，还需要高度可变的钙储备，包括鳄目动物的龟甲（Dacke，1979）到鳄鱼重度钙化的鳞甲（Elsey et al.，未发表资料）。对一些初龙亚纲动物，长骨骨髓腔内独特的髓质骨也可以提供钙（Schweitzer et al.，2005）。

25.2.2 髓质骨的进化

髓质骨是由产蛋禽类长骨的骨髓腔发育而来的二级骨组织，除为蛋壳提供钙，无其他生物学功能。禽类髓质骨极脆，髓质骨的骨针很容易从原始层分离，这是禽类特有的现象（Bloom et al.，1941；Simkiss，1967；Dacke，1979）。有报道称，鳄鱼也有髓质骨（Whitehead，2004），但在对处于繁殖周期的短吻鳄综合性研究中尚未发现髓质骨（Schweitzer et al.，2007）。

一项突破性的研究表明，在霸王龙（*Tyrannosaurus rex*）化石的后肢标本中发现骨髓腔内部可能有骨内膜派生出的骨骼组织，并猜测这些组织与禽髓质骨具有同源性（Schweitzer et al.，2005）。同样的研究也表明，霸王龙的髓质骨与大多数平胸类鸟（现存的原始鸟）的髓质骨相似。到目前为止，人们认为髓质骨是雌性禽类特有的结构，恐龙化石中髓质骨的发现进一步证实了恐龙和禽类之间的关系，同时也表明，二者在初龙进化支中呈现相似的繁殖机制。随后，Lee 和 Werning（2008）在蜥臀目恐龙（异特龙）和鸟臀目恐龙（腱龙）中也发现了髓质骨。

25.2.3　产蛋周期中骨形成和骨吸收

髓质骨是蛋壳形成的一个不稳定的钙来源，它排列于结构性骨的内表面，也存在于骨髓腔中，呈针状（Simkiss，1967；Dacke，1967；Sugiyama Kusuhara，2001）。髓质骨固有强度较低，但有助于防止骨断裂。

髓质骨表面有成骨细胞和破骨细胞以及嵌入基质的骨细胞（Gay，1988；Gay et al.，2000；Gay and Weber，2000；Miller，1992；Turner et al.，1994）。髓质骨针状体之间充满了造血细胞、红细胞和骨髓基质细胞（Bloom et al.，1941；Simkiss，1967）。

破骨细胞会再吸收髓质骨和结构性骨，因此，蛋鸡处于产蛋期时，骨骼结构性骨会逐渐丧失，这是骨质疏松的一个特征。骨脆性增加会使骨更容易发生骨折。骨质流失受到很多因素的影响，如营养状况、环境因素和遗传因素等（Whitehead，2004）。大约有 30%笼养母鸡会在产蛋期或屠宰过程中发生骨折（Gregory and Wilkins，1989）。

与皮质骨类似，髓质骨基质主要由有机基质和无机基质两部分组成。有机基质分胶原蛋白和非胶原蛋白两类。髓质骨中蛋白质的含量要多于皮质骨，其蛋白质的主要成分是Ⅰ型胶原蛋白，占皮质骨蛋白含量的 1/4～1/2，骨针的密度和排列方向不规则（Ascenzi et al.，1963；Bonucci and Gherardi，1975；Hiyama et al.，1998；Knott and Bailey，1998）。大多数非胶原蛋白由蛋白聚糖组成，髓质骨蛋白聚糖含量是皮质骨的 2～3 倍（Candlish and Holt，1971）。硫酸角质素是髓质骨中的主要蛋白聚糖（Candlish and Holt，1971；Hunter and Schraer，1981），同时，硫酸角质素也存在于钙化基质中，这表明其与髓质骨钙化有关（Yamamoto et al.，2001，2005）。抗酒石酸酸性磷酸酶（TRAP）是一种骨降解酶，会在骨形成过程中积聚于髓质骨基质中（Yamamoto and Nagai，1994）。与皮质骨和松质骨类似，髓质骨大部分无机基质是羟基磷灰石，还有大量的碳酸钙（Lorcher and Newesely，1969；Pellegrino and Biltz，1970），这可能与骨的快速形成和吸收密切相关。

髓质骨钙化最初发生在骨质组织胶原纤维间基质的囊泡中，随后扩散到周围纤维间基质中（Bonucci and Gherardi，1975）。然而，髓质骨中钙和磷灰石含量与皮质骨中的相似（Ascenzi et al.，1963）。髓质骨基质特征虽然明显，但其具体功能尚未完全清楚。髓质骨基质与皮质骨基质有很大不同，这可能是蛋壳形成过程中发生快速骨转换的重要因素。

非季节性繁殖禽类（如家养蛋鸡）的髓质骨在首次排卵前 12～14 d 开始形成，而季节性繁殖禽类（如鸽子）的髓质骨在首次排卵前就会发育，在产卵期结束后消失（Bloom et al.，1941；Miller，1992；Turner et al.，1994）。同时，在卵巢开始发育时，卵巢间质细胞和生长卵泡分泌雌激素的量不断增加。在排卵前 7～11 d 卵泡快速增长，此时卵泡膜细胞分泌的雌激素达到峰值（Phillips et al.，1985；Johnson，2000）。因此，雌禽髓质骨的形成与卵泡成熟、雌激素的分泌开始相一致。产蛋周期中髓质骨的形成和再吸收周期如图25.1所示。

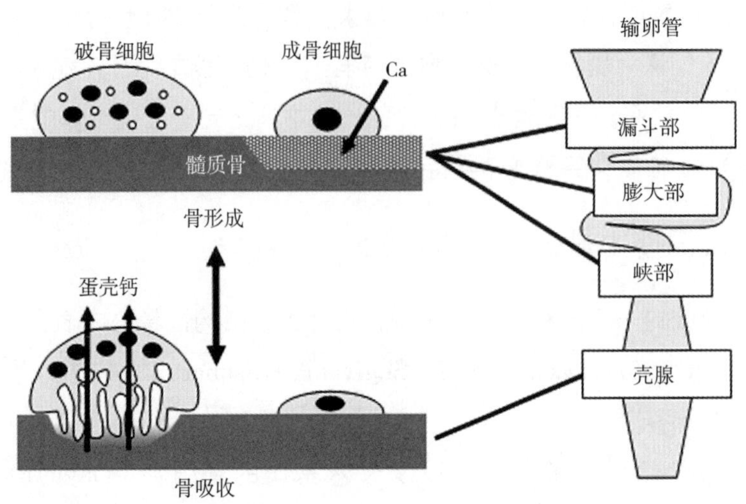

图25.1 产蛋周期中髓质骨的形成和再吸收
修改自Sugiyama和Kusuhara(2001)。

多年来人们已经认识到性腺激素在调节髓质骨形成中的重要作用，这个过程需要雌激素和雄激素的共同调节（Bloom et al.，1942）。如给成熟的雄性鸽、鹌鹑、鸭和鸡服用雌激素，或给未成熟的雌禽服用雄激素和雌激素，均可促进髓质骨的形成。若单独给予其中一种激素，则无法形成髓质骨（Ascenzi et al.，1963；Bloom et al.，1942；Miller and Bowman，1981）。给雄性鹌鹑注射雌激素，可促进其骨内膜细胞的增殖，并分化为成骨细胞（Kusuhara and Schraer，1982）。此外，雌激素受体存在于产蛋期或雌激素处理的鸡及鹌鹑髓质骨的成骨类细胞，包括成骨细胞、成骨前体细胞、内层细胞及骨髓基质细胞（Ohashi and Kusuhara，1993；Ohashi et al.，1991；Turner et al.，1993）。这提示，产蛋开始时新的髓质骨由分化自内膜骨细胞的成骨细胞形成。此后，成骨细胞参与产蛋周期中骨的周期性生成，这些成骨细胞来源于骨髓基质细胞（Sugiyama and Kusuhara，2001）。髓质骨的结构如图25.2所示。

反转录聚合酶链反应（RT-PCR）和原位杂交试验结果显示，母鸡髓质骨的成骨细胞上有高表达的雌激素受体α（Imamura et al.，2006；Hiyama et al.，2009），而雌激素受体拮抗剂他莫昔芬和曲沃昔芬（LY133314）可抑制雌激素处理公鸡的髓质骨的形成（Williams et al.，1991）。卵泡中睾酮在芳香化酶的作用下转变成雌二醇，芳香化酶抑制剂来曲唑可抑制幼鸡髓质骨的形成（Deng et al.，2010）。如果母鸡处在非产蛋期，雌激素水平下降，成骨细胞则参与结构性骨的形成，进行骨再生。

在产蛋周期中，髓质骨的形成和骨吸收时期与卵位于输卵管的位置有关。排卵后，卵子进入漏斗部，并在此停留15～20 min，随后进入膨大部，停留3～3.5 h，分泌卵清蛋白。之后在峡部经过1.25～2 h形成蛋壳的内膜和外膜，在壳腺作用下，碳酸钙在外膜沉积，形成蛋壳，此过程约18 h。最后，钙化的鸡蛋通过阴道，几分钟内排出体外。家养蛋鸡的产蛋周期大约为24 h，在此过程中，成骨细胞和破骨细胞周期性地调整其自身的形态和功能（图25.1）。

当卵在输卵管膨大部时，立方状的成骨细胞形成髓质骨（形成基质并钙化）。当卵进入壳腺时，纺锤状的成骨细胞不再形成骨（Bloom et al.，1942；Ohashi et al.，1990a）。然而，

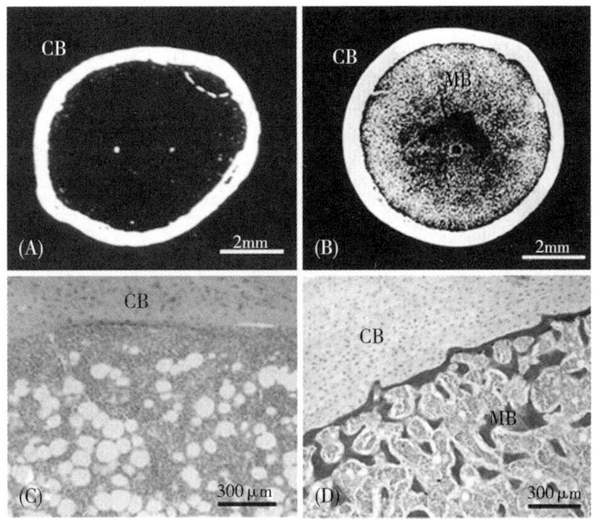

图 25.2★　公鸡(A 和 C)和产蛋母鸡(B 和 D)股骨横断面的普通显微镜照片(A 和 B)和光学显微镜照片(C 和 D)。产蛋母鸡的网状骨髓在长骨骨髓腔内发育。髓质骨的钙化密度低于皮质骨的钙化密度。染料染色表明母鸡髓质骨含有丰富的酸性黏多糖,而公鸡中没有髓质骨。CB,皮质骨;MB,髓质骨。

van de Velde 等（1985）和 Wilson 等（1990）的报道称，在产蛋周期中不论矿化程度高低，髓质骨的体积基本不变。这表明，成骨细胞先形成非矿化的骨基质（类骨质），然后再形成矿化骨。众所周知，在产蛋周期中，家养母鸡髓质骨的形成受雌激素波动的调节。即将产蛋前血浆中雌激素浓度最高，在蛋壳形成后期其浓度下降到很低水平（Shahabi et al.，1975; Shodono et al.，1975）。在蛋壳形成的非活跃期，雌激素受体的拮抗剂他莫昔芬可抑制成骨细胞的骨形成（Ohashi et al.，1990a）。

在产蛋周期中髓质骨的破骨细胞有加速和抑制骨吸收的双重作用，以此来调节蛋壳形成过程中钙的供应。在鸡和鹌鹑的产蛋周期中，尽管破骨细胞的数量保持不变，但其形态和超微结构却随着钙的需求发生明显的变化（Miller，1977，1981; Sugiyama and Kusuhara，1993，1994b; van de Velde et al.，1984b）。因此，当卵处在漏斗部、峡部或膨大部时，破骨细胞会失去其皱褶缘（骨重吸收的位点），骨吸收停止。但当卵在壳腺内钙化时，破骨细胞会形成褶皱边缘，重吸收骨用于蛋壳形成。

通常，破骨细胞的活动受 PTH 和 CT 的共同调节。当血浆中 Ca^{2+} 浓度降低时，甲状旁腺会分泌 PTH。当卵位于输卵管膨大部时，CT 会抑制髓质骨破骨细胞引起的骨吸收，而当卵到达壳腺时，PTH 会刺激破骨细胞的骨吸收，以形成蛋壳。当蛋壳未处于钙化状态时，注射 PTH 会使破骨细胞生成皱褶边缘，从而增加血浆钙浓度（Miller，1978; Kusuhara，1982）。在鸡髓质骨器官培养系统中，PTH 可刺激褶皱边缘的生成和破骨细胞酸性磷酸酶的活性，而 CT 则起抑制作用（Sugiyama et al.，1993; Sugiyama and Kusuhara，1994 a，1996 a，1996 b）。

25.2.4　蛋壳形成中的钙代谢

母鸡形成一枚 60 g 的蛋大约需要 2.4 g 钙，历时 18 h 以上。其中，蛋壳中的钙只有 60%～75%从饲料中直接获取，其余的几乎全部来自机体存储的钙。一只母鸡大约每天能产一枚蛋，并持续 52 周。蛋壳的形成需要大量的离子前体形成碳酸钙沉积。Ca^{2+} 和 HCO_3^- 两种离子均能通过血液经跨膜转运穿过蛋壳腺黏膜，这是较快速的生物矿化过程之一。输卵管分泌钙形成蛋壳的过程因其经济效益而广受关注（Whitehead，2004）。

禽类蛋壳主要由碳酸钙组成。碳酸盐离子由代谢产生的 CO_2（即：$CO_2+H_2O\leftrightarrow H^++HCO_3^-$）形成，该过程由碳酸酐酶（CA）催化。碳酸酐酶家族至少含有 14 个同工酶（Chegwidden and Carte，2000）。这个过程失衡将会给蛋壳的厚度及质量带来严重的影响（Berg et al.，2004）。碳酸酐酶位于蛋壳腺（ESG）的柱状上皮细胞和管状腺细胞（Gay et al.，1974；Arai et al.，1996）。而 Ca^{2+}-ATP 酶分布在管状腺的细胞质中（Yamamoto et al.，1985；Arai et al.，1996）。这表明 HCO_3^- 和 Ca^{2+} 是由蛋壳腺的不同部位分别提供的。

蛋壳腺分泌 $CaCO_3$ 是一个热力学活动过程（Schraer and Schraer，1965）。产蛋鹌鹑输卵管蛋壳腺黏膜细胞的微粒体中含有 Ca^{2+}-Mg^{2+} 依赖性 ATP 酶，这种酶的活性比钙化前的黏膜细胞和未成熟禽类高 1.5～3 倍（Pike and Alvarado，1975）。根据 Jonchere 等（2012）的研究，总结了子宫（如 ESG）离子转运体在禽类蛋壳矿化中的作用（图 25.3）。

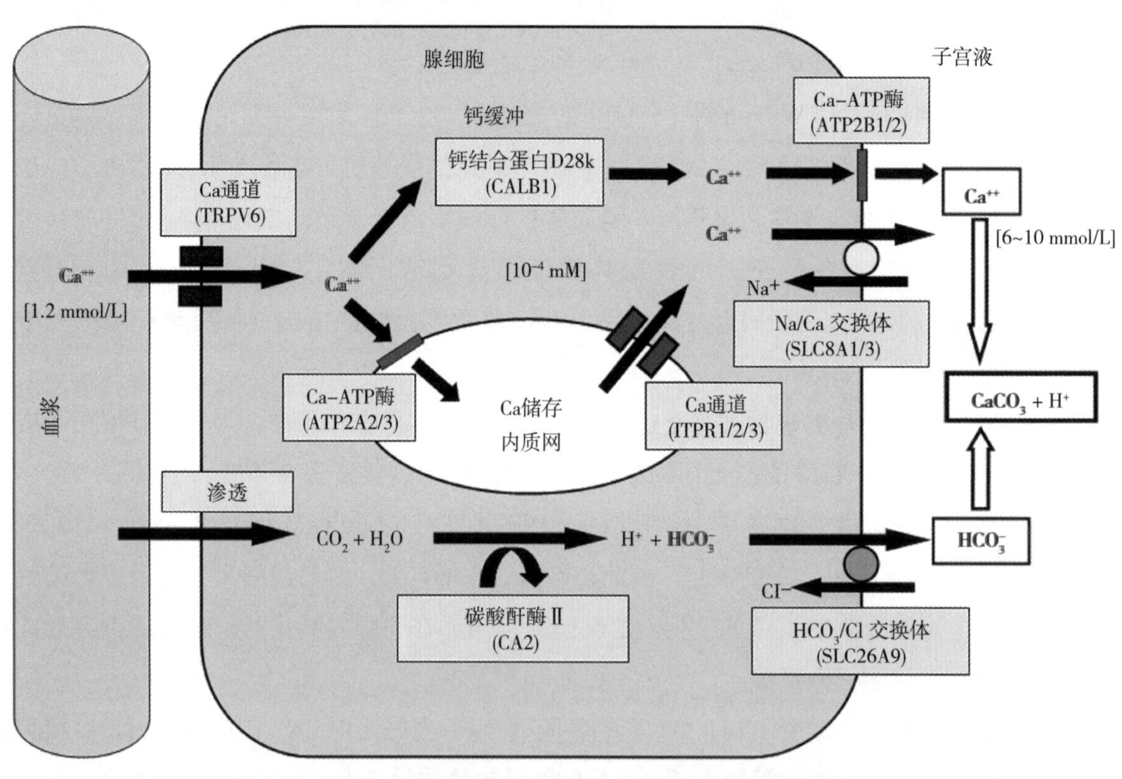

图 25.3★ 蛋壳钙化期间子宫壳腺离子转运模型

根据 Jonchere 等(2012)进行了修改。

25.3 钙调节激素的化学性质和分泌

25.3.1 甲状旁腺激素及其相关肽

25.3.1.1 甲状旁腺

禽类有 2～4 个甲状旁腺（PTGs），与哺乳动物的四个或更多甲状旁腺不同，鸡的两对甲状旁腺位于甲状腺的后方，日本鹌鹑的一对甲状旁腺的位置离甲状腺较远（Dacke，1979；Clark and

Sasayama，1981；Kenny，1986）。甲状旁腺来源于结缔组织包裹的胚胎的第 3～4 个鳃囊构成的主细胞，此来源与大鼠相似（Roth and Schiller，1976）。哺乳动物甲状旁腺中存在的嗜酸性粒细胞，在禽类中是不存在的。禽类甲状旁腺主细胞颗粒含量低，这与禽类甲状旁腺激素（PTH）分泌量少相一致（Kenny，1986）。

PTH 对维持钙水平的重要性早在多年前已被证实。切除甲状旁腺后，禽类会出现低血钙症、四肢抽搐，甚至死亡，这些情况与机体钙的摄入、副甲状旁腺的存在和生殖状态密切相关（Kenny，1986）。注射 PTH 可提高日本鹌鹑或鸡的血浆钙水平（Kenny and Dacke，1974）。由于髓质骨和输卵管中存在 PTH 受体，血浆中有结合 Ca^{2+} 的卵黄蛋白，所以，PTH 的高钙效应对蛋鸡的影响要大于幼公鸡（Dacke，1979）。生物分析表明，未成熟的鸡在静脉注射 PTH 后呈现出快速、敏感的反应（Dacke and Kenny，1973；Parsons et al.，1973）。PTH 主要作用部位是骨骼和肾脏。调控甲状旁腺主细胞分泌 PTH 的主要生理学刺激是钙的浓度，当钙浓度降低时，可以有效地刺激 PTH 的分泌。当钙浓度升高时，PTH 的分泌就会受到抑制（Brown，1991）。

25.3.1.2　甲状旁腺激素及其相关肽

哺乳动物 PTH 是由 84 个氨基酸组成的多肽，而鸡的 PTH 则由 88 个氨基酸组成（Khosla et al.，1988；Limm et al.，1991），但只有 N-端的 32～34 个氨基酸对 PTH 的生物活性起关键作用（Tregear et al.，1973）。根据用大肠杆菌克隆的 2.3 kb 的 PTH cDNA 序列，测定了鸡前甲状旁腺激素原（pre-pro-PTH）mRNA 的核苷酸序列。鸡的 pre-pro-PTH mRNA（2.3kb）长度约为哺乳动物的 3 倍。从 DNA 中推断出的氨基酸序列表明，鸡的 pre-pro-PTH mRNA 编码 119 个氨基酸前体肽和 88 个氨基酸激素，比所有已知的哺乳动物的同源 mRNA 多出 4 个氨基酸残基，包括基因的缺失和插入。在具有生物活性的 1～34 个氨基酸区域，鸡与哺乳动物有明显的同源性，但在中间和羧基末端区域同源性较低（Russell and Sherwood，1989）。

PTH 和甲状旁腺激素相关肽（PTHrP）属于同一内分泌因子家族，具有高度保守的 N-末端区域（氨基酸 1～34），在维持体内钙平衡、骨形成和骨骼发育中发挥重要的作用。在硬骨鱼类、两栖动物（爪蟾）和禽类（鸡）中又发现了第三类甲状旁腺激素相关肽（PTH-L），从而提出了有关这些蛋白进化的问题（Guerreiro et al.，2007；Pinheiro et al.，2010）。在非哺乳脊椎动物中，PTHrP 功能的信息很少。两栖类和禽类在进化中居重要位置，前者是从水生到陆地生物的过渡，后者则是向恒温动物的过渡。除胎盘哺乳动物外，所有脊椎动物都有 PTH-L 的基因。脊椎动物 PTH 和 PTH-L 的基因结构是保守的，而 PTHrP 的基因结构在外显子和启动子区存在差异。在非洲爪蟾和鸡中，PTHrP 和 PTH-L 的剪切变异比较常见，两者的转录前体分布在各种组织中，但 PTH-L 的分布具有组织特异性。在爪蟾和哺乳动物中 PTH 主要在甲状旁腺中表达，而鱼的 PTH 可以表达在各个组织中。爪蟾和鸡的 PTH、PTHrP 和 PTH 的 N-末端区域具有高度保守性，且均具有调节钙的跨细胞膜转运能力。这表明，它们可能通过相似的受体参与钙的调节作用（Guerreiro et al.，2007）。

在硬骨鱼中，有 5 个基因编码 PTHrP、PTH 和 PTH-L。四足动物和禽类有 3 个基因编码 PTHrP、PTH 和 PTH-L，但胎盘类哺乳动物缺少 PTH-L。PTH 基因家族的出现，很可能伴随着脊椎动物在扩散和进化过程中基因的复制和缺失。在低等脊椎动物中，PTH 有旁分泌分布特征，进而成为特殊内分泌组织的产物，其首先出现在两栖动物中。在脊椎动物中，

PTHrP 和 PTH-L 的基因结构复杂，在多种组织都有分布，这与其旁分泌的性质相一致（Pinheiro et al.，2010）。

目前，关于禽类和哺乳动物 PTH 家族第三个成员 PTH-L 对血钙或其他方面作用的报道非常少。Guerreiro 等（2007）认为，PTH 和 PTHrP 是由 PTH-L 进化来的，Pinheiro 等（2012）认为，PTH-L 可以影响爪蟾、鸡和鱼的 Ca^{2+} 跨膜运输。

25.3.1.3 甲状旁腺激素的释放

与哺乳动物相似，禽类的甲状旁腺也存在 Ca^{2+} 敏感性受体（CaR）。CaR 的基因在甲状旁腺的主细胞中表达，主细胞同时还能储存和分泌 PTH。血浆中 Ca^{2+} 浓度增加，CaR 的基因表达也相应增加。在蛋壳形成前后，血浆中 Ca^{2+} 浓度低，与甲状旁腺中 CaR 的基因表达水平降低有关，CaR 的基因表达水平与 PTG 中 PTH 的含量呈负相关，因此，与哺乳动物相比，鸡甲状旁腺中 CaR 的基因表达水平与血浆钙水平呈负相关（Yarden et al.，2000）。

25.3.1.4 血中甲状旁腺激素

与哺乳动物相比，禽类血中 PTH 的水平较低，相关研究也较少，目前，人们还无法获得纯的禽类 PTH 蛋白用于抗体的制备。Van de Velde 等（1984a）通过细胞化学生物法测定了产蛋期鸡血浆中 PTH 样生物活性。在蛋壳钙化时，PTH 的生物活性先升高，之后逐渐降低，但在产卵 2 h 后会有轻微的升高。Singh 等（1986）利用体外生物鉴定法检测了产蛋期鸡的 PTH 的水平。与高钙日粮相比，低钙日粮饲喂的母鸡体内 PTH 水平较高。两组蛋鸡均在蛋壳钙化期表现出较高的 PTH 水平，随后降低，而在排卵期后有一个短暂的升高过程；两组鸡的 PTH 水平与血钙浓度呈负相关（Dacke，2000）。这表明，在生理性钙应激状态下，具有生物活性的 PTH 对调控鸡 Ca^{2+} 代谢发挥重要的作用。上述研究中检测到的 PTH 样作用，可能有一部分是由 PTHrP 发挥。但到目前为止，尚没有对两种肽进行区分的报道，所以，两者在产蛋期及钙代谢过程中的作用尚不清楚。

25.3.2 降钙素及其相关肽

降钙素（CT）含有 32 个氨基酸和 1 个七元 N 环，每部分都具有生物活性。不同物种降钙素的氨基酸序列不同导致其生物活性存在差异（Dacke，1979），其中鱼类来源的 CT 生物学活性较高。Zaidi 等（1990）将不同来源（包括鸡）降钙素的结构进行了分析，详细阐明了其结构与活性的关系。

CT 的分泌主要受血浆中钙的调节。钙升高时，CT 的分泌增加（Dacke，1979）。雌性鹌鹑血浆中的 CT 含量在产卵后达到最高值，蛋壳钙化过程中，CT 含量逐渐降低，在钙化末期 CT 再次升高（Dacke，2000；Dacke et al.，1985）。

Eliam-Cisse 等（1993）研究了在鸡发育过程中，日粮中钙和维生素 D 缺乏影响了腮后体内分泌细胞 CT 的基因表达。研究结果显示，CT 合成的明显减少，是由于腮后体内分泌细胞数量的减少，而非腮后体内分泌细胞的生物合成活性的改变。

血中降钙素的水平

低等哺乳动物及禽类的循环系统中都存在大量的具有生物活性的 CT（Dacke，1979）。除了开产前一段较短的时间外，产蛋雌禽的 CT 含量都低于成年雄禽。雌性鹌鹑的 CT 在排卵后快速达到最高峰，随后，在蛋壳钙化阶段逐渐下降，在钙化末期再次上升。至少在鹌鹑，血中 CT 水平似乎主要受性腺类固醇，特别是雄激素的影响（Taylor and Dacke，1984；Kenny，1986）。鸡血浆中 CT 的水平与饲料中钙摄入量呈正相关，进而也决定了血中钙的水平（Taylor and Dacke，1984）。在鸡的胚胎阶段，一直到孵化前，CT 都处于非常低的水平（Abbas et al.，1985）。

产蛋周期中母鸡 PTH、CT、1，25-（OH）$_2$D$_3$、EST 和钙水平之间的关系见图 25.4。

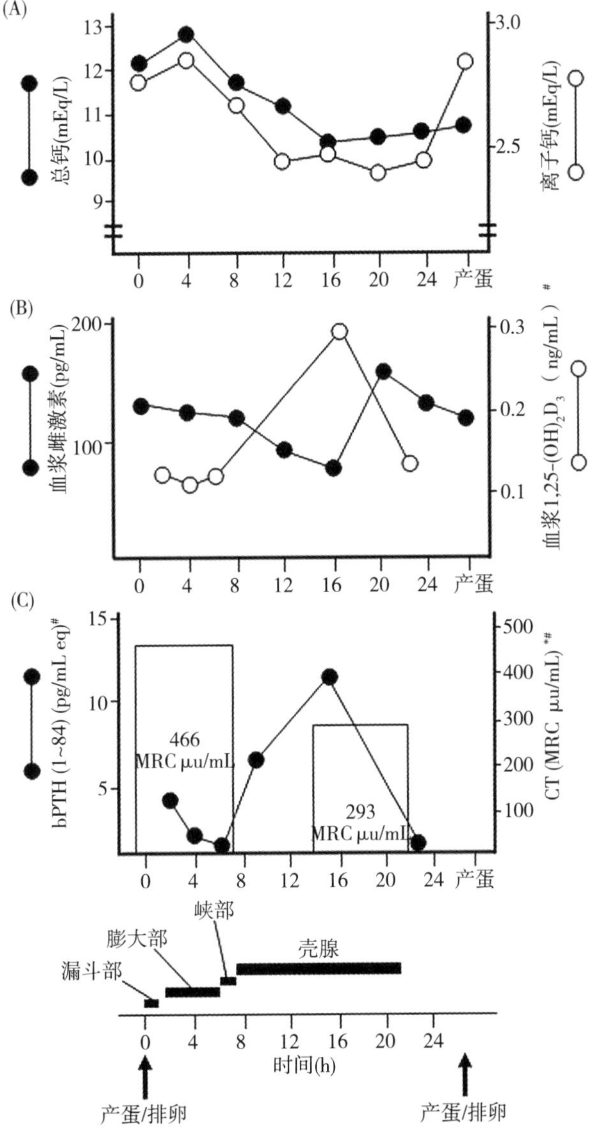

图 25.4　家养母鸡在产蛋期血浆钙浓度和激素的水平

（A）血浆总钙和 Ca^{2+}。●—●，总钙（mEq/L）；○—○，Ca^{2+}（mEq/L）（Parsons and Combs，1981）。（B）血浆雌激素（Shodono et al.，1975）和 1,25-(OH)$_2$D$_3$。●—●，血浆雌激素（pg/mL）；○—○，血浆 1,25-(OH)$_2$D$_3$（ng/mL）（Abe et al.，1979）。（C）bPTH（van de Velde，1984b）和 CT（Dacke et al.，1972）。●—●，bPTH（1～84）（pg/mL eq）#；方条代表血浆 CT（MRC μu/mL）#*。*，数据来源于产蛋鹌鹑；其他数据来源于蛋鸡。#，排卵期数据；其他为产卵后数据。1 mEq/L=0.5 mmol/L。引自 Sugiyama 和 Kusuhara（2001）。

25.3.3　维生素 D

Hou（1931）首次报道了尾脂腺在鸡维生素 D 代谢及预防鸡生长期佝偻病中的重要作用。Taylor 和 Dacke（1984）、Norman（1987）、Hurwitz（1989a）、Nys（1993）、Bar

(2008)等综述了禽类维生素 D_3 的调节作用。众所周知，维生素 D_3 在禽类的肝脏和肾脏中分别转化为 25-(OH)D_3 和 1，25-$(OH)_2D_3$（Holick，1989）。与哺乳动物不同，禽类能够区分维生素 D_2 和 D_3，鸡不能够像利用维生素 D_3 那样有效地利用维生素 D_2（Taylor and Dacke，1984）。这与禽类维生素 D 结合蛋白与维生素 D_2 亲和力较低、更易发生解离有关（Holick，1989）。禽类的肾脏同其他脊椎动物一样，能合成并分泌 1，25-$(OH)_2D_3$。多种因素可影响 1，25-$(OH)_2D_3$ 的产生，包括 PTH、1，25-$(OH)_2D_3$ 本身及催乳素（Kenny，1981；Henry and Norman，1984），但降钙素是否能影响禽类肾脏 1，25-$(OH)_2D_3$ 的产生尚有争议。Kenny（1986）的研究表明，CT 不是禽类维生素 D_3 的主要调节物。禽类维生素 D 的活性代谢如图 25.5 所示。蛋黄富含维生素 D，其中 90%是维生素 D_3，5%是 25-(OH)D_3。这些维生素 D 可能来源于母鸡，而非胚胎（Fraser and Emtage，1976）。

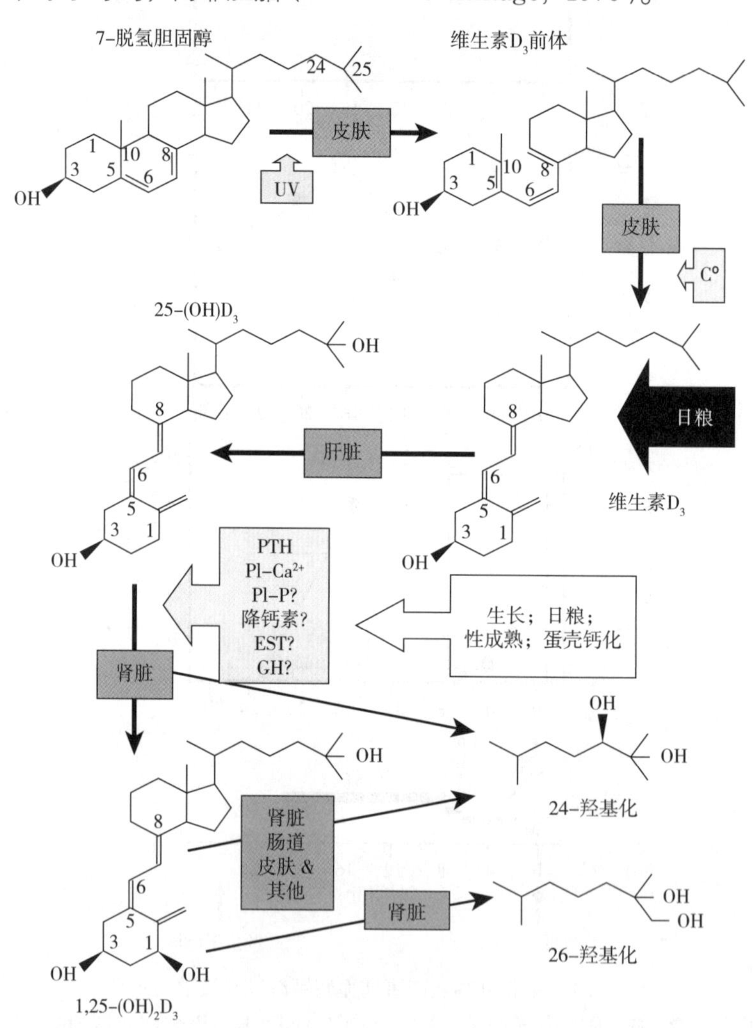

图 25.5 维生素 D 在蛋鸡中的代谢和调节

EST，雌激素；GH，生长激素；Pl-Ca^{2+}，血浆 Ca^{2+}；Pl-P，血浆磷。引自 Bar（2008）。

额外的钙需求促进了维生素 D 的代谢和合成，尤其是孵化时间较长的家禽。维生素 D 的代谢也受其他一些因素影响，包括动物生长以及骨的形成。因此，在一些含有维生素 D 受体的靶器官，如肠、肾脏或骨中的相关蛋白相继表达。一些相关的蛋白（碳酸酐酶、钙结合蛋白和 Ca-ATP 酶）在蛋壳腺中也被发现，参与 Ca 转运功能与其在小肠和肾脏中的作用类似。Bar（2008）对这些过程进行了详细的阐述。

Bar 等（1999）研究了产蛋鸡的年龄、蛋壳厚度和维生素 D 代谢及其表达之间的关系。研究结果表明，与正常的产蛋鸡相比，产薄壳蛋的鸡的 1，25-（OH）$_2$D$_3$、十二指肠和蛋壳腺的钙结合蛋白含量及其 mRNA 的表达量较低。在不限制饲料中钙供给的情况下，应用碳酸酐酶抑制剂乙酰唑胺，可以降低卵壳腺中钙离子的转运，卵壳腺中钙结合蛋白及其 mRNA 的含量也减少。蛋壳的形成机制包括两部分：一是依赖维生素 D 的钙吸收，二是多种因素影响下钙向蛋壳的转运。这两部分都受钙结合蛋白的影响。蛋壳腺中钙结合蛋白基因的表达呈钙依赖性，高龄蛋鸡表现出典型的维生素 D 代谢或表达的缺陷，产薄壳蛋的鸡亦是如此。

血中维生素 D 代谢物的水平

血中维生素 D$_3$ 及其代谢物的水平与维生素 D 结合蛋白（DBP）、血浆白蛋白有关。在一些禽类，其血中水平还与 α-球蛋白和 β-球蛋白有关。DBP 以两种 4S 形式存在，这两种形式的神经氨酸残基数量不同。DBP 可能具有维生素 D 代谢产物的结合位点，而且，DBP 与维生素 D 代谢产物结合能力并不相同。DBP 与 25-（OH）D$_3$ 和 24，25-（OH）$_2$D$_3$ 亲和力相似，而与 1，25-（OH）$_2$D$_3$ 的亲和力很低。产蛋期禽类血浆 DBP 浓度是未成熟的禽类或成熟雄禽的 2 倍（Taylor and Dacke，1984；Hurwitz，1989a）。

日本鹌鹑和产蛋鸡血中维生素 D$_3$ 代谢物的水平已有报道。性成熟后和蛋壳形成过程中发生的肠道钙吸收的增加，与肾脏 25-羟胆钙化醇-1-羟化酶的活性有关（Kenny，1976）；此酶能提高 1，25-（OH）$_2$D$_3$ 的水平（Castillol et al.，1979）和肠道黏膜钙代谢物的累积（Bar et al.，1978）。未成熟的禽注射 ETC 可以增加 25-（OH）D$_3$-1-羟化酶的活性（Baksi and Kenny，1977；Sedrani et al.，1981）。Abe 等（1979）报道，在蛋壳钙化周期中，除 24，25-（OH）$_2$D$_3$ 外，血浆中 25-（OH）D$_3$、1，25-（OH）$_2$D$_3$ 的浓度都会发生波动。Nys 等（1986）也证实了这一结果，还发现产软壳蛋的禽类没有这些波动。1，25-（OH）$_2$D$_3$ 的含量一般在蛋鸡产蛋前增加，产蛋刚开始时再次增加（Nys，1993）。Bar 和 Hurwitz（1979）的研究表明，在缺钙的禽类中，EST 不能激活肾脏 25-（OH）D$_3$-1-羟化酶，这意味着 1，25-（OH）$_2$D$_3$ 含量的增加是由 EST 导致的钙缺乏引起。

家养蛋鸡在产蛋周期内血浆 1，25-（OH）$_2$D$_3$ 的浓度会产生波动，在蛋壳形成时达到一个峰值（Abdulrahim et al.，1979；Castillo et al.，1979）。成骨细胞有 1，25-（OH）$_2$D$_3$ 的受体，1，25-（OH）$_2$D$_3$ 对成骨细胞的骨钙化是必需的（Boivin et al.，1987；Hurwitz，1992）。一项针对 1，25-（OH）$_2$D$_3$ 缺乏对产蛋鸡钙代谢影响的研究表明，饲喂维生素 D 缺乏的日粮导致类骨质的增加（Takahashi et al.，1983；Wilson and Duff，1991）。因此，1，25-（OH）$_2$D$_3$ 对产蛋期髓质骨的钙化是非常重要的。

25.4 甲状旁腺激素、降钙素和维生素 D 对靶器官的作用

25.4.1 对骨骼（骨和软骨）的作用

25.4.1.1 PTH 的作用

PTH 对骨骼有分解代谢和合成代谢的双重作用。哺乳动物对高血钙反应较慢，涉及成骨

细胞受体介导的破骨细胞的聚集和激活（Hurwitz，1989b）。禽类对 PTH 非常敏感，蛋鸡在产蛋期注射 PTH，8 min 就会出现高血钙反应（Candlish and Taylor，1970），如果 PTH 作用于破骨细胞，8 min 时间不足以使其吸收骨钙释放入血。同理，此高血钙反应也不可能通过肠对钙的吸收或者肾对钙的重吸收来实现（Hurwitz，1989a）。Kenny 和 Dacke（1974）通过使用^{45}Ca 标记研究证实禽类对 PTH 的初始响应（0～30 min）涉及血钙清除的抑制。将放射性同位素注射到骨骼和其他组织中，采用短时微波固定技术进行检测，结果显示，^{45}Ca 清除率的减少是由于骨骼对钙的净吸收被抑制（Shaw and Dacke，1985；Shaw et al.，1989）。利用活性的 bPTH（1～34）片段可以诱发相应的剂量依赖性反应，静脉注射 PGE_2 类似物 16，16-二甲基-PGE_2 也可以观察到相同情况。这种反应在股骨和某种程度上在颅骨中迅速而明显（Dacke and Shaw，1987）。用磷酸二酯酶抑制剂咖啡因或 3-异丁基-1-甲基黄嘌呤模拟 PTH 对骨骼摄取^{45}Ca 的影响，结果表明，cAMP 参与其中并起到一定作用（Shaw and Dacke，1989）。

PTH 受体存在于成骨细胞表面，破骨细胞不存在此受体，对此仍存在争议（Pandala and Gay，1990；Teti et al.，1991；May et al.，1993）。大量证据表明 PTH 能通过成骨细胞和骨细胞诱导钙快速转移。可见，PTH 的激活能够促进这些细胞对钙的摄取。也有研究表明，PTH 并没有对骨细胞胞内的钙累积或者钙流出产生影响，至少在体外培养的鸡胚骨中没有相应影响（Hurwitz，1989b；Malgaroli et al.，1989）。运用膜片钳技术发现体外培养的鸡成骨细胞至少有两类电压门控离子通道（Ypey et al.，1988），这些通道很可能参与了 PTH 的调节过程。

通过电子显微镜观察日本鹌鹑的非蛋壳钙化活跃期髓质骨破骨细胞，发现 PTH 会影响禽破骨细胞（Miller，1977，1978）。PTH 作用 20 min 后，破骨细胞边缘就会形成界限明显的丝状结构的褶皱，这些变化是蛋壳钙化时期骨吸收活跃的特征。同样，Sugiyama 和 Kusuhara（1994，1996）通过体外试验证明，PTH 能够诱导母鸡髓质骨破骨细胞褶皱边缘的形成。Zambonin-Zallone 等（1982）采用低钙日粮饲喂蛋鸡，再通过沉降和过滤技术实施长时分离，来检测增加的破骨细胞数量。发现经 PTH 处理的低钙日粮饲喂的鸡，在 PTH 作用下，其胫骨里的破骨细胞扩展面积，在 2～4 min 内增加了 40%（Pandala and Gay，1990）。这比经典 PTH 处理后发生的反应要快得多，说明 PTH 直接或间接对这些细胞产生影响（Dacke，1979；Hurwitz，1989a）。Bronner（1996）推测，禽类和哺乳动物存在的瞬时调节血钙水平的重要机制，是骨衬细胞、破骨细胞和成骨细胞具有的功能，这些细胞通过改变自身的大小、形状，并在具有 Ca^{2+} 结合位点的骨表面来回迁移实现其功能。这是一个有趣的假设，还有待试验证实。禽类破骨细胞的作用机制与哺乳动物破骨细胞类似，但在某些方面二者又有所不同（Gay，1988）。皱褶边缘含有 H^+-ATP 酶和 Na^+，K^+-ATP 酶，细胞膜内含有碳酸酐酶。Ca^{2+}-ATP 酶存在于破骨细胞骨髓侧的质膜上，而非褶皱边缘侧，可能参与 Ca^{2+} 直接跨膜外流。May 等（1993）发现 PTH 直接导致鸡破骨细胞产酸增加，这可能与 Gs 蛋白偶联激活腺苷酸环化酶的机制有关。雌二醇可阻断 PTH 和 cAMP 的酸化作用，雌二醇的抑制程度与 CT 相当。微摩尔级雌二醇-17β 就能够阻断质膜囊泡中的质子泵的转运（Gay et al.，1993）。PTH 和其他调节钙的因素对骨细胞的功能总结见图 25.6。

25.4.1.2 PTH 对软骨的作用

PTH 和 PTHrP 均能增强禽骨骺软骨细胞 cAMP 活性，抑制胶原蛋白合成，但其作用可

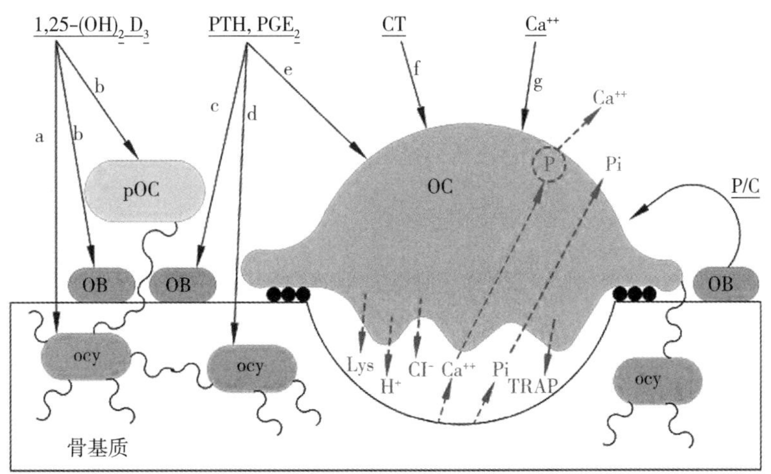

图 25.6★　禽类破骨细胞调节和骨骼重塑过程中的关键特征

成骨细胞通过 RANKL 和 RANK 的相互作用，在骨生长的早期阶段控制破骨细胞（图中并未显示，见文中相应内容）。体内研究显示，表达 RANK 的骨细胞是骨重建期间的指令细胞。维生素 D 和 PTH 通常协同工作，调节合成代谢或分解代谢。PGE_2 对破骨细胞有重要作用，但可能是间接的。细胞：pOC，前破骨细胞；OC，破骨细胞；OB，成骨细胞；ocy，骨细胞；P，钙-ATP 酶泵。通过皱褶边缘进入吸收陷窝的分泌物包括：Lys，溶酶体内容物；TRAP，抗酒石酸酸性磷酸酶；各种离子。OC 效应物包括 1,25-$(OH)_2D_3$，PTH，CT，Ca^{2+}，旁分泌和细胞分泌因子（P/C）。足体（●）包括 αvβ3 整合蛋白，其与骨桥蛋白结合，由破骨细胞分泌。实线：控制因素；虚线：分泌物和离子通量。（a）Nakashima 等（2011）；（b）Norman 和 Hurwitz（1993）；（c）Hurwitz（1989b）和 Dacke（1989）；（d）Bonewald（2011）；（e）Dacke（1989），Pandala 和 Gay（1990），Teti 等（1991）和 May 等（1993）；（f）Eliam 等（1988），Pandala 和 Gay（1990），Hall 等（1994），Sugiyama 和 Kusuhara（1996b）；（g）见 25.4.1.4。

被 PTH 拮抗剂 PTH（3～34）所阻断（Pines et al.，1990）。两个研究显示：PTH 和 PTHrP 可以通过调节软骨细胞成熟和分化影响禽类胫骨软骨和胸骨发育。PTHrP 对禽胫骨生长板的成软骨细胞表型的调节主要通过三个信号途径来实现：蛋白激酶 A（PKA）、蛋白激酶 C（PKC）和 1，4，5-三磷酸肌醇诱导 Ca^{2+} 转运（Zuscik et al.，2002）。PTH（10^{-15}～10^{-7} mol/L）限制了禽类胸骨末端软骨的形成。将胸骨用 100 nmol/L PTH（1～34）处理，体外培养 8d，在前 4d 就能够观察到胸骨长度明显增加，X 型胶原蛋白沉积减少，mRNA 的表达也降低。PTH 处理的胸骨中，Ⅱ型胶原蛋白和 X 型胶原蛋白含量及其 mRNA 表达被下调，表明 PTH 和 PTHrP 受体的激活是软骨细胞增殖的重要影响因素。可见，PTH 可以通过上调细胞增殖，增加细胞外基质的分泌促进软骨的增长（Harrington et al.，2007）。

25.4.1.3　降钙素的作用

尽管 CT 已经被发现 50 多年，但其在骨骼和钙代谢过程中的作用仍是一个谜。CT 只在哺乳动物中才有调节血钙的作用，CT 能够通过抑制骨吸收从而发挥其调控低血钙的作用（Copp and Kline，1989）。低等脊椎动物血钙水平很难受 CT 调控（Dacke，1979）。这是否与激素循环水平较高导致受体减少有关，尚不清楚。最初的研究表明，禽类破骨细胞对 CT 没有受体结合后反应（Miyaura et al.，1981；Ito et al.，1985；Nicholson et al.，1986；Dempster et al.，1987），然而，如果饲喂低钙或致佝偻病的日粮，鸡的破骨细胞会出现 cAMP 反应（Eliam et al.，1988；Rifkin et al.，1988）。此外，体外培养用低钙日粮饲喂的鸡的破骨细胞，CT 能在 4min 内使细胞扩散面积减少 58%（Pandala and Gay，1990），并且抑制骨吸收（Vernejoul et al.，1988）。Hall 等（1994）报道，CT 具有与破骨细胞表面特异性结合并将其快速清除（10min 内）的能力，因此，可以利用 CT 分离鸡的破骨细胞。CT 还可以使体外培养的髓质骨破骨细胞褶皱边缘消失（Sugiyama et al.，1993；Kusuhara，1996），这些发现与正常生理状态下鸡 CT 受体减少时的变化是一致的。Ancill 等（1991）发现，给禁食的鸡注射剂量较高的鲑 CT（22 h），可抑制骨骼对^{45}Ca的净吸收，这种效果类似于 PTH 和 PGE_2，但生理意义尚不明确。

体外试验显示，鲑 CT 能够明显促进鸡胚颅骨细胞的增殖，用［^3H］胸苷标记并掺入 DNA，［^3H］脯氨酸掺入骨基质胶原蛋白，检测到［^3H］羟脯氨酸存在于完整的颅骨和胫骨（Farley et al.，1988）。掺入的［^3H］羟脯氨酸的增加与骨中碱性磷酸酶活性增加有关。CT 作用于鸡胚，每天 4 h，连续 3 d，［^3H］脯氨酸在颅骨的含量也会增加。CT 作用体外培养的小鼠颅骨细胞，也观察到了同样的结果。

Zambonin-Zallone 等（1982）分离了缺乏 CT 受体鸡的髓质骨破骨细胞，在 CT 作用下，破骨细胞 cAMP 的水平并没有增加。Ito（1985）和 Nicholson 等（1986，1987）也得到类似的结果。但低钙日粮的鸡分离出的破骨细胞存在 CT 受体，因此，CT 处理可以抑制破骨细胞的骨吸收（Rifkin et al.，1988；Eliam et al.，1988）。有趣的是，在这些报道中，血钙水平影响破骨细胞 CT 受体的表达，表明鸡破骨细胞的 CT 受体会随着高血钙水平下降而显著减少。此外，Gay（1988）、Gay 和 Weber（2000）报道，鸡破骨细胞有 CT 结合位点，在 cAMP 水平没有升高的情况下，CT 可以在几分钟内抑制破骨细胞的骨吸收。雏鸡和蛋鸡髓质骨破骨细胞中也存在 PTH 结合位点（Teti et al.，1991；Agarwala and Gay，1992），PTH 可以通过破骨细胞的 PTH 受体直接调节破骨细胞骨吸收，而哺乳动物 PTH 对骨吸收则是通过间接刺激成骨细胞的 PTH 受体实现的。髓质骨破骨细胞中也存在雌激素受体（Oursler et al.，1993），受体与配体结合可以抑制溶酶体相关基因和髓质骨破骨细胞黏附活性（Oursler et al.，1993；Sugiyama et al.，1999）。然而，通过免疫组化技术并没有检测到在这些破骨细胞中存在雌激素受体（Ohashi et al.，1990a，1990b；Imamura et al.，2006），Brubaker 和 Gay（1999）的研究表明，鸡破骨细胞骨吸收可以被膜介导的雌激素非基因水平的活动直接抑制。

Yasuoka 等（2001）研究了鸡颅骨和肾脏 PTH、PTHrP 和 CT 受体结合特性的发育性变化。利用放射性配体结合方法，检测了孵化后 1 日龄至 24 周龄鸡颅骨和肾脏膜组分中 PTH、PTHrP 和 CT 受体的解离常数（Kd）和最大结合容量（Bmax）。雌禽的颅骨和肾脏中的 PTH 和 PTHrP 受体的 Kd 值在 10～24 周龄时降低，而雄禽中两者的 Kd 值在 24 周龄时增加。在这两种组织中，PTH 和 PTHrP 受体的 Bmax 值在 10 周龄时下降，雌禽在 24 周龄时回到基础水平，而雄禽在 24 周龄时 Bmax 值却在增加。两种组织中，CT 受体的 Kd 和 Bmax 值在不同性别的禽中是恒定的。这表明与性成熟相关的性腺激素可能影响 PTH-PTHrP 受体的结合特性，而 CT 受体却并非如此。

25.4.1.4 细胞外钙的作用

与新生大鼠不同，鹌鹑髓质骨破骨细胞外 Ca^{2+} 浓度增加，但细胞内的 Ca^{2+} 浓度并没有相应增加（Bascal et al.，1992）。不同于大鼠细胞，体外培养的鸡破骨细胞对膜电压门控钙离子通道的变化及二氢吡啶型钙离子受体阻断剂敏感（Miyauch et al.，1990）。将髓质骨破骨细胞与基质细胞进行分离培养数日后，这些破骨细胞仍能对高钙环境做出反应。但无论是新分离的细胞还是经过一段培养时间的细胞，都不能通过 CT 来调节细胞内钙浓度（Arkle et al.，

1994)。以细胞扩散面积为指标，新分离的鹌鹑髓质骨破骨细胞对细胞外 Ca^{2+} 浓度不敏感；然而，新生大鼠细胞对离子霉素（Ca^{2+} 载体）较敏感，细胞扩散面积会有小幅度的减少。对于这种现象，鹌鹑细胞的胞内机制能给出很好的解释，但还缺乏胞外钙离子变化的受体机制。当髓质骨破骨细胞培养几天后，添加的刺激物会使细胞扩散面积减少，在大鼠细胞中也观察到此现象（Bascal et al.，1994）。这些研究结果表明，新分离的鹌鹑髓质骨破骨细胞中假定的 Ca^{2+} “受体”浓度会降低，随着体外培养天数的增加，此受体逐渐消失。这表明在蛋壳钙化周期中，髓质骨重吸收的增加和局部 Ca^{2+} 水平的提高主要通过破骨细胞的活动来实现，破骨细胞对 Ca^{2+} 浓度升高等抑制因素的敏感性降低（图 25.6）。

钙敏感受体（CaRS）存在于多种类型的细胞中。骨骼中的成骨细胞、骨细胞和软骨细胞中都有 CaRS（Rodriguez et al.，2005）。CaRS 信号通路的发现非常不易，但也在意料之中。因为细胞对 Ca^{2+} 的利用是多方面的，如 Ca^{2+} 参与膜电位的维持，也可以作为细胞内信使。Ca^{2+} 有多种跨膜运输方式，如通过机械性门控通道转运、钙泵转运等。人们普遍认为，提高胞外 Ca^{2+} 浓度能刺激成骨细胞的增殖，抑制破骨细胞生成（Theman and Collins，2009）。虽然 CaRS 对骨细胞的确切作用仍不清楚，但一项值得研究的是早期成骨细胞是否可顺着 Ca^{2+} 浓度梯度迁移到骨吸收的部位。此外，局部 Ca^{2+} 浓度的增加可抑制破骨细胞的负反馈调节。

25.4.1.5 维生素 D 的作用

蛋鸡日粮中缺乏维生素 D 会引起髓质骨吸收，对非蛋鸡则导致骨营养不良（Wilson and Duff，1991）。维生素 D 的代谢产物 1，25-（OH）$_2D_3$ 通过骨钙蛋白（骨 γ-羟基-谷氨酸蛋白）促进骨的生成。尽管这种非胶原维生素 D 结合蛋白是成骨细胞在成骨时的特定产物，但其在骨矿质化中的生物学功能仍不清楚。目前，已在多个物种中（包括鸡）对这个分子质量较小的骨蛋白进行了纯化并测序，但它的功能尚不明确。骨钙蛋白能结合 Ca^{2+} 且与羟磷灰石有高度亲和力，这说明其功能可能与矿质动力学有关（Hauschka et al.，1989）。循环系统中的骨钙蛋白是常规的骨代谢指标，反映了在骨吸收过程中新成骨细胞的形成，与基质蛋白的释放无关（Nys，1993）。将 1，25-（OH）$_2D_3$ 结合到启动子原件，能增强骨钙蛋白的基因转录，进而促进骨钙蛋白的合成。但与肠钙结合蛋白不同的是，缺乏维生素 D 的鸡会合成大量的骨钙蛋白（Lian et al.，1982）。

蛋壳中有 30%～40%的钙来源于髓质骨，其余的由日粮提供（Simkiss，1967；Dacke，1979；Hurwitz，1989a）。尽管髓质骨的全面矿质化需要维生素 D_3 和类固醇同时存在，但其基质的形成不需要维生素 D，只需要由性腺类固醇诱导即可（Takahashi et al.，1983）。Nys（1993）报道称，蛋鸡血浆骨钙蛋白水平与 1，25-（OH）$_2D_3$ 水平相当。因此，血浆骨钙蛋白在低钙日粮饲喂的蛋鸡中较高，而在产薄壳蛋的蛋鸡中较低。雌激素提高骨钙蛋白的水平，也反映出蛋鸡成骨细胞维生素 D 受体表达增加（Liel et al.，1992）。但髓质骨和大鼠骨的破骨细胞没有 1，25-（OH）$_2D_3$ 受体，所以，其代谢物的作用可能是通过成骨细胞介导的（Merke et al.，1986）。Harrison 和 Clark（1986）从产蛋鸡中分离并培养了髓质骨细胞，结果表明，这些培养物可能通过剂量依赖抑制［^{3}H］-脯氨酸摄取，从而对 1，25-（OH）$_2D_3$ 做出应答。

维生素 D 受体（VDR）与其他核受体（NR）超家族成员具有相同的保守结构和功能区。许多 NRs 通过 N 端变异区分出不同的细胞类型、细胞阶段及特异性的启动子。VDRB1 是一种新型的维生素受体，其 N 端有 50 个氨基酸残基，来自一个低丰度转录组，该转录组含有人 VDR 基因座的 1 d 外显子。有证据表明，在其他哺乳动物和禽类也存在这个保守的外显子。VDRB1 和 VDR 转录的差异可能揭示了这两种 VDR 的亚型在功能上和潜在的独特生理作用上的差异（Gardiner et al.，2004）。Haussler 等（2013）详细阐述了哺乳动物维生素 D 作用的分子机制。

25.4.1.6 RANK-RANKL-OPG 系统

阐明 RANK-RANKL-OPG 系统在骨细胞分化及活化过程中的作用是骨研究领域非常热门的研究方向。Nakashima 等（2012）系统地阐述了 RANK-RANKL-OPG 系统的研究进展，该系统对破骨细胞的分化和活化至关重要。RANK 是破骨细胞和破骨细胞祖细胞上的一个跨膜受体。RANKL 是 RANK 的配体，它能以可溶性和膜结合两种形式存在，在多种细胞中都有表达，包括成骨细胞和骨细胞。骨保护素（OPG）因其对骨的保护作用而得名，是一种可溶性受体，其主要作用就是与破骨细胞前体或者破骨细胞表面的 RANK 竞争性地结合 RNAKL，OPG 与 RANKL 的亲和力远远高于 RANK 与 RNAKL 的结合能力，从而能有效阻断 RNAKL 与 RANK 受体结合的机会，进而阻止破骨细胞的分化和骨吸收活性。所以，可以根据 RANKL-OPG 的比例估算破骨细胞生成的程度。由于三种蛋白质的基因是已知的，使得在体外和体内过表达或消除其在特定细胞类型中的表达成为可能。尽管许多信息是来自小鼠的基因操作，对于禽类的系统性研究也揭示了 RANK、RANKL 和 OPG 在禽类骨细胞分化及活化中的必要性。此外，该系统各组分的表达受多种成骨激素的调节。

OPG 是三个蛋白中第一个被发现的蛋白（Khosla，2001），由两个独立的实验小组通过不同的分子处理方法获得（Simonet et al.，1997；Yasuda et al.，1998a）。OPG 普遍存在于多种组织和细胞中，如肺、心、肾、肝、胃、肠、脑、脊髓、骨髓间充质细胞、成骨细胞和骨细胞中均有表达。通过对 OPG 的研究，人们认识到 OPG 可能与一种未知成分结合，刺激破骨细胞生长。后经研究发现，这种未被鉴定的成分是破骨细胞分化因子（ODF）。将 OPG 作为探针进行表达克隆，发现 ODF 与 RANKL 是相同的（Lacey et al.，1998；Yasuda et al.，1998b）。Lacey（1998）和 Yasuda 等（1998b）的研究为 OPG 概念的提出及论证做出了重要贡献，他们证明了表达 RANKL 的成骨细胞和表达 RANK 的破骨细胞之间的直接接触，以及它们的前体细胞在骨骼发育和生长过程中对破骨细胞生成的重要作用，这是认识破骨细胞生成的重大进展。

RANKL 是三个蛋白中第二个被发现的，在许多细胞中均有表达，包括成骨细胞、骨细胞、骨髓基质细胞和部分淋巴细胞。自 1998 年以来，大量文献报道成骨细胞表达的 RANKL 可以对破骨细胞进行调控（Suda，2012）。研究还发现，RANKL 在骨细胞的表达水平是在成骨细胞中表达的数倍，并且在骨重塑过程中控制表达 RANK 的破骨细胞（Bonewald，2011；Xiong et al.，2011；Nakashima et al.，2012）。这个结论是基于基因缺失的研究结果。在成骨细胞和骨细胞中，1，25-（OH）$_2D_3$、PTH、PGE_2、糖皮质激素和细胞因子（如白细胞介素）可以促进 RANKL 的表达，而雌激素下调 RANKL 的表达（Khosla，2001；Nakashima et al.，2012）。

RANK 是此系统中的第三个被发现的，是 RANKL 的受体，存在于破骨细胞及其祖细胞中。RANK-RANKL 的相互作用对破骨细胞发育及成熟至关重要，但 M-CSF（巨噬细胞集落刺激因子）的参与必不可少。RANK 及其配体 RANKL 已经被正式确认并命名，在破骨细胞中对 RANK 的研究也比较充分（Hsu et al.，1999）。通过转基因小鼠的研究，RANK 与

RANKL 相互作用的信号通路中的许多分子已经明确（Ross，2008；Nakashima et al.，2012；Bonewald et al.，2013）。

尽管对 RANK-RANKL-OPG 系统的研究主要通过小鼠获得，但对禽类骨细胞的研究表明，禽类成骨细胞、骨细胞和软骨细胞通过 RANK 和 RANKL 相互作用调控禽类破骨细胞。人重组 RANKL（hrRANKL）可刺激鸡胚胫骨（Boissy et al.，2001）和美洲家鸭骨髓破骨细胞的吸收活性（Gu et al.，2009）。用 hrRANKL 处理的单核细胞可以作为很好的模型，来检测禽单核细胞向破骨细胞转变过程中伪足的变化（Pfaff and Jurdic，2001）。在鸡胸骨软骨细胞表面检测到 RANKL 表达，RANKL 能激活生长板破骨细胞生成和再吸收的活性（Masuyama et al.，2006）。现已证明鸡 RANKL 能诱导鸡骨髓破骨细胞的生成和激活原始破骨细胞（Wang et al.，2008）。骨形态发生相关蛋白-2（BMP2）能诱导鸡和小鼠软骨细胞 RANKL 的表达，并刺激破骨细胞骨吸收（Usui et al.，2008）。鸡胚胎时期颅盖骨是研究 RANK-RANKL 表达的主要骨细胞来源。这些研究表明，在禽类和哺乳动物中，RANKL 及其受体 RANK 具有相当大的保守性。OPG 也是保守的，现已证明，鸡 OPG 能够抑制 Ca^{2+} 释放，减少 TRAP 的表达，增加鸡胚来源的破骨细胞和原始破骨细胞的细胞凋亡（Hou et al.，2011；Wang et al.，2008）。目前已经对哺乳动物中破骨细胞骨吸收控制因子（RANKL、维生素 D 和 PTH 等）的信号转导通路进行了详细研究，并已在禽中得到了相应的发现。因此，禽类也有相同或相似的信号通路。

随着技术的发展，已能够分离出高纯度且有活力的骨细胞，通过验证，骨细胞能够大量表达 RANKL，并且骨细胞与破骨细胞的直接接触对破骨细胞的功能具有重要影响。嵌入基质的骨细胞是如何调控与表面结合的破骨细胞以及骨髓里的前体细胞呢？在解剖学上，成骨过程已被证明可以达到并超出鸡颅骨表面的成骨细胞层 1mm（Kamioka et al.，2001），是骨细胞直径的 100 倍（Sugawara et al.，2005）。这使骨细胞能够与破骨细胞以及骨髓里的细胞联系起来。此外，RANKL 的可溶性形式的分子质量为 31 ku（Lacey et al.，1998），小到可以通过微管，在远处发挥作用。骨细胞也能够分泌分子质量小且可溶的 OPG（Sugawara et al.，2005）。

因为骨细胞要从成骨细胞转移到骨的表面，因此它必须改变形状、经历较长的过程（每个细胞约 50 个）、分泌未矿质化的基质（类骨质）、调节类骨质矿化的作用、维持和发展与其他骨细胞（如成骨细胞、骨衬细胞、破骨细胞等）的联系。在这个转变的过程中，骨细胞的分子组成发生了明显的改变（Bonewald，2011）。骨细胞负责维持骨骼的数量，与成骨细胞不同，它还是骨重建的重要调节因子。Bonewald 等（2013）主编的《*Bone*》杂志中对骨细胞作为调节网络中的信号细胞参与激素、维生素、细胞因子和机械力产生的反应作了系统的详细介绍。RANK、RANKL 和 OPG 在髓质骨形成中的作用，以及它们的形成是否需要雌激素等都还需要进一步确定。髓质骨破骨细胞是由成骨细胞还是深入骨髓腔的骨细胞调节的，或日粮中的 Ca^{2+} 在控制蛋壳形成过程中是否还存在其他机制，尚不清楚。

25.4.2　对肾脏的作用

甲状旁腺切除（PTX）会使八哥和日本鹌鹑尿中钙排泄增加，无机磷酸盐（Pi）排泄减少（Clark and Wideman，1977；Clark and Sasayama，1981）。Laverty 和 Clark（1989）的综述中阐述了肾脏对 Ca 和 Pi 的调节机制。在未成熟公鸡和蛋鸡中，静脉注射 PTH 会使血浆 Ca

和 Pi 水平短暂降低，然后升高，在注射 20～30min 后达到峰值。相比之下，成年公鸡很少表现出血浆 Ca 或 Pi 水平的任何变化。在所有禽类中，PTH 增加了肾小球滤过率、尿流率及 Pi 和 Ca 清除率。CT 仅在甲状旁腺切除的鸡中有降低血钙的作用，在所有禽类中，注射 CT 能够增加肾小球滤过率、尿量和 Ca^{2+} 排泄，并且在甲状旁腺完整的禽类中，肾 Pi 清除率也会增加。

Clark（1991）测量了 Pi 和 Ca 的血清和肾脏清除率，并对维生素 D 缺乏和维生素 D 充足的鸡进行了比较。结果表明在注射 Ca、PTH 或 PTX 之后，大多数鸡肾脏的功能不会因维生素 D 缺乏而改变，维生素 D 缺乏的鸡在 PTH 作用后，Pi 排泄量并没有增加。

与哺乳动物类似，禽类肾脏 Ca 和 Pi 的动态平衡依赖于 PTH 和 CT 的平衡释放。鸡对 PTH 和 CT 的反应更迅速，从而最大限度地减少血浆 Ca 和 Pi 的波动，保持稳态。但在生长期或者产蛋期对钙需求较高的情况下，这种快速的稳态反应效果较差（Sommerville and Fox，1987）。

Goldstein 等（1999）研究了肽类激素对禽类肾单位髓质中第二信使产生的影响。研究发现，在 PTH 作用下，髓袢降支细段腺苷酸环化酶被激活，大约增加 2 倍；但相同浓度下其他激素，如精氨酸催产素（AVT）、胰高血糖素、心房利钠肽（ANP）或异丙肾上腺素都不能使其活化。AVT 和 PTH 会使髓袢升支粗段腺苷酸环化酶活性提高 2～3 倍。这些数据表明 AVT 和 PTH 对禽类肾小管的作用。

Dudas 等（2002）利用鸡肾近端小管上皮细胞研究了 PTH 对 Pi 转运的调控作用。在原代培养的鸡近端小管单层上皮细胞（PTCs）中检验 PTH、活化的 PKC 及 PKA 对 Pi 跨上皮细胞转运的影响。将 PTCs 急性暴露于 PTH（10^{-9} mmol/L，基底外侧面），Pi 的净重吸收显著降低约 66%，但 PTH 对腔侧却没有影响。PTH 的抑制作用可以被双吲哚马来酰亚胺 Ⅰ（Bisindolylmaleimide Ⅰ，一种高度选择性的 PKC 抑制剂）或 H-89（PKA 的有效抑制剂）阻断。PTH 处理降低了管腔 Na^+-Pi 协同转运蛋白 NaPi-Ⅱa 的免疫反应。这些数据表明，在体外培养系统中，PTH 通过 PKC 和 PKA 抑制了 Pi 的重吸收。

Laverty 等（2003）研究了 PTH 作用后，原代培养的鸡近端小管的单层细胞的电生理反应。其表现出矢量传输效应，包括葡萄糖刺激电流。在短路情况下，PTH 可诱导产生与剂量正相关的电流［短路电流，I（sc）］，2 min 即可从基线到达峰值，然后缓慢衰减。反应呈剂量依赖性，半数最大值为 5×10^{-9} mol/L。反应可被 Na^+-H^+ 通道抑制剂 EIPA 完全阻断，也可被 Cl^- 通道阻断剂部分阻断。将缓冲液中 Cl^- 从 137 mmol/L 减少到 2.6 mmol/L，反应就会停止。由此可见，PTH 激活 Na^+-H^+ 通道和 Cl^- 通道，二者存在功能上的联系。Yasuoka 等（2001）详细介绍了鸡肾脏和颅骨中 PTH、PTHrP 和 CT 受体结合的发育变化。

Bouizar 等（1989）研究了脊椎动物肾 CT 结合位点的分布。研究发现，鱼类、两栖动物和爬行动物没有肾 ^{125}I-sCT 结合位点。在大鼠、鸡和鹌鹑的肾髓质和皮质中存在 CT 的结合位点。通过切片观察肾小球和集合管的分布，结果表明，肾脏 CT 受体出现在进化的晚期，只有禽类和哺乳动物肾功能受 CT 调节。如本章所述，CT 对肾 Ca 和 Pi 排泄的影响，在 PTX 鸡中尤为明显。

25.4.3 对肠和输卵管的作用

Ogawa（2000）和 Ieda（2000）分别介绍了排卵期的珍珠鸡和家养蛋鸡中的蛋壳腺（子

宫）内膜和输卵管中的 PTH 受体结合情况。试验采用［^{125}I］PTH 相关肽（PTHrP）结合测定法分析了膜上的受体结合，证明了结合的特异性、可逆性和饱和性。在两项研究中，Scatchard 图显示了一类结合位点。产蛋禽的平衡离解常数（Kd）为 0.50～1.15 nmol/L，非产蛋期为 1.07～1.16 nmol/L。产蛋禽每毫克膜蛋白的最大的结合能力（Bmax）为 65.2～110.9 fmol，非产蛋期每毫克膜蛋白的结合能力为 105.8～120.6 fmol。产蛋周期内，Kd 和 Bmax 值均在上述范围内变化，蛋壳形成期此值会下降，但在非产蛋期没有发现这种变化。这些结果表明，在蛋壳钙化过程中，PTH 和 PTHrP 作用于 ESG 内膜（在本章进一步讨论）。

肠道对钙的吸收受 1，25-（OH）$_2$D$_3$ 调控，1，25-（OH）$_2$D$_3$ 通过诱导 RNA 转录，蛋白质的合成（如钙结合蛋白 D28k）来调控钙的吸收。钙结合蛋白 D28k 的生理功能尚未确定，但其在小肠中的浓度反映了钙吸收能力。已经在鸡肠中鉴定出三种形式的具有不同大小的钙结合蛋白 D28k，分子质量最小的蛋白含量最丰富（Nys，1993）。维生素 D 缺乏的小鸡，几乎检测不到肠道钙结合蛋白 mRNA 的表达，但注射 1，25-（OH）$_2$D$_3$ 之后就显著增加（Mayel-Afshar et al.，1988）。母鸡排卵的发生、肠道 Ca 吸收的增加与钙结合蛋白 D28k 的浓度升高有关（Nys，1993），这与血浆 1，25-（OH）$_2$D$_3$ 浓度升高一致（Castillo et al.，1979；Nys et al.，1992）。ESG 中存在类似或相同的蛋白质（Fullmer et al.，1976）。虽然蛋鸡的子宫含有 1，25-（OH）$_2$D$_3$ 受体，但大部分钙结合蛋白表达不依赖 1，25-（OH）$_2$D$_3$（Coty，1981）。用雌激素处理未成熟的母鸡，子宫钙结合蛋白 mRNA 和蛋白表达上升，而且，其浓度在产薄壳蛋的鸡中更高（Navickis et al.，1979）。性腺类固醇对子宫钙结合蛋白的影响似乎是间接性的，可能与输卵管的发育和成熟有关（Nys，1993）。虽然鸡和鹌鹑在蛋形成过程中，子宫钙结合蛋白及其 mRNA 浓度上升，但他们的升高与 1，25-（OH）$_2$D$_3$ 的活性没有直接的联系（Bar et al.，1992；Nys et al.，1993）。虽然子宫钙结合蛋白的功能尚未被完全确定，但事实表明，子宫壁钙的转运离不开钙结合蛋白（Hurwitz，1989a）。

Sugiyama 等（2007）研究了钙结合蛋白 D28k 在蛋鸡所有肠段中的表达和定位。蛋白印迹分析表明，整个肠道钙结合蛋白 D28k 的表达情况如下：十二指肠＞空肠＞回肠＞盲肠＞结肠；而免疫组织化学显示，以肠隐窝为轴，在十二指肠、盲肠和结肠绒毛上皮细胞中有大量钙结合蛋白 D28k 的表达。空肠和回肠有大量阳性免疫细胞以及高密度染色。这表明，蛋鸡的小肠和大肠均可吸收钙。

Ogawa 等（2003）用放射性配体结合测定试验分析子宫内膜成分。发现珍珠鸡的蛋壳腺存在 CT 受体。在一个产卵周期，受体的结合特性会发生变化。Scatchard 分析显示，蛋鸡的平衡解离常数 Kd 为 0.50～1.25 nmol/L，非产蛋鸡为 1.12～1.19 nmol/L，而产蛋鸡每毫克蛋白的 Bmax 为 33.1～107.5 fmol，非产蛋鸡为 101.4～114.9 fmol。在蛋壳形成期间，Kd 和 Bmax 值均发生变化，表明 CT 受体可能与蛋壳形成有关。

Krzysik-Walker 等（2007）研究 CT 在鸡卵巢中的表达及对卵泡发育和卵巢类固醇激素的影响。已证实 CT 与生殖有关，是哺乳动物胚胎着床的标志。虽然 CT 在多种组织中都有表达，但没有任何关于脊椎动物卵巢中存在 CT 的报道。利用 RT-PCR 检测 CT mRNA 和 CT 受体（CTR）mRNA 在排卵期前的颗粒层、膜层及次级卵泡中的表达。结果显示，颗粒细胞和膜细胞中存在 CT 和 CT mRNA。采用定量 PCR 分析发现，与其他排卵前的卵泡或分级前卵泡相比，

F1 卵泡颗粒层有更多的CT mRNA和CTR mRNA。孕酮处理性未成熟的鸡卵巢CT mRNA表达量显著增加，而雌二醇或前列腺素联合雌二醇共同处理会显著降低卵巢CT mRNA的表达。这些结果表明，卵泡的成熟和性腺类固醇能够影响鸡卵巢中CT和CTR mRNA的表达。

25.4.4 对平滑肌的作用

在几种脊椎动物类中（包括鸡），PTH能有效降低血压。给家养蛋鸡中推注PTH，3min内骨血流量会减少，引起短暂性低钙血症，随后30min内充血，这与静脉-动脉血钙梯度升高和高钙血症有关（Boelkins et al.，1976）。

最近，PTH和PTHrP的剂量依赖性松弛效应，在禽类和小鼠体外的输卵管运动上得到证实（Francis et al.，2003）。利用日本鹌鹑（排卵后10～15 h）和妊娠4～9d小鼠的子宫组织研究了N-末端PTH和PTHrP对输卵管平滑肌自发体外收缩性的影响。将两个物种的子宫温浴在De Jalon溶液中数小时，子宫剧烈收缩。相比在低钙（0.1～0.5 mmol/L）溶液中，高钙（1.2～2.5 mmol/L）溶液中的收缩程度会更加强烈。将牛PTH（1～34酰胺）[bPTH（1～34）]、人PTH（1～34）[hPTHrP（1～34）酰胺]和hPTHrP（1～40）添加到含有1.2 mmol/L钙的介质中，收缩被抑制；相反地，加入C-末端hPTHrP（107～139）没有任何效果。非选择性和选择性神经元一氧化氮合酶（NOS）抑制剂能够抑制bPTH（1～34）的反应，而且，与在培养基中存在1mmol/L L-精氨酸（NOS底物）相比，在不存在L-精氨酸的情况下更有效地抑制bPTH（1～34）诱导的松弛。这表明在禽类和哺乳动物的输卵管和子宫组织中，N-末端PTH和PTHrP肽一般不会引起舒张反应。结果还表明，NO也可能调节子宫组织中的多种肽，起到舒张作用。

25.5 甲状旁腺激素相关肽

PTHrP存在于某些恶性肿瘤相关的高钙血症患者体中，也是哺乳动物妊娠期所需的主要肽。PTH和PTHrP的基因位于不同的染色体上，但具有共同的组织特征，并且在结构上具有很大的同源性，表明它们具有共同的祖基因。目前已知，PTHrP以三种形式存在，其大小为139～173个氨基酸，都是基因可变剪接的结果。PTHrP在哺乳动物中作用广泛，其效应与PTH相似，包括从刺激破骨细胞骨吸收到增强胎盘矿物质的运输（Mallette，1991）。PTHrP在鸡胚的多种组织中表达，它与人的序列具有高度保守的结构同源性，其中前21个残基是相同的（Schermer et al.，1991）。PTHrP在母鸡输卵管的峡部和壳腺中也有表达，在产蛋周期中，它可能作为血管平滑肌张力和壳腺运动的局部调节器（Thiede et al.，1991）。通过对产蛋周期的各个时期、壳腺中PTHrP表达的研究，发现在卵子移动通过输卵管时PTHrP表达出现短暂增加，在钙化期时PTHrP表达逐渐恢复到基础水平。PTHrP的表达和PTHrP的免疫反应主要发生在卵壳腺浆膜和平滑肌层，表明PTHrP可能与血管平滑肌活动的调节有关。Thiede等发现，合成的鸡PTHrP（1～34）NH_2能够松弛壳腺血管的静息张力，松弛程度与剂量成正比（Thiede et al.，1991）。研究也表明，在产蛋周期中，鸡输卵管PTHrP mRNA的表达既受时间调控也受空间调控，而且，PTHrP通过自分泌-旁分泌的形式对壳腺平滑肌活动发挥调节作用。在鸡蛋钙化过程中，PTHrP 的 N-末端片段能够引起血管舒张，使到达壳腺的血流量增加。

在鸡的高钙试验中发现，在维持血浆钙水平或^{45}Ca 的清除方面，PTHrP（1～34）有微弱的 PTH 激动剂活性。在股骨中，PTHrP（1～34）引起^{45}Ca 摄取量显著降低，而在颅骨中相反（Dacke et al.，1993a）。Fenton 等（1994）研究了来源于 PTHrP 的羧基末端的肽对鸡破骨细胞骨吸收的影响。鸡和人的 PTHrP（107～139）和五肽 PTHrP（107～111）对最基础的骨吸收有直接抑制作用。PTHrP（107～139）能够减少骨吸收的量和总面积，hPTH（1～34）作用于共培养的鸡成骨细胞和破骨细胞后，骨吸收被激活，但这种激活却被 cPTHrP（107～139）抑制。这些结果表明，PTHrP 的 C-末端可能通过旁分泌的形式参与骨细胞活性的调节。

Schermer 等（1994）研究了人工合成的鸡 PTHrP 片段在鸡肾细胞质膜、19d 鸡胚胎骨细胞、犬肾质膜和大鼠骨肉瘤细胞（UMR-106-H5）中的功能特性。人 PTHrP（1～34）和牛 PTH（1～34）的生物学活性非常相似，尽管它们的主要结合域残基 25～34 间有明显的序列差异。在禽类和哺乳动物系统中，［36Tyr］cPTHrP（1～36）NH_2 的结合亲和力是 hPTHrP（1～34）NH_2 的一半。犬肾质膜和鸡骨细胞中，［36Tyr］cPTHrP（1～36）NH_2 和 hPTHrP（1～34）NH_2 对腺苷酸环化酶的活化效力相似。在 UMR-106 细胞和鸡肾质膜中，［36Tyr］cPTHrP（1～36）NH_2 对于腺苷酸环化酶的活化效力是［36Tyr］hPTHrP（1～36）NH_2 的一半。^{125}I-［36Tyr］cPTHrP（1～36）NH_2 与鸡骨细胞和鸡肾膜的结合可以被 bPTH（1～34）和 hPTHrP（1～34）NH_2 替换，没有明显证据表明鸡 PTHrP N-末端存在受体。

Medill 等（2001）研究了在鸡骨骺生长板中 PTHrP 的表达，并得出结论：大多数 PTHrP 产生于生长板本身。此外，肥厚区存在大量的 PTHrP 蛋白质，表明它们除了调节软骨细胞分化外，还具有其他旁分泌功能。

25.6 降钙素基因相关肽和胰淀素

降钙素基因相关肽（CGRP）是一个由 37 个氨基酸组成的神经肽，基因来源与 CT 相同，两者都属于胰淀素超家族（Rosenfield et al.，1983）。但二者又有不同，CT 主要是在禽鳃后体表达，而 CGRP 的分布与 P 物质（Mallette，1991）相似，主要在中枢和周围神经系统中，包括鸡视网膜（Kiyama et al.，1985）、颈动脉体（Kameda，1989）、鸡胚和雏鸡的脊髓运动神经元和骨神经元（Bjurholm et al.，1985）。它也在鸡胚鳃后体中肽能神经元分布密集的区域表达（Kameda，1991）。目前，已经测定了来源于人、大鼠、牛、鲑和鸡的 CGRP 基因序列，它们的结构非常保守，人和鸡的 CGRP 之间有 90%的同源性，而相应的 CT 分子之间的同源性仅 50%（Zaidi et al.，1990a）。CGRP 存在于骨骼神经元中，CGRP 通过旁分泌的形式与破骨细胞 CT 受体相互作用（Goltzman and Mitchell，1985；Zaidi et al.，1987），调节骨转换并由此调节钙稳态。CT-CGRP 家族的另一个成员——胰淀素，是一种由胰岛细胞分泌、到目前为止发现的效果最明显的非 CT 肽，至少在哺乳动物试验中是这样（Zaidi et al.，1990a）。CGRP 有以下几种假定的生理功能：它是一种有效的血管扩张剂、参与中枢和周围神经的传递和调节（Zaidi et al.，1990a）。研究发现 CGRP 还参与骨骼和钙的代谢，虽然在啮齿类动物中，CGRP 在抑制骨吸收、刺激小鼠颅骨中的 cAMP 产生、抑制新生大鼠破骨细胞扩散方面的作用降低为正常情况下的

1/1 000，但与CT一样，CGRP能快速降低血钙（Zaidi et al.，1990a）。研究表明，兔体内注射CGRP能引起短暂的低血钙症，接下来是持续的高血钙症（Tippins et al.，1984）。同一篇论文也报道了鸡体内的CGRP能够引起高血钙症（Bevis et al.，1990；Ancill et al.，1991）。Bevis等（1990）比较了CGRP和PTH对鸡的作用剂量，发现二者大体相当。Ancill（1991）等在血浆中加入^{45}Ca，并以静脉注射的方式，将CGRP注入大鼠体内，很快就产生高血钙症，反应持续至少1 h。反应在未禁食的鸡中最明显，而禁食的鸡产生了低血磷症反应，同时，血浆对^{45}Ca的清除率也增加了。随后研究了CGRP对鸡骨骼摄取^{45}Ca的影响。大鼠和鸡的CGRP引起多种类型的骨对^{45}Ca的摄入瞬时增加（10 min），反应最明显的是颅骨和椎骨。此外，对于低剂量的CGRP，反应在颅骨出现了逆转，但在其他类型的骨骼中没有发现反应，而在喂养的动物中，这是唯一能观察到的反应，发生在颅骨中。这些结果表明，CGRP可能对鸡的骨骼以及钙代谢有不同的影响，涉及对Ca进出骨骼的净转移的急性影响。虽然这些反应与血浆^{45}Ca清除率的变化一致，但反应太过短暂，导致无法对这些变化做出解释。尽管肾脏等部位与之有关，但仍很难解释高钙血症反应是如何发生的（Zaidi et al.，1990b）。

通过胶原酶-胰蛋白酶消化新生鸡和啮齿类动物的颅骨获得混合的骨细胞，在CGRP的作用下cAMP水平升高，细胞对CGRP的反应也增强（Michelangeli et al.，1989）。这些反应并不是CGRP作为CT激动剂而产生的结果，因为，在大多数情况下，并没有观察到CT效应。从而得出结论，鸡、大鼠和小鼠骨骼含有丰富的成骨细胞，因此cAMP的上升会特异性地对CGRP做出反应。

CT家族的另一成员——胰淀素，由胰岛β细胞分泌。在人和小鼠中，它是成骨细胞的分裂原、骨吸收的抑制剂。在鸡体内，胰淀素对钙的代谢并没有影响（Dacke et al.，1993a）。Guzel等（2009）研究了胰淀素对产蛋鸡的骨发育和产蛋的影响。试验以75 μg/kg剂量皮下注射胰淀素，2d一次，分别在14、16、18和20周龄时将蛋鸡屠宰，分析血清及骨骼的相关参数。研究发现，经皮下注射胰淀素的蛋鸡，骨钙含量升高，而血清钙含量降低。胰淀素同样增加了母鸡中胫骨的皮质宽度。试验组的蛋壳厚度比对照组厚。结果表明，胰淀素可以通过增加血液中的钙吸收来提高骨骼和蛋壳质量，对母鸡产蛋量也可能有影响。

25.7 前列腺素和其他因素

前列腺素（PGs）是以自分泌-旁分泌方式起作用的脂质，主要通过跨膜G蛋白偶联受体进行信号传导。在诱导型环氧合酶-2（COX2）的作用下，体内大多数细胞都能合成PGs。COX2由许多全身性和局部因子诱导产生，包括细胞因子（IL1、IL6和TNFα）、生长因子［TGFα、TGFβ、成纤维细胞生长因子-2（FGF2）和BMP2］、全身性激素［PTH、1，25-$(OH)_2D_3$）］、钙、流体剪切力和机械力（Pilbeam et al.，2008）。PGs根据需要进行合成，并不存储。它们通过肺部迅速代谢。PGs具有促合成代谢和分解代谢作用。Dacke（1989）和Pilbeam等（2008）发现，在脊椎动物（包括禽类）中，PGs和花生酸类物质都参与钙代谢。PGs对哺乳动物骨细胞的作用与PTH相似，能够刺激cAMP的产生，导致瞬时Ca^{2+}流入增加，刺激碳酸酐酶合成，释放溶酶体酶，并且可能抑制胶原合成。它们还在破骨细胞和成骨细胞中引起类似于其他溶骨剂的形态反应（Dacke，1989）。研究表明，把甲基化 PGE_2 拟似物 16，16-二甲基 PGE_2 注射到鸡体内，可以引发高血钙症，其效果比哺乳动物更为强烈（Kirby and Dacke，1983）。而吲哚美辛是一种干扰 PGs 合成的药物，经皮下注射，可导致产蛋鸡和鹌鹑产生低血钙症（Hammond and Ringer，1978；Dacke and Kenny，1982），引起蛋鸡排卵延迟、蛋壳变厚。PGE_2 和花生酸类物质是骨吸收的强刺激物（Dacke，1989）。通过对禽髓骨和新生大鼠长骨的破骨细胞进行培养，以研究 CT、PTH 和 PGE_2 对 cAMP 产生的影响。在这两种类型的破骨细胞中，PGE_2 增加 cAMP 的产生，这表明它们在本质上具有类似的机制（Nicholson et al.，1986；Arnett and Dempster，1987）。除了 PTH、CGRP 和可能的 CT，PGs 可以急剧影响禽血液和骨骼间的钙交换。研究者曾用一个简单的模型（Shaw et al.，1989），证实 PTH 和 PGE_2 对骨骼快速摄取 ^{45}Ca 离不开位于骨衬细胞膜的定向钙泵的作用，而这个钙泵的活动是由 cAMP 决定的。这样的模型有其缺点，譬如，在大量钙双向跨膜的情况下，细胞内游离的钙必须保持在稳定的水平，这必然导致代谢的损耗。在体外培养试验中，由于添加到培养物中 PGs 的作用时间相对于体内而言要长很多，PGs 的作用时间短暂，所以难以定论。由于体内存在多种细胞，因此也很难得到明确的研究结果。更为复杂的是，PGs 的调控可以发生在多个层面及与多个受体的相互作用。PGE_2 是骨中应用最广泛的前列腺素，几乎所有类型的骨细胞和造血细胞都能合成 PGE_2。然而，除了禽骨细胞是通过半通道释放 PGE_2 之外，我们并不完全清楚其他类型的细胞是如何释放 PGE_2 的（Cherian et al.，2005）。在骨中，目前已知有四种 PGE_2 受体。在成骨细胞中，PGE_2 通过 cAMP-PKA 途径发挥作用。有证据表明，通过 cAMP-PKA 途径，PGE_2 直接作用于破骨细胞（Dacke，1989；Mano et al.，2000；Okamoto et al.，2004）。另外，PGE_2 通过作用于成骨细胞和破骨细胞，进而增加 RANKL-OPG 的表达，从而对破骨细胞起间接调节作用。

骨桥蛋白（OPN）是存在于多种组织中的一种非胶原蛋白，具有多种功能。在骨骼中，它通过成骨细胞分泌到基质中发挥作用。例如，它出现在矿化前（Roach，1994），并且可能参与矿化以及造血干细胞调节（Haylock and Nilsson，2006）。OPN 由破骨细胞分泌，推测其为刺激破骨细胞运动的自分泌因子（Chelliah and Hruska，2003）。它与破骨细胞多核糖体中发现的 αvβ3 整联蛋白结合，密封在骨细胞表面的吸收池（Pfaff and Jurdic，2001）。由此推测，OPN 介导破骨细胞的再吸收障碍。Gross 等（2005）的研究中发现，在火鸡起固定作用的长骨中，OPN 表达升高。

BMPs 在许多细胞中都有表达，包括间充质细胞、软骨细胞、成骨细胞、前成骨细胞、破骨细胞和内皮细胞。BMPs 是局部产生的，通过与跨膜受体结合进行信号转导。BMPs 与受体结合后，信号由 Smads（Sma-相关蛋白和 Mad-相关蛋白）在细胞质中传递，并在与 Smad4 结合后进入细胞核以刺激细胞增殖。由于其他信号传导途径和各种因素之间的交叉传导，使 BMPs 具有合成代谢和分解代谢作用。Kaymia 和 Mishina（2011）的综述中广泛研究了 BMP，尤其是 BMP2 和 BMP7 的成骨功能。BMP2 通过与前破骨细胞和破骨细胞上的 BMP 受体结合来刺激破骨细胞的吸收（Kaneko et al.，2000；Itoh et al.，2001）。在鸡和小鼠的肥大的软骨细胞上其作用机理也是如此（Usui et al.，2008），在此过程中，RANK-RANKL 信号途径参与其中。

25.8 总结

禽类钙和骨代谢调节的研究进展见图25.7。

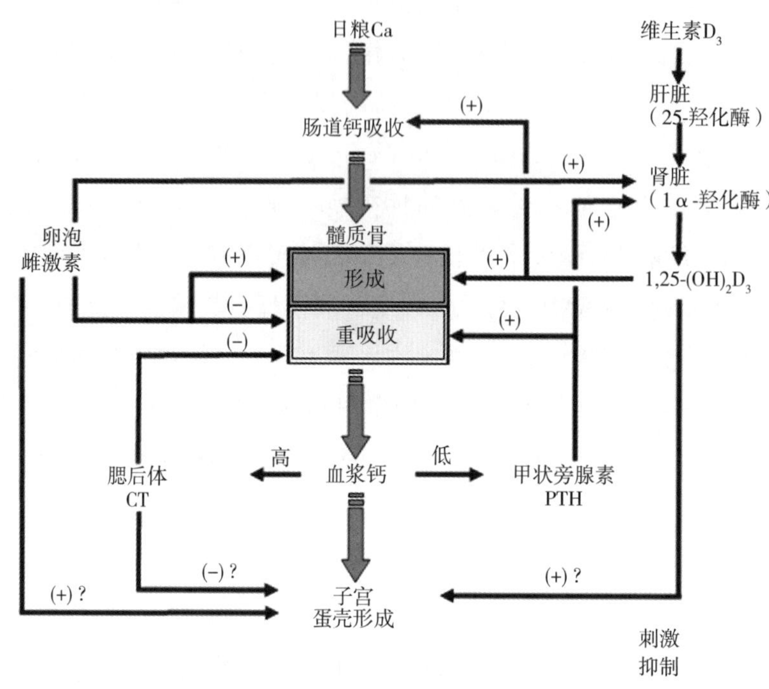

图25.7★ 产蛋禽钙代谢

影响日粮、血浆和髓质骨之间以及输卵管之间钙转移的激素。根据 Sugiyama 和 Kusuhara（2001）进行了修改。

在过去20多年中，我们了解到各种非典型性因素会影响禽类和哺乳类的骨骼和钙代谢。在相同情况下，禽类比哺乳类的反应更为明显，如PGs的高血钙症反应。PTHrP和CGRP是禽类中具有代表性的因子，还有新发现的RANK-RANKL-OPG系统。未来几年，对这些因子及其系统的研究，有望为禽类骨和钙代谢研究提供新的理论依据，为禽类模型的构建做出贡献。这些新发现的因子如何与经典的因子相互作用有待研究。在鸡髓骨的形成与维持中，它们又是如何与性腺类固醇相互作用的，这可能是未来研究中特别重要的领域。髓质骨是脊椎动物所有骨骼类型中对雌激素最为敏感的骨骼。雄性禽类施加雌激素几天后便可形成髓质骨，通过使用抗雌激素药物如他莫昔芬可阻断这个过程（Ohashi et al.，1987；Williams et al.，1999）。在雌激素处理停止后，髓质骨会被迅速吸收。髓质骨是研究双膦酸盐等抗骨质疏松症药物作用极好的快速反应模型。初步研究表明，阿仑膦酸钠可保护骨骼结构，在母鸡产蛋前给药，可抑制髓质骨的形成。产蛋期间给药可减少髓质骨的形成，更高剂量的处理则会降低蛋壳质量（Thorp et al.，1993）。可以预计，这一模式将得到比现在更大程度的利用。

参考文献

（丛义梅、李术译，李铭校）

第 26 章 肾上腺

Rocco V. Carsia

26.1 解剖结构

26.1.1 大体解剖结构、血液供应与神经支配

成对的肾上腺位于肾脏头叶的前内侧（图 26.1）。尽管内部形态高度可变，但总体来讲肾上腺呈扁平状，细胞排列紧密，紧贴背主动脉和后（尾）腔大静脉分布。腺体被一个血管丰富但脆性大的结缔组织囊所包裹（Assenmacher，1973；Holmes and Phillips，1976；Chester Jones and Phillips，1986）。家鸡（*Gallus gallus domesticus*）两侧肾上腺的形状和大小不同，通常左侧肾上腺较大（Kober et al.，2012）。肾上腺主要接受来自肾前动脉的直接血液供应，有时也接受主动脉的血液供应。单侧腺体中的血液经由单独的肾上腺静脉流出，汇入后（尾）腔静脉或其尾部分支。鸡的单侧腺体还接纳 1～2 条淋巴管。

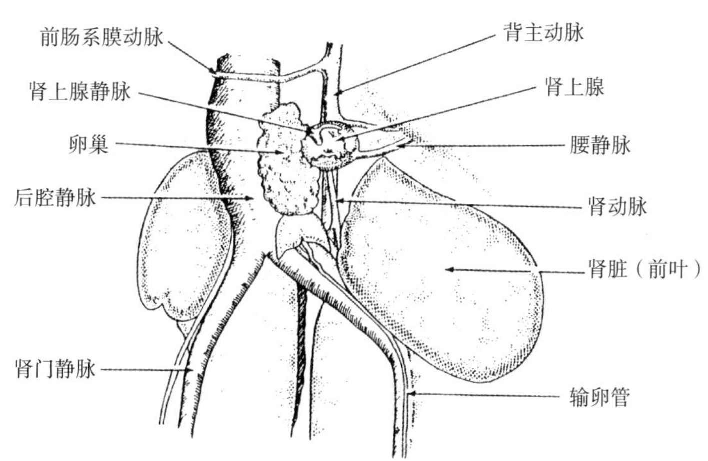

图 26.1 雌银鸥（*Larus argentatus*）左肾上腺的位置及其血管供应
I. Carthy 和 J. G. Phillips 制图。引自 Holmes 和 Phillips（1976）。

每个腺体通常有两个交感神经节后神经节（头部和尾部），它们嵌入囊周鞘或更深的腺体外周实质中。鸭（*Anas platyrhynchos*）的上述神经节由 30～60 个神经细胞的胞体组成

(Squillacioti et al., 2008)。尾部神经节主要支配包括性腺在内的外周器官。腺体内存在更小的神经节细胞簇。胸神经和骶内脏神经中的交感神经节前神经纤维汇聚于神经节。胆碱能纤维的优势通路并不经过突触而是直达神经节并深入到腺体实质内部，从而支配由12个或更多肾上腺嗜铬细胞组成的肾上腺嗜铬细胞簇。事实上，腺体去神经会导致肾上腺嗜铬细胞萎缩(Holmes and Phillips, 1976)。此外，神经节发出的交感神经节后纤维主要支配肾上腺血管(血管舒缩)，而肾上腺素能纤维则支配肾上腺嗜铬细胞。目前的观点认为，外周的头神经节和腺体内神经节细胞构成肾上腺固有的神经支配，但支持这一假设的研究仅限于肾上腺嗜铬细胞。在肾上腺皮质细胞末端的研究中则鲜有发现。总的来说，上述的研究表明，尽管在某些物种中可能存在某种非神经机制，但禽类的节后肾上腺素能神经支配在一定程度上参与控制儿茶酚胺的合成和分泌(Ghosh et al., 2001)。最后，还存在一种由交感神经节后纤维和可能来自迷走神经的副交感神经节前纤维形成的外来神经支配，但对其支配程度以及功能却知之甚少。有证据表明，迷走神经支配对肾上腺皮质和肾上腺嗜铬组织的结构和功能的完整性均有影响(Ghosh et al., 2001)。

26.1.2 显微结构

26.1.2.1 嗜铬组织

禽类的肾上腺由类固醇分泌细胞(肾上腺皮质细胞)和嗜铬细胞(肾上腺髓质细胞)混合而成(图26.2和图26.3)。肾上腺皮质部分细胞呈柱状，平行排列成条索状结构，稍后在本章中介绍。肾上腺嗜铬组织由较大的、多边形细胞构成，在腺体内呈簇状或巢状分布，外被薄层基膜。每个细胞群分别接受单条神经纤维的支配，这样单个神经末梢最多与3个相同类型的嗜铬细胞发生突触联系，即去甲肾上腺素(norepinephrine, NE)嗜铬细胞或肾上腺素(epinephrine, E)嗜铬细胞(Unsicker, 1973)。多项研究一致认为，肾上腺皮质细胞与嗜铬细胞的比例约为1.5∶1(Holmes and Phillips, 1976)。该说法在鸡的肾上腺细胞匀浆中得到了验证(Carsia et al., 1985a)。但此比例存在区域差异，在近边缘区逐渐增加，近中心区逐渐减小(Kober et al., 2010)。事实上，鸡的肾上腺有一被膜下层，基本上由嗜铬细胞组成(Kober et al., 2012)。

分泌肾上腺素与去甲肾上腺素的嗜铬细胞比例随物种的不同而变化。有些研究认为进化上相对原始的物种上述比例较小(即NE分泌细胞的比例更大)，而进化程度高的比例则较大(Ghosh et al., 2001; Kober et al., 2010)。家鸡70%的肾上腺嗜铬细胞是E-分泌细胞(Ohmori, 1998)。更加复杂的是该比例在同一物种还会随年龄而变化。在肾上腺嗜铬细胞内，分泌囊泡的大小也是可变的。在鸡形目和雁形目中，NE-分泌囊泡比E-分泌囊泡更大。在禽类中，肾上腺嗜铬细胞分泌囊泡的数量范围为80～500 nmol/L(Ghosh et al., 2001)。一般来说，在NE-分泌细胞中，颗粒致密，不导电，离心分布，未完全充满囊泡；而在E-分泌细胞中，颗粒分布稀薄，导电性更差，完全充满囊泡(Holmes et al., 1991)。

禽类的肾上腺受内在神经的支配。图26.4展示了不同动物内源性肾上腺神经对肾上腺嗜铬细胞的作用。多数神经节细胞属儿茶酚胺能，但也有非儿茶酚胺能神经节细胞存在。禽类的神经节细胞和嗜铬细胞合成大量的生物胺和神经肽(García-Arrarás et al., 1992; Wolfensberger et al., 1995; Ehrhart-Borstein et al., 1998; Ohmori, 1998; De Falco et al., 2008; Squillacioti et al., 2008)，且同源受体在肾上腺组织中高表达。神经节细胞和嗜铬细胞

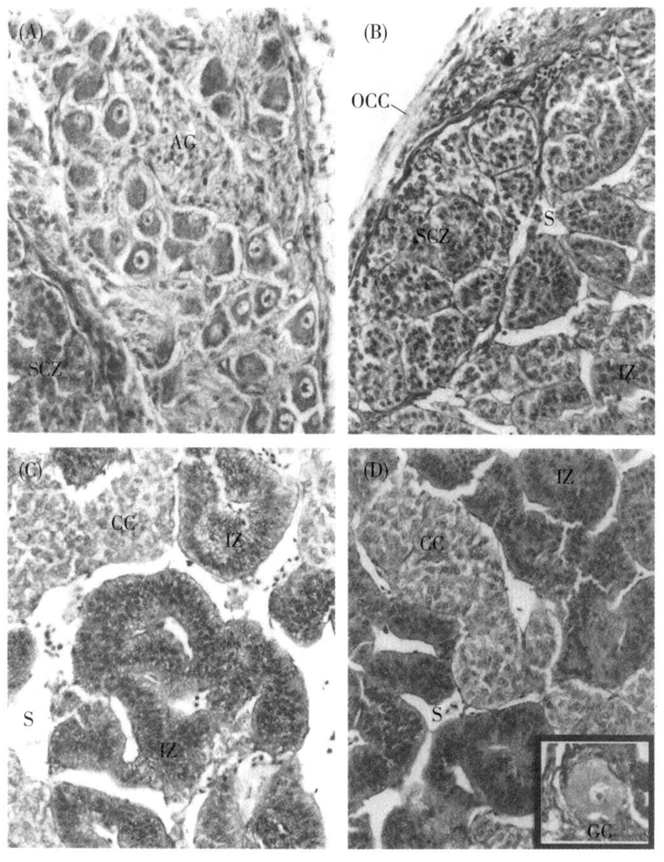

图 26.2★　未成年(4 周龄) 家养火鸡 (*Meleagris gallopavo*) 肾上腺切面光镜照片

(A) 外周肾上腺神经节 (adrenal ganglion, AG) 和近被膜下区 (subcapsular zonal, SCZ) 细胞索。注：可见神经节细胞巨大的胞体，胞核明显。(B) 外层结缔组织囊 (outer connective tissue capsule, OCC) 包被 SCZ 细胞索、被膜下内部区 (inner zonal, IZ) 细胞索和血窦 (sinusoid, S)。(C) 含血窦的 IZ 细胞索和嗜铬细胞 (chromaffin cell, CC) 岛。(D) CC 岛［含腺内神经节细胞 (ganglion cells, GC) 见插图］、IZ 细胞索和 S (X250)。图片来自新泽西州健康老年研究所和罗文大学骨病医学院细胞生物学系 R. G. Nagele 博士。

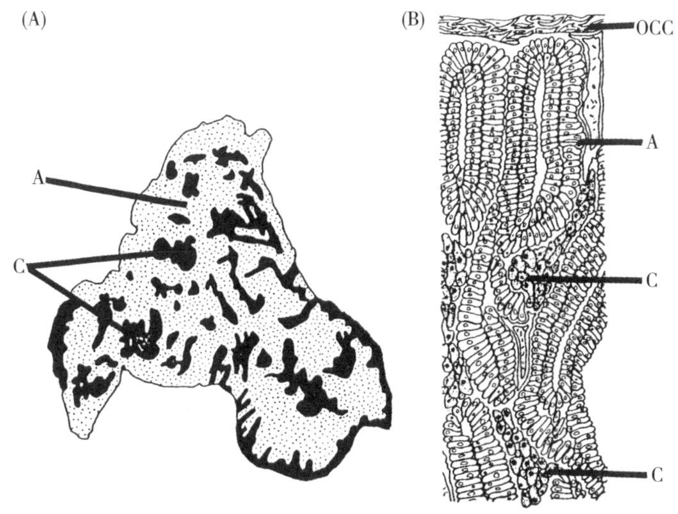

图 26.3★　禽类(佛罗里达鹌鹑，*Colinus virginiatus floridanus*) 肾上腺典型的显微结构

(A) 嗜铬细胞 (chromaffin, C) 和肾上腺皮质 (adrenocortical, A) 组织的分布。(B) 肾上腺皮质细胞成环的索状结构，包含混合其中的嗜铬细胞岛 (C) 和外周结缔组织 (OCC)。引自 Chester Jones 和 Phillips (1986)。

主要受乙酰胆碱 (acetylcholine, Ach) 能和神经元型一氧化氮合酶 (neuronal nitric oxide synthase, nNOS) 能交感神经节前神经纤维的支配 (Squillacioti et al. , 2008)。一氧化氮对皮质类固醇的分泌主要表现为抑制效应，但在多种类型的节后神经细胞、嗜铬细胞、神经节细胞亚群以及神经节前和神经节后神经末梢中，均有 nNOS 的存在，提示其具有重要的生理作用。例如，它对维持肾上腺皮质组织与肾上腺嗜铬组织的正常比例很重要（Chaturvedi and Kumar，2007）。

另一种重要的调节肽是血管活性肠肽（vasoactive intestinal peptide，VIP）及其相关肽，即垂体腺苷酸环化酶激活肽（pituitary adenylyl cyclase-activating peptide，PACAP）。VIP 主要存在于中枢和外周交感神经节后神经纤维的末梢。嗜铬细胞也可合成 VIP 和 PACAP。上述调节肽的受体在皮质和嗜铬细胞中均有存在，说明神经分泌与旁分泌之间确实存在相互作用。VIP 和 PACAP 可直接刺激肾上腺皮质细胞释放皮质类固醇激素。它们也刺激儿茶酚胺的分泌，而这又能反馈激活肾上腺皮质细胞的 β-肾上腺素能受体（Mazzocchi et al.，1997b）。皮质酮（corticosterone，CORT）可刺激 E 的合成，这是神经分泌与旁分泌相互作用共同调控皮质类固醇和 E 分泌的又一例证。

禽类的肾上腺嗜铬细胞中还有一种内源性的促肾上腺皮质激素释放激素（corticotropin-releasing hormone，CRH）-黑皮质素系统，及其所必需的同源受体（Takahashi and Takeuchi，1998，1999；Takeuchi et al.，1998，1999，2000；Takeuchi et al.，2004，Takeuchi et al.，2004），它们与肾上腺皮质的功能有关。肾上腺内源性促肾上腺皮质激素（adrenocorticotrophic hormone，ACTH）可激活肾上腺皮质细胞的黑皮质素-2（ACTH）受体。肾上腺嗜铬细胞还合成心房钠尿肽（atrial natriuretic peptide，ANP）（Wolfensberger et al.，1995）。内源性 ANP 不仅抑制皮质类固醇的分泌，还通过抑制去甲肾上腺素细胞的方式刺激其向肾上腺素细胞转化两种方式，影响肾上腺嗜铬组织的细胞组成。

神经肽酪氨酸（neuropeptide tyrosine，NPY）是另一种常见的肽。它存在于许多外周神经节后神经纤维末梢和神经节细胞亚群中。在肾上腺嗜铬细胞中也有 NPY 的合成，主要由肾上腺素能细胞合成（Squillacioti et al.，2008）。组织细胞中有多种受体亚型表达是 NPY 在禽类肾上腺内广泛内源性分布的重要保障（Bromée et al.，2006）。NPY 与甘氨酸在许多细胞和轴突末梢中共存。NPY 可显著促进儿茶碱胺的分泌，并间接通过儿茶酚胺激活的 β-肾上腺素能受体来促进皮质类固醇的分泌。但它最主要的作用可能是调节肾上腺皮质的细胞组成，即基本的细胞分区，以满足生理需求（Tran et al.，2010）。在这种情况下，生理需求或应激原刺激肾上腺皮质细胞的神经营养因子的释放，并激活交感神经节后神经末梢上的 NPY 能同源受体，从而刺激轴突生长。神经支配增强可诱导适量的肾上腺皮质细胞亚群增生，以便应对生理需求或应激。当应激减弱时，轴索退化，细胞分区逐渐恢复应激前的状态。

除了交感神经节前和节后传出神经外，还有一些外源性传入神经，它们的胞体存在于背根神经节中（图 26.4）。周围突或 B 型感觉神经树突会释放 P 物质和降钙素基因相关肽（calcitonin gene-related peptide，CGRP）。P 物质还存在于肾上腺嗜铬细胞和神经节细胞中，可刺激肾上腺皮质细胞产生 CORT 和 ALDO。此外，它还能刺激儿茶酚胺的释放。CGRP 也对肾上腺皮质细胞有刺激作用。对大鼠肾上腺的研究发现，CGRP 并未在多变的生理需求或压力条件下发挥对肾上腺皮质细胞亚型的重组作用（Tran et al.，2010）。

与哺乳动物相似，除了直接的肾上腺内神经支配外，有证据表明肾上腺嗜铬细胞和肾上腺皮质细胞之间广泛存在自分泌、近分泌和旁分泌的相互作用。当考虑到腺体内细胞因子、生

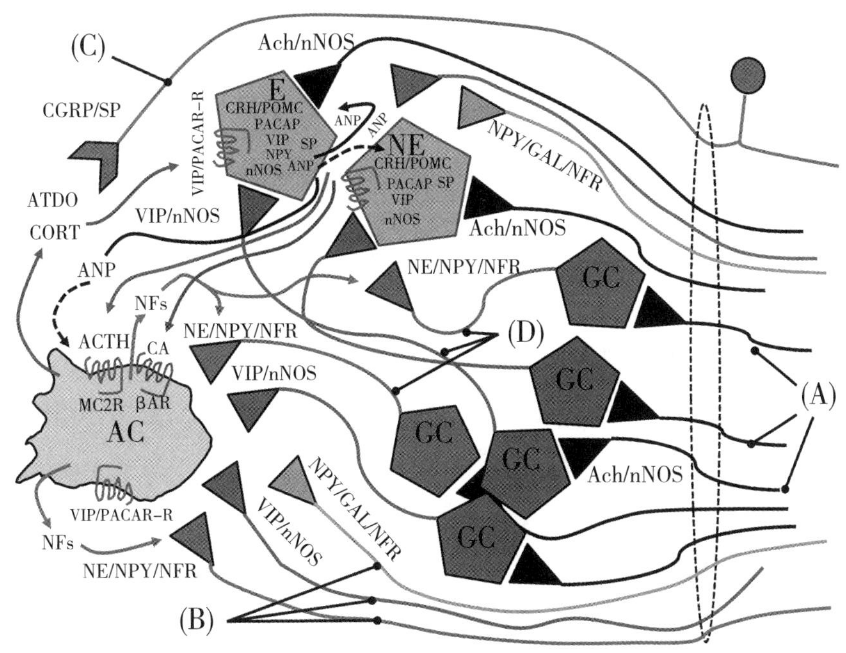

图 26.4★　爬行类、禽类和哺乳类肾上腺内神经内分泌调节模型的比较。神经调节包括内源性和外源性双重交感神经系统组分

模型中的轴突末梢用黑色和彩色的三角形表示。外源性神经支配由以下几部分组成：（A）交感神经的节前传出神经轴突［含有乙酰胆碱（Ach）和神经元型一氧化氮合酶（nNOS）（黑色）］；（B）交感神经节后传出神经轴突［包含血管活性肠肽（VIP）和 nNOS（红色）、神经肽酪氨酸（NPY）和甘氨酸（GAL）（橙红色）、神经肽酪氨酸（NPY）和去甲肾上腺素（NE）（粉色）］；（C）交感神经传入神经（感觉）树突［含 P 物质（SP）和降钙素基因相关肽（CGRP）（绿色）］。点状椭圆代表包含这些外部纤维的内脏神经束。内源性神经支配（D）由头端和尾端神经节的交感神经节后细胞（GCs，彩色五边形）和腺体内散在的神经节细胞组成。一个 GC 包含 VIP 和 nNOS（红色）或 NPY 和 NE（粉色）。有证据表明，在某些物种中，GC 还含有苯乙醇胺 N-甲基转移酶，用于合成 E，但尚不清楚这种酶是否有活性，E 是否从轴突末端释放。含有 NPY 的节后神经轴突可能还表达用于轴突生长的神经营养因子受体（neurotrophic factor receptors，NFRs）。神经肽酪氨酸能轴突的生长是由肾上腺皮质细胞释放的神经营养因子（neurotrophic factors，NFs）刺激的。这种神经营养反馈可能会在发育阶段、过渡阶段或机体处于长时间应激期间改造肾上腺皮质组织。固有内分泌组分由肾上腺嗜铬细胞（较大的紫色五边形）和肾上腺皮质细胞（adrenocortical cells，ACs）组成。肾上腺嗜铬细胞也是交感神经节后神经细胞的变形，有两种功能类型：E-分泌细胞和 NE-分泌细胞。上述细胞在内源性 CRH-ACTH 系统中具有酶促效应，它们含有和处理前的 POMC。它们还含有许多神经递质：PACAP、VIP、SP 和 nNOS。E-分泌细胞还含有 ANP。内源性的 ACTH 与 ACTH-2 受体（MC2R）在肾上腺皮质细胞上相互作用，从而刺激皮质酮（CORT）和醛固酮（ALDO）的合成和分泌（棕色箭头）。内源性 CORT 反过来又刺激 E 的生成。而在肾上腺皮质细胞中，内源性 ANP 抑制皮质类固醇的产生，并抑制 NE 能细胞的功能（虚线黑箭头），但可刺激 NE 能细胞转化为 E 能细胞（实线黑色曲线箭头）。肾上腺皮质和肾上腺嗜铬细胞都有 VIP-PACAP 受体（VIP-PACAP-R）。总之，这些受体的激活会刺激皮质类固醇和儿茶酚胺类激素的产生。内源性儿茶酚胺类与 β-肾上腺素能受体（β-adrenergic receptors，βARs）在肾上腺皮质细胞上相互作用，增强皮质类固醇的分泌。来源于感觉末梢的 SP 刺激肾上腺皮质细胞产生 CORT 和 ALDO。此外，它还能刺激儿茶酚胺的释放。CGRP 和 GAL 也对肾上腺皮质细胞有刺激作用。由于缺乏确凿的证据，本图中省略了副交感神经系统的组成部分。R. V. Carsia 绘图。

长因子和内皮衍生物质时，这些相互作用就会变得更加复杂。这种内源性调控与外源性调控同时存在的影响尚不清楚，但可能与皮质类固醇激素的周期性分泌以及肾上腺皮质对 ACTH 敏感性的固有节律性维持有关（Dickmeis，2009）。简言之，关于在不同发育阶段禽类的肾上腺如何发挥其重要的调控作用，来自免疫细胞化学和分子生物学方面的研究观察证据远远多于直接的体内和体外研究。虽然关于禽类肾上腺内源性调节的新发现可能会引入肾上腺皮质和肾上腺嗜铬组织分泌调节的其他水平，但“传统”的调节肾上腺功能的观念，如内脏的神经支配和下丘脑-垂体-肾上腺（hypothalamus-pituitary-adrenal，HPA 轴），仍然有效。

26.1.2.2　肾上腺皮质

肾上腺皮质细胞呈条索状排列，自腺体深部向外辐射，形成无规则的分支和吻合。在某些禽类的肾上腺中，位于肾上腺边缘的细胞索形成更紧密的环状结构，形成与哺乳动物肾小球相似的结构。条索状结构由两列肾上腺皮质细胞组成，皮质细胞的柱状轴垂直于条索（Holmes and Phillips，1976）。这种模式具有较大的种间差异，而且不存在系统发生趋势（Bhattacharyya et al.，1972）。

组织学、超微结构和功能方面的研究证据表明，禽类的肾上腺皮质细胞亚群表现出适度的隔离，类似于哺乳动物的肾上腺皮质分区（Bhattacharyya et al.，1972；Pierce et al.，1978；Holmes and Cronshaw，1984，1993）。组织学证据显示至少存在两种不同的细胞分区：被膜下区（SCZ）和内膜区（IZ）。最近，基于对鸡的肾上腺以及大量皮质和嗜铬组织混合物的研究实验（Kober et al.，2012），科学家们提出了一种三区命名法：全部由小嗜铬细胞组成的紧贴被膜的被膜下区；由肾上腺皮质细胞组成的周围区，其间散在若干嗜铬细胞群；以及两种组织均匀混合的中央区域。这种可供选择的分区描述法在其他物种中并不明显，也不存在功能方面的佐证。为了与本章后续讨论保持一致，我们继续以鸭（*A. platyrhynchos*）肾上腺为例进行SCZ-IZ分区说明。

被膜下区的肾上腺皮质细胞大，常见双核且充满脂滴。像大多数的类固醇分泌细胞一样，它们有三种细胞器：脂库，主要是脂质液滴；数量可变的滑面内质网和线粒体。线粒体的嵴呈规律排列的管状，类似于哺乳动物的球状带细胞。从功能上来说，肾上腺皮质组织对ACTH应答时主要分泌ALDO，对血管紧张素Ⅱ（Ang Iotensin Ⅱ，Ang Ⅱ）应答时仅分泌ALDO，但对腺垂体切除后导致的ACTH消退不敏感（Klingbeil，1985；Pierce et al.，1978；Holmes and Cronshaw，1984，1993）。

IZ区的肾上腺皮质细胞体积较小，呈细长或柱状，脂滴含量相对较少，胞内滑面内质网相对较多，线粒体具管状嵴，与哺乳动物肾上腺皮质束状带细胞相似。在功能上，该区域组织细胞对ACTH应答，主要分泌CORT，但不受Ang Ⅱ调控，并随着ACTH的消退（腺垂体切除术）而发生萎缩，部分细胞转化为被膜下区型细胞（Klingbeil，1985；Pierce et al.，1978；Holmes and Cronshaw，1984，1993）。

禽类肾上腺皮质细胞呈分区或分带分布还有如下研究证据：对家养火鸡（*Meleagris gallopavo*）进行饮食性Na^+摄入限制后肾上腺皮质细胞呈分散分布，功能不同的细胞亚群存在明显的分布密度差异（Kocsis et al.，1995a）。高密度细胞群的比例与Na^+限制程度成正比，这些细胞的功能和超微结构特征与哺乳动物肾上腺球状带细胞相似（图26.5）。这些细胞还对Ang Ⅱ和K^+刺激表现为ALDO分泌呈不等比例的增加（Kocsis et al.，1995a）。

关于禽类肾上腺功能分区的信息多数来源于对有限数量的早成性物种的研究（Holmes and Cronshaw，1993），这些研究中的组织切片材料取自SCZ和IZ区或散在的肾上腺皮质细胞。如需得到确切结论，显然需要继续对半早成性和晚成性物种进行拓展研究。此外，上述的体外研究虽然方便可行且信息丰富，但存在组织器官不完整的本质问题，只能算是体内条件的变形；而来自组织切片的试验研究结果比分散的细胞更令人信服。例如，尽管PACAP（图26.4）可诱导鸡肾上腺区释放CORT和ALDO，但却对分散的鸡肾上腺细胞无效（Mazzocchi et al.，1997a），其原因可能是它对该物种的影响是通过附近的肾上腺嗜铬细胞岛释放儿茶酚胺类激素而间接起作用的。因此，任何体外研究结论推断到体内情况时都必须持谨慎态度（Vinson et al.，1985）。

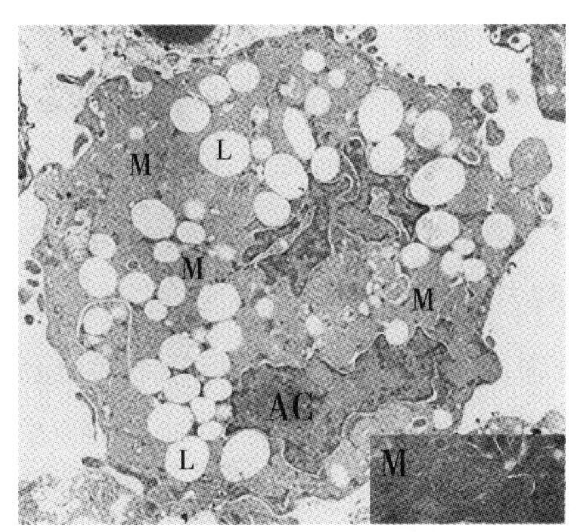

图 26.5★ 发育期(6 周龄）家养火鸡（*Meleagris gallopavo*）饮食性 Na^+ 限制（0.04%）8 d 后单个高密度肾上腺皮质细胞截面电镜切片

插图：通过线粒体截面的高倍放大（放大倍数：41 700 倍）。特征类似于鸭（*Anas platyrhynchos*）的被膜下区细胞（Pierce et al.，1978）。注意：内含大量的脂滴（L）和线粒体（M）以及少量内质网。插图：线粒体内有规律排列地管状嵴。与其他密度分散的细胞群相比，这些细胞对 AngⅡ和 K^+ 表现出不成比例的 ALDO 分泌增强反应（Kocsis et al.，1995a）。照片由罗格斯大学神经科学和细胞生物学系-Robert Wood Johnson 医学院的 Jean Gibney 提供。

26.2 肾上腺皮质激素

26.2.1 皮质类固醇激素

糖皮质激素皮质酮（CORT）是由禽类肾上腺分泌的主要皮质类固醇激素。主要的盐皮质激素（ALDO），在禽类孵化后分泌量相当少。对雁形目和鸡形目肾上腺组织和体外的肾上腺细胞研究表明，ALDO 与 CORT 的生成比率约是 1∶19。对上述两种皮质类固醇的测量研究表明，ALDO 与 CORT 的基本循环浓度的平均比率约为 1∶175（表 26.1）。与成年个体相比，幼禽上述两种激素血中的浓度更高。以上研究中两种类固醇激素的比率存在差异可能是由于研究样本的应激程度不同以及禽类皮质类固醇类激素在血中半衰期存在差异。在早期有限的研究中发现，血中 CORT 和 ALDO 的平均半衰期较为接近，分别为 15 min 和 13 min。后来的研究表明，这些激素的半衰期相当短，可能只有 8～9 min。

表 26.1 放射免疫法测定的某些鸡形目和雁形目禽类外周血中皮质酮和醛固酮的基础水平

（两种皮质类固醇激素来自相同样本，此表为 26 项研究的平均值）

种属	发育阶段	皮质酮（ng/mL）	醛固酮（pg/mL）
鸡形目[1]	孵化期	11	33
	未成熟期	11	46
	成年期	2	19
雁形目[2]	孵化期	16	345
	未成熟期	8	308
	成年期	18	60

注：1 数值来源于对家鸡（*Gallus gallus*）驯化种、家养火鸡（*Meleagris gallopavo*）和日本鹌鹑（*Coturnix japonica*）的研究。

2 数值来源于对野生绿头鸭、北京鸭（*Anas platyrhynchos*）和美洲家鸭（*Cairina moschata*）的研究。

禽类的肾上腺也分泌其他的类固醇激素，这些激素可能具有重要的个体发育功能，并在发育过程中的过渡阶段扮演着重要角色（Landys et al.，2006；Wada，2008；Wingfield，2013）。皮质醇是一种胚胎期和孵化后早期的重要分泌产物，此后分泌水平逐渐下降。事实上，早期使用鸡胚的研究显示，血液循环中相同浓度的肾上腺皮质类固醇激素（孕激素、CORT、皮质醇和可的松）在接近孵化时浓度达到峰值，孵化后水平下降（Kalliecharan and Hall，1974）。据推测，皮质醇在若干器官系统的发育成熟中发挥作用（Carsia et al.，1987a）。在孵化后的生命活动中，循环的皮质醇可以作为组织水平上调节活性激素的储存库。例如，某些鹦鹉的血清皮质醇对外源性 ACTH 不敏感（Lothrop et al.，1985；Walsh et al.，1985）。因此，皮质醇的有效性和功能可能较少地依赖于 HPA 轴，而更多地依赖于组织层面的调节。

在发育期、孵化后期、成年期以及不同阶段的过渡过程中，CORT 和皮质醇的功能作用都受到许多因素的影响。例如，似乎存在不同的皮质类固醇结合球蛋白亚型，它们与皮质醇优先结合，从而影响其作用于敏感组织的半衰期长短（Schmidt et al.，2008，2010）；不同的靶组织中也存在不同的 G 蛋白偶联受体亚型（GRs）选择性结合皮质醇（Schmidt et al.，2010）。到达靶组织的皮质类固醇激素与组织内部局部生成的固醇也存在着相互作用。到达靶组织的皮质类固醇激素与组织内部局部生成的固醇也存在着相互作用（Schmidt and Soma，2008；Schmidt et al.，2008）。例如，CORT 可能会在大脑中合成或再生（Newman et al.，2008），并以一种性别-依赖的方式局部调节急性应激对大脑芳香化酶活性的影响（Dickens et al.，2011a）。在组织细胞内，11β-羟类固醇脱氢酶和 20-羟类固醇脱氢酶的局部表达变化可降解或再次活化糖皮质激素，这使上述的机理描述变得更为复杂。相对于 CORT 而言，尽管皮质醇的血液循环浓度相对较低，但在禽类孵化后的整个生命过程中（在免疫组织中，可能还有大脑），均有局部生成，提示其呈现器官特异性和年龄特异性，并以相应方式发挥独特而重要的作用。

除了皮质醇，在胚胎期和围出雏期，肾上腺还是禽类性激素的重要来源（Tanabe et al.，1986；Ottinger et al.，2001），可辅助性腺补充分泌雄激素和雌二醇，以确保其达到适当水平。有人认为，这种“肾上腺-性腺单位”对下丘脑的性别分化作用很重要。

与皮质醇类似，在成熟期和生命阶段过渡期（如繁殖期和非繁殖期），肾上腺仍然辅助性腺调控血液中性激素的水平（Bhujle and Nadkarni，1976；Bhujle and Bhujle，2001）。此外，体循环与局部产生的性激素具有明显相似的功能，其产生量依赖于生命史周期、生命史阶段及物种特异的适应性（Schmidt et al.，2008）。越来越多的证据支持这样的观点，即肾上腺可辅助性腺建立性类固醇激素从体循环向大脑传输和其脑内局部产生之间的平衡。类固醇体循环与局部生成之间的动态平衡建立了重要的中枢神经信号，以便支持繁殖、领地和求偶行为（Wingfield and Soma，2001；Schmidt et al.，2008；Pintr et al.，2011）。

26.2.2 其他分泌产物

鸡肾上腺皮质组织是胚胎发育中抑制素的主要来源（Rombauts et al.，1994；Decuypere et al.，1997）。地塞米松抑制卵内抑制素的释放，而 ACTH 则增加抑制素的释放，这与其促进原代培养的鸡胚肾上腺细胞释放 CORT 相对应。此外，在成年个体中肾上腺还是一种性腺外抑制素的补充性来源（Vanmontfort et al.，1997；Bruggeman et al.，2003），分子水平研究提示肾上腺的这种补充分泌还包括活化素（activin）（Chen and Johnson，1996）。局部产生的活化素和抑制素对肾上腺自身的作用仍有待研究。地塞米松可直接抑制体外培养的肾上腺细胞释放活化素和抑制素（Vanmontfort et al.，1997）。基于比较研究的结论认为，肾上腺活化素-抑制素系统可能会对腺体内的类固醇合成有一种抑制性的自分泌-旁分泌作用（Vänttinen et al.，2003）。

26.2.3　皮质类固醇激素的合成与肾上腺内降解

禽类肾上腺皮质类固醇合成涉及的细胞器包括线粒体、滑面内质网、脂滴及细胞骨架（Feuilloley and Vaudry，1996）（图 26.5）。在 ACTH 的作用下，细胞骨架和各种各样的分子马达有序调动一系列的细胞器，主要是使滑面内质网与线粒体结合，用于类固醇生成（Poderoso et al.，2013；Sewer and Li，2013）。类固醇生成还涉及胞内存在于细胞膜和脂滴中的胆固醇储备库。类固醇生成原料——胆固醇储备最初来自于血浆脂蛋白（Hertelendy et al.，1992；Latet et al.，1995）。禽类肾上腺皮质细胞含有丰富的胆固醇酯类脂滴（Holmes and Lehoux，1980；Cronshaw et al.，1985a；Holmes et al.，1991），因此，它们自身合成胆固醇的能力水平较低（Cronshaw et al.，1977）。胆固醇来源于激素敏感脂肪酶所活化的酯化库。一旦游离，胆固醇即可通过类固醇合成急性调节（steroidogenic acute regulatory，StAR）相关的脂质转移域（StarD）蛋白质进行胞内运输。

StarD 蛋白质负责将游离胆固醇加载到线粒体外膜上。StAR 是一种激素敏感的蛋白质，可将游离胆固醇由线粒体外膜转运至线粒体内膜，胆固醇可获取胆固醇侧链裂解酶-P450scc，然后被转化成孕烯醇酮（Miller and Auchus，2011）。细胞为了对 ACTH 做出应答，快速合成具有线粒体定位序列的 37 ku 的 StAR 蛋白质，然后该蛋白裂解成 30 ku 的活性片段再进入线粒体。StAR 可循环使用，这样每分子的 StAR 在转运数以百计的胆固醇分子后才发生降解。所以在脊椎动物类固醇合成组织中，StAR 高度保守（Bauer et al.，2000）。StAR 的激活需要外周苯二氮类受体（peripheral benzodiazepine receptor，PBR），又称为转运蛋白（translocator protein，TSPO）。禽类的 PBR 可能还具有更重要的意义，如可使某些特定的关联蛋白质发生变化，从而改变肾上腺皮质对 ACTH 的敏感性（Bureau et al.，2009）。

在各个生长阶段中，禽类肾上腺分泌的主要类固醇的合成途径如图 26.6 所示。上述合成步骤中酶的催化模式在脊椎动物中具有高度保守性，与哺乳动物同源（Miller and Auchus，2011）。虽然哺乳类和禽类类固醇生成酶的主要结构存在显著差异，但酶活性位点的保守结构域都很相似（Nomura et al.，1999）。该保守机制有助于评估发育期和成年禽类类固醇生成酶的表达（Nomura et al.，1999；Freking et al.，2000；Kanda et al.，2000；Kanda et al.，2004）。

虽然离体匀浆中的类固醇生成酶具有双向催化性，但在完整的细胞中和体内条件下只表现单向催化，而且产物的积累并不能使反应流回到最接近的前体状态。在该类固醇生成的过程中，线粒体细胞色素 P450scc（CYP11A1）（Nomura et al.，1997）将 C20～22 碳键的 20α-/22-羟基化并使其断裂，生成孕烯醇酮和异丙醛，这就是传统上被称为“20，22-碳链酶”的反应。

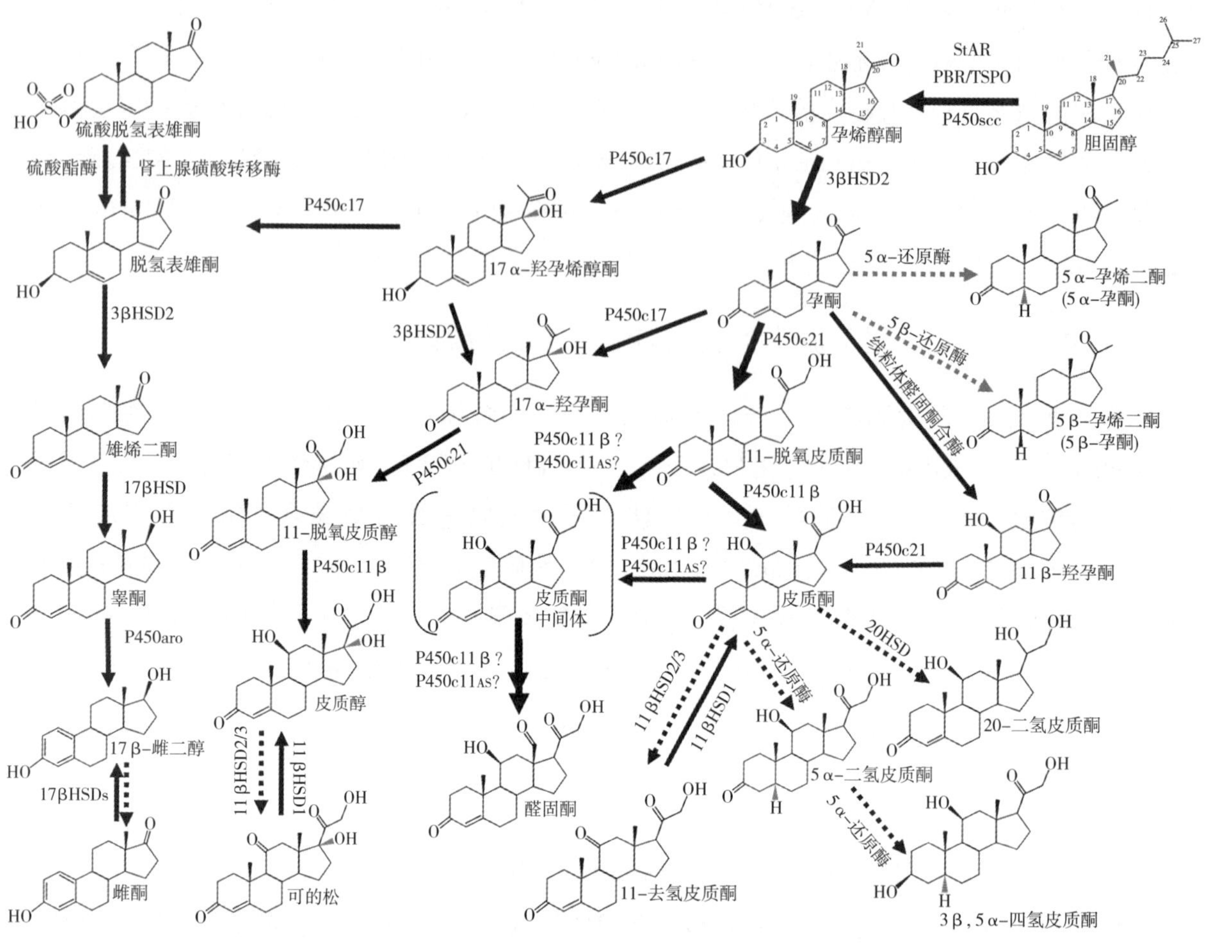

图 26.6★ 禽类肾上腺类固醇生成

粗箭头指示出生后禽类 CORT 和 ALDO 形成的主要途径。细箭头指示皮质醇和性类固醇激素合成的其他途径，这些途径在胚胎期和出生后早期以及发育阶段的过渡期发挥更为重要的作用。虚线箭头指示类固醇失活或降解的路径。灰色虚线箭头指示在胚胎期黄体酮的降解途径。类固醇激素化学结构式上实心的黑色和灰色的化学键代表关键的 α-(向下) 和 β-(向上) 位置；但图中并未显示所有的氢键位置。StAR：类固醇生成的急性调节蛋白；PBR-TSPO：外周苯二氮受体转运蛋白；P450scc：线粒体细胞色素 P450 胆固醇侧链裂解酶；3βHSD2：2 型微粒体-线粒体 3β-羟基类固醇脱氢酶-$\Delta^5 \to \Delta^4$ 异构酶；P450c21：微粒体细胞色素 P450 21-羟化酶；P450c11：线粒体细胞色素 P450 11β-羟化酶；P450c11AS?：线粒体醛固酮合酶（目前还不清楚禽类的肾上腺是否只有一种酶——P450c11β 催化了 11-脱氧皮质酮经 11β-羟基化生成皮质酮；11-脱氧皮质醇到皮质醇的转化；在某些特定的情况下，催化如下反应过程：①11-脱氧皮质酮经 11β-羟基化生成 CORT 中间产物，②发生 18-羟基化步骤使得 CORT 的中间产物转化为 18-羟基孕酮的中间产物，③经由 18-甲基氧化酶催化生成 ALDO（此为 ALDO 合酶的关键功能）。双重箭头表示第 2 步和第 3 步。P450c17：微粒体细胞色素 P450 17α-羟化酶/17，20-裂解酶；17βHSD：微粒体 17-类固醇还原酶；P450aro：微粒体细胞色素 P450 芳香化酶；17βHSDs：未完全表征的禽类肾上腺微粒体酶；11βHSD2/3：2 型和 3 型微粒体 11β-羟基类固醇脱氢酶；11βHSD1：1 型 11β-羟基类固醇脱氢酶（主要是一种微粒体酶，尽管有证据表明它是一个重要的胞质 1 型类似酶）；20HSD：20-羟基类固醇微粒体脱氢酶。合成路径绘制由 R. V. Carsia 完成。

孕烯醇酮被 3βHSD2（HSD3B2）转化为孕酮（Nakabayashi et al.，1995），此过程中一种非 P450 微粒体-线粒体脱氢酶-异构酶复合物调节 3β-羟类固醇脱氢酶和异构酶（Δ^5 双键到 Δ^4 双键）的活性。此后，微粒体 P450c21（CYP21A2）调节 21-羟基化步骤，将孕酮转化为 11-脱氧皮质酮。尽管 11-脱氧皮质酮也是一种重要的分泌产物，但 CORT 是禽类肾上腺最主要的类固醇类激素产物。11-脱氧皮质酮通过一种线粒体酶——P450c11β 的 11β-羟基化作用形成 CORT。迄今为止，爬行动物和禽类的这种酶尚未被克隆。

由于 CORT 是一种不良的反应底物，因此 ALDO 主要由 11-脱氧皮质酮合成。因此，11-脱氧皮质酮经历 11β-羟基化后被转化为酶联皮质酮，成为一种中间产物。接下来发生 18-羟基化，最后在 18-甲基氧化酶的作用下生成强效的盐皮质激素 ALDO。禽类催化 11-脱氧皮质酮转换成为 ALDO（CYP11B0）的酶与两栖动物（Nonaka et al.，1995）和牛（Morohashi et al.，1987）的是否相同目前尚不清楚；在禽类中除了 P450c11β（CYP11B1）之外，是否还存在一种单独的酶，如人类 CYP11B2（P450c11AS）或醛固酮合酶（Mornet et al.，1989）或两种额外酶［如老鼠（CYP11B2 和 CYP11B3）］（Mellon et al.，1995）催化了生成 ALDO 的最后步骤也不清楚。用禽源 ACTH 对鸡的肾上腺进行刺激后所进行的基因微阵列分析并未显示上述关键酶的差异表达（Bureau et al.，2009）。但如果只有一种酶，那么一定存在主要或专一的 ALDO 分泌的额外控制机制：第一，鸭肾上腺的 SCZ 组织主要分泌 ALDO 以对 ACTH 做出应答，专一性分泌 ALDO 以对 AngⅡ做出应答；IZ 组织主要分泌 CORT 并对 ACTH 做出应答，而对 AngⅡ耐受（Klingbeil，1985；Pierce et al.，1978；Holmes and Cronshaw，1984，1993）。第二，限制家养火鸡饮食中的 Na^+ 可诱导肾上腺皮质细胞亚群增生，从而不等比地增加 ALDO 的分泌，即对 AngⅡ和 K^+ 做出应答（Kocsis et al.，1995a）。

其他酶的活性也主要在胚胎期和新生期间表现明显，到成年期达到适度水平。皮质醇形成的主要过程如下：由一种微粒体 P450c17（CYP17A1）（Ono et al.，1988）催化黄体酮发生 17α-羟基化形成 17α-羟孕酮；此后一种微粒体 P450c21（CYP21A1）催化完成 21-羟基化形成 11-脱氧皮质醇；最后一种线粒体 P450c11β 完成 11β-羟基化作用形成皮质醇。另一途径是孕烯醇酮通过 P450c17 转化为 17α-羟孕烯醇酮，然后通过 3βHSD2 形成 17α-羟孕酮。有证据表明，11β-羟孕酮是 CORT（通过 21-羟基化步骤）和皮质醇（通过 17α-和 21-羟基化作用步骤）的前体，这些途径似乎没有意义。

肾上腺性类固醇合成途径用到了一种微粒体 P450c17（CYP17A1）（Ono et al.，1988），它兼具 17α-羟化酶和 17，20-裂解酶活性，可有效地将孕烯醇酮转化为 17α-羟孕烯醇酮，然后再转化为脱氢表雄酮（dehydroepiandrosterone，DHEA）。DHEA 的 3β-羟基基团可在一种肾上腺磺酰转移酶的作用下发生硫酸化作用。正如本章所提到的，DHEA 和 DHEA-硫酸盐在禽类的血液循环和肾上腺中均有存在（Soma and Wingfield，2001）。虽然 P450c17 也能将少量的孕酮转化为 17α-羟孕酮，然后再转化为雄烯二酮，但它的作用很微弱。

肾上腺雄烯二酮能被一种线粒体非 P450 酶系的 a17βHSD 修饰，进而转变为睾酮（Nomura et al.，1999）。在禽类肾上腺中还发现了雄激素（Ottinger et al.，2001；Ottinger and Wingfield，2001）。有证据表明睾酮还能通过微粒体芳香化酶 P450aro（CYP19A1）（Shen et al.，1994）的芳香化作用转化为雌二醇。在上述例证中，胚胎期肾上腺中可检出雌二醇（Tanabe et al.，1979，1986；Ottinger et al.，2001），并持续存在直到孵化后阶段（Ottinger et al.，2001）。但这种性类固醇合成模式在禽类中可能并不一致。例如，发育期的斑胸草雀肾上腺表达 P450scc 和 3βHSD2，而不表达 P450c17 和 P450aro，在性腺组织中则相反（Freking et al.，2000）。在成年斑胸草雀中，只在雄性肾上腺中检测到 P450c17 的活性，活性水平是卵巢和睾丸组织中的 1%～10%（Schlinger et al.，1999）。因此，在某些物种中，可能存在一种“肾上腺-性腺单元”，其中，肾上腺为性腺类固醇生成提供前体物质。这可能对影响后代主要的性别分化具有重要意义。在减数分裂关键期提高血浆睾酮水平可显著诱导家养母鸡卵的性别分化，使其主要形成雄性胚胎（Pinson et al.，2011）。

无论是发育期、出生后时期还是成年期，禽类肾上腺中都存在激素的降解途径，如孕酮、

CORT、皮质醇、雌二醇和睾酮的代谢物均已被检出。因此，肾上腺内有催化激素降解和再生反应的多套酶。例如，在胚胎期，孕酮可经5β-还原酶（和相对较低程度的5α-还原酶）反应生成5β-孕二酮和5α-孕二酮（5β-孕烷-3，20-二酮和5α-孕烷-3，20-二酮）（Gonzalez et al.，1983）。

在成年个体肾上腺中，一种更有效的酶是5α-还原酶（Miller and Auchus，2011；Langlois et al.，2010）。已经证实，该酶的活性是将CORT降解为5α-二氢皮质酮（5α-孕烷-11β，21-二醇-3，20-二酮）和5α-四氢皮质酮（5α-孕烷-3α，11β，21-三醇-20-醇）（Carsia et al.，1984）。在用ACTH刺激的分散的鸡肾上腺皮质细胞中，外源性皮质类固醇快速增强5α-还原酶活性，此为禽类肾上腺皮质细胞短环负反馈的一部分（Carsia et al.，1984，1987b）。上述负反馈的重要性可由以下事实证实：当面对某些应激原，如蛋白质限制应激原时这种负反馈会被抑制，从而导致CORT分泌增多（McIlroy et al.，1999）。催乳素（prolactin，PRL）也可强烈抑制该负反馈（Carsia et al.，1984，1987b）。PRL的这种强烈作用具有Ca^{2+}依赖性，并在半数有效浓度（half-effective concentration，EC_{50}）为55 ng/mL时有效，该浓度在PRL循环浓度的生理范围之内。体外条件下，PRL还通过限制降解的方式促进禽类肾上腺皮质细胞分泌CORT，这可能具有广泛的生理意义。在分散的鸡肾上腺皮质细胞中，皮质类固醇激素的产生在孵化时快速增加，在出生后第一天达到最大值（Carsia et al.，1987a）。同样，接近孵化期时PRL及其受体的表达突然增加（Leclerc et al.，2007）；在成年个体的肾上腺中，PRL受体的表达水平与其在性腺中的表达水平相当（Ohkubo et al.，1998）。另外，一些研究表明PRL能促进CORT的分泌（Koch et al.，2004；Miller et al.，2009），若将其注入鸡胚则可在2 h内显著提高血浆CORT水平（khn et al.，1996）。上述两种激素的血浆水平也与迁移条件有关（Holberton et al.，2008）。在某些物种中或特定发育阶段背景下，CORT和PRL对某些应激原的反应可能是互补的（Árnason et al.，1986；Angelier and Chastel，2009）；这一关系的一致性还存在争议（Angelier et al.，2012）。

与哺乳动物相似（Cole，1995），禽类的肾上腺很可能具有11β-羟类固醇脱氢酶活性，可以代谢（11βHSD2）并再生（11βHSD1）CORT；还可能具有皮质醇和17βHSD活性，将雌二醇降解为雌酮（图26.6）。尽管体外试验研究证明上述代谢物在禽类肾上腺匀浆中均有存在（DERoos，1961；Tanabe et al.，1986），这些途径的调节机制还有待进一步研究。

26.2.4 皮质类固醇激素的转运

在禽类中，血液循环中的大多数CORT和皮质醇被运输至血浆蛋白中。血液中90%以上的类固醇激素与α_2球蛋白［又称皮质类固醇结合球蛋白（corticosteroid-binding globulin，CBG；对类固醇激素具有高亲和力和低结合力］结合。只有少量类固醇激素与低亲和力、高容量、非特异性的结合蛋白相结合（大部分是白蛋白）（Wingfield et al.，1984）。一项包含诸多不同物种近期研究的随机抽样调查表明，CORT的亲和常数（K_d）范围非常大，为1.2～8.3 nmol/L，结合容量范围为38～225 nmol/L［白冠麻雀（*Zonotrichia leucophrys gambelii*）（Lynn et al.，2003；Charlier et al.，2009）、谷仓猫头鹰（*Tyto alba*）（Almasi et al.，2009）、斑胸草雀（*Taeniopygia guttata*）（Schmidt et al.，2010）、日本鹌鹑（*Coturnix japonica*）

(Malisch et al.，2010)、美洲隼(*Falco sparverius*)(Whitman et al.，2011)、家麻雀(*Passer domesticus*)、北方嘲鸫(*Mimus polygottos*)、弯嘴嘲鸫(*Toxostoma curvirostre*)、艾伯特红眼雀(*Pipilo alberti*)和峡谷红眼雀(*Pipilo fuscus*)(Fokidis et al.，2009)]，该调查补充了之前的一项研究内容(Malisch and Breuner，2010)。鸡的 CORT 与 CBG 结合的 K_d 平均值约为 2 nmol/L，结合容量约为 50 nmol/L(Fäsler et al.，1986)。某些禽类的皮质醇与 CBG 的亲和常数和结合容量值较为相似(Schmidt et al.，2010)；然而在许多物种中，皮质醇与 CBG 的亲和常数与性类固醇的血浆结合亲和力相似(Malisch and Malisch，2010)。CBG 还与黄体酮有较高亲和力，与睾酮和双氢睾酮亲和力则较低，但都在这些性激素的生理范围内。雌激素的结合可以忽略不计。

许多因素影响循环中 CBG 的浓度，这些应答随物种和发育阶段而变化(Malisch and Breuner，2010)。研究发现多种干扰或应激原均可增加血浆 CBG 的结合能力(Malisch and Almasi，2010)，比如恶劣的环境条件(Almasi et al.，2009)、领地入侵(Almasi et al.，2009)以及城市化复合应激等(Fokidis et al.，2009)。但 CBG 的结合能力在以下情况下则表现为降低：禁食应激(Lynn et al.，2003)、处置应激(Malisch et al.，2003)和新生雏触摸(Whitman et al.，2011)。发生应激刺激时 CBG 的结合能力可以在 30 min 内发生急剧的变化(Breuner et al.，2006；Breuner et al.，2009；Breuner et al.，2010)。与大鼠相似(Qian et al.，2011)，禽类 CBG 可对应激原快速做出反应，但反应方向具有环境和物种特异性。CBG 的结合能力受到个体发育过程、激素处理及其他生理状态的影响(Landys，2006；Wingfield，2013)。

皮质类固醇与 CBG 和其他血浆蛋白的结合会影响到靶细胞对皮质类固醇的生物利用度，但这可以通过竞争性结合类固醇，如孕酮而改变(Breuner and Malisch，2010)。一般认为，只有解离的糖皮质激素才能进入细胞(Breuner et al.，2003；Landys et al.，2006；Malisch and Breuner，2010)。可能存在特异性的组织吸收或靶向 CBG 结合糖皮质激素，这种作用可以小幅度地调节糖皮质激素的局部浓度，从而增强它们的生物利用度和作用。此外，CBG 的亚型优先结合皮质醇，从而影响其转运至敏感组织的半衰期(Schmidt et al.，2008，2010)。CBG-糖皮质激素复合体可能会通过未知受体来启动独特的细胞过程(Hryb et al.，1986；Hammond，1990；Maitra et al.，1993)。因此，糖皮质激素、它们的同源结合蛋白及其靶组织之间的相互作用错综复杂，而 CBGs 在调节糖皮质激素的作用方面所发挥的精确作用还有待进一步的研究。

26.2.5 血中皮质酮和醛固酮的浓度

对血中 CORT 和 ALDO 浓度检测的研究结果仅限于鸡形目(鸡、火鸡、日本鹌鹑)和雁形目(鸭)。在非应激条件下禽类血中 CORT 的浓度在 ng/mL 范围内，ALDO 则在 pg/mL 范围内(表 26.1)。血中上述激素的浓度自孵化到成熟呈下降趋势。部分原因是随着年龄的增长肾上腺的相对重量逐渐减少(Holmes and Phillips，1976；Carsia and Weber，1986)；也可能是由于肾上腺敏感性的降低以及随着日龄的增加其最大类固醇生成能力降低(Carsia et al.，1985c，1987a；Carsia and Weber，1986)。

近年来，研究发现，血浆 CORT 浓度与羽毛 CORT 浓度之间存在良好的相关性（Koren et al.，2011；Koren et al.，2013）。这种相对非侵入性的方法可能有助于预测不同禽类的生存和繁殖成功率。关于“羽毛 CORT 浓度的应用与价值”将在下一章进行详细讨论。

26.2.6 皮质酮和醛固酮的分泌、清除和代谢

肾上腺中较高水平的皮质类固醇经肾上腺静脉流出（数量级：μg/mL），然后以 1 μg/（kg · min）的速度分泌（Assenmacher，1973），随后在血液循环中迅速被稀释，并分配到细胞外液中。代谢清除率与肾上腺分泌之间的动态平衡维持了循环中皮质类固醇的浓度。对所有细胞而言，皮质类固醇的跨膜通道为快通道（10^{-4} cm/s）（Giorgi and Stein，1981），从而促进肾脏和肝脏中感受态细胞内激素的快速清除与代谢。研究显示，血中 CORT 与 ALDO 的平均半衰期相似，分别为 15 min 和 13 min。这些平均值并不能反映半衰期的种间差异。例如，鸭的 CORT 和 ALDO 半衰期相当短，大概分别为 8 min 和 6 min，而腺垂体切除术后则可延长 3～8 倍，表明代谢清除率急剧下降（Holmes et al.，1972，1974）。事实上，腺垂体切除术后这些应答性循环参数的改变和泄殖腔流出代谢物的改变可随 CORT 的恢复而恢复正常（Holmes and Slikker，1976）。

CORT 的代谢清除率随生理状态而变化，年龄的增长（Holmes and Kelly，1976）和甲状腺切除术可使其降低（Kovács and Pczely，1983）。此外，CORT 的代谢清除率还受到营养状况的影响。例如，对鸡进行蛋白限饲后，CORT 的代谢清除率升高 85%，相当于分泌效率提高四倍（Carsia et al.，1988a）。胞内结合与解离可促进其清除，最终的代谢主要通过肝脏完成。代谢酶类包括将 CORT 和 ALDO 转化为非活性代谢物的肝 5α-还原酶。急性应激条件可增强这种 5α-还原酶的活性（Daniel and Assenmacher，1971）。尿液中的代谢物以几种极性和非极性的形式存在（包括完整的皮质类固醇在内），部分以游离形式存在，部分与硫酸盐和葡萄糖醛酸内酯结合（Helton and Holmes，1973；Holmes et al.，1974；Holmes and Helton，1976；Rettenbacher et al.，2004）。

作为 HPA 轴的一个组成部分，糖皮质激素是一种与能量调控有关的终产物信号。盐皮质激素是一种主要关于维持水和盐平衡系统的最终产物信号，这种系统是肾素-血管紧张素-醛固酮系统的一个组成部分。这些类固醇激素作用于每个系统的特定效应组织，但糖皮质激素几乎也是所有代谢过程必需的激素。

效应组织中的效应分子是糖皮质激素受体（glucocorticoid receptors，GRs）和盐皮质激素受体（mineralocorticoid receptors，MRs），它们是配体诱导的转录因子。MR 以超过 GR 30 倍的亲和力与 CORT 结合。由于 CORT 的循环浓度为 ALDO 的 20～300 倍，所以 CORT 几乎完全占据所有的 MRs。因此，为了使 ALDO 代表调节水盐平衡的系统，效应组织中的 CORT（和皮质醇）需要与 MR 隔离或迅速降解，使其暴露于 MR 的细胞内浓度极低。

对 CORT 和皮质醇进行局部降解的主要酶是 11β-羟基类固醇脱氢酶 2（11βHSD2）和 20-羟基类固醇脱氢酶（20HSD）（图 26.7）。11βHSD2 促进 CORT 和皮质醇的氧化作用分别生成非活性代谢物——11 脱氢皮质酮和可的松，而 20HSD 将 CORT 转化为 20-二氢皮质酮（图 26.7）。在鸡的肠道、肝脏、肾脏、睾丸、输卵管和大脑等组织中均已发现 11βHSD2 和

20HSD (Vylitová et al., 1998; Ahmed et al., 2013)。还存在第二种 CORT 降解酶——11βHSD3。该酶在鸡的结肠中有表达，肾脏中的表达水平更高 (Katz et al., 2008)。上述酶在其他禽类中均有明显表达。研究显示，在斑胸草雀的大脑和几种外周组织中，11βHSD2 和 20HSD 均高表达，性腺中的表达水平相对较低，在卵巢中的表达水平较睾丸要低 (Katz et al., 2010)。

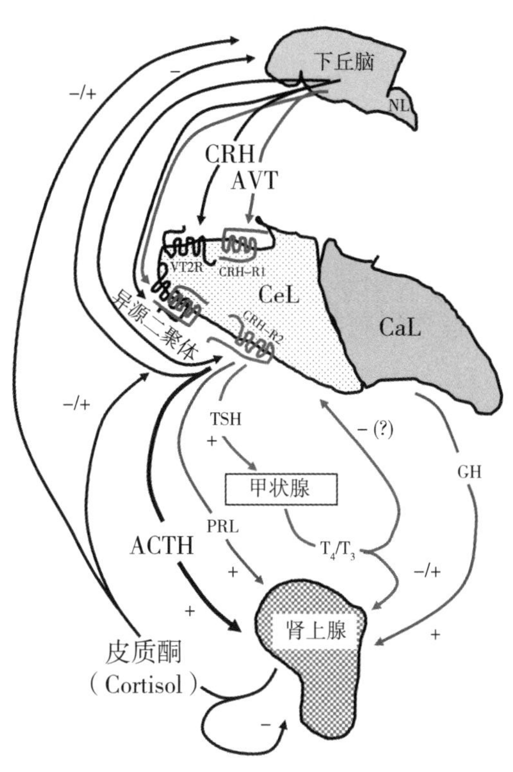

图 26.7★ 禽类的下丘脑-垂体-肾上腺(HPA) 轴

下丘脑矢状面用黄颜色填充区表示。NL 代表神经叶。垂体远侧部用点状浅棕色填充区表示。CeL 代表远侧部头叶，CaL 代表远侧部尾叶。肾上腺的嗜铬组织和皮质的混合物用棕色表示。结构图不代表实际的相对尺寸，对垂体进行了不等比地放大。成对“+”和“−”号和它们的相对大小代表某种激素作用的普遍规律。CRH，促肾上腺皮质激素释放激素；AVT，精氨酸催产素；CRH-R1，1 型皮质激素释放激素受体；CRH-R2，2 型皮质激素释放激素受体；VT2R，2 型血管加压素受体；ACTH，促肾上腺皮质激素；TSH，促甲状腺激素；PRL，催乳素；GH，生长激素；T_4，3，5，3′，5′-四碘甲状腺原氨酸甲状腺激素；T_3，3，5,3′-三碘甲状腺原氨酸甲状腺激素。CRH 和 AVT (有时是鸟催产素) 与它们各自的受体——CRH-R1 和 VT2R 相互作用，以协同的方式刺激 ACTH 释放。ACTH 最有可能对 CRH 的释放发挥负向短环反馈调控作用。CRH-R1 和 VT2R 的协同作用部分是由于它们各自的信号通路，部分是由于它们的受体发生了异源二聚作用。CRH 还与 CRH-R2 相互作用以刺激 TSH 的释放。TSH 作用于甲状腺的甲状腺细胞，促进 T_4 和 T_3 的释放。ACTH 刺激肾上腺皮质组织的肾上腺皮质细胞分泌糖皮质激素。由 CeL 释放的 PRL 和由 CaL 释放的 GH 均可协助 ACTH 的上述刺激作用。有充分的证据表明，除 ACTH 之外，应激条件下也可能存在 PRL 和 GH 的释放。糖皮质激素会对垂体和下丘脑产生负向长环反馈，以减少 ACTH 的释放。有些脑 CRH 神经元和垂体 VT2Rs 可被糖皮质激素上调。TH 的作用进一步说明了 HPA 轴调节的复杂性。TH 降低了 VT2R 的表达，并且抑制激素原转化酶 1 (激素转化酶 1 是加工 POMC 产生 ACTH 和其他黑皮质素的酶) 的表达。大多数研究表明，TH 对皮质类固醇的分泌有负向调控。肾上腺内和血液循环中的糖皮质激素也会对肾上腺皮质细胞产生负向的短环反馈，从而减少糖皮质激素的释放。绘图由 R. V. Carsia 完成。

催化逆反应 (还原) 的酶——11βHSD1 在鸡的组织中也有表达，执行 CORT (和皮质醇) 的再生功能。还有证据表明，存在一种重要的 11βHSD1 样胞浆形式酶 (Katz et al., 2007)。因此，在禽类的效应组织中，糖皮质激素失活与再生之间的平衡发挥着调节皮质类固醇激素信号的先导作用 (Kucka et al., 2006)。

CORT 与性类固醇在卵中存在积累效应 (Hahn, 2011)，并表现出种属特异性 (Quillfeldt et al., 2011)，但卵泡 HSD 在该过程中的作用尚不清楚。有学者认为，卵中积累的大部分

CORT 源于肾上腺，经血液循环转运至卵中（Hahn，2011）。的确如此，在生理范围内提高仓鸮（*T. alba*）血液循环中的 CORT 浓度，可导致卵中 CORT 的沉积（Almasi et al.，2012）。在束缚应激条件下，日本鹌鹑（*C. japonica*）卵中 CORT 含量升高，睾酮含量降低。这可能是母代向子代发送不利环境条件信号的一种方式（Okuliarová et al.，2010）。但尚不清楚卵中 CORT 是对胚胎和个体孵化后的发育有直接影响，还是对卵的质量和后代的发育产生间接影响（Henriksen et al.，2013）。或许卵内 CORT 对降低卵内雄激素水平的影响更为显著。例如，在雏鸡中，蛋黄中的雄激素，尤其是雄烯二酮（雄烯二酮存在于蛋黄中，其浓度远高于睾酮），与生长和行为的性别依赖改变有关（Benowitz-Fredericks and Hodge，2013）。

26.2.7 肾上腺皮质功能的调节

26.2.7.1 促肾上腺皮质激素

禽类皮质类固醇分泌的最有效的刺激因子是 ACTH，是一种来源于前阿黑皮素原（pro-opiomelanocortin，POMC）的 39 个氨基酸的多肽（Takeuchi et al.，1999）。来自不同物种的体内和体外的多项研究已经表明（Carsia，1990），肾上腺皮质细胞分泌皮质类固醇对 ACTH 应答时表现出剂量依赖性和快速反应的特点（少于 5 min）。因此，当检测禽类的 CORT 分泌节律时，应特别留意其快速应答的特点（Breuner et al.，1999；Romero and Reed，2005；de Jong et al.，2001）。

迄今研究过的禽类中，ACTH 的一级结构存在种间差异。相对于火鸡（turkey，*M. gallopavo*）和鸵鸟（ostrich，*Struthio camelus*）而言，鸡 ACTH 的序列与两栖类非洲爪蟾（*Xenopus laevis*）的同源性更高（Hayashi et al.，1991）。值得注意的是，尽管一级结构存在差异，但鸡和火鸡肾上腺皮质细胞对哺乳动物和禽类 ACTH 表现出相似的类固醇合成应答反应（Carsia et al.，1985a，1988a；Kocsis and Carsia，1989；Carsia，1990）。

离体鸡肾上腺皮质细胞研究表明，ACTH 通过细胞中的特异性的受体来发挥作用，每个受体细胞中含 2 000～3 000 个 ACTH 结合位点（Carsia and Weber，1988）。禽类 ACTH 通过特异性激活一种 G 蛋白偶联受体（GPCR），即黑皮质素-2 受体（melanocortin-2 receptor，MC2R），诱导皮质类固醇的产生（Veo et al.，2011）。另外，ACTH 是另外四种禽类黑皮质素受体亚型的有效的刺激因子（Ling et al.，2004）。虽然禽类的 MC2R 与哺乳动物具有较高的同源性，但两者的 ACTH 受体信号仍存在差异。例如，与大鼠肾上腺皮质细胞不同，鸡肾上腺皮质细胞不能区分哺乳动物 αACTH-（1-24）与其 9-色氨酸-（O-硝基苯基硫基）衍生物（Carsia et al.，1985a）。与鼠肾上腺皮质细胞类似，人的 ACTH-（7-38）可完全拮抗鸡肾上腺皮质细胞 ACTH（Carsia and Weber，1988）。

分子生物学比较研究和大量来自不同禽类肾上腺皮质细胞的体外研究（Veo et al.，2011）已经证实，禽类肾上腺皮质细胞中 ACTH 信号的传播主要通过环磷酸腺苷（cAMP）依赖途径来实现，该途径涉及鸟嘌呤核苷酸结合蛋白、腺苷酸环化酶、cAMP 和 cAMP 依赖性蛋白激酶（Carsia，1990；McIlroy et al.，1999）。Ca^{2+} 的生理浓度（Kocsis et al.，1994a）和钙调蛋白活性的本底水平（Kocsis et al.，1995b）也参与细胞对 ACTH 的应答。

细胞表面 MC2R 的表达和功能发挥需要黑皮质素受体辅助蛋白（melanocortin receptor

accessory proteins，MRAPs）（Hinkle and Hinkle，2009；Webb and Clark，2010；Cooray and Clark，2011；Liange et al.，2011；Veo et al.，2011；Cerda-Reverter et al.，2013）。MRAPs 是一类含有 100～170 个氨基酸的小分子质量线性蛋白质（约 14 ku），含有单一疏水性的跨膜结构域。细胞质型的 MRAPs 构成反向平行二聚体后与 MC2R 互作，可能协助 MC2R 折叠成某种功能性构象，有利于 ACTH 的结合和信号转导。MRAPs 运输到细胞表面必须形成异源三聚复合体。MRAP1 有利于受体发挥完整的功能，即参与受体与高亲和性 ACTH 的结合以及最优化的信号转导（即 cAMP 的生成）。MRAP2 与 MRAP1 竞争，与 MRAP1 相比，MRAP2 虽然也参与 MC2R 转运到细胞表面的过程，但其主要是在 ACTH 的作用下执行 MC2R 激活的内源性抑制剂功能。MRAPs、StAR 和 CYP11A 是关键的类固醇生产蛋白，参与细胞对 ACTH 的快速转录应答。关于禽类 MRAPs 的进一步研究对于理解禽类在发育、生长及应激过程中肾上腺对 ACTH 的敏感度和应答变化是很重要的（Lattin et al.，2011a）。在从胚胎到产后的过渡阶段和产后阶段也存在 MRAP2 蛋白，它通过影响脊椎动物不同脑区的黑皮质素受体来调控能量消耗和能量摄入（Asai et al.，2013；Sebag et al.，2013）。因此，这些辅助蛋白和它们的同源受体在调节禽类的食物摄入量和能量消耗方面可能发挥类似的作用。

26.2.7.2　血管紧张素

已有详实的证据表明，Angs 在调节禽类肾上腺皮质功能中起到重要的作用（Holmes and Cronshaw，1993）。肾上腺组织和细胞的体内和体外研究都表明，Angs 特别是 AngⅡ，在肾上腺皮质调节中起直接作用。该主题在“ALDO 分泌调节”部分详细讨论。

26.2.7.3　其他假定调节物

研究表明，禽类的肾上腺皮质功能受免疫系统和其他内分泌器官的分泌物调控，但这些研究得出的结论需要谨慎采纳。因为这些研究结果的实验对象仅限于雁形目和鸡形目两个类群，并且多数结果来自体外实验，并没有在体内进行验证。然而，这些研究还是值得关注的。因为外用药物可能直接刺激或抑制肾上腺皮质功能，也可能作为促激素-诱导应答的正或负调节因子。

26.2.7.3.1　刺激物和正向调节因子

26.2.7.3.1.1　催乳素和生长激素　垂体的分泌物——PRL 和 GH 对禽类的肾上腺皮质功能有正向调控作用（图 26.7）。PRL 的作用已被阐明，但 GH 的作用尚不够清楚。1985 年 Carsia 等证实了 GH 在禽类肾上腺皮质功能维持中的重要性。当禽类垂体切除后，由于缺少 ACTH 和其他激素替代物，细胞的类固醇合成能力过度（Carsia et al.，1985c）。与 PRL 相同，GH 含量会随着各种因素的变化而升高。GH 还对禽类肾上腺功能的整体维持有辅助作用（Harvey et al.，1995）。

26.2.7.3.1.2　促钙激素　在鸡肾上腺皮质细胞中，甲状旁腺素（PTH）是 cAMP 和 CORT，尤其是 ALDO 分泌的有效刺激因子。值得指出的是，上述实验所用的纯化提取液来自鸡的甲状旁腺（Rosenberg et al.，1988a，b，1989a）。与之相反，近来一项以重组鸡的 PTH 为对象的研究并未发现其具有类固醇合成作用（Lim et al.，1991）。禽类 PTH 和甲状旁腺激素相关多肽（PTH-PTHrP）受体均已被鉴定（Pinheiro et al.，2012）且在多种组织中表达。研究已经证明有一种仅存在于鸡肾上腺皮质细胞而非嗜铬细胞的 PTH-PTHrP 受体。在散在的皮质细胞中，PTHrP 能增强 ACTH 诱导的 CORT 生成（Kawashima et al.，2005）。

这种皮质类固醇合成效应并不局限于 PTH-PTHrP 多肽。鸡的降钙素也能引起 ACTH 的作用增强。同样，鸡降钙素通过禽类肾上腺皮质细胞特定受体而不是嗜铬细胞受体发挥其功能，（Nakagawa-Mizuyachi et al.，2009）。因此，促钙激素主要影响禽类肾上腺皮质细胞中 ACTH 的功能。

26.2.7.3.1.3 体液免疫系统 体液免疫系统对禽类肾上腺具有营养和趋向性作用。虽然大部分的 ACTH 来自垂体，但也有较多的 ACTH 从活化的淋巴细胞中释放而来。例如，抗原激发或 CRH 诱导的鸡淋巴细胞 ACTH 释放足以引起共培养的鸡肾上腺皮质细胞的 CORT 分泌（Hendricks et al.，1991，1995a），这种 CRH 直接诱导的鸡白细胞 ACTH 释放作用可被 CORT 抑制（Hendricks et al.，1995b）。法氏囊可产生某些特殊的物质，它们既保证禽类在发育和成熟期阶段保持充足的皮质类固醇合成能力，又可使肾上腺皮质细胞对 ACTH 的应答保持正常的 CORT 分泌（El-Far et al.，1994）。有一种法氏囊抑制因子已经受到了很多的关注。

26.2.7.3.2 抑制物和负向调节因子

26.2.7.3.2.1 体液免疫系统 与哺乳动物类似（Besedovsky and del Rey，1996），禽类免疫系统和肾上腺之间也存在双向联系。有证据表明，免疫系统可以合成肾上腺抑制物。高纯度的性成熟前的鸡法氏囊提取物可抑制鸡的粒层细胞、肾上腺皮质细胞以及哺乳动物肾上腺皮质细胞的类固醇诱导合成。这种提取物的活性成分被称为法氏囊抗类固醇激素肽（bursal antisteroidogenic peptide，BASP）。尽管 BASP 能刺激 cAMP 产生，但由于其抑制 cAMP 类似物诱导的类固醇生成，因此 BASP 似乎是一种晚期途径抑制剂。这种多肽的完整特征尚有待发现，但最近的研究表明，BASP 是一种卵清抑制剂或卵清抑制剂的变体（Moore et al.，2004）。

26.2.7.3.2.2 甲状腺激素 已有证据表明，甲状腺激素，3，5，3′-三碘甲状腺氨酸（T_3）是一种重要的禽类肾上腺皮质功能的调控因子（图 26.7）。在多数情况下，血液循环中的 T_3 浓度和肾上腺皮质的功能之间存在负相关性（Carsia and Weber，1986；Carsia et al.，1988a）。例如，甲状腺切除术后，鸡肾上腺皮质功能显著增强，反之，T_3 水平恢复后肾上腺皮质功能减退。T_3 的这种影响至少有一部分直接发生在肾上腺皮质细胞水平（Carsia et al.，1997）。此外，公鸡垂体切除术后，单一的 T_3 水平恢复即可降低细胞 CORT 的产生，其效应较切除术后不进行激素补充更显著（Carsia et al.，1985c）。有研究表明，在小鼠体内，T_3 抑制垂体激素转化酶-1 的表达，因此，可认为 TH 可负向调节 POMC 的加工（Li et al.，2001）。也有研究表明，甲状腺激素能激活禽类的肾上腺皮质功能（Sharma and Chaturvedi，2009），因此，甲状腺激素可能具有双向调控禽类肾上腺皮质的功能。

26.2.7.3.2.3 雄激素 雄激素对肾上腺皮质分泌功能的影响随物种和内分泌调控的类型而变化。对野生物种施用外源性睾酮可提高其血中 CORT 的含量，暗示雄激素可以增强肾上腺皮质的功能（Ketterson et al.，1991；Schoech et al.，1999）。早期研究表明，在鸡睾丸切除术后，睾酮可抑制鸡的肾上腺皮质功能（Nagra et al.，1965）。最近的一项关于公鸡睾丸切除术后的研究表明，尽管雄激素（睾酮和 5α-二氢睾酮）替代物可以抑制肾上腺皮质细胞对 ACTH 的应答，但其仍可维持肾上腺的相对重量（Carsia et al.，1987c）。有趣的是，要证明雄激素对肾上腺皮质功能和驯养家禽的影响需要进行睾丸切除术（Nagra et al.，1965；Carsia et al.，1987c）。因此，睾丸的作用很可能是既分泌抑制物又分泌刺激物，从而双向影响禽类肾上腺皮质的功能。

在这一点上，有研究表明肾上腺皮质活动存在性别差异，这些差异的产生与性成熟有关（Madison et al.，2008）。已有报道阐述肾上腺皮质细胞呈现性别依赖敏感性以及 CORT 对 ACTH 的最强应答情况（Carsia et al.，1987a，1988b；Kocsis and Carsia，1989）。性别差异也体现在 HPA 轴上，例如，HPA 轴对促肾上腺激素释放激素和精氨酸血管加压素发生应答（Madison et al.，2008）。细胞水平的这些改变在胚胎和较早的孵化后期表现明显，而在性成熟期表现不明显（Carsia et al.，1987a；Kocsis and Carsia，1989）。这暗示着这种变化在某种程度上与性别相关，不依赖于性成熟过程中的高水平性类固醇激素。

26.2.7.3.3　双向调节物

26.2.7.3.3.1　甲状腺激素　虽然体外的肾上腺皮质细胞实验结果可能不适合体内的生理代谢情况，但是可以了解体内研究中难以（或不可能）获得的肾上腺类固醇生成功能的精准调控机制。例如，通过体外试验我们可以理解一种激素可能引起对类固醇生成功能的双向影响，有助于我们理解体外试验的重要意义。甲状腺激素是个好例子，因为 T_3 有抑制皮质类固醇合成的能力，但在鸡切除垂体后，它可使细胞保留对 ACTH 的敏感性（Carsia et al.，1985c）。在鸡切除甲状腺后，T_3 的恢复可影响细胞合成类固醇的能力，但不改变细胞对 ACTH 的敏感性（Carsia et al.，1997）。因此，包含 T_3 在内的整体的激素状态将影响其对肾上腺皮质的作用。已有研究表明甲状腺激素会促进肾上腺的活动（Sharma and Chaturvedi，2009）。

26.2.7.3.3.2　前列腺素　PGs 也属于双向调控因子，是强效的禽类肾上腺皮质功能的刺激因子。当提高血液循环中的 CORT 含量时，日本鹌鹑（*C. japonica*）的 PGE_2 水平超过束缚应激状态时的 6 倍多。PG 与束缚应激协同作用，以便快速增加血浆 CORT 的浓度（Satterlee et al.，1989）。PG 的作用效果很大程度上取决于与其相互作用的 ACTH 浓度。在鸡和火鸡的肾上腺皮质细胞中，PG 对 CORT 的合成产生双向影响。在低浓度（10^{-8}～10^{-5}mol/L）时，PG 协同 ACTH 增强 CORT 的产生，而在高浓度（10^{-5}～10^{-3}mol/L）时，PG 抑制 CORT 的产生。对于促进 CORT 产生的最有效的 PG 是 PGE_2，而 PGA_2 是其最有效的抑制剂。PG 对基础水平的 CORT 的分泌也具有上述的双向影响，但其效果相当微弱（Kocsis et al.，1999）。

26.2.8　醛固酮分泌调控

26.2.8.1　血管紧张素Ⅱ的作用

与其他脊椎动物一样（Wilson，1984；Holmes and Cronshaw，1993；Kempf and Corvol，2001；Nishimura，2001），禽类的肾脏中含有可产生肾素的球旁细胞。肾素分解禽类血管紧张肽原［（Asp^1，Val^5，Ser^9）-十四肽肾素底物］形成十肽 Ang Ⅰ［（Asp^1，Val^5，Ser^9）Ang

Ⅰ]。由十肽[(Val^5)AngⅡ;Mr=1 031.53]产生的八肽AngⅡ存在于包括羊和牛在内的大多数脊椎动物中，而其他哺乳动物的八肽AngⅡ来自十肽(Ile^5)AngⅡ。已知几种禽类（日本鹌鹑、鸭和火鸡）中，血浆AngⅡ的浓度范围是30～70 pg/mL，但当电解质及血液动力学平衡受到干扰时，或对电解质发生适应后，血浆中AngⅡ的浓度可以增加到100～400 pg/mL（Kocsis et al.，1995a）。

早期的体内研究表明，AngⅡ可以直接调控ALDO的产生。日本鹌鹑腹腔注射AngⅡ（Kobayashi and Takei，1982）、鸭静脉注射AngⅡ（Gray et al.，1989）后，血液循环中ALDO的含量会明显增加。后来的研究表明这是一种剂量依赖的ALDO分泌应答，但并不改变血液循环中CORT的含量。研究已证明在鸭的肾上腺组织中，尤其是背膜下区内存在一种剂量依赖的对AngⅡ的ALDO分泌应答（Klingbeil，1985；Holmes and Cronshaw，1993）。在分散的火鸡肾上腺皮质细胞内也存在上述应答（Kocsis et al.，1994b，1995a），很可能是由于AngⅡ不能促进此类细胞中类胆固醇侧链的裂解（Kocsis et al.，1995a）。据推测，此类细胞中AngⅡ前体的基础水平可满足ALDO的合成。鸭肾上腺所表现出的功能区域的差异在其他物种可能表现不明显或者不表现。例如，对普通火鸡离体的肾上腺皮质细胞研究发现，密度不同的细胞亚群之间并没有显著的功能差异。然而，在饮食限制Na^+后，一个细胞亚群（约占总肾上腺皮质细胞群的5%）对AngⅡ和钾有更大的ALDO反应，而对ACTH则没有（Kocsis et al.，1995a）。在其他禽类中，诱导球状带细胞（类似肾上腺类固醇生成细胞亚群）的功能时需要电解质和血液动力学稳态的波动或者其他的因子。其他具有不同功能的细胞亚群可能由不同的应激原诱导分泌效应。事实的确如此，对驯养火鸡饮食节制后即出现上述情况，在此过程中AngⅡ可能起到重要作用（Carsia and McIlroy，1998；Carsia and Weber，2000）。在本应激模型中，AngⅡ可能会诱导一些细胞亚群发生细胞死亡，从而允许其他具有不同类固醇生成功能的细胞亚群占主导地位。

虽然血浆Na^+浓度降低且没有盐腺的禽类（即鹑鸡类）的ALDO释放因子已被阐明，但有盐腺且Na^+摄入过量或有盐腺又经历脱水的禽类中，ALDO的释放因子有哪些尚不明确。AngⅡ或血浆中K^+的变化似乎并不是ALDO的释放因子。只生活在海洋或者沙漠环境中的禽类，ALDO分泌的调节因子之间如何相互作用尚未见研究（Hughes，2003）。

26.2.8.2 禽类肾上腺皮质细胞中AngⅡ的作用机制

以鸭肾上腺膜提取物、离体的火鸡肾上腺细胞和鸡的肾上腺细胞为实验材料的研究表明，禽类肾上腺含有AngⅡ的高亲和受体，其受体密度为每个细胞中30 000～150 000个（$K_d\approx$0.9～2 nmol/L）（Gray et al.，1989；Kocsis et al.，1994a，b，1995a，b，c；Carsia and McIlroy，1998；Holmes and Cronshaw，1993）。但即使肾上腺皮质细胞中存在AngⅡ的高亲和受体，无论是体内还是体外条件下成年鸡的ALDO均完全表现为对AngⅡ快速耐受（Holmes and Cronshaw，1993）。受体的浓度在不同的细胞亚群中也有变化。与火鸡肾上腺的研究结果相似，不同细胞亚群中的受体浓度可能会受生理性应激原，如Na^+的饮食限制等的调控（Kocsis et al.，1995a）。

现已成功克隆火鸡和鸡的AngⅡ受体（Murphy et al.，1993；Kempf and Corvol，2001）。它们都是含有359个氨基酸的蛋白质（同源性为99.7%），序列与哺乳动物AngⅡ的1型受体的同源性为 75%，但哺乳动物和禽类的 AngⅡ受体的药理和物理化学性质存在明显的差异。禽类的这两种 AngⅡ受体都能参与磷酸肌醇-脂质-蛋白激酶 C 途径的代谢（Murphy et al.，1993；Kempf and Corvol，2001）。但火鸡和鸡的 AngⅡ受体表达存在组织差异性。例如，克隆的火鸡 AngⅡ受体仅在肾上腺中专一表达（Carsia et al.，1993），而鸡的 AngⅡ受体则在多种组织中广泛表达（Kempf and Corvol，2001）。火鸡肾上腺细胞配体结合等温线实验表明，鸡形目肾上腺 AngⅡ受体在肾上腺嗜铬细胞中不表达（Kocsis et al.，1995b；Kempf and Corvol，2001），而在与腺体毗邻的神经节后的儿茶酚胺能细胞中表达（Kempf and Corvol，2001；Nishimura，2001）。AngⅡ受体在鸡血管内皮细胞中表达，在血管平滑肌细胞中不表达（Kempf and Corvol，2001；Nishimura，2001）。上述结果支持 AngⅡ对鸡血管收缩的双相作用模型：注射 AngⅡ后血管快速舒张是由于 AngⅡ诱导的内皮细胞产生 NO，随后血管平滑肌细胞对环磷酸鸟苷（cGMP）发生快速应答。随后出现的 α-肾上腺素依赖的血管收缩效应，是 AngⅡ诱导的节后神经末梢释放儿茶酚胺的结果。

火鸡肾上腺皮质细胞中的 AngⅡ可诱导细胞质 Ca^{2+} 浓度的快速持续增加（Kocsis et al.，1994b，1995b）。很难证明细胞质 Ca^{2+} 浓度的增加与 ALDO 的产生之间存在关联。禽类的皮质类固醇合成对 Ca^{2+}-磷酸肌醇-脂蛋白激酶 C 途径的激动剂和抑制剂具有极高的耐受性（Rosenberg et al.，1988b；Kocsis et al.，1995b）。细胞外 Ca^{2+} 对于 AngⅡ诱导的 ALDO 分泌是必须的（Kocsis et al.，1994a）。钙调蛋白活性对火鸡肾上腺皮质细胞 ALDO 的合成至关重要（Kocsis et al.，1995b）。

K^+ 对 ALDO 合成的作用尚不明确。细胞外 K^+ 对鸡肾上腺皮质细胞 ALDO 的分泌没有任何作用（Rosenberg et al.，1988b）。相反，在火鸡肾上腺皮质细胞中，K^+ 对于 AngⅡ诱导 ALDO 产生是必须的（Kocsis et al.，1994a，1995b），其生理浓度约 5 mmol/L 时，产生最大诱导效应（Rosenberg and Hurwitz，1987）。K^+ 对火鸡肾上腺皮质细胞的作用与细胞质 Ca^{2+} 的变化没有关系（Kocsis et al.，1995b）。在火鸡的肾上腺皮质细胞中，AngⅡ诱导的细胞质 Ca^{2+} 浓度的升高与 ALDO 生成的增加似乎互相分离（Kocsis et al.，1995b）。与其他非哺乳类脊椎动物的研究一致，一些未鉴定的 AngⅡ受体的分子生物学特征有待人们去揭示（Kempf and Corvol，2001；Nishimura，2001）。

26.2.8.3　ACTH 对醛固酮分泌的作用

大量的研究证明，AngⅡ对禽类 ALDO 的分泌有较强的选择性作用，而 ACTH 的特异性则较差，对 ALDO 和 CORT 的分泌均有刺激作用。总的来说，体内、外的大多数研究表明，ACTH 是 ALDO 分泌的有效刺激因子。以禽类肾上腺组织和肾上腺皮质细胞提取物为材料的实验结果表明，尽管效力不是很强大，ACTH 刺激 ALDO 分泌的效率是 AngⅡ的 2～10 倍。这些研究使人们更加关注 AngⅡ的重要性。AngⅡ的特异性和重要性并不在于它能极大地刺激 ALDO 的分泌，而在于它具备 ACTH 所不具备的能力——将电解质和血液动力学平衡的波动与 ALDO 的分泌联系起来。在火鸡肾上腺皮质细胞中，ACTH 的临界浓度和最适浓度可极大增加 AngⅡ对 ALDO 分泌的刺激效果。因此，体内条件下，以 ACTH 的本底分泌为背景时，AngⅡ刺激产生的 ALDO 的分泌量可能超过体外实验条件下单一 AngⅡ刺激所产生的 ALDO 的分泌量。

26.2.8.4 心房钠尿肽对醛固酮分泌的作用

有关禽类 ALDO 的分泌调节研究很少，涉及调控互作因子的研究更少。在火鸡的肾上腺皮质细胞中，生长抑制素能抑制 Ang Ⅱ 刺激的 ALDO 的产生，但不能抑制 ACTH 对 ALDO 产生的刺激作用（Mazzocchi et al.，1997c）。在禽类中，人们更多地关注心房钠尿肽（ANP）在 ALDO 分泌中的作用。

从鸡的心脏中提取到具有利尿效应的 ANP（Gregg and Wideman，1986）。ANP 是一种含有 29 个氨基酸的多肽（M_r=3 158.45），与哺乳动物的 ANPs 有较高的结构同源性（Miyata et al.，1988）。禽类的 ANP 在心房和心室的心肌细胞中储存和释放（Toshimori et al.，1990），此外肾上腺嗜铬细胞也可产生 ANP（Wolfensberger et al.，1995）。鸭和鸡的 ANP 血浆浓度为 70～80 pg/mL，ANP 的血浆浓度与机体应答血流动力学有关，同时与电解质波动过程中血量的变化呈负相关（Gray et al.，1991a；Gray，1993）。在鸭的肾脏和肾上腺组织中发现了 ANP 受体（Gray et al.，1991b）。在肾上腺皮质细胞中，ANP 的受体密度约为每个细胞 90 000 个（Kocsiset al.，1995c）。受体的 K_d 为1～3 nmol/L（Gray et al.，1991b；Kocsis et al.，1995c）。在鸭体内，静脉输入 ANP 会抑制血浆 ALDO 对 Ang Ⅱ 的应答，但不影响血液循环中 CORT 的含量（Gray et al.，1991b）。在鸡肾上腺皮质细胞中，ANP 是 ACTH 和 PTH 诱导产生 ALDO 的强效（$EC_{50}\approx1$ nmol/L）抑制剂（>90%），但它不影响 CORT 的分泌（Rosenberg et al.，1988b，1989b）。ANP 作用于细胞内的若干基因位点（Rosenberg et al.，1989b），cGMP 是其第二信使（Rosenberg et al.，1988b，1989b）。在火鸡的肾上腺皮质细胞中，ANP 在刺激 ALDO 的产生方面与 Ang Ⅱ 具有同样的效果，实际上 ANP 可使 Ang Ⅱ、K^+和 ACTH（Kocsis et al.，1995c）联合诱导的 ALDO 的产生量达到峰值。关于 ANP 功能的多样性以及与 ANP 有关的生理问题尚需对不同禽类继续研究。

26.2.9 HPA 轴概述

HPA 轴（图 26.7）包括三个部分：①下丘脑神经元：分泌 CRH、精氨酸催产素（AVT）和 8-异亮氨酸催产素（MT）；②垂体头叶的促皮质激素细胞：含有合成和加工 POMC（激素原转化酶）进而产生 ACTH 的酶；③肾上腺的类固醇分泌细胞：表达的 MC2R 能专一性结合 ACTH。

糖皮质激素对下丘脑和垂体有负反馈作用，从而减少 CRH 和 POMC 的含量（Denver，2009）。这种负反馈作用由垂体 AVT 受体的变化所调控。ACTH 本身对下丘脑 CRH 神经元执行短环路反馈作用（Jankowski et al.，2009），正如本章所提到的，糖皮质激素诱导的对肾上腺皮质细胞的短环路反馈，可能通过减少 MC2R 的表达和信号转导来实现（McIlroy et al.，1999）。

HPA 轴的各组分相互作用以维持 CORT 节律（Breuner et al.，1999；de Jong et al.，2001）。不同组分形成既独立又复杂的调控方式，以适应不同的发育阶段及其与季节的相互作用，适应不可预测且不断变化的环境（Romero et al.，1998；Romero and Rich，2007；Cyr and Romero，2009；Lattin et al.，2011a），或者作为遗传选择的结果（Carsia and Weber，1986；Carsia et al.，1988b；Hazard et al.，2007）。HPA 轴对能量流，尤其是中枢神经系统的分区也进行广泛的调节。

CRH 和 AVT 是促肾上腺皮质素细胞（即头叶的 ACTH 分泌细胞）中 ACTH 分泌的主要

刺激因子（Berghman et al.，1998）。CRH 是一种含有 41 个氨基酸残基的多肽，可与促皮质细胞 1 型 CRH 受体（CRH-R1）结合，并激活腺苷酸环化酶以提高细胞内的 cAMP 水平，结果导致 ACTH 的释放（Carsia et al.，1986；Kuenzel et al.，2013）。CRH 也能与促甲状腺细胞的 2 型 CRH 受体（CRH-R2）结合，刺激促甲状腺激素（甲状腺刺激激素）（thyroid-stimulating hormone，TSH）的分泌（De Groef et al.，2005，2006）。这是因为 TH 调节中间代谢作用，而 HPA 轴和下丘脑-垂体-甲状腺（hypothalamic-pituitary-thyroid，HPT）轴在调节禽类的某些发育过程和孵化过程密切相关。下丘脑-垂体-性腺轴也可能与 HPA 轴相互作用，因为 AVT 中 CORT 对 CRH 的反应存在性别差异（Madison et al.，2008），而 AVT 释放和下丘脑 AVT 受体在渗透压反应中的表达也存在性别差异（Chaturvedi et al.，2000）。由于褪黑激素和糖皮质激素都表现出昼夜节律，所以松果体和 HPA 轴之间也存在周期性的相互作用（Barriga et al.，2002）。但尚不清楚它们之间的确切关联。

AVT 是一种九肽，与促皮质激素细胞中的 2 型 VT 受体（VT2R）和 4 型 VT 受体结合。VTRs 激活磷脂酶 C，引发肌醇-1，4，5-三磷酸甘油二酯的生成和细胞内 Ca^{2+} 的活化（Kuenzel et al.，2013）。有证据表明，低甲状腺激素状态（Sharma and Chaturvedi，2009）和血清高水平的 CORT（Sharma et al.，2009a）会增加 VT2R 的表达，而化学性肾上腺切除后其表达降低（Sharma et al.，2009a），但 POMC 的表达不受影响。为了增强应激反应，斑胸草雀的 HPA 轴参与糖皮质激素调控程序，其基础可能是糖皮质激素对 VT2R 表达的影响（Spencer et al.，2009）。同样，这些研究也显示了 HPA 轴和 HPT 轴的相互作用。AVT 或许募集 HPA 轴一起参与渗透应激的应答（Sharma et al.，2009b）。已清楚阐明多种禽类的 CRH 和 AVT 协同调控应激反应机制。使用半定量方法来测量 mRNA 水平的分子研究比较复杂，如能结合肾上腺功能的相关研究，人们对这个问题的理解会更透彻。受体和 POMC 表达随着肾上腺皮质的应答而变化，这一变化促使人们去了解转录后调节机制（Sharma et al.，2009b）。由于对转录后调控缺乏了解，肾上腺皮质应答时受体与 POMC 的表达相矛盾的原因尚不清楚。

CRH 和 AVT 通过不同的信号传导途径执行功能，二者结合后对 ACTH 的释放具有协同效应（Mikhailova et al.，2007）。这种协同效应还与 CRH-R1 和 VT2R 形成异源二聚体有关（Mikhailova et al.，2007；Cornett et al.，2013）。当环境变化及稳态应激时，为了保证正常的皮质类固醇分泌节律，引发更为显著的皮质类固醇应答，机体有多条途径可激活头叶 ACTH 的释放。肾上腺也存在内在机制允许不同剂量的皮质类固醇激素的偶然释放，以应答 ACTH 的不同水平。这种机制不仅涉及一些重要蛋白（MC2R、MRAP、StAR 和 CYP11A）的快速转录调控，也包括失活途径的快速诱导（Liu et al.，2013）。在循环系统、皮下组织和大脑中，游离糖皮质激素的昼夜节律和次昼夜节律显示出高度的同步性（Qian et al.，2012）。这一机制能够使糖皮质激素精确地分布到不同身体区域以实现对靶组织的特异性功能。

26.2.10 肾上腺皮质在发育、成熟和衰老过程中的功能

家禽（*G. gallus domesticus*）是研究禽类肾上腺发育最常用的模式生物。早成鸟肾上腺的发育模式可能与那些半早成、半晚成和晚成鸟有所区别。

肾上腺的发育起始于鸡胚发育约 3d 左右出现的肾上腺生殖原基。类固醇合成细胞的发育需要核受体，即在肾上腺生殖原基中表达的类固醇生成因子-1（SF1 或 NR5A1）(Smith et al.，1999)。SF1 促进细胞生长，限制细胞死亡（凋亡），并调节与类固醇、MC2R 和 StAR 生成有关的基因表达。基因敲除小鼠的实验表明，肾上腺皮质细胞从类固醇合成祖细胞的分化到肾上腺最终细胞结构的形成还必需有其他的转录因子参与（Pihlajoki et al.，2013）。在鸡胚和正值发育期的斑胸草雀肾上腺中检测到关键的类固醇合成酶的表达（Nomura et al.，1999; Freking et al.，2000）。在鸡胚胎发育到第 5 天时，应用原位杂交技术可检出这些关键酶的表达，该结果与后来的一项关于这些关键酶的基因表达研究结果一致（Kanda et al.，2000; Kamata et al.，2004）。同样，在胚胎发育第 5 天，肾上腺生殖原基明显分化为肾上腺和性腺（Smith et al.，1999），同时，组织学鉴定显示，类固醇分泌细胞形成条索状结构（Chimenti and Accordi，2008）。在胚胎发育第 7～15 天，肾上腺嗜铬细胞进入腺体内，第 15 天时完成肾上腺的形态形成。

通常认为，肾上腺在形态形成完成以前，在胚胎发育第 5 天时，就具有类固醇合成功能。尽管胚胎发育第 7 天时促皮质激素细胞中 ACTH 呈免疫阳性反应，但血液循环中 CORT 水平缓慢上升直至胚胎发育第 15 天，且胚胎肾上腺皮质细胞具备 ACTH 应答能力，CORT 水平的这种变化与垂体 ACTH 的分泌无关。其负反馈可能是在胚胎发育的前 11d 建立的。自胚胎发育第 16 天至孵化结束，肾上腺受控于 ACTH。在胚胎发育第 15 天，可在下丘脑中检出 CRH 神经元（Jenkins and Porter，2004; De Groef et al.，2008; Ellestad et al.，2011）。普遍认为，早成鸟的肾上腺从发育第 15 天起开始受垂体 ACTH 的控制。从第 15 天起至孵化，循环系统中皮质类固醇类激素的浓度达到峰值。皮质类固醇激素水平的这种上升与细胞皮质类固醇最大程度分泌应答以及细胞对 ACTH 的敏感性骤然增加同步存在（Carsia et al.，1987a）。在孵化后第 1～2 天时，雏鸡经历一个应激低反应期（Wada，2008）。这是由于肾上腺皮质细胞对 ACTH 充分应答后，产生了近 HPA 轴的阻碍效应（Carsia et al.，1987a）。已有证据表明禽类的肾上腺对 ACTH 发生应答的分泌阈值具有年龄依赖性（Avrutina et al.，1985）。鸡的上述反应大概出现在孵化后 2～4 周。在此阶段后，对公鸡进行短暂蛋白质限食可诱导肾上腺皮质细胞产生长效功能增强效应（Weber et al.，1990）。

晚成鸟 HPA 轴发育的时间范围则后移至孵化后阶段。据推测，皮质类固醇对发育完全的 HPA 轴发生分泌应答的峰值期发生在羽毛生长期（Wada，2008）。而在此之前禽类对 ACTH 发生的分泌应答表明，这种低于羽毛生长期时出现的皮质类固醇分泌应答发生在近肾上腺区而不是肾上腺。通常认为，在晚成鸟中，来自肾上腺的下丘脑-垂体单元的解偶联阻止血液循环系统皮质类固醇激素在应激过程中的增加，这可能对生长和免疫功能产生不利影响。雏鸟的身体状况，如脂肪储存情况，也会影响 HPA 轴对逆境和血液循环 CBG 的应答，从而调节血液循环中 CORT 对靶组织的影响（Müller et al.，2010）。

随着年龄的增长及衰老期时，肾上腺皮质功能都会逐渐减弱（Schmeling and Nockels，1978; Avrutina et al.，1985; Davis and Siopes，1987）。在禽类中，这种减弱趋势在某种程度上可能是由肾上腺皮质细胞对 ACTH 的敏感性和应答减少造成的（Carsia et al.，1985b，1987a）。有一些关于野生家雀（*P. domesticus*）的研究表明，冬季因应激而死亡的禽类糖皮质激素水平增加

(Koren et al., 2011)。

26.3 肾上腺皮质激素的生理

皮质类固醇激素是环境刺激的最终应答产物，影响 HPA 轴的反应。皮质类固醇类激素是环境因子的传感器，能调节机体的生理和行为过程以适应环境变化。在禽类中，皮质类固醇激素的作用非常复杂（有时看似不切实际又相互矛盾），取决于物种、性别、发育阶段、栖息地和特定生境的变化。皮质类固醇激素的多效性主要是由于它们的同源受体、细胞内共激活因子和转录因子的表达及其相互作用。许多研究表明，内源性或外源性糖皮质激素均可引发一定的生物学效应。基于 MR、GR 和 mGR 对糖皮质激素表现出渐弱的亲和力（分别约为 0.2 nmol/L、6 nmol/L 和 20 nmol/L）的事实，研究人员推测，游离糖皮质激素的有效浓度或剂量与其相应的受体有关。这些研究还不能确定它们之间的因果关系。其他的研究使用了可获得的哺乳动物受体拮抗剂，但还缺乏完全的禽类受体拮抗剂。人们对细胞内共激活因子和其他的转录因子如何共同介导皮质类固醇激素受体的激活知之甚少。关于皮质类固醇激素受体及其调控的复杂代谢功能方面的概述将在本章节的其余部分讨论。

26.3.1 皮质类固醇类激素受体及其在靶细胞中的作用

禽类 GR 和 MR 的结构均已鉴定（Kwok et al., 2007; Proszkowiec-Weglarz and Porter, 2010）。在经典的配体结合和竞争性结合实验中，人们已经发现了皮质类固醇激素与受体结合的低亲和力位点和高亲和力位点。禽类的 GR 和 MR 与哺乳动物的皮质类固醇激素受体具有高度的同源性，且在多数情况下，与皮质类固醇结合以后以二聚体的形式发挥作用。与哺乳动物的研究结果相似，这两类受体在某些情况下，也可能以激活的单体形式发挥作用（Adams et al., 2003）。

静息状态下 GR 和 MR 主要定位于细胞质中，当有皮质类固醇激素刺激时，两类受体激活而转移到细胞核中（Proszkowiec-Weglarz and Porter, 2010）。受体转染实验表明，ALDO 对受体的激活效率比 CORT 高 2～3 倍。与 ALDO 类似，糖皮质激素 CORT 激活 MR 的效率是激活 GR 的 10 倍（Proszkowiec-Weglarz and Porter, 2010）。哺乳动物的 GR 拮抗剂——奥那斯酮（onapristone），仅能部分阻断由 CORT 激活的鸡的 GR；而哺乳动物 MR 拮抗剂——安体舒通（spironolactone），则是鸡活化态 MR 的极弱拮抗剂，实际上具有竞争性激动剂活性。哺乳动物的皮质类固醇激素受体拮抗剂（图 26.8）的作用机制在禽类中存在差异性。用不同鸟的组织细胞提取物进行配体结合和竞争结合研究，转染实验中功能学研究结果能够解释受体结合亲和力现象。

与哺乳动物 GR 类似，鸡 GR 有一个假定的棕榈酰化位点（半胱氨酸 660），此位点使 GR 定位于细胞膜上。尽管实验研究已经证实，激素结合结构域的其他部分能满足受体的膜定位，与哺乳动物 MR 相同，鸡 MR 相同位点上也存在一个异亮氨酸残基（即异亮氨酸 773）（Grossmann et al., 2008; Samarasinghe et al., 2011）。5%～10%的经典皮质类固醇激素受体存在于质膜上。激素受体在细胞膜上通常定位于细胞膜表面上特化的具有和脂筏一样的质膜内陷，即细胞膜穴样内陷（caveolae）处。在细胞膜穴样内陷中，皮质类固醇激素受体与微囊蛋白 1 及其他支架蛋白相连接。细胞膜穴样内陷是重要的“信号复合体”，其中包括与各种酪氨酸激酶、接头蛋白及 G 蛋白偶联受体（GPCRs）相互作用的活化态类固醇受体。人们认为激素受体的这种膜定位有利于受体中的配体结合结构域与细胞外的游离皮质类固醇激素的结合。与膜定位的雌激素受体类似，皮质类固醇激素的同源二聚体化也发生在激素与细胞膜上的皮质类固醇激素受体结合之后。一般来说，激素的细胞膜定位通常导致细胞外信号调节激酶（extracellular signal-regulated kinases，ERKs）快速的参与细胞应答。这种信号类型与经典的、相对较慢的基因组信号形成鲜明对比。因为 ERKs 能够磷酸化基因组信号中起重要作用的蛋白，所以通常认为质膜信号能调节皮质类固醇激素核信号，即一种类固醇激素作用的“由外向内”的调控方式（Hammes and Levin，2011；Hammes and Mendelson，2012）。在禽类中，这种调控方式允许受体从转录过程中解偶联，进而控制组织特异性的蛋白质代谢和糖代谢（Orchinik，1998）。应该指出的是，也有人认为皮质类固醇激素的非经典膜受体，如跨膜螺旋结构的 G 蛋白偶联受体存在上述调控机制（Wendler et al.，2012），但这种新型的皮质类固醇激素信号转导有待验证和鉴定。

在皮质类固醇激素核信号转导中，首先激活的单个受体与热休克蛋白 90（HSP90）相结合。两者结合以后，受体分子发生构象改变，释放 HSP90 的同时转变为游离态。随后，受体进行同源二聚化并招募含有组蛋白乙酰转移酶活性的共激活因子复合物。这有利于染色质结构的解螺旋和蛋白质的募集以便进行转录激活。基因转录的补充具有组织特异性。激活的 GR 也可以直接与转录因子相互作用，而无需与特定的 DNA 应答元件相互作用。因此，负责激活 CORT 功能的 GR 对免疫系统的影响在一定程度上与转录因子核因子 κB 交互作用。从而导致编码细胞因子和环氧酶-2 的基因转录受到抑制，进而降低炎症反应。

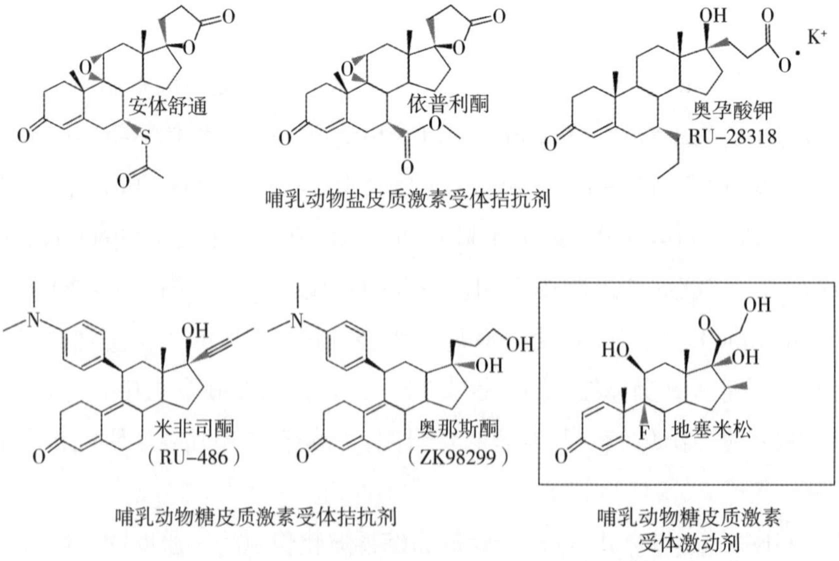

安体舒通 依普利酮 奥孕酸钾 RU-28318

哺乳动物盐皮质激素受体拮抗剂

米非司酮（RU-486） 奥那斯酮（ZK98299） 地塞米松

哺乳动物糖皮质激素受体拮抗剂　　哺乳动物糖皮质激素受体激动剂

图 26.8 哺乳动物盐皮质激素和糖皮质激素受体拮抗剂和强效糖皮质激素受体激动剂地塞米松的化学结构

在禽类皮质类固醇激素受体研究中，这些化合物的使用会产生不同效果，有时它们仅有部分活性，有时有激动剂或拮抗剂活性，而这些化合物在哺乳动物受体研究中完全有活性。

利用来自不同物种，如麻雀（*P. domesticus*）（Breuner and Orchinik，2001，2009；Lattin，

2011b）和斑胸草雀（*T. guttata*）（Schmidt et al.，2010）的多种组织胞质和核的提取物进行标准的配体受体的竞争性结合实验已了解皮质类固醇激素受体的作用。哺乳动物 MR 的拮抗剂不能从 MR 的高亲和位点上取代 CORT，这一点与禽类完全不同；与哺乳动物类似的是，哺乳动物 GR 拮抗剂——米非司酮（RU-486）在禽类中的作用也有变化，对禽类表现低亲和性。这些 MR 和 GR 对 CORT 的亲和力是一致的：K_d分别约是 0.2 nmol/L 和 6 nmol/L，在膜结合位点的K_d为 14～30 nmol/L。由于禽类 CBG 的亲和力值约为 2 nmol/L，因此相对于 GR 上较低的亲和位点，MR 上的高亲和位点很容易与其竞争获得 CORT。禽类的 MR 大部分由 CORT 来激活，仅在具有高的 11β-羟基类固醇Ⅱ型脱氢酶和 20-羟基类固醇脱氢酶活性的某些组织中，禽类的 MR 优先由 ALDO 激活。胞质相关的皮质类固醇激素受体和膜相关的皮质类固醇激素受体以组织特异性方式差异结合 CORT 和皮质醇（Schmidt et al.，2010）。糖皮质激素的这种差异结合很可能是 GR 和 MR 的翻译后修饰的结果。这可能是由于，膜和胞质型的 GR 和 MR 以及来自翻译后修饰的类似的同形体，甚至新型的皮质类固醇激素受体相互影响，进而对效应组织发挥较为复杂的调控机制。

研究人员还将已克隆的禽类 GR 和 MR 也作为分子工具来检测禽类大脑中 GR 和 MR 受体的表达（Hodgson et al.，2007；Dickens et al.，2009，2011b；Banerjee et al.，2012）。例如，各种应激原，如母爱剥夺、慢性复合应激和提高应激反应的遗传选择等均导致大脑各个区域 MR 和 GR 的差异表达；而易位应激则与两者的表达变化无关（Banerjee et al.，2012；Dickens et al.，2009；Hodgson et al.，2007；Dickens et al.，2011b）。由于在神经组织中实际的受体蛋白（如皮质类固醇激素受体）水平与调控其表达的 mRNA 的水平存在较弱的相关性，因此，对基于 mRNA 的皮质类固醇受体表达的研究应持谨慎态度（Medina et al.，2013）。

26.3.2 皮质类固醇激素与中间代谢

由于 HPA 是调控能量流和能量分配系统的一部分，糖皮质激素的总体功能是维持循环中较高的葡萄糖浓度。为实现上述目标，禽类的糖皮质激素广泛参与机体的蛋白质、碳水化合物和脂代谢（Landys et al.，2006；Scanes，2009）。长时间高剂量使用糖皮质激素有降低体重的趋势。但该效果在野生物种和家养物种之间存在差异，因为脂肪储备的增加可补偿蛋白质的损失。基础水平的糖皮质激素即可维持充足的食物摄取和最佳体重。高水平的糖皮质激素能增加食物的摄取，为了保护蛋白质的分配，会导致饮食倾向于高蛋白含量的食物，对食物的转化率产生负面影响。实际上，糖皮质激素通过调控 MR 和 GR 之间的相互作用影响食物的选择。在高能量需求期间，阻止 GR 的激活（如 RU-486）可抑制食物摄取的代偿性增加。但在低能量需求期间，则不影响其他类型的摄食行为。大脑皮质类固醇激素受体表达的变化可能是不同生活史阶段饮食行为变化的基础，如迁徙。糖皮质激素也通过增加葡萄糖、钙和磷酸盐的摄取和转运时间而作用于消化系统。糖皮质激素作用更复杂的情况是，高水平的糖皮质激素可能会不同程度地增加组织的氧化应激，对关键代谢指标的变化产生影响（Costantini et al.，2008）。

由于大多数研究使用某种形式的糖皮质激素库或糖皮质激素喂养方案，糖皮质激素的正常节律、向目标组织的补充节律、内分泌相互作用对这些节律的正常反应，在很大程度上遭到破坏。因此，尚不清楚禽类对外源性糖皮质激素的反应是生理学还是药理学作用。尽管如此，还是可以从大量不同禽类的研究中得到关于糖皮质激素作用的一些结论。

26.3.2.1 蛋白质代谢

糖皮质激素的主要作用是参与蛋白质分解代谢（Landys et al.，2006；Scanes，2009）。氨基酸作为能量来源参与柠檬酸循环，也可以运输到肝脏、肾脏或者小肠组织（Watford，2005）参与糖异生，进而维持机体的葡萄糖水平。家禽糖异生的重要酶是胞质型的磷酸烯醇丙酮酸羧激酶。在幼鸡中，这种酶存在于肾脏和肝脏，而在成年鸡主要存在于肾脏。

血液循环中葡萄糖水平的直接变化不明显，因为它可以通过胰岛素（insulin，INS）的作用进入细胞。事实上，在家禽中，CORT 可诱导高胰岛素血症发生。大量的分子标记实验也证明，肝脏和肌肉组织中存在 INS 抵抗和肌糖原水平升高（Lin et al.，2007）。这一矛盾可能是由物种、外源性糖皮质激素剂量、给药途径和治疗的持续时间等因素造成的。

由于蛋白质最大的来源之一是肌肉，所以肌肉分解并不奇怪。广泛的蛋白质分解代谢和特定的肌肉蛋白降解的强效指示物分别是体内循环尿酸和肌肉中 3-甲基组氨酸浓度的增加。家禽的糖皮质激素可显著促进肌浆和肌原纤维蛋白的分解，抑制肌肉蛋白质的合成（Dong et al.，2007）。有证据表明，野生禽类糖皮质激素会优先降解肌浆网状蛋白质，而肌原纤维蛋白质则保留，推测可能是为了保护用于执行飞行任务的肌肉组织。糖皮质激素对蛋白质代谢的作用具有明显的浓度依赖性，提示这些类固醇激素可以有效地调节蛋白质代谢。

26.3.2.2 脂代谢

外源性糖皮质激素的浓度范围超过血液循环基本水平后，则可能达到应激水平，影响机体的脂代谢（Landys et al.，2006；Scanes，2009）。与蛋白质分解类似，脂类的储存有利于维持机体葡萄糖循环，进而成为一种可替代的能量来源。有证据表明，糖皮质激素对脂代谢的作用由低亲和力的 GR 介导，其对脂质代谢的作用可以被 RU-486 阻断。事实上，到目前为止，在禽类的脂肪组织中只发现了低亲和力的 GR 受体（Lattin et al.，2011b）。

糖皮质激素限制脂肪组织在内的多种组织对葡萄糖的利用。其结果是使机体的一部分脂肪分解，但更多地是抑制游离脂肪酸的再酯化，一部分游离脂肪酸作为能量来源在脂肪组织中参与柠檬酸循环，其余则释放入血。糖皮质激素还可以调节脂肪组织中氨基酸的利用率，从而为柠檬酸循环提供所需的酶中间体。

对于处于正能量平衡的禽类而言，糖皮质激素也能刺激脂肪生成和肝脏组织中脂肪的沉积，并增加腹部脂肪垫的大小。这种脂肪生成效应主要由 INS 驱动。饲料喂养充足、正值发育期的家禽，糖皮质激素对脂代谢所产生的影响表现更明显：脂肪及肝脏脂肪含量增加、循环系统中游离脂肪酸含量增加、葡萄糖利用减少。

哺乳动物的瘦素是一种由脂肪组织分泌的蛋白质类激素，参与 HPA 轴调控、动物取食行为及脂肪储存（Glasgow et al.，1998）。许多野生鸟类在食欲和脂肪积累方面具有极端的季节性和发育阶段特异性。某些禽类身体的脂肪含量变化幅度可以达到自身体重的 30%。像瘦素这样的因子在禽类脂肪分泌组学中的功能仍不清楚，有人认为已克隆的鸡瘦素受体是一个孤儿受体（Hen et al.，2008；Kordonowy et al.，2010；Pitel et al.，2010；Yosefi et al.，2010；Gogga et al.，2013）。

26.3.3　皮质类固醇与电解质平衡

禽类可在相对较窄的范围内调控血浆电解质和血浆体积。皮质类固醇对于维持机体的电解质和水平衡起至关重要的作用。其大部分作用由高亲和力的 MR 介导。分布广泛的糖皮质激素足以维持这种平衡。然而，在某些组织中，如肾脏、肠道和直肠存在维持这种平衡的特殊的波动检测系统，能通过盐皮质激素 ALDO 来激活 MRs 而维持这种平衡。由于在 HPA 轴上有时会发生某些极端干扰，因此在这些靶组织中糖皮质激素失活酶（11βHSD2 和 20HSD）的上调和/或激活，对于 ALDO 发挥作用尤为重要（Hughes，2003；Landys et al.，2006；Laverty et al.，2006）。这对于生活在淡水和海洋栖息地之间，或者生活在水陆之间的禽类尤为重要。

有趣的是，在这些靶组织中，ALDO 的作用机制在有盐腺和没有盐腺的禽类中是相似的。没有盐腺的禽类不能耐受高浓度 Na^+ 摄入，但是它们对低浓度 Na^+ 摄入敏感。在这种情况下，为了维持足够的血浆 Na^+ 浓度，机体内的 ALDO 含量会升高。ALDO 作用于肾脏，从肾小球滤液中重吸收 Na^+。另外，ALDO 能提高结肠和尿道中钠通道的活性，有利于重吸收尿液中的 Na^+。为了进一步增加 Na^+ 重吸收，ALDO 还能诱导尿液回流。

在河湾和海洋生活的有盐腺的禽类，高 Na^+ 的摄入可通过一种未知机制维持并提高 ALDO 的水平。ALDO 的这种作用机制也同样适用于没有盐腺的禽类。与没有盐腺的禽类相比，有盐腺的禽类肾更大，肾小球滤过率更高。具有盐腺的禽类，肾脏和大肠均存在重吸收回流机制，能提高 Na^+ 和水的重吸收能力。具有盐腺的禽类，机体通过对血浆渗透压和细胞外液体积的感知，通过盐腺把多余的 Na^+ 分泌出去，此种机制不受 ALDO 控制。禽类以这种方式来补充细胞外液 Na^+ 含量，从而保持机体正常的血浆容量和渗透压，以维持生命活动的正常运转。

26.3.4　皮质类固醇与免疫功能

关于免疫系统对禽类肾上腺皮质功能的影响，在本章的前几节中已经阐明。这里重点详述皮质类固醇对免疫组织的作用。在免疫调节中，皮质类固醇的重要性已经被越来越多的文献证实。禽类的免疫组织存在某种固有系统，能满足皮质类固醇和/或酶的结合（Lechner et al.，2001），进而激活血液循环的皮质类固醇的代谢（Schmidt et al.，2008）。禽类免疫组织同时拥有 MRs 和 GRs，实验已经证实 MR 由 CORT（和 ALDO?）优先激活，而 GRs 则由皮质醇激活（Schmidt et al.，2010；Lattin et al.，2011b）。

一般来说，禽类有不同于哺乳动物的免疫器官、免疫细胞、复杂的信号分子和免疫调节基因。例如，禽类缺少产生抗原的淋巴结，主要依赖于组织树突细胞产生抗原。糖皮质激素对禽类免疫系统的作用与在哺乳动物免疫系统中的作用一致，都发挥免疫抑制剂的功效（Mumma et al.，2006；Kaiser et al.，2009；Shini et al.，2010）。外源 CORT 的使用可以减轻脾脏和法氏囊的相对重量。如前所述，在鸡淋巴细胞中，一个抗原的攻击或 CRH 诱导 ACTH 的释放，足以引起共培养的鸡肾上腺皮质细胞的 CORT 反应（Hendricks et al.，1991，1995a），CRH 对鸡白细胞的直接作用可以被 CORT 抑制（Hendricks et al.，1995b）。

相反，免疫刺激会上调淋巴细胞中高亲和力的 ACTH 和 GRs 的表达（Mumma et al.，2006）。已有证据表明，刺激抗体反应对适应性免疫应答具有积极影响。外源性 CORT 能刺激异嗜白细胞产生，减少白细胞的含量，进而增加异嗜白细胞与白细胞的比率。这种应答与脂多糖类处理产生的反应不同，暗示 CORT 刺激可产生不同的细胞因子。实际上，CORT 处理初期可以上调促炎趋化因子的表达。长期的 CORT 处理，相当于模拟长时间应激，导致促炎细胞因子和趋化因子的下调（Shini et al.，2010）。CORT 可以有效地调节免疫反应，而皮质类固醇激素受体可能是重要的禽类免疫调节物，以确保禽类的最佳免疫反应。

26.3.5 皮质类固醇与行为

禽类中的行为策略，特别是繁殖行为，属高能耗行为。糖皮质激素和其他激素可发挥能量分流的作用，以平衡繁殖行为、自我维护和生存活动之间的能耗（Landys et al.，2006；Cornelius et al.，2013a，b；Wingfield，2013）。这种平衡受物种延续所需繁育投入的影响（Cornelius et al.，2013b）。因繁殖机会有限或寿命短暂而对繁殖周期投入较高的物种，往往采用抑制 HPA 轴活动的机制，进而使 CORT 维持基础水平，允许其他激素参与能量分配；而寿命较长的物种需要维持更高的 HPA 轴的活性，以满足其拥有更多的繁殖机会。由于禽类诸如迁徙、领地和筑巢等的许多行为都与繁殖相关，因此，糖皮质激素调控上述活动也就不足为奇了。

一般来说，糖皮质激素会影响行为模式、认知和学习过程、繁殖活动（如求偶和交配）和养育行为（如亲子互动、喂养子代）（Mostl and Palme，2002；Rubolini et al.，2005）。由于糖皮质激素调控禽类的许多运动模式，因此，运动行为与糖皮质激素的水平紧密相关（Landys et al.，2006）。糖皮质激素作用迅速，具有浓度依赖性，且不受 GR 拮抗剂（RU-486）的抑制。这表明用于调节运动行为的受体模式是非基因组作用的，甚至可能是非经典的膜受体类型。

糖皮质激素参与禽类的迁徙过程调控。糖皮质激素通过增加大脑神经递质含量的方式来控制食物的摄取、降低产热、促进脂肪沉积（Cornelius et al.，2013a）等，以完成禽类迁徙过程中中途停歇地和终点繁殖地的能量补给。如果环境条件不利于筑巢，禽类则上调体内的糖皮质激素水平以抑制迁徙行为到繁殖行为的转换。

有趣的是，糖皮质激素在禽类应对人类活动和城市化应激应答行为中起重要作用（Bonier，2012；Wingfield，2013）。已有证据表明，这些持久的非生物逆境会影响禽类内分泌功能，包括糖皮质激素的应答。如上所述，糖皮质激素也可能对禽类的生存或繁殖存在负面影响。有证据显示：由于禽类的 HPA 轴存在可塑性，人类的城市化进程可把禽类区分为城市回避者、城市适应者和城市占领者三类（Bonier，2012）。

26.4 肾上腺嗜铬组织激素

26.4.1 儿茶酚胺的合成与分泌

在节后交感神经系统范围内，儿茶酚胺被广泛合成，其中也包括肾上腺嗜铬组织。图

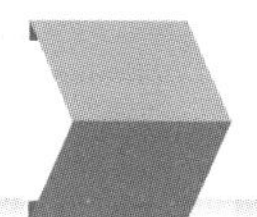

26.9 概述了肾上腺儿茶酚胺的生物合成途径（Ghosh et al.，2001；Mahata et al.，2002；Trifaró，2002）。儿茶酚胺生物合成的限速步骤是酪氨酸羟化酶。儿茶酚胺对酪氨酸羟化酶有负反馈作用。交感神经节前末梢释放的 Ach 与烟碱和毒蕈碱受体相互作用激活酪氨酸羟化酶的磷酸化，有利于儿茶酚胺的快速合成和释放；同时 Ach 还上调酪氨酸羟化酶的合成，对儿茶酚胺的合成具有长效影响。磷酸化的酪氨酸羟化酶可降低其对辅助因子四氢生物蝶呤的 K_m 值。垂体腺苷酸环化酶激活肽（PACAP）和 VIP 也激活酪氨酸羟化酶的磷酸化。

酪氨酸羟化酶催化酪氨酸转化为二羟基苯丙氨酸（dihyrophenylalanine，L-DOPA）。L-DOPA 在芳香族 L-氨基酸脱羧酶的作用下转化为多巴胺。之后，多巴胺被释放或者以抗坏血酸为辅助因子在多巴胺 β-羟化酶的作用下进一步转化为 NE。

图 26.9　去甲肾上腺素和肾上腺素的生物合成

分子上的实心黑色和灰色键代表关键的 α（下）和 β（上）位置；但并未显示全部氢键的位置。其他详情请参见文本，由 V. V. Carsia 绘制的路径图。

E 合成的最后一步是在苯乙醇胺-N-甲基转移酶（phenylethanolamine N-methyltransferase，PNMT）的作用下，将甲基从 S-腺苷酰甲硫氨酸转移到 NE 的氨基端，从而生成 E。这些酶都受神经支配，并受大量肾上腺内神经多肽的影响。PNMT 具有严格的

GR 依赖性。

儿茶酚胺通过刺激与分泌偶联机制释放入血。在此机制中，节前神经冲动释放 Ach，Ach 反过来又激活它的同源受体从而使肾上腺嗜铬细胞去极化。这导致胞外的 Ca^{2+}（细胞信使）内流，从而使分泌颗粒发生胞裂外排。除儿茶酚胺之外，还包括许多神经多肽、嗜铬粒蛋白和分泌蛋白的共同释放（见 26.1.2.1）。特别是来自嗜铬粒蛋白的肽类物质对儿茶酚胺的释放具有自分泌和旁分泌的作用（Trifaró，2002）。

分离的鸡肾上腺嗜铬细胞在应答 Ach 类似物过程中，并不优先释放 E 或 NE（Knight and Baker，1986）。体内条件下，禽类肾上腺中 E 和 NE 的分泌，则由许多神经源因子、血源性因子以及激素精确调控，结果导致儿茶酚胺的差异释放（Ghosh et al.，2001）。目前还不清楚不同的生理条件和应激因素发生应答时 E 和 NE 的差异分泌是如何发生的。人们研究的较清楚的是，肾上腺几乎是对急性应激原发生应答的血中 E 和大部分 NE 的唯一来源（Butler and Wilson，1985；Lacombe and Jones，1990）。

26.4.2 血中儿茶酚胺与应激反应

禽类血中儿茶酚胺浓度的研究发现了不同且相互矛盾的数值。对家鸡（*G. gallus domesticus*）和美洲家鸭（*Cairina moschata*）运用高效液相色谱与电化学检测连用的方法进行的研究获得了最新且稳定的儿茶酚胺的浓度值。在育成鸡和成熟鸡体内，NE 和 E 的血浆浓度分别为 0.52 ng/mL 和 0.96 ng/mL；而家鸭的平均浓度分别为 0.45 ng/mL 和 2.10 ng/mL。因此，循环中 NE 的浓度倾向于高于 E。同样，多巴胺的浓度也存在变化但可比较（Butler and Wilson，1985；Cheng et al.，2001；Pohle and Cheng，2009）。家鸡 NE 的浓度变化具有昼夜节律性，而 E 却没有（de Jong et al.，2001）。儿茶酚胺在肝脏中主要被儿茶酚胺-O-甲基转移酶和单胺氧化酶降解，其非活性产物通过肾脏排除体外。单胺氧化酶也存在于肾上腺中，能调节肾上腺局部儿茶酚胺的水平（Ghosh et al.，2001）。

肾上腺儿茶酚胺是机体发生急性应激反应（或战或逃反应）的首批调控激素之一。对应激刺激发生应答的 E 立即刺激肝糖分解，为关键组织（如肌肉）提供所需的葡萄糖。儿茶酚胺类激素与胰高血糖素（glucagon，Glu）相互作用，以调控冷应激条件下的产热作用（Abdelmelek et al.，2001；Filali-Zegzouti et al.，2005）。另外，儿茶酚胺类激素能增加 HPA 轴的活性，进而导致更多糖皮质激素的释放。反过来，儿茶酚胺类激素的活性又依赖于糖皮质激素（Sapolsky et al.，2000；Cyr and Romero，2009）。糖皮质激素能增强心血管对儿茶酚胺类激素的敏感性。儿茶酚胺类激素作用的多个水平均受糖皮质激素的影响。糖皮质激素通过多种方式调节交感神经末梢的功能活动来抑制儿茶酚胺类激素的再吸收：如减少儿茶酚胺降解酶、儿茶酚胺-O-甲基转移酶和单胺氧化酶；增强 β-肾上腺素能受体的结合和跨膜信号。事实上，儿茶酚胺活性的调节大部分是通过对肾上腺素能受体功能的调控来完成的。

26.4.3 去甲肾上腺素和肾上腺素的生理作用

儿茶酚胺对免疫细胞有多方面调控作用。例如，持续静脉注射生理浓度的 NE 和 E 能增加鸡白细胞的迁移，并差异性影响植物凝集素的应答（McCorkle and Taylor，1993）。体内、外条件下，NE 和 E 都对脾淋巴细胞的免疫球蛋白产生的脾细胞溶血空斑有反向的影响，这些影响可能由 α-肾上腺素能受体和 β-肾上腺素能受体介导（Denno et al.，1994）。体外条件下，儿茶酚胺也会差异性影响吞噬细胞的效应功能，（Ali et al.，1994）。儿茶酚胺所引发的代谢效应非常广泛，在此过程中它可以与其他调控激素（如 INS、PRL、TH、GH 和 Glu 等）相互作用。儿茶酚胺也能影响碳水化合物代谢和脂代谢。鸡肝细胞中 E 与细胞表面 β-肾上腺素能受体结合，使偶联的腺苷酸环化酶（cAMP）活化，后者再激活磷酸化酶，使糖原分解。因此，儿茶酚胺导致机体血糖水平的快速升高（Thurston et al.，1993）。儿茶酚胺类（NE 或 E）通过细胞内钙动员激活 α-肾上腺素能受体，进而刺激糖异生（Cramb et al.，1982）。对肝糖原分解、糖异生和脂肪生成的效果很有可能是肾上腺自身分泌的 E 的生理学功能。因为在应激禽类的血液循环中发现这些代谢参数受到血液循环中 E 浓度的影响。

静息状态下，鸡血液循环中的儿茶酚胺浓度和游离脂肪酸含量存在正相关性。至少在肝脏内，儿茶酚胺类激素可能是脂代谢的生理调控者。肝脏组织和细胞中脂肪酸的合成主要受 E 抑制，而 NE 的抑制作用相对较弱。α-肾上腺素能受体和 β-肾上腺素能受体都能介导这种抑制作用，然后部分受体再激活 cAMP，使其发挥胞内第二信使的作用（Campbell and Scanes，1985）。若干禽类脂肪细胞中的脂类分解受 E 调节，并且由 β-肾上腺素能受体和 cAMP 介导（Campbell and Scanes，1985）。

26.4.4 肾上腺嗜铬组织激素在发育、成熟和衰老中的变化

来自早成鸟的实验表明，肾上腺嗜铬细胞来源于神经嵴细胞（交感肾上腺祖细胞）的尾胸部（18～24 体节区域）细胞群（Shtukmaster et al.，2013）。最近的证据表明，肾上腺嗜铬细胞和交感神经节后神经元来自于一个共同的祖细胞群。在约 2 日龄的鸡胚中，此祖细胞群从神经索中分化出来，然后前移至背主动脉区。在主动脉释放的骨形成蛋白诱导下，这些细胞获得了儿茶酚胺能特性，如可表达酪氨酸羟化酶。约在胚胎期第 6 天，到达肾上腺区的细胞逐渐失去神经元特性，如不再表达神经微丝蛋白，而获得肾上腺嗜铬细胞的特性。这种由神经元向肾上腺嗜铬细胞的转变并不需要 GRs 甚至肾上腺皮质组织的激活（Gut et al.，2005；Huber，2006）。然而，对于属于 GR 依赖的 E 细胞的分化和 PNMT 的表达出现在肾上腺嗜铬细胞形成的第 5 天。E 细胞的分化不需要侵入发育的肾上腺皮质组织中（Chimenti and Accordi，2008）。事实上，直到胚胎发育第 8 天或第 9 天，肾上腺嗜铬细胞才开始迁移并渗透到发育的肾上腺皮质组织中，直到胚胎发育第 15 天才完成整个过程。除了儿茶酚胺激素外，出生后鸡的肾上腺嗜铬细胞还合成多种多肽类激素。本章也介绍了一些此类激素。

胚胎发育第 10～13 天，可在鸡胚血中检出 E（von Blumröder and Tönhardt，2002）。由于肾上腺和神经元都可以产生儿茶酚胺激素，所以尚不清楚肾上腺分泌的儿茶酚胺类激素对于维持胚胎稳态的重要性。可以确定的是，NE 的血液循环水平优于多巴胺和 E。鸡胚接近孵化时血浆中儿茶酚胺类激素的水平升高（von Blumröder and Tönhardt，2002）。NE 是一种重要的儿茶酚胺，它支持胚胎的破壳和孵出，而其代谢变化与孵化前后的过渡相关。

不同系统发育类群的鸟类的肾上腺中，NE 和 E 含量似乎有很大的变化范围（Ghosh et al.，2001）。尽管当前的研究热点是应用比较模型研究鸟类的衰老机制（Holmes et al.，

2001; Holmes and Ottinger，2005; Ricklefs，2010），但与衰老有关的内分泌变化的相关信息却知之甚少。嗜铬儿茶酚胺含量及其对内分泌变化的反应随不同物种年龄的增长而存在差异。然而，一种基于有限数量脊椎动物的较为一致的观点认为，不同鸟类肾上腺嗜铬细胞的活力会随着年龄的增长而增加（Ghosh et al.，2001）。也有人认为，随着年龄的增长，物种不能适应环境或季节应激，糖皮质激素类的含量会增加（Koren et al.，2011），因此推测，肾上腺儿茶酚胺类激素也可能发生类似的变化。显然，鸟类肾上腺皮质和肾上腺嗜铬细胞与年龄相关的特异性功能变化尚需进一步研究。

致谢

作者感谢医学博士 Walter L. Miller 参与肾上腺类固醇生成酶部分的讨论，感谢 Stephen R. Hammes 博士对 GR 类型的解析。作者尤其感谢 Colin G. Scanes 博士邀请自己参与本章的撰写工作并给予宝贵的指导。

参考文献

（李铭译，李术、丛义梅校）

第 27 章　内分泌胰腺

Joëlle Dupont，Nicole Rideau and Jean Simon

27.1 引言

鸡及普通鸟类的内分泌胰腺表现出多个特点（Hazelwood，2000；Simon，1989）。在讨论当前的知识之前，我们先回顾之前综述中的基础知识，其中大多数是相互关联的。

• 尽管鸟类的胰岛素水平正常，但血浆中尿酸和葡萄糖水平却较高（Simon et al.，2011）。如此高的血糖水平（空腹状态下 2～2.15 g/L）对人体是有害的。

• 对鸡和鸭而言，大剂量外源性胰岛素才能引起低血糖，而且超大剂量胰岛素也不会致死。鸡具有高血糖和低胰岛素敏感性的特点，正如本章将要介绍的，葡萄糖诱导下鸡离体胰腺只释放微量胰岛素，这与人Ⅱ型糖尿病症状类似。

• 糖尿病实验模型不适用于鸡。因鸡胰腺切除术很难切除干净；重复饲喂期时血糖调节会受损。即使在用药前血糖水平已经下降的情况下，致糖尿病药物（如四氧嘧啶或链脲霉素）对鸡也是低效的。虽然在此没有引用，但在宠物鸟类中一些特殊的糖尿病个案已有报道。

• 胰高血糖素具有很强的升血糖作用，在鸟类可促进脂肪分解。胰高血糖素可轻微但持久地引起 cAMP 升高；在鸡脂肪细胞中脂肪酸对 cAMP 的负反馈调节似乎无效。在鸡脂肪细胞中胰岛素缺乏抗脂解作用。在体外研究中已发现多种多肽具有抗脂解作用：禽类胰多肽（avian pancreatic polypeptide，APP），SS，促胃液素以及肠胰高血糖素样免疫活性（gut glucagonlike immunoactivity，GLI）；然而，它们在鸡体内的生理作用尚未得到充分的定量研究。

• 鸡胰岛素活性较高，但鸭胰岛素活性较低。相比羊胰岛素和牛胰岛素，鸡胰岛素可更有效地诱导鸡体内血糖降低（Hazelwood，2000），但这种差异程度可能被高估：在高浓度条件下，无论胰岛素的类型如何，均可诱导血糖降至相似的最低点，即最大降血糖作用（源于溶脱的鸡肝或脑的胰岛素受体中胰岛素与人工底物结合并发生磷酸化的结果）。

• 胰岛素-胰高血糖素比例对于代谢调控的重要性已在鸡和鸭体内实验中得到证实。在体内，该比值取决于不同营养状况下（喂食与禁食）胰岛素-胰高血糖素相反变化。然而，胰高血糖素-胰岛素的互作更为复杂。胰岛素被免疫中和后，喂食的鸡血糖水平快速（30min 内）大幅升高（一种胰岛素高需求的营养状况——先前用于鸭的一种试验方案，Mirsky et al.，1964 in Dupont et al.，2008）。令人吃惊的是，注射胰高血糖素拮抗剂（des-His[1]［Glu[9]］胰高血糖素）后喂食鸡的血糖水平却无变化，并未出现预想中的低血糖效应（Dupont et al.，2008）。这充分说明，在正常情况下，喂食鸡血糖水平的调控依赖于胰岛素而非胰高血糖素（Dupont et al.，2008，2012）。然而，在“低血糖引起死亡综合征”的病理模型中，胰高血糖素的存在也是至关重要的。在此病中，鸡感染病毒后胰高血糖素被耗尽，拒食，最终死于严重低血糖状态下的饥饿（Davis and Vasilatos-Younken，1995）。为了抑制胰腺胰高血糖素的释放，血糖维持需要胰岛素的存在（Dupont et al.，2008），这证实了早期在鸭中以及后来在哺乳动物中得到的结果（参见 Miahle 团队的参考文献，Simon，1989）。

• 鸡（及禽类）的新陈代谢在多个方面独具特点。简而言之，在禽类的肝脏和肾脏中糖异生较为活跃，但可能只在肾脏中受调节。肝脏是新生脂肪生成的器官。

• 在鸡的胚胎发育和出壳后发育过程中，胰岛素发挥多重效应。已经证实，鸡胰岛素主要特征性作用是影响碳水化合物、脂质和蛋白质的代谢。胰岛素可促进多种细胞中葡萄糖和氨基酸转运，但这种作用在肌肉中有限、在鸡脂肪细胞中仍不能确定。胰岛素刺激氨基酸转运、促进蛋白质合成。胰岛素能大大促进肝脂肪生成和脂肪生成酶的表达。与此相反，在鸡脂肪细胞中，胰岛素的这种促进作用却是微乎其微的（在人类脂肪细胞中这种脂肪生成也很低）。胰高血糖素可拮抗胰岛素促鸡肝脂肪生成过程。

• 最后，鸟类具有高体温（鸡约 42℃）、高基础代谢率和高合成代谢的特点，因此它们能适应长时间的分解代谢状态，在长时间没有食物的情况下也能存活。

本章将阐述当前知识的综合观点，为简洁明了，将重点讨论胰高血糖素和胰岛素的调控这两大方面。本章尽可能少地保留参考文献；按照第一作者人名和日期列出有关鸡和鸟类的早期主要原创性文献（也包括我们的），但不再一一列出最近出版物中引用的论文。显然，对内分泌胰腺作用的了解在哺乳动物中的研究要深入得多；因此本章有必要多次引用这些文献。此外，为节省篇幅，仅按照第一作者人名和日期在文中列出这些文献。读者若想获取参考文献全文可访问 PubMed 官网。

27.2 胰腺胚胎发生与发育

27.2.1 禽胰腺形态

大多数鸟类的胰腺（图 27.1）位于十二指肠袢，由三个小叶构成：背叶、腹叶以及脾叶。脾叶与胰腺剩余部分相邻，但有些鸟类的脾叶完全独立。第四个小叶，是腹叶的一部分，有时又被混淆地称为“第三叶”，在鸡形目（包括鸡和鹌鹑）中较易分辨。

27.2.2 禽胰腺内分泌细胞在不同胰腺小叶中的分布

内分泌胰腺包括被称为胰岛（islets of Langerhans）的细胞群，分布在整个外分泌实质

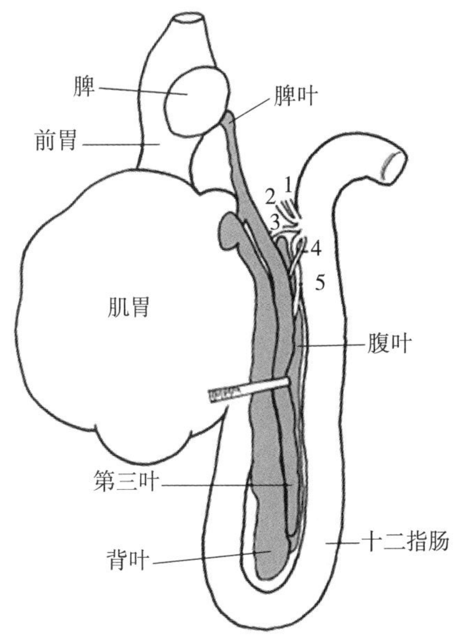

图 27.1　禽胰腺的形态

从背侧观察到的鸡胰腺 4 个小叶（阴影部分）和邻近器官（血液供应和肝脏未显示）的解剖关系。1，胆囊管；2，肝胆管；3，背侧胰腺管；4，第三小叶胰腺管；5，腹侧胰腺管。引自 Mikami 等（1962）。

中。这类细胞仅占整个腺体的 1%～2%。与仅有一种类型胰岛的哺乳动物相比，禽类已被发现有三种类型的胰岛：亮、暗和混合型胰岛，可通过形状、大小和组织染色特征区分。传统染色法（Heidenhain's iron hematoxylin，Heidenhain 铁苏木素染色）染色后亮型胰岛（B 胰岛）结构显示清晰，基本上由分泌胰岛素的 β 细胞和分泌生长抑素的 δ 细胞组成，偶尔还有极少量的分泌胰高血糖素的 α 细胞。暗型胰岛（A 胰岛）基本上由分泌胰高血糖素的 α 细胞和分泌生长抑素的 δ 细胞组成，其分布区比 B 胰岛大。混合型胰岛由许多 β 细胞和一些 α 细胞、δ 细胞组成。一些野禽的胰岛为混合型（随机分布）而不是亮型或暗型胰岛（Steiner et al.，2010）。在胰腺中还发现有第四种内分泌细胞：F 细胞。F 细胞合成并释放 APP，以单细胞形式存在，或成群散布在外分泌实质中，且主要分布在背叶和腹叶中。一些 F 细胞也可被在胰岛内找到。也有一些孤立的 δ 内分泌细胞（数量与 F 细胞相当）散布在胰岛外。脾叶和较小的第三叶（若存在时）每单位体积中含有的胰岛细胞要多于背叶和腹叶中的胰岛细胞（Rideau，1988）。

禽类胰腺独有的特征是，分泌胰高血糖素的细胞多于分泌胰岛素的细胞，其比例约为2∶1（Andrew，1984；Manakova and Titlbach，2007）。此外，禽类胰腺中分泌生长抑素的 δ 细胞的数量也远多于哺乳动物（Rideau，1988）。在禽类的胰腺中各种（神经）内分泌细胞［生物素、五羟色胺、神经肽 Y（neuropeptide Y，NPY）和嗜铬粒蛋白］的存在、分布和相对数量也已确定（Ku et al.，2000；Lucini et al.，2000）。

禽类胰岛血管丰富，其血液由胰十二指肠动脉进入并由胰十二指肠静脉流出。禽类胰岛的神经支配并不像哺乳动物那样明显。通过电子显微镜可以清晰地观察到，家禽胰腺中几种主要内分泌细胞均与神经末梢相连。然而，支配胰岛的神经要少于支配腺泡细胞的神经；支配 A 胰岛的神经也明显少于支配 B 胰岛的神经。相反，鸡 δ 细胞直接受到丰富的神经支配（Rideau，1988）。

27.2.3 禽胰腺发育

胰腺起源于内胚层，由胚胎前肠发育形成。在鸟类中，它由三个芽发生：背芽和左、右腹外侧芽（Rawdon，1998），出现在 22～31 体节（somites，ss）期（56～67 h），并在胚胎发育的第 7 天［鸡胚发育 Hamburger 和 Hamilton 30 期（Hamburger and Hamilton stage 30，HH30）］开始融合（Matsuura et al.，2009）。

在芽形成之前，内胚层就已形成背芽和腹芽衍生物。在哺乳动物中，与胰腺发育过程相关的信号通路包括 Hedgehog 系统、同源盒基因 Pdx1 和 Notch 信号转导。绝大多数表达 *ngn*3（neurogenin-3，神经原质蛋白-3）基因的细胞都属于内分泌谱系（Rosenberg et al.，2010）。转录因子 *pax*4 和 *Arx* 可竞争性地作用于 *ngn*3 阳性细胞的第一次分化，产生 α/PP（pancreatic polypeptide，胰多肽）细胞系或 β/δ 细胞系。随后，在定型为 β/δ 细胞系的这些细胞中，若持续表达 *pax*4 则分化出 β 细胞系，若抑制 *pax*4 表达则分化出 δ 细胞系（Gittes，2009）。

在 5 日龄鸡胚的胰背芽的体外研究中发现，胰腺间质可能对鸡胰腺的早期发育起指导作用。尽管试验证据不足，但也有试验结果提示，脊索在胰腺发育的早期起诱导作用（Rawdon，1998）。过去十年的研究证实并扩展了 Rawdon 的研究结果（Rawdon，1998）。胰腺前体内胚层首先接收来自底层体壁中胚层的胰腺分化诱导信号，诱导 Pdx1 早在 4ss 期（即 1.5 日龄胚胎）表达（Katsumoto et al.，2009）。在鸡中也已发现胰腺内分泌细胞的发育受 Notch 信号通路调节：在鸡胚胎期胰腺中，抑制 Notch 信号通路促进胰内分泌细胞分化，而激活 Notch1 受体则阻碍胰内分泌细胞发育并维持胰腺祖细胞增殖（Ahnfelt-Ronne et al.，2007）。在鸡内胚层中，胰腺内分泌祖细胞瞬时表达的神经原质蛋白-3 负责激活一种最终导致内分泌细胞成熟的级联转录因子（Rosenberg et al.，2010）。目前对于腹侧胰腺前体细胞起源的研究还较少；它们位于通过原位杂交检测到的 Pdx1 表达位点（Matsuura et al.，2009）。

不同类型胰腺内分泌细胞的形态、体积和相对含量在胚胎发育中和出生后的整个过程中各不相同。背芽主要分化为分泌胰岛素、胰高血糖素和生长抑素的细胞，而腹侧芽分化为 PP 细胞（Rawdon，1998）。在背芽中，胰高血糖素免疫阳性的细胞在孵化的第 2.25～2.5 天首先出现，随后胰岛素细胞在第 3～5 天出现，生长抑素细胞在第 3.25 天出现（Manakova and Titlbach，2007）。只有 PP 细胞出现的稍晚（第 7 天出现在胰腺脾叶中）（Cowap，1985）。与背芽相反，胰岛素细胞直到孵化 13d 后才能在未来的腹芽衍生物中检出（Manakova and Titlbach，2007）。胰腺外分泌组织的发育要晚于内分泌组织（Manakova and Titlbach，2007）。

27.3 胰岛素和胰高血糖素

27.3.1 胰岛素、前胰岛素原、胰岛素原以及 C 肽

早在 1980 年，鸡胰岛素基因的克隆和测序工作就已经完成了（Perler et al. in Simon et al.，2004）。它位于 GGA5 上，并具有包含两个内含子的“原始”结构：内含子 1 中断 5′非翻译区（UTR），内含子 2（约 3.5kb，在其他动物中为 141～786bp；Steiner et al.，1985 in

Simon et al.，2004）中断编码序列。鸡胰岛素基因编码一段前激素原（即前胰岛素原），其中包括信号肽（富含疏水残基）、胰岛素 B 链、连接肽（C 肽）和胰岛素 A 链。迄今为止，还没有证据证明存在第二个胰岛素基因（Simon et al.，2004）。

鸡、火鸡、鸵鸟、鹅、北京鸭和美洲家鸭的胰岛素已经被纯化和测序（Chevalier et al.，1996）。包括蜂鸟和 28 个物种在内的其他禽类胰岛素基因的克隆和测序工作也已完成（Fan et al.，1993 in Simon et al.，2004）。从推导的氨基酸序列来看，胰岛素具有高度保守性。与人类胰岛素相比，禽类胰岛素 B 链上微小的中性变化仅涉及两端的几个残基：B1、B2、B3、B20、B27 或 B30；A 链 21 个残基中仅 A8～A10 变化。我们发现（Simon et al.，2004）：由于测序过程中设计的反向引物是以对应的密码子和终止密码子为靶点，因此仍然不能完全确定 A 链的最后 6 个残基。与人类相比，胰岛素 A 链（A8～A10 位点）的变异不是中性的，这个区域变异最大且被认为是免疫原性最强的部分。因此，针对哺乳动物胰岛素制备的大多数抗体不会与鸡或鸭胰岛素有交叉反应。

胰岛素 A8 位点大多数为组氨酸残基，不同于雁形目六种鸟的谷氨酸残基和人的苏氨酸残基。有研究认为 A8 位点涉及胰岛素与其受体的结合部位（位点 1；Sajid et al.，2009）；人工合成人胰岛素类似物在 A8 位点装配不同残基后药效不同的结论也证实了这一早期假说，也就是说，在 A8 位点存在组氨酸使这些类似物具有鸡胰岛素的性质（高亲和力与低解离率；Weiss et al.，2001，2002；Wan et al.，2004；Chevalier et al.，1996）。鸡胰岛素是迄今为止已发现的唯一天然超级类似物（至少是人、猪胰岛素生物效价或许多物种胰岛素与受体结合力的两倍；Kemmler et al.，1978；Schauder and Buck，1969；Simon et al.，1974，1977，Chevalier et al.，1996）。

A8 位点的谷氨酸（正如在雁形目中发现的）可增加胰岛素分子的热力学稳定性，这应该使得“鸭型”胰岛素的效果比“鸡型”的更好（Weiss，2001）。事实上，A8 位点若为带负电荷的残基（如谷氨酸残基或天冬氨酸残基）会降低这些类似物与受体的亲和力（Weiss，2001）。因此，鸭胰岛素在大鼠肝细胞膜上表现出低亲和力（Chevalier et al.，1996）且在大鼠脂肪细胞中表现出低生物活性（Moody，个人见解）。相比于大鼠胰岛素受体（insulin receptor，IR）的效能，鸡、北京鸭和美洲家鸭 IR 之间区别不大，这可能是 IR 特有的（见 27.5.2）。因此，到目前为止，在 30 种鸟中只发现了两种类型的胰岛素：过度活跃的“鸡型”胰岛素和高稳定性的“鸭型”胰岛素。从非哺乳动物胰岛素的排列（Simon et al.，2004）可以看出，A8 组氨酸早期存在于祖先胰岛素分子中，并在哺乳动物中消失（这可能降低了发生低血糖事件和致瘤的风险）。而在雁形目和某些蛇中，A8 位点出现谷氨酸残基可能是因为发生了独立进化。

与其他物种类似，禽类 C 肽保守性很差；在 29 种鸟中，C 肽 28 个氨基酸残基存在 14 个变异位点（Simon et al.，2004）。其他种类动物的 C 肽较长（31～38 个氨基酸残基；Gross et al.，1989；Wahren et al.，2000 in Simon et al.，2004）。尚不清楚是否因 C 肽较短而改变胰岛素的合成速度和量。C 肽通过两端的两个二价残基连接于胰岛素 B 链和 A 链（RR 或 KR，与其他物种一致）。在哺乳动物中，这两处的蛋白水解和切除可通过特异性肽链内切酶即 PC3/PC1 和 PC2（prohormone convertases，激素原转化酶）和羧肽酶 E 完成。利用异源抗体已在鸡胚中检测到了这些内切蛋白酶（Hernandez-Sanchez et al.，2002；Teshigawara et al.，2001 in Simon et al.，2004）。尽管预测认为所有 C 肽长度均为 28 个氨基酸残基，但纯种鸭（*Anas platyrhyncos*）的 C 肽长度却只有 26 个氨基酸残基（Marksen and Sundby，1973 in Simon et al.，2004）。在所研究的禽类中也都存在种间差异（在麻雀属 *Passer* 中可能是个例外，in Simon et al.，2004）。哺乳动物 C 肽的 NH_2-末端至少有两个酸性残基围绕一个疏水残基（如 EAED、EVE 和 EAE）；这样的结构对于胰岛素原向胰岛素的正常转化至关重要。在研究过程中也发现了与此非常相似的结构（DVE、DIE 或 DAE；Simon et al.，2004）。长期以来，人们认为 C 肽本身没有生理功能（除了在胰岛素的生物合成过程中构建前体）。而现在认为 C 肽可控制 e-NOS、Na^+-K^+-ATP 酶、α-烯醇酶和几种转录因子（Wahren et al.，2012；Ishii et al.，2012）。在多个实验中发现，人 C 肽的中段区段（ELGGGPGAG）或 COOH-末端五肽片段（EGSLQ）可模拟整个肽的作用。鸟类 C 肽的中段序列却完全不同，且 COOH-末端肽段是酸性的（QEEYE、HEEYQ、QEEFE 或 PEEYE）。因此，C 肽可能仅在哺乳动物中有着特定的生物学功能，除非在鸟类中仍被认为是共同进化的受体。

所有已知的前胰岛素原基因的阅读框长度相似（5′末端 187 个核苷酸，3′末端 134 个核苷酸；Simon et al.，2004）。相反，其 PCR 产物的长度差异很大［从雀形目（麻雀属 *Passer*、鸫属 *Turdus* 和喜鹊属 *Pica*）的 2.7 kb 到古颚总目（鸵鸟属 *Struthio*、*Rea* 和鸸鹋 *Dromiceius*）的 4.5 kb 左右］。系统发育分析证明为单系起源，并将古颚总目 100%鉴定为孤立组，这充分显示古颚总目是禽类进化基部种类。在古颚总目分支后，鸡雁小纲可被鉴定（63%），而其他所有今颚总目可被聚类（99%）。假如我们认同今鸟亚纲的进化基础是古颚总目，而不是雀形目，则前胰岛素原基因内含子 2 必定是从一种很长的古老序列（与今古颚总目中被发现的序列相似程度更高）演化成雀形目的较短序列。

在人类中，一些胰岛素基因多态性与糖尿病有关。在鸡（Bennett et al.，2006；Qiu et al.，2006）和鸭（中文论文：Kong et al.，2008）中，一些胰岛素基因的多态性也有论述。在鸡中，已鉴定到的多态性（主要是单核苷酸多态性）大多位于 5′-UTR 和 3′-UTR 或内含子中。相关的前期研究发现，禽类孵化期、28 日龄和 55 周龄体重与其 13 周龄小肠长度（但不包含腹部脂肪重量）之间存在显著关联。深入研究分析其他年龄段和其他相关生理参数可能会揭示更多关联。

27.3.2　胰高血糖素和胰高血糖素样肽

27.3.2.1　胰高血糖素的结构和生理效应

胰高血糖素［血管活性肠肽（vasoactive intestinal polypeptide，VIP）-促胰液素家族成员之一］是一种物种间相似度极高的 29 肽。哺乳动物胰高血糖素由单个的胰高血糖素原基因编码，并由单个的 mRNA 翻译成单个的蛋白质前体。该前体包含胰高血糖素以及位于其羧基末端的两种结构相关的肽：胰高血糖素样肽 1（glucagon-like peptide 1，GLP-1）和胰高血糖素样肽 2（glucagon-like peptide 2，GLP-2）。这种独特前体的翻译后蛋白水解过程是组织特异性的。在胰腺 A 胰岛 α 细胞中因低血糖刺激可加工为胰高血糖素，而在肠道 L 细胞和中枢神经系统中可加工为 GLP-1 和 GLP-2，而非胰高血糖素。

鸡胰高血糖素也是 29 肽，通过单个胰高血糖素原基因编码。该基因可通过不同的阅读顺序转录为多种 mRNA 产物（Richards and McMurtry，2008）。在家禽中，胰高血糖素原前体由 151 个氨基酸残基构成。鸡胰高血糖素与大鼠和人类的相比仅有一个残基不同（28 位点分别为丝氨酸和天冬酰胺），而与鸭类的相比有两个残基不同（28 位点分别为丝氨酸和天冬酰胺，16 位点分别为苏氨酸和丝氨酸）。与哺乳动物相反，鸡胰高血糖素原的基因可转录成两类胰高血糖素原 mRNA（PGA 和 PGB）：A 型 mRNA（PGA）编码与低等脊椎动物（如在鱼中已发现的）的表达产物相似的胰高血糖素和 GLP-1；而 B 型 mRNA（PGB）编码与哺乳动物的表达产物更相似的胰高血糖素、GLP-1 和 GLP-2。A 型和 B 型 mRNA 在胰腺和腺胃中表达水平最高。有两种激素原转化酶（prohormone convertase，PC：PC2 和 PC1/3）可将胰高血糖素前体水解为具有活性的多肽：PC2 mRNA 在胰腺和腺胃中高表达，而 PC1/3 mRNA 在十二指肠和脑中表达水平较高。空腹和再投喂对鸡的胰腺、腺胃、十二指肠或全脑等各种组织中胰高血糖素原 mRNA 表达量无影响。这表明禽类短期能量状态变化引起的血浆胰高血糖素急性变化不是胰高血糖素原 mRNA 转录调节导致的（Richards and McMurtry，2008，2009）。胰高血糖素原基因也在禽类的各种视网膜神经元（Fischer et al.，2006）和鸡脂肪组织中表达（Cogburn，个人意见）；与其他组织相比，PGB mRNA 水平表现出胰岛素依赖性（Ji et al.，2012）。

鸟类的胰高血糖素具有多种生理作用与特性，这在 Hazelwood 2000 年出版的第 5 版中已有描述。血浆中胰高血糖素含量远高于哺乳动物。最初认为鸡、鸵鸟和鸽的胰高血糖素效价比哺乳动物的要低，但这在后来的研究中没有得到证实（McCumb and Hazelwood，1978；Ferreira et al.，1991；Tung et al.，1977；Huang et al.，1987 in Simon，1995）。研究发现，在升高血糖、提高血浆非酯化游离脂肪酸水平以及降低血中 T_3 和 T_4 水平方面，火鸡、猪和鸡类的胰高血糖素功效相同（McMurtry et al.，1996）。已有试验证明，给鸭长期注射胰高血糖素可诱导骨骼肌表达解偶联蛋白（uncoupling protein，UCP），这与胰高血糖素在鸟类中的产热作用一致（Raimbault et al.，2001）。胰高血糖素在调节鸡眼睛生长方面也很重要（Vessey et al.，2005）。Honda 等发现通过中枢而非外周给药后胰高血糖素可抑制鸡摄食和诱导高血糖，并且这些作用是由促肾上腺皮质激素释放因子（corticotrophin-releasing factor，CRF）的下游活动介导（Honda et al.，2007，2012）。因此，正如已在哺乳动物中发现的，禽类胰高血糖素也可充当中枢神经系统的一种神经递质（Mayo et al.，2003）。

27.3.2.2　GLP-1

GLP-1 可通过抑制胃排空和胃酸分泌来减缓吸收营养物质的速度。通过中枢而非外周给药，GLP-1 可抑制鸡摄食和嗉囊内容物排空，并且在不影响总体能量消耗的情况下将能耗由糖类转换为脂类（Tachibana et al.，2007）。在雏鸡中，下丘脑参与 GLP-1 的食欲抑制作用（Tachibana et al.，2004，2007）。此外，在蛋鸡同时注射 GLP-1 和一种特定的 GLP-1 受体拮抗剂（毒蜥外泌肽 5-39）或其 N-末端片段可减弱 GLP-1 抑制食欲的效果，但是单独注射这种拮抗剂可增加摄食，而肉鸡则不同，因此 GLP-1 通过中枢给药抑制食欲的作用是由 GLP-1 受体介导的（Furuse et al.，1998）。这些结果表明，在不同品系家禽中，内源性 GLP-1 对其摄食可产生多种影响。鸡胰腺中 GLP-1 受体 mRNA 的表达与禽类胰腺中 GLP-1 可能的促胰岛素作用相一致（虽然这尚未在鸡中得到证明）。

27.3.2.3 GLP-2

在哺乳动物中，通过维持肠黏膜上皮细胞的完整性，GLP-2 可促进肠生长和营养物质吸收。肠道 L 细胞受肠内营养物质刺激分泌 GLP-2，继而促进腺窝细胞增殖并抑制黏膜上皮细胞凋亡。鸡十二指肠中 GLP-2 受体 mRNA 表达升高与 GLP-2 在肠道生长和功能中的作用一致。Shousha 等报道，脑室或腹腔注射 GLP-2 对日本鹌鹑的进食、体温或自主活动均无影响（Shousha et al.，2007）。然而，这些研究中使用的 GLP-2 来源于大鼠，与鸡 GLP-2 的氨基酸序列仅有 52%相似性，在禽类机体内可能缺乏生物活性。

27.4 胰岛素和胰高血糖素的释放

27.4.1 发育期及孵化后胰腺激素的水平

在鸡胚发育期，血中胰岛素和胰高血糖素的浓度会升高。在 Cobb 500 肉鸡胚胎及其孵化出的雏鸡中，血浆胰岛素自胚胎期第 10 天（E10）（30 pg/mL）开始升高，至孵化后 17d 达到 1 000 pg/mL（Lu et al.，2007）。生长中的鸭和鸡进食后血浆胰岛素浓度为 3～4 ng/mL，与哺乳动物类似（Simon et al.，2011）。正如在最新的肉鸡品种中（Shiraishi et al.，2011b）和早先报道过的蛋鸡或肉鸡中发现的，血浆胰岛素浓度在孵化后第 1 天最低，且随着日龄增长而升高，直至 28 日龄；但 1 日龄雏鸡对胰岛素的敏感性要比 21 日龄肉鸡的高。19～47 日龄雌、雄现代肉鸡禁食 6h 后，其血浆胰岛素浓度下降 45%～50%（Christensen et al.，2013）。研究发现，血浆胰高血糖素浓度在胚胎期第 10 天（E10）较低（59 pg/mL），并一直持续到 E17；随后至孵化时升高约 3 倍（Lu et al.，2007）。进食后和禁食 6h 后现代肉鸡的血浆胰高血糖素浓度分别为 152 pg/mL 和 450 pg/mL（Christensen et al.，2013）。值得注意的是，上述试验中鸡的喂食周期并不总是与光暗周期同步。

27.4.2 胰岛素的释放

虽然在哺乳动物中葡萄糖是胰岛素分泌的主要生理调节因子，但在禽类中葡萄糖促进胰岛素分泌的效果在体内和体外都不太明显。鸭和鸡的体内试验发现，提高血糖水平仅短暂地升高胰岛素浓度（Rideau，1988）。鸡体内较高的本底血糖浓度本身可能导致 β 细胞对葡萄糖相对不敏感：在高血糖哺乳动物模型中因葡萄糖诱导的胰岛素分泌障碍也有报道。然而，在鸡体内这种机制目前还不清楚。在鸡胰腺中高浓度的生长抑素（Weir，1976；Rideau，1988），也可能通过旁分泌抑制 β 细胞，这在一定程度上解释了 β 细胞对葡萄糖的不敏感性。然而，离体鸡胰腺在灌注生长抑素免疫中和剂后，高浓度血糖（42 mmol/L）仅短暂诱导胰岛素释放，而低浓度血糖（14 mmol/L）无效果（Honey，1981；Rideau，1988）。体外研究可进一步解释鸡 β 细胞对葡萄糖不敏感性的机理。在成年母鸡离体十二指肠-胰腺灌注试验中（King et al.，1976；Rideau，1988，1998）首次发现，胰腺 β 细胞对葡萄糖相对不敏感，且需要极高的非生理浓度葡萄糖（30～40 mmol/L）才能诱导较少量胰岛素释放。在雏鸡离体十二指肠-胰腺中，胰岛素对葡萄糖的这种不敏感也被证实并扩展到其他供能性营养素，而这些物质在哺乳动物中是促胰岛素分泌的高效诱导剂。即使要诱发非常微弱或缓慢的胰岛素释放也需要高浓度的 D-葡萄糖和 D-甘油醛；而亮氨酸及其酮酸（α-KIC）则完全无效。然而，鸡 β 细胞仍然对去极化剂（K^+）、甲苯磺丁脲（关闭 K^+ ATP 依赖性通道）和胰岛素分泌增效剂（乙酰胆碱或 cAMP）敏感（Rideau，1988）。因此，在鸡和哺乳动物中，虽然供能性营养素启动 β 细胞分泌胰岛素的关键和特定步骤看上去不同，但都存在增效机制（在低浓度葡萄糖存在下的精氨酸、乙酰胆碱和 cAMP）和膜去极化活动（K^+和精氨酸）。

葡萄糖激酶（glucokinase，GK）在调节胰岛素分泌和肝脏葡萄糖利用中所起的关键作用已在哺乳动物中得到很好的阐述。虽然鸡 GK 的基因在 Ensembl 数据库中没有参考基因，但我们分离出了鸡 GK 的 cDNA，并发现 GK mRNA 在鸡肝和胰腺中有表达（Berradi，2005；Rideau et al.，2010）。在鸡肝中通过一种人源 GK 抗体发现了一种 GK 蛋白，其含量和活性具有胰岛素依赖性（Dupont et al.，2008）。此外，RO0281675（一种特效的哺乳动物 GK 激活剂）可引起鸡的严重低血糖症，但令人惊讶的是，与哺乳动物的结果相反，这并没有显著升高胰岛素水平（Rideau et al.，2010）。因此，肝脏 GK 活化后肝脏葡萄糖的利用率大大提高。虽然在鸡胰腺中有 GK 存在，但活化胰腺 GK 可能不足以引起胰岛素分泌。这证实了上述体外研究结果并支持以下结论：鸡 B 胰岛内的代谢与胰岛素释放之间的偶联是不同于哺乳动物的。在鸡 β 细胞中，亮氨酸或 α-KIC（线粒体中代谢的）没有促胰岛素释放的作用说明低效性的原因与丙酮酸步骤无关。

为深入了解鸡 β 细胞对“促胰岛素”类供能性营养素的不敏感性，有必要制备离体鸡的 B 胰岛。虽然 40 多年前就已分离出哺乳动物的各种功能性胰岛，但由于不能区分离体 A 胰岛和 B 胰岛的形态特征，因此很难分离禽类的胰岛。Ruffier 等描述过鸡的离体功能性 A 胰岛（胰高血糖素）（Ruffier et al.，1998）。已有报道，葡萄糖刺激下释放的胰岛素来源于鸡胰腺背叶分离出的 B 胰岛（Datar et al.，2006）。然而在我们看来，由于鸡的 B 胰岛和 A 胰岛均可通过二硫代氨基脲染色法染色，因此这些分离方法的有效性仍有待确定（Ruffier et al.，1998）。

关于对致糖尿病药的抵抗，很早就有学者报道鸟类可高度抵抗致糖尿病药——四氧嘧啶和链脲霉素（streptozotocin，STZ）。在哺乳动物中，这些药物可特异性作用于 β 细胞主要是由于它们可被 β 细胞的葡萄糖转运蛋白 2（glucose transporter 2，GLUT2）选择性转运（Lenzen，2008 等）。已有学者报道 GLUT2 在鸡肝和肾脏中有表达，但遗憾的是胰腺未被检查（Kono et al.，2005）。在哺乳动物 β 细胞内，通过特异性抑制葡萄糖激酶，四氧嘧啶可选择性地抑制葡萄糖诱导的胰岛素分泌；此外，四氧嘧啶可诱导 ROS 形成，选择性地导致 β 细胞坏死。STZ 的效果是由于其特异性地烷基化能力，它可以修饰生物大分子和 DNA 片段并最终破坏 β 细胞（Lenzen，2008）。与小鼠胰岛相比，鸡胰岛在 STZ 作用下只产生较少量的 ROS。因此可以预测，鸡胰岛中蛋白质、脂质和 DNA 的这种损伤可能比小鼠的小。这些结果可能部分解释了为什么即使在高剂量的情况下，STZ 也不会诱发鸡的糖尿病（Modak et al.，2007）。

尽管鸡的代谢和胰岛素释放之间的偶联具有独特性，但无论是在体内还是体外其胰岛素释放均受多种组分控制。虽然氨基酸混合物或葡萄糖分别作用时只能使血浆胰岛素微弱升高，但它们在体内混合时可协同发挥作用。在投喂过程中随着食物量的逐渐增加血浆胰岛素水平逐渐升高，并将血糖也调整至较高的水平。在多种试验条件或模型中均可观察到葡萄糖-胰岛素的平衡变化（表 27.1），包括先天性肥胖鸡品种和瘦鸡品种、矮小鸡（*dw/dw*）、甲状腺功能减退、皮质酮治疗和高温长期暴露鸡（Rideau，1997）。在鸡中，肠促胰岛素对胰岛素的影响尚无文献记载，但营养素（葡萄糖和精氨酸）、激素（胆囊收缩素、胰高血糖素、皮质酮和生长激素）（Rideau，1988）和神经元刺激物（Karmann et al.，1992）等均可升高血浆胰岛素。生长激素释放抑制素和 GLP-2 对胰岛素分泌的影响尚不清楚。相反，肾上腺素和生长抑素可抑制胰岛素分泌（Rideau，1988）。虽然瘦素在鸡体内是否存在仍然存在争议，但一种重组“鸡”瘦素（或瘦素类似物）能有效地抑制灌注鸡胰腺的胰岛素分泌（Benomar et al.，2003）。

表 27.1 鸡的葡萄糖-胰岛素关系展示试验或模型

模型	空腹血浆含量		葡萄糖耐受量		胰岛素敏感性	育肥
	葡萄糖	胰岛素	葡萄糖处理	胰岛素水平		
间歇性进食（IT）、随意进食（C）	IT ≥ C	IT = C	IT >C	IT < C	ND	IT ≥ C
皮质酮（Cort）处理	Cort >C	Cort >C	Cort < C	Cort >C	Cort < C	Cort >C
肥品系、瘦品系（FL、LL）	FL < LL	FL ≥ LL	FL >LL	FL >LL	FL ≥ LL	FL >LL
高糖品系（HGl）、低糖品系（LGl）	LGl < HGl	LGl = HGl	LGl = HGl	LGl = HGl	LGl = HGl	LGl >HGl
速生品系（HG）、慢生品系（LG）	HG ≤ LG	HG >LG	HG = LG	HG >LG	ND	HG >LG
矮小鸡（*dw*）、正常鸡（N）	*dw* = N	*dw*= N	*dw*= N	*dw*< N	*dw*>N	*dw*>N

注：ND，未确定。对其中几个试验模型进行了禁食后再投喂试验，其结果并未在本表中总结，可在 Simon（1988）以及 Simon 等（2000）的论文中找到（HGl/LGl）。皮质酮的注射剂量为 5～6mg/kg。通过外源性胰岛素的降糖作用来评价胰岛素敏感性。HG/LG 鸡葡萄糖耐受量试验结果未发表。

27.4.3 胰高血糖素的释放

在鸡中，禁食可显著增加胰高血糖素的循环浓度（Edwards，1999；Scanes，2009）。在现代肉鸡中，空腹 6h 后血糖下降 11%，而血浆胰高血糖素水平升高 3.5～3.7 倍（Christensen et al.，2013）。在家禽（Honey，1980；Rideau，1988）和野生鸟类（Tzotze，1998；Scanes and Braun，2012）的体内，葡萄糖可抑制胰高血糖素分泌。外源性葡萄糖（42 mmol/L）可使离体 A 胰岛释放的胰高血糖素量减少 27%（Ruffier et al.，1998）。相反，体内胰高血糖素的释放可受到氨基酸、游离脂肪酸、胆囊收缩素、生长抑素和胰岛素的刺激（Scanes and Braun，2012）。在鸡胰岛素免疫中和模型中，发现了胰岛素对胰高血糖素的持续性抑制作用（Dupont et al.，2008）。相较于胰岛素，胃肠肽和脂肪组织激素对胰高血糖素分泌的影响目前还不清楚。

鸡 α 细胞分泌胰高血糖素的机制尚不清楚。哺乳动物 α 细胞含有类似于 β 细胞的分泌“机器”：葡萄糖转运蛋白（此处为普遍存在的 GLUT 1）、葡萄糖激酶、K^+ ATP 通道、L 型电压门控钙通道和分泌颗粒（LeMarchand and Piston，2010）。然而，α 细胞分泌活动与 β 细胞的大不相同。对于葡萄糖抑制 α 细胞分泌胰高血糖素的机制也知之甚少。学者们提出了两个非排他性模型：被葡萄糖直接抑制，或胰岛内非 α 细胞引起的旁分泌抑制。这种旁分泌调节可能涉及 δ 细胞释放的生长抑素，以及 β 细胞释放的胰岛素、锌或 γ-氨基丁酸。最近，Le Marchand 和 Piston 提出，在没有细胞与细胞接触的情况下，离体 α 细胞可发挥类似于 β 细胞的作用（即胰高血糖素的分泌量随着葡萄糖浓度的升高而升高）。然而，在胰岛中，葡萄糖可能通过影响囊泡运输或胞吐作用来抑制钙离子介导的胰高血糖素的释放（Le Marchand and Piston，2010）。

27.4.4　生长抑素

生长抑素（somatostatin，SST），也称生长激素抑制激素（growth hormone-inhibiting hormone，GHIH）或生长素释放抑制因子（somatotropin release-inhibiting factor，SRIF），是一种调节内分泌系统的 14 肽。鸡生长抑素以两种形式存在：生长抑素-14（SST-14）和生长抑素-28（SST-28），与哺乳动物一样，由同一基因（*PSS*1）编码。鸡胰腺 A 胰岛、B 胰岛和 D 细胞仅含有 SST-14（Takayagani et al.，1996；Trabucchi et al.，2003）。另一种生长抑素基因变体（*PSS*2）存在于包括鸡在内的许多物种中。在鸡中，表达 *PSS*2 的部位有胰岛或胰腺、少数特定脑组织，没有表达 *PSS*1 的部位多（Trabucchi et al.，2003）。

27.4.5　禽类胰多肽

禽类胰多肽（avian pancreatic polypeptide，APP）在鸡胰腺中首次被分离和鉴定（Kimmel et al.，1968）；是神经肽 Y 家族［PP、PYY（peptide YY）和 NPY（neuropeptide Y）］的成员。PYY 和 PP 属于肠内分泌肽，几乎只在消化系统中表达，而 NPY 在中枢和肠-脑轴各个级别的外周神经系统中表达。这三种肽均由 36 个氨基酸组成并作用于 G 蛋白偶联受体，其受体被发现有五种亚型。在哺乳动物中，PP 在进食后从内分泌胰腺释放，并优先通过 Y4 受体发挥作用。PP 抑制胃排空，肠道电解质、水分泌，肠运动和肠蠕动；PP 也可降低食欲（Holzer et al.，2012）。在鸡中，APP 受肠肽和氨基酸刺激而释放（Colca，1982；Rideau，1988）。Y4 受体在许多的外周组织和脑中有表达（Lundell et al.，2002）。APP 主要通过抑制鸡的胃肠道运动、胆囊和胰外分泌腺分泌而发挥作用（Hazelwood，1993，2000）。APP 也可影响体内代谢，如肝糖原分解、低血糖症和降低血浆游离脂肪酸水平。然而，一项研究表明 APP 可增加白来航鸡（white leghorn chickens）的摄食量（Denbow et al.，1988）。

27.5　胰高血糖素受体与胰岛素受体

27.5.1　胰高血糖素受体

对哺乳动物而言，胰高血糖素的生物活性是由一种属于 G 蛋白偶联受体家族 B 的特定的胰高血糖素受体（glucagon receptor，GCGR）介导的（Authier and Desbuquois，2008）。而 G 蛋白偶联受体家族 B 也包括 GLP-1、GLP-2、VIP、生长激素释放激素和生长激素释放激素样肽的受体等。胰高血糖素受体的刺激可调节腺苷酸环化酶，启动 cAMP 的产生，从而通过依赖 cAMP 的蛋白激酶 A（cAMP-dependent protein kinase A，cAMP-PKA）激活细胞外信号调节蛋白激酶 1 和 2（图 27.2）。此外，它还通过 cAMP 非依赖性相互作用激活另一种信号通路，导致磷脂酶 C 被激活、对 IP_3 敏感的细胞内 Ca^{2+} 库释放 Ca^{2+}。

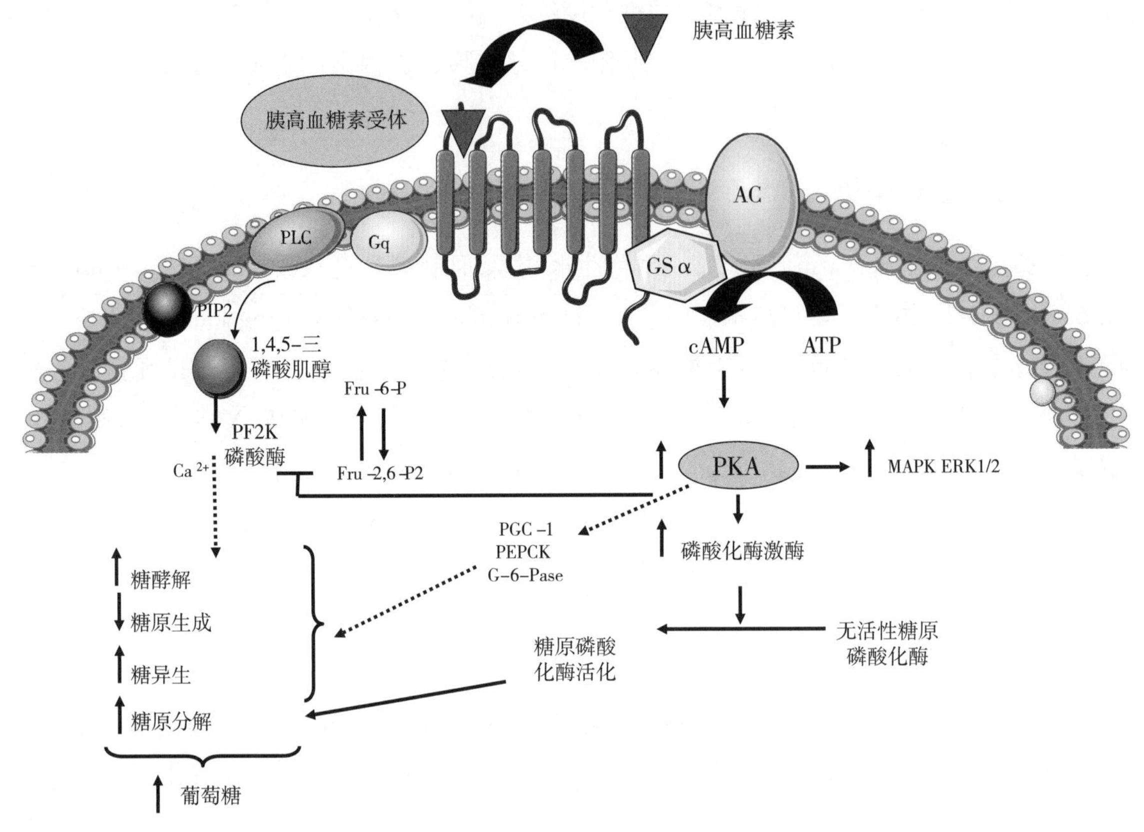

图 27.2★ 胰高血糖素受体信号转导

鸡胰高血糖素受体基因是从成年鸡脑组织中克隆出来的（Wang et al.，2008a），它编码一个较短的 496 肽的胰高血糖素受体（GCGR-s），或一个较长的 554 肽，被认定为胰高血糖素受体变体 1（GCGR-v1）。鸡 GCGR-s 与人类（70%）、大鼠（69%）、小鼠（69%）、非洲爪蟾（64%）GCGR-s 的氨基酸序列同源性较高。功能分析试验证实，GCGR-s 和 GCGR-v1 均可被胰高血糖素激活，并与 cAMP-PKA 信号通路在功能上偶联。胰高血糖素受体在包括下丘脑在内的所有组织中均广泛表达，其中在肝脏组织中表达量最高，这表明胰高血糖素通过 GCGR-s 和 GCGR-v1 两种受体在鸡的肝脏和非肝脏组织中均发挥广泛的作用（Richards and McMurtry，2008）。最近 Wang 等研究者从鸡脑组织中鉴定了一种命名为 GCGL 及其受体（GCGLR）的新型配体-受体对（Wang et al.，2012）。GCGL 是一种新型的 GCG 样肽，由 29 个氨基酸组成，与哺乳动物和鸡 GCG 的氨基酸序列高度相似（62%～66%）。GCGLR 是 GCGL 的一种特异性受体，与鸡 GCGR 以及结构相关受体（GLP1R、GIPR 和 GLP2R）的氨基酸序列具有较高的同一性。GCGL mRNA 的表达主要在中枢神经系统、脊髓和睾丸中，而 GCGLR 则在鸡的多种组织中广泛表达（Wang et al.，2012）。

27.5.2 胰岛素受体

在鸡或火鸡组织中，有关胰岛素受体（insulin receptor，IR）的发育、结构、亲和力、结合特征、数量、内化、上调与下调的早期研究已在 1989 年由 Simon 总结（Simon，1989）。自此，自由采食时蛋鸡和肉鸡下丘脑中 IR 数量的变化（至少在 IR mRNA 水平上）已被报道（Shiraishi et al.，2011a）；下丘脑 IR mRNA 对光周期的应答变化取决于性腺激素（Anraku et al.，2007）。在鸡肝细胞膜、肝细胞和胸腺细胞中，结合胰岛素的能力（IR 数量）不如大鼠或小牛的高（Simon et al.，1989），这可能导致鸡对胰岛素的敏感性低。然而，在肝细胞粗膜（即细胞膜和细胞内细胞器膜）中，鸡和大鼠的 IR 值基本相同（Dupont et al.，2004）。在鸡肝中较高比例的 IR 可能因此被内化（Krup and Lane，1981，1982 in Simon，1989）。鸡 IR 为异四聚体结构（两个 α 亚基和两个 β 亚基，由二硫键连接，类似于哺乳动物和其他物种；Simon，1989）。其 α 亚基（约 135ku）完全位于细胞膜外侧，可与胰岛素结合；β 亚基（约 95ku）包含一个大的疏水片段（跨膜区），穿过细胞膜并延伸到细胞膜内侧。与其他物种的类似，鸡脑或肌肉组织中 IRα 亚基不如肝脏中的大，其部分原因在于糖基化的差异（Simon，1989）。

哺乳动物 IRα 链和 β 链的合成来源于同一个 mRNA，由 22 个外显子编码。在哺乳动物中，第 11 号外显子的剪接是选择性的，因此 IR 存在两种亚型（IR-A 和 IR-B，其区别在于 α 亚基羧基端的 12 个氨基酸是否缺失）。IR-A 和 IR-B 的区别主要有：与胰岛素的亲和力、激酶活性、受体内化和回收、细胞内信号传导能力以及组织分布（De Meyts，2012）。根据 Hern á ndez-Sanchez 等的研究，鸡 IR 基因第 11 号外显子对应的区域缺失，鸡体内只能表达 IR-A 亚型（对胰岛素亲和力最高的 IR 亚型；Hernandez-Sanchez et al.，2008）。这或许可以解释鸡 IR 对 IGFs 的亲和力为何远高于哺乳动物的。这也可以解释鸡和鸭 IR 为何不能很好地区分鸡、猪或鸭源胰岛素（Chevalier et al.，1996）。

IR 胞内部分的 β 亚基是一种酪氨酸激酶，可在胰岛素与 α 亚基结合后通过自身磷酸化激活。鸡 IR 酪氨酸激酶活性呈现与其他物种相同的特征（Kato et al.，2000；Simon，1989）。与哺乳动物的类似，鸡肝或肾 IR 酪氨酸激酶的活性（基础和最大活性）可受营养条件（如禁食或再投喂）等调节。与此相反，肌肉和脂肪组织 IR 激酶活性以及 β 亚基酪氨酸磷酸化都不会因动物空腹状态而降低或因再投喂而升高，与血浆胰岛素变化无关（Adamo et al.，1987；Dupont et al.，2008，2012）。因此，由于未知的原因，IRβ 亚基酪氨酸磷酸化和 IR 激酶活性的调节在不同物种和组织之间有所不同。如图 27.3 所示（鸡组织的反应过程用蓝色突出显示），IR 酪氨酸激酶一旦被激活，将使一些胞内底物特定的酪氨酸残基磷酸化，这将作为始端和早期反应，继而通过一系列级联反应转导胰岛素信号，发挥胰岛素的多重作用。磷酸化的 IR 底物可直接或间接激活多种蛋白质（丝氨酸-苏氨酸）或脂质激酶，如磷脂酰肌醇 3-激酶（phosphatidylinositol 3-kinase，PI3K）、蛋白激酶 B（protein kinase B，Akt）、P70S6K（p70 核糖体蛋白 S6 激酶）、丝裂原活化蛋白激酶（mitogen-activated protein kinase，MAPK）-胞外信号调节激酶 1/2（extracellular signal-regulated kinase1/2，ERK1/2）。IR 受体后的几个步骤也可调节细胞对胰岛素的敏感性，能改变胰岛素敏感性而不改变胰岛素受体数量或激酶活性。

27.5.2.1　类胰岛素受体底物

在哺乳动物中，至少有 11 种胞内 IR（insulin receptor，胰岛素受体）底物已被确定（Taniguchi et al.，2006；Siddle，2012），包括胰岛素受体底物（insulin receptor substrate，

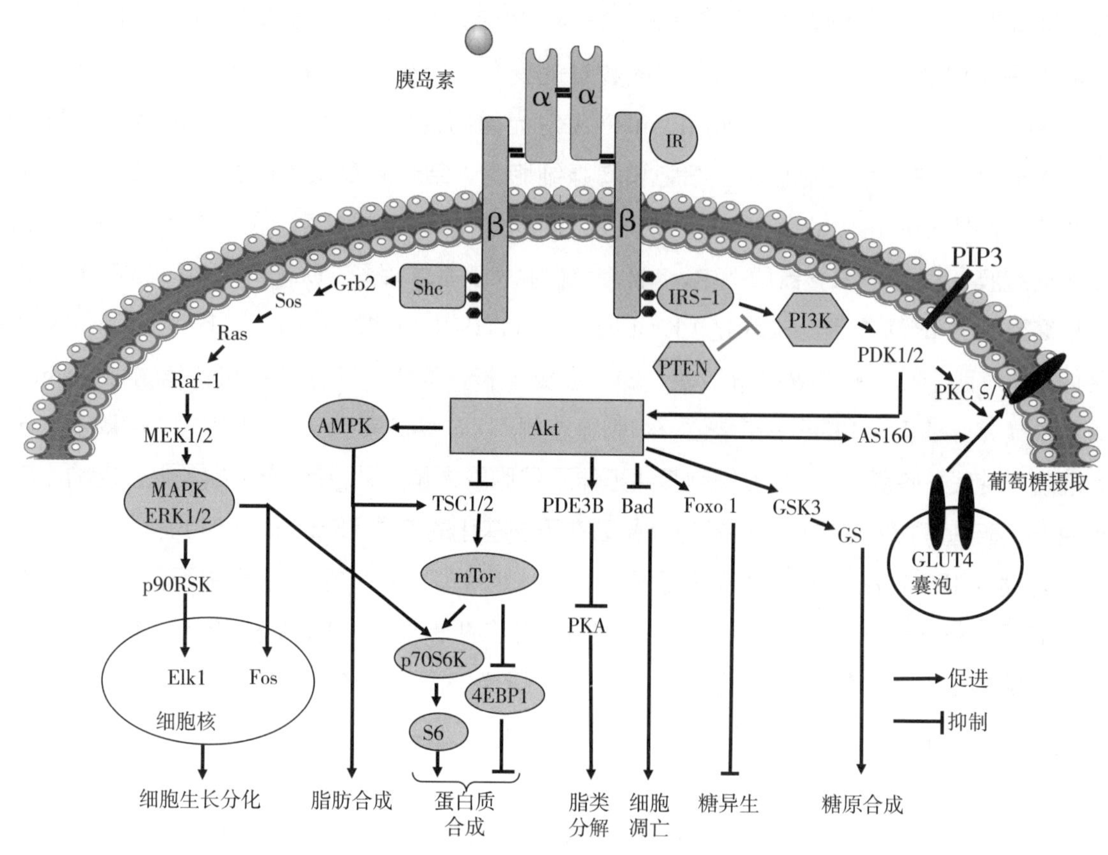

图 27.3★ 胰岛素受体信号转导

改编自哺乳动物；在禽类组织中，只有灰色部分的步骤已被描述。

IRS）家族蛋白（IRS-1～IRS-6）和 Src 同源胶原蛋白（Src homology collagen，Shc）家族蛋白。在多种哺乳动物中已发现了 4 种不同的 IRS 蛋白（IRS-1～IRS-4），在人体内还发现了另外的 2 种 IRS 蛋白（IRS5/DOK4 和 IRS6/DOK5）。最后 2 种 IRS 蛋白参与胰岛素信号传递，但不参与 PI3K 激活（主要的胰岛素信号转导步骤）。其他 IR 底物，如 Gab1、Dok、APS、SH2B、Cbl 和 Crk 也在哺乳动物组织或细胞中被发现（Siddle，2012）。

鸡 IRS-1 的基因编码区的克隆和测序工作已完成。据推断，鸡胰岛素受体底物-1（chicken IRS-1 protein，cIRS-1）蛋白的序列与人、大鼠和小鼠同源蛋白的序列高度相似。cIRS-1 至少存在于肝脏、肌肉和脂肪组织中，并与胰岛素受体相互作用（Dupont et al.，1998 in Dupont et al.，2009，2012）。有趣的是，cIRS-1 的酪氨酸磷酸化和 PI3K 活性取决于肝脏相应的营养状况或胰岛素状态，而不是肌肉或脂肪组织（Dupont et al.，1998 in Dupont et al.，2009，2008，2012），这表明在鸡的肌肉和脂肪组织中存在组织特异性调节和胰岛素相对耐受性。鸡 IRS-2、IRS-4、Crk、Cbl 和 APS 同源物的基因编码序列最近已有报道（Ensemble release 71，2013 年 4 月，http：//www.ensembl.org/Gallus_gallus/index.html），它们分别位于染色体 1、4、19、1 和 19。然而，在鸡组织中这些底物是否以蛋白的形式存在以及其胰岛素敏感性仍有待确定。在禁食条件下，Cbl 和 Crk（在哺乳动物体内调节胰岛素信号并与脂筏密切相关）mRNA 水平在鸡脂肪组织表达上调（Ji et al.，2012）。在哺乳动物中，除了 PI3K 的激活外，这一途径还刺激葡萄糖的摄取。在鸡中，这些潜在底物是否导致 PI3K 活性对胰岛素明显的耐受性（可在鸡骨骼肌和脂肪组织中观察到）仍不清楚。然而，需要注意的是，在鸡脂肪组织中胰岛素对葡萄糖转运的刺激即便有也很微弱。

在鸡肝癌细胞系（chicken hepatoma cell line，LMH 细胞系）中，抑制 cIRS-1 可显著增加 Shc 表达（Taouis et al.，1998）。Shc 的酪氨酸残基可因胰岛素而磷酸化，因此在缺乏 IRS-1 的情况下 Shc 可充当额外的 IR 底物。鸡肝、肌肉和脂肪组织可表达 3 种哺乳动物 Shc 亚型的同源物（Dupont et al.，2008，2012）。有趣的是，Shc（52ku）的酪氨酸磷酸化依赖于胰岛素状态：在鸡肝内，再投喂或注射胰岛素后 Shc 酪氨酸磷酸化会增加，而胰岛素免疫中和后会被抑制；而且令人惊讶的是，在腿部肌肉中 Shc 的情况与 IRS-1 相反。同样令人惊讶的是，无论是胰岛素缺乏还是空腹，都不能改变脂肪组织中 Shc 酪氨酸磷酸化（Dupont et al.，2009，2012）。在鸡肝中 Shc 主要为 52ku 亚型，与 IR 相互作用，而 Shc 46 ku 亚型与 IRS-1 相互作用（Dupont et al.，1998 in Dupont et al.，2009）。Shc 52 ku 亚型也与 PI3K 的 p85 调节亚基相互作用。Shc（52ku）是鸡胰岛素受体的关键底物，这是因为：①Shc（52ku）可与 PI3K 结合，②与 IRS-1 相比，其酪氨酸磷酸化程度依赖于胰岛素水平。此外，在肝脏中，胰岛素免疫中和后，Shc（52ku）磷酸化被抑制（Dupont et al.，2008）。在肝脏中研究了通过 IRS-1 或 Shc 可能存在的不同亚型的 IR 复合物信号。已证实存在一个涉及 IR、IRS-1、Shc（主要为 52ku 亚型）和 PI3K 调控亚基的大型复合物；第三个复合物，包括 IRS-1 和 Shc 46 ku 亚型，也存在于鸡肝中（Dupont et al.，1998 in Dupont et al.，2009）。在哺乳动物组织中还没有报道这种相互作用，这些复合物在鸡肝中的功能以及是否存在于其他鸡组织中仍有待研究。

27.5.2.2　PI3K-Akt（磷脂酰肌醇 3-激酶-蛋白激酶 B）

PI3K 在鸡肝、腿部肌肉、脂肪组织（Dupont et al.，1998 in Dupont et al.，2009，2012）以及 LMH 细胞（Taouis et al.，1998；Dupont et al.，2009）中已被发现。已在多个实验模型中发现，肝脏 PI3K 活性取决于动物的营养状态（长期禁食/再投喂；Dupont et al.，1998，1999 in Dupont et al.，2009）。此外，PI3K 活性因注射胰岛素而升高，因胰岛素免疫中和而被抑制（Dupont et al.，1998 in Dupont et al.，2009；Dupont et al.，2008）。这与在胰岛素信号转导级联反应的早期阶段观察到的变化一致（IR β 亚基、IRS-1 和 Shc 的酪氨酸磷酸化）。相反，在胰岛素敏感性改变的实验模型（如皮质酮长期治疗、经基因筛选的肥种鸡或瘦种鸡等）中，肌肉中 PI3K 活性以及如前所述的 IR 和 IRS-1 酪氨酸磷酸化完全不受胰岛素水平影响（Dupont et al.，1999 in Dupont et al.，2009）。正如本章所述，只有 Shc 52 ku 亚型的磷酸化在肌肉中因空腹而减少、因再投喂而增加。比较鸡和大鼠对外源性胰岛素的反应发现，这种现象是鸡特有的。此外，腿部肌肉中鸡的 PI3K 活性是大鼠的 30 倍（Dupont et al.，2004）。鸡肌肉中 PI3K 这种“结构性”超活性可能会过度刺激正如在哺乳动物中报道过的负反馈通路，从而使鸡肌肉对胰岛素不敏感。哺乳动物 PI3K 的 p85 调节亚基本身强烈抑制 IRS 信号（Taniguchi et al.，2006）。然而，在鸡肌肉中，脂质磷酸酶，如 PTEN（phosphatase and tensin homolog deleted on chromosome 10，10 号染色体缺失的磷酸酶-紧张素同源物），也可能导致胰岛素信号转导早期阶段的胰岛素相对不敏感。我们已在鸡组织中（包括肌肉）检测到 PTEN（Vaudin et al.，2006）；然而，PTEN 在鸡组织胰岛素信号转导调控中的作用仍有待确定。在脂肪组织中，胰岛素信号转导甚至更为独特；胰岛素缺乏并不改变早期的步骤和 PI3K

活性，也不改变其他下游物质如 Akt（Dupont et al.，2012）。

Akt 已在多种鸡组织中检测到，包括肝脏、肌肉（Bigot et al.，2003；Dupont et al.，2008）、脂肪组织和颗粒细胞（Dupont et al.，2012；Tosca et al.，2006）等。孵化后的雏鸡在饲喂后，Akt 在 473 位丝氨酸上的磷酸化水平增加（Bigot et al.，2003）；而当喂食被延迟（48h）时其磷酸化被阻止，再进食后又迅速恢复。在饲喂后的鸡中，胰岛素免疫中和可显著减少肝脏和肌肉中的 Akt 磷酸化，但对脂肪组织不起作用（Dupont et al.，2008，2012）。因此，尽管鸡在胰岛素信号转导级联反应的早期阶段（IR、IRS-1、PI3K）表现独特，但胰岛素可能参与鸡肌肉中的 Akt 活化。到目前为止，该问题仍然未知。Dupont 等（2008，2012）曾经讨论了在鸡肌肉和脂肪组织中发现的、非典型的胰岛素信号转导的潜在机制。

27.5.2.3 P70S6K(p70 核糖体蛋白 S6 激酶)

在鹌鹑肌肉（QM7）细胞系和鸡骨骼肌中，P70S6K 进一步向下游转移（Tesseraud et al.，2003，http://www.sciencedirect.com/science/article/pii/S001664800800378X；Duchêne et al.，2008 in Dupont et al.，2009）。空腹 16 h 再进食 30 min 后鸡胸肌和腓肠肌的 P70S6K 活性均显著升高，空腹状态下单次胰岛素注射后 P70S6K 活性也显著升高（Bigot et al.，2003）。与之类似，新生雏鸡肌肉中的 P70S6K 活性也与血浆胰岛素浓度相关，这有力表明这种 P70S6K 激活具有胰岛素依赖性（Bigot et al.，2003）。在肝脏中，虽然在相同条件下观察到胰岛素刺激 S6 核糖体蛋白磷酸化，但 P70S6K1 磷酸化和 S6K 活化（使用特定的人工底物）未被检测到（Dupont et al.，2008）。此外，胰岛素免疫中和后，腿部肌肉的 P70S6K 磷酸化减少而脂肪组织的不变（Dupont et al.，2008，2012）。鉴于鸡肌肉对外源性胰岛素的相对耐受性，这些发现和 Akt 的研究结果再次令人惊讶（Dupont et al.，2004）。然而，P70S6K 被发现参与了另一个反馈回路，这减弱了胰岛素激活 PI3K 的能力。事实上，有证据表明，在哺乳动物中 P70S6K 通过增加 IRS-1 的丝氨酸-苏氨酸磷酸化来抑制胰岛素信号。在鸡肌肉中，再投喂和注射胰岛素可增加 P70S6K 关键氨基酸残基（T389、T229 和 T421/S424）及其下游目标——核糖体蛋白 S6（下游的胰岛素信号步骤）的磷酸化。然而，在这些条件下，也可诱导 IRS-1 的 632 和 635 位点丝氨酸残基磷酸化（Duchene et al.，2008b）。在哺乳动物中，这些位点的磷酸化会抑制胰岛素信号转导。因此，在鸡肌肉中，Akt/P70S6K 也可能抑制 IRS-1 酪氨酸残基磷酸化。

27.5.2.4 MAPK-ERK1/2 通路(丝裂原激活的蛋白激酶-胞外信号调节激酶 1/2 通路)

在多种鸡组织中已鉴定出 MAPK-ERK（丝裂原激活的蛋白激酶-胞外信号调节激酶，Duchene et al.，2008a）。与哺乳动物相比，ERK1 在组织中不存在；ERK2 是唯一被检测到的磷酸化亚型（Duchene et al.，2008a）。在鸡成肌细胞和 LMH 细胞的体外试验中，ERK2 可被胰岛素（Duchene et al.，2008a）激活。在鸡成肌细胞的体外试验中，MAPK-ERK 通路的抑制剂（U0126）可完全消除胰岛素诱导的 S6K1 磷酸化和活性，这提示在细胞中 MAPK-ERK2 通过胰岛素控制 S6K1（Duchene et al.，2008a）。在鸡肝、肌肉和脂肪组织的体内试验中，胰岛素免疫中和可使 MAPK-ERK2 磷酸化大大减少（Dupont et al.，2012，2008）。然而 MAPK-ERK2 在鸡体内胰岛素活动中的作用还没有被研究。这一信号通路可能对鸡的生长至关重要，而这一通路可能参与了 P70S6K 的胰岛素依赖调控，因为上游的 Shc 似乎是鸡肌肉中关键的 IR 底物。

从目前在鸡身上已研究过的胰岛素信号元件来看，在鸡的肝脏中胰岛素信号工作的机制似乎类似在哺乳动物中已知的机制。与之相反，肌肉和脂肪组织中的胰岛素级联反应表现出耐受性，说明在这些组织中存在负反馈调节。

27.6 胰高血糖素和胰岛素的一般作用

27.6.1 胰岛素与胚胎发育或出壳后发育

胚胎发育早期，胰岛素基因在胰腺发育之前的胰腺外组织中表达，呈现特异性调控模式（de la Rosa and de Pablo，2011）。胰岛素加速 Hamburger Hamilton 4 期胚胎的生长，但不增加有丝分裂；使一些特定的发育相关基因表达上调（Patwardhan et al.，2004）。为维持胚胎充分的形态发育，胰岛素基因表达需要精细调节。在鸡胚神经胚与鸡胚视网膜中，胰岛素原有表达但不裂解为胰岛素。然而这种前体（胰岛素原）被认为可在外周组织中发挥微小（如果有的话）的生物活性，在此发育阶段它可能通过胰岛素-胰岛素样生长因子（IGF）混合受体在这些组织中发挥抗凋亡作用（de la Rosa and de Pablo，2011）。此外，已确定两种转录诱导嵌合体为相邻的酪氨酸羟化酶基因（*TH*-胰岛素；in de la Rosa and de Pablo，2011）。在人类中，胰岛素基因和另一相邻基因 *IGF*2 之间也存在类似的机制。在鸡胚神经管和体节中，胰岛素基因也有表达。在培养介质混合物中为其他特异性因子添加胰岛素（或 IGFs），可刺激体细胞增殖和肌肉生成（Pirskanen et al.，2000）。这种效应可被胰岛素抗体和胰岛素受体抗体阻断，这表明在胚胎发育早期胰岛素起着一种肌肉生成信号的作用。胰岛素还支持 1 日龄肉鸡肌卫星细胞在体外增殖并延缓其分化（Sato et al.，2012）。令人惊讶的是，对于 MyoD（一种成肌调节因子）和肌细胞生成素 mRNA，胰岛素和 IGF1 的作用相反。胰岛素或甲苯磺丁脲给药后，可增加 3 日龄肉鸡胸肌中的 Pax7（横纹细胞标记物）mRNA 及其 50 日龄时的体重，而不改变其身体成分（Sato et al.，2012）。这些有趣的效应值得我们进一步研究。在卫星细胞衍生的肌管中，胰岛素（与 IGF1 相比，需要高剂量）可刺激葡萄糖和氨基酸转运以及蛋白质合成，并抑制蛋白水解（Duclos et al.，1993a，b）。

27.6.2 胰岛素-胰高血糖素与采食

早期研究表明，胰岛素可通过抑制或刺激机制调节摄食（Simon，1989）。脑室内注射胰岛素（通过黑皮质素系统）或胰高血糖素可抑制幼年来航鸡（leghorn chicken）的摄食（Honda et al.，2007；Shiraishi et al.，2011b 及其引用的参考文献）。令人惊讶的是，在禁食或喂食的条件下，仔鸡的胰岛素效率较低（Shiraishi et al.，2011b 及其引用的参考文献），暗示它们对于胰岛素的设定值或灵敏度有所不同；在肉鸡中，血浆胰岛素水平较高，但它们可能下调了下丘脑 IR mRNA 的表达（Shiraishi et al.，2011b）。胰岛素免疫中和可减少进食后育成鸡的摄食量，极有可能是通过诱导极高的血浆葡萄糖水平起作用（Dupont et al.，2008）。

27.6.3 胰岛素与内分泌系统

胰岛素可与胰高血糖素（见 27.1）以及其他内分泌系统相互作用。早在胰岛素免疫中和后

1h（Dupont et al.，2008），血浆 T_3 水平就出现下降（未获得 T_4 的可靠的测量结果）。胰岛素去除 5h 后，肝脏 D2-脱碘酶 mRNA 和 D3-脱碘酶 mRNA 分别减少和增加。因此，胰岛素是参与肝脏 T_4 代谢的另一种物质（Darras et al.，2006 in Dupont et al.，2008）。IGF 系统也部分表现出胰岛素依赖性：胰岛素免疫中和后，肝脏 IGFBP1 mRNA（基因芯片和 qRT-PCR 法）和血浆 IGFBP1 蛋白水平升高（血浆 IGF1 未测量）；基因芯片结果还显示，肝脏 IGFBP2 和肌肉 IGF1R mRNA 分别增加和减少（这种类似的损伤在糖尿病患者中也有发现；Paalsgard et al.，2009 in Simon et al.，2012）。在另一项研究（Nagao et al.，2001）中，禁食 2d 可使白来航鸡（white leghorn chicken）血浆 IGF1 降低、肝脏和肌胃中 IGFBP2 mRNA 增加（但在脑或肾中不是）；外源性胰岛素则进一步降低其血浆 IGF1 水平，并明显抑制肝脏和肌胃中 IGFBP2 mRNA（6 h 再投喂也可抑制肝脏和肌胃中 IGFBP2 mRNA，但相应提高了血浆 IGF1 的水平）。

27.6.4 胰岛素与葡萄糖代谢

对进食后的鸡而言，由胰岛素缺乏诱导的严重和快速的高血糖必定依赖于各组织葡萄糖代谢中的多重变化。在肝脏中，葡萄糖转运不依赖于胰岛素，葡萄糖的利用可能受到很大的抑制，这可能是由于肝脏 GK 信使和蛋白质含量下降（见 27.1）。在我们的转录组研究中，胰岛素缺乏后肝脏中有关糖酵解-糖异生或丙酮酸代谢途径的 27 种 mRNA 有差异表达，如葡萄糖-6-磷酸酶催化亚基 2（Glucose 6-phosphatase catalytic 2，G6PC2）mRNA 增加，这表明鸡肝中葡萄糖生成可能也被胰岛素抑制。遗憾的是，这不是通过鸡的高血浆胰岛素-正常血糖钳夹试验进行评估的（Chou and Scanes，1988；Hamano，2006）。间接证据（长期禁食和皮质酮实验）表明，胰岛素也可通过抑制肾胞浆中磷酸烯醇丙酮酸羧激酶活性抑制肾脏糖异生（Bisbis et al.，1994a，b 及其引用的参考文献）。

在哺乳动物中，通过将细胞内对胰岛素敏感的 Glut-4（葡萄糖转运蛋白 4）募集至细胞膜表面，胰岛素可极大地刺激肌肉和脂肪组织摄取葡萄糖（图 27.3）。到目前为止，在蛋白或 mRNA 水平上还没有任何一种鸡或家雀（*Passer domesticus*）的 Glut-4 葡萄糖载体被鉴定出来。这可能是因为缺乏有效的抗体或在鸡或鸟类中原本就缺乏 Glut-4 [在鸡 Ensembl 数据库中还未发现 Glut-4 同源序列，但一种人的 Glut-4（SLC2A4）同源基因在变色龙和几种鱼类中有描述]。在鸭腿肌中已观察到具有功能性和免疫反应性的 Glut-4 转运蛋白（Thomas Delloye et al.，1999 in Dupont et al.，2009）。只有鸡的 Glut-1、Glut-2、Glut-3 和 Glut-8 在 mRNA 和/或蛋白水平有介绍（Carver et al.，2001；Seki et al.，2003；Kono et al.，2005；Swaezea and Braun，2006；Zhao et al.，2012；Humphrey et al.，2004）。据推测，Glut-8（由 *SLC2A8* 基因编码）在鸡中的作用可能像 Glut-4 在哺乳动物中的一样（Kono et al.，2005；Zhao et al.，2012）。在体内，外源胰岛素在某些肌肉而非脂肪组织中可适度增加葡萄糖摄取（Tokushima et al.，2005）。令人惊讶的是，胰岛素可刺激肝脏中 ^{3}H-2DG 的摄取，而抑制大脑中 ^{3}H-2DG 的摄取。因此，在鸡体内存在对胰岛素敏感的葡萄糖转运蛋白；然而，这需要深入研究。

目前，越来越多的研究报道了各种鸟中控制生长和/或身体成分以及一些生理参数的数量性状基因位点（quantitative trait loci，QTL）。在一些情况下，这些 QTL 区含有葡萄糖和/或胰岛素依赖型基因。这方面将不在此一一论述，但有一些参考文献可在 Nadaf 等（2009）的文章中找到。

27.6.5　胰岛素-胰高血糖素与脂肪代谢

在体鸡肝中，有多种转录因子 [SREBP1、PPARγ，THRSPα（spot-14）和 FASN mRNA；Dupont et al.，2008] 控制脂肪合成酶 mRNA 表达，并表现出胰岛素敏感性。碳水化合物反应元件结合蛋白（carbohydrate-responsive element-binding protein，ChREBP，由 *MLXIPL* 基因编码）是哺乳动物体内另一种参与肝脏、脂肪组织和胰腺中葡萄糖代谢、糖毒性和/或脂肪生成的转录因子（Leclerc et al.，2012）。在鸡肝中，ChREBP 也与脂肪生成同时激活（Proszkowiec-Weglarz et al.，2009）。在我们的胰岛素中和试验中，参与脂肪生成或脂肪酸氧化的几种其他酶的 mRNA，分别因胰岛素缺失而减少或增加（Simon et al.，2012），这说明胰岛素在鸡肝脂肪代谢中扮演了更多角色。在腹部脂肪组织中，禁食 5h 改变了 2 016 种 mRNA 的表达水平。引起这些变化的主要原因是血浆胰高血糖素升高（Ji et al.，2012）。而胰岛素中和只改变了进食后鸡体内 92 个基因的表达，其中 72 个基因在禁食 5 h 后也有差异表达。所有受两种处理方法影响的基因都朝着相同的方向改变（两组都上调或下调）。因胰岛素中和（但不是禁食）而发生明确变化的大多数 mRNA 或是表达量低或是没有记载；然而，胰高血糖素前体（B 型前胰高血糖素原）和胰高血糖素受体前体均在这一类别中，分别上调和下调。在鸡脂肪组织中存在一种局部依赖胰岛素的旁分泌胰高血糖素调节，需要充分的特性描述。一般来说，我们预期胰岛素可影响脂肪组织的发育和代谢（也包括控制肝脏脂肪生成），尽管这在鸡脂肪细胞中表现不典型。

使用类似于哺乳动物脂肪细胞分化的培养基已经成功诱导鸡脂肪细胞前体的分化（从脂肪组织的基质血管部分获得）或成纤维细胞、上皮输卵管或原始生殖细胞转分化为脂肪细胞（Khuong and Jeong，2011；Li et al.，2010；Liu et al.，2010；Ramsay and Rosebrough，2003）。在此培养基中，胰岛素是必须的，但不能单独支持细胞分化；IGF1 或 T_3 不能替代胰岛素（Ramsay and Rosebrough，2003）。只要在分化培养基中加入油酸，就可以不添加鸡血清和地塞米松。除非油酸发挥其他特定作用，否则，这一结论就能证明：要克服其固有的低脂肪合成活性并获得充分的脂肪细胞表型，鸡脂肪细胞前体需要外源性脂肪酸（Liu et al.，2009；Matsubara et al.，2005，2008）。在鸡（Liu et al.，2009，2010；Sato et al.，2009；Wang et al.，2008b）和鸭（Xiong et al.，2010）体内，C/EBPα、PPARγ 和 SREBP1 等一些转录因子参与了脂肪生成。

在哺乳动物的脂肪细胞中，脂类分解受多种脂酶控制，包括由 *PNPLA2* 基因编码的脂肪甘油三酯脂酶，以及由 *LIPE* 基因编码的激素敏感脂肪酶（hormone-sensitive lipase，HSL）（Zechner et al.，2009）。HSL 在正常或 ob/ob 小鼠体内的破坏会导致内分泌胰腺和脂肪细胞发生一些类似于鸡的变化（Osuga et al.，2000；Wang et al.，2001；Haemmerle et al.，2002 in Zechner et al.，2009；Mulder et al.，2003；Harada et al.，2003；Sekia et al.，2009）。在鸡中 *LIPE* 基因虽然未被发现，但在变色龙和部分鱼体内存在。若鸡的 *LIPE* 基因真的缺失，则鸡的一些生理特性可能与此相关。

27.6.6 胰岛素与蛋白质代谢

除了对蛋白质代谢的一般作用之外（见 27.1；Tesseraud et al.，2007a），胰岛素还在泛素-蛋白酶体蛋白水解途径中起作用。胰岛素可抑制鹌鹑肌肉（QT6）成纤维细胞（Tesseraud et al.，2007b）和鸡体内肌肉（Dupont et al.，2008）的 atrogin-1 mRNA 表达。胰岛素免疫中和后，多种编码氧化途径酶的 mRNA 减少。这一途径在人类糖尿病患者肌肉中也有变异（in Simon et al.，2012）。

27.6.7 胰岛素与基因表达

在哺乳动物体内，胰岛素可刺激预先存在的 mRNA 的翻译，以及协调（刺激或抑制）不同组织中多种基因的表达。在目标基因上已鉴定出多种胰岛素反应元件（insulin responsive element，IRE）（其他一些 IRE 可能也已被确定，Mounier and Posner，2006）。据我们所知，鸡 IRE 及其等同物的特性和功能仍然未知。在鸡中，与脂肪代谢有关的某些转录因子或酶也具有胰岛素敏感性，这表明主要的 IRE 在鸡中是保守的或共同进化。在肝脏和肌肉中，胰岛素缺乏分别改变了 1 573 和 1 225 种信号，其中包括多种转录因子。其中几个 mRNA 与哺乳动物的能量消耗、胰岛素抵抗、新陈代谢感知、肥胖和/或糖尿病有关（Simon et al.，2012）。鸡延伸因子-2（elongation factor-2，EF-2）基因在哺乳动物中是促进蛋白合成的主要因子，也受胰岛素和 8-溴-cAMP 或佛波酯控制（Lim and Kim，2007）。喂食（但不禁食）的鸡的胰岛素缺乏降低了肝脏和肌肉中的 EGR1（早期生长反应 1）信使，但没有降低脂肪组织中的 EGR1。然而，脂肪组织 *TOE*1（target of egr 1，成员 1）基因因胰岛素缺乏但不因禁食而明显下降（Ji et al.，2012）。*EGR*1 靶基因在很大程度上不为人所知，特别是在代谢方面。

至此，microRNA（miRNA）是调控基因翻译的另一种机制。至少 miR-196 和 miR-200b 因胰岛素中和而表现出显著且相反的变化（肝脏的增加而肌肉的减少；Bouhallier，Rouault and Simon，未发表的数据）。miR-196 和 miR-200b 的靶基因有待确定；目前已知 miR-196 参与了鸡胚发育（McGlinn et al.，2009），miR-200b 参与了鸡肝脂肪代谢（Hu et al.，2012）。

27.7 实验或遗传模型

表 27.1 总结了鸡的各种实验性或遗传性模型有关空腹血糖-胰岛素关系、葡萄糖耐受性、胰岛素敏感性和育肥的结果。前人文献已讨论了其中大部分结果（正如本章所讨论的，长期禁食的影响也已有研究）。列出此表是为了展示一些总体规律。值得注意的是，在所有这些实验中，鸡的摄食模式一直与光-暗周期同步。在这些条件下，与哺乳动物一样，空腹血糖水平用作反映或整合一般新陈代谢的一个指标或中心节点。虽然主要机制尚不清楚，但葡萄糖-胰岛素平衡和/或胰岛素敏感性的这些变化与肥胖变化有关。与肥胖型哺乳动物相比，肥胖型鸡血糖低，不产生胰岛素抵抗。相反，低血糖品系鸡比它们的同类更胖。只有皮质酮模型鸡表现得像肥胖型哺乳动物（表现为更高的血糖和受损的胰岛素敏感性）。正如在此讨论的，迄今为止研究过的所有这些模型中均存在胰岛素信号转导的变化。葡萄糖耐受量变化并不总是与身体成分的变化

相关：一个商品肉鸡杂交种在口服葡萄糖负荷后，2 周龄和 4 周龄时表现出快速或缓慢的血糖调节，8 周龄时表现出快速或缓慢的葡萄糖利用，但空腹或葡萄糖诱导的血浆胰岛素水平与身体成分无差异，这些仍然无法解释（Simon，1980）。人们可以假设，就像在 FL 鸡中一样，葡萄糖诱导胰岛素水平升高可被用于育肥，但不一定导致胰岛素抵抗。在体外，肥胖鸡的灌注胰腺在第一阶段对葡萄糖或葡萄糖存在下精氨酸或乙酰胆碱的反应释放的胰岛素比瘦鸡少，这在 Rideau 仍未解释（1988）。一般来说，与哺乳动物相比，鸡的身体成分似乎被控制在更窄的范围内。鸟内分泌胰腺是否在其中发挥了作用，仍然是一个悬而未决、具有挑战性的问题。

27.8 总结与结论

27.1 通过总结前人研究，揭示了鸡内分泌胰腺的几个生理学特点。本章重点介绍胰高血糖素和胰岛素，还介绍了有关鸡胚发育，胰高血糖素（和胰高血糖素相关肽），鸟胰岛素，胰高血糖素和胰岛素释放，胰高血糖素和胰岛素受体以及这些激素的主要作用。本章中强调的许多结果进一步指出了鸡在内分泌胰腺生理水平上的特殊性。在进化过程中鸡（及一般的鸟类）形成了一些物种特异性。最原始的研究是关于葡萄糖诱导的胰岛素释放的耐受性以及肌肉和脂肪组织中胰岛素的信号转导。一个未知的低效代谢步骤使得葡萄糖成为鸡体内一种不良的促胰岛素分泌的营养物。虽然胰岛素信号通路中的几个分子还未被研究，但在肌肉中 IR 级联的几个步骤不敏感，在脂肪组织中其敏感性更差。与此相反，在鸡肝中，IR 信号转导显示“正常”。揭示导致鸡的这些特性的机制或步骤可为人们提供一些重要的信息，包括人类糖尿病的病理学。鸡的胰高血糖素生理机能比哺乳动物的更复杂：胰高血糖素基因编码了多个转录本，并在脂肪组织中有表达，包括两种胰高血糖素受体，且可能存在胰岛素依赖的胰高血糖素旁分泌调节。在饱食状态下，胰岛素通过协调内分泌平衡，使得合成代谢快速进行或维持。从实用角度来看，找到一种有利于胰岛素在肌肉中的多效合成代谢作用、降低胰岛素的肝脂生成和促肥作用的方法，对于人类营养和家禽生产是非常有利的。本章还指出了许多不足之处或有待探索的新领域。简而言之，A 胰岛和 B 胰岛的分泌“装置”还没有被完全阐明。鸡是解释这一问题的独特动物模型。此外，对于鸡体内 GLP-2、促胃液素调节素（oxyntomodulin）、微型胰高血糖素（miniglucagon）、肠高血糖素（glicentin）或促胃液素释放胰肽（gastrin-releasing pancreatic peptide，GRPP）的生理作用，仍有待研究。对 IR 信号的充分阐明以及后续控制基因表达的步骤，也为未来的研究提供了广阔的领域。最后，还需要对鸡葡萄糖转运体（及其存在和功能）进行分析。虽然选择鸡作为实验动物模型不理想，因为还需要研发各个领域的技术工具，但对于比较内分泌学和生理学，鸡仍然是一种具有极大价值、几乎未被探索的实验动物模型。

参考文献

（柴龙会、肖向红译，李术、李铭校）

第六篇　生殖主题

第 28 章　雌性生殖

Alan L. Johnson

28.1 引言

鸟类从早期卵生的羊膜动物，包括爬行动物和恐龙（兽脚类恐龙和鳄鱼）进化而来。卵生是所有祖龙繁殖的一种古老的形式，也是鸟类采用的唯一繁殖方式。所有现代鳄鱼都有两个功能性卵巢，但在大多数鸟类中只有左侧卵巢发挥功能（图 28.1）。值得注意的是，两种已灭绝谱系（白垩纪早期的反鸟）鸟类化石表明，这些祖先只有一个功能性的左侧卵巢（Zheng et al.，2013）。这一发现与鸟类在进化早期，甚至在具有真正飞行能力之前就失去一个卵巢以减轻体重的假说相符。有趣的是，在爬行动物谱系（包括蜥蜴和蛇）中，胎生进化了近百次。然而，鸟类谱系没有出现胎生的原因尚不清楚。一种推理是因为现存的鸟类属于内温动物，可精确控制卵孵化和胚胎发育过程，在体温调节方面胎生并无优势。

28.2 雌性生殖系统的发育和功能

雌性生殖腺的发育始于胚胎中肾增厚的腹内侧面，最初由外侧的上皮性皮质和内侧的髓质组成。皮质和髓质由起源于上胚层的原始生殖细胞（PGC）形成并定植，随后迁移到生殖新月区，接着通过血管系统迁移至卵巢。在孵化第 2.5 天，PGC 最初大约有 450 个，在生殖嵴受到趋化信号的作用开始迁移出血管。趋化信号包括基质细胞衍生因子 1（SDF1）及其受体、C-X-C 趋化因子 4 型受体（CXCR4）（Stebler et al.，2004）。

在孵化第 4 天，鸡胚左侧卵巢内 PGC 的分布超过右侧卵巢，一些因子可通过抑制减数分裂并促进生殖细胞增殖从而促进 PGC 的增殖，这些因子包括干细胞因子、睫状神经营养因子（ciliary neurotrophic factor，CNTF）、成纤维细胞生长因子和卵泡刺激素（FSH）（Gonzalez-Moran，2007；He et al.，2012，2013；Karagen and Petitte，2000），还有一些小 RNA（miRNAs，内源性非编码调节性小 RNA）（Lee et al.，2011）。增殖的 PGC 形成聚集体，细胞通过细胞间桥相连使得细胞周期发生同步化。禽类 PGC 分离和体外培养已有报道（de Lavoir et al.，2006），这些方法可用于禽类 PGC 的基因修饰和生产转基因禽类。

在受精时可确定所有鸟类的遗传性别，雌性为异配性别（ZW），雄性为同配性别（ZZ）。相对于所有的鳄目动物的性别决定均呈温度依赖性，鸟纲的遗传性别决定的进化起源尚不清楚。虽然两性和mab-3相关转录因子1（*DMRT*1）基因可能作为雄性性别决定的候选基因（与哺乳动物的性别决定区*Y*基因极其相似），但DMRT1蛋白调控性别决定的机制仍不清楚。在胚胎发育早期利用RNA干扰技术选择性敲低卵内DMRT1蛋白的表达，可导致遗传为雄性的性腺发生雌性化（Smith et al.，2009）。到孵化的第10天，左侧和右侧卵巢的形态变得明显不对称，右侧卵巢通过程序性细胞死亡（凋亡）启动退化。在遗传上为雌性的鸟类中，左侧卵巢分化时*R-spondin*1（*RSPO*1）基因（已知控制哺乳动物雌性遗传发育程序最早的基因之一）表达量升高，这正好与雌性特异的*Forkhead boxL*2（*FOXL*2）基因激活、芳香化酶表达及雌激素合成增加相符（Hudson et al.，2005）。作为*RSPO*1基因的产物，R-spondin 1蛋白激活经典的Wnt/β-连锁蛋白信号通路，该通路为雌性体细胞分化和生殖细胞进入减数分裂所需。鸡的R-spondin 1蛋白定位于发育中卵巢的皮质外区，这是原始卵泡形成和生殖细胞分化的部位。最后，有证据表明，早在孵化的第3天，多种miRNA就在性腺中出现差异性表达，这些miRNAs中有几个与性腺分化有关（Cutting et al.，2012）。

图28.1★ 产蛋鸡有功能的左侧卵巢

F1～F5指排卵前等级卵泡；F6指最近从等级前卵泡（箭头）选择出来的排卵前卵泡。虚箭头：排卵后卵泡。虚线圆圈指示不透明的胚盘（GD）区。照片由O. Ocón-Grove博士拍摄。

左侧卵巢最初的发育受控于同源框基因*PITX*2，此基因促进性腺皮质的发育，并支持PGC的增殖与分化（Guioli and Lovell-Badge，2007；Rodríguez-León et al.，2008）。随着R-spondin 1表达的增加，左侧性腺发育出分化的表层上皮，最终引起卵泡发育（Smith et al.，2008）。黄体生成素（LH）和FSH受体mRNA的表达发生于孵化的第4天（性腺分化前）。在第14天用FSH处理可刺激卵巢表层上皮、皮质内卵原细胞以及髓质内体细胞的增生（Akazome et al.，2002；Méndez et al.，2003）。在视黄酸和LH的作用下，鸡胚生殖细胞的减数分裂起始于孵化的第15.5天（Smith et al.，2008；He et al.，2013）。这一系列事件的结果与小鼠并无差异，即PGC迁移发生在胚胎的第8.5～12.5天、减数分裂始于胚胎第13.5天（Saitou et al.，2012）。

在母鸡中，减数分裂核和巴氏小体（迁移到细胞一极的细胞器浓缩物）的出现是左侧卵巢皮质内生殖细胞的特点，但在左侧髓质或右侧卵巢中都没有这些特点。髓质中芳香化酶活性和雌激素合成在卵巢分化中起关键作用，左侧与右侧卵巢发育的差异取决于雌激素受体在发育中的左侧卵巢皮质组织中的选择性表达（Smith and Sinclair，2004；Ishimaru et al.，2008）。与哺乳动物不同的是，禽类胚胎性腺的分化并没有受到遗传性别的严格调控，因为在性腺分化之前用雌激素合成抑制剂处理会诱导遗传上为雌性的禽类发生睾丸的发育（Ayers et al.，2013）。

在胚胎发育的早期，雌性胚胎发育出未分化的缪勒氏管（副中肾管）。胚胎期两侧卵巢均表达抗缪勒氏管激素（AMH）并产生雌激素。AMH 的表达受转录因子类固醇生成因子 1（SF1）的调节，在体外也可被其他一些因子所诱导，包括维生素 D、骨形态发生蛋白 4 和 6，即 BMP4 和 BMP6（Johnson et al.，2008；Ocón-Grove et al.，2012）。在 AMH 的作用下，右侧缪勒氏管最终会退化（在鸭子中自第 8 天开始）。相比之下，来源于左侧卵巢的雌激素保护左侧缪勒氏管免受 AMH 诱导的细胞凋亡作用，从而使之发育为左侧输卵管（Takada et al.，2006）。

28.2.1 胚胎后期和孵化后卵巢

在鸡形目，几乎所有禽类的雌性生殖系统均由单一的左侧卵巢及输卵管组成，只在极为罕见的情况下可能存在功能性的右侧卵巢及输卵管。通过比较，在隼形目和棕色鹬鸵（平胸类鸟，鸵形目）中，尽管卵巢体积通常是不对称的，但其双侧性腺及相连的输卵管可能都会发挥功能。在麻雀（雀形目）和鸽子（鸽形目）中，据报道约有 5%是存在两个发育的卵巢，但两侧卵巢之间经常存在体积不对称和排卵频率的差异（Kinsky，1971）。

左侧卵巢发育于腹部、后腔静脉的腹侧，与左肾和肾上腺毗邻。发育中的卵巢主要由卵巢系膜悬挂于体壁。卵巢门作为血管、神经支配和平滑肌的通道，将卵巢的功能与环境、内分泌及中枢神经系统的输入结合起来（Gilbert，1979）。鸡胚卵母细胞的数目从第 9 天的约 28 000个发育到第 17 天的约 680 000 个，随后下降到出雏时的 480 000 个，此时卵子发生已结束（Hughes，1963）。与之形成对比的是，在几乎所有的两栖动物、许多鱼类及一些爬行动物中，成年雌性仍有卵子发生。未发育成熟禽类的卵巢由大量小的卵细胞组成，肉眼可见的多达2 000个。出壳时，禽类卵母细胞大多处于第一次减数分裂前期。大多数家禽一生中只有相当少的一部分卵细胞（250～500 个）可发育成熟并排卵。在野生禽类中，可发育成熟的卵细胞更少。

大多数禽类在出壳前后，卵母细胞组装成原始卵泡。出雏后至性成熟前，左侧卵巢仍然很小而未发育完全。PGC 被单层的上皮性颗粒细胞层所包裹，这些原始卵泡排列成疏松的簇（或巢）。卵原细胞大多处于减数第一次分裂前期的双线期，染色体呈现典型的灯刷状结构，此处合成大量的 RNA。内卵周膜层（与哺乳动物卵透明带同源）位于颗粒细胞和卵母细胞膜之间（图 28.2）。卵周膜内糖蛋白形成的基质对受精过程至关重要，包括精子与卵子互作以及诱导顶体发生胞吐作用（Rodler et al.，2012）。

围绕卵周膜的颗粒细胞最终形成胞质突起，延伸到卵周膜并穿入卵母细胞。最初，单层的膜细胞包裹颗粒细胞层，二者由基膜隔开（Gilbert，1979）。家禽卵泡的基膜厚约 1 μm，由颗粒层和膜层分泌的硫酸软骨素修饰的胶原蛋白和糖蛋白、纤维连接蛋白以及颗粒细胞和卵泡膜沉积的其他成分组成。

28.2.2 性成熟的卵巢

到达性成熟所需的时间取决于物种，可短至出雏后数周（日本鹌鹑），也可长至 2～3 年或

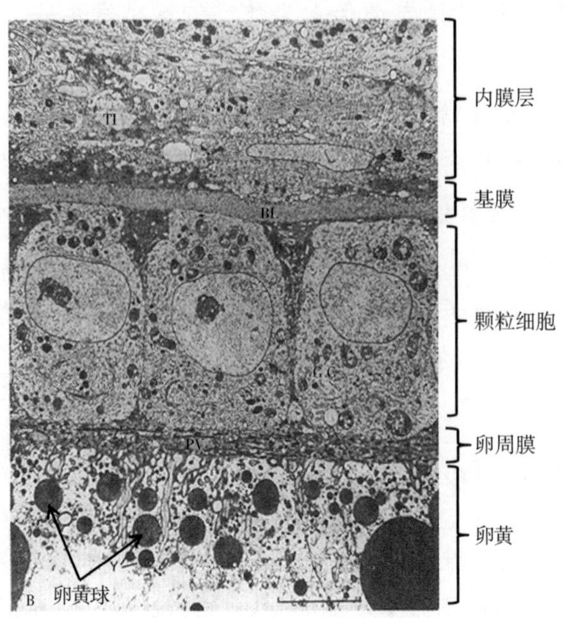

图 28.2　缓慢生长卵泡的组织层

图示在早期发育阶段颗粒细胞呈立方形，外膜层（外膜）未显示。引自 Perry 和 Gilbert（1979）。

以上（如鹬鸵、企鹅和秃鹰）。在没有人工补充光照（每天光照小于 12 h）的饲养条件下，家禽的性成熟时间大约是 5 月龄，但在大约 2 月龄开始给予光刺激，性成熟时间可大幅提前。大多数禽类成熟的功能性卵巢具有明显的卵泡排列（图 28.1）。与哺乳动物类似，在季节性繁殖开始之际，性成熟和性腺复苏都是通过神经内分泌轴的变化而启动，参与性成熟和性腺复苏的激素有甲状腺激素（Nakao et al.，2008）和促性腺激素抑制激素（GnIH）等。这些激素和其他影响因素及生长因子间接（如3，3′，5-三碘甲腺原氨酸，T_3）或直接（促性腺激素）影响卵巢内基因表达的水平。miRNA 也可在转录后水平影响基因表达。例如，有证据表明，在性成熟之前和性成熟的鸡卵巢之间，以及发育中卵泡与成熟卵泡之间有大量的 miRNA 呈现差异性表达（Kang et al.，2013）。在初情期或季节性繁殖期卵泡生长是一个耗能巨大的过程，在大山雀（*Parus major*）中该过程可使静止代谢率提高 27%（Nilsson and Råberg，2001），在欧洲椋鸟（*Sturnis vulgaris*）中则提高 22%（Vézina and Williams，2002）。

原始卵泡激活并生长为初级卵泡的过程与卵泡内膜层的形成有关（来自间充质细胞）。基膜将发育中的内膜层与立方状的颗粒层分隔开（图 28.2）。生长到等级前卵泡阶段（6～8 mm）则有脂蛋白丰富的白色卵黄的沉积，并且出现内膜层和外膜层的分化。血管和神经支配通过卵泡柄到达卵泡，然后经膜层扩散分布。经筛选发育而成的排卵前等级卵泡快速生长，几天内直径可从大约 9 mm 生长到 40 mm 以上（图 28.3）。排卵前卵泡中胚盘区之外颗粒细胞的形状变为扁平状，以利于摄取大量的卵黄蛋白原和极低密度脂蛋白（VLDL）。最大的排卵前卵泡最终在血管分布相对较少的卵泡带区域排卵。成熟卵巢由卵巢动脉供应血液，卵巢动脉通常起源于左肾腰动脉，但可直接从背主动脉发出分支（Hodges，1965）。在完全发育的卵巢中，五个最大的排卵前卵泡的血流量供应比例最大，随着卵泡体积增大，排卵时间接近，血流量也显著增加（Scanes et al.，1982）。卵巢动脉分成许多分支，最终通向每个卵泡柄（蒂）。所有卵巢静脉合并成两条主要的前静脉和后静脉，随后流入后腔静脉。

家鸡卵巢内的适应性和先天免疫反应已有叙述，家鸡卵巢免疫系统的功能是防止病原微生

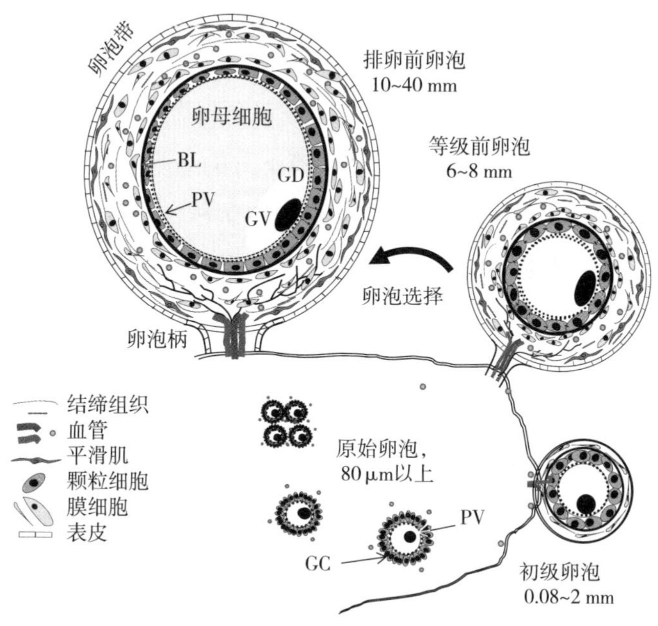

图 28.3★ 成熟母鸡卵巢内的卵泡

原始卵泡包括卵周膜(PV)内的生发泡(GV)和周围的颗粒细胞(GC)。初级卵泡则由基膜(BL)将颗粒层与单层的膜层分隔开。在等级前和排卵前卵泡，膜层分为内膜层和外膜层。BL，基膜；GD，胚盘；GV，生发泡；PV，卵周膜。改编自 Johnson 和 Woods(2007)。

物的定植和感染，以及维持卵巢的正常功能。表达Ⅱ型主要组织相容性复合体（MHC-Ⅱ$^+$）分子的单核细胞、巨噬细胞、活化 B 细胞和 T 细胞定植于健康皮质内卵泡的膜层，以及生长期等级前卵泡和排卵前卵泡，而在排卵后卵泡和闭锁卵泡的膜层和颗粒层中其数量更为显著。卵巢基质和膜层组织内细胞介导的免疫性通过 T 细胞（CD4$^+$和 CD8$^+$细胞）介导，作为抵御细胞内病原体如沙门氏菌的有效措施（Barua et al.，2001；Barua and Yoshimura，2004）。此外，大量证据表明，卵巢内还存在一种功能性的先天性免疫系统，包括 β-防御素（小型阳离子抗菌肽，具有直接溶解微生物的作用；Abdelsalam et al.，2012）和 Toll 样受体（模式识别受体，可激活细胞因子、抗菌肽和免疫活性细胞；Woods et al.，2009）。已经确定的禽 β-防御素基因（*AVβD*）共有 14 个，可抵御范围广泛的微生物，包括革兰氏阳性和革兰氏阴性细菌、真菌等。

交感神经（主要是肾上腺素能）和副交感神经均可支配卵巢（Gilbert，1969；Dahl，1970；Unsicker et al.，1983）。这种神经支配包括外在和内在的神经系统（Made kurozwa，2008），可分泌一些神经化学物质（如儿茶酚胺、5-羟色胺及乙酰胆碱）和神经肽［如促神经素、血管活性肠肽（VIP）及甘丙肽］到卵巢及其卵泡。这些因子对胚胎期和雏禽早期卵巢中原始卵泡的初始形成、成年卵巢中卵泡的生长和分化、血流量调节和类固醇激素合成等方面发挥着重要的功能。

初情期接近时，卵泡恢复缓慢生长，初级卵泡的膜层分化为非连续的内膜层和外膜层，且存在不同的类固醇生成模式。随着卵泡的生长，除了卵泡膜（排卵时的破裂点，小动脉和小静脉较少）之外，膜层的血管分支越来越丰富。卵泡柄中最大的动脉通向生长速度最快的卵泡，分支成小动脉，然后穿过膜层的基膜而形成毛细血管。卵泡逐渐成熟过程中，膜层内神经元的数量越来越多。在发育早期的卵泡（<2 mm）内，扁平的颗粒细胞紧密堆积，随着卵

泡生长，颗粒细胞最终会形成立方形的单细胞层（Gilbert，1979）。

生发泡位于胚盘区域，包括卵母细胞核及其周围覆盖的颗粒细胞层（图 28.3）。由于卵黄前体物通行受限，胚盘呈白色斑块状。这个区域包含母源 RNA，在合子基因组转录起始之前用于蛋白质合成。额外的胚外 RNA 位于卵周膜下方的细胞质层内，可能为卵母细胞发育所需（Olszanska and Stepinska，2008）。禽卵母细胞中沉积的母源 RNA 总量明显多于哺乳动物，但与爪蟾相当。在排卵前卵泡中，胚盘区的颗粒细胞保持相对未分化状态（不能合成类固醇），但有丝分裂活跃。外侧的颗粒层可合成类固醇，但有丝分裂不活跃（Yao and Bahr，2001）。在卵泡发育时，卵母细胞阻滞在第一次减数分裂前期。家鸡的卵母细胞在排卵前4～6 h 恢复减数分裂（生发泡发生破裂）。在胚盘区经微阵列技术鉴定出不少于 5 个差异表达的基因，这与高繁殖力相关；这些基因最终可作为家鸡繁殖力的标记（Elis et al.，2009）。

性成熟鸡的卵巢中含有许多直径小于 1 mm 的原始卵泡，这些卵泡嵌入卵巢外侧皮质中。这些卵泡处于静止状态可达数月至数年，直到激活（可能通过去除抑制性的 AMH 信号），然后开始一段较长时间的生长和分化。当卵泡启动发育（“初始募集”）时，它们突出到皮质表面，被卵巢柄（卵巢皮质的延伸）所悬吊，血管和神经束通过卵巢柄到达每个卵泡。卵巢内通常有众多直径 2～6 mm 缓慢生长的卵泡，内含少量富含蛋白质的白色卵黄。每天从直径 6～8 mm 的等级前卵泡中筛选出一个卵泡进入到排卵前卵泡等级（数量为 8～12 个，图 28.1）。最近选出的卵泡（直径为 9～12 mm）已开始分化并快速生长。家鸡通常有 4～6 个体积较大、充满卵黄的排卵前卵泡（直径 12～45 mm）。家禽（包括鸭和鸽子）排卵前卵泡的最后生长期一般持续 4～6 d（在棕色鹬鸵可达 25 d 或更长，Jensen and Durant，2006）。在产单枚蛋的物种（如鹬鸵和帝企鹅）中，排卵前卵泡的数量为 1～2 个；在每窝可产 12～18 枚蛋的物种（如野火鸡和环颈雉）中，排卵前卵泡数可达 8 个或更多。重要的是，同时维持未分化状态的等级前卵泡和快速分化的排卵前卵泡是禽类与哺乳动物之间繁殖方式的根本区别。特别是在真哺乳亚纲动物，优势卵泡在每个发情或生理周期一经选择，紧接着是所有生长卵泡（不含次级优势卵泡）都会发生闭锁。相比之下，产生一窝完整卵的能力需要维持一个可行的等级前卵泡库，以便单个卵泡每天或几乎每天都可以选择出一个卵泡发生最后的生长和分化。

有趣的是，禽类的卵周层并不能阻止多精受精。因此，人工授精时在卵子的细胞质中可观察到一个以上的雄原核，但只有一个位于胚盘的中心以形成合子核。到目前为止，关于如何选择特定的精子，以及在授精和受精之间的哪个阶段进行精子选择的机制尚不清楚。然而，剩余的精子将会退化并消失，这可能是由 DNA 酶 Ⅰ 和 Ⅱ 的作用所致（Stepinska and Bakst，2006）。雄性和雌性原核融合（两性生殖）后立即启动胚胎发育，当卵子形成蛋并发生产蛋时已经发生多次细胞分裂。

28.2.3　卵泡选择和排卵前卵泡等级的建立

卵泡选择过程（也称周期性募集）是成熟卵母细胞发育的限速阶段。这一过程最终决定了脊椎动物的繁殖能力，其繁殖策略强调如何让数量有限的后代能显著融合双亲的性状（与大多数硬骨鱼类和两栖动物相比）。一个有待解决的根本问题是每天从等级前卵泡库中筛选出一个卵泡的机制还不清楚。到目前为止，母禽（鸡和雉）卵巢内卵泡选择最好的标记是 FSH

受体的启动能力，通过颗粒细胞内特异的环磷酸腺苷（cAMP）启动细胞信号转导，从而每天从等级前卵泡库中筛选出一个卵泡（Tilly et al.，1991a；Kim et al.，2013）。当今处于研究中的一个假设是，这个筛选过程需要去除阻止 FSH 受体信号传递的抑制性细胞信号（如促进受体脱敏），直到筛选的时间为止。这种抑制性过程也避免每天有多个等级前卵泡被选择出来（Johnson，2011）。在筛选时，cAMP 信号通路启动活化后，①可快速诱导类固醇激素合成关键酶（如 CYP11A 和 CYP17）的转录和翻译，也包括类固醇激素合成急性调节蛋白（STAR），从而启动类固醇生成过程；②增加抗凋亡蛋白的表达，从而增强细胞存活率；③促进 FSH 受体优势转变为 LH 受体优势；④在选定的卵泡中启动脂质丰富的卵黄积累。在这最后的发育阶段，家禽的卵泡平均每天可运输 2 g 蛋黄，其体积增加了 3 500～8 000 倍。

除了免疫球蛋白，大多数卵黄蛋白在肝脏合成。卵黄合成主要受促性腺激素和类固醇激素（主要是雌激素，而雄激素次之）的调节。VLDL（主要功能是转运甘油三酯、磷脂和胆固醇）和卵黄蛋白原（VTG1、VTG2 和 VTG3，这些都是大分子，多结构域的磷酸糖脂蛋白）的摄取是从膜层内毛细血管通过间隙进入卵泡的（Finn，2007）。这些颗粒根据分子质量大小和所带电荷不同而选择性地通过基膜，然后经颗粒细胞间隙穿过卵母细胞的卵周膜。细胞间隙的大小与卵泡生长的阶段有关，例如，原始卵泡相对狭窄的细胞间隙只允许铁蛋白和其他小分子穿过。当卵泡到达等级前卵泡阶段时开始蓄积脂蛋白丰富的白蛋黄，由于颗粒细胞间存在紧密连接，使得白卵黄的转运量有限（Schuster et al.，2004）。通过比较得知，在排卵前卵泡的快速生长期，颗粒细胞的形状和组织发生变化以适应卵黄前体运输并积聚到基膜的需求。这些物质最终通过卵周膜到达卵母细胞上卵黄前体主要成分的受体，即 LR8（Schneider，2009）。这个受体的序列与哺乳动物的低密度脂蛋白（LDL）受体序列同源。值得注意的是，鸡 LR8 细胞外区点突变会导致所翻译的蛋白质构象发生变化，从而显著限制卵母细胞从血中摄取卵黄前体。这一点突变的位点与引起家族性高胆固醇血症的人 LDL 受体的点突变相同（Elkin et al.，2012）。最后，卵黄蛋白在卵母细胞内被一种或多种蛋白酶和蛋白酶抑制剂（发现于卵黄或卵周膜）进一步处理成卵黄高磷蛋白、卵黄脂磷蛋白、甘油三酯、胆固醇和磷脂（Bourin et al.，2012）。据估计，在排卵前约 24 h，成熟卵泡内卵黄沉积终止。

在高产蛋鸡首年产蛋周期结束时，由于选择进入排卵前卵泡等级的卵泡数量减少，同时卵泡闭锁量增加，导致产蛋量下降。随着卵泡数量减少，单个卵泡摄取的卵黄量相对增加，使得产出的蛋体积变大。最后，卵黄蛋白被发育中的胚胎吸收，主要用于组织生长，而卵黄脂类则作为胚胎发育的主要能源。不同发育阶段卵泡超微结构的描述见 Wyburn 等（1965），Rothwell 和 Solomon（1977），Perry 等（1978a，b）和 Gilbert 等（1980）。

28.2.4　卵泡闭锁

卵泡启动生长后，未能达到排卵时完全分化状态的卵泡会发生闭锁，这些闭锁的卵泡活力消失，并通过细胞凋亡而被重新吸收（Tilly，1991b）。失去促性腺激素的刺激作用（例如，随着孵化开始或出现褪羽，垂体切除后）或破坏胚盘区（Yoshimura et al.，1994）均会引发卵泡发生被动闭锁。肿瘤坏死因子（TNF）受体超家族所包含的一个或多个死亡结构域可引起卵泡发生主动闭锁（Bridgham et al.，2003）。这些机制均间接启动了颗粒细胞层内酶活性的级联反应，包括触发性和效应性半胱天冬酶（Johnson and Bridgham，2002），以及核酸内切酶，将染色质DNA切割为核小体片段，随后卵泡膜层细胞很快发生凋亡（Madekurozwa and Kimaro，2008）。卵泡闭锁早期阶段存在3β-HSD和17β-HSD酶活性，但其活性和所有的类固醇合成会随着卵泡闭锁的进行而快速丧失。卵巢皮质内原始卵泡和缓慢生长卵泡（<1～5 mm）发生闭锁的概率较高，等级前卵泡库中卵泡（6～8 mm）偶尔会发生闭锁。正常生理条件下排卵前卵泡（9～45 mm）很少发生闭锁（后者有时被称为“爆裂性闭锁”）。

排卵前卵泡事实上不发生闭锁，这与颗粒细胞层抗凋亡能力的升高有关（Tilly et al.，1991b），其原因很大程度上归于cAMP信号引起的抗凋亡蛋白表达量的增加。提高细胞存活率的因素包括B细胞淋巴瘤-1成员（如BCL2、BCLx和MCL1）、凋亡蛋白抑制物（IAP）、Flice样抑制性蛋白（FLIP）和存活素。这些因素中涉及细胞凋亡的有BCL2相关蛋白家族（BAX和BAD）、FADD样IL1β转化酶（FLICE）、白介素转换酶（ICE）相关酶家族以及一些原癌基因（如*c-MYC*）、抑癌基因（如*p*53）。值得注意的是：①以上各组中任何基因在发育中的鸡卵泡中均有表达；②每种基因的组成性表达量（凋亡诱导或凋亡抑制）与颗粒细胞对细胞死亡所固有的抵抗力或敏感性相关；③每种基因的mRNA表达量通常受相同的生理因素的调节（如生长因子和促性腺激素），以提高母禽卵泡的活率（Johnson，2003）。

28.2.5 排卵和排卵后卵泡

排卵前LH峰是F1代卵泡生发泡破裂（如染色质凝聚、第一极体排出和第二次成熟纺锤体的形成）的主要刺激，随后是排卵的物理过程。迄今研究过的禽类中，循环中LH峰通常在排卵前4～6 h出现。排卵前LH峰的出现与孕酮分泌的增加相一致。体内的研究表明，LH与孕酮之间存在交互刺激效应，以至于缺失孕酮分泌时，LH峰也不会发生。与晚些成熟的卵泡相比，在LH峰期间母鸡最大的排卵前卵泡（F1）可产生较多的孕酮。这种增强孕酮分泌的能力与F1卵泡颗粒层内高水平的STAR蛋白（调节运输胆固醇从外到内的线粒体膜）有关（Johnson and Bridgham，2001）。与哺乳动物不同，母鸡在排卵前LH峰期间血中FSH水平并未显著增加。

沿着卵泡带的协调过程促使排卵期F1卵泡的破裂和卵母细胞的释放，这些过程包括酶的激活、平滑肌收缩所产生的物理力量，以及局域性细胞凋亡。排卵后卵泡包含排卵后留存的颗粒层和膜层（图28.1）。排卵后不久，排卵后卵泡内类固醇的合成量下降（约24 h之内），其原因很大程度上是由于促性腺激素通过cAMP诱导的信号缺失，从而导致STAR蛋白表达量及类固醇生成酶3β-HSD和17β-HSD含量下降（Dick et al.，1978；Johnson et al.，2002）。排卵后卵泡结构上的退化与免疫细胞浸润及细胞因子的产生有关，其通过细胞凋亡作用发生退化（Sundaresan et al.，2008；Tilly et al.，1991b）。鸡的排卵后卵泡在6～10 d几乎完全被吸收，但在野鸭、雉和松鸡则可能要花数周甚至数月时间。在这些禽类中，残余的结构为研究野生种群的排卵率提供了一种手段。据报道，移除最近的排卵后卵泡会影响鸟类的筑巢行为，尤其是颗粒层已被证明在定时产卵中发挥功能（Gilbert et al.，1978）。此外，在鸟类中没有与哺乳动物黄体功能类似的结构。

28.2.6 家禽卵巢作为人卵巢癌的模型

最近的研究结果表明，家禽卵巢可作为人卵巢癌的一个重要的非灵长类动物模型。蛋鸡卵巢癌的高发病率（3.5 岁时可高达 35%）是由于几乎每天的高排卵率和长排卵期（一年内可产 365 枚蛋）。这导致上皮源性癌的发生，并伴有与人类癌症相似的一些常规病理特征和组织学亚型。特别需要指出的是，患有卵巢癌的妇女和母鸡常会产生大量腹水，并具有高转移性（Johnson and Giles，2013）。

28.2.7 生殖道和贮精腺

母鸡的左侧输卵管在 16 周后迅速发育，在产蛋（大约 20 周）之前就完全具备功能。输卵管借助背侧和腹侧韧带悬挂于腹腔，并分为五个可明显区别的部分，即漏斗部、膨大部、峡部、壳腺和阴道（图 28.4）（输卵管的大致组织学结构详见 Aitken，1971；Bakst，1998；Parizzi，et al.，2008；漏斗部和膨大部见 Wyburn et al.，1970；峡部见 Hoffer，1971；Solomon，1975；壳腺见 Breen and de Bruyn，1969；Nevalainen，1969；Wyburn et al.，1973）。

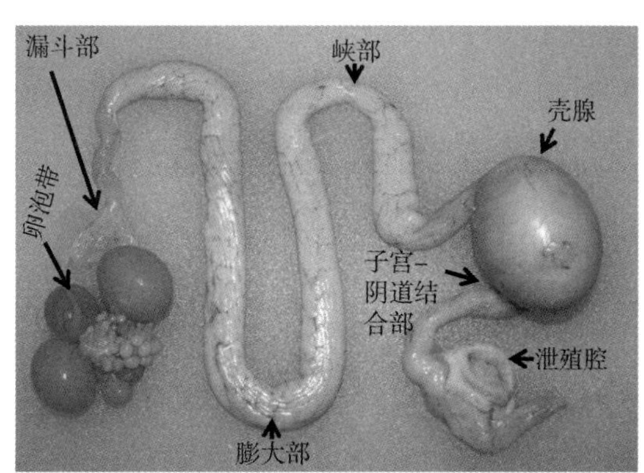

图 28.4★ 家鸡卵巢和生殖道

注意在第三个最大的排卵前卵泡可见突出的卵泡带（排卵位置）。照片由 O. Ocón-Grove 博士提供。

排卵之后，卵子被漏斗部吞入（该组织不直接与卵巢相连），在此处驻留约 18 min（15～30 min）。偶尔会发生卵子不能被漏斗部摄取（内排卵）的情况，随后被重吸收，这一过程通常耗时48～72 h。漏斗部的活动似乎并不被排卵本身所控制，如排卵前置入腹腔的异物也会被漏斗部摄取，并有报道称，整个未排出的卵泡也可被包裹，随后形成完整的蛋而产出。鸡卵子的受精发生在漏斗部，正是在这里，形成了第一层蛋白。

卵子接着迁移到输卵管的最大部分，即膨大部（鸡的长度为 33 cm），成熟母禽在此处合成大部分卵白蛋白。雌激素刺激上皮干细胞分化为三种形态不同的细胞类型：管状腺细胞、纤毛细胞和杯状细胞。在雌激素的刺激下，管状腺生成卵白蛋白、溶菌酶和伴清蛋白，而杯状细胞在雌激素和孕酮的刺激下合成亲和素（Tuohimaa et al.，1989）。膨大部可分泌少量钙，但在产蛋周期的任何时间中，此处钙的分泌量都不会高于壳腺中的基础分泌量（Eastin and Spaziani，1978a）。卵子在膨大部停留2～3 h。

峡部明显不同于膨大部。它有一层厚环形肌，腺体组织不如膨大部发达。这一组织的特征是在管状腺细胞下方有上皮细胞层。后段生殖道（峡部、壳腺和阴道）的腺组织产生黏蛋白，作为阻止病原体入侵的屏障。内层和外层壳膜在通过峡部的 1～2 h 内形成（平均时间为 74 min）。有证据表明，壳的形成，尤其是乳头核，起始于峡部远端。

壳腺（子宫部）的特点是有突出的纵行肌层，其内侧衬有管状腺细胞和单个的杯状细胞。雌激素促进这些特征的成熟，并诱导精氨酸加压素受体（VT3）生成。在钙化前，鸡蛋从管状腺摄取盐和大约 15 g 液体进入白蛋白，这一过程称为“丰盈”；此液含有碳酸酐酶、酸性磷酸酶和酯酶活性，以及碳酸氢盐和各种额外的离子（Salevsky and Leach，1980）。卵子在壳腺中停留 18～ 26 h，这取决于产蛋周期的长短。壳腺内发生钙化与排卵引起的刺激或某些神经内分泌因子有关，这些因子调控排卵和钙的分泌。骨桥蛋白（一种磷蛋白）由壳腺上皮细胞分泌并纳入发育中的蛋壳里；其功能与蛋的结构完整性和蛋壳钙化终止有关。此外，作为一种钙结合和转运蛋白，钙结合蛋白（calbindin）的表达发生于产蛋起始，终止于产蛋结束。有证据表明，蛋进入壳腺引起的扩张并不是引发高钙分泌（钙化的特征）的刺激因素，自主神经支配也没参与该过程的调节。蛋的钙化开始时缓慢发生，钙化速率逐渐增加到 300 mg/h 后可持续 15 h，随后在产蛋前 2 h 再次放缓。在产蛋前 3～0.5 h，壳色素通过壳腺上皮纤毛性细胞沉积。

阴道通过子宫-阴道括约肌与壳腺分隔，并终止于泄殖腔的泄殖道。阴道黏膜有很多皱褶，其内侧衬有纤毛性和非纤毛性细胞，还有一些管状黏膜腺，可能具有分泌功能。阴道对蛋的形成没有作用，但与壳腺协同作用，参与蛋的排出。泄殖腔分为三个部分：粪窦（最前）、泄殖道和肛道。产蛋时，泄殖道褶皱形成的薄膜穿过直肠，以防蛋被粪便污染。商品蛋鸡和火鸡会发生输卵管下垂（经腹侧阴道口外翻突出），可能会造成休克而死亡。输卵管下垂与成熟前光刺激有关，也与产蛋过早导致的体重不足、大体积蛋（经常是双黄蛋）和肥胖有关。

在禽类中，精子储存于位于子宫-阴道交界处（主要存储部位）和漏斗部（次要存储部位）的专门的精子储存管（SST）中。据估计，受精的精子中只有 1%～2%的精子（仅仅是形态“正常”）进入 SST，表明其中发生了一些筛选过程。SST 内侧衬有单层非纤毛性细胞，提供的黏膜表面可让精子存活 7～14 d（鸡），甚至长达 10 周（火鸡）。火鸡精子较长的存活时间归因于 SST 的数量较多。这种存储能力使得每日发生的排卵与受精之间具有精确的同步性。在每次产蛋之后，这些小管内精子释放出来并迁移到漏斗部受精。子宫-阴道交界处腺体明显缺乏神经支配和收缩性组织，但拥有发达的血管系统（Tingari and Lake，1973；Das et al.，2008；Bakst，2011）。有证据表明，精子依次充入子宫-阴道腺体而不混杂，以至于在连续授精时，最晚一次充入的精子最有可能与卵受精。管状腺也存在于火鸡的泄殖道，在腹侧肛道也有少量存在。Bakst 和 Akuffo（2008）提出，最初蓄积在这些腺体内的精子在受精时最终可能随小管分泌物到达阴道的 SST。

先天性和获得性免疫系统均在输卵管内发育良好（Ozoe et al.，2009），但 SST 是一种免疫特区。整体的免疫功能在性成熟过程中和高水平雌激素的作用下得以增强，其中包括防御素表达增加（Anastasiadou et al.，2013）。Hodges（1965）描述了母鸡输卵管和壳腺的血液供应情况。关于其他鸟类输卵管的脉管系统见 Gilbert（1979）的综述。与非产蛋期相比，钙化时到母鸡壳腺的血流量增多。

交感神经和副交感神经均可支配输卵管。漏斗部的神经支配来自主动脉神经丛，膨大部的神经支配来自主动脉和肾神经丛（Hodges，1974）。壳腺的交感神经支配来自腹下神经，这是主动脉神经丛的直接延伸。组成左盆腔神经丛副交感神经的盆神经发自第 30～33 对脊神经的盆神经内脏支。输卵管的全长均有纤毛，这些纤毛的功能可能是运输精子。蛋的运输主要靠输卵管的收缩；输卵管肌肉可作为牵拉感受器，蛋本身就可产生机械刺激（Ariamaa and Talo，1983）。在排卵周期中，膨大部、峡部和壳腺均可记录到电活动和输卵管的运动，最高频率的电活动和收缩发生在产蛋时（Shimada and Asai，1978）。α-肾上腺素受体和 β-肾上腺素受体均存在于输卵管，可影响输卵管的运动（Crossley et al.，1980）。

28.3 卵巢激素

28.3.1 胚胎和雏鸡卵巢

在孵化的第一周，发育中的鸡胚开始表达类固醇生成酶并合成微量类固醇激素。这些类固醇生成酶包括 CYP11A1、3β-HSD、CYP17、17β-HSD 和 CYP19A。遗传上为雌性的个体选择性表达 CYP19 并合成 17β-雌二醇。到第 6.5 天，卵巢内 *CYP*19 基因发生不对称表达，此时刚出现性腺分化。已有明确的证据表明一些类固醇激素可在局部发挥作用，因为在胚胎发育早期卵巢就开始表达胞内雌激素受体 α、雄激素受体和孕激素受体 A 和 B，以及孕酮膜受体 γ（Gonzalez-Moran et al.，2013）。LH 和 FSH 受体的表达发生在胚胎发育中晚期。孵化后，卵巢间质内类固醇激素的合成依然处于相对较低的水平，直到性成熟开始仍对促性腺激素无反应。

在出雏到产蛋开始，母鸡大约在 1 周龄会出现早期 LH 峰，出雏后约 15 周开始会出现初情期前 LH 升高，在性成熟之前约 3 周达到最高水平。母鸡的卵巢直到 16～18 周龄才会对哺乳动物促性腺激素或禽垂体分泌物的刺激发生反应。与此相反，初情期临近时，垂体对外源性促性腺激素释放激素（GnRH）的反应性反而下降（Wilson and Sharp，1975）；这一变化可能是由于卵巢类固醇激素分泌增加而发生负反馈调节。

早在孵化的第 3.5 天，卵巢就可生成类固醇。在产蛋周期前 2～3 周中 17β-雌二醇水平升高，而孕酮水平大约在产蛋前 1 周开始增加，这两种类固醇激素促进生殖道的发育（Williams and Sharp，1977）。此外，雌激素生成的增加改变了成骨细胞的功能，使之开始形成髓质骨，作为未来产蛋的不稳定钙源。

未成熟卵巢中几种蛋白质激素和生长因子已与 AMH 一起描述过。在早期胚胎发育过程中，骨形态发生蛋白 7（BMP7）优先表达于左侧卵巢（Hoshino et al.，2005；Oréal et al.，2002），但不清楚 BMP7 是否可作为分化机制的一部分或仅仅是这个过程的结果。未成熟卵巢内其他一些已报道的因子但不清楚具体功能的还包括 BMP2、BMP3、BMP4、转化生长因子 β（TGFβ）、生长激素（及其受体）、GnRH-Ⅰ、抑制素和激活素（Onagbesan et al.，2004；Johnson et al.，2006；Hrabia et al.，2008）。

28.3.2 成熟卵巢

众所周知，成熟卵巢的功能不仅受下丘脑 GnRH 和垂体促性腺激素（FSH、LH）的调节，而且受多种内分泌因子、神经肽、生长因子和细胞因子以旁分泌和/或自分泌方式调节。

这些因子可调节颗粒细胞和膜细胞的生存和凋亡、细胞增殖、促性腺激素受体表达、类固醇激素合成和卵母细胞功能的维持。

28.3.2.1 卵巢间质组织和缓慢生长卵泡

在性成熟之前，整个小白卵泡（直径<1～3 mm）在体外受 LH 的刺激而产生脱氢表雄酮、雄烯二酮和雌二醇。在此发育阶段这些卵泡不能产生孕酮，表明类固醇是通过 Δ5 途径合成的（Robinson and Etches，1986）。等级前卵泡（6～8 mm）膜层以及卵巢间质组织也具有主要通过 Δ5 途径合成类固醇的活性（Kowalski et al.，1991；Levorse and Johnson，1994）。LH 和 FSH 通过各自的受体可启动 cAMP 信号并刺激膜组织生成类固醇。

相比之下，等级前卵泡（6～8 mm）的颗粒细胞由于缺乏 CYP11A1 和 STAR 的表达而不能合成孕酮。虽然等级前卵泡颗粒细胞在体外可表达 3β-HSD 活性，并能将外源性孕烯醇酮转变为孕酮，但这些细胞在体内却不能显著产生孕酮。尽管在这个发育阶段颗粒细胞不能产生可检测水平的性类固醇激素，但这些细胞表达 FSH 受体和 VIP 受体（VPAC1 和 VPAC2）的 mRNA，但 LH 受体 mRNA 的表达水平过低以至于无法被检测到。颗粒层内 FSH 受体 mRNA 的表达因一些自分泌和旁分泌因子而维持在高水平，这些因子包括 TGF-β1、激活素 A、骨形态发生蛋白 6（BMP6）和 BMP4（Woods and Johnson，2005；Kim et al.，2013）。然而，FSH 受体和 VIP 受体（所有这些都属于 G 蛋白偶联受体）在这个发育阶段都保持不敏感的状态（例如，在相应激动剂的刺激下不能产生 cAMP）。重要的是，这种细胞信号的抑制与抑制性丝裂原活化蛋白激酶活性有关（Johnson and Woods，2009）。一些表皮生长因子受体的配体（EGFRLs）及其受体 ErbB1、ErbB2 和 ErbB4 在这些卵泡内均有表达。EGFRLs 包括表皮生长因子（EGF）、TGFα、β 细胞素（betacellulin）、肝素结合 EGF 样生长因子、双调蛋白（amphiregulin）、表皮调节素（epiregulin）和神经调节素（neuregulins）（Woods et al.，2005）。总的来说，这些研究结果的重要意义在于帮助人们解释等级前卵泡在体内如何保持相对未分化状态，尽管这些等级前卵泡持续暴露于血液的 FSH 和 VIP 中，后者至少有部分是通过膜层的神经支配而发挥作用的（Johnson et al.，1994）。

直径<5 mm 卵泡的颗粒细胞中 Kit 配体 mRNA 的水平最高，在卵母细胞的条件培养液中培养时其表达量增高；这种细胞因子参与调节未分化小卵泡的缓慢生长（Kundu et al.，2012）。在选择之前缓慢生长的卵泡中还有一些自分泌和旁分泌因子的表达，包括脑源性神经营养因子、生长激素、生长和分化因子-9（GDF9）、抑制素、激活素、卵泡抑素和 TNFα（Ahumada-Solórzano et al.，2012；Onagbesan et al.，2009）。

28.3.2.2 等级卵泡

在卵泡选择时，颗粒层获得对 FSH 和 VIP 的反应性（例如，启动受体介导的 cAMP 生成），并开始从 FSH 主导的调节模式（直径约 12 mm 卵泡的颗粒细胞）转换到以 LH 主导的调节模式（直径>12 mm 的等级卵泡）。卵泡选择之后，颗粒层内受体介导的 cAMP 信号途径被激活，直接刺激 CYP11α 酶和 STAR 蛋白的生成，从而启动类固醇激素生成和 LH 受体表达（Johnson and Bridgham，2001）。随着排卵时间的接近，卵泡颗粒层内 LH 诱导的腺苷酸环化酶的反应性和孕酮分泌持续增加。孕酮是参与形成 LH 峰（排卵前 4～6 h 出现）的主要类固醇激素。与此相反，等级卵泡中 FSH 诱导的 cAMP 和类固醇激素生成水平相对较低。

由颗粒细胞、膜内层和外层细胞组成的三细胞模型很好地描述了排卵前卵泡中类固醇激素生成增强的过程（Porter et al.，1989），此过程主要通过 Δ4 类固醇生成途径完成。颗粒层主要生成孕酮，孕酮作为膜层内雄烯二酮和睾酮合成的前体，颗粒细胞也可产生少量孕酮。颗粒层不表达芳香化酶，因此不能合成雌激素。

膜层也表达 CYP11α，但内膜层的主要类固醇激素是雄烯二酮，外膜细胞合成雌激素。卵泡膜层合成类固醇激素主要受 LH 通过腺苷酸环化酶-cAMP 第二信使通路的调节。所有等级卵泡的膜组织表达 LH 受体 mRNA（Johnson et al.，1996）。膜层腺苷酸环化酶系统对 LH 高度敏感，对 FSH 的敏感性较低。也有证据表明，LH 通过磷脂酰肌醇-3-激酶-1，4，5-三磷酸肌醇（IP3）通路及钙动员刺激卵泡层内类固醇激素的合成。此外，蛋白激酶 C 的第二信使系统活化抑制了颗粒细胞和膜细胞中 LH 诱导的类固醇激素的合成。可能通过蛋白激酶 C 发挥作用的生理因素包括生长因子（如 TGFα 和 EGF）及前列腺素（Tilly and Johnson，1991）。

体细胞层（颗粒层和膜层）的主要功能是支持卵母细胞存活，并维持减数分裂停滞，直到排卵。近年来，越来越多的因素直接或间接参与调节颗粒层和膜层的功能（表 28.1）。例如，抑制素 A 主要由四个最大的排卵前卵泡的颗粒层分泌，通过抑制 FSH（而非 LH）来影响卵巢的功能（Johnson et al.，1993）。通过比较，活化素 A 是由膜层产生的，可增加培养的颗粒细胞 LH 受体和 FSH 受体的表达（Johnson et al.，2006）。BMP15 和 GDF9 主要表达于胚盘处的颗粒细胞，参与调节细胞增殖及类固醇激素分泌（Elis et al.，2007；Johnson et al.，2005）。

表 28.1　已有报道的表达于和/或作用于禽类卵巢的部分因子

因子	功能	参考文献
激活素、卵泡抑素与抑制素	卵泡刺激素（FSH）分泌和黄体生成素受体表达	Onagbesan et al.，2004
脂联素	类固醇激素生成	Chabrolle et al.，2007
抗缪勒氏管激素	卵泡募集，FSH 反应性	Wojtusik and Johnson，2012
精氨酸催产素	产蛋	Baeyens and Cornett，2006
骨形态发生蛋白（BMP）		
BMP2、3、4、5、6、7	FSH 受体的表达，颗粒细胞分化	Onagbesan et al.，2003
BMP15	类固醇激素生成，细胞增殖	Elis et al.，2007
生长分化因子 9	颗粒细胞增殖	Johnson et al.，2005
降钙素	卵泡成熟（?）	Krzysik-Walker et al.，2007
细胞因子		
肿瘤坏死因子 α	调节类固醇激素生成，细胞凋亡	Witty et al.，1996；Onagbesan et al.，2000
白细胞介素	排卵后卵泡退化，先天性免疫	Sundaresan et al.，2008；Abdelsalam et al.，2012
表皮生长因子（EGF）受体配体		
EGF、转化生长因子 α、β 细胞素和双调蛋白	细胞分化、增殖和凋亡	Woods et al.，2005；Woods and Johnson，2007
成纤维细胞生长因子	颗粒细胞增殖	Lin et al.，2012
卵泡刺激素	颗粒细胞分化	Johnson and Woods，2009；Bruggeman et al.，2002

（续）

因子	功能	参考文献
促性腺激素抑制蛋白	卵泡分化（?）	Bédécarrats et al.，2009
促生长激素释放肽（Ghrelin）	类固醇激素生成，细胞增殖和凋亡	Sirotkin et al.，2006
生长激素	调节类固醇激素生成	Ahumada-Solorzano et al.，2012
胰岛素样生长因子（IGF1 和 IGF2）	卵泡生长和分化	Onagbesan et al.，1999
黄体生成素	类固醇激素生成、排卵和细胞活力	Johnson and Bridgham，2001
褪黑激素	促性腺激素反应性（?）	Sundaresan et al.，2009
亲神经素（神经生长因子和脑源性神经营养因子）	类固醇激素生成	Jensen and Johnson，2001
催乳素	类固醇激素生成	Tabibzadeh et al.，1995
前列腺素（PGE_2 和 $PGF_{2\alpha}$）	细胞凋亡，细胞增殖	Li et al.，1997；Manchanda et al.，2001
转化生长因子（TGFβ1）	FSH 受体表达	Woods and Johnson，2005
甲状腺素和三碘甲腺原氨酸	调节类固醇激素生成	Sechman，2013
血管活性肠肽	颗粒细胞分化，类固醇激素生成	Johnson et al.，1994
1,25-二羟维生素 D_3	调节 AMH 表达	Wojtusik and Johnson，2012

注：Sturkie's Avian Physiology，G. Causey Whittow，Ed.，Academic Press.

28.4 影响排卵和产蛋的内分泌和生理因素

除了产蛋序列的第一次排卵外，母鸡的排卵通常在产蛋后 15～75 min 进行，这与产蛋无关。无论是提前产蛋（可用前列腺素或其他药物诱发）或延迟产蛋（受肾上腺素或孕酮影响），都不影响排卵时间。排卵随着卵泡带的破裂而发生，这个过程可能涉及多个（常常是多余的）因素，包括蛋白水解酶（如胶原酶和纤溶酶原激活物）、血管活性物质和细胞凋亡过程。

28.4.1 排卵

28.4.1.1 促性腺激素释放激素

禽类表达两种不同的促性腺激素释放激素（GnRH-Ⅰ和 GnRH-Ⅱ），但只有 GnRH-Ⅰ似乎是直接参与了 LH 分泌调节。注射 GnRH-Ⅰ可诱导卵巢类固醇生成和提前排卵，而体内注射 GnRH 抗血清可抑制排卵。这些效应是通过垂体及 LH 分泌介导的，没有证据表明 GnRH 具有直接诱导排卵的作用。

28.4.1.2 黄体生成素

母鸡（及迄今研究过的大多数其他禽类）血浆中 LH 浓度的峰值出现在排卵前 4～6 h（Johnson and Tienhoven，1980）。这一排卵前 LH 峰直接刺激生发泡破裂和随后的排卵。也有报道称在排卵前 11～14 h 还会出现另一个 LH 峰，但第二个 LH 峰的作用还不明确。除了这些排卵-产蛋周期相关的激素峰之外，还存在黄昏 LH 峰（在黑暗开始时出现），其周期为 24 h，可能作为后续排卵前 LH 峰的定时器（Wilson et al.，1983）。

给蛋鸡注射 LH 通常会提高血浆中孕酮、雌激素和雄激素的水平，但蛋鸡的排卵反应依赖于产蛋序列中的阶段。例如，在产蛋序列的第一次排卵前 11～14 h 用 LH 处理会引起提前排卵，而在序列中期同样的处理通常会引起卵泡闭锁和排卵受阻（Gilbert et al.，1981）。用部分纯化的鸡 LH 制备的抗血清对蛋鸡进行被动免疫会导致排卵停止约 5d，并导致现存的卵泡发生广泛的闭锁（Sharp et al.，1978）。

28.4.1.3　卵泡刺激素

母鸡排卵前 15 h 血浆中 FSH 会出现升高（Scanes et al.，1977），这与 FSH 与卵巢组织的结合增加相一致（Etches and Cheng，1981）。其他研究人员发现循环中 FSH 水平的周期性波动不太明显（Krishnan et al.，1993）。FSH 的主要作用与颗粒细胞的分化和等级前卵泡中类固醇激素生成有关，但鲜有证据表明循环中 FSH 水平可启动排卵。事实上，随着排卵前卵泡的成熟，FSH 受体 mRNA 的表达量发生下降（You et al.，1996）。虽然注射重组 FSH 能诱导哺乳动物排卵（Tapanainen et al.，1993），但这在禽类中尚未进行过测试。

28.4.1.4　卵巢类固醇激素

排卵前 4～6 h 血浆孕酮浓度达到最高值，这与排卵前 LH 峰相吻合。孕酮分泌的增加主要来自最大的排卵前卵泡（F1）的颗粒层（Etches，1990）。外周和脑室内注射孕酮可诱导排卵前 LH 峰，并引起提前排卵，而在排卵前孕酮峰未出现之前给予孕酮抗血清处理可阻止排卵。有证据表明，排卵前 LH 峰之前孕酮分泌增加，这基于以下结果：①在正常排卵前孕酮峰缺失时（被类固醇激素合成抑制剂——氨鲁米特阻断），排卵前血浆中 LH 水平不升高；②在氨鲁米特处理过的蛋鸡中肌内注射孕酮可诱导正常的排卵前 LH 峰，此时血浆中睾酮或雌激素没有增加（Johnson and van Tienhoven，1984）。此外，对垂体切除的母鸡的研究结果表明，在没有排卵前促性腺激素的情况下，孕酮可诱发排卵（Nakada et al.，1994）。

血液中的孕酮以较高的亲和力与皮质类结合球蛋白或白蛋白以及其他 γ 球蛋白相结合。母鸡的下丘脑和垂体存在孕酮特异性受体，其数量受生殖状态的影响。在输卵管中，孕酮受体存在于表面的上皮细胞、管状腺细胞、间质成纤维细胞，以及动脉壁和子宫肌的平滑肌细胞中（Yoshimura and Bahr，1991a）。这些发现为孕酮在亲和素生成、子宫肌收缩和蛋壳形成中的作用提供了证据。此外，排卵前卵泡的颗粒层、膜层和生殖上皮细胞也表达孕酮受体（Isola et al.，1987；Yoshimura and Bahr，1991b）。这些为卵泡带区域相关的孕酮受体的定位提供了一种生理学机制，孕酮可通过该机制直接调节排卵。

睾酮在排卵前 6～10 h 出现峰值，而 5α-双氢睾酮（DHT）大约在排卵前 6 h 达到最高水平。此时睾酮的增加至少来自四个最大的卵泡。排卵中雄激素的作用目前还不清楚。脑室内注射睾酮不能释放 LH 或诱导提前排卵，而外周注射睾酮通常需要达到非生理性的高睾酮浓度时才能刺激 LH 分泌，并诱发排卵。此外，排卵前血浆睾酮不增加的情况下仍可发生排卵。等级前和等级卵泡的颗粒细胞和膜细胞均表达雄激素受体，雄激素通过旁分泌和/或自分泌作用调节类固醇激素生成（Lee and Bahr，1990；Yoshimura et al.，1993）。在雄性中，性成熟时雄激素调节生长、冠和髯的变色，并与雌激素协同诱导髓骨的骨化。

血浆中 17β-雌二醇和雌酮都在排卵前 4～6 h 达到最高浓度，而在排卵前 18～23 h 雌激素升高的幅度小、一致性差。在排卵前 3～6 h 四个最大的排卵前卵泡中，每个的雌二醇分泌量都增加，第三和第四大卵泡增加的程度最大。总的来说，卵巢产生的雌激素主要来源于小卵泡（1～2 mm）（Robinson and Etches，1986）。与睾酮一样，雌激素不可能直接参与 LH 分泌或直接诱导排卵，因为给蛋鸡注射雌二醇对排卵或 LH 分泌起抑制作用，或者无影响。此外，排卵前血浆中雌激素不增加时仍可发生排卵。

卵巢雌激素还具有多种与生殖有关的功能，包括对蛋壳形成所需钙代谢的调节、输卵管中自身受体的诱导，以及诱导卵巢和生殖道中孕酮受体表达。用雌二醇处理未成熟的日本鹌鹑和雌性雏鸡，可以增强输卵管的生长，并促进管状分泌腺形成和上皮分化。此外，雌激素可诱导输卵管内卵白蛋白、伴清蛋白、卵类黏蛋白和溶菌酶的合成，以及肝脏中卵黄蛋白原的合成。家禽的第二性征，如羽毛的颜色、形状以及性行为，也受雌激素的调控。用抗雌激素处理雌性鹌鹑胚胎后其行为会发生雄性化，因此雌性大脑的性别分化也受雌激素的影响。

28.4.1.5 **皮质酮**

血浆皮质酮的浓度呈现日节律（与光周期有关），其峰值与产蛋时间相符。皮质醇对卵巢和排卵过程的作用尚不清楚，先前的研究中描述其具有促进和抑制作用。虽然有证据表明，肾上腺通过分泌皮质酮来调节排卵前 LH 峰的时间（Wilson and Cunningham，1980），但血中皮质酮并不会因排卵而增加。注射皮质酮、去氧皮质酮或促肾上腺皮质激素都会诱导提前排卵，但这不太可能作用于下丘脑或垂体进而直接诱导 LH 的释放。在一些野生禽类中，血浆皮质酮季节性增高与产蛋（如白冠麻雀、欧洲椋鸟和西美草地鹨）或育雏行为（如杂色翔食雀）相关，而在其他禽类（如加拿大鹅）的繁殖季节，皮质酮没有明显的变化，甚至减少。皮质类固醇结合球蛋白的含量可随季节而变化，因此血浆皮质酮的绝对值会产生误差（Breuner et al.，2003）。

28.4.1.6 **催乳素**

大量证据表明，催乳素与亲本行为有关，也可能参与渗透压调节，特别是在海洋鸟类中。血中催乳素与 LH 峰之间还没有明确的相关性。垂体前叶分泌催乳素主要受 VIP 的刺激性调控。在许多禽类，血中催乳素在产蛋开始之际增加，但催乳素水平持续升高会使卵巢产生抗类固醇激素合成效应，其部分原因是抑制了类固醇生成酶基因的表达（Tabibzadeh et al.，1995），并作用于神经内分泌系统以降低下丘脑 GnRH 水平，从而抑制 LH 对卵巢的刺激作用（Rozenboim et al.，1993）。在母鸡的排卵-产蛋周期中，虽然催乳素不太可能直接影响排卵过程，但循环中催乳素的水平大约在排卵前 10 h 达到最高，排卵前 6 h 时最低。在夏季，催乳素水平随着光周期的增加而升高。嗉囊黏膜、肝脏、脑、卵巢和输卵管中都发现有催乳素受体 mRNA 和催乳素结合蛋白的表达（Tanaka et al.，1992）。

28.4.1.7 **其他因素**

排卵前卵泡可产生前列腺素，排卵期间 F1 卵泡分泌前列腺素（PG）$F_{2\alpha}$的量最多。在体外，$PGF_{2\alpha}$、PGE_2、乙酰胆碱和催产素都可增强卵泡结缔组织壁中平滑肌的收缩性，并与蛋白水解酶一起，参与排卵时卵泡带的破裂（Yoshimura et al.，1983）。然而，前列腺素显然不是排卵所必需的，因为无论是前列腺素给药处理还是向卵泡中注射前列腺素合成酶抑制剂——吲哚美辛都不能影响排卵的时间。促性腺激素抑制激素（GnIH）最初被描述为一种抑制垂体 LH 分泌的因子，但随后在鸡的卵巢中发现有 GnIH 与 GnIH 受体（BéDécarrats et al.，2009）。配体结合到 GnIH 受体后可抑制 cAMP 信号通路，据推测 GnIH 可调节卵泡的生长和分化。

28.4.2 产蛋

蛋的排出涉及腹部肌肉和壳腺与阴道之间括约肌的松弛，以及壳腺平滑肌的收缩。大多数研究采用鹌鹑和鸡来阐明产蛋的控制机制，神经垂体激素、前列腺素、乙酰胆碱、甘内肽以及排卵前和排卵后卵泡分泌的激素参与产蛋过程的调节。

施加催产素和精氨酸催产素（二者都源自神经垂体）可诱导蛋鸡提前产蛋。据报道，蛋鸡血中精氨酸加压素活性在产蛋时最高，其作用是通过精氨酸加压素受体 VT3 介导。神经垂体释放精氨酸催产素受多种因素的刺激，如前列腺素（$PGF_{2\alpha}$、PGE_1 和 PGE_2）、17β-雌二醇、孕酮、血管紧张素Ⅱ和乙酰胆碱。虽然摘除神经垂体并不影响产蛋的时间模式，但额外的精氨酸催产素可能来源于排卵前卵泡颗粒细胞和/或膜细胞。催产素的产蛋诱导作用可能是通过前列腺素介导的，因为用前列腺素合成酶抑制剂——吲哚美辛可阻断催产素引起的提前产蛋。

许多证据表明，前列腺素直接诱导子宫（壳腺）收缩，这是由胞外钙离子内流和肌球蛋白轻链激酶磷酸化介导的。给予外源性 $PGF_{2\alpha}$ 刺激壳腺收缩、阴道松弛，导致提前产蛋（Shimada and Asai，1979；Takahashi et al.，2011）。相反，用吲哚美辛或阿司匹林处理以降低血浆及排卵前和排卵后卵泡中前列腺素的峰浓度，可抑制子宫收缩，延迟产蛋。注射 PGE_1 引起鸡和鹌鹑提前产蛋，而用 PGE_1 的抗血清被动免疫母鸡则延迟产蛋。关于前列腺素介导精氨酸催产素从而诱导产蛋活性的证据表明，在精氨酸催产素诱发提前产蛋时血浆中前列腺素显著升高，精氨酸催产素刺激壳腺中前列腺素的合成与释放。

从预期产蛋时间前 4～6 h 开始，卵泡内的内源性前列腺素 E 和前列腺素 F 的浓度增高。产蛋时前列腺素的浓度在最大的排卵前卵泡和最近的排卵后卵泡中呈现最高和次高水平（Saito et al.，1987）。一个或多个来源前列腺素的合成和分泌的增加，可由血浆中前列腺素代谢产物 13，14-二氢-15-酮前列腺素 2α 水平的显著升高来反映，这与产蛋的时间相符。环氧合酶是前列腺素合成的限速酶，选择性地表达于颗粒细胞层、皮质的间质、卵巢表面上皮细胞，以及最近的排卵后卵泡（Hales et al.，2008）。在颗粒层内促进前列腺素生成的因子有 TGFα 和 TGFβ（Li et al.，1994）。去除最近的排卵后卵泡或最大的排卵前卵泡会导致产蛋推迟 1～7 d（Rothchild and Fraps，1944），涉及的调控因子可能是一种肽，这种肽可能与神经垂体激素或前列腺素类似或相同。尽管肾上腺素和去甲肾上腺素会影响壳腺的收缩性，但没有证据表明这些儿茶酚胺会影响产蛋的时程。

28.5 繁殖的季节性、育种和排卵-产蛋周期

季节性繁殖由年节律调节，而这种节律由脑内光感受器所检测到的光周期延长而定。最近一项模型表明，光周期诱导的垂体结节部促甲状腺激素（TSH）启动下丘脑内侧基底部产生三碘甲状腺原氨酸（T_3）。T_3 反过来启动季节性促性腺激素释放激素的产生和垂体促性腺激素的分泌（Yoshimura，2013）。

不同鸟类的繁殖周期可根据其周期长度和每年繁殖活跃的时间来分类。像家鸡或卡其康贝尔鸭这样连续繁殖的鸟类，在最佳条件下全年都能处于繁殖状态，但这些鸟类并不常见。在温带、亚寒带和北极区繁殖的大多数鸟类都显示出年周期，而适应热带或沙漠气候的鸟类可能繁殖周期短于一年，以 6 个月为间隔或出现适宜的条件（如雨水和食物供应）。斑胸草雀（*Taeniopygia guttata*）是鸟类中随机繁殖的一类，已适应澳大利亚的干旱和半干旱地区。

在出雏后不久雌性的卵巢开始发育，并一直持续到出雏后的前3个月，然后卵巢进入无限期的休眠期。在适宜的最终条件（如降雨）下，卵泡选择后进入快速生长期，并在1～2周内排卵（Sossinka，1980）。这就产生了两个重要的问题，即卵巢如何提供一个适宜的环境来长期保持等级前卵泡的存活（例如，防止细胞凋亡和随之而来的闭锁，大约从几个星期到几个月），以及这些刺激如何转化为适宜的细胞信号以启动卵泡选择进入排卵前等级（关于随机繁殖鸟类的更多信息见Hau，2001）。鉴于大多数鸟类的繁殖过程与食物供应和适宜的气候密切相关，任何重大的气候变化都可能对迁徙的时间和繁殖的最佳时间产生负面影响。

通过延长光周期可刺激多数鸟类卵巢的季节性生长。随着下丘脑促性腺激素释放激素（GnRH）分泌的增加，这些鸟类最初对日长的延长做出反应，从而引发垂体促性腺激素（FSH和LH）的产生和分泌。在一些鸟类（如日本鹌鹑），光刺激的第一天GnRH分泌开始增加。之后，通常需要额外的因素（如食物的质量和丰度、筑巢地点、温度或与雄性的相互作用等）来刺激卵泡的生长和成熟。然而，一些鸟类（如帝企鹅、交嘴雀）却在光周期减少或较短的（＜12 h的灯光）季节开始繁殖活动。这可能反映了繁殖后代所需的季节性可用食物资源。

野生鸟类通常一窝产一枚或多枚蛋，然后终止产蛋来孵化。每窝产蛋数和总窝数随种类、雌性年龄和季节而变化。一些鸟类，如乌燕鸥产一枚卵就孵化。而帝企鹅每年只产一枚卵，但繁殖也不一定能成功。相比之下，欧洲山鹑每年每窝产12～20枚蛋。鸽通常每窝产两枚蛋，平均每年八窝；两窝的间隔在春季和冬季约为45 d，春季和初夏为30～32 d。对一种鸟类，蛋的大小和数量往往会随着年龄的增长而增加，并且在第一个和第二个繁殖季节之间出现最大的提升。在椋鸟中，第一年后这种性能的提高与经历过光刺激后雌性卵黄蛋白原的大量产生有关（Sokman et al.，2004）。在北美鹑中，窝蛋数（clutch size）随着季节的推移而减少，从5月初的平均高达19.2枚蛋下降到7月下旬的11.3枚蛋。

在繁殖季节早期，一些鸟类（如绿头鸭、凤头麦鸡和巴布亚企鹅）在蛋被破坏或提早从巢中取走时，会产生替代的一窝蛋。这些鸟被称为不定数产蛋者（indeterminate layers），因为它们产生了大量发育中的卵泡，其数量多于通常的产蛋数。如果这些鸟产出的蛋被取走，它们将继续产蛋，并远远超过正常的窝蛋数。蛋丢失而引起继续产蛋的刺激（或暗示）可能来自视觉或触觉。移走巢中的蛋或蛋被破坏时，这些定数产蛋者（determinate layers）不能产生额外的蛋。因为这些鸟类产生排卵前卵泡的数量等于产蛋数。定数产蛋者包括黄林莺（*Dendroica petechia*）、红翅黑鹂（*Agelaius phoeniceus*）和斑姬鹟（*Ficedula hypolueca*）。在季节性（或非连续）繁殖鸟类中，卵巢经历生长期和消退期。欧洲椋鸟卵巢的重量可以从退化期的8 mg增加到繁殖高峰期的1 400 mg。

28.5.1 排卵-产蛋周期和产蛋率

家鸡的排卵-产蛋周期（卵子排出至钙化蛋产出的时间）一般稍长于24～28 h，而且持续几天不间断，极端情况下长达1年或更长。连续多天的产蛋数称一个产蛋序列，每个产蛋序列都被一至多天的停产日隔开。"窝（clutch）"一词有时与产蛋序列（sequence）同义，虽然前一个术语通常被认为更适合描述非驯化鸟类在孵化行为之前所产的一组蛋。24＋ h的排卵-产蛋周期是鸡、火鸡和北美鹑的特征。相比之下，鸽子的产蛋间隔为40～44 h，卡其康贝尔鸭为 23.5～24.5 h。

家鸡的产蛋序列越长，排卵-产蛋周期的持续时间就越短。一个序列中连产的产蛋推迟或间隔（lag）时间（以 h 为单位）并不是恒定的（表 28.2）。在一个序列中间隔时间的差异主要表现在产蛋和随后排卵之间的时间变化；这个间隔通常为 15～75 min。很显然，即使连续产蛋之间的间隔接近 24 h，每日产蛋的时间也会逐渐后移。随着产蛋序列的缩短，连产间隔变长，排卵-产蛋周期的时间越来越长于 24 h。鸡的产蛋序列中，第一次排卵（C1 排卵）和最后一次排卵（Ct 排卵）之间的总滞后时间（4～8 h，取决于序列长度）比日本鹌鹑（1.5～5 h）要长。LH 在家鸡中的正常释放只限在从暗期（scotophase，即暗相，dark phase）开始的 4～11 h（开放期，open period）。"开放期"的时间和调节尚未完全阐明。有关排卵-产蛋周期和产蛋序列的细节参见 Fraps（1955）和 Etches（1990）。

表 28.2 鸡蛋的成分

	卵黄	卵白				壳
		外层	中层	内层	系带生成层	
重量（g）	18.7	7.6	18.9	5.5	0.9	6.2
水分（%）	48.7	88.8	87.6	86.4	84.3	1.6
固形物（%）	51.3	11.2	12.4	13.6	15.7	98.4

	所有的层		
	卵黄	卵白	壳
蛋白质（%）	16.0	10.6	3.3
碳水化合物（%）	1.0	0.9	—
脂肪（%）	32.6	追踪	0.03
矿物质（%）	1.1	0.6	95.10

注：引自 Romanoff 和 Romanoff（1949）。

家鸡通常在光照期的早期排首枚卵，排卵的时间与暗期起始同步。相比之下，日本鹌鹑在光照开始后 8～9 h 排出序列中的第一枚蛋，这似乎与光相的时间同步。"产蛋率"指的是在指定时间内产蛋的数量，与产蛋的规律或模式无关。例如，50%产蛋率的鸡在 60d 产 30 枚蛋，这与 75%产蛋率时鸡40 d 的产蛋量相同。在达到性成熟（20～22 周龄）时，家鸡的产蛋模式不稳定（停产 2d 或更多天，偶尔每天产一枚以上的蛋），并且在前两周内产异常蛋（软壳蛋和双黄蛋）的发生率很高。产蛋开始后的 6～10 周达到高峰（通常达 90%或更高的产蛋率），并在 40～50 周内逐渐下降，这取决于蛋鸡品种还是肉鸡品种。随后，产蛋量逐渐下降，母鸡开始进入换羽期。常见品种的蛋鸡在 50 周的产蛋期内会产下 280 枚或更多的蛋。

几十年来，调节鸟类排卵周期的生理机制一直是研究的热点（Bastian and Zarrow，1955；Etches and Schoch，1984；Silver，1986）。传统模型清楚地预测到，主导信号涉及中枢水平上多个波动部位（可能包括视网膜、松果体和下丘脑内侧基底部）和局部的卵巢生物钟。研究表明，日本鹌鹑（NaKao et al.，2007）和鸡（Tischkau et al.，2011）卵巢的卵泡中存在着与时钟相关的基因（如 *Per*2、*Per*3、*Clock*、*Cry*1 和 *Bmal*1）；在颗粒层和膜层，时钟蛋白的水平随光周期和排卵周期的阶段而变化。这类数据不仅为鸟类卵巢内的功能性时钟提供了证据，而且还为局部卵巢时钟在调节卵泡生长、类固醇生成、产蛋率和排卵时程方面的作用提供了证据。

28.5.2 孤雌生殖

在火鸡中已有孤雌生殖（parhenogenesis，自未受精卵的胚胎发育）的记录；32%～49%的未受精卵可能开始发育，但大多数胚胎在早期就死亡（Olsen，1975；Cassar et al.，1998）。基因选择可以增加火鸡孤雌生殖的发生率，而活的幼体是纯合子的二倍体雄性，通常具有繁殖力。细胞学研究表明，火鸡的孤雌生殖是由单倍体卵母细胞引起的，在未伴随胞质分裂（有丝分裂）的减数分裂后进入二倍体状态。据报道，孤雌生殖也存在于家鸡（<5%的蛋，仅有一份孤雌生殖发育到成年的报告）、中国彩绘鹌鹑（*Coturnix chinensis*）和斑胸草雀（*T. guttata*）（Sarvella，1970；Parker et al.，2012；Schut et al.，2008）。

28.5.3 母体和环境对胚胎的影响

几乎所有的鸟类都提供某种形式的亲代养育，可分为仅雌性养育、仅雄性养育、双亲养育、合作繁殖（cooperative breeding）或巢内寄生（brood parasitism）（同种或异种）（Cockburn，2006）。澳大利亚丛冢雉（*Alectura lathami*；源自鸡形目冢雉科）可能是个例外，这种火鸡利用土堆和植被提供的地热进行孵化。在出雏时，幼火鸡发育完全，不需要任何亲代养育。此外，有证据表明，温度可改变这些鸟类出雏的性别比例，孵化较低的温度（31℃）导致雄雌比例为75%∶25%，而34℃的孵化温度则导致约28%的雄性后代。许多鸟类不仅可以通过遗传学，而且通过非遗传性因素（如卵黄沉积的类型和数量、各种激素和RNA转录本）直接影响胚胎的发育。其他证据表明，胚胎本身能够感知环境的变化并主动调整其自身的发育。例如，一些胚胎感知并应对光周期、嗅觉和听觉信号，一些胚胎在孵化前通过发声进行交流（Reed and Clark，2011）。

有研究证明，母体可根据预测成本和产生单一性别子代的存活率而进行母源性修饰，从而改变后代的性别比例。这种可能性很大程度上是因为鸟类雌性是异配子，而且鸟类决定配子性别的减数分裂发生在排卵和受精之前。在影响鸟类性别比例的机制中，表观遗传修饰有利于性染色体的分离、性别特异性受精、性别特异性孵化并影响母源性类固醇的作用（Rutkowska and Badyaev，2008；Pike and Petrie，2003）。至于后者，有人认为母体血浆类固醇水平可能影响排卵前机制，从而影响第一性别比（受精时的性别比），而蛋形成过程中沉积的类固醇会影响第二性别比（出雏时的性别比）（Goerlich-Jansson et al.，2013）。最后，在南跳岩企鹅（*Eudyptes chrysocome*）蛋中沉积的母源性孕酮（和/或雄激素）量与胚胎、雏鸟、成年鸟的体重成反比；而体重与生存能力直接相关。因此有人提出，卵黄中孕酮沉积的选择性调节可能是一种根据食物可得性和预期存活率来调节孵蛋数的策略（Poisbleau et al.，2011）。

28.5.4 光不应性、就巢性、换羽和生殖衰老

年度生殖周期的最后阶段是光不应性（photorefractoriness），即生殖系统不再对光周期或其他信号的变化做出反应的状态。绝对光不应性类似于初情期前的状态，这两种状态都与下

丘脑 GnRH 的合成和含量极低以及血液中促性腺激素不能维持卵巢功能有关。在雀形目鸟类，光不应性在繁殖季节的早期受甲状腺激素和长光周期的程序性调节。血液中高浓度的催乳素（PRL）被认为加速了光不应性的发生。在椋鸟中，当光周期超过 12L∶12D 时开始向光不应性转变，此时血液中催乳素浓度增加。椋鸟血中 PRL 峰值的浓度与卵巢退化的起始相一致。这种光不应性状态可被短光周期（短于 12L∶12d）所终止，经过一段关键的因种而异的时间后，GnRH 的产生和分泌得以恢复。相比之下，相对光不应性导致卵巢退化（如鹌鹑），但下丘脑的 GnRH 没有明显下降。因此，在持续暴露于这种光周期时，卵巢可以发生复苏（Dawson，2008）。温度、降雨、社会因素和食物供应等非光周期信号可影响光不应性开始的时间，但没有证据表明这些信号会影响光不应性的终止（Dawson and Sharp，2007）。

常与光不应性和卵巢退化同时发生的是换羽（molt）过程，就是用新羽代替旧羽，这是鸟类所经历的最耗费精力和最低效的重要活动之一。因此，换羽的时间通常不与迁移或繁殖重叠；然而，也有一些鸟类在产蛋、就巢或育雏期间就启动换羽（Williams，2012）。当重叠发生时，换羽持续的时间较长，羽毛的生长速度显著降低，并且鸟类投入更多的时间来喂养雏鸟，而花更少的时间来护理羽毛。虽然目前对换羽的近身环境调节或生理调节还知之甚少，但在椋鸟中，换羽似乎与催乳素水平有明显关联，特别是季节性高峰后催乳素的水平下降之时（Dawson，2006）。

VIP 是鸟类的催乳素释放激素。用 VIP 免疫科抑制光周期诱导的催乳素分泌和换羽。在商品蛋鸡群中，强制换羽作为一种产蛋终止同步化的方法，可最大程度地提高第二个产蛋期的产蛋率以及蛋的大小和质量。强制换羽程序通常涉及某些形式的应激，如短期内停止饲喂、提供低密度的饲料或造成营养失衡。

就巢行为由催乳素水平升高引起，包括终止产蛋、启动孵蛋和养育幼雏。就巢的雌性表现出体温升高，食物和水的消耗减少，具有攻击性和防御性行为。孵蛋的起始与卵巢及附属生殖组织（如输卵管）和冠的退化同时发生。在现今的商品蛋鸡中，基本上不存在就巢（尤其是像白来航这样的地中海品种），但矮脚鸡和肉用种鸡仍然存在就巢行为，并且在火鸡和鹅中就巢也很常见。就巢可能伴随着孵卵（或就巢）斑的发育，在雌激素和催乳素的调节下，血管增生、水肿和表皮增厚。孵蛋活动促进鸽嗉囊的发育，此腺体的增生受催乳素的直接调控。在环鸽中，由 FSH 分泌刺激而产生的内源性雌激素可诱导雌鸽筑巢。反之，雄性筑巢活动的启动取决于激素环境和雌性的行为。

与光不应性一样，就巢相关的催乳素基因表达和分泌主要由下丘脑 VIP 来调节。施加催乳素可诱导火鸡的孵蛋行为，主动免疫催乳素可降低火鸡和矮脚鸡就巢的发生或延迟其就巢行为的启动（March et al.，1994；El Halawani et al.，1995）。下丘脑的多巴胺通过刺激多巴胺受体（DRD1）促进 VIP 的分泌。多巴胺还可以通过垂体的抑制性受体（DRD2）抑制催乳素的分泌（Youngren et al.，2002）。用多巴胺受体拮抗剂处理母鸡，通过抑制催乳素分泌而终止母鸡就巢。雌性就巢行为出现之前，血中 LH、孕酮、睾酮和雌二醇的浓度下降，而生长激素则只有在母鸡养育幼雏时才会降低。从开产和产蛋期间，由卵巢雌激素来维持催乳素的基础分泌。随着就巢的起始，血液中催乳素水平急剧升高，并且在整个孵育期间保持高水平。催乳素水平增高的部分原因是通过将垂体生长激素细胞（生长激素分泌细胞）向同时产生催乳素和生长激素的细胞（mammosomatotrope，催乳生长素细胞）转化。在雄性承担主要孵育作用的鸟类中（如威尔逊氏瓣蹼鹬，*Phalaropus tricolor*），雄性催乳素的水平高于雌性（Oring et al.，1988）。有关更多的信息参见 Sharp（2009）。

进化理论预测，随着年龄的增长，任何繁殖性能的下降（如繁殖衰老）不仅与种群或种群内的个体所处的环境条件有关，而且还与较早的开产率有关。因此，在早期繁殖中付出最多的种群或种群内的个体都很可能发生早期衰老，且较早死亡（Reed et al.，2008）。繁殖老化可以定义为任何繁殖性能的下降，包括后代健康状况的下降。相比之下，卵巢衰老意味着卵巢内初级卵泡储备的显著下降或丧失，和/或卵母细胞质量和受精能力的显著丧失。鸡的繁殖衰老和产蛋量的逐渐下降伴随着生长缓慢的卵泡闭锁率增加，以及被选择进入排卵前等级的卵泡数量减少（Waddington et al.，1985）。

Holmes 等（2003）将鸟类中的雌性繁殖衰老分为以下三种类型。第一类的特点是寿命相对较短，繁殖力下降较快，如多种鸡形目，包括家鸡、鹌鹑、火鸡和雉鸡。第二类包括衰老适度缓慢且寿命稍长的鸟类，其繁殖成功率的缓慢下降与死亡率的增加密切相关，如雀形目鸣禽，包括大山雀（*P. major*）和类似欧洲雀鹰（*Accipiter nisus*）的小猛禽。第三类的特点是寿命长，衰老慢，雌雄的繁殖能力下降都可以忽略不计，如普通燕鸥（*Sterna hirundo*；Nisbet et al.，1999）和橙嘴蓝脸鲣鸟（*Sula granti*；Anderson and Apanius，2003）即使在 20 年的繁殖活动之后，也没有表现出明显的繁殖力下降。据报道，有些燕鸥和海鸥会随着年龄的延长而增加后代成功孵化的数量，这可能更多地与孵化后存活和双亲行为有关，而不是与卵巢繁殖力的提高有关。另外，鹦形目中的一些鸟类（如鹦鹉科和凤头鹦鹉，代表最长寿的鸟类）可以繁殖长达 20 年，但它们也可以在繁殖结束后存活多年（Young et al.，2011）。所提的这三种类型虽然尚未经过严格的测试，但提出了卵巢环境在促进生殖细胞长期存活和活性保持中发挥作用的重要问题。

28.6 卵黄、卵清、有机基质和蛋壳的成分与形成

禽类的羊膜卵在脊椎动物中是独特的，而且不出所料，它有一些与非禽类谱系中没有明显同源序列的特异性基因，这些基因表达的蛋白包括蛋壳特异性蛋白：卵壳素-36（ovocalyxin-36，一种促进先天性免疫的模式识别分子）、卵锁素-17（ovocleidin-17）和卵锁素-116（ovocleidin-116，一种新的蛋壳基质蛋白），以及两种基因复制而产生的独特卵清蛋白（卵清蛋白 X 和 Y）（Tian et al.，2010）。禽蛋的成分包括卵黄、卵白、有机基质和晶状的蛋壳。许多研究人员已经在综述中对每种组分进行了描述，更多详细信息请参阅以下文献：Gilbert（1971a，b），Simkiss 和 Taylor（1971），Hincke 等（2008）和 Solomon（2010）。在许多鸟类中，卵黄和卵白的密度以及蛋黄与蛋重的比例似乎是一致的。然而，卵清和卵黄的脂质、氨基酸和碳水化合物含量确实存在差异，其中早成鸟（如雁形目和鸡形目）卵清和卵黄的能量密度高于晚成鸟（如原鸽和褐鹈鹕）（Roca et al.，1984；Bucher，1987）。卵壳膜和壳基质相关的许多蛋白（如胶原、碳酸酐酶、钙结合蛋白、维生素 D 受体和骨桥蛋白）是在壳腺中形成的，或以高浓度存在于壳腺（Arias and Fernandez，2001；Soledad Fernandez et al.，2001）。

钙化蛋壳是一种独特的矿化结构，保护生长的胚胎免于脱水、物理创伤和微生物感染，允许气体交换，同时缓冲温度波动，以保持胚胎发育的适宜条件。此外，蛋壳通过作为钙的主要来源而促进胚胎的生长和发育；在孵化后期，鸡胚体内大约 80%的钙来自蛋壳。细菌污染蛋的两种最可能途径是形成壳之前生殖器官感染，或者产蛋前和/或产蛋后通过蛋壳中的小孔渗透；然而，小孔数与感染发生率之间没有明显的相关性。

28.6.1　卵黄

卵黄提供胚胎生长所需的脂质和多种蛋白质，由透明的黄色液体（浆液）和悬浮颗粒（含有卵黄脂磷蛋白和卵黄高磷蛋白的微粒，均来自卵黄蛋白原）组成。鸡蛋中卵黄的最终成分包括约 36%的脂类（按湿重计）和 17%的蛋白质。卵黄中比例最大的是水（约 50%），以及含量较少的游离碳水化合物（约 1%）和无机元素（1%～2%）（Anton，2007）。在主要脂类中，约 70%是三酰基甘油，25%是磷脂，5%是胆固醇和胆固醇酯。卵黄中还富含多种抗氧化剂（如类胡萝卜素和维生素）。卵黄沉积通常呈同心带，这是由于每日采食种类不一致。向发育中胚胎传递被动免疫的成分是禽特异性抗体 IgY。最近，一种鸡卵黄囊 IgY 受体被鉴定出来（FcRY，甘露糖受体家族的一员）；此受体选择性地将 IgY 从卵黄转运到胚胎血液中（Tesar et al.，2008）。

28.6.2　卵清

在完全形成的蛋中有四层不同的蛋白：①附着在卵黄上的系带生成（内浓厚）层，②内稀薄（液）层，③外浓厚层，④外稀薄（液）层。按重量计，约 1/4 的总蛋白（按重量）存在于外稀薄层，略大于外浓厚层的一半。内层占总卵清的 17%，而系带生成层加系带则占总蛋白的 2.7%。蛋白的功能之一是防止微生物侵入蛋黄，以及在胚胎发育过程中作为水、蛋白质和矿物质的来源。系带是位于卵子两端的两个纤维状结构，允许卵黄的有限旋转，但很少发生侧向移位。

家鸡卵清的第一层蛋白是在漏斗部尾端沉积的。大部分卵清蛋白由膨大部管状腺细胞分泌，而亲合素则是由杯状细胞在孕酮和雌激素的刺激下合成的。卵清的各层是随着卵子通过输卵管的运动，由膨大部的不同区域或壳腺内的变化而连续沉积的。

卵清中主要的蛋白质包括：①卵清蛋白，占总卵清蛋白的 54%；②卵转铁蛋白（结合铁），占 13%；③卵类黏蛋白，占 11%；④卵球蛋白（G_2 和 G_3 型），占 8%；⑤溶菌酶，占 3.5%；⑥α 卵黏蛋白和 β 卵黏蛋白，占 1.5%～3%。还有几种特征性蛋白的浓度较低，包括亲合素（约占总蛋白的 0.05%）、黄素蛋白和硫胺素结合蛋白、卵巨球蛋白和半胱氨酸蛋白酶抑制剂。卵清蛋白在产蛋母鸡输卵管中合成，是胚胎发育过程中氨基酸的来源。根据其与丝氨酸蛋白酶抑制剂家族的同源性，卵清蛋白也可能抑制蛋中酶的活性。卵转铁蛋白主要作为铁螯合剂，从而有助于防止蛋内细菌的生长。卵黏蛋白是一种丝氨酸蛋白酶抑制剂，作为蛋中主要的蛋白酶（主要是胰蛋白酶）抑制剂；靶向酶可能是由入侵的微生物产生的。另外，卵黏蛋白可以在胚胎发育过程中调节白蛋白的酶降解。

α卵黏蛋白（糖蛋白）和β卵黏蛋白（按重量计含60%碳水化合物）是不溶性的纤维状蛋白，使蛋清维持凝胶状，特别是在浓厚层中。卵黏蛋白能阻止微生物的入侵，并可能表达抗病毒特性。卵清溶菌酶的主要生物学功能是对革兰氏阴性菌细胞壁的溶解活性。

一些卵蛋白以其结合特异性底物的能力而得名（例如，卵转铁蛋白结合铁、铜和锌；黄素蛋白结合核黄素；亲合素结合生物素和铁），而其他蛋白作为蛋白酶抑制剂（卵类黏蛋白、卵抑制剂、半胱氨酸蛋白酶抑制剂和卵巨球蛋白）。亲合素是一种依赖于孕酮的分泌性蛋白，其在蛋中的生物学作用可能是通过螯合矿物质并抑制细菌生长，从而保护必需营养素免遭破坏。半胱氨酸蛋白酶抑制剂具有抗菌和抗病毒活性，可以灭活微生物代谢或侵入宿主组织所必需的蛋白酶。虽然携带致病菌的母鸡会主动增加 IgY 输出到卵黄，但似乎机体本身就可从输卵管向卵清、蛋壳膜和蛋壳转移抗菌蛋白和肽（如防御素）；这些蛋白可对抗多种微生物（Bedrani et al.，2013）。

28.6.3 有机成分

蛋壳的有机成分包括壳膜、乳突层、壳基质和角质层。虽然这些成分仅占整个蛋壳的一小部分，但其完整性对蛋壳的形成和强度至关重要。

28.6.3.1 壳膜

壳膜分为内壳膜（厚度为50～70 μm；未钙化）和外壳膜（厚度为15～25 μm，穿透钙化壳的相邻乳突层）两层，并在1～2 h 内由输卵管峡部近端产生。在胚胎发育过程中，内壳膜与绒毛尿囊膜相连（图28.5）。富含二硫化物的蛋白性内壳膜与外壳膜彼此紧密接合，仅在蛋的钝端二者分离构成气室。壳膜是否由峡部的上皮细胞或管状腺体细胞分泌还存在疑问。壳膜由蛋白纤维网构成，并由二硫键和赖氨酸衍生键交联，带有功能不确定的小纤维突起。壳膜由Ⅰ型、Ⅴ型和Ⅹ型胶原组成（10%）。其余的纤维成分由蛋白质（70%～75%，如糖蛋白）组成（Leach，1982）。壳膜是半透膜，气体、水和晶体可通过，但不允许蛋白质通过。壳膜厚度与蛋壳厚度无关，但壳膜厚度确实随着母鸡的年龄而减小。在孵化过程中，壳膜厚度也会减小，从而增加了水和氧气的通透性。

28.6.3.2 乳突核

乳突核是来自外壳膜表面的突起（图28.5），是钙化的初始部位，主要由蛋白质组成，但也含有碳水化合物和黏多糖，由峡部上皮细胞形成。乳突核是蛋壳中有机物质比例最高的。不同鸟类已经进化出具有不同乳突密度的蛋壳，以满足不同生长速度和发育模式对钙的需求。早成鸟生长缓慢，但乳突密度高；而晚成鸟则生长迅速，但乳突密度低（Osterström and Lilja，2012）。

28.6.3.3 壳基质

蛋壳的有机成分是一系列蛋白质（糖蛋白和蛋白多糖），以及发生钙化的酸性黏多糖。非矿物组分约占蛋壳总有机成分的2%。基质加钙化晶体构成蛋壳外表面的栅栏层。与外部区域相比，蛋壳的最内侧区域具有更大的基质密度。钙结合蛋白和碳酸酐酶均已在基质中被鉴定。在卵到达壳腺后不久就会发生基质的沉积。

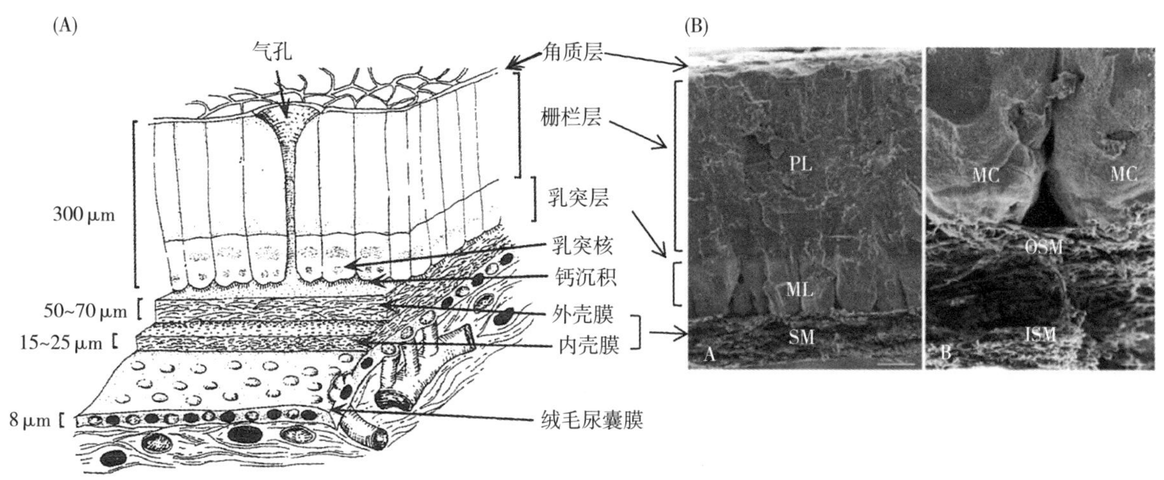

图 28.5★ 外壳膜结构和壳体截面电镜扫描图

(A) 母鸡蛋壳和膜的结构图，显示碳酸钙溶解后留下的外部晶体结构和内部有机质。改编自 Rahn 等 (1979)。(B) 壳体截面的扫描电子显微照片。ISM，内壳膜；OSM，外壳膜；MC，乳突核；ML，乳突层；PL，栅栏层。引自 Hincke 等 (2000)。

28.6.3.4 角质层

蛋壳整个表面通常（但不总是）覆盖着一层由多糖、脂类和蛋白质组成的极薄的蜡状角质层。在所鉴定的 47 种不同蛋白质中，有一些具有已知的抗菌活性（如溶菌酶 C、卵转铁蛋白、卵黄蛋白原-32、半胱氨酸蛋白酶抑制剂和卵抑制物）(Rose-Martel，2012)。角质层在整个蛋壳表面上分布不均匀，深度为 0.5～12.8 μm，60 g 鸡蛋中角质层的平均干重为 12 mg。它的功能主要是保护蛋免受水分蒸发和微生物入侵；它不太可能增加蛋壳的结构完整性。角质层在产蛋前最后的 30 min 形成。

28.6.4 结晶层

蛋壳由三个钙化层组成，即乳突层、栅栏层和表面晶体层。每枚蛋中钙的沉积量通常占鸟类体内钙储存量的 10%。小型雌性鸟类体内钙的内源储存可能不足以满足产蛋期间钙的需求，因此它们可能被迫在产蛋期间和为雏鸟提供营养时，专门寻觅富含钙的食物（如蜗牛）(Wilkin et al.，2009)。

蛋壳的钙化部分可以分为乳突层、栅栏层和外表面的垂直晶体层（图 28.5）。总的来说，这几层代表禽蛋壳的主要部分，主要承担其机械强度，并由约 97%无机成分组成。蛋壳内的弹性程度反映无机成分和蛋白质组分之间的相互作用。虽然钙是主要的阳离子，但蛋壳也以碳酸镁的形式分离出大量的镁；由于锰在黏多糖合成中的作用，乳头突的发育可能需要锰 (Leach and Gross，1983；Hincke et al.，2012)。

28.6.4.1 乳突层

乳突核向外结晶形成乳突层；一些晶体向内生长与外壳膜融合。此外，钙沉积物从乳突核底部辐射到外壳膜。乳突小结在壳腺内钙化的前 5 h 形成。在结晶扩展的过程中，水流会使壳膜拉长，增加了乳突顶端之间的距离。横向生长的晶体最终与其他乳突的晶体相邻，而向外生长的晶体可能延伸到壳表面。在某些部位，晶体不能完全生长在一起，留下直径为 0.3～0.9 μm 的孔。

28.6.4.2 栅栏层

结晶栅栏（或海绵）层（厚约 200 μm）主要由方解石形式的结晶碳酸钙组成，是蛋壳的最大组成部分（Solomon，2010）。蛋进入壳腺后 5～6 h，在扩展过程中开始钙化。栅栏层为柱状物，直接位于与表面垂直的乳突节上方。随着钙化的进行，相邻的结晶柱融合以增强结构的完整性。

28.6.4.3 表面晶体层

钙化的最外层是表面晶体层。晶体结构比栅栏区域致密，并且垂直于蛋壳表面。此层的总厚度为 3～8 μm。蛋壳形成的缓慢阶段相对应于乳突层的形成时期，而快速阶段是指栅栏层和表面晶体层的生长时期。

28.6.4.4 通过蛋壳的呼吸

蛋壳上的气孔是简单的漏斗状，从蛋壳表面突出到乳突节层，约占蛋壳表面的 0.02%。在大多数鸟类，气孔沿卵轴径向穿过蛋壳并纵向发出分支。气孔是由结晶不完全的区域所致。气孔的数量（7 000～17 000 个）一般与胚胎内肺功能启动前的代谢需求有关，单位面积的气孔数量随着蛋重的增加而减少。气孔的功能是作为胚胎发育过程中蛋的气室与外界环境之间化学通讯的通道（Tullett，1984；Rahn and Paganelli，1990）。氧气、二氧化碳和水的交换主要通过被动扩散进行，一枚 79 g 的火鸡蛋在 28d 孵化期内大约交换 27 L 气体（氧气、二氧化碳和水蒸气）（Rahn et al.，1987）。117 种鸟类在孵化过程中的平均扩散失水率为 15%；失水率由蛋与巢的环境之间水蒸气的压差决定。内壳膜和外壳膜在限制氧气、二氧化碳和水蒸气流动方面作用很小，而这些物质通过的主要阻力来自于气孔的内端。因此，气室的气体张力主要由气孔的数量和大小以及与胚胎代谢率相关的蛋壳厚度决定的。表面积为 90 cm^2 的火鸡蛋的气孔总面积为 2.2 mm^2。

几乎所有禽类的蛋在孵化过程中都需要翻转。如果不翻转，则会使壳膜减薄的幅度不均匀，从而降低氧气的吸收和水的通透性；而这会导致孵化率降低和孵化延迟。禽类的蛋在椭圆形的钝端有一个气室，随着孵化的进行，气室的体积会增大。从蛋壳的尖端到钝端，气体交换和气孔密度逐渐增加。不对称的形状确保在孵化过程中尖端朝下，以保证钝端的气体交换最大化（Mao et al.，2007）。

28.6.4.5 蛋壳色素沉着

蛋壳着色被认为是一种伪装、模仿宿主蛋，过滤阳光辐射，甚至指示雌性的遗传适应性和蛋品质的机制。蛋壳色素包括原卟啉（棕色蛋；由壳腺上皮细胞合成的促氧化剂）、胆红素（淡黄色）和胆绿素（蓝绿色）。尤其是后两种是来自血液的胆汁色素，或在壳腺中合成，均具有较强的抗氧化活性。有人认为，蛋壳颜色的强度（与胡萝卜素的浓度和含量呈正相关）可以作为蛋活力和后代适应性的象征。孕酮可促进壳腺色素的合成与积累。

28.6.5 钙的有效性

无论是在初情期卵巢开始活动时以促进髓质骨的形成，还是在随后的每个排卵周期中，钙的需求量都显著增加。壳腺在 11～15 h 内转运 2.0～2.5 g 钙，用于每个蛋的钙化。年产 280 枚蛋的商品母鸡将使用相当于全身钙含量 30 倍的钙来形成蛋壳。一般来说，与蛋壳钙化相关的钙转运和稳态受甲状旁腺激素、降钙素和 1，25-二羟维生素 D_3 的调节，参与介导的蛋白质至少有五组（钙结合蛋白、Na^{+}-Ca^{2+} 交换器、膜局部钙 ATP 酶、上皮钙通道和紧密连接蛋白；后者为钙的旁细胞途径转运所必需）。关于肠道和壳腺的吸收机制和吸收随年龄、产蛋量变化的详细描述超出本章讨论的范围，读者可参阅第 30 章和 Bar，2009。

28.6.5.1　蛋壳钙的来源

蛋壳形成所需的钙通过血液从肠（十二指肠和前段空肠）吸收或从骨（主要是髓质骨，在缺钙的情况下也包括皮质骨）再吸收。值得注意的是，Ca^{2+} 吸收在蛋壳钙化期间显著增加，而介导这种节律性的机制似乎与维生素 D 有关。骨钙的吸收由甲状旁腺激素和 1，25-二羟维生素 D_3 调节，而通过肠道的吸收仅由 1，25-二羟维生素 D_3 促进。这两个器官作为钙源的相对重要性取决于饲料钙的含量。产蛋母鸡在蛋壳形成时期的饲料消耗量比没有蛋壳形成时期大约多 25%。当饲料中钙的推荐浓度为 3.6%～4.0%时，大部分蛋壳钙可以直接从肠中获取。然而，在蛋壳钙化过程中肠道吸收钙的增加量不足以满足蛋壳钙化所需的高钙量；因此，多达20%～40%的蛋壳钙来自于骨骼。在壳腺不形成蛋壳期间，骨骼钙库从肠道补充 Ca^{2+}。这些关系似乎因一天中的不同时间而有所不同。当母鸡持续自由采食时，大部分日常采食量在光周期的早期摄入；其余的则在光周期末期摄入。然而，蛋壳的大部分是在夜间形成的，此时一般没有钙的摄入，并且消化道的钙含量逐渐降低。因此，在黑暗的后期，髓质骨是蛋壳钙的主要来源。

血钙以两种形式循环，即不可扩散的蛋白质结合钙和可扩散的游离钙。不可扩散的钙与血浆钙结合蛋白、卵黄蛋白原和白蛋白相结合。雌激素处理可增加血浆钙总含量，部分原因是通过刺激血浆钙结合蛋白的产生所致。同样，在产蛋前几周血浆钙总含量增加，这是由于蛋白结合钙增加，而不是可扩散钙的增加。在排卵-产蛋周期中，产蛋后 4 h 离子钙达到峰值（0.057 mg/mL），然后在蛋壳钙化期间显著降低（最低 0.049 mg/mL）。另一方面，在排卵-产蛋周期中，血浆钙总浓度（离子钙加非离子钙）波动极小（0.2～0.26 mg/mL）。

给蛋鸡饲喂缺钙饲料可显著降低血浆中离子钙的浓度，导致产蛋显著降低或完全停止，而且卵巢在 6～9d 内退化。然而，尽管其离子钙的含量存在相当程度的下降，但饲喂相同饲料的母鸡在注射鸡垂体粗提物后可继续产蛋，且产蛋期更长（Luck and Scanes，1979a）。饲喂缺钙饲料（0.2% Ca）的母鸡 LH 的基础浓度显著低于饲喂富含钙的饲料（3.0% Ca）的母鸡，但两组之间因外源性 GnRH 刺激而引起 LH 释放的活性相似（Luck and Scanes，1979b）。这些结果表明，垂体 LH 的合成和释放，以及卵巢对促性腺激素的反应能力对缺钙有抵抗力。Mongin 和 Sauveurl（1974）证明，在蛋进入壳腺时，蛋鸡主动消耗钙的量增加，并且在缺钙饲料和补充牡蛎壳后富含钙饲料之间进行选择，母鸡将优先采食富含钙的饲料（Hincke et al.，2012）。

28.6.5.2　维生素 D

维生素 D 通过活性代谢物 1，25-二羟维生素 D_3 在钙代谢调节中起重要作用，在雌激素和甲状旁腺激素的作用下，肾脏中 25-羟维生素 D_3 发生 1-羟基化，从而转变成这种形式。例如，肾脏 1-羟化酶活性刚好在开产前增高，这与血液中雌激素和血浆总钙量的增加相对应。此外，在排卵-产蛋周期中 1-羟化酶活性在排卵时增加，随后在排卵后 4 h 血液中 1，25-二羟维生素 D_3 的浓度增高，并持续到排卵后 10 h 或蛋壳形成起始之后。在 1，25-二羟维生素 D_3 诱导的蛋白质中，骨桥蛋白是一种多功能的高度磷酸化蛋白质，特别在蛋钙化期间由峡部和壳腺的上皮细胞表达。一旦分泌出来，骨桥蛋白就存在于非矿化的壳膜纤维、乳突核和栅栏的最外层（Fernandez et al.，2003）。有关维生素D和钙代谢的更多内容参见Bar（2008）。

28.6.5.3 髓质骨的钙代谢

在长骨（如肱骨、股骨和胫骨）中，髓质骨沿着内膜表面排列，并且以相互连接的针状的骨小梁形式生长，可完全充满狭窄的空间。雌性鸟类在产蛋前最后的10 d，主要由雌激素刺激成骨细胞的功能而形成髓质骨。髓质骨是鸟类和鳄鱼所特有的，对雄性鸟类通过使用雌激素或去势雄性鸟类通过雌激素和睾酮处理很容易诱发髓质骨。性腺类固醇激素显然直接作用于髓腔内的成骨细胞，与钙的摄入无关。此外，由于髓质骨的出现发生在肾1-羟化酶活性增加和血浆总钙升高前1～2周，1，25-二羟维生素D_3不太可能在此时介导钙向髓质骨的转移。

在排卵-产蛋周期中，强烈的髓质骨形成期与严重的骨消耗期交替出现。饲喂高钙饲料的商品蛋鸡在蛋壳未形成的情况下，通常能够补充在蛋壳钙化过程中从髓质骨丢失的钙，但饲喂低钙饲料时，股骨的皮质骨受到侵蚀，而髓质骨保持在相当稳定的水平。在这些条件下，形成的新髓质骨仅部分钙化，成骨细胞数量的增加表明更替速度更快。因此，长时间的连续产蛋与骨质疏松症的高发有关。在产蛋结束时，髓质骨逐渐消失，并开始形成新的结构性骨。更多信息参阅Whitehead（2004）。

28.6.5.4 壳腺对钙的吸收和分泌

我们对介导钙通过壳腺转移的机制，以及激素对此过程的调节的了解仍不全面。Ca^{2+}-ATP酶和钙结合蛋白是细胞间转运途径的两个关键组成部分，参与Ca^{2+}的跨细胞途径和替代或互补的旁细胞被动转运途径（Bar，2009）。正如本章所讨论的，产蛋的起始涉及的相关因素包括肠和壳腺中1，25-二羟维生素D_3的合成和积聚的增加、产蛋过程肠和壳腺中钙转运和钙结合蛋白-D28K含量的增加。钙结合蛋白在壳腺的管状腺细胞和峡部的远端表达，但显然不在峡部近端或膨大部表达。肠内钙结合蛋白的合成主要受1，25-二羟维生素D_3的调节，但其在壳腺的产生显然需要卵巢类固醇和1，25-二羟维生素D_3之外的其他尚未确定的因素（Bar et al.，1990）。虽然在排卵周期中，钙结合蛋白mRNA的水平随着蛋壳钙化而增加，但在组织水平钙结合蛋白几乎没有变化；这表明钙结合蛋白的翻译后水平受到了控制（Nys et al.，1989）。

壳腺的钙分泌在排卵后约7 h开始增加，在蛋壳形成时达到最大值，在蛋壳形成完成后但在蛋产出前，钙分泌量下降到基础水平。蛋存在于壳腺内不太可能是启动钙分泌的主要刺激因素，但似乎与排卵关系更为密切。蛋影响钙分泌速率变化的激素信号尚不清楚，尽管有人认为有雌激素参与此过程（Eastin and Spaziani，1978a）。同样，钙高分泌率的终止与蛋排出无关，因为在产蛋前2 h钙沉积完全降低。钙以扩散和主动运输的形式跨壳腺转运（Eastin and Spaziani，1978b），涉及代谢能量的消耗。在老年母鸡，钙沉积和蛋壳重量及密度与壳腺中钙结合蛋白的水平有关（Bar et al.，1992）。

28.6.5.5 碳酸盐的形成和沉积

蛋壳的矿物质中含97%～98%的碳酸钙，其余为碳酸镁和磷酸三钙。蛋壳中的碳酸盐来自血液中的碳酸氢盐，或由输卵管组织和蛋壳中的碳酸酐酶从CO_2催化而成。此外，从膨大部流到壳腺的液体中的碳酸氢盐补充了管腔内碳酸盐离子含量。壳腺分泌HCO_3^-与钙的分泌一样，是通过主动转运完成的，并且可能受腔内 HCO_3^- 浓度的影响。钙的净分泌量在功能上与 HCO_3^- 的产生、腔内 HCO_3^- 的浓度有关。有关碳酸盐-碳酸氢盐的产生和碳酸氢钙的互作与分泌的更多信息参阅 Eastin 和 Spaziani（1978b）。

参考文献

（米玉玲、张才乔译，范衡宇、张坤校）

第 29 章　雄性生殖

Jorge Vizcarra，Rebecca Alan and John Kirby

29. 1 引言

繁殖是一个由不同发育和功能阶段组成的过程。就雄性而言，繁殖包括受精、形成特有生殖道、产生精子、呈现雄性特有行为模式以及从体内排出精子等环节。在分析生殖过程时，各个环节不能孤立起来。例如，虽然成年后雄性生殖道才完全具有功能，但其大部分结构在出壳前就已完成。再者，精子发生虽然与初情期有关，但精子生成并不局限于实际年龄，而是一定程度上与睾丸细胞增殖、分化程度有关，后者受促性腺激素的调节。最后，雄激素在生殖道功能、第二性征出现和雄性行为方面发挥关键作用，若是雄激素信号出现在青春期前的快速生长和分化时期，则会对免疫和结缔组织的发育产生不利影响。因此，本章将讨论雄禽生殖系统发育的过程和功能。

29. 2 生殖道的解剖

29. 2. 1　睾丸

雄性生殖器官的大体形态和相对位置如图 29. 1 所示，详见 King（1979）、Lake（1981）及 Nickel 等（1977）的综述。成对的生殖道位于背侧体壁。每侧生殖道包括睾丸、附睾和绕着输尿管高度盘绕的输精管。睾丸通过睾丸系膜与体壁相连。系膜是睾丸的附属物，内含神经和血管。每侧睾丸均由生精小管聚集而成，再由间质组织包裹。睾丸囊是睾丸收缩机制的重要组成部分，包括浆膜、白膜和血管膜三层膜。在这三层膜中，白膜是主要成分，以细胞组分与致密的胶原纤维束交替而成。大多数鸟类睾丸囊比哺乳动物的要薄；然而，对平胸鸟类的研究表明，其睾丸囊厚于其他鸟类（Aire and Ozegbe，2007；Ozegbe et al.，2008）。

睾丸包括两类实质组织：间质组织和生精上皮。间质组织中含有血管、淋巴管、神经、管周上皮细胞和间质细胞，而生精小管的基底膜上覆盖有薄的肌上皮细胞、成纤维细胞和结缔组织纤维（Rothwell and Tingari，1973）。性成熟后生精小管中的生精上皮被相邻支持细胞通

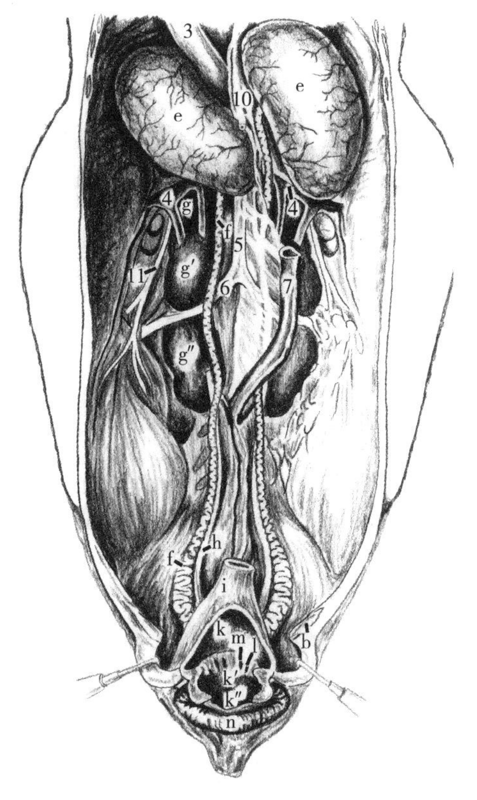

图 29.1★　公鸡背侧体壁解剖图

成对的睾丸(e) 分布在肾脏上方 (g)。输精管 (f) 盘绕在输尿管旁 (h) 并与泄殖腔 (k-k″) 相连，最后开口于 (l) 泄殖道 (k′)。b，耻骨；e，睾丸；f，输精管；g，肾前叶；g′，肾中叶，g″，肾尾叶；h，输尿管；i，结肠；k，粪道；k′，泄殖道，k″，肛道；l，左侧输精管开口；m，左侧输尿管开口；n，肛门。改绘自 Nickel 等 (1977)。

过细胞间紧密连接分隔为基底区域和近腔侧区域（Bergmann and Schindelmeiser，1987；Osman，1980）。生精上皮含不同发育阶段的生殖细胞。不同发育阶段的生殖细胞以螺旋状依次沿长轴方向排列在生精小管中（Lin and Jones，1990）。

鸟类左侧睾丸通常比右侧睾丸大，这可能是雌性生殖道不对称发育或适应飞行的进化选择的结果（Birkhead et al.，1998；Denk and Kempenaers，2005）。睾丸的大小与体重有关；然而，在体重相同的情况下，越是精子竞争激烈的物种，其睾丸越大（Moller，1991；Moller and Briskie，1995；Pitcher et al.，2005）。当雌性生殖道中存在来自两个或多个不同雄性个体的精子时，精子通过竞争获得与卵子受精的机会。尽管许多鸟类是一夫一妻制，但还是经常会出现配偶外交配的情况。与不发生配偶外交配的物种相比，经常发生配偶外交配的物种其精子竞争更激烈，睾丸更大（Moller，1991；Moller and Briskie，1995；Pitcher et al.，2005）。

2～50 周龄种肉鸡两侧睾丸重量无显著差异（$n=$ 2 700；Vizcarra and Kirby，未发表资料）。雄性肉鸡育成品系后，光刺激可使其睾丸重量呈指数增长（18 周龄；图 29.2）。在第18～28 周的 10 周内，睾丸重量从 0.4 g 增加到 28 g。然而，在 28 周龄以后，睾丸重量明显下降，到 42 周龄睾丸重 15 g，降到最低水平（图 29.2）。28 周龄睾丸重量萎缩的原因尚不完全清楚。卵泡刺激素（FSH）浓度的下降可能是睾丸重量萎缩的诱因（Vizcarra et al.，2010）。

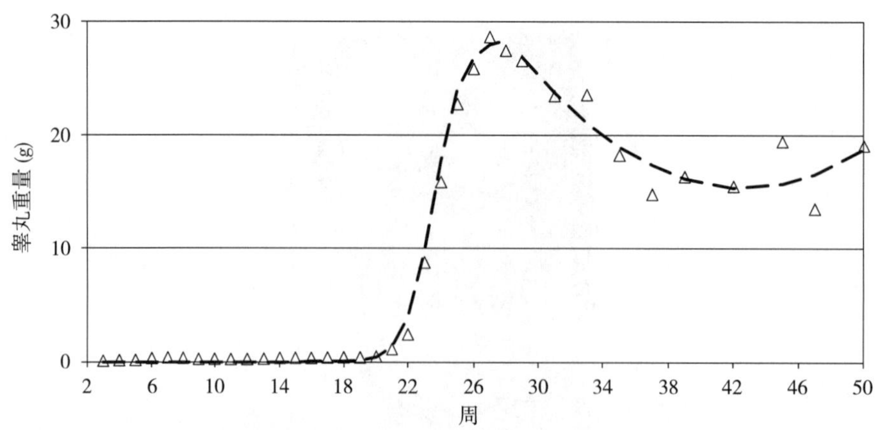

图 29.2 雄性肉鸡睾丸重量的回归曲线(线)和平均值(符号)

在育种过程中,前 6 周饲养在 23L∶1D 光照下,自由采食和饮水。从第 7 周开始,雄性限制饮食,光照减少到 8L∶16D。从 18 周直至实验结束,光周期为 16L∶8D。每个符号表示 30 个样本的平均数。改自 Vizcarra 等(2010)。

29.2.2 输出管

雄性的输出管或输出沟与发育自中肾的雄性生殖道相连，包括输出管、附睾和输精管。附睾位于睾丸背内侧（图 29.3），是一系列最终汇入输精管的导管。附睾内的管道包括睾丸网、输精管、连接管和附睾管。附睾管和输精管统称为睾丸输出管。生精小管与睾丸网在睾丸-附睾接口处连接（Tingari，1971）。Osman（1980）鉴定了公鸡生精小管和睾丸网间的三种不同类型的连接方式：①支持细胞来源的无生精细胞的上皮转换为网状上皮，分别称之为末端段和直细精管；②直接连接睾丸网的终端段；③生精小管与睾丸网接合。鹌鹑睾丸中也存在直细精管（Aire，1979a）。

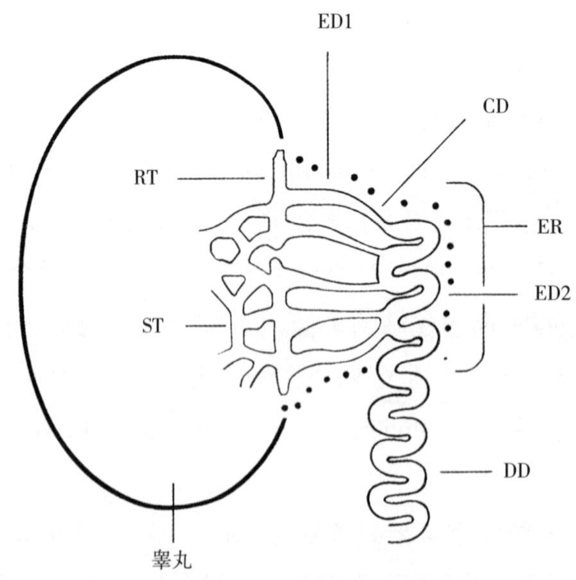

图 29.3 睾丸输出管图示

ST，生精小管；RT，睾丸网；ED1，输出管；CD，连接管；ER，附睾区；ED2，附睾管；DD，输精管。经许可改自 Lake (1981)。

睾丸网包括睾丸内、囊内和睾丸外区域（Aire，1982）。如图 29.3 所示，睾丸网以腔隙方式存在。家鸡、鹌鹑、珍珠鸡、鸭等物种的睾丸网衬有单层立方和单层扁平上皮细胞（Aire，1982），而在平胸鸟类如鸵鸟，上皮主要是立方和柱状上皮细胞（Aire and Soley,

2000；2003）。鹑鸡类睾丸网通过睾丸囊进入附近的附睾。与此相反，平胸鸟类睾丸网在附睾组织中所占的体积比例较低，附睾网与睾丸囊之间距离较大（Ozegbe et al.，2010）。不同于睾丸网，多数鸟类的睾丸输出管在近端较宽而远端较窄（Aire and Soley，2003；SIMōes et al.，2004）；然而，平胸鸟类所有管道的高度和直径均类似，使其不同区段之间不易区分（Aire and Soley，2000；Ozegbe et al.，2006）。就体积而言（表 29.1），输精管是附睾的主要输出管（Aire，1979；Aire and Josling，2000）。多数鸟类输精管特别是在近端部分黏膜高度折叠（Aire，1979a；Aire and Josling，2000；Bakst，1980；Simōes et al.，2004；Tingari，1971）。然而，平胸鸟类有别于其他鸟类，其近端和远端输精管均无黏膜皱褶，内部和外部轮廓均较规整（Ozegbe et al.，2006）。一般情况下，输精管黏膜为假复层柱状上皮细胞，含有纤毛细胞和无纤毛上皮细胞（Aire，1980；Budras and Sauer，1975；Hess and Thurston，1977；Simōes et al.，2004；Tingari，1972）以及散在分布的上皮内淋巴细胞（Aire and Malmqvist，1979a）。连接管上皮也由假复层柱状细胞组成（Aire，1979a；Aire and Josling，1980；Bakst，2000；Hess and Thurston，1977；Tingari，1971，1972）。连接管的明显特征是管径窄于相邻的输出管，且黏膜表面具有光滑的轮廓（Aire，1979b；Aire and Josling，2000；Bakst，1980；Tingari，1971）。

表 29.1　种间附睾结构体积比例的差异

结构	禽种（%）		
	鸡	日本鹌鹑	珍珠鸡
睾丸网	13.3	9.9	10.7
输出小管近端	27.6	40.8	45.7
输出小管末端	7.7	15.2	16.2
连接管	2.3	1.7	0.7
附睾管	7.6	2.4	1.8
结缔组织	38.7	27.3	22.6
血管	2.5	2.7	2.3
异常管道	0.3	—	—

注：改自 Aire（1979a）。

弯曲的附睾和输精管的特征是由无纤毛的假复层柱状上皮细胞覆盖的黏膜皱褶较低（Aire，1979；Aire and Josling，2000；Bakst，1980；Simōes et al.，2004；Tingari，1971）。鸡形目鸟类的附睾管占附睾总体积的 2.5%～10%（Aire and Josling，2000），而平胸鸟类的附睾管体积的比例要高 10 倍以上（Ozegbe et al.，2010）。组织学和形态学的证据表明，输精管是附睾管的延续。近端附睾管和远端输精管管腔直径逐渐变化达三倍（Tingari，1971）。附睾管和输精管之间显著差异在于后者具有致密结缔组织和包裹黏膜的平滑肌层（Aire and Josling，2000；Tingari，1971）。从输出小管近端到输精管的这段输出管外包裹着密集的毛细血管网（Nakai et al.，1988）。输精管远端变直，在与泄殖腔的接合处陡然变宽，这一结构称输精管托，充满精液时呈豆形。每条输精管都终止于泄殖道，在输尿管口下方形成乳头状突起（图 29.4）。

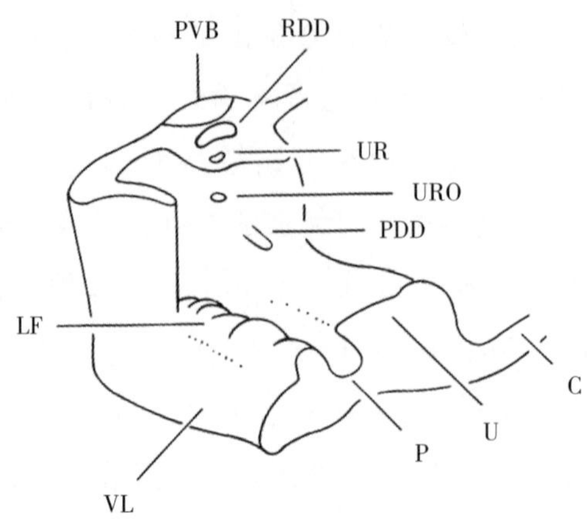

图 29.4 泄殖腔左下部示意图

输精管进入泄殖腔壁前扩大形成输精管托。泄殖腔旁血管体附着在输精管托外侧。输精管乳头在泄殖腔的泄殖道。PVB，泄殖腔旁血管体；RDD，输精管托；C，肛道腹壁；U，泄殖道腹壁；P，肛道腹壁；VL，肛门腹壁；LF，淋巴褶皱。经许可复制自 King（1981）。

29.2.3 附属生殖器官

附属生殖器官包括泄殖腔旁血管体、背侧肛道腺和淋巴皱褶（Fujihara，1992）。附属生殖器官是邻近泄殖腔的结构或是泄殖腔的组成部分。如图 29.4 所示，泄殖腔旁血管体在输精管托旁，淋巴褶皱在肛道壁内。只有约 3%的鸟类拥有可插入的交接器（Herrera et al.，2013），包括平胸鸟类和水禽。鸡的交接器不能插入，它们通过“泄殖腔吻合（cloacal kiss）”的方式向雌性输送精子（Briskie and Montgomerie，2001）。泄殖腔吻合是雄性与雌性的泄殖腔接合数秒钟。在交配或被按摩时，非插入式的交接器形成一个膨大的淋巴组织，在射精前发生外翻。Fujihara（1992）的综述指出，泄殖腔旁血管体对淋巴组织膨大是必不可少的，因为这是血液超滤形成淋巴之处。因此，鸟类交接器的勃起是由淋巴引起的。在哺乳动物中，阴茎的勃起由血管充血引起，在射精过程中，精液通过尿道运输。然而，在鸟类中，精液由交接器外部凹槽的精液沟运输（Brennan et al.，2010）。

雄性鸟类的求偶行为包括搜寻和接近潜在的雌性（Ball and Balthazart，2004）。例如，鹌鹑呈现出一系列包括攀爬和攻击性的性行为（Hutchison，1978）。多数证据表明，大脑视前区内侧部（POA）控制雄性的性行为（Adkins and Adler，1972；Konkle and Balthazart，2011）。雄性 POA 显著大于雌性，而阉割会导致雄性 POA 的体积缩小（Panzica et al.，1987）。此外，阉割后雄性性行为减少，而外源性睾酮可恢复正常性行为（Ball and Balthazart，2004）。雌激素注射也可以恢复阉割雄性的正常性行为，但同时注射睾酮和芳香化酶抑制剂可阻断这一作用（Balthazart et al.，1997）。现在普遍认为，POA 内睾酮的芳香化作用影响雄性鸟类的正常求偶行为（Cornil et al.，2011；Wade and Arnold，1996）。

29.3 生殖道的发生

29.3.1 概述

成体雄性的生殖道来源于两个胚胎器官：性腺和与其相连的中肾。然而，中肾的形成要早于性腺（图 29.5）。事实上，性腺起源于中肾的腹中面（图 29.6）。Romanoff（1960）的综述认为，胚胎发育过程中依次出现了明显不同的三对排泄器官：前肾、中肾和后肾。位于最前方的前肾是最原始的器官，在鸡胚孵化的第 4 天消失。然而，前肾管也称沃尔夫管，却始终存在。其作用包括：①诱导中肾小管的形成；②诱导缪勒氏管的形成；③暂时性连接中肾与泄殖腔；④最终形成雄性的输精管。生殖道发育的关键点是性腺分化；在此之前，胚胎含有可双向分化的性腺，缪勒氏管和沃尔夫管分别是输卵管和输精管发育的基础。

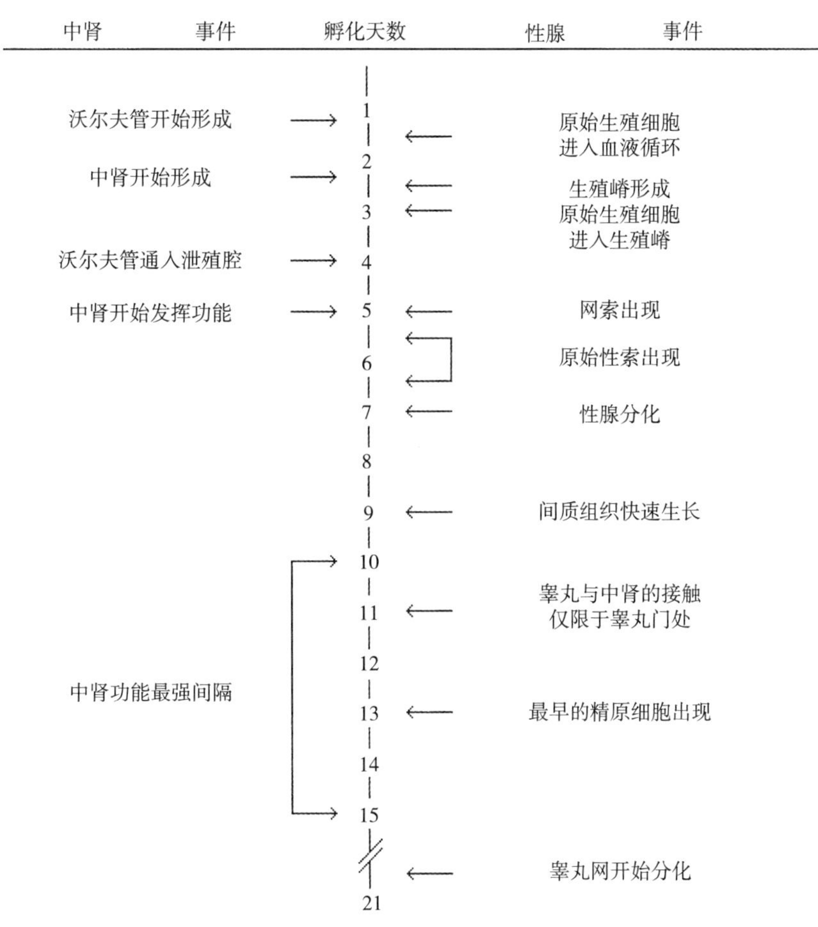

图 29.5　家鸡雄性胚胎生殖道发育事件的时间表

哺乳动物性别决定与位于 XY 异配生殖雄性 Y 染色体上 *SRY* 基因的表达有关。*SRY* 基因的主要功能是通过 Sox9 促进支持细胞的分化，反过来又促进睾丸的发育（Knower et al.，2003）。与哺乳类不同，雄鸟是同型配子（ZZ 染色体），而雌鸟是异型配子（ZW 染色体）。因此，鸟类性别决定的分子机制有别于哺乳动物。由于雌性是异型配子，W 染色体可能决定雌性的发育。在这种情况下，W 染色体上存在与雌性分化有关的因子（类似于雄性哺乳动物的 *SRY* 基因）。然而，目前文献极少提到 W 连锁基因（Hori et al.，2000；O'Neill et al.，2000），提示可能有其他机制参与雄性的发育。第二种可能性是，Z 染色体上某一基因出现双拷贝时促发雄性的发育。Z 染色体"剂量"理论认为，如果某一基因拷贝被转录并翻译成较高蛋白质水平时可启动雄性的分化。已有研究表明，由 *DMRT*1 基因编码的 Doublesex 和 Mab-3 相关转录因子 1，是鸡雄性的性别决定因子（Smith et al.，2009）。迄今为止，所有的鸟类研究均发现，*DMRT*1 基因定位在 Z 染色体而不在 W 染色体上（Chue and Smith，2011）。利用 RNA 干扰（RNAi）技术敲低早期雄性胚胎 DMRT1 蛋白的表达可导致性腺的雌性化。这

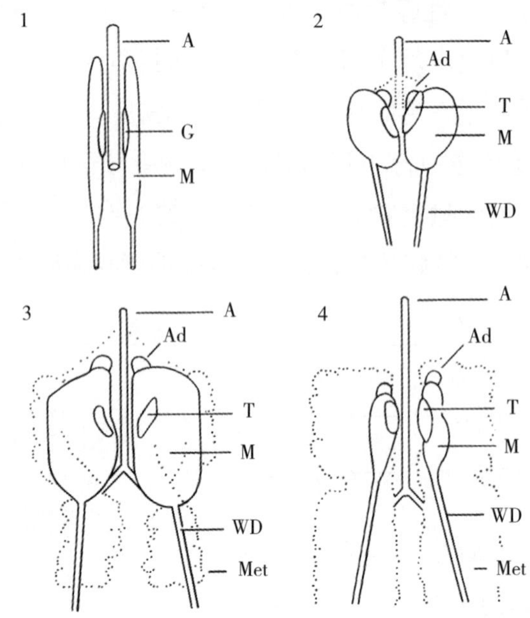

图 29.6 雄性泌尿生殖系统的发育阶段

数字 1，2，3，4 分别表示第一、第二、第三、第四孵化阶段。性腺分化之前形成中肾。在孵化中期后肾具有功能后，中肾的功能退化，并逐渐与睾丸分离。A，主动脉；G，未分化的性腺；M，中肾；Ad，肾上腺；T，睾丸；WD，沃尔夫管；Met，后肾。经 MacMillan 许可复制自 Romanoff（1960）。

些及其他数据支持鸟类 Z 染色体的“剂量”理论（Chue and Smith，2011；Nanda et al.，2008）。有证据表明，与哺乳动物类似，鸟类的雄性决定因子通过 Sox9 促进支持细胞的分化（Bagheri-Fam et al.，2010；Morais da Silva et al.，1996）。综上所述，哺乳类和鸟类的性别分化采用不同的分子机制（分别为 *SRY* 和 *DMRT*1）。基因表达后，涉及支持细胞分化因子（Sox9）的共同信号通路促进睾丸的分化和发育（图 29.7）。

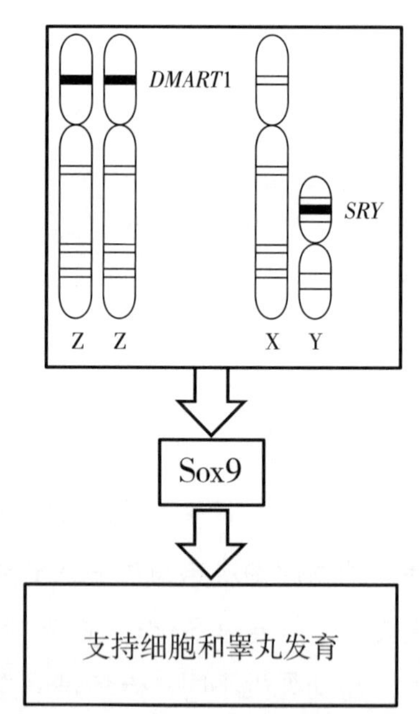

图 29.7 哺乳类和鸟类性别分化的不同机制

哺乳动物的 XY 雄性通过 *SRY* 基因、鸟类 ZZ 雄性通过 *DMRT*1 基因经 Sox9 促进睾丸支持细胞的分化，进而促进睾丸发育。

29.3.2 未分化性腺的形成

尽管性腺起源于中肾腹壁表面，但性腺的发育并不需要中肾的完全分化（Merchant-Larios et al.，1984）。性腺的形成源自于原始生殖细胞侵入体腔上皮覆盖部分中肾（图 29.5），即生殖嵴（Clinton，1998；Romanoff，1960；Shimada，2002）。原始生殖细胞起源于内胚层，沿着胚盘不透明区域与透明区域交界的前部。进入胚胎循环系统后，原始生殖细胞随机分布在胚胎的整个血管系统（Meyer，1964；Shimada，2002）。随后，原始生殖细胞定植于生殖嵴（Fujimoto et al.，1976；Shimada，2002）。未分化的性腺包括前部的网索和中部的原始性索（Romanoff，1960）。

29.3.3　性腺分化与缪勒氏管退化

鸡胚性腺分化发生在孵化第 6.5～7 天（图 29.5）。与卵巢不同，胚胎期睾丸的特点是生殖上皮随时间而退化，具有较厚的包囊，缺乏次级或皮质性索，但存在由基质包裹的初级性索（Clinton and Haines，1999；Romanoff，1960；Shimada，2002）。初级性索含有大量原始生殖细胞，作为生精小管的原基。在生化方面，性腺分化伴随着环核苷酸浓度升高（Teng，1982），蛋白质合成增加（Samsel et al.，1986）以及性腺类固醇激素合成的模式改变（Guichard et al.，1977；Imataka et al.，1988；Mizuno et al.，1993）。值得注意的是，这些特征在鸡孵化第 13.5 天垂体-性腺轴发育之前就已经开始（Woods and Weeks，1969）。还必须指出，性双向分化潜能的时间存在种间差异。

睾丸一旦形成，缪勒氏管停滞发育并从后向前退化（Hutson et al.，1985；Romanoff，1960）。缪勒氏管的退化受抗缪勒氏管激素（AMH）的影响，AMH 也称缪勒氏管抑制物（Bruggeman et al.，2002；Smith and Sinclair，2004）。AMH 是一种大小为 7.4 ku 的性腺特异性糖蛋白（Teng et al.，1987）。在雄性体内，AMH 由初级性索中支持细胞的祖细胞产生（Oreal et al.，2002；Stoll and Maraud，1973）。编码 AMH 的基因在雄性和雌性均有表达，但在性分化过程中雄性的表达水平始终较高（Smith et al.，1999）。雄性缪勒氏管退化是因为其血中雌激素水平不足以抵消 AMH 的作用，这可能是 AMH 直接抑制芳香化酶的结果（Bruggeman et al.，2002；Hutson et al.，1985；MacLaughlin et al.，1983）。

29.3.4　输出管的形成

输出管起源于中肾。如图 29.5 和图 29.6 所示，中肾在孵化的第二和第三个 1/4 阶段非常活跃。中肾的功能单元包括肾小体、近端、中段、远端小管以及连接小管，后者把中肾管和沃尔夫管相连。肾小体是被鲍氏囊包裹的毛细血管丛或肾小球。脏层上皮附着在肾小球上。在肾小体的尾端，输入小动脉和输出小动脉与肾小球相连，内脏上皮向后折叠，形成顶叶上皮。当顶叶上皮远离血管处通过管腔与内脏上皮分离。中肾具有功能时，肾小球滤过液流入肾小管近端管腔。在孵化中期后肾具有功能后，中肾开始退化，仅剩与胚胎睾丸接触的部位（Romanoff，1960）。因此，胚胎发育过程中，中肾的体积发生了巨大变化（图 29.6）。

在孵化的后 1/3 阶段，中肾小管转换成睾丸输出管，并连接肾小球网索（Budras and Sauer，1975）。肾小球逐渐退化，壁层的单层扁平上皮细胞分化为单层柱状细胞。这一组织成为近端输出管的上皮。中肾的近端、中段和远端小管转化为输精管远端，连接小管变为连接管，与中肾相连的沃尔夫管成为附睾管，远端沃尔夫管成为输精管。

中肾小管转化为睾丸输出管，依赖于睾丸间质细胞产生的雄激素（Bruggeman et al.，2002；Maraud and Stoll，1955；Stoll and Maraud，1974），这一过程发生在血浆睾酮浓度达到顶峰后不久（Woods et al.，1975）。然而，鸡中肾小管完成转换的整个过程需要 8～10 周（Budras and Sauer，1975；Marvan，1969）。在这段时间内，血浆睾酮平均水平保持稳定在性成熟雄性血浆睾酮水平的 12%～13%（Driot et al.，1979；Tanabe et al.，1979）。与中肾小管不同，精索分化始于孵化期，至第 5 周龄结束（Budras and Sauer，1975）。新生成的附睾和输精管卷曲度增加，直到性成熟为止（Budras and Sauer，1975）。由于卷曲度的增加，输精管的最终长度可达附睾至泄殖腔直线距离的4倍（Marvan，1969）。

29.4 睾丸的生长和发育

29.4.1 睾丸体细胞和干细胞的增殖

成年禽类的睾丸分隔成独立的、易于区分的细胞联系与功能分区，见图29.8（D）。然而，在胚胎期和出壳后早期发育中，这种组织结构并不如此清晰。出壳后禽类睾丸的发育可分为三个明显的时期：①精原细胞和体细胞（支持细胞、管周类肌细胞和间质细胞）增殖期，促进精子发生；②行使支持功能的体细胞的分化与功能获得期；③精原干细胞分化导致减数分裂起始。尽管这三个时期无明确界限，但经历这三个时期后将形成功能性生精小管，一旦有合适的激素信号存在，即可维持精子发生。有证据表明，FSH可能在胚胎性腺生长中起重要作用，可刺激细胞分裂。FSH处理14d的鸡胚可提高其睾丸生精小管和管周细胞的有丝分裂指数（Mi et al.，2004）。

青年公鸡（0～6周龄）睾丸的特征是具有大量间质细胞，而生精小管基底膜只有单层细胞，见图29.8（A）。此时，位于生精小管的大部分细胞为支持细胞和精原细胞，以及巨噬细胞和肥大细胞（de Reviers，1971a）。这时候的生精小管狭窄（直径约40 μm），管腔形态不清晰或无明显管腔。这个阶段细胞快速增殖，虽然小管直径增长缓慢，但长度迅速增加（de Reviers，1971b）。尽管体细胞和干细胞均增殖，但由于生精小管取代了间质细胞，睾丸的绝对重量和体积增长却较缓（de Reviers，1971a；Marvan，1969）。

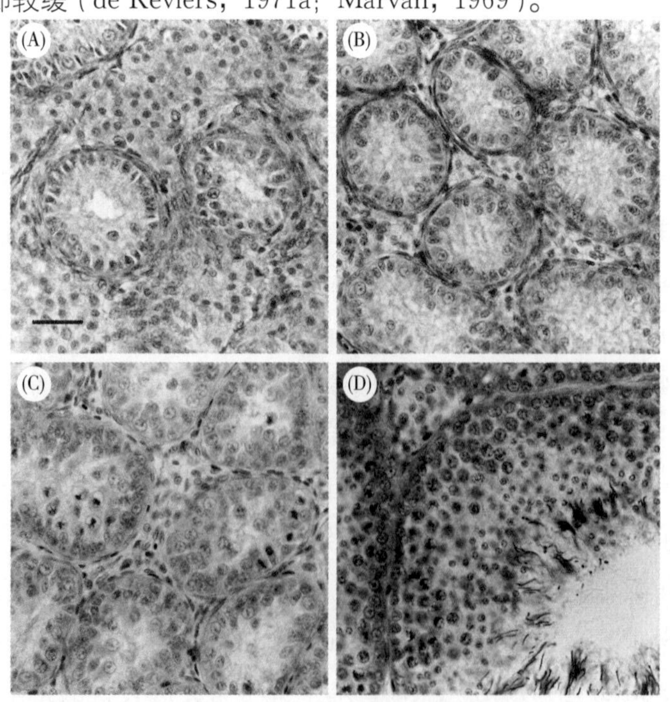

图29.8 饲养于8 h光照下的小公鸡(A～C)和14 h光照下的成年公鸡(D)睾丸横切面形态

(A)14日龄公鸡睾丸的横截面。显示小管内单层精原细胞和支持细胞及间质空间的相对面积。(B)56日龄公鸡睾丸的横截面。生精小管内的单层细胞长高且结构复杂化。(C)140日龄公鸡睾丸的横截面。显示出现移离基底膜的精母细胞(染色质深染的细胞)。(D)成年公鸡睾丸的横截面,清楚显示活跃的生精作用,间质相对面积显著减少。(A)中标尺为20 μm,所有的显微照片放大倍数相同。

29.4.2　睾丸内体细胞的分化

鸡出壳后，睾丸支持细胞经历一段时间的增殖后，进入增殖停滞和分化的阶段（Russell and Griswold，1993）。在 de Reviers 和 Williams（1984）的研究中，半去势导致 8 周龄前公鸡剩余一侧睾丸发生代偿性肥大。由于哺乳动物半去势时通常只在支持细胞增殖期导致睾丸显著肥大，可以推断 8 周龄鸡睾丸支持细胞仍处在增殖期。Bozkurt 等（2007）的一项近期研究支持这一假说。在这项研究中，从 1～10 周龄的鸡睾丸中均观察到支持细胞的有丝分裂现象。最初，生殖细胞核的密度小于支持细胞，然而到第 6 周，两种细胞的体积密度相似并保持不变，直至减数分裂起始。另外，从第 1～7 周均可观察到支持细胞和生殖细胞增殖清楚的标记，但到第 8 周，仍被标记的细胞只有生殖细胞。这些数据证实家禽睾丸支持细胞大约在第 8 周停止增殖。

支持细胞从基底层延伸到生精小管管腔的过程中向高度极化的方向分化。成熟的支持细胞是复杂的柱状细胞，含有大量可嵌入发育中精子的隐窝（Nagano，1962；Sertoli，1865，1878）。支持细胞的功能受内分泌和旁分泌因素的多重调节，其中 FSH 和睾酮的研究最为广泛（Brown et al.，1975；Brown and Follett，1977）。支持细胞的主要作用是提供精确调节的微环境，包括相邻支持细胞间通过紧密连接隔离成连腔小室，生殖细胞在此成熟和发生减数分裂（Bergmann and Schindelmeiser，1987；Pelletier，1990）。虽然禽类支持细胞间紧密连接的形成依赖于雄激素，但野鸭（*Anas platyrhynchos*）生精静止期其紧密连接也持续存在（Pelletier，1990）。成熟支持细胞的另一标志是响应雄激素和/或 FSH 的刺激，合成并分泌蛋白。尽管对雄禽生精阶段特异性蛋白的合成和分泌的研究较为浅显，但对其他群体此类研究较为深入（Russell and Griswold，1993）。正如在其他物种中观察到，禽类支持细胞与发育中生殖细胞的密切联系提示其直接参与生殖细胞发育的调节（Cooksey and Rothwell，1973）。

生精小管的生长与睾丸间质的重组和减少有关（图 29.8）。生精小管是成体精子发生的区域，生精小管间的间质细胞合成睾丸雄激素。间质中存在间充质细胞样的前体间质细胞，内含滑面内质网囊泡和脂滴（Connell，1972）。这些细胞分化为成熟细胞的过程受黄体生成素（LH）的调节（Brown et al.，1975；Driot et al.，1979；Narbaitz and Adler，1966）。在睾丸生长时，间质细胞经历连续分化后成熟，使得初情期血液中 LH 水平升高（Rothwell，1973）。虽然在胚胎期和早期发育过程中可检测到少量睾酮的生成，但要达到性成熟期的睾酮水平则需要分化完全的间质细胞群（睾丸类固醇合成的综述见 Johnson，1986）。公鸡成熟的间质细胞具有丰富的滑面内质网、突出的高尔基体、管状内嵴的线粒体、丰富的脂滴和溶酶体（Rothwell，1973）。

29.4.3　减数分裂起始

在支持细胞和间质细胞分化过程中，精原细胞群的大小和复杂度也在增加。正如本章后面所述，精原细胞在进入减数分裂之前，经历了一系列的转变。一旦精原细胞分化为前细线期精母细胞，它将从基底膜分离并移向生精小管的管腔。活跃的减数分裂起始的特征是存在高度浓缩、染色体深染的粗线期和偶线期精母细胞，见图 29.8（C）。直到支持细胞增殖结束，血液循环中雄激素增加时，减数分裂起始才能发生（de Reviers，1971a，b）。光周期控制可显著改变减数分裂起始（Ingkasuwan and Ogasawara，1966）。种肉鸡饲养在23L：1D光周期下，自由采食和饮水 6 周后，在 7 周龄时睾丸发生早熟，所有生精小管内均可见细线期或粗线期精母细胞，或二者都有。相反，当种肉鸡饲养在15L：9D 光周期下 2 周，且自由采食和饮水，7 周龄时睾丸未见上述结构（Vizcarra et al.，2010）。

29.4.4 睾丸生长和成熟模式的改变

通过改变内分泌环境可以暂时性影响睾丸的成熟。具体来说，家禽减数分裂起始和精子发生的维持可通过操纵光周期来调节（Ingkasuwan and Ogasawara，1966）。雄性家禽饲养在长光照条件下（每天光照 14h 或更多）通常会在 16～20 周龄达到性成熟（Ingkasuwan and Ogasawara，1966；Sharp and Gow，1983）。然而，如图 29.8（C）所示，当雄禽饲养在短日照（每天光照 8 h）环境下，精子发生延迟。最终，雄禽受短光照产生耐受，FSH 和 LH 水平升高，精子发生启动。相反，慢性雌激素受体拮抗剂（它莫西芬）处理可加速家禽性早熟和精子发生（Rozenboim et al.，1986）。使用它莫西芬处理后雄禽表现出成体的行为，并在 9 周龄时，比正常未处理个体提前数月产生活的精子（Rozenboim et al.，1986）。

睾丸成熟也受到雌激素和雌激素样化合物的影响。公鸡胚胎暴露于乙炔雌二醇（一种合成的雌激素）可导致生精小管的平均面积明显减小。此外，其生精小管所占比例降低，间质组织所占比例增加（Blomqvist et al.，2006）。雄性日本鹌鹑胚胎期暴露在炔雌醇中趋向于雌性化，睾丸中存在卵巢样组织，缪勒氏管始终存在（Berg et al.，1999）。

29.5 激素对睾丸功能的调节

29.5.1 睾丸功能的中枢调节

精子发生是精原干细胞分裂最终产生精子同时维持干细胞群体的过程。这一复杂的现象在生精小管中的生精上皮完成，受到睾酮和 FSH 作用及支持细胞活性的调节，同时，也受到生殖细胞与支持细胞间互作的调节（Sharpe，1994）。精子发生不仅受到睾丸内细胞的局部调节，还受到中枢神经系统（CNS）的调节（Sharp and Gow，1983）。神经内分泌活性受到机体和环境的刺激。Wingfield 等（1992）在季节性繁殖基础上提出了中心整合环境信息影响促性腺激素分泌的模型。该模型建立在内源性“预测”节律和环境信息的相互作用的基础上。持续光照（24 h 光周期）是刺激鸡形目鸟类精子发生的主要环境因素。在 Kuenzel（1993）的综述中指出，影响精子发生的光受体既不在视网膜也不在松果腺。大多数证据表明，光周期反应是在下丘脑正中基底部（MBH），通过光感受器支配的 GnRH 神经元直接起作用（Saldanha et al.，2001），或通过调节腺垂体的结节部位来实现（Yasuo and Yoshimura，2009；Yoshimura，2006，2010）。据报道，日本鹌鹑暴露于长光照下，结节部可合成并分泌 β-TSH（Yoshimura et al.，2003）。反过来，TSH 通过非经典机制逆行运输到 MBH（Krieger and Liotta，1979；Mezeyet et al.，1979）。TSH 调节 MBH 中编码 2 型（Dio2）和 3 型（Dio3）脱碘酶基因的表达。甲状腺素 T_4 在 MBH 转化成有生物活性的 T_3 形式，随后，刺激性腺轴对光周期的响应（Yoshimura et al.，2003）。

29.5.2　雄性腺垂体功能的调节

促性腺激素释放激素（GnRH）是十肽，在调节垂体促性腺激素的释放中起着重要作用，是调节生殖的主要激素。Schally 和他的团队首次从超过 25 万头猪的下丘脑中提取分离到这个十肽激素，并合成了该激素（Matsuo et al.，1971；Wade，1978）。在 Schally 博士发现 GnRH 十多年后，又发现了鸡的其他两个 GnRH 亚型。使用不同的系统发育和基因组分析，对哺乳动物和非哺乳动物之间不同的 GnRH 受体亚型进行了分析（Kimet et al.，2011；Millar et al.，2004；Roch，2011；Tostivint et al.，2011）。在本章中，我们采用了他们最初发现和描述的命名方法（Millar et al.，2004），如表 29.2 所示。

表 29.2　GnRH 亚型的氨基酸序列

	1 2 3 4 5 6 7 8 9 10
哺乳动物（mGnRH）	**pGlu-His-Trp-Ser**-Tyr-Gly-Leu-Arg-**Pro-Gly**
鸡 cGnRH-Ⅰ	**pGlu-His-Trp-Ser**-Tyr-Gly-Leu-Gln-**Pro-Gly**
鸡 cGnRH-Ⅱ	**pGlu-His-Trp-Ser**-His-Gly-Trp-Tyr-**Pro-Gly**

注：黑体区域表示保守的氨基和羧基末端残基。数字表示每个氨基酸在 GnRH 肽中的相对位置（1 代表 N-末端氨基酸）。

鸡 GnRH-Ⅰ［cGnRH-Ⅰ；（gln8）-GnRH］与哺乳动物 GnRH 只有一个氨基酸存在差异（King and Millar，1982；Miyamotoet et al.，1982）；鸡 GnRH-Ⅱ与哺乳动物 GnRH 有三个氨基酸［cGnRH-Ⅱ；（his5-trp7-tyr8）-GnRH-Ⅱ］存在差异（Miyamoto et al.，1984）。cGnRH 调节促性腺激素分泌是通过与 cGnRH 受体相互作用来完成的。促性腺激素释放激素受体（GnRHR）属于 G 蛋白偶联受体，具有经典的七次跨膜结构（Millar，2003；2005；Neill，2002）。通过基因组和系统发育分析发现存在四种脊椎动物 GnRHR 亚型：非哺乳动物Ⅰ型、非哺乳动物Ⅱ型、非哺乳动物Ⅲ型/哺乳动物Ⅱ型和哺乳动物Ⅰ型（Kim，2011）。

目前，已经鉴定了两种鸡 GnRHR（McFarlaneet et al.，2011；Shimizu and Bedecarrats，2006）。鸡垂体主要表达非哺乳动物Ⅰ型受体（Joseph et al.，2009；Shimizuand and Bedecarrats，2006），而非哺乳动物Ⅱ型受体不仅在鸡垂体和大脑中表达，也在性腺和其他组织中表达（Sun et al.，2001a）。鸡非哺乳动物Ⅰ型受体（NCBI 登录号：np_001012627）被称作 cGnRH-R-Ⅲ（McFarlane et al.，2011 a），GnRHR1/Ⅲ（McFarlaneet et al.，2011）或 GnRHR2（Shimizu and Bedecarrats，2006）；鸡非哺乳动物Ⅱ型受体（NCBI 登录号：np_989984）被称作 cGnRH-R（Kim et al.，2011；Sun et al.，2001b）或 cGnRHR1（Shimizu and Bedecarrats，2006）。

cGnRH-Ⅰ与非哺乳动物Ⅱ型受体的亲和力高于 cGnRH-Ⅱ（Sun et al.，2001b）。鸡垂体非哺乳动物Ⅰ型受体的表达受繁殖状态的影响，并与促性腺激素分泌的调控有关（McFarlane et al.，2011）。

在胚胎发育第 4.5 天，鸡嗅觉上皮开始出现 GnRH 能神经元，这类神经元通过嗅觉神经迁移到中枢神经系统，到胚胎第 12 天停止迁移（Sullivan and Silverman，1993）。GnRH 能神经元分布在下丘脑外和下丘脑部位（Kuenzel and Blahser，1991）。然而，只有轴突终止在下丘脑正中隆起的神经元才被认为在体内具有诱导促性腺激素分泌的功能（Mikamiet et al.，1988）。基于免疫组织化学分析发现，GnRH 阳性轴突存在于胚胎第 14 天下丘脑正中隆起处（Sullivan and Silverman，1993）。纯化的鸡 GnRH 可诱导电损伤或传入神经阻滞的下丘脑发挥功能，阐明了 GnRH 能神经元的作用（Davies and Follett，1980；Ravona et al.，1973）。GnRH 能神经元的轴突终止于邻近毛细血管内的下丘脑正中隆起的部位。这些轴突分泌的 GnRH 通过下丘脑垂体门脉血管运输到腺垂体靶细胞（Gilbert，1979）。

目前，只能通过多次连续测定血浆或垂体提取物中 LH 浓度来间接反映鸟类 GnRH 脉冲源（Chou and Johnson，1987；Sharp and Gow，1983；Wilson and Sharp，1975）。此外，采用连续采集血样方法可测定散养雄性肉种鸡的 LH 和 FSH 水平（Vizcarra et al.，2004）。雄性禽类促性腺激素分泌特征是脉冲式的，相比 FSH 脉冲，LH 脉冲的频率更高，幅度更大（图 29.9）。鸡垂体中 LH 和 FSH 在不同细胞中分泌（Proudman et al.，1999）。我们观察到 LH 和 FSH 的模式释放缺乏同步性。只有 23%的 LH 与 FSH 脉冲是相关联的，这表明在成年雄性家禽 LH 和 FSH 分泌是相互独立的（Vizcarra et al.，2004）。

不管是体内还是体外，鸡 cGnRH-Ⅰ和 cGnRH-Ⅱ均可刺激促性腺激素的释放。然而，许多证据表明 cGnRH-Ⅰ是鸟类促性腺激素释放的主要调节因子（Dawson and Sharp，2007；Katz et al.，1990；Sharp et al.，1990；Stevenson et al.，2012；Ubuka and Bentley，2009）。

不过，不同亚型的鸡 cGnRH 对下丘脑-垂体-性腺轴（HPG）的调节效应存在争议。例如，在雄性白冠麻雀（*Zonotrichia leucophrys gambelii*）下丘脑正中隆起处未发现 cGnRH-Ⅱ，表明这些物种 cGnRH-Ⅱ不能调节垂体促性腺激素的分泌（Meddle et al.，2006）。另外，小公鸡 FSH 的分泌不受 cGnRH-Ⅰ的影响（Krishnan et al.，1993）。

对未性成熟的公鸡（Chou et al.，1985）和雄火鸡（Guemene and Williams，1992）进行的体外和体内实验均证实，GnRH-Ⅱ诱导 LH 释放的能力强于 GnRH-Ⅰ，表明在垂体水平非常小剂量的 GnRH-Ⅱ足以诱导促性腺激素的释放。对青年公鸡垂体的研究中没有观察到 cGnRH-Ⅰ和 cGnRH-Ⅱ在诱导 LH 释放活性方面存在显著差异（Hattori et al.，1986）。cGnRH-Ⅰ和 cGnRH-Ⅱ在调节公鸡释放 LH 的作用方面差异不大（Sharp et al.，1987）。然而，在类似实验中，cGnRH-Ⅱ诱导公鸡释放 LH 的能力强于 cGnRH-Ⅰ（Wilson et al.，1989）。以上数据表明，两种 GnRH 诱导 LH 释放的能力受动物年龄的影响。这种差异是否受类固醇反馈抑制机制差异的影响尚不清楚。在八哥紫翅椋鸟（*Sturnus vulgaris*）发现睾丸类固醇激素对 GnRH-Ⅰ具有负反馈调节。去势雄性八哥紫翅椋鸟的下丘脑 POA 区域 GnRH-Ⅰ免疫活性上升，这表明下丘脑 POA 区域可能参与了类固醇激素对 GnRH 的负反馈调节（Stevenson and Ball，2009）。

雄性肉鸡对 cGnRH-Ⅰ和 cGnRH-Ⅱ主动免疫与产生免疫反应的能力不同（Vizcarra et al.，2000）。相比 BSA 处理，cGnRH-Ⅰ处理后滴度升高，而 cGnRH-Ⅱ处理后滴度不变（图 29.10）。LH 和 FSH 的浓度不受影响；然而，与其他处理相比，cGnRH-Ⅰ组鸡的睾丸重量显著下降（图 29.11）。综上所述，这些数据支持 cGnRH-Ⅰ是雄性鸟类促性腺激素释放的主导调节者的假说。

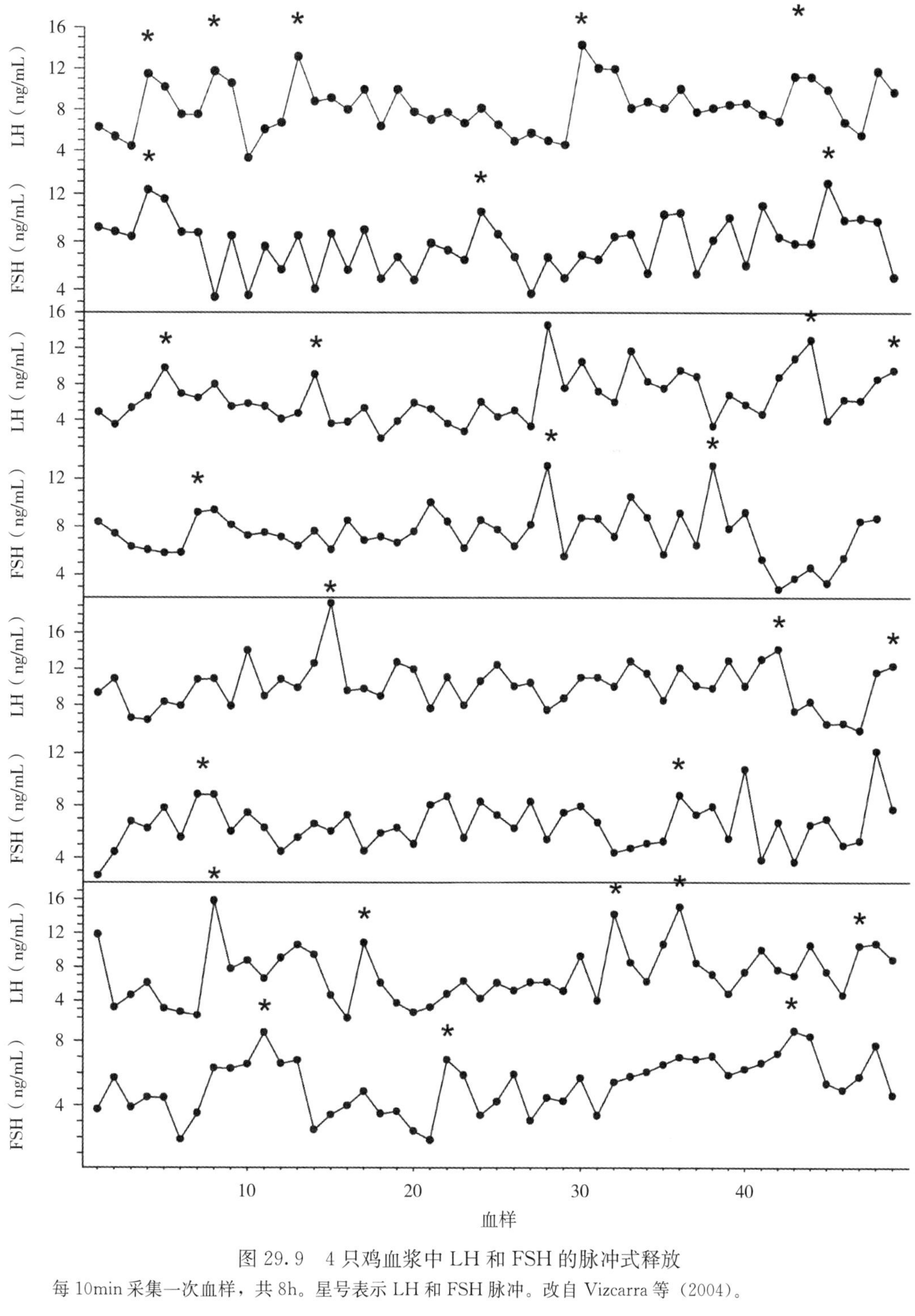

图 29.9　4 只鸡血浆中 LH 和 FSH 的脉冲式释放

每 10min 采集一次血样，共 8h。星号表示 LH 和 FSH 脉冲。改自 Vizcarra 等（2004）。

鸟类行为、视觉/听觉信号以及繁殖季节均可调节 GnRH-Ⅰ和 GnRH-Ⅱ的分泌。雄性环鸽（*Streptopeliarisoria*）和雄性椋鸟（*S. vulgaris*）的求偶行为都可促进 cGnRH-Ⅰ的合成（Mantei et al.，2008；Stevenson and Ball，2009），这表明性行为对 HPA 轴具有显著的调节作用。大多数季节性繁殖的鸟类，其促性腺轴受光照的影响（Dawson and Sharp，2007）。下丘脑光受体将光能量转化为生物信号从而调节 GnRH 的分泌。脑内表达光受体的脑细胞与 GnRH-Ⅰ神经元紧靠在一起，提示表达光受体脑细胞与 GnRH 神经元相通（Saldanha et al.，2001）。处于繁殖季节的雄性鸟类，包括家燕（*Carpodacus mexicanus*）、暗眼灯草鹀（*Junco hyemalis*）和欧洲椋鸟（*S. vulgaris*），其 GnRH-Ⅰ增加（Cho et al.，1998；Deviche et al.，

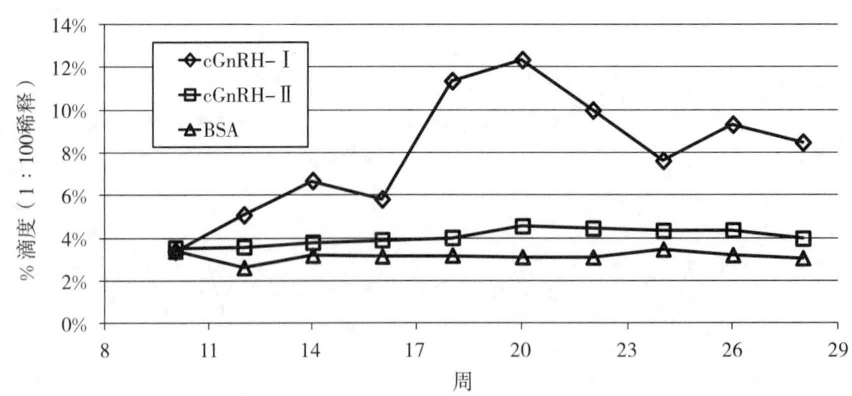

图 29.10 雄性肉用种鸡免疫 cGnRH-Ⅰ、cGnRH-Ⅱ和 BSA 后的抗体滴度（^{125}I-cGnRH 结合比例，%）
相对 BSA 处理的雄性，cGnRH-Ⅰ组滴度升高（$P<0.05$），cGnRH-Ⅱ组未增高。引自 Vizcarra 等（2000）。

2000；Foster et al.，1987）。然而，繁殖季节对 GnRH-Ⅱ的影响尚未完全阐明。成熟的雄性斑胸草雀（*Taeniopygia guttata*）在非繁殖季节，其 cGnRH-Ⅱ神经元数量显著低于繁殖季节，但神经元的面积及光密度没有差异（Perfito et al.，2011）。

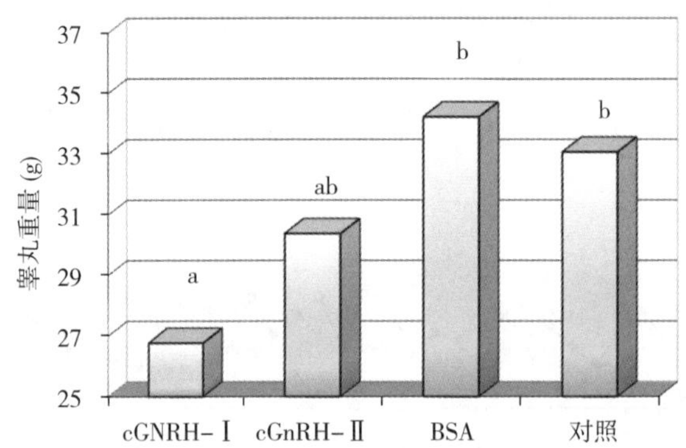

图 29.11 cGnRH-Ⅰ、cGnRH-Ⅱ和 BSA 免疫与对照组雄性肉种鸡睾丸重量的比较
不同字母之间表示存在显著性差异（$P<0.05$）。引自 Vizcarra 等（2000）。

Tsutsui 等（2000）从日本鹌鹑下丘脑分离到一种名为促性腺激素抑制激素（GnIH）的十二肽，其组成序列为 Ser（62）-Ile（252）-Lys（233）-Pro（226）-Ser（38）-Ala（194）-Tyr（173）-Leu（148）-Pro（104）-Leu（108）-Arg（45）-Phe（52）及 C-末端的 RF 酰胺。在此之前，并未发现任何神经肽可直接抑制促性腺激素的分泌。在培养的鹌鹑细胞中，GnIH 显著抑制 LH 和 FSH 的释放（Tsutsui et al.，2000）。在体实验中，通过渗透泵给鹌鹑连续注射 GnIH，也可降低血中 LH 水平（Ubuka et al.，2006）。有趣的是，慢性 GnIH 处理可抑制光诱发的睾丸发育，导致血浆睾酮降低，睾丸细胞凋亡，最终导致成体鹌鹑睾丸生精活性下降（Ubuka et al.，2006）。同样，GnIH 可抑制性成熟前鹌鹑睾丸的生长以及血浆中睾酮的水平（Ubuka et al.，2006）。Osugi 等（2004）发现 GnIH 与 GnRH 同时注射到歌带鹀抑制了血中 LH 峰的出现，也可导致处于繁殖期的白冠麻雀 LH 浓度降低。在鹌鹑、白冠麻雀和欧洲椋鸟的研究中发现，GnIH 活性神经元主要在下丘脑室旁核和中脑区域分布（Bentley et al.，2003；Tsutsui et al.，2000；Ubuka et al.，2003；Ukena et al.，2003）。此外，在卵泡膜细胞、间质细胞、生殖细胞以及雄性鹌鹑附睾均发现了 GnIH 受体，这表明 GnIH 在性腺激素合成与释放、生殖细胞分化和精子成熟中均发挥作用（Bentley et al.，2003，2008）。

雄性鹌鹑的 GnIH 神经元表达褪黑素受体，推测褪黑素可能在调节 GnIH 神经元功能中发挥作用（Ubuka et al.，2005）。给松果腺摘除或眼窝摘除的鸟类注射褪黑素，表现出剂量依赖型诱导 GnIH 表达（Ubuka et al.，2005）。此外，把暴露于长光周期的鹌鹑下丘脑移植到体外时，在暗周期内释放的 GnIH 多于光周期。相反，暗周期内 LH 浓度下降。短光照可促进褪黑素分泌，并提高 GnIH 的表达水平（Chowdhury et al.，2010）。以上结果表明，鸟类褪黑素可以调节 GnIH 的释放，从而降低促性腺激素的合成和释放，抑制性腺活动并降低性激素水平。

29.5.3　促性腺激素对睾丸功能的调节

促性腺激素对睾丸具有调节作用，主要是通过结合睾丸中两种不同类型的实质细胞（间质细胞和支持细胞）上特定的细胞表面受体来完成的。这两类细胞分别在 Rothwell（1973）及 Cooksey 和 Rothwell（1973）的论文中有详细描述。通过对垂体切除的雄性、未性成熟雄性及体外培养的间质细胞进行促性腺激素处理，可以检测每种类型的细胞所发挥的主要功能（Brown et al.，1975；Ishii and Furuya，1975；Ishii and Yamamoto，1976）。以上实验证明 LH 和 FSH 分别对睾丸间质细胞和支持细胞发挥作用。

睾丸间质细胞含有雄激素生成所必需的类固醇激素合成酶（Johnson，1986），在 LH 存在时，第二信使 cAMP 快速升高（Maung and Follett，1977）。间质细胞分泌的类固醇激素主要包括睾酮及其前体雄烯二酮（Galli et al.，1973；Nakamura and Tanabe，1972；Sharp et al.，1977）。血中睾酮水平受 LH 脉冲的影响，呈现出不连续的脉冲方式（Bacon et al.，1991；Driot et al.，1979；Vizcarra et al.，2004），浓度范围在 5～15 nmol/L（图 29.12），睾丸静脉浓度比其高数倍（Ottinger and Brinkley，1979）。自由采食和饮水的雄性肉鸡颈静脉套管实验中发现 LH 和睾酮脉冲相关度为 83%（Vizcarra et al.，2004）。睾酮在性成熟雄性的精子发生、维持输出管和第二性征、表现特定行为以及调节 GnRH 分泌等过程中发挥重要作用。睾酮的作用和灭活主要取决于芳香化酶、5α 还原酶和 5β 还原酶等对睾酮的转化作用（Balthazart，1989；Ottinger，1983）。

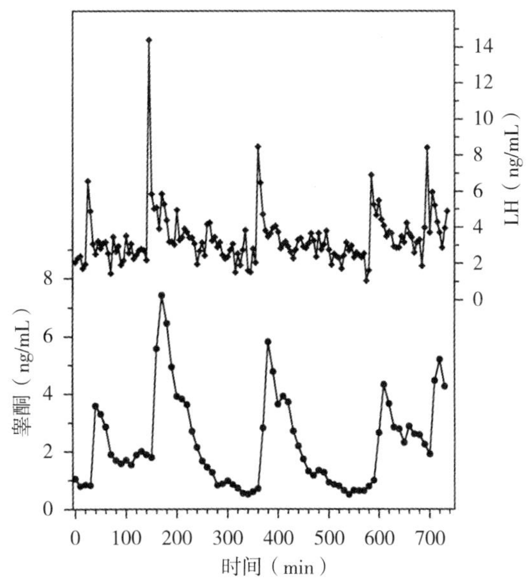

图 29.12　成年雄性家养火鸡（*Meleagris gallopavo*）血中 LH（上）和睾酮（下）的脉冲式变化模式

LH 脉冲出现在睾酮之前，显示 LH 分泌与睾酮分泌的密切关系。图和数据由俄亥俄州立大学 Wayne Bacon 博士友情提供。

FSH 调节睾丸支持细胞的现象已有描述，但对鸟类 FSH 的作用机制却知之甚少。在 Walker 和 Cheng（2005）的综述中，脊椎动物 FSH 受体是七次跨膜的 G 蛋白，FSH 结合到支持细胞后至少有五种不同的信号转导途径，包括 cAMP-PKA、MAPK、磷脂酰肌醇 3-激酶（PI3-K）、钙、磷脂酶 A_2（PLA_2）途径。众所周知，睾酮在维持精子发生中必不可少，与 LH 不同，FSH 的作用可被睾酮增强（Tsutsui and Ishii，1978）。外源性睾酮单独处理不能维持去垂体鹌鹑的精子发生过程（Brown and Follett，1977），证明 LH 和 FSH 是鸡形目精子发生必不可少的。雄性肉鸡 90%以上的睾丸重量变异归因于 FSH，而只有 35%的变异是由 LH 浓度变化引起的（Vizcarra et al.，2010）。这些结果表明，FSH 是支持细胞增殖和分化的重要调节因子。尽管精子的产生取决于支持细胞数量（de Reviers and Williams，1984；Sharpe，1994），但精子发生过程最终受到下丘脑-垂体-性腺轴的调控。

29.6 精子发生和性腺外精子成熟

29.6.1 精子发生

迄今，日本鹌鹑（*Coturnix coturnix japonica*）是鸡形目鸟类中精子发生被描述最为清晰的物种。鹌鹑有四种类型的精原细胞（Lin and Jones，1992；Lin et al.，1990），包括 A_d、A_{p1}、A_{p2}和 B 型精原细胞。字母下标表示染色程度，分别用“dark（深）”和“pale（浅）”表示。数字下标指示超微结构差异（Lin and Jones，1992）。A_d精原细胞是干细胞。基于 Lin and Jones（1992）提出的干细胞更新和精原细胞增殖模型，每次分裂中一个精原细胞 A_d产生 A_d和 A_{p1}两个子细胞。因此，鹌鹑精子发生始于 A_d精原细胞的有丝分裂。由 A_{p1}精原细胞产生的细胞类型包括 A_{p2}精原细胞（$n=2$）、B 精原细胞（$n=4$）、初级精母细胞（$n=8$）、次级精母细胞（$n=16$）和精子细胞（$n=32$）。次级精母细胞和精子细胞分别在第一次和第二次减数分裂中形成。

精子形成是精母细胞向精子细胞的转化过程，期间没有细胞分裂。鹌鹑精子形成需要经过 12 个形态变化步骤（Lin and Jones，1993；Lin et al.，1990）。与此不同，鸡可分为 8～10 个步骤（de Reviers，1971b；Gunawardana，1977；Tiba et al.，1993），珍珠鸡可分为 10 个步骤（Aire et al.，1980），火鸡可分为 12 个步骤（Aire，2003），麻雀可分为 6 个步骤（Goesand and Dolder，2002）。精子发生过程包括形成顶体和轴丝，失去细胞质，核鱼精蛋白替换核组蛋白使细胞核固缩（Gunawardana，1977；Gunawardana and Scott，1977；Nagano，1962；Okamura and Nishiyama，1976；Oliva and Mezquita，1986；Sprando and Russell，1988；Tingari，1973）。细胞质和细胞核体积急剧减小，成年公鸡精子体积只有原始精子细胞体积的 3%（Sprando and Russellsprando，1988）。总之，生精小管中分布有支持细胞和大量处于分化阶段的各种类型的生殖细胞，包括精原细胞、初级精母细胞和精子细胞等。

然而，生精上皮内生精细胞分化是不连续的，它们存在不同的细胞组合。鹌鹑细胞组合平均面积为 17 902 μm^2，平均每个组合含有 13.5 个支持细胞（Lin and Jones，1990）。鹌鹑有 10 种细胞组合，每一种细胞组合（即组织横切面）被称为生精上皮时相（图 29.13）。生精上

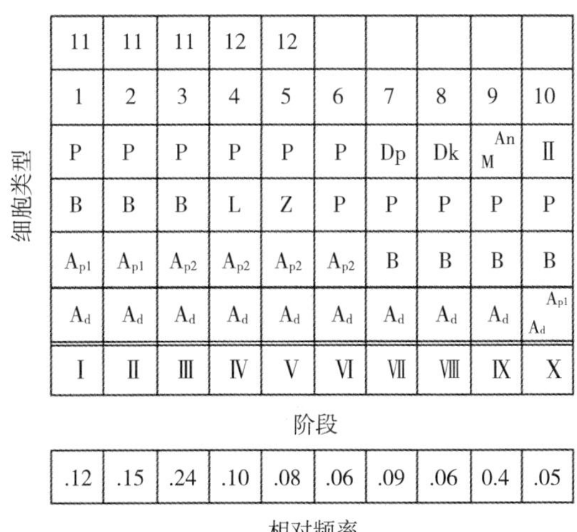

细胞类型

11	11	11	12	12					
1	2	3	4	5	6	7	8	9	10
P	P	P	P	P	P	Dp	Dk	An M	Ⅱ
B	B	B	L	Z	P	P	P	P	P
A_{p1}	A_{p1}	A_{p2}	A_{p2}	A_{p2}	A_{p2}	B	B	B	B
A_d	A_d	A_d	A_d	A_d	A_d	A_d	A_d	A_d	A_{p1} A_d
Ⅰ	Ⅱ	Ⅲ	Ⅳ	Ⅴ	Ⅵ	Ⅶ	Ⅷ	Ⅸ	Ⅹ

阶段

.12	.15	.24	.10	.08	.06	.09	.06	0.4	.05

相对频率

图 29.13　鹌鹑（*Coturnix coturnix japonica*）生精上皮周期

阶段数字下方是各类细胞的组合、阶段及出现的相对频率。A_d，深色 A 型精原细胞（干细胞）；A_{p1} 和 A_{p2}，浅色 A 型精原细胞；B，B 型精原细胞；L，细线期初级精母细胞；Z，偶线期初级精母细胞；P，粗线期初级精母细胞；Dp，双线期初级精母细胞；Dk，初级精母细胞丝球期；M，初级精母细胞分裂期；An，初级精母细胞后期；Ⅱ，次级精母细胞；1～12，1～12 精子细胞。引自 Lin 等（1990）。

皮在不同时间点经历不同的时相。一个时相完成，将进入新的发育时相。因此，一系列的时相称为生精上皮循环。鹌鹑的生精上皮一个循环的持续时间是 2.69 d（Lin et al.，1990）。鸡的生精上皮一个循环的持续时间是 3～4 d（de Reviers，1968；Tiba et al.，1993）。鹌鹑 A_d 精原细胞从增殖分化到精子形态重塑完成的时间是 12.8 d，称为精子发生持续时间（Lin and Jones，1992）。因此，生精上皮从一个单一的 A_d 精原细胞产生 32 个精子细胞需要经过 4.75 个循环。

生精小管内一系列完整的阶段称为生精波。如图 29.14 所示，鹌鹑的生精波沿生精小管螺旋状排列（Lin and Jones，1990）。必须注意的是，虽然各阶段在空间上是连续的（图 29.14），但不一定在同一频率（图 29.13），因为每个阶段的持续时间范围为 2.5～15.5 h（Lin et al.，1990）。因此，任何一个特定阶段的出现频率与持续时间成正比（Lin et al.，1990）。

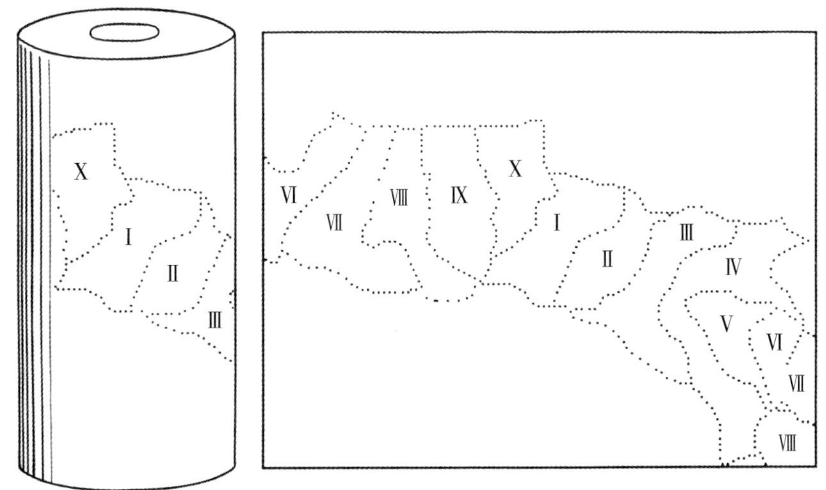

图 29.14　鹌鹑生精小管内精子发生波的空间排布

左边的圆柱体代表生精小管的一段，右边的矩形表示两个相邻的生精上皮周期的二维结构，周期沿细管长度螺旋排列，罗马数字表示阶段。引自 Lin 和 Jones（1990）。

每日精子生成量是指每克睾丸每天产生的精子数。鹌鹑每日精子生成量约为每克睾丸每天 92.5×10^6 个（Clulow and Jones，1982），这与家鸡（*Gallus domesticus*）每克睾丸每天

(80～120)×10^6 个精子差不多(de Reviers and Williams，1984)。普利茅斯石鸡和尼日利亚家鸡(*Gallus domesticus*)每日精子生成量则高得多，分别为(2.41±1.17)×10^9 和(0.076±0.71)×10^9(Orlu and Egbunike，2009)。这些值表示每天从生精上皮中释放并进入生精小管管腔的精子数量。这一现象即为精子排放，在鹌鹑仅限于生精上皮Ⅴ期(图 29.13)。在精子排放时，除精子头部外，多余的细胞质作为残余体弃掉(Lin and Jones，1993；Sprando and Russell，1988)。精子从生精上皮释放时没有活力(Ashizawa and Sano，1990)。雉类精子是蠕虫状的细胞，最大宽度 0.5～0.7 μm，长 75～90 μm(图 29.15)(Thurston and Hess，1987)。它们拥有圆锥形顶体，略微弯曲的圆柱形细胞核，鞭毛有 25～30 个线粒体螺旋排列在近端部位，约占细胞长度的 84%(Thurston and Hess，1987)。雀形目鸟类精子是尖的、螺旋状，长为 46.8～287.6 μm，尾长占总长度的 79%～95%(Helfenstein et al.，2009；Lupold et al.，2009)。红腹灰雀是唯一的例外，其精子顶体是圆形、螺旋状，中段非常短(Birkhead et al.，2006)。这些鸟类的婚外交配频率较低，缺少精子竞争可能是导致精子形态变异的原因(Birkhead et al.，2006)。

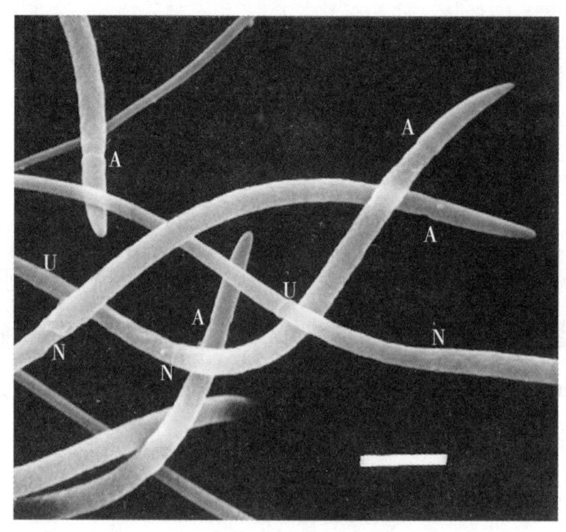

图 29.15 鸡精子细胞扫描电镜形态

精子细胞前部的收缩(A)标志着顶体的后边界。核从(A)向后延伸到颈部(N)，标志着中段的前端。中段有高度变化的线粒体，向后延伸到环(U)。精子尾部的环细胞的终端延伸。在细胞核内，鸡精子直径约 0.5 μm，精子长度约 90 μm。标尺＝2 μm。

29.6.2 性腺外精子转运和成熟

精子排出之后，精子细胞悬浮在由支持细胞分泌的液体中。精子通过输精管的弯曲部位，主要依赖于生精小管中液体的静水压和覆盖在生精小管外表面的上皮细胞的收缩力(Rothwell and Tingari，1973)。精子主要是以蠕动的方式通过出水管远端，特别是输精管(de Reviers，1975)。如同精子发生的研究一样，日本鹌鹑是目前精子转运领域研究得最深入的物种。观察鸡精子通过输精管转运的现象和时间效应需要耗费数天时间(de Reviers，1975；Munro，1938)。精子通过输出管近端时发生的最明显的现象就是生精小管液被吸收，这可由精子浓度的改变得以证实(表 29.3)。鹌鹑生精小管液中精子浓度为 3.8×10^4 个/μL，而输出管远端精子浓度为 2.3×10^6 个/μL(Clulow and Jones，1988)。在此过程中，精子浓度增加了 60 倍，主要是因为生精小管液在输精管不同部位的被吸收水平存在差异。Nakai 等

(1989)阐明了鸡输出管末端无纤毛的上皮细胞通过胞饮作用吸收液体。

表 29.3　日本鹌鹑排出管内皮细胞内层血浆流量（重吸收）估测

区　域	睾丸浆	
	输出量（%）	μL/(cm² · h)
睾丸网到输出管近端	6.3	8.0
输出管近端到远端	85.8	100.4
输出管末端到连接管	6.5	21.6
连接管到附睾管	0.4	21
附睾管到输出管近端	0.2	0.1
输出管近端到远端	0.2	0.2

注：引自 Clulow 和 Jones（1988）。

输出管是附睾出水管主段(图 29.3)，是精子成熟的关键部位。输出管含有丰富的黏膜折叠、顶浆分泌以及绒毛细胞，上皮细胞具有丰富的微绒毛，是精子与分泌物混合的区域。火鸡和家鸡繁殖障碍的研究结果证实了输出管的重要性。例如，火鸡可排出黄色而不是白色的精液(Thurston et al.，1982a)。火鸡输精管上皮细胞肥厚，充满脂滴，已被证明是具有吞噬精子的作用(Hess et al.，1982)。正常情况下睾丸索巨噬细胞介导了吞噬作用(Aire and Malmqvist，1979；Nakai et al.，1989)，但输精管不通畅时，输出管上皮细胞亦可介导(Tingari and Lake，1972)。低生育力公鸡近端输精管畸形(图 29.16)，为输精管功能和繁殖性能之间关系提供了第二个实例(Kirby et al.，1990)。此类公鸡精液中生化失衡被认为是输出管功能障碍所致(al-Aghbari et al.，1992)。

精子通过输出管之前悬浮于生精小管液中。精子进入附睾管导致悬液的成分和体积发生改变(Esponda and Bedford，1985)。最终的介质为精浆。在电解质、游离氨基酸和蛋白质组成等方面精浆的化学成分与血浆存在差异(Freeman，1984；Lake，1966；Lake and Hatton，1968；Stratil，1970；Thurston et al.，1982b)。输出管相邻上皮细胞间的紧密连接在维持上述组成差异中发挥了重要作用(Nakai and Nasu，1991)。

除生殖道特异的蛋白质之外(Esponda and Bedford，1985；Stratil，1970)，精液和血浆主要的差异体现在葡萄糖、谷氨酸、K^+、Cl^- 和 Ca^{2+}（表 29.4）。输出管液的成分如何影响精子的活力，目前尚不清楚。Esponda 和 Bedford(1985)指出鸡存在精子成熟蛋白，而 Ashizawa 等(1988)报道公鸡精子中段 Na^+-K^+ 比值升高与精子通过输出管的能力有关，输出管内的精子是不活动的，因此 Na^+-K^+ 比值变化不能诱发精子运动(Ashizawa and Sano，1990)。然而，精子通过输出管时获得运动潜力(Ashizawa and Sano，1990；Clulow and Jones，1982；Howarth，1983；Munro，1938)。运动潜力与受精能力不同，睾丸精子具有让卵母细胞受精的能力，运动潜力是精子进入输卵管的能力(Howarth，1983)。Allen 和 Grigg(1957)提出，精子不需要通过括约肌进入阴道输卵管。因此，睾丸精子的受精可以不依赖于活力，而只需要接触卵母细胞内的卵黄膜周围层发生顶体反应的能力(Okamuraand and Nishiyama，1978)。

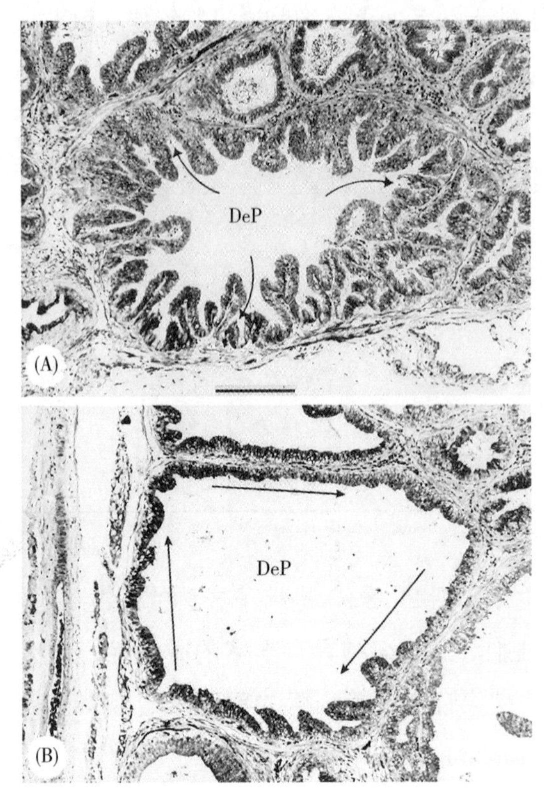

图 29.16 可育（A）和生育力低下（B）公鸡近端输精管（DeP）的横截面

与野生型雄性（A），相比杂交公鸡（B）存在 *sd* 等位基因，其 DeP 横截面面积增加了两倍，管腔面积低 75%。具有这种遗传缺陷的公鸡精液质量差，排出精液常表现为 30%～90%的死精和退化精子。经许可复制自生殖研究协会。引自 Kirby 等（1990）。

表 29.4 公鸡血浆和输精管液中部分物质的比较

物质	血浆	输精管液
葡萄糖（nmol/L）	15	—
谷氨酸盐（mmol/L）	<1	100
钠（mmol/L）	160	142
钾（mmol/L）	5	34
氯（mmol/L）	115	40
钙（mmol/L）	2.5	0.5

注：引自 B. M. Freeman 的《Physiology and Biochemistry of the Domestic Fowl》第 5 卷附表。

输精管，尤其是其末梢部位，是性腺外储存精子（ESR）主要的部位。鹌鹑 ESR 的数量相当于每日睾丸产生的数量，其中 92%存在于输精管内（Clulow and Jones，1982）。与此相反，家鸡 ESR 的数量小于或等于每日产生的精子总量的 3.5 倍，其中 95%存在于输精管中（de Reviers，1975）。输精管内精子储存的时间都是相对短暂的。如上所述，这些精子在射精前没有运动能力。Ashizawa 和 Sano（1990）提出，温度变化可诱发鸡精子的活力，附属生殖器官液体也在诱发精子活力中发挥作用（Ashizawa et al.，2000；Fujihara，1992）。因此，Ca^{2+} 和 HCO_3^- 被认为是体外精子活力的激动剂（Ashizawa and Sano，1990；Ashizawa and Wishart，1987）。

29.7 季节性性腺复苏与退化

29.7.1 光周期对性腺退化与复发的调节

许多鸟类，尤其是长距离迁徙候鸟，受到进化选择压力的影响，其繁殖期必须是在一年中食物最丰富的时段，故而繁殖窗口期非常狭窄（Dawson，2008）。通常情况下，大多数时间内雄鸟性腺处于退化状态，进入繁殖期前性腺迅速复苏。通常认为鸟类是长日照繁殖种类（部分例外），即随着日照时间的延长，其 HPG 轴活性增强，并伴随着促性腺激素增加和性腺发育（Ball and Ketterson，2008）。鸟类性腺成熟的精确时间和速率存在种间差异。然而，春季光照时间的延长达到了促发性腺复发的临界点，这个阈值被称为临界光周期。在日本鹌鹑上的研究支持了这一假说，该研究发现每天光周期小于 11.5 h，性腺成熟率较低，光照增加至每天 12 h，性腺快速发育（Follett and Maung，1978）。

在春季，性腺随着光照的增加而成熟，而在繁殖季节结束时，较长的光照导致性腺退化，称之为光不应性（Dawson，2008；Robinson and Follett，1982）。目前已在鸟类物种中发现两种形式的光不应性：绝对光不应性和相对光不应性。绝对光不应性是指持续暴露于长光周期诱导自发性性腺退化，在下一个繁殖季节到来之前，增加光照不会引起性腺成熟。这种模式在欧洲椋鸟、麻雀和白冠麻雀等物种中得到证实，秋天短日照时性腺退化。暴露于短日照被认为是诱导重获光敏性（Ball and Ketterson，2008）。相反，相对光不应性是指光照缩短是性腺退化的必要条件，而这种退化只发生在光照长于诱导成熟的光照的情况下。此外，暴露于长光周期可抑制性腺退化甚至诱导性腺复发（Dawson，2008）。一般认为，繁殖期较早、繁殖季节可预测的鸟类倾向于绝对光不应性，而繁殖期较晚、繁殖季节难以预测的鸟类倾向于相对光不应性。

29.7.2 影响性腺成熟和退化的其他因素

由于种内和种间差异，鸟类性腺成熟和退化表现出较大的变异性。尽管光周期在性腺成熟和退化过程中发挥着重要作用，非周期性信号（如繁殖领域、温度、降水和食物）的可获取性，同样在决定性腺复苏和退化速率、时间上发挥重要作用。例如，Caro 等（2006）在观察两个不同的蓝冠山雀种群时发现，某一种群繁殖时间早于另一种群，而早繁殖种群个体睾丸发育速率比晚繁殖种群快。低纬度地区繁殖的白冠带鹀，低温抑制了性腺的发育，并延迟其光不应性，然而，中纬度地区鸟类并非如此（Wingfield et al.，2003）。在 4～8 ℃时，灯芯草雀睾丸复苏迟缓（Engels and Jenner，1956）。高温促进了褐头山雀睾丸的成熟，但不影响大山雀（Silverin and Viebke，1994）。以上数据表明温度对拥有较长和较灵活繁殖期的物种影响更大。

有趣的是，多种热带鸟类的性腺成熟受到降雨的影响。例如，由于区域降雨模式不同，相隔仅 25km 的两个红领带鹀种群具有高度异化的生殖生理学特征（Moore et al.，2006）。就棕翅珀卡雀鹀而言，尽管已经清楚地知道季节性繁殖是受到光周期的控制，准确的繁殖时间还受到降雨的影响（Deviche et al.，2006）。受到降雨时间的影响，每年达尔文雀性腺发育成熟的时间也不一样，而在繁殖季节性腺充分退化（Hau et al.，2004）。另一个影响季节性性腺复发的因素是食物资源的可获取性。迁移地的食物供应与性腺成熟有直接关系。例如，相比任意采食的园莺，限制采食的园莺睾丸复苏迟缓，睾酮水平下降（Bauchinger et al.，2009）。很显然，内源性和外源性因素对季节性性腺复苏和退化存在潜在影响。调节繁殖模式的内部机制很复杂，不同机制之间可能还彼此交错。随着这一领域的研究进程，探明这些机制间互作有助于更好地理解影响雄性鸟类繁殖成功的各种因素。

参考文献

（贺斌译，石放雄、叶岚校）

第 30 章　繁殖行为

Pierre Deviche

缩略语

ACTH，Adrenocorticotropic hormone　促肾上腺皮质激素

AVT，Arginine vasotocin　精氨酸催产素

cGnRH-Ⅰ，Chicken gonadotropin-releasing hormone-Ⅰ　鸡促性腺激素释放激素-Ⅰ

CORT，Corticosterone　皮质酮

DHT，5α-dihydrotestosterone　5α-二氢睾酮

FSH，Follicle-stimulating hormone　卵泡刺激素

GnIH，Gonadotropin-inhibitory hormone　促性腺激素抑制激素

GnRH，Gonadotropin-releasing hormone　促性腺激素释放激素

HPA，Hypothalamo-pituitary-adrenal axis　下丘脑-垂体-肾上腺轴

HPG，Hypothalamo-pituitary-gonadal axis　下丘脑-垂体-性腺轴

LH，Luteinizing hormone　黄体生成素

PRL，Prolactin　催乳素

POA，Preoptic area　视前区

T，Testosterone　睾酮

30.1 引言

物种要延续，繁殖是最重要的生命活动。大多数动物的繁殖与繁殖行为的有序表达有关，包括视觉和听觉的呈现、交配、筑巢、产蛋、孵化和育幼（含食物供应）。繁殖行为是物种进化选择的关键环节，因此，掌握繁殖的基本原理有助于人们解决动物繁衍与进化中的问题。在脊椎动物中，繁殖行为广泛存在，发生于所有种类的代表性动物，并且在鸟类出现之前就已进化了。事实上，远古手盗龙（非鸟类）能够与当今鸟类一样每天产蛋，产出的蛋具有复杂微细结构的壳，而且会保护所产的蛋（Zheng et al.，2013）。此外，根据窝蛋

数和成年骨形态的相关性分析，Varricchio 等（2008）认为一些白垩纪恐龙可能表现出父本行为，甚至可能有一夫多妻的交配系统（Varricchio et al.，2008）。最近，中新世早期的红鹳科和它们现存的近亲（䴙䴘：Grellet-Tinner et al.，2012）一样能建造浮巢。

由于其起源遥远，在每种脊椎动物中，繁殖行为在复杂性、季节性、持续性和控制机制方面都有很大的差异。长期以来，鸟类被作为研究动物繁殖行为调控机制的模型动物。作为恒温动物，它们在不同的环境中繁衍生息，跨越不同的纬度和高度，从寒冷和炎热沙漠到热带和赤道雨林以及海洋岛屿。因此，科学家可获得各种鸟类作为研究对象。此外，鸟类的繁殖行为及其交配体系（如一夫一妻、一夫多妻或一妻多夫制）非常多样化（林岩鹨，*Prunella modularis*：Langmore et al.，2002；Owens，2002；斑鹬，*Actitis macularius*：Rissman and Wingfield，1984），而这些多样性为对比研究提供了大量机会。再者，大多数鸟类都是昼行动物，且色彩多样，而成年鸟类的羽毛具有雌雄差异。鸟类的繁殖行为通常包括明显的视觉（如社交展示、交配和亲鸟哺育）和听觉（如鸣叫）信号，而这些信号相对易于观察和量化。值得注意的是，许多鸟类的繁殖行为具有很强的季节性，通常表现在一年中环境资源尤其食物最丰富且最容易获得的季节，从而利于后代的最佳发育。这些活动受激素调控，其分泌有明显的季节性。因此，长期以来鸟类一直被作为激素与繁殖行为相关性研究的主要模式动物，也用于这一行为在个体发生和成年期的激素和神经机制方面的研究。最后，有几个品种（家鸡，*Gallus domesticus*；日本鹌鹑，*Coturnix coturnix japonica*；火鸡，*Meleagris gallopavo*；环鸽，*Streptopelia risoria*；金丝雀，*Serinus canaria*；斑胸草雀，*Taeniopygia guttata*）被长期驯养，对其繁殖行为和生理的许多方面都已开展了研究（参见 30.4.1、30.6.2 和 30.6.5）。从这些研究中获得的结果，再加上对鸟类已有的认知，为深入的机制研究奠定了良好的基础（Ball and Balthazart，2004；Balthazart et al.，2003）。

30.2 繁殖行为的调控

性成熟期繁殖行为的表现受多种外部因素（如环境和社会）以及内在因素的调节。内在因素的本质和相对重要性通常会因物种、性别、个体发生、成年动物的年龄和经验以及繁殖的阶段而改变。与此调控相关的大量文献远远超出了本章的范围。因此，我们根据读者潜在的兴趣、过去取得的进展以及基于现有信息得出的普遍性结论，重点关注数量有限的代表性主题。

我们首先分析环境因素，特别是光和食物资源，然后是对生殖系统和行为产生影响的社会因素。年龄和育种经验对成年动物生殖系统和繁殖行为的表达有重要影响，因此我们将分别探讨这些因素的作用。很多研究已表明外周激素和神经激素对繁殖行为的调控机制。我们将对这一调控进行分析，特别是促性腺激素释放激素（GnRH）、促性腺激素抑制激素（GnIH）、精氨酸催产素（AVT）、催乳素（PRL）、性腺类固醇激素和神经类固醇激素的作用。

三个基本主题贯穿本章。第一，我们强调性腺激素在调节鸟类繁殖行为方面起主导作用。因此，所有关于鸟类繁殖行为调控机制的分析都必须围绕对生殖系统本身活动的调控机制展开讨论。基于这一原因，我们参考行为和内分泌方面的文献列举了一些例子。第二，在讨论繁殖行为的（神经）内分泌调控机制时，我们需要考虑这种调控往往是互动的。例如，性腺类固醇激素对繁殖行为的呈现有重大影响，但同物种的社会和化学信号可显著影响性腺激素的分泌；在某些情况下，甚至个体自身的行为也会引起其本身内分泌的变化。第三，在个体层面上，大多数内分泌系统并不是独立起作用的，而是多个系统相互关联。例如，性腺类固醇激素可显著影响那些引起行为活跃的神经肽（如促肾上腺皮质激素和 AVT）的产生与分泌。此外，在应激情况下，下丘脑-垂体-肾上腺（HPA）轴激素的分泌增加，从而抑制繁殖生理功能和行为。

30.3 环境因素

许多环境因素有可能影响鸟类的繁殖生理和行为，包括与天气相关的因素，如干旱（Reichert et al.，2012）、风暴（Astheimer et al.，1995；Bolger et al.，2005）、温度（Ardia et al.，2009）以及湿度（Cynx，2001）。由于全球气候变化对生物系统的潜在影响（Beale et al.，2006；Senapathi et al.，2011；Shine and Brown，2008；Moller，2013），研究环境因素对繁殖的影响显得尤为重要，但有些环境因素的影响非常复杂。例如，与天气相关的因素（如风暴）通常会引起鸟类应激反应，从而阻碍繁殖（如繁殖起始和孵化行为延迟），然而这种影响又与鸟类所处的生殖阶段有关（Wingfield，1984）。此外，天气或气候相关因素对生殖系统的影响既可能是直接的（温度：Ardia et al.，2009；Visser et al.，2009），也可能是间接的，如食物资源改变（干旱：Bolger et al.，2005），或者两种情况同时发生。这里我们将阐述光和食物资源两种因素对鸟类繁殖生理和行为的影响，它们的作用已经受到人们广泛的关注。

30.3.1　光

迄今为止，大多数被研究过的鸟类只要给予足够的长日照（即高于该鸟类所需的光照阈值）就会激发一系列的生理活动，包括鸡促性腺激素释放激素-Ⅰ（cGnRH-Ⅰ）的合成和分泌，最终会促进性腺发育，增加性腺类固醇激素的分泌（Dawson，1999；Dawson et al.，2001；Stevenson et al.，2013），从而在繁殖行为调控中起主导作用（见 30.6.4）。值得注意的是，一些人们定义的非光周期的鸟类（如斑胸草雀）也会因为超长日照而促进其生殖系统的发育（Bentley et al.，2000b）。由于光照对下丘脑-垂体-性腺（HPG）轴的影响，多数情况下，光刺激对鸟类的繁殖作用是间接的，主要通过提高血中性腺激素的浓度来实现。然而，有限的证据表明，在有些情况下光周期对鸟类繁殖行为的影响并不依赖于下丘脑-垂体-性腺轴。例如，阉割的环鸽经雄激素处理后给予不同时长的光照，暴露于长光照下环鸽的营巢活动远比短光照下的环鸽频繁（McDonald and Liley，1978）。这种现象的机制尚不清楚，可能与机体状况的改变有关。事实上，跟短日照相比，生活在长日照下的鸟类每天有更多的时间采食和获取能量，因此它们可能会将更多的能量用于与繁殖相关的耗能活动中（Perfito et al.，2008）。城市中人工灯光对鸣禽啼晨早晚、开产日期以及雄鸟配对成功率（Kempenaers et al.，2010；Longcore，2010）的促进作用，也可能是由于延长了每日采食时间而获得更多的食物。对于自由行动的鸟类，要区分光周期通过影响能量摄取而改变行为还是通过影响下丘脑-垂体-性腺轴激素分泌引起行为变化很难，仍需额外的研究工作。

30.3.2 食物资源

长期以来，人们认为资源可利用性严重影响繁殖时程，包括繁殖行为的呈现，因为鸟类双亲通常在食物最丰富的季节繁衍后代。这一观点受到相关性和实验性研究的支持。例如，交嘴雀（*Loxia* spp.）主要采食针叶树种子，其丰度变化很大，在时间和和位置上变化常难以预测（Benkman，1992）。对于这些鸟类，食物供应、日照长度和社会因素对繁殖时程起决定性作用（Benkman，1990；Hahn，1995；Deviche and Sharp，2001）。另一个例子是蓝山雀（*Cyanistes caeruleus*）。蓝山雀给幼鸟优先饲喂夜蛾幼虫，但也会饲喂卷叶蛾幼虫。与夜蛾幼虫相比，卷叶蛾幼虫更小但更容易捕获，且发育季节不同。蓝山雀繁殖时程的调整是为了获得更多的夜蛾幼虫，以饲喂较大的幼鸟（Garcia-Navas and Sanz，2011）。

补充或限饲食物是研究食物资源功能的常用方法。除了一些特例（Harrison et al.，2010），补充食物通常能促进鸟类生殖系统的活动，如性腺发育、血浆生殖激素水平、产蛋时间和繁殖行为的展现（Hahn，1995；Brommer et al.，2004；Schoech et al.，2004；Watts and Hahn，2012）。然而，这些作用易受各种因素的影响，包括光照和社交互动（Hahn，1995）、捕食压力（Zanette et al.，2003）。此外，食物操作研究需要注意补充食物对繁殖的短期效果可能与长期效果不同。例如，对歌雀（*Melospiza melodia*）补充食物有隔代行为效应，与对照组相比，补饲歌雀能繁衍更多的后代。但是，补饲歌雀所产的蛋和雏鸟都比对照组的小，且雄性后代拥有的鸣曲曲目较少，因此可能比对照组的后代更不适应生存（Zanette et al.，2009；图 30.1）。

限制食物通常会产生与补充食物相反的效果（Bauchinger et al.，2009）。限饲导致母鸡血浆黄体生成素（LH）和性腺类固醇激素降低，生殖器官的质量下降，这些变化会在重新喂饲时发生逆转（Richard-Yris et al.，1987）。然而，限饲对母鸡的内分泌作用受繁殖阶段影响。限饲导致未成年母鸡血浆卵泡刺激素低于非限饲母鸡，但不影响产蛋母鸡（Bruggeman et al.，1998）。与雌性的情况类似，限饲导致雄性出现繁殖缺陷，如精子质量和精液量下降（Cerolini et al.，1995）。当短日照转变为长日照时，限饲导致雄性斑胸草雀睾丸发育受阻，而在自由采食时日照的延长会刺激睾丸复苏（Perfito et al.，2008）。因此，对于机会主义繁殖的鸟类，在调控下丘脑-垂体-性腺轴活动中食物的可利用性显然比光照的作用更重要。

30.3.3 案例研究:城市化

通过城市化效应的研究，我们知道鸟类能够应对多种环境因素并可产生影响（例如，迁徙：Tryjanowski et al.，2013；繁殖：Partecke and Gwinner，2007；Davies et al.，2013；群落结构：Gagne and Fahrig，2011；Schlesinger et al.，2008；寄生虫感染：Sitko and Zalesny，2012）。在大多数情况下，城市化伴随着巨大且不可逆转的环境变化，包括环境噪声、温度增高（热岛效应：Zhang et al.，2010b）和夜间照明，以及不同的植物群落组成和季节性（Mimet et al.，2009），这些变化反过来可改变草食动物和肉食动物的食物资源。这些变化单独或累积地直接或间接地严重影响城市鸟类的繁殖生理和行为。然而，城市化对鸟类健康的影响仍

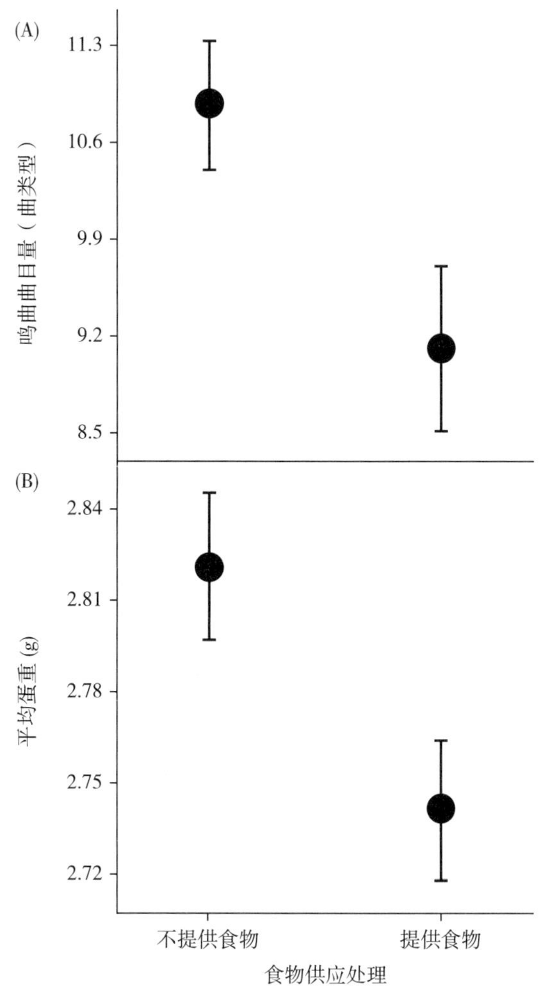

图 30.1　不同食物供应处理对鸣曲曲目量和平均蛋重的影响

歌雀双亲补充食物减少：（A）其雄性后代鸣曲曲目量（$P=0.030$）和（B）平均蛋重（$P=0.017$）。经许可复制自 Zanette 等（2009）。

存在争议，人们对此知之甚少。一方面，与非城市鸟类相比，城市鸟类经常具有较好的繁殖物候（Davies et al.，2013；Dominoni et al.，2013），这种优势通过延长每年繁殖期的持续时间来提高其繁殖力和健康水平。另一方面，城市中的一些物理因素可能引起城市鸟类出现应激反应，从而抑制其生理和行为过程，如人为噪声（噪声污染）。相关证据表明，噪声污染对育种成功率和个体健康不利（东蓝鸲，*Sialia sialis*：Kight et al.，2012；家雀，*Passer domesticus*：Schroeder et al.，2012），这一结论得到了实验研究的支持。例如，在实验条件下慢性噪声导致大艾草榛鸡（*Centrocercus urophasianus*）糖皮质激素代谢物排泄增加，这表明其应激水平增加，同时导致求偶次数下降（Blickley et al.，2012）。然而，噪声污染对繁殖的影响通常存在种间差异，而且较为复杂。为了说明这一点，环境噪声增高并不影响澳大利亚黑天鹅（*Cygnus atratus*）血浆中皮质酮（CORT）水平或繁殖行为（Payne et al.，2012）。此外，通过破坏捕食者-猎物的相互作用，环境噪声在某些情况下反而会增加繁殖成功率（Francis et al.，2009）。有些研究探索了鸟类城市化和急性应激反应的关系（捕获和管制会增加血浆糖皮质激素水平：Fokidis et al.，2009；Partecke et al.，2006）。城市乌鸫（*Turdus merula*）对急性应激原的反应低于森林乌鸫（Partecke et al.，2006）。然而，在多数情况下，城市化和非城市化鸟类之间的生理（包括内分泌）基础的差异仍很不清楚，这一研究课题亟待新的相关性与实验性探索。

30.4 社会因素

多年来，通过各种实验模型以及实地和实验室进行的试验都表明，社会个体之间的相互作用可以影响其繁殖行为的各个方面。研究同时表明，个体的行为可以影响其自身的生理机能，包括与行为相关的激素和神经化学物质的合成和分泌，这种调节反过来又会引起行为变化。社会因素对繁殖行为的调节通常是复杂的，对其作用机制包括相关的感觉形态和感知信息传递的通路仍然知之甚少，只有少数例外（如环鸽，见 30.4.1）。未来很多新的研究可以从这方面入手。

30.4.1 雄性对同种雌性的影响

同种鸟类间的社会互动可对异性的行为和生理产生很大影响。交配会提高雌性日本鹌鹑血浆中皮质酮水平（Rutkowska et al.，2011），在雌性与非交配雄性的互动中没有发生这种变化，但可在雌性与其他雌性互动中观察到。因此，是直接的社会互动导致这些鸟类血浆皮质酮升高，而非交配行为。社会互动的作用也表现在胡锦鸟（*Erythrura gouldiae*）上，在实验中当雌性胡锦鸟与不喜欢的、质量较差的雄性胡锦鸟配对时，其血浆皮质酮浓度长期高于与喜欢的雄性胡锦鸟配对时的浓度（Griffith et al.，2011；图 30.2）。在大多数鸟类里，若与有吸引力的配偶配对，雌性的应激水平较低，这可能有助于这些雌鸟投入更多能耗在繁殖上，如蛋的体积和食物供应行为（Horvathova et al.，2012）。另一类调查发现，同种鸟类的鸣曲会对雌性行为和神经产生影响。例如，在一些鸟类，声音刺激能增强雌性的性反应能力（歌雀：Searcy and Marler，1981；Pasteau et al.，2012；棕头燕八哥，*Molothrus ater*：Freed-Brown and White，2009）和活动水平（紫翅椋鸟，*Sturnus vulgaris*：Riters and Teague，2003）。雄性鸣曲会引起雌性产生生理效应，这可能会影响其体质。例如，与没有吸引力的雄性鸣曲相比，动听的雄性金丝雀鸣曲会引起雌性金丝雀在蛋中分泌更多的睾酮（Gil et al.，2004）。

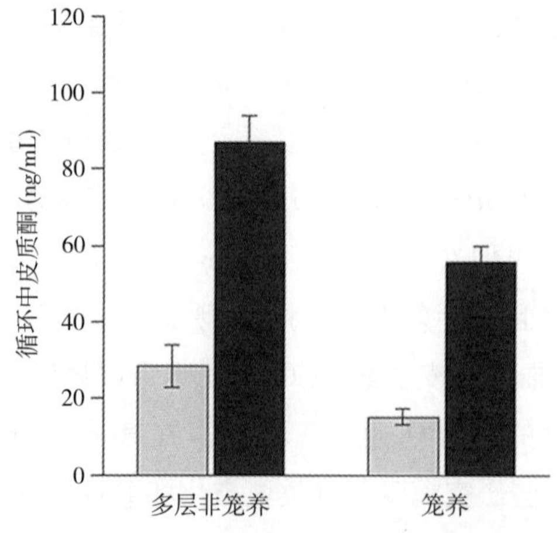

图 30.2 不同配对条件下雌性胡锦鸟产蛋期血浆皮质酮（CORT）基础值

灰色为基因兼容雄性，黑色为基因不兼容雄性。在繁殖期，胡锦鸟被养在多层非笼养鸟舍内或配对养在笼子里。与养殖设施无关，与基因不兼容的雄性配对的雌性，其血浆皮质酮高于与基因兼容雄性配对的雌性。经许可复制自 Griffith 等（2011）。

社会互动对雌性生殖系统的作用进一步体现在笼养的褐头山雀（*Poecile montanus*）上。与单独饲养组相比，雌雄配对饲养使雌性褐头山雀卵巢发育更为良好（Silverin and Westin，1995）。这项研究并没有排除其他促进卵巢发育的因素，但其他研究考虑了这个问题，并证明了声音信号的重要作用。例如，雄性鸣曲能刺激歌雀和家养金丝雀卵泡的发育（Bentley et al.，2000a）。这种刺激的神经内分泌机制研究已在白喉带鹀（*Zonotrichia albicollis*）中进行。雄性鸣曲快速（在 1 h 内）增强雌性白喉带鹀分泌 LH，促进极早期基因即早期生长反应因子-1 在下丘脑内侧基底部的表达，但在产生 GnRH 神经元中没有增加，这表明肽的分泌是由行为引起的（Maney et al.，2007）。

雄性环鸽鸣曲调节雌性繁殖的神经机制研究是最为详尽的。环鸽是一种被驯化的鸟类，长期以来一直被视为研究激素和繁殖行为间相互作用的优秀模型（Lehrman，1964；Lehrman and Friedman，1969；McDonald and Liley，1978；White，1975）。与雄性视觉和听觉（但不是身体接触）的接触能激发雌性环鸽求偶鸣唱和卵巢发育，而且未去势雄性比去势雄性的效果更为明显（Lott et al.，1967）。切断雌性的舌下神经（支配发声器官或鸣管）会导致求偶鸣唱表达减少，同时减少雄性求偶介导的卵巢发育（Cohen and Cheng，1979）。这引发了一个假设，即雌性的发声行为可促进其自身卵巢发育，具体表现在能引起雌性环鸽血浆 LH 增加的是雌性而不是雄性的求偶鸣唱（Cheng，2008；Cheng et al.，1998）。神经追踪研究表明，自我刺激卵巢发育包括将听觉信息传递到中脑丘间核（ICo），这个大脑区域与下丘脑前区相联系，在那里一些神经细胞通过脑啡肽投射对听觉刺激做出反应（Cheng and Zuo，1994）。当受到刺激时，一些下丘脑神经元会增加 GnRH 的分泌，进而引起促性腺激素分泌和卵巢发育。

30.4.2　雌性对同种雄性的影响

上述研究结果表明了雄性对同种雌性鸟类生殖系统有影响，但同时也有实验证据表明，雌性在某些情况下会影响同种雄性的生殖系统。与单独饲养的雄性日本鹌鹑相比，光照促进雌雄混养的雄性鹌鹑到达性成熟所需时间更短，且混养的雄性鹌鹑体内血浆 LH 和 T 水平更高（Delville et al.，1984）。野生鸟类中也有类似的发现：繁殖季节开始时，雌二醇处理会增加野生雌雀的性行为，同时该领域雄性血浆 T 升高，领地行为增强（Wingfield and Monk，1994）。类似地，在繁殖期用雌二醇处理成年野生雌性斑姬鹟（*Ficedula hypoleuca*）会使其雄性配偶的攻击行为增加（Silverin，1991）。但必须指出的是，雌性的存在并不一定会对雄性生殖系统产生促进作用，因此，在总结各种结果时必须格外慎重。例如，长光照能延迟笼养雄性褐头山雀睾丸成熟，且雌鸟的存在会加速雄鸟睾丸退化（Silverin and Westin，1995）。需要强调指出的是，那些通过比较雌激素处理与未处理雌鸟，或者成对与单独饲养雄性来研究社会因素的实验并没有说明该实验中引起雄性行为和生理上反应的具体因素（如视觉和听觉）是什么。尽管相对于其他脊椎动物而言，大多数鸟类嗅觉相对较弱，但嗅觉可能在调控雄性对同种雌性行为反应方面发挥作用。例如，公鸡的求偶行为显然受到母鸡尾脂腺嗅觉信号的影响，而尾脂腺一直来被认为是外激素的可能来源（Zhang et al.，2010a；Hirao et al.，2009）。与这些发现一致的是，纯色椋鸟（*Sturnus unicolor*）能够根据化学嗅觉信号识别同种鸟类的性别，这种信号可能是由尾脂腺分泌的（Amo et al.，2012）。

30.4.3 雄性对同种雄性的影响

关于雄性行为对同种类雄鸟繁殖生理和行为的影响，特别是视觉和听觉刺激的作用，已经进行了广泛的研究。长期（为期数周）研究发现，同种鸟类鸣曲对下丘脑-垂体-性腺轴有促进作用。例如，在相同光刺激作用下，每天聆听同种鸣曲的雄性棕翅猛雀鹀比没有声音刺激的雄鸟体内血浆 LH 要高，且睾丸发育更快（Small et al.，2008；图 30.3）。社会刺激也会对生殖内分泌系统产生短期影响，这些作用通常是通过对雄性播放预先录制的同种鸟类鸣曲和一只假鸟来进行评估（Balthazart et al.，2009；Wingfield，1994b；Silverin et al.，2004）。这种情况通常被称为“模拟领土入侵”（STI），常常会引起被试验雄鸟的强烈攻击反应（Wingfield，1994a），有时还伴有血浆 T 的快速（几分钟内）增加（Wingfield and Hahn，1994）。T 能快速（几分钟到几小时）影响生理（Sachs and Leipheimer，1988）和行为（Wright et al.，2009），可以增强对陌生同种鸟类和其他相关刺激的注意（Archer，1977）。因此，根据挑战假说（Wingfield et al.，1987；Wingfield and Goldsmith，1990），社会挑战引起的血浆 T 升高

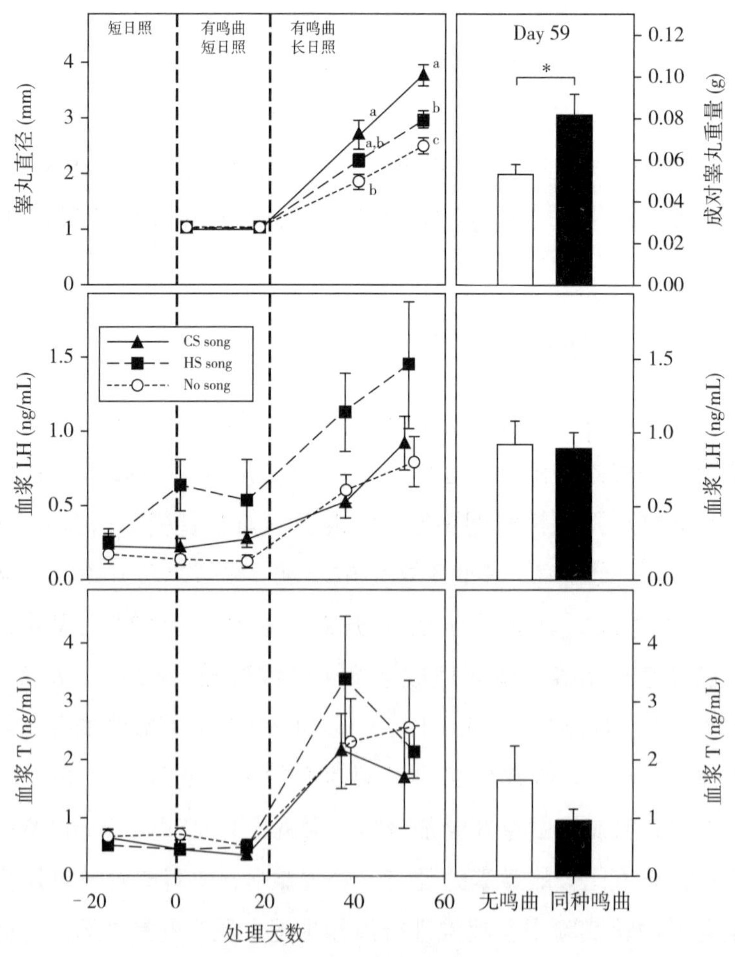

图 30.3 不同处理对血浆 T、LH 和睾丸直径的影响

左边纵坐标：每天听同种鸟类鸣曲（CS song）、非同种鸟类鸣曲（HS song）或无鸣曲（No Song）对人工饲养成年雄性棕翅猛雀鹀的睾丸直径、血浆黄体生成素（LH）和睾酮（T）水平的影响。鸟类在长日照刺激后进入短日照。在相同的采样日，不同的字母表示对应的组间有显著差异。右边纵坐标：安乐死时鸟的睾丸重量、血浆 LH 和 T 水平，该数据与左边纵坐标同时段数据来自相同的样本。经许可复制自 Small 等（2008）。

即使在挑战结束后也可以增强个体行为反应的持久性（Oyegbile and Marler，2005；Wingfield，1994b；Lynn et al.，2005）。需要指出的是，上述的社会挑战往往不能增加（Addis et al.，2010）或降低血浆雄激素水平（Landys et al.，2007；Goymann，2009）。这种变化暗示了其他因素对模拟领土入侵反应的调控。的确，有人提出这种反应取决于交配制度（Wingfield and Goldsmith，1990；一窝对比数窝：Landys et al.，2007）、雄性对孵化的贡献（Hirschenhauser et al.，2003）以及繁殖季节持续时间和繁殖状态（Goymann，2009）。

30.5 年龄和经验

有证据表明，鸟类繁殖性能与年龄有关（Forslund and Part，1995）。例如，缝叶吸蜜鸟（*Notiomystis cincta*）的繁殖力在最初几年增加，然后随着衰老而下降（Low et al.，2007）。正如 Forslund 和 Part（1995）认为，与年龄有关的繁殖差异可能来自于许多非单一的因素，包括年龄本身、繁殖经验、觅食成功率和生殖付出。许多研究都是为了探索这些因素各自的作用。野生鸟类研究表明，过往的繁殖经验对某些鸟类的繁殖力起促进作用，且该作用与年龄无关。这些研究通过复杂的统计方法表明，繁殖经验本身增加了不同属鸟类的繁殖可能性和/或繁殖力（大红鹳，*Phoenicopterus roseus*：Pradel et al.，2012；三趾鸥，*Rissa tridactyla*：Desprez et al.，2011；食螺鸢，*Rostrhamus sociabilis*：Reichert et al.，2012）。年龄和经验的相互影响可通过研究野生尖尾娇鹟（*Chiroxiphia lanceolata*；DuVal，2012）来了解。雄性尖尾娇鹟在获得高社会地位时开始繁殖，因个体差异该事件发生在不同的年龄阶段。这些雄性的繁殖成功率随着年龄和繁殖经验的增加而提高。但随着年龄的增长，衰老会抑制雄性尖尾娇鹟的繁殖成功率，而社会经验能弥补这一不利因素。同样，操作性研究也证明繁殖经验的作用与年龄无关。例如，与同龄有经验的雄性环鸽相比，缺乏经验的雄性环鸽求爱行为较少（Cheng et al.，1986），但它们表现出相似的争胜行为，说明它们之间的差异只表现在这一行为上。在另一项研究中，Cichon（2003）比较了无经验和有经验的雌性白领姬鹟（*Ficedula albicollis*）的繁殖表现（图 30.4）。这两组白领姬鹟有相似的繁殖成功率，但经验丰富的雌性白领姬鹟比无经验的雌性白领姬鹟所产的窝重更大，个头更大，这说明了经验对繁殖性能的积极影响。

对日本鹌鹑的研究（Cornil and Ball，2010）有助于了解繁殖经验影响繁殖行为的机制。有性经验的雄性日本鹌鹑的交配概率比无经验的雄性要高。然而，与雌性的视觉接触（无身体接触）也会增加随后交配前行为的发生（与雄性或没有鸟相比），这表明雄性的性行为是由来自雌性的感官刺激而产生的，而非性接触。重要的是，这项研究使用了 T 处理的去势雄鹌鹑，因此，社会经验对行为的作用与血浆 T 无关。同样地，社会经验对雄性环鸽行为的影响也并不是由无经验和有经验雄性之间的血浆 T 差异造成的（Cheng et al.，1986）。鸟类社会经验对其行为的影响还会被另一只鸟类的感官提示所调节（Michel，1976）。例如，经孕酮处理后有筑巢经验的环鸽比没有经验的环鸽更有可能出现孵化行为。然而，环鸽进入巢穴区域和站在巢上的倾向也取决于其配偶的繁殖经验。

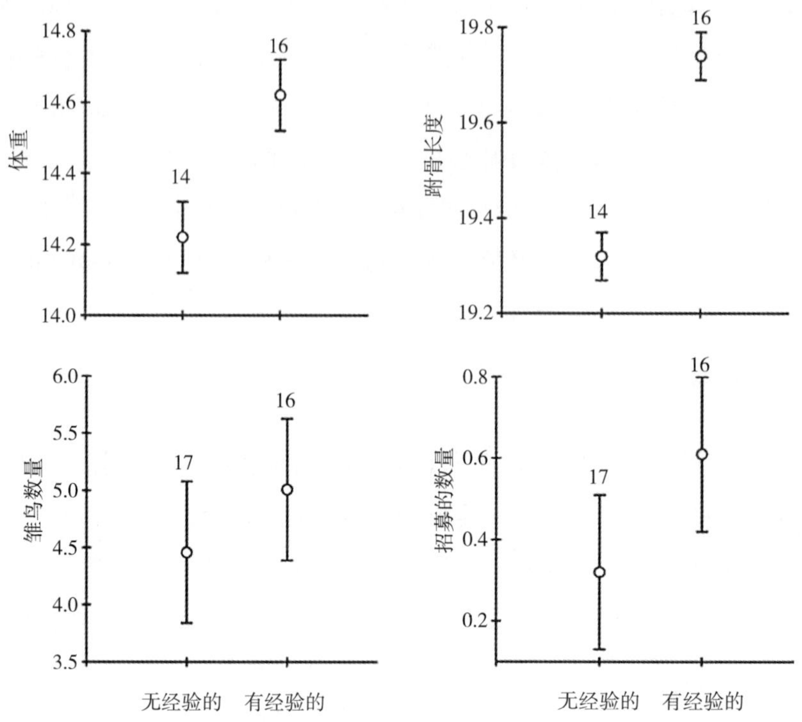

图 30.4 2 岁雌性白领姬鹟有（有经验的）或无（无经验的）繁殖经验的繁殖表现

相比有经验的雌鸟，无经验雌鸟生产的雏鸟更轻（在孵化后第 12 天的体重：$P=0.006$）、更小（跗骨长度：$P<0.001$），但孵出或随后招募的雏鸟数量无差异。符号上的数字是指研究过的窝数。经许可复制自 Cichon（2003）。

30.6 繁殖行为的内分泌和神经内分泌调节

根据观察到的去势或去势并将睾丸重新植入公鸡腹腔导致的攻击行为和求偶行为的变化，Berthold 第一个猜测鸟类的繁殖行为受内部产生物质的影响（Quiring，1944）。从那时起，这种行为就被证明是由多种激素和神经肽调控的。本节概述了研究得最为透彻的内分泌和神经内分泌因子对繁殖行为的影响。但是读者需要知道，由于字数限制，在这里没有讨论其他因子也有调节作用。这些因子包括可抑制雌性交配引诱（Maney and Wingfield，1998）和性行为（阿片类药物：Kotegawa et al.，1997）的阿片样肽和促肾上腺皮质激素释放激素，以及儿茶酚胺（Barclay et al.，1992；Rauceo et al.，2008）。

30.6.1 性腺类固醇激素

性腺类固醇激素（雄激素、雌激素和孕激素）是目前最受关注的调控鸟类繁殖行为的内分泌激素。最新的几篇综述对它们的作用机制和行为效应进行了总结（Ball and Balthazart，2010；Balthazart et al.，2010；Fusani，2008），读者可以查阅这些文献以了解这一领域的细节。关于这个主题的许多研究都是互相关联的，且利用了大多数鸟类都受光照影响这一事实（见 30.3.1）。在这些鸟类中，昼长在季节性周期的调节中起着至关重要的作用，包括性腺发育和性腺激素的分泌，后者在繁殖季节（与其他时间相比）显著升高。随着繁殖行为的发生，生殖系统活动的季节性为研究周期性的（神经）内分泌变化（如血浆类固醇浓度）（Osorno et al.，2010；Landys et al.，2010）和类固醇代谢酶（Soma et al.，2003）或类固醇受体（Fraley et al.，2010）在脑部表达的相关性提供了良好的机会。关于性腺类固醇激素对行为起调控作用的研究也一直在进行。这些研究中常用的方法包括性腺切除（El Halawani et al.，1986；Hagelin，2001）、外周或中枢注射激素（Seredynski et al.，2013；Hunt and Wingfield，2004；Komisaruk，1967；见 30.6.4 和 30.6.6）以及药物治疗。药物有些是类固醇激素受体（Delville and Balthazart，1987）的特异性激动剂或拮抗剂，而另一些则影响类固醇激素的生成或代谢（Belle et al.，2005；Schlinger and Callard，1990）。性腺类固醇激素中枢介导作用的研究也利用了局部脑损伤的激素治疗（Bailhache et al.，1993；Del Negro et al.，1998）或电生理方法（Meitzen et al.，2007）。

性腺类固醇激素在各个生命阶段都可影响繁殖行为，包括性分化期（Adkins-Regan，2009；Banerjee et al.，2012）和成年期，它影响求偶（Fusani，2008）、鸣唱（见 30.6.6）、性接受、交配、孵化和双亲行为（O'Neal et al.，2008；Van Roo，2004）。性腺类固醇激素在繁殖期外的生命阶段，如在准备迁徙之时（Tonra et al.，2011），也起着重要的作用。这类激素还会影响代谢过程和身体状况（Deviche，1992；Buchanan et al.，2001；Jaccoby et al.，1995）及免疫（Deviche and Cortez，2005；Selvaraj and Pitchappan，1985），虽然作用机制（直接或间接及通过另一激素介导，如糖皮质激素）仍不清楚（Buttemer et al.，2008；Owen-Ashley et al.，2004）。我们在 30.4 节讨论了性腺类固醇激素与社会行为方面的关系。本节的其余部分进一步说明性腺类固醇激素在调控繁殖行为方面的重要性，特别是它们与 AVT 系统的关系（见 30.6.4），以及它们对在鸣禽中负责鸣曲生成的大脑区域的重要影响（见 30.6.6）。

30.6.2 神经类固醇

在过去的 15 年里，人们已经澄清脊椎动物（包括鸟类）的大脑能够产生神经类固醇（即自胆固醇从头合成）（Schlinger and Remage-Healey，2012；Ubuka et al.，2009）。在鸟类，这个结论是建立在发现大脑表达类固醇合成酶的基础上的，包括孕烯醇酮、孕酮、T 和雌二醇，且表达量具有区域和发育阶段特异性（London et al.，2006）。这些酶及其产物在鸣禽中的作用可以通过研究大脑芳香化酶来说明，这种酶可将雄激素转化为雌激素。鸣禽脑内的芳香化酶广泛分布于参与控制鸣曲生成［如高级发声中枢的内侧缘和弓状皮质栎核（RA），见 30.6.6］和听觉信息处理［如巢皮质顶部（NCM）；Schlinger and Balthazart，2012］的区域。生理和行为研究表明，脑内雌激素生成的快速改变会导致行为发生变化。例如，局部药物抑制雄性斑胸草雀左侧巢皮质顶部雌激素生成，这会迅速干扰其对自身鸣曲和同种鸟类鸣曲的行为反应能力（Remage-Healey et al.，2010；图 30.5）。反过来，鸟类自身的行为以及相关的外部刺激都能迅速改变脑内雌激素的产生。事实上，鸣唱行为能使雄性斑胸草雀前脑的芳香化酶表达迅速增加（但聆听鸣曲不能；Remage-Healey et al.，2009），而与雌鸟的社会互动能使前脑内雌二醇浓度迅速增加（Remage-Healey et al.，2008）。社会挑战（模拟领地入侵）迅速降低雄性白冠带鹀（*Zonotrichia leucophrys*）一些大脑区域内雌激素的浓度（Charlier et al.，2011）。这种由类固醇激素介导的中枢调控引起的快速行为变化表明，这些激素通过非经典（即非基因组）机制发挥作用。这种观点的依据是类固醇可以与细胞膜受体结合并诱导快速的非基因组细胞效应（Heimovics et al.，2012）。

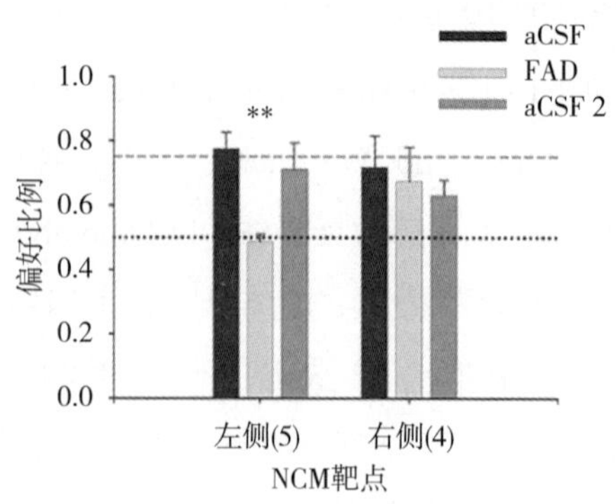

图 30.5 雄性斑胸草雀大脑听觉区巢皮质顶部（NCM）活体透析施加芳香化酶抑制剂——法曲唑（FAD）对其自身鸣曲与同种鸣曲行为偏好的影响

对照组注射人工脑脊液（aCSF）。通过右侧而不是左侧巢皮质顶部注射 FAD 使鸣曲偏好消失。经许可复制自 Remage-Healey 等（2010）。

日本鹌鹑是一种特别适合用来研究神经类固醇尤其是神经雌激素快速影响行为的实验模型。一些研究表明，鹌鹑前视区（POA）在雄性性行为的调节中起关键作用（Balthazart et al.，1992；Balthazart，2006；Panzica，1996）。这个大脑区域具有性二态性（雄性比雌性更大，后者不表现雄性性行为），且是性类固醇的靶区，它含有雄激素和雌激素受体，去势后其体积减少，经 T 治疗后恢复（Seredynski et al.，2011）。鹌鹑的 POA 含有芳香化酶和雌激素，后者对性行为的调控起至关重要的作用（Balthazart et al.，2009）。因此，大脑芳香化酶和 POA 中局部雌激素的合成不仅受类固醇介导的通过改变转录过程而缓慢起作用的基因组机制的调控（Voigt et al.，2011），还受非基因组机制的调节，后者可快速（在几分钟内）提高局部雌激素的浓度（Balthazart et al.，2004）。这种刺激反过来可以在短期内增加性行为某些过程的呈现（Cornil et al.，2006a，b；Seredynski et al.，2011）。总之，利用日本鹌鹑和此处叙述的其他鸣禽获得的研究确定了神经类固醇是繁殖行为的重要调节物（Schlinger and Remi-Healey，2012）。

30.6.3 促性腺激素释放激素和促性腺激素抑制激素

GnRH 促进脊椎动物垂体促性腺激素的分泌，同时也作为一种神经递质和/或以旁分泌的方式调节哺乳动物的性行为，该作用可能由中枢 GnRH 受体介导（Hsueh and Schaeffer，1985）。有限的证据表明，GnRH 在鸟类中也有中枢性调控行为。该主题的一些早期研究用环鸽进行试验，发现注射合成的 GnRH 可增加环鸽的求偶行为，很显然这种作用并非由 LH 或孕酮介导（Cheng，1977）。许多脊椎动物的大脑至少表达了两种 GnRH：GnRH-Ⅰ（cGnRH-Ⅰ）释放到正中隆起并刺激垂体，GnRH-Ⅱ通常不会被释放到正中隆起，而是进入下丘脑外脑区。中枢内注射 GnRH-Ⅱ可迅速增加雌性白冠带鹀的求偶行为，此作用是 GnRH-Ⅱ特异的，而非由 GnRH-Ⅰ所诱导（Maney et al.，1997b）。因此，与哺乳动物的情况相一致（Hsueh and Schaeffer，1985），鸟类的 GnRH 可能在中枢影响繁殖行为。应该指出的是，至少在某些鸟类中，大脑中含有非神经元的 GnRH 来源。这一结论来自于环鸽的研究，内侧缰核含有合成 GnRH 和其他神经化学物质的免疫（肥大）细胞（Wilhelm，2011），这些细胞的活动受内分泌（性腺类固醇）环境的调节，为回应求偶行为其数量能在数小时内增加（Zhuang et al.，1993），这表明它们的产物特别是 GnRH 参与调控繁殖行为。

GnIH 是一种抑制促性腺激素分泌的神经肽，其纤维延伸到大量脑区（Tsutsui et al.，2000；Ukena et al.，2003），它的发现已经引起了对其内分泌和行为功能的大量研究。鸟类的 GnIH 产生于室旁核（PVN）。免疫染色呈 GnIH 阳性的纤维广泛分布于大脑（Ubuka et al.，2008），提示 GnIH 的中枢性调节作用。中枢内 GnIH 处理可抑制雌性白冠带鹀的求偶行为（Bentley et al.，2006），与 GnRH-Ⅱ处理的效果相反（Maney et al.，1997b）。这种可能是由于 GnRH 功能受到抑制，因为合成 GnRH-Ⅱ的中脑区含有 GnIH 纤维，如紫翅椋鸟合成 GnRH-Ⅰ和 GnRH-Ⅱ的神经元表达 GnIH 受体 mRNA（Bentley et al.，2008）。最近，RNA 干扰（RNAi）日本鹌鹑的 GnIH 基因进一步说明 GnIH 对行为的中枢性调控作用。大脑注射拮抗 GnIH 前体 mRNA 的小干扰 RNA（GnIH 的 siRNA）可增加性行为，此促进作用能被 GnIH 处理所阻断（Ubuka et al.，2013）。GnIH 调节行为可能是社会互动的重要抑制调节因子，包括繁殖行为（Calisi et al.，2011）。

30.6.4 精氨酸催产素

在鸟类，受到广泛关注的一种具有行为调节作用的肽是 AVT，它是加压素在鸟类的同系物。斑胸草雀外周注射 AVT 可减少求偶行为，注射 T 能减弱此作用（Harding and Rowe，2003）。斑胸草雀是机会育种者，丰富的水资源可引发繁殖。AVT 在水平衡控制中起重要作用（Sharma et al.，2009）。因此，在这些雀鸟中，干旱条件能刺激斑胸草雀分泌 AVT，而 AVT 反过来抑制生殖系统，包括 T 分泌，从而在不利的环境条件下阻止繁殖。与外周注射 AVT 的抑制作用相反，AVT 可促进中枢调节繁殖行为。研究报告显示，脑内注射 AVT 能促进鸣唱（Voorhuis et al.，1991a；de Kloet et al.，1993；Maney et al.，1997）。一些脑区能合成 AVT，包括室旁核、视上核和终纹核（Panzica et al.，1999b），AVT 免疫染色阳性纤维延伸到大量的脑区，其中一些能够调控鸣唱行为（RA 和中脑丘间核：Kiss et al.，1987；Panzica et al.，1999；Voorhuis and de Kloet，1992）。禽类大脑中同样广泛分布 AVT 结合位点（Leung et al.，2009，2011），包含这些位点的区域被 AVT 纤维和神经末梢支配（Voorhuis et al.，1988b）。总的来说，AVT 及其受体的神经解剖分布表明，这种肽参与调控多种功能，包括性行为和 GnRH 的分泌（Panzica et al.，2001）。

多项研究显示，中枢 AVT 系统和神经肽的行为作用受类固醇激素的影响。例如，金丝雀大脑 AVT 免疫染色表现出性别差异（Voorhuis et al.，1988a），雄性金丝雀体内 AVT 免疫染色的季节变化与血浆 T 的变化相关（Voorhuis et al.，1991b）。包括性腺切除术和激素替代实验在内的研究证明了性腺类固醇在脑内 AVT 表达（Kimura et al.，1999；Plumari et al.，2004；Viglietti-Panzica et al.，1994）及 AVT mRNA 的表达（Panzica et al.，1999a）中具有重要的区域特异性刺激作用。雌二醇能模仿 T 对去势雄性日本鹌鹑大脑 AVT 表达的影响，但非芳香化 T 代谢物 5α-双氢睾酮（5α-DHT）则无此作用（Viglietti-Panzica et al.，2001）。因此，T 对大脑 AVT 的影响可能需要这种类固醇发生芳香化。同样，雌二醇能模仿 T 对雌性鹌鹑大脑 AVT mRNA 表达的促进作用，而非 5α-双氢睾酮（Aste et al.，2013；图 30.6）。

应该注意的是，虽然雌二醇对中枢 AVT 系统有影响，但也有证据表明 AVT 可调节大脑

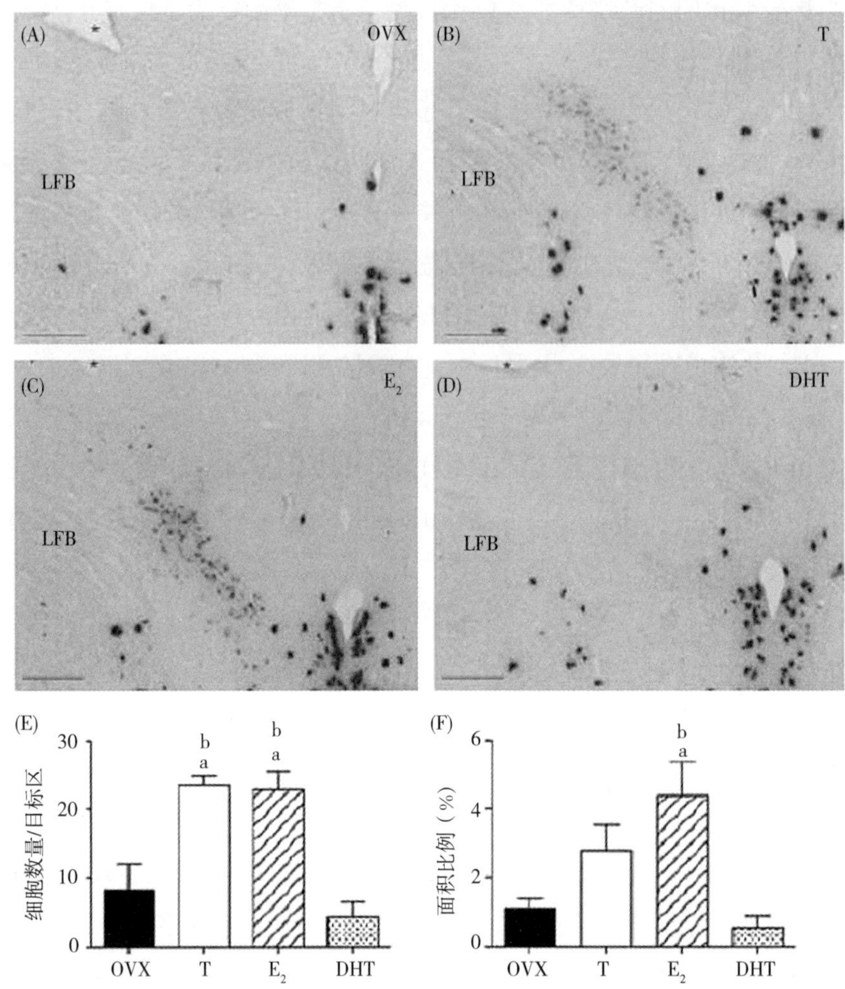

图 30.6　性腺类固醇激素对雌性日本鹌鹑脑内精氨酸催产素（AVT）mRNA 表达的调节

（A～D）：显微照片显示卵巢切除（OVX）或体循环中注射溶剂、睾酮（T）、雌二醇（E_2）或 5α-双氢睾酮（5α-DHT）后表达 AVT mRNA 的神经元在终纹床核体部的分布。（E）：目标区（ROI）含有 AVT mRNA 的细胞数，T 和 E_2 处理可增加其数量，而 5α-DHT 不能。（F）：在同一区域内由 mRNA 杂交信号覆盖面积的比例（FA）。FA 只在 E_2 注射后增加。经许可复制自 Aste 等（2013）。

雌激素的生成。事实上，在调控日本鹌鹑繁殖行为的脑区内含芳香化酶的细胞（如视前区内侧；见 30.6.2）明显接受 AVT 的神经支配（Balthazart et al.，1997）。急性应激可快速（在几分钟内）上调鹌鹑视前区内侧芳香化酶的活性（Dickens et al.，2011），AVT 被认为参与此效应（Dickens et al.，2013）。因而 AVT 可能是神经系统中控制快速应激诱导的繁殖行为变化的重要组成部分。我们需要新的研究来证实这一假设，并阐明这一调控的确切本质。

30.6.5　催乳素

鸟类催乳素（PRL）的分泌受环境和物理因素的复杂调控。在许多物种中，控制催乳素分泌的主要环境因子是昼长，长日照促进其分泌（Dawson et al.，2001；Sharp et al.，1998）。因此，这些物种的血浆 PRL 在春季和夏季（即繁殖期间）相应升高（Gahali et al.，2001；Sharp et al.，1998），然后下降。在繁殖期结束时升高的血浆 PRL 被认为促进了季节性性腺的退化，即意味着繁殖季节的结束，但这不是主要原因（Dawson et al.，2001）。短期内 PRL 的分泌受到与孵化相关因素的影响。例如，在黄眼企鹅（*Megadyptes antipodes*）开始正常产卵之前，往巢中引入人造蛋能促进雌性 PRL 的分泌（但对雄性的影响却相反；Massaro et al.，2007）。反过来，被取走蛋后的家养雌性欧绒鸭（*Somateria mollissima*）血浆 PRL 迅速减少（Criscuolo et al.，2002）。作为一种早成鸟，与小鸡的身体接触能促进母鸡的抱窝行为，并导致血浆 PRL 下降，提示该激素参与从孵育到抱窝的转变（Richard-Yris et al.，1998）。与这个结论一致的是，鸡血浆 PRL 在孵化过程中处于高水平，然后在孵化完成时迅速下降（Kuwayama et al.，1992）。然而，晚成鸟雌性金丝雀血浆 PRL 在孵化后仍然升高，在哺育幼鸟过程中逐渐减少（Goldsmith et al.，1981）。此外，不孵化或不哺育幼鸟的雄性金丝雀血浆 PRL 在生殖周期的亲代阶段只会稍微增加（Goldsmith et al.，1981）。综上所述，这些研究支持 PRL 参与调控双亲行为的假设。应该注意的是，在某些物种（阿德利企鹅，*Pygoscelis adeliae*；帝企鹅，*Aptenodytes forsteri*）生殖过程中发生的血浆 PRL 增加明显是受内源性控制，而不是通过昼长或触觉刺激的（Lormee et al.，1999；Vleck et al.，2000）。这些物种在缺乏触觉刺激的情况下，持续升高的血浆 PRL 被认为是繁殖鸟类维持双亲行为的必要条件，尽管它们在海上觅食时离开巢穴的时间较长。

研究证明，环鸽是一种特别适合研究 PRL 在控制双亲行为方面的模型。与许多物种的情况不同，鸽的 PRL 分泌不随季节变化，也不受光周期调控，这些鸟类可以全年繁殖（Lea et al.，1986a）。在该物种中，与巢相关的刺激对 PRL 分泌的调控作用体现在孵化过程中血浆 PRL 的升高，但巢的移除会导致激素水平迅速下降（Lea et al.，1986b）。此外，注射 PRL 增强了孵化行为的持久性（Janik and Buntin，1985），并促进其对乳鸽的食物供应（Buntin et al.，1991）。此外，脑室内注射一定浓度 PRL 后也能观察到双亲行为加强（包括喂养雏鸟），该浓度不足以刺激 PRL 敏感的外周组织（如嗉囊），表明这些影响是由中枢调控的（Buntin et al.，1991；图 30.7）。与这个观点一致的是，环鸽大脑包含了 PRL 结合位点（Buntin and Ruzycki，1987），而视前区的化学损伤使 PRL 注射引导的双亲行为发生缺陷（Slawski and Buntin，1995）。在中枢起作用的 PRL 可能来源于外周（垂体）。然而，鸽子的大脑中含有 PRL 免疫阳性的细胞和纤维，它们投射到数个下丘脑区域（Ramesh et al.，2000）。因此，鸽子中枢产生的 PRL 也许还有通过系统循环到达大脑的 PRL 与局部受体结合可能会激活双亲行为。

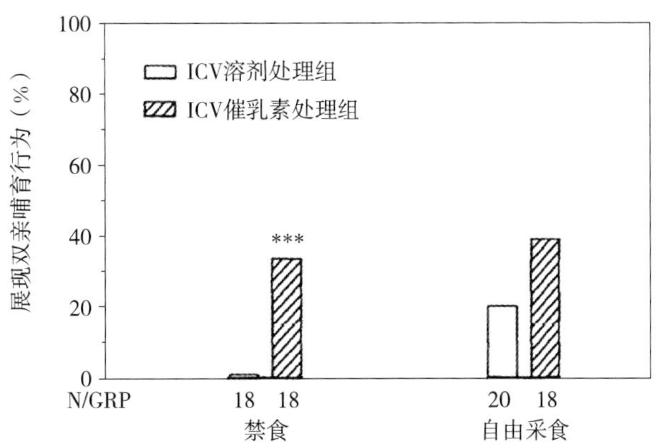

图 30.7　脑室内（ICV）每日注射催乳素或溶剂对非繁殖环鸽双亲哺育行为的促进作用

在行为测试之前，鸟类自由采食或禁食 16 h。N/GRP 是指每个实验组中鸟的数量。＊＊＊表示与溶剂组有显著差异。经允许复制自 Buntin 等（1991）。

应激常与皮质醇的高分泌有关，并会对双亲行为产生负面影响。暴露于紧张环境中也常常会降低血浆 PRL 水平（Angelier et al.，2013）。这些观察使研究人员产生疑问，皮质醇和

PRL 是否通常对双亲行为产生相反的作用，以及与应激有关的血浆皮质醇和 PRL 的变化是否相关。这些问题在一些海鸟中得到了广泛的研究。相关证据由三趾鸥的研究工作提供（Chastel et al.，2005）。在繁殖失败的三趾鸥，急性应激导致的 PRL 下降比繁殖中的鸟更为严重，这表明在应激下维持足够高的血浆 PRL 可能使鸟类继续繁殖而不是弃巢。支持这一观点是，弃巢的阿德利企鹅血浆 PRL 比拥有巢的同种低（Spee et al.，2010）。然而，药理抑制 PRL 分泌并不会导致该物种遗弃巢穴（Thierry et al.，2013），暗示了还有其他因素的参与。其中一个因素可能是皮质醇，因为放弃巢穴的雄性企鹅有高血浆皮质醇浓度（Spee et al.，2010），且皮质醇注射导致了巢穴遗弃（Kleven et al.，2009）。因此，在该物种中，巢穴的遗弃可能需要高血浆皮质醇和低血浆 PRL。一般意义而言，上述研究表明，在处于应激时期的繁殖鸟类中，双亲可能以牺牲自己的身体和生存状态为代价继续繁殖，这种情况很受基线（应激前）和应激诱导的血浆皮质醇和 PRL 水平的影响（Angelier et al.，2009）。然而，PRL（减少）和皮质醇（增加）的应激反应的关联程度在很大程度上仍然是推测性的（Angelier et al.，2013）。

30.6.6 病例研究:鸣禽发声控制系统

某些物种的声音信号是通过非声音信号来调节的，例如，由翅膀（如侏儒鸟：Schlinger et al.，2008）和尾羽（如一些蜂鸟：Clark and Feo，2008）产生的信号，但在许多物种中，这种信号主要是通过发声来调节的。控制雀鸟发声行为感知和表达的神经回路一直是人们关注的对象。该回路提供了一种精细的模型，用来研究激素如何调节繁殖行为，介导这种调节的中枢机制，以及行为与（神经）内分泌系统之间的相互作用。鸣禽类雀鸟对声音的感知和输出的控制尤其被研究得透彻。许多鸣禽能产生复杂的、习得的声音（鸣曲），这些声音的习得和产生是由一个离散的、互联的大脑区域组成的网络所控制的，该网络被称为发声控制系统（Nottebohm et al.，1976，1982；图 30.7）。许多亚鸣禽类雀鸟也会产生复杂的鸣曲，但与鸣禽类不同的是，这些物种的发声通常被认为是天生的而不是习得的（Saranathan et al.，2007），相应地亚鸣禽类的鸣唱控制区域是缺失的或退化的（Liu et al.，2013）。在鸣禽中，以雄性鸣唱为主的物种里，雄性的鸣唱控制区比雌性的要大得多（Tobari et al.，2005；Tramontin et al.，1998），这一形态学差异与两性的细胞结构（DelNegro and Edeline，2002；Nealen，2005）、生化（Charlier et al.，2003；Riters and Ball，2002；Sakaguchi et al.，2000）和生理（Adret and Margoliash，2002；Del Negro and Edeline，2001）差异有关。在通常不鸣唱的雌性中，鸣唱控制区域所扮演的角色仍未被完全理解。其中一些区域发挥听觉和运动功能（图 30.8），因此，在雌性中，它们可能调节发声行为的感知而不是输出（Hamilton et al.，1997）。

成年鸣禽发声控制系统的一个显著特点是神经可塑性。在季节性繁殖鸟类，像 HVC 和 RA 这样的鸣唱控制区域的大小是随季节变化的。这些区域在繁殖季节更大，当鸟类暴露在长光周期中性腺发育并释放大量的类固醇激素，鸟类的鸣唱频率比非繁殖季节高（Meitzen and Thompson，2008；Nottebohm，1981；Smith et al.，1997）。人们对这些变化的基础尤其是高级发声中枢进行了详细的研究，这是一个在鸣曲形成中起主要作用的端脑区域。HVC 体积的季节变化与细胞结构变化有关，包括神经元数量、密度和寿命（Bowers et al.，2011；Meitzen and

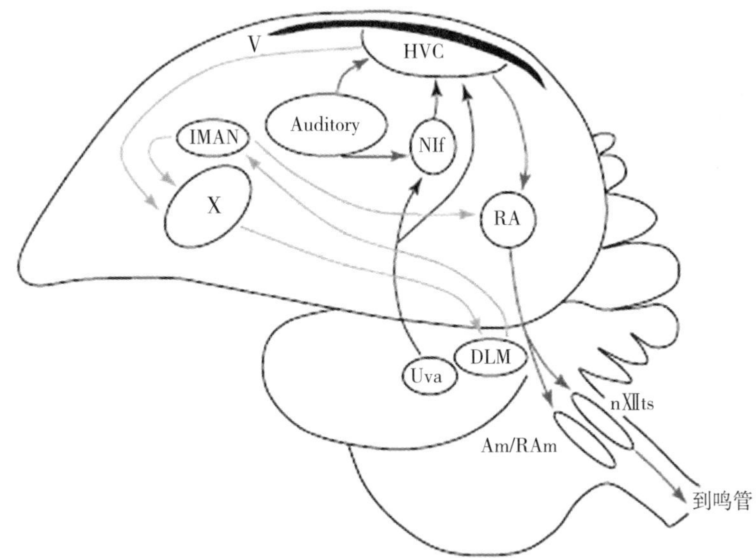

图 30.8★ 鸣禽大脑发声控制系统主要区域的投射

该系统由一个控制声音输出的运动路径（绿色）组成，包括从高级发声中枢（HVC）到弓状皮质栎核（RA）的投射。第二种路径（橙色）是鸣曲习得和感知的必要条件，包括背外侧丘脑的中部、新纹状体巨细胞核外侧部、X 区、高级发声中枢和弓状皮质栎核。IMAN，新纹状体巨细胞核外侧部；Auditory，听觉。经许可复制自 Brenowitz 和 Beecher（2005）。

Thompson，2008；Nottebohm et al.，1994）。包括 HVC 在内的一些发声控制区域含有性腺类固醇激素受体（Fraley et al.，2010；Gahr et al.，1987，1993；Nordeen et al.，1987），其密度是季节变化的（Fusani et al.，2000；Soma et al.，1999），暗示了这些激素的局部中介作用。与此观点一致，大量的证据表明性腺类固醇激素在成年期调控发声控制系统的可塑性上发挥多面角色（Bottjer et al.，1986；Ball et al.，2003）。这些角色包括调控鸣唱控制区域的大小（Thompson et al.，2007；Tramontin et al.，2003），新生神经元迁移到 HVC，以及现有神经元的密度和存活（MacDougall-Shackleton，2012）。大量的研究关注了鸣唱控制区域内类固醇的细胞和分子作用机制（Thompson et al.，2012），这些研究发现了脑源性神经营养因子（BDNF）的重要作用。与 T 相一致，BDNF 被认为能促进 HVC 神经元的增殖和存活（Brenowitz，2013；Alvarez-Borda et al.，2004；Rasika et al.，1999）以及有助于 RA 的季节可塑性（Wissman and Brenowitz，2009；Li et al.，2000）。此外，在发声控制系统中，涉及多种功能的许多基因的表达也发生季节性变化，这些功能包括神经发生、细胞凋亡和轴突生长（Thompson et al.，2012）。未来一个重大挑战是确定这些基因产物的作用，并确定类固醇如何调节这些基因的活性。此外，一些因素，如光周期（Dloniak and Deviche，2001；Gulledge and Deviche，1998）和社会因素（Boseret et al.，2006）影响鸣唱控制区域的大小和细胞结构特征，这种影响在某些情况下与性腺激素无关。最后，本章的讨论清楚地表明，鸣唱控制区域在发生行为的表达中起着重要的作用，其中一些区域也受到感官（听觉）刺激的影响。例如，注射 T 可增加雌性金丝雀 HVC 体积，但在致聋之后这种增加就减弱了（在没有听觉刺激的情况下）（Bottjer et al.，1986）。此区别的作用机制尚不完全清楚，它可能涉及听觉刺激调节的神经类固醇的生成（见 30.6.2），特别是雌二醇（MacDougall-Shackleton，2012；Remage-Healey et al.，2012；Soma et al.，2004）。

致谢

本章的写作得到国家科学基金会奖 IOB 1026620 的支持，感谢 Scott Davies 对早期版本的评审。

参考文献

（颜菲菲译，刘长国校）

第 31 章 就 巢

Yupaporn Chaiseha and Mohamed E. El Halawani

缩略语

GnRH-Ⅰ, Gonadotropin releasing hormone - Ⅰ 促性腺激素释放激素-Ⅰ

IH, the nucleus inferioris hypothalami 丘脑下核

IN, the uncleus infundibula hypothalami 下丘脑漏斗核

FSH, Follicle-stimulating hormone 卵泡刺激素

LH, Luteinizing hormone 黄体生成素

VIP, Vasoactive intestinal peptide 血管活性肠肽

PRL, Prolactin 催乳素

PIF, Prolactin release inhibiting factor 催乳素释放抑制因子

DAergic, Dopaminergic 多巴胺能

DA, dopamin 多巴胺

ME, median eminence 正中隆起

ML, nucleus mamillaris 乳头体核

MTergic, mesotocinergic 催产素能

5-HT, 5-hydroxytryptamine 5-羟色胺

TH, Tyrosine hydroxylase 酪氨酸羟化酶

PVN, Paraventricular nucleus 室旁核

POM, Medial preoptic nucleus 视前内侧核

SON, Supraoptic nuclei 视上核

AVT, Arginine nucleus 精氨酸催产素

PMM, the nucleus Premamillaris 乳头体前核

POA, Preoptic area 视前区

LHy, Lateral hypothalamic area 下丘脑外侧区

INF, infundibular nuclear complex 漏斗核复合体

LS，Lateral septum 侧间隔

31.1 前言

亲本养育是指父母双亲或某个亲代以牺牲自身的资源为代价，通过明显的奉献行动去促进后代和种群生存及福利的行为（Gross，2005）。脊椎动物这一重要的亲代养育行为是动物界利他主义最为明显和最为普遍的存在形式，代表了合群行为的原始形式，其他所有的动物行为都可以推测为由这种行为衍生而来（Rilling，2013）。动物从出生/孵化到具备繁殖能力是一个非常关键的阶段，被认为是动物生活史中最不被了解的阶段之一（Clutton-Brock，1991）。进入繁殖期前的幼龄动物成活情况对群体数量的增长有明显的影响，幼龄动物的存活比成年动物更加容易受到环境变化的影响（Stearns，1992；Clark and Martin，2007）。

在主要的脊椎动物类群中，对鸟类行为的研究最为广泛，因为鸟类具有独特的可溯源性、多样性和认知复杂性（Rosenblatt，2003；Kentner et al.，2010；Goodson et al.，2012）。鸟类的繁殖活动是在受精后经过多种亲本行为的延续而完成的。亲本养育的模式众多，包括从寄生孵育（将蛋产在宿主巢内，自身无亲本行为）到表现出亲本极为持久的孵蛋行为和照顾后代。在9 000种鸟类中，超过99%的鸟类表现出亲本行为（Silver et al.，1985）。与其他种类的脊椎动物不同，有超过90%的鸟类因种类不同表现出不同程度的双亲照顾行为（Schradin and Anzenberger，1999；Vleck and Vleck，2011）。超过70%鸟类的幼仔属于晚成鸟，这些雏鸟在孵出时发育不足，需要帮助，在较长一段时间内需要依赖双亲提供食物、热量和保护（Buntin，1996）。剩余30%鸟类的后代属于早成鸟（Buntin，2010）。此类雏鸟孵出时发育良好，能够依靠自身的能力离开巢穴，随同双亲外出觅食。在早成鸟中，亲本养育行为包括孵化后为雏鸟保暖的抱窝行为、保卫雏鸟的庇护及带领雏鸟觅食和到达庇护处等行为（Buntin，2010）。

亲本行为是指有利于后代存活的双亲行为（Numan and Insel，2003）。母性行为是指能提高后代存活的所有母本行为（Krasnegor and Bridges，1990）。父系/雄性交配伙伴表现出类似于母性行为的养育行为称为父性行为，同类长者表现出类似于母性行为的养育行为称为异亲行为（Kuroda et al.，2011）。在鸟类中，亲本行为包括筑巢、产蛋到窝、孵蛋以及孵出后照顾幼雏至独立（Rosenblatt，2003；Ruscio and Adkins-Regan，2004）。母本照顾限于就巢、孵蛋或养育等行为（El Halawani et al.，1988a）。父本照顾是指成年雄性对后代发育、生长、健康和存活有积极影响的行为（Fernandez-Duque et al.，2009）。

在绝大多数的鸟类中，父母双亲中必须有一个或两个同时去完成就巢、孵蛋以及出雏后的养护工作。对蛋和幼雏的亲代养育程度取决于雏鸟发育的成熟度，如早成鸟和晚成鸟。在大多数早成鸟（如雁形目和鸡形目）中，对幼雏的养育行为包括防护和引导；而在一些雀形目和鹦形目中，养育行为（育雏行为）还包括为幼雏提供全部食物和保暖（Vleck，1998）。然而，在大多数早成鸟中有一些种类的幼雏在出雏后不需要亲代养育。例如，冢雉科（鸡形目）是一种澳洲的丛冢雉，就不需要亲代养育。这种鸟类将蛋产在地下巢穴，然后借助于外部热源进行孵化。幼雏孵出后能自己挖洞从地下巢穴里内钻出，无需亲代或同胞的养护即能独立发育（Goth，2002；Goth and Vogel，2003）。大杜鹃（*Cuculus canorus*）和褐头牛鹂

（*Molothrus ater*）属于寄生型鸟类。它们把蛋产在其他鸟类（宿主）的巢中，并让其代为养育后代（Winfree，1999；Kruger，2007）。金眼鸭（*Bucephala clangula*）则表现出种内寄生，有些雌鸟将蛋产在同类其他雌鸟的巢内（Andersson and Eriksson，1982）。

31.2 抱窝(就巢)

"抱窝"（就巢）一词在鹑鸡类包括指母禽的孵蛋行为（孵化行为）和孵化后对雏鸟的照顾（育雏行为）（Ramsay，1953；El Halawani et al.，1988a）。因此，就巢包括孵化和抱窝行为。孵化只是产蛋母鸡才发生的行为，而抱窝则是产蛋母鸡、非产蛋母鸡甚至雄禽都可诱发产生。这两种行为均可使受精蛋发育至出雏及后续照顾幼雏直到独立。这些行为由不同的神经元回路及相应的激素分泌模式来调控（Sharp，2009）。鸟类的孵化行为是指鸟类持续蹲伏在蛋上直到孵出幼雏，而抱窝行为只是与照顾新生幼雏相关（Opel and Proudman，1988；Sharp，2009）。抱窝行为的特征是两性或单性成鸟允许幼雏接近并驻留在其翅膀下。成鸟类会呈现出一种独特的蹲伏姿势，翅膀下垂，羽毛蓬松，引导雏鸟进食或远离危险，在一些鸟类上还会表现出呼唤雏鸟的行为。母性行为通常经过四个阶段逐级发展：孵育、啄食（食物呼唤）、咯咯叫、表现出正常的就巢行为（Ramsay，1953；Sherry，1981）。母性行为发生时产蛋暂停，血浆中的垂体激素和性腺类固醇等生殖激素会持续显著下降（Richard-Yris et al.，1983，1988）。

31.2.1 停产和准备孵蛋的生理及行为特征

与孵化行为相关的生理机制和行为包括很多方面。如家养火鸡（*Meleagris gallopavo*）的行为模式包括营巢活动增多、护巢和厌食（El Halawani et al.，1988a）。鸡在发生就巢时体温升高，采食和饮水减少，表现出频繁占窝，翻动鸡蛋，表现出进攻性或防御性行为，特征性咯咯叫，产蛋停止（Romanov et al.，2002）。矮脚鸡（*Gallus gallus domesticus*）的孵化启动与进巢频率增加和一直产蛋有关，在产蛋停止的当天正式开始（Lea et al.，1981）。与就巢相关的进巢频率增加也同样在火鸡上观察到（Haller and Cherms，1961）。母鸡趴在窝里，不停地翻动蛋，通过重新排列，以保证所有的蛋都能被腹部羽毛所覆盖。就巢的鸟除了占窝的时间急剧增加外，通常也会发生性腺退化，表现出攻击性的护巢行为，发出警告声音，长出孵卵斑（brood patch）（El Halawani et al.，1984）。

大多数鸟类在孵化过程中都会长孵卵斑。这些孵卵斑通常是指皮肤出现脱羽、水肿和充血（血流量增加）的区域，包括后胸部和前腹部下方的部分区域。孵卵斑在孵化开始之前发生，其功能是促进热量从母禽传导到蛋，并促进胚胎发育过程中的触觉刺激传导给母禽（Jones，1971；El Halawani et al.，1988a）。在孵化过程中，母禽很少吃喝，体重下降。孵化期体重下降在火鸡（Zadworny et al.，1985）、矮脚鸡（Savory，1979）、加拿大鹅（Branta canadensis；Akesson and Raveling，1981）、绿头鸭（*Anas platyrhynchos*；Gatti，1983）和泰国土鸡（*G. gallus domesticus*；Kosonsiriluk et al.，2008）上都被证实。

产蛋终止和就巢发生通常是在母鸡积累了一窝蛋后开始。矮脚鸡每窝累积 10～20 枚蛋（Lea and Sharp，1982）。在一些鸟类，如红松鸡（lagopus lagopus），不论在产蛋时是否将蛋从巢中移走，其产蛋数都不变。孵化行为在雏鸟出壳时终止，但如果巢中仍有未孵出的蛋，则孵化行为可能会延长一段时间。许多野生鸟类会继续孵化非受精蛋，延长时间大约为孵化期的50%（Skutch，1962）。

31.2.1.1 就巢行为的神经内分泌调控

禽类繁殖的调控是外部刺激与神经内分泌机制互作的结果。这些关键的环境刺激包括光周期、环境温度以及是否有蛋或后代存在等感觉信息（Curlewis，1992）。鸟类的繁殖神经内分泌整合系统主要由大脑特别是下丘脑、垂体和性腺组成。该系统被称为下丘脑-垂体-性腺（HPG）轴，包括神经递质、神经激素、神经调质和激素，在鸟类繁殖周期的调控中起重要作用。

生殖系统的神经内分泌组分包括：

• 促性腺激素释放激素-Ⅰ（GnRH-Ⅰ），刺激黄体生成素（LH）和卵泡刺激素（FSH）的释放。

• 血管活性肠肽（VIP），增加催乳素（PRL）的释放。

这两种系统都受多巴胺能（DAergic）神经传递的影响。GnRH-Ⅰ/FSH/LH系统调节产蛋周期。GnRH-Ⅰ刺激FSH和LH的分泌，进而调节卵巢中卵泡发育和排卵。另一方面，VIP/PRL系统启动和维持母性行为，可能会引起性腺退化（Bhatt et al.，2003；Chaiseha and El Halawani，2005）。

31.2.1.1.1 对GnRH-Ⅰ/FSH/LH系统的抑制与产蛋终止

性成熟的开始和生殖神经内分泌系统的激活包括GnRH-Ⅰ/FSH/LH和VIP/PRL系统二者的兴奋作用。GnRH-Ⅰ/FSH-LH系统的激活会刺激卵巢发育和等级卵泡形成，卵泡产生雌激素、雄激素和孕酮，产蛋开始（性成熟）（Wineland and Wentworth，1975；El Halawani et al.，1986）。雌激素、孕激素和筑巢活动的联合作用进一步刺激VIP/PRL系统（El Halawani et al.，1983；Porter et al.，1991；Chaiseha and El Halawani，2005）。

就巢起始以血液循环系统中的PRL水平升高和LH与FSH水平下降为特征，这会导致卵巢退化和血浆中卵巢类固醇激素（雌激素和孕激素）浓度的下降。随后，血液LH浓度在孵化期间继续下降，而PRL的浓度则显著升高（Lea et al.，1981；El Halawani et al.，1984；Myers et al.，1989；Sharp et al.，1989；Porter et al.，1991）（图31.1）。PRL水平的升高会抑制GnRH-Ⅰ/FSH/LH系统的活性，导致卵巢类固醇分泌减少、排卵停止和卵巢退化（Youngren et al.，1991；Rozenboim et al.，1993b；Tabibzadeh et al.，1995）。这些变化标志着母禽从产蛋转为就巢。

在鸟类由产蛋转为孵蛋的过程中，PRL是一个诱导性因子，通过降低FSH和LH水平，导致卵巢退化。这在很多禽（鸟）类上都得到很好地印证，包括矮脚鸡（*G. gallus domesticus*；Lea et al.，1981），金丝雀（*Serinus canaria*；Goldsmith et al.，1984），鹦鹉（*Nymphicus hollandicus*；Myers et al.，1989），燕八哥（*Molothrus ater*；Hohn，1959），家鸡（*G. gallus domesticus*；Sharp et al.，1977，1979；Bedrak et al.，1981），日本鹌鹑（*Coturnix japonica*；Goldsmith and Hall，1980），鸭子（*A. platyrhynchos*；Bluhm et al.，1983），泰国土鸡（*G. gallus domesticus*；Kosonsiriluk et al.，2008），雉鸡（*Phasianus colchicus*；Breitenbach and Meyer，1959），班姬鹟（*Ficedula hypoleuca*；Silverin and Goldsmith，1983），鸽子（*Columba livia*；Riddle et al.，1935），斑鸠（*Streptopelia risoria*；Goldsmith et al.，1981），雪雁（*Anser caerulescens caerulescens*；Campbell et al.，1978），斑腹矶鹬（*Actitis macularia*；Oring et al.，1986），火鸡（*M. gallopavo*；Cogger et al.，1979；Burke and Dennison，1980；El Halawani et al.，1997），白冠麻雀（*Zonotrichia leucophrys pugetensis*；Wingfield and Farner，1978；Hiatt et al.，1987），欧洲椋鸟（*Sturnus vulgaris*；Dawson and Goldsmith，1982）和斑胸草雀（*Poephila guttata*；Vleck and Priedkalns，1985）。

(A)

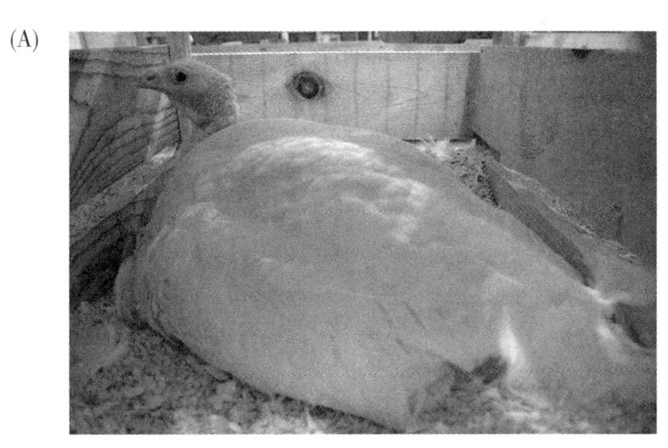

(B)

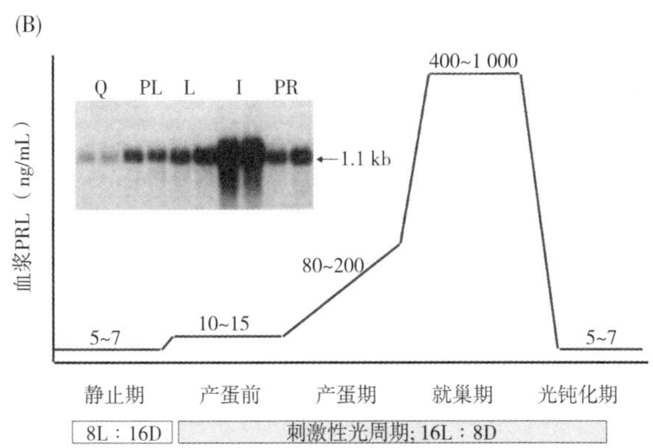

图 31.1★ （A）就巢火鸡。（B）火鸡不同繁殖期血中催乳素（PRL）浓度和 PRL 的基因表达情况。引自 Wong 等（1991）。

高浓度的 PRL 作用于神经内分泌系统，通过降低下丘脑 GnRH-Ⅰ水平，抑制 LH 的分泌（Adkins-Regan et al.，2013），同时也直接作用于卵巢，引起卵巢退化和抑制 LH 诱导的卵巢类固醇激素生成（Rozenboim et al.，1993b）。在就巢火鸡中，LH 和 PRL 的基因表达水平呈负相关（Wong et al.，1992）。用 PRL 处理产蛋期火鸡可抑制因卵巢摘除所引起的 LH 分泌上升，延缓产蛋起始的时间并引起就巢（El Halawani et al.，1991）。当就巢终止时，血中 PRL 浓度降低，同时 LH 浓度升高（家养火鸡：El Halawani et al.，1988b；Knapp et al.，1988）。在季节性繁殖鸟类中，血液 PRL 浓度升高会导致繁殖活动终止，PRL 浓度升高会抑制 LH 释放，抑制卵泡发育并最终导致停产（Magang goose：Huang et al.，2008）。

在泰国土鸡上，去除母鸡的窝和干扰就巢行为会伴随血中 PRL 浓度降低（Prakobsaeng et al.，2011）（图 31.2）。此外，在矮脚鸡上去除鸡窝会引起 GnRH-Ⅰ mRNA 表达水平的升高（Dunn et al.，1996），同时血中 LH 和卵巢类固醇的浓度也升高（火鸡：El Halawani et al.，1980；矮脚鸡：Richard-Yris et al.，1998a）。当母鸡重新就巢后，这些神经内分泌变化则会发生逆转（Sharp et al.，1988）。

血中 FSH、LH 和性腺激素的水平受下丘脑 GnRH-Ⅰ调节（El Halawani et al.，1988b；

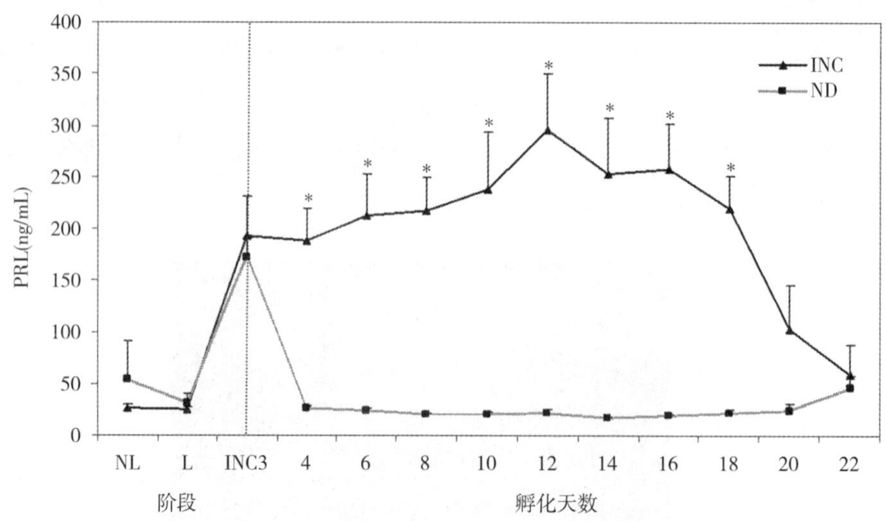

图 31.2 泰国土鸡就巢和去除鸡窝前后催乳素（PRL）水平的变化

母鸡在就巢第 3 天（INC3）分为两组；一组继续就巢，另一组去除鸡窝（ND）。在产蛋前（NL）、产蛋期（L）、就巢期和去除鸡窝后分别采集血样，检测 PRL 水平。引自 Prakobsaeng 等（2011）。

Sharp et al.，1990）。GnRH-Ⅰ是刺激垂体 LH 和 FSH 释放的主要因子。有研究报道，在鸟类繁殖周期内，下丘脑 GnRH-Ⅰ mRNA 表达水平、GnRH-Ⅰ含量和垂体促性腺激素的分泌相关（Millam et al.，1989；Rozenboim et al.，1993a；Dunn and Sharp，1999；Dawson et al.，2002）。在季节性繁殖的动物中，GnRH-Ⅰ神经元的活性受光周期调控（Sharp and Blache，2003）。光刺激会增加垂体细胞对 GnRH-Ⅰ的敏感性（Davies and Follett，1975），并促进 GnRH-Ⅰ的基因转录及激素分泌（Dunn and Sharp，1999）。在温带禽类中，GnRH-Ⅰ mRNA 在下丘脑皮质连合核（nCPa）中表达丰富，在产蛋母鸡中的表达水平高于未受光刺激、就巢的或光钝化的母鸡（火鸡：Kang et al.，2006）。

在持续性繁殖的家禽（如泰国土鸡）的不同繁殖阶段，皮质连合核中 GnRH-Ⅰ神经元的数量在产蛋期最高（Sartsoongnoen et al.，2012）。去除就巢母鸡的窝会升高皮质连合核中 GnRH-Ⅰ免疫反应神经元的数量。综上所述，这些数据表明，在泰国土鸡中，皮质连合核中的 GnRH-Ⅰ系统与非光照刺激下母鸡的母性行为相关（Sartsoongnoen et al.，2012）（图 31.3 和图 31.4）。

31.2.1.1.2 催乳素基因表达和分泌的增强

催乳素（PRL）发现于 1932 年（Riddle et al.，1932），因其能促进鸽嗉囊的生长和鸽乳生成以及促进兔泌乳而得名（Bern and Nicoll，1968）。PRL 是由垂体前叶催乳素细胞合成和分泌的一种蛋白质激素（Freeman et al.，2000）。在多种脊椎动物中，PRL 有 300 多种不同的生理功能，如生长、发育、生殖、行为、代谢、渗透压调节、免疫调节、迁徙和育幼等（Sinha，1995；Bole-Feysot et al.，1998；Harris et al.，2004）。

催乳素与多种禽类的繁殖周期有关（El Halawani et al.，1997）。温带和赤道地区鸡的高催乳素血症与就巢和卵巢退化相关（Kosonsiriluk et al.，2008；Prakobsaeng et al.，2011）。例如，在鸡和火鸡中，繁殖静止期血液 PRL 浓度很低，在产蛋期浓度上升，在就巢启动阶段会继续上升，导致排卵与产蛋停止，卵巢退化，诱发并维持就巢。因此，PRL 被证明在禽类就

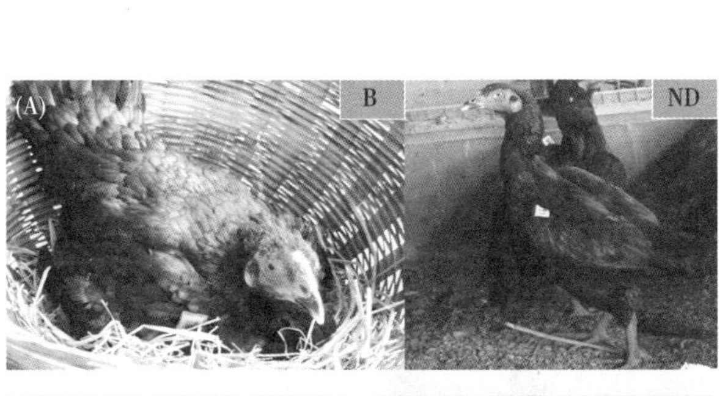

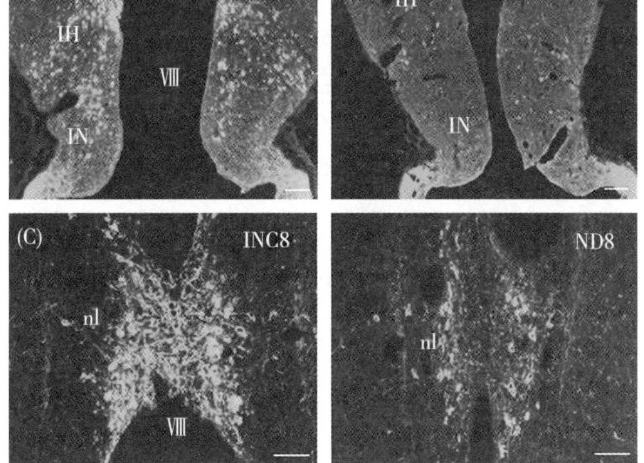

图 31.3★ 泰国土鸡启动就巢(A；B)和去巢(A；ND)后，第10天丘脑下核-下丘脑漏斗核(IH-IN)中血管活性肠肽免疫反应(VIP-ir)神经元的分布(B)，第8天内侧核(nI)中酪氨酸羟化酶免疫反应神经元(TH-ir)的分布(C)。

巢的启动和维持中起着重要作用(Sharp，2009；Buntin，2010)。在就巢行为启动后，血中PRL浓度逐渐升高，并在就巢期维持在高水平，然后在就巢终止后下降到繁殖静止期的水平(El Halawani et al.，1980；Wentworth et al.，1983)。在禽类繁殖周期中，PRL的基因表达变化与血中PRL浓度密切相关，PRL mRNA水平在就巢期达到最高(Talbot et al.，1991；Wong et al.，1991；Tong et al.，1997；Karatzas et al.，1997；Liang et al.，2006；Huang et al.，2008)(图31.1)。

在鸡形目和鸽形目中，催乳素与鸟类生殖生理和行为的许多特征相关。它在一系列亲本行为中发挥重要作用，如强化就巢、鸽乳分泌、喂养幼雏和护巢等行为(Silver，1984；Buntin，2010)。给予外源性PRL能增强亲本行为(Pedersen，1989；Buntin et al.，1991；Youngren et al.，1991)，通过主动免疫中和PRL可降低就巢发生率，延缓或完全阻止就巢的发生(March et al.，1994；Crisostomo et al.，1998)。

PRL在产蛋终止中发挥作用；因此，在每窝产蛋数超过2个的鸟类中，PRL调节每窝蛋的总数，产蛋停止与血液PRL浓度的升高相关(Bluhm et al.，1983；Hall and Goldsmith，1983；Sockman et al.，2000)。也有研究提示，就巢期FSH和LH分泌的抑制与PRL分泌的上升无关(Lea et al.，1996)。相反，PRL可直接抑制卵巢类固醇激素的生成，导致卵巢和输卵管退化(Porter et al.，1991；Rozenboim et al.，1993b)。

31.2.1.2 就巢行为的神经元调节

许多研究表明，下丘脑VIP、多巴胺(DA)和GnRH-Ⅰ参与调节禽类的繁殖周期(El Halawani et al.，1997，2001；Sharp，2009)。支配PRL、FSH和LH分泌的最后共同通路是

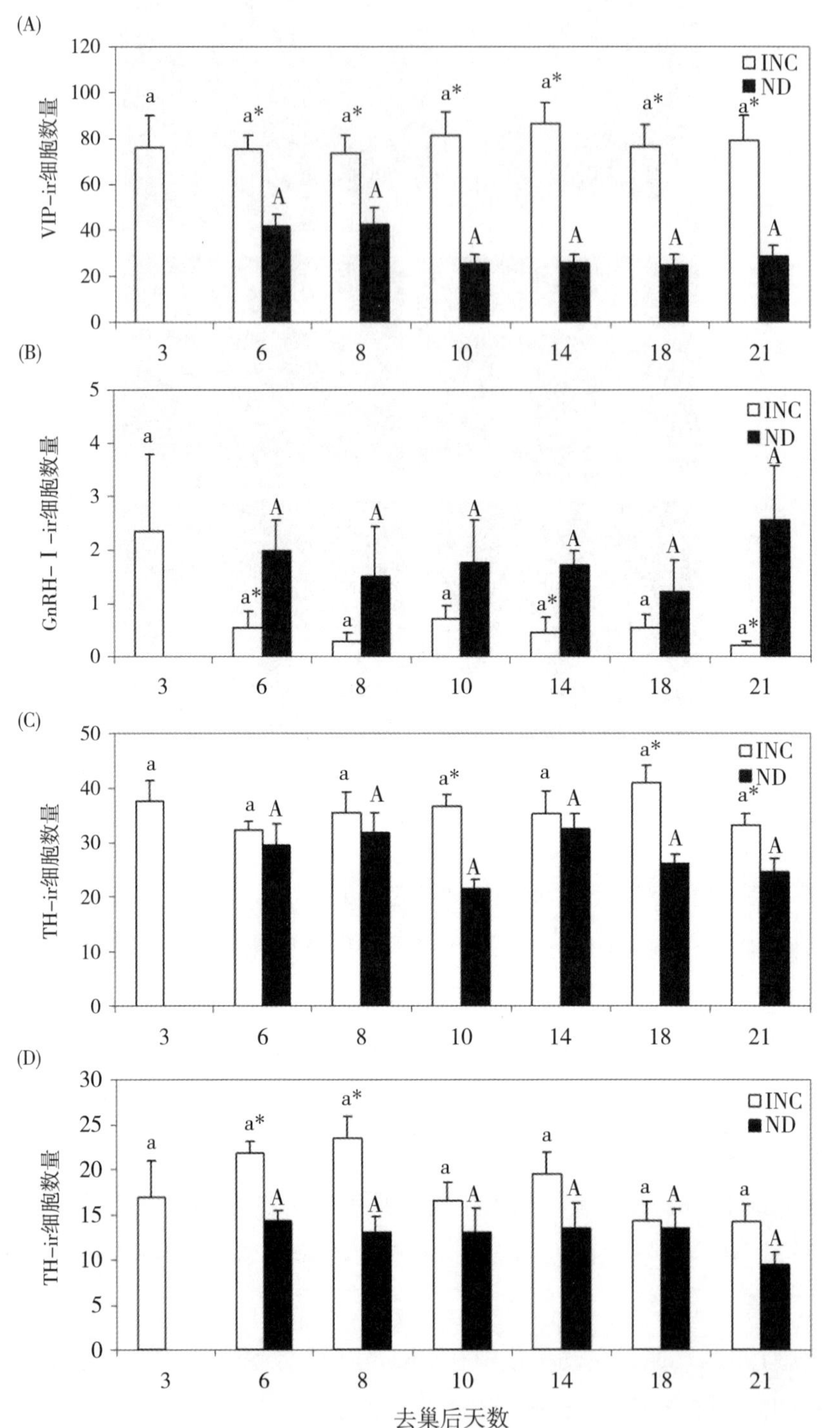

图 31.4 泰国土鸡发生就巢（INC）和去巢（ND）后各种免疫反应神经元数量的变化

（A）丘脑下核-下丘脑漏斗核（IH-IN）中的血管活性肠肽免疫反应（VIP-ir）神经元；（B）皮质连合核（nCPa）中 GnRH-Ⅰ免疫反应神经元；（C）内侧核（nI）中的酪氨酸羟化酶免疫反应（TH-ir）神经元；（D）乳头体中的酪氨酸羟化酶免疫反应（TH-ir）神经元。引自 Prakobsaeng 等（2011）。

一种肽能神经元系统，其轴突终止于正中隆起（ME）外周的门静脉毛细血管周围。在鸟类中最典型的促垂体释放/抑制因子是 VIP、DA 和 GnRH-Ⅰ（Chaiseha and El Halawani，2005）。

31.2.1.2.1 多巴胺能神经传递的增强调节就巢行为

禽类 PRL 的分泌由下丘脑刺激性和抑制性因子共同调节。在哺乳动物，PRL 主要受抑制性调控（Ben-Jonathan et al.，1989），DA 是主要的 PRL 抑制因子（PIF）（Ben-Jonathan and

Hnasko，2001）。在鸟类中，PRL 主要受下丘脑的刺激性调节（Kragt and Meites，1965；Bern and Nicoll，1968）。去掉下丘脑的调节信号会导致 PRL 分泌停止（Tixier-Vidal et al.，1966；Hall et al.，1986）。目前已经证实，VIP 是鸟类下丘脑的 PRL 释放因子（PRF），能促进 PRL 分泌和上调其基因表达（El Halawani et al.，1997）。

多巴胺能神经传递主要依赖多种 DA 受体亚型参与鸟类 PRL 分泌的刺激性和抑制性调节，通过完整的 VIP 能系统来发挥其刺激作用（Youngren et al.，1995；Youngren et al.，1996b；Chaiseha et al.，1997）。在下丘脑外侧（LHy）和漏斗核复合体（INF）存在 VIP 神经元与 D_2 型 DA 受体 mRNA 的共表达（Chaiseha et al.，2003）。有研究表明，DA 能在下丘脑水平通过 INF 中的 D_1 型 DA 受体刺激 PRL 分泌，而该部分有 VIP 神经元存在。多巴胺可以直接在垂体水平通过 D_2 型 DA 受体阻断 VIP 的作用，从而抑制 PRL 分泌（Chaiseha et al.，2003），包括强啡肽、5-羟色胺（5-HT）、DA 和 VIP 在内的神经递质和肽均通过同一通路刺激 PRL 分泌。有研究提示，表达 κ 阿片肽和 5-HT 能、DA 能和 VIP 能受体的轴突与 VIP 能系统串联在一起作为最后的介导通路（El Halawani et al.，2001）（图 31.5）。

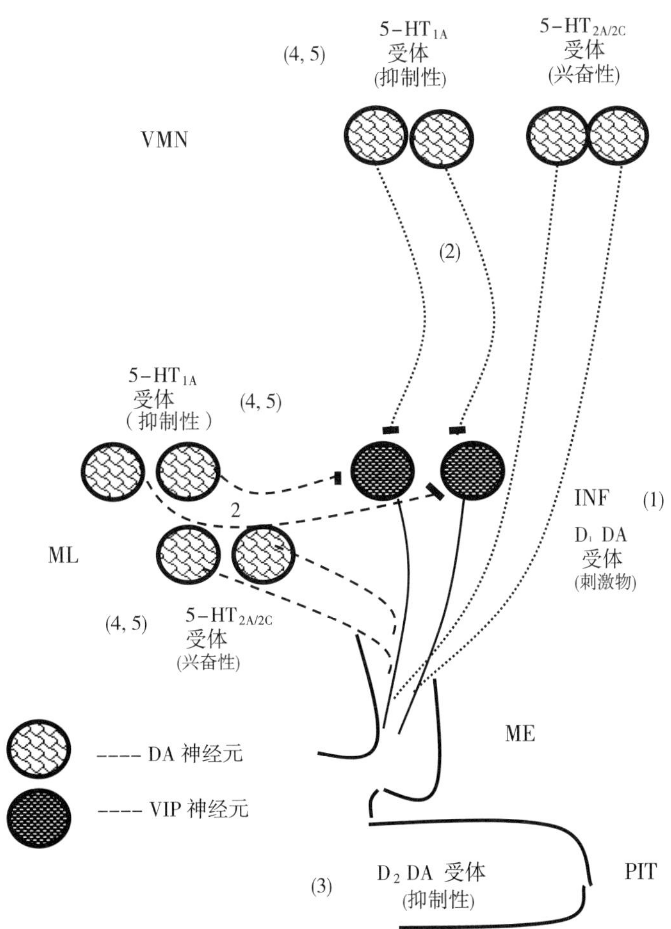

图 31.5★ 5-羟色胺（5-HT）和多巴胺（DA）神经元互作调控血管活性肠肽/催乳素分泌的原理
引自 Chaiseha 和 El Halawani（2005）。

DA 能活性和 DA 受体亚型 mRNA 的表达在鸟类不同繁殖/行为阶段存在差异。就巢母鸡的下丘脑前区多巴胺能活性显著高于产蛋母鸡或去巢矮脚母鸡（Macnamee and Sharp，1989）。此外，就巢环鸽脑室周围区域的 DA 能活性会升高（Lea et al.，2001）。在高催乳素血症的就巢蛋鸡上，下丘脑的兴奋性 DA D_1 受体的表达则上调。相反，在光钝化的低催乳素母鸡，垂体的抑制性 DA D_2 受体的表达上调（Schnell et al.，1999；Chaiseha et al.，2003）。

已经证实，DA 神经元在多种禽类的下丘脑中均有分布，包括家鸡（Knigge and Piekut，1985；Moons et al.，1995）、日本鹌鹑（Absil et al.，2001）、鸽子（Kiss and Peczely，1987；Durstewitz et al.，1998）、斑胸草雀（Mello et al.，1998）、鹦鹉（*Melopsittacus undulatus*；Roberts et al.，2001）、灰斑鸠（*Streptopelia decaocto*；den Boer-Visser and Dubbeldam，2002）、火鸡（Al-Zailaie and El Halawani，2000）、金丝雀（Appeltants et al.，2001）和泰国土鸡（Sartsoongnoen et al.，2008）。多巴胺能神经元在下丘脑的多个核团均有分布（Reiner et al.，1994），在漏斗核复合体（INF）与 VIP 神经元混合分布，在视前区（POA）与 GnRH 神经元混合分布，在 ME 的外层中与 VIP 和 GnRH 末梢混合在一起（Contijoch et al.，1992；Fraley and Kuenzel，1993）。DA 神经元在控制 VIP/PRL 或 GnRH-Ⅰ/FSH/LH 系统时似乎存在区域特异性。外源 DA 仅能促进 INF 部位神经元 VIP 的表达，这与垂体 PRL 和 LH-β 的表达相关（Bhatt et al.，2003）。乳头体核（ML）中 DA 神经元的激活会伴随激活 GnRH-Ⅰ和 VIP 神经元的激活以及垂体 LH 和 PRL 的分泌（Al-Zailaie et al.，2006）。

在火鸡和其他禽类上，关于酪氨酸羟化酶免疫阳性（TH-ir）、DA 合成限速酶及 DA 能活性标志物的分布均有报道，主要位于间脑和中脑（Kiss and Peczely，1987；Bailhache and Balthazart，1993；Moons et al.，1994；Reiner et al.，1994；den Boer-Visser and Dubbeldam，2002）。在泰国土鸡中，内侧核中酪氨酸羟化酶免疫阳性神经元的数目（nI）与 PRL 水平呈正相关，在就巢期升高，当就巢中断时降低（Sartsoongnoen et al.，2008；Prakobsaeng et al.，2011）（图 31.4 和图 31.6）。

31.2.1.2.2 VIP 的神经传递

最早是从猪的十二指肠分离到 VIP（Said and Mutt，1970；Mutt and Said，1974）。现已证实，VIP 是禽类的 PRF，PRL 分泌和表达受位于下丘脑 INF 部位神经元所分泌 VIP 的调节（El Halawani et al.，2001）。通过主动免疫中和 VIP 能阻止 PRL 表达和分泌升高，抑制就巢行为发生，同时上调 LH 和 FSH 的基因表达并延长产蛋时间。然而，这并不能阻止性腺退化和换羽（Sharp et al.，1989；El Halawani et al.，1995，1996；Talbot et al.，1991；Ahn et al.，2001）。

在禽类整个繁殖周期中，PRL 的分泌与下丘脑 VIP 免疫反应性、INF 和 ME 中 VIP 含量、INF 中 VIP 表达均呈正相关（Mauro et al.，1989；Chaiseha et al.，1998；Chaiseha and El Halawani，1999；Kosonsiriluk et al.，2008）。VIP 直接作用于催乳素细胞，刺激 PRL 分泌（El Halawani et al.，1997）。在鸽子和环鸽的研究表明，当血液 PRL 浓度上升时，VIP 神经元的数量和细胞大小均会增加（Peczely and Kiss，1988；Cloues et al.，1990）。研究也发现，垂体 VIP 受体的表达在产蛋或就巢火鸡中升高，从而支持 VIP 主要在垂体水平调节 PRL 的分泌（Chaiseha et al.，2004）。窝巢和蛋的触觉刺激会维持就巢母鸡血液中的高 PRL 水平，VIP 的基因表达上调（Silver et al.，1988；Buntin et al.，1991；Massaro et al.，2007）。

VIP 能神经元已经在许多禽鸟上被定位，如北京鸭（*A. platyrhynchos*；Korf and Fahrenkrug，1984）、日本鹌鹑（Teruyama and Beck，2001）、火鸡（Chaiseha and El Halawani，1999）、鸽子（Cloues et al.，1990）、灰斑鸠（Norgren and Silver，1990）、家鸡

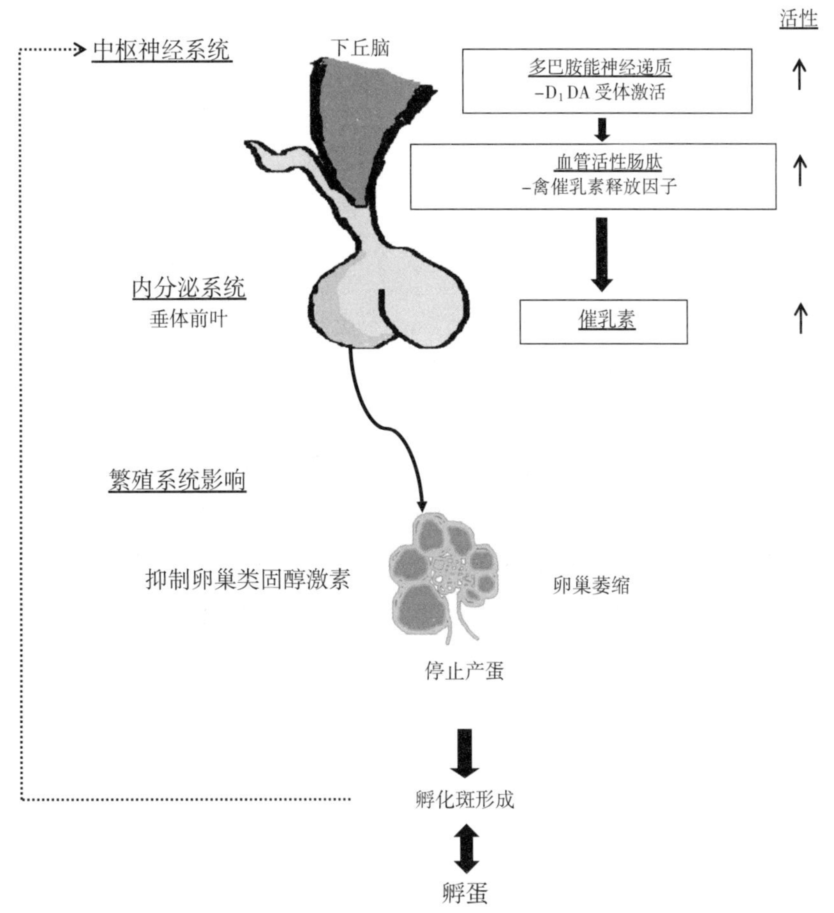

图 31.6★ 就巢行为的神经内分泌调控机制

（Kuenzel et al.，1997）、黑眼灯草鹀（*Junco hyemalis*；Saldanha et al.，1994）、斑胸草雀（Bottjer and Alexander，1995）和泰国土鸡（Kosonsiriluk et al.，2008）。VIP 神经元广泛分布在整个下丘脑中（Macnamee et al.，1986；Hof et al.，1991；Chaiseha and El Halawani，1999；den Boer-Visser and Dubbeldam，2002；Kosonsiriluk et al.，2008）。就巢母鸡 VIP 神经元的数量、分布区域和密度均高于产蛋母鸡（Sharp et al.，1989；Chaiseha and El Halawani，1999；Kosonsiriluk et al.，2008）。在泰国土鸡中，VIP 神经元集中在丘脑下核（IH）和下丘脑漏斗核（IN）中，VIP 神经元数量变化与生殖周期中 PRL 水平相关。当孵化期母禽的窝被移去后，VIP 神经元的数量和 PRL 水平同时下降，提示，IH-IN 中的 VIP 对持续繁殖鸟类的全年繁殖活动起调节作用（Kosonsiriluk et al.，2008；Sartsoongnoen et al.，2008；Prakobsaeng et al.，2011）（图 31.2、图 31.4 和图 31.6）。

31.3 育雏行为

要想成功繁殖，性活动很关键，照顾雏鸟也至关重要。雏鸟需要父母双亲或其中的一方为自己提供食物、热量和保护。这种为雏禽提供照顾和防卫的行为，必须在雏鸟孵出后立即实行（Brunton and Russell，2008）。这种行为应答的开始是所有亲子间互动的先决条件。当母禽接触到新生幼雏时，它接收到一系列独特的兴奋性外部刺激，包括触觉、视觉、听觉和嗅觉等，同时伴随有神经/激素方面的变化（Numan and Woodside，2010）。这些变化均诱发母禽其他行为，对幼雏的照料和存活有利（Swain et al.，2007）。

母禽的经验、神经递质、神经激素、神经调质、激素和来自幼雏的刺激等相互作用，综合在一起，共同促进禽类的母性反应。幼雏的存在会导致母禽表现育雏行为，包括咯咯叫、进食呼唤等这些特定的母性行为。在幼雏孵出后，母禽在较长一段时间内对幼雏进行养育，保持与幼雏的身体接触，这时咯咯叫和进食呼唤就成为母禽养育幼雏的常规行为（Richard-Yris et al.，1998b）。鸡形目鸟类属于早成鸟，雏鸟刚孵出就能够跑、吃、看和听。但是，这些雏鸟在出壳后前两周内尚不能有效调节体温。因此，母禽的育雏行为有助于幼禽存活（Mills et al.，1997）。

育雏行为包含母禽表现出明显的蹲伏姿势，微微抬起翅膀，让幼禽依偎在翅膀下（Hess et al.，1976）。来自雏禽的刺激明显与这种行为的建立、表现和维护相关。在鸡、火鸡和日本鹌鹑中，将新生幼雏与母禽接触，可以诱导母禽诱发出这种行为。母禽会立即做出反应，表现出母性照顾幼雏的行为（Richard-Yris and Leboucher，1987；Opel and Proudman，1989）。这些行为可以由母禽和幼雏之间的身体接触来单独诱导，也可以结合来自幼雏的视觉和/或听觉刺激等来诱导（Opel and Proudman，1988；Richard-Yris et al.，1998b）。这样，母禽与后代的纽带就建立了，幼雏学会了对母禽发出的进食呼唤声、呼救声和咕噜声做出反应。幼雏与母禽的反复接触会加强这种亲子纽带关系（Wauters and Richard-Yris，2001，2002；Edgar et al.，2011），这种重复接触对出壳后的特异性母禽召唤识别的习得非常重要（Gottleib，1976；Jain et al.，2004）。

31.3.1 育雏行为的神经内分泌调控

在禽类繁殖中，多巴胺能神经传递在GnRH-Ⅰ/FSH/LH和VIP/PRL系统中起关键作用。当给鸡注射PRL以诱导育雏行为时，PRL对禽类亲本行为的诱导作用首先被发现（Riddle et al.，1935）。据报道，GnRH-Ⅰ能、VIP能、DA能和催产素能（MTergic）等系统间的神经元互作参与母禽的育雏行为（Thayananuphat et al.，2011；Chaiyachet et al.，2013a，b；Chokchaloemwong et al.，2012，2013）。

31.3.1.1 VIP/PRL-DA神经传递和GnRH-Ⅰ/FSH/LH系统的抑制

PRL是一种公认的就巢促进激素。然而，它也被认为是育雏行为发生和维持的关键因素之一（Vleck，1998；Sharp，2009；Buntin，2010）。在鸡（Sharp et al.，1988；Hoshino and Wakita，1989）、火鸡（Proudman and Opel，1981）、绿头鸭（Goldsmith and Williams，1980）、澳大利亚黑天鹅（*Cygnus atratus*；Goldsmith，1982）、环鸽（Buntin，1996）和泰国土鸡（Chaiyachet et al.，2013b）上，育雏行为总伴有血液高水平PRL。

让母禽接受来自幼雏的触觉和视觉刺激，会刺激PRL分泌，并由其促进母性行为表达，如就巢、育雏和喂养（Angelier and Chastel，2009）。从性行为到亲代活动的转变涉及PRL分泌升高（Sharp et al.，1998）和连续的母性育雏反应（Buntin，1996）。在不同的禽类中，幼雏孵出后，母禽血液PRL浓度会急剧下降（矮脚鸡：Sharp et al.，1979，1988；Lea et al.，1981；斑头雁：*Anser indicus*；Dittami，1981；绒鸭：Criscuolo et al.，2002；家鸭：Hall and

Goldsmith, 1983; Hall, 1987; 日本矮脚鸡: Zadworny et al., 1988, 绿头鸭: Goldsmith and Williams, 1980; swans; Goldsmith, 1982; 泰国土鸡: Chaiyach et al., 2013b; 火鸡: Wentworth et al., 1983）或缓慢下降（斑鹬: Oring et al., 1986; 赤斑瓣蹼鹬: *Phalaropus tricolor*; Oring et al., 1988; 红颈瓣蹼鹬: *Phalaropus lobatus*; Gratto-Trevor et al., 1990）（Schradin and Anzenberger, 1999）。在早成鸟中，PRL 分泌在雏鸟孵出后不久下降，在养育幼雏期间会适度升高，此后降低。在晚成鸟类中，PRL 分泌在孵化后升高，幼雏被集中喂养和照顾（Buntin, 2010）。在仅有母禽提供亲代养育的鸟类中，雌禽 PRL 的分泌明显高于雄性（班姬鹟: Silverin and Goldsmith, 1984; Angelier and Chastel, 2009）。相反，在仅有雄性提供亲代养育的鸟类中，雄性 PRL 分泌则高于雌性（赤斑瓣蹼鹬和红颈瓣蹼鹬: *P. lobatus*; Buntin, 1996; Buntin et al., 1998）。在许多亲代鸟类和亲代共同繁育鸟类上，发现 PRL 的分泌与亲代养育的强度/质量呈正相关。在亲代共同繁育鸟类上，如佛罗里达灌丛松鸦（*Aphelocoma coerulescens*; Schoech et al., 1996）和栗翅鹰（*Parabuteo unicinctus*; Dawson and Mannan, 1991），在辅助养育的亲鸟上，其 PRL 分泌与所要照顾的雏鸟数量又呈正相关（Angelier and Chastel, 2009）。

在鸡形目中，PRL 在整个育雏期间均有分泌，幼雏的存在可促进其分泌，高水平 PRL 则使母禽的育雏行为得以维持（Richard-Yris et al., 1995）。在有幼雏时，血液 PRL 浓度在孵化后立即开始下降，在孵化后持续下降约一周（Zadworny et al., 1988; Leboucher et al., 1990）。幼雏的存在能改变 PRL 分泌的下降速率（Opel and Proudman, 1989; Chaiyachet et al., 2013b）。在泰国土鸡上，育雏母鸡的血液 PRL 浓度要高于未育雏母鸡（Chaiyachet et al., 2013b）。幼雏能诱导许多鸟类产生特定的母性行为（Richard-Yris et al., 1983; Richard-Yris and Leboucher, 1987; Opel and Proudman, 1988; Leboucher et al., 1990, 1993; Ruscio and Adkins-Regan, 2004）。母鸡就巢时，发生幼雏孵出，或在孵化过程中将鸡蛋换成幼雏，母鸡血液 LH 浓度上升，血液 PRL 浓度则从就巢期的高水平显著下降（Zadworny et al., 1988; Leboucher et al., 1993; Richard-Yris et al., 1998b）。此外，虽然这些母禽血液中的性腺类固醇激素浓度和 PRL 分泌模式有明显差异，但就巢、非就巢和卵巢切除的母禽都可以通过接触幼雏诱导母性行为（Richard-Yris et al., 1987, 1988; Leboucher et al., 1993; Lea et al., 1996; Wang and Buntin, 1999）。

在鸠鸽目的晚成鸟类中，由双亲共同育雏。鸽子和斑鸠是通过嗉囊腺上皮细胞产生的嗉囊乳来喂养其新生幼雏。PRL 刺激上皮细胞增殖，后者最终从嗉囊壁脱落（Wang and Buntin, 1999; Buntin, 2010）。PRL 分泌的增加发生在就巢和育雏行为的启动和维持之时（鸽形目），这种现象也发生在自由活动的雀形目鸟类（Goldsmith, 1991; Buntin, 1996）。鸽形目在雏鸟孵出后，早期的 PRL 分泌升高能促进育雏行为的表现，这是将嗉囊乳喂给幼鸽所必需的。PRL 分泌在幼雏能独立调节体温后开始下降（Goldsmith, 1991; Buntin, 2010）（图 31.7）。

PRL 分泌的启动及水平上升的时间，与亲本行为相关，在双亲型鸟类中差异很大。在某些物种中，育雏行为和 PRL 分泌的升高均是对来自窝和蛋的视觉和触觉刺激的反应；PRL 分泌水平的升高总是在临近幼雏孵出的时候（矮脚鸡: Sharp et al., 1988; 环鸽: Buntin,

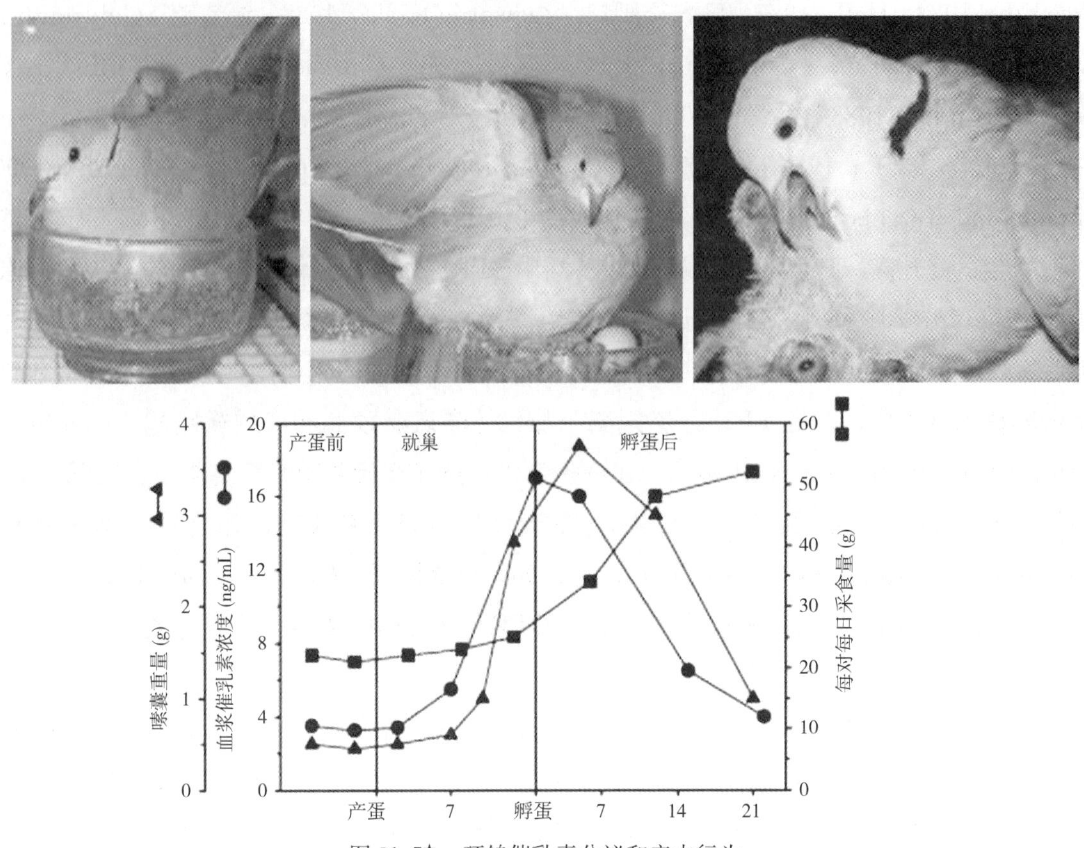

图 31.7★ 环鸽催乳素分泌和亲本行为

在鸽子的繁殖周期中，就巢期和孵出幼鸟后，PRL 水平的上升会维持就巢行为，促进护巢，刺激嗉囊发育和鸽乳形成，增加亲代觅食行为，并促进双亲的反刍行为去给幼禽提供鸽乳和食物颗粒。引自 Buntin (2010)。

2010；火鸡：Opel and Proudman，1988）。在其他物种中，PRL 分泌在就巢和育雏之前就开始上升（帝企鹅：*Aptenodytes patagonicus*；Garcia et al.，1996；阿德利企鹅 *Pygoscelis adeliae*；Vleck and Vleck，2011）。在雄性和雌性帝企鹅及环鸽上，随着蛋的孵化和育雏期的开始，PRL 水平呈稳步上升趋势（Garcia et al.，1996）。在雄性灌丛鸦（*Aphelocoma c. coerulescens*；Schoech et al.，1996）、金丝雀（Goldsmith，1982）、白冠麻雀（Hiatt et al.，1987）、麻雀（*Melospiza melodia*；Wingfield and Goldsmith，1990）和欧洲椋鸟（Dawson and Goldsmith，1985）上，不管雄性是否参与孵化，在幼雏孵出前 PRL 分泌均表现升高。这些现象提示，在合作育雏型鸟类中，可能是高水平 PRL 介导了雌鸟对雏鸟的喂食。因此，在这些鸟类中，PRL 分泌的升高并不仅仅源自蛋或幼雏的刺激反应（Ziegler，2000）。在鸟类生殖周期中，PRL 和睾酮的血液浓度之间似乎存在负相关。多偶鸟类的血液睾酮浓度维持的时间比单偶鸟类长，后者的睾酮仅有一个短暂的高峰（Wingfield and Goldsmith，1990）。

在鸡、鸭和澳大利亚黑天鹅上，只有在就巢期结束、血液 PRL 浓度下降后，亲鸟才会孵化和育雏（Sharp et al.，1979；Goldsmith and Williams，1980；Goldsmith，1982）。在火鸡中，PRL 浓度的下降可能与蛋破壳和孵出以及随后向母性行为的转变有关（Wentworth et al.，1983；Opel and Proudman，1989）。

育雏行为与血中低浓度的 LH 和卵巢类固醇有关。母性行为的发生伴随着血液 LH 浓度的持续下降，PRL 分泌的升高则可以抑制 LH 分泌（Opel and Proudman，1980；Zadworny et al.，1989）。在就巢母鸡（Richard-Yris et al.，1998b；Leboucher et al.，1993；Lea et al.，

1996）和火鸡（Opel and Proudman，1989）中，幼雏的存在或接触幼雏会导致母鸡 PRL 分泌下降，血液 LH 和卵巢类固醇升高。这表明，母性的育雏行为，特别是与幼雏的身体接触，是引起这些激素水平差异的关键因素（Richard-Yris et al.，1995）。育雏的泰国土鸡恢复产蛋的时间要比不育雏的母鸡迟，这表明来自幼雏的身体刺激会减缓 PRL 分泌的下降，抑制促性腺激素和卵巢类固醇激素的分泌。中断育雏行为会导致 LH 和雌二醇浓度立即升高，同时 PRL 水平显著降低（Chaiyachet et al.，2013b）。在孵化幼雏后或有幼雏存在时，血液 LH 和雌二醇浓度均逐渐升高，到幼雏离开后达到最大值。这种变化与 GnRH-Ⅰ mRNA 的增加有关，被认为是通过去消除 PRL 的抑制作用来调节的（Kuwayama et al.，1992；Dunn et al.，1996；Richard-Yris et al.，1998b；Dunn and Sharp，1999）。在性成熟的雀形目黄莺中，卵巢大小与 GnRH-Ⅰ的基因表达呈正相关（Ubuka and Bentley，2009）。

虽然对于那些育雏的母鸡，PRL 没有以递增的速度分泌，但它似乎与育雏行为的启动和（或）维持相关（Sharp et al.，1979）。这与 LH 水平上升至产蛋期水平的时间相符（Sharp et al.，1979）。随着幼雏的成长和成熟，成年鸟类的育雏行为连续减少，导致 PRL 分泌下降（Boos et al.，2007；Riou et al.，2010）。水鸟和红颈瓣蹼鹬是一种具有兼性一雌多雄鸟类，只有雄性才会照顾蛋和幼雏。在这些鸟类中，孵卵雄性的 PRL 分泌随孵卵时间的延长而逐渐降低（Gratto-Trevor et al.，1990）。在其他鸟类上（家鸡：Leboucher et al.，1990；班姬鹟、环鸽：Buntin，1996），雏鸡的刺激或亲子间的相互刺激均可以促进或维持 PRL 水平升高。PRL 水平似乎有一个明确的阈值，这对促进和/或维持孵化后的育雏行为非常必要。虽然育雏期间，PRL 的水平低于就巢期，但又高于无育雏行为的鸟类，这意味着 PRL 与孵化后的亲代养育相关（Criscuolo et al.，2002；Boos et al.，2007）。

尽管在无育雏行为的泰国本地母鸡的 nCPa 中存在大量的 GnRH-Ⅰ神经元，但当进入育雏行为时，这类神经元的数量显著减少。当将雏鸡分离后，母鸡的 GnRH-Ⅰ神经元数量增多，这表明 nCPa 中 GnRH-Ⅰ神经元的变化是禽类繁殖的主要调节因子，在光照调节或是赤道区非光照调节的品种都一样（Chaiyachet et al.，2013b）。VIP 神经元的数量，以及免疫反应性和细胞大小，在孵化期间明显增加，在育雏期则急剧下降（Cloues et al.，1990）。在育雏行为启动后，照顾幼雏母禽的 VIP 神经元数量虽然低于就巢期，但高于将雏鸡完全移走后母鸡的神经元数量（Chaiyachet et al.，2013b）。VIP 神经元数量的增多伴随着 VIP 肽的上调以及垂体门静脉血管中 VIP 含量的上升（Mauro et al.，1989；Sharp et al.，1989；Cloues et al.，1990；Youngren et al.，1996a）。由此可以得出如下结论：VIP 能神经传导对育雏行为发挥调节作用，并且 VIP/PRL 系统的活性及其与育雏行为的关联，是与育雏所需的母性关怀程度有关的。

VIP/PRL 系统不仅是就巢行为的关键调节因子，还参与了育雏行为的调节。然而，对于育雏行为，似乎仅需一个较低的 VIP 能阈值。中断育雏会显著降低 PRL 分泌，使 VIP 神经元数量下降和 GnRH-Ⅰ神经元数量增加（Chaiyachet et al.，2013a，b）（图 31.8）。

DA 能神经元和 GnRH/FSH/LH 系统之间的联系已经在火鸡中得到了证明。核乳头前体（PMM）中活化 DA 神经元数量、皮质连合核（nCPa）中 GnRH-Ⅰ神经元数量及皮质连合核（nCPa）中 GnRH-Ⅰ的基因表达上调均发生相同变化（Kang et al.，2006；Thayananuphat et

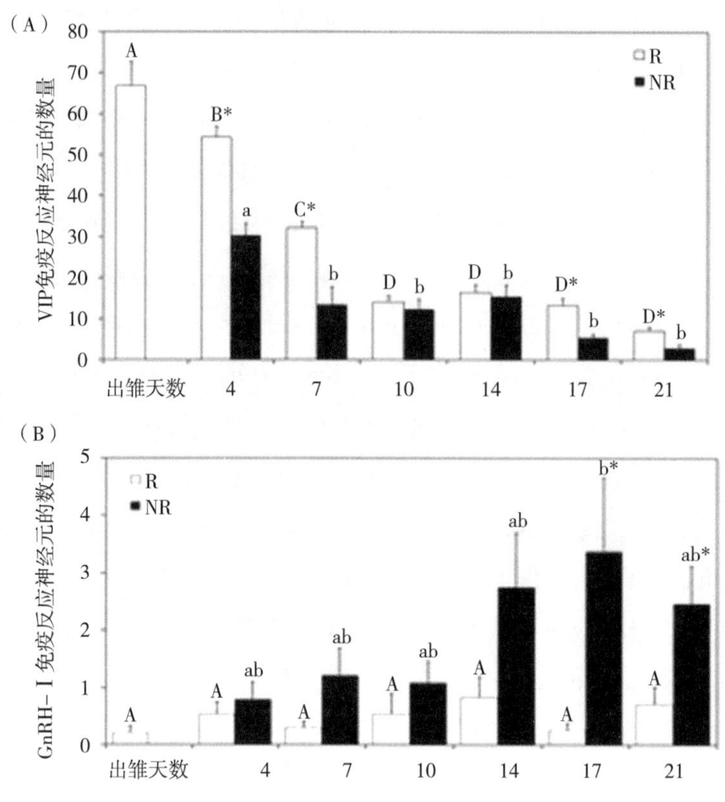

图 31.8 GnIH-Ⅰ和 VIP 免疫反应神经元数量的变化

(A) 丘脑下核-下丘脑漏斗核 (IH-IN) 的血管活性肠肽 (VIP) 免疫反应神经元；(B) 育雏行为和无育雏行为泰国土鸡的皮质连合核 (nCPa) 中促性腺激素释放激素-Ⅰ (GnIH-Ⅰ) 免疫反应神经元。修改自 Chaiyachet 等 (2013a，b)。

al.，2007)。正如设想的那样，GnRH 神经元的轴突终止于正中隆起(ME)部位，并且紧邻于结节漏斗部 DA 能神经元的末端(Ugrumov et al.，1989)。研究发现，多巴胺能的轴突、神经纤维与漏斗核复合体(INF)的 VIP 神经元、视前区(POA)GnRH 神经元以及正中隆起外层的 VIP 和 GnRH 末端混合在一起(Contijoch et al.，1992；Fraley and Kuenzel，1993)。关于 VIP 和 DA 能神经元之间的相互作用也有报道(Teruyama and Beck，2001)。乳头体外侧核内的 DA 能神经元激活、GnRH-Ⅰ和 VIP 神经元的激活及 LH、PRL 的分泌是同步的(Al-Zailaie et al.，2006)。与被剥夺幼雏的母禽相比，育雏行为能增强泰国地方母鸡的 DA 能活性，升高 PRL 水平。这表明了 DA 能系统在就巢行为和育雏行为中发挥着作用。此外，中断育雏行为会降低 DA 能活性和 PRL 水平，表明 DA 参与调控这种赤道热带早熟型禽类的育雏行为。这些发现提供了充分的依据，说明 GnRH-Ⅰ能、DA 能和 VIP 能系统相关联作用，共同发挥作用调节母禽的繁殖活动和育雏行为(Prakobsaeng et al.，2011；Chaiyachet et al.，2013a，b；Chokchaloemwong et al.，2012)。

31.3.1.2 下丘脑 8-异亮氨酸催产素表达的增强

关于亲代育雏行为的激素调节机制在多种脊椎动物上被广泛研究，这些工作表明神经垂体分泌的九肽激素在其中发挥作用(Acher，1972；Goodson et al.，2012)。这些九肽神经垂体激素进化于 6 亿多年前(Donaldson and Young，2008)，在下丘脑的大细胞神经元中合成，在垂体后叶的神经末梢释放，或通过正中隆起(ME)释放进入垂体门脉血中。最著名的神经垂体九肽激素是精氨酸加压素(AVP)和催产素，这两种激素均存在于大多数哺乳动物中。在非哺乳类脊椎动物上，另外又发现至少 14 种神经垂体激素。在鸟类上，与 AVT 和催产素同源的激素分别是精氨酸催产素和 8-异亮氨酸催产素（MT）（Acher et al.，1970；Hoyle，1998）。这些激素在视上核（SON）和室旁核（PVN）中的大细胞神经元中合成。MT 神经元在几个大脑区域中均有存在，如视上核腹侧部（SOv）、PVN、小脑、侧间隔（LS）、视叶、脑桥和延髓（Goossens et al.，1977；Bons，1980；Robinzon et al.，1988）。

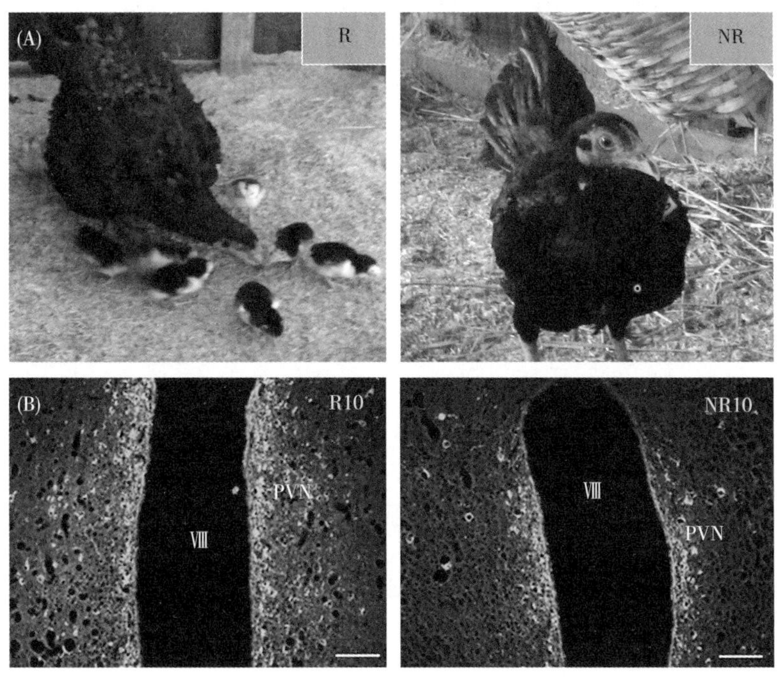

图 31.9★ 在发生育雏行为（A；R）或无育雏行为（A；NR）第 10 天，泰国本地母鸡室旁核（PVN）中 8-异亮氨酸催产素免疫反应（MT-ir）神经元的分布。修改自 Chokchaloemwong 等（2013）。

对于 MT 在鸟类中的生理功能了解很少。关于 MT 在育雏行为中作用的第一个证据来自火鸡（Thayananuphat et al.，2011）。与产蛋火鸡相比，就巢火鸡 PVN 和 SOv 中的 MT 神经元数量更多。在就巢火鸡中位于 PVN 和 SOv 的 MT 神经元中的即刻早期基因 *c-fos* 也呈现高表达。*c-fos* 的表达主要位于视前内侧核（POM）腹侧部的 DA 能神经元中。雏鸡的存在刺激就巢母火鸡下丘脑 PVN 和 SOv 中 MT 神经元内 *c-fos* mRNA 的表达。阻断 MT 或 DA D_2 受体可阻止雏鸡引起的就巢行为，表明 MT 参与调控母禽育雏（Thayananuphat et al.，2011）。在鸟类中，涉及亲代行为调节的脑区为 POA、PVN 和腹内侧核（Slawski and Buntin，1995；Schoech et al.，1998；Lea et al.，2001）。在育雏的环鸽和日本鹌鹑中，脑部 POA、LHy、LS、MPOA 和终纹核中 Fos-ir 的表达水平，高于幼雏被剥夺的种鸟（Ruscio and Adkins-Regan，2004；Buntin et al.，2006）。相似的 MT 神经元和纤维的分布，在泰国土鸡也有报道，分布密度最高的是 SOv、POM 和 PVN。当母鸡从产蛋转向育雏，MT 神经元的数量最多（Chokchaloemwong et al.，2013），这支持了 MT 能系统在建立和维持母性行为的神经内分泌重建中发挥重要作用的观点。哺乳动物类似核团中的催产素神经元的相似作用，也进一步支持该观点（Chokchaloemwong et al.，2013）（图 31.9 和图 31.10）。

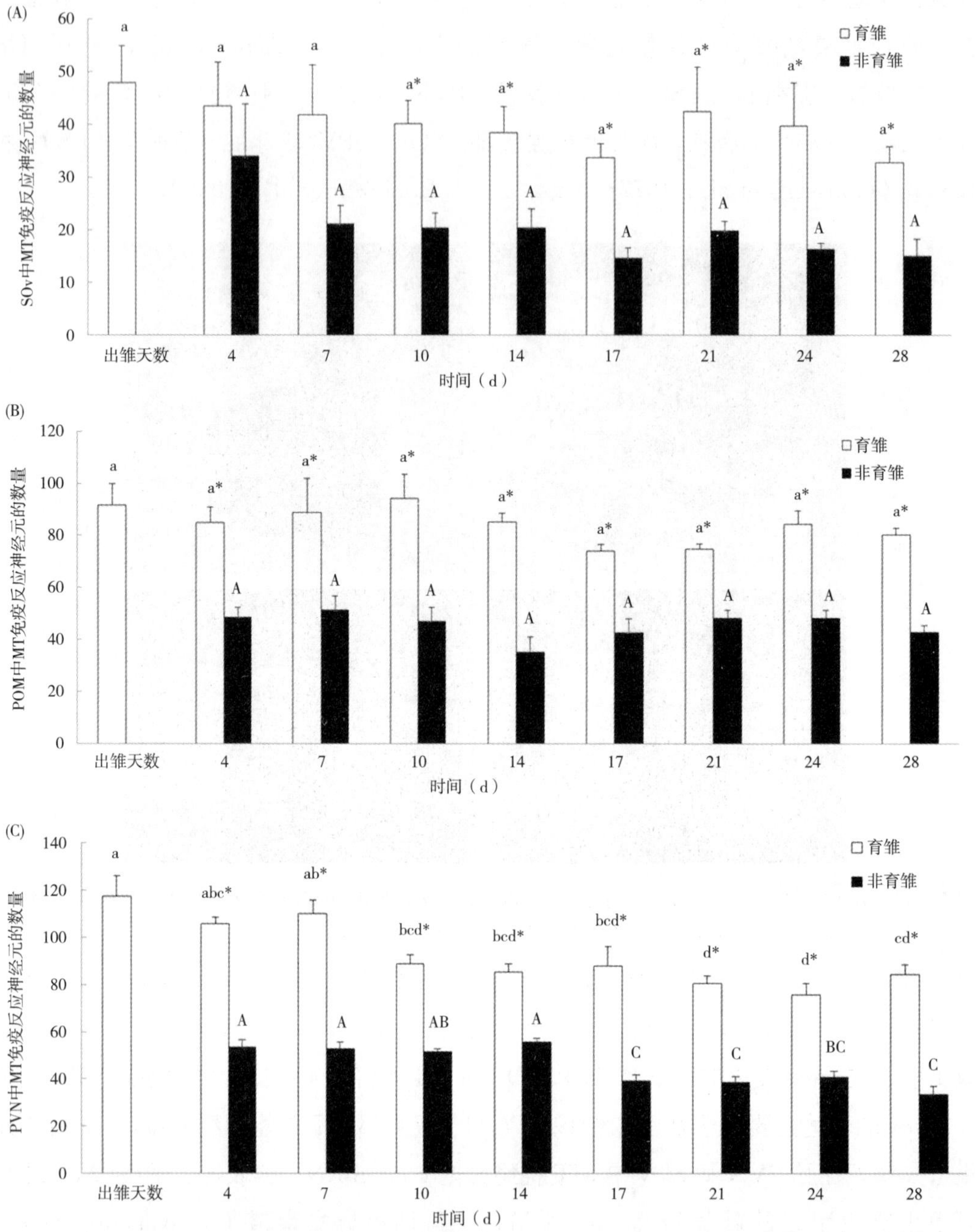

图 31.10　在发生育雏行为和无育雏行为的泰国地方母鸡中，8-异亮氨酸免疫反应（MT-ir）神经元数量的变化

（A）视上核腹侧部（SOv）；（B）视前内侧核（POM）；（C）室旁核（PVN）。引自 Chokchaloemwong 等（2013）。

参考文献

（田允波译，施振旦校）

第32章 胚胎生理

Casey A. Mueller, Warren W. Burggren and Hiroshi Tazawa

缩略语

A_p，Effective pore area 有效气孔面积

CAM，Chorioallantoic membrane 尿囊绒毛膜

CO，Cardiac output 心输出量

CO_2，Carbon dioxide 二氧化碳

d_{CO_2}，Carbon dioxide diffusivity 二氧化碳扩散系数

d_{H_2O}，Water vapor diffusion coefficient 水蒸气扩散系数

d_{O_2}，Oxygen diffusion coefficient 氧扩散系数

D_{O_2}，Oxygen diffusion capacity 氧扩散能力

EP，External pipping 外破壳

$F_{\bar{c}OX}$，Average erythrocyte oxygenation rate 平均红细胞氧合速度

G_{CO_2}，Carbon dioxide conductivity 二氧化碳传导率

G_{H_2O}，Vapor diffusion capacity 水蒸气传导率

G_{O_2}，Oxygen conductivity 氧气传导率

Hb，Hemoglobin 血红蛋白

Hct，Hematocrit 血细胞比容

HR，Heart rate 心率

I，Incubation time 孵化时间

IHR，Instantaneous heart rate 瞬间心率

IP，Internal pecking 内破壳

IRR，Instantaneous respiratory rate 瞬时呼吸率

L，Shell thickness 壳厚度

$\dot{M}_{CO_2}$，Carbon dioxide elimination rate 二氧化碳清除率

MHR，Mean heart rate 平均心率

$\dot{M}_{H_2O}$，Rate of water loss 失水率

$\dot{M}_{O_2}$，Oxygen consumption rate 氧消耗率

O_2，Oxygen 氧气

P_{aCO_2}，Arterialized blood carbon dioxide partial pressure 动脉血二氧化碳分压

P_{aO_2}，Arterialized blood oxygen partial pressure 动脉血氧分压

P_{ACO_2}，Airspace carbon dioxide partial pressure 气室二氧化碳分压

P_{AO_2}，Airspace oxygen partial pressure 气室氧分压

P_B，Atmospheric pressure 大气压

$P_{\bar{c}O_2}$，Mean capillary oxygen partial pressure 平均毛细血管氧分压

P_{H_2O}，Water vapor pressure 水蒸气分压

P_{ICO_2}，Effective environmental carbon dioxide partial pressure 有效环境二氧化碳分压

P_{IO_2}，Effective environmental oxygen partial pressure 有效环境氧分压

P_a，Arterial blood pressure 动脉血压

P_{sys}，Systolic blood pressure 收缩压

$\dot{Q}_a$，Allantoic blood flow 尿囊血流量

Q_{10}，Temperature coefficient 温度系数

R，Gas constant 气体常数

T_a，Ambient temperature 环境温度

T_{egg}，Egg temperature 蛋温

t_c，Contact time of erythrocytes in chorioallantoic capillary with O_2 绒毛膜尿囊毛细血管中红细胞与 O_2 接触时间

V_c，Capillary volume 毛细血管容积

$[HCO_3^-]$，Bicarbonate concentration 碳酸氢盐浓度

$[La^-]$，Lactic acid concentration 乳酸浓度

32.1 引言

新鲜产出的禽蛋含有胚胎生长发育所需的大多数物质，但缺乏氧气和热量来完成发育。蛋壳上的微孔不仅允许外界的氧扩散至蛋内，也可让胚胎产生的水蒸气和二氧化碳排出；亲鸟在孵化中提供热量，也控制着蛋内的微气候（在养禽业及科学研究中，孵化器可替代亲鸟）。在禽类孵化特性研究中，多数使用家鸡（*Gallus gallus domesticus*）蛋进行人工孵化，因此本章以鸡胚为例阐述禽类孵化过程中生理功能的变化，适当补充其他禽类的资料。内容包括气体交换、酸碱平衡、心血管、渗透调节和体温调节系统，同时涉及人工孵化的最佳条件以及胚胎在极端孵化条件下的反应。

32.2 新产蛋

新产蛋的重量最小约 0.8 g（蜂鸟 *Mellisuga helenae*），最大可达 2 kg（鸵鸟 *Struthio camelus*）。蛋由蛋壳、外壳膜、内壳膜及其包裹的卵清，还有卵黄共同构成，其中卵清是胚胎发育时水和蛋白质的来源，卵黄是必需营养物的来源。新产蛋的成分与雏鸟的成熟度有关，在不同种属中差异较大。根据活动能力、羽毛量、采食能力和活动范围等标准，雏鸟可分为四大类。早成雏最为成熟，孵化后不久就能行走、游泳或潜水，而晚成雏是最不成熟的，孵出时无羽毛、眼睛闭合、无法协调运动。两个中间类别即半早成雏和半晚成雏，成熟度介于二者之间。早成鸟蛋的卵黄量多于晚成鸟（Sotherland and Rahn，1987），如属于晚成鸟的红脚鲣鸟（*Sula sula*），卵黄仅占总蛋重的 16%，属于高度早成鸟的几维鸟（*Apteryx australis*）卵黄占 69%。由于能量大多储存在脂质中，而脂质又大多存在于卵黄中，因此早成鸟蛋所含能量比晚成鸟高。另外，蛋中大部分水分存在于卵清中，晚成鸟因卵黄/卵清的比值低于早成鸟，所含水分更高（Sotherland and Rahn，1987）。

32.3 孵化

32.3.1 孵化时间

孵化包括内破壳（IP，此时胚胎的喙穿透绒毛膜尿囊和内壳膜进入气室）之前的出雏期前、出雏期［从 IP 到胚胎打破卵壳（外破壳，EP）并孵出的时期］以及孵出期。孵化期（I，d）随着禽蛋尺寸增加而延长，可如下表示：

$$I = 12 \cdot \text{蛋重}^{0.22} \qquad (32.1)$$

其中蛋重以 g 为单位（Rahn and Ar，1974）。此外，孵化期的总产量和耗氧（$\dot{M}_{O_2}$）稳定期（如平台期）的总耗氧量与蛋重大致成正比（Rahn et al.，1974）：

$$I \cdot \dot{M}_{O_2} = c \cdot (\text{蛋重}) \qquad (32.2)$$

其中 c 是常数。因此，对于一定重量的蛋，在平台期消耗更少 O_2 的类型需要更长的孵化时间，并且平台期 $\dot{M}_{O_2}$ 与蛋壳通气率相匹配，蛋重相同时，低通气率的蛋需要更长的孵化期。

此外，如禽蛋产出后未被亲鸟照料，一段时间后就会冷却，导致胚胎发育缓慢，需要更长孵化时间。有些鸟类，尤其是热带的海鸟和海燕（鹱形目），即使产出后马上入孵，其孵化期也长于上述公式值（Whittow，1980）。

32.3.2 蛋内含水量和蛋壳通气率

随着蛋内胚胎的生长，水分被消耗，卵黄和卵清减少。卵黄中的脂肪氧化时会产生代谢水，部分水分也会通过卵壳扩散至蛋外。失水率（$\dot{M}_{H_2O}$，mg/d）由两个因素决定：壳与壳膜的水蒸气传导率［G_{H_2O}，mg/（d·kPa）］和蛋内外水蒸气的分压差（ΔP_{H_2O}，kPa）（Rahn and Ar，1974）：

$$\dot{M}_{H_2O} = G_{H_2O} \cdot \Delta P_{H_2O} \tag{32.3}$$

G_{H_2O}受多因素的影响，包括卵壳几何结构（有效气孔面积，Ap；卵壳与壳膜的厚度，L）；水蒸气扩散系数（d_{H_2O}）；气体常数（R）和绝对温度（T）的倒数：

$$G_{H_2O} = [(A_p/L) \cdot d_{H_2O}]/RT \tag{32.4}$$

在较大的蛋中，气孔面积和壳厚度都增加（Ar et al.，1974），虽然前者会使G_{H_2O}上升，但后者会延长水蒸气扩散的路径而起相反作用。蛋中丢失的水分被空气所取代，使发育中的禽蛋钝端气室增大。在IP和EP期，水蒸气能通过壳裂缝（破壳点）扩散，失水率增大。整个孵化过程中，总失水量可达新产蛋重量的18%。

32.3.3 热传递

亲鸟（通常但并非总是雌性）在孵化过程中发挥着重要的作用，它们利用其身体和筑巢材料改变蛋的局部环境来促进孵化。很多鸟类胸部和腹部有一块季节性裸露的皮肤，即孵化斑。此处皮肤能直接与蛋接触，比羽毛覆盖的部分有更高的热传导率，此处血管的大小和数量都有所增加。亲鸟还可通过孵窝或离巢来调节传递的热量，反之蛋温（T_{egg}）改变也会使亲鸟产生生理反应，如蛋温降低，则亲鸟产热代谢增加（Tøien et al.，1986；Rahn，1991）。

亲鸟传递至蛋的热量与自身产热量成正比（Tøien et al.，1986），但传热效率会随着环境温度降低和每窝蛋数的减少而降低。亲鸟在飞行和觅食时（即非孵蛋期间）储存的热量在其返回到鸟巢后传递至蛋（Biebach，1986），此时蛋温较低，孵化斑会发生“低温导致的血管舒张”，提高孵化斑的血流量和温度，从而更利于热量传递（Mitgard et al.，1985）。通常孵化斑的温度比T_{egg}高1.1～5.5 ℃（Rahn，1991），温度变化范围为34.9 ℃（白额圆尾鹱，*Pterodroma hypoleuca*）至42.4 ℃（暗纹霸鹟，*Empidonax oberholseri*）。

孵化开始时，禽蛋获得的热量来自亲鸟的接触传导，因此孵化斑对侧蛋温比孵化斑接触点的温度低4 ℃或更多（Rahn，1991），随之温差逐渐减小，因为发育中的循环系统有助于热量的分配，而胚胎的新陈代谢不断增加从而提供了额外的热量（Turner，1987；Rahn，1991），因而在蛋型较大时，血流对热循环的影响更为重要（Tazawa et al.，1988a）。蛋热散失的主要屏障是紧邻蛋壳的薄层空气，即内外壳膜间的空气间层（Sotherland et al.，1987），而鸟巢本身也会起到一定的保温作用。

随着胚胎的生长，从亲鸟获得热量和从蛋壳辐射散热之间的平衡调控越来越重要，因为孵出前胚胎会产生相当多的热量。蛋的表面积与体积之比是影响蛋热损失率的重要因素，但其他多种因素也会影响热损失率，如大型蛋（如鸸鹋和鸵鸟）的表面积与体积之比较小，热损失量较少，其胚胎的代谢产热量则较低。因此，在胚胎发育过程中对蛋的大小、胚胎代谢率和孵化行为等进行综合研究是非常必要的。

32.3.4 能量利用

鸡胚发育时，体重呈几何级数增加，直到最后阶段才慢下来（Romanoff，1967；Van Mierop and Bertuch，1967；Tazawa et al.，1971a；Lemez，1972；Clark et al.，1986；Haque et al.，1996）。从以上参考文献的平均值来看，孵化16d的胚胎净重可由以下公式计算：

$$体重(mg) = 0.24 \cdot I^4 \tag{32.5}$$

能量则以氧消耗率($\dot{M}_{O_2}$)来衡量。氧主要用于合成新生组织以及满足胚胎发育的生理需求。另外，在孵化末期，胚胎利用能量来主动调节体温和出壳。在此之前，出雏前 $\dot{M}_{O_2}$ 主要用于功能维持和生长需要，与体重和生长率(GR=体重增加量/时间)成正比(Vleck et al., 1980; Mortola and Cooney, 2008)，公式如下：

$$\dot{M}_{O_2} = a \cdot (体重) + b \cdot GR \tag{32.6}$$

系数 a 和 b 分别表示每天维持 1 g 组织以及新生 1 g 组织所需的平均耗氧量。

鸡的孵化期为 21 d。在胚胎发育早期，由于胚外组织摄入额外的氧，而此时胚胎很小，它的$\dot{M}_{O_2}$并不能反映整个蛋的 $\dot{M}_{O_2}$。到第 9～18 天，a 和 b 分别约为 O_2 15 mL/(g·d)和 O_2 41 mL/(g·d)(Mortola and Cooney, 2008)，生长 1 g 组织所需氧约是维持 1 g 组织所需氧的 3 倍。此外，低温孵化(35 ℃)只降低生长率从而降低生长所需的氧，并不影响维持组织所需的氧，而低氧孵化则两者都会降低。

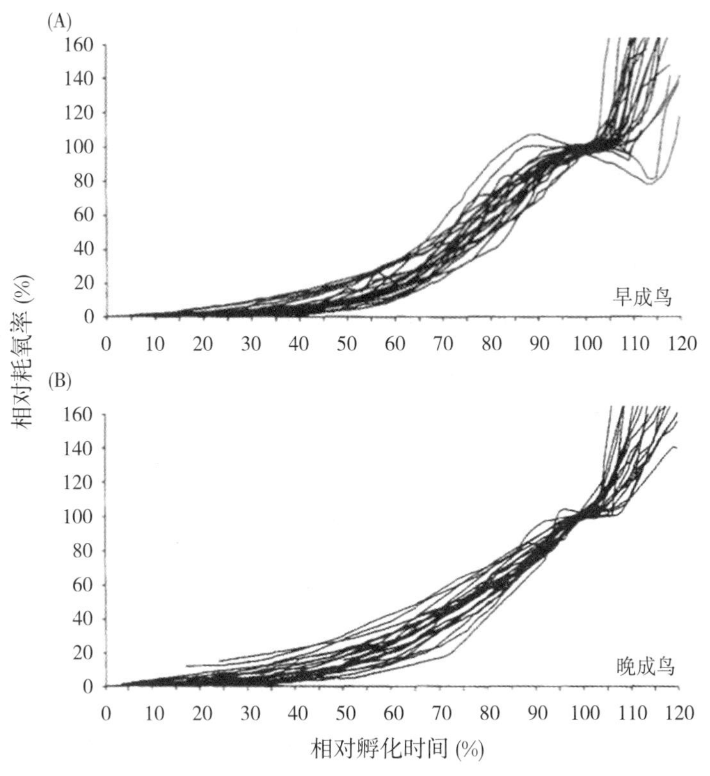

图 32.1 相对氧消耗率($\dot{M}_{O_2}$ %)的变化模式

(A)早成鸟和半早成鸟(n = 27)。(B)晚成鸟和半晚成鸟(n = 24)，横坐标为相对孵化时间(%)。氧消耗率和孵化时间在平台期的中值时都设定为 100%。经 Elsevier 允许改自 Prinzinger 和 Dietz(1995)。

随着胚胎的生长，每日能量消耗增加，$\dot{M}_{O_2}$ 也相应增加。早成鸟与晚成鸟胚胎 $\dot{M}_{O_2}$ 变化表现为不同的模式(Vleck and Vleck, 1987)。晚成鸟 $\dot{M}_{O_2}$ 在整个孵化期一直增加，无平台期，而早成鸟在破壳前达到平台期，破壳后又继续增加。假定蛋的大小及孵化时间相同时，晚成鸟需要的能量更少，因此比早成鸟的耗能量更低(Vleck et al., 1980)。因为早成鸟早期生长较快，后期需要维持更多组织，导致其需要更多的维持能(Vleck et al., 1980)。

Prinzinger 等认为早成鸟与晚成鸟 $\dot{M}_{O_2}$ 的增长模式一样，都有平台期，即气体交换由绒毛尿囊膜（CAM）转移到肺而导致的（Rahn and Ar，1974），表现为持续指数增长中的一段明显的 $\dot{M}_{O_2}$ 稳定期。图 32.1 表明，二者的平台期没有本质差别（Prinzinger et al.，1995；Prinzinger and Dietz，1995）。他们认为，晚成鸟个体较小，平台期只持续几个小时，如果不是持续测定或同时测量较多个体取平均值，很容易被忽略。极早熟的丘鸟（冢雉科）是一个例外，它不存在 CAM 肺转换，因此没有平台期（Vleck et al.，1984）。

32.4 生理系统的发育

32.4.1 气体交换

禽蛋由于外面有坚硬蛋壳不能进行通气运动，因此在肺发挥功能之后蛋内才有对流性气体交换。在孵化早期，心脏形成前以及心跳刚开始，O_2 通过扩散由外界足量地进入胚胎。此时即使心脏发出的主血管被结扎或血红蛋白（Hb）结合一氧化碳而失去功能，$\dot{M}_{O_2}$ 也可以在没有血液流动的情况下维持正常（Burggren et al.，2000，2004；Mortola et al.，2010；Burggren，2013）。在胚胎发育过程中，当气体扩散运输不足时，血液运输才开始补足 O_2 需求，此时蛋内有三处气体交换依次工作，即血管区、绒毛膜尿囊和肺。图 32.2 显示了血管区和绒毛膜尿囊功能性表面积的增长率（Ackerman and Rahn，1981）与鸡胚 $\dot{M}_{O_2}$ 的相关性。血管区是卵黄囊上富有血管的部位，在孵化第 3～5 天，此区从胚胎向外迅速呈扇形生长，包围卵黄。卵黄囊的血管在第 2 天连接到胚胎背主动脉，血液开始在胚胎和血管区循环流动。卵黄囊的精细网状血管系统承担了大部分的气体交换作用，直到约第 6 天绒毛膜尿囊与内壳膜相接触（Ackerman and Rahn，1981）。随后呼吸功能从血管区转移到绒毛膜尿囊。

从孵化第 5 天开始，覆盖尿囊底的间质开始与衬于绒毛膜的间质相接触。两层膜开始融合，生长中的尿囊膜在紧贴蛋壳的绒毛膜下扩展，外缘是粘在一起的绒毛膜和尿囊膜，即绒毛膜尿囊，此部位生长迅速（图 32.2）。在第 6 天刚接触壳膜时与胚胎大小相似。到第 12 天，绒毛膜尿囊已经扩展到将整个蛋的内容物包裹起来，衬在整个壳膜内层表面上。

绒毛膜尿囊的外表面称绒毛尿囊膜（CAM），上面密布血管（Wangensteen et al.，1970/1971；Tazawa and Ono，1974；Wangensteen and Weibel，1982）。在孵化早期，毛细血管存在于 M 的间质层表面。在第 10 天，它们开始迁移穿过外胚层，并位于孵化晚期的薄层上；而且 CAM 毛细血管上皮的细胞核发生移位（Mayer et al.，1995）。在孵化早期，内皮细胞核围绕毛细血管腔随机排列，当绒毛尿囊膜包裹整个胚胎后则移行到远离壳膜侧的毛细血管。随着毛细血管的迁移，内皮细胞核的重新定位使气体通过内壳膜（气室）与毛细血管血液间隙距离变短，扩散更容易。

在出雏之前（IP 之前）CAM 承担气体交换功能，当胚胎用喙啄破 CAM 及内壳膜时发生退化。从入孵第 1 天到第 16 天，鸡胚 $\dot{M}_{O_2}$ 由于 CAM 的扩展而不断提高（图 32.2）。出雏期前在有孔的蛋壳、两层壳膜和 CAM 上毛细血管血液之间进行扩散性气体交换（Wangensteen and Rahn，1970/1971；Wangensteen et al.，1970/1971，Wangensteen and Weibel，1982）。接着雏鸡啄破蛋壳（EP），通过肺通气呼吸环境中气体。随着出雏阶段的胚胎开始肺呼吸，CAM 的气体交换功能被取代。

当 CAM 包裹整个蛋内结构时，通过扩散进行的气体交换可表示为：

$$\dot{M}_{O_2}=G_{O_2}\cdot(P_{I_{O_2}}-P_{A_{O_2}}) \tag{32.7}$$

$$=D_{O_2}\cdot(P_{A_{O_2}}-P_{\bar{c}_{O_2}}) \tag{32.8}$$

公式中，$\dot{M}_{O_2}$ 是氧消耗率（mL/min），G_{O_2} 是壳和壳膜的氧气传导率［mL/（min·kPa）］，D_{O_2} 是氧气在 CAM 和血液中的扩散能力［mL/（min·kPa）］，$P_{I_{O_2}}$ 是有效环境氧分压（kPa），$P_{A_{O_2}}$ 是气室氧分压，$P_{\bar{c}_{O_2}}$ 是平均毛细血管氧分压。

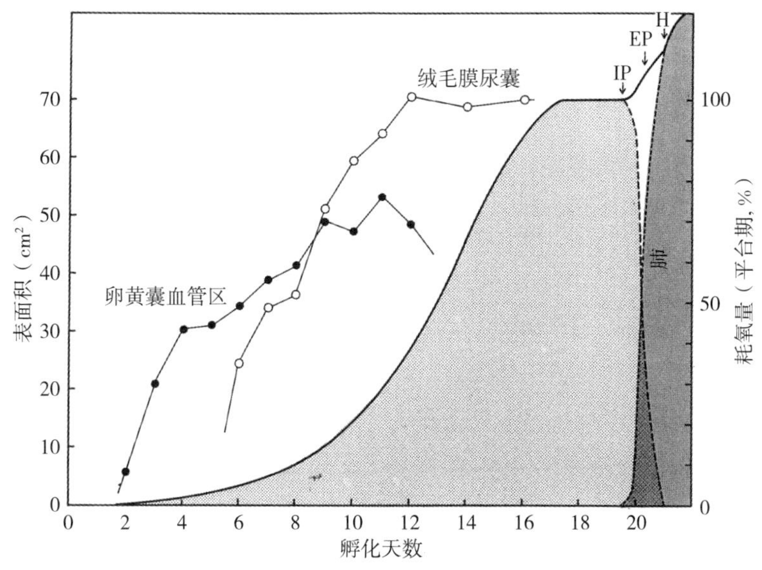

图 32.2　不同孵化天数对表面积和耗氧量的影响

血管区和绒毛膜尿囊功能性表面积（左纵轴）的逐日变化，以及在破壳前（直到 IP 开始）和出壳期（从 IP 到孵出）的发育模式（右纵轴）。$\dot{M}_{O_2}$ 达到稳定时设定为 100%。浅色阴影表示通过血管区/绒毛膜尿囊扩散的 $\dot{M}_{O_2}$，深色阴影表示肺 $\dot{M}_{O_2}$。IP，内破壳；EP，外破壳；H，孵出。经 Elsevier 许可引自 Ackerman 和 Rahn（1981）。

G_{O_2} 通过扩散系数与 G_{H_2O} 相关（d_{O_2}/d_{H_2O}= 0.23/0.27），G_{O_2}［mL/（min·kPa）］等于 G_{H_2O}［mg/（min·kPa）］乘以系数 1.06。由于出雏前的孵化期空气中 G_{O_2} 几乎不变，$P_{A_{O_2}}$ 随胚胎发育消耗更多 O_2 而下降（表 32.1）。外界空气与气室内氧分压差的增大使发育中的胚胎逐渐增加的 O_2 需求得到保证。同时 $P_{A_{O_2}}$ 下降，$P_{\bar{c}_{O_2}}$ 也下降。从气室到毛细血管内血液血红蛋白（内扩散屏障）的 O_2 流量因 D_{O_2} 增大而提高，可表达为：

$$D_{O_2}=60\cdot V_c\cdot F_{\bar{c}_{OX}}\cdot Hct \tag{32.9}$$

$$=\dot{Q}_a\cdot t_c\cdot F_{\bar{c}_{OX}}\cdot Hct \tag{32.10}$$

公式中，V_c 是 CAM 毛细血管容积（μL），$F_{\bar{c}_{OX}}$ 是接触时平均每秒每千帕红细胞氧合速度，Hct 是血细胞比容，$\dot{Q}_a$ 是通过 CAM 的血流量（mL/min），t_c 是红细胞流经 CAM 毛细血管接触氧气的时间（Tazawa et al.，1976b；Tazawa and Mochizuki，1976）（表 32.1）。

D_{O_2} 随 V_c 增加而增加，这取决于 $\dot{Q}_a$ 和 t_c，V_c=（$\dot{Q}_a$/60）× t_c（表 32.1）。然而 $\dot{Q}_a$ 从第 10～18 天大约增加 5 倍，t_c 只变一半，可能是由于血液循环时间缩短了，因为发育时心输出量增大的速度大于全血量的增加速度。因此，V_c 会在第 12 天 CAM 扩展到整个内壳膜表面后继续增加，至第 14～15 天达到最大容积。然而 D_{O_2} 到 14d 后继续增加，主要原因是 $\dot{Q}_a$ 和 Hct

在 CAM 扩展到全壳膜时还可继续增大。直到破壳前，D_{O_2} 的增速才逐渐放缓，$\dot{M}_{O_2}$ 达到平台期。这提示 $\dot{M}_{O_2}$ 平台期的形成有赖于气体交换的内部扩散屏障以及外部扩散屏障（G_{O_2}）二者的共同作用。此结果导致 $\dot{M}_{O_2}$ 的发育模式与 D_{O_2} 的每日变化相一致（表 32.1）。

表 32.1 鸡胚发育中影响内部扩散屏障(CAM 和毛细血管血液)扩散能力的因素

因素	胚龄(d)				
	10	12	14	16	18
体重(g)	2.4	5.2	9.3	16.0	22.9
$P_{A_{O_2}}$	18.5	17.2	16.3	14.7	14.4
$P_{A_{CO_2}}$	1.5	2.1	3.3	3.8	4.2
$P_{a_{O_2}}$	10.9	10.7	9.9	8.6	7.8
pH_a	7.64	7.62	7.54	7.50	7.48
$S_{a_{O_2}}$	87.2	88.2	87.0	88.0	84.5
$P_{v_{O_2}}$	4.5	3.7	3.4	2.5	2.4
$P_{v_{CO_2}}$	2.5	3.3	4.9	5.4	5.5
$S_{v_{O_2}}$	10.4	11.2	17.7	17.3	25.2
O_2 容量	9.4	10.1	10.5	11.4	12.3
$\dot{M}_{O_2}$	0.08	0.15	0.25	0.36	0.42
$\dot{Q}_a$	1.11	1.93	3.42	4.48	5.78
t_c	0.87	0.74	0.57	0.49	0.36
V_c	16.1	23.8	32.5	36.6	34.7
$F_{\bar{c}OX}$	41.9	51.0	60.8	62.3	65.3
Hct	20.5	22.6	27.6	32.8	36.5
D_{O_2}	0.83	1.65	3.27	4.49	4.96

注：体重（g，来自 Tazawa and Mochizuki（1976）；$P_{A_{O_2}}$（气室氧分压，kPa），$P_{A_{CO_2}}$（气室二氧化碳分压，kPa），$P_{v_{O_2}}$（混合静脉血氧分压，kPa），$P_{v_{CO_2}}$（混合静脉血二氧化碳分压，kPa），数据来自 Tazawa（1973），Wangensteen and Rahn（1970/1971），分压单位从 mmHg 转为 kPa；$P_{a_{O_2}}$（在尿囊静脉中动脉血氧分压，kPa），来自 Tazawa（1973）；pH_a（尿囊静脉中的动脉血 pH），来自 Tazawa 等（1971a）；$S_{a_{O_2}}$（血液氧饱和度，%），根据 Hill's 公式代入 $P_{a_{O_2}}$ 和 pH 计算而来（Tazawa et al.，1976a）；$S_{v_{O_2}}$（混合静脉血的氧饱和度，%），由显微光度计测得（Tazawa and Mochizuki，1976）；O_2 容量（%），来自 Tazawa（1971），Tazawa 和 Mochizuki（1977）；$\dot{M}_{O_2}$（耗氧量，mL/min），来自 Tazawa（1973）；$\dot{Q}_a$（尿囊血流量，mL/min），计算自 $\dot{M}_{O_2}$/［O_2 容量（$S_{a_{O_2}} - S_{v_{O_2}}$）］；$t_c$（接触时间，s），由显微光度计测得（Tazawa and Mochizuki，1976）；V_c（毛细血管体积，10^{-3}mL），计算自 $\dot{Q}_a/60 \times t_c$；$F_{\bar{c}OX}$（氧合速度因子，s/kPa），来自 Tazawa 等（1976b）；Hct（血细胞比容，%），来自 Tazawa 等（1971a）；D_{O_2}［内部扩散屏障的氧扩散能力，mL/(min·kPa)］，计算自 $60 \cdot V_c \cdot F_{\bar{c}OX} \cdot Hct$ 或者 $\dot{Q}_a \cdot t_c \cdot F_{\bar{c}OX}$。

就鸡蛋而言，蛋壳 G_{O_2} 的变化较大，大于蛋重的变化。相同蛋重时，第 16～19 天测得的 $\dot{M}_{O_2}$ 在 G_{O_2} 中位时达到最大值，而更高和更低 G_{O_2} 时均下降（Visschedijk et al.，1985）。G_{O_2} 中位时得到的 $\dot{M}_{O_2}$ 最大值对胚胎发育是最为有利的，过高或过低的 G_{O_2} 导致 $\dot{M}_{O_2}$ 下降是胚胎发育受阻的信号。孵化开始时如以不透性物覆盖部分蛋壳造成 G_{O_2} 下降，或者孵化开始之时去除气室上方蛋壳以造成 G_{O_2} 上升，到第 16 天 $\dot{M}_{O_2}$ 会随着 G_{O_2} 的增加而显著上升，达到未处理蛋的最大值，此后 G_{O_2} 继续增加 $\dot{M}_{O_2}$ 反而下降（Okuda and Tazawa，1988）。如覆盖部分蛋壳，置于高氧环境时，$\dot{M}_{O_2}$ 和胚胎发育速度不变，表明固定的 G_{O_2} 以及随之形成的固定绒毛膜尿囊氧流量对维持 $\dot{M}_{O_2}$ 并不是必需的（Wagner Amos and Seymour，2002）。

由于氧气扩散系数（d_{O_2}）影响壳的透气性，如果用密度不同的惰性气体（如 He 或 SF_6）

替代空气中的 N_2 从而改变 d_{O_2}，G_{O_2} 就会发生改变（Erasmus and Rahn，1976；Ar et al.，1980；Tazawa，1981a；Tazawa et al.，1981）。相应地，蛋的气体交换也可利用 He 或 SF_6 置换而加以控制。d_{O_2} 与气压（P_B）负相关，在高海拔地区蛋内气体交换会升高，因为蛋壳 G_{O_2} 因 P_B 降低而增加。在高海拔地区孵卵的鸟类所产的蛋，其 G_{O_2} 的下降是对海拔高度的适应性改变（Rahn et al.，1977）。

孵化过程中由 G_{O_2} 和 D_{O_2} 控制的扩散性气体交换逐渐被出雏期肺内对流性气体交换所替代，这个过程起始于 IP（图 32.2）。出雏期呼吸运动可通过光学观察或压力换能器检测蛋内压力变化而测得（Romijn，1948；Vince and Salter，1967；Dawes，1976），而借助电容式传声器系统可记录临出雏期鸡胚心脏节律、呼吸节律和孵出活动信号（图 32.3，Chiba et al.，2002）。根据其呼吸模式，测得 IP、EP 和出雏期的时间分别为 14.1 h± 2.0 h（SEM）、13.6 h± 1.3 h 和 27.6 h± 1.7 h，出壳时间持续 48 min± 6 min。在 IP 起始时瞬时呼吸率（IRR，次/min）为10～15 次/min，然后其基线上升至 80～100 次/min，在 EP 起始后其波动幅度增大至 60～180 次/min 。

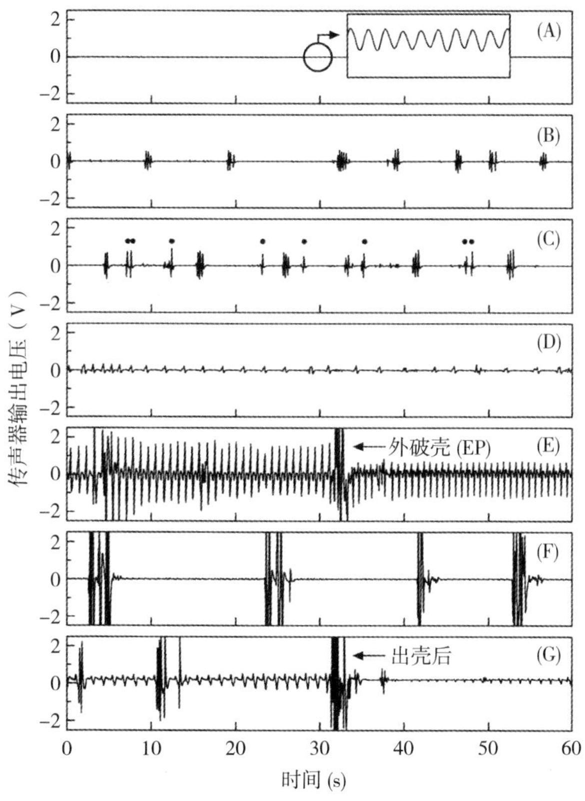

图 32.3　出雏期前到出雏期鸡胚心脏和呼吸活动（通过附着在蛋壳上的电容式传声器记录），每行记录 60s

（A）出雏前期最后阶段的心源信号（acoustocardiogram，ACG）；ACG 显示于放大的图标中。（B）IP 前喙的敲击信号。（C）IP 后呼吸开始时以单一的不规则信号（约 5s 出现一次）出现在喙敲击信号中（acoustorespirogram，ARG）。（D）节奏变快并伴有不规则信号。（E）EP 前后，呼吸信号变得更加规律。EP 从 GRG 幅度陡降开始。（F）大约出雏前 1h，由于出雏活动（如高潮）而出现大幅波动，呼吸变得间歇性。（G）在呼吸可调节之前，孵化活动继续进行，直至最终出壳。由于传声器的位置靠近雏鸡的喙，孵出时可记录到呼吸信号。经 Elsevier 许可引自 Chiba 等（2002）。

出雏期肺通气和气体交换量可用气压式容积描记器或呼吸流量计测定（Pettit and Whittow，1982a；Menna and Mortola，2003；Sbong and Dzialowski，2007；Szdzuy and Mortola，2007）或通过气室和尿囊血液中的含气量来测定（Pettit and Whittow，1982b；Tazawa et al.，1983b）。有关胚胎肺通气的发育和调控可参考 Mortola（2009）的综述。

32.4.2 酸碱调节

胚胎消耗 O_2，产生的 CO_2 除了小部分溶解和储存在血液和体液中，大部分通过蛋壳排出。与 O_2 一样，CO_2 清除率（$\dot{M}_{CO_2}$）同样取决于蛋壳 CO_2 透过率（G_{CO_2}）和气室（P_{aCO_2}）与空气（P_{ICO_2}）间的 CO_2 分压差：

$$\dot{M}_{CO_2} = G_{CO_2} \cdot (P_{ACO_2} - P_{ICO_2}) \tag{32.11}$$

G_{CO_2} 是蛋壳几何结构（Ap 和 L）、CO_2 扩散率（d_{CO_2}）以及 R、T 的逆积的函数，禽蛋在空气中 P_{ICO_2} 接近于 0。

随着胚胎体重增加，产生的 CO_2 在蛋内积累。P_{ACO_2} 增加使动脉血 P_{CO_2}（P_{aCO_2}）上升，pH 下降（图 32.4），但孵化的后半段到出雏期之前尿囊静脉中 CO_2 维持相对稳定（Dawes and Simkiss, 1969; Girard, 1971; Erasmus et al., 1970/1971; Boutilier et al., 1977; Everaert et al., 2011），pH 的下降速率会逐渐变慢直到孵化晚期稳定下来。血液碳酸氢盐浓度（[HCO_3^-]）逐渐增加，且增加值超出缓冲（缓冲值为−16 mmol/L, Burggren et al., 2012）后的 pH。CO_2 积累造成的 pH 变化被非呼吸性 HCO_3^- 上升所缓冲（图 32.4，Tazawa，1986，1987）。血红蛋白（Hb）作为血中非碳酸根缓冲剂，在孵化后期增多从而缓冲部分 pH 的改变。随着发育进行，Hct 和 [Hb] 增加，其缓冲能力从第 9 天的−10～−8 mmol/L 变为第 15～18 天的−17 mmol/L（Erasmus et al., 1970/1971; Tazawa and Piiper, 1984）。第 16 天的胚胎，缓冲值范围为−15～−12.7 mmol/L（Tazawa et al., 1981; Tazawa，1980a，1981b，1982，1986）。其他研究并没有发现缓冲值随发育而升高（Tazawa et al., 1983a; Andrewartha et al., 2011b; Burggren et al., 2012）。缓冲值的测定尚有争议，并不是所有变化的来源都已确定。最近有报道以 Davenport 图描述 pH−[HCO_3^-]，可显示和估测酸碱平衡中的呼吸性变化，得到的值为−16 mmol/L（Burggren et al., 2012，图 32.4）。

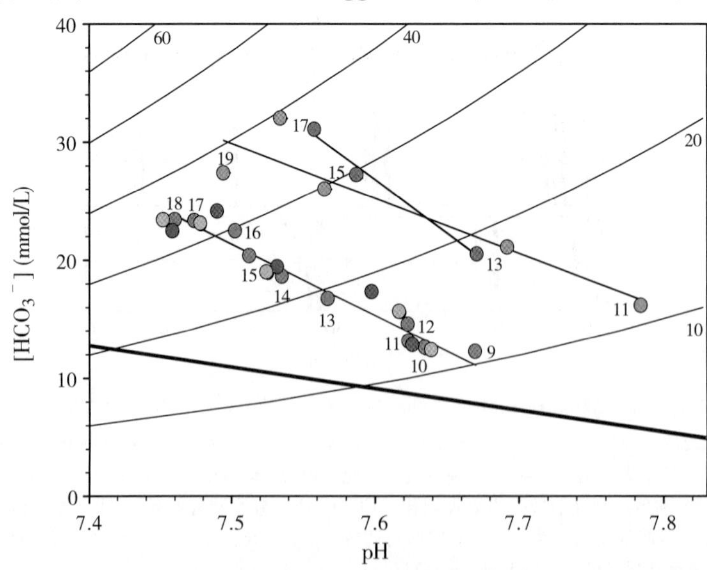

图 32.4★ Davenport 图示正常气体条件下发育的鸡胚动脉血酸碱平衡调节的逐日变化

深蓝色线条表示缓冲值为−16 mmol/L 时的任意缓冲线。标有数字的曲线是 P_{CO_2} 等值线（mmHg）。数据点附近的数字表示胚龄。数据来自以下研究：蓝圆圈：Tazawa 等（1971a），红圆圈：Tazawa 等（1971b），黄圆圈：Tazawa（1973），紫圆圈：Burggren 等（2012），绿圆圈：Tazawa 等（2012）。通过数据点绘制的实线对应如下回归方程：① [HCO_3^-] = −60.2pH + 472.6，来自 Tazawa 等（1971a，1971b）和 Tazawa（1973）；② [HCO_3^-] = −90.9 pH + 717.4，来自 Burggren 等（2012）；③ [HCO_3^-] = −46.6 pH + 379.1，来自 Tazawa 等（2012）。

将鸡胚置于不同气体环境 1 d，其酸碱平衡的反应会因气体成分和胚龄而异（图 32.5，Burggren et al.，2012）。如置于高二氧化碳环境（5%CO_2、20%O_2）1d 后，P_{aCO_2} 升高而 pHa 下降所导致的呼吸性酸度上升在不同胚龄（第 13、15 和 17 天）都有部分（50%）被代谢性碱上升而中和（图 32.5）。在 9% CO_2 空气中超过 3 d，胚胎也会发生同样模式的部分中和（Dawes and Simkiss，1969）。在高碳低氧环境（5%CO_2、15%O_2）放置 1 d 则可以消除第 15、17 天胚胎的代偿性血碱升高，但第 13 天的胚胎仍会有 37%的升高（图 32.5）。这些结果提示，相对较高的氧水平是代谢性代偿所必需的。与较大胚胎相比，第 13 天胚胎在空气中的低 $\dot{M}_{O_2}$ 和高尿囊 $P_{A_{O_2}}$（Tazawa，1971，1980a；Tazawa et al.，1971a，b）可保持其低氧条件下的代谢性代偿。1d 低氧处理（15%O_2）会使第 15、17 天的胚胎发生代谢性酸中毒，但第 13 天的胚胎不会（图 32.5）。低氧使得基础代谢率下降，但此时并没有无氧呼吸代偿（Bjønnes et al.，1987；Mortola and Besterman，2007）。一旦 $\dot{M}_{O_2}$ 到达较低的阈值，胚胎会转向无氧糖酵解并造成血液乳酸浓度（[La^-]）升高（Grabowski，1961，1966；Bjønnes et al.，1987）。所以当胚胎严重低氧时（10% O_2）会面临因糖酵解引起的代谢性酸中毒（Tazawa et al.，2012）。然而，轻度低氧引起的代谢性酸中毒仅仅少部分源于糖酵解，以及某些未被证实的机制，如 O_2 水平影响 HCO_3^- 跨 CAM 运输。高氧（40% O_2）处理 1d 会引起呼吸性酸中毒，此现象因胚龄而异（图 32.5）。高氧可产生高代谢率（从而产生高 $\dot{M}_{CO_2}$）（Visschedijk et al.，1980；Høiby et al.，1983；Stock et al.，1985；Tazawa et al.，1992b）。CO_2 在血液中积累增多，水解产生 H^+ 和 HCO_3^-。由于蛋壳 G_{CO_2} 几乎不变，从而产生呼吸性酸中毒。呼吸性酸中毒因胚龄而异，其原因在于胚龄较大的胚胎在高氧环境下具有更高的代谢率（Stock et al.，1985；Tazawa et al.，1992b）。

蛋壳 G_{CO_2} 受控于 d_{CO_2}，胚胎置于 SF_6/O_2 混合气体时也会发生呼吸性酸中毒，从而降低 G_{CO_2}。相反，在 He/O_2 中的胚胎会发生呼吸性碱中毒，使 G_{CO_2} 升高（Tazawa et al.，1981）。用不透气的材料部分封闭蛋壳，或在气室开孔也会产生呼吸性酸中毒或碱中毒。这些酸碱平衡的呼吸性障碍发生很快，G_{CO_2} 改变 10min 后血液 P_{aCO_2} 即可达到峰值（Tazawa，1981a）。同时，pH 在接下来的 30～60 min 达到缓冲容量的预期值（也就是非代偿的呼吸性酸/碱中毒），随后 2～6 h 逐渐回归正常值，但达不到原值，此时 P_{aCO_2} 保持不变。4～6 h 后一旦达到部分代谢性补偿，酸碱失调状态在接下来 24 h 持续存在，不管是常规氧含量还是高氧状态（5%CO_2/20%O_2 或 5%CO_2/40%O_2），但 24 h 后在低氧状态（5%CO_2/15%O_2）下代谢性代偿无法维持（Mueller et al.，2013b）。因此，代谢性代偿的维持需要氧含量高于 20%。

部分代谢补偿在高氧或低碳及温和低氧条件（15%O_2/5%CO_2）下数小时内发生，面临极端低氧（10%O_2）时不管有没有 CO_2（5%），此进程都会更快（图 32.6）（Tazawa et al.，2012）。这是因为无氧糖酵解引起的乳酸快速增多会产生严重的代谢性酸中毒。如果低氧下胚胎能维持[HCO_3^-]在 10 mmol/L（假定是 E15 胚胎，通常 2 h 后能达到）以上，胚胎回到正常空气中可存活，并在 2h 内恢复到酸碱平衡状态（图 32.6，Tazawa et al.，2012）。因此，缺氧引起的酸碱紊乱只是暂时的，可能不会影响胚胎的长期生存。

蛋壳透气率的自然改变会引起 P_{aCO_2} 很大变化，但血液 pH 的变化却很小（Tazawa et al.，1983a）。在低 G_{CO_2} 蛋中，Hct（接着是 Hb）升高，从而减小了 pH 的变化幅度。

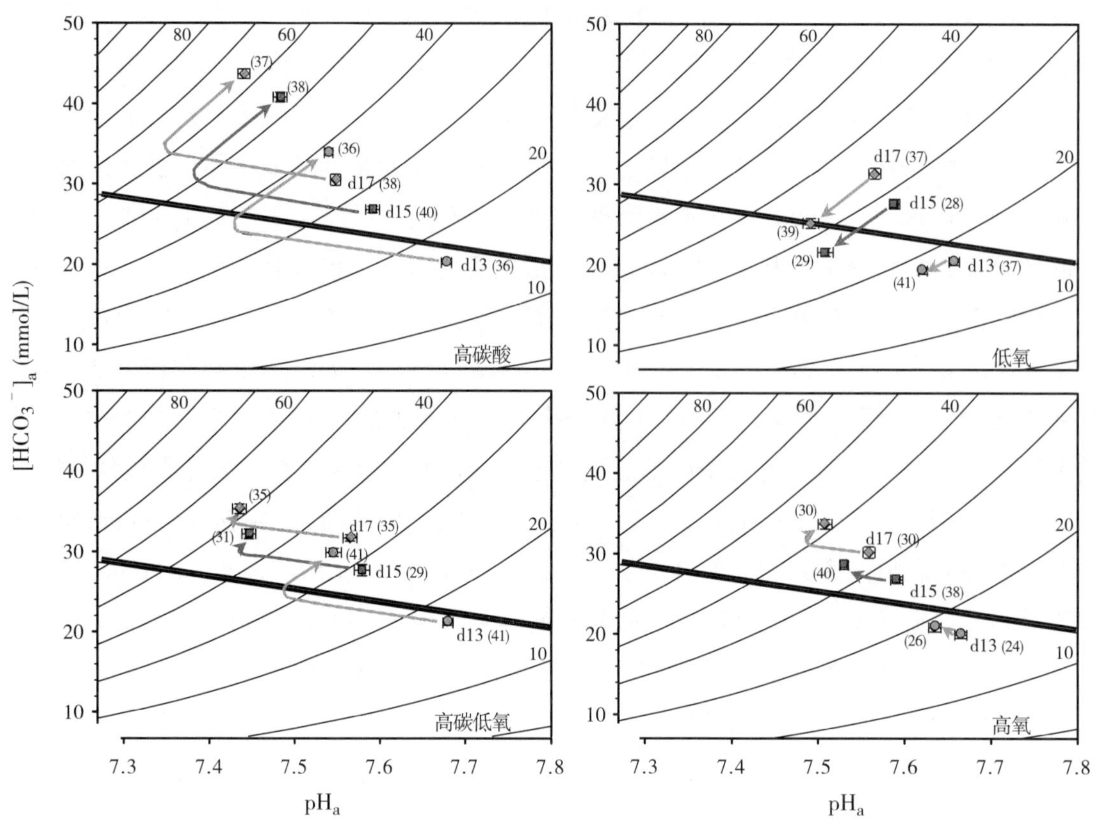

图 32.5★ 胚龄为13 d（绿）、15d（红）和17d（蓝）鸡胚在空气（对照组）和不同［CO_2］和/或［O_2］含量时动脉血酸碱平衡的调控

彩色箭头指酸碱状态的变化，深蓝色线与图 32.4 一致，括号内为 N 值。数据为平均值±标准差。经 Elsevier 许可改自 Burggren 等（2012）。

向禽蛋中注入电解质溶液（$NaHCO_3$ 和 NH_4Cl），代谢性酸碱的变化时程可看出鸡胚酸碱平衡可对代谢紊乱快速做出反应（图 32.5，Tazawa，1982）。例如，注入 15 μL 1 mol/L $NaHCO_3$ 使血浆［HCO_3^-］和血液 P_{CO_2} 上升。此时胚胎没有对流通气，因此代谢紊乱并不会引起呼吸代偿。灌流 1h 后 P_{CO_2} 升高，表明注入的 HCO_3^- 部分以溶解的 CO_2 而被清除，6h 后酸碱状态恢复到正常值。除了从 CAM 排出 CO_2，胚内液体量的增加以及注入 $NaHCO_3$ 溶液后渗透压升高也使［HCO_3^-］降低。另外，HCO_3^- 进入细胞内和经 CAM 排入尿囊液可能也参与调节作用（Tazawa，1982，1986）。

总之，酸碱调节在禽类胚胎生长过程中与 CO_2 产量相适应。鸡胚对环境气体变化、G_{CO_2} 降低或电解质灌流引起酸碱紊乱的耐受性及其反应能力随胚胎的发育程度而改变。酸碱调节的种间差异以及对紊乱的耐受力与孵化环境的相关性比较研究有待深入。

32.4.3 心血管系统

32.4.3.1 心血管基本参数

禽类胚胎的原始心脏是成对的管道结构，不久变成单一管道。心脏开始伸长，其速度快于心包腔，这种空间限制迫使管状心脏发生弯曲。在鸡胚孵化的第 1.5～2 天，只有心室和主动脉球出现。血流冲击管道内表面使得心脏外形和内部结构成形（Taber，2001；Alford and Taber，2003；Tobita et al.，2005），同时也有助于血管的形成（le Noble et al.，2008；Burggren，2013），

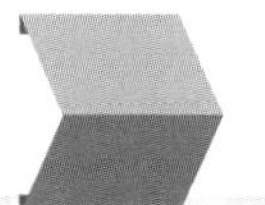

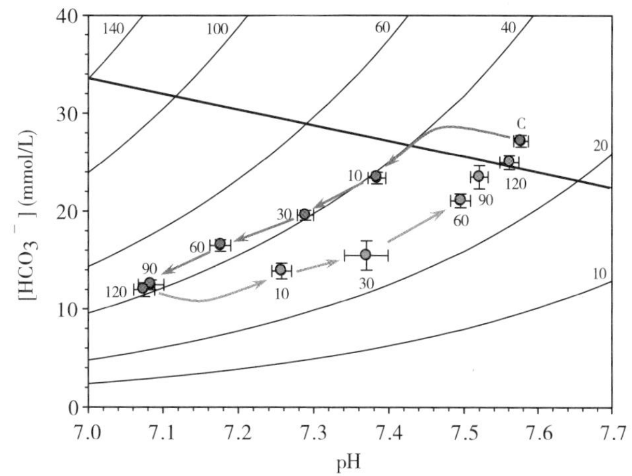

图 32.6★　15d 鸡胚置于高碳低氧（5% CO_2、10% O_2）120 min（红圈），然后回到空气 120 min（蓝圈）后酸碱平衡调控的时间变化曲线

其他细节同图 32.4 和图 32.5。经 Elsevier 许可改绘自 Tazawa 等（2012）。

但是血压和血流波动对于血管形成的特定影响还未知（Branum et al.，2013）。

心房与心室分离、心室与主动脉分离以及左、右心脏分隔等结构变化发生在孵化的第 3～8 天，因此在第 8～9 天形成具四个腔的心脏（Pattern，1951；另请参阅 Burggren and Keller，1997）。心脏质量是孵化天数（I）的函数（Romanoff，1967；Clark et al.，1986）：

$$\text{心脏质量}(\mu g)=12.62\cdot I^{3.26} \tag{32.12}$$

在发育早期心脏的生长相对于整个身体而言是最快的，孵化中减速，其质量占体重的比率从孵化第 4 天的 1.8%降至第 18 天的 0.7%。

心脏大概在孵化的 30 h 时开始跳动，血液约在孵化的 40 h 后开始循环，也就是背部的主动脉和卵黄囊的血管连通以后（Pattern，1951）。尽管早期有心跳和血液流动，但心率一开始并不是血液泵入组织所必需的，却有可能在血管生成中发挥作用（Burggren et al.，2000，2004；Burggren，2004，2013；Branum et al.，2013）。

血量随着孵化时间的增加而增加（Yosphe-Purer et al.，1953；Barnes and Jensen，1959；Lemez，1972；Kind，1975），见图 32.7（B），并近似遵循以下公式（Tazawa and Hou，1997）：

$$\text{血量}(\mu L)=1.85\cdot I^{2.64} \tag{32.13}$$

孵化过程中血量的增长与胚胎生长的速度不同，见图 32.7（A），因此单位体重的血量从孵化第 4 天的 1 mL/g 降至第 18 天的 0.15 mL/g。

由于心脏质量和血量都增加，心搏量也增加（Hughes，1949；Faber et al.，1974；Hu and Clark，1989）。在孵化早期心脏分为左右两部分之前，心搏量取决于血量，其增长与胚胎体重的增加同步（Faber et al.，1974）。心搏量与孵化天数的关系（I，第 2～6 天）（Hu and Clark，1989）描述如下：

$$\text{心搏量}(\mu L)=0.002\cdot I^{3.46} \tag{32.14}$$

甚至在孵化的第 2 周之后，心搏量还随着孵化天数以指数形式增长（Hughes，1949），见图 32.7（C）。

在孵化的第 2～6 天，背主动脉血流量随着孵化天数以指数形式增长（Hu and Clark，1989），与胚胎质量之比为 0.5～1 mL/（min·g）。第 3～5 天单位体重的心输出量以每搏输

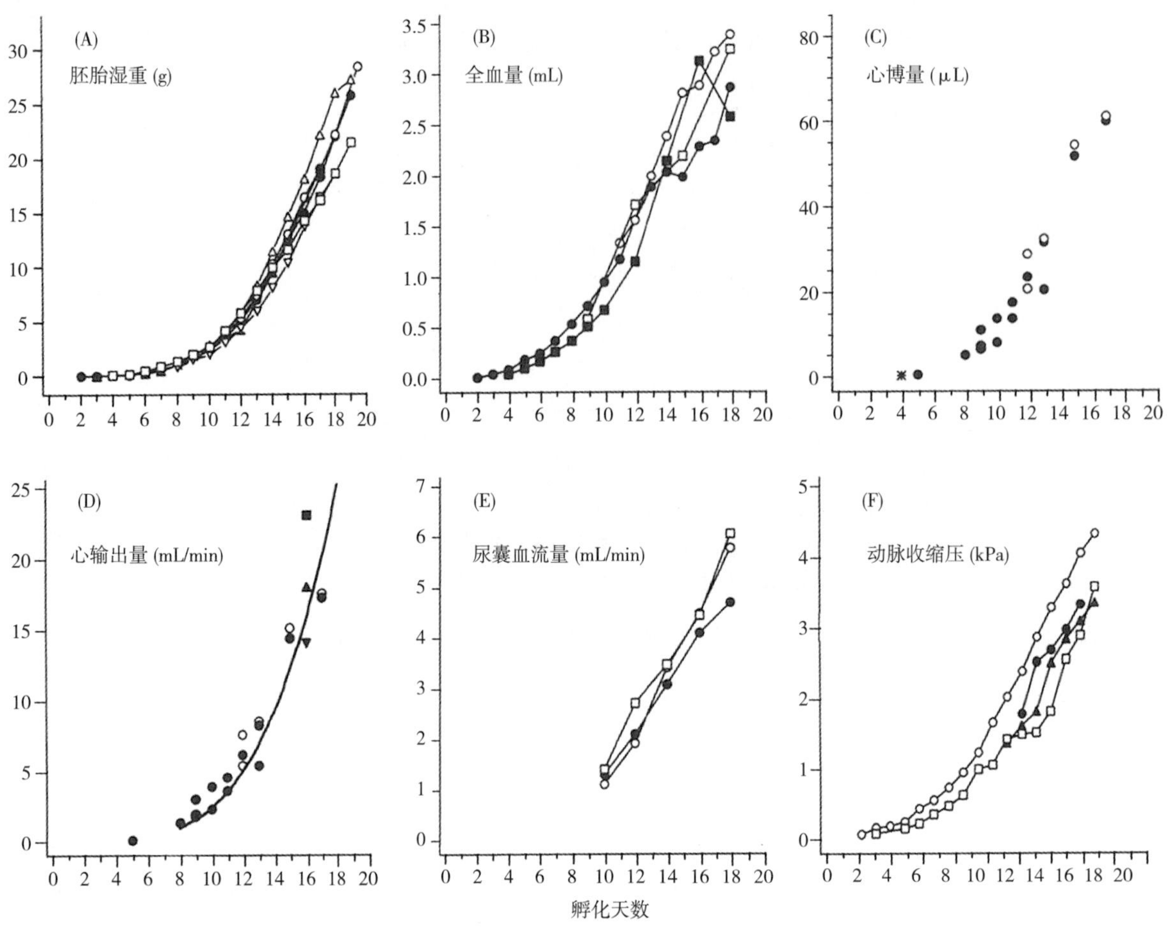

图 32.7 出雏期之前胚胎各项指标的发育变化模式

包括胚胎湿重（A）、全血量（B）、心博量（C）、心输出量（D）、尿囊血流量（E）、动脉收缩压（F）。A、B、E、F 中实线连接的符号表示正文所引用文献中的数据。

出量计算，近似为1 mL/（min・g）(Faber et al.，1974)。早期胚胎按每搏输出量计算的心输出量以及第 16 天胚胎通过模型估测和血氧量计算出的数据（White，1974；Rahn et al.，1985；Tazawa and Johansen，1987）表明，早/晚期胚胎单位体重的心输出量变化不大，在 0.5～1.5 mL/（min・g）这一狭窄范围内，心输出量随着孵化天数成指数形式增长，见图 32.7（D）。心输出量的增长几乎与胚胎生长同步。假定破壳前最后两周单位体重的心脏输出量是 1 mL/（min・g），早期胚胎的心输出量与胚胎孵化天数（I）的关系如下：

$$\text{心输出量}\ (\mu L/min) = 0.24 \cdot I^4 \qquad (32.15)$$

该公式与体重和孵化天数的关系是一样的，同公式（32.5），见图 32.7（A）、（D）。

根据 $\dot{M}_{O_2}$、血气分析或流量探头（Tazawa and Mochizuki，1976，1977；Bissonnette and Metcalfe，1978；Van Golde et al.，1997）检测到通过 CAM 的血流量随胚胎生长而增加，见图 32.7（E），但其单位体重值从第 10 天的 0.5 mL/（min・g）减至第 18 天的 0.25 mL/（min・g）。尽管心输出量与胚胎生长同步，但分配到 CAM 的血流量随胚胎生长而下降。在第 10～13 天，心输出总量大约有一半分配到 CAM，在第 17～19 天减至 40%（Mulder et al.，1997；Dzialowski et al.，2011），或在第 16～18 天减至 17%～20%（Tazawa and Johansen，1987）。因此，随着发育的进行，心脏输出到组织器官的血量占比逐步增加。

早期鸡胚的动脉血压（P_a）可从卵黄囊血管测定，后期则从尿囊动脉测定。如图 32.7（F）

所示，通过微量吸液管（Van Mierop and Bertuch，1967；Girard，1973）或针刺导管技术（Tazawa，1981c；Tazawa and Nakagawa，1985）测出的动脉收缩压（P_{sys}）随着孵化天数（I）的增长方式如下：

$$P_{sys}(\mathrm{kPa})=0.015\cdot I^{1.86} \tag{32.16}$$

卵黄囊动脉 P_a 从出现到孵化的第 2 天有波动（Van Mierop and Bertuch，1967；Hu and Clark，1989；Taber，2001）。有报道称，早期胚胎存在二重脉博（Hu and Clark，1989；Yoshigi et al.，1996），但尿囊 P_a 并没有出现明显的二重脉博（Van Mierop and Bertuch，1967；Tazawa and Nakagawa）。然而，跟踪 P_a 波动曲线以及心室压力曲线显示，早期胚胎具有动脉瓣膜活动，但缺乏心脏瓣膜活动（Van Mierop and Vertuch，1967；Faber，1968）。

32.4.3.2　平均心率

根据孵化天数与体重或心输出量的公式，即公式（32.5）或公式（32.15），第 16 天体重和心输出量分别是 16 g 和 16 mL/min。假设平均心率（MHR）是 280 次/min，心搏量和单位体重心搏量约为 60 μL 和 4 μL/g。心脏收缩可使胚胎极细微地振动，传递到整个鸡蛋上，产生心源性振动，称蛋的心冲击图（ballistocardiogram，BCG）（Tazawa et al.，1989b）。由激光位移计测定的移动距离约为 1 μm（Sakamoto et al.，1995）。BCG 提供了非侵入性测量禽类胚胎 MHR 的方法（Tazawa et al.，1999；Tazawa，2005）。此外，蛋壳内胚胎的心跳不只产生蛋的冲击式运动，还在蛋壳外产生声压的变化。因此用密封固定在蛋壳上的常规电容传声器即可检测心源性声压变化，称为心源性声压图（ACG），可用来方便地检测禽类胚胎的 MHR。

循环系统的多种参数随着发育进程持续稳定增长，但与此不同的是，鸡胚 MHR 在心脏开始跳动后迅速增加，直到孵化的第 2 周早期达到稳定（Cain et al.，1967；Van Mierop and Bertuch，1967；Girard，1973；Hu and Clark，1989；Tazawa et al.，1991a；Burggren and Warburton，1994；Howe et al.，1995）。在孵化的后半阶段，MHR 每天的变化很小，孵化期的 60%～70%时短暂增加，随后下降直到 IP，出雏时又增加（Tazawa et al.，1991a）。在其他早成鸟孵化末期的 MHR 变化见表 32.2。从最小的蓝胸鹑（*Coturnix chinensis*）到最大的鸵鸟，在 IP 之前 MHR 都出现了停滞或降低（Tazawa et al.，1991a，1998a，1998b，2000；Pearson et al.，1998；Kato et al.，2002）。

相比之下，小型晚成鸟 HR 接近出雏时快速增高（表 32.3，Tazawa et al.，1994；Pearson et al.，1999），而大型晚成鸟 MHR 在啄壳之前增长较慢，如乌鸦（*Corvus corone*）和牛背鹭（*Bubulcus ibis*），在临出雏期的后半段趋于不变（Pearson and Tazawa，1999；Tazawa et al.，2001b）。这种模式同样发生在半晚成鸟白顶玄鸥（*Anous stolidus*）和黑背信天翁（*Phoebastria immutabilis*）（表 32.2，Tazawa et al.，1991b；Tazawa and Whittow，1994；Pearson et al.，2000）。因此，MHR 的变化模式，尤其是在孵化末期，能通过孵化的进展程度进行初步预测。早成鸟 MHR 在快出雏时较为稳定或下降，而在晚成鸟通常会增高。

不同鸟种胚胎 MHR 与蛋重的测定结果显示，在 80%I 的 MHR 与蛋重之间存在显著的相关性（表 32.2 和表 32.3，Tazawa et al.，2001b）。在 20 种晚成鸟和半晚成鸟（ASA）中，蛋重从最小的 0.96 g（斑胸草雀）到最大的 41 g（地中海隼，*Falco biarmicus*），MHR 与蛋重相关性的公式为：

$$MHR\,(\text{在 }80\%\text{孵化期}) = 371 \cdot (\text{蛋重})$$

$$(r = -0.846,\ P < 0.001) \qquad (32.17)$$

而在13种早成鸟和半早成鸟（PSP）中，蛋重从蓝胸鹑的6 g到鸵鸟的1 400 g，其公式为：

$$MHR\,(\text{在 }80\%\text{孵化期}) = 433 \cdot (\text{蛋重})^{-0.121}$$

$$(r = -0.963,\ P < 0.001) \qquad (32.18)$$

二者MHR的斜率是一样的，但相同蛋重的ASA胚胎比PSP胚胎的MHR要低。ASA胚胎HR在啄壳期达到最大，HR最大值与蛋重显著相关。因此，ASA最大HR与蛋重的相关性与PSP在80%*I*期的表现完全一致，可表示为以下公式：

$$MHR = 437 \cdot (\text{蛋重})^{-0.123}$$

$$(r = -0.948,\ P < 0.001,\ N = 33) \qquad (32.19)$$

此外，鸽和崖沙燕同一窝胚胎的MHR发育模式比同一物种不同窝的胚胎更相似（Burggren et al.，1994），这一发现称为"同窝效应（sibling effect）"。同窝胚胎倾向于出现一种特定的生理模式。这个效应还不确定是受遗传因素（即F1子代共同的遗传因素）还是表观遗传的影响。可以确定的是，这样的生理过程能通过表观遗传机制（Ho and Burggren，2010，2012）转移至后代。然而环境对母代的影响也会通过"母体效应"，甚至直接影响母代的配子细胞，使后代产生相似的功能发育模式（Burggren et al.，1994；Dzialowski and Sotherland，2004；Ho et al.，2011）。

表32.2 鸟类孵化80%时的蛋重、孵化天数、心率、早成鸟出壳期的最大心率以及半早成鸟破壳前（Pre-IP）和壳上第一个裂口出现时的心率

	物种	蛋重（g）	孵化天数（*I*，d）	80%*I* 时 HR（次/min）	最大心率（次/min）
早成鸟	蓝胸鹑（Pearson et al.，1998） *Coturnix chinensis*	6.0± 0.4	16	341± 8（81%）	341± 8（81%）
	日本鹌鹑（Tazawa et al.，1991a） *Coturnix coturnix Japonica*	10.7± 0.7	17	319± 8（76%）	326± 7（76%）
	鸡（Tazawa et al.，1991a） *Gallus gallus Domesticus*	64.9± 2.5	21	287± 9（81%）	287± 9（81%）
	鸭（Tazawa et al.，1991a） *Anas platyrhynchos*	79.0±2.5	28	247± 15（82%）	258± 11（61%）
	火鸡（Tazawa et al.，1991a） *Meleagris gallopavo*	82.9± 2.6	28	246± 10（79%）	248± 10（75%）
	孔雀（Tazawa et al.，1991a） *Pavo cristatus*	111.3± 9.3	28	262± 12（79%）	267± 9（86%）
	鹅（Tazawa et al.，1991a） *Anser cygnoides*	158.3± 11.3	30	224± 8（80%）	248± 10（60%）
	鸸鹋（Tazawa et al.，2000） *Dromaius novaehollandiae*	634± 9	50	192± 7（80%）	199± 11（72%）
	鸵鸟（Tazawa et al.，1998a） *Struthio camelus*	1 395± 199	42	185± 12（81%）	208± 9（55%）

（续）

	物种	蛋重（g）	孵化天数（*I*，d）	80%*I* 时 HR（次/min）	最大心率（次/min）
				IP 之前 HR（次/min）	第一个壳裂缝出现时的心率（次/min）
半早成鸟	白顶玄鸥（Tazawa et al.，1991a）*Anous stolidus*	37.9± 2.2	35	298± 7	303± 13
	曳尾鹱（Tazawa and Whittow，1994）*Puffinus pacificus*	57.2± 2.3	52	244± 10	252± 11
	黑背信天翁（Tazawa and Whittow，1994）*Diomedea immutabilis*	288± 18	65	232± 15	233± 15

注：所有数值均为 38℃测得或用 *HR*（38℃）＝*HR*（*T*℃）e［0.0639（38－*T*）］换算为 38℃来测得；早成鸟：如 HR 不是在 80%*I* 时测得，接近于此的数值在括弧示出。最大 HR 所在的孵化时间以 *I* 的百分数在括弧示出；数据为平均值±标准误。改自 Tazawa 等（2001b）表 32.1 和表 32.2。

表 32.3 晚成鸟和半晚成鸟孵化期 80%时的蛋重、孵化天数和心率以及 IP 期和 EP 期的心率

物种	蛋重（g）	孵化天数（*I*，d）	80%*I* 时 HR（次/min）	IP 期 HR（次/min）	EP 期 HR（次/min）
斑胸草雀（Pearson et al.，1999）*Taeniopygia guttata*	0.96± 0.13	14	335± 10	376± 20	405± 12
孟加拉雀（Pearson et al.，1999）*Lonchura striata* var. *domestica*	1.10± 0.12	15	404± 36	409± 25	448± 35
沼泽山雀（Pearson et al.，1999）*Parus palustris*	1.39± 0.04	14	363± 17	409± 19	—
崖沙燕（Tazawa et al.，1994）*Riparia riparia*	1.42± 0.10	14	298± 12	—	352± 16
大山雀（Pearson et al.，1999）*Parus varius*	1.59± 0.14	14	348± 11	432± 13	495± 14
赤腹山雀（Pearson et al.，1999）*Parus varius*	1.69± 0.01	14	356± 7	434± 11	—
树麻雀（Pearson et al.，1999）*Passer montanus*	2.09± 0.07	12	335± 13	411± 32	—
虎皮鹦鹉（Pearson et al.，1999）*Melopsittacus undulates*	2.19± 0.19	18	314± 14	339± 15	364± 12
家燕（Pearson et al.，1999）*Delichon urbica*	2.25± 0.04	15	357± 7	369± 8	367± 11
灰头鹀（Pearson et al.，1999）*Emberiza spodocephala*	2.56± 0.09	13	370± 5	426± 1	—
紫背椋鸟（Pearsonetal.，1999）*Sturnus philippensis*	4.14± 0.01	14	358± 1	409± 5	—
鸡尾鹦鹉（Pearson et al.，1999）*Nymphicus hollandicus*	5.08± 0.18	20	300± 8	318± 25	344± 19
栗耳短脚鹎（Pearson et al.，1999）*Hypsipetes amaurotis*	6.4± 0.5	16	333± 7	402± 8	—
家鸽（Tazawa et al.，1994）*Columba domestica*	17.1± 1.0	18	247± 17	—	276± 13
扇尾鸽（Tazawa et al.，1994）*Columba domestica*	19.7± 2.4	18	267± 10	—	293± 6
信鸽（Tazawa et al.，1994）*Columba domestica*	19.8± 1.2	18	230± 16	—	273± 4

（续）

物种	蛋重（g）	孵化天数（I，d）	80%I 时 HR（次/min）	IP 期 HR（次/min）	EP 期 HR（次/min）
乌鸦（Pearson and Tazawa，1999）*Corvus corone*	20.5± 2.2	20	297± 11	348± 35	366± 22
仓鸮（Tazawa et al.，2001b）*Tyto alba*	20.1± 0.6	30	219± 11	—	276± 13
牛背鹭（Tazawa et al.，2001b）*Bubulcus ibis*	27.5± 3.3	23	251± 8	—	283± 12
地中海隼（Tazawa et al.，2001b）*Falco biarmicus*	41.2± 0.4	33	242± 9	—	276± 6

注：数值在38℃或用 HR（38℃）＝HR（T℃）e［0.0639（38－T）］换算为38℃来测得；数据为平均值±标准误。改自Tazawa等（2001b）。

32.4.3.3 瞬时心率

除了发育过程中每天MHR的变化，心脏每次跳动的心率都不同（即瞬时HR，IHR）。在第11天之前，鸡胚静止时的IHR基线基本恒定，说明在孵化早期既没有加快心率的肾上腺素能物质，也没有减慢心率的胆碱能物质在起作用。到第12～13天，平坦的IHR基线开始波动，出现快速而短暂的心率减速，随后波动频率增大（图32.8，Höchel et al.，1998；Tazawa et al.，1999；Chiba et al.，2004）。在第15～16天IHR失常，出现短时加速，接近出雏时失常程度加深，交替加速或减速（Höchel et al.，1998；Tazawa et al.，1999，2002a；Moriya et al.，2000；Khandoker et al.，2003）。静脉注射阿托品可使IHR的减速消失，基线上升（图32.8）。胚胎发育晚期，IHR波动包括复杂的减速和加速，幅度和频率增大。阿托品只抑制IHR的减速部分，不改变其加速部分，因而HR心率基线明显升高（图32.3，Chiba et al.，2004），表明IHR的减速由迷走神经介导。因此，迷走紧张在鸡胚孵化的第12～13天开始出现，随发育而成熟，纠正了以往测量血压信号时认为没有迷走神经参与HR调节的报道（Tazawa et al.，1992a）。此外，在肉鸡和白来航鸡胚孵化的第12～13天，HR的胆碱能变时性控制出现（Yon et al.，2006c）。与鸡胚上的研究认为孵化到60%时产生完整的胆碱能效应是一致的（Pappano and Löffelholz，1974）。

在这个发育时间点胆碱能调节是否存在仍有争议。血压相关的研究表明，胚胎发育期间心脏没有迷走调节（Crossley and Altimiras，2000）。使用肾上腺素能受体给药刺激时，60%的孵化期内有诱导产生β-肾上腺素能正向变时效应（Crossley and Altimiras，2000）。这个作用是由循环系统的儿茶酚胺来实现的，因为神经节传递被六甲铵阻滞对HR没有影响。相反，药物刺激血压实验表明，鸸鹋的心脏在70%孵化期受β-肾上腺素能和胆碱能递质双重调节（Crossley et al.，2003）。

长期检测IHR可揭示各种正常与异常心律的发生和发展。胚胎孵化前后MHR（由IHR测定结果推算）的发育模式表明，IP前后出现过电位的亚日节律，IP期间HR基线逐渐提升，EP期间HR基线突然下降，随后HR基线又突然上升，出雏之后首次出现昼夜节律（图32.9，Moriya et al.，2000）。IHR的记录显示EP时有呼吸性心律失常，同时在EP的最后阶段具有三个独特的IHR模式（即相对长程的周期性小加速、不规则间歇性大加速和短程重复大加速，Tazawa et al.，1999；Moriya et al.，2000）。鸸鹋胚胎EP阶段也可出现短程重复大加速，标志着即将出壳（图32.10，Kato et al.，2002）。

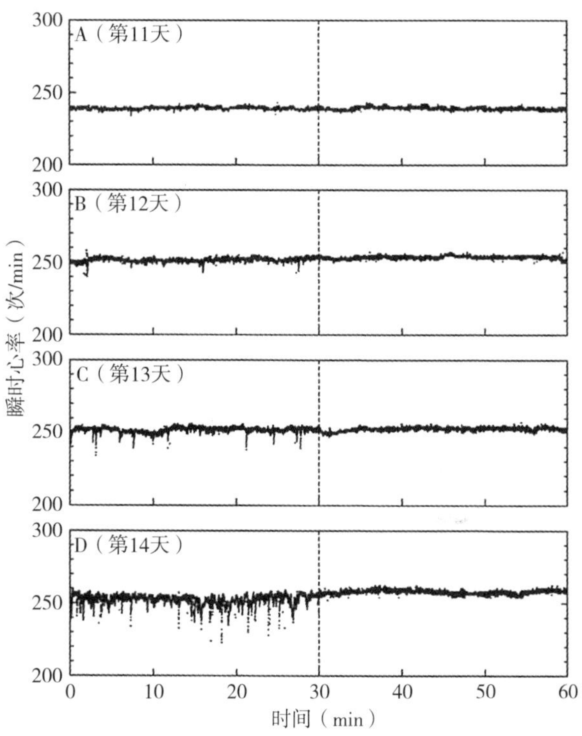

图 32.8　分别在第 11～14 天鸡胚静脉注射 20 μg 阿托品前后 30 min 时瞬时心率的波动
经 Elsevier 许可引自 Chibaw 等（2004）。

出壳之后，雏鸡会出现三种 IHR 波动类型（Ⅰ、Ⅱ和Ⅲ型，Moriya et al.，1999，2000；Tazawaetal.，2002a）。Ⅰ型是一种普遍的基础 HR（20～50 次/min），来源于呼吸性心律失常，伴随着 0.7Hz 的平均振动频率。Ⅱ型以 0.07Hz 的低频振动为特点，发生在低 T_a或者 T_a下降时，与温度调节有关。Ⅲ型的特点是非周期性、不规则，表现为频繁的瞬时加速。图像处理系统捕获的雏鸡翅膀或全身运动表明，Ⅰ型和Ⅱ型的 HR 波动与翅膀的周期性运动有关，而Ⅲ型的 HR 不规则现象与自发的全身运动同时发生（Yoneta et al.，2006a）。因此，雏鸡可能以与Ⅰ型和Ⅱ型波动的相同频率移动身体，同时伴有Ⅲ型的 HR 不规则性，这些 HR 波动和身体运动可能归因于相同的起因。

32.4.3.4　血压调节

交感神经系统对禽类胚胎血压的调节有重要作用（Altimiras et al.，2009）。从 60%孵化期开始鸡胚对 α 拮抗剂——酚妥拉明产生反应，出现低血压，表明在心血管系统上具有 α-肾上腺素能调节（Girard，1973；Saint Petery and Van Mierop，1974；Tazawa et al.，1992a；Crossley and Altimiras，2000）。酚妥拉明也引起心动过缓，可能是血管舒张的间接影响，并降低静脉回流。心血管系统上的 β-肾上腺素能调控也在 60%孵化期时出现，明显通过 P_a的升高来应对 β-肾上腺素能的拮抗剂——普萘洛尔（Girard，1973；Saint Petery and Van Mierop，1974；Tazawa et al.，1992a；Crossley and Altimiras，2000）。α-肾上腺素能和 β-肾上腺素能调节在 90%孵化期达到最大值，刚好在 IP 之前（Crossley and Altimiras，2000）。肾上腺素能调节的增强与第 19 天血浆儿茶酚胺的最大释放相匹配。同样，鸸鹋胚胎显示出逐步增加的 α-肾上腺素能和 β-肾上腺素能的调节，这与儿茶酚胺水平的增加相匹配（Crossley et al.，2003）。

除了儿茶酚胺调节，其他激素也可能影响禽类胚胎的心血管功能。鸡胚中最广泛研究的

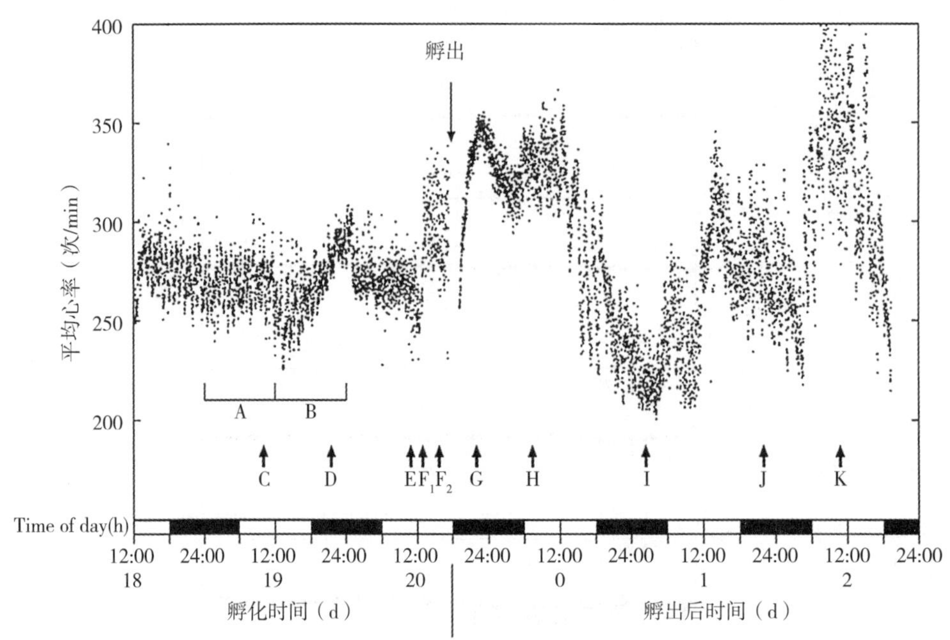

图 32.9 从孵化第 18～20 天出雏及 2 日龄雏鸡典型 MHR 的发育模式

每个点表示连续监测瞬时心率（IHR）而得到的每分钟 MHR。IP 大约从第 19 天的 12：00 开始，此时 MHR 暂时性下降，接着逐渐上升直到 IP 期末。从记录开始直到 IP 中期，MHR 波动持续 42 min，即亚日节律（infradian rhythm）。EP 开始于第 20 天初，此时 MHR 突然下降。此后持续下降半天。到 12：00 时 MHR 突然上升并维持较高基础值，直到孵出。在 EP 后期，IHR 会出现特殊的模式，如 MHR 突然上升（F_1 示出），含有相对长程的周期小加速。在孵化期最后 1%时间内，MHR 波动包含重复交替发生的不规则间歇性大加速和短程重复大加速，表明即将孵出（图 32.10）。孵出后第 1～2 天，昼夜心率节奏形成。经 The Company of Biologists 许可引自 Moriya 等（2000）。

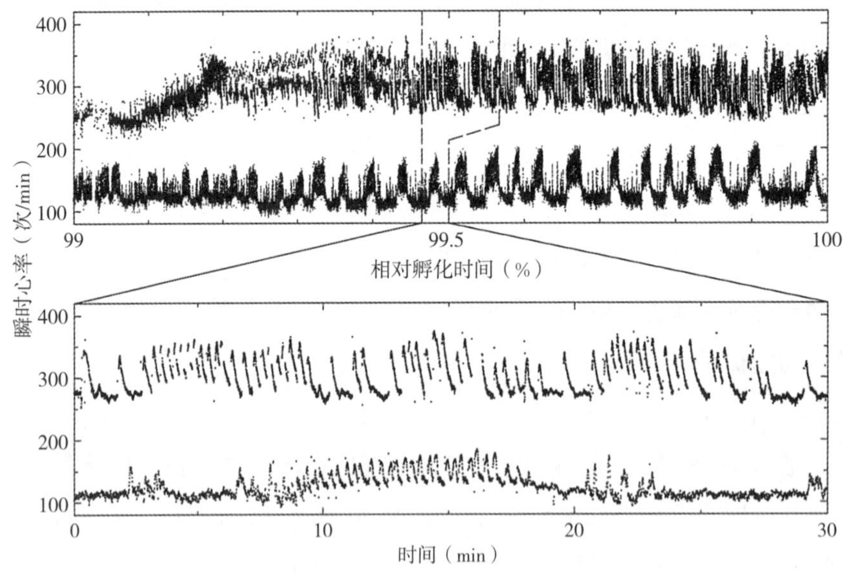

图 32.10 鸡（上）和鸸鹋（下）胚胎最后 1%孵化期的瞬时心率（IHR，上框）及其中 60 min 的记录放大（下框）

在两种胚胎孵出前 IHR 短程重复大加速及间歇性大加速都会出现，但体型较小的鸡胚出现程度高于体型大的鸸鹋。经 Elsevier 许可引自 Kato 等（2002）。

是血管紧张素（AngⅡ），一种强烈的血管收缩剂和肾素-血管紧张素系统（RAS）的活性肽。RAS 的组成部分，包括血管紧张素转换酶、肾素、血管紧张素Ⅱ及其受体，在鸡胚发育早期就已存在（Nishimura et al.，2003；Savary et al.，2005；Crossley et al.，2010）。与成年鸡相比，胚胎中 AngⅡ水平更高，该肽最早在孵化到 60%*I* 开始引起血压升高（Crossley et al.，

2010），到 90%I 时影响 P_a基线（Mueller et al.，未发表）。但 AngⅡ并不改变平 MHR，因为它减弱了胚胎的心脏压力感受性反射。压力感受性反射是一个重要的代偿机制，可缓冲 P_a 的短期变化，包括调节血管阻力的外周支和改变心率的心脏支。从 80%I 开始，鸡胚有了功能性的压力感受器反射（Altimiras and Crossley，2000；Elfwing et al.，2011）。AngⅡ在 90%I 时降低了心脏压力感受器反射的敏感性，使心率对 P_a变化的反射减弱（Mueller et al.，2013a），同时也提高了胚胎的工作 P_a，通过这些短期变化，使激素成为长期影响 P_a的重要因素。

调节血管功能的其他潜在因素有内皮素-1（ET-1），一种强效的血管收缩剂，主要在内皮细胞产生，还有利钠肽（NP），由心肌细胞分泌的强力舒血管物质。15%I 的鸡胚中出现了 ET-1行使其功能所必需的成分，包括 mRNA 和转化酶（Hall et al.，2004；Groenendijk et al.，2008）。此外 ET-1 改变了鸡胚的血流动力（Groenendijk et al.，2008；Moonen and Villamor，2011）。同样，NP 存在于心脏，很可能从第 14 天起对血流动力起调节作用（Maksimov and Korostyshevskaya，2013）。目前还需要从分子到个体水平进行进一步的研究，以了解这些激素对 P_a和 HR 的影响，从而了解胚胎心血管的调节。

32.4.4 渗透压调节

在发育过程中，各种鸟类胚胎面临的渗透调节的挑战有两个：在干燥的环境中通过蛋壳孔隙的水分流失、蛋黄储存物质的代谢产生多余的水分（Ar and Rahn，1980）。不论何种禽类，发育中的肾脏和胚外结构，包括卵黄、CAM、尿囊液和羊水，都协同调节离子和水的平衡。鸡胚的肾有三个阶段，实际上由不同的结构组成：前肾、中肾和后肾。前肾首先出现，直到孵化的第 5～6 天才起作用（Abdel-Malek，1950；Himura and Nakamura，2003）。中肾功能从第 5 天开始，在第 10～15 天功能最强（Romanoff，1960），在第 18～19 天退化（Atwell and Hanan，1926）。中肾与后肾同时发挥功能，后肾从第 4 天开始发育（Abdel Malek，1950），并在孵化后继续发育。三种肾结构中后肾最为复杂，其功能性的结构保留到成年。尿囊最早出现在孵化的第 3～4 天，作为肾脏分泌物的储存库，在整个发育过程中尿酸含量的增加显而易见（Romanoff，1967）。尿囊从第 12～19 天不断通过上皮主动运输钠离子到膜外（Stewart and Terepka，1969；Graves et al.，1986；Gabrielli and Accili，2010），使尿囊液的渗透压低于血液，从而允许胚胎重吸收水（Hoyt，1979）。

渗透调节与心血管的功能密切相关，协同维持血压和渗透压的平衡。血压调节物质，如 AngⅡ和 NP 也可能有助于胚胎离子和水的平衡。慢性清除鸡蛋内 AngⅡ，在 90%I 时不仅降低 P_a 还降低渗透压，降低 Na^+，但增加血 K^+ 浓度。这些作用消除了血液与尿囊液之间的渗透压梯度。因此，AngⅡ影响渗透压的平衡，可通过直接缩血管作用或刺激醛固酮和精氨酸加压素的释放，促进近端小管对钠的重吸收。醛固酮存在于第 15 天鸡胚的肾上腺（Pedernera and Lantos，1973），从第 6 天开始精氨酸催产素出现在大脑，第 14～16 天出现在血浆（Klempt et al.，1992；Mühlbauer et al.，1993）。醛固酮和精氨酸加压素都能改变鸡胚尿囊液体积、羊水中盐含量和肾内酶活性（Doneen and Smith，1982）。催乳素和生长激素也具有调节鸡胚渗透压的作用（Doneen and Smith，1982；Murphy et al.，1986）。这些激素在渗透调节中的作用需要进一步研究，包括它们如何促进心血管系统和渗透调节系统之间的相互作用以及稳态的维持。

32.4.5 体温调节

胚胎产生代谢热，并随着发育的进行而逐渐增加。鸡胚代谢性产热量从第12天的35 mW增加到第17～18天的130～140 mW，EP时达到160～170 mW（Tazawa et al.，1988b）。不同的发育阶段，鸡蛋导热率同为70 mW/℃（Tazawa et al.，2001a），这意味着在第12天体温38℃时的代谢产热量能使蛋温（T_{egg}）比环境温度（T_a）高约0.5 ℃，而在EP期是2.5 ℃。当蛋温降到28 ℃时，5 h内达到一个新的平衡点（蛋温降低速度小于0.2 ℃/h，Tazawa and Rahn，1987）。此时T_{egg}与T_a之差较小，所以即使在EP时T_{egg}只比T_a高1.2 ℃。此外，在较低T_a的准平衡状态下，以温度系数（Q_{10}）预测的胚胎耗氧率为2。另一方面，接受相同测试的雏鸡在孵化阶段甚至孵出后，体温比T_a高6 ℃，耗氧量比预测值大很多。这些观察结果表明，鸡在胚胎期（甚至在EP期）基本上是变温的，孵出后遇到低温环境才迅速发育出保持体温恒定的能力。

38 ℃孵育的禽蛋T_a降低2 ℃时，早期的胚胎散热量大于产热量，若在晚期散热与产热相当。若环境温度比蛋温低10 ℃，胚胎需产生约800 mW热能来维持T_{egg}的稳定（Turner，1986）。即使是EP期，胚胎最多也只能产生170 mW的能量。在冷却过程中散热量超过了胚胎的最大产热速度，胚胎即便有微弱的代偿能力，也可能会被更多的热量损失所淹没。由于van't Hoff-Arrhenius效应，蛋温降低，代谢率也降低。因此，检测恒温调节能力的实验需要整个过程中散热量不超过胚胎产热量，可采用逐步降温的方式。结果表明，出雏期鸡胚在即将出壳时通过维持$\dot{M}_{O_2}$稳定来应对T_a下降，直到T_a低于35 ℃（Tazawa et al.，1988b）。晚期胚胎的反应明显不同于早期胚胎。在长期冷却实验中，晚期鸡胚暴露于略低T_a的时间较长时，$\dot{M}_{O_2}$维持在以Q_{10}预测2的水平以上，这与早期胚胎得到的结果不同（Tazawa et al.，1989a）。因此，鸡胚作为早成鸟只能以微弱的代谢产热应对降温，吸热才是保持恒温的主要方式。这与发育最后阶段甲状腺活动增强和外周甲状腺激素浓度增高相符（Decuypere et al.，1979；McNabb，1987）。事实上，出雏期末的胚胎注射生理盐水后会出现微弱的恒温调节反应来应对温度渐降。注射硫脲以拮抗甲状腺激素的代谢效应时，这种反应消失（Tazawa et al.，1989c）。此外，虽然胚胎在缺氧条件下代偿性代谢反应消失，但在IP期的高氧状态下或接下来的EP期有所提高（Tazawa et al.，1989c；Dzialowski et al.，2007；Szdzuy et al.，2008）。这些结果表明，在早成雏鸡晚期胚胎的恒温代谢反应具有"O_2传导限制性"（O_2 conductance limited，Tazawa et al.，1988b）。

早成鸟和晚成鸟的恒温调控发育已有模型（图32.11，Tazawa et al.，1988b；Whittow and Tazawa，1991；Tzschentke and Rumpf，2011）。早熟鸟类的转变分为四个阶段：①Arrhenius限制阶段，$\dot{M}_{O_2}$服从Arrhenius效应，与Q_{10}预测为2时的温度直接相关；②O_2传导限制阶段，$\dot{M}_{O_2}$受限于O_2通过壳和CAM的扩散率；③能量限制阶段，胚胎只能产生有限热能来应对降温，是组织成熟和甲状腺活动发育的结果；④"成熟"的恒温。晚成鸟胚胎未跨过O_2传导限制阶段，持续受Arrhenius限制直到孵出。在早成的鸭、半早成的白顶玄鸥以及晚成的鸽（*Columba liviadomestica*）都观察到长期低温下的体温相关代谢性调节（Matsunaga et

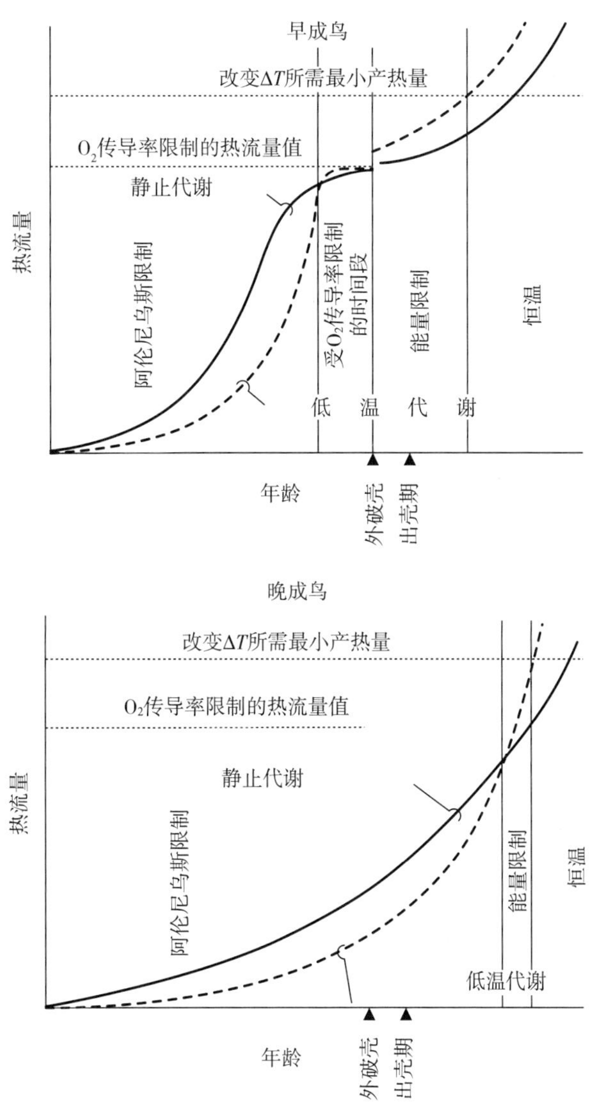

图 32.11　早成鸟和晚成鸟的恒温调节发育模型

应对 ΔT 的最小产热量等于鸟类保持体温比环境温度高 ΔT 时所需热量，当胚胎的产热量达到这一水平时恒温调节出现。经 Elsevier 许可引自 Tazawa 等（1988b）。

al.，1989；Kuroda et al.，1990；Tazawa et al.，2001a）。鸭的恒温调节能力出现于出壳阶段，但在鸽胚上即使出壳之后也不明显。早成的鸡和半早成的鸥的代谢反应能力在鸭和鸽之间，高度早成的鸸鹋恒温调节的发育和成熟甚至会发生在出壳前阶段。除了成熟程度，相对于小型蛋，鸸鹋的大型蛋有较小的相对表面积和较强的血液循环能力，因此可提高体温调节能力。例如，鸸鹋蛋温以 35 ℃-25 ℃-35 ℃的形式变化或孵化温度以 25 ℃-35 ℃-25 ℃的形式变化（连续冷热测试，ΔT_a 为 ± 10 ℃）并持续 1.5 h，会出现非常明显的结果（Dzialowski et al.，2007）。孵育期和 EP 期胚胎以 $\dot{M}_{O_2}$ 的吸热性改变来应对 ΔT_a，即表现出对应 $\dot{M}_{O_2}$ 的反向代谢反应来应对连续冷热变化。临出雏期的晚期（第 45 天）和 IP 期（第 49 天）的胚胎不改变 $\dot{M}_{O_2}$ 来应对外界温度变化，但如果降低空气中 O_2 至 40%时，则会出现部分（第 45 天）或明显的（IP 期）$\dot{M}_{O_2}$ 来进行恒温调节，表明晚期鸸鹋胚胎已经具有恒温调节能力，但被蛋壳内气体 G_{O_2} 所限制。

IHR 伴随着 HR 基线振动发生上升或下降，在早成鸟孵育期和晚成鸟出壳期，可观察到

IHR也会应对 ΔT_a 而改变，同样是一种有效的恒温调节作用（Tazawa et al.，2001a，2004；Tamura et al.，2003；Khandoker et al.，2004）。在上述连续冷暖测试中，由冷变热或由热变冷并不影响恒温调节性HR反应（Yoneta et al.，2006b）。出壳后2 d内，肉鸡的恒温心率反应比白来航鸡快1 d（Yoneta et al.，2007）。

鸡胚IHR基线在EP期（第20天）应对温度下降显示热相关模式，但在第21天变化不大。在第22天，当胚胎还在蛋中时，IHR伴随着HR波动而上升（Tazawa et al.，2001a；Andrewartha et al.，2011b）。尽管EP之后胚胎还没出壳，但在第21～22天调节方式已成熟，与孵出后一样。在新孵出的雏鸡中，10～25 s为周期的HR波动频繁发生，被称为Ⅱ型HR波动（Moriya et al.，1999，2000）。此外，IHR随着 T_a 降低而振动，导致Ⅱ型低频HR振动出现，如此时转入高 T_a 孵育，则波动消失（Tazawa et al.，2002b；Khandoker et al.，2004）。因此，鸡胚孵育期间具有与体温调节相关的低频HR波动（Ⅱ型HR波动）。

鸭胚（第24天）HR在IP期前的反应表明其具有热塑性（thermoconformity，Andrewartha et al.，2011b），见图32.12（A），只是HR（及 T_{egg}）在 T_a 为38 ℃时的恢复比鸡胚快。在EP之前（第27天），鸭胚的恒温调节性HR反应（即低温引起的HR上升）比EP期的鸡胚大，见图32.12（C）、（D）。孵出后不久，潮湿的雏鸭还不能保持较高的心率，寒冷的环境使其HR下降，见图32.12（E）。然而，2 h内羽毛被吸干的雏鸭在 T_a 为35 ℃的温度下可保持在相似的HR值，见图32.12（F），显示其不具备完全的产热能力。孵出后2～13 h待雏鸭的羽毛自然干燥后，体温 T_b 略微降低（$\Delta T_b=-1.9$ ℃、-2.0 ℃）就可使HR做出明显的产热反应，接近完全的恒温调节能力。雏鸭必须在出生前后及早获得体温调节能力（相对家鸡而言），以应对即将面临的水环境。

更为早熟的鸸鹋胚胎在IP之前和IP期分别表现出热塑性和不完全的产热性HR反应，但在EP期胚胎则表现出产热性HR反应，这与完全的产热性代谢反应很相似（Fukuoka et al.，2006；Dzialowski et al.，2007）。

HR和 $\dot{M}_{O_2}$ 应对孵化温度改变的各种测试结果可用来评估鸟类胚胎的体温调节能力。恒温反应出现的时间与物种的早熟或晚熟性有关，早成鸟通常比晚成鸟更早地表现体温调节能力。我们仍需要对线粒体、细胞和组织层次的机制进行进一步研究以拓宽对胚胎和幼雏体温调节能力的认知。

32.5 人工孵化

32.5.1 孵化前种蛋的储存

许多早成鸟每窝产下多枚蛋，至倒数第二枚或最后一枚蛋产出才开始孵化。因此，有时最早产出的蛋在巢中储存很多天。蛋储存当然不仅仅是自然现象，也常发生在人工孵化的商业环境。如果新鲜产出鸡蛋储存温度低于生理零点（25～27 ℃），胚胎持续休眠，则可以储存多天而不丢失出雏能力（Butler，1991；Wilson，1991）。储存鸡蛋3～7 d的最优温度为16～17 ℃，多于7 d时，最优温度降至10～12 ℃（Butler，1991；Wilson，1991）。然而，延

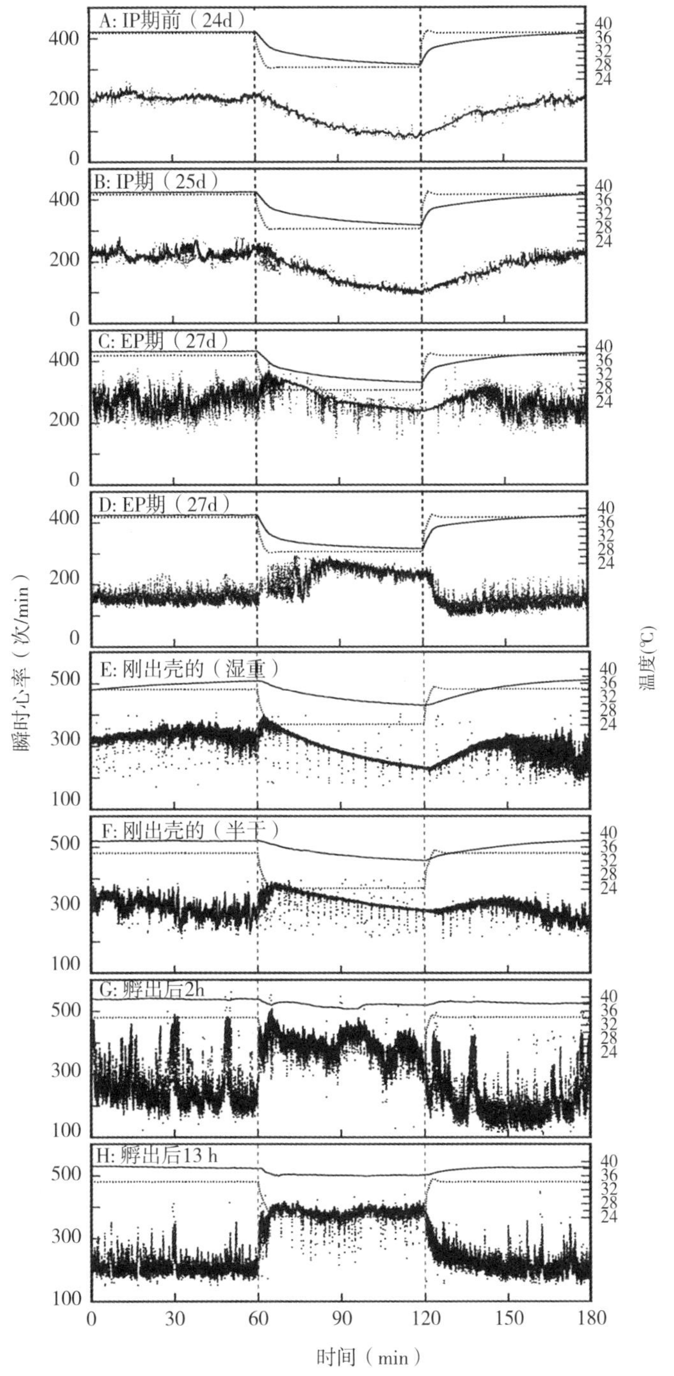

图 32.12 鸭胚期和孵出后瞬时心率（IHR）应对环境温度发生的改变

高温环境（在胚胎 T_a = 38℃，孵出后为 35℃；点线），低温环境（在胚胎 T_a = 28℃，孵出后为 25℃），接着再次高温，每次 60min。实线表示蛋温或体温。经 Elsevier 许可引自 Andrewartha 等（2011a）。

长储存会导致畸形和胚胎发育迟缓，降低孵出率，增加孵化时间，甚至影响孵出后幼雏的生长（Arora and Kosin，1966；Mather and Laughlin，1979）。北美鹑蛋在 20～22 ℃储存 14 d 后孵化率有 70%以上，但储存 21 d 后降到 30%以下（Reyna，2010）。这些有害影响不仅与储存时间的长短有关，还与环境与物理条件有关，如储存过程中温度、相对湿度、大气成分、方向和位置的改变（Brake et al.，1997）。

长期储存也影响发育中鸡胚的生理功能（Haque et al.，1996；Fasenko，2007）。在储存过程中，作为整体质量指标的蛋白含量会降低（Scott and Silversides，2000；Reyna，2010）。

此外，$\dot{M}_{O_2}$ 发育模式在未储存（对照）种蛋中始终保持一致，而 10～11℃ 储存 20～30 d 时多变且下降，随着储存时间的增加，$\dot{M}_{O_2}$ 进一步降低，而储存种蛋的 HR 变化轨迹更为平坦。因此，储存后 O_2 脉冲（每次心跳的 O_2 摄入量）显著降低，因而血氧运输降低，胚胎生长阻滞，导致孵化的最后几天容易死亡（Haque et al.，1996）。

32.5.2 翻蛋

许多禽类的亲鸟会在巢里时常翻动蛋（翻蛋）。人工孵化鸡蛋的第 3～7 天如缺乏翻蛋会对孵化产生严重影响（New，1957；Deeming，1989a）。鸡蛋每天最少翻 3 次，但超过 24 次则不能进一步提高孵化率。缺乏翻蛋过程不仅会降低孵化率，还会减慢 CAM 发育和胚胎生长（New，1957；Tazawa，1980b；Deeming et al.，1987；Tullet and Deeming，1987；Deeming，1989a，b）。

孵化过程中未能翻蛋对 CAM 的气体交换也有不良效果（Tazawa，1980b）。卵清中的白蛋白进入羊膜的过程非常缓慢，孵育早期卵清失去水分，未被吸收的卵清变得更加黏重，因而会沉到蛋的下端，使得绒毛膜尿囊不能包住这部分，从而在 CAM 和内壳膜之间进入少量卵清，减少了气体交换面积。进而导致晚期胚胎动脉血 P_{O_2} 显著下降，伴随着 Hct 的上升，$\dot{M}_{O_2}$ 减少（Pearson et al.，1996）。

32.5.3 环境温度和孵化

新产的蛋低温储存可维持胚胎的休眠。然而一旦孵化开始，T_a 必需保持在一定的范围内从而维持胚胎的温度，使得细胞能进行增殖。在恒定的 T_a 下人工孵化鸡蛋，低于 35℃ 或从最佳温度 37.5℃ 上升至 40℃，孵出率会下降。在 35℃ 时，鸡种蛋的孵化时间和胚胎发育比 38℃ 时长 3 d（Tazawa，1973；Black and Burggren，2004a），而且整个孵化期的存活率下降（Black and Burggren，2004a），低于这个温度时会致死。低温孵化降低的 $\dot{M}_{O_2}$ 导致胚胎发育迟缓，从而延迟相应 IP 和 EP 的时间（Tazawa，1973；Black and Burggren，2004a）。而且低温孵化的最后阶段血液系统发育滞后导致携氧能力下降（Black and Burggren，2004b），最终引起恒温调节时间显著延迟（Tzschentke et al.，2001；Nichelmann，2004；Black and Burggren，2004b；Mortola，2006）。

发育期胚胎对骤然降低和升高的 T_a 的耐受限度可根据 HR 进行检测（Tazawa and Rahn，1986；Ono et al.，1994）。第 10 天的胚胎处于 T_a 为 28 ℃ 或 18℃ 时，2～3 h 后 HR 以指数形式下降至平稳值。28 ℃ 时平稳值为 100 次/min，18 ℃ 时，平稳值为 30 次/min，分别可维持到 100 h 和 60 h，之后发生不可逆的心脏骤停。因此 10 d 的胚胎在 28 ℃ 条件下可存活 4 d，18 ℃ 条件下 2.5 d。当 T_a 下降至 8 ℃，3 h 后心跳停止，但此时还能存活 18 h。复温到 38 ℃ 后，心脏开始跳动。随着胚胎生长，8 ℃ 存活的时间减少，如第 6 天胚胎在 8 ℃ 暴露 1 d 后还能恢复心脏跳动，但第 20 天时暴露 8 h 后即不能恢复（Tazawa and Rahn，1986）。

虽然鸡胚能长时间承受低 T_a 而无心跳存活，但高 T_a 心律失常后的心脏骤停是不可逆转的，并且不能长时间暴露于高 T_a（Ono et al.，1994）。胚胎的 HR 在 T_a 上升时呈指数升高。当 T_{egg} 达到 46～47 ℃ 时，不论胚胎处于何种发育阶段，HR 变得无规律，随后发生不可逆的心脏骤停。致死的 T_a和耐受时间取决于 T_{egg}达到致死值 46～47 ℃所需的时间。T_a为 48 ℃时，第 12 天胚胎耐受时间是 100 min，而第 20 天，时间缩短大概一半。随着胚胎生长，48 ℃耐受时间缩短。可能是因为晚期胚胎有更高的代谢热量。在致死性 T_{egg}（46～47 ℃）时，HR 达到 450 次/min（Ono et al.，1994）。

半干旱和干旱地区地面筑巢鸟类的胚胎对超出孵化温度的环境耐受力更强。例如，北美鹑能在野生环境耐受高达 45 ℃的巢温，其胚胎则对短时孵化前高温具有强大耐受力，能在 46 ℃下存活 6 h，49 ℃存活 3 h，甚至在 50 ℃存活 1 h（Reyna and Burggren，2012）。高温必然提高死亡率，降低孵出率，但北美鹑的高温耐受性让我们认识到比较不同物种温度耐受性的重要性。自然环境中的极端温度可能导致某些物种的耐受性增加，仍需要进一步研究。

32.5.4 湿度

鸡胚人工孵化需要的相对湿度（RH）范围为 40%～70%（Robertson，1961），其中 53% 的 RH 对于胚胎存活率和孵出率最优（Bruzual et al.，2000）。

湿度高于 85%或低于 30%时鸡胚死亡率增加（Ar and Rahn，1980；Bolin，2009）。在低湿度下，蛋壳内外的水蒸气压差升高，失水量增加而导致蛋内水分过少。而高湿度导致水损失减少，影响胚胎渗透压。尿囊液量是水分由肾滤出与再吸收的平衡产物，在高水分损失条件下减少，相反时升高（Davis et al.，1988）。在水损失高时，尿囊中水分被重吸收，则尿酸水平升高，此时钠被主动转运至血液而维持尿囊液对血液的低渗从而帮助水的重吸收（Hoyt，1979；Davis et al.，1988）。这样血浆钙、钠和钾水平在胚胎后期都会提高，渗透压上升（Davis et al.，1988）。在低于 30% RH 环境，第 18 天鸡胚会产生额外的更高效的肾小球，以及高泄殖腔渗透量提示其滤过能力的增加（Bolin，2009）。

极端高湿度或低水分损失也会降低孵出率（Davis et al.，1988）。水分平衡似乎对孵化早期的胚胎影响最大，孵出率与前半部分孵育期的水分流失有关而不是总失水量（Snyder and Birchard，1982）。湿度也影响后期胚胎湿重，即低湿度或高度水分流失环境下的胚胎湿重较少，而高湿度环境下胚胎有较高的湿重（Bruzual et al.，2000）。在低水分流失环境下，多余的水分并不总是融入湿重，反而留在了卵清中，此时生长和氧消耗变得迟缓（Bolin，2009），但此时胚胎在第 7～10 天内会达到正常体重（Davis et al.，1988）。

32.6 结论和展望

孵化是任何禽类都要经历的第一个生命过程。种蛋本身的特点和周围的环境决定了胚胎发育的成败和时间。如本章所述，胚胎生理学研究提供了发育过程中的大量信息。我们检测了孵育中的物理过程，包括蛋和环境间的水分和热量传递。概述了主要生理系统的形式和功能的发展，包括气体交换、酸碱度、心血管、渗透调节和体温调节系统，还讨论了人工孵化成功的条件和极端环境的影响。但是，运用多学科交叉方法以及新的生理学技术进行研究，可能进一步扩宽我们对禽类发育的认知，如分子和细胞水平的研究比系统和器官水平的观察更利于揭示生理机能的本质。此外，从基因到整个器官的研究领域都更为丰富，包括发育过程中重要生理事件的时间和调控，如何以及何时被干扰、是否可能恢复，在发育过程中各系统如何协同作用。此外，还需要采用比较方法研究多种生态条件以及变化的环境中其生理过程异同。这些研究领域将使我们能够进一步了解复杂的、多系统器官的禽类胚胎，也有助于了解脊椎动物发育更加广阔的领域。

致谢

作者感谢美国国家科学基金(grant ＃ IOS-1025823)对本文的经费支持。

参考文献

（陈胜锋、白银山、刘璨颖译，陈志胜、王丙云校）

第33章 应 激

Julio Blas

33.1 引言

禽类的生理、形态和行为在其生命周期中发生了明显的变化，内分泌系统发挥着整合外部和内部信号的基本作用，机体出现适宜的反应以使个体产生最大程度的适应性。其中一些变化是为了应对环境可预测的波动，如昼夜和季节，这使得禽类可以对全年主要的生活活动阶段有预期地进行组织，并且以循环模式反复进行。与可预测的环境变化同时存在的还有不可预测的环境干扰，如恶劣的天气、社会等级的丧失、栖息地的破坏，以及人类的干扰等，使禽类在生理和行为上必须进行应急调整。肾上腺皮质对应激的反应导致血液中糖皮质激素水平的迅速升高（图33.1；第26章），这就是禽类应对环境干扰主要的生理学机制。糖皮质激素这种应激激素可以调动机体众多机能发生变化，如增加心血管紧张度、调节免疫系统、抑制众多消耗性的合成代谢过程，包括消化、能量储存、生长和繁殖等，从而应对“应激”刺激（Sapolsky et al.，2000；Sapolsky，2002）。这些激素对于正常机体功能以及非应激条件下的能量平衡、生理、形态和行为的正常调节也是最基本的需要（Landys et al.，2006）。然而，在某些杂志中使用“繁殖应激”或“迁徙应激”的禽类生理学术语还是比较多的：文中作者指的是正常的、可预测的生活周期各阶段的生理需求，可是这些阶段与应激并不真正相关。在比较生物学家和生理生态学家常常使用“应激”一词，他们认为“几乎没有任何关于潜在的生理学或行为学机制”的阐述（McEwen and Wingfield，2003b）。因此，本章在继续致力于禽类应激的研究之前，我们应该明确：①在使用“应激”这个术语时，我们的定义是什么。②应该使用什么样的备选术语来避免混淆。由于具体的术语有时是多余的，最初可能会引起混淆，因此最后一节（第33.6节）为许多术语予以简明的定义。

33.2 对“应激”的理解：从能量到糖尿病

“应激”是一个多义词，取决于上下文的关联，意思可能是：①挑战稳态的刺激（即应激源，干扰）。②对干扰的紧急反应（应激反应）。③肾上腺皮质轴过度刺激后的慢性失衡状态

（病理、慢性应激）。这种特征的缺乏往往意味着“应激可以表示作者所希望的任何意思”（Romero，2012）。在生物医学文献中，这个在工程领域使用的词汇首次由 Cannon（1932）和 Selye（1946）在医学领域使用。现代的内分泌学家正在努力地定义和合并那些可替代的及含糊不明的术语，最近引入“稳态应激（allostasis）”以及一些伴随着现代语言产生的一套术语，用来精确定义对环境挑战和正常生命活动条件的生理反应，这也是本章关键要阐述的。

稳态应激是通过改变来维持稳态的过程。这个概念几十年前就被引入来重新定义应激（Sterling and Eyer，1988），但是在 McEwen 和 Wingfield 提出了稳态应激模型（McEwen and Wingfield，2003a）之后才开始进行生态学研究。通过稳态应激状态、应激负荷和应激超负荷的几个关键概念，该模型将经典稳态纳入有机体生命活动的背景下，并与个体经验以及个体如何对不断变化的自身和社会环境做出反应（图 33.2；McEwen and Wingfield，2010）。

这个模型使用能量输入和能量需求之间的平衡来预测动物何时从正常的生命活动转变为紧急生存模式，而此时亦使机体出现病理变化。

活性范围模型是稳态应激模型的一个分支，但是使用了一个不同的术语来描述应激对体内的影响，这一过程可根据应激反应中调节介质的水平判断应激对机体的影响（例如，禽类中的皮质酮，见图 33.3），而这也正是机体消耗反应的一个过程。活性范围模型将传统的应激和稳态概念与现在的稳态应激和应激负荷术语相结合，研究应激响应机制及不同调节介质（包括糖皮质激素）的相互作用。我们知道禽类在应激时出现肾上腺皮质反应且机体生理机制发生相应改变，这对于理解上述两个模型及其相关术语是至关重要的。

“应激”是一个容易被错误理解的、高度非特定性的术语，根据上下文的不同，它的意思可能是：①挑战稳态的刺激（即应激源，干扰），②对干扰的紧急反应（应激反应），③肾上腺皮质轴过度活化后的慢性失衡状态（病理学）。内分泌领域专家正在试图使用更加明确的术语进行阐述，从而引入了稳态应激模型和活性范围模型这两个概念。

33.2.1 稳态应激

稳态（Cannon 在 1932 年使用过这个术语）是机体生理系统保持稳定的一种状态，这对于维持生命现象是十分重要的。正如 McEwen 和 Wingfield（2010）所阐述的那样，稳态的概念仅限于一些体内非常重要的指标（pH、体温、血糖水平和氧分压）：而这些生理状态的恒定是生命得以维系的重要因素（McEwen and Wingfield，2003a）。稳态应激是通过机体变化实现稳定的过程：即被控制的调定点和其他临界调定点可能随着环境条件的变化而改变，机体依然保持稳态。因此，稳态应激是指那些“帮助我们适应”的生理学状态（McEwen and Wingfield，2010）。血液中糖皮质激素是极其重要的但不是唯一的稳态调节介质（其他的调节介质包括儿茶酚胺、细胞因子、行为、心率、血压和抗体浓度；参见 Romero et al.，表 1，2009）。应激反应中糖皮质激素水平可以出现显著变化，以使机体维持在机体可限定范围内的稳定状态。因此，糖皮质激素水平不仅可以随着日夜节律以及季节节律的变化而波动（即不仅限于对干扰的一种反应，尽管被含糊地称为“应激”激素），而且在发生干扰时也快速上升。自由生活的禽类可通过潜在的有害刺激而增加糖皮质激素的分泌（如暴风雨，人类的活动对禽类获得食物和筑巢的人为干扰等）。此外，糖皮质激素的升高促进了动物的觅食行为，但对生存并不是必需的（如繁殖、迁徙），糖皮质激素的升高还可以使机体远离干扰环境或寻找庇护场所，从而得到夜晚的安憩（Wingfield，1994；Wingfield and Ramenofsky，1999；Wingfield et al.，1998）。当机体稳态调节介质（如皮质酮，禽类主要的糖皮质激素）发生改变时，机体即进入稳态应激态，但这个稳态应激态只能在机体出现受损之前保持有限的时间。

通过构建稳态应激模型（图 33.2）来理解机体应激反应何时以及是如何被激活的（即机体达到一个稳态应激态），揭示生物体在生命中活动过程中各器官系统之间的能量需求以及机体与外界环境能量之间是如何相互转化的。为了理解这个模型，需要考虑以下能量组分：

EG（获得能量）代表环境中食物提供的能量。在季节温度变化比较大的地区，春季和夏季能量会大幅度增加，而在秋季和冬季能量会有一定程度的下降。

EE（存在能量）是任何生命周期中维持生命基本代谢所需的最小存在能量（静息代谢）。随着环境温度的升高，它可能会在春季和夏季有所下降（因为这很容易保持机体的基本功能）。

EI（理想能量）是在理想条件下（当没有干扰时），如外出寻找食物，加工和消化食物所需的额外能量，以及季节性行为（繁殖、换羽、迁徙）所需的额外能量。在季节性变化时，它可以随着 EE 和环境温度（如处于非繁殖期的禽类）的变化而变化，也可以在繁殖期间增加（春夏季），而在冬季则减少。在图 33.2（A）中可清楚地看到，EI 与 EE 变化趋势相同。

EO（干扰后的能量）是指在外出、寻找食物过程中，并且在非理想条件下（如风暴之类的干扰之后）消化并吸收食物所需的额外能量。它总是高于 EE + EI。在图 33.2 中，星号表示干扰开始时的时间，提高 EO 能量需求的起始点。

现在可以将应激负荷定义为生物体在特定时间内的累积能量需求，并且等于 EE + EI + EO。这个概念涉及广义的所有能源需求（包括营养素和所有其他潜在的限制性能量），它可以被解释为一种消耗性成本：对当前所处环境做出反应的累积成本，不管它们是否可预测；或某个特定时刻的“工作负荷”。在某些时候，动物需要花费更多的能量来维持稳态。McEwen 和 Wingfield（2010）对应激负荷的定义是：一个有机体在生命周期过程中，各个组织器官应对日常和季节性规律变换时需要的所有能量和营养素，以及处理存在潜在应激的自身和社会环境中不可预测事件所需要的能量和营养素。图 33.2 表示，应激负荷随着重要的调定点（见图 33.2 中的红色圆圈）的连续变化而波动，该时间点确定个体何时可以应付日常活动，何时需要机体出现生理和行为反应以减少能量消耗。换句话说，过渡点决定了个体什么时候进入超负荷状态，并触发了一个稳态应激态的出现。

应激负荷可以产生两个不同的结果。第一，如果能量需求超过能量摄入，储存的能量被动员（即如果应激负荷超过 EG），那么发生 Ⅰ 型稳态应激超负荷。例如，禽类在繁殖期利用春天丰富的食物来养育它们的幼雏。如果恶劣的天气增加了维持稳态的能量消耗及营养需求，同时降低了可采食的食物以应对应激负荷所需的能量，那么能量负平衡（超负荷）将会导致体重丧失和繁殖抑制现象的出现（Wingfield et al.，1983）。这种能量负平衡就是典型的 Ⅰ 型稳态应激超负荷，导致机体出现一种稳态应激态（糖皮质激素水平升高），然后引起生理变化（因脂肪动员导致体重减轻）和行为改变（遗弃幼雏）。这种反应一般被称为紧急生活史阶段（ELHS），将在第 33.3.3 节中详细讨论。但是，现在需要注意的是，糖皮质激素的短期升高可以促进生理和行为的快速变化，在紧急生活史阶段之前，允许在 EG 水平之下的应激负荷降低是十分必要的。只有超过一定的阈值才会引发 ELHS（Wingfield and Romero，2001）。稳态应激态的最终结果通常是生命现象得以维系，因为可以重新建立一个能量正平衡：当个体重新迁徙，或者寻求庇护直到干扰结束，并且通过觅食使消耗的能量重新得到恢复时，应激负荷将恢复到可负担的水平。所有这些变化都是由稳态调节介质（如皮质酮水平，但也包括行为、心率、血压、细胞因子和抗体浓度的变化；参见 Romero et al.，2009）发挥调节作用的，它们在短时间内升高促进机体的适应性，然后恢复到正常水平。只有在进入 ELHS 后仍无法避免干扰的情况下，升高的皮质酮才能长期维持，由此造成严重的病理反应，最终导致死亡。

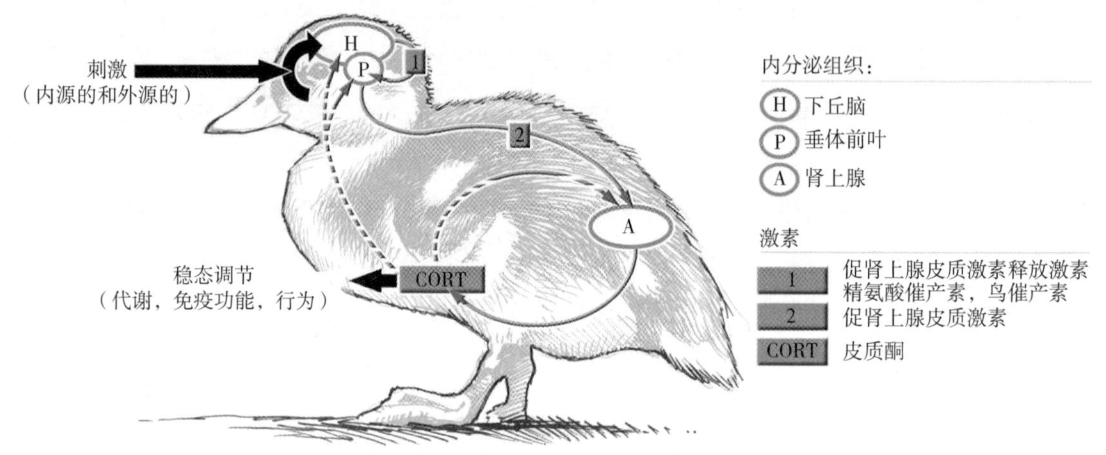

图 33.1 鸟类应激时的肾上腺皮质反应

在鸟类处于外源性或内源性的刺激（如捕食企图、能量不平衡；参见上面的黑色箭头）之后，下丘脑（H）释放多种激素，包括促肾上腺皮质激素释放激素 CRH。这些激素反过来刺激垂体前叶（P）分泌促肾上腺皮质激素 ACTH 进入血液循环。在鸟类，ACTH 促进肾上腺（A）分泌皮质酮（CORT）。在暴露于应激之后的几分钟至几个小时之内，皮质酮的升高促进生理和行为（黑箭头的下降）产生很多变化，包括糖异生的增加，生殖行为的抑制，免疫功能的调节，突发性迁徙以及增加夜间休憩等。这些调节促进机体的变化以维持稳态。皮质酮分泌受到负反馈机制调节，如虚线箭头所示。除了与应激相关的变化之外，基础皮质酮水平在鸟类具有明显的昼夜节律和年周期节律，参与包括身体能量平衡在内的许多生理过程的内源性调节过程。

禽类可因其栖息地状况、身体状况、疾病和寄生虫病、繁殖情况、个体经验、基因型、社会地位以及其他外部环境改变而使机体产生特异性变化，稳态应激模型的意义就很清楚明了。例如，因为可获得能量可随着外界环境中的变化而改变，如夏天食物比冬天更丰富，某些特定环境的改变将会导致Ⅰ型稳态应激超负荷在一年中某个特定时间段更快出现。这部分内容在 33.2 有说明：同样的环境变化如风暴（星形符号标志）在冬天就能导致出现Ⅰ型稳态应激超负荷（图 A），而在夏天则不会出现（图 B），因为夏天有足够的能量来承担稳态应激负荷，然而，如果机体受到寄生虫病或其他疾病，或永久性伤害（图 C）的影响，甚至在夏天也会出现Ⅰ型稳态应激超负荷，因为其内在的疾病相关的能量需求水平 EE 和 EI 远高于平均水平。换言之，稳态应激负荷已经在环境变化之前即已升高，而且任何额外的 EO 负载超过环境可获得能量 EG，从而迅速导致稳态应激超负荷出现。例如，人类活动导致的环境破坏可导致环境中可采食的能量需求低于 EE 和 EI 能量需求。在稳态应激模型图示中，稳态应激调节介质的水平，如血液中肾上腺皮质酮的浓度在图 A 和图 B 中以灰色线条表示，但值得注意的是，这里是指能量水平的高低而不是指某一代谢物的浓度均值。在某一特定时刻的能量需求和调节介质水平的高低并不是呈线性化的，因为不同浓度的稳态调节介质，如糖皮质激素、儿茶酚胺、细胞因子等通过复杂的生理调节以使机体达到稳态应激的需求（McEwen and Wingfield，2010）。

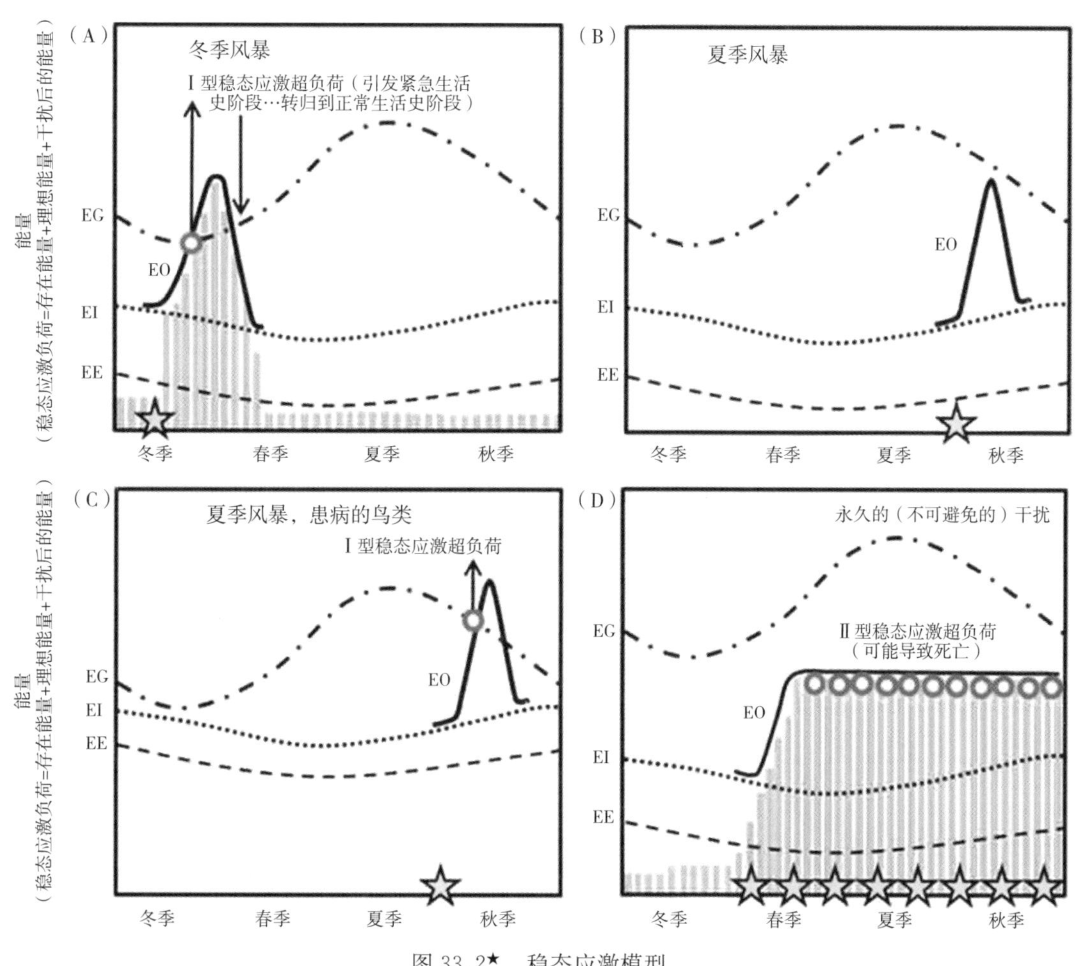

图 33.2★　稳态应激模型

稳态应激模型绘制了一个框架图，有助于了解有机体在生命过程中的能量需求，并预测在一系列以外界环境、社会和个体等情况下是否发生稳态应激超负荷（红圈）。y 轴表示一年中机体潜在的营养需求（x 轴表示季节）。这些线代表几种能量组分：EG（获得能量）表示环境中可采食食物所包含的能量。在季节温度变化比较大的地区，春季和夏季能量会大幅度增加，而在秋季和冬季会有一定程度的下降。EE（存在能量）是任何生命阶段维持机体稳态所需的最小能量（基础代谢）。春季和夏季可能会随着环境温度的下降而下降。EI（理想能量）是在理想条件下（当没有干扰时），如外出寻找食物、处理和消化食物所需的额外能量，以及季节性行为（繁殖、换羽、迁徙）所需的额外能量。它可能会随季节性变化，为了清楚起见，我们假设它与 EE 并行变化。EO（干扰后的能量）是指在外出、寻找食物过程中，并且在诸如风暴之类扰动的非理想条件下，消化并吸收食物所需的额外能量。应激负荷是EE+EI ＋ EO 所产生的能量总合。这些图中，星号表示干扰（如恶劣天气）何时开始。当应激负荷超过环境中 EG 的能量需求时，发生Ⅰ型稳态应激超负荷（图 A 和图 C），从而引起紧急生活史阶段（ELHS）的皮质酮浓度升高（灰色条带，仅在 A 和 D 图中显示）。其结果是抑制另一个生活史阶段（LHS）的出现，如迁徙或繁殖，使得应激负荷低于 EG 水平。鸟类可以在外界干扰后能量正平衡和糖皮质激素升高后的情况下保持存活，而这恰好避免慢性应激高浓度调节介质导致相关疾病。相同的干扰（如风暴）可导致冬季的Ⅰ型稳态应激超负荷，而夏季则不会（比较图 A 和图 B），因为随后的季节有更多的食物可以采食（EG>EE ＋ EI ＋ EO）。然而，即使在夏季，某些个体受到寄生虫感染、永久性损伤或慢性疾病导致的感染（图 C）也将导致即使在夏季面对同等程度的干扰而产生Ⅰ型稳态应激超负荷，因为其内在（疾病相关）EE 和 EI 水平就高于健康的鸟类（比较图 B 和图 C）。第二类应激超负荷（Ⅱ型稳态应激超负荷；图 D）可能发生在环境 EG 的能量不是唯一的限制因素而是由长期干扰，例如气候变化、束缚、长期被捕食者跟踪、永久性社会挑战等引起的一种稳态应激态。生理和行为的调节促进稳态调节介质的产生，如皮质酮，从而对有害刺激进行逃避或应对。皮质酮水平（灰色条带）如果长期处于较高水平，则会产生病理变化，并且可能导致个体死亡。在图中为简单起见，在图 A 和图 D 中，稳态调节介质（皮质酮）的水平仅用灰色条带表示，注意它们与能量水平（所有图中的 y 轴数值）的关系不一定是线性的。

第二种类型的稳态应激超负荷可以在环境能量 EG 无限制的情况下发生，从本质上不同于上述Ⅰ型稳态应激超负荷，它被称为Ⅱ型稳态应激超负荷（图 33.2 中 D）。这是一个长期的而不是短期的过程（例如，气候的季节性变化而不是极端恶劣天气的影响，长期被囚禁在笼子里或被捕食者跟踪，而不是一次性地被捕食者捕食，长期处于社会的附属阶层而不是处于暂时稳定的社会阶层，有关详细信息参阅 33.3.3）。引发机体稳态的出现，单单只依靠糖皮质激

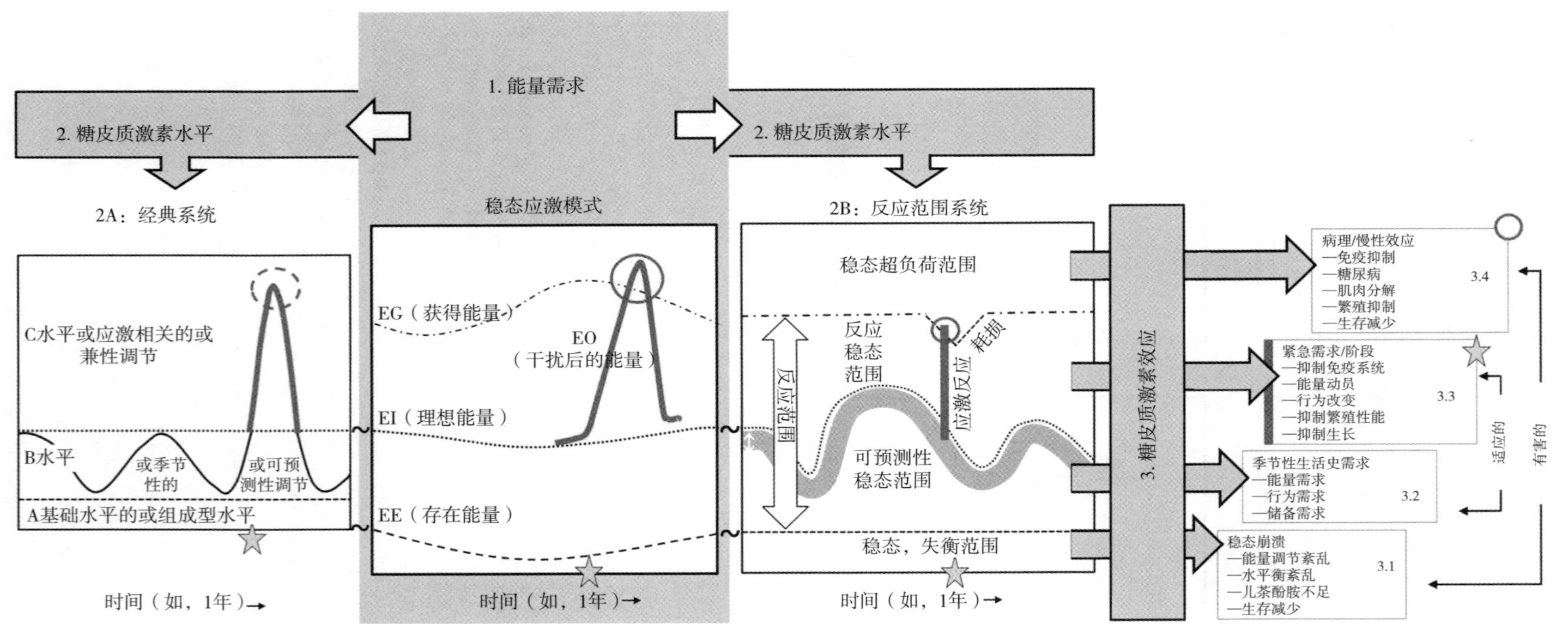

图 33.3* 皮质酮水平的分类

根据“经典系统”（图2A）和“活性范围系统”（图2B）对功能性糖皮质激素（GC）范围进行分类。两个分类系统之间即可以交互重叠但又相对独立，同时也涉及由稳态应激模型引起的个体能量平衡（能量需求发生在GC水平变化之前，稳态应激模型如中间图1所示）。GC对生理和行为的影响也与相应的GC范围保持一致，示例如图中3.糖皮质激素效应所示。在以上的图表中，x轴表示时间，而星号表示暴露于干扰环境，首先引起能量需求增加（图中1的蓝线，意味着增加的应激负荷），其次是随着GC水平的升高而达到活性稳态范围亦被称为C水平（分别在图2A和图2B中的蓝线）。干扰可能导致个体进入能量负平衡状态（在图1能量需求中表示为红圈，表示Ⅰ型稳态应激超负荷），GC升高达到最高水平时（图2A和图2B中的红圈），可能对机体（图中3.4）造成有害的影响。为了避免能量不平衡和高GC水平对机体造成的损害，常会触发出现紧急生活史阶段（图中3.3）。如果能量负平衡消退，如干扰消失或个体重新归位，则GC水平恢复到正常的季节性基线水平，亦被称为B水平（分别在图中2A和图2B），从而恢复正常的生命活动（图中3.2）。GC 出现极高和很低的浓度对机体均可造成伤害（图3.1和图3.4）。

素水平的变化并不能保证机体通过生理和行为调节从而应对或逃避有害刺激。随着Ⅱ型稳态应激超负荷的出现，禽类个体也无法逃避由身体或外部环境造成的干扰，肾上腺皮质酮水平因此变得长期处于较高水平，即使有充足的食物资源亦会产生病理变化。尽管 EE＋EI＋EO＜EG，也会出现Ⅱ型稳态应激超负荷；见图 33.2（D），这种对机体的影响类似于外源性给予皮质甾酮，从而造成代谢疾病的发生（如高胰岛素血症、食欲过盛、肥胖），这种情况很可能发生在生活于复杂社会等级系统中的脊椎动物，处于附属阶层的个体就会出现严重的稳态应激负荷现象。这在某些条件下也会对禽类造成一些影响，如①自然种群栖息地被长期扰动或者气候变化；②占统治地位的禽类社会系统超过了来自食物和栖息地的稳态应激负荷；③捕获装置。Ⅱ型稳态应激超负荷导致的激素紊乱和能量代谢过高有可能造成过早死亡和慢性疾病的发生，这也为稳态应激负荷产生的机制提供了一个合理的解释。但对于被捕获的动物则不存在选择性应激和慢性病理学特征。

总而言之，稳态应激的概念（通过变化来维持稳态）把日常节律和生活史阶段，即可预测的相关的能量消耗和需求伴随着环境扰动，以及社会挑战所需的能量消耗和需求，即不可预测的、短期或长期的连续统一的整体统称为稳态应激负荷。然而稳态应激超负荷被限定为在一个短期生活环境中，禽类日常生活和所面临的社会挑战的能量消耗超过了可采食的食物资源所提供的能量，即Ⅰ型稳态应激超负荷。或者长期的有害环境导致机体的稳态并不依赖于所处环境的季节性变化而产生的能量需求，即Ⅱ型稳态应激超负荷。上述稳态应激模型这一术语越来越被生理学家在现代生态学研究中作为特定术语来代替过度使用的词汇“应激”一词。

大家公认的稳态应激模型的缺点是将能量的利用作为揭示其潜在作用机制和通用度量标准。这里的主要问题是由于我们目前尚不能准确测量野外自由活体动物的能量需求，即稳态应激负荷和获得能量（EG）的数据。直到现在为止研究者们仍致力于研究稳态应激负荷直接成分的测定方法。我们不得不依赖于测定稳态调节介质的水平，如血液中糖皮质激素的浓度作为了解机体稳态调节的最佳方法。作为能量动力学参数的皮质酮水平只是部分地被用于阐述稳态应激模型。以下内容将对这一主题进行讨论。

• 稳态是机体生理系统的稳定性，对维持生命必是不可少的，包括 pH、体温、血糖浓度和氧分压，这些是“保证我们生存”的生理要求，而稳态是通过改变实现动态平衡，也即“帮助我们适应”的生理要求。

• 稳态应激模型提供了一个框架图以了解生命有机体在生命历程中各器官系统的能量需求，以及这些能量之间的相互联系。该模型结合了三个概念，即稳态、稳态应激负荷和稳态应激超负荷用以代替过度使用的名词“应激”。

  ■ 稳态应激负荷是生命有机体的累积能量需求，即特定时刻的“工作负荷”，包括可预测和不可预测的能量需求。稳态应激负荷是随着机体应对日常活动的改变而呈现的波动，机体引发应急反应旨在降低能量消耗。

  ■ Ⅰ型稳态应激超负荷是一个短期的能量不平衡状态，其中稳态应激负荷超过了因环境改变所需要的能量，以及机体内部储备的能量总合。

  ■ Ⅱ型稳态应激超负荷是一种长期的能量不平衡状态，无论此时机体有无可利用的能量，当机体长期处于不利的环境或社会需求时，对个体产生有害的影响。

• 稳态应激模型中度量的方法是采用能量指标。这里的主要问题是很难估测机体的能量需求以及外部环境条件的可控性，但对能量消耗监控是通过测定稳态调节介质，如糖皮质激素、儿茶酚胺、细胞因子、行为、心率、血压、抗体浓度等的水平来实现的。在特定时刻的能量需求与特定调节介质水平之间的关系不一定是呈线性的，因为不同的调节介质其发挥调节作用的方式是极其复杂的。

• 皮质酮是禽类中主要的糖皮质激素，也是主要的稳态调节介质。血液中皮质激素水平随着内部和外部需求的变化而变化，以保证机体能量平衡。当机体经历环境改变而使皮质酮水平升高时，则机体进入稳态应激态，此时可以保证机体免受伤害。

• 稳态应激模型是一个需要试验验证的理论范式。但它为理解机体何时或如何激活应激响应提供了一个框架，同时也能理解个体是如何应对不断变化的自然环境和社会环境的。

33.2.2 糖皮质激素水平的分类

糖皮质激素（GC）是主要的稳态调节介质：它们可以通过改变机体内部和外部条件而保持禽类机体能量平衡。它们在糖原异生中的作用解释了它们作为调节介质所发挥的调节作用，同时也促进了机体形态学和行为学变化，并对机体免疫系统的平衡发挥至关重要的调节作用。禽类在全年季节性变化过程中的能量需求通过稳态应激模型为GC水平的变化提供了非常合理的解释（图33.3）。使用一些描述范围的术语是至关重要的，因为GC的浓度高低使得各组织器官适应日常活动或极其恶劣环境的变化，而这就需要某些特定的术语对其进行描述。稳态调节介质似是而非的作用效果（它们是"糟糕的"和"不好的"的代名词，"应激"还是"抗应激"取决于调节介质水平的高低）显得有些自相矛盾，通过GC理解机体是如何在应激反应中发挥调节作用，这与众多学者的研究并不矛盾。

然而，描述GC的水平范围和功能阈值却是不同的，二者之间我们将之称为经典系统和活性范围系统。这两个分类在图33.3中以两个图（2A和2B）对稳态应激模型进行比较（但注意后者指的是能量平衡，而不是GC水平）。经典系统将Wingfield等提出的三种激素阈值（水平A、B和C）和传统的皮质酮（基础分泌与基线水平、固有型与偶发型、季节与应激相关）结合起来（1997），并由Landys等进一步完善（2006）。活性范围系统更符合现代的分类（Romero et al.，2009），这将在下一节（第33.2.3节）中进行阐述。尽管这些术语最初在理解GC发挥调节作用的复杂性方面增加了一些困惑（其他的术语更易引起争议，McEwen and Wingfield，2010），但是这两个系统逐渐被大家所接受。最后学者们认为GC水平可以有5个范围的增加幅度（图33.3）。

（1）GC水平太低，以至于最低的体内稳态维持在病理学和生理学上均无法承受的范围。这种病理范围可以通过肾上腺切除术或化学药物处理去除GC进行模拟，导致死亡迅速发生。在稳态应激模型中，这相当于一个个体的最低能量需求都无法保证其存活下来，即EE水平以下。

a. 在经典系统中，该范围对应于低于A水平的GC浓度（该分类系统没有指定特定的部位或水平来表示足以致命的生理水平或阶段）。

b. 在活性范围系统中，则是代表稳态衰竭的GC范围。

（2）允许最基本的稳态过程的最小 GC 水平，即满足在稳态应激模型中的存在能量需求 EE。

a. 在经典系统中，该范围相当于 GC 浓度在 A 水平范围之内，并且皮质酮水平被称为基础水平或固有型分泌水平，即表示未受干扰的动物在安静状态下的生理状态，其中激素的作用主要用于维持机体内部系统的运行，以保障生命的最基本要求。

b. 在活性范围系统中，这将是可预测性体内平衡范围的下限。

（3）根据可预测的环境变化而出现波动的 GC 水平范围，使其能够应对生命周期中的日常活动和季节变换，即在稳态应激模型中的理想能量需求 EI。

a. 在经典系统中，GC 浓度相当于在 B 水平范围之内，皮质酮水平被称为季节性基线水平或可预测调节水平，即维持机体因环境改变而增加的能量需求—稳态应激负荷，特别是与外界环境或生命活动中可预测的变化相关的稳态应激负荷，则进入生理状态 B。

b. 在活性范围系统中，这就属于可预测性稳态范围，其中 GC 的水平包含了正常的昼夜节律、日常活动和季节变化。 在活性范围模型［图 33.3（2B）］的图形中，灰色区域的宽度表示昼夜变化，卷积起来的全年的这条灰线反映了季节变化，即通常由光照周期驱动的可预测的变化，由此可以预测诸如繁殖活动等生命现象的进程。 灰色线上方的细线表示糖皮质激素波动对正常生命活动的响应，如觅食行为。

（4）超过 GC 水平的上限范围，即叠加在正常的昼夜节律、日常活动和季节性波动之上，其中短期 GC 水平的提高可以抵消环境中不可预测的变化，并维持或恢复机体至稳态水平，即稳态应激负荷的汇集点 EO，伴随着环境扰动而增加的能量需求。

a. 在经典系统中，GC 浓度相当于在 C 水平范围之内，并且皮质酮水平被称为应激调节水平或兼性调节水平，当动物面临危险的环境挑战而使其稳态应激负荷超过了机体难以应对的能力，例如，在遇到捕食者攻击、感染、极端天气、能量储存或社会不稳定的情况下，则进入生理状态 C。

b. 在活性范围系统中，这属于活性稳态范围。 两个分类系统都一致认为 GC 水平的升高可以作为“应激反应”的判定指标，而且其水平的变化与紧急生活史阶段（ELHS）的生理、形态和行为变化紧密相关。 在图 33.3 的 2A 和 2B 中，在时间线（x 轴）中发生干扰以星号表示，伴随而来的 GC 水平升高（GC 应激反应）用较粗的蓝线表示。 中间的示意图也应用相同的干扰，其稳态应激模型描述的是可预测的能量需求变化 EO，较粗的蓝线表示稳态应激负荷。 在活性范围模型（2B）中可以看到，可预测和活性稳态水平相结合共同建立了动物个体的正常活性范围，这个概念限定了健康动物所能承受的生理上限和下限，对此模型我们将在稍后予以解释。

（5）最后，GC 水平可能达到更高的活性范围而产生病理状态。 在稳态应激模型中，这将相当于达到 I 型稳态应激超负荷，即能量需求超过可获得能量。

a. 经典系统中（2A）没有特定图形符号是针对该范围的，这可能是因为病程的发展，还涉及 GC 升高的持续时间，该范围代表典型的兼性调节水平。 在这个范围内的 GC 持续升高被称为慢性 GC 水平。 为了便于解释，图 2A 中的红色圆圈表示最高的 GC 浓度可导致病程持续数天。

b. 在活性范围系统中，较高的 GC 水平可以进入稳态应激超负荷范围，即皮质酮水平超过活性稳态范围上限以上的活性范围。 活性范围模型概念的新颖性在于，在经典系统和稳态应激模型中并未涉及的一个关键问题是，与稳态衰竭的阈值不同，稳态应激超负荷的实际阈值可以在个体内部和个体之间通过称为耗损的机制对某些刺激做出反应。 因此，活性范围的幅度不是个体的固有特征。 耗损的作用见图 2B，其活性范围的含义将在下一节中讨论。

因为上述每个范围的糖皮质激素绝对浓度在不同物种之间，甚至在特定物种的种群间是有差异的，GC 对生理和行为的调节作用根据功能范围的不同而不同（图 33.3 中 3.3 和 3.4），GC 的具体值或浓度通常本身毫无意义，也不能确定个体的状态。 除非与其他种群中已公布的数据相比接近于零或非常高，在这两种情况下，这将导致严重的机体功能障碍，但是某个个体的 GC 水平或范围并不能说明该个体或种群的生理状况如何。 因此，任何在野外或实验室研究禽类肾上腺皮质功能的出发点只是在于对正常活性范围给予初步的评价，即可预测性和活性稳态的 GC 范围，并对某些个体及种群进行研究从而也对其条件特征进行评估，例如，健康状况、行为、环境条件，可以发现这些在特定时间的 GC 水平对稳态应激具有一定影响。

同样重要的是，为简单起见，我们一直假定 GC 水平和 GC 功能之间存在直接联系（图 33.3 中 2 和 3）。 然而，GC 的功能可以在几个层次上进行调控，至少包括①激素分泌和清除率的调节。 ②运输的调节（血液中超过 90% 以载体蛋白的形式运输，剩下不到 10%以游离和活性激素形式存在； Malisch and Breuner，2010）。 ③受体的调节（有三种类型的受体，其对组织器官的受体亲和力不同作用效果也不同）。 ④生成类固醇酶类的调节。

• GC 可以根据其浓度高低对生命有机体实施管理行为或破坏性的影响。 GC 的绝对浓度是具有种属特异性的。

• 两个命名系统，即经典系统和活性范围系统提出了两个术语来确定适应和非适应（病理学）状态的糖皮质激素浓度。

• 健康个体血液糖皮质激素浓度在两个比较窄的范围内处于较低水平，而浓度过高则导致严重的病理出现：

▪ 季节性基线水平或可预测性稳态范围：糖皮质激素根据可预测的环境变化而波动，使得个体能够应对日常活动和季节性变化。

▪ 兼性调节水平或活性稳态范围：短期糖皮质激素升高，即高于季节性基线水平，可以抵抗环境中不可预测的变化。 随机性升高也被称为“应激反应”，并且允许快速的生理和行为改变，这就是紧急生活史阶段（ELHS）的明显特征。

33.2.3 “耗损”与活性范围

稳态应激负荷，即维持稳态的“工作负荷”，被认为是稳态应激模型的最相关的概念之一。 但是，这个概念需要进一步完善和扩展，尤其是最初的模型中并没有将个体的额外能量消耗纳入其中。 并且稳态调节介质浓度的升高导致机体维持自身的能量消耗也要提高。 例如，长期的稳态应激，其行为学和心血管反应足以导致心血管疾病的出现，糖皮质激素浓度升高会对免疫系统产生负面影响，导致对感染更加敏感。 这些能量消耗直接关系稳态调节介质本身，而不涉及自身的稳态应激负荷，以至于最近提出的“耗损”这个术语：维持和利用机体生理系统调节稳态应激的能量消耗（Romero et al.，2009）。耗损概念的引入最初作为一个独特的属性，而以图形表示则就是一种活性范围模型（Romero et al.，2009），这种模型的提出可以作为一种工具，来描述个体在某一特定时间内应对应激反应时机体的生理状态，以上的调节是根据稳态调节介质的水平实现的，而不是根据能量，这是稳态应激模型特异的度量系统，从而也招致众多的批评（Walsberg，2003；Romero et al.，2009；McEwen and Wingfield，2010）。活性范围模型因此是稳态应激模型的一个扩展，这个具有开创性的论文通过稳态调节介质的阐述在学术界得到广泛的支持，它们的作用涉及很多领域，包括免疫、心血管反应、行为、中枢神经系统和血液糖皮质激素水平（Romero et al.，2009）。为简单起见，此处仅使用后期常用的调节介质（糖皮质激素、皮质酮）来解释在应对干扰时的耗损现象和活性范围模型的动态变化过程。

正如我们在上一节中详细描述的那样，活性范围模型还提出了一个特定的术语来描述糖皮质激素的功能范围［图 33.3（2B）］。这种新的分类合理地解释了以前其他的术语引起的混淆［如图 33.3（2A），我们称之为经典系统］，假定血液中糖皮质激素水平存在 4 个渐增的浓度范围：稳态衰竭、可预测性稳态、活性稳态和稳态应激超负荷。可预测性稳态和活性稳态范围的组合为个体建立了正常的活性范围，即健康动物位于生理上、下限之间，过高和过低均导致严重的病理变化出现，活性范围模型见图 33.4。

为了应对不可预测的环境干扰，糖皮质激素水平快速提升超过可预测范围从而进入活性稳态范围。图中的这些快速提升用糖皮质激素峰值来表示（图 33.4 中的蓝色垂直条带），它通过生理和行为变化抵消干扰的负面影响（在时间轴上用星号表示），然后迅速返回到可预测性稳态范围。这就是肾上腺皮质的“应激反应”，旨在维持应对环境干扰的稳态。图 33.4（A）表示禽类个体经历的干扰各种事件，表明糖皮质激素升高的幅度取决于干扰的类型。例如，对于干扰 1（冬季的轻度风暴）响应的糖皮质激素浓度的增加显著低于干扰 2（冬季的严重风暴）对环境响应增加的水平。上述两个例子中，糖皮质激素浓度的升高保持在活性稳态范围内。相反，在全年中不同时间发生的相同类型的干扰，即使引起糖皮质激素完全相同水平的分泌但对动物个体却产生不同的影响。在图 33.4（A）中，干扰 2 和 3 是两个相等程度的风暴（例如，在冬季末期发生的严重风暴，在早春再次发生同等程度的风暴）可以引起类似的糖皮质激素浓度的升高。但是后者却导致疾病的出现（红圈），因为糖皮质激素浓度的升高达到了稳态应激超负荷范围，此时糖皮质激素峰值用黑色条带表示，而不是用蓝色条带去表示病理效应。稳态应激模型认为，在全年中的不同时间，个体在一定时间内达到能量负平衡状态具有相类似的特征，但这还需要进一步证实。稳态应激模型推测，冬季禽类抵抗力更强，因为它们的能量需求最低（冬季干扰应该更强，需要更多的能量才能达到 I 型稳态应激超负荷，McEwen and Wingfield，2003a），而活性范围模型推测，冬季禽类抵抗力更强是因为它们的糖皮质激素活性稳态范围更宽（因此达到稳态应激超负荷需要更高的糖皮质激素应激反应，并且可能是更强的干扰；Romero et al.，2009）。在这个例子中，能量需求（稳态应激模型）和糖皮质激素水平（活性范围模型）是一致的，因为它们都在相同的方向上变化，并产生有害的效果，但情况并非总是如此。

正如我们所指出的那样，在“应激反应”期间将糖皮质激素水平保持在活性稳态范围内致

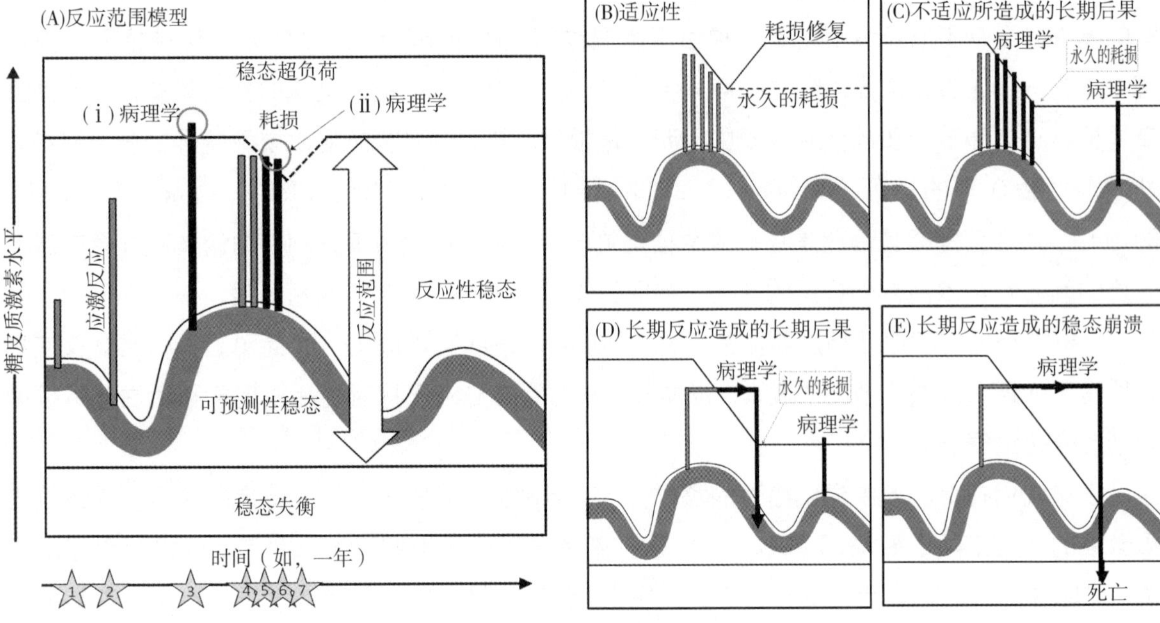

图 33.4★ 活性范围模型

根据活性范围模型，血中糖皮质激素水平（y 轴）随时间的变化曲线（x 轴）。(A) 糖皮质激素水平存在 4 个变化范围：可预测性稳态范围根据季节和生活周期的变化而改变，活性稳态范围代表是对不可预测干扰的糖皮质激素升高的兼性范围。两个范围组合在一起则为个体的正常活性范围。在这个范围之下和之上的糖皮质激素水平均可以导致疾病的发生，即分别对应稳态衰竭和稳态应激超负荷范围。对于干扰的响应（x 轴上的星号标志），每条垂直线条表示发生干扰时活性稳态范围的糖皮质激素快速上升的峰值，当干扰结束时快速下降。在（A）中，干扰 2 比干扰 1 强度大，因此需要糖皮质激素升高来维持稳态。干扰 2 和干扰 3 具有相似的强度，但发生在一年中的不同时间，只有后者导致糖皮质激素水平在稳态应激超负荷范围内升高（为黑色条带而不是蓝色条带）并引发病理变化。干扰 4～5 不引起病理变化，但反复的糖皮质激素升高发生“耗损”现象，表示反应性稳态和稳态应激超负荷之间的阈值渐进性降低。耗损意味着糖皮质激素对随后干扰 6～7 的反应将产生病理变化。在此例子中耗损迅速得到修复，对后来干扰的响应能力没有产生长期的影响，即活性范围在最后一次干扰 7 后转变为正常。(B) 代表环境适应。对应激源反复的反应会产生耗损，但是随着时间的推移，糖皮质激素浓度升高的幅度减小会使动物习服或适应环境。由于糖皮质激素水平从未超过稳态应激超负荷的阈值，疾病就不会发生（注意，这里所有的条带都是蓝色的）。一旦应激结束（上面的连续线），或者应激长久地持续下去（下面的虚线），累积的耗损可以被修复。(C) 表示对长期的干扰环境适应差。动物对重复的环境干扰产生适应，但因糖皮质激素浓度升高的幅度逐渐减小，使动物进入糖皮质激素诱导的稳态应激超负荷范围，并由此引发病理变化（用黑色线条表示）。反应性稳态的阈值可以被修复，但是在这个例子中，耗损产生永久效应，增加了对未来干扰的易感性。因此，即使是在（C）最后一次干扰中引起适度的糖皮质激素浓度升高，也使动物进入稳态应激超负荷范围并产生疾病。(D) 示例了一个长期暴露于干扰环境的状态，如慢性社会压力、栖息地退化。长时间的暴露会引起持续的糖皮质激素浓度升高，这也会造成耗损。当糖皮质激素水平持续升高超过调整后的阈值（图中蓝色的条带转变为黑色）时，则出现的病理变化是由升高的糖皮质激素本身而引起的。一旦干扰结束，糖皮质激素回到可预测性稳态范围，但在这个例子中耗损变得持久就类似于动物始终生活在社会压力之下。因此，随后对干扰的响应立即使糖皮质激素水平进入稳态应激超负荷范围。(E) 表示一个长期暴露于极端环境的状态。这意味着糖皮质激素浓度的升高并长时间保持在稳态应激超负荷范围内，产生长期病理变化和连续累积的耗损现象。一旦糖皮质激素活性稳态范围和稳态应激超负荷范围之间的阈值与可预测的稳态范围相交叉，糖皮质激素水平骤降进入稳态衰竭范围内，则动物由疾病转变为死亡。

使机体本身的能量消耗增加，这即为耗损。耗损可定义为维持糖皮质激素水平在活性稳态应激范围内的累积能量消耗，这些能量消耗可引起以下结果：即活性稳态范围和稳态应激超负荷之间的阈值水平降低［参见图 33.4（A）中干扰 4 和 5 后降低的阈值水平］。请注意，耗损的概念与病理学概念不同：在后者中，糖皮质激素本身就引起损伤，而在前者中，糖皮质激素引起损伤的可能性增加。为了说明这种概念上的差异，比较干扰 3 与图 33.4（A）中干扰 4 和 5 的影响：只有干扰 3 产生了病理学变化。因此耗损也可以理解为应对环境干扰的能力逐渐下降。随着个体继续对持续的或长时间的环境干扰做出反应，糖皮质激素浓度的升高反复地进入活性稳态应激范围，抵消进一步的应激刺激的能力减弱。在某些时候，升高的糖皮质激素浓度将会超过阈值，导致机体自身出现问题。需要注意的是，即使糖皮质激素浓度没有变化，通过耗损，糖皮质激素水平也可以进入稳态应激超负荷范围。换句话说，活性范围模型提出了两种达到稳态应激超负荷的方式：糖皮质激素水平超出正常活性范围，或是糖皮质激素水平在活性稳态应激范围内保持一段时间，缩小了个体的活性范围。在图33.4（A）中对这两种方式进行了描述。对干扰3的应激响应，糖皮质激素水平升高超过个体的正常活性范围，进入稳态应激超负荷范围并产生病理变化。相同年份稍晚的时候，相同个体暴露于干扰4和5，这触发了在活性稳态范围内的糖皮质激素水平的升高。这些干扰本身不会引起病理变化，因为伴随而来的糖皮质激素的升高尚未达到稳态应激超负荷范围。然而，它们对个体施加了耗损，增加了对随后的干扰响应的敏感性并进入稳态应激超负荷［实际上，干扰6和7触发糖皮质激素升高幅度类似于干扰4和5，但是仅前者因为活性范围“缩小”引起了病理学变化；见图33.4（A）］。在健康的个体中，干扰结束后可以修复耗损，但也可能终生维持，造成个体活性范围的持续下降和对疾病的持久敏感性［图33.4（B）］。耗损的图形化只是表示稳态应激负荷另一种方式而已。

上述对耗损模型的解释，说明了为什么等量的糖皮质激素水平可能会引起机体早期适应，但随后会导致机体出现问题。这也说明了为什么在某些生活史阶段遭受应激刺激的动物与其他动物相比，可以对应激相关的疾病产生更强的抵抗力。除此之外，该模型的提出对动物进化也有很好的启示。例如，某些作者提出，某个个体的耗损可以凭经验确定，因为将活性稳态与稳态应激超负荷分开的阈值相当于正常活性范围的最大糖皮质激素分泌浓度（Romero et al.，2009）。通过试验可以测定年轻、健康幼雏的最大糖皮质激素分泌量，从而假定活性稳态的实际浓度。此时如果在短时间内反复对动物施加中等强度的干扰，则可能引起适应（Walker et al.，2006），并且对应激响应的幅度将减小［参见图33.4（B）示例］。只要机体不出现病理症状，就提示个体已经进入稳态应激超负荷范围，随着时间的推移，将产生适应，并且耗损将表现为糖皮质激素分泌随着时间变化呈现依赖性的减少。正如我们已经提到的那样，有些情况下，反复的糖皮质激素浓度升高会导致个体永久的生理学变化，这可以通过活性稳态应激范围的持续下降予以说明，如图33.4（C）所示，活性范围的下降意味着个体将终生对疾病敏感。上面的例子只描述了反复干扰的情况，但短期的干扰伴随着糖皮质激素暴发式分泌之后进入活性稳态应激范围。这些情况的发生相当于稳态应激模型中的Ⅰ型稳态应激超负荷（McEwen and Wingfield，2003a，b）。然而，单一而不是长期的干扰可能也会同样导致持续糖皮质激素浓度的升高，这种情况在稳态应激模型中被称为Ⅱ型稳态应激超负荷，这里需要单独的概念对其进行解释（McEwen and Wingfield，2003a，b）。随着活性范围模型和相关耗损概念的图形化描述，活性稳态范围的上端预计会出现对长期干扰的持续性下降，如图33.4（D）所示。模型中有两个反应：①重复的短期干扰［图33.4中的（A）～（C）］，②持久的干扰，这在活性范围模型中与个体处于社会附属阶层或栖息地退化（图D和E）的情况非常相似，按照Romero等的研究，Ⅰ型和Ⅱ型稳态应激超负荷之间的两种分法不再有必要。例如，与统治者相比，处于较低的社会阶层的个体因其处于附属地位而产生长期的能量消耗（根据具体的社会系统的动态变化，相反的情况也可能发生；Goyman and Wingfield，2004），从而产生“慢性社会应激”。在活性范围模型中，如图33.4（D）所示，社会冲突引起长时间的肾上腺皮质反应，可能“缩小”个体的活性范围。

在上面的例子中，我们对重复/持续的糖皮质激素响应最终结束时的情况进行了描述。然而，该模型预测只要持续的应激反应仍然处于稳态应激超负荷范围内，耗损将继续发生［图33.4（E）］。并且可预测性稳态范围和稳态应激超负荷之间的阈值也将降低，直至实际上低于可预测性稳态范围本身。在这种情况下，非常低的糖皮质激素水平将进入稳态衰竭范围，在此范围内不能维持机体正常的稳态，死亡也将随之而来。活性范围模型进一步对糖皮质激素水平可以保持在稳态应激超负荷范围内直到机体崩溃发生需要多长时间进行了预测。以慢性营养不良为例，长期的社会地位以及终生的稳态应激可以形成早期的生活经历，而这就形成了最初的活性范围模型（Romero et al.，2009），活性范围模型与稳态应激模型的比较，为生物医学研究人员和生态学家对他们感兴趣的问题提供了合理的解释。例如，活性范围模型所提供的框架可以用来解释良性应激的概念（Selye，1976），以及在发育过程中发生的变化，并且可以重置动物的活性范围，使得动物在以后的生活中面对稳态应激超负荷时可以产生更低的脆弱性（而不是更高的），这个概念对传统模型形成了挑战（Saino et al.，2005）。

最后要注意的是，尽管有相当多的实证依据支持稳态应激模型和活性范围模型的形成，但它们今天仍然是主要的理论范式。在不同的生态环境下对野外生活的禽类建立模型及预测的试验性验证仍然是禽类生理学家所面临的主要挑战。

• 活性范围模型是稳态应激模型的扩展，它作为图形工具只是根据应激调节介质的水平，例如血液皮质酮浓度，而不是能量水平来描述个体生理状态或特征。

• 健康动物的两个适应性皮质酮范围，即可预测性和活性稳态范围的组合形成了个体的正常活性范围。高于和低于活性范围的皮质酮水平均会导致严重的疾病。因此，活性范围对健康个体的生理上限和下限进行了界定。

• 为了应对不可预测的环境干扰，糖皮质激素水平在“应激反应”期间迅速升高进入活性稳态范围。即使糖皮质激素升高不能达到稳态应激超负荷范围而导致病理变化，因为个体继续对持续或长时间干扰响应的GC水平将导致耗损发生。

• 耗损现象被定义为通过应激调节介质维持和使用机体生理系统的能量消耗，并且可以用图形表示为活性稳态范围和稳态应激超负荷之间降低的阈值水平，因此活性范围也随之降低。

• 耗损意味着应对干扰的能力逐渐降低。这个概念与病理学的概念不同：GC本身不会对机体造成损害，但是由于活性范围逐渐减小而增加了损害的可能性。耗损说明了为什么同等剂量的GC响应早期可能产生适应性，但后期会导致疾病发生。

• 活性范围模型提出了两种达到稳态超负荷的方法：①GC水平超出正常活性范围并导致病理变化；②GC水平长时间保持在活性稳态范围内，“缩小”个体的活性范围并增加病理变化的可能性。

• 活性范围模型仍然是一个很大的理论图形工具，需要试验性的验证。

33.3 肾上腺皮质反应对环境变化的响应

进化生物学家和内分泌领域的专家都在考虑的主要问题是：禽类如何应对和适应不断变化的环境？有大量的证据表明，当面对可预测或不可预测的环境变化时，禽类可感知潜在的挑战并将这些信息转换成神经和内分泌反应的机制是完全不同的（Wingfield，2013a）。在本节中，我们将描述环境中不可预测事件（干扰），尤其是那些扰乱正常生命活动周期的事件，并探究肾上腺皮质反应是如何协调机体适应环境的生理和行为调节机制。现在的问题是人类的活动对全球性禽类的生存产生巨大影响，由于人类的干扰可以产生与自然应激源类似的肾上腺皮质反应，因此某些个体在所有种群灭绝之前不可避免地应对人类干扰并显得无能应对。

33.3.1　可预测与不可预测的环境变化

正如我们之前所提到的那样，由于所有禽类栖息地的气候、生物和社会条件都存在不同程度的季节性，禽类已经进化出了与其他个体共同生活的组织机制，并且可预测环境的变化。内部和外部环境变化如温度、光照周期、降水量、社会关系等允许禽类对主要生活事件进行预测性调整（Wingfield，2008）。因此，生物个体可以为全年的能量需求进行准备，例如，在多雨的冬季或炎热干燥的夏季，GC 水平将在基线水平以及可预测性稳态范围内波动。无论应激的社会条件如何，GC 水平都不会提高到活性稳态范围从而应对可预测的环境变化，而这些则不是环境干扰。例如，美国金翅雀即使暴露于恶劣的天气和低于－20℃的温度（Dawson et al.，1991）中，也不会提高 GC 的水平。成年帝企鹅依靠几周内快速存储的脂肪度过南极寒冷的冬季，而无须通过增加血液 GC 水平来实现（Cherel et al.，1988）。在一定程度上，极端寒冷和食物匮乏构成了这两个物种在其生命活动中正常的环境条件。

然而，没有任何栖息地的禽类可以预见其所有的变化。在可预测的季节之外，突然发生严重风暴、捕食者或占统治地位个体的袭击、人类的人为干扰、寄生虫或传染病等，通常都是不可预测的，均会对个体的生命活动产生潜在的干扰，甚至可能导致死亡。

环境中不可预知的事件通常被称为干扰或应激。这些特征在前面的稳态应激模型（第 33.3.1 节）中已有介绍，通过增加能量需求的幅度（稳态应激负荷），以及通过 GC 分泌水平的影响（稳态应激），对随后的生命活动进行调整，这主要取决于每个个体在特定时刻机体可利用能量的多少（参见 Landys 等文章中的图 3，2006）。事实上，某些类型的干扰最终会导致个体进入稳态应激超负荷，这与血液中 GC 的水平在行为和生理学中的作用有着本质不同，下面将对此进行讨论。Wingfield（2013a）对干扰提出了一种被广泛接受的分类方法，他们提出了区分不稳定干扰（短期的、短暂的）和持久干扰（长期的、修正因素）两种类型。不稳定干扰因素（LPFs）大致分为两大类：间接 LPF（持续几秒到几分钟）和直接 LPF（持续几分钟到几小时）。这种公认的分类方法考虑了不可预测刺激的持续时间、肾上腺皮质反应的实际持续时间及其对个体生命活动正常状态的影响（所有这些因素综合起来）。图 33.5 综合了这些参数的信息，并对下文出现的一些示例做了解释。

• 当面对可预测事件和不可预测事件时，禽类可以感知潜在的环境挑战并将这些信息转化为内分泌反应的机制是完全不同的。

• 无论人类肉眼是否可见应激条件，当禽类应对可预测的环境变化时，血液皮质酮水平不会升高至活性稳态范围之内。

• 环境中不可预测的和潜在的有害事件被称为干扰（或应激源），并可引起皮质酮浓度升高，进入活性稳态范围。

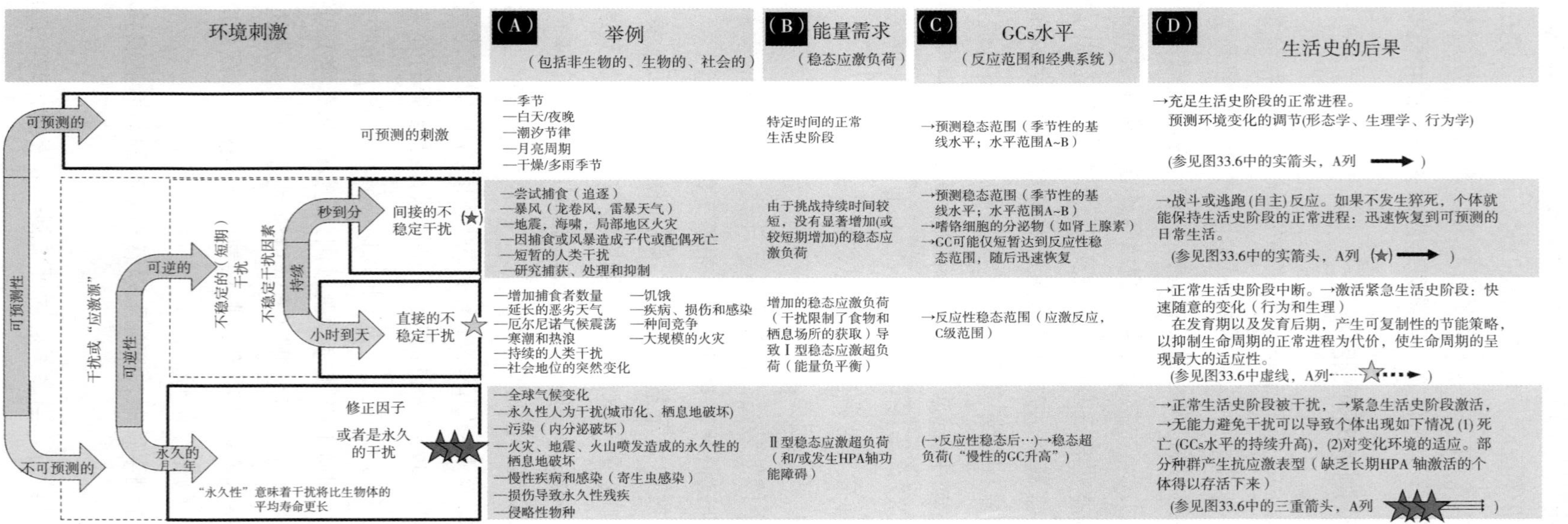

图 33.5* 环境变化与肾上腺皮质反应

环境变化的特征和肾上腺皮质反应是相互关联的。环境变化是可以预测的，或者被称为“干扰”或“应激源”（A列列举了一些例子）。这些可以分为不稳定干扰（短期的、短暂的）或持久干扰（长期的、可变条件）。不稳定干扰因素（LPF）又大致分为两大类：间接LPF（持续几秒到几分钟）和直接LPF（持续几分钟到几小时）。这种公认的分类方法不仅考虑了不可预测的有害刺激的持续时间，还考虑了对个体（B列）施加影响的能量需求（稳态应激负荷），GC浓度的实际升高（C列）及其对个体正常生命活动产生的影响（D列）。事实上，某些类型的干扰可能会导致个体进入稳态应激超负荷，但血液中GC发挥的调节作用具有本质差异，GC的调节作用可能会导致适应性反应，从而避免干扰，如果个体不能适应持久环境应激刺激则产生非适应性反应。该图是在Wingfield（2013a）发表论文之后提出的，并且扩展了其他有关生物现象和社会方面的实例，从而形成了稳态应激和活性范围的概念。

• 干扰可以分为①不稳定干扰因素或 LPF（短期的、暂时的）或②永久干扰（长期的，也称为修正因素）。LPF 可以分为两大类：间接 LPF（持续几秒到几分钟）和直接 LPF（持续几分钟到几小时）。

• 这种分类考虑了不可预测刺激的持续时间，相关的肾上腺皮质反应的持续时间，以及对个体正常生命活动的影响。

33.3.2 间接的、不稳定(短期的)干扰

间接 LPFs 是非常短暂的干扰，持续几秒到几分钟，对个体几乎没有或不产生长期的影响（只要它在突然暴露于有害刺激的情况下可以保持存活）。例如，可能包括受到掠夺者的攻击/追逐、同种之间的争斗、巢穴的丢失或幼雏受到短暂的强风暴的袭击，或受到短暂的人为干扰等。

在这里，对"逃避或战斗"的反应通常是在很少或没有将 GC 提高到活性稳态范围的情况下触发的，并且在几分钟到几个小时内恢复至正常的活动状态，例如，社会行为、重新归巢（图 33.5）。逃避或战斗的反应意味着刺激肾上腺嗜铬组织的胆碱能交感神经纤维引起乙酰胆碱的局部释放，从而引起血液中更大量的肾上腺素浓度的升高。这种快速稳态应激反应促进心率加快、骨骼肌小动脉血管舒张、静脉收缩、细支气管肌肉松弛、瞳孔扩张、被毛竖立和（非常重要的）肝糖原和游离脂肪酸的动员（Axelrod and Reisine，1984；Romero et al.，2009）。

只有干扰在最初的几分钟内持续存在才会激活肾上腺皮质的反应。然后，腺垂体分泌的促肾上腺皮质激素（ACTH）的升高将引起血液 GC 浓度增加，进入活性稳态范围（图 33.1；详见第 26 章）。活性稳态范围内的 GC 持续升高标志着机体的短期反应。在这一点上，个体将需要额外的能量来应对有害的刺激。即使干扰仍然是短暂的或不稳定的，而这仅被认为是间接的，几分钟之后当干扰结束时，个体才能恢复到正常的生命活动状态。例如，通常用于测定野生禽类肾上腺皮质反应的试验性捕获、拘束以及血液采集（第 33.5.1 节）等操作通常会持续 30～60min。

尽管禽类在活性稳态范围模型中血液 GC 水平有所提高，但是通常在释放后几分钟之内即可使机体恢复正常活动，例如，归巢。捕获和血液采集不被视为间接 LPF，因为根据持续时间和 GC 水平的升高程度判断（稳态应激反应要超越战斗或逃跑反应，属于自主反应），这类事件不符合直接干扰，禽类可以快速恢复正常生命活动，并且没有明显的能量不平衡。

、• 间接 LPF 是短暂的，持续几秒到几分钟，对个体几乎没有或不产生长久影响。例如，被捕食者短暂的追逐、相互之间的争斗、短暂风暴后巢穴/幼雏的丢失，以及短暂的人为干扰。

• 间接 LPFs 主要引起由交感神经系统介导的逃避或战斗反应，很少或没有将 GC 提高到活性稳态范围，在几分钟至几小时内即可恢复正常生命活动。

33.3.3 直接的、不稳定(短期的)干扰和"紧急生活史阶段"

直接 LPF 是持续数小时甚至数天的干扰，个体能量需求过高，以致正常生命活动暂时被破坏，例如，繁殖期间的弃雏现象。这样的例子还包括长时间暴露于恶劣天气、对食物和栖

息地的种内和种间竞争、捕食者数量增加、食物资源减少、污染和长时间的人为干扰等［图 33.5（A）］。

个体累积的稳态应激负荷可以使机体出现能量负平衡，即Ⅰ型稳态应激超负荷，此时个体间接的生理和行为调节处于一种兼性调节模式，这也被称为紧急生活史阶段（ELHS）（Wingfield et al.，1998）。图 33.6 显示了某些禽类物种的一系列生活事件（图 A）和来自白冠麻雀（B）的试验数据。在正常情况下，即在没有干扰的情况下，禽类的生命周期由数个生活史阶段 LHS 组成：如冬季或非繁殖季节、繁殖和换羽。LHS 的时间序列因物种不同而不同，每个阶段都在全年中的某个特定时间表现出来，以使其适应最大化（Jacobs and Wingfield，2000）。每个 LHS 都有一个独特的亚型分期，例如，繁殖阶段涉及性腺成熟、求偶、排卵等，从而产生一个独特单向性分期，如图 33.6（A）中的粗箭头所示。发育的每个阶段以及各阶段之间的过渡期均受激素分泌的调控，从而产生对可预测环境的适应性变化，例如，年度的光周期引起特定阶段的生理学、形态学和行为学方面的特定变化以适应预期的能量需求，如图中所示环境变化的可预测部分。相反，暴露于直接 LPF 可以随时发生（在图中用黄色星形符号表示），并且可以在生命周期的任何时刻触发一个随机“应急阶段”（ELHS），如图 33.6（A）中的虚线箭头所示。迄今为止在所有有关禽类的研究中，ELHS 内的亚型分期都是非常稳定的，当干扰过后，机体重新进入生存模式状态，以致恢复到正常的 LHS。在行为学和生理学上的 ELHS 亚型分期主要包括以下几个方面：

（1）在一个种群的家庭组成范围内放弃领地行为或处于附属社会阶层。

（2）接受下列其中任何一种替代策略：①“离开”策略：远离直接暴露的 LPF；②“接受”策略：切换到可以节能的行为和生理特性；③“先接受，后离开”策略：先采用节能模式，条件不改善后再离开。

（3）一旦采取了某一种策略，储存的能量即被动员（脂肪和蛋白质），用于快速离开，或寻找庇护场所。

（4）最后，一旦直接的 LPF 过去之后（或个体逃避），个体必须迁入一个适当的位置作为栖息地或者返回到原来的生活领地，进而恢复到正常的 LHSs（每年的这个时候禽类都会返回到最适于生存的地方，不考虑和以前的 LPF 或其他条件是否相同，如图 33.6 中的细虚线箭头所示）。

暴露于直接的不稳定干扰因素，这些行为和生理上的显著变化能在几分钟到几个小时内发生，综合实验室和野外试验研究表明，提高和维持糖皮质激素水平高于季节性基线水平（可预测性稳态）并进入活性稳态范围（或应激诱导的糖皮质激素水平；参见图 33.3），这就成为随机紧急生活史阶段 ELHS 的基础（图 33.6）。下面举几个例子，有的例子可以在其他的文献综述中查阅（Wingfield and Romero，2001；Wingfield and Kitaysky，2002；Wingfield et al.，2011）。在德国，当恶劣的天气（直接不稳定干扰因素 LPF）出现时，因冰雪覆盖了禽类的采食场所，采食的能量需求超过了获得能量。第一年出生的年幼且未成年的欧洲黑鹂鸟仅仅因为没有经验便向南迁徙。正如所预期的一样，冬季离开栖息地的那些没有经验的幼鸟与未迁徙的成年欧洲黑鹂相比，便伴随有血液皮质酮水平的升高（Schwabl et al.，1985）。有类似的研究将异常恶劣的冬季天气（一种直接的不稳定干扰因素 LPF）导致的皮质酮水平升高和因为积雪覆盖食物资源导致地面饲养的鸟类的突然迁徙（一种离开 ELHS 的策略）这两种情况比较

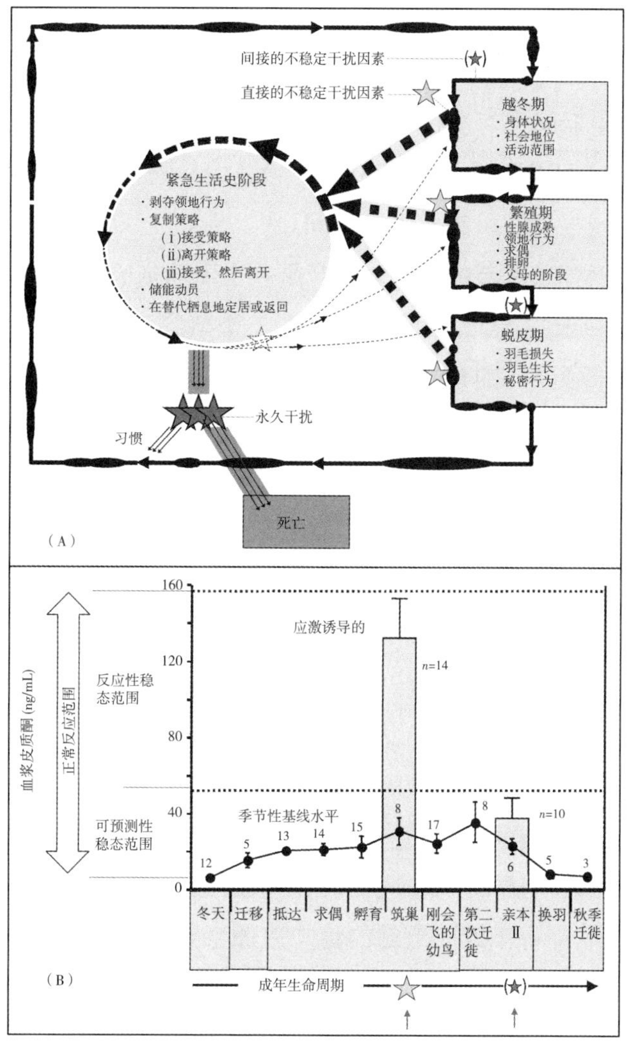

图 33.6★　紧急生活史阶段（ELHS）

图 A 为某种成年鸟类生命活动周期示意图（假定随着血液 GC 水平的变化，以不同的箭头图案表示），包括随机紧急生活史阶段 ELHS。该周期由数个生活史阶段 LHS 组成（方框：冬季或非繁殖季节、繁殖季节、换羽），且以特定顺序发生。这个顺序已经进化到个体最大限度的适应，每个 LHS 都发生在一年中的某个特定时期，何时何地的环境和社会条件都可以最大限度地使用机体可利用的能量，如食物、脂肪储存，并将其利用到完成特定的生活环境的生命活动之中。每个 LHS 由若干个亚型分期同时伴随着可预期的活动，例如，繁殖阶段涉及性腺成熟、占有领地、求偶、产卵等。外部的黑色箭头表示活动的方向，其宽度表示季节性基线假定的 GC 水平，在可预测性稳态范围内随着的可预测环境条件的变化（如季节变换、昼夜节律）而调节能量处于平衡状态。与可预测的环境变化相叠加的是不可预测的环境干扰（星形符号），这可能会在全年中的任何时刻发生。干扰可以是短期的，这些被称为不稳定干扰因素 LPF。当他们需要很少的能量来保持生存，例如，短暂地被袭击者追逐时，它们被称为间接的不稳定干扰因素（括号内的绿色星形符号），可以触发自主的“逃避或战斗”反应，导致很少或根本不需要高于季节性基线的血液 GC 水平即可以使个体延续其生命活动。然而，不稳定干扰可能持续数小时甚至数天，需要投入更多的能量来应对，如袭击者数量增加的情况。这些被称为直接不稳定干扰（黄色星形符号），引起随机的 GC 水平显著高于正常基础水平，进入 GC 活性稳态范围或应激诱导水平（图中的虚线箭头）。这些干扰重新使个体的生命活动进入到一个随机生活史阶段（ELHS，中间图所示），目的是应对额外的能量需求，即稳态应激负荷，以暂时性抑制正常 LHS 来保证生存。这里反应性 GC 的升高（高于季节性基线水平，以宽的虚线箭头表示）促进生理和行为的显著变化，包括使用储存的脂类和蛋白质提供能量以寻求庇护或逃跑时得以生存，例如，在鸟类迁徙期间突发的干扰事件等。一旦直接的不稳定干扰因素过去或迁移到新的栖息地，其血液糖皮质激素的水平将恢复到可预测性稳态范围，并且个体重新恢复到最合适的生活史阶段 LHS，其会面对可能或不可能的干扰再次发生。然而，干扰可能总是发生，最终成为长期或永久性的干扰，例如，栖息地破坏或气候变化。这些干扰被称为可变因素（三个红色星形符号）。如果个体不能逃避这些有害因素，糖皮质激素浓度的长期升高或慢性升高（三个箭头线）可能对生命有机体造成有害影响，并最终导致死亡。或者个体可能习惯于干扰的影响并维持生存，但只有在糖皮质激素浓度恢复到正常水平时才能恢复到正常的生命活动阶段 LHSs。**图 B** 表示成年雄性白冠雀在全年各个生活史阶段和亚型分期生活史阶段（x 轴）血液糖皮质激素水平（y 轴，平均血浆皮质酮±标准误）变化的试验数据。数字表示血液样品量。实心黑点连线表示雄性品种的皮质酮平均水平，即糖皮质激素水平在可预测性稳态范围或季节性基线水平以内。相比之下，两个垂直的条形图表示伴随着两个单独的极端天气干扰事件后，在不同年份的皮质酮水平。第一次严重风暴导致鸟类放弃了它们的巢穴和领地，因此可以被认为是一种直接的不稳定干扰因素（黄色星符号）。皮质酮水平远高于季节性基线水平，进入更高的活性稳态范围，从而激活紧急生活史阶段 ELHS，鸟类短期内暂停繁殖活动、连续多天在很多区域处于松散的群体状态。在这种干扰消除后，体内皮质酮水平恢复到可预测性稳态范围，鸟类返回到它们的领地并重新归巢。重新归巢后当第二次极端天气再次到来时，由于皮质酮水平没有提高到可预测性稳态范围并且紧急生活史阶段 ELHS 没有被激活，所以这种不稳定干扰被认为是间接的（用括号内的绿色符号来表示）。

分析，后者产生程度很高的稳态应激负荷。在北美，黑眼雀在严重暴风雪期间的血浆皮质酮水平显著高于暴风雪来临之前或之后的水平；血液糖皮质激素水平最高时，禽类活动的领地即被放弃，而当禽类在风暴过后找到庇护场所时，血液糖皮质激素水平又降低（Rogers et al.，1993）。相比之下，哈里斯麻雀为度过严冬的风暴变得不活跃（"接受"策略），但血液皮质酮浓度也升高（Rohwer and Wingfield，1981）。请注意，恶劣天气对紧急生活史阶段 ELHS 的影响取决于风暴的严重程度及风暴出现的时间。

如果我们重点研究对繁殖季节的影响，在产蛋前出现恶劣天气，白冠麻雀会延迟繁殖的起始时间，而皮质酮水平并未提高。由此表明，这一季节早期的风暴并不属于不稳定干扰因素，而是作为补充信息（可预测的环境变化）来调整性腺发育。或者，一年中某个时刻的能量需求可能低于环境中的可获得能量加上身体储备的能量，使得白冠麻雀个体不用触发糖皮质激素水平升高到基线水平或可预测性稳态范围从而应对环境干扰。然而，在孵化期和育雏期，与这些正常生活史阶段相关的额外能量消耗增加了禽类对干扰的易感性，即使同等程度的风暴也可以导致皮质酮水平升高以及弃巢和弃领地现象的发生，这是在紧急生活史阶段 ELHS 内"离开"策略的典型例子（Wingfield，1984）。

由于许多禽类物种在繁殖过程中的性别作用具有差异性，雄性和雌性可以产生不同程度的稳态应激负荷，我们也期望不稳定干扰因素应该在触发皮质酮浓度升高和紧急生活史阶段 ELHS 有所不同，但这取决于每个阶段中不同性别消耗的能量水平。例如，在猛禽中主要是雄性角色负责占有领地。在繁殖季节开始时，雄性黑鸢可能产生比雌性更高的稳态应激负荷，并且对于试验性不稳定干扰因素的捕获和拘束的反应，雄性黑鸢的皮质酮的浓度升高更加明显（Blas et al.，2011）。青年雄性黑鸢的稳态应激负荷更高，因为它们依靠竞争来代替老年雄性实施繁殖后代行为；正如预期的那样，捕获和拘束后年轻雄性比年长雄性的皮质酮水平更高。这种模式在雌性中则被颠倒过来，因为年轻的个体流动既不会对领地竞争产生稳态应激负荷，也不会对蛋的形成产生能量需求：年轻雌性在受到捕获、处理和拘束之后皮质酮呈现比较低的水平，对引发紧急生活史阶段 ELHS 呈现较低的敏感性（Blas et al.，2011）。白冠麻雀也表现出了性别角色对不稳定干扰因素 LPF 的敏感性。在孵卵期，恶劣的天气可能对雌性的影响比雄性大，因为雄性不用孵化，但是风暴对刚会飞的雄性幼鸟会造成更大的影响，作为父母亲此时付出的努力也是最多的（Wingfield，1984；Wingfield et al.，1983）。这里值得一提的是，尽管某些生活史阶段 LHS 和亚型分期阶段（占有领地、孵化和孵卵）的能量需求量很大，但它们是完全可预测的，并不一定每次都将糖皮质激素升高到活性稳态范围。然而，由于这些生命活动会增加稳态应激负荷，当它们暴露于不可预测的环境干扰（对进入紧急生活史阶段 ELHS 产生更高的敏感性）之后，它们可以产生更大的敏感性，糖皮质激素分泌升高进入活性稳态范围。

上述例子有力地证明应激诱导的糖皮质激素在活性稳态范围内的升高是紧急生活史阶段 ELHS 激活的基础，但是其他的野外和实验室试验（其中包括许多系统性糖皮质激素浓度测定的试验操作）更加明确说明糖皮质激素的功能针对特定行为和生理特性所发挥的调节作用，而这成为紧急生活史阶段 ELHS 的亚型分期阶段的补充。我们将简要地描述一些在应激诱导情况下或活性稳态范围内糖皮质激素发挥的主要作用。然而，值得注意的是，在日常生活和季节性活动过程中较低的 GC 浓度（即在可预测性稳态范围或基线水平之内），糖皮质激素所发挥的调节作用即使对同一特性也可以产生不一样的作用效果，甚至出现完全相反的作用。这些方面在其他文献（Landys et al.，2006；Wingfield and Romero，2001）中进行了论述。在应激诱导情况下或反应性水平上糖皮质激素的主要作用包括如下几个方面。

（1）反应性 GC 水平增加蛋白质分解代谢和促进糖异生　模仿活性稳态水平给予外源性 GCs 可以导致多种禽类品种的蛋白质损失和肌肉萎缩。例如，对家养野鸡经皮质酮处理，血浆尿酸水平迅速升高，而尿酸是氨基酸分解的副产物（Saadoun et al.，1987）。对家养麻雀皮下埋植皮质酮，导致胸大肌的重量减少，但广义上促进了可溶性（肌浆网中的）蛋白质组分的分解代谢，而不是改变肌肉收缩（肌原纤维）的组分，从而保持了鸟儿的飞行能力（Honey，1990）。通过提供氨基酸间接提供三羧酸循环的中间代谢产物和肝糖原分解底物可以提高反应性 GC 水平以支持增加的稳态应激负荷。

（2）反应性 GC 水平促进贮存脂肪组织的分解，提高体内脂类能量的可利用性（Dallman et al.，1993）　储存的甘油三酯以游离脂肪酸的形式释放，而游离脂肪酸既可以通过增加甘油三酯分解，也可以通过降低再酯化速率而得到。另外，提高的 GC 可以通过脂肪酸转运到相关组织发挥酶促降解作用（Mantha and Deshaies，2000；Landys et al.，2006，以及其中的引文）。注意，当实验动物处于能量正平衡时，人为地升高 GC 水平也可能导致脂肪沉积的增加（Wingfield and Silverin，1986）。

（3）反应性 GC 水平降低体重　例如，外源性皮质酮升高会抑制家养麻雀和棕煌蜂鸟体重的增加（Honey，1990；Hiebert et al.，2000）。体重的减少可能如上所述两种代谢的效应（能量动员的增加）以及维持机体结构组织的减少造成的。

（4）反应性 GC 水平调节机体自发活动　例如，白冠麻雀在皮质酮摄入后表现出活动量的快速增加（Breuner et al.，1998）。这种效应可能取决于 GC 的浓度：适当的提高 GC 浓度促进机体较为强烈的活动（“离开”的 ELHS 策略），非常高的剂量实际上可能会使机体对刺激失活（“接受”的策略；Wingfield and Ramenofsky，1999）。另外，可利用能量似乎调节了这种反应：对禁食禽类应用皮下埋植皮质酮时增加了它们的活动量，而自由采食的禽类反而降低了它们的活动量（Astheimer et al.，1992）。两种剂量和文中提到的依赖于 GC 浓度高低的效果与 ELHS 预期的行为反应是一致的：如果 LPF 不能减少食物资源，它可能趋向于采取“接受”策略，但如果干扰持续存在而且食物可利用能量（食物）减少，将触发更高的 GC 提升和采取“离开”策略，旨在寻找其他能源充足的地方。GC 对自发活动的作用特别与那些适应恶劣环境的禽类（如沙漠或高海拔地区）息息相关，这些物种对 LPF 的反应表现出暴发式的迁徙运动（Wingfield and Ramenofsky，1997）。然而，需要注意的是，季节性 GC 水平在机体需要高度活动的阶段，如迁徙和疏散时，通常有针对性地升高（Landys-Ciannelli et al.，2002；Belthoff and Dufty，1998），但是这些效应均发生在可预测性稳态范围之内。

（5）反应性 GC 水平可能增加食物的摄取　尽管一些研究提出 GCs 在一定的范围内可以调节摄食率（Dallman et al.，1993），但最近的研究表明，这种作用是通过糖皮质激素受体的阈值效应介导的，而不是通过 GC 浓度升高到季节性基线水平以上实现的（Landys et al.，2006）。有充足的相关证据显示，每天当 GC 基线水平处于最高时，觅食活动也是最活跃的，并且可以随着皮质酮处理的剂量而改变摄食强度（Dallman et al.，1993），再次强调，这些效应是发生在可预测性稳态范围之内的。

（6）反应性 GC 水平抑制占有领地和繁殖行为　当给予外源性皮质酮时，雄性北美歌雀守卫性攻击行为减少（Wingfield and Silverin，1986）。同样，当对自由生活的斑姬鹟给予外源性皮质酮时，会降低雏鸟的摄食率，甚至停止所有的繁殖活动，放弃巢穴和已占有的领地（Silverin，1986），雏鸟的身体状况和生存率同时下降。

（7）反应性 GC 水平增加夜间的安憩行为　被关入鸟笼的白冠麻雀和松皮金雀外源性皮质酮的升高导致低耗氧模式的出现，与对照组相比，在过夜过程中估计至少节省 20%的能量消耗（Buttemer et al.，1991）。然而，类似的处理应用于其他物种则导致相反的结果（Palokangas and Hissa，1971），可能是因为 GC 诱导的糖异生对代谢率和耗氧量产生的影响。对红褐色蜂鸟应用皮质酮处理会导致夜间行动迟缓，这是一种寻求"庇护/接受"的策略，这些禽类通过降低体温而实现这种策略（Hiebert et al.，2000）。

总之，GC 水平升高进入活性稳态范围内，此时其水平通常比季节性基线水平或可预测性范围要高几倍［图 33.6（B）］，此时行为和生理的关键性变化主要是应对不稳定干扰因素（LPFs），这样对最大限度地提高生存率和繁殖成功率具有重要的适应性价值，尽管暂时的能量消耗对某些生命活动产生一定程度的抑制。一旦直接不稳定干扰因素 LPF 结束或个体重新安置，血液 GC 水平通常就会降低到可预测性稳态范围，而个体重新进入最合适的生活史阶段（LHS），机体会再次面对可能发生或不可能发生的干扰出现。然而干扰不可能总是平息的，最终可能演变成长期的或永久的。例如，栖息地破坏、气候变化。这时它们则被称为修正因素。

• 直接不稳定干扰因素（LPFs）通常持续数小时或数天，会产生很高的能量需求（稳态应激负荷），导致正常生命活动的暂时性破坏。例如，包括长期暴露于恶劣天气、种内竞争、捕食者增多、食物资源减少以及持续的人类干扰等因素。

• 累积的稳态应激负荷使机体产生能量负平衡，即Ⅰ型稳态应激超负荷，同时个体调整生理与行为，使其进入随机生活史阶段，也即紧急生活史阶段（ELHS）。这种紧急生活史阶段很大程度上是由 GC 水平的提升并保持高于季节性基线水平（可预测性稳态）驱动机体进入活性稳态范围之内（或应激诱导水平）。

• 在紧急生活史阶段（ELHS），皮质酮在活性稳态范围内的升高可促进以下行为：①蛋白质代谢和糖异生增加；②脂肪组织脂解能量的可利用性增加；③体重减少；④自发活动和觅食行为的改变；⑤繁殖行为受到抑制；⑥夜间安憩的增加。这些由皮质酮介导的生理和行为的变化具有较大的适应价值，能够以暂时性抑制生命活动为代价最大限度地提高个体的适应能力。

• 一旦直接不稳定干扰因素 LPF 结束或个体重新安置，血液 GC 水平通常会降低到可预测性稳态范围，个体也将恢复到正常的生活史阶段。

33.3.4　永久性（长期的）干扰或"修正因素"

修正因素是持续数月或数年的干扰（因为干扰可能比禽类的平均寿命更长，所以它们被称为"永久性"），当这些环境因素产生过高的能量需求使机体被永久性的损坏，甚至正常的生命活动亦被破坏（Wingfield and Romero，2001；Wingfield，2013a）。潜在的例子包括慢性疾病和感染，例如，高寄生虫负荷而致的永久性瘫痪，全球气候变化和持续的人类活动的干扰［图 33.5

(A)]。累积的能量负荷使机体产生能量负平衡，如果 ELHS 前的活动不能逃避环境干扰，如无法重新安置就会导致死亡。这里持续的长期 GC 升高能够引起耗损（参见第 33.2.3 节）而达到稳态应激超负荷范围，并对身体重要的器官系统产生有害影响，包括抑制促性腺激素分泌和生殖功能暂停，如青春期延迟、性腺退化；抑制生长激素的分泌，如应激诱发的侏儒症；骨骼肌彻底衰弱，如抑制飞行和运动能力；抑制 T 淋巴细胞对感染的反应，增加对疾病的易感性；通过被破坏的谷氨酸盐和钙离子调节引起海马体的神经元损失；并降低花生四烯酸的产生（关于作用效果的综述，参见 Sapolsky，1996；Wingfield and Romero，2001；Romero et al.，2009）。ELHS 的某些特征与高度适应性 GC 反应相反，慢性 GC 升高对环境适应价值降低。还需注意的是，在特定时间点，慢性 GC 暴露会引起下丘脑-垂体-肾上腺（HPA）轴的破坏，并且即使长期的环境干扰逐渐平息以及环境可利用能量高于健康个体的能量需求，也可能对生命有机体产生有害影响，这就相当于Ⅱ型稳态应激超负荷，由耗损导致活性范围的而降低，或者由社会压力导致的生态学效应我们先前已经讨论过。污染也被认为是一种修正因素，但是它对禽类肾上腺皮质功能的影响很少有人研究，并且非常需要野外现场调查（Baos and Blas，2009）。

关于修正因素的作用关键点是，并非在一个社会群体中所有的个体都以同样的方式对环境干扰进行感知并做出反应。因此，在某些特定情况下（取决于物种和干扰的类型），即使某些个体对修正因素最初有着剧烈的反应，例如，某个群体因死亡或迁徙而部分消失，但是通过对抵抗应激表型的特异性筛选而使群体恢复也并非不可能（Blas et al.，2007；Cockrem，2007）。换句话说，环境干扰可能成为选择压力，也可能成为适应，因此只要种群持续性存在，就可能发生：①应激反应中存在一定的遗传变异，即某些特定的基因型不能激活对特定干扰的肾上腺皮质反应；②个体对某些特定的干扰产生适应，逐渐减少肾上腺皮质反应，并在没有激活 HPA 轴的情况下保持存活；③表观遗传效应（例如，母性遗传）通过修正后代的肾上腺皮质反应来减少环境干扰的影响。对修正因素的潜在反应将在下一节举例说明。

• 持续数月或数年的长期干扰，也称为修饰因素，导致机体过高的能量需求，并对生命周期产生永久性破坏。例如，慢性疾病和感染、全球气候变化、持续的人类干扰，如城市化、栖息地破坏。

• 在 ELHS 最初激活之后，如果无法逃避环境干扰，这意味着累积的稳态应激负荷将使机体处于能量负平衡状态，并可导致死亡。

• 持续长期 GC 水平升高引起机体耗损，达到稳态应激超负荷范围，并对身体主要的器官系统产生有害影响，包括①抑制促性腺激素分泌和繁殖功能暂停；②抑制生长激素的分泌；③骨骼肌的衰弱；④抑制免疫系统；⑤神经元死亡。

• 修正因素可能导致种群灭绝。然而，如果遗传变异和遗传表型可塑性在应激反应中使得某些抗应激个体能够保持存活，那么通过局部适应性种群的建立使种群得以保持下来。

33.4 表型可塑性和应激选择

禽类物种形成是在差异反差很大的环境下发生的，例如，从沙漠到极地，而肾上腺皮质的反应则是平行进化的，这是由占主导地位的干扰因素决定的，并可能解释物种间的变异性。

据报道，在一个特定的物种中，不同的亚种、种族、变种，甚至种群都有不同的肾上腺皮质分泌模式（Wingfield and Romero，2001）。一方面，这种变异性揭示了控制 HPA 功能的遗传基础，例如，允许人类通过人工选择驯养野生动物和产生抗应激的表型（Keith et al.，1973；Satterlee et al.，2000）。除了这些从遗传学角度决定的模式外，肾上腺皮质对应激的反应表现出很强的表型可塑性。例如，在早期生活中所经历的环境条件会使机体在肾上腺皮质反应的模式上产生终生的差异，这就成为表观遗传模式（Love et al.，2013）。另一方面，个体经常表现出根据不同生活史阶段的特定需求调节肾上腺皮质反应的能力，从而最大限度地降低与皮质酮在行为和生理上的行为，以及相关的能量平衡状态（Lendvai et al.，2007）。表型可塑性也表现在重复暴露于相同的环境干扰时，刺激肾上腺皮质功能的逐渐改变，揭示与经验相关的模式通过适应而产生，同时突出认知，即个体对潜在威胁的感知与肾上腺反应之间的紧密联系（Cyr and Romero，2009）。综上所述，HPA 轴的反应遵从自然选择性状的所有特征（Love et al.，2013；Cockrem，2013）：个体差异性较大（Williams，2008；Cockrem，2013），相同条件下的可重复性（Ouyang et al.，2011）、遗传性（Bartels et al.，2003；Evans et al.，2006；Solberg et al.，2006）和对人工选择的反应（Satterlee and Johnson，1988；Evans et al.，2006）。

• HPA 轴的反应遵从自然选择性状的所有特征：个体差异性较大，在相同条件下的可重复性、遗传性和对人工选择的反应。

• 从遗传学角度决定的模式上，个体在对应激的反应中表现出表型可塑性。

33.4.1 机体发育过程中的应激反应

幼鸟在发育过程中表现出高度可变的 HPA 反应（Blas and Baos，2008）。一方面，种间差异反映了在利他性早熟谱内发育策略变异的多样性［图 33.7（A）；Starck and Ricklefs，1998］。早熟鸟，如绿头鸭（即席孵化、羽毛厚实，并且可以调节体温、可移动、独立于父母采食）能够提高血液中皮质酮的浓度以便在孵化后某一天对人类的干扰进行反应（Holmes et al.，1990）。晚成鸟如北方蓝嘲鸫（盲目孵化、羽毛稀疏、不能进行体温调节和移动）在孵化后的头几天显示出对同样刺激呈现轻微的 HPA 反应（Sims and Holberton et al.，2000），表明处于“应激低反应期”。另一方面，某些特定的发育模式和物种中，随着个体的成长和发育，HPA 的反应性逐渐增加。例如，白鹳是一种半晚成的品种，直到孵化后第 20 天［图 33.7（B）］，随着年龄的增长以同样的试验刺激逐渐引起更多皮质酮的分泌反应，当羽毛接近丰满时，才达到皮质酮分泌的最大峰值（类似于成年一样的反应）（Blas et al.，2006a）。

发育假说认为，在种内和种间成熟的 HPA 反应模式，随着进化的演变，GC 的作用是为了保持能量摄取和消耗之间的平衡，同时促进个体克服环境干扰的能力逐步增强（Blas and Baos，2008）。在初始发育阶段，机体无法表现出强烈反应的能力，从而降低了自身的生长、甲状腺功能，以及认知能力和竞争能力（Schwabl，1999；Kitaysky et al.，2003；Hayward and Wingfield，2004）。然而，随着机体的生长，应激诱导反应的能力逐渐表现出来，也就是在活性稳态范围内的 GC 水平升高，并获得一个临界适应阈值。例如，在中部发育阶段（15～20 日龄）的黑腿三趾鸥皮质酮水平的升高会促进乞求食物和攻击行为的发生（Kitaysky et al.，2001，2003），这两种行为反应在早期应对食物短缺时非常有利，尽管此时仍然依赖于父母的照料。

除了随着渐进性发育增强了触发 HPA 反应的能力，使血液 GC 水平进入可预测性稳态范围，也就是基线水平，在脊椎动物种群研究中发现这种与年龄相关的变化主要用于调节个体发育阶段的转变（Wada，2008）。基线（可预测）GC 水平的升高促进了机体主要器官的成熟，并可能控制了孵化能力和羽毛长成的时间。例如，基线皮质酮水平的峰值大约在刚孵化出的家鸡（Carsia et al.，1987）和灰斑雁（io et al.，2001）中观察到，对刚孵化 2 日龄的火鸡卵胚外源性给予皮质酮处理显著增加了孵化的成功率（Wentworth and Hussein，1985）。白鹳在羽翼未丰之前基线皮质酮水平即增加（Groscolas，2008），在美国发现很多鸟类也有类似的现象，例如，红隼（Heath，1997）、杂色霸鹟（Kern et al.，2001）、金丝雀（Schwabl，1999）、细嘴锯鹱（Quillfeldt et al.，2007），以及黑背信天翁（Seabury and Breuner，2005）。有趣的是，鸟儿离开巢穴时基线水平的皮质酮浓度的升高可能与第一次飞行的物种需求有关，也可能与巢穴的位置有关。在地面上（如雪鸮）或低矮的树丛里（例如，北方的猫头鹰）筑巢的鸟类，在离开鸟巢后的几天内不会进行第一次飞行，而随后的转换期则没有相应的 GC 基线水平的提升（Romero et al.，2006；Sims and Holberton，2000）。与此相反，禽类在洞穴或更高的地方（高树、悬崖）筑巢时，它们会在离开巢穴时进行第一次飞行，通常会增加基线皮质酮水平［例如，《筑巢的美洲隼》，Heath，1997；《凶猛的鸣角鸮》，Belthoff and Dufty，1998；或《探索细嘴锯鹱》，Quillfeldt et al.，2007；参见图 33.7（C）］。此外，皮质酮水平在鸣角鸮羽毛长成之前和羽毛丰满期间都有所提升（Belthoff and Dufty，1998），表明这种激素在出生时具有分散作用。在禽类发育过程中，皮质酮的升高可能会满足个体发育变化而增加的能量需求（稳态应激负荷），包括孵化、羽毛长成至丰满，以及离开巢穴（Wada，2008）。

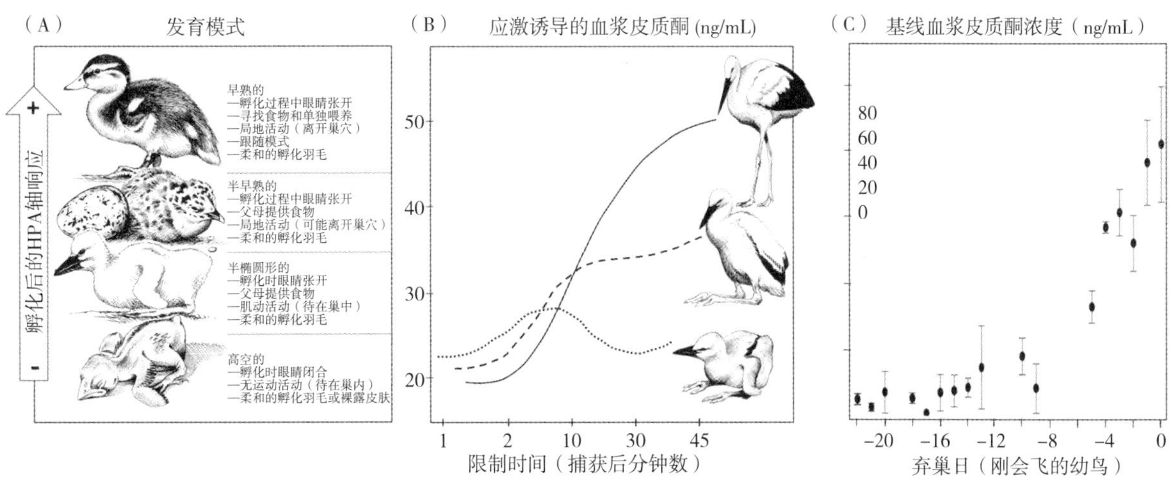

图 33.7 发育期间的应激反应

（A）禽类的发育模式有两种属性：即早熟鸟和晚成鸟。晚成鸟，如北国鸟，一种常被绘画在画布上的家麻雀，一般表现为盲目孵化、缺少羽毛覆盖、运动能力减少，必须依靠父母提供食物和保持体温。早熟鸟，如绿头鸭孵化时就处在一个高级的发展阶段，可以即席孵化、羽毛厚实、独立觅食且可以移动。中间发育模式包括半晚成鸟（如白鹳）和半早熟鸟（如黄腿鸥）。应对环境和社会干扰的能力通过下丘脑-垂体-肾上腺轴的功能而实现。例如，提升皮质酮的水平以应对捕获和处理的能力，提高刚孵化幼雏的发育程度：晚成鸟显示有一应激低反应期，其特点是糖皮质激素含量一直到出壳后都处于较低水平，而早熟鸟在出壳后一天内即显示出强烈的 HPA 反应。（B）HPA 功能在发育阶段的变化。在某些特定的物种，如白鹳，HPA 的功能在个体发育过程中逐渐增强。图中显示了 3 只雏鸟在 24、40 和 60 日龄捕获和笼子中 45min 期间的血液皮质酮水平（y 轴）。（C）雏鸟从未离巢到羽毛丰满的阶段。血液皮质酮基础水平通常在出壳前、羽毛丰满期以及可以离开巢穴期间均有提升，从而使得鸟类能够满足与机体发育变化相关的日益增长的能量需求。该图显示了扁嘴琵鹭在羽毛生长初期至羽毛丰满期间血液中的皮质酮基础水平。在离巢前一天观察到皮质酮处于最高水平。

- 禽类的发育模式跨越两个渐变的极端属性：即早熟鸟和晚成鸟。

  ■ 应激反应随着发育程度的增加而增加：对于晚成鸟，刚孵化出来的幼鸟显示有一应激低反应期，即对糖皮质激素含量的提升早期无反应能力，而在孵化后不久才出现 HPA 反应。

  ■ 在早期发育阶段无法表现出强有力的应激反应，可以避免较高的和持久的 GC 水平的影响，从而抑制生长，损害甲状腺功能以及认知和竞争能力。

  ■ 发育假说认为，成熟的 HPA 反应与 GC 反应二者共同发挥调节作用，保持机体能量摄入和消耗处于平衡状态，从而应对环境的干扰。例如，增加行为表现和对父母的独立性。

  ■ 基线皮质酮水平（可预测性稳态范围）在孵化、羽毛初长成至羽翼丰满以及离开巢穴之前即增加，使得机体满足个体发育转变相关而增加的能量需求（稳态应激负荷）。

33.4.2 母体的影响

对人类和实验室模型的研究表明，父母对后代早期的 HPA 功能和相关行为反应有深刻的影响（McGowan and Szyf，2010；McGowan et al.，2011）。发育过程中，GC 的活动对组织器官的形成产生持久性影响，当内分泌系统已经开始发育时（Williams，2008），与相同激素的可逆激活作用相比，对个体生产性能具有更强的影响，即适应性：如繁殖和生存。在禽类中，在发育期间暴露于高 GC 水平即可以引起产前效应，即母体介导的变化或卵内成分的改变（Almasi et al.，2012），也可以引起产后效应，例如，根据需要照顾后代的数量：准备食物、生活场所、社会竞争（Blas and Boas，2008），并有可能通过一个称为“母体规划”的过程将生态和环境条件转化为永久的后代响应［图 33.8（A～B）；Love et al.，2013］。因此，母亲可以通过暴露于高或低水平的 GCs 来对后代的终生响应作“准备”，从而导致 HPA 轴功能的永久性改变（Hayward and Wingfield，2004；Love et al.，2005；Saino et al.，2005；Love and Williams，2008），从而可能会影响应对生态环境干扰的能力。这种准备具有高度的适应性，允许动物适应不断变化的环境，因为在生命早期暴露于低水平的环境干扰通常导致个体能够更好地在以后的场合中暴露于较高水平的环境干扰（这种过程被称为兴奋效应，Constantini et al.，2010）。需要注意的是，这些适应性在表观遗传学上是存在的：后代的遗传组成可以是相同的，但是在发育过程中，对环境干扰不同的基因表达和 GCs 在发育过程中的变化会导致不同的表型出现。例如，交叉哺育的生物后代在母亲的高度精心照料和粗心照料下可以永久地逆转实验动物中子代的 HPA 反应（Francis et al.，1999）。通过母体规划适度地修改表型的预期是具有情境特异性的，主要由发育后所遇到的环境条件决定，或多大程度地与产后条件相类似，这就是母体匹配理论（Love et al.，2013 ）。在这些情况下，早期准备对后代未来的生活环境有比较可靠的预测，母体规划预计会增加后代甚至是母体的适应性［图 33.8（B）］。然而，如果母体信号不能预测后代的未来环境，母体规划会对后代产生负面的（不利于适应的）影响，这就是节俭表型（Hales，C. N.，Barker，D. J.，1992）。母体匹配假说是由最近提出的更广泛的环境匹配假说凝练而成的一个范例（Sheriff et al.，2009，2010，2011a）。虽然这些假说需要在野生禽类中进行测试，但有证据表明，有关环境-母体-后代相互之间的调节控制是通过皮质酮介导而完成的，这就构成了母体规划的核心内容，如图 33.8 所示。

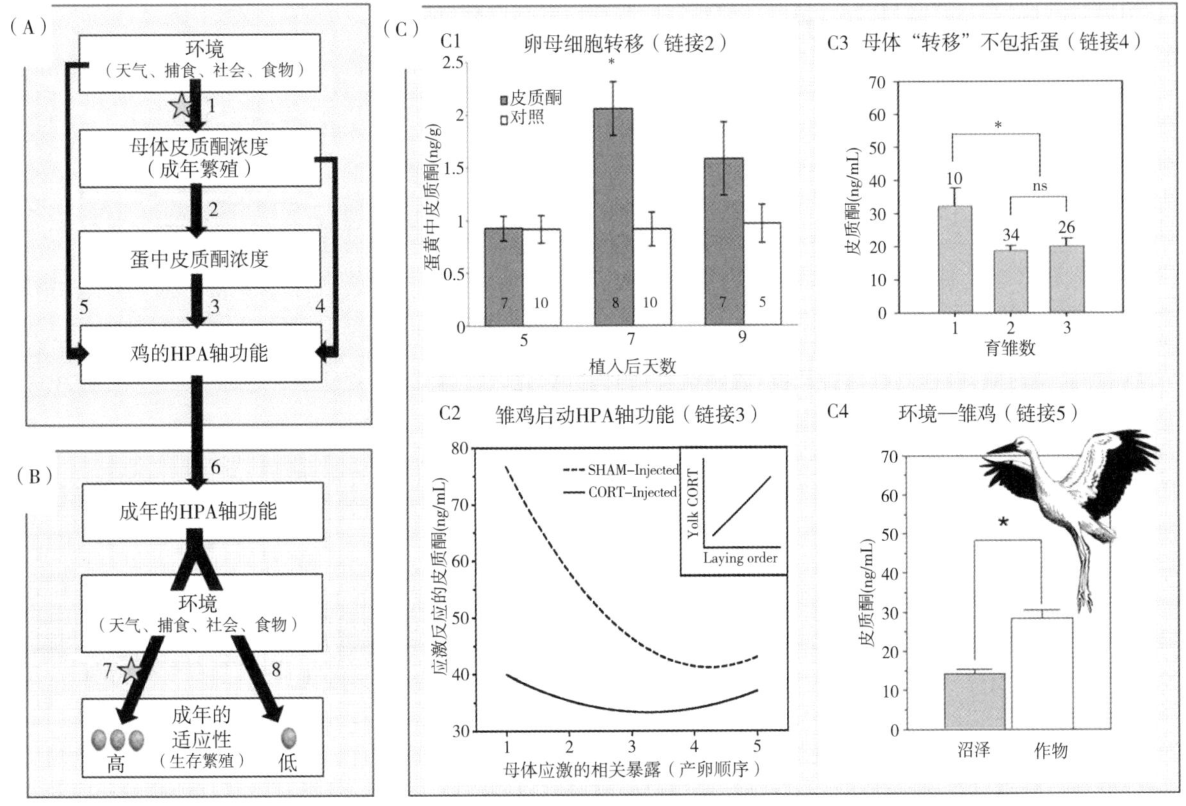

图 33.8　母体效应

（A）简述因环境干扰，经由母体效应（母体规划）导致发育期的鸟类，其机体 HPA 轴功能永久性改变的机制。环境干扰（星号）可激活繁殖期成年雌性鸟类的 HPA 轴（1）。产蛋前期和产蛋期的雌性鸟类，其体内高水平的皮质酮将富集于蛋中，导致蛋内皮质酮处于高水平（2），这些蛋孵化成雏鸟后，会形成一种“启动效应”，它们的 HPA 轴反应将发生永久性地改变（3）。另外，在母体保护方面的变化，例如，减少未离巢雏鸟的出巢和食物供应，或者增加同窝内雏鸟的内部冲突，这些将进一步促进皮质酮水平的增加（4）。因为亲代抚育不能完全缓解环境干扰，却能直接影响未离巢雏鸟机体内的皮质酮水平（5），同时永久的改变 HPA 轴功能。处于发育期的鸟类其 HPA 轴的“启动效应”可一直存在，由此成年后表型显示出永久的表观遗传修饰（6）。（B）母体匹配理论，鸟类在发育过程中如暴露于不同水平的 GC 环境（在母体和出生后所生活的环境），将产生与 HPA 轴有关的不同表现型。例如，亲代于不同年份产下的子代，可为高 HPA 轴响应者，也可为低 HPA 轴响应者。环境变化，使不同表型分泌的皮质酮量不同，因此，在今后其生活中应对环境变化的能力也不同。母体匹配理论认为，各表型的适应性取决于发育后所处的环境条件。这种情况下，早期的“启动效应”对后代未来的生活环境有比较可靠的预测，母体规划预计会增加后代的适应性（7；同图 A 中 1 一样的星号标注），然而，如果母体信号不能预测后代的未来环境，母体规划会对后代产生负面的（不利于适应的）影响。（C）举例阐明母体效应。日本雌鹌鹑（*Coturnix Coturnix japonica*）体内植入皮质酮，在植入 7d 和 9d 后，卵黄中皮质酮含量显著增加。如图 A 中箭头 2 所示。C2：新生且能自由生活的欧洲椋鸟（紫翅椋鸟）其应激轴的响应能力（血浆中皮质酮水平），与暴露于母体应激后的自然变异具有一定相关性［值得注意的是随着卵的形成，卵黄中的皮质酮也在增加；与对照组（虚线）相比，未离巢雏鸟在孵化前受到外源性皮质酮的刺激（实线）可进一步降低应激反应。如图 A 中箭头 3 所示］。C3：白鹳巢穴中单一的雏鸟是由于部分孵化失败和育雏减少导致的（表明亲代抚育不同），与巢穴中有两只和三只的雏鸟相比，它们的血液中有较高的 GC 水平（基线水平或可预测性稳态范围。如图 A 中箭头 4 所示。C4：未离巢白鹳生长于食物缺乏的环境（庄稼），其血浆中的皮质酮水平（基线水平或可预测性稳态范围）明显高于生长在食物充足的湿地环境（沼泽）。如图 A 中箭头 5 所示。

（1）环境和社会条件对成年鸟类血液 GC 水平的影响（包括雌性生殖）　如捕食风险的增加（Hawlena and Schmitz，2010），获得食物的不可预测性（Kitaysky et al.，1999a，b，2007；Shultz and Kitaysky，2008），人类活动的干扰（Thiel et al.，2008；Zhang et al.，2011），社会竞争等持续性地促进雌性鸟类蛋的形成、产蛋以及孵化后代。因此，潜在的 GC 水平可以促进卵的形成和雏鸟的发育。

（2）环境和社会条件对后代 GC 水平的影响（包括卵胚和发育中的鸟类）　尽管血液中的 GCs 是如何从母体转移进入卵中的确切机制尚需更多的深入研究（Groothuis et al.，2005），但母体（血浆）和卵（卵黄）之间的 GC 水平在欧洲紫翅椋鸟（Love et al.，2005）和仓鸮（Almasi et al.，2012）已有研究。还有研究报道，对母体暴露于环境挑战（barn swallows Hirundo rustica，Saino et al.，2005；European starlings S. vulgaris，Love et al.，2008；song sparrows M. melodia，Travers et al.，2010）的响应，卵中 GC 水平呈伴随性的增加，其中也包括捕食压力以及社会环境的变化。例如，孤雌生殖的欧洲雌性椋鸟卵中存在较高的 GC 水平（Love and Williams，2008），在雌性椋鸟减少的情况下，常常导致未离巢雏鸟的食物储备率下降，孵化后的 GC 水平升高（Love et al.，2004；见 Angelier et al.，2007b，2009）。白鹳巢穴中单一的雏鸟是由于部分孵化失败和育雏减少导致的（表明亲代抚育不周），与巢穴中有两只和三只的雏鸟相比，它们的血液中有较高的 GC 水平（基线水平或可预测性稳态范围）（图 33.8，panel C3；Blas et al.，2005）。

（3）子代发育过程中（卵胚和孵化后）的环境挑战和 GC 水平的提高会对子代 HPA 轴的功能、行为和性能产生长期的差异 例如，黑腿三趾鸥雏鸟发育过程中，进行食物限饲实验会导致 30 日龄雏鸟的皮质酮水平持续增加，并且实验证明皮质酮水平的上升会促进雏鸟的乞求食物和攻击行为，若持续达到 8 个月以后则导致认知能力的长期损害（Kitaysky et al.，2003）。欧洲椋鸟在孵化期内，母体食物储备率的减少会增强刚会飞幼鸟的肾上腺皮质反应（Love and Williams，2008）。在固定巢穴内，母体 GC 水平（沉积在蛋黄中）的增加（Love et al.，2008）导致未离巢幼鸟的 HPA 反应一致性的增强，而与卵胚 GC 暴露呈负相关（图 33.8 中的 C2）。对蛋进行外源性 GC 刺激使后者的关联进一步增强，结果显示刚会飞的幼鸟出现最低的 HPA 轴反应（Love and Williams，Love et al.，2013 年未公开数据）。不知何故在日本鹌鹑的研究中却报道了相反的结果，试验性地提高产蛋期鹌鹑血浆皮质酮水平会从母体转移到蛋黄中（图 33.8 中的 C1），但孵化出来的鹌鹑（生长速度较慢）显示有较高 HPA 轴反应（Hayward and Wingfield，2004），但与成年鹌鹑相比，HPA 轴反应则较低。遗憾的是关于 HPA 轴的功能、行为和性能对于羽毛丰满的鸟类是否持续存在于遗传表型中，尚缺乏野生禽类的监测数据，但对野生白鹳研究发现，未离巢幼鸟应激诱导的皮质酮水平和幼鸟长到成年的成活率呈负相关关系。

母体规划已被证明是一种适应性（GC 介导的，表观遗传）机制，可以连接母体和后代的生活环境，如野生哺乳动物的周期性种群动态（Sheriff，2009，2010，2011a）。这个机制是否也适用于野生禽类迫切需要更多的野外试验进行研究，特别是对环境条件的巨大差异与 HPA 轴功能及个体性能的长期监测相结合而进行的研究。

• 在发育期间糖皮质激素活动对个体组织器官结构产生永久性的影响。

• 发育期间糖皮质激素的暴露发生在孵化前（卵胚：在卵形成期间）和孵化后（出壳幼鸟：取决于母体和父体的抚育数量）。

• 糖皮质激素从母体转移到子代有可能通过称为“母体规划”的过程将生态和环境条件转化为永久的后代响应。

• 这种“启动效应”具有很高的适应性，并且可以让动物适应不断变化的环境。

• 修饰表型的适应性可能是具有情境特异性的，并且由发育后遇到的环境条件决定（母体匹配理论）。

33.4.3 应激反应的调节

紧急生活史阶段 ELHS（图 33.6 和第 33.3.3 节）会使能量的摄入从正常生命活动转移进入生存模式。在大多数情况下，这种能量转换（通过皮质酮升高介导进入活性稳态范围）是具有高度适应性的，但个体也会产生一些能量消耗。事实上，生命周期理论假设生命有机体在相互矛盾的功能之间可以对有限数量的资源/能量分配进行不断的权衡（Stearns，1992）。例如，禽类繁殖必须在当前的繁殖投入和生存之间进行能源和资源的权衡（这决定了未来的繁殖）。对某个个体或具有其他生活特性的个体是否应该分配更多资源取决于其生命适应性的相对重要性，自然选择可能成为最优决定的选择方法。这是被大家广泛接受的再生产成本模型所讨论的核心内容（Williams，1966），这就导致最近提出了"就巢值假说"（Heidinger et al.，2006；Lendvai et al.，2007；Lendvai and Chastel，2008）。

就巢值假说提出，应激反应应该对当前试图繁殖的相对重要性进行调整：当目前繁殖的价值相对较高时，应该减轻应激反应以确保目前的繁殖尝试得以实施。这个假设已经在种内和种间的众多相关领域研究中得到了实证支持。例如，应对抓捕和囚禁（活性稳态范围，血浆皮质酮水平）红腿鹧鸪会使皮质酮水平上升，而从产蛋前到产蛋期之间皮质酮水平下降，表明随着繁殖价值的提升肾上腺皮质激素反应出现适应性的下调［图 33.9（A）；Blas and Marchant，未发表的数据］。对自由生活的麻雀进行的试验证明，个体可以灵活调节应激反应，以至于它们试图育雏的价值得以实现。在育雏期间，通过试验性的增加或减少巢穴的尺寸，Lendvai 等于 2007 年发现，父母对扩大巢穴的应激反应要弱于这些减少巢穴的应激反应［图 33.9（B）］。此外，他们还检查了随着繁殖季节的变化，个体对应激源的反应是否减弱以及未来的繁殖机会是否下降。当鸟类第一次试图繁殖时应激反应随着繁殖日期的临近而下降，但在第二次试图繁殖时却保持不变。该假说同样适用于物种间的比较：在北纬地区由于繁殖季节很短，禽类繁殖很少有机会进行再次繁殖，这就符合就巢值假说的预测，他们与南方的种群/物种（有较为宽泛的繁殖季节，在同样的年份内有更多的可能性去繁殖；Silverin et al.，1997；O'Reilly and Wingfield，2001；Breuner et al.，2003；Wingfield et al.，1995a）进行比较，结果表现出应激反应减弱的现象。同样，年龄较大的个体繁殖机会逐渐减少，随着年龄逐渐变老，其尽可能努力增加繁殖的机会（"终端投资假说"：Clutton Brock，1984；velando et al.，2006）。这也符合就巢值假说，老龄禽类在应对环境挑战时表现出 GCs 分泌反应逐渐衰减（Heidinger et al.，2006），尽管这种模式可能并不总是发生（Angelier et al.，2007a）。假如在父母照料（Wingfield et al.，1995b；O'Reilly and Wingfield，2001；Holberton and Wingfield，2003）较多的情况下，后代禽类在性行为、在特定的繁殖期间需要父母投入更多的精力［Meddle et al.，2003；见图 33.9（A）］，甚至在子代体重或数量增加（Lendvai et al.，2007；Lendvai and Chastel，2008）的特定阶段（如育雏）等方面表现出对应激的反应降低。最近对 34 种野生禽类物种的系统发育对比分析发现，那些具有较高就巢值的种群相对于未来的繁殖在急性应激期间表现出较弱的皮质酮反应［图 33.9（C）］，并且需要更多父母照料的雌性物种的皮质酮反应较弱（Bókony et al.，2009）。综上相关的实验性和比较性证据共同表明，应激反应功能的调节作为生理调节介质主要是对当前和未来繁殖能量和资源之间的适应性分配。同样非常重要的是，这些研究均指向特定的内分泌调节机制，即 HPA 轴的功能，其作为生命活动的生理基础，表明 HPA 轴的功能和 GC 的分泌可能是和其他性状一样可供选择的目标（Bókony et al.，2009）。

• 个体可以灵活调节它们的应激反应，以满足其育雏的繁殖价值（就巢值假说）。

• 个体内的调节模式与应激反应中的种间差异一致，表明存在类似潜在的生态限制。由于繁殖季节短，北纬地区的禽类繁殖很难有机会再次繁殖，并表现出衰减的应激反应。偏向雌性父母照顾的雌性禽类对皮质酮反应也较弱。

• 皮质酮分泌的调节使得在当前繁殖投入和生存之间进行能量和资源的权衡分配成为可能，而这也为生命的进化提供了一个可能的机制。

33.5 研究肾上腺皮质功能的野外试验方法

我们目前对禽类肾上腺皮质功能的理解在很大程度上是基于实验室条件下利用笼养的禽类进行的试验研究。这使得研究人员能够控制相当数量的影响下丘脑-垂体-肾上腺（HPA）轴功能的变量，例如，光周期、温度、食物和水、社会相互作用、地位、年龄、性别和生活史阶段等。笼养禽类易于重复采样和性状操作，而且大多数实验室都有现成的基础设施，可以在重复的条件下获取、处理和存储采集的样本。

然而，当把试验结果外推到现实世界时，实验室的设备会有相当大的偏差（fusani et al.，2005）。作为开始，只有少数禽类可以被关入笼内进行试验，将研究结论限定在特定物种或系统群体中（如家禽品种），甚至通过人工选择的方式对 HPA 轴系统自动或不自觉地予以修改限定（Keith et al.，1973；Satterlee et al.，2000）。此外，当一个野生的禽类被带到实验室笼养时，人为设置的环境无法复制自然刺激的丰富性及其复杂的相互作用，并且当禽类暴露于真实的生态情景时，所记录的生理和行为反应可能代表与自然栖息地相比呈现较低的多样性（Fusani et al.，2005；Fusani，2008）。例如，对野生雀形目禽类物种的研究显示，与药物处理组一起进行笼养发现，海马体积减小，血液睾酮水平降低，揭示环境和社会的剥夺可以大幅改变神经内分泌和行为反应（Wingfield et al.，1990；Smulders et al.，2000；Canoine and Gwinner，2002）。近四十年来，越来越多的行为内分泌学家将自己的研究重点放在自然环境下的野生物种上，主要是遵循 John Wingfield（Wingfield and Farner，1975，1993）的开创性工作，他们研究了测定小量血液样品中激素的方法，避免了杀害研究对象的需要，并且建立了内分泌学学科领域。在野外试验工作中，与实验室设置的环境相比至少有五个重要的挑战（Fusani et al.，2005；Fusani，2008），并导致使用可替代的非侵害性工具来监测内分泌功能（Bortolotti et al.，2008；Sheriff et al.，2011b）。

首先，野外样本在营养条件、社会地位、生活史阶段以及许多其他因素中不可避免地存在差异，这些因素在设计野外试验，收集样品和随后对数据进行统计处理时应考虑到这种变异性。其次，捕捉野生禽类可能需要付出相当大的努力，并且应该仔细选择诱捕方法以避免对肾上腺皮质功能产生额外干扰。例如，使用视觉诱饵和录音播放可以促进捕捉，但是使用社交激励作为“诱饵”会使激素快速分泌（例如，睾酮水平升高，Wingfield and Wada，1989），可潜在的影响 GC 水平（Charlier et al.，2009）。即使使用被动捕获方法，如模糊网等也应该小心，因为捕获事件本身是有应激的，随着时间的逝去直到采样需要标准化的、可控制的或至少精确地进行记录（第 33.5.1 节）。第三，与实验室研究（$N \leqslant 10$ 是常见的）相比，样本数量通常减少，因为捕获野生禽类的困难以及考虑最大限度地减少对野生种群的影响的限制。只要有可能，对样本重复测量可以提高统计的可信度，虽然重新捕获同一个体是不可能的，因为其已经学会了逃避行为。第四，由于在野外或偏远地区工作时条件可能很原始，因此样品处理和运输可能需要特定的运输工具。例如，从血液样品中分离血浆用于随后测定皮质酮水平，需要使用电池式或手动操作的离心机，而在冷冻条件下的保存、储存和运输可能需要干冰或液氮（Fusani et al.，2005）。最后，应特别注意与野生禽类操作有关的道德和法律问题（Fair et al.，2010），应最大限度地减少对研究对象健康和自然种群生存能力的潜在影响。

上述的限制和考虑意味着任何野外肾上腺皮质功能研究的第一步都需要精心策划的试验设计。环境变化的随机性（不可预测事件）是在野外试验研究中经常发生的，而实际上这就相当于“自然试验”，为了解肾上腺皮质功能在禽类中的作用提供独特的机会，如在恶劣天气（Wingfield et al.，1983）、社会冲突（Goymann and Wingfield，2004）、饥荒条件（Kitaysky et al.，1999a，b）和污染事故（Baos et al.，2006；Baos and Blas，2009）等环境中。下面我们将总结用于评估野生禽类肾上腺皮质功能的一些常用技术，其中一些在近年来已经得到了发展或大量实施（定量 GC 水平的实验室技术已经在其他地方进行了整理论述；Sheriff et al.，2011b）。

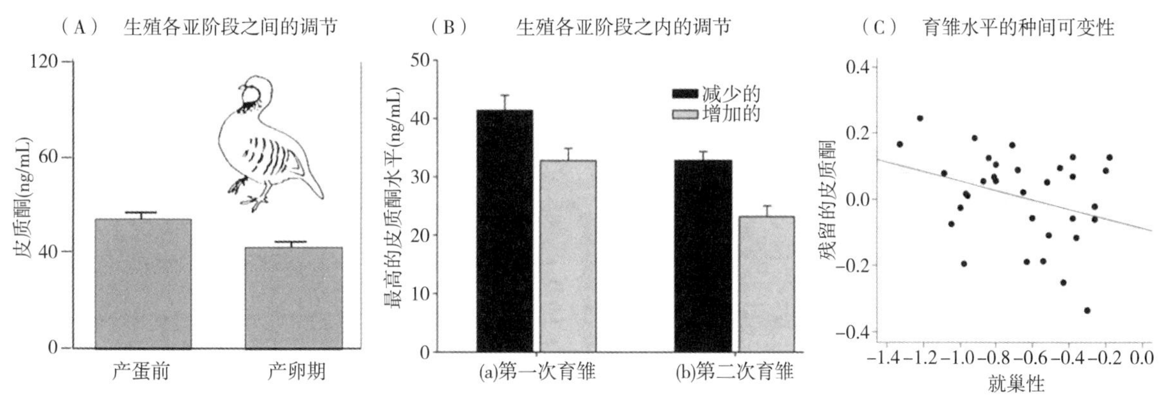

图 33.9 繁殖过程中应激反应的调节

（A）在捕获和笼养红腿鹧鸪时，横跨繁育各个阶段皮质酮的最大值。鸟类开始产卵时，应激诱导的皮质酮下降，提示 HPA 轴反应的适应性下调。（B）一年中在（a）第一次和（b）第二次育雏时，自由生活麻雀皮质酮浓度的最大值是对育雏数量的反应。试验性地增加巢穴大小提高了对成年鸟的就巢性，降低了它们的 HPA 轴反应。（C）34 种野生鸟类物种的就巢性与最大皮质酮浓度的相关性。就巢性表示假定在当前繁殖的重要性为 LOG [巢穴尺寸/（巢穴尺寸×每年繁殖×平均繁殖寿命)]。

环境剥夺和社会环境条件可以改变禽类神经内分泌和行为反应，阻碍研究结果从实验室外推到现实世界中。

• 野外内分泌专家将研究重点放在自然环境下的野生品种，但在样品采集、处理和运输过程中面临着重要的挑战。这导致了监测内分泌功能的可替代和非侵入性工具的发展。

• 野外试验研究需要精心策划的实验设计和慎重考虑，以尽量减少对实验对象动物福利和自然生存能力的影响。

• 环境变化的随机性往往导致“自然试验”，为了解在禽类生态学和进化中应激反应的作用提供独特的机会。

33.5.1 获取足够的血液样品:捕获和拘束操作方案和“应激级联反应”

当采集评估野生动物 HPA 轴功能的样品时，野外内分泌学家面临着较大的方法学困难:血液样品中适当的 GC“基线”水平不应该受到研究者干扰的影响，因为这是真实表明个体的可预测性稳态范围的。然而，在采血之前进行的诱捕和捕捉活动被野生禽类认为是真正的被捕食者捕食的行为（Scheuerlein et al.，2001; Canoine et al.，2002）。虽然“战斗或逃跑”反应的许多行为和神经内分泌活动发生在几秒钟内（例如，肾上腺素/去甲肾上腺素升高伴随逃跑行为和警报信号；详见第 26 章），而血液皮质酮水平的升高通常会有 2～3min 的延迟（Romero and Reed，2005）。在很多野外试验中，这个短暂的时间成了获得第一份血液样品的最佳时间。使用无菌针静脉穿刺翼（臂）静脉，并且使用肝素化的微血细胞比容管（如一个或几个 50μL 的导管）收集血滴或者使用肝素化注射器也可直接刺入小腿或颈静脉中采血。只要进行适当的培训，并根据体型大小建议的采血量限制进行采血，这些操作通常不会造成伤害（Fair et al.，2010; Brown and Brown，2009）。捕获和初步收集基本的血液样品后，应将禽类置于布袋中或用紧身衣固定，既可保证足够的通风，一旦鸟类挣扎，又可防止受伤。将鸟类安置在安全的地方，避免其直接受到天气的负面影响，并且需要戴眼罩（大型鸟类可能需要使用猎鹰罩，Blas et al.，2010）。严格遵循捕获、处理和拘束方案是非常重要的，因为随后按预先设定的时间间隔（例如，捕获后 10、30 和 45min，Blas et al.，2006a）收集后期的血液样品可以代表在“应激级联反应”期间个体 GC 水平升高的特征［图 33.10（A）］。因此，研究人员可以将其正常的捕获和采样活动转化/调整为标准化的试验方案，从而可以在预试验和正式试验期间（如年龄、性别和身体状况）建立可以重复的方式进行正式试验分组。在一些野外情况下，可能无法从未受到应激/基线水平条件下的所有个体快速获得样品（例如，当捕获方法涉及同时捕获多种鸟类时；Blas et al.，2011）或从相同个体重复获取样品（例如，小型物种或早期发育阶段，血量高度受限；Fairhurst et al.，2013b）。任何情况下，准确记录每个个体从捕捉到血液采样的时间是至关重要的，GC 水平的变化可以通过回归分析进行组间比较［图 33.10（B）］。

• 捕捉野生鸟类会刺激它们产生应激反应。因此，想要准确评估基线皮质酮水平（代表个体的可预测性稳态范围）只能在捕获后 2～3min 内获得血液样品。后期的血液样品可以代表个体在应激状态下的肾上腺皮质反应（“应激级联反应”）。

• 采集血液样品时需要对每个个体从捕获到采血所经历的时间进行详尽的记录。可以按照预先设定的时间间隔或连续顺延的时间采集样品，但是需要标准化的捕获、处理和拘束方案来建立分组并进行比较。

33.5.2 肾上腺皮质敏感性和稳定性的测定

尽管通过连续采集血液样品的处理方案是评估野生禽类肾上腺皮质功能常见的方法，但是由此产生的 GC 水平的升高可能受到个体间和个体内部感知能力差异的影响。例如，在相同的捕获条件下，未接触人类的野生企鹅表现出强烈的肾上腺皮质反应，而暴露于人类存在环境中的同种个体则只表现出轻度的 GC 升高（Walker et al.，2006），表明其适应了人类的存在（Cyr and Romero，2009）。当天真的掠食者了解到人类可能成为一种潜在的危险，也会出现相反的结果，导致 GC 反应逐渐增强（Rödl et al.，2007）。由于这些原因，野外试验研究可能通过结合其他的一些研究方法来描述肾上腺皮质功能，而不考虑感知作用的偏差（Canoine et al.，2002）。例如，个体的肾上腺皮质反应的敏感性和稳定性可以通过给予两种已商业化应用的药物，然后采集血液样品来监测伴随的、短期的（如在 30～90min 内）内源性 GC 水平的变化［图 33.10（C）］。肾上腺分泌 GC 的最大能力可通过静脉内、肌肉内或腹腔内给予外源性促肾上腺皮质激素（ATCH）来进行试验性评估。猪源 ACTH 在商业上已获得应用，并已知在禽类肾上腺中可以引起皮质酮的释放（Astheimer et al.，1994；Wasser et al.，1997；Rich and Romero，2005）。市售产品通常仅提供冻干粉，需要溶解在可注射的等渗溶液（林格氏液）中。注射剂量可以根据先前的参考文献进行选择，并且使用小样本量（如 4～6 只鸟）的初步研究可以选择引发最大反应的最小剂量（肾上腺饱和度）和后续采集血样适当的补充注射时间。不幸的是，ACTH 在反复冻融后会降解，需要在分装后冷冻保存直到注射前几分钟。个体肾上腺皮质反应的稳定性可以通过给予外源性（静脉内、肌肉内或腹腔内）地塞米松（DEX）来进行评估。DEX 是一种合成的 GC，它与内源性皮质酮竞争结合大脑中的受体，并人为地刺激负反馈调节（Dallman et al.，1992）。由于 DEX 不与用于放射免疫测定的抗体结合，因此内源性 GC 水平的降低，可通过应用化学药物刺激后短时间（如 30、60 和 90min）内连续收集血液样品来监测，进行标准化的试验组别之间的比较。负反馈调节是 HPA 轴功能的重要组成部分，该系统功能故障可能导致皮质酮水平持续升高，延长和增强整体的应激反应（Romero，2004），潜在的导致一些应激相关的疾病出现（Sapolsky，1992；Romero and Wikelski，2010）。与 ACTH 不同，商业化的 DEX 溶液在室温下比较稳定，并且因为它是常见的抗炎药物，所以在兽医诊所很容易得到。

• 个体分泌 GC 的最大能力可以通过 ACTH 注射的方法进行试验评估，然后连续采集血液样品并定量分析皮质酮水平。

• 个体的肾上腺皮质反应的稳定性可以通过外源性给予地塞米松（DEX）来评估，地塞米松是一种合成的 GC，可与内源性皮质酮竞争并刺激负反馈调节。

33.5.3　表型工程

探索生命有机体对所处环境适应性特征的最佳方法之一是通过试验性调控改变它们部分的特性，并比较分析已改变的和未改变的个体的相对适应性。这种方法被称为表型工程，是野外内分泌学研究中的一个强有力工具（Ketterson et al.，1996）。例如，可以调控身体的体况并监测其对血液激素的影响［图 33.11（A）］。更常见的是，野外内分泌学家连续调控个体的激素水平（几天或几周），以评估其对个体生理、形态、行为和性能的影响［图 33.11（B～C）］。在大多数野外条件下，重复给药（如每日注射）存在一定难度，因为给药个体常常会避免被重新捕获。因此，野外研究人员依靠皮下植入缓释剂或多或少连续不断地释放目标物质（如皮质酮、地塞米松）。根据目标物质的化学性质和其他因素（包括研究人员的预算），可以通过三种可供选择的皮下植入装置来实现（如下所述；Fusani，2008）。通过所需的训

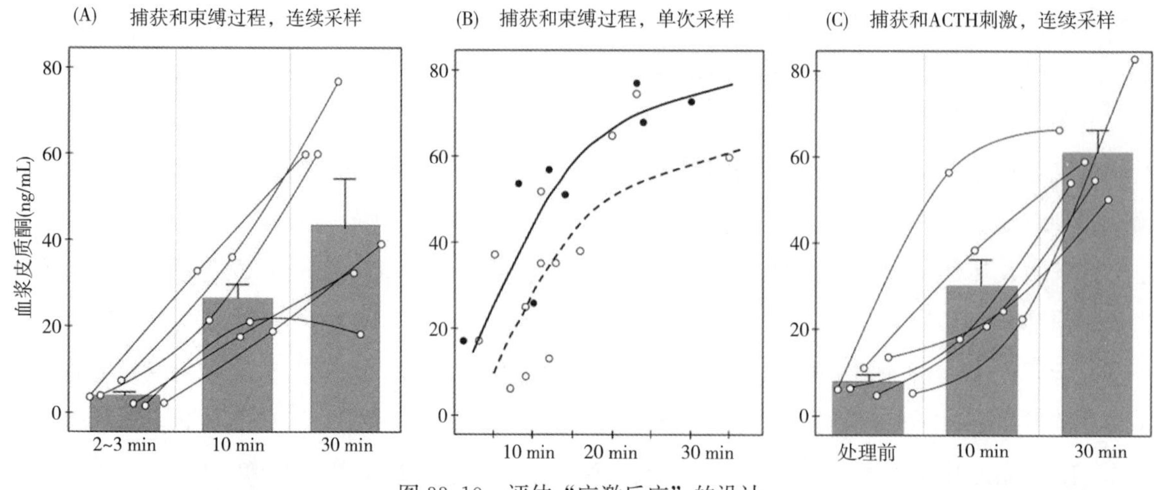

图 33.10 评估“应激反应”的设计

(A) 采用捕获和束缚手段重复采集血样。对同一个体在三个固定时间（x 轴）经标准化捕获、束缚和连续采血，评估未离巢黑鸢幼鸟血浆皮质酮水平（每条线代表 1 个个体，N = 6 只）。背景中的条带代表均值和每个样品的标准误。(B) 采用捕获和束缚手段采集单个血样。经标准化捕获、束缚和收集每个个体的单个样品后，评估成年雄性黑鸢血浆皮质酮水平。实线和虚线表示非繁殖期（黑点）和成年繁殖期黑鸢（白点）的逻辑回归估计值。(C) 采用捕获和束缚手段给予 ACTH 后连续采集的血样。评估经标准化捕获、束缚和静脉内注射 ACTH 后未离巢黑鸢幼鸟血浆皮质酮水平。在处理前、后（10 min 和 30 min）进行连续采血。注射 ACTH 是在捕获后 2 min 内进行，以便于与图 A 中所示的皮质酮反应相比较。背景中的条带代表平均值和每个样品的标准误。

练，相关的手术过程简单、快速、微创：局部麻醉后（例如，经外敷或皮下注射利多卡因溶液处理后，植入物放置在翅膀，颈部下部或大腿上部等部位之间），用浸润聚维酮碘溶液（应避免使用酒精）的棉签清洁该区域表面，使用无菌手术刀作一小切口，随后使用镊子将装置植入。最后通过小组织黏合剂（Fairhurst et al.，2013b）或外科缝合（Blas et al.，2006b）将皮肤创口闭合。

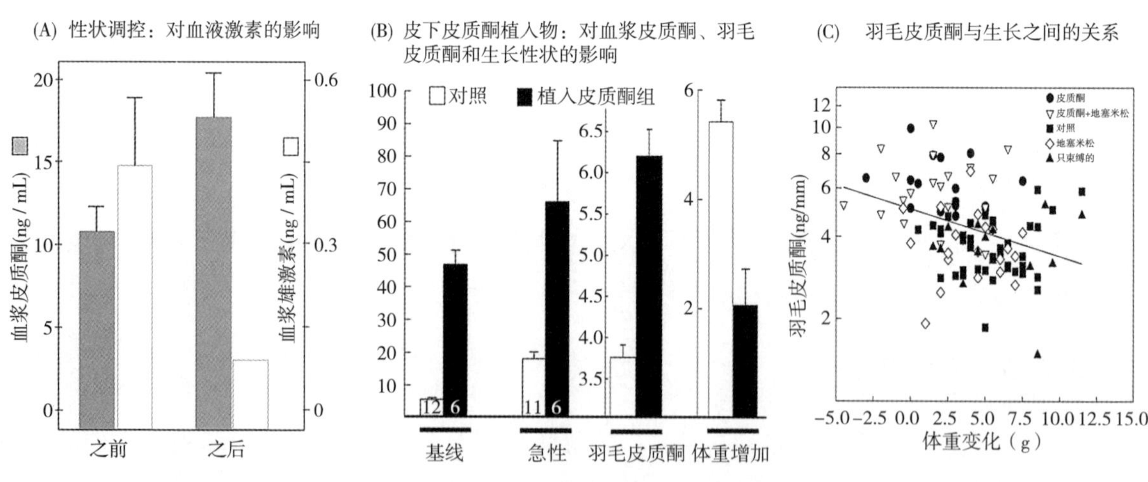

图 33.11 表型工程和羽毛皮质酮水平

(A) 特征性操作对血液激素的影响。试验性地限饲前后引起成年雄性红腿鹧鸪身体状况下降，评估血浆中基础皮质酮（左侧轴，灰色条带）和雄激素（右侧轴，白色条带）的水平。条带代表均值和每个样品的标准误。所有血浆样品在捕获后 3min 内采集。(B) 持续皮质酮处理对血浆皮质酮、羽毛皮质酮和体重的影响。对孵化后第 7 天未离开巢穴的树燕幼鸟皮下植入延时释放皮质酮芯片或无药物的芯片（分别为黑色和白色条带），分别测定血浆皮质酮水平（ng/mL）、羽毛皮质酮水平（pg/mm）和体重增加水平（g）。基础血液样品在捕获后 2～3min 内采集，急性应激血液样品在束缚 30min 后采集（植入后 3d 采集所有样品）。试验期间随着羽毛的生长，出壳后第 15 天采集羽毛。出壳后第 7～11 天称量体重变化。条带代表均值和标准误。(C) 羽毛皮质酮水平与生长的关系。通过延时释放芯片系统地控制激素水平，发现未离开巢穴的树燕幼鸟在发育过程中羽毛皮质酮与体重增长之间呈负相关关系。

（1）硅酮植入物 医用级有机硅胶管两端用硅胶封闭（Dow Corning，Inc）内部可填充结晶激素。在皮下植入后，物质扩散可通过渗透管的长度、管壁的厚度、药物剂量及其亲脂特性决定其可变周期。虽然这种廉价的技术可用于高亲脂性激素如睾酮（Blas et al.，2006b）的植入，但硅酮植入物对皮质酮等亲水物质具有低渗透性（Kinel et al.，1968）。另外，连续不断释放并不意味着持续一致性释放（Fusani，2008）。选择渗透管管壁或使一端开放可导致激素快速释放，因此不能维持个体内或个体之间的持续升高（Newman et al.，2010），这可能对试验结果易造成混淆。

（2）渗透泵　渗透性微型泵（Alzet，Durect Corporation，Cupertino，CA，USA）允许不依赖于激素溶解性达到连续和一致的激素释放长达 4 周（Soma et al.，2000；Fusani et al.，2001）。这种方法相对昂贵，但具有高度的可重复性（Fusani，2008）。

（3）延时释放芯片　美国创新研究公司（美国佛罗里达州萨拉索塔）是生产最常见的激素和抗激素药物以及安慰剂（兽用）的制剂公司［图 33.11（B～C）］。该激素被包容在胆固醇基质中，当皮下埋植时，其被缓慢地重新吸收。尽管商业制剂相对昂贵，但试验研究结束后不需要重新捕获动物以及撤除试验装置，与硅酮植入物和渗透泵相比具有相当大的优势。尽管有制造商的规格限制，但应注意剂量和预期的释放时间等因素。制造商的预期规格来自实验室啮齿类动物的研究和其他许多系统的研究结果，啮齿类动物皮下埋植皮质酮和地塞米松的全身性升高持续时间短于一些禽类（Muller et al.，2009；Fairhurst et al.，2013b），可能是由于禽类代谢率较高造成的。

持续激素治疗超过几天或一周会引起个体内分泌系统的内源性调整。因此，长期服用外源激素可能通过负反馈导致内源性生产减少，并最终导致内分泌腺体的退化。这些影响可能会持续较长时间，并与预期的初始操作相反（Fusani，2008），可能会混淆对试验结果的解释。

• 探索内分泌性状如何适应的一种方法是通过试验改变它们的分泌状态，并比较改变的和未改变的个体的适应性（“表型工程”）。

• 内分泌学家通过皮下植入装置可或多或少连续地释放目标物质（如皮质酮）。根据目标物质的化学性质，可以通过硅酮植入物、渗透泵或延时释放芯片来实现。

• 激素治疗超过几天可能会导致内源性生成减少，应谨慎应用以避免潜在的混淆结果。

33.5.4　羽毛中的皮质酮水平

在特定时刻描绘个体肾上腺皮质状态的最佳方法是定量分析血浆皮质酮水平，并了解 HPA 系统在机能上如何与环境相互作用。然而，血液皮质酮水平是即时测量的结果，并且受试个体内的血液 GC 浓度在当时的内部和外部情况（例如，社会、环境、日常节律）下呈现比较大的波动。野生禽类研究者在试图建立长期度量（如适应度）和个体肾上腺皮质功能之间的关联时面临巨大挑战，因为在特定时刻（血液样品）的 GCs 几乎不代表个体长期的稳态应激反应。建立可靠的生理生态指标需要不断对同一个体进行不同时间和/或大样本量的采样。这样的任务在野外试验中难以完成，这就解释了为什么 GC 适应性关联很少被报道的原因，并且对于生态学研究一般难以弄懂（Breuner et al.，2008；Bonier et al.，2009；Crespi et al.，2013）。此外，得到血液样品需要捕获野生禽类，调查人员可能会对结果产生干扰（表 33.1），而且还涉及动物福利和野生种群保护有关的问题（Sheriff et al.，2011b）。因为这一原因，我们将在研究中应用的其他研究方法和逻辑学研究在表 33.1 中予以总结，野外研究人员可能会选择一些可供选择的生物学样本来研究野生禽类的肾上腺皮质功能。最近 Bortolotti et al.，与其他研究者（Lattin et al.，2011；Koren et al.，2012；Fairhurst et al.，2013b）发现不同的研究结果是，皮质酮也存在于羽毛中，这就为其定量测定提供了适当的实验室研究方案（Bortolotti et al.，2008，2009a）。

表 33.1 通过血液、羽毛、排泄物监测肾上腺皮质功能

	血样（皮质酮）	羽毛样品（皮质酮）	排泄物样品（皮质酮代谢物）
诱捕和捕获要求	是	否 捕获是可选择的。羽毛来自自然换羽（巢穴附近）或来自死亡的/博物馆标本	否 捕获是可选择的。可能需要现场直接采集新鲜样品并标注禽类身份
试验人员对结果的潜在影响	高 捕获后 2～3min 血液 GC 水平增加。处理方法的可变性可能对采集样品的血液皮质酮水平有影响	可以忽略的 即便是捕获采样也只会影响羽毛的生长（对全部羽毛的皮质酮水平的影响可忽略不计）。只有长期的干扰才会对生长期的羽毛皮质酮水平有影响	低 从捕获开始直至排便期间可能会提高排泄物中的 CM 水平（干扰程度取决于排泄的频率和物种的代谢状况）
需要培训获得的样品	是 适当的采血技术要进行培训	否 不需要培训。新鲜羽毛可在野外现场采集，也可在研究样本中摘取/剪取	否 不需要培训。新鲜排泄物可在野外收集，或者捕获禽类后装于布袋中采集
样本反映的时间尺度	短期的 数分钟（尽可能精确地描述短期的肾上腺皮质反应）	中长期的 几天到几周或者几个月（取决于羽毛生长期）。成年禽类羽毛可能生长在不同时间和地点。羽毛形态可区分几天内生长的不同部分	中短期的 几分钟到几小时（时间范围取决于任何特定样本进食和排泄之间的实际延迟）
采样和初始处理的后勤保障	高 静脉穿刺和血液采样需要使用注射器或无菌针头和微量血细胞比容管。现场离心分离血浆	低 塑料或者纸袋	中低 粪便样品可收集在小瓶或塑料袋中
样品保存、储存和运输的后勤保障	高 在同一天内采集的新鲜血样需冷却保存直至离心。储存和运输需要冷冻（冷冻机、干冰、液氮或者其他特定容器）	低 羽毛可室温储存在纸质信封或塑料袋中	中高 考虑微生物降解需要立即冷冻保存。或者样品保存于酒精，也可烘干或冻干
二次采样的可能性以表述时间特性	否 需要重复进行血样采集来分析与时间相关的模式（如捕获和拘束事件）	是 羽毛可以剪裁以及二次采样，以选择不同时间生长的部分	否 避免二次采样。对同一样品 CM 在排泄物中不是均匀分布。未消化的物质会对最终结果造成干扰
可追溯的可能性	无 血液皮质酮水平反映目前肾上腺的活性，因此可追溯的可能性微乎其微	高 在生长期间皮质酮包含在羽毛组织结构中，但禽类同样的羽毛可以保持数月或数年（取决于羽毛生长的部位和换羽的模式）可以实现可追溯分析（如今年采集的羽毛可以反映去年禽类生长期间血液中的皮质酮水平）	低 排泄物 CM 反映在环境变化（数分钟至数小时）之前的分泌物、代谢产物及其排泄物在体内的沉积，可以对其进行短期的可追溯分析（例如，研究者可以采集风暴来临后几分钟至数小时的样品或者选择相互有攻击行为的典型个体进行采样）

（续）

	血样（皮质酮）	羽毛样品（皮质酮）	排泄物样品（皮质酮代谢物）
可预测和活性稳态范围 GC 水平之间的区别（如基线与应激诱导水平的比较）	高 捕获和拘束（连续采集的样品）可以评价个体基线和应激诱导的 GC 水平，对体内状况（营养水平）、环境因素及社会条件的评价需要判定血液样品基线水平是否代表可预测和活性稳态范围 GC 水平	低 羽毛皮质酮表示生长期间血液 GC 水平变化的幅度和持续的时间，对结果的解释应该即要考虑可预测和活性稳态范围之间的差异，也要考虑羽毛样品之间存在的潜在变异	低 排泄物 CMs 表示在食物消化和粪便沉积期间血液 GC 水平变化的幅度和持续的时间，对结果的解释应该即要考虑可预测和活性稳态范围之间的差异，也要考虑排泄物样品之间存在的潜在变异

虽然精确的机制大部分仍然未知，但有确凿证据表明血液中（系统的）皮质酮随着从真皮毛囊生长（可能通过扩散）逐渐沉积在羽毛组织中，并且保留在羽毛角蛋白组织中，而不是在其外部（例如，通过预榨提取；Bortolotti et al.，2008；Lattin et al.，2011）。在 Fairhurst 及其同事最近在调控野生树燕（*Tachycineta bicolor*）全身的皮质酮水平的研究中发现，羽毛皮质酮可与基线水平和应激诱导的血浆 GC 水平具有相关关系，但他们强调这种关系可能只有当后者表现出持续性的 HPA 轴活性时才能发生［图 33.11（C）；Fairhurst et al.，2013b］。

羽毛的生长速率缓慢意味着研究人员可以评估个体 GC 水平的时间用几天或几周表示，而不是以几分钟或几小时表示。这对野外调查来说具有相当大的方法优势，因为羽毛皮质酮水平可能反映了代表个体稳态应激反应的更具代表性和生态学意义的时间尺度，包括暴露和对环境干扰的响应。因此这一新颖发现，揭示了羽毛皮质酮水平与个体适应性和生产性能［图 33.11（B～C）；Bortolotti et al.，2008；Koren et al.，2012；Fairhurst et al.，2012b，2013a；Kouwenberg et al.，2013］，品质相关性状（Bortolotti et al.，2009b；Mougeot et al.，2010；Kennedy et al.，2013）和环境条件（Fairhurst et al.，2011，2012a，2013a；Carrete et al.，2013）等均相关。

羽毛皮质酮的水平最好以 pg/mm 表示，因为羽毛的长度可以反映羽毛生长期间的时间特征（Bortolotti et al.，2008，2009a；Bortolotti，2010）。根据研究者的兴趣，羽毛可以用来评价短期或长期的 HPA 轴活动的变化。例如，因为每天的羽毛生长可以通过视觉检查生长带（通常每 24h 生长一对深色/淡色带；Jovani et al.，2010），通过剪裁和二次采样不同的羽毛部分，有可能评价完整羽毛形成所需的天数或周数内 GC 水平的变化。或者，可以使用完整的羽毛来评价更长时间的天数或周数内的 GC 活性，这取决于每种羽毛类型生长所需的总时间。由于禽类通常以物种特有的换羽顺序取代所有身体羽毛，可以对同一个体在一年的不同时间和不同地点来自不同的羽毛评价 HPA 轴的活性（Carrete et al.，2013）。

GC 水平的分析可以应用放射性同位素对同一批样品进行检测，以建立肾上腺皮质功能的详尽时空动态变化（Fairhurst et al.，2013a）。样品的储存、运输和保存不需要冷冻，羽毛可以在室温下储存在塑料袋或纸质信封中。对羽毛激素含量的分析具有独特的优势，允许在一年中的任何时间进行试验和采样，对研究者调查造成的影响最小，并具有较大的可重复性（表 33.1）。例如，可以收集换羽的羽毛，而对野生禽类并不产生干扰，也可以从博物馆标本中收集。考虑到这些益处，羽毛皮质酮水平可以很好地为最终无创生理方法测量禽类肾上腺皮质功能（Bortolotti et al.，2009a）提供新方法。

• 血液循环中的皮质酮沉积在生长期的羽毛上，游离地保留在角蛋白组织结构中，并可追溯评价肾上腺皮质功能。

• 羽毛皮质酮水平最好以 pg/mm 表示，因为羽毛长度反映羽毛生长期间的时间特征。缓慢的生长速率可以推断个体的暴露以及对环境干扰的反应可以跨越几天或几周时间（而不是几分钟或几小时）。

• 羽毛采集可以诱导其再次生长，对研究者调查造成的影响最小。另外，羽毛自然地被特定的换羽顺序取代，可以无创而且长期监测肾上腺皮质功能。

• 从捕获的个体或博物馆标本中采集的不同部位的羽毛可以在一年中的不同时间和不同地点推断肾上腺皮质活动。

• 羽毛皮质酮水平提供监测肾上腺皮质功能的最终无创生理测量方法。

33.5.5 禽类粪便中的皮质酮代谢产物(排泄物)

血液循环中的皮质酮水平也可以用鸟的粪便来追踪，包括尿液和粪便在内的排泄物（两者通常在排泄前在泄殖腔中混合；Klasing，2005）。这可以通过使用滴落物质的匀浆（Washburn et al.，2003）或只收集粪便部分（Hirschenhauser et al.，2005）完成。然而，需重点注意的是在排泄物样品中没有天然的 GC（Touma and Palme，2005）：GC 在肝脏中被大量代谢，并通过肾脏排泄进入尿液（或通过胆管），或者进入肠道，经过肠道菌群的进一步化学修饰（Palme，2005；Palme et al.，2005）。该过程导致复杂且多种多样的排泄产物即糖皮质激素代谢产物（GCMs），其比例和结构取决于粪便产生时的禽类物种及其代谢状况（Goymann et al.，2006）。重要的是，这需要进行适当的验证研究，以确保检测的副产物（GCMs）的最终水平可靠地反映研究模型血液中原始 GC 水平（如皮质酮）（Millspaugh and Washburn，2004；Goymann，2005；Palme et al.，2005）。由于排泄物样品在排便后也会遭受相当程度的微生物降解（Möstl et al.，1999，2005），应立即采集新鲜样品并保存冷冻。或者，它们可以保存在酒精中或在烘箱中干燥（Wasser et al.，1997；Khan et al.，2002；Terio et al.，2002）：不同方法的选择将决定 GCMs 是以湿重还是干重表示（这两个值可以相互关联；Wasser et al.，2000）。非常重要的是要避免排泄物二次采样（GCM 不可能与样品均匀分布），并且如果观察到不同的排泄物样品中含有未消化的物质一定要去除，因为这两个因素可能对最终结果造成相当大的干扰。

在野外采集粪便样本对禽类是非侵入性的（表 33.1），但获得新鲜样品意味着需要通过视觉（Wasser et al.，1997）或远程空间追踪观察，并标记受控个体来监测排便的情况（Thiel et al.，2008）。另外，禽类可以被捕获和控制直到排便发生（Garamszegi et al.，2012）。捕获和控制引起的应激是否影响排泄物的 GCM 水平取决于排便的频率和物种的代谢状况（Palme et al.，2005），因此建议保留从捕获到样本采集和保存时间的详细记录，并将分析限制在捕获后短时间内采集到的样品（例如，5min 内：Garamszegi et al.，2012）。粪便中的 GCM 水平被假定为反映 3 个过程的综合平均值：GC 分泌、新陈代谢和排泄。虽然 GCM 不一定能最好地代表基线水平或应激诱导的 GC 水平，但它们更可能反映了在不同时间之内的总体血液 GC

水平（Sheriff et al.，2011b）。粪便采样过程的非侵入性使其成为非常合适的基质物质，用以研究与行为有关的禽类肾上腺皮质功能（Lucas et al.，2006；Carere et al.，2003）、栖息地质量（Wasser et al.，1997）、监测自然环境及人类活动的干扰（Thiel et al.，2008），且其在动物福利和生物学保护方面也有广泛的应用（Busch and Hayward，2009；Millspaugh and Washburn，2004）。

• 肾上腺皮质活动可以监测分析禽类排泄物（禽类“滴漏物”），但是排泄物样品中不存在天然皮质酮。

表中血样、羽毛和排泄物样品的采集方法对野生禽类肾上腺功能评价的优缺点予以总结。实验室分析方法的偏差需要对每一种类型的样品中皮质酮或皮质酮代谢产物的水平进行定量分析，这些均要被考虑进来。

• 排泄前，血液中的糖皮质激素经化学反应转换为糖皮质激素的代谢产物（GCMs），转换比例和结构取决于禽类品种。因而，在假定血液皮质酮浓度与排出的 GCMs 水平间有直接的联系之前，需要进行适当的验证研究。

• 现场粪便样品的采集是非侵入性的，并为研究禽类的肾上腺皮质活性提供了合适的基质物质。由于禽类粪便会受到微生物降解的影响，因此控制好从排便到样品采集以及样品保存的时间段格外重要。

33.6 术语和缩略语

ACTH，corticotropin；adrenocorticotropic hormone，促肾上腺皮质激素。

Acute levels（of corticosterone），急性水平（皮质酮）：也称为应激调节水平或兼性调节水平，活性稳态范围内的皮质酮水平。

Adrenocortical response，肾上腺皮质反应：对应激生理反应，涉及下丘脑-垂体-肾上腺（HPA）轴和最终的肾上腺糖皮质激素（如皮质醇）的释放。

Allostasis，稳态应激：通过动态变化来维持稳定（即稳态）的过程。它指的是那些“帮助我们适应”方面的生理学。这个概念正在逐渐取代“应激”这个模棱两可的术语其中的一项含义。

Allostasis mediators，稳态调节介质：促进稳态应激的过程和机体系统调节的物质（如糖皮质激素、皮质酮、细胞因子、儿茶酚胺、心率、血压、抗体浓度）。

Allostasis Model，稳态应激模型：通过将动物生命中的能量需求和可利用的能量建立模型进而了解动物何时和如何激活紧急反应（“应激相关”）的理论模式和框架。利用能量作为研究指标，该模型介绍了稳态应激、稳态应激态、应激负荷和应激超负荷的主要概念。

Allostatic overload type 1，Ⅰ型稳态应激超负荷：一种短期的、有害的能量不平衡状态，在这种状态下，应激负荷超过了从环境中获得的和内部储备的能量。作为回应，通常会获得一种稳态应激的状态（如持续的皮质酮升高），从而进入紧急生活史阶段即 ELHS。

Allostatic overload type 2，Ⅱ型稳态应激超负荷：不考虑可利用的能量的情况下，一种长期的环境或社会的苛求挑战成为慢性的（如社会压力、囚禁）及皮质酮的持续升高引发病理变化的有害状态。

Allostatic load，应激负荷：广义上的生物体能量累积消耗（即维持特定时刻的稳态 “工作负荷”），包括可预测的和不可预测的能量消耗。

Allostatic state，稳态应激态：改变的和持续的稳态调节介质活性水平（如皮质酮的升高），只能在身体损伤前的有限的时期内对机体的维持。

Basal levels（of corticosterone），基础水平（皮质酮）：（也称为组成水平）基础的稳态过程的最低水平，表示未受干扰的动物休息时的一种生理的“状态”最低水平。

Baseline levels（of corticosterone），基线水平（皮质酮）：（也被称为季节性基线水平，调节可预测水平或可预测性稳态范围），皮质酮水平随着可预测的环境变化而波动的范围，能够处理日常和生命周期性规律，但不足以应付不可预测的干扰。基线水平是表示为“状态 B”的一种生理状态，在这种状态下，在较高的操作范围内通过激素作用来维持系统从而支持稳态应激负荷。

Brood Value Hypothesis，就巢值假说：假说认为禽类可以根据就巢值灵活调节其肾上腺皮质反应（随着就巢值的增加，肾上腺皮质反应减少）。

Capture，handling and restraint protocol，捕获、处理和拘束方案：一种可重复条件下的捕捉、处理和拘束野生禽类的标准方法，该方法需要对肾上腺皮质反应进行充分的比较。同时该方法经常伴随应激事件。

Chronic stress，慢性应激：一种因长期或反复暴露于干扰而导致的身体主要系统故障的病理状态。

Classic System，经典系统：描述皮质酮范围和功能阈值的传统术语。这个术语结合了三个激素阈值（水平 A、B、C）和一组包含基础和基线、组成和随机、季节性和应激相关的对比术语。

Constitutive levels（of glucocorticoids），组成型水平（糖皮质激素）：基础水平。

Corticosterone（CORT），皮质酮：在禽类中主要的糖皮质激素和稳态调节介质。血液皮质酮水平随着（可预测和不可预测的）内部和外部需求而变化从而管理能量平衡。

Corticotropin（ACTH），促肾上腺皮质激素：垂体前叶（对下丘脑信号的回应）产生的激素，能够刺激肾上腺皮质激素释放。

Developmental Hypothesis，发育假说：该假说认为禽类个体内或个体间对肾上腺皮质反应的成熟模式，进化到与糖皮质激素的作用是保持能量摄取和消耗之间的平衡相匹配，从而随着发育的成熟应对环境干扰的能力随之加强（例如，行为表现和父母独立性的提高）。

DEX，地塞米松：一种能够与皮质酮竞争结合位点并且刺激负反馈调节的人工合成的糖皮质激素。

Direct LPF（direct labile perturbation factors），直接不稳定干扰因素：持续数小时或数天的短暂干扰，从而产生强烈的能量需求，导致进入紧急生活史阶段（ELHS），并且暂时扰乱了正常的生命活动。

ELHS，紧急生活史阶段。

Emergency life history stage（ELHS），紧急生活史阶段：作为直接不稳定干扰的回应而激活的一个随机生命阶段，并由高于基线浓度的糖皮质激素水平进行驱动和维持（即进入活性稳态范围或应激调节水平）。在 ELHS 这一阶段内，禽类会改变它们的行为和生理机能，甚至抑制它们正常的生命活动，以期最大限度地延长生存时间。

Field Endocrinology，野外内分泌学：一门以野生动物为研究对象旨在研究内分泌系统和环境之间的相互作用的新兴科学学科。

Flight or fight response，逃避或战斗反应：针对短期干扰由交感神经系统介导的生理和行为反应，同时糖皮质激素略微升高或无变化。

GCM，glucocorticoid metabolites，糖皮质激素代谢产物。

GCs，glucocorticoids，糖皮质激素。

Glucocorticoids（GCs），糖皮质激素：（也被称为应激激素）在肾上腺产生并对 ACTH 反应而释放的类固醇类激素。GCs 是脊椎动物的主要稳态调节介质，能够控制碳水化合物、脂肪和蛋白质代谢，其血液循环水平随着内、外部需求的变化而变化从而管理能量平衡。而在禽类中占主导地位的为皮质酮。

Homeostasis，稳态：生命必需的生理系统的稳定性。这一概念仅适用于某些真正重要的系统，如 pH、体温、血糖水平和氧分压等。稳态特指的是“保持我们存活”方面的生理学。

Homeostatic failure，稳态衰竭：一种以不可持续的低水平皮质酮为特征的病理状态，难以维持稳态引起死亡，是一个与活性范围模型相关联的术语。

Homeostatic overload，稳态超负荷：一种病理状态，其特点是皮质酮异常升高，破坏正常的机体功能。稳态超负荷的实际阈值可以通过一种被称为“耗损”的机制在个体内或个体间发生变化从而对某些刺激做出反应。

HPA axis，HPA 轴：下丘脑-垂体-肾上腺轴。

Indirect LPF（indirect labile perturbation factors），间接不稳定干扰因素：持续几秒钟到几分钟的短时间的干扰，引起逃避或战斗反应，同时糖皮质激素略微升高或无变化，进入活性稳态范围。

Labile perturbation factor（LPF），不稳定干扰因素：短期干扰。根据其持续时间，不稳定干扰可以分为直接的（直接 LPF）和间接的（间接 LPF）。

LHS，life history stage，生活史阶段（如迁移、换羽、繁殖）。

LPF，labile perturbation factor，不稳定干扰因素。

Maternal Programming Hypothesis，母体规划假说：假说认为糖皮质激素从母体到子代间的转移是一种适应，进化为将生态和环境条件转化为永久的后代响应。

Maternal Match Hypothesis，母体匹配假说：从母体规划假说中形成的分支，该假说认为（通过母体规划）进化后表型更适合于特定环境，尤其是成年时所经历的环境条件与发育期间所经历的环境条件相似时适应性最高。

Modifying factor，修正因素：（也被称为长期或持久性干扰）干扰持续数月或数年，产生很高的能量需求，导致生命活动永久性的破坏，有可能导致种群灭绝。

Permanent perturbation，持久性干扰：修正因素。

Perturbation，干扰：（也称为应激源）不可预测和潜在的有害环境刺激。干扰可以被分类为不稳定的（LPF；LPF 又分为是直接的和间接的）和永久的（即修正因素）。

Phenotypic engineering，表型工程：是一种通过改变某种特性（如通过皮下植入物提高全身激素水平）来探索这种特性是否适应以及如何适应的试验方法。该方法是野外内分泌学研究中的强有力工具。

Predictive homeostasis range（corticosterone levels），可预测性稳态范围（皮质酮水平）：中等水平的皮质酮即能够对可预测的环境变化做出昼夜和季节性调整。同义术语：基线水平、季节性基线水平和可预测调节水平。

Reactive homeostasis range（corticosterone levels），活性稳态范围（皮质酮水平）：在干扰后重建体内稳态而需要升高的皮质酮水平，为应对不可预测的挑战所需的皮质酮的上限水平或兼性范围。皮质酮水平的升高进入这一范围即被称为应激反应，并能触发紧急生活史阶段（ELHS）。

Reactive scope，活性范围：依据活性范围模型，界定健康动物上、下生理限制的皮质酮水平范围。在可预测和活性稳态范围之上和之下面都会出现严重的病理现象。活性范围的幅度可以通过耗损现象而降低。

Reactive Scope Model，活性范围模型：根据稳态调节介质（如循环皮质酮）的水平以及动物跨越环境干扰所呈现的生理状态描述干扰响应的一种图形工具。是稳态应激模型的一个分支，是描述应激对机体的影响的一个术语，也是皮质酮水平的一种新类别（见活性范围系统），也能说明耗损的概念。

Reactive Scope System，活性范围系统：最近提出的一个术语，在活性范围模型的框架内描述皮质酮范围和功能阈值。其皮质酮水平被假定在四个幅度递增的范围内：稳态衰竭、可预测稳态、活性稳态和稳态应激超负荷。

Regulated facultative levels（of corticosterone），兼性调节水平（皮质酮）：急性水平、应激调节水平、活性稳态范围内的皮质酮水平。

Regulated predictive levels（of corticosterone），可预测调节水平（皮质酮）：基线水平、季节性基线水平、可预测性稳态范围内的皮质酮水平。

Seasonal baseline levels（of corticosterone），季节性基线水平（皮质酮）：基线水平、可预测调节基线水平、可预测性稳态范围内的皮质酮水平。

Stress，pol，应激：多义词，根据上下文可能有以下含义：①改变体内稳态的刺激（即应激源、干扰）；②对干扰的应急响应（应激反应）；③肾上腺皮质轴过度激活后的慢性失衡状态（病理；慢性应激）。现代野外内分泌学家正在努力地定义和合并那些可替代的及含糊不明的术语，因此近期引入了“allostasis”这一词汇。

Stress hormones，应激激素：糖皮质激素。

Stress hyporesponsive period，应激低反应期：暂时无法提升血液糖皮质激素以应对干扰。

Stress regulated levels（of corticosterone），应激调节水平（皮质酮）：急性水平、兼性调节水平、活性稳态范围内的皮质酮水平。

Stress response，应激反应：对干扰响应的随机、短期的皮质酮水平升高，能够快速改变生理和行为以求最大限度地提高生存率。

Stress series，应激事件：在捕获实验动物后根据预先确定的时间间隔连续采集血液样品，随后用于测定其糖皮质激素水平，以期描述个体的肾上腺皮质反应。

Stressor，应激源：即干扰或扰动。

Wear and tear，耗损：在活性范围模型中所提出的应激反应过程中维持皮质酮升高的能量消耗。即使用和维持调节稳态应激生理系统的能量消耗。耗损在图形中表现为在活性稳态范围和稳态应激超负荷之间的阈值水平的降低，这种降低会导致应对干扰能力的降低和病理可能性的增加。

致谢

本人十分感激 R. Carsia 能够让我来做这份工作。R. Carsia，C. Scannes 和 P oá 在本章的编写过程中给予了宝贵的帮助。G. Fairhurst，T. A. Marchant，S. Cabezas 对前期的原稿进行了审核。J. A. Sencianes 绘制了图 33.1、图 33.7 和图 33.8。S. Palacios 提供了宝贵的后勤援助。L. López，F. Sergio，A. Tanferna，S. Cabezas，T. Marchant 为图 33.9 和图 33.10 提供了未发表的数据。J. Blas 得到了来自西班牙国家研究委员会（CSIC）Ramony Cajal 的合同支持，CGL2012-32544 研究项目受西班牙经济和商业部与联邦基金支持，511/2012（国家公园自治组织）受西班牙农业、食品和环境部的基金资助。

参考文献

（李士泽、郭景茹译，杨焕民校）

第 34 章　昼夜节律

Vincent M. Cassone and Vinod Kumar

生物的昼夜节律和调控它们的生物钟是所有生物体均具有的基本特征。从蓝藻到人，这种基本特征具有高度的保守性。同样地，动物生物钟的详细分子机制也具有高度保守性。这种节律和时钟的保守性都源自单一选择压力的适应，即每天从黑夜到白天的变化，以及与之相伴的非生物的和生物的节律变化。生物钟功能在鸟类尤为明显，不仅是因为它们与人类具有相同的昼夜生活方式，更重要的是它们的生理机能与日节律和年节律密切相关。

34.1 环境周期

34.1.1 光周期

众所周知，白天到黑夜的周期循环源自地球近 24 h 的自转，我们可体验到太阳从东方地平线升起、横贯天空、西方降落，以及夜幕降临这一过程。这其中最显著的特征是可见光和不可见光的光强度、偏振光和波长光谱的显著变化。光照强度可通过各种辐射度和光度的方法来测量，这已超出了本章所讲述的范围。人们可用照度的国际单位（SI）勒克斯（lx），或人眼所感知的白光强度来获得光照度的日变化。其数值范围从最强光的 120 000 lx 到晴天黄昏或黎明时分的 400 lx，再到乌云密布、暗无星月的 0.000 1 lx。由于人类和鸟类的视觉系统能够适应这种光强度的变化，因此，这种较宽范围的光强度变化可能不会被有意识地感知到。然而，如本章所述，生物钟可检测到和处理绝对光强度和光照时间的变化。除了光强度，由于晨昏时的短波衍射，环境光波长的改变会使人们在日出和日落时能感觉到天空红色的色调。

34.1.2 温度

由于日照、大气温度和地表温度每天都会发生变化，这种变化通常会随时间的推移而发生改变，但由于纬度、季节和局地环境的变化（如城市化、邻近水域、荒漠化和土地使用）也会使大气温度和地表温度发生明显改变（Geerts，2002）。不同纬度的气温日较差（daily temperature range，DTR）变化差异大。例如，赤道夏季的 DTR 是 8℃，冬季是 9℃；相反，北纬 40°的北美，夏季 DTR 是 18℃，而冬季 DTR 只有 10℃。近海也会使 DTR 发生改变。例如，7 月的澳大利亚，DTR 从海岸线的 6℃增加到 150 km 内陆的 17℃。这种变化不仅对自然生态系统非常重要，而且对农业生产也很重要，也许它和平均气温本身一样重要。除了全球变暖，越来越多的证据表明，DTR 也在发生改变，从 1950 年到 1993 年，DTR 下降了 0.4℃。

34.1.3　其他物理循环

作为昼夜太阳活动周期的衍生物，其他物理特征在一天内发生变化，包括气压、地磁特性的改变，以及多地降水。气压的变化源自热层大气产生的热能，该高层大气以地球自转的速度向西移动（Hardy et al.，1998）。这种变化取决于纬度、海拔和季节。随着太阳风以 24 h 循环一次地与磁层发生相互作用，地球磁场的强度和倾角也会随一天中时间的变化而发生改变。

34.1.4　生物环境中的节律

由于许多物理的和非生物环境方面的日周期变化非常普遍，因此，几乎所有自由生活的有机体都进化出了适应环境变化的能力，这一点不足为奇。如此一来，除了日常的非生物因素的变化，鸟类的生存环境每天都在发生改变。食物、竞争对手、捕食者、寄生虫和潜在配偶可能在某一时刻出现，也可能在另一时刻消失（Bradshaw and Holzapfel，2010）。因此，与地球上所有生物一样，鸟类已进化出内在的生物钟，它可将行为、生理、生化和分子生物学的多方面模式与外部时间同步（Pittendrigh，1993），并协调内部过程，以最大化其有效过程（Nacara and Nelson，2007）。

34.2　昼夜节律

34.2.1　形式属性

大多数生物体的内部生物钟具有共同的基本属性，即通过内源性昼夜振荡的表达来牵引生理过程以适应当地时间。节律过程不能简单地被认为就是昼夜节律，除非生物体被置于恒定黑暗（DD）或恒定微弱光（dimLL）环境下，通过试验可持续观察到节律过程的存在[恒定高光（LL）可能会产生其他效应，时常出现昼夜节律完全消失和/或破坏感光系统（Aschoff，1979）]。在这种情况下，生物体将在一个接近但不到 24 h 的周期（τ）内重复表达行为、生理或生化过程（图 34.1）。然后，这些内源性驱动的节律必将被带入典型的白天和夜晚的明暗周期（light：dark cycle，LD），使机体生物钟的内部相位 φi 与 LD 周期的外部相位 φe 尽可能相一致。因此，昼行性鸟类的自主活动模式进入 LD 周期循环，使得其活动开始的 φi 大致对应于黎明时的 φe，以维持一个稳定的相位关系 φie。相反地，夜行性鸟类的 φie 比昼行性鸟类约晚 12 h。

34.2.2 昼夜节律的稳定性和易变性

在DD，昼行性鸟类的昼夜节律 τ 通常大于24 h，而猫头鹰和欧夜鹰的节律小于24 h（Aschoff，1979）。然而，即使在个体上的变化是一致的，τ 仍存在相当大的种间和种内差异。例如，家雀从LD周期转移到DD，其表达的 τ 小于24 h（图34.1）。然而，取决于不同的个体，鸟类的 τ 在数天到数周内会逐渐延长，直至最终稳定在约25 h。这一现象被称为Eskin膝盖，它是由Arnold Eskin在20世纪70年代后期描绘的活动图，该图看起来像于一个弯曲的膝盖（Menaker et al.，1978）。鸟类的节律一旦稳定，τ 保持恒定，直到环境因素发生改变。

影响鸟类 τ 的主要环境因素是环境光照。如果昼行性鸟类被置于dimLL而不是DD的试验中，其 τ 将缩短；当光照度增加，τ 降低，直到连续光照度达到50～100 lx，其运动活动的昼夜节律模式消失（Aschoff，1979）。夜行性鸟类，如猫头鹰和欧夜鹰的 τ 比昼行性鸟类变化更大。一般来说，它们的 τ 会随光照度的增加而延长。尽管鸟类的昼夜模式似乎对变化着的恒定温度相对不敏感，但其他环境因素尚未像光照一样研究得如此详细，因为所有生物体的昼夜节律模式倾向于用0.8～1.1的 Q_{10} 进行温度补偿（Pittendrigh，1993）。

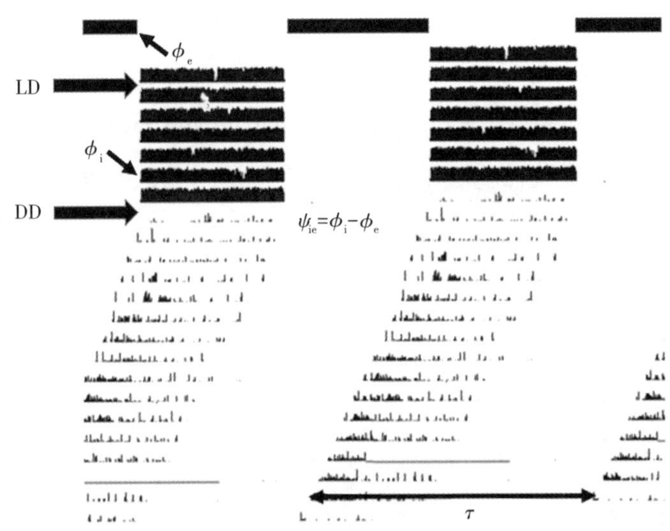

图34.1 一只斑胸草雀的运动活动图

顶部的线条表示关灯（黑色）和开灯（白色）的时间。时间跨度为48 h，便于对数据进行“双重绘制”。箭头所示的开灯时间 ϕ_e 是由研究人员确定的相位基准。内部相位 ϕ_i 被定义为活动的开始。ϕ_i 和 ϕ_e 之间的关系为 ψ_{ie}。它会随着季节和鸟类的生理状况而发生改变。内部周期 τ 在此处表示活动开始之间的平均间隔。LD，明暗周期；DD，恒定黑暗。

34.2.3 牵引

一个区别于24 h的 τ 的生物钟，如果它不能赋予相对于外部恒星时的内部时间感，或者地球相对于春分（太阳日）自转的时间，那么它不是一个特别有用的生物钟。因此，生物体感知环境线索被称为授时因子（德语称为“时间授予者”），随后通过解析和牵引过程调整内部时间与外部时间相适应。依据授时因子和被测过程，牵引的形式属性会改变。

34.2.3.1 **光牵引** 几乎所有生物体的主要授时因子是光强度的日变化，而且光显著地影响鸟类昼夜节律。鸟类的光牵引有2种类型，即参数牵引和非参数牵引。非参数牵引包括以下过程，即内部时钟依据一天的时间变化，而不是授时因子的数量，对授时因子有不同的敏感度（Aschoff and Pohl，1978）。这一过程与其他生物体的昼夜节律系统在主观白天对光相对不敏感类似。如果家雀在 DD 下自由运转，且在其主观白天下给予 15～30 min 的光照，则它的 ϕ_i 不受影响或影响不大。然而，当在家雀主观黑暗（家雀处于不活跃状态）的开始给予光照，则光会通过延迟它的活动开始（$-\Delta\phi$）而改变它的 ϕ_i（$\Delta\phi$）。如果在家雀主观黑暗的后期给予光照，家雀随后活动的开始时间将会提前（$+\Delta\phi$）。在这一过程中，鸟类的 ϕ_i 与外部时间（ϕ_e）维持在一个稳定的相位关系（ψ_{ie}）。然而，对于昼行性鸟类，由于他们在光照条件下更活跃，参数牵引也有助于维持有利的 ψ_{ie}。因为昼行性鸟类倾向于表达大于 24 h 的 τ，且光照缩短了 τ，那么在自然状态下增加白天的光照强度（参数因子），会降低维持稳定 ψ_{ie} 所需的 $\Delta\varphi$ 的振幅。这是一个未被充分认识的过程，它甚至可能与人类的昼夜节律有关（Roenneberg et al.，2010）。

34.2.3.2　**非光牵引**　一些非光因素会牵引鸟类的生物钟。例如，绝大多数的鸟类为恒温动物，尽管鸟类的组织可在高温和低温循环中进行培养，但它们也不会与每天的环境温度同步（Barrett and Takahashi，1995；Csernus et al.，2005）。而且，环境温度会影响鸟类进入新的光周期的速率（Rensing and Ruoff，2002）。

一天中特定时间食物的出现，会使许多鸟类的运动节律同步。这一数据表明，与哺乳动物相似，在觅食行为的基础上，鸟类拥有光牵引的振荡器和试验性、可分离的食物牵引振荡器。饲养在 dimLL 的家雀，牵引了运动和摄食行为进入摄食周期循环，这使得运动行为优先发生在食物出现之前（Hau and Gwinner，1992）。对于家鸽（*Columba livia*），如果在 24 h LD 周期中每 23.5 h 饲喂一次，则导致与食物相关的体温（body temperature，Tb）和耗氧量（Rashotte and Stephan，1996）与 LD 脱节。同样地，对于斯瓦尔巴特群岛的松鸡（*Lagopus mutus hyperboreus*）和印度织布鸟（*Ploceus phillipinus*），食物牵引与鸟类的光周期牵引相偶联，说明这两种鸟类食物牵引的振荡器是与光牵引的起搏器相偶联的（Reierth and Stokkan，1998；Rani et al.，2009）。

有关群居影响鸟类昼夜节律的报道较少。饲养在 dimLL 的家雀，如果每天给予从鸟舍记录的声音，则会牵引家雀的运动节律（Menaker and Eskin，1966）。这些数据说明，鸟鸣声和/或叫声可能会影响生物钟。

34.3　光感受器

由于光是参与 LD 昼夜牵引的主要授时因子，以及在恒定环境条件下光是显著影响 τ 的环境因素，因此，光影响生物钟的途径为深入研究生物钟的潜在机制提供了线索。我们一直认为，感光过程只存在于视网膜光感受器，但事实并非如此。尽管视网膜参与了光牵引和/或对光的参数响应，但它只是次要参与者。

34.3.1　脑部光感受器

除了所有脊椎动物外侧眼所共有的光感受器外，一段时间以来，人们认为非哺乳脊椎动物的脑内表达功能性的感光色素，它对于昼夜节律和周期循环的牵引起着至关重要的作用（Okano and Fukada，2000）。20世纪30年代，Benoit的早期研究显示，眼球摘除的家鸭（*Anas platyrhynchos*）对于变化着的光周期仍表现出生殖反应（Benoit and Assenmacher，1954）。20世纪60年代和70年代，Menaker和他的同事对雀形目鸟类的研究显示，眼球对于昼夜节律的牵引不是必需的（Menaker，1968；Menaker and Underwood，1976）。同时，Menaker的研究团队在一系列经典的试验中已证明，眼球摘除的家雀仍可接受微弱光LD和微弱光照的牵引。一旦鸟类不被光照牵引，其头部的羽毛被简单地拔掉后，牵引又得以恢复；随后，他们又通过往鸟类头皮下方注射印度墨汁来阻断牵引（Menaker and Underwood，1976）。

随后的研究已确认，鸟类头部至少有4个不同的脑区具有功能性的感光作用，它们含有几种以视蛋白为基础的感光色素和感光异构酶（Nakane and Yoshimura，2010；Peirson et al.，2009；Bailey and Cassone，2004）（图34.2）。这些视蛋白包括特异性表达于松果体的视蛋白——松果体视蛋白（Bailey et al.，2003；Okano et al.，1994；Max et al.，1995），以及黑视蛋白（OPN4）（Bailey and Cassone，2005；Bailey et al.，2003；Chaurasia et al.，2005）和视紫蓝质（OPN1）（Masuda et al.，1994；Natesan et al.，2002），它们的感光作用将在后面的内容中进一步说明。此外，表达脊椎动物古视蛋白（VA）的视前区神经元（Halford et al.，2009；Davies et al.，2010，2012）投射到下丘脑结节部，而下丘脑结节部本身表达大量的感光细胞，这些细胞似乎在不同种属的鸟类中是不同的。鹌鹑（*Coturnix coturnix*）下丘脑内侧基底部（mediobasal hypothalamus，MBH）的脑脊液神经元表达OPN4和神经视蛋白（OPN5）（Nakane et al.，2010）。家雀弓状核除表达OPN4和OPN5外，弓状核神经元本身还表达视紫红质（OPN2）（Wang and Wingfield，2011），而外侧隔器表达视紫红质样的免疫阳性物质（Wada et al.，1998）。目前，尚不清楚这些光感受器和/或它们的感光色素中的每一个是否对于专有的生理过程有促进作用，或者它们在功能上是否协同。除了以视蛋白为基础的感光色素，鸟类还表达以黄素为基础的隐花色素（Bailey and Cassone，2005；Chaurasia et al.，2005；Kubo et al.，2006）。尽管隐花色素对于果蝇是主要的光牵引感光色素（Emery et al.，1998），但脊椎动物表达的多种隐花色素还未被证实为光敏分子。

34.3.2 松果体

鸟类的松果体是从间脑上部出现并延伸至大脑背侧，它位于两大脑半球和小脑之间（图34.2）。松果体柄狭长，其远端膨大伸向颅骨，附着于硬脑膜下方。鸟类的松果体结构存在较大差异（Quay，1965；Menaker and Oksche，1974）。例如，夜行性的猫头鹰、海鸥和海燕的松果体退化或只保留松果体残体（Quay，1965），而昼行性鸟类的松果体具有明显的解剖结构差异，且发育良好。根据Menaker和Menaker（1974）的研究结果，鸟类的松果体可分为囊状（雀形目鸟类）、管泡状（鸽形目和雁形目鸟类）和叶状（鸡形目鸟类）。在细胞水平，松果体至少含有4种类型细胞。光感受器样松果体细胞表达的外节使人想到具有特征性7：0微管构型的感觉纤毛型视网膜光感受器，尽管这种类型的光感受器构型变小且卷曲（Oksche et al.，1972；Menaker and Oksche，1974）。如上所述，这些细胞不仅表达以视蛋白为基础的感光色素和以黄素为基础的隐花色素，而且也是光转导的信号分子（Masuda et al.，1994；

Bailey et al., 2003），说明松果体细胞可直接感光。这一点将会在后文深入讨论。此外，松果体还含有间质细胞，包括室管膜细胞、星形胶质细胞、白细胞和成白细胞（Oksche et al., 1972），也包括投射到丘脑上部缰复合体的神经元（Sato and Ebisawa, 1988）。最后，松果体富含血管，含有内皮毛细血管细胞（Oksche et al., 1972）。

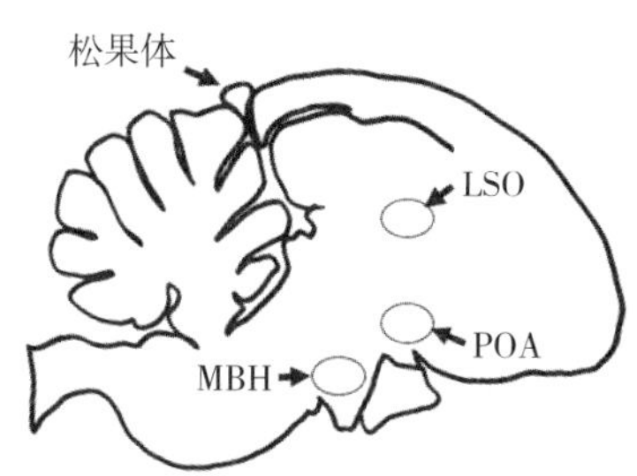

图 34.2　禽脑矢状面示意图

图中显示了眼外光感受器的位置，包括松果体、外侧隔器（LSO）、视前区（POA）和下丘脑内侧基底部（MBH）。

34.3.3　视网膜

众所周知，视网膜具有感光性，但其在鸟类昼夜节律牵引中作为光感受器的作用尚不清楚。哺乳动物不具有眼外光感受器（Doyle and Menaker, 2007），其昼夜节律的牵引主要由表达黑视蛋白的内源性光敏视网膜神经节细胞来介导（OPN4；Panda, 2007）。这些细胞直接投射到下丘脑的昼夜节律起搏器视交叉上核（suprachiasmatic nuclei, SCN）。如上所述，鸟类眼球对于 LD 周期的昼夜节律牵引并非必需，因为眼球摘除的家雀和一些其他种属的鸟类可进入 LD 周期。然而，这并不是说眼球不参与 LD 周期活动。与哺乳动物类似，鸡（*Gallus gallus domesticus*）视网膜的很多层都表达 OPN4，包括视网膜神经节细胞（Bailey and Cassone, 2005；Chaurasia et al., 2005）。

利用由 Semple-Rowland（Semple-Rowland and Cheng, 1999；Guido et al., 2010）构建的鸡视网膜退化模型，Guido 和他的同事认为，仅具有内部视网膜光感受器的鸡可以牵引摄食节律进入 LD 周期（Valdez et al., 2009, 2013）。当鸡头部戴一个黑色罩子以遮挡住脑部光感受器时，其表达的自由运转节律 τ 是 24.5 h。此时眼球被摘除、头部戴着罩子的鸡自由运转，但头部的光照却恢复了牵引。因此，鸟类脑部具有多个光感受器的画面浮现而出，松果体和视网膜在鸟类对光的牵引不是必需的（Doyle and Menaker, 2007；Guido et al., 2010）。

34.4　起搏器

下文内容我们将看到，多细胞生物的组织和细胞具有昼夜节律表达的能力（Bell-Pedersen et al., 2005）。然而，由于某些组织具有持续的昼夜节律，且其对昼夜节律组织非常重要，因而被指定为“起搏器”。鸟类的起搏器包括松果体、视网膜和下丘脑 SCN，它们的相互作用对于明显的昼夜节律组织至关重要。

34.4.1　松果体和褪黑激素

为了寻找脑内和视网膜外的光感受器，Gaston 和 Menaker（1968）摘除了家雀的松果体

(removed the pineal gland, PINX; 图 34.3)。尽管鸟类保留了对 LD 的牵引能力，但当被置于 DD，其节律丧失，说明松果体对于自我维持昼夜节律性是必需的。然而，数据也显示了松果体是生物钟组成元件的一部分，因为松果体被摘除的家雀可预测 LD 周期的亮灯时间，且当其由 LD 转到 DD 后的 5～15d 内，节律逐渐丧失（Gaston and Menaker, 1968; Binkley et al., 1971; Ebihara and Kawamura, 1981; Lu and Cassone, 1993a; Wang et al., 2012）。然而，松果体摘除对于不同品种鸟类的影响并不相同。松果体摘除的欧洲椋鸟（*Sturnus vulgaris*）节律消失，从而导致行为发生一系列改变，这类似于家雀的行为运动节律的轻微紊乱（Gwinner, 1978; Gwinner et al., 1987），而鸽形目和鸡形目鸟类运动行为的昼夜节律很少或者不受松果体摘除的影响（Ebihara et al., 1984; Underwood and Siopes, 1984）。

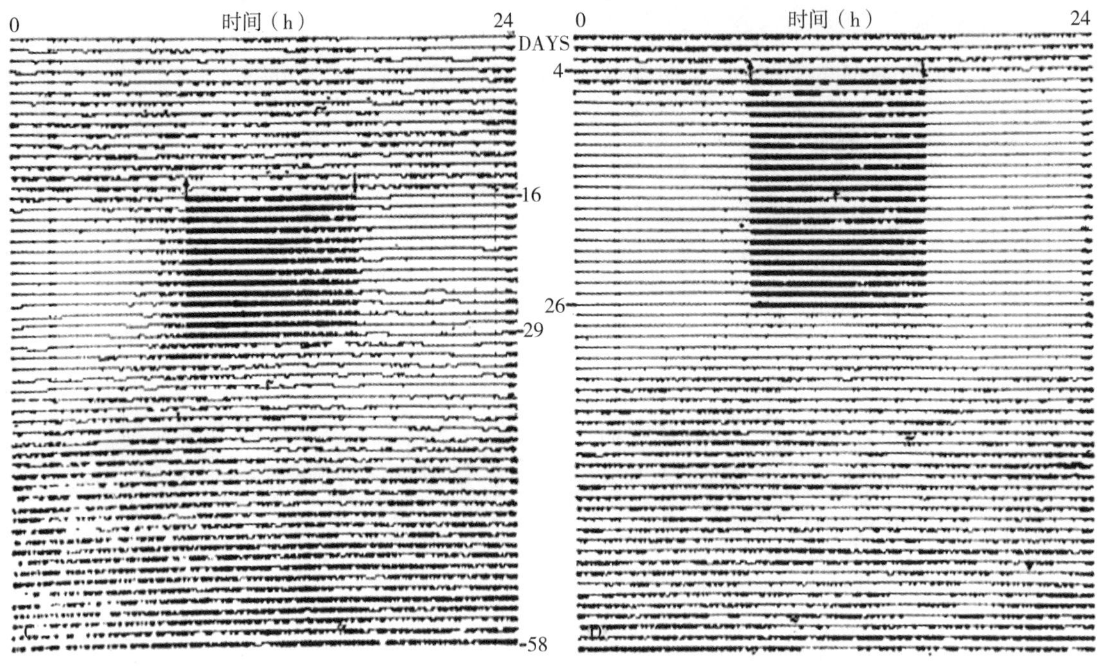

图 34.3 松果体摘除对家雀运动活动节律的影响

恒定黑暗（DD）条件下，家雀的运动活动节律丧失，但可被明暗（LD）周期牵引（上、下小箭头）。当家雀再次被置于 DD，5～10d 内节律再次丧失。引自 Gaston 和 Menaker（1968）。

即便这样，松果体也表现出了节律性和时间能力。在一个简单的试验中，Zimmerman 和 Menaker（1979）将两组家雀的松果体移植到饲养在 DD、松果体摘除、节律丧失家雀的眼前房。其中，第一组供体家雀在午夜给光，其在 LD 周期的早期被牵引；第二组供体家雀在上午 11 点给光，其在 LD 周期的晚期被牵引。两组受体家雀在一天内恢复了昼夜节律。而且，接受早期供体松果体的家雀表现出早期 φ_i，而接受晚期供体松果体的家雀表现出晚期 φ_i。因此，松果体对于家雀不仅是必需的，且它包含了一个关联，即可为受体家雀授予时间。

早在那时，人们就知道这种激素是吲哚胺褪黑激素。Lerner 的前期工作以及后期 Axelrod, Klein 和他们的同事（Klein et al., 1997）在研究鸡松果体中褪黑激素生物合成的生化基础时发现了这种激素（图 34.4）。大量的研究表明，鸟类的松果体细胞是具有光感受性的分泌细胞，它摄取色氨酸后通过色氨酸羟化酶（TrH; EC 1.14.16.4; Chong et al., 1998）转化为 5-羟色胺酸，随后通过芳香族 L-氨基酸脱羧酶（AAADC; EC 4.1.1.28）脱羧产生 5-羟色胺（5HT）。在 LD 的夜晚和 DD 的主观夜间，5HT 通过芳香基胺（或 5-羟色胺）-N-乙酰转移酶（AANAT；EC 2.3.1.87；Bernard et al.，1997）转化为 N-乙酰血清素（NAS）。NAS 通过羟基吲哚-O-甲基转移酶（HIOMT；EC 2.1.1.4；Bernard et al.，1991）转化为褪黑激素。目前，编码这些酶的基因在一些鸟类已被分离、克隆和测序。至少鸡的 TrH、AANAT 和 HIOMT 既受松果体细胞的分子钟的调节，也在转录、翻译和翻译后水平直接受光的调节，因此，松果体褪黑激素的酶促反应是一个动态的、有节律的过程（Klein et al.，1997）。

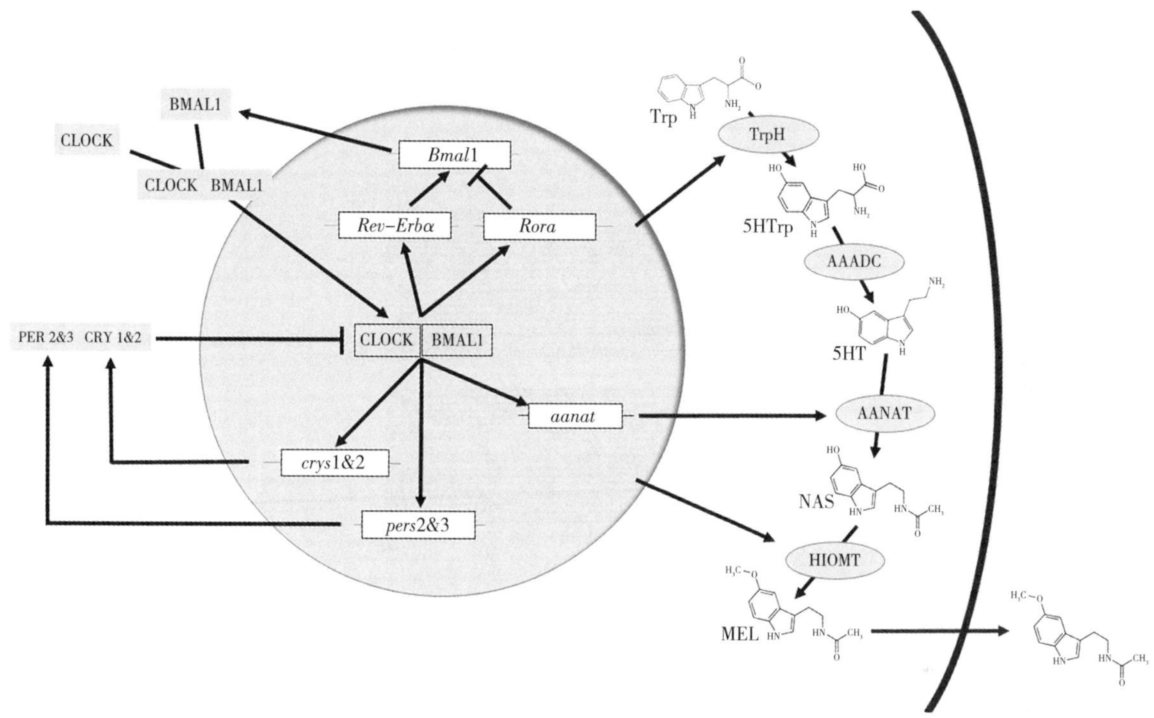

图 34.4 调控松果体细胞和视网膜光感受器中褪黑激素生物合成的昼夜节律模式的分子钟网络示意图

正调控因子 CLOCK 和 BMAL1 入核激活含有 E-box 启动子的基因表达。其中包括负调控因子周期基因 2 和 3（*per*2 和 *per*3）、隐花色素基因 1 和 2（*crys*1 和 *crys*2）、*Rev-Erbα* 和 *Rora*，它们形成二级环路以调控 *Bmal*1 的转录、输出和钟控基因，如芳基烷基胺-N-乙酰基转移酶（*aanat*）。*pers* 和 *crys* 被翻译，与其他组分如酪蛋白激酶形成异二聚体，重新入核以干扰 CLOCK/BMAL1 活化。右侧所示为褪黑激素的生物合成途径。色氨酸被色氨酸羟化酶（TrpH）转化为 5-羟色胺酸（Trp）。随后芳香族氨基酸脱羧酶（AAADC）将 5-羟色氨酸（5HTrp）转化为 5-羟色胺（5HT；血清素）。然后，AANAT 在夜间将 5HT 转化为 N-乙酰基血清素（NAS），以羟基吲哚-O-甲基转移酶（HIOMT）为底物，最终生成褪黑激素（MEL）。尽管可能存在褪黑激素的释放机制，但也可推测，此时褪黑激素会向细胞外扩散。

对松果体摘除的家雀、欧洲椋鸟和斑胸草雀（*Taeniopygia guttata*），或者眼球摘除或松果体摘除的家鸽（Chabot and Menaker，1992；Lu and Cassone，1993b；Gwinner et al.，1997；Heigl and Gwinner，1995；Cassone et al.，1992，2008；Wang et al.，2012）给予褪黑激素，可恢复它们运动行为的日常模式（图 34.5）。外源给予褪黑激素，动物的活动量通常会减少，并随着每日服用褪黑激素后，活动量得以恢复，这说明褪黑激素可能具有引起昏睡和/或诱导睡眠的作用。此外，褪黑激素对松果体摘除鸟类的运动行为的同步作用，代表了生物钟的牵引，因为在不同于 24 h 的 T-周期中给予褪黑激素，会导致褪黑激素与运动活动开始的相位关系（ψ）发生系统性的改变（图 34.5；Chabot and Menaker，1992；Gwinner et al.，1997）。而且，褪黑激素会以不同的速率牵引 3 种不同的行为，包括运动行为、鸣叫和鸣唱（Wang et al.，2012）。

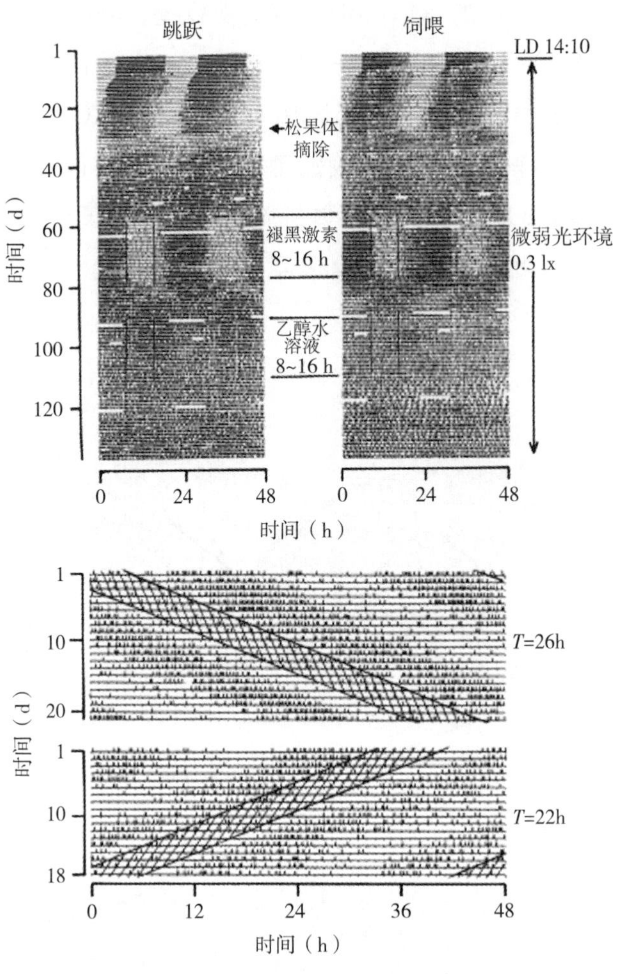

图 34.5 节律性给予褪黑激素对家雀的影响

上图：饲养在明暗周期下家雀栖息-跳跃和饲喂行为的活动图。松果体摘除后家雀的2种行为均丧失节律，当给予褪黑激素，日节律行为得以重建。下图：由于激素的处理，运动行为为了维持系统的相位关系，因此这种同步是牵引而不是掩蔽。当每26 h给予褪黑激素，家雀的行为活动发生在给药后，而每22 h的褪黑激素循环，则产生预期的褪黑激素行为。引自 Gwinner 等（1997）。

进一步的研究发现，经常给予褪黑激素对明显的节律性有显著影响（Gwinner and Brandstatter，2001）。皮下埋植含有结晶的褪黑激素蜂蜡（Turek et al.，1976）或硅橡胶（Hau and Gwinner，1995；Abraham et al.，2000），低浓度时，τ 改变；高剂量时，节律性完全丧失。有趣的是，给予恒定的褪黑激素减少了重新进入食物周期所需的时间（Hau and Gwinner，1995）或 LD 周期（Abraham et al.，2000）。这一现象与松果体摘除对机体的影响相似（Kumar and Gwinner，2005），它强调了这样一个观点，即内源性褪黑激素的节律主要影响昼夜节律组织，并且这种效应是通过下游振荡器的牵引而实现的（Cassone and Westneat，2012）。

鸟类的松果体含有昼夜钟和光感受器，它们可在体内和体外直接受 LD 周期牵引，引起褪黑激素生物合成的昼夜模式（Binkley et al.，1978；Brandstatter et al.，2000；Natesan et al.，2002）。松果体组织和培养的松果体细胞表达 AANAT 活性（Binkley et al.，1977；Deguchi，1979）、基因表达（Karaganis et al.，2008）和分泌褪黑激素（图 34.6；Takahashi et al.，1980），它们的表达模式在 LD 周期中呈昼低夜高。这一节律在 DD 下维持 4～10d，随后逐渐减弱，丧失节律。光照对培养的松果体细胞的节律有 3 种影响，即光照抑制褪黑激素的生物合成，光照增加褪黑激素的振幅和降低衰减，以及光照使松果体细胞的相位移动（Zatz et al.，1988）。

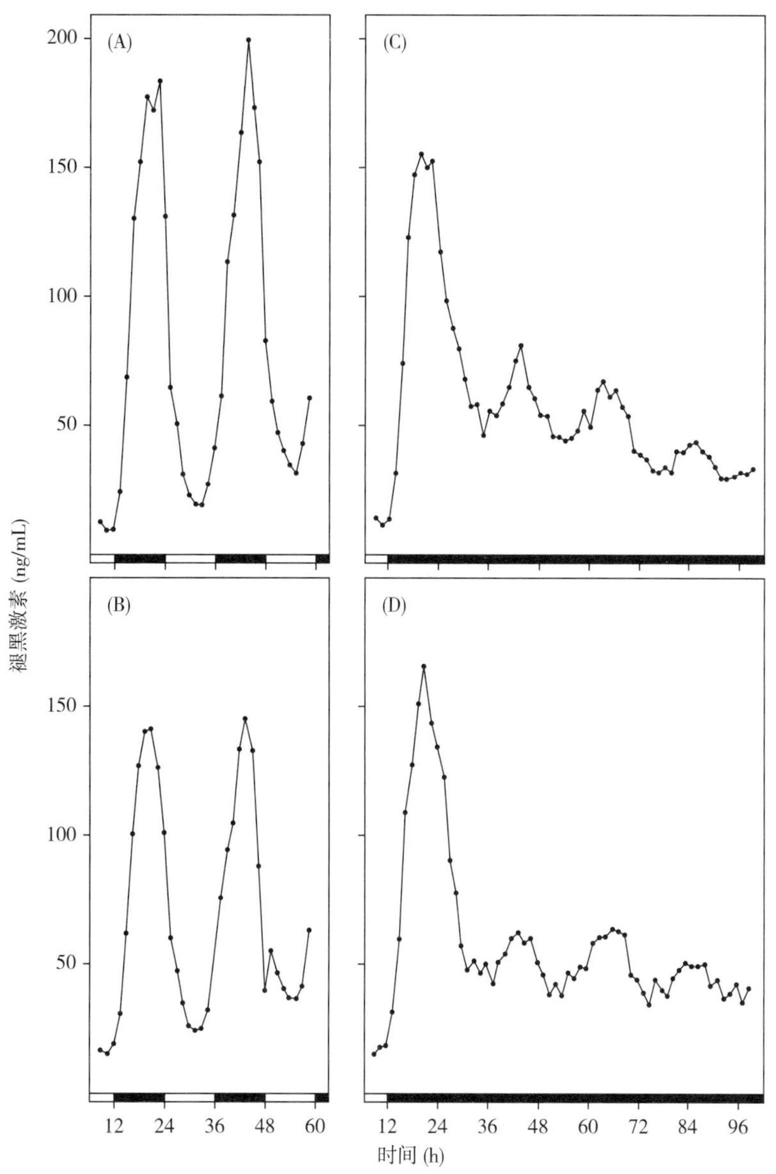

图 34.6　体外培养的鸡松果体分泌的褪黑激素节律

体外 LD 下夜间释放的褪黑激素（左图）。这一节律在 DD 下以较低的振幅持续数天，最终节律丧失。引自 Takahashi 等（1980）。

34.4.2　视网膜

有趣的是，许多脊椎动物的侧眼视网膜光感受器也合成和释放褪黑激素（Underwood et al.，1984）。实际上，日本鹌鹑和家鸽（*C. livia*）的视网膜释放到血液循环中的褪黑激素几乎与松果体释放的褪黑激素一样多；除了 PINX，眼球摘除或视网膜切除也可导致运动行为节律的丧失，这与雀形目单独 PINX 的效果是类似的（Ebihara et al.，1984，1997；Underwood and Siopes，1984）。因此，PINX 对鸟类影响的差异可能部分地归因于某些种属的视网膜成分，出现这种现象的原因不是因为松果体本身，而是节律性分泌的褪黑激素，它对昼夜运动行为非常重要。

34.4.3 视交叉上核

在鸟类，2 个结构与 SCN 功能有关，即内侧视交叉上核（mSCN）和视觉视交叉上核（vSCN）（Cassone and Moore，1987；Cantwell and Cassone，2006a，b）。二者通过神经投射连结起来，细胞群相邻，特别是星形胶质细胞的分布。vSCN 表达代谢节律和电活动，其水平呈昼高夜低（Cassone，1988；Lu and Cassone，1993a，b；Juss et al.，1994；Cantwell and Cassone，2002）；而且，vSCN 接受视网膜下丘脑束（RHT）的投射（Cassone and Moore，1987；Cassone，1988；Cantwell and Cassone，2002，2006a，b），并含有褪黑激素受体结合位点（Rivkees et al.，1989；Cassone et al.，1995）。外源给予褪黑激素会降低鸡和家雀 vSCN 对葡萄糖的利用（Lu and Cassone，1993b；Cantwell and Cassone，2002）。最后，光照激活 vSCN 的 *c*-fos 表达，而不是 mSCN（King and Follett，1997）。鹌鹑的 mSCN 节律性表达钟基因（Yoshimura et al.，2001；Yasuo et al.，2002），而家雀的 vSCN 和 mSCN 均节律性表达 *per*2 基因（Abraham et al.，2002，2003）。重要的是，直接损毁爪哇麻雀（*Padda oryzivora*）和家雀的 mSCN，其节律丧失，这与 PINX 结果相似（Ebihara and Kawamura，1981；Takahashi and Menaker，1982）。然而，这种损伤是否影响了 vSCN 的完整性尚不清楚。

34.5 褪黑激素作用位点

34.5.1 褪黑激素受体

在 20 世纪 80—90 年代，利用放射性标记的受体激动剂 2［^{125}I］-碘代褪黑激素（IMEL）结合高亲和力的褪黑激素受体，揭示了高密度 IMEL 结合在视网膜、视网膜受容区、禽脑的视觉整合结构和外周组织中（图 34.7；Dubocovich and Takahashi，1987；Rivkees et al.，1989；Cassone et al.，1995）。结合位点亲和力的研究结果显示，在 pM 范围内的 kDs 对褪黑激素本身具有高度的特异性。结合 IMEL 的脑区包括昼夜节律系统 SCN 中视网膜受容区、离丘脑视觉通路的腹外侧核和膝状体背侧核、离顶盖通路的视顶盖，以及视神经背根核（nBOR）或副视觉通路。在所有种属的鸟类，完整的离顶盖通路，如圆核（Rt）和外纹体（Ep）也结合 IMEL（Rivkees et al.，1989；Cassone et al.，1995）。部分鸟类的高纹体结构，包括视觉 Wulst 也是 IMEL 的结合位点。雄性雀形目鸟类与鸣唱的学习和控制有关的结构也显示出高亲和力的 IMEL 结合位点（Gahr and Kosar，1996；Whitfield-Rucker and Cassone，1996）。

Reppert 和他的同事分离和克隆了编码两种高亲和力的褪黑激素受体，命名为 Mel_{1A} 和 Mel_{1C} 受体（Reppert et al.，1995）。同年，编码 Mel_{1B} 受体同源基因的部分序列被分离出来（Liu et al.，1995）。随后的工作证实，鸟类至少存在 3 种褪黑激素受体，即 Mel_{1A}，Mel_{1B} 和 Mel_{1C} 受体（Reppert，1997）。这 3 种褪黑激素受体亚型均具有 7 个跨膜结构域和 GTP 结合蛋白结构，而且它们均为 G_i GTP 结合蛋白类型，尽管有试验已表明这 3 种褪黑激素受体与 G_q 有交互作用（Reppert，1997）。然而，这 3 种受体亚型在鸡、斑胸草雀和家雀的分布却不一致。Mel_{1A} 受体主要分布于中枢神经系统和外周组织（Natesan and Cassone，2002；Karaganiset

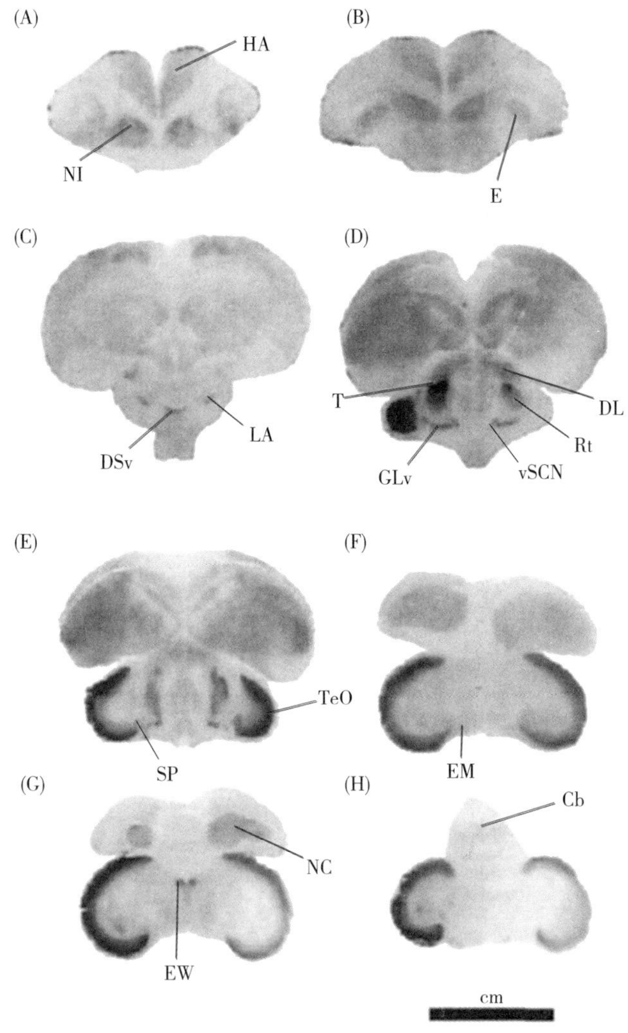

图 34.7　环颈雉（*Phasianus colchicus*）脑中褪黑激素受体结合位点

视频数字化放射自显影图像显示了环颈雉脑的喙侧（A）至尾侧（H）50 pM 的 2［^{125}I］碘代褪黑激素结合（IMEL）位点。密集结合部位出现在视网膜受容区和昼夜节律整合结构（vSCN），离顶盖通路［视顶盖（TeO）、圆核（Rt）和外纹体（E）］，离丘脑通路［丘脑的前外侧核（LA）、背外侧核（DL）和前额叶皮质（HA）］以及副视觉通路［乳外核（EM；也称视神经背根核）和动眼神经副核（EW）］。引自 Cassone 等（1995）。NI，新纹体中间内侧部；DSv，视交叉上核腹侧部；T，三角核；GLv，膝状体腹侧核；SP，顶盖前下核；NC，新纹体尾部；Cb，小脑。

al.，2009），Mel_{1B}表达于视网膜内的神经元和光感受器，同时也在中枢神经系统中表达（Natesan and Cassone，2002）。Mel_{1B}是雀形目鸟类鸣唱控制核团的主要受体亚型，而其他 2 种受体在这些核团中也有表达（Jansen et al.，2005；Bentley et al.，2012）。Mel_{1C}受体主要在中枢神经系统的非神经元中表达（Reppert et al.，1995；Adachi et al.，2002）。鸡星形胶质细胞体外培养的结果显示，95%～100%的间脑星形胶质细胞表达 Mel_{1C}受体，与 5%～10%的 Mel_{1A}共表达，但星形胶质细胞不表达 Mel_{1B}。

34.5.2　作用机制

作为 G_i GTP-结合蛋白家族的 7 个跨膜结构域的受体蛋白（Reppert，1997），褪黑激素受体通过抑制细胞内的腺苷酸环化酶的活性而共同发挥作用。然而一些证据表明，褪黑激素受体下游存在与其他信号通路的互作。如 Mel_{1C}受体通过 IP3-依赖性通路介导鸡星形胶质细胞的钙信号转导（Peters et al.，2005）。此外，有证据表明，褪黑激素可能通过非受体途径和/或尚未发现的受体分子来发挥作用。但这些内容尚未在鸟类阐明。

34.6 鸟类的昼夜节律组织

鸟类明显的昼夜节律是通过多个昼夜节律起搏器来调控的，这些起搏器是受中枢神经系统的多个感光元件牵引。其相对重要性在所研究的少数物种中有所不同，但对于每一个物种，松果体、视网膜和 SCN（mSCN 和 vSCN）已被鉴定为昼夜节律系统的核心振荡器。对昼夜起搏器和光感受器相互作用的早期分析结果表明，松果体分别对下游通路或振荡器施加和/或牵引的节律性和相位是一种层级关系。起搏器 SCN 和视网膜活性的发现，表明了一种更为复杂关系的存在（图 34.8）。

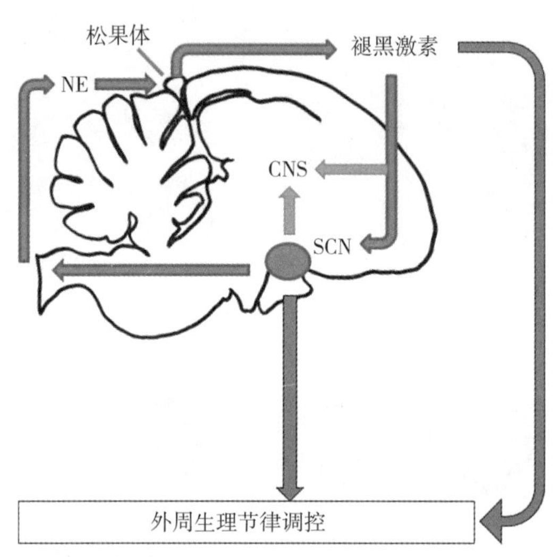

图 34.8 鸟类昼夜节律组织的神经内分泌环路模式

起搏器松果体和 SCN 通过相互抑制以维持稳定的反相关系。每个起搏器可单独影响下游振荡器和转导通路，或协同影响中枢神经系统和外周组织。改编自 Cassone 和 Westneat（2012）。NE，去甲肾上腺素；CNS，中枢神经系统；SCN，视交叉上核。

毫无疑问，松果体和/或节律性褪黑激素的分泌对于昼夜节律组织是非常重要的，但很显然，它也是一个更为复杂的结构和通路系统的一部分，我们称之为鸟类的昼夜节律组织或鸟类昼夜节律系统。尽管 PINX 确实使雀形目鸣禽丧失了节律性运动、体温、脑部代谢和鸣唱的行为节律，但在以上叙述中，这一系统中其他起搏器确实有令人信服的证据。第一，PINX 的鸟类进入 LD 周期，且通常是在黎明前开始运动和鸣唱（Gaston and Menaker，1968；Menaker et al.，1978；Gwinner et al.，1994；Wang et al.，2012），这说明它们具有计时的功能。第二，当 PINX 的家雀、斑胸草雀和其他雀形目鸟类（麻雀和雀科鸣鸟）从 LD 转到 DD 或 dimLL，它们表达 5～10d 的衰减的节律直至节律丧失（图 34.3），这说明在节律行为的基础上存在一个残余的起搏器。第三，雀形目鸟类（如椋鸟）和鸽形目鸟类（如鸽子）对 PINX 的反应不同，一部分鸟类节律丧失，一部分鸟类节律中断，还有一部分鸟类节律未受影响（Gwinner，1978；Ebihara et al.，1984；Gwinner et al.，1997）。最后，如上所述，定时给予褪黑激素会牵引斑胸草雀不同的行为活动（Wang et al.，2012）。

vSCN 是褪黑激素同步昼夜运动节律的位点之一。vSCN 表达褪黑激素受体（Rivkees et al.，1989；Reppert et al.，1995），褪黑激素影响 vSCN 生理功能。当家雀被置于 DD，并在主观白天的不同时间注射 2DG 以映射代谢活动时，vSCN 在 DD 下至少 10d 表现对 2DG 摄取的节律性（Lu and Cassone，1993a）。然而，当 PINX 家雀被置于同样的 DD，vSCN 中 2DG 摄取节律以与运动活动相同的速率降低振幅，节律性丧失（Lu and Cassone，1993a）。当 PINX 家雀每天给予褪黑激素，运动节律和 vSCN 对 2DG 的摄取节律均重新建立（Lu and Cassone，1993b）。而且，在主观白天的晚期注射褪黑激素会急剧降低 vSCN 对 2DG 的摄取（Cantwell and Cassone，2002）。

相反，尽管可以确定鸟类松果体含有专门的昼夜振荡器和光感受器，以在体内和体外建立褪黑激素分泌的明显昼夜节律（Binkley et al.，1977；Deguchi，1979；Takahashi et al.，1980；Kumar and Follett，1993；Csernuset al.，2005；Karaganis et al.，2008），但这些节律在体外 DD 下不能自我维持（图 34.6）。褪黑激素的生物合成和分泌在 LD 下培养的松果体中呈昼低夜高，但在 DD 下该节律的振幅降低，以致在 2～8d 内节律衰减直至节律丧失（Cassone and Menaker，1984；Csernus et al.，2005）。

鸟类的松果体在体内受交感神经节后神经元的支配（Ueck，1979），通过白天和主观白天释放的去甲肾上腺素（norepinephrine，NE）接受每天的和昼夜的输入（Cassone et al.，1986）。手术损毁 vSCN，而不是 mSCN，会消除 NE 的周转节律（Cassone et al.，1990），说明 NE 的周转节律依赖于 vSCN。当家养母鸡的松果体失去体内交感神经的支配，血浆褪黑激素节律在 4d 内衰减（Cassone and Menaker，1983），这一结果与体外培养松果体的结果相似。体内和体外给予 NE 对鸡的松果体褪黑激素节律会产生两种作用：①NE 抑制褪黑激素的生物合成；②NE 提高振幅，降低衰减，但不改变松果体昼夜钟的相位（Cassone and Menaker，1983；Zatz and Mullen，1988）。

为了解释在家雀中观察到的这些现象，Cassone 和 Menaker（1984）、Cassone（1990）提出了鸟类昼夜节律组织中的神经内分泌环路模式（图 34.8）。在这种情况下，起搏器松果体和视交叉上核衰减了昼夜节律振荡器。我们不清楚这种衰减是由于这些结构本身的单个细胞的衰减，还是这些细胞相互间漂离相位的自我维持的振荡器。光通过松果体内的光感受器抑制松果体振荡器的输出，同时光激活 SCN 的输出，并具有移动每个钟相位的能力。在夜晚和 DD 的主观夜晚，松果体振荡器分泌褪黑激素，并影响多个下游通路和结构。这其中包括被褪黑激素抑制的 vSCN。然而，由于松果体是内源性振荡器，它的输出随着黎明和 DD 的主观黎明的到来而减弱，从而解除了对 SCN（vSCN 和 mSCN）输出的抑制。相反，在白天和 DD 的主观白天，SCN 的活化影响多个下游通路和结构。这其中至少包括交感神经系统中的 NE 在松果体周转中的昼夜节律表达，即昼高夜低。这是因为 SCN 是昼夜节律振荡器，NE 抑制褪黑素的生物合成和释放，当 NE 输出减少，松果体振荡器的抑制被解除。SCN 和松果体振荡器的这种相互抑制关系维持了稳定的相位关系，使得每一个起搏器能够单独或协同地影响下游通路。Gwinner（1989）认为，松果体和 SCN 振荡器之间是一个“内部共振”的关系，其中每一个振荡器都提高了对方的振幅。这一观点与神经内分泌环路模式并不矛盾。事实上，即使 NE 抑制褪黑激素的输出，将 NE 应用于鸡松果体，也会增加体内（Cassone and Menaker，1983）和体外（Zatz and Mullen，1988）褪黑激素输出的振幅。当停止给予 NE 后，松果体释放出高水平的褪黑激素。

那么，视网膜又处于什么位置呢？ 对于鸽形目和鸡形目的鸟类，它们的视网膜在夜晚有节律地分泌褪黑激素，至少它们的部分作用是作为“第二（和第三）个松果体”（Menaker，1985），可能以平行于松果体输出的方式影响 SCN 和其他下游振荡器。 此外，视网膜内光感受器和昼夜节律振荡器通过视网膜下丘脑束和其他视觉通路直接影响视觉感知和活动的昼夜节律模式（Guido et al.，2010）。 显然，对于鸡形目，视网膜是主要的起搏器，但这种功能性质在这一阶段并不明显（Steele et al.，2006）。

在这一阶段，该系统影响下游通路的机制目前尚不完全清楚。 然而，指向分布式节律能力的新的和令人兴奋的数据变得可用，这些结果将在以下内容中阐述。 然而首先，我们必须探究鸟类昼夜节律钟的分子机制。

34.7 分子生物学

为了寻找突变体和鉴定潜在的功能基因，早期有关突变分析的研究显示，基因和基因表达影响动物机体的行为和其他复杂的生理过程。 果蝇是开展昼夜节律突变分析的早期模式动物（Konopka and Benzer，1971；Rosbash et al.，2007）。

34.7.1 鸟类分子钟的鉴定、特征和定位

昼夜节律由一组高度保守的基因所调控，这组基因统称为“钟基因”，其产物可动态地相互作用以引起节律性的转录、翻译、生理生化过程，以及行为活动（Reppert and Weaver，2002；Bell-Pedersen et al.，2005；Rosbash et al.，2007）。 从果蝇到人类，这个基因网络的核心是以“正调控因子”*clock* 和 *bmal1*，以及“负调控因子”周期基因 1（*per1*）、*per2*、*per3* 和隐花色素基因 1（*cry1*）和 *cry2* 为特征。 与哺乳动物相比，鸟类不表达 *per1*，只表达 *per2* 和 *per3*（图 34.9；Yoshimura et al.，2000；Yasuo et al.，2002；Bailey et al.，2003，2004）。 *clock* 和 *bmal1* 转录后，在胞浆中翻译形成二聚体，重新入核，与负调控钟基因的启动子元件 E-box 结合，进而激活负调控钟基因的转录（图 34.4；Haque et al.，2010）。 *pers* 和 *crys* 反过来在胞浆中转录和翻译，其中 PER 蛋白被一系列蛋白激酶靶向水解，主要是酪蛋白激酶 1ε（CK1ε）和 CK1δ。 这一过程减缓了细胞质中 PER 的累积，增加了分子循环的周期。 胞质中 PER 和 CRY 蛋白形成寡聚物，重新入核干扰 CLOCK/BMAL1 介导的活化。 涉及含有 E-box 启动子的 2 个基因（*Reverbα* 和 *rorA*）的二级循环，分别通过激活和抑制 *bmal1* 的转录来扩增循环。 破坏和/或敲除这些基因（如果这些技术可能），则显著影响动物（如小鼠和果蝇）昼夜节律的表达，其范围可从周期的改变到节律的丧失。

34.7.2 鸟类生物钟的外围振荡器

尽管起搏器组织中的细胞表达钟基因（Yoshimura et al.，2000；Yasuo et al.，2002；Bailey et al.，2002，2003，2004），但令人惊讶的是在脑区的其他部分以及外周组织，如心、肝、肺和性腺也发现了钟基因的节律性表达（Chong et al.，2003；Helfer et al.，2006；Karaganis et al.，2009；Zeman et al.，2009）。 为了确定作为起搏器的松果体和眼是否对外周

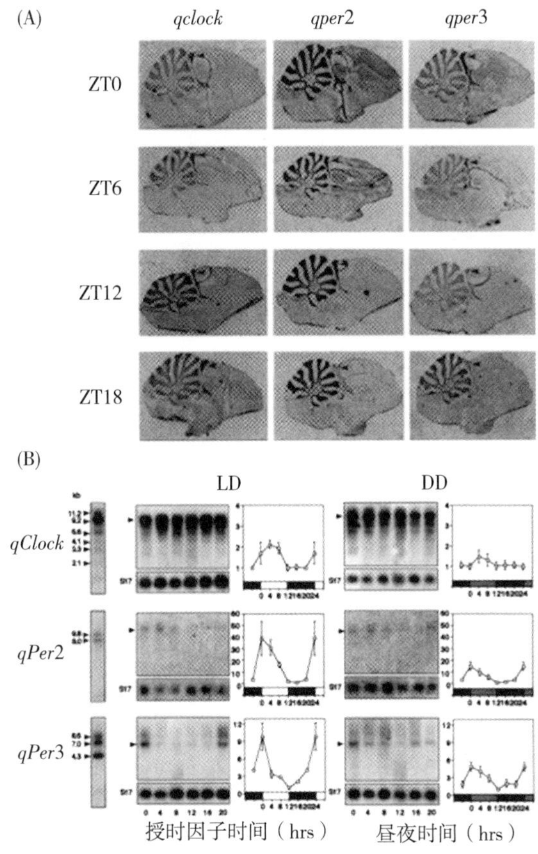

图 34.9 日本鹌鹑松果体原位杂交（A）以及视网膜 Northern blot（B）分析所显示的钟基因昼夜节律表达情况。两个组织中，*clock* 在白天表达，而 *per*2 和 *per*3 在夜间后期表达。引自 Yoshimura 等（2000）。

钟基因节律产生影响，Karaganis 等（2009）的结果显示，松果体摘除或眼球摘除的鸡，其钟基因表达的振幅降低，*cry*1、*per*3 和 *bmal*1 的 φi 改变，但节律没有消失。目前尚不清楚松果体和眼球同时摘除是否会使这些基因的节律性丧失，但现阶段必须肯定的是，外周振荡器是存在的，而且它们只由松果体和视网膜来调控。

34.7.3 鸟类生物钟的转基因前景和分子操控

现阶段，没有稳定的转基因鸟类可为昼夜节律生物学提供研究。然而，已有许多报道是有关转基因报告基因和基因敲除品种的鸡（Poynter and Lansford，2008；Nishijima and Iijima，2013）。显然，这是该领域未来的研究方向。即使这样，鸟类视网膜模型中的病毒转染研究已取得了一些进展（Semple-Rowland et al.，2010）。此外，与 CLOCK 和 BMAL1 表达相关的 micro RNA 载体的应用影响了鸡视网膜 AANAT 水平（Haque et al.，2010）。因此，在分子水平上操纵鸟类的生物钟将成为可能。

34.8 结论与展望

鸟类的生物钟是其生理和行为的重要组成部分（Cassone，1990；Gwinner and Brandstatter，2001）。鸟类昼夜节律组织的早期研究对理解中枢神经系统的结构-功能关系至关重要。事实上，将松果体鉴定为“主要起搏器”意味着该系统是分层次的。然而，随着松果体功能特性更加清晰，以及下丘脑和视网膜新的起搏器的识别，使得该系统看起来更加复杂，显然，鸟类的生物钟是由 SCN、松果体和视网膜（至少在一些种属的鸟类）多个昼夜起搏器所组成。它们各自都是通过其内部的光感受器由环境光周期所牵引。反过来，三者互相作用以实现自我持续的振荡，从而驱动下游节律性过程。分子生物学技术的出现，揭示了这种起搏器的分布系统是通过牵引下游振荡器，而不是通过直接作用来实现的。有关脑和外周组织的分子振荡如何与生理输出相偶联仍有待探讨，但这是未来生物钟需要探讨的生理机制。

参考文献

（陈耀星、曹静译校）

第 35 章　年周期和光周期

Vincent M. Cassone and Takashi Yoshimura

除了每日模式影响鸟类的生理和行为之外，鸟类也对非生物和生物环境的年模式非常敏感。这对于极地和温带地区的鸟类来说尤其如此，但亚热带和热带地区的鸟类一年一次的生理周期也很明显。在所有情况下，年循环主要源自太阳辐射的年变化，这是由于地球自转的轴向倾斜及地球绕太阳公转的椭圆轨道，导致季节的产生（Pianka，1978）。此外，气候的长期变化趋势，如全球的气候变化，无论是人为的还是自然变化，都可能对鸟类的生理产生显著影响（Lockwood，2010）。

35.1 年循环

35.1.1 非生物因素

35.1.1.1 光周期

季节是由地球每年绕太阳公转以及轴向倾斜产生的（图 35.1）。当地球的轴向倾斜与地球相对于太阳的运动轨迹平行时，所有物体表面都会接收到等量的太阳辐射，即 24 h 中有12 h 光照和 12 h 黑暗（LD 12∶12）；这个时间发生在 3 月 20 日和 9 月 22 日，即昼夜平分点。白天的持续时间为光周期，夜晚的持续时间为暗周期。此时，北半球是春分（春天开始），而南半球是秋分（秋天开始）。

当地球从 3 月至 6 月沿其轨道运行时，轴向倾斜使北半球暴露在更直接和更长的日照时间（光周期）下。相反，在每年 6 月 21 日之前，南半球经历的光周期较短，也不那么直接，此时地球的轴向倾斜将北半球指向太阳，并垂直于其轨道。这时是北半球的夏至。北半球在这一天白天最长，而南半球白天最短，其分别对应于夏季和冬季的开始。当地球从 6 月进入 9 月，在 9 月 22 日北半球进入秋分，南半球则进入春分。当地球从 9 月进入 12 月，地球的轴向倾斜再次垂直于地球轨道。然而，此时的地球轴向倾斜使南半球暴露在直接的光照和较长的光周期，使南半球进入夏至；相反，北半球则进入冬至。

实际上，这些天文学进程的一个主要的改变就是光周期的年变化，而光周期又依赖于地球

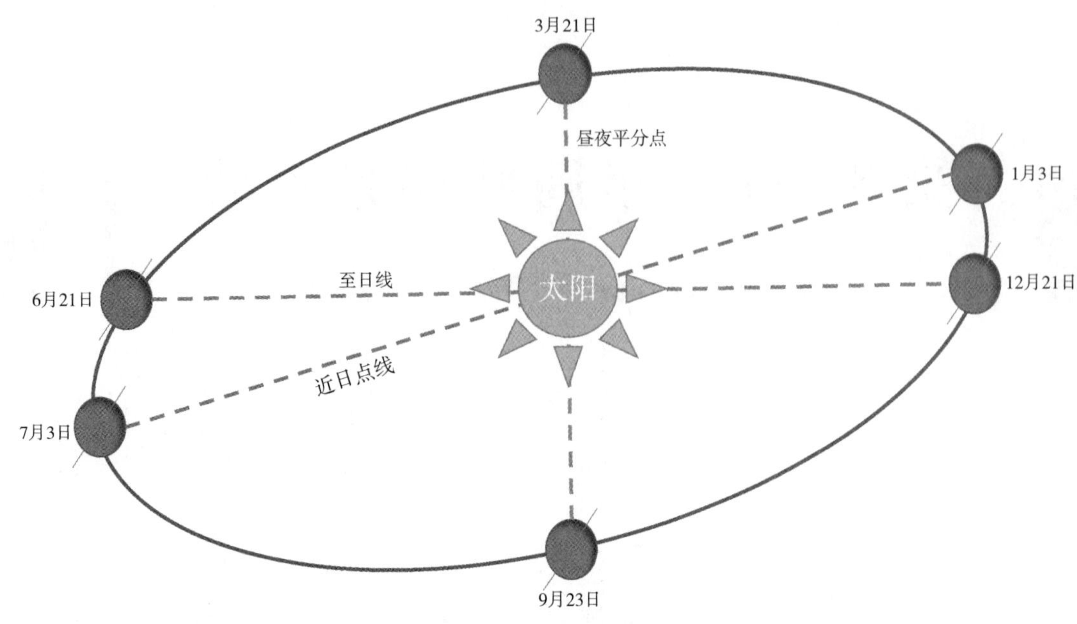

图 35.1 四季变化的天文学基础

地球绕地轴自转使两极不对称地朝向或远离太阳，这一现象取决于一年中的时间。

纬度（图 35.2）。与实验室中按方波定时开灯和关灯情况（如下所述）相比，自然光周期取决于全球照度定义，其定义为黄昏，其中太阳的天顶角范围从民用黄昏时的 85°（太阳刚好在地平线以下）到天文黄昏时的 105°（太阳在地平线以下 12°）。在赤道，民用黄昏全年保持在 LD 12∶12，但随纬度向两极增加，光周期的年变化幅度增加。在巨蟹座和摩羯座（23.437 8°）的热带地区，夏至的光周期约为 LD 14∶10，而冬至为 LD 10∶14。在气候较为温和的美国纽约（43.5°），夏至的光周期约为 LD 15∶9，冬至约为 LD 9∶15，而北极圈（66.6°）以上的光周期范围从 LD 24∶0 到 LD 0∶24。因此，随着纬度从赤道向两极的增加，光周期的范围在一年内急剧增加。

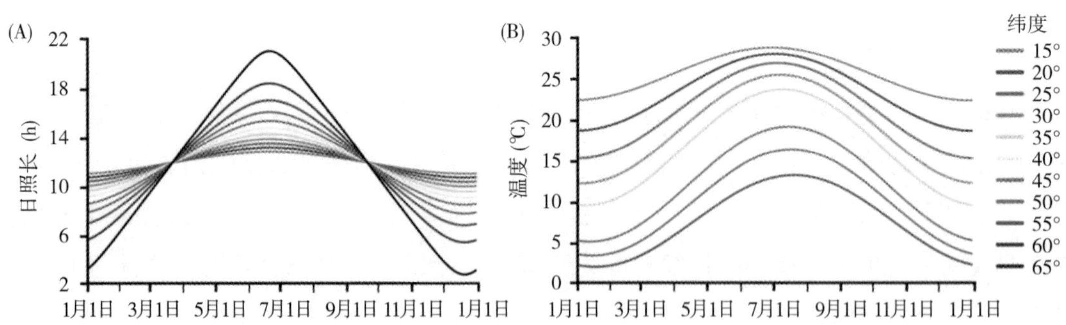

图 35.2★ （A）光周期的年变化取决于高纬度地区光周期变化幅度最大的纬度。（B）同样，环境温度的季节变化也与纬度有关。然而，低纬度地区的平均温度要高于高纬度地区。引自 Wilczek 等（2010）。

35.1.1.2 温度

随着季节的更替，光周期可使环境温度（T_A）平行变化。一年中最冷月份与最热月份的温度差（Glickman，2000）为 T_A 的年平均范围（ΔT_A），它会随纬度的增加而增加，例如，ΔT_A 在赤道时为 0、北纬 90°时为 40℃、南纬 90°时为 31℃。然而，ΔT_A 在南北半球的这种不对称性主要是由于南半球的地表被大部分海洋所覆盖，吸收了大量的热量。而地球的椭圆轨道在一定程度上缩小了这种差异，因为地球在 1 月份最接近太阳（图 35.1），即此时南半球为夏季，北半球为冬季。

除了纬度，海拔也显著影响 T_A和 ΔT_A。 海拔每升高 1 km，T_A平均下降 6.4℃，这一现象被称为温度直减率（Glickman，2000）。 而温度直减率与几个变量有关，尤其是湿度，湿度可降低温度直减率。 例如，当每千米海拔的平均干直减率为 10℃，而每千米海拔的平均湿直减率为 5.5℃。 影响 T_A和 ΔT_A的非生物因素包括城市化、大陆性近海和降水。

35.1.1.3 降水与风

除了光周期和温度的年循环外，降水模式也可为鸟类和其他生物提供时间线索（Pianka，1978; Glickman，2000）。 特别是在亚热带和热带地区，这些地区经历着可预测的雨季和旱季。 热带辐合带是地球自转和赤道地区海水蒸发引起的 Coriolis 效应的结果。 热带辐合带的变化会影响赤道地区的降雨，从而导致亚热带和热带地区的可预测的雨季和旱季，这与高纬度地区的寒季和暖季正好相反。 例如，地处热带地区的澳大利亚昆士兰州，降水范围从雨季（12 月至来年 3 月）的 65%湿度、400 mm 降雨/月，到旱季（6 月至 10 月）仅为 17%湿度、25 mm 降雨/月。 而对于西非，雨季从 4 月持续至 7 月，旱季则在 10 月至来年的 3 月间。 由于受其他一些因素如风向、山脉和其他物理屏障等的影响，全球范围内的雨季和旱季的绝对时间不像光周期那样可以预测。 然而，雨季和旱季往往具有局部可预测性，因此许多生物的生殖过程与这些非生物因素同步。

35.1.2 生物因素

由于许多非生物因素随季节的变化而变化，所以鸟类对生物环境方面的适应也就不足为奇了。 这些因素包括但不仅限于食物、竞争者、掠食者和配偶的存在与否。 因此，使机体准确地根据这些生物因素的时间以调节生理过程的选择性压力是非常大的（Pianka，1978）。

35.2 鸟类的年循环

鸟类的生活史策略必须适应并预测这些不断变化着的环境因素。 这些生活策略可能是复杂的、种属特异性的，而这些过程的时间将决定鸟类的生存和适应性，这或许比其他脊椎动物更重要。 为了使个体和物种生存下来，必须将时间分配给每个必要的过程，如繁殖、迁徙、换羽和其他可能相互干扰的过程（King，1974）。 但这些过程是相互协调的，即生活史的各个阶段被限定在一年中相对于上述外部环境条件以及所协调的各种过程的适当时间。 例如，长途迁徙的候鸟，如红腹滨鹬（*Calidrus canutus*）和流苏鹬（*Philomachus pugnax*），其繁殖、迁徙、体重和多次换羽的周期模式使该物种年循环的每个阶段都在适当的时间发生（Helm et al.，2012，图 35.3）。 由于鸟类的春季迁徙是从南半球冬季地迁徙至北半球的繁殖地，在那里它们求偶、交配、繁殖，使得它们食欲亢进并变得肥胖。 迁徙后，多次换羽以更换飞羽，而发生胸部换羽并作为孵化垫时，则表示鸟类将为孵育幼雏做准备。 对多种鸟类的物候分析（周期性自然现象的时间方面及其与天气和气候有关的年循环研究；Lincoln et al.，1998）表明，鸟类具有相似而复杂的生活史周期。 显然，横跨赤道的迁徙鸟，如流苏鹬和红腹滨鹬，其生活史周期更加复杂，但这些时间程序对于鸟类是很常见的。

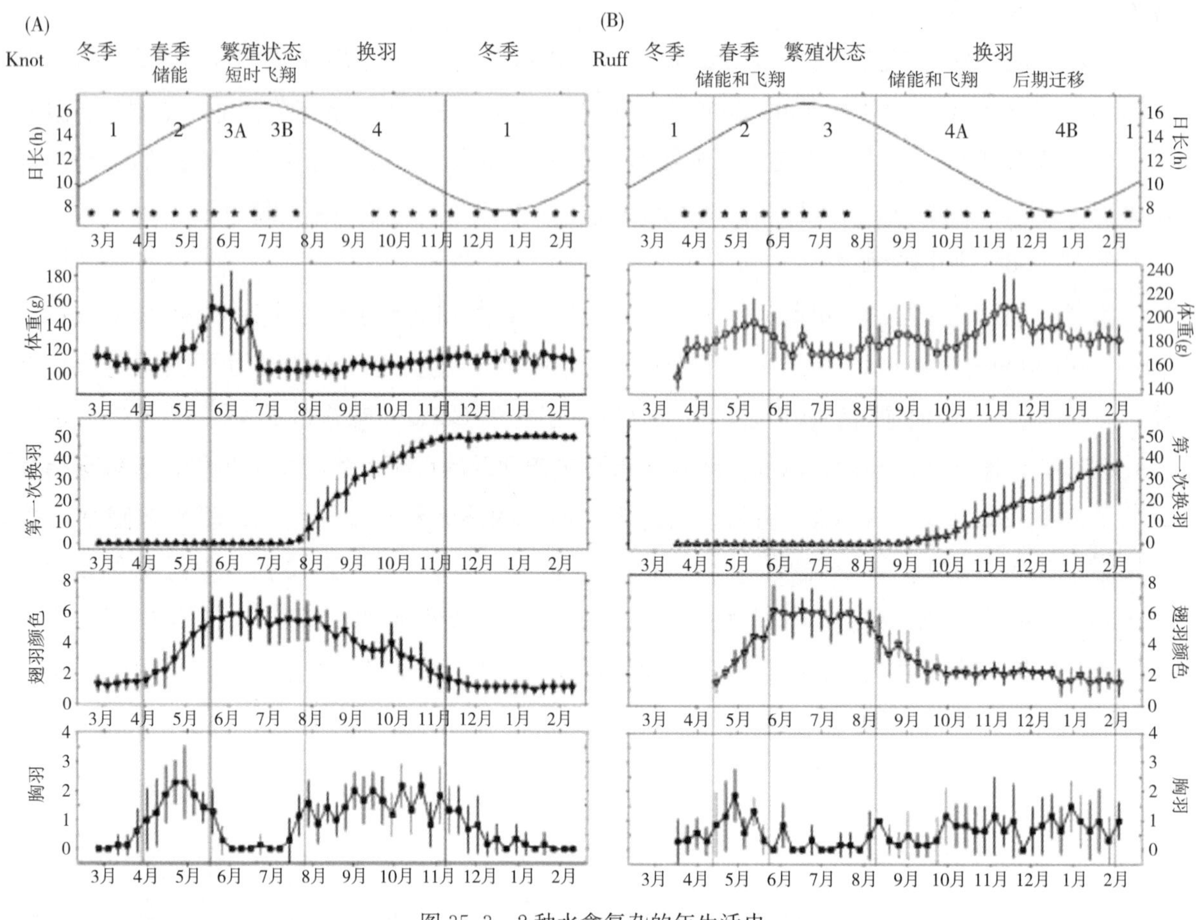

图 35.3　2 种水禽复杂的年生活史

（A）红腹滨鹬（*Calidrus canutus*）和（B）流苏鹬（*Philomachus pugnax*）。体重、春季和秋季换羽，以及羽毛颜色以物种特有的方式每年协同发生。引自 Helm 等（2012）。

35.3 年节律

35.3.1　实验室中的年节律

鸟类是如何使其内部的生物过程与当前的环境周期同步呢？ 与昼夜节律一样，鸟类的许多生理和行为节律都表现出年节律（Gwinner，2003）。 年节律只能在实验室被证明。 通常情况下，生活在赤道附近的鸟类其光周期（LD 12：12）持续数年。 这种情况下，许多鸟类的自由运转节律大约为 1 年（因此为年节律），其周期略小于或大于 365d。 例如，一只笼养的非洲野鹟（*Saxicola torquata axillaris*）在 LD 12：12 光照制度下饲养了 12 年，其睾丸活动和换羽的年节律持续约 9 个月（τ），直到年老死亡（图 35.4；Gwinner，2003）。 年节律的表达在鸟类种属上是一种普遍存在的现象，特别是跨赤道迁徙的种属更为明显（Rani and Kumar，2013），但在种属间及种属的个体间，年节律具有高度的可变性（Hazlerigg and Loudon，2008）。

然而，年节律的产生机制尚不清楚。 昼夜钟的系统水平和分子水平似乎与年节律的表达相互作用，但它们似乎又并非必需。 如松果体摘除（PINX）或恒定光照（LL），不仅使斑文鸟（*Lonchura punctulata*）的栖息-跳跃节律方式丧失，而且和其他种属的雀形目鸟类一样，它

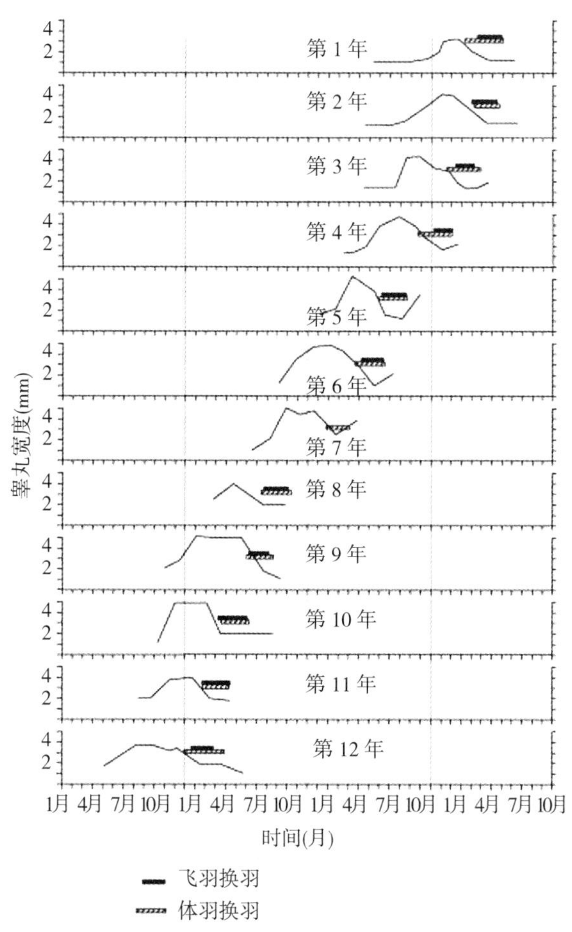

图 35.4 连续 12 年在恒定 LD 12∶12 下的一只非洲野䳭（*Saxicola torquata axillaris*）的睾丸大小和换羽的年周期。引自 Gwinner（2003）。

们也并不影响睾丸生长和退化或迁徙前的脂肪蓄积（Pant and Chandola-Saklani，1992）。相反，对于迁徙的白冠雀（*Zonotrichia leuchophrys*），PINX 消除了其栖息-跳跃的行为模式以及夜间迁徙不安或兴奋的年节律模式（见下文；McMillan，1970）。在分子水平上，对 CLOCK 蛋白 C 末端多聚谷氨酰胺重复序列的等位基因差异的研究表明，家燕（*Hirundo rustica*）的繁殖和迁徙模式对“异常”基因型的选择是阴性的（Caprioli et al.，2012；Saino et al.，2013）。即使这样，有关树燕（*Tachycineta*）的几种不同燕属的其他研究也未能显示出类似的关联（Dor et al.，2012）。

35.3.2 年节律与环境线索的同步

不同于实验室条件下的 365d（τ），自然条件下恰好是 365d 的年节律表达，说明年节律与昼夜节律一样，必须与当前的环境线索保持同步或被牵引（Gwinner，2003；Rani and Kumar，2013）。在大多数情况下，增减光周期的交替循环在一定牵引范围内同步或牵引了鸟类的年节律。例如，将欧洲野䳭（*Saxicola torquata rubicola*）暴露于高幅度的交替光周期（LD 16∶6 到 LD 10∶14）中，可牵引睾丸生长和换羽的年模式，并分别持续 12 个月和 6 个月；而低幅度的光周期 LD 13∶11 到 LD 11∶13 无法将这些过程牵引至 6 个月的周期。尽管定期饲喂不同饲料会短暂影响非洲野䳭的年周期，但几乎没有证据表明其他授时因子会牵引鸟类的年节律。

35.4 光周期

35.4.1 光周期对鸟类生理功能的影响

除了光周期对年周期的牵引作用，光周期的改变还直接影响鸟类的许多年循环，尽管还不清楚这两者是否必然相互排斥。事实上，一段时间以来人们已经知道，季节性繁殖、温带鸟类的繁殖和迁徙以时钟样的方式随光周期的变化而发生（Rowan，1926）。生活在温带地区的鸟类一般只在春季和夏季繁殖，这样可以最大限度地提高幼雏在食物充足时孵化的可能性（Gwinner，1989，2003）。绝大多数季节性繁殖的鸟类都是长日照繁殖动物；也就是说，它们随着光周期的变化从冬至到更长的时间开始性成熟、求偶和交配。鸸鹋（*Dromaius novaehollandiae*）是一种很好的短日照繁殖动物，当光周期缩短时，其繁殖开始（Blache et al.，2001）。

诱导或抑制鸟类生殖功能的确切光周期具有种属特异性、纬度特异性和功能特异性，我们称之为临界光周期。它是诱导或抑制季节调节过程的最小光周期（图 35.5）。例如，温带欧洲椋鸟每年睾丸生长要比近北繁殖的白冠雀早，且光照周期更短（Dawson，2008）。这相当于在种属水平上，高纬度比低纬度地区获得食物的可能性要在季节的晚些时候。同样，在种属上（特别是那些广泛分布的种属），同一种属的个体在高纬度地区，其临界光周期往往比低纬度地区的更长（Dawson，2013）。第三，诱导或抑制繁殖、换羽、代谢和迁徙的临界光周期通常是不同的。显然，迁徙换羽对任何一种鸟类都是不利的。

由于亚热带和热带鸟类的季节性繁殖通常是被限定时间的，这些变化对它们来说是不能免除的（Scheuerlein and Gwinner，2002；Rani and Kumar，2013）。尽管在这些纬度地区的光周期变化的幅度已大大降低（图 35.2），但仍有许多季节性信号可以使鸟类的繁殖和其他过程同步。例如，生活在 9°N 巴拿马雨林的斑点蚁鸟（*Hylophylax naevioides*）便经历了一个低幅度的光周期变化。它们以昆虫为食，当猎物充足时，蚁鸟便在雨季（5—12 月）繁殖（Wikelski et al.，2000）。虽然每年的雨季都会有规律的来临，但它的起始时间和持续时间会有显著的变化（Hau et al.，2000）。当雄性蚁鸟从 LD 12∶12 转移至 LD 13∶11，其睾丸体积显著增大；而保持在 LD 12∶12 的蚁鸟，睾丸却未发生变化，这说明蚁鸟确实对光周期变化做出了反应。相反，与仅以粉虫为食的蚁鸟相比，在等分光周期下以充足的活蟋蟀为食的蚁鸟，其睾丸更大（Hau et al.，2000）。这说明，光周期的细微变化会启动鸟类的生殖系统，以应对饲养幼雏所需的食量增加（Hau，2001）。这只是亚热带和热带鸟类可能对时间变化进行适应的一个例子。由于热带地区鸟类的生物多样性是近北地区的 5 倍，这些适应性的变化可能也是多种多样的。

对于长光照、季节性繁殖的鸟类，其性腺活动和性腺大小随光周期的缩短而退化，并变得不活跃；当光周期增加，性腺恢复活性［图 35.5（A）］。如果鸟类长时间处于长光照周期，其生殖系统对长光照周期的光刺激效应变得不敏感，且自发退化［图 35.5（A）］。这一过程

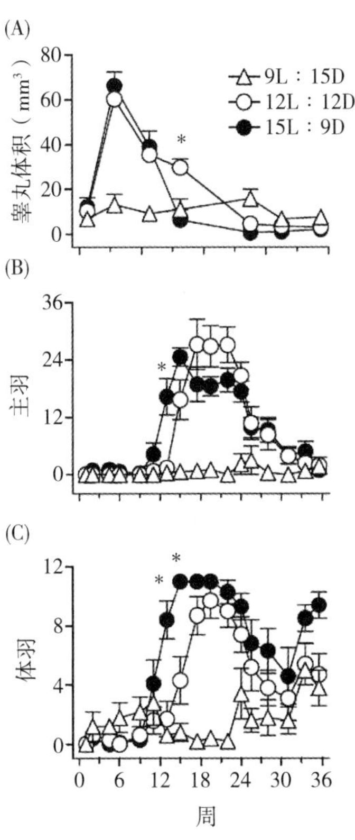

图 35.5　不同光周期对捕获的斑文鸟（*Lonchura punctulata*）

（A）睾丸体积、（B）主羽和（C）体羽的影响。引自 Rani 和 Kumar（2013）。

称为光不应性，当处于光不应期的鸟类被置于一段时间的短光照环境下，则它们的光敏性恢复。类似地，其他受光周期调控的过程也会随光周期的改变而变化，尽管它们发生的绝对时间可能与性腺功能不同［图 35.5（B）和（C）］。

35.4.2　光感受器的作用

与昼夜节律牵引有关的多重光感受器位于视网膜、松果体和至少 3 个脑区，包括外侧隔器（LSO）、视前区（POA）和下丘脑结节部/下丘脑内侧基底部（MBH）（Foster and Hankins, 2002）。对于昼夜节律的牵引，尽管存在种属差异，但视网膜对光周期反应不是必需的（Benoit and Assenmacher, 1954; Menaker, 1968; Menaker and Keatts, 1968; Menaker and Underwood, 1976）。眼球摘除、松果体摘除或同时摘除眼球和松果体的家雀（*Passer domesticus*）和美洲树雀（*Spizella arborea*），增加或减少光周期对其性腺没有影响（Menaker et al., 1970; Wilson, 1990）。然而，与家雀的结果相似，眼球摘除的雌性产卵期日本鹌鹑（*Coturnix coturnix japonica*）和泄殖腔增大的雄性日本鹌鹑，对增加的光周期表现出正常的光周期反应。尽管如此，通过置于短光照周期以终止鸟类的繁殖活动需要鸟类在致盲期或致盲前处于长光照环境（Homma et al., 1972）。由于日本鹌鹑和家雀的视网膜褪黑激素在昼夜节律组织中的作用不同（Cassone and Menaker, 1984; Underwood and Siopes, 1984），目前尚不清楚这种差异是由于光感受器本身的差异，还是由于昼夜节律组织的差异造成的（见下文）。

MBH 或 LSO 局部照射会引起性腺发育（Benoit, 1935; Benoit and Assenmacher, 1954;

Homma et al., 1979)。光周期反应的作用光谱列线分析表明，视紫红质样光敏色素对紫外线波长的峰值敏感度为 480 nm (Foster et al., 1985)。最近，在一些鸟类的脑内已鉴定出编码视紫红质超家族光敏色素的几种基因，从而证实了这一观点。这几种基因包括黑视蛋白 (OPN4)、脊椎动物古老视蛋白 (VA opsin)、神经视蛋白 (OPN5) 以及视紫红质本身 (OPN2) (Silver et al., 1988; Bailey and Cassone, 2005; Chaurasia et al., 2005; Halford et al., 2009; Nakane et al., 2010; Kang et al., 2010; Wang and Wingfield, 2011)。OPN5 表达于日本鹌鹑周室器 (PVO) 的脑脊液神经元 (图 35.6; Nakane et al., 2010)。OPN4 免疫阳性物质和 mRNA 在火鸡 (*Meleagris gallopavo*) 脑内广泛分布，包括下丘脑视前区、视上区 (mSCN 和 vSCN)、隔外侧区、腺垂体远侧部以及位于 PVO 背侧的乳头体前核 (PMM) (Kang et al., 2010)。

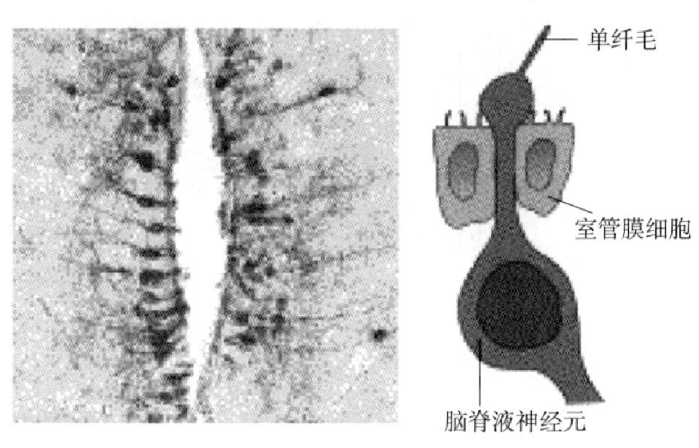

图 35.6 日本鹌鹑 (*Coturnix coturnix*) 下丘脑内侧基底部周室器表达神经视蛋白 (OPN5)。引自 Yoshimura (2013)。

35.4.3 昼夜钟在光周期时间测量中的作用

昼夜钟在年循环中的作用已被熟知 (Bünning, 1969; Follett et al., 1992; Menaker and Eskin, 1967)。尽管在鸟类种属以及鸟类与其他种群之间存在差异，但光周期的绝对长度、暗周期的长度 (黑暗期的持续时间) 或二者的比率都不是性腺诱导的直接原因。相反，光的昼夜相位 (φ) 影响感光元件，引起生殖变化。例如，饲养在 LD 6∶18 的雄性日本鹌鹑 (*Coturnix japonica*) 和白冠雀 (*Zonotrichia leucophys*)，性腺退化。如果 6 h 光周期的最后 1 h 被延长一整夜至特定的"光诱导相位 (φ_{pi})"，通常是在短光照周期开始后的 11～12 h，生殖活动开始。因此，给予 LD 6∶18 或 L5∶D1∶L1∶D17 (黑暗期给予 1 h 光脉冲) 光照的鸟类，性腺保持退化状态；但当 5 h 光照后给予 1 h 光脉冲 (L5∶D6∶L1∶D12)，性腺活动恢复 (Menaker and Eskin, 1967; Follett et al., 1974; Sharp, 2005)。以上结果说明，每 24 h 内出现相同的光总量 (明/暗光)，但结果却截然不同。光照时间与诱导或阻止生殖活动的内部过程相吻合，这表明昼夜钟是光周期时间测量的基础。Nanda 和 Hamner (1958) 通过一系列试验在植物上的研究也证实了这一点，即将大豆植物暴露在 6 h 光照和以 24 h 循环倍数递增的不同暗周期 (如 LD 6∶18; LD 6∶42 或 LD 6∶66) 中，导致豆科植物没有开花。而当大豆植物暴露在 6 h 光照，暗周期不与 24 h 共振时 (如 LD 6∶6; LD 6∶30 或 LD 6∶54)，可观察到植物开花。几种鸟类的类似研究表明，性腺复发和退化的季节性变化受昼夜钟调控 (Follett et al.，1974，Follett and Pearce-Kelly，1991；Kumar et al.，1996）。

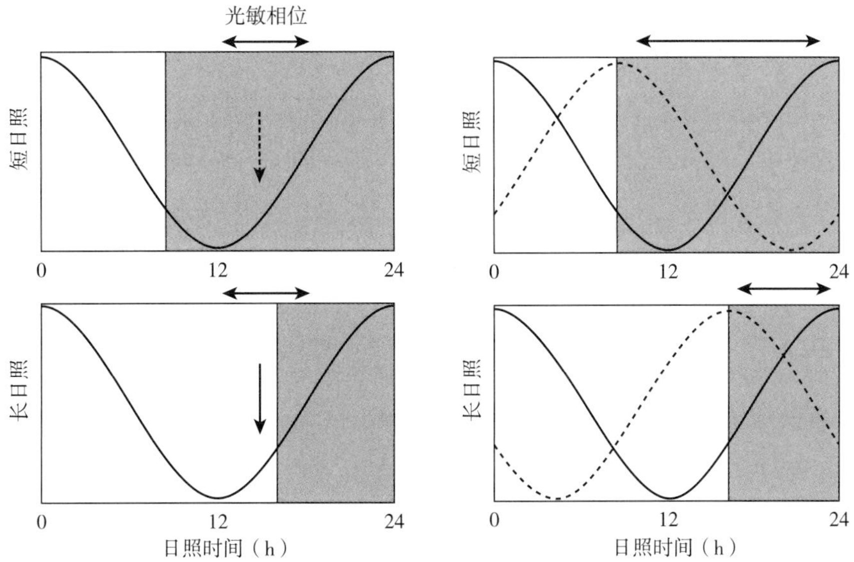

图 35.7　光周期诱导的外部重合模型（左）和内部重合模型（右）的差异

对于外部重合模型，（1）光牵引昼夜系统与光周期保持稳定的相位关系；（2）在特殊的光诱导阶段，光刺激或抑制诸如性腺诱导的过程。对于内部一致模型，至少有 2 个昼夜振荡器牵引光周期，且这 2 个振荡器之间的相位关系诱导或抑制了受季节控制的过程。引自 Yoshimura（2013）。

以上内容和其他观察结果指出了有关昼夜钟在光周期时间测量中作用的两种相互竞争模型（图 35.7）。其一，Bünning（1969）提出的“外部重合模型”，认为光有 2 个互补作用。首先，光以稳定的 ψ_{ie} 牵引昼夜钟，使得光诱导相位（φ_{pi}）在光周期开始（光照开始）后约 11.5 h 保持稳定的 ψ。要么是因为自然状态下光周期延长，要么是给予试验性的光脉冲，当光与 φ_{pi} 一致时，生殖轴被诱导。

Pittendrigh（1993）提出的竞争概念，即“内部重合模型”源于其观察的结果，即许多昼夜系统表现出它们好像至少由 2 个振荡器组成，一个牵引至黎明，另一个牵引至黄昏。在内部重合模型中，黎明振荡器和黄昏振荡器的相位关系 $\psi_{dawndusk}$ 诱导了生殖的季节性改变。正如我们将在下文中看到的，鸟类的每一个模型都有一个不同的试验系统支持，但在生理水平上基本上是无法检测的，直到发现与这些模型有关的特定结构和/或分子。

35.4.4　昼夜系统结构的作用

如第 31 章所述，鸟类的昼夜系统是由松果体、视交叉上核、视网膜和位于视网膜、松果体和脑的光感受器所组成（Cassone and Menaker，1984）。这些结构相互作用，以引发各种过程的昼夜节律模式，并将它们牵引到 LD 周期。鉴于光周期时间测量依赖于昼夜节律的事实，人们希望这些结构对于光周期也是有重要作用的。有趣的是，尽管褪黑激素的节律性产生对鸟类昼夜运动节律的表达至关重要，但褪黑激素并不影响这些物种主要生殖功能的季节性变化。和哺乳动物一样，松果体褪黑激素水平如实地反映了体内外暗周期的长度（Binkley et al.，1977；Brandstätter et al.，2000）。而松果体摘除和/或眼球摘除的一些鸟类，其性腺大小或活性几乎不受季节变化的影响（Siopes，1983；Bentley，2001；Kumar et al.，2002）。此外，给予不同持续时间的外源褪黑激素对主要生殖功能影响很小（Cassone et al.，2008）。这与鸟类下丘脑结节部和垂体相对缺乏褪黑激素受体有关(Cassone et al., 1995)。而与季节性繁殖的哺乳动物形成鲜明对比，IMEL 结合位点以及褪黑激素受体表达部位均位于结节部，结节部是哺乳动物褪黑激素主要的作用位点(Goldman, 2001)。

昼夜钟功能已被定位于日本鹌鹑的下丘脑内侧基底部(MBH)，该功能可调控光周期对生殖功能的时间测量(Yoshimura, 2010, 2013)。早期研究显示，损毁 MBH 对光周期延长做出的反应，阻止了睾丸的复发(Sharp, 2005)；照射该部位则激活了下丘脑结节部，促使睾丸生长(Foster et al., 1985; Meddle and Follett, 1997)。如上所述，鹌鹑的 MBH 和火鸡的 PMM 已被证实在脑脊液神经元中有 OPN4 和 OPN5 的表达(Kang et al., 2010; Nakane and Yoshimura, 2010; Nakane et al., 2010)。值得注意的是，松果体摘除或眼球摘除，甚至是 SCN 损毁均没有对性腺功能的光周期调控产生影响，而在 MBH 鉴定的钟基因 *per*2、*per*3、*clock* 和 *Bmal*1 的节律性表达，说明该结构含有与光周期时间测量有关的昼夜起搏器(Yoshimura, 2010, 2013)。

35.5 光周期时间测量的神经内分泌调控

35.5.1 促性腺激素和催乳素在季节性繁殖中的光周期调控

可能位于 MBH 中的昼夜起搏器通过下丘脑垂体系统门脉系统(HHPS)调控促性腺激素释放激素(GnRH)和血管活性肠多肽(VIP)释放的季节性变化，从而分别调节黄体生成素(LH)和催乳素(PRL)的合成与释放(Sharp et al., 1998)。GnRH 神经元主要位于视前区和下丘脑前部，其神经纤维投射到正中隆起(Saldanha et al., 2001; Teruyama and Beck, 2001)，而 VIP 神经元主要位于下丘脑基底部。GnRH 细胞至少与视紫红质免疫阳性细胞的神经末梢发生直接的突触联系，推测眼外光感受器位于外侧隔器(Saldanha et al., 2001)。而 VIP 细胞投射至整个下丘脑，但也支配正中隆起的毛细血管(Teruyama and Beck, 2001)。相较于短光抑制性光周期，长光刺激性光周期下的 GnRH 和 VIP 免疫阳性神经末梢更密集，且更接近正中隆起。

对于长日照繁殖鸟类，延长光周期使 GnRH 从正中隆起的末端释放到 HHPS 的量增加。长光照周期使雄性日本鹌鹑的离体下丘脑外植体释放 GnRH(Perera and Follett, 1992)。GnRH 反过来诱导 LH 的合成与释放，而 LH 在繁殖季节维持较高水平。但当光周期缩短，LH 水平也随之降低。此外，长日照繁殖鸟类持续暴露于长光照下，可诱发光不应性，此时鸟类不能对光刺激性光周期做出响应，LH 水平下降(Sharp, 2005)。

延长光周期也可能会增加 VIP 从正中隆起末端释放入 HHPS，尽管这一结果尚未被直接证实。即便如此，外源给予 VIP 可诱导雀形目、鸡形目和鸽形目鸟类腺垂体合成和释放 PRL(Maney et al., 1999; Kosonsiriluk et al., 2008)。相对于 LH，PRL 的升高会延迟，只有当 LH 降低时，PRL 才降低。欧洲椋鸟(*Sturnus vulgaris*)VIP 免疫组化结果显示，在光不应期，VIP 会延迟和减少 LH 水平的降低(Maney et al., 1999)。

35.5.2　甲状腺在鸟类光周期中的作用

甲状腺切除诱导椋鸟和日本鹌鹑的性腺复发（Follett and Nicholls，1985；Dawson et al.，1986），将 T3 注入 MBH 诱导鹌鹑的性腺生长（Follett and Nicholls，1985；Yoshimura et al.，2003）。Yoshimura 的研究小组使用差减杂交发现，由光脉冲诱导 MBH 表达的 2 碘甲腺原氨酸脱碘酶（*Dio*2）与长光照诱导有关。*Dio*2 编码一种酶，它可催化无活性的甲状腺素（T4）转化为具有生物活性的三碘甲腺原氨酸（T3）（Nakao et al.，2008a，b）。随后，他们发现暴露在短光照的 MBH 表达 3 碘甲腺原氨酸脱碘酶（*Dio*3），它可使 T3 失活。他们设想的情景是，MBH 中的光敏色素感知光周期，牵引 MBH 内的昼夜振荡器。对于长光照，昼夜钟诱导 *Dio*2，而短光照诱导 *Dio*3。这两个基因的交替转化很好地调控了 MBH 内的局部甲状腺激素浓度。尽管尚不清楚甲状腺激素作用的确切机制，但人们已提出局部激活的甲状腺激素可引起正中隆起 GnRH 神经末梢和胶质细胞脚板在神经元-胶质细胞相互作用的形态学变化，从而调节或调控季节性 GnRH 分泌（图 35.8；Yamamura et al.，2004）。

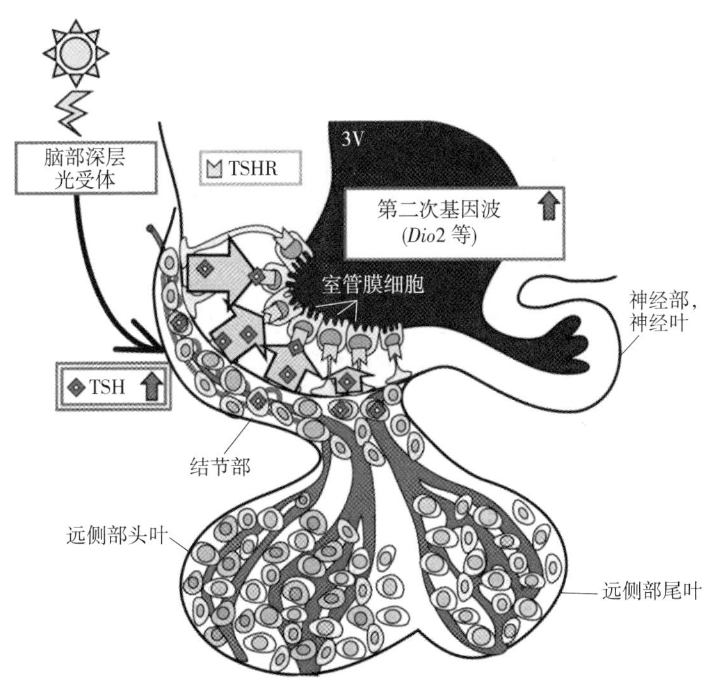

图 35.8★　鹌鹑下丘脑结节部示意图

眼球外光感受器诱导结节部 TSH 信号增加，继而引起室管膜细胞或脑室膜细胞的改变。这些细胞影响神经内分泌信号进入下丘脑-垂体门脉系统的能力。引自 Yoshimura（2013）。

35.5.3　性腺和神经类固醇的作用

如前所述，当光周期延长，长日照繁殖的鸟类促性腺激素被激活，生殖系统复发。确切的时间依种属和性别而定。例如，在欧洲椋鸟，季节性睾丸生长比雌性动物卵泡形成的时间提早一个多月（Williams，2012）。睾丸复发时，支持细胞合成和分泌雌激素，如雌二醇，而间质细胞合成和分泌雄激素，如睾酮、雄烯二酮和脱氢表雄酮。卵巢颗粒细胞开始从相邻的泡膜细胞产生的雄激素中合成和分泌雌激素。这些性腺类固醇会诱导适合不同性别的季节性生长以及第一和第二性征的成熟（Adkins-Regan，2012）。对于雄性动物，睾酮的许多基因组效应是由芳香化酶局部转化产生的雌激素介导的。当光周期缩短，LH 降低，性腺类固醇的生成也随之降低。

性腺每年的复发与退化是由与生殖行为有关的脑部结构所调控的（图 35.9；Balthazart et al.，2009，2010）。日本鹌鹑 POA 内的视前内侧核（POM）已被证实与雄性动物的性行为有关（Ball and Balthazart，2004；Balthazart and Ball，2007），雄性动物的 POA 比雌性动物的大（Viglietti-Panzicaet al.，1986；Ball and Ketterson，2008）。雄性鹌鹑的 POM 在春季增大，秋季缩小（Thompson and Adkins-Regan，1994）。而当睾丸摘除，则这种模式消失；外源给予睾酮（由芳香化酶诱导雌激素而生成的睾酮），在给药的 2 周内，通过增加细胞大小和树突分支，POM 体积增大。与控制鸟类鸣唱相比（见下文），没有证据表明 POM 生长与新的神经发生有关。

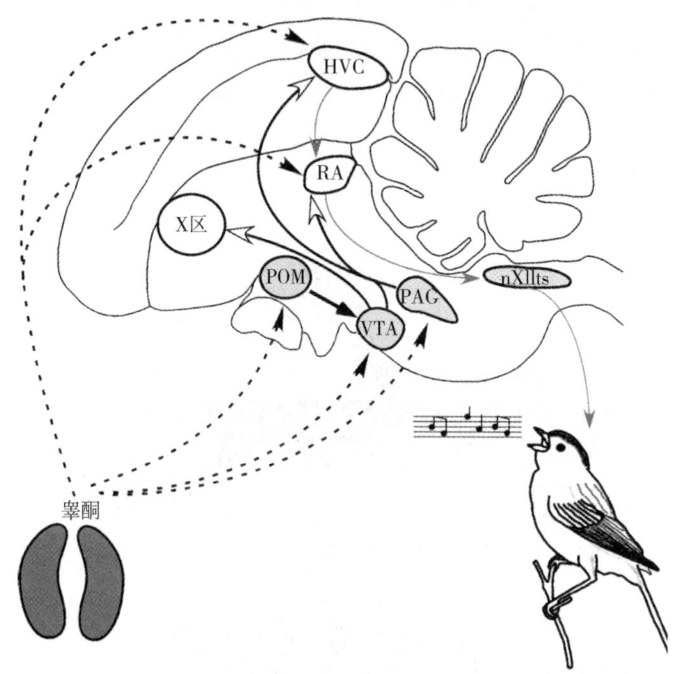

图 35.9 睾酮对与生殖和鸣唱有关的脑结构的影响示意图

位于视前区、脑干和前脑结构的类固醇受体介导鸟类主要的繁殖行为和鸣唱行为。引自 Ball 和 Balthazart（2004）。

然而，性腺和肾上腺并不是合成具有生物活性类固醇激素的唯一来源（Tsutsui et al.，1999；Schlinger and Remage-Healey，2012）。许多鸟类的大脑都表达有神经类固醇生成能力的酶，即大脑合成具有生物活性的类固醇激素（Tsutsui et al.，1999）。例如，拉普兰铁爪鸟（*Calcarus lapponicus*）和北美歌雀（*Melospiza melodia*）的下丘脑、海马和腹侧端脑表达芳香化酶和 5-β-还原酶，前者可将雄激素转化为雌激素，后者则使睾酮失活（Soma et al.，1999，2003）。这一结果说明，禽脑可将循环血中的性腺类固醇转化为具有生物活性的雌激素。然而，越来越多的证据表明，脑也可将循环血中的胆固醇合成为类固醇（Schlinger et al.，2008；Schlinger and Remage-Healey，2012）。

35.5.4 光周期调控鸟类鸣唱的机制

雀形目鸟类的鸣唱控制系统是由一个专门的神经核团网络参与调控鸣唱和鸣唱学习的

（Nottebohm，1981；Mooney，2009）。该系统始于蜗神经核（Co）的初级听觉通路，Co 投射到中脑背外侧核（MLd）从而接收听觉信息的输入。MLd 反过来投射到丘脑卵圆核（Ov），后者又投射到前脑 L 区。鸣唱加工始于位于旧纹体尾部（cM）和后内侧新纹体（NCM）的二级听觉区，该结构与前脑前通路相互作用以实现鸣唱的可塑性和鸣唱学习。该通路包括投射到 X 区的前脑背侧的 HVC，该核团的投射与丘脑背外侧核（DLM）和新纹体前部的外侧大细胞核（LMAN）形成神经回路。随后，HVC 和 LMAN 投射到古纹体粗核（RA），形成鸣唱运动的输出通路。

该系统使鸟类能处理复杂的物种特征性识别，包括自我和同种个体间的，也包括鸟类声学环境中的其他动态变化（如竞争者、猎物、掠食者；Mooney，2009）。这些声学环境以及鸟类的生殖和生存的相关性不是恒定不变的，如领土侵占和配偶的更换。为了有效地解释鸣唱中的声学特征，听觉系统必须以允许生物体的动态行为目标的方式来构建它的表达方式。同时，鸣唱本身的结构和行为必须调整到适合的生殖状态。

雄鸟对特定刺激下鸣唱的概率，以及脑内鸣唱控制核团的大小和复杂程度取决于一年中的某个时间（Nottebohm，1981）。冬季短日照的光敏鸟类具有小的 HVC、RA 和（依种属而定的）该系统的其他结构。随着光周期的增加，鸟类接受光刺激，鸣唱控制核团和睾丸平行生长。当鸟类处于光不应期，这些结构在大小和复杂程度上都退化。特别是在 HVC，是由位于侧脑室周室区神经干细胞的新生神经元来调控的（Alvarez-Buyla et al.，1988）。这些细胞主要在秋季新生，冬季迁移至 HVC，在 HVC 分化、伸出轴突投射到 RA 和其他结构。此外，神经纤维网和神经胶质细胞的增加促进了该结构的生长。其结构的退化则以细胞程序性死亡和神经纤维网的回缩为特征。

雄激素和雌激素的季节性波动似乎对鸣唱控制的变化至关重要。鸣唱控制核团既包含雄激素受体（AR），又包含雌激素受体亚型（ERα 和 ERβ）及芳香化酶，它们能将雄激素转化为具有生物活性的雌激素（Ball and Balthazart，2010）。而且，当睾酮水平升高，几种雄性鸣禽的鸣唱率增加；去势的鸣禽鸣唱率降低，激素替代会重建青春期鸣唱模式（Balthazart et al.，2010）。

即便如此，一些研究表明，在不同的光周期下，鸣唱控制核团与性腺发育无关。当光周期由短光照转换为长光照，美洲树雀（Bernard et al.，1997）和家雀（Whitfield-Rucker and Cassone，2000）的 HVC 和 RA 增大（图 35.9）。此研究中的去势鸟也表现出光刺激下的鸣唱控制核团，但其诱导水平不如假手术组高。因此，尽管鸣唱系统必然会对性腺类固醇的季节性变化做出响应，但对鸣唱控制核团的调控包括性腺非依赖性的，也包括性腺依赖性的。如上所述，近期的研究显示，神经类固醇对鸣唱系统是辅助信号分子（Soma et al.，1999，2003）。

20 世纪 80 年代和 90 年代，在一系列脊椎动物中采用体外受体结合以及 2 [^{125}I] 碘褪黑激素（IMEL）的研究表明，高亲和力褪黑激素受体的存在，并鉴别出 3 种褪黑激素受体亚型，Mel_{1A}，Mel_{1B}和 Mel_{1C}（Reppert et al.，1995，1996）。在鸟类和爬行动物，IMEL 结合位点主要位于视觉系统的视网膜接收区和视觉整合结构（Cassone et al.，1995），这使得人们产生了一种观点，即视敏度和对比度检测是受控于昼夜节律的。对于雄性家雀（Whitfield-Rucker and Cassone，1996）和欧洲椋鸟（Bentley and Ball，2000），而非雌性，高亲和力 IMEL 结合位点出现在鸣唱控制核团 HVC、RA、LMAN 和较小范围的 X 区。HVC

和 RA 均表达褪黑激素受体 Mel_{1B} (Jansen et al. , 2005)。

这些观察结果指出了褪黑激素对鸣唱行为以及在鸣唱控制核团生长和退化中的作用。Bentley 等 (1999) 指出，连续给予外源褪黑激素会减弱欧洲琼鸟长光照诱导的 HVC 体积增加，也减小了另一个鸣唱控制核团 (X 区) 的体积。这一效应与鸟类的繁殖状态无关。恒定光照 (LL) 饲养的家雀，昼夜节律的行为模式丧失，随后节律性地给予夏季样 (短时间) 或冬季样 (长时间) 的褪黑激素，则会牵引家雀的行为，也影响鸣唱控制核团 HVC 和 RA 的大小 (Cassone et al. , 2008)。当家雀没有或短时间接受褪黑激素周期性刺激，其 HVC 和 RA 较大；而当接受长时间褪黑激素刺激的家雀被牵引到褪黑激素周期，其脑内 HVC 和 RA 退化。这说明，褪黑激素影响鸣唱控制核团与性腺状态无关，也与它们是否被牵引到褪黑激素周期无关 (图 35.10)。

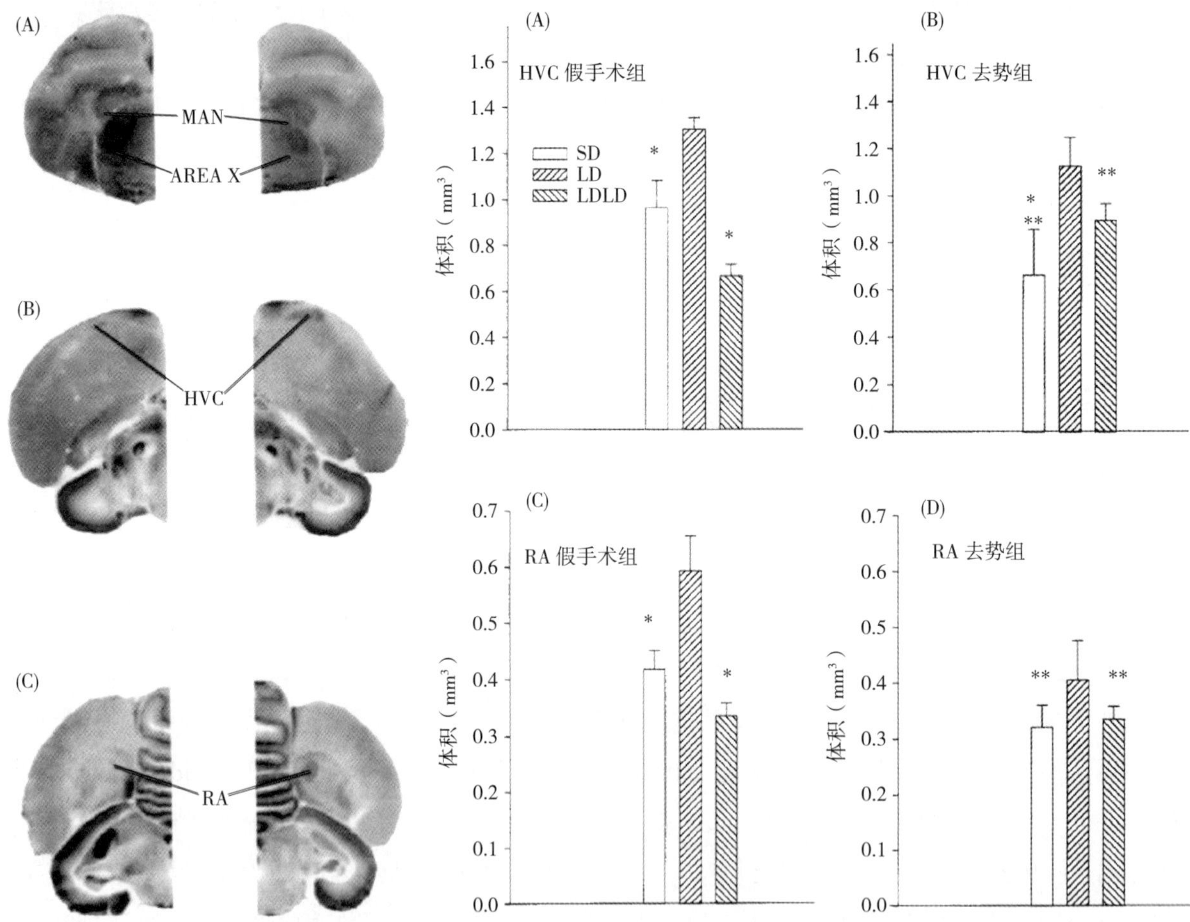

图 35.10 鸟类鸣唱结构，如 HVC 和古纹体粗核（RA）随光周期改变，其大小和复杂程度发生变化。短光照（左）时 HVC 和 RA 减小，长光照（右）时则增大。去势减弱了这结构的变化，但不会消除这些季节性周期。引自 Whitfield-Rucker 和 Cassone（2000）。

35.6 光周期的分子机制

Yoshimura 和他的同事设想了一个外部重合模型，在这个模型中，MBH 内的昼夜振荡器被共定位于该结构中的光周期所牵引。当光周期长度与 φ_{pi} 一致，*Dio2* 被诱导，能够对 T3 产生代谢级联反应，性腺诱导发生。鹌鹑的 MBH 和火鸡的 PMM 节律性地表达钟基因

（Ikegami et al.，2009；Ikegami and Yoshimura，2012；Leclerc et al.，2010）。但目前尚不清楚这一阶段是什么样的分子元件将昼夜钟与 *Dio*2 或 *Dio*3 联系起来。鸡基因组序列的可用性使得鸟类研究的范围从单基因扩展到全基因组转录组分析。光周期微阵列分析已经鉴定出长光照刺激诱导或减弱的基因波。通过 TSH 受体（TSHR）-Gαs-cAMP 信号通路，长光照诱导的促甲状腺激素（TSH）在垂体结节部诱导 *DIO*2 表达，降低 *DIO*3 的表达（Nakao et al.，2008b）。由于下丘脑长期给予 TSH 会促使睾丸发育完全，这说明从结节部分泌的促甲状腺激素是调控季节性繁殖的主要因素。但由于促甲状腺激素对甲状腺的刺激功能是众所周知的，这一结果出乎人们的意料。

35.7　与其他脊椎动物比较

与非哺乳脊椎动物形成鲜明对比，眼睛是哺乳动物的唯一感光器官。眼睛接受光信息，并通过视交叉上核传递至松果体。就鸟类而言，褪黑激素在夜间分泌，但褪黑激素对季节性繁殖的作用方式仍不清楚。目前已经证明，哺乳动物的结节部表达褪黑激素受体，褪黑激素通过 MT1 抑制结节部 TSH 的表达（Ono et al.，2008；Hanon et al.，2008；Yasuo et al.，2009）（图 35.11）。

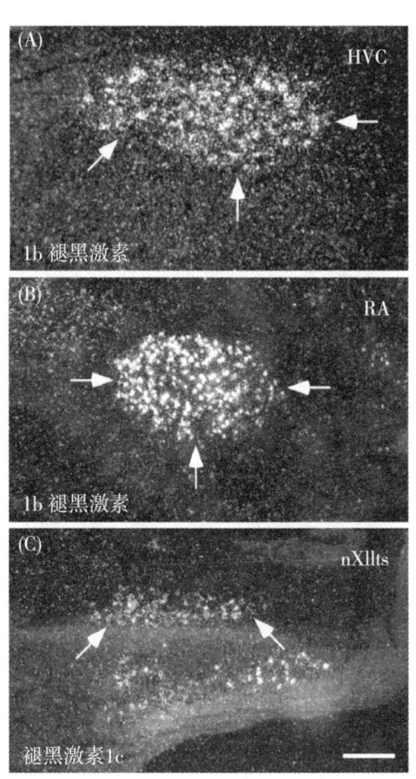

图 35.11　原位杂交显示斑胸草雀褪黑激素受体在（A）HVC、（B）古纹体粗核（RA）和（C）孤束核（nXIIts）的表达。引自 Jansen 等（2005）。

生活在温带的大多数鱼类也表现出光周期反应，而且甲状腺激素参与季节性繁殖已被广泛报道。然而，鱼类不具有解剖学上典型的结节部结构。最近的研究表明，鱼类的血管囊（SV）可作为季节性繁殖的传感器（Nakane et al.，2013）。从光感受器（视蛋白）到神经内分泌输出（促甲状腺素和 DIO2）的所有光周期信号传导途径都位于 SV 的冠状细胞中，体外分离 SV 会对光周期变化做出反应。因此，SV 的冠状细胞可能是脊椎动物原始的季节性传感器（图 35.12）。

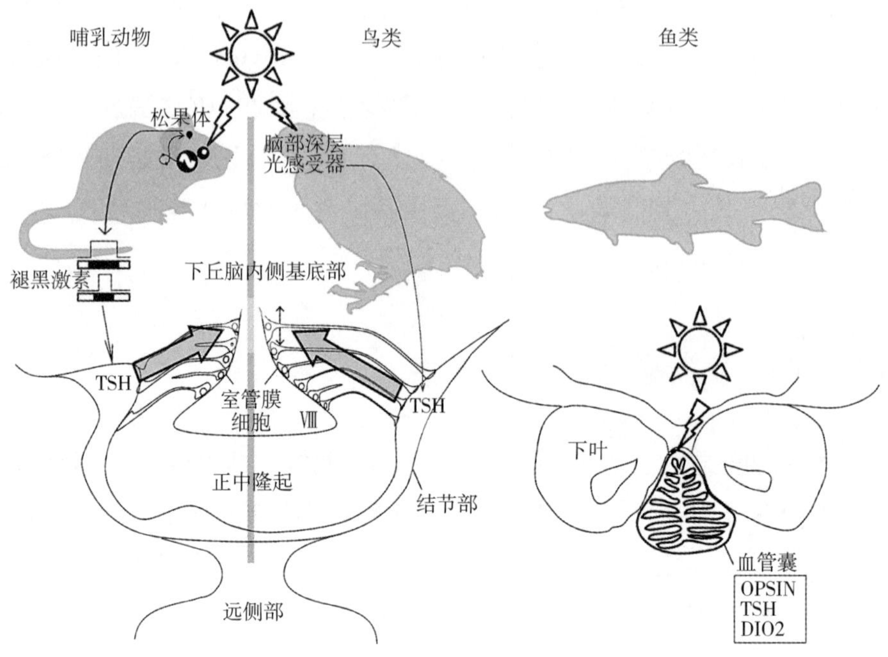

图 35.12　脊椎动物享有共同的繁殖季节性通路，但有几点不同。对于哺乳动物，光信息通过松果体褪黑激素在结节部的转导而到达下丘脑结节部；而鸟类和鱼类的下丘脑结节部是直接的光敏部位。然而，信号汇聚都通过 DIO2 和 DIO3 的共同调节。

35.8 结论

在表现出季节性节律的许多鸟类中，当食物最有可能提供给幼雏时，一年中在最有利的时间进行繁衍后代的选择压力尤为强烈。这在很大程度上是由于鸟类要花费大量的精力来抚育幼雏。此外，鸟类复杂的生命周期需要与季节变化协调一致，如从迁徙到换羽到求偶到繁殖等。这种复杂的物候学共享了各种机制，但这些机制尚不完全清楚。例如，调控雀形目生殖功能的机制（下丘脑结节部似乎存在振荡器）似乎在功能上与求偶和鸣唱是分开的，这其中涉及松果体褪黑激素。今后的研究将集中在如迁徙、换羽和雌性生殖的协同性过程，这将有助于全面了解鸟类复杂的季节性生理过程。

参考文献

（陈耀星、曹静译校）

第 36 章　年度计划

Thomas P. Hahn，Kathleen R. Brazeal，Elizabeth M. Schultz，
Helen E. Chmura and Jamie M. Cornelius，Heather
E. Watts and Scott A. MacDougall-Shackleton

36.1 引言

有关鸟类年循环潜在机制的研究始于 20 世纪 20 年代，罗恩（1925，1926）开创性地探索了光周期对鸟类迁徙、生殖生理和行为的影响。 自此，关于鸟类年周期机制的研究，在机体、细胞和分子水平上取得了重大进展。 同时，对鸟类整个年周期各阶段间协调转换机制的研究也逐渐受到重视，这些研究不仅包括对繁殖-迁徙协调机制的研究，也包括对机体需求季节性变化机制的研究（如在任何时候都必须维持免疫功能）。 目前，在人类造成环境变化（如气候变化）的条件下，鸟类年周期的时间协调机制成为新的研究热点。 本章重点介绍鸟类年度计划的研究现状，尤其是近年来的研究热点和研究进展。 在研究动物体应对环境变化的机制及其在动物进化过程中的重要性方面，不论是在分子水平还是在机体水平，鸟类都是一个极为有效的研究模型。

36.2 背景:环境变化与鸟类年度计划的模式

在大多数鸟类中，生理、行为和形态的长期变化主要受神经内分泌和内分泌系统的协调控制。 在多数情况下，鸟类的这种变化与其年循环的变化一致，特别是那些一年中全部或部分时间生活在中高纬度地区的鸟类——季节更替会引起环境条件的相应变化（Baker 的 “根本因素” 理论，1938），以及那些生活在具有季节性降水的热带地区的鸟类。 而对于那些生活在环境条件变化不规律地区的鸟类，如某些降雨不规律的沙漠（Perfito et al.，2007），或由于种种原因造成食物供应不呈季节性变化的季节性环境（Hahn et al.，1997，2008），其生理、行为和形态的长期变化将缺乏规律性。 有些鸟类（如交喙雀），其生理、行为和形态的暂时性变化会与其季节性节律相吻合（Hahn，1995，1998；Hahn et al.，1997，2008；Cornelius and Hahn，2012）。 而有些鸟类（如达尔文雀），目前仍不清楚其生殖生理的改变究竟是完全随机

性还是季节性（Hau et al.，2004；Hahn et al.，2008）。

无论是规律的季节性年周期还是不规律的年度计划，所有鸟类都必须协调好生殖-换羽的转换，有的还需要协调好迁徙-非繁殖越冬的转换（Wingfield，2008）。这种年周期阶段间的协调对鸟类的适应性至关重要，其协调机制则是自然选择的结果（Bradshaw and Holzapfel，2007，2010）。年周期阶段间的协调机制是信号反应系统应对环境变化的结果，该系统将"神经内分泌和内分泌调节机制"与"直接因素"——昼长、温度、食物供应和社交等相联系（Baker，1938），这些"直接因素"可为改变"根本因素"提供短期或长期预测信号。在光周期和内源性系统相结合的基础上，这种信号反应系统一般包括一个长期机制——为特定周期阶段设定时间窗口并引导机体出现相应生理准备与终止信号（Wingfield的"初步预测信号"观点，1980，1985；Gwinner，1986；Wingfield and Farner，1993；Wingfield and Kenagy，1991；Dawson，2002；Bradshaw and Holzapfel，2007；Wikelski et al.，2008；Helm et al.，2013）。之后，这种长期机制可对即时信号（局部的短期精确信号，如温度、天气、食物供应和来自其他个体的行为改变等）做出应答，以实现各周期阶段间的精确转换（Wingfield，1980，1985）。

不同物种年度计划的复杂程度不尽相同，因此其年周期阶段间的协调机制也不尽相同。在理论上，不同年周期阶段（如繁殖、迁徙、换羽、越冬）可以在时间上暂时重合，也可独立存在（Jacobs and Wingfield，2000；Wingfield，2008）。鸟类的某些生理活动不能重合（例如，产卵、孵化和保护雏鸟不能与迁徙同时进行），但是许多"繁殖"相关的生理活动，如性腺成熟（Wingfield et al.，1992；Bauchinger et al.，2007，2008，2009）、求偶（Ganter et al.，2005），以及照顾有飞行能力幼鸟等可在迁徙过程中进行，而换羽可以在任何繁殖阶段（Bond et al.，2013）或迁徙过程中进行（Yuri and Rohwer，1997；Voelker and Rohwer，1998）。繁殖、迁徙和换羽间的协调可看作一个重合的连续整体，它们从近乎完全分离的一个极端发展到近乎完全重合的另一个极端（如上述实例）。这个重合的连续整体存在一个重要的平衡点，例如，鸟类这些生理过程的重合程度越高，其时间灵活性越好，但对环境条件变化的耐受范围越低。相反，鸟类某些生理过程的重合程度越低（"有限状态"），其对环境条件变化的耐受范围越大，但时间灵活性则越低。

两个相对极端的例子可说明这一观点（图36.1；Wingfield，2008）：甘贝尔白冠雀（*Zonotrichia leucophrys gambelii*）的一个常规季节性迁徙包括小部分重合的6个年周期阶段——越冬、局部换羽、春季迁徙、繁殖、完全换羽和秋季迁徙。与单一阶段的耐受范围相比，这六阶段各自的表型特征共同扩大了白冠雀对环境条件变化的耐受范围（例如，可耐受的温度，可获得食物的种类），但却降低了时间灵活性。这是由于年周期的各独立阶段均有其独特表型特征，而这些特征的出现与终止都需消耗一定的时间和能量，从而降低鸟类适应环境变化的灵活性并使其偏离进化轨迹；相反，某些在沙漠定居的随机性繁殖鸟类，如生活在澳大利亚部分干旱内陆地区的斑胸草雀（*Taeniopygia guttata*），其没有真正独立的年周期阶段，年周期的各阶段之间广泛重合。虽然这种鸟类不能连续繁殖，但它们可以长期处于准备繁殖的阶段，因此它们可以在任意时间迁往条件更好的地方，同时保持低强度且必要的全身连续换羽（这一过程可与繁殖或迁徙活动重合）（Cornelius et al.，2011）。由于某一周期阶段可在任意时间进行，这赋予了鸟类很高的时间灵活性，但代价是缩小了其对极端环境的耐受范围。这

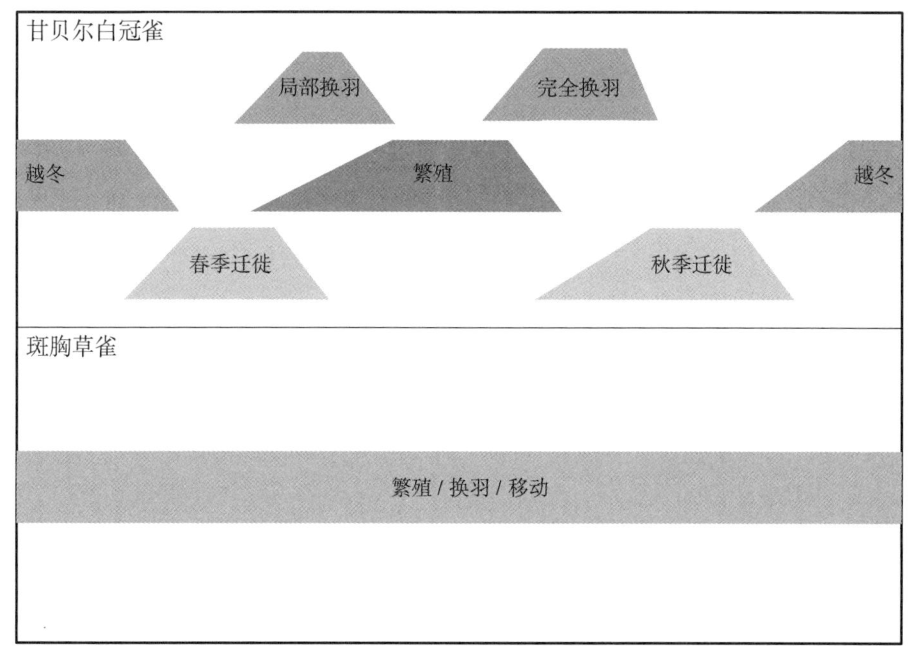

图 36.1　长距离迁徙-季节性繁殖鸟类的生命周期各阶段图示

上图为甘贝尔白冠雀（*Zonotrichia leucophrys gambelii*），下图为斑胸草雀（*Taeniopygia guttata*）。改编自 Wingfield（2008）。

就是“样样皆通而一无所长”的实例（Huey and Hertz，1984）。

动物体的这些不同年周期模式取决于不同的协调机制。具体而言，将年周期分为多个独立阶段需要机体具有将年周期与环境同步的机制，也需要具有限制不同周期阶段之间重合的机制，以协调各个周期阶段出现的顺序及周期阶段间的转换，最终表现为某个周期阶段的终止不会干扰下一个周期阶段的启动（Wingfield，2008）。相反，如果各周期阶段之间需要部分或完全重合，则必须存在有助于重合的机制。下一节将从相对固定的季节性周期到极其灵活的随机性周期角度，尤其侧重从鸟类年度计划角度，阐述不同年周期形成机制的最新研究进展，并阐明这些不同年周期模式是专门适应性机制的结果还是一般机制可塑性输出的结果。

36.3　鸟类对光周期和其他环境因素产生反应的效应与机制

36.3.1　光周期反应

众所周知，鸟类繁殖、迁徙、换羽和越冬等年度计划阶段的转换与环境的季节性变化之间保持同步的机制，主要是鸟类对光周期的直接反应（Rowan，1925，1926；Dawson et al.，2001；Dawson，2002；Sharp，2005；Dawson and Sharp，2007；Bradshaw and Holzapfel，2007）。对于以光周期为直接因素调节年度计划的系统，如调控生殖活动的隔区-漏斗核 GnRH-I 系统，其必须是结合了感光机制（感光器）、昼长检测机制（鸟类的生物钟）以及光周期信号转导机制（将光周期信号转换成神经内分泌和内分泌信号进而调节不同周期阶段）的系统（Follett，1984）。

在鸟类如何检测光周期并将其转导成调节信号的最新研究中，以光周期调节生殖周期的研究最为透彻，但更详细的机制以及这些机制的普遍性和种属特异性也有待进一步明确。大多数鸟类都是长日照繁殖动物，季节性繁殖鸟类的年度繁殖周期可自然地分为三个阶段：敏感阶段、刺激阶段和不应性阶段（Goodson et al.，2005；Ball，1993；Dawson et al.，2001）。敏感阶段与刺激阶段的区别，在于增加日照时间能否激活其生殖活力。鸟类具有光诱导性昼夜周期，在节律窗口期出现的光照被认为是长日照，可激活下丘脑-垂体-性腺轴（Hamner，1963，1964；Follett et al.，1974；图 36.2）。近期的研究揭示了鸟类感光、昼长评估以及转导成神经内分泌信号进而调控生理、行为和形态变化的新机制。

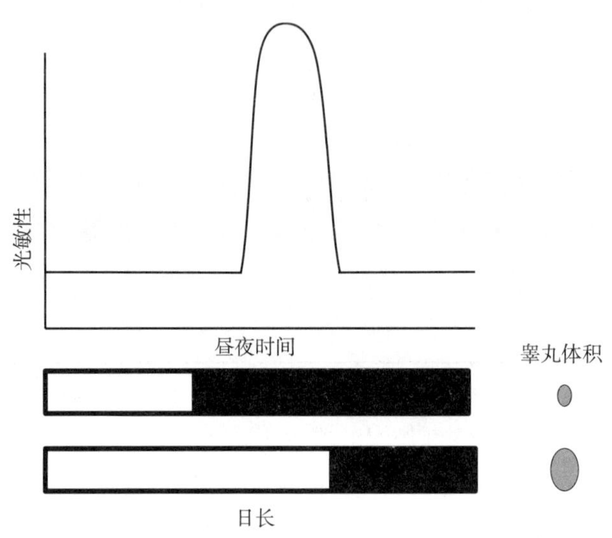

图 36.2 光周期性鸟类的光诱导性生理节律图示

上图中 12：00—20：00 期间的峰值，表示生殖系统对生理节律特定阶段的光刺激具有反应性。在短日照时，光照结束时间通常在此时段内，下丘脑-垂体活性较低，性腺较小（中图）。在长日照时，光照时间通常超过此时段，下丘脑-垂体活性升高，性腺开始生长。使用短脉冲光照（8 h 或更少）改变节律时间的试验结果表明，决定鸟类的生殖轴是否激活并非取决于光照时间长短，而取决于光照开始的时间（Hamner，1963，1964；Follett et al.，1974）。

众所周知，调节鸟类季节性节律的感光器不是视网膜（Benoit，1935），也不是松果体。因为在松果体切除/去核的美国树雀（*Spizella arborea*；Wilson，1991）中，鸟类光周期的所有关键阶段（光刺激、长日照时的光不应性及短日照时光不应性的解除）均正常出现。鸟类和其他非哺乳类脊椎动物脑深部的感光器可感受光信号并调节其季节性节律（Silver et al.，1988；Foster et al.，1994；Foster and Soni，1998）。这些脑脊液神经元位于下丘脑内侧基底部（MBH）和/或外侧隔区（LS）中。近年来的研究认为 LS 中的细胞是鸟类光-神经内分泌系统中的关键光感受器（Li et al.，2004）。目前，虽然几乎所有的研究都局限于日本鹌鹑（图 36.3），但长日照信号的转导机制正逐渐清晰。在鹌鹑，这些光感受器（表达 OPN5 的脑脊液神经元）可接受光信号，在光诱导性昼夜周期的诱导期出现的光（图 36.2）可被投射到垂体结节部（PT）中的促甲状腺激素（TSH）细胞。这些细胞产生的促甲状腺激素可作用于第三脑室（VIII）侧壁的室管膜细胞（ECs），并诱导 *Dio*2 基因转录，该基因可编码 2 型脱碘酶——将 T4（甲状腺素）转换为 T3（3，5，3′-三碘甲状腺原氨酸，具有生理活性）。促甲状腺激素也可抑制室管膜细胞中 *Dio*3 基因的表达，从而减少甲状腺素向非活性状态的转换——T4 转换为反 T3（rT3）以及 T3 转换为 T2（3，3’-二碘甲状腺原氨酸）。短日照可通过增强室管膜细胞内 *Dio*3 的表达而降低 T3 产生，并促进 T4 向 rT3 以及 T3 向 T2 的转换。当 T3 含量较低时，神经胶质细胞的脚板包绕在促性腺激素释放激素（GnRH-I）-神经元的轴鞘末端，使其与正中隆起（ME）的基膜自然分开，从而减少 GnRH-I 分泌到下丘脑-垂体门脉循环。因此，短日照时垂体前叶释放的促性腺激素很低。相反，长日照时室管膜细胞中的 *Dio*2 基因表达增强，促进了 T4 向 T3（有生物活性）的转换。因此，长日照时室管膜细胞分泌的 T3 含量较高，可诱导神经胶质细胞的脚板收缩，使 GnRH-I-神经元的轴鞘末梢与 ME 基膜紧密接触，引起 GnRH-I 释放增多，最终导致促性腺激素分泌和性腺生长（Ikegami and Yoshimura，2012）。

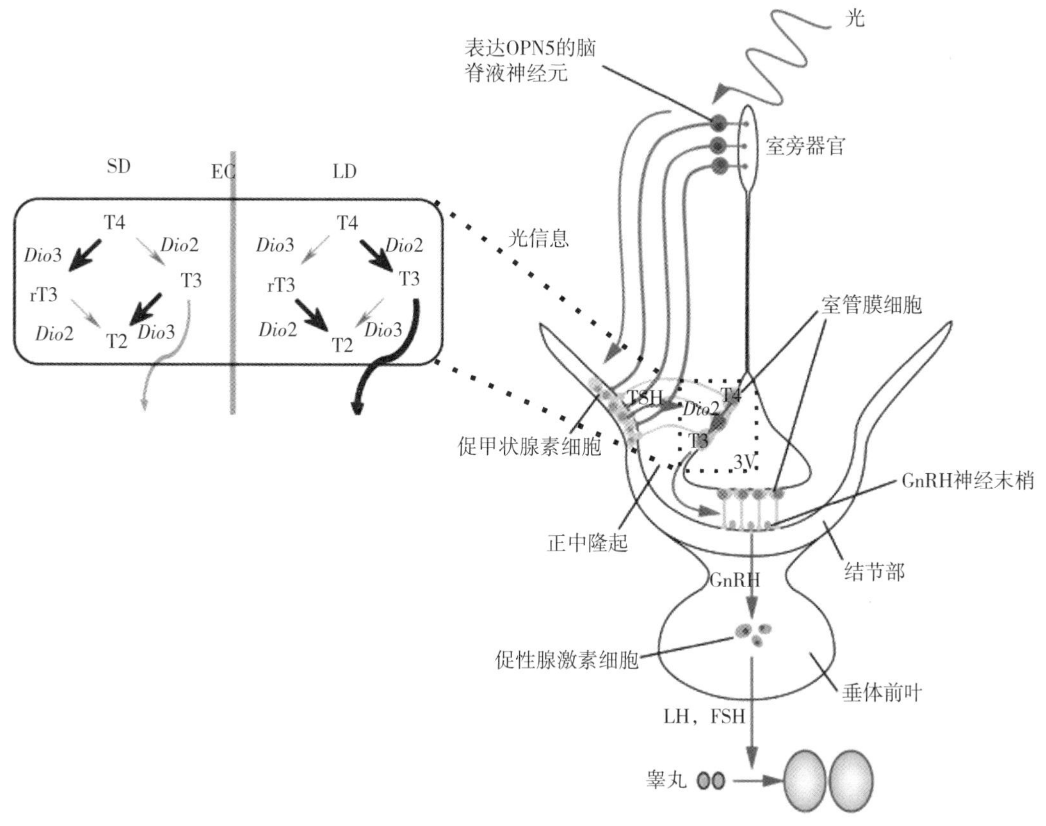

图 36.3　日本鹌鹑（*Coturnix japonica*）光神经系统关键组分的图示

左图显示，在短日照（SD，左侧）和长日照（LD，右侧）条件下，第三脑室的室管膜细胞（EC）内酶作用路径。正文中有详细说明。引自 Ikegami 和 Yoshimura（2012）。SD，短日照；LD，长日照；EC，室管膜细胞。

目前，上述机制究竟是普遍适用于光周期调节的禽类季节性节律，还是仅适用于暴露于骤变光周期条件下的日本鹌鹑尚不清楚。对于可在野外繁殖（光周期自然变化）的欧洲椋鸟（*Sturnus vulgaris*），其 *Dio*2 和 GnRH-I 表达的季节性变化与鹌鹑不一致（Bentley et al.，2013）。具体而言，与处在日照时长逐渐缩短阶段的光不应期欧洲椋鸟相比，繁殖期雄性欧洲椋鸟（具有最大睾丸体积和 GnRH-I 基因表达）的下丘脑内侧基底部中并没有显著高表达的 *Dio*2 基因。相似的，与在春季的光刺激期欧洲椋鸟相比，具有小性腺的光敏感期欧洲椋鸟在秋季（日照时长不断缩短）仍然具有高表达的 *Dio*2 基因。目前，这种与日本鹌鹑的差异究竟是源于系统发育的差异，还是光周期特性的差异（椋鸟：绝对光不应性；鹌鹑：相对光不应性），或是试验条件的差异（椋鸟：自然变化的光周期；鹌鹑：阶梯式变化的光周期）尚不清楚。因此，下一阶段需要在更广泛的物种中研究不同光周期条件的效应，以阐明光周期调节鸟类年度计划的一般神经机制（Bentley et al.，2013）。

目前，光诱导性昼夜周期影响垂体结节部（属光神经内分泌系统）内促甲状腺激素生成的详细机制仍不清楚。然而，下丘脑内侧基底部细胞中的关键钟基因在不同光照制度下仍稳定表达，这可能是其维持光诱导性时间相位的机制在发挥作用（Yasuo et al.，2003；Ikegami and

Yoshimura，2012）。

由于上述机制适用于光刺激过程，因此，光刺激可诱导生殖轴的发育以及为春季迁徙做准备。关于光不应性、换羽时间调节、秋季迁徙以及光不应性的解除等机制的研究还较少，但整个年周期的基本过程可能取决于鸟类对光周期反应的季节性变化。生殖状态的终止通常取决于光不应性的发展（Nicholls et al.，1988；Hahn et al.，1997；Hahn and MacDougall-Shackleton，2008）。绝对光不应性包括两阶段：第一，正中隆起的 GnRH-I 分泌停止；第二，GnRH-I 肽含量急剧下降，GnRH-I 基因转录下调（Ubuka et al.，2009；Stevenson et al.，2009，2011；Stevenson et al.，2012）。欧洲椋鸟的光敏性恢复与 GnRH-I 肽在视前区和正中隆起的依次重新出现有关（Dawson and Goldsmith，1997）；随着光不应性的解除，欧洲椋鸟开始对长日照敏感（Hamner，1968）。在秋季和冬季，类固醇反馈程度存在种属差异，其在日照时长足以诱导鸟类光兴奋期出现之前发挥生理功能，以维持光敏感个体的促性腺激素分泌（Cockrem，1995）。

36.3.2 非光信号处理

非光信号对鸟类年度计划的影响已有大量文献报道，但对其机制的研究还很少。本节将讨论各种非光信号对年度计划的影响。

36.3.2.1 温度的影响

环境温度可引起局部植被和食物物候的变化，因此，温度可成为调节生命周期各阶段间过渡的有效信号。有研究揭示了温度对光兴奋性鸟类生殖发育的影响（Wingfield et al.，1997，2003；Perfito et al.，2005；Silverin et al.，2008；Caro and Visser，2009；Visser et al.，2009，2011；Schaper et al.，2012）、温度对鸟类从繁殖期过渡到光不应期和换羽期的影响（Wingfield et al.，1996，1997，2003；Wada，1993；Wada et al.，1990；Dawson，2005；Silverin et al.，2008；Visser et al.，2011），以及温度对白冠雀春季和（或）秋季迁徙准备阶段的影响（Wingfield et al.，1996，1997，2003）。温度对生殖发育的影响体现了鸟类的局部适应性，也体现了纬度（Wingfield et al.，1996，1997，2003；Silverin et al.，2008，图36.4）、海拔（Perfito et al.，2005）和迁徙状态（Meijer et al.，1999；Dawson，2005）对繁殖性能的影响。这些发现证实了以下理论预测：生活在可预测环境中的物种对新环境信号的反应能力弱于生活在难预测环境中的物种（Wingfield et al.，1992，1993）。鸟类对某个季节中温度升高的反应性比对日均或单日气温波动的反应性更为敏感（Schaper et al.，2012）。重要的是，使用人工固定光周期（Silverin and Viebke，1994；Silverin et al.，2008）、自然光周期以及人工长（或短）日照（Dawson，2005）会得到不同的结果。

关于温度对鸟类启动光不应性以及向换羽和秋季迁徙过渡的影响尚未研究透彻。在光刺激期出现持续低温可推迟性腺退化和换羽的进程，而此时出现持续高温则可加快这种生理过程（Wingfield et al.，1997，2003）。光刺激期的高温也会导致欧洲椋鸟（Dawson，2005）和大山雀（Silverin et al.，2008；Visser et al.，2011）性腺的提前退化。关于温度在繁殖-光不应性过渡中的作用已在日本鹌鹑中开展了一些详细研究。在生殖成熟期后将日本鹌鹑暴露于日照时长逐渐缩短的环境中，部分品系会表现出相对光不应性（Robinson and Follett，1982），另有部分品系

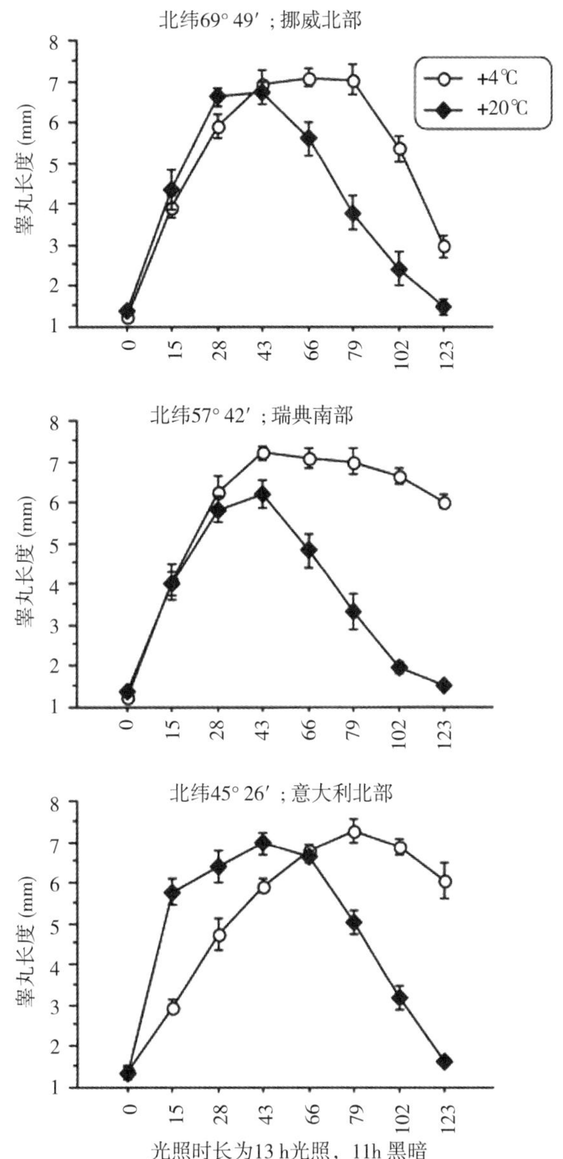

图 36.4　来自三个不同纬度雄性大山雀种群（*Parus major*）的性腺发育可受不同温度处理的影响

低温可延长所有三个种群的生殖期。但是，对于来自最低纬度的种群，温度仅影响其性腺发育速率。引自 Silverin 等（2008）。

只有在环境温度同步下降时才表现出光不应性（Wada，1993；Wada et al.，1990）。

有研究表明，温度信号对雄性和雌性鸟类年周期的影响不同。对普吉特海峡白冠雀而言，高温可促进雌鸟的抱窝和卵泡发育，而不影响雄鸟的睾丸发育（Wingfield et al.，1997）。

温度信号与鸟类其他生理系统的整合过程有多种信号通路参与。早期研究发现，不同温度可影响性腺发育，但不影响黄体生成素（LH）分泌（Wingfield et al.，1996，1997，2003）。然而，在同一温度条件下，三个种群的大山雀黄体生成素分泌时间有所差异（Silverin et al.，2008）。甲状腺激素和催乳素也可能参与温度效应的调节（Caro et al.，2013）。某品系的圈养日本鹌鹑进入光不应性阶段，需要依赖温度介导的 T4 向 T3 转换（Wada，1993；Wada et al.，1990）。鉴于上述对鹌鹑光周期调节过程的最新发现，该品系鹌鹑下丘脑内侧基底部 T3 局部分泌的温度依赖性机制将会是一个有趣的研究。另有研究表明，调节新陈代谢的甲状腺激素可能通过改变能量平衡而在生殖过程中发挥作用（见下文）。

在温度信号转导并调节性腺发育和性腺退化中，催乳素的作用尚不清楚（Maney et al.，

1999；Perfito et al.，2005；Dawson and Sharp，2010）。在雌性白冠雀（*Z. l. pugetensis*）以及雌性和雄性白冠雀（*Z. l. oriantha*）中，催乳素分泌的差异与温度处理和性腺发育有关，而白冠雀（*Z. l. gambelii*）则无此相关性，这与该种群的温度敏感性模式相一致（Maney et al.，1999）。而在两个歌雀种群，高温和低温均不影响其催乳素水平（Perfito et al.，2005）。没有证据显示高温条件会改变椋鸟催乳素水平并导致其光不应性的发展（Dawson and Sharp，2010）。

温度可通过直接作用于效应器或间接控制能量平衡来影响鸟类的季节性节律（Caro et al.，2013；Meijer et al.，1999）。因为温度会影响体温调节过程的能量消耗，所以各种生理过程的总耗能会受环境温度影响，这可能会进一步影响到各阶段间过渡的协调（Meijer et al.，1999）。这一有趣的假设未经严格验证，其能量分配的生理机制也不清楚。高温和低温处理会影响大山雀的氧气消耗量，但不影响睾丸的生长率（Caro and Visser，2009）。这提示雄性性腺生长对温度条件没有严格要求。而其他方面（如免疫功能的下降）是否受温度条件影响尚不清楚。家雀的基础代谢率和甲状腺激素水平呈正相关，繁殖时间越早的个体其甲状腺激素高峰出现的时间也越早（Chastel et al.，2003）。家雀繁殖期推迟可能是代谢受限所致，甲状腺激素在其中发挥介导作用（Chastel et al.，2003）。未来，激素对耗能更大的雌鸟卵泡成熟的影响有待深入研究。

环境温度影响行为的机制尚不清楚。鸟类如何检测影响季节性节律的温度信号，以及如何将这些信号整合到形态、生理和行为变化的控制系统中也不清楚。鸟类一般会通过外周温度感受器检测环境温度变化。这些感受器可能可以检测温度的季节性变化，但尚未被证实（Caro et al.，2013）。

36.3.2.2 食物的影响

生活在季节性环境中的鸟类，其繁殖时间与食物及幼雏所需特定食物的丰沛时段相一致（Lack，1968；Perrins，1970）。在食物丰沛时，处于育雏期的鸟类通常也会有较高的繁殖成活率（Perrins，1991；Nager and van Noordwijk，1995；van Noordwijk et al.，1995）。事实上，鸟类整个光-神经内分泌节律系统的进化有可能是季节性食物供给的选择进化结果。然而，食物本身也是直接因素的一个有效补充（Hahn et al.，2005），其有利于协调年度计划与局部环境之间的整合。食物直接效应影响年周期的研究包括相关实地研究、试验性实地研究和圈养鸟类的实验室研究。

将食物供给与杂食性鸟类的年周期联系起来是一个具有挑战性的研究，但交喙雀（*Loxia* spp.）等特殊种群为这一研究提供了良好模型。交喙雀的实地研究显示，这种随机繁殖物种的繁殖与其针叶树籽的采食率密切相关（Benkman，1990）。在落叶松籽产量低时，交喙雀也会提前完成繁殖-换羽过渡（Cornelius，Schultz and Hahn，未发表数据），但这可能只是因为鸟类在食物供应不足的情况下放弃或终止繁殖，而不是食物缺乏“刺激”了换羽。然而，减少食物供给是刺激家禽产蛋-换羽过渡的一个有效手段（Yousaf and Chaudhry，2008），所以野生动物不同生理阶段间的过渡可能受食物供给的直接影响。有研究表明，食物供应的自然变化会影响鸟类迁徙节律。例如，野生美洲红尾鸲可根据降水和节肢动物丰沛程度改变每年春季迁徙的日期（Studds and Marra，2011）。同样，与在低品质栖息地越冬相比，在高品质栖息地（更湿润，食物供应更丰沛）越冬的红尾鸲会提前到达繁殖地（Tonra et al.，2011；Marra et al.，1998）。在跨撒哈拉沙漠迁徙中，干旱的中转地区可极大推迟候鸟到达繁殖地的时间，这可能是由于食物匮乏导致能量补充不足所致（Tøttrup et al.，2012）。一些研究也认为食物供应可能影响迁徙时间。野生美洲红尾鸲会通过在高品质栖息地附近开辟领地而实现对低品质栖息地的"试验性升级"，从而提前开始春季迁徙（Studds and Marra，2005）。类似的，将黑眼灯芯草雀暂时笼养，之后试验性饲喂不同食物（限量饮食与充足饮食），可造成其迁徙出发日期的不同（从释放后的追踪调查推测），身体状态较好的灯芯草雀离开较早（Bridge et al.，2010）。所有这些数据与以下观点相一致：食物供应可以作为补充信号，影响由光周期和（或）内源性系统控制的迁徙时间。部分入侵物种如交喙雀，在全年的大部分时间内都可以开始长距离迁徙，这种迁徙可能是食物供给减少的直接反应。对笼养交喙雀的试验研究表明，这种鸟类对食物供给变化非常敏感，其活动改变、脂肪沉积以及血液皮质酮水平的变化，与食物丰度调节迁徙时间的假设相一致（Cornelius et al.，2010）。

现有的研究多是在野外进行，而通过调节食物供给，阐明其作为直接信号影响生殖轴的研究较少。食物补充一般会使野生鸟类的产蛋时间提前（Arcese and Smith，1988；Meijer et al.，1990；Schoech，1996；Nager et al.，1997），其中，热量并不是最重要的。例如，在钙缺乏的环境中，补钙可将产蛋日期显著提前（Mand et al.，2000）。对野生佛罗里达蜂鸟饲喂不同食物（热量相同，但蛋白含量不同）的研究显示，与对照组相比，高蛋白或低蛋白食物均可使产蛋日期提前，但高蛋白食物的提前效应显著高于低蛋白食物（Schoech et al.，2004）。野外试验结果的 Meta 分析揭示了鸟类应对食物供给变化的纬度效应：食物供给对高纬度鸟类产蛋的提前效应低于低纬度鸟类（Schoech and Hahn，2007）。但是，该分析中低纬度鸟类的代表性不高。此外，明显的纬度效应更可能直接取决于鸟类是单独孵化还是成群孵化（Dhondt，2010）。无论如何，这些结果与鸟类通过对食物供给的反应而实现繁殖时间的精确调节，并最终实现局部适应性的观点一致。

对食物调节圈养鸟类甚至随机性繁殖鸟类（如交喙雀）生殖发育的研究显示，食物单独对生殖发育（无光刺激性）的影响非常微弱（Hahn et al.，2005）。然而，食物对光兴奋性鸟类生殖功能的影响却非常大。例如，除了饲喂商品饲料外，给处于适度光兴奋性阶段的金翅雀（*Spinus pinus*）饲喂种子可显著促进其性腺发育（与不饲喂种子组相比），并且这种效应与生活环境无关（Watts and Hahn，2012，图 36.5）。对热带发现的蚁鸟（*Hylophylax naevioides*）的研究显示，食物信号对生殖发育节律有显著影响（Hau et al.，2000；O'Brien and Hau，2005），并且至少有部分生殖调节效应是通过非营养途径实现——给其提供即使不能吃的活昆虫，其歌唱行为也会出现明显改变（Hau et al.，2000）。类似的，蓝头鸦这类随机性繁殖的温带物种，若能获得新鲜的成熟矮松松子，其在夏末也能进行生殖发育（Ligon，1974）。长日照影响生殖发育的原因，很可能是长日照增加了鸟类的采食量。但是，对于随机性繁殖的交喙雀，试验性地将采食时间或采食量限制在短日照时的水平，结果显示食物对其生殖发育的影响仍远小于光周期（Dawson，1986；Hahn，1995；Hahn et al.，2005）。

食物究竟是直接（"摄入"效应）还是间接（"资本"效应：鸟类体质和能量储备）影响鸟类生殖发育（Meijer and Drent，1999）还需要深入研究。食物蛋白水平对灌丛鸦产蛋日期

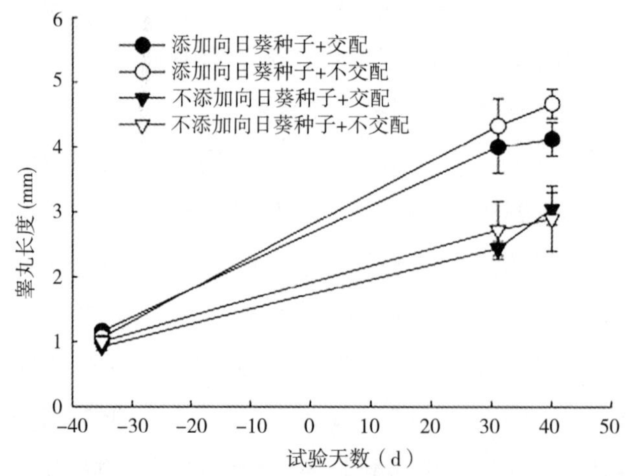

图 36.5 在商品化颗粒料中添加向日葵种子对金翅雀（*Spinus pinus*）性腺发育的影响
添加向日葵种子可加速光诱导性性腺发育，且程度与交配对其的刺激性相当。引自 Watts 和 Hahn（2012）。

的影响，至少有部分是通过改善雌鸟体质和增加蛋白储备而实现（即“资本”效应；Schoech et al.，2004）。虽然食物的“资本”效应可影响大型鸟类（如雪雁）的繁殖力（Ankney and MacInnes，1978），但是营养储备（“资本”效应）也可影响小型雀类的繁殖时间（Arcese and Smith，1988），这与上述结论一致。

36.3.2.3 行为因素的影响

同种个体之间的行为互作可影响个体生理、行为和形态的转换，同时也是协调配偶间、家族成员间和群体间活动所必需的（Wingfield and Marler，1988）。

在鸣禽繁殖-换羽过渡的研究中，有两个关于社交因素影响个体年周期的例子。对于处在光兴奋性的圈养雄性欧洲椋鸟，雌鸟的存在会延缓雄鸟性腺退化和启动换羽（Schwab and Lott，1969）。与光兴奋性雌鸟的共同圈养，会影响雄性椋鸟隔区-漏斗核 GnRH-I 系统中的 GnRH-I 基因转录（Stevenson and Ball，2009），这一结论与雌鸟通过诱导雄鸟中枢信号而推迟其从繁殖期过渡到光不应期和换羽期的观点相一致。类似的，用外源性雌二醇延长野生雌性北美歌雀（*Melospiza melodia melodia*）生殖能力，与其配对的雄鸟性腺退化和换羽启动则出现相应推迟。这种行为互作效应仅限于雄鸟：将雌性北美歌雀与经睾酮处理的雄鸟进行配对，虽然雄鸟表现出生殖能力、领地性以及换羽启动的延迟，但雌鸟并没有表现出繁殖-换羽过渡的推迟。

个体间的行为互作可通过多种感觉形式来影响个体年周期，但目前对同种个体间听觉刺激的研究更为深入。雄鸟的歌声对雌鸟生殖发育有很大影响（Bentley et al.，2000），并且这些影响非常迅速。例如，将雌性白喉雀（*Zonotrichia albicollis*）暴露于雄鸟歌声中，雌鸟血液循环中的黄体生成素水平在 1 h 内迅速升高，下丘脑内侧基底部 Egr-1（ZENK）即刻早期反应基因的表达迅速增强（Maney et al.，2007a，b）。上述研究揭示了个体间行为互作影响鸟类年周期的可能机制，并再次证实下丘脑内侧基底部在环境因素调节鸟类个体年度计划中的作用。

36.3.3 多种类型信号的整合：平行处理还是串行处理？

鸟类如何处理和整合不同类型的信号，取决于这些因素是否处于同一等级。串行作用：某个或某几个因素必须处于活化状态，其他因素才能发挥作用；平行作用：某个因素的效应可被其他因素替代。如上所述，对于多数物种而言，在同一级别信号处理中，内源性机制与光周期季节性变化整合的总体效应占主导地位。例如，只有在昼长超出特定阈值，并且（或）鸟类处于合适的年周期阶段时，其他因素才能发挥作用。这符合 Wingfield（1980，1985）设想的一般模式：由初始预测信号启动的各生命周期阶段发展，可受补充信号与同步-整合信号协调。很少有研究评估这种信号等级的存在，但对于同处光兴奋性阶段的白冠雀（*Z. l. gambelii*）而言，只有雄鸟歌声才能增强雌鸟的生殖发育（Morton et al.，1985）。但是，不同信号也可能发挥平行作用。例如，一个生命周期阶段的起始，可以是一种信号或另一种信号刺激的结果，但并非是两种信号同时刺激的结果，且两信号之间也不具有优先级（一种信号是另一种信号发挥作用的前提）。红交喙雀（*Loxia curvirostra*）存在这种信号平行处理的现象。不论是在一年中昼长最短还是昼长最长的时间，这种鸟都可以进入完全生育状态并在野外繁殖（Bertholdand Gwinner，1978；Hahn，1998）。生活在户外鸟舍中的红色交喙雀，即使在一月份（此时的昼长几乎还没开始变长，温度也很低），只要有配偶和充足食物，其也能进入完全生育状态（Hahn et al.，1995）。在长日照刺激下，即使没有配偶，红色交喙雀也能进入不完全生育状态（Hahn，1995）。这些发现与以下观点一致：在刺激某些鸟类生殖系统发育方面，长日照与充分食物和配偶可以相互替代。

在某些情况下，信号等级可能偏离上述理论。对斑胸草雀的研究表明，仅增加食物供应或同时结合长日照可促进其生殖发育，但当食物供应受到轻度限制时，长日照则不能刺激生殖发育（Perfito et al.，2008）。上述结论与许多温带光周期性物种不同，但与以下观点一致：对于某些随机性繁殖的鸟类，食物变化实际上可作为其初始预测信号（Hahn et al.，1997），而光周期效应可能受采食时间影响。

内源性系统和光周期——Wingfield（1980，1985）认为的初始预测信号形式，是以串行形式互作，还是简单地作为年周期过程的补充尚不清楚。鸟类所处的年循环阶段（例如，是否处于光不应期）决定了其对光周期的反应性，但其光周期历史也对年周期各阶段间是否过渡以及何时过渡有巨大影响（Gwinner，1986）。然而，在缺乏来自环境的准确时间信号情况下，多数鸟类年度计划的维持主要依赖内源性因素（“先天”），而环境调节作用则是次要因素。

36.4 在不同环境中，信号处理机制的适应性变化

有充分证据表明，不同环境下的生命周期具有适应性变化，且部分机制已清晰。关于光周期调节生殖发育（Lofts and Murton，1968；Lambrechts and Perret，2000；Lambrechts et al.，1996，1997；Hahn et al.，2009；Helm，2009；Liedvogel et al.，2009；Caprioli et al.，2012）、光不应性（Lofts and Murton，1968；Nicholls et al.，1988；Hahn and MacDougall-Shackleton，2008；Hahn et al.，2009）、换羽时间和迁徙兴奋（Gwinner，1986）的研究已得到高度重视。

种群间的年度计划差异，究竟是内源性节律机制及其应对环境信号的进化差异，还是仅仅是鸟类对不同环境的不同体验，这是值得研究的关键问题。这个问题可以从几个不同方面来解读：对生殖光不应性的系统发育分布分析，无法证实光不应性是随机年度计划的衍生特性（Hahnand MacDougall-Shackleton，2008）。因此，长期处于持续长日照的交喙雀、斑胸草雀

以及一些具有年度计划随机性的热带鸟类，并不会出现绝对光不应性。这些鸟类只有在接收到环境即将恶化的信号后才会从繁殖期向换羽期/生殖静止期转变，相反的，大多数生活在温带的季节性繁殖鸟类即使没有收到环境恶化信号，也会在繁殖期后自发地进入换羽期和生殖系统退化期（Nicholls et al.，1988）。然而，进化过程中绝对光不应性的消失是这些随机性繁殖鸟类的适应性特征（Hahn and MacDougall-Shackleton，2008）。

年周期的种间差异是否是鸟类适应不同环境的结果？针对这一问题，还可以从遗传学基础上寻找证据。Gwinner（1986）对禽类年周期进行了详细论述：在环境条件不变的情况下，不同迁徙性鸣禽的各年度计划阶段（如换羽、迁徙兴奋、体重、生殖状态）在发生时间上有很大差异。此外，大量研究表明，在常规圈养环境条件下出现的年周期种群间差异，在杂交F1代表现出中间表型（Gwinner，1986）。最近的研究则更关注遗传性（个体出现环境适应性变化的前提）以及在种群水平应对人为诱导环境变化的反应性。例如，黑顶林莺（*Sylvia atricapilla*）秋季迁徙启动时间的差异具有遗传性：经“迁徙启动延迟”定向选育两代的黑顶林莺，其秋季迁徙启动的平均日期可推迟10d（Pulido et al.，2001）。该研究结果表明，至少有部分种群对环境变化的适应性特征具有遗传性。

将两个具有不同自然年周期的野鹟亚种（*Saxicola torquata*）进行杂交，并结合常规光周期处理，是研究年度计划适应性变化的一个有效模型（Helm et al.，2009，图36.6）。与西伯利亚黑喉石䳭相比，欧洲黑喉石䳭的生殖发育开始时间更早，生殖状态保持时间更长，繁殖后换羽期也更长。在理论上，这些差异归因于依赖环境条件的可塑性。将两个不同亚种的黑喉石䳭置于相同的恒定光周期中，它们的关键年周期的差异依然存在，但是这两个亚种的杂交F1代则表现出中间表型。此外，将这两个亚种的黑喉石䳭（二者的夏季光周期相似）暴露于存在细微差异的光周期中，这两个亚种会选择不同的迁徙路线和越冬地点。若将欧洲黑喉石䳭置于特殊环境（西伯利亚黑喉石䳭越冬和迁徙所经历的典型季节性光周期），其将提前启动生殖发育，并延长生殖能力以及推迟换羽。相反，若将西伯利亚黑喉石䳭置于欧洲季节性光

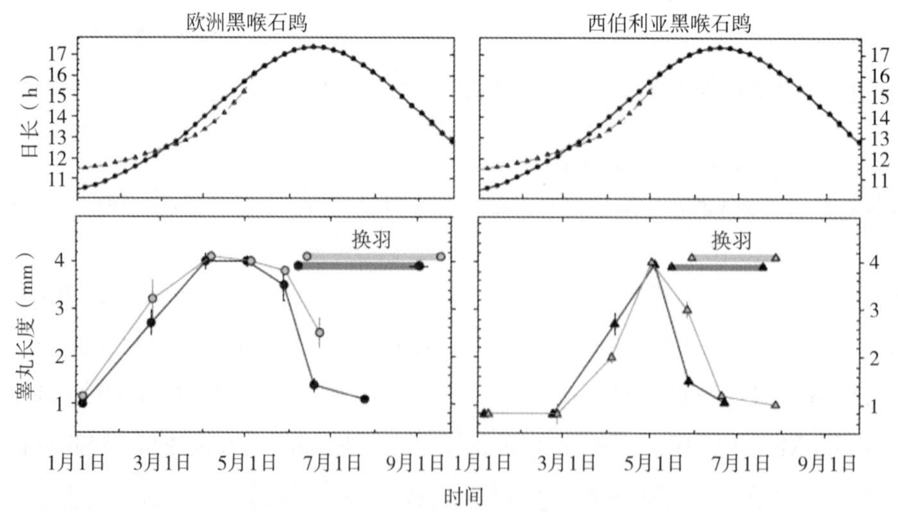

图36.6 分别将欧洲黑喉石䳭（*Saxicola torquata*）与西伯利亚黑喉石䳭置于各自典型光周期与对方典型光周期条件下，其性腺发育及换羽模式的改变

左下图，粗线实心圆点为置于自身典型光周期中的欧洲黑喉石䳭的睾丸体积变化；细线空心圆点为置于西伯利亚亚种典型光周期中的欧洲黑喉石䳭的睾丸体积变化。右下图，细线空心三角形为置于自身典型光周期中的西伯利亚黑喉石䳭的睾丸体积变化，粗线实心三角形为置于欧洲亚种典型光周期中的西伯利亚黑喉石䳭的睾丸体积变化。引自Helm等（2009）。

周期中，其生殖发育的启动仅略微提前，并且其繁殖期和换羽期均较短（Helm et al.，2009）。因此，该研究表明这两个亚种黑喉石䳭特定年度计划的差异，是机体在应对环境变化时，内源系统与时相依赖性互作的结果，而不仅仅是因为它们所处环境不同。

36.5 阶段间协调和后遗效应的整合

如上所述，各年循环阶段不是独立存在的，各阶段之间存在错综复杂的联系。从一个阶段过渡到下一个阶段涉及该阶段的终止和下一个阶段的起始（Wingfield，2008），每一环节都需要特定的调控机制。一个阶段的终止和下一个阶段的起始，可能只有一个调控机制，也可能有多个独立的调控机制。对于只有一种调控机制的个体，其可确保全年各周期阶段按照正确的顺序进行。例如，在繁殖-换羽过渡中，随着光不应性的发展，下丘脑-垂体-性腺轴（HPG）逐渐失活，从而导致血液循环中性类固醇激素的急剧下降。这种激素的下降会导致第二性征（如泄殖腔突起、喙色、抱窝）退化、歌唱和求偶行为减少以及雄鸟照顾幼雏行为的提前结束（Nicholls et al.，1988；Hahn et al.，1997；Hahn and MacDougall-Shackleton，2008）。由于性类固醇可抑制换羽，因此性类固醇的下降会加快换羽的进行（Schleussner et al.，1985；Nolan et al.，1992；Dawson，1994，2004）。

如果某一阶段的独立调控机制含有下一个阶段的启动靶点，那么多个独立调控机制也能保证各周期阶段以正确顺序进行。与上述繁殖-换羽过渡实例相似，光不应性及其导致的性类固醇下降对终止繁殖和启动换羽很重要，同时也会触发其他生理变化。长期以来，催乳素和甲状腺激素的变化被认为是换羽所必需的，但二者间是简单的相关事件还是存在因果关系，目前尚不清楚（Dawson，2006，2008；Mishra et al.，2004）。

如何协调各周期阶段之间的过渡（如阶段间是重叠还是保持独立）很重要，这是由于存在后遗效应——即一个周期阶段的过程或状态会影响后续周期阶段的进程或表现（Norris and Marra，2007，Harrison et al.，2011）。大多数对后遗效应的研究仅针对鸟类个体，但该效应也可能会出现在种群水平（Norris and Marra，2007）。在个体层面，后遗效应出现的原因常常是由于相邻阶段间的重叠可抵消能量或资源配置不均。繁殖阶段与前一春季迁徙的重叠是后遗效应的一个实例。在迁徙-繁殖过渡期间，包括性腺发育和迁徙终止在内的许多生理指标会发生变化，如肌肉、营养和能量储备、脂肪沉积、器官尺寸和功能、激素以及卵黄前体水平等的变化（Arizmendi-Mejía et al.，2013）。例如，雌性马可罗尼企鹅（*Eudyptes chrysolophus*）在向繁殖地迁徙过程中就已经启动卵黄生成（Crossin et al.，2010）。由于繁殖准备阶段和迁徙阶段存在较大重叠，马可罗尼企鹅到达繁殖地后不久便可开始产蛋。然而，这些生理过程的同时进行也限制了卵的生成速率。有证据显示，抵达繁殖地越晚的雌性马可罗尼企鹅，其卵黄蛋白原水平越低，从而导致生殖准备不足，并进一步影响其所产卵的尺寸（Crossin et al.，2010，图 36.7）。

类似地，由于繁殖阶段与迁徙阶段重叠，在雌性黑眉信天翁（*Thalassarche melanophrys*）的迁徙-繁殖过渡的过程中，迁徙活动的某些生理过程会对繁殖阶段产生后遗效应。与经产雌性黑眉信天翁相比，迁徙后雌性黑眉信天翁的身体状况（体重和血细胞比容）和生殖准备状态——黄体酮（P4）、睾酮（T）和卵黄蛋白原水平（VTG）较差，并最终推迟繁

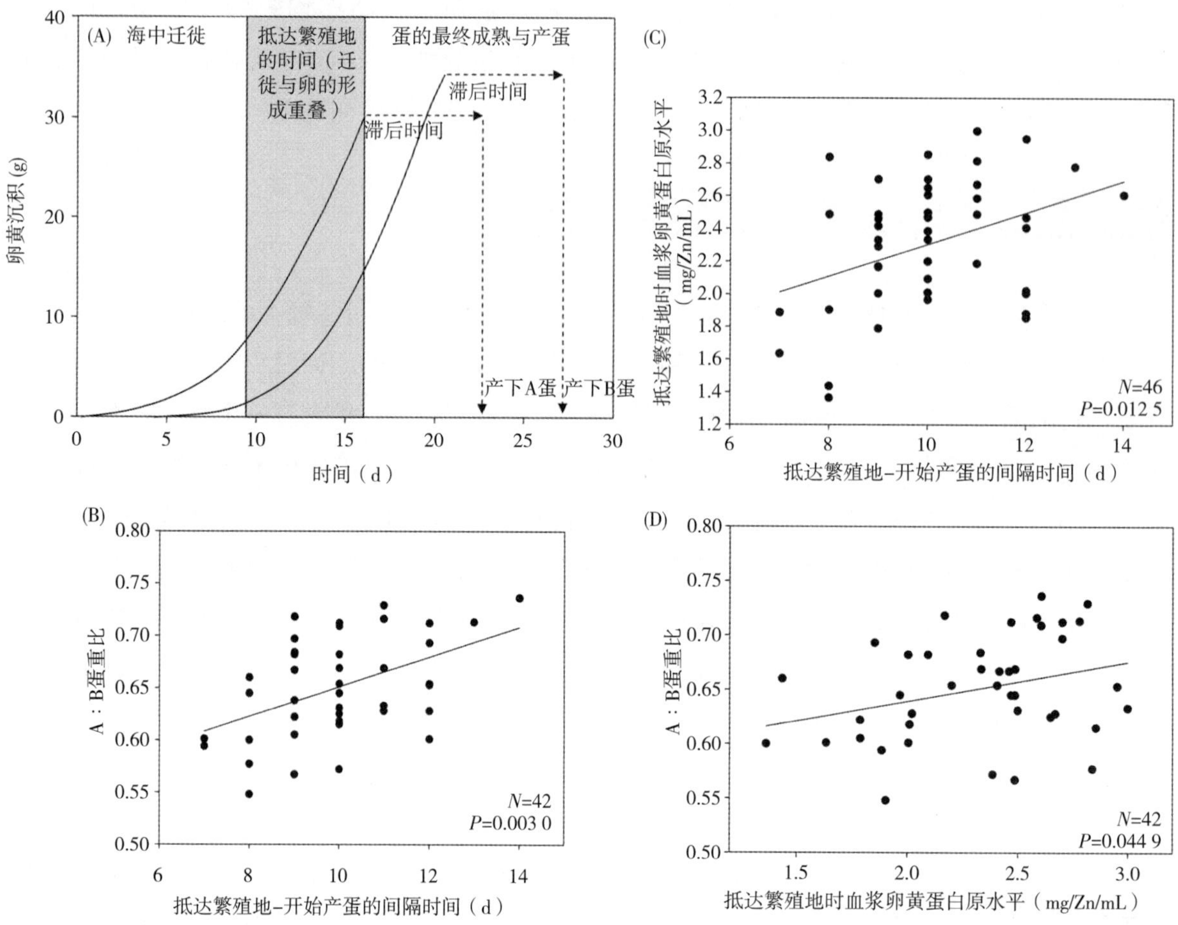

图 36.7　在雌性马可罗尼企鹅迁徙到繁殖地过程中，蛋的形成过程与时间（图 A）。迁徙与卵黄沉积的重叠程度会影响滞后时间（抵达繁殖地-开始产蛋的时间间隔）。这种时间间隔会影响蛋的尺寸（图 B）与抵达繁殖地时血浆卵黄蛋白原水平（图 C）。抵达繁殖地时卵黄蛋白原水平也会影响蛋的尺寸（图 D）。直线为最佳线性回归。引自 Crossin 等（2010）。

殖时间。这表明基于能量均衡分配的后遗效应，可使雌鸟进入更好的状态，并快速启动繁殖过程。此外，与未能成功孵化的鸟类相比，成功繁殖与其低睾酮水平和高卵黄蛋白原水平有关。这一发现证实了后遗效应的另一种可能机制：矛盾的生理过程。繁殖成功与失败个体之间存在睾酮水平和卵黄蛋白原水平差异，这表明芳香化酶催化睾酮生成雌二醇（E2）的水平存在差异——卵黄生成的必需步骤（E2 可促进肝脏中卵黄生成）。应激相关机制对芳香化过程的抑制，可能影响迁徙-繁殖的过渡及其后遗效应。

生殖阶段会受到前一迁徙过程的影响；类似的，发生在越冬阶段的生理过程，可能会对迁徙和繁殖产生后遗效应（Marra et al.，1998；Studds&Marra，2005；Norris et al.，2004）。例如，与在湿润栖息地越冬的美洲红尾鸲相比，在低品质（干旱灌丛）栖息地越冬的个体其身体状况较差，皮质酮水平较高，雌鸟和雄鸟开始迁徙的时间也较晚（Marra et al.，1998）。这种效应已被证实：对于从低品质越冬栖息地升级到高品质越冬栖息地的鸟类，与对照组相比，其体重较重，迁徙开始得也较早（Studds and Marra，2005）。在高品质越冬栖息地的鸟类将会更早抵达繁殖地，且繁殖成功率也更高（Norris et al.，2004）。来自高品质越冬栖息地的雄鸟，提前抵达繁殖地后将得到更多的交配机会，可繁殖出更多的后代，因此有更高的育雏成功率（Norris et al.，2004）。同样，提前抵达繁殖地的雌鸟可提前开始产蛋和育雏，来自高品质越冬栖息地可比来自低品质越冬栖息地的雌鸟至少多繁殖两只幼雏（Norris et al.，2004）。类似地，对歌雀、茶隼和灌丛鸦的食物添加试验表明，在越冬阶段添加食物后的数周至数月内，其产卵能力和繁殖成功率均得到提高（Arcese and Smith，1988；Meijer et al.，1988；Schoech，1996）。此外，抵达繁殖地的雌性雪雁，营养储备越好的个体，其卵巢中的卵泡数越多，具有更高的繁殖潜能（Ankney and MacInnes，1978）。综上所述，某一阶段获得食物的能力，对其向下一阶段过渡及在下一阶段的表现会产生潜在后遗效应。

这些后遗效应常被认为是能量均衡分配的结果。然而，这种能量均衡分配及其机制尚无直接证据（Harrison 等，2011）。在卡森的海雀（*Ptychoramphus aleuticus*），通过在交替换羽阶段前检测体羽中稳定同位素含量，证实以繁殖前食物质量为基础的能量均衡分配可直接影响其产蛋日期。与采食幼年岩鱼（缺乏能量）相比，在繁殖前采食桡足类浮游动物（富含能量）的雌性小海雀，其开始产蛋的时间更早，所产蛋的体积也更大。尽管这些研究有助于阐明后遗效应的潜在机制（可作为年周期对食物信号产生反应的实例），但还需要更深入的研究（Norris and Marra，2007；Harrison et al.，2011）。目前，大多数研究属于观察性研究，而试验性研究则可深入了解其生理机制（Harrison et al.，2011）。

此外，年循环其他方面的后遗效应仍需要深入研究。目前的研究更多关注迁徙与繁殖之间的后遗效应（Norris and Marra，2007），而很少研究换羽时间的后遗效应。繁殖推迟可导致换羽延迟或增加繁殖期与换羽的重叠程度（Morton & Morton，1990）。画眉延迟换羽的后遗效应是迁徙出发推迟，同时，快速换羽的出现会产生劣质羽毛（Dawson et al.，2000）。将来的研究应该追踪长期后遗效应。大多数研究关注的是相邻阶段之间的效应，但后遗效应可能贯穿整个年循环，甚至跨年度发挥作用。

随着后遗效应影响年循环研究的深入，环境变化也被认为会对鸟类生理节律产生长期而深远的影响。例如，尽管越冬地点与繁殖地点相距千里，但是越冬过程可能会影响繁殖时间（Norris et al.，2004）。因此，了解人为诱导的快速环境变化如何影响鸟类的季节性节律是非常重要的。

36.6 年周期机制的变化及其对人为诱导快速环境变化的反应

气候变化以及城市化等人为诱导的环境变化，可能会对鸟类季节性节律产生快速而实质的影响（Helm et al.，2013）。虽然光周期（通常是鸟类季节性活动的主要直接驱动力）不随气候变化而变化，但是，鸟类各年循环阶段所处地区和年际间的气温变化，却非常迅速且随机（Visser et al.，2004）。虽然鸟类可以灵活地适应温度变化（见上文），但气候变化正导致气温偏离历史规律，从而对鸟类年周期不同阶段产生不同影响。由于这些原因以及鸟类必须在环境选择压力（如食物高峰时段）发挥作用前做好繁殖决定，因此气候变化对鸟类正确处理年周期节律的能力产生重大挑战（Visser et al.，2004）。相反，其他营养级物种（特别是被捕食的昆虫）可直接对气温变化做出反应，这是由于其具有不同于鸟类的反应机制（Bradshaw and Holzapfel，2010）。这可能进一步导致鸟类“不合时宜”地繁殖（Visser et al.，2004；Bradshaw and Holzapfel，2010）。在一个大山雀群中出现了昆虫丰度高峰期与雏鸟饲喂需求高峰期之间的时间差。在过去 23 年中，春季气温持续上升，大山雀产蛋期的提前并没有与蠋丰度高峰期的提前程度相匹配（Visser et al.，1998，图 36.8）。类似的“不合时宜”繁殖在许多物种中也有文献记载，并已导致部分物种（特别是那些没有提前进入繁殖期的物种）数量下降（Visser et al.，2004；Both et al.，2006）。部分种群能够对环境变化做出及时反应，至少一部分机制是由于个体的适应-可塑性，而非个体对环境信号反应性的改变（Charmantier et al.，2008）。

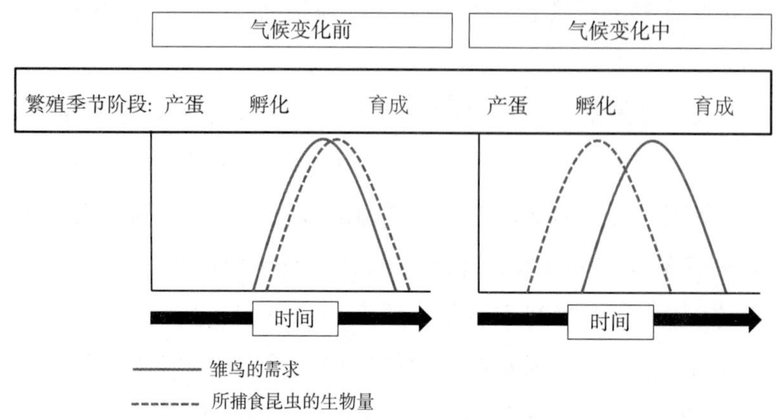

图 36.8★ 大山雀生殖时间错配的图示

雏鸟从刚孵化到育成之间对食物需求量最高（灰实线）。不同年份间的产蛋日期相近，然而随着气候变化会造成毛虫生物量峰值（红色虚线）发生较大前移。从而造成育雏时间与食物丰度的错配。改编自 Visser 等（2004）。

季节性节律机制的种属差异性，是导致不同物种对气候变化产生不同反应的重要原因。如本章节所述，不同物种对光照因素与非光照因素的相对依赖性是不同的。例如，季节性物种往往更依赖光周期，而机会性物种则对非光照因素表现出更强的依赖性（Hahn et al.，1997，2008）。因此，物种对非光照信号的反应差异性可能与其应对气候变化的能力有关。

与信号假说（光周期信号不再准确预测最佳繁殖时间，进而导致了鸟类节律错配）相反，一个有趣而违反直觉的观点是繁殖时间节点错配实际上可能是一种适应性结果（Visser et al.，2012）。约束假说指出，为适应昆虫丰度高峰期而做出提前繁殖决定时，如果所付出成本超过所获得收益，繁殖时间节点错配便是一种适应性结果（Visser et al.，2012）。

36.7 季节对免疫功能的影响

虽然年度计划通常由几个不同的生命周期阶段组成，但鸟类会对跨周期生理过程的耗能分配进行调节。这些过程可能会在整个年周期的各阶段中持续存在，但耗能水平可随能量可获得性、环境条件、个体年龄或状况等的变化而变化。下一部分将讨论这种生理过程中的一个有趣实例：免疫功能的季节性调节。

36.8 免疫功能的季节性调节

36.8.1 概述

在鸟类整个年循环中，处于动态环境中的个体将面临天气、能量可获得性和疾病潜在流行性等季节性变化（King，1974）。在自然选择条件下，长寿物种（如鸟类）必须平衡繁殖与生存相关生理过程（如免疫功能）的季节性耗能分配，以实现机体对环境的最大适应性（见框表 36.1，关键免疫系统组分）。免疫功能的重要任务是监测病原体以及限制感染，对提高机体存活率有重要贡献，但机体维持免疫功能的耗能很大（Schmid-Hempel and Ebert，2003；Nelson，2004；Sheldon and Verhulst，1996；Klasing，2004），尤其是在免疫功能超负荷使用（Lochmiller and Deerenberg，2000）或不足以清除感染的情况下（Nelson et al.，2002）。因此，维持免疫功能的耗能变化很大（Martin et al.，2008）。很多环境和生理功能的变化可导致这种免疫成本的变化（Buehler et al. 2008a，2008b；Martin et al.，2008；Nelson et al.，2002）。导致免疫功能变化的环境因素包括内源性和（或）光周期调控的年循环、疾病威胁、寄生虫压力、食物可获得性以及天气和温度状况等（Nelson and Demas，1996；Nelson et al.，2002；Martin et al.，2008；Adelman et al.，2013；Hasselquist，2007）。促进免疫功能变化的其他因素包括竞争性生理过程——如繁殖（Sheldon and Verhulst，1996；Lochmiller and Deerenberg，2000）和其他生存相关过程——如换羽（MorenoRueda，2010；Buehler et al.，2008b）、生长（Prendergast et al.，2004）或迁徙（Nebel et al.，2011，2013）等。

框表 36.1 免疫系统的特定组分及其成本

一般而言，免疫系统各组分的维持和使用的耗能是不等的，部分组分（下述）的维持成本更高。免疫系统可被分为先天性（非特异性）-获得性（特异性）免疫轴和固有型（非诱导）-诱导型免疫轴（Schmid-Hempel and Ebert，2003）。其中，固有型免疫是基础性或无须预先接触病原体或抗原的免疫反应，而获得性免疫需要先接触病原体或抗原（Schmid-Hempel and Ebert，2003）。先天性免疫可对病原体产生迅速且非特异性的免疫反应，而获得性免疫则需机体产生针对病原体的特异性抗体（Martin et al.，2008；Lee，2006），反应时间通常较长。由于不同免疫组分耗能不同，免疫功能的季节性变化可能会因免疫轴的不同而不同。

固有型先天性免疫。先天性免疫包括解剖学屏障（如皮肤、黏膜）、常驻菌群（如非致病菌）、体液因子（补体和急性期蛋白）、细胞组分（负责吞噬和炎症反应的白细胞）以及其他抗菌蛋白（如溶菌酶、防御素）（Demas et al.，2011；Lee，2006）。对先天性免疫组分耗能的研究较少，但由于免疫反应对细胞更新速率的要求较低，且联系上述先天性细胞和蛋白质的组织较少，因此总耗能较低（Lee，2006；Klasing and Leshchinsky，1999）。

诱导型先天性免疫。在必要时，固有型先天性免疫的细胞和蛋白会通过炎症细胞因子诱导局部炎症，如果感染范围足够大，将进一步诱导全身炎症反应。这种反应也称为急性期反应（APR），其特征是肝脏合成急性期蛋白的水平增加、能量和营养代谢的改变、下丘脑-垂体-肾上腺轴（HPA）的激活、下丘脑-垂体-性轴（HPG）的抑制、运动和社交活动的减少、厌食以及发热（Klasingand Leshchinsky，1999）。这种类型的免疫功能在快速消除入侵病原体方面有很高效率，但同时也是高耗能且潜在自我损害的过程（Klasing，2004）。

固有型获得性（适应）免疫。天然的非特异性抗体如 IgM 提供了抵御病原体的基础免疫，与其他大多数抗体不同，IgM 无须预先接触病原体即可进入血液循环（Lee，2006）。

总之，维持这种免疫反应的耗能较低。

诱导型获得性（适应）免疫。适应性免疫的这一组分包括细胞介导的和体液介导的两种。细胞免疫负责杀伤被感染的宿主细胞，并通过辅助性 T 细胞（Th-1）和 B 细胞对细胞内病原体（如病毒）产生免疫记忆。这种免疫常导致全身性炎症，并且其所需的细胞更新速率和特异性抗体产生需要消耗大量能量（Lee，2006；Janeway et al.，2004）。体液免疫负责杀伤细胞外病原微生物，并通过辅助性 T 细胞（Th-2）和 B 细胞对细胞外病原体和寄生虫产生免疫记忆。这种免疫类型的耗能远低于细胞免疫（Janeway et al.，2004）。

36.8.2 免疫功能的季节性

目前，对免疫功能季节性的认识主要集中在哺乳动物上，尤其是小型啮齿动物，并且多数研究以温度、光周期和食物可获得性对免疫功能季节性的影响为主（Demas and Nelson，1998；Zysling et al.，2009；Bilbo and Nelson，2003）。研究结论可概括为，小型哺乳动物免疫功能的维持成本在夏季最低，在冬季达到高峰（Nelson and Demas，1996；Sinclair and Lochmiller，2000），这主要是为了应对冬季环境诱导的免疫抑制——恶劣天气和可获得食物量减少所引起的应激（Demas and Nelson，1998）。总体而言，这些哺乳动物以光周期为主要信号来调节免疫功能（另有部分信号来自食物丰度和环境温度），以便为即将到来的恶劣季节做好准备（Nelson et al.，2002）。

目前，对禽类免疫功能季节性总体模式的研究还较少，大多数已发表的文献侧重于研究年循环某一阶段（如繁殖期-非繁殖期或繁殖期-换羽期）的免疫功能（Martin et al.，2008）。例如，对白颈燕（*Ficedula albicollis*）育雏数的研究发现，育雏数和免疫功能呈负相关（Gustafsson et al.，1994）。对试验性增加和减少产蛋量的 Meta 分析发现，免疫功能和育雏数呈负相关（Knowles et al.，2009）。此外，当孵化成本、交配成本、飞行成本或体温调节成本增加时，免疫功能会下降（Hasselquist and Nilsson，2012）。Møller 及其同事（2003）的另一项 Meta 分析发现，13 个雀形目鸟类的 T 细胞免疫功能在夏季有所增强。最后，Martin 及其同事（2004）进行的一项在常规环境下的试验表明，在繁殖季节的早期，家雀 T 细胞介导的非特异性免疫反应水平（PHA、非致病性、刺激性新型蛋白）比繁殖季节后期或秋季更低。

在机制上，这些效应可归因于激素的季节性变化，如糖皮质激素、雄激素和雌激素（这些激素都可在特定情况下抑制免疫）（Martin et al.，2008）。其中，部分激素可通过影响领地建立、繁殖、育雏和换羽的时间而影响免疫功能（Martin et al.，2008；Koustos and Klasing，2013）。例如，糖皮质激素和雄激素可以抑制免疫功能，但它们对免疫系统的影响主要取决于激素的总体水平和水平升高的持续时间，以及所检测的免疫组分（Koustos and Klasing，2013）。通常，急性应激或糖皮质激素的快速升高会提高免疫水平，而慢性或持续性应激会抑制免疫反应。对于睾酮和其他雄激素，很难区分糖皮质激素的直接作用与间接作用，即睾酮水平的升高可能会通过提高糖皮质激素水平而降低免疫功能（Koustos and Klasing，2013）。

36.8.2.1 圈养研究

目前对免疫功能年循环的研究，多集中在圈养鸟类。这些研究表明，在冬季，细胞免疫和体液免疫水平高于或接近夏季的水平（Martin et al.，2008；Lee，2006）。对红腹滨鹬免疫功能的年循环研究显示（Buehler et al.，2008b），在体重变化期间（如野鸟的育肥和春季迁徙期间），吞噬细胞介导的高耗能免疫功能（细胞免疫）和淋巴细胞介导的低耗能免疫功能（体液免疫）都较强，但在换羽高峰期会转变为淋巴细胞介导的低耗能体液免疫。上述研究提示，由于生成羽毛需要消耗较多能量（Haake and Sawyer，1986），鸟类会优先选用耗能更低且较少基于吞噬作用的免疫策略。此后的研究分别将鸟类置于低温、高温和可变温度中，可能是由于食物供应充沛，其免疫功能的年周期变化都很小（Buehler et al.，2009）。然而，当仅限制食物供应时，尽管急性应激或诱导性免疫反应这类高耗能免疫功能有所降低，但基本免疫功能（天然抗体和补体水平）并没有变化（Buehler et al.，2009）。相反，对白冠麻雀的圈养研究并没有发现其免疫功能的季节性变化（特别是急性期反应）（Owen-Ashley and Wingfield，2007）。但是，麻雀在冬季的急性期反应较为明显，这与动物个体身体状况以及采样种群密切相关（Owen-Ashley and Wingfield，2007）。

36.8.2.2　野生鸟类的研究

圈养可减少来自病原体的压力，但同时也会造成机体的应激，从而降低炎症反应与吞噬细胞介导的细胞免疫（Buehler et al.，2008a）。因此，对野生鸟类和圈养鸟类免疫功能的研究同样重要，但目前对野生鸟类的研究较少（Adelman et al.，2013）。在野生鸟类中，很少有在整个年循环中（上述研究主要针对繁殖与非繁殖两个阶段）对多个免疫指标进行研究。对非迁徙性大山雀（*Parus major*）的研究发现，其免疫功能存在显著的季节性变化：其总免疫球蛋白和异嗜性细胞水平在夏季繁殖期最高，并持续增加直至 9 月份换羽，然后开始下降直至第二年春季；但是，淋巴细胞水平在冬季高于夏季（Pap et al.，2010）。另一项迄今为止唯一发表的关于云雀年际间多个免疫指标的研究发现：固有型先天免疫的指标（补体、天然抗体和结合珠蛋白水平）存在年际变化，但秋季迁徙期的这些指标比繁殖期更低（Hegemann et al.，2012）。

迁徙是鸟类重要且耗能的一个生理过程（Wikelski et al.，2003）。因此，如上述研究所示，免疫功能的发挥需要进行能量权衡。例如，一项对画眉鸟（Owen and Moore，2008）和比尤伊克天鹅（*Cygnus bewickii*）（Van Gils et al.，2007）的研究发现，迁徙活动具有免疫抑制作用。类似的，近期的两项飞行舱研究发现，迁徙的激活会抑制多项免疫相关指标：①将欧洲椋鸟（*Sturnus vulgaris*）置于风洞中连续飞行 1～4 h 之后，三种免疫指标（结合珠蛋白、天然抗体和补体水平）会降低（Nebel et al.，2013）；②对长距离迁徙性西方滨鹬（*Calidris mauri*）的相关研究发现，LPS（脂多糖，引起“病态反应”）预处理并不会使其飞行性能（持续飞行3 h）减弱，但飞行时的“病态反应”会对免疫功能（包括细菌杀伤能力和天然抗体水平）产生负面影响（Nebel et al.，2013）。

参考文献

（李剑译，陈耀星校）

第七篇　交叉主题

第 37 章　体温调节：策略与机制

Shlomo Yahav

缩略语

AVT，arginine vasotocin　精氨酸催产素

BDNF，brain-derived neurotrophic factor　脑源性神经营养因子

BMR，basal metabolic rate　基础代谢率

CAM，chorioallantoic membrane　绒毛尿囊膜

CNS，central nervous system　中枢神经系统

CVS，cardiovascular system　心血管系统

CWL，cutaneous water loss　皮肤失水

E，evaporative heat loss　蒸发散热

E，embryonic day　胚龄

EST，eggshell temperature　蛋壳温度

EWL，evaporative water loss　蒸发失水

HR，heart rate　心率

HSP，heat shock protein　热休克蛋白

IR，infrared　红外线

LCT，lower critical temperature　临界温度下限

M，metabolic energy　代谢能

NGF，nerve growth factor　神经生长因子

NST，non-shivering thermogenesis　非寒战产热

PO/AH，preoptic anterior hypothalamus　下丘脑视前区

Qc，convective heat loss　对流散热

Qr，radiative heat loss　辐射散热

RH，relative humidity　相对湿度

RMR，resting metabolic rate 静止代谢率

ROI，region of interest，as defined by the camera software 感兴趣区（依据成像软件定义）

RTSR，rapid thermal stress response 快速热应激反应

RWL，respiratory water loss 呼吸失水

SC，stratum corneum 角质层

SHL，sensible heat loss 可感散热

ST，shivering thermogenesis 寒战产热

T_3，triiodothyronine 三碘甲状腺原氨酸

T_4，thyroxine 甲状腺素

T_a，ambient temperature 环境温度

T_{af}，allantoic fluid temperature 尿囊液温度

T_b，body temperature 体温

T_{fs}，facial temperature 面部温度

T_s，skin temperature 皮肤温度

T_{set}，set point temperature 调定点温度

TM，thermal manipulation 热处理

TSH，thyroid stimulating hormone 促甲状腺激素

UCP，uncoupling protein 解耦联蛋白

UCT，upper critical temperature 临界温度上限

V_{O_2}，oxygen consumption 耗氧量

avUCP，avian uncoupling protein 禽解耦联蛋白

术语定义（依据国际生理科学联合会热委员会，2001）

内温性体温调节：动物利用高效而可控的自身产热来维持体温恒定的一种体温调节方式。

外温性体温调节：动物主要通过行为的改变来调节机体与环境之间热量交换，进而维持体温恒定的一种体温调节方式。

变温性体温调节：体温随环境温度变化而出现大幅波动的特性。其不具备有效的自主性体温调节功能。

恒温性体温调节：恒温动物的体温调节方式。即使环境温度发生较大幅度变化时，恒温动物的体核温度只在狭小范围内发生周期性（昼夜性或季节性）变化，即体温仅在较小范围内波动。

异温性体温调节：恒温动物的另一种体温调节方式。动物体核温度周期性（昼夜性或季节性）变化幅度超出了机体恒温可控范围时的体温调节方式。

基础代谢率（BMR）：根据动物在食物吸收后（长时间禁食）和热中性区，处于安静和清醒

状态的产热量或耗氧量计算得到的代谢率。

静止代谢率（RMR）：动物处于热中性区环境中休息状态（非食物吸收后）的代谢率。

体温调节（T_b）是内温鸟类和哺乳动物所特有的生理特性，使动物能够适应环境变化得以生存。本章重点介绍维持体温相对恒定的内温性体温调节的进化；产热与散热的机制；维持体温的各种策略；胚胎发生过程中内温性体温调节的发育过程；不同生态环境下用于内温性体温调节的能量消耗。

37.1 引言

公元前 570 年，希腊哲学家 Anaximander 指出：世间万物必在适应与死亡之间做出抉择。

体温调节是内温动物特有的生命特征。鸟类和哺乳动物在进化过程中，为了更好地适应环境变化而逐渐进化成内温性体温调节。

内温性体温调节一般是生理性调整与形态变化的共同结果，其为鸟类能广泛分布于空中、水中和陆地提供了生理、生态和行为方面的保障，对鸟类生物学具有深远的影响。内温动物可维持体温在相对较小的范围内波动，体温是机体最重要的生理指标。因此，这些动物的体温调节系统必须高效运行，以确保机体体温仅在较小范围内波动，而不受大幅度波动的外界环境温度影响。

动物机体维持体温相对恒定的能力源于机体对产热和散热过程的调控机制，而这种机制是在外温向内温进化过程中逐渐形成的。产热和散热，尤其是产热的进化可能早于内温性体温调节的形成（Silva，2006；Morrison et al.，2008；Richards and Proszkowiec-Weglarz，2007）。机体产热机制包括肺通气频率、循环系统容量、耗氧量（V_{O_2}）和有氧代谢产热量的增加。鸟类较强的有氧代谢能力为高强度的运动提供了保障，使其可长途迁徙，并能在各种各样的环境中栖息（Ruben，1995）。外温性体温调节之所以能成功进化成内温性体温调节的原因是进化后的调节机制能够维持产热与散热之间的平衡。虽然，人们并不清楚鸟类获得内温性体温调节能力的确切时间，但鸟类与已灭绝的中生代的主要脊椎动物——恐龙之间具有较近的亲缘关系，故推测鸟类的内温性体温调节在中生代就已经形成了（Horner et al.，2001）。鸟类进化过程中，代谢率和散热过程的变化所导致的外温性体温调节向内温性体温调节的进化，对于理解体温调控机制是非常重要的。

鸟类被分成晚成鸟和早成鸟。孵化期晚成鸟的内温性体温调节系统并未发育，是变温的，当生长到成鸟体型的 1/3～1/2 时，才能够发育成内温性体温调节（Cooper and Geiser，2008）。与之相比，早成鸟以反馈机制为主的内温性体温调节系统从孵化之初就开始发育，直至出壳后 10d 发育成熟（Arad and Itsaki-Glucklish，1991）。

本章将重点介绍维持体温相对恒定的内温性体温调节的进化；产热与散热的机制；维持体温的各种策略；胚胎发生过程中内温性体温调节的发育过程；不同生态环境下用于内温性体温调节的能量消耗。

37.2 内温性体温调节的进化

内温性体温调节作为脊椎动物最重要的进化特征之一而备受关注。内温性体温调节是鸟类具有重要生物学意义的主要生理学特征，为鸟类能广泛分布于各种环境中提供了生理、生态和行为方面的保障。

内温性体温调节进化发育的研究，必须将内温动物视为典型恒温动物（以稳定的、高的体温为特征）。然而，有些鸟类以异温为特征，而不是恒温（它们的体温表现出日周期和季节性的变化；McKechnie and Lovegrove，2002）或其自身代谢率和体温的调节能力较弱（Cooper and Geizer，2008）。

从外温性体温调节向内温性体温调节的进化过程，理论上讲是对高体温和高静止代谢率（RMR）的直接选择，或是对高耐受力和可持续活动（有氧代谢能力模型）的选择。第一个内温选择的理论模型是以温暖的躯体具有较高RMR的多种模型为基础，而高RMR提高了选择值，这种选择值使内温鸟类的RMR是同体型大小外温动物的5～15倍（Bennett et al.，2000），其野外代谢率比爬行类高20～30倍（Nagy，1987）。第二个模型不是将温暖的躯体作为高RMR的主要因素，而是认为高代谢率是躯体结构进化选择的结果，这种变化增加了躯体运动能力、脑容积和有氧代谢能力。而增加有氧代谢能力的选择使得鸟类可在较高RMR和热量消耗情况下保持长时间的持续活动，进而促成了外温性体温调节向内温性体温调节的转变（Grigg，2004）。

在由外温动物向内温动物进化过程中，必须改变机体产热和降低热传导。通常情况下，机体运动、寒战产热、高RMR和非寒战产热均可导致机体的产热量发生变化。而鸟类自身耗能的Na^{+}-K^{+}泵所维持的细胞膜内外离子浓度梯度使这4种产热方式得以实现（Else et al.，2004）。另外，鸟类绝缘的羽毛、体脂分布和外周血流变化（如血管的收缩与舒张）也可降低鸟类的热传导。这些生理变化与鸟类的解剖结构改变密切相关，其中最重要的是呼吸系统的变化，它使得鸟类具有比哺乳动物更高的代谢率和体温。鸟类呼吸器官有别于哺乳动物，其有小而紧凑的肺并与数量众多的薄壁气囊相通。作为解剖结构变化的产物，这样的呼吸系统被认为在容量和气流方向更适于飞翔。研究发现，体重均为1 kg的鸟类和哺乳动物的呼吸总量分别为160.8 mL和54.4 mL（Shmidt-Nielsen，1975）。鸟类解剖结构的改变使得空气可以流经肺，并可多次经过交换表面，而哺乳动物的空气只能流进或流出肺。气流持续地流经鸟类的肺部交换表面，使肺内O_2/CO_2的交换效率显著提高。鸟类气囊（前、后气囊）分布的位置使得鸟类体内气体并向流动得以实现。

总之，解剖结构与生理适应性的同步进化，使外温爬行动物逐步进化成为适应生态环境的内温鸟类。从外温到内温的进化，是维持产热与散热平衡调节机制发育的结果，这种机制受到神经和体液信号的不断激活与调节（Silva，2006；Richards and Proszkowiec-Weglarz，2007；Morrison et al.，2008）。

37.3 维持内温性体温调节的策略

能量和水是生命之源。因此，维持机体能量平衡和水平衡是生命活动的核心目标。对于内温动物而言，“生命之火”就是保证机体各系统正常运转和维持内环境相对稳定的能量平衡。内温性体温调节使恒温和/或异温易于实现，以体温表示。Bligh（1966）依据温度控制的两个不同水平，提出了温度调节的双带理论（two-tier theory）：窄带调节和宽带调节。精细或窄带调节可维持体温在正常变化范围内（即正常体温）；当温度大幅偏离正常范围时（过高或过低体温），宽带调节机制被激活。

在生命历程中，每种鸟类及其个体总会经历难以维持体温在正常范围内的极端环境。因此，它们必须对这些环境变化做出适应性改变。

为维持热耐受性和避免热应激造成的危害，鸟类会做出 3 种直接反应：仅在数分钟至数小时内出现的快速热应激反应（RTSR）（Parsell and Lindquist，1994；Yahav，2009）；在数天至数周内产生的习服/风土驯化（Yahav et al.，1997；Horowitz，2002）和围产期形成的表观遗传适应（Nichelmann et al.，1999；Tzschentke et al.，2001；Piestun et al.，2008）。RTSR 是对温度应激的一种即时反应，其通过启动生理调节功能以维持机体的动态平衡。但这种反应一般持续的时间短暂，如果长期处于严重的热应激情况下，可能会导致休克。习服是指动物机体为了降低或提高机体对实验性环境变化尤其是气候变化的耐受力，而产生的生理或行为上的终身性适应反应（IUPS Thermal Commission，2001）。因此，习服是试验性过程，而风土驯化是自然过程。表观遗传适应是指在出生前或出生后早期影响基因表达的发育关键时期形成的终生性适应性反应。Dörner（1974）首次提出表观遗传适应是基于这样的假设：在机体发育的关键阶段，环境因素尤其是环境温度对机体生理控制系统调定点的设定发挥重要影响。

37.4　内温性体温调节的调控机制

输入或输出视前区-下丘脑前部的神经信号

内温鸟类体温调节是通过寒战产热（ST）、非寒战产热（NST）、喘式呼吸、皮肤血管舒缩行为等各种反应来完成（图 37.1）。大脑通过控制和协调上述活动来维持体温的相对恒定，以利于各种生理生化反应（包括酶、离子通道等）的正常进行（Nakamura，2011）。维持体温相对恒定的体温调节系统包括感觉传入部分（温度感受器、渗透压感受器和压力感受器）、整合部分（体温调节中心）和效应传出部分（包括神经和内分泌信号）（图 37.1）。

感觉传入部分由鸟类体表（皮肤）、所有内脏器官、脊髓和大脑本身温度感受器传入的热信号组成。内脏器官、脊髓和大脑温度感受器主要对相对恒定的内环境温度变化敏感；而皮肤感受器主要对外界环境温度变化敏感。外部环境变化包括温度、相对湿度（RH）和风速的变化，它们通过影响动物体表温度，而被外周温度感受器转变成热信号传入体温整合中枢。由于体核的热量可被血流传递到外周，因此皮肤温度感受器也会受到体核温度的持续影响。

渗透压是可被传入体温整合中枢的非热量信号之一（图 37.1），也是另一个稳态参数。其包括来自外周和中枢感受器的传入信号，这些感受器对渗透压、血容量和细胞外液 Na^+ 浓度变化敏感（Keil et al.，1994）。调控体温和渗透压的稳态系统分别通过蒸发散热机制相联

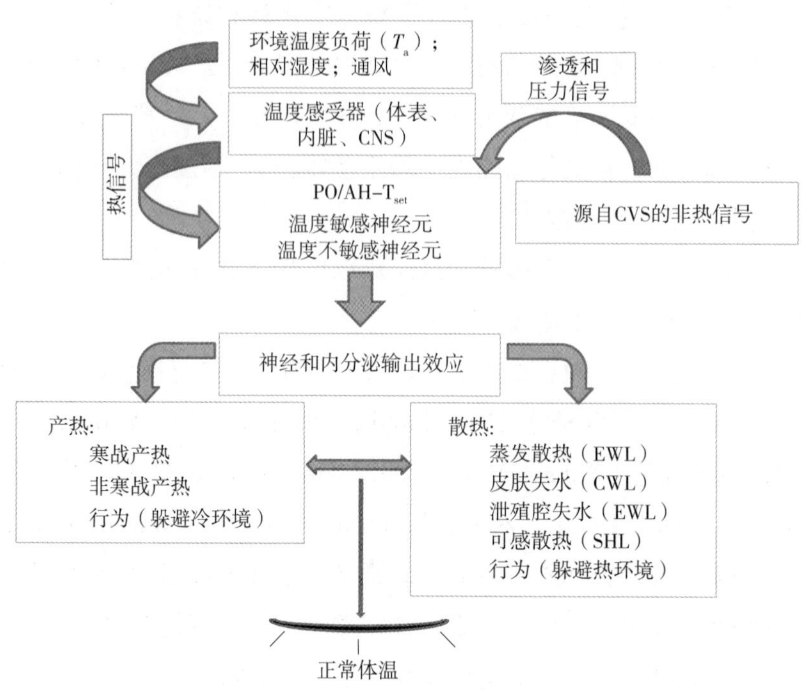

图 37.1 内温性体温调节系统流程图

该图描述了温度感受器如何将环境温度转变成热信号，热信号如何传入到视前区下丘脑前部（PO/AH）、如何启动神经和内分泌系统的体温调节反应（产热与散热的传出效应）。血液系统的非热信号可能影响这一反应。ST，寒战产热；NST，非寒战产热；CNS，中枢神经系统；CVS，心血管系统；EWL，蒸发散热；CWL，皮肤散热；SHL，可感散热；T_{set}，调定点温度。

系：主要依赖于蒸发失水（EWL）的能量损耗与机体产热保持平衡；而蒸发失水又依赖于机体的水盐平衡。研究表明，机体热稳态可随渗透平衡的改变而发生变化（Simon and Notel，1990；Keil et al.，1994），反之亦然（Landgraf et al.，1994），而这种相互作用已经在许多内温动物中得到证实。一般情况下，在高环境温度时，热喘的频率会因高蒸发率引起的细胞外液量减少而显著下降，导致机体发生脱水、血容量减少和高渗血症（Yahav et al.，2005）。在这种情况下，动物机体体温会持续维持在较高水平。

整合部分的神经解剖学位置位于下丘脑前部的视前区（即视前区-下丘脑前部，PO/AH；Boulant，1996；DiMicco and Zaretsky，2007）。PO/AH 体温调节与渗透压调节紧密相关，共同维持体温和水盐平衡。因此，PO/AH 一旦受损，将导致体温调节功能障碍、饮水行为和渗透压调节功能失调和消失（Bligh，1973；Hatton，1990；Kuznetsov and Kazakov，2000）。

PO/AH 发挥着两方面的作用：一是监测局部温度变化，二是接收并整合来自外周感受器传入的温度信息（Hellon and Taylor，1982；Patapoutain et al.，2003；Wechselberger et al.，2006）。在哺乳动物和鸟类中，温度敏感神经元可监测温度变化，并可根据下丘脑的温度改变其发放冲动的频率（Griffin et al.，2001），故温度敏感神经元被认为是温度调定点（Boulant，2006）。温度敏感神经元占 PO/AH 神经元的 40%，其余为非温度敏感神经元。大约 75%的温度敏感神经元为热敏神经元（在下丘脑温度升高时，发放冲动频率明显增加）；另外 25%的温度敏感神经元为冷敏神经元，在下丘脑温度降低时，发放冲动的频率增加（鸟类参见 Tzschentke et al.，2004；哺乳类动物参见 Boulant，2006）。然而，在已经研究的大多数内温哺乳动物，有证据表明 PO/AH 含有 70%的非温度敏感神经元和 20%的温度敏感神经元（Nakayama et al.，1961）。

在各种模型中（Hammel，1965；Boulant，2006），PO/AH 被认为是调控机体产热和散热的温度调定点（T_{set}）。当 PO/AH 局部温度低于 T_{set}时，传出的神经信号将通过调节 ST 和 NST、外周（皮肤）血管收缩以及身体蜷缩和寻找温暖环境等行为活动促进机体产热；当 PO/AH 局部温度高于 T_{set}时，将通过热喘呼吸、皮肤血管舒张以及寻找阴凉和通风环境、暴露无羽毛皮肤区域等行为活动启动散热机制。上述每一反应都有各自的 T_{set}，其反应幅度取决于下丘脑 T_{set}。

然而，由温度敏感神经元组成的下丘脑 T_{set}中，还有一些称之为温控神经元（temperature-guardian neuron）的其他神经元（Basta et al.，1997），而且已在番鸭下丘脑PO/AH 中观测到该神经元的分布。温控神经元只对关键的大脑温度信号敏感，可能激活二型体温调节效应。在 Bligh（1966）的双带理论中，此类神经元只在体温超出正常范围（如体温过高或过低）情况下，才会发挥其调节作用（Bligh's，1966）。

传出神经元以 Hammel（1965）模型为特点，Boulant（2006）对其进行了完善。传出神经元主要包括热敏神经元、冷敏神经元和温度不敏感神经元，它们共同参与体温的调节。传出神经元位于 PO/AH 内或下丘脑后部和脑干部位。有些传出神经元可以自主地发放神经冲动，另一些传出神经元虽不能自主发放神经冲动，但可通过突触结构感受热敏和冷敏神经元的冲动并被兴奋，或被温度不敏感神经元抑制。

内分泌传出反应主要受到下丘脑-垂体-甲状腺轴的调控。鸟类代谢率与甲状腺素（T_4）的分泌息息相关。甲状腺素由甲状腺分泌，然后再在外周组织被脱碘后转变成三碘甲腺原氨酸（T_3）。T_3 不仅是体内主要的促代谢激素（McNabb and King，1993；Gabarrou et al.，1997），而且还能参与机体的体温调节（McNabb and King，1993；Yahav，2000）。

总之，机体的产热和散热机制处于持续的激活状态，并受神经和体液信号的调节。

37.5　维持内温性体温调节的生理过程

37.5.1　能量平衡方程

在内温动物，皮肤表面最先暴露于外周环境中，而环境中的温度、湿度、辐射和气压随着海拔高低的变化而发生变化。在高海拔地区迁徙的鸟类常暴露于低压及其伴随出现的低温和高辐射环境中，因此气压对这些鸟类来说是最重要的环境因子。此外，上述所有因子构成的外界环境，在影响鸟类体表的热传递中起关键作用。鸟类通过辐射、对流、传导和蒸发 4 种主要方式进行体表热传递。

依据内温动物对环境变化做出的产热反应，可将环境温度划分为 3 个区（图 37.2）：低温区，蒸发调节区和舒适区。在低温区，机体以热滞留（通过缩血管）、ST 和 NST 的方式进行体温调节；在蒸发调节区，机体通过扩张血管、蒸发和可感散热（SHL）进行体温调节；在舒适区-热中性区，机体主要通过传导进行体温调节。当处于低温区和高温区环境时，最关键的问题是鸟类如何耐受这种极端的环境条件，以及需要多久才能通过生理反应阈值的改变来形成对这种环境的习服。可见，产热反应将影响低体温（冷环境中）和高体温（热环境中）调节机制的进化。

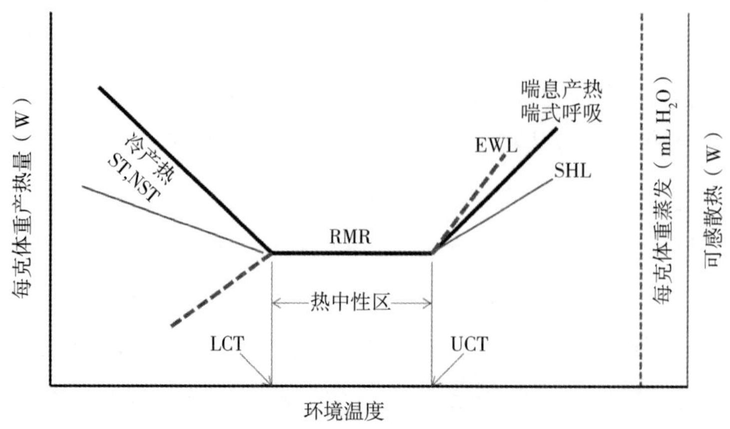

图 37.2 内温动物的产热曲线

热中性区是临界温度上限（UCT）和临界温度下限（LCT）之间的区域，表示动物机体静止代谢率（RMR）。当环境温度低于 LCT 时，机体通过增强寒战产热（ST）和非寒战产热（NST）的方式提高产热量，以应对冷暴露；当环境温度高于 UCT 时，机体主要通过热喘呼吸蒸发失水（EWL）而散热。当环境温度高于 UCT 时，通风的增强可促进可感散热（SHL）；而环境温度低于 LCT 时，体表与环境之间的温差增大使可感散热增强。LCT，临界温度下限；UCT，临界温度上限；RMR，静止代谢率；ST，寒战产热；NST，非寒战产热；EWL，蒸发失水。

一般以热交换模型研究内温动物的体温调节。该模型将动物不做外功状态时的体温设定为常值，基于热力学第一定律，该模型以下列热平衡公式表示：

$$S = M - E \pm R \pm C \pm K \tag{37.1}$$

式中，S 是机体热增加量或散失热量，其应与 M 相平衡；M 是代谢产热量；E 是蒸发散热量；R 是辐射热增加量或散失量；C 是对流热散失量或增加量；K 是传导散热散失量或增加量。当 S 为零时，体温保持不变，亦即热增加量等于散失量。如热产生和/或增加量大于散失量，那么 S 将为正值，体温升高；反之亦然。

在公式（37.1）中，生热（产热，M）可分为专性产热和兼性产热（Silva，2006）。专性产热是指动物处于热中性区的环境中，维持体温的能量需要所需的产热（Gordon，1993），热中性区是动物以静止代谢率（RMR）强度进行代谢时所产生的能量就能维持与环境热平衡的温度范围。兼性产热是指当环境温度低于或在某种程度上高于热中性区时，维持体温的能量需要所需的产热。

37.5.1.1 代谢能

代谢率代表着体内有氧和无氧代谢过程中，化学能转变而产生的自由能。动物通过饲料氧化而获得能量，因此 V_{O_2} 可被用作为评价能量代谢的指标。但必须指出，在低氧条件下，V_{O_2} 不适合作为评价能量代谢的指标。

单位时间的能量代谢称为代谢率。代谢率可通过测算机体能量摄入量（即所消耗的营养物质的能值）与排泄物能量（主要指粪便和尿液的能值，可用热量计测量）的差值来求得。由于该测量方法需要相对较长的时间，测量期间的体重必须保持相对恒定，因此此方法不适合于鸟类。第二种测算代谢率的方法是以动物摄入底物（饲料）的准确量来求得，底物中 1 g 糖、1 g 脂肪和 1 g 蛋白质氧化分解后分别产生 4.2、9.4 和 4.25 kcal 的能量。第三种方法是在测热笼或开放气流系统中直接测量 V_{O_2}，测热笼可对饲料和水摄入量、粪便和尿液排泄量以及蒸发量等指标进行长时间的测量。开放气流系统应用于对处于相对稳定状态静止动物（即体重恒定、胃肠道相对空虚和非应激）的一种短期测量方法（Buffenstein and Yahav，1991）。第四种方法是以 $D_2{}^{18}O$ 和 $^3H_2{}^{18}O$ 双标水技术为依据，而该法被认为是在自由活动情况下，测量能量消耗的金标准（Shaffer，2011）。在糖、脂肪和蛋白质氧化时，消耗 1L O_2 所产生的热量是相对恒定的，分别为 5.0、4.7 和 4.4 kcal，因此，V_{O_2} 可作为评价代谢率的实用指标。

37.5.1.2　雀形目和非雀形目鸟类的代谢率

总 V_{O_2} 无法精确地比较不同种鸟之间的代谢率。因此，在比较不同种鸟代谢率时，应计算单位体重和单位时间的 V_{O_2}，并将结果矫正为 0℃、海平面大气压（760 mmHg）和干燥环境下的代谢率。

对 58 种体重范围为 3 g（蜂鸟）至 100 kg（鸵鸟）非雀型目鸟代谢率的比较研究（Lasiewski and Dawson，1967），建立的非雀形目鸟代谢率线性回归方程如下：

$$V_{O_2}=4.6\times M_b^{0.723} \qquad (37.2)$$

式中，V_{O_2} 是所有非雀型目鸟的 V_{O_2}，M_b 为体重，0.723 是回归线的斜率。

对 36 种体重范围为 6.1～966 g 雀型目鸟代谢率的比较研究，建立的雀形目鸟代谢率线性回归方程：

$$V_{O_2}=7.54\times M_b^{0.724} \qquad (37.3)$$

虽然雀型目和非雀型目鸟的回归斜率相似，但在同等体重的情况下，雀型目鸟类代谢率比非雀型目鸟类代谢率高 65%（Lasiewski and Dawson，1967）。值得注意的是，用于建立线性回归方程的鸟类是已经适应了沙漠、高海拔或者极地环境的，这些鸟类的代谢率不同于“普通环境”生活的鸟类。

37.5.1.3　家禽的代谢率

家禽经过 50 多年的遗传选择历程，已经选育出了生长速度快的肉鸡和火鸡，选育出了高产蛋量的母鸡。通过遗传选择提高了肉用型鸡（Havenstein et al.，1994，2003a）和火鸡（Havenstein et al.，2007）的饲料利用率、代谢率、生长速度（Janke et al.，2014）、增重速度，同时还缩短了生长周期。从逻辑上来讲，家禽的快速生长需要与之适应的诸如心血管和呼吸系统等内脏系统体积与功能同步提高，以维持机体的能量平衡。然而，这些主要内脏系统的发育并不能满足快速生长的需要（Havenstein et al.，2003b），导致能量供应与明显增加的能量需求间的平衡能力下降，同时也使其在极端环境条件下体温调节的能力降低。上述这些问题使机体的动态平衡难以维持，进而严重影响了家禽生产性能。由于家禽的能量消耗是动态变化的，因此无法像雀型目和非雀型目鸟类一样（公式 37.2 和 37.3），建立一个用于比较不同体重家禽 V_{O_2} 的线性回归方程。

37.5.1.4　非寒战产热

虽然，鸟类没有明显的褐色脂肪组织或相关产热组织，但是仍有证据表明暴露于冷环境中的鸟类，NST 机制发挥着重要作用，而且 NST 与体温调节和代谢率调节有关。在数十年前，人们就知道鸟类可利用 ST 来增加机体抵御冷应激所需的产热需求（West，1965）；而最近的研究发现，尽管没有褐色脂肪组织，但鸟类也可进行 NST。正如先前报道的，哺乳动物骨骼肌组织也存在着 NST（Vidal-Puig et al.，1997）；也有研究发现，栖息于严寒环境中的欧洲雀

V_{O_2}与胸肌综合电活动明显不一致，提示有 NST 的参与（Saarela et al.，1995）。然而值得注意的是，一般认为在严寒环境中，鸟类的 ST 和 NST 同步进行，以确保对体温的精准调控。

由于线粒体能将耦联于一系列氧化还原反应的三磷酸腺苷（adenosine triphosphate，ATP）合成的能量与生成的活性氧簇（reactive oxygen species，ROS）结合在一起，所以线粒体在 ST 和 NST 中发挥了至关重要的作用。解耦联蛋白（UCP）诱导的质子漏可将线粒体呼吸和 ATP 合成解耦联。UCP 是存在于线粒体内膜的转运蛋白，哺乳动物 UCP 主要包括 UCP1、UCP2 和 UCP3；而在家禽（肉鸡和鸭）被称为 avUCP（Collin et al.，2005）。avUCP 是家禽肌肉组织中主要的 UCP，与哺乳动物 UCP3 是同源蛋白，其主要功能是参与调节糖代谢、低温诱导的产热、脂质代谢及抑制 ROS 生成。avUCP 表达受基因型、激素（甲状腺素和胰高血糖素——鸟类最重要的脂解激素）、低温环境和营养水平的调控。此外，一些研究表明，鸡肌肉中的β-肾上腺素系统也可参与调控 avUCP 的 mRNA 表达（Joubert et al.，2010）。

总之，在低于热中性区温度时，ST 和 NST 是调控体温的主要机制。

37.5.1.5 蒸发散热

在低温环境时，内温动物的成功进化使其体温不再随着环境温度变化而变化。然而，在高温环境时，机体仍需要适当的策略以增加散热。在环境温度变化和代谢产热过高的情况下，通过水蒸发散热是鸟类调节体温的有用生理机制之一。鸟类的 EWL 包括皮肤失水（CWL）、呼吸失水（RWL）和泄殖腔失水。散热率及各散热方式占总蒸发失水的比例主要受鸟类适应性、自然选择和种间差异等因素的影响（Williams and Tieleman，2002）。

蒸发散热是机体内唯一将散热和体成分损失（如体内水含量）耦联起来的散热方式。这势必将导致一个重要的生物学冲突：沙漠里的鸟类是最不容易获取水的，同时也是最需要通过蒸发失水来维持体温的鸟类。这种水保留与水蒸发之间的矛盾，迫使鸟类机体必须在避免过热和脱水之间做出权衡。

大多数鸟类都是昼行动物，与夜行动物相比，这些鸟类由于长时间暴露在较强的太阳辐射、更高的环境温度和更强的通风环境中，因此需要蒸发更多的水分（Maclean，1996）。此外，这些昼行鸟类的高代谢率导致其有较高的需氧量，进而使 RWL 增加（Tieleman et al.，1999）。因此，多年来，RWL 被认为是 EWL 的主要机制，而其他途径的 EWL 量是微不足道的，可忽略不计（Hillman et al.，1985）。近几十年的研究证实，CWL 是鸟类维持和调控体温的一种有效方式，其占总蒸发散热量的比例随着环境条件改变而发生相应的变化。最近认为，泄殖腔也是 EWL 的重要途径之一（Hoffman et al.，2007）。

表型适应性/可塑性是机体调整散热方式的因素之一。这种调整使得蒸发传导和皮肤的裸露面积发生相应的变化。为适应不同的环境变化，以喘式呼吸和/或皮肤途径的水蒸发散热，证明表型适应性的存在。所有 3 种蒸发途径（呼吸、皮肤和泄殖腔）都可能面临高 T_a、沙漠中水和食物短缺，或者迁徙的选择压力（McKechnie，2008；Versteegh et al.，2008）。

37.5.1.6 呼吸道的蒸发作用：热喘呼吸

呼吸系统在调节体温和水平衡中起决定性作用。呼吸系统通过蒸发和对流参与体温调节。吸气时，冷空气被呼吸器官加温并转变成饱和水蒸气；呼气时，吸收了热量的空气经呼吸器官呼出。由于呼吸系统中的气体交换过程可将吸入气加湿，因此通气量的增加也将导致蒸发量增加。此外，为了维持气体交换和 pH 相对稳定（内环境稳态），通气量增加的同时还必须确保 O_2 和 CO_2 交换平衡。用于 EWL 而增加的那部分通气，应局限在无效腔内进行加湿，而不进行气体交换。因此，增加呼吸频率的同时按比例减少潮气量将会满足体温调节所需的蒸发散热，在高环境温度中的大多数鸟都表现这种热喘呼吸（Marder and Arad，1989）。热应激可显著提高呼吸频率、减少潮气量，导致每分通气量净增加 6～7 倍（Ludders，2004）。通气量的增加使动脉 P_{aCO_2} 降低、pH 升高，进而引起血液呼吸性碱中毒（Houpt，2004）。与哺乳动物不同，鸟类肺支气管上有被称为肺内化学感受器的外周感受器，其对肺内 CO_2 分压敏感而对氧分压不敏感（Burger et al.，1974）。当 P_{CO_2} 下降时，肺内化学感受器传入冲动的发放频率增加，进而抑制肺通气。尽管不同种鸟所栖息的生态环境存在很大差异（如栖息于沙漠和湿地的鸟），但是分布于肺支气管上的肺内化学感受器仍能有效地监测肺内 P_{aCO_2}。

总蒸发散热（E）可用下述等式计算：

$$E=\dot{m}_e \cdot \lambda \tag{37.4}$$

式中，$\dot{m}_e$ 是总失水量；λ 是水蒸发的潜热量，约为 40.8 Wh/g 或 2.4 J/g。正如公式（37.5），总失水量包括呼吸散热量（E_{res}）和皮肤散热量（E_{cuta}）：

$$E=E_{res}+E_{cuta} \tag{37.5}$$

测量 EWL 的简单方法是：测量某一段时间内鸟的体重变化，再依据排粪量对体重变化进行适当修正。因此，37.5 所述方程变为：

$$E=\dot{m} \cdot \lambda / A_D \tag{37.6}$$

式中，$\dot{m}$ 是通过连续测量所获得的体重变化率（g/min）；A_D 是皮肤总表面积。

为了将呼吸与 CWL 区分，可以用下述等式：

$$E_{res}=V\ (\rho_{ex}-\varnothing_a \rho_{in}\ [10^{-2}])\ \lambda\ \ (W) \tag{37.7}$$

式中，V 是每分钟的呼吸量（L/min）；ρ_{ex} 是在呼出气温度下，呼出饱和气的含水量（g/L）；$\varnothing_a$ 是吸入气的 RH（%）；ρ_{in} 是在环境温度下，吸入饱和气的含水量（g/L）；λ 是呼出气中水蒸发的潜热量（J/g）。

37.5.1.7　皮肤的蒸发作用

当环境温度变化时，皮肤失水（CWL）是机体的体温调节机制之一。20 世纪 80 年代初以前，人们对 CWL 的调节机制一无所知，并且一直认为呼吸道的蒸发作用是鸟类的主要蒸发途径（Dawson，1982）。然而，近年来的一些研究对这一认识提出了质疑，认为处于休息状态和高温环境中的鸟类，其皮肤蒸发是机体失水的主要途径，外表皮角质层（SC）在一定程度上参与皮肤蒸发调节，并具有一定的表型可塑性。该表型可塑性主要体现在鸟类个体之间，其可能发生在成年个体上，并具有可逆性；也可能发生在育成期个体上，同时这种可塑性可能受到自然选择的影响（Piersma and Drent，2003）。

RWL 与 CWL 间的区别在于，RWL 可导致呼吸性碱中毒相关的疾病，而 CWL 为主时则不然。事实上，有许多研究表明，CWL 量至少占鸟类总水分损失的一半以上（Wolf and Walsberg，1996），这样减少了呼吸性碱中毒的有害效应。CWL 的假说模型可以下述公式表示：

$$CWL=(\rho_s-\rho_a)/r_v \tag{37.8}$$

式中，CWL以g/（cm·s）表示；ρ_s是假设在皮肤温度时水蒸气饱和状态下，皮肤表面下的绝对湿度（即含水量，g/m^3）；ρ_a是皮肤表面的绝对湿度（g/m^3）；r_v是蒸气扩散总阻力。

蒸气扩散总阻力包括皮肤阻力、表层阻力和羽毛阻力。然而，最后两个因素所发挥的作用不足10%，作为失水主要阻力的是鸟类的皮肤和表皮最外层的SC。关于CWL的一个主要问题是水通过皮肤的渗透过程是否是被动的或者是否涉及主动的生理调节机制？一些研究认为是被动过程；而另一些研究，根据水渗透过程是由离子梯度驱动（Falkenberg and Georgiadis，2008），而且受真皮层血管血流的影响（Ophir et al.，2004），因此认为是主动过程。如果CWL是一种主动的生理调节过程，那么活鸟与死鸟的CWL应存在一定的差异。这是由于离子梯度需要代谢活动来维持，死后的鸟无代谢活动，也没有血液流动。Ro和Williams（2010）对12种栖息于不同生态区域的鸟进行了CWL试验，结果发现死禽的CWL减少了16%，说明主动的生理机制至少部分参与了调控。但在不同的恶劣环境条件下，鸟类可能会有相应的适应策略。研究发现，热习服的岩鸽（*Columba livia*）具有复杂的CWL调控途径，其中涉及α_2和β_2肾上腺素能受体的参与。

由于SC细胞内脂质构成了水蒸气扩散的物理屏障，因此CWL究竟是被动过程还是主动过程，主要取决于角质层细胞中的脂质成分。鸟SC细胞内脂质被认为是胆固醇、游离脂肪酸、磷脂和脑苷脂的混合物。皮肤失水率不是由SC所含脂质总量所决定，而是取决于SC脂质成分如游离脂肪酸、磷脂和脑苷脂的混合比例，这个混合比例与CWL量紧密相关（Muñoz-Garcia and Williams，2005）。总之，沙漠鸟类的CWL率较低，说明自然选择对于通过SC失水的改变具有潜在的作用。

综上所述，CWL是水分蒸发的重要途径，栖息于潮湿环境鸟类的CWL高于栖息于干旱环境的鸟类。在一定程度上，SC是机体控制蒸发的最重要屏障。然而，目前人们对CWL的生理机制仍知之甚少，仍无法合理解释缺水情况下沙漠鸟类主要以呼吸失水（RWL）途径进行生理学调控失水的主要原因。

37.5.1.8 泄殖腔的蒸发作用

仅有的一项关于鸟泄殖腔EWL研究（Hoffman et al.，2007）认为，泄殖腔EWL在成年印加鸽的体温调节中具有重要作用。泄殖腔蒸发作用的设想是从对沙漠爬行动物——毒蜥的研究得到的启示，而该项研究也首次指出泄殖腔蒸发的体温调节作用，其对任何动物都非常重要（DeNardo et al.，2004）。

Hoffman等（2007）通过对栖息于沙漠、耐高温印加鸽的研究发现，在42℃环境中，印加鸽通过泄殖腔和呼吸道蒸发的水量分别占总EWL的21.2%和25.4%。结果说明至少在恶劣环境条件下，印加鸽可利用所有的这3种途径进行体温调控。而在低环境温度时，CWL降至最低水平，还可通过泄殖腔括约肌收缩防止泄殖腔的蒸发。

在沙漠鸟类，由于呼吸性碱中毒限制了呼吸性蒸发，而最大限度地进行皮肤蒸发，后者由鸟表皮结构所决定。在这种情况下，沙漠鸟类为确保能在恶劣环境条件下存活，会暴露出泄殖腔上皮以增加更多的蒸发量。

37.5.1.9 可感散热

蒸发散热是体内唯一将散热与体成分（含水量）损失耦联的散热方式，这势必将导致一个重要的生物学冲突：如最难获取水的沙漠鸟类，却是最需要利用失水来维持体温的鸟类。这种保水与失水的矛盾，迫使机体必须在避免过热和避免脱水间做出抉择。此外，以喘式呼吸为主的蒸发散热会导致呼吸性碱中毒，进而影响鸟机体的稳态。以辐射、对流和传导的高效可感散热，能有效地降低这些鸟类保水和失水冲突对蒸发散热的限制效应。

人们曾假设，SHL 在环境温度高于热中性区临界温度上限时所发挥的散热作用很小（Hillman et al.，1985）。这一假设是以体表温度（T_s）与环境温度之间的温差很小，且只有少数体表区域无羽毛覆盖（如腿、头、颌下肉垂和冠）的事实为依据。然而，红外线（IR）热成像技术的运用，提供了对鸟类体表温度进行无创测量的方法，并可依据不同模型来确定鸟类非蒸发散热的各种途径。

早在 21 世纪初，自动化系统的应用使红外线热成像技术得到了迅速发展。红外线热成像仪可测量体表辐射出的近红外线（波长范围为 8～12 μm）的量，根据 Stefan-Boltzmann 方程将其转化为辐射温度读数：

$$R = \varepsilon \sigma T^4 \tag{37.9}$$

式中，ε 是表面辐射率，表示生物表面组织释放和吸收辐射的能力，其范围为 0.94～1.0（Monteith and Unsworth，1990）；σ 是 Stefan-Boltzmann 常数［5.67×10^{-8} W/（m^2 · K^4）］；T 是以开氏温度（K）表示的体表绝对温度。

IR 的最大优势在于该技术可进行无创的、非接触的体表温度测量，并可以在近处或相对较远的距离对目标动物进行测量。在热红外线测热研究中，推荐使用的温度分辨率是 0.1℃，同时还应具有适当的空间分辨率，对被测动物的大小及其与 IR 照相机距离又有一定要求。一般情况下，选用320×240 像素的空间分辨率能满足探头的要求。使用 24 度视野的镜头，将相机放置在离被测动物 60～80 cm 位置，所拍摄图像中每一像素对应 0.9～1.5 mm^2 的体表面积（图 37.3；Yahav and Giloh，2012）。红外线成像技术能精确测量整个物体的表面温度。毫无疑问，其比热电偶测量的表面温度更加精准（Mohler and Heath，1988）。

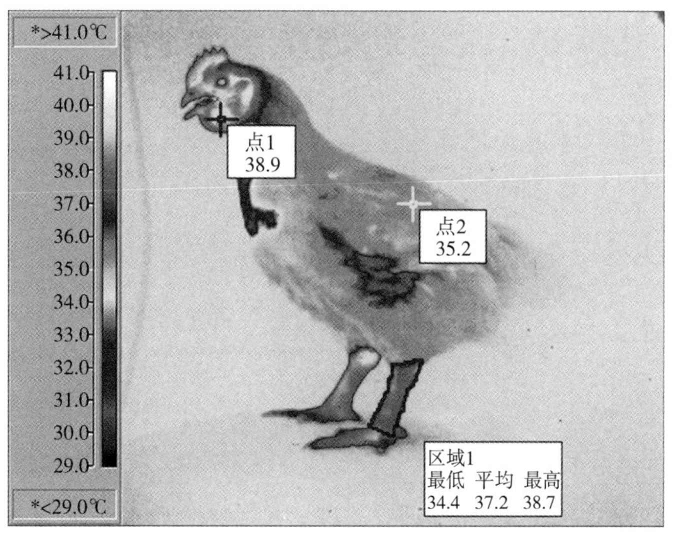

图 37.3★ 环境温度为 35℃时，肉鸡热影像图

蓝色标记的腿部区域被定义为感兴趣区域（ROI，由图像处理软件定义），其由最低温度、平均温度和最高温度部位组成。点 1 和点 2 分别表示每个点的表面温度。热影像图采集和数据分析采用 Thermacam P 2.8 SR-1 程序完成。引自 Yahav 和 Giloh（2012）。

IR 技术在生物学研究应用领域发挥了重要作用，其被广泛应用于哺乳动物（Klir and Heath，1992）和鸟类的热生理学（Yahav et al.，2004；Stewart et al.，2005）、恒温鸟类和包括人类在内的哺乳动物的发热诊断（Teunissen and Daanen，2011）、癌症诊断（Kontos et al.，2011）和动物群体的数量统计。IR 热成像实际测得的是鸟类绝热层表面下的温度。鸟类羽毛的基质会使热量在绝缘外层内进行辐射交换，测得的辐射温度通常高于体表温度（McCafferty et al.，2011）。因此，IR 技术测得的是鸟类皮肤以下几毫米的羽毛温度。由于面、肉垂、冠、腿、喙和翼下无羽毛部是直接进行辐射的，因此这些区域的温度测量值就是体表温度（图 37.3）。

鸟类的体表温度与血管的舒缩活动密切相关。研究证实，无论是在高温还是低温时，鸟类的血管舒张或收缩活动都受到体温的影响。体核的热量经体内组织和外部隔热层被传导到体表，所能传导的热量（q_{cond}）受到许多因素的影响（McCafferty et al.，2011）：

$$q_{cond}=Ak/d\ (T_{bpart}-T_g) \quad (37.10)$$

式中，d（m）是深度；k[W/(m·C)]是导热率；T_{bpart}（℃）是身体的局部温度；T_g（℃）是地面温度；A（m^2）是接触面积。

大多数模型都是在动物机体处于产热和散热平衡的稳态条件下建立的。下述计算方法源自 Yahav 等（2005）的研究结果。为了计算家禽的热量传递，家禽体表的每个部位都是用相应的几何图形来表示。利用现有的和特别开发的热传递关系对每个部位的辐射和对流导热进行了估算。

37.5.1.10 对流热传递

具有一定温度的机体与温度不相同的空气接触时，机体就以对流的方式进行热交换。对流热通量 q_c取决于机体与空气间的温差 ΔT、接触面积 A 和传热系数 h：

$$q_c=hA\Delta T \quad (37.11)$$

平均传热系数 h 取决于机体的几何形状、空气的物理特性和流动情况。计算的主要困难在于 h 受空气流动的影响较大，因此可用无量纲的努塞尔数表示：

$$\mathrm{Nu}=\frac{hD}{\kappa} \quad (37.12)$$

式中，D 是体尺（如球体或圆柱体的直径）；κ 是空气导热率。文献报道的热交换关系中，努塞尔数与两组其他无量纲有关。第一个是雷诺兹数：

$$Re=\frac{\mathrm{UD}}{\nu} \quad (37.13)$$

式中，U 是气流速度，ν 是运动黏度。第二个是普朗特数：

$$\mathrm{Pr}=\frac{\nu}{\kappa} \quad (37.14)$$

式中，κ 是空气热扩散率。一般来说，这 3 组无量纲组之间的关系如下：

$$\mathrm{Nu}=f\ (Pr,\ Re) \quad (37.15)$$

式中，函数 f 取决于对于某种几何形状和气流状态是特定的。

37.5.1.11 辐射热传递

辐射热传递是指温度不等的两个物体，以电磁辐射的形式将热量从一个表面传到另一表面的过程。辐射热传递率取决于两物体表面的温差、辐射面积和各自的表面辐射率。

当温度不同时，家禽个体间及其与环境之间，甚至同一个体的相邻部位（如两条腿）间就会进行辐射热传递。由于鸟的运动，其辐射面积是经常变化着的。表 37.1 中的数据是仅考虑了家禽与环境间的辐射热传递，而忽略了体表不同部位间的辐射。环境被视为温度均一的大平面，并围绕在相对较小的鸟周围。

辐射出（或入）动物的热通量用下述等式计算：

$$q_r = \varepsilon_1 \sigma A_1 (T_1^4 - T_2^4) \quad (37.16)$$

式中，下标 r 表示辐射；下标 1 和 2 分别表示体表和环境；ε（=0.96）是生物组织的辐射率；σ 是指斯特凡-玻尔兹曼常数 [5.669×10^{-8} W/($m^2\cdot K^4$)]；A 是表面积；T 是绝对温度（K）。

当环境温度高于热中性区临界点时，上述模型可用于研究 SHL 对体温调节的作用及其与家禽水平衡之间的关系。对处于 35℃和通风率为 0.8～3.0 m/s 环境中的肉鸡研究（Yahav et al.，2004，2005），发现通风率对 Q_r 无显著影响（表 37.1）；但随着通风率的增加，Q_c 呈显著的线性增加（r^2=0.998）。这说明暴露于高温环境中的内温鸟类，可出现包括产热下降在内的一系列热量变化。因此，为了明确 SHL 占总散热量的比例，必须对总维持能量需要量进行评估。此能量可用下述等式计算：

$$M = EI - (EXE + RETE) \quad (37.17)$$

式中，M 是维持能量需要量；EI 是能量摄入量；EXE 是能量排出量；$RETE$ 是能量贮藏量。根据日增重测算时，假设摄入量的 85%以脂肪的形式储存，15%以蛋白质的形式储存（Boekholt et al.，1994）。暴露于高温（35℃）环境中，增加通风率对 SHL 与维持能量需要量的比率有显著影响。在通风率为 0.8 m/s 和 1.5 m/s 时，肉鸡的这一比率仅为 29%；而通风速率为 3.0 m/s 时，肉鸡用于维持的能量消耗超过 44%（表 37.1）。这些数据表明，虽然鸟类体表与环境之间的温差较小，但与通风率相关的 SHL（即对流和辐射）可能是机体散热的主要方式。

表 37.1 高温环境下，通风率对渗透压调节和可感散热的影响。辐射（Q_r）、对流（Q_c）以及辐射+对流（Q_t）与维持能量的百分比

变量	通风率（m/s）			
	0.8	1.5	2.0	3.0
辐射（Q_r）	25.2±4.7	25.5±3.6	31.9±4.5	31.6±4.7
对流（Q_c）	55.7±7.0[d]	78.3±7.4[c]	104.9±7.1[b]	132.6±7.0[a]
辐射+对流（Q_t）	80.9±10.2[b]	104.9±9.4[b]	136.8±10.4[a]	164.2±10.1[a]
辐射+对流（Q_t）（能量消耗%）	24.1±3.7[b]	29.1±4.4[b]	36.8±2.2[ab]	44.7±4.7[a]
体温（℃）	43.9±0.08[a]	42.9±0.08[c]	42.8±0.09[c]	43.2±0.10[b]
精氨酸催产素（pg/mL）	25.3±1.7[ab]	22.4±2.4[bc]	19.2±1.5[c]	28.0±1.8[a]
渗透压（mOsm/L）	324±3.0[a]	317±2.1[bc]	314±2.2[c]	323±1.4[ab]

注：同一行内，肩标不同字母（a、b、c 和 d）表示差异显著（$P<0.05$；$n=8$）。

37.5.1.12 热平衡和水平衡的关系

从科学角度看，很难设计出一种能区分极端环境条件下（主要指高温环境）机体维持能量平衡和水平衡的方法。对 SHL 和 RH 的研究为理解机体能量平衡与水平衡之间动态关系提供了契机。

对肉鸡 SHL 的研究表明（Yahav et al.，2004，2005），辐射和对流的散热量随通风率的增加而呈线性递增（表 37.1）。因此，鸟类在最高通风率（3.0 m/s）环境中的体温最好能与 2.0 m/s 通风率时的体温相等甚至更低。然而，当通风率增加到 3.0 m/s 时，通过降低体温、体重、采食量和饲料转化率对体温调节的作用却出现相反的结果。这说明水平衡是导致能量平衡能力和生产性能下降的主要原因。机体渗透压调节的两个标志性指标——血浆渗透压和精氨酸催产素（AVT）的血浆浓度检测结果也支持了这一论断。血浆渗透压变化通过激活循环系统的渗透压感受器，进而将信号传到机体能量平衡和水平衡的调节中枢 PO/AH（图 37.1）。此外，AVT 是调节水平衡的重要激素，脱水将使血浆渗透压和血浆 AVT 浓度升高（Arad et al.，1985；Saito and Grossmann，1998）。对肉鸡的研究显示，血浆渗透压与血浆 AVT 浓度间存在显著的正相关（$R^2=0.84$）（Yahav et al.，2004，2005）（表 37.1）。在高通风率环境下，肉鸡血浆渗透压和 AVT 浓度的明显增加表明，由于 RWL 和 CWL 增加和/或在极端环境条件下不能饮用足够的水，导致其难以维持机体的水平衡。因此，呼吸道和皮肤表面大量失水以及摄水不足，共同导致了不同程度的脱水，血浆渗透压和 AVT 浓度增加，并使体温升高、能量平衡与水平衡矛盾。

将肉鸡置于高环境温度中，对不同 RH 时体温与热喘呼吸频率之间关系的研究结果表明（Yahav et al.，1995），肉鸡热喘呼吸频率下降时而体温却升高，推测在 RH 低于 40%的条件下，轻度脱水会降低热喘呼吸频率、减少机体失水，进而使体温升高。可见，体温过高是机体水分不足所致。然而，尽管高通风率时机体水分不足主要是由 CWL 导致的，但在低 RH 环境中，水分不足的主要原因却是高的热喘呼吸率。

由于家养禽类比野生鸟类具有更高的生产性能，因此家禽将体温控制在正常范围内需要耗费更多的能量。对肉鸡的研究显示，在高温环境中，维持机体能量和水平衡是非常困难的。当肉鸡处于最佳通风环境时，为防止高温环境引起的体温过度升高，需要消耗大量能量以维持机体相对恒定的体温和水平衡。在这种情况下，尤其是在能量消耗减少的情况下，处于能量代谢和水代谢紊乱状态的家禽需要消耗更多能量来维持机体的稳态。然而，在一项肉鸡的相关研究中却得出了相反的结果（Yahav et al.，2005），也就是说在体温过高时（体温为 43.9℃），用于维持需要的能量反而下降了（表 37.1）。据此推测，由于对这类家禽的遗传选择以生长性状为主，因此即使在体温过高和脱水状态下，其用于维护需要的能量仍然不会发生明显变化。

37.5.2 体温

公式 37.1 中各参数的变化将会导致体温的过度升高或者过度降低。体温是反映生物体热力学状态的主要指标。因此，内温动物体温调节的目标就是维持相对恒定的体温，以确保细胞、组织和器官发挥正常功能。然而，不同器官由于其在机体内的位置（内脏或外周）、活动状态和生物学功能（如平滑肌或横纹肌）不同，进而导致器官与器官之间的温度存在一定差异。毫无疑问，为了保证机体与外界环境之间热量交换的正常进行，内温动物在体核（内脏）和体表（外周）之间将维持一定的温度梯度。

多年来一直认为内温鸟类和哺乳动物的特征是恒温。但以现代技术方法测量体温的结果发现，内温动物实际上是异温的。异温性是指动物的体温随着诸如环境温度或水和食物供应等环境的变化而发生改变（表 37.2）。这种体温正常值的变化是节约能量以适应环境变化的一种表现，也是确保不同体型大小的鸟类能够适应不同生活环境（热带、亚热带、干旱和湿地）的重要体温调节方式（McKechnie and Mzilikazi，2011）。

表 37.2　热中性区环境中，处于休息状态的鸟类的深部体温[1]

物种	体重（kg）	深部体温[2]（℃）	参考文献[3]
非洲鸵鸟（*Struthio camelus*）	100.0	38.3	*
鸸鹋♂♂（*Dromaius novaehollandiae*）	40.7	37.7 S	1
鸸鹋♀♀	45.4	38.3 S	1
鸸鹋♂♂	39.7	37.7	1
鸸鹋♀♀	37.0	38.2	1
美洲鸵鸟（*Rhea americana*）	21.7	39.7	*
疣鼻天鹅（*Cygnus olor*）	8.3	39.5	*
家鹅（*Anser anser*）	5.0	41.0	*
巴布亚企鹅（*Pygoscelis papua*）	4.9	38.3	*
南方大海燕（*Macronectes giganteus*）	3.9	39.2	2
秘鲁企鹅（*Spheniscus humboldti*）	3.9	39.0	*
家养火鸡（*Meleagris gallopavo*）	3.7	41.2	*
阿德利企鹅（*Pygoscelis adeliae*）	3.5	38.5	*
帽带企鹅（*Pygoscelis antarctica*）	3.1	39.4	*
大斑几维鸟（*Apteryx haastii*）	2.5	38.4	3
家鸡（*Gallus gallus*）	2.4	41.5	*
家鸭（*Anas platyrhynchos*）	1.9	42.1	*
双冠鸬鹚（*Phalacrocorax auritus*）	1.33	41.2 D，40.2 N	*
南极贼鸥（*Catharcta maccormicki*）	1.250	40.9	2
黑松鸡（*Lyrurus tetrix*）	1.079	41.3 S	*
	0.931	40.2 W	
黑背鸥（*Larus dominicanus*）	0.98	41.0	2
美洲蛇鹈（*Anhinga anhinga*）	1.33	39.9 D	*
		39.1 N	*
大角猫头鹰（*Bubo virginianus*）	1.00	39.9	4
小企鹅（*Eudyptula minor*）	0.9	38.4	*
布鲁尼其海鸠（*Uria lomvia*）	0.819	39.6	5
暴雪鹱（*Fulmarus glacialis*）	0.651	38.7	5
褐颈渡鸦（*Corvus corax ruficollis*）	0.610	39.9	*
柳雷鸟（*Lagopus lagopus*）	0.573	39.9	*
墨西哥西点林鸮（*Strix occidentalis lucida*）	0.571	39.1	4
茶色蛙嘴夜鹰（*Podargus striatus*）	0.420	38.6[4]	6

（续）

物种	体重（kg）	深部体温[2]（℃）	参考文献[3]
欧洲白骨顶鸡（*Fulica atra*）	0.387	39.6[4]	7
黑脚三趾鸻（*Rissa tridactyla*）	0.365	40.2	5
黑海鸽（*Cepphus grylle*）	0.342	39.9	5
巴布亚蛙嘴夜鹰（*Podargus papuensis*）	0.315	38.8[4]	6
岩鸽（*Columbia livia*）	0.3	42.2	*
山齿鹑（*Colinus virginianus*）	0.210	38.9 DS[4]	8
		37.0 NS[4]	8
	0.228	37.7 DW[4]	8
		37.4 NS[4]	8
白顶玄鸥（*Anous stolidus*）	0.142	40.3	9
加州鹌鹑（*Callipepla californica*）	0.139	41.3	*
鬼鸮（*Aegolius funereus*）	0.127	39.4	10
美洲隼（*Falco sparverius*）	0.119	39.3	*
橡树啄木鸟（*Melanerpes formicivorus*）	0.082	42.4[4]	11
绿林戴胜鸟（*Phoeniculus purpureus*）			
♂♂	0.080	39.6 N	12
♀♀	0.072	39.7 N	12
黄昏雀（*Coccothraustes vespertinus*）	0.060	41.0	*
棕三趾鹑（*Turnix suscitator*）	0.058	39.5	13
蓝胸鹑（*Coturnix chinensis*）	0.053	39.0	13
斑鼠鸟（*Colius striatus*）	0.053	39.0	*
烟黑叉尾海燕（*Oceanites oceanicus*）	0.034	39.2	2
白腰朱顶雀（*Carduelis flammea*）	0.015	40.1	*
太阳鸟[5]	0.007～0.017	42.5 D，38.9 N	14
斑胸草雀（*Poephila guttata*）	0.012	40.3	*
安式蜂鸟（*Calypte anna*）	0.005	42.0（中位数体温）	15

1 星号（*）注释的内容引自 Whittow（1976，1986），并进行修改和扩展。热中性温度既不需要调节产热，也不需要主动蒸发散热。除了猫头鹰和蛙嘴夜鹰之外，绝大多数的鸟类体温数据是在日节律中机体相对活跃的白天获得的。昼夜测得的温度数据已在表中进行了特殊标注。

2 D、N、S和W分别指在白天、夜晚、夏天和冬天所测得的数据。

3 参考文献：1. Maloney 和 Dawson（1993）；2. Morgan 等（1992）；3. McNab（1996）；4. Ganey 等（1993）；5. Gabrielsen 等（1988）；6. McNab 和 Bonaccorso（1995）；7. Brent 等（1985）；8. Swanson 和 Weinacht（1997）；9. Ellis 等（1995）；10. Hohtola 等（1994）；11. Weathers 等（1990）；12. Williams 等（1991）；13. Prinzinger 等（1993）；14. Prinzinger 等（1989）；15. Powers（1992）。

4 当环境温度超过了热中性区时，体温不随环境温度的变化而改变。

5 当环境温度为26.5℃时，体温数值是基于5种太阳鸟体温与环境温度相关等式推算而获得的。这5种太阳鸟分别是：*Aethopyga siparaja*、*Anthreptes collaris*、*Nectarinia cuprea*、*Nectarinia tacazze* 和 *Nectarinia klimensis*。

引自《家禽生理学》第5版。

Prinzinger 等（1991）以数十年时间总结了鸟类体温昼夜变化的规律以及处于休息、活动和剧烈活动状态下鸟类体温的差异。休息鸟类的体温范围是 35.0～40.8℃；活动鸟类的体温范围是 35.6～44.6℃；剧烈活动鸟类的体温范围是 40.7～47.7℃。尽管内温动物一直被认为是恒温的，但实际情况并非如此，其体温的昼夜变化幅度达 2.48～2.84℃，这取决于鸟类当时所处的代谢阶段。有记载显示，野生白冠带鹀（*Zonotrichia leucophrys*）的最高体温甚至达到 47.7℃（Southwick，1973）。在多数情况下，这种过高体温的极端变化是不可逆的。

即使是同一种鸟，因体重、所处的生态环境（如水生的）以及一年中获得食物的难易程度不同，每个个体的体温也存在一定差异（表 37.2）。经遗传选择的家禽在休息和活动状态时的体温显著高于未经驯化的鸟类，这与家禽具有较高的代谢率有关。表 37.3 显示了各种环境因素对家禽体温的影响。

表 37.3　不同环境温度下，不同通风率对 6 周龄肉鸡和火鸡、8～9 月龄蛋鸡深部体温的影响

	通风率(m/s)			
	0.8	1.5	2.0	2.5
		肉鸡体温(℃)[2]		
T_a=35℃	43.9±0.10[a]	42.9±0.08[c]	42.8±0.09[c]	[1]43.2±0.10[b]
T_a=30℃	40.5±0.10[b]	40.4±0.06[b]	40.9±0.09[a]	41.0±0.09[a]
T_a=25℃	40.7±0.06[b]	41.1±0.07[a]	41.1±0.06[a]	41.0±0.05[a]
		火鸡体温(℃)[2]		
T_a=35℃	41.5±0.06[a]	41.2±0.01[a,b]	40.6±0.09[a]	41.2±0.07[a,b]
T_a=30℃	40.9±0.12[b]	41.1±0.08[a,b]	41.4±0.07[a]	41.3±0.08[a]
T_a=25℃	40.6±0.06	40.8±0.04	40.7±0.09	40.7±0.13
T_a=20℃	41.4±0.06	41.0±0.09	41.3±0.10	41.2±0.09
		蛋鸡体温(℃)[3]		
T_a=35℃	41.6±0.06[a]	41.5±0.09[a,b]	41.6±0.07[a]	[1]41.3±0.14[b]
T_a=30℃	41.5±0.11	41.6±0.05	41.6±0.10	[1]41.6±0.14
T_a=25℃	41.5±0.06[a]	41.4±0.03[a]	41.4±0.11[a]	[1]41.5±0.08[a]
T_a=20℃	41.5±0.04	41.5±0.10	41.7±0.08	[1]41.6±0.07

注：同一行内，数值肩标不同字母(a、b、c)表示差异显著($P \leq 0.05$)。

1　通风率为 3.0 m/s 时记录的数值。

2　Yahav 等(2009)。

3　Yahav(未发表数据)。

一般情况下，有创和无创技术均可用于测量鸟类的体温。通常采用有创技术测量家禽的体温，但这种技术费时，且容易因操作不当造成创伤，并因刺激可导致体温在数分钟内升高 0.5℃（Cabanac and Aizawa，2000）。遥测技术也被用于野生鸟类和家禽，该技术通常是将温敏发射器植入家禽腹腔，这样确保长期记录鸟在自然状态下的体温（Bligh and Heal，1974）。

遥测技术需要进行抓捕和植入操作，而 IR 热成像技术是一种完全无创、非接触测量体表温度的测量方法，可以对近距离和相对较远距离的动物进行测量（图 37.3；Giloh et al.，2012）。只有体内温度与体表温度高度相关时，以红外线热成像技术检测体温才有意义。就鸟类而言，其体表必须无羽毛覆盖。鸟类无羽毛部位的体表温度与血管舒缩活动具有显著的相关性，这是以无羽毛体表温度代表体温的前提条件。而且有证据表明，鸟类的血管舒张或血管收缩受体温的影响。一项对肉鸡的研究证明了这种相关性，该研究发现面部温度（T_{fs}）与体温高度相关。在一项实验室研究中，将鸡置于急性通风或不通风的热环境或者持续高温且不通风环境下，并保证各个体的条件尽量相同，结果发现它们的体温与其面部温度具有很高的相关性（图 37.4；Yahav and Giloh，2012）。

总之，就体温而言，鸟类是内温性的异温动物。

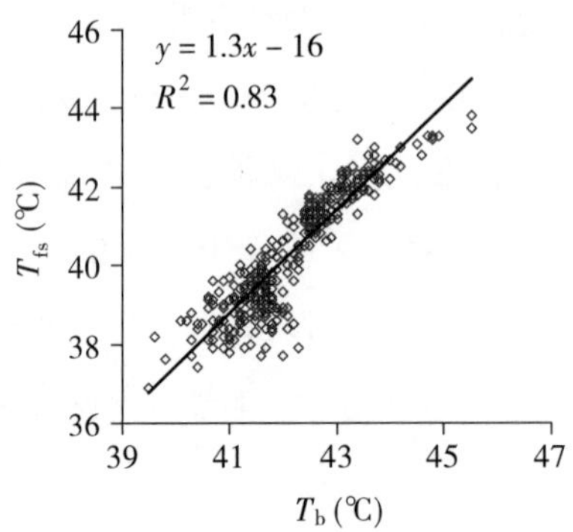

图 37.4 面部温度（T_{fs}）与体温（T_b）的相关性

对饲养于条件可控鸡舍内的鸡，在第 8、15、22、29 和 36 天进行急性高温、急性高温并保持通风和持续高温 3 种不同的方式处理，每个处理组 9 只鸡，监测鸡体温和面部温度。图中数据显示了所有处理组各个母鸡体温和面部温度的测量值。引自 Yahav 和 Giloh（2012）。

37.6 胚胎期内温的发育

用于研究胚胎发育过程中从外温向内温性代谢转变的鸟类模型是基于有氧能力的增强，这一增强从两方面体现，即基因表达的上调和主要氧化调节酶催化活性的显著增强。之所以发生这种转变，是由于调控新陈代谢的生理调节机制的发育。这些调节途径包括基因和蛋白表达的变化，以及与之相关的细胞生理学改变。了解导致代谢率提高，进而使内温性得以实现的过程具有重要意义，可以清楚这些变化是在一定的时间出现，还是受环境变化的影响。

已有试验对出壳前后晚成和早成鸟的体温调节能力的发育进行了研究。尽管晚成鸟的体温调节发育大多出现在孵化后，但早成鸟在孵化的最后阶段以及出壳后的前 10 d 就出现初期的产热（Tazawa et al.，1989；Arad and Itsaki-Glucklish，1991）。因此，选用了早成鸟作为试验模型，研究胚胎期向内温性转变过程中涉及的细胞和分子学生理机制。

对于早成鸟而言，胚胎期的这种转变包括四个阶段（Tazawa et al.，2001）：Arrhenius 限制阶段，此时代谢率与环境温度直接相关；O_2 介导的限制阶段，此时 V_{O_2} 受到蛋壳和绒毛尿囊膜（CAM）的氧扩散影响，这些氧是胚胎所需要的；微弱产热阶段，此时胚胎在受到冷刺激时具有一定的产热能力；充分产热阶段，此时动物是恒温的。以上四个阶段在早成鸟中尤为典型，而晚成鸟出壳之前似乎仅限于 Arrhenius 限制阶段。

37.6.1 从外温胚胎向内温胚胎的转变：细胞和分子机制

尽管脊椎动物的代谢途径高度保守（Smith and Morowitz，2004），但内温鸟的基础代谢率高于外温脊椎动物 5～10 倍（Bennett et al.，2000）。外温性向内温性的转变是缘于调节代谢酶活性系统和机制的改变。要实现这种转变，必须增强呼吸系统的能力、心血管系统（CVS）发生改变（如拥有四个心室）、提升胃肠道效率、神经和内分泌系统做出调整（Chiba et al.，2004）。调节代谢酶活性的可能机制包括蛋白质结构的改变、膜的修饰以及基因上调或下调（Hulbert and Else，2005）。

鸟卵的温度维持在有利于胚胎组织发育的水平上（在自然界中，由进行孵化的双亲实现；对于家禽，通过孵化器实现）。在胚胎发育早期，胚胎的成活完全取决于胚胎对孵化温度变化的耐受程度，而非温度调节机制。在该阶段，胚胎对温度的耐受性在一定程度上能够保护胚胎不受孵化温度波动的影响。但无疑在接近出壳时温度调节机制是非常重要的。而令人感兴趣的问题是有效的环境温度（T_a）能力是何时出现的？胚胎达到内温阶段的分子和生理依据是什么？最早的体温调节能力可能出现在破壳时期，这时组织、脏器和调控轴已发育完全（Whittow and Tazawa，1991）。

早成鸟类发育过程中，V_{O_2} 在临出壳前提高（即氧平稳期），并一直维持至出壳（Prinzinger et al.，1995）。胚胎发育期氧化代谢率的增加依赖于线粒体密度的增加、线粒体解偶联、跨线粒体内膜的质子泄漏，以及与氧化途径发育同时出现的酶活性增加。要实现此时的代谢能力，需要氧化磷酸化酶和三羧酸循环的酶活性作为保证（Walter and Seebacher，2009）。酶的代谢调节使得细胞可以利用能量产出与能量需求匹配的线粒体能量池。细胞能通过改变线粒体的结构进行能量调节，它是以改变跨线粒体内膜的质子泄漏程度而实现，质子泄漏的程度决定了以热形式释放的能量比例（Porter et al.，1996）。当然不依靠结构或酶学的改变也能实现调节（Harper and Himms-Hagen，2001）。内温性的另一个重要特征是质膜对 Na^+ 和 K^+ 离子的通透性，提高了 Na^+/K^+－ATP 酶的活性，从而维持了跨膜离子梯度。酶活性的提高将使能量需求增加，这就要求通过增加质子通量而增强线粒体中 ATP 的合成。维持内温性的能力受到一些核激素受体调控，如甲状腺激素受体、视黄酸受体、过氧化物酶体增殖物激活受体（PPARα、γ 和 δ）及其最重要的共激活剂 PGC-1α 和 β（Puigserver and Spiegelman，2003）。甲状腺激素，主要是三碘甲状腺原氨酸（T_3）通过调节线粒体生物合成和 PGC-1α 基因表达而调控有氧代谢能力，这种基因表达控制着编码代谢途径酶的转录（Lin et al.，2005）。

因此，内温性可以认为是解偶联与线粒体质子泄漏、细胞能量需求和氧化能力之间的互相作用。通常认为，在接近出壳时完成了以上机制，但并无确切时间点。

37.6.2 从外温性向内温性的转变：生理参数

胚胎的三个生理参数——体温（T_b）、心率（HR）和耗氧量（V_{O_2}）——显然可以解释这种转变。对生理转变的研究主要基于早成鸟模型，它们的孵化温度是胚胎发育的最关键参数，数十年来家禽的繁育就是维持孵化温度的稳定，且沿用至今。优化孵化温度，对于获得最佳孵化率（Swann and Brake，1990；French，1997）和雏禽质量非常关键（Wilson，1991；Decuypere and Michels，1992），同时也可避免对雏禽胚胎发育可能产生的有害影响（Krausova and Peterka，2007）。虽然胚胎温度与孵化温度有关，但亦与诸如相对湿度（RH）、风速、气流等其他环境参数密切相关，这些参数是蛋周围的基本微环境物理因子（Meir and Ar，1987；Swann and Brake，1990）。这些因子以及蛋与微环境的热交换、胚胎产热能力，影响着胚胎的 T_b（Van Brecht et al.，2005）。

37.6.2.1 胚胎体温

在环境变冷或变热时，对于 T_b稳定的维持，胚胎的体温调节能力并不明显。然而，胚胎的确能以 T_b的适当变化来应对孵化温度的变化。在早成发育模式家禽中，这种能力更为明显，这使得出壳的雏禽就处于成熟状态，而晚成发育模式的刚出壳雏禽则发育不完全。因此，早成型鸟为研究内温性的发育提供了合适的模型。

为确定孵化温度的改变是否引起完全代谢反应，需要对 T_b进行测量，为孵化前的内温性发育提供证据。以往的研究在蛋内邻近胚胎的位置对胚胎温度进行了测量（Tazawa and Rahn，1987；Holland et al.，1998）。其中一种方法是测量尿囊液温度（T_{af}），而新近的研究（French，1997；Joseph et al.，2006；Piestun et al.，2008；Zimerman et al.，2013）发现蛋壳温度（EST）也可很好地反映胚胎的 T_b。但测量 T_{af}或 EST 只是一种折中的方法，这是由于尿囊液和蛋壳处于温度梯度中（即胚胎与环境间的热传导途径）。EST 的优势在于它是一种无创的红外线（IR）温度测量法，但测量 EST 的不足之处在于其易受对流的影响。然而，所有以 EST 测量数据作为胚胎 T_b的研究，都最大限度地减少了对流的影响。

虽然存在着 T_{af}和 EST 均低于胚胎 T_b的质疑，但正如 Piestun 等（2008）和 Shinder 等（2009）所说，T_{af}和 EST 很好地反映了胚胎 T_b及其对孵化温度变化所做出的反应模式。图 37.5 显示在脏器发育阶段（肉鸡 E9～E11，火鸡 E13～E15），EST 保持相对恒定。其后的能量主要直接用于胚胎的生长（与胚胎产热量的增加相一致），导致肉鸡和火鸡 E16～E22 胚龄 EST 的升高；随后 3 d 的 EST 保持相对平稳，与 V_{O_2}的平台期相一致，这是 CAM 供氧能力不足所致，接着出现的 EST 大幅度升高启动了内外管道结构的发育。

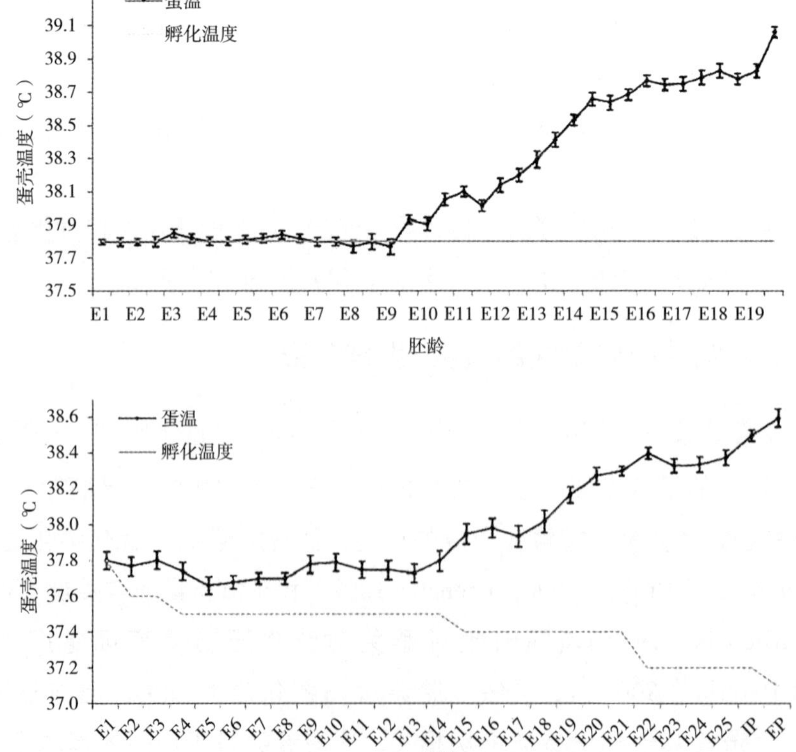

图 37.5 以红外测温仪测得的肉鸡 21 日胚龄（上图）和火鸡 28 日胚龄（下图）的蛋壳温度（℃）。灰线表示孵化温度。

Tazawa 等（1988）证明，18 日胚龄的鸡胚以一种降低代谢的方式应对低环境温度（T_a）。Nichelmann 等（1998）在孵化的最后 1/3 阶段，将番鸭的孵化温度降低至 31℃ 左右，并持续 4 h。该研究发现，尽管胚胎会通过降低 T_{af}和产热量来做出响应，但 T_{af}却始终高于孵化温度，且产热量只是适度降低。这证明尽管温度调节反应很弱，但这种反应是存在的。

Yahav 和 Piestun（数据未发布）将肉鸡和蛋鸡的 E10～E19 胚龄（E）胚胎暴露于 39.5 ℃和 34.5℃ 温度下，10 h/d（图 37.6）；将火鸡的 E16～E25 胚胎以上述同样方法处理（图 37.6）。通过测量 EST，研究禽对孵化温度变化的反应。观察结果以暴露前 EST 与暴露期间 EST 平均值之差（Δ℃）表示。在所有三种禽类（肉鸡、蛋鸡和火鸡）中，暴露于 39.5℃的 Δ℃随着天数的增加而降低。肉鸡和火鸡的斜率分别为－0.061 和－0.04，而蛋鸡的斜率达－0.11。

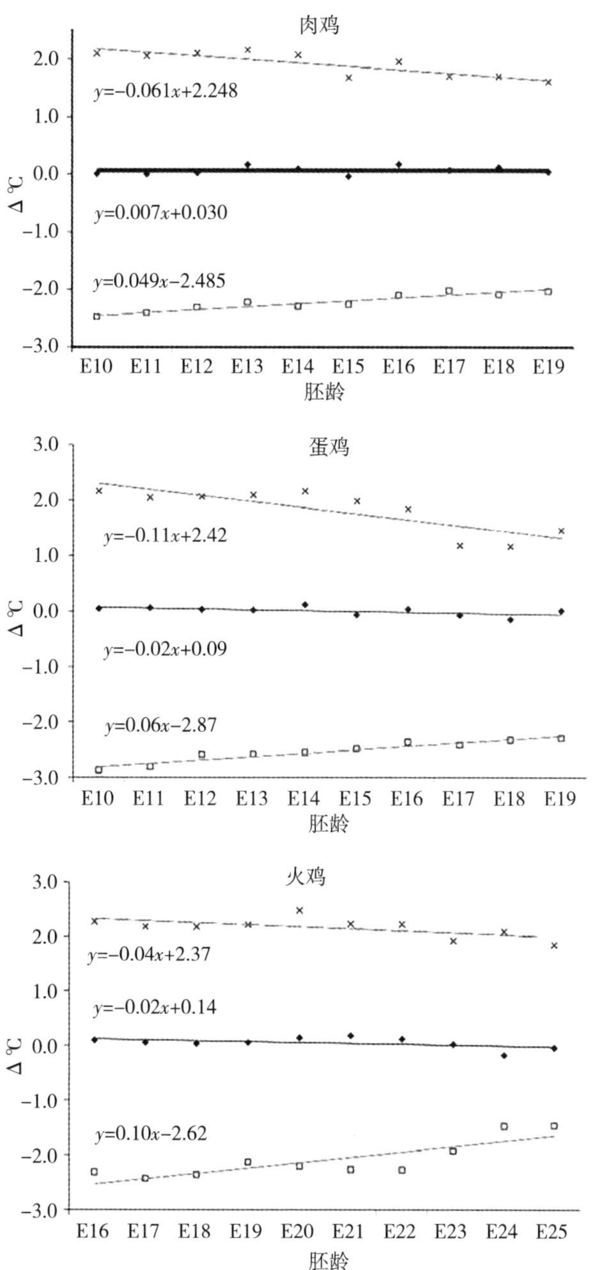

图 37.6　孵化温度从 37.5 ℃（◆一线）增加到 39.5 ℃（×一线）或降低至 34.5 ℃（□一线）对蛋壳温度变化（Δ℃）及平均温度的影响。每天暴露于试验条件下 10 h，肉鸡和蛋鸡的胚龄为 E10～E19，火鸡的胚龄为 E16～E25。上图是肉鸡胚胎，中图是蛋鸡胚胎，下图是火鸡胚胎。

相对于肉鸡和火鸡，蛋鸡 EST 依时间的 Δ℃下降较少，这最可能是胚胎产热所致。有证据表明，这些物种经近数十年的育种选择，显著提高了胚胎发育期的产热量，且肉鸡和火鸡的产热变化尤为明显（Hulet，2007）。因此，在孵化温度升高的情况下，肉鸡和火鸡胚胎难以维持 EST。然而，随孵化时间而降低的 Δ℃ EST 说明体温调节能力可能有所发育。

将胚胎暴露于 34.5℃ 下，随着胚胎的发育，EST 逐渐升高。但火鸡胚胎即使在较低的 T_a下，随着胚龄的增加也能维持较合适的 EST，EST 斜率增加至 0.10，而肉鸡和蛋鸡的斜率分别为 0.049 和 0.06。导致这种差异的原因尚不清楚。孵化的火鸡蛋能够维持较合适 EST 的原因之一可能是蛋的体积较大，火鸡蛋的重量为 80～100 g，而肉鸡和蛋鸡蛋的重量为 60～70 g。因此，就表面积与体积比而言，火鸡蛋更有优势。随着胚龄的增长，虽然这三种家禽蛋应对孵化温度变化的能力都有所增强，但是 E19 时的 Δ℃ EST 显示其体温调节能力却较弱。对于这三种家禽蛋，合适的孵化温度应使 Δ℃ EST 接近于零，这就要求工业化孵化温度维持在最有利于胚胎发育的温度范围内。

在一项研究中（Shinder et al.，2009），将胚龄为 E18 和 E19 的肉鸡胚胎分别暴露于 15℃ 的环境中 30 或 60 min，观察胚胎耐受如此极端环境的能力。第一次冷暴露过程中，E18 胚胎在暴露 30 min 或 60 min 后，EST 从 38.3℃分别下降到 26.9℃和 21.1 ℃。E19 胚胎在暴露 30 min 或 60 min 后，EST 分别下降到 27.5℃和 22.0℃。尽管 E18 和 E19 胚胎温度大幅度下降，但仍能使 EST 显著高于孵化温度，这可归因于肉鸡在接近出壳时已具备体温调节。很显然，E34 的番鸭也属于这种情况（Nichelmann et al.，2001）。

37.6.2.2 胚胎心率

适宜的 HR 是驱动血流运输呼吸气体、营养物质、激素和代谢废物的基础。在鸟类胚胎发育早期阶段，当心脏形成并开始跳动后，无须很高的 HR 将气体从外界环境运送至胚胎组织。在这个阶段，HR 和血流对环境氧分压的变化不敏感，但在胚胎血管形成时却发挥一定的作用（Burggren，2004）。

然而随着胚胎的发育（孵化期为 21 d 的鸡和蛋鸡，从胚龄 E11 开始；孵化期为 28 d 的火鸡和鸭，从胚龄 E15 开始），组织对氧的需求急剧增加，心脏能产生足够的机械力为胚体提供氧气。尽管在胚胎发育期 HR 相对稳定，仅凭 HR 很难对发育机制有充足了解（图 37.7），但 HR 的变化可以为我们了解体温调节发育提供有用的信息（Andrewartha et al.， 2011）。

Yahav 和 Piestun 通过将胚胎分别暴露于 34.5℃和 39.5℃孵化温度中的进行试验，证实了孵化温度对 HR 的影响很大。在暴露于 39.5 ℃ 温度时，肉鸡和蛋鸡胚胎的心率变化大于火鸡（图 37.8）。随着胚龄的增加，前述两种鸡的心率均逐渐降低；到 E19 时，心率接近于热暴露之前的水平。然而，火鸡却不存在这种情况，其 E19 的心率仍高于对照组的水平。而以上三种禽均暴露于 34.5℃温度时，却发现截然相反的现象：随着胚胎的发育，肉鸡和蛋鸡胚胎的心率增加相对缓慢，而火鸡胚胎的心率却增加很快。根据心率的变化可以推断，胚胎应对较高孵化温度的反应能力强于较低孵化温度。这可能与升温（2℃）、降温（3℃）速度相差 1℃有关。然而由于高孵化温度引起的异常范围广，这仍可能与胚胎具有更好地应对较高孵化温度的能力相关。

研究者发现，在高温和低温孵化条件下，这三种禽的 EST 与 HR 显著相关；而在正常孵

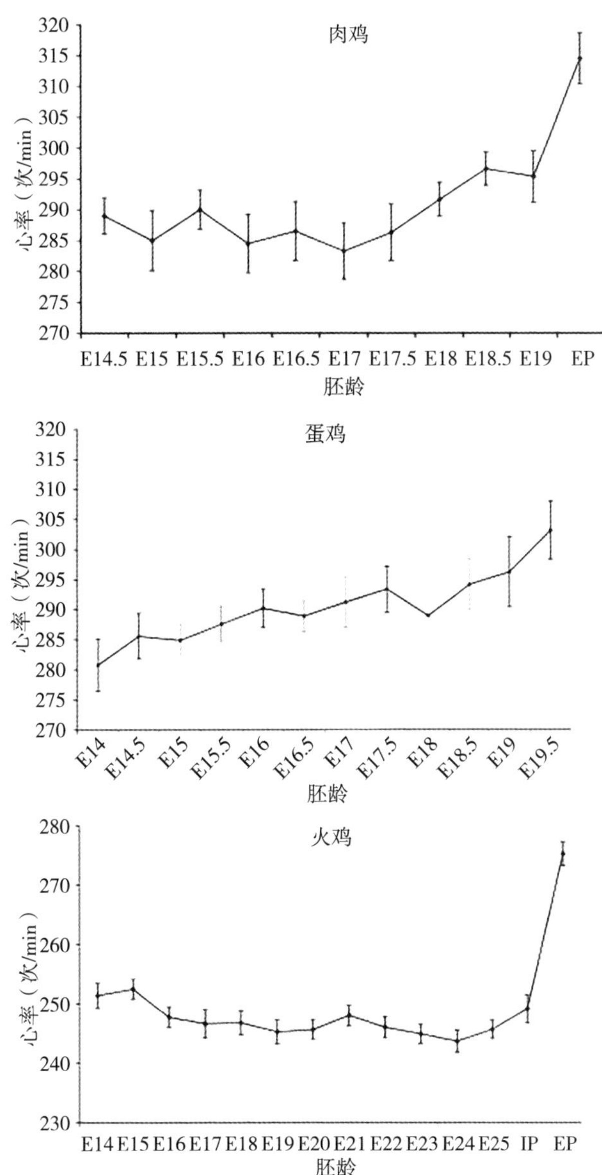

图 37.7　以 Buddy 胎心监测仪记录的肉鸡（上图）、蛋鸡（中图）和火鸡（下图）的胚胎心率（次/min）

化温度（37.5℃）下，上述参数的相关性却非常低。显然正常孵化温度（37.5℃）是生理适宜温度。

37.6.2.3　胚胎耗氧量

对于胚胎发育，一般认为早成鸟的胚胎发育经历四个阶段（Tazawa et al.，2001），而晚成鸟在出壳前只是停留在 Arrhenius 限制阶段。因此，不同的研究者均认为这两类鸟胚胎的耗氧量定性模式不同。

在早成鸟，耗氧量显示孵化后期的代谢率处于平稳阶段，而在整个孵化期代谢率却呈指数级增长。近期的一些研究显示，晚成和早成鸟类的发育模式均表现出平稳阶段（Prinzinger and Dietz，1995；Prinzinger et al.，1995）。根据这些研究，如不考虑种蛋的质量和孵化期的长度，似乎存在着这样的平稳期，这主要是由于呼吸由绒毛尿囊膜（CAM）向肺的转移。但这两种孵化模式平稳期的耗氧水平和持续时间均存在差异。在 Prinzinger 和 Dietz（1995）的研究中，晚成鸟的耗氧水平比早成鸟低 35%；而平稳期的持续时间，分别占总孵化时间的

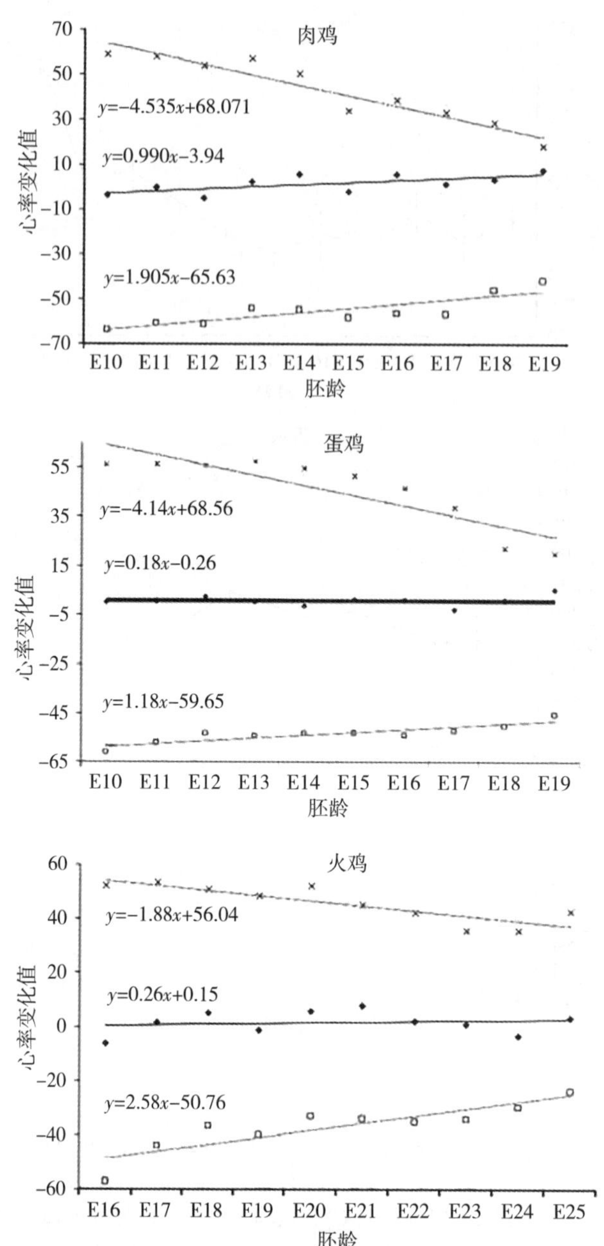

图 37.8 将孵化温度从 37.5 ℃（◆一线）增加到 39.5 ℃（×一线）或降低至 34.5 ℃（□一线）对胚胎心率变化（Δ HR）及平均心率的影响。每天暴露于试验条件下 10 h，肉鸡和蛋鸡的胚龄为 E10～E19，火鸡的胚龄为 E16～E25。上图是肉鸡胚胎，中图是蛋鸡胚胎，下图是火鸡胚胎。

8.9% 和 17.6%。两种模式孵化期的总能耗也不同，晚成鸟类比早成鸟类要低 15%。

一般而言，内温鸟在低于或高于中性温度区时，产热量受温度调节产热和能量代谢两个因素的影响，能量代谢遵循 van' t Hoff 法则。在鸟类胚胎，由于孵化温度变化引起的胚胎 T_a 降低或升高，分别导致净产热量的降低或增加，但这些变化可能低于 van' t Hoff 法则的推测值。目前关于胚胎发育期产热量的研究报道尚不一致。大多数研究是基于降低孵化期的环境温度而获得的。Romijn 和 Lockhorst（1955）在将胚胎暴露于冷环境中后发现，在管状结构出现前，家禽胚胎产热量并无任何变化；然而 Freeman（1964）的研究发现有短暂的代谢变化。Piestun 等（2009）证实，将 E7～E16 的肉鸡胚胎持续暴露于 39.5℃的高孵化温度中，从胚龄 E17 开始 V_{O_2} 明显下降（图 37.9）。虽然试验组与对照组暴露于相同的孵化温度中，但试验组在 E17 之前就维持较低的 V_{O_2}，这表明此时的胚胎可能已具备体温调节能力。

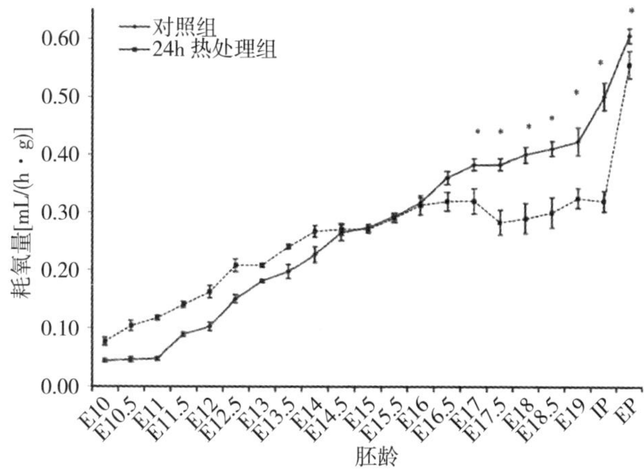

图 37.9　以对照条件（37.8℃，56%RH）或持续热处理（每天 24 h，以 39.5℃、65%RH 进行热处理）孵化时，E7～E16（孵化 180～408 h）肉鸡胚胎的耗氧量。同一天的两组数据中，星号表示不同处理之间存在显著差异（$P \leqslant 0.05$）。

在公式（37.18）中，根据耗氧量得到的 Q_{10} 值确定是内温性或外温性，其依据 T_a 增加 10℃ 时 V_{O_2} 增加值而定义：

$$Q_{10}=[V_{O_2}(2)/V_{O_2}(1)]^{10/T2-T1} \tag{37.18}$$

其中，$V_{O_2}(2)$ 和 $V_{O_2}(1)$ 分别是 T_a 分别为 T_2 和 T_1 时的 V_{O_2}。

Q_{10} 值大于或小于 2 分别代表变温性或内温性（Whittow and Tazawa，1991）。这些研究显示，处于无内温反应的极早期发育阶段的鸡胚胎，Q_{10} 为 2.0～2.4。Nichelmann 等（1998）的研究发现，从 E14 开始，鸡胚胎的 Q_{10} 值低于 2.0，认为胚胎在此胚龄已具备内温能力。

总之，可以推断，早成鸟从外温性向内温性的转变发生于胚胎发育期，在氧平稳阶段就开始过渡，其与出壳后即可独立生活的发育模式有关。相反，而晚成鸟似乎要经历一个变温阶段才转变成内温性，而这一变温阶段一直要持续到孵育期结束。

37.6.3　胚胎发生期表观遗传学温度适应的体温降低

37.6.3.1　表观遗传学方法

表观遗传学温度适应是基于这样的假设，即在发育的关键阶段，特别是 T_a 这样的环境因素在决定生理控制系统的调定点中发挥着重要作用。Dörner（1974）首次将此称为决定法则。表观遗传学适应是指在出壳前（胚胎发生期）或出壳后早期就形成的终生适应性机制，其发生于影响基因表达的关键发育阶段（Tzschentke et al.，2004），从而使家禽可以具有更好的耐热性。根据转化法则（Dörner，1974），在早期发育阶段，多数功能系统发生已经由无反馈的开环系统演变成有反馈的闭环控制系统。在该发育的关键时期进行热处理（TM），可能导致体温调节控制系统的改变。

37.6.3.2　表观遗传学温度适应法：胚胎发生模型

在自然情况下，由于寻找食物、逃避捕食者、鸟巢隔热性不一，孵化条件也不尽相同（Webb，1987）。这也许能解释为什么野生鸟类能应对极端环境温度，以有效的体温调节机制维持 T_b 尽可能接近正常温度范围。与自然条件的变化温度相比，商业化的孵化条件是严格控制的。相对恒定的孵化条件以及对高的遗传选择，极端的环境条件（特别是 T_a）将是这些家禽面临的巨大挑战。孵化条件的恒定性，可以通过改变孵化温度，利用家养的早成家禽的胚胎而建立表观遗传学温度适应模型——TM 模型。

在鸡胚胎发生期运用 TM 法时，必须考虑三个关键参数：关键阶段的时间点、胚胎暴露的温度和暴露的时间长度。关于运用 TM 法改善温度耐受性，对胚胎发生关键阶段的确定所依据的假设：在下丘脑-垂体-甲状腺轴（与体温调节相关）和下丘脑-垂体-肾上腺轴（与应激相关，但在孵化期对甲状腺轴的活化起重要作用）的发育/成熟期间，与代谢率相关控制系统的调定点或反应阈值必须可以被最有效地改变。

直到孵化中期，甲状腺合成激素的能力是有限的。在该阶段，E8 时可以合成一碘酪氨酸，E9 时合成二碘酪氨酸，E10 时合成甲状腺素（T_4）和促甲状腺激素（TSH）。下丘脑-垂体-甲状腺轴的关联在 E10.5～E11.5 时形成。T_3水平在 E12 时开始升高，在出壳之前显著升高，为机体各组织的最终成熟和生理整合中发挥作用做准备。因此，在该轴发育的敏感期，应用 TM 法可能改变产热阈值的调定点。虽然肾上腺轴的主要功能与应激有关，但孵化期的促皮质素释放激素能刺激 TSH 的分泌，且皮质酮阻止了 T_3脱碘生成 T_2。在这种情况下，上述两条轴决定了胚胎的代谢率。因此，在确定应用 TM 法敏感期时，必须将二者考虑其中。此外，胚胎对应激较为敏感。因此，在下丘脑-垂体-肾上腺轴的发育和成熟过程中，提高孵化 T_a可能也会影响鸡在出壳后对应激的反应，进而影响代谢率。

在使用 TM 法时，温度高低和暴露时间长度是另外两个重要因素。虽然二者并不一定影响这些经遗传选择动物的生产性能，但它们可能明显改善耐热性能。

Piestun 等（2008，2009）对这三个参数进行了研究。在这些研究中，对 E7～E16 的胚胎进行 39.5℃、65%RH 的 TM 法（每天处理 12 h）。该 TM 法与正常孵化条件的温度差和湿度差分别为 1.7℃ 和 9% RH。该 TM 法使 E18 以后胚胎的 EST、HR 和 V_{O_2} 显著降低（图 37.10），并明显影响出壳后雏鸡的代谢率，伴随着血浆 T_4和 T_3的显著降低而出现 T_b显著下降。虽然 T_3能有效影响雏鸡的代谢率，但孵化期间 TM 法雏鸡的 T_4浓度显著降低的结果，说明孵化期有甲状腺功能降低的现象，这进一步证实了 TM 法对代谢率降低的重要作用。但 TM 法雏鸡的血浆皮质酮浓度显著高于未处理组，这可能是由于该处理造成的孵化困难而引起。尽管处理雏鸡的代谢率发生了改变，但孵化率或出壳重并无明显变化。

对火鸡胚胎也采用了相似方法的研究，不过根据火鸡甲状腺和肾上腺轴的发育和成熟的敏感期对试验期进行了相应调整（即 E10～E22；Zimerman et al.，2013）。结果发现，与 EST、HR 和 V_{O_2} 的变化相一致（图 37.11），从 E23 开始（即 TM 法处理终止后），处理使胚胎代谢率降低。

为研究 TM 法是否存在长期效应，必须对出壳后的这些雏鸡热刺激。先前有报告认为，孵化时将胚胎暴露于高温或低温条件下，可以改善其雏鸡对热或冷环境的适应能力（Yahav，2009）。但大多数研究的结果是来自对幼龄肉鸡或通过轻度热应激来检测耐热能力的研究。一项在胚胎发生期的 E8～E10、E16～E18 或将前两种处理方法相结合进行 TM 法，对达到上市日龄肉鸡应对重度热应激的能力进行了评估（Collin et al.，2007），结果未能证明 TM 法应对恶劣环境温度的任何优势，这主要是由于 TM 法的时间不是胚胎的最敏感期。为了更好地评估鸡耐热性的获得，试验对 E7～E16 的胚胎进行 TM 法（Piestun et al.，

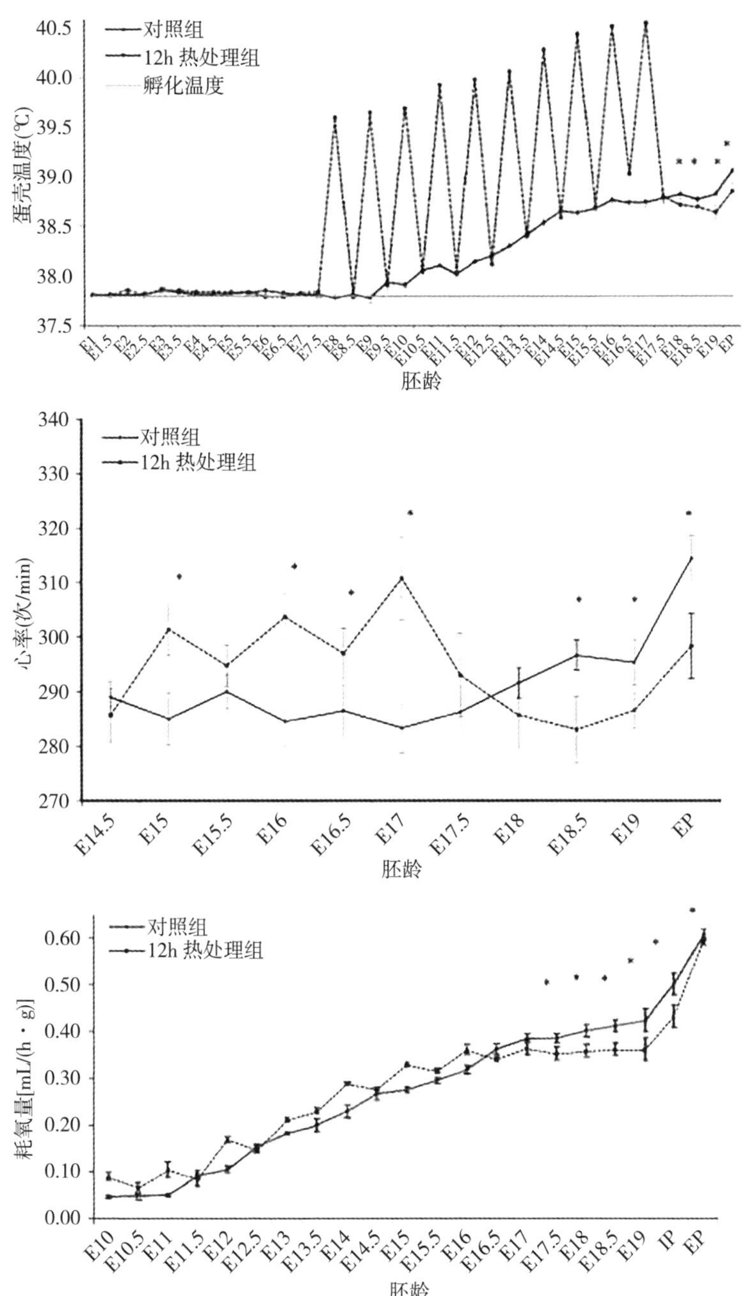

图 37.10　以对照条件（37.8℃，56%RH）或间歇性热处理（每天 12 h，以 39.5℃、65%RH 进行热处理）孵化时，E7～E16（孵育 180～408 h）肉鸡胚胎的蛋壳温度、心率、耗氧量。同一天的两组数据中，星号表示不同处理之间存在显著差异（$P \leqslant 0.05$）。

2008），将出壳雏鸡在正常环境中饲养到上市日龄（35～42 d），再在热刺激环境中（高 T_a 和低 RH）暴露数小时。获得耐热性可通过参考如 T_b、甲状腺激素和皮质酮以及血管舒缩反应等若干参数来确定。对 T_b 分布研究时，发现热刺激可使所有的鸟类都产生严重的体温过高，但 12H TM 法的优势极为明显（Piestun et al.，2008）：TM 法-处理成年鸟的 T_b 范围大多为 43～44℃；而对照组鸟类的 T_b 范围大多为 44～45℃，且从高温条件恢复的能力很弱（Yahav，2000）。TM 法处理鸡维持较低 T_b 的能力源自甲状腺活动的大幅降低；可能由于 5-单脱碘酶活性的增强（使 T_4 变成非活化的 T_3，即 rT_3），外周血中 T_4 到 T_3 脱碘的减少；以及正如测得的辐射和对流散热（Qc）的血管舒缩反应。图 37.12 显示了首先暴露于 23℃

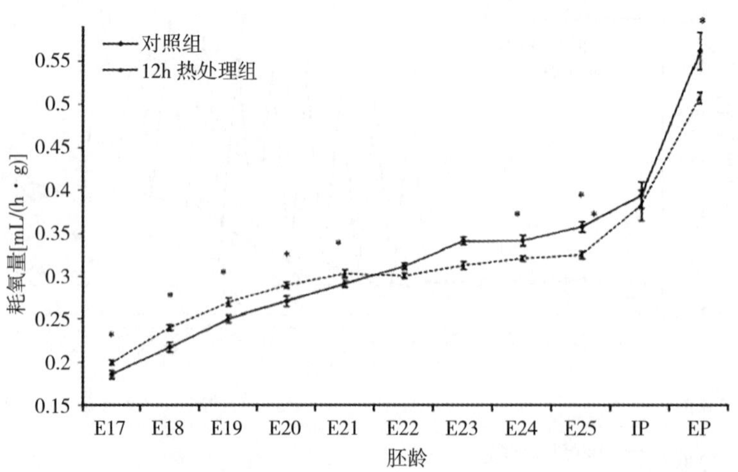

图 37.11 以对照条件（37.5℃，56%RH）或间歇性热处理（每天 12 h，以 39.2℃、65%RH 进行热处理）孵化时，E10～E22（孵化 240～528 h）火鸡胚胎的耗氧量。同一天的两组数据中，星号表示不同处理之间存在显著差异（$P \leqslant 0.05$）。

（正常环境温度），然后再暴露于 35℃中肉鸡的辐射散热（Qr）和 Qc 情况。在 23℃时，12 h处理组的散热量明显低于对照组。而 35℃时则出现完全不同的反应：将暴露于此温度、代谢率较低的鸟（12 h 处理）再移至较低的 T_a（23℃）中，导致血管收缩以保持热量，表现为低可感散热（SHL）；而暴露于较高 T_a（35℃）下会引起血管舒张，表现为高 SHL。为了减轻高热进一步发展引发的不同体温调节途径，仅使血浆皮质酮浓度的轻度升高，这表明 TM 法处理鸡仅出现轻度应激。

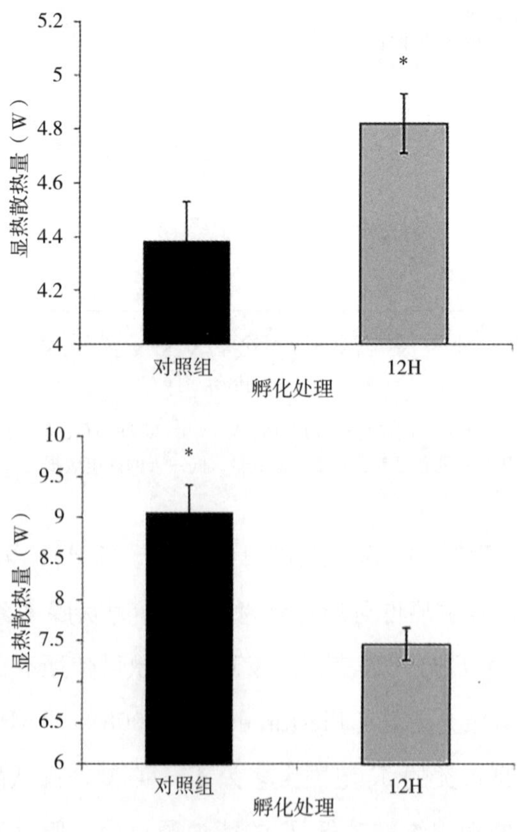

图 37.12 35 日龄肉鸡在对照条件（23℃，下图）或持续 5 h 暴露于热环境条件下（35℃，上图）的显热散热量（通过对流和辐射）。在 E7～E16（孵化 180～408 h）时，分为对照组（37.8℃，56%RH）或热处理组（每天 12 h，以 39.5℃、65%RH 进行间歇性热处理）。星号表示不同处理之间存在显著差异（$P \leqslant 0.05$）。

总之，根据 TM 法处理和出壳后热刺激试验的众多证据，排除了正常的生理性适应。有证据显示，表观遗传学适应法以及其与孵化环境变化的关系（关键是应激水平和持续时间胚胎关键阶段的协调吻合），可以使肉鸡产生有效的表观遗传学温度适应。

37.6.3.3 出壳后模型在表观遗传学温度适应研究中的运用

肉鸡在出壳后 10 d 就完成了大脑和 T_b 调节的发育（Arad and Itsaki-Glucklish，1991）。此时，机体和大脑的温度保持于低于成年鸡的水平。随后，随着年龄增长，机体和大脑的温度差发生显著的线性增大。通过对出壳后幼雏的 TM 法和利用雏鸡体温调节系统不完全成熟的特点，可以改变表观遗传学反应：将 3 日龄肉鸡进行 60%～80% RH、37～38℃的 TM 法暴露处理，发现可以提高耐热性。证明获得的这种改善，使得 TM 法鸡在上市日龄暴露于急性热刺激环境时，具有有效降低产热的能力。其通过以下方式实现（Yahav，2009）：通过对流和辐射的低可感散热改变；以血浆皮质酮浓度为标志的 TM 法鸡应激水平的显著下降；热刺激期间鸡心肌和肺组织中 27、70 和 90 ku 热休克蛋白（HSPs）的明显下降。该研究结果认为，HSPs 的产生与 T_b 有关，HSP 反应不是幼雏 TM 法引起的长期机制的一部分。伴随着 SHL 增加的产热量减少，减缓了体温向过高的发展，从而大大降低了死亡率。对 3 日龄雏鸡应用 TM 法处理，也能促进其补偿生长。由于作用期间骨骼肌卫星细胞的增殖，使生产性能和肌肉发育得到改善（halevy et al.，2001）。研究进一步发现，TM 法对胃肠道发育有积极作用（Uni et al.，2001）。

37.6.3.4 下丘脑视前区(PO/AH)的可塑性及其与孵化后 TM 的关系

尽管目前暂无对胚胎 TM 法长期影响的研究资料，但阐明感觉信号在其他关键发育阶段对神经回路影响的机制具有重要意义。与其他感觉机制一样，热响应调定点可能是由 TM 导致的下丘脑细胞特性变化而决定（Boulant，2006）。

能使鸡日后经受热应激能力发生长期改变的出壳后 TM，激发了近期对 PO/AH 体温调节调控部位变化的研究兴趣。近期的研究是以对产后潜在的下丘脑-神经元网络重建的信号转导途径为特征，认为雏鸡存在 3 种已知的神经营养因子：神经生长因子（NGF）、脑源性神经营养因子（BDNF）和神经营养因子 3（NT-3）。在这三种因子中，BDNF 对发育的可塑性发挥着作用。Katz 和 Meiri（2006）发现，TM 的 3 日龄雏鸡，诱导了 PO/AH 的 BDNF mRNA 表达，但无 NGF 和 NT-3 的表达；在 TM 开始作用 6 h 后，BDNF mRNA 的表达量提高了 3 倍。为了验证 BDNF 激活是 TM 导致 PO/AH 可塑性改变关键的假设，采用反义序列将 BDNF “敲低”，以保证在重要窗口期诱导基因表达的瞬时变化。事实上，BDNF 的反义序列抑制了 TM 试验期内 PO/AH 80% 的 BDNF 表达（Katz and Meiri，2006），进而使 TM 鸡的耐热性降低。该结果证实，TM 诱导的 BDNF 是耐热性获得的关键因子。BDNF 不仅是 TM 的效应物，而且是与决定长期热调定点相关的中介物。此外，耐热性的获得受到 PO/AH 内 R-Ras3 和 14-3-3 ε 的调控，已证明 R-Ras3 参与了脑生长相关信号的转导（Labunskay and Meiri，2005），14-3-3 ε 作为磷酸化作用的分子伴侣，决定了建立热调控的细胞定位。作为分子伴侣功能的发挥，14-3-3 ε 通过 Jun 激酶激活转录（Meiri，2007）。该过程是通过诱导 eIF2B 的表达，在转录水平上进行调控。

综上所述，TM 诱导的生长信号可能是 PO/AH 细胞特性的变化，又反过来改变了耐热性获得的热调定点。

37.7 较之于其他鸟类，家禽维持体温所需的能量消耗

无论是家养和野生鸟类，所处环境（如在极端环境条件下、迁徙）不同，为了适应新的挑战，它们维持 T_b所需的能量因不同的生理反应而异。这些反应可能因任何特殊的刺激而有所不同。无论刺激有何种不同，但目的都是将 T_b维持在体温调节的双重理论范围内。

37.7.1 家禽及其耐热性：急性热暴露

最近几十年来，对肉用家禽——肉鸡（Havenstein et al.，1994，2003a）和火鸡（Havenstein et al.，2007）的遗传选择取得了巨大的进展。这些研究结果使得家禽生长迅速，同时饲料报酬和代谢率提高（Janke et al.，2004），但诸如心血管和呼吸系统等一些内脏系统的功能并未相应增强。因此，如果把肉鸡急性暴露于如持续高温的极端条件时，就难以维持正常的 T_b，对火鸡也有一定程度的影响。这是一种高产与耐热性差的矛盾，使得家禽在遇到环境剧烈变化时，维持动态稳态的能力相对降低（Yahav，2009）。

对于肉鸡和火鸡来说，体温在 44.0～44.5℃时，体温完全能恢复到正常水平（Yahav et al.，未发表数据）。可以推测，若体温超出该水平时，则会发生中暑，在细胞和分子水平出现损伤性变化，导致一系列致命性事件的发生，例如，血压降低、脑缺氧、神经功能障碍、细胞疲劳等（Hales et al.，1996）。因此，中暑可能是以神经紊乱为特征的不能完全恢复或者完全不能恢复的原因。然而，为了避免产生这种体温过高阶段，机体除了减弱兼性产热机制外，更主要的是激活 EHL 和血管舒张两大机制。

血管舒张反应，增加了皮肤尤其是无羽毛部位皮肤的血流，并增加上呼吸道的血流，以将热量从内脏传送到外周。随着体温过高的发展，血管发生舒张。Giloh 等（2012）通过对肉鸡体温过高的进展，以及随后对体表温度的监测，发现在短期内体温过高的进展与年龄无关。日龄为 9、16、22 和 36 d 的肉鸡体温分别为 42.9～44.9℃、42.6～43.7℃、42.6～43.3℃ 和 43.1～44.6℃时；其面部浅表温度出现相应的提高（如血管舒张），分别达到 40.9～43.0℃、40.9～42.3℃、41.2～41.7℃和 42.5～44.0℃。浅表温度的升高，加强了辐射、对流和传导散热（如 SHL）。尽管在暴露于急性热应激之前，测得的 T_b与面部浅表温度间存在约 2.0℃的温差，但这种温差在体温过高的进展过程中却明显缩小。这说明在体温过高迅速发展时，血管的舒张能力有限。

伴随着血管的舒张，还启动了 EWL。但喘式呼吸的散热则可能导致脱水，严重影响血管系统的功能而导致中暑。在脱水发生前的急性热应激早期，虽然皮肤和上呼吸道的血流量增加，这对其他重要组织的血液供应没有影响。主要原因在于这种心输出量的增加是 HR 的提高和组织血流重新分配所致，而每搏输出量的增加有限，血流从非主要部位流到主要部位。心率的加快和静脉回流的增加，使心输出量总体增加，迅速恢复动脉压防止动脉压的进一步降低（Whittow et al.，1964；Sturkie，1967；Zhou，2000）。但随着脱水的发生，血量的减少将使静脉压的降低，进而减少流向皮肤和上呼吸道的血流，进而降低 E 途径的散热效率。最终

使体温过高至致死水平，T_b高达 46～47℃。

一种随着热应激水平和持续时间增加而产热量减少的产热量调制复合机制，防止了体内多余热量的聚积。在急性热应激时，减少 T_3是减少产热量的主要和直接机制，其通过抑制外周 T_4的脱碘而减少 T_3、增加 T_3向 rT_3的转变来发挥作用。

由此可以得出结论，通过激活各条散热增加的路径，同时减少产热，使热应激的有害影响降低到最小。然而，长时间（以小时计算）极端热应激的影响可能引起中暑的发生，并最终导致死亡。

37.7.2 鸟类对干旱、寒冷和水环境的生理性调节

沙漠环境中，白昼的高 T_a和强烈太阳辐射，使内温鸟类面临能量和水的短缺。在这样环境条件，迫使鸟类做出生理功能和行为的调整，以应对此类不利的环境条件。大多数沙漠鸟是昼行性的，它们可能暴露于约 50℃的环境温度（T_a）下。暴露于高 T_a下，不仅需要有良好的耐热性，而且要具有在缺水和能量短缺环境应对水和能量平衡造成额外压力的能力。另一方面，低 T_a也增加了维持恒温所需的能量需求。对于一些小型鸟或生活在极端环境中的鸟类而言，维持正常 T_b所需的产热量将达到体温度调节的水平，如出现周期性的蛰伏或低体温，这些调节机制能保持能量储备，使鸟类度过困难时期（Körtner et al.，2000；McKechnie and Lovegrove，2002）。

37.7.2.1 沙漠环境

沙漠哺乳动物的 BMR 和 EWL 均明显低于非沙漠物种。对沙漠鸟类与非沙漠鸟类的对比，发现干旱区域鸟类的基础代谢率（Tieleman and Williams，2000）和 EWL（Williams，1996）普遍低于其他地区。另一种对策是从热中性区域转移到高温环境中，并最大限度地减少从环境中获得的干热。干热增量计算如下：

$$干热增量=h(T_b-T_a) \tag{37.19}$$

式中，h 是干热转移系数，其受皮肤血管舒张、羽毛绝热性、个体体积与表面积比值和皮下脂肪的影响；而(T_b-T_a)是 T_b与和环境温度之差。当 T_a超过 T_b时，热量会向身体转移，这种生理性调节需要 h 降低到最低水平。

然而，必须指出的是，对沙漠和非沙漠物种的对比可能引起误导。对物种的区分，不止栖息地不同，而且系统发生背景、行为和饮食也不同。

Tieleman 等（2002）为了避免这些参数的不同，对干旱地区不同种的云雀（*Alaudidae*）进行了对比研究（如将 Hoope 云雀和 Dunn’s 云雀与森林云雀等湿地云雀进行比较）。该研究发现，沙漠云雀的基础代谢率和总水周转量比湿地云雀分别低 43%和 27%，而沙漠云雀的 T_b低 1.1℃。但当 T_b等于 T_a时，沙漠鸟的 h 值并不低。其他小型鸟在高环境温度条件下，也有相似的 h 值模式。当 T_b等于或低于 T_a时，为了减少使体温降低的蒸发所致的失水，最大限度地降低热转移系数，能够使从环境中获取的热量降至最低。

决定基础代谢率的一些重要的因素是诸如心脏、肾脏、肝脏和肠道等内脏的体积（Chappell et al.，1999）。使沙漠鸟类能量需求降低的环境选择，从而可能导致了基础代谢率的最小化，以及器官体积与体重比的降低。另外，EWL 的减少可能与影响皮肤失水

（CWL）的角质层（SC）结构有关（Peltonen et al.，1998）。

37.7.2.2 寒冷和水环境

正如上文所述，暴露于寒冷环境下的主要问题是用于维持 T_b所需要的能量消耗。由于水的热传导是空气的 25 倍，以及水中羽毛的隔热能力明显下降，所以水生物种的能量消耗更大。因此，为了减少或维持机体的正常活动，动物必须做一些生理性调整。

鸟类，尤其是小型鸟类，在一天或一年中的特定时间，能够利用蛰伏（即以可控方式降低代谢率和 T_b）大幅度降低能量能耗，以使能量不足的影响降到最低程度。在漫长的寒冬，低 T_a与食物匮乏同时作用时，这种反应尤为明显。食物的暂时不足亦会启动异温/蛰伏机制。一项关于辉绿花蜜鸟（*Nectarinia famosa*）蛰伏的研究发现，当暴露于 T_a为 5℃时，T_b会降至 26.8℃（Downs and Brown，2002）。尽管蛰伏主要出现于小型鸟，但 McKechnie 和 Lovegrove（2002）发现 70g 以上禽的 T_b也会降至 15 ℃以下，说明食物是重要的。虽然已普遍开展了对野外鸟类的 T_b测量，但测定的是被麻醉和为了节约能量和水处于代谢抑制状态的鸟，这些情况均不会在其 T_b中反映出来（McKechnie and Mzilikazi，2011）。

虽然伴随着食物匮乏的低 T_a会引起蛰伏，但通过潜水获取食物的鸟在低 T_a中，却需要做出不同的生理调整。在这种情况下，企鹅等潜水鸟类以一定的策略而防止身体降温。为实现这个目标，它们通过大幅度降低外周 T_b来减少外周热的丢失。这种外周 T_b的降低，是通过快速压缩深部羽毛中的空气和外周血管收缩来而实现。外周血管收缩使温暖的血液绕开冷暴露组织，增强这部分组织的冷却效果，并隔离内部深层组织和维持体核温度（Schmidt et al.，2006）。

37.7.3 鸟类应对迁徙的生理性调节

每年秋季，数以亿计的鸟会从繁殖地飞至越冬地，在第二年春天再飞回来。为了逃离当地冬天的严酷环境和春天飞回繁衍地的长途迁徙，这是一种高能耗过程。因此，这一过程受到因飞行能耗所致的体温难以调节的影响。先进的迁徙跟踪记录技术显示，一些海鸟每年的迁徙往返路程超过 64 000 km。另一项记录显示，斑尾塍鹬（*Limosa lapponica* L.）从阿拉斯加到新西兰的单次不停顿飞行达 11 000 km（Weber，2009）。这样惊人的飞行能力，这些鸟类一定具有实现该功能的适应性进化。

37.7.3.1 基础代谢率的变化

生物的迁移性主要是由影响维持能量需要的选择所决定的。因此可以推测，由于迁徙总是伴随着长距离、有时甚至不间断的飞行所致的体重的大幅变化，因此迁徙鸟的基础代谢率会有所变化。迁徙以三个不同的方式影响基础代谢率：长距离迁徙可能需要更多的能量为迁徙做准备，以至迁徙鸟的基础代谢率高于非迁徙鸟（Kvist and Lindstrom，2001）；繁殖地的季节可能减轻了对影响非迁徙鸟的基础代谢率部分选择压力，如它们需要在寒冷的冬天生存下来；由于所处环境不同，迁徙与非迁徙鸟的基础代谢率也不同。迁徙鸟在迁徙准备期间，其本身和个体间的基础代谢率也存在着明显的变化；而在非迁徙鸟中，以往研究并未发现基础代谢率有太大变化（McKechnie，2008）。

37.7.3.2　迁徙能耗的最小化

迁徙鸟已进化形成了多种策略使迁徙能耗最小化。例如，通过肌肉的运动能够非常高效地为飞行提供动力（Kvist et al.，2001）。它们通过在初飞前萎缩消化和繁殖器官来减轻体重，同时为了应对冬季的食物短缺，降低其他与迁徙无关组织的维持能耗（McWilliams and Karasov，2004）。它们以脂肪来储存肌肉活动所需的能量，这是因为每克脂肪能够提供最高的 ATP 产出，氧化后能比蛋白质或碳水化合物产生更多的代谢水；迁徙前储存的脂肪可占体重的 50%。

迁徙期间产生的能量必定引起 T_b的升高，但几乎未见有任何关于迁徙鸟体温的文献信息。最近有关于迁徙鸟在中途停息期间体温波动情况的报告。如鸟能够在停留休息期间通过降低体温或者甚至进入蛰伏状态来减少能量消耗，那么中途停息以补充能量的过程就会非常高效。选择性地降低 T_b被认为是鸟类的一种常用机制。Wojciechowski 和 Pinshow（2009）对雀形黑头莺（*Sylvia atricapilla L.*）的一项研究，解释了中途停息期间这种鸟的热生理学机制。这种鸟在欧洲繁殖，秋季飞到北非并在春天返回。在中途停息期间，其将 T_b降至低于正常体温的 10℃以下，而正常 T_b范围为 39～44℃（Prinzinger et al.，1991）。T_b的降低缩小了 T_b与 T_a的差异，使维持 T_b所需要的能量大幅度减少，同时加速了中途停息期间的能量储备。小型迁徙鸟也可通过身体的蜷缩而降低能耗并维持轻度低体温状态（Gilbert et al.，2010）。

这种体温降低温反应，无论是在中途停息期间还是迁徙完成时，均有助于鸟类从迁徙的不利影响中有效恢复。

37.8　总结和结论

体温调控是内温鸟类和哺乳动物的独有特征，其是生理学调节与形态学调整的共同结果。鸟的各种生理学、生态学和行为学特点，使其能够分布于天空、水域和陆地的广泛区域。T_b的调控需要生物体具有免受有害环境影响的高效体温调节系统；其通过控制产热（如寒战和 NST）和散热（如 E 和 SHL）而实现。在进化进程中，为了以内温代替外温，这些调控机制通过对神经和内分泌调节系统的调制而发生变化，从而维持了产热与散热的平衡。理解 T_b调控机制的关键，在于对导致代谢率和散热变化的过程以及从外温向内温转变过程的理解。

可见体温调控是内温鸟类和哺乳类的独有特征。内温是动物在进化进程中，为了更好地适应变化着的环境所做出的选择。T_b是机体最重要的生理参数；维持产热和散热平衡调节机制的发育完善，使体温的维持十分有效，并受到神经和激素的调节。内温鸟类的 T_b受到各种体温调节活动的调节，这个过程受大脑的控制和协调，以最佳的内脏 T_b保证适当的分子活性和反应。

此外，鸟类以 3 个直接反应维持了热耐受并避免热应激的有害刺激：急性热应激反应（RTSR），其特征表现为反应时间从数分钟至数小时；习服/风土驯化，其特征表现反应时间从数天至数周；基于时间的围产期表观遗传学适应。内温动物的异温现象是应对环境变化而出现的 T_b改变，如 T_a、可用食物和水的变化。此外，在环境发生变化时，T_b的这种变化不仅能够节省能量，而且是处于不同环境（热带、亚热带、干旱和湿地）、不同体型鸟体温调节的关键机制。从外温向内温的转变，要求呼吸系统的功能增强、CVS 改变、胃肠道的效率提高，以及调节代谢酶活性的神经和内分泌系统的相应改变。这些改变包括蛋白结构的变化、膜修饰以及基因表达的上调和下调。这种转变，早成鸟在胚胎发生期就出现了，最早发生在代谢平稳期；而晚成鸟的这种转变发生在变温阶段，变温阶段一直持续到育雏结束。众多的 TM 试验强调了高效的表观遗传学温度适应过程，而忽略正常的生理适应。TM 可能通过改变 PO/AH 的细胞特性而诱导生长信号的产生，这些细胞特性的变化可能导致了耐热性获得热调定点的变化。最终，在极低 T_a 中的鸟类，需要采取周期性的蛰伏或降低体温的方式改变体温调节策略；而在极高 T_a 中的鸟类，则需要通过调整基础代谢率和心血管系统的变化以提高 SHL 的效率。

参考文献

（康波、姜冬梅、唐峰译，杨焕民校）

第38章 换 羽

Alistair Dawson

38.1 引言

优质羽毛对鸟类的生存至关重要。但由于羽毛易磨损，因此正常情况下需要定期换羽。换羽是鸟类一个重要的生物学现象。在过去的几十年中，尽管关于换羽重要性的研究一直在进行，但我们对其生理调控过程知之甚少。Voitkevich 曾撰写过一篇 335 页的论文（从俄文翻译而来，1966 年出版），对这一问题进行了阐述。Payne（1972）也在一篇综述中写道“调控换羽时间和换羽速度的生理基础以及换羽与年度周期的整合是值得关注的问题，而且对它们的研究仍然是比较生理学家要面临的一个挑战”（Bridge，2011；Kuenzel，2003）。

38.2 结构学和生态学

38.2.1 羽毛

鸟类被定义为体表被覆羽毛的脊椎动物，羽毛是其显著特征之一。鸟类从爬行动物进化而来，有证据表明某些恐龙具有羽毛（Zelenitsky et al.，2012），而且其羽毛的发生过程与现代鸟类相似（Xu et al.，2010）。鸟类的羽毛是覆盖其体表的羽毛的总称，具有多种功能。羽毛具有隔热和防水作用，其功能类似于哺乳动物的被毛。最重要的是，它还可以通过在翼和尾部产生空气动力学的升力作用而使大多数鸟类飞行。流线型的体形减少了鸟类在飞行中的空气阻力；水禽的羽毛能提供浮力。鸟类羽毛的颜色可提供伪装或构成图案，用于避敌、求偶、展示攻击性等。

为了这些功能，羽毛特化为不同的类型，按构造的不同可分正羽、廓羽、绒羽、半绒羽、纤羽和粉䴕（Ginn and Melville，1983）。羽毛主要由角蛋白构成，其二维结构中逐渐变细的中心轴基部嵌入羽毛球窝或羽毛毛囊中（Voitkevich，1966）。飞羽（包括正羽）的轴基部是中空的，呈圆柱形，并且没有羽枝。轴的其余部分（脊轴）是实心的，并带有一排平行的羽枝（羽小钩）。每个羽小钩都有两排较小的侧分枝（羽小枝）。羽小枝有两种类型：一种是指向羽毛顶端，呈扁平状并带有钩状突起的，另一种是没有钩状突起的。相邻的羽小枝可以通过这种钩状突起连接在一起。这种连接系统形成了一个二维晶格，使得羽毛片轻且坚固。羽小枝没有钩形突出，相邻羽小枝不能连接在一起，所以羽毛比较松软。羽毛的颜色由以下两种方式决定：①羽毛中的色素，色素分为黑色素、类胡萝卜素和卟啉3种类型；②羽毛的结构，结构可以提供彩色或非彩色。

羽毛分布在七或八个不同的区域（羽域），这些区域之间没有羽毛或只有稀疏的羽毛覆盖（裸区）。一些鸟类裸区很少，羽毛的覆盖范围几乎可以遍布全身，如企鹅。即使一些鸟类具有显著的裸露区，在其身体表面上也并不明显，因为相邻羽域的羽毛可以完全覆盖这些区域。不同鸟类羽毛的数量差别很大，大型鸟类拥有更多的羽毛。此外，羽毛的密度也各不相同，这可能与保温需求有关，企鹅羽毛的密度特别高，同一种鸟类羽毛密度在冬季可能更高。

羽毛是由锥形结构深入羽毛毛囊中形成的。较为复杂的羽毛结构的形成可能是毛囊内干细胞拓扑结构的改变所致（Yue et al.，2005）。不同鸟类第一代羽毛的形成时间不同。许多鸟类的羽毛在孵化之前就会发育，在雏鸟完全长成之前就换羽，尤其是早熟鸟类，如驯养的家禽。在大多数晚熟鸟类中，鸟类的孵化是在野外进行的，它们的幼羽在雏鸟期发育（Samson，1976）。幼羽换为成年羽毛的过程尚未明确。

优质羽毛具有非常重要的作用，鸟类每天都花费相当一部分时间用于羽毛的护理。鸟喙用于整理和清洁羽毛，恢复羽毛的结构，并从尾脂腺上获取保护羽毛的油脂。羽毛是没有生命力的结构，因此势必随着时间的推移而逐渐老化，直至无法修补。紫外线照射会使羽毛变白，羽毛的受损程度与羽毛的接触物有关，也可能受栖息地植被的影响，体外寄生虫也可能会使羽毛折断或老化。优质羽毛对生存至关重要，所以羽毛需要定期更换，这个更新过程就是换羽。在换羽期间，还涉及其他表皮结构的再生，尤其是喙和爪。换羽的过程包括旧羽毛的脱落和新羽毛的发育。通常认为新羽毛的发育引起了旧羽毛的脱落。然而，如果拔掉一根旧羽毛，往往会长出一根新羽毛，这可能是旧羽毛的脱落刺激了新羽毛的发育。

38.2.2 换羽

所有鸟类在一年中都至少换羽一次。鸟类在非繁殖期和越冬期所拥有的羽毛称为基础羽毛。通常情况下，鸟类在繁殖季节过后的羽毛更换称为大换羽，有时也称为产后换羽（Ginn and Melville，1983；Jenni and Winkler，1994），但大换羽并不完全发生在产后。大换羽是本章的主题。一些鸟类在繁殖之前的春季也会换羽，这种换羽出现在头部或躯干部，使鸟的外观变美或突出其特点。

在大换羽期间，鸟类所有的羽毛都会更换，除了某些大型的鸟类。换羽是严格按照两侧对称的顺序进行的，因此羽毛的各种功能通常不会受到影响。换羽通常从接近体表的初级羽毛开始脱落和替换，随后是下一级羽毛，直至翅膀末端。通常情况下，在换羽期内的任何时间都只有少数羽毛在进行更换，这样飞行性能才不会受到影响。鸟类通过增加一次性更换羽毛的数量实现快速换羽，而不是靠增加羽毛生长速度。两只翅膀通常在完全相同的时间完成换羽。在初级羽毛换羽开始后，其他部位的羽毛也会对称地进行更换。其他部位羽毛的更换完成时间通常比初级羽毛早。换羽的一般规律是大型鸟类换羽花费时间比小型鸟类长。

Rohwer 等（2009）研究表明，由于生长速度的限制，大型鸟类可能没有时间每年依次换羽，因此必须采取下列两种策略之一。一些大型水禽，如鸭子、天鹅、海鸥、鹈鹕和海雀，一次性退换所有飞羽。在此期间，它们尽可能不在湖泊、河口或海上飞行，以降低被捕食的可能性。其他依靠飞行觅食的大型鸟类每年只需换掉部分飞羽，需要 2 年甚至 3 年完成换羽。有些鸟类每年会额外增加一次换羽（Prys-Jones，1991；Underhill et al.，1992），还有一些鸟类每年部分羽区重复性换羽（Bridge et al.，2007）。

在美国家禽养殖业中，诱导性换羽可用来增加或恢复鸡产蛋量（Bell，2003；Berry，2003；Webster，2003）。诱导性换羽和卵巢退化是通过饲喂营养缺乏的日粮和缩短光周期实现的。最少光周期为 8h，自由饮水。随后恢复营养丰富的日粮和刺激性光周期，使性腺的功能得以恢复。但是这种做法在欧盟是不被允许的。

许多鸟的羽毛具有性别差异，通常是雄性有着更艳丽的羽毛。在每年只有一次换羽的鸟类中，羽毛的性别受基因控制（Owens and Short，1995）。雄性去势或雌性卵巢切除对羽毛没有影响。同样，外源性睾酮或雌激素处理也没有影响。另一些鸟类，雄性在春季交配前换羽，从暗淡的冬季羽毛变成明亮的繁殖羽毛，通常认为是依赖于睾酮，但事实并非如此。与哺乳动物不同的是，雄性鸟类是同型配子，因此羽毛鲜艳。雌激素可阻断鲜艳羽毛的生成。雄性去势对羽毛色泽没有影响，但是切除雌性的卵巢后，雌性个体会长出鲜艳的羽毛。因此，雄性的艳丽羽毛不是睾酮激素刺激的结果（Owens and Short，1995）。

38.2.3 换羽是动物生活史的一个阶段

与其他动物一样，鸟类生活在四季循环变化的环境中；为了最大限度地适应环境，它们需要保持外表的可塑性。它们以单向的顺序从一种生物学状态过渡到另一种状态。换羽对于鸟类的生存非常重要，睾酮处理阻止换羽（Nolan et al.，1992）或快速换羽均会导致羽毛质量低劣（Nilsson and Svensson，1996），从而使鸟类很难越冬。因此，一年一度的换羽是所有鸟类生活史的一个重要阶段。对于非迁徙鸟类，可能生活史有三个基本阶段：冬季/非繁殖、繁殖和换羽（Wingfield，2008）。在迁徙类鸟中，还有两个附加阶段：春季迁徙（在繁殖之前必须迁移）和秋季迁徙（在繁殖之后迁移）。繁殖和换羽都需要消耗能量和时间（Murphy and King，1992），换羽会降低飞行性能（Swaddle and Witter，1997；Tucker，1991）。因此，大换羽通常是推迟到繁殖结束，但并非总是如此（Hemborg，1999；Hemborg and Merila，1999；Morton，1992）。即使生存在赤道或新热带地区的鸟类，大换羽也发生在繁殖之后（Dittami and Gwinner，1985；Moore et al.，2005；Wikelski et al.，2003）。因此，繁殖鸟往往比非繁殖鸟换羽晚，雌性换羽往往比雄性晚，而繁殖期长或延迟的鸟类换羽也要晚（Morton and Morton，1990；Newton，1966；Newton and Rothery，2000）。通常情况下，一些温带和高海拔鸟类是“机会主义”繁殖者，它们可以依据食物的充分与否在不同年份的不同时间繁殖。换羽发生在每年相对固定的时间，并且在此期间不发生繁殖（Hahn，1998）。但是有些鸟类繁殖时间和换羽时间会重叠。这种情况在较大型的鸟类更为常见，因为育雏所需的时间以及更换飞行羽毛所需的时间都会随着体型的增加而增加。例如，一些猛禽，雌性在孵化期间开始换羽，并由其伴侣提供食物，自身不需要飞行（Young，2009）。这在繁殖季节较长和低纬度鸟类中也是常见的。繁殖期换羽的速度非常缓慢，并且几乎不换飞羽，可能是为了将换羽繁殖的能量和飞行性能成本降到最低（Echeverry-Galvis and Hau，2012；Hahn et al.，1992）。迁徙需要机体提供能量，换羽会降低飞行效率。因此，换羽和迁徙往往是发生在不同时期，这可通过多种方法实现（Barta et al.，2008）。有的鸟类在繁殖地繁殖后立即换羽；有的鸟类则在换羽开始前迁移到它们的越冬地（Kjellén，1994）；有的鸟类在繁殖后迁徙前先换一次羽，在迁徙到越冬地后再换一次；还有一些鸟类则为了换羽而中断迁徙。什么时间换羽决定于繁殖期与非繁殖期（Holmgren and Hedenstrom，1995），以及繁殖地或越冬地食物的获取情况（Barta et al.，2008）。

因为生活史的不同阶段在时间上往往是分开的，所以一个阶段占用过多的时间会限制后续阶段的时间。因此那些繁殖期较晚或繁殖时间较长的鸟类，其大换羽时间较短。关于自由生活鸟类换羽持续时间的数据很少，这可能是因为在换羽期间很难获得相同的个体。然而，一些研究表明，开始换羽较晚的鸟类换羽速度会更快（Bojarinova et al.，1999；Morton and Morton，1990；Newton，1966）。在正常的换羽期间，新的羽毛数量以相对恒定的速度累积（Dawson，2003；Seel，1976；Underhill and Joubert，1995）。当鸟类换羽更快时，它们就会同时长出更多的羽毛（Dawson，2004），因此羽毛质量差（Dawson et al.，2000），导致生存率随之下降。繁殖结束时间和换羽开始时间需要在繁殖和个体生存之间权衡。

38.3 环境和生理的调控

旧羽毛的脱落，新羽毛的长出，以及羽毛的发育都受机体生理机能的调控。此外，换羽的顺序、每个羽毛区域换羽的时间、区域内换羽的进程和换羽的对称性也受生理机能的调控。机体的生理机能将环境因素、光周期和非光周期结合起来，使换羽在适当的时间开始，并以最佳的速度进行。我们对此所涉及的过程知之甚少。

38.3.1 光周期和非光周期调控

在热带地区生活的鸟类，每年一度的换羽时间可能取决于繁殖的开始时间。例如，在赤道野翁鸟（*Saxicola Torquata Axillaris*）换羽伴随着繁殖开始，但控制繁殖时间的因素尚不清楚（Dittami and Gwinner，1985）。例如，在相同纬度相隔 25km 的两个红棕色麻雀（红领带鹀）群，繁殖季节和换羽时间均不同步（Moore et al.，2005）。然而，对于热带以外的鸟类来说，换羽时间在很大程度上受年循环周期光周期的控制。换羽开始的时间、换羽速率，以及换羽持续的时间，都在很大程度上受到光周期的控制。对鸟类的试验进一步说明了光周期会调控换羽。

38.3.1.1 换羽的开始

换羽的开始通常与繁殖结束和生殖系统的退化息息相关，而这又依赖于绝对或相对的发育（Nicholls et al.，1988）。

一般来说，鸟类在短光周期下不会换羽，鸟类需要经历长光周期。某些物种，那些完全不耐光性的物种，暴露于长光周期后一定时间开始换羽，在这种情况下，随着光周期的延长换羽开始的时间越早。例如，白冠麻雀（*Zonotrichia leucophrys gambelii*）从冬季的短光周照期移到每天 20h（20L：4D）的光周期，开始换羽的时间比移到 16L：8D 的鸟早（Chilgren，1978）。

一般来说，鸟类在短光周期不会换羽，鸟类需要经历长光周期。甚至有些鸟类换羽对光周期有严格要求，它们在换羽开始前需要长光周期，而从开始换羽到换羽结束的时间则随光周期的延长而递减。例如，白冠麻雀（*Zonotrihia Leucophrys Gambelii*）从冬季短光周期变为每天 20 h 的光周期（20L：4D），开始换羽的时间比每天 16 h 的光周期要早（Chilgren，1978）。椋鸟（*Sturnus Vulgaris*）从每天 8h 的光周期（8L：16D）变为 18h 的光周期（18L：6D），开始换羽的时间比变为 13 h 的光周期（13L：11D）要快（Dawson，1994）。然而，强制换羽所需光周期的长度存在差异。白冠麻雀光照模式为 12L：12D 不换羽（Chilgren，1978；Donham et al.，1983；Farner et al.，1980）。椋鸟光照模式为 11L：13D 不换羽，但将其光照模式变为 11.5L：12.5D（Dawson，2007）或 12L：12D 则换羽，随后可能经历性腺成熟、退化和换羽的循环。在恒定光周期的环境中生活的许多鸟类都表现出这种周期循环（Dolnik and Gavrilov，1980；Guyomarc'h and Guyomarc'h，1995；Gwinner，2003）。椋鸟光照模式变为 13L：11D 后换羽一次以后就不再换羽了（Gwinner et al.，1989）。然而，如果在完成换羽后，雏鸟光照从 13L：11D 变为 18L：6D，还会发生一次换羽（Dawson，1994）。在日本鹌鹑和欧洲鹌鹑（*Coturnix coturnix*）这样相对不受光周期影响的鸟类，光周期由长变短换羽才能开始（Boswell et al.，1993；Robinson and Follett，1982）。还有一些介于两者之间的鸟类，如通过驯养的家麻雀（Dawson，1991，1998；Hahn and Ball，1995）、北美歌雀（Wingfield，1993）和卡杜林雀（Pereyra et al.，2005），被转移到恒定的长光周期后，会在一段时间内自发地换羽，但在此时如果缩短光周期则换羽将提前开始。

38.3.1.2　换羽率

在不同光周期中，尽管长光周期使换羽开始较早，但随后的换羽速率是相似的（Dawson，1994）。但是换羽开始后光周期的变化会影响换羽率。光周期延长会减缓换羽率，缩短光周期后又会提高换羽率（Dawson，1994，1998；Kobayashi，1953a），但短光周期的缩短会阻止换羽的进一步进行。温带地区大多数鸟类在夏至后换羽；在一年中晚些时候换羽的个体在换羽期间会受到更短光周期的影响，这可能是晚育鸟类换羽时间较短的原因（见 38.2.3 节）。

38.3.1.3　自然光周期

所有上述试验数据都是通过鸟类从一个固定的光周期转移到另一个固定的光周期获得的。这种情况永远不会发生在自由生活的鸟类。鸟类换羽通常发生在繁殖季节之后。繁殖季节短的鸟类在年初、夏至之前，当光周期仍在延长时，换羽就开始了。繁殖季节较长的鸟类，换羽开始于光周期变短的时期。获知光周期的自然变化是如何控制换羽时间的呢？一种方法是观察不同纬度相同鸟类种群的换羽时间。Miller（1960）指出，精子生成活跃期结束与开始换羽有关，在所有纬度上，带鹀属的种和亚种的换羽结束时间都相同。有两项关于加州鹌鹑（*Lophortyx californicus*）换羽时间的研究。Genelly（1955）研究了加利福尼亚圣巴勃罗湾自由生活的鹌鹑（38°N），Anthony（1970）研究了华盛顿东南部的蛇河（47°N）沿岸的同种鹌鹑。研究显示它们同时开始换羽，即雄性在 6 月中旬，雌性在 7 月中旬。在太平洋沿岸，白冠麻雀（*Zonotrihia leucophrys nuttalli and zonotrihia leucophrys pugetensis*）雄性开始换羽比雌性早2周；无论雄性还是雌性，换羽开始的日期与纬度无关。然而，换羽持续时间在最南端（35.2°N，换羽持续时间83d）和最北（48.9°N，47d）范围内平均每纬度减少2.6d（Mewaldt and King，1978）。37°N和52°N的普通椋鸟换羽始于6月初（Dawson，2013 Rothery et al.，2001），英格兰北部的黑鸟杜鹃与英格兰南部的鸟类同时开始和完成换羽（Dawson，2013）。在所有这些研究中，不同纬度的鸟类会经历光周期的不同变化，绝对光周期和光周期的变化速率都有差异，因此两者都不能直接控制换羽的时间。通过模拟不同纬度、不同光周期下捕获的鸟类换羽情况，证实了在不同纬度换羽开始时间相同的结论。椋鸟在模拟9°N或52°N纬度光周期，换羽同时发生（Dawson，2007）。在模拟40°N、55°N和70°N自然光周期的金翅雀（黄雀），包括该物种的自然繁殖范围，3组鸟换羽同时发生（Newton and Dawson，2011）。同样，在20°N和60°N模拟自然光周期，金翅雀属（欧金翅雀）睾丸萎缩和换羽都是同时发生（图38.1）。这些数据表明，鸟类不是依赖于绝对光周期或光周期变化来决定性腺萎缩和换羽时间。此外，数据还显示鸟类以更微妙的方式利用光周期。转变为较长光周期后鸟类更早开始换羽是试验设计的一个假象。

38.3.1.4 非光周期环境控制

虽然一年中光周期的变化是引起换羽开始的主要环境因素，但其他因素也很重要（Dawson，2008）。由于换羽的开始与繁殖结束和性腺萎缩密切相关，因此任何影响到这些因素的条件都会影响换羽。延迟繁殖的不利条件或允许鸟类养育幼鸟的有利条件将延迟换羽的开始时间。低温延迟了性腺萎缩和繁殖结束的时间，引起换羽开始时间延迟，导致后续换羽发生得更快。

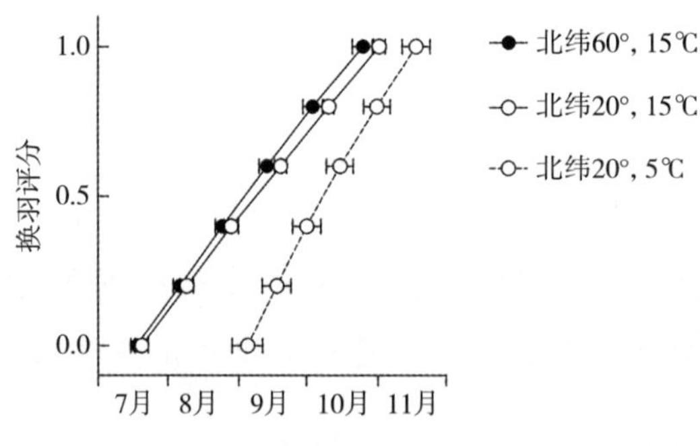

图38.1 金翅雀（欧洲金翅雀）换羽

三组捕获的金翅雀在模拟纬度为北纬60°或20°的光周期模式下进行处理。每个纬度的两组，分别在15℃和5℃的恒定温度下饲养。换羽分数以全新初级羽毛量比例进行衡量（Dawson和Newton，2004）。北纬60°和北纬20°模拟的光周期条件，相同温度下两个群体，换羽开始时间（7月）和持续时间相同。低温度5℃组换羽时间比在15℃，北纬20°组开始换羽的时间明显晚一些，而后换羽速度更快（Dawson，2005；Visser et al.，2011；图38.1）。

38.3.2 生理调控

机体内一定存在某些生理过程将光周期的信息转化为控制整个换羽过程的信息：羽毛的脱落，新生羽毛的生长，沿着每条羽区的生长顺序，换羽过程中的横向对称性，换羽开始时间以及换羽率。最早关于内分泌调控换羽的研究是在90年前开始的，但迄今为止我们对这一过程的了解还很少。繁殖结束和换羽开始之间通常存在密切的时间相关性，这可能意味着两者共享同一个生理触发点，或者换羽可能是一种相对被动的现象，即被活跃的生殖状态所抑制。

另一种观点的证据是，在没有繁殖期的情况下，会引起长期无性繁殖的鸟类完全换羽。已被证明至少有三种激素可以起到一些作用：甲状腺激素、类固醇激素和催乳素，并且这些激素之间可能存在着相互影响。

38.3.2.1 甲状腺激素参与的证据

长期的研究证据表明甲状腺激素以某种方式参与换羽（Torrey and Horning，1922）。在光周期改变诱导换羽的长光周期之前切除甲状腺，会阻止换羽。当换羽不会自然发生时，用外源性甲状腺激素进行快速处理可诱发换羽（Himeno and Tanabe，1957）。换羽与性腺萎缩和光不应性紧密相关，并且长期以来认为甲状腺激素与这些过程有关。上述研究表明，甲状腺激素在换羽过程中具有特殊作用，换羽并不是生殖变化的结果。外源性甲状腺激素在一定程度上可以起到模拟长光周期的作用。例如，在短光周期（8L∶16D）下饲养的椋鸟，用外源性甲状腺素处理后，可以增强性腺的成熟，但不会换羽。在短光周期（11L∶13D）条件下饲养的椋鸟，用外源性甲状腺素处理后变得光不应并进行换羽，类似于光周期12L∶12D。在对鸟进行长光周期之前，将甲状腺摘除并不明显影响性腺成熟，但是确实阻止了随后发生的光不应性和换羽，表明在这些过程中甲状腺激素具有特定作用。然而，切除甲状腺效果的显现需要一段时间。在长期甲状腺切除的椋鸟中，所有与光周期有关的反应都被抑制：光周期诱导的性腺成熟、光不应性和换羽。换言之，甲状腺切除的鸟类表现为光不应性（Dawson，1993）。

一些研究已经测定了光周期和光照年周期变化对甲状腺素和三碘甲状腺原氨酸浓度的影响。一般来说，在长光周期下甲状腺素浓度趋于更高，但与换羽的结果不一致。Scanes等（1979），Lien和Siopes（1993）发现火鸡（吐绶鸡）换羽期间甲状腺素浓度最高。Bentley等对长光周期诱导的血浆甲状腺素增加对光不应性和换羽是否具有必要性进行了研究。切除光敏性椋鸟甲状腺后，在饮用水中给予甲状腺素，使血浆甲状腺素浓度处于短光周期时的生理浓度或较低水平，然后变为长光周期。与直接接受长光周期的正常组相比，血浆甲状腺激素浓度为短光周期的椋鸟变为光不应并进行了换羽。因此，甲状腺激素的存在对于换羽开始是必要的，并且在所有光周期控制的生理过程中具有被动作用，而不是在换羽中具有直接作用。

甲状腺激素不仅对于换羽的启动是必需的，对正常羽毛形成也是必需的。甲状腺激素参与体细胞的生长和发育。刚孵化出的雏鸟，切除甲状腺后不能正常生长，羽毛发育缓慢，羽毛生长异常（Dawson et al.，1987，1994；Voitkevich，1966）。正常廓羽上的倒钩具有高度不对称的小羽枝（见38.2.1）。切除甲状腺鸟类的羽毛倒钩具有长而平滑的对称小羽枝，因此，相邻的倒钩不会连接在一起，羽毛看起来更像绒毛。这种羽毛结构具有成年平胸鸟类的特征，如鸵鸟和鸸鹋。平胸鸟类的幼态（de Beer，1956）可能与甲状腺功能减退有关（Dawson et al.，1996）。因为换羽期间的羽毛更新与初羽羽毛的生长基本相同，所以这也可以被认为是发育过程。有趣的是，如果切除甲状腺的鸟类转移到长光周期，它们就不会换羽。如果使用大剂量的甲状腺素，则会引起换羽开始。虽然外源性甲状腺素会迅速从循环系统中清除，但换羽会进行到完成为止。在没有甲状腺素的情况下，羽毛生长发育呈现出上述的绒毛结构（Dawson et al.，1994）。

38.3.2.2 性腺类固醇激素参与的证据

鸟类需要在繁殖结束后立即开始换羽，但同时又要尽可能避免繁殖与换羽重叠，因此直观地认为繁殖激素可以抑制换羽开始，事实也正如此。与甲状腺激素一样，第一次有迹象表明性腺类固醇激素可能影响换羽，该研究可以追溯到几十年前（Greenwood and Burns，1940；Kobayashi，1954）。用外源性睾酮植入体内可阻止或延迟换羽的发生（Dawson，1994，2004；Nolan et al.，1992；Schleussner et al.，1985）。如果这些植入的睾酮在换羽自然进行过程中被清除，那么换羽就会开始，然后以更快的速度进行，在某种程度上类似于晚期繁殖的鸟类换羽开始的时间会延迟（Morton and Morton，1990；Newton，1966）。如果在正常的换羽持续时间后取出植入物，当光周期缩短时，换羽不会开始。如果在换羽开始后植入睾酮，换羽进程就会被阻止；如果植入物被移除，换羽就会恢复或者重新开始。由此可见，睾酮会抑制光周期引起的换羽，但睾酮的减少并不是触发换羽的原因。在一年中的恰当时间，被阉割的鸟也会换羽，充分说明性腺类固醇激素在循环血液浓度的变化并不能调控换羽（Dawson and Goldsmith，1984；Dawson and Sharp，2010；Greenwood and Burns，1940）。

38.3.2.3 催乳素参与的证据

与甲状腺激素和性腺类固醇激素一样，首先提出催乳素可能在换羽中发挥作用的研究可追溯到几十年前（Juhn and Harris，1958；Kobayashi，1953b）。有相当多的间接证据表明催乳素起到了一些作用。一些研究调查了自由生活鸟类催乳素分泌的季节性周期：白嘴鸦（*Corvus frugilegus*；Lincoln et al.，1980）、椋鸟（Dawson and Goldsmith，1982）、白冠麻雀（Hiatt et al.，1987）、北美歌雀（Wingfield and Goldsmith，1990）、大山雀（*Parus major*；Silverin et al.，1997）和白翅交喙鸟（*Loxia leucoptera*；Deviche and Sharp，2001）。其他已经完成的研究是针对在光周期自然变化条件下所捕获的鸟类：椋鸟（Dawson and Goldsmith，1984）、灰山鹑（*Perdix perdix*；Sharp et al.，1986）、欧洲鹌鹑（Boswell et al.，1996）和火鸡（Lien and Siopes，1993）。在每项研究中都发现催乳素浓度的峰值出现在换羽开始前或在换羽即将发生时，或者明确发生在换羽期间，虽然在研究中没有详细记录换羽发生时间。在不同温度下模拟自然光周期变化，椋鸟在高温时比低温时更早开始换羽，且催乳素峰值与换羽开始时间一致（Dawson，2005）。催乳素分泌受光周期控制。在试验性光周期处理的条件下，椋鸟仅在光周期达到足以诱导换羽的条件下（即等于或大于12L：12D）催乳素浓度才增加至峰值，且催乳素峰值浓度的出现与换羽开始时间相当一致（Dawson and Goldsmith，1983）。在12L：12D的恒定光周期下，椋鸟反复经历性腺成熟和换羽的周期循环，催乳素峰值的循环也与换羽起始一致（Dawson，1997）。重要的是，当椋鸟主动免疫抗血管活性肠肽（鸟类催乳素释放激素）并被转移至长光周期时，正常催乳素的增加被阻止且这些鸟没有换羽（Dawson and Sharp，1998）。在这些以自由生活或被捕获鸟类为对象的研究中，高浓度催乳素的出现和换羽都开始于繁殖期（或性腺成熟和萎缩）之后，因此不可能将催乳素的直接作用与时间上的巧合区分开来。然而Dawson（2006）的试验结果却对此提出了异议。他将椋鸟置于预定的光照条件下，研究性腺萎缩与换羽之间的联系。将已完成换羽的，且对某一长光周期表现为光不应的椋鸟转移至更长光周期，或将其短暂地转移到短光周期后再回到较长光周期，均引起催乳素再次大量分泌及换羽，但是性腺没有重新成熟。因此，性腺萎缩和开始换羽间没有紧密关联（换羽的启动可能不与特定生理周期关联），光周期（或光周期增加）与换羽开始时间之间也没有特定的关系。然而，换羽开始和催乳素的分泌间始终存在关联。在所有诱发换羽的情况中，早期催乳素都有所增加，该结果提示催乳素是换羽发生的根源。然而，与换羽时间有关的是催乳素峰值的出现时间，而不是峰值的大小。催乳素峰值出现时间与开始换羽时间的吻合，以及缺乏催乳素时不发生换羽均表明高催乳素浓度可能有助于启动换羽。但是这个结论本身也存在一定的不完全性。虽然催乳素分泌受光周期所控，但在正在孵化的鸟类分泌量的增加更大，且峰值也出现在孵化期间（Dawson and Goldsmith，1985；Goldsmith，1982；Hiatt et al.，1987；Wingfield and Gold-smith，1990）。但是雏鸟在孵化期间或刚刚孵化后都不会换羽，而且鸟类在进行第一次孵卵后也不会立刻开始换羽。事实上繁殖活动可以延迟换羽的发生（见 38.2.3）。

催乳素峰值与换羽开始时间一致的事实表明换羽起始大致发生在催乳素开始减少时，并且在催乳素不断减少期间进行换羽。因此，可能并不是高浓度的催乳素刺激换羽，而更可能是高浓度的催乳素抑制了换羽，所以换羽只在催乳素开始减少时才启动。这一推论仍然认为催乳素峰值和换羽开始时间存在密切联系，并且可能是一种使繁殖和换羽重叠最小化的机制，但同时确保一旦繁殖活动结束换羽就开始。

疣鼻天鹅（*Cygnus olor*）的换羽模式可以用于验证这一推论的模型。正如许多其他鸟类一样，疣鼻天鹅繁殖鸟的换羽时间比非繁殖鸟滞后。此外，在成功繁殖天鹅中，雄性在其交配4～6 周后才开始换羽（Czapulak，2002；Heinroth，1911；Scott，1972）；而在非繁殖鸟中，雄性和雌性几乎在同一时间换羽（Coleman et al.，2002）。那些在繁殖期失去雏鸟的天鹅雌雄同时换羽（McCleery et al.，2007）。对于那些巢中尚有未成熟雏鸟的雄性天鹅而言，换羽的开始时间可能会延迟至雌性已经长出丰满的羽毛时，这样至少有一只羽翼丰满的亲鸟可以保护雏鸟。催乳素的变化与不同的换羽模式相对应。非繁殖期两性天鹅催乳素的季节性降低开始于 5 月底，并且与 4 周后开始的换羽有关。繁殖期雌天鹅血浆催乳素浓度降低更明显，增加催乳素与就巢行为有关，同样开始于 5 月底且与 6 周后开始的换羽有关。处于繁殖期并开始哺育新生小天鹅的雄天鹅，其血浆催乳素在 5 月底开始增加。相应地，雄性催乳素浓度开始下降的时间比雌性晚 3～5 周。这些公天鹅在 8 月中旬开始换羽，比雌性晚 4 周以上（Dawson et al.，2009），支持了换羽与血浆催乳素降低有关的观点。催乳素的分泌受光周期的严格调控，并受到就巢行为的进一步刺激。这可以解释为什么换羽只发生在长光周期下，并且仅在光周期增加后才开始。这也可以解释为什么一旦开始换羽，光周期的缩短会加快换羽的速度。在繁殖鸟类，这能够解释为什么换羽开始往往延迟直到繁殖结束，以及为什么晚期繁殖鸟类的换羽进行得更快（因为每年的下半年光周期将缩短并迅速减少）。但是，相关研究结果仍然仅能证明催乳素与换羽间存在相关性，目前尚没有直接的证据表明外源性催乳素控制换羽，除了仍有争议的早期催乳素抑制换羽（Kobayashi，1953b）或刺激换羽（Juhn and Harris，1958）的研究。催乳素浓度降低能够调控换羽这一现象很难理解，但事实确实如此，因为在完全排除光周期诱导的情况下，催乳素分泌也可阻止换羽（Dawson and Sharp，1998）。

38.3.2.4 甲状腺素、性腺类固醇激素和催乳素之间的相互关系

催乳素参与换羽有充分证据，甲状腺激素和性腺类固醇也对换羽有影响。这三种激素之

间是否存在相互影响呢？甲状腺激素以某种方式参与光周期的感知。切除甲状腺的鸟类表现出对光周期的不应性，并且外源性甲状腺激素可以作为长光周期模拟条件。因此，甲状腺切除的鸟没有出现长光周期诱导的催乳素分泌增加，以及外源性甲状腺素刺激的催乳素分泌增加。由此可见，甲状腺激素可通过影响催乳素来调控换羽。有证据表明，外源性腺类固醇激素可以促进催乳素的分泌，因此性腺类固醇激素的作用也可能由催乳素来介导。

38.3.2.5 GnRH 激动剂

鸟类的 GnRH 系统表现出显著的季节可塑性（Stevenson et al.，2009）。换羽的发生、性腺萎缩、GnRH 基因表达下调和（或）GnRH 分泌减少保持一致。用 GnRH 激动剂（亮丙瑞林）处理母鸡，可诱导性腺萎缩和换羽（Attia et al.，1994；Burke and Attia，1994；Dickerman and Bahr，1989）。GnRH 激动剂可以通过下调垂体 GnRH 受体表达，使促性腺激素分泌减少，从而引起卵巢退化，但这种方法诱导换羽的机制尚不清楚。循环血液中性腺类固醇激素（至少黄体酮）浓度下降，但该变化对催乳素有何影响仍是未知。

38.4 结论

换羽对鸟类至关重要。本章阐述了不同种类鸟的换羽时间以及换羽时间与年周期的多方面关联，羽毛脱落和沿着不同羽区的更新顺序的相关信息。此外，本章还着重介绍了光周期对换羽开始时间和换羽率的影响，但对其生理调控机制知之甚少。有相关数据显示三种类型的激素：甲状腺激素、性腺类固醇激素和催乳素与换羽有关，其中催乳素的作用可能尤为重要。催乳素是脊椎动物体内的一种多功能激素，其中许多作用与表皮功能有关，包括哺乳动物的泌乳和鸟类（特别是鸽子）的产卵（Riddle et al.，1932）。催乳素参与了孵育和双亲行为，因此可以在繁殖期结束和换羽开始之间呈现出关联作用。催乳素也与哺乳动物的换毛调控有关。然而，很难理解循环血液中的激素如何控制羽毛的脱落和更新顺序。即换羽如何实现从每只翅膀上的近端初级羽毛脱落开始，然后依次沿着每一束羽毛进行的。也许更合理的说法是旁分泌系统比内分泌系统更重要。羽毛囊受神经支配，因此可能涉及自主神经系统（Kuenzel，2003）。毫无疑问，换羽的生理调控机制仍有许多疑问需要解答。

参考文献

（刘娜、计红、范春艳译，杨焕民校）

第 39 章　飞　　行

C. M Bishop and P. J. Butler

39.1 引言

鸟类因具有复杂的羽毛和由前肢演化成的翼而闻名，两者的完美结合使其得以振翅飞翔。在一些鸟类的祖先——兽脚类恐龙的后肢上，甚至还具有有助于其进行滑翔或提供额外上升力的羽毛。而但绝大多数已灭绝和现存的鸟，具有腿和翼两个独立的运动系统。昆虫、翼龙、鸟和蝙蝠等四种无亲缘关系的动物种群，都进化形成了动力飞行系统（Bomphrey，2012）。大多数情况下，翼仅用于空中（少数用于水中）的拍打运动。这些动物必须克服的首要困难是在空中低速飞行时对体重的承载，它们的身体必须做出适应性的改变，以满足飞行所需的能量消耗（Pennycuick，1968）。

由于这些困难，许多羽化恐龙的后代可能从未能获得飞行能力。飞鸟因反向进化而丧失了飞行能力，这种现象在一些原始鸟类（如黄昏鸟）中非常普遍，并表现在现代平胸类鸟（如鸵鸟、鸸鹋）和企鹅中，鹤、鹅、鸭、鹮鹋、朱鹭（McNab，1994）和加拉帕戈斯鸬鹚也存在这种情况。正如一些学者指出的，陆地鸟类为了节约能量而降低基础消耗，胸肌群的退化导致了飞行能力的丧失。相反，如雨燕、家燕、蜂鸟和太阳鸟等少数鸟类，则以飞行作为唯一的运动方式。蜂鸟因具有的独特飞行动力学，而表现出特殊的飞行模式，其是已知的唯一一种以长时间“静止”或悬停飞行为常规飞行方式、甚至能够倒飞的鸟（Warrick et al.，2009）。然而，大多数鸟类将两者结合，即既能以腿行走、奔跑或游泳，又能用翅和尾翼在空中飞行（少数甚至是在水中）。

关于简单的翼结构是如何帮助早期鸟型动物生存的解释，已经提出了许多假说（Dial，2003；Hutchinson and Allen，2009）。相似质量的鸟，虽然单位时间内升空飞行较之在地面奔跑或者游泳需要消耗更多的能量（Butler，1991），但在远距离飞行中能够保持相对较高的速度，说明飞行一定距离所需的能量（即运输成本）又远低于行走、奔跑或游泳（Tucker，1970；Schmidt-Nielsen，1972）。因此，许多鸟类不仅能在相对较短的时间内进行超长距离的迁徙（Gill et al.，2009；Klaassen et al.，2011），还能每天远距离往返巢穴或栖息地（Jouventin and Weimerskirch，1990）。

只有供能物质的“氧化”或“有氧”代谢，才能满足鸟类长时间、远距离飞行所需的高能耗，并且必须有之相适应的强大的呼吸、心血管和肌肉系统。世界上，大约有18%的鸟类进行长途迁徙（Sekercioglu，2007），而在温带地区这一比例接近50%，虽然它们最初携带的供能物质较多（Alerstam and Lindström，1990；Hedenström and Alerstam，1992；Witter and Cuthill，1993）。同时，它们必须防止由于肌肉剧烈活动产热而导致的体温升高和体表蒸发的水分流失。春季迁徙的能量消耗太高，可能会影响随后繁殖所需的能量补给（Bromley and Jarvis，1993）；而在繁殖期后的秋季迁徙之前，会有一段时间的诸如抱窝、孵化和换羽等行为。有证据表明，至少有一些种族的鸟类在此期间主要飞行肌出现萎缩（Mainguy and Thomas，1985；Piersma，1988；Bishop et al.，1996；Portugal et al.，2009）。此外，鸟类体羽和飞行羽毛更换所需的能量和时间可能是影响繁殖季节长度、甚至飞鸟体型大小的主要因素。因此，繁殖期后和换羽后的成鸟、当季的幼鸟，飞行肌肉和支持系统的携氧能力和功能必须达到一个完备的水平，以应对即将到来的迁徙飞行。那些在高海拔地区迁徙飞行的鸟类，还会遇到在极度缺氧、严寒和空气稀薄环境中体能消耗过大的问题（Butler，2010；Scott，2011）。

相对于持续飞行的另一种极端情况，是许多鸡形目和鹬鸵目的鸟是以爆炸式“爆发”振翅起飞，以逃避陆地捕食者或到树上栖息。这些鸟类依靠“无氧”代谢供能飞行，但这种飞行方式只能维持短短数分钟，并认为在重复这种剧烈活动后根本无法飞行（Marden，1994）。甚至像蜂鸟目或者蜂鸟这种需氧量最大的鸟类，它们在起飞、俯冲或逃避捕食者时，也可通过肌肉中高水平的肌酸激酶分解磷酸肌酸快速再生三磷酸腺苷（ATP），供给短暂的“爆发”飞行（Chai et al.，1997）。介于这两种极端飞行方式的鸟类，如秃鹫、鹳和信天翁以悬停和滑翔的方式在空中运动，在远距离觅食和迁徙过程中，仅需消耗少许能量即可使其向前扑翼飞行。此外，小型鸟类似乎使用不同的“步态”或飞行模式，例如，振翅跳跃和振翅滑行（Tobalskeand Dial，1994；Tobalske et al.，2009），以保证最高能效的频繁振翅（Rayner，1985a）。

本章主要讨论包括长途迁徙在内的鸟类飞行力能学，包括迁徙体能准备在内的飞行肌功能、生理学和生物化学；为迁徙准备的供能物质沉积和迁徙过程中的能量利用；包括体温调控和水分损耗在内的飞行相关呼吸和心血管系统的适应；高海拔飞行。但欲获取飞行动物的试验数据并不容易。应当注意，如果任何一种试验方法，给出了关于飞行生理反应的完整分析所需的全部信息，我们对此应持怀疑态度。因此，许多研究鸟类飞行的技术方法值得商榷。不管怎样，首先还是应对动物体型大小及其体尺比例的意义做一简要介绍。

39.2 体尺比例

对某种动物独有特征的作用或适应性进行评价，并与其他个体和/或物种进行比较，是非常重要的，即使这些其他动物的大小或重量可能变化很大。动物体型或重量按比例变化的情况，称为体尺比例（Schmidt Nielsen，1984）。由于动物个体的重量在群体内和群体间存在着数量级的差异，所以比较生物学研究中常采用体尺比例这一指标。如果两个个体的体积（V）

和重量（M）不同，但具有相同的外形或“几何相似”（即长度和表面积等多个外形体尺与体重呈一定比例），那么认为这两个个体具有相同的体尺比例。假设两个大小不同的立方体，它们每边有一个长度（L），则它们的面积与其边长的平方（$A \propto L^2$）成比例，而体积或质量（假设密度恒定）与其边长的立方（$V \propto L^3$）成比例。因此，面积与其体积或质量的 2/3 次方（$A \propto V^{2/3}$）成比例，边长与其体积或质量的 1/3 次方（$L \propto V^{1/3}$）成比例。对于大多数动物，体重（M_b）是一个比较容易测量的变量，且是一个能反映动物体型变化范围的变量，故它是体尺比例中最常用的独立变量。因此有：

$$L \propto M_b^{1/3} 或 M_b^{0.33} 和 A \propto M_b^{2/3} 或 M_b^{0.67}$$

Pennycuick（1982）对体重为 0.03～9 kg 的 10 种鹱形目鸟（如海燕和信天翁）的飞行和形态参数进行了研究，发现翼展（b）尺寸与 $M_b^{0.37}$ 成比例（图 39.1A），翼面积（S）与 $M_b^{0.627}$ 成比例（图 39.1B）。这些结果表明，大型鸟类具有相对较长翼和较小翼面积的趋势。但总体而言，它们的几何比例非常相似。然而，如图 39.1（D）所示，若将每种鸟的外形轮廓描绘成图，并将它们的翼展调整为等长，发现随着鸟体型的变小，其翼的形状表现出规律性变化（Pennycuick，1992）。可以通过计算无量纲变量——翼纵横比（A）了解这种变化规律，即翼展除以平均翼宽（或弦），结果等于 b^2/S。如图 39.1（C）所示，A 值与 $M_b^{0.116}$ 成比例，而与预期的 $M_b^{0.0}$ 等长值明显不符。因此，这是鸟的一种非等称或不成比例变化特征，通常将其称为“体型变异”。

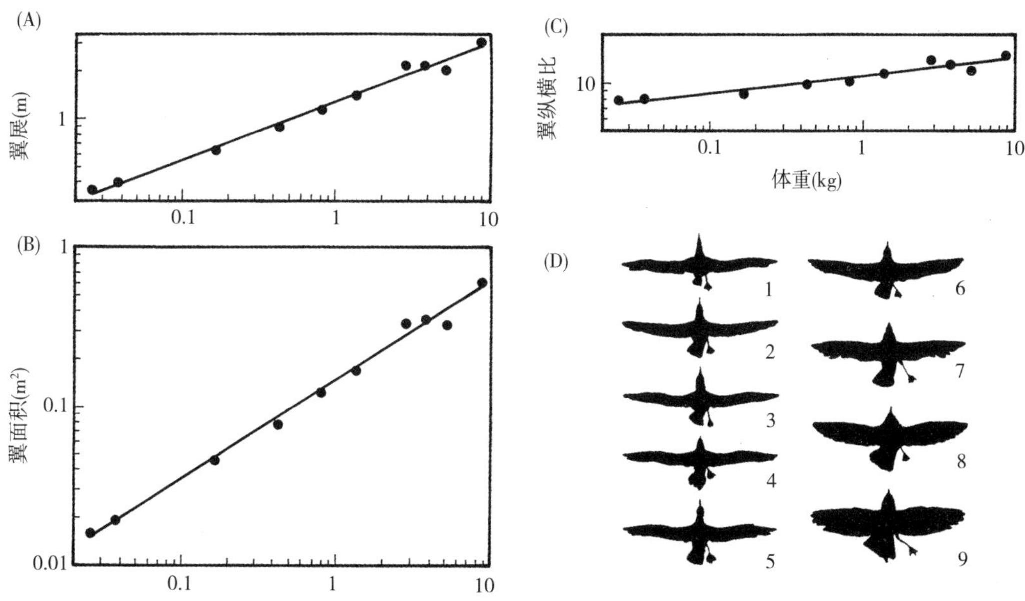

图 39.1　10 种不同体重（Mb）鹱形目鸟的（A）翼展（b）、（B）翼面积（S）和（C）翼纵横比（A）（引自 Pennycuick，1992，牛津大学出版社许可）。（D）9 种鸟翼的描绘图（将较小鸟的翼放大，使得所有鸟的翼展相等）：1. 漂泊信天翁（*Diomedia exulans*）　2. 黑眉信天翁（*D. melanophrys*）　3. 灰头信天翁（*D. chysostoma*）　4. 灰背信天翁（*Phoebetria palpebrata*）　5. 巨鹱（*Macronectes* sp.）　6. 白额鹱（*Procellaria aequinoctialis*）　7. 海鸽（*Daption capensis*）　8. 鸽锯鹱（*Pachyptila desolata*）　9. 黄蹼洋海燕（*Oceanites oceanicus*）。其中漂泊信天翁的翼展最大，为 3.03m；黄蹼洋海燕的翼展最小，为 0.393m。引自 *Pennycuick*（1982），英国皇家学会的图 39.4。

这种分析也可用于预测动物相关力能学的变化。例如，当“几何相似”动物的体重增加时，其（相对）表面积依 $M_b^{0.67}$ 成比例下降，继而推测最终散发到环境中的热量。因此，可以推测，基础代谢率（basal metabolic rate，BMR）也应按 $M_b^{0.67}$ 成比例下降。直至最近，关于脊椎动物的多项研究显示，BMR 的实测值并不是一个固定的比例，其范围为 $M_b^{0.72\sim0.75}$，即实测值稍高于依据体表面积的计算值。然而，对于鸟类和哺乳动物 BMR 的计算颇具争议，有些学者认为并不存在一个严格的比例参数，其随着相对运动强度（Bishop，1999）或体温的变化而变化；也有一些研究认为，它也可能因种群差异或生态适应而变化。尽管存在这些问题，但体型变异分析法已广泛应用于生物学研究中（Schmidt-Nielsen，1984）。本章将探讨鸟类飞行的代谢和生物力学参数的推算。

39.3 鸟类飞行的力能学

飞行期间化学能消耗（即动力输入 P_i）率是最常用的鸟类生理变量之一。处于休息状态和运动状态动物的 P_i，是许多有关动物行为和进化的生态学和生理学研究中必须重点考虑的因子，尤其是它决定了动物最终从环境中获取食物的量。然而，各种能源分子经无氧或有氧分解代谢产生的可用化学能，被飞行肌的肌原纤维蛋白转变为机械能输出（P_o）以满足飞行所需，而多余的能量以热能的形式释放。因此，一定的 P_i 生成 P_o 的确切数量取决于相关运动肌肉将化学能转换为机械能的效率。生物力学（机械能输出）P_o 产生驱使各种运动的同时，释放的热量用于调节体温，并部分“散失”到环境中。本文将讨论用于研究飞行生物学的各种技术，重点讨论飞行时 P_i 和 P_o 的预估。

功的国际单位是瓦特（W），1W 等于 1 J/s。将耗氧率（$\dot{V}_{O_2}$，mL/s）换算为 W 估算 P_i 的量。$\dot{V}_{O_2}$ 转化为 P_i 的效率取决于代谢底物，纯碳水化合物代谢的呼吸商（RQ）为 1，1mL O_2/s=21.1 W；而纯脂肪代谢的 RQ 为 0.71，1 mL O_2/s =19.6 W（Lusk，1919；Brobeck and DuBois，1980）。鸟类纯蛋白质代谢的 RQ 为 0.74，1mL/s O_2 = 18.4W（Schmidt-Nielsen，1997）。如蜂鸟觅食期间的短暂悬停飞行（Suarez et al.，1990）和鸽起飞（Butler et al.，1977）时的短程飞行，似乎以碳水化合物氧化供能为主；但长途飞行，可能以脂肪氧化为主（Rothe et al.，1987）。然而，能量代谢受到食物供给和季节的影响，营养充足和夏季的鸟，开始时的 RQ 较高，但经较长时间后 RQ 大约降到 0.7（Nachtigall，1995）。因此，如果 RQ 是未知的，常以 0.8 作为 RQ 的平均值，即 1mL O_2/s =20.1W 用于计算动物有氧活动的 P_i（Schmidt-Nielsen，1997）。

39.3.1 研究飞行机械功输出的技术

39.3.1.1 空气动力学和生物力学模型

运用空气动力学和生物力学模型，可以为理解鸟的生理适应性、力能学和不同种族间可能存在的局限性提供理论依据。根据已知的或估算出的飞行肌将化学能向机械能转化的效率，利用空气动力学模型推算的 P_o 计算具体鸟的 P_i，在理论上是可行的（Rayner，1979；Pennycuick，1989）。虽然 Pennycuick（2008）认为所有鸟类的飞行肌能量转化效率均在 23% 左右，但也有学者认为许多无脊椎动物和脊椎动物（包括飞行在内的）运动，总体效率随着体重的增加而提高（Alexander，2005；Bishop，2005；Askew et al.，2010）。不同飞行方式所需的 P_o 主要取决于被研究鸟的体重、翼动力学和具体形态结构（Pennycuick，1968），同时还受到诸如空气密度、重力、局部上升气流和附近表面偏向气流等环境因素的影响（Pennycuick，1989，2008）。

当鸟向前振翅飞行时，必须输出足够的机械功，以克服由于重力作用导致的身体下沉加速和气流在身体正面、羽翼侧表面的摩擦阻力，以及每次振翅时加速和减速的惯性力。中、快速飞行时，惯性力常可忽略不计；而在滑翔和缓慢飞行时，这种惯性力可能很重要（Norberg，1990）。许多空气动力学模型（Pennycuick，1969；Tucker，1973；Greenewalt，1975；Rayner，1979）已显示，飞行肌总 P_o 的各组分随飞行速度（U）的变化而变化。计算结果显示，至少身体的正面阻力随着速度的加快而增加；而重力作用在低速飞行时较大，在高速时反而减小。

总的来说，P_o 随速度的变化而呈 U 形变化（图 39.2）。这意味着以 P_o 最小值（U_{min}）的速度飞行，其飞行的时间可以达到最长，P_i 可能也是如此。然而，在能量消耗一定的情况下，这并不是鸟能飞得最远的速度（即能量成本最低的速度）。这是最大的理论速度范围（U_{mr}，图 39.2），特别在能量供应不足的季节（Alerstamand Lindström，1990），是长途迁徙飞行的速度（Pennycuick，1969）。Hedenström 和 Alerstam（1995）认为，鸟的飞行速度会根据时间或能量是否充裕、是在迁徙或运输食物还是正在觅食而做出不同的适应性调整（Hedenström，2008）。

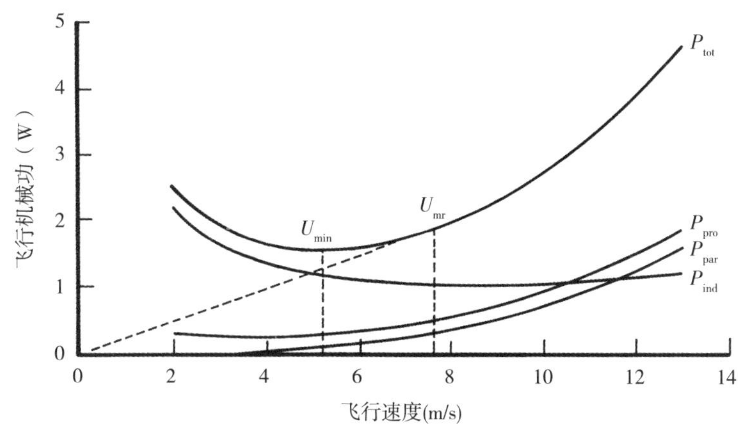

图 39.2 欧洲红隼（*Falco tinnunculus*，体重 0.21 kg）在不同飞行速度下机械功的输出（P_{tot}）及其组分（重力，P_{ind}；身体正面阻力，P_{par}；身体侧面阻力，P_{pro}）的估算值。同时显示了最小功速度（U_{min}）和最大速度范围（U_{mr}）。引自 Rayner，美国数学学会（1993）。

活鸟的飞行阻力构成和全身阻力系数的测定是比较困难的（Pennycuick et al.，1988），用于不同种族鸟空气动力学计算中的近似默认值也是不准确的（Pennycuick，2008）。根据对风洞中飞行的绿翅鸭（*Anas crecca*）和欧歌鸲（*Luscinia luscinia*）测定的数据，发现这两种鸟的飞行阻力系数可能仅为计算值的 20%（Pennycuick et al.，1996b）。而后来基于野生鸟类潜水速度测定的身体阻力，却与原先的计算值较吻合，即有较高的阻力值。最近，Hedenström 和 Rosén（2003）认为，至少对于小型雀形目鸟类来说，这种误差的原因可能是低估了身体的正面（额面）面积。因此，小型鸟类可能比大型鸟类具有更高的身体阻力系数（Pennycuick，2008）。无论是在水中（如海燕）还是在陆地（如某些猛禽），鸟类贴近地平面飞行可以减少重力阻力，这种现象称为“地面效应”。该现象对于如天鹅和秃鹰等重型鸟的起飞具有重要的意义。Rayner（1991）采用固定鸟翼的方法，丰富了地面效应理论。考虑到模型的局限性，尤其是忽略了扑翼的影响，Rayner（1991）认为，只有飞行速度不太低时，地面效应飞行才发挥作用。如将跟踪设备和数据记录仪安装到鸟背上，将会干扰通过躯体和翼底的正常气流，使总阻力增加（Obrecht et al.，1988；Bowlin et al.，2010），并可能对其行为、力能学和生存产生不良影响（Gessaman and Nagy，1988；Barron et al.，2010）。

Pennycuick（1989）报道了滑翔飞行时，不同种族鸟在张开翅膀与承载体重所需生物力学功的估算方法。鉴于可用数据有限，他的初步结论认为，所需功与体重之间的比例应在 $M_b^{0.67}$ 和 $M_b^{0.83}$ 之间，即在不同体重的鸟中，所需的功大约是有氧基础代谢率的固定倍数，这与滑翔所消耗能量的数据一致（见下文）。

Pennycuick（1968，1969，1989）也讨论了不同种类鸟飞行性能的可能影响因素。他假设，几何相似的鸟类飞行所需的 P_o 与 $M_b^{1.17}$ 成比例，并推测飞行肌可用的 P_o 与 $M_b^{0.67}$ 成比例。因此，为了保持等效的飞行性能，可以想象大型鸟飞行肌的发育优于小型鸟。事实上，飞行肌的重量与体重呈正相关（Greenewalt，1962；Marden，1987；Rayner，1988；Bishop and Butler，1995），说明大型鸟的升空速度、起飞速度和悬停能力等飞行性能有所降低。此外，Bishop 和 Butler（1995）指出，由于脊椎动物的最高心率与体重呈反比，实际上最大续航性能受到与之成反比的最大心输出量的限制（Bishop，1997；Bishop and Spivey，2013）。在某种程度上，鸟和哺乳动物的这种性能，应根据观测到的与体重呈正比的有氧代谢能值（最大代谢率与 BMR 的比例）的结果加以完善（Bishop，1999）。由于所需的 P_o 与可用 P_i 相关的质量指数可能存在很大差异，故具有振翅飞行能力鸟的体重是有一个明显上限的（图 39.3），此最大体重为 12～20 kg（Pennycuick，1968）。Pennycuick（1968，1969，1989）认为，鸟的飞行性能将取决于 P_o/U 曲线与飞行肌提供的最大可用 P_o 之间的关系。他将最大功分为两类：（1）绝对最大功（P_{max}），包括飞行肌的有氧（持续）和无氧（爆发）代谢能力；（2）最大续航功（P_{ms}），仅包括肌肉的有氧代谢能力，并受到心肺系统转运氧和代谢产物速率的限制。在蜂鸟，由于可以通过有氧代谢进行悬停（Chai and Dudley，1995），故其 P_{ms} 和 P_{max} 都高于悬停所需的功（图 39.4）。而非洲白背兀鹫（*Pseudogyps africanus*），由于不能悬停，只能水平飞行，故其 P_{ms} 和 P_{max} 均位于飞行所需最小功与悬停所需功之间；诸如鸽这类的鸟，由于能利用无氧代谢提供足够的 P_{max} 进行短暂的悬停，故其 P_{ms} 和 P_{max} 介于上述两种鸟之间。

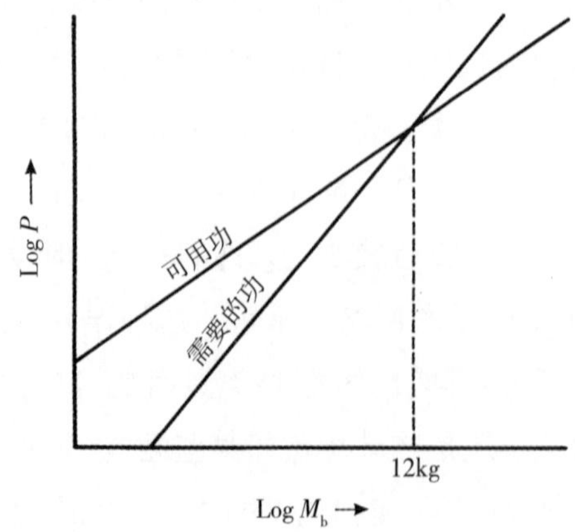

图 39.3 不同大小、几何相似的飞行动物需要的功和可用功（P）对体重（M_b）的双对数图

引自 Pennycuick（1968）。

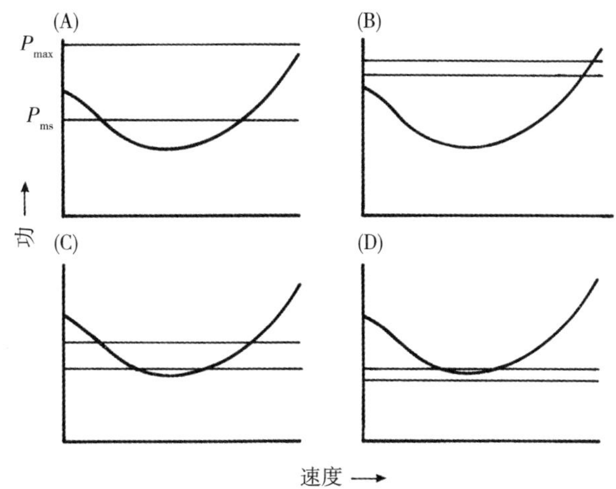

图 39.4 鸽(*Columba livia*)(A)、蜂鸟(B)、非洲白背兀鹫(*Gyps africanus*)(C)和加利福尼亚秃鹰(*Gymnogyps californianus*)(D)的做功曲线(未按比例)

上面的水平线代表最大可用功(P_{max}),下面的线代表最大续航功(P_{ms})。修改自 Pennycuick(1968)。

39.3.1.2 气流的可视化观察和直接力测量

尽管用于估测空气动力学 P_o的数学模型已运用多年,但随着相关技术的发展,直到最近才根据翼产生的空气动力学数据对该模型的准确性进行了验证。Spedding 等早就进行过一些巧妙的试验(1984),Spedding(1986)采用弥漫着具有平衡浮力氦气云雾的 4m 长笼,直接观察了鸽(*Columba livia*)和寒鸦(*Corvus monedula*)缓慢飞过的尾流。虽然获得的数据支持了尾流是由一连串的小环型涡流组成的假说(图 39.5A),表明上行运动不活跃(Rayner,1979),但依据此环型涡流计算出的能量仅为模型预测值的 60%和 35%(分别为鸽和寒鸦)。对该“赤字”的最可能解释是由于飞行时间太短,鸟没有以恒定的速度飞过氦气云雾。在进一步的研究中,Spedding(1987)让一只红隼(*Falco tinnunculus*)以大约 7m/s 的“中等”速度飞过一条弥漫着氦气云雾的 36 m 长廊,发现尾迹是由一对连续的、起伏的拖尾涡流组成(图 39.5B),说明翼的上行运动符合空气动力学原理。因此,一种更简便的尾流模型可以用来计算重力,结果与基于经典空气动力学理论的 Pennycuick(1975)模型的计算结果非常接近。运用推测驱使升空的振翅动力学原理,Tobalske 和 Dial(1996)认为,黑喙鹊(*Pica pica*)在任何速度都采用涡环“步态”;而鸽在 6~8m/s 时采用涡环步态,10 m/s 时采用过渡“步态”,更高速度时采用连续涡流“步态”。

最近利用精准粒子图像测速(particle image velocimetry,PIV)设备对鸟在风洞中飞行尾流的测定研究,发现“缺失”明显的重力速度组分,证明尾流中存在着对全身重量起支撑作用的力[如歌鸲(*L. luscinia*);Spedding et al.,2003]。也部分证实了仅出现于极端飞行速度范围的独特涡环和连续涡流“步态”。实际上,对大多数飞行速度下所测定的结果,表明伴随着强烈、连续的翼尖涡流,存在着更复杂和介于中间状态的尾流,至少雨燕(*Apus apus*)在翅根(或基部)有额外的涡流出现(Henningsson et al.,2011)。蜂鸟再次表现出异乎寻常的空气动力学模式,其在振翅的最后并未出现涡流的流失,而是将气流固定在翼下,使其在整个翼动周期内有一个近乎连续的升空力(Warrick et al.,2009)。并有结果显示,其悬停时翼产生的空气动力学上“有效”的上升力承载了大约 25%的体重。虽然其他一些鸟类也会短时间悬停,但它们在升空过程中将缩回翅翼、几乎扫过身体折叠起来,故在空气动力学上是“无效

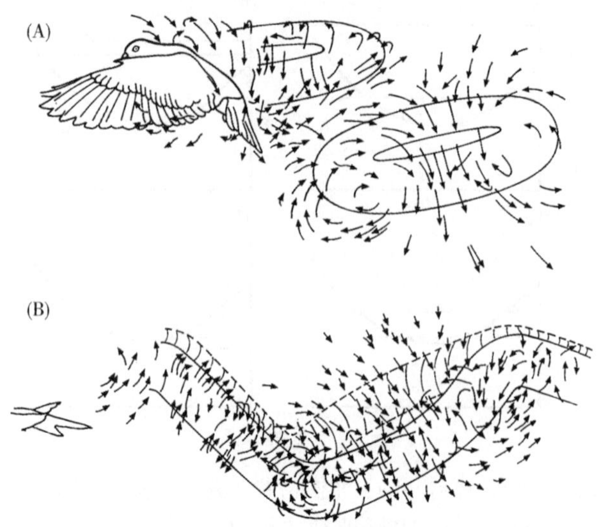

图 39.5 (A) 鸽 (*Columba livia*) 和 (B) 红隼 (*Falco tinnunculus*) 在充满氦气肥皂泡的平衡悬浮云雾中飞过时，尾流的空气运动和涡心位置重构图。引自 Rayner (1988)。

的"。为了弥补这种不足，斑姬鹟（*Ficedula hypoleuca*）的躯体和尾表面共同提供了支撑23%体重的力（Muijres et al.，2012a）。比较鸟与蝙蝠的尾流结构（图 39.6），发现鸟类具有比蝙蝠更高的空气动力学效率（包括高升空/阻力比），这可能就是鸟类比蝙蝠能进行频繁和超长距离迁徙的主要原因（Muijres et al.，2012b）。

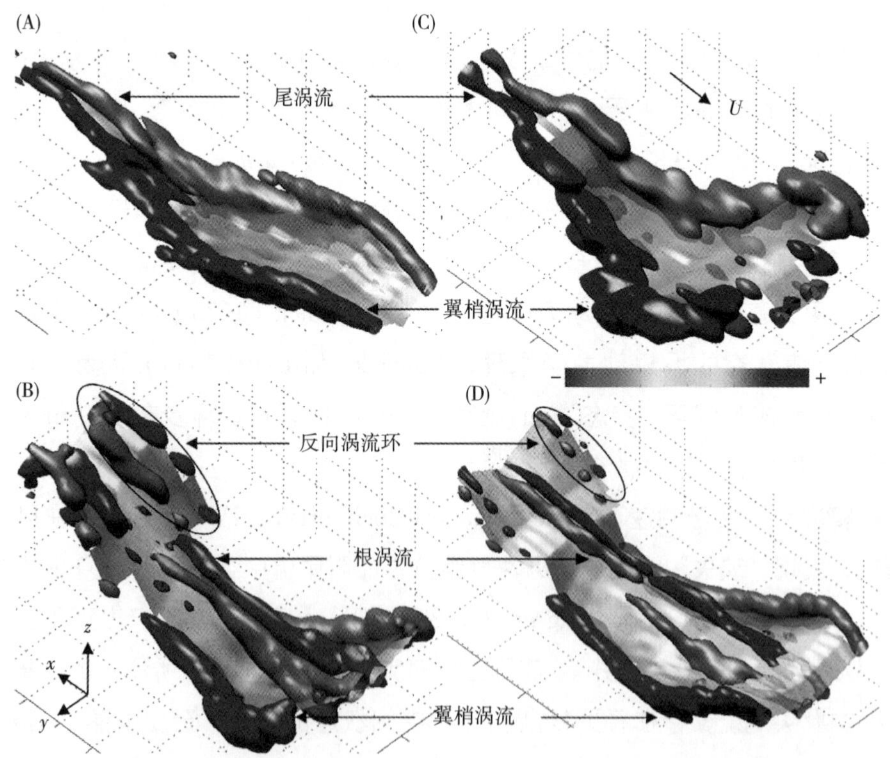

图 39.6★ 两种鸟 (A 和 C) 与两种蝙蝠 (B&D) 以 7 m/s 速度飞行时，单个振翅周期尾流的拓扑学重构结构

(A) 斑姬鹟 (*Ficedula hypoleuca*)，(B) 长舌蝠 (*Glossophaga soricina*)，(C) 黑顶林莺 (*Sylvia atricapilla*)，(D) 邵氏长鼻蝠 (*Leptonycteris yerbabuenae*)。不同颜色表示这些动物从右向左飞行时的下降气流 (见颜色条)。蝙蝠向下运动时，在翼基部产生根涡流，但由于推力作用形成的反向涡流环，对上行运动具有一定的负作用。而鸟在翼收回身体两侧时产生较多的无效上升力，并留下一道可见的尾涡流。引自 Muijres 等 (2012b)。

运用安装在紫翅椋鸟（*Sturnus vulgaris*）和鸽（*C. livia*）臂骨上的张力应变仪，首次测定了鸟飞行时肌肉产生的生物学张力，并粗略估算了胸肌产生的生物力 P_o（Biewener et al., 1992; Dial and Biewener, 1993）。更完整的结果是对黑嘴喜鹊（*Pica hudsonia*）以 0～14 m/s 速度飞行时的测定结果（Dial et al., 1997），随后几年对鸡尾鹦鹉（*Nymphicus hollandicus*）和斑鸠（*Streptopelia risoria*）进行了更深入的研究（Tobalske et al., 2003）。对于鹊来说，相对于 2～14 m/s 的速度，只有悬停时才有较高的 P_o值，形成所谓的 L 形曲线。根据对多种鸟类的报道，P_i测定值也有类似的平坦曲线，甚至为 J 形曲线（见第 39.3.3.2）。然而，鸡尾鹦鹉和鸽飞行时，生物学张力 P_o随着速度的变化而变为明显的 U 形功曲线（符合空气动力学理论预测）。鸡尾鹦鹉的单位重量胸肌 P_o范围为74～231 W/kg（图 39.7）。这些研究者指出，鸟飞行做功曲线的精确形状和位置在种族间可能存在多样性，这是因为不同的鸟有不同的

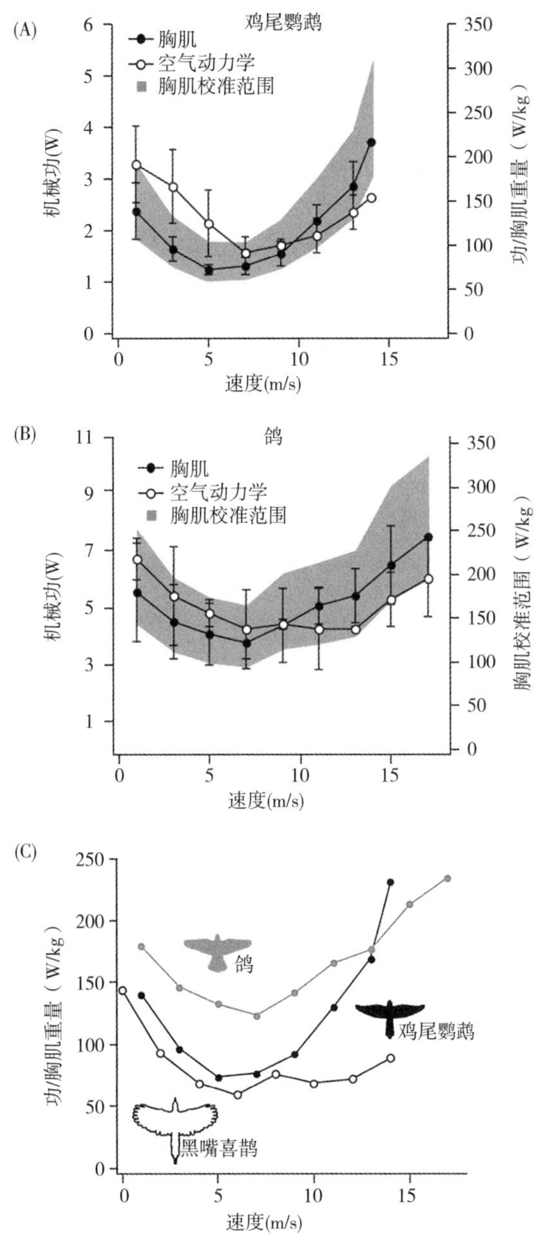

图 39.7　5 只鸡尾鹦鹉（*Nymphicus hollandicus*）（A）和 3 只环形鸠（*Streptopelia risoria*）（B）在不同飞行速度时的胸肌输出功以及空气动力学输出功的平均值，阴影区域表示将"低功"和对应的"高功"空气动力系数输入空气动力学模型中获得的胸肌做功范围。（C）在不同飞行速度时，鸡尾鹦鹉、鸽和黑嘴喜鹊（*Pica hudsonia*）的单位重量胸肌做功情况的比较。引自 Tobalske 等（2003），自然出版集团。

飞行模式，飞行时翅和尾平面会发生功能性的变化，从而影响相对应的 P_o（Dial et al.，1997；Tobalske et al.，2003）。当然，这是一个复杂的技术，这些学者也承认张力应变仪在校准时可能存在一些误差，可能导致最大张力和 P_o的偏低。

Usherwood 为了测量鸟起飞和慢速向前飞行时作用于翼的净空气动力，在加拿大雁（*Branta canadensis*）、鸽翼上沿长轴和短轴方向分别安置了压力传感器（Usherwood et al.，2005），用于测定翼的上升力及其阻力值，显示鸽单位重量肌肉的 P_o为 273 W/kg。该值远高于 Tobalske 等（2003）测定的鸡尾鹦鹉和鸽在同等速度下飞行的相应值（80 W/kg 肌肉和 150 W/kg肌肉），但与风洞中高速飞行时的值和同等大小短嘴鸦（*Corvus brachyrhynchos*）垂直飞行时的值相似（Jackson and Dial，2011）。Askew 和 Marsh（2001）研制了一种测定肌肉产生张力的体外试验方法，运用经典活体长度和活动模式，记录到蓝胸鹑（*Coturnix chinensis*）的平均输出功为 350 W/kg。当然，这些较高的体外 P_o值可能不能准确地代表体内持续有氧代谢的情况。Askew 和 Ellerby（2007）也采用同样的方法，显示虎皮鹦鹉（*Melopsittacus undulatus*）和斑胸草雀（*Taenopygia guttata*）的体外 P_o曲线符合典型的 U 形。

39.3.2 飞行所需输入功的测量技术

39.3.2.1 体重损失

早期一些关于 P_i的测定，是根据长距离、不着陆飞行期间的体重损失记录计算而获得，并假设这种损失的主要成分是脂肪，而水的净损失忽略不计（Nisbet et al.，1963）。Berger 和 Hart（1974）对这种方法提出了质疑，认为总水分的损失可能超过了代谢水的产生，尤其是在导致严重脱水的高温环境中（Nachtigall，1995）。即使如此，Jehl（1994）还是采用这种方法对黑颈䴙䴘（*Podiceps nigricollis*）迁徙期间，因恶劣天气而被迫着陆的能量消耗进行了估测。主要由于鸟处于飞行状态的时间不确定，故该数据也是不准确的。这种方法的另一个问题，有证据证明迁徙中的鸟在飞行时也有蛋白质的分解代谢（如肌肉和肠道）（Piersma and Jukema，1990；Jenni-Eiermann and Jenni，1991；Battley et al.，2000）。然而，脂肪的能量比为 39.3 kJ/g，肌肉（由约 70%的水组成）仅为 5.4 kJ/g（Schmidt-Nielsen，1997）。

Masman 和 Klaassen（1987）提出了一种更复杂的方法，根据体重变化对飞行能耗进行估测。他们在实验室条件下，让经过训练的红隼（*F. tinnunculus*）向一个方向飞行，研究其能量代谢。依据每天代谢能摄入量、耗氧量、休息时二氧化碳排出量，以及每天飞行时间的监测数据，计算出飞行的能量消耗。运用类似的方法对欧歌鸲（*L. luscinia*）在风洞中长时间飞行（7 次不同的 12h 飞行时长）进行了研究（Kvist et al.，1998）。然而，由于能量消耗极易受蛋白质和/或碳水化合物利用情况的影响，所以基于体重变化估测的能量消耗可能会存在相当大的误差。

39.3.2.2 双标记水

测定以空气进行呼吸的脊椎动物野外代谢率（field metabolic rate，FMR）的最常用方法是双重标记水（doubly labeled water，DLW）法，该方法已被广泛用于野外自由飞行鸟的研究中（Hails，1979；Ellis，1984；Tatner and Bryant，1989）。在 40 多年前，Lifson 及其同事首次建议将其作为测定二氧化碳生成量的方法（Lifson et al.，1949，1955）。该方法是首先给动物注射^2H_2O（或^3H_2O）与$H_2{}^{18}O$的混合物，让其与体内的水混合，采集注射后的体液样品，并将动物放归野外；数天后，重新捕获该动物，再次采集体液样品。认为两次样品之间各种同位素的损失率差异与二氧化碳产生率（$\dot{V}co_2$）相等，据此推算动物的代谢率和P_i。两次采样之间的最大间隔时间（试验的最长持续时间），取决于同位素的初始富集度（富集度越高，间隔时间越长）和动物的体重（相同富集度，体重越大，间隔时间越长），当然还有动物的活动强度。Nagy（1980）和 Speakman（1990）对这一技术的运用进行了详细的讨论，Butler 等（2004）也对 DLW 技术用于心率测定的优缺点进行了比较（见 39.3.2.3.1）。

尽管 DLW 是一种运用于野外的比较简单的方法，但它主要存在三方面的局限性。第一，野外工作最重要的实际情况是，试验的持续时间受到^{18}O转换率的限制，因此在注射同位素之后、重新捕获动物之前，必须留有足够的时间使^{18}O富集度适度下降，但又不能过低（Nagy，1983）。第二，该技术仅测出两次采样时间点之间能量消耗的平均值，这常常超过了活动的 24h 日周期（Speakman and Racey，1988）。当 DLW 用于测定特定活动（如飞行）的代谢消耗时，与体重损失法一样，必须掌握首次采样点与最后采样点间的准确飞行时间。最好还要知道呼吸商（RQ），以便将计算出的$\dot{V}co_2$转换为$\dot{V}o_2$和/或P_i的估算值（见上文），但这通常会导致更大的误差。最后，该方法提供的仅是$\dot{V}co_2$的估算值，但常被绝对化，也就是说忽略了个体数据存在一定程度的不确定性。如果对所有个体数据的平均值进行统计分析，则可能导致 I 型错误（即假阳性）。

最近，对不同运动强度（除飞行外）笼养鸟超过 72h 的验证研究，表明以 DLW 方法估测的多个个体代谢率的平均值，虽然方差很大，但仅为呼吸运动计量法测定值的百分之几（Nolet et al.，1992；Bevan et al.，1994，1995a）。Ward 等（2004）是唯一对飞行鸟代谢率进行验证性研究的团队，他们采用三种独立技术——DLW、呼吸运动计量法和热传递模型，测定了欧洲椋鸟（*S. vulgaris*）在风速为6～14m/s 风洞中飞行的P_i。对热传递模型和呼吸运动计量法的结果进行比较，发现P_i随着速度的增加而呈线性升高；但 DLW 法测量的结果，在各个体间的数据存在着很大的离散性和方差变异。

39.3.2.3 遥测和数据记录

生物遥测和数据记录装置技术，在放养（野外）动物生理学研究上取得了很大进展。早期的一些研究是将较大的无线电发射装置安置在鸟背上，仅能记录数秒钟的飞行数据（Hart and Roy，1966；Berger et al.，1970a，b）。在身体上安装任何设备都可能影响鸟的飞行性能，其不仅增加了重量，还会使空气阻力增加（Bowlin et al.，2010）。当然，也可以通过安装相对较小的发射器使这些影响降到最低，甚至不影响鸟对羽毛的整理（Obrecht et al.，1988）。但在某些情况下，这种影响可能又会相当大，特别是如信鸽这样具有卓越飞行性能的鸟类（Gessaman and Nagy，1988）。Butler 和 Woakes（1980）以相对较小的（＜10 g）无线信号发射器植入到白颊黑雁（*Branta leucopsis*）的腹腔中的测定方法，克服了身体阻力增加的问题，并记录了两只敞篷车后伴飞鸟（平均体重 1.6 kg）的心率（平均值为 512 次/min）和呼吸频率（平均值为 99 次/min）。现在人们可以通过植入数据记录仪（重量＜30g）的方法，将基本生理信息（心率、体温等）储存数日，再在重新捕回动物后下载这些数据（Woakes et al.，1995；Bevan et al.，1995b）。

39.3.2.3.1 心率

精确测量到的心跳频率（f_H），可以作为代谢能量消耗的一个指标。如果数据经过适当校准和验证，且来源于足够数量的动物，那么f_H可以作为野生鸟摄氧率的一个指标（Butler et al.，2004）。

Bevan等（1995b）使用植入式数据记录仪，最大限度地降低了对行为的影响。根据储存于记录仪中的f_H，估算了鸟类滑翔飞行时的能量消耗。但获得的鸟在行走、奔跑或游泳时f_H与$\dot{V}O_2$间的相互关系，可能与飞行时的相应关系不一致（Gessaman，1980；Nolet et al.，1992；Ward et al.，2002）。理想情况下，有人建议飞行时的f_H应该在风洞中校准，且记录的数值不应超过校准测量时的f_H范围。Ward等（2002）的研究，仍是唯一一份以呼吸运动计量法直接校准的鸟在风洞飞行的心率报告（图39.8），认为测得的心率和氧消耗率存在一个合理的变化范围。黑雁、斑头雁在奔跑与飞行时的校准关系是不同的，目前还不清楚其他物种是一种怎样的关系。似乎这些鸟类的这种关系并不多见，认为黑雁在野外并不特别依赖奔跑。

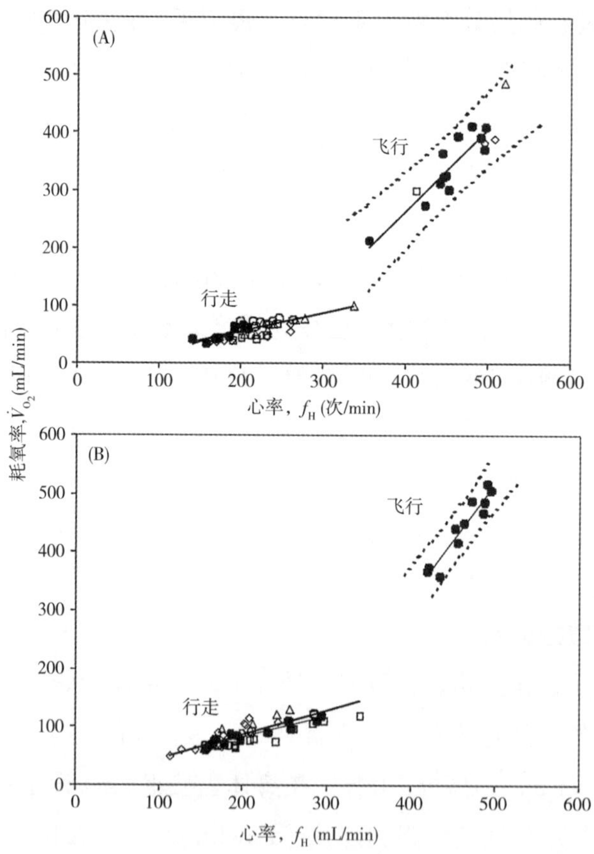

图39.8 （A）黑雁（*Branta leucopsis*）和（B）斑头雁（*Anser indicus*）分别在跑步机上行走和风洞中飞行时的平均耗氧率（$\dot{V}O_2$）与平均心率（f_H）之间的线性关系

实心圆表示每只鸟飞行时f_H与$\dot{V}O_2$的关系（N＝12只黑雁B-B的飞行和11只斑头雁BH-O的飞行）。空心符号代表了其他鸟的数据。实线表示黑雁B-B和斑头雁BH-O在行走和飞行时f_H与$\dot{V}O_2$的关系（黑雁B-B：行走时，$\dot{V}O_2=0.47f_H-35.9$，$r^2=0.78$；飞行时，$\dot{V}O_2=1.42f_H-304$，$r^2=0.82$。斑头雁BH-O：行走时，$\dot{V}O_2=0.35f_H+12$，$r^2=0.88$；飞行时，$\dot{V}O_2=1.97f_H-467.5$，$r^2=0.90$）。虚线是95%的置信区间。引自Ward等（2002）。

39.3.2.3.2 加速度测量技术

近年来，运用安置在动物身体上的加速度测量仪，以提供更高分辨率的加速度测量数据（或速度变化）。在稳定的飞行状态、并能记录到足够的翼动次数（或飞行时的拍打次数）情况下，由于重力的原因，平均加速度等于加速度的“静态”分量。将初始加速度平均值减去特定时间段的静态加速度，得到时间平均“躯体动态加速度”或 DBA（dynamic body acceleration; Qasem et al.，2011）。在多维加速度研究中，最终平均前不同轴线上的数据相加所得的数值，称为总躯体动态加速度（overall dynamic body acceleration，ODBA），求平均值前所取的矢量长度称为 VeDBA（Qasem et al.，2011）。这些测量值与在跑步机上奔跑的人、许多其他哺乳动物和鸟的氧消耗率有较好的对应关系（Qasem et al.，2011）。

虽然缺乏对鸟类飞行时 DBA 与能量输出之间的详细、直接关系的统计分析，但通过对笼养兀鹫（*Gyps fulvus*）的研究显示：上升飞行时，ODBA 增加；而下降时，ODBA 则降低。最近有研究显示，人工饲养厚嘴海鸥（*Uria lomvia*）的 VeDBA 与 DLW 法测算的日均能量消耗紧密相关。不过正如前文所述，DLW 法仅给出了 $\dot{V}_{O_2}$ 的估算值。此外，Spivey 和 Bishop（2013）描述了一个数学模型，以帮助解释安装在鸟身体上加速度测量仪采集的飞行数据。假设鸟稳定向前飞行的身体运动类似于正弦波动，可以通过数学运算推算出加速度的均方根（root mean square of acceleration，aRMS），后者是时间平均 DBA 的另一种形式（与 VeDBA 紧密相关）。安装在鸟身体上加速度测量仪显示的生物力学功（P_{body}），可以理解为单位体重功（$W = m^2 \times s^{-3}$）的国际标准单位，这种功可以下列方式表示：

$$P_{body}\text{与}(g \times a\text{RMS})/f_w\text{成比例}$$

$$P_{body}\text{与}(a\text{RMS})^2/f_w\text{成比例}$$

此处的 g 是重力加速度（m/s^2），f_w是翼振频率（1/s）。运用这种以身体运动轴线排列的传感器为中心设计的加速度测量仪，随着自身重量的变化，测定的结果存在着一定的不确定性。这是由于翅运动的部分能耗可能被“隐藏”在安装的传感器上，与运动能耗无直接关系的躯体旋转可能放大了表观能量需要。但随着研究的深入，该技术很可能会成为评估动物运动和力能学的一种重要技术。

加速度测量技术也可用于测定动物身体的相对定位和动力学，特别是翼振频率。Sato 等（2008）对人工饲养幼年欧洲鸬鹚（*Phalacrocorax aristotelis*）的觅食量进行了观察，结果认为通过测定翅的扑动频率可以确定体重的变化。Sato 等（2009）研究了 5 种鹱形目鸟在起飞时和向前飞行时的翼扑频率，发现起飞时的翼扑频率较高，且与 $M_b^{-0.3}$成比例变化；而向前飞行时与 $M_b^{-0.18}$成比例变化。根据对这两种关系外推的节点，认为只有体重 41 kg 左右的鸟或翼展 5.1m 左右的翼龙才能进行真正的翱翔飞行（图 39.9）。

39.3.2.4　风洞

由于在实验室条件下，可以直接测定鸟在风洞中飞行的 $\dot{V}_{O_2}$，再将其转换为 P_i（见上文），故 P_i是最容易间接估算的指标。过去 30 年，风洞的大量运用，极大地丰富了鸟类飞行生理学知识（Butler and Woakes，1990；Norberg，1990）。运用风洞的主要优势在于使运用其他方法无法完成的生理学测定变为可能（如重复采集血液样品，直接测量血压、血流量和力的产生）。但值得注意的是，与其他任何研究方法一样，风洞本身也会影响动物的飞行行为，测得的数据与实际的野外自由飞行情况并不完全一致（Butler et al.，1977；Rayner，1994）。

为了获得鸟在风洞中飞行的生理学数据，常常需要在鸟的身体上安装记录仪器，这将会对测量产生一些影响。例如，气体交换（$\dot{V}_{O_2}$ 和 $\dot{V}_{CO_2}$）的测定，是根据进出套在喙和鼻上轻质面罩连接管的气量而进行的（Tucker，1968b，1972；Bernstein et al.，1973；Butler et al.，1977；Gessa-man，1980；Hudson and Bernstein，1983；Rothe et al.，1987；Ward et al.，2001，2002；Peters et al.，2005）。由于测定仪本身的重量造成的额外阻力，面罩及其管道等也将会影响记录结果。也可以类似的方法，测定蜂鸟在人造花上采食时的 $\dot{V}_{O_2}$（Wells，1993a，1993b；Clark and Dudley，2010）。Tucker（1966）、Torre-Bueno 和 Larochelle（1978）不使用面罩对风洞中的气体交换测定进行了一些研究。他们使用密封的闭合回路风洞，测定了飞行期间风洞管内的气体浓度变化。

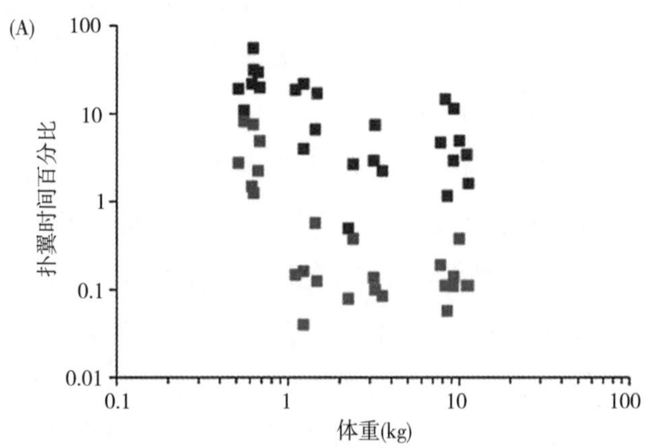

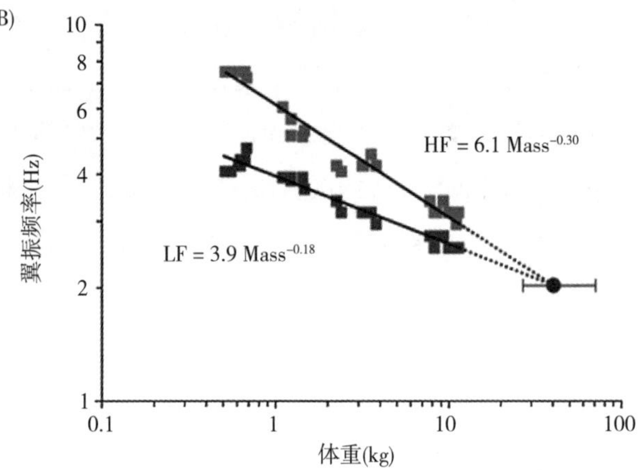

图 39.9★ （A）5 种信天翁和海燕觅食飞行时，体重与相对较慢（蓝方块）或相对较快（红方块）扑翼时间百分比间的关系。（B）上图 5 种鸟体重与翅振频率的关系。对高频（红方块）和低频（蓝方块）翅振计算的回归线及其对大型鸟的外推线（虚线），置信区间为 95%（26～75kg）时，两条线的节点在体重为 41 kg（5.1 m 翼展）处。引自 Sato 等（2009）。Mass：体重。

Rayner（1994）的一项空气动力学分析，认为鸟在风洞闭合部位飞行时所需的 P_o 低于自由飞行时的 P_o（除非风洞直径大于鸟翼展的 2.5 倍，以使其可以在风洞中心或附近飞行），而在开放部位飞行时则增加（同样，也与风洞的相对大小有关）。但目前支持该结论的可靠试验数据极少。值得注意是，Butler 等（1977）测定的以 10 m/s 速度［供氧182 mL/（min·kg），将面罩及连接管道的阻力调整为 10%；Tucker，1972］、在相对较大的风洞中飞行鸽（平均体重 0.442 kg）的 $\dot{V}_{O_2}$ 值与 LeFebvre（1964）使用 DLW 法获得的自由飞行鸽［供氧 199 mL/（min·kg），平均体重 0.384 kg］的结果相似，它们均略低于 Rothe 等（1987）在较小风洞中［供氧 248.5 mL/（min·kg），也调整了面罩及其连接管的阻力，为 22%；Rothe et al.，1987］飞行鸽（平均体重 0.330 kg）的最小平均值。根据 Rayner 的分析，认为空气动力学是导致 Rothe 等报道的 $\dot{V}_{O_2}$ 值降低的唯一因素。Rayner（1994）也得出结论，在封闭风洞中飞行鸟的 P_o 与速度关系曲线（见上文）比自由飞行鸟更平坦。

与上述相反的其他研究表明，在风洞中测得的鸟飞行能耗值要高于前述体重损失法、DLW 法测定值的 30%～50%（Masman and Klaassen，1987；Rayner，1990）。然而，先前的一些学者收集的风洞数据测量值，是来源于悬停蜂鸟和实际上并未使用风洞试验系统的其他试验结果（Teal，1969；Berger et al.，1970a）。Rayner（1990）运用了与 Masman 和 Klaassen

（1987）相同的 71 只鸟的一组数据，并补充了来自新近出版物的 40 多个数据，但遗憾的是他未给出这些补充数据的来源，所以欲对此进行重新分析时而无法查证。Masman 和 Klaassen（1987）采用 DLW 法得到的 9 个数据值，以缩短主轴（reduced major axis，RMA）的方法对此进行了重新分析（Sokal and Rohlf，1981；Rayner，1985b），推算的向前振翅 P_i（W）值为 $P_i=69.5M_b^{0.87}$[$r^2=0.83$，$n=9$，M_b=体重（kg）]。根据 Masman 和 Klaassen（1987）列出的 7 只在自然风洞中飞行鸟的数据（编号分别为 44、54、57、63、64、67 和 68；注意 44 号鸟的 P_i是 4.08 W，而不是 40.8 W），得出 $P_i=58.8\ M_b^{0.76}$，$r^2=0.98$。这些回归的斜率和离散度与其他的数据存在明显的差异。如取 7 项有关鸟在风洞中飞行研究的最小值，并考虑面罩及其连接管的阻力，则方程式为 $P_i=52.6M_b^{0.74}$，$r^2=0.95$。这样，就不会怀疑 Masman，Klaassen（1987）和 Rayner（1990）的结论了。应该指出的是，Norberg（1996）的“风洞”数据（表 7.3）与 Masman 和 Klaassen（1987）的结论存在着相类似的错误。

39.3.2.5　心血管功能的建模

对于使用空气动力学模型估算 P_o及将其转换估算出 P_i（效率估算值）的一些不足，可以通过设计一个直接估计 P_i的模型来弥补。Ward 等（2001，2004）的研究支持了这一方法，他们认为欧掠鸟飞行的速度不同，肌肉的功效也不同，而据 P_o推测的 P_i又受到这种功效的影响。Bishop 和 Butler（1995）根据动物的心脏重量可以作为推算心脏每搏输出量和有氧代谢能力的假设，构建了一个估算 P_i的模型。心血管系统的各种组成部分，在将 O_2（并从中除去 CO_2）运送到运动肌肉中的作用可用 Fick 公式表示：

$$\dot{V}_{O_2}=f_H\times V_S\times(C_aO_2-C_{\bar{v}}O_2)$$

式中，f_H是心率（次/min），V_S为心脏每搏输出量（mL），（$C_aO_2-C_{\bar{v}}O_2$（每毫升血的 O_2量）。理论上讲，每个变量都分别占体重一定的比例：

$$(\dot{V}o_2)M_b^z=(f_H)M_b^w\times(V_S)M_b^x\times(C_aO_2-C_{\bar{v}}O_2)M_b^y$$

关于鸟向前振翅飞行时 Fick 方程中所有四个变量的测定，仅见有两项研究（Butler et al.，1977；Peters et al.，2005）。Bishop 和 Butler（1995）根据在一般异速增长方程（$y=a\cdot x^b$）中按比例变化的 f_H、V_s和（$C_aO_2-C_{\bar{v}}O_2$），将 Butler 等（1977）研究中的每一个值分别代入上述方程式中，接近最小功速度飞行鸟的 Fick 各变量以下列比例进行估算：$f_H=574\ M_b^{-0.19}$，$V_s=3.48\ M_b^{0.96}$，（$C_aO_2-C_{\bar{v}}O_2$）$=0.083\ M_b^{0.00}$。飞行 V_s是根据直接正比于心脏重量（M_h）或 $V_s=0.3\ M_h^{1.05}$的假设进行估算，而飞行期间的 f_H和 M_h通过试验很容易确定。

Bishop 和 Butler（1995）对具有较高有氧代谢能力的鸟类（如鸽）以接近最小功速度飞行的研究，结果为 $\dot{V}_{O_2}$（mL/min）$=166\ M_b^{0.77}$。这有利于对 Butler（1991）计算出的关系式（$\dot{V}_{O_2}=160\ M_b^{0.74}$）与在风洞中向前飞行的 7 种鸟 RMA 的再分析结果进行比较。Bishop（1997）再次以 M_h作为计算的基础，使用类似的方法对飞行时鸟的最大 $\dot{V}_{O_2}$进行估算。虽然有必要获得不同体重、不同飞行模式鸟的心血管变化数据，但较之于运用在风洞中飞行的几种鸟类的异速增长系数，似乎使用 M_h来估算不同种类鸟的有氧代谢能力可能更合适。Bishop 和 Spivey（2013）对 24 种鸟和哺乳动物的数据进行了多重分析（有人主张用 meta-分析），这些动物保持固有的“主要”运动模式（分别为跑、游泳或飞行），结果认为所有物种的异速增长

趋势 $\dot{V}_{O_2}$ 与心率平方（f_H^2）大致成正比。虽然不同个体、不同物种的 $\dot{V}_{O_2}$ 随着心率二次方指数的接近程度而有所不同，但心脏重量和体重是对氧消耗率的最佳预测信息（图 39.10）。

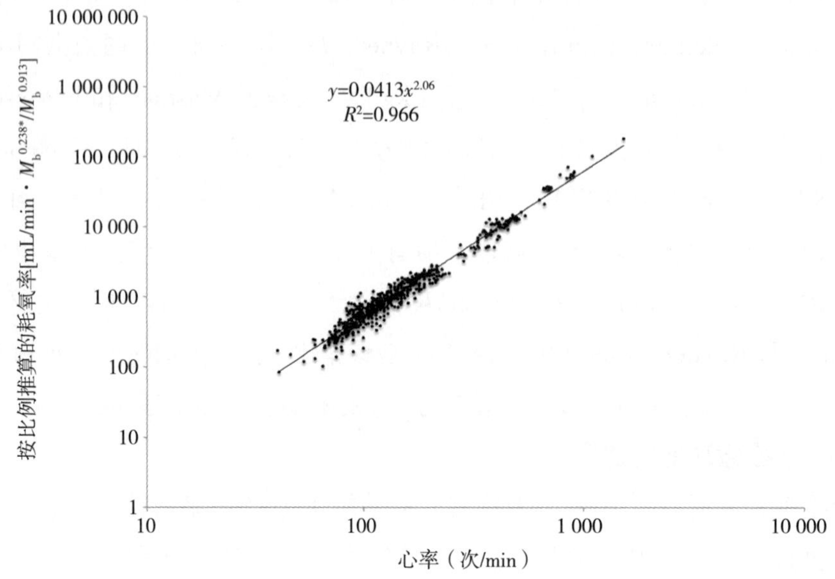

图 39.10　12 种鸟和 12 种哺乳动物的心率（次/min）与耗氧率 [$\mathrm{mL/min} \cdot M_b^{0.328*}/M_b^{0.913}$] 的关系

耗氧量已根据不同物种体重（M_b）和心脏重量（M_h）的差异进行了“修正”。每种动物都依据其“固有运动模式”进行飞行、跑步或游泳，即最高耗氧率的运动的形式。引自 Bishop 和 Spivey（2013），Elsevier 出版公司。

39.3.3　飞行输入功的经验公式

野外自由飞行鸟的每次飞行过程至少包括一次起飞和一次攀升过程，其不仅有不同时程的滑行、翱翔、跳跃和振翅飞行，或许还有几种其他一些类型（转弯、短暂的“爆发”飞行、姿势变化）。所有这些飞行类型的能量需要都不同，可以通过无氧代谢、有氧代谢途径或两者结合而提供。

鸡形目鸟（如野鸡、松鸡和鹌鹑）在起飞和短时飞行时，通常是一种强有力的“爆发”飞行方式，肌肉主要通过无氧代谢途径利用细胞储存的肌糖原，导致乳酸的积累和代谢性酸中毒，并很快出现疲劳，接着乳酸盐被氧化分解，诸如心脏这样的组织其能源或者被肝脏转化为糖原。这种爆炸式飞行消耗的总能量，在飞行后休息时大部分得到“补偿”。如果依据 $\dot{V}_{O_2}$ 估算这种爆发式的真实能量消耗，应该包括飞行后恢复期。换句话说，如果活动持续相对较长时间（即鸟进行有氧代谢），$\dot{V}_{O_2}$ 的测定值是唯一能准确估算 P_i 的参数。

39.3.3.1　滑翔和翱翔飞行

Pennycuick 先前的研究，认为滑翔和翱翔时保持翅膀张开的能量消耗约是 BMR 的 1.5 倍。一般来说，随着体尺的增加，BMR 降低，同时飞行速度也提高，故大型鸟类比小型鸟类更有利于滑翔。实际上，大多数研究证实滑翔的能耗还要略高。在有风的条件下，信天翁只能进行翱翔和滑翔飞行，乃至在几乎平静的条件下，他们只会偶尔扇动翅膀（Alerstam et al.，1993）。但应该记住，滑翔的鸟类能够主动调整其翅膀的形状和跨度，包括其与身体的角度，以便调节气流速度和翼的空气动力学效率（Rosén and Hedenström，2001）。运用 DLW 法，Adams 等（1986）对

* 此处怀疑原书有错。

短尾信天翁（*Diomeda exulans*）、Costa 和 Prince（1987）对灰头信天翁（*Diomedea chrysostoma*）进行了研究，测得的飞行代谢消耗分别是预测 BMR 的 3.0 倍和 3.2 倍（平均体重 8.4 kg 的鸟为 49.7 W，平均体重 3.7 kg 的鸟为 36.3 W）。这些估算是基于以下假设：鸟在水面的代谢率与在地面休息时相接近，且其平均活动能量值与同种动物研究值相似。但平均体重为 0.91 kg 的黑脊鸥（*Larus argentatus*），在风洞中滑翔时的 P_i（根据 $\dot{V}_{O_2}$ 的测量值计算）为 13.9 W，仅为休息时的 2.1 倍（Baudinette and Schmidt-Nielsen，1974）。

在对黑眉信天翁（*Diomedea melanophrys*）的研究中，Bevan 等（1995b）以 f_H 法对野外飞行代谢率（FMR）进行了估算，运用盐水开关法对在水上鸟的代谢率进行了估算。他们估算出，鸟在水面上的代谢率为孵蛋时的 2.6 倍，但仅为预计 BMR 的 1.9 倍，即其稍低于 Adams 等（1986）、Costa 和 Prince（1987）的假设值。有趣的是，平均体重为 3.5 kg 鸟的平均飞行代谢能耗为 21.7 W，仅为 Costa 和 Prince（1987）对相似体重灰头信天翁估算值的 60%，与鸟类在水上的数值无显著差异。在已经以 DLW 法估算海鸟 FMR 的其他研究中，也使用了盐水开关法来判断鸟何时在空中飞行。但对以滑翔与振翅模式结合飞行的鸟类（鲣鸟）的研究，不能确定是何种飞行模式的能耗（Birt-Friesen et al.，1989；Ballance，1995）。类似的局限性也存在于对持续飞行鸟类（不在巢中）的其他研究中（Flint and Nagy，1984；Obst et al.，1987）。

Bevan 等（1995b）的研究，阐明了试验时动物姿势的重要性，以及使用 FMR 法的优点，这一方法考虑到各种姿势时代谢能耗的估算。通过使用卫星遥感技术和 f_H 数据记录，Bevan 等（1995b）测定了黑眉信天翁觅食飞行不同时段的代谢能耗（图 39.11）。在觅食飞行的第二时段，1.7h 飞行了 80.1 km 的距离，相对于地面的平均速度为 13.1 m/s，这一数值与

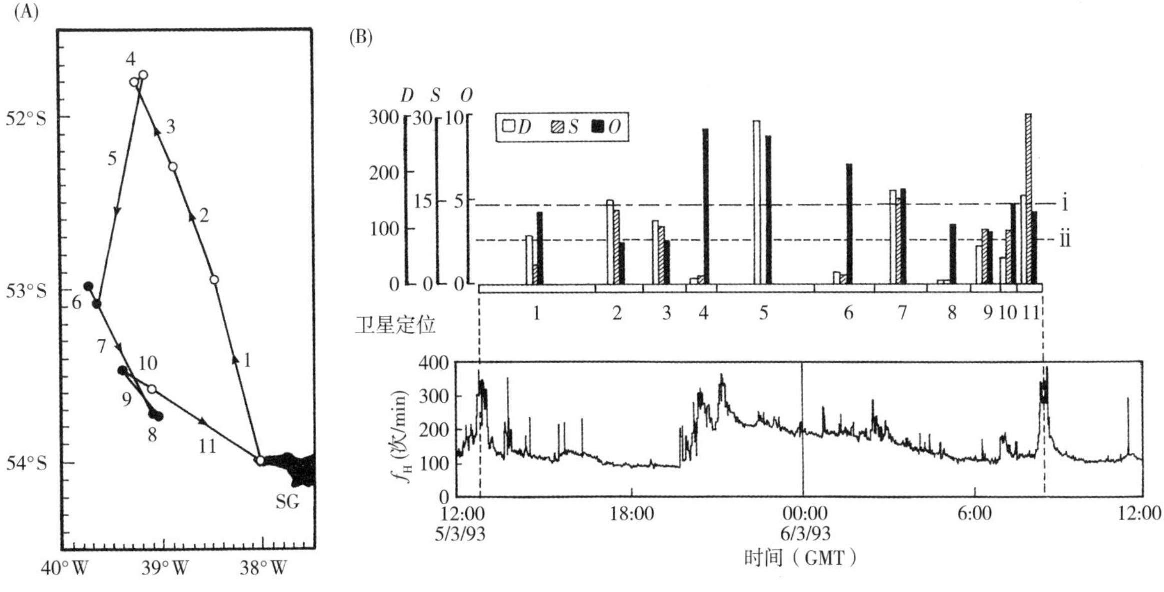

图 39.11 （A）卫星遥感记录仪和心率记录仪记录的黑眉信天翁（*Diomedea melanophrys*）从南乔治亚岛（SG）出发的一次觅食飞行轨迹。圆圈表示每次卫星上传的位置，实心圆表示夜间的位置，空心圆表示每一持续飞行段位置间的飞行方向。各持续飞行段连续编号。（B）上图：A 图中每一连续飞行段的飞行距离（D，km）、飞行速度（S，m/s）、计算的能量消耗（O，W/kg）。双线表示每次卫星传输的间隔时间。平均速度（水平点线 i）引自 Alerstam 等（1993），孵化代谢率（水平点线 ii）是对在巢中孵化鸟的测定值（W/kg）。下图：与上图同时段的心率（f_H）变化情况。连接上下两图的垂直虚线显示了鸟离开和回到栖息地的时间。修改自 Bevan 等（1995b），皇家学会。

Alerstam 等（1993）报道的以视觉跟踪法测得的黑眉信天翁 12.9 m/s 的平均速度十分接近。可以认为，鸟在觅食飞行的第二时段是连续飞行，该时段的代谢率很低（2.4 W/kg），仅略高于孵蛋时的代谢率（2.2 W/kg），此时可能与正在寻觅食物和顺风飞行有关。另一方面，在觅食飞行的第四时段，直线飞行距离仅为 6.3 km，平均（相对于地面）速度为 1.6 m/s。认为在水上的鸟是相对静止的和/或在一定区域飞行的代谢率较低。鸟在诸如奋力飞行和/或进食等一些剧烈活动时，表现出较高的代谢率（8.8W/kg）。

大型鸟常用的飞行方式是滑翔，虽然诸如燕（*martins and swallows*）和楼燕（*swifts*）这样的小型鸟也有规律性地滑翔，但很难被量化。然而，Sapir 等（2010）注意到，类似于黑眉信天翁的研究结果（Bevan et al.，1995b），欧洲食蜂鸟休息时的心率与迁徙或中途停留期间滑翔和翱翔时的记录值相似（图 39.12）。他们认为，不仅滑翔代谢率仅为 BMR 的 1.9 倍，而且翱翔的气流速度也非常快（10.6 m/s），保证了滑行的节能。假定与耗氧相关的 f_H^2 不变，Bishop 和 Spivey（2013）认为食蜂鸟的滑行飞行较之于典型的振翅飞行，能耗至少节约 5 倍。可以预测，雨燕（*A. apus*）以 8～10 m/s 速度滑翔的能效最高（Lentink et al.，2007），此与在地面向上升空飞行、飞行中睡觉时约 10 m/s 的缓慢滑翔相适应。巨大的丽色军舰鸟（*Fregata magnificens*）在寻觅食物时，几乎都以与上述类似的缓慢翱翔方式飞行，其不分昼夜地在上升暖气流中时而上升、时而下降（Weimerskirch et al.，2003）。

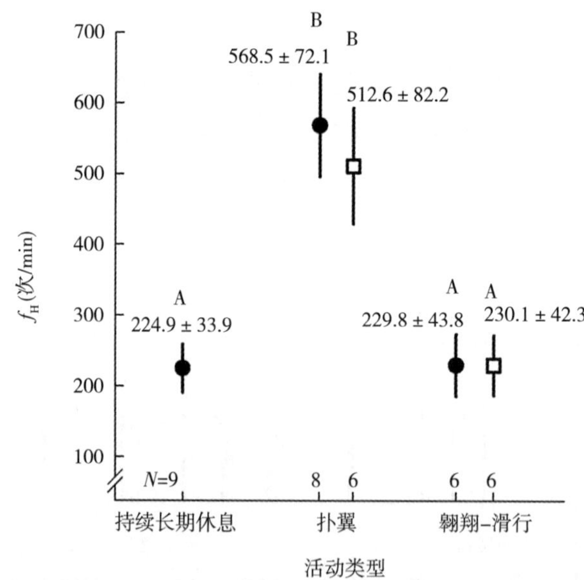

图 39.12 不同活动状态下，欧洲食蜂鸟（*Merops apiaster*）的心率（f_H）

在途中停留（实心圆圈）和跨地区迁徙（空心方块）时，记录的长时持续休息或不同飞行模式食蜂鸟的 f_H。以平均值±标准差表示。图标上的不同字母表示群间的统计差异。N＝每次活动期间记录 f_H的鸟数量。引自 Sapir 等（2010）。

在滑翔飞行时，重要的是降低身体阻力、保持高上升/阻力比。即使头的左右转动都可能使身体的有效阻力明显增加，但鸟有立体视野不太好的侧眼，故常以一只眼视物。快速潜水的猎鹰（*Falco peregrinus*），在遇到猎物时会以螺旋方式飞行，以保证头正对猎物。头部的转动可使阻力大约增加 50％。

39.3.3.2 前向振翅飞行

关于鸟前向振翅飞行时，机体总体能量消耗（P_i）和肌肉生物力学功输出（P_o）的最完整数据，是来源于对风洞中飞行鸟所测得的数据。尤其是利用风洞可以估算不同速度下的 P_o和

P_i，虽说它们间的精确关系可能因鸟的种类不同而异。对 P_i 的大部分研究，是根据佩戴塑料呼吸面罩鸟的氧消耗率推算而来（图 39.13），笑鸥、鱼鸦和白颈乌鸦的研究结果显示为 J 形曲线（Tucker，1972；Bernstein et al.，1973；Hudson and Bernstein，1983）；而八哥、黑雁和斑头雁呈现相对平坦的"曲线"（Ward et al.，2001，2002）；只有虎皮鹦鹉、鸡尾鹦鹉、鸽和蜂鸟 P_i 显示为较典型的 U 形曲线（Tucker，1966；Rothe et al.，1987；Bundle et al.，2007；Clark and Dudley，2010），其与通过以机械功输出的空气动力学理论预测相似（Pennycuick，1969；Tucker，1973；Greenewalt，1975；Rayner，1979）。由于无这些鸟的极低气流速度数据，有证据证明，J 形 P_i 曲线与 U 形曲线可能并无明显不同。Berger（1985）早期关于蜂鸟 P_i 的一些研究，可能也表现为 J 形曲线，但最近对飞行速度为 0～14 m/s 安氏蜂鸟（*Calypte anna* 和艾氏蜂鸟（*Selasphorus sasin*）的研究，表明在中间速度时有一个明显的最小 P_i。悬停和快速飞行时能量消耗增加了 30%～40%（Clark and Dudley，2010），而相对较慢飞行（并不向后退）的能耗在悬停飞行的基础上减少了 20%（Sapir and Dudley，2012）。曲线的深度似乎随着翼面负荷的提高而略有增加，此特征在雄性更为明显。

图 39.14 显示了 7 种鸟在风洞中前向振翅飞行时，可用最小 P_i 数据的异速增长图（Tucker，1968b，1972；Bernstein et al.，1973；Butler et al.，1977；Torreueno and Larochelle，1978；Gessaman，1980；Hudson and Bernstein，1983）。其表现为两个有趣的特点：首先，7 种鸟（体重范围为 35～480 g）的平均最小 P_i（必要时，对面罩及其连接管的阻力进行了校正）是非雀形目鸟 BMR 计算值的 9.2 倍（Prinzinger and Hänssler，1980）；其次，它是体重相似（相当于 900g）、以最大持续速度奔跑哺乳动物 P_i 的 2.2 倍（Pasquis et al.，1970）。由图 39.10 可见，蜂鸟（*Colibri coruscans*；Berger，1985）飞行时的最低代谢率接近于（20%以内）其他 7 种鸟回归线外推的预估值。如果回归分析中包含蜂鸟的数据值，则使用最小二乘法回归分析，方程式变为 $48.5\ M_b^{0.69}$，$r^2=0.98$。在风洞中飞行时，体重为1.8 kg 黑雁（*B. leucopsis*）的平均 P_i 是 102 W，而 2.8 kg 的斑头雁（*Anser indicus*）为 135 W（Ward et al.，2002）。这些结果与利用 RMA 回归计算得到的 7 种在风洞中飞行鸟的异速增长方程外推的预测 81～113 W 最小 P_i 非常相似。此外，使用 Bishop 和 Butler（1995）的心血管建模方法，Butler 等（已提交论文）预测的迁徙前黑雁（平均 $M_b=2.3$ kg）的最小 $\dot{V}_{O_2}$ 约为 99 W。无论是运用异速增长方程对大型、小型动物的外推，还是运用心血管建模法，飞行能耗的试验测定值与各种估测值之间的误差均相对较小（Bishop and Butler，1995；Bishop，1997）。因此，认为在不同的研究中测量的 P_i 是非常可靠的。

39.3.3.3 悬停飞行

如上所述，至少较之于中等的气流速度，悬停飞行的能耗应该是比较高的。而许多研究表明，对于肌肉 P_o 而言，仅有极少数的鸟可以进行用于测定 P_i（常通过测量耗氧量）的持续长时间悬停。虎皮鹦鹉和鸡尾鹦鹉的 P_i 曲线呈明显的 U 形，而它们佩戴面罩时的最慢速度为5 m/s。然而，似乎包括悬停在内的较慢飞行进一步增加了能耗。关于对同一种鸟在悬停与前向扑翼两种飞行状态下 $\dot{V}o_2$ 的研究，仅见于蜂鸟的报道（Berger，1985；Clark and Dudley，2010；Sapir and Dudley，2012）。新近的研究表明，虽然两种飞行方式的差异很小，但却具有重要的意义（图 39.13）。与上述情况相一致，6 种悬停蜂鸟的 $\dot{V}o_2$ 值与大型鸟向前

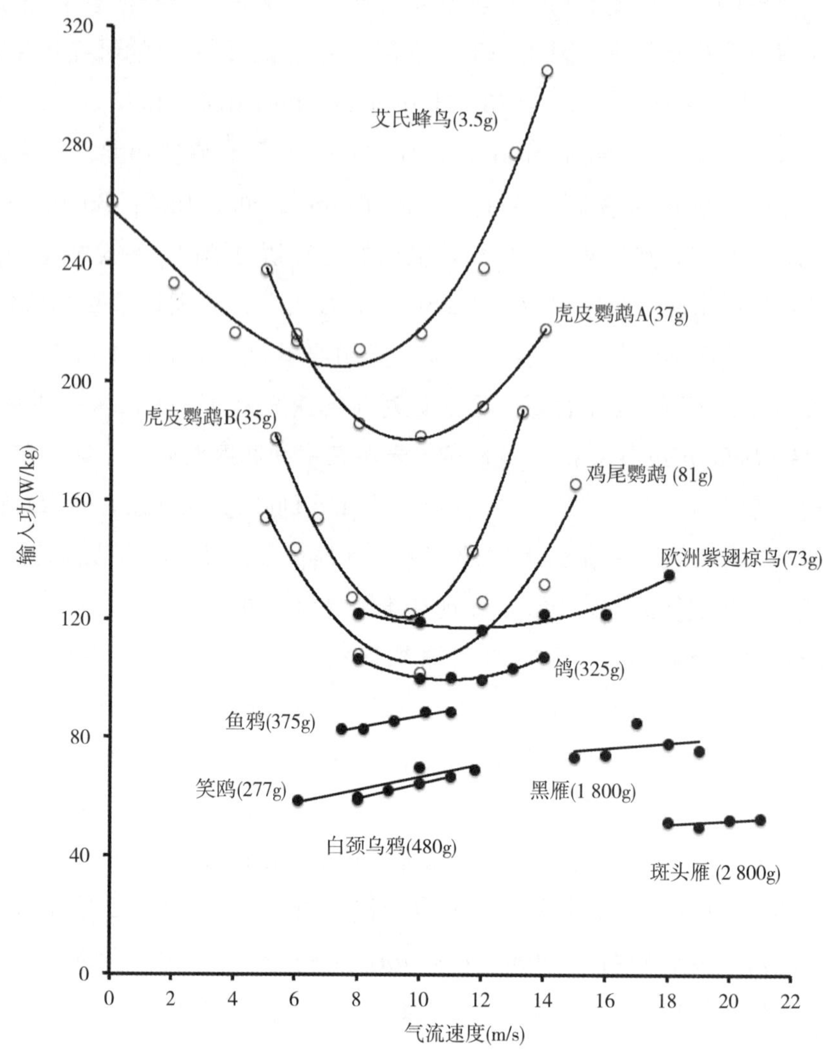

图 39.13 根据在不同气流速度的风洞中水平扑翼飞行氧消耗率推算的10种鸟飞行的输入功（W/kg）

数据来自艾氏蜂鸟（*Selasphorus sasin*，Clark and Dudley，2010）、鸡尾鹦鹉（*Nymphicus hollandicus*）和虎皮鹦鹉（*Melopsittacus undulatus*）A（Bundle et al.，2007）、虎皮鹦鹉B、欧洲紫翅椋鸟（*Sturnus vulgaris*，Ward et al.，2001）、鸽（*Columba livia*，Rothe et al.，1987）、鱼鸦（*Corvus ossifragus*；Berstein，Thomas and Schmidt-Nielsen，1973）、笑鸥（*Leucophaeus atricilla*，Tucker，1972）、白颈乌鸦（*Corvus albicollis*；Hudson and Bernstein，1983）、黑雁和斑头雁（*Branta leucopsis* and *Anser indicus*；Ward et al.，2002）。

振翅飞行的外推值相似，纵然它们的异速增长系数有很大差异［使用RMA分析法，鸟向前振翅飞行时，$\dot{V}_{O_2}=160\ M_b^{0.74}$；蜂鸟悬停时，$\dot{V}_{O_2}=463\ M_b^{0.91}$。Butler（1991）］。如将Butler（1991）分析的另3种蜂鸟数据［引自Wolf and Hainsworth（1971）and Wells（1993a）］加进来，采用RMA法对9种蜂鸟进行分析，则$\dot{V}_{O_2}=449\ M_b^{0.90}$，$r^2=0.94$。有意思的是，Bishop和Butler（1995）的分析表明，蜂鸟向前振翅飞行时的最小$\dot{V}_{O_2}$应以$314\ M_b^{0.90}$计算。

39.3.3.4 飞行肌能效和弹性储能作用的测算

由于飞行肌将化学能向机械能转换的效率决定了动物在运动中总的能量需要，故这种转换具有非常重要的生理意义。为了防止体温过高，多余的热量必须散发到环境中。然而，为了估算效率，必须测定飞行肌的P_i和P_o。正如Alexander（2005）指出的那样，P_o的确定常包括了一些不确定性的因素。因此，对飞行肌机械化学能转化效率的报告，特别是在将有氧P_i和P_o值结合时，应特别考虑“表观”效率的计算（Bishop，2005）。依据对虎皮

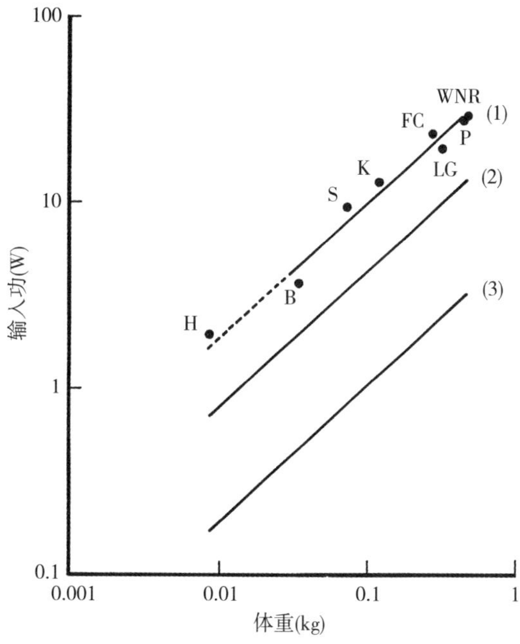

图 39.14　(1) 以最小二乘法回归分析获得的 7 种鸟在风洞中前向飞行时的输入功（P_i）与体重（M_b）的关系曲线。这 7 种鸟是：B. 虎皮鹦鹉（*Melopsittacus undulatus*）；S. 紫翅椋鸟（*Sturnus vulgaris*）；K. 美洲隼（*Falco sparverius*）；LG. 笑鸥（*Larus atricilla*）；FC. 鱼鸦（*Corvus ossifragus*）；P. 鸽（*Columba livia*）；WNR 和白颈渡鸦（*Corvus cryptoleucus*）。该曲线是根据最小输入功（P_{im}）而构建的，$P_{im}=50.7M_b^{0.72}$。(2) 小型哺乳动物在最大持续运动时的 P_i。$P_i=22.6M_b^{0.73}$［数据引自 *Pasquis* 等（1970）］。(3) 非雀形目休息时的 P_i。$P_i=5.5M_b^{0.73}$［数据引自 *Prinzinger and Hanssler*（1980）；Butler 和 Woakes（1985）］。包括 (1) 在内，蜂鸟（*Colibri coruscans*）在风洞中前向扑翼飞行时的最小 P_i（H）。引自 *Berger*（1985）。

鹦鹉、笑鸥和鱼鸦飞行时局部效率（即 P_o变化/P_i变化）的测定值，Pennycuick（1975）建议鸟飞行肌机械化学能转化效率值的常数应在 0.23 左右，范围为 0.19～0.30（Tucker，1972；Bernstein et al.，1973）。但其与多种脊椎动物（Alexander，2005）和无脊椎动物（Askew et al.，2010）运动肌肉的常见观察值相反，而脊椎动物、无脊椎动物肌肉的“表观”转化效率与反映肌肉收缩频率的 M_b分别成正比、反比。理论上讲，肌纤维运动的能效不可能超过总能效的 28%（Rall，1985），大型哺乳动物肌肉纤维实际的最大能效范围为 20%～25%（Taylor，1994）。

Wells（1993a）运用复杂的运动学和形态学分析方法，根据 Ellington（1984）空气动力学模型计算出的宽尾煌蜂鸟（*Selasphorus platycercus*）悬停时的 P_o值（100W/kg），$\dot{V}_{O_2}$ 在 50 mL/gh 时，他给出的估算效能为 9%～11%（假设有良好的弹性储能）。Wells（1993b）进一步证明，这种鸟悬停时胸肌的最大 P_o为 117 W/kg（假设有良好的弹性储能），效能大约为 10%。Chai 和 Dudley（1995）使用了一种新型的简单方法，让红喉蜂鸟（*Archilochus colcubris*）在增加 He/O_2 浓度的空气中，使 1.23 kg/m^3 的正常密度降至使鸟仅能悬停数秒的密度（平均 0.54kg/m^3）。在此密度，计算的胸肌氧化能力高达 133 W/kg 左右（假设有良好的弹性储能），$\dot{V}_{O_2}$ 为 50 mL/gh 时估算的能效约为 10%（不考虑飞行“能力”的强度）。以上估算值包括了 10%的心肺活动能耗，但不包括 BMR。然而，综合考虑上述因素（Krüger et al.，1982），两项研究只提高了约 1%的能效。

Biewener 等（1992）、Dial 和 Biewener（1993）运用校准的飞鸟臂骨应变记录仪，测定了胸肌的作用力，并估算了胸肌做的功。在第一项研究中，3 只体重为 70～73 g 的欧掠鸟，在风洞中飞行速度为 13.7 m/s 时，估算的平均 P_o是 1.12 W。TorreBueno 和 Larochelle（1978）报道，3 只平均体重为 73 g 的欧掠鸟，以 8～18 m/s 的速度飞行超过 30 min 时的 P_o是8.9 W。因此，扣除 BMR 和心脏、呼吸活动的能耗后，欧掠鸟飞行肌的估算能效为 15.4%。在第二项研究中，4 只体重为 301～314 g 的鸽，以大约 8 m/s 的速度沿着 47 m 长廊飞行时的平均 P_o是 10.5 W/kg。因此，Dial 和 Biewener（1993）用 106 W/kg 的 P_i值（Rothe et al.，1987），估算的飞行肌能效大约为 11.2%。然而，由于 Rothe 等（1987）使用了面罩及其连接管，他们对 P_i测算值提高了 15%～30%。如假设平均值高估了 22%，P_i的实际值应为 87 W/kg，将使能效提高 13.8%。根据 Butler 等（1977）对体重为 442 g 的鸽，以 10 m/s（61W/kg）飞行的 P_i值（61 W/kg），在校正面罩及连接管的阻力后，估算的飞行肌平均能效为 19.9%。Ward 等最近的研究（2001）表明，因个体、飞行速度，以及计算 P_o所用空气动力学模型的不同，估算的两只在风洞中飞行欧椋鸟飞行肌的能效变化在0.13～0.23。

Bishop（2005）对 Hedenström 和 Alerstam（1992）研究报道的 15 种鸟在迁徙升空飞行期间的最大 $\dot{V}_{O_2}$进行了估算分析。以心血管建模法（Bishop and Butler，1995；Bishop，1997）估算 P_i，再与根据 Pennycuick 模型（1989）的空气动力学 P_o进行比较。该分析结果表明，鸟飞行肌的“表观”机械一化学能效与体重成异速增长比例变化，表达式为 $0.3M_b^{0.14}$（图 39.15）。总之，这些不同的研究表明，似乎存在着总飞行能效随着体重增加而提高的现象（Rayner，1990）。但由于计算 P_i和 P_o的潜在误差、大型动物的能效大于 0.3 的事实，所以对上述结论存在着争论。如前所述，一些空气动力学模型中对身体侧面和正面阻力的计算，因体重的不同和气流速度的变化是不确定的。具有代表性的是，所有学者有忽略鸟翼加速和减速惯性能耗的倾向，这是由于假设在振翅完成时可利用空气动力学运动导致能耗有所恢复，或利用弹性储能的翅动能量重新加速下次振翅。

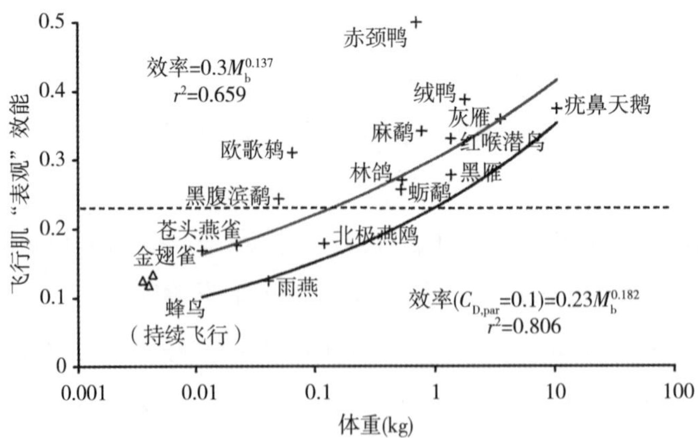

图 39.15★ 15 种在瑞典迁徙飞行鸟“表观”飞行肌机械-化学效率的估算值与体重（kg）的关系图（Hedenström and Alerstam，1992）

因鸽（*Anas penelope*）数值异常，而被删除。红色回归线是以身体正面阻力系数（$C_{D.par}$）0.25～0.4 为默认值，估算的持续生物力学输出功（Pennycuick，1989）；蓝色回归线以 $C_{D.par}$值 0.1 为依据。同时还估算了 3 种蜂鸟的效率（Δ）。引自 Bishop（2005）。

Wells（1993a）、Chai 和 Dudley（1995）认为，蜂鸟肌肉的弹性组织可以储存翼每次加速扑动所需的“惯性能量”，这一假设大大降低了飞行所需功的计算值，尤其是具有高频率翼振的小型鸟类。鸟的飞行肌缺乏长肌腱这样的特殊弹性组分，其弹性组分可能在肌肉的横桥内（Alexander and Bennett-Clark，1977）。Dial 等（1987）测定了鸽在飞行时胸肌的电活动，证

明胸肌在向上扑翼结束前是处于活动状态的。他们得出结论，飞行肌的横桥在翼扑动的最后阶段是活跃的，肌肉起着弹簧样的作用（Goslow and Dial，1990）。

正如 Spedding（1994）所指出的，如假设弹性储能为零（Weis-Fogh，1972），则蜂鸟的飞行能效计算值约为 25%，该值仍处于脊椎动物肌肉的理论值范围内（Weis-Fogh and Alexander，1995；Pennycuick，1992）。由于对空气动力学惯性能耗的恢复和在中速、高速的前向飞行时相对较小的情况存在着争议，Pennycuick（1975，1989）和 Rayner（1979）的空气动力学模型也未包含每次翼加速和减慢的能耗。但 Van den Berg 和 Rayner（1995）认为必须考虑这种能耗，他们估计惯性能耗大致应为 $5.8M_b^{0.80}$（因升空飞行时翼的弯曲而减少 25%）。因此，鉴于 Pennycuick 等低估了飞行能耗（1996 b），所以应提高对惯性能耗需要重要性的认识。无论争论的结果如何，看来欲证明精确的弹性储能情况并不容易。飞行肌所需惯性能耗的任何增加，都将使其“表观”能效估算值偏高；如弹性储能确实“接近”零，悬停飞行蜂鸟则以惯性能耗为主（Spedding，1994）。

39.4 鸟的飞行肌肉

39.4.1 飞行肌的形态和纤维类型

鸟飞行肌的结构与其他脊椎动物的横纹肌相似，也是由大量平行排列的长纤维（细胞）组成（图 39.16A）。每一纤维都有独特的生化特性，即每一纤维都特化为有氧能量代谢或无氧能量代谢，其直径和横截面积各不相同，经毛细血管网供给各种代谢物和氧（图 39.16B）。相对于体重，不同种类鸟的飞行肌数量不同，Marden 称之为飞行肌：体重比（1987）。飞行肌是由四种主要的细胞或纤维类型组成（Rosser and George，1986a），即慢氧化纤维（slow oxidative fibers，SO）、快速氧化糖酵解纤维（fast oxidative glycolytic fibers，FOG）、快速糖酵解纤维（fast glycolytic fibers，FG）和氧化能力介于 FOG 与 FG 间的中间型纤维（I）。

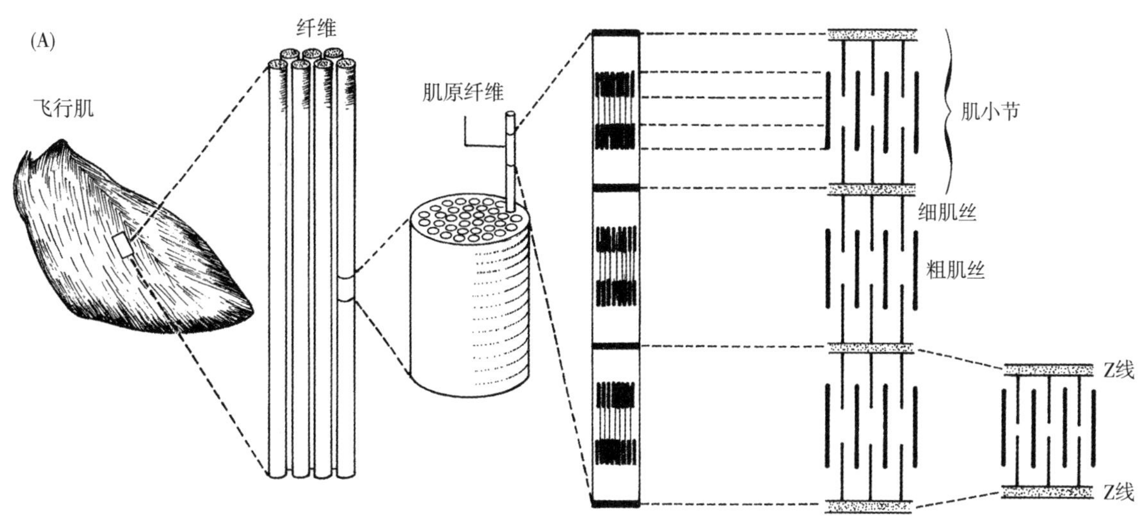

图 39.16 (A) 鸟胸肌结构示意图。完整的肌肉是由许多不同的纤维或细胞组成，每一纤维又由许多肌原纤维组成，每一肌原纤维含有许多肌球蛋白构成的粗肌丝及其散在分布其间由肌动蛋白构成的细肌丝。这些肌丝组成了肌小节，随着肌球蛋白粗肌丝与肌动蛋白细肌丝的相互滑动，使肌小节缩短而收缩［修改自 Schmidt Nielsen (1997)］。(B) 1μm 厚鸽 (*Columba livia*) 胸肌横截面切片的光镜照片。可以清晰地辨别出快速氧化糖酵解纤维（颜色深、较小）和快速糖酵解纤维（颜色浅、较大）。经血管灌注固定后的毛细血管是空的。标尺＝40μm。引自 Mathieu-Costello (1991)，版权属于 John Wiley & Sons，Inc. 分部的 Wiley-Liss Inc.。

表 39.1 列出了不同纤维类型的主要特征。从本质上看，SO 纤维具有相对缓慢的缩短率，但可以利用合成富含 ATP 能的氧化代谢途径，在等长收缩时产生相对有效的力，并耐疲劳。FOG 纤维同样具有氧化代谢和耐疲劳的能力，但也能利用碳水化合物作为无氧代谢的底物。FOG 不仅具有相对较快的缩短率，也可以在长度缩短时产生相对有效的力。FG 纤维易受疲劳的影响，只能进行碳水化合物的无氧代谢。但单位重量肌肉 FG 产生的功高于 SO 纤维和 FOG 纤维，这是因为后者线粒体及其相关结构占的体积较小，而含有相对较多的肌原蛋白。

表 39.1 不同类型肌纤维的主要特点

性 能	慢氧化 SO(Ⅰ型)	快速氧化糖酵解 FOG(ⅡA 型)	快速糖酵解 FG(ⅡB 型)
收缩速度	慢	中等-快	中等-非常快
有氧氧化能力	高	高	低
无氧代谢能力	低	适度	高
毛细血管的血液供应	好	好	差
甘油三酯储存量	高	中等-高	低
糖原储存量	中等	中等-高	中等-高
耐疲劳性	高	高	低
横截面积	小	小-中等	中等-大

由于等长收缩时，SO 纤维可以高效地产生张力，故其在功能上被认为是维持姿势的肌肉（如背、颈部肌肉）和休息时腿部肌肉的优势所在。迄今为止，只在极少数善于滑翔和翱翔飞行鸟的胸肌深层中发现有 SO 纤维，属于这种类型的鸟包括鹱形目、鹈形目、鹳形目和鹤形目（Rosser and George，1986a；Rosser et al.，1994）。Rosser 等（1994）发现美国白鹈鹕

（*Pelecanus erythrorhynchos*）胸肌的深层“腹侧”只有 SO 纤维，其他学者也报道了红头美洲鹫（*Cathartes aura*；Rosser and George，1986b）、红尾鹰（*Buteo jamaicensis*；Rosser and George，1986a）、双冠鸬鹚（*Phalacrocorax auritus*；Rosser and George，1986a）和家鸡（*Gallus gallus*；Matsuda et al.，1983；Rosser and George，1986a）胸肌深层的 SO 纤维。但一般来说，其他的鸟类胸肌中极少有 SO 纤维，即其占胸肌的比例很小。

因此，鹈鹕和红尾鹰在热气流中翱翔飞行时，以及鸬鹚为了晾干羽毛“展开”翅膀时，主要是 SO 纤维发挥着作用。但大多数鸟类，似乎在其飞行肌中并无这样特化的纤维类型（Talesara and Goldspink，1978；Rosser and George，1986a）。

擅长持久振翅飞行的鸟类，飞行肌中富含的纤维类型是 FOG（George and Berger，1966；Rosser and George，1986a）。一般来说，小型鸟的飞行肌全部由 FOG 纤维组成，而大型鸟则由不同类型的纤维组成，但在种间也存在着很大的差异。George 和 Berger（1966）将鸟类胸肌分为 6 种类型，按每种纤维类型的相对丰度排序：①鸡型（FG，I，FOG），②鸭型（FOG，FG，I），③鸽型（FOG，FG），④鸢型（主要是 I），⑤椋鸟型（FOG，I）和⑥雀型（FOG）。虽然大多数鸟类品种可以被归到对应的类型中，但也有许多例外。显然，每一种鸟都能根据其行为生态学、精准的形态学和所处的环境条件来适应自己独特的需求。

更重要的是，对肌纤维的组织化学分类可能会导致对功能的误解。实际上，快肌纤维是对氧化到糖酵解一系列代谢在内的一种主观分类。此外，术语“快”也是一种主观认识，这是由于根据体重而变化的振翅频率，似乎存在一种最有利于飞行肌收缩的连续速率（Pennycuick，1990，1996）。一只小蜂鸟的振翅频率可以高达 50 Hz 以上，而一只大天鹅可能只有 2.4 Hz 左右。因此，不同种族鸟相关收缩蛋白的分子特征可能存在着许多差异。可以推论，蜂鸟 FOG 纤维的生化特性与天鹅 FOG 纤维不同。很可能的原因是，即使在同一种鸟的肌肉内，深层的 FOG 纤维与周围 FOG 纤维也可能略有不同。Rosser 和 George（1986）认为，只有对肌蛋白亚型的充分认识，才可能将几乎所有肌肉纤维进行亚型划分。

尽管存在上述困难，但仍可通过量化鸟类飞行肌纤维类型的组成，并对其功能得出一些有意思的结论。如家鸡和榛鸡（*Bonasa umbellus*）这样的鸡形目鸟类，大部分胸肌为 FG 纤维（Rosser and George，1986a），这与其相对较小的心脏、较低的肌肉供氧能力相一致（Bishop and Butler，1995；Bishop，1997），它们只能作短距离的无氧代谢飞行。生活于森林周围的鸡形目鸟类，具有典型的短翼和相对发达的飞行肌，遭遇敌害时可以通过迅速起飞、短距离飞行到密集的植被或树枝上，从而逃避被捕食。一种生活在类似于南美洲旧大陆鸡型目生态环境的走禽，也有很小的心脏和发达的飞行肌，并生活在森林的地面上（Hartman，1961）。

与鸡形目亲缘关系最近的雁形目（鸭、鹅和天鹅）（Sibley and Alquist，1990），虽然与前者有相似的体形，但其有更长的翼，并生活于开阔、干净的栖息地。它们的胸肌 FG 纤维间散在分布着高比例的 FOG 纤维，也有相对较重的心脏（Magnan，1922；Hartman，1961）。它们翼的形态决定了其具有更有效的飞行方式（Rayner，1988；Pennycuick，1989），它们的肌肉功能和心血管适应性使其可以持续进行超长距离飞行。白鸽和鸽（*Columbiformes*）的飞行肌也表现出类似的适应性。

诸如大鸨、天鹅这样的大型鸟飞行肌的有氧代谢特性，很好地解释了体积大小（尺寸）对飞行性能的限制。有必要对“爆发”式飞行性能与“持久”或有氧代谢飞行性能（Marden，1994）进行区分，并对适于相似飞行类型的飞行肌进行比较。Marden（1987）和 Pennycuick（1989）关于动物起飞时最大升空能力的数据，仅是指“爆发”式飞行性能。较之于飞行肌以有氧 FOG 纤维为主的鸟，飞行肌以无氧 FG 纤维为主的鸟更具有起飞优势。

Caldow 和 Furness（1993）对具有相似生态的两种海鸟——大贼鸥（*Catharacta skua*）和银鸥（*L. argentatus*）的组织化学适应性进行了研究，发现这两种鸟的 FOG 纤维只存在于胸肌和乌喙上肌中，但大贼鸥肌肉的氧化和糖酵解酶的比活力更高（见下文），说明这种适应使贼鸥（*Stercorariidae*）在空中盗食比银鸥（*Lariidae*）更有效。银鸥的胸肌重量相对较小（占体重的 12%），但它有中等大小的心脏（占体重的 0.9%），这与飞行肌完全由 FOG 纤维组成的事实相符。

39.4.2 飞行肌的生化组成

正如 Marsh 所述（1981），许多候鸟持续的长途飞行需要两个相关的适应性特征：即为飞行储备充足能源物质的能力和保证运动组织氧气、能源物质供应的能力。由于脂肪（39.3 kJ/g）比纯碳水化合物（17.6 kJ/g）、蛋白质（17.8 kJ/g）的能值（比能）高得多，故迁徙飞行所需的能量主要以脂肪的形式储存在脂肪组织中。所以，大多数鸟类飞行肌的最重要特点是适应脂肪酸的高效氧化，并具有卓越的有氧氧化能力。飞行肌需要相对较高的单位重量肌肉输出能量，这就要求含有丰富的毛细血管和高密度的线粒体，以及高比活力的相关线粒体酶。

蜂鸟是所有脊椎动物中单位重量肌肉代谢率最高的动物（Lasiewski，1963）。表 39.2 列出了蜂鸟飞行肌中各种分解酶的最大酶活性数据（Suarez，1986）。需特别说明的酶如下：柠檬酸合成酶（citrate synthase，CS），通常作为有氧氧化能力的指标；三羟基酰基 CoA 脱氢酶（3-hydroxyacyl-CoA dehydrogenase，HAD）和肉碱基棕榈酰转移酶（carnitine palmitoyl transferase，CPT），作为脂肪酸利用的指标；磷酸果糖激酶（phosphofructokinase，PFK），作为糖酵解的常用指标；丙酮酸激酶（pyruvatekinase，PK），作为糖酵解的指标；己糖激酶（hexokinase，HEX）和糖原磷酸化酶（glycogen phosphorylase，GPHOS），分别作为血糖和细胞内糖原利用的指标。正如预料的那样，蜂鸟飞行肌部分分解代谢酶的活性总是最高的，特别是具有高的 CS 比活力和 HEX 比活力，在后来一项运用改良提取方法的研究中甚至更高［分别为 448.4 和 18.4 μmol/（min·g）］（Suarez et al.，1990）。

表 39.2 棕煌蜂鸟（*Selophorus Rufus*）飞行肌和心脏中酶的最高活力[1]

酶	飞行肌	*n*	心脏	*n*
糖原磷酸化酶	31.22±2.5	6	未测定	
己糖激酶	9.18±0.31	4	10.08±1.9	4
磷酸果糖激酶	109.8±13	6	不稳定	
丙酮酸激酶	672.4±27	6	507.3±25	6
乳酸脱氢酶	230.3±23	6	357.4±30	6
肉碱棕榈酰基转移酶	4.42±0.46	6	2.83±0.72	4
三羟基酰基 CoA	97.10±13	6	68.51±10	4

（续）

酶	飞行肌	n	心脏	n
谷草转氨酶	1 388±70	5	576.4±29	5
谷（氨酸）丙（酮酸）转氨酶	75.97±6.0	5	16.31±2.2	5
柠檬酸合酶	343.3±8.8	6	190.3±4.8	4
肌酸激酶	2 848±337	5	348.9±59	5
苹果酸脱氢酶	3 525±331	6	2 024±191	6
α-甘油磷酸脱氢酶	9.37±2.1	6	8.10±2.2	6

1　酶活力的单位是 μmol/（min · g）净重，以平均数±标准差表示；n 为鸟的数量（引自 Suarez et al.，1986）。

有两项研究（Suarez et al.，1986，1990）表明，蜂鸟通过氧化脂类物质几乎可以满足飞行时全部的能量需要，也可以利用碳水化合物满足悬停飞行的需要。因为蜂鸟主要以富含蔗糖的花蜜为食，在白天它们可以直接利用环境中丰富的碳水化合物。然而，对于长期的能量储存来说，碳水化合物以糖原的形式储存，其中至少含有75%的水，从而使其能量浓度相对较低（4.4 kJ/g）。因此，仅通过储存大量的碳水化合物不可能满足长途飞行的需要。事实上，储存的碳水化合物不太可能维持5 min的悬停飞行（Suarez et al.，1990）。由于将葡萄糖合成为长期储存脂肪酸时的ATP净产量低至16%，所以在短期内直接氧化血浆葡萄糖为飞行供能效率更高。这就使许多学者认为，蜂鸟在迁徙前的不超过5 min的觅食飞行，以使“碳水化合物能量利用最大化”。这种高效的觅食，使过量的葡萄糖以脂肪的形式储存。相对于蜂鸟对血浆葡萄糖的高效率利用，大多数鸟类更注重的是对碳水化合物的节约。Bishop等（1995）发现迁徙前黑雁胸肌中的HEX活力很低，鸽和家鸡也有同样的结果（Crabtree and Newsholme，1972），半蹼滨鹬（*Calidris pusilla*）也是如此（Driedzic et al.，1993）。

许多研究表明，在诸如季节性迁徙的长途飞行之前，鸟的体重增加主要是由于脂肪储存减少所致（Blem，1976），这与胸肌的增大相一致，以增加起飞、向前振翅飞行的可利用功；并与分解酶活性的种族特异性变化相一致。但Marsh（1981）在迁徙前猫鹊（*Dumatella carolinensis*）的胸肌中未发现CS活性的变化，却报告了HAD水平的显著增高（表明可能是脂肪酸氧化的增加）。在半蹼滨鹬中，也发现了类似的脂肪酸氧化能力提高、CS实际水平下降的现象（Driedzic et al.，1993）。然而，一些小型迁徙雀形目的鸟类，在迁徙前CS和HAD的活性均升高（Lundofgren and Kiessling，1985，1986），而迁徙前黑雁CS的活力比已换羽4周的鸟高出30%（Bishop et al.，1995）。

对禽类不同肌肉组织毛细血管数及其扩散距离的研究，发现它们与体重间不存在任何比例关系（Snyder，1990）。然而，Snyder（1990）发现需氧型纤维（毛细血管数为1.8根/纤维）与糖酵解型纤维（毛细血管数为1.4根/纤维）间的毛细血管/纤维比（C/F）确实存在一定的差异，但未达到显著水平。毛细血管密度和扩散距离主要取决于单根纤维的横截面积，Snyder认为在C/F＞2时，可能的优势微乎其微，对禽类胸肌的研究也得到类似的结果。Mathieu Costello（1992）发现，棕煌蜂鸟（*Selaphorus rufus*）的C/F仅为1.55，鸽为2（Mathieu Costello，1991）。而蜂鸟的纤维直径及横截面积却远小于鸽，即蜂鸟单位横截面积纤维的毛细血管密度更高。Mathieu Costello（1992）认为，毛细血管与纤维接触面的大小是需氧纤维中氧流量的最重要影响因素之一（即单位面积纤维表面上的毛细管表面面积）。因此，为了准确地了解这种特性，有必要对肌节长度和毛细血管扭曲程度进行校正。

39.4.3 神经生理学与肌肉功能

鸟在振翅飞行时，可以运用骨骼与肌肉适应的自动协调机制，使翼的肘部伸展与腕关节同步活动。但在振翅周期内产生功、推力以及不同鸟振翅飞行时复杂的翼动力学，需要有效的神经肌肉控制机制。

实际飞行时，翼的运动包括了不同肌肉（Dial et al.，1991；Dial，1992a）以及不同部位（Dial，1992a；Tobalske and Dial，1994；Tobalske，1995；Tobalske et al.，1997）或局部（Boggs and Dial，1993）的活动。大多数研究主要集中在最大的飞行肌——胸肌和乌喙上肌的功能活动上。Dial（1992b）认为，鸟必须运用臂肌进行起飞或着陆控制，但维持作为随后辅助起飞的水平振翅飞行不需要运用臂肌。

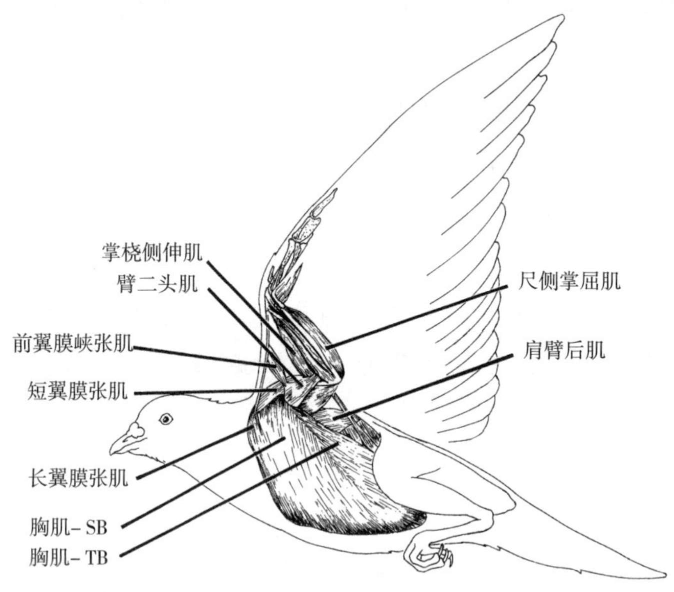

图 39.17 鸽（*Columba livia*）翼浅层飞行肌肉模式图

位于胸肌下的乌喙上肌（未显示）主要使翼向上运动，而胸肌使翼向下运动。修改自 Dial（1992a），版权属 John Wiley & Sons，Inc.，由其子公司 Wiley-Liss，Inc. 授权。

胸大肌是最大的飞行肌，其被肌间膜分为胸骨臂肌（sternobrachialis，SB，位于胸骨的浅层）和胸臂肌（thoracobrachialis，TB，位于胸骨的深层）（Dial et al.，1987）两部分（图 39.17）。SB主要受喙神经分支的支配，TB受臂内侧脊神经分支的支配。鸽 SB 与 TB 的纤维组成比例不同（Dial et al.，1987），SB的 FOG 纤维比例较低、而 FG 纤维相对较多；TB主要由 FOG 纤维组成（Kaplanand Goslow，1989）。组织化学分析和神经解剖学研究，证实胸大肌至少含有两个功能亚单位，飞行时每一亚单位可以单独对翼发挥作用（Dial et al.，1987，1988；Kaplan and Goslow，1989；Goslow and Dial，1990）。Dial 等（1987）发现鸽在起飞或大幅度振翅时，SB 和 TB 表现出最大程度的活动。在慢速飞行时，SB 相对重要；在低幅度振翅时，TB 几乎不活动。有趣的是，Dial 等（1987）也指出，从起飞变为水平飞行的过渡期，肌电图（electromyogram，EMG）的高振幅峰逐渐降低，着落时又恢复。这一现象支持了 FG 纤维驱使水平飞行的假设。

Tobalske 等（1997）研究了黑喙喜鹊翼运动的神经肌肉控制，发现无论是在野外还是在风洞中飞行，这种鸟都采用一种特别复杂的飞行模式，即由交替出现的高振幅与低振幅振翼和偶尔短暂滑翔构成的飞行模式。大量的研究发现，如啄木鸟这样的鸟类，胸肌由 FOG 和 I 型纤维组成（见下文），其中 I 型纤维可能仅参与大幅度的振翅。对 6 种翼肌的 EMG 记录发现，EMG 信号的相对强度与飞行速度的关系呈 U 形，最低的信号强度出现于 4.4 m/s，而最高的信号强度出现于悬停时和最高速度为 13.4 m/s 时。上升飞行末和下降飞行开始时，胸肌和臂二头肌表现出较强的活动；而在下降飞行末和上升飞行开始时，乌喙上肌、臂三头肌、肩臂三头肌和肩臂后肌发挥着重要作用。

Dial（1992a）对鸽在 5 种不同飞行模式下，肩带部和前翼 17 种肌肉的 EMG 活动进行了更详尽的研究。他得出结论，活动的时序模式在不同飞行模式间变化不大，但在测定不同飞行模式各肌肉的作用时，EMG 的信号强度是非常重要的（图 39.18）。

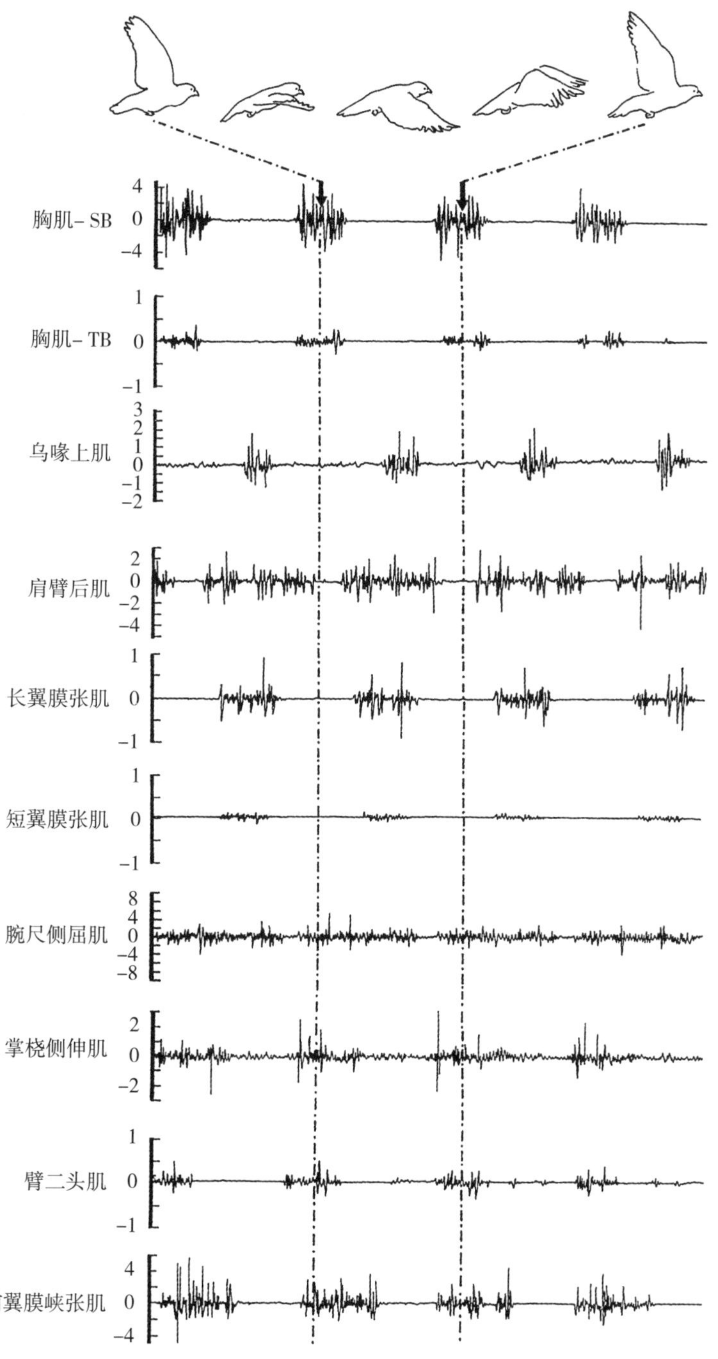

图 39.18　图 39.13 中鸽水平扑翼飞行时的肌电图（EMG）信号

肌电活动是以翼拍周期的相位为依据，垂直虚线表示每次向下的活动。修改自 Dial（1992a），版权属于 John Wiley & Sons 公司，由其子公司 Wiley-Lis 授权。

Tobalske 等（1996）研究了 6 种体重为 27～263 g 啄木鸟的肌肉组成和翼形态，并对间歇性飞行行为的相关形态学进行了推测。间歇性飞行包括扑翼与非扑翼周期的规律性交替。在非扑翼时，鸟翼折于体侧（振翅跳跃飞行）或完全展开（振翅滑翔飞行）。生物力学和生理学分析表明，间歇性飞行的效率高于连续振翅飞行（Rayner，1985a），以相对“固定”高频振翅的小型鸟类更是如此（Rayner，1985a）。在这 6 种啄木鸟中，只有 FOG 和 I 型纤维，小型鸟的胸肌中似乎只有 FOG 纤维，而体重>100g 的鸟常常有大量的 I 型纤维。所有 6 种鸟，虽然扑翼的时间随体重的增加而增加，但都具有振翅跳跃的能力。Tobalske（1996）的经验观察值，远远超过了振翅跳跃飞行体重上限为 100 g 的理论值（Rayner，1985a）。

理论数据低估了鸟类飞行性能的原因之一，可能是由于胸肌纤维类型组成的多样性（Tobalske，1996）。单位表面积 FG 纤维和 I 型纤维产生的力大于 FOG 纤维，前者使肌肉收缩更完全、频率更高。因此，Tobalske（1996）认为，啄木鸟胸肌 I 型纤维的比例和横截面直径的增加，相比于飞行肌的可用功，可能是飞行所需功增加的一个直接结果（Pennycuick，1989；Marden，1987；Ellington，1991）。有趣的是，在啄木鸟中，心肌的相对重量与体重的增加却呈负相关（Hartman，1961），这种现象与飞行肌中 FOG 减少相符。因此，大型啄木鸟虽然能够满足执行振翅跳跃飞行的能量需要，但很可能无法像小型啄木鸟那样容易持续进行这种形式的飞行，或许它们更多地是以滑翔方式飞行。

与理论预测相反，刘氏啄木鸟具有振翅跳跃和振翅滑行两种飞行方式（Tobalske，1996），但该飞行方式并不符合其翼的形态学特征。此外，Tobalske 和 Dial（1994）发现，体重为 35 g 的虎皮鹦鹉，尽管胸肌仅为单一纤维类型（FOG），仅在缓慢飞行时进行振翅滑行，而在快速飞行时则转为振翅跳跃飞行（Rosser and George，1986a）。关于小型鸟 FOG 纤维因效率低而不能用于滑翔的假说，似乎被虎皮鹦鹉的观察结果而否定，发现胸肌在滑翔时活动增强，而振翅时活动减弱。Tobalske 和 Dial（1994）预测，其他进行间歇性飞行的所有鸟类，也兼有这种振翅滑行和振翅跳跃方式，不同的速度采取不同的飞行模式。

39.5 运动肌的发育与飞行准备

有研究对斯瓦尔巴群岛上迁徙黑雁运动肌、心肌发育及其他形态特征进行了观察，观察的时间跨度是从孵化直至约 12 周龄时迁徙到苏格兰南部的越冬地（Bishop et al.，1996）。发现直至 7 周龄时，雏雁只能行走觅食，不能飞行；5 周龄时，腿肌的相对重量大约占体重的 13%，而胸肌仅为 3.5%。在生命的前 5 周，心室肌重量与腿肌重量呈强相关（图 39.19B）；在随后的 2 周，飞行肌以指数方式持续增长；到 7 周龄时，雏雁的飞行肌已占体重的 14%，而腿部肌肉的相对重量降至体重的 9%（图 39.15）；从 7 周龄开始，心室肌重量与胸肌重量成比例变化（图 39.19A）。在 5 周龄时，心室肌重量是腿部肌肉总重量的 5.2%；7 周龄时，心室肌重量是胸肌的 5.5%。显而易见，心脏的输出能力能很好地满足了运动肌肉对氧的需求。

Choi 等（1993）研究了欧洲椋鸟（*S. vulgaris*）、山齿鹑（*Colinus virginianus*）和日本鹌鹑（*Coturnix japonica*）骨骼肌生长和生热作用的发育变化。发现虽然它们的肌肉/体重百分比相似，但晚成型的椋鸟体重发育快于早成型的鹌鹑。它们的差异主要是肌肉中酶的比活力，尤其是 CS 的活性。在整个发育阶段，鹌鹑和山齿鹑胸肌中的 CS 比活力分别不超过 50 μmol/（min·g）和 30 μmol/（min·g）。椋鸟胸肌的 CS 比活力随发育迅速呈直线提高，在 16 周龄的初次飞行前达到 142 μmol/（min·g），成年时达到约 230 μmol/（min·g）。崖沙燕（*Riparia riparia*）的 CS 活性，2 日龄时为 20 μmol/（min·g）左右，而 10d 后达到 150 μmol/（min·g）左右（Marsh and Wickler，1982）。

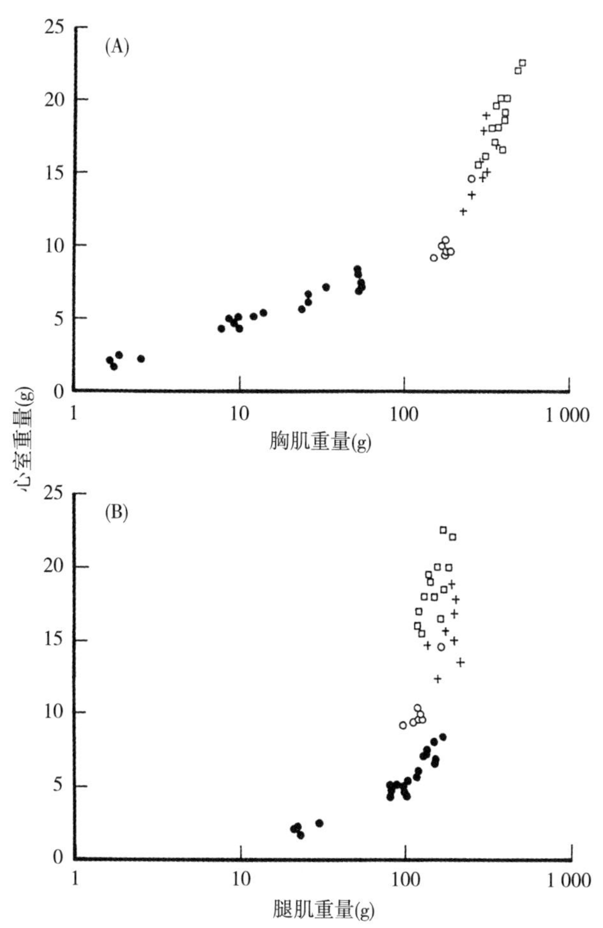

图 39.19　野生黑雁（*Branta leucopsis*）心室重量与胸肌重量（A）、腿肌总重量（B）散点分布图

1～5 周龄的雏雁（●），7 周龄的幼雁（○），捕获的孵化 7 周后成年雁（+）和迁徙成年雁（□）。修改自 Bishop 等（1996），已被许可。

对黑雁的类似研究，发现了一种奇特的发育模式（Bishop et al.，1995），从孵出［12 μmol/（min·g）］到 5 周龄［20 μmol/（min·g）］，CS 的活性几乎无变化。后来发现鹌鹑胸肌中的 CS 酶活力，在 7 周龄时从 30 μmol/（min·g）迅速升高到 75 μmol/（min·g），迁徙前的幼鸟和成鸟达到 100 μmol/（min·g）左右（图 39.33）。在发育期内，四种线粒体酶的比活力，具有非常相似的模式（Bishop et al.，1995），胸肌、心肌、腿肌和半膜肌中 HAD 的活性是最为典型的代表（图 39.20A）。在发育的大部分阶段，心肌的有氧代谢和脂肪酸氧化的相对能力最高。在首次飞行前的 7 周龄（鸟首次飞行）时，腿半膜肌中 HAD 比活力维持在平均水平，随后降低；而作为飞行肌的胸肌中 CS 比活力原先是非常低的，但在迁徙前达到峰值（图 39.33）。较之于线粒体酶，如乳酸脱氢酶（LDH，图 39.20B）、己糖激酶（HEX，图 39.20C）和糖原磷酸化酶（GPHOS，图 39.20D）等各种糖酵解酶的发育模式更具组织特异性。胸肌 LDH 和 GPHOS 活性变化与 CS 表现出类似的指数增长规律，而 HEX 的活性在所有年龄段均很低。

总之，飞行时胸肌对循环血浆葡萄糖的利用量相对较低，但肌肉储存的糖原对短时爆发式活动却至关重要，而对于长期活动是次要的，因长距离飞行主要是由是脂肪酸氧化供能（Bishop et al.，1995）。一般来说，已经测定的半膜肌所有酶的比活力均在一个适度水平，说明腿部肌肉几乎可以均等地利用各种能源物质。但心肌 GPHOS 的水平极低，表明其只能利用有氧代谢途径，所需的代谢底物主要由血液提供。心脏的 LDH 值相对较高，而丙酮酸激酶水平却非常低（数据未显示），说明心脏能够通过氧化分解血液中的乳酸供能。

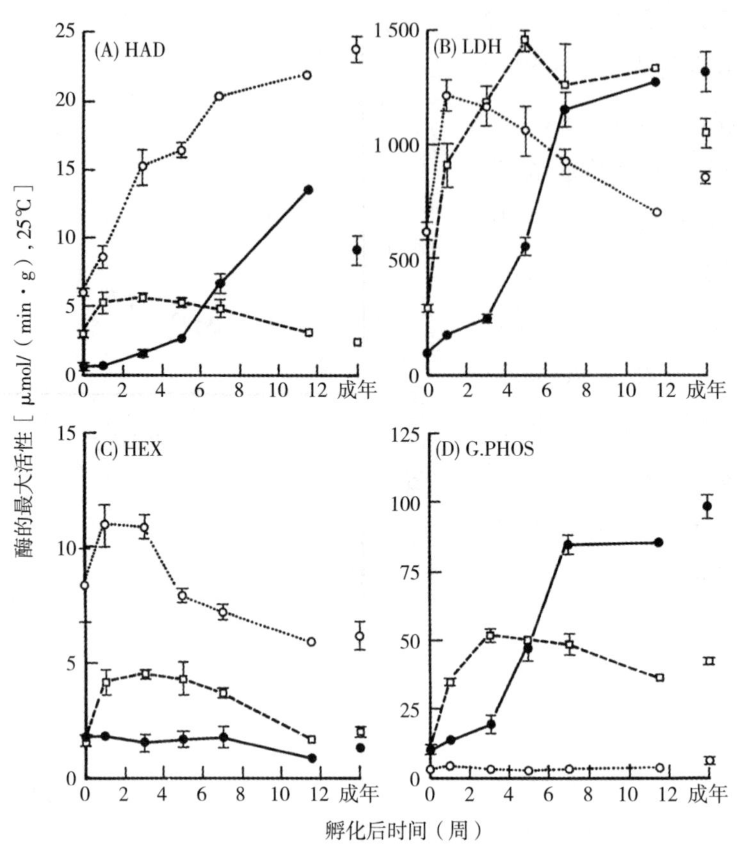

图 39.20 不同年龄野生黑雁（*Branta leucopsis*）胸肌（●—●）、心肌（○···○）和半膜肌（□– – –□）中降解酶最大活力的平均数±标准差［mol/(min·g)，25℃］

（A）三羟基酰基 CoA 脱氢酶（HAD）；（B）乳酸脱氢酶（LDH）；（C）己糖激酶（HEX）；（D）糖原磷酸化酶（G. PHOS）。*N*=2～8（其中 11.5 周龄为 1）。成年和 11.5 周龄雁是迁徙前（见正文）。修改自 Bishop 等，已被许可。

39.6 代谢底物的转运

由于脂肪的能量密度远远高于其他的储能物质，所以将脂肪酸作为长途飞行的首要能源物质是一种重要的适应。如前所述，虽然纯碳水化合物所含的能量密度为 17.6 kJ/g，但由于储存于细胞内的每克糖原含有 3～5g 的水，其有效能量密度仅约为 4.4 kJ/g，而脂肪的相应能量密度值达 39.3 kJ/g（Schmidt-Nielsen，1997）。蛋白质虽可以提供能源，但如肌肉这样的组织也含有 70%～80%的水，所以体内储存蛋白质的能量密度也仅约为 5.4 kJ/g。因此，脂肪酸提供了长途飞行所需的大部分能量。然而，因脂肪酸难溶于水，且以白蛋白作为转运蛋白而进行运输，血浆中脂肪酸的转运（从脂肪细胞转运到运动肌肉或肝脏）可能是一种限制饥饿速度的策略，剧烈运动时葡萄糖的主要来源是通过蛋白质转化而来（Newsholme and Leech，1983；Butler，1991）。实际上，哺乳动物的脂肪酸代谢率并未随着运动强度的增强而增加，主要是由于利用肌肉储存的糖原而增强了碳水化合物的代谢（图 39.21）。随着运动强度的增加，脂肪酸代谢率竟然是降低的。然而，由于迁徙途中的鸟主要以 FFA 作为主要能量来源，有氧代谢率至少是体积相似哺乳动物的 2 倍。因此，鸟在迁徙途中需要转运的 FFA 可能是哺乳动物奔跑时的 20 倍（图 39.22）。

已经提出一种机制，解释了在血液中白蛋白浓度未增加的情况下，小型鸟如何满足飞行肌

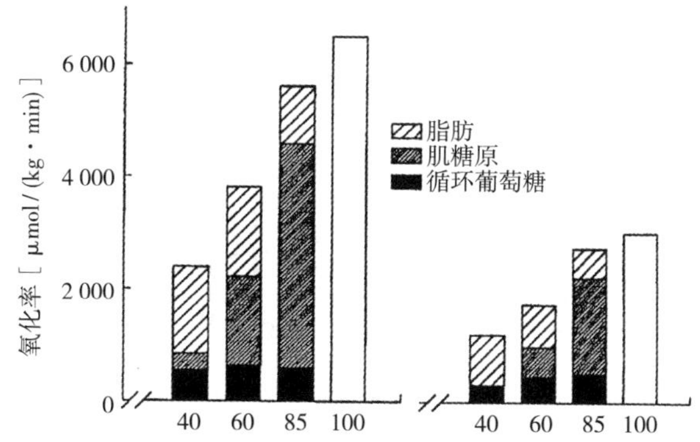

图 39.21　两种不同有氧代谢能力的哺乳动物在不同运动强度时的底物氧化率

这两种动物最大耗氧率的最大差异主要在于运动肌内糖原的供应速率不同。引自 Weber 等（1996）。

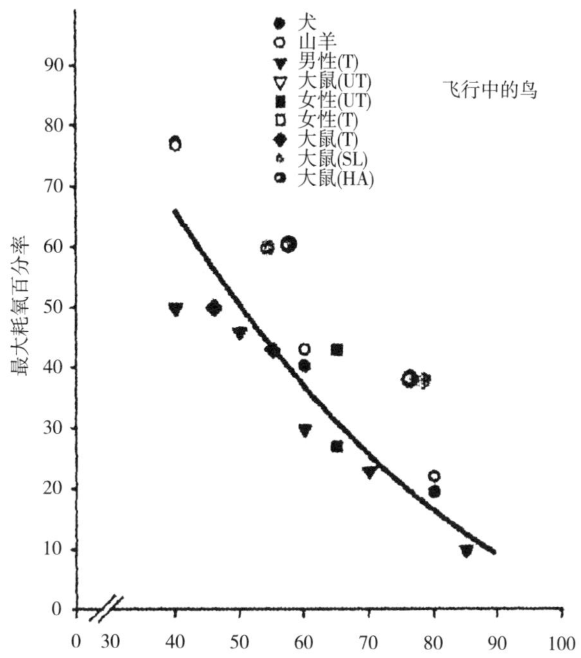

图 39.22　哺乳动物运动增强时，供给肌肉的脂肪酸百分率

X 是飞行鸟的预测值。引自 McCLelland，2004。

对脂肪酸的高需求。Jenni-Eiermann 和 Jenni（1992）测定了欧亚鸲（*Erithacus rubecula*）、庭园林莺（*Sylvia borin*）和斑姬鹟（*F. hypoleuca*）这 3 种夜间迁徙小型鸟血浆代谢物浓度（图 39.23A）。研究结果表明，长途飞行时血浆甘油三酯、甘油、游离脂肪酸（free fatty acids，FFA）和极低密度脂蛋白（very low density lipoproteins，VLDL）的水平均明显高于休息时的相应值。

出乎意料的是甘油三酯和 VLDL 的升高，暗示了飞行肌 FFA 供应增加的可能机制。FFA 在肝脏中被重新酯化为甘油三酯，随后以 VLDL 形式进入血液。因此，血流中的 FFA 进入肝脏，并在飞行后使运送脂肪细胞 FFA 的白蛋白比例相应增加；其次，VLDL 能被飞行肌毛细血管内皮的脂蛋白脂肪酶水解，从而利用释放出的 FFA（图 39.23B）。该机制除增加了飞行肌可用的 FFAs 外，还使血液蛋白（白蛋白）浓度保持在一个相对较低的水平，以免胶体渗透压的过度升高。此外，由于 VLDL 中甘油三酯的比例为 60%～70%（相比于白蛋白仅 3%），从而极大地增加了循环系统对脂肪酸的转运速率。

另外，经由 VLDL 途径的甘油三酯摄取率受到利用部位脂蛋白脂肪酶活性的调控。迁徙

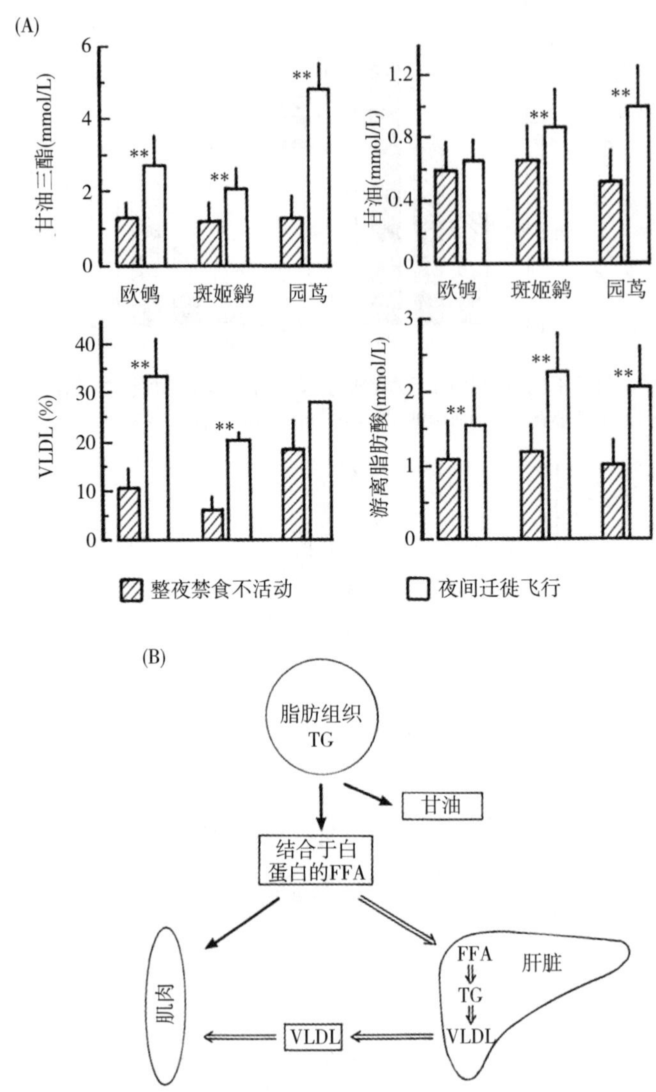

图 39.23 (A) 三种鸟在禁食一夜（阴影柱）或夜间迁徙飞行（空柱）时，血浆中各种脂肪代谢物浓度和极低密度脂蛋白（VLDL）的平均数±标准差。** $P<0.01$，非参数检验。(B) 小型鸟飞行肌脂肪酸的运输途径。从储存于脂肪组织中甘油三酸酯（TG）释放出来的游离脂肪酸（FFAs），直接由肌肉摄取或被肝脏转化成 TG，并以 VLDL 的形式再运送到肌肉。认为小型鸟在飞行时，后一路径的活动增加。修改自 Jenni-Eiermann 和 Jenni，1992，版权属芝加哥大学出版社，已被授权。

期的鸟，脂肪在飞行肌和脂肪细胞中沉积。禁食一夜的鸟，首先利用的是肌肉中储存的甘油三酯，而很少利用脂肪细胞的脂肪酸，并有效地节约了储存的蛋白质和碳水化合物（Jenni-Eiermann and Jenni，1996）。似乎这种过程并不像在其他时期那么重要，大型鸟（Schwilch et al.，1996）—黑雁胸肌内脂肪酸结合蛋白（细胞内脂肪酸的载体）的最大浓度出现于 HAD 的最大活性时，即刚好在秋季迁徙前。然而，仍然不清楚候鸟的血液是如何高效率运送 FFA，以满足其较高的有氧代谢需要。图 39.21 显示了犬的有氧代谢能力高于侏儒山羊。McClelland 等（1994）发现，犬的白蛋白结合 FFA 量比山羊白蛋白的结合量高出 50%，但犬的这种适应性并不会增加 FFA 氧化代谢的比例。看来血液运输不是唯一的原因，FFA 也必须透过肌肉细胞膜和线粒体外膜与内膜。

20 世纪 80 年代初，人们认为长链脂肪酸是以被动扩散的方式进入细胞的。但现在的证据表明，在细胞膜和细胞质中存在着特殊的脂肪酸转运蛋白。因此，脂肪酸向细胞及其细胞器

(如线粒体)内的转运，可能存在着被动转运和蛋白质介导转运两种方式。图 39.24 显示了脂肪酸跨哺乳动物细胞膜的转运过程。血浆中的脂肪酸一旦与白蛋白解离，即可以通过被动扩散和/或膜上的脂肪酸结合蛋白(fatty acid binding proteins，$FABP_{pm}$)透过细胞膜进入细胞，脂肪酸移位酶(fatty acid translocase，FAT；或 CD36)可能参与脂肪酸向胞浆的转运。无论何种转运方式，脂肪酸一旦进入胞浆，即与胞浆型或心型脂肪酸结合蛋白(heart-type fatty acid binding proteins，$FABP_c$；或 H-FABP)结合而变为脂酰 CoA，或者直接被脂酰 CoA 合成酶(acyl-CoA synthetase，ACS)转变为脂酰 CoA，后者与脂酰 CoA 结合蛋白(acyl-CoA binding protein，ACBP)结合并转移到胞内的作用位点。位于质膜上的脂肪酸转运蛋白(fatty acid transport protein，FATP)也可以将脂肪酸转运到细胞质中，但当 FATP 与脂酰 CoA 合成酶连接时，脂肪酸立即被转化为脂酰 CoA，并与脂酰 CoA 结合蛋白结合。最近的证据表明，膜结合转运蛋白在脂肪酸跨膜转运中发挥着主要作用(Bonen et al.，2007；Schwenk et al.，2010)。胞浆脂肪酸结合蛋白起着脂肪酸“水槽样沉积”(sink)的作用，从而增加脂肪酸在胞浆中的溶解度、膜内表面的移动率及其胞内扩散率。

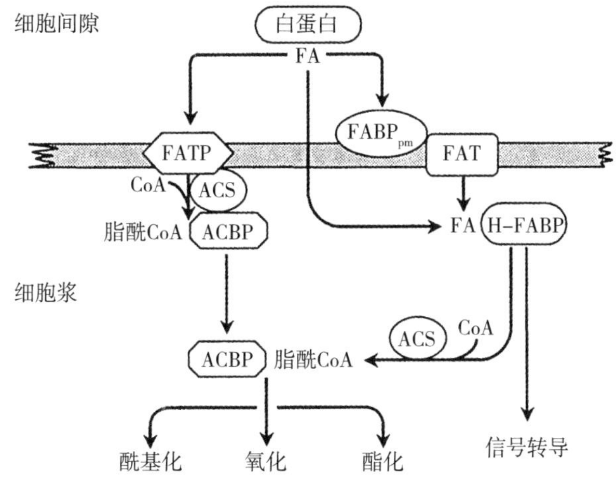

图 39.24　哺乳动物血浆中，白蛋白结合的长链脂肪酸(FA)运输

与白蛋白解离后，FA 跨细胞膜进入胞质的转运方式：(1)通过被动扩散，或通过膜脂肪酸结合蛋白($FABP_{pm}$)和脂肪酸移位酶(FAT/CD36)转运或两者共同参与；或(2)通过位于质膜的脂肪酸转运蛋白(FATP)转运。一旦进入细胞质，脂肪酸与心型脂肪酸结合蛋白(H-FABP)结合或直接被脂酰 CoA 合成酶(ACS)转变为脂酰 CoA。最终，它们与酰基 CoA 结合蛋白(ACBP)结合。引自 Glatz 等(2003)。

图 39.25　显示了 FFA 进入线粒体的过程。首先，FFA 被线粒体外膜上的肉碱脂酰转移酶-1(carnitine acyl transferase-1，CAT 1)转变为脂酰肉碱，然后通过酰基肉碱/肉碱移位酶系统穿过线粒体内膜。一旦进入线粒体，内膜上的肉碱脂酰转移酶-2(CAT 2)再将其转变为脂酰 CoA 和游离肉碱。该转运过程可能是运动肌肉利用脂肪酸的关键限速步骤，其中肉碱或肉碱脂酰转移酶-1 是重要因子。

研究表明，鸟飞行肌中脂肪酸转运蛋白的浓度高于哺乳动物。例如，迁徙西方滨鹬(*Calidris mauri*)飞行肌的 H-FABP 浓度约为哺乳动物肌肉的 10 倍，鹬 H-FABP 约占胞浆总蛋白的 14%，这是所见报道脊椎动物骨骼肌的最高值(Guglielmo et al.，1998)。迁移期间 H-FABP 的浓度也比冬季高 70%(Guglielmo et al.，2002)。已经证明，白喉带鹀(*Zonotrichia albicollis*)的飞行肌中存在着 FAT/CD36 和 $FABP_{pm}$，在迁徙季节这些基因表现出明显的上调表达现象(McFarlan et al.，2009)。这些数据表明，迁徙期间肌肉中至少有 3

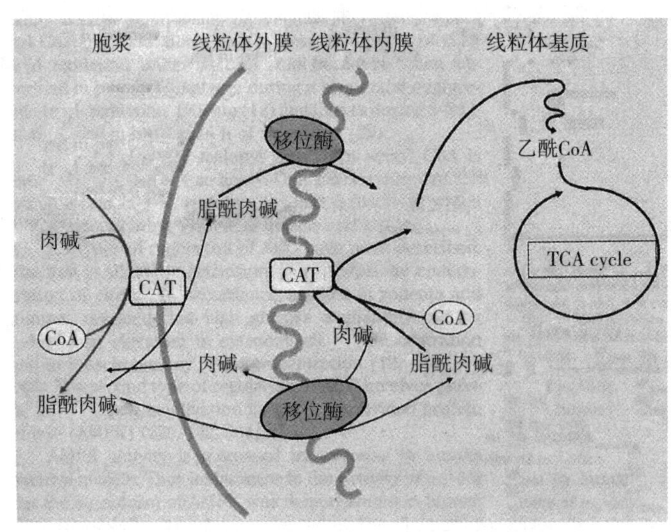

图 39.25 哺乳动物长链脂肪酸（FA）转入线粒体的过程

酯酰 CoA 不能直接穿过线粒体内膜，它们首先被位于线粒体外膜上的肉碱脂酰转移酶 1（CAT 1）转变为脂酰肉碱，脂酰肉碱通过移位酶系统穿过内膜。一旦进入线粒体，通过位于内膜上的 CAT 2 重新形成乙酰 CoA 和游离肉碱。引自 Kiens（2006）。

种重要的脂肪酸转运蛋白。

近年来，尽管一些多不饱和脂肪酸（polyunsaturated fatty acids，PUFAs）对飞行性能的影响还没完全被证实，但迁徙前鸟类食物中含有的多种 PUFAs 的可能作用已引起人们的极大关注（Guglielmo，2010）。我们已经知道，迁徙期间白喉带鹀（*Z. albicollis*）肌肉和脂肪组织甘油三酯中的 PUFA 18：2n-6 含量增加（Klaiman et al.，2009）。而且，当欧洲椋鸟（*S. vulgaris*）采食含 18：2n-6 脂肪酸的食料时，它们飞行 6h 的能耗率比采食富含单不饱和脂肪酸食料降低了 13%（MUFAs；McWilliams and Pierce，2006；Guglielmo et al.，2010）。导致这种能耗率显著降低的具体机制尚不清楚。Price（2010）提出了能源假说和磷脂假说解释其可能机制。能源假说的依据是，不饱和脂肪酸在水中溶解性和扩散率高于饱和脂肪酸，故可以推断不饱和脂肪酸可以按上述途径，从脂肪储存部位更迅速地运送到线粒体；磷脂假说认为，由于食料中的脂肪酸进入细胞膜和线粒体膜磷脂中，线粒体膜组成的改变影响了多种相关的代谢过程，从而影响了机体的整体性能。例如，2012 年进行的一项对大鼠的试验研究结果证明了磷脂假说，发现线粒体膜的脂肪酸组成能够改变完整线粒体中质子的泄漏，且该质子泄漏可以占到大鼠基础代谢率的 20%。这项研究还指出，氧化代谢的副产物是活性氧（reactive oxygen species，ROS），质子泄漏可能调节了 ROS 的产生。Gerson（2012）对欧椋鸟的系列试验表明，采食富含 PUFA 食料、飞行约 3h 的鸟，产生的 ROS 低于采食富含 MUFA 食料的鸟。ROS 对线粒体功能的影响可能导致 ATP 产生效率的降低，这就解释了前述采食 MUFA 食料、在风洞中飞行的欧洲椋鸟飞行能耗较高的原因。因此，Gerson（2012）认为，以 PUFA 为食料的鸟，降低了长途飞行时的氧化损伤和对线粒体功能的影响。尽管蛋白质储存的能量密度低于脂肪细胞的脂肪酸（见上文），但实际上在饥饿期间和/或长时间运动期间并不是完全不利用蛋白质。由于大多数动物的碳水化合物储存非常有限，而大脑和其他神经组织高度依赖葡萄糖代谢提供的能量（Newsholme and Leech，1983），所以饥饿期间葡萄糖的主要来源是通过蛋白质（氨基酸）降解为各种代谢中间产物（称为含氧酸或酮酸），随后大多数中间产物进入肝脏的糖异生通路。此外，甘油三酯水解后产生的甘油也可以转化成葡萄糖。少量氨基酸（亮氨酸和赖氨酸）

可以直接降解为乙酰 CoA，再通过柠檬酸循环（citric acid cycle，CAC）促进 ATP 的合成，或因乙酰 CoA 不能进入糖异生通路而转化为脂肪。而过量的氨基酸可以为 CAC 提供中间产物（例如，氧化戊二酸、琥珀酰-CoA、富马酸酯和草酰乙酸盐）；如果这些中间产物不足，则转化为丙酮酸，然后转化为乙酰 CoA，以利于 ATP 合成或转化为脂肪。当然，大量的研究显示，在长时间飞行（Jehl，1997）或在饥饿状态下飞行时，鸟类靠分解肌肉和肠道中的蛋白质供能。

迁徙期间的蛋白质分解，可能并不总是出于上述原因。产生单位能量的分解代谢，蛋白质比脂肪产生更多的水（0.155g H_2O/kJ 对 0.029g H_2O/kJ）。Gerson 和 Guglielmo（2011a，b）已经证明，在相对湿度较低（13%）的条件下，平均飞行时间为（2.7±0.3）h 时，斯温森画眉（*Catharus ustlatus*）的体重（蛋白质）损失为（3.55±0.91）mg/min；而在相对湿度较高（80%）空气中飞行时，体重下降与飞行持续时间无关。在相对干燥的条件下飞行，这种较高的体重损失率导致内源水增加了（21.7±4.9）%。这些数据表明，在干燥条件下飞行时，通过增加蛋白质的分解代谢，产生更多的代谢水以弥补水分的损失。然而，对于那些一次不能完成全部迁徙飞行的鸟，由于飞行肌和消化系统的损耗较大，可能使其在中途暂停第一天的飞行能力以及食物消化能力下降。

39.7 心血管系统

心血管系统的主要功能是将代谢底物和氧运送到需氧代谢的组织，并运走代谢废物。因此，心血管系统，特别是心脏，必须具备满足持续振翅飞行时飞行肌需求的能力。

39.7.1 飞行中心血管的适应性变化

关于飞行 Fick 方程，鸽（*C. livia*）是唯一掌握所有变量的鸟种（见上文。Butler et al.，1977；Peters et al.，2005）。在 Butler 等的研究中（1977），鸽在 10 m/s 的风洞中飞行时，$\dot{V}_{O_2}$ 值为休息时的 10 倍（表 39.3）。呼吸系统的 C_aO_2 值略低于休息时，$C_{\bar{v}O_2}$ 仅为休息时的 50%，（$C_{aO_2}-C_{\bar{v}O_2}$）却增加了 1.8 倍。V_s无显著变化，因此转运额外的氧到肌肉这一主要因素增加了 6 倍的 f_H。遗憾的是，所有这些变量不是在同一只鸟上同时测得的，Bishop 和 Butler（1995）认为，原先计算的休息时 V_s可能是不准确的。而在这种情况下，飞行时的 V_s增加了 1.4 倍。为了维持平均动脉血压不变，总外周阻力必须随心输出量（V_b，即 $f_H \times V_s$）的增加而相应降低。

表 39.3 鸽（*Columba livia*）和鸸鹋（*Dromaius novaehollandiae*）的氧摄入量和心血管活动变化的平均值[1]

	鸽（0.442 kg）		鸸鹋（37.5 kg）	
	休息	飞行	休息	飞行
氧摄入量（mL/min STPD）[2]	9.0	88.4	156.7	1807
心率（次/min）	115	670	45.8	180
心脏每搏输出量（mL）	1.44（1.14）	1.58	57	102.7
动脉血氧含量（vol%）	15.1	13.7	15.2	15.2
混合静脉血氧含量（vol%）	10.5	5.4	9.0	4.6

1 鸽是在休息时和以 10 m/s 速度在风洞稳定飞行 6 min 后的测量值；鸸鹋是在休息时和以 1.33 m/s 速度在 6°倾斜跑步机上角奔跑后 20 min 的测量值。正如 Bishop 和 Butler（1995）所述，心脏每搏输出量是由 Butler 等（1977）后来计算的。

2 STPD：标准温度、压力和湿度。

一般来说，与体重相似的哺乳动物相比，鸟具有较大的心脏和安静时较低的心率（Lasiewski and Calder，1971；Grubb，1983）。与大小相似哺乳动物的奔跑相比，鸟飞行时具有较高的最大 $\dot{V}_{O_2}$（$\dot{V}_{O_2,max}$）的一个重要因素是其具有较高的 V_b。蝙蝠与大小相似的哺乳动物相比，具有更大的心脏和更高的血液携氧能力（Jurgens et al.，1981），其飞行时的 $\dot{V}_{O_2}$ 与相似体重的鸟相似（Butler，1991）。不能持续飞行鸟类（如鸡型目）的血细胞比容（hematocrit，HCD）和血红蛋白浓度（Hb）要略高于那些能进行持续飞行的鸟类（Balasch et al.，1973），飞行能力较弱鸟类的 HCD 又略低于飞行能力较强者（Carpenter，1975）。野生黑雁从北极的繁殖地迁徙到苏格兰南部的越冬地，飞行时的心率低得惊人（见早前报道）。这说明迁徙飞行的能量消耗低于过去人们的错误认识（或许是由于编队飞行的原因，下文将进行讨论），和/或迁徙雁的值（$C_{aO_2}-C_{\bar{v}O_2}$）高于风洞中飞行鸽的估测值。

39.7.2 心肌

对动物运动的研究表明，运动肌和心肌的结构会发生一些动态变化，它们的重量因季节而变化，也会根据运动需要而发生改变（Hickson et al.，1983；Marsh，1984；Dreidzic et al.，1993；Bishop et al.，1996）。因此，可以预料，如出现季节性能耗增加时（如迁徙性增肥或副性征发育），心肌和相关运动肌肉组织也可能发生适应性的季节性变化。Bishop 等（1996）发现，迁徙前脂肪沉积期的黑雁，心肌和胸肌变得肥大。

Bishop 和 Butler（1995）认为心脏重量（M_h）可作为评估鸟类飞行肌可用氧量的参数。假设心血管系统与飞行肌的需要大致匹配，则相似体重鸟的相对 M_h 应该可以作为飞行肌相对可用有氧代谢输入功的指标。Bishop（1997）经计算，认为鸟 $\dot{V}_{O_2}$ 与体重的 $230M_b^{0.82}$mL/min^{-1} 成比例，最大有氧代谢输入功（有氧代谢 $P_{i,max}$）应与 $11M_h^{0.82}$（W）成比例。因此，研究鸟的长时间有氧代谢飞行性能，根据相对 M_h 估算 $\dot{V}_{O_2,max}$ 或 $P_{i,max}$ 值比仅依据体重的一般比例方程更有价值。

部分鸟家族（科）的平均 M_h 值点状图见图 39.26（A）（引自 Hartman 的数据，1961）和图 39.26（B）（引自 Magnan 的数据，1922），该图显示了鸟类科目间有氧代谢能力适应的多样性。所有三种鹅科鸟的 M_h 都非常小，说明在所有鸟品种中，该科鸟的有氧代谢能力最低，其他具有低 M_h 值的森林鸟包括冠雉、翠鴗、喷䴕和蚁鸟。而迁徙前生活于森林中的其他科鸟（如鹦鹉、咬鹃、翠鸟和蜂鸟），却具有较大的 M_h 值，两者形成了鲜明的对比。有趣的是，图 39.18（B）显示，鸨家族（Otidae）的 M_h 值似乎在一般的异速生长趋势之上。0.83 kg 小鸨和 8.95 kg 大鸨的相对 M_h 分别为 1.8%和 1.4%，其 M_h 值甚至大于鸭科 0.8%～1.1%的相对 M_h 值。另外有两个观察资料似乎也证实了这一发现，Crile 和 Quiring（1940）报道了非洲科里鸨（*African Kori bustard*）心脏的相对重量，一只 5.54 kg 雌性科里鸨的心脏相对重量为 1.1%，一只 10 kg 雄性科里鸨的心脏相对重量为 1.0%。此外，Stickland（1977）的研究显示，非洲盔鸟（*African helmeted guinea-fowl*）的全部胸肌都由“白色”厌氧肌纤维（即 FG 纤维）组成，而相似大小的白腹鸨胸肌却由 82%“红色”好氧纤维（即 FOG 纤维）组成。该作者还指出，在本地进行局部迁徙飞行的欧洲种鸨，事实上它们也具有“持续长久”飞行的能力。

Hartman（1961）和 Magnan（1922）的 M_h 研究数据显示，有氧代谢能力也存在着有

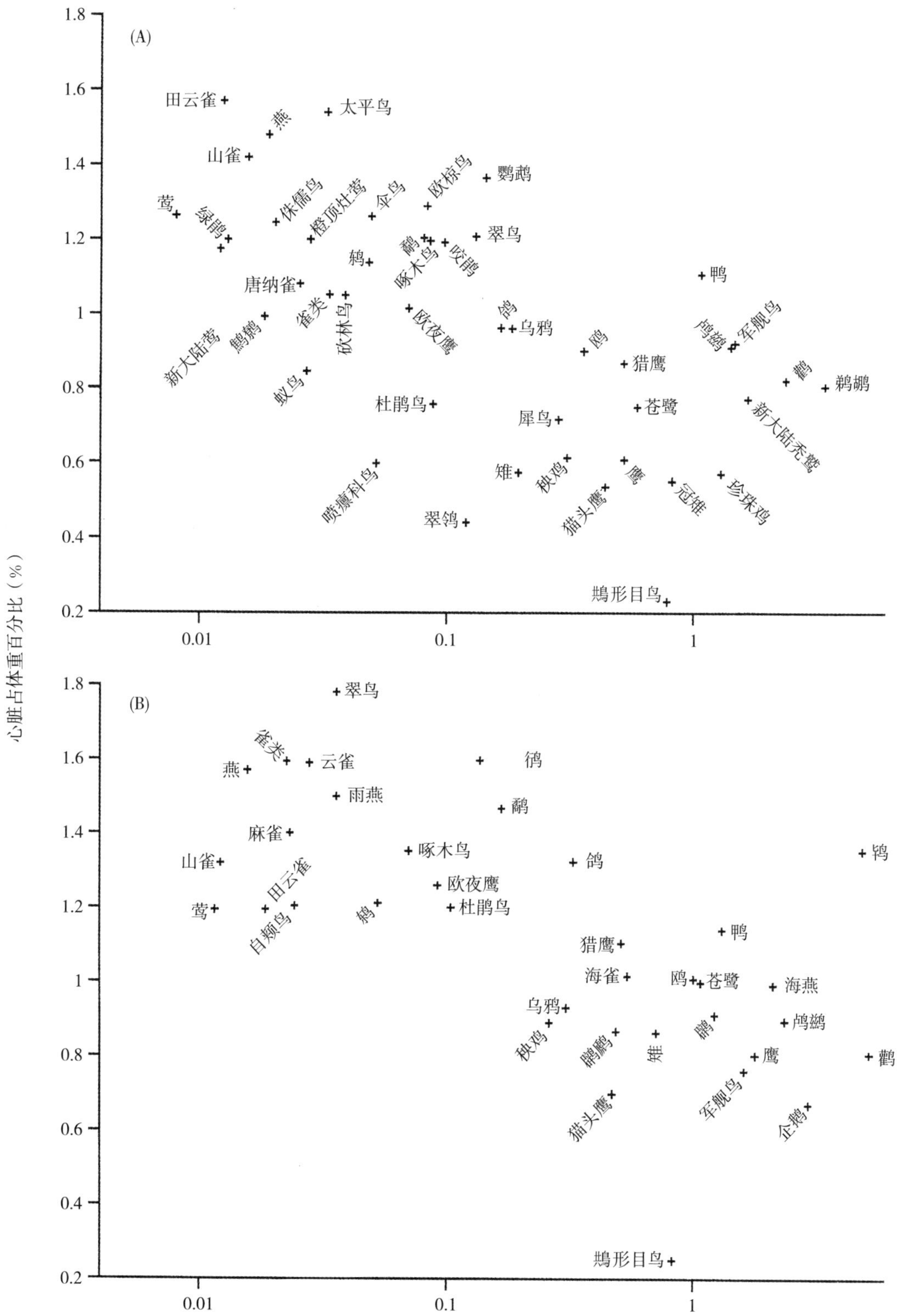

图 39.26　不同鸟的心肌重量占体重（kg）的平均百分比（%）

（A）数据引自 Hartman (1961)；（B）数据引自 Magnan (1922)。

趣的家族（科）间差异。鸠鸽科（鸽和白鸽）不同属的相对 M_h 平均范围为 1.29%～0.57%，而隼科（猎鹰）的属内范围为 1.14%～0.6%。在这两个科中，心脏相对较小的属主要生活在热带森林中，它们的相对活动量较小。在这些实例中，由于科内胸肌重量相对恒定，可以推测活动量相对较小的鸟种更依赖于无氧代谢以保证其飞行活动，且飞行肌由相对较高比例的 FG 型纤维组成。

39.8 呼吸系统

呼吸系统不仅关乎气体的交换（即循环系统与代谢组织中氧的供给与二氧化碳的排出），而且还涉及体温和蒸发水损失的控制。

39.8.1 飞行时的通气调节与通气/运动匹配

就心血管系统而言，描述 $\dot{V}_{O_2}$ 与呼吸系统各部分之间关系的 Fick 公式有所变化：

$$\dot{V}_{O2}=f_{resp}\times V_T\times(C_{IO2}-C_{EO2}),$$

式中，f_{resp}是呼吸频率（次/min），V_T是呼吸潮气量（mL），（$C_{IO2}-C_{EO2}$）是吸入气与呼出气的氧含量差（O_2/mL 气体）。表 39.4 列出了 5 种鸟在休息和在风洞中向前振翅飞行时通气量的数据。在环境温度较低时（<23℃），每分通气量 V_I（$=f_{resp}\times V_T$）以 $\dot{V}_{O_2}$ 的相同比例增加，飞行时从吸入气中获得的氧气比例（O_{2ext}在效率上与 $C_{IO2}-C_{EO2}/C_{IO2}$ 相等）与休息时相似。飞行时 f_{resp} 和 V_T 对 V_I 增加的相对贡献率因鸟种而异。在所有鸟类中，白颈乌鸦（*Corvus leucocephalus*）飞行时的 V_T无任何变化，鱼鸦和黑嘴鹊却是翻番的，而椋鸟增加了 4 倍。因此，表中的前 3 种鸟，f_{resp}对 V_I的作用更大；但第 4 种鸟的潮气量起主要作用。鱼鸦的呼吸频率、V_T（Bernstein，1976）和黑雁的 f_{resp}（Butler and Woakes，1980）与飞行速度无关。这可能意味着与椋鸟和鱼乌鸦相似，黑雁的 $\dot{V}_{O_2}$ 在很大程度上也与飞行速度无关。但虎皮鹦鹉的 $\dot{V}_{O_2}$和 f_{resp}与飞行速度呈 U 形曲线变化（Tucker，1968b）。

表 39.4 呼吸频率、潮气量、每分通气量、氧排出量和氧摄入量的平均值[1]

	体重 (kg)	休息					飞行				
		f_{resp}	$\dot{V}_T$	$\dot{V}_1$	O_{2ext}	$\dot{V}_{O_2}$	f_{resp}	V_T	$\dot{V}_1$	O_{2ext}	$\dot{V}_{O2}$
蜂鸟（>20℃）（*Amazilia fimbriata fluviatilis*）[2]	0.006	—	—	—	—	—	280	0.63	0.18	0.135	4.1
蜂鸟（36℃）(*Colibri coruscans*)[3]	0.008	—	—	—	—	—	330	0.38	0.12	0.24	5.0
虎皮鹦鹉（18～20℃）(*Melopsittacus undulatus*)[4]	0.035	—	—	0.047	0.27	2.62	199	1.15	0.232	0.26	10.9
椋鸟（10～14℃）（*Sturnus vulgaris*）[4]	0.073	92	0.67	0.061	0.28	3.16	180	2.8	0.504	0.31	28.1
黑嘴喜鹊（*Pica pica*）[5]	0.165	52.4	2.95	0.154	—	—	162	6.1	0.953	—	—
鱼鸦（12～22℃）（*Corvus ossifragus*）[4]	0.275	27.3	8.2	0.223	0.19	8.5	120	14.9	1.79	0.19	68.0
白颈乌鸦（14～22℃）(*Corvus cryptoleucus*)[4]	0.48	32.5	10.5	0.34	0.24	17.0	140	10.7	1.40	0.29	84.9

1 缩写：f_{resp}，呼吸频率（1/min）；V_T，潮气量（mL）；$\dot{V}_1$，每分通气量（1/min BTPS，除鱼鸦是 1/min STPD 外）；$O_{2\,ext}$，氧排出量；$\dot{V}_{O_2}$，休息时、2 种蜂鸟悬停时和其他 5 种鸟在风洞飞行时的氧摄取率（mL/min STPD）。已经记录到飞行时 $\dot{V}_{O_2}$值是最小的，并需要对面罩等的阻力和重量做了校正（详情见 Butler et al.，1977）。BTPS，体温与压力饱和度；STPD，标准温度、压力和湿度。

2 Berger 和 Hart（1972）。

3 Berger（1978）。

4 Butler 和 Woakes（1990）。

5 Boggs 等（1997a）。

尽管表 39.4 中列出的 4 种鸟飞行时的 V_I与 $\dot{V}_{O_2}$的增加似乎一致，但椋鸟飞行时的有效肺通气量似乎超过了代谢的需要（过度换气），出现前气囊和后气囊二氧化碳分压降低（P_{CO_2}，低碳酸血症）的现象（Torre Bueno，1978a）。由表 39.4 可见，悬停蜂鸟（*C coruscans*）的 $O_{2\ ext}$与向前振翅飞行的 4 种鸟相似，而辉喉蜂鸟（*Amazilia fimbriata fluviatilis*）则仅为 50%或更低。

自从 Marey（1890）开创鸟类飞行研究以来，人们已经知道 f_{resp}可能与翅的振动协调一致。Marey 认为，飞行中翅的拍打可能对气囊有一些影响。乌鸦（*C. brachyrhynchos*）和鸽 f_{resp}与扑翼频率（f_{wb}）的对应关系为 1∶1，而北美黑鸭（*Anas rubripes*）、鹌鹑和环颈雉的这种比例却高达 5∶1（f_{wb}：f_{resp}）（Hart and Roy，1966；Berger et al.，1970b）。然而，上述报告只是对持续飞行数秒的记录结果，得出的这种比例不一定是普遍规律。不过在风洞中进行 10 min 以上飞行的鸽，这两项活动也是紧密相关的。在“爆发”式扑翼时，尽管 f_{resp}与扑翼频率 f_{wb}常常不一致，但扑翼时它们两者总是非常协调的（图 39.27A）。在鸽着陆的瞬间，其喘气频率与呼吸的平均频率相一致（即 10 Hz，Kampe and Crawford，1993）；而在振翅飞行时，f_{resp}却较慢，仅约为 7 Hz（即与 f_{wb}相同）。

如 f_{wb}∶f_{resp}的对应关系为 1∶1，我们很容易理解飞行肌收缩驱动呼吸气流的过程，但这种比率变大时就不那么明显了。野外自由飞行的黑雁（1.6kg）和加拿大雁（3.8kg）的这种对应关系为 3∶1（Butler and Woakes，1980；Funk et al.，1993），并发现进行相对较长的持续飞行时，翅的扑动与呼吸周期的一定时相有着明显的对应关系（图 39.27B），即使在活动发生短暂变化后，这种时相的相互关系也能保持不变（Butler and Woakes，1980）。正如 Tucker（1968b）指出的那样，“很难相信飞行肌的收缩对通气没有影响……”最近的多项研究已经对这种有趣现象的可能性进行了探讨。

Banzett 等（1992）记录了 3 只椋鸟以 11m/s 速度在风洞中飞行 5 min 的呼吸气流和翅振时间。他们通过触发翅膀振动和运用总体平均值技术，发现 f_{wb}与 f_{resp}间的比例通常为 3∶1，但翅振对 V_T的影响仅为 3%～11%。因此，他们认为椋鸟翅振动的机械活动与呼吸运动在本质上是相互独立的。总体平均值技术存在的关键问题，在于其测定的是处于不同步时的系统状态，即运动对通气影响较小时的状态。另外，Jenkins 等（1988）运用高速 X 线技术，拍摄了风洞中飞行椋鸟的影像，认为翅向下拍动时，叉骨侧向运动和向上的反弹活动可能分别使锁骨间气囊扩大和缩小。然而，他们还发现，翅的向下扑动使胸骨产生呼气运动，而向上扑动产生吸气运动。这些学者认为，由于胸骨的活动将对更多的后气囊产生影响，由翅振动引起的叉骨和胸骨运动的共同作用，使得气囊和肺之间再次进行气流循环，这种循环不同于（较慢的）吸气和呼气运动。

Boggs 等（1997a，b）记录了风洞中短时飞行（10～20s）黑喙鹊前气囊和后气囊的压力、气管气流和胸肌肌电图（EMG），并同步拍摄了 X 线影像图（图 39.28A）。虽然黑喙鹊飞行时叉骨、胸骨的运动模式与 Jenkins（1988）描述的椋鸟相似，但前、后气囊的压力变化与 Jenkins 等（1988）推测的气囊、肺之间的二次循环并无关系。然而，翅的向下扑动和向上扑动，可能由于惯性作用使胸腹腔分别出现缩小和扩张。只有当翼的运动与呼吸肌的运动相反时，才能对这些影响的效应进行量化（图 39.28B）。因此，吸气时翅的向下扑动，气囊平均压

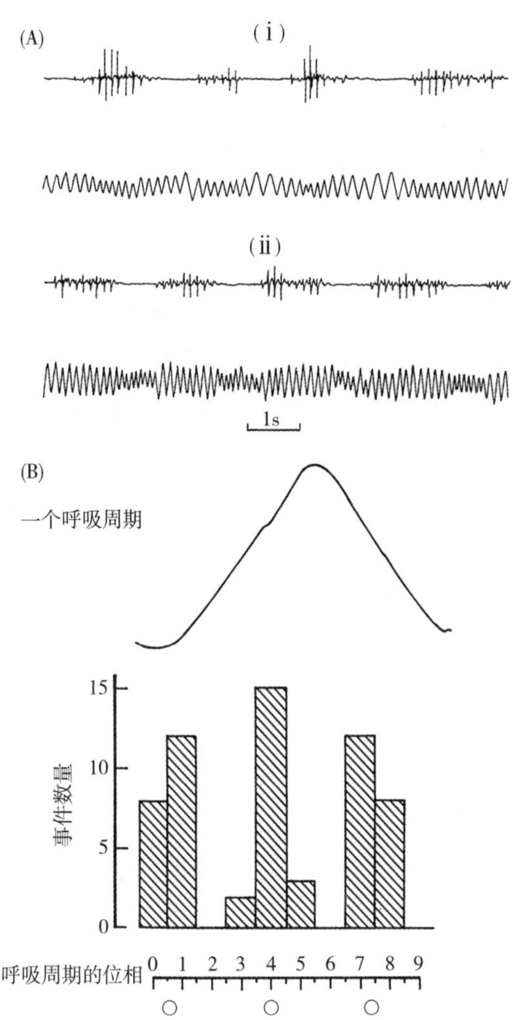

图 39.27 (A) 鸽 (*Columba livia*, 0.45 kg) 以 10m/s 的速度在风洞中飞行的跟踪记录，显示了翼振时和滑翔时的呼吸频率。(i) 滑翔飞行开始时 (起飞后 1min)，呼吸频率降低，(ii) 滑翔飞行后期 (起飞后 6 min)，呼吸频率增加。每组曲线中，从上到下分别为胸肌肌电图和呼吸运动频率 (吸气向上)。(引自 *Butler et al.*, 1977，生物学家有限公司)。(B) 直方图显示了一只经训练跟随卡车飞行的黑雁 (*Branta leucopsis*)，翅完全抬起时与呼吸周期的对应状态 (称为“事件”)。数据取自 20 个呼吸周期，并分为 10 等份。直方图下方绘制的是每组事件 (○) 的平均位置。直方图上方是一次 f_{resp}的曲线，即一个呼吸周期 (吸气向上)。引自 Butler 和 Woakes (1980)，生物学家有限公司。

力变化了 94%；而发生于呼气时的翅向上扑动，气囊平均压力变化了 41%。相应的平均流量和容积变化分别为 75%和 23%、35%和 11%。因此，当翼和呼吸肌共同发挥作用时（即呼气时的向下扑动、吸气时的向上扑动），肺的通气量会显著增加。在 f_{wb}与 f_{resp}的比例正常时（3∶1），这种时相匹配模式意味着一次吸气有两次向上扑动（图 39.27B），一次呼气有两次向下扑动，从而增加了吸气运动时的吸气量和呼气运动时的呼气量。鸟在飞行时，即使呼吸 5% CO_2，这种时相匹配也不会发生变化。当这种比例自发地变为 2∶1 时，即缩短了吸气时间，以确保向上扑动发生于吸气时相，并以相匹配的向下扑动过渡到呼气（Boggs et al.，1997b）。上述两种现象提示，这种协调关系可能具有重要的功能意义。

对去大脑加拿大雁的研究（Funk et al.，1992a，b）表明，当没有来自扑翼的外周反馈信息传入时，f_{resp}和 f_{wb}的比例以 1∶1 为主。因此，野外自由飞行鸟这种协同模式的形成，需要外周反馈信息的作用方能实现。

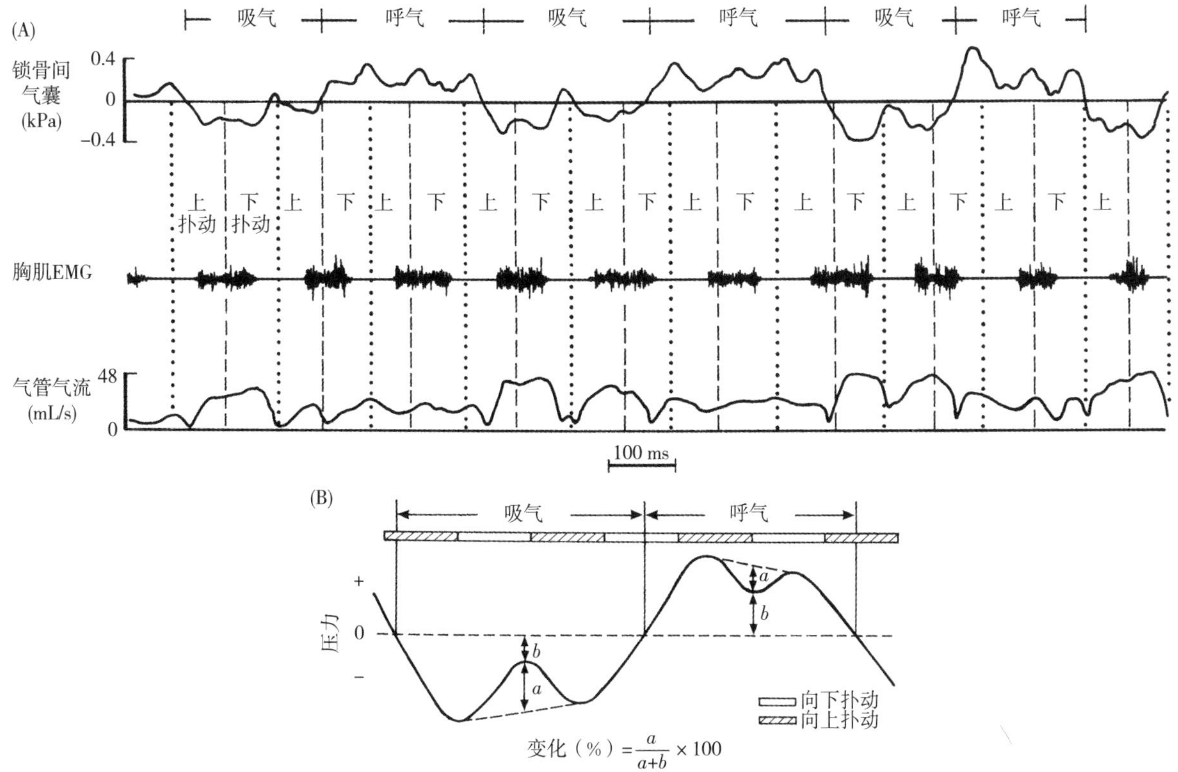

图 39.28 (A) 黑嘴喜鹊（*Pica pica*）在风洞中飞行时，锁骨间气囊内压力、气管气流与胸肌肌电图（EMG）的关系。由于气流信号不具有方向性，所以吸气发生于呼吸器官内压力低于大气压时（低于0），而呼气发生于呼吸器官内压力高于大气压时（高于0）。胸肌的EMG代表了翅的向上扑动与向下扑动。当向下扑动出现于吸气时相时，使负压变小或高于0；而向上扑动出现于呼气时，使正压降至零［引自 Boggs（1997），已被许可］。(B) 图说明了吸气或呼气时，翼的向下扑动或向上扑动分别造成（A）中气囊内压力百分比的变化。引自 Boggs 等（1997a）。

39.8.2 温度调控

在向前振翅飞行时，总能耗中至少70%是以热的形式，这种热负荷必须以某种方式散发，一种可能的散热途径是通过呼吸系统的热蒸发。椋鸟在向前振翅飞行时，出现的过度换气（Torre Bueno，1978a），可能就是由体温（T_b）升高而引起的，此时的体温至少升高2℃。迄今为止，所研究的所有鸟类，即使在低温（0℃）环境（T_a）中也会出现这种现象（Torre-Bueno，1976；Hudson and Bernstein，1981；Hirth et al.，1987）。然而，处于正常海拔、不奔跑时 T_b 的鸭和家鸡，仍然有过度通气的迹象（Kiley et al.，1982；Brackenbury and Gleeson，1983）。在鸭，会出现乳酸的升高及轻度酸中毒，后者促进了通气；而在鸡，过度通气似乎仅发生于剧烈运动时。因此，除体温过高外的其他因素，似乎均有助于运动鸟的过度换气。

在 T_a 较低时（<23℃），以恒定速度在风洞中飞行的椋鸟、白颈鸦和鸽的 T_b 不会随着 T_a 的变化而变化（Torre-Bueno，1976；Hudson and Bernstein，1981；Hirth et al.，1987）；而当 T_a 超过23℃时，以上3种鸟的 T_b 则随着 T_a 的增加而升高。在乌鸦，V_I 随着 T_b 的升高而增加；当 T_a 升高到23 ℃以上时，以恒定速度飞行的乌鸦和鱼鸦，V_I 逐渐提高到超过其代谢需要。因此，飞行鱼鸦的 $O_{2,\ ext}$，从 T_a 为20℃时的0.19降为25℃时的0.13（图39.29）。由高 T_a 导致的过度通气，将会加剧低碳酸血症（Torre-Bueno，1978a），从而导致碱中毒。已经证明，白颈鸦在高 T_a 环境中飞行时，采取混合通气，即深而慢的通气与快而浅的通气相交替，

有助于减少热喘息所致的低碳酸血症（Hudson and Bernstein，1978）。

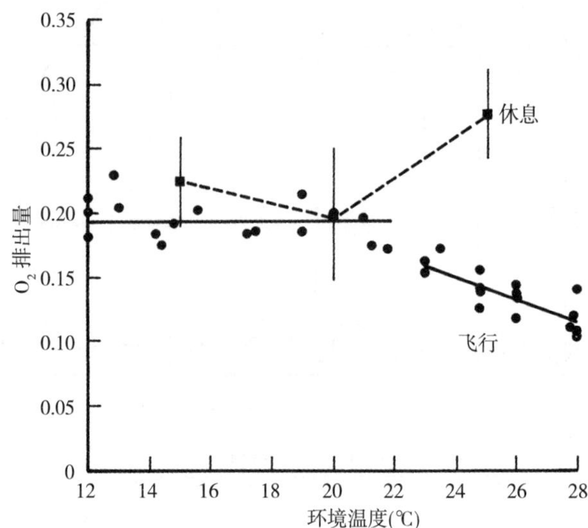

图 39.29 鱼鸦（*Corvus ossifragus*）在休息和风洞中飞行时，环境温度与氧排出间的关系

引自 Bernstein（1976），1976 年版权得到 Elsevier Science-NL 的许可（荷兰，阿姆斯特丹 1005 kV，Sara Burgerhartstraat 25）。

虽然 Torre-Bueno（1976）认为，为了改善肌肉的工作效率、增加最大输出功，鸟通过调整其绝缘层，以保证飞行时 T_b 一定程度的提高。但即使在低 T_a 时，振翅飞行时体温升高的生理意义并不清楚。Hudson 和 Bernstein（1981）指出，在总效率为 25%时，白颈鸦以 10 m/s 速度飞行时的 T_b 几乎升高 3℃，说明飞行 5min 产生的代谢热有一半以上储存在体内。在总效率较低时，产热量会更多，而储存的热比例较小，依据呼吸蒸发计算的代谢热损失比例也同样如此（见下文）。

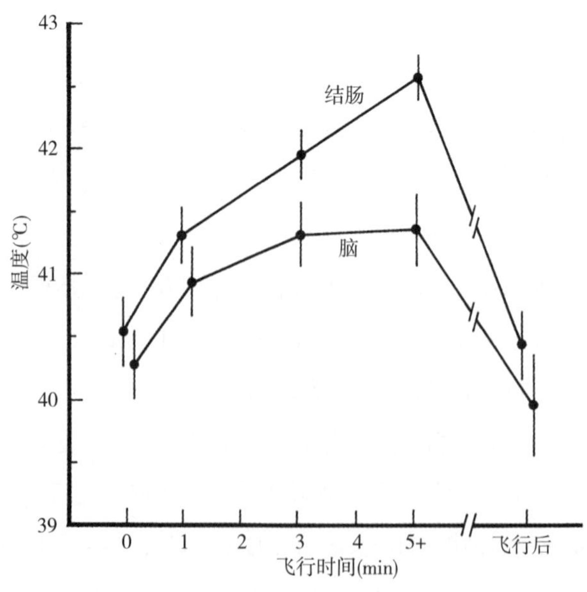

图 39.30 美国红隼（*Falco sparverius*）在环境温度为 23°C 时，以 10m/s 的速度飞行前、飞行中和飞行后结肠、脑的平均温度（±2 SE）

以飞行开始后 5～15min 时间段内 5min 以上的稳定数据作为平均值。每次飞行重新稳定后的数据作为飞行后的值。引自 Bernstein 等（1979a），已被许可。

不管振翅飞行时体核温度升高的意义如何，脑的温度总是维持在较低水平。事实上，在热平衡条件下的鸟，即使休息时的脑温与体温间也有约 1℃的温差（Bernstein et al.，1979a），至少美洲红隼（*Falco sparverius*）在振翅飞行的体温过高时保持了这种温差，甚至可能温差更大（图 39.30）。似乎产生这种现象的结构基础是眼的微循环网（*rete mirabile ophthalmicum*，RMO）(Kilgore et al.，1979；Bernstein et al.，1979a，b)。其与眼的循环路径密切相关，来自躯体的温暖动脉血与来自喙、上呼吸道蒸发表面和眼回流的较冷静脉血进行逆流交换，而被冷却（Midtgård，1983）。

飞行中的过度换气发挥着体温调节的作用。随着 T_a 的升高，飞行中总热量损失的比例随呼吸蒸发而增加。在 T_a 为 30℃ 时，呼吸蒸发的热损失占总热量损失的比例，虎皮鹦鹉和鱼鸦仅约为 20%（Tucker，1968b；Bernstein，1976），白颈鸦和鸽为 30%（Hudson and Bernstein，1981；Biesel and Nachtigall，1987）；T_a 为 35℃ 时，蜂鸟（*Amazilia fimbriata*）的最大呼吸热损失占总热量损失的 40%（Berger and Hart，1972）。因此，大多数代谢热必须通过呼吸蒸发以外的方式散发。事实上，飞行过程中银鸥蹼脚的散热量高达总产热量的 80%（Baudinette et al.，1976）。虽然鸽的这一比例可能较低（50%～65%），但具有重要的意义（Martineau and Larochelle，1988）。

39.8.3　呼吸的水损失

振翅飞行期间，虎皮鹦鹉的 T_a 超过 18℃、鸽的 T_a 超过 7.5℃时，水分的流失快于代谢水生成的速度（即鸟处于脱水状态；Tucker，1968b；Biesel and Nachtigall，1987）。只有 T_a 低于 7℃时，椋鸟才能保持水平衡（图 39.31；Torre-Bueno，1978b）。然而，由于飞行中代谢水生成速率的不确定性，笔者认为维持水平衡的临界温度为 0～12℃。而悬停蜂鸟（*A. fimbriata*）的水平衡 T_a 低于 0℃（Berger and Hart，1972）。Torre-Bueno（1978b）认为，在迁徙期间，鸟飞至严寒的高空，非蒸发散发量的比例更大，从而保持水平衡。

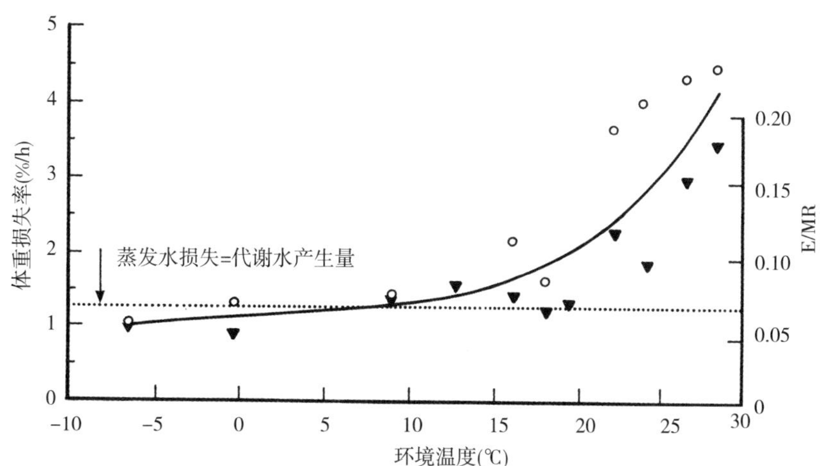

图 39.31　以 9～14m/s 速度在风洞中飞行的两只椋鸟（*Sturnus vulgaris*），体重损失率和蒸发冷却/代谢率比值（EMR）与环境温度的函数关系。引自 Torre-Bueno（1978b）。

一些大型鸟类可以在超过 8 000 m 的高空迁徙（Swan，1970；Stewart，1978）。然而，Carmi 等（1992）运用 Pennycuick（1989）程序 I 计算了 P_i，认为小型鸟可能更适合在 1 000 m 以下活动，这是因为在空气稀薄和低氧气分压（P_{O_2}）的高海拔需要更大的通气量（因此增加了水分的流失）。这些学者还强调了 $O_{2,\ ext}$ 和呼出气温度（T_{exp}）在飞行时对保持水分的重要性。对于给定的 $\dot{V}_{O_2}$，$O_{2\ ext}$ 越高、V_I 越低、T_{exp} 越低，水分的流失就越少，以保证鸟呼吸道内进行有效的热交换（Schmidt-Nielsen et al.，1970）。因此，这对于夜间低空飞行、白天休息，穿越撒哈拉沙漠的小型候鸟是有利的。然而，对沙漠地区夜间迁徙候鸟行为的研究表明，鸟飞行的高度仅与顺风速度紧密相关（Bruderer and Liechti，1995）。因此，秋季鸟类利用相对低空的北风飞行就不奇怪了，同时还有维持水平衡的作用。但夜间飞行鸟是如何判断风向的？仍然是个谜。

Carmi 等（1993）也证明，鸟在休息或飞行时，虽然因水分的大量流失而使体重明显降低，但血容量维持了相对恒定。这对于飞行，特别是长途迁徙飞行具有十分重要的意义。如血容量减少，将导致血黏度的增加，从而增加心脏的负担，使心排血量下降和组织的氧供应不足。

39.9 迁徙和长途飞行性能

39.9.1 迁徙准备

正如 Fry 和 Ferguson-Lees（1972）曾讨论过的一样，为长途飞行提供能量而进行脂肪储存，是鸟的一种与飞行所需额外动力相关的生理性适应。他们的研究表明，在黄鹡鸰（*Motacilla flava*）增肥的早期，它们的飞行肌轻度增大。其他研究同样发现，在增肥过程中，鸟的胸肌（Marsh，1984；Driedzic et al.，1993；Bishop et al.，1996；Jehl，1997）和心肌（Driedzic et al.，1993；Bishop et al.，1996；Jehl，1997）均出现肥大现象。因此，鸟在长途飞行时要消耗体内的蛋白质和脂肪，在中途停留时也会被更新。所以，应该将鸟迁徙前和停留期间的体重增加，称为“加油”而不是“增肥”（Piersma，1998）。

鸟类在迁徙前，体内能源物质的积累量与飞行肌沉积量密切相关。能源物质负荷越大，携带该负载所需的飞行肌就越重。Piersma（1988）的一项研究表明，同等大小的不同品种岸禽，根据其即将飞行的持续时间和性质，在长途迁徙（>1 500 km）前，积累的无脂组织和脂肪组织之间的比例不同。迁徙前，鸟的胸肌和心肌趋于肥大，而胃、肠和肝趋于萎缩。图 39.32 表明，在那些迁徙时间最长的鸟中，脂肪沉积量和内脏器官（如肝脏）萎缩的程度尤为显著，特别是那些几乎或完全没有紧急着陆机会（如飞越海洋）的鸟类。非常有趣的是，斑尾鹬的两个亚种，虽然它们的迁徙距离完全不同（4 500 km 和 11 000 km），但它们都有较高的体脂比和较低的肝脏/胸肌重量比。它们的共同点是都不能在迁徙时紧急着陆。

为了研究发育过程对心脏和运动肌肉因迁徙而发生特化作用的影响程度，以及在多大程度上可能由相关活动水平而进行的调节差异，Bishop 等（1998）对笼养黑雁和野生黑雁的发育进行了比较。野生大雁和笼养大雁的胸肌在飞行后重量增加，并与体重的变化相适应（图 39.33A 和 B）。计算的迁徙前野生成年大雁的回归方程为：胸肌重量$=0.5M_b^{0.86}$，$r^2=0.93$；笼养成年雁回归方程为：胸肌重量$=0.3M_b^{0.92}$。虽然笼养大雁的系数略小，但两个回归方程的体重指数（或斜率）无显著差异。因此，迁徙前黑雁，约 92%的胸肌几乎与飞行经历无关。事实上，野生成年黑雁在秋季和春季迁徙前用于飞行的时间没有增加（Portugal et al.，2012），并且 Portugal 等（2009）发现，笼养黑雁可能在体重增加之前就已经发生胸肌变大的现象。

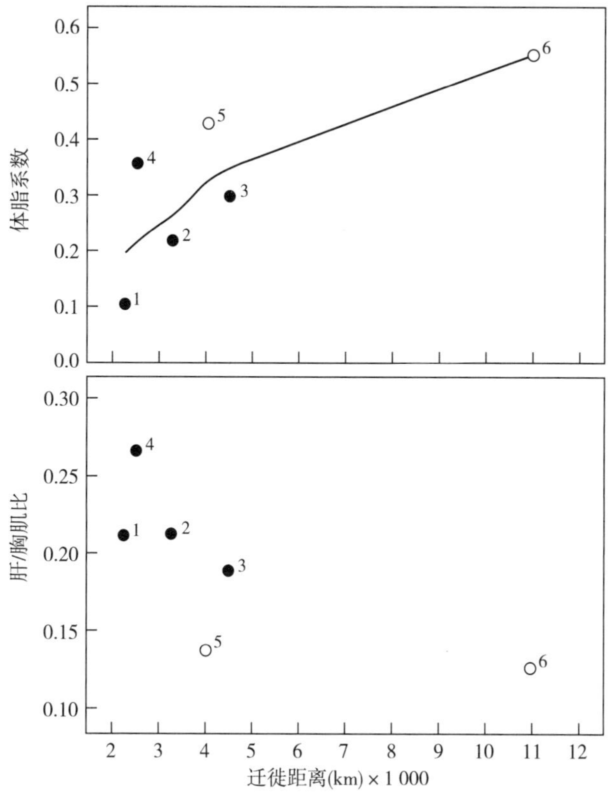

图 39.32　6 种长途迁徙前鸟的脂肪储备及相关器官大小

上图表示体脂系数与即将进行迁徙距离间的关系。下图表示肝/胸肌重量比与迁徙距离间的关系。实心点表示迁徙过程中动物的中途停留，而空心点代表中途不停留。1. 金斑鸻（*Pluvialis apricaria*）　2. 流苏鹬（*Philomachus pugnax*）　3. 斑尾鹬（*Limosa lapponica lapponica*）　4. 红腹滨鹬（*Calidris canutus islandica*）　5. 太平洋杓鹬（*Numenius tahitiensis*）　6. 斑尾塍鹬（*Limosa lapponica baueri*）。引自 Piersma（1998）。

Gaunt 等（1990）研究了有耳䴙䴘（*P. nigricollis*）在加利福尼亚州莫诺湖停留期间飞行肌的变化，该地区的食物资源充足。在湖边繁殖和换羽后，这种鸟的飞行肌轻微的萎缩，暂时失去飞行能力，由于食物丰富，它的脂肪和体重大量增加。就在出发去冬季栖息地之前，这种鸟利用大部分脂肪，使飞行肌变得肥大。在本例中，当有大量食物存在时，该鸟的飞行肌发生萎缩；而当实际体重减轻时，它的飞行肌却变得肥大。Marsh 和 Storer（1981）首先提出，鸡鹰（*Accipiter cooperii*）飞行肌与体重之间的相关性，是飞行中“力量”训练的自然模拟。随后的研究发现，尽管作者认为翼扑动的增加与飞行肌肥大有关系，但飞行肌肥大与体重间并无明显的关系。Dietz 等（1999）发现，生活在恒定光照条件下的两个红腹滨鹬（*Calidris canutus*）亚种，在迁徙前育肥过程中出现相似的胸肌肥大（44%），分别占其总体重增加的 29%和 39%。表明它不受光周期的直接调控，似乎是一种内源性机制，可能与某种年周期调节有关。存在的一种外部可能性，就是笼养鸟相对较少的翼拍动和偶尔的起飞可能提供了充分联系，使鸟的飞行肌与体重保持合理的关系。然而如上所述，Portugal 等（2012）的研究显示，野生迁移黑雁在迁徙前的 3 周时间内，消耗在飞行上的时间无任何变化，证明它们在真正迁移前并无飞行训练。

图 39.33 中的（C）和（D）显示了相同胸肌重量（图 39.33A 和 B）笼养和野生黑雁（Bishop et al.，1998）的最大 CS 比活性变化。结果发现，这两种黑雁在 7 周龄前没有什么差异；两只 11.5 周龄野生雏雁胸肌的 CS 比活性分别为 103 μmol/(min · g)和 116 μmol/（min · g），高于 12

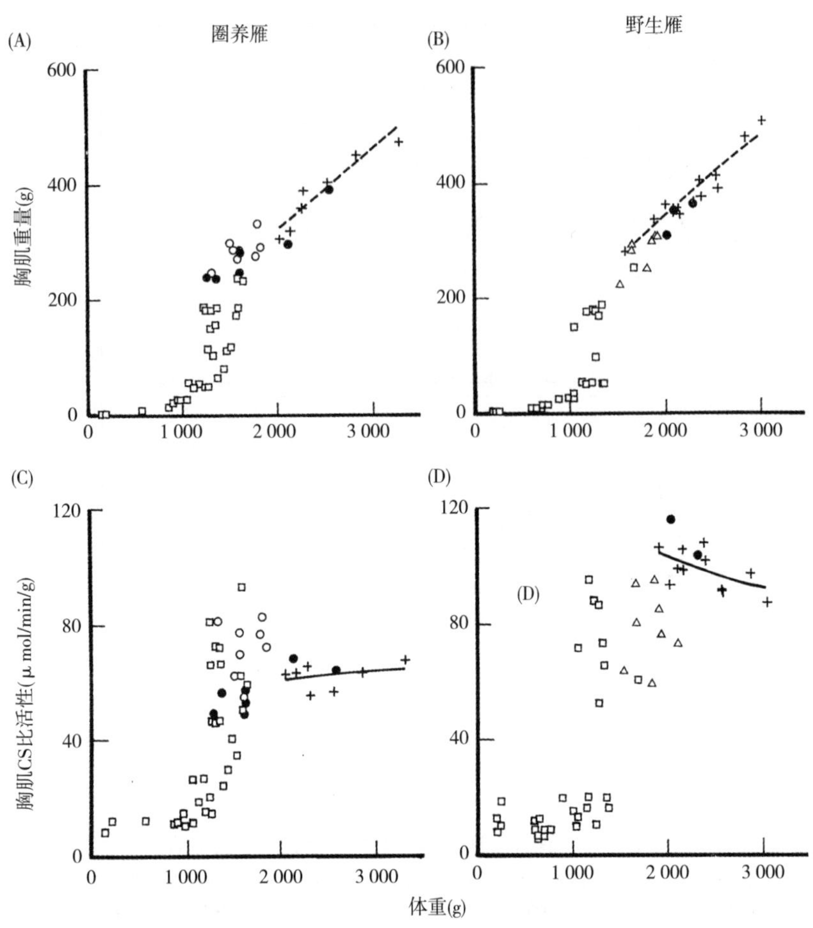

图 39.33 圈养黑雁（A 和 C）和野生黑雁（B 和 D）胸肌重量（g）、胸肌中柠檬酸合成酶（CS）比活性对体重的散点图［μmol/(min·g) 湿重］

□表示 1～7 周龄的雏雁，●表示 12～20 周龄的幼雁，△表示孵化出雏后 7 周时的成年雁，＋表示出雏后＞10 周、迁徙前的成雁。引自 Bishop 等（1998），并得到芝加哥大学出版社的许可。

周龄的笼养雏雁［55～59 μmol/(min·g)］和笼养成雁［56～58 μmol/(min·g)］的范围，但与野生成雁的范围［92～106 μmol/(min·g)］相似。由这些结果可以得出结论，笼养成雁的 CS 比活性值（62.1±1.7）［μmol/(min·g)］与体重（$CS=20\ M_b^{0.14}$，$r^2=0.11$）并不成比例，且远低于迁徙前野生鸟类的值（98.6±1.9）［μmol/(min·g)，$P<0.0001$］。12～20 周龄笼养大雁的结果与笼养成年雁数据的回归线呈现显著的关系。

尽管 CS 比活性随体重的增加而呈下降趋势（$CS=862M_b^{-0.28}$，$r^2=0.33$），但野生黑雁胸肌的 CS 活性峰值出现于迁徙前。而笼养成年雁和大于 11 周龄的笼养雏雁胸肌的 CS 活性仅为野生雁的约 60%。此外，一组刚换羽的野生成雁胸肌 CS 活性与长期笼养的大雁相似。因此，鸟迁徙前 CS 活性的升高可能是对飞行活动增加的反应，雏雁发育过程中 CS 活性的升高主要是一种内源性控制。此外，与迁徙前的野生鸟类相比，笼养和换羽后野生成鸟的心室重量降低，并与胸肌耗氧能力的减少相类似。表明心室重量的降低也可能是笼养鸟类活动较少的直接原因（Bishop et al.，1998）。

甲状腺素（thyroxine，T_4）是影响黑雁胸肌耗氧能力的重要因素之一。循环 T_4 的水平与胸肌重量以及 CS 比活性有相似的发育模式（Bishop，1997）。当人为增加游离 T_4 的浓度，均不会显著影响这些肌肉的相对重量和 CS 比活性（Deaton et al.，1997）；但在发育过程中，通过施用药物甲巯咪唑诱导甲状腺功能的减退，确实导致其生长的减慢、CS 比活性下降、线粒体体积分数及毛细血管作用下降（Deaton et al.，1998），但对腿部肌肉无影响。

如果将大雁迁徙前胸肌的单位重量 CS 活性值换算到全身肌肉中，鸟的体型越大，虽需要的相对输出功越多，但单位重量的需氧量却越低（Pennycuick，1989）。因此，在持续飞行期间，较之于小型雁，大型雁必须以几乎是最低功的速度飞行。Bishop 等（1996）对心室重量的研究数据表明，随着体重的增加，心脏的相对重量随着体重的增加反而略有下降，也支持了这一结论。因此，鉴于最大耗氧量可能与心脏重量密切相关（Bishop and Butler，1995；Bishop，1997，1999，2005），表明在迁徙前的增肥阶段，根据体重指数值计算的可用 P_i似乎明显低于飞行需要 P_o指数（$M_b^{1.59}$）的理论值，该理论值与空气动力学理论推算值一致（Rayner，1990）。然而，许多研究质疑，随着体重增加而变化的 P_i指数是否与 P_o的预测值相似。Tucker（1972）在 13 个不同的场合，测量了一只体重变化为 0.328～0.420 kg 的海鸥在风速为10.8 m/s风洞内飞行的耗氧量。证明了动物携带“额外体重”的能耗非常低，体重指数仅为 $M_b^{0.325}$，但 95%的置信区间为 0.05～0.6。Kvist 等（1998）利用 DLW 技术，在红腹滨鹬体重自然增加的秋天，通过对其在风洞中飞行时不同时间段能量消耗的测定，也得到了非常相似的结果。他们计算出体重指数仅为 $M_b^{0.325}$，95%的置信区间为 0.08～0.62。随后，Engel 等（2006）、Schmidt-Wellenburg 等（2007）同样用 DLW 技术，测得粉红掠鸟（*Sturnus roseus*）和家燕（*Hirundo rustica*）的体重指数非常低，分别为 $M_b^{0.55}$ 和 $M_b^{0.58}$。Kvist 等（1998）认为，鸟可以改变其飞行肌机械能与化学能的转化效率，为迁徙提供能量。然而，研究者的估算却是在鸟的肌肉都保持最高效率条件下进行的。

39.9.2　迁徙行为

鸟类在迁徙时，尽可能地缩短飞行时间（T_{min}）比减少能量消耗更为重要，尤其是其必须先于大多数竞争者到达目的地的情况下（Alerstam and Lindstrom，1990），此时的最佳飞行速度将大于U_{mr}。Welham（1992）对 48 种鸟迁徙数据分析的结论，认为轻型鸟的飞行速度确实比 U_{mr} 快，而重型鸟飞得较慢。然而，Alerstam 等（2007）对 138 种鸟的更全面研究（Alerstam et al.，2007），发现这种预期速度的范围却明显减小，在一定程度上可以认为是由于缺乏随体重增加的几何相似性变化（如翼纵横比的确切比例）。发现鸟的飞行速度受到翅载荷和系统发育关系的显著影响，但有些变化并不能全面解释这种现象。

如今，可以对许多不同种类鸟的迁徙飞行进行跟踪，其中有些鸟的飞行穿越了数千公里的陆地和海洋。尽管斑腹沙锥（*Gallinago media*）主要在陆地活动，但其是有记录的飞行最快的鸟之一（Klaassen et al.，2011）。斑腹沙锥可以从瑞典不停留地连续飞行到中非并返回，在速度为 16～26 m/s 的气流中飞行 4 000～6 800 km。斑尾鹬（*Limosa lapponica*）的连续飞行距离更远，它们横跨中太平洋，在阿拉斯加与新西兰间飞行（Gill et al.，2009），7～8d 飞行的平均距离为 10 153 km，相当于 15 m/s 的风速。另外一些水鸟，同样也表现出令人惊讶的快速迁徙飞行本领（Minton et al.，2011；Niles et al.，2012；Johnson et al.，2012），它们在迁徙前必须迅速增加体重（Gudmundsson et al.，1991）。一些更特殊的远洋迁徙海鸟（如鹱形目和鸻形目），在繁殖季节规律性地进行长途觅食飞行，如灰鹱（*Puffinus griseus*；

Shaffer et al.，2006）和北极燕鸥（*Sterna paradisaea*；Egevang et al.，2010）冬季经常分散在世界各地的海洋上进行大规模迁徙。

有研究表明，大雁等鸟呈V形列队飞行，以减小飞行阻力（Lissaman and Scholenberger，1970；Hummel，1995）。这需要它们保持固定的位置，从而使得V形后面一只雁的内侧翼靠近前一只雁外侧翼所形成的翼尖涡流中（Hainsworth，1987）。如翼展保持在最大跨度，Hainsworth（1987）发现加拿大雁群（*B. canadensis*）间或雁群内的翼端间距（wing tip pacing，WTS）变化范围非常大，达到－128～289 cm，但发现55只大雁群V队形中间的翼WTS（－19.8 cm）接近于理论最优值的－16 cm，由此减少了约36%的飞行阻力。即使如此，由于个体之间的距离（平行于飞行路线的相邻鸟身体中心间的距离）变化很小，为了借助翅拍动实现这种节约，它们的扑翼频率必须保持高度同步（Hainsworth，1988）。该作者还发现，在所研究的鸟中，48%的鸟类存在着严格的同步性（差异＜0.1次/s）。由于测定时平静无风，认为这一结果可能属于上限。事实上，即使不考虑扑翼频率，Cutts和Speakman（1994）通过对54只粉脚雁（*Anser brachyrhynchus*）的计算，发现减少的平均阻力仅为14%，并认为粉脚雁身体中心间距离和WTS之间的关系支持了"信息沟通"假说（Gould and Heppner，1974）。该假说认为，每个鸟将自己的位置相对固定，避免相互碰撞和保持集群飞行。Weimerskirch等（2001）对白鹈鹕（*Pelecanus onocrotalus*）独自飞行时与成V形成群飞行时的飞行性能和心率进行了研究。尽管不是对迁徙的专门研究，但发现因用于滑翔的时间增加，在V形飞行队伍中，除最前面两只鹈鹕以外的其他鹈鹕的平均振翅频率减少了50%；与独自飞行的鹈鹕相比，V形队伍飞行时鹈鹕的心率下降14%。如果我们应用$\dot{V}_{O_2}$与$f_H{}^2$成比例的体型变异趋势判定（Bishop and Spivey，2013），认为保持V形列队飞行较之于独自飞行将平均节省约27%的能量。

39.10 高空飞行

大多数候鸟的飞行高度在距地面1 km以内（Liechti and Schaller，1999；Berthold，1993）。因此，特别令人感兴趣的是鸟飞到高空中何以选择顺风迁徙？或越过大型山体障碍物的经典迁徙路线是如何实现的？尽管Bruderer和Liechti（1995）证实，春季的风向可能导致大多数越过以色列南部内盖夫沙漠的鸟飞行高度大于1.8 km，其中90%低于3.5 km。但早期的研究表明，大多数小雀形目鸟在夜晚迁徙，飞行高度在海平面以上2 km以内（Lack，1960；Nisbet，1963）。偶尔，由于低空急流造成特别强的顺风时，飞越以色列的鸟可以飞到5～9 km的高度（Liechti and Schaller，1999），相对于地面的飞行速度可达到25～50 m/s。更为罕见的是，在类似的极高海拔地区（＞6 km），也有偶然见到各种鸟类踪迹的报道。在苏格兰西海岸海拔8～8.5 km、温度为－48℃的空中，雷达监测到一个30只的天鹅群（可能是大天鹅）（Stewart，1978；Elkins，1979），但目前尚不清楚这些鸟是如何飞到如此高度的（Pennycuick et al.，1996a）。据报道，斑头雁（*A. indicus*）在跨越喜马拉雅山迁徙时，飞行高度超过8 km（此处的P_{O_2}约为6.7 kpa，大约为海平面的1/3）（Swan，1961）。然而，这些有趣的发现从未得到任何科学证据的证实，通过使用GPS卫星定位，直接记录的斑头雁飞行的最高高度为 7 290m（Hawkes et al.，2012）。因此，鸟肯定能飞到哺乳动物连步行都困难的高度（Tucker，1968a）。虽然 Tucker（1968a）训练了一只戴着 $\dot{V}_{O_2}$ 面罩的虎皮鹦鹉在低压（相当于 6.1 km 的高空）风洞中飞行了 30s，但遗憾的是关于鸟类高空飞行的生理学研究，实测或模拟的试验都很少。前文已提到鸟在高海拔飞行遇到的两个问题（低温和蒸发失水），包括随飞行高度增加出现的空气密度和氧分压降低的其他因素，对飞行性能都会产生生理学和生物力学上的影响。Pennycuick（1975）认为，鸟飞得越高，就必须飞得越快，以便翅产生足够的上升力。然而，随着高度增加而提高的飞行速度，保持这种速度所需的能量必然也会增加。另外，由于气体交换速度会受到 P_{O_2} 的影响，所以应该有一个使鸟获得的 O_2 刚好满足维持最小功速度需要的特定高度，此时它将无法依靠其自身的功飞到更高的位置。

Gudmundsson 等（1995）对黑雁（*Branta bernicla*）从冰岛到格陵兰岛的迁徙进行了研究，并通过卫星跟踪了其飞越格陵兰岛冰盖的飞行路线。他们发现，黑雁（配有 60 g 卫星发射器）在飞越格陵兰岛冰盖时不能连续飞行，在爬升过程中必须长时间休息多次。Gudmundsson 等（1995）的试验证据支持了 Pennycuick（1989）的生物力学预测，因为翼扑频率与体重成反比，这些鸟在飞越格陵兰岛时达到了飞行肌生物力学的极限。然而 Bishop 和 Butler（1995）、Bishop（1997，2005）的分析表明，鸟类（如黑雁）持续攀升的高度更可能与其心脏生物力学性能有关。由于大雁飞行肌既含有 FG，又含有 FOG 型纤维（Rosser and George，1986a），最终的效果是在“持续”活动期间，飞行肌中能有效发挥作用的是“需氧”FOG 肌纤维，并且可用 P_o 与心血管、呼吸系统供给运动肌肉组织（需氧）的能力成比例。FG 肌纤维提供额外动力的作用很小，所以黑雁有可能使用无氧做功飞越较陡峭的山坡，它们将需要定期停歇（正如前述的观察）。Gudmundsson 等（1995）的试验数据表明，从整个飞行肌获得的可用生物机械功是有限的，而从 FOG 纤维得到的可用机械功可能与心血管系统的血液灌注到飞行肌的能力密切相关。Pennycuick 等（2011）对飞越格陵兰岛的黑雁进行了追踪，也得到同样的结论。

因飞越喜马拉雅山脉和横跨西藏-青海高原是一种典型的迁徙（该地区的海拔高度见图 39.34），所以斑头雁一直被作为鸟类高空飞行生理适应研究的对象（Butler，2010；Scott，2011）。与北京鸭不同，斑头雁暴露于模拟高空时，其血细胞比容和血红蛋白量不会增加（Black and Tenney，1980），这意味着血液的黏滞度并没有增加，从而防止了循环血量的减少。这一数值超过大雁 Hb 与氧高亲和力（$<P_{50}$）的平衡（pH 7.5 时，鸭血液中的 P_{50} 约为 7.5 kPa，而斑头雁血液中的 P_{50} 约为 5 kPa）。因此，在高海拔地区雁类的 C_{aO_2}（以及 $C_{aO_2}-C_{\bar{v}O_2}$）要高于鸭类。

将斑头雁与平原灰雁（*Anser anser*）比较，发现前者 Hb 中只有四个氨基酸被替换，其中之一是 α^{119} 的 Pro 被替换为 Ala，从而改变了 Hb 的 α_1 与 β_1 链间的连接，使得斑头雁 Hb 对 O_2 亲和力有所提高（Perutz，1983），加之与 5-磷酸肌醇的相互作用，使这种亲和力进一步增加（Rollema and Bauer，1979）。在相同位点的互补替代（β^{55} Leu → Ser）对黑翅草雁（*Cloephaga melanoptera*）Hb 的 P_{50} 具有相似的作用（Weber et al.，1993）。其他一些鸟类向高空的暂时运动可能会有不同的效应。在加泰罗尼亚，野生鹌鹑一年一度从 200～1 200 m 高空的运动使 Hb 增加了 24%，但 Hb 对 O_2 的亲和力却是降低的（P_{50} 由 3.6 变为 4.2 kPa，

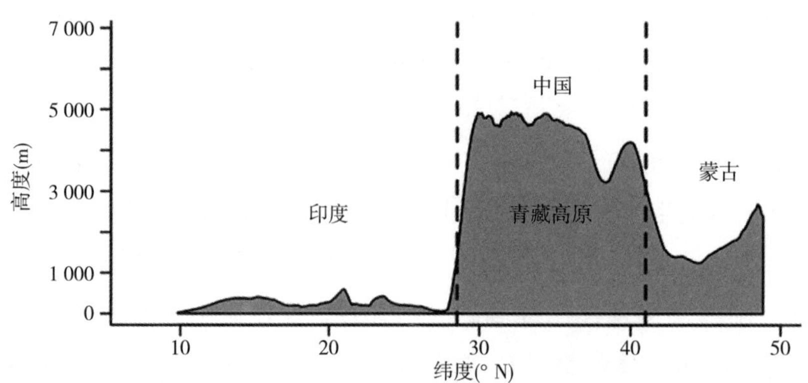

图 39.34　基于大雁飞行高度的平均值，绘制出它们向北迁徙路线的地势横断面。引自 Hawkes 等（2013）。

Prats et al.，1996），说明血液携带 O_2 的能力提高、向组织释放 O_2 的能力也提高。

从 Black 和 Tenney（1980）的数据可以看出，高空中斑头雁的呼吸系统能够保证吸入气的氧分压（$P_{I_{O_2}}$）与动脉血氧分压（$P_{a_{O_2}}$）之间的差异非常小。例如，在海平面时，斑头雁的 $P_{I_{O_2}}-P_{a_{O_2}}$ 约为 7 kPa，而在 10.67 km 的模拟高度时仅为 0.5 kPa。每分通气量（$\dot{V}_I$）可以维持 $P_{I_{O_2}}$ 和 $P_{a_{O_2}}$ 之间的微小差异，它的大幅增加也会导致 $P_{a_{CO_2}}$ 的下降和相关动脉血 pH（pHa）的提高，导致鸟的呼吸性碱中毒。Scott 和 Milsom（2007）证实，较之于生活在低海拔地区的灰雁（*A. anser*）或北京鸭，斑头雁 $\dot{V}_I$的增加是因为潮气量的大幅增加和呼吸频率的相应降低。

在许多哺乳动物（犬、猴、大鼠和人），过度换气引起的低碳酸血症会导致脑血流量减少，鸭和斑头雁却与之不同（Grubb et al.，1977；Faraci and Fedde，1986）。此外，与犬、大鼠和人相比，鸭缺氧时的脑血流量增加更多（Grubb et al.，1978）。在高海拔地区，当呼吸性碱中毒发生时，低碳酸血症似乎会减缓由缺氧引起的脑血流量增加（Grubb et al.，1979）。然而，这些学者发现当氧含量保持不变时，正常鸭与血液内碳酸过少鸭的血流量相似。这是因为在呼吸性碱中毒时，波尔效应使氧离曲线左移，所以低 P_{O_2} 的动物能维持稳定的氧含量。实际上，斑头雁严重缺氧导致的呼吸性碱中毒比北京鸭更严重，这是因为斑头雁 Hb 对 O_2 的亲和力更高，即 $P_{a_{O_2}}$（低）不变时，斑头雁的 $C_{a_{O_2}}$ 至少是北京鸭的 2 倍（Faraci et al.，1984a）。另外，对比其他鸟类和哺乳动物，斑头雁因缺氧导致的肺血管收缩程度也更低（Faraci et al.，1984b）。因此较之于鸭，低氧含量的斑头雁在脑血流和冠状动脉血流量较低时，可以输送到大脑的氧与心脏相似（甚至更多）。事实上，斑头雁能够在严重的呼吸性碱中毒时，维持甚至增加其向所有组织的血液灌注量（Faraci et al.，1985）。

氧气到运动肌群的输送也受毛细血管结构的影响。斑头雁的骨骼肌（腓肠肌）毛细血管密度和毛细血管/肌纤维比大于加拿大雁（Snyder et al.，1984），这是斑头雁在发育过程中对低氧环境中的一种遗传适应性。令人惊讶的是，虽然斑头雁飞行肌的毛细血管密度与黑雁无显著差异，而毛细血管/纤维比却高 24%（Scott et al.，2009）。毫无疑问，当斑头雁需要飞得更高时，所有这些特征都是非常重要的。Scott 和 Milsom（2006）指出，血红蛋白 P_{50} 值降低和组织扩散能力增强的这种适应，可能最有利于鸟的高空飞行。

有人提出，鸟的肺比哺乳动物肺的工作效率更高，这可能有助于鸟更好地耐受高海拔环境（Scheid，1985）。但 Shams 和 Scheid（1989）认为，虽然在类似于珠穆朗玛峰山顶 P_{O_2} 的环境下，鸟肺的副支气管网结构具有一定的优势，但在鸟所能忍受的最高模拟高度 11.5 km 时，则毫无优势可言。他们得出结论，在这种极端高度时，鸟和哺乳动物之间的主要区别在于前者能忍受更低的P_{aCO_2}，从而使呼吸系统能够维持尽可能高的P_{aO_2}。Shams 和 Scheid（1993）在随后的文章中指出，当缺氧伴有相应的低气压时，虽然V_I和P_{aO_2}的增加很少，却十分重要。虽然作者没有对这种差异做出解释，但他们让一只鸟在类似于珠穆朗玛峰的高度上再继续升高700 m 后，"增加"的P_{aO_2}消失。眼微循环网的气体交换可以增加大脑的供氧量（Bernstein et al.，1984）。鸟类可以在高海拔环境中存活和活动的另一个原因，是对环境适应而发生的气体运输改善（Weinstein et al.，1985）。

尽管如本节开始所提到的鸟类能够适应高海拔环境生活，但是关于这些鸟在迁徙过程中飞行的正常高度几乎没有准确信息。Hawkes 等（2011）跟踪了一批斑头雁，它们从印度北部出发，飞越喜马拉雅山，在中国和蒙古国进行繁殖（图 39.35）。这些鸟通常在 7～8h 内爬升4～6 km 的高度，爬升速率为 0.2～0.6 m/s。数据表明，在整个迁徙过程中，斑头雁在飞经山谷时通常尽可能地降低飞行高度，并且沿着山体飞行（Hawkes et al.，2012）。斑头雁向南飞行时的最高飞行高度为 7 290 m，向北飞行时的最高飞行高度为 6 540 m，其中 95%的飞行高度低于 5 489 m。Blum（1980）报道，在海拔 7 622 m 的安纳普尔纳峰一号峰脊上空，有斑头雁飞过，并拍下了它们的照片。显然，极端高海拔的高空飞行虽然罕见，但也有可能会出现。关于这些飞行是否只有在山里顺风的帮助下才有可能实现尚不清楚，还是完全通过多种对高海拔飞行的生理适应来维持亦无定论。

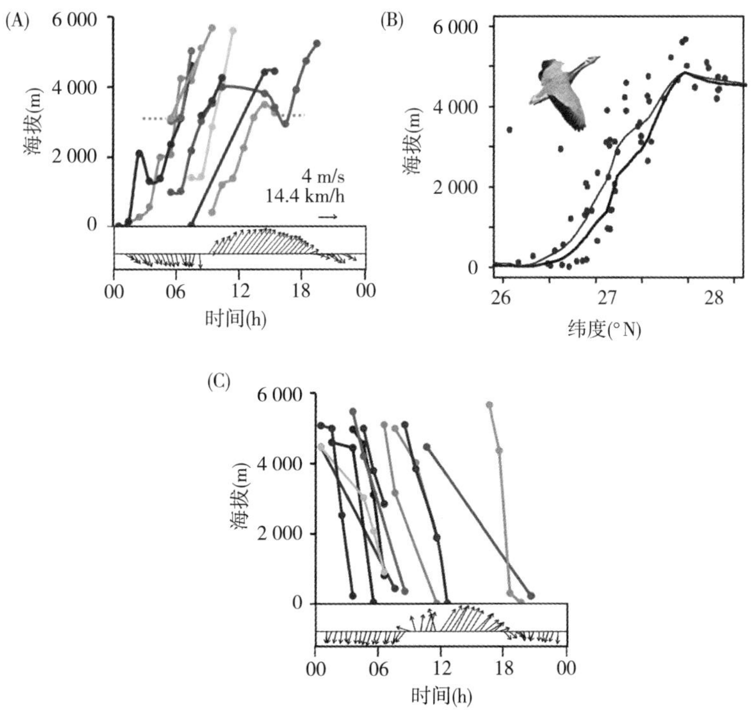

图 39.35★　8 只斑头雁（*Anser indicus*）向喜马拉雅山以北迁徙（A）和 12 只斑头雁向喜马拉雅山以南迁徙（C）期间，气候观测站每隔半小时测量的平均风速和风向

箭头表示基本风向（正南风用 0°表示），（A）和（C）中箭头的长度［定标于（A）］与风速成正比。（B）8 只斑头雁跨越喜马拉雅山向北迁徙时，飞行所经地点的平均海拔高度。蓝点是各个个体的数据，蓝线表示飞行轨迹（黑线）下地面平均标高的回归曲线。引自 Hawkes 等（2011）。

模拟珠穆朗玛峰山顶的缺氧条件，对斑头雁在跑步机上进行奔跑试验，即严格限制它们氧的摄入（Fedde et al.，1989）。在含氧量正常的条件下，斑头雁在 2°倾斜角的跑步机上以

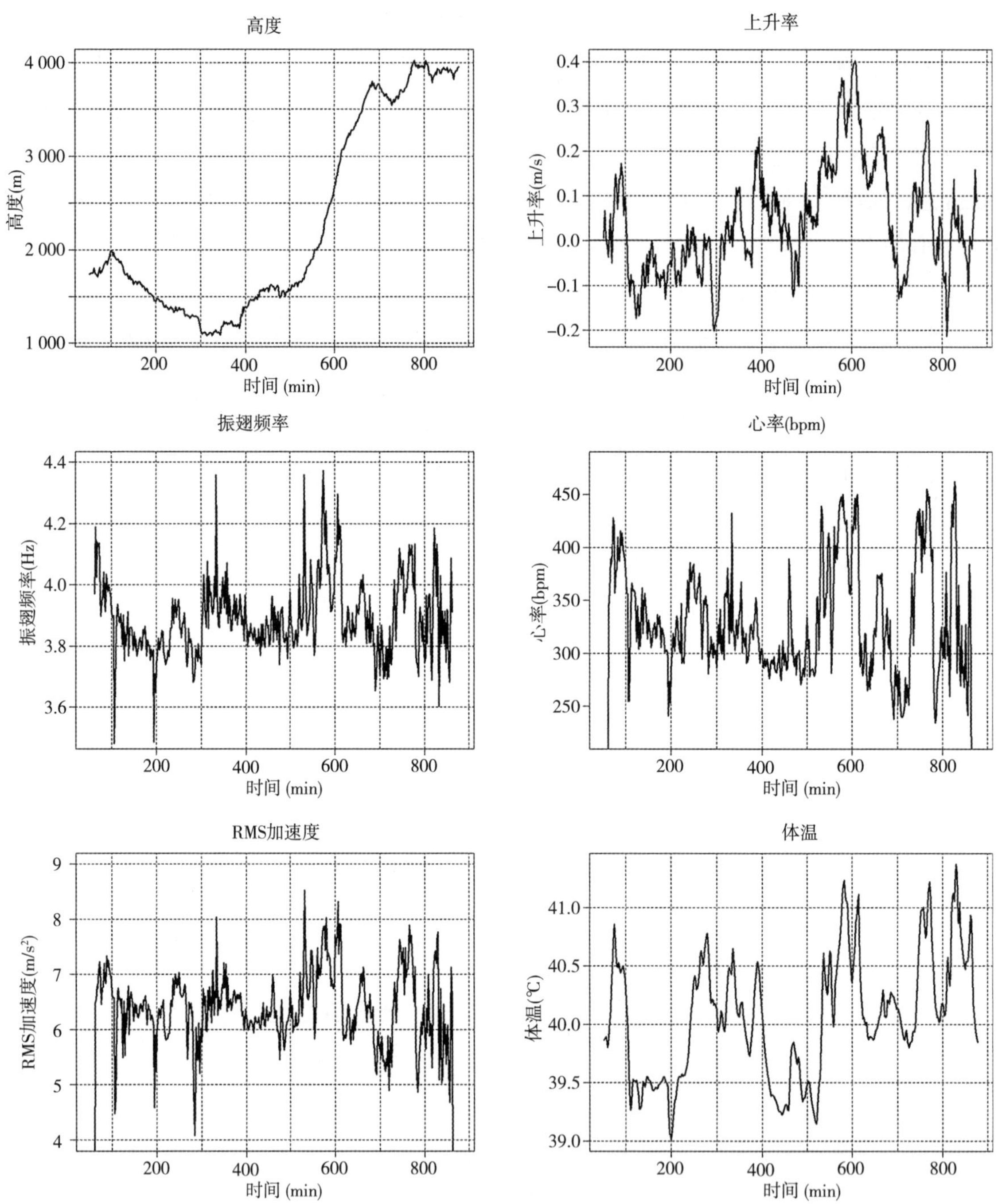

图 39.36 一只野生斑头雁（*Anser indicus*）秋季从蒙古向南迁徙到西藏-青海高原边缘，同步记录的心率、体温、振翅频率和腹背侧加速度的均方根

所有四个变量彼此之间有很好的相关性，特别是当斑头雁改变上升飞行速率和下降飞行速率时，随着飞行能耗的变化，体温波动 1～2℃。引自 Bishop，C. M.，Spivey，R. J.，Hawkes，L. A.，Butler P. J.，未发表的数据。

0.6 m/s速度奔跑，它的 $\dot{V}_{O_2}$ 和心输出量增加 1 倍；当吸入气中的氧含量只有正常的 7%时（低氧），斑头雁的静息 $\dot{V}_{O_2}$ 是降低的。但令人惊讶的是运动 6 min 后，它的 $\dot{V}_{O_2}$ 并没有显著增加。运动期间，心输出量保持不变，而 V_s 显著减少。作者认为，心肌会出现缺氧性收缩力降低，但鸟在高空飞行时不会出现这种情况。这可能是因为该研究中使用的斑头雁受到插管等相关外科手术的影响（Woakes and Butler，1986）。当然，斑头雁的静息心率几乎是黑雁的 3 倍（Butler 和 Woakes，1980；Ward et al.，2002）。对斑头雁的一个类似研究获得了与 Fedde 等（1989）相似的血气值和代谢值，但在常氧和缺氧条件下的静息心率却明显变低。他们还运用加速度测量术对运动的能耗进行了测定，发现在常氧和缺氧条件下的运动对氧的需求量并无差异。最后有人指出，在缺氧条件下，运动大雁的乳酸水平显著上升，但运动 6 min 后最多只占运动总能耗的 10%，这与 Fedde 等（1989）测得的大雁在严重缺氧时 $\dot{V}_{O_2}$ 减少 50%的结论却不一致。综上所述，这些结果说明 Fedde 等（1989）对低氧条件下鸟跑步 $\dot{V}_{O_2}$ 测定的试验有问题，极度缺氧对斑头雁最大跑步速度的影响并不明显。

最近对野生斑头雁的研究（Takekawa et al.，2009；Hawkes et al.，2011，2012），是揭示其跨越喜马拉雅山和西藏-青海高原迁徙本质的良好开端。以现有的技术方法同步记录了它们迁徙飞行的高度、心率和加速度（图 39.36）。记录数据表明：在海拔 3 600～4 000 m 时，即使斑头雁以约 0.1 m/s 相对较缓的上升速度飞行，与其 500 次/min 左右的最高心率相比，也需要超过 400 次/min 的心率（Ward et al.，2002）。然而，总的来说，平均心率非常低，表明这些高空飞行鸟类的最大飞行性能还有待进一步观察。

致谢

作者衷心感谢 BBSRC、NERC、英国皇家学会和 Leverhulme 信托基金对该项目的经费支持。

参考文献

（邢华、潘士锋译，李士泽校）

第 40 章　迁徙的生理挑战

Eldon J. Braun

40.1 基本概念

很多理论研究鸟类的迁徙问题以及这种现象的进化起源，但最基本的前提是，这种大规模的远距离迁徙运动每年定期发生（Salewski and Bruderer，2007）。这种迁徙行为必须由机体通过复杂的代谢提供能量得以完成。根据鸟的迁徙路线不同而提出的迁徙理论也各有不同，鸟类向它们繁殖地迁徙是因为那里能为它们的繁殖和养育后代提供必需的食物资源，然后再回到“家乡”越冬以避开迁徙地恶劣的气候，而且每年周而复始地进行着这种迁徙—返回原栖息地的循环（Zink，2011）。有人提出这些鸟类逐渐向更有利的栖息地扩张，由于这种扩张是随着变化的季节而持续，其扩张范围的最远点是不利于生存的，这些鸟便回到它们有利于生存的地区（Zink，2011）。

40.2 迁徙的进化

大多数鸟类品种可能起源于热带地区，或者由于冰川事件迫使鸟类向热带迁徙（Klaassen et al.，2012），冰川事件可能极大地增加了在南方地区资源竞争，迫使鸟类逐渐地向适宜地区扩张，以利于有效的繁殖和养育后代。这些活动可能导致大群鸟类双向运动的产生。

40.3 迁徙的代价

无论迁徙类型的进化起源如何，迁徙现象的确存在。在时间上，迁徙鸟不间断地飞行必须由储存在体内的物质新陈代谢来保证。在进化过程中，所有候鸟的代谢燃料似乎都是脂类或脂肪酸，它们可以在不含水的情况下储存在体内（Guglielmo，2010）。这种高能代谢物质的来源是可变的，就像它储存在鸟体内的方式一样。这种贮存形式依赖于鸟类的体重和迁徙路线的距离。非常小的鸟（体重<25g）在出发前积累脂类储备，但在某些情况下必须“落下来”来觅食（Jenni and Jenni-Eiermann，1998）。然而，其他小的品种在不觅食的情况下仍可

维持迁徙；最好的例子是蜂鸟，它们在出发前可能有 8g 的体重，到达目的地时身体重量不超过 5g（Calder，1987）。欧洲的小型花园莺，在前往撒哈拉以南的非洲之前，身体质量大约存贮了20 g的脂肪，但它们在整个旅途中并没有持续飞行（Klaassen and Biebach，1994）。它们落下来觅食 2～3 次，直至到达终点，觅食后主要进行脂类物质的贮存。所有品种鸟类均不分解碳水化合物（葡萄糖）作为代谢能源，正如在迁移过程中血糖浓度无改变所提示的那样，要么是葡萄糖没有代谢，要么是在消耗时不断补充。与其他脊椎动物，特别是哺乳动物和爬行动物相比，基于体重的基础，所有的鸟类都表现出血糖浓度很高。但为什么出现这种现象目前仍不清楚。高水平的血糖可能与代谢物质无关。

尽管脂类代谢是鸟类保持持续飞翔的最重要代谢燃料的方式，仍然有不断增多的证据说明在迁徙过程中机体蛋白质的分解也是一个重要的资源。蛋白质分解不仅可以产生能量，而且它的代谢比脂质代谢会产生更多的水。按每产能单位计算，蛋白质分解代谢产生的水是脂肪分解代谢的 5 倍（Jenni and Jenni-Eiermann，1998）。在利用园林莺（庭园林莺）作为实验动物的研究中，Bauchinger 等（2005）研究了园林莺春季迁徙过程中 13 个器官的重量变化。为了准备穿越撒哈拉沙漠，园林莺的一些器官重量增加了 1.5 倍。经过飞行之后，大多数器官（包括心脏和飞行肌肉）重量降低很多。肝脏、脾脏、肾脏和肠道组织的重量降低了 50%。在中途停留觅食期间，器官的重量又得到恢复。有趣的是睾丸的重量增加了 4 倍，推测是为了繁殖做准备。若没有特殊的组织贮存蛋白质，正常器官质量的变化则促进了蛋白质作为补充能量和水源的储备。因此，蛋白质是一种多功能的物质，可以有助于长途飞行。

Pennycuick 等（2011）利用计算机模拟、野外数据、天气和全球定位系统跟踪数据，估计了三条雁迁徙路线上的能量储备情况：从冰岛到加拿大的北极，从苏格兰到格陵兰，从苏格兰到挪威北部这三条路线，这项研究的主要目的是预测这些雁在它们到达繁殖地时是否有足够用于繁殖活动的能量储备。

另一项研究证明了利用脂类作为长途飞行的能量储备方式，他们观察到以芬迪湾为南美洲东北部停留越冬地的若干种鸻科鸟（千鸟）的能量储备方式是脂类储备，一次储备可以维持大约 72 h 不间断地飞行（Turcotte et al.，2013）。这个海湾有丰富的蜗壳无脊椎动物等，通常称之为泥虾。这些小泥虾身体重量的 43%为脂肪（Napolitano and Ackman，1989）。这些鸟在海湾地区停留 10～20 d 的时间进行休息和采食泥虾，由于脂类在体内的储存使它们的体重显著增加，依赖脂类作为代谢燃料尚有疑问。脂类不是水溶性的，这意味着它们不仅必须从沉积脂肪组织运输到细胞，还必须通过细胞膜后进行代谢。它们在血浆中被血清白蛋白携带，并有证据表明它们是通过一种蛋白，即 FAT/CD36（脂肪酸移位酶）运输，而不是通过简单的扩散进入细胞。一旦进入细胞，与脂肪酸结合蛋白（FABP）结合，从而进一步促进脂类继续进入细胞。脂肪酸结合蛋白的作用已经在西方滨鹬（*Calidris mauri*）的心肌中得到了证实，它的浓度大约是哺乳动物心肌中的 10 倍，在迁移过程中其浓度比在越冬地生活期间高 70%（Guglielmo et al.，1998）。通过斯文森画眉鸟（*Catharus ustulatus*）的研究证实，蛋白质不仅是一种能量来源，而且可以作为一种水的来源。受控风洞试验中，在干燥的空气中飞行时，鸟失去了 3.55 mg/min 的净体重（除脂肪体重），而在潮湿空气中飞行的鸟没有失去净体重（Gerson and Guglielmo，2011）。这项研究表明，代谢的净体重（肌肉）可以产生水分，流失到干燥的空气中。

暴露模式表现出脂类是长途飞行的主要能量来源，同时蛋白质作为能量储备和水的来源，以防止机体内水分发生显著的渗透性改变。脂类具有水溶性低的特点，作为一个能量储存库，脂类不需要水。总的来说，脂类为飞行提供了大约90%的能量，蛋白质提供了大约10%的能量。第三种代谢物碳水化合物（葡萄糖）似乎在长途飞行的能量来源方面没有起到作用。由此，鸟类机体保持高浓度血糖的生理作用尚不清楚。

在迁徙过程中，长头鹅（*Anser indicus*）飞过喜马拉雅山脉证明了鸟类具有在高海拔地区飞行的适应能力，它们从印度低洼的越冬地迁徙到中亚高原上的繁殖区（Koppen et al.，2010）。飞往繁殖地大约持续8h，但是返程飞翔仅需要大约一半的时间。尽管有限的数据显示体重变化或者代谢能量的消耗，但是已有研究显示斑头雁的主要适应性表现在肌肉微循环和线粒体的水平上（Scott et al.，2011）。相比于终生生活在低海拔地区的雁，斑头雁的心脏和骨骼肌的毛细血管密度（以减少扩散距离）似乎更高，而细胞色素氧化酶的性质也发生了改变。

大量鸟类迁徙是有趣而又复杂的研究领域，但其进化基础尚未完全揭示，尽管如此，鸟类确实存在着这一现象，并已进化为利用脂类作为代谢物质来保证着这种耐力活动的特性。

参考文献

（杨焕民译，李士泽校）

第 41 章　毒物和内分泌干扰物对鸟类的影响

Mary Ann Ottinger，Meredith Bohannon，Leah Carpenter，
Tiffany Carro，Johanna R. Rochester and Karen M. Dean

41.1 前言

在作物生产、病虫害防治、保健和美容产品以及对全球经济至关重要的工业体系中，化学品的使用至关重要。塑料和工业生产的化合物对我们的生活方式是必需的，是生产系统、包装和储存效率的关键因素。不足为奇的是，随着我们对储存与生产、害虫和环境控制等过程中所使用的化学成分的深入了解，其副作用也已经显现出来。表明工业化学品和杀虫剂具有潜在有害影响的最早一项发现是，秃鹰因暴露于滴滴涕（DDT）而导致蛋壳变薄，这足以说明这些化学物质对野生鸟类的危害。自那时起，已经举办了一系列研讨会，旨在评估脊椎动物和无脊椎动物接触环境化合物的行为和风险。研讨会，包括翼展会议和研究发表物，记录了内分泌干扰物（Endocrine disrupting chemicals，EDCs）和毒物的实验室研究和对野生鸟类种群的影响（Berg et al.，1999；Bowerman et al.，2007；Brunstrom et al.，1991；Cohen-Barnhouse et al.，2011；Corbitt et al.，2007；Custer et al.，2010a，b；Custer and Read，2006；Hotchkiss et al.，2008；Kavlock et al.，2005；Rattner，2009；Rattner et al.，2000，2010，2001；Safe et al.，1985；Levengood et al.，2007）。一般而言，在涉及二噁英、多氯联苯或其他化学物质污染的地区，机体发生内分泌功能异常的报道表明其可能会产生有害作用。此外，野生动物所暴露的环境水平通常是亚致死浓度，以致于难以区分 EDCs 的作用，特别是试图与动物所处环境中的其他相互作用的因素相区分。其他变量可能包括环境条件、食物供应、疾病或混杂因素（如同时暴露于几种化学物质）。因此，重要的是要研发可靠且灵敏的检测方法，适用于 EDCs 靶向作用的内分泌系统或器官。本章将介绍影响鸟类的毒物，重点是那些因与激素和生长因子结构和/或功能类似而干扰内分泌系统的环境化学物质。我们将介绍一些早期研究的背景，以评估这些有毒物质的潜在影响，并为这些化学品的商业使用提供必要的测试范例。根据这些环境化学物质的特性和靶点，它们的作用将按大类化合物来考虑。最后，将结合鸟类的多样性、栖息地、繁殖策略，以及这些化学物

质在脊椎动物中的独特性来描述其作用机制。

41.2 内分泌干扰物:应用与危害?

在评价环境化学物质的使用成本/效益时，必须考虑多种因素。我们农业系统的生产力非常突出，部分原因是使用了化学药剂来限制害虫，并使应用、储存和制备更为有效。由于我们对化学和生物化学的了解，使我们能够为特定的应用开发设计化学品，导致化学物质的使用急剧增加。然而，许多化学物质有效的原因是其能特异性与害虫的内分泌过程或其他生理功能相互作用。例如，虫酰肼是一种有效的吉普赛蛾杀虫剂，它是一种蜕皮激素抑制剂，影响幼虫蜕皮的时间。由于这些化合物是专门针对昆虫的生理靶点而开发的，因此对其他脊椎动物的类似作用通常认为是利大于弊。

美国环境保护局(Environmental Protection Agency，EPA)成立了EDCs筛选和检测顾问委员会(Endocrine Disruptor Screening and Testing Advisory Committee，EDSTAC)，这是一个由EPA负责的科学家们和利益相关者们的委员会，就如何实施内分泌干扰物筛选计划(Endocrine Disruptor Screening Program，EDSP)提出建议。EDSP对于评估EDCs对脊椎动物的潜在影响至关重要，其另外一个优点是通过鉴定脊椎动物中具有不良反应的EDCs并禁止其使用，可防止人类暴露于EDCs。根据EDSTAC(Harvey and Everett，2006)的建议，环境保护局利用局长的自由裁量权扩大了EDSP，将雄激素和甲状腺激素以及野生动物的生殖内分泌系统包括在内(见http://www.epa.gov/endo/pubs/edspoverview/EDSTAC.htm)。继更广泛的国际关注和在其他国家设立类似方案之后，经济合作与发展组织(Organisation for Economic Co-operation and Development，OECD，简称经合组织)于1998年在其试验指南方案内设立了EDCs测试和评估(Endocrine Disrupters Testing and Assessment，EDTA)工作队，负责制定一项国际统一的用于EDCs的筛选和检测的标准和方案。

为了检测EDCs对鸟类可能的影响，人们开发出两代日本鹌鹑(*Coturnix japonica*)毒性试验(the Tier 2 Japanese quail Avian Toxicity Test)，可用来检测EDCs对内分泌系统的潜在干扰；这一测试及其他测试方法将在本章的后部分介绍。考虑到具有潜在EDCs活性的化学物质的多样性，我们面临的主要的挑战之一是鉴别其对不同脊椎动物种类之间的风险。由于鸟类有着广泛的生活史和独特的发育特征，不同鸟类对不断变化的生命周期脆弱性的敏感程度不同。此外，候鸟有巨大的代谢需求，需要高效的代谢系统和甲状腺内分泌系统。因此，影响代谢特别是甲状腺系统的EDCs对候鸟构成了威胁。此外，鸟类生殖系统和其他内分泌系统的性分化是独特的，主要由雌二醇介导的机制所驱动。在发育上，鸣禽和其他雀形目鸟类属于晚成鸟，而鸭、鸡形目和地栖类属于早成鸟。这种发育上的差异似乎与EDCs敏感性的程度和时间有关，因为出壳时早成鸟的功能发育完全，具备相对的独立性。早成鸟在卵内(*in ovo*)就进行了性分化；与需要父母精心照料的晚成鸟相比，早成鸟出雏时其他生理系统发育良好。最后，EDCs对长寿和短寿鸟类的潜在不利影响是未知的，特别是与短寿的鸟类相比，长寿鸟类通常每年产的窝数更少，养育的雏鸟数更少(Holmes and Ottinger，2003；Ottinger et al.，2009a；Ottinger，2005)。

从历史上看，有许多野生鸟类的研究记录了来自化学应用和工业溢出的高浓度有毒物质的暴露情况。这些事件往往与高死亡率有关，从而促使联邦和地区采取旨在保护人类和野生动物健康的对策。然而，对于 EDCs 对野生鸟类造成非致死性影响以及将其转化为对种群的风险水平的潜在不利影响知之甚少。作为一种公认的有害 EDC，杀虫剂 DDT 对秃鹰造成了不良影响，对雌性的内分泌作用可使蛋壳变薄（Lundholm，1997）。结果导致雏鹰的胚胎不能正常发育至孵化。此外，还有大量记录的案例，如五大湖区对鸟类影响的事件，释放到胡萨托尼克河和哈德逊河的多氯联苯，以及对鸟类存在影响的高浓度的弹药和其他污染物（Best et al.，2010；Bowerman et al.，2007；Custer et al.，2010a；Darnerud，2003；Franceschini et al.，2008）。一些特殊数据库收集的数据从长期监测和研究项目中也存在或正在出现这一现象，包括五大湖地区；许多研究都考虑了暴露在这些地区的化学物质对生理和繁殖的影响。实验室研究为 EDCs 的潜在作用机制以及整个生命周期的敏感期提供了额外的见解。下面将讨论这些研究中的许多资料，以便将拟议的两代测试纳入鸟类试验的范畴。此外，尤为重要的是考虑鸟类生理的独特性，特殊的性别分化、内分泌和生殖行为的激素调节，以及 EDCs 对神经内分泌调节系统的功能影响，特别是考虑到潜在的不良后果。

41.3　环境中 EDCs 的生命周期

环境中有许多 EDCs 的来源，并且有很好的资源可用于搜索多种化合物的信息和分布。例如，美国地质勘探局有一个污染物暴露和影响陆地脊椎动物数据库，能提供超过 20 000 条可搜索的记录，这提供了有关生态毒物暴露和影响的分类和年表的信息，以及污染物的地理位置（见 http://www.pwrc.usgs.gov contaminants-online/pages/ceetv/ceetvintro.htm）。在考虑环境化学品的用途和命运时，应考虑化学品或化合物的生命周期（图 41.1）。化合物在环境中的归宿既与土壤、水和空气的运动有关，也与原型或原始化学品的代谢有关。一些化学物质在制造过程中直接进入空气，如通过烟囱或蒸汽进行空气传播的化学物质。此外，环境中的化学物质随着暴露在空气、太阳、热量和微生物代谢而被代谢掉。母体化合物的代谢产物往往具有生物活性，并且在某些情况下会影响不同的生理指标，甚至比原始化合物更具毒性。此外，更为常见的是，化学品是为特定目的而制造的，如 DDT，作为一种有效的杀虫剂在环境中无处不在，被广泛用作杀虫剂，并被用于防范携带疟疾的蚊子（Asawasinsopon et al.，2006；Borga et al.，2007；Braune et al.，2005；Rattner，2009）。如图 41.2 所示，DDT 作为杀虫剂施用于农田，然后通过降雨和径流迁移到水中。在河流和溪流中，DDT 通过摄食进入无脊椎动物而成为食物链的一部分，而这些无脊椎动物被鱼类所食，并最终被食物链上较高级的生物体所食。这就引起了人们的注意。在 DDT 的例子中，已观察到对秃鹰和密歇根湖苍鹭蛋壳变薄的影响（Lundholm，1997；Rattner，2009）。DDT 的生命周期还包括代谢为 DDE（二氯二苯二氯乙烯），一种脊椎动物的抗雄激素化合物（Bowerman et al.，2007；Quinn et al.，2008）。尽管已被禁止使用多年，但在农业区、野生动物生活和繁殖区附近仍然发现大量的 DDT 及其代谢产物，这些地区曾广泛使用 DDT 作为杀虫剂（Weseloh et al.，1990）。

在诸如润滑剂、塑料、阻燃剂和纳米纤维等工业化合物，特别是在使用或处置时，它们可

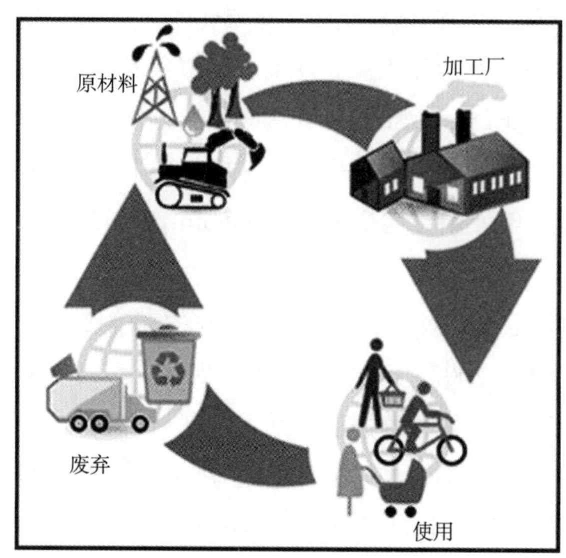

图 41.1★ 化合物的生命周期

一旦制造出来，它们被使用，然后被废弃，并重新进入环境。摘自环境保护署“风险管理可持续性技术”。http：//www. epa. gov/nrmrl/std/lifecycle. html.

图 41.2★ 环境中 DDT 的生命周期，从田间应用到转运直至水生环境，以及被无脊椎动物和鱼类摄食，然后被食物链中更高级的脊椎动物摄取。

能有目的或无意地释放到环境中。曾有过多氯联苯（PCBs）释放到环境中的案例，是由于电气变压器制造过程中含有酒精而引起的，并影响了马萨诸塞州西部的胡萨托尼克河（Custer and Read，2006；Custer et al.，2012a；Barnthouse et al.，2003）。类似地，从 1947—1952 年，通用电气的哈德逊福尔斯和爱德华堡厂将多氯联苯排放到哈德逊河上游（http：//www. darrp. noaa. gov/northeast/hudson/index. html）。加上这些化合物从电容器的制造过程中泄漏，导致河流长期污染以及多氯联苯在环境中的持续存在（Erickson et al.，2005；Butcher and Garvey，2004；Cho et al.，2002；Foley，1992；Man et al.，2011）。多氯联苯不仅在环境中具有非常长的半衰期，而且它们在沉积物中保持化学稳定性，并且在沉积物受到干扰时变得可用。此外，对树燕和矶鹞卵的测量显示在哈德逊河存在两种混合物，反映了释放的同源物和与新陈代谢相关的其他同源物（Echols et al.，2004；Nichols et al.，2004）。因此，环境中存在着包括降雨事件和气候变化在内的动态变化，这些变化将影响生物体的运动和暴露的可能性。

41.4 EDCs 的分类

随着 EDCs 的潜在风险变得越来越明显，环境保护局于 1996 年成立了一个联邦咨询委员会，即 EDSTAC，并要求成员认真考虑 EDCs 的问题，并建议适当的监管措施（见 http://www.epa.gov/endo/pubs/edspoverview/edstac.htm）。两年多来，EDSTAC 委员考虑了潜在的和公认的 EDC 的复杂性，以及对脊椎动物和无脊椎动物的暴露风险，并推荐了一系列有待开发和验证的测试范例（EDSTAC 最后报告见 http://www.epa.gov/endo/pubs/edspoverview/finalrpt.htm）。这些测试将包括筛选和测试，以及利用基于细胞的对生殖和甲状腺内分泌系统具有内分泌阻断的筛选和生物测定。这些试验被分为一代试验，其中包括体外快速评估和鉴定 EDCs 的高通量筛检，以及体内特异性测定以靶向检测 EDCs 的作用机制（表 41.1）。一代试验的作用机制重点集中在具有雌激素样、雄激素样或甲状腺样活性的化合物上（表 41.2）。一代试验旨在进行更广泛的二代试验，后者将对选定的化合物在生命周期内扰乱内分泌的风险进行深入测试。二代试验是多代的，包括整个生命周期的各个阶段，因此旨在澄清易受 EDCs 影响的时期。除大鼠两代繁殖试验外，测试方案正在进行技术验证和完善。其他两代试验包括青鳉多代试验、日本鹌鹑两代测试、虾两代毒性试验和两栖动物幼体生长发育试验。所有的测试都要经过专家小组（FIFRA 科学顾问小组）的审查，并且需要评估优点和缺点，以便准确地检测出监管监督所关注的 EDCs（Touart，2004）。

表 41.1　内分泌筛查和检测咨询委员会提出的检测方法清单

推荐用于一代筛检的试验	
试验	原理
雌激素受体结合或转录激活分析	体外检测可能结合雌激素受体来影响内分泌系统的化学物质
雌激素受体转录激活测定法	体外检测可能结合雌激素受体来影响内分泌系统的化学物质
雄激素受体结合测定法	体外检测可能结合雄激素受体来影响内分泌系统的化学物质
体外激素测定法	体外检测影响性类固醇激素合成的化学物质
胎盘芳香化酶的测定法	一种检测芳香化酶干扰的方法
子宫增重测定法	体内检测雌激素样物质的方法
Hershberger 测定法	体内检测雄激素样和抗雄激素物质的方法
雄性初情期测定法	体内法检测作用于雌激素或下丘脑-垂体-性腺（HPG）轴来调节雌激素和雄激素的化学物质。它还可以检测出干扰甲状腺系统的化学物质。这项试验可以部分替代女性青春期试验
雌性初情期测定法	体内法检测作用于雌激素或下丘脑-垂体-性腺（HPG）轴来调节雌激素和雄激素的化学物质。它还可以检测出干扰甲状腺系统的化学物质
两栖类变态测定法	一种体内检测干扰甲状腺激素系统的化学物质的方法
鱼的筛选法	体内试验检测干扰的 HPG 轴的化学物质

引自 2019 年 10 月 21 日 EPA 出版，一代测试：http://www.epa.gov/endo/pubs/assayvalidation/tier1battery.htm.

表 41.2 筛检试验中所考虑的机制，测试着重于已知的和潜在的具有内分泌干扰活性的化合物的作用机制

在 EDSP 一代测试的筛检试验中的互补作用方式								
	作用模式							
	受体结合				类固醇生成			
筛选试验	E^2	抗 E	A^2	抗 AE^2	A^2	HPG[3] 轴	HPT[3] 轴	
体外								
ER 结合[1]	■	■[4]						
ERα 转录激活	■							
AR 结合[1]			■	■				
类固醇 H295R				■	■			
芳香化酶重组				■				
体内								
子宫增重	■							
Hershberger			■	■	■			
初情期雄性			■	■	■	■	■	
初情期雌性	■	■[4]		■		■	■	
两栖类的变态							■	
鱼短期繁殖试验（雄性和雌性）	■	■[4]	■	■ ■	■	■		

注：1 雌激素和雄激素受体结合；

2 雌激素和雄激素；

3 下丘脑-垂体-性腺轴或甲状腺轴；

4 期望检测抗雌激素，但因为没有检测雌激素受体拮抗剂，没能检测。

摘自 http：//www.epa.gov/endo/pubs/assayvalidation/tier1battery.htm.

41.4.1 根据结构和功能将潜在的 EDCs 分类

显然，有许多因素需要考虑，以便了解化学品通过环境并评估接触活生物体的可能性。此外，个体通常同时暴露在多种环境化学物质中，并且所有生物体在体内都有一些负担。为了应对 80 000 多种化学物质具有内分泌活性的可能性，已经有人试图将潜在的和经过验证的 EDCs 分类；根据作用机制、生理特点和包括毒性的相关活性把 EDCs 进行分类。这些分组基于结构-功能关系，如果有的话，并基于可获得的文献中针对特定或类似化合物的试验结果（Le Page et al.，2011；Newbold et al.，2008；Safe et al.，1998；Watanabe et al.，2002；Zacharewski，1998；Foster，1998；Kavlock and Ankley，1996）。因为对干扰内分泌活性的最初认识大多来自环境化学物质的雌激素效应，所以人们对雌激素活性物质或外源性雌激素的作用有了很大的重视。然而，很明显，许多化合物和混合物具有雄激素活性，要么具有雄激素样活性，要么具有抗雄激素作用。此外，包括多溴联苯（PBDEs）和多氯联苯在内的许多化合物具有甲状腺轴活性，具有多种生理靶点。最后，人们越来越认识到 EDCs 引起的广泛的其他作用，包括对应激轴的影响、调节器官和器官系统发育的生长因子、与遗传水平变化相关的表观遗传作用，以及对免疫功能和新陈代谢的终生影响。此时，多数 EDCs 被认为是雌激素样、雄激素样活性或甲状腺调节剂。有数据表明，EDCs 也通过其他机制作用于应激轴和生长因子，并发挥表观遗传效应。因此，随着越来越多的数据可以提供对这些化合物的不同作用的见解，继续完善检测干扰内分泌的测试方法将是至关重要的。

化合物的化学结构分析为潜在的作用和生理靶点提供了有价值的见解。以多氯联苯为例，随着氯原子的数量和分子位置的增加，毒性也增加。剧毒化合物，如二噁英，为比较其他有毒物质的毒性作用提供了一个“标准”。正如前面所指出的，从内分泌干扰中辨别出直接的毒性是具有挑战性的。因此，利用描述与暴露于化合物或混合物相关的一系列效应的方法，如有害结局路径（Adverse Outcomes Pathway，AOP，见下文）变得非常重要。因为 EDCs 的推测靶点是生殖轴，更具体地说是通过与类固醇激素受体的相互作用，许多高通量筛选方法都是利用基于细胞的系统来检测与这些类固醇的相互作用（Fisher，2004；Hartig et al.，2002；Kase et al.，2009；Kusk et al.，2011；D'Ursi et al.，2005）。然而，这些体外方法必须与有关生理和毒理作用的信息相结合。因此，开发了基于计算机的预测模型，该模型提供了基于结构-功能和已知的作用机制的快速确定潜在的内分泌活性的方法（Wambaugh et al.，2013；Knudsen et al.，2013；Kavlock et al.，2012；Martin et al.，2009；Dix et al.，2007）。随着越来越多信息的获得，这些方法为评估新出现的化学物质成为 EDCs 的可能性提供了强有力的技术支撑。

41.4.2　EDCs 对脊椎动物的作用机制

除了开发广泛的数据库和基于机制的模型之外，一些调查还探讨了 EDCs 活性的机制（Stoker et al.，2000；Zacharewski，1998；Watanabe et al.，2002；Le Page et al.，2011；Janer et al.，2005；Gore，2010；Harvey and Everett，2006）。研究结果显示，EDCs 有内分泌活性；然而主要的作用靶点并不清楚。许多作为雌激素模拟物的 EDCs 与雌激素受体和/或作为激动剂或拮抗剂与雌激素应答系统相互作用（Watson et al.，2013；Hall and Korach，2002；Marino et al.，2012）。相反，雄激素活性的化合物现在正受到更多的关注，DDE、去甲雄三烯醇酮和其他 EDCs 在内分泌系统上充当了潜在的 EDCs（Hartig et al.，2007；Manikkam et al.，2013；Soto and Sonnenschein，2010；Guerrero-Bosagna and Skinner，2009；Prins，2008；Skinner，2007；Maffini et al.，2006；Bigsby et al.，1999；Santti et al.，1998）。根据这些研究揭示的机制开发出许多 EDCs 测试方法，例如，EDCs 对鱼体内卵黄蛋白原的作用（Wang et al.，2011；Larkin et al.，2002）。EDCs 还有许多额外的作用，其中一些作用可能是由于这些化合物除了内分泌作用外还有直接的毒理学作用（Fucic et al.，2012；Carro et al.，2013a，b；Quinn et al.，2007b）。在某些情况下，生殖器官中癌症的发生也与 EDCs 暴露有关，特别是在胚胎发育等敏感阶段（Ohlson and Hardell，2000；Fucic et al.，2012）。

目前已有大量文献清楚地证明了 EDCs 与类固醇激素受体结合，特别是雌激素、雄激素和甲状腺激素特异的受体（Kusk et al.，2011；Zhang and Trudeau，2006；Masuyama et al.，2002）。与包括哺乳动物在内的其他生物相比，这篇文献显示了鸟类类似的作用机制。然而暴露的结果可能有很大的不同，这将在本章后面章节中进行回顾。与受体相互作用取决于 EDCs 的结构特征。如多氯联苯（PCBs），毒性以及相关作用与氯分子在环结构上的数量和位置有关（图 41.3）（Fischer et al.，1998；Hennig et al.，2002）。EDCs 的主要作用依赖于与类固醇或甲状腺激素受体相互作用的能力，然后产生竞争性抑制或拮抗作用，或者在某些情况下可能是激动作用和刺激作用。EDCs 通过与这些受体的相互作用对细胞过程上调或下调，从而可以改变许多通过类固醇激素或甲状腺激素调节的生理功能。虽然目前关于 EDCs 对应激轴作用的了解较少，但应激个体可能更容易受到其他损害，如 EDCs 暴露（Fairbrother et al.，2004；Fernie et al.，2005a；Grasman，2002；Grasman et al.，1998；Franceschini et al.，2008）。越来越多的数据表明 EDCs 对多种生长因子和分化因子有作用，进而又影响器官系统的个体发育和成年个体的功能（Thackaberry et al.，2005；Walker and Catron，2000；Head et al.，2008）。例如已证明 EDCs 作用于利阿诺定（ryanodine）受体而影响钙信号，进而改变神经功能、神经发育和神经退行性过程（Pessah et al.，2010）。EDCs 可能短期和长期地影响个体的免疫功能，并且如果存在其他环境应激则 EDCs 作用更强（Schug et al.，2011；Ottinger et al.，2005a；Quinn et al.，2007b；Lavoie et al.，2010）。在细胞水平上，二噁英和其他 EDCs 已被证明影响氧化损伤过程，有可能影响线粒体的功能（Pereira et al.，2013）。

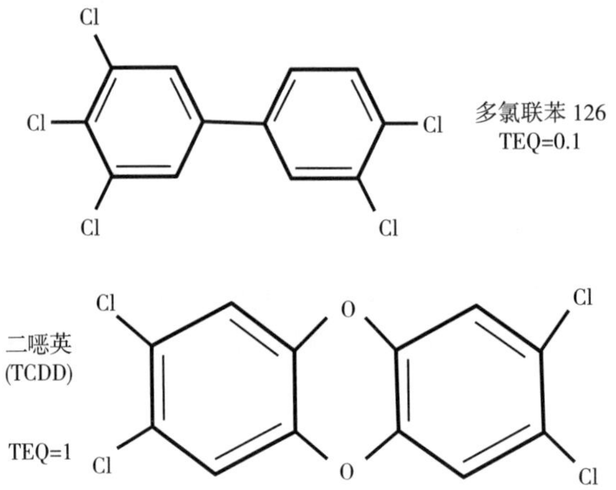

多氯联苯 126
TEQ=0.1

二噁英
(TCDD)
TEQ=1

图 41.3 毒性当量系数为 0.1（TEQ）的多氯联苯 126（PCB 126）与 TEQ 为 1 的二噁英的结构比较

41.4.3 预测风险:有害结局路径

现在已经开发出了多种方法来概括与内分泌紊乱相关的各种效应，其总体目标是跨越分子

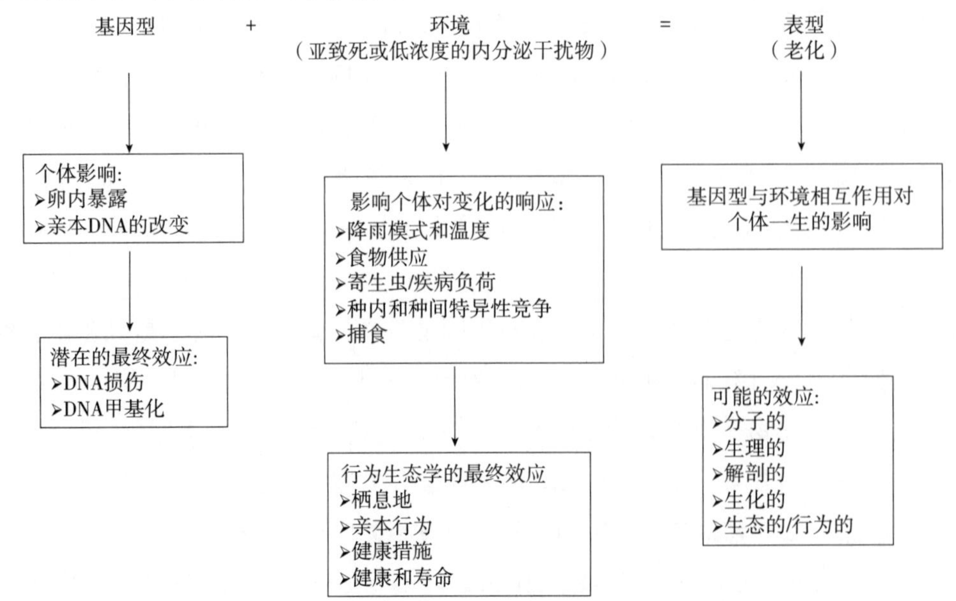

图 41.4 内分泌干扰物从对个体的相对作用到相关基因表达的改变

和细胞效应到整个生物体，最终到种群水平的影响（图 41.4）。现已开发出一种综合方法，称为有害结局路径（AOP）。这种方法已被概念化，并应用于水生动物（Lalone et al.，2013；Villeneuve et al.，2013；Ankley et al.，2010；Currie et al.，2005）。随后的研究将利用这一方法和其他方法来确定暴露 EDCs 的可能后果，并对人群水平的潜在影响进行建模。此外，至关重要的是整合从这些研究和将来的研究中收集的数据，以进一步完善对个体以及可能对野生动物和人类群体造成短期和长期影响的机制（Ottinger et al.，2013；Villeneuve et al.，2013；Zawatski and Lee，2013）。

41.4.4　预测影响：毒性当量因子和毒性当量商

有大量的文献报道关于芳香烃受体（aryl hydrocarbon receptor，AhR）在暴露于有毒物质中的作用。二噁英或类二噁英化合物激活的 AhR 信号通路涉及 EDC 与 AhR 的结合，然后与 Hsp90 结合，然后易位进入细胞核。形成二聚体后，芳香烃核转运蛋白复合物与 DNA 上的外源物反应元件结合，并转录 mRNA 以翻译成 CYP 蛋白（图 41.5）。由于这是一个对二噁英类化合物有较好表征的反应，一种公认的评估毒物潜在活性的方法是利用了对环境化学品的 AhR 毒理学测定的相对激活，即毒性当量因子（toxic equivalency factor，TEF）和被称为毒性当量商（toxic equivalency quotient，TEQ）的混合物或化合物的附加毒性潜力。这个方法通过文献和来自功能相似性的其他信息来比较二噁英［2，3，7，8-四氯二苯并二噁英（TCDD）］的毒性（Van Den Berg et al.，2013）。在鸟类和其他脊椎动物中，暴露于二噁英导致的一系列不良生理结果已被记录在案（Hervé et al.，2010；Hsu et al.，2007；Kuil et al.，1998；Watanabe et al.，2009）。已经有许多研究通过 AhR 的激活试验评估许多 EDCs 在鸟类物

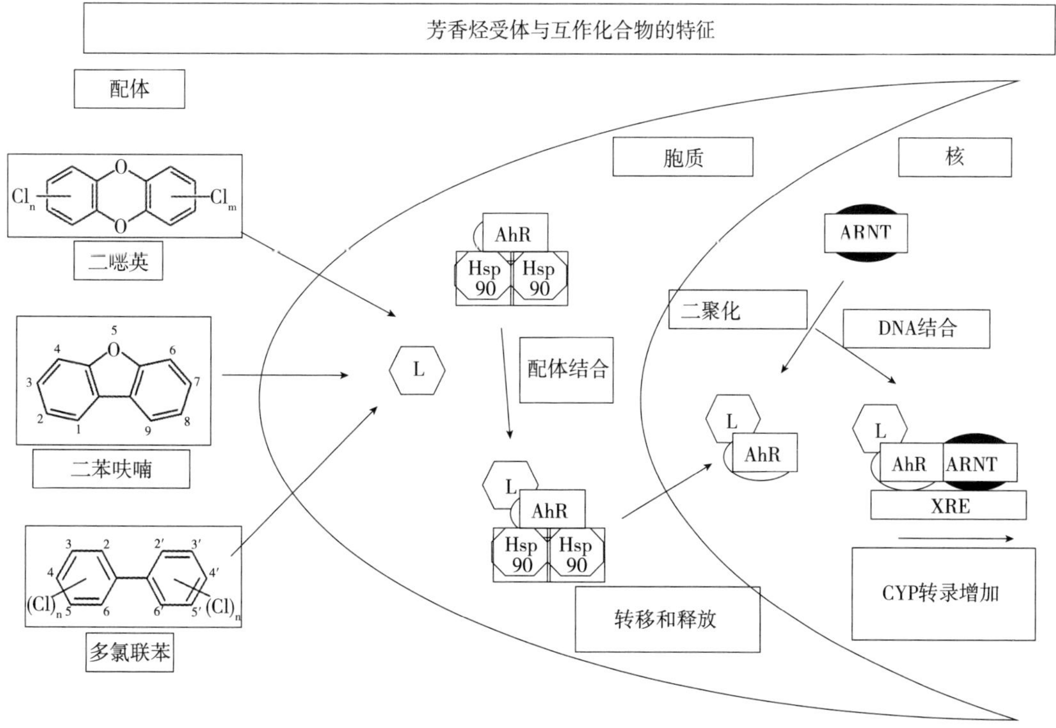

图 41.5　芳香烃受体（AhR）信号通路包括内分泌干扰物与 AhR 相互作用，复合物向细胞核转移、形成二聚体、结合芳香烃核转运蛋白复合体到 DNA 上的外源物反应元件，最终导致 CYP mRNA 转录及翻译成 CYP 酶的增加

种间的相对敏感性和响应（Head et al.，2008）。这些研究表明鸟类物种对毒物的易感性存在广泛差异，在 AhR 结构和功能水平上存在分子差异（Farmahin et al.，2012；Karchner et al.，2006；Manning et al.，2012；Zhang et al.，2013）。显然，与哺乳动物一样，EDCs 可以对鸟类的内分泌过程产生广泛的影响，其终生效应将影响个体的健康，并最终对种群水平产生潜在的影响。

41.4.5　为什么鸟类是独一无二的?

正如下文将更详细地讨论的那样，鸟类具有区别于其他脊椎动物的特殊性（表 41.3）。这些特征是观察到易暴露 EDCs 的差异的基础，也是鸟类与其他脊椎动物相比所观察到的独特反应的原因。鸟类的一个突出生物学特点是较高的体温，即 105℉（约 40.5℃）。与许多脊椎动物一样，鸟类有着广泛的繁殖策略和栖息地。此外，许多鸟类经常季节性地迁徙到很远的地方。在季节性繁殖鸟类中，性腺退化和生殖功能停止；从而使体重减轻并集聚能量用于迁徙。有记录表明新陈代谢的季节性变化也与能量学、暴露于环境化学物质和内分泌调节剂有关（Broggi et al.，2003；Hallanger et al.，2011；Hurlbert and Haskell，2003；Majewski et al.，2005；Wilson and Reinert，1999）。晚成鸟和早成鸟的甲状腺和代谢调节系统的发育有不同的模式；早成鸟在出雏有一个相对功能性的下丘脑-垂体-性腺轴（Mcnabb，2007；Mcnabb and Fox，2003；Wada et al.，2009；Webb and Mcnabb，2008；Wilson and Reinert，1999）。此外，季节性和环境污染物暴露都会改变甲状腺激素系统的反应（Mcnabb，2005；Nost et al.，2012；Ross et al.，2011；Webb and Mcnabb，2008；Wilson and Reinert，1999）。鸟类在性分化有关的内分泌和神经机制方面也与其他脊椎动物不同。此外，成年雌性仅有一个功能性卵巢。下面将讨论其中的许多特性，包括繁殖特性、神经机制和寿命影响。

表 41.3　鸟类对 EDC 反应的特征

鸟类对 EDC 反应的特征
生长和代谢
高代谢率及高体温(105℉)
高生长率
与迁徙相关的季节性代谢变化
脂肪储备动员的季节性变化
晚成鸟和早成鸟不同的发育模式
对迁徙前肥育起关键作用的甲状腺系统
繁殖系统
雌性只有一个功能性卵巢
性腺分化改变形成卵睾体
激素和行为
通过环境雌激素和雄激素类化合物对雄性产生不利影响
雌性对外源性雌激素不敏感
性分化
雄性是同型配子(ZZ),雌性(ZW)
HPG 轴相对依赖于雌二醇和睾酮分泌
一雄性接触睾酮的浓度相对较高

（续）

—雌性接触雌二醇的浓度相对较高
性分化
雀形目鸣叫系统的分化可能是类固醇激素的作用
寿命
长寿鸟多年内每年繁殖的后代数量少

41.4.6　EDCs 对野生鸟类影响的辨别

许多文献报道了有毒物质对鸟类野生种群的影响，这与大量的个体死亡和严重的暴露有关。相反，由于缺乏个体数据和追踪鸟类（特别是通过迁徙）的困难，在野生种群中往往很难发现非致命的影响。美国地质勘探局（USGS）鸟类分带实验室以及年度调查物种和个体数量中有大量关于野生鸟类的数据。然而，很少有综合报告将暴露于环境化学品，特别是那些 EDCs 的潜在长期影响结合起来，因为这些影响可能是微妙的，并在个体的一生中发生。因此，开发可作为鸟类暴露指数的可靠和敏感的测量最终效果是一项挑战。在选择测试最终效果作为生物指标时，必须了解对个体的不利影响和对整个种群的风险之间的关联。暴露于类固醇激素或 EDCs 会干扰胚胎发育，包括器官发育、性分化、生殖、免疫功能、生殖行为和代谢过程（Best et al.，2010；Berg et al.，1999；Darnerud，2003；Ottinger et al.，2005a，b；Fernie et al.，2005a；Franceschini et al.，2008；Fox and Grasman，1999）。生物医学和流行病学数据揭示了暴露于 EDCs 之间的明显联系，特别是早期事件和后期疾病甚至表观遗传效应。除了生物医学数据之外，野外研究表明在一些分类群中 EDCs 暴露与免疫抑制相关联，证明这些化合物的作用在包括无脊椎动物在内的一系列物种中具有保守的机制和影响。实验室研究已经成功地确立了各类 EDCs 对许多生理系统的明确影响（Berg et al.，1998；Halldin et al.，2005）。由于许多早期受关注的 EDCs，如甲氧氯、二噁英和一些多氯联苯（PCBs）都具有雌激素样活性，因此注意力集中在比较这些化合物与雌二醇对生殖的影响。然而，在任何时候，野生动物实际上暴露于许多不同类型的 EDCs（如雄激素、甲状腺活性物质）以及通常具有潜在不同作用机制的其他毒物（如金属）（Levengood et al.，2007；Hotchkiss et al.，2008）。因此，建立全面的风险评估模型一直是个难题。此外，如上所述，一些 EDCs 如 DDE 是雄激素受体（AR）阻断剂，而其他化合物如群勃龙具有雄激素活性（Mura et al.，2009；Panzica et al.，2007；Quinn et al.，2007a；Quinn et al.，2008）。与哺乳动物一样，EDCs 通过多种途径呈现其生理活性，不仅包括激素敏感途径，也包括涉及甲状腺、代谢、应激和免疫系统的途径（Head et al.，2008；Fairbrother et al.，2004；Fernie et al.，2005a；Fox and Grasman，1999；Mcnabb and Fox，2003；Kavlock and Ankley，1996；Knudsen et al.，2009）。因此，AOP（Hotchkiss et al.，2008）的使用是认识 EDCs 作用的重要工具，包括基本作用及其在生物机体和种群水平的分子靶点。

许多关于野生鸟类的资料来自因化学应用和工业泄露而引起的高浓度毒物暴露的案例。这些事件往往引起高死亡率；从而促使联邦和区政府采取旨在保护人类和野生动物健康的对策。但是，关于 EDCs 对野生鸟类造成的非致死效应以及潜在不利影响甚至会转化为对种群的风险，所知甚少。有大量记录在案的案例，如五大湖区的污染物、胡萨托尼克河和哈德逊河的多氯联苯污染、高浓度的弹药和其他表明对鸟类有影响的污染物（Custer et al.，2010a，2012a，b；Custer and Read，2006；Custer et al.，2010d；Franceschini et al.，2008；Levengood et al.，2007）。从一些不平常的数据集中收集的数据包含长期监测和研究方案，包括大湖区，其中许多研究考虑了这些地区发现的化学物质对生理和生殖的影响。实验室研究提供了可控的条件，可以过滤掉一些生鸟类遇到的各种混杂因素，从而使我们能够辨别出EDCs的潜在作用机制以及整个生命周期的敏感期。这两类研究的信息对于对特定化学品进行知情风险分析是至关重要的。此外，重要的是要考虑到鸟类生理的独特特征，重点是性别分化、内分泌和生殖行为的激素调节，以及EDCs对神经内分泌调节系统的功能影响，尤其是考虑到潜在的有害结果。

此外，环境中的EDCs很少以内源性类固醇激素为背景而联合发挥作用。因此，EDCs可能干扰对性分化、成熟、繁殖和父母行为至关重要的内源性过程。正是在这种背景下，外源性EDCs起作用，其具体作用机制和特定化合物的靶点有所变化。尽管EDCs研究的重点大部分集中在生殖轴上，但很明显甲状腺、免疫和应激轴也是内分泌紊乱的潜在靶点。人们观察到许多EDCs的毒理作用，EDCs暴露的一个较好的指标是激活了肝脏的解毒过程，如乙氧基-O-脱乙基酶（ethoxyresorufin-O-deethylase，EROD）活性。有研究也表明芳香烃受体序列的细微差异有助于观测到野生鸟类对EDCs的敏感性变化（Head et al.，2008；Head and Kennedy，2007a，b）。最后，行为是一种敏感的测试方法，需要更多的工作来建立评估与EDCs暴露有关的行为损害的方法。实验室研究表明，EDCs确实会损害雄性鹌鹑的性行为，而这种减弱的性行为反应常常对其他生理反应产生平行影响（Mura et al.，2009；Ottinger et al.，2013；Panzica et al.，2007）。行为测量也提供有用的效应指标，包括感觉缺陷、应激反应和生殖功能受损。最后，行为测量可能可以很好地揭示鸣禽的激素依赖性的神经回路，并且区分EDCs对晚成鸟与早成鸟的影响。

晚成鸟与早成鸟:发育模式与敏感阶段

鸟类物种依赖于基于遗传的性分化，在个体发育过程中，早成鸟和晚成鸟都发生了特征鲜明的发育事件。鸟类性别的遗传基础与哺乳动物相反，雄性为纯合子（ZZ），而雌性为杂合子（ZW）。鸟类有两种发育策略：晚成鸟雏禽需要父母全面的照顾，而早成鸟雏禽在出雏就发育良好。鸣叫系统是激素依赖性的，主要是孵化后性别分化引起的，并在整个生命周期中保持可塑性，表现出季节性退化和激素诱导的季节性神经发生（Adkins-Regan and Watson，1990；Adkins-Regan et al.，1990；Adkins-Regan and Ascenzi，1990；Wade and Arnold，2004；Fusani and Gahr，2006；Ball and Balthazart，2010）。这种神经可塑性导致了明显的终身脆弱性，但对EDC暴露具有潜在的适应力（Iwaniuk et al.，2006；Rochester et al.，2010；Rochester and Millam，2009），如EDCs对雀和黑眼鹦鹉的有害影响（Hoogesteijn et al.，2008；Satre et al.，2009）。

早成鸟经常被用于毒理学研究和调节试验，如日本鹌鹑（*C. japonica*），它在出壳就发育良好，生殖内分泌系统的性别分化及其他生理系统的功能性已经比较完善（Adkins-Regan，2009；Balthazart et al.，2009；Ottinger et al.，2005b；Ottinger and Dean，2011）。这些研究表明，雄性日本鹌鹑对外源性类固醇非常敏感，雌二醇和雄激素处理都会导致雄性生殖行为受损。因此，雌二醇作为一种阳性对照和一种比较EDCs相对活性的方法非常有用，它对生殖

的内分泌、神经和行为有不同的影响（Berg et al.，2001；Halldin et al.，1999；Berg et al.，1998；Adkins-Regan and Watson，1990；Panzica et al.，2007）。日本鹌鹑的孵化期是 17d，在发育过程中生殖轴（下丘脑-垂体-性腺，HPG）的每一级进行发育，早在胚胎第 5 天开始功能分化（性腺分化），胚胎第 12～14 天（下丘脑和垂体），在胚胎发育后期（附属结构）。早在胚胎第 5 天性腺开始功能分化，随着雄性和雌性血液中类固醇激素模式不同进行分化（图 41.6）。雌二醇是鹌鹑性分化的关键因素。在胚胎发育过程中，雌性的雌二醇/雄激素比值相对较高，而雄性的雌二醇/雄激素比值相对较低。此外，胚胎发育过程中血浆类固醇水平的模式存在性别差异。在雌性胚胎，血浆 E_2 在孵化期一直升高，出壳后降低（Ottinger et al.，2008，2005）。在雄性 17d 的孵化期，在胚胎第 14～17 天（E14～E17）血浆雄激素达到高峰，出壳后降低。此外，卵黄类固醇激素含量反映胚胎类固醇激素水平。这些类固醇激素一直存在整个孵化期的多器官和内分泌系统的性分化过程中，并能被胚胎利用。一旦胚胎性腺和肾上腺开始产生类固醇激素，血液中的浓度就会上升，使性别相关的变化模式更加明显，特别是在胚胎发育的后半程。雄性在胚胎期 10～12d 和雌性在胚胎期 10～16d 以后，雌雄个体都会增加类固醇激素分泌。在此期间，生殖的内分泌和行为开始出现性分化，组织 HPG 轴和性别特异性行为（Adkins-Regan and Watson，1990；Ottinger et al.，2005a）。有大量的文献将类固醇激素、调节生殖行为的大脑区域、成熟期的生殖起始和成年的生殖功能联系起来。调节 HPG 轴的主要下丘脑激素是促性腺激素释放激素 I（GnRH-I），它是由位于下丘脑视前区的细胞体产生。下丘脑的 GnRH-I 水平在胚胎第10～15 天上升；随后出现急剧下降，主要是由于 HPG 轴的功能激活和 GnRH-I 的负反馈作用（Li et al.，1991）。日本鹌鹑的生殖的内分泌和行为在胚胎发育过程中都存在性别差异。

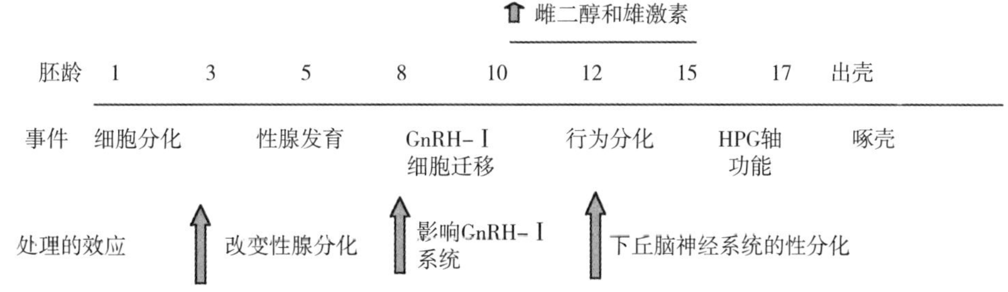

图 41.6　胚胎发育阶段。图示胚胎发育过程中发育的时间及事件，有内源性内分泌变化的迹象和潜在的敏感期

在胚胎发育过程中随着类固醇激素的变化，肾上腺轴、甲状腺轴发育并具有功能。在胚胎发育过程中血液中肾上腺和甲状腺激素浓度在早成鸟出壳时达到峰值，而在晚成鸟则稍有延迟。此外，在胚胎发育过程中血液中的类固醇激素也会影响免疫系统，雄性血液中的睾酮会导致雄性的法氏囊组织退化（Grasman，2010；Lavoie et al.，2007；Lavoie and Grasman，2007）。EDCs 对免疫系统的明显作用，尤其是对胚胎发育过程中对类固醇激素极其敏感的法氏囊的反应。此外，已经证明甲状腺轴也是许多 EDCs 的主要靶点，包括多氯联苯、阻燃剂和其他化合物。在胚胎发育过程中 EDCs 也能够损伤甲状腺轴，这对孵化以及整体代谢功能至关重要（Mcnabb and Fox，2003）。

母体将类固醇激素和 EDCs 沉积到蛋中。禽类胚胎暴露的主要方式是母源性的类固醇激素和 EDCs 沉积到蛋中。越来越多的人认识到，母体沉积的类固醇激素、皮质酮和甲状腺激素的重要性（Almasi et al.，2012a，b；Hayward and Wingfield，2004）。越来越多的数据表明，母体的沉积具有直接和表观遗传效应，这些效应因雌性的状况、健康状况、生殖状况和应激源的不同而不同。这些类固醇激素可以影响雏鸡的生存能力和发育特征（Lipar et al.，1999；Schwabl，1993，1996a，b）。EDCs的沉积是在母鸡内源激素的基础上形成的。此外，大多数母体转移的化合物和EDCs是脂溶性的，因此主要沉积在蛋黄中；然而，水溶性化合物如莠去津可能更均匀地分布在整个蛋室中。也有EDCs显著沉积到野生鸟类的蛋中（Custer et al.，2010a，b，c，d）。同样，实验室研究已经证明EDCs包括外源性雌二醇、甲氧氯和大豆植物雌激素（植物雌激素见图41.7），都很容易从母鸡转移到鸡蛋中，并根据其脂溶性分配于蛋内各部分（Lin et al.，2004；Ottinger et al.，2005b）。

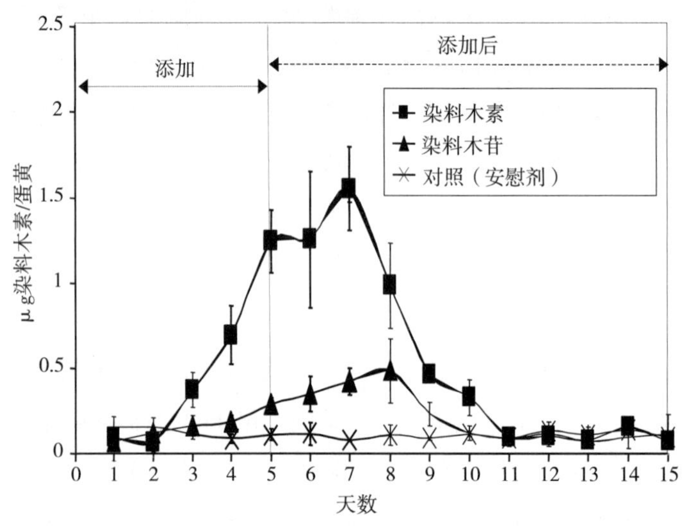

图41.7 植物雌激素染料木素由雌鹌鹑到蛋的母源性沉积

添加染料木素、染料木苷或安慰剂胶囊后日本鹌鹑蛋黄中染料木素的浓度。数据点代表处理组4次重复的均值，对照组2次重复的均值。改自Lin等（2004）。

出壳后的生长和发育成熟是易受EDCs干扰的时期。随着性分化进程，类固醇激素水平从胚胎晚期和出壳后持续下降，保持在较低的静止浓度直到性成熟启动。在性成熟期间，生殖内分泌和行为反应在雄性启动的较早，因此它们在6～8周龄时就成熟了（Ottinger and Brinkley，1979，1978）。雌性开始成熟的时间比雄性稍晚，在8～10周龄开始产卵。这种二态性反映在下丘脑GnRH-I水平，雄性GnRH-I水平比雌性早增加（Ottinger et al.，2004）。鹌鹑体内类固醇的组织效应在形态上也反映在鹌鹑的两性视前区（sexually dimorphic preoptic region），雄性视前区较大，成年视前区对睾酮敏感；高水平的芳香化酶将睾酮代谢为雌二醇，而雌二醇对性行为至关重要。由于该区域在调节求偶和交配行为方面很重要，许多研究集中在日本鹌鹑该区域的神经系统上；该区域可能容易受到EDCs的影响（Panzica et al.，2007）。此外，视前间隔区（POA-SL）含有许多促性腺激素释放激素（GnRH）细胞体；这些细胞投射到下丘脑的正中隆起，使POA-SL在生殖内分泌和行为方面发挥关键作用。HPG轴和性别二态性神经内分泌系统的所有这些特征都易受EDCs暴露的影响，特别是在胚胎性分化过程中生殖轴的组织时期。

41.4.7 揭示鸟类内分泌紊乱的发育测试模式

研究EDC的鸟类模型：日本鹌鹑二代试验

实验室测试提供了关于 EDCs 对鸟类的作用和影响的重要信息，并且已经使用了数种试验方法。 大多数关于类固醇激素作用的研究都采用卵子注射法，用已知浓度进行处理，以了解类固醇在个体发育和性别分化中的作用。 许多关于 EDCs 作用的研究都采用了类似的方法，这些研究已经在家鸡胚胎、野鸭和日本鹌鹑上使用。 美国环保署负责监督工业、农业、娱乐应用和个人住宅所使用的化学品的安全性。 日本鹌鹑二代试验（JQTT）正在考虑提供一个多代试验，以评估 EDCs 单独或作为一个整体对所有生命阶段的影响。 目前的化学品注册测试可能需要生态效应研究，包括禽类急性口服毒性、禽类亚急性饮食毒性试验、禽类繁殖或模拟或实际现场测试（http://www.epa.gov/oppefed1/ecorisk_ders/toera_analysis_eco.htm），来确定禽类的安全性。 这些试验在多种物种上进行，并与其他脊椎动物和无脊椎动物的试验同步进行。

正如本章引言中讨论的，EDCs 可能很难被发现，特别是他们对生物体具有更微妙和长期的非致死效应。 因此，已经制订了一系列的测试方案，以解决在整个生命周期中对脊椎动物和无脊椎动物潜在影响。 这些二代测试方案考虑了一系列测量最终效果，以评估对选定的生物体的影响和潜在风险。 在鸟类，有考虑使用日本鹌鹑进行多代试验，该试验包含生命周期中的每个初级阶段，在该阶段单独暴露以及在多个生命阶段的累积暴露。 当前试验方案中的初始暴露施加在已验证的种禽，随后作为测试方案的最后一步，持续暴露在 F1 代以评估其 F2 代。 如下文所述，有许多措施被用来评估健康、毒性效应和内分泌紊乱。 测试最终效果的总清单一般包括健康和明显毒性的测定（食物消耗、体重、第二性征活动、鸡的健康、生长和成熟、嗜睡、发病率或其他毒性、死亡率的临床体征）；生殖指标测定（性分化、性成熟、产蛋量、蛋品质、受精力、胚胎死亡、孵化率、雏鸡存活率和状态、性别比、生殖行为和生殖激素，睾丸组织结构和精子数、泄殖腔腺的大小与泡沫量）；内分泌和生理指标（肝脏、睾丸、甲状腺、肾上腺、性腺和脑的重量与组织结构、粪便类固醇激素，血清激素和卵黄蛋白原、甲状腺激素）。 下面将简要讨论在评估 EDCs 时使用这些最终效果的理由，以便更全面地了解内分泌和生理系统对 EDCs 的反应。

41.4.8　评估潜在内分泌紊乱的相关最终效果

最终效果的选择取决于给药方案（即给药剂量和给药时间）、预计剂量-反应、暴露窗口（即生命期）、预计作用机制、潜在内分泌活动或诱导卵黄原蛋白或其他生化反应以及暴露方式；这些都是评估潜在 EDCs 的关键变量。 随着可获得更多关于 EDCs 作用的信息，将有可能使用 AOP 提供的框架中提出的结构来阐明易受化学/化学类别攻击的靶向生理系统以及对鸟类产生重大影响的可能性。 这种方法目前还没有整合到测试范例中，但可能有助于提供解释观察和发现的结构。 例如，发育中的胚胎比成年个体对 EDCs 的影响更敏感，发育缺陷（即永久性中枢和外周破坏）往往持续到成熟和成年生命阶段。 相反，成年个体的接触一般没有太大影响，或作用似乎更短暂，尤其是早熟物种。 我们对分子机制的研究进展表明，EDCs 通常具有表观遗传效应。 这改变了我们对 EDCs 的激活和组织效应的认识，从而使暴露可能在多代个体中引起持久效应（Skinner et al.，2011；Hochberg et al.，2011）。 因此，了解模型（即日本鹌鹑）的生理学和选择最终效果的物种特异性内分泌机制是极其重要的。

41.4.8.1 存活

存活是化合物急性和慢性毒性试验的最终效果。半致死剂量（LD50）即能导致50%的检测个体死亡的剂量，在传统的毒理学研究中具有重要价值。在饲喂研究中，必须监测存活率以评估对健康的影响。在内分泌干扰研究中，由于血液中内源性激素的浓度在Pg，剂量不太可能接近致死浓度。尽管如此，亚致死浓度对于确定内分泌紊乱的潜在风险很重要。例如，通过经典的毒理学试验确定50μg/（kg·d）的BPA为安全暴露（Myers et al.，2009）。然而，比此低100～1 000倍的剂量可诱导日本鹌鹑性腺发生雌性化，尽管各组间存活率无变化（Oshima et al.，2012）。监测存活可以提供毒理学信息，这一重要措施在着重于了解机制的基础研究中尚未得到普遍报道。因此，文献有一个关键的欠缺，就是忽略了个体反应的潜在差异性和跨群体反应的范围，包括幸存者的效应。

41.4.8.2 采食量和体重

采食量是衡量一般健康的基本指标，食物摄入量的变化可以表明一种化合物的急性或慢性毒性作用。此外，如果接触化学物质的途径是通过饲料，那么仔细监测采食量以确定准确的暴露是非常重要的。测定处理化合物的稳定性也很重要。减少采食量与日本鹌鹑暴露于EDCs有关（Yamashita et al.，2011）。同样，体重与食物摄取和整体健康密切相关，并且可以提示毒性作用。例如，高氯酸盐作为甲状腺激素系统的阻断剂，在出生的前两周服用会显著地降低斑胸草雀的生长（以体重衡量）（Rainwater et al.，2008）。这些鸟类还表现出不同的乞食和育幼行为的改变，表明其他最终效果可能与体重改变有关，这取决于干扰的机制。

41.4.8.3 副性征和性成熟

许多第二性征具有性别特异性，并提供较好的激素依赖性反应指数。雌雄的羽毛不同；这些性别差异最早在3周龄出现。最终，雄性有锈色的胸部，雌性有一个黄色的胸部伴有斑驳的小暗区。一般来说，羽毛的颜色尤其是有更鲜艳羽毛如青鸟，取决于食物中类胡萝卜素且与整体健康有关。此外，雄性通常具有睾酮依赖的性别特征。日本鹌鹑的泄殖腔腺分泌一种糖蛋白，称为泄殖腔腺泡沫（cloacal gland foam），对精子转移到雌性是关键性的（Ottinger and Brinkley，1979）。泄殖腔腺的面积测量对检测雄性个体的性成熟和繁殖状态提供了一个可靠的手段，产生的泡沫可按1～5级或类似的主观性序数尺度加以估测。由于日本鹌鹑是陆生动物，雄性在繁殖季节建立自己的领地，泄殖腔腺泡沫提供了标记以划定自己的领地；这种泡沫被称为“粪之顶饰”（topping on the dropping，Schleidt and Shalter，1973）。监测EDCs对性成熟的影响提供了对其作用机制的了解。在雄性，监测泄殖腔腺泡沫的存在提供了一个反映雄激素产生和睾丸活性的初始指标。此外，根据EDCs的作用，雌性和雄性之间可能存在差异，雄性比雌性成熟稍早。在5～6周龄，睾丸活动开始，产生睾酮的浓度逐渐增加，导致生殖内分泌功能、求偶和交配行为增强，而雌性则在9～10周龄开始产蛋。

41.4.8.4 行为指标

虽然雌性日本鹌鹑表现出一系列性别特异性的行为，但这些行为并不容易量化。雄性和雌性都表现出攻击行为，这可以量化（Ramenofsky，1985）。雄性的求偶和交配行为提供了较好的生殖能力的生物指标。性行为是类固醇激素依赖的，这意味着血液中必须有足够高浓度的雄激素才能表现出雄性的性行为。此外，雄性的性行为是胚胎暴露于类雌激素活性和高活性的类雄激素之后一种敏感的最终效果。在 3min 测试中，受试雌性（饲料对照组的雌性来自同一种群，非试验性的）被引入雄性的鸟笼，然后记录雄性攀爬的延迟时间、攀爬尝试和泄殖腔接触情况。如果确定经验对行为反应的影响很重要的话，个体可以连续 3 d 接受测试。行为测试结果的解释与测试中化合物的潜在作用机制有关。更具体地说，雌性鹌鹑在胚胎发育期间需要暴露于雌激素，并且在胚胎第 12～18 天期间暴露于雄激素会使其雄性化。反之，如果雄性在发育关键时期暴露于雌激素或雄激素，那么成年后雄性的性行为受损证明了雄性被雌性化。因此，雄性日本鹌鹑在性分化过程中对 EDCs 的暴露非常敏感。

41.4.8.5　产蛋量、蛋壳质量、繁殖力和胚胎存活率

产蛋量和开产是衡量鸟类繁殖功能的重要指标，通过每天检查笼子和标记蛋就很容易进行监测。EDCs 暴露通过作用于性腺、配子或储精腺，降低受精力，从而导致产蛋量减少、产蛋延迟。类似地，受精卵可能由于 EDCs 的干扰而不能正常发育，并且胚胎可能无法在发育的最初几个小时或几天内存活。在此期间，卵黄（白色和黄色卵黄）的吸收很少，因此主要反映化合物的毒性作用或者损害同源盒基因功能的特殊作用以及干扰细胞谱系发育为器官系统，例如对心脏的影响就是如此（Carro et al.，2013b）。蛋壳厚度、强度和严重异常会影响胚胎的存活率。早在 20 世纪 60 年代，暴露于 DDT 和 DDE 与许多野生鸟类蛋壳变薄和种群的减少有关（Rattner，2009）。

后期的胚胎效应和致死性更可能与基本生理系统的破坏有关，例如，影响甲状腺内分泌轴和对内分泌等生理系统发育和同步所必需的其他系统。研究还表明早期和晚期胚胎死亡率的组合是一个比两者单独的更强的毒性指标。此外，日本鹌鹑存在明显的品系差异，并有大量文献报道日本鹌鹑多代选择的各种生理反应（Blohowiak et al.，1984；Bursian et al.，1983；Marks，1996；Marks and Siegel，1980）。日本鹌鹑胚胎在 ED15 开始啄壳，以准备在 ED17 出壳。一旦啄破壳，雏禽能发声，幼雏的出孵通常是接近同步的。幼雏啄壳时先啄一个洞，类似于一个逃生舱门，且需要大量的能量。幼雏能否成功孵出对化学干扰非常敏感，因此孵化率是 EDCs 研究的一种重要的最终效果。

41.4.8.6　病理

许多器官系统对激素紊乱是高度敏感的，特别是在发育过程中接触过。这包括生殖器官（即睾丸/卵巢/输卵管）的重量、器官形态的严重破坏和显微性破坏（如破坏卵泡功能或精子发生）。根据 EDCs 的预期靶点，应对甲状腺、肝脏、腔上囊和其他器官进行检测。由于雌鸟的性分化涉及两个原始卵巢中的一个卵巢及其相邻输卵管的退化，所以右侧卵巢和输卵管的存在/退化提供了关于雌性生殖轴正常性分化的初始信息。在雌性鸟类的输卵管中存在储精腺，使精子可以存活数周；然而，没有数据表明 EDCs 对这些腺体有潜在的影响。排卵期雌性卵巢存在募集与成熟不同阶段的多个卵泡。组织学分析将提供关于卵巢功能状态的信息，并且将卵巢形态学与卵巢功能的这些成分联系起来，可深入了解潜在的 EDCs 靶点和作用。遗传上的雄性在早期接触 EDCs 可影响其性腺发育；然而，有关于这类长期影响的信息较少。在一些研究中，EDCs 暴露导致出现短暂的卵睾体，它在出雏时出现，但一般不会持续到成年。肝脏组织学可以提供与毒性相关的一切异常信息。此外，解毒酶的激活是这些酶系统启动的良好标志；对肝脏亚样本进行乙氧基甲红-*O*-脱乙基酶（EROD）检测可为组织病理学发

现提供支持性证据。

胚胎暴露于多氯联苯与心脏畸形之间有联系，肾组织学也可以提供关于 EDCs 毒性作用的信息，因为肾在解毒和消除水溶性毒物方面起到关键作用。法氏囊的病理生理学检测是评估影响免疫系统的内分泌干扰效应的有力工具。法氏囊对类固醇激素特别敏感，特别是在发育过程中睾酮具有免疫抑制作用（Ottinger et al.，2005）。如表 41.4 所示，胚胎期醋酸群勃龙暴露对法氏囊的形态造成持久性影响，导致滤泡数量减少，体积变小（Quinn et al.，2007b）。相反，雌二醇处理导致法氏囊体积增大（表 41.5）；在处理个体中有组织病理学的证据（Quinn et al.，2009）。许多研究也发现法氏囊形态与免疫应答之间有一致性的关系。因此，法氏囊组织病理学是评估对免疫系统影响的可靠方法，尤其是评估胚胎期暴露的影响，以及这些影响持续到成年的情况。

表 41.4 群勃龙和 p，p-DDE 对免疫、繁殖和行为的显著性影响（$P<0.05$）

效应终点分组	效应终点	醋酸群勃龙（雄激素）	p，p-DDE（抗雄激素）
免疫指标	法氏囊-体重指数	降低	增加
	法氏囊滤泡数	在幼体和成体中减少	在幼鸟中减少
	法氏囊卵泡大小	在 0.05 μg/g 时增大，在 50 μg/g 时变小	NA
	脾脏体重指数	NA	NA
	欧石鸡红细胞的体液反应	NA	NA
	细胞介导对植物血凝素的反应	NA	NA
	幼体血浆免疫球蛋白 G	仅在 0.05 和 0.5μg/g 时增加	NA
	幼体总白细胞计数	NA	在幼禽中增加
	幼体白细胞分类计数	中性粒细胞：淋巴细胞比例增加	NA
繁殖生理指标	性腺体重指数	NA	NA
	睾丸形态	NA	NA
	卵巢卵泡数	NA	NA
	肛道泡沫腺重量	降低	NA
	初情期起始	在雄性延长	在雌性缩短
	精子穿透卵周隙层	NA	NA
雄性交配行为	尝试攀爬雌性的次数	减少	减少
	成功交配的次数	减少	NA
	开始尝试攀爬的时间	NA	NA
	第一次成功交配的时间	NA	增加

"NA"表示不受处理影响的指标。

引自 Quinn 和 Ottinger（2006）。经许可转载自 The Journal of Poultry Science 43，1-11，日本家禽科学协会，日本茨城县筑波市。

表 41.5 上述研究中蛋内注射不同天数后，对雌二醇或群勃龙反应的汇总

最终效应	对孵化的影响			
	雌二醇	雌二醇	群勃龙	群勃龙
	ED4	ED11	ED4	ED11
胚胎死亡率	(↑)	—	(↑)	(↑)
孵化率	(↓)	—	(↓)	(↓)
体重	—	—	—	—
雄性：雄激素	—	(↑↓)	(↓)	(↓)

（续）

最终效应	对孵化的影响			
	雌二醇	雌二醇	群勃龙	群勃龙
	ED4	ED11	ED4	ED11
雌性：雌二醇	—	(↑)	(↑↓)	(↓)
法氏囊重量	(↓)	—	(↓)	(↑)
芳香化酶	(↑)	(↑)	—	—
去甲肾上腺素	—	(↑)	—	—
多巴胺	—	(↑)	—	—
5-羟色胺	—	—	—	—
GnRH-I	—	—	—	—

41.4.8.7　调节生殖、代谢和应激的神经内分泌系统

胚胎暴露于类固醇或具有类雌激素或类雄激素活性的化合物会导致成年鹌鹑雄性性行为的损伤（Ottinger et al.，2005a；Panzica et al.，2007；Ottinger et al.，2009b，2008）。此外，已有研究表明，特殊的神经系统，包括神经递质（去甲肾上腺素、多巴胺、5-羟色胺）和神经肽（血管紧张素原），在胚胎暴露于类固醇激素和 EDCs 时会发生改变。评估胚胎期 EDCs 暴露对神经递质和神经肽的影响，可以提供关于这些化合物对生殖、甲状腺和肾上腺内分泌轴调控系统的直接影响的信息。促性腺激素释放激素（GnRH-I）神经元位于下丘脑视前/侧隔区。这个系统可能容易受到内分泌干扰的影响（Ottinger et al.，2009b）。神经递质系统的影响如乙酰胆碱酯酶（ACHase）已被用来测量毒物暴露的程度（Rattner et al.，1986）。

鸣禽与其他晚成鸟也显示 EDCs 暴露对鸟类大脑形态的影响（iwaniuk et al.，2006；millam et al.，2001）。此外，大量文献报道类固醇激素对鸣禽性分化的影响，以及影响指引和调节鸣唱控制核团的功能（Wade et al.，2004；Grisham et al.，2008；Arnold and Itoh，2011；Wade and Arnold，2004；Gilbert et al.，2007）。由于鸣禽的神经具有可塑性，EDCs 对鸣禽的影响可能更短暂；然而还没有足够的数据来确定是否是这种情况。尽管如此，有明确的文献表明，EDCs 对调节歌唱和其他行为的大脑区域有影响，这些行为在早成鸟和晚成中都是类固醇依赖性的。

此外，鸟类的代谢系统已有详细的研究，特别是家禽。事实证明，鸟类的甲状腺系统容易受到特定类型的内分泌干扰的影响，这一内分泌系统就是靶点。特别要指出的是，作为阻燃剂的多氯联苯和其他 EDCs 影响鸟类、实验室和野生鸟类的甲状腺系统（Scanes and Mcnabb，2003；Mcnabb and Fox，2003；Mcnabb，2005；Chen et al.，2008；Webb and Mcnabb，2008；Fernie et al.，2005b）。目前尚不清楚组织学方法是否可提供揭示这些 EDCs 作用的灵敏方法；然而，甲状腺激素的产生和释放受损可反应在甲状腺滤泡的大小和分布发生异常、血中甲状腺素（T_4）和生物活性更强形式的三碘甲状腺原氨酸（T_3）出现差异（请参阅 24 章）。最后，下丘脑-垂体-肾上腺轴是 EDCs 可能影响的另外一个内分泌系统。测量羽毛中的皮质酮可能是一项有趣的技术，用非侵入性技术来确定是否发生了长期应急。季节性和迁徙也使得禽类对 EDCs 的反应复杂化。鸟类的繁殖常常表现出季节性模式，迁徙的种类往往表现出生殖轴的完全退化和功能停止，接着是生殖系统的重刺激或季节性复苏，启动下一个

繁殖周期。鸟类的生殖功能的初始刺激依赖于环境因素，被称为授时因子，而对于温带种类而言，这种环境诱因通常是光周期。鸟类通常是长日照繁殖动物，因为它们的孵化时间相对较短，后代的成熟时间相对较快。因此，大多数光周期性鸟类当日长超过 12h 时就开始繁殖。关于这一主题，有大量的文献揭示其神经机制，通过眼睛和松果体响应以及调节生殖功能的下丘脑响应；这些文献综述超出本章的范围，但重要的是要认识到由于繁殖、迁徙和环境挑战造成的能量需求的季节性变化，尤其是当 EDCs 影响参与这些季节性和适应性反应的关键内分泌系统的时候。

41.5 结论

雌激素和类雌激素活性的化合物是鸟类胚胎发育早期的有效干扰物。对雌性的影响可能是由于对卵巢以及其他生理系统的直接影响。雄性对外源性雌激素很敏感，外源性雌激素损伤其生殖内分泌和生殖行为，改变了免疫反应和其他生理系统。具有雄激素活性的化合物和影响甲状腺功能的 EDCs 改变生殖、代谢和免疫反应。此外，EDCs 对应急反应的影响使个体面临多重环境挑战的风险。很显然，对于那些出雏时就具有相对发达的生理系统和功能的早成鸟类，早期暴露具有更为严重的全面性影响。晚成鸟类是另外一种发育模式，对 EDCs 暴露的时间和敏感性有所差异。尽管如此，必须考虑 EDCs 对鸟类已知的显著影响，以便有效地保护鸟类的野生种群，保护这些群体免受 EDCs 的不利影响。

致谢

由美国环保局资助的 Ottinger 实验室的研究，项目编号为＃R826134010（星级资助）和 R-82877801；EPA-EDSTAC 验证性研究的 Battelle 合同，编号为 NRI ＃92-37203 和 NSF ＃9817024；马里兰大学帕克分校 MAES；鱼类和野生动物管理局和哈德逊河信托人。本文的结论和观点属于作者，不代表任何资助机构、哈德逊河信托人或美国的立场。

参考文献

（米玉玲译，刘璟校）

图书在版编目（CIP）数据

禽类生理学：第6版/（美）科林·G. 斯堪尼斯（Colin G. Scanes）主编；张才乔，杨焕民主译. —北京：中国农业出版社，2021.12

（现代兽医基础研究经典著作）

国家出版基金项目

ISBN 978-7-109-28702-0

Ⅰ. ①禽… Ⅱ. ①科… ②张… ③杨… Ⅲ. ①禽类—生理学 Ⅳ. ①Q959.705

中国版本图书馆CIP数据核字（2021）第165373号

合同登记号：图字01-2021-4087号

禽类生理学：第6版

QINLEI SHENGLIXUE：DILIUBAN

中国农业出版社出版

地址：北京市朝阳区麦子店街18号楼

邮编：100125

责任编辑：神翠翠 武旭峰 弓建芳 张艳晶 刘 玮 尹 杭

版式设计：王 晨 责任校对：刘丽香 周丽芳 沙凯霖

印刷：北京通州皇家印刷厂

版次：2021年12月第1版

印次：2021年12月北京第1次印刷

发行：新华书店北京发行所

开本：880mm×1230mm 1/16

印张：60.75 插页：26

字数：2100千字

定价：480.00元

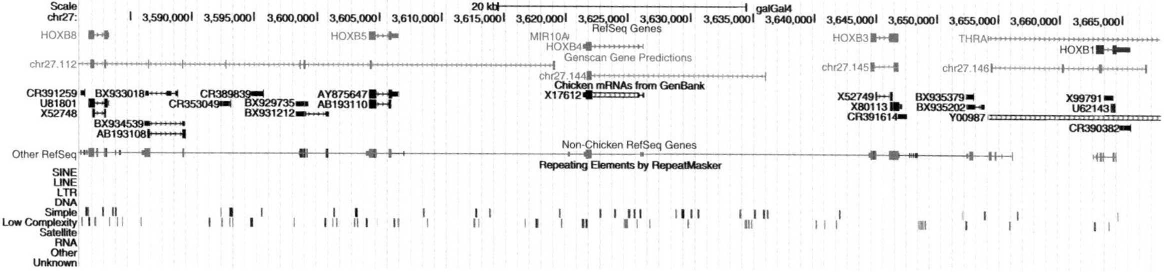

图 1.1　UCSC Genome Browser 展示的鸡 27 号染色体上 *HOXB* 基因簇视图

视图顶部显示的是序列坐标 chr27：3 581 000～3 668 000，该序列是国际鸡基因组测序委员会于 2011 年 11 月发布的 Gallus_gallus-4.0 组装版本。由上至下显示 5 个轨道：①RefSeq 基因（蓝色）：五个 *HOXB* 基因，一个 microRNA *MIR10A* 基因，和部分重叠的 *THRA* 基因；②Genscan 基于从头预测的方法建立的基因模型（浅棕色，注意很多不准确的外显子）；③比对到鸡 mRNAs 的序列（黑色）；④其他物种与 RefSeq 基因同源的基因（蓝色）；⑤左侧为指定类型的重复序列（灰黑色框）名称，有趣的是，在大多数基因组中普遍存在的长散布核转座元件（LINE）在这里不存在。前三个轨道中，实心框表示外显子，其中编码区的框较非翻译区宽；细线表示内含子，线上的箭头表示转录方向。鸡 mRNAs 应该是与全长 cDNA 克隆互补的序列，但是通常并非如此（如图所示），那些没有内含子的 mRNAs 可能是人为造成的（基因组 DNA 片段污染 mRNA 所导致）。该视图是使用以下轨道设置生成的：碱基位置和 RepeatMasker 设置为完全（full）；RefSeq 基因、Genscan 基因和鸡 mRNAs 设置为紧凑（pack）；其他物种 RefSeq 基因设置为高密度（dense）；所有其他轨道设置为隐藏（hide）。虽然只有 5 个 *HOXB* 基因显示为经 RefSeq 注释，但利用鸡 mRNAs（BX931212、BX934539、BX935202）和与其他物种 RefSeq 基因的同源性（此处仅以密集模式显示，以方便缩放）比较并延伸起始坐标至 chr27：3 530 000，也发现了与 *HOXB*2、*HOXB*6、*HOXB*7、*HOXB*9 和 *HOXB*13 同源的基因。于 2013 年 5 月 28 日登录 UCSC Genome Browser Gateway，网址为 http：//genome.ucsc.edu（Kent et al.，2002）。

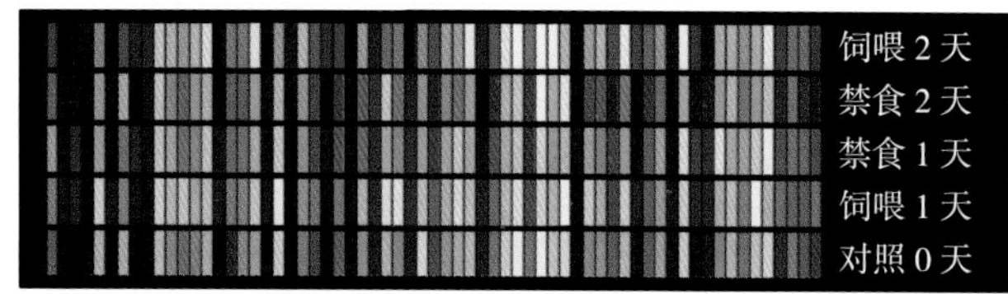

图 2.1　禁食或饲喂对新生雏鸡下丘脑 mRNA 表达水平的影响

利用 cDNA 芯片分析下丘脑 mRNA 样品，并对结果进行聚类分析。如图所示，禁食状态下有些基因的 mRNA 表达水平上调（红色）。表达上调的基因中包含 *DIO*2 和 *NPYR*5。这些数据已经发表（Higgins et al.，2010），但不是以这个形式。

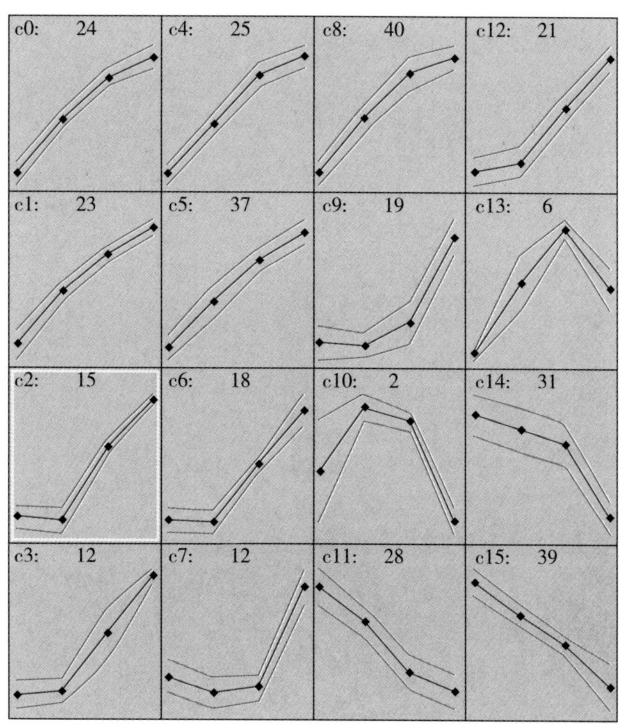

图 2.2　胚胎发育过程中垂体前叶 mRNA 水平自组织映射（SOMS）聚类

利用 cDNA 芯片分析来自胚胎发育第 12、14、16 和 18 天的垂体 mRNA 样品，并根据各发育时期的 mRNA 表达谱进行 SOMS 聚类分析。如图所示，簇 2（C2，黄色框）包括 15 个基因，这些基因的表达在胚胎发育第 16 天上调。上调基因簇中包括生长激素基因。这些结果之前以不同形式发表过（Ellestad et al.，2006）。

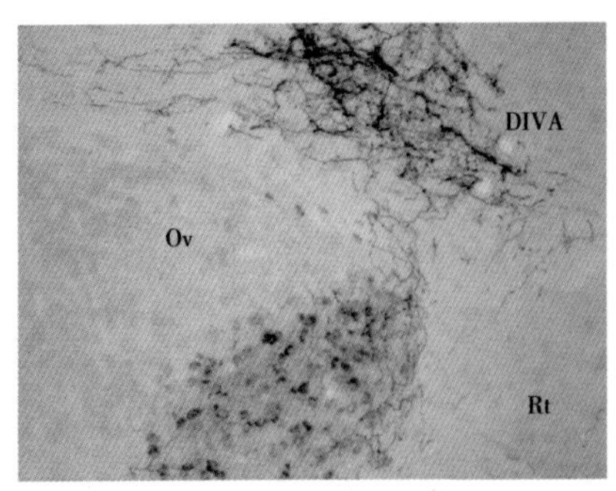

图 5.3　向背柱核内注射 BDA 后，卵形核（Ov）外侧部和丘脑背侧躯体感觉核正上方中被标记的纤维及其末梢（黑色）（截面中线位于左侧）。在 L 区（即位于端脑的初级丘脑信息接收听觉区）外侧注射霍乱毒素 B 链，逆行标记 Ov 外侧部的神经元（棕色）

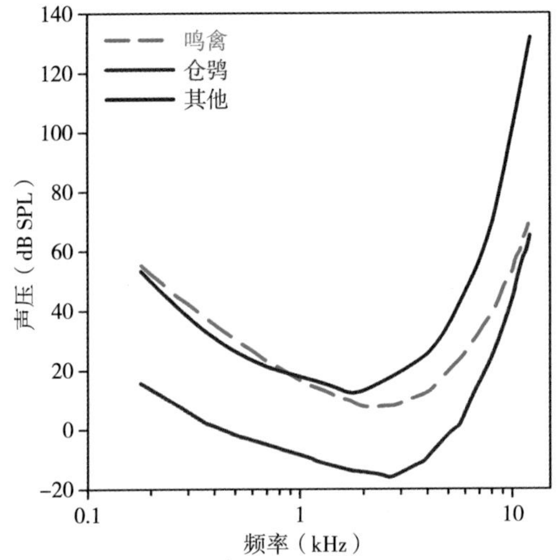

图 6.1　三组不同鸟类的行为听力敏度

注意仓鸮可以听到 0 dB 以下的声音，低于人能听到的最低声。修改自 Dooling 等人（2000），经 Springer Science + Business Media B. V. 授权。绿色：鸣禽；红色：仓鸮；蓝色：其他。

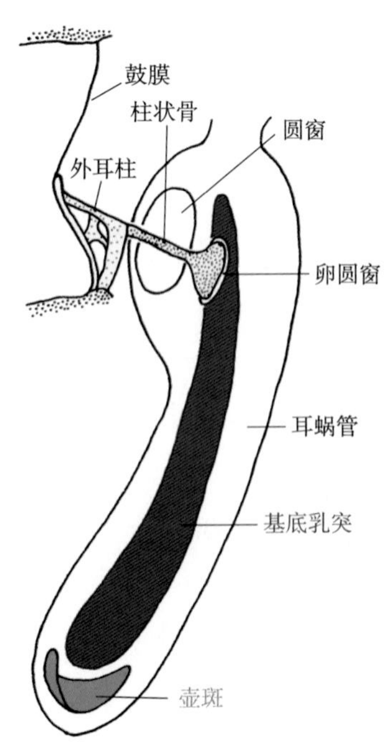

图 6.2　典型鸟类的耳蜗管示意图

耳蜗管通过柱状骨和外耳柱（黄色）与鼓膜相连（内耳的背侧和前庭部分未显示，两种感觉毛细胞位于耳蜗管中：听觉基底乳突（蓝色）和壶斑（绿色）。

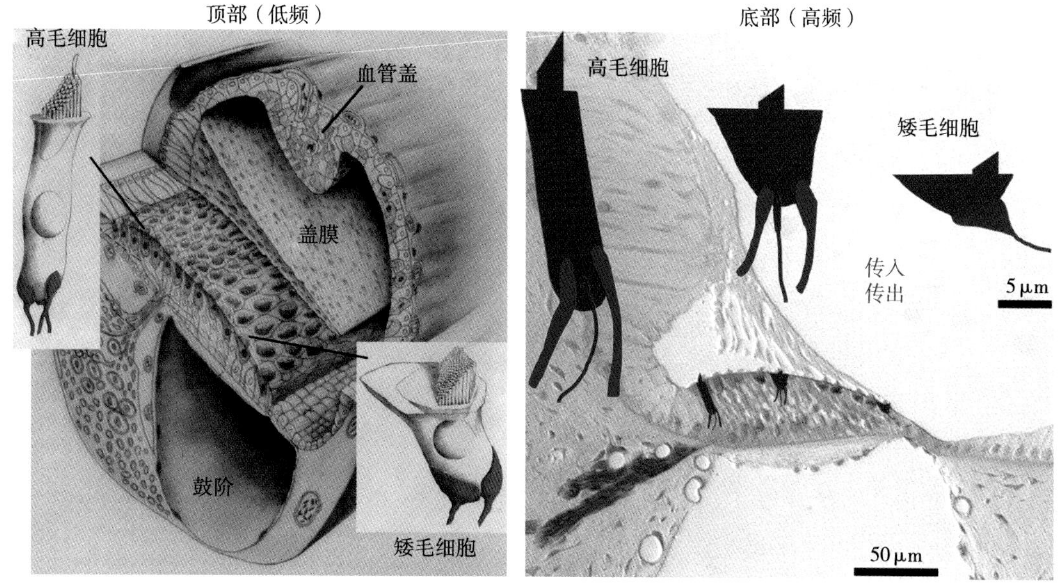

图 6.5　基底乳突形态和神经支配

左图显示典型顶端低频部分的三维（3D）横截面。乳突很宽，有许多毛细胞，其中大部分是高毛细胞。插图是两个代表性毛细胞的 3D 图，具有传入（蓝色）和传出（红色）神经末梢附着。右图显示底端高频部分的显微照片横截面，一些毛细胞被突出显示且被放大。示意图还显示了典型的神经支配模式，传入终端和传出终端分别用蓝色和红色表示。左图复制于 Takasaka 和 Smith（1971），经学术出版社许可。插图从 Manley 和 Ladher 转载（2008），经艺术家 Johanna Kraus 的许可。右图复制于 Köppl（2011A），获得 Elsevier B. V. 的许可。

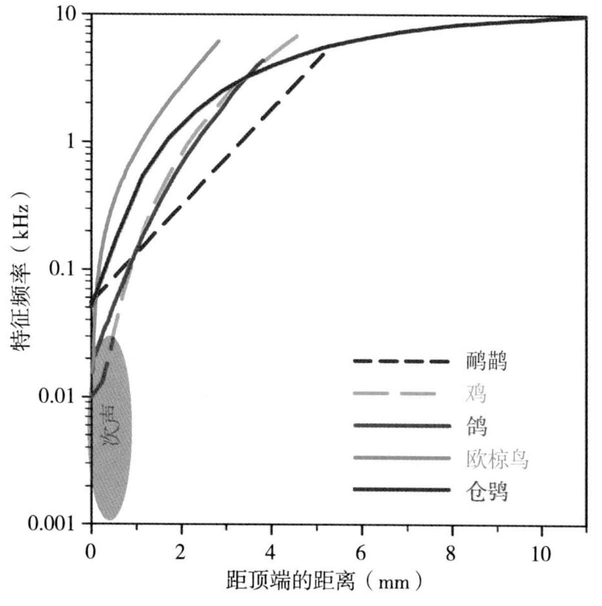

图 6.6　鸟基底乳头对应的声音频率

不同颜色的曲线显示不同鸟类的反应功能，图例中分别为鸸鹋、鸡、鸽、欧椋鸟、仓鸮。从标记神经纤维的生理特征上可以看出它们在乳头的神经支配部位。注意，仓鸮基底乳头的异常长度和频率图浅斜率区，表示一个听觉凹（即表示一个狭窄的高频带）。鸽次声敏感区位于基底乳头顶端 1mm 处上方，但它可能对音调并不严格，绿色区域所显示。数据来自于 Chen 等（1994），Gleich 等（2004），Köppl 等（1993），Köppl and Manley（1997），Smolders 等（1995）。

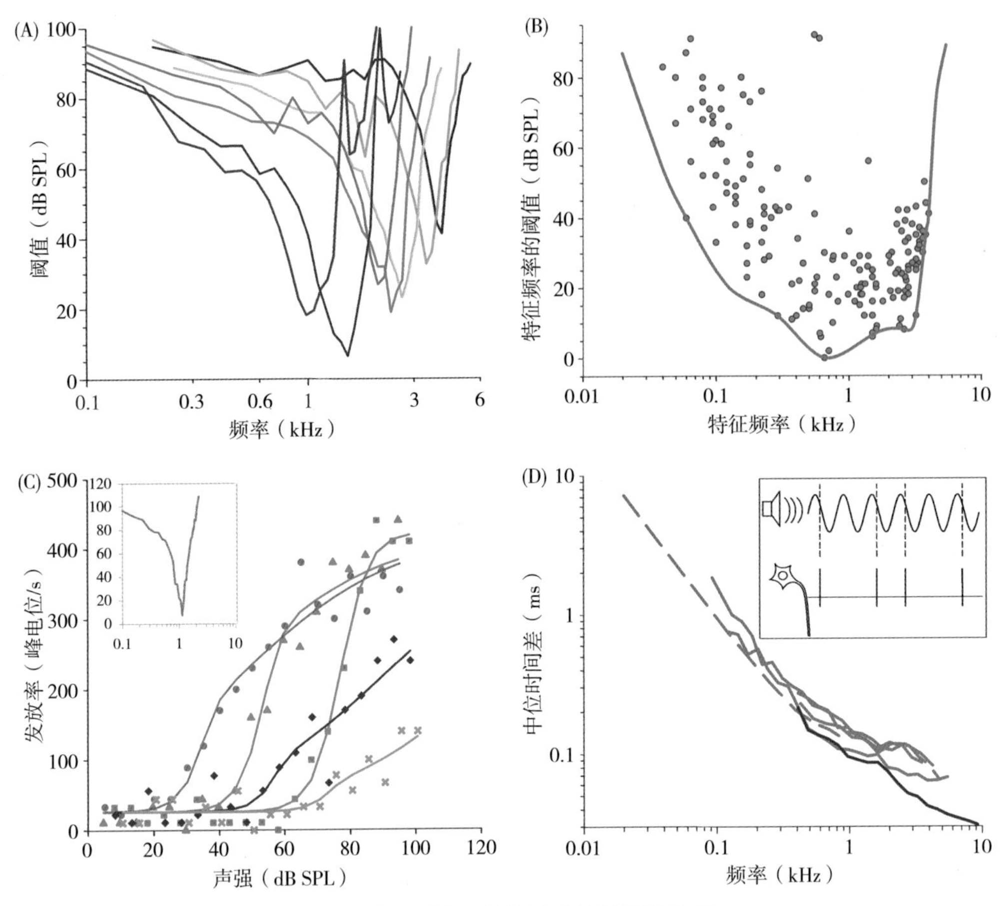

图 6.7　单个听神经纤维活动的显著性特征

（A）鸸鹋频率调谐曲线（Manley et al.，1997）。（B）鸸鹋纤维群最敏感阈值（特征频率功能）的分布（Manley et al.，1997）。注意任何一个典型的非受损频率都有大范围阈值。实线是来自最敏感纤维的数据，给出鸸鹋近似声像图。（C）鸸鹋一个特殊的听神经纤维的发放率与声级函数。插图内显示纤维反应区域内对几种不同频率的反应。注意最敏感特性频率具有明显的缓慢饱和行为（红色所示）（Yates et al.，2000 年）。（D）插图表明声音刺激与锁相动作电位之间的时间关系。在真实听神经纤维中，个体发放时间依平均锁相不同。这个时间抖动的中值展示在主图中，作为仓鸮的一个频率函数（红色，Köppl，1997c）；鸸鹋（断续蓝色，Manley et al，1997）；全蓝色表示鸡（Salvi et al，1992）、鸽（Hill et al.，1989）、欧椋鸟（Gleich and Narins，1988）、红翅黑鹂（Sachs et al.，1980）。

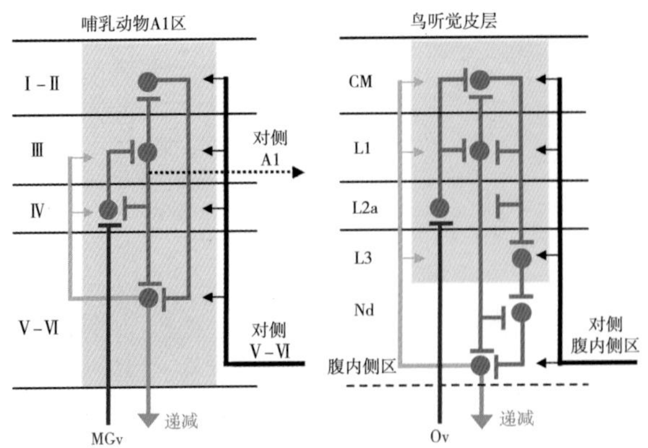

图 6.9　哺乳动物听皮层的不同层级与鸟类大脑听皮层主要核团的类比

分别用蓝色、红色和蓝绿色来表示来自丘脑的输入，内部的连接及下行的投射。橙色的线条和箭头表示来自深层的回返性投射到表层。黑色表示来自对侧大脑的投射。转载自 Wang 等（2010）。

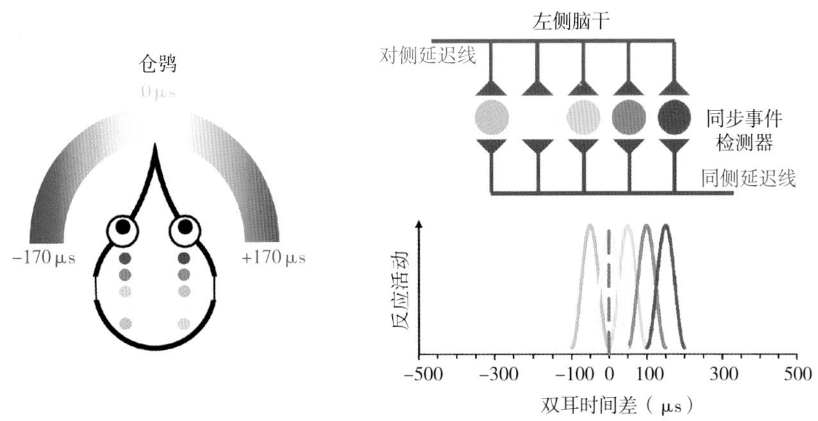

图 6.10 根据 Jeffress（1948）模型所显示的仓鸮双耳时间差的编码

脑干的每一半都有一个能显示双耳时间差的代表区，对应于对侧听半野的声源。这张示意图显示的是左侧脑干延迟线的基本回路和同步事件检测器。回路图下方显示的是仓鸮同步事件检测器神经元的层状核的特有反应与双耳时间差的函数关系。通过实验测量仓鸮双耳时间差的范围，形成了一幅关于听觉方位的图谱。转载自 Köppl（2009）并获得 Cell Press 许可。

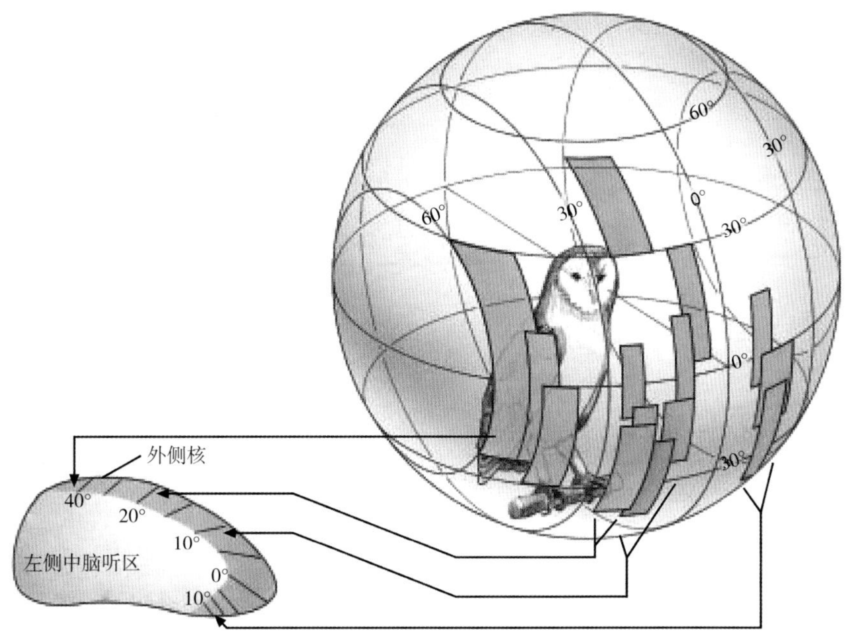

图 6.11 仓鸮中脑听觉空间图

在下丘的外侧核（紫色），听觉空间的接受域沿核团位置发生系统改变。在仓鸮周围的一个球面上，可以用紫色的长方形来表示这些接收域。该听觉空间地图是基于对特定的双耳时间差和声强差做出的听反应选择而合成的。转载自 Konishi（1993），获得 Jana Brennings 许可。

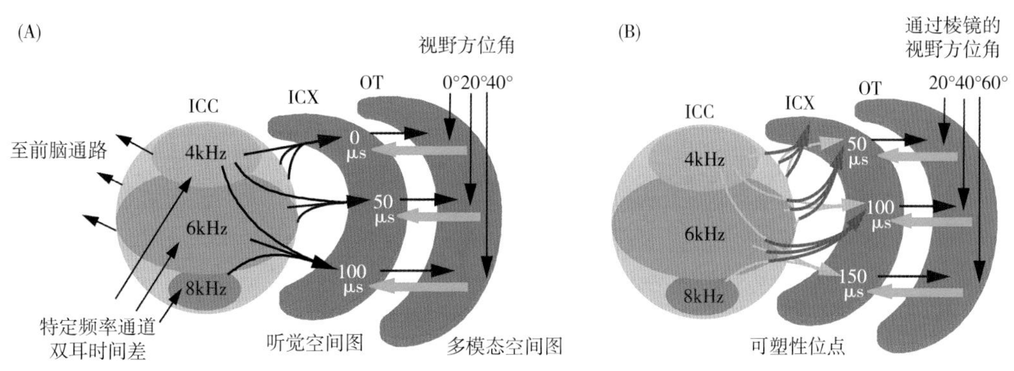

图 6.12 早期视觉实验修正后，仓鸮听觉空间适应可塑性总结图

（A）通常来自中央核（ICc）不同音频区与外核（ICx）选择性共同分享双耳时间差信号。这些汇集投射与视顶盖的视觉接收区具有对应关系，一起共同建立空间图中的方位轴。（B）如果给仓鸮带上护目镜来人为改变视觉接收区，通过形成 ICc 和 ICx 新的对应关系，听觉空间图也会相应改变（红色箭头）。绿色箭头表示从 OT 到 ICx 的反馈。重绘自 Knudsen（2002），获得 Macmillan Publishers 许可。

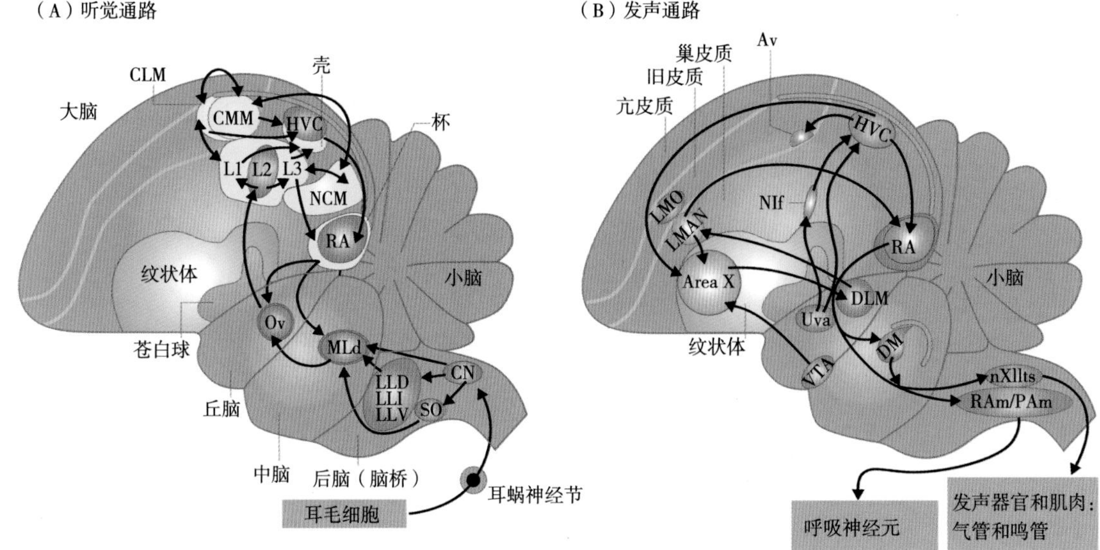

图 6.13　鸣禽脑各核团和脑区矢状切复合示意图

（A）听觉上行通路，当听到鸟鸣时，该脑区活性增强（黄色区域）。（B）发声运动通路，图中所示为各核团的连接。前端脑通路和发声运动通路共同组成鸣唱系统。当鸟类自鸣的时候，鸣唱系统中的橙色核团神经元活动性增强。Area X，纹状体的 X 区；Av 核，雪崩核；CLM，旧皮质尾外侧核；CN，耳蜗神经核；DLM，前丘脑背外侧核内侧部；DM，中脑丘间核背内侧部；HVC，高级发声中枢；L1、L2 和 L3，L 区中的亚区；LLD，外侧丘系背侧核；LLI，外侧丘系内侧核；LLV，外侧丘系腹侧核；LMAN，新纹状体前部巨细胞核；LMO，旧皮质外侧卵圆核；MLd，中脑背外侧核；NIf，新纹状体界面核；Ov，卵圆核；PAm，延髓旁疑核；RA，弓状皮质栎核；RAm，后疑核；SO，上橄榄核；Uva，葡萄形核；VTA，腹侧被盖区。获得 John Wiley、Sons 和 Macmillan Publishers 许可，重绘自 Moorman 等（2011）[更新自 Bolhuis 等（2010）]。

译者注：根据 Javis（2005）的命名，鸟类中原来称为纹状体的部分改称大脑皮层（与哺乳动物对应）。大脑皮层分成 4 个部分：hyperpallium（亢皮质，原称上纹状体），mesopallium（旧皮质，原称旧纹状体），nidopallium（巢皮质，原称新纹状体），arcopallium（弓状皮质，原称古纹状体）。

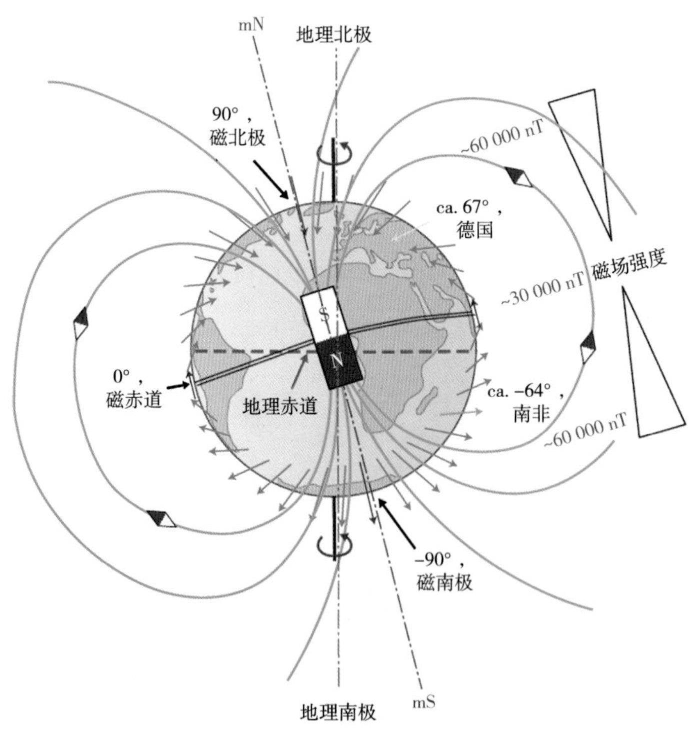

图 8.1　地球磁场(地磁场)

注意南北磁极与地理南北极、磁赤道与地理赤道并不重合。磁力线按照磁纬度（蓝绿色线和矢量）以不同的角度与地球表面相交，交角称为磁倾角。磁北极（红色矢量）的磁倾角为+90°，德国纬度（黄色矢量）的磁倾角大约为+67°，磁赤道（深蓝色矢量）的磁倾角为 0°，南非纬度（橙色矢量）的磁倾角大约为−64°，磁南极（洋红色矢量）的磁倾角为−90°。经 Wiltschko 许可后改编自 Wiltschko（1996）和 Mouritsen（2013）。

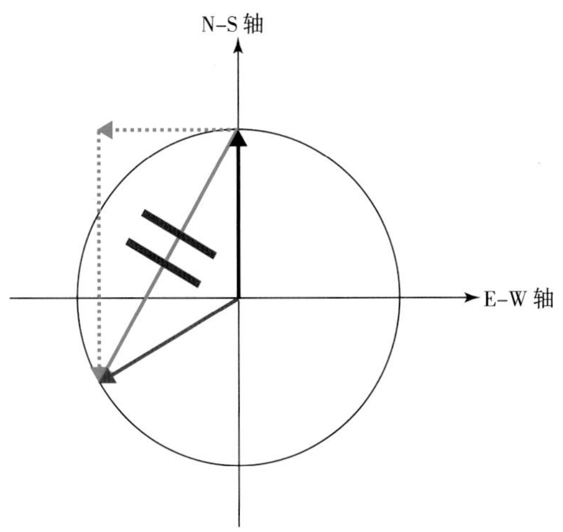

图 8.2　磁场是矢量场，可以利用成对的线圈改变方向

地磁场指向北（0°）并具有垂直和水平分量。假设我们要创建一个与地磁场具有相同强度和倾角的磁场，但在水平方向逆时针旋转 120°，此时磁场的垂直分量应该保持不变，我们只需要考虑水平面上的两个维度。比如在某处的地磁场有一个 18 000 nT 的水平磁场分量指向磁北（黑色矢量），如果我们想将磁场方向指向 240°（逆时针旋转 120°，红色矢量），那么我们需要创建一个磁场矢量（蓝色矢量）将黑色矢量的尖端与红色矢量的尖端相连。如果使线圈框架朝向由所需角度转动一半（这里是 120°/−60°）后所产生的轴线上，且磁场强度保持不变，就可以由一对亥姆霍兹线圈产生所需要的磁场（紫色线所示）。可以用简单的三角法来计算蓝色矢量所需的场强，$B_{蓝}=\{[(\cos(\alpha_{黑})\times B_{黑}]-[\cos(\alpha_{红})\times B_{红}]\}^2+\{[\sin(\alpha_{黑})\times B_{黑}]-[\sin(\alpha_{红}^{-})\times B_{红}]^2\}^{1/2}$，其中$\alpha_{黑}=360°$，$\alpha_{红}=240°$，$B_{黑}=B_{红}=18\ 000$ nT，则 $B_{蓝}=[\cos(360°)\times 18\ 000\text{nT}-\cos(240°)\times 18\ 000\ \text{nT})^2]+[\sin(360°)\times 18\ 000\ \text{nT}-\sin(240°)\times 18\ 000\ \text{nT})^2]^{1/2}=[(27\ 000\ \text{nT})^2+(-15\ 588\ \text{nT})^2]^{1/2}=31\ 177$ nT。如果所需要的最终矢量强度不同于原始矢量强度，或者还需要改变垂直分量，那么虽然理论上也可以利用一对线圈实现（需要三维计算），但在实际操作中，很难精确定位这对线圈。因此，如果需要对静磁场进行精准的控制，通常会采用垂直定向线圈的三维系统。因为磁场是矢量场，需要所有矢量场相加才能得到总的合成场，而不是通过产生连接黑色矢量尖端到红色矢量尖端的直接矢量（蓝色矢量）得到。我们可以沿着两个线圈轴产生两个矢量（蓝色虚线矢量），共同将黑色矢量尖端与红色矢量的尖端相连。使用这样的系统就很容易计算出每个所需的矢量，即所需的 N-S 分量是 $\cos(\alpha_{黑})\times B_{黑}-\cos(\alpha_{红})\times B_{红}$，所需的 E-W 分量是 $\sin(\alpha_{黑})\times B_{黑}-\sin(\alpha_{红})\times B_{红}$。如果使用三维磁强计，$X$ 轴朝北，Y 轴朝东，并且只需要计算当需要的磁场存在时应显示的值，则 X 应该读取 $\cos(\alpha_{红})\times B_{红}$，$Y$ 应该读取 $\sin(\alpha_{红})\times B_{红}$。因此，在上述磁场逆时针旋转 120° 的情况下，X 读数应为 $\cos(240°)\times 18\ 000$ nT$=-9\ 000$ nT，Y 读数为 $\sin(240°)\times 18\ 000$ nT$=-15\ 588$ nT。上述所有公式中都采用地理角度（北=0°=360°，东=90°，南=180°，西=270°），但如果使用数学角度（东=0°，北=90°，西=180°，南=270°）则必须进行修改。如果上述地磁场水平旋转到 165°，那么同样的磁强计读数应该为 $X=-17\ 387$ nT；$Y=+4\ 659$ nT。

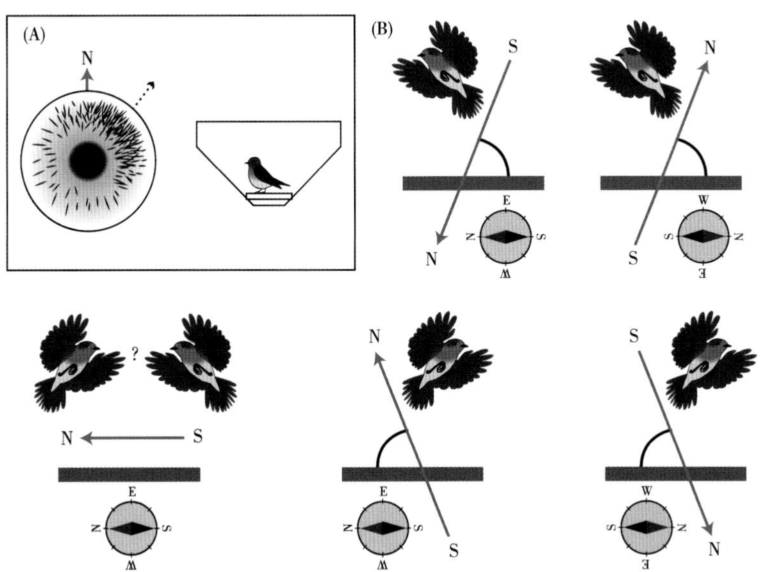

图 8.4　Emlen 漏斗和倾角罗盘

(A)所谓的 Emlen 漏斗是最常用的定向笼(Emlen and Emlen,1966),将鸟类的平均跳跃方向记录在漏斗内斜壁上的划痕敏感纸上(Mouritsen et al.,2009)。(B)Wiltschko 和 Wiltschko(1972)的早期实验表明鸟类有一个磁倾角罗盘,这意味着鸟类能通过测量磁力线与地球表面或重力之间的角度,从而区分磁极和磁赤道方向,而不是像磁极罗盘那样区分南北极(如果鸟类使用磁极罗盘,那么它们应该飞向物理罗盘指针红色端所示的方向)。在像磁赤道那样的水平磁场中鸟类会迷失方向。图中鸟类的飞行方向表示迄今测试的所有鸟类物种在给定磁场中选择的春季平均方向(Wiltschko and Wiltschko,1995)。绿色箭头表示磁力线的方向。长方形表示地球表面,N=地理北方,S=地理南方。引自 Mouritsen(2013)。

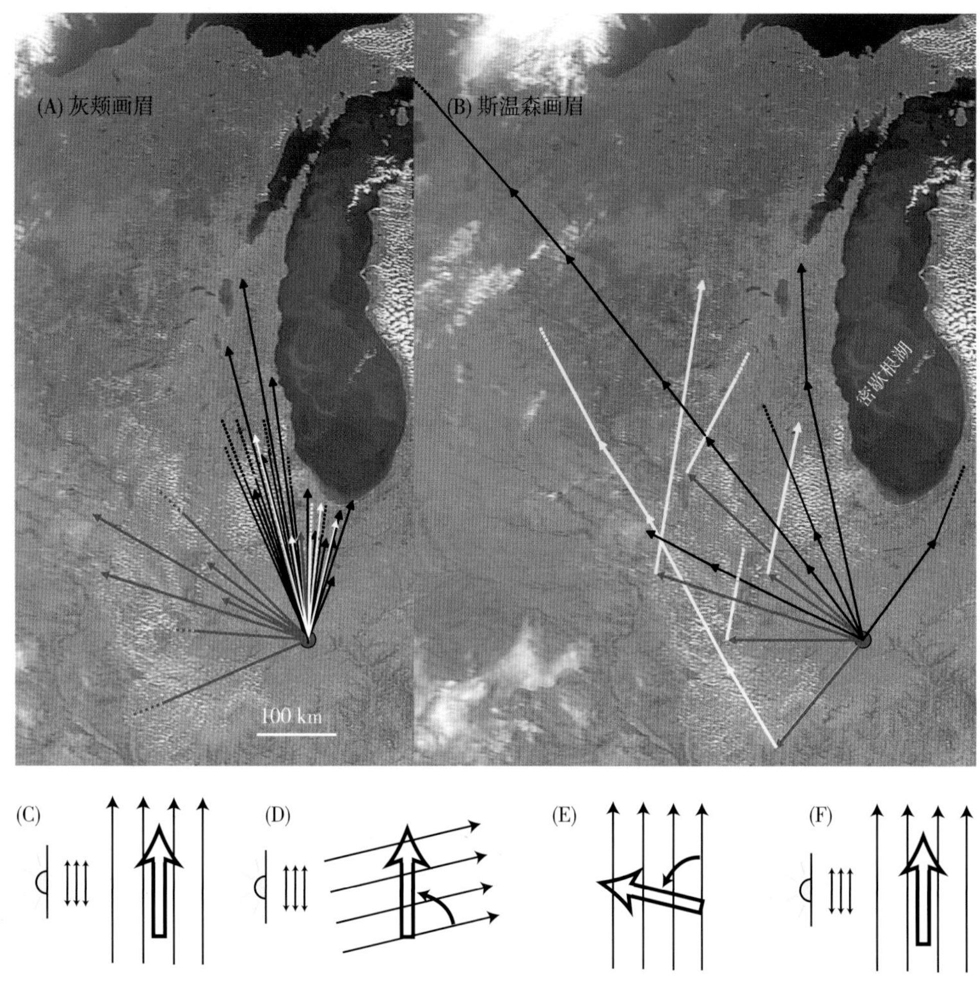

图 8.5 一些鸟类在日落时根据天体线索校准磁罗盘

图中显示了从伊利诺伊州香槟市放飞的自由飞翔的灰颊画眉（A）和斯温森画眉（B）的踪迹。忽略风力影响，箭头指示迁徙飞行的方向和地面轨迹。黑色箭头表示非人为操作个体的迁徙飞行。红色箭头表示被测试鸟在起飞前经历了磁场 80°东转后的迁徙飞行，黄色箭头表示被测试鸟在随后的夜间迁徙飞行。白色箭头表示被测试鸟在磁场处理 1～6d 之后的迁徙飞行。连接的箭头表示同一个体的夜间连续飞行。（A）和（B）中的数据描述方式不同，是因为对于灰颊画眉，实验鸟和对照鸟是不同的个体；而对于斯温森画眉，同一实验个体被记录了至少两次连续的夜间迁徙（由于在自然航向上有很大的扩展）。虚线表示鸟在虚线开始的地点失去踪迹。注意，日落时经历了磁场 80°东转。在太阳光线消失后放飞的鸟类，如果是在当晚开始迁徙则方向是向西，如果是在随后的夜晚迁徙则方向将是适当偏北的春季迁徙方向。这意味着鸟在起飞之前已经根据太阳罗盘校准了磁罗盘，并且这种校准每天都在进行。原因如（C～F）所示。（C）对照组，所有线索都给出相同信息。（D）如果实验鸟能获得日落相关线索以校准其磁罗盘，在磁场旋转后的当晚它们被放飞时，会将磁力线逆时针 80°的方向当成它们去往的"北方"。（E）如果实验鸟不能获得来自太阳的光线，而仅能感受自然磁力线，则由于放飞时不可能进行新的校准，它们根据之前日落线索校准的磁罗盘将错误地指引它们向自然磁力线逆时针 80°的方向飞行，而自然磁力线在第一晚的其余时间是朝向西方的。（F）在释放后的第二天晚上，太阳罗盘和磁性线索一致，鸟类将重新定向到预定的迁徙方向。（C～F）中 4 个细平行箭头表示鸟类所经历的磁力线的水平方向。粗箭头表示鸟的预期方向。落日符号和带有双箭头的 3 条线表示太阳和偏振光是否可用于校准。引自 Cochran 等（2004）。

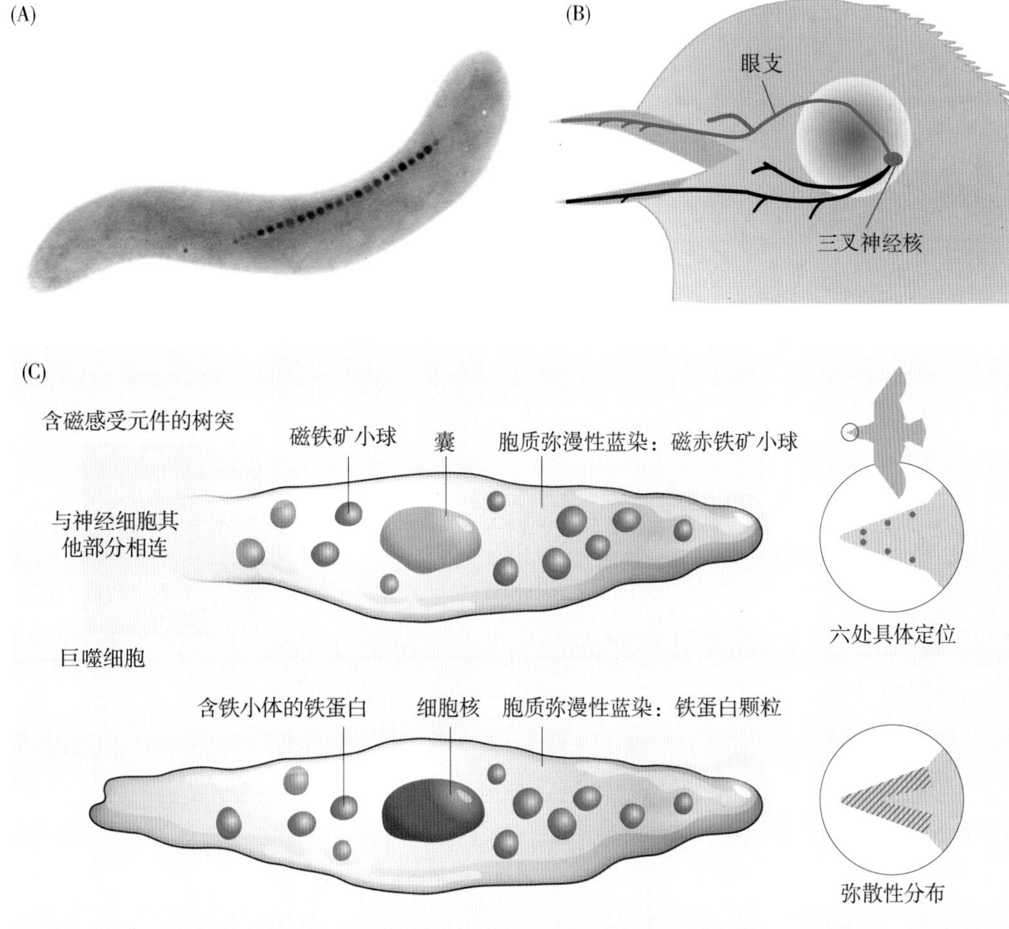

图 8.6　鸟类体内的铁矿物结构

（A）趋磁细菌磁螺菌的透射电镜照片显示了细胞内的磁小体链。比例尺：1 μm（照片版权由 Richard B. Frankel 所有）。磁小体是鸟类神经系统中磁场感受器的最佳解决方案，但到目前为止，还没有证明任何鸟类体内存在磁小体。（B）鸟头部三叉神经 3 个分支的解剖位置示意图。（C）鸟类上喙含铁矿物结构的示意图，与 Fleissneret 等（2003）和 Treiberet 等（2012）的解释相反。（C）部分经许可复制于 Mouritsen（2012），（B）复制于 Mouritsen（2013）。

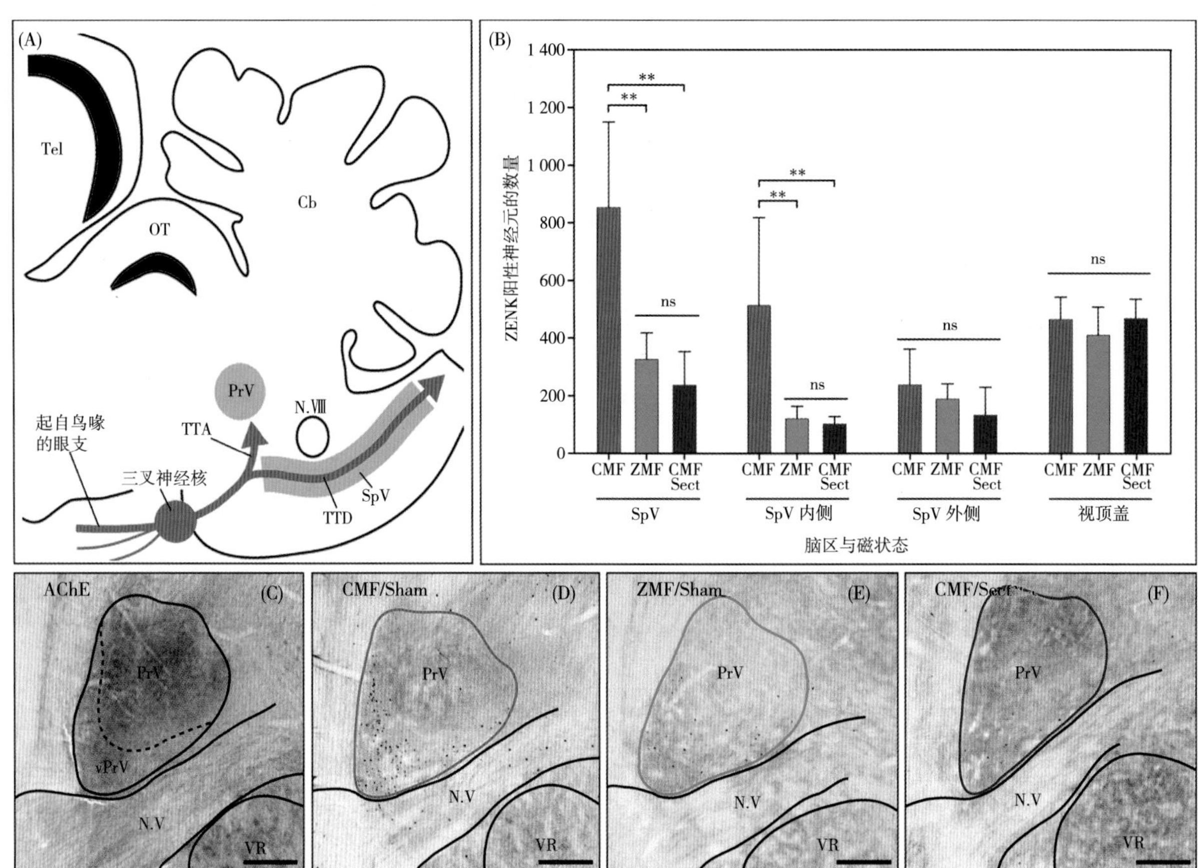

图 8.7 在鸟类后脑的 PrV 和 SpV 这两个区域有磁激活的神经元，接受来自三叉神经眼支（V1）的感觉传入

（A）鸟类后脑三叉神经终止位置的解剖学示意图。（B～F）在具有完整 V1［神经假切；（D）］的鸟类，变化的磁刺激（CMF）能导致后脑主要接受三叉神经传入的两个区域，即 PrV［如（C～F）所示］和 SpV 区域的神经元活性依赖基因 ZENK（D～F 中的黑点是激活的神经元核）表达增加。当不存在磁刺激时［ZMF＝零磁场；（E）］，该激活作用消失。当 CMF 存在但切断鸟双侧 V1［CMF Sect；（F）］时，该激活作用也消失。在对照区如视顶盖（B）没有发现磁依赖性激活。（C）乙酰胆碱酯酶（AChE）是识别 PrV 边界的良好解剖学标志。引自 Heyers 等（2010）。

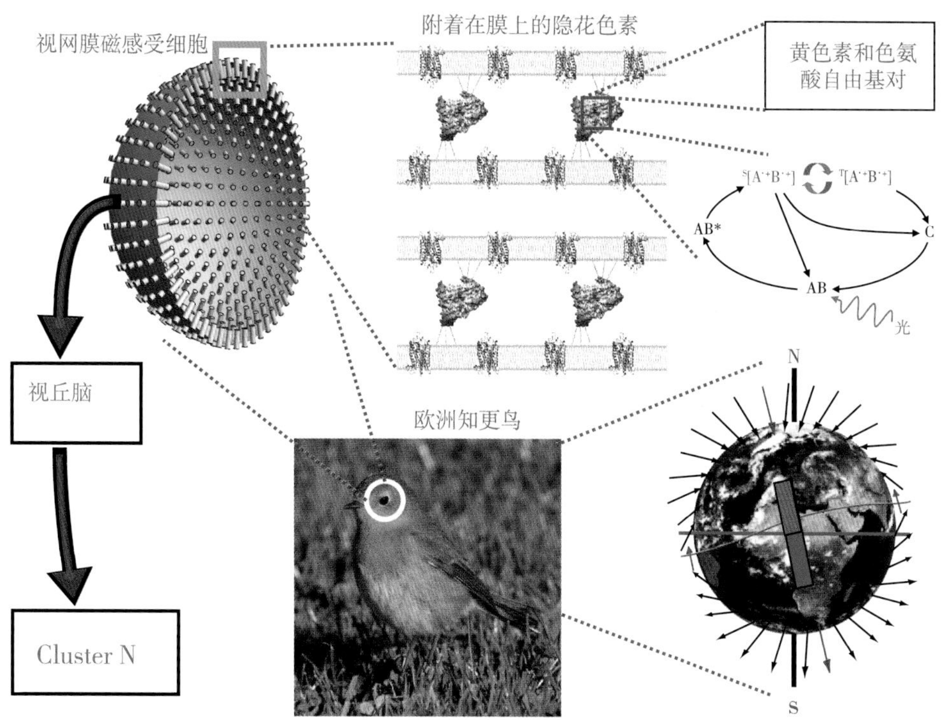

图 8.8　鸟类光依赖磁罗盘感受应假说概述

这里提到的大多数实验都是在欧洲知更鸟上进行的（图片版权由 Henrik Mouritsen 所有）。地球磁场提供的参考方向是由鸟眼中的结构或成分探测到的，其中隐花色素蛋白是最有可能的光依赖磁感受分子。光的吸收使视网膜隐花色素内产生了持久的黄色素和色氨酸自由基对，反应产量取决于分子相对于地磁场矢量的方向。如果隐花色素与光感受器的外节膜盘相关联，则可形成有序结构，并且可以通过对视网膜不同部位的反应产量进行比较以提供罗盘方位的视觉印象（图 8.9）。光依赖磁罗盘信息通过视神经从视网膜传递到视丘脑，并通过丘脑视觉通路传递到前脑的 Cluster N（图 8.11）。Cluster N 被破坏的欧洲知更鸟不能使用磁罗盘（图 8.12）。结合光感受膜盘的隐花色素图例修改自 Solov'yov 等（2010）。反应方案修改自 Rodgers 和 Hore（2009）。图和图例部分引自 Mouritsen 和 Hore（2012）。

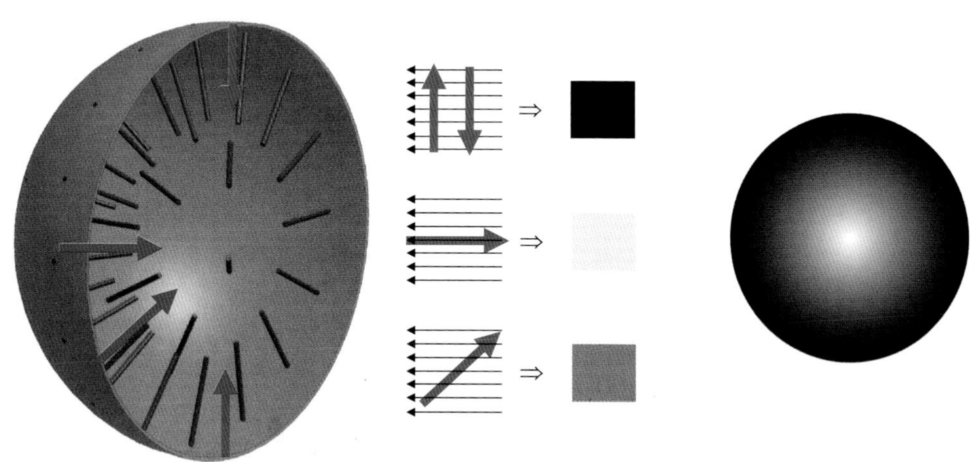

图 8.9　光依赖自由基对磁感受机制如何实现视觉图像的感知

主要说明鸟类在原理上如何将磁刺激转换成假定的视觉图像。左：眼球半球的三维图。红色箭头模拟所有隐花色素方向都指向眼球中心。可以想象，如果一只鸟朝着磁力线的方向看，会看到一个类似于右图所示的图案，因为一个或多个隐花色素的光敏性取决于它们相对于磁力线轴向方向。受 Ritz 等（2000）启发重绘自 Mouritsen（2013）。

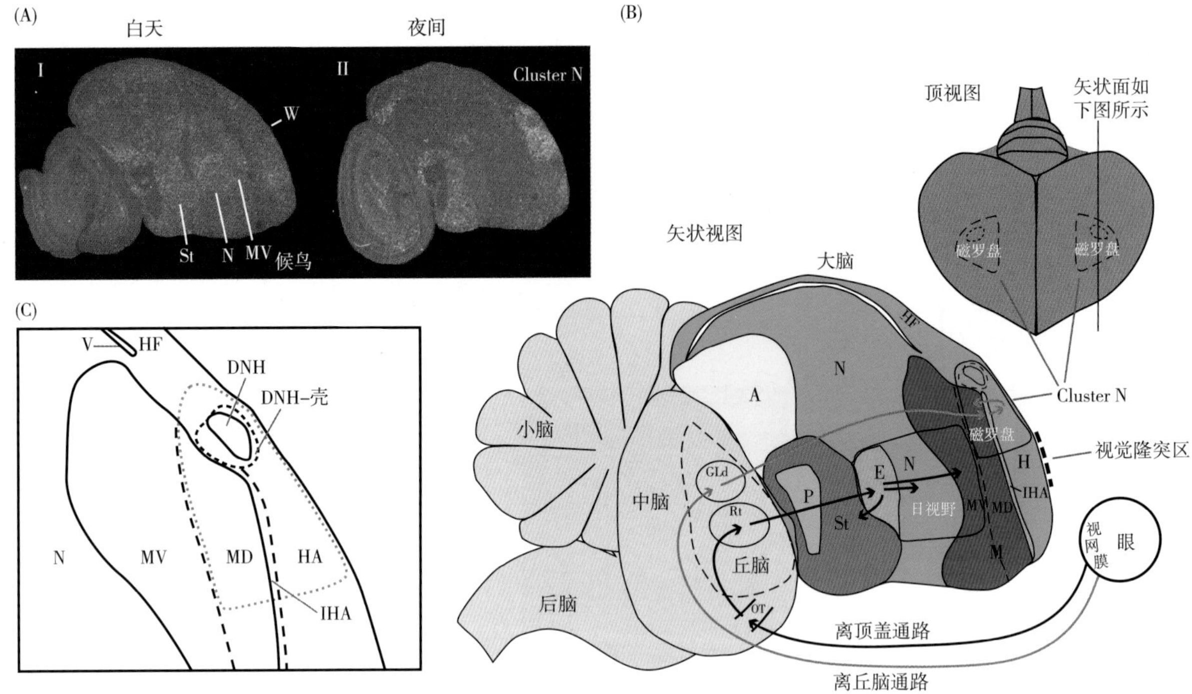

图 8.11　Cluster N

（A）Cluster N 是候鸟在夜间进行磁感受和/或罗盘定向时最活跃的脑区，并且磁罗盘定向需要 Cluster N 参与（图 8.12）。（B）Cluster N 是视觉隆突的一部分，通过丘脑视觉通路接收来自眼睛的信息传入（Heyers et al.，2007）。灰色的大脑顶视图显示了 Cluster N、DNH 和 DNH-壳由内至外和由前至后的范围。（C）Cluster N 是一个功能单位，由部分上皮质、部分背侧旧皮质（Jarvis et al.，2013），以及一个嵌入上皮质内的、名为 DNH 的核组成，DNH 周围有一层细胞形成的壳。解剖学：A＝弓状皮质，P＝苍白球，E＝内皮质，St＝纹状体，N＝巢皮质，M＝旧皮质，MD＝旧皮质背部，MV＝旧皮质腹部，H＝上皮质，V＝脑室，OT＝视顶盖，HF＝海马结构，IHA＝HI＝上皮质球部间隙区，DNH＝上皮质背核，DNH shell＝DNH 周围壳，W＝视觉隆突，LGd＝外侧膝状体核背部，Rt＝圆核。比例尺＝0.5 mm。引自 Mouritsen 等（2013）对 Mouritsen 等（2005）的引用。

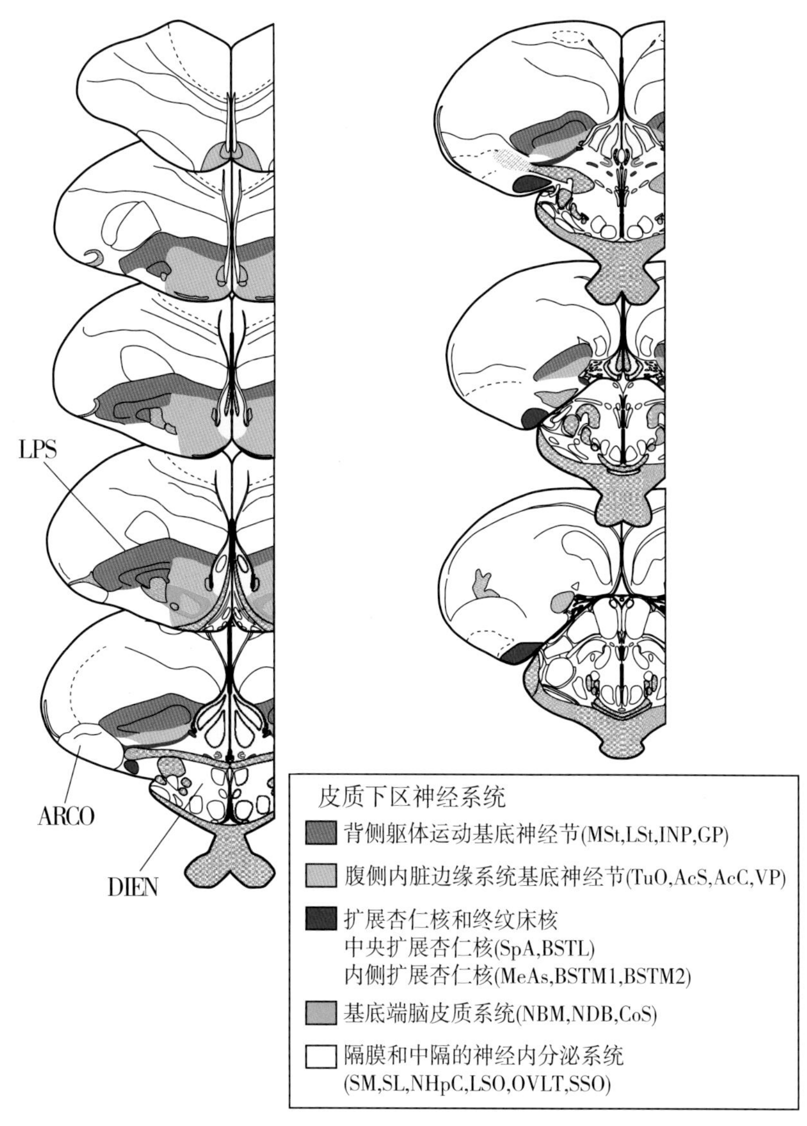

图 9.1　禽类皮质下区的五个神经系统

（1）背侧躯体运动基底神经节（以红色显示）包括外侧纹状体（LSt）、内侧纹状体（MSt）、苍白球（GP）和脚内核（INP）。LPS 标记禽皮质下区的背侧边界。（2）腹侧内脏边缘系统基底神经节（以棕黄色显示）包括嗅结节（TuO）、伏隔核（壳区和核区，AcS，AcC）、腹侧苍白球（VP）。（3）扩展杏仁核和终纹床核（以蓝色显示）包括中央扩展杏仁核和内侧扩展杏仁核。前者由外侧终纹床核（BSTL）和中央扩展杏仁核［CEA，以前为皮质下杏仁核的背侧部分（SpA）（见图 9.7）］组成；禽类杏仁核的中央核的位置目前正在研究中。后者包括内侧终纹床核 1 和 2（BSTM1，BSTM2）、内侧扩展杏仁核（MEA，前身是 SpA 的腹侧部分（见图 9.7））和内侧杏仁核［MeA，以前是杏仁核的带核（TnA）］。（4）基底端脑皮质投射系统（以绿色显示）包括大细胞基底核（NBM）、对角带核（NDB）和连合隔核（CoS）。（5）隔膜和中隔的神经内分泌系统（以黄色显示）包括内侧隔核（SM）、侧间隔（SL）、海马连合核（NHpC，以前称为皮质连合床核）和 3 个脑室周围器官：外侧隔器官（LSO）、终板血管器（OVLT）和隔下器官（SSO）。其他缩写：LPS，皮质-下皮质层；ARCO，弓状皮质；DIEN，间脑（下丘脑、丘脑和上丘脑）。引自 Kuenzel 等（2011）。

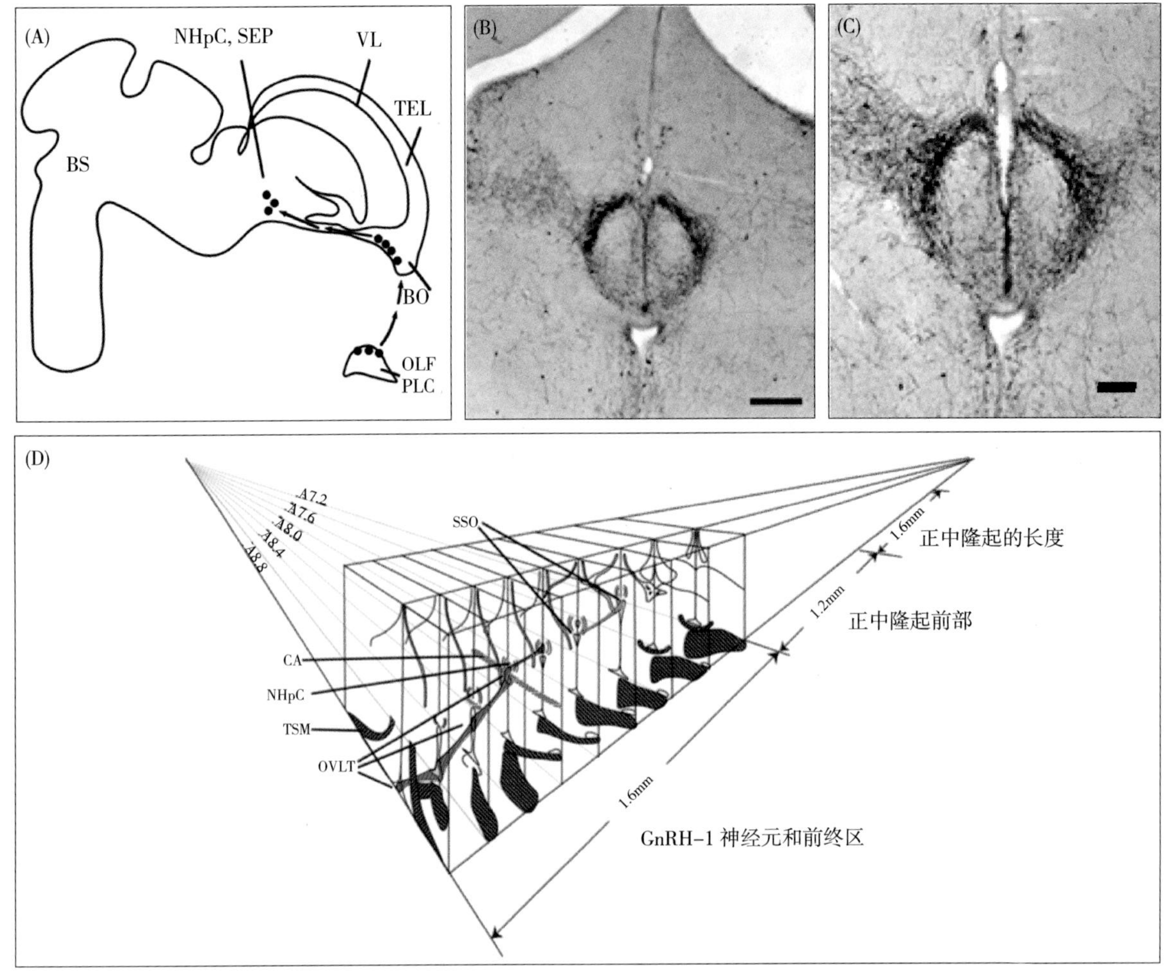

图 9.8 禽类脑中促性腺激素释放激素 1（GnRH-1）神经元的起源和分布

（A）GnRH-1 神经元起源于脑外的嗅板（OLF PLC）并迁移入脑形成隔膜和视前区。（B）和（C）在胚胎发育期，GnRH-1 神经元迁移的主要位点是隔膜区海马连合核（NHpC）的周围。（D）大约 73%的 GnRH-1 神经元存在于隔膜，而 GnRH-1 神经元纤维末端除了存在于正中隆起（ME）外侧区之外，还存在于终板血管器（OVLT，红色显示）以及隔下器官（SSO，绿色显示）。标尺＝300 μm。其他缩写：BO，嗅球；BS，脑干；CA，前连合；TEL，终脑；TSM，中脑中隔束；VL，侧脑室。（B）（C）和（D）引自 Kuenzel 和 Golden（2006）。

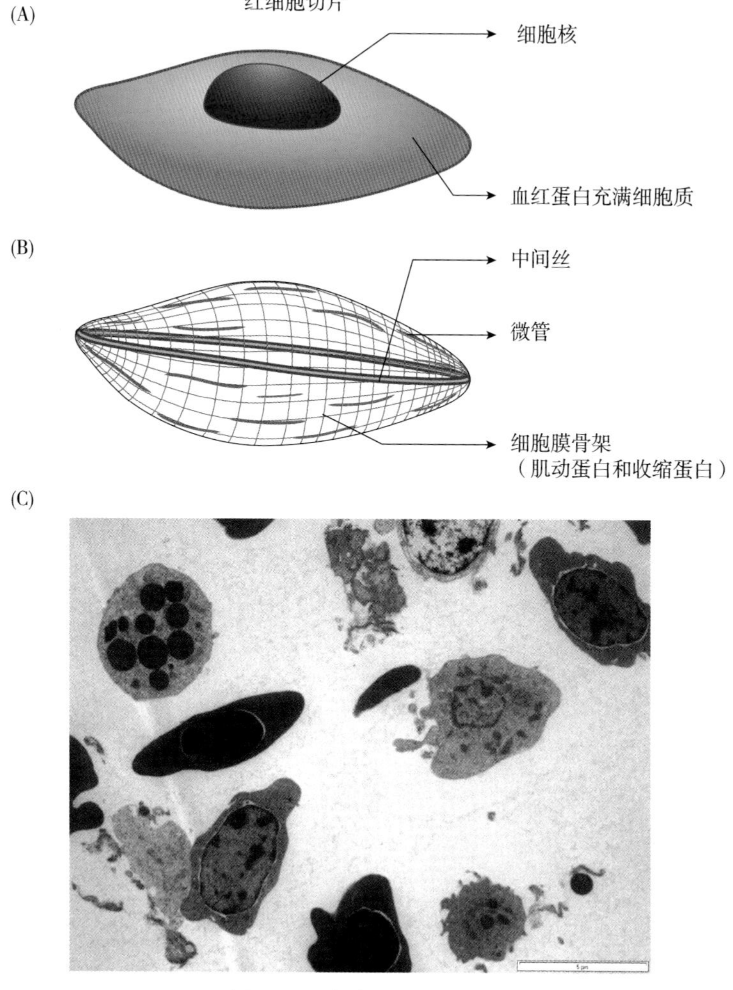

图 10.1　禽类红细胞示意图

（A）鸟类红细胞切片显示细胞核和血红蛋白充满细胞质。（B）鸟类红细胞的结构表明，细胞骨架维持细胞形态并支持细胞核。微管边缘带（紫色）和细胞膜骨架（方格网纹所示）维持细胞的形状。中间丝（蓝色）支持细胞核。［基于 Joseph-Silverstein and Cohen（1984）；另见 http：//hermes. mbl. edu/BiologicalBulletin/MMER/COH/CohFig1. html（accessed 23. 07. 13. ）］（C）电子显微镜观察鸡骨髓细胞，发现发育中的红细胞具有高电子密度血红蛋白（标尺：5 μm）。经 Elsevier 授权许可，引自 Shini 等（2008）。

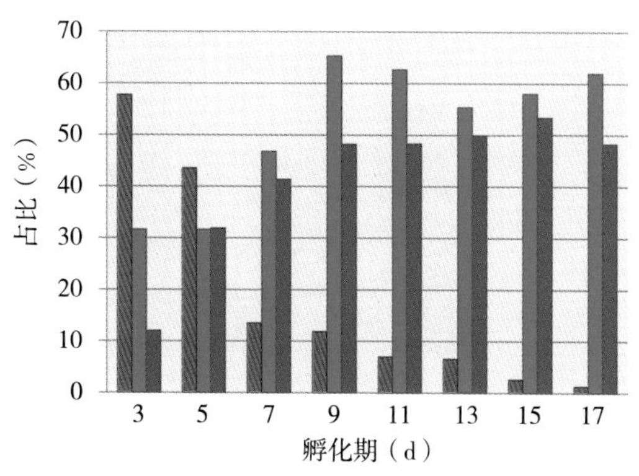

图 10.3　鸡胚发育期间 α 球蛋白的比例变化

红色：πα 球蛋白；绿色：α^{A} 球蛋白；蓝色：α^{D} 球蛋白。

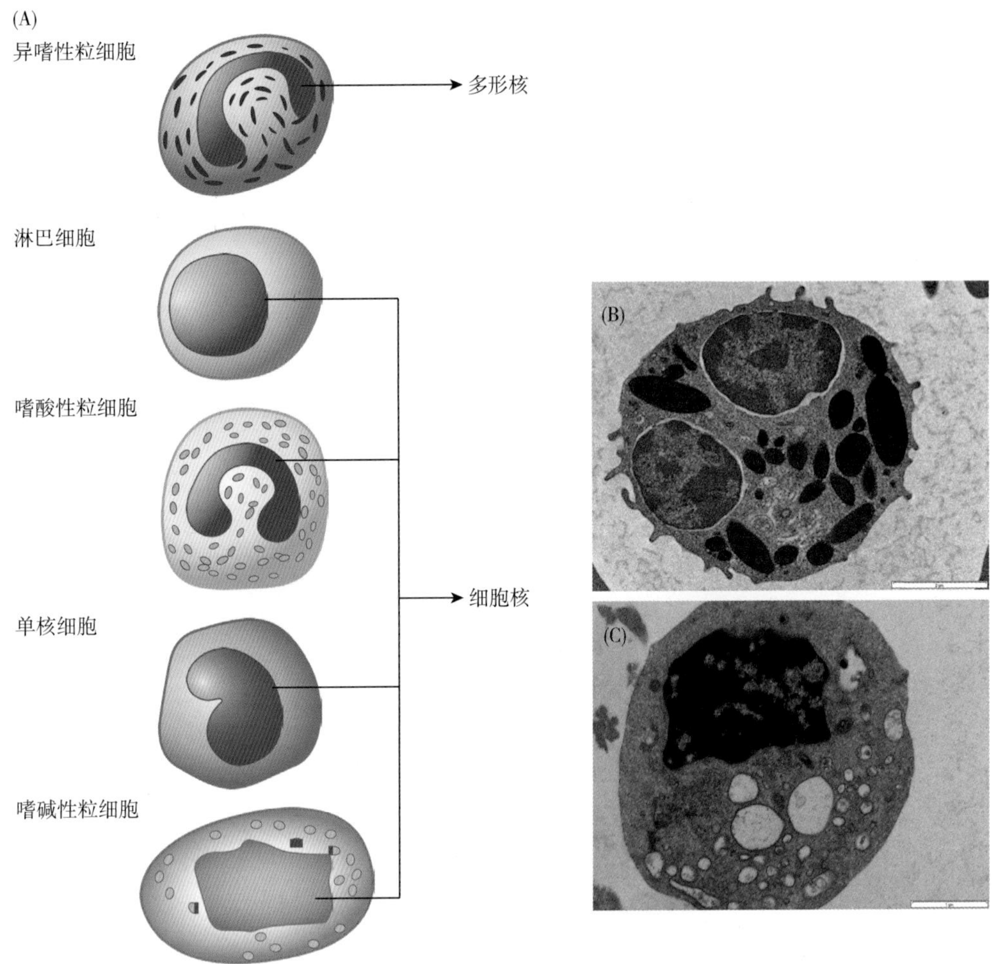

图 10.6　禽白细胞

(A)白细胞显微图像示意图。(B)电子显微镜下鸡外周血中具有大细胞质颗粒(标尺长度 2 μm)的异嗜性粒细胞[引自 Shini 等(2008),经 Elsevier 许可]。(C)电子显微镜下鸡外周血中的无颗粒淋巴细胞(标尺长度 1 μm)。引自 Shini 等(2008),经 Elsevier 许可。

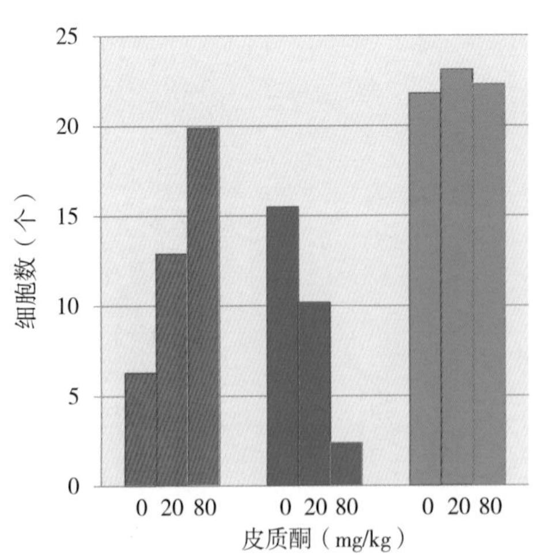

图 10.7　皮质酮（日粮中以 mg/kg 计）对雏鸡异嗜性粒细胞（红色）、淋巴细胞（蓝色）和白细胞总数（绿色）的影响

引自 Gross 和 Siegel（1983）的数据。

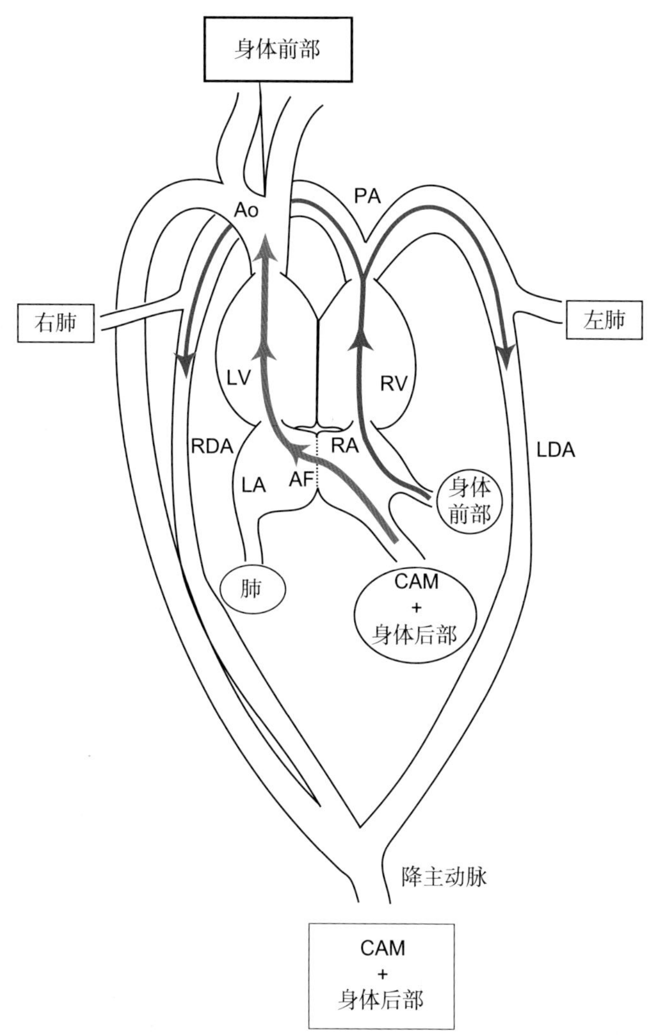

图 11.29　发育中的鸡胚的胚胎循环

两个从右到左的分流是左、右动脉导管和心房孔。PA，肺动脉；Ao，主动脉；LDA，左开放性动脉导管；RDA，右开放性动脉导管；AF，心房孔；CAM，绒毛尿囊膜；RV，右心室；LV，左心室；LA，左心房；RA，右心房。引自 Dzialowski 等（2011）。

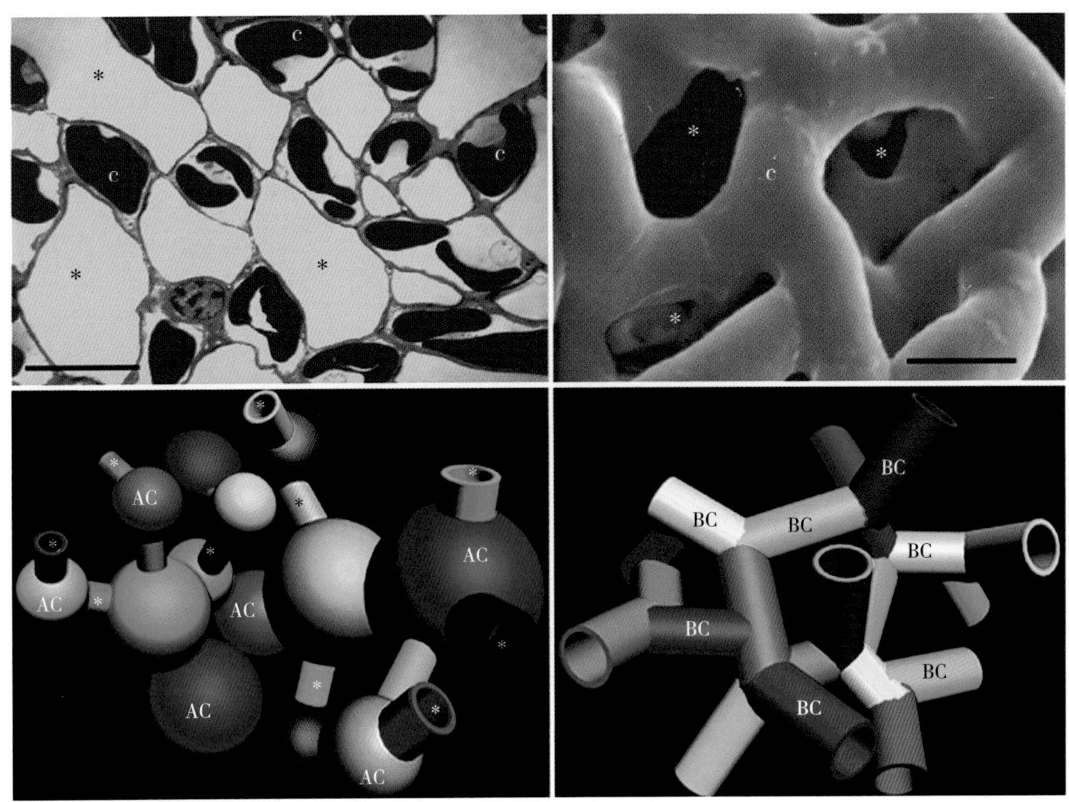

图 13.5　上图：空气（*）-血液（c）毛细管网的透射电镜(左)和扫描电镜图(右)。比例尺=10 μm。下图：空气（左，AC）和血液（右，BC）毛细管的计算机三维重建。AC 由短管（*）相互连接的球状空间组成，而 BC 是由长度和直径相似的短管相互连接而成。改编自 Maina 等人（2007）。

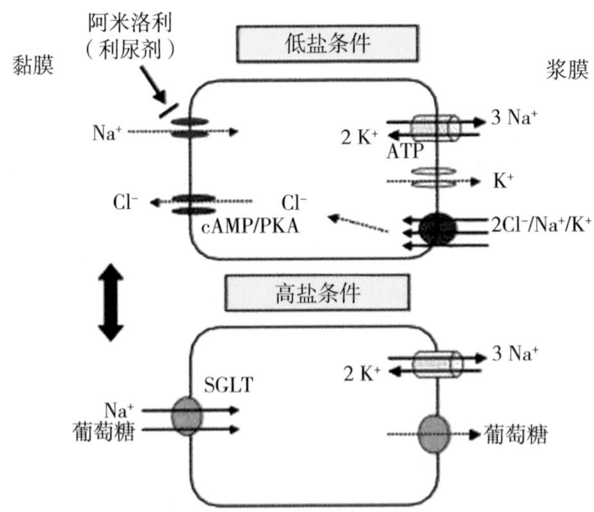

图 14.15　母鸡后段肠道转运途径的工作模型

上图分别显示适应低盐和高盐的母鸡组织中不同的 Na^+ 吸收途径。示例显示结肠在高盐和低盐摄入的极端情况下，转运模式发生了完全的改变。葡萄糖通过 SGLT 被摄取，再通过 GLUT 从基底外侧膜释放，代表了高盐状态下一些有机底物（氨基酸和己糖）的共转运系统。利尿剂阿米洛利在 10^{-5}mol/L 浓度时阻断了低盐 ENaC 通道。基底外侧或浆膜侧的钾通道也可能存在于顶膜，介导 K^+ 的分泌。为简化起见，Cl^- 分泌途径仅显示在低盐条件下，尽管在高盐条件下也可观察到。cAMP/PKA，环磷酸腺苷/蛋白激酶 A；SGLT，钠-葡萄糖共转运蛋白；ATP，腺嘌呤核苷三磷酸。引自 Laverty 等（2006）。

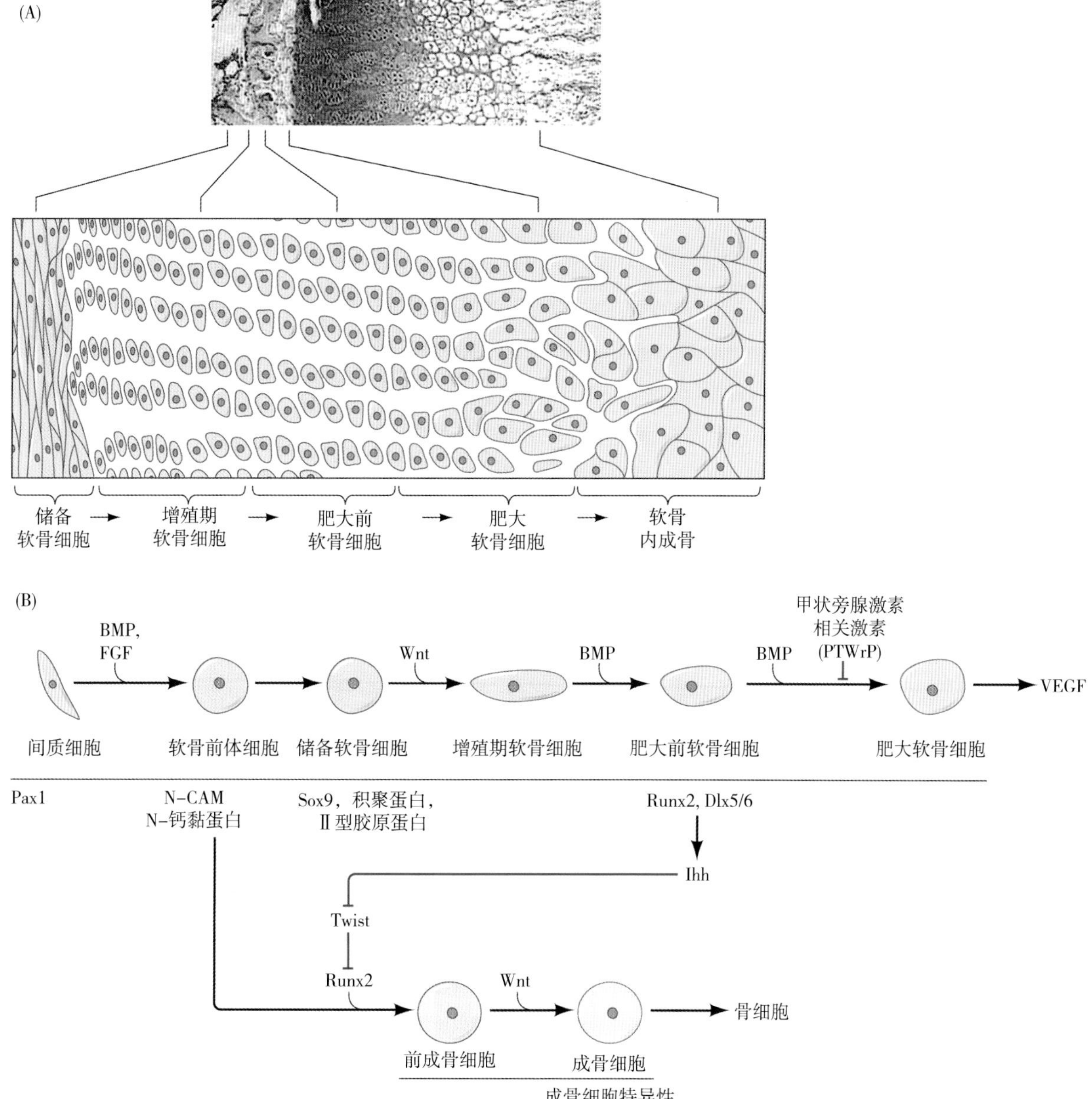

图 15.1　软骨内骨化的细胞谱系及分子机制

（A）阿尔辛蓝染色软骨和茜素红染色成骨。下面是一个过渡区的图示，其中软骨细胞分裂、扩大、死亡，并被成骨细胞（骨细胞）所取代。（B）软骨-骨转换中的旁分泌因子和转录因子。生骨节细胞可以变成软骨细胞（以 SOX9 转录因子为特征）或成骨细胞（以 Osterix 转录因子为特征）取决于它所经历的旁分泌因子的类型。生长期软骨细胞分泌的旁分泌因子印度刺猬因子（Ihh）可抑制 Twist（一种 Runx2 的抑制剂）。Runx2 是引导细胞进入骨通路的关键，并激活 Osterix，从而激活骨特异蛋白。经授权许可，引自 Gilbert（2010）。

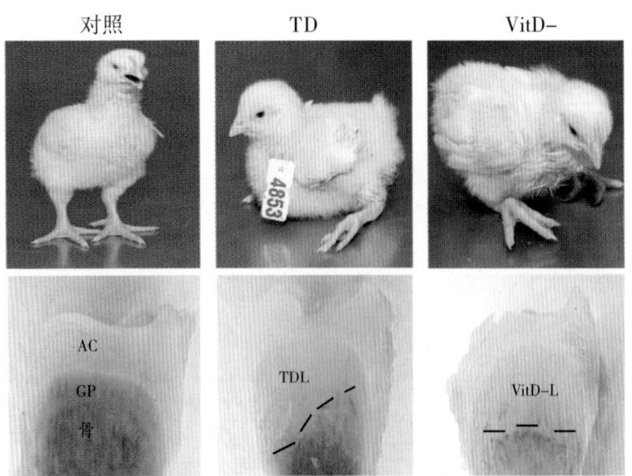

图 15.2　患有福美双-依赖型胫骨软骨营养不良（TD）和维生素 D 缺乏性佝偻病（VitD-）的 12 日龄肉鸡雏鸡（第一排）及其胫骨生长板（第二排）

注意患有 TD 和 VitD-的鸡的跛行及胫骨生长板的增加（GP）。AC，关节软骨；TDL，胫骨软骨发育不良的病变；VitD-L，维生素 D 缺乏性病变。

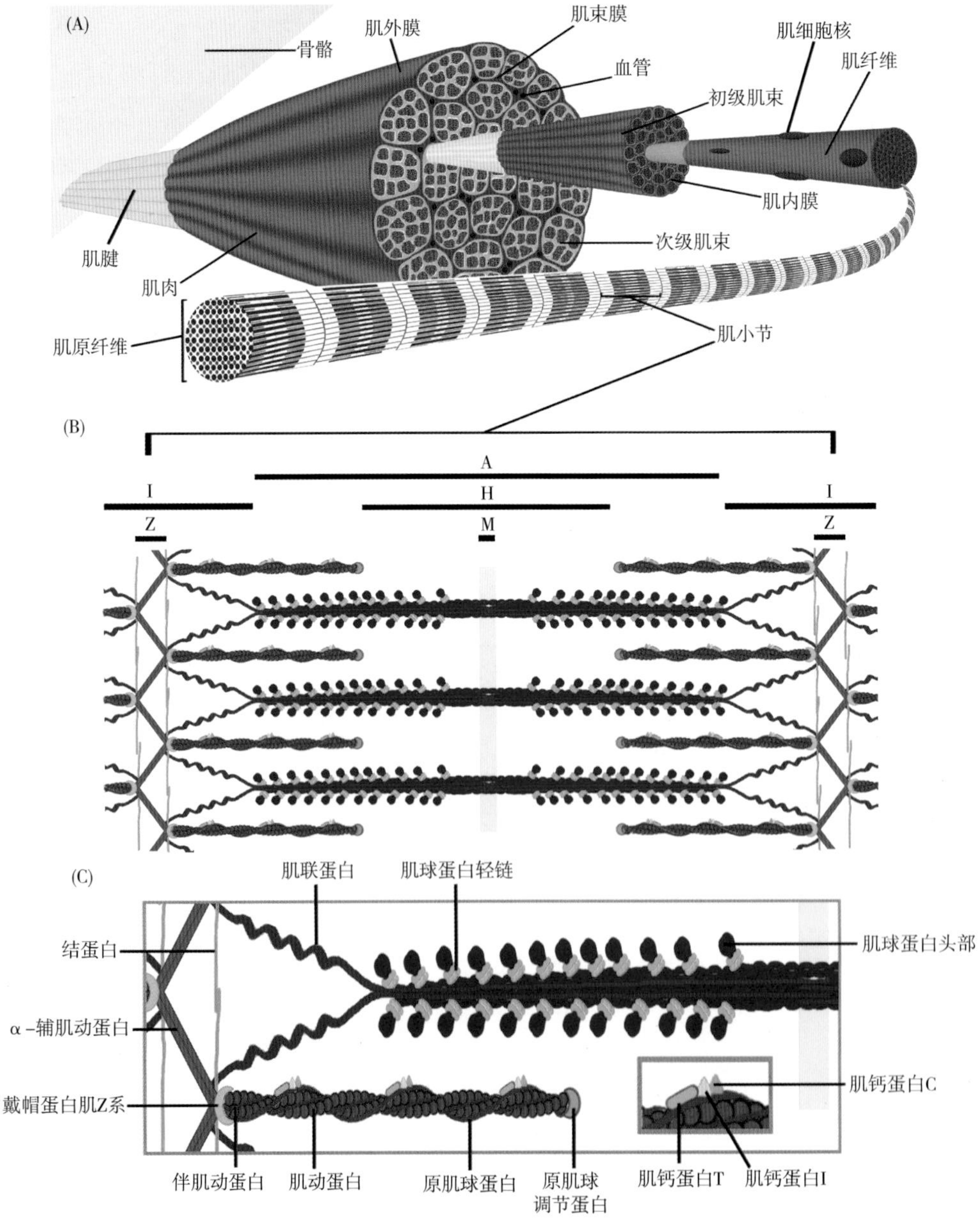

(A)
骨骼
肌外膜
肌束膜
肌细胞核
肌纤维
血管
初级肌束
肌内膜
次级肌束
肌腱
肌肉
肌原纤维
肌小节

(B)
A
I
H
I
Z
M
Z

(C)
肌联蛋白
肌球蛋白轻链
结蛋白
肌球蛋白头部
α-辅肌动蛋白
肌钙蛋白C
戴帽蛋白肌Z系
伴肌动蛋白
肌动蛋白
原肌球蛋白
原肌球调节蛋白
肌钙蛋白T
肌钙蛋白I

图 16.1　肌肉结构示意图

（A）肌肉横截面（突出显示肌纤维结构）；（B）肌小节结构；（C）肌球蛋白和肌动蛋白通过相关分子重叠。

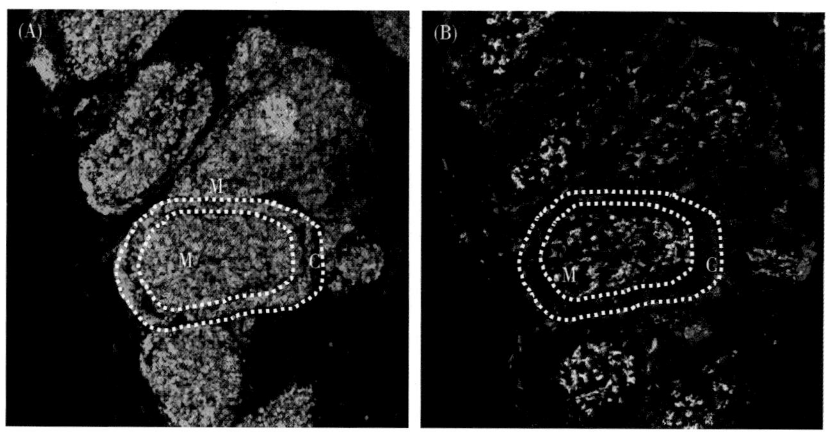

图 17.1　法氏囊内单核巨噬细胞亚群

Bu-1^{+} B细胞（A，绿色）或CD11（B，绿色）和带红色荧光蛋白（RFP）$^{+}$的单核巨噬细胞（红色）在8日龄MacReporter鸡中（一种巨噬细胞谱系的所有细胞都表达荧光蛋白的转基因鸡，这种荧光蛋白是以CSF-1R的启动子来驱动的，来自Balic等人未发表的结果）。虚线所示横断面中B细胞滤泡的结构，M为B细胞滤泡髓质，包含一个单核巨噬细胞亚群，即囊分泌性树突状细胞，这些细胞是CD11阳性的。相比之下，B细胞滤泡皮质（C）附近的滤泡间单核巨噬细胞亚群的CD11表达水平较低。

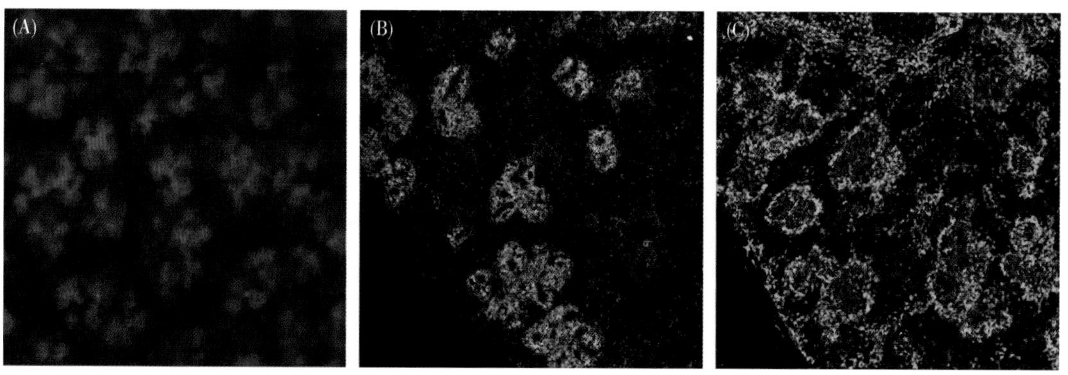

图 17.2　在MacReporter鸡脾中的整体外观（A）和免疫荧光染色（B和C）

（A）脾脏表面的整体外观，单核巨噬细胞表达红色荧光蛋白（RFP）。RFP^{+}细胞存在于整个脾，但集中在椭球周围白髓（PWP）。椭球周围白髓中独特的花丛状RFP^{+}细胞反映中央动脉周围的毛细血管结构。（B）免疫荧光染色的BU-1^{+} B细胞（绿色）和RFP^{+}单核吞噬细胞（红色）。RFP^{+}单核细胞都集中在B细胞丰富的动脉周围淋巴鞘（PELS）和椭球内。（C）免疫荧光cvi-chnl-74.2（绿色），它能够识别红色骨髓巨噬细胞，并且环绕在PELS以及RFP^{+}单核巨噬细胞（红色）周围。

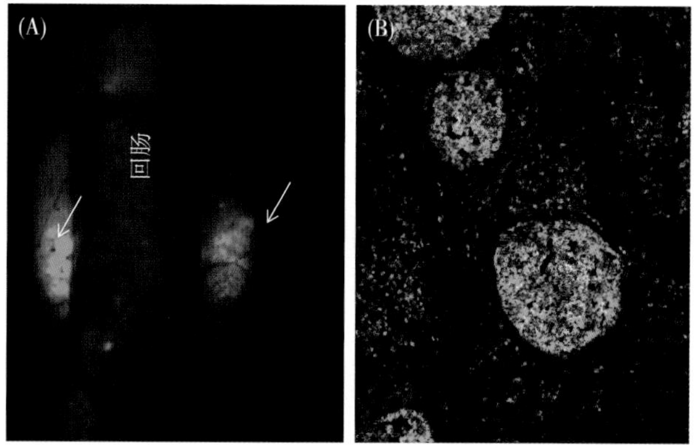

图 17.3　在MacReporter鸡盲肠扁桃体中的整体外观(A)和免疫荧光染色(B)

(A)带有单核巨噬细胞(箭头)表达绿色荧光蛋白(GFP)的盲肠扁桃体整体外观。盲肠扁桃体由许多的淋巴组织组成。(B)在MacReporter鸡盲肠扁桃体中，对Bu-1^{+}B细胞和单核巨噬细胞(红色)的免疫荧光染色鉴定出分散的B细胞和单核巨细胞，以及含有大量单核巨噬细胞的生发中心，这些巨噬细胞被鉴定为禽类卵泡状树突细胞。

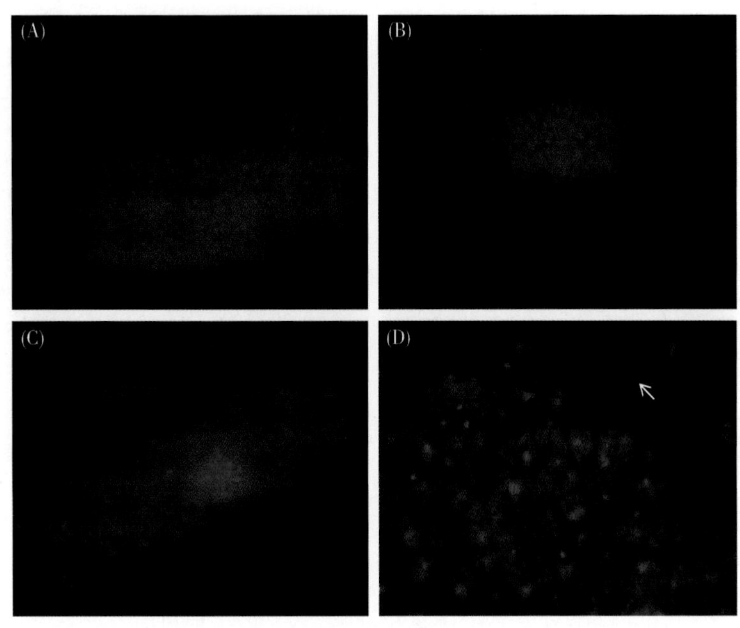

图 17.4　10 周龄 MacReporter 鸡的派伊尔氏结全组织切片（A～D）

可以观察到鸡肠道淋巴组织上单核巨噬细胞表达 RFP。在相同放大倍数下（1.8×），同一个体具有三种不同大小的派伊尔氏结，表明鸡派伊尔氏结大小有比较大的波动范围。单个派伊尔氏结可能包含几十到上千个淋巴滤泡。在（C）图中可见分散的非派伊尔氏结淋巴聚合物。（D）回肠派伊尔氏结位于黏膜表面。正常的小肠绒毛橡状结构（箭头处）中含有派伊尔氏结的淋巴组织。

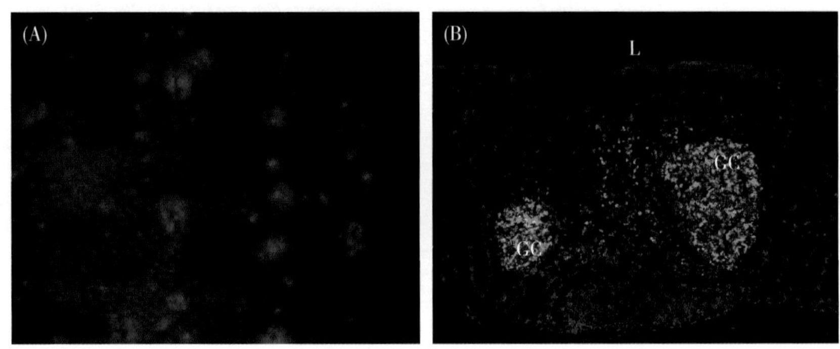

图 17.5　Macreporter 鸡的直肠组织切片（A）和免疫荧光染色（B）

（A）直肠组织切片，黏膜表面的单核巨噬细胞表达 RFP。表达 RFP 的细胞位于黏膜绒毛的固有层，其聚落大小不一。（B）直肠黏膜淋巴聚集的 Bu-1⁺B 免疫阳性细胞（绿色），RFP⁺ 单核巨噬细胞（红色）以及细胞核（蓝色）。RFP⁺ 单核细胞广泛分布于黏膜固有层，特别是在生发中心（GC）有大量分布。L＝直肠内腔。

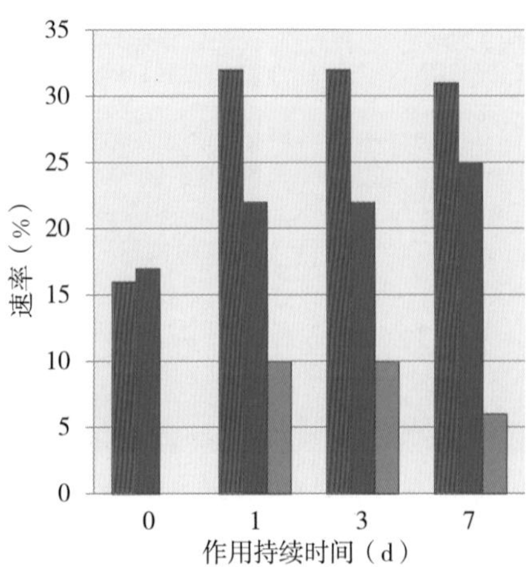

图 20.2　成年鸡肱骨周围的前背阔肌负重引起肌肉肥大过程中的蛋白质合成、降解和沉积速率

红色柱指蛋白质合成；蓝色柱指蛋白质降解；绿色柱指蛋白质沉积（净增量）。0 d 蛋白质的累积速率标记为零。数据引自 Lsurent 等（1978c）。

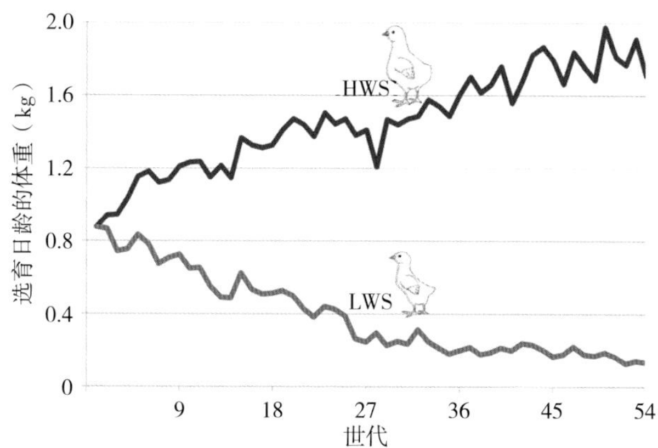

图 21.2 体重选育过程中 LWS 品系和 HWS 品系鸡出壳后 56d 的体重

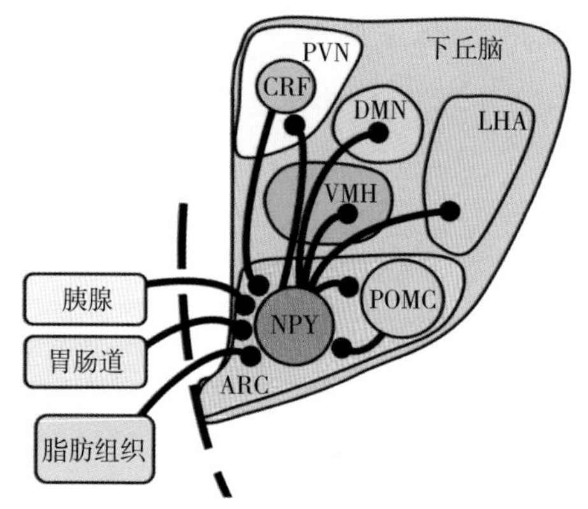

图 21.3 基于哺乳动物模型 ARC 的 NPY 神经元投射到下丘脑其他食欲相关核团，ARC 中 NPY 神经元和 POMC 神经元相互支配，ARC 和 PVN 中 NPY 神经元和 CRF 神经元相互支配。外周信号通过作用于 ARC 而影响采食。引自 Broberger 等（1999）；Tebbe 等（2003）；Mercer 等（2011）。

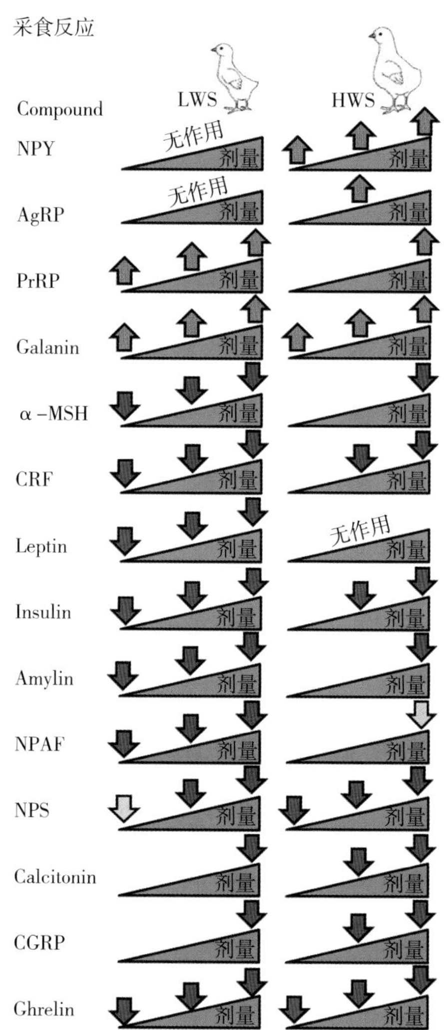

图 21.4 LWS 和 HWS 仔鸡注射外源性神经肽对采食的调控作用汇总

三角形代表神经肽计量的增加，箭头所指的位置代表采食下降（向下的红色箭头）或者增加（向上的绿色箭头）的相对阈值，灰色箭头代表响应时间的延迟。

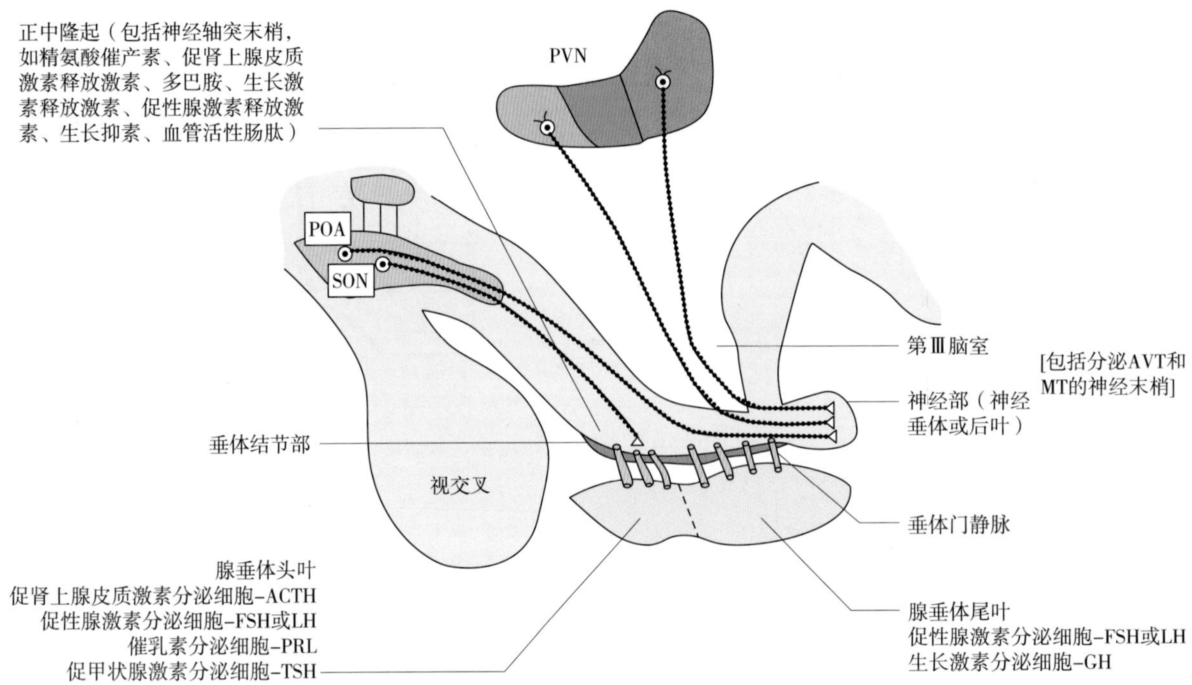

图 23.1　禽类下丘脑和垂体的结构

深绿色：结节部；浅蓝色：下丘脑中的神经组织；浅绿色：远侧部或腺垂体组织；红色：垂体门脉血管，携带有从正中隆起处神经末梢分泌来的可以刺激或者抑制腺垂体激素释放的激素（神经分泌细胞的胞体位于下丘脑内，其轴突末梢终止于正中隆起或神经垂体）；AVT，精氨酸催产素；MT，8-异亮氨酸催产素；POA，视前区；PVN，室旁核；SON，视上核。

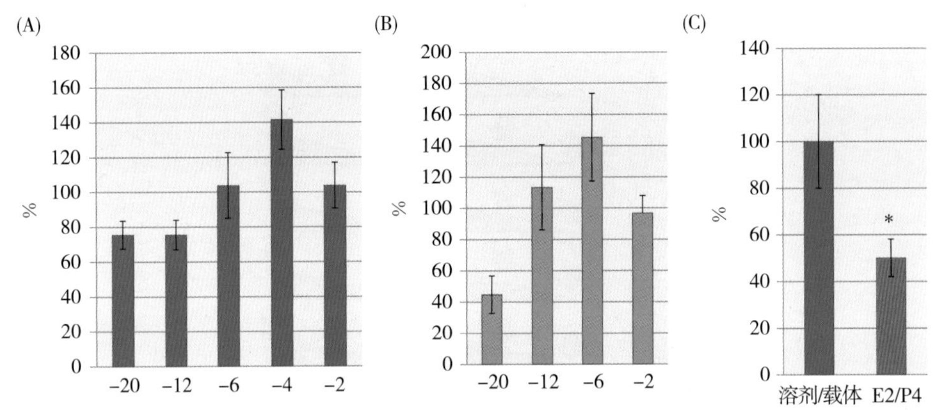

图 23.2　鸡排卵周期中 LH 的变化

（A）排卵期血中 LH 的浓度。（B）排卵周期中垂体 GnRH 受体的表达情况，数据引自 Lovell 等（2005）。（C）雌二醇（E_2）和孕酮（P_4）对性成熟前母鸡体内腺垂体 GnIH 受体表达的影响。引自 Maddineni 等（2008）。

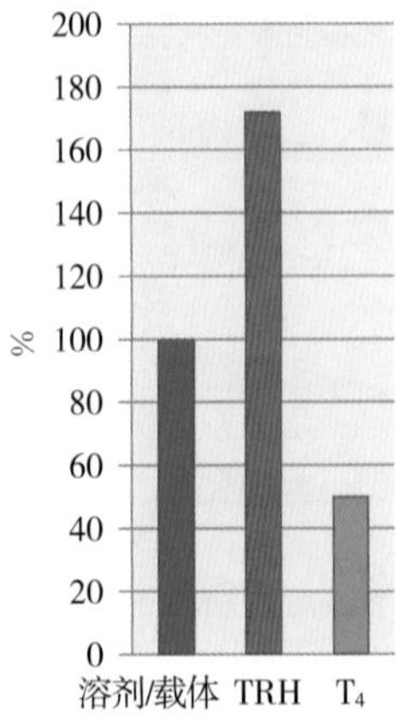

图 23.3　TRH 和 T_4 对鸭腺垂体 TSHβ 亚基体外表达的影响

数据引自 Hsieh 等（2007）。

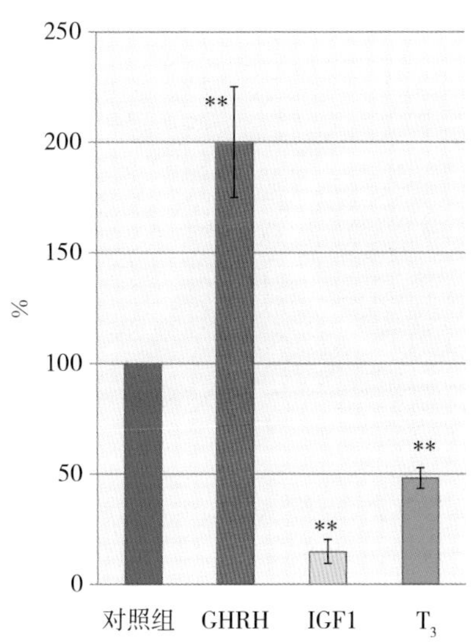

图 23.4　GHRH 处理（体外）、IGF1 灌流（体内）和日粮中添加 T_3 对鸡腺垂体 GH 表达的影响

引自 Radecki 等（1994）；Scanes 等（1999）。

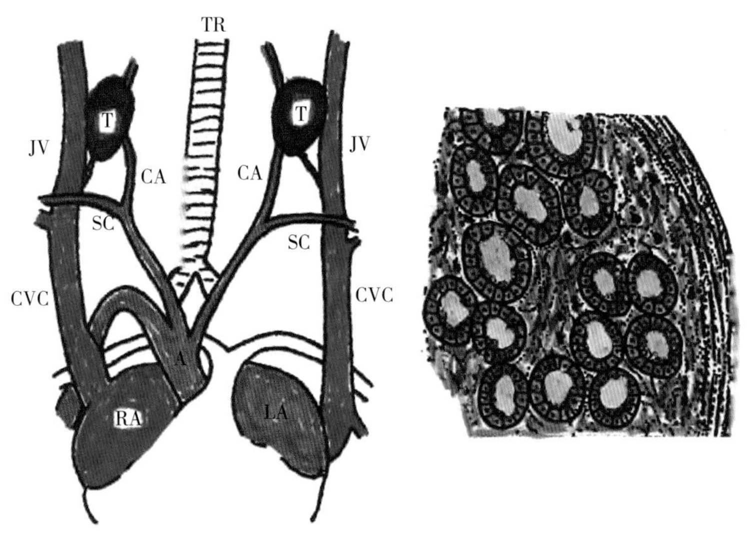

图 24.1　禽类甲状腺

左图：禽类甲状腺腹面。禽类甲状腺的位置，鸡的右侧比左侧更靠后。A，主动脉；CA，颈总动脉；CVC，颅腔静脉；JV，颈静脉；LA，左心房；RA，右心房；SC，锁骨下动脉；T，甲状腺；TR，气管。右图：甲状腺组织切片，HE 染色。图中显示的是各种大小的滤泡，由立方形细胞（正常甲状腺状态的特征）组成，包围着充满胶体的腔。右侧显示部分腺体的结缔组织囊。滤泡之间的间隙区域含有血管、神经和疏松结缔组织。

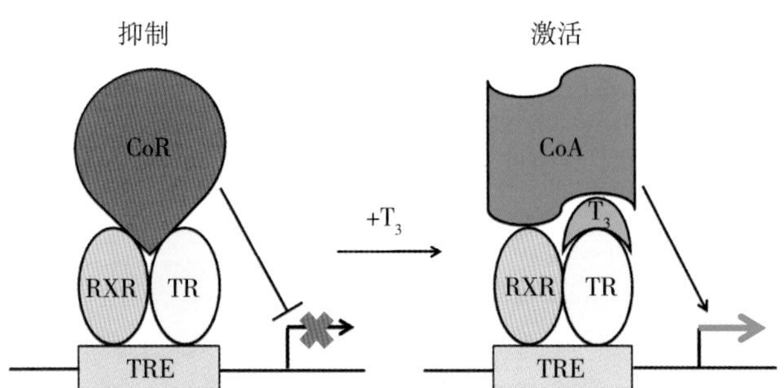

图 24.3　甲状腺激素在 T_3 缺乏时导致基因抑制和在 T_3 存在时基因转录激活的作用机制

CoA，共激活因子；CoR，共阻遏子；RXR；视黄酸 X 受体；TR，甲状腺激素受体；TRE，甲状腺激素反应元件；T_3，3，5，3′-三碘甲腺原氨酸。

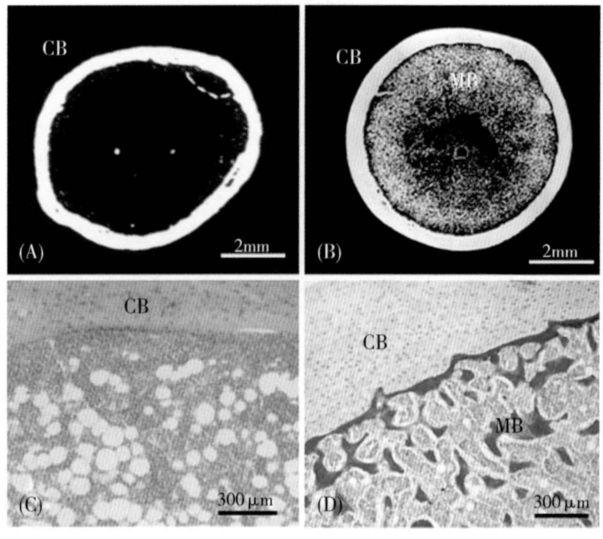

图 25.2　公鸡(A 和 C)和产蛋母鸡(B 和 D)股骨横断面的普通显微镜照片(A 和 B)和光学显微镜照片(C 和 D)。产蛋母鸡的网状骨髓在长骨骨髓腔内发育。髓质骨的钙化密度低于皮质骨的钙化密度。染料染色表明母鸡髓质骨含有丰富的酸性黏多糖,而公鸡中没有髓质骨。CB,皮质骨;MB,髓质骨。

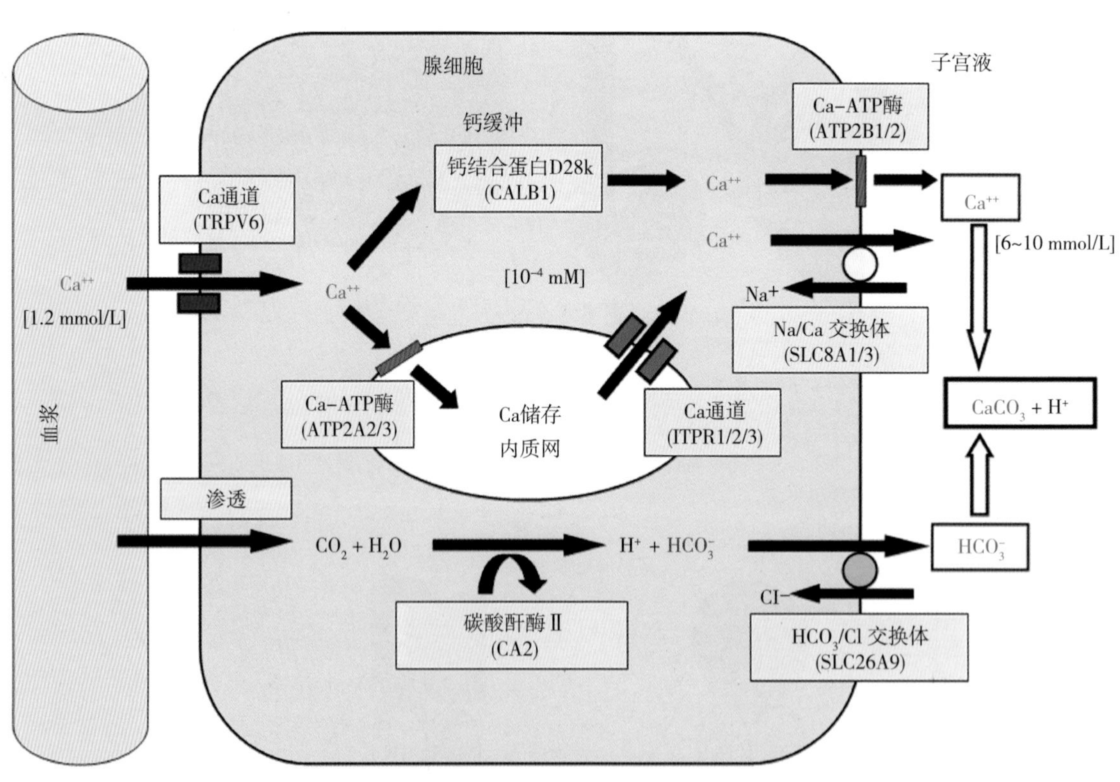

图 25.3　蛋壳钙化期间子宫壳腺离子转运模型

根据 Jonchere 等(2012)进行了修改。

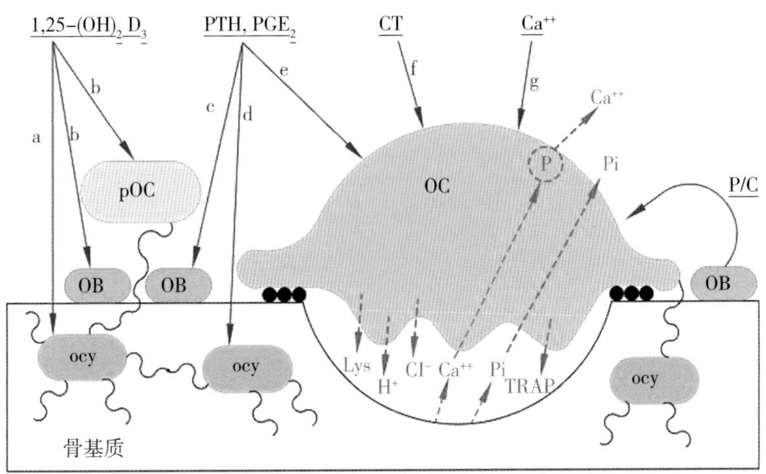

图 25.6 禽类破骨细胞调节和骨骼重塑过程中的关键特征

成骨细胞通过 RANKL 和 RANK 的相互作用，在骨生长的早期阶段控制破骨细胞（图中并未显示，见文中相应内容）。体内研究显示，表达 RANK 的骨细胞是骨重建期间的指令细胞。维生素 D 和 PTH 通常协同工作，调节合成代谢或分解代谢。PGE_2 对破骨细胞有重要作用，但可能是间接的。细胞：pOC，前破骨细胞；OC，破骨细胞；OB，成骨细胞；ocy，骨细胞；P，钙-ATP 酶泵。通过皱褶边缘进入吸收陷窝的分泌物包括：Lys，溶酶体内容物；TRAP，抗酒石酸酸性磷酸酶；各种离子。OC 效应物包括 1,25-$(OH)_2D_3$，PTH，CT，Ca^{2+}，旁分泌和细胞分泌因子（P/C）。足体（●）包括 αvβ3 整合蛋白，其与骨桥蛋白结合，由破骨细胞分泌。实线：控制因素；虚线：分泌物和离子通量。（a）Nakashima 等（2011）；（b）Norman 和 Hurwitz（1993）；（c）Hurwitz（1989b）和 Dacke（1989）；（d）Bonewald（2011）；（e）Dacke（1989），Pandala 和 Gay（1990），Teti 等（1991）和 May 等（1993）；（f）Eliam 等（1988），Pandala 和 Gay（1990），Hall 等（1994），Sugiyama 和 Kusuhara（1996b）；（g）见 25.4.1.4。

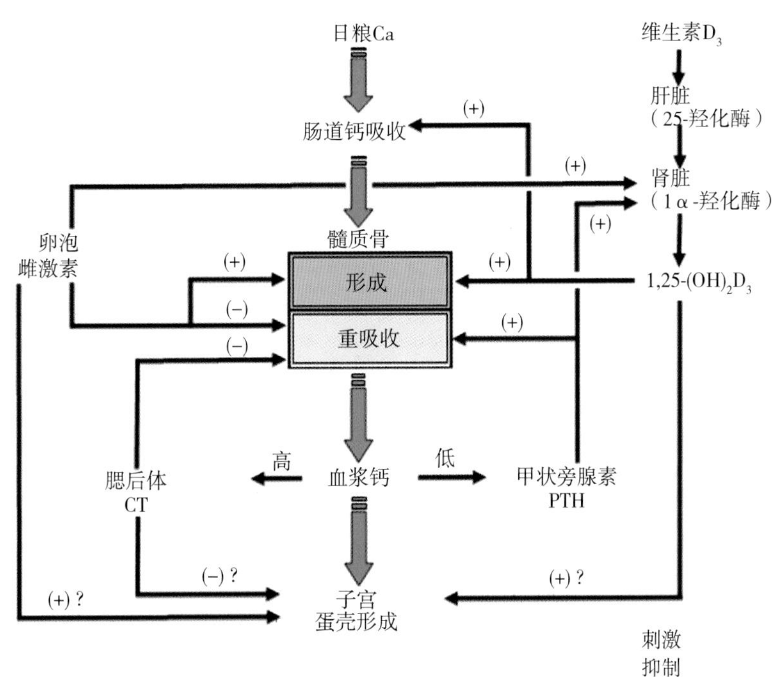

图 25.7 产蛋禽钙代谢

影响日粮、血浆和髓质骨之间以及输卵管之间钙转移的激素。根据 Sugiyama 和 Kusuhara（2001）进行了修改。

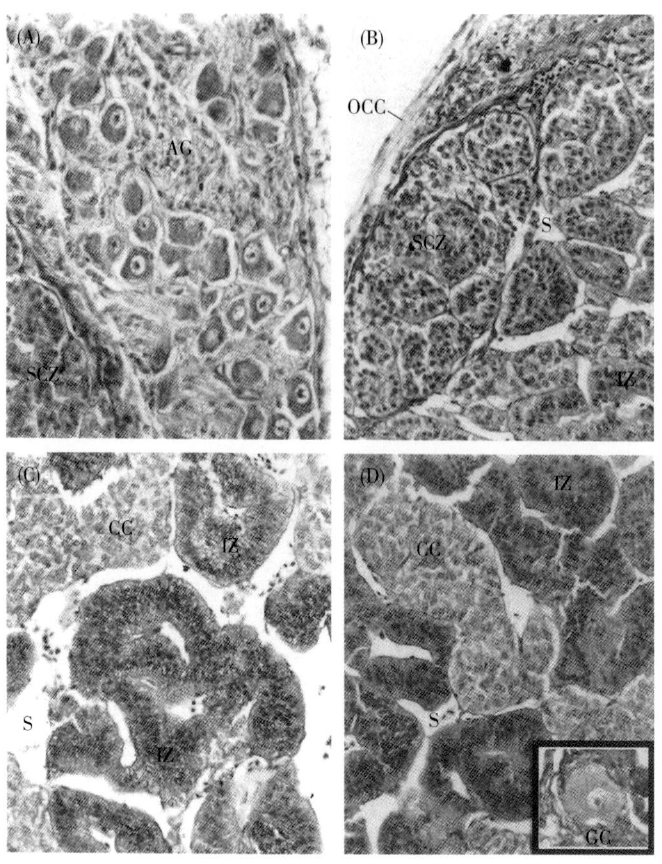

图 26.2 未成年（4 周龄）家养火鸡（*Meleagris gallopavo*）肾上腺切面光镜照片

（A）外周肾上腺神经节（adrenal ganglion，AG）和近被膜下区（subcapsular zonal，SCZ）细胞索。注：可见神经节细胞巨大的胞体，胞核明显。（B）外层结缔组织囊（outer connective tissue capsule，OCC）包被 SCZ 细胞索、被膜下内部区（inner zonal，IZ）细胞索和血窦（sinusoid，S）。（C）含血窦的 IZ 细胞索和嗜铬细胞（chromaffin cell，CC）岛。（D）CC 岛［含腺内神经节细胞（ganglion cells，GC）见插图］、IZ 细胞索和 S（X250）。图片来自新泽西州健康老年研究所和罗文大学骨病医学院细胞生物学系 R. G. Nagele 博士。

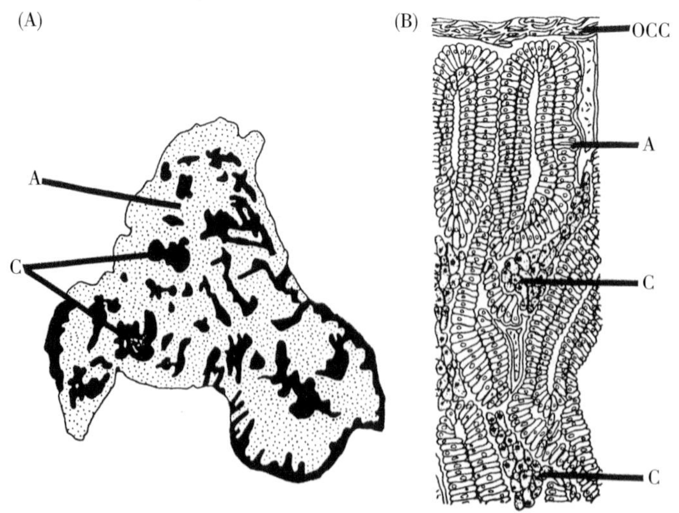

图 26.3 禽类（佛罗里达鹌鹑，*Colinus virginiatus floridanus*）肾上腺典型的显微结构

（A）嗜铬细胞（chromaffin，C）和肾上腺皮质（adrenocortical，A）组织的分布。（B）肾上腺皮质细胞成环的索状结构，包含混合其中的嗜铬细胞岛（C）和外周结缔组织（OCC）。引自 Chester Jones 和 Phillips（1986）。

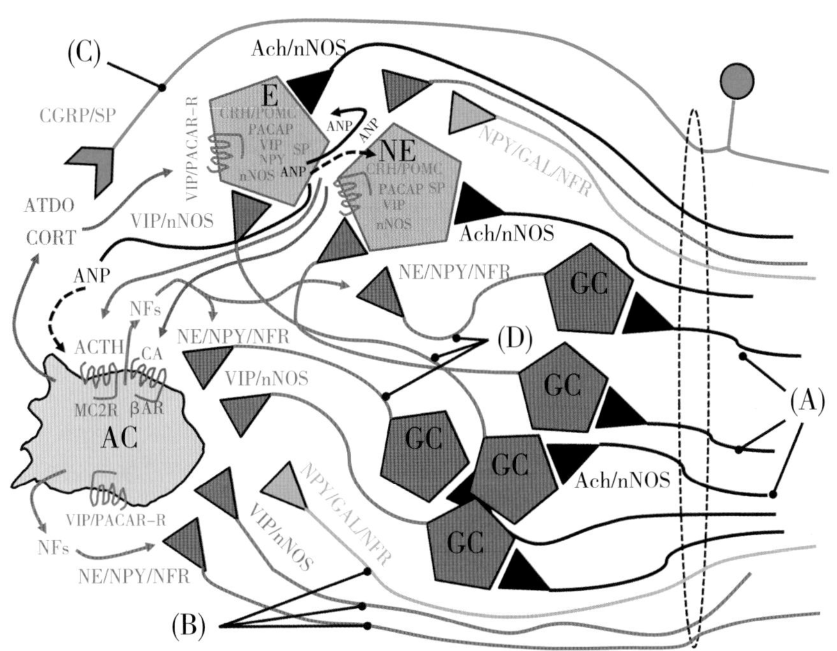

图 26.4 爬行类、禽类和哺乳类肾上腺内神经内分泌调节模型的比较。神经调节包括内源性和外源性双重交感神经系统组分

模型中的轴突末梢用黑色和彩色的三角形表示。外源性神经支配由以下几部分组成：(A) 交感神经的节前传出神经轴突［含有乙酰胆碱（Ach）和神经元型一氧化氮合酶（nNOS）（黑色）］；(B) 交感神经节后传出神经轴突［包含血管活性肠肽（VIP）和 nNOS（红色）、神经肽酪氨酸（NPY）和甘氨酸（GAL）（橙红色）、神经肽酪氨酸（NPY）和去甲肾上腺素（NE）（粉色）］；(C) 交感神经传入神经（感觉）树突［含 P 物质（SP）和降钙素基因相关肽（CGRP）（绿色）］。点状椭圆代表包含这些外部纤维的内脏神经束。内源性神经支配（D）由头端和尾端神经节的交感神经节后细胞（GCs，彩色五边形）和腺体内散在的神经节细胞组成。一个 GC 包含 VIP 和 nNOS（红色）或 NPY 和 NE（粉色）。有证据表明，在某些物种中，GC 还含有苯乙醇胺 N-甲基转移酶，用于合成 E，但尚不清楚这种酶是否有活性，E 是否从轴突末端释放。含有 NPY 的节后神经轴突可能还表达用于轴突生长的神经营养因子受体（neurotrophic factor receptors，NFRs）。神经肽酪氨酸能轴突的生长是由肾上腺皮质细胞释放的神经营养因子（neurotrophic factors，NFs）刺激的。这种神经营养反馈可能会在发育阶段、过渡阶段或机体处于长时间应激期间改造肾上腺皮质组织。固有内分泌组分由肾上腺嗜铬细胞（较大的紫色五边形）和肾上腺皮质细胞（adrenocortical cells，ACs）组成。肾上腺嗜铬细胞也是交感神经节后神经细胞的变形，有两种功能类型：E-分泌细胞和 NE-分泌细胞。上述细胞在内源性 CRH-ACTH 系统中具有酶促效应，它们含有和处理前的 POMC。它们还含有许多神经递质：PACAP、VIP、SP 和 nNOS。E-分泌细胞还含有 ANP。内源性的 ACTH 与 ACTH-2 受体（MC2R）在肾上腺皮质细胞上相互作用，从而刺激皮质酮（CORT）和醛固酮（ALDO）的合成和分泌（棕色箭头）。内源性 CORT 反过来又刺激 E 的生成。而在肾上腺皮质细胞中，内源性 ANP 抑制皮质类固醇的产生，并抑制 NE 能细胞的功能（虚线黑箭头），但可刺激 NE 能细胞转化为 E 能细胞（实线黑色曲线箭头）。肾上腺皮质和肾上腺嗜铬细胞都有 VIP-PACAP 受体（VIP-PACAP-R）。总之，这些受体的激活会刺激皮质类固醇和儿茶酚胺类激素的产生。内源性儿茶酚胺类与 β-肾上腺素能受体（β-adrenergic receptors，βARs）在肾上腺皮质细胞上相互作用，增强皮质类固醇的分泌。来源于感觉末梢的 SP 刺激肾上腺皮质细胞产生 CORT 和 ALDO。此外，它还能刺激儿茶酚胺的释放。CGRP 和 GAL 也对肾上腺皮质细胞有刺激作用。由于缺乏确凿的证据，本图中省略了副交感神经系统的组成部分。R. V. Carsia 绘图。

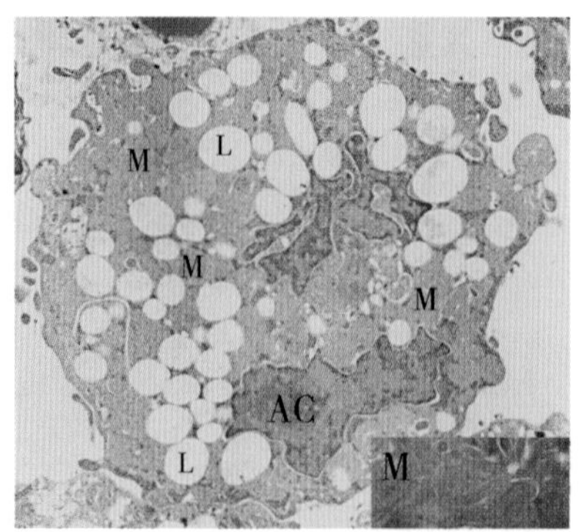

图 26.5　发育期（6 周龄）家养火鸡（*Meleagris gallopavo*）饮食性 Na^+ 限制（0.04%）8 d 后单个高密度肾上腺皮质细胞截面电镜切片

插图：通过线粒体截面的高倍放大（放大倍数：41 700 倍）。特征类似于鸭（*Anas platyrhynchos*）的被膜下区细胞（Pierce et al.，1978）。注意：内含大量的脂滴（L）和线粒体（M）以及少量内质网。插图：线粒体内有规律排列地管状嵴。与其他密度分散的细胞群相比，这些细胞对 AngⅡ和 K^+ 表现出不成比例的 ALDO 分泌增强反应（Kocsis et al.，1995a）。照片由罗格斯大学神经科学和细胞生物学系-Robert Wood Johnson 医学院的 Jean Gibney 提供。

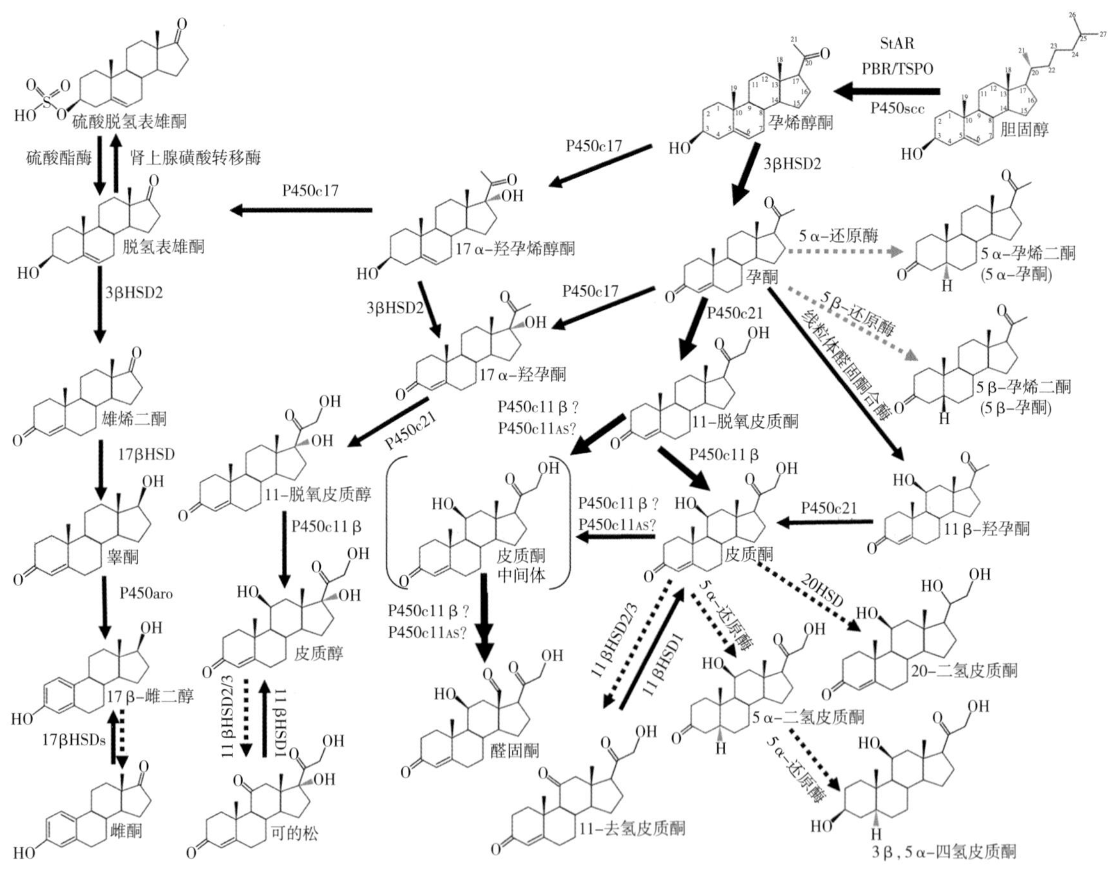

图 26.6　禽类肾上腺类固醇生成

粗箭头指示出生后禽类 CORT 和 ALDO 形成的主要途径。细箭头指示皮质醇和性类固醇激素合成的其他途径，这些途径在胚胎期和出生后早期以及发育阶段的过渡期发挥更为重要的作用。虚线箭头指示类固醇失活或降解的路径。灰色虚线箭头指示在胚胎期黄体酮的降解途径。类固醇激素化学结构式上实心的黑色和灰色的化学键代表关键的 α-(向下）和 β-(向上）位置；但图中并未显示所有的氢键位置。StAR：类固醇生成的急性调节蛋白；PBR-TSPO：外周苯二氮受体转运蛋白；P450scc：线粒体细胞色素 P450 胆固醇侧链裂解酶；3βHSD2：2 型微粒体-线粒体 3β-羟基类固醇脱氢酶-$\Delta^5 \rightarrow \Delta^4$ 异构酶；P450c21：微粒体细胞色素 P450 21-羟化酶；P450c11：线粒体细胞色素 P450 11β-羟化酶；P450c11AS?：线粒体醛固酮合酶（目前还不清楚禽类的肾上腺是否只有一种酶——P450c11β 催化了 11-脱氧皮质酮经 11β-羟基化生成皮质酮；11-脱氧皮质酮到皮质醇的转化；在某些特定的情况下，催化如下反应过程：①11-脱氧皮质酮经 11β-羟基化生成 CORT 中间产物，②发生 18-羟基化步骤使得 CORT 的中间产物转化为 18-羟基孕酮的中间产物，③经由 18-甲基氧化酶催化生成 ALDO（此为 ALDO 合酶的关键功能）。双重箭头表示第 2 步和第 3 步。P450c17：微粒体细胞色素 P450 17α-羟化酶/17，20-裂解酶；17βHSD：微粒体 17-类固醇还原酶；P450aro：微粒体细胞色素 P450 芳香化酶；17βHSDs：未完全表征的禽类肾上腺微粒体酶；11βHSD2/3：2 型和 3 型微粒体 11β-羟基类固醇脱氢酶；11βHSD1：1 型 11β-羟基类固醇脱氢酶（主要是一种微粒体酶，尽管有证据表明它是一个重要的胞质 1 型类似酶）；20HSD：20-羟基类固醇微粒体脱氢酶。合成路径绘制由 R. V. Carsia 完成。

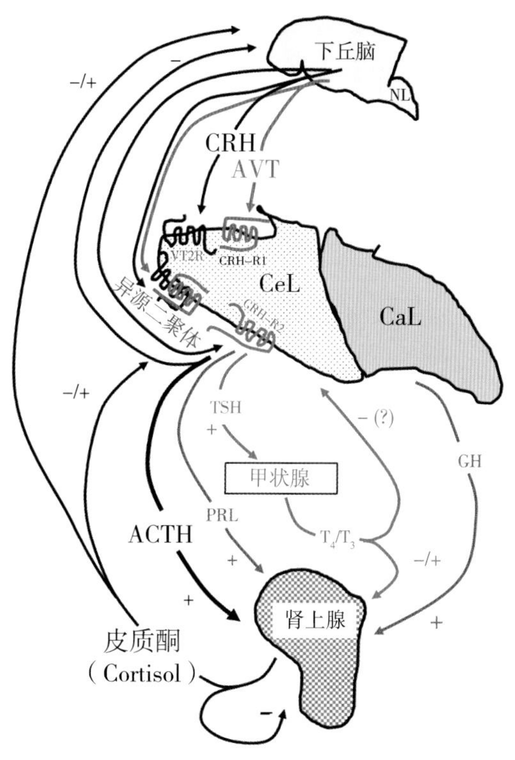

图 26.7　禽类的下丘脑-垂体-肾上腺（HPA）轴

下丘脑矢状面用黄颜色填充区表示。NL 代表神经叶。垂体远侧部用点状浅棕色填充区表示。CeL 代表远侧部头叶，CaL 代表远侧部尾叶。肾上腺的嗜铬组织和皮质的混合物用棕色表示。结构图不代表实际的相对尺寸，对垂体进行了不等比地放大。成对“+”和“−”号和它们的相对大小代表某种激素作用的普遍规律。CRH，促肾上腺皮质激素释放激素；AVT，精氨酸催产素；CRH-R1，1 型皮质激素释放激素受体；CRH-R2，2 型皮质激素释放激素受体；VT2R，2 型血管加压素受体；ACTH，促肾上腺皮质激素；TSH，促甲状腺激素；PRL，催乳素；GH，生长激素；T_4，3，5，3′，5′-四碘甲状腺原氨酸甲状腺激素；T_3，3，5，3′-三碘甲状腺原氨酸甲状腺激素。CRH 和 AVT（有时是鸟催产素）与它们各自的受体——CRH-R1 和 VT2R 相互作用，以协同的方式刺激 ACTH 释放。ACTH 最有可能对 CRH 的释放发挥负向短环反馈调控作用。CRH-R1 和 VT2R 的协同作用部分是由于它们各自的信号通路，部分是由于它们的受体发生了异源二聚作用。CRH 还与 CRH-R2 相互作用以刺激 TSH 的释放。TSH 作用于甲状腺的甲状腺细胞，促进 T_4 和 T_3 的释放。ACTH 刺激肾上腺皮质组织的肾上腺皮质细胞分泌糖皮质激素。由 CeL 释放的 PRL 和由 CaL 释放的 GH 均可协助 ACTH 的上述刺激作用。有充分的证据表明，除 ACTH 之外，应激条件下也可能存在 PRL 和 GH 的释放。糖皮质激素会对垂体和下丘脑产生负向长环反馈，以减少 ACTH 的释放。有些脑 CRH 神经元和垂体 VT2Rs 可被糖皮质激素上调。TH 的作用进一步说明了 HPA 轴调节的复杂性。TH 降低了 VT2R 的表达，并且抑制激素原转化酶 1（激素转化酶 1 是加工 POMC 产生 ACTH 和其他黑皮质素的酶）的表达。大多数研究表明，TH 对皮质类固醇的分泌有负向调控。肾上腺内和血液循环中的糖皮质激素也会对肾上腺皮质细胞产生负向的短环反馈，从而减少糖皮质激素的释放。绘图由 R. V. Carsia 完成。

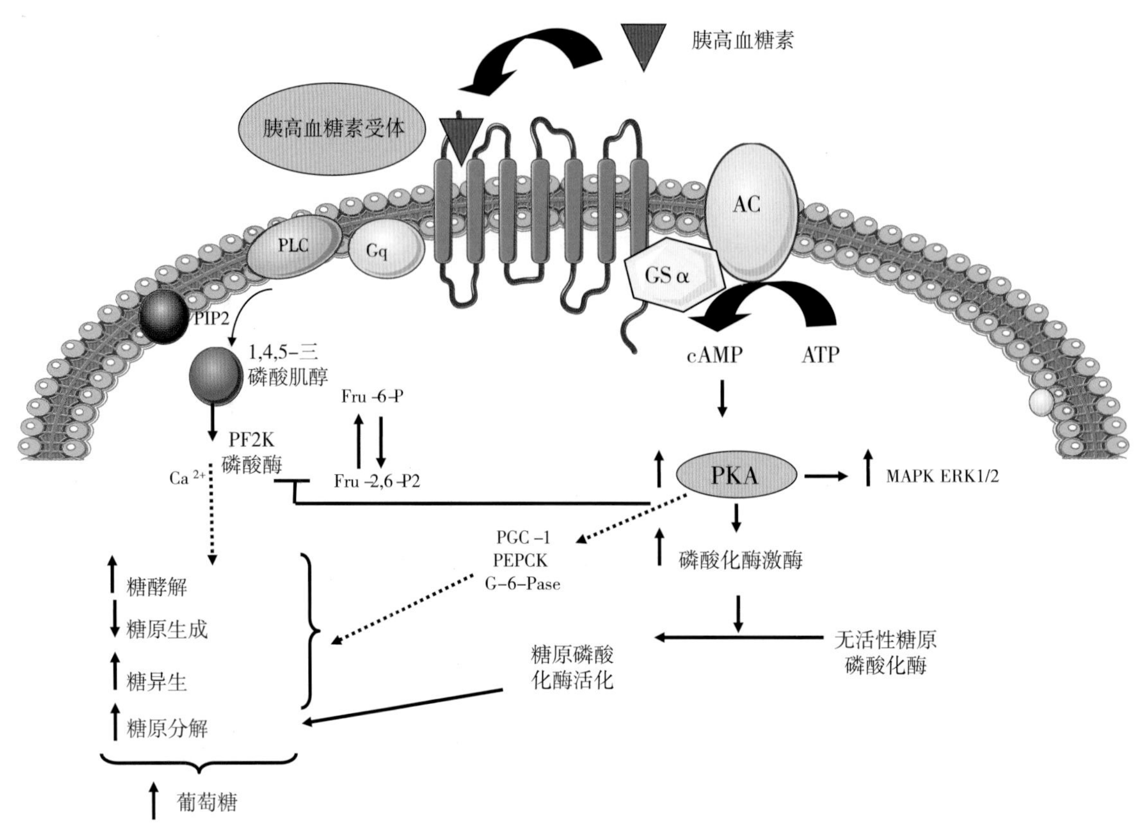

图 27.2 胰高血糖素受体信号转导

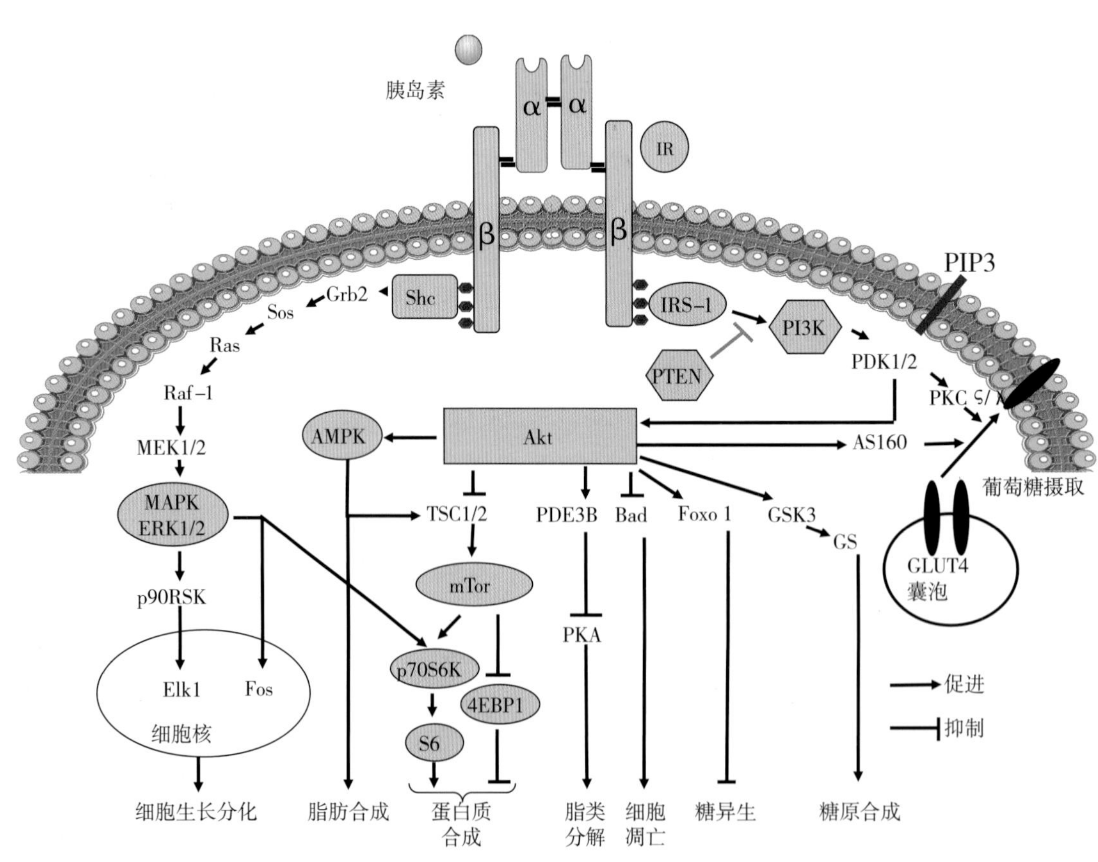

图 27.3 胰岛素受体信号转导

改编自哺乳动物；在禽类组织中，只有灰色部分的步骤已被描述。

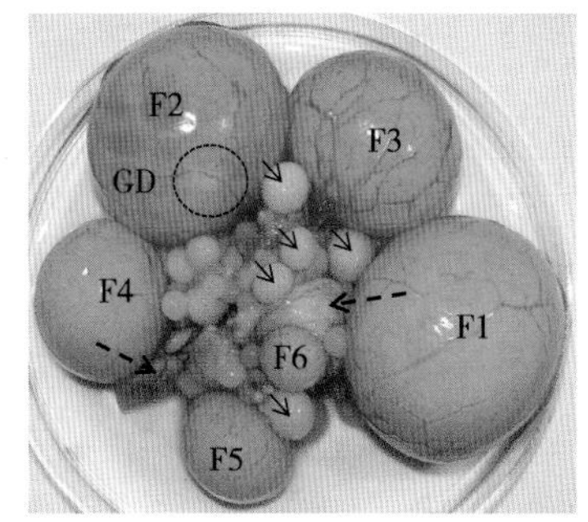

图 28.1　产蛋鸡有功能的左侧卵巢

F1～F5 指排卵前等级卵泡；F6 指最近从等级前卵泡（箭头）选择出来的排卵前卵泡。虚箭头：排卵后卵泡。虚线圆圈指示不透明的胚盘（GD）区。照片由 O. Ocón-Grove 博士拍摄。

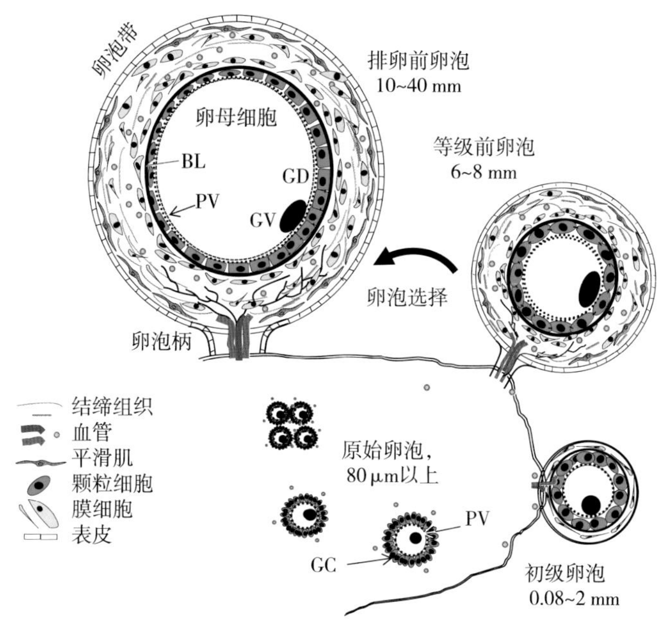

图 28.3　成熟母鸡卵巢内的卵泡

原始卵泡包括卵周膜（PV）内的生发泡（GV）和周围的颗粒细胞（GC）。初级卵泡则由基膜（BL）将颗粒层与单层的膜层分隔开。在等级前和排卵前卵泡，膜层分为内膜层和外膜层。BL，基膜；GD，胚盘；GV，生发泡；PV，卵周膜。改编自 Johnson 和 Woods（2007）。

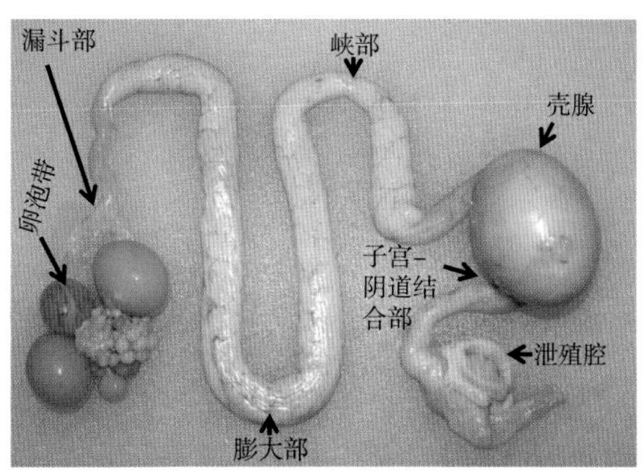

图 28.4　家鸡卵巢和生殖道

注意在第三个最大的排卵前卵泡可见突出的卵泡带（排卵位置）。照片由 O. Ocón-Grove 博士提供。

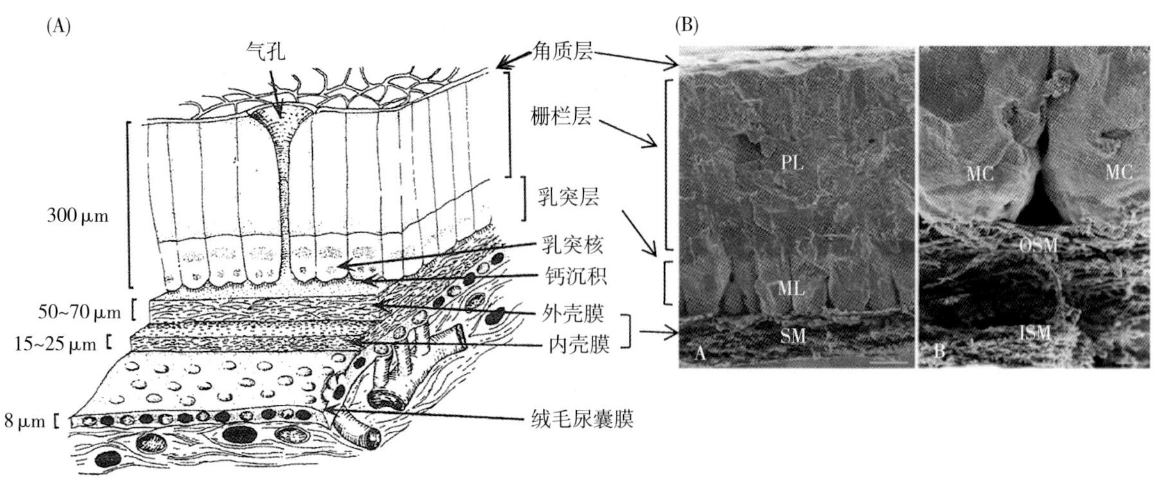

图 28.5 外壳膜结构和壳体截面电镜扫描图

(A) 母鸡蛋壳和膜的结构图，显示碳酸钙溶解后留下的外部晶体结构和内部有机质。改编自 Rahn 等（1979）。(B) 壳体截面的扫描电子显微照片。ISM，内壳膜；OSM，外壳膜；MC，乳突核；ML，乳突层；PL，栅栏层。引自 Hincke 等（2000）。

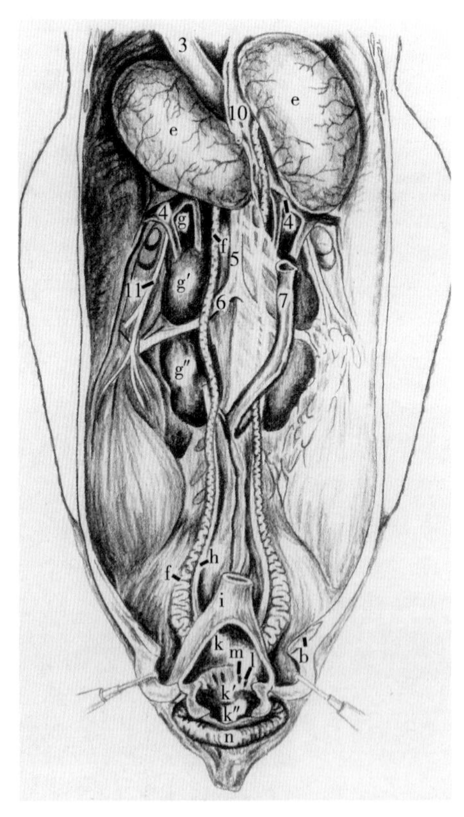

图 29.1 公鸡背侧体壁解剖图

成对的睾丸（e）分布在肾脏上方（g）。输精管（f）盘绕在输尿管旁（h）并与泄殖腔（k-k″）相连，最后开口于（l）泄殖道（k′）。b，耻骨；e，睾丸；f，输精管；g，肾前叶；g′，肾中叶，g″，肾尾叶；h，输尿管；i，结肠；k，粪道；k′，泄殖道，k″，肛道；l，左侧输精管开口；m，左侧输尿管开口；n，肛门。改绘自 Nickel 等（1977）。

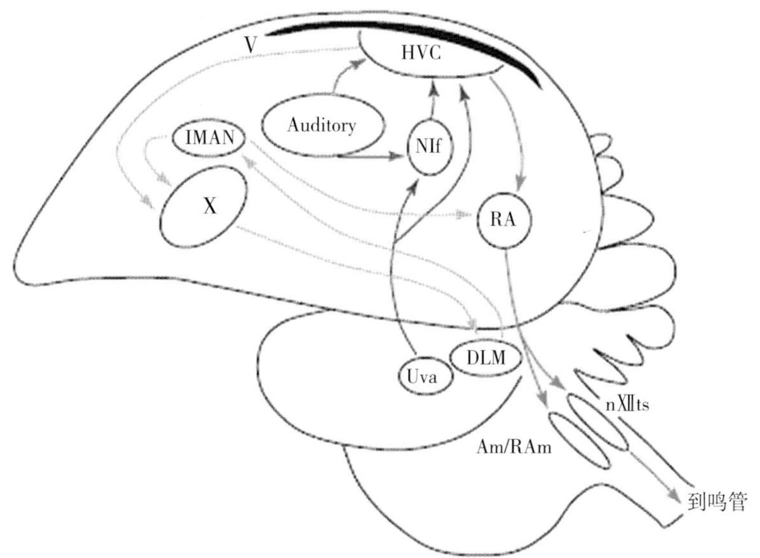

图 30.8　鸣禽大脑发声控制系统主要区域的投射

该系统由一个控制声音输出的运动路径（绿色）组成，包括从高级发声中枢（HVC）到弓状皮质栎核（RA）的投射。第二种路径（橙色）是鸣曲习得和感知的必要条件，包括背外侧丘脑的中部、新纹状体巨细胞核外侧部、Ⅹ区、高级发声中枢和弓状皮质栎核。IMAN，新纹状体巨细胞核外侧部；Auditory，听觉。经许可复制自 Brenowitz 和 Beecher（2005）。

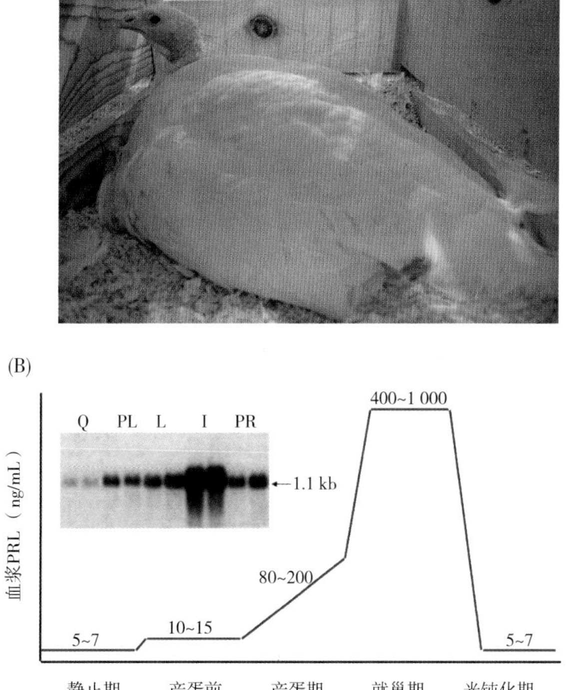

图 31.1　（A）就巢火鸡。（B）火鸡不同繁殖期血中催乳素（PRL）浓度和 PRL 的基因表达情况。引自 Wong 等（1991）。

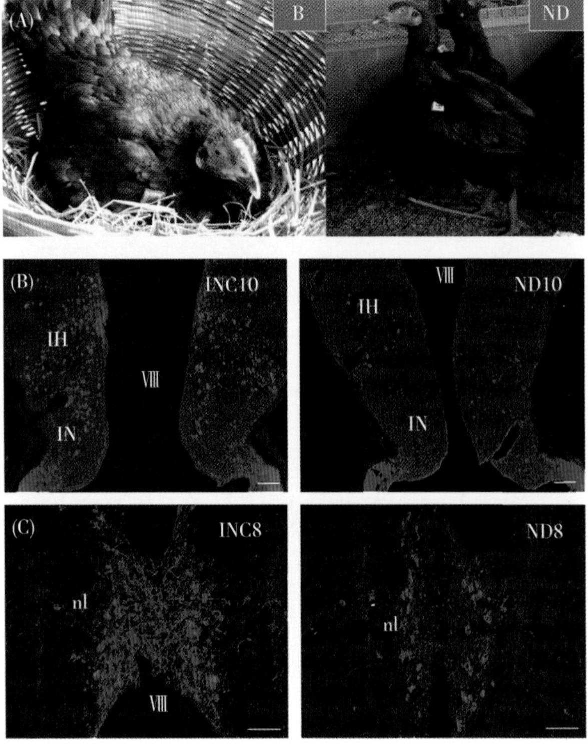

图 31.3　泰国土鸡启动就巢（A；B）和去巢（A；ND）后，第 10 天丘脑下核-下丘脑漏斗核（IH-IN）中血管活性肠肽免疫反应（VIP-ir）神经元的分布（B），第 8 天内侧核（nI）中酪氨酸羟化酶免疫反应神经元（TH-ir）的分布（C）。

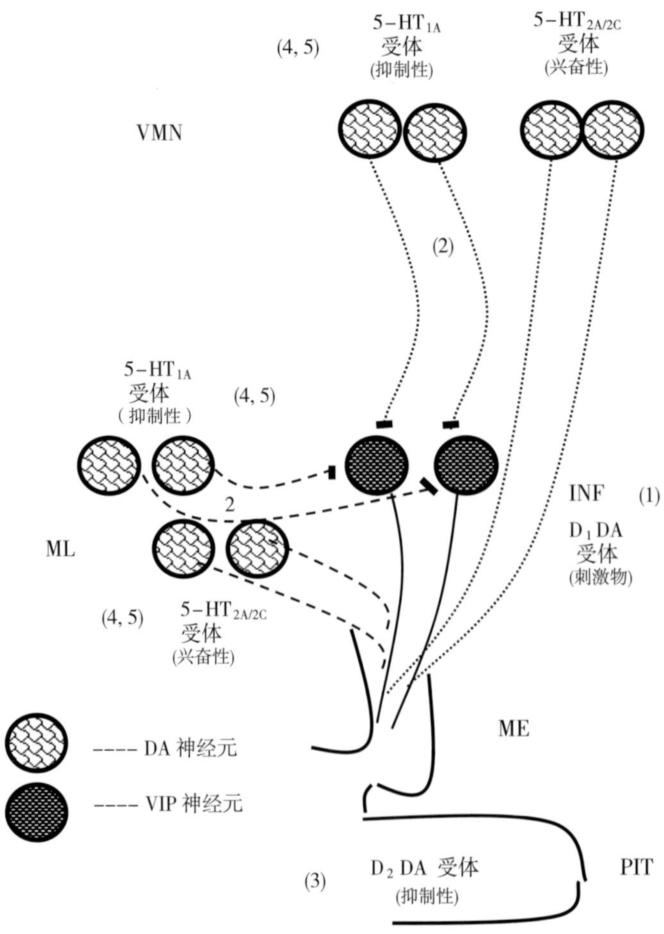

图 31.5　5-羟色胺（5-HT）和多巴胺（DA）神经元互作调控血管活性肠肽/催乳素分泌的原理

引自 Chaiseha 和 El Halawani（2005）。

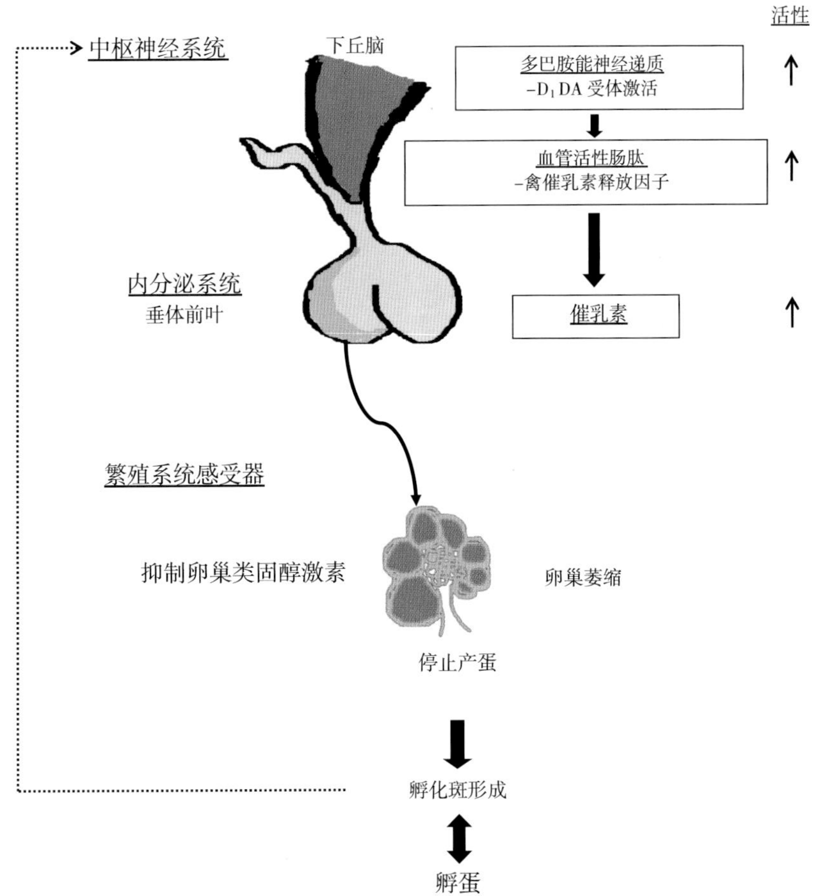

图 31.6　就巢行为的神经内分泌调控机制

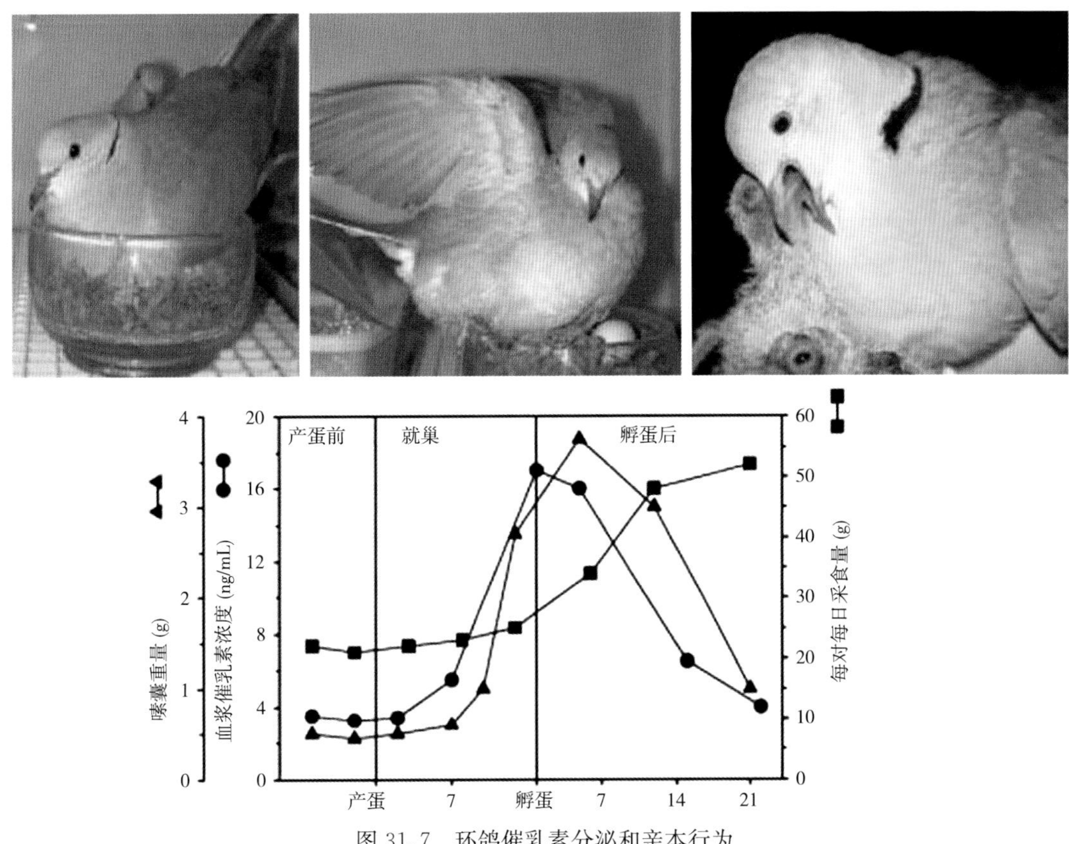

图 31.7　环鸽催乳素分泌和亲本行为

在鸽子的繁殖周期中，就巢期和孵出幼鸟后，PRL 水平的上升会维持就巢行为，促进护巢，刺激嗉囊发育和鸽乳形成，增加亲代觅食行为，并促进双亲的反刍行为去给幼禽提供鸽乳和食物颗粒。引自 Buntin (2010)。

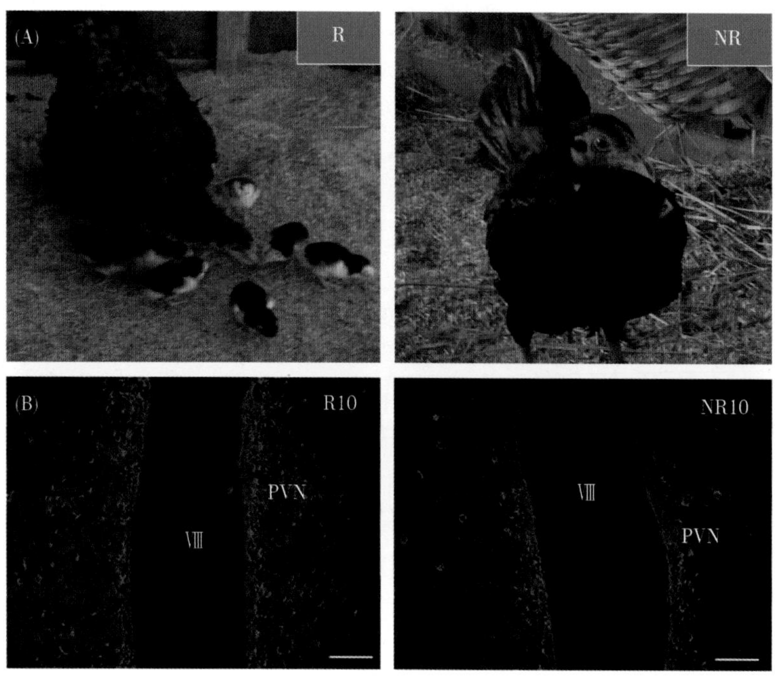

图 31.9　在发生育雏行为（A；R）或无育雏行为（A；NR）第 10 天，泰国本地母鸡室旁核（PVN）中 8-异亮氨酸催产素免疫反应（MT-ir）神经元的分布。修改自 Chokchaloemwong 等（2013）。

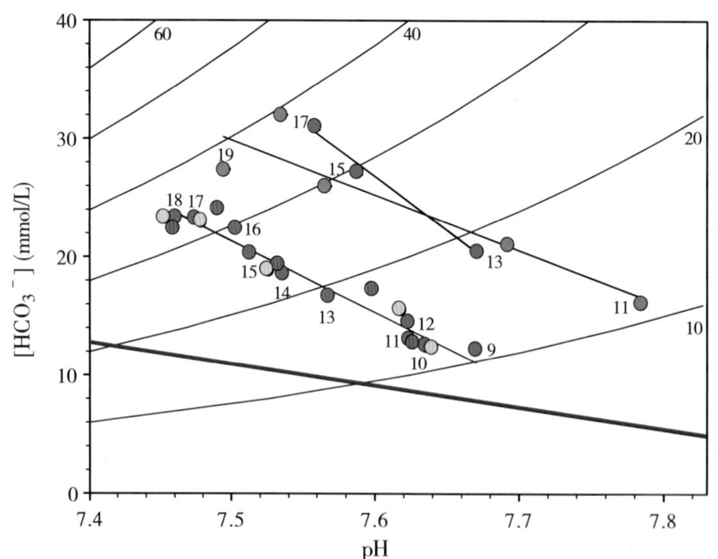

图 32.4　Davenport 图示正常气体条件下发育的鸡胚动脉血酸碱平衡调节的逐日变化

深蓝色线条表示缓冲值为－16 mmol/L 时的任意缓冲线。标有数字的曲线是 P_{CO_2} 等值线（mmHg）。数据点附近的数字表示胚龄。数据来自以下研究：蓝圆圈：Tazawa 等（1971a），红圆圈：Tazawa 等（1971b），黄圆圈：Tazawa（1973），紫圆圈：Burggren 等（2012），绿圆圈：Tazawa 等（2012）。通过数据点绘制的实线对应如下回归方程：① $[HCO_3^-] = -60.2pH + 472.6$，来自 Tazawa 等（1971a，1971b）和 Tazawa（1973）；② $[HCO_3^-] = -90.9\ pH + 717.4$，来自 Burggren 等（2012）；③ $[HCO_3^-] = -46.6\ pH + 379.1$，来自 Tazawa 等（2012）。

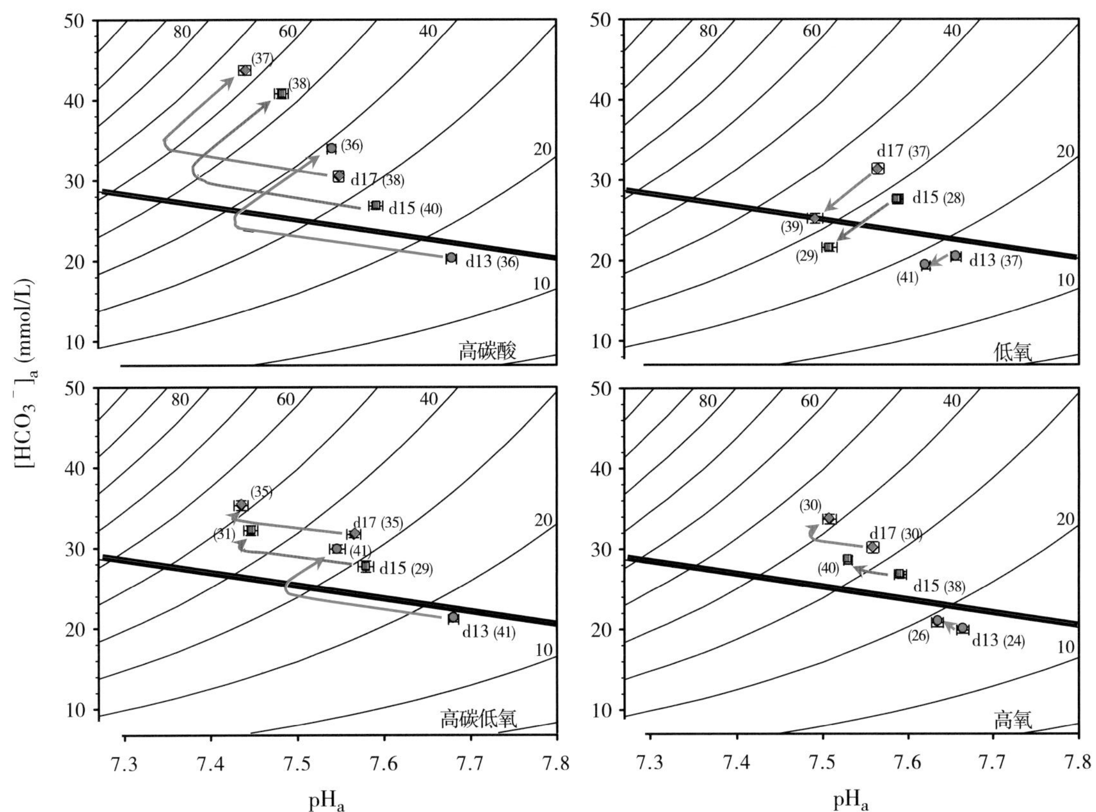

图 32.5　胚龄为 13 d（绿）、15d（红）和 17d（蓝）鸡胚在空气（对照组）和不同［CO_2］和/或［O_2］含量时动脉血酸碱平衡的调控

彩色箭头指酸碱状态的变化，深蓝色线与图 32.4 一致，括号内为 N 值。数据为平均值±标准差。经 Elsevier 许可改自 Burggren 等（2012）。

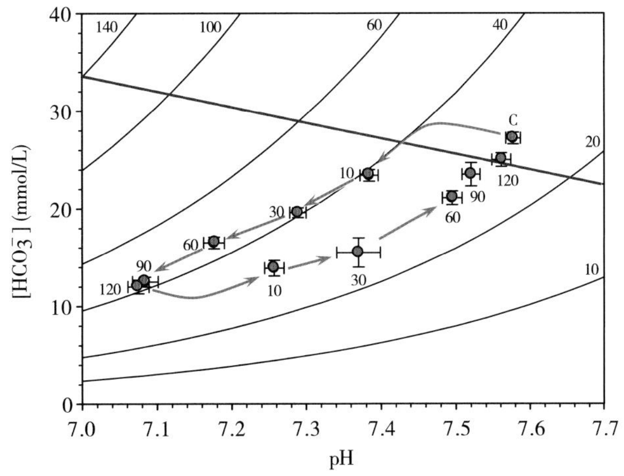

图 32.6　15d 鸡胚置于高碳低氧（5% CO_2、10%O_2）120 min（红圈），然后回到空气 120 min（蓝圈）后酸碱平衡调控的时间变化曲线

其他细节同图 32.4 和图 32.5。经 Elsevier 许可改绘自 Tazawa 等（2012）。

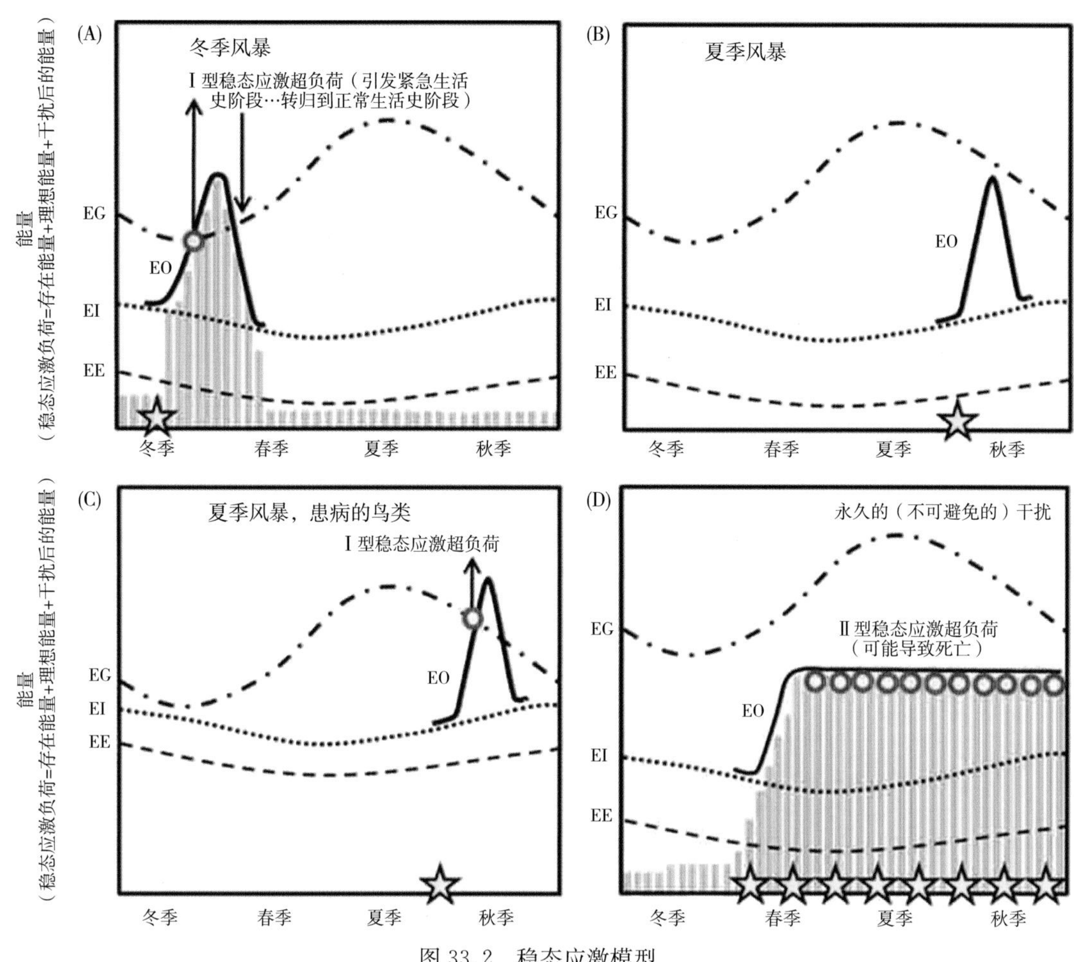

图 33.2　稳态应激模型

稳态应激模型绘制了一个框架图，有助于了解有机体在生命过程中的能量需求，并预测在一系列以外界环境、社会和个体等情况下是否发生稳态应激超负荷（红圈）。y 轴表示一年中机体潜在的营养需求（x 轴表示季节）。这些线代表几种能量组分：EG（获得能量）表示环境中可采食食物所包含的能量。在季节温度变化比较大的地区，春季和夏季能量会大幅度增加，而在秋季和冬季会有一定程度的下降。EE（存在能量）是任何生命阶段维持机体稳态所需的最小能量（基础代谢）。春季和夏季可能会随着环境温度的下降而下降。EI（理想能量）是在理想条件下（当没有干扰时），如外出寻找食物、处理和消化食物所需的额外能量，以及季节性行为（繁殖、换羽、迁徙）所需的额外能量。它可能会随季节性变化，为了清楚起见，我们假设它与 EE 并行变化。EO（干扰后的能量）是指在外出、寻找食物过程中，并且在诸如风暴之类扰动的非理想条件下，消化并吸收食物所需的额外能量。应激负荷是 EE+EI ＋ EO 所产生的能量总合。这些图中，星号表示干扰（如恶劣天气）何时开始。当应激负荷超过环境中 EG 的能量需求时，发生Ⅰ型稳态应激超负荷（图 A 和图 C），从而引起紧急生活史阶段（ELHS）的皮质酮浓度升高（灰色条带，仅在 A 和 D 图中显示）。其结果是抑制另一个生活史阶段（LHS）的出现，如迁徙或繁殖，使得应激负荷低于 EG 水平。鸟类可以在外界干扰后能量正平衡和糖皮质激素升高后的情况下保持存活，而这恰好避免慢性应激高浓度调节介质导致相关疾病。相同的干扰（如风暴）可导致冬季的Ⅰ型稳态应激超负荷，而夏季则不会（比较图 A 和图 B），因为随后的季节有更多的食物可以采食（EG>EE ＋ EI ＋ EO）。然而，即使在夏季，某些个体受到寄生虫感染、永久性损伤或慢性疾病导致的感染（图 C）也将导致即使在夏季面对同等程度的干扰而产生Ⅰ型稳态应激超负荷，因为其内在（疾病相关）EE 和 EI 水平就高于健康的鸟类（比较图 B 和图 C）。第二类应激超负荷（Ⅱ型稳态应激超负荷；图 D）可能发生在环境 EG 的能量不是唯一的限制因素而是由长期干扰，例如气候变化、束缚、长期被捕食者跟踪、永久性社会挑战等引起的一种稳态应激态。生理和行为的调节促进稳态调节介质的产生，如皮质酮，从而对有害刺激进行逃避或应对。皮质酮水平（灰色条带）如果长期处于较高水平，则会产生病理变化，并且可能导致个体死亡。在图中为简单起见，在图 A 和图 D 中，稳态调节介质（皮质酮）的水平仅用灰色条带表示，注意它们与能量水平（所有图中的 y 轴数值）的关系不一定是线性的。

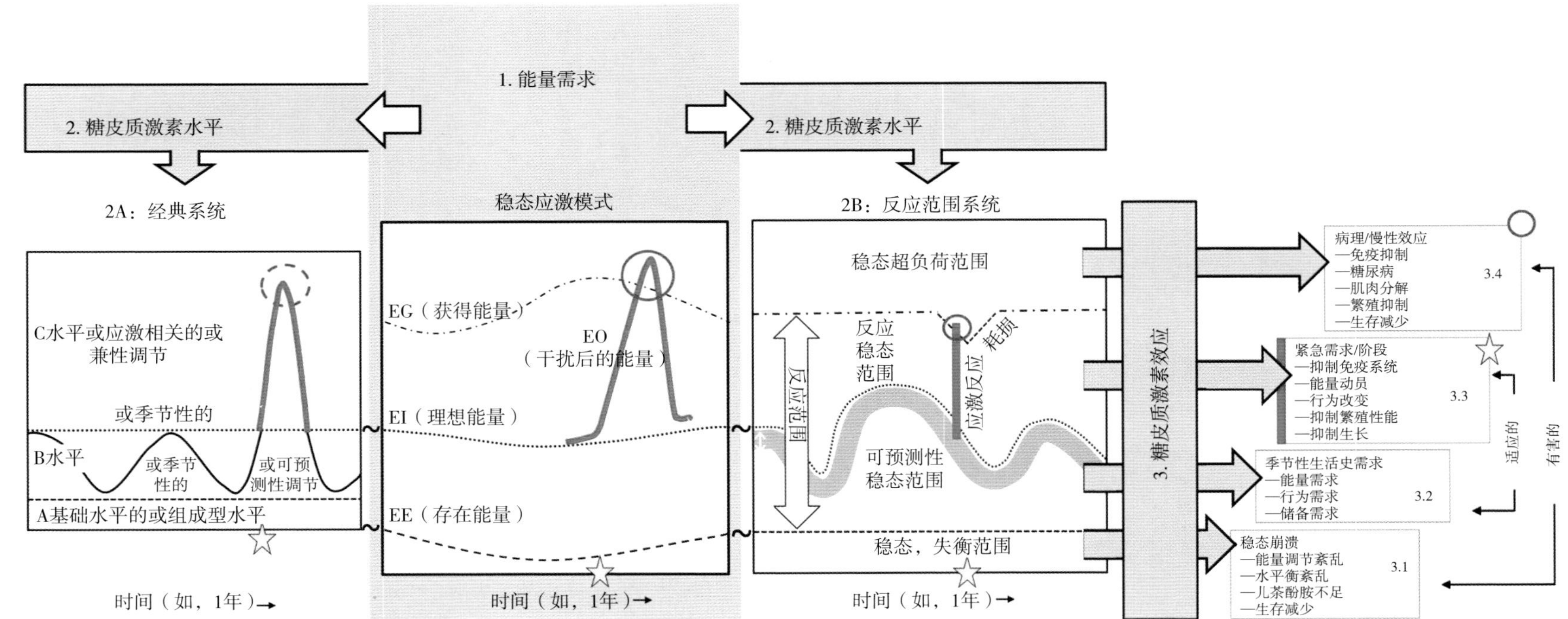

图 33.3　皮质酮水平的分类

根据“经典系统”（图2A）和“活性范围系统”（图2B）对功能性糖皮质激素（GC）范围进行分类。两个分类系统之间即可以交互重叠但又相对独立，同时也涉及由稳态应激模型引起的个体能量平衡（能量需求发生在GC水平变化之前，稳态应激模型如中间图1所示）。GC对生理和行为的影响也与相应的GC范围保持一致，示例如图中3.糖皮质激素效应所示。在以上的图表中，x轴表示时间，而星号表示暴露于干扰环境，首先引起能量需求增加（图中1的蓝线，意味着增加的应激负荷），其次是随着GC水平的升高而达到活性稳态范围亦被称为C水平（分别在图2A和图2B中的蓝线）。干扰可能导致个体进入能量负平衡状态（在图1能量需求中表示为红圈，表示Ⅰ型稳态应激超负荷），GC升高达到最高水平时（图2A和图2B中的红圈），可能对机体（图中3.4）造成有害的影响。为了避免能量不平衡和高GC水平对机体造成的损害，常会触发出现紧急生活史阶段（图中3.3）。如果能量负平衡消退，如干扰消失或个体重新归位，则GC水平恢复到正常的季节性基线水平，亦被称为B水平（分别在图中2A和图2B），从而恢复正常的生命活动（图中3.2）。GC 出现极高和很低的浓度对机体均可造成伤害（图3.1和图3.4）。

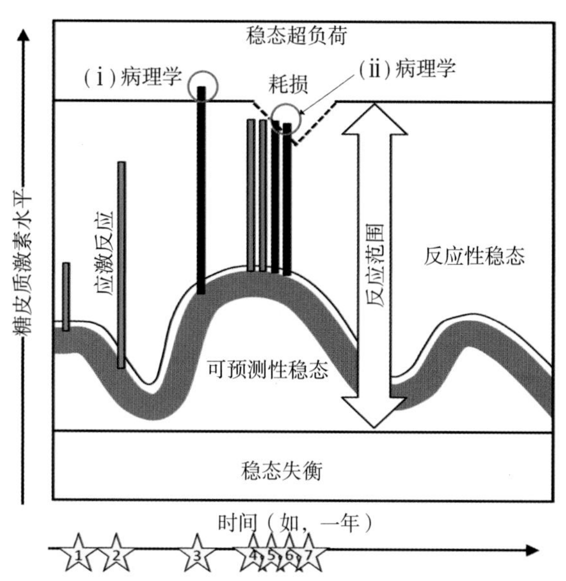

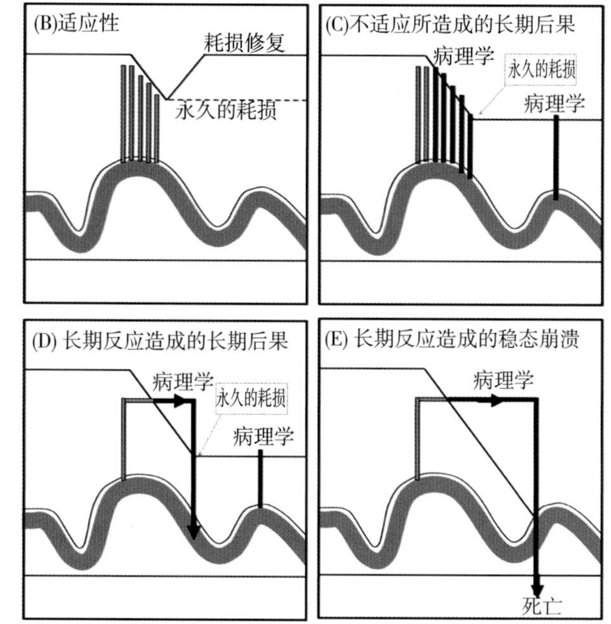

图 33.4 活性范围模型

根据活性范围模型，血中糖皮质激素水平（y 轴）随时间的变化曲线（x 轴）。(A) 糖皮质激素水平存在 4 个变化范围：可预测性稳态范围根据季节和生活周期的变化而改变，活性稳态范围代表是对不可预测干扰的糖皮质激素升高的兼性范围。两个范围组合在一起则为个体的正常活性范围。在这个范围之下和之上的糖皮质激素水平均可以导致疾病的发生，即分别对应稳态衰竭和稳态应激超负荷范围。对于干扰的响应（x 轴上的星号标志），每条垂直线条表示发生干扰时活性稳态范围的糖皮质激素快速上升的峰值，当干扰结束时快速下降。在 (A) 中，干扰 2 比干扰 1 强度大，因此需要糖皮质激素升高来维持稳态。干扰 2 和干扰 3 具有相似的强度，但发生在一年中的不同时间，只有后者导致糖皮质激素水平在稳态应激超负荷范围内升高（为黑色条带而不是蓝色条带）并引发病理变化。干扰 4～5 不引起病理变化，但反复的糖皮质激素升高发生“耗损”现象，表示反应性稳态和稳态应激超负荷之间的阈值渐进性降低。耗损意味着糖皮质激素对随后干扰 6～7 的反应将产生病理变化。在此例子中耗损迅速得到修复，对后来干扰的响应能力没有产生长期的影响，即活性范围在最后一次干扰 7 后转变为正常。(B) 代表环境适应。对应激源反复的反应会产生耗损，但是随着时间的推移，糖皮质激素浓度升高的幅度减小会使动物习服或适应环境。由于糖皮质激素水平从未超过稳态应激超负荷的阈值，疾病就不会发生（注意，这里所有的条带都是蓝色的）。一旦应激结束（上面的连续线），或者应激长久地持续下去（下面的虚线），累积的耗损可以被修复。(C) 表示对长期的干扰环境适应差。动物对重复的环境干扰产生适应，但因糖皮质激素浓度升高的幅度逐渐减小，使动物进入糖皮质激素诱导的稳态应激超负荷范围，并由此引发病理变化（用黑色线条表示）。反应性稳态的阈值可以被修复，但是在这个例子中，耗损产生永久效应，增加了对未来干扰的易感性。因此，即使是在 (C) 最后一次干扰中引起适度的糖皮质激素浓度升高，也使动物进入稳态应激超负荷范围并产生疾病。(D) 示例了一个长期暴露于干扰环境的状态，如慢性社会压力、栖息地退化。长时间的暴露会引起持续的糖皮质激素浓度升高，这也会造成耗损。当糖皮质激素水平持续升高超过调整后的阈值（图中蓝色的条带转变为黑色）时，则出现的病理变化是由升高的糖皮质激素本身而引起的。一旦干扰结束，糖皮质激素回到可预测性稳态范围，但在这个例子中耗损变得持久就类似于动物始终生活在社会压力之下。因此，随后对干扰的响应立即使糖皮质激素水平进入稳态应激超负荷范围。(E) 表示一个长期暴露于极端环境的状态。这意味着糖皮质激素浓度的升高并长时间保持在稳态应激超负荷范围内，产生长期病理变化和连续累积的耗损现象。一旦糖皮质激素活性稳态范围和稳态应激超负荷范围之间的阈值与可预测的稳态范围相交叉，糖皮质激素水平骤降进入稳态衰竭范围内，则动物由疾病转变为死亡。

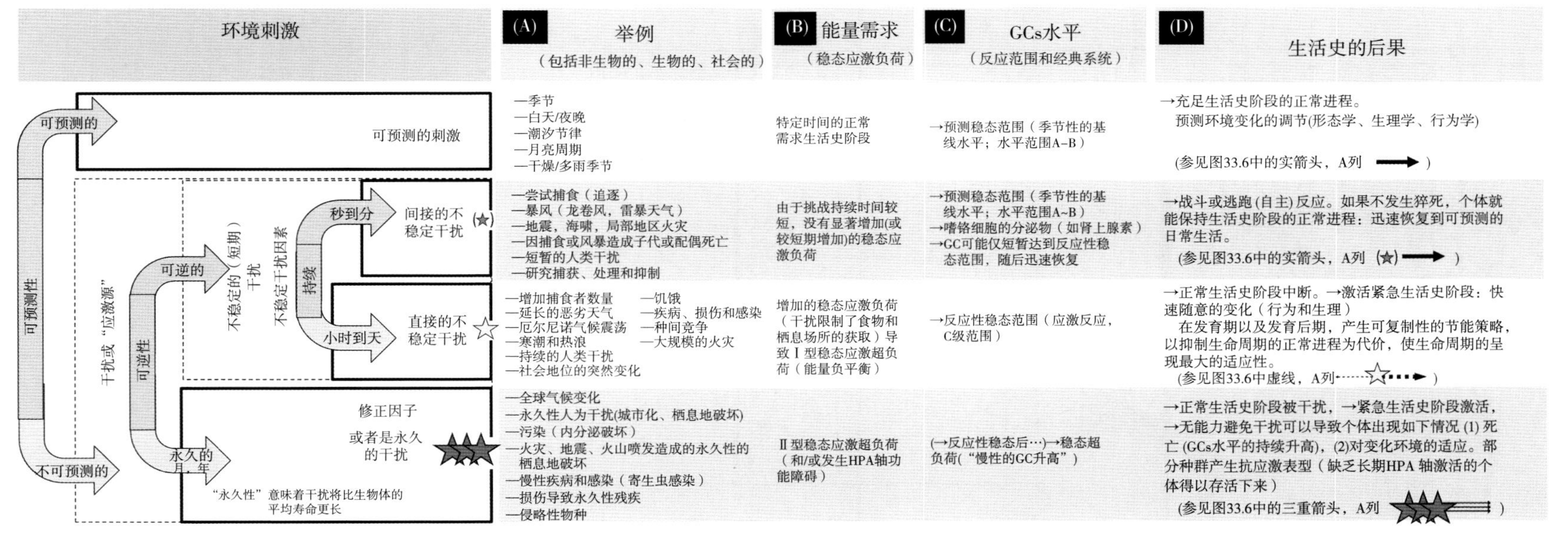

图 33.5　环境变化与肾上腺皮质反应

环境变化的特征和肾上腺皮质反应是相互关联的。环境变化是可以预测的，或者被称为“干扰”或“应激源”（A列列举了一些例子）。这些可以分为不稳定干扰（短期的、短暂的）或持久干扰（长期的、可变条件）。不稳定干扰因素（LPF）又大致分为两大类：间接LPF（持续几秒到几分钟）和直接LPF（持续几分钟到几小时）。这种公认的分类方法不仅考虑了不可预测的有害刺激的持续时间，还考虑了对个体（B列）施加影响的能量需求（稳态应激负荷），GC浓度的实际升高（C列）及其对个体正常生命活动产生的影响（D列）。事实上，某些类型的干扰可能会导致个体进入稳态应激超负荷，但血液中GC发挥的调节作用具有本质差异，GC的调节作用可能会导致适应性反应，从而避免干扰，如果个体不能适应持久环境应激刺激则产生非适应性反应。该图是在Wingfield（2013a）发表论文之后提出的，并且扩展了其他有关生物现象和社会方面的实例，从而形成了稳态应激和活性范围的概念。

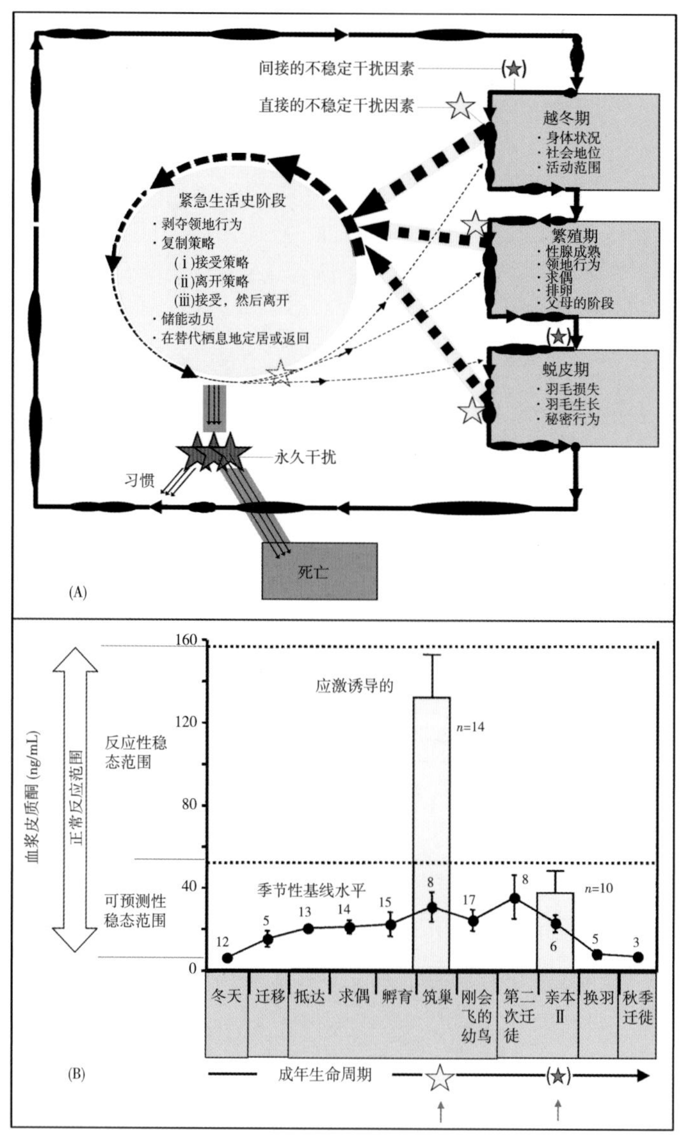

图 33.6　紧急生活史阶段（ELHS）

图 A 为某种成年鸟类生命活动周期示意图（假定随着血液 GC 水平的变化，以不同的箭头图案表示），包括随机紧急生活史阶段 ELHS。该周期由数个生活史阶段 LHS 组成（方框：冬季或非繁殖季节、繁殖季节、换羽），且以特定顺序发生。这个顺序已经进化到个体最大限度的适应，每个 LHS 都发生在一年中的某个特定时期，何时何地的环境和社会条件都可以最大限度地使用机体可利用的能量，如食物、脂肪储存，并将其利用到完成特定的生活环境的生命活动之中。每个 LHS 由若干个亚型分期同时伴随着可预期的活动，例如，繁殖阶段涉及性腺成熟、占有领地、求偶、产卵等。外部的黑色箭头表示活动的方向，其宽度表示季节性基线假定的 GC 水平，在可预测性稳态范围内随着的可预测环境条件的变化（如季节变换、昼夜节律）而调节能量处于平衡状态。与可预测的环境变化相叠加的是不可预测的环境干扰（星形符号），这可能会在全年中的任何时刻发生。干扰可以是短期的，这些被称为不稳定干扰因素 LPF。当他们需要很少的能量来保持生存，例如，短暂地被袭击者追逐时，它们被称为间接的不稳定干扰因素（括号内的绿色星形符号），可以触发自主的“逃避或战斗”反应，导致很少或根本不需要高于季节性基线的血液 GC 水平即可以使个体延续其生命活动。然而，不稳定干扰可能持续数小时甚至数天，需要投入更多的能量来应对，如袭击者数量增加的情况。这些被称为直接不稳定干扰（黄色星形符号），引起随机的 GC 水平显著高于正常基础水平，进入 GC 活性稳态范围或应激诱导水平（图中的虚线箭头）。这些干扰重新使个体的生命活动进入到一个随机生活史阶段（ELHS，中间图所示），目的是应对额外的能量需求，即稳态应激负荷，以暂时性抑制正常 LHS 来保证生存。这里反应性 GC 的升高（高于季节性基线水平，以宽的虚线箭头表示）促进生理和行为的显著变化，包括使用储存的脂类和蛋白质提供能量以寻求庇护或逃跑时得以生存，例如，在鸟类迁徙期间突发的干扰事件等。一旦直接的不稳定干扰因素过去或迁移到新的栖息地，其血液糖皮质激素的水平将恢复到可预测性稳态范围，并且个体重新恢复到最合适的生活史阶段 LHS，其会面对可能或不可能的干扰再次发生。然而，干扰可能总是发生，最终成为长期或永久性的干扰，例如，栖息地破坏或气候变化。这些干扰被称为可变因素（三个红色星形符号）。如果个体不能逃避这些有害因素，糖皮质激素浓度的长期升高或慢性升高（三个箭头线）可能对生命有机体造成有害影响，并最终导致死亡。或者个体可能习惯于干扰的影响并维持生存，但只有在糖皮质激素浓度恢复到正常水平时才能恢复到正常的生命活动阶段 LHSs。图 B 表示成年雄性白冠雀在全年各个生活史阶段和亚型分期生活史阶段（x 轴）血液糖皮质激素水平（y 轴，平均血浆皮质酮±标准误）变化的试验数据。数字表示血液样品量。实心黑点连线表示雄性品种的皮质酮平均水平，即糖皮质激素水平在可预测性稳态范围或季节性基线水平以内。相比之下，两个垂直的条形图表示伴随着两个单独的极端天气干扰事件后，在不同年份的皮质酮水平。第一次严重风暴导致鸟类放弃了它们的巢穴和领地，因此可以被认为是一种直接的不稳定干扰因素（黄色星符号）。皮质酮水平远高于季节性基线水平，进入更高的活性稳态范围，从而激活紧急生活史阶段 ELHS，鸟类短期内暂停繁殖活动、连续多天在很多区域处于松散的群体状态。在这种干扰消除后，体内皮质酮水平恢复到可预测性稳态范围，鸟类返回到它们的领地并重新归巢。重新归巢后当第二次极端天气再次到来时，由于皮质酮水平没有提高到可预测性稳态范围并且紧急生活史阶段 ELHS 没有被激活，所以这种不稳定干扰被认为是间接的（用括号内的绿色符号来表示）。

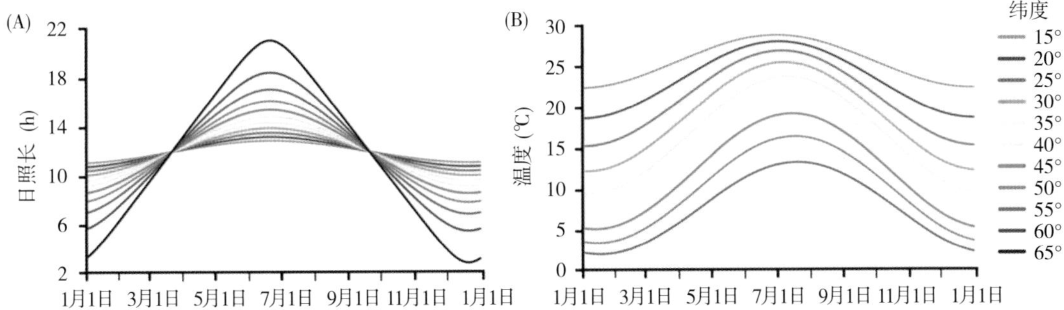

图 35.2 (A) 光周期的年变化取决于高纬度地区光周期变化幅度最大的纬度。(B) 同样，环境温度的季节变化也与纬度有关。然而，低纬度地区的平均温度要高于高纬度地区。引自 Wilczek 等 (2010)。

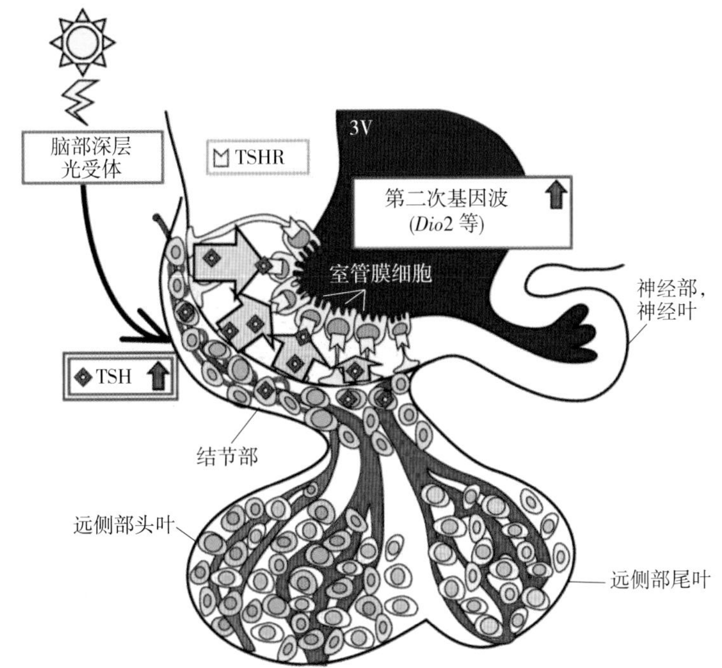

图 35.8 鹌鹑下丘脑结节部示意图

眼球外光感受器诱导结节部 TSH 信号增加，继而引起室管膜细胞或脑室膜细胞的改变。这些细胞影响神经内分泌信号进入下丘脑-垂体门脉系统的能力。引自 Yoshimura (2013)。

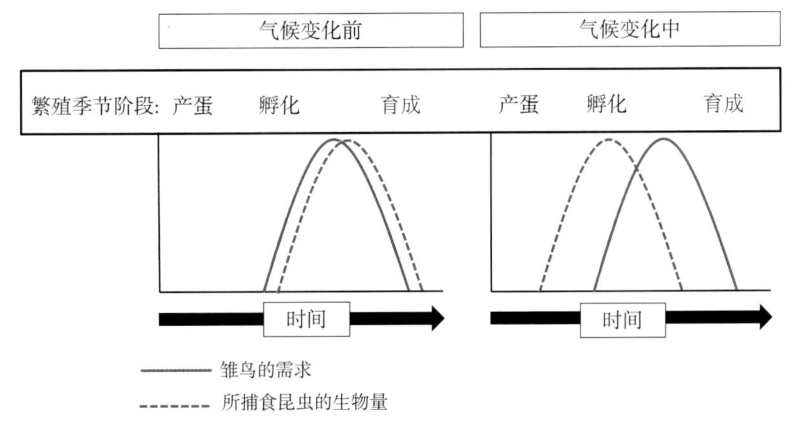

图 36.8 大山雀生殖时间错配的图示

雏鸟从刚孵化到育成之间对食物需求量最高（灰实线）。不同年份间的产蛋日期相近，然而随着气候变化会造成毛虫生物量峰值（红色虚线）发生较大前移。从而造成育雏时间与食物丰度的错配。改编自 Visser 等 (2004)。

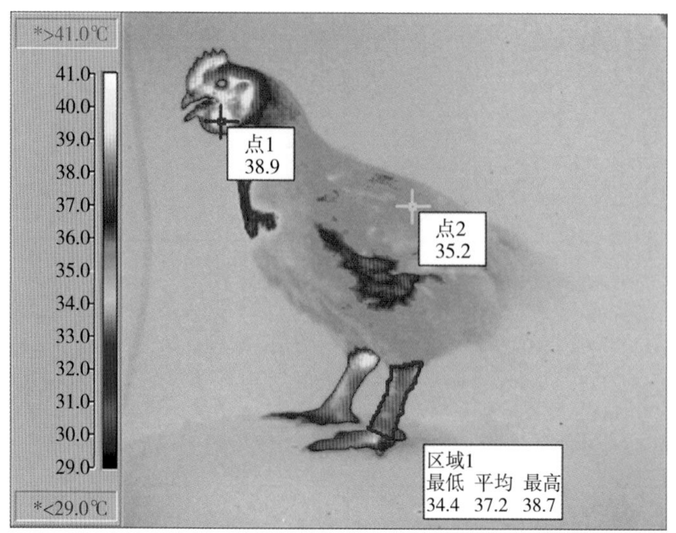

图 37.3 环境温度为 35℃时，肉鸡热影像图

蓝色标记的腿部区域被定义为感兴趣区域（ROI，由图像处理软件定义），其由最低温度、平均温度和最高温度部位组成。点 1 和点 2 分别表示每个点的表面温度。热影像图采集和数据分析采用 Thermacam P 2.8 SR-1 程序完成。引自 Yahav 和 Giloh（2012）。

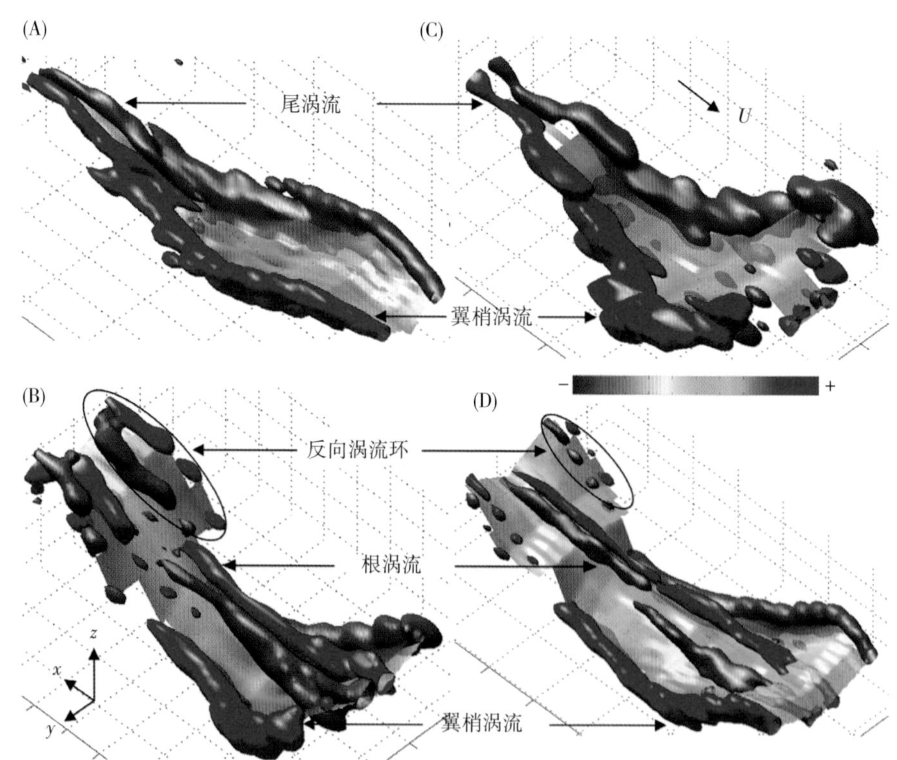

图 39.6 两种鸟（A 和 C）与两种蝙蝠（B&D）以 7 m/s 速度飞行时，单个振翅周期尾流的拓扑学重构结构

（A）斑姬鹟（*Ficedula hypoleuca*），（B）长舌蝠（*Glossophaga soricina*），（C）黑顶林莺（*Sylvia atricapilla*），（D）邵氏长鼻蝠（*Leptonycteris yerbabuenae*）。不同颜色表示这些动物从右向左飞行时的下降气流（见颜色条）。蝙蝠向下运动时，在翼基部产生根涡流，但由于推力作用形成的反向涡流环，对上行运动具有一定的负作用。而鸟在翼收回身体两侧时产生较多的无效上升力，并留下一道可见的尾涡流。引自 Muijres 等（2012b）。

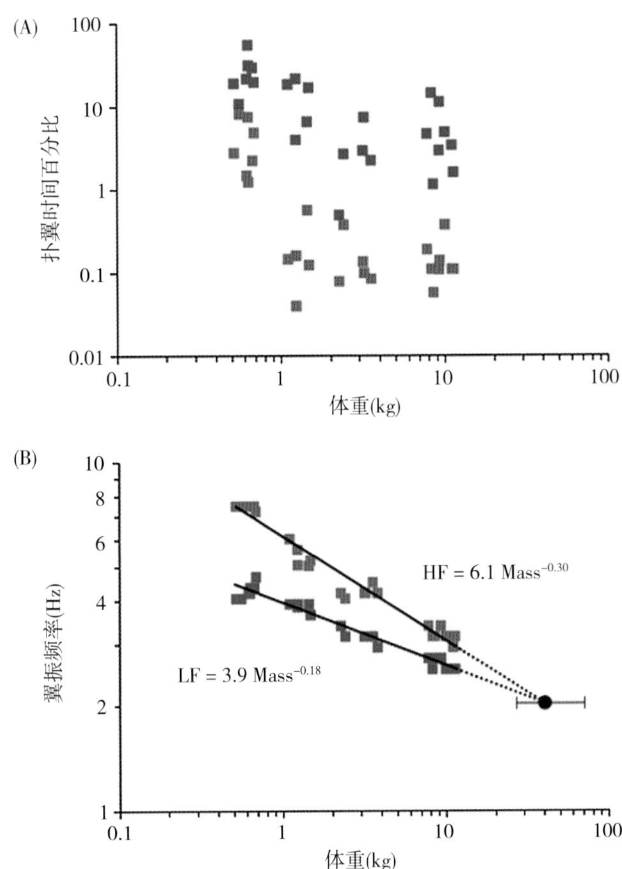

图 39.9 (A) 5 种信天翁和海燕觅食飞行时，体重与相对较慢（蓝方块）或相对较快（红方块）扑翼时间百分比间的关系。(B) 上图 5 种鸟体重与翅振频率的关系。对高频（红方块）和低频（蓝方块）翅振计算的回归线及其对大型鸟的外推线（虚线），置信区间为 95%（26～75kg）时，两条线的节点在体重为41 kg（5.1 m 翼展）处。引自 Sato 等（2009）。Mass：体重。

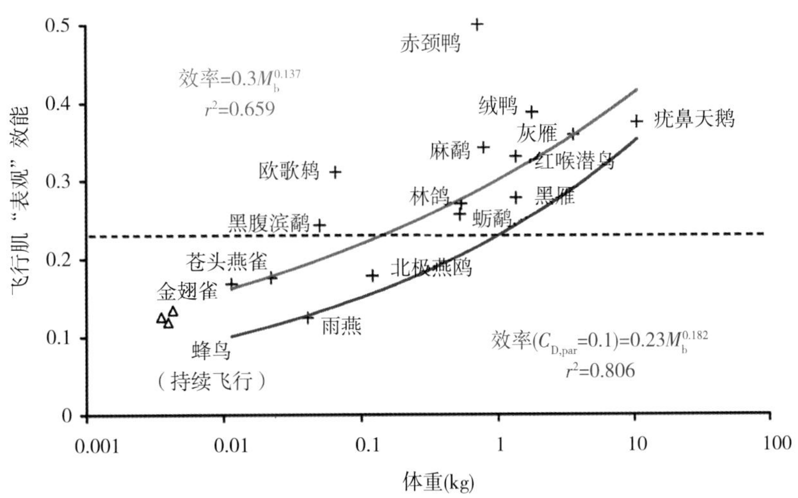

图 39.15 15 种在瑞典迁徙飞行鸟“表观”飞行肌机械-化学效率的估算值与体重（kg）的关系图（Hedenström and Alerstam，1992）

因鸽（*Anas penelope*）数值异常，而被删除。红色回归线是以身体正面阻力系数（$C_{D.par}$）0.25～0.4 为默认值，估算的持续生物力学输出功（Pennycuick，1989）；蓝色回归线以 $C_{D.par}$值 0.1 为依据。同时还估算了 3 种蜂鸟的效率（Δ）。引自 Bishop（2005）。

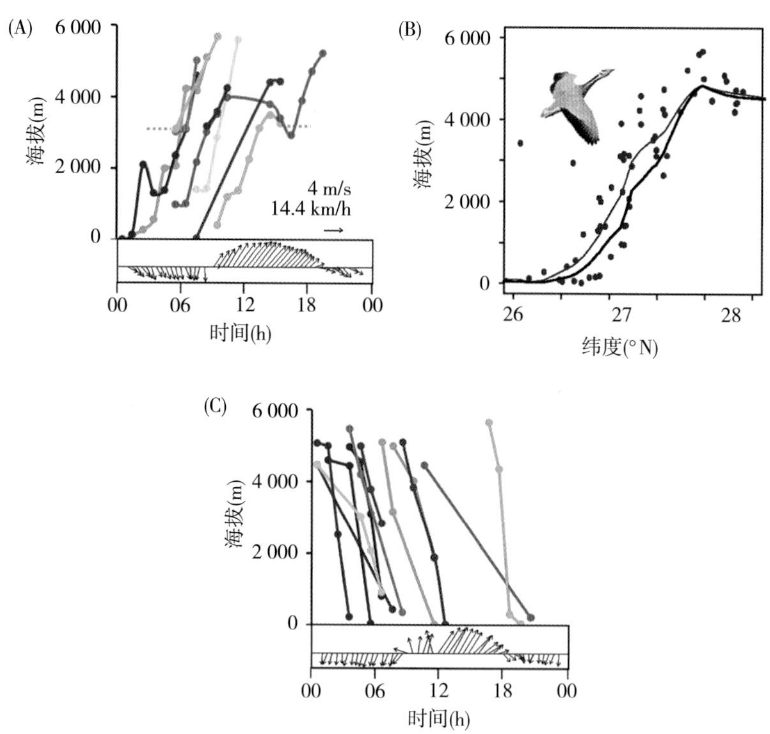

图 39.35　8 只斑头雁（*Anser indicus*）向喜马拉雅山以北迁徙（A）和 12 只斑头雁向喜马拉雅山以南迁徙（C）期间，气候观测站每隔半小时测量的平均风速和风向

箭头表示基本风向（正南风用 0°表示），（A）和（C）中箭头的长度［定标于（A）］与风速成正比。（B）8 只斑头雁跨越喜马拉雅山向北迁徙时，飞行所经地点的平均海拔高度。蓝点是各个个体的数据，蓝线表示飞行轨迹（黑线）下地面平均标高的回归曲线。引自 Hawkes 等（2011）。

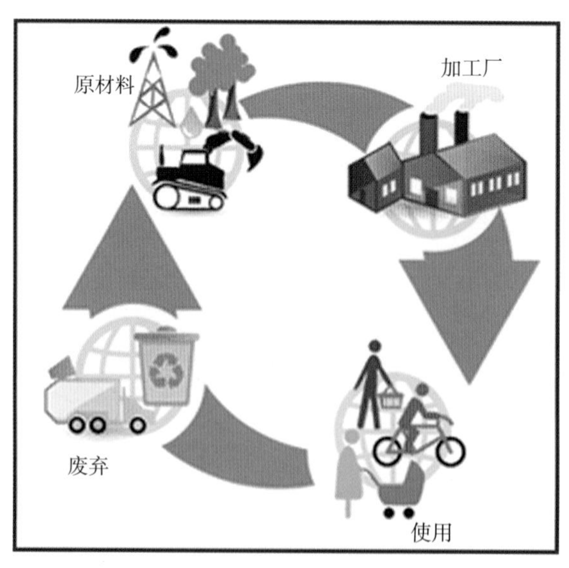

图 41.1　化合物的生命周期

一旦制造出来，它们被使用，然后被废弃，并重新进入环境。摘自环境保护署“风险管理可持续性技术”。http：//www.epa.gov/nrmrl/std/lifecycle.html.

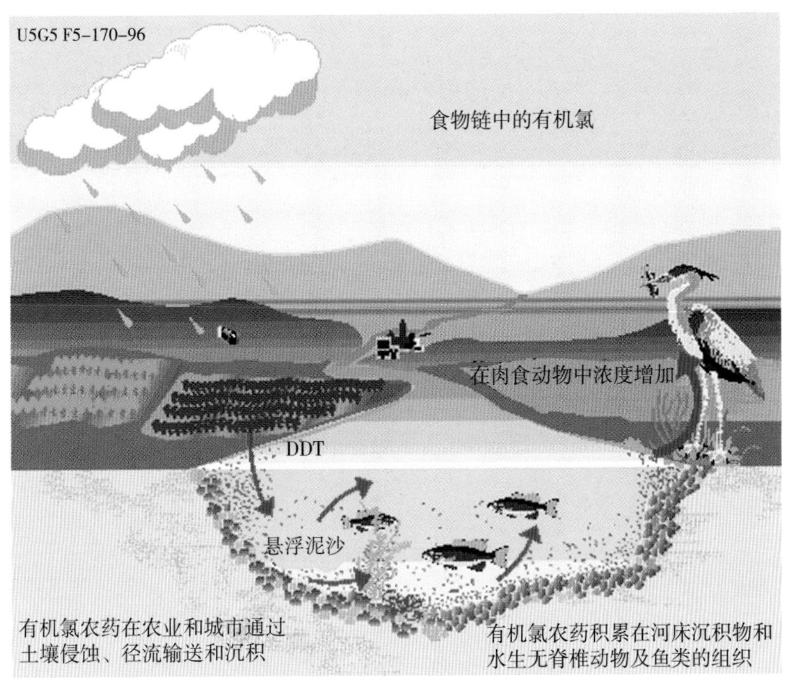

图 41.2　环境中 DDT 的生命周期，从田间应用到转运直至水生环境，以及被无脊椎动物和鱼类摄食，然后被食物链中更高级的脊椎动物摄取。